DIE STATIK IM STAHLBETONBAU

Ein Lehr- und Handbuch der Baustatik

Von

Dr.-Ing. Kurt Beyer

ehem. ord. Professor an der Technischen Hochschule Dresden

Zweite, vollständig neubearbeitete Auflage

Zweiter berichtigter Neudruck

Mit 1372 Abbildungen im Text, zahlreichen
Tabellen und Rechenvorschriften

Springer-Verlag
Berlin/Göttingen/Heidelberg
1956

ISBN-13: 978-3-642-92665-5 e-ISBN-13: 978-3-642-92664-8
DOI: 10.1007/978-3-642-92664-8

Softcover reprint of the hardcover 2nd edition 1934

Vorwort zur zweiten Auflage

Meiner lieben Mutter in treuem Gedenken.

Die erste Auflage dieses Werkes ist im Frühjahr 1927 erschienen und bald vergriffen gewesen. Leider mußte die neue Auflage trotz dieser freundlichen Aufnahme wegen anderer dringender Arbeiten des Verfassers zurückgestellt werden. Sie hat dafür in den vergangenen Jahren eine vollständige Neubearbeitung erfahren, um das Werk zu einem Lehr- und Handbuch der Baustatik auszugestalten. Dabei ist nichts an den Zielen geändert worden, die Form und Inhalt der ersten Auflage bestimmt haben. Auch jetzt ist versucht worden, die gemeinsamen Grundlagen der zahlreichen Methoden der Baustatik zusammenzufassen und die kritische Einstellung zur Lösung zu wecken, um damit die Theorie zu vereinfachen und sie als wissenschaftliche Erkenntnis zu vermitteln. Dabei sind die einfachen analytischen und zeichnerischen Hilfsmittel der Mechanik als bekannt angenommen, die Grundlagen der Baustatik jedoch ausführlich dargelegt worden, um daraus die zahlreichen Rechenvorschriften zur Erledigung der Aufgaben nach einheitlichen Gesichtspunkten abzuleiten. Aus diesem Grunde wird auch zur Berechnung hochgradig statisch unbestimmter Tragwerke aus der Formänderung der Begriff des geometrisch bestimmten Hauptsystems gebildet, so daß eine vollständige Analogie zur Rechnung mit statisch überzähligen Größen entsteht. Die wechselseitigen Beziehungen sind geeignet, das Verständnis für die engen Zusammenhänge innerhalb der Theorie zu unterstützen.

Der Umfang des Fachgebietes verlangt straffe Zusammenfassung des Textes. Er ist daher weitgehend gegliedert worden, um in Verbindung mit einheitlichen, sinngemäßen Bezeichnungen Übersicht, Studium und Handgebrauch zu erleichtern. Die zahlreichen Literaturangaben dienen im wesentlichen zum Studium auf breiterer Grundlage.

Um die verständnisvolle Anwendung der Theorie und damit den Handgebrauch des Werkes zu erleichtern, sind zahlreiche Beispiele aus dem Bauwesen eingeschaltet und zum Teil als Zahlenrechnung vollständig gelöst worden. Auf diese Weise entstehen brauchbare Rechenvorschriften, welche den Weg zwischen Ansatz und Ergebnis festlegen und abkürzen. Sie werden durch eine große Zahl von Tabellen ergänzt, deren Inhalt für die einfache und zuverlässige Zahlenrechnung eingerichtet ist und daher die Bearbeitung statischer Untersuchungen erleichtert. Durch diese Ausgestaltung des Werkes zum Handbuch sind zwangläufig auch die Beziehungen zwischen der abstrakten Methode und ihrer Anwendung auf die konkreten Aufgaben des Ingenieurs hervorgetreten.

Mit dieser Zielsetzung hat das Werk den Rahmen überschritten, der ihm vom Deutschen Beton-Verein als Teil einer Anleitung für den Entwurf und die Berechnung von Eisenbetonbauten zugewiesen war. Die zweite Auflage erscheint als selbständiges Werk, zumal die Ergebnisse für jeden isotropen homogenen Baustoff gelten, dessen Dehnung im Belastungsbereich zur Spannung proportional ist. Es eignet sich daher ebensogut zum Handgebrauch bei der statischen Untersuchung von Stahl- und Holzbauten, wenn auch im Sinne des Buchtitels vor allem diejenigen Tragwerke behandelt werden, die im Eisenbetonbau Bedeutung besitzen. Aus diesem Grunde hat der Deutsche Beton-Verein, welcher die Anregung zur ersten Auflage dieser Arbeit gegeben hatte, die Patenschaft der zweiten Auflage durch einen Zusatz zum Buchtitel übernommen. Dafür sei auch an dieser Stelle der Dank des Verfassers ausgesprochen.

Das Werk erscheint in zwei Bänden, um den Handgebrauch zu erleichtern. Es wird mit einer Darlegung der äußeren und inneren Kräfte eingeleitet, die für die Beurteilung der Sicherheit eines Tragwerks in Betracht kommen. Die Theorie des Stabwerks bildet den ersten Hauptteil. Er behandelt die statisch bestimmten Tragwerke, die Berechnung der Formänderung gerader und gekrümmter Stäbe und die statisch unbestimmten Tragwerke. Die Anwendung der Theorie auf die Untersuchung der hochgradig statisch unbestimmten ebenen und räumlichen Eisenbetonbauten bleibt dem Hauptabschnitt des 2. Bandes vorbehalten, um damit geeignete Näherungsrechnungen zu verbinden. Den Abschluß bildet eine kurze Darlegung über das Wesen der Berechnung der Platten, Scheiben und Schalen, die für den Eisenbetonbau der Gegenwart besondere Bedeutung besitzen. Selbstverständlich kann bei dem Umfang des notwendigen mathematischen Rüstzeugs nur ein beschränkter Ausschnitt gegeben werden, der das Wesen der statischen Untersuchung beschreibt, für einfache Rechnungen ausreicht und sich als Einführung in die Spezialliteratur eignet.

Das Werk ist aus den Vorträgen hervorgegangen, die ich seit dem Jahre 1919 an der Technischen Hochschule Dresden gehalten habe. Bei der Bearbeitung der neuen Auflage, insbesondere bei den umfangreichen Zahlenrechnungen, zeichnerischen Arbeiten und Korrekturen bin ich tatkräftig von dreien meiner früheren Hörer unterstützt worden. Ich gedenke am Ende einer jahrelangen rastlosen Arbeit mit herzlichem Danke des Assistenten meines Lehrstuhls Dr.-Ing. H. Höhne und meiner beiden Hilfsassistenten Dipl.-Ing. R. Rabich und Dipl.-Ing. E. Hacault, die sich jederzeit als kluge, unermüdliche Mitarbeiter bewährt haben. Besonderer Dank gebührt auch Herrn Dr.-Ing. e. h. Julius Springer, dessen Verlag trotz der wirtschaftlichen Sorgen der Gegenwart die umfangreiche, schwierige Drucklegung der Arbeit übernommen und durch stets tätige Mitarbeit zum guten Ende geführt hat.

Dresden, im August 1933.

K. Beyer.

Vorwort zum zweiten Neudruck.

Mein Mann hatte den Wunsch, bei einer Neuauflage seines Werkes die Lösungen von Aufgaben des Stahl- und Stahlbetonbaues zusammen zu behandeln und als Handbuch der Baustatik herauszugeben. Der Tod hat ihn leider daran gehindert. Dem vergriffenen berichtigten Neudruck des Jahres 1947 folgt daher mit dankenswerter Unterstützung des Verlages ein zweiter Neudruck. Freunde des Werkes haben auf mannigfache Verbesserungen hingewiesen, die in diesem Neudruck Berücksichtigung finden. Ihnen möchte ich auch an dieser Stelle für ihre Bemühungen meinen Dank aussprechen.

Dresden, April 1955.

Käte Beyer.

Inhaltsverzeichnis

Seite

I. Die Grundlagen der Baustatik 1

1. Aufgabe und Ziel 1
2. Die Belastung des Tragwerks 2
   Physikalische Kennzeichnung der Belastung S. 2. — Die Definition der Belastung in den amtlichen Bestimmungen S. 2.
3. Schnee- und Windbelastung 3
4. Wasserdruck 4
5. Erddruck 5
   Physikalische Voraussetzungen S. 5. — Ansatz für die angenäherte Berechnung nach Coulomb und Poncelet S. 6. — Lösung bei gerader Wand- und Erdlinie S. 8. — Lösung bei gerader Wand- und gebrochener Geländelinie S. 9. — Lösung bei gebrochener Wandlinie S. 10. — Lage der Mittelkraft E des Erddrucks S. 10. — Erddruck im unbegrenzten Erdkörper S. 11. — Mittelwerte für die Raumgewichte γ und die Schubfestigkeit $\tau^* = \mu \cdot \sigma$ der wichtigsten Erdarten S. 12.
6. Boden- und Seitendruck in Silozellen 13
   Physikalische Konstanten des Füllgutes S. 14. — Funktionswerte $1 - e - \zeta$ S. 14. — Zahlenbeispiel S. 15.
7. Die Stützung des Tragwerks 16
   Lager und Gelenke S. 16. — Flächenstützung S. 16. — Materialkonstante C für verschiedene Bodenarten S. 18.
8. Verformung und innere Kräfte 18
   Energiebetrachtungen S. 19. — Satz von Betti S. 22. — Anwendung bei technischen Aufgaben S. 22
9. Der Spannungszustand der Scheiben und Träger 23
10. Der Spannungszustand des Stabes 25
   Definition und Gleichgewicht der Schnittkräfte S. 26. — Verzerrungs- und Spannungszustand am Querschnitt des geraden Stabes S. 27. — Verdrillung und Schubspannung S. 30. — Verzerrungs- und Spannungszustand am Querschnitt des gekrümmten Stabes S. 31. — Anwendungsbereich der technischen Biegelehre S. 32.
11. Die Eigenspannungen des Baustoffs 33
   Angaben zur Ermittlung von Schwind- und Temperaturspannungen S. 35.
12. Die Sicherheit des Tragwerks 36

I. Das statisch bestimmte Stabwerk 38

13. Allgemeine Bemerkungen über Schnittkräfte, Zustands- u. Einflußlinien 38
   Die Beschreibung des Tragwerks S. 39. — Hilfsmittel der Mechanik zur statisch bestimmten Berechnung der Stütz- und Schnittkräfte S. 40. — Allgemeine Ansätze zur analytischen Berechnung der Stütz- und Schnittkräfte S. 41. — Rechenvorschrift S. 43. — Graphische Methoden zur Ermittlung der Stütz- und Schnittkräfte S. 44. — Anwendung des Prinzips der virtuellen Verrückungen S. 46. — Einflußlinien der Stütz- und Schnittkräfte S. 48.
14. Der einfache Balkenträger 52
   Ruhende Belastung S. 52. — Einflußlinien S. 53. — Die Grenzwerte der Querkraft S. 53. — Die Grenzwerte der Biegungsmomente S. 55. — Tabellen für die Stütz- und Schnittkräfte des einfachen Balkenträgers und des Freiträgers S. 58.
15. Der Auslegeträger 66
   Zeichnerische Untersuchung S. 66. — Analytische Untersuchung S. 67. —

Seite

Einflußlinien und Grenzwerte S. 67. — Stützenstellung und Gelenklage S. 68. — Tabelle für die Grenzwerte der Stütz- und Schnittkräfte eines Gerberbalkens S. 68.

16. Stabwerke mit drei Gelenken 69
Analytische Berechnung der Stütz- und Schnittkräfte S. 69. — Schaulinien der Schnittkräfte S. 71. — Zeichnerische Ermittlung der Stütz- und Schnittkräfte S. 72. — Zahlenbeispiel S. 75. — Einflußlinien der Schnittkräfte S. 76. — Grenzwerte der Schnittkräfte S. 78. — Zahlenbeispiel S. 79. — Tabellen für die Schnittkräfte am symmetrischen Dreigelenkbogen S. 83.

III. Die Formänderung des ebenen Stabzuges 87

17. Die allgemeinen Ansätze 87
Der Clapeyronsche Ansatz für den Stabzug S. 89. — Das Prinzip der Wechselwirkung für den Stabzug S. 90. — Einflußlinie der Verschiebung und Winkeländerung S. 91.

18. Die Berechnung einzelner Komponenten des Verschiebungszustandes . . 91
Ansatz der Rechnung S. 91. — Der Integrand S. 93. — Mechanische Auslegung des Ansatzes S. 94. — Numerische Integration S. 95. — Berechnung mit Annahmen über die stetige Veränderlichkeit des Querschnitts; Verwendung von Integrationstabellen S. 96. — Zahlenbeispiele S. 98. — Unstetiger Verlauf von ζ S. 99. — Endverdrehung eines Stabes mit linear veränderlichem Querschnitt S. 99. — Verdrehungen der Endtangenten eines Balkenträgers auf zwei Stützen S. 100.

19. Lösungen der Funktion $\int M\overline{M}(J_c/J)ds$ und Funktionswerte ω 102
Lösung für gerade Stäbe mit konstantem J_h/J S. 102. — Lösung für gerade Stäbe mit stetig veränderlichem J_h/J S. 105. — Lösung für gerade Stäbe mit unstetig veränderlichem J_h/J S. 107 — Lösung für gekrümmte Stäbe mit r = const und J = const S. 111. — Verdrehungen der Endquerschnitte mit Angaben über die Biegelinien für Balkenträger mit konstantem J_h/J S. 112. — Verdrehungen der Endquerschnitte und Biegelinien für Balkenträger mit veränderlichem J_h/J aus einem Kräftepaar M_a = 1 mt am Endquerschnitt a S. 115. — Tabelle der Funktionswerte ξ^r und ω S. 116. — Funktionswerte S. 120.

20. Die Biegelinie des geraden Stabes 121
Beziehung zwischen Kraftebene und Biegungsebene S. 121. — Ableitung der Differentialgleichung aus den Schnittkräften S. 121. — Integration der Differentialgleichung S. 123. — Rechnerische und zeichnerische Entwicklung der Biegelinie S. 123. — Zahlenbeispiel S. 126. — Ableitung der Biegelinie aus der Belastung S. 128. — Lösung der Differentialgleichung mit Differenzen S. 129.

21. Die Biegelinie von gekrümmten Stäben und Stabzügen 131
Abteilung der Differentialgleichung S. 131. — Längenänderung einer Stabzugsehne S. 134. — Biegelinie des Dreigelenkbogens S. 134. — Ableitung aus einem Differenzenansatz S. 134. — Die Biegelinie eines gekrümmten Trägers mit r = const S. 136. — Spannungszustand in Rohren und Ringen S. 136. — Die wirkliche Verschiebung der Punkte des Stabzugs S. 139.

22. Der gerade Stab auf elastischer Unterlage 140
Elastizitätsgesetz S. 140. — Ansatz und Lösung der Differentialgleichung S. 140. — Lösung für den unendlich langen Stab S. 142. — Lösung für den starren Stab S. 142. — Lösung der homogenen Gleichung des kurzen Stabes für vorgeschriebene Randkräfte S. 142. — Unstetige Ansätze: a) für Einzellasten, b) für veränderliches Trägheitsmoment S. 144. — Zahlenbeispiele S. 144. — Anwendung der Theorie auf die angenäherte Berechnung des Trägerrostes S. 150.

IV. Stütz- und Schnittkräfte statisch unbestimmter Stabwerke 151

23. Die Grundlagen der Lösung 151

A. Die Berechnung durch Elimination der Komponenten des Verschiebungszustandes 154

24. Die geometrischen Bedingungsgleichungen 154
Statisch überzählige Größen X_k und Hauptsystem S. 155. — Geometrische Verträglichkeit und Superpositionsgesetz im kinematisch starren

Seite

Hauptsystem S. 156. — Entwicklung der Elastizitätsgleichung aus den geometrischen Verträglichkeitsbedingungen S. 156. — Berechnung der Vorzahlen und Belastungszahlen S. 159. — Berechnung der virtuellen Arbeit in statisch unbestimmten Systemen mit einer Zerlegung der virtuellen Belastung S. 160. — Berechnung der virtuellen Arbeit in statisch unbestimmten Systemen mit einer Zerlegung der Verschiebungen S. 162. Die Elastizitätsgleichung als Minimalbedingung der Formänderungsenergie S. 163.

25. Die Grundlagen für die Bildung der Matrix 165
Ansatz S. 165. — Auflösung und konjugierte Matrix S. 166. — Fehlerempfindlichkeit der Lösung S. 167. — Die Schnittkräfte des statisch unbestimmten Stabwerks S. 168. — Nachprüfung der Kontinuität des Stabzugs als Rechenprobe für die Schnittkräfte S. 168. — Wahl des Hauptsystems S. 170.

26. Stabwerke mit wenigen überzähligen Größen 170
Einfach statisch unbestimmtes System S. 170. — Zweifach statisch unbestimmtes System S. 171. — Dreifach statisch unbestimmtes System S. 172. — Schnittkräfte S. 174. — Zahlenbeispiele S. 175.

27. Vereinfachung der Lösung bei Symmetrie des Tragwerks und Symmetrie oder Animetrie der Belastung 185
Die Belastungsumordnung S. 186. — Anwendungen S. 186. — Zahlenbeispiel S. 189. — Verhältnis der Biegungsmomente eines Stabwerks bei verschiedener Belastung eines Stabes. (Mit Tabelle und Zahlenbeispiel) S. 189.

28. Vereinfachung der Lösung bei Symmetrie des Hauptsystems 191
Das Hauptsystem mit einfacher Symmetrie S. 191. — Zerlegung der Matrix und Bildung von Gruppenlasten S. 192. — Die Belastungsglieder bei Symmetrie der Matrix S. 194. — Anwendungen S. 195. — Zahlenbeispiele S. 198. — Das Hauptsystem mit Symmetrie nach zwei Achsen S. 205. — Statische Untersuchung eines Kühlturmunterbaues (Zahlenbeispiel) S. 208.

29. Algebraische Auflösung der Bedingungsgleichungen 215
Auflösung des Ansatzes durch Elimination. a) Die vollständige Rechenvorschrift nach C. F. Gauß S. 216. — b) Die abgekürzte Rechenvorschrift nach C. F. Gauß S. 219. — c) Die Berechnung der konjugierten Matrix S. 223. — Zahlenbeispiel S. 224.
Auflösung dreigliedriger Ansätze S. 230. — a) Rechenvorschrift bei Vorwärtselimination des Ansatzes S. 232. — b) Rechenvorschrift bei Rückwärtselimination des Ansatzes S. 233. — c) Gleichzeitige Verwendung der Kennbeziehungen aus Vorwärts- und Rückwärtselimination S. 235. — d) Ausgezeichnete Belastung mit ein oder zwei Belastungszahlen S. 239. — Zahlenbeispiel S. 240.
Auflösung fünfgliedriger und siebengliedriger Ansätze S. 245.

30. Auflösung der Gleichungen durch Iteration 248
Rechenvorschrift S. 248. — Konvergenzbeweis S. 249. — Umformung des Ansatzes S. 250. — Zahlenbeispiel S. 250.

31. Allgemeine Rechenvorschrift zur Untersuchung statisch unbestimmter Stabwerke 252

32. Zeichnerische Auflösung der Bedingungsgleichungen 253
Anwendung auf dreigliedrige Elastizitätsgleichungen S. 254. — Lösung für den homogenen Ansatz S. 255. — Die überzähligen Größen bei einzelnen Belastungsgliedern S. 258. — Allgemeiner Belastungsfall S. 259. Zahlenbeispiel S. 263.

33. Integration der Elastizitätsgleichungen als lineare Differenzgleichungen 266
Berechnung der Stützenmomente des durchgehenden Trägers mit freibeweglichen, starren Stützen und $l' = \text{const} = l$ S. 269. — Spannungszustand eines Bogenträgers mit steifem Zugband S. 269.

34. Ansätze mit unabhängigen überzähligen Größen 271

35. Methoden bei wenigen überzähligen Größen 272
Anwendung auf zweifach statisch unbestimmte Stabwerke S. 272. — Anwendung auf dreifach statisch unbestimmte Stabwerke S. 274. — Zahlenbeispiel S. 277.

Seite

36. Die Entwicklung statisch unbestimmter Gruppenlasten 281
Die Bildung der Gruppenlasten S. 281. — Die Ableitung der Elastizitätsgleichung für statisch unbestimmte Gruppenlasten S. 282. — Die Auswahl der Gruppenlasten für die Nebenbedingung $\delta_{ik} = 0$ S. 283. — Zahlenbeispiel S. 286. — Die Gruppenbildung bei Symmetrie des Tragwerks S. 290. — Die Beziehungen der überzähligen Guppenlasten zu den statisch unbestimmten Schnittkräften statisch unbestimmter Hauptsysteme S. 293.

37. Die Verwendung statisch unbestimmter Hauptsysteme 293
Zahlenbeispiel S. 297. — Ansätze mit statisch unbestimmten Schnittkräften und unbekannten Verschiebungen S. 301. — Zahlenbeispiel S. 302.

B. Die Berechnung durch Elimination der Schnittkräfte 305

38. Die statischen Bedingungsgleichungen 305
Die Knotenpunktfigur S. 305. — Die geometrischen Randwerte für den Verschiebungszustand eines Abschnitts *(h)* S. 306. — Die Randwerte des Spannungszustandes der Abschnitte *(h)* und der Knotenpunktfigur des Stabwerks S. 306. — Gerade Stäbe S. 307. — Gekrümmte Stäbe und Stabzüge S. 309. — Die Bedingungen für die geometrische Verträglichkeit der Knotenpunktfigur S. 311. — Das geometrisch bestimmte Hauptsystem S. 311. — Die geometrischen Bedingungen der Knotenkette S. 312. — Die Aufgabe S. 314. — Die statischen Bedingungen zur Lösung S. 315. — Anwendung der Lösung S. 317.

39. Das Stabwerk mit geraden Stäben 318
Hauptsystem und geometrische Superposition S. 318. — Die Anschlußkräfte am Stabknoten S. 319. — Die statischen Bedingungen $\delta A_J = 0$ $(J = A \ldots N)$ S. 320. — Die statischen Bedingungen $\delta A = 0$ $(c = 1 \ldots f)$ S. 320. — Die Form der Matrix S. 321. — Tabellen für die Randmomente des beiderseits und des einseitig eingespannten Stabes mit konstantem Trägheitsmoment S. 323 und 324. — Zahlenbeispiele S. 323.

40. Die Auflösung des Ansatzes 330
Geometrisch bestimmtes Hauptsystem S. 330. — Berechnung und Nachprüfung der Schnittkräfte S. 331. — Einflußlinien S. 331. — Zahlenbeispiel S. 334. — Teilung der Matrix und geometrisch unbestimmtes Hauptsystem S. 335. — Rahmenstellung mit waagerechtem Riegel und senkrechten Pfosten S. 337. — Zahlenbeispiel S. 341. — Allgemeiner Ansatz zur Untersuchung des Stockwerkrahmens S. 345.

41. Stabwerke mit geraden und gekrümmten Stabachsen 347
Unsymmetrische Bogenstellung S. 349. — Zahlenbeispiel S. 349.

42. Symmetrie des Tragwerks 355
Symmetrischer Stockwerkrahmen mit zwei Pfosten S. 356. — Symmetrischer Stockwerkrahmen mit vier Pfosten S. 357. — Symmetrischer Stockwerkrahmen mit drei Pfosten S. 359. — Zahlenbeispiel S. 359.

43. Die Berechnung der Anschlußkräfte aus den Drehwinkeln τ der Endtangenten 366
Ansatz S. 367. — Zahlenbeispiel S. 368.

44. Kennbeziehungen bei unverschieblichem Knotennetz 373
Die Anschlußmomente am Knoten J durch äußere Kräfte am Stab $\overline{JK}$ S. 374. — Die Verwendung der Ansätze S. 376. — Tabelle der Kreuzlinienabschnitte S. 377. — Zahlenbeispiel S. 378. — Tabellen für die angenäherten Kennbeziehungen in quadratischen Vierecksnetzen S. 379. — Die Komponenten φ_c des Verschiebungszustandes S. 380. — Zahlenbeispiele S. 381.

V. Anwendung der Theorie auf die im Bauwesen vielverwendeten Stabwerke 391

45. Das Tragwerk als Gegenstand der baustatischen Untersuchung 391

46. Balkenträger mit statisch unbestimmter Stützung 393
Tabelle der Beiwerte μ_k, λ_k und π für verschiedene Funktionen $\zeta_k = J_k/J$ S. 394. — Träger über einem Feld S. 397. — Träger über zwei Feldern S. 401. — Träger über drei Feldern S. 404. — Tabelle der Schnittkräfte des durchlaufenden Trägers über 2 und 3 Feldern S. 401 und 404. —

Seite

Tabelle der Funktionswerte $\omega_D - \varkappa_{(k-1)k}\omega'_D$ S. 410. — Zahlenbeispiel S. 408.

47. Der durchlaufende Balkenträger auf beliebig vielen frei drehbaren Zwischenstützen 414
Vorzahlen S. 415. — Belastungszahlen S. 415. — Auflösung des Ansatzes S. 416. — Kennbeziehungen und Teillösungen S. 417. — Einflußlinien der Stützenmomente X_k S. 418. — Zeichnerische Untersuchung S. 419. — Die Entwicklung der Einflußlinien der Stützenmomente aus den Festpunkten S. 422. — Einflußlinien der Schnitt- und Stützkräfte S. 422. — Vereinfachung der Annahmen über die elastischen Eigenschaften S. 424. — Zahlenbeispiele S. 426.

48. Der durchlaufende Träger mit elastisch drehbaren Stützen 430
Ansatz S. 430. — Die Vorzahlen S. 431. — Belastungszahlen S. 433. — Lösung S. 435. — Zeichnerische Untersuchung S. 436. — Vereinfachung der Annahmen über die elastischen Eigenschaften S. 437. — Zahlenbeispiel S. 438. — Untersuchung durchlaufender Träger mit Hilfe der Knotendrehwinkel S. 439. — Vorzahlen der Knotendrehwinkel S. 439. — Belastungszahlen des Ansatzes S. 440. — Zahlenbeispiel S. 441.

49. Die Rahmenstellung mit beliebig vielen Feldern, geraden Riegelstäben und senkrechten Pfosten 443
Zahlenbeispiel S. 446.

50. Die Erweiterung der Aufgabe 450
Die Verwendung des durchgehenden Trägers als Hauptsystem S. 452. — Zahlenbeispiel S. 454.

51. Der Stockwerkrahmen 455
Der Stockwerkrahmen mit zwei Pfosten S. 455. — Zahlenbeispiel S. 455. — Der symmetrische Stockwerkrahmen mit zwei geneigten Pfosten S. 457. — Zahlenbeispiel S. 462. — Symmetrischer Stockwerkrahmen mit gelenkig angeschlossenen Zwischenriegeln S. 468. — Der symmetrische Stockwerkrahmen mit zwei senkrechten Pfosten S. 469. — Zahlenbeispiel S. 471. — Der symmetrische Stockwerkrahmen mit mehr als zwei Pfosten und frei drehbar angeschlossenen Zwischenstielen S. 480. — Stockwerkrahmen mit mehr als zwei Pfosten und biegungssteifer Verbindung von Pfosten und Riegel S. 480. — Zahlenbeispiel S. 483.

52. Der Rahmenträger 484
Rahmenträger mit beliebiger Gurtform und Belastung durch Einzelkräfte in den Stabknoten S. 485. — Vorzahlen S. 486. — Belastungszahlen S. 486. — Rahmenträger mit parallelen Gurten und Belastung zwischen den Stabknoten S. 487. — Vorzahlen S. 488. — Belastungszahlen S. 489. — Senkrechte Belastung der Gurtstäbe zwischen den Stabknoten S. 490. — Die Einflußlinien S. 491. — Näherungsberechnung eines Rahmenträgers S. 494. — Zahlenbeispiele S. 495.

53. Die Berechnung von Silozellen 501
Zahlenbeispiel S. 502. — Die einreihige Anordnung der Zellen S. 505. — Zahlenbeispiel S. 505. — Tabelle der Eckmomente einfacher Bauformen von Silozellen bei gleichförmigem Innendruck S. 507.

54. Die Bogenträger 508
Der einfache Bogenträger mit starren Widerlagern S. 509. — Die Bogenachse als Mittelkraftlinie einer vorgeschriebenen Belastung S. 510. — Tabelle der Werte $c = \mathfrak{ArCof}\,\varkappa$ S. 511 und y_2/f S. 512.

55. Der Zweigelenkbogen 512
Tabellen zur Ermittlung der Schnittkräfte eines Zweigelenkbogenträgers mit analytisch bestimmter Mittellinie für verschiedene Funktionen $J_c/J \cos\alpha$ S. 513. — Zahlenbeispiele S. 519.

56. Der beiderseits eingespannte Bogenträger 522
Ableitung der Schnittkräfte aus einem statisch bestimmten Hauptsystem S. 523. — Ableitung der Schnittkräfte aus einem statisch unbestimmten Hauptsystem S. 527. — Elastische Einspannung des symmetrischen Bogenträgers S. 528. — Bogenträger mit ungleich hohen Kämpfern S. 528. — Der Eingelenkbogen S. 528. — Besondere Bogenformen des beiderseits eingespannten Bogenträgers S. 529. — Tabellen zur Ermittlung der Schnittkräfte eines eingespannten Bogenträgers mit analy-

Seite

tisch bestimmter Mittellinie für verschiedene Annahmen der Bogenform und Querschnittsänderung S. 529. — Zahlenbeispiele S. 535.

57. Die Beziehung zwischen Bogenform und Formänderung 552
Verlagerung der Bogenachse S. 553. — Die wirtschaftlich günstigste Bogenform S. 554. — Zahlenbeispiel S. 555.

58. Erweiterung der Aufgabe 557

59. Der durchlaufende Bogenträger 559
Für drehbare Verbindung der Träger über beweglich gelagerten Zwischenstützen S. 559. — Starre Verbindung der Träger und bewegliche Lagerung der Zwischenstützen S. 559. — Frei drehbare, aber unverschiebliche Zwischenstützen S. 559. — Pfosten auf frei drehbaren Enden S. 560. — Zahlenbeispiel S. 561. — Elastisch drehbare Stützen mit frei drehbaren oder eingespannten Enden S. 562. — Zahlenbeispiel S. 563. — Angenäherte Untersuchung des durchlaufenden Bogenträgers S. 556. — Zahlenbeispiel S. 566.

60. Der Rahmen 567
Allgemeine Bauform eines Stabzugs mit frei drehbaren Enden S. 571. — Zahlenbeispiele S. 572.

61. Rahmentabellen 580
Einfach statisch unbestimmte Rahmen S. 580. — Dreifach statisch unbestimmte Rahmen S. 595.

62. Die räumliche Belastung des ebenen Tragwerks 615
Lösung A S. 615. — Lösung B S. 616.

63. Der eingespannte Bogenträger mit Belastung winkelrecht zur Trägerebene 617
Zahlenbeispiel S. 618. — Trapezrahmen mit räumlicher Belastung S. 620.

64. Der Kreisringträger 621

65. Der Trägerrost 624
Die statische Untersuchung ohne Berücksichtigung der drehsteifen Verbindung der Träger S. 623. — Zahlenbeispiele S. 629. — Die statische Untersuchung mit Berücksichtigung der drehsteifen Verbindung der Träger S. 630. — Zahlenbeispiele S. 632. — Trägerrost mit freien Rändern S. 637. — Zahlenbeispiele S. 637.

VI. Die Flächentragwerke 642

66. Die Beziehungen zur Elastizitätstheorie 642

A. Die Platten 644

67. Annahmen und Grundlagen für die Berechnung 644
Die statischen und geometrischen Bedingungen der Stützung S. 647.

68. Die Kreisplatte und die Kreisringplatte unter zentralsymmetrischer Belastung 649
Platten mit gleichbleibender Dicke S. 649. — Tabellen für die Formänderungen und Schnittkräfte symmetrisch belasteter Kreis- und Kreisringplatten S. 562. — Tabelle für die Funktionen Φ_0 bis Φ_4 S. 661. — Zahlenbeispiele S. 661. — Platten mit veränderlicher Dicke S. 663. — Zahlenbeispiel S. 665. — Kreisplatte mit gleichbleibender Dicke auf elastischer Bettung S. 667. — Zahlenbeispiel S. 668.

69. Die Kreisplatte und die Kreisringplatte unter antimetrischer Belastung . 670
Zahlenbeispiel S. 672.

70. Die rechteckige Platte 672
Der Plattenstreifen unter einer Belastung $p(x)$ S. 673. — Die rechteckige Platte mit frei drehbarer Auflagerung der Kanten S. 673. — Zahlenbeispiel S. 677. — Die eingespannte Platte bei gleichmäßiger Belastung S. 679.

71. Die Lösung von Plattenaufgaben mit Differenzenrechnung 680
Differenzengleichung eines Gitters S. 680. — Schnittkräfte S. 681. — Die Bedingungen am Rande des Gitters und an den singulären Stellen der Belastungsfunktion S. 682. — Zahlenbeispiele S. 686.

Seite

72. Die Abschätzung des Spannungszustandes in rechteckigen Platten nach H. Marcus 694
Drillungsmomente S. 697. — Tabelle für die Abschätzung der größten Biegungsmomente in rechteckigen Platten mit gleichmäßig verteilter Last S. 698. — Die Auflagerkräfte der Platte S. 699. — Zahlenbeispiele S. 700.

73. Die Pilzdecke 701
Zahlenbeispiele S. 702.

B. Die Scheiben 712

74. Die Scheiben 712
Der statisch unbestimmte Spannungszustand S. 712. — Spannungszustand in einer Halbscheibe S. 715. — Keilförmig begrenzte Scheiben mit einer Einzellast an der Spitze S. 717. — Halbscheibe mit periodischer Belastung des Randes S. 718. — Zahlenbeispiel S. 720.

75. Der Streifen mit periodischer Belastung der Ränder 723
Die Belastung S. 723. — Der Ansatz S. 724. — Gleichförmig verteilte Belastung am oberen Rande S. 727. — Zahlenbeispiel S. 728. — Feldweise wechselnde Belastung $\pm p$ am oberen Rande S. 730. — Symmetrische Gruppen von Streckenlasten $P = 2\,cp$ S. 731.

76. Die Berechnung der Spannungsfunktion mit Differenzen 733

77. Angenäherte Untersuchung des Spannungszustandes in Rahmenecken . . 737
Übertragung zweier Biegungsmomente S. 738. — Ausgleich einer Querkraft S. 739.

78. Der Spannungszustand in Rahmenknoten 741

C. Die Schalen 743

80. Membrantheorie für Rotationsschalen mit stetiger Belastung 744
Rotationssymmetrische Belastung S. 745. — Periodische Belastung in β. S. 746. — Der Verschiebungszustand S. 747. — Die Randbedingungen S. 748. — Die Belastung der Rotationsschalen S. 748.
a) Die Kugelschale S. 750. Die offene Kugelschale mit rotationssymmetrischer Belastung S. 751. — Die geschlossene Kugelschale mit rotationssymmetrischer Belastung S. 752. — Die Kugelschale mit einer vom Meridianwinkel β periodisch abhängigen Belastung S. 754. — b) Die Kegelschale S. 756. — c) Die Zylinderschale S. 759. — Zahlenbeispiel S. 760. — d) Der Schalenrand S. 761. — e) Rotationssymmetrische Schalen mit beliebiger Meridiankurve S. 762. — Zahlenbeispiel S. 764. — f) Schalen mit Massenausgleich S. 765.

81. Biegungssteife rotationssymmetrische Schalen 766
a) Die Kugelschale mit gleichbleibender Wandstärke S. 767. — Rechenvorschrift S. 770. — Zahlenbeispiele S. 771. — Verbindung einer Kugelschale mit verwandten Tragwerken S. 772. — b) Die biegungssteife Kegelschale mit gleichbleibender Wandstärke S. 774. — c) Die Zylinderschale S. 778. — Grundlagen der Lösung S. 778. — Lösung für unveränderliche Wandstärke h S. 779. — Zylinderschale mit h = const als Behälter S. 782. — Zahlenbeispiele S. 783. — Die Zylinderschale mit veränderlicher Wanddicke S. 789. — Zahlenbeispiel S. 790.

82. Membrantheorie von Rohr und Tonne 791
Zahlenbeispiel S. 793. — Die Tonnenschalen mit Querstützung S. 794. — Zahlenbeispiel S. 796.

883. Vieleckkuppeln 797
Zahlenbeispiel S. 799.

Verzeichnis der Zahlenbeispiele und Rechenvorschriften 800

Sachverzeichnis 801

Zahlenangaben und Tabellen

Tabelle		Seite
1 und 2	Hilfswerte zur Erddruckberechnung	9 u. 12
3 und 4	Hilfswerte zur Berechnung der Druckverteilung in Silozellen	14
5	Angaben über die Bodenkonstanten für Plattengründungen	18
—	Die physikalischen Konstanten der Schwind- und Temperaturwirkung	35
6	Stütz- und Schnittkräfte des Balkens auf zwei Stützen	58
7	Stütz- und Schnittkräfte des Freiträgers	63
8	Stütz- und Schnittkräfte des Auslegeträgers	68
9 und 10	Stütz- und Schnittkräfte des symmetrischen Dreigelenkbogens	83
—	Angaben über den Elastizitätsmodul der Baustoffe	93
11	Angaben über die Endverdrehung eines Stützenstabes mit linear veränderlichem Querschnitt	100
12 bis 16	Intregration von $\int M \overline{M} (J_c/J)\, ds$ bei geraden und gekrümmten Stäben mit verschiedenen Annahmen über die Funktion $\zeta = J_h/J$	102
17 bis 21	Angaben über die Biegelinie und über die Verdrehung der Endquerschnitte von Balkenträger, Freiträger und Auslegeträger mit konstantem und veränderlichem Querschnitt	112
22 und 23	Zahlentafeln zu den Funktionen ξ^r und ω	116 u. 121
24	Verhältniszahlen zur Umrechnung der Biegungsmomente eines Stabwerks bei verschiedenen Annahmen über die Belastung des einzelnen Stabes	190
25	Endmomente des beiderseits eingespannten Stabes mit J = const	323
26	Endmomente des einseitig eingespannten Stabes mit J = const	324
27	Kreuzlinienabschnitte	377
28	Angenäherte Kennbeziehungen in quadratischen Vierecksnetzen	379
29	Beiwerte μ_k, λ_k und $\overline{\mu}$ für verschiedene Funktionen $\zeta_k = J_k/J$; reduzierte Biegelinien $\overline{\omega}_D$, $\overline{\omega}'_D$	394
30	Links eingespannter, rechts freigelagerter Träger. J = const	398
31	Beiderseits eingespannter Träger, J = const	399
32	Durchlaufender Träger über zwei Feldern	401
33	Durchlaufender Träger über drei Feldern	404
34	Zahlenwerte $\omega'_D - \varkappa k(k-1)\, \omega_D$	410
35	Belastungszahlen für den durchlaufenden Balkenträger auf frei drehbaren Stützen	416
36 und 37	Belastungszahlen für den durchlaufenden Balkenträger auf elastisch drehbaren Stützen	433, 434
39 und 40	Zahlenwerte $c = \mathfrak{Ar}\mathfrak{Cof}\, \varkappa$ für Bogenträger mit einer Kettenlinie als Mittellinie	511, 512
41	Zweigelenkbogenträger mit analytisch bestimmter Mittellinie	514
42	Beiderseits eingespannter Bogenträger mit analytisch bestimmter Mittellinie	529
43 bis 53	Einfach statisch unbestimmte Rahmen	580
54 bis 62	Dreifach statisch unbestimmte Rahmen	595
63	Formänderungen und Schnittkräfte symmetrisch belasteter Kreis- und Kreisringplatten	632
64	Funktionen Φ_0 bis Φ_4	661
65	Abschätzung der größten Biegungsmomente in rechteckigen Platten mit gleichmäßig verteilter Last nach H. Marcus	698
66	Fourierkoeffizienten für einfache Belastungen von Scheiben	719

I. Die Grundlagen der Baustatik.

1. Aufgabe und Ziel.

Brauchbarkeit und Güte eines Bauwerks werden nach dem wirtschaftlichen Erfolg, nach der Sicherheit und der betrieblichen Eignung beurteilt. Sie hängen daher in vieler Beziehung von den physikalischen Eigenschaften des Bauwerks ab, welche durch den Baustoff, dessen Verarbeitung und durch die Gestaltung des Tragwerks bestimmt werden. Die technische und wissenschaftliche Erkenntnis ist in der jüngsten Zeit auf allen diesen Gebieten wesentlich vorwärtsgeschritten, so daß die Forderungen der Gegenwart an die Zuverlässigkeit des betrieblichen Erfolges ebenfalls erweitert worden sind. Er wird nicht mehr allein nach der Festigkeit des Bauwerks unter vorgeschriebenen äußeren Kräften, sondern oft auch nach den kinetischen, akustischen und thermodynamischen Eigenschaften des Tragwerks beurteilt.

Zum Nachweis der Sicherheit des Tragwerks gegen Zerstörung dient der Festigkeitsbegriff. Er wird ebenso auf das Gefüge des Baustoffes wie auf die summarische Zusammenfassung aller durch Gestaltung und Ausführung bestimmten Eigenschaften des Bauwerks angewendet. Der Bruch bedeutet physikalisch die Überwindung der Kohäsion und plastischen Verformbarkeit des Baustoffes durch innere Kräfte $\varDelta K$, welche durch die Belastung hervorgerufen worden sind. Sie werden auf ein Flächenteilchen $\varDelta F$ des stetig angenommenen Mittels bezogen. Der Quotient der beiden gerichteten Größen $\varDelta K/\varDelta F$ erhält nach einem Grenzübergang für $\varDelta F = 0$ die Bezeichnung Spannung. Ihre Komponenten winkelrecht und parallel zu $\varDelta F$ sind die Normalspannung σ und die Schubspannung τ.

Die Spannungen sind an zwei gegenüberliegenden Punkten der beiden Ufer eines Querschnitts gleich groß und entgegengesetzt gerichtet. Sie bilden einen Tensor, mit dessen Transformation auf die veränderliche Richtung des Flächenteils $\varDelta F$ eines differentialen Tetraeders **3** Hauptspannungsrichtungen und **3** Hauptschubspannungsrichtungen bestimmt werden. Diese dienen zur Beschreibung des Spannungszustandes und damit auch zur Beschreibung der Festigkeit von Baustoff und Tragwerk.

Der Spannungszustand wird zum Teil durch die Eigenspannungen aus der Herstellung und Verarbeitung des Baustoffes, im wesentlichen jedoch durch äußere Kräfte erzeugt, welche dem Tragwerk als Lasten und Stützkräfte eingeprägt sind. Daher ist die ausführliche und physikalisch einwandfreie Diskussion der äußeren Kräfte für die Sicherheit und für die wirtschaftliche Gestaltung eines Bauwerks von grundlegender Bedeutung. Sie kann oft nur durch Idealisierung von Belastung und Stützung erreicht werden. Hierbei trennen sich unter Umständen die Wege, welche die Technik im Gegensatze zur Wissenschaft einschlägt.

Die Beurteilung der Sicherheit als Ziel jeder baustatischen Untersuchung beruht hiernach auf der Beschreibung des Spannungs- und Verschiebungszustandes des Tragwerks für einen physikalisch idealen Baustoff und vorgeschriebene äußere Ursachen.

2. Die Belastung des Tragwerks.

Physikalische Kennzeichnung der Belastung. Die Belastung des Tragwerks gilt in der Regel als unabhängig von der Zeit. Sie umfaßt ständige oder zufällige Lasten und Verkehrslasten, die sich relativ zum Bauteil bewegen. Die Lasten sind also dauernd in Ruhe oder werden so langsam eingetragen, daß die Geschwindigkeit der eintretenden Formänderung des Tragwerks vernachlässigt werden kann. Diese Voraussetzung ist bei einer plötzlichen Belastung nicht mehr erfüllt. Die elastischen Kräfte des Bauteils sind in diesem Falle nicht mehr im Gleichgewicht mit der Belastung, so daß freie Schwingungen mit den für den Bauteil charakteristischen Eigenfrequenzen entstehen. Dasselbe gilt bei der Eintragung von kinetischer Energie durch fallende Körper, durch die plötzliche Änderung der Fahrzeuggeschwindigkeit bei Brücken und durch Kurzschluß bei Turbinenfundamenten.

Von besonderer Bedeutung sind die periodisch veränderlichen Kräfte, welche durch Fahrzeuge und durch die hin- und hergehende oder drehende Bewegung von Maschinenteilen hervorgerufen werden. Sie vermögen unter Umständen selbst bei geringer Größe die Anfangsbewegung der Formänderung zu erzwungenen Schwingungen aufzuschaukeln und damit elastische Kräfte hervorzurufen, welche einem Vielfachen der ruhenden Last entsprechen und den Zusammenbruch des Bauwerks herbeiführen.

Die Lasten werden nach ihrer Ursache in eingeprägte Kräfte (Eigenschwere, Windkräfte, Wasserdruck, Erddruck) und Trägheitskräfte im Sinne des d'Alembertschen Prinzips (Fliehkräfte geführter Fahrzeuge, Massenkräfte bewegter Maschinenteile) unterschieden. Hierzu treten Zwangskräfte aus dem physikalischen Verhalten der Baustoffe, welche durch Erhärten, Schwinden, Quellen, durch Wärmeübergang und Wärmeabfall bei gleichförmiger oder ungleichförmiger Temperaturänderung und durch die erzwungene Verschiebung eines Punktes hervorgerufen werden.

Die eingeprägten Kräfte werden als Massenkräfte $\mathfrak{b}\,dm$ auf die Masse dm, als Flächenkräfte $\mathfrak{p}\,dO$ auf das Differential dO der Oberfläche des Körpers bezogen. Die Flächenkraft ist gleichförmig verteilt oder als beliebige stetige und unstetige Funktion der Koordinaten der belasteten Fläche gegeben. Ist diese klein, so wird meist die resultierende Kraft $\int \mathfrak{p}\,dO$ als Punkt- oder Einzellast verwendet. Diese Idealisierung vereinfacht die Untersuchung und genügt nach dem St. Venantschen Prinzip zur Beschreibung der Festigkeit in dem der Belastung nicht unmittelbar benachbarten Bereich des Tragwerks. Der Spannungszustand nächst dem Lastangriff bedarf stets einer besonderen Untersuchung. Sie wird in der Regel durch eine summarische Abschätzung ersetzt, welche die einwandfreie konstruktive Ausgestaltung ermöglicht. In vielen Fällen sind die bei der Übertragung von Einzellasten zu beachtenden Annahmen durch behördliche Bestimmungen vorgeschrieben (Best. A § 19, Din 1075 § 6). Trotzdem kann unter Umständen die eingehende Untersuchung über die Eintragung notwendig oder nützlich sein. Das Ergebnis hängt von den elastischen oder plastischen Eigenschaften des Zwischenmittels und von den elastischen Eigenschaften des Tragwerks ab. Flächen- und Einzellasten werden entweder unmittelbar oder mittelbar durch Zwischenkonstruktionen in das Bauwerk eingetragen.

Die Definition der Belastung in den amtlichen Bestimmungen. Die ruhende oder ständige Belastung eines Tragwerks besteht im wesentlichen in der Eigenschwere der Bauteile und der Ausrüstung des Tragwerks. Ihre Größe ist in jedem Lande durch amtliche Bestimmungen der Bau- oder Verwaltungsbehörden vereinbart. Schnee- und Windbelastung oder Wasserdruck, Erddruck und der Boden- oder Seitendruck eines Füllgutes gelten als zufällige Lasten, deren Lage zum Bauwerk als unveränderlich angenommen wird. Größe und Richtung sind physikalisch bekannt oder werden auf Grund von Versuchen abgeschätzt. Im Gegensatz hierzu können die Nutzlasten jede Stellung zum Tragwerk in beliebiger oder vorgeschriebener Aufteilung einnehmen.

Die Bestimmungen über die in Preußen bei Hochbauten anzunehmenden Lasten sind durch den Erlaß des Ministeriums für Volkswohlfahrt vom **24. 12. 1919** festgesetzt und später erweitert worden. In anderen Ländern gelten ähnliche Vorschriften.

Die Belastung von Straßenbrücken ist mit Din **1071** und **1072** vereinbart, die Berechnungsgrundlagen für Eisenbahnbrücken durch die B. E. der Deutschen Reichsbahngesellschaft (II. Auflage **1930**) vorgeschrieben worden. In diesen werden Hauptkräfte, Wind- und Zusatzkräfte unterschieden. Die Verkehrslasten richten sich nach der Brückenklasse. Die Seitenkräfte aus der Bewegung der Fahrzeuge und dem Strömungswiderstand der Bauteile bei Wind, also Größe und Verteilung des Winddruckes sind hier nach Erfahrung und Messung festgesetzt worden. Die besonderen Vorschriften zum Festigkeitsnachweis massiver Brücken werden in Din **1075** behandelt.

Bestimmungen über die bei Hochbauten anzunehmenden Belastungen und über die zulässigen Beanspruchungen der Baustoffe. Elfte ergänzte Auflage. Berlin 1932. — Bestimmungen des Deutschen Ausschusses für Eisenbeton (Din 1044—1048). Berlin 1932. — Berechnungsgrundlagen für massive Brücken (Din 1075). Berlin 1930. — Belastungsannahmen für Straßenbrücken (Din 1072). Berlin 1926. — Richtlinien für die Überwachung und Prüfung massiver Straßenbrücken (Din 1077). Berlin 1932. — Berechnungsgrundlagen für eiserne Eisenbahnbrücken (BE). Ausgabe 1930. — Grundlagen für die Berechnung der Standfestigkeit hoher, freistehender Schornsteine (Din 1056) Ausgabe 1929. — Vorschriften für Starkstrom-Freileitungen 1928.

3. Schnee- und Windbelastung.

Die Angaben über Schneebelastung bedürfen keiner Erläuterung. Sie können mit einfachen Messungen nachgeprüft und für außergewöhnliche meteorologische Verhältnisse abgeändert werden.

Die Vorschriften über den Winddruck auf Bauwerke beruhen auf der Größe und Verteilung des Widerstandes W, den ein Körper in einer gleichmäßigen Strömung erzeugt. Er wird nach dem folgenden Ansatz berechnet:

$$W = \zeta \frac{\varrho}{2} v^2 \Phi . \tag{1}$$

In diesem bedeuten Φ den Querschnitt des angeströmten Körpers, $\varrho = \gamma/g$ die Dichte des strömenden Mittels. Sie beträgt für Luft im Durchschnitt $0{,}125$ kgsek²/m⁴. ζ ist ein von der Form des angeströmten Körpers abhängiger Beiwert, v die Geschwindigkeit der ungestörten Luftströmung. In der Natur werden Böengeschwindigkeit und größte mittlere Geschwindigkeit der Windströmung gemessen. Während die Böengeschwindigkeit für die Festigkeit der Bauteile maßgebend ist, kommt für die Stabilität der Bauwerke nur die mittlere Windgeschwindigkeit in Betracht. Man rechnet im Binnenlande unter Einhaltung einer von den Verwaltungsbehörden für beide Fälle verschieden groß vorgeschriebenen Sicherheit mit $v = 35$ m/sek, wenn auch hier in Bodennähe Böengeschwindigkeiten von **50** m/sek, im Küstengebiete sogar von 60 m/sek festgestellt worden sind. Die Frequenz der Windstöße ist mit $n = 24$ bis 40/Minute gemessen worden.

Der Beiwert ζ wird durch Modellversuche im Windkanal bestimmt. Die Größe von ζ hängt von dem Verlauf der Strömung im sogenannten Totwassergebiet des Körpers ab. Sie ist um so kleiner, je besser das Totwassergebiet durch die Form des Körpers oder auch durch die zunehmende Geschwindigkeit v der Strömung belüftet wird. In der Regel wird bei dem Nachweis von Stabilität und Festigkeit der Bauwerke mit einem Mittelwert von $\zeta = 1{,}6$ gerechnet und damit ein Körperwiderstand von

$$W = 0{,}1\, v^2 \Phi = 125 \Phi \text{ in kg}, \quad \Phi \text{ in m}^2 \tag{2}$$

erhalten.

Mit der Ermittlung des Körperwiderstandes ist nichts über die Verteilung der Kraft über den Umfang des angeströmten Körpers bekannt. Sie besteht aus positiven und negativen Bereichen, die sich mit der Windgeschwindigkeit ändern und unter Umständen durch Ablösung der Strömung zu Spitzen entwickeln. In der Literatur sind nur Messungen an einzelnen kleinen Modellen veröffentlicht worden. Sie zeigen bereits die Schwierigkeiten, denen allgemeine Angaben über die Verteilung des Strömungswiderstandes am Körperumfang begegnen. Aus diesem Grunde begnügt man sich mit dem einfachsten Ansatz, setzt dabei allerdings stillschweigend voraus, daß der Winddruck als eingeprägte Kraft im Festigkeitsnachweis gegenüber den anderen Lasten zurücktritt. Schließen die angeströmte Fläche F und die Strömungsrichtung miteinander den Winkel φ ein, so verwenden die amtlichen Bestimmungen

$$W_\varphi = 0{,}1\, v^2 F \sin^2\varphi = 125\, F \sin^2\varphi \text{ in kg}, \quad F \text{ in m}^2. \tag{3}$$

Bei modernen Großbauten, wie Kühl- und Wassertürmen, Kuppelbauten, Hochhäusern und Schornsteinen, welche ihre Umgebung hoch überragen, ist stets eine eingehende Untersuchung über die Größe und Verteilung des Körperwiderstandes am Platze, zumal die allgemeinen Angaben nur für gleichförmige Strömung gelten. Die ungünstigsten Strömungen werden unter Umständen auch senkrecht nach aufwärts oder abwärts gerichtete Komponenten des Winddrucks ergeben.

Eiffel: Resistance de l'air et l'ariation. Paris 1910. — Sonntag: Windsaugwirkungen. Zbl. Bauverw. 1916 und 1920. — Prandtl, L.: Neuere Einsichten in die Gesetze des Luftwiderstandes. Berlin 1921. — Buchegger: Windgeschwindigkeit und Winddruck. Bauing. 1922, S. 491. — Ergebnisse der Aerodynamischen Versuchsanstalt zu Göttingen. II. Lfg. München 1923. — Busch: Die Aufgabe des Bauingenieurs in der Winddruckfrage. Bauing. 1924. — Bilau, K.: Die Windkraft in Theorie und Praxis, im Jahrbuch der Deutschen Gesellschaft für Bauingenieurwesen 1927. Berlin 1927. — Vorläufiger Auszug aus Göttinger Messungen, im Jahrbuch der Deutschen Gesellschaft für Bauingenieurwesen 1928 S. 87; 1929 S. 160. — Schmidt, W.: Die Struktur des Windes. Sitzungsberichte der Wiener Akademie 1929. — Flachsbart, O.: Winddruck auf Bauwerke. Naturwiss. 1930 S. 475. — Derselbe: Winddruck auf Schornsteine. Naturwiss. 1931 S. 759. — Derselbe: Winddruck auf vollwandige Bauwerke und Gitterfachwerke. Abhandlg. der Internat. Vereinigung für Brücken- und Hochbau Bd. 1 (1932). — Derselbe: Geschichte der experimentellen Hydro- und Aeromechanik Bd. 4 (1932). — Derselbe: Winddruckmessungen an einem Gasbehälter. 3. Lief. d. Aerodyn. Versuchsanstalt Göttingen. — Derselbe: Modellversuche über den Winddruck auf geschlossene und offene Gebäude. 4. Lief. d. Aerodyn. Versuchsanstalt Göttingen. 1932. — Dürbeck: Die Windverteilung bei amerikanischen Wolkenkratzern. Bautechn. 1932.

4. Wasserdruck.

Der Druck des Wassers ist in ruhendem Zustand winkelrecht zur Begrenzung des Bauwerks gerichtet und mit der Wassertiefe verhältnisgleich. Er erzeugt durch das in den Baukörper eindringende Wasser Auftrieb und pflanzt sich im Grundwasser als Sohlendruck fort.

Die auf die Volumeneinheit bezogene Auftriebskraft γ_a entsteht nur durch den Druckunterschied an den undurchlässigen Zuschlagstoffen des Baukörpers. Ist μ deren auf 1 m³ bezogener Anteil, $(1-\mu)$ der Anteil des Bindemittels und $\bar{\varepsilon}$ die auf 1 m³ des Baukörpers bezogene Wasseraufnahme, so beträgt

$$\gamma_a = \mu \frac{\bar{\varepsilon}}{1-\mu}. \tag{4}$$

Die Mitwirkung des Wassers als Auftrieb γ_a wird in der Regel durch die Ausführung des Bauwerks ausgeschlossen. Die gleiche Auffassung wird von dem Talsperrenausschuß des Deutschen Wasserwirtschafts- und Wasserkraftverbandes vertreten.

Der Sohlendruck des Wassers erzeugt eine für die Stabilität zahlreicher Bauwerke wichtige äußere Kraft, deren Größe und Lage von der Druckverteilung und daher von der geologischen Beschaffenheit des Gebirges und von der Abdichtung oder Verherdung des Baugrundes abhängt. Bei durchlässigem Kies- und Sandboden oder spaltenreichem Gebirge wird der hydrostatische Druck auf der ganzen Grenzfläche übertragen. Bei Felsuntergrund hängt der auf eine Fläche F bezogene mittlere Sohlendruck, abgesehen von allgemeinen geologischen Verhältnissen, von der Zerklüftung des Untergrundes und von der Wirkung einer Sohlenentwässerung ab. Er wird als Produkt aus der Druckintensität und dem belasteten Flächenteil αF bestimmt.

Der Druckabfall quer zur Achse wird bei Talsperren linear angenommen. Man setzt den Sohlendruck an der Wasserseite gleich dem hydrostatischen Druck und an der Luftseite Null. Der Beiwert α hängt ab von dem Spaltenreichtum des Gebirges und von der Güte des Anschlusses zwischen Felsen und aufgehendem Mauerwerk, also vom Druckabfall durch die Reibung des Wassers in den Poren. Er ist für die Abmessungen des Mauerquerschnittes von großer Bedeutung und muß durch Vorarbeiten sorgfältig bestimmt werden. In den Vorschlägen des Talsperrenausschusses des Deutschen Wasserwirtschafts- und Wasserkraftverbandes und in behördlichen Bestimmungen ist bei guten, mittleren oder weniger guten, natürlichen Verhältnissen $\alpha = 0{,}2$ oder $0{,}3$ oder $0{,}4$ vorgesehen.

Lickfeld: Zbl. Bauverw. 1898. — Fillunger: Der Auftrieb in Talsperren. Öst. Wochenschrift f. d. öffentl. Baudienst 1913. — Kammüller, K.: Die Theorie der Staumauern. Berlin 1929. — Mitteilungen des Deutschen Wasserwirtschaft- und Wasserkraftverbandes Nr. 28 (1930).

5. Erddruck.

Die Theorie des Erddrucks behandelt das Gleichgewicht lockerer Erdmassen mit idealisierten physikalischen Eigenschaften im Grenzzustand zwischen Ruhe und Bewegung. Der Widerstand τ^* gegen die relative Bewegung der Bestandteile aus der Kohasion und der inneren Reibung der Schüttung wird längs eines Gleitlinienfeldes erschöpft. Gleichgewicht ist so lange vorhanden, als die Schubspannung längs einer Gleitfläche

$$\tau < \tau^* = \mu_0 \sigma + \tau_0 = \sigma \mu = \sigma \operatorname{tg} \varphi . \tag{5}$$

$\tau = \tau^*$ heißt Fließbedingung. τ_0 ist der Anteil des Schubwiderstandes aus der Kohäsion, μ_0 der Beiwert der Coulombschen Reibung. Er hängt von der Oberflächenbeschaffenheit und von dem Strukturwiderstand der Bestandteile ab. Der Winkel φ wird als Winkel der inneren Reibung bezeichnet.

Die Fließbedingung bestimmt mit den statischen Gleichgewichtsbedingungen und den geometrischen Verträglichkeitsbedingungen (Abschnitt 8) die Form der Gleitflächen und den Spannungszustand an der Fließgrenze. Die Randwerte $(\sigma \mp \tau)\, dF$ längs des stützenden Körpers werden bei der Untersuchung der Stabilität der Stützmauer als äußere Kräfte verwendet. Leider gelingt die Integration des Ansatzes nur in einfachen Fällen. Man ist daher im Bauwesen durch die mannigfache Art der Aufgaben und durch die physikalischen Eigenschaften des gewachsenen oder angeschütteten Erdbodens zur Vereinfachung der Theorie gezwungen. Sie stützt sich auf unmittelbare Beobachtung und Annahmen über den Bewegungsvorgang. Diese sind hier ebenso zulässig wie bei anderen technischen Aufgaben, deren Lösung durch Versuche als qualitativ richtige und quantitativ brauchbare Näherung bestätigt wird. Dabei tritt das statische Problem zurück. Die Gleitflächen werden nicht wie in der strengen Theorie berechnet, sondern als ebene oder gekrümmte Flächen mit Kreis oder logarithmischer Spirale als Leitkurve angenommen. Nebenher sind auch Methoden zur Beschreibung des Spannungszustandes im unbegrenzten Erdkörper angegeben worden, von denen diejenigen von W. I. M. Rankine und O. Mohr am meisten Beachtung gefunden haben. Die Beziehungen zwischen den physikalischen Eigenschaften des Erdbodens und dessen innerem Widerstand sind namentlich in der jüngsten Zeit geklärt worden.

Physikalische Voraussetzungen. Die Standsicherheit einer Stützmauer oder eines Bauwerks mit gleicher Zweckbestimmung beruht auf dem Gleichgewicht der äußeren Kräfte, welche im Grenzzustand zwischen Ruhe und Bewegung an einem durch Gleitflächen begrenzten Erdkörper angreifen. In diesem Falle ist $\tau = \tau^* = \sigma \operatorname{tg} \varphi$. Die inneren Kräfte werden in Normalkräfte σdF und Schubkräfte $\tau^* dF$ zerlegt und im Bereich der einzelnen Abschnitte der Begrenzung zu Mittelkräften zusammengefaßt, um damit die statischen Bedingungen für das Gleichgewicht eines freien, vom Erdkörper losgetrennten Erdprismas zu untersuchen. Auf diese Weise kann die Standsicherheit von Böschungen, Spundwänden, Pfahlrosten und die Stabilität von Gründungen geprüft werden. Bei zahlreichen anderen Aufgaben wird der angreifende Teil der Randkräfte $(\sigma \hat{+} \tau^*) dF$ von dem widerstehenden Teil getrennt und einzeln als aktiver und passiver Erddruck nach Größe, Richtung und Lage bestimmt, um aus dem Vergleich der Kräfte auf die Standsicherheit des Bauwerks zu schließen.

Der Grenzzustand der Bewegung hängt vom Gewicht und von der Schubfestigkeit des abgestützten Mittels ab. Diese wird in der Regel auf den Winkel der inneren Reibung φ (S. 5) bezogen, den die Richtung der resultierenden Spannung $\sigma \hat{+} \tau^*$ im Grenzzustand zwischen Ruhe und Bewegung mit der Normalen zur Gleitfläche einschließt. Die Schubfestigkeit von Kiesen und Sanden beruht fast allein auf dem Strukturwiderstand, bei bindigen Böden außerdem noch auf der Kohäsion des Mittels. Hierbei spielen neben der Lagerung, Verdichtung und dem Porengehalt des Mittels vor allem die Molekularkräfte eine Rolle, die von dem Porenwasser hervorgerufen werden. Daher hängt die Schubfestigkeit auch von der Wasserdurchlässigkeit, der Wasseraufnahme und Wassersättigung ab. Sie ist eine Funktion der Normalspannung und sinkt mit zunehmendem σ. In jedem Falle sind die ungünstigsten Verhältnisse maßgebend, um einer Gleichgewichtsstörung mit Sicherheit durch ausreichende Standfestigkeit des Bauwerks zu begegnen. Die Bodenkonstanten werden daher bei unklaren Verhältnissen stets durch Versuche geprüft.

Im Grenzzustand zwischen Ruhe und Bewegung bilden die differentialen Kräfte $(\sigma \hat{+} \tau) dF$ längs der Stützwand mit der Normalen einen Winkel δ', dessen Grenzwert durch Versuche bestimmt werden kann, jedoch stets auch von den Bewegungen der Wand, von der Erschütterung und Wassersättigung des Erdkörpers und von der Grundwasserbewegung abhängig ist. Er ist kleiner als der Winkel der inneren Reibung φ und kann ohne nähere Angaben bei günstigen örtlichen Verhältnissen mit $0{,}6\,\varphi$ geschätzt werden. In anderen Fällen wird $\delta' = 0{,}5\,\varphi$, $\delta' = 0{,}3\,\varphi$ oder auch $\delta' = 0$ angenommen. Er ist für den Betrag des Erddrucks ohne große Bedeutung, dagegen für die Beurteilung der Stabilität der Stützmauer wichtig.

Ansatz für die angenäherte Berechnung nach Coulomb und Poncelet. Die Stützmauer gilt in der statischen Untersuchung als unendlich lang, so daß sich die Kräfte in Schnitten senkrecht zur Längsachse nicht ändern. Die ebene Gleitfläche der Anfangsbewegung schneidet die Bildebene in einer geraden Gleitlinie. Sie schließt mit der Wand und der Geländeoberfläche ein Erdprisma ein, dessen Elemente im Grenzzustand ein ruhendes Massensystem bilden. Die äußeren Kräfte an dem Erdprisma sind daher ebenso wie am starren Körper im Gleichgewicht. Zu ihnen zählen das Eigengewicht des Erdprismas, die Auflasten und die Mittelkräfte von $(\sigma \hat{+} \tau) dF$ an den Gleitflächen im Erdkörper und längs der Wand.

Die resultierende Flächenkraft E bildet im Grenzzustand an jedem geraden Abschnitt der Wandlinie mit der Normalen den Winkel δ' (Abb. 1) der ruhenden Reibung zwischen Erde und Mauerwerk. Sie ist eine Funktion physikalischer Konstanten. Die Richtung der Mittelkraft $Q = \int (\sigma \hat{+} \tau) dF$ an der Gleitfläche ist durch das Verhältnis zwischen Schubspannung und Normalspannung $\tau/\sigma = \operatorname{tg}(\pm \delta)$, im Grenzfall $\tau^*/\sigma = \operatorname{tg}(\pm \varphi)$ bestimmt. Das Vorzeichen ergibt sich aus dem Richtungssinn der Schubspannungen, also aus der Richtung der im Grenzfall eintretenden Bewegung. Das positive Vorzeichen $(+\varphi)$ wird dem aktiven Erddruck E_a in

Richtung auf den stützenden Wandteil, das negative Vorzeichen ($-\varphi$) dem passiven Erddruck E_p zugeordnet, welcher bei einer Bewegung der Stützmauer gegen den Erdkörper von diesem aufgenommen wird.

Die Ebene AC mit dem beliebigen Winkel λ begrenzt nach Abb. 1 ein Erdprisma von der Tiefe 1 m und dem Gewicht $G(\lambda)$. Der Erddruck $E(\lambda)$ wird nach Größe und Richtung aus der Zerlegung von G nach E und Q gefunden. Im Grenzzustand zwischen Ruhe und Bewegung ist mit $\delta = \varphi$

$$E_{\substack{a\\p}} = G\frac{\sin(\lambda \mp \varphi)}{\sin(\lambda + \psi \mp \varphi)}. \tag{6}$$

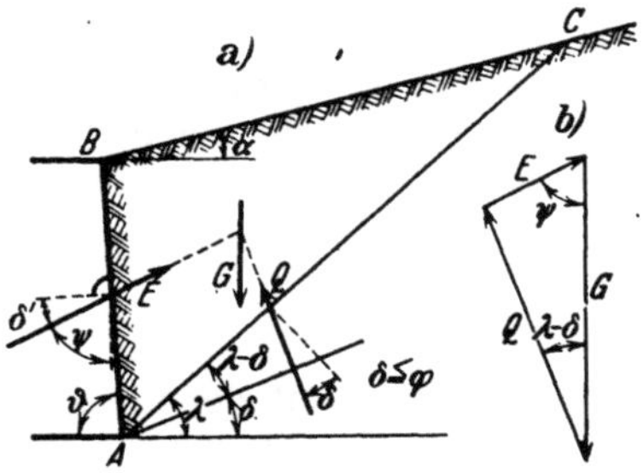

Abb. 1.

Der Betrag der Kraft E kann bei Annahme eines beliebigen Querschnittes AC_k als Gleitfläche durch Drehung der Abb. 1b ($\delta = \varphi$) um $(90 - \varphi)^0$ zeichnerisch im Lageplan angegeben werden (Abb. 2). Das Gewicht G des Erdprismas ABC_k und seiner Auflast erscheint dann auf dem freien Schenkel des von der Horizontalen aus aufgetragenen Winkels φ, der Böschungslinie. Die Kraft Q bildet mit G den Winkel $(\lambda - \varphi)$, liegt also auf AC_k, während die Kraft E mit der Böschungslinie den Winkel ψ einschließt. Diese Richtung wird als Stellungslinie bezeichnet. Sie wird als freier Schenkel eines Winkels $(\varphi + \delta')$ erhalten, den diese Richtung mit der Wandlinie BA einschließt $(\psi = \vartheta - \delta')$. Der Schnittpunkt der Kraftrichtungen von E und Q beschreibt bei veränderlichem Winkel λ eine stetige oder unstetige Linie, die als Culmannsche Erddrucklinie bezeichnet wird. Die zur Böschungslinie parallele Berührende an die Erddrucklinie liefert den Grenzwert der Kraft E und die Gleitlinie AC_0 $(\lambda = \lambda_0)$. Diese begrenzt je nach Verwendung von $+\varphi$, $+\delta'$ oder $-\varphi$, $-\delta'$ das Prisma des größten aktiven Erddrucks E_a oder das Prisma des kleinsten passiven Erddrucks E_p, welcher zum Gleichgewicht der Kräfte nötig ist.

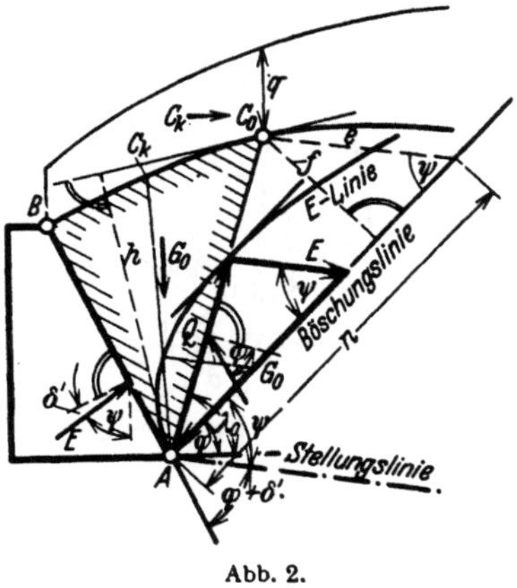

Abb. 2.

Das mathematische Kriterium ist bei einer stetigen Funktion $G(\lambda)$

$$E_{extrem}: \qquad \frac{dE}{d\lambda} = 0 \quad \text{und} \quad \varphi = \text{const}, \quad \text{also} \quad \frac{d\varphi}{d\lambda} = 0. \tag{7}$$

E_a wird hiernach als unterer, E_p als oberer Grenzwert der Funktion $E(\lambda)$ gefunden (Abb. 3). Die Kraft E_a oder E_p kann auch als konstanter, für die Stabilität der Stützmauer charakteristischer Wert angesehen werden, der mit dem Gewicht $G(\lambda)$ und der Mittelkraft $Q(\lambda)$ an dem beliebigen Erdprisma ABC im Gleichgewicht steht (Abb. 1). Die Mittelkraft $Q(\lambda)$ bildet dann mit der Normalen zu AC einen mit λ veränderlichen Winkel δ, der für $\lambda = \lambda_0$ und $AC \equiv AC_0$ zum Grenzwert $\delta_{extrem} = \pm\varphi$ wird (Abb. 2). Der Querschnitt AC_0 ist daher Gleitfläche. Dies bedeutet in Übereinstimmung mit (7) mathematisch:

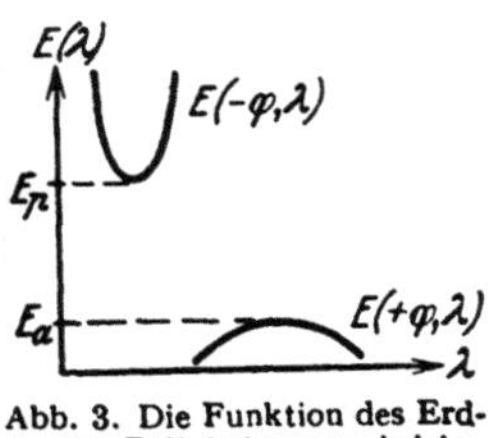

Abb. 3. Die Funktion des Erddrucks $E(\lambda)$ bei vorgeschriebenem inneren Reibungswiderstand $\pm\varphi$.

$$\delta_{extrem}: \qquad \frac{d\delta}{d\lambda} = 0 \quad \text{und} \quad E = \text{const}, \quad \text{also} \quad \frac{dE}{d\lambda} = 0. \tag{8}$$

Nach (6) und Abb. 2 ist für den aktiven Erddruck:

$$\frac{dE}{d\lambda} = G_0 \sin\psi + \frac{dG_0}{d\lambda} \sin(\lambda - \varphi) \sin(\lambda - \varphi + \psi) = 0;$$

$$G_0 = \frac{1}{2}\left(\gamma + \frac{2q}{h}\right) f n = \frac{1}{2}\gamma' f n \qquad \text{(Rebhannscher Satz).} \tag{9}$$

G_0 ist das Gewicht eines durch AC_0 abgetrennten Erdkeils mit allen darauf ruhenden Lasten. Es wird in der Regel auf 1 m Tiefe bezogen. γ in t/m³ bezeichnet das spezifische Gewicht der Erdmassen, q in t/m² die Auflast im Punkt C_0 der Geländelinie. Die Strecken f und n ergeben sich in Abb. 2 mit der Parallelen zur Stellungslinie in C_0, die Strecke h mit der Tangente zur Geländelinie in C_0. Nach (6) ist dann

$$E_a = \frac{1}{2}\gamma' f n \frac{\sin(\lambda - \varphi)}{\sin(\lambda - \varphi + \psi)} = \frac{1}{2}\gamma' f e. \tag{10}$$

Die Brauchbarkeit der Coulombschen Annahme ebener Gleitflächen bei Erddruck auf Stützmauern ist durch Th. von Kármán nach der strengen Theorie (S. 5)

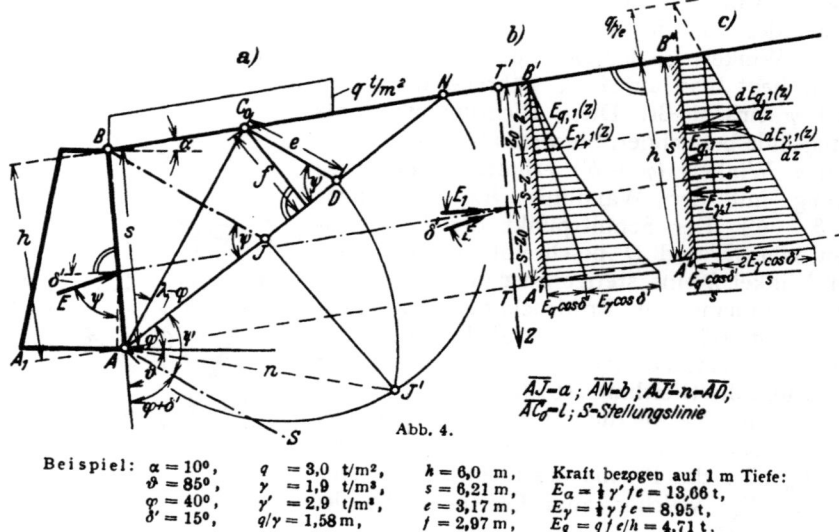

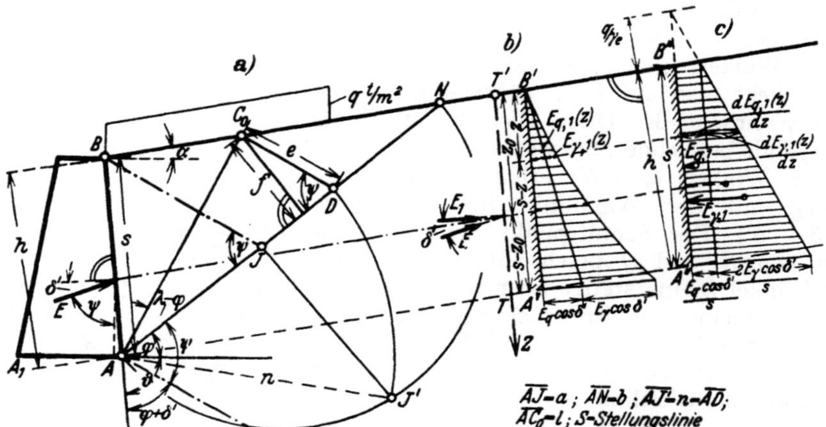

Abb. 4.

Beispiel:	$\alpha = 10^0$,	$q = 3{,}0$ t/m²,	$h = 6{,}0$ m,	Kraft bezogen auf 1 m Tiefe:
	$\vartheta = 85^0$,	$\gamma = 1{,}9$ t/m³,	$s = 6{,}21$ m,	$E_a = \frac{1}{2}\gamma' f e = 13{,}66$ t,
	$\varphi = 40^0$,	$\gamma' = 2{,}9$ t/m³,	$e = 3{,}17$ m,	$E_\gamma = \frac{1}{2}\gamma f e = 8{,}95$ t,
	$\delta' = 15^0$,	$q/\gamma = 1{,}58$ m,	$f = 2{,}97$ m,	$E_q = q f e/h = 4{,}71$ t.

geprüft worden. Das Gleitlinienfeld ist dabei zunächst für eine rauhe lotrechte Wand und waagerechtes oder abfallendes Gelände und für die Fließbedingung (S. 5) berechnet worden. Das Ergebnis rechtfertigt die Annahmen der elementaren Theorie.

Lösung bei gerader Wand- und Erdlinie. Die Gleitlinie AC_0 kann bei gerader Geländelinie und gleichförmig verteilter Nutzlast geometrisch bestimmt werden, da nach dem Rebhannschen Satze die Strecke $\overline{AD} = n = \sqrt{ab}$ und DC_0 zur Stellungslinie parallel ist. Die Aufgabe wird dann zeichnerisch folgendermaßen gelöst (Abb. 4).

Waagerechte Gerade durch den unteren Endpunkt A der Wandlinie AB, für welche der Erddruck angegeben werden soll. Auf dem freien Schenkel des Winkels φ, der Böschungslinie, wird die Strecke $b = \overline{AN}$ durch die Geländelinie abgeschnitten. Die Parallele durch B zur Stellungslinie, die mit der Wandlinie den Winkel $(\varphi + \delta')$ einschließt, schneidet AN im Punkte J $(\overline{AJ} = a)$. Die Strecke $\overline{AD} = n$ wird als mittlere Proportionale zu den Strecken a und b konstruiert, so daß auch die Strecken e und f bekannt sind und E_a nach (10) angegeben werden kann. Um den passiven Erddruck E_p zeichnerisch zu bestimmen, werden die Winkel φ, $(\varphi + \delta')$, δ' mit negativem Vorzeichen verwendet, also in Abb. 4 nach der anderen Seite von AA_1, AB und der Normalen zu AB angetragen.

Um den Betrag der Kraft E_a analytisch zu berechnen, werden die Strecken f und e durch h und die Funktionen der bekannten Winkel ϑ, α, φ und δ' ausgedrückt. Das Ergebnis wird entweder auf γ' bezogen oder in die Anteile E_γ und E_q, dem Erddruck aus der Hinterfüllung (γ) und der Auflast (q), zerlegt.

$$E_a = \tfrac{1}{2}\gamma' h^2 k_1 = E_\gamma + E_q = \tfrac{1}{2}\gamma h^2 k_1 + q\,h\,k_1; \tag{11}$$

$$\gamma' = \gamma + \frac{2q}{h}; \quad k_1 = \frac{fe}{h^2}. \tag{12}$$

Schräge Wandlinie (ϑ), geneigtes Gelände ($\pm\alpha$) Abb. 4:

$$k_1 = \frac{\sin^2(\varphi+\vartheta)}{\sin^2(\vartheta+\alpha)\cdot\sin(\vartheta-\delta')\left[1+\sqrt{\dfrac{\sin(\varphi+\delta')\cdot\sin(\varphi-\alpha)}{\sin(\vartheta-\delta')\cdot\sin(\vartheta+\alpha)}}\right]^2}. \tag{13}$$

Lotrechte Wandlinie ($\vartheta = 90^0$) und geneigtes Gelände ($\pm\alpha$):

$$k_1 = \frac{\cos^2\varphi}{\cos^2\alpha\cdot\cos\delta'\left[1+\sqrt{\dfrac{\sin(\varphi+\delta')\sin(\varphi-\alpha)}{\cos\delta'\cos\alpha}}\right]^2}. \tag{14}$$

Lotrechte Wandlinie ($\vartheta = 90^0$), waagerechtes Gelände ($\alpha = 0$) und $\delta' \neq 0$:

$$k_1 = \frac{\cos^2\varphi}{\cos\delta'\left[1+\sqrt{\dfrac{\sin(\varphi+\delta')\sin\varphi}{\cos\delta'}}\right]^2}. \tag{15}$$

Lotrechte Wandlinie ($\vartheta = 90^0$), waagerechtes Gelände ($\alpha = 0$) und $\delta' = 0$:

$$k_1 = \operatorname{tg}^2\left(45^0 - \frac{\varphi}{2}\right). \tag{16}$$

Bei Auswertung des passiven Erddrucks E_p werden φ, δ' und die Wurzel mit dem negativen Vorzeichen verwendet.

Während das Gewicht des Erdbodens nach den Angaben auf S. 12 durch kapillar gebundenes Porenwasser erhöht wird, ergibt sich in einem zusammenhängenden Grundwasserkörper durch den Druckunterschied an der Oberfläche der undurchlässigen Bestandteile eine Gewichtsverminderung (Auftrieb). Dafür wird der Druck auf die stützende Wand um den Wasserdruck vermehrt, der sich in durchlässigen Bodenarten allseitig ausbreitet. Die äußeren Kräfte setzen sich daher aus dem Erddruck auf die Wand ohne die Mitwirkung des Grundwassers, aus dem Wasserdruck und aus der Abminderung des Erddrucks durch Auftrieb zusammen. Dieser ist als Massenkraft γ_a auf das Kornvolumen $\varepsilon = (1 - \bar{\varepsilon})$ des Erdbodens beschränkt. $\bar{\varepsilon}$ bezeichnet den leicht meßbaren Porengehalt, der bei Sanden je nach der Lagerung mit 40% (locker), 30% (dicht), 25% (sehr dicht), bei locker gelagerten Kiesen mit 28%, bei dicht gelagerten Kiesen mit 20% eingeschätzt werden kann. Der Porengehalt eines sandigen Lehms beträgt im Durchschnitt 30%. Nach Abb. 5 ist daher bei gerader Wandlinie (s, s_w)

Tabelle 1 (vgl. auch S. 12).
$k_1 = \operatorname{tg}^2(45^0 - \varphi/2)$
$k_2 = \operatorname{tg}^2(45^0 + \varphi/2)$

φ^0	$\mu = \operatorname{tg}\varphi$	k_1	k_2
45^0	1,000	0,172	5,828
40^0	0,839	0,217	4,599
35^0	0,700	0,271	3,690
30^0	0,577	0,333	3,000
$27,5^0$	0,521	0,368	2,716
25^0	0,466	0,406	2,464
$22,5^0$	0,414	0,446	2,240
20^0	0,364	0,490	2,040

$$E \mp W = E_q \mp E_\gamma \mp \gamma_w \frac{s_w t_w}{2} \triangleq E_\gamma \frac{\gamma_w}{\gamma_e}\frac{s_w^2}{s^2}(1-\varepsilon). \tag{17}$$

Lösung bei gerader Wand- und gebrochener Geländelinie. Da Ableitung und Ergebnis nach (9) auch gültig bleiben, solange $G(\lambda)$ im Bereiche von C_0 stetig ist, kann das Dreieck ABC_0 aus einer anderen mit ihr inhaltgleichen Fläche $AB_1B_2 \ldots C_0$ entstanden sein. Dabei muß der Punkt C_0 zunächst auf einem Abschnitt $\overline{B_3B_4}$ der gebrochenen Geländelinie (Abb. 6) angenommen werden, dessen Verlängerung auf diese Weise zur Bezugsgeraden der Konstruktion S. 8 für gerade Geländelinie wird. Die Untersuchung muß unter Umständen mit einem benachbarten Abschnitt

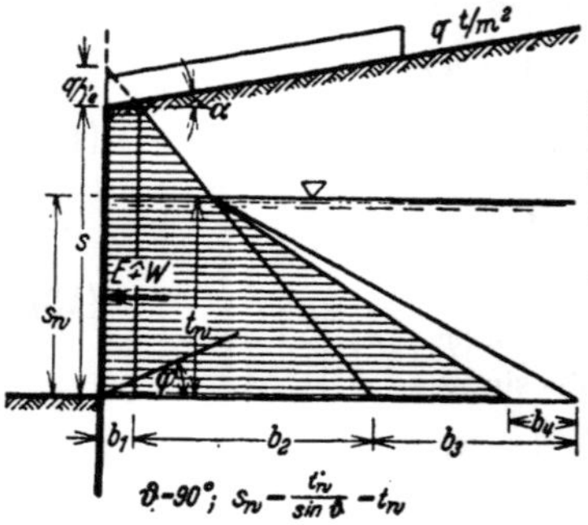

Beispiel:

$\alpha = 10°$, $\quad \gamma_w = 1{,}0\ \text{t/m}^3$, $\quad k_1 = 0{,}462$,
$\varphi = 25°$, $\quad \gamma_e = 1{,}8\ \text{t/m}^3$, $\quad s = 8{,}0\ \text{m}$,
$\delta' = 0°$, $\quad q = 2{,}0\ \text{t/m}^2$, $\quad s_w = 5{,}5\ \text{m}$,
$\vartheta = 90°$, $\quad \bar{\varepsilon} = 0{,}3$, $\quad h = s\sin(\vartheta + \alpha) = s\cos\alpha = 7{,}87$,

$E_\gamma = \frac{1}{2}\gamma h^2 k_1 = 26{,}6\ \text{t}$, $\quad E_q = q\,h\,k_1 = 7{,}4\ \text{t}$ auf 1 m Tiefe,

$\frac{s_w^2}{2} - E_\gamma \frac{s_w^2}{s^2}\frac{(1-\bar{\varepsilon})}{\gamma_e} = 10{,}2\ \text{t}$, $\quad E \mathbin{\hat{+}} W = 44{,}2\ \text{t}$ auf 1 m Tiefe,

$b_1 = \frac{E_q}{s} = 0{,}93\ \text{t/m}$, $\quad b_2 = \frac{2E_\gamma}{s} = 6{,}65\ \text{t/m}$ auf 1 m Tiefe,

$b_3 = t_w = s_w = 5{,}50\ \text{t/m}$, $\quad b_4 = \frac{2E_\gamma}{s_w}\frac{s_w^2}{s^2}\frac{(1-\bar{\varepsilon})}{\gamma_e} = 1{,}78\ \text{t/m}$ auf 1 m Tiefe.

Abb. 5.

wiederholt werden. Auflasten werden ebenso wie fehlende Anteile der Nutzlast q auf Teildreiecke des Erdprismas ABC_0 durch Division mit γ_e oder γ_e' umgerechnet, diesem zugefügt oder von diesem abgezogen. Die Stellungslinie wird nach wie vor auf die vorgeschriebene Wandlinie bezogen.

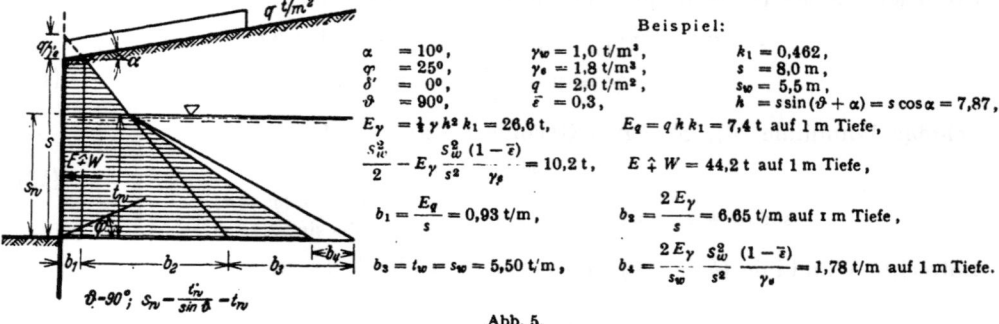

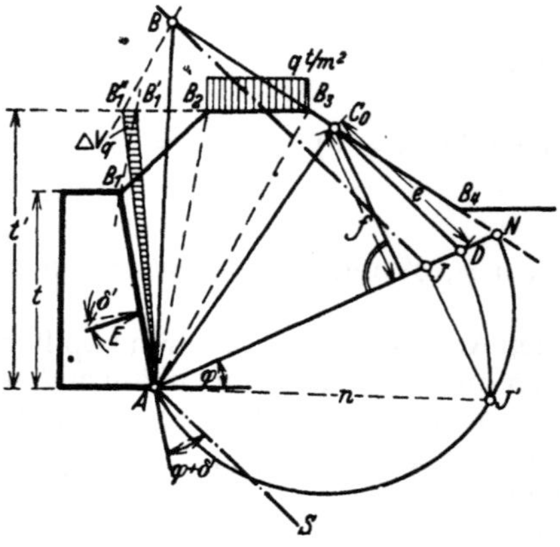

Abb. 6.

Beispiel: $\varphi = 25°$, $\quad t' = 8{,}5\ \text{m}$,
$\delta' = 10°$, $\quad \overline{B_2B_3} = 3{,}0\ \text{m}$,
$\gamma_e = 1{,}9\ \text{t/m}^3$, $\quad e = 5{,}36\ \text{m}$,
$q = 1{,}0\ \text{t/m}^2$, $\quad f = 5{,}0\ \text{m}$.

Auflast P ersetzt durch das Gewicht des Erdprismas $AB_1'B_1''$,

$P = \Delta V_q \gamma_e$,

$P = \overline{B_2B_3}\,q = \overline{B_1'B_1''}\frac{t'\gamma_e}{2}$; $\quad \overline{B_1'B_1''} = 0{,}37\ \text{m}$,

$E = \frac{1}{2} f e \gamma_e = 25{,}46\ \text{t}$ auf 1 m Tiefe.

Lösung bei gebrochener Wandlinie. Zur Bestimmung des Erddrucks $E_1 \mathbin{\hat{+}} E_2$ auf die gebrochene Wandlinie A_2A_1B soll zunächst die ihr zugeordnete Gleitlinie gegeben sein (Abb 7). Die Resultierende der in A_2C_2 vorhandenen Flächenkraft ist Q_2, das Gewicht des abgleitenden Erdprismas G_0. Der Erddruck E_1 auf die Wandlinie A_1B ist bereits ermittelt worden. Dann ist $E_2 = K - K'$ und K aus der Zerlegung der Kraft $G_0 - G' = G''$ nach den ihrer Richtung nach bekannten Komponenten E_2 und Q_2 bestimmt. Das Gewicht G' ist aus E_1 und der Richtung von E_2 gegeben. Demnach wird die Kraft K aus derselben analytischen oder graphischen Untersuchung gefunden, die für den Erddruck auf eine gerade Wandlinie angegeben worden ist, nur ist die dem Gewicht G_0 entsprechende Fläche $A_2A_1BC_2$ um eine dem Gewicht G' äquivalente Fläche $(A_2B'B'')$ zu vermindern. Dies geschieht, nachdem die Fläche $A_2A_1BC_2$ in das Dreieck $A_2B'C_2$ verwandelt und damit die Grundlage der Untersuchung für die gerade Wandlinie gefunden worden ist.

Lage der Mittelkraft E des Erddrucks. Das Gewicht G eines Erdprismas steht mit den Kräften $(\sigma \mathbin{\hat{+}} \tau)\,dF$ längs der Begrenzung im Gleichgewicht. Die statischen Bedingungen bestimmen mit der Fließbedingung (S. 5) in dem Grenzzustand zwischen Ruhe und Bewegung eindeutig die Form der Gleitflächen. Die Gleichgewichtsbedingungen der äußeren Kräfte sind daher bei Annahmen über die Form der Gleitflächen nicht mehr erfüllt. Wenn daher auch nach (6) die geometrische Summe von E, Q, G Null ist, so ist in der Regel noch ein Kräftepaar vorhanden. Die Wirkungslinien E,

Q, G werden sich daher bei Annahme von ebenen Gleitflächen nicht in einem Punkte des Lageplanes schneiden. Dies trifft nur dann zu, wenn der Erddruck auf eine senkrechte Wandlinie nach Rankine parallel zur Geländelinie angenommen wird. Die Ergebnisse der folgenden Rechnung sind jedoch trotz dieses Vorbehaltes für die Anwendung im Bauwesen brauchbar.

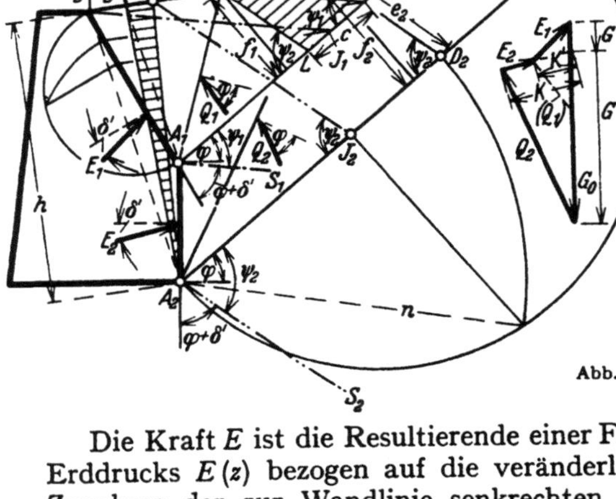

Beispiel:

$\varphi = 40^0$, $q = 3{,}0$ t/m²,
$\delta' = 15^0$, $\gamma_e = 1{,}8$ t/m³,
$f_1 = 3{,}00$ m, $f_2 = 4{,}05$ m,
$e_1 = 4{,}20$ m, $e_2 = 4{,}16$ m.
Aus $\overline{C_1 L} \,\|\, S_2$, $\overline{C_1 L} = 6{,}10$ m,
$h = 8{,}32$ m, $c = 2{,}15$ m,

$$G' = \triangle (C_1 D_1 L)\gamma_e' = \tfrac{1}{2} f_1 c \gamma_e' = 8{,}12 \text{ t}$$
$$= \triangle (A_2 B' B'')\gamma_e' = \tfrac{1}{2} d h \gamma_e',$$
$$d = f_1 \frac{c}{h} = 0{,}77 \text{ m},$$

Kraft auf 1 m Tiefe:

$$E_1 = \tfrac{1}{2} e_1 f_1 \gamma_e' = 15{,}88 \text{ t}; \quad K = \tfrac{1}{2} e_2 f_2 \gamma_e' = 21{,}23 \text{ t},$$
$$K' : E_1 = \overline{C_1 L} : \overline{C_1 D_1}; \quad K' = 11{,}72 \text{ t},$$
$$E_2 = K - K' = 9{,}51 \text{ t}.$$

Abb. 7.

Die Kraft E ist die Resultierende einer Flächenkraft $dE(z)/dz$, der Zunahme des Erddrucks $E(z)$ bezogen auf die veränderliche Wandhöhe z. Bezeichnet dE_1 die Zunahme der zur Wandlinie senkrechten Komponente im Bereich von dz und $\int dE_1 = E_1$, so ergibt sich aus der Äquivalenz der Kraftwirkung für den Endpunkt T der Wandlinie (Abb. 4 S. 8)

$$E_1 (s - z_0) = \int_{z=0}^{z=s} (s - z)\, dE_1 = \int_{z=0}^{z=s} (s - z)\, \frac{dE_1}{dz}\, dz. \tag{18}$$

Die Ordinate $(s - z_0)$ bestimmt die Lage der resultierenden Flächenkraft E_1. Der Ansatz bedeutet geometrisch die Umwandlung der von der Funktion dE_1/dz gebildeten Fläche in ein inhaltgleiches Rechteck.

Der Erddruck E ist bei gerader Wand- und Erdlinie in E_γ und E_q zerlegt worden (11). Die Funktion E_q ist linear in h $(\equiv z)$, $d\,E_q/dh$ also konstant, so daß der Angriffspunkt von E_q die Ordinate $(s - z_0) = s/2$ erhält. Die Funktion E_γ ist quadratisch in h, dE_γ/dh also linear. Der Angriffspunkt der Kraft E_γ an der Wandlinie erhält daher die Ordinate $2/3 \cdot h$ (Abb. 4). Bei gebrochener Wandlinie wird der Angriffspunkt der zugeordneten Teilkräfte geschätzt. Man wählt in der Regel die Mitte der Abschnitte.

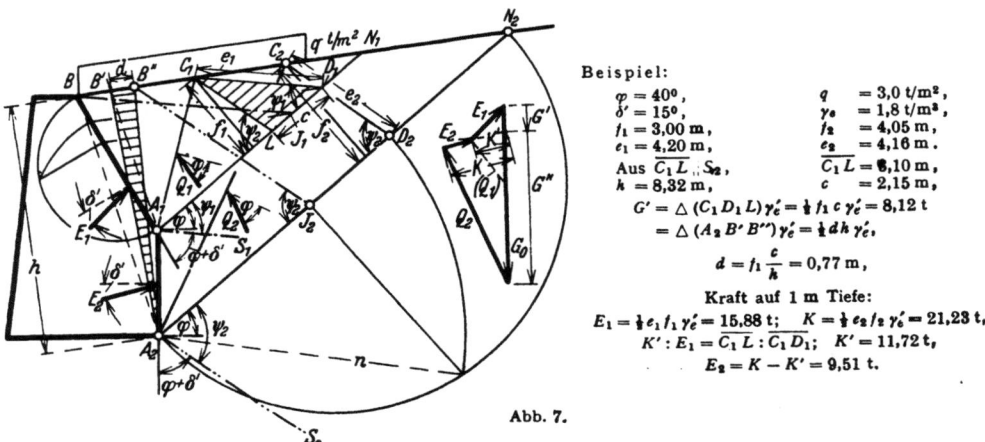

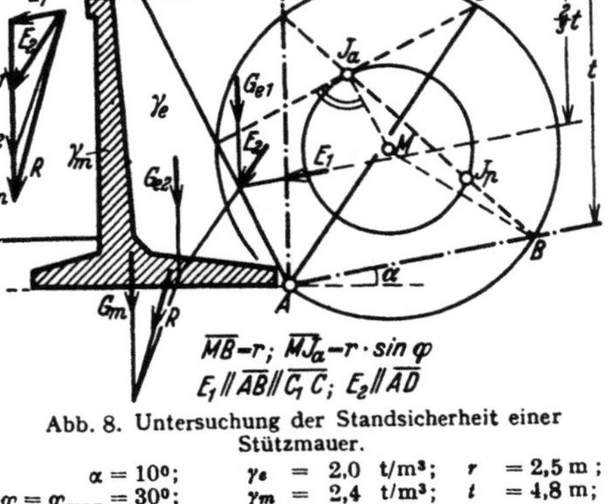

Abb. 8. Untersuchung der Standsicherheit einer Stützmauer.

$\alpha = 10^0$; $\gamma_e = 2{,}0$ t/m³; $r = 2{,}5$ m;
$\varphi = \varphi_{max} = 30^0$; $\gamma_m = 2{,}4$ t/m³; $t = 4{,}8$ m;
$G_{e1} = 10{,}15$ t; $G_{e2} = 10{,}07$ t; $G_m = 6{,}74$ t.
E_1 zeichnerisch durch Zerlegen von G_{e1} nach E_1 und E_2.
E_1 rechnerisch aus (14) mit $\delta' = \alpha$, $k_1 = 0{,}360$.
$h = t \cdot \cos\alpha = 4{,}73$ m; $E_1 = \frac{1}{2} \gamma_e h^2 k_1 = 8{,}04$ t auf 1 m Tiefe.
Resultierende für die Bodenfuge $R = 29{,}5$ t auf 1 m Tiefe.

Erddruck im unbegrenzten Erdkörper. In einzelnen Fällen werden die äußeren Kräfte an einem Stützkörper aus der Größe und Richtung des Erddrucks E_1 im unbegrenzten Erdkörper angegeben.

Tabelle 2. Mittelwerte für die Raumgewichte γ und die Schubfestigkeit $\tau^* = \mu \cdot \sigma$ der wichtigsten Erdarten.

$$\mu = \operatorname{tg} \varphi; \quad k_1 = \operatorname{tg}^2\left(45^0 - \frac{\varphi}{2}\right); \quad k_2 = \operatorname{tg}^2\left(45^0 + \frac{\varphi}{2}\right).$$

	Bodenart	γ [t/m^3]	μ	φ^0	k_1	k_2
1	locker gelagerter Sand: trocken . . . . natürlich feucht . . . . . . gesättigt naß	1,4—1,7 1,6—1,9 1,9—2,1	0,60	31	0,320	3,124
2	dicht gelagerter Sand: trocken . . . . natürlich feucht . . . . . . gesättigt naß	1,8—1,9 2,0 2,1—2,2	0,64	32½	0,307	3,255
3	sehr dicht gelagerter Sand: trocken . . . . natürlich feucht . . . . . . gesättigt naß	1,9—2,0 2,0—2,2 2,2—2,3	0,66	33½	0,283	3,537
4	locker gelagerter Kies: trocken . . . . natürlich feucht . . . . . . gesättigt naß	1,8—1,9 1,9—2,0 2,2—2,3	0,58	30	0,333	3,000
5	dicht gelagerter Kies: trocken . . . . natürlich feucht . . . . . . gesättigt naß	2,2 2,3 2,4	0,66	33½	0,283	3,537
6	nasser Steinschotter	1,8	0,70	35	0,271	3,690
7	sandiger Lehm, Schlick, Geschiebe, Mergel	2,1—2,3	0,45	22—26	0,422	2,371
8	fetter Lehm und sandiger Ton .	1,8—2,2	0,35	16½—22	0,509	1,965
9	fetter Ton	1,5—2,0	0,25	11½—16½	0,610	1,638
10	locker gelagerte Dammerde: trocken . . . . natürlich feucht . . . . . . gesättigt naß	1,4 1,6 1,8	0,77 1,00 0,53	35—40 45 28	0,238 0,172 0,361	4,204 5,828 2,770
11	gestampfte Dammerde: trocken . . . . natürlich feucht	1,7 1,9	0,92 0,77	40—45 35—40	0,198 0,238	5,045 4,204

Dieser ist nach der Ableitung von Rankine für einen senkrechten Schnitt AC von der Länge t ebenso groß wie nach der Theorie Coulombs mit $\delta' = \alpha$ (Abb. 8). Er wirkt im Abstand $2/3 \cdot t$ von der Geländelinie parallel zu dieser. Die Größe und Richtung des Erddrucks auf eine beliebig unter einem Winkel (CAC_1) geneigte Ebene AC_1, welche ein Prisma mit dem Gewicht G_{e1} bildet, kann durch Addition ($E_1 \mp G_{e1}$) oder auf Grund einer geometrischen Involution zwischen den Richtungen E_1, AC und E_2, AC_1 angegeben werden. Diese Beziehungen vereinfachen die Ermittlung des Erddrucks auf Winkelstützmauern und Gewölbe.

Müller-Breslau, H.: Erddruck auf Stützmauern. Stuttgart 1906. — Krey, H.: Erddruck. Erdwiderstand und Tragfähigkeit des Baugrundes in größerer Tiefe, 3. Aufl. Berlin 1932. — Derselbe: Betrachtungen über die Größe und Richtung des Erddrucks. Bautechn. 1923 Heft 24 u. 27. — Freund, A.: Neue Ergebnisse in der Erddrucktheorie. Zbl. Bauverw. 1920 S. 625. — Derselbe: Neue Untersuchungen zur Erddrucktheorie. Z. Bauw. 1921 S. 48. — Derselbe: Der Spannungszustand in loser Erde. Zbl. Bauverw. 1921 S. 589 u. 601; 1922 S. 599. — Derselbe: Untersuchung der Erddrucktheorie von Coulomb. Bautechn. 1924 Heft 12. — Petersen, R.: Erddruck auf Stützmauern. Berlin 1924. — Terzaghi, K.: Erdbaumechanik auf bodenphysikalischer Grundlage. Leipzig u. Wien 1925. — Franzius, O.: Versuche mit passivem Erddruck. Bauing. 1924. — Mörsch, E.: Die Berechnung von Winkelstützmauern, Wayss und Freytag-Festschrift Stuttgart 1925 und Beton und Eisen 1925. — Mohr, O.: Abhandlungen. 3. Aufl., 6. Abschn.: Die Lehre vom Erddruck. Berlin 1928. — Nádai, A.: Plastizität und Erddruck, VI. Abschn. im Handbuch der Physik, Band VI: Mechanik der elast. Körper. Berlin 1928. — v. Kármán, Th.: Verhandlung des 2. Intern. Kongr. für technische Mechanik. Zürich 1927. — v. Terzaghi, K.: Festigkeitseigenschaften der Schüttungen, Sedimente und Gele. Leipzig 1931. — Derselbe: Old earth pressure theories and new test results. Engng. News Rec. 1930. — Hülsenkamp, F.: Klassische Theorie des Erddrucks. Handbuch der physikalischen und technischen Mechanik Band IV 2. Hälfte. Leipzig 1931. — Fulton, R.: Earth pressures. Abhandlg. der Internat. Vereinigung für Brücken- und Hochbau Bd. 1 (1932) S. 205.

6. Boden- und Seitendruck in Silozellen.

Der Seitendruck in Großraumbunkern wird in der Regel nach der Erddrucktheorie Coulombs berechnet. Unter Umständen wird auch das Gleichgewicht der Schüttung bei der Annahme von Gleitflächen untersucht, welche sich durch die Form der Bunkertaschen ausbilden können. Das spezifische Gewicht und die innere Reibung φ sind stets nach Prüfung der ungünstigsten Verhältnisse festzusetzen.

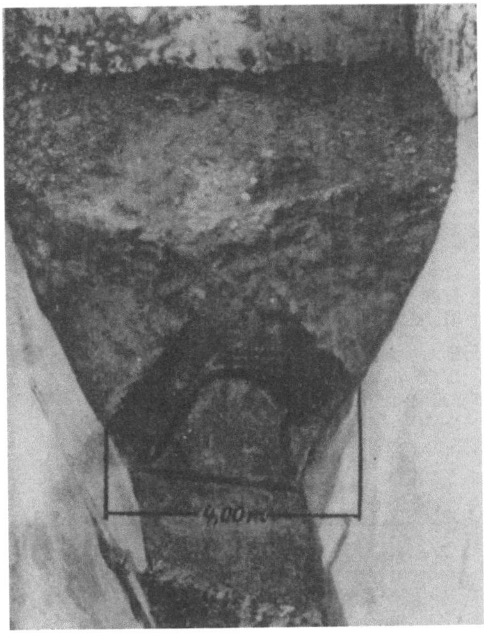

Abb. 9. Brückenbildung in einem Braunkohlenbunker als Beispiel für die Unsicherheit der Kraftwirkung in Silos.

Die Wirkung des Füllguts in Silotaschen und Behältern mit verhältnismäßig kleinem Querschnitt F wird unter der Annahme eines in jedem waagerechten Schnitt unveränderlichen Boden- und Seitendrucks p_b, p_s bestimmt. Aus dem Gleichgewicht der senkrechten Kräfte an einer durch zwei benachbarte Querschnitte (Abb. 10) gebildeten Scheibe entsteht folgende Differentialgleichung:

$$F\,dp_b - \gamma F\,dz + \mu' p_s U\,dz = 0. \qquad (19)$$

Hierin bedeutet dp_b die Zunahme des Bodendrucks beim Fortschreiten um dz, p_s den

Seitendruck an der Silowand, $\mu' = \operatorname{tg} \delta'$ den Reibungskoeffizienten zwischen Wand und Füllung. F und U bezeichnen Fläche und Umfang der Zelle. Mit $k_1 = p_s/p_b$ wird

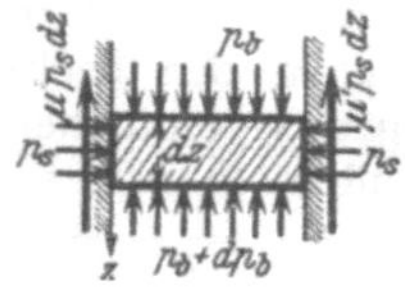

Abb. 10.

$$p_s = \frac{\gamma}{\mu'}\,\frac{F}{U}\left(1 - e^{-z\frac{U\mu'}{F}k_1}\right), \quad p_b = \frac{1}{k_1}\,\frac{\gamma}{\mu'}\,\frac{F}{U}\left(1 - e^{-z\frac{U\mu'}{F}k_1}\right). \tag{20}$$

p_s und p_b sind demnach Exponentialfunktionen, deren Grenzwerte für $z = \infty$

$$p_{s,\max} = \frac{\gamma}{\mu'}\,\frac{F}{U}, \qquad p_{b,\max} = \frac{1}{k_1}\,\frac{\gamma}{\mu'}\,\frac{F}{U} \tag{21}$$

Asymptoten bestimmen. Die Tangente an den Kurven in $z = 0$ schneidet auf der Asymptote die Strecke z_0 ab (Abb. 11):

$$z_0 = p_{s,\max} \cdot \frac{dz}{dp_s} = \frac{1}{\gamma k_1}\, p_{s,\max} = \frac{1}{\mu' k_1}\,\frac{F}{U}, \tag{22}$$

$$p_s = p_{s,\max}\left(1 - e^{-\frac{z}{z_0}}\right), \qquad p_b = p_{b,\max}\left(1 - e^{-\frac{z}{z_0}}\right). \tag{23}$$

Bei Versuchen ist das Produkt $k_1\mu'$ nahezu als konstant mit 0,25 bis 0,30 festgestellt worden. Stützt man sich mangels besserer Erkenntnis auf die elementaren Beziehungen aus der Theorie des Erddrucks, so ist

$$k_1 = \frac{p_s}{p_b} = \operatorname{tg}^2\left(45^0 - \frac{\varphi}{2}\right) \tag{24}$$

Tabelle 3. Physikalische Konstanten des Füllgutes.

Füllgut	γ t/m³	φ	$k_1 = \operatorname{tg}^2\left(45^0 - \frac{\varphi}{2}\right)$	μ'
Gaskohle	0,9	45^0	0,172	0,30
Rohbraunkohle .	1,0	35^0	0,271	0,30
Koks	0,6	45^0	0,172	0,30
Minette	1,8	45^0	0,172	0,30
Zement	1,4	40^0	0,217	0,30
Kleinschlag . .	1,7	45^0	0,172	0,30
Roggen	0,7	37^0	0,248	0,44
Weizen	0,75	25^0	0,406	0,30
Gerste	0,63	26^0	0,390	0,45
Hafer	0,45	28^0	0,361	0,47
Mais.	0,72	$27^0\,30'$	0,368	0,42
Bohnen	0,75	$31^0\,40'$	0,312	0,44
Erbsen	0,81	$25^0\,20'$	0,401	0,30
Leinsamen . . .	0,66	$24^0\,30'$	0,414	0,41
Malz	0,53	22^0	0,455	0,30
Salz	1,25	40^0	0,217	0,30

und $k_1\mu'$ nach Tabelle 3 stets kleiner und damit ungünstiger als der für den Ruhezustand gemessene Mittelwert 0,25 bis 0,30.

Bei gegebenem F, U, γ, μ' wird der Reihe nach der Verhältniswert k_1 und die Strecke z_0 berechnet. Dann kann mit Hilfe der Tabelle 4 der Seitendruck p_s für eine Unterteilung der Strecke z unmittelbar angegeben werden. Diese Rechenvorschrift ist in dem folgenden Beispiel angewendet worden.

Tabelle 4. Funktionswerte $1 - e^{-\zeta}$.

ζ	00	05	10	15	20	25	30	35	40	45
0,	0,000	0,049	0,095	0,139	0,181	0,221	0,259	0,295	0,330	0,362
1,	0,632	0,650	0,667	0,683	0,699	0,713	0,727	0,741	0,753	0,765
2,	0,865	0,871	0,878	0,884	0,889	0,895	0,900	0,905	0,909	0,914
ζ	50	55	60	65	70	75	80	85	90	95
0,	0,393	0,423	0,451	0,478	0,503	0,528	0,551	0,573	0,593	0,613
1,	0,777	0,788	0,798	0,808	0,817	0,826	0,835	0,843	0,850	0,858
2,	0,918	0,922	0,926	0,929	0,933	0,936	0,939	0,942	0,945	0,948

Beispiel zur Siloberechnung (Abb. 11). Querschnitt der Zelle: 3,20 · 3,20 m².

a) Roggen: $\gamma = 0{,}7\ \text{t/m}^3$; $\mu' = 0{,}44$;

$\varphi = 37^0$; $k_1 = 0{,}248$;

$$p_{s,\max} = \frac{\gamma F}{\mu' U} = 1{,}27\ \text{t/m}^2;\quad z_0 = \frac{F}{U \mu' k_1} = 7{,}33\ \text{m}.$$

b) Weizen: $\gamma = 0{,}75\ \text{t/m}^3$; $\mu' = 0{,}30$;

$\varphi = 25^0$; $k_1 = 0{,}406$;

$$p_{s,\max} = \frac{\gamma F}{\mu' U} = 2{,}00\ \text{t/m}^2;\quad z_0 = \frac{F}{U \mu' k_1} = 6{,}57\ \text{m}.$$

Die Ergebnisse sind in der Abb. 11 graphisch dargestellt. Der lotrecht wirkende Bodendruck ist nach (24) $p_b = p_s/k_1$. Der auf die schräge Wand wirkende Druck setzt sich aus Seitendruck und lotrechtem Bodendruck zusammen

$$p' = p_s \sin^2 \alpha + p_b \cos^2 \alpha\,.$$

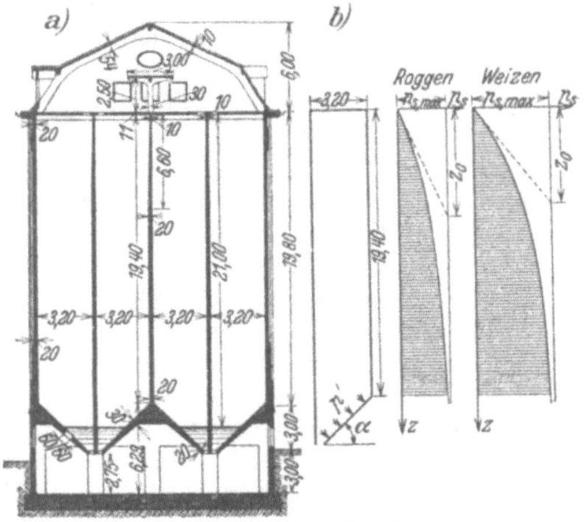

Abb. 11. Querschnitt des Silos. (Der Grundriß der Zellen ist quadratisch.)

z [m]	Roggen $\zeta = \frac{z}{z_0}$	Roggen $1 - e^{-\zeta}$	Roggen p_s [t/m²]	Weizen $\zeta = \frac{z}{z_0}$	Weizen $1 - e^{-\zeta}$	Weizen p_s [t/m²]
1,0	0,136	0,127	0,16	0,152	0,141	0,28
2,0	0,273	0,239	0,30	0,304	0,262	0,52
3,0	0,409	0,336	0,42	0,457	0,367	0,73
4,0	0,546	0,421	0,53	0,609	0,456	0,91
5,0	0,682	0,494	0,62	0,761	0,533	1,06
6,0	0,819	0,559	0,71	0,913	0,599	1,19
7,0	0,955	0,615	0,78	1,066	0,656	1,31
8,0	1,091	0,664	0,84	1,218	0,704	1,41
9,0	1,228	0,707	0,90	1,370	0,746	1,49
10,0	1,364	0,744	0,94	1,522	0,782	1,56
11,0	1,501	0,777	0,98	1,675	0,813	1,62
12,0	1,637	0,805	1,02	1,827	0,839	1,68
13,0	1,774	0,830	1,06	1,979	0,862	1,72
14,0	1,910	0,852	1,08	2,132	0,881	1,76
15,0	2,046	0,871	1,11	2,284	0,898	1,80
16,0	2,18	0,887	1,13	2,44	0,913	1,83
17,0	2,32	0,902	1,15	2,59	0,925	1,85
18,0	2,46	0,915	1,16	2,74	0,935	1,87
19,0	2,59	0,925	1,18	2,89	0,944	1,89
20,0	2,73	0,935	1,19	3,04	0,952	1,90
21,0	2,86	0,943	1,20	3,20	0,959	1,91

Im vorliegenden Beispiel ist $\alpha = 45^0$, daher $\sin^2 \alpha = \cos^2 \alpha = \frac{1}{2}$ und

$$p' = \frac{1}{2}\left(1 + \frac{1}{k_1}\right) p_s = 2{,}52\, p_s \text{ (Roggen) oder } 1{,}73\, p_s \text{ (Weizen).}$$

Versuche über die Druckverhältnisse in Silos: Janssen: Z. VDI 1895. — Prante: Z. VDI. 1896. — Jamieson, J. A.: Engng. News Rec. Bd. 51 (1904). — Pleissner: Z. VDI 1906. — Engesser: Z. Arch. u. Ingenieurw. 1908. — Lufft: Druckverhältnisse in Silozellen. Berlin 1920. — Dörr, H.: Silos. Handb. Eisenbetonbau Bd. 14 3. Aufl.

7. Die Stützung des Tragwerks.

Ein Tragwerk wird auf den gewachsenen Erdboden oder vorbereitete Baukörper gestellt. Sie berühren sich dabei unmittelbar oder in besonderen Auflagern, die eine relative Bewegung der beiden Teile zulassen.

Lager und Gelenke. Für die Kennzeichnung der Lager und Gelenke sind die geometrischen Eigenschaften der Bewegung bei der Anordnung eines Lagers maßgebend. Es beschränkt den Freiheitsgrad des abzustützenden Körpers durch Führung oder Festlegung einzelner Punkte, Linien oder Flächen und durch die starre oder bewegliche Einspannung. Hierbei werden Reibungswiderstände vernachlässigt. Die Bezeichnung Auflager bleibt in der Regel denjenigen Stützkörpern vorbehalten, deren Verschiebungen gegen diejenigen des Tragwerks klein sind und vernachlässigt werden. Sonst erhalten die verbindenden Bauteile meist die Bezeichnung Gelenk oder Führung. Die kinematischen Eigenschaften der Auflager und Gelenke werden durch den Freiheitsgrad der Bewegung oder mit geometrischen Stützenbedingungen beschrieben und durch Stützen- und Verbindungsstäbe (Anzahl t, v) erläutert. Dabei wird dann oft nicht der allgemeine Fall der räumlichen Bewegung, sondern die ebene Bewegung betrachtet. Hier wird die Stützung mit 2, 1 oder 0 Freiheitsgraden durch 1, 2 oder 3 Stützenstäbe in verschiedener Anordnung beschrieben. Die räumliche Stützung mit 0 bis zu 5 Freiheitsgraden verlangt 6 oder weniger bis zu einem Stützenstab. Zur kinematisch bestimmten Stützung und Verbindung von n Bauteilen sind $3n$ oder $6n$ Stützenbedingungen notwendig, je nachdem die Bewegung auf die Ebene beschränkt bleibt oder räumlich ist.

Jede Stützenbedingung (Stützenstab) kann durch eine kinematisch äquivalente Stützkraft (Kräftepaar) ersetzt werden. Richtung und Lage sind durch die kinematischen Eigenschaften der einzelnen Stützung bestimmt. Das Tragwerk erhält mit Einführung der Stützkräfte die kinematischen Eigenschaften des frei beweglichen Körpers. Er bleibt in Ruhe, wenn die Stützkräfte mit der Belastung im Gleichgewicht sind. Die Stützung heißt statisch bestimmt, wenn die Gleichgewichtsbedingungen der Kräfte in der Ebene oder im Raum zur Berechnung ausreichen. Mit $t + v > 3n$ oder $t + v > 6n$ ist die Stützung statisch unbestimmt.

Die Bedeutung der Lager und Gelenke beruht in der Klärung der geometrischen Randbedingungen bei der Stützung und Verbindung der Bauteile und damit in der zuverlässigen Beschreibung der inneren Kräfte.

Flächenstützung. Der Spannungszustand einer Flächenstützung hängt von den elastischen Eigenschaften des Tragwerks und von den physikalischen Eigenschaften des stützenden Mittels ab. Die Problemstellung ist daher sehr allgemein und zwingt zur Vereinfachung durch Idealisierung der Aufgabe.

Diese besteht in zahlreichen Fällen in der summarischen Beschreibung der Sicherheit der Stützung durch Annahmen über die Normalspannungen. Sie werden als lineare Funktion der Flächenkoordinaten eingeführt und können dann statisch bestimmt aus den äußeren Kräften berechnet werden. Der Ansatz genügt bei geringer Verformung und Ausnutzung der Festigkeit der sich berührenden Mittel.

Die Grenzfläche zahlreicher Baukörper erfährt durch die Belastung nur unwesentliche Formänderungen, die vernachlässigt werden. Der Spannungszustand hängt dann allein von der Größe und Umrißform der Grenzfläche und von den physikalischen Eigenschaften des stützenden Mittels ab. Sind die elastischen Verschiebungen des abgestützten Bauteils von Bedeutung, so besteht außerdem noch eine Beziehung zwischen diesen und den Spannungen an der Grenzschicht.

Das stützende Mittel besitzt bei der einen Gruppe von Bauaufgaben Zug- und Scherfestigkeit und isotrope, elastische Eigenschaften. Der Spannungs- und Formänderungszustand kann dann nach den Ansätzen beschrieben werden, welche in der Elastizitätstheorie für den elastischen Halbraum abgeleitet sind. Die Randspannungen werden dabei unendlich groß (I), führen also zu einer plastischen Deformation und damit zu einer Angleichung des Spannungsverlaufes (II) an die bekannten linearen Spannungsbilder (Abb. 12).

Sie erfahren bei sandigen und bindigen Bodenarten eine grundsätzliche Änderung, da deren Tragfähigkeit im wesentlichen auf dem Widerstand gegen die senkrechte Verschiebung der einzelnen Bestandteile beruht. Die Schubfestigkeit aus Kohäsion und Strukturwiderstand' besitzt nur untergeordnete Bedeutung. Daher ist die plastische Verformung des stützenden Mittels am Rande der belasteten Fläche groß und die Lastaufnahme in diesem Bereiche gering. Hieraus erklären sich die Spannungsbilder Abb. 13, deren Verlauf bei demselben stützenden Mittel von der Form und Größe der Grenzfläche abhängt. Die Versuchsergebnisse berechtigen in diesem Falle zur Annahme einer parabolischen Verteilung der Spannungen. Die Randstörungen vermögen außerdem die von F. Kögler bemerkte Erscheinung zu begründen, daß der Baukörper sich in natürlicher Größe mehr verschiebt als im Modellmaßstab bei äquivalenter Belastung der Grenzfläche. Der Unterschied wächst bei zunehmender Belastungsintensität.

Diese Untersuchungen bilden einen Teil der Bodenmechanik und werden hier nur wegen ihrer grundsätzlichen Bedeutung für die Stützung von Bauwerken erwähnt, da die Spannungsverteilung in der Grenzschicht für die Festigkeit steifer Baukörper, homogene Beschaffenheit des stützenden Mittels vorausgesetzt, in der Regel unwesentlich ist. Sie kann dagegen bei der elastischen Verformung durchgehend gestützter Träger und Platten unter Einzellasten nicht vernachlässigt werden. Die Spannungen σ in der Grenzschicht sind hier eine Funktion der elastischen Verformung des Bauteils und des Verschiebungszustandes, also der physikalischen Eigenschaften des stützenden Mittels. Die Verknüpfung ist unbekannt. Daher wird der Anteil der Funktion aus den Abmessungen der Grenzfläche und aus den physikalischen Eigenschaften des stützenden Mittels durch eine für den Einzelfall charakteristische konstante Größe c ausgedrückt und die Spannung in erster Annäherung proportional zur Einsenkung w angenommen ($\sigma = cw$). Dabei ist bekannt, daß diese auch von dem benachbarten Spannungsbereich abhängt. Der Ansatz ist hierfür durch K. Wieghardt erweitert worden, ohne dabei allerdings den Verschiebungszustand der Unterlage zu berücksichtigen.

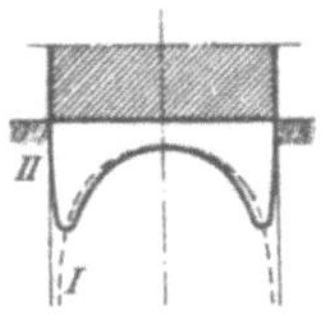

Abb. 12.

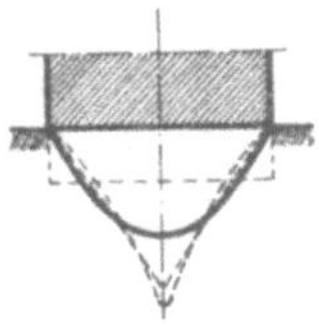
Abb. 13.

Man begnügt sich daher bei Bauaufgaben ebenso wie in anderen Teilgebieten der Mechanik mit der linearen Abhängigkeit zwischen σ und w. Der Ansatz kann so lange als brauchbar angesehen werden, als die Ergebnisse der Rechnung, abgesehen von Randstörungen, mit den Beobachtungen nicht im Widerspruch stehen und die Sicherheit des Bauwerks verbürgen.

Der Buchstabe c bedeutet nach der Erläuterung einen für jede Aufgabe charakteristischen Leitwert, mit welchem der Ansatz $w = \sigma/c$ qualitativ richtige und quantitativ brauchbare Ergebnisse liefert. c kann nach der mittleren Senkung w_m eines Fundaments auf elastisch isotropen Halbraum abgeschätzt werden.

Die Elastizitätstheorie liefert hierfür folgende Zahlen:

$$w_m = p_m \frac{\sqrt{F}}{\varkappa C}; \qquad C = \frac{m^2}{m^2-1} E; \qquad p_m = \frac{P}{F} \;\therefore\; \text{also} \quad c = \frac{\varkappa C}{\sqrt{F}}. \tag{25}$$

C ist eine Materialkonstante, $\varkappa$ eine von der Form der Fläche abhängige Konstante, die für steife Fundamente in Kreis- und Quadratform mit $\varkappa = 1{,}06$ bis $1{,}13$, für Rechtecke mit dem Seitenverhältnis $a : b = \nu$ und $\nu = 2$ mit $\varkappa = 1{,}09$; $\nu = 5$, $\varkappa = 1{,}22$; $\nu = 10$, $\varkappa = 1{,}41$; $\nu = 100$, $\varkappa = 2{,}70$ anzusetzen ist. Für C hat F. Schleicher die folgenden Zahlen aus der Literatur zusammengestellt (s. Tabelle 5 S. 18).

Die Verwendung dieser Zahlen in Gl. (25) bedeutet zwar nur eine Abschätzung der Größenordnung des Leitwertes c, sie wird aber in vielen Fällen genügen, wenn die wahrscheinliche Lösung durch Annahme eines oberen und unteren Betrages in Grenzen eingeschlossen wird. In anderen Fällen wird man die voraussichtlich zu erwartende Druckverteilung durch Bodenuntersuchungen aufzuklären versuchen und hierbei vor allem die Gleichartigkeit der Dichte, Preßbarkeit und Wasserdurchlässigkeit des stützenden Mittels auch außerhalb der Grenzfläche feststellen. Die Unterschiede sind für die bauliche Gestaltung und die Sicherheit der Anlage oft von ungleich größerer Bedeutung als das Einzelergebnis.

Tabelle 5.

Bodenart	C kg/cm²
Gewachsener Sandboden	55
Feiner, im Wasser abgelagerter Sand	60
Heidesand	100
Eingeschlämmter und gestampfter Sand	120
Gewachsener Kiesboden	180
Sandschüttung nach langjähriger Lagerung	220
Gewachsener Lehmboden	380

Zimmermann, H.: Die Berechnung des Eisenbahnoberbaues. Berlin 1888. — Engesser: Zur Theorie des Baugrundes. Zbl. Bauverw. 1893. — Bastian: Das elastische Verhalten der Gleisbettung. Diss. München 1906. — Stötzner: Erzielung gleicher Fundamentsenkung. Diss. Braunschweig 1919. — Wieghardt, K.: Über den Balken auf nachgiebiger Unterlage. Z. angew. Math. Mech. 1922 S. 165. — Schultze, J.: Bodentragfähigkeit. Z. angew. Math. Mech. 1923 S. 19. — Terzaghi: Erdbaumechanik. Leipzig 1925; Die Wissenschaft der Gründungen, 1927. — Schleicher: Zur Theorie des Baugrundes. Bauing. 1926 S. 934; Beton u. Eisen 1927 S. 183. — Hugi: Druckverteilung im örtlich belasteten Sand. Diss. Zürich 1927. — Kögler-Scheidig: Druckverteilung im Baugrunde. Bautechn. 1927 Heft 31. — Vorschläge und Richtlinien für Probebelastungen des Deutschen Baugrundausschusses. Unterausschuß f. Tragfähigkeit (Merkblatt). Bauing. 1929 S. 821; Bautechn. 1929 S. 870. — Gerber: Druckverteilung im örtlich belasteten Sand. Diss. Zürich 1929. — Hertwig, A.: Die dynamische Bodenuntersuchung. Bauing. 1931 S. 457. — Scheidig, A.: Die Berechnungsgrundlagen durchgehender Fundamente und die neuere Baugrundforschung. Bautechn. 1931 S. 275. — Derselbe: Baugrundforschung und Fundierungswesen. Bauing. 1932 S. 316.

8. Verformung und innere Kräfte.

Die unmittelbare, der Beobachtung zugängliche Folge der Belastung ist der Verschiebungszustand des Bauteils. Er wird durch die absoluten Verschiebungskomponenten u, v, w aller Punkte des Körpers beschrieben. Die Untersuchung setzt gleichartigen Werkstoff und den allmählichen, stetigen Verlauf der Bewegung ohne Störung des Zusammenhanges voraus. Die Verschiebungskomponenten sind in diesem Falle stetige und differentiierbare Funktionen der Koordinaten ($u = u(x, y, z)$). Sie können daher auf die Verzerrung eines infinitesimalen Parallelepipeds $dV = dx\,dy\,dz$ bezogen werden. Diese besteht in der Änderung der Länge der drei Kanten und der drei rechten Winkel zwischen je zwei Kanten. Die sechs Verzerrungskomponenten gelten als verschwindend klein, so daß alle von zweiter Ordnung kleinen Anteile vernachlässigt werden.

$$dx \to dx + \varepsilon_x dx \quad \text{usw.,} \qquad \sphericalangle(dx, dy) \to \frac{\pi}{2} - \gamma_{xy} \quad \text{usw.}$$

Die bezogenen Längenänderungen $\varepsilon_x, \varepsilon_y, \varepsilon_z$ werden als Dehnungen, die Winkeländerungen $\gamma_{xy}, \gamma_{yz}, \gamma_{zx}$ als Gleitungen bezeichnet.

Aus
$$u + du = u + \frac{\partial u}{\partial x} dx + \frac{\partial u}{\partial y} dy + \frac{\partial u}{\partial z} dz$$

folgt für $dy = 0$, $dz = 0$

$$\left.\begin{aligned} \varepsilon_x &= \frac{(u + du) - u}{dx} = \frac{\partial u}{\partial x} \quad \text{usw.;} \\ \gamma_{xy} &= \frac{\partial v}{\partial x} + \frac{\partial u}{\partial y} \quad \text{usw.} \end{aligned}\right\} \tag{26}$$

Die Verformung ruft die inneren Kräfte σdF, τdF hervor, die ebenfalls als stetige Funktionen der Koordinaten angenommen werden. Sie erzeugen in Verbindung mit dem Bewegungsvorgang einen Arbeitsvorrat, also Formänderungsenergie, die bei der Entlastung innerhalb eines ausgezeichneten Spannungsbereichs infolge der besonderen physikalischen Eigenschaften des Werkstoffs wiedergewonnen werden kann. Der Werkstoff heißt dann elastisch, die obere Begrenzung jenes Bereichs Elastizitätsgrenze. Die Verformung wird als plastisch bezeichnet, wenn sie ohne Belastungsänderung fortschreitet und bleibende Formänderungen entstehen. Werkstoffe, deren Elastizitätsgrenze gleichzeitig Bruchgrenze ist, heißen spröde. Die an dem infinitesimalen Parallelepiped angreifenden Spannungen werden in drei Normalspannungen σ und in sechs Schubspannungen τ zerlegt. Sie stehen mit den am Prisma angreifenden Massenkräften im Gleichgewicht. Hieraus ergeben sich nur sechs Bedingungsgleichungen. Der Spannungszustand ist daher statisch unbestimmt.

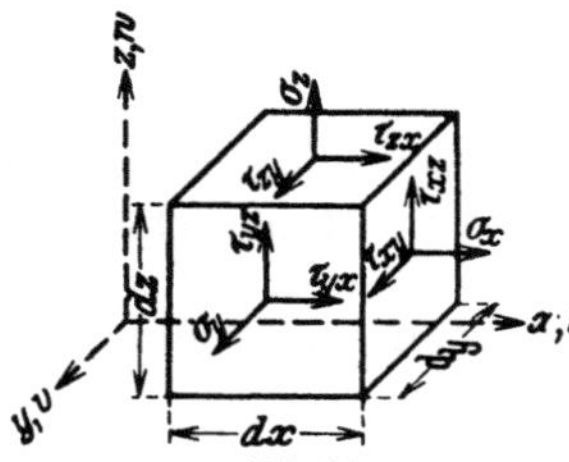

Abb. 14.

Erfahrungsgemäß sind die Spannungen mit den Verzerrungskomponenten durch ein Elastizitätsgesetz verknüpft, dessen Form von der physikalischen und chemischen Konstitution des Werkstoffs bestimmt wird. Sind die elastischen Eigenschaften isotrop und homogen, so wird nach R. Hooke der folgende lineare Zusammenhang angenommen:

$$\left.\begin{aligned} &\varepsilon_x = \frac{1}{E}\,[\sigma_x - \mu(\sigma_y + \sigma_z)] \quad \text{usw.}, \qquad \gamma_{xy} = \frac{\tau_{xy}}{G} \quad \text{usw.};\\ &\sigma_x = 2\,G\left(\varepsilon_x + \frac{\mu}{1-2\mu}\,e\right) \quad \text{usw.}, \qquad \tau_{xy} = G\,\gamma_{xy} \quad \text{usw.};\\ &e = \varepsilon_x + \varepsilon_y + \varepsilon_z, \qquad G = \frac{E}{2(1+\mu)}, \qquad \mu = \frac{1}{m}. \end{aligned}\right\} \tag{27}$$

E und die reziproke Poissonsche Zahl $1/m = \mu$ sind die für einen isotropen, homogenen Werkstoff charakteristischen elastischen Konstanten. Der Ansatz gilt mit großer Annäherung für jeden Werkstoff innerhalb eines mehr oder weniger begrenzten Spannungsbereichs. Er kann als das lineare Glied einer allgemeinen Funktion angesehen werden, das zur Beschreibung der Abhängigkeit zwischen Formänderung und Spannung innerhalb der Proportionalitätsgrenze des Werkstoffs genügt.

Der Spannungs-, Verzerrungs- und Verschiebungszustand eines Körpers wird in jedem Punkte durch neun Spannungskomponenten σ, τ, sechs Verzerrungskomponenten ε, γ des differentialen Prismas und durch die drei zugeordneten Verschiebungskomponenten u, v, w beschrieben. Die Spannungs- und Verzerrungskomponenten werden mit dem sechsgliedrigen Ansatz des Elastizitätsgesetzes (27), den sechs Beziehungen zwischen Verzerrungs- und Verschiebungskomponenten (26) und mit den drei Gleichgewichtsbedingungen gegen Verdrehung des Prismas eliminiert. Daher bleiben die drei Projektionsgleichungen des Gleichgewichts der an einem infinitesimalen Parallelepiped angreifenden inneren Kräfte und Massenkräfte als Funktionen der drei unbekannten Verschiebungen u, v, w übrig. Die Lösung ist also eindeutig. Einer gegebenen Gruppe eingeprägter äußerer Kräfte ist nur e i n Spannungs- und Verschiebungszustand zugeordnet. Der Ansatz ist linear, das Ergebnis daher von der Aufteilung der eingeprägten Lasten und von der Superposition der Teilwirkungen unabhängig.

Energiebetrachtungen. Spannungs- und Formänderungszustand werden durch den Begriff der Formänderungsarbeit verknüpft, die gegen die entstehenden inneren Kräfte geleistet wird. Dabei wird allmähliche Steigerung der Belastung angenommen, so daß die erregten inneren Kräfte mit den eingeprägten äußeren Kräften im Gleichgewicht sind. Die aufgewendete Arbeit wird in diesem Falle vollständig als Formänderungsenergie aufgespeichert. Betragen die Spannungen in einem Zwischenzustand σ', τ', so ist die Zunahme der auf die Volumeneinheit bezogenen Formänderungsenergie A_i

$$d A_i = \sigma'_x d\varepsilon_x + \sigma'_y d\varepsilon_y + \sigma'_z d\varepsilon_z + \tau'_{xy} d\gamma_{xy} + \tau'_{yz} d\gamma_{yz} + \tau'_{zx} d\gamma_{zx}\,.$$

In Verbindung mit dem Hookeschen Gesetz ergibt sich nach Abschluß des Bewegungsvorganges ε, γ mit σ und τ als den Endwerten der Spannungen

$$\int d A_i = A_i = \tfrac{1}{2}(\sigma_x \varepsilon_x + \sigma_y \varepsilon_y + \sigma_z \varepsilon_z + \tau_{xy}\gamma_{xy} + \tau_{yz}\gamma_{yz} + \tau_{zx}\gamma_{zx})\,. \tag{28}$$

Die bezogene Formänderungsenergie ist also halb so groß, als wenn die Endwerte der Spannungen vom Beginn der Belastung an vorhanden gewesen wären. Sie kann mit dem Hookeschen Gesetz zu einer homogenen quadratischen Funktion umgeformt werden, deren Veränderliche entweder die Verzerrungskomponenten oder die Spannungskomponenten sind.

$$A_i = A_i(\varepsilon, \gamma)\,; \quad A_i = A_i(\sigma, \tau)\,.$$

Demnach lassen sich partielle Ableitungen der Formänderungsenergie A_i nach den Formänderungskomponenten und nach den Spannungskomponenten bilden. Mit (27) ist

$$\frac{\partial A_i(\varepsilon, \gamma)}{\partial \varepsilon_x} = \sigma_x \quad \text{usw.}, \qquad \frac{\partial A_i(\sigma, \tau)}{\partial \sigma_x} = \varepsilon_x \quad \text{usw.} \tag{29}$$

Das vollständige Differential der bezogenen Formänderungsarbeit ist dann

$$\begin{aligned} d A_i &= \frac{\partial A_i}{\partial \varepsilon_x} d\varepsilon_x + \frac{\partial A_i}{\partial \varepsilon_y} d\varepsilon_y + \frac{\partial A_i}{\partial \varepsilon_z} d\varepsilon_z + \frac{\partial A_i}{\partial \gamma_{xy}} d\gamma_{xy} + \frac{\partial A_i}{\partial \gamma_{yz}} d\gamma_{yz} + \frac{\partial A_i}{\partial \gamma_{zx}} d\gamma_{zx} \\ &= \sigma_x d\varepsilon_x + \sigma_y d\varepsilon_y + \sigma_z d\varepsilon_z + \tau_{xy} d\gamma_{xy} + \tau_{yz} d\gamma_{yz} + \tau_{zx} d\gamma_{zx}\,. \end{aligned} \tag{30}$$

Die Formänderungsenergie kann daher als Potentialfunktion der inneren Kräfte angesehen werden. Sie ist in Übereinstimmung mit den gleichgearteten Beziehungen der rationalen Mechanik des Massenpunktsystems unabhängig von dem geometrischen Ablauf der Bewegung und wird nur von den Anfangs- und Endwerten bestimmt.

Die Verzerrungskomponenten ε, γ sind nach (26) Funktionen der Verschiebungskomponenten und können in (28) eingesetzt werden. Die gesamte Formänderungsenergie A_i wird durch Integration über den ganzen elastischen Bereich erhalten und durch partielle Integration umgeformt. Das Ergebnis ist

$$\begin{aligned} A_i &= \int A_i\, dV = \tfrac{1}{2}\int (\sigma_x \varepsilon_x + \sigma_y \varepsilon_y + \sigma_z \varepsilon_z + \tau_{xy}\gamma_{xy} + \tau_{yz}\gamma_{yz} + \tau_{zx}\gamma_{zx})\, dV \\ &= \tfrac{1}{2}\int (p_x u + p_y v + p_z w)\, dO + \tfrac{1}{2}\int (X u + Y v + Z w)\, dV\,. \end{aligned} \tag{31}$$

Hierbei bedeuten p_x, p_y, p_z die Komponenten der an dem infinitesimalen Oberflächenteil „1" des Körpers angreifenden Flächenkräfte und X, Y, Z die Komponenten der an dem infinitesimalen Volumenteil „1" angreifenden Massenkräfte. Die Arbeit der äußeren Kräfte ist also halb so groß, als wenn die Endwerte während der Dauer des ganzen Vorgangs wirken würden (Clapeyronsches Gesetz).

Um die Beziehungen der Formänderungsarbeit zum Formänderungs- und Spannungszustand zu untersuchen, wird das Ergebnis (31) mit denjenigen verglichen, die sich entweder bei einem benachbarten Formänderungszustand $(\varepsilon + \delta\varepsilon, \gamma + \delta\gamma)$ oder bei einem benachbarten Spannungszustand $(\sigma + \delta\sigma, \tau + \delta\tau)$ ergeben. Die Formänderungsarbeit $A'_i = A_i\,(\varepsilon + \delta\varepsilon, \gamma + \delta\gamma)$ oder $A'_i = A_i\,(\sigma + \delta\sigma, \tau + \delta\tau)$ wird hierzu nach Taylor in eine Reihe entwickelt, deren erste Variation nach den Verzerrungskomponenten folgendermaßen lautet:

$$\delta A_i = \int (\sigma_x \delta\varepsilon_x + \sigma_y \delta\varepsilon_y + \sigma_z \delta\varepsilon_z + \tau_{xy}\delta\gamma_{xy} + \tau_{yz}\delta\gamma_{yz} + \tau_{zx}\delta\gamma_{zx})\, dV\,. \tag{32}$$

Die Einführung der Verschiebungskomponenten und die partielle Integration des Ausdrucks liefert im Falle des Gleichgewichts der inneren und äußeren Kräfte

$$\delta A_i = \int (p_x \delta u + p_y \delta v + p_z \delta w)\, dO + \int (X \delta u + Y \delta v + Z \delta w)\, dV. \quad (33)$$

Durch die Gleichsetzung der beiden Ausdrücke δA_i werden die Spannungen σ, τ, die mit der Belastung $\mathfrak{p}$, $\mathfrak{K}$ im Gleichgewicht stehen, mit einem virtuellen Verschiebungszustand $\delta u, \delta v, \delta w$ verknüpft, der mit dem Verzerrungszustand $\delta\varepsilon, \delta\gamma$ verträglich ist. Die Strecken $\delta u, \delta v, \delta w$ sind verschwindend klein, um die Taylorentwicklung für $A_i' - A_i$ bereits mit der ersten Variation abbrechen zu können.

$$\begin{aligned}\delta A_i &= \int (p_x \delta u + p_y \delta v + p_z \delta w)\, dO + \int (X \delta u + Y \delta v + Z \delta w)\, dV \\ &= \int (\sigma_x \delta\varepsilon_x + \sigma_y \delta\varepsilon_y + \sigma_z \delta\varepsilon_z + \tau_{xy} \delta\gamma_{xy} + \tau_{yz} \delta\gamma_{yz} + \tau_{zx} \delta\gamma_{zx})\, dV. \quad (34)\end{aligned}$$

Das Ergebnis wird als Prinzip der virtuellen Verrückungen bezeichnet. Die Arbeit der eingeprägten äußeren Kräfte ist bei einer virtuellen Verrückung des elastischen Systems gleich der virtuellen Arbeit der inneren Kräfte, welche mit ihnen im Gleichgewicht stehen. Der virtuelle Verschiebungszustand unterliegt naturgemäß den vorgeschriebenen Randbedingungen. Die Änderungen $\delta u, \delta v, \delta w$ sind daher überall an der Oberfläche Null, wo die Verschiebungen vorgeschrieben werden. Die Verschiebungen werden also nur dort variiert, wo die Oberflächenkräfte bekannt sind. In dem Ansatz (33) ist daher $\int p_x \delta u\, dO = \delta (\int p_x u\, dO)$. Er kann daher folgendermaßen geschrieben werden:

$$\delta[A_i - \int (p_x u + p_y v + p_z w)\, dO - \int (X u + Y v + Z w)\, dV] = 0. \quad (35)$$

Der Inhalt der Klammer ist ein Ausdruck für die gesamte potentielle Energie des elastischen Systems. Sie ist ein Minimum, wenn die äußeren und inneren Kräfte im Gleichgewicht sind.

Bei dem Vergleich der Formänderungsenergie $A_i(\sigma, \tau)$ mit derjenigen eines benachbarten Spannungszustandes $A_i(\sigma + \delta\sigma, \tau + \delta\tau)$ stehen die inneren Kräfte $(\sigma + \delta\sigma, \tau + \delta\tau)$ mit einer benachbarten Gruppe der eingeprägten Kräfte $(\mathfrak{p} + \delta\mathfrak{p}, \mathfrak{K} + \delta\mathfrak{K})$ im Gleichgewicht. Dasselbe gilt daher auch von der Änderung der Spannungen $(\delta\sigma, \delta\tau)$ und der virtuellen Belastung $(\delta\mathfrak{p}, \delta\mathfrak{K})$. Die Reihenentwicklung von $A_i' = A_i(\sigma + \delta\sigma, \tau + \delta\tau)$ liefert nach Taylor

$$A_i' = A_i(\sigma, \tau) + \int (\varepsilon_x \delta\sigma_x + \varepsilon_y \delta\sigma_y + \varepsilon_z \delta\sigma_z + \gamma_{xy} \delta\tau_{xy} + \gamma_{yz} \delta\tau_{yz} + \gamma_{zx} \delta\tau_{zx})\, dV + \delta^2 A(\sigma, \tau).$$

Durch Einführung der Verschiebungskomponenten u, v, w für die Verzerrungskomponenten und partielle Integration wird die erste Variation

$$\begin{aligned}\delta A_i &= \int (\varepsilon_x \delta\sigma_x + \varepsilon_y \delta\sigma_y + \varepsilon_z \delta\sigma_z + \gamma_{xy} \delta\tau_{xy} + \gamma_{yz} \delta\tau_{yz} + \gamma_{zx} \delta\tau_{zx})\, dV \\ &= \int (u\, \delta p_x + v\, \delta p_y + w\, \delta p_z)\, dO + \int (u\, \delta X + v\, \delta Y + w\, \delta Z)\, dV. \quad (36)\end{aligned}$$

Die virtuelle Formänderungsenergie der inneren Kräfte ist also auch für einen virtuellen Spannungszustand gleich derjenigen der äußeren Kräfte. Die Ausdrücke beider Seiten verknüpfen den wirklichen Verschiebungs- und Verzerrungszustand mit einem von diesen unabhängigen Spannungs- und Kräftebild.

Wird über die frei wählbare Änderung des Kräftebildes $(\delta\mathfrak{p}, \delta\mathfrak{K})$ derart verfügt, daß $\delta\mathfrak{K} = 0$ und die Oberflächenkräfte nur dort abgeändert werden, wo die Verschiebungskomponenten u, v, w vorgeschrieben sind (Anschluß oder Stützung), so ist $\int u\, \delta p_x\, dO = \delta (\int u p_x\, dO)$. Der Ansatz (36) kann daher folgendermaßen angeschrieben werden:

$$\delta\{A_i - \int (u p_x + v p_y + w p_z)\, dO\} = \delta A_i^* = 0 \quad (37)$$

Die Funktion A_i^* wird als Ergänzungsarbeit bezeichnet. Sie wird zum Minimum.

wenn das Feld der inneren Kräfte mit der gegebenen Belastung des Körpers im Gleichgewicht ist.

Satz von Betti. Der Begriff der virtuellen Arbeit einer Gruppe von äußeren Kräften $\mathfrak{P}$ bei einer virtuellen Verrückung ihrer Angriffspunkte $\delta u, \delta v, \delta w$ kann noch ergänzt werden, wenn diese als Folge einer anderen Belastung $\mathfrak{Q}$ angesehen und daher als u_Q, v_Q, w_Q bezeichnet wird. Da die Belastung $\mathfrak{P}$ ebenfalls einen Verschiebungszustand hervorruft, der für die Belastung $\mathfrak{Q}$ virtuell ist, entstehen zwei virtuelle Arbeiten.

$$\int (p_x u_Q + p_y v_Q + p_z w_Q)\, dO \quad \text{und} \quad \int (q_x u_P + q_y v_P + q_z w_P)\, dO .$$

Sie können beide als Funktion der Komponenten des Spannungs- und Verschiebungszustandes des elastischen Körpers angegeben werden. Da nun A_i eine homogene quadratische Funktion dieser Komponenten ist, läßt sich leicht einsehen, daß für jeden elastischen Körper

$$\delta A_i\{(\sigma_P, \tau_P)(\varepsilon_Q, \gamma_Q)\} = \delta A_i\{(\sigma_Q, \tau_Q)(\varepsilon_P, \gamma_P)\}$$

und hiermit

$$\int (p_x u_Q + p_y v_Q + p_z w_Q)\, dO = \int (q_x u_P + q_y v_P + q_z w_P)\, dO . \tag{38}$$

Damit ist der Satz von der Gegenseitigkeit der Wirkung allgemein bewiesen.

Anwendung bei technischen Aufgaben. Die Voraussetzungen zur Elastizitätstheorie bedeuten eine weitgehende Idealisierung der physikalischen Eigenschaften der Werkstoffe. Die Ergebnisse sind daher auch nur unter dieser Voraussetzung im Vergleich mit dem wirklich vorliegenden Verschiebungs- und Spannungszustand streng. Das Bild bedarf in Wirklichkeit der Ergänzung durch diejenigen Anteile, welche sich aus der inhomogenen und anisotropen Beschaffenheit der Werkstoffe und durch die Annahmen im Elastizitätsgesetz ergeben. Aus diesem Grunde besitzen auch angenäherte Lösungen technischer Festigkeitsaufgaben Bedeutung, welche die durch Messung oder Beobachtung festgestellten kinematischen Eigenschaften am verzerrten Bauteil verwerten. Sie werden in der Regel aus Symmetriebetrachtungen und aus Annahmen über Randwerte des Spannungs- und Verschiebungszustandes abgeleitet. Hierzu tritt die Beachtung der geometrischen Eigenschaften des Bauteils, da sehr oft einzelne Abmessungen gegenüber anderen als klein zurücktreten. Man unterscheidet hiernach die Schalen, die Platten, die Scheiben, die Stäbe und entwickelt aus besonderen Annahmen über den Spannungs- oder Verschiebungszustand vereinfachte Lösungen. Auf diese Weise entsteht neben der strengen Elastizitätstheorie eine Theorie über die Festigkeit der Schalen, Platten, Scheiben und Stäbe, so daß der Festigkeitsnachweis irgendeines Bauteils oder Tragwerks stets dessen Idealisierung nach einer dieser Bauformen voraussetzt.

Auch diese Ansätze rechnen mit einem gleichartigen Baustoff und homogenen und isotropen Eigenschaften. Diese Voraussetzungen sind für Bauteile aus Eisenbeton nicht erfüllt, so daß die Ergebnisse der Festigkeitslehre um so weniger befriedigen, je größer die Formänderungen sind. Diese ändern sich hier nicht allein mit den Abmessungen und der Form des Querschnitts, sondern auch mit der Größe und Art der Bewehrung, mit der Herstellung und dem Alter des Betons. Sie werden außerdem durch Haarrisse beeinflußt, welche unter Umständen während der Betriebsbelastung entstehen. Hieraus ergibt sich eine gewisse Unsicherheit in der Beurteilung der elastischen Eigenschaften der Bauteile aus Eisenbeton. Daher sind die Ansätze für homogenen und isotropen Baustoff auf Veranlassung des Deutschen Ausschusses nachgeprüft worden. Die Hefte 18 und 28 der Forschungsarbeiten enthalten einen Vergleich zwischen den gemessenen und gerechneten Formänderungen. Hiernach stimmen die nach § 17 der Bestimmungen für homogenen und isotropen Baustoff ermittelten Formänderungen bei sachgemäßer Bewehrung innerhalb der Betriebsbelastung in hinreichendem Maße mit den Versuchsergebnissen überein. Die einwandfreie konstruktive Gestaltung eines Bauteils sichert demnach im Rahmen der Gebrauchsbelastung die Eigenschaften, welche zur summarischen Beurteilung der Formänderung von Bauteilen aus Eisenbeton nach der Elastizitätstheorie nötig sind.

Lorenz, H.: Technische Elastizitätslehre. München-Berlin 1907. — Trefftz, E.: Mathematische Elastizitätstheorie. Handb. der Physik Bd. 6: Mechanik der elastischen Körper. Berlin 1928. — Föppl, A. u. L.: Drang und Zwang 2. Aufl. 1928.

9. Der Spannungszustand der Scheiben und Träger.

Die Scheibe ist ein durch zwei parallele Ebenen begrenzter Baukörper, dessen Stärke d gegen die Abmessungen a, b in der x, y-Richtung klein ist. Bei Belastung der Scheibe in der Symmetrieebene sind an den Flächen $z = \pm d/2$ die Spannungen $\sigma_z = 0$, $\tau_{zx} = 0$, $\tau_{zy} = 0$, so daß auch in der Symmetrieebene $(z = 0)$ mit einem ebenen Spannungszustand gerechnet werden kann. Die Bedingung $d \ll a, b$ ist bei zahlreichen Bauformen erfüllt.

Die Untersuchung eines homogenen Baukörpers, dessen Querschnitt konstant und dessen Länge in der z-Achse gemessen unendlich groß ist, läßt sich bei gleichförmiger Belastung auf eine zur z-Achse winkelrechte Scheibe von der Tiefe $d = 1$ beschränken. Die Komponente w der Verzerrung ist in diesem Falle Null. Dasselbe gilt von der Schubspannung τ_{zx}, τ_{zy}. Ohne Rücksicht auf die Längsspannung σ_z, die in der Regel klein gegen σ_x und σ_y ist, kann die Sicherheit des Tragwerks nach einem ebenen Spannungszustande $\sigma_x, \sigma_y, \tau_{xy}$ beurteilt werden.

Das ebene Spannungsproblem ist für einige Aufgaben analytisch mit der Airyschen Spannungsfunktion, für andere, vor allem technisch wichtige Fälle, versuchstechnisch durch Aufmessung des Verschiebungszustandes und optische Methoden untersucht worden. Die Rechnung führt nur bei einzelnen idealisierten Problemen des elastischen Halbraums und der Balkenbiegung zur Lösung. Aus diesem Grunde hat man sich bei der Beschreibung des Spannungszustandes besonders auch im Bereich von Ecken und an der Verzweigung von Scheiben mit Näherungen, oft sogar nur mit einer qualitativ befriedigenden Lösung begnügt, um hiernach bautechnisch einwandfrei gestalten zu können.

In Verbindung mit der hieraus gewonnenen Erkenntnis werden im Bauwesen einfache Ansätze für die Spannungsverteilung verwendet, welche bei dem Vergleiche mit der strengen Rechnung oder versuchstechnischen Beobachtung befriedigen. Aus diesem Grunde wird die Verteilung der inneren Kräfte an Querschnitten winkelrecht zur Mittellinie der Scheiben betrachtet. Sie bleiben während einer Gebrauchsbelastung erfahrungsgemäß eben und winkelrecht zur Mittellinie, zumal wenn die Höhe gegen die Länge der Scheiben zurücktritt. Diese durch Beobachtung gewonnene Erkenntnis wird im Gegensatze zu den geometrischen Beziehungen (26) der Elastizitätstheorie als Grundlage einer technischen Theorie gewählt. Das Ergebnis ist um so brauchbarer, je besser die geometrischen Verträglichkeitsbedingungen durch die Annahmen der technischen Theorie erfüllt werden. Sie ist mit gutem Erfolg durch Messungen nachgeprüft worden und besitzt als quantitativ ausreichende Annäherung für die Beschreibung der Festigkeit von Bauteilen grundlegende Bedeutung.

Die Annahme einer ebenen Verschiebung der Querschnitte führt mit dem Hookeschen Gesetz zum Geradliniengesetz für die Spannung σ und damit zur angenäherten Beschreibung des Spannungszustandes von hohen Trägern und Scheiben. Der lineare Ansatz wird insbesondere bei der Untersuchung von Schwergewichtsstaumauern verwendet.

Der Spannungszustand einer Scheibe wird in jedem Punkte, gleichviel welcher Ansatz als Grundlage gewählt worden ist, durch die Spannungen σ_x, σ_y, τ_{xy} für

Schnitte in Richtung eines ausgezeichneten Achsensystems beschrieben (Abb. 15). Sie bilden einen Tensor, der durch die Gleichungen

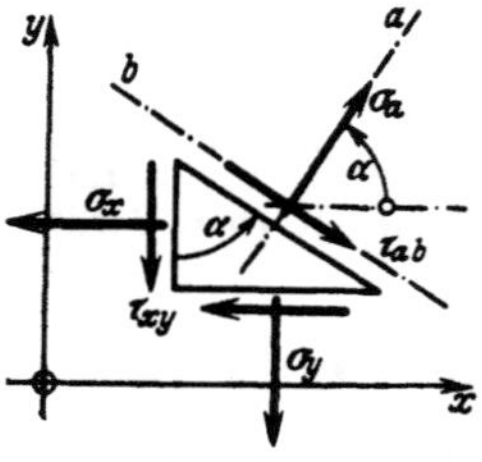

Abb. 15.

$$\left.\begin{aligned} \sigma_a &= \sigma_x \cos^2\alpha + \sigma_y \sin^2\alpha + 2\,\tau_{xy} \cos\alpha \sin\alpha\,, \\ \sigma_b &= \sigma_x \sin^2\alpha + \sigma_y \cos^2\alpha - 2\,\tau_{xy} \cos\alpha \sin\alpha\,, \\ \tau_{ab} &= (\sigma_x - \sigma_y) \cos\alpha \sin\alpha - \tau_{xy} (\cos^2\alpha - \sin^2\alpha) \end{aligned}\right\} \quad (39)$$

auf ein beliebiges um den Winkel α gedrehtes Koordinatensystem a, b transformiert werden kann. Dies geschieht geometrisch durch den Mohrschen Kreis. Hierbei ergeben sich für $\alpha = \alpha_0$ die Grenzwerte der Normalspannungen σ_1, σ_2 mit $\tau_{ab} = 0$, für $\alpha = \bar{\alpha}_0$ die Grenzwerte der Hauptschubspannungen $\tau_{1,2}$ mit $\sigma_a = 0$, $\sigma_b = 0$.

$$\left.\begin{aligned} &\sigma_{1,2} = \frac{\sigma_x + \sigma_y}{2} \pm \tfrac{1}{2}\sqrt{(\sigma_x - \sigma_y)^2 + 4\,\tau_{xy}^2}\,; \qquad \operatorname{tg} 2\,\alpha_0 = \frac{2\,\tau_{xy}}{\sigma_x - \sigma_y}\,; \\ &\tau_{1,2} = \pm \tfrac{1}{2}\sqrt{(\sigma_x - \sigma_y)^2 + 4\,\tau_{xy}^2}\,; \qquad \operatorname{tg} 2\,\bar{\alpha}_0 = \frac{\sigma_x - \sigma_y}{2\,\tau_{xy}}\,; \qquad \bar{\alpha}_0 - \alpha_0 = 45^0\,. \end{aligned}\right\} \quad (40)$$

Größe und Richtung der Hauptspannungen werden am einfachsten geometrisch durch den Mohrschen Kreis bestimmt.

Die Ergebnisse dienen zu einer graphischen Beschreibung des Spannungsfeldes (Abb. 16). Die Richtungen der $\sigma_{1,2}$, $\tau_{1,2}$ aller Punkte bilden die Trajektorien. Sie werden am besten aus Spannungsisoklinen abgeleitet, welche die Punkte gleichgerichteter $\sigma_{1,2}$ und $\tau_{1,2}$ verbinden. Die Trajektorien zweier gleichartiger Hauptspannungen σ_1, σ_2 und $\pm\,\tau_{1,2}$ kreuzen sich rechtwinklig, während die Büschel der $\sigma_{1,2}$ und $\tau_{1,2}$ in jedem Punkte den Winkel 45^0 einschließen. Das Bild kann durch die Kurven gleich großer Hauptspannungen und gleich großer Hauptschubspannungen ergänzt werden.

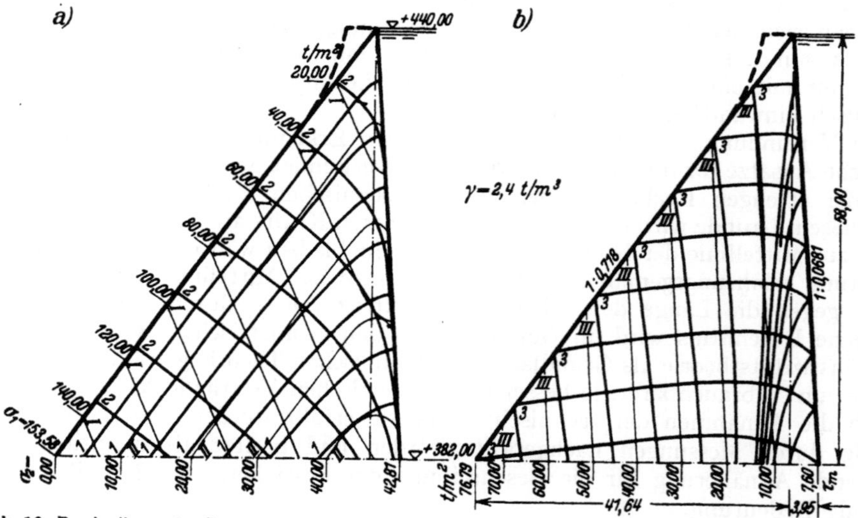

Abb. 16. Beschreibung des Spannungszustandes eines Talsperrenquerschnittes (Saidenbachtalsperre, Chemnitz).
Kurvenscharen *1* und *2*: Trajektorien der Hauptspannungen σ_1 und σ_2.
Kurvenscharen *I* und *II*: Linien gleicher Hauptspannungen σ_1 und σ_2.
Kurvenschar *3* : Trajektorien der Hauptschubspannungen τ_m.
Kurvenschar *III* : Linien gleicher Hauptschubspannungen τ_m.

Bei der Anwendung im Bauwesen werden die Normalspannungen besser durch die auf die Längeneinheit bezogenen Längskräfte N_a, N_b und N_1, N_2 in kg/m, die Schubspannungen durch die auf die Längeneinheit bezogenen Schubkräfte N_{ab}

und $N_{1,2}$ ersetzt. Die Beziehungen (39) und (40) werden hierdurch nicht geändert. Sie sind für Scheiben aus Eisenbeton durch W. Flügge erweitert worden und bilden in dieser Form ein wertvolles Hilfsmittel für die einwandfreie Stahlbewehrung.

Jackson, A.: Spannungslinien. Diss. Stuttgart 1916. — Föppl, A. u. L.: Drang und Zwang. Bd. 1, 2. Aufl. München 1928. — Wyß, Th.: Die Kraftfelder in festen elastischen Körpern. Berlin 1926. — Miura, Akira: Spannungskurven in rechteckigen und keilförmigen Trägern. Berlin 1928. — Mohr, O.: Technische Mechanik, Abhandlung VIII. Der Spannungszustand einer Staumauer. 3. Aufl. Berlin 1928. — Föppl, L.: Mitteilungen aus dem Mechanisch-Technischen Laboratorium d. Techn. Hochschule München, 3. Folge. München 1930. — Flügge, W.: Die Spannungsermittlung in Scheiben und Schalen aus Eisenbeton. Ing. Arch. 1930 S. 481. — Coker u. Filon: Photo-Elasticity. Cambridge 1931.

10. Der Spannungszustand des Stabes.

Scheiben, deren Querschnittsabmessungen im Vergleich zur Länge klein sind, werden als Stäbe bezeichnet. Die Schwerpunkte der Querschnitte bilden die Stabachse. Sie ist gerade, gekrümmt oder zu einem Stabzug gebrochen. Die Stäbe werden, einzeln oder zu Gruppen vereinigt, je nach der Verbindung als ebene und räumliche Stab- oder Fachwerke verwendet. Der Querschnitt ist nicht wie bei der Scheibe immer ein Rechteck, sondern erhält zahlreiche für das Bauwesen charakteristische Formen. Man unterscheidet ein- und mehrfache Querschnitte und trennt Querschnitte mit ein- und mehrfacher Symmetrie von denjenigen ohne Symmetrie.

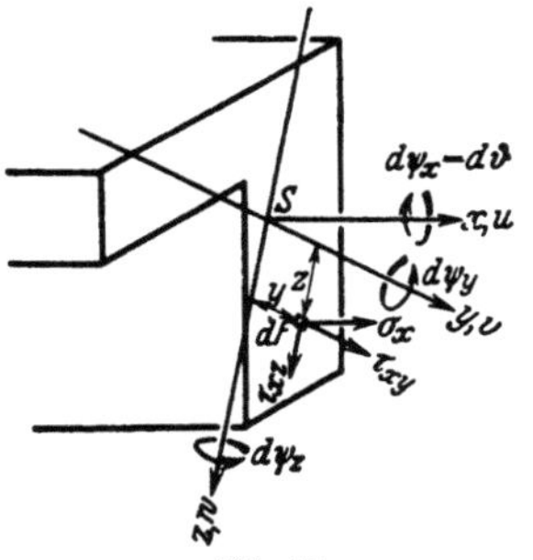

Abb. 17.

Jeder Querschnitt wird auf ein rechtwinkliges Koordinatensystem bezogen, dessen Ursprung im Schwerpunkt S liegt und dessen Achsen y, z Hauptträgheitsachsen sind, so daß

$$\int_F y\,dF = 0, \qquad \int_F z\,dF = 0, \qquad \int_F y\,z\,dF = 0. \tag{41}$$

Die geometrischen Eigenschaften werden durch die Fläche F, die Hauptträgheitsmomente J_y, J_z und den Kern beschrieben.

Mit der Definition des Stabes ist im Gegensatz zur Scheibe die Möglichkeit einer räumlichen Belastung verbunden. Sie führt im allgemeinen neben der relativen Verschiebung benachbarter Querschnitte in Richtung der x-Achse $du_0 = \varepsilon_0 dx$ und der relativen Neigung $d\psi_y \hat{+} d\psi_z$ um eine zur Stabachse senkrechte Drehachse auch zu einer Verschiebung $dv_0 \hat{+} dw_0$ und zur Verdrillung $d\vartheta$ der Stabachse (Abb. 17). Die letzten beiden Komponenten sollen jedoch so klein sein, daß die Verzerrung des Querschnitts als eben angesehen und durch

$$\varepsilon_x dx = \varepsilon_0 dx + z\,d\psi_y - y\,d\psi_z \tag{42}$$

beschrieben werden kann. Die Spur der Belastungsebene (Kraftlinie) verläuft dann bei Querschnitten mit zwei- und mehrfacher Symmetrie durch den Schwerpunkt. Bei allen übrigen Querschnitten ist ein ausgezeichneter Punkt T vorhanden, der die Kraftlinie enthalten muß, damit die Verzerrung nach (42) beschrieben werden kann. Er heißt nach C. Weber Querpunkt. Jede Symmetrieachse des Querschnitts ist ein geometrischer Ort für T. Der Ansatz kann demnach verwendet werden, wenn die Kraftlinie bei einfacher Symmetrie des Querschnitts mit der Symmetrieachse zusammenfällt und bei doppelter Symmetrie durch den Schwerpunkt verläuft. Die Teile des Querschnitts müssen außerdem in jedem Falle stark genug sein, um die Verzerrung des Querschnitts in seiner Ebene auszuschließen. Dies gilt insbesondere für aufgelöste Querschnitte, für Ring- und Kastenquerschnitte.

Die Normalspannung σ_x ist mit der für die technische Theorie grundlegenden

Annahme einer ebenen Verschiebung des Querschnitts bei einer linearen Abhängigkeit zwischen Dehnung und Spannung nach R. Hooke bestimmt. Die übrigen Spannungen ergeben sich aus den Gleichgewichtsbedingungen am differentialen Prisma. Die Normalspannungen σ_y, σ_z sind jedoch bei geraden und wenig gekrümmten Stäben, abgesehen von dem Bereich um Einzellasten, klein gegen σ_x und werden daher in der Regel vernachlässigt.

Definition und Gleichgewicht der Schnittkräfte. Die Gleichgewichtsbedingungen gelten für die Kräfte an jedem frei beweglichen, endlichen Stabteil. Neben den äußeren Kräften, also den Lasten und Stützenwiderständen, wirken an allen Anschlußstellen des Bauteils innere Kräfte, die als bekannt angenommen werden sollen. Wird dann der Stab an einem ausgezeichneten Querschnitt durchschnitten, so treten hierzu an jedem Abschnitt die unbekannten inneren Kräfte σdF, τdF, deren positiver Sinn nach der positiven Richtung der Bezugsachsen x, y, z festgesetzt wird. Sie können zu einer resultierenden Kraft $R^{(i)}$ und zu einem resultierenden Moment $M_R^{(i)}$ zusammengefaßt werden. Als Bezugspunkt dienen in der Regel der

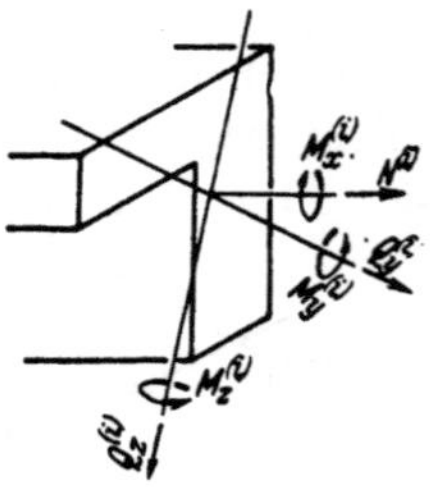

Abb. 18.

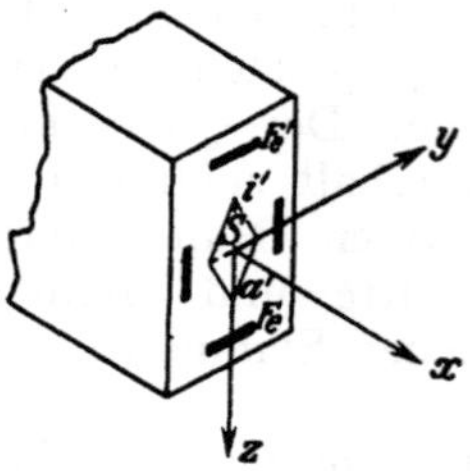

Abb. 19.

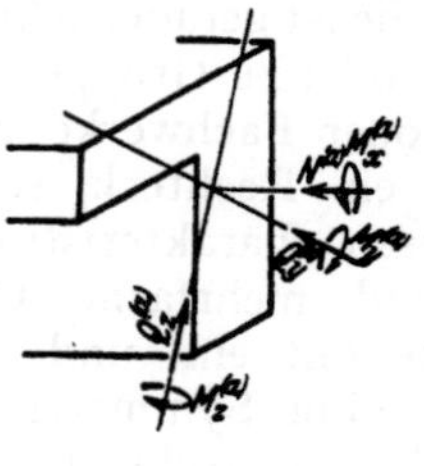

Abb. 20.

Schwerpunkt S oder ausgezeichnete Kernpunkte des Querschnitts. Unter Umständen werden auch die Schwerpunkte der Stahlbewehrung F_e, F_e' des Betonquerschnitts (Abb. 19) oder der Querpunkt T gewählt. Die Vektoren $R^{(i)}$ und $M_R^{(i)}$ werden für die Gleichgewichtsbedingungen nach drei ausgezeichneten Achsen zerlegt. Hierfür eignen sich am besten die Tangente an die Stabachse (x) und die Hauptträgheitsachsen (y, z) des Querschnitts. Die sechs Komponenten werden als die Schnittkräfte des Querschnitts bezeichnet (Abb. 18).

$$\left.\begin{aligned}
&R^{(i)} = N^{(i)} \dotplus Q_y^{(i)} \dotplus Q_z^{(i)}, \qquad M_R^{(i)} = M_x^{(i)} \dotplus M_y^{(i)} \dotplus M_z^{(i)};\\
&\text{Längskraft: } N^{(i)} = \int \sigma_x\, dF;\\
&\text{Querkräfte: } Q_y^{(i)} = \int \tau_{xy}\, dF, \qquad Q_z^{(i)} = \int \tau_{xz}\, dF:\\
&\text{Biegungsmomente: } M_y^{(i)} = \int \sigma_x z\, dF, \qquad M_z^{(i)} = -\int \sigma_x y\, dF;\\
&\text{Drillungsmoment: } M_x^{(i)} = \int (y\,\tau_{xz} - z\,\tau_{xy})\, dF.
\end{aligned}\right\} \tag{43}$$

Die positive Richtung der Schnittkräfte ist mit der Definition der positiven Spannungen σ_x, τ_{xy}, τ_{xz} im positiven Quadranten und mit dem positiven Richtungs- und Umlaufsinn des Bezugssystems bestimmt.

Die äußeren Kräfte des abgetrennten Stabteils werden in derselben Weise und mit demselben Bezugspunkt wie die inneren Kräfte zu einer resultierenden Kraft $R^{(a)}$ und einem resultierenden Moment $M_R^{(a)}$ zusammengefaßt. Ihr Richtungssinn wird positiv derart definiert, daß das Gleichgewicht aller Kräfte $\mathfrak{P}$, $\mathfrak{C}$, σdF, τdF an dem abgetrennten Stabteil durch die folgenden Gleichungen ausgesprochen wird:

$$R^{(i)} \dotplus R^{(a)} = 0, \qquad M_R^{(i)} \dotplus M_R^{(a)} = 0. \tag{44}$$

Nach dieser Definition sind die positiven Schnittkräfte des Querschnitts gleich den positiven Komponenten der zugeordneten äußeren Kräfte $R^{(a)}$, $M_R^{(a)}$, ihre Richtungen sind entgegengesetzt (Abb. 20). $R^{(a)}$ und $M_R^{(a)}$ können für jeden Abschnitt angegeben werden, wenn die Stützenwiderstände oder die an den Anschlußstellen wirkenden Schnittkräfte bekannt sind.

Im allgemeinen besitzen nur drei Sonderfälle Bedeutung. Der erste behandelt den Stab mit ebener Krümmung und beliebiger Belastung, die nach Komponenten in seiner Ebene und senkrecht dazu zerlegt wird. $R^{(a)}$ und $M_R^{(a)}$ werden dann mit sechs Komponenten angegeben. Im zweiten Falle sind die Kräfte senkrecht zur Stabebene Null. $R^{(a)}$ und $M_R^{(a)}$ werden durch die drei Komponenten N, Q_z, M_y bestimmt. Der dritte Sonderfall betrifft den geraden Stab, dessen äußere Kräfte mit seiner Achse in einer Ebene liegen. Ist deren Spur s gegen die Hauptträgheitsachsen des Querschnitts geneigt, so werden die der Geraden s zugeordneten Kernmomente angegeben oder die Vektoren der resultierenden Kraft und des resultierenden Moments auf die Hauptträgheitsachsen projiziert, so daß die Spannungen aus

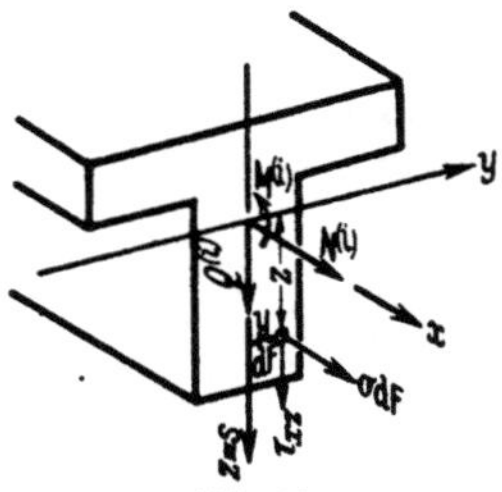

Abb. 21.

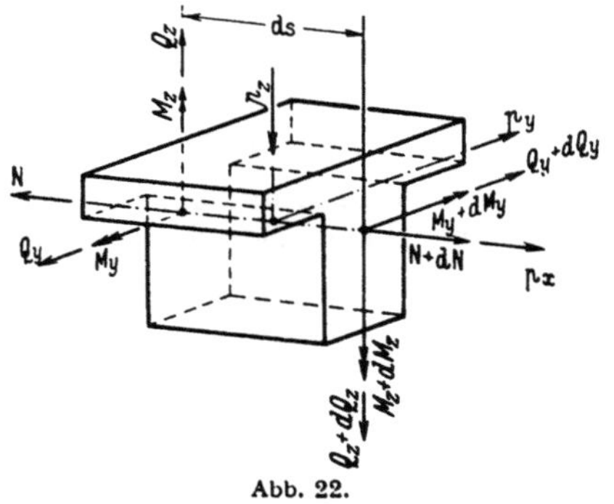

Abb. 22.

$$N = \int \sigma_x\, dF, \quad M_y = \int \sigma_x z\, dF, \quad M_z = -\int \sigma_x y\, dF, \quad Q_y = \int \tau_{xy}\, dF, \quad Q_z = \int \tau_{xz}\, dF \tag{45}$$

abgeleitet werden. Der Belastungsfall wird als schiefe Biegung bezeichnet.

Bei zahlreichen Berechnungen fällt die Kraftlinie s in die Richtung der Hauptträgheitsachse z des Querschnitts. In diesem Falle sind M_z, Q_y Null und $\sigma_x = \sigma_x(z)$. Die Spannungen σ_x, τ_{xz} können mit drei Schnittkräften angegeben werden (Abb. 21).

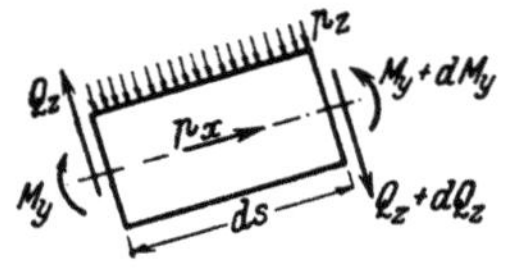

Abb. 23.

$$N = \int \sigma_x\, dF, \qquad M_y = \int \sigma_x z\, dF, \qquad Q_z = \int \tau_{xz}\, dF. \tag{46}$$

Aus dem Gleichgewicht der Schnittkräfte an einem differentialen Stabteil $ds = dx$ werden bei beliebiger Belastung $p = p_x \mp p_y \mp p_z$ in t/m (Abb. 22) die folgenden Beziehungen abgeleitet:

$$\left.\begin{aligned} &\frac{dM_y}{dx} = Q_z, \qquad \frac{dM_z}{dx} = -Q_y, \qquad \frac{dN}{dx} = -p_x, \\ &\frac{d^2M_y}{dx^2} = \frac{dQ_z}{dx} = -p_z, \qquad \frac{d^2M_z}{dx^2} = -\frac{dQ_y}{dx} = p_y. \end{aligned}\right\} \tag{47}$$

Schneidet die Ebene der äußeren Kräfte den Querschnitt in einer Hauptachse (Abb. 23), so ist einfacher

$$\frac{dM_y}{dx} = Q_z, \qquad \frac{dQ_z}{dx} = \frac{d^2M_y}{dx^2} = -p_z, \qquad \frac{dN}{dx} = -p_x. \tag{48}$$

Verzerrungs- und Spannungszustand am Querschnitt des geraden Stabes. Die relative Verschiebung $du = \Delta ds = \varepsilon_x(y, z)ds$ einander zugeordneter Punkte benachbarter Querschnitte ist bei ebener Verschiebung des Querschnitts linear. Dasselbe gilt bei gerader Stabachse, also unveränderlichem $ds(y, z)$ auch für die Dehnung $\Delta ds/ds = \varepsilon_x$. Die lineare Abhängigkeit zwischen Dehnung und Spannung führt daher beim geraden Stabe zum Geradliniengesetz der Normalspannung σ_x, das auch bei wenig gekrümmten Stäben als Näherung verwendet werden kann.

Die gegenseitige Verschiebung zweier benachbarter Querschnitte wird durch den Weg der Schwerpunkte $du_0 = \Delta ds_0 = \varepsilon_0 ds$ und durch die gegenseitige Neigung $d\psi = d\psi_y \mp d\psi_z$ beschrieben. Die relativen Verschiebungen und daher auch die Spannungen σ_x sind in der Drehachse Null. Sie heißt aus diesem Grunde Nullinie. Im übrigen ist

$$du = \Delta ds = \varepsilon_x ds = \varepsilon_0 ds - y\,d\psi_z + z\,d\psi_y = \left(\varepsilon_0 + \frac{y}{\varrho_z} - \frac{z}{\varrho_y}\right) ds = \frac{\sigma_x}{E}\,ds\,.$$

Die Bezugsachsen sind Hauptträgheitsachsen, so daß mit (45)

$$\sigma_x = \frac{N}{F} + \frac{M_y}{J_y} z - \frac{M_z}{J_z} y\,. \qquad \text{Für } y = 0\,,\ z = 0 \text{ ist } \sigma_x = \sigma_0 = \frac{N}{F}\,. \tag{49}$$

Die Grenzwerte σ_i und σ_a entstehen in den Punkten i und a, in denen die zur Nulllinie n parallelen Geraden die Umgrenzung des Querschnitts berühren (Abb. 24).

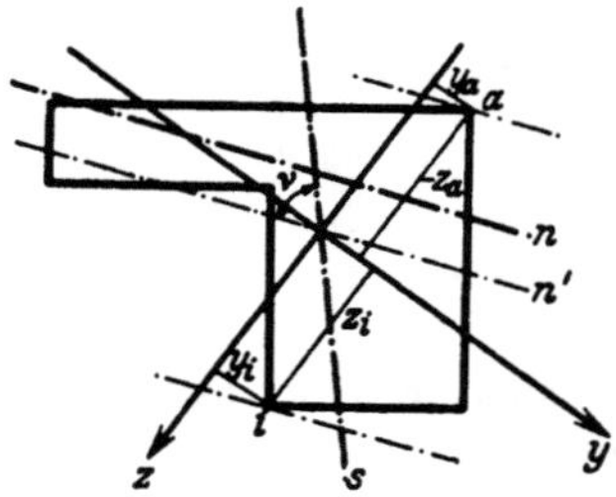

Abb. 24.

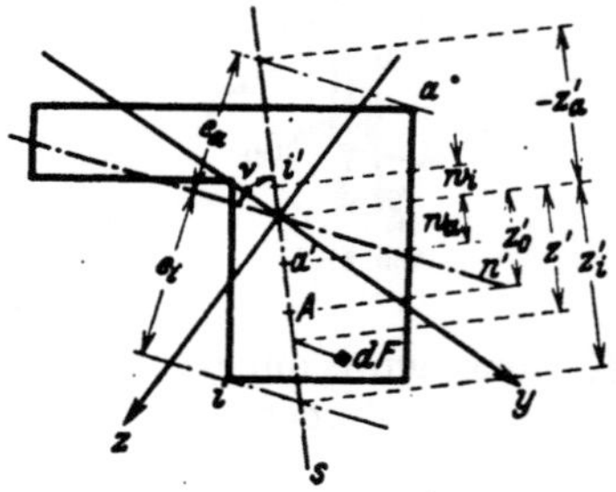

Abb. 25.

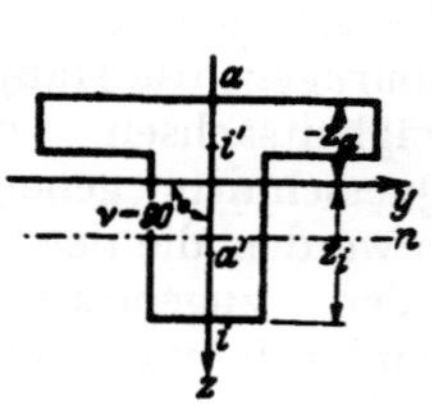

Abb. 26.

Die Richtung von n ist der zur Kraftlinie s konjugierte Durchmesser der Trägheitsellipse des Querschnitts ($\sphericalangle (n, s) = \nu$)

$$\sigma_{i,a} = \frac{N}{F} + \frac{M_y}{J_y} z_{i,a} - \frac{M_z}{J_z} y_{i,a}\,.$$

Der Ansatz wird einfacher, wenn die Momente der inneren Kräfte ($\sigma_x dF$) auf die Kernpunkte i' und a' der Kraftlinie s bezogen werden (Kernmomente). Ist A der Spurpunkt der Resultierenden der äußeren Kräfte im Querschnitt, so gilt mit $R_x^{(a)} = N^{(a)}$ (Abb. 25):

$$M_{i'} = N^{(a)}(z_0' + |w_i|) = \int \sigma_x (z' + |w_i|)\,dF\,,$$
$$M_{a'} = N^{(a)}(z_0' - |w_a|) = \int \sigma_x (z' - |w_a|)\,dF\,.$$

Die Strecken w_i, w_a werden von der Kernfigur des Querschnitts auf der Kraftlinie s abgeschnitten und als Kernweiten bezeichnet. Die Abstände der Punkte i und a von der zur Nullinie n parallelen Schwerachse n' sind $e_i = |z_i'| \sin\nu$, $e_a = |z_a'| \sin\nu$. Das Trägheitsmoment in bezug auf diese Achse ist J_n'. Mit

$$\frac{J_n'}{|z_i'| \sin\nu} = F\,|w_i| = W_i\,, \qquad \frac{J_n'}{|z_a'| \sin\nu} = F\,|w_a| = W_a$$

ist

$$\sigma_i = \frac{M_{i'}}{F\,|w_i|} = \frac{M_{i'}}{W_i}\,, \qquad \sigma_a = -\frac{M_{a'}}{F\,|w_a|} = -\frac{M_{a'}}{W_a}\,. \tag{50}$$

Fällt die Spur s der Kraftebene mit der Hauptträgheitsachse z zusammen (Abb. 26), so ist $M_z = 0$, $d\psi_z = 0$, $du = \varepsilon_x ds = \varepsilon_0 ds + z\,d\psi_y$. Die Nullinie n ist winkelrecht zur Kraftlinie s ($\sphericalangle (n, s) = \nu = 90^0$).

$$\left.\begin{aligned} &\varepsilon_x = \left(\varepsilon_0 + \frac{d\psi_y}{ds} z\right) = \frac{\sigma}{E}\,, && \sigma = \frac{N}{F} + \frac{M_y}{J_y} z\,, && \sigma_{i,a} = \frac{N}{F} + \frac{M_y}{J_y} z_{i,a}\,,\\ &W_i = \frac{J_y}{|z_i|}\,, \quad W_a = \frac{J_y}{|z_a|}\,, && \sigma_i = \frac{M_{i'}}{W_i}\,, && \sigma_a = -\frac{M_{a'}}{W_a}\,. \end{aligned}\right\} \tag{51}$$

Die Beziehungen zwischen der Längskraft N (+ als Zugkraft), den Momenten der inneren Kräfte ($\sigma_x dF$) in bezug auf den Schwerpunkt S und den Kernmomenten $M_{i'}$, $M_{a'}$ sind

$$N = \frac{M_{i'} - M_{a'}}{|w_i| + |w_a|}\,; \qquad M = \frac{M_{i'}\,|w_a| + M_{a'}\,|w_i|}{|w_a| + |w_i|}\,. \tag{52}$$

Das Spannungsbild des Stabes zeigt außerdem auch Schubspannungen τ_{xz}, τ_{xy}. Sie ergeben sich aus der Betrachtung des Gleichgewichts der Kräfte am differentialen Prisma:

$$\tau_{xz} = \tau_{zx}\,, \qquad \tau_{xy} = \tau_{yx}\,, \qquad \frac{\partial \tau_{zx}}{\partial z} + \frac{\partial \tau_{yx}}{\partial y} + \frac{\partial \sigma_x}{\partial x} = 0\,. \tag{53}$$

Für den allgemeinen Fall der schiefen Biegung ohne Längskraft ist nach (47), (49)

$$\left.\begin{aligned} \frac{\partial \sigma_x}{\partial x} &= \frac{Q_z}{J_y}\, z + \frac{Q_y}{J_z}\, y\,, \\ \int \frac{\partial \tau_{zx}}{\partial z}\, dy\, dz + \int \frac{\partial \tau_{yx}}{\partial y}\, dy\, dz &= -\frac{Q_z}{J_y}\int z\, dF - \frac{Q_y}{J_z}\int y\, dF\,. \end{aligned}\right\} \tag{54}$$

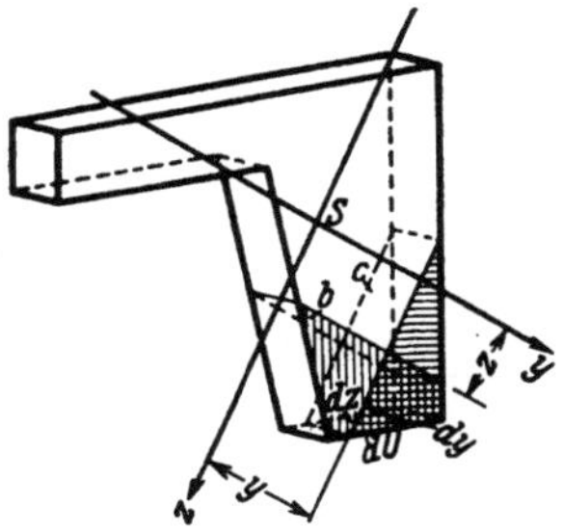

Abb. 27.

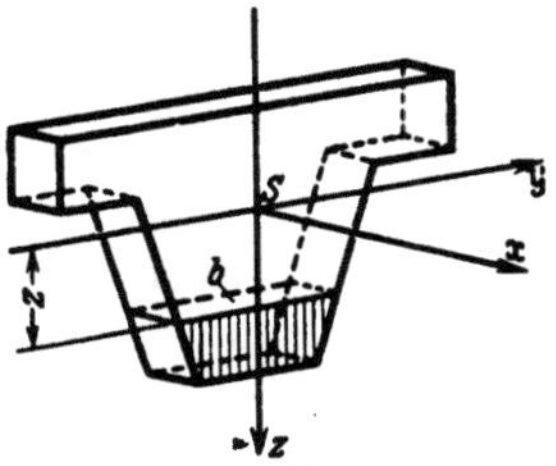

Abb. 28.

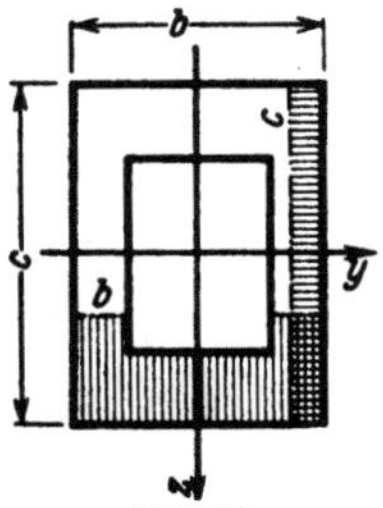

Abb. 29.

Für eine Fläche F_b oder eine Fläche F_c, die nach Abb. 27 durch die Parallele b, c zu der Hauptachse y, z begrenzt ist, gilt unter der Voraussetzung

$$\frac{\partial \tau_{yx}}{\partial z} = 0\,, \qquad \frac{\partial \tau_{zx}}{\partial y} = 0$$

mit $dy = dU \sin(dU, z)$, $dz = dU \sin(dU, y)$,

$$\int_{U_b} [\tau_{zx} \sin(dU, z) + \tau_{yx} \sin(dU, y)]\, dU = -\frac{Q_z}{J_y}\, S_{by} - \frac{Q_y}{J_z}\, S_{bz}\,. \tag{55}$$

Die Belastung des Stabes ist senkrecht zur Oberfläche gerichtet, so daß am Rande des Querschnitts

$$\tau_{zx} \sin(dU, z) + \tau_{yx} \sin(dU, y) = 0\,. \tag{56}$$

Die Integration erstreckt sich also allein auf die Strecke b mit $\sin(dU, z) = -1$, $\sin(dU, y) = 0$ oder c mit $\sin(dU, z) = 0$, $\sin(dU, y) = -1$. Daher ist

$$\int_b \tau_{zx}\, dy = \frac{Q_z}{J_y}\, S_{by} + \frac{Q_y}{J_z}\, S_{bz}\,, \qquad \int_c \tau_{yx}\, dz = \frac{Q_z}{J_y}\, S_{cy} + \frac{Q_y}{J_z}\, S_{cz}\,. \tag{57}$$

Die mittleren Schubspannungen τ_0 im Schnitt b oder c lassen sich also folgendermaßen angeben:

$$\left.\begin{aligned} \tau_{zx,0} &= \frac{Q_z}{b J_y}\, S_{by} + \frac{Q_y}{b J_z}\, S_{bz}\,, \\ \tau_{yx,0} &= \frac{Q_z}{c J_y}\, S_{cy} + \frac{Q_y}{c J_z}\, S_{cz}\,. \end{aligned}\right\} \tag{58}$$

Sind die Hauptträgheitsachsen gleichzeitig Symmetrieachsen (Abb. 28 u. 29), so sind

$$S_{bz} = 0 \quad \text{und} \quad S_{cy} = 0\,. \quad \text{Daher} \quad \tau_{zx,0} = \frac{Q_z}{b J_y}\, S_{by}\,; \quad \tau_{yx,0} = \frac{Q_y}{c J_z}\, S_{cz}\,. \tag{59}$$

Im Regelfall ist $Q_y = 0$, also $\tau_{yx} = 0$; für den Rechteckquerschnitt ist außerdem

$$S_{by} = \frac{1}{2}\left(\frac{h^2}{4} - z^2\right) b; \quad \tau_{zx} = \frac{3Q}{2F}\left[1 - \left(\frac{2z}{h}\right)^2\right]; \quad \max \tau_{zx} = \frac{3}{2}\frac{Q}{F}, \text{ Abb. 30.} \tag{60}$$

Für Querschnitte, die sich nach Abb. **31** aus Rechtecken zusammensetzen, ist

$$\tau_{zx} = \frac{Q_z}{a J_y}\left[\frac{b}{2}\left(\frac{h^2}{4} - \frac{h_1^2}{4}\right) + \frac{d}{2}\left(\frac{h_1^2}{4} - z^2\right)\right]. \tag{61}$$

In diesen einfachen Fällen kann auch die Normalspannung σ_z nach Abb. **32** aus dem Gleichgewicht der senkrechten Kräfte angegeben werden:

$$p\,dx + \frac{\partial T}{\partial x} dx + b\sigma_z dx = 0, \quad T = \int_{-h/2}^{z} b\tau_{xz} dz,$$

$$\text{Rechteckquerschnitt:} \quad \sigma_z = -\frac{p}{2J_y}\left(\frac{h^3}{12} - \frac{h^2 z}{4} + \frac{z^3}{3}\right). \tag{62}$$

Die Schubspannungen und Normalspannungen τ, σ_x, σ_z werden zu Hauptspannungen zusammengesetzt. Größe und Richtung werden analytisch oder graphisch nach (40) bestimmt.

Verdrillung und Schubspannung. Die Verdrillung des Stabes durch äußere Kräftepaare $M_x^{(a)}$ führt zur Verwölbung des Querschnitts, wenn dieser nicht rotationssymmetrisch begrenzt ist. Daher ist der lineare Ansatz für die Normalspannungen σ_x auch bei gleichzeitiger Biegung nicht mehr gültig und als Näherung nur brauchbar, wenn die Verdrillung im Verhältnis zur Biegung klein ist.

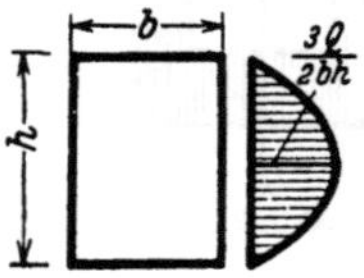

Abb. 30.

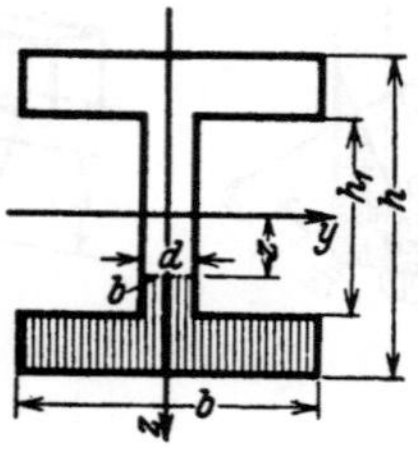

Abb. 31.

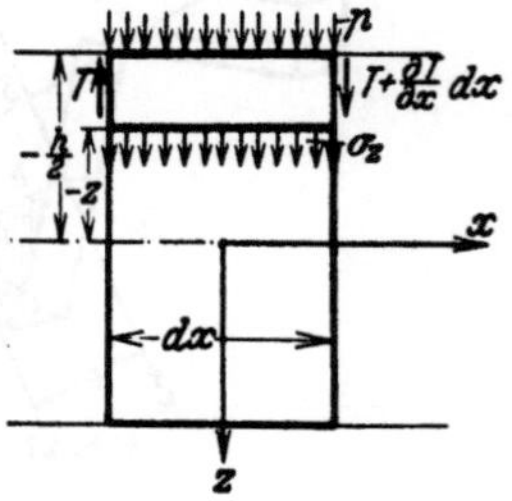

Abb. 32.

Um Formänderung und Festigkeit abzuschätzen, wird der bezogene Verdrehungswinkel $d\vartheta/ds$ dem Drehmoment M_x des Querschnitts proportional gesetzt. Als Faktor dient das Produkt aus Gleitmodul G und einer dem Trägheitsmoment ähnlichen Querschnittskonstanten T

$$\frac{d\vartheta}{ds} = \frac{M_x}{GT}. \tag{63}$$

O. Bach setzt in Anlehnung an einen Ansatz von St. Venant bei Rechteckquerschnitten von Stäben aus homogenem Werkstoff auf Grund von Versuchen mit $b/h = \lambda < 1$

$$T = \frac{\lambda^3}{(3{,}645 - 0{,}061\,\lambda)(1 + \lambda^2)} h^4. \tag{64}$$

Die Zahlen stimmen mit den theoretischen Ergebnissen überein, die A. Föppl und C. Weber durch Integration der Differentialgleichung erhalten haben. C. Weber setzt für den Rechteckquerschnitt und homogenen Werkstoff mit $h/b = n > 1$

$$\frac{d\vartheta}{ds} = \frac{M_x}{n\psi_3 b^4 G}; \quad \tau_{\max} = \psi_1 G \cdot b\frac{d\vartheta}{ds}; \quad T = n\psi_3 b^4. \tag{65}$$

n	1	1,5	2	3	4	6	8	10	∞
ψ_1	0,6753	0,8476	0,9300	0,9854	0,9970	0,9990	~1	~1	1
ψ_3	0,1404	0,1957	0,2286	0,2633	0,2808	0,2982	0,3070	0,3123	0,3333

Diese Zahlen können mit großer Genauigkeit aus den folgenden Funktionen entwickelt werden:

$$\psi_1 \approx 1 - \frac{0{,}65}{1+n^3}, \qquad \psi_3 = \frac{1}{3n}\left(n - 0{,}630 + \frac{0{,}052}{n^4}\right). \tag{66}$$

Nach den Versuchen des Deutschen Ausschusses für Eisenbeton über den Widerstand von Beton und Eisenbeton gegen Verdrehen bestehen bei geringen Schubspannungen und sorgfältiger Bewehrung keine Bedenken, die Ansätze für homogenen Baustoff auch für Bauteile aus Eisenbeton anzuwenden. Indessen soll die Verdrillung stets nur untergeordnete Bedeutung und die damit verbundene Schubspannung nur die Eigenschaft von Nebenspannungen besitzen.

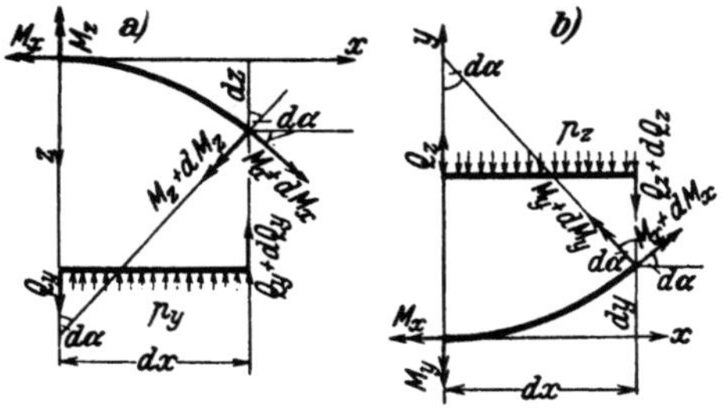

Abb. 33.

Werden nach (43) die Normal- und Schubspannungen eines infinitesimalen Stabteils ds mit großer Krümmung der Achse zu Schnittkräften zusammengefaßt, so können mit

$$\cos(d\alpha) = 1, \qquad \sin(d\alpha) = d\alpha, \qquad dy = dz = \frac{dx^2}{2r} \approx 0, \qquad ds \approx r\,d\alpha \approx dx$$

bei Belastung senkrecht zur Stabebene die folgenden Gleichgewichtsbedingungen abgeleitet werden (Abb. 33):

a) Krümmung des Stabes im Aufriß ($N_x = Q_z = M_y = 0$):

$$\left.\begin{aligned} &\frac{dQ_y}{dx} = -p_y, \qquad \frac{dM_z}{dx} + \frac{M_x}{r} + Q_y = 0, \qquad \frac{dM_x}{dx} = \frac{M_z}{r} \\ \text{oder}\quad &\frac{d^2M_z}{dx^2} + \frac{M_z}{r^2} = -p_y. \end{aligned}\right\} \tag{67}$$

b) Krümmung des Stabes im Grundriß ($N_x = Q_y = M_z = 0$):

$$\left.\begin{aligned} &\frac{dQ_z}{dx} = -p_z, \qquad \frac{dM_y}{dx} + \frac{M_x}{r} - Q_z = 0, \qquad \frac{dM_x}{dx} = \frac{M_y}{r} \\ \text{oder}\quad &\frac{d^2M_y}{dx^2} + \frac{M_y}{r^2} = -p_z. \end{aligned}\right\} \tag{68}$$

Hierbei sind alle kleinen Größen zweiter Ordnung vernachlässigt.

Verzerrungs- und Spannungszustand am Querschnitt des gekrümmten Stabes. Die Krümmung derjenigen gebogenen, ebenen Stäbe, welche im Bauwesen verwendet werden, ist in der Regel so klein, daß die Spannungen nach den Ansätzen (49), (51) für den geraden Stab berechnet werden. Ausnahmen ergeben sich an den Winkelpunkten eines Stabzuges. Die Ausrundung kann hier unter Umständen die Anwendung der Ergebnisse rechtfertigen, welche für die Spannungen σ_x, σ_z und τ eines gebogenen Stabes aufgestellt worden sind, dessen Symmetrieebene mit der Kraftebene zusammenfällt. Als Grundlage dient auch hier die Annahme einer ebenen Verschiebung des Querschnitts, obwohl diese nicht allein durch die Schubspannungen τ_{xz}, sondern auch durch die Normalspannungen σ_z gestört wird.

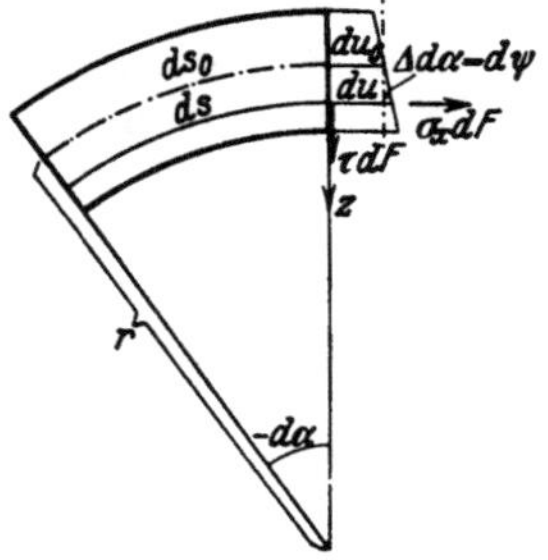

Abb. 34.

Aus Symmetriegründen ist $du = du(z) = du_0 + z d\psi$ nur von z abhängig. Dagegen sind nunmehr $\varepsilon_x = \varepsilon_{0z} + \frac{d\psi}{ds} z$ und ebenso σ_x quadratische Funktionen von z, da sich ds mit z ändert. Zunächst gelten die folgenden Beziehungen (Abb. 34):

$$ds_0 = -r\,d\alpha\,, \quad ds = ds_0 + z\,d\alpha\,, \quad \varepsilon_{0z} = \frac{\Delta ds_0}{ds}\,, \quad \varepsilon_0 = \frac{\Delta ds_0}{ds_0}\,, \quad \varepsilon_x = \frac{du}{ds} = \frac{\Delta ds}{ds}\,.$$

Durch Belastung wird $ds_0 \to ds_0 + \Delta ds_0$, $d\alpha \to d\alpha + \Delta d\alpha$, $ds \to ds + \Delta ds$,

$$\Delta ds = \Delta ds_0 + \Delta z\,d\alpha + z\,\Delta d\alpha\,; \quad \Delta z \approx 0\,.$$

$$\varepsilon_x = \frac{\Delta ds}{ds} = \frac{\Delta ds_0 + z\,\Delta d\alpha}{ds_0 + z\,d\alpha} = \varepsilon_0 + \left(\varepsilon_0 - \frac{\Delta d\alpha}{d\alpha}\right)\frac{z}{r-z}\,. \tag{69}$$

Elastizitätsgesetz und Definition der Schnittkräfte:

$$\sigma_x = \varepsilon_x E\,; \qquad N = \int \sigma_x dF = E\int \varepsilon_x dF\,; \qquad M = \int \sigma_x z\,dF = E\int \varepsilon_x z\,dF\,,$$

$$\int \frac{z^2}{r^2}\,\frac{r}{r-z}\,dF = \int \frac{z^2}{r^2}\left(1 + \frac{z}{r} + \frac{z^2}{r^2} + \cdots\right)dF = \frac{\Theta}{r^2}\,; \quad \Theta \approx J\,.$$

$$\frac{N}{E} = F\varepsilon_0 + \left(\varepsilon_0 - \frac{\Delta d\alpha}{d\alpha}\right)\frac{\Theta}{r^2}\,; \qquad \frac{M}{E} = \left(\varepsilon_0 - \frac{\Delta d\alpha}{d\alpha}\right)\frac{\Theta}{r}\,.$$

$$E\varepsilon_0 = \frac{N}{F} - \frac{M}{rF}\,; \qquad E\,\Delta d\alpha = E\,d\psi = \left(\frac{M}{\Theta} - \frac{N}{rF} + \frac{M}{r^2 F}\right)ds_0\,. \tag{70}$$

Normalspannung als Funktion der Schnittkräfte:

$$\sigma_x = \frac{N}{F} - \frac{M}{rF} + \frac{Mz}{\Theta}\,\frac{r}{r-z}\,. \tag{71}$$

Für $r \gg h$ ist: $\frac{r}{r-z} \approx 1$, $\Theta \approx J_y$, $\varepsilon_0 = \frac{N}{EF}$, $\Delta d\alpha = d\psi \approx \frac{M}{EJ_y}\,ds_0$,

$$\sigma_x = \frac{N}{F} + \frac{Mz}{J_y}\,. \tag{72}$$

Die Schubspannungen τ_{xz} erfahren ebenfalls geringe Änderungen gegenüber den Angaben (58), (59) für den geraden Stab. Sie sind jedoch hier bereits als Näherung anzusehen, so daß sie auch zur Abschätzung der Schubspannungen des gekrümmten Stabes genügen.

Anwendungsbereich der technischen Biegelehre. Die Spannungsberechnung nach der technischen Biegelehre ist dort unbrauchbar, wo die Voraussetzungen der ebenen Verzerrung des Querschnitts nicht erfüllt sind. Dies ist der Fall an Knickpunkten und Unstetigkeitsstellen von Stabzügen und unter Einzellasten. Die Spannungsergebnisse des Geradliniengesetzes sind daher nach dem St. Venantschen Prinzip erst in einiger Entfernung von diesen ausgezeichneten Querschnitten zutreffend. Für die genauere Untersuchung des singulären Bereichs müssen andere Hilfsmittel verwendet werden.

Im Gegensatz zu den bisherigen Annahmen werden auch in zahlreichen Fällen Bauteile verwendet, deren Werkstoff für Zug und Druck verschiedene elastische Konstanten besitzt oder zur Übertragung von Zugspannungen ungeeignet ist. Andere Bauteile werden aus mehreren Werkstoffen zusammengesetzt, welche je nach ihrem elastischen Vermögen an der Übertragung der inneren Kräfte beteiligt sind. Wird die ebene Verschiebung des Querschnitts in diesen Fällen auch als Grundlage einer technischen Theorie beibehalten, so erfahren die Ansätze zur Spannungsberechnung keine Änderung. Sie werden nach wie vor allein aus dem Gleichgewicht der inneren und äußeren Kräfte abgeleitet. Sie bilden daher auch die Grundlage für den Festigkeitsnachweis und die Bemessung von Eisenbetonquerschnitten.

Weber, C.: Die Lehre der Drehungsfestigkeit. Mitt. üb. Forschungsarbeiten d. VDI 1922 S. 249. — Derselbe: Biegung und Schub in geraden Balken. Z. angew. Math. Mech. 1924

S. 334. — Föppl, A.: Vorlesungen über Technische Mechanik Bd. 3: Festigkeitslehre 10. Aufl. Leipzig 1927. — Timoshenko, S., u. J. M. Lessells: Festigkeitslehre. Berlin 1928. — Timoshenko, S.: Festigkeitsprobleme im Maschinenbau. Handb. physik. u. techn. Mechan. Bd. 4. Leipzig 1929. — Girtler, R.: Einführung in die Mechanik fester elastischer Körper und das zugehörige Versuchswesen. Wien 1931.

11. Die Eigenspannungen des Baustoffs.

Bei jedem Festigkeitsnachweis wird mit der spannungsfreien Herstellung des Baustoffs gerechnet. Dies gilt von Gußeisen und Stahl ebenso wie von Beton und Eisenbeton. Wissenschaft, Technik und Handwerkskunst sind gemeinsam bemüht, dieses Ziel der Baustofferzeugung zu erreichen. Die allgemeine physikalische Erkenntnis und die technischen Erfahrungen aus diesen Bestrebungen bilden die Grundlage der zahlreichen behördlichen Bestimmungen, welche das jederzeit Erreichbare im Interesse der öffentlichen Sicherheit vorschreiben.

Leider können die Baustoffe nur in beschränktem Maße in homogener Beschaffenheit, frei von Vorspannungen geliefert werden. Diese sind durch die physikalischen und chemischen Vorgänge bei der Herstellung und Verarbeitung unvermeidlich. Sie entstehen aus Temperatur- und Schwindwirkungen und aus den Unterschieden in den physikalischen Konstanten der Bestandteile. Ihre Ursache kann mittelbar durch die Kerbwirkung von Hohlräumen und Fremdeinschlüssen erklärt werden. Dasselbe gilt von den zahlreichen mikroskopisch feinen Rissen, der mikroskopisch mangelhaften Raumausfüllung und der wechselnden Dichte des Mittels. Diese bestimmen die allgemeinen Festigkeitseigenschaften, insbesondere das Verhältnis von Zug- und Schubfestigkeit zur Druckfestigkeit eines Baustoffes.

Die Bedeutung der Eigenspannungen wächst mit dem räumlichen Zusammenhang der Tragwerke. Sie ist also bei Flächentragwerken größer als bei Stabwerken und nimmt mit den Schwind- und Temperaturwirkungen zu. Die Erstarrungskontraktion des Baustoffs ist neben der gleichmäßigen Raumverkürzung stets noch von Einzelerscheinungen begleitet, welche von der Ungleichartigkeit des Vorganges herrühren. Diese sind die Ursache von großen Eigenspannungen und müssen daher vermieden werden, um nicht die Brauchbarkeit, vielleicht sogar den Bestand eines Bauteils zu gefährden.

Bauteile aus Eisenbeton unterliegen außerdem stets Eigenspannungen durch die Raumveränderung des Betons relativ zur Stahlbewehrung. Daher werden sich unsymmetrisch bewehrte Bauteile beim Abbinden des Betons ebenso krümmen wie bei ungleichförmiger Temperaturänderung. Diese Erscheinungen sind von L. Herzka in mehreren Arbeiten behandelt worden. Er vergleicht nach den Ergebnissen von österreichischen Versuchen die Schwindwirkung nach vier Wochen und zwölf Monaten mit einer ungleichförmigen Erwärmung der oberen und unteren Fläche im Betrage von 14° C bis 64° C.

Die lineare Verkürzung der Bauteile durch Schwinden wird in den Bestimmungen einem Temperaturrückgang von t_s^0 gleichgesetzt, besser jedoch auf ein Schwindmaß bezogen, welches von dem Grad der Bewehrung abhängt:

$$n = E_e/E_b; \qquad \psi = F_e/F_b;$$

$$\left.\begin{array}{ll} \text{Schwindmaß des unbewehrten Betons:} & \varepsilon_{0s} = \Delta l/l = 0{,}00036\,, \\ \text{Schwindmaß des Eisenbetons:} & \varepsilon_s = \Delta l/l = \varepsilon_{0s}/(1 + n\psi)\,, \\ \text{Verbundschwindspannungen: im Eisen} & \sigma_{ed} = \varepsilon_s E_e\,, \text{ im Beton } \sigma_{bz} = \psi\,\varepsilon_s E_e\,. \end{array}\right\} \quad (73)$$

Eine gleichmäßige Temperaturänderung des Tragwerks erzeugt eine zur ursprünglichen ähnliche Form. Daher werden in diesem Falle Eigenspannungen nur bei geometrischer Überbestimmtheit der Stützung hervorgerufen. Ihre Größe ist, abgesehen von der Wärmeausdehnungszahl α_t, bestimmt durch die Querschnittsabmessungen, den Wärmeschutz und die physikalischen Konstanten des Wärmedurchgangs. Sie sind zum Teil behördlich festgesetzt und in § 16 der Bestimmungen enthalten. Hierbei werden die gleichförmige Temperaturänderung t^0 und der Temperaturunterschied $t_u^0 - t_o^0 = \Delta t^0$ zwischen den seitlichen Begrenzungen des Bauteils unterschieden. Die Angabe von t^0 hängt von den Grenzwerten der Jahrestemperatur und der Lage des Bauteils ab. Daher werden Brückenträger anders behandelt als die Konstruktionen innerhalb von Bauwerken. Die ungleichförmige Erwärmung ist bei Brückenträgern, vor allem jedoch bei Industriebauten mit Ofenanlagen, Schornsteinen und Behältern für heiße Füllungen von Bedeutung. Bei derartigen Aufgaben empfiehlt sich stets eine eingehende Berechnung des Wärmeabfalls, welcher im Bauteil verarbeitet werden muß. Jedenfalls verdienen die Eigenspannungen aus der Temperaturwirkung in allen Fällen eingehende Beachtung, weil sie unter Umständen allein über die Brauchbarkeit und den Bestand eines Tragwerks entscheiden.

Das Temperaturgefälle in planparallelen, aus Schichten zusammengesetzten Wänden wird aus dem Wärmedurchgang bestimmt. Die stündlich durch 1 m² Wandfläche wandernde Energie ist bei einem Wärmeleitwiderstand r_L und den Wärmeübergangszahlen α_1 (innen) und α_2 (außen)

$$q = k\,(t_1 - t_2) = \frac{t_1 - t_2}{r_{\ddot{u}1} + r_L + r_{\ddot{u}2}}. \tag{74}$$

Hierbei ist bei n Schichten der Wand mit den Dicken δ und den Wärmeleitzahlen λ

$$r_L = \sum_1^n \frac{\delta}{\lambda}; \qquad r_{\ddot{u}1} = \frac{1}{\alpha_1}; \qquad r_{\ddot{u}2} = \frac{1}{\alpha_2}. \tag{75}$$

Der Temperaturdurchgang in der Schicht h und die Temperaturübergänge innen und außen berechnen sich zu

$$\Delta t_h = q\,\delta_h/\lambda_h; \qquad \Delta t_1 = q\,r_{\ddot{u}1}; \qquad \Delta t_2 = q\,r_{\ddot{u}2}. \tag{76}$$

Der Ansatz gilt auch für zylindrische Wände, wenn δ/λ durch $\delta/(\lambda\cdot\varphi)$ ersetzt wird. φ ist ein Formfaktor[1].

Temperaturverlauf in einem gemauerten Schornstein mit Luftspalt und durchgehendem Futter: Temperatur der Heizgase $t_1 = 250^0$. Lufttemperatur $t_2 = 0^0$. Futter $\delta_1 = 0{,}31$ m, Luftspalt $\delta_2 = 0{,}03$ m, Mantel $\delta_3 = 1{,}04$ m.

$$\alpha_1 = 1/r_{\ddot{u}1} = 40\ \text{kcal/m}^2\text{h}^0, \qquad \alpha_2 = 1/r_{\ddot{u}2} = 23\ \text{kcal/m}^2\text{h}^0.$$

$$\lambda_1 = 0{,}51\ \text{kcal/m h}^0; \quad \lambda_2 = 0{,}50\ \text{kcal/m h}^0; \quad \lambda_3 = 0{,}47\ \text{kcal/m h}^0;$$

$$k = 0{,}339, \qquad q = 84{,}7\ \text{kcal/m}^2\text{h}.$$

Hieraus werden rückwärts die folgenden Temperaturunterschiede berechnet. Übergang innen: 2,1°; Durchgang im Futter: 51,7°; Durchgang in der Luftschicht: 5,1°; Durchgang im Mantel: 187,4°; Übergang nach außen 3,7°. Würde man den Luftspalt durch eine ca. 10 cm starke Isolation mit einer Wärmeleitzahl $\lambda_2 = 0{,}04$ ersetzen, so würde sich die folgende Zahlenreihe ergeben:

$$q = 46{,}4\ \text{kcal/m}^2\text{h}; \qquad 250^0 = 1{,}2^0 + 28{,}3^0 + 115{,}9^0 + 102{,}6^0 + 2{,}0^0.$$

Temperaturverlauf in einem Eisenbetonbehälter mit Isolierung aus Hohlziegelmauerwerk und Innenschale aus Magerbeton: Temperatur der Flüssigkeit: $t_1 = 90^0$, Lufttemperatur $t_2 = 10^0$, Innenschale $\delta_1 = 0{,}08$ m, Isolierung $\delta_2 = 0{,}12$ m, Außenschale $\delta_3 = 0{,}20$ m.

$$\alpha_1 = 1/r_{\ddot{u}1} = 500\ \text{kcal/m}^2\text{h}^0, \qquad \alpha_2 = 1/r_{\ddot{u}2} = 10{,}2\ \text{kcal/m}^2\text{h}^0,$$

$$\lambda_1 \approx 1{,}2\ \text{kcal/m h}^0, \quad \lambda_2 = 0{,}30\ \text{kcal/m h}^0, \quad \lambda_3 = 1{,}5\ \text{kcal/m h}^0,$$

$$k = 1{,}429, \qquad q = 114{,}32\ \text{kcal/m}^2\text{h}.$$

Hieraus ergeben sich die folgenden Temperaturunterschiede: Übergang innen: 0,2°; Durchgang Innenschale: 7,6°; Durchgang Isolierung: 45,8°; Durchgang Außenschale: 15,2°; Übergang nach außen: 11,2°.

[1] Vgl. Hütte 26. Aufl. I, S. 494.

Angaben zur Ermittlung von Schwind- und Temperaturspannungen.

Bestimmungen des Deutschen Ausschusses (1932):

Nach den klimatischen Verhältnissen ist:

$$t_{min} = -5^0 \text{ bis } -10^0, \qquad t_{max} = +25^0 \text{ bis } +30^0.$$

Festigkeitsnachweis in der Regel für: $t = \pm 15^0$ bis $\pm 20^0$.

Ausgangstemperatur: $+10^0$. Sind Bauteile gegen Wärmewirkungen geschützt oder beträgt ihre geringste Höhe $\geqq 0{,}7$ m, so ist $t = \pm 10^0$ bis $\pm 15^0$. Ungleichmäßige Erwärmung kommt nur für besondere Fälle in Betracht.

Schwinden des Eisenbetons: Temperaturänderung $t_s = -15^0$, Betonbogen und Gewölbe mit einer Längsbewehrung von φ%:

	$\varphi < 0{,}1$*	$0{,}1^* \leqq \varphi < 0{,}5$	$0{,}5 \leqq \varphi$ %
$t_s =$	-25^0	-20^0	-15^0

* F_e oben und unten mindestens je 4 cm² auf 1 m Gewölbebreite.

Ausländische Betonbestimmungen:

	Österreich	Schweiz	Tschechoslowakei	Dänemark	Rußland
t	$\pm 15^0$	$\pm 15^0$	$\pm 12^0$	$\pm 10^0$ bis $\pm 20^0$	$\pm 30^0$
t_s	-15^0	-20^0	-10^0	-15^0	-10^0

Linearer Ausdehnungskoeffizient α_t:

Beton und Eisenbeton	Quader- und Bruchsteinmauerwerk	Ziegelmauerwerk	Stahl
0,000010	0,000008	0,000005	0,000012

Wärmeübergangszahlen $\alpha = 1/r_a$ kcal/m²h⁰

an der Oberfläche eines festen Körpers bei einem Temperaturabfall Δt^0.

a) Ruhende Luft:

$\Delta t =$	0	10	25	50	90
$\alpha \approx$	3,0	3,8	4,9	5,9	10,2

b) Bewegte Luft: Die Werte α aus a) sind um 25÷50% zu erhöhen; für Schornsteine ist nach Deininger in der Regel $\alpha_1 = 30{,}3$, $\alpha_2 = 10{,}0$, sehr hohe freistehende Schornsteine

innen, bei 10 m/sek Gasgeschwindigkeit . . α_1 bis 40,
außen, bei 5 m/sek Windgeschwindigkeit . α_2 bis 23.

c) Ruhende, heiße, nicht siedende Flüssigkeit: α rund 500.
d) Kondensierender Wasserdampf: α bis 10000.

Wärmeleitzahlen λ in kcal/m h⁰:

Bruchsteinmauerwerk	1,3÷2,1	Ziegelmauerwerk	0,60
Eisenbeton	1,5÷1,75	Hohlziegelmauerwerk	0,30
Klinkerverkleidung	0,80	Hochofenschlacke, Dia-Material	0,09
Zementmörtelputz	0,78	Glaswolle, Gichtasche, Korkplatte	0,06

Luftschicht: Durchgangstemp. t_m, Dicke δ in m.

$t_m \approx$	0	100⁰	200⁰	400⁰	600⁰
$(\lambda/\delta) \approx$	5	10	20	55	115

Versuche des Deutschen Ausschusses für Eisenbeton. Heft 23: Untersuchungen über die Längenänderungen von Betonprismen beim Erhärten und infolge von Temperaturwechsel. Ausgeführt von M. Rudeloff unter Mitwirkung von H. Sieglerschmidt. — Heft 34: Erfahrungen bei der Herstellung von Eisenbetonsäulen. Längenveränderungen der Eiseneinlagen im erhärtenden Beton. Bericht von M. Rudeloff. — Heft 35: Schwellung und Schwindung von Zement und Zementmörteln in Wasser und Luft. Bericht von M. Gary. — Heft 42: Schwindung von Zementmörteln an der Luft. Bericht von M. Gary. — Perkuhn: Riß- und Rostbildung bei ausgeführten Eisenbetonbrücken im Eisenbahndirektionsbezirke Kattowitz und Breslau. Z. Bauw 1916 S. 99. — Haberkalt: Das Schwinden des Betons und sein Einfluß auf Rißbildung und Tragfähigkeit von Bauwerken aus Beton und Eisenbeton. Öst. Wochenschr. öffentl. Baudienst 1916 Heft 4, 5, 6. — Schürch, H.: Versuche beim Bau des Langwieser Talüberganges. Berlin 1916. — Hencky, K.: Wärmeverluste durch ebene Wände. München 1921. — Schüle, F.: Der Einfluß des Schwindens auf einseitig bewehrte Eisenbetonbalken. Beton u. Eisen 1922 Heft 1. — Derselbe: Versuche über das Schwinden von Beton. Mitteilungen über Versuche, ausgeführt vom Eisenbetonausschuß des Österr. Ing. und Arch.-Vereins Heft 9. — Lewe, V.: Die statische Wirkung heißer Füllungen von Flüssigkeitsbehältern. Bauing. 1922 S. 516. Handb. Eisenbeton 5. Bd. 3. Aufl. S. 174. Flüssigkeitsbehälter. — Döring, K.: Wind und Wärme bei der Berechnung hoher Schornsteine. Berlin 1925. — Herzka, L.: Schwindspannungen in Trägern aus Eisenbeton. Leipzig 1925. — Derselbe: Grundlagen für die Berechnung von Rahmen bei ungleichmäßiger Durchwärmung. Bauing. 1926 Heft 24/25. — Stadelmann, E.: Temperaturbeobachtungen an ausgeführten Betonbauwerken der Schweiz. Schweiz. Ing.-Bauten in Theorie und Praxis. Zürich 1926. — Knoblauch, O.: Über den Temperaturverlauf im Schornsteinschacht. Bauing. 1927 Heft 23. — Busemann, A., u. O. Föppl: Physikalische Grundlagen der Elastomechanik, Handb. Physik Bd. 6: Mechanik der elastischen Körper. Berlin 1928. — Herzka, L.: Das statische Verhalten der unter Schwindeinfluß stehenden Rahmentragwerke aus Eisenbeton. Beton u. Eisen 1929 S. 220. — Derselbe: Über Riß-, insbesondere Schwindrißerscheinungen an Bauwerken aus Beton und Eisenbeton. Bericht über die zweite Internat. Tagung für Brückenbau und Hochbau 1928 S. 702. Wien 1929. — Graf, O.: Die wichtigsten Ergebnisse der Versuche mit Eisenbeton. Handb. Eisenbetonbau Bd. 1. Berlin 1930. — Dumas, F.: Le béton armé et ses hypothèses. Génie civ. Bd. 47 (1930) Nr. 23 u. 24. — Deininger, K.: Die Entwicklung des Eisenbetonschornsteins in Theorie und Praxis. Stuttgart 1932. — Faber, O.: Elasticity, plasticity and shrinkage Abschn. VI 2 des Vorberichts zum ersten Kongreß der Internat. Vereinigung für Brücken- und Hochbau. Paris 1932. — Campus, F.: Ausbau der Statik des Eisenbetons mit Rücksicht auf die Baustoffeigenschaften. Bericht des 1. Internat. Kongr. für Brücken- und Hochbau. Zürich 1932. — Luftschitz, H.: Die Raumänderungen der Baustoffe. Berlin 1932.

12. Die Sicherheit des Tragwerks.

Die erfolgreiche Lösung einer Bauaufgabe erfüllt neben den allgemeinen Bedingungen für die Brauchbarkeit der Anlage die Forderung nach deren Sicherheit. Sie wird auf die Gebrauchsbelastung und auf die Festigkeitseigenschaften der Baustoffe bezogen und in der Regel getrennt für die Bauteile, ihre Verbindungen und für die Grenzschicht des Baugrundes nachgewiesen. Die äußeren Kräfte sind entweder ruhende Lasten und bewegliche Lasten, die als ruhend angesehen werden, oder Energien, die von bewegten Lasten herrühren und unter Umständen periodisch auftreten. Im ersten Falle wird die Sicherheit allein durch die Größe, Richtung und Eintragung der Lasten bestimmt. Im zweiten Falle hängt die Sicherheit außerdem von der Amplitude und der Frequenz der Energieübertragung ab. Die Sicherheit des Tragwerks kann daher bei ruhenden Lasten als Verhältnis ν_P von Bruchbelastung und Gebrauchsbelastung angegeben werden. Sie bedarf aber bei der Eintragung von Energie der Ergänzung durch das Verhältnis ν_E der Betriebsfrequenz zu den Eigenfrequenzen der belasteten Bauteile. Unter Umständen sind dabei auch die Eigenfrequenzen des ganzen Bauwerks einschließlich Gründung maßgebend.

Die Festigkeit eines Bauteils, eines mehrteiligen Tragwerks und seiner Verbindungen wird durch den Spannungs- und Verschiebungszustand der ungünstigsten Gebrauchsbelastung nachgewiesen. Dazu gehört unter Umständen auch die Nachprüfung der Stabilität des Gleichgewichts zwischen den äußeren und inneren Kräften. Für den Nachweis der dynamischen Stabilität werden die Eigenfrequenzen des Tragwerks aus dessen elastischen Eigenschaften abgeleitet.

Die Beziehung zwischen der Festigkeit des Tragwerks und dem Spannungs- oder Verzerrungstensor wird durch Hypothesen hergestellt, die sich bei der versuchstechnischen Nachprüfung bewährt haben. Hieraus sind dann allgemein anerkannte zulässige Spannungsgrenzen entwickelt und behördlich bestätigt worden, deren Einhaltung die Festigkeit und damit auch die Sicherheit der Bauteile verbürgt. Da jedoch die Versuche in der Regel nur einen einachsigen Spannungszustand hervorrufen, bedeutet die Überschreitung der Grenzwerte in einzelnen Punkten um so weniger die allgemeine Minderung der Sicherheit eines Tragwerks, je höher der Grad der statischen Unbestimmtheit des Spannungszustandes ist und je weniger die physikalischen Eigenschaften des Baustoffs dabei Risse, also die Verwandlung von elastischer Energie in Oberflächenenergie im Sinne von A. A. Griffith, erwarten lassen. Diese Erkenntnis kommt daher am meisten den Baustoffen mit großem Arbeitsvermögen zugute. Sie ist aber auch bereits früher zur Beurteilung der Risse in Gewölben aus Beton und Mauerwerk herangezogen worden, die durch Eigenspannungen des Baustoffs entstanden sind. Sie gewinnt vor allem für räumlich zusammenhängende Konstruktionen Bedeutung, da Platten und Schalen, in schmale Streifen aufgelöst gedacht, als hochgradig statisch unbestimmte Verflechtung linearer Bauteile angesehen werden können, für welche die Überschreitung der Spannungsgrenze und die Zerstörung des Baustoffs an einzelnen Punkten nicht gleichzeitig den Zusammenbruch des Bauteils bedeuten. Der Versuch hat die größere Festigkeit kreuzweise bewehrter Platten gegenüber einseitig bewehrten Plattenstreifen eindeutig bestätigt. Das rührt zum Teil von der Mitwirkung zweier Hauptspannungen her, kann aber sonst nur durch den zweidimensionalen Charakter des Bauteils begründet werden. Dasselbe gilt auch bei Schalen, obwohl hier oft die Stabilität des Spannungszustandes für die Festigkeit ausschlaggebend sein wird.

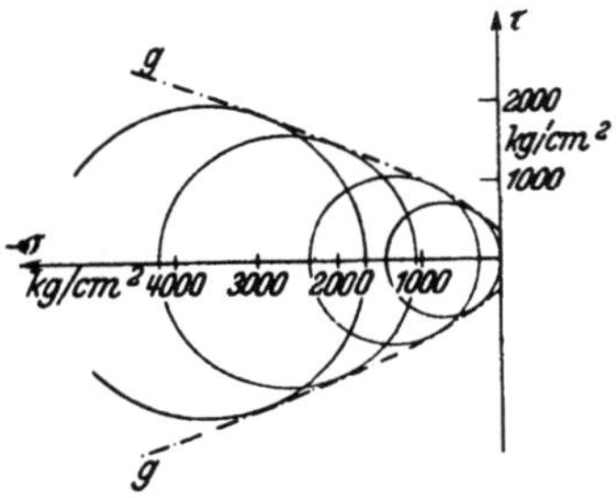

Abb. 35.

Der Bruchvorgang ist auf die größte Hauptspannung, auf die größte Dehnung und die ihr zugeordneten Ersatzspannungen bei einachsiger Beanspruchung oder auf die größte Schubspannung zurückgeführt worden. Jede dieser Theorien steht mit anerkannten Regeln und mit der Beobachtung oder Versuchsergebnissen im Widerspruch. Dagegen kann die erweiterte Bruchtheorie von O. Mohr den Versuchsergebnissen und damit den physikalischen Eigenschaften der einzelnen Werkstoffe gut angepaßt werden. Sie gilt für Verschiebungsbrüche und beschreibt die Festigkeit eines Werkstoffs durch eine experimentell festzustellende Grenzkurve (g), welche die für die Grenzzustände σ^*, τ^* aufgezeichneten Mohrschen Kreise umhüllt (Abb. 35). Die mittlere Hauptspannung scheidet daher bei dieser Beurteilung des Bruchvorganges aus. Hierin liegt ein Widerspruch zu den Versuchsergebnissen.

Der Einfluß von dynamischen Wirkungen und von Ermüdungserscheinungen auf die Festigkeit eines Werkstoffs eröffnet den energetischen Betrachtungen auch auf diesem Gebiete der Mechanik ein aussichtsvolles Feld. Die Festigkeit wird darnach als Grenzwert der auf die Volumeneinheit bezogenen Gestaltänderungsenergie beschrieben. Die Definition versagt aber ebenso wie die Mohrsche Bruchhypothese bei spröden Stoffen. Sie stützt sich in diesem Fall nach der jüngsten Erkenntnis besser auf den Einfluß der Oberflächenbeschaffenheit als auf die Festigkeit des Stoffes. Der Bruchvorgang spröder Stoffe ist von A. A. Griffith hiernach als Erweiterung vorhandener Lockerstellen und inhomogener Einschlüsse zu Rissen entwickelt und als Umwandlung der aufgespeicherten elastischen Energie in Oberflächenenergie berechnet und durch Versuche geprüft worden. Mit dieser Theorie werden die Beziehungen zwischen der Festigkeit eines Werkstoffes und seinen physikalischen Eigenschaften geknüpft, also zwischen statischen, energetischen und thermischen Einflüssen auf der einen Seite und Dichte und molekularem Aufbau auf der anderen Seite. Die ausführliche Diskussion des Festigkeitsbegriffes ist nicht Gegenstand dieses Werkes. Sie kann an Hand der Literatur nachgelesen werden. Die kurzen Bemerkungen sind jedoch als Einführung in die Baustatik wichtig.

Duguet, Ch.: Limite d'élasticité et résistance à la rupture. IIme partie, Statique générale 1885. — Mohr: Welche Umstände bedingen die Elastizitätsgrenze und den Bruch eines Materials?

Z. VDI 1900 S. 1524. — Derselbe: Abhandlungen aus dem Gebiete der technischen Mechanik S. 187. Berlin 1906. — Kármán, Th. v.: Festigkeitsversuche unter allseitigem Druck. Mitt. über Forschungsarbeiten auf dem Gebiete des Ingenieurwesens Heft 118 und Z. VDI 1911 S. 1751. — Honegger, E., Zürich: Das Verhalten mechanisch beanspruchter Metalle. Eisenbau 1921 S. 47. — Sandel, G. D.: Über die Festigkeitsbedingungen. Leipzig 1925. — Schleicher: Der Spannungszustand an der Fließgrenze. Z. angew. Math. Mech. 1926 S. 199. — Derselbe: Über die Sicherheit gegen Überschreiten der Fließgrenze. Bauing. 1928 S. 253. — Nádai, A.: Plastizität und Erddruck. Handb. Physik Bd. 6: Mechanik der elastischen Körper. Berlin 1928. — Gehler, W.: Sicherheitsgrad und Beanspruchung. Bericht über die 2. Internat. Tagung für Brücken- und Hochbau S. 176. Wien 1929. — Griffith, A. A.: The Phenomena of Rupture and Flow in Solids. Philos. Trans. Roy. Soc. A. vol. 221 (1921) S. 163; Proc. Int. Congr. Appl. Mech. Delft 1924 S. 55. — Smekal, A.: Naturwiss. Bd. 10 (1922) S. 799; Handb. der Physikalischen und Technischen Mechanik Bd. 4. 2. Hälfte. Leipzig 1931. Abschn. Kohäsion der Festkörper.

II. Das statisch bestimmte Stabwerk.

13. Allgemeine Bemerkungen über Schnittkräfte, Zustands- und Einflußlinien.

Die Beurteilung der Sicherheit eines Stabwerks ist mit der Feststellung des Spannungszustandes auf die Berechnung der Schnittkräfte zurückgeführt. Diese werden für eine vorgegebene Belastung, für die ungünstigste Stellung einer beweglichen Lastengruppe oder auch für die einem jeden Querschnitt zugeordnete ungünstigste Zusammenfassung aller möglichen Belastungen angegeben.

Die Schnittkräfte aus einer vorgegebenen Belastung bilden, als die Ordinaten von Schaulinien nach einer ausgezeichneten Richtung zur Stabachse aufgetragen, drei Zustandslinien, die je nach der Art der Schnittkraft als Längskraft-, Querkraft- und Momentenlinie bezeichnet werden.

Die anderen beiden Aufgaben setzen die Gültigkeit des Superpositionsgesetzes voraus, nach dem eine beliebige Kraftwirkung W_h, also Stützenwiderstand, Schnittkraft oder Formänderung, als lineare Funktion der einzelnen Lasten oder Lastengruppen

$$W_h = \sum_{m=1}^{m=n} W_{hm} P_m \tag{77}$$

angegeben werden kann. Diese Voraussetzung ist nach S. 19 für alle kinematisch starren Tragwerke erfüllt, deren elastische Eigenschaften im Belastungsbereich durch das Hookesche Gesetz beschrieben werden. Das Superpositionsgesetz gilt daher nicht für Stabwerke mit veränderlicher Gliederung.

Die Grenzwerte einer Schnittkraft aus einer beweglichen Gruppe gleichgerichteter, gebundener Einzellasten P_m oder einer stetigen, gleichgerichteten Streckenbelastung $p(x)$ werden mit der Einflußlinie der Schnittkraft bestimmt. Ihre Ordinaten sind die graphische Darstellung der Schnittkraft W_{hm}, welche durch die verschiebliche, jedoch in ihrer Richtung unveränderliche Last $P_m = 1$ t in allen möglichen Stellungen hervorgerufen wird. Die Ordinate $W_{hm} = \eta_m$ wird von einer Bezugsgeraden im Schnittpunkt m' der Wirkungslinie von P_m in deren Richtung aufgetragen. Man unterscheidet daher Einflußlinien für senkrechte, waagerechte oder schräge Belastung des Stabzugs. Ihre Ordinaten sind im allgemeinen positiv oder negativ.

Die Einflußlinie dient zur Ermittlung der beiden ungünstigsten Stellungen der beweglichen Belastung mit

$$W_h = \sum W_{hm} P_m + \int p(x)\, W_{hm}\, dx = {}^{\max}_{\min} W_{hp} \tag{78}$$

als positivem oder negativem Grenzwert. Diese können darnach auch selbst bestimmt werden, indem die $W_{hm} = \eta_m$ mit den zugeordneten Lasten P_m multipliziert und die Produkte addiert werden. Bei $p(x) = \text{const}$ ist

$$W_h = p \int \eta \, dx = p F_\eta . \tag{79}$$

Der Begriff der Einflußlinie läßt sich auch auf eine in ihrer Richtung veränderliche Einzelkraft sowie auf ein wanderndes Kräftepaar von 1 mt anwenden und zum Einflußfeld erweitern, das die Größe einer Schnittkraft für die in bezug auf Angriffspunkt und Richtung beliebige Einzellast angibt.

Werden die beiden Grenzwerte (max W_{hp}, min W_{hp}) aus der beweglichen Belastung in Verbindung mit den positiven oder negativen Werten der Schnittkraft aus den anderen Belastungen wiederum als Ordinaten aufgetragen, so entstehen die Schaulinien der absoluten Grenzwerte max W_h, min W_h. Sie liefern die ungünstigsten Spannungen des Querschnitts und damit die Unterlagen für die Bemessung des Tragwerks.

Die Beschreibung des Tragwerks. Die Berechnung der Schnittkräfte wird auf die ebenen Stabzüge und Stabverbindungen mit gerader, gekrümmter oder beliebig gebrochener Stabachse und mit gemeinsamer Symmetrieebene beschränkt, die in die Ebene der äußeren Kräfte fällt. Der Spannungszustand wird dann in jedem Querschnitt durch die drei Schnittkräfte N, M_y, Q_z oder $M_{i'}, M_{a'}, Q_z$ beschrieben. Diese sind Funktionen der Lasten, Stützkräfte und unter Umständen auch von statisch

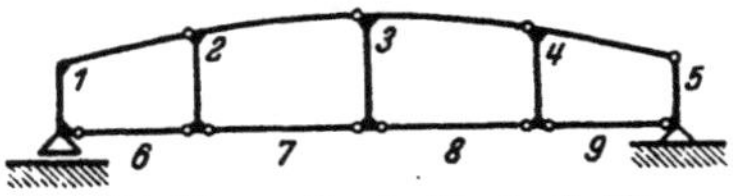

Abb. 36. $n = 9$; $t = 3$; $v = 2 \cdot 12$; $t + v = 27 = 3n$, daher statisch bestimmt.

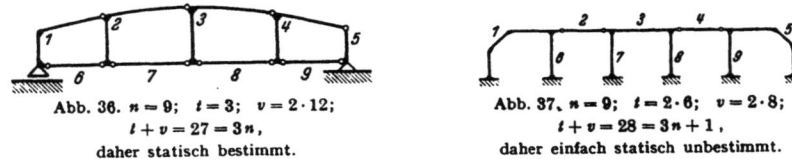

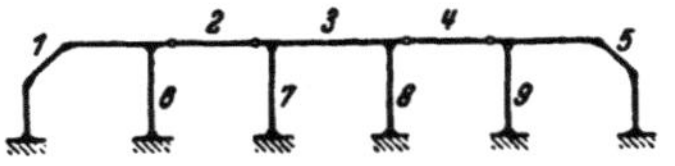

Abb. 37. $n = 9$; $t = 2 \cdot 6$; $v = 2 \cdot 8$; $t + v = 28 = 3n + 1$, daher einfach statisch unbestimmt.

unbestimmten Größen. Genügen die Gleichgewichtsbedingungen der Kräfte zur Berechnung der Stützkräfte, so spricht man von äußerer statischer Bestimmtheit des Stabwerks. Gilt das gleiche von den Schnittkräften, so ist auch innere statische Bestimmtheit vorhanden. Die Untersuchung bleibt zunächst auf diese Tragwerke beschränkt.

Das einfachste Tragwerk ist der beliebig gestützte offene Stabzug. Zusammengesetzte Stabwerke entstehen durch die Verbindung einzelner biegungssteifer Stäbe und Scheiben allein oder im Zusammenhang mit Stabzügen, deren Elemente nur Längskräfte erhalten. Beispiele der ersten Gruppe sind der Auslegeträger und Dreigelenkbogen, Hänge- und Sprengwerke gehören als versteifte Stabbogen der zweiten an. Die Scheiben werden kinematisch entweder starr oder beweglich durch reibungslose Gelenke, Führungen und Stäbe miteinander verbunden. Man spricht in diesem Zusammenhang von starrer und beweglicher Einspannung, von Gelenken und beweglicher Lagerung und idealisiert sie durch eine kinematisch gleichwertige Anordnung von Stützen- und Verbindungsstäben. Auf diese Weise entstehen drei-, zwei- und einstäbige Verbindungen mit null, ein und zwei Freiheitsgraden der Relativbewegung.

Die Kräfte, die an den Stützpunkten und in den Scheibenverbindungen durch die Belastung hervorgerufen werden, können statisch bestimmt, also mit Hilfe der Gleichgewichtsbedingungen der Kräfte in der Ebene eindeutig angegeben werden, wenn die Anzahl der für jede Scheibe (Anzahl n) und jeden freien Knoten (Anzahl k) verfügbaren Gleichgewichtsbedingungen gleich der Anzahl der Stützenbedingungen t, vermehrt um die Anzahl der Verbindungsstäbe v und die Anzahl der Systemstäbe s ist, die nur Längskräfte übertragen. Die notwendige Bedingung zur statisch bestimmten Berechnung der Stütz- und Verbindungskräfte ist daher

$$3n + 2k = t + v + s . \tag{80}$$

Sie ist auch hinreichend, wenn die Nennerdeterminante der Gleichgewichtsbedingungen von Null verschieden ist.

Unter dieser Voraussetzung können auch die Lasten, Stütz- oder Verbindungskräfte links oder rechts von einem ausgezeichneten Querschnitt äquivalent in $N^{(a)}$, $M^{(a)}$, $Q^{(a)}$ zusammengefaßt und für den Schwerpunkt des Querschnitts oder die Kernpunkte i', a' der Kraftlinie angegeben werden.

Hilfsmittel der Mechanik zur statisch bestimmten Berechnung der Stütz- und Schnittkräfte. Die statischen Bedingungen für die unbekannten äußeren Kräfte einer Scheibe i, die mit einer Gruppe von gegebenen Kräften im Gleichgewicht stehen, können stets nach einem der folgenden beiden Ansätze angeschrieben werden (Abb. 38):

$$\left.\begin{aligned} &1.\quad \sum_i X_k = 0, \quad \sum_i Y_k = 0, \quad \sum_i M_{k,a} = 0. \\ &2.\quad \sum_i M_{k,a} = 0, \quad \sum_i M_{k,b} = 0, \quad \sum_i M_{k,c} = 0. \end{aligned}\right\} \tag{81}$$

Hierbei bedeuten a, b, c drei zur Auflösung der Gleichungen geeignete Bezugspunkte für die Momente der Kräfte.

Die Aufgabe kann auch zeichnerisch gelöst werden, indem zuerst die Resultierende R aus der gegebenen Belastung durch eine Mittelkraftlinie oder durch Kraft- und Seileck bestimmt und je nach der Aufgabe in 2 oder 3 Komponenten derart zerlegt wird, daß die Gleichgewichtsbedingungen graphisch erfüllt sind. Die äußeren Kräfte einer unbelasteten, mit drei Stützen- oder Verbindungsstäben angeschlossenen Scheibe sind daher Null. Bei vier Komponenten ist die geometrische Summe von zweien in diesem Falle entgegengesetzt gleich der Summe der beiden anderen.

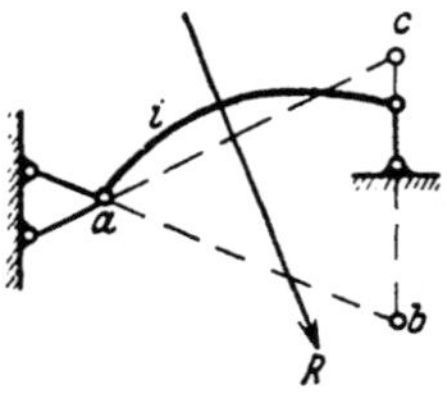

Abb. 38.

Die Bedingungen für das Gleichgewicht einer beweglichen Scheibe oder Scheibenverbindung werden in allgemeiner Form durch das Prinzip der virtuellen Verrückungen ausgesprochen. Nach diesem ist die Summe der Arbeiten aller äußeren Kräfte bei Gleichgewicht der Scheibe oder Scheibenverbindung während einer virtuellen, d. h. verschwindend kleinen, mit den kinematischen Eigenschaften des Systems verträglichen Bewegung Null.

$$\left.\begin{aligned} &\delta A = \sum \mathfrak{P}_m\,\delta\mathfrak{s}_m = \sum [X_m\,\delta x_m + Y_m\,\delta y_m] = 0 \\ &\mathfrak{P}_m = X_m \hat{+} Y_m, \qquad \delta\mathfrak{s}_m = \delta x_m \hat{+} \delta y_m. \end{aligned}\right\} \tag{82}$$

Dieser Ansatz enthält ebenso viele statische Bedingungen als das System Freiheitsgrade. Die virtuellen Verschiebungen δx_m, δy_m sind verschwindend kleine Änderungen der Koordinaten x_m, y_m des Angriffspunktes der Kraft P_m, so daß nach S. 21

$$\delta A = \delta \sum [X_m\,x_m + Y_m\,y_m] = -\,\delta\Pi = 0 \tag{83}$$

und daher die potentielle Energie Π der äußeren Kräfte bei Gleichgewicht des Systems zum Minimum wird.

Um die konkrete Schwierigkeit des unendlich kleinen Weges $\delta\mathfrak{s}$ zu vermeiden, können die Verschiebungen auf die hierzu erforderliche Zeit bezogen werden. Man geht mit der auf diese Weise entstehenden mittleren Geschwindigkeit zur Grenze über und erhält aus (82) das Prinzip der virtuellen Geschwindigkeiten.

$$\frac{\delta A}{\delta t} = \sum [X_m\,\dot{x}_m + Y_m\,\dot{y}_m] = 0. \tag{84}$$

An die Stelle der unendlich kleinen Verschiebungen sind die Geschwindigkeiten $\dot{x}_m$, $\dot{y}_m$ der Momentanbewegung getreten, die zeichnerisch dargestellt werden können. Sie lassen sich hier als Wege in der Zeiteinheit ansehen, um mit der Einführung des Prinzips der virtuellen Geschwindigkeiten keine begrifflichen Änderungen gegen (82) herbeizuführen.

Nach diesem Ansatz kann jede einzelne Stütz- und Schnittkraft des Stabwerks unabhängig von den unbekannten äußeren Kräften angegeben werden, während diese bei einer Lösung nach (81) stets bekannt sein müssen, bevor sich die Schnittkräfte berechnen lassen.

Allgemeine Ansätze zur analytischen Berechnung der Stütz- und Schnittkräfte. Die Berechnung der Stützkräfte einer einzelnen statisch bestimmt gestützten Scheibe nach (81) gilt als bekannt. Dieselben Ansätze liefern bei einer statisch bestimmten Stab- oder Scheibenverbindung aus n Scheiben $3n$ lineare Gleichungen, aus denen $t+v$ unbekannte Stütz- und Verbindungskräfte angegeben werden können. Diese sind unendlich groß, wenn die Nennerdeterminante Null ist. Das Stabwerk besitzt dann unendlich kleine Beweglichkeit.

Die Lösung ist in der Regel einfacher, wenn die Berechnung zunächst auf die Stützenwiderstände beschränkt wird. In diesem Falle stehen die drei statischen Bedingungen für die äußeren Kräfte an der freien, also von der Stützung gelösten Scheibenkette zur Verfügung. Hierzu treten $3(n-1)-v$ statische Bedingungen für die äußeren Kräfte an einzelnen Scheiben oder Teilen der Scheibenverbindung, da auch relative Drehungen oder Verschiebungen der Scheiben bei Gleichgewicht ausgeschlossen sind. Daher werden $3n-v$ lineare Gleichungen zur Bestimmung der t Stützenwiderstände verwendet. Die Lösung ist bei statisch bestimmten Stabwerken, abgesehen vom Ausnahmefall der unendlich kleinen Beweglichkeit, eindeutig. Unter Umständen kann es auch zweckmäßig sein, zunächst die Verbindungskräfte an den Gelenken zu bestimmen und dann erst mit diesen und den Lasten die Stützkräfte jeder einzelnen Scheibe anzugeben.

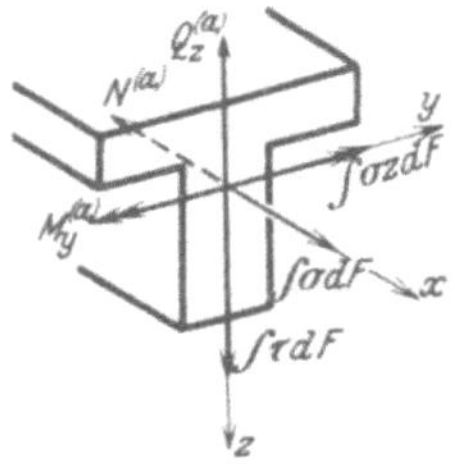

Abb. 39.

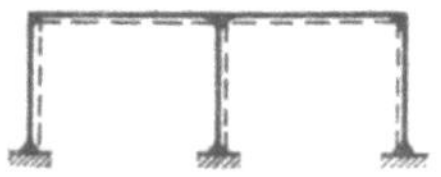

Abb. 40.

Mit den Stütz- und Gelenkkräften können die Schnittkräfte M, N, Q oder $M_{i'}, M_{a'}, Q$ für den Stabquerschnitt abgeleitet werden. Der positive Richtungssinn ergibt sich aus der positiven Definition der Koordinaten in Abb. 17. Die Längskraft ist positiv als Zugkraft. Der Zuwachs der Normalspannung $d\sigma_x$ beim Fortschreiten in der z-Richtung bestimmt das positive Biegungsmoment M_y und bedeutet eine hohle Krümmung des Stabes gegen die negative z-Achse. Mit der positiven Definition von $\partial\tau_{xz}/\partial x\cdot dx$ und damit auch von dQ_z nach Lage und Richtung der Bezugsachsen nimmt das positive Moment bei positiver Querkraft zu. Das positive Vorzeichen von $N_x^{(a)}, M_y^{(a)}, Q_z^{(a)}$ ist dann durch (44) bestimmt (Abb. 39). Umgekehrt sind mit der Dehnung und der Krümmung des Stabes durch ein positives Biegungsmoment auch die positiven Bezugsachsen x, z gegeben. Bei mehrteiligen Stabzügen werden oft die Stabkanten, an denen positive Momente Zugspannungen erzeugen, zeichnerisch nach Abb. 40 hervorgehoben. Sie bezeichnen den positiven Bereich von z. Die Darstellung ist überflüssig, wenn die positiven Biegungsmomente stets nach Vereinbarung an der gezogenen Stabfaser aufgetragen werden.

Die Schnittkräfte V_a, H_a, M_a des Querschnitts a (Abb. 41) sind Stütz- oder Anschlußkräfte und daher bekannt. Die Belastung des Stabes durch Einzellasten $\ldots P_{m-1}, P_m \ldots$, deren Wirkungslinien die Stabachse in den Punkten $\ldots(m-1), m\ldots$ schneiden und dort nach P_{xm}, P_{ym} zerlegt werden, liefert im Querschnitt k mit V_a, H_a, M_a die folgenden Schnittkräfte (Abb. 41 und 42):

$$\left.\begin{aligned}
&H_k = -H_a - \sum_k P_{xm}, \qquad V_k = V_a - \sum_k P_{ym},\\
&M_k = M_a + V_a x_k - H_a y_k - \sum_k P_{ym}(x_k - a_m) - \sum_k P_{xm}(y_k - c_m),\\
&N_k = -V_k \sin\alpha_k + H_k \cos\alpha_k, \qquad Q_k = V_k \cos\alpha_k + H_k \sin\alpha_k.
\end{aligned}\right| \quad (85)$$

Ihr Verlauf kann durch die Differentialbeziehungen unter (48) nachgeprüft werden. Das Biegungsmoment wird in denjenigen Querschnitten zum Grenzwert, in denen die Querkraft Null ist oder an einer Unstetigkeitsstelle das Vorzeichen wechselt. Die positive Querkraft bedeutet zunehmende Biegungsmomente M_y, die konstante Querkraft den linearen Verlauf des Biegungsmoments.

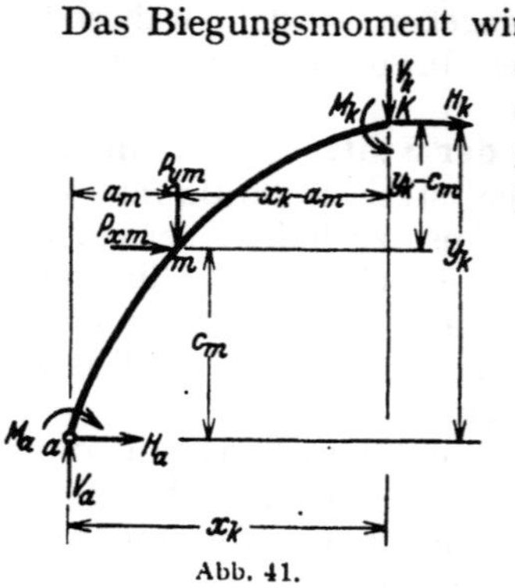

Abb. 41.

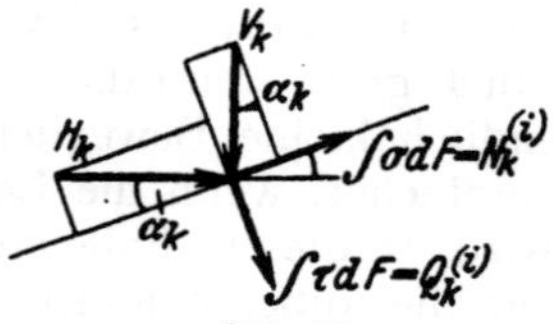

Abb. 42.

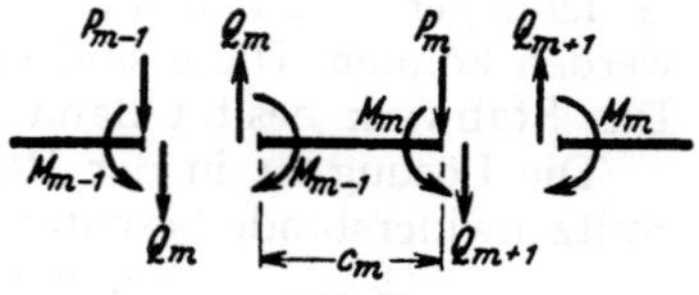

Abb. 43.

Bei Einzelbelastung winkelrecht zu einem geraden Stabe ist für den Bereich $(m-1)$ bis m nach Abb. 43

$$\frac{dM}{dx} = Q_m = \text{const}, \quad \text{daher} \quad M_m - M_{m-1} = Q_m c_m, \quad M_m = M_{m-1} + Q_m c_m. \quad (86)$$

$$P_m + Q_{m+1} - Q_m = 0, \quad Q_{m+1} = Q_m - P_m. \quad (87)$$

Lastpunkt Querschnitt	c_m	P_m	Q_m	$Q_m c_m$	M_m
0	—	V_0	—	—	M_0
1	c_1	P_1	Q_1	$Q_1 c_1$	M_1
2	c_2	P_2	Q_2	$Q_2 c_2$	M_2
3	c_3	P_3	Q_3	$Q_3 c_3$	M_3
.	.	.	.	.	.

Die Beziehungen bilden eine Vorschrift zur einfachen Berechnung aller Querkräfte und Biegungsmomente eines statisch bestimmten Stabzugs (s. nebenstehende Tabelle).

Hierbei sind c, P gegeben, die Randwerte V_0, M_0 anderweit berechnet und bekannt. Demnach ist $Q_1 = V_0 - P_1$ usw., $M_1 = M_0 + Q_1 c_1$ usw.

Bei einem geraden, unter $\sphericalangle \alpha_m$ geneigten Stabe mit beliebig gerichteten Einzellasten $P_m = P_{xm} \mp P_{ym}$ wird

$$N_m = H_m \cos\alpha_m - V_m \sin\alpha_m, \qquad Q_m = H_m \sin\alpha_m + V_m \cos\alpha_m.$$

Aus den Gleichgewichtsbedingungen für den Abschnitt c_m ergibt sich nach Abb. 44

$$\left.\begin{array}{lll} V_{m+1} - V_m + P_{ym} = 0, & H_{m+1} - H_m + P_{xm} = 0, & M_m - M_{m-1} = Q_m s_m, \\ V_{m+1} = V_m - P_{ym}, & H_{m+1} = H_m - P_{xm}; & \\ M_m = M_{m-1} + Q_m s_m = M_{m-1} + V_m c_m + H_m e_m. & & \end{array}\right\} \quad (88)$$

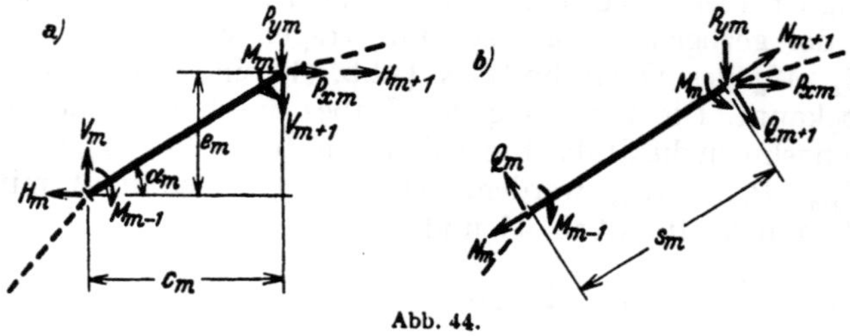

Abb. 44.

Unter Umständen kann es auch zweckmäßig sein, die Einzellasten in zwei Komponenten, nach der Stabachse und senkrecht zu ihr zu zerlegen.

In allen Fällen ist zunächst die unmittelbare Eintragung der Lasten angenommen worden. Geschieht dies jedoch nur in Abständen u_r in Verbindung mit Querkonstruktionen, die stets als Balken auf zwei Stützen angesehen werden, so wird die vorgelegte Belastung an den Querträgern durch eine äquivalente Gruppe von Einzellasten $\ldots F_{r-1}, F_r \ldots$

ersetzt (Abb. 45). Die Querkraft ist zwischen zwei Querträgern konstant, das Moment an deren Anschlußstellen ebenso groß wie bei unmittelbarer Belastung und im Bereiche von u_r linear. Demnach werden die Momente unter Einschaltung der Querschnitte $(r-1)$, r nach (86) berechnet und die Querkräfte Q_r eines Feldes rückwärts aus

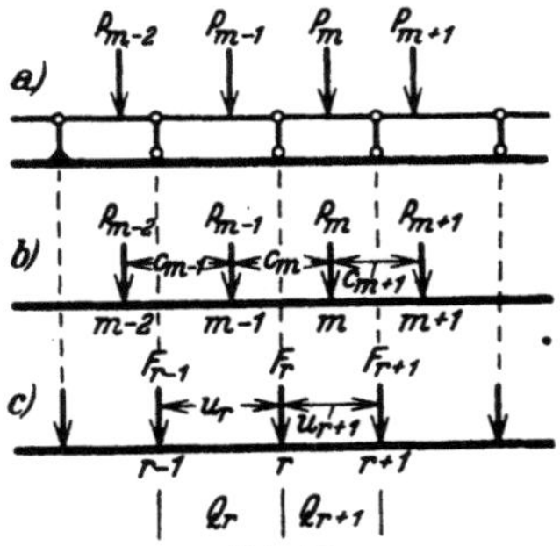

Abb. 45.

$$Q_r = \frac{M_r - M_{r-1}}{u_r} \tag{89}$$

bestimmt (Rechenvorschrift S. 44).

Bei einer stetigen Belastung $p(x)$ des Stabzuges werden die statischen Bedingungen für das Gleichgewicht eines infinitesimalen Abschnitts angeschrieben. Man unterscheidet dabei gekrümmte Stäbe (ds) (Abb. 46) und gerade Stäbe (dx) mit waagerechter Achse und vernachlässigt kleine Größen zweiter Ordnung.

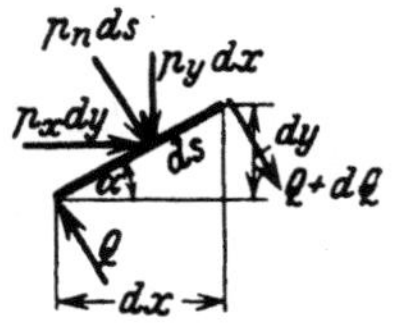
Abb. 46.

$$\left.\begin{aligned} dQ &= -p_n(s)\,ds = -[p_x(s)\sin^2\alpha + p_y(s)\cos^2\alpha]\,ds\,; \qquad \frac{d^2M}{ds^2} = -p_n(s)\,, \\ dQ &= -p(x)\,dx\,; \qquad \frac{dQ}{dx} = \frac{d^2M}{dx^2} = -p(x)\,. \end{aligned}\right\} \tag{90}$$

Die zweimalige Integration der Belastungsfunktion p liefert daher die Schnittkräfte Q und M, sobald die Integrationskonstanten durch die statisch bestimmte Stützung des Stabzugs bekannt sind.

Rechenvorschrift.

a) Unmittelbare Belastung (Abb. 47a):

Stützkraft C aus Momentengleichung für den Schleppträger um den Gelenkpunkt:

$$C \cdot 8{,}0 = P_9 \cdot 0{,}5 + P_{10} \cdot 3{,}5 + P_{11} \cdot 5{,}0\,, \quad C = 22{,}5\,\text{t}\,.$$

Stützkraft B aus Momentengleichung für das ganze System um Stützpunkt a, Stützkraft A aus Momentengleichung für das ganze System um Stützpunkt b.

m	P_m	a_m	a'_m	$P_m a_m$	$P_m a'_m$	c_m	Q_m [t]	$Q_m c_m$	M_m [mt]
a	(− 41,875)	0,0	+ 16,0	—	(− 670)	—	—	—	0,0
1	+ 18,0	+ 4,0	+ 12,0	+ 72	+ 216	4,0	+ 41,875	+ 167,500	+ 167,500
2	+ 18,0	+ 5,5	+ 10,5	+ 99	+ 189	1,5	+ 23,875	+ 35,813	+ 203,313
3	+ 18,0	+ 7,0	+ 9,0	+ 126	+ 162	1,5	+ 5,875	+ 8,812	+ 212,125
4	+ 18,0	+ 8,5	+ 7,5	+ 153	+ 135	1,5	− 12,125	− 18,188	+ 193,937
5	+ 18,0	+ 10,0	+ 6,0	+ 180	+ 108	1,5	− 30,125	− 45,187	+ 148,750
6	+ 20,0	+ 13,5	+ 2,5	+ 270	+ 50	3,5	− 48,125	− 168,438	− 19,688
7	+ 20,0	+ 15,0	+ 1,0	+ 300	+ 20	1,5	− 68,125	− 102,187	− 121,875
b	(− 145,625)	+ 16,0	± 0,0	(− 2330)	—	1,0	− 88,125	− 88,125	− 210,000
8	+ 20,0	+ 19,0	− 3,0	+ 380	− 60	3,0	+ 57,500	+ 172,500	− 37,500
d	—	+ 20,0	− 4,0	—	—	1,0	+ 37,500	+ 37,500	0,000
9	+ 20,0	+ 20,5	− 4,5	+ 410	− 90	0,5	+ 37,500	+ 18,750	+ 18,750
10	+ 20,0	+ 23,5	− 7,5	+ 470	− 150	3,0	+ 17,500	+ 52,500	+ 71,250
11	+ 20,0	+ 25,0	− 9,0	+ 500	− 180	1,5	− 2,500	− 3,750	+ 67,500
c	− 22,5	+ 28,0	− 12,0	− 630	+ 270	3,0	− 22,500	− 67,500	+ 0,000
	$\Sigma = 0$			$\Sigma = 0$	$\Sigma = 0$				

In der Regel rechnet man mit abgerundeten Werten für Stütz- und Querkräfte und gleicht die Momente nachträglich aus.

b) Mittelbare Belastung (Abb. 47 b).
Stützkräfte wie bei unmittelbarer Belastung:

r	m	P_m	c_m	Q_m	$Q_m c_m$	M_r [mt]	$M_r - M_{r-1}$	u_r	Q_r [t]
	a	− 41,875	—	—	—	0,00			
I		+ 18,000	4,0	+ 41,875	+ 167,50	+ 167,50	+ 167,50	4,0	+ 41,875
	2	+ 18,000	1,5	+ 23,875	+ 35,81	+ 203,31			
	3	+ 18,000	1,5	+ 5,875	+ 8,81	+ 212,12			
II		—	1,0	− 12,125	− 12,12	+ 200,00	+ 32,50	4,0	+ 8,13
	4	+ 18,000	0,5	− 12,125	− 6,06	+ 193,94			
	5	+ 18,000	1,5	− 30,125	− 45,19	+ 148,75			
III		—	2,0	− 48,125	− 96,25	+ 52,50	− 147,50	4,0	− 36,87
	6	+ 20,000	1,5	− 48,125	− 72,19	− 19,69			
	7	+ 20,000	1,5	− 68,125	− 102,19	− 121,88			
IV	b	− 145,625	1,0	− 88,125	− 88,12	− 210,00	− 262,50	4,0	− 65,62
	8	+ 20,000	3,0	+ 57,500	+ 172,50	− 37,50			
V	d	—	1,0	+ 37,500	+ 37,50	0,00	+ 210,00	4,0	+ 52,50
	9	+ 20,000	0,5	+ 37,500	+ 18,75	+ 18,75			
	10	+ 20,000	3,0	+ 17,500	+ 52,50	+ 71,25			
VI		—	0,5	− 2,500	− 1,25	+ 70,00	+ 70,00	4,0	+ 17,50
	11	+ 20,000	1,0	− 2,500	− 2,50	+ 67,50			
VII	c	− 22,500	3,0	− 22,500	− 67,50	0,00	− 70,00	4,0	− 17,50

In der Regel wird für die Rechnung eine Differenzenbeziehung an Stelle der Differentialbeziehung (90) verwendet, der Bereich der Belastungsfunktion dabei in eine Anzahl gleich großer Intervalle unterteilt und diese selbst in jeder Stufe durch eine Gerade (1) oder einen Parabelabschnitt (2) ersetzt. Die stetige Belastung $p(x)$ wird in eine äquivalente Gruppe von Einzellasten P_m zerlegt, deren

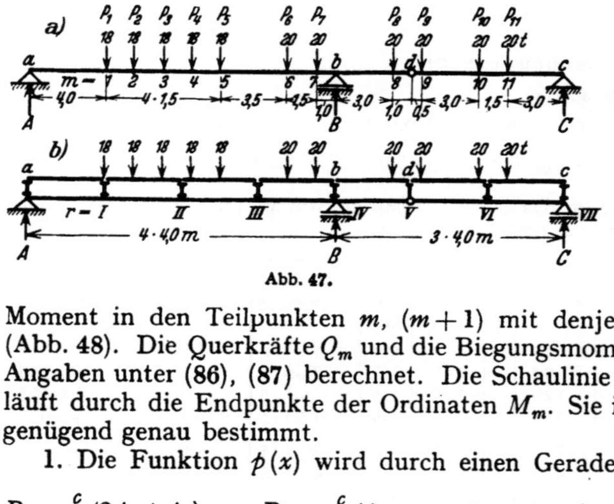

Abb. 47.

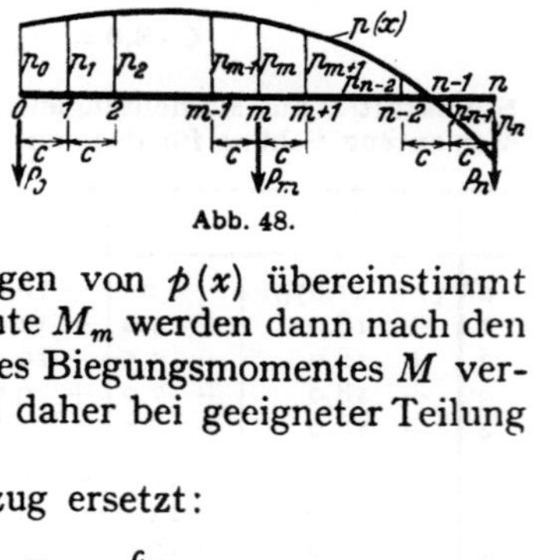

Abb. 48.

Moment in den Teilpunkten m, $(m+1)$ mit denjenigen von $p(x)$ übereinstimmt (Abb. 48). Die Querkräfte Q_m und die Biegungsmomente M_m werden dann nach den Angaben unter (86), (87) berechnet. Die Schaulinie des Biegungsmomentes M verläuft durch die Endpunkte der Ordinaten M_m. Sie ist daher bei geeigneter Teilung genügend genau bestimmt.

1. Die Funktion $p(x)$ wird durch einen Geradenzug ersetzt:

$$P_0 = \frac{c}{6}(2p_0 + p_1), \ldots, P_m = \frac{c}{6}(p_{m-1} + 4p_m + p_{m+1}), \ldots, P_n = \frac{c}{6}(p_{n-1} + 2p_n). \quad (91)$$

2. Die Funktion $p(x)$ wird durch Parabelabschnitte ersetzt:

$$P_0 = \frac{c}{2}\,\frac{7p_0 + 6p_1 - p_2}{12}, \ldots, P_m = c\,\frac{p_{m-1} + 10p_m + p_{m+1}}{12}, \ldots, P_n = \frac{c}{2}\,\frac{7p_n + 6p_{n-1} - p_{n-2}}{12}. \quad (92)$$

Graphische Methoden zur Ermittlung der Stütz- und Schnittkräfte. Um die Stützkräfte einer statisch bestimmten Stab- oder Scheibenverbindung zeichnerisch anzugeben, werden diese zunächst für die resultierende Kraft aus der Belastung jeder einzelnen Scheibe bestimmt und dann durch Superposition zusammengefaßt. Dieses Ergebnis wird unmittelbar erhalten, wenn die Resultierende der Lasten jeder Scheibe durch zwei äquivalente Kräfte ersetzt wird, welche durch die benachbarten Zwischengelenke verlaufen.

Die bekannten Stütz- und Gelenkkräfte einer Stabverbindung werden, unter Umständen nach Ergänzung durch zwei gleichgroße, einander entgegengesetzt gerichtete Hilfskräfte H_0, H'_0, der Reihe nach mit den am Stabzug angreifenden Lasten P, $p\,dx$ zusammengesetzt. Auf diese Weise entsteht die Mittelkraftlinie aller äußeren Kräfte. Sie liefert, abgesehen von einer Kraft H'_0, die Resultierende R_k aller links oder rechts von einem ausgezeichneten Querschnitt k vorhandenen äußeren Kräfte nach Lage und Richtung und in Verbindung mit dem zugeordneten Krafteck auch deren Größe. Damit sind die Schnittkräfte M_k, N_k, Q_k oder die Kernmomente $M_{i',k}$, $M_{a',k}$ für den nach Lage und Abmessungen vorgeschriebenen Querschnitt bekannt (Beispiel Abb. 50).

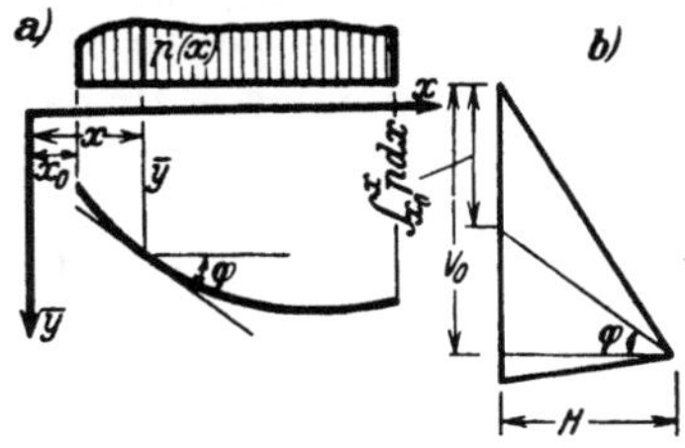

Abb. 49.

Die Kräftegruppe (H_0, H'_0) ist bei Balkenträgern mit senkrechter Belastung nötig. Ihre Richtung wird waagerecht angenommen. H'_0 ist dann gleichgroß und entgegengesetzt gerichtet zur Komponente H_k der Resultierenden R_k und wird in der Regel mit H bezeichnet. Die Biegungsmomente sind $M_k = H\bar{y}_k$. Bei stetiger Belastung entsteht auch hier eine Differentialbeziehung. Nach Abb. 49 ist

$$\operatorname{tg}\varphi = \frac{d\bar{y}}{dx} = \frac{V_0 - \int p\,dx}{H} = \frac{Q}{H}\,; \qquad \frac{d^2\bar{y}}{dx^2} = -\frac{p(x)}{H}\,. \tag{93}$$

Der zweite Differentialquotient von $\bar{y}$ kann durch die Krümmung ϱ ersetzt werden.

$$p(x) = \frac{H}{\varrho\cos^3\varphi}\,; \quad \text{für } \varphi = 0 \text{ ist } p(x) = p_0\,, \quad \varrho = \varrho_0\,, \text{ also } H = p_0\varrho_0\,. \tag{94}$$

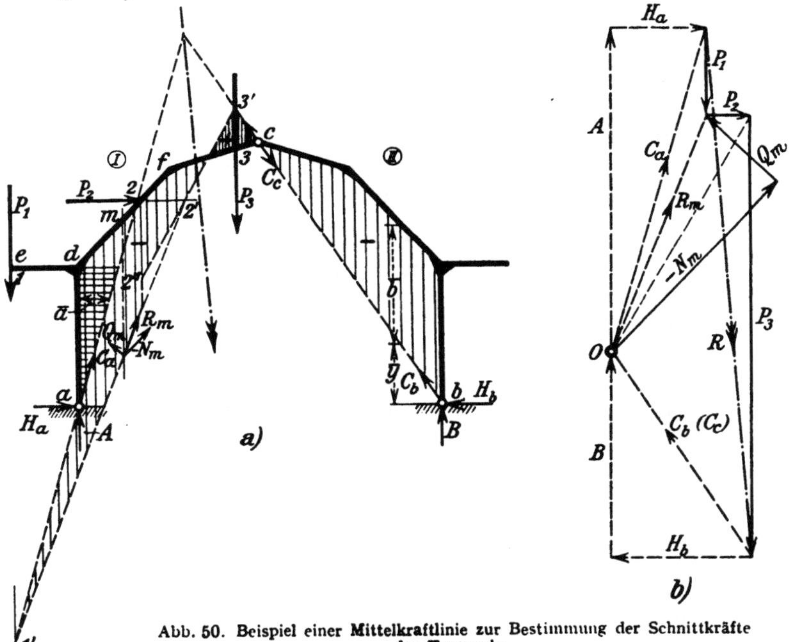

Abb. 50. Beispiel einer Mittelkraftlinie zur Bestimmung der Schnittkräfte des Tragwerks.

Bestimmung der Resultierenden nach Lage und Größe. $R \equiv (P_1, P_2, P_3)$. — Ermittlung der Stützenwiderstände C_a, C_b aus der Bedingung $C_b \nleftrightarrow C_c = 0$ an dem unbelasteten Stabe II, so daß beide Kräfte in die Richtung $b—c$ fallen. — Aufzeichnung der Mittelkraftlinie aus $(C_a, P_1, P_2, P_3) \equiv C_c$. Die waagerechte Komponente von R_k im Bereiche a bis 2: $H_m = H_a$, im Bereiche von 2 über c bis b: $H_k = H_a + P_2 = -H_b$. Im Bereiche von a bis d ist das Moment $M_n = A \cdot \bar{a}_n$, im Bereiche von d bis 2 ist $M_m = H_a \bar{b}_m$, im Bereiche von 2 über c bis b ist $M_k = H_b \bar{b}_k$. Das Vorzeichen für $\bar{b}$ ergibt sich aus der Abb. 50, es ist so gewählt, daß positive Momente auf der Stabinnenseite Zug erzeugen.

Anwendung des Prinzips der virtuellen Verrückungen. Die Anwendung des Prinzips der virtuellen Verrückungen oder Geschwindigkeiten setzt zur Berechnung statisch bestimmter Stütz- und Schnittkräfte einfache oder mehrfache Beweglichkeit des Stabwerks voraus. Da dieses jedoch als starr vorgeschrieben ist, werden einzelne der inneren Schnittkräfte oder Stützkräfte

$$N_r^{(i)} = \int \sigma \, dF, \quad M_r^{(i)} = \int \sigma z \, dF, \quad Q_r^{(i)} = \int \tau \, dF, \quad C_e \tag{95}$$

als äußere Doppelkräfte einer Stabkette verwendet, deren Elemente durch Gelenke oder Führungen verbunden sind. Die mechanisch äquivalenten Verbindungen sind in Abb. 51 wiedergegeben. Um eine Stützkraft C_e oder eine Schnittkraft K_r der Gruppe (95) unabhängig von allen übrigen zu berechnen, wird diese allein

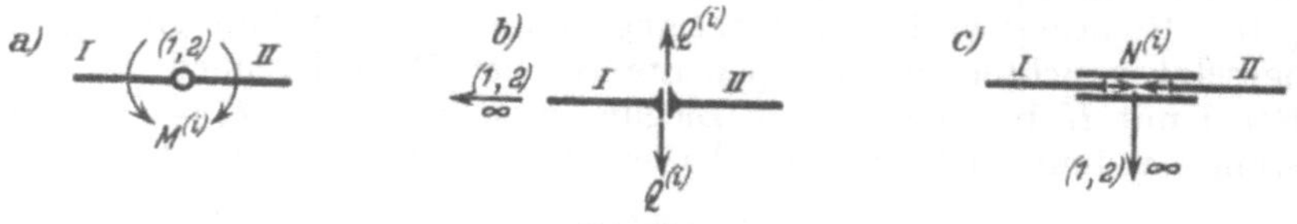

Abb. 51.

zur äußeren Doppelkraft einer Stabkette. Dabei wird die Stützenbedingung (e) oder die zugeordnete materielle Verbindung der benachbarten beiden Querschnitte (r) ausgeschaltet, so daß die Stabkette einen Freiheitsgrad erhält und daher zwangläufig ist. Die unbekannte äußere Kraft K_r der Stabkette wird mit dem Prinzip der virtuellen Verrückungen so bestimmt, daß diese durch die Belastung $\mathfrak{P}$ und K_r im Gleichgewicht ist. Die virtuelle Geschwindigkeit der Angriffspunkte der Doppelkraft oder die relative Winkelgeschwindigkeit der Angriffsgeraden des Doppelmomentes wird mit Δ_r, die Projektion der Geschwindigkeit der Angriffspunkte der Einzellasten P_m und Stützenwiderstände C_e auf deren Richtung mit δ_m und δ_e bezeichnet, so daß nach dem Prinzip der virtuellen Geschwindigkeiten folgender Ansatz angeschrieben werden kann:

$$K_r^{(i)} \Delta_r + \sum P_m \delta_m + \sum C_e \delta_e = 0. \tag{96}$$

Er besteht aus einer Summe von inneren Produkten, deren Vorzeichen durch den Winkel zwischen Kraft- und Geschwindigkeitsvektor bestimmt wird.

Größe und Richtung der virtuellen Geschwindigkeiten Δ_r, δ_m, δ_e ergeben sich aus dem Geschwindigkeitsplan der zwangläufigen Stabkette mit $K_r^{(i)} = 0$, deren Momentanbewegung in der Regel durch die Geschwindigkeit $\Delta_r = 1$ als frei wählbaren Parameter bestimmt ist. Dabei werden die Stützenbedingungen der Stabkette eingehalten, so daß deren Stützenwiderstände keine Arbeit leisten $(\Sigma C_e \delta_e = 0)$, wenn nicht bei der Momentanbewegung auch über die Geschwindigkeit anderer Punkte verfügt wird.

$$K_r^{(i)} = -\frac{1}{\Delta_r} \sum P_m \delta_m. \tag{97}$$

Die Bewegung eines Stabes s_k der Kette gegen die ruhende Ebene ist eine Drehung um ein Momentanzentrum O_k, den Hauptpol (k) der Bewegung des Stabes s_k. Die Winkelgeschwindigkeit ω_k der Momentanbewegung wird im Sinne des Uhrzeigers positiv gerechnet. Der Punkt m des Stabes s_k mit dem Abstand r_m vom Momentanzentrum (Abb. 52) erhält die senkrecht zum Fahrstrahl r_m gerichtete Geschwindigkeit $\omega_k r_m$, so daß die auf die Zeiteinheit bezogene Arbeit der in m angreifenden äußeren Kraft P_m folgenden Betrag erhält:

$$P_m\,\delta_m = P_m\,\omega_k\,r_m \cos\varphi_m = P_m\,\omega_k\,\varrho_m = \Theta_m\,\omega_k\,. \tag{98}$$

Hierbei ist $\Theta_m = P_m \varrho_m$ das Moment der Kraft P_m bezogen auf den Hauptpol (k), so daß die Arbeit der äußeren Kräfte als Produkt des Momentes Θ_m der Kraft P_m und der Winkelgeschwindigkeit ω_k der zugeordneten Scheibe gebildet wird. Daher wird die Stütz- oder Schnittkraft $K_r^{(i)}$ eines Stabwerks mit n Scheiben oder Stäben nach (98) berechnet.

$$K_r^{(i)} = -\frac{1}{\Delta_r}\sum_k \left[\omega_k \sum_m \Theta_m\right], \qquad k = 1, \ldots, n\,. \tag{99}$$

Die Bewegung einer Scheibe h relativ zu einer anderen Scheibe k ist ebenfalls eine Drehung um ein reelles oder imaginäres Gelenk, das Momentanzentrum der Relativbewegung, das hier als Nebenpol (h, k) bezeichnet wird. Die Relativgeschwindigkeit der beiden Scheiben ist $\omega_{kh} = \omega_k - \omega_h$. Die Haupt- und Nebenpole der zwangläufigen Stabkette bilden die Polfigur. Sie bestimmt in Verbindung mit einem der Größe nach frei wählbaren Parameter, der Winkelgeschwindigkeit ω_k einer Scheibe oder der Relativgeschwindigkeit ω_{kh}, die Winkelgeschwindigkeit aller übrigen Scheiben und damit die Geschwindigkeit aller Punkte der Stabkette. Daher ist mit der Polfigur auch der Geschwindigkeitsplan der Stabkette gefunden. Zu ihrer Aufzeichnung werden die drei folgenden Sätze aus der Kinematik der ebenen Bewegung verwendet.

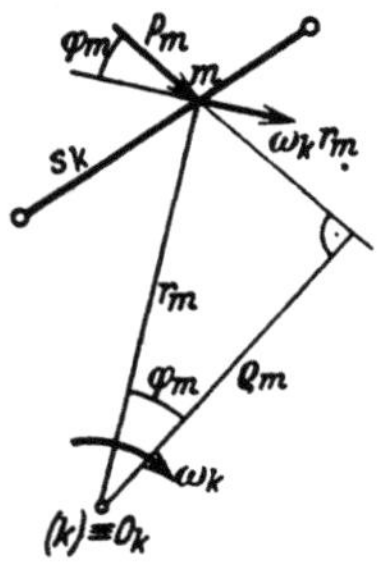

Abb. 52.

1. Der Pol der Relativbewegung (a, b) zweier Scheiben a und b gehört beiden Scheiben an. Seine Geschwindigkeit ist eindeutig, so daß die Hauptpole (a) und (b) mit (a, b) auf einer Geraden liegen. Nach Abb. (53) ist $r'_{ab}\omega_a = r''_{ab}\omega_b$.

2. Die Nebenpole (a, b), (b, c), (a, c) dreier Scheiben mit den Hauptpolen $(a) \equiv A$, $(b) \equiv B$, $(c) \equiv C$ liegen auf einer Geraden, da nach Abb. 53

$$\frac{\overline{AJ}}{\overline{CJ}} = \frac{r'_{ab}}{\overline{CK}} = \frac{r'_{ab}}{r''_{ab}}\,\frac{r''_{bc}}{r'_{bc}} = \frac{\omega_b}{\omega_a}\,\frac{\omega_c}{\omega_b} = \frac{\omega_c}{\omega_a}\,,$$

$$\overline{AJ}\,\omega_a = \overline{CJ}\,\omega_c \quad \text{also} \quad J \equiv (a, c)\,.$$

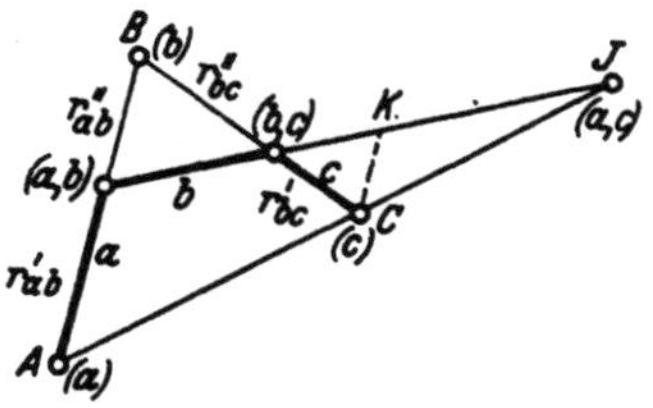

Abb. 53.

Die Polfigur ist die Grundlage für den Geschwindigkeitsplan der Scheibenkette, wenn die um 90° im Sinne des Uhrzeigers gedrehten Geschwindigkeiten aufgetragen werden. Aus der Beziehung zwischen den Geschwindigkeiten zweier beliebiger Punkte m und n einer starren Scheibe

$$v_m : v_n = r_m\,\omega : r_n\,\omega = r_m : r_n \tag{100}$$

folgt ein dritter Satz:

3. Die Endpunkte der gedrehten Geschwindigkeiten einer starren Scheibe F bilden eine ähnliche und zum Momentanzentrum ähnlich liegende Figur F'.

Der Geschwindigkeitsplan soll die Stützenbedingungen der Stabkette in der Regel erfüllen, um die virtuelle Arbeit der Stützenkräfte in (96) auszuschließen. Ist jedoch in einem ersten Verschiebungsplan $\sum C_e\,\delta_e \neq 0$, so kann damit ein zweiter Verschiebungsplan derart verbunden werden, daß die geometrische Summe der Geschwindigkeiten der Stützpunkte aus den beiden Momentanbewegungen Null ist. Die zweite von ihnen ist in der Regel eine Drehung der Stabkette ohne Relativbewegung der einzelnen Scheiben ($\omega_{ik} = 0$).

Der Geschwindigkeitsplan einer Stabkette kann auch ohne Polfigur entwickelt werden. Dabei wird stets die Geschwindigkeit des Punktes c eines Stabzweiecks (l_1, l_2) aus den bekannten Geschwindigkeiten der Endpunkte a und b bestimmt.

In Abb. 54 sind die gedrehten Geschwindigkeiten $\overrightarrow{aa'}$, $\overrightarrow{bb'}$ gegeben und die gedrehte Geschwindigkeit $\overrightarrow{cc'}$, die Hauptpole (1), (2) und die Winkelgeschwindigkeiten ω_1, ω_2 gesucht.

Punkt c' wird nach dem dritten Satze mit $a'c' = l_1' \| l_1$, $b'c' = l_2' \| l_2$ bestimmt. Die Hauptpole (1) und (2) sind die Schnittpunkte der gedrehten Geschwindigkeiten der Scheiben l_1 und l_2. Da sich diese nicht immer aufzeichnen lassen, werden die Winkelgeschwindigkeiten ω_1, ω_2 aus dem Geschwindigkeitsplan abgeleitet.

$$\omega_1 = \frac{\overline{a\,a'}}{r_a} = \frac{v_a'}{s_1'} = \frac{v_c'}{s_2'} = \frac{v_a' + v_c'}{s_1' + s_2'} = \frac{l_1 - l_1'}{l_1}.$$

Mit den gedrehten Geschwindigkeiten $\overrightarrow{mm'}$ der Angriffspunkte m der äußeren Kräfte kann der Ansatz (82) in der folgenden Form verwendet werden (Abb. 55):

$$\delta A = \sum P_m v_m \cos(P_m, v_m) = \sum P_m h_m = \sum [\mathfrak{P}_m \overrightarrow{m\,m'}]. \qquad (101)$$

Das Ergebnis (101) erscheint dann als Summe der Momente der äußeren Kräfte der Stabkette in bezug auf die Endpunkte der gedrehten Geschwindigkeiten ihrer Angriffspunkte. Die Geschwindigkeiten $v_a, v_b \ldots$ der Gelenkpunkte $a, b \ldots$ können auch von einem Ursprung O aufgetragen und der Reihe nach ebenso wie bei einem Verschiebungsplan nach Williot für $\Delta l = 0$ aufgezeichnet werden.

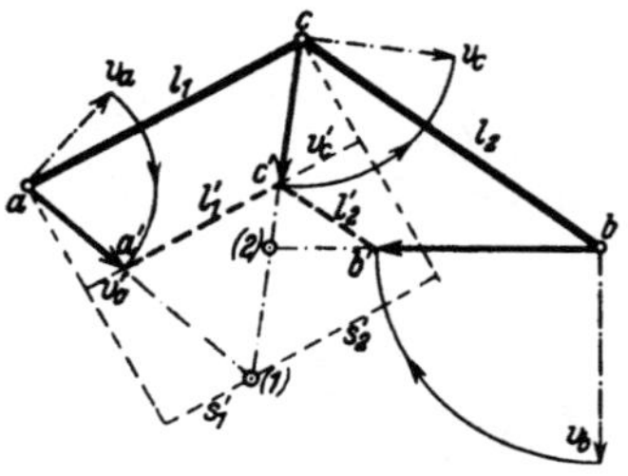

Abb. 54.

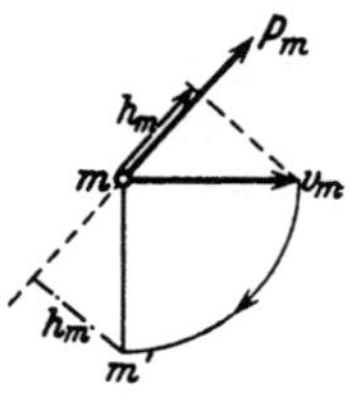

Abb. 55.

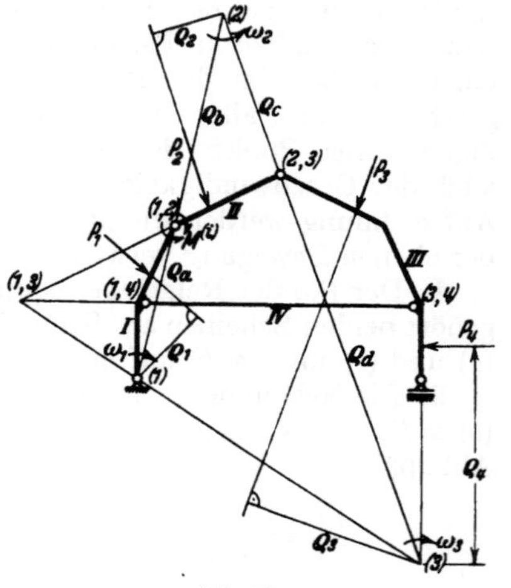

Abb. 56.

Dreigelenkbogen mit Zugband unter ruhender Belastung. Bestimmung des Biegungsmomentes aus einem Polplan. (Abb. 56).

$$\omega_1 \varrho_a = \omega_2 \varrho_b, \qquad \omega_2 = \omega_1 \frac{\varrho_a}{\varrho_b},$$

$$\omega_2 \varrho_c = \omega_3 \varrho_d, \qquad \omega_3 = \omega_2 \frac{\varrho_c}{\varrho_d} = \omega_1 \frac{\varrho_a}{\varrho_b} \cdot \frac{\varrho_c}{\varrho_d},$$

$$P_1 \varrho_1 \omega_1 + P_2 \varrho_2 \omega_2 - (P_3 \varrho_3 + P_4 \varrho_4)\,\omega_3 - M^{(i)}(\omega_1 + \omega_2) = 0,$$

$$P_1 \varrho_1 \omega_1 + P_2 \varrho_2 \cdot \frac{\varrho_a}{\varrho_b} \omega_1 - (P_3 \varrho_3 + P_4 \varrho_4) \frac{\varrho_a}{\varrho_b} \cdot \frac{\varrho_c}{\varrho_d} \omega_1 - M^{(i)} \left(1 + \frac{\varrho_a}{\varrho_b}\right) \omega_1 = 0.$$

Einflußlinien der Stütz- und Schnittkräfte. Die Grenzwerte von Stütz- oder Schnittkräften aus einer beweglichen Gruppe gleichgerichteter Einzellasten P_m oder einer stetigen gleichgerichteten Flächenbelastung p werden mit Einflußlinien berechnet (77). Diese dienen zur Ermittlung der ungünstigsten Laststellung und unter Umständen nach (78) auch zur Berechnung der Grenzwerte, die jedoch oft schneller und sicherer für eine in der ungünstigsten Laststellung vorhandene ruhende Kräftegruppe angegeben werden.

Ist die Einflußlinie oder einer ihrer Teile ein Dreieck, so ist die ungünstigste Stellung eines Lastzuges in dem Bereich $l = x + x'$ bei Linksfahrt erreicht, wenn die Ungleichungen

$$\frac{x'}{l} < \frac{\sum_{1}^{r} P_m}{\sum_{1}^{n} P_m} = \frac{\mathfrak{P}_r}{\mathfrak{P}_n}, \qquad \frac{x}{l} > \frac{\sum_{1}^{r-1} P_m}{\sum_{1}^{n} P_m} = \frac{\mathfrak{P}_{r-1}}{\mathfrak{P}_n} \tag{102}$$

erfüllt sind und die schwersten Lasten in der Nähe der Spitze des Dreiecks liegen. Dabei ist P_1 die erste, P_n die letzte Last im Belastungsbereich l, während P_r über der Spitze steht. Die Nachprüfung der Ungleichungen setzt eine Annahme über die Stellung des Zuges voraus, mit der P_1, P_r, P_n und damit auch die Summen $\mathfrak{P}_{r-1}$, $\mathfrak{P}_r$, $\mathfrak{P}_n$ der Ungleichungen (102) gegeben sind.

Die Einflußlinien W_k werden dadurch gewonnen, daß die Einflußgröße W_{km} als Funktion der Abszisse des Angriffspunktes m der wandernden Last $P = 1\,\mathrm{t}$ analytisch ermittelt und von einer Nullinie aus im Lastpunkt m als Ordinate W_{km} aufgezeichnet wird. Die Richtung ist durch das Vorzeichen der beiden Halbebenen bestimmt.

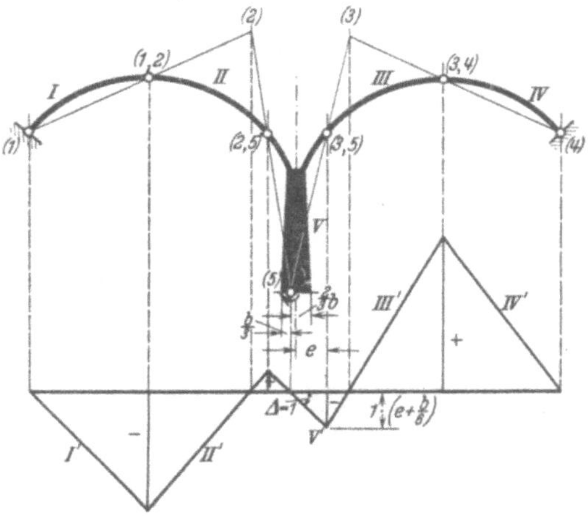

Abb. 57. Einflußlinie des Kernmomentes in der Sohle eines Gewölbepfeilers.

Jede statisch bestimmte Stütz- oder Schnittkraft kann mit dem Prinzip der virtuellen Verrückungen nach (97) als äußere Kraft einer zwangläufigen Stabverbindung berechnet werden. Um Einflußlinien zu zeichnen, wird

$$K_r^{(i)} = -\frac{1}{\Delta_r} \sum P_m \delta_m = -\frac{1_m \delta_m}{\Delta_r} \tag{103}$$

mit $P_m = 1\,\mathrm{t}$, der beweglichen, am Lastgurt angreifenden Einzellast von gleichbleibender senkrechter, waagerechter oder schräger Richtung. Daher sind die Wege δ_m die Projektionen der wirklichen Verschiebungen $(\delta_{xm} \mp \delta_{ym})$ auf die Kraftrichtung. Sie sind in einem Verschiebungsplan des Lastgurtes enthalten, der aus der Momentanbewegung der Stabkette $(K_r^{(i)} = 0)$ abgeleitet wird. Für die äußeren Kräfte in der Form von Momenten oder Kräftepaaren ist δ_m die Verdrehung desjenigen Elementes der Stabkette, an welchem diese angreifen. Die Geschwindigkeit Δ_r kann als der frei verfügbare Parameter der Bewegung angesehen werden, so daß die Geschwindigkeiten δ_m der Punkte m des Lastgurtes Funktionen von Δ_r sind und in der Richtung mit derjenigen der wandernden Last übereinstimmen. Sie werden also mit senkrechtem, waagerechtem oder schräg gerichtetem Vektor aufgetragen. Darnach ist der Geschwindigkeitsplan der Stabkette bei geeignetem Maßstab das Einflußfeld der Schnittkraft, aus dem deren Einflußlinie für beliebig gerichtete Lastgruppen abgeleitet werden.

Während der Momentanbewegung der Stabkette beschreibt jedes Element s_k eine Drehung um den zugeordneten Hauptpol (k), so daß sich die Geschwindigkeiten der Punkte des Lastgurtes linear mit der Entfernung vom Hauptpol ändern. Daher ist jedem Element der Stabkette **eine** Gerade der Einflußlinie zugeordnet. Die Parallele zur Kraftrichtung durch den Hauptpol liefert im Schnitt mit dem Lastgurt einen durch $\delta_m = 0$ ausgezeichneten Punkt. Er bildet die dem Element zugeordnete Lastscheide. Die Parallele zur Kraftrichtung durch den Nebenpol (h, k) trifft denjenigen Punkt auf dem Lastgurt, dessen Verschiebung δ_m als Punkt der Scheibe h ebenso groß ist wie als Punkt der Scheibe k. Jeder Nebenpol bestimmt damit eine

Ecke der Einflußlinie. Die Polfigur der Stabkette liefert also für jede Kraftrichtung die Form der Einflußlinie. Der frei verfügbare Parameter Δ_r wird so gewählt, daß

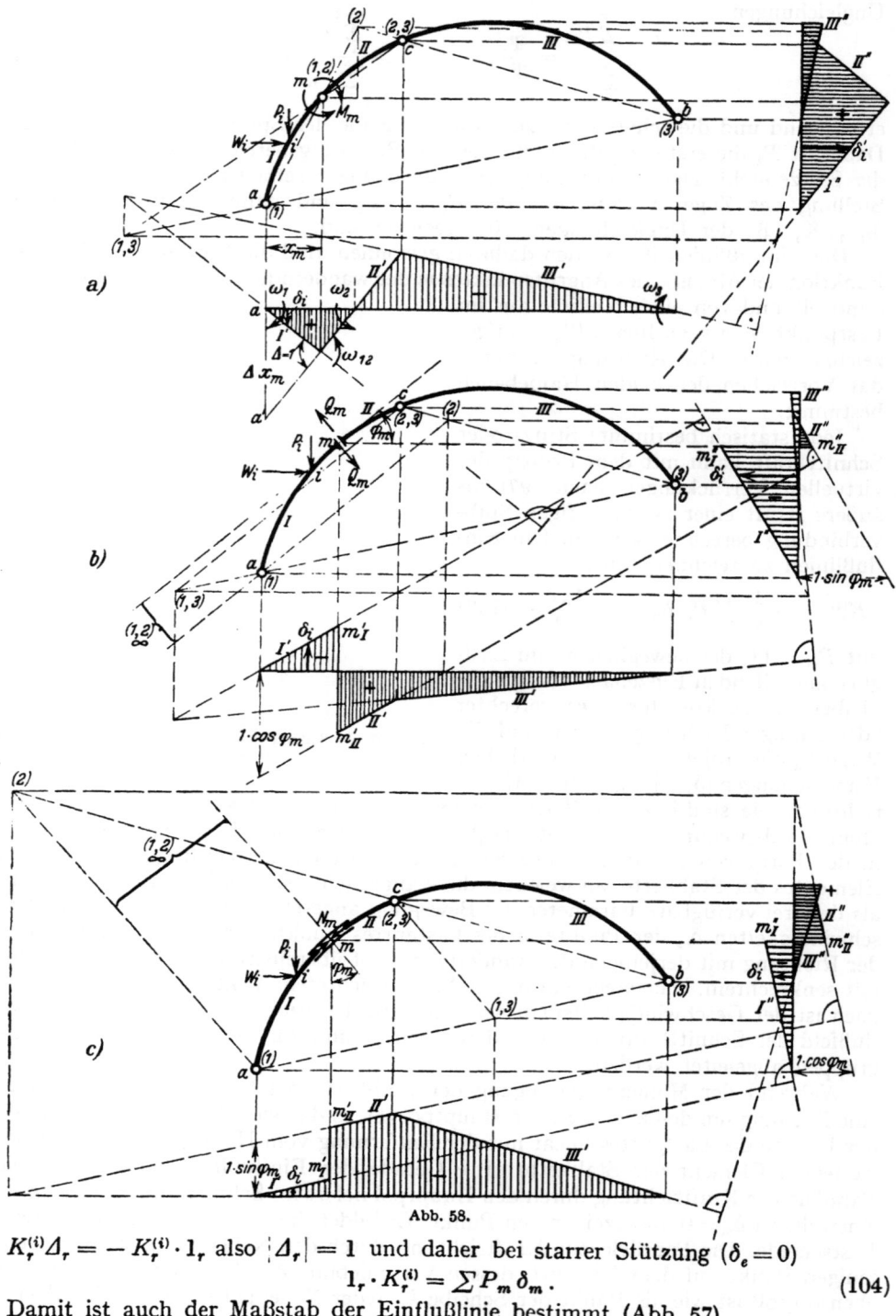

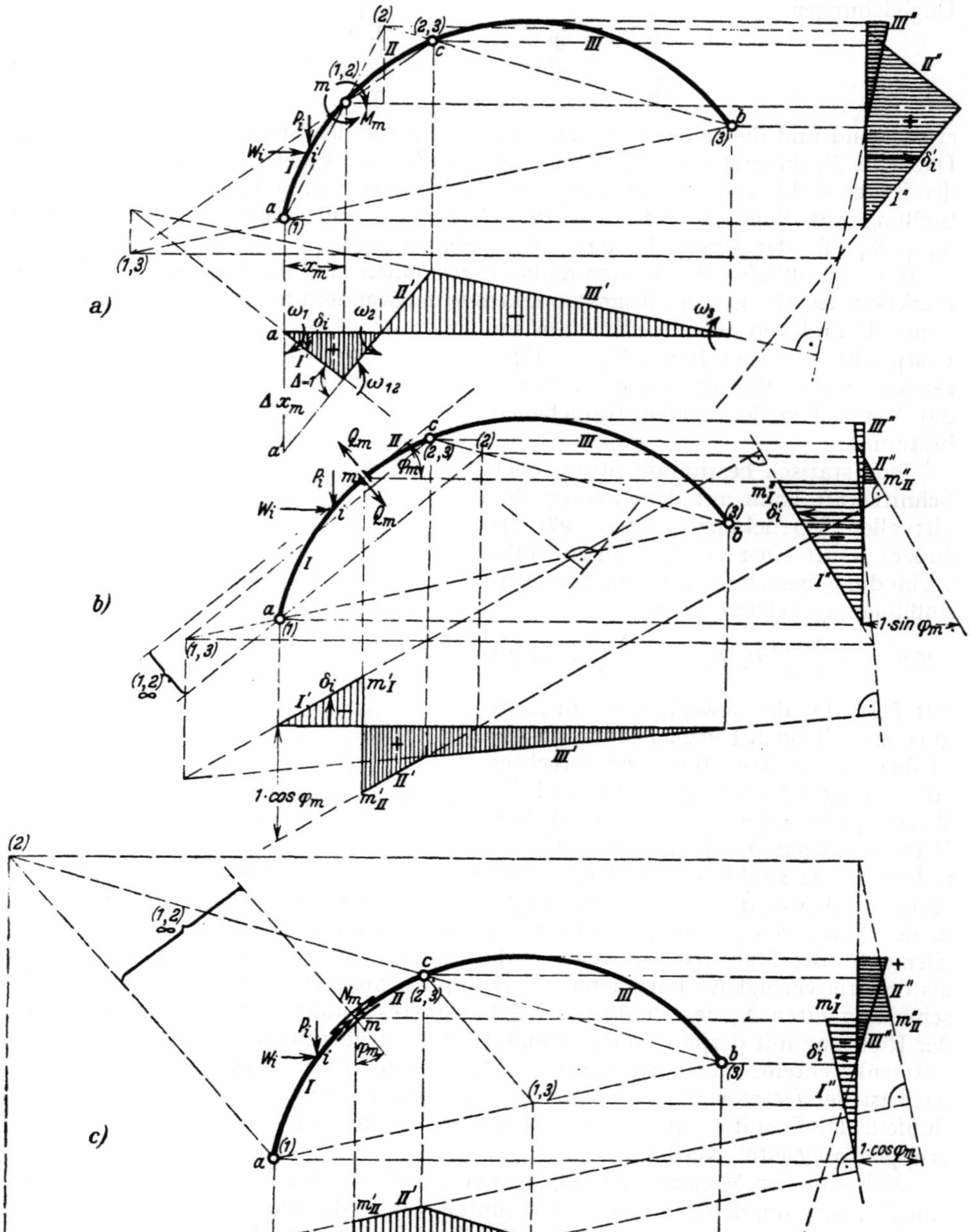

Abb. 58.

$K_r^{(i)} \Delta_r = - K_r^{(i)} \cdot 1_r$ also $|\Delta_r| = 1$ und daher bei starrer Stützung $(\delta_e = 0)$

$$1_r \cdot K_r^{(i)} = \sum P_m \delta_m . \tag{104}$$

Damit ist auch der Maßstab der Einflußlinie bestimmt (Abb. 57).

Die Ordinaten δ_m der Einflußlinie sind durch die Ableitung aus dem Prinzip der virtuellen Geschwindigkeiten ebenso wie Δ_r Geschwindigkeiten. Daher ist auch das Vorzeichen der Einflußlinie durch das Vorzeichen der virtuellen Arbeiten $P_m \delta_m$, $M_m \omega_k$ bestimmt.

Einflußlinien der Schnittkräfte eines Dreigelenkbogens (Abb. 58):

a) Einflußlinie für das Biegungsmoment im Querschnitt m bei senkrechter und waagerechter Belastung (Abb. 58a).

Kinematische Kette für $M_m = o$: Stäbe I, II, III. Hauptpole: $(1) \equiv a$, $(3) \equiv b$. Nebenpole $(1, 2)$, $(2, 3)$. Hieraus ergeben sich (2) mit (1), $(1, 2)$ und (3), $(2, 3)$, ferner der Nebenpol $(1, 3)$ mit (1), (3) und $(1, 2)$, $(2, 3)$. Die Lastscheiden liegen auf Parallelen zur Belastungsrichtung durch die Hauptpole (1), (2), (3), die Eckpunkte der Einflußlinie auf Parallelen durch die Nebenpole $(1, 2)$, $(2, 3)$, $(3, 1)$. Prinzip der virtuellen Verrückungen:

$$\delta A = 0 = -M_m \omega_1 - M_m \omega_2 + P_i \delta_i ; \quad M_m \cdot (\omega_1 + \omega_2) = M_m \Delta = P_i \delta_i ; \quad \overline{a\,a'} = x_m .$$

$\Delta = 1$ bedeutet bei Gleichsetzung von Sehne und Bogen $\overline{a\,a'} = x_m$. Die Einheit kann auch aus der Relativbewegung des Stabes II gegen I bestimmt werden:

$$-M\,\omega_{21} + P_i \delta_i = O ; \qquad \omega_{21} = \Delta = 1, \qquad \overline{a\,a'} = x_m .$$

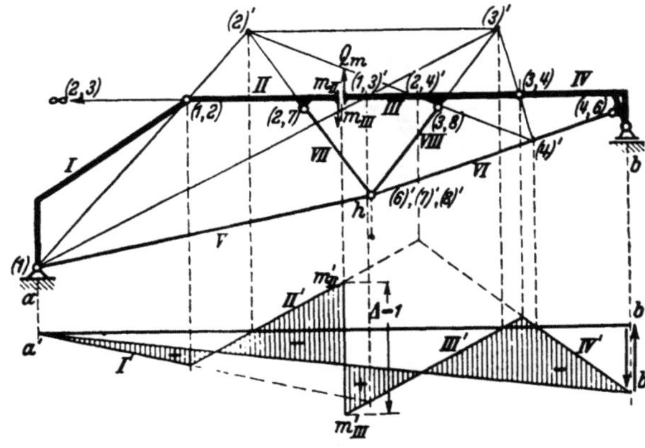

Abb. 59. Ableitung der Einflußlinie der Querkraft Q_m einer mehrgliedrigen Scheibenverbindung.

Die Grenzlinien der waagerechten Einflußlinie sind zu den zugeordneten Geraden der senkrechten Einflußlinie winkelrecht. Daher gilt ebenfalls

$$+M\,\omega_{21} = W_i\,\delta_i' .$$

b) Einflußlinie für die Querkraft Q_m bei senkrechter und waagerechter Belastung (Abb. 58b).

Kinematische Kette für $Q = o$. Ermittlung der Polfigur. Die Hauptpole (1), (3) und der Nebenpol $(2, 3)$ sind gegeben. Der Nebenpol $(1, 2)$ liegt, da II sich gegen I parallel verschiebt, auf der Tangente des Bogens im Unendlichen. Der Hauptpol (2) wird durch 1, $(1, 2)$ und 3, $(2, 3)$ gefunden. Damit sind auch die Lastscheiden und Eckpunkte der senkrechten und waagerechten Einflußlinie gegeben. Zur Bestimmung der Einheit der Einflußlinie wird die Relativbewegung der Stäbe I und II betrachtet. Das Prinzip der virtuellen Verrückungen $\delta A = 0$ ergibt bei der senkrechten Einzellast

$$-Q_m \frac{m_I' m_{II}'}{\cos\varphi_m} - P_i(-\delta_i) = 0 , \quad \text{für} \quad m_I' m_{II}' = 1 \cos\varphi_m \quad \text{wird} \quad Q_m = P_i \delta_i .$$

Um daher den Verschiebungsplan der Kette als Einflußlinie zu verwenden, wird der Parameter $m_I' m_{II}' = 1 \cos\varphi_m$ gewählt. In diesem Falle ist die gegenseitige Verschiebung Δ der Querschnitte m_I und m_{II} in Richtung von Q_m gleich der Einheit. Für eine waagerechte Einzellast W_i ist

$$-Q_m \frac{m_I'' m_{II}''}{\sin\varphi_m} - W_i(-\delta_i') = 0 , \quad \text{für} \quad m_I'' m_{II}'' = 1 \sin\varphi_m \quad \text{wird} \quad Q_m = W_i \delta_i .$$

c) Die Ansätze für die Einflußlinien der Längskraft lauten (Abb. 58c):

$$-N_m \frac{m_I' m_{II}'}{\sin\varphi_m} - P_i(-\delta_i) = 0 , \quad \text{für} \quad m_I' m_{II}' = 1 \sin\varphi_m \quad \text{wird} \quad N_m = P_i \delta_i ;$$

$$-N_m \frac{m_I'' m_{II}''}{\cos\varphi_m} - W_i(-\delta_i') = 0 , \quad \text{für} \quad m_I'' m_{II}'' = 1 \cos\varphi_m \quad \text{wird} \quad N_m = W_i \delta_i' .$$

Die Abb. 59 zeigt die Einflußlinie der Querkraft Q_m eines unterspannten Balkenträgers. Sie ist aus dem Pol- und Verschiebungsplan der kinematischen Kette $Q_m = 0$ mit der Annahme $v_h = 0$ entwickelt worden. Damit ergeben sich die Hauptpole $(2)'$, $(3)'$, $(4)'$ und die senkrechte Komponente der Geschwindigkeit $\overrightarrow{b'\,b''}$ des Stützpunktes b. Um hier die Stützenbedingung nachträglich zu erfüllen, wird nach S. 47 ein zweiter Verschiebungsplan gezeichnet, der durch den Weg $-\overrightarrow{b'\,b''}$ und $\omega_{ik} = 0$ bestimmt ist. Damit wird $a'\,b''$ zur Achse der Einflußlinie. $m_{II}' m_{III}' = \Delta = 1$ ist Einheit der Einflußlinie.

. Land, R.: Kinematische Theorie der statisch bestimmten Träger. Z. öst. Ing.- u. Arch.-Ver. Bd. 40 (1888) S. 11 u. 162. — Müller-Breslau, H.: Die graphische Statik der Baukonstruktionen Bd. 1. Leipzig 1905. — Grüning, M.: Die Statik des ebenen Tragwerks. Berlin 1925. — Saliger, R.: Praktische Statik 2. Aufl. Wien 1927. — Mohr, O.: Abhandlungen aus dem Gebiete der Technischen Mechanik 3. Aufl. Berlin 1928. — Beyer, K.: Baustatik. Taschenb. f. Bauing. Bd. 1 S. 270. Berlin 1928. — Hertwig, A.: Statik der Baukonstruktionen. Handb. physik. u. techn. Mechan. Bd. 4. Leipzig 1929. — Kaufmann, W.: Statik der Tragwerke. Handbibl. f. Bauing. 2. Aufl. Berlin 1930.

14. Der einfache Balkenträger.

Ein Stab mit gerader, gebrochener oder gekrümmter Achse wird als Balkenträger bezeichnet, wenn eine senkrechte Belastung nur senkrechte Stützkräfte hervorruft. Er wird an den Enden aufgelagert oder als Kragträger verwendet.

Ruhende Belastung. Eine allgemeine Belastung wird oft mit Vorteil aufgeteilt. Stütz- und Schnittkräfte werden getrennt für jeden Anteil angegeben und nach dem Superpositionsgesetz addiert.

Allgemeiner Ansatz zur Berechnung der Stützkräfte.

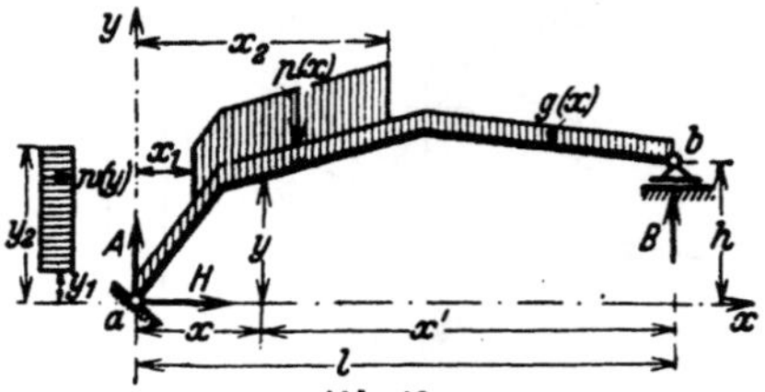

Abb. 60.

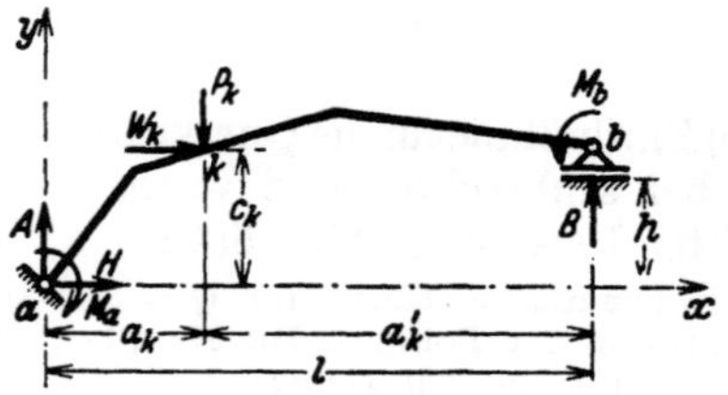

Abb. 61.

a) Senkrechte Belastung und Stützenmomente (Abb. 60 und 61):

$$A_1 = \frac{M_b - M_a}{l} + \frac{1}{l}\int_0^l g(x)\,x'\,dx + \frac{1}{l}\sum_{k=1}^{k=n} P_k a_k' + \frac{1}{l}\int_{x_1}^{x_2} p(x)\,x'\,dx,$$

$$B_1 = \frac{M_a - M_b}{l} + \frac{1}{l}\int_0^l g(x)\,x\,dx + \frac{1}{l}\sum_{k=1}^{k=n} P_k a_k + \frac{1}{l}\int_{x_1}^{x_2} p(x)\,x\,dx. \qquad H = 0$$

b) Waagerechte Belastung (Abb. 60 und 61):

$$B_2 = \frac{1}{l}\sum_{k=1}^{k=n} W_k c_k + \frac{1}{l}\int_{y_1}^{y_2} w(y)\,y\,dy = -A_2, \quad H = -\left(\sum_{k=1}^{k=n} W_k + \int_{y_1}^{y_2} w(y)\,dy\right). \qquad (105)$$

Allgemeiner Ansatz für die Berechnung der Schnittkräfte (Abb. 62).

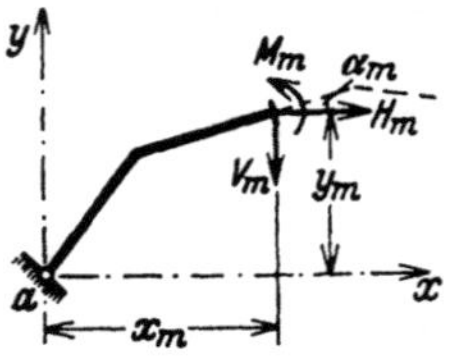

Abb. 62.

$$A = A_1 + A_2, \qquad B = B_1 + B_2,$$

$$V_m = A - \int_0^{x_m} g(x)\,dx - \sum_{k=1}^{k=r} P_k - \int_{x_1}^{x_m} p(x)\,dx;$$

$$H_m = -\left(H + \sum_{k=1}^{k=s} W_k + \int_{y_1}^{y_m} w(y)\,dy\right);$$

$$Q_m = H_m \sin\alpha_m + V_m \cos\alpha_m;$$

$$N_m = H_m \cos\alpha_m - V_m \sin\alpha_m; \qquad (106)$$

$$M_m = A x_m - \int_0^{x_m} g(x)(x_m - x)\,dx - \sum_{k=1}^{k=r} P_k(x_m - a_k) - \int_{x_1}^{x_m} p(x)(x_m - x)\,dx$$

$$- H y_m - \sum_{k=1}^{k=s} W_k(y_m - c_k) - \int_{y_1}^{y_m} w(y)(y_m - y)\,dy + M_a.$$

Der Ansatz besitzt in dieser Form nur grundsätzliche Bedeutung. Die Schnittkräfte werden besser nach den Angaben auf S. 42 berechnet. Hierbei ergeben sich zunächst die Querkräfte Q_m und bei geneigter oder gekrümmter Stabachse deren Komponenten V_m und H_m. Damit können die Biegungsmomente M_m nach (86) oder (88) gebildet und unter Umständen durch die Momente M_r für die Anschlußquerschnitte der Zwischenkonstruktion nach (89) ergänzt werden. Sind die Streckenlasten $g(x)$, $p(x)$, $w(y)$ nicht einfach zu integrierende Funktionen, so wird die stetige Belastung nach S. 44 durch eine annähernd äquivalente Gruppe von Einzellasten ersetzt. Querkraft und Moment sind bei gerader Stabachse in den Abschnitten zwischen den Einzellasten nach (86) gerade Linien oder Parabelabschnitte. Der Größtwert des Momentes entsteht nach S. 42 in demjenigen Querschnitt, in welchem die Querkraft Null ist oder ihr Vorzeichen wechselt. Die Tabellen 6 und 7 geben die Schnittkräfte für zahlreiche Belastungsannahmen an.

Die Stütz- und Schnittkräfte können auch zeichnerisch mit Kraft- und Seileck bestimmt werden. Bei der Einfachheit der Aufgabe liegt jedoch kein Grund vor, die Rechnung durch die Zeichnung zu ersetzen.

Einflußlinien. Die Grenzwerte der Stütz- und Schnittkräfte setzen sich aus den Anteilen zusammen, die aus der ruhenden Belastung, also im wesentlichen durch Eigengewicht, und aus der ungünstigsten Stellung der beweglichen Belastung erhalten werden. Diese ist in der Regel durch Einflußlinien bestimmt, die nach Abschn. 13 als Funktion der Einflußgröße oder kinematisch als Verschiebungsplan des Lastgurtes entwickelt werden.

Einflußlinien der Stützenwiderstände und Schnittkräfte des einfachen Balkenträgers.

a) Unmittelbare Lasteintragung. b) Mittelbare Lasteintragung.

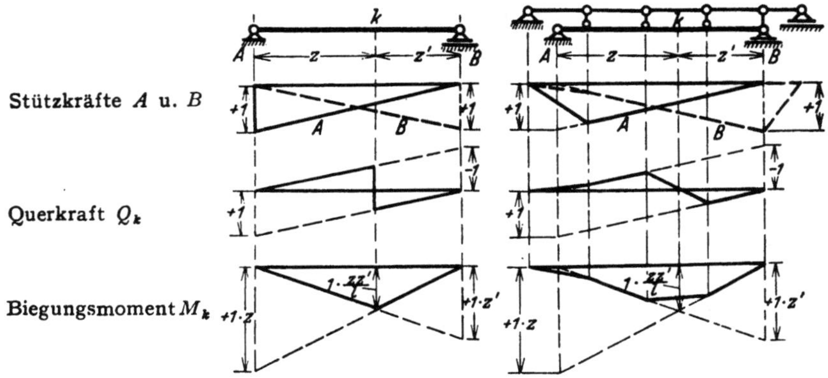

Abb. 63.

Die Grenzwerte der Querkraft. a) Gleichgroße, unmittelbare Streckenbelastung p. Durch Belastung des positiven oder negativen Bereichs der Einflußlinie wird (Abb. 64)

$$\left.\begin{aligned} \max Q_{mp} &= +p\,\frac{x_m'^2}{2l} = +\frac{pl}{2}\,\xi'^2, \\ \min Q_{mp} &= -p\,\frac{x_m^2}{2l} = -\frac{pl}{2}\,\xi^2. \end{aligned}\right\} \qquad (107)$$

b) Gleichgroße mittelbare Streckenbelastung p (Abb. 65, 66).

$$\max Q_{mp} = +p\,\frac{x_m' e_m'}{2l}; \qquad \min Q_{mp} = -p\,\frac{(x_m - c_m)\,e_m}{2l}. \qquad (108)$$

Der Grenzwert der Querkraft ist nach der Einflußlinie für alle Schnitte zwischen zwei Querträgern konstant. Lastscheide und Grenzwerte werden graphisch bestimmt.

$$\overline{m\,m'} = \frac{p\,l}{2}\,\frac{x'_m}{l}, \qquad \overline{E_m E'_m} = \overline{m\,m'}\,\frac{e'_m}{l} = \max Q_{m\,p} \qquad \text{(Abb. 65)}.$$

Bei gleichem Abstand der Querträger nach Abb. 66 wird

$$e'_m = \frac{x'_m\,l}{l-c}, \; \max Q_{m\,p} = +\,p\,\frac{x'^2_m}{2\,(l-c)} = \overline{m\,m'}, \; \min Q_{m\,p} = -\,p\,\frac{(x_m-c)^2}{2\,(l-c)} = \overline{m\,m''}. \quad (109)$$

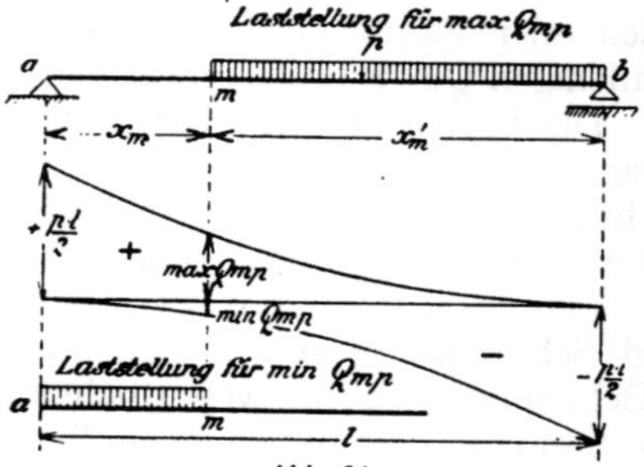

Abb. 64.

Die jedem Felde zugeordneten Grenzwerte der Querkraft sind Ordinaten einer Parabel mit dem ausgezeichneten Werte $p\,\frac{l-c}{2}$ für $x'_m = (l-c)$ (Abb. 66).

c) Unmittelbare Belastung durch einen Zug von Einzellasten.

Die größte Querkraft Q_m wird nach der Einflußlinie bei Grundstellung des Lastenzuges zum Querschnitt m für Linksfahrt erhalten (erste Last über dem Querschnitt m, Abb. 67b). Der negative Grenzwert ergibt sich ebenso bei Rechtsfahrt:

$$\max Q_m = A_m; \qquad \min Q_m = -B_m.$$

Die Grenzwerte von $\max Q_m$ sind Ordinaten einer Schaulinie, in welcher der Stützdruck A_m für eine beliebige Stellung des Lastenzuges über dem Angriffspunkt der ersten Last P_1 aufgetragen wird (A_m-Polygon). Der Betrag

$$A_m = \frac{1}{l}\sum_1^m P_i\,b_i = \frac{1}{l}\sum_1^m P_i\,b'_i = \overline{m\,m'} \qquad (110)$$

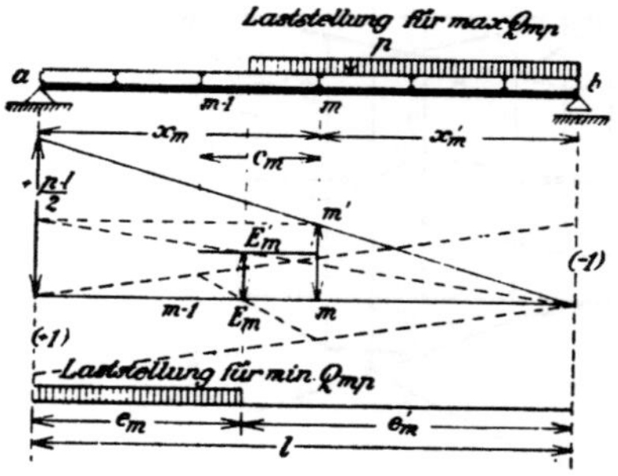

Abb. 65. Entfernung der Querträger beliebig.

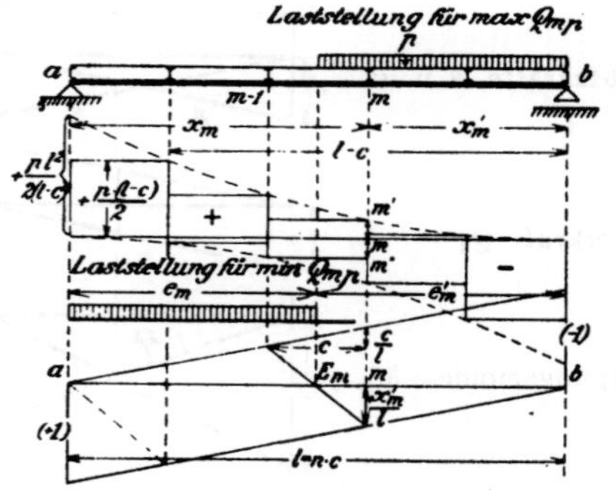

Abb. 66. Entfernung der Querträger konstant.

wird graphisch als Ordinate eines Seilecks zu dem in umgekehrter Fahrtrichtung stehenden Lastenzug (P_1 in b) bestimmt (Abb. 67c). Polweite H des Kraftecks ist dann eine Strecke gleich der Stützweite l des Trägers im Maßstab des Lageplans.

Ist das statische Moment der Lasten $P_1, \ldots, P_k$ in bezug auf die Last k $\sum_{i=1}^{i=k} P_i\,b_{i\,k} = \mathfrak{S}_k$ durch Tabellen bekannt, so werden die Ordinaten

$$\overline{k\,k'} = A_k = \mathfrak{S}_k/l. \qquad (111)$$

d) Mittelbare Belastung durch einen Zug von Einzellasten (Abb. 68).

Die größte Querkraft Q_m entsteht nach der Einflußlinie (Abb. 65) entweder bei Grundstellung des Lastenzuges zum Querträger m oder nach Überschreitung der

Grundstellung bis zur zweiten, dritten oder $r$ten Last über Querträger m. In der ungünstigsten Stellung ist nach (102)

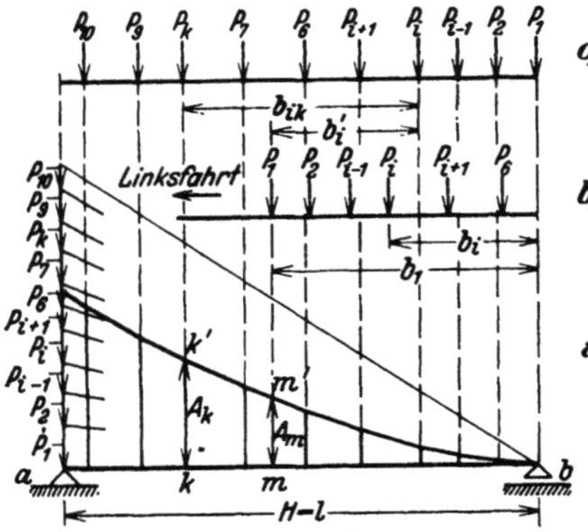

Abb. 67.

$$\left.\begin{aligned} &\mathfrak{P}_{r-1} < \frac{c_m}{l}\,\mathfrak{P}_n < \mathfrak{P}_r\,; \\ &\mathfrak{P}_n = \sum_1^n P_i\,, \qquad \mathfrak{P}_r = \sum_1^r P_i\,, \end{aligned}\right\} \tag{112}$$

$$\max Q_m = \frac{1}{l}\sum_1^n P_i b_i - \frac{1}{c_m}\sum_1^r P_i b_{ir}\,. \tag{113}$$

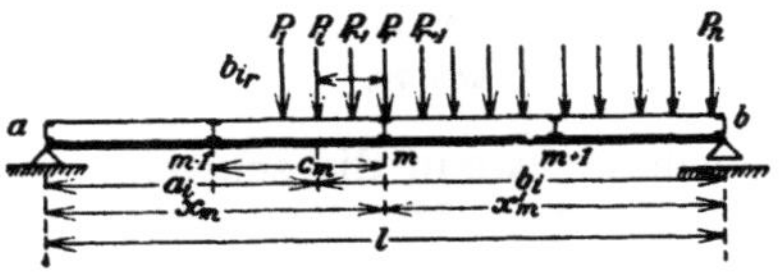

Abb. 68. Stellung des Lastenzuges zur Bildung von $\max Q_m$.

Der bis zur Last P_2 vorgezogene Lastenzug liefert also die größte Querkraft im Felde, wenn

$$\left.\begin{aligned} &\frac{l}{c_m}P_1 < \mathfrak{P}_n \quad \text{und} \quad \frac{l}{c_m}(P_1 + P_2) > \mathfrak{P}_n\,, \\ &\max Q_m = \frac{1}{l}\sum_1^n P_i b_i - \frac{1}{c_m}P_1 b_{12}\,. \end{aligned}\right\} \tag{114}$$

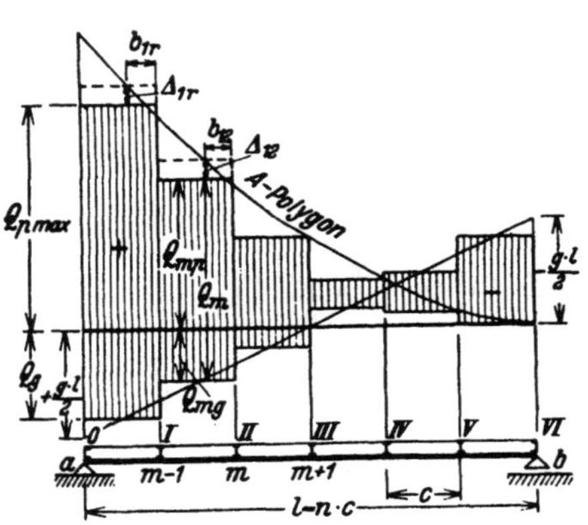

Abb. 69a. Schaulinie für $\max Q_m$ aus Eigengewicht und einem Lastenzug als Verkehrslast.

$\max Q_m = Q_{mg} + A_p - \Delta_{1r}, \quad \Delta_{1r} = \sum_1^r \frac{P_i b_{ir}}{c_m}$.

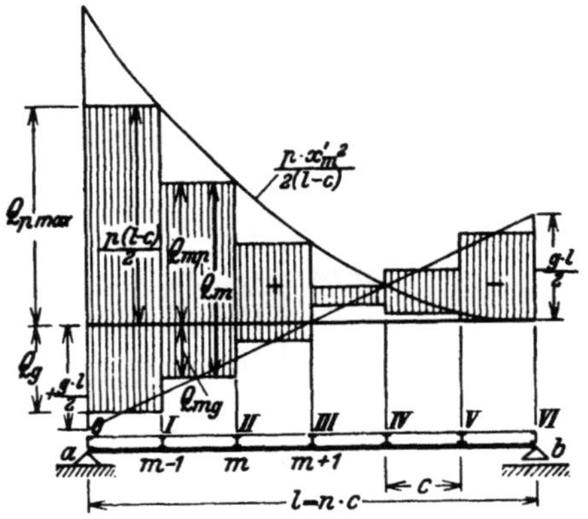

Abb. 69b. Schaulinie für $\max Q_m$ aus Eigengewicht und gleichförmig verteilter Nutzlast.

$\max Q_m = Q_{mg} + \frac{p\, x_m'^2}{2(l-c)}$.

Die Grenzwerte der Biegungsmomente. Die Einflußlinie (Abb. 63) hat nur einen positiven Bereich, das Moment also nur einen positiven Grenzwert.

a) Gleichgroße Streckenbelastung p (Abb. 70).

Bei unmittelbarer Lasteintragung ist

$$\max M_{mp} = p\,\frac{x x'}{2} = \frac{p l^2}{2}\left(\frac{x}{l} - \frac{x^2}{l^2}\right) = \frac{p l^2}{2}\,\omega_R\,. \tag{115}$$

Bei mittelbarer Lasteintragung sind die Grenzwerte der Momente an den Anschlußquerschnitten durch die gleiche Funktion bestimmt. Dazwischen ist die Schaulinie für $\max M_{mp}$ geradlinig.

b) Lastenzug bei mittelbarer Eintragung (Abb. 71).

Die Einflußlinie des Moments an den Anschlußquerschnitten ist in der Regel ein Dreieck. Die ungünstigste Laststellung wird daher nach (102) durch die Ungleichungen

$$\sum_{k}^{r-1} P_i < \frac{x_m}{l} \sum_{k}^{n} P_i < \sum_{k}^{r} P_i \tag{116}$$

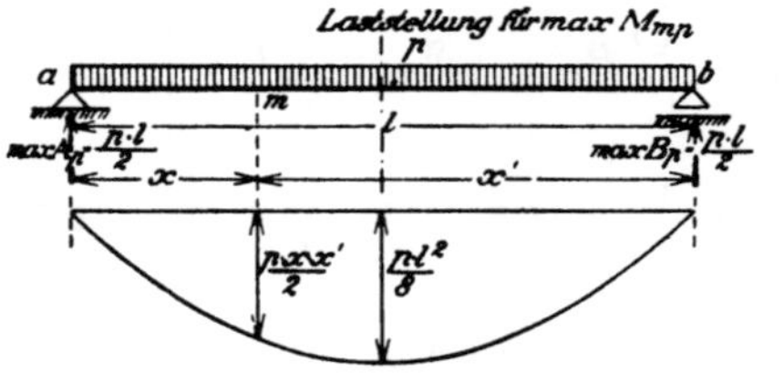

Abb. 70.

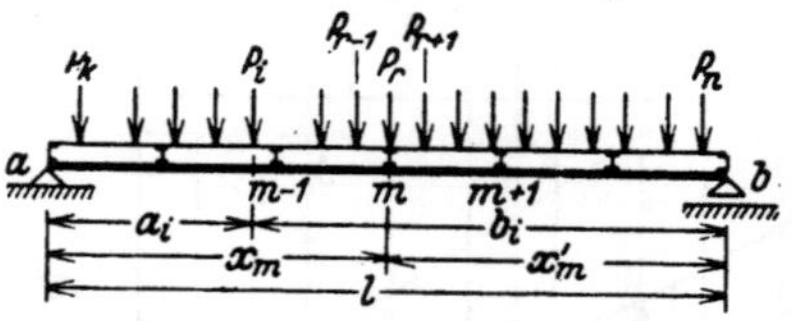

Abb. 71. Stellung des Lastenzuges zur Bildung von max M_m.

nachgewiesen, wenn die schwersten Lasten nächst dem zu untersuchenden Querschnitt m stehen. Mit dieser Laststellung ist dann (Abb. 71)

$$\max M_m = \frac{x_m}{l} \sum_{k}^{n} P_i b_i - \sum_{k}^{r} P_i (x_m - a_i)\,. \tag{117}$$

Zwischen den Anschlußquerschnitten kann max M_{mp} mit guter Annäherung geradlinig angenommen werden.

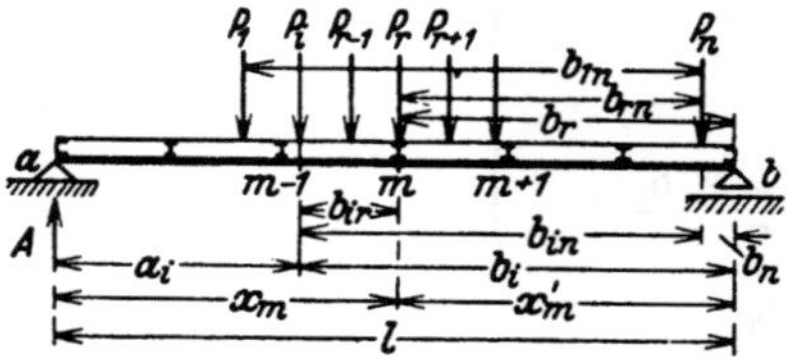

Abb. 72.

Um die Berechnung der Schnittkräfte für bekannte Lastenzüge zu erleichtern, deren erste Last P_1 bei Linksfahrt den linken Stützpunkt des Trägers nicht überschreitet, werden zwei nur von Achslast und Achsstand abhängige Hilfswerte gebildet (Abb. 72).

$$\mathfrak{P}_n = \sum_{i=1}^{i=n} P_i\,, \quad \mathfrak{S}_n = (P_1 b_{1n} + P_2 b_{2n} + \cdots P_i b_{in} + \cdots P_n b_{nn}) = \sum_{i=1}^{i=n} P_i b_{in}\,. \tag{118}$$

Mit diesen sind

$$\left.\begin{aligned}
A &= \frac{1}{l} \sum_{i=1}^{i=n} P_i (b_{in} + b_n) = \frac{1}{l}\Big(\sum_{i=1}^{i=n} P_i b_{in} + b_n \sum_{i=1}^{i=n} P_i\Big)\,,\\
A &= \frac{1}{l} (\mathfrak{S}_n + \mathfrak{P}_n b_n)\,,\\
M_m &= A x_m - \sum_{i=1}^{i=r} P_i (x_m - a_i) = A x_m - \sum_{i=1}^{i=r} P_i b_{ir}\,,\\
M_m &= \frac{x_m}{l} (\mathfrak{S}_n + \mathfrak{P}_n b_n) - \mathfrak{S}_r\,.
\end{aligned}\right\} \tag{119}$$

Die Funktionen $\mathfrak{S}_n$ und $\mathfrak{P}_n$ der Lastenzüge N, E und G der Reichsbahn sind in den Taschenbüchern enthalten. Sie lassen sich leicht auch für andere Lastenzüge zur Berechnung von Straßen- und Eisenbahnbrücken angeben. Nach den Reichsbahnvorschriften genügen aber bei einfachen Balkenbrücken bereits Näherungswerte für max M_p nach besonderer Anweisung.

c) Lastenzug bei unmittelbarer Eintragung (Abb. 73a).

Die größten Biegungsmomente können für beliebig viele Querschnitte ebenso wie für die Anschlußquerschnitte des Trägers bei mittelbarer Lasteintragung berechnet werden. Bleibt jedoch die Summe R aller auf dem Träger ruhenden Lasten bei Verschiebung des Zuges unverändert, so läßt sich das vollständige Ergebnis einfacher angeben.

Zwei ausgezeichnete Querschnitte k und r links und rechts von der Resultierenden werden nach dem Index der ihnen zugeordneten Lasten P_k und P_r bezeichnet. Die Abstände der Lasten $P_1 \ldots P_m \ldots P_{k-1}$ von der Last P_k sind e_{km}, ihre Abstände von der Resultierenden u_m. Die Abstände der Lasten $P_n \ldots P_m \ldots P_{r+1}$ von der Last P_r werden e'_{rm}, die Abstände von der Resultierenden u'_m genannt. Außerdem ist abgekürzt

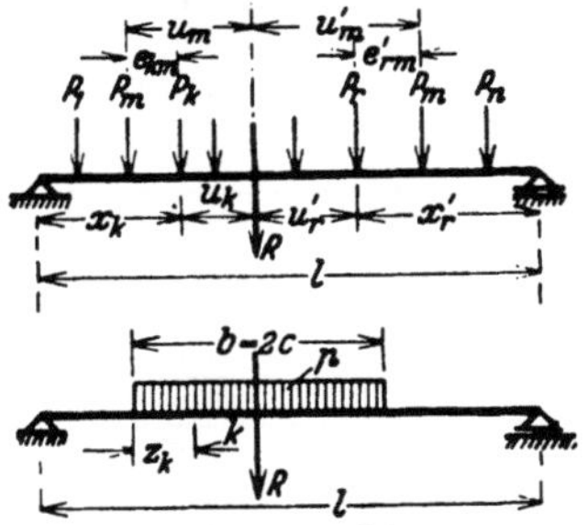

Abb. 73a und b.

$$\left.\begin{aligned} \sum_1^k P_m &= \mathfrak{P}_k, & \sum_1^k P_m u_m &= \mathfrak{H}_k, \\ \sum_n^r P_m &= \mathfrak{P}'_r, & \sum_n^r P_m u'_m &= \mathfrak{H}'_r. \end{aligned}\right\} \qquad (120)$$

Die Momente M_k und M_r können dann folgendermaßen angeschrieben werden:

$$\left.\begin{aligned} M_k &= \frac{R\,x_k}{l}(l - u_k - x_k) - \sum_1^k P_m e_{km}, \quad M_r = \frac{R\,x'_r}{l}(l - u'_r - x'_r) - \sum_n^r P_m e'_{rm}, \\ \text{oder} \qquad M_k &= \frac{R\,x_k\,(l - x_k)}{l} - \frac{R\,x_k}{l} u_k - \sum_1^k P_m e_{km}. \end{aligned}\right\} \qquad (121)$$

Das Moment ist nach (116) ein Grenzwert zwischen

$$x_{k1} = \frac{\mathfrak{P}_{k-1}}{R} l \quad \text{und} \quad x_{k2} = \frac{\mathfrak{P}_k}{R} l. \qquad (122)$$

Für diese Querschnitte ist dann mit (122)

$$\left.\begin{aligned} M_{k1} &= \frac{R\,x_{k1}(l - x_{k1})}{l} - \sum_1^{k-1} P_m u_m, \\ M_{k2} &= \frac{R\,x'_{k2}(l - x_{k2})}{l} - \sum_1^{k} P_m u_m. \end{aligned}\right\} \qquad (123)$$

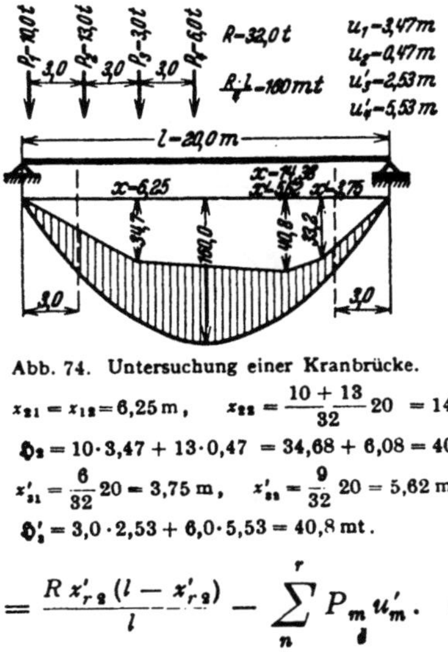

Abb. 74. Untersuchung einer Kranbrücke.

$k = 2$: $x_{21} = x_{12} = 6{,}25\,\text{m}, \quad x_{22} = \frac{10 + 13}{32} 20 = 14{,}38\,\text{m}$

$\mathfrak{H}_2 = 10 \cdot 3{,}47 + 13 \cdot 0{,}47 = 34{,}68 + 6{,}08 = 40{,}8\,\text{mt},$

$r = 3$: $x'_{31} = \frac{6}{32} 20 = 3{,}75\,\text{m}, \quad x'_{32} = \frac{9}{32} 20 = 5{,}62\,\text{m}.$

$\mathfrak{H}'_3 = 3{,}0 \cdot 2{,}53 + 6{,}0 \cdot 5{,}53 = 40{,}8\,\text{mt}.$

Das Moment ist im rechten Bereiche nach (116) ein Grenzwert zwischen

$$x'_{r1} = \frac{\mathfrak{P}'_{r+1}}{R} l \quad \text{und} \quad x'_{r2} = \frac{\mathfrak{P}'_r}{R} l. \qquad (124)$$

Für diese Querschnitte sind die Momente

$$M'_{r1} = \frac{R\,x'_{r1}(l - x'_{r1})}{l} - \sum_n^{r+1} P_m u'_m, \qquad M'_{r2} = \frac{R\,x'_{r2}(l - x'_{r2})}{l} - \sum_n^{r} P_m u'_m. \qquad (125)$$

Der erste Anteil ist die Ordinate einer Parabel mit $\frac{1}{4} R l$ als Pfeilhöhe. Der zweite Anteil ist ein Geradenzug, dessen Eckpunkte die Abszissen x_{k2} und x'_{r2} und die Ordinaten $\mathfrak{H}_k$ und $\mathfrak{H}'_k$ erhalten.

Das Ergebnis kann auch auf eine begrenzte, gleich große Streckenlast übertragen werden (Abb. 73b).

$$\left.\begin{aligned} R = p\,b = 2\,p\,c\,; \quad P = p\,d\,z, \quad x_k = \frac{\mathfrak{P}_k}{R} l = \frac{z_k\,l}{b}, \quad \sum_1^k P_m u_m = \frac{p\,b\,c\,x_k\,x'_k}{l^2}, \\ \max M_k = \frac{p\,b}{l} x_k x'_k \left(1 - \frac{c}{l}\right) = 2\,p\,c\,l \left(1 - \frac{c}{l}\right) \omega_R. \end{aligned}\right\} \qquad (126)$$

Das Diagramm der Grenzwerte ist eine Parabel für die Belastung $4\,p\,\frac{c}{l}\left(1 - \frac{c}{l}\right)$.

Domke, O.: Theorie des Eisenbetons. Handb. f. Eisenbetonbau Bd. 1, 4. Aufl. S. 391. Berlin 1930. — Beyer, K.: Baustatik. Taschenb. f. Bauing. Bd. 1 S. 270. Berlin 1928.

Tabelle 6. **Balken auf zwei Stützen.**

l: Stützweite, $\xi = x/l$, $\xi' = x'/l$; A, B: Stützkräfte; Q_m: Querkraft; M_m: Biegungsmoment im Querschnitt m; x_0: Querschnitt mit dem größten Biegungsmoment M_{max}.

Jede Abbildung zeigt der Reihe nach die Art der Belastung und die Zustandslinien für die Querkraft Q_m und das Biegungsmoment M_m*.

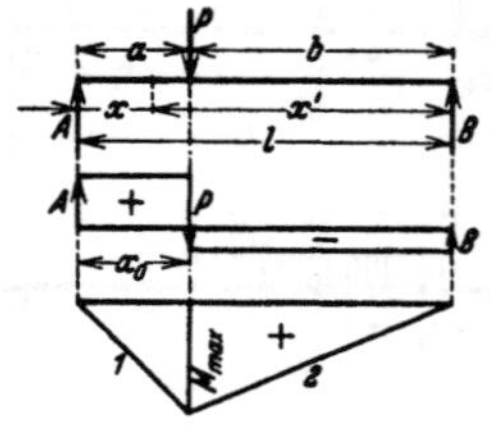	$A = \frac{Pb}{l}$ $B = \frac{Pa}{l}$ $Q_1 = +\frac{Pb}{l}$ $Q_2 = -\frac{Pa}{l}$ $M_1 = Pb\xi$ $M_2 = Pa\xi'$ $x_0 = a$ $M_{max} = \frac{Pab}{l}$
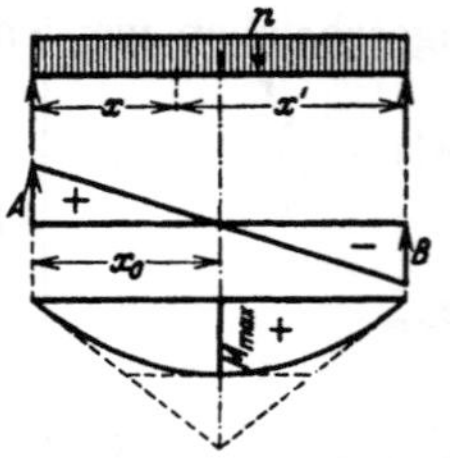	$A = \frac{pl}{2}$ $B = \frac{pl}{2}$ $Q = \frac{pl}{2}(1 - 2\xi)$ $M = \frac{pl^2}{2}\omega_R$ $x_0 = \frac{l}{2}$ $M_{max} = \frac{pl^2}{8} = 0{,}125\,pl^2$
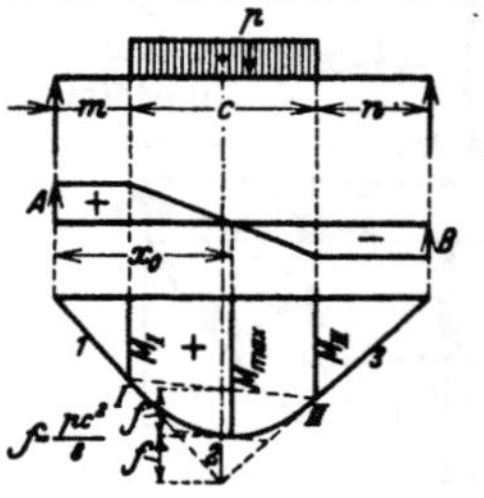	$A = \frac{pc}{2l}(2n + c)$ $B = \frac{pc}{2l}(2m + c)$ $Q_1 = A$ $Q_2 = A - p(x - m)$ $Q_3 = -B$ $M_I = Am$ $M_{II} = Bn$ $M_1 = Ax$ $M_2 = M_I\frac{x}{m} - p\frac{(x-m)^2}{2}$ $M_3 = Bx'$ $x_0 = m + \frac{c}{2l}(2n + c) = m + \frac{A}{p}$ $M_{max} = M_I + \frac{A^2}{2p}$
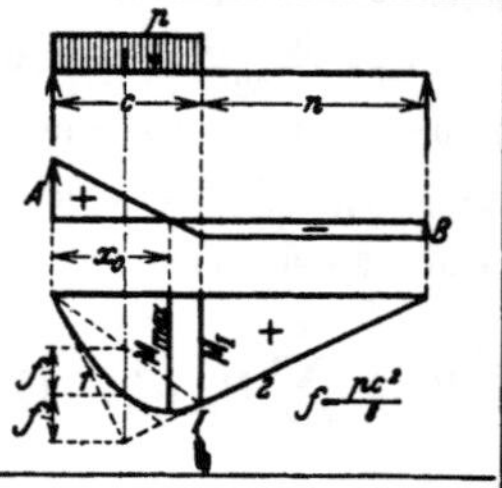	$A = \frac{pc}{2l}(2n + c)$ $B = \frac{pc^2}{2l}$ $Q_1 = A - px$ $Q_2 = -B$ $M_I = Bn$ $M_1 = M_I\frac{x}{c} + \frac{pc^2}{2}\omega_R^{(c)}$ $M_2 = M_I\frac{x'}{n}$ $x_0 = \frac{A}{p}$ $M_{max} = \frac{A^2}{2p}$
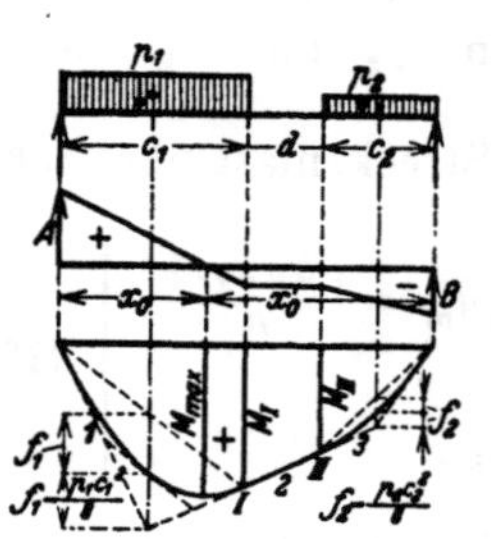	$A = p_1c_1 - R$ $B = p_2c_2 + R$ $R = \frac{p_1c_1^2 - p_2c_2^2}{2l}$ $Q_1 = A - p_1x$ $Q_2 = -R$ $Q_3 = -B + p_2x'$ $M_I = \frac{p_1c_1^2}{2} - Rc_1$ $M_{II} = \frac{p_2c_2^2}{2} + Rc_2$ $M_1 = M_I\frac{x}{c_1} + \frac{p_1c_1^2}{2}\omega_R^{(c_1)}$; $M_2 = \frac{p_1c_1^2}{2} - Rx$; $M_3 = M_{II}\frac{x'}{c_2} + \frac{p_2c_2^2}{2}\omega_R^{(c_2)}$ $\frac{p_1}{p_2} > \frac{c_2^2}{c_1^2}$: $x_0 = \frac{A}{p_1}$ $M_{max} = \frac{A^2}{2p_1}$ $\frac{p_1}{p_2} < \frac{c_2^2}{c_1^2}$: $x_0' = \frac{B}{p_2}$ $M'_{max} = \frac{B^2}{2p_2}$

* $\omega_R^{(c)}$ und $\omega_D^{(c)}$ nach Tab. 22 für das Intervall $0 \leq \frac{x}{c} \leq 1$.

Tabelle 6 (Fortsetzung)

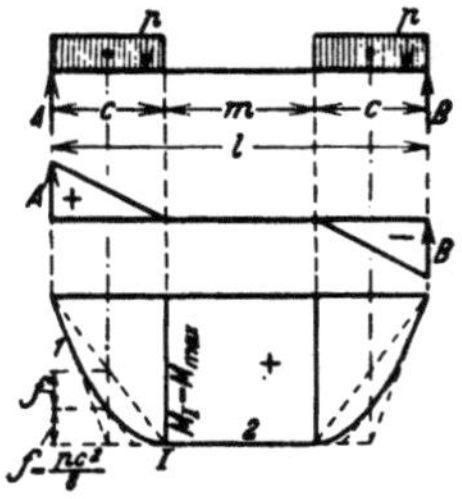

$$A = B = pc \qquad Q_1 = A - px$$

$$M_I = \frac{pc^2}{2} \qquad M_1 = M_I \frac{x}{c} + \frac{pc^2}{2}\omega_R^{(c)} \qquad M_2 = M_I$$

$$c \leq x_0 \leq c + m \qquad M_{\max} = M_I$$

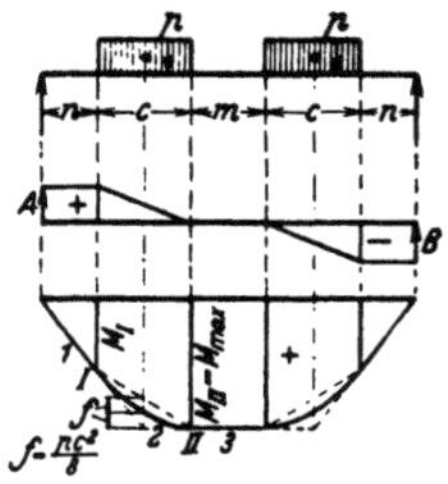

$$A = B = pc \qquad Q_1 = A \qquad Q_2 = A - p(x - n)$$

$$M_I = pcn \qquad M_{II} = \frac{pc^2}{2}\left(1 + 2\frac{n}{c}\right)$$

$$M_1 = pcx \qquad M_2 = \frac{pc^2}{2}\left(\frac{n + x}{c} + \omega_R^{(c)}\right) \qquad M_3 = M_{II}$$

$$n + c \leq x_0 \leq n + c + m \qquad M_{\max} = M_{II}$$

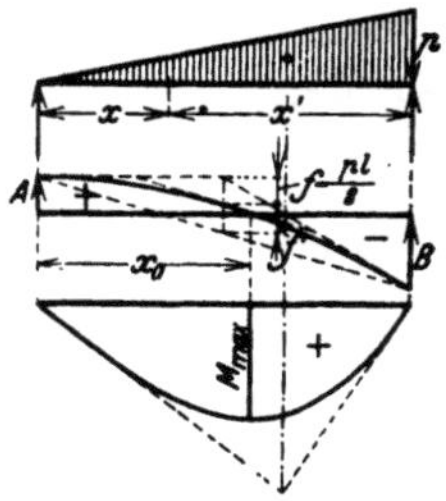

$$A = \frac{pl}{6} \qquad B = \frac{pl}{3} \qquad Q = -\frac{pl}{6}\omega_M$$

$$M = \frac{pl^2}{6}\omega_D$$

$$x_0 = \frac{l}{\sqrt{3}} = 0{,}5774\, l \qquad M_{\max} = \frac{pl^2}{9\sqrt{3}} = 0{,}06415\, p\, l^2$$

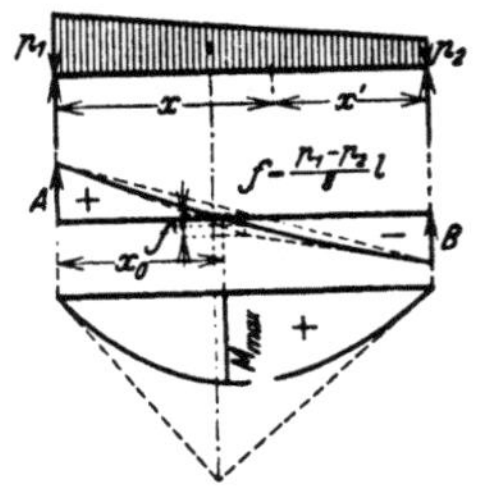

$$A = \frac{2p_1 + p_2}{6} l \qquad B = \frac{p_1 + 2p_2}{6} l$$

$$Q = A - \frac{p_1 + p_2}{2} l\xi - \frac{p_1 - p_2}{2} l\,\omega_R$$

$$M = \frac{l^2}{2} p_1 \omega_R - (p_1 - p_2)\frac{l^2}{6}\omega_D = \frac{p_1 l^2}{6}\left(\omega'_D + \frac{p_2}{p_1}\omega_D\right)$$

$$x_0 = \frac{1 - \nu}{1 - \mu} l \qquad \nu = \sqrt{\frac{p_1^2 + p_1 p_2 + p_2^2}{3 p_1^2}} \qquad \mu = \frac{p_2}{p_1}$$

$$M_{\max} = \frac{p_1 l^2}{6} \cdot \frac{2\nu^3 - \mu(1 + \mu)}{(1 - \mu)^2}$$

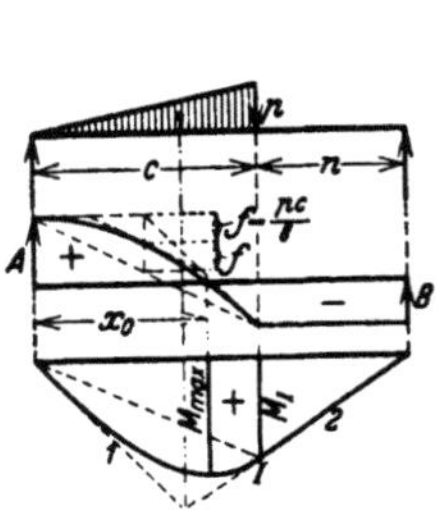

$$A = \frac{pc}{6}\left(3 - 2\frac{c}{l}\right) \qquad B = \frac{pc^2}{3l}$$

$$Q_1 = A - \frac{pc}{2}\frac{x^2}{c^2} \qquad Q_2 = -\frac{pc^2}{3l}$$

$$M_I = \frac{pc^2}{3l} n \qquad M_1 = M_I \frac{x}{c} + \frac{pc^2}{6}\omega_D^{(c)} \qquad M_2 = M_I \frac{x'}{n}$$

$$x_0 = c\sqrt{\frac{A}{pc/2}} = c\sqrt{1 - \frac{2}{3}\frac{c}{l}} \qquad M_{\max} = \frac{2}{3} A x_0 = \frac{p x_0^3}{3c}$$

Tabelle 6 (Fortsetzung).

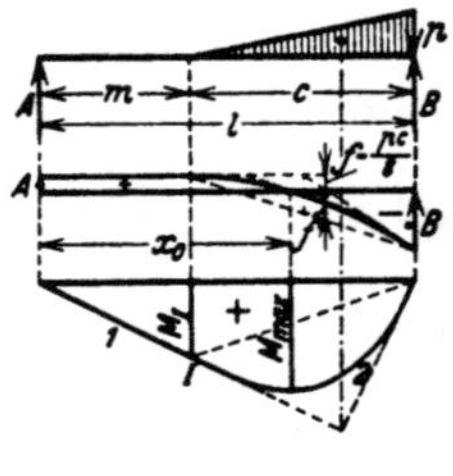	$A = \frac{pc^2}{6l} \qquad B = \frac{pc}{6}\left(3 - \frac{c}{l}\right)$ $Q_1 = \frac{pc^2}{6l} \qquad Q_2 = A - \frac{pc}{2}\left(\frac{x-m}{c}\right)^2$ $M_I = \frac{pc^2}{6l} m \qquad M_1 = M_I \frac{x}{m} \qquad M_2 = M_I \frac{x'}{c} + \frac{pc^2}{6} \omega_D^{(c)}$ $x_0 = m + c\sqrt{\frac{c}{3l}} \qquad M_{max} = \frac{pc^2}{6l}\left(m + \frac{2}{3} c \sqrt{\frac{c}{3l}}\right) = A\left(x_0 - \frac{c}{3}\sqrt{\frac{c}{3l}}\right)$
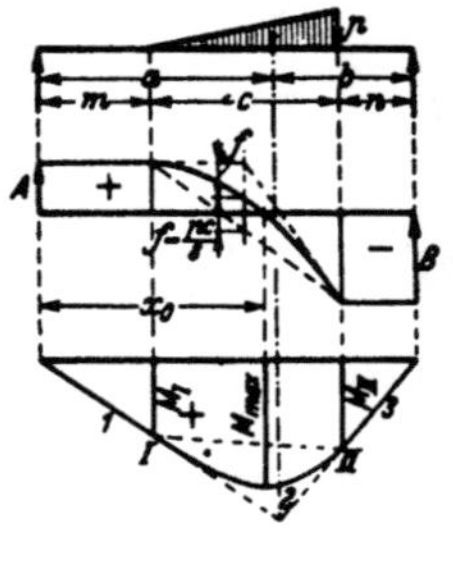	$A = \frac{pc}{2}\frac{b}{l} \qquad B = \frac{pc}{2}\frac{a}{l}$ $Q_1 = \frac{pc}{2}\frac{b}{l} \qquad Q_2 = A - \frac{p(x-m)}{2} + \frac{pc}{2}\omega_R^{(c)} \qquad Q_3 = -\frac{pc}{2}\frac{a}{l}$ $M_I = \frac{pc}{2}\frac{b}{l} m \qquad M_{II} = \frac{pc}{2}\frac{a}{l} n$ $M_1 = M_I \frac{x}{m} \qquad M_2 = A x - \frac{pc^2}{6}\left(\frac{x-m}{c}\right)^3 \qquad M_3 = M_{II}\frac{x'}{n}$ $x_0 = m + c\sqrt{\frac{A}{pc/2}} \qquad M_{max} = \frac{A}{3}(2x_0 + m)$
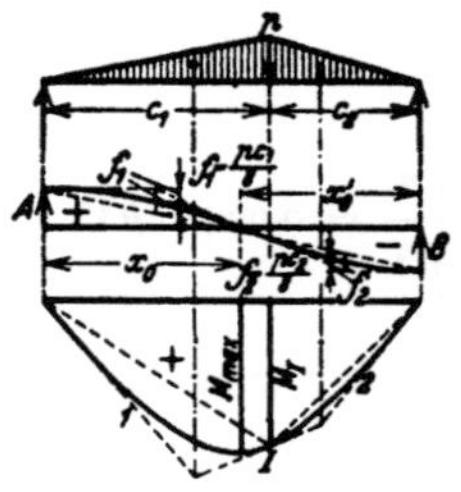	$A = \frac{p(l+c_2)}{6} \qquad B = \frac{p(l+c_1)}{6}$ $Q_I = p\frac{c_2 - c_1}{3} \qquad Q_1 = A - \frac{pc_1}{2}\frac{x^2}{c_1^2} \qquad Q_2 = -B + \frac{pc_2}{2}\frac{x'^2}{c_2^2}$ $M_I = p\frac{c_1 c_2}{3} \qquad M_1 = \frac{pc_2}{3}x + p\frac{c_1^2}{6}\omega_D^{(c_1)} \qquad M_2 = \frac{pc_1}{3}x' + \frac{pc_2^2}{6}\omega_D^{(c_2)}$ $c_1 > c_2$: $x_0 = c_1\sqrt{\frac{A}{pc_1/2}} = \sqrt{\frac{c_1(l+c_2)}{3}} \qquad M_{max} = \frac{2}{3}A x_0$ $c_1 < c_2$: $x'_0 = c_2\sqrt{\frac{B}{pc_2/2}} = \sqrt{\frac{c_2(l+c_1)}{3}} \qquad M'_{max} = \frac{2}{3}B x'_0$
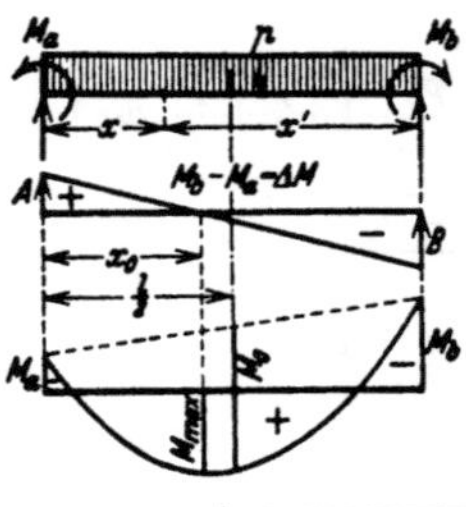	$A = \frac{pl}{2} - \frac{\Delta M}{l} \qquad B = \frac{pl}{2} + \frac{\Delta M}{l} \qquad Q = \frac{pl}{2}\left(1 - 2\frac{x}{l}\right) - \frac{\Delta M}{l}$ $M = \frac{pl^2}{2}\omega_R - \Delta M\frac{x}{l} - M_a \qquad M_0 = \frac{pl^2}{8}$ $x_0 = \frac{l}{2} - \frac{\Delta M}{pl} \qquad M = 0$ für $x = x_0 \pm \sqrt{x_0^2 - \frac{2M_a}{p}}$ $M_{max} = \frac{px_0^2}{2} - M_a = \frac{pl^2}{8} - \frac{M_a + M_b}{2} + \frac{\Delta M^2}{2pl^2}$
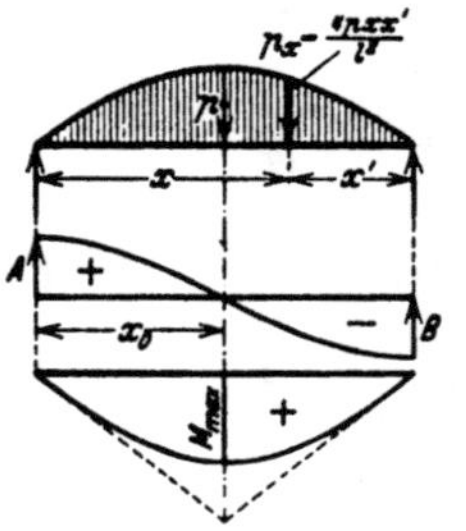	$A = \frac{pl}{3} \qquad B = \frac{pl}{3} \qquad Q = \frac{pl}{3}(1 - 6\xi^2 + 4\xi^3)$ $M = \frac{pl^2}{3}(\xi - 2\xi^3 + \xi^4) = \frac{pl^2}{3}\omega''_P$ $x_0 = \frac{l}{2} \qquad M_{max} = \frac{5}{48}pl^2 = 0{,}1042\, pl^2$

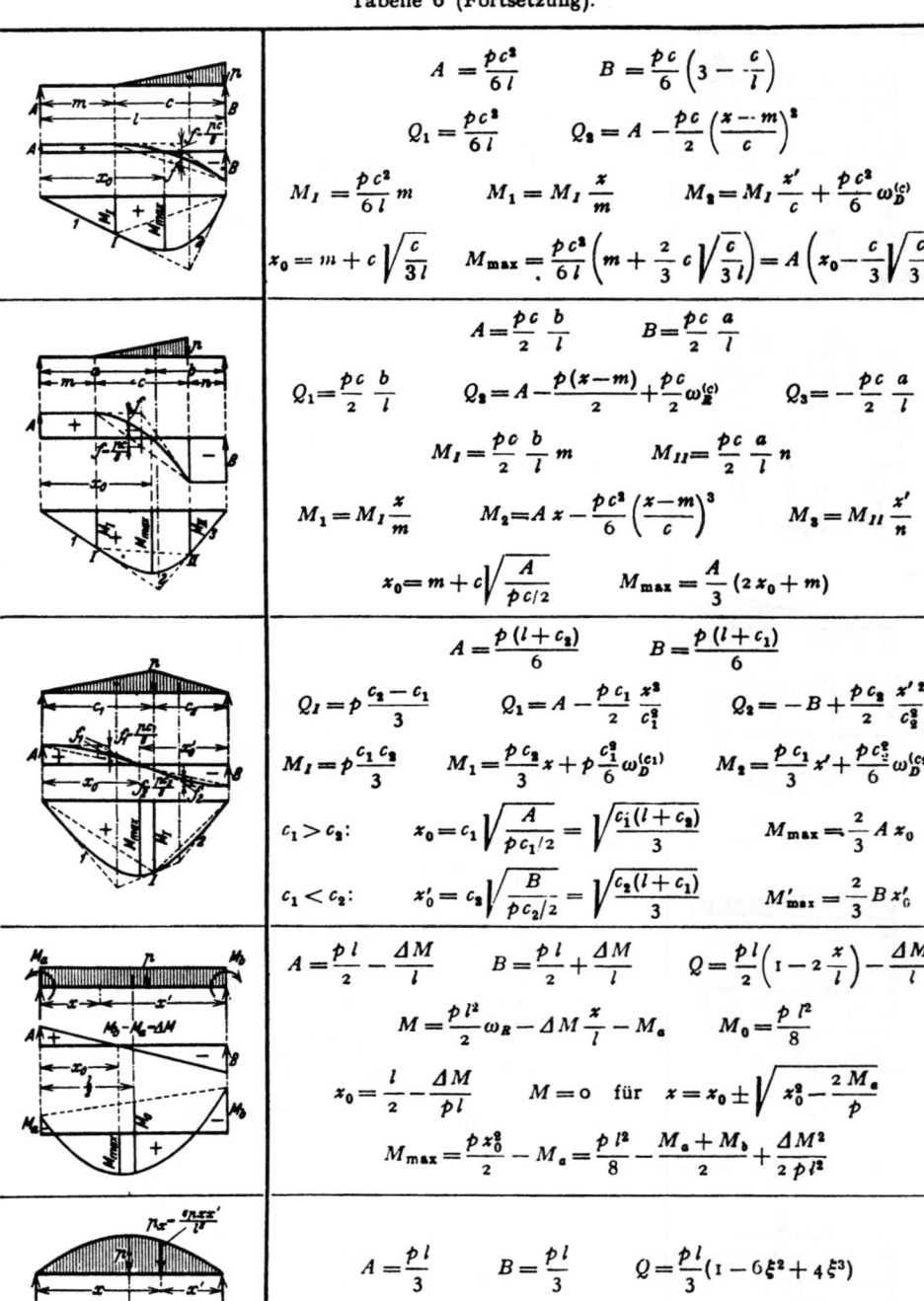

Tabelle 6 (Fortsetzung).

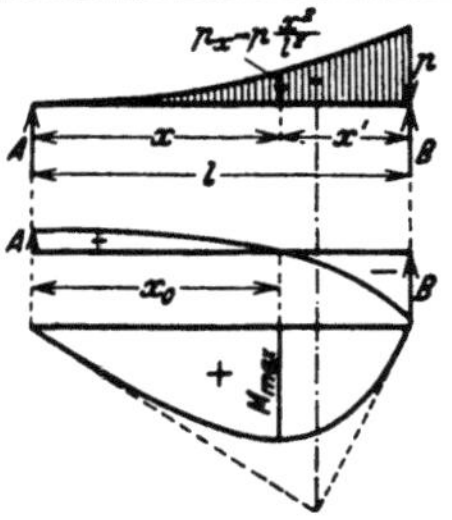	$A = \frac{pl}{12}$ $\quad B = \frac{pl}{4}$ $\quad Q = \frac{pl}{12}(1 - 4\xi^3)$ $M = \frac{pl^2}{12}\omega_P$ $\quad \omega_P = \xi - \xi^4$ $x_0 = \frac{l}{2}\sqrt[3]{2} = 0{,}6300\, l$ $\quad M_{max} = \frac{pl}{16}x_0 = 0{,}03935\, p\, l^2$
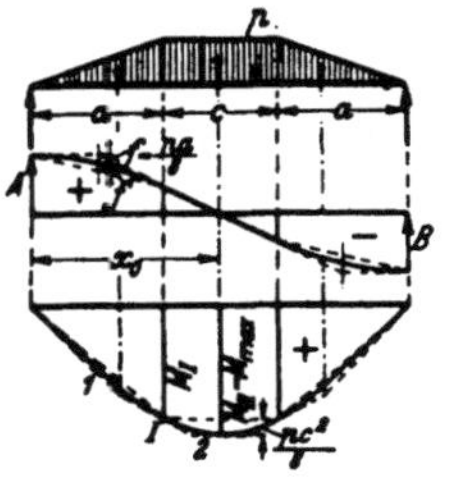	$A = B = \frac{p(a+c)}{2}$ $\quad Q_I = \frac{pc}{2}$ $Q_1 = A - \frac{pa}{2}\frac{x^2}{a^2}$ $\quad Q_2 = Q_I - p(x-a)$ $M_I = \frac{pl^2}{6}\frac{a}{l}\left(3 - 4\frac{a}{l}\right)$ $\quad M_{II} = \frac{pl^2}{24}\left(3 - 4\frac{a^2}{l^2}\right)$ $M_1 = A x - \frac{pa^2}{6}\left(\frac{x}{a}\right)^3$ $\quad M_2 = M_I + \frac{pc^2}{2}\omega_R^{(c)}$ $x_0 = \frac{l}{2}$ $\quad M_{max} = M_{II}$
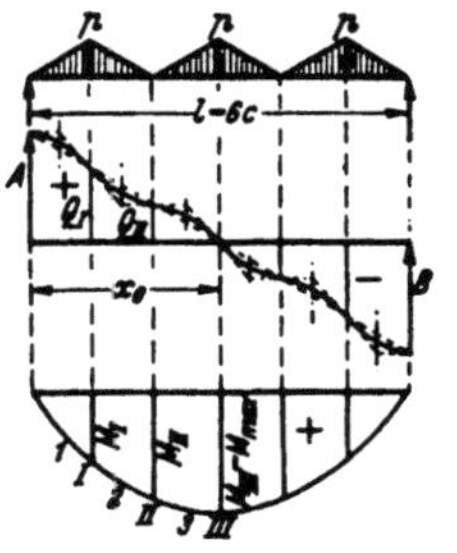	$A = B = \frac{pl}{4}$ $\quad Q_I = \frac{pl}{6}$ $\quad Q_{II} = \frac{pl}{12}$ $\quad Q_1 = \frac{pl}{4}(1 - 12\xi^2)$ $Q_2 = \frac{pl}{12}[1 + 4(1 - 3\xi)^2]$ $\quad Q_3 = \frac{pl}{12}[1 - 4(1 - 3\xi)^2]$ $M_I = \frac{pl^2}{27}$ $\quad M_{II} = \frac{pl^2}{18}$ $\quad M_{III} = \frac{7}{108}pl^2$ $M_1 = \frac{pl^2}{4}\xi(1 - 4\xi^2)$ $\quad M_2 = \frac{pl^2}{108}[-1 + 9\xi(5 - 12\omega_R)]$ $M_3 = \frac{pl^2}{108}[7 - 27\xi(1 - 4\omega_R)]$ $\quad x_0 = l/2$ $\quad M_{max} = M_{III}$
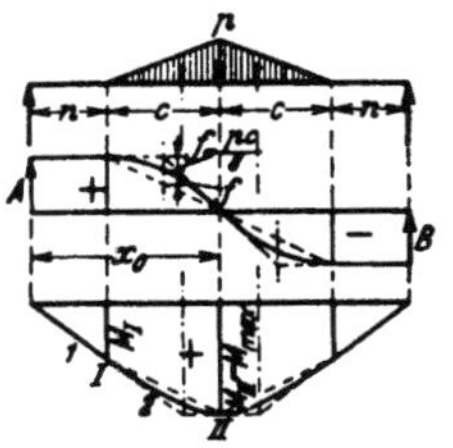	$A = B = \frac{pc}{2}$ $\quad Q_1 = \frac{pc}{2}$ $\quad Q_2 = A - \frac{pc}{2}\left(\frac{x-n}{c}\right)^2$ $M_I = \frac{pcn}{2}$ $\quad M_{II} = \frac{pc^2}{12}\left(3\frac{l}{c} - 2\right)$ $M_1 = \frac{pcx}{2}$ $\quad M_2 = A x - \frac{pc^2}{6}\left(\frac{x-n}{c}\right)^3$ $x_0 = \frac{l}{2}$ $\quad M_{max} = M_{II}$
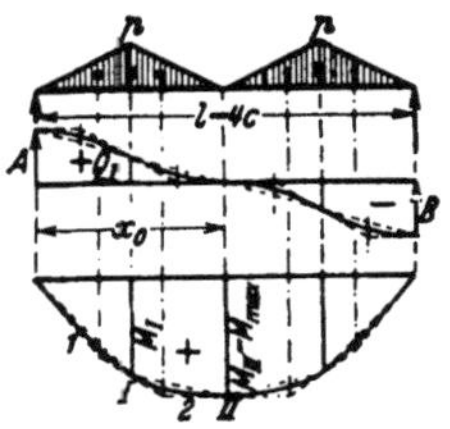	$A = B = \frac{pl}{4}$ $\quad Q_I = \frac{pl}{8}$ $Q_1 = \frac{pl}{4}(1 - 8\xi^2)$ $\quad Q_2 = \frac{pl}{2}(1 - 2\xi)^2$ $M_I = \frac{5}{96}pl^2$ $\quad M_{II} = \frac{pl^2}{16}$ $\quad M_1 = \frac{pl^2}{2}(1 - 8\xi^2)\xi$ $M_2 = \frac{pl^2}{48}[3 - 4(1 - 2\xi)^3]$ $\quad x_0 = \frac{l}{2}$ $\quad M_{max} = M_{II}$

Tabelle 6 (Fortsetzung).

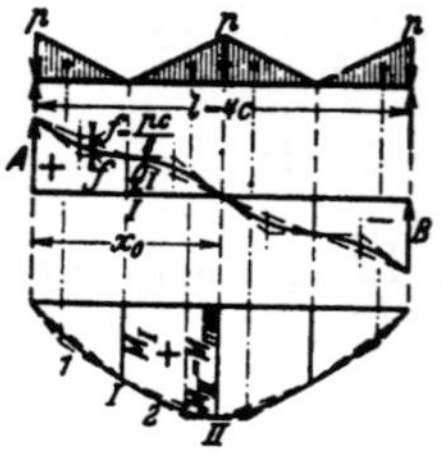

$$A = B = \frac{p\,l}{4} \qquad Q_I = \frac{p\,l}{8}$$

$$Q_1 = \frac{p\,l}{8}\,[1 + (1 - 4\,\xi)^2] \qquad Q_2 = \frac{p\,l}{8}\,[1 - (1 - 4\,\xi)^2]$$

$$M_I = \frac{p\,l^2}{24} \qquad M_{II} = \frac{p\,l^2}{16}$$

$$M_{\frac{1}{2}} = \frac{p\,l^2}{96}\,[4 - 3\,(1 - 4\,\xi) \mp (1 - 4\,\xi)^3]$$

$$x_0 = \frac{l}{2} \qquad M_{\max} = M_{II}$$

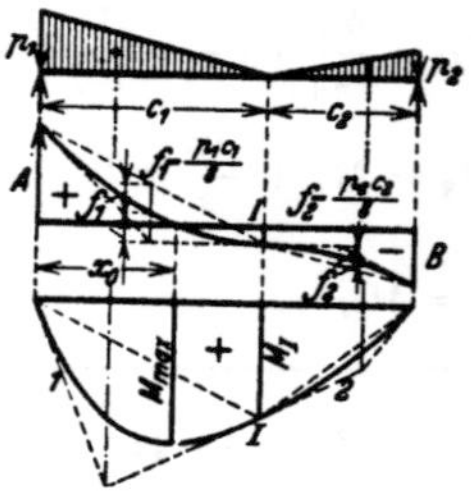

$$R = \frac{p_1\,c_1^2 - p_2\,c_2^2}{6\,l} = -\,Q_I \qquad A = \frac{p_1\,c_1}{2} - R \qquad B = \frac{p_2\,c_2}{2} + R$$

$$Q_1 = A - \frac{p_1\,c_1}{2}\left(\frac{x}{c_1} + \omega_R^{(c_1)}\right) \qquad Q_2 = -\,B + \frac{p_2\,c_2}{2}\left(\frac{x'}{c_2} + \omega_R^{(c_2)}\right)$$

$$M_I = \frac{c_1\,c_2}{6\,l}(p_1 c_1 + p_2 c_2);\; M_1 = M_I \frac{x}{c_1} + \frac{p_1\,c_1^2}{6}\,\omega_D'^{(c_1)};\; M_2 = M_I \frac{x'}{c_2} + \frac{p_2\,c_2^2}{6}\,\omega_D^{(c_2)}$$

$$R > 0: \qquad x_0 = c_1 - \sqrt{\frac{2\,R\,c_1}{p_1}} \qquad M_{\max} = M_I + \frac{2}{3}\,R\sqrt{\frac{2\,R\,c_1}{p_1}}$$

$$R < 0: \qquad x_0' = c_2 - \sqrt{\frac{-\,2\,R\,c_2}{p_2}} \qquad M'_{\max} = M_I - \frac{2}{3}\,R\sqrt{\frac{-\,2\,R\,c_2}{p_2}}$$

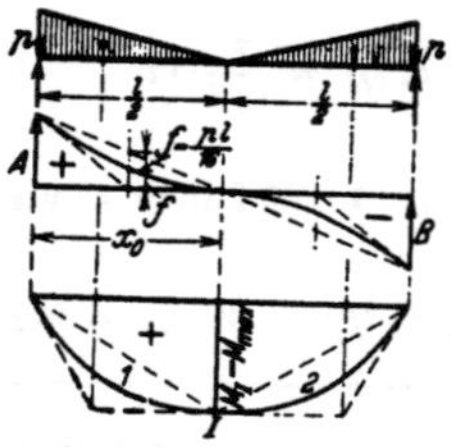

$$A = B = \frac{p\,l}{4} \qquad Q_1 = \frac{p\,l}{4}\,(1 - 2\,\xi)^2$$

$$M_I = \frac{p\,l^2}{24} \qquad M_1 = \frac{p\,l^2}{24}\,[1 - (1 - 2\,\xi)^3]$$

$$x_0 = \frac{l}{2} \qquad M_{\max} = M_I$$

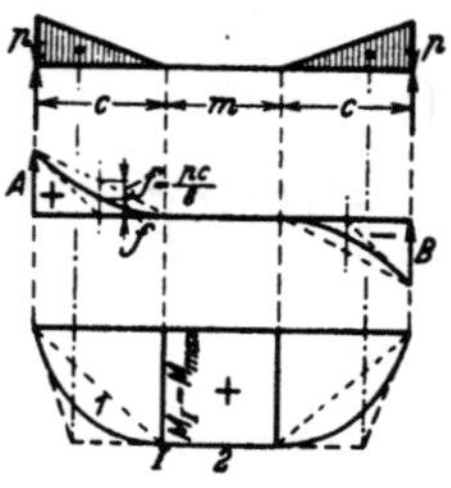

$$A = B = \frac{p\,c}{2} \qquad Q_1 = \frac{p\,c}{2}\left(\frac{c - x}{c}\right)^2$$

$$M_I = \frac{p\,c^2}{6} \qquad M_1 = \frac{p\,c^2}{6}\left(1 - \left(\frac{c - x}{c}\right)^3\right)$$

$$c \leqq x_0 \leqq c + m \qquad M_{\max} = M_I$$

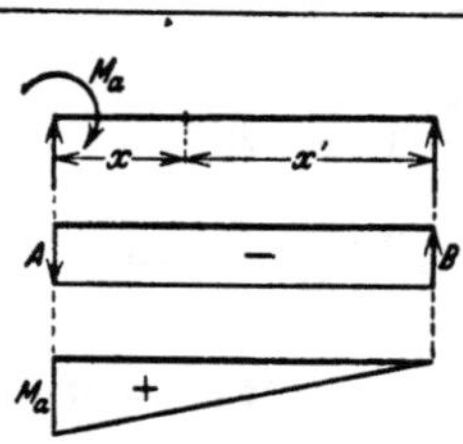

$$A = -\,\frac{M_a}{l} \qquad B = +\,\frac{M_a}{l} \qquad Q = -\,\frac{M_a}{l}$$

$$M = +\,M_a\,\xi'$$

$$x_0 = 0 \qquad M_{\max} = +\,M_a$$

Tabelle 6 (Fortsetzung).

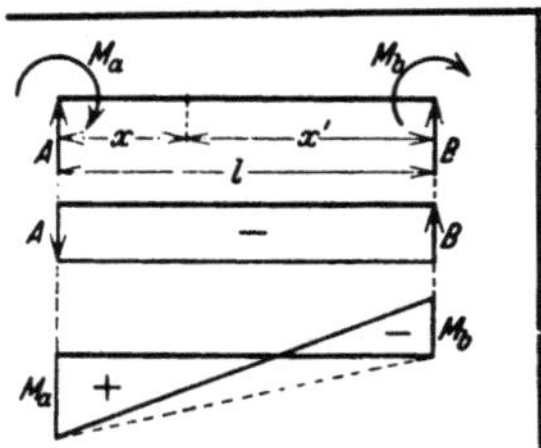	$A=-\frac{M_a+M_b}{l}\qquad B=+\frac{M_a+M_b}{l}\qquad Q=-\frac{M_a+M_b}{l}$ $M=M_a\xi'-M_b\xi$ $M_a>M_b:\quad x_0=0\quad M_{\max}=+M_a$ $M_a<M_b:\quad x_0=l\quad M'_{\max}=-M_b$
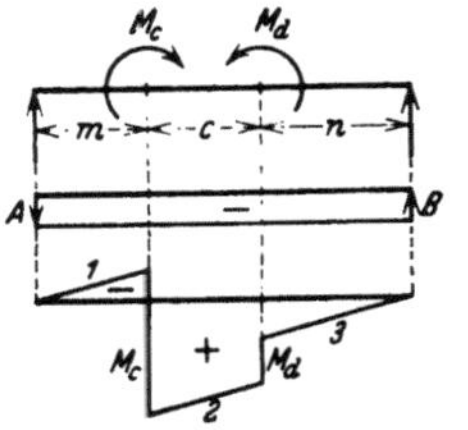	$A=-\frac{M_c-M_d}{l}\qquad B=+\frac{M_c-M_d}{l}\qquad Q=-\frac{M_c-M_d}{l}$ $M_1=-(M_c-M_d)\,\xi;\quad M_2=+M_c\xi'+M_d\xi;\quad M_3=+(M_c-M_d)\xi'$ $x_0=m$ für $M_c>M_d$ $M_{\max}=-(M_c-M_d)\frac{m}{l}$ oder $M_{\max}=M_c-(M_c-M_d)\frac{m}{l}$

Tabelle 7. Freiträger.

l: Länge, $\xi=x/l$; C: Stützkraft; M_e: Einspannmoment; Q_m: Querkraft; M_m: Biegungsmoment im Querschnitt m; x_0: Querschnitt mit dem größten Biegungsmoment $M_{\max}$.

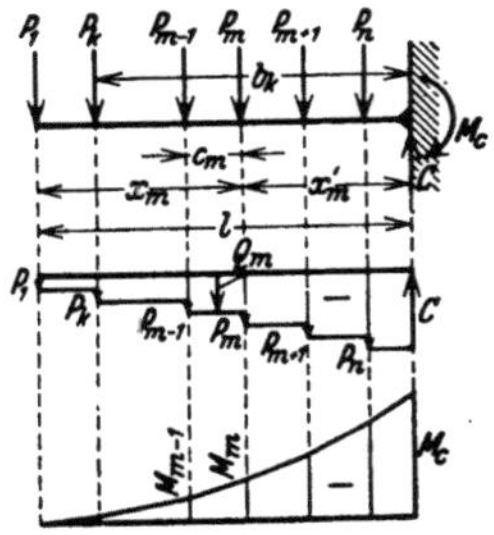	$C=\sum_1^n P_k\qquad M_e=+\sum_1^n P_k b_k$ $Q_m=-\sum_1^{m-1} P_k=Q_{m-1}-P_{m-1}$ $M_m=-\sum_1^{m-1} P_k(b_k-x'_m)=M_{m-1}+Q_m c_m$ $x_0=l\qquad M_{\max}=-M_e$
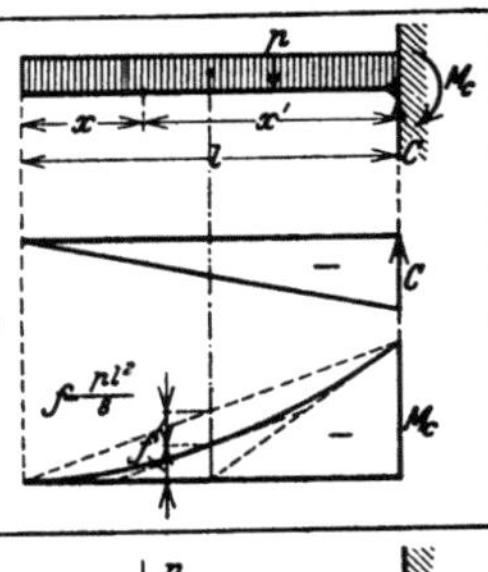	$C=pl\qquad M_e=\frac{pl^2}{2}\qquad Q=-px$ $M=-\frac{px^2}{2}$ $x_0=l\qquad M_{\max}=-\frac{pl^2}{2}$
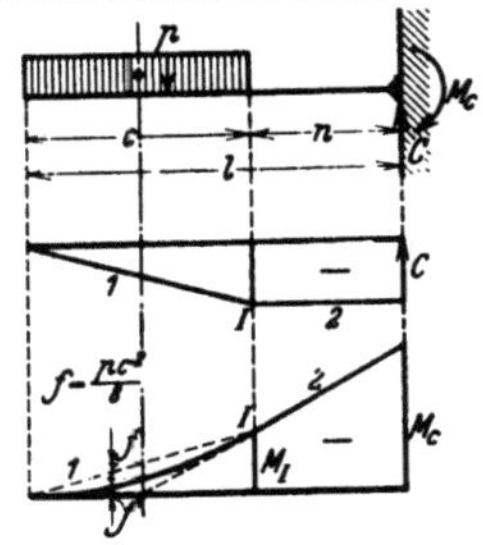	$C=pc\qquad M_e=\frac{pc}{2}(l+n)\qquad Q_1=-px\qquad Q_2=-pc$ $M_1=-\frac{px^2}{2}\qquad M_I=-\frac{pc^2}{2}\qquad M_2=-\frac{pc^2}{2}\left(\frac{2x}{c}-1\right)$ $x_0=l\qquad M_{\max}=-\frac{pc}{2}(l+n)$

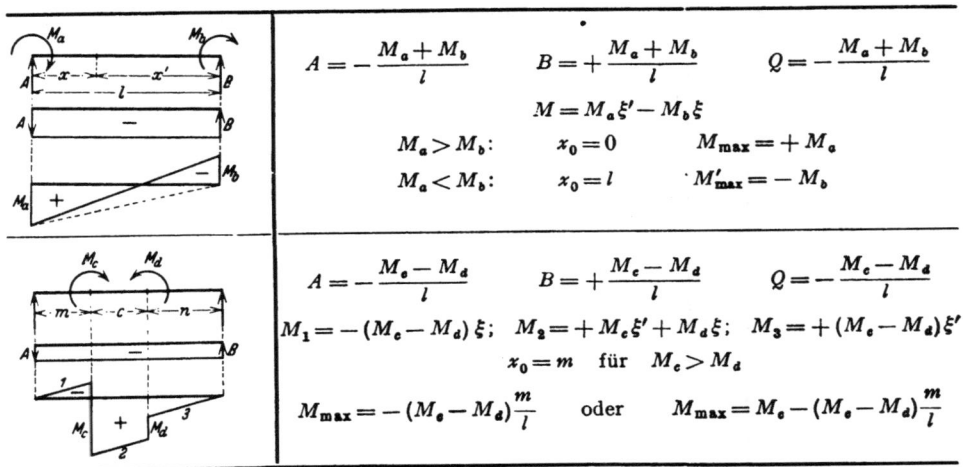

Tabelle 7 (Fortsetzung).

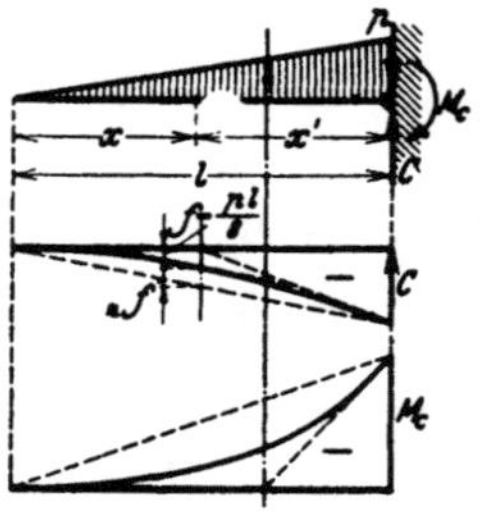	$C = \frac{pl}{2}$ $\quad M_e = \frac{pl^2}{6}$ $\quad Q = -\frac{pl}{2}\xi^2$ $M = -\frac{pl^2}{6}\xi^3$ $x_0 = l$ $\quad M_{max} = -\frac{pl^2}{6}$
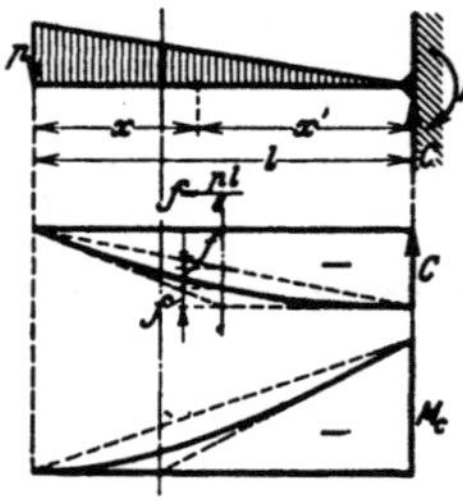	$C = \frac{pl}{2}$ $\quad M_e = \frac{pl^2}{3}$ $\quad Q = -\frac{pl}{2}(2\xi - \xi^2)$ $M = -\frac{pl^2}{6}(3\xi^2 - \xi^3)$ $x_0 = l$ $\quad M_{max} = -\frac{pl^2}{3}$
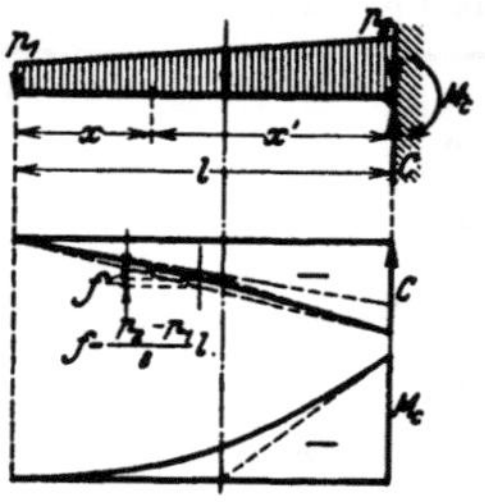	$C = (p_1 + p_2)\frac{l}{2}$ $\quad M_e = (2p_1 + p_2)\frac{l^2}{6}$ $Q = -\frac{l}{2}[2p_1\xi + (p_2 - p_1)\xi^2]$ $M = -\frac{l^2}{6}[3p_1\xi^2 + (p_2 - p_1)\xi^3]$ $x_0 = l$ $\quad M_{max} = -(2p_1 + p_2)\frac{l^2}{6}$
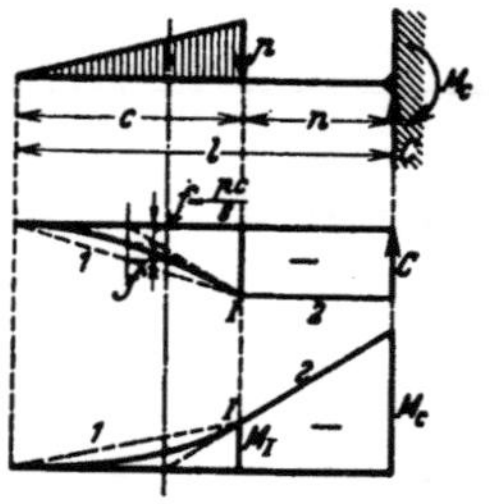	$C = \frac{pc}{2}$ $\quad M_e = \frac{pc}{6}(l + 2n)$ $Q_1 = -\frac{p}{2c}x^2$ $\quad Q_2 = -\frac{pc}{2}$ $M_1 = -\frac{p}{6c}x^3$ $\quad M_I = -\frac{pc^2}{6}$ $\quad M_2 = +\frac{pc^2}{6}\left(2 - 3\frac{x}{c}\right)$ $x_0 = l$ $\quad M_{max} = -\frac{pc}{6}(l + 2n)$
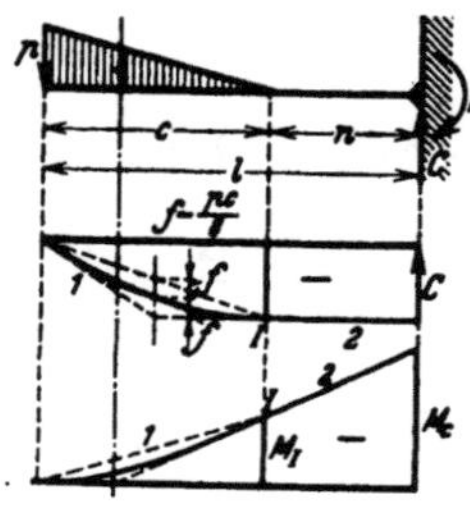	$C = \frac{pc}{2}$ $\quad M_e = \frac{pc}{6}(2l + n)$ $Q_1 = -\frac{pc}{2}\left(2\frac{x}{c} - \frac{x^2}{c^2}\right)$ $\quad Q_2 = -\frac{pc}{2}$ $M_1 = -\frac{pc^2}{6}\left(3\frac{x^2}{c^2} - \frac{x^3}{c^3}\right)$ $M_I = -\frac{pc^2}{3}$ $\quad M_2 = -\frac{pc^2}{6}\left(3\frac{x}{c} - 1\right)$ $x_0 = l$ $\quad M_{max} = -\frac{pc}{6}(2l + n)$

Tabelle 7 (Fortsetzung).

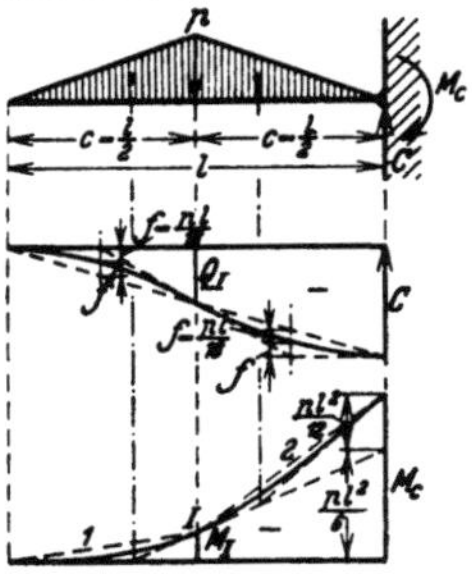

$$C = \frac{p\,l}{2} \qquad M_c = \frac{p\,l^2}{4}$$

$$Q_I = -\frac{p\,l}{4} \qquad Q_1 = -p\,l\,\xi^2; \qquad Q_2 = -\frac{p\,l}{4}\,(2\,\xi + \omega_R^{(c)})$$

$$M_1 = -\frac{p\,l^2}{3}\,\xi^3 \qquad M_I = -\frac{p\,l^2}{24} \qquad M_2 = -\frac{p\,l^2}{24}\,(10\,\xi - 4 - \omega_D^{(c)\prime})$$

$$x_0 = l \qquad M_{\max} = -\frac{p\,l^2}{4}$$

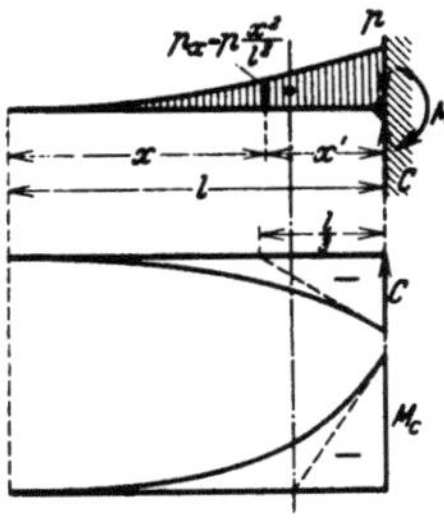

$$C = \frac{p\,l}{3} \qquad M_c = \frac{p\,l^2}{12} \qquad Q = -\frac{p\,l}{3}\,\xi^3$$

$$M = -\frac{p\,l^2}{12}\,\xi^4$$

$$x_0 = l \qquad M_{\max} = -\frac{p\,l^2}{12}$$

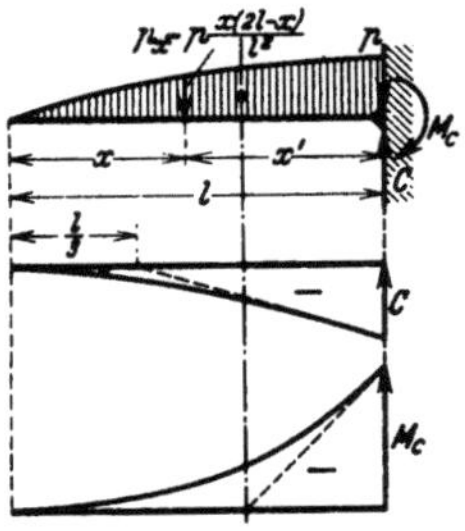

$$C = \frac{2}{3}\,p\,l \qquad M_c = \frac{p\,l^2}{4} \qquad Q = -\frac{p\,l}{3}\,(3\,\xi^2 - \xi^3)$$

$$M = -\frac{p\,l^2}{12}\,(4\,\xi^3 - \xi^4)$$

$$x_0 = l \qquad M_{\max} = -\frac{p\,l^2}{4}$$

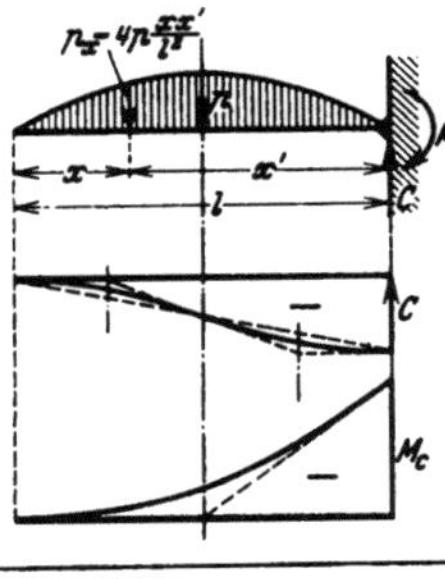

$$C = \frac{2}{3}\,p\,l \qquad M_c = \frac{p\,l^2}{3} \qquad Q = -\frac{2}{3}\,p\,l\,(3\,\xi^2 - 2\,\xi^3)$$

$$M = -\frac{p\,l^2}{3}\,(2\,\xi^3 - \xi^4)$$

$$x_0 = l \qquad M_{\max} = -\frac{p\,l^2}{3}$$

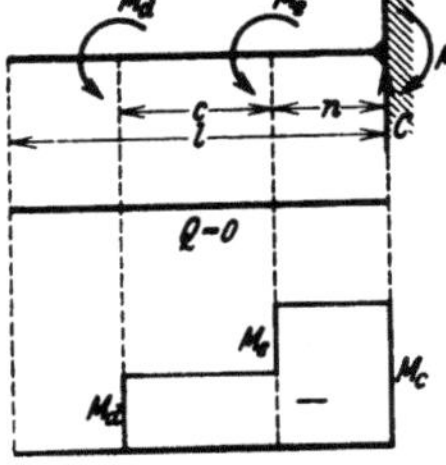

$$C = 0 \qquad M_c = M_d + M_e \qquad Q = 0$$

$$M_1 = -M_d \qquad M_2 = -(M_d + M_e)$$

$$x_0 = (l - n) \text{ bis } l \qquad M_{\max} = -(M_d + M_e)$$

15. Der Auslegeträger.

Der Stabzug ist bei jeder Anordnung kinematisch starr und darf keine unendlich kleine Beweglichkeit enthalten. Zur statisch bestimmten Ermittlung der äußeren Kräfte eines Auslegeträgers mit n Stützenbedingungen sind die vorhandenen drei Gleichgewichtsbedingungen durch $(n - 3)$ Bedingungsgleichungen zu ergänzen, die sich durch die ein- und zweistäbigen Gelenke ergeben. Bei lotrechter Belastung sind die Stützkräfte ebenfalls lotrecht. Dasselbe gilt bei der üblichen Verbindung der Teile des Stabzugs auch von den Gelenkkräften. Die Unterteilung durch Stützen und Gelenke (Abb. 75) ist von wirtschaftlichen Gesichtspunkten und von der Formänderung des Tragwerks insbesondere an den Gelenken abhängig. Negative Stützendrücke sollen mit Rücksicht auf die Kosten der Verankerung vermieden werden.

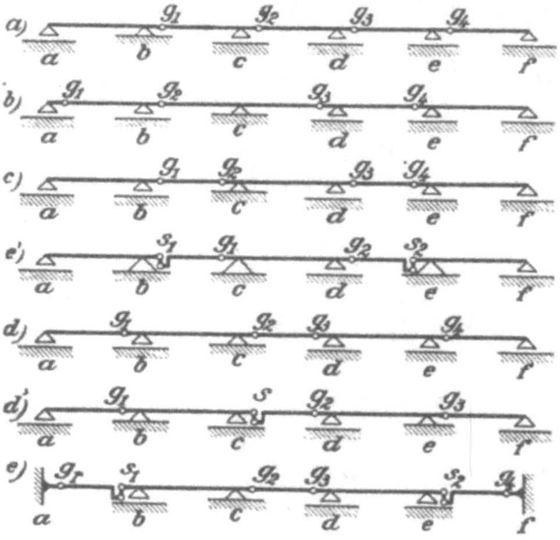

Abb. 75. Anordnung von Gelenken im Gerberträger.

Zeichnerische Untersuchung. Die Bestimmung der Schnittkräfte kann durch Seilecke für die jedem einzelnen Felde zugeordneten senkrechten Lasten vorbereitet werden. Die äußeren Seileckseiten sollen sich dabei auf den Wirkungslinien der Stützenkräfte schneiden (Abb. 76). Die einzelnen Kraftecke werden aus

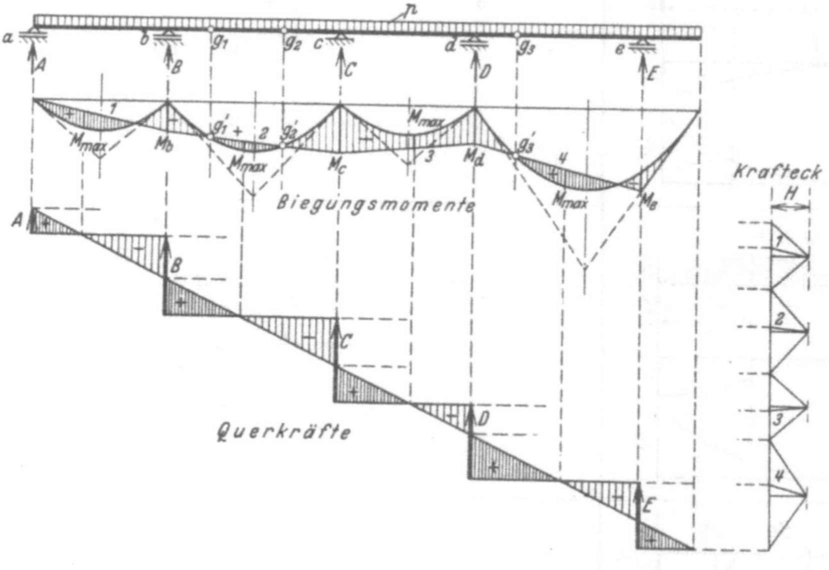

Abb. 76. Graphische Ermittlung der Momente und Querkräfte eines Auslegeträgers für ruhende Belastung p.

einem zusammenhängenden Kräftezug entwickelt. Sie erhalten gleiche Polweiten H. An Stelle der graphischen Darstellung können die Momente auch für die jedem Felde zugeordneten Lasten nach (86) gerechnet und aufgetragen werden. Mit der Lage der Gelenke sind die Nullpunkte g_1', g_2', g_3', der Momente, die Stützenmomente und damit der Momentenverlauf bekannt, aus dem die Querkräfte abgeleitet werden.

Der Beweis ergibt sich aus den Beziehungen zwischen Kraft- und Seileck. Mittelbare Lastübertragung wird ebenso wie beim einfachen Balkenträger berücksichtigt.

Analytische Untersuchung. Zur Berechnung der Schnittkräfte werden in der Regel zunächst die Querkräfte an den Gelenken bestimmt. Die waagerechten Komponenten der Verbindungskräfte sind bei senkrechter Belastung Null. Damit sind die Stützkräfte bekannt, so daß die Schnittkräfte im Krag- und Schwebeträger ebenso wie beim einfachen Balkenträger nach (86) und (87) erhalten werden. Zur Nachprüfung der Stützkräfte können, abgesehen von den Gleichgewichtsbedingungen der äußeren Kräfte für den ganzen Stabzug, auch diejenigen für das Gleichgewicht der äußeren Kräfte an Teilen des Tragwerks gebildet werden. Für den Stabzug nach Abb. 76 ist das Moment der an dem Stabteil $\overline{ag_1}$ angreifenden äußeren Kräfte in bezug auf g_1 Null. Dasselbe gilt für die äußeren Kräfte von $\overline{ag_2}$ in bezug auf g_2 und für die äußeren Kräfte von $\overline{ag_3}$ in bezug auf g_3. Damit sind 6 statische Bedingungen für die 6 Stützkräfte vorhanden.

Einflußlinien und Grenzwerte. Die ungünstigsten Laststellungen zur Bildung der Grenzwerte der Stütz- und Schnittkräfte ergeben sich aus den Einflußlinien. Diese werden am einfachsten in Anlehnung an diejenigen des einfachen Trägers als Funktion der Einflußgröße aufgetragen. Sie lassen sich nach S. 49 auch kinematisch angeben (Abb. 77).

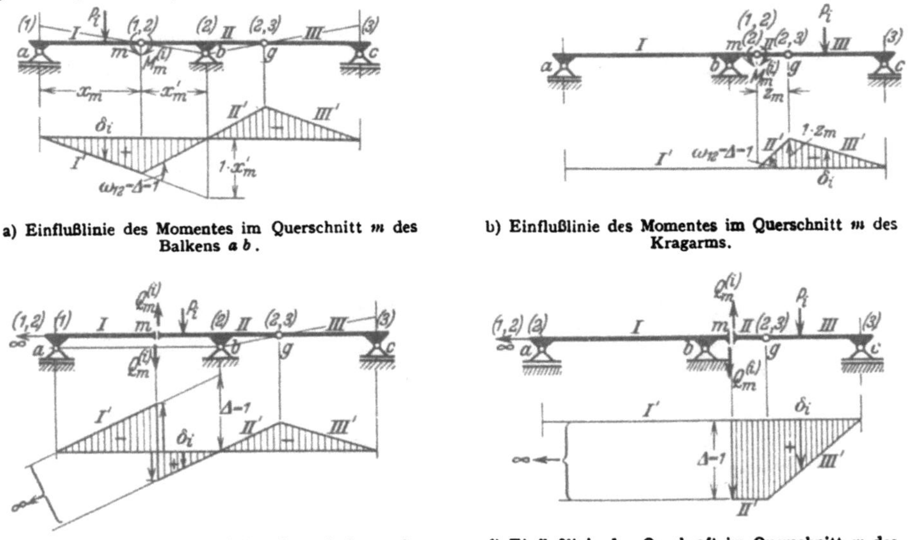

a) Einflußlinie des Momentes im Querschnitt m des Balkens $a\,b$.

b) Einflußlinie des Momentes im Querschnitt m des Kragarms.

c) Einflußlinie der Querkraft im Querschnitt m des Balkens $a\,b$.

d) Einflußlinie der Querkraft im Querschnitt m des Kragarms.

Abb. 77. Kinematische Darstellung der Einflußlinien eines Auslegeträgers.

Die Grenzwerte der Schnittkräfte können bei gleichmäßig verteilter Nutzlast mit den Einflußflächen bestimmt werden. Die Rechnung vereinfacht sich dadurch, daß oft dieselbe Laststellung die größten Schnittkräfte in den Querschnitten eines Stabteils hervorruft. Ist der eine Grenzwert einer Schnittkraft bekannt, so kann der andere leicht aus der Schnittkraft für volle Belastung des Trägers bestimmt werden, da z. B.

$$\max M_{mp} + \min M_{mp} = M_{mp}.$$

Die Schnittkräfte des Schwebeträgers werden nach Abschn. 14 berechnet.

Die Einflußlinien der Stütz- und Schnittkräfte bestehen zum großen Teile aus einzelnen Dreiecken. Die ungünstigste Stellung eines Lastenzuges stimmt daher für jeden Bereich mit derjenigen überein, welche das größte Biegungsmoment eines Balkenträgers liefern würde. Die Grenzwerte der Schnittkräfte des Auslegeträgers können daher im wesentlichen als die größten Biegungsmomente eines stellvertretenden Balkenträgers berechnet und darauf mit einem von der Unterteilung des Stabzugs abhängigen Beiwert erweitert werden. Diese Rechenvorschrift ist in Tabelle 8 enthalten.

Stützenstellung und Gelenklage. Stützenabstand und Gelenklage werden oft so gewählt, daß die Beträge der größten Momente über den Stützen und in den Feldern gleich groß werden. Der Eisenbetonträger ist jedoch in der Regel im Bereich des Feldes durch die mittragende Plattenbreite und im Bereich der Stützen durch

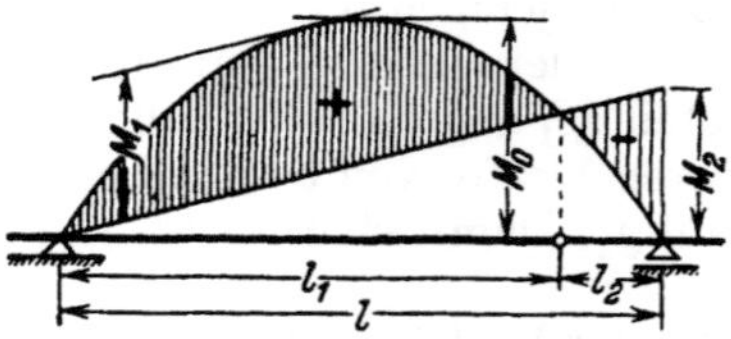

Abb. 78a. Anordnung a (Außenfeld): $l_1 = 0{,}8284\,l$, $l_2 = 0{,}1716\,l$; $M_1 = M_2 = M = 0{,}0858\,q\,l^2 = 0{,}6863\,\frac{q\,l^2}{8}$.

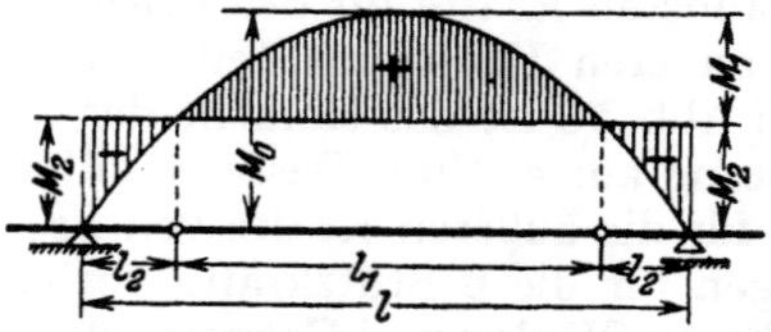

Abb. 78b. Anordnung b (Mittelfeld): $l_1 = 0{,}707\,l$; $l_2 = 0{,}146\,l$; $M_1 = M_2 = M = 0{,}0625\,q\,l^2 = 0{,}5\,\frac{q\,l^2}{8}$.

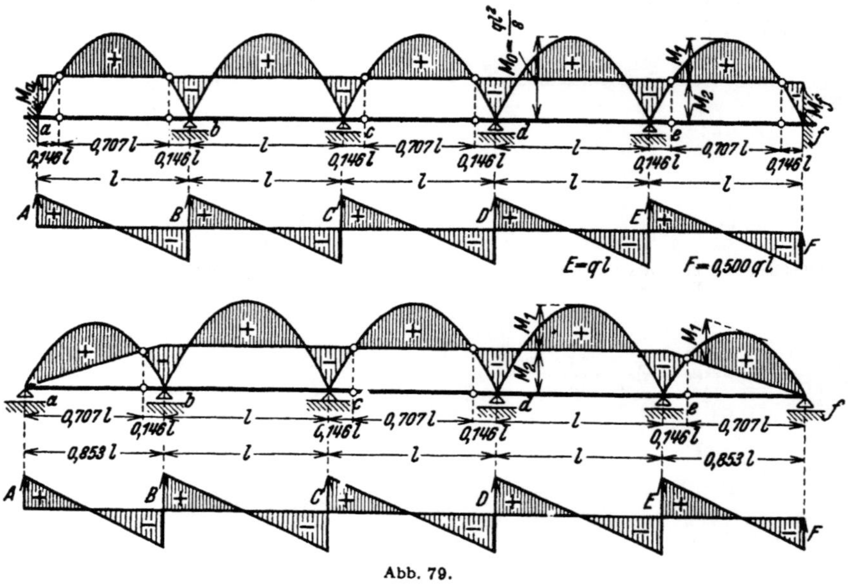

Abb. 79.

Vouten verstärkt, so daß sich das wirtschaftlich günstigste Verhältnis der größten Biegungsmomente ändert. Es kann in jedem Falle leicht durch Rechnung festgestellt werden. Oft sind bei der Aufteilung des Stabzugs auch örtliche und konstruktive Gesichtspunkte maßgebend. Als Grundlage lassen sich die Ergebnisse für gleichförmig verteilte Belastung nach Abb. 78, 79 verwenden. Danach ist die Länge des Schwebeträgers $l_1 = 0{,}707\,l$, die Länge des Kragarms $l_2 = 0{,}146\,l$. Bei einer größeren Anzahl von ausgeführten Brückenträgern mit Vouten ist die mittlere Länge l_1 des Schwebeträgers mit $0{,}4\,l$ bis $0{,}55\,l$, die Auskragung l_2 also mit $0{,}3\,l$ bis $0{,}225\,l$ ausgeführt worden. Sie beträgt, bezogen auf den anschließenden Balkenträger mit L als Stützweite, $0{,}3\,L$ bis $0{,}45\,L$.

Lossier, H.: Größere Balkenbrücken in Eisenbeton. Vorbericht zum Ersten Kongreß der intern. Ver. für Brücken- und Hochbau. S. 367. Zürich 1932. — Spangenberg, H.: Größere Eisenbetonbalkenbrücken in Deutschland. a. a. O. S. 385. — Gombos, M.: Balkenbrücken in Ungarn. a. a. O. S. 417.

		Gleichmäßig verteilte Belastung g	Stetige Nutzlast p		Lastenzug	
	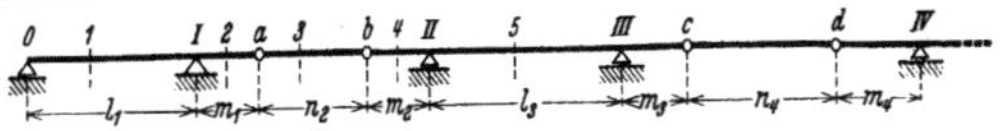		positiver Grenzwert	negativer Grenzwert	positiver Grenzwert	negativer Grenzwert
Q_1	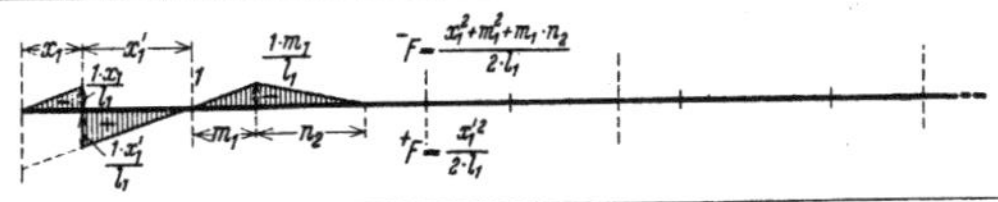	$-g\cdot\frac{x_1^2+m_1(m_1+n_2)-x_1'^2}{2\,l_1}$	$+p\cdot\frac{x_1'^2}{2\,l_1}$	$-p\cdot\frac{x_1^2+m_1(m_1+n_2)}{2\,l_1}$	$Q_{1\max}$ eines einfachen Trägers von der Länge $\lvert l_1\rvert$	$\left[Q_{1\min}+M_{a\max}\cdot\frac{m_1+n_2}{n_2\cdot l_1}\right]$ eines einfachen Trägers von der Länge $\lvert l_1\rvert$ / eines einfachen Trägers von der Länge $\lvert m_1+n_2\rvert$
Q_I^{links}	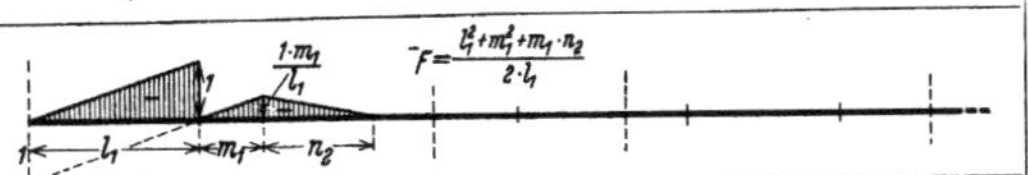	$-g\cdot\frac{l_1^2+m(m_1+n_2)}{2\,l_1}$	—	$-p\cdot\frac{l_1^2+m_1(m_1+n_2)}{2\,l_1}$	—	$A_{I\min}+M_{a\max}\cdot\frac{m_1+n_2}{n_2\cdot l_1}$ $\lvert l_1\rvert$ $\lvert m_1+n_2\rvert$
Q_2	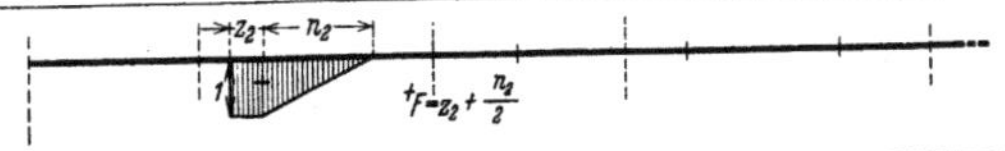	$+g\cdot\left(z_2+\frac{n_2}{2}\right)$	$+p\cdot\left(z_2+\frac{n_2}{2}\right)$	—	—	—
Q_{II}^{rechts}	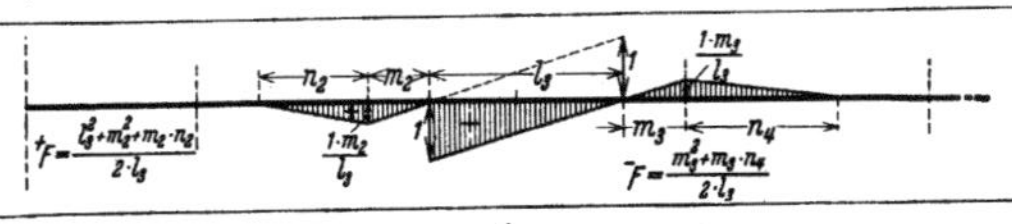	$+g\cdot\frac{l_3^2+m_2(m_2+n_2)-m_3(m_3+n_4)}{2\,l_3}$	$+p\cdot\frac{l_3^2+m_2(m_2+n_2)}{2\,l_3}$	$-p\cdot\frac{m_3(m_3+n_4)}{2\,l_3}$	$A_{II\max}+M_{b\max}\cdot\frac{m_2+n_2}{n_2\cdot l_3}$ $\lvert l_3\rvert$ $\lvert m_2+n_2\rvert$	$M_{c\max}\cdot\frac{m_3+n_4}{n_4\cdot l_3}$ $\lvert m_3+n_4\rvert$
Q_5	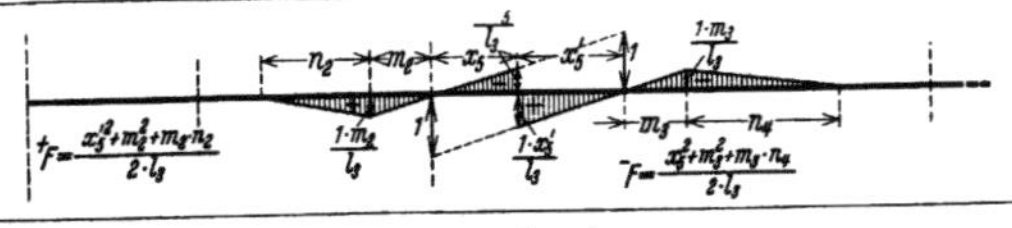	$+g\cdot\frac{x_5'^2+m_2(m_2+n_2)-[x_5^2+m_3(m_3+n_4)]}{2\,l_3}$	$+p\cdot\frac{x_5'^2+m_2(m_2+n_2)}{2\,l_3}$	$-p\cdot\frac{x_5^2+m_3(m_3+n_4)}{2\,l_3}$	$Q_{5\max}+M_{b\max}\cdot\frac{m_2+n_2}{n_2\cdot l_3}$ $\lvert l_3\rvert$ $\lvert m_2+n_2\rvert$	$Q_{5\min}+M_{c\max}\cdot\frac{m_3+n_4}{n_4\cdot l_3}$ $\lvert l_3\rvert$ $\lvert m_3+n_4\rvert$
M_1	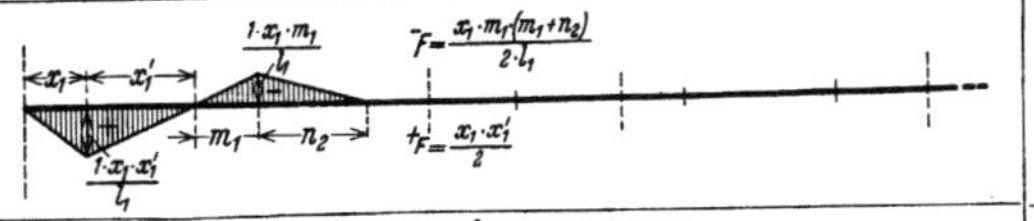	$+g\cdot\left(\frac{x_1\cdot x_1'}{2}-\frac{x_1\cdot m_1\cdot(m_1+n_2)}{2\,l_1}\right)$	$+p\cdot\frac{x_1\cdot x_1'}{2}$	$-p\cdot\frac{x_1\cdot m_1\cdot(m_1+n_2}{2\,l_1}$	$M_{1\max}$ $\lvert l_1\rvert$	$M_{a\max}\cdot\frac{x_1\cdot(m_1+n_2)}{n_2\cdot l_1}$ $\lvert m_1+n_2\rvert$
M_2	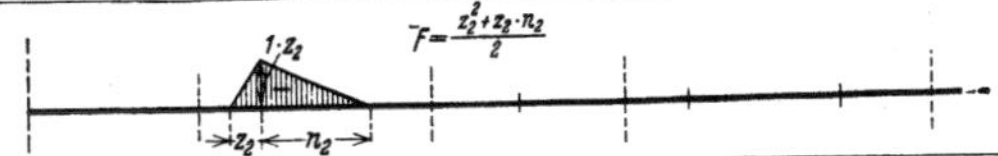	$-g\cdot\frac{z_2(z_2+n_2)}{2}$	—	$-p\cdot\frac{z_2(z_2+n_2)}{2}$	—	$M_{a\max}\cdot\frac{z_2+n_2}{n_2}$ $\lvert z_2+n_2\rvert$
M_5	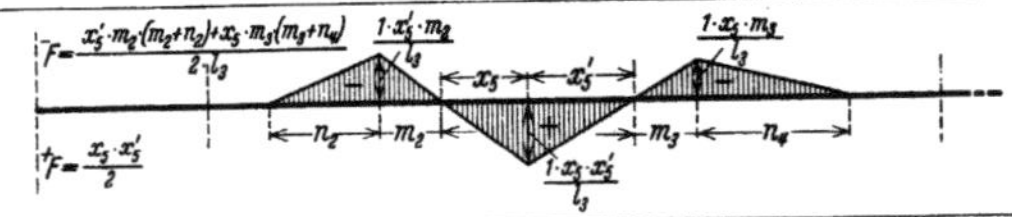	$-g\cdot\left[\frac{x_5'\cdot m_2\cdot(m_2+n_2)+x_5\cdot m_3\cdot(m_3+n_4)}{2\,l_3}-\frac{x_5\cdot x_5'}{2}\right]$	$+p\cdot\frac{x_5\cdot x_5'}{2}$	$-p\cdot\frac{x_5'\cdot m_2\cdot(m_2+n_2)+x_5\cdot m_3\cdot(m_3+n_4)}{2\,l_3}$	$M_{5\max}$ $\lvert l_3\rvert$	$M_{b\max}\cdot\frac{x_5'\cdot(m_2+n_2)}{n_2\cdot l_3}+M_{c\max}\cdot\frac{x_5\cdot(m_3+n_4)}{n_4\cdot l_3}$ $\lvert m_2+n_2\rvert$ $\lvert m_3+n_4\rvert$
C_0	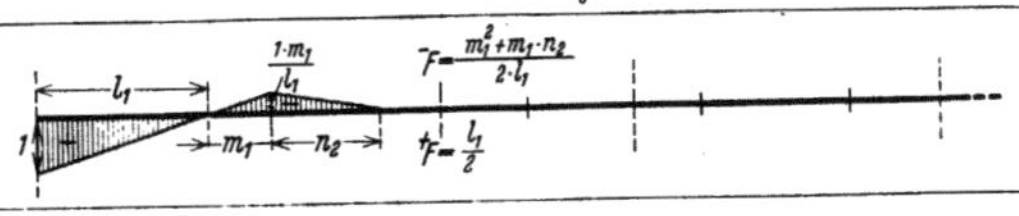	$+g\cdot\left[\frac{l_1}{2}-\frac{m_1(m_1+n_2)}{2\,l_1}\right]$	$+p\cdot\frac{l_1}{2}$	$-p\cdot\frac{m_1(m_1+n_2)}{2\,l_1}$	$A_{0\max}$ $\lvert l_1\rvert$	$M_{a\max}\cdot\frac{m_1+n_2}{n_2\cdot l_1}$ $\lvert m_1+n_2\rvert$
C_I	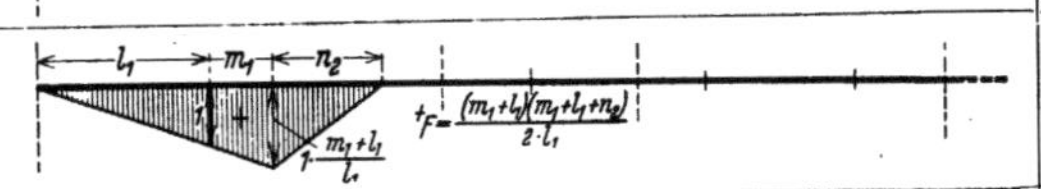	$+g\cdot\frac{(m_1+l_1)\cdot(m_1+l_1+n_2)}{2\,l_1}$	$+p\cdot\frac{(m_1+l_1)\cdot(m_1+l_1+n_2)}{2\,l_1}$	—	$M_{a\max}\cdot\frac{l_1+m_1+n_2}{n_2\cdot l_1}$ $\lvert l_1+m_1+n_2\rvert$	—
C_{II}	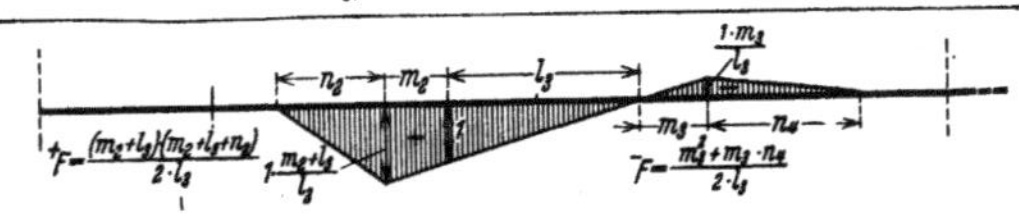	$+g\cdot\frac{(m_2+l_3)(m_2+l_3+n_2)-m_3(m_3+n_4)}{2\,l_3}$	$+p\cdot\frac{(m_2+l_3)\cdot(m_2+l_3+n_2)}{2\,l_3}$	$-p\cdot\frac{m_3(m_3+n_4)}{2\,l_3}$	$M_{b\max}\cdot\frac{n_2+m_2+l_3}{n_2\cdot l_3}$ $\lvert n_2+m_2+l_3\rvert$	$M_{c\max}\cdot\frac{m_3+n_4}{n_4\cdot l_3}$ $\lvert m_3+n_4\rvert$

16. Stabwerke mit drei Gelenken.

Stabwerke mit drei Gelenken werden als Bogen- und Rahmenträger gebaut. Die wirtschaftlichen Vorteile der Bogenform zur Übertragung von Lasten ohne wesentliche Beanspruchung der Biegefestigkeit des Baustoffes sind bekannt. Sie gelten besonders für den Massivbau, da hier druckfeste Baustoffe mit geringer Zugfestigkeit verwendet werden. Zwei Gelenke liegen in der Regel an den Stützpunkten. Sie werden als Kämpfergelenke bezeichnet. Durch ihre Verschiebung gegen die Mitte des Stabzugs entsteht der Auslegebogenträger. Die Abb. 80 zeigen die allgemeine Anordnung eines Stabwerks mit drei Gelenken. Die Kämpfergelenke liegen in der Regel in gleicher Höhe. Die Rahmenform wird stets dem Zweck des Bauwerks angepaßt.

Um bei senkrechter Belastung waagerechte Stützkräfte zu vermeiden, kann ein gerades oder gesprengtes Zugband vorgesehen werden (Abb. 81). Das Stabwerk bleibt trotzdem statisch bestimmt, wenn ein Stützpunkt längsbeweglich ist. Die Höhenlage und die allgemeine Anordnung des Zugbandes richten sich nach der Form des Rahmens und nach dem Bauvorhaben.

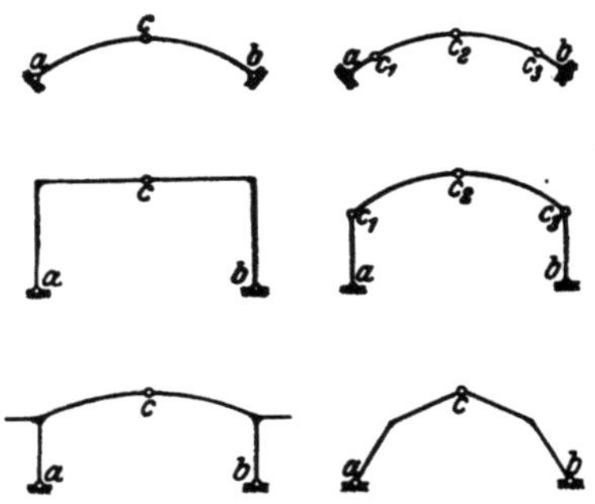

Abb. 80a—f. Bauformen des Bogenträgers und Rahmens mit 3 Gelenken.

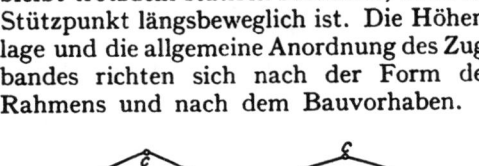

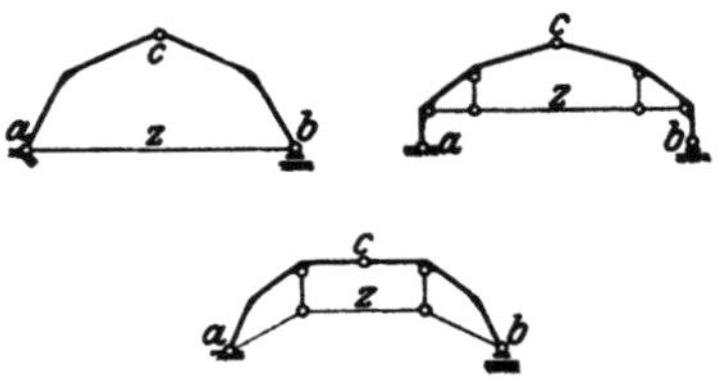

Abb. 81a—c. Bauformen statisch bestimmter Bogenträger und Rahmen mit Zugband.

Analytische Berechnung der Stütz- und Schnittkräfte. Die Stützkräfte K_l und K_r werden in je zwei Komponenten zerlegt, von denen A' und B' senkrecht sind, während H'_a und H'_b die Richtung der Verbindungsgeraden der Kämpfergelenke a, b erhalten (Abb. 82). Bei beliebiger Belastung sind $A' + B'$ und $H'_a - H'_b$ entgegengesetzt gleich der Projektion aller Lasten auf diese Richtungen. Senkrechte Belastung ergibt daher $H'_a = H'_b$. Bei beliebiger Belastung sind die Komponenten A', B' und $H'_a - H'_b$ ebenso groß wie die Stützwiderstände eines stellvertretenden Balkens von der Stützweite l. Sie erzeugen in diesem mit der Belastung die Schnittkräfte V_0, H'_0, Q_0, M_0. Die Schnittkräfte des Bogen- oder Rahmenträgers werden daher aus diesen durch Superposition mit dem Anteil aus der Stützkraft H'_a oder H'_b erhalten. Mit $H'_{0b} = 0$ und M_{1m}, Q_{1m} für $H'_b = 1$ ist

$$\left.\begin{array}{ll} M_m = M_{0m} + M_{1m} H'_b, & Q_m = Q_{0m} + Q_{1m} H'_b \\ K_l = A' \dotplus H'_a = A \dotplus H_a, & K_r = B' \dotplus H'_b = B \dotplus H_b . \end{array}\right\} \qquad (127)$$

und

Die Stützkräfte $H'_a = H_a/\cos\alpha_0$, $H'_b = H_b/\cos\alpha_0$ werden aus dem Gleichgewicht der äußeren Kräfte an einem Bogenschenkel berechnet. Ihr Moment in bezug auf das Mittengelenk c ist Null. Bei geradem Zugbande tritt an Stelle von H'_a oder H'_b dessen Längskraft Z. Ist das Zugband gesprengt (Abb. 81, b-c), so wird die Längskraft des Stabes unter dem Mittengelenk berechnet.

Die analytische Berechnung der Stütz- und Schnittkräfte eignet sich am besten für senkrechte, unter Umständen auch für waagerechte Belastung. Dagegen verdient die zeichnerische Lösung den Vorzug bei beliebig gerichteten Lasten.

a) Lotrechte Lasten (Abb. 82a).

$$A' = \frac{1}{l}\Big[\int_0^l g(l-x)\,dx + \sum_1^n P_k b_k + \int_{x_1}^{x_2} p(l-x)\,dx\Big].$$

$$B' = \frac{1}{l}\Big[\int_0^l g x\,dx + \sum_1^n P_k a_k + \int_{x_1}^{x_2} p x\,dx\Big]; \quad H = H'\cos\alpha_0 = \frac{M_{0c}}{f},$$

$$H = \frac{1}{f}\Big[A' l_1 - \int_0^{l_1} g(l_1 - x)\,dx - \sum_1^m P_k(l_1 - a_k) - \int_{x_1}^{l_1} p(l_1 - x)\,dx\Big];$$

$$A = A' + H\operatorname{tg}\alpha_0; \quad B = B' - H\operatorname{tg}\alpha_0;$$

$$V_{0m} = A' - \int_0^{x_m} g\,dx - \sum_1^r P_k - \int_{x_1}^{x_m} p\,dx, \qquad H_m = -H,$$

$$M_{0m} = A' x_m - \int_0^{x_m} g(x_m - x)\,dx - \sum_1^r P_k(x_m - a_k) - \int_{x_1}^{x_m} p(x_m - x)\,dx, \qquad (128)$$

$$M_m = M_{0m} - H y_m, \qquad M_{a',m} = M_{0m} - H y_{a',m},$$

$$M_{i',m} = M_{0m} - H y_{i',m}.$$

$$Q_m = V_{0m}\cos\alpha_m - H\,\frac{\sin(\alpha_m - \alpha_0)}{\cos\alpha_0};$$

$$\alpha_0 = 0: \quad Q_m = \cos\alpha_m (V_{0m} - H\operatorname{tg}\alpha_m).$$

$$-N_m = V_{0m}\sin\alpha_m + H\,\frac{\cos(\alpha_m - \alpha_0)}{\cos\alpha_0};$$

$$\alpha_0 = 0: -N_m = \sin\alpha_m (V_{0m} + H\operatorname{ctg}\alpha_m).$$

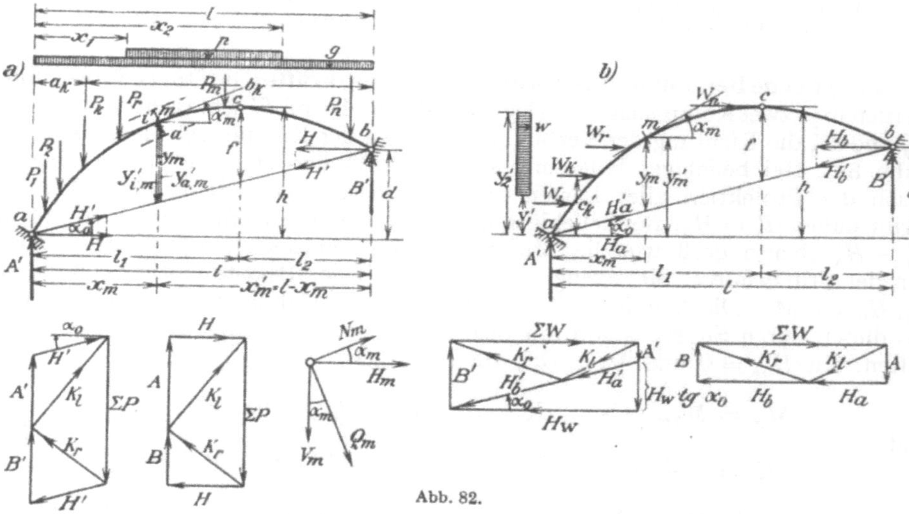

Abb. 82.

Nach diesen Angaben ist für gleichförmig verteilte Belastung p

$$H = p\,\frac{l_1 l_2}{2f}; \qquad M_m = \frac{p l^2}{2}\Big(\omega_R - \frac{l_1}{l}\frac{l_2}{l}\frac{y}{f}\Big).$$

$$-N_m = \frac{pl}{2}\Big[1 - 2\frac{x}{l} + \frac{l_1}{l}\frac{l_2}{l}\frac{l}{f}(\operatorname{ctg}\alpha_m + \operatorname{tg}\alpha_0)\Big]\sin\alpha_m, \qquad (129)$$

$$Q_m = \frac{pl}{2}\Big[1 - 2\frac{x}{l} - \frac{l_1}{l}\frac{l_2}{l}\frac{l}{f}(\operatorname{tg}\alpha_m - \operatorname{tg}\alpha_0)\Big]\cos\alpha_m.$$

Im Bauwesen bildet der symmetrische Bogenträger mit gleichhoch liegenden Kämpfergelenken die Regel. Hierfür ist $\alpha_0 = 0$, $l_1/l = l_2/l = 1/2$.

Bei einer zusammenhängenden Untersuchung werden ebenso wie für den Balkenträger zunächst die Stützkräfte A' und B', hieraus die Schnittkräfte V_{0m} und nach (86) M_{0m} bestimmt. Aus $M_{0c} - Hf = 0$ folgt die Bogenkraft H, so daß nach (128) die Biegungsmomente M_m oder die Kernmomente $M_{i',m}$, $M_{a',m}$ angegeben werden können. Die Querkraft wird nach (128) oder aus $Q_m s_m = M_m - M_{m-1}$ berechnet.

b) Waagerechte Lasten am linken Bogenschenkel (Abb. 82b).

$$\left.\begin{aligned}
&H_b - H_a = H_w = \int_{y_1'}^{y_2'} w\,dy' + \sum_1^n W_k; \qquad B' = \frac{1}{l}\Big(\int_{y_1'}^{y_2'} w\,y'\,dy' + \sum_1^n W_k c_k'\Big),\\
&A' = -B' + H_w \operatorname{tg}\alpha_0, \qquad H_b = B'\frac{l_2}{f}, \qquad H_a = H_b - H_w;\\
&A = -B = -B'\frac{h-d}{f} = V_{0m}, \qquad H_m = -\Big(H_a + \int_{y_1'}^{y_m'} w\,dy' + \sum_1^r W_k\Big),\\
&M_m = A' x_m - \int_{y_1'}^{y_m'} w(y_m' - y')\,dy' - \sum_1^r W_k(y_m' - c_k') - H_a y_m = M_{0m} - H_a y_m.
\end{aligned}\right\} \quad (130)$$

Schaulinien der Schnittkräfte. Um die Momente und Kernmomente in einfacher Weise zeichnerisch darzustellen, wird der Ansatz (128) umgeformt. Bei senkrechter Belastung ist mit $H_m^{(a)}$ nach Abb. 88

$$-H_m^{(a)} = H_a = H_b = H = \text{const}$$

$$M_m = M_{0m} - H y_m = H\Big(\frac{M_{0m}}{H} - y_m\Big) = H(\bar{y}_m - y_m) = H\bar{b}_m. \qquad (131)$$

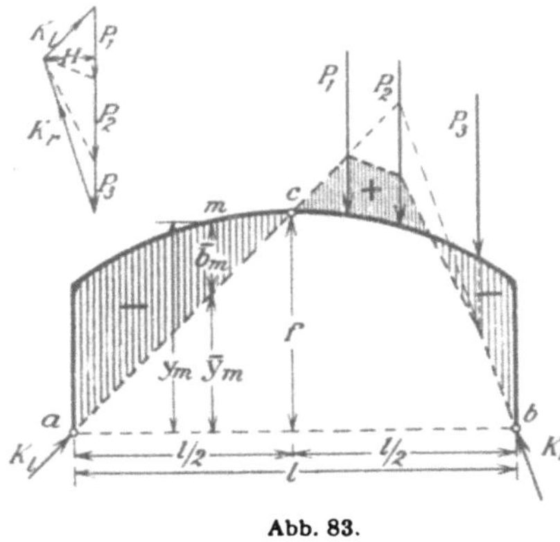

Abb. 83.

Das Biegungsmoment ist nach Abb. 83 proportional einer Strecke $\bar{b}_m$, die als Differenz zweier Strecken $\bar{y}_m$ und y_m gefunden wird. y_m ist entweder Ordinate des Schwerpunktes oder eines der beiden Kernpunkte des Querschnitts m. $\bar{y}_m = M_{0m}/H$ ist proportional dem Biegungsmoment des stellvertretenden Balkens, das nach Abschnitt 13 berechnet und aufgezeichnet werden kann. Das Vorzeichen der Differenz $\bar{b}_m = \bar{y}_m - y_m$ ist in Abb. 83 eingetragen.

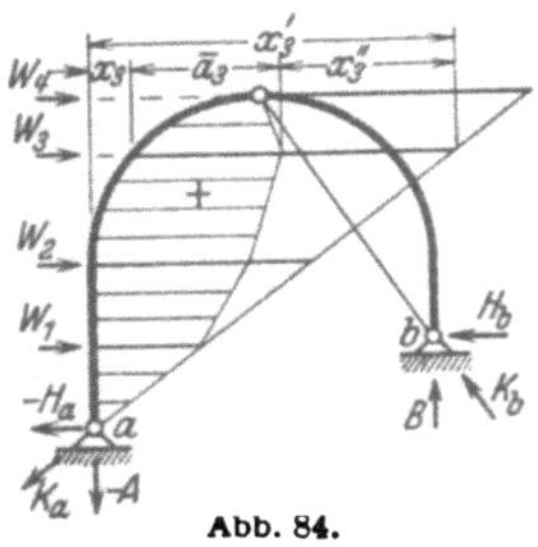

Abb. 84.

Lösung bei senkrechter Belastung auf dem rechten Abschnitt des Rahmens Abb. 83:

$$H = \frac{M_{0c}}{f} = \frac{\Sigma P b_k}{2f}, \qquad \bar{y}_m = \frac{M_{0m}}{H}, \qquad M_m = H(\bar{y}_m - y_m) = H\bar{b}_m.$$

Das Biegungsmoment mit einer positiven Differenz $\bar{b}_m$ erzeugt an der Innenseite des Stabes Zugspannungen.

Bei waagerechter Belastung ist die Komponente H_m der Schnittkraft veränderlich, dagegen $A = -B = V_{0m}$ konstant. Daher kann nunmehr die Stützkraft A in dem Ansatz des Biegungsmomentes als Multiplikator gewählt werden. Für einen stellvertretenden Balken mit $H_{0a} = 0$ ist nach Abb. 84

$$\left.\begin{aligned} M_m &= M_{0m} - H_a y_m = -A\left(-\frac{M_{0m}}{A} + \frac{H_a}{A} y_m\right) = -A\left(+\frac{H_a}{A} y_m - x_m + \frac{\sum\limits_m W_k (y_m - c_k)}{A}\right), \\ M_m &= -A\,(+x'_m - x_m - x''_m) = -A\,\bar{a}_m = B\,\bar{a}_m. \end{aligned}\right\} \quad (132)$$

Das Biegungsmoment ist in diesem Falle proportional einer horizontalen Strecke $\bar{a}_m$, die sich aus drei Anteilen zusammensetzt. Die Kräfte A und H_a sind nach (130) negativ. Das negative Vorzeichen ist in der Definition von x''_m enthalten. Die Strecke x'_m ist durch die Komponenten H_a und A bestimmt. Die Strecke x''_m wird bei Einzellasten für alle Punkte m berechnet und von der zugeordneten Strecke x'_m abgezogen. Diese punktweise Bestimmung kann bei einer gleichförmigen Belastung durch einfache geometrische Konstruktionen ersetzt werden (Abb. 84).

Zeichnerische Darstellung der Momente eines symmetrischen Dreigelenkrahmens.

a) Symmetrische Kranbelastung (Abb. 85a).

$$P_l = P_r = P; \quad H = P\frac{c}{f}, \quad \bar{y}_m = \frac{M_{0m}}{H},$$

$$M_m = H(\bar{y}_m - y_m) = H\bar{b}_m, \qquad M_{m'} = H\bar{b}_{m'},$$

$$M_{m''} = H\bar{b}_{m''}, \qquad \bar{b}_{m''} = -y_{m''}.$$

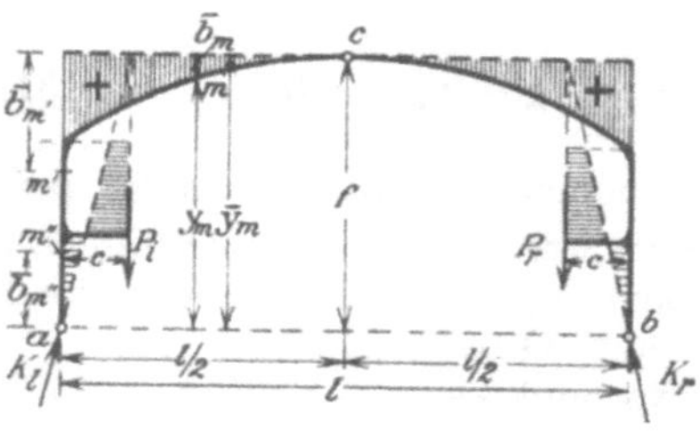

Abb. 85a.

b) Einseitige Kranbelastung (Abb. 85b).

$$H = \frac{Pc}{2f}, \quad \bar{y}_m = \frac{M_{0m}}{H}, \quad M_m = H(\bar{y}_m - y_m),$$

$$M_n = H\bar{b}_n, \qquad M_{m'} = H\bar{b}_{m'}, \qquad M_{m''} = H\bar{b}_{m''}.$$

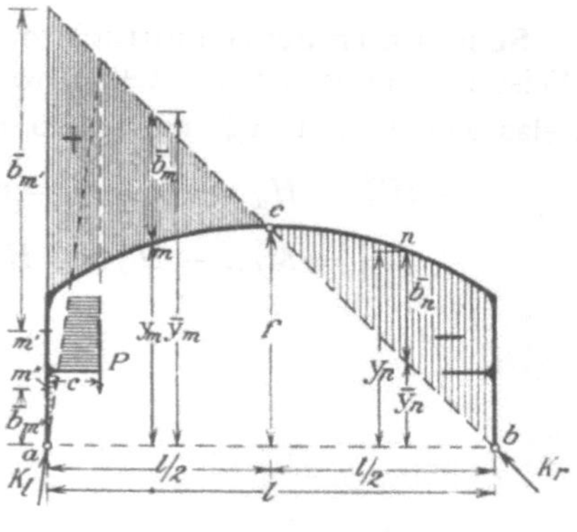

Abb. 85b.

c) Waagerechte Windlast im Bereich des Pfostens (Abb. 85c).

$$A = \frac{w\,h^2}{2\,l} = B; \qquad H = \frac{w\,h^2}{4\,f};$$

$$W - H = \frac{w\,h}{4\,f}(4\,f - h).$$

Momente im Riegel und Pfosten b:

$$M_m = H(\bar{y}_m - y_m) = H\bar{b}_m; \qquad M_{m'} = H\bar{b}_{m'}.$$

Momente im Pfosten a:

$$M_n = A\left[\frac{W - H}{A} y_n - \frac{w\,y_n^2}{2A}\right] = A\,\bar{a}_n.$$

d) Waagerechte Windlast auf die Laterne, angenähert ersetzt durch die Kräfte W. $U_l = U_r$ (Abb. 85d).

$$-H_a = H_b = \frac{W}{2},$$

$$M_m = -\frac{W}{2}\bar{b}_m; \qquad M_n = \frac{W}{2}\bar{b}_n.$$

Im linken Bogenschenkel ist zur besseren Übersicht das Vorzeichen des Biegungsmomentes M_m an Stelle des Vorzeichens der Streckendifferenz $\bar{b}_m$ eingetragen.

Zeichnerische Ermittlung der Stütz- und Schnittkräfte. Die Schnittkräfte N_m, M_m, Q_m eines jeden der beiden Ufer des Querschnitts m können zu einer resultierenden Kraft $R_m^{(i)}$ zusammengefaßt werden, die entgegengesetzt gleich zur Resultierenden $R_m^{(a)}$ der äußeren Kräfte ist, die am Stabe links oder rechts vom Querschnitt m angreifen. Sie ist in einer Mittelkraftlinie aus der Belastung und den zugeordneten Stützkräften enthalten, deren Momente in bezug auf die Gelenke a, b, c Null sind. Die Mittelkraftlinie wird mit Kraft- und Seileck gezeichnet. Sie ist durch die drei Punkte a, b, c bestimmt. Die Stützkräfte K_l, K_r setzen sich aus den Anteilen A', A'' und B', B'' der Be-

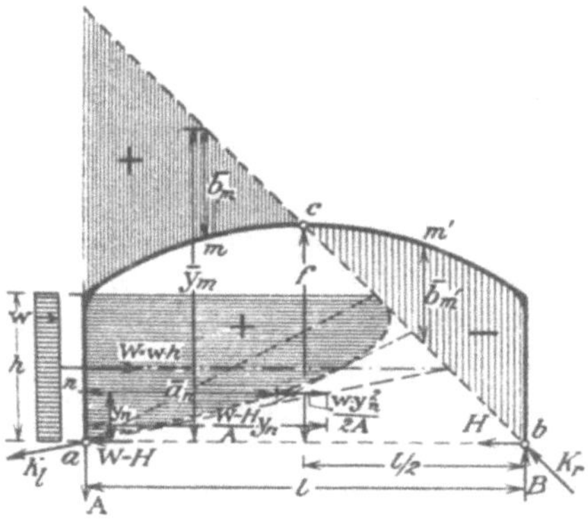

Abb. 85c.

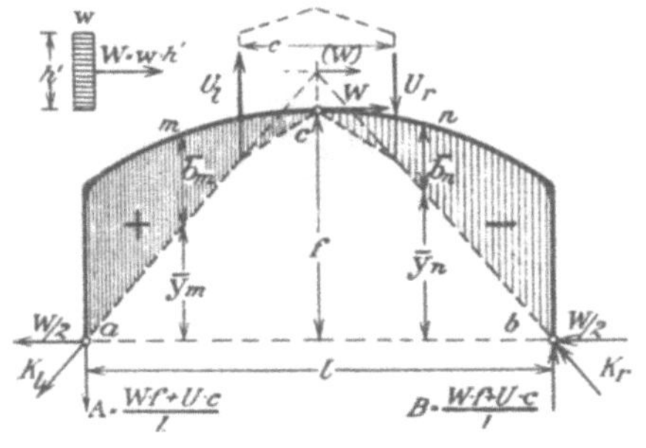

Abb. 85d.

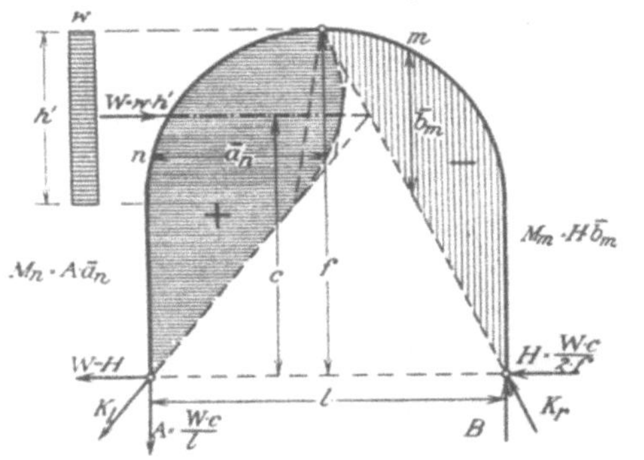

Abb. 86a. Waagerechte Belastung im Bereich des Riegels.

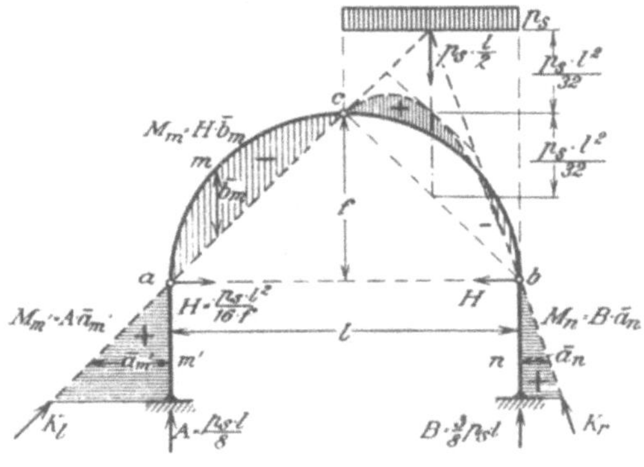

Abb. 86b. Biegungsmomente eines Dreigelenkrahmens mit hochgerückten Kämpfergelenken für einseitige Schneelast.

lastung eines jeden Bogenschenkels zusammen. Daher werden die resultierenden Kräfte R_I', R_{II}'' zu den beiden Teilbelastungen gezeichnet und bei ungünstigen Schnittpunkten durch 2 Komponenten ersetzt, die nach den benachbarten Ge-

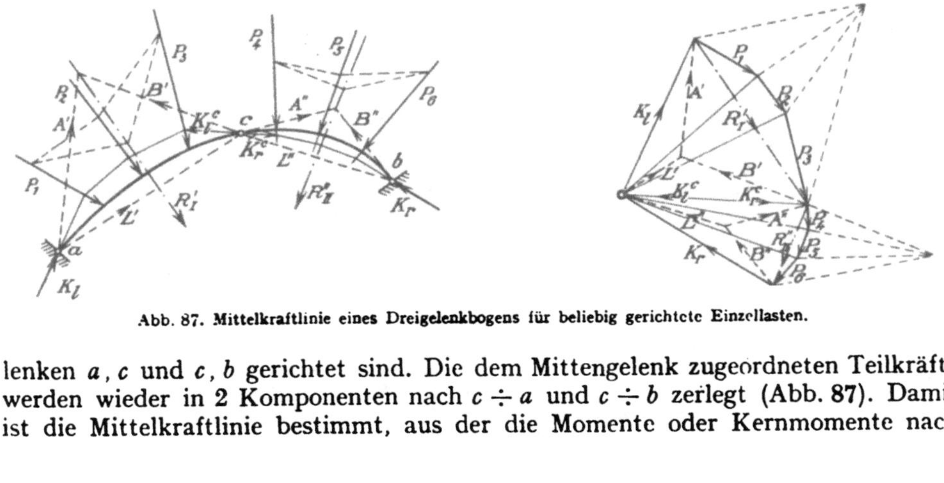

Abb. 87. Mittelkraftlinie eines Dreigelenkbogens für beliebig gerichtete Einzellasten.

lenken a, c und c, b gerichtet sind. Die dem Mittengelenk zugeordneten Teilkräfte werden wieder in 2 Komponenten nach $c \div a$ und $c \div b$ zerlegt (Abb. 87). Damit ist die Mittelkraftlinie bestimmt, aus der die Momente oder Kernmomente nach

Abb. 88 berechnet werden. Längs- und Querkraft N_m, Q_m sind in dem Krafteck enthalten. Die zeichnerische Untersuchung führt bei einer beliebig gerichteten Belastung schneller zum Ziele als die Rechnung.

Graphostatische Beziehungen zur Bildung der Stützkräfte in Abb. 87:

$$\left.\begin{aligned}&(P_1,\ldots,P_n)\equiv(R_I',R_{II}'');\ (R_I',A',B')\equiv 0,(R_{II}'',A'',B'')\equiv 0;\ (B',A'')\equiv(L',L''),\\&K_l\equiv A'\ddagger L',\qquad K_r=B''\ddagger L'',\qquad (P_1,\ldots,P_n,\ K_l,\ K_r)\equiv 0.\end{aligned}\right\}\quad(133)$$

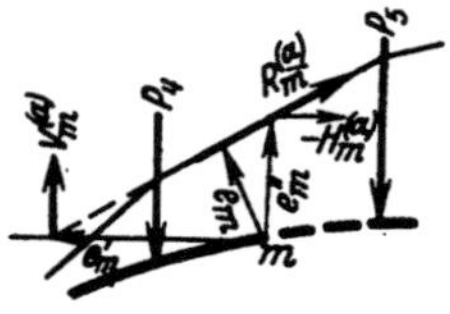

Abb. 88.

$M_m = R_m^{(a)} e_m = H_m^{(a)} e_m'' = V_m^{(a)} e_m'$.

In Abb. 89 sind $\sum' P = R_I'$ und $\sum'' P = R_{II}'$ die resultierenden Kräfte der jedem Bogenschenkel zugeordneten Belastung. Die Bestimmung von R_I', R_{II}' ist der Lage nach durch das Krafteck $\bar{O}$ vorbereitet worden. Jede von ihnen wird graphisch mit $\bar{L}'$ und $\bar{L}''$ durch zwei parallele Komponenten A_I', C_I' und C_{II}', B_{II}' ersetzt, deren Wirkungslinien durch a und c oder c und b gehen. Die Summe $(C_I' + C_{II}')$ der beiden dem Mittengelenk zugeordneten Komponenten ist dann nach L' und L'' zerlegt und mit den in a und b anfallenden senkrechten Komponenten A_I' und B_{II}' zusammengesetzt worden. Auf diese Weise werden K_l und K_r gefunden.

$$\bar{H}\,\bar{b}_c = M_{0c} = H\,f; \qquad H = \frac{\bar{b}_c}{f}\,\bar{H}.. \qquad (134)$$

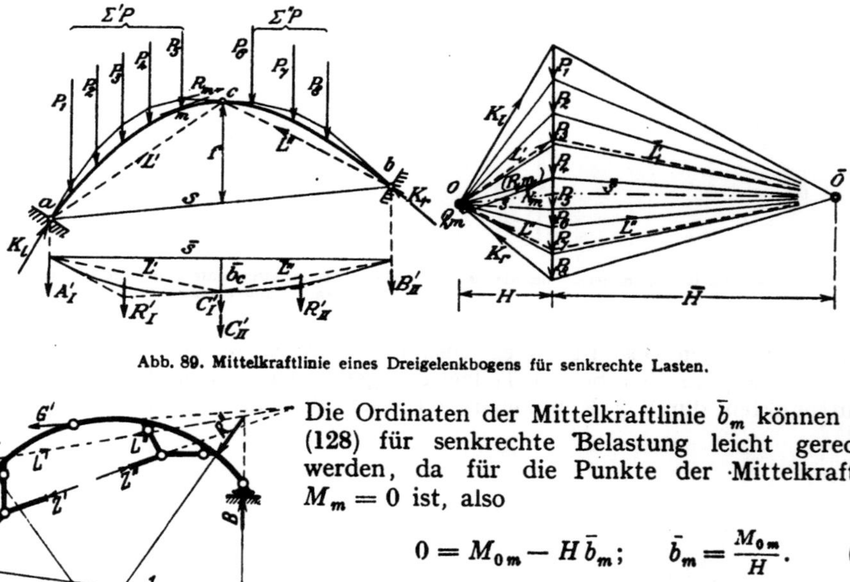

Abb. 89. Mittelkraftlinie eines Dreigelenkbogens für senkrechte Lasten.

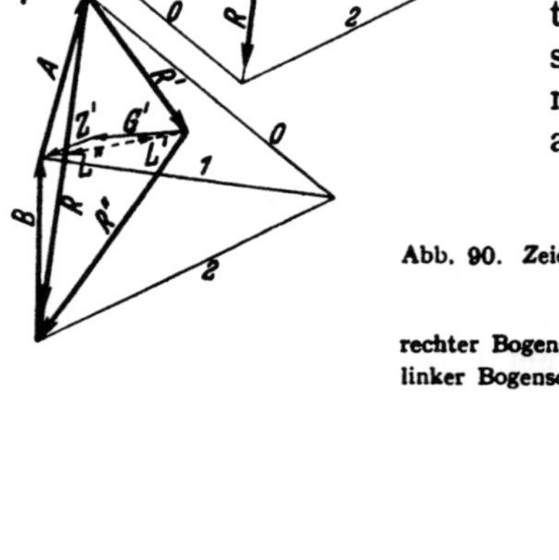

Die Ordinaten der Mittelkraftlinie $\bar{b}_m$ können nach (128) für senkrechte Belastung leicht gerechnet werden, da für die Punkte der Mittelkraftlinie $M_m = 0$ ist, also

$$0 = M_{0m} - H\,\bar{b}_m; \qquad \bar{b}_m = \frac{M_{0m}}{H}. \qquad (135)$$

Daher werden zunächst die Momente des stellvertretenden Balkens nach (86) aus den Lasten P bestimmt. $H = M_{0c}/f$. Bei symmetrischer Trägeranordnung und symmetrischer Belastung ist außer M_c auch die Querkraft Q_c im Gelenk c Null.

Abb. 90. Zeichnerische Ermittlung der Stütz- und Verbindungskräfte eines Bogenträgers mit Zugband.

$R' \ddagger R'' = R$, $\quad (R, A, B) \equiv 0$,

rechter Bogenschenkel $(B \ddagger R'', Z'', G'') \equiv 0$, $\quad G' \ddagger G'' = 0$,

linker Bogenschenkel $(A \ddagger R', Z', G') \equiv 0$, $\quad Z' \ddagger Z'' = 0$.

Berechnung der Mittelkraftlinie einer Dreigelenkbogenbrücke.

1. Lasten: a) Eigengewicht: $G_m = G'_m + P_{m\,g}$; Abb. 91a.

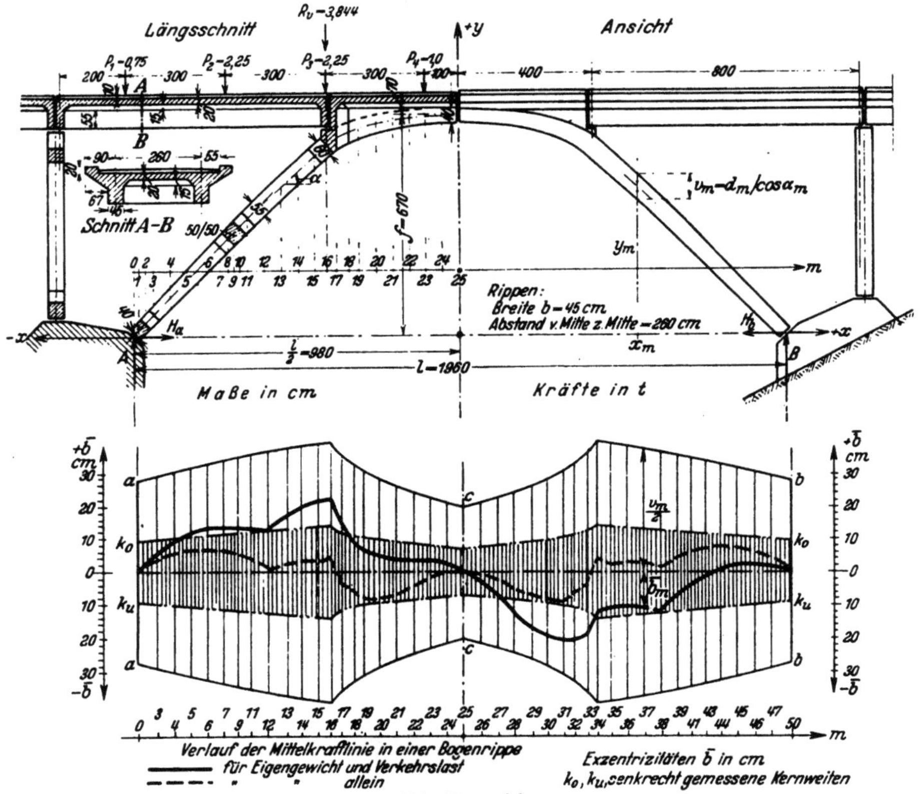

Abb. 91a und b.

G'_m : Einzellasten aus dem Gewicht g t/m einer Bogenrippe nach (91) in t.
$P_{m\,g}$: Einzellasten aus dem Gewicht der Querriegel und der Schleppträger in t (s. Tabelle).
Längen in m.

$$G'_m = \frac{c_m}{6}(g_{m-1} + 2g_m) + \frac{c_{m+1}}{6}(2g_m + g_{m+1}) = G'_{m,1} + G'_{m,2},$$

$$c_m = c_{m+1}: \quad G'_m = \frac{c_m}{6}(g_{m-1} + 4g_m + g_{m+1}).$$

$$g_m = v_m b_m \gamma; \qquad \gamma = 2{,}4 \text{ t/m}^3.$$

m	d_m	$\cos\alpha_m$	v_m	b_m	g_m
0—2	0,40	0,70	0,57	0,80	1,09
3	0,41	0,70	0,58	0,45	0,63
4	0,43	0,70	0,61	0,45	0,66
.	.	.	.	.	.
.	.	.	.	.	.

m	x_m	c_m	g_m	$g_{m-1}+2g_m$	$\frac{c_m}{6}$	$2g_m+g_{m+1}$	$\frac{c_{m+1}}{6}$	$G'_{m,1}$	$G'_{m,2}$	G'_m	$P_{m\,g}$	G_m	$G_m x_m$
				$g_{m-1}+4g_m+g_{m+1}$				$\frac{c_m}{6}$					
0	— 9,80	—	1,09	—	—	3,282	0,028	—	0,093	0,093	—	0,093	—0,911
1	— 9,63	0,17	1,09	6,564					0,028	0,186	0,348	0,534	—5,142
2	— 9,46	0,17	1,09	3,282	0,028	2,814	0,042	0,093	0,117	0,210	—	0,210	—1,987
3	— 9,21	0,25	0,63	2,346	0,042	1,911	0,083	0,098	0,159	0,257	—	0,257	—2,367
.	.	.	.	.	.	.	.	.	.	.	.	.	.
.	.	.	.	.	.	.	.	.	.	.	.	.	.

b) Verkehrslasten $P_{m\,v}$: $P_{16,v} = R_v = 3{,}844$ t; $P_{23,v} = P_4 = 1{,}0$ t.

2. Ordinaten $\bar{y} = M_{0m} H$ und Exzentrizitäten $\bar{b} = \bar{y} - y$ der Mittelkraftlinie.

V_{0m}, M_{0m}: Querkraft und Moment des stellvertretenden Balkens (a, b) nach (86).

a) Eigengewicht (V_{omg}, M_{omg}). Aus Symmetriegründen: $V_{0cg} = 0$.

$$H_{ag} = H_{bg} = H_g = M_{0cg}/f = 24{,}638 \text{ t}; \qquad \text{Probe: } H_g = \frac{1}{2f}\left(l \sum_a^c G_m - 2 \sum_a^c G_m x_m\right),$$

$$V_{0ag} = A_g = B_g = \sum_a^c G_m = 27{,}924 \text{ t}, \qquad \sum_a^c G_m x_m = -108{,}579 \text{ mt}.$$

m	x	c	G_m	V_{0mg}	$V_{0mg} c$	M_{0mg}	$\bar{y}$ [m]	y [m]	$\bar{b}$ [m]	m
a	− 9,80	—	(27,924)							a
0	− 9,80	0,00	0,093	27,924	0,000	0,000	0,00	0,00	0,00	0
1	− 9,63	0,17	0,534	27,831	4,731	4,731	0,19	0,18	0,01	1
2	− 9,46	0,17	0,210	27,297	4,640	9,372	0,38	0,36	0,02	2
.	.	.	.	.	.	.	.	.	.	.
.	.	.	.	.	.	.	.	.	.	.

b) Verkehrslasten $(A_p, B_p, V_{omp}, M_{omp})$ und Eigengewicht:

$$A_p = \frac{1}{2} \sum_a^b P_{mv} + \frac{1}{l} \sum_a^b P_{mv} x_m = 3{,}258 \text{ t} = V_{0ap}; \quad B_p = \frac{1}{2} \sum_a^b P_{mv} - \frac{1}{l} \sum_a^b P_{mv} x_m = 1{,}586 \text{ t},$$

$$H_{ap} = H_{bp} = H_p = M_{0cp}/f = 2{,}321 \text{ t}; \qquad \text{Probe: } H_p = \frac{1}{2f}\left(l A_p - 2 \sum_a^c P_{mv} x_m\right),$$

$$H_{p+g} = M_{0c(p+g)}/f = 26{,}959 \text{ t} = H_p + H_g.$$

m	x	c	P_{mv}	$P_{mv} x$	V_{omp}	$V_{omp} c$	M_{0m}			$\bar{y}$ [m]	y [m]	$\bar{b}$ [m]	m
							M_{omp}	M_{omg}	$M_{om(p+g)}$				
a	− 9,80	—	(3,258)										a
0	− 9,80	0,00	—	—	3,258	0,0000	0,000	0,000	0,000	0,00	0,00	0,00	0
1	− 9,63	0,17	—	—	3,258	0,5538	0,554	4,731	5,285	0,20	0,18	0,02	1
2	− 9,46	0,17	—	—	3,258	0,5538	1,107	9,372	10,479	0,39	0,36	0,03	2
3	− 9,21	0,25	—	—	3,258	0,8144	1,922	16,144	18,066	0,67	0,62	0,05	3
.	.	.	.	.	.	.	.	.	.	.	.	.	.
.	.	.	.	.	.	.	.	.	.	.	.	.	.

Exzentrizitäten: $\bar{b}_m = \bar{y}_m - y_m$. Abb. 91 b.

Einflußlinien der Schnittkräfte. Die Grenzwerte der Randspannungen σ und der Schubspannungen τ werden aus den Einflußlinien der Kernmomente und der Querkraft bestimmt. Die Einflußlinie der Bogenkraft ist nach $H = M_{oc}/f$ die Einflußlinie des Moments eines stellvertretenden Balkens mit der Stützweite l und den ausgezeichneten Ordinaten l_1/f und l_2/f (Abb. 92b). Die Einflußlinien der Schnittkräfte können nach (128) als Unterschied der Einflußlinien für N_o, M_o, Q_o, also für die Schnittkräfte eines Balkenträgers von der Stützweite l und der mit N_1, M_1, Q_1 erweiterten Einflußlinie der Bogenkraft H gebildet werden. Auf diese Weise entstehen Einflußlinien mit den Lastscheiden E in den Abständen e, e'.

Die Einflußlinien der Schnittkräfte des Dreigelenkbogens lassen sich in einfacher Weise aufzeichnen, da deren Ordinaten an den Stützpunkten denjenigen eines Balkenträgers von der Stützweite e entsprechen. Daher werden zunächst die Einflußlinien der Schnittkräfte des stellvertretenden Balkenträgers mit der Stützweite e aufgezeichnet und daraus diejenigen des Bogenträgers entwickelt.

Die Stellung der beweglichen Lasteinheit über einer Lastscheide des linken Bogenschenkels liefert zwei Bedingungen. Die erste bestimmt das Verhältnis der Komponenten der Stützkraft K_b, da $B' l_2 = H f$. Die zweite besteht in $M_m = 0 = A' x_m - H y_m$ oder $Q_m = 0 = A' \cos\alpha_m - H' \sin(\alpha_m - \alpha_0)$.

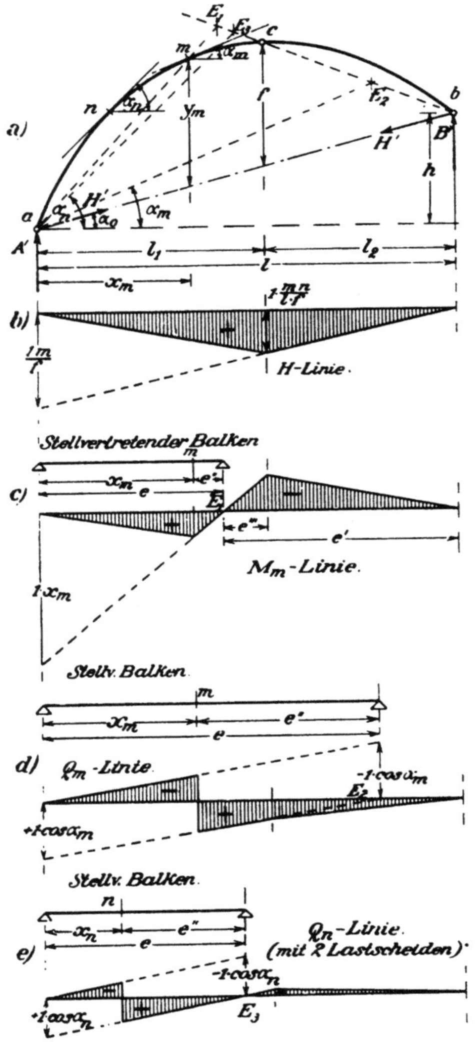

Abb. 92. Die Einflußlinien des Dreigelenkbogens. In Abb. 92b ist $1\cdot\frac{m\cdot n}{l\cdot f}$ durch $1\cdot\frac{l_1 l_2}{l f}$ und $1\frac{m}{f}$ durch $1\frac{l_1}{f}$ zu ersetzen.

Die Lastscheide der Einflußlinie des Biegungsmoments M_m wird mit

$$\frac{B'}{H} = \frac{f}{l_2}, \qquad \frac{A'}{H} = \frac{y_m}{x_m} \tag{136}$$

als Schnittpunkt zweier Geraden erhalten, von denen die eine durch die Gelenkmitten b und c, die andere durch a und den Bezugspunkt m des Biegungsmoments festliegt.

Steht die Last P über der Lastscheide der Einflußlinie der Querkraft Q_m, so ist

$$\frac{B'}{H} = \frac{f}{l_2}, \qquad \frac{A'}{H/\cos\alpha_0} = \frac{\sin(\alpha_m - \alpha_0)}{\sin(90 - \alpha_m)}. \tag{137}$$

Hierdurch sind zwei gerade Linien bestimmt, von denen die eine durch die

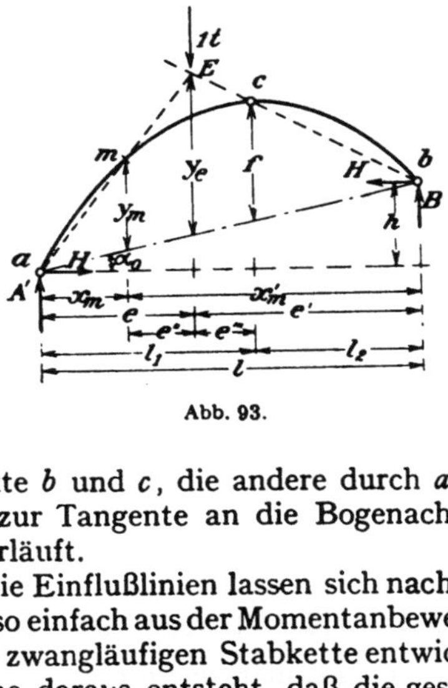

Abb. 93.

Punkte b und c, die andere durch a parallel zur Tangente an die Bogenachse in m verläuft.

Die Einflußlinien lassen sich nach S. 49 ebenso einfach aus der Momentanbewegung einer zwangläufigen Stabkette entwickeln, welche daraus entsteht, daß die gesuchte Schnittkraft M, $M_{a'}$, $M_{i'}$, Q oder N als äußere Kraft eingeführt wird. Jeder Stabkette ist eine Polfigur zugeordnet, nach welcher die Lastscheiden und Eckpunkte der Einflußlinie festgelegt werden. Mit $\Delta = 1$, dem Wege der gesuchten Schnittkraft, entsteht ein Verschiebungs- oder Geschwindigkeitsplan der Stabkette, aus dem die Einflußlinien für die senkrecht und waagerecht gerichtete Einzellast abgeleitet werden. Die zugeordneten Elemente der beiden Linienzüge stehen aufeinander senkrecht. Die Schnittkraft wird nach (104) mit dem Prinzip der virtuellen Verrückungen bestimmt (Abb. 58).

Grenzwerte der Schnittkräfte. a) Grenzwerte der Momente oder Kernmomente. Abszisse e der Lastscheide E (Abb. 93):

$$\left.\begin{aligned} &M_m = M_{0m} - H y_m = 0 = \frac{l-e}{l} x_m - \frac{e\, l_2}{l f} y_m ,\\ &e = \frac{l}{\frac{l_2}{l}\frac{l}{x_m}\frac{y_m}{f} + 1}; \qquad e' = \frac{l}{\frac{l}{l_2}\frac{x_m}{l}\frac{f}{y_m} + 1}; \qquad \frac{e'}{e} = \frac{l_2}{l}\frac{l}{x_m}\frac{y_m}{f};\\ &e + e' = l; \qquad e'' = e - x_m; \qquad e''' = l_1 - e . \end{aligned}\right\} \tag{138}$$

Grenzwerte $\max M_{mp}$ und $\min M_{mp}$ bei Streckenbelastung über e und e':

$$\left.\begin{aligned} &\max M_{mp} = \frac{p l^2}{2}\frac{x_m}{l}\,\frac{1 - \frac{x_m}{l} - \frac{l_2}{l}\frac{y_m}{f}}{1 + \frac{l_2}{l}\frac{l}{x_m}\frac{y_m}{f}};\\ &\quad H = \frac{p l}{2}\left(\frac{e}{l}\right)^2\frac{l_2}{f}; \qquad V_{0m} = \frac{p l}{2}\left[\frac{e}{l}\left(2 - \frac{e}{l}\right) - \frac{2 x_m}{l}\right];\\ &\min M_{mp} = + \frac{p l^2}{2}\frac{l_1}{l}\frac{l_2}{l}\,\frac{\frac{l}{l_1}\frac{x_m}{l} - \frac{y_m}{f}}{\frac{l}{l_2}\frac{x_m}{l}\frac{f}{y_m} + 1};\\ &\quad H = \frac{p l}{2}\left[\frac{l_1}{l}\frac{l_2}{l}\frac{l}{f} - \left(\frac{e}{l}\right)^2\frac{l_2}{f}\right]; \qquad V_{0m} = \frac{p e'^2}{2 l}. \end{aligned}\right\} \tag{139}$$

N und Q ergeben sich nach (128), die Längskräfte außerdem auch aus den Kernmomenten nach (52).

Die Grenzwerte der Schnittkräfte aus Lastenzügen werden nach (117) mit den Momenten $M(e)$, $M(e')$ eines stellvertretenden Balkenträgers von der Länge e und e' entwickelt.

$$\max M_{mp} = M(e), \qquad \min M_{mp} = -\frac{y_m}{f} M(e'). \tag{140}$$

b) Grenzwerte der Querkraft.

Abszisse e der Lastscheide E_2 oder E_3 (Abb. 92d—e):

$$\left.\begin{aligned} &Q_m = V_{0m}\cos\alpha_m - H\frac{\sin(\alpha_m - \alpha_0)}{\cos\alpha_0} = 0 = \frac{l-e}{l} - \frac{e}{l}\frac{l_2}{f}(\operatorname{tg}\alpha_m - \operatorname{tg}\alpha_0),\\ &e = \frac{l}{1 + (\operatorname{tg}\alpha_m - \operatorname{tg}\alpha_0)\frac{l_2}{f}}; \qquad e' = l - e, \qquad e'' = e - x_m . \end{aligned}\right\} \tag{141}$$

Die Lastscheide ist reell, solange $e \leqq l_1$, also $\operatorname{tg}\alpha_m \geqq \frac{f}{l_1} + \operatorname{tg}\alpha_0$. Die Lastscheide ist imaginär, wenn $e > l_1$. Die Grenzwerte der Querkraft aus einer gleichförmigen Nutzlast p müssen daher für zwei Fälle angegeben werden.

1. Reelle Lastscheide E_3 nach Abb. 92e:

$$\max Q_{np} = \frac{p l}{2}\left(\frac{e''}{l}\right)^2\frac{l}{e}\cos\alpha_n; \qquad \min Q_{np} = Q_{np} - \max Q_{np}. \tag{142a}$$

2. Imaginäre Lastscheide E_2 nach Abb. 92d:

$$\max Q_{mp} = Q_{mp} - \min Q_{mp}; \qquad \min Q_{mp} = -\frac{p l}{2}\left(\frac{x_m}{l}\right)^2\frac{l}{e}\cos\alpha_m . \tag{142b}$$

Q_{mp} entsteht durch volle Belastung des Bogenträgers l. Die Grenzwerte der Querkräfte aus Lastenzügen werden am einfachsten nach (78) mit den Ordinaten der Einflußlinien angegeben.

Die übrigen Ergebnisse aus a und b lassen sich nach den Ansätzen des folgenden Beispiels in Form einer Tabelle mit den Leitwerten einer Gruppe ausgezeichneter Querschnitte berechnen.

Berechnung der Schnittkräfte der Dreigelenkbogenbrücke[1] **Abb. 94.**

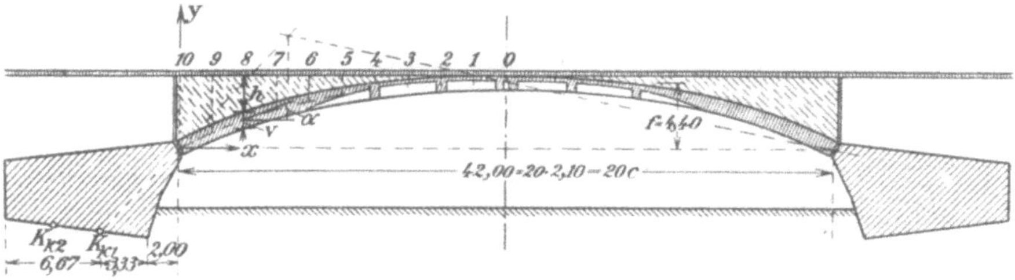

Abb. 94 a. Form des Tragwerks.

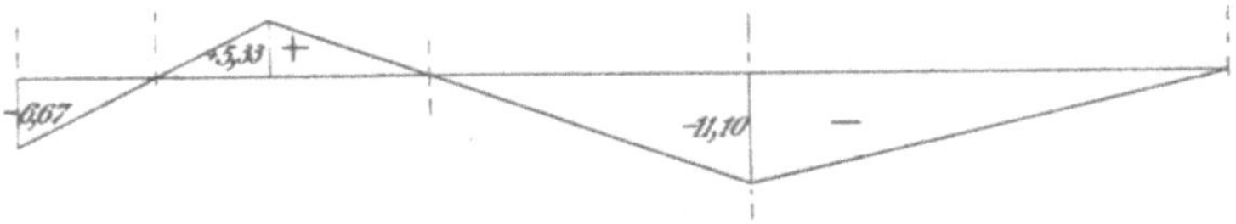

Abb. 94 b. Einflußlinie für das Kernmoment K_{k1} der Bodenfuge.

1. Geometrische Grundlagen. y_m, $y_{a',m}$, $y_{i',m}$ sind die Abstände des Schwerpunktes und der Kernpunkte in den angegebenen Schnitten y_m, bezogen auf eine durch die Mitte des Kämpfergelenks verlaufende Koordinatenachse. $w_{a',m}$, $w_{i',m}$ sind die senkrecht gemessenen Kernweiten.

$l = 42{,}00$ m, $f = 4{,}40$ m, $c = 2{,}10$ m,

$\frac{l}{f} = 9{,}55$, $\frac{l}{4f} = 2{,}39$, $h = \left(\frac{v_s}{2} + f\right) - \left(\frac{v}{2} + y\right)$.

m	$w_{i',m}$ [m]	$w_{a',m}$ [m]	y_m [m]	$y_{i',m}$ [m]	$y_{a',m}$ [m]
0	—	—	4,40	—	—
1	0,15	0,20	4,35	4,50	4,15
2	0,16	0,21	4,25	4,41	4,04
3	0,20	0,28	4,09	4,29	3,81
4	0,21	0,28	3,87	4,08	3,59
5	0,22	0,28	3,57	3,79	3,29
6	0,17	0,17	3,20	3,37	3,03
7	0,17	0,17	2,67	2,84	2,50
8	0,16	0,16	2,01	2,17	1,85
9	0,16	0,16	1,13	1,29	0,97
10	—	—	0,00	—	—

2. Belastung:
   a) Eigengewicht, bezogen auf 1,05 m Tiefe als Rippenabstand. Gewölbe:
   Schnitt 0 bis 5: $g_v = 0{,}376 + 0{,}72\,v$.
   Schnitt 6 bis 10: $g_v = 2{,}52\,v$.
   Aufschüttung: $g_a = 1{,}89\,h$. Versteinung: $g_F = 0{,}409$ t/m.
   b) Gleichmäßig verteilte Last: $p = 0{,}500 \cdot 1{,}05 = 0{,}525$ t/m.
   c) Lastenzug E.

3. Schnittkräfte:
   a) Momente aus Eigengewicht $g = g_F + g_a + g_v$ oder $G_m = (g_{m-1} + g_m)\frac{c}{2}$;

$$M_m = M_{0m} + H(f - y_m); \qquad M_{a',m} = M_m + H\,w_{a',m}; \qquad M_{i',m} = M_m - H\,w_{i',m}.$$

M_{0m} bedeutet das Biegungsmoment eines stellvertretenden Freiträgers $\overline{0 \div 10}$.

$$M_{0m} = M_{0(m-1)} - \left(V_{m-1} + \frac{G_m}{2}\right)c \quad \text{und} \quad M_{00} = 0, \quad V_0 = 0. \quad V_{m-2} = \sum_1^{m-2} G_k, \quad \text{also}$$

$$\left(V_{m-1} + \frac{G_m}{2}\right) = \left(V_{m-2} + \frac{G_{m-1}}{2}\right) + \frac{G_{m-1} + G_m}{2}, = \frac{G_1}{2} = \sum_1^m \frac{G_{k-1} + G_k}{2},$$

$$H = -\frac{M_{0,10}}{f} = \frac{532{,}5}{4{,}40} = 121{,}0\ \text{t}; \quad \text{Ordinaten der Mittelkraftlinie nach (135):}\ \bar{y}_m = f - \frac{M_{0m}}{H}.$$

[1] Die vollständige Lösung ist in der I. Aufl. S. 56 angegeben.

Die Beziehungen bilden die folgende Rechenvorschrift:

m	h_m	g_a	v_m	g_v	g_m	$g_{m-1}+g_m$	G_m	$\left(V_{m-1}+\frac{G_m}{2}\right)$	$\left(V_{m-1}+\frac{G_m}{2}\right)c$
0	—	—	0,90	1,024	1,433	—	—	0,00	0,00
1	—	—	0,94	1,054	1,463	2,896	3,04	1,52	3,19
2	—	—	0,96	1,067	1,476	2,939	3,08	4,58	9,62
3	0,06	0,113	0,97	1,074	1,596	3,072	3,22	7,73	16,23
.	.	.	.	.	.	.	.	.	.
.	.	.	.	.	.	.	.	.	.

m	M_{0m}	$f-y_m$	$H(f-y_m)$	M_m	$H w_{i',m}$	$H w_{a',m}$	$M_{i',m}$	$M_{a',m}$
0	0,00	0,00	0,00	0,00	—	—	0,00	0,00
1	3,19	0,05	6,05	2,86	18,14	24,2	− 15,28	+ 27,1
2	12,81	0,15	18,15	5,34	19,35	25,4	− 14,01	+ 30,7
3	29,04	0,31	37,50	8,46	24,2	33,9	− 15,74	+ 42,4
.	.	.	.	.	.	.	.	.
.	.	.	.	.	.	.	.	.

b) Grenzwerte der Momente und Querkräfte aus gleichmäßig verteilter Last p: Mit Hilfe der Ausdrücke (138)

$$e = \frac{2l}{\frac{l}{f}\cdot\frac{y}{x}+2}; \qquad c' = \frac{l}{1+2\frac{f}{l}\cdot\frac{x}{y}}; \qquad e'' = c - x; \qquad e''' = e' - \frac{l}{2}$$

wird nach Abb. 92c $\max M_p = p \cdot \frac{x\,e''}{2}$; $\quad \min M_p = \frac{-p\cdot l}{4f} e'''\cdot y$.

m	x	y	$y:x$	$x:y$	e	e'	e''	e'''	$\frac{x\cdot e''}{2}$	$\frac{l}{4f}y$	$\max M_p$	$\min M_p$
						Obere Kernpunkte i'						
1	18,90	4,50	0,238	4,20	19,66	22,33	0,76	1,33	7,18	14,30	+ 3,77	− 7,51
2	16,80	4,41	0,263	3,81	18,62	23,35	1,82	2,35	15,28	24,75	+ 8,02	− 12,99
3	14,70	4,29	0,292	3,43	17,55	24,45	2,85	3,45	20,93	35,33	+ 10,98	− 18,53
.	.	.	.	.	.	.	.	.	.	.	.	.
.	.	.	.	.	.	.	.	.	.	.	.	.
						Untere Kernpunkte a'						
1	18,90	4,15	0,219	4,56	20,50	21,47	1,60	0,47	15,12	4,66	+ 7,94	− 2,45
2	16,80	4,04	0,240	4,16	19,55	22,45	2,75	1,45	23,50	13,99	+ 12,33	− 7,35
3	14,70	3,81	0,259	3,86	18,77	23,23	4,07	2,23	29,90	20,30	+ 15,70	− 10,65
.	.	.	.	.	.	.	.	.	.	.	.	.
.	.	.	.	.	.	.	.	.	.	.	.	.

Die Grenzwerte der Querkräfte ergeben sich nach (142a), (142b) aus:

$$\operatorname{tg}\alpha_m = \frac{y_{m-1}-y_{m+1}}{x_{m-1}-x_{m+1}} = \frac{y_{m-1}-y_{m+1}}{4{,}20}; \qquad e = \frac{l}{1+\frac{l}{2f}\operatorname{tg}\alpha}; \qquad \frac{l}{2f} = 4{,}775$$

$$Q_p = \frac{p}{2}\left((l-2x) - \frac{l^2}{4f}\operatorname{tg}\alpha\right)\cos\alpha; \qquad \frac{p}{2} = 0{,}26\ \text{t/m}; \qquad \frac{l^2}{4f} = 100{,}2\ \text{m}.$$

Für $e > \frac{1}{2}l$ (eine Lastscheide):

$$\min Q_p = -\frac{p}{2}\,\frac{x^2}{e}\cos\alpha; \qquad \max Q_p = Q_p - \min Q_p.$$

Für $e < \frac{1}{2}l$ (zwei Lastscheiden):

$$e'' = e - x;$$

$$\max Q_p = \frac{p}{2}\,\frac{e''^2}{e}\cos\alpha; \qquad \min Q_p = Q_p - \max Q_p.$$

m	y	$\mathrm{tg}\,\alpha$	$\cos\alpha$	$\frac{l}{2f}\cdot\mathrm{tg}\,\alpha$	e	x	$l-2x$	$\frac{l^2}{4f}\mathrm{tg}\,\alpha$	$l-2x-\frac{l^2}{4f}\mathrm{tg}\,\alpha$	Q_v
0	4,40	0,0000	1,000	0,000	42,0	21,00	0,00	0,00	0,00	0,000
1	4,35	0,0357	0,999	0,170	35,9	18,90	4,20	3,58	+ 0,62	+ 0,163
2	4,25	0,0619	0,998	0,295	32,4	16,80	8,40	6,21	+ 2,19	+ 0,574
.	.	.	.	.	.	.	.	.	.	.
.	.	.	.	.	.	.	.	.	.	.

m	e	x	e''	$\frac{p}{2e}\cos\alpha$	$\min Q_v$	Q_v	$\max Q_v$
0	42,0	21,00	—	0,00625	− 2,755	0,000	+ 2,755
1	35,9	18,90	—	0,00730	− 2,605	+ 0,163	+ 2,768
2	32,4	16,80	—	0,00808	− 2,280	+ 0,571	+ 2,854
.	.	.	.	.	.	.	.
.	.	.	.	.	.	.	.

c) Rechenvorschrift für Lastenzüge (140). α) Ungünstigste Laststellung (Abb. 92c).
Größtmomente für Rechtsfahrt, Belastungsbereich $= e$
Kleinstmomente für Linksfahrt, Belastungsbereich $= e'$.

Bedingung für die ungünstigste Laststellung (102):
$\mathfrak{P}_n : \mathfrak{P}_r < e : e'' < \mathfrak{P}_n : \mathfrak{P}_{r-1}$
oder $\mathfrak{P}_n : \mathfrak{P}_r < e' : e''' < \mathfrak{P}_n : \mathfrak{P}_{r-1}$.

Für $\max M_{i',m}$, $\max M_{a',m}$. (Lastenzug E.)

m	e	e''	$e:e''$	n	r	$r-1$	$\mathfrak{P}_n$	$\mathfrak{P}_r$	$\mathfrak{P}_{r-1}$	$\mathfrak{P}_n:\mathfrak{P}_r$	$\mathfrak{P}_n:\mathfrak{P}_{r-1}$
					Obere Kernpunkte i'						
1	19,66	0,76	25,87	9	1	0	165	20	0	8,25	∞
2	18,62	1,82	10,23	8	1	0	145	20	0	7,25	∞
3	17,55	2,85	6,16	8	2	1	145	40	20	3,63	7,25
.	.	.	.	.	.	.	.	.	.	.	.
.	.	.	.	.	.	.	.	.	.	.	.
					Untere Kernpunkte a'						
1	20,50	1,60	12,82	9	1	0	165	20	0	8,25	∞
2	19,55	2,75	7,11	9	2	1	165	40	20	4,12	8,25
3	18,77	4,07	4,61	8	2	1	145	40	20	3,63	7,25
.	.	.	.	.	.	.	.	.	.	.	.
.	.	.	.	.	.	.	.	.	.	.	.

Für $\min M_{i',m}$, $\min M_{a',m}$.

m	e'	e'''	$e':e'''$	n	r	$r-1$	$\mathfrak{P}_n$	$\mathfrak{P}_r$	$\mathfrak{P}_{r-1}$	$\mathfrak{P}_n:\mathfrak{P}_r$	$\mathfrak{P}_n:\mathfrak{P}_{r-1}$
					Obere Kernpunkte i'						
1	22,33	1,33	16,78	11	1	0	205	20	0	10,25	∞
2	23,35	2,35	9,94	12	2	1	225	40	20	5,63	11,25
3	24,45	3,45	7,09	12	2	1	225	40	20	5,63	11,25
.	.	.	.	.	.	.	.	.	.	.	.
.	.	.	.	.	.	.	.	.	.	.	.
					Untere Kernpunkte a'						
1	21,47	0,47	45,7	11	1	0	205	20	0	10,25	∞
2	22,45	1,45	15,46	11	1	0	205	20	0	10,25	∞
3	23,23	2,23	10,41	12	2	1	225	40	20	5,63	11,25
.	.	.	.	.	.	.	.	.	.	.	.
.	.	.	.	.	.	.	.	.	.	.	.

β) Grenzwerte der Momente (119), (140) und Abb. 92c:

$$\max M_v = + \frac{e''}{e}(\mathfrak{S}_n + \mathfrak{P}_n b_n) - \mathfrak{S}_r\,; \qquad \min M_v = -\frac{y}{f}\left[\frac{e'''}{e'}(\mathfrak{S}_n + \mathfrak{P}_n b_n) - \mathfrak{S}_r\right];$$

max $M_{i',m}$, max $M_{a',m}$.

m	e	e''	n	r	b_n	$\mathfrak{P}_n$	$\mathfrak{P}_n b_n$	$\mathfrak{S}_n$	$\mathfrak{S}_n+\mathfrak{P}_n b_n$	$\frac{e''}{e}(\mathfrak{S}_n+\mathfrak{P}_n b_n)$	$\mathfrak{S}_r$	max M_p
						Obere Kernpunkte i						
1	19,66	0,76	9	1	0,9	165	148	1770	1918	74,1	0	74,1
2	18,62	1,82	8	1	3,3	145	479	1118	1597	150,0	0	150,0
3	17,55	2,85	8	2	2,7	145	392	1118	1510	245	30	215
.	.	.	.	.	.	.	.	.	.	.	.	.
.	.	.	.	.	.	.	.	.	.	.	.	.
						Untere Kernpunkte a'						
1	20,50	1,60	9	1	0,9	165	148	1770	1918	149,7	0	149,7
2	19,55	2,75	9	2	0,3	165	49	1770	1819	256	30	226
3	18,77	4,07	8	2	2,7	145	392	1118	1510	328	30	298
.	.	.	.	.	.	.	.	.	.	.	.	.
.	.	.	.	.	.	.	.	.	.	.	.	.

min $M_{i',m}$, min $M_{a',m}$.

m	e'	e'''	n	r	b_n	$\mathfrak{P}_n$	$\mathfrak{P}_n b_n$	$\mathfrak{S}_n$	$\mathfrak{S}_n+\mathfrak{P}_n b_n$	$\frac{e'''}{e'}\cdot(\mathfrak{S}_n+\mathfrak{P}_n b_n)$	$\mathfrak{S}_r$	$-\frac{f}{y}\cdot\min M_p$	y	min M_p
						Obere Kernpunkte i'								
1	22,33	1,33	11	1	0,0	205	0	2295	2295	136,7	0	136,7	4,50	− 139,7
2	23,35	2,35	12	2	0,0	225	0	2602	2602	262	30	232	4,41	− 262,5
3	24,45	3,45	12	2	0,0	225	0	2602	2602	367	30	337	4,29	− 328
.	.	.	.	.	.	.	.	.	.	.	.	.	.	.
.	.	.	.	.	.	.	.	.	.	.	.	.	.	.
						Untere Kernpunkte a'								
1	21,47	0,47	11	1	0,0	205	0	2295	2295	39,6	0	39,6	4,15	− 37,4
2	22,45	1,45	11	1	0,0	205	0	2295	2295	148,4	0	148,4	4,04	− 136,3
3	23,23	2,23	12	2	0,0	225	0	2602	2602	250	30	220	3,81	− 190,5
.	.	.	.	.	.	.	.	.	.	.	.	.	.	.
.	.	.	.	.	.	.	.	.	.	.	.	.	.	.

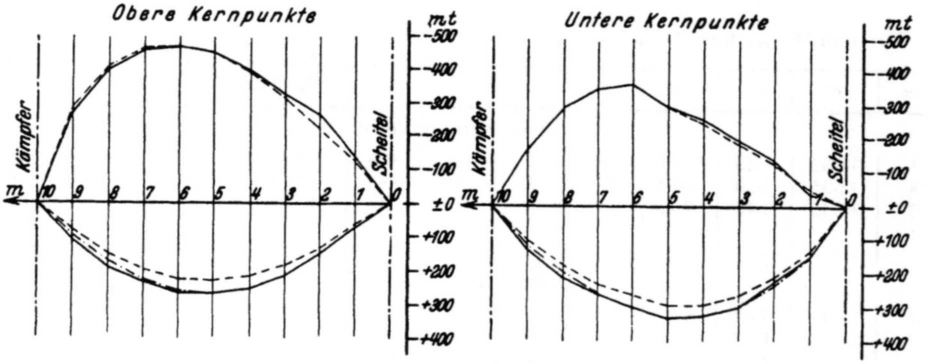

Abb. 95. Kernmomente aus Lastenzug E.

——— Kernmomente aus Lastenzug E der Reichsbahn.
– – – – Kernmomente aus der Ersatzlast $p_E = 8{,}89$ t/m der (BE) für Lastenzug E.
—·—·— Positive Kernmomente aus $p_0 = 10{,}35$ (obere Kernpunkte) und $p_0 = 9{,}97$ (untere Kernpunkte).
p_0 ist diejenige Ersatzlast, die sich mit (139) dem Ergebnis aus Einzellasten am besten anschmiegt.

Tabelle 9. Schnittkräfte am symmetrischen Dreigelenkbogen.

$\frac{x}{l}=\xi,\quad \frac{x'}{l}=\xi',\quad \xi-\xi^2=\omega_R,\quad \xi-\xi^3=\omega_D,\quad \frac{y}{f}=\eta,\quad \frac{y'}{f}=\eta'.$

Belastung*	Auflagerdruck	Biegungsmoment
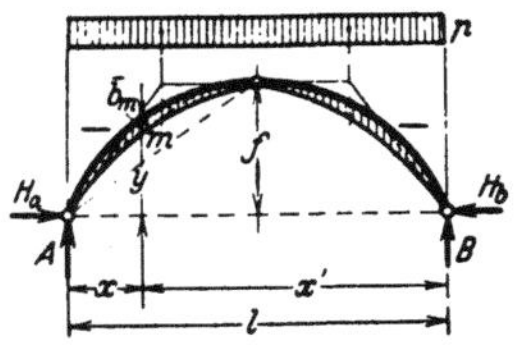	$A=B=\frac{pl}{2}$ $H_a=H_b=\frac{pl^2}{8f}$	$M_m=\frac{pl^2}{8}(4\omega_R-\eta)$ Für Parabelbogen: $M_m=0$
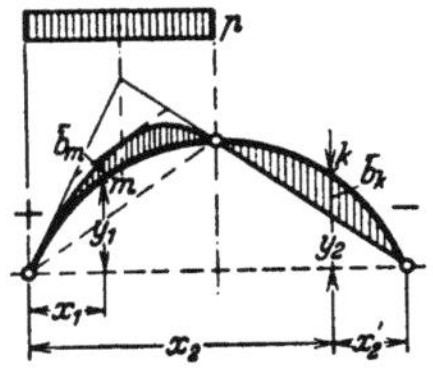	$A=\frac{3}{8}pl$ $B=\frac{1}{8}pl$ $H_a=H_b=\frac{pl^2}{16f}$	$M_m=\frac{pl^2}{16}(8\omega_{R_1}-2\xi_1-\eta_1)$ $M_k=\frac{pl^2}{16}(2\xi_2'-\eta_2)$
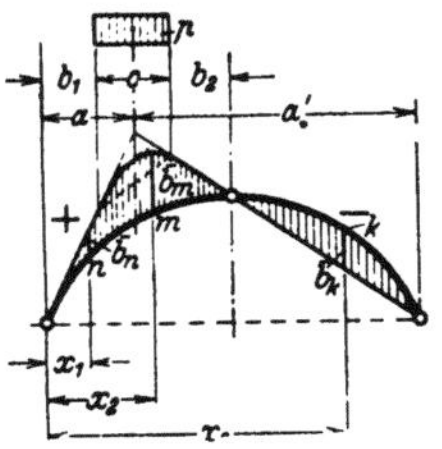	$A=\frac{pca'}{l}$ $B=\frac{pca}{l}$ $H_a=H_b=\frac{pca}{2f}$	$M_n=\frac{pca}{2}\left(2\frac{a'}{a}\xi_1-\eta_1\right)$ $M_m=\frac{pca}{2}\left(2\frac{a'}{a}\xi_2-\eta_2-\frac{(x_2-b_1)^2}{ac}\right)$ $M_k=\frac{pca}{2}(2\xi_3'-\eta_3)$
	auch gültig für $b_1=0$ oder $b_2=0$	
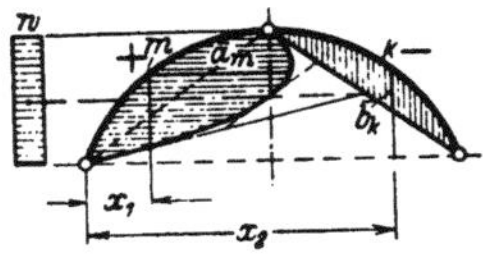	$A=-\frac{wf^2}{2l}$ $B=\frac{wf^2}{2l}$ $H_a=-\frac{3}{4}wf$ $H_b=\frac{1}{4}wf$	$M_m=-\frac{wf^2}{2}\left(\xi_1-\frac{3}{2}\eta_1+\eta_1^3\right)$ $M_k=\frac{wf^2}{4}(2\xi_2'-\eta_2)$
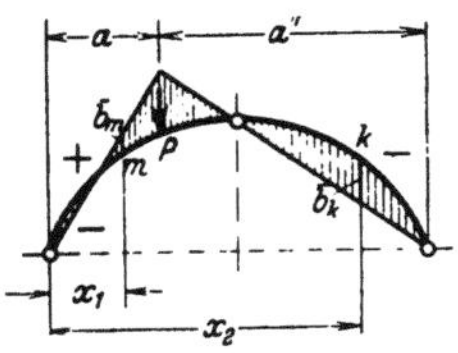	$A=P\frac{a'}{l}$ $B=P\frac{a}{l}$ $H_a=H_b=P\frac{a}{2f}$	$M_m=P\frac{a}{2}\left(2\frac{a'}{a}\xi_1-\eta_1\right)$ $M_k=P\frac{a}{2}(2\xi_2'-\eta_2)$
Sonderfall $a=\frac{l}{2}$	$A=B=\frac{P}{2}$ $H_a=H_b=\frac{Pl}{4f}$	$M_m=P\frac{l}{4}(2\xi_1-\eta_1)$

* Die Momente sind dargestellt durch $\bar{b}=\frac{M}{H_b}$, $\bar{a}=\frac{M}{B}$.

Tabelle 9 (Fortsetzung).

Belastung	Auflagerdruck	Biegungsmoment
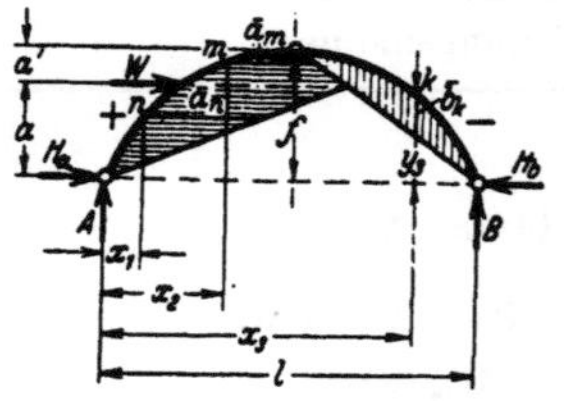	$A = -W\frac{a}{l}$ $B = W\frac{a}{l}$ $H_a = -W\frac{a'+f}{2f}$ $H_b = W\frac{a}{2f}$	$M_n = -W\frac{a}{2}\left(2\xi_1 - \frac{a'+f}{a}\eta_1\right)$ $M_m = -W\frac{a}{2}\left(2\xi_2 - \frac{a'+f}{a}\eta_2 + 2\frac{y_2 - a}{a}\right)$ $M_k = W\frac{a}{2}(2\xi_3' - \eta_3)$
Sonderfall $a = f$	$A = -B = -W\frac{f}{l}$ $H_a = -H_b = -\frac{W}{2}$	$M_n = -W\frac{f}{2}(2\xi_1 - \eta_1)$
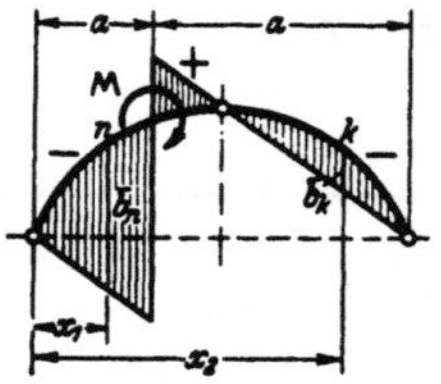	$A = -\frac{\mathsf{M}}{l}$ $B = \frac{\mathsf{M}}{l}$ $H_a = H_b = \frac{\mathsf{M}}{2f}$	$M_n = -\frac{\mathsf{M}}{2}(2\xi_1 + \eta_1)$ $M_k = \frac{\mathsf{M}}{2}(2\xi_2' - \eta_1)$
	auch gültig für $a = 0$ oder $a = \frac{l}{2}$	
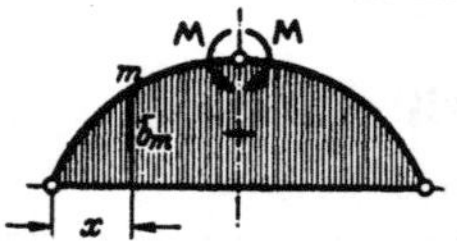	$A = B = 0$ $H_a = H_b = -\frac{\mathsf{M}}{f}$	$M_m = \mathsf{M}\,\eta$
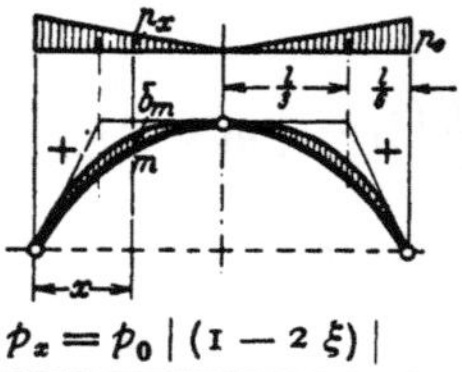 $p_x = p_0\,\lvert(1 - 2\xi)\rvert$	$A = B = \frac{p_0 l}{4}$ $H_a = H_b = \frac{p_0 l^2}{24 f}$	$M_m = \frac{p_0 l^2}{24}[2\xi + 4(\omega_D' - \omega_D) - \eta]$
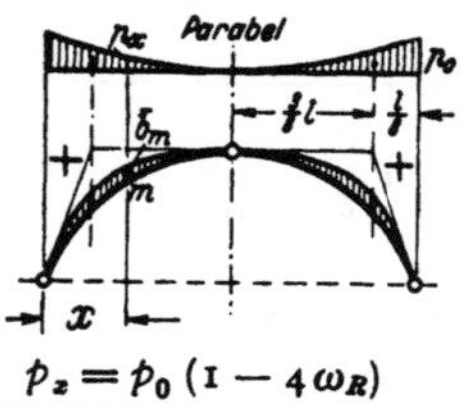 $p_x = p_0(1 - 4\omega_R)$	$A = B = \frac{p_0 l}{6}$ $H_a = H_b = \frac{p_0 l^2}{48 f}$	$M_m = \frac{p_0 l^2}{48}[8\omega_R(1 - 2\omega_R) - \eta]$
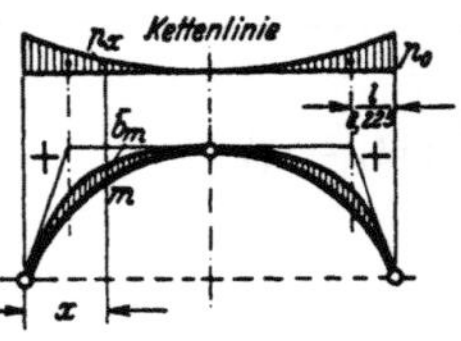	$A = B = \frac{p_0 l}{2}\left(\frac{\mathfrak{Sin}\,\alpha}{\alpha} - 1\right)$ $= \frac{1}{6{,}3452}p_0 l$ $H_a = H_b = \frac{p_0 l^2}{4f}\left(\frac{1}{\alpha^2} - \frac{1}{2}\right)$ $= \frac{1}{52{,}1989}\frac{p_0 l^2}{f}$	$M_m = \frac{p_0 l^2}{4}\left[\frac{2}{\alpha^2} - 2\omega_R - \frac{1}{\alpha^2}\mathfrak{Cos}\,\alpha(2\xi - 1) - \left(\frac{1}{\alpha^2} - \frac{1}{2}\right)\eta\right]$

$p_x = p_0[\mathfrak{Cos}\,\alpha(2\xi - 1) - 1]$, $\alpha = \mathfrak{Ar}\mathfrak{Cos}\,2 = 1{,}3169$.

Tabelle 9 (Fortsetzung).

Belastung	Auflagerdruck	Biegungsmoment
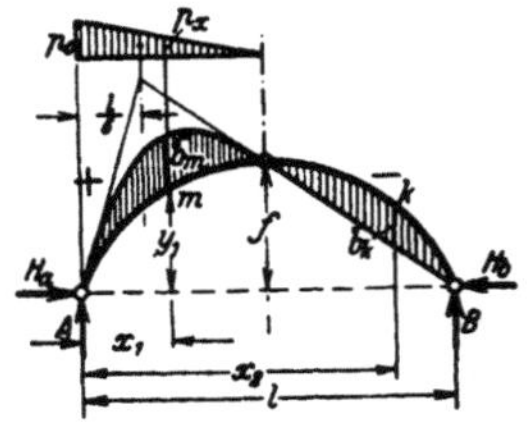	$A = \frac{5}{24} p l$ $B = \frac{1}{24} p l$ $H_a = H_b = \frac{p l^2}{48 f}$	$M_m = \frac{p l^2}{48}\left[2\xi_1 + 8(\omega'_{D_1} - \omega_{D_1}) - \eta_1\right]$ $M_k = \frac{p l^2}{48}(2\xi'_2 - \eta_2)$
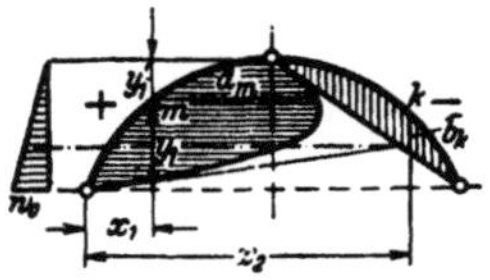	$A = -\frac{w_0 f^2}{6 l}$ $B = \frac{w_0 f^2}{6 l}$ $H_a = -\frac{5}{12} w_0 f$ $H_b = \frac{1}{12} w_0 f$	$M_m = \frac{w_0 f^2}{12}\left[2(\eta'_1 - \eta'^3_1) + \eta_1 - 2\xi_1\right]$ $M_k = \frac{w_0 f^2}{12}(2\xi'_2 - \eta_2)$

Die angegebenen Formeln gelten für jede symmetrische Bogenform $y = f(x)$. Sie sind daher auch auf beliebige symmetrische Dreigelenkrahmen anwendbar. Haben diese senkrechte Pfosten, so bedeutet y sinngemäß die Ordinate des betrachteten Querschnitts. Ein Beispiel sei hierfür angegeben:

Belastung	Auflagerdruck	Biegungsmoment
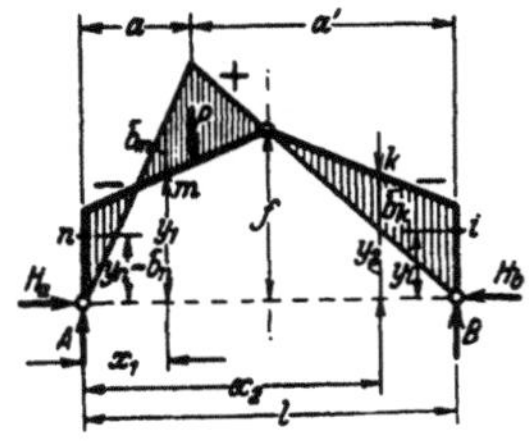	$A = P\frac{a'}{l}$ $B = P\frac{a}{l}$ $H_a = H_b = P\frac{a}{2f}$	$M_n = -P\frac{a}{2}\eta_n$ $M_m = P\frac{a}{2}\left(2\frac{a'}{a}\xi_1 - \eta_1\right)$ $M_k = P\frac{a}{2}(2\xi'_2 - \eta_2)$ $M_i = -P\frac{a}{2}\eta_i$
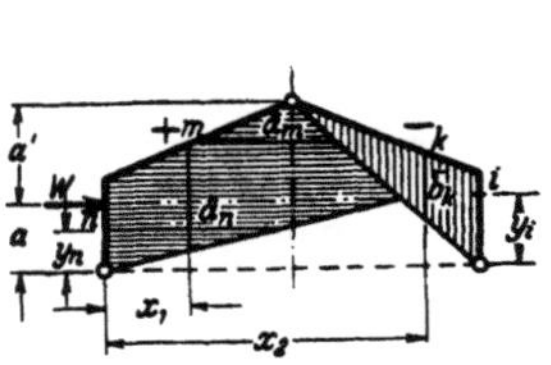	$A = -W\frac{a}{l}$ $B = W\frac{a}{l}$ $H_a = -W\frac{a'+f}{2f}$ $H_b = W\frac{a}{2f}$	$M_n = W\frac{a'+f}{2}\eta_n$ $M_m = -W\frac{a}{2}\left(2\xi_1 - \frac{a'+f}{a}\eta_1 + 2\frac{y_1 - a}{a}\right)$ $M_k = W\frac{a}{2}(2\xi'_2 - \eta_2)$ $M_i = -W\frac{a}{2}\eta_i$
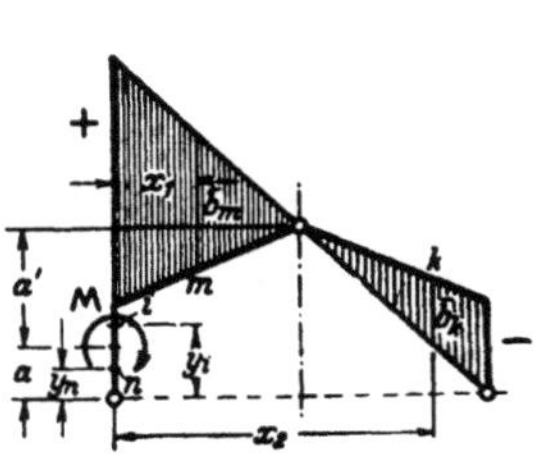	$A = -\frac{\mathsf{M}}{l}$ $B = \frac{\mathsf{M}}{l}$ $H_a = H_b = \frac{\mathsf{M}}{2f}$	$M_n = -\frac{\mathsf{M}}{2}\eta_n$ $M_i = \frac{\mathsf{M}}{2}(2 - \eta_i)$ $M_m = \frac{\mathsf{M}}{2}(2\xi'_1 - \eta_1)$ $M_k = \frac{\mathsf{M}}{2}(2\xi'_2 - \eta_2)$

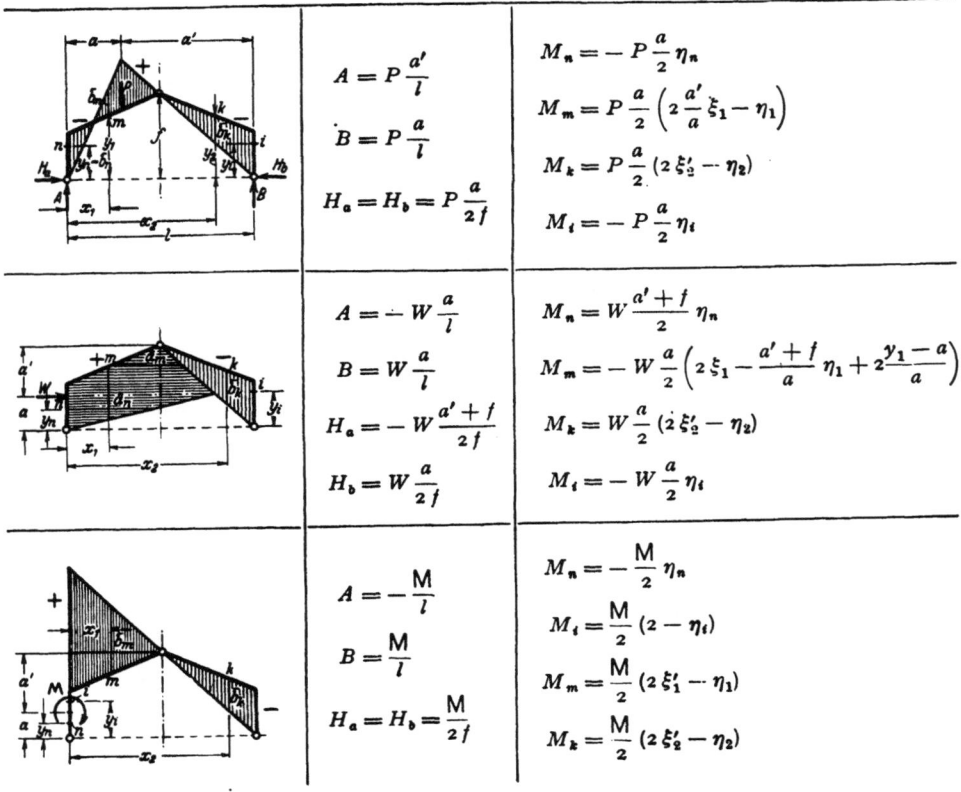

Tabelle 10. **Schnittkräfte am symmetrischen Dreigelenkbogen.**

Gleichung der Bogenmittellinie:

$$\text{Parabelbogen:} \quad y = \frac{4f}{l^2} \cdot (l\,x - x^2) = 4\,f\,\omega_R\,.$$

$$\text{Kreisbogen:} \quad x = \frac{l}{2} - r \cdot \sin\varphi; \quad y = f - (1 - \cos\varphi)\,r\,.$$

Belastungen:

p_0 = volle gleichförmige Belastung.
p_I = halbseitige gleichförmige Belastung.
p_{II} = Streckenlast über dem Abschnitt e der Einflußlinie des Biegungsmomentes in $x_{II} = l/4$ beim Parabelbogen und in $\varphi_{II} = \varphi_0/2$ beim Kreisbogen.

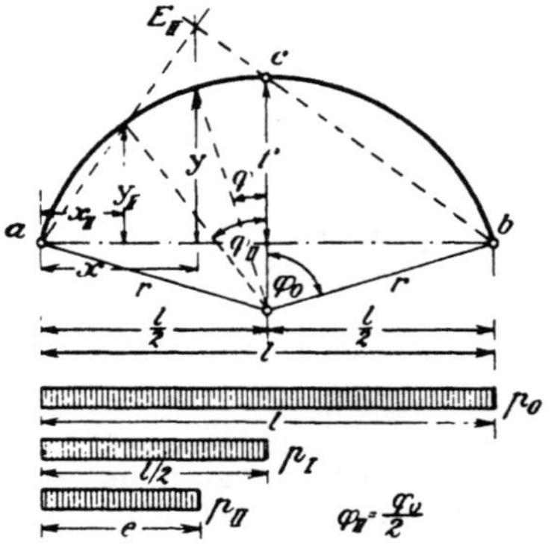

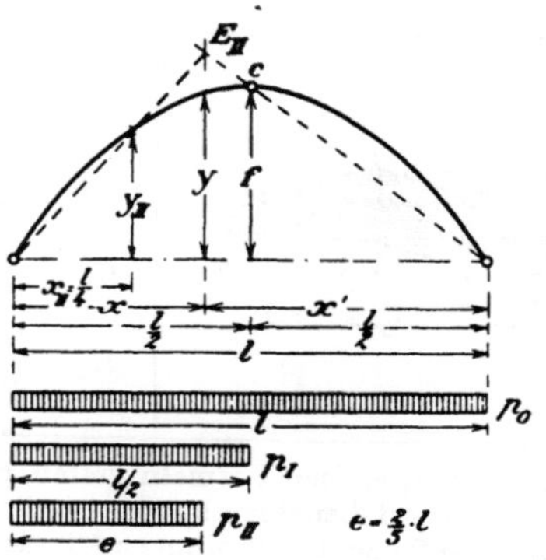

f/l	Kreis $^1/_2$	Kreis $^1/_3$	Kreis $^1/_4$	Kreis $^1/_6$	Kreis $^1/_8$	Multiplikator	Parabel, angenähert für Kreise mit $f/l = \psi \leqq 1/10$
x_{II}	0,1465	0,1995	0,2205	0,2365	0,2423	l	$l/4 = 0{,}2500\,l$
y_{II}	0,7071	0,7272	0,7360	0,7434	0,7466	f	$\frac{3}{4}\,f = 0{,}7500\,f$
e	0,2929	0,3543	0,3750	0,3890	0,3939	l	$\frac{2}{5}\,l = 0{,}4000\,l$
A_0	0,5000	0,5000	0,5000	0,5000	0,5000	pl	$p\,l/2 = 0{,}5000\,pl$
A_I	0,3750	0,3750	0,3750	0,3750	0,3750	pl	$\frac{3}{8}\,pl = 0{,}3750\,pl$
A_{II}	0,2500	0,2915	0,3047	0,3133	0,3163	pl	$\frac{8}{25}\,pl = 0{,}3200\,pl$
B_0	0,5000	0,5000	0,5000	0,5000	0,5000	pl	$p\,l/2 = 0{,}5000\,pl$
B_I	0,1250	0,1250	0,1250	0,1250	0,1250	pl	$\frac{1}{8}\,pl = 0{,}1250\,pl$
B_{II}	0,0429	0,0628	0,0703	0,0757	0,0776	pl	$\frac{2}{25}\,pl = 0{,}0800\,pl$
H_0	0,2500	0,3750	0,5000	0,7500	1,000	pl	$0{,}1250\,pl/\psi$
H_I	0,1250	0,1775	0,2500	0,3750	0,500	pl	$0{,}0625\,pl/\psi$
H_{II}	0,0429	0,0942	0,1406	0,2271	0,3104	pl	$0{,}0400\,pl/\psi$
M_0	− 0,0259	− 0,0110	− 0,0061	− 0,0027	− 0,0015	pl^2	0
M_I	0	+ 0,0094	+ 0,0124	+ 0,0142	+ 0,0149	pl^2	$+\frac{1}{64}\,pl^2 = +0{,}0156\,pl^2$
M_{II}	+ 0,0107	+ 0,0154	+ 0,0170	+ 0,0182	+ 0,0185	pl^2	$+\frac{3}{160}\,pl^2 = +0{,}01875\,pl^2$
Q_0	+ 0,0732	+ 0,0420	+ 0,0264	+ 0,0128	+ 0,0075	pl	0
Q_I	+ 0,0732	+ 0,0420	+ 0,0264	+ 0,0128	+ 0,0075	pl	0
Q_{II}	+ 0,0429	+ 0,0243	+ 0,0124	+ 0,0011	− 0,0035	pl	$-0{,}0100\,pl/\sqrt{1 + (2\,\psi)^2}$
N_0	− 0,4268	− 0,4787	− 0,5722	− 0,7948	− 1,0326	pl	$-0{,}2500\,pl\,\sqrt{1 + 1/(2\,\psi)^2}$
N_I	− 0,2500	− 0,2534	− 0,2927	− 0,3996	− 0,5173	pl	$-0{,}1250\,pl\,\sqrt{1 + 1/(2\,\psi)^2}$
N_{II}	− 0,1036	− 0,1294	− 0,1634	− 0,2397	− 0,3191	pl	$-0{,}1600\,\psi\,pl\,[0{,}8750 + 1/(2\,\psi)^2]/\sqrt{1 + (2\,\psi)^2}$

III. Die Formänderung des ebenen Stabzugs.

17. Die allgemeinen Ansätze.

Scheibe und Träger gelten bei ihrer Verwendung im Bauwesen in der Regel als Stäbe, deren Querschnitte bei der Formänderung eben bleiben und nicht in ihrer Ebene verzerrt werden. Diese Voraussetzung ist nur bei geschlossenem, unveränderlichem Querschnitt mit kleinen Abmessungen relativ zur Stablänge erfüllt. Die Formänderung des Stabes kann dann durch die Verschiebung des Schwerpunktes u_0, v_0, w_0 und durch die Verdrehung ψ_x, ψ_y, ψ_z des Querschnitts, also durch 6 Komponenten beschrieben werden. Die Verschiebung eines beliebigen Punktes des Querschnitts ist bei $\psi_x \approx 0$ und bei Vernachlässigung von kleinen Größen zweiter Ordnung $v = v_0$, $w = w_0$, $u \neq u_0$, so daß nach (26) die folgenden Beziehungen zwischen den Verschiebungen und den Komponenten des Verzerrungs- und Spannungszustandes bestehen:

$$\left.\begin{aligned} \varepsilon_x &= \frac{\partial u}{\partial x}, \qquad \varepsilon_y = \frac{\partial v}{\partial y} = 0, \qquad \varepsilon_z = \frac{\partial w}{\partial z} = 0, \\ \gamma_{xy} &= \frac{\partial v}{\partial x} + \frac{\partial u}{\partial y}, \qquad \gamma_{yz} = \frac{\partial w}{\partial y} + \frac{\partial v}{\partial z} = 0, \qquad \gamma_{zx} = \frac{\partial u}{\partial z} + \frac{\partial w}{\partial x}, \\ \sigma_x &= E\,\varepsilon_x, \qquad \tau_{xy} = G\,\gamma_{xy}, \qquad \tau_{xz} = G\,\gamma_{xz}. \end{aligned}\right\} \tag{143}$$

Die allgemeinen Ergebnisse des Abschnitts 8 für die Formänderungsarbeit und für das Clapeyronsche Gesetz lassen sich daher mit den äußeren Kräften $\mathfrak{Q}_m$, M_m und p_x, p_y, p_z je Längeneinheit folgendermaßen vereinfachen:

$$\begin{aligned} A_i &= \tfrac{1}{2}\int (p_x u + p_y v + p_z w)\,ds + \tfrac{1}{2}\sum \mathfrak{Q}_m \mathfrak{s}_m + \tfrac{1}{2}\sum \mathsf{M}_m \varphi_m \\ &= \tfrac{1}{2}\int (\sigma_x \varepsilon_x + \tau_{xz}\gamma_{xz} + \tau_{xy}\gamma_{xy})\,dV, \end{aligned} \tag{144}$$

$$A_i(\varepsilon, \gamma) = G\int [(1+\mu)\,\varepsilon_x^2 + \tfrac{1}{2}(\gamma_{xz}^2 + \gamma_{xy}^2)]\,dV, \tag{145}$$

$$A_i(\sigma, \tau) = \frac{1}{2}\int \left[\frac{\sigma_x^2}{E} + \frac{\tau_{xy}^2 + \tau_{xz}^2}{G}\right] dV. \tag{146}$$

Variation nach den Verschiebungen (Prinzip der virtuellen Verrückungen):

$$\int (p_z\,\delta w + p_x\,\delta u + p_y\,\delta v)\,ds + \sum \mathfrak{Q}_m\,\delta\mathfrak{s}_m + \sum \mathsf{M}_m\,\delta\varphi_m = \int (\sigma_x\,\delta\varepsilon_x + \tau_{xz}\,\delta\gamma_{xz} + \tau_{xy}\delta\gamma_{xy})\,dV. \tag{147}$$

Variation nach den Spannungen (Castiglianos Prinzip):

$$\int (\delta p_z\,w + \delta p_x\,u + \delta p_y\,v)\,ds + \sum \delta\mathfrak{Q}_m\,\mathfrak{s}_m + \sum \delta\mathsf{M}_m\,\varphi_m = \int (\delta\sigma_x\,\varepsilon_x + \delta\tau_{xz}\,\gamma_{xz} + \delta\tau_{xy}\gamma_{xy})\,dV. \tag{148}$$

Bei einem Stab oder Stabzug mit einer Symmetrieebene, welche die Wirkungslinien aller äußeren Kräfte enthält, ist aus Symmetriegründen

$$p_y = 0; \qquad v_0 = \psi_x = \psi_z = 0, \qquad \gamma_{xy} = 0, \qquad \tau_{xy} = 0 \tag{149}$$

und daher

$$A_i = \frac{1}{2}\int (\sigma_x\,\varepsilon_x + \tau_{xz}\,\gamma_{xz})\,dV = G\int \left[(1+\mu)\,\varepsilon_x^2 + \frac{1}{2}\gamma_{xz}^2\right] dV = \frac{1}{2}\int \left(\frac{\sigma_x^2}{E} + \frac{\tau_{xz}^2}{G}\right) dV. \tag{150}$$

In den Variationsansätzen (147) und (148) scheiden die Glieder γ_{xy}, τ_{xy}, γ_{xz}, τ_{xz} aus. Die Variation der stetigen Belastung δp_x, δp_y, δp_z ist für die Anwendung ohne Bedeutung.

Die Variation des Verschiebungszustandes besteht aus den virtuellen Verschiebungen δu, δv, δw und aus den hiermit geometrisch verträglichen Verzerrungen $\delta\varepsilon_x$, $\delta\gamma_{xz}$, $\delta\gamma_{xy}$ der differentialen Elemente des Stabes. Die Variation des Spannungszustandes besteht aus einer virtuellen Gruppe von äußeren Kräften $\delta\mathfrak{Q}_m$, $\delta\mathsf{M}_m$, die untereinander und mit den Spannungen $\delta\sigma_x$, $\delta\tau_{xz}$, $\delta\tau_{xy}$ im Gleichgewicht sind. In der Baustatik sind hierfür besondere Bezeichnungen üblich. Man setzt:

$$\delta u = \bar{u}\,,\quad \delta v = \bar{v}\,,\quad \delta w = \bar{w}\,,\quad \delta\varepsilon_x = \bar{\varepsilon}_x\,,\quad \delta\gamma_{xz} = \bar{\gamma}_{xz}\,,\quad \delta\gamma_{xy} = \bar{\gamma}_{xy}\,.$$

Die Projektion von $\delta\mathfrak{s}_m$ auf die Kraftrichtung $\mathfrak{Q}_m$ ist die virtuelle Verschiebung $\bar{\delta}_m$. Die Komponenten des virtuellen Belastungs- und Spannungszustandes sind

$$\delta\mathfrak{Q}_m = \bar{\mathfrak{Q}}_m\,,\quad \delta\mathsf{M}_m = \bar{\mathsf{M}}_m\,,\quad \delta\sigma_x = \bar{\sigma}_x\,,\quad \delta\tau_{xz} = \bar{\tau}_{xz}\,,\quad \delta\tau_{xy} = \tau_{xy}\,.$$

Die Gruppe der virtuellen äußeren Kräfte $\bar{\mathfrak{Q}}_m$ zerfällt in die virtuelle Belastung $\bar{P}_m$ und in die zugeordneten Stützkräfte $\bar{C}_e$. Die Projektionen der Verschiebungen $(u_m \mathrel{\hat{+}} v_m \mathrel{\hat{+}} w_m) = \mathfrak{s}_m$ auf die Kraftrichtungen $\bar{P}_m$ werden δ_m, die Projektionen der bekannten Verschiebungen der Stützpunkte auf die Richtung der Stützkräfte Δ_e genannt. Die Variationsansätze (147) und (148) lauten dann nach (149) für Stäbe mit einer Symmetrieebene, welche nach Abb. 21 die Belastung enthält, folgendermaßen:

Variation der Formänderungsarbeit nach den Verschiebungen (Prinzip der virtuellen Verrückungen):

$$\sum P_m \bar{\delta}_m + \sum \mathsf{M}_m \bar{\varphi}_m + \sum C_e \bar{\Delta}_e = \int (\sigma_x \bar{\varepsilon}_x + \tau_{xz} \bar{\gamma}_{xz})\, dV\,; \tag{151}$$

Variation der Formänderungsarbeit nach den Spannungen (Castiglianos Prinzip):

$$\sum \bar{P}_m \delta_m + \sum \bar{\mathsf{M}}_m \varphi_m + \sum \bar{C}_e \Delta_e = \int (\bar{\sigma}_x \varepsilon_x + \bar{\tau}_{xz} \gamma_{xz})\, dV\,. \tag{152}$$

Die Dehnung $\varepsilon_x = \varepsilon_x(z)$ ist durch die Symmetrie der vorgeschriebenen Belastung unabhängig von y und bei der angenommenen ebenen Verschiebung des Querschnitts durch die Kräfte (P, C_e) und einem linearen Temperaturgefälle t linear in z.

$$\left.\begin{aligned} t(z) &= t + (t_i - t_a)\frac{z}{h} = t + \frac{\Delta t}{h} z\,.\\ \varepsilon_x(z) &= (\varepsilon_0 + \alpha_t t) + \left(\frac{d\psi_y}{ds} + \alpha_t \frac{\Delta t}{h}\right) z\,. \end{aligned}\right\} \tag{153}$$

Durch Einführung der Schnittkräfte nach (51) und (59) wird daher bei geraden und mit genügender Annäherung auch bei gekrümmten Stäben

$$\varepsilon_x(z) = \frac{N}{EF} + \frac{M_y}{EJ_y} z + \alpha_t t + \alpha_t \frac{\Delta t}{h} z, \qquad \gamma_{xz} \approx \gamma_{xz,0} = \frac{\varkappa Q_z}{GF}\,, \tag{154}$$

$$\bar{\sigma}_x = \frac{\bar{N}}{F} + \frac{\bar{M}_y}{J_y} z, \qquad \bar{\tau}_{xz} = \frac{\bar{Q}_z S_{by}}{J_y b}\,. \tag{155}$$

Dabei ist für die Änderung der rechten Winkel $\gamma_{xz}(z)$ des differentialen Prismas durch die Schubspannungen τ_{xz} ein Mittelwert $\gamma_{xz,0}$ eingeführt worden. N, M_y, Q_z sind die Schnittkräfte aus der vorgeschriebenen Belastung (P, C), $\bar{N}$, $\bar{M}_y$, $\bar{Q}_z$ die Schnittkräfte aus der virtuellen Belastung $(\bar{P}, \bar{C})$. Sie werden nach den Angaben in den Abschnitten 13ff. berechnet, so daß die Variation der Formänderungsarbeit nach den Spannungen in der folgenden Form verwendet werden kann:

$$\sum \bar{P}_m \delta_m + \sum \bar{\mathsf{M}}_m \varphi_m + \sum \bar{C}_e \Delta_e =$$

$$= \int_0^l \left(\frac{N}{EF} + \alpha_t t\right) ds \int_F \bar{\sigma}_x\, dF + \int_0^l \left(\frac{M_y}{EJ_y} + \alpha_t \frac{\Delta t}{h}\right) ds \int_F \bar{\sigma}_x z\, dF + \int_0^l \frac{\varkappa Q_z}{GF} ds \int_F \bar{\tau}_{xz}\, dF\,.$$

Dabei ist $dV = F\,ds$. Mit $\int_F z\,dF = 0$, $\int_F z^2\,dF = J_y$ und $\int_F dF = F$ ist

$$\left.\begin{aligned} &\sum \bar{P}_m \delta_m + \sum \bar{\mathsf{M}}_m \varphi_m + \sum \bar{C}_e \Delta_e =\\ &= \int_0^l \frac{\bar{N} N}{EF} ds + \int_0^l \frac{\bar{M}_y M_y}{EJ_y} ds + \int_0^l \varkappa \frac{\bar{Q}_z Q_z}{GF} ds + \int_0^l \bar{N} \alpha_t t\, ds + \int_0^l \bar{M}_y \alpha_t \frac{\Delta t}{h}\, ds. \end{aligned}\right\} \tag{156}$$

Die Erweiterung des Ansatzes für allgemeinere Belastungsannahmen nach (49) und (58) bedarf keiner besonderen Erläuterung.

Die Integration erstreckt sich über diejenigen Teile des Stabzugs, deren Spannungen und Dehnungen nach dem Geradliniengesetz angegeben werden können, so daß die Stabzugecken und Stabzugknoten streng genommen ausscheiden. Bei dem summarischen Charakter des Ansatzes wird jedoch in der Regel die theoretische Stablänge zugrunde gelegt und der Stababschnitt im Knoten nur in Ausnahmefällen mit $J = \infty$ als starr angenommen.

Der Clapeyronsche Ansatz für den Stabzug. Der allgemeine Ansatz des Abschnitts 8 kann nach den mit der Definition des Spannungszustandes eines Stabzugs verbundenen Annahmen folgendermaßen angeschrieben werden:

$$\tfrac{1}{2}\sum P_m\,\delta_m + \tfrac{1}{2}\sum \mathsf{M}_m\,\varphi_m = A_i. \tag{157}$$

Bei vorgeschriebenen Stützenverschiebungen tritt an die Stelle der Formänderungsarbeit A_i nach (150) die Ergänzungsarbeit A_i^*. Sie ist nach (37)

$$A_i^* = A_i - \sum C_e\,\Delta_e. \tag{158}$$

Ändert sich während der Formänderung außerdem die Temperatur des Stabzugs, so ist mit $M_y = M$, $Q_z = Q$

$$\tfrac{1}{2}\sum P_m\,\delta_m + \tfrac{1}{2}\sum \mathsf{M}_m\,\varphi_m = A_i - \sum C_e\,\Delta_e + \int N\,\alpha_t\,t\,ds + \int M\,\frac{\alpha_t\,\Delta t}{h}\,ds = A_i^{**}. \tag{159}$$

Auf Grund des Hookeschen Gesetzes kann jede Verschiebung δ_m und jede Winkeländerung φ_m als lineare Funktion der einzelnen Lasten und Kräftepaare entwickelt werden.

$$\left.\begin{aligned} \delta_m &= \delta_{m1}\,P_1 + \cdots \delta_{mk}\,P_k + \cdots + \delta'_{m1}\,\mathsf{M}_1 + \cdots \delta'_{mk}\,\mathsf{M}_k + \cdots,\\ \varphi_m &= \varphi'_{m1}\,P_1 + \cdots \varphi'_{mk}\,P_k + \cdots + \varphi_{m1}\,\mathsf{M}_1 + \cdots \varphi_{mk}\,\mathsf{M}_k + \cdots. \end{aligned}\right\} \tag{160}$$

Wird der Ansatz (159) mit dieser Superposition nach P_k oder M_k partiell differentiiert, so ist

$$\left.\begin{aligned} \frac{\partial}{\partial P_k}\left[\tfrac{1}{2}\sum P_m\,\delta_m + \tfrac{1}{2}\sum \mathsf{M}_m\,\varphi_m\right] &= \delta_k,\\ \frac{\partial}{\partial \mathsf{M}_k}\left[\tfrac{1}{2}\sum P_m\,\delta_m + \tfrac{1}{2}\sum \mathsf{M}_m\,\varphi_m\right] &= \varphi_k. \end{aligned}\right\} \tag{161}$$

Die Komponenten δ_k oder φ_k des Verschiebungszustandes werden demnach als partielle Ableitungen einer der Funktionen A_i, A_i^* oder A_i^{**} nach der am Querschnitt k angreifenden Kraft P_k oder dem hier wirkenden Kräftepaar M_k gefunden. Richtung und Sinn von δ_k und φ_k stimmen mit $\vec{P}_k$ und $\vec{\mathsf{M}}_k$ überein.

$$\delta_k = \frac{\partial A_i}{\partial P_k}, \qquad \varphi_k = \frac{\partial A_i}{\partial \mathsf{M}_k}. \tag{162}$$

Nach (51), (59) und (154) ist die Formänderungsarbeit des Stabzugs

$$A_i = \frac{1}{2}\int\left(\frac{N^2}{EF} + \frac{M^2}{EJ} + \varkappa\,\frac{Q^2}{GF}\right)ds, \tag{163}$$

und demnach bei gleichzeitiger Änderung der Temperatur und Verschiebung der Stützen

$$\left.\begin{aligned} \delta_k = \int_0^l N\,\frac{\partial N}{\partial P_k}\,\frac{ds}{EF} + \int_0^l M\,\frac{\partial M}{\partial P_k}\,\frac{ds}{EJ} + \int_0^l \varkappa\,Q\,\frac{\partial Q}{\partial P_k}\,\frac{ds}{GF} - \sum \frac{\partial C_e}{\partial P_k}\,\Delta_e\\ + \int_0^l \frac{\partial N}{\partial P_k}\,\alpha_t\,t\,ds + \int_0^l \frac{\partial M}{\partial P_k}\,\alpha_t\,\frac{\Delta t}{h}\,ds. \end{aligned}\right| \tag{164}$$

Jede Stütz- oder Schnittkraft kann nach dem Superpositionsgesetz als lineare Funktion der Belastung angeschrieben werden.

$$N = \sum_1^n N_m P_m, \qquad M = \sum_1^n M_m P_m, \qquad Q = \sum_1^n Q_m P_m, \qquad C = \sum_1^n C_m P_m.$$

Daher ist

$$\frac{\partial N}{\partial P_k} = N_k, \qquad \frac{\partial M}{\partial P_k} = M_k, \qquad \frac{\partial Q}{\partial P_k} = Q_k, \qquad \frac{\partial C}{\partial P_k} = C_k. \tag{165}$$

Die partielle Ableitung der Funktion A_i^{**} nach P_k führt also zu dem bereits bekannten Ergebnis (156) mit der virtuellen Belastung $\overline{P}_k = 1$.

Um die Verschiebung $\overrightarrow{kk'}$ als partielle Ableitung einer der Funktionen A_i zu berechnen, ist unter Umständen die vorgeschriebene Belastung $\mathfrak{P}$ durch eine in Richtung $\overrightarrow{kk'}$ wirkende Kraft $P_k = 0$ oder ein im Drehsinn $\overrightarrow{kk'}$ wirkendes Kräftepaar $\mathsf{M}_k = 0$ zu ergänzen, um im Ansatz über die für die Ableitung der Funktion notwendige Veränderliche P_k, M_k zu verfügen.

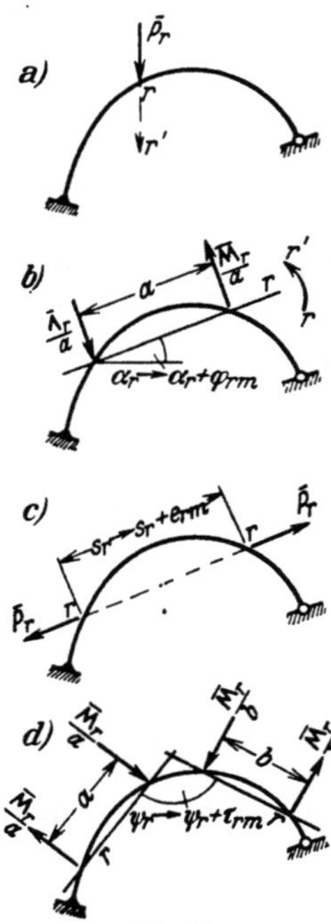

Abb. 96.

Das Prinzip der Wechselwirkung für den Stabzug. Das Prinzip der Wechselwirkung von E. Betti ist für die virtuelle Arbeit zweier Kräftegruppen an einem elastischen Körper bewiesen worden. Es bedarf nach (156) für den Stabzug keiner besonderen Begründung, wenn die Anteile $(M\,ds/EJ)$; $(\overline{M}\,ds/EJ)$ des Integranden als die Verzerrungskomponenten aus zwei Kräftegruppen ($\mathfrak{P}$, M) und ($\overline{\mathfrak{P}}$, $\overline{\mathsf{M}}$) angesehen werden. Die rechte Seite des Ansatzes (156) bedeutet dann entweder die virtuelle Arbeit der Kräftegruppe ($\overline{\mathfrak{P}}$, $\overline{\mathsf{M}}$) während der Formänderung (δ, φ) aus ($\mathfrak{P}$, M) oder die virtuelle Arbeit der Kräftegruppe ($\mathfrak{P}$, M) während der Formänderung ($\overline{\delta}$, $\overline{\varphi}$) aus ($\overline{\mathfrak{P}}$, $\overline{\mathsf{M}}$)

$$\sum \overline{P}_m \delta_m + \sum \overline{\mathsf{M}}_m \varphi_m = \sum P_m \overline{\delta}_m + \sum \mathsf{M}_m \overline{\varphi}_m. \tag{166}$$

Ist nur die Kraft $\overline{P}_r$ oder das Kräftepaar $\overline{\mathsf{M}}_r$ vorhanden und daher

$$\overline{P}_r \delta_{rm} = \sum P_m \overline{\delta}_{mr}, \qquad \overline{\mathsf{M}}_r \varphi_{rm} = \sum P_m \overline{\delta}_{mr}, \tag{167}$$

so wird der Ansatz in der Regel nach J. Cl. Maxwell benannt. Die virtuelle Arbeit der im Punkte r in Richtung $\overrightarrow{rr'}$ wirkenden Kraft $\overline{P}_r$ während der Verschiebung δ_{rm} des Punktes r in Richtung $\overrightarrow{rr'}$ durch $(P_1 \ldots P_m \ldots)$ ist gleich der virtuellen Arbeit, welche die Kräfte $(P_1 \ldots P_m \ldots)$ während der Verschiebungen δ_{mr} der Punkte m infolge $\overline{P}_r$ leisten. Der zweite Ansatz kann ähnlich ausgesprochen werden. Die Beziehung gilt auch für die virtuelle Arbeit $\overline{P}_r \cdot e_{rm}$ zweier gleichgroßer, entgegengesetzt gerichteter, an den beiden Punkten r wirkenden Kräfte $\overline{P}_r$ und für die virtuelle Arbeit $\overline{\mathsf{M}}_r \cdot \tau_{rm}$ zweier an den beiden Geraden r des Stabwerks angreifenden, im Gleichgewicht stehenden Kräftepaare $\overline{\mathsf{M}}_r$. Dabei ist e_{rm} die gegenseitige Verschiebung des Punktepaares r und τ_{rm} die gegenseitige Verdrehung der beiden ausgezeichneten Geraden r infolge von $(P_1 \ldots P_m \ldots)$. Dagegen sind δ_{mr} je nach dem Ansatz die Verschiebungen der Punkte m des Stabzugs in Richtung von P_m, welche entweder von der Belastung $\overline{P}_r$ des Punktes r, der Belastung $\overline{\mathsf{M}}_r$ der Geraden r, der Belastung $\overline{P}_r$ des Punktepaares r oder der Belastung $\overline{M}_r$ des Geradenpaares r erzeugt werden (Abb. 96).

Einflußlinie der Verschiebung und Winkeländerung. Wird $\overline{P}_r = 1$ t und $\overline{M}_r = 1$ mt gewählt und die beliebige Kräftegruppe ($P_1 \ldots P_m \ldots$) durch eine wandernde, d. h. an einem beliebigen Punkt m des Lastgurtes angreifende Kraft $P_m = 1$ t ersetzt, so bedeuten $\delta_{rm}, \varphi_{rm}, e_{rm}, \tau_{rm}$ die Ordinaten der Einflußlinien dieser Komponenten des Verschiebungszustandes. Sie werden aus (167) nach dem folgenden Ansatz berechnet:

$$\overline{1}_r\, \delta_{rm} = 1_m\, \overline{\delta}_{mr}; \quad \overline{1}_r\, \varphi_{rm} = 1_m\, \overline{\delta}_{mr}; \quad \overline{1}_r\, e_{rm} = 1_m\, \overline{\delta}_{mr}; \quad \overline{1}_r\, \tau_{rm} = 1_m\, \overline{\delta}_{mr}. \qquad (168)$$

Jedes Produkt ist eine virtuelle Arbeit mit der Dimension mt. Die Drehwinkel φ_{rm}, τ_{rm} sind dimensionslos, die Einheit hat also je nach dem Ansatz die Dimension der Kraft oder des Kräftepaares.

Die Einflußgrößen $\delta_{rm}, e_{rm}, \varphi_{rm}, \tau_{rm}$ werden daher als Projektionen der wirklichen Verschiebungen der Punkte m des Lastgurtes auf die Richtung der wandernden Einzellast P_m bestimmt. Sie sind damit Ordinaten der Biegelinie des Lastgurtes, welche je nach der Art der Einflußlinie für die Belastungseinheit $\overline{P}_r = 1$ am Punkte r oder für die Belastungseinheit $\overline{P}_r = 1$ am Punktepaare r, für die Belastungseinheit $M_r = 1$ an der Geraden r oder für die Belastungseinheit $\overline{M}_r = 1$ am Geradenpaar r nach einer durch die wandernde Last bestimmten Richtung aufgezeichnet wird. Die Einflußlinien der Formänderungen werden daher nach den Abschnitten 20 und 21 über Biegelinien entwickelt.

18. Die Berechnung einzelner Komponenten des Verschiebungszustandes.

Die Form eines Stabzugs ändert sich durch Belastung, Temperaturwechsel und Stützenbewegung. Der Vorgang kann durch die Messung der Verschiebung ausgezeichneter Punkte oder durch die Messung der Verdrehung einzelner Stäbe und Querschnitte beobachtet werden. Der Vergleich mit den durch Rechnung gewonnenen Ergebnissen ermöglicht die Nachprüfung der Annahmen der Theorie oder ein Urteil über die Zuverlässigkeit des Spannungsnachweises. Die gerechneten Verschiebungen können außerdem zur Abschätzung der Steifigkeit der Konstruktion und deren niedrigster Eigenschwingungszahl oder zur Untersuchung von statisch unbestimmten Tragwerken verwendet werden.

Aus diesem Grunde wird die senkrechte oder waagerechte Verschiebung einzelner Punkte, also der Stabmitten, Gelenke und Rahmenecken bestimmt. Ebenso kann die Verdrehung von Stäben und Stabknoten, die gegenseitige Verschiebung von Punktepaaren oder die gegenseitige Verdrehung von Stäben und Gelenkteilen berechnet werden. Die geometrischen und elastischen Eigenschaften des Stabwerks werden in jedem Fall als bekannt vorausgesetzt.

Ansatz der Rechnung. Die Aufgabe wird durch die Variation der Formänderungsarbeit nach den Spannungen gelöst (156). Die virtuelle Belastung $\overline{P}$, $\overline{M}$ ist frei wählbar und kann daher auch so festgesetzt werden, daß die gesuchte Verschiebung δ_k eines Punktes k nach einer ausgezeichneten Richtung $\overrightarrow{kk'}$ unmittelbar durch den Ausdruck der Arbeit der virtuellen eingeprägten Kräfte $\overline{1}_k \cdot \delta_k$ angegeben wird. Die virtuelle Belastung ist damit als einzelne Kraft $\overline{P}_k = 1$ t im Punkte k mit der Richtung $\overrightarrow{kk'}$ definiert. Dasselbe gilt bei der Berechnung der Verdrehung φ_k eines Querschnitts oder einer ausgezeichneten Geraden k des Stabzugs. Die virtuelle

Arbeit $\Sigma \overline{M}_k \varphi_k$ wird in diesem Falle mit einem einzelnen Kräftepaar $\overline{M}_k = \overline{1}_k$ gebildet, das an k in dem für φ_k positiv angenommenen Drehsinn $\overrightarrow{kk'}$ wirkt. Mit der virtuellen Arbeit $\overline{1}_k \cdot \varphi_k$ ist die gesuchte Verdrehung unmittelbar bestimmt. Für die Berechnung der gegenseitigen Verschiebung zweier Punkte wird die virtuelle Belastungseinheit des Punktepaares, für die gegenseitige Verdrehung zweier Geraden die virtuelle Belastungseinheit des Geradenpaares verwendet.

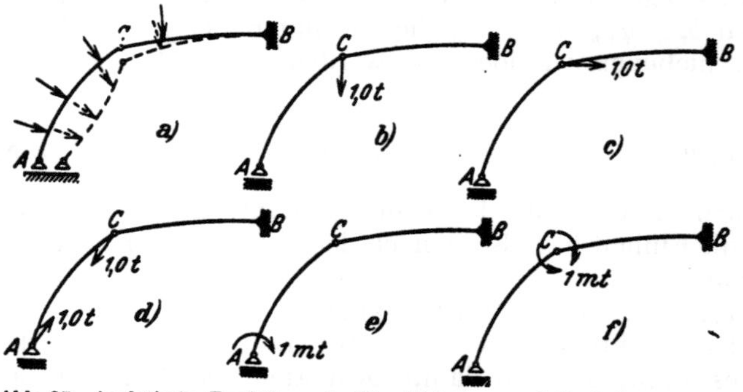

Abb. 97. Analytische Ermittlung der Verschiebungen und Verdrehungen ausgezeichneter Punkte und Querschnitte.
a) Stütz- und Schnittkräfte der gegebenen Belastung ΣP sind C, N, M, Q. Die folgenden Abbildungen stellen die virtuelle Belastung zur Berechnung der ausgezeichneten Formänderung dar.
b) Vertikale Verschiebung des Gelenkpunktes C. c) Horizontale Verschiebung des Gelenkpunktes C. d) Gegenseitige Verschiebung der Punkte A und C. e) Verdrehung des Stützenquerschnittes A. f) Gegenseitige Verdrehung der dem Scheitelgelenk benachbarten Querschnitte.

Die Formänderungen δ_k, φ_k werden im folgenden stets unter der Voraussetzung angegeben, daß die Verzerrung des Stabteils ds durch die Komponenten ε_0, $d\psi_y$, $\gamma_{xz,0}$ und damit nach (154) durch die Stütz- und Schnittkräfte C, N, M, Q beschrieben werden kann, die mit der gegebenen Belastung im Gleichgewicht sind. Die Ebene der äußeren Kräfte fällt in diesem Falle mit der Symmetrieebene des Stabwerks zusammen. Der virtuellen Belastung $\overline{1}_k$ sind Stützkräfte $\overline{C}_k$ und Schnittkräfte $\overline{N}_k, \overline{M}_k, \overline{Q}_k$ zugeordnet. Beide Gruppen von Stütz- und Schnittkräften sind unabhängig voneinander und werden je nach der Struktur des Systems statisch bestimmt oder unbestimmt berechnet. Jede Komponente des Verschiebungszustandes kann daher folgendermaßen angegeben werden:

$$\overline{1}_k \delta_k = \int \frac{\overline{N}_k N}{EF} ds + \int \frac{\overline{M}_k M}{EJ} ds + \int \varkappa \frac{\overline{Q}_k Q}{GF} ds + \int \overline{N}_k \alpha_t t \, ds + \int \overline{M}_k \frac{\alpha_t \Delta t}{h} ds - \Sigma \overline{C}_{ek} \Delta_e . \qquad (169)$$

Der Ansatz gilt grundsätzlich für alle Stabwerke. Er wird hier zunächst auf statisch bestimmte Systeme beschränkt, um bei statisch unbestimmten Aufgaben die Ergebnisse des Abschnitts 24 zu verwenden. Die Erweiterung des Ansatzes bei schiefer Biegung oder schiefer Biegung mit Verdrillung des Stabteils ds geschieht in Anlehnung an die Angaben (49). In zahlreichen Fällen wird der EJ_cfache Betrag der Verschiebungen berechnet. Das Vergleichsträgheitsmoment J_c wird dabei so gewählt, daß die Funktion J_c/J oder $J_c/J \cos\alpha$ in möglichst großen Integrationsabschnitten „1" ist. Im übrigen empfiehlt sich für J_c entweder das kleinste oder das größte Trägheitsmoment des ganzen Integrationsbereiches. F_c ist ein Vergleichsquerschnitt.

$$\overline{1}_k (EJ_c \delta_k) = \frac{J_c}{F_c} \int \overline{N}_k N \frac{F_c}{F} ds + \int \overline{M}_k M \frac{J_c}{J} ds + \frac{J_c E}{F_c G} \int \varkappa \overline{Q}_k Q \frac{F_c}{F} ds$$
$$+ EJ_c \left[\int \overline{N}_k \alpha_t t \, ds + \int \overline{M}_k \frac{\alpha_t \Delta t}{h} ds \right] - EJ_c \Sigma \overline{C}_{ek} \Delta_e . \qquad (170)$$

Die Anteile der Verschiebung aus Belastung, Temperaturänderung und bekannten oder geschätzten Stützenverschiebungen Δ_e sind unabhängig voneinander. Der Belastungsanteil der Verschiebung δ_k besteht aus drei Summanden, die sich in ihrer Größe wesentlich voneinander unterscheiden. Der Anteil aus den Querkräften ist stets sehr klein und besitzt nur in Ausnahmefällen Bedeutung. Auch der von den

Längskräften herrührende Anteil darf für biegungssteife Bauteile meist vereinfacht oder vernachlässigt werden. Man verwendet daher für N und $\overline{N}_k$ oft die den einzelnen Abschnitten des Stabwerks zugeordneten Mittelwerte. Dagegen sind die Längenänderungen in Zug- oder Druckstäben, also die Anteile mit den Längskräften S, $\overline{S}_k$ wesentlich.

In vielen Fällen ist die Formänderung eines biegungssteifen Tragwerks aus einer Belastung $\mathfrak{P}$ bereits durch die Biegungsmomente mit genügender Genauigkeit bestimmt, so daß je nach dem Stabnetz und dessen Unterteilung

$$\delta_k = \int \frac{\overline{M}_k M}{E J} ds; \quad E J_c \delta_k = \sum \frac{J_c}{J_h} \int_h \overline{M}_k M \frac{J_h}{J} ds = \sum \frac{J_c}{J_h} \int_h \overline{M}_k M \frac{J_h}{J \cos\alpha} dx. \quad (171)$$

Enthält das Stabwerk auch unbelastete, gelenkig angeschlossene Stäbe mit den Längskräften S, $\overline{S}_k$, so ist

$$E J_c \delta_k = \sum \frac{J_c}{J_h} \int_h \overline{M}_k M \frac{J_h}{J} ds + \frac{J_c}{F_c} \sum \overline{S}_k S \frac{F_c}{F} s. \quad (172)$$

Die Ansätze (171) oder (172) dienen auch zur punktweisen Bestimmung der Einflußlinien der Verschiebungen δ_{km}. In diesem Fall sind N, M, S die Schnittkräfte des Stabwerks aus der Belastung mit $P_m = 1$ t in einem beliebigen Punkte m des Lastgurtes.

Die Angaben für die Verschiebung δ_{kt} infolge Temperaturänderung stützen sich auf die Annahme eines linear veränderlichen Temperaturgefälles Δt und beruhen meist nur auf groben Schätzungen des Temperaturunterschiedes $\pm t$. Daher genügen in der Regel auch die Mittelwerte von $\overline{N}_k$ und $(\alpha_t \Delta t):(h \cos\alpha)$ eines größeren Integrationsabschnittes.

$$\delta_{kt} = \int \overline{N}_k \alpha_t t\, ds + \int \overline{M}_k \frac{\alpha_t \Delta t}{h} ds \approx \sum \overline{N}_k \alpha_t t s + \sum \frac{\alpha_t \Delta t}{h \cos\alpha} \int \overline{M}_k dx. \quad (173)$$

Die Verschiebung aus gemessenen oder geschätzten Stützenverschiebungen Δ_e allein ist

$$\delta_{ks} = -\sum \overline{C}_{ek} \Delta_e. \quad (174)$$

Der Integrand. Der Integrationsbereich erstreckt sich über alle Teile des Stabwerks, deren Spannungen und Dehnungen nach dem Geradliniengesetz angegeben werden können. In den Brechpunkten des Stabzuges und in den Rahmenecken sind diese Annahmen ungültig. Die Steifigkeit ist hier größer. Dasselbe gilt für die Knotenpunkte des Stabwerks, insbesondere bei Verbindung von Stützen mit hohen Trägern. Der Begriff des Querschnitts verliert hier seine Bedeutung. Trotzdem wird, abgesehen von einzelnen Ausnahmen, über die theoretische Stablänge integriert, um einfache und kurze Ansätze zu erhalten, die dem Wesen der Untersuchung entsprechen und die Erscheinung mit genügender Genauigkeit beschreiben.

Baustoff	Elastizitätsmodul kg/cm²
Beton (nach amtl. Bestimmungen)	210000
Beton erdfeucht 1 : 2½ : 5	446000
Beton plastisch 1 : 2 : 3	256000
Granit	195000
Buntsandstein	75000
Keupersandstein	36000

Die Formänderungen von Bauteilen aus Eisenbeton werden für den Spannungszustand vor Eintritt von Zugrissen angegeben. Der Elastizitätsmodul des Betons beträgt dann im Mittel $E_b = 210000$ kg/cm², so daß das Verhältnis $E_e : E_b = n = 10$ ist. Die Rundeisenbewehrung ist daher für das Trägheitsmoment des Querschnitts ohne große Bedeutung und kann meist vernachlässigt werden.

Die Rechenvorschrift (171) gilt nach der Ableitung für einzelne Stäbe und Träger, die nach den Angaben auf S. 27 belastet sind. Sie wird jedoch auch auf zusammenhängende elastische Gebilde mit parallel laufenden Trägern ausgedehnt, die durch Platten steif verbunden sind. Um deren Formänderung quer zur Stabrichtung zu berücksichtigen, wird bei der Rechnung nach der elementaren Theorie nur ein beschränkter Abschnitt der Platte als mittragend angesehen. Er kann aus einem Vergleiche der Ergebnisse mit dem Spannungs- und Verzerrungszustand der zweidimensionalen Konstruktion oder aus beobachteten Formänderungen gefunden werden. Die mittragende Plattenbreite ist nach den Bestimmungen des Deutschen Ausschusses vom Jahre 1932, § A.25, 3b

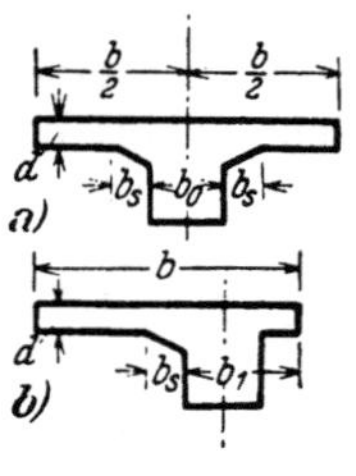

Abb. 98.

a) beim beiderseitigen Plattenbalken nach Abb. 98a:

$$b = 6\,d + 2\,b_s + b_0\,, \tag{175}$$

aber nicht größer als der Abstand der Feldmitten,

b) beim einseitigen Plattenbalken nach Abb. 98b:

$$b = 2{,}25\,d + b_s + b_1\,, \tag{176}$$

aber nicht größer als die halbe lichte Rippenentfernung, vermehrt um b_1.

Auf diese Weise entstehen die im Eisenbetonbau gebräuchlichen Querschnitte (Abb. 99). Das Trägheitsmoment J_y wird am besten nach einer Unterteilung in einzelne Rechtecke angegeben.

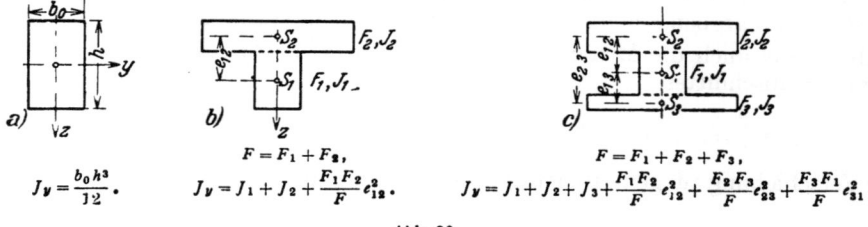

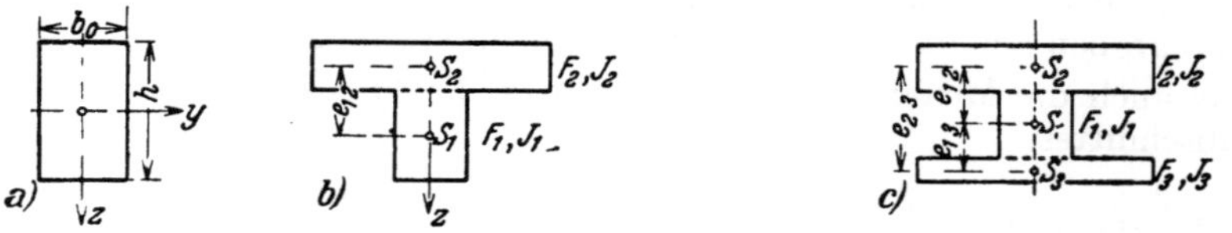

$J_y = \dfrac{b_0 h^3}{12}$. $\quad F = F_1 + F_2$, $J_y = J_1 + J_2 + \dfrac{F_1 F_2}{F} e_{12}^2$. $\quad F = F_1 + F_2 + F_3$, $J_y = J_1 + J_2 + J_3 + \dfrac{F_1 F_2}{F} e_{12}^2 + \dfrac{F_2 F_3}{F} e_{23}^2 + \dfrac{F_3 F_1}{F} e_{31}^2$.

Abb. 99.

Das Trägheitsmoment J_y eines Stabes ist zwischen je zwei Knotenpunkten, also im Bereich eines Stabes l_h, stetig oder unstetig veränderlich, in vielen Fällen auch konstant. Die Änderung wird meist auf ein Vergleichsträgheitsmoment J_h in Stabmitte bezogen und durch den Quotienten $J_h/J = \zeta_h$ beschrieben. Die Veränderlichkeit des Querschnitts hängt oft von konstruktiven oder ästhetischen Gesichtspunkten ab, so daß die Funktion ζ_h punktweise bestimmt ist.

Die Stütz- und Schnittkräfte C, N, M, Q aus der gegebenen Belastung und $\overline{C}_k, \overline{N}_k, \overline{M}_k, \overline{Q}_k$ aus der virtuellen Belastung $\overline{1}_k$ werden nach Abschnitt 13 zeichnerisch oder rechnerisch angegeben. Bei statisch unbestimmten Tragwerken treten hierzu die Angaben der Abschnitte 24ff. Die Biegungsmomente M und $\overline{M}_k$ werden als Schaulinien einzeln in Stabnetze derart eingetragen, daß sie nur an der gezogenen (i) oder an der gedrückten (a) Stabseite erscheinen, um bei der Bildung des Integranden $\overline{M}_k \cdot M$ Vorzeichenfehler zu vermeiden. Längs- und Querkräfte werden ebenso wie die Stützkräfte neben den Stababschnitten als Zahlenwerte eingetragen. Das Vorzeichen der Produkte $\overline{N}_k \alpha_t t$ und $\overline{C}_{ek} \Delta_e$ ist durch ihre Bedeutung als virtuelle Arbeit bestimmt.

Mechanische Auslegung des Ansatzes. Die Berechnung einer Verschiebung oder Verdrehung ist nach diesen Bemerkungen über den Integranden im wesentlichen eine mathematische Aufgabe. Sie erhält jedoch auch mechanischen Inhalt, wenn die

Funktion M oder $\overline{M}_k$ im Integrationsbereich l_h linear ist. Mit $\xi = \frac{x}{l_h}$, $\xi' = \frac{x'}{l_h}$ und

$$\overline{M}_k = \overline{M}_a \xi' + \overline{M}_b \xi \quad \text{ist} \quad \int_0^{l_h} \overline{M}_k M \frac{J_h}{J} dx = \overline{M}_a \int_0^{l_h} \xi' \left(M \frac{J_h}{J}\right) dx + \overline{M}_b \int_0^{l_h} \xi \left(M \frac{J_h}{J}\right) dx. \tag{177}$$

Die Integrale sind die analytischen Ausdrücke für die Stützkräfte $A_{\mathfrak{w}}$, $B_{\mathfrak{w}}$ eines einfachen Balkenträgers mit der Stützweite l_h und einer ideellen Belastung im Betrage von $\mathfrak{w} = M J_h/J$. Hieraus entsteht die folgende Rechenvorschrift:

$$\int_0^{l_h} \overline{M}_k M \frac{J_h}{J} dx = \overline{M}_a A_{\mathfrak{w}} + \overline{M}_b B_{\mathfrak{w}}. \tag{178}$$

Die Verschiebung δ_k und die Verdrehung φ_k des Querschnitts k eines geraden Balkenträgers l_h mit freidrehbaren Enden werden nach (171) mit

$$\overline{1}_k (E J_h \delta_k) = \int_0^{l_h} \overline{M}_k M \frac{J_h}{J} dx, \quad \overline{1}_k' (E J_h \varphi_k) = \int_0^{l_h} \overline{M}_k' M \frac{J_h}{J} dx \tag{179}$$

bestimmt. Die Zustandslinien $\overline{M}_k$ und $\overline{M}_k'$ für $\overline{1}_k$ und $\overline{1}_k'$ (Abb. 100) können mit den Einflußlinien für das Moment M_k und die Querkraft Q_k des Trägers l_h im Querschnitt k verglichen werden. Daher wird die Durchbiegung $E J_h \delta_k$ als Moment $M_{k\mathfrak{w}}$, die Verdrehung $E J_h \varphi_k$ als Querkraft $Q_{k\mathfrak{w}}$ im Querschnitt k des Balkenträgers l_h für die ideelle Belastung $\mathfrak{w} = M J_h/J$ gefunden. Aus den Auflagerkräften $A_{\mathfrak{w}}$ und $B_{\mathfrak{w}}$ wird die Verdrehung der Endquerschnitte abgeleitet. Unter Umständen kann diese Berechnung nach S. 125 auch auf Stabzüge mit angenommenen Randbedingungen angewendet werden.

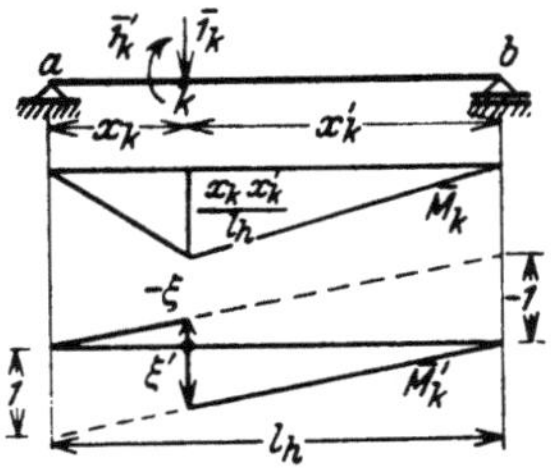

Abb. 100.

Numerische Integration. Der mathematische Teil jeder Formänderungsberechnung besteht bei genauer Beachtung der Veränderlichkeit des Querschnitts in einer numerischen Integration. Hierbei werden diejenigen Methoden gewählt, die das Integral als Mittelwert von Funktionswerten des Intervalls bilden. Von diesen ist die Simpsonsche Regel am meisten gebräuchlich. Sie liefert den Mittelwert des bestimmten Integrals durch Unterteilung des Bereichs in $2n$ oder $3n$ Abschnitte von der konstanten Breite Δx. Die den Intervallgrenzen m zugeordneten Funktionswerte sind

$$\eta_m = \overline{M}_{mk} M_m \frac{J_h}{J_m} = \overline{M}_{mk} M_m \zeta_m \quad \text{oder} \quad \eta_m = \overline{N}_{mk} N_m \frac{F_h}{F_m}. \tag{180}$$

In der Regel genügt zu einem genauen Ergebnis die Unterteilung $l_h = 2n \cdot \Delta x$ und damit der Ansatz:

$$\int_a^b \eta\, dx = \frac{\Delta x}{3} (\eta_0 + 4\eta_1 + 2\eta_2 + 4\eta_3 + \cdots 2\eta_{2n-2} + 4\eta_{2n-1} + \eta_{2n}). \tag{181}$$

Die Genauigkeit ist bei Unterteilung von l_h in $3n \cdot \Delta x$ etwas größer. Sie führt zu der folgenden Reihe:

$$\left.\begin{aligned} \int_a^b \eta\, dx = \tfrac{3}{8} \Delta x (\eta_0 + 3\eta_1 + 3\eta_2 + 2\eta_3 + 3\eta_4 + 3\eta_5 + 2\eta_6 + \cdots \\ \cdots + 2\eta_{3n-3} + 3\eta_{3n-2} + 3\eta_{3n-1} + \eta_{3n}). \end{aligned}\right\} \tag{182}$$

Beide Ansätze sind auf S. 176 angewendet und in ihren Ergebnissen verglichen worden.

Um die mit der Reihenentwicklung nach Simpson verbundene Zahlenrechnung zu umgehen, kann das Integral auch durch Zerlegung des Integrationsbereichs in n Stufen e_m mit geometrisch veränderlicher, jedoch elastisch konstanter Breite $c = e_m \zeta_m$ angeschrieben werden (Abb. 101). Mit

$$\overline{M}_{mk} M_m = \lambda_m, \quad \frac{J_h}{J_m} = \zeta_m \quad \text{und} \quad \overline{M}_{mk} M_m \frac{J_h}{J_m} = \lambda_m \zeta_m = \eta_m \quad \text{ist}$$

$$\int_a^b \eta\, dx = \sum_a^b \eta\, \Delta x = \sum_1^n \eta_m e_m = \sum_1^n \lambda_m \zeta_m e_m = \sum_1^n \lambda_m c = c \sum_1^n \lambda_m. \tag{183}$$

Der Betrag $c = e_m \zeta_m$ entsteht aus einer beliebigen Unterteilung Δx des Integrationsbereiches:

$$c = \frac{1}{n} \sum_a^b \zeta\, \Delta x = \frac{1}{n} \sum_a^b \frac{J_h}{J}\, \Delta x.$$

Das Integral $\int_a^b \eta\, dx$ wird danach als Summe über die mittleren Ordinaten λ_m der Intervalle e_m erhalten (Rechenvorschrift Abschn. 56). Die Stufenbreite c ändert sich mit der Art des Integranden. Man unterscheidet

$$\left.\begin{aligned} c &= e_m \frac{J_h}{J_m}, & c &= e_m \frac{J_h}{J_m \cos\alpha_m}, \\ c &= e_m \frac{F_h}{F_m}, & c &= e_m \frac{F_h}{F_m \cos\alpha_m}. \end{aligned}\right\} \tag{184}$$

Hierzu treten die Funktionswerte λ_m.

$$\lambda_m = \overline{M}_{mk} M_m \quad \text{oder} \quad \lambda_m = \overline{N}_{mk} N_m.$$

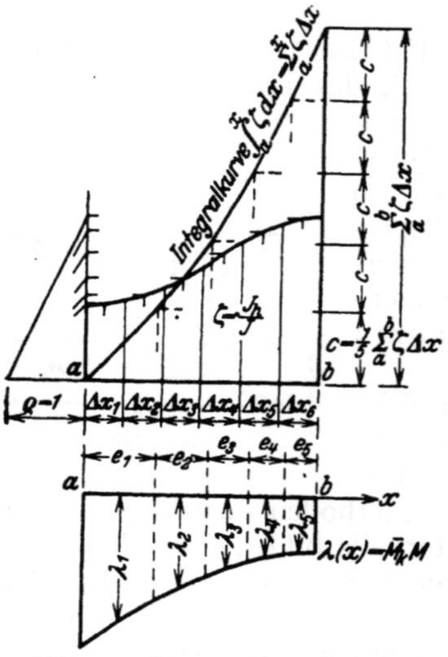

Abb. 101. ϱ Hilfswert für die graphische Integration.

$$\int_0^x \zeta\, dx = \varrho \int_0^x \frac{\zeta}{\varrho}\, dx.$$

Die Glieder der Reihe (183) sind also im Vergleich zu (181) und (182) durch die besondere Art der Unterteilung einfacher geworden. Diese wird aus den Integralkurven zu den Funktionen J_h/J_m, $J_h/J_m \cos\alpha_m$ oder F_h/F_m, $F_h/F_m \cos\alpha_m$ abgeleitet (Abb. 101).

Berechnung mit Annahmen über die stetige Veränderlichkeit des Querschnitts. Verwendung von Integrationstabellen. Um die numerische Integration zu umgehen, begnügt man sich oft mit einem angenäherten Ergebnis und beschreibt die vorhandene Querschnittsänderung durch eine aus wenigen Gliedern bestehende Reihe. Hierbei werden dann die einfachsten Ansätze gewählt, um die Integration für die Funktion $\zeta_h = J_h/J$ abzukürzen. In zahlreichen Fällen ist das Trägheitsmoment J_h eines Stabes l_h konstant oder durch einen Mittelwert J_h genügend beschrieben. Der Integrand besteht dann nur aus zwei Faktoren. Mit $x = \xi l_h$ und $l'_h = l_h \frac{J_c}{J_h}$ ist

$$E J_c \delta_k = J_c \int \frac{\overline{M}_k M}{J}\, dx = \sum l_h \frac{J_c}{J_h} \int_h \overline{M}_k M\, d\xi = \sum l'_h \int_h \overline{M}_k M\, d\xi. \tag{185}$$

Bei gekrümmten Stäben mit $\frac{J_h}{J \cos\alpha} = 1$ ist

$$E J_c \delta_k = J_c \int \frac{\overline{M}_k M}{J}\, ds = \sum \frac{J_c}{J_h} \int_h \overline{M}_k M \frac{J_h}{J \cos\alpha}\, dx = \sum l'_h \int_h \overline{M}_k M\, d\xi. \tag{186}$$

Die Ergebnisse werden unter Umständen wesentlich genauer, wenn die Stabform im Ansatz mit zwei ausgezeichneten Querschnitten erscheint und ζ_h angenähert durch eine quadratische Parabel angegeben wird. Als Freiwerte dienen bei symmetrischen Stäben die Trägheitsmomente in Stabmitte J_h und am Stabende $J_{ha} = J_h/n_h$, bei unsymmetrischen Stäben die Trägheitsmomente $J_{hb} = J_h$, $J_{ha} = J_h/n_h$ der Endquerschnitte (Abb. 102), so daß mit $\xi = x/l_h$:

a) bei symmetrischen Stäben

$$\zeta_h = 1 - (1 - n_h)(1 - 2\,\xi)^2\,,$$

b) bei unsymmetrischen Stäben (187)

$$\zeta_h = 1 - (1 - n_h)(1 - \xi)^2\,.$$

Die Parabel höherer Ordnung enthält in dem willkürlich wählbaren Exponenten einen weiteren Freiwert, mit dem die Angleichung an einen gegebenen Funktionsverlauf noch mehr verbessert werden kann. Mit $\xi'' = \xi - 0{,}5$ ist

a) bei symmetrischen Stäben: $\zeta_h = 1 - (1 - n)(2\,\xi'')^{2r}$,

b) bei unsymmetrischen Stäben: $\zeta_h = 1 - (1 - n)(1 - \xi)^r$. (188)

Die Funktionen $\overline{M}_k$ und M sind meist linear, zweiten oder dritten Grades. Unstetige Funktionen werden in stetige Abschnitte geteilt oder durch Superposition der Biegungsmomente vereinfacht, indem deren Ordinaten geometrisch oder durch Überlagerung der Belastung zerlegt werden. In einzelnen Fällen wird die Rechnung auch durch Aufspaltung der beiden Funktionen in einen symmetrischen und antimetrischen Anteil abgekürzt.

$$\int \overline{M}_k M \zeta\, d\xi = \int (\overline{M}_{k1} + \overline{M}_{k2} + \cdots)(M_1 + M_2 + \cdots)\zeta\, d\xi\,,$$

z. B. $\overline{M}_k = \overline{M}_{k1} + \overline{M}_{k2}$, $M = M_1 + M_2$.

$$\int_0^1 \overline{M}_k M \zeta\, d\xi = \int_0^1 \overline{M}_{k1} M_1 \zeta\, d\xi + \int_0^1 \overline{M}_{k1} M_2 \zeta\, d\xi + \int_0^1 \overline{M}_{k2} M_1 \zeta\, d\xi + \int_0^1 \overline{M}_{k2} M_2 \zeta\, d\xi. \quad (189)$$

Der Integrand ist in zahlreichen Aufgaben bei $\zeta_h = 1$ eine algebraische Funktion zweiten bis fünften Grades, so daß der Ansatz nach (181) oder (182) mit zwei oder drei Intervallen die strenge Lösung des Integrals liefert. Die Ergebnisse sind in der Integrationstabelle 12 zusammengefaßt worden. Sie genügen bei gleichbleibendem Trägheitsmoment J_h des Stabes zur unmittelbaren Berechnung zahlreicher Verschiebungskomponenten. Die Integrale können auch noch bei einer quadratischen, symmetrischen oder unsymmetrischen Funktion ζ_h leicht für zahlreiche Schaulinien $\overline{M}_k$ und M angegeben werden. Die Ergebnisse sind in den Tabellen 13a, b enthalten.

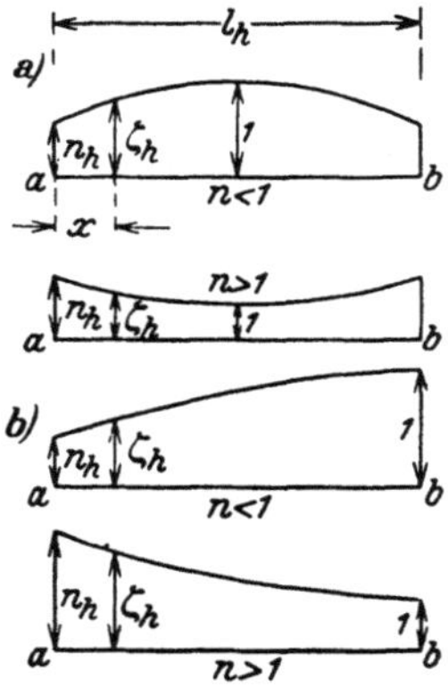

Abb. 102.

Zur Berechnung einzelner Komponenten des Verschiebungszustandes eines Stabwerks werden daher zunächst die geometrischen Größen n_h und ζ_h der Stäbe l_h festgestellt und die Schaulinien der Biegungsmomente M, $\overline{M}_k$ aus der vorgeschriebenen Belastung $\mathfrak{P}$ und der virtuellen Belastung $\overline{1}_k$ unter Beachtung der Vorzeichen aufgetragen. Darauf wird die Funktion $(M\overline{M}_k\zeta_h)$ mit Hilfe der Tabellen integriert, falls nicht unter besonderen Umständen die numerische Integration notwendig ist. Ein positives Rechenergebnis bedeutet die gleiche Richtung oder den gleichen Drehsinn wie für die angenommene virtuelle Belastung $\overline{1}_k$.

Bei Stäben mit gleichbleibender Krümmung ($r = \text{const} \gg d$) werden die Schnittkräfte als Funktionen des Tangentenwinkels α angegeben, so daß die Verschiebung bei konstantem Trägheitsmoment ($J = \text{const}$) nach (170) folgendermaßen berechnet wird:

$$\overline{1}_k (E J \delta_k) = r \frac{J}{F} \int_{\alpha_1}^{\alpha_2} \overline{N}_k N \, d\alpha + r \int_{\alpha_1}^{\alpha_2} \overline{M}_k M \, d\alpha . \tag{190}$$

Die Ergebnisse sind für die wichtigsten Ansätze des Integranden bestimmt und in Tabelle **16** angeschrieben worden.

Berechnung der gegenseitigen Verdrehung $E J_c \delta_g$ der Stabquerschnitte am Gelenk g eines Gerberträgers (Abb. 103).

Das Trägheitsmoment wird als konstant angenommen. Die Biegungsmomente M aus der vorgeschriebenen gleichförmigen Belastung p sind in sechs Teile zerlegt worden (Abb. 103b). Die Biegungsmomente aus der virtuellen Belastungseinheit des Geradenpaares in g sind in Abb. 103c wiedergegeben. Beide Schaulinien zeigen die Momente an der gezogenen Randfaser, so daß der Integrand $M \overline{M}_g$ positiv ist, wenn beide Ordinaten an derselben Stabseite liegen.

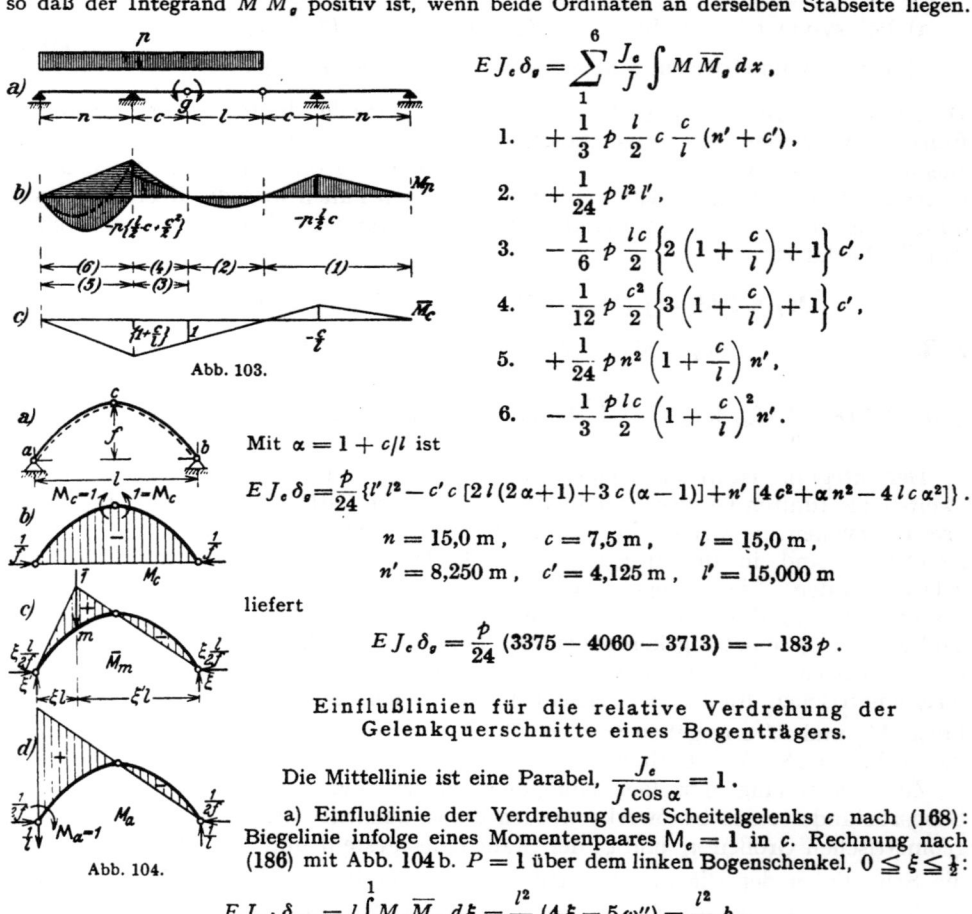

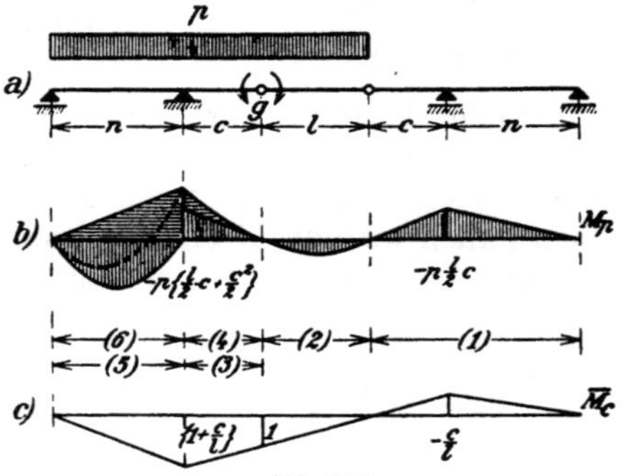

Abb. 103.

$$E J_c \delta_g = \sum_1^6 \frac{J_c}{J} \int M \overline{M}_g \, dx ,$$

1. $+\frac{1}{3} p \frac{l}{2} c \frac{c}{l} (n' + c')$,
2. $+\frac{1}{24} p l^2 l'$,
3. $-\frac{1}{6} p \frac{l c}{2} \left\{2\left(1 + \frac{c}{l}\right) + 1\right\} c'$,
4. $-\frac{1}{12} p \frac{c^2}{2} \left\{3\left(1 + \frac{c}{l}\right) + 1\right\} c'$,
5. $+\frac{1}{24} p n^2 \left(1 + \frac{c}{l}\right) n'$,
6. $-\frac{1}{3} \frac{p l c}{2} \left(1 + \frac{c}{l}\right)^2 n'$.

Mit $\alpha = 1 + c/l$ ist

$$E J_c \delta_g = \frac{p}{24} \{l' l^2 - c' c\,[2 l (2\alpha + 1) + 3 c (\alpha - 1)] + n' [4 c^2 + \alpha n^2 - 4 l c \alpha^2]\} .$$

$$n = 15{,}0 \text{ m}, \quad c = 7{,}5 \text{ m}, \quad l = 15{,}0 \text{ m},$$
$$n' = 8{,}250 \text{ m}, \quad c' = 4{,}125 \text{ m}, \quad l' = 15{,}000 \text{ m}$$

liefert

$$E J_c \delta_g = \frac{p}{24} (3375 - 4060 - 3713) = -183 p .$$

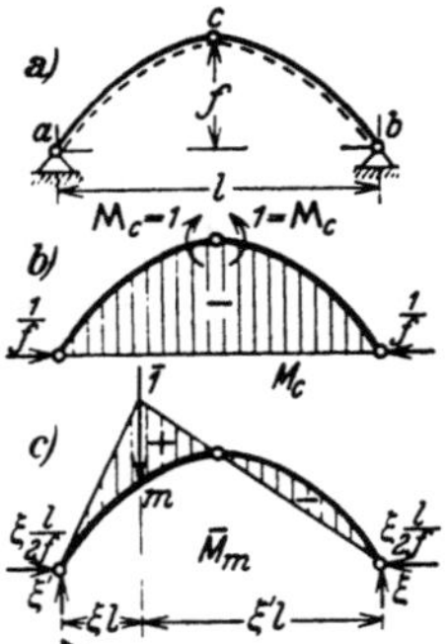

Abb. 104.

Einflußlinien für die relative Verdrehung der Gelenkquerschnitte eines Bogenträgers.

Die Mittellinie ist eine Parabel, $\dfrac{J_c}{J \cos\alpha} = 1$.

a) Einflußlinie der Verdrehung des Scheitelgelenks c nach (168): Biegelinie infolge eines Momentenpaares $M_c = 1$ in c. Rechnung nach (186) mit Abb. 104b. $P = 1$ über dem linken Bogenschenkel, $0 \leqq \xi \leqq \frac{1}{2}$:

$$E J_c \cdot \delta_{c\,m} = l \int_0^1 M_c \overline{M}_m \, d\xi = \frac{l^2}{15} (4\xi - 5\omega_P'') = \frac{l^2}{6} k_1 .$$

Die Einflußlinie Abb. 105a ist symmetrisch.

b) Einflußlinie der Verdrehung des Kämpfergelenks a nach (168): Biegelinie infolge $M_a = 1$ in a. Rechnung nach (186) mit Abb. 104d. $P = 1$ über dem linken Bogenschenkel, $0 \leqq \xi \leqq \frac{1}{2}$:

$$E J_c \delta_{a m}^{(l)} = l \int_0^1 M_a \overline{M}_m \, d\xi = \frac{l^2}{30} [5 (\omega_D' - \omega_P'') - \xi] = \frac{l^2}{30} \xi (5 \xi'^3 - 1) = \frac{l^2}{6} k_2^{(l)} .$$

$P = 1$ über dem rechten Bogenschenkel, $\frac{1}{2} \leqq \xi \leqq 1$:

$$E J_c \delta_{a m}^{(r)} = \frac{l^2}{30} [5 (\omega_D' - \omega_P'') - \xi'] = \frac{l^2}{30} \xi' (5 \omega_\xi' - 1) = \frac{l^2}{6} k_2^{(r)} .$$

Die Funktionswerte k_1, k_2 gelten für jeden Dreigelenkbogen mit einer Parabel als Mittellinie und $J_c/J \cos \alpha = 1$.

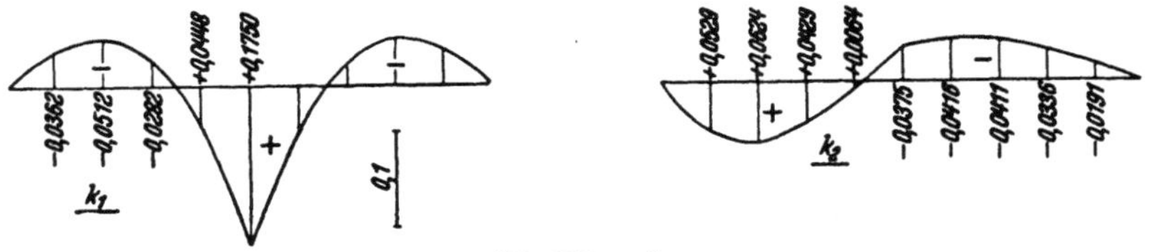

Abb. 105 a u. b.

Unstetiger Verlauf von ζ. Die Steifigkeit des Stabwerks wird oft durch die Anordnung von Vouten und durch die biegungssteife Verbindung der Stützen mit hohen Trägern wesentlich verändert. Sie kann stets durch numerische Integration des Ansatzes verfolgt werden. Die Abb. 106 vergleicht derartige Anordnungen mit den zugeordneten Funktionen ζ. Man vereinfacht aber auch hier den Integranden, um für die wichtigsten Aufgaben geschlossene Lösungen zu erhalten und wählt ζ_h im Bereiche der Voute linear (Kurve 2 in Abb. 106). Die wichtigsten Ergebnisse sind in den Tabellen. 14a, b eingetragen.

1. Linearer Verlauf der Trägerhöhe d_h,

2. Verlauf der Trägerhöhe für $\zeta_h = \frac{J_h}{J} = 1 - (1 - n)\, v$,

3. „ „ „ „ $\zeta_h = \frac{J_h}{J} = 1 - (1 - n)\, v^2$,

4. „ „ „ „ $\zeta_h = \frac{J_h}{J} = 1 - (1 - n)\, v^3$.

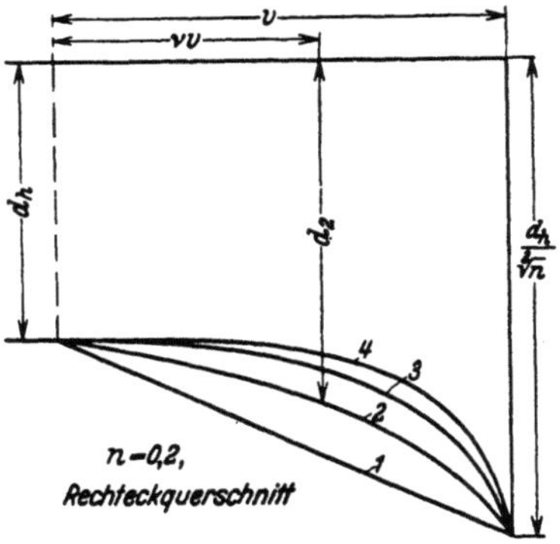

Abb. 106.

Beim Anschluß hoher Träger an die Stützen kann deren Trägheitsmoment im Bereiche des Knotens zur Abschätzung der Steifigkeitsverhältnisse unendlich groß, also $\zeta_h = 0$ angenommen werden. Die Annahme ist in einzelnen Fällen auch bei Trägern brauchbar, die in breite Stützen eingebunden sind. Die Ansätze (171) sind daher auch mit diesen Funktionen ζ für die wichtigsten Aufgaben ausgerechnet und in die Tabellen 15a, b aufgenommen worden. Die Ergebnisse sind für die Untersuchung einzelner Klassen statisch unbestimmter Tragwerke von Bedeutung und daher noch in Abschn. 46 erweitert worden.

Endverdrehung eines Stabes mit linear veränderlichem Querschnitt (Abb. 107). Um bei Stützen mit linear veränderlichem Querschnitt ($J = b d^3/12$) den herauszugreifen, der bei Stützen mit konstantem Querschnitt ($J_m = k J_a$) die gleiche Endverdrehung ergibt, läßt sich die Gl. (191) bilden und für die üblichen Verhältnisse $n = J_a/J_b$ der Endquerschnitte einer rechteckigen Stütze auswerten.

$$\frac{x}{l} = \xi , \qquad \frac{J_a}{J_b} = n , \qquad J_m = k J_a ,$$

$$d = d_a + (d_b - d_a)\, \xi ,$$

$$J = J_a \left[1 + \left(\sqrt[3]{\frac{1}{n}} - 1 \right) \xi \right]^3 ,$$

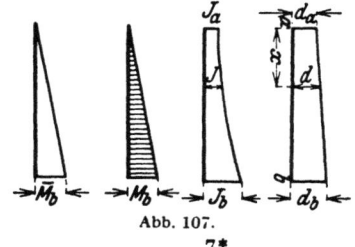

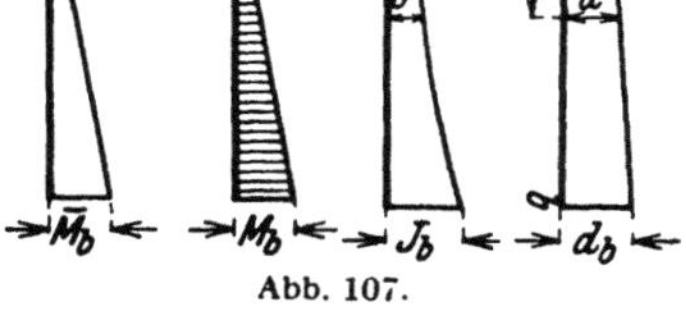

Abb. 107.

$$\int M \overline{M} \frac{J_a}{J} dx = M_b \overline{M}_b l \int_0^1 \frac{\xi^2}{\left[1+\left(\sqrt[3]{\frac{1}{n}}-1\right)\xi\right]^3} d\xi ,$$

$$\int M \overline{M} \frac{J_a}{J_m} dx = \frac{1}{3} M_b \overline{M}_b \frac{J_a}{k J_a} l = M_b \overline{M}_b l \int_0^1 \frac{\xi^2}{\left[1+\left(\sqrt[3]{\frac{1}{n}}-1\right)\xi\right]^3} d\xi , \qquad (191)$$

$$k = \frac{\left(\sqrt[3]{\frac{1}{n}}-1\right)^3}{\ln\left(\frac{1}{n}\right) + 6\sqrt[3]{n} - \frac{3}{2}\sqrt[3]{n^2} - \frac{9}{2}}$$

Tabelle 11 für k mit $n = \frac{J_a}{J_b}$ als Leitwert.

n	0,10	0,11	0,12	0,13	0,14	0,15	0,16	0,17	0,18	0,19	0,20	0,21
k	5,82	5,40	5,05	4,74	4,48	4,25	4,04	3,85	3,69	3,54	3,40	3,27
n	0,22	0,23	0,24	0,25	0,26	0,27	0,28	0,29	0,30	0,35	0,40	0,45
k	3,16	3,05	2,95	2,86	2,78	2,70	2,64	2,56	2,49	2,21	2,00	1,83
n	0,50	0,55	0,60	0,65	0,70	0,75	0,80	0,85	0,90	0,95		
k	1,69	1,57	1,47	1,38	1,31	1,24	1,18	1,13	1,08	1,04		

Verdrehungen der Endtangenten des Balkenträgers auf zwei Stützen.

Stützweite: l, Querschnitt $\frac{J_c}{J \cos\alpha} = \zeta$, $\quad x = \xi l$, $\quad x' = \xi' l$, $\quad dx = l d\xi$

$$\xi - \tfrac{1}{2} = \tfrac{1}{2} - \xi' = \xi'', \qquad \xi = \tfrac{1}{2} + \xi'', \qquad \xi' = \tfrac{1}{2} - \xi''.$$

I. Belastung: Zwei an den Endquerschnitten angreifende Kräftepaare M_a, M_b:

$$M = M_a \xi' + M_b \xi .$$

Verdrehung der Endquerschnitte φ_a, φ_b: für φ_a ist $\overline{M}_a = \xi'$; ebenso für φ_b $\overline{M}_b = \xi$,

$$E J_c \varphi_a = M_a l' \int_0^1 \xi'^2 \zeta \, d\xi + M_b l' \int_0^1 \xi \xi' \zeta \, d\xi ,$$

$$E J_c \varphi_b = M_a l' \int_0^1 \xi \xi' \zeta \, d\xi + M_b l' \int_0^1 \xi^2 \zeta d\xi .$$

Endverdrehung φ_{aa}, φ_{ba} aus $M_a = 1$ mt und φ_{ab}, φ_{bb} aus $M_b = 1$ mt,

$$\varphi_a = M_a \varphi_{aa} + M_b \varphi_{ab} , \quad \varphi_b = M_a \varphi_{ba} + M_b \varphi_{bb} .$$

1. $\quad \zeta = 1$, $\quad E J_c \varphi_{aa} = E J_c \varphi_{bb} = \frac{l'}{3}$, $\quad E J_c \varphi_{ab} = E J_c \varphi_{ba} = \frac{l'}{6}$.

2. Symmetrischer Verlauf von ζ:

$$\zeta = \frac{J_m}{J} = 1 - (1-n)(2\xi'')^{2r} , \qquad n = \frac{J_m}{J_a} = \frac{J_m}{J_b} .$$

$$E J_c \varphi_a = M_a l' \left[\tfrac{1}{4} \int_{-\frac{1}{2}}^{+\frac{1}{2}} \zeta \, d\xi'' + \int_{-\frac{1}{2}}^{+\frac{1}{2}} \xi''^2 \zeta \, d\xi''\right] + M_b l' \left[\tfrac{1}{4} \int_{-\frac{1}{2}}^{+\frac{1}{2}} \zeta \, d\xi'' - \int_{-\frac{1}{2}}^{+\frac{1}{2}} \xi''^2 \zeta d\xi''\right],$$

$$E J_c \varphi_b = M_a l' \left[\tfrac{1}{4} \int_{-\frac{1}{2}}^{+\frac{1}{2}} \zeta \, d\xi'' - \int_{-\frac{1}{2}}^{+\frac{1}{2}} \xi''^2 \zeta d\xi''\right] + M_b l' \left[\tfrac{1}{4} \int_{-\frac{1}{2}}^{+\frac{1}{2}} \zeta \, d\xi'' + \int_{-\frac{1}{2}}^{+\frac{1}{2}} \xi''^2 \zeta \, d\xi''\right].$$

$$E J_c \varphi_{aa} = E J_c \varphi_{bb} = \frac{l'}{6} \frac{6n(r+1) + 2r(4r+5)}{(2r+1)(2r+3)} = \frac{l'}{6} \varrho_1 ,$$

$$E J_c \varphi_{ba} = E J_c \varphi_{ab} = \frac{l'}{6} \frac{3n + 4r(r+2)}{(2r+1)(2r+3)} = \frac{l'}{6} \varrho_2 .$$

Für zwei lineare Funktionen M und $\overline{M}$ wird hiermit

$$l'\int_0^1 M\overline{M}\zeta\,d\xi = \frac{l'}{6}\left[M_a(\overline{M}_a\varrho_1 + \overline{M}_b\varrho_2) + M_b(\overline{M}_a\varrho_2 + \overline{M}_b\varrho_1)\right].$$

3. Unsymmetrischer Verlauf von ζ:

$$\zeta = \frac{J_a}{J} = 1 - (1-n)\,\xi^r, \qquad n = \frac{J_a}{J_b}.$$

$$E\,J_c\,\varphi_{aa} = \frac{l'}{6}\left(2 - \frac{12\,(1-n)}{(r+1)\,(r+2)\,(r+3)}\right) = \frac{l'}{6}\varrho_3,$$

$$E\,J_c\,\varphi_{ba} = E\,J_c\,\varphi_{ab} = \frac{l'}{6}\left(1 - \frac{6\,(1-n)}{(r+2)\,(r+3)}\right) = \frac{l'}{6}\varrho_4,$$

$$E\,J_c\,\varphi_{bb} = \frac{l'}{6}\left(2 - \frac{6\,(1-n)}{r+3}\right) = \frac{l'}{6}\varrho_5.$$

Für zwei lineare Funktionen M und $\overline{M}$ wird

$$l'\int_0^1 M\overline{M}\zeta\,d\xi = \frac{l'}{6}\left[M_a(\overline{M}_a\varrho_3 + \overline{M}_b\varrho_4) + M_b(\overline{M}_a\varrho_4 + \overline{M}_b\varrho_5)\right].$$

II. Belastung: Gruppe von Einzellasten $P_h\,(h = 1, \ldots, n)$ in $x = a_h$, $x' = a'_h$,

$$a_h/l = \alpha_h, \quad a'_h/l = \alpha'_h; \quad M = M_1 P_1 \cdots + M_h P_h \cdots + M_n P_n.$$

Für $P_h = 1$ t und $x < a_h$ ist $M_h = a'_h\,\xi$, für $x > a_h$ ist $M_h = a_h\,\xi'$.

Verdrehung φ_a, φ_b der Endquerschnitte mit $\zeta = 1$: $\overline{M}_a = \xi'$, $\overline{M}_b = \xi$,

$$E\,J_c\,\varphi_{ah} = l'\,a'_h\int_0^1 \xi\,\xi'\,d\xi' - l'\,a'_h\int_0^{\alpha'_h}\xi'\left(1 - \frac{\xi'}{\alpha'_h}\right)d\xi' = \frac{l\,l'}{6}\,(\alpha'_h - \alpha'^3_h) = \frac{l\,l'}{6}\,\omega'_D,$$

$$E\,J_c\,\varphi_{bh} = l'\,a_h\int_0^1 \xi'\,\xi\,d\xi - l'\,a_h\int_0^{\alpha_h}\xi\left(1 - \frac{\xi}{\alpha}\right)d\xi = \frac{l\,l'}{6}\,(\alpha_h - \alpha_h^3) = \frac{l\,l'}{6}\,\omega_D$$

$$E\,J_c\,\varphi_a = \frac{l\,l'}{6}\sum_1^n P_h\,\omega'_D; \qquad E\,J_c\,\varphi_b = \frac{l\,l'}{6}\sum_1^n P_h\,\omega_D.$$

ω'_D und ω_D bilden in Verbindung mit dem Multiplikator den analytischen Ausdruck für die Einflußlinien von φ_a und φ_b. Er wird für die Bestimmung der Verdrehung aus einer beliebigen Streckenlast $p(x)$ verwendet.

$P_h = p_h\,dx = p_h\,l\,d\xi$. Für $p(\xi) = \text{const}$ im Bereich $(\alpha_2 - \alpha_1)$ ist

$$E\,J_c\,\varphi_a = \frac{l^2\,l'}{6}\int_{\alpha'_2}^{\alpha'_1} p(\xi')\,(\xi' - \xi'^3)\,d\xi' = p\,\frac{l^2\,l'}{24}\,(\alpha'^2_1 - \alpha'^2_2)\,[2 - (\alpha'^2_1 + \alpha'^2_2)],$$

$$E\,J_c\,\varphi_b = \frac{l^2\,l'}{6}\int_{\alpha_1}^{\alpha_2} p(\xi)\,(\xi - \xi^3)\,d\xi = p\,\frac{l^2\,l'}{24}\,(\alpha_2^2 - \alpha_1^2)\,[2 - (\alpha_1^2 + \alpha_2^2)].$$

Ritter, M.: Theorie und Berechnung der vollwandigen Bogenträger ohne Scheitelgelenk. Berlin 1909. — Schadek u. Demel: Hilfsmittel zur Berechnung von Formänderungen. Berlin 1915. — Domke, O.: Dachbauten. Handb. f. Eisenbetonbau Bd. 10. 2. Aufl. Berlin 1923. — Straßner, A.: Der durchlaufende Rahmen. Berlin 1925. — Pasternack, P.: Berechnung vielfach statisch unbestimmter, biegefester Stab- und Flächentragwerke. Dreigliedrige Systeme. Zürich 1927. — Heidinger, S.: Die Berechnung von $\int M\overline{M}\frac{dx}{EJ}$ für Stäbe mit veränderlichem Trägheitsmoment. Bauing. 1928. — Bühler, A.: Ziel, Ergebnisse und Wert der Messungen an Bauwerken. Bericht über die II. Int. Tagung für Brücken- und Hochbau S. 176. Wien 1929. — Kleinlogel, A.: Belastungsglieder. Berlin 1931.

19. Lösungen der Funktion $\int M\overline{M}(J_c/J)\,ds$ und Funktionswerte ω.

Lösung für gerade Stäbe mit konstantem J_h/J.

Tabelle 12. $\int\limits_0^l M\,\overline{M}\,\frac{J_c}{J}\,dx = l'\int\limits_0^1 M\,\overline{M}\,d\xi\,, \qquad l' = l\,\frac{J_c}{J_h}\,.$

Abszissen des Punktes c: ξl und $\xi' l$ $\quad s$ = Parabelscheitel $\quad w$ = Wendepunkt

	$\frac{1}{3} M_a \overline{M}_a l'$		$\frac{1}{6} M_a \overline{M}_b l'$
	$\frac{1}{6} M_a (2\overline{M}_a + \overline{M}_b) l'$		$\frac{1}{6} M_a (2\overline{M}_a - \overline{M}_b) l'$
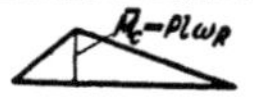	$\frac{1}{6} M_a \overline{M}_c (1+\xi') l' = \frac{1}{6} M_a P l \omega'_D l'$		
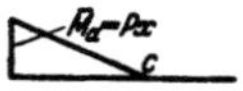	$\frac{1}{6} M_a \overline{M}_a \xi (3-\xi) l' = \frac{1}{6} M_a P l \xi^2 (3-\xi) l'$		
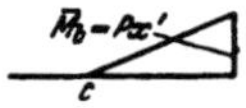	$\frac{1}{6} M_a \overline{M}_b \xi'^2 l' = \frac{1}{6} M_a P l \xi'^3 l'$		
	$-\frac{1}{6} M_a \overline{M}_c \omega'_M l'$		$\frac{1}{2} M_a \overline{M}_a l'$
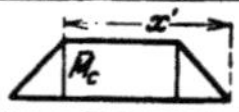	$\frac{1}{2} M_a \overline{M}_c \xi' l'$	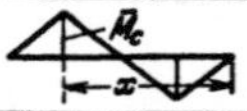	$\frac{1}{6} M_a \overline{M}_c \xi' l'$
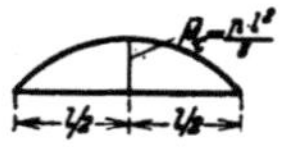	$\frac{1}{3} M_a \overline{M}_c l' = \frac{1}{24} M_a p l^2 l'$		$\frac{1}{6} M_a (\overline{M}_a + 2\overline{M}_c) l'$
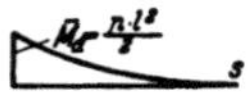	$\frac{1}{4} M_a \overline{M}_a l' = \frac{1}{8} M_a p l^2 l'$	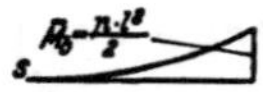	$\frac{1}{12} M_a \overline{M}_b l' = \frac{1}{24} M_a p l^2 l'$
	$\frac{5}{12} M_a \overline{M}_a l' = \frac{5}{24} M_a p l^2 l'$		$\frac{1}{4} M_a \overline{M}_b l' = \frac{1}{8} M_a p l^2 l'$
	$\frac{1}{12} M_a \overline{M}_c \frac{1}{\xi} (2-\xi'^2) l'$		$\frac{1}{12} M_a \overline{M}_c \frac{1}{\xi'} (2-\xi)^2 l'$
	$\frac{1}{12} M_a \overline{M}_c \frac{1}{\xi} (1+2\omega_R) l'$		$\frac{1}{6} M_a (\overline{M}_a - 2\overline{M}_c) l'$
	$\frac{1}{20} M_a \overline{M}_b l'$	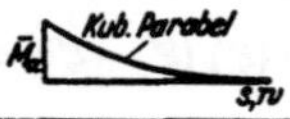	$\frac{1}{5} M_a \overline{M}_a l'$
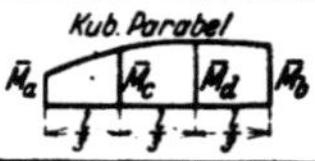	$\frac{1}{120} M_a (13\overline{M}_a + 36\overline{M}_c + 9\overline{M}_d + 2\overline{M}_b) l'$		

$\xi = \frac{x}{l} \qquad \xi' = \frac{x'}{l}$

	$\frac{1}{3} M_a \overline{M}_a l'$		$\frac{1}{6} M_a (\overline{M}_a - \overline{M}_b) l'$
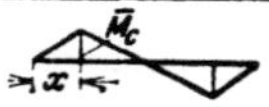	$\frac{1}{3} M_a \overline{M}_c \xi' l'$		$\frac{1}{6} M_a \overline{M}_c (1-2\xi) l'$
	$+\frac{1}{6} M_a \overline{M}_b l'$		$-\frac{1}{6} M_a \overline{M}_b l'$

Tabelle 12. (Fortsetzung) $\int_0^l M\overline{M}\frac{J_c}{J}dx = l'\int_0^1 M\overline{M}d\xi, \qquad l' = l\frac{J_c}{J_h}.$

Abszissen des Punktes c: ξl und $\xi' l$

s = Parabelscheitel

w = Wendepunkt

	$\frac{1}{6}(M_a+2M_b)\overline{M}_b l'$		$\frac{1}{6}[M_a(2\overline{M}_a+\overline{M}_b)+M_b(\overline{M}_a+2\overline{M}_b)]l'$
	$\frac{1}{3}(M_a^2+M_aM_b+M_b^2)l'$		$\frac{1}{2}(M_a+M_b)\overline{M}_a l'$
	$\frac{1}{6}[M_a(1+\xi')+M_b(1+\xi)]\overline{M}_c l' = \frac{Pl}{6}(M_a\omega'_D+M_b\omega_D)l'$		
	$\frac{1}{2}\overline{M}_c(M_a+M_b)\xi' l'$		$\frac{1}{6}\xi[M_a(3-\xi)+M_b\xi]\overline{M}_a l'$
	$\frac{1}{6}\overline{M}_c(M_a-M_b)\xi' l'$		$\frac{1}{6}\overline{M}_c[M_b\omega_M-M_a\omega'_M]l'$
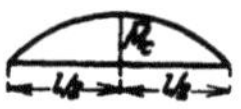	$\frac{1}{3}\overline{M}_c(M_a+M_b)l'$	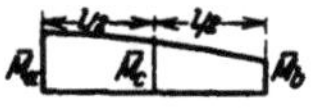	$\frac{1}{6}[M_a(\overline{M}_a+2\overline{M}_c)+M_b(2\overline{M}_c+\overline{M}_b)]l'$
	$\frac{1}{12}\overline{M}_a(3M_a+M_b)l'$		$\frac{1}{12}\frac{1}{\xi}(1+2\omega_R)(M_a+M_b)\overline{M}_c l'$
	$\frac{1}{12}\overline{M}_a(5M_a+3M_b)l'$		$\frac{1}{12}\frac{1}{\xi}[M_a(2-\xi'^2)+M_b(2-\xi')^2]\overline{M}_c l'$
	$\frac{1}{20}(4M_a+M_b)\overline{M}_a l'$		$\frac{3}{20}(2M_a+3M_b)\overline{M}_b l'$
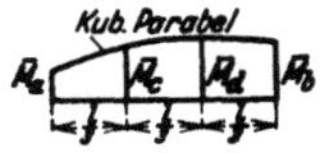	$\frac{1}{120}[M_a(13\overline{M}_a+36\overline{M}_c+9\overline{M}_d+2\overline{M}_b)+M_b(2\overline{M}_a+9\overline{M}_c+36\overline{M}_d+13\overline{M}_b)]l'$		

$\xi = \frac{x}{l}, \qquad \xi' = \frac{x'}{l}$

	$\frac{1}{5}M_c\overline{M}_b l'$		$\frac{7}{15}M_c\overline{M}_a l'$
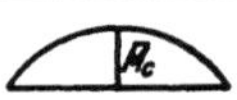	$\frac{8}{15}M_c\overline{M}_c l'$	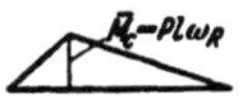	$\frac{1}{3}M_c\overline{M}_c(1+\omega_R)l' = \frac{1}{3}M_c Pl\omega''_P l'$
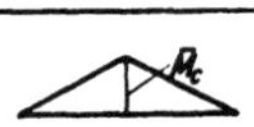	$\frac{5}{12}M_c\overline{M} l'$		$\frac{2}{3}M_c\overline{M}_c\xi'(1+\omega_R)l'$

Tabelle 12 (Fortsetzung). $\int_0^l M \overline{M} \frac{J_c}{J} dx = l' \int_0^1 M \overline{M} d\xi, \qquad l' = l \frac{J_c}{J_h}.$

$\xi = \frac{x}{l}, \qquad \xi' = \frac{x'}{l}, \qquad \zeta = \frac{u}{l}, \qquad \zeta' = \frac{l-u}{l}$

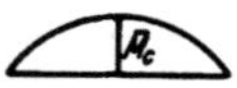	$\frac{1}{3} M_c \overline{M}_c (1 + \omega_R)\, l'$		$\frac{1}{12} M_c \overline{M}_a [5 - \xi (1 + \xi)]\, l'$
	$\frac{1}{12} M_c \overline{M}_b [1 + \xi (1 + \xi)]\, l'$		$\frac{1}{6} M_c \overline{M}_c \left[2 - \frac{(\xi' - \zeta')^2}{\xi' \zeta}\right] l'$
	$\frac{1}{6} M_c \overline{M}_c \left[2 - \frac{(\xi - \zeta)^2}{\xi \zeta'}\right] l'$		$\frac{1}{12} M_c \overline{M}_c \frac{3 - 4\xi^2}{\xi'}\, l'$
	$\frac{1}{6} M_c \overline{M}_c \left(3 \frac{\zeta'}{\xi'} - \frac{\xi^2}{\xi' \zeta}\right) l'$	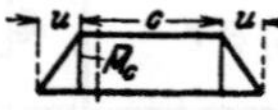	$\frac{1}{6} M_c \overline{M}_c \left(3 - \frac{\zeta^2}{\xi \xi'}\right) l'$
	$\frac{1}{6} M_c \overline{M}_c \frac{\zeta'}{\xi'} \left(1 - \frac{\xi^2}{\zeta \zeta'}\right) l'$	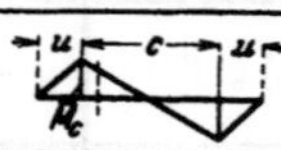	$\frac{1}{6} M_c \overline{M}_c \frac{\xi' - \xi}{\zeta' - \zeta} \left(1 - \frac{\zeta^2}{\xi \xi'}\right) l'$
	$\frac{1}{6} M_c \overline{M}_c \left(1 + \xi - 3 \frac{\zeta'^2}{\xi'}\right) l'$		$-\frac{1}{6} M_c \overline{M}_c \left(1 + \xi' - 3 \frac{\zeta^2}{\xi}\right) l'$
	$\frac{1}{2} M_c \overline{M}_a l'$		

 $\xi = \frac{x}{l} \qquad \xi' = \frac{x'}{l}$

	$\frac{1}{5} M_a \overline{M}_a l'$		$\frac{1}{30} M_a \overline{M}_b l'$
	$\frac{3}{10} M_a \overline{M}_a l'$		$\frac{2}{15} M_a \overline{M}_b l'$
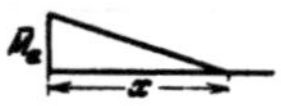	$\frac{1}{12} M_a \overline{M}_a \xi [2 + (1 + \xi')^2]\, l'$		$\frac{1}{12} M_a \overline{M}_b \xi'^3 l'$
	$\frac{1}{6} M_a \overline{M}_a l'$		$\frac{1}{30} M_a \overline{M}_a \xi [10 - \xi (5 - \xi)]\, l'$

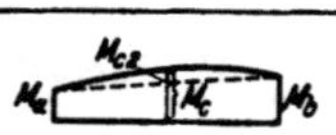	$\left[M_c^2 + \frac{(M_b - M_a)^2}{12} - 2 \frac{M_{c2} M_c}{3} + \frac{M_{c2}^2}{5}\right] l'$
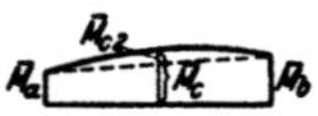	$\left[M_c \overline{M}_c + \frac{(M_b - M_a)(\overline{M}_b - \overline{M}_a)}{12} - \frac{M_{c2} \overline{M}_c}{3} - \frac{\overline{M}_{c2} M_c}{3} + \frac{M_{c2} \overline{M}_{c2}}{5}\right] l'$
	$\frac{1}{60} (15 M_a + 5 M_b + 12 M_{c2}) \overline{M}_a l'$
	$\frac{1}{60} (15 M_a + 25 M_b + 28 M_{c2}) \overline{M}_b l'$

Lösung für gerade Stäbe mit stetig veränderlichem J_h/J.

Tabelle 13a. $\int_0^l M \overline{M} \frac{J_c}{J} dx$ für symmetrisches, stetig veränderliches $\frac{J_h}{J}$.

$$\frac{J_h}{J} = \zeta = 1 - (1-n)(1-2\xi)^2$$

$$\xi = \frac{x}{l} \qquad \xi' = \frac{x'}{l} \qquad l' = l\frac{J_c}{J_h}$$

	$\frac{1}{15} M_a \overline{M}_a (3+2n)\, l'$		$\frac{1}{30} M_a \overline{M}_b (4+n)\, l'$
	$\frac{1}{6} M_a \overline{M}_a (2+n)\, l'$		$\frac{1}{15} M_a \overline{M}_c (4+n)\, l'$
	$\frac{1}{30} M_a \overline{M}_c [(4+n)(1+\xi') + 2(1-n)\xi'^2(3\xi-1)]\, l'$		

	$\frac{1}{3} M_a \overline{M}_a l' (2+n)$		$\frac{1}{6} M_a \overline{M}_c [(2+n) + 2(1-n)\omega_R]\, l'$

	$\frac{1}{30} [2(M_a \overline{M}_a + M_b \overline{M}_b)(3+2n) + (M_a \overline{M}_b + M_b \overline{M}_a)(4+n)]\, l'$		
	$\frac{1}{6} (M_a + M_b) \overline{M}_a (2+n)\, l'$		$\frac{1}{15} (M_a + M_b) \overline{M}_c (4+n)\, l'$

	$\frac{1}{15} M_c \overline{M}_c [(4+n)(1+\omega_R) - 8(1-n)\omega_R^2]\, l'$
 Parabel	$\frac{8}{105} M_c \overline{M}_c (n+6)\, l'$

Tabelle 13b. $\int_0^l M \overline{M} \frac{J_c}{J} dx$ für unsymmetrisches, stetig veränderliches $\frac{J_h}{J}$.

$$\frac{J_h}{J} = \zeta = 1 - (1 - n)(1 - \xi)^2$$

$$\xi = \frac{x}{l} \qquad \xi' = \frac{x'}{l} \qquad l' = l \frac{J_c}{J_h}$$

	$\frac{1}{4} M_a \overline{M}_a (1 + n)\, l'$		$\frac{1}{15} M_a \overline{M}_a (2 + 3n)\, l'$
	$\frac{1}{60} M_a \overline{M}_b (7 + 3n)\, l'$		$\frac{1}{15} M_a \overline{M}_c (3 + 2n)\, l'$
	$\frac{1}{60} M_a \overline{M}_c (1 + \xi')[10 - 3(1 - n)(1 + \xi'^2)]\, l'$		

	$\frac{1}{12} M_b \overline{M}_b (5 + n)\, l'$		$\frac{1}{30} M_b \overline{M}_b (9 + n)\, l'$
	$\frac{1}{60} M_b \overline{M}_c \{10(1 + \xi) - (1 - n)[3(1 + \xi)(1 + \xi^2) - 10\xi^2]\}\, l'$		
	$\frac{1}{15} M_b \overline{M}_c (4 + n)\, l'$		

	$\frac{1}{3} M_a \overline{M}_a (2 + n)\, l'$		$\frac{1}{12} M_a \overline{M}_c [6 - (1 - n)(3\xi' + \xi^2)]\, l'$

	$\frac{1}{60} 4 \overline{M}_a M_a (2 + 3n) + (\overline{M}_a M_b + \overline{M}_b M_a)(7 + 3n) + 2 \overline{M}_b M_b (9 + n)]\, l'$		
	$\frac{1}{12} \overline{M}_a [3 M_a (1 + n) + M_b (5 + n)]\, l'$	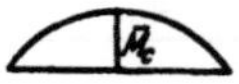	$\frac{1}{15} \overline{M}_c [M_a (3 + 2n) + M_b (4 + n)]\, l'$

	$\frac{1}{15} M_c \overline{M}_c \{5(1 + \omega_R) - (1 - n)[1 + \xi' + \omega_R(\xi' + 2\xi'^2)]\}\, l'$
	$\frac{8}{105} M_c \overline{M}_c (5 + 2n)\, l'$

Lösung für gerade Stäbe mit unstetig veränderlichem J_h/J.

Tabelle 14a. $\int_0^l M\overline{M}\frac{J_c}{J}dx$ für veränderliches $\frac{J_h}{J}$ an beiden Stabenden.

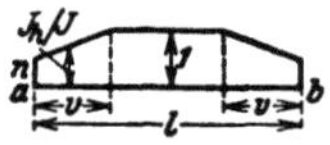

$$\frac{J_h}{J}=\zeta=1-(1-n)\frac{v-x}{v}=1-(1-n)\left(1-\frac{\xi}{\nu}\right)$$

$$\xi=\frac{x}{l},\quad \xi'=\frac{x'}{l},\quad \frac{v}{l}=\nu,\quad \frac{l-v}{l}=\nu',\quad l'=l\frac{J_c}{J_h},\quad n=\frac{J_h}{J_a}$$

	$\frac{1}{6}M_a\overline{M}_a[2-(1-n)\nu(2+\nu'^2)]l'$		$\frac{1}{6}M_a\overline{M}_b[1-(1-n)\nu^2(2-\nu)]l'$
	$\frac{1}{2}M_a\overline{M}_a[1-(1-n)\nu]l'$	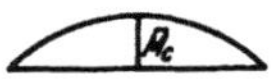	$\frac{1}{3}M_a\overline{M}_c[1-(1-n)\nu^2(2-\nu)]l'$
	$\frac{1}{12}M_a\overline{M}_c\left[2(1+\xi')-(1-n)\frac{\nu^2}{\omega_R}(\nu+2\nu'\xi')\right]l'$		
	$\frac{1}{12}M_a\overline{M}_c\left\{2(1+\xi')-(1-n)\frac{1}{\xi'}\left[2\nu(2+\nu'^2)+\frac{\xi^2}{\nu}(1+\xi')-2\xi(2+\xi')\right]\right\}l'$		
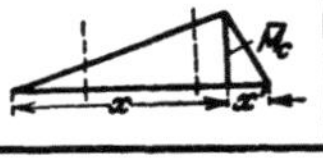	$\frac{1}{12}M_a\overline{M}_c\left\{2(1+\xi')-(1-n)\frac{1}{\xi}\left[2\nu^2(2-\nu)+\frac{\xi'^3}{\nu}-2\xi'^2\right]\right\}l'$		

	$M_a\overline{M}_a[1-(1-n)\nu]l'$		$\frac{1}{12}M_a\overline{M}_c\left[6-(1-n)\frac{2\nu^2}{\omega_R}\right]l'$
	$\frac{1}{6}M_a\overline{M}_c\left\{3-\frac{1-n}{\xi'}\left[3(\nu-\xi)+\frac{\xi^2}{\nu}\right]\right\}l'$		

	$\frac{1}{6}\{(M_a\overline{M}_a+M_b\overline{M}_b)[2-(1-n)\nu(2+\nu'^2)]+(M_a\overline{M}_b+M_b\overline{M}_a)[1-(1-n)\nu^2(2-\nu)]\}l'$		
	$\frac{1}{2}(M_a+M_b)\overline{M}_a[1-(1-n)\nu]l'$		$\frac{1}{3}(M_a+M_b)\overline{M}_c\cdot[1-(1-n)\nu^2(2-\nu)]l'$

	$\frac{1}{15}M_c\overline{M}_c\left\{5(1+\omega_R)-(1-n)\frac{1}{\xi'}\left[5\nu^2(2-\nu)+\xi^2\left(\frac{\xi}{\nu}(5-3\xi)-5(2-\xi)\right)\right]\right\}l'$		
	$\frac{1}{15}M_c\overline{M}_c\left[5(1+\omega_R)-(1-n)\frac{\nu^3(5-3\nu)}{\omega_R}\right]l'$		
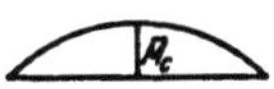	$\frac{8}{15}M_c\overline{M}_c[1-(1-n)\nu^3(5-6\nu+2\nu^2)]l'$		

Tabelle 14b. $\int\limits_0^l M\,\overline{M}\,\frac{J_c}{J}\,dx$ für veränderliches $\frac{J_h}{J}$ an einem Stabende.

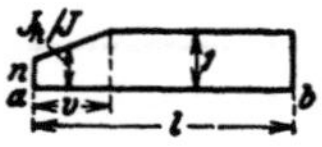

$$\frac{J_h}{J} = \zeta = 1 - (1-n)\,\frac{v-x}{v} = 1 - (1-n)\left(1 - \frac{\xi}{\nu}\right),$$

$$\xi = \frac{x}{l}, \quad \xi' = \frac{x'}{l}, \quad \nu = \frac{v}{l}, \quad \nu' = \frac{l-v}{l}, \quad l' = l\,\frac{J_c}{J_h}, \quad n = \frac{J_h}{J_a}$$

	$\frac{1}{6}\,M_a\,\overline{M}_a\,[3-(1-n)\,\nu\,(3-\nu)]\,l'$		$\frac{1}{12}\,M_a\,\overline{M}_b\,[2-(1-n)\,\nu^2\,(2-\nu)]\,l'$
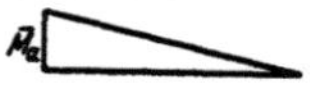	$\frac{1}{12}\,M_a\,\overline{M}_a\,\{4-(1-n)\,\nu\,[2+(2-\nu)^2]\}\,l'$		
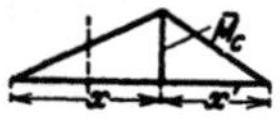	$\frac{1}{12}\,M_a\,\overline{M}_c\left[2\,(1+\xi')-(1-n)\,\frac{\nu^2}{\xi}\,(2-\nu)\right]l'$		
	$\frac{1}{12}\,M_a\,\overline{M}_c\left\{2\,(1+\xi')-\frac{1-n}{\xi'}\left[\nu\,(2+(2-\nu)^2)+\frac{\xi^2}{\nu}\,(1+\xi')-2\,\xi\,(2+\xi')\right]\right\}l'$		
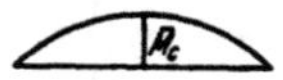	$\frac{1}{15}\,M_a\,\overline{M}_c\,[5-(1-n)\,\nu^2\,(10\,\nu'+3\,\nu^2)]\,l'$		

	$\frac{1}{12}\,M_b\,\overline{M}_b\,[4-(1-n)\,\nu^3]\,l'$		$\frac{1}{6}\,M_b\,\overline{M}_a\,[3-(1-n)\,\nu^2]\,l'$
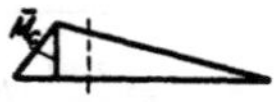	$\frac{1}{12}\,M_b\,\overline{M}_c\left\{2\,(1+\xi)-(1-n)\,\frac{1}{\xi'}\left[\nu^2\,(2-\nu)-\xi^2\left(2-\frac{\xi}{\nu}\right)\right]\right\}l'$		
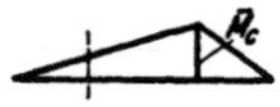	$\frac{1}{12}\,M_b\,\overline{M}_c\left[2\,(1+\xi)-(1-n)\,\frac{\nu^3}{\xi}\right]l'$	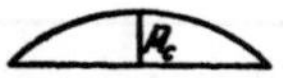	$\frac{1}{15}\,M_b\,\overline{M}_c\,[5-(1-n)\,\nu^3\,(5-3\,\nu)]\,l$

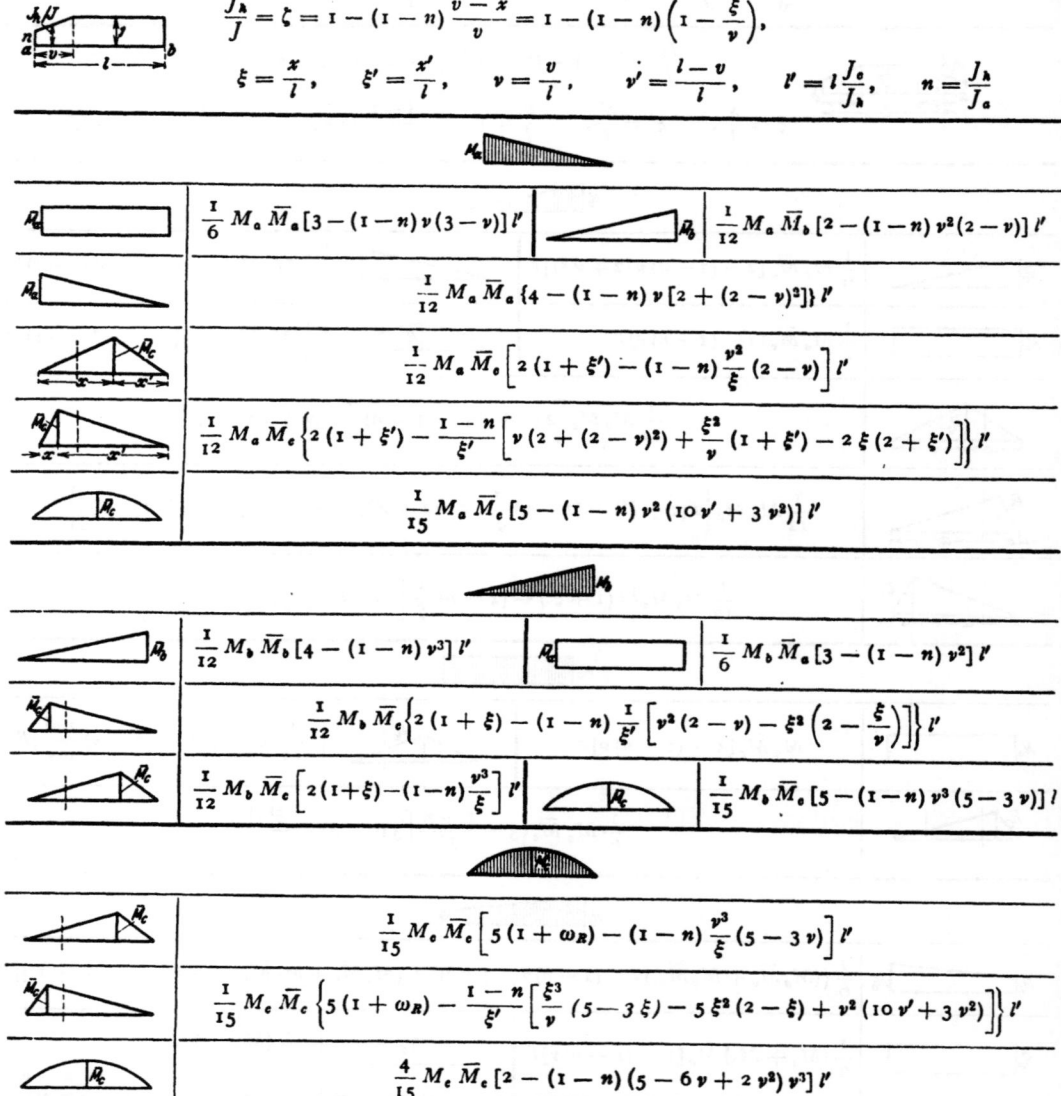

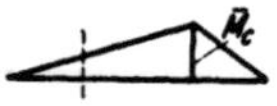	$\frac{1}{15}\,M_c\,\overline{M}_c\left[5\,(1+\omega_R)-(1-n)\,\frac{\nu^3}{\xi}\,(5-3\,\nu)\right]l'$
	$\frac{1}{15}\,M_c\,\overline{M}_c\left\{5\,(1+\omega_R)-\frac{1-n}{\xi'}\left[\frac{\xi^3}{\nu}\,(5-3\,\xi)-5\,\xi^2\,(2-\xi)+\nu^2\,(10\,\nu'+3\,\nu^2)\right]\right\}l'$
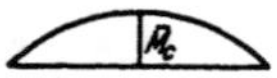	$\frac{4}{15}\,M_c\,\overline{M}_c\,[2-(1-n)\,(5-6\,\nu+2\,\nu^2)\,\nu^3]\,l'$

Tabelle 15a. $\int_0^l M\overline{M}\frac{J_c}{J}dx$ für unendlich großes Trägheitsmoment an beiden Stabenden.

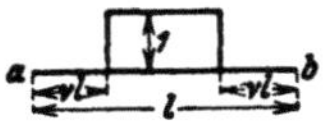	$\frac{J_h}{J}$	$l' = l\frac{J_c}{J_h}$	$\nu' = 1-\nu$ $\xi = \frac{x}{l}$ $\xi' = \frac{x'}{l}$

	$\frac{1}{3}M_a\overline{M}_a(1-2\nu)(1-\nu\nu')\,l'$		$\frac{1}{6}M_a\overline{M}_b(1-2\nu)(1+2\nu\nu')\,l'$
	$\frac{1}{6}M_a(1-2\nu)[2\overline{M}_a+\overline{M}_b-2(\overline{M}_a-\overline{M}_b)\nu\nu']\,l'$		
	$\frac{1}{6}M_a\overline{M}_c\left\{1+\xi'-\frac{\nu^2}{\omega_R}[3\xi'-2\nu(1-2\xi)]\right\}l' = \frac{1}{6}\frac{M_a\overline{M}_c}{\omega_R}\{\omega_D'-\nu^2[3\xi'-2\nu(1-2\xi)]\}\,l'$		
	$\frac{M_a\overline{M}_c}{3}(1-2\nu)(1+2\nu\nu')\,l'$		$\frac{1}{3}M_a\overline{M}_c\frac{1}{\xi'}(1-2\nu)(1-\nu\nu')\,l'$
	$\frac{1}{12}M_a\overline{M}_c\frac{1}{\xi}(1+2\omega_R-6\nu^2)\,l'$	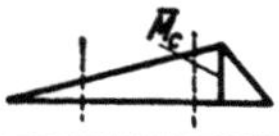	$\frac{1}{6}M_a\overline{M}_c\frac{1}{\xi}(1-2\nu)(1+2\nu\nu')\,l'$
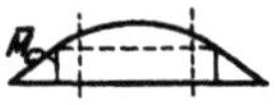	$\frac{1}{12}M_a\overline{M}_c\frac{1}{\xi}\frac{\nu'-\nu}{\xi'-\xi}[1-6\xi^2+2\nu\nu']\,l'$		

	$M_a\overline{M}_a(1-2\nu)\,l'$		$\frac{1}{2}M_a\overline{M}_c\frac{1-2\nu}{\xi'}\,l'$
	$\frac{1}{2}M_a\overline{M}_c\left(1-\frac{\nu^2}{\omega_R}\right)l'$		

	$\frac{1}{6}(\nu'-\nu)[\overline{M}_a(2M_a+M_b)+\overline{M}_b(2M_b+M_a)-2\nu\nu'(\overline{M}_a-\overline{M}_b)(M_a-M_b)]\,l'$		
	$\frac{1}{2}\overline{M}_a(M_a+M_b)(1-2\nu)\,l'$	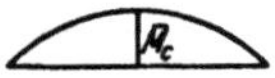	$\frac{1}{3}(M_a+M_b)\overline{M}_c(1-2\nu)(1+2\nu\nu')\,l'$

	$\frac{1}{3}M_c\overline{M}_c\frac{1}{\xi'}(1-2\nu)(1+2\nu\nu')\,l'$		$\frac{1}{3}\frac{M_c\overline{M}_c}{\omega_R}[\omega_P''-\nu^3(4-3\nu)]\,l'$

Tabelle 15b. $\int_0^l M \overline{M} \frac{J_e}{J} dx$ für unendlich großes Trägheitsmoment an einem Stabende.

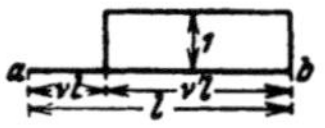

$\frac{J_h}{J}$ $\quad l' = l \frac{J_e}{J_h}$ $\quad \xi = \frac{x}{l}$ $\quad \xi' = \frac{x'}{l}$

	$\frac{1}{2} M_a \overline{M}_a \nu'^2 l'$		$\frac{1}{3} M_a \overline{M}_a \nu'^3 l'$
	$\frac{1}{6} M_a \overline{M}_b \nu'^2 (3 - 2\nu') l'$	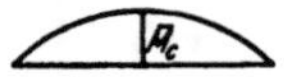	$\frac{1}{3} M_a \overline{M}_c [4\nu'^3 - 3\nu'^4] l'$
	$\frac{1}{3} M_a \overline{M}_c \frac{\nu'^3}{\xi'} l'$		$\frac{1}{6} M_a \overline{M}_c \frac{1}{\xi} [\nu'^2 (3-2\nu') - \nu\nu'\xi' - \nu'\xi'^2] l'$

	$\frac{1}{2} M_b \overline{M}_a (1 - \nu^2) l'$		$\frac{1}{3} M_b \overline{M}_b (1 + \nu + \nu^2) \nu' l'$
	$\frac{1}{6} M_b \overline{M}_c \frac{\nu'^2}{\xi'} (1 + 2\nu) l'$		$\frac{1}{6} M_a \overline{M}_c \left(1 + \xi - \frac{2\nu^3}{\xi}\right) l'$
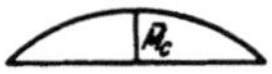	$\frac{1}{3} M_b \overline{M}_c [1 - \nu^3 (4 - 3\nu)] l'$		

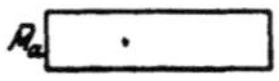	$M_a \overline{M}_a \nu' l'$	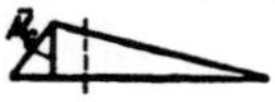	$\frac{1}{2} M_a \overline{M}_c \frac{\nu'^2}{\xi'} l'$
	$\frac{1}{2} M_a \overline{M}_c \left(1 - \frac{\nu^2}{\xi}\right) l'$		

	$\frac{\nu'}{6} \{M_a \nu' [2 \overline{M}_a \nu' + \overline{M}_b (1 + 2\nu)] + M_b [2 \overline{M}_b (1 + \nu + \nu^2) + \nu' \overline{M}_a (1 + 2\nu)]\} l'$
	$M_a \frac{\nu'}{2} [\overline{M}_a (1 - \nu) + \overline{M}_b (1 + \nu)] l'$
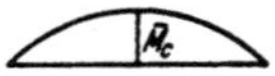	$\frac{1}{3} \overline{M}_c [M_a (4\nu'^3 - 3\nu'^4) + M_b (1 - 4\nu^3 + 3\nu^4)] l'$

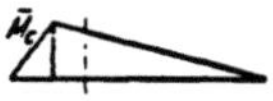	$\frac{1}{3} M_c \overline{M}_c \frac{\nu'^3}{\xi'} (4 - 3\nu') l'$
	$\frac{1}{3} \frac{M_c \overline{M}_c}{\omega_R} [\omega_P'' - \xi' \nu^3 (3 - 4\nu)] l'$

Lösung für gekrümmte Stäbe mit $r = \text{const}$ und $J = \text{const}$.

Tabelle 16. $\int_0^b M \bar{M} \frac{J_h}{J} ds$.

$\xi = \frac{x}{l}$ $\qquad \xi' = \frac{x'}{l}$ $\qquad b' = b\,\frac{J_c}{J_h}$

$\beta = \frac{b_c}{b}$ $\qquad \beta' = \frac{b'_c}{b}$

$M = 1 \cdot y$

	$\frac{1}{2}\bar{M}_a r\left(\frac{l}{b} - \frac{e}{r}\right) b'$		$\bar{M}_a r\left(\frac{l}{b} - \frac{e}{r}\right) b'$
	$\frac{1}{2}\,\frac{\bar{M}_c}{\omega_R}\, r\, \frac{l}{b}\left\{\omega_R + \frac{e}{l}\left[2\,\frac{y_c}{l} - \frac{b}{r}(\xi\beta' + \xi'\beta)\right]\right\} b'$		
	$\bar{M}_b\,\frac{r f^2}{b\,l}\, b'$		$\frac{1}{4}\bar{M}_c r\left(\frac{l}{b} + 8\,\frac{e f}{b l} - 2\,\frac{c}{r}\right) b'$
 Parabel	$2\,\bar{M}_c r\left(\frac{l}{3b} + \frac{e r}{l^2} - \frac{e}{2r} - \frac{e^2}{b l}\right) b'$	 Kreisbogen	$\frac{r^2}{2}\left(1 + 2\,\frac{e^2}{r^2} - 3\,\frac{e l}{b r}\right) b'$
	$2\,\bar{M}_c r\left(\frac{l}{3b} + \frac{e r}{l^2} - \frac{e}{2r} - \frac{e^2}{b l}\right) b'$		

	$\frac{1}{4} M_a \bar{M}_a\left(1 + 2\,\frac{r^2}{l^2} - \frac{2 e r}{b l}\right) b'$		$\frac{1}{4} M_a \bar{M}_b\left(1 - 2\,\frac{r^2}{l^2} + \frac{2 e r}{b l}\right) b'$
	$\frac{1}{2} M_a \bar{M}_a b'$	 Parabel	$\frac{1}{2} M_a \bar{M}_c\left(1 - 2\,\frac{r^2}{l^2} + \frac{2 e r}{b l}\right) b'$
	$\frac{1}{4}\,\frac{M_a \bar{M}_c}{\omega_R}\left[\xi\beta' + \xi\,\beta + 2\,\frac{r^2}{l^2}(\xi\beta' - \xi'\beta) - \frac{y_c}{l}\,\frac{r}{b}\,(2 + \xi - \xi')\right] b'$		
	$2\,M_a \bar{M}_c\left(\frac{2}{3}\,\frac{e r}{b l} - \frac{e^2}{l^2} + \frac{8}{3}\,\frac{f r^3}{b l^3}\right) b'$		
	$2\,M_a \bar{M}_c\left(\frac{e r}{3 b l} + \frac{1}{4} - \frac{8}{3}\,\frac{f r^3}{b l^3}\right) b'$		
 Kreisbogen	$\frac{1}{2} M_a r\left(\frac{l}{b} - \frac{e}{r}\right) b'$		
	$\frac{1}{2} M_a \bar{M}_b\,\frac{r}{l}\left(2\,\frac{r}{b} - \frac{r}{l} - \frac{e}{b}\right) b'$		$\frac{1}{2} M_a \bar{M}_a\,\frac{r}{l}\left(2\,\frac{r}{b} + \frac{r}{l} - 3\,\frac{e}{b}\right) b'$
	$\frac{1}{4} M_a \bar{M}_c\,\frac{r}{l}\left(\frac{l}{r} - 8\,\frac{f}{b} + 2\,\frac{r}{l} - \frac{e l}{b r}\right) b'$		
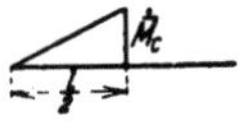	$\frac{1}{4} M_a \bar{M}_c\,\frac{r}{l}\left(\frac{l}{r} - 2\,\frac{r}{l} + \frac{e l}{b r}\right) b'$		

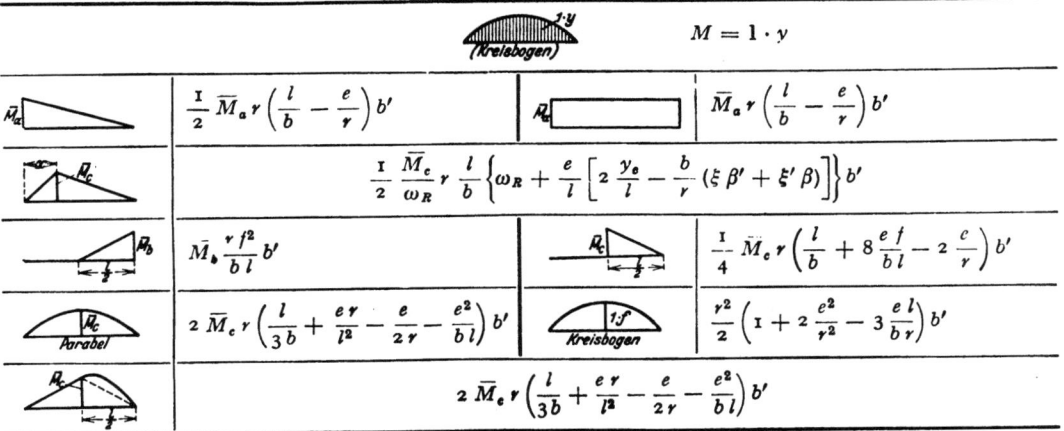

Verdrehungen der Endquerschnitte mit Angaben über die Biegelinien für Balkenträger mit konstantem J_h/J.

Die Winkel φ_a, φ_b und die Ordinaten w, f der Biegelinie werden im EJ_c fachen Betrag angegeben.

Tabelle 17. Träger auf zwei Stützen.

$\varphi_a \Big/ \frac{l'}{6} = R_{(k-1)k}$, $\varphi_b \Big/ \frac{l'}{6} = R_{kk}$ werden auf S. 258 als Kreuzlinienabschnitte verwendet.

Abszissen der Belastung: ξl, $\xi' l$; Abszissen der Stabquerschnitte: ζl, $\zeta' l$; Schnitt h links der Last, Schnitt r rechts der Last.

$$l \cdot J_c/J_h = l'$$

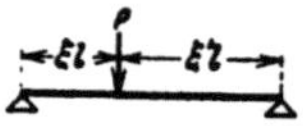

$$\varphi_a = \frac{l'}{6} P l \omega'_D; \qquad \varphi_b = \frac{l'}{6} P l \omega_D;$$

$$w_h = \frac{l'}{6} P l^2 \xi' \zeta [\xi(1+\xi') - \zeta^2]; \qquad w_r = \frac{l'}{6} P l^2 \xi \zeta' [\xi'(1+\xi) - \zeta'^2]$$

w im Lastpunkt $(\zeta = \xi)$: $w = f = \frac{l'}{3} P l^2 \xi^2 \xi'^2$;

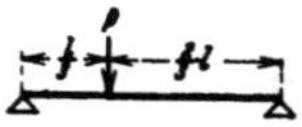

$\varphi_a = \frac{l'}{6} \frac{10}{27} P l$; $\varphi_b = \frac{l'}{6} \frac{8}{27} P l$

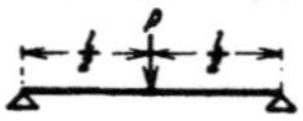

$\varphi_a = \varphi_b = \frac{l'}{6} \frac{3}{8} P l$

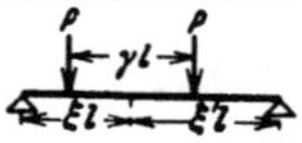

$\varphi_a = \frac{l'}{6} 2 P l \xi' \left(1 - \xi'^2 - \frac{3}{4} \gamma^2\right)$; $\varphi_b = \frac{l'}{6} 2 P l \xi \left(1 - \xi^2 - \frac{3}{4} \gamma^2\right)$

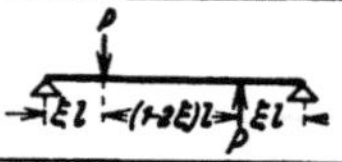

$\varphi_a = -\frac{l'}{6} P l \omega''_D$; $\varphi_b = \frac{l'}{6} P l \omega''_D$

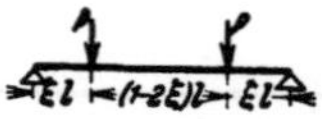

$\varphi_a = \varphi_b = \frac{l'}{6} 3 P l \omega_R$

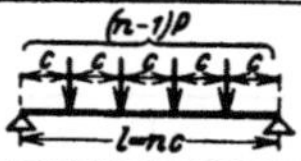

$\varphi_a = \varphi_b = \frac{l'}{6} P l \frac{n}{4} \left(1 - \frac{1}{n^2}\right)$

$\varphi_a = \varphi_b = \frac{l'}{6} \frac{2}{3} P l$

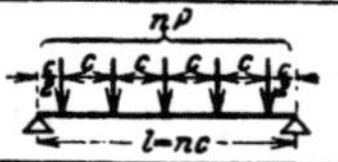

$\varphi_a = \varphi_b = \frac{l'}{6} P l \frac{n}{4} \left(1 + \frac{1}{2 n^2}\right)$

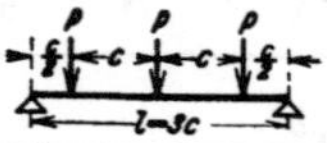

$\varphi_a = \varphi_b = \frac{l'}{6} \frac{19}{24} P l$

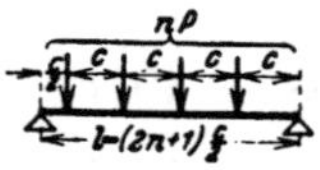

$$\varphi_a = \frac{l'}{6} P l \frac{2n+1}{8} \left[1 - \frac{1}{(2n+1)^4}\right];$$

$$\varphi_b = \frac{l'}{6} P l \frac{2n+1}{8} \left[1 - \frac{2}{(2n+1)^2} + \frac{1}{(2n+1)^4}\right]$$

$\varphi_a = \frac{l'}{6} p l^2 2 \gamma \xi' (1 - \gamma^2 - \xi'^2)$; $\varphi_b = \frac{l'}{6} p l^2 2 \gamma \xi (1 - \gamma^2 - \xi^2)$

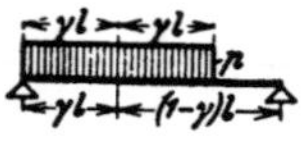

$\varphi_a = \frac{l'}{6} p l^2 4 \gamma^2 (1 - \gamma)^2$; $\varphi_b = \frac{l'}{6} p l^2 2 \gamma^2 (1 - 2\gamma^2)$

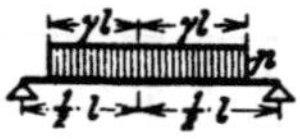

$\varphi_a = \varphi_b = \frac{l'}{6} p l^2 \frac{\gamma}{4} (3 - 4\gamma^2)$

$\varphi_a = \varphi_b = \frac{l'}{6} \frac{13}{108} p l^2$

$\varphi_a = \varphi_b = \frac{l'}{6} \frac{p l^2}{4}$; $w = \frac{l'}{24} p l^3 \omega''_P$; w in Stabmitte: $w = f = \frac{5}{384} l' p l^3$

$$\varphi_a = \varphi_b = \frac{l'}{6} p l^2 \frac{\beta}{4} (3 - \beta^2 - 3 \alpha^2)$$

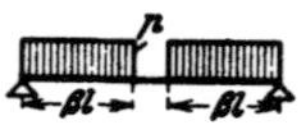

$\varphi_a = \varphi_b = \frac{l'}{6} p l^2 \frac{\beta^2}{2} (3 - 2\beta)$

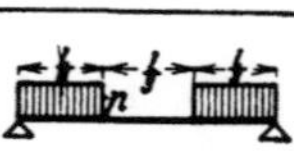

$\varphi_a = \varphi_b = \frac{l'}{6} \frac{7}{54} p l^2$

Tabelle 17 (Fortsetzung).

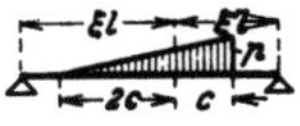 $\gamma = \frac{c}{l}$	$\varphi_a = \frac{l'}{6}\,\frac{3}{2}\,p\,l^2\gamma\,\xi'\left[\xi\,(1+\xi') - \frac{15\,\xi' + 2\,\gamma}{10\,\xi'}\,\gamma^2\right];$ $\varphi_b = \frac{l'}{6}\,\frac{3}{2}\,p\,l^2\gamma\,\xi\left[\xi'\,(1+\xi) - \frac{15\,\xi - 2\,\gamma}{10\,\xi}\,\gamma^2\right]$		
	$\varphi_a = \frac{l'}{6}\,\frac{p\,l^2}{60}\,\alpha^2\,(40 - 45\,\alpha + 12\,\alpha^2)\,;\quad \varphi_b = \frac{l'}{6}\,\frac{p\,l^2}{15}\,\alpha^2\,(5 - 3\,\alpha^2)$		
	$\varphi_a = \frac{l'}{6}\,\frac{p\,l^2}{60}\,\beta^2\,(10 - 3\,\beta^2)\,;\quad \varphi_b = \frac{l'}{6}\,\frac{p\,l^2}{60}\,\beta^2\,(20 - 15\,\beta + 3\,\beta^2)$		
	$\varphi_a = \frac{l'}{6}\,\frac{7\,p\,l^2}{60}\,;\quad \varphi_b = \frac{l'}{6}\,\frac{2\,p\,l^2}{15}\,;\quad w = \frac{p\,l^4}{360}\,\zeta\,(7 - 10\,\zeta^2 + 3\,\zeta^4)$		
	$\varphi_a = \frac{l'}{6}\,\frac{1}{2}\,p\,l^2\gamma\,\xi'\,[2\,\xi\,(1+\xi') - \gamma^2]\,;$ $\varphi_b = \frac{l'}{6}\,\frac{1}{2}\,p\,l^2\gamma\,\xi\,[2\,\xi'\,(1+\xi) - \gamma^2]$		
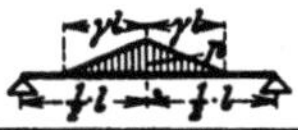	$\varphi_a = \varphi_b = \frac{l'}{6}\,\frac{p\,l^2}{8}\,\gamma\,(3 - 2\,\gamma^2)$		$\varphi_a = \varphi_b = \frac{l'}{6}\,\frac{5}{32}\,p\,l^2$
	$\varphi_a = \frac{l'}{6}\,\frac{p\,l^2}{60}\,(1+\alpha')\,(7 - 3\,\alpha'^2)\,;\quad \varphi_b = \frac{l'}{6}\,\frac{p\,l^2}{60}\,(1+\alpha)\,(7 - 3\,\alpha^2)$		
	$\varphi_a = \varphi_b = \frac{l'}{6}\,\frac{p\,l^2}{4}\,\gamma^2\,(4 - 3\,\gamma)$		$\varphi_a = \varphi_b = \frac{l'}{6}\,\frac{17}{128}\,p\,l^2$
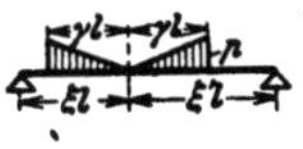	$\varphi_a = \frac{l'}{6}\,\frac{p\,l^2}{2}\,\gamma\,\xi'\,[2\,\xi\,(1+\xi') - 3\,\gamma^2]$ $\varphi_b = \frac{l'}{6}\,\frac{p\,l^2}{2}\,\gamma\,\xi\,[2\,\xi'\,(1+\xi) - 3\,\gamma^2]$		
	$\varphi_a = \varphi_b = \frac{l'}{6}\,\frac{3}{8}\,p\,l^2\gamma\,(1 - 2\,\gamma^2)$		$\varphi_a = \varphi_b = \frac{l'}{6}\,\frac{3}{32}\,p\,l^2$
	$\varphi_a = \frac{l'}{6}\,\frac{p\,l^2}{60}\,[15 - (1+\alpha')\,(7 - 3\,\alpha'^2)]\,;\quad \varphi_b = \frac{l'}{6}\,\frac{p\,l^2}{60}\,[15 - (1+\alpha)\,(7 - 3\,\alpha^2)]$		
	$\varphi_a = \varphi_b = \frac{l'}{6}\,\frac{p\,l^2}{4}\,\gamma^2\,(2 - \gamma)$		$\varphi_a = \varphi_b = \frac{l'}{6}\,\frac{15}{128}\,p\,l^2$
	$\varphi_a = \frac{l'}{6}\,\frac{l^2}{60}\,(8\,p_a + 7\,p_b)\,;\quad \varphi_b = \frac{l'}{6}\,\frac{l^2}{60}\,(7\,p_a + 8\,p_b)$		
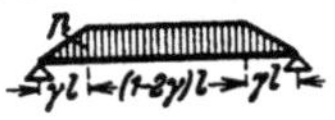	$\varphi_a = \varphi_b = \frac{l'}{6}\,\frac{p\,l^2}{4}\,[1 - \gamma^2\,(2 - \gamma)]$		$\varphi_a = \varphi_b = \frac{l'}{6}\,\frac{1}{5}\,p\,l^2$
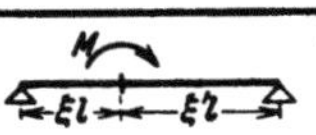	$\varphi_a = \frac{l'}{6}\,M\,\omega'_M\,;\quad \varphi_b = -\frac{l'}{6}\,M\,\omega_M$		$-\varphi_a = \varphi_b = \frac{l'}{6}\,\frac{M}{4}$
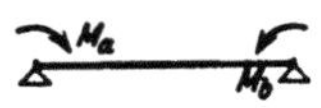	$\varphi_a = \frac{l'}{6}\,(2\,M_a + M_b)\,;\quad \varphi_b = \frac{l'}{6}\,(M_a + 2\,M_b)$		

Tabelle 18. Freiträger.

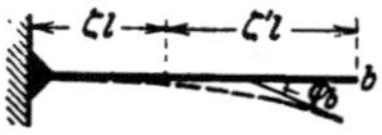	Abszissen der Belastung: ξl, $\xi' l$; Abszissen der Stabquerschnitte: ζl, $\zeta' l$. Schnitt h links, Schnitt r rechts der Last. $l\, J_c/J_h = l'$. φ_b und die Ordinaten w, $w_b = f$ der Biegelinie sind $E J_c$ fache Beträge.
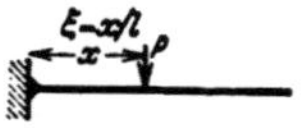	$\varphi_b = \frac{l'}{2} P l \xi^2$; $f = \frac{l'}{6} P l^2 \xi^2 (3 - \xi)$; $w_h = \frac{l'}{6} P l^2 \zeta^2 (3\xi - \zeta)$; $w_r = \frac{l'}{6} P l^2 \xi^2 (3\zeta - \xi)$
	$\varphi_b = \frac{l'}{6} 3 P l$; $f = \frac{l'}{3} P l^2$; $w = \frac{l'}{6} P l^2 \zeta^2 (3 - \zeta)$
	$\varphi_b = \frac{l'}{6} p l^2 \xi' (3 - 3\xi' + \xi'^2)$; $f = \frac{l'}{24} p l^3 \xi' (8 - 6\xi' + \xi'^3)$
	$\varphi_b = \frac{l'}{6} p l^2 \xi^3$; $f = \frac{l'}{24} p l^3 \xi^3 (4 - \xi)$
	$\varphi_b = \frac{l'}{6} p l^2$; $f = \frac{l'}{8} p l^3$; $w = \frac{l'}{24} p l^3 \zeta^2 (6 - 4\zeta + \zeta^2)$
	$\varphi_b = \frac{l'}{24} p l^2 \xi' (6 - 8\xi' + 3\xi'^2)$; $f = \frac{l'}{30} p l^3 \xi' (5 - 5\xi' + \xi'^3)$
	$\varphi_b = \frac{l'}{24} p l^2$; $f = \frac{l'}{30} p l^3$; $w = \frac{l'}{120} p l^3 (4 - 5\zeta' + \zeta'^5)$
	$\varphi_b = \frac{l'}{24} p l^2 \xi' (6 - 4\xi' + \xi'^2)$; $f = \frac{l'}{120} p l^3 \xi' (20 - 10\xi' + \xi'^3)$
	$\varphi_b = \frac{l'}{8} p l^2$; $f = \frac{11\, l'}{120} p l^3$; $w = \frac{l'}{120} p l^3 (11 - 15\zeta' + 5\zeta'^4 - \zeta'^5)$
	$\varphi_b = M l \xi$; $f = \frac{M l^2}{2} (1 - \xi'^2)$  $w = \frac{M l^2}{2} \zeta^2$

Tabelle 19. Auslegeträger.

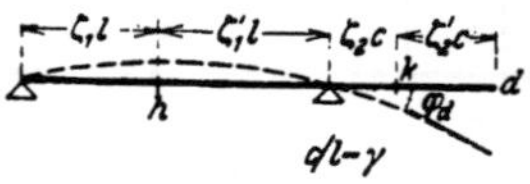	Abszissen der Stabquerschnitte: Im Feld: $\zeta_1 l$, $\zeta_1' l$; im Kragarm: $\zeta_2 c$, $\zeta_2' c$. Schnitt h im Feld, Schnitt k im Kragarm. $l\, J_c/J_h = l'$. φ_d u. die Ordinaten w, $w_d = f$ der Biegelinie sind $E J_c$ fache Beträge.
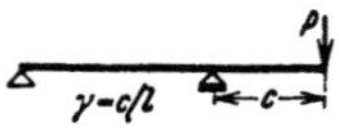	$w_h = -\frac{l'}{6} P l^2 \gamma (\zeta_1 - \zeta_1^3) = -\frac{l'}{6} P l^2 \gamma\, \omega_D$; $\varphi_d = \frac{l'}{6} P l \gamma (2 + 3\gamma)$ $w_k = \frac{l'}{6} P l^2 \gamma^2 \zeta_2 [2 + \zeta_2 \gamma (3 - \zeta_2)]$; $f = \frac{l'}{3} P l^2 \gamma^2 (1 + \gamma)$
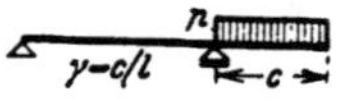	$w_h = -\frac{l'}{12} p l^3 \gamma^2 (\zeta_1 - \zeta_1^3) = -\frac{l'}{12} p l^3 \gamma^2 \omega_D$; $\varphi_d = \frac{l'}{6} p l^2 \gamma^2 (1 + \gamma)$ $w_k = \frac{l'}{24} p l^3 \gamma^3 \zeta_2 [4 + \gamma \zeta_2 (2 + (1 + \zeta_2')^2)]$; $f = \frac{l'}{24} p l^3 \gamma^3 (4 + 3\gamma)$

Verdrehungen der Endquerschnitte und Biegelinien für Balkenträger mit veränderlichem J_h/J aus einem Kräftepaar $M_a = 1$ mt am Endquerschnitt a.

Tabelle 20.

A. Trägheitsmoment stetig veränderlich.

1. Verdrehungen der Endquerschnitte:

a) Symmetrischer Träger, $M_a = 1$ mt

$$\frac{J_h}{J} = \zeta = 1 - (1 - n)\left(1 - 2\frac{x}{l}\right)^2 = 1 - (1 - n)\,(1 - 2\xi)^2$$

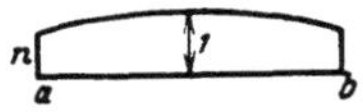

$$\delta_{aa} = \frac{l'}{6EJ_c}k_1;\quad \delta_{ba} = -\frac{l'}{6EJ_c}k_2;\quad l' = l\frac{J_c}{J_h},\quad n = \frac{J_h}{J_a}.$$

	n											
	0,6	0,5	0,4	0,3	0,2	0,15	0,12	0,10	0,08	0,06	0,05	0,04
k_1	1,680	1,600	1,520	1,440	1,360	1,320	1,296	1,280	1,264	1,248	1,240	1,232
k_2	0,920	0,900	0,880	0,860	0,840	0,830	0,824	0,820	0,816	0,812	0,810	0,808

b) Unsymmetrischer Träger.

$$\frac{J_h}{J} = \zeta = 1 - (1 - n)\left(1 - \frac{x}{l}\right)^2 = 1 - (1 - n)\,(1 - \xi)^2;\quad J_h = J_b$$

für $M_a = 1$ mt: $\delta_{aa} = \frac{l'}{6EJ_c}k_1;\quad \delta_{ba} = \frac{l'}{6EJ_c}k_2,\quad l' = l\frac{J_c}{J_h};$

für $M_b = 1$ mt: $\delta_{ab} = \frac{l'}{6EJ_c}k_2;\quad \delta_{bb} = \frac{l'}{6EJ_c}k_3;\quad n = \frac{J_h}{J_a}.$

	n											
	0,6	0,5	0,4	0,3	0,2	0,15	0,12	0,10	0,08	0,06	0,05	0,04
k_1	1,520	1,400	1,280	1,160	1,040	0,980	0,944	0,920	0,896	0,872	0,860	0,848
k_2	0,880	0,850	0,820	0,790	0,760	0,745	0,736	0,730	0,724	0,718	0,715	0,712
k_3	1,920	1,900	1,880	1,860	1,840	1,830	1,824	1,820	1,816	1,812	1,810	1,808

2. Ordinaten der Biegelinie für $M_a = 1$ mt: $\delta_m = \frac{l\,l'}{6EJ_c}k;\quad l' = l\frac{J_c}{J_h}$. Werte k:

a) Symmetrischer Träger.

n	ξ												
	0,1	0,2	0,25	0,3	⅓	0,4	0,5	0,6	⅔	0,7	0,75	0,8	0,9
0,60	0,1492	0,2584	0,2977	0,3268	0,3407	0,3560	0,3500	0,3140	0,2765	0,2545	0,2180	0,1781	0,0913
0,30	1328	2362	2748	3041	3185	3351	3312	2976	2617	2406	2057	1676	0856
0,20	1273	2288	2672	2966	3111	3281	3250	2921	2568	2360	2016	1641	0836
0,10	1219	2214	2596	2890	3037	3211	3188	2866	2519	2313	1975	1607	0817
0,05	1191	2177	2558	2853	3000	3176	3156	2838	2494	2290	1954	1589	0808

b) Unsymmetrischer Träger.

n	ξ												
	0,1	0,2	0,25	0,3	⅓	0,4	0,5	0,6	⅔	0,7	0,75	0,8	0,9
0,60	0,1339	0,2313	0,2666	0,2932	0,3062	0,3213	0,3188	0,2892	0,2568	0,2373	0,2045	0,1680	0,0870
0,30	1060	1888	2205	2453	2580	2743	2766	2542	2272	2105	1821	1501	0780
0,20	0967	1746	2051	2293	2420	2587	2625	2425	2173	2016	1746	1441	0750
0,10	0874	1605	1897	2134	2259	2430	2484	2308	2074	1927	1671	1381	0720
0,05	0828	1534	1820	2054	2179	2352	2414	2249	2025	1882	1634	1351	0705

Für Zwischenwerte von n können die Ordinaten geradlinig eingeschaltet werden.

Tabelle 22. Funktionswerte ξ^r und ω nach S. 120

ξ	ξ^2	ξ^3	ξ^4	ω_R	ω_D	ω_D''	ω_M	ω_φ	ω_P	ω_P''	ξ'
0,00	0,0000	0,0000	0,0000	0,0000	0,0000	− 0,00000	− 1,0000	0,0000	0,0000	0,0000	1,00
01	0001	0000	0000	0099	0100	− 0,00970	− 0,9997	0001	0100	0100	99
02	0004	0000	0000	0196	0200	− 0,01882	− 0,9988	0004	0200	0200	98
03	0009	0000	0000	0291	0300	− 0,02736	− 0,9973	0009	0300	0299	97
04	0016	0001	0000	0384	0399	− 0,03532	− 0,9952	0016	0400	0399	96
05	0025	0001	0000	0475	0499	− 0,04275	− 0,9925	0025	0500	0498	95
06	0036	0002	0000	0564	0598	− 0,04964	− 0,9892	0036	0600	0596	94
07	0049	0003	0000	0651	0697	− 0,05598	− 0,9863	0049	0700	0693	93
08	0064	0005	0000	0736	0795	− 0,06182	− 0,9808	0064	0800	0790	92
09	0081	0007	0001	0819	0893	− 0,06716	− 0,9757	0081	0899	0886	91
0,10	0100	0010	0001	0900	0990	− 0,07200	− 0,9700	0100	0999	0981	0,90
11	0121	0013	0001	0979	1087	− 0,07636	− 0,9637	0120	1099	1075	89
12	0144	0017	0002	1056	1183	− 0,08026	− 0,9568	0143	1198	1168	88
13	0169	0022	0003	1131	1278	− 0,08370	− 0,9493	0168	1297	1259	87
14	0196	1027	0004	1204	1373	− 0,08668	− 0,9412	0194	1396	1349	86
15	0225	0034	0005	1275	1466	− 0,08925	− 0,9325	0222	1495	1438	85
16	0256	0041	0007	1344	1559	− 0,09140	− 0,9232	0253	1593	1525	84
17	0289	0049	0008	1411	1651	− 0,09312	− 0,9133	0285	1692	1610	83
18	0324	0058	0010	1476	1742	− 0,09446	− 0,9028	0319	1790	1694	82
19	0361	0069	0013	1539	1831	− 0,09542	− 0,8917	0354	1887	1776	81
0,20	0400	0080	0016	1600	1920	− 0,09600	− 0,8800	0392	1984	1856	0,80
21	0441	0093	0019	1659	2007	− 0,09622	− 0,8676	0432	2081	1934	79
22	0484	0106	0023	1716	2094	− 0,09610	− 0,8548	0472	2177	2010	78
23	0529	0122	0028	1771	2178	− 0,09564	− 0,8413	0515	2272	2085	77
24	0576	0138	0033	1824	2262	− 0,09484	− 0,8272	0559	2367	2157	76
25	0625	0156	0039	1875	2344	− 0,09375	− 0,8125	0605	2461	2227	75
26	0676	0176	0046	1924	2424	− 0,09236	− 0,7972	0653	2554	2294	74
27	0729	0197	0053	1971	2503	− 0,09066	− 0,7813	0702	2647	2359	73
28	0784	0220	0061	2016	2580	− 0,08870	− 0,7648	0753	2739	2422	72
29	0841	0244	0071	2059	2656	− 0,08648	− 0,7477	0806	2829	2483	71
0,30	0900	0270	0081	2100	2730	− 0,08400	− 0,7300	0860	2919	2541	0,70
31	0961	0298	0092	2139	2802	− 0,08128	− 0,7117	0915	3008	2597	69
32	1024	0328	0105	2176	2872	− 0,07834	− 0,6928	0972	3095	2649	68
0,33	1089	0359	0119	2211	2941	− 0,07518	− 0,6733	1030	3181	2700	0,67
$^1/_3$	1111	0370	0123	2222	2963	− 0,07407	− 0,6667	1049	3210	2716	$^2/_3$
0,34	1156	0393	0134	2244	3007	− 0,07180	− 0,6532	1089	3266	2748	0,66
35	1225	0429	0150	2275	3071	− 0,06825	− 0,6325	1150	3350	2793	65
36	1296	0467	0168	2304	3133	− 0,06452	− 0,6112	1212	3432	2835	64
37	1369	0507	0187	2331	3193	− 0,06060	− 0,5893	1275	3513	2874	63
38	1444	0549	0209	2356	3251	− 0,05654	− 0,5668	1340	3591	2911	62
39	1521	0593	0231	2379	3307	− 0,05234	− 0,5437	1405	3669	2945	61
0,40	1600	0640	0256	2400	3360	− 0,04800	− 0,5200	1472	3744	2976	0,60
41	1681	0689	0883	2419	3411	− 0,04354	− 0,4957	1540	3817	3004	59
42	1764	0741	0311	2436	3459	− 0,03898	− 0,4708	1608	3889	3029	58
43	1849	0795	0342	2451	3505	− 0,03432	− 0,4453	1678	3958	3052	57
44	1936	0852	0375	2464	3548	− 0,02956	− 0,4192	1749	4025	3071	56
45	2025	0911	0410	2475	3589	− 0,02475	− 0,3925	1820	4090	3088	55
46	2116	0973	0448	2484	3627	− 0,01988	− 0,3652	1892	4152	3101	54
47	2209	1038	0488	2491	3662	− 0,01494	− 0,3373	1965	4212	3112	53
48	2304	1106	0531	2496	3694	− 0,00998	− 0,3088	2039	4269	3119	52
49	2401	1176	0576	2499	3724	− 0,00500	− 0,2797	2113	4324	3124	51
0,50	0,2500	0,1250	0,0625	0,2500	0,3750	− 0,00000	− 0,2500	0,2188	0,4375	0,3125	0,50
ξ'	ξ'^2	ξ'^3	ξ'^4	ω_R	ω_D'	$-\omega_D''$	ω_M'	ω_φ'	ω_P'	ω_P''	ξ

Tabelle 22. (Fortsetzung.)

ξ	ξ^2	ξ^3	ξ^4	ω_R	ω_D	ω''_D	ω_M	ω_φ	ω_P	ω''_P	ξ'
0,50	0,2500	0,1250	0,0625	0,2500	0,3750	+ 0,00000	− 0,2500	0,2188	0,4375	0,3125	0,50
51	2601	1327	0677	2499	3773	+ 0,00500	− 0,2197	2263	4423	3124	49
52	2704	1406	0731	2496	3794	+ 0,00998	− 0,1888	2338	4470	3119	48
53	2809	1489	0789	2491	3811	+ 0,01494	− 0,1573	2414	4511	3112	47
54	2916	1575	0850	2484	3825	+ 0,01988	− 0,1252	2491	4550	3101	46
55	3025	1664	0915	2475	3836	+ 0,02475	− 0,0925	2567	4585	3088	45
56	3136	1756	0983	2464	3844	+ 0,02956	− 0,0592	2644	4617	3071	44
57	3249	1852	1056	2451	3848	+ 0,03432	− 0,0253	2721	4644	3052	43
58	3364	1951	1132	2436	3849	+ 0,03898	+ 0,0092	2798	4668	3029	42
59	3481	2054	1212	2419	3846	+ 0,04354	+ 0,0443	2875	4688	3004	41
0,60	3600	2160	1296	2400	3840	+ 0,04800	+ 0,0800	2952	4704	2976	0,40
61	3721	2270	1385	2379	3830	+ 0,05234	+ 0,1163	3029	4715	2945	39
62	3844	2383	1478	2356	3817	+ 0,05654	+ 0,1532	3105	4722	2911	38
63	3969	2500	1575	2331	3800	+ 0,06060	+ 0,1907	3181	4725	2874	37
64	4096	2621	1678	2304	3779	+ 0,06452	+ 0,2288	3257	4722	2835	36
65	4225	2746	1785	2275	3754	+ 0,06825	+ 0,2675	3332	4715	2793	35
0,66	4356	2875	1897	2244	3725	+ 0,07180	+ 0,3068	3407	4703	2748	0,34
$^2/_3$	4444	2963	1975	2222	3704	+ 0,07407	+ 0,3333	3457	4691	2716	$^1/_3$
0,67	4489	3008	2015	2211	3692	+ 0,07518	+ 0,3467	3481	4685	2700	0,33
68	4624	3144	2138	2176	3656	+ 0,07834	+ 0,3872	3555	4662	2649	32
69	4761	3285	2267	2139	3615	+ 0,08128	+ 0,4283	3628	4633	2597	31
0,70	4900	3430	2401	2100	3570	+ 0,08400	+ 0,4700	3700	4599	2541	0,30
71	5041	3579	2541	2059	3521	+ 0,08648	+ 0,5123	3770	4559	2483	29
72	5184	3732	2687	2016	3468	+ 0,08870	+ 0,5552	3840	4513	2422	28
73	5329	3890	2840	1971	3410	+ 0,09066	+ 0,5987	3909	4460	2359	27
74	5476	4052	2999	1924	3348	+ 0,09236	+ 0,6428	3977	4401	2294	26
75	5625	4219	3164	1875	3281	+ 0,09375	+ 0,6875	4043	4336	2227	25
76	5776	4390	3336	1824	3210	+ 0,09484	+ 0,7328	4108	4264	2157	24
77	5929	4565	3515	1771	3135	+ 0,09564	+ 0,7787	4171	4185	2085	23
78	6084	4746	3702	1716	3054	+ 0,09610	+ 0,8552	4233	4098	2010	22
79	6241	4930	3895	1659	2970	+ 0,09622	+ 0,8723	4293	4005	1934	21
0,80	6400	5120	4096	1600	2880	+ 0,09600	+ 0,9200	4352	3904	1856	0,20
81	6561	5314	4305	1539	2786	+ 0,09542	+ 0,9683	4409	3795	1776	19
82	6724	5514	4521	1476	2686	+ 0,09446	+ 1,0172	4463	3679	1694	18
83	6889	5718	4746	1411	2582	+ 0,09312	+ 1,0667	4516	3554	1610	17
84	7056	5927	4979	1344	2473	+ 0,09140	+ 1,1168	4567	3421	1525	16
85	7225	6141	5220	1275	2359	+ 0,08925	+ 1,1675	4615	3280	1438	15
86	7396	6361	5470	1204	2239	+ 0,08668	+ 1,2188	4661	3130	1349	14
87	7569	6585	5729	1131	2115	+ 0,08370	+ 1,2707	4705	2971	1259	13
88	7744	6815	5997	1056	1985	+ 0,08026	+ 1,3232	4746	2803	1168	12
89	7921	7050	6274	0979	1850	+ 0,07636	+ 1,3763	4784	2626	1075	11
0,90	8100	7290	6561	0900	1710	+ 0,07200	+ 1,4300	4820	2439	0981	0,10
91	8281	7536	6857	0819	1564	+ 0,06716	+ 1,4843	4852	2243	0886	09
92	8464	7787	7164	0736	1413	+ 0,06182	+ 1,5392	4882	2036	0790	08
93	8649	8044	7481	0651	1256	+ 0,05598	+ 1,5947	4909	1819	0693	07
94	8836	8306	7807	0564	1094	+ 0,04964	+ 1,6508	4932	1593	0596	06
95	9025	8574	8145	0475	0926	+ 0,04275	+ 1,7075	4952	1355	0498	05
96	9216	8847	8493	0384	0753	+ 0,03532	+ 1,7648	4969	1107	0399	04
97	9409	9127	8844	0291	0573	+ 0,02736	+ 1,8227	4983	0847	0299	03
98	9604	9412	9224	0196	0388	+ 0,01882	+ 1,8812	4992	0576	0200	02
99	0,9801	0,9703	0,9606	0099	0197	+ 0,00970	+ 1,9403	4998	0294	0100	01
1,00	1,0000	1,0000	1,0000	0,0000	0,0000	+ 0,00000	+ 2,0000	0,5000	0,0000	0,0000	0,00
ξ'	ξ'^2	ξ'^3	ξ'^4	ω_R	ω'_D	$-\omega''_D$	ω'_M	ω'_φ	ω'_P	ω''_P	ξ

Tabelle 21.

B. Trägheitsmoment unstetig veränderlich.

$$\frac{J_h}{J} = \zeta = 1 - (1-n)\left(1 - \frac{\xi}{\nu}\right)$$

1. Verdrehungen der Endquerschnitte.

a) Symmetrischer Träger, $M_a = 1$ mt.

$$\delta_{aa} = \frac{l'}{6EJ_c} k_1; \qquad \delta_{ba} = \frac{l'}{6EJ_c} k_2. \qquad l' = l\,\frac{J_c}{J_h}$$

	ν	n = 0,60	0,50	0,40	0,30	0,20	0,15	0,12	0,10	0,08	0,06	0,05	0,04
k_1	0,35	1,661	1,576	1,491	1,406	1,322	1,279	1,254	1,237	1,220	1,203	1,195	1,186
k_2		0,919	0,899	0,879	0,858	0,838	0,828	0,822	0,818	0,814	0,810	0,808	0,806
k_1	$\frac{1}{3}$	1,674	1,593	1,511	1,430	1,348	1,307	1,283	1,267	1,250	1,234	1,226	1,218
k_2		0,926	0,907	0,889	0,870	0,852	0,843	0,837	0,833	0,830	0,826	0,824	0,822
k_1	0,30	1,701	1,626	1,552	1,477	1,402	1,365	1,343	1,328	1,313	1,298	1,290	1,282
k_2		0,939	0,924	0,908	0,893	0,878	0,870	0,865	0,862	0,859	0,856	0,855	0,853
k_1	0,25	1,744	1,680	1,616	1,552	1,488	1,455	1,436	1,423	1,411	1,398	1,391	1,385
k_2		0,956	0,945	0,934	0,923	0,912	0,907	0,904	0,902	0,899	0,897	0,896	0,895
k_1	0,20	1,789	1,736	1,683	1,630	1,578	1,551	1,535	1,525	1,514	1,504	1,498	1,493
k_2		0,971	0,964	0,957	0,950	0,942	0,939	0,937	0,935	0,934	0,932	0,932	0,931

b) Unsymmetrischer Träger

für $M_a = 1$ mt:

$$\delta_{aa} = \frac{l'}{6EJ_c} k_1; \qquad \delta_{ba} = \frac{l'}{6EJ_c} k_2;$$

für $M_b = 1$ mt:

$$l' = l\,\frac{J_c}{J_h}$$

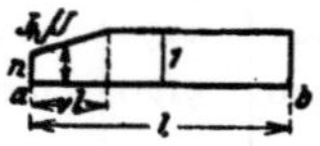

$$\delta_{ab} = \frac{l'}{6EJ_c} k_2; \qquad \delta_{bb} = \frac{l'}{6EJ_c} k_3;$$

	ν	n = 0,60	0,50	0,40	0,30	0,20	0,15	0,12	0,10	0,08	0,06	0,05	0,04
k_1		1,669	1,587	1,504	1,421	1,339	1,298	1,273	1,256	1,240	1,223	1,215	1,207
k_2	0,35	[illegible]	0,949	0,939	0,929	0,919	0,914	0,911	0,909	0,907	0,905	0,904	0,903
k_3		1,991	1,989	1,987	1,985	1,983	1,982	1,981	1,981	1,980	1,980	1,980	1,979
k_1		1,681	1,602	1,522	1,443	1,363	1,323	1,299	1,283	1,267	1,251	1,243	1,236
k_2	$\frac{1}{3}$	0,963	0,954	0,944	0,935	0,926	0,921	0,919	0,917	0,915	0,913	0,912	0,911
k_3		1,993	1,991	1,989	1,987	1,985	1,984	1,984	1,983	1,983	1,983	1,982	1,982
k_1		1,707	1,633	1,560	1,487	1,413	1,377	1,355	1,340	1,325	1,311	1,303	1,296
k_2	0,30	0,969	0,961	0,954	0,946	0,939	0,935	0,933	0,931	0,930	0,928	0,927	0,927
k_3		1,995	1,993	1,992	1,991	1,989	1,989	1,988	1,988	1,988	1,987	1,987	1,987
k_1		1,747	1,683	1,620	1,557	1,494	1,462	1,443	1,430	1,418	1,405	1,399	1,392
k_2	0,25	0,978	0,973	0,967	0,962	0,956	0,954	0,952	0,951	0,950	0,949	0,948	0,947
k_3		1,997	1,996	1,995	1,995	1,994	1,993	1,993	1,993	1,993	1,993	1,993	1,992
k_1		1,790	1,738	1,686	1,633	1,581	1,555	1,539	1,528	1,518	1,507	1,502	1,497
k_2	0,20	0,986	0,982	0,978	0,975	0,971	0,969	0,968	0,968	0,967	0,966	0,966	0,965
k_3		1,998	1,998	1,997	1,997	1,996	1,996	1,996	1,996	1,996	1,995	1,995	1,995

Für Zwischenwerte von n können die Werte k geradlinig eingeschaltet werden.

Tabelle 21.

2. Ordinaten δ_m der Biegelinie für $M_a = 1$ mt.

a) Symmetrischer Träger.

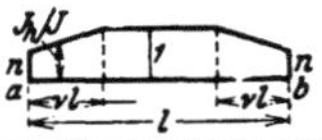

$$\delta_m = \frac{l\,l'}{6\,E\,J_c}\,k\,; \qquad l' = l\,\frac{J_c}{J_h}\,; \qquad \text{Werte } k:$$

ν	n	ξ 0,1	0,2	0,25	0,3	$\frac{1}{3}$	0,4	0,5	0,6	$\frac{2}{3}$	0,7	0,75	0,8	0,9
	0,60	0,1476	0,2567	0,2965	0,3262	0,3406	0,3561	0,3503	0,3145	0,2771	0,2549	0,2182	0,1781	0,0913
	0,30	1300	2323	2727	3031	3182	3352	3318	2984	2627	2414	2060	1677	0855
0,35	0,20	1242	2255	2648	2955	3108	3282	3256	2930	2579	2368	2020	1642	0835
	0,10	1184	2177	2569	2876	3033	3213	3194	2876	2531	2323	1979	1608	0816
	0,05	1154	2138	2529	2839	2996	3178	3164	2849	2507	2300	1959	1590	0806
	0,60	1489	2590	2990	3289	3432	3588	3528	3167	2790	2567	2198	1794	0920
	0,30	1323	2372	2771	3078	3228	3399	3361	3023	2660	2445	2088	1700	0867
$\frac{1}{3}$	0,20	1268	2299	2698	3008	3160	3336	3306	2975	2617	2404	2050	1668	0849
	0,10	1212	2227	2626	2937	3093	3273	3250	2927	2574	2364	2015	1637	0831
	0,05	1185	2191	2589	2902	3059	3242	3222	2903	2552	2343	1997	1621	0823
	0,60	1515	2634	3039	3340	3482	3635	3570	3205	2825	2600	2227	1819	0932
	0,30	1368	2450	2858	3167	3315	3481	3435	3089	2721	2503	2140	1743	0889
0,30	0,20	1319	2389	2798	3109	3260	3430	3390	3050	2687	2471	2111	1718	0874
	0,10	1270	2327	2737	3052	3204	3378	3345	3012	2652	2438	2082	1693	0860
	0,05	1246	2297	2707	3023	3176	3353	3322	2992	2635	2422	2067	1680	0853
	0,60	1555	2700	3109	3408	3547	3696	3625	3254	2869	2643	2266	1852	0949
	0,30	1438	2566	2980	3286	3430	3588	3531	3174	2799	2577	2208	1800	0919
0,25	0,20	1399	2521	2937	3245	3391	3552	3500	3148	2775	2555	2189	1783	0909
	0,10	1360	2476	2895	3204	3352	3517	3469	3121	2752	2533	2170	1766	0899
	0,05	1341	2453	2873	3184	3333	3499	3453	3108	2740	2522	2160	1758	0894
	0,60	1596	2762	3169	3464	3602	3747	3670	3293	2904	2676	2296	1878	0964
	0,30	1510	2673	3085	3385	3526	3678	3610	3242	2860	2635	2260	1847	0945
0,20	0,20	1482	2643	3057	3359	3501	3654	3590	3226	2846	2621	2248	1837	0938
	0,10	1453	2614	3029	3332	3476	3631	3570	3209	2831	2608	2236	1826	0932
	0,05	1439	2599	3015	3319	3463	3620	3560	3200	2824	2601	2230	1821	0929
	0,60	1649	2812	3217	3510	3646	3787	3705	3323	2931	2700	2318	1898	0976
	0,30	1604	2761	3169	3464	3603	3748	3671	3295	2907	2678	2298	1881	0966
0,15	0,20	1589	2744	3153	3449	3588	3735	3660	3285	2898	2671	2292	1876	0962
	0,10	1573	2727	3137	3434	3574	3722	3649	3276	2890	2663	2286	1870	0959
	0,05	1566	2719	3129	3427	3567	3715	3643	3271	2886	2659	2282	1868	0957

Für Zwischenwerte von n können die Werte k geradlinig eingeschaltet werden.

b) Unsymmetrischer Träger.

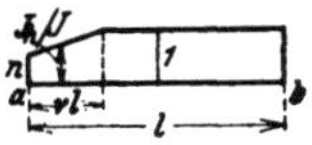

$$\delta_m = \frac{l\,l'}{6\,E\,J_c}\,k\,; \qquad l' = l\,\frac{J_c}{J_h}\,; \qquad \text{Werte } k:$$

ν	n	ξ 0,1	0,2	0,25	0,3	$\frac{1}{3}$	0,4	0,5	0,6	$\frac{2}{3}$	0,7	0,75	0,8	0,9
	0,60	0,1485	0,2585	0,2986	0,3288	0,3434	0,3597	0,3548	0,3198	0,2828	0,2609	0,2243	0,1839	0,0950
	0,30	1315	2363	2765	3076	3232	3416	3396	3077	2727	2518	2167	1779	0919
0,35	0,20	1259	2289	2691	3006	3165	3355	3346	3037	2693	2487	2142	1758	0909
	0,10	1203	2215	2617	2935	3097	3294	3295	2996	2660	2457	2116	1738	0899
	0,05	1175	2178	2580	2900	3064	3264	3270	2976	2643	2442	2104	1728	0894

Für Zwischenwerte von n können die Werte k geradlinig eingeschaltet werden.

Ordinaten δ_m der Biegelinie für $M_a = 1$ mt.

b) Unsymmetrischer Träger (Fortsetzung).

$$\delta_m = \frac{l\,l'}{6EJ_c}\,k; \qquad l' = l\,\frac{J_c}{J_h}; \qquad \text{Werte } k:$$

ν	n	ξ = 0,1	0,2	0,25	0,3	$\frac{1}{3}$	0,4	0,5	0,6	$\frac{2}{3}$	0,7	0,75	0,8	0,9
	0,60	1496	2605	3008	3311	3457	3618	3565	3212	2840	2619	2251	1846	0953
	0,30	1336	2398	2804	3117	3272	3451	3426	3101	2747	2536	2182	1790	0925
$\frac{1}{3}$	0,20	1283	2329	2736	3052	3210	3396	3380	3064	2716	2508	2159	1772	0916
	0,10	1229	2260	2667	2987	3148	3340	3333	3027	2685	2480	2135	1753	0907
	0,05	1202	2226	2633	2955	3117	3312	3310	3008	2670	2466	2124	1744	0902
	0,60	1520	2645	3053	3356	3500	3656	3597	3238	2861	2638	2267	1859	0959
	0,30	1377	2469	2882	3195	3347	3519	3482	3146	2784	2569	2210	1813	0936
0,30	0,20	1330	2410	2825	3142	3296	3473	3444	3115	2759	2546	2191	1798	0929
	0,10	1282	2352	2768	3088	3245	3427	3406	3085	2733	2523	2172	1782	0921
	0,05	1259	2322	2739	3061	3219	3404	3387	3069	2721	2512	2162	1775	0917
	0,60	1558	2707	3117	3417	3558	3709	3641	3272	2890	2664	2289	1876	0968
	0,30	1443	2576	2994	3302	3448	3610	3559	3207	2835	2615	2248	1843	0952
0,25	0,20	1405	2533	2953	3264	3412	3576	3531	3185	2817	2599	2234	1832	0946
	0,10	1367	2490	2912	3225	3376	3545	3504	3163	2799	2582	2221	1822	0941
	0,05	1348	2468	2892	3206	3357	3528	3490	3152	2790	2574	2214	1816	0938
	0,60	1597	2765	3173	3469	3612	3754	3678	3302	2915	2687	2308	1891	0976
	0,30	1513	2678	3092	3394	3543	3689	3624	3259	2879	2654	2281	1870	0965
0,20	0,20	1485	2650	3065	3368	3520	3667	3606	3245	2867	2644	2272	1862	0961
	0,10	1457	2621	3038	3343	3497	3646	3588	3230	2855	2633	2263	1855	0958
	0,05	1443	2606	3025	3331	3485	3635	3579	3223	2849	2627	2258	1852	0956
	0,60	1638	2813	3219	3512	3648	3790	3708	3327	2935	2705	2323	1903	0982
	0,30	1584	2763	3172	3438	3607	3753	3677	3302	2914	2686	2307	1891	0975
0,15	0,20	1566	2747	3156	3453	3593	3740	3667	3293	2907	2680	2302	1887	0973
	0,10	1548	2730	3141	3439	3579	3728	3656	3285	2901	2674	2297	1883	0971
	0,05	1539	2722	3133	3432	3572	3721	3651	3281	2897	2671	2294	1880	0970

Für Zwischenwerte von n können die Werte k geradlinig eingeschaltet werden.

Funktionswerte.

$\omega_R = \xi\,\xi' = \xi - \xi^2 = \xi' - \xi'^2,$

$\omega_D = \xi - \xi^3 = \xi(1 - \xi^2) = \xi'(2 - 3\xi' + \xi'^2) = 3\,\omega_R - \omega_D' = \omega_R(1 + \xi) = \omega_R(2 - \xi'),$

$\omega_D' = \xi' - \xi'^3 = \xi'(1 - \xi'^2) = \xi(2 - 3\xi + \xi^2) = 3\,\omega_R - \omega_D = \omega_R(1 + \xi') = \omega_R(2 - \xi),$

$\omega_D'' = \omega_D - \omega_D' = -\xi(1 - 3\xi + 2\xi^2) = 2\,\omega_D - 3\,\omega_R = 3\,\omega_R - 2\,\omega_D',$

$\omega_M = 3\xi^2 - 1 = 2 - 6\xi' + 3\xi'^2 = \omega_M' - 3(2\xi' - 1) = 1 - 6\,\omega_R - \omega_M',$

$\omega_M' = 3\xi'^2 - 1 = 2 - 6\xi + 3\xi^2 = \omega_M - 3(2\xi - 1) = 1 - 6\,\omega_R - \omega_M,$

$$\omega_\varphi = \xi^2 - \tfrac{1}{2}\xi^4 = \tfrac{1}{2}[1 - \xi'^2(2 - \xi')^2] = 2\int_0^{\xi} \omega_D\, d\xi,$$

$$\omega_\varphi' = \xi'^2 - \tfrac{1}{2}\xi'^4 = \tfrac{1}{2}[1 - \xi^2(2 - \xi)^2] = 2\int_0^{\xi'} \omega_D'\, d\xi',$$

$\omega_P = \xi - \xi^4 = 3\xi' - 6\xi'^2 + 4\xi'^3 - \xi'^4,$

$\omega_P' = \xi' - \xi'^4 = 3\xi - 6\xi^2 + 4\xi^3 - \xi^4,$

$\omega_P'' = \xi - 2\xi^3 + \xi^4 = \omega_R(1 + \omega_R),$

$\omega_\tau = \omega_R\,\xi = \xi^2\,\xi' = \xi^2 - \xi^3,$

$\omega_\tau' = \omega_R\,\xi' = \xi\,\xi'^2 = \xi'^2 - \xi'^3 = \xi - 2\xi^2 + \xi^3.$

Die Funktionen ω_R und ω_P'' sind symmetrisch zur Mitte, die Funktion ω_D'' ist antimetrisch; ω_D und ω_D', ω_M und ω_M', ω_φ und ω_φ', ω_P und ω_P', ω_τ und ω_τ' sind einander spiegelbildlich gleich. Die Funktionswerte sind in den Tabellen **22**, **23**, S. **116**, **117** und **121** enthalten.

Tabelle 23. Funktionswerte ω_τ und ω_τ'.

ω_τ

ξ	0	1	2	3	4	5	6	7	8	9		
0,0	0,0000	0,0001	0,0004	0,0009	0,0015	0,0024	0,0034	0,0046	0,0059	0,0074	0,0090	0,9
1	0090	0108	0127	0147	0169	0191	0215	0240	0266	0292	0320	8
2	0320	0348	0378	0407	0438	0469	0500	0532	0564	0597	0630	7
3	0630	0663	0696	0730	0763	0796	0829	0862	0895	0928	0960	6
4	0960	0992	1023	1054	1084	1114	1143	1171	1198	1225	1250	5
5	1250	1274	1298	1320	1341	1361	1380	1397	1413	1427	1440	4
6	1440	1451	1461	1469	1475	1479	1481	1481	1480	1476	1470	3
7	1470	1462	1451	1439	1424	1406	1386	1363	1338	1311	1280	2
8	1280	1247	1210	1171	1129	1084	1035	0984	0929	0871	0810	1
0,9	0,0810	0,0745	0,0677	0,0605	0,0530	0,0451	0,0369	0,0282	0,0192	0,0098	0,0000	0,0
		9	8	7	6	5	4	3	2	1	0	ξ

ω_τ'

20. Die Biegelinie des geraden Stabes.

Der Verschiebungszustand eines Stabes, dessen Querschnittsabmessungen gegenüber der Stablänge klein sind und dessen Oberfläche durch parallele Erzeugende gebildet wird, ist durch die elastische Bewegung der Querschnitte, also nach (**42**) durch deren Komponenten u_0, v_0, w_0 und ψ_x, ψ_y, ψ_z bestimmt. Sie beschreiben die elastische Linie des Stabes durch die Ausbiegung, die Krümmung und Windung der Achse.

Beziehung zwischen Kraftebene und Biegungsebene. Die Verdrillung ψ_x der Stabachse wird meist durch die Form des Querschnitts und durch die Eintragung der äußeren Kräfte vermieden. Die Spur s der Kraftebene verläuft dann durch den Querpunkt des Stabquerschnitts, der in der Regel mit dem Schwerpunkt zusammenfällt, und schließt im allgemeinen mit der Hauptträgheitsachse z des Querschnitts einen Winkel $(\widehat{z, s})$ ein. Zwei benachbarte Querschnitte neigen sich relativ zueinander um eine die Stabachse winkelrecht kreuzende Achse. Sie ist die Nullinie n der Normalspannungen σ_x und damit der zu s zugeordnete Durchmesser der Trägheitsellipse, welcher mit der positiven Richtung der Hauptträgheitsachse z den Winkel $(\widehat{z, n})$ bildet.

$$\operatorname{tg}(\widehat{z, s}) \cdot \operatorname{tg}(\widehat{z, n}) = -\frac{J_z}{J_y}. \tag{192}$$

J_y und J_z sind die Hauptträgheitsmomente des Querschnitts. Die Biegungsebene mit der elastischen Linie steht senkrecht zur Nullinie.

In der Regel fällt die Spur s der Kraftebene mit einer Hauptträgheitsachse zusammen ($\widehat{z, s} = 0$ oder 180^0). Dann ist die Kraftebene gleichzeitig Ebene der Biegung.

Ableitung der Differentialgleichung aus den Schnittkräften. Die Annahme einer ebenen Verschiebung der Querschnitte schließt die Mitwirkung der Schubspannungen bei der Formänderung des Stabes aus. Die technische Theorie der Balkenbiegung ist daher nur brauchbar, wenn die Schubspannungen gegenüber den Normalspannungen so klein sind, daß die Annahme einer mittleren Gleitung $\gamma_{xy,0}$ und $\gamma_{xz,0}$ für alle infinitesimalen Prismen des Stabteils ds genügt.

Die beiden Querschnitte, welche einen infinitesimalen Stabteil ds begrenzen, sind beim geraden Stabe parallel, beim gekrümmten Stabe im Winkel $d\alpha$ geneigt. Decken sich die Spur s der Kraftebene und die Hauptträgheitsachse z, also auch

Kraftebene und Ebene der Biegung, so ist die relative Verschiebung $\varepsilon(z)\,ds$ zweier Punkte der beiden Querschnitte nach S. 28 durch die gegenseitige Verschiebung der benachbarten Schwerpunkte $\varepsilon_0 ds$ und die gegenseitige Neigung $d\psi_y$ bestimmt. Sie wird durch die inneren Kräfte σdF und eine Temperaturänderung hervorgerufen, die linear angenommen und durch die Änderung t im Schwerpunkt und den Temperaturabfall Δt zwischen den Randpunkten i und a beschrieben wird. $\Delta t = t_i - t_a$.

$$\varepsilon(z)\,ds = \left(\varepsilon_0 + \frac{d\psi_y}{ds} z\right) ds + \left(\alpha_t t + \frac{\alpha_t \Delta t}{h} z\right) ds\,. \tag{193}$$

Die Ausdrücke $d\psi_y/ds$ und $\alpha_t \Delta t/h$ sind die Anteile der Krümmung der elastischen Linie infolge der Normalspannungen σ_x und der Temperaturänderung Δt. Sie ist durch die Definition des positiv drehenden Biegungsmomentes M_y in bezug auf die Lage des Koordinatensystems Abb. 109 negativ. Wird mit φ der Winkel bezeichnet, welchen die Tangente an die Biegelinie mit der x-Achse einschließt, so bedeutet ein positives Biegungsmoment eine Abnahme von φ beim Fortschreiten in der

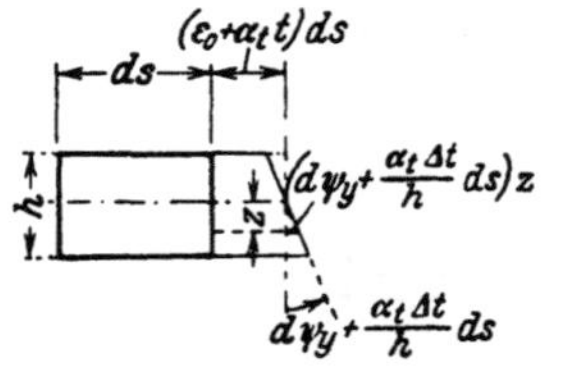

Abb. 108.

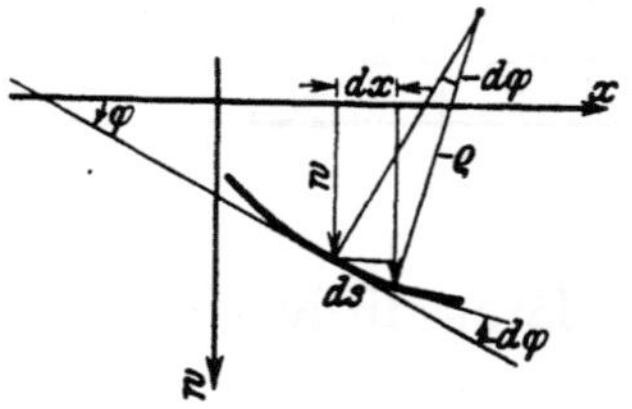

Abb. 109.

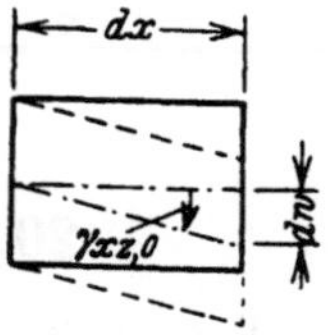

Abb. 110.

x-Richtung. Der Kontingenzwinkel $d\varphi$ ist daher negativ und mit Verwendung von (51)

$$\frac{d\psi_y}{ds} = -\frac{1}{\varrho} = -\frac{d\varphi}{ds} = \frac{M_y}{E J_y} + \frac{\alpha_t \Delta t}{h}\,. \tag{194}$$

Für ds darf bei kleinen Ausbiegungen an Stelle des Bogenelements ds die Strecke dx gesetzt werden. Mit derselben Begründung wird in dem Ausdruck der Krümmung als Funktion von w die erste Ableitung vernachlässigt.

$$-\frac{1}{\varrho} \approx -\frac{d^2 w}{dx^2} = \frac{M_y}{E J_y} + \frac{\alpha_t \Delta t}{h}\,. \tag{195}$$

Obwohl die Voraussetzungen des Ansatzes nur bei Stäben mit konstantem Querschnitt zutreffen, wird die Gleichung der Biegelinie nach (195) auch bei Stäben mit veränderlichem Querschnitt angewendet, um eine einfache und für technische Bedürfnisse brauchbare Lösung zu erhalten. Nach Einführung eines Vergleichsträgheitsmomentes J_c ist

$$-E J_c \frac{d^2 w}{dx^2} = \frac{J_c}{J_y} M_y + E J_c \frac{\alpha_t \Delta t}{h}\,. \tag{196}$$

Da die Schubspannungen τ_{xz} bei einer ebenen Verschiebung des Querschnitts im Vergleich zu den Normalspannungen σ_x nur klein sein können, genügt die Abschätzung ihres Einflusses auf die Ausbiegung w durch eine mittlere Winkeländerung $\gamma_{xz,0}$. Die relative Verschiebung zweier benachbarter Querschnitte ist dann $dw = \gamma_{xz,0}\,dx$, so daß nach Abb. 110

$$\frac{d^2 w}{dx^2} = \frac{d\gamma_{xz,0}}{dx} = \frac{d}{dx}\left(\frac{\varkappa Q_z}{G F}\right).$$

Beide Anteile können als lineare Differentialbeziehungen addiert werden:

$$-\frac{d\varphi}{dx} = -\frac{d^2 w}{dx^2} = \frac{M_y}{E J_y} + \frac{\alpha_t \Delta t}{h} - \frac{d}{dx}\left(\frac{\varkappa Q_z}{G F}\right) = \mathfrak{w}\,. \tag{197}$$

In der Regel wird auf den aus den Schubspannungen herrührenden relativ kleinen Anteil der Ausbiegung w verzichtet.

Integration der Differentialgleichung. Die Differentialgleichung ist eine Beziehung zwischen Verschiebungszustand und Schnittkräften. Sie wird durch zweimalige Integration gelöst, wenn Biegungsmoment M und Querkraft Q als Funktionen von x bekannt sind. Die Integrationskonstanten C_1, C_2 ergeben sich aus den Bedingungen für w und φ an den Stützpunkten oder Anschlußquerschnitten.

$$-\varphi = -\frac{dw}{dx} = \int \frac{M}{EJ} dx - \frac{\varkappa Q}{GF} + \int \frac{\alpha_t \Delta t}{h} dx + C_1, \tag{198}$$

$$-w = \int dx \int \frac{M}{EJ} dx - \int \frac{\varkappa Q}{GF} dx + \int dx \int \frac{\alpha_t \Delta t}{h} dx + C_1 x + C_2. \tag{199}$$

Die Aufteilung einer beliebigen Belastung nach $(P_1 \ldots P_m \ldots)$ führt zur Superposition $(M_1 \ldots M_m \ldots)$ und $(Q_1 \ldots Q_m \ldots)$, so daß der Verdrehungswinkel φ und die Ausbiegung w aus einzelnen Anteilen durch Superposition nach

$$\varphi = \varphi_1 P_1 + \varphi_2 P_2 + \cdots + \varphi_m P_m + \cdots, \qquad w = w_1 P_1 + w_2 P_2 + \cdots + w_m P_m + \cdots$$

entwickelt werden können.

Bei konstanter Querschnittsfläche treten die Steifigkeitsziffern EJ und GF vor das Integrationszeichen. Dann sind die Anteile des Verdrehungswinkels φ_0 und der Ausbiegung w_0 aus Querkraft und Temperaturveränderung in (198), (199)

$$\varphi_0 = \frac{\varkappa Q}{GF} - \frac{\alpha_t \Delta t}{h} x, \qquad w_0 = \frac{\varkappa M}{GF} - \frac{\alpha_t \Delta t}{h} \frac{x^2}{2}. \tag{200}$$

Sie werden mit Rücksicht auf die Fehlerquellen des Ansatzes oft auch bei veränderlichem Querschnitt verwendet. Die Schubverteilungszahl $\varkappa$ ist durch die Form des Querschnitts bestimmt, für die Fläche F wird ein mittlerer Betrag verwendet.

Die Formänderung des geraden Stabes mit gleichförmig verteilter Belastung. Statisch bestimmte Stützung. $J = J_c$ Ansatz: $EJw'' = -M(x)$

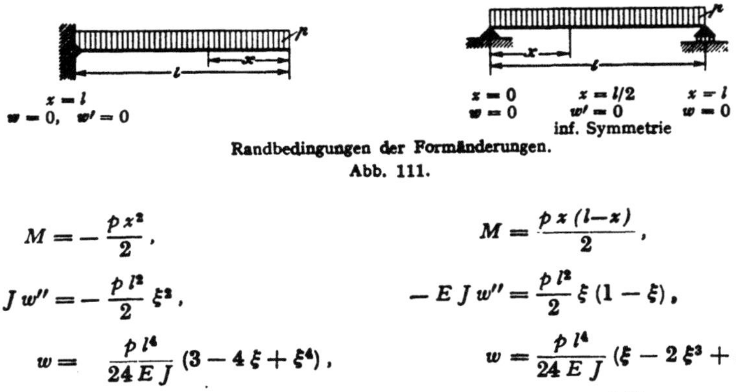

Randbedingungen der Formänderungen.
Abb. 111.

$$M = -\frac{p x^2}{2}, \qquad M = \frac{p x (l-x)}{2},$$

$$-EJw'' = -\frac{p l^2}{2} \xi^2, \qquad -EJw'' = \frac{p l^2}{2} \xi (1-\xi),$$

$$w = \frac{p l^4}{24 EJ} (3 - 4\xi + \xi^4), \qquad w = \frac{p l^4}{24 EJ} (\xi - 2\xi^3 + \xi^4),$$

$$w' = \varphi = -\frac{p l^3}{6EJ} (1 - \xi^3), \qquad w' = \varphi = \frac{p l^3}{24 EJ} (1 - 6\xi^2 + 4\xi^3).$$

Rechnerische und zeichnerische Entwicklung der Biegelinie. Der Kontingenzwinkel der Biegelinie ist nach S. 122 $-d\varphi = \mathfrak{w}\, dx = + d\psi$, so daß die Differentialgleichung (197) in der folgenden Weise gelöst werden kann:

$$\frac{d^2 w}{dx^2} = -\mathfrak{w} = -\frac{d\psi}{dx}; \quad \frac{dw}{dx} = \varphi = -\psi + C_1; \quad w = -\int \psi\, dx + C_1 x + C_2. \tag{201a}$$

An einer beliebigen Stelle $x = x_k$ der Biegelinie ist

$$w = w_k, \quad \psi = \int_{x_a}^{x_k} \mathfrak{w}\, dx = \psi_k, \quad \varphi_k = -\psi_k + C_1, \tag{201b}$$

am Randpunkt $x = x_a$ (Abb. 112) ist $w = w_a$, $\varphi = \varphi_a$, $\psi = \psi_a = 0$. Daher wird

$$C_1 = \varphi_a, \quad C_2 = w_a - x_a \varphi_a, \quad w_k = w_a + \varphi_a(x_k - x_a) - \int_{x_a}^{x_k} \psi\, dx.$$

Die partielle Integration der Lösung liefert

$$w_k = w_a + \varphi_a(x_k - x_a) - x_k \int_{x_a}^{x_k} d\psi + \int_{x_a}^{x_k} x\, d\psi$$

$$= w_a + \varphi_a(x_k - x_a) - \int_{x_a}^{x_k} (x_k - x)\, d\psi. \qquad (201\,\text{c})$$

Wird $k \to b$ und $(w_b - w_a)$ Null oder zunächst Null gesetzt, so ist mit

$$d\psi = \mathfrak{w}\, dx \quad \text{und} \quad x_b - x_a = l$$

$$\left.\begin{aligned} \varphi_a = \varphi_{a,0} = \frac{1}{l}\int_{x_a}^{x_b} (x_b - x)\, \mathfrak{w}\, dx = A_{\mathfrak{w}}, \quad \varphi_k = \varphi_{k,0} = A_{\mathfrak{w}} - \int_{x_a}^{x_k} \mathfrak{w}\, dx = Q_{\mathfrak{w},k}, \\ w_k - w_a = w_{k,0} = A_{\mathfrak{w}}(x_k - x_a) - \int_{x_a}^{x_k} (x_k - x)\, \mathfrak{w}\, dx = M_{\mathfrak{w},k}. \end{aligned}\right\} \qquad (202)$$

Erhält demnach der Ausdruck $\mathfrak{w}(x)$ die Bedeutung einer ideellen, von den elastischen Eigenschaften des Stabes abhängigen Streckenlast, so kann für $w_b - w_a = 0$ die Verdrehung φ_a des Endquerschnitts a des Stabes als Stützkraft $A_{\mathfrak{w}}$ eines Trägers l auf frei drehbaren Stützen, die Verdrehung φ_k eines Querschnitts k als dessen Querkraft $Q_{\mathfrak{w},k}$, die Ausbiegung w_k eines Punktes k der Achse als Biegungsmoment $M_{\mathfrak{w},k}$ des Stabes infolge der ideellen Belastung $\mathfrak{w}(x)$ berechnet werden. Hierfür stehen die zeichnerischen oder rechnerischen Methoden des Abschn. 13 zur Verfügung.

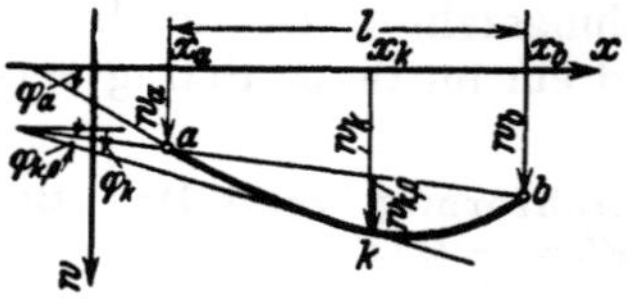

Abb. 112.

Diese Rechenvorschrift ergibt sich auch unmittelbar durch Vergleich der Differentialgleichung der Biegelinie mit derjenigen für das Biegungsmoment M eines Stabes als Funktion der Streckenlast $p(x)$ (48).

$$\frac{d^2 w}{dx^2} = -\mathfrak{w}(x), \qquad \frac{d^2 M}{dx^2} = -p(x). \qquad (203)$$

Aus (201) wird mit dem Ausdruck $\mathfrak{w}(x)$ nach (197)

$$E J_c \varphi_k = E J_c \varphi_a - \int_{x_a}^{x_k} M \frac{J_c}{J} dx + \varkappa \frac{E J_c}{G F_c}\left(Q_k \frac{F_c}{F_k} - Q_a \frac{F_c}{F_a}\right) - E J_c \int_{x_a}^{x_k} \frac{\alpha_t \Delta t}{h} dx, \qquad (204\text{a})$$

$$E J_c w_k = E J_c w_a + E J_c \varphi_a (x_k - x_a) - \int_{x_a}^{x_k} (x_k - x) M \frac{J_c}{J} dx + \frac{E J_c}{G F_c} \int_{x_a}^{x_k} \varkappa Q \frac{F_c}{F} dx$$

$$- E J_c \int_{x_a}^{x_k} (x_k - x) \frac{\alpha_t \Delta t}{h} dx. \qquad (204\,\text{b})$$

Werden die Verdrehung und die Verschiebung der Querschnitte k bei $w_b = w_a = 0$ mit $\varphi_{k,0}$, $w_{k,0}$ bezeichnet (Abb. 112), so ist mit

$$l = x_b - x_a, \qquad \xi = \frac{x_k - x_a}{l}, \qquad \xi' = \frac{l - (x_k - x_a)}{l},$$

$$\varphi_k = \frac{w_b - w_a}{l} + \varphi_{k,0}, \qquad w_k = w_b \xi + w_a \xi' + w_{k,0}. \qquad (205)$$

Um diese einfache Rechnung auch bei Stäben mit anderen Randbedingungen beizubehalten, werden die Verschiebungen der Endquerschnitte zunächst Null gesetzt und die auf die Sehne der Biegelinie bezogenen relativen Verschiebungen und Verdrehungen $w_{k,0}$, und $\varphi_{k,0}$ bestimmt. Der wirkliche Verschiebungszustand mit den absoluten Verschiebungen und Winkeländerungen ergibt sich durch die nachträgliche Erfüllung der Stützenbedingungen.

Die Biegelinie kann demnach zeichnerisch ebenso wie die Linie der Biegungsmomente nach (93) aus der gedachten Belastung $EJ_c \cdot \mathfrak{w}(x)$ oder der zu ihr äquivalenten Gruppe von Einzelkräften $EJ_c \cdot \mathfrak{W}_m$ mit Kraft- und Seileck entwickelt werden. Die Polweite ist in beiden Ansätzen (93) und (203) gleich der Einheit mit der Dimension m·t/m und m·mt. Die Ordinate des Seilecks wird in beiden Fällen im Maßstab der Zeichnung gemessen und liefert mit $H = 1$ t oder mit $H_{\mathfrak{w}} = 1$ tm² multipliziert das Moment in mt oder die Durchbiegung $EJ_c w$ in tm³. Die Wahl einer Polweite H in t oder $H_{\mathfrak{w}}$ in tm² ändert nur den Maßstab. Die Polweite $H_{\mathfrak{w}} = EJ_c$ ergibt mit der Belastung $EJ_c \mathfrak{w}(x)$ als Ordinate der Seilkurve $\eta = \frac{EJ_c w}{EJ_c} = w$ im Maßstab der Zeichnung. Die Polweite EJ_c/n liefert dann als Ordinate der Seilkurve $EJ_c w : (EJ_c/n)$. Dies ist bei dem Zeichnungsmaßstab $1 : n$ die wirkliche Größe der Ausbiegung w. Um demnach eine Biegelinie als Seilkurve zu entwickeln, deren Abszissen im Maßstab $1 : n$ aufgetragen sind und deren Ordinaten w_k natürliche Größe erhalten sollen, wird zu den ideellen Kräften (elastischen Gewichten) $EJ_c \mathfrak{W}_m$ ein Richtungsbüschel mit einer Polweite EJ_c/n gezeichnet. Die Bezugsachse für die absoluten Verschiebungen ist durch die Bewegung der Stützpunkte bestimmt.

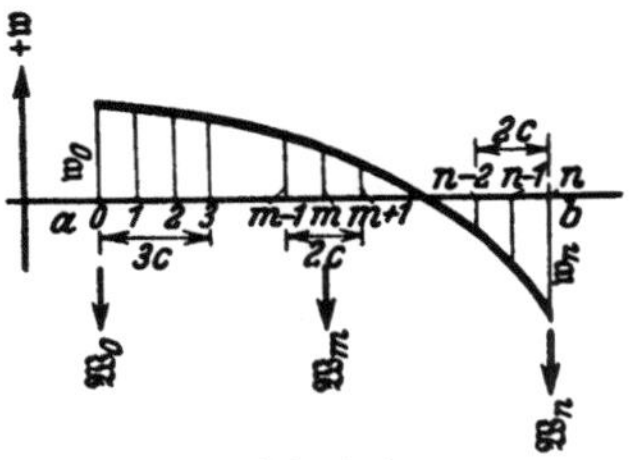

Abb. 113.

Diese zeichnerische Darstellung kann auch unmittelbar eingesehen werden, wenn $\mathfrak{w}(x)\,dx$ nach (197) als der Kontingenzwinkel zweier um dx·benachbarter Tangenten der Biegelinie verwendet wird. Sie ergeben ein Richtungsbüschel, das die erwähnten ideellen Gewichte $\mathfrak{w}(x)\,dx$ als Strecken auf einer Parallelen zur Ausbiegungsrichtung im Abstand 1 vom Pol abschneidet.

Die EJ_cfachen Verdrehungen und Verschiebungen werden in der Regel nur für den Anteil der Biegungsmomente angegeben. Daher wird zunächst die der vorgelegten Belastung zugeordnete Funktion des reduzierten Moments $EJ_c \mathfrak{w}(x) = MJ_c/J$ punktweise gebildet, und durch eine Gruppe von äquivalenten Einzelkräften $\ldots EJ_c \mathfrak{W}_{m-1}$, $EJ_c \mathfrak{W}_m \ldots$ ersetzt, die in den Intervallgrenzen $\ldots (m-1), m \ldots$ einer Unterteilung des Integrationsbereiches a, b wirken. Die Angleichung der Funktion $\mathfrak{w}(x)$ durch einen Geradenzug liefert ebenso wie in (91)

$$\left.\begin{aligned} \mathfrak{W}_m &= \frac{c_m}{6}(\mathfrak{w}_{m-1} + 2\,\mathfrak{w}_m) + \frac{c_{m+1}}{6}(2\,\mathfrak{w}_m + \mathfrak{w}_{m+1}) = \mathfrak{W}_{m,1} + \mathfrak{W}_{m,2}, \\ \mathfrak{W}_0 &= \frac{c_1}{6}(2\,\mathfrak{w}_0 + \mathfrak{w}_1); \qquad \mathfrak{W}_n = \frac{c_n}{6}(\mathfrak{w}_{n-1} + 2\,\mathfrak{w}_n). \end{aligned}\right\} \quad (206)$$

Bei gleichgroßen Intervallen $c_m = c_{m+1} = c$ ist

$$\frac{6}{c}\mathfrak{W}_m = \mathfrak{w}_{m-1} + 4\,\mathfrak{w}_m + \mathfrak{w}_{m+1}.$$

Die Angleichung der Funktion als Parabelabschnitt durch 3 aufeinanderfolgende Punkte führt nach (92) bei gleichgroßen Intervallen c zur Verwendung von

$$\left.\begin{aligned} \frac{12\,\mathfrak{W}_m}{c} &= \mathfrak{w}_{m-1} + 10\,\mathfrak{w}_m + \mathfrak{w}_{m+1}, \\ \frac{12\,\mathfrak{W}_0}{c} = \frac{1}{2}(7\,\mathfrak{w}_0 + 6\,\mathfrak{w}_1 - \mathfrak{w}_2), &\qquad \frac{12\,\mathfrak{W}_n}{c} = \frac{1}{2}(7\,\mathfrak{w}_n + 6\,\mathfrak{w}_{n-1} - \mathfrak{w}_{n-2}). \end{aligned}\right\} \quad (207)$$

Damit ist die Grundlage gefunden, um die Form der Biegelinie mit $w_a = 0$, $w_b = 0$ durch Rechnung oder Zeichnung zu bestimmen. Die Strecke ab wird als einfacher Träger angesehen, an dem eine Gruppe von positiven oder negativen Kräften $\mathfrak{W}_0 \ldots, \mathfrak{W}_m \ldots, \mathfrak{W}_n$ angreift. Die Rechnung liefert nach (202)

$$A_{\mathfrak{w}} = \varphi_{a,0}, \qquad B_{\mathfrak{w}} = \varphi_{b,0}, \qquad Q_{\mathfrak{w},k} = \varphi_{k,0}, \qquad M_{\mathfrak{w},k} = w_{k,0}.$$

Der wirkliche Verschiebungszustand φ_a, φ_b, w_k entsteht durch Berücksichtigung der Stützenbedingungen nach (205).

Untersuchung der Formänderung eines Auslegeträgers.

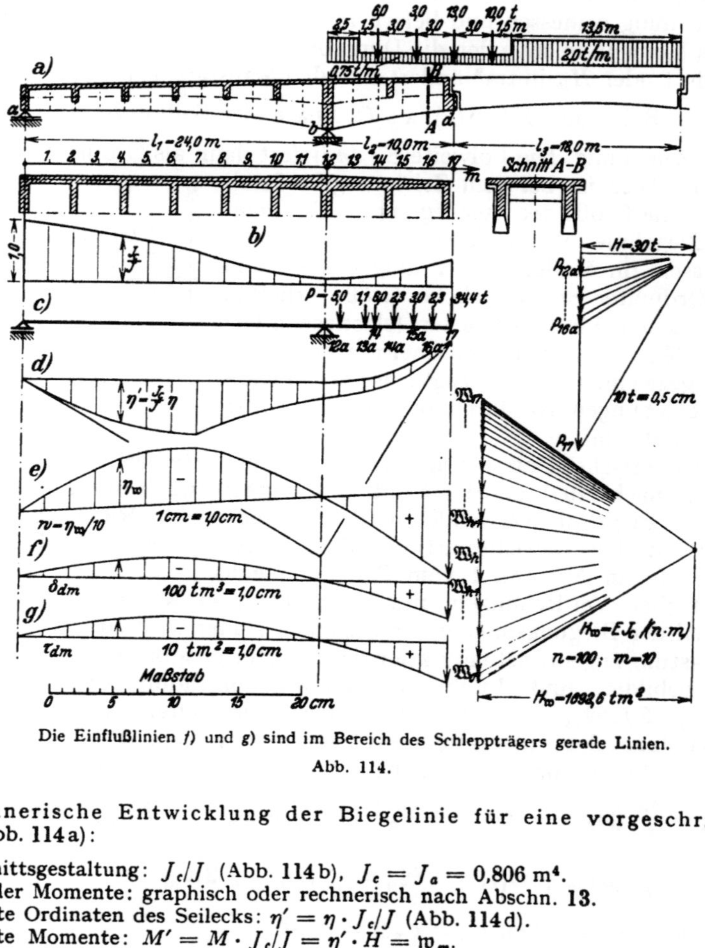

Die Einflußlinien f) und g) sind im Bereich des Schleppträgers gerade Linien.

Abb. 114.

1. Zeichnerische Entwicklung der Biegelinie für eine vorgeschriebene Belastung (Abb. 114a):

Querschnittsgestaltung: J_c/J (Abb. 114b), $J_c = J_a = 0{,}806$ m⁴.
Angabe der Momente: graphisch oder rechnerisch nach Abschn. 13.
Reduzierte Ordinaten des Seilecks: $\eta' = \eta \cdot J_c/J$ (Abb. 114d).
Reduzierte Momente: $M' = M \cdot J_c/J = \eta' \cdot H = \mathfrak{w}_m$.
Berechnung der EJ_cfachen elastischen Gewichte aus der ideellen Belastung M' nach (206):

$$\mathfrak{W}_0 = \frac{c_1}{6}(2\,\mathfrak{w}_0 + \mathfrak{w}_1), \qquad \mathfrak{W}_n = \frac{c_n}{6}(\mathfrak{w}_{n-1} + 2\,\mathfrak{w}_n),$$

$$\mathfrak{W}_m = \frac{c_m}{6}(\mathfrak{w}_{m-1} + 4\,\mathfrak{w}_m + \mathfrak{w}_{m+1}).$$

Abbildung der elastischen Gewichte mit Hilfe der Werte $\sum_0^m \mathfrak{W}_k$ in einem Richtungsbüschel mit der Polweite $H_{\mathfrak{w}}$.

m	c_m	M_m	$\frac{J_c}{J_m}$	$\mathfrak{w}_m = M_m J_c/J_m$	$\mathfrak{w}_{m-1} + 2\mathfrak{w}_m$	$c_m/6$	$2\mathfrak{w}_m + \mathfrak{w}_{m+1}$	$c_{m+1}/6$	$\mathfrak{W}_{m,1}$	$\mathfrak{W}_{m,2}$	$\mathfrak{W}_m$	$\sum_0^m \mathfrak{W}_h$
					$\mathfrak{w}_{m-1} + 4\mathfrak{w}_m + \mathfrak{w}_{m+1}$					$c_m/6$		
0	—	0,0	1,000	0,0	—	—	33,9	0,333	—	11,3	11,3	11,3
1	2,00	35,9	0,945	33,9	198,5					0,333	66,2	77,5
2	2,00	71,8	0,876	62,9	374,2					0,333	124,7	202,2
3	2,00	107,6	0,824	88,7	526,9					0,333	175,6	377,8
4	2,00	143,5	0,761	109,2	648,7					0,333	216,2	594,0
5	2,00	179,4	0,687	123,2	733,8					0,333	244,6	838,6
6	2,00	215,3	0,612	131,8	783,2					0,333	261,0	1099,6
7	2,00	251,1	0,529	132,8	774,6					0,333	258,2	1357,8
8	2,00	287,0	0,389	111,6	669,3					0,333	223,1	1580,9
9	2,00	322,9	0,279	90,1	541,2					0,333	180,4	1761,3
10	2,00	358,8	0,193	69,2	419,0					0,333	139,7	1901,0
11	2,00	394,7	0,132	52,1	314,2					0,333	104,7	2005,7
12	2,00	430,5	0,085	36,6	125,3	0,333	110,7	0,208	41,8	23,1	64,9	2070,6
12a	1,25	364,5	0,103	37,5	224,5					0,208	46,8	2117,4
13	1,25	300,8	0,126	37,9	113,3	0,208	113,1	0,250	23,6	28,3	51,9	2169,3
14	1,50	229,0	0,163	37,3	221,8					0,250	55,5	2224,8
14a	1,50	166,9	0,208	34,7	205,4					0,250	51,4	2276,2
15a	1,50	106,6	0,275	29,3	170,3					0,250	42,6	2318,8
16a	1,50	52,5	0,351	18,4	102,9					0,250	25,7	2344,5
17	1,50	0,0	0,463	0,0	18,4	0,250	—	—	4,6	—	4,6	2349,1

Mit $H_{\mathfrak{w}} = EJ_c/(n \cdot m)$ ergeben nach S. 125 die Ordinaten $\eta_{\mathfrak{w}}$ des Seileckes unmittelbar die $m$fach verzerrten Durchbiegungen w (Abb. 114e).

$$E = 2100000 \text{ t/m}^2; \qquad EJ_c = 1692600 \text{ tm}^2;$$

$$n = 100; \qquad m = 10; \qquad H_{\mathfrak{w}} = 1692{,}6 \text{ tm}^2;$$

Durchbiegungen $w = \eta_{\mathfrak{w}}/10$ in mm:

m	0	1	2	3	4	5	6	7	8	9	10	11	12	12a	13a	14	14a	15a	16a	17
w	0,0	−1,2	−2,2	−3,2	−3,9	−4,3	−4,5	−4,4	−3,9	−3,2	−2,3	−1,2	0,0	0,8	1,6	2,7	3,8	4,9	6,1	7,3

2. Einflußlinie der EJ_cfachen Durchbiegung δ_m des Querschnittes d. Biegelinie des Trägers unter der Last 1 t in d nach (168). Ermittlung der $\mathfrak{W}$-Gewichte wie unter 1. Berechnung von $A_{\mathfrak{w}}$, $D_{\mathfrak{w}}$, $\delta_{m,1}$ unabhängig von der vorgeschriebenen Stützung des Trägers als Auflagerkräfte und Durchbiegungen eines Balkens auf den Stützen a und d. Nachträgliche Einführung der Stützenbedingung $\delta_b = 0$ durch Drehen der Achse um a:

$$\delta_b = \delta_{b,1} + \delta_{b,2} = \delta_{b,1} + \vartheta \cdot l_1 = 0; \qquad \vartheta = -\delta_{b,1}/l_1; \qquad \delta_{m,2} = -\vartheta \cdot x = -\delta_{b,1} \cdot \xi;$$

$$\delta_m = \delta_{m,1} + \delta_{m,2}; \qquad \xi = x/l_1; \qquad \zeta = x/(l_1 + l_2);$$

m	ζ_m	ξ_m	$-M_m$	J_c/J_m	$-\mathfrak{w}_m = -M_m J_c/J_m$	$-\mathfrak{W}_m$	ζ_m	ζ'_m	$-\mathfrak{W}_m \zeta_m$	$-\mathfrak{W}_m \zeta'_m$
0	0,0	0,0	0,00000	1,0000	0,00000	(0,26247)	0,00000	1,00000	—	—
1	1/17	1/12	0,83333	0,9449	0,78741	1,53660	0,05882	0,94118	0,09038	1,44622
2	2/17	2/12	1,66667	0,8761	1,46017	2,89611	0,11765	0,88235	0,34073	2,55538
.	.	.	.	.	.	.	.	.	.	.
.	.	.	.	.	.	.	.	.	.	.

m	$-Q_{\mathfrak{w}m}$	$-Q_{\mathfrak{w}m} c_m$	$-\delta_{m,1} = -M_{\mathfrak{w}m,1}$	$-\delta_{m,2} = +\delta_{b,1} \cdot \xi$	$-\delta_m$
0	0,00000	0,00000	0,0000	− 0,0000	0,0000
1	31,17220	62,34440	62,3444	−17,1615	45,1829
2	29,63560	59,27120	121,6156	−34,3231	87,2925
.	.	.	.	.	.
.	.	.	.	.	.

$$D_{\mathfrak{w},1} - \mathfrak{W}_{17} = \sum_0^{16} \mathfrak{W}_m \zeta_m = -23{,}73446,$$

$$A_{\mathfrak{w},1} - \mathfrak{W}_0 = \sum_1^{17} \mathfrak{W}_m \zeta'_m = -31{,}17220,$$

$$-\delta_{b,1} = 205{,}9384 \text{ tm}^3, \qquad \delta_m: \text{Abb. 114 f.}$$

3. Einflußlinie der EJ_cfachen Verdrehung τ_m des Querschnittes d. Biegelinie des Trägers unter dem Angriff des Momentes $M_d = 1{,}0$ mt. Ermittlung der Gewichte wie unter 1. Die Verdrehungen φ_a, φ_b der Querschnitte a und b werden im Gegensatz zu 2. unter gleichzeitiger Berücksichtigung der Stützenbedingungen berechnet.

$$A_{\mathfrak{w}} - \mathfrak{W}_0 = \sum_1^{12} \mathfrak{W}_m \xi_m = -\,2{,}25914 \text{ tm}^3 . \qquad Q_{\mathfrak{w},12} = \sum_0^{11} \mathfrak{W}_m \xi'_m = -\,2{,}37209 \text{ tm}^3;$$

m	ξ_m	$-M_m$	J_c/J_m	$-\mathfrak{w}_m$	$-\mathfrak{W}_m$	ξ_m	ξ'_m	$-\mathfrak{W}_m\xi_m$	$-\mathfrak{W}_m\xi'_m$	$-Q_{\mathfrak{w},m}$	$-Q_{\mathfrak{w},m}c_m$	$-\delta_m$
0	0	0,00000	1,0000	0,00000	(0,02625)	0,00000	1,00000	—	—	0,00000	0,00000	0,0000
1	1/12	0,08333	0,9449	0,07874	0,15366	0,08333	0,91667	0,01280	0,14086	2,25914	4,51829	4,5183
2	2/12	0,16667	0,8761	0,14602	0,28961	0,16667	0,83333	0,04827	0,24134	2,10548	4,21097	8,7293
.	.	.	.	.	.	.	.	.	.	.	.	.
.	.	.	.	.	.	.	.	.	.	.	.	.

EJ_cfache Verdrehung $\tau_m = \dfrac{\delta_m(\text{tm}^3)}{1{,}0\,(\text{m})}$: Abb. 114g.

Ableitung der Biegelinie aus der Belastung. Die Biegelinie des geraden Stabes ist bisher aus den Schnittkräften M, Q entwickelt worden, die oft jedoch selbst nicht bekannt sind, sondern nur als Differentialbeziehung verwendet werden können.

$$\frac{dM}{dx} = Q, \qquad \frac{d^2M}{dx^2} = \frac{dQ}{dx} = -\,p(x).$$

Mit diesen lautet dann die Gleichung (197) der Biegelinie für $\Delta t = 0$ ohne Berücksichtigung der Querkraft:

$$\frac{J}{J_c}\frac{d^2(EJ_c w)}{dx^2} = -M, \quad \frac{d}{dx}\left(\frac{J}{J_c}\frac{d^2(EJ_c w)}{dx^2}\right) = -Q, \quad \frac{d^2}{dx^2}\left(\frac{J}{J_c}\frac{d^2(EJ_c w)}{dx^2}\right) = p(x), \tag{208}$$

$$\text{für } J = J_c = \text{const} \quad EJ\frac{d^2w}{dx^2} = -M, \quad EJ\frac{d^3w}{dx^3} = -Q, \quad EJ\frac{d^4w}{dx^4} = p(x). \tag{209}$$

Damit ist eine Differentialbeziehung zwischen Belastungsfunktion und Ausbiegung entstanden, deren Lösung für jeden stetigen Bereich getrennt mit vier Konstanten angeschrieben wird. Diese sind durch Bedingungen für die Formänderung und für die Schnittkräfte an den Stützen, den Stabenden und an den Unstetigkeitsstellen bestimmt.

Die Formänderung des geraden Stabes mit statisch unbestimmter Stützung. a) Gleichförmige Belastung p, $J = J_c$. Ansatz $EJw^{(IV)} = p$.

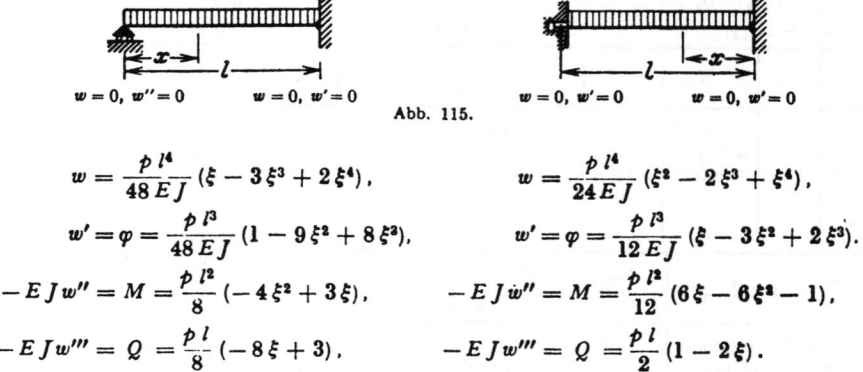

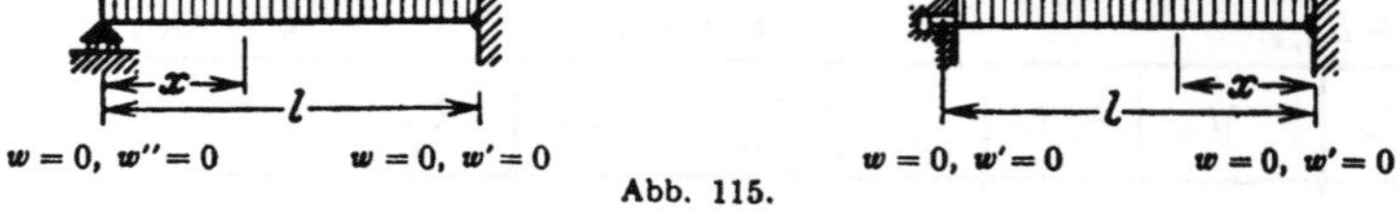

Abb. 115.

$$w = \frac{pl^4}{48EJ}(\xi - 3\xi^3 + 2\xi^4), \qquad w = \frac{pl^4}{24EJ}(\xi^2 - 2\xi^3 + \xi^4),$$

$$w' = \varphi = \frac{pl^3}{48EJ}(1 - 9\xi^2 + 8\xi^3), \qquad w' = \varphi = \frac{pl^3}{12EJ}(\xi - 3\xi^2 + 2\xi^3).$$

$$-EJw'' = M = \frac{pl^2}{8}(-4\xi^2 + 3\xi), \qquad -EJw'' = M = \frac{pl^2}{12}(6\xi - 6\xi^2 - 1),$$

$$-EJw''' = Q = \frac{pl}{8}(-8\xi + 3), \qquad -EJw''' = Q = \frac{pl}{2}(1 - 2\xi).$$

b) Unstetige Belastung durch eine Einzellast P. Der Angriffspunkt C der Last P teilt den Integrationsbereich in die Abschnitte a und b mit w_1 und w_2. Für beide ist $EJw^{(IV)} = 0$. Die 8 Integrationskonstanten werden durch die Randbedingungen in A, B und C bestimmt. w und w' sind an den Stützpunkten Null, Auslenkung w und Biegungsmoment M an der Unstetigkeitsstelle C stetig und die Differenz der beiden Querkräfte Q_c gleich der Last P (Abb. 116).

$$x_1 = 0: \; w_1 = 0, \quad w_1' = 0; \qquad x_2 = 0: \; w_2 = 0, \quad w_2' = 0;$$

$$x_1 = a \text{ und } x_2 = b: \; w_1 = w_2, \quad w_1' = -w_2', \quad w_1'' = w_2'', \quad w_1''' - w_2''' = -\frac{P}{EJ}.$$

$$c_1 = \left(1 - 2\left(\frac{a}{l}\right) + \left(\frac{a}{l}\right)^2\right), \qquad c_3 = \left(1 - 2\left(\frac{b}{l}\right) + \left(\frac{b}{l}\right)^2\right),$$

$$c_2 = \left(1 - 3\left(\frac{a}{l}\right)^2 + 2\left(\frac{a}{l}\right)^3\right), \qquad c_4 = \left(1 - 3\left(\frac{b}{l}\right)^2 + 2\left(\frac{b}{l}\right)^3\right),$$

$$E J w_1 = \frac{P a^3}{6}\left\{3 c_1 \left(\frac{x_1}{a}\right)^2 - c_2 \left(\frac{x_1}{a}\right)^3\right\},$$

$$E J w_2 = \frac{P b^3}{6}\left\{3 c_3 \left(\frac{x_2}{b}\right)^2 - c_4 \left(\frac{x_2}{b}\right)^3\right\},$$

$$E J w_1' = \frac{P a^2}{2}\left\{2 c_1 \left(\frac{x_1}{a}\right) - c_2 \left(\frac{x_1}{a}\right)^2\right\},$$

$$E J w_2' = \frac{P b^2}{2}\left\{2 c_3 \left(\frac{x_2}{b}\right) - c_4 \left(\frac{x_2}{b}\right)^2\right\},$$

$$-E J w_1'' = M_1 = P a\left\{c_2 \left(\frac{x_1}{a}\right) - c_1\right\},$$

$$-E J w_2'' = M_2 = P b\left\{c_4 \left(\frac{x_2}{b}\right) - c_3\right\},$$

$$-E J w_1''' = Q_1 = P c_2, \qquad -E J w_2''' = Q_2 = P c_4.$$

Bereich a: $\varphi = w_1'$, $Q = Q_1$;

Bereich b: $\varphi = -w_2'$, $Q = -Q_2$.

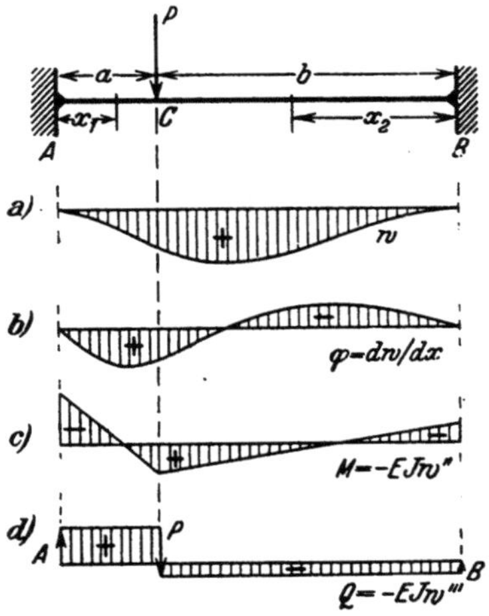

Abb. 116.

Lösung der Differentialgleichung mit Differenzen. Da ein geschlossenes Integral der Differentialgleichung in der Regel nicht angegeben werden kann, wird in diesem und ähnlichen Fällen eine Näherung verwendet, um die Funktionswerte w_m einer regelmäßigen Punktfolge $\ldots (m-1), m \ldots$ des Integrationsbereiches l zu berechnen. An die Stelle der stetigen Integralkurve tritt damit ein der Kurve einbeschriebenes Vieleck. Die Differentialquotienten der stetigen Funktion werden durch Differenzenquotienten ersetzt. Die Differentialgleichung wird zur Differenzengleichung, deren Randbedingungen in bezug auf Richtung und Krümmung der elastischen Linie ebenfalls durch Differenzen ausgedrückt werden.

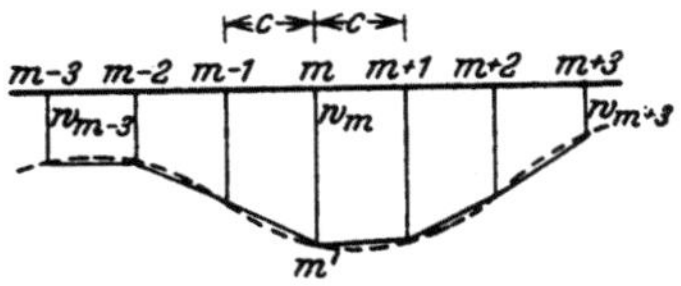

Abb. 117.

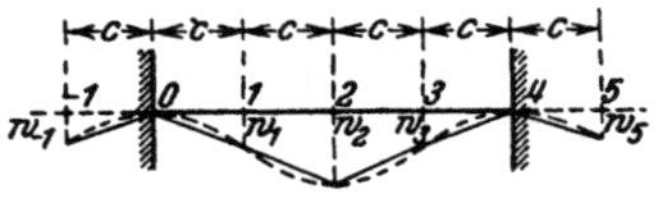

Abb. 118.

Der Integrationsbereich l der Funktion wird durch die regelmäßige Punktfolge $\ldots (m-1), m \ldots$ in n gleiche Strecken geteilt. Der Teilpunkt m erhält die Abszisse $m \cdot \Delta x$ und die Ordinate $\overline{m m'} = w_m$. Wird die Integralkurve im Bereich von $(m-1), m, (m+1)$ angenähert durch einen Parabelabschnitt durch die Punkte $(m-1)', m', (m+1)'$ ersetzt, so ist im Punkte m

$$\frac{dw}{dx} = \frac{w_{m+1} - w_{m-1}}{2\Delta x}, \qquad \frac{d^2 w}{dx^2} = \frac{w_{m-1} - 2 w_m + w_{m+1}}{\Delta x^2}. \tag{210}$$

Die Richtung der Kurve in m', bestimmt durch dw/dx, wird damit angenähert durch die Richtung $\overline{(m-1)', (m+1)'}$ der Sehne beschrieben. Der zweite Differentialquotient kann bei flachen Kurven aus dem Kontingenzwinkel der Kurve in m'

abgeleitet und angenähert durch den Unterschied der Richtungen der dem Punkte m benachbarten Sehnen ausgedrückt werden. Die gleichen Beziehungen gelten auch bei einer Funktion $d^2w/dx^2 = r$ für $d^3w/dx^3 = dr/dx$ und $d^4w/dx^4 = d^2r/dx^2$, so daß zur Beschreibung der geometrischen Eigenschaften der Funktion w in der Umgebung des Punktes m folgende Übergänge vollzogen werden:

$$\left.\begin{aligned}
&\frac{dw}{dx} \to \frac{w_{m+1} - w_{m-1}}{2\Delta x}, \qquad \frac{d^2w}{dx^2} \to \frac{w_{m+1} - 2w_m + w_{m-1}}{\Delta x^2},\\
&\frac{d^3w}{dx^3} = \frac{dr}{dx} \to \frac{r_{m+1} - r_{m-1}}{2\Delta x} = \frac{w_{m+2} - 2w_{m+1} + 2w_{m-1} - w_{m-2}}{2\Delta x^3},\\
&\frac{d^4w}{dx^4} = \frac{d^2r}{dx^2} \to \frac{r_{m+1} - 2r_m + r_{m-1}}{\Delta x^2} = \frac{w_{m+2} - 4w_{m+1} + 6w_m - 4w_{m-1} + w_{m-2}}{\Delta x^4}
\end{aligned}\right\} \qquad (211)$$

Damit treten mit der Bezeichnung w_m für den EJ_cfachen Betrag der Durchbiegung $(w_m \equiv EJ_c w_m)$ und mit $\bar{\zeta}_m$ für den reziproken Wert der Funktion ζ $(\zeta_m = J_m/J_c)$ die folgenden Differenzenbeziehungen an die Stelle der Differentialbeziehungen

$$\left.\begin{aligned}
-M_m\Delta x^2 &= \bar{\zeta}_m(w_{m+1} - 2w_m + w_{m-1}),\\
-2Q_m\Delta x^3 &= \bar{\zeta}_{m+1}w_{m+2} - 2\bar{\zeta}_{m+1}w_{m+1} + (\bar{\zeta}_{m+1} - \bar{\zeta}_{m-1})w_m + 2\bar{\zeta}_{m-1}w_{m-1}\\
&\quad - \bar{\zeta}_{m-1}w_{m-2},\\
p_m(x)\Delta x^4 &= \bar{\zeta}_{m+1}w_{m+2} - 2w_{m+1}(\bar{\zeta}_{m+1} + \bar{\zeta}_m) + w_m(\bar{\zeta}_{m+1} + 4\bar{\zeta}_m + \bar{\zeta}_{m-1})\\
&\quad - 2w_{m-1}(\bar{\zeta}_m + \bar{\zeta}_{m-1}) + w_{m-2}\bar{\zeta}_{m-1}.
\end{aligned}\right\} \qquad (212)$$

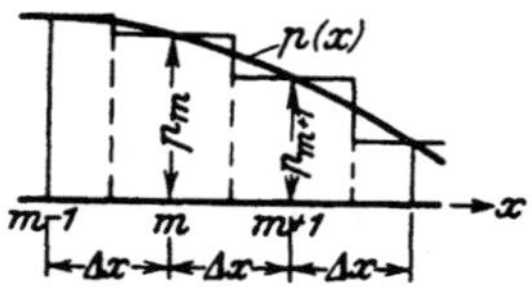

Abb. 119.

Biegungsmoment M_m und Querkraft Q_m sind daher aus den Durchbiegungen w_m einer ausgezeichneten Punktfolge m bestimmt. p_m ist die Ordinate der Belastungsfunktion im Punkt m. An die Stelle der stetigen Funktion $p(x)$ tritt die unstetige Belastung nach einer Stufenlinie, die durch eine in den Intervallgrenzen angreifende Gruppe von Einzellasten $(p\Delta x^3)\Delta x$ ersetzt wird (Abb. 119).

Die Randbedingungen $w = 0$ und $M = 0$ bedürfen keiner Diskussion, dagegen wird die Integralkurve zur Einführung der Randbedingung dw/dx in der Umgebung des Punktes 0 durch eine kubische Parabel ersetzt:

$$w_{m+1} = w_m + \frac{\Delta x}{1!}\left(\frac{dw}{dx}\right)_m + \frac{\Delta x^2}{2!}\left(\frac{d^2w}{dx^2}\right)_m + \frac{\Delta x^3}{3!}\left(\frac{d^3w}{dx^3}\right)_m \qquad (213)$$

Bei Einspannung des Trägers im Querschnitt $m = 0$ ist $w_m = 0$ und $dw/dx_m = 0$, daher

$$w_1 = \frac{\Delta x^2}{2}\left(\frac{d^2w}{dx^2}\right)_0 + \frac{\Delta x^3}{6}\left(\frac{d^3w}{dx^3}\right)_0.$$

Für die kubische Parabel gilt

$$\left(\frac{d^2w}{dx^2}\right)_0 = \frac{w_1 - 2w_0 + w_{-1}}{\Delta x^2}, \qquad \left(\frac{d^3w}{dx^3}\right)_0 = \text{const} = \frac{w_2 - 3w_1 + 3w_0 - w_{-1}}{\Delta x^3}, \qquad (214)$$

so daß als Bedingung für die Einspannung des Trägers im Querschnitt $m = 0$ die folgende Beziehung entsteht:

$$w_{-1} = 3w_1 - \tfrac{1}{2}w_2 \qquad (215)$$

Die Rechenvorschrift wird an dem **beiderseits eingespannten, gleichförmig belasteten Träger** mit $\zeta = 1$ erläutert, um die Genauigkeit der Ergebnisse zu prüfen. Dabei wird der Integrationsbereich l durch die Punktreihe 0, 1, 2, 3, 4 in 4 Strecken Δx geteilt. Infolge

Symmetrie ist $w_1 = w_3$, so daß die Differenzengleichungen nur für die Punkte 1 und 2 aufgestellt werden (Abb. 118).

$$\frac{p}{EJ}\Delta x^4 = w_{-1} - 4w_0 + 6w_1 - 4w_2 + w_3,$$

$$\frac{p}{EJ}\Delta x^4 = w_0 \quad - 4w_1 + 6w_2 - 4w_3 + w_4.$$

Hierzu treten die Randbedingungen $w_0 = 0$, $w_{-1} = 3w_1 - \frac{1}{2}w_2$. Die Verschiebungen w_1 und w_2 ergeben sich daher aus den folgenden beiden Gleichungen.

$$10\,w_1 - 4{,}5\,w_2 = \frac{p}{EJ}\Delta x^4, \qquad -8\,w_1 + 6\,w_2 = \frac{p}{EJ}\Delta x^4$$

mit

$$w_1 = 0{,}00171\,\frac{p\,l^4}{EJ}, \qquad w_2 = 0{,}00293\,\frac{p\,l^4}{EJ}.$$

Die Momente werden mit w_1 und w_2 nach (212) berechnet.

$$\text{Trägermitte:}\quad M_2 = -\frac{EJ}{\Delta x^2}(w_1 - 2w_2 + w_3) = \frac{15}{16}\frac{p\,l^2}{24} \approx \frac{p\,l^2}{24}, \tag{216}$$

$$\text{Auflager:}\quad M_0 = -\frac{EJ}{\Delta x^2}(w_{-1} - 2w_0 + w_1) = -\frac{33}{32}\frac{p\,l^2}{12} \approx -\frac{p\,l^2}{12}. \tag{217}$$

Die Näherungsrechnung führt also trotz der geringen Anzahl der Intervalle auch für die Schnittkräfte zu relativ guten Ergebnissen, da die Unterschiede zwischen den Differential- und Differenzenquotienten selbst dann noch klein sind. Die Untersuchung muß nur im Bereiche von singulären Stellen der Funktion mit einer engeren Teilung wiederholt werden.

Ritter, A.: Die elastische Linie und ihre Anwendung auf den kontinuierlichen Balken. Zürich 1883. — Mohr, O.: Abhandlungen aus dem Gebiete der Techn. Mechanik 3. Aufl. Berlin 1928. — Hencky, H.: Die numerische Bearbeitung von partiellen Differentialgleichungen in der Technik. Z. angew. Math. Mech. 1922 S. 58. — Marcus, H.: Armierter Beton 1919 S. 107; außerdem: Die Theorie elastischer Gewebe und ihre Anwendung auf die Berechnung biegsamer Platten. Berlin 1924. — Runge, C., u. H. König: Vorlesungen über numerisches Rechnen. Berlin 1924. — Nádai, A.: Die elastischen Platten. Berlin 1925.

21. Die Biegelinie von gekrümmten Stäben und Stabzügen.

Die ebene Verschiebung eines Querschnitts wird auch bei gekrümmten Stäben als brauchbare Annahme verwendet, wenn eine Symmetrieebene vorhanden ist, die mit der Kraftebene zusammenfällt. Sie wird dann ebenso wie beim geraden Stabe durch die bezogene Längenänderung ε_0 der Stabachse und durch die gegenseitige Verdrehung $d\psi$ zweier benachbarter Querschnitte beschrieben. Die Veränderlichkeit von ds mit z schließt hier zwar die lineare Abhängigkeit der Normalspannungen $\sigma_x(z)$ aus. Die Spannungen σ, τ und die Verzerrungskomponenten ε_0, $d\psi$ sind aber nach (70), (71) trotzdem wieder Funktionen der Schnittkräfte N, M, Q und der Temperaturänderung t, $\Delta t = t_i - t_a$.

Ableitung der Differentialgleichung. Während sich die Querschnitte gerader Stäbe durch die Belastung mit großer Genauigkeit winkelrecht zur Stabachse bewegen, sind zur Beschreibung der Verschiebung der Querschnitte gekrümmter Stäbe zwei Komponenten u, w notwendig. Sie werden hier im Gegensatz zu der früheren Definition waagerecht und senkrecht angenommen, um das für die geometrische Darstellung von Stabzügen übliche Koordinatensystem (Abb. 120) beizubehalten. In diesem Fall ist

$$dy = ds\sin\alpha, \quad dx = ds\cos\alpha. \tag{218a}$$

Diese geometrischen Beziehungen ändern sich durch die Belastung des Stabes.

$$y \to y + \delta y, \quad x \to x + \delta x, \quad \alpha \to \alpha + \delta\alpha, \quad ds \to ds + \delta(ds).$$

Nach Abb. 120 ist

$$\delta x = u, \quad \delta y = -w, \quad \delta\alpha = -\varphi, \quad \delta(d\alpha) = d(\delta\alpha) = d\psi.$$

Durch Variation von (218a) entsteht

$$\left.\begin{aligned} \delta(dy) &= \delta(ds)\sin\alpha + ds\cos\alpha\,\delta\alpha = d(\delta y) = -dw, \\ \delta(dx) &= \delta(ds)\cos\alpha - ds\sin\alpha\,\delta\alpha = d(\delta x) = \quad du, \\ \frac{d}{dx}(\delta y) &= \varepsilon_0 \operatorname{tg}\alpha + \delta\alpha, \qquad \frac{d}{dy}(\delta x) = \varepsilon_0 \operatorname{ctg}\alpha - \delta\alpha. \end{aligned}\right\} \tag{218b}$$

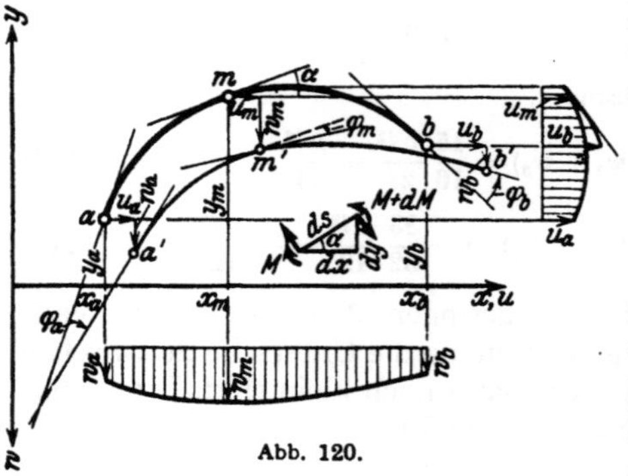

Abb. 120.

Damit sind die Differentialgleichungen für die senkrechte und waagerechte Ausbiegung gefunden:

$$\left.\begin{aligned} -\frac{d^2 w}{dx^2} &= \frac{d}{dx}(\delta\alpha) + \frac{d}{dx}(\varepsilon_0 \operatorname{tg}\alpha); \\ -\frac{d^2 u}{dy^2} &= \frac{d}{dy}(\delta\alpha) - \frac{d}{dy}(\varepsilon_0 \operatorname{ctg}\alpha). \end{aligned}\right\} \tag{219}$$

Die Verzerrungskomponenten $d(\delta\alpha) = d\psi$ und ε_0 sind in Abschnitt 10 für den gekrümmten Stab als Funktionen der Schnittkräfte abgeleitet worden. Bei $\varrho \gg h$ ist jedoch mit großer Genauigkeit ebenso wie für den geraden Stab

$$d\psi = \left(\frac{M}{EJ} + \frac{\alpha_t \Delta t}{h}\right) ds, \qquad d\varepsilon_0 = d\left(\frac{N}{EF} + \alpha_t t\right)$$

also

$$-\frac{d^2 w}{dx^2} = \left(\frac{M}{EJ} + \frac{\alpha_t \Delta t}{h}\right)\frac{1}{\cos\alpha} + \frac{d}{dx}\left[\left(\frac{N}{EF} + \alpha_t t\right)\frac{dy}{dx}\right], \tag{220}$$

$$-\frac{d^2 u}{dy^2} = \left(\frac{M}{EJ} + \frac{\alpha_t \Delta t}{h}\right)\frac{1}{\sin\alpha} - \frac{d}{dy}\left[\left(\frac{N}{EF} + \alpha_t t\right)\frac{dx}{dy}\right]. \tag{221}$$

Der Ansatz wird bei gleichbleibender Temperatur ($t = 0$, $\Delta t = 0$) und kleinem ε_0 meist in der folgenden Abkürzung verwendet:

$$-\frac{d^2 w}{dx^2} = \frac{M}{EJ\cos\alpha}; \qquad -\frac{d^2(EJ_c w)}{dx^2} = M\frac{J_c}{J\cos\alpha}, \tag{222}$$

$$-\frac{d^2 u}{dy^2} = \frac{M}{EJ\sin\alpha}; \qquad -\frac{d^2(EJ_c u)}{dy^2} = M\frac{J_c}{J\sin\alpha}. \tag{223}$$

Die Ausbiegungen u_k, w_k werden daraus formal ebenso wie in (199) berechnet oder durch Integration von (220) und (221) nach (201) entwickelt. Die Integrationskonstanten sind wie in (201) durch die Verschiebungskomponenten u_a, w_a, φ_a des linken Endquerschnitts a bestimmt. Auf diese Weise entsteht mit $\varepsilon_a = N_a/EF_a + \alpha_t t$

$$\left.\begin{aligned} w_k &= w_a + (x_k - x_a)\varphi_a - \varepsilon_a(y_k - y_a) - \int_{x_a}^{x_k}(x_k - x)\,d\psi - \int_{x_a}^{x_k}(y_k - y)\,d\varepsilon_0, \\ u_k &= u_a + (y_k - y_a)\varphi_a + \varepsilon_a(x_k - x_a) - \int_{x_a}^{x_k}(y_k - y)\,d\psi + \int_{x_a}^{x_k}(x_k - x)\,d\varepsilon_0 \end{aligned}\right\} \tag{224}$$

$$\varphi_k = \varphi_a - \int_{x_a}^{x_k} d\psi. \tag{225}$$

Die Verdrehung des Endquerschnitts a ist für $w_b - w_a = 0$ und mit $x_b - x_a = l$, $y_b - y_a = e$

$$\varphi_a = \varphi_{a.0} = \frac{e}{l}\varepsilon_a + \frac{1}{l}\int_{x_a}^{x_b}(x_b - x)\,d\psi + \frac{1}{l}\int_{x_a}^{x_b}(y_b - y)\,d\varepsilon_0\,. \tag{226}$$

Sie erhält wiederum die Bedeutung des Stützendruckes $A_{\mathfrak{w}}$ eines Stabzuges $\overrightarrow{ab}$ aus einer Gruppe von senkrecht gerichteten ideellen Drehungsgewichten $d\psi$ und einer Gruppe von waagerecht gerichteten ideellen Dehnungsgewichten ε_a, $d\varepsilon_0$. Demnach darf die Verdrehung φ_k eines beliebigen Querschnitts k des Stabes als die Querkraft $Q_{\mathfrak{w},k}$ der Drehungsgewichte $d\psi$, die Ausbiegung w_k als das statische Moment $M'_{\mathfrak{w},k}$ von $A_{\mathfrak{w}}$, den senkrecht gerichteten Drehungsgewichten $d\psi$ und den waagerecht gerichteten Dehnungsgewichten $d\varepsilon_0$, die Ausbiegung u_k als das statische Moment $M''_{\mathfrak{w},k}$ derselben, jedoch um 90° im Sinne von $\delta\alpha$ gedrehten Kräftegruppe $d\psi$, $d\varepsilon_0$ berechnet werden.

Die Dehnungsgewichte ε_a, $d\varepsilon_0$ sind im Vergleich zu den Drehungsgewichten $d\psi$ meist ohne großen Einfluß auf die Verschiebungen w_k, u_k. Sie werden daher in der Regel vernachlässigt. Die EJ_cfachen Verschiebungen werden für $\Delta t = 0$ folgendermaßen bezeichnet:

$$E\,J_c\,w_k = w_k^*\,,\qquad E\,J_c\,u_k = u_k^*\,,\qquad E\,J_c\,\varphi_a = \varphi_a^*\,,$$

$$w_k^* = w_a^* + (x_k - x_a)\,\varphi_a^* - \int_{x_a}^{x_k}(x_k - x)\,M\,\frac{J_c}{J\cos\alpha}\,dx\,, \tag{227}$$

$$u_k^* = u_a^* + (y_k - y_a)\,\varphi_a^* - \int_{y_a}^{y_k}(y_k - y)\,M\,\frac{J_c}{J\sin\alpha}\,dy\,, \tag{228}$$

für $w_a = w_b = 0$ ist
$$\varphi_a^* = \varphi_{a.0}^* = \frac{1}{l}\int_{x_a}^{x_b}(x_b - x)\,M\,\frac{J_c}{J\cos\alpha}\,dx\,. \tag{229}$$

Für die zeichnerische und rechnerische Auswertung der Ansätze dienen die Angaben auf S. 125, so daß

$$M\,\frac{J_c}{J\cos\alpha} = \mathfrak{w}'\,,\qquad M\,\frac{J_c}{J\sin\alpha} = \mathfrak{w}''$$

wiederum ideelle Streckenlasten bedeuten, welche nach (206) und (207) durch zwei Gruppen äquivalenter Einzellasten $\mathfrak{W}'_m$, $\mathfrak{W}''_m$ ersetzt werden. Mit diesen wird dann

für $w_a = w_b = 0$ $\quad \varphi_{a.0}^* = A'_{\mathfrak{w}}\,;\quad \varphi_{k,0}^* = Q'_{\mathfrak{w},k}\,;\quad w_{k,0}^* = M'_{\mathfrak{w},k}\,;\quad u_{k,0}^* = M''_{\mathfrak{w},k}$

nach bekannten Regeln (Abschn. 13) numerisch berechnet oder graphisch durch Kraft- und Seileck bestimmt. Um hierbei w_k und u_k in natürlicher Größe anzugeben, wird nach S. 125 die Polweite $H_{\mathfrak{w}} = EJ_c/n$ gewählt. Da unter den Voraussetzungen der Rechnung t, $\Delta t = 0$, $\varepsilon_0 \approx 0$, also nach (218b)

$$\frac{dw}{dx}\cdot\frac{dy}{du} = 1 \tag{230}$$

ist, stehen einander zugeordnete Tangenten der beiden Biegelinien, also auch einander zugeordnete Seilstrahlen der beiden Richtungsbüschel senkrecht aufeinander, so daß die waagerechte Biegelinie als Normalenzug zu den Tangenten der senkrechten Biegelinie oder zu den Seilstrahlen ihres Richtungsbüschels gezeichnet werden kann.

Längenänderung einer Stabzugsehne. Zur Bestimmung der Längenänderung einer Stabzugsehne wird die x-Achse mit dieser zusammengelegt. Dann ist in (224)

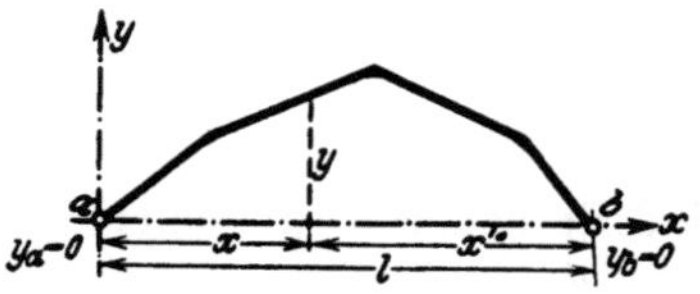

Abb. 121.

$$y_k = y_b,\ y_b = y_a = 0,\ y_b - y = -y,$$
$$x_a = 0,\ x_k = x_b = l \text{ (Abb. 121)}$$

$$u_b - u_a = \Delta l = l\varepsilon_a + \int_0^l y\,d\psi + \int_0^l (l - x)\,d\varepsilon_0. \quad (231)$$

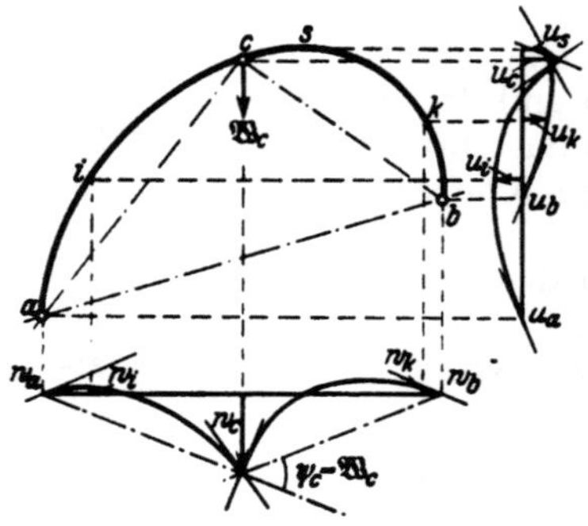

Abb. 122.
Bezeichnungen s. Abb. 121; $y_c = f \perp \overline{ab}$, $x_c' = l_2$

Biegelinie des Dreigelenkbogens. Die Biegelinie kann ebenfalls nach der Anweisung auf S. 133 gezeichnet werden, wenn die Verschiebungen u_c, w_c des Gelenkpunktes c oder die relative Drehung ψ_c der beiden Bogenschenkel bekannt sind. Diese wird dann als Drehungsgewicht $\mathfrak{W}_c$ ebenso verwendet wie die übrigen Drehungsgewichte $\mathfrak{W}'_m$, $\mathfrak{W}''_m$ (Abb. 122). Aus diesem Grunde kann $\psi_c = \mathfrak{W}_c$ auch aus der als Stützenbedingung vorgeschriebenen Längenänderung Δl der Sehne des Dreigelenkbogens berechnet werden. Bei unverschieblichen Widerlagern ist $\Delta l = 0$ und

$$\left.\begin{aligned} \psi_c &= -\frac{1}{f}\Big(l\varepsilon_a + \int_0^l y\,d\psi + \int_0^l (l - x)\,d\varepsilon_0\Big); \\ \varphi_a &= \frac{1}{l}\Big(\psi_c l_2 + \int_0^l (l - x)\,d\psi - \int_0^l y\,d\varepsilon_0\Big). \end{aligned}\right\} \quad (232)$$

Ableitung aus einem Differenzenansatz. Die Verschiebung w_m und u_m einer ausgezeichneten Punktfolge $\ldots m, m+1 \ldots$ des Stabes können auch als die Unbekannten von Differenzengleichungen abgeleitet werden. Der Stab wird in diesem Falle durch eine Stabkette aus geraden Elementen $\ldots s_m, s_{m+1} \ldots$ ersetzt, welche konstantes Trägheitsmoment $\ldots J_m, J_{m+1} \ldots$ besitzen und gelenkig verbunden sind (Abb. 123). An dem Spannungszustand ändert sich nichts, wenn an der Gelenkkette neben der vorgegebenen Belastung $\mathfrak{P}$ die Biegungsmomente des Stabes in den Punkten $\ldots m, m+1 \ldots$ als äußere Kräfte wirken. Die Belastung besteht dann aus zwei Teilen.

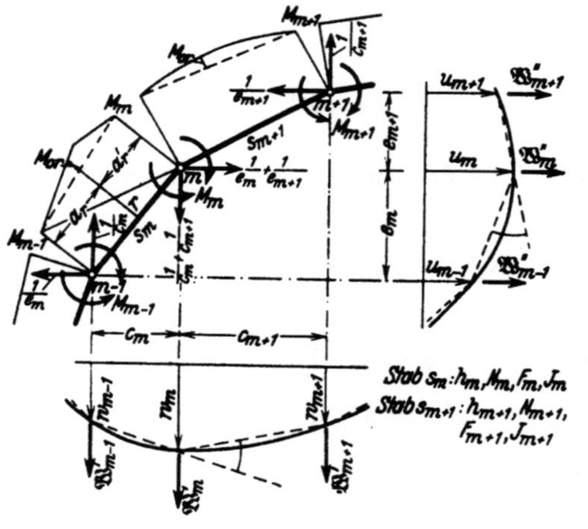

Abb. 123.

Die Endpunkte der senkrechten und waagerechten Verschiebungen w_m, u_m der Gelenkpunkte m werden durch je einen Geradenzug miteinander verbunden, dessen Elemente Sehnen der Biegelinien des Stabes sind. Ihre Richtungen schließen Winkel $\mathfrak{W}'_m$, $\mathfrak{W}''_m$ ein, die aus den Verschiebungen w_m, u_m berechnet werden können.

$$\mathfrak{W}'_m = \frac{w_m - w_{m-1}}{c_m} - \frac{w_{m+1} - w_m}{c_{m+1}}, \qquad \mathfrak{W}''_m = \frac{u_m - u_{m-1}}{e_m} - \frac{u_{m+1} - u_m}{e_{m+1}}. \quad (233)$$

Werden beide Seiten des Ansatzes durch Multiplikation mit der Belastungseinheit des anliegenden Sehnenpaares (in mt) erweitert, so ist der Ausdruck für die virtuelle Arbeit auf der rechten Seite das Produkt der virtuellen äußeren Kräfte $1/c_m$, $1/c_{m+1}$

und $1/e_m$, $1/e_{m+1}$ mit den senkrechten oder waagerechten Verschiebungen w_m, u_m (Abb. 123). Sie kann in beiden Fällen als Funktion der Stabdrehwinkel ϑ_m, ϑ_{m+1} und der Längenänderung der Stäbe Δs_m, Δs_{m+1} angegeben werden.

$$\left.\begin{aligned} \mathfrak{W}'_m &= \vartheta_m - \vartheta_{m+1} - \frac{\Delta s_m}{s_m} \operatorname{tg}\alpha_m + \frac{\Delta s_{m+1}}{s_{m+1}} \operatorname{tg}\alpha_{m+1}, \\ \mathfrak{W}''_m &= \vartheta_m - \vartheta_{m+1} + \frac{\Delta s_m}{s_m} \operatorname{ctg}\alpha_m - \frac{\Delta s_{m+1}}{s_{m+1}} \operatorname{ctg}\alpha_{m+1}. \end{aligned}\right\} \tag{234}$$

Die Differenz der Stabdrehwinkel, gleichbedeutend mit der Änderung der Stabzugwinkel, wird für die beiden Belastungsanteile getrennt berechnet. Der Anteil $\vartheta_{m,1} - \vartheta_{(m+1),1} = \psi_{m,1}$ wird von den Biegungsmomenten $\ldots M_m, M_{m+1} \ldots$, nunmehr äußeren Kräften der Stabketten, hervorgerufen (Tabelle 12). Die Belastung $\mathfrak{P}$ der einzelnen Elemente s_m, s_{m+1} erzeugt den Anteil $(\vartheta_{m,2} - \vartheta_{(m+1),2}) = \psi_{m,2}$. Jedes Element wirkt nach Abb. 123 als frei drehbar gestützter Stab.

$$\psi_m = \psi_{m,1} + \psi_{m,2}; \qquad M_r = M_{m-1}\frac{a'_r}{s_m} + M_m \frac{a_r}{s_m} + M_{0r}; \tag{235}$$

$$6EJ_c(\vartheta_{m,1} - \vartheta_{(m+1),1}) = \frac{J_c}{J_m}\frac{c_m}{\cos\alpha_m}(M_{m-1} + 2M_m) + \frac{J_c}{J_{m+1}}\frac{c_{m+1}}{\cos\alpha_{m+1}}(2M_m + M_{m+1}); \tag{236}$$

$$6EJ_c(\vartheta_{m,2} - \vartheta_{(m+1),2}) = \frac{J_c}{J_m}\frac{c_m}{\cos\alpha_m}\int\limits_m M_{0r}\,\xi\,d\xi + \frac{J_c}{J_{m+1}}\frac{c_{m+1}}{\cos\alpha_{m+1}}\int\limits_{m+1} M_{0r}\,\xi'\,d\xi'. \tag{237}$$

Der Ansatz kann nach S. **96** ff. auch für stetig veränderliches Trägheitsmoment der Elemente s_m angeschrieben werden. Besteht $\mathfrak{P}$ aus einer Gruppe von Einzellasten, deren Angriffspunkte mit $\ldots m, m+1 \ldots$ zusammenfallen, so ist $\vartheta_{m,2} - \vartheta_{(m+1),2} = \psi_{m,2} = 0$ und mit Berücksichtigung der Längskräfte N und einer Temperaturänderung t, Δt

$$\begin{aligned} 6EJ_c\mathfrak{W}'_m = {} & \frac{J_c}{J_m}\frac{c_m}{\cos\alpha_m}(M_{m-1} + 2M_m) + \frac{J_c}{J_{m+1}}\frac{c_{m+1}}{\cos\alpha_{m+1}}(2M_m + M_{m+1}) \\ & - 6\frac{J_c}{F_c}\left(N_m\frac{F_c}{F_m}\operatorname{tg}\alpha_m - N_{m+1}\frac{F_c}{F_{m+1}}\operatorname{tg}\alpha_{m+1}\right) \\ & - 6EJ_c\left[\alpha_t t(\operatorname{tg}\alpha_m - \operatorname{tg}\alpha_{m+1}) - \frac{\alpha_t\Delta t}{2}\left(\frac{s_m}{h_m} + \frac{s_{m+1}}{h_{m+1}}\right)\right], \end{aligned} \tag{238}$$

$$\begin{aligned} 6EJ_c\mathfrak{W}''_m = {} & \frac{J_c}{J_m}\frac{c_m}{\cos\alpha_m}(M_{m-1} + 2M_m) + \frac{J_c}{J_{m+1}}\frac{c_{m+1}}{\cos\alpha_{m+1}}(2M_m + M_{m+1}) \\ & + 6\frac{J_c}{F_c}\left(N_m\frac{F_c}{F_m}\operatorname{ctg}\alpha_m - N_{m+1}\frac{F_c}{F_{m+1}}\operatorname{ctg}\alpha_{m+1}\right) \\ & + 6EJ_c\left[\alpha_t t(\operatorname{ctg}\alpha_m - \operatorname{ctg}\alpha_{m+1}) + \frac{\alpha_t\Delta t}{2}\left(\frac{s_m}{h_m} + \frac{s_{m+1}}{h_{m+1}}\right)\right]. \end{aligned} \tag{239}$$

Die Integrale für $\vartheta_{m,2}$, $\vartheta_{(m+1),2}$ sind in der Tabelle 12 enthalten und werden hier für lotrechte Einzellasten und lotrechte, gleichförmige Streckenlast wiederholt:

Einzellasten:

$$6EJ_c(\vartheta_{m,2} - \vartheta_{(m+1),2}) = \frac{J_c}{J_m}\frac{c_m^2}{\cos\alpha}\Sigma_m P\,\omega_D + \frac{J_c}{J_{m+1}}\frac{c_{m+1}^2}{\cos\alpha_{m+1}}\Sigma_{m+1} P\,\omega'_D. \tag{240}$$

Gleichförmige Streckenlast:

$$6EJ_c(\vartheta_{m,2} - \vartheta_{(m+1),2}) = \frac{J_c}{4J_m}\frac{c_m^3}{\cos^2\alpha_m}p_m + \frac{J_c}{4J_{m+1}}\frac{c_{m+1}^3}{\cos^2\alpha_{m+1}}p_{m+1}. \tag{241}$$

Sind die Abschnitte s_m des Stabzugs gekrümmt, so erzeugen die Längskräfte Biegungsmomente, welche bei der Berechnung der Stabdrehwinkel in einem Anteil $\vartheta_{m,3}$ berücksichtigt werden. Ähnliches gilt von der Entwicklung der Biegelinie für den Gurt eines mehrteiligen Stabwerks. Bei geraden Abschnitten s_m sind die Beiträge der Längskräfte N_m zu den Stabdrehwinkeln in der Regel so unbedeutend, daß sie vernachlässigt werden. In diesem Falle ist $\mathfrak{W}'_m = \mathfrak{W}''_m$.

Die Größen $\mathfrak{W}'_m$, $\mathfrak{W}''_m$ sind Kontingenzwinkel der Sehnen der Biegelinien w, u. Um sie in einem Richtungsbüschel zusammenzufassen, werden ihre positiven Werte als gerichtete Strecken $\mathfrak{W}'_m$, $\mathfrak{W}''_m$ im Sinne von $\vec{w}$, $\vec{u}$ auf einer Parallelen im Abstand 1 vom Pol des Richtungsbüschels und zwar in der Regel mit dem $6\,EJ_c$fachen Betrage aufgetragen. Wird daher bei einem Längenmaßstab $1:n$ die Polweite $6\,EJ_c/n$ an Stelle der Einheit verwendet, so liefert das Seileck wie auf S. 125 unter Beachtung der Stützenbedingungen die absoluten Verschiebungen in natürlicher Größe. Ebenso gelten die übrigen Bemerkungen der S. 125 zur rechnerischen Lösung der Aufgabe. Die Längenänderung der Stabzugsehne ist z. B.

$$\Delta l = \sum \mathfrak{W}''_m y_m \quad \text{(Abb. 121)}. \tag{242}$$

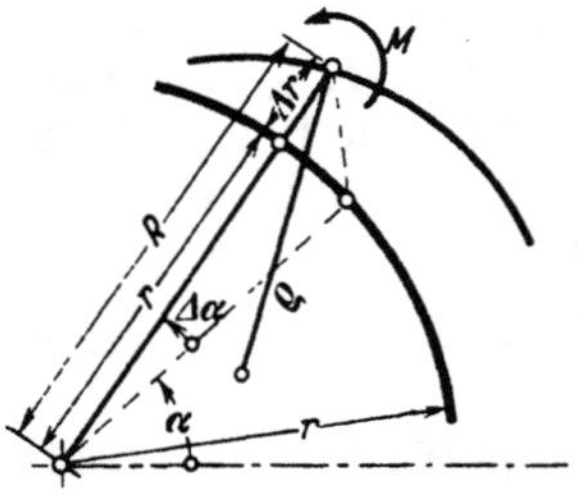

Abb. 124.

Die Biegelinie eines gekrümmten Trägers mit $r = \text{const}$. Der Verschiebungszustand eines Bogenträgers mit $r = \text{const}$ läßt sich einfacher durch die radiale Ausbiegung $\Delta r\,(r \to r + \Delta r)$ beschreiben (Abb. 124). Die Biegelinie mit ϱ als Krümmungshalbmesser wird dann auf Polarkoordinaten $(R,\ \alpha + \Delta\alpha,\ \Delta\alpha \approx 0)$ bezogen. Nach bekannten Regeln der Geometrie ist

$$\left.\begin{aligned} \frac{1}{\varrho} &= \frac{R^2 + 2R'^2 - R R''}{(R^2 + R'^2)^{3/2}}\,; \quad R = r + \Delta r\,, \\ R' &= \frac{dR}{d\alpha} = \Delta r'\,, \quad R'' = \frac{d^2 R}{d\alpha^2} = \Delta r''\,. \end{aligned}\right\} \tag{243}$$

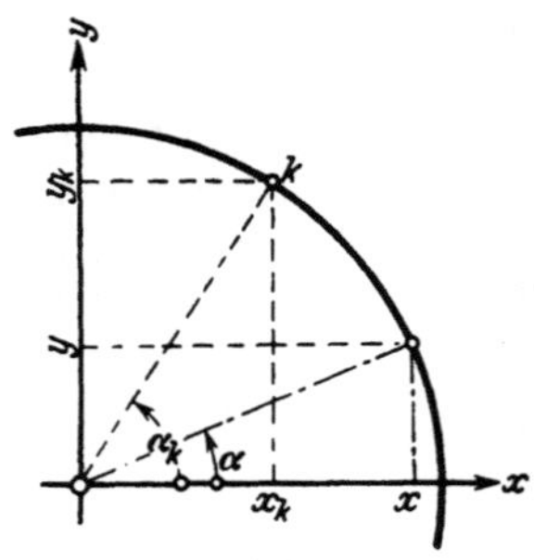

Abb. 125.

Bei Vernachlässigung von kleinen Größen zweiter Ordnung entsteht daher die folgende Differentialgleichung:

$$\frac{1}{\varrho} - \frac{1}{r} = \frac{d\psi}{ds} = \frac{-\Delta r - \Delta r''}{r^2} = \frac{1}{EJ} M(\alpha)\,. \tag{244}$$

Um ihre Lösung mit den Ergebnissen (224) und (225) zu vergleichen, wird Δr durch Integration nach bekannten Regeln berechnet (Abb. 125).

$$\Delta r = \left(C_1 - \int_0^\alpha M \frac{r^2}{EJ} \sin\alpha\, d\alpha\right)\cos\alpha + \left(C_2 + \int_0^\alpha M \frac{r^2}{EJ}\cos\alpha\, d\alpha\right)\sin\alpha\,. \tag{245}$$

$$r\,d\alpha = ds\,, \qquad r\sin\alpha = r\sin\alpha_k - (y_k - y)\,, \qquad r\cos\alpha = r\cos\alpha_k + (x - x_k)\,,$$

$$\left.\begin{aligned} \Delta r_k &= \left(C_1 + \int_0^{y_k} M \frac{y_k - y}{EJ}\, ds\right)\cos\alpha_k + \left(C_2 + \int_0^{x_k} M \frac{x - x_k}{EJ}\, ds\right)\sin\alpha_k\,, \\ \Delta r_k &= \Delta x_k \cos\alpha_k + \Delta y_k \sin\alpha_k\,. \end{aligned}\right| \tag{246}$$

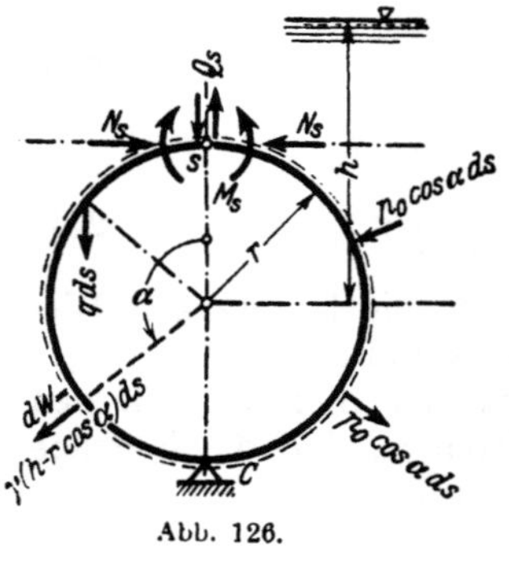

Abb. 126.

Spannungszustand in Rohren und Ringen. Um die Differentialgleichung (244) zur eindimensionalen Berechnung der Spannungen in Rohren und Ringen zu verwenden, werden die statisch unbekannten Schnittkräfte M_s, N_s, Q_s im Scheitelquerschnitt (Abb. 126) zunächst bekannt angenommen und zu den Integrationskonstanten gezählt. Bei einer zur senkrechten Achse symmetrischen Belastung und Punktstützung in C nach Abb. 126 sind $Q_s = 0$ und mit $-\pi < \alpha < \pi$ die

Biegungsmomente aus Eigengewicht $\gamma_0 \delta = q$:

$$M = (M_s + N_s r - q r^2) - (N_s r - q r^2)\cos\alpha + q r^2 \alpha \sin\alpha\,;$$

Biegungsmomente aus Wasserdruck $\gamma(h - r\cos\alpha)$:

$$M = (M_s + N_s r - \gamma h r^2) - (N_s r - \gamma h r^2)\cos\alpha + \tfrac{1}{2}\gamma r^3 \alpha \sin\alpha\,;$$

Biegungsmomente aus einer zur waagerechten Achse antimetrischen Windbelastung $p = p_0 \cos\alpha$:

$$M = (M_s + N_s r) - N_s r\cos\alpha + \tfrac{1}{2} p_0 r^2 \alpha\sin\alpha\,.$$

Mit der Abkürzung für $M = A_0 + A_1\cos\alpha + A_2\alpha\sin\alpha$ wird aus (245)

$$\frac{EJ}{r^2}\Delta r_k = A_0 + \frac{1}{4}(2A_1 + A_2)\alpha_k\sin\alpha_k - \frac{A_2}{4}\alpha_k^2\cos\alpha_k + (C_1 - A_0)\cos\alpha_k + C_2\sin\alpha_k, \quad (247)$$

$$\frac{EJ}{r^2}\Delta r_k' = \frac{1}{4}(2A_1 + A_2)(\sin\alpha_k + \alpha_k\cos\alpha_k) - \frac{A_2}{4}(2\alpha_k\cos\alpha_k - \alpha_k^2\sin\alpha_k)$$

$$- (C_1 - A_0)\sin\alpha_k + C_2\cos\alpha_k\,. \quad (248)$$

Die vier Konstanten M_s, N_s, C_1, C_2 der Lösung sind zunächst durch drei Bedingungen:

$$\Delta r' = 0 \text{ für } \alpha = 0 \quad\text{und}\quad \Delta r = 0, \quad \Delta r' = 0 \text{ für } \alpha = \pi$$

bestimmt. Wird außerdem die Längenänderung der Mittelebene des Rohres vernachlässigt, so gilt als vierte Bedingung $\int\limits_0^\pi \Delta r\, d\alpha = 0$. Daher ist

$$A_0 = -A_2, \qquad A_1 = \frac{1}{2}A_2, \qquad -C_1 = \frac{8-\pi^2}{4}A_2, \qquad C_2 = 0\,.$$

Eigengewicht:

$$\left.\begin{aligned} M_s &= -\frac{q r^2}{2}, \qquad N_s = +\frac{q r}{2},\\ M &= -q r^2(1 - \alpha\sin\alpha - \tfrac{1}{2}\cos\alpha), \qquad \max M = +0{,}6408\, q r^2,\\ \Delta r &= -\frac{q r^4}{EJ}\left(1 - \left(\frac{\pi^2}{4} - 1\right)\cos\alpha - \frac{\alpha}{2}\sin\alpha + \frac{\alpha^2}{4}\cos\alpha\right); \end{aligned}\right\} \quad (249)$$

Wasserdruck:

$$\left.\begin{aligned} M_s &= -\frac{\gamma r^3}{4}, \qquad N_s = +\frac{\gamma r}{4}(4h - r),\\ M &= -\frac{\gamma r^3}{2}\left(1 - \alpha\sin\alpha - \frac{1}{2}\cos\alpha\right), \qquad \max M = +0{,}3204\,\gamma r^3,\\ \Delta r &= \frac{\gamma r^5}{2EJ}\left(1 - \left(\frac{\pi^2 - \alpha^2}{4} - 1\right)\cos\alpha - \frac{\alpha}{2}\sin\alpha\right); \end{aligned}\right\} \quad (250)$$

Windbelastung nach Abb. 126:

$$\left.\begin{aligned} M_s &= -\tfrac{1}{4}p_0 r^2, \qquad N_s = -\tfrac{1}{4}p_0 r,\\ M &= -\tfrac{1}{2}p_0 r^2(1 - \alpha\sin\alpha - \tfrac{1}{2}\cos\alpha)\,. \end{aligned}\right\} \quad (251)$$

Das Biegungsmoment erhält daher mit $\mu_1 = 1 - \alpha\sin\alpha - \frac{1}{2}\cos\alpha$ (Abb. 127) die Form von $M = -\mu_1 R r/2\pi$. Die Biegungsmomente unterscheiden sich nur durch den Betrag der Resultierenden R aus der Belastung. Dieser ist bei Eigengewicht $R = 2\pi r q$, Wasserinhalt $R = \pi\gamma r^2$, Wind $R = \pi p_0 r$.

Die Lösung gelingt dank der besonderen Stützung ohne Unterteilung des Integrationsbereiches π. Um daraus den Spannungszustand M^* für die normale Abstützung (Abb. 128) zu entwickeln, werden geeignete Gleichgewichtsgruppen von

Kräften mit den Biegungsmomenten $\overline{M}$ überlagert, für welche die Schnittkräfte nach S. 195 berechnet werden. Auf diese Weise entstehen die folgenden Ergebnisse:

a) Senkrechte Belastung: $P = R/2$ (Abb. 128).

Eigengewicht:

$$R = 2\pi r q;$$

Wasserinhalt:

$$R = \pi \gamma r^2.$$

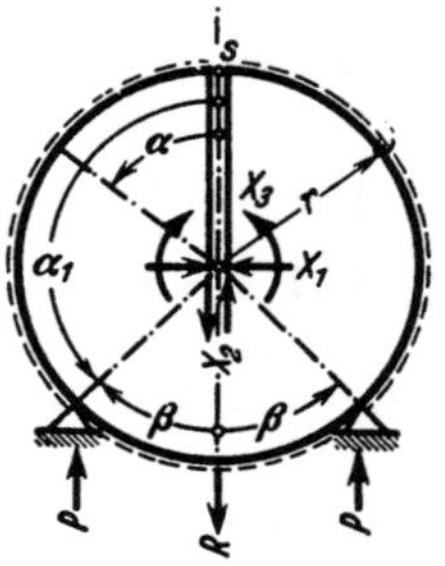

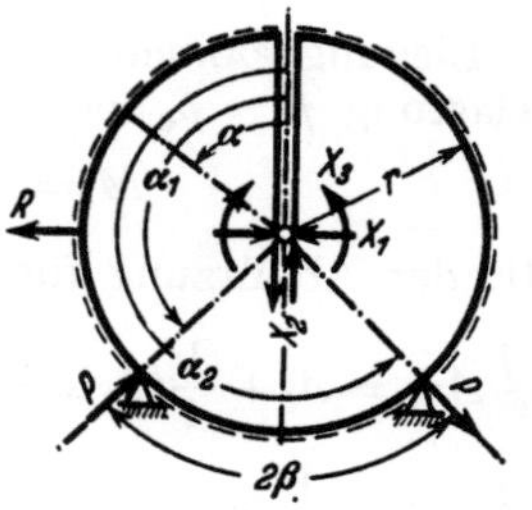

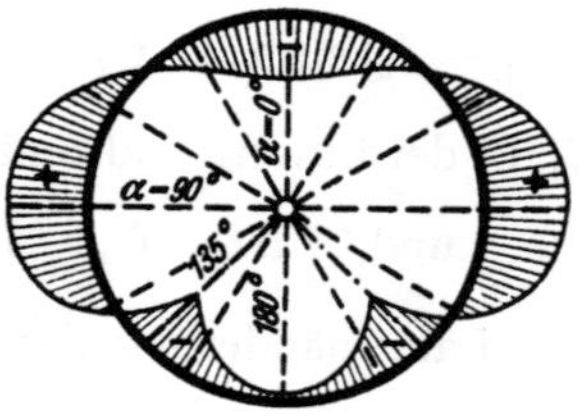

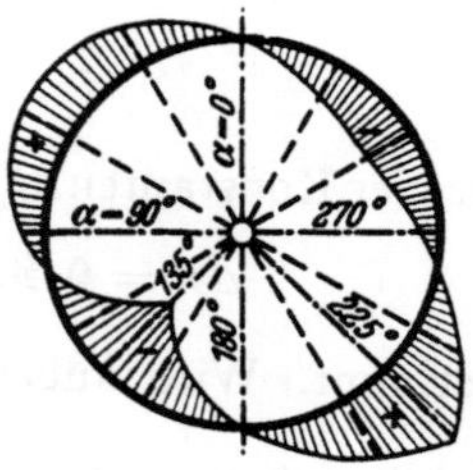

Abb. 127.

Funktion: μ_1 ..

α	0^0	90^0	180^0
μ_1	+ 0,500	− 0,571	+ 1,500

Abb. 128.

Funktion: $(\mu_2 - \mu_1)$ für $\left(\beta = \frac{\pi}{4}\right)$.

α	0^0	90^0	135^0
$\mu_2 - \mu_1$	− 0,263	+ 0,308	− 0,304

Abb. 129.

Funktion: μ_3 für $\beta = \frac{\pi}{4}$.

α	30^0	60^0	135^0
μ_3	+ 0,596	+ 0,771	− 1,462

$$0 < \alpha < \alpha_1: \quad M_0 = 0, \qquad \alpha_1 < \alpha < \pi: \quad M_0 = + P r (\sin\beta - \sin\alpha),$$

$$X_1 = -\frac{1}{\pi} P \sin^2\beta, \qquad X_2 = 0, \qquad X_3 = -\frac{1}{\pi} P r (\beta \sin\beta + \cos\beta - 1).$$

$$M_s = +\frac{1}{2\pi} R r (1 + \sin^2\beta - \beta\sin\beta - \cos\beta), \qquad N_s = X_1.$$

$$\overline{M} = M_0 + M_s + N_s r (1 - \cos\alpha);$$

$$\left.\begin{aligned} & M^* = M + \overline{M} = (\mu_2 - \mu_1)\, R \cdot r/2\pi; \\ & 0 < \alpha < \alpha_1: \quad \mu_2 = 1 - \beta \sin\beta - \cos\beta + \sin^2\beta \cos\alpha; \\ & \alpha_1 < \alpha < \pi: \quad \mu_2 = 1 - \beta\sin\beta - \cos\beta + \sin^2\beta\cos\alpha + \pi(\sin\beta - \sin\alpha). \end{aligned}\right\} \quad (252)$$

b) Antimetrische Belastung durch Wind: $R = \pi p_0 r$ (Abb. 129). Die Stützung ist ebenfalls antimetrisch $P = R/2 \sin\beta$.

$$\frac{\pi}{2} < \alpha < \alpha_1: \quad M_0 = + R r \cos\alpha; \qquad \alpha_1 < \alpha < \alpha_2: \quad M_0 = - P r \sin(\alpha_2 - \alpha);$$

$$X_1 = +\frac{\pi}{4} p_0 r, \qquad X_2 = +\frac{1}{2} p_0 r \beta \operatorname{ctg}\beta, \qquad X_3 = +\frac{1}{2} p_0 r^2,$$

$$M_s = -\frac{1}{2} p_0 r^2 \left(\frac{\pi}{2} - 1\right), \qquad N_s = +\frac{\pi}{4} p_0 r, \qquad Q_s = +\frac{1}{2} p_0 r \beta \operatorname{ctg}\beta$$

$$\overline{M} = M_0 + M_s + N_s r (1 - \cos\alpha) + Q_s r \sin\alpha.$$

$$\left.\begin{aligned} & M^* = M + \overline{M} = \mu_3 \cdot R \cdot r/2\pi = \mu_3 \frac{p_0 r^2}{2}; \\ & -\alpha_1 < \alpha < +\alpha_1: \quad \mu_3 = (\beta \operatorname{ctg}\beta - \tfrac{1}{2}) \sin\alpha + \alpha\cos\alpha; \\ & \alpha_1 < \alpha < \alpha_2: \quad \mu_3 = (\beta\operatorname{ctg}\beta - \tfrac{1}{2})\sin\alpha + \alpha\cos\alpha - \pi(\operatorname{ctg}\beta \sin\alpha - \cos\alpha). \end{aligned}\right\} \quad (253)$$

In (253) bedeutet M das Biegungsmoment nach (251) für $\alpha \to \alpha + 90^0$ und $-\pi < (\alpha + 90^0) < \pi$.

Die wirkliche Verschiebung der Punkte des Stabzugs. Die wirklichen Verschiebungen $u_m \dotplus w_m$ der Punkte m des Stabzugs sind durch die Biegelinien für die senkrechte und waagerechte Richtung bestimmt. Sie können aber auch unmittelbar aufgezeichnet werden, nachdem der Stab in einen Stabzug mit n geraden Elementen $s_1 \ldots s_m \ldots s_n$ unterteilt worden ist, deren Verschiebungskomponenten Δs_m, ϑ_m berechnet sind. Dabei ergeben sich die Stabdrehwinkel ϑ_m aus ϑ_1 und den Änderungen $\Delta \varphi_m$ der Stabzugwinkel. Der Verschiebungsvektor des Endpunktes m des Stabes s_m wird aus der Verschiebung des Endpunktes $(m-1)$, der Längenänderung Δs_m und der Bogenlänge $s_m \vartheta_m = \varrho_m$ erhalten (Abb. 130). Diese ist bei Vernachlässigung von kleinen Größen zweiter Ordnung als Abschnitt der Tangente senkrecht zu s_m. Der Verschiebungsplan kann daher durch Wiederholung dieser Konstruktion unabhängig vom Maßstab des Lageplans in einem Polplan entwickelt werden. In diesem muß daher die Verschiebung eines Punktes und die Verdrehung eines anschließenden Stabes bekannt sein oder angenommen werden. In der Regel ist das letztere nötig, so daß zunächst drei geeignete Parameter des Plans Null gesetzt werden. Ihre wirkliche Größe wird nachträglich aus einer Drehung des Stabzugs derart bestimmt, daß die Stützenbedingungen erfüllt sind. Die Punkte beschreiben dabei Wege, die den zweiten Verschiebungsplan bilden (Abb. 131).

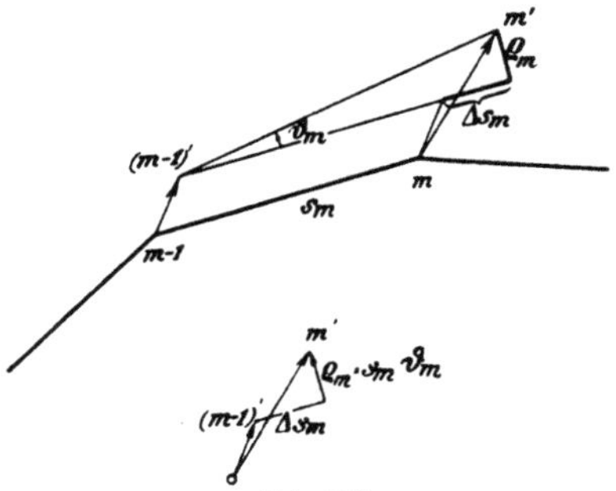

Abb. 130.

$\overline{(m-1)\ (m-1)'}$ Verschiebung von $(m-1)$,
$\overline{m\ m'}$ Verschiebung von m,
$\varrho_m = (s_m + \Delta s_m)\,\vartheta_m \approx s_m \vartheta_m$

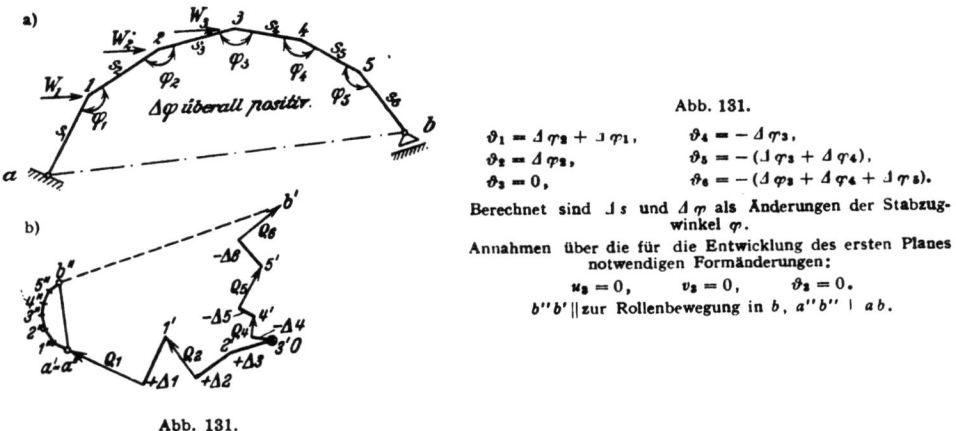

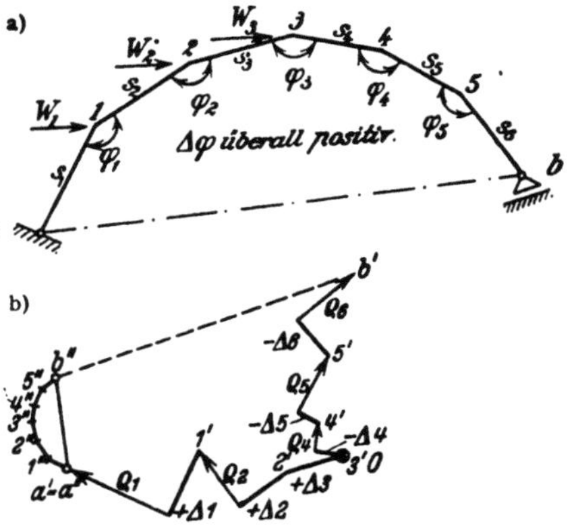

Abb. 131.

$\vartheta_1 = \Delta \varphi_2 + \Delta \varphi_1, \qquad \vartheta_4 = -\Delta \varphi_3,$
$\vartheta_2 = \Delta \varphi_2, \qquad \vartheta_5 = -(\Delta \varphi_3 + \Delta \varphi_4),$
$\vartheta_3 = 0, \qquad \vartheta_6 = -(\Delta \varphi_3 + \Delta \varphi_4 + \Delta \varphi_5).$

Berechnet sind Δs und $\Delta \varphi$ als Änderungen der Stabzugwinkel φ.

Annahmen über die für die Entwicklung des ersten Planes notwendigen Formänderungen:

$u_3 = 0, \qquad v_3 = 0, \qquad \vartheta_3 = 0.$

$b''b' \parallel$ zur Rollenbewegung in b, $a''b'' \perp ab$.

Hiernach liefert der erste Plan für Punkt 5 die Verschiebung $\overrightarrow{O\,5'}$, für den Punkt a die Verschiebung $\overrightarrow{Oa'}$, für den Punkt b die Verschiebung $\overrightarrow{Ob'}$. Um die Stützenbedingung a zu erfüllen, tritt zu allen Verschiebungen des ersten Plans der Verschiebungsvektor $\overrightarrow{a'O}$, so daß für b die Verschiebung $\overrightarrow{a'O} + \overrightarrow{Ob'} = \overrightarrow{a'b'}$ erhalten wird. Da jedoch die wirkliche Verschiebung von b parallel zur Rollenbewegung gerichtet ist, treten zu den Verschiebungen $\overrightarrow{a'5'}$ usw. $\overrightarrow{a'b'}$ die Wege aus einer Drehung des Stabzugs um den Punkt a. Der Weg $\overrightarrow{b''a''}$ des Punktes b steht senkrecht zum zugeordneten Fahrstrahl ab. Die Länge des Drehweges $\overrightarrow{b''a''}$ ist bestimmt durch die bekannte Richtung der resultierenden Verschiebung $\overrightarrow{b''b'}$. Mit $\overrightarrow{a'a''}$ und $\overrightarrow{b''b'}$ ist der zweite Verschiebungsplan als eine zur Grundfigur ähnliche, um 90^0 gedrehte Figur ($a'' \ldots 3'' \ldots b''$) bestimmt. Die wirkliche Verschiebung des Punktes k ist daher $\overrightarrow{k''k'}$.

Boussinesq, J.: Compt. rend. Bd. 96 (1883) S. 843. — Forchheimer, Ph.: Über die Festigkeit weiter Rohre. Z. öst. Ing.- u. Arch.-Ver. 1904 S. 133. — Müller-Breslau, H.: Die neueren Methoden der Festigkeitslehre 4. Aufl. 1913. — Mayer, R.: Über Elastizität und Stabilität des geschlossenen und offenen Kreisbogens. Z. Math. Physik Bd. 61 (1913) S. 246. — Derselbe: Versuche über die ebene Biegung gekrümmter Stäbe. Z. angew. Math. Mech. 1926 S. 216.

22. Der gerade Stab auf elastischer Unterlage.

Elastizitätsgesetz. Der durchgehend elastisch gestützte Stab kann als Grenzfall eines Trägers auf unendlich vielen elastisch senkbaren Stützen angesehen werden. Eine beliebige Teilbelastung, unter anderem die Einzellast P über einer Stütze, führt auch zur senkrechten Verschiebung der benachbarten Stützpunkte. Ihre Abstände sind im Grenzfall verschwindend klein, so daß das Gleichgewicht der Schnittkräfte für einen infinitesimalen Abschnitt dx des Stabes nach (48) angegeben werden kann:

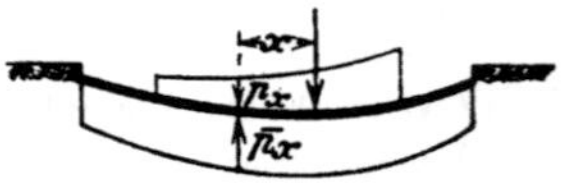

Abb. 132.

$$-\frac{d^2M}{dx^2} = [p(x) - \bar{p}(x)]\,b\,. \tag{254}$$

b ist die Breite des Stabes, $p(x)$ die Auflast und $\bar{p}(x)$ der auf die Flächeneinheit bezogene Widerstand der Unterlage. Dieser ist eine Funktion der Ausbiegung des Stabes und der physikalischen Eigenschaften des stützenden Mittels und wird nach der Begründung in Abschn. 7 mit

$$\bar{p}(x) = c\,w(x) \tag{255}$$

eingeführt. c ist ein von den Eigenschaften der Unterlage und von der Form und Größe der stützenden Fläche abhängiger konstanter Leitwert. Der waagerechte Widerstand in der Grenzschicht gegen eine Richtungsänderung der Stabtangente wird nicht berücksichtigt.

Ansatz und Lösung der Differentialgleichung. Die Krümmung des Stabes ist nach (209) $\frac{d^2w}{dx^2} = -\frac{M}{EJ}$, und damit die Gleichgewichtsbedingung (254)

$$\frac{d^2}{dx^2}\left(EJ\,\frac{d^2w}{dx^2}\right) + c\,b\,w = b\,p(x)\,, \tag{256}$$

oder

$$\frac{d^4M}{dx^4} = -b\,\frac{d^2}{dx^2}[p(x) - \bar{p}(x)]\,, \qquad \frac{d^4M}{dx^4} - c\,b\,\frac{d^2w}{dx^2} = -b\,\frac{d^2p(x)}{dx^2}.$$

also

$$\frac{d^4M}{dx^4} + \frac{c\,b}{EJ}\,M = -b\,\frac{d^2p(x)}{dx^2}. \tag{257}$$

Die Differentialquotienten werden bei veränderlichem Trägheitsmoment oder bei wechselndem Leitwert c am einfachsten durch Differenzenquotienten ersetzt und nach (212) zu linearen algebraischen Gleichungen entwickelt. Die Anzahl der unbekannten Einsenkungen w_k oder der Biegungsmomente M_k ist ebenso groß wie die Anzahl der verfügbaren Bedingungen.

Bei konstantem Trägheitsmoment ist

$$EJ\,\frac{d^4w}{dx^4} + c\,b\,w = b\,p(x) \quad \text{oder} \quad \frac{d^4M}{dx^4} + \frac{b\,c}{EJ}\,M = -b\,\frac{d^2p(x)}{dx^2}. \tag{258}$$

Die Lösung w, M besteht aus einem partikulären Integral w_0, M_0 der vollständigen

Gleichung und der allgemeinen Lösung w_1, M_1 der homogenen Gleichung. Diese wird aus

$$\frac{4EJ}{bc}\frac{d^4 w_1}{dx^4} + 4w_1 = 0, \qquad \frac{4EJ}{bc}\frac{d^4 M_1}{dx^4} + 4M_1 = 0,$$

oder mit

$$L^4 = \frac{4EJ}{bc}, \qquad L = \sqrt[4]{\frac{4EJ}{bc}}, \qquad \xi = \frac{x}{L} \tag{259}$$

aus

$$\frac{d^4 w_1}{d\xi^4} + 4w_1 = 0, \qquad \frac{d^4 M_1}{d\xi^4} + 4M_1 = 0$$

erhalten. Aus dem Ansatz w_1 oder $M_1 = e^{\mu\xi}$ folgt die charakteristische Gleichung $\mu^4 + 4 = 0$ mit den vier Wurzeln $\mu_1 = (1 + i)$, $\mu_2 = (1 - i)$, $\mu_3 = -(1 + i)$, $\mu_4 = -(1 - i)$. Die Lösung lautet nach einer Umformung:

$$w = w_0 + w_1 = w_0 + [U_1 \cos\xi \operatorname{Cof}\xi + U_2 \cos\xi \operatorname{Sin}\xi + U_3 \sin\xi \operatorname{Cof}\xi + U_4 \sin\xi \operatorname{Sin}\xi], \tag{260}$$ [1]

$$M = M_0 + M_1 = M_0 + [C_1 \cos\xi \operatorname{Cof}\xi + C_2 \cos\xi \operatorname{Sin}\xi + C_3 \sin\xi \operatorname{Cof}\xi + C_4 \sin\xi \operatorname{Sin}\xi]. \tag{261}$$ [1]

Die Ableitungen werden für die Funktion w angegeben:

$$\left.\begin{aligned}
\frac{dw}{dx} &= \frac{dw_0}{dx} + \frac{1}{L}[U_1(\cos\xi \operatorname{Sin}\xi - \sin\xi \operatorname{Cof}\xi) + U_2(\cos\xi \operatorname{Cof}\xi - \sin\xi \operatorname{Sin}\xi) \\
&\quad + U_3(\sin\xi \operatorname{Sin}\xi + \cos\xi \operatorname{Cof}\xi) + U_4(\sin\xi \operatorname{Cof}\xi + \cos\xi \operatorname{Sin}\xi], \\
-M &= EJ\frac{d^2 w}{dx^2} = EJ\frac{d^2 w_0}{dx^2} - \frac{2EJ}{L^2}[U_1 \sin\xi \operatorname{Sin}\xi + U_2 \sin\xi \operatorname{Cof}\xi \\
&\quad - U_3 \cos\xi \operatorname{Sin}\xi - U_4 \cos\xi \operatorname{Cof}\xi], \\
-Q &= EJ\frac{d^3 w}{dx^3} = EJ\frac{d^3 w_0}{dx^3} - \frac{2EJ}{L^3}[U_1(\sin\xi \operatorname{Cof}\xi + \cos\xi \operatorname{Sin}\xi) \\
&\quad + U_2(\sin\xi \operatorname{Sin}\xi + \cos\xi \operatorname{Cof}\xi) - U_3(\cos\xi \operatorname{Cof}\xi - \sin\xi \operatorname{Sin}\xi) \\
&\quad - U_4(\cos\xi \operatorname{Sin}\xi - \sin\xi \operatorname{Cof}\xi)]
\end{aligned}\right\} \tag{262}$$

Aus dem zweiten Ansatz kann folgendes Ergebnis angeschrieben werden:

$$\left.\begin{aligned}
Q &= \frac{dM_0}{dx} + \frac{1}{L}\frac{dM_1}{d\xi}, \qquad cw = p(x) + \frac{1}{b}\frac{d^2 M_0}{dx^2} + \frac{1}{bL^2}\frac{d^2 M_1}{d\xi^2}, \\
c\frac{dw}{dx} &= \frac{dp(x)}{dx} + \frac{1}{b}\frac{d^3 M_0}{dx^3} + \frac{1}{bL^3}\frac{d^3 M_1}{d\xi^3}
\end{aligned}\right\} \tag{263}$$

Die Integrationskonstanten U, C werden aus den Randbedingungen bestimmt, von denen zwei an jedem Stabende und vier an jeder Unstetigkeitsstelle vorgeschrieben sind. L ist die für einen elastisch gestützten Stab charakteristische Länge.

Die Diskussion des homogenen Anteils der Lösung wird durch eine andere Zusammenfassung der Integrationskonstanten und damit durch den folgenden Ansatz M_1 oder w_1 erleichtert:

$$w_1 = C_1 e^{\xi} \cos(\xi + \sigma_1) + C_2 e^{-\xi} \cos(\xi + \sigma_2)$$

Verschiebung und Spannung klingen nach einer gedämpften harmonischen Schwingung ab, deren Nullstellen um die gleichbleibende Strecke

$$x_0 = \pi L = \pi \sqrt[4]{\frac{4EJ}{bc}}$$

voneinander entfernt sind. Die logarithmische Abnahme der Amplituden w_1 und M_1 ist π. Sie klingen um so schneller ab, je kleiner x_0, also je kleiner J und je größer der Leitwert c ist.

[1] Hayashi, K.: Fünfstellige Tafeln der Kreis- und Hyperbelfunktionen. Berlin 1921.

Lösung für den unendlich langen Stab. Die Lösung ist für den vom Nullpunkt aus nach einer oder beiden Seiten unendlich langen Stab bei Belastung durch die Einzellast P_0 oder das Kräftepaar M_0 besonders einfach. Nach dem Ansatz $w = w' = 0$ für $\xi = \infty$ wird $U_2 = -U_1$, $U_4 = -U_3$. U_1 und U_3 ergeben sich dann aus zwei Randbedingungen für $\xi = 0$. Das Ergebnis enthält zwei charakteristische Funktionen:

$$\zeta_1 = e^{-\xi}\cos\xi\,, \qquad \zeta_2 = e^{-\xi}\sin\xi\,,$$

in denen die Veränderliche ξ stets mit ihrem absoluten Werte einzusetzen ist, um den Ansatz auch für negative Werte ξ verwenden zu können.

a) Der nach beiden Seiten unendlich lange Stab mit einer Einzellast P_0 in $\xi = 0$.

$$\left.\begin{aligned} w &= \frac{P_0}{2Lbc}(\zeta_1+\zeta_2), & \frac{dw}{dx} &= -\frac{P_0}{L^2bc}\zeta_2, & M &= \frac{P_0 L}{4}(\zeta_1-\zeta_2), & Q &= -\frac{P_0}{2}\zeta_1;\\ x = \xi = 0:\quad w &= \frac{P_0}{2Lbc}, & \frac{dw}{dx} &= 0, & M &= \frac{P_0 L}{4}, & Q &= -\frac{P_0}{2}. \end{aligned}\right\}\quad \begin{matrix}(264)\\ \text{Abb. 133}\end{matrix}$$

b) Der nach beiden Seiten unendlich lange Stab mit einem Kräftepaar M_0 in $\xi = 0$.

$$\left.\begin{aligned} w &= \frac{M_0}{L^2bc}\zeta_2, & \frac{dw}{dx} &= \frac{M_0}{L^3bc}(\zeta_1-\zeta_2), & M &= \frac{M_0}{2}\zeta_1, & Q &= -\frac{M_0}{2L}(\zeta_1+\zeta_2);\\ x = \xi = 0:\quad w &= 0, & \frac{dw}{dx} &= \frac{M_0}{L^3bc}, & M &= \frac{M_0}{2}, & Q &= -\frac{M_0}{2L}. \end{aligned}\right\}\quad \begin{matrix}(265)\\ \text{Abb. 134}\end{matrix}$$

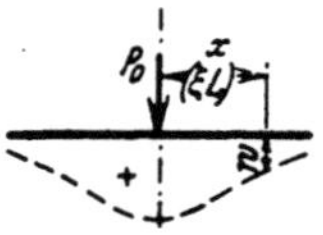

Abb. 133.

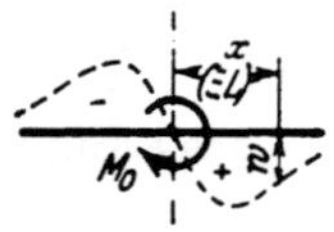

Abb. 134.

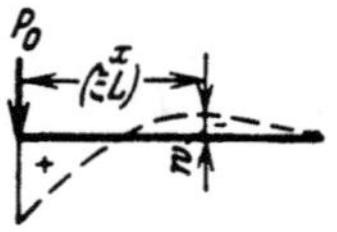

Abb. 135.

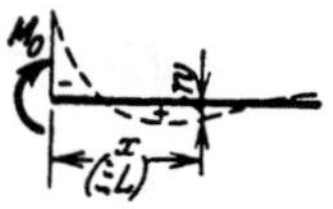

Abb. 136.

c) Der einseitig unendlich ausgedehnte Stab mit einer Einzellast P_0 in $\xi = 0$.

$$\left.\begin{aligned} w &= \frac{2P_0}{Lbc}\zeta_1, & \frac{dw}{dx} &= -\frac{2P_0}{L^2bc}(\zeta_1+\zeta_2), & M &= -P_0 L\zeta_2, & Q &= -P_0(\zeta_1-\zeta_2);\\ x = \xi = 0:\quad w &= \frac{2P_0}{Lbc}, & \frac{dw}{dx} &= -\frac{2P_0}{L^2bc}, & M &= 0, & Q &= -P_0. \end{aligned}\right\}\quad \begin{matrix}(266)\\ \text{Abb. 135}\end{matrix}$$

d) Der einseitig unendlich ausgedehnte Stab mit einem Kräftepaar M_0 in $\xi = 0$.

$$\left.\begin{aligned} w &= -\frac{2M_0}{L^2bc}(\zeta_1-\zeta_2), & \frac{dw}{dx} &= \frac{4M_0}{L^3bc}\zeta_1, & M &= M_0(\zeta_1+\zeta_2), & Q &= -\frac{2M_0}{L}\zeta_2;\\ x = \xi = 0:\quad w &= -\frac{2M_0}{L^2bc}, & \frac{dw}{dx} &= \frac{4M_0}{L^3bc}, & M &= M_0, & Q &= 0. \end{aligned}\right\}\quad \begin{matrix}(267)\\ \text{Abb. 136}\end{matrix}$$

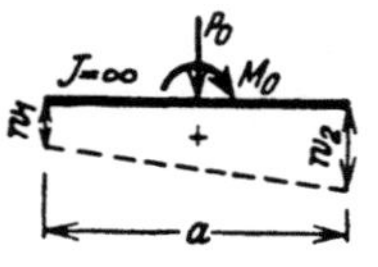

Abb. 137.

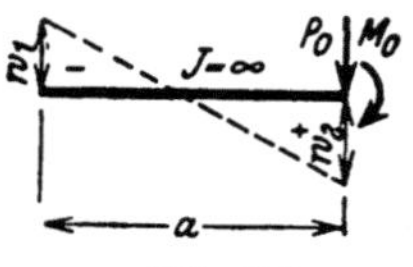

Abb. 138.

Lösung für den starren Stab. Ein anderer Grenzfall ist der durchlaufend elastisch gestützte Stab von der Länge a und einem $J \approx \infty$. Die Durchbiegung w ist dann eine lineare, durch die Randwerte w_1 und w_2 bestimmte Funktion.

a) Lastangriff P_0, M_0 in Stabmitte (Abb. 137).

$$c\,w_{\substack{1\\2}} = \frac{P_0}{ab} \mp \frac{6M_0}{a^2b}, \qquad c\frac{dw}{dx} = \frac{12M_0}{a^3b}. \tag{268}$$

b) Lastangriff P_0, M_0 am Stabende (Abb. 138).

$$\left.\begin{aligned} c\,w_1 &= -\frac{2P_0}{ab} - \frac{6M_0}{a^2b}, \qquad c\,w_2 = \frac{4P_0}{ab} + \frac{6M_0}{a^2b},\\ c\frac{dw}{dx} &= \frac{6P_0}{a^2b} + \frac{12M_0}{a^3b}. \end{aligned}\right\} \tag{269}$$

Lösung der homogenen Gleichung des kurzen Stabes für vorgeschriebene Randkräfte. Zur einfachen Verwendung der Theorie im Bauwesen wird die allgemeine Lösung (260) der homogenen Gleichung für symmetrische und antimetrische Randkräfte angegeben. Bei Symmetrie verschwinden die ungeraden Funktionen der Lösung (260) mit U_2 und U_3, bei Antimetrie die geraden Funktionen mit U_1 und U_4. Das Ergebnis lautet mit den Abkürzungen*

$$\cos\xi\,\mathfrak{Cof}\,\xi = \eta_1, \quad \sin\xi\,\mathfrak{Sin}\,\xi = \eta_4, \quad \cos\xi\,\mathfrak{Sin}\,\xi = \eta_2, \quad \sin\xi\,\mathfrak{Cof}\,\xi = \eta_3, \quad \lambda = \frac{l}{L}$$

folgendermaßen:

Symmetrischer Belastungsfall:

a) 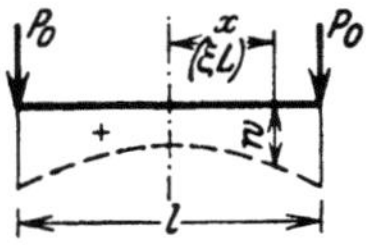

Abb. 139.

b) 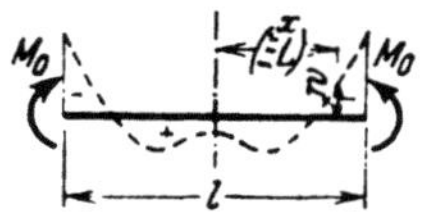

Abb. 140.

$$w = \frac{4P_0}{L\,b\,c}(U_1\eta_1 + U_4\eta_4), \tag{270}$$

$$\frac{dw}{dx} = \frac{4P_0}{L^2 b\,c}[U_1(\eta_2 - \eta_3) + U_4(\eta_2 + \eta_3)],$$

$$M = 2P_0 L(U_1\eta_4 - U_4\eta_1),$$

$$Q = 2P_0[U_1(\eta_2 + \eta_3) - U_4(\eta_2 - \eta_3)],$$

$$U_1 = \frac{\cos\frac{\lambda}{2}\,\mathfrak{Cof}\,\frac{\lambda}{2}}{\mathfrak{Sin}\,\lambda + \sin\lambda},$$

$$U_4 = \frac{\sin\frac{\lambda}{2}\,\mathfrak{Sin}\,\frac{\lambda}{2}}{\mathfrak{Sin}\,\lambda + \sin\lambda}.$$

$$w = \frac{4M_0}{L^2 b\,c}(U_1\eta_1 + U_4\eta_4), \tag{271}$$

$$\frac{dw}{dx} = \frac{4M_0}{L^3 b\,c}[U_1(\eta_2 - \eta_3) + U_4(\eta_2 + \eta_3)],$$

$$M = 2M_0(U_1\eta_4 - U_4\eta_1),$$

$$Q = \frac{2M_0}{L}[U_1(\eta_2 + \eta_3) - U_4(\eta_2 - \eta_3)],$$

$$U_1 = \frac{\sin\frac{\lambda}{2}\,\mathfrak{Cof}\,\frac{\lambda}{2} - \cos\frac{\lambda}{2}\,\mathfrak{Sin}\,\frac{\lambda}{2}}{\mathfrak{Sin}\,\lambda + \sin\lambda},$$

$$U_4 = -\frac{\sin\frac{\lambda}{2}\,\mathfrak{Cof}\,\frac{\lambda}{2} + \cos\frac{\lambda}{2}\,\mathfrak{Sin}\,\frac{\lambda}{2}}{\mathfrak{Sin}\,\lambda + \sin\lambda}.$$

Antimetrischer Belastungsfall:

a) 

Abb. 141.

b) 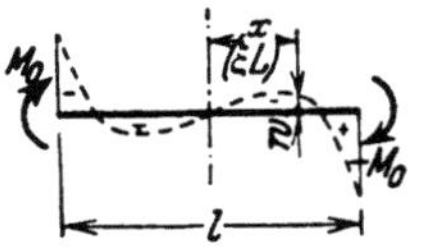

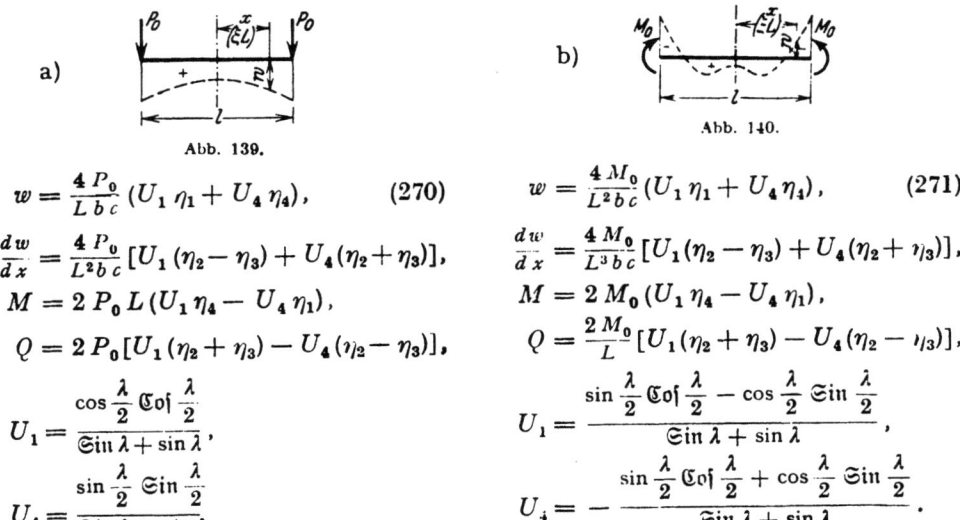

Abb. 142.

$$w = \frac{4P_0}{L\,b\,c}(U_2\eta_2 + U_3\eta_3), \tag{272}$$

$$\frac{dw}{dx} = \frac{4P_0}{L^2 b\,c}[U_2(\eta_1 - \eta_4) + U_3(\eta_1 + \eta_4)],$$

$$M = 2P_0 L(U_2\eta_3 - U_3\eta_2),$$

$$Q = 2P_0[U_2(\eta_1 + \eta_4) - U_3(\eta_1 - \eta_4)],$$

$$U_2 = -\frac{\cos\frac{\lambda}{2}\,\mathfrak{Sin}\,\frac{\lambda}{2}}{\mathfrak{Sin}\,\lambda - \sin\lambda},$$

$$U_3 = -\frac{\sin\frac{\lambda}{2}\,\mathfrak{Cof}\,\frac{\lambda}{2}}{\mathfrak{Sin}\,\lambda - \sin\lambda}.$$

$$w = \frac{4M_0}{L^2 b\,c}(U_2\eta_2 + U_3\eta_3), \tag{273}$$

$$\frac{dw}{dx} = \frac{4M_0}{L^3 b\,c}[U_2(\eta_1 - \eta_4) + U_3(\eta_1 + \eta_4)],$$

$$M = 2M_0(U_2\eta_3 - U_3\eta_2),$$

$$Q = \frac{2M_0}{L}[U_2(\eta_1 + \eta_4) - U_3(\eta_1 - \eta_4)],$$

$$U_2 = -\frac{\sin\frac{\lambda}{2}\,\mathfrak{Sin}\,\frac{\lambda}{2} - \cos\frac{\lambda}{2}\,\mathfrak{Cof}\,\frac{\lambda}{2}}{\mathfrak{Sin}\,\lambda - \sin\lambda},$$

$$U_3 = \frac{\sin\frac{\lambda}{2}\,\mathfrak{Sin}\,\frac{\lambda}{2} + \cos\frac{\lambda}{2}\,\mathfrak{Cof}\,\frac{\lambda}{2}}{\mathfrak{Sin}\,\lambda - \sin\lambda}.$$

---

*

$$\eta_1 = 1 - \frac{2^2}{4!}\xi^4 + \frac{2^4}{8!}\xi^8 - \frac{2^6}{12!}\xi^{12} \pm \cdots, \quad \eta_2 = \xi - \frac{2}{3!}\xi^3 - \frac{2^2}{5!}\xi^5 + \frac{2^3}{7!}\xi^7 + \frac{2^4}{9!}\xi^9 - \frac{2^5}{11!}\xi^{11} - \frac{2^6}{13!}\xi^{13} \pm \cdots,$$

$$\eta_4 = \xi^2 - \frac{2^3}{6!}\xi^6 + \frac{2^5}{10!}\xi^{10} - \frac{2^7}{14!}\xi^{14} + \cdots, \quad \eta_3 = \xi + \frac{2}{3!}\xi^3 - \frac{2^2}{5!}\xi^5 - \frac{2^3}{7!}\xi^7 + \frac{2^4}{9!}\xi^9 + \frac{2^5}{11!}\xi^{11} \mp \cdots.$$

Unstetige Ansätze: a) für Einzellasten, b) für veränderliches Trägheitsmoment. a) Bei einem nach beiden Seiten unendlich ausgedehnten Stabe darf der Angriffspunkt einer jeden Einzellast P_k und eines jeden Kräftepaares M_k als Symmetriepunkt angesehen werden, so daß der Verschiebungs- und Spannungszustand eines ausgezeichneten Querschnitts im Abstand x_k, (ξ_k) von dem Lastangriff P_k, M_k durch Superposition gefunden wird (Abb. 143).

$$\left.\begin{aligned} w &= \frac{1}{2Lbc}\sum P_k(\zeta_{1k}+\zeta_{2k}), & \frac{dw}{dx} &= -\frac{1}{L^2bc}\sum P_k\zeta_{2k},\\ M &= \frac{L}{4}\sum P_k(\zeta_{1k}-\zeta_{2k}), & Q &= -\frac{1}{2}\sum P_k\zeta_{1k}. \end{aligned}\right\} \tag{274}$$

Bei stetiger Belastung werden die Kräfte P_k durch $p(x)L\,d\xi$ und die Summenbildung durch Integration ersetzt.

Die Schnittkräfte aus der beliebigen Belastung eines unendlich langen Stabes gelten auch für den Stab mit einer vorgeschriebenen Länge l, wenn neben der

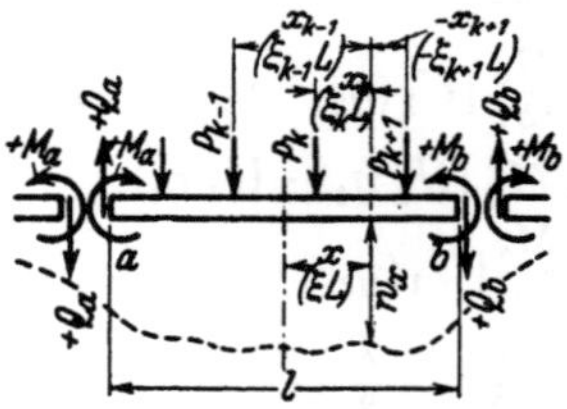

Abb. 143.

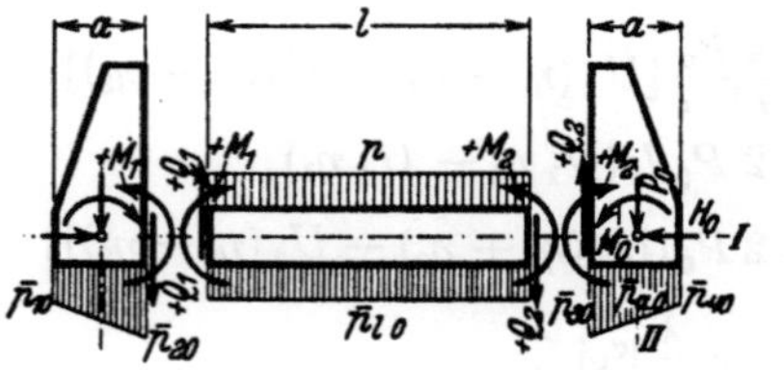

Abb. 144.

Belastung die den Enden a, b zugeordneten Schnittkräfte M_a, Q_a, M_b, Q_b des unendlich langen Stabes als äußere Kräfte wirken. Überlagert man diese Schnittkräfte nachträglich mit einer Zusatzlösung, welche für die negativen Kräfte $(M_a \ldots Q_b)$ als Randkräfte des Stabes l berechnet wird, so sind die Bedingungen für Gleichgewicht, Elastizität und geometrische Verträglichkeit unter den Einzellasten erfüllt. Damit kann die Lösung für den kurzen Stab ohne Zerlegung in stetige Integrationsbereiche angegeben werden. Die Randkräfte werden nach Abschn. 27 in symmetrische und antimetrische Anteile zerlegt, um das Ergebnis aus den bekannten Teillösungen (270) bis (273) unmittelbar zu entwickeln.

b) Die Bestimmung der Integrationskonstanten läßt sich auch bei wechselndem Trägheitsmoment umgehen, wenn die Lösung (260) für jeden Abschnitt $(i-1)$, i des Trägers mit der vorgeschriebenen Belastung und den Schnittkräften M_{i-1}, Q_{i-1}, M_i, Q_i als äußeren Kräften angeschrieben wird. Diese zunächst unbekannten Schnittkräfte sind aus der Kontinuität der Formänderung des Stabes an den Intervallgrenzen bestimmt. An jedem Querschnitt i ist die gegenseitige Verschiebung $\delta_1^{(i)}$ und die gegenseitige Verdrehung $\delta_2^{(i)}$ der beiden i benachbarten Querschnitte Null. Bei zwei verschiedenen Trägheitsmomenten, also einfacher Unterteilung des Stabes ist daher nach dem Superpositionsgesetz

$$\begin{aligned} \delta_1 &= \delta_{10} - Q_i\,\delta_{11} - M_i\,\delta_{12} = 0,\\ \delta_2 &= \delta_{20} - Q_i\,\delta_{21} - M_i\,\delta_{22} = 0. \end{aligned} \tag{275}$$

Hierbei bezeichnen δ_{11}, δ_{12} nach S. 159 die gegenseitigen Verschiebungen der Querschnitte infolge $-Q_i = 1$ und $-M_i = 1$, δ_{22}, δ_{21} die gegenseitigen Verdrehungen der beiden Querschnitte infolge von $-M_i = 1$ und $-Q_i = 1$ (Abb. 144).

Beispiel zu a).

Die Schnittkräfte in dem Träger eines Brückenrahmens. (Abb. 145, 146.) Abmessungen des Trägers: $l = 11{,}5$ m, $b = 2{,}0$ m, $h = 0{,}8$ m, $J = 0{,}0853$ m^4, $E = 210000$ kg/cm^2. Der Leitwert c des Ansatzes (255) liegt zwischen den Grenzen $10 < c < 200$ kg/cm^3. Die Untersuchung wird daher für die beiden Grenzwerte durchgeführt, die Rechnung für $c = 10\ \mathrm{kg/cm^3}$ angegeben und das Ergebnis für $c = 200\ \mathrm{kg/cm^3}$ in ( ) hinzugefügt. Nach Gl. (259) ist

$$L = \sqrt[4]{\frac{4 \cdot 2100000 \cdot 0{,}0853}{2{,}0 \cdot 10000}} = 2{,}447\ \mathrm{m}\ (1{,}157\ \mathrm{m})\,.$$

Die Stützen des Rahmens übertragen die Belastung des Überbaues aus Eigengewicht, Nutzlast und Wind. Hierbei ergeben sich die folgenden Längskräfte der Pfosten:

$$P_1 = 83\ \mathrm{t}, \qquad P_2 = 91\ \mathrm{t}, \qquad P_3 = 99\ \mathrm{t}, \qquad P_4 = 107\ \mathrm{t}.$$

1. Lösung für den unendlich langen Stab. Nach (274) wird

$$c\,\overline{w} = \frac{1}{2 \cdot 2{,}447 \cdot 2{,}0} \sum_{k=1}^{k=4} P_k (\zeta_{1k} + \zeta_{2k}) = 0{,}1022 \sum_{k=1}^{k=4} P_k (\zeta_{1k} + \zeta_{2k})\,,$$

$$\overline{M} = \frac{2{,}447}{4} \sum_{k=1}^{k=4} P_k (\zeta_{1k} - \zeta_{2k}) = 0{,}6116 \sum_{k=1}^{k=4} P_k (\zeta_{1k} - \zeta_{2k}), \qquad \overline{Q} = -\tfrac{1}{2} \sum_{k=1}^{k=4} P_k \zeta_{1k}\,.$$

Die Lasten wirken in gleichen Abständen, die auf ein Vielfaches einer Länge $a = \alpha L$ bezogen werden. Daher werden die Funktionen $c\overline{w}(\xi)$, $\overline{M}(\xi)$, $\overline{Q}(\xi)$ auch nur für eine Last $P = 1$ t berechnet ($c\overline{w}_0$, $\overline{M}_0$, $\overline{Q}_0$) und an jedem Querschnitt die mit den einzelnen Lasten $P_1 \ldots P_4$ erweiterten Beträge vorzeichengemäß addiert.

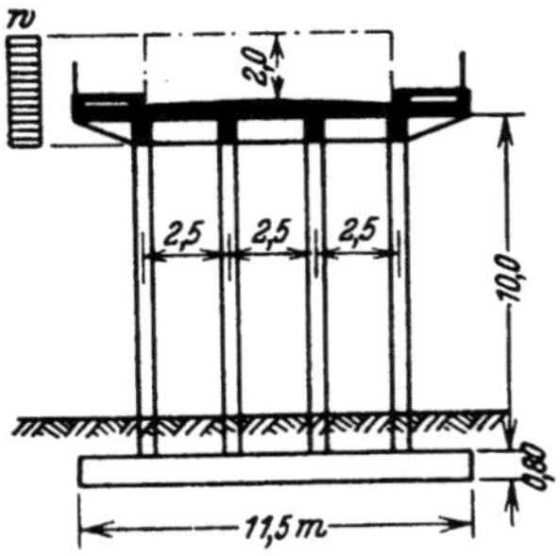

Abb. 145.

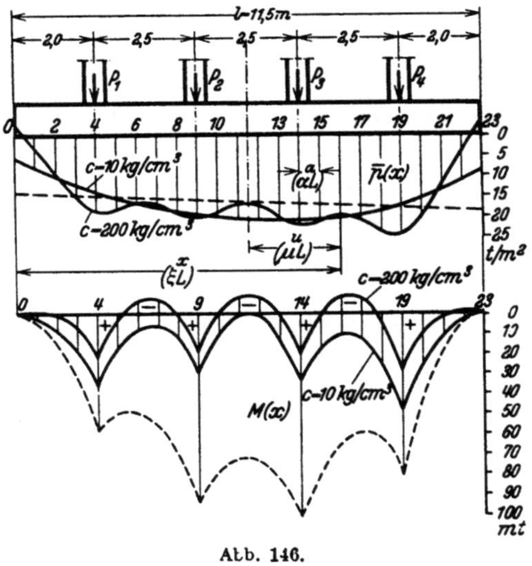

Abb. 146.

$$x = n \cdot a\,, \quad n = 0, 1, 2 \ldots 23\,, \quad a = 0{,}5\ \mathrm{m}\,, \quad \xi = n\,\alpha = x/L\,.$$

n	x	ξ	$e^{-\xi}$	$\sin\xi$	$\cos\xi$	ζ_1	ζ_2	$(\zeta_1+\zeta_2)$	$(\zeta_1-\zeta_2)$	$c\,\overline{w}_0$	$\overline{M}_0$	$\overline{Q}_0$
0	0	0	1	0	1	1	0	1	1	0,1022	0,6116	−0,500
1	0,5	0,204	0,815	0,202	0,979	0,798	0,165	0,963	0,633	0,0984	0,3875	−0,399
2	1,0	0,409	0,664	0,398	0,918	0,610	0,264	0,874	0,346	0,0894	0,2120	−0,305
.	.	.	.	.	.	.	.	.	.	.	.	.
.	.	.	.	.	.	.	.	.	.	.	.	.

$$c\,\overline{w} = \sum_{k=1}^{k=4} P_k\, c\,\overline{w}_{0k}\,, \qquad \overline{M} = \sum_{k=1}^{k=4} P_k \overline{M}_{0k}\,, \qquad \overline{Q} = \sum_{k=1}^{k=4} P_k \overline{Q}_{0k}\,.$$

Die Superposition mit $P_1 = 83$ t, ..., $P_4 = 107$ t ergibt:

n	0..	..4..	..9	10	11	12	13	14..	..19..	..23	
$c\,\overline{w}$	5,6	13,2	19,1	19,7	20,1	20,4	20,5	20,5	16,1	7,3	t/m²
$\overline{M}$	−16,5	30,6	31,3	12,4	3,4	4,5	15,9	37,8	46,3	−17,3	mt
$\overline{Q}$	+ 7,07	+44,7 −38,3	+43,9 −47,1	−27,7	− 7,8	+12,3	+32,8	+53,5 −45,6	+48,8 −58,2	−10,9	t

2. Zusatzlösung für den kurzen Stab. Die negativen Schnittkräfte des unendlich langen Stabes für

$n = 0$: $-\overline{M} = -16{,}5$ mt, $-\overline{Q} = 7{,}07$ t; $n = 23$: $-\overline{M} = -17{,}3$ mt, $-\overline{Q} = -10{,}9$ t

werden als Randkräfte des kurzen Stabes eingeführt und nach (270) bis (273) in symmetrische (1) und antimetrische (2) Anteile zerlegt:

$$^{(1)}P_0 = 9{,}0\text{ t}, \quad ^{(1)}M_0 = 16{,}9\text{ mt}, \quad ^{(2)}P_0 = -1{,}93\text{ t}, \quad ^{(2)}M_0 = -0{,}4\text{ mt}.$$

Berechnung von $\eta_1 \ldots \eta_4$, bezogen auf die Abszisse $u = \mu \cdot L$

n	u	μ	$\sin\mu$	$\cos\mu$	$\mathfrak{Sin}\,\mu$	$\mathfrak{Cof}\,\mu$	η_1	η_4	η_2	η_3
12	0,25	0,102	0,101	0,995	0,102	1,005	1	0,010	0,101	0,102
13	0,75	0,307	0,302	0,953	0,311	1,047	0,998	0,094	0,296	0,316
.	.	.	.	.	.	.	.	.	.	.
.	.	.	.	.	.	.	.	.	.	.

$$\lambda = \frac{l}{L} = \frac{11{,}5}{2{,}447} = 4{,}70, \quad \sin\lambda = -0{,}999, \quad \sin\frac{\lambda}{2} = 0{,}711, \quad \cos\frac{\lambda}{2} = -0{,}703,$$

$$\frac{\lambda}{2} = \frac{4{,}70}{2} = 2{,}35, \quad \mathfrak{Sin}\,\lambda = 54{,}969, \quad \mathfrak{Sin}\,\frac{\lambda}{2} = 5{,}195, \quad \mathfrak{Cof}\,\frac{\lambda}{2} = 5{,}290.$$

Symmetrische Lasten $^{(1)}P_0 = 9{,}0$ t. Gl. (270)

$$U_1 = \frac{-0{,}703 \cdot 5{,}290}{54{,}969 - 0{,}999} = -0{,}0689, \quad U_4 = \frac{0{,}711 \cdot 5{,}195}{54{,}969 - 0{,}999} = 0{,}0684.$$

n	$U_1\,\eta_1$	$U_4\,\eta_4$	$^{(1)}c\,w_P$	$U_1\,\eta_4$	$U_4\,\eta_1$	$^{(1)}M_P$	$U_1(\eta_2+\eta_3)$	$U_4(\eta_2-\eta_3)$	$^{(1)}Q_P$
12	−0,069	0,001	−0,50	−0,001	0,068	−3,04	−0,014	0	−0,25
13	−0,069	0,006	−0,46	−0,006	0,068	−2,82	−0,042	−0,001	−0,74
.	.	.	.	.	.	.	.	.	.
.	.	.	.	.	.	.	.	.	.

Symmetrische Lasten $^{(1)}M_0 = 16{,}9$ mt. Gl. (271)

$$U_1 = \frac{0{,}711 \cdot 5{,}290 + 0{,}703 \cdot 5{,}195}{54{,}969 - 0{,}999} = 0{,}1374, \quad U_4 = \frac{-0{,}711 \cdot 5{,}290 + 0{,}703 \cdot 5{,}195}{54{,}969 - 0{,}999} = -0{,}0020.$$

n	$U_1\,\eta_1$	$U_4\,\eta_4$	$^{(1)}c\,w_M$	$U_1\,\eta_4$	$U_4\,\eta_1$	$^{(1)}M_M$	$U_1(\eta_2+\eta_3)$	$U_4(\eta_2-\eta_3)$	$^{(1)}Q_M$
12	0,137	0	0,77	0,001	−0,002	0,10	0,028	0	0,39
13	0,137	0	0,77	0,013	−0,002	0,51	0,084	0	1,16
.	.	.	.	.	.	.	.	.	.
.	.	.	.	.	.	.	.	.	.

In der gleichen Weise wird die Berechnung für die antimetrischen Anteile durchgeführt. Das Ergebnis ist für die andere Stabhälfte symmetrisch oder antimetrisch.

n	0..	..4..	..9	10	11	12	13	14..	..19..	..23	
$^{(1)}c\,w_P$	3,74	1,07	−0,37	−0,46	−0,50	−0,50	−0,46	−0,37	1,07	3,74	t/m²
$^{(1)}c\,w_M$	−2,93	0,05	0,76	0,77	0,77	0,77	0,77	0,76	0,05	−2,93	,,
$^{(2)}c\,w_P$	−0,78	−0,25	−0,01	−0,00	−0,00	0,00	0,00	0,01	0,25	0,78	,,
$^{(2)}c\,w_M$	0,07	−0,00	−0,01	−0,01	−0,00	0,00	0,01	0,01	0,00	−0,07	,,
$^{(1)}M_P$	0	−6,96	−3,79	−2,82	−3,04	−3,04	−2,82	−3,79	−6,96	0	mt
$^{(1)}M_M$	16,90	10,26	1,29	0,51	0,10	0,10	0,51	1,29	10,26	16,90	,,
$^{(2)}M_P$	0	1,55	0,63	0,39	0,13	−0,13	−0,39	−0,63	−1,55	0	,,
$^{(2)}M_M$	−0,40	−0,26	−0,06	−0,03	−0,01	0,01	0,03	0,06	0,26	0,40	,,
$^{(1)}Q_P$	−9,00	0,23	1,15	0,74	0,25	−0,25	−0,74	−1,15	−0,23	9,00	t
$^{(1)}Q_M$	0	−4,69	−1,94	−1,16	−0,39	0,39	1,16	1,94	4,69	0	,,
$^{(2)}Q_P$	1,93	−0,03	−0,50	−0,51	−0,51	−0,54	−0,51	−0,03	−0,49	1,93	,,
$^{(2)}Q_M$	0	0,10	0,05	0,05	0,04	0,04	0,05	0,05	0,10	0	,,

3. Die Superposition der Ergebnisse aus 1. und 2. liefert Bodendruck und Schnittkräfte:

Für $c = 10$ kg/cm³

n	0	2	4	5	6	7	8	9	10	11	
$c\,w = \bar{p}$	5,7	10,3	14,1	15,5	16,7	17,8	18,7	19,5	20,0	20,4	t/m²
M	0	7,9	35,2	17,3	7,2	6,1	11,7	29,4	10,5	0,6	mt
Q	0	16,3	40,3 / −42,7	−28,2	−11,8	5,7	23,5	42,6 / −48,4	−28,6	−8,4	t

n	12	13	14	15	16	17	18	19	21	23	
$c\,w = \bar{p}$	20,7	20,8	20,9	20,7	20,3	19,5	18,8	17,5	13,6	8,8	t/m²
M	1,4	13,2	33,1	17,0	10,4	13,1	26,0	48,3	11,0	0	mt
Q	11,9	32,8	53,8 / −45,2	−24,3	−4,2	16,0	35,4	53,3 / −53,7	−22,8	0	t

Für $c = 200$ kg/cm³

n	0	2	4	5	6	7	8	9	10	11	
$c\,w = \bar{p}$	−2,9	9,6	19,0	18,5	17,0	17,0	19,0	20,5	19,0	17,2	t/m²
M	0	1,2	21,1	2,7	−6,6	−7,4	0,6	18,0	− 0,1	−8,7	mt
Q	0	6,6	36,5 / −46,5	−27,5	−9,8	6,9	24,9	44,8 / −46,2	−26,3	−8,3	t

n	12	13	14	15	16	17	18	19	21	23	
$c\,w = \bar{p}$	17,6	20,2	22,4	21,3	20,0	20,8	23,4	24,5	12,5	−3,6	t/m²
M	−8,7	0,4	19,5	0,1	−8,8	−7,4	4,5	28,0	1,2	0	mt
Q	8,7	27,6	49,1 / −49,9	−27,9	−7,3	12,8	34,9	59,2 / −47,8	−8,7	0	t

$\bar{p}$ und M sind in Abb. **146** dargestellt.

Bei Anwendung des Geradliniengesetzes für $\bar{p}$ als Näherungslösung ergeben sich die in der Abb. 146 mit — — — gezeichneten Bodenpressungen und Biegungsmomente.

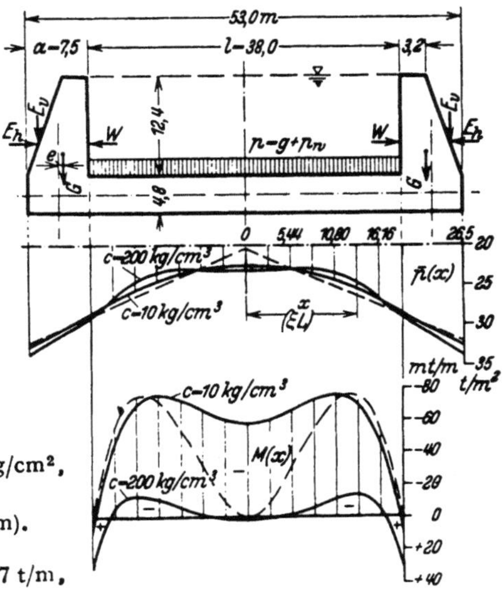

Abb. 147.

Beispiel zu b).

Die Berechnung der Sohle eines Trockendocks. (Abb. 147.) Spannungen bei gefüllter Dockkammer infolge Eigengewicht, Wasser und Erddruck. Ein Unterdruck auf die Sohle soll nicht vorhanden sein. Der Leitwert c des Ansatzes (255) liegt zwischen den Grenzen $10 < c < 200$ kg/cm³. Die Untersuchung wird daher für die beiden Grenzwerte durchgeführt, die Rechnung für $c = 10$ kg/cm³ angegeben und das Ergebnis für $c = 200$ kg/cm³ in ( ) hinzugefügt.

$$l = 38{,}0 \text{ m}, \quad a = 7{,}5 \text{ m}, \quad b = 1{,}0 \text{ m},$$

$$J_i = 9{,}22 \text{ m}^4, \quad J_a = \infty, \quad E = 210000 \text{ kg/cm}^2,$$

Gl. (259) $$L = \sqrt[4]{\frac{4 \cdot 2100000 \cdot 9{,}22}{1{,}0 \cdot 10000}} = 9{,}38 \text{ m } (4{,}44 \text{ m}).$$

$$G = 230 \text{ t/m}, \quad (e = 0{,}605 \text{ m}), \quad W = 77 \text{ t/m},$$

$$E_h = 78 \text{ t/m}, \quad E_v = 26 \text{ t/m},$$

$$g = 10{,}8 \text{ t/m}^2, \quad p_w = 12{,}4 \text{ t/m}^2, \quad p = g + p_w = 23{,}2 \text{ t/m}^2.$$

Die äußeren Kräfte an der Seitenwand werden im Schnittpunkt der beiden Achsen I, II Abb. **144** zusammengefaßt.

$$P_0 = 256 \text{ t/m}, \quad H_0 = 1 \text{ t/m}, \quad M_0 = 85{,}5 \text{ mt/m}.$$

Bodendruck für Seitenwand und Sohle und Formänderungsgrößen δ_{11}, δ_{12} usw. für die rechte Hälfte des Systems (andere Hälfte symmetrisch) infolge:

1. P_0, H_0, M_0.

$$\bar{p}_{30} = \frac{P_0}{a\,b} - \frac{6\,M_0}{a^2\,b} = \frac{256}{7{,}5\cdot 1{,}0} - \frac{6\,(-85{,}5)}{7{,}5^2\cdot 1{,}0} = 43{,}280\ \text{t/m}^2, \quad \bar{p}_{i0} = p = 23{,}200\ \text{t/m}^2,$$

$$\frac{c\,d\,w_{a\,0}}{d\,x} = \frac{12\,M_0}{a^3\,b} = \frac{12\,(-85{,}5)}{7{,}5^3\cdot 1{,}0} = -2{,}440, \quad \frac{c\,d\,w_{i\,0}}{d\,x} = 0;$$

$$\delta_{10} = \bar{p}_{30} - p_{i\,0} = 43{,}280 - 23{,}200 = 20{,}080\ \text{t/m}^2\ (20{,}080\ \text{t/m}^2),$$

$$\delta_{20} = \frac{c\,d\,w_{a\,0}}{d\,x} - \frac{c\,d\,w_{i\,0}}{d\,x} = -2{,}440 - 0 = -2{,}440\ \text{t/m}^3\ (-2{,}440\ \text{t/m}^3).$$

2. $-Q_1 = 1$ t/m, $-Q_2 = -1$ t/m.

Seitenwand:

$$\bar{p}_{31} = -\frac{4\,Q_2}{a\,b} = -\frac{4\cdot 1}{7{,}5\cdot 1{,}0} = -0{,}534\ \text{t/m}^2, \quad \frac{c\,d\,w_{a\,1}}{d\,x} = \frac{6\,Q_2}{a^2\,b} = \frac{6\cdot 1}{7{,}5^2\cdot 1{,}0} = 0{,}107\ \text{t/m}^3.$$

Sohle (symmetrischer Belastungsfall, Abb. 139, $P_0 = 1$ t) Gl. (270):

$$\lambda = \frac{l}{L} = \frac{38}{9{,}38} = 4{,}05, \quad \sin\lambda = -0{,}789, \quad \sin\frac{\lambda}{2} = 0{,}898, \quad \cos\frac{\lambda}{2} = -0{,}439,$$

$$\frac{\lambda}{2} = \frac{4{,}05}{2} = 2{,}025, \quad \mathfrak{Sin}\,\lambda = 28{,}690, \quad \mathfrak{Sin}\,\frac{\lambda}{2} = 3{,}723, \quad \mathfrak{Cof}\,\frac{\lambda}{2} = 3{,}853.$$

Für $x = \frac{l}{2}$ wird nach Gl. (270):

$$\bar{\eta}_1 = \cos\frac{\lambda}{2}\,\mathfrak{Cof}\,\frac{\lambda}{2} = -0{,}439\cdot 3{,}853 = -1{,}693, \quad \bar{\eta}_2 = \cos\frac{\lambda}{2}\,\mathfrak{Sin}\,\frac{\lambda}{2} = -0{,}439\cdot 3{,}723 = -1{,}638,$$

$$\bar{\eta}_4 = \sin\frac{\lambda}{2}\,\mathfrak{Sin}\,\frac{\lambda}{2} = 0{,}898\cdot 3{,}723 = 3{,}345, \quad \bar{\eta}_3 = \sin\frac{\lambda}{2}\,\mathfrak{Cof}\,\frac{\lambda}{2} = 0{,}898\cdot 3{,}853 = 3{,}460,$$

$$U_1 = \frac{-1{,}693}{27{,}901} = -0{,}061, \quad U_4 = \frac{3{,}345}{27{,}901} = 0{,}120,$$

$$\bar{p}_{i_1} = \frac{4\cdot 1}{9{,}38\cdot 1{,}0}\,(0{,}061\cdot 1{,}693 + 0{,}120\cdot 3{,}345) = 0{,}215\ \text{t/m}^2,$$

$$\frac{c\,d\,w_{i_1}}{d\,x} = \frac{4\cdot 1}{9{,}38^2\cdot 1{,}0}\,(0{,}061\cdot 5{,}098 + 0{,}120\cdot 1{,}822) = 0{,}024\ \text{t/m}^3;$$

$$\delta_{11} = \bar{p}_{31} - \bar{p}_{i_1} = -0{,}534 - 0{,}215 = -0{,}749\ \text{t/m}^2\ (-0{,}983\ \text{t/m}^2),$$

$$\delta_{21} = \frac{c\,d\,w_{a_1}}{d\,x} - \frac{c\,d\,w_{i_1}}{d\,x} = 0{,}107 - 0{,}024 = 0{,}083\ \text{t/m}^3\ (0{,}005\ \text{t/m}^3).$$

3. $-M_1 = 1$ mt/m, $-M_2 = 1$ mt/m.

Seitenwand:

$$\bar{p}_{32} = -\frac{6\,M_2}{a^2 b} = -\frac{6\,(-1)}{7{,}5^2\cdot 1} = 0{,}107\ \text{t/m}^2, \quad c\,\frac{d\,w_{a_2}}{d\,x} = +\frac{12\,M_0}{a^3 b} = \frac{12\,(-1)}{7{,}5^3\cdot 1{,}0} = -0{,}029\ \text{t/m}^3.$$

Sohle (symmetrischer Belastungsfall, Abb. 140, $M_0 = -1$ mt) Gl. (271):

$$U_1 = \frac{3{,}460 + 1{,}638}{27{,}901} = 0{,}183, \quad U_4 = -\frac{3{,}460 - 1{,}638}{27{,}901} = -0{,}065,$$

$$\bar{p}_{i_2} = \frac{4\,(-1)}{9{,}38^2\cdot 1{,}0}\,(-0{,}183\cdot 1{,}693 - 0{,}065\cdot 3{,}345) = 0{,}024\ \text{t/m}^2,$$

$$\frac{c\,d\,w_{i_2}}{d\,x} = \frac{4\,(-1)}{9{,}38^3\cdot 1{,}0}\,(-0{,}183\cdot 5{,}098 - 0{,}065\cdot 1{,}822) = 0{,}005\ \text{t/m}^3;$$

$$\delta_{12} = \bar{p}_{32} - \bar{p}_{i_2} = 0{,}107 - 0{,}024 = 0{,}083\ \text{t/m}^2\ (0{,}005\ \text{t/m}^2),$$

$$\delta_{22} = \frac{c\,d\,w_{a_2}}{d\,x} - \frac{c\,d\,w_{i_2}}{d\,x} = -0{,}029 - 0{,}005 = -0{,}034\ \text{t/m}^3\ (-0{,}074\ \text{t/m}^3).$$

Bedingungen für die Schnittkräfte aus der Kontinuität (275):

$$20{,}080 + 0{,}749\, Q_2 - 0{,}083\, M_2 = 0\,,$$
$$-\; 2{,}440 - 0{,}083\, Q_2 + 0{,}034\, M_2 = 0\,,$$

woraus

$$M_2 = M_1 = \quad 8{,}67 \text{ mt/m} \;(\quad 31{,}40 \text{ mt/m})\,,$$
$$-Q_2 = Q_1 = -\,25{,}85 \text{ t/m} \quad (-\,20{,}25 \text{ t/m})\,.$$

4. Schnittkräfte in der Sohle aus $p = 23{,}2$ t/m².

$$\bar{p}(x) = p = 23{,}2 \text{ t/m}\,, \qquad M = 0\,, \qquad Q = 0\,.$$

5. Schnittkräfte in der Sohle aus M_1, M_2, Q_1, $-Q_2$. Berechnung von $\eta_1 \ldots \eta_4$.

x	ξ	$\sin\xi$	$\cos\xi$	$\mathfrak{Sin}\,\xi$	$\mathfrak{Cof}\,\xi$	η_1	η_4	η_2	η_3	$\eta_2+\eta_3$	$\eta_2-\eta_3$
0	0	0	1	0	1	1	0	0	0	0	0
2,72	0,29	0,286	0,958	0,294	1,042	1	0,084	0,282	0,298	0,580	−0,016
5,44	0,58	0,548	0,836	0,613	1,173	0,981	0,336	0,513	0,644	1,157	−0,131
.	.	.	.	.	.	.	.	.	.	.	.
.	.	.	.	.	.	.	.	.	.	.	.

Symmetrische Belastung ${}^{(1)}P_0 = -\,Q_2 = -\,25{,}85$ t/m. Gl. (270). Nach 2. ist $U_1 = -\,0{,}061$, $U_4 = 0{,}120$.

x	$U_1\eta_1$	$U_4\eta_4$	${}^{(1)}\bar{p}_P$	$U_1\eta_4$	$U_4\eta_1$	${}^{(1)}M_P$	$U_1(\eta_2+\eta_3)$	$U_4(\eta_2-\eta_3)$	${}^{(1)}Q_P$
0	−0,061	0	−0,67	0	0,120	−58,3	0	0	0
2,72	−0,061	0,010	−0,56	−0,005	0,110	−60,7	−0,035	−0,002	−1,71
5,44	−0,060	0,040	−0,22	−0,021	0,118	−67,6	−0,070	−0,016	−2,79
.	.	.	.	.	.	.	.	.	.
.	.	.	.	.	.	.	.	.	

Symmetrische Belastung ${}^{(1)}M_0 = M_2 = 8{,}47$ mt/m, Gl. (271). Nach 3. ist $U_1 = 0{,}183$, $U_4 = -\,0{,}065$.

x	$U_1\eta_1$	$U_4\eta_4$	${}^{(1)}\bar{p}_M$	$U_1\eta_4$	$U_4\eta_1$	${}^{(1)}M_M$	$U_1(\eta_2+\eta_3)$	$U_4(\eta_2-\eta_3)$	${}^{(1)}Q_M$
0	0,183	0	0,07	0	−0,065	1,10	0	0	0
2,72	0,183	−0,005	0,07	0,002	−0,065	1,14	0,106	0,001	0,19
5,44	0,180	−0,022	0,06	0,061	−0,064	2,12	0,212	0,009	0,37
.	.	.	.	.	.	.	.	.	.
.	.	.	.	.	.	.	.	.	.

6. Die Superposition der Ergebnisse aus 4. und 5. liefert Bodendruck und Schnittkräfte:

Für $c = 10$ kg/cm³

x	0	2,72	5,44	8,08	10,8	13,5	16,16	19,0	26,5	m
$\bar{p}\,(x)$	22,6	22,7	23,1	23,7	24,5	25,6	27,0	28,6	32,8	t/m²
$M\,(x)$	−57,2	−59,6	−65,5	−72,0	−75,5	−69,5	−45,0	8,7	—	mt/m
$Q\,(x)$	0	− 1,5	− 2,4	− 2,1	0,6	5,2	13,4	25,9	—	t/m

Für $c = 200$ kg/cm³

x	0	2,72	5,44	8,08	10,8	13,5	16,16	19,0	26,5	m
$\bar{p}\,(x)$	23,0	23,0	23,0	23,0	23,4	24,6	23,7	29,1	33,7	t/m²
$M\,(x)$	1,2	0,5	−1,4	−5,2	−10,0	−13,1	−5,0	+31,4	—	mt/m
$Q\,(x)$	0	−0,4	−1,0	−1,7	− 1,8	− 0,2	6,6	20,3	—	t/m

$\bar{p}$ und M sind in Abb. 147 dargestellt.

Bei Anwendung der Näherungsrechnung nach Foerster: Taschenb. f. Bauing. Bd. 2, 5. Aufl. S. 585 ergeben sich die in der Abb. 147 mit — — — gezeichneten Bodenpressungen und Biegungsmomente.

Anwendung der Theorie auf die angenäherte Berechnung des Trägerrostes. Wird eine Anzahl von Nebenträgern (a) winkelrecht zu n Unterzügen (b) derart in gleichen Abständen e angeordnet, daß e im Verhältnis zur Länge l der Unterzüge klein ist, so kann die von einem Nebenträger H auf den Unterzug k übertragene Kraft $X_{H,k}$ durch $q_{H,k} \cdot e$ ausgedrückt werden. Nach einem Grenzübergang $e \equiv \Delta x \rightarrow dx$ erhält $q_{H,k} = q_k(x)$ die Bedeutung einer stetigen Belastung des Unterzuges k. Die Einsenkung des Schnittpunktes (H, k) als Punkt des Nebenträgers H ist

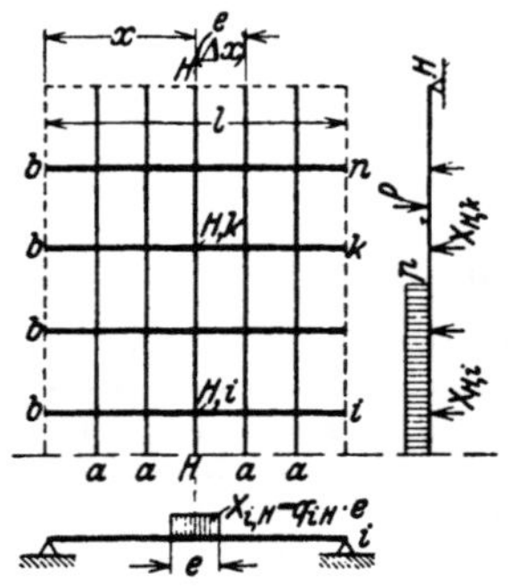

Abb. 148.

$$w_{H,k} = \delta_{H,k0} - \sum_{i=1}^{i=n} X_{H,i}\,\delta_{H,ki} = \delta_{H,k0} - \sum_{i=1}^{i=n} q_{H,i}\,e\,\delta_{H,ki}. \qquad (276)$$

Hierbei bedeuten $\delta_{H,k0}$, $\delta_{H,ki}$ die Einsenkung des Punktes k des Nebenträgers H infolge dessen Belastung p, P und $-X_i = 1$. Da die Nebenträger gleichartig ausgebildet werden, sind die Vorzahlen $\delta_{H,ki}$ stets die gleichen, also $\delta_{H,ki} = \delta_{ki}$. Bei einer allgemeinen Belastung ist $\delta_{H,k0} = \delta_{k0}(x)$ für veränderliches H eine Funktion von x.

Für die Einsenkung des Punktes (H, i) als Punkt des Unterzuges i gilt $EJ_i w_{i,H}^{(IV)} = q_{i,H} = q_{H,i}$. Setzt man dieses in den Ansatz (276) ein, so entstehen mit einem Übergang von H auf die Variable x und mit $\delta_{ki}^* = eEJ_i\delta_{ki}$ insgesamt n simultane Differentialgleichungen vierter Ordnung von der Form

$$\sum_{i=1}^{i=n} \delta_{ki}^* w_i^{(IV)}(x) + w_k(x) = \delta_{k0}(x), \qquad k = 1 \ldots n. \qquad (277)$$

Ist die Belastung in x konstant, stetig oder unstetig, so gilt von $\delta_{k0}(x)$ dasselbe. Für den Trägerrost mit **einem** Unterzug lautet der Ansatz (277) folgendermaßen:

$$EJ\,\frac{d^4 w(x)}{dx^4} + \frac{w(x)}{e\,\delta_{11}} = \frac{\delta_{10}(x)}{e\,\delta_{11}}. \qquad (278)$$

Winkler, E.: Die Lehre von der Elastizität und Festigkeit. Prag 1867. — Zimmermann, H.: Die Berechnung des Eisenbahnoberbaues. Berlin 1888. — Schwedler, J. W.: Beiträge zur Theorie des Eisenbahnoberbaues. Z. Bauverw. 1889 S. 86. — Freund, A.: Theorie der gleichmäßig elastisch gestützten Körper. Beton u. Eisen 1917 S. 144; 1918 S. 105. — Hayashi, K.: Theorie des Trägers auf elastischer Unterlage. Berlin 1921. — Derselbe: Fünfstellige Tafeln der Kreis- und Hyperbelfunktionen. Berlin 1921. — Wieghardt, K.: Über den Balken auf elastischer Unterlage. Z. angew. Math. Mech. 1922 S. 165. — Müller, E.: Über die lastverteilende Wirkung von Brückenbelägen. Bauing. 1923. — Freund, A.: Beitrag zur Berechnung der biegsamen Gründungssohlen. Z. Bauwes. 1924 S. 109. — Craemer, H.: Zur Berechnung geschlossener Kastenrahmen auf elastischem Baugrund. Bauing. 1925 S. 527. — Derselbe: Zur praktischen Statik der Kranbahnfundamente. Bauing. 1925 S. 417. — Schilling, W.: Statik der Bodenkonstruktion der Schiffe. Berlin 1925. — Pasternack, P.: Die baustatische Theorie biegefester Balken und Platten auf elastischer Bettung. Beton u. Eisen 1926. — Sanden, K., u. F. Schleicher: Zur Theorie des Balkens auf elastischer Unterlage. Beton u. Eisen 1926 S. 83. — Freund, A.: Erweiterte Theorie für die Berechnung von Schleusenböden und ähnlichen Gründungskörpern. Z. Bauwes. 1927 S. 73. — Chwalla, E.: Die Stabilität eines elastisch gebetteten Druckstabes. Z. angew. Math. Mech. 1927 S. 276. — Prager, W.: Zur Theorie elastisch gelagerter Konstruktionen. Z. angew. Math. Mech. 1927 S. 354. — Neményi, P.: Theorie durchlaufender trägerloser Fundamentstreifen auf elastischer Bettung. Beton u. Eisen 1928 S. 448. — Geckeler, J. W.: Elastostatik, Kap. 3 im Handb. Physik Bd. 6: Mechanik der elastischen Körper S. 178. Berlin 1928. — Fritz, H.: Einflußfläche des biegefesten Balkens auf elastischer Bettung. Beton u. Eisen 1930 S. 442. — Scheidig: Die Berechnungsgrundlagen durchgehender Fundamente und die neue Baugrundforschung. Bautechn. 1931 S. 275. — Neményi, P.: Tragwerke auf elast. Unterlage. Z. angew. Math. Mech. 1931 S. 450.

IV. Stütz- und Schnittkräfte statisch unbestimmter Stabwerke.

23. Die Grundlagen der Lösung.

Die Festigkeit eines beliebig gestalteten, elastischen Tragwerks wird nach Abschn. 8 durch den Spannungs- und Formänderungszustand beschrieben. Die Lösung des Ansatzes ist für eine gegebene Belastung bei stabilem Gleichgewicht der inneren Kräfte eindeutig. Die Bedeutung des statisch unbestimmten Stabwerks im Bauwesen rechtfertigt einen besonderen Beweis dieser aus der Elastizitätstheorie gewonnenen allgemeinen Erkenntnis.

Die Beziehungen zwischen Verzerrung und Spannung sind nach dem Hookeschen Gesetz linear. Die Spannungen können daher ebenso wie die Verschiebungen des Tragwerks durch Superposition entwickelt werden. Aus der Definition des elastischen Systems als Stabwerk folgt nach M. Navier die Annahme der ebenen Verschiebung aller Querschnitte. Die Spannungen des Querschnitts sind also statisch bestimmt und Funktionen der Schnittkräfte (N, M, Q). Ein Stabwerk ist daher statisch unbestimmt, wenn die Stütz- und Schnittkräfte nicht mehr allein aus den Gleichgewichtsbedingungen berechnet werden können, sondern auch von geometrischen Bedingungen über den Verschiebungszustand abhängen. Ein beliebiger, räumlich gekrümmter, aus dem Zusammenhang gelöster Stabzug zeigt sechs statisch unbestimmte Schnittkräfte und sechs unbekannte Komponenten der Relativbewegung der Endquerschnitte. Diese können aus den vorgegebenen Anschlußkräften ebenso berechnet werden wie die Schnittkräfte aus den vorgeschriebenen Komponenten der Relativbewegung.

Die Querschnitte des ebenen Stabwerks liegen symmetrisch zur x, z-Ebene, in der auch alle äußeren Kräfte angreifen. Daher sind die Anschlußkräfte des Stabes h am Knoten J in dem Anschlußquerschnitt $J^{(h)}$ durch drei Komponenten $N_J^{(h)}$, $M_J^{(h)}$, $Q_J^{(h)}$ bestimmt. Die elastische Bewegung des Querschnitts $J^{(h)}$ wird durch die Verschiebungen $u_J^{(h)}, v_J^{(h)}$ des Schwerpunktes und durch den Drehwinkel $\varphi_J^{(h)}$ beschrieben.

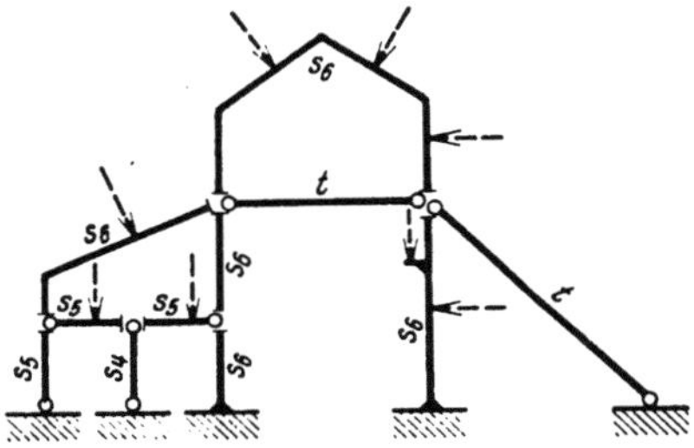

Abb. 149.

Das Stabwerk kann nach den Bemerkungen auf S. 39 in s einzelne offene, freie Stabzüge mit je zwei Anschlußquerschnitten aufgeteilt werden, die unter der Wirkung der Lasten und der Schnittkräfte N, M, Q an den Stabenden im Gleichgewicht sind. Sie sollen durch k freie Knoten zusammengefaßt und außerdem mit t Stütz- oder unbelasteten Verbindungsstäben untereinander oder mit dem Erdboden verbunden sein (Abb. 149). Die Verbindung zwischen Stab und Knotenpunkt gilt entweder als Einspannung oder als reibungsloses Gelenk mit drei oder zwei entgegengesetzt gleichen Schnittkräften an den beiden Ufern des Anschlußquerschnittes. Daher werden durch jeden Schnitt zur Aufteilung des Stabwerks drei oder zwei unbekannte Schnittkräfte zu äußeren Kräften, die mit der Belastung $\mathfrak{P}_J$ des freien Knotens J oder mit der Belastung $\mathfrak{P}_h$ des freien Stabzugs (h) im Gleichgewicht sind. Auf diese Weise besteht die Anzahl s der freien Stabzüge (h) je nach der Anzahl der an den beiden Anschlußquerschnitten vorhandenen 6, 5 oder 4 unbekannten Schnittkräfte aus der Anzahl s_6, s_5 und s_4 $(s = s_6 + s_5 + s_4)$. Ebenso wird die Anzahl k der freien Stabknoten in die Gruppen k_3 und k_2 zerlegt, je nachdem hier zwei oder mehr Stabzüge steif miteinander verbunden sind und daher an den

Anschlußquerschnitten Kräftepaare als äußere Kräfte auftreten oder alle Stabzüge frei drehbar anschließen ($k = k_3 + k_2$). Der Index bezeichnet also die Zahl der statischen Bedingungen für das Gleichgewicht der äußeren Kräfte am Knoten. Unter t wird die Anzahl der unbelasteten Zusatzstäbe als Hilfsstützen, Zugbänder, Verankerungen usw. verstanden, die zwischen den Knotenpunkten vorhanden sind.

Der Verschiebungszustand der Stäbe (h) ist durch die Belastung $\mathfrak{P}_h$ und die Bewegung der Knotenpunkte J bestimmt. Die Verschiebung eines reibungslosen Gelenkes wird durch die waagerechte und senkrechte Komponente u_J, v_J beschrieben. Die Scheibe eines steifen Knotens erfährt außerdem noch eine Drehung φ_J. Jeder Knoten gilt als starr, so daß die geometrischen Randbedingungen der an einem Knoten angeschlossenen Stabzüge miteinander übereinstimmen.

Die Zerlegung des Stabwerks in s Elemente ergibt $(6\,s_6 + 5\,s_5 + 4\,s_4)$ Schnittkräfte, t Zusatzkräfte. Der Verschiebungszustand des Stabwerks ist geometrisch durch $(3\,k_3 + 2\,k_2)$ ausgezeichnete Komponenten bestimmt und daher die Anzahl der Unbekannten $(6\,s_6 + 5\,s_5 + 4\,s_4 + 3\,k_3 + 2\,k_2 + t)$. Zur Berechnung der Unbekannten stehen an jedem selbständigen Stabe oder Stabzug drei Bedingungen für das Gleichgewicht der äußeren Kräfte zur Verfügung. An jedem Knotenpunkt sind drei oder zwei Gleichgewichtsbedingungen für die äußeren Kräfte vorhanden, je nachdem steife Stabverbindungen gelöst worden sind oder nicht. Die gegenseitigen Verschiebungen der Anschlußquerschnitte J und K eines Stabzugs $(u_K - u_J)$, $(v_K - v_J)$ und $(\varphi_K - \varphi_J)$ sind nach Abschnitt 21 durch die Belastung und die Anschlußkräfte am Querschnitt J und K des Stabzugs $\overline{JK} \equiv l_h$ bestimmt. Der Ansatz (224 ff.) ist daher eine Bedingung für die geometrische Verträglichkeit der Verschiebung der Knotenpunkte und der Verformung der Stäbe, die je nach dem Anschluß des Stabes(h) als steife oder gelenkige Verbindung in J und K aus drei, zwei oder einer Gleichung besteht. Mit t Zusatzstäben sind stets auch t Komponenten des Verschiebungszustandes vorgeschrieben. Die unbekannten Anschlußkräfte und Knotenverschiebungen sind daher durch folgende Bedingungen verknüpft:

Gleichgewichtsbedingungen der Kräfte an den Stabzügen	$3s_6 + 3s_5 + 3s_4$		
Gleichgewichtsbedingungen an den Stabknoten		$3k_3 + 2k_2$	
Verträglichkeitsbedingungen	$3s_6 + 2s_5 + s_4$		(279)
Zusatzbedingungen		t	
Verfügbare Bedingungsgleichungen	$6s_6 + 5s_5 + 4s_4 + 3k_3 + 2k_2 + t$		

Die Gleichungen sind linear. Ihre Anzahl stimmt mit der Anzahl der Unbekannten überein. Damit ist, abgesehen vom Ausnahmefall mit $D = 0$, die hinreichende und notwendige Bedingung dafür erfüllt, daß die Anschlußkräfte und die Komponenten (u_J, v_J, φ_J) des Verschiebungszustandes bei gegebener Belastung, Temperaturänderung und Stützenbewegung eindeutig angegeben werden können. Umgekehrt bedeutet auch jede Annahme über den Verschiebungs- und Spannungszustand eines Stabwerks, welche die Gleichungen (279) befriedigt, das richtige Ergebnis.

Um die Gleichungen aufzulösen, werden zunächst drei Schnittkräfte eines jeden Stabes mit Hilfe der Gleichgewichtsbedingungen der äußeren Kräfte als Funktion der Belastung $\mathfrak{P}_h$ und der übrigen Anschlußkräfte angegeben, so daß nunmehr $(3\,s_6 + 2\,s_5 + s_4)$ unbekannte Schnittkräfte mit $(3\,k_3 + 2\,k_2)$ unbekannten Komponenten des Verschiebungszustandes ebenso vielen Bedingungsgleichungen gegenüberstehen. Die t unbekannten Zusatzkräfte sind durch ebenso viele vorgeschriebene Komponenten der Stützung und Verbindung bestimmt. Die $(3\,k_3 + 2\,k_2)$ Komponenten (u_J, v_J, φ_J) des Verschiebungszustandes können darauf mit ebensoviel Bedingungen für das Gleichgewicht der Kräfte am Knoten ausgeschlossen und als Funktion der unbekannten Anschlußkräfte in die $(3\,s_6 + 2\,s_5 + s_4)$ Verträglichkeitsbedingungen eingesetzt werden. Auf diese Weise entsteht ein geometrischer Ansatz zur Berechnung derjenigen $(3\,s_6 + 2\,s_5 + s_4)$ Stütz- und Schnittkräfte, die nicht durch Gleichgewichtsbedingungen angegeben werden können und daher statisch unbestimmt heißen. Die statisch bestimmten Anschlußkräfte und die Verschiebungen werden durch Rekursion berechnet.

Formale Abzählung der überzähligen statischen Größen eines ebenen Stabwerks:

$$n = 3\,s_6 + 2\,s_5 + s_4 + t - 3\,k_3 - 2\,k_2 \quad \text{(Abb. 150)}. \tag{280}$$

Die Auflösung des Ansatzes (279) kann auch mit der Elimination der $(3\,s_6 + 2\,s_5 + s_4 + t)$ unbekannten Stütz- und Anschlußkräfte aus den $(3\,s_6 + 2\,s_5 + s_4 + t)$ verfügbaren geometrischen Verträglichkeitsbedingungen eingeleitet werden. Sie erscheinen dadurch als Funktionen der $(3\,k_3 + 2\,k_2)$ unbekannten Komponenten der Knotenbewegung (u_J, v_J, φ_J), die damit aus den $(3\,k_3 + 2\,k_2)$ Gleichgewichtsbedingungen für die äußeren Kräfte am Stabknoten (J) eindeutig berechnet werden können. Die Schnittkräfte ergeben sich daraus durch Rekursion.

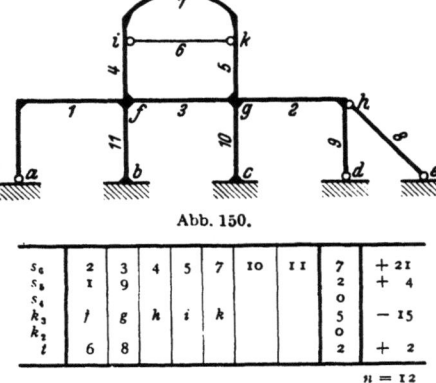

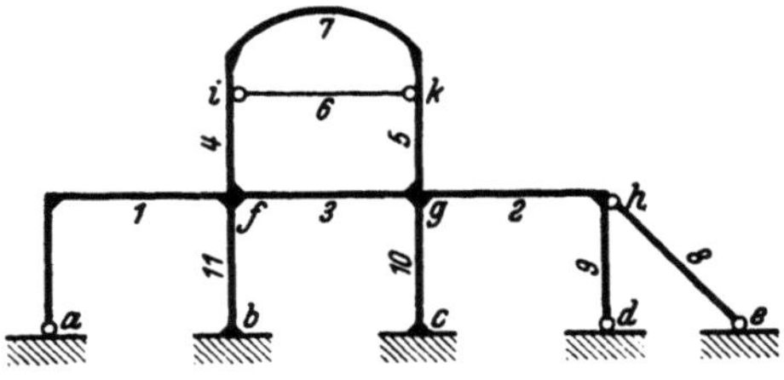

Abb. 150.

s_6	2	3	4	5	7	10	11	7	+ 21
s_5	1	9						2	+ 4
s_4								0	
k_3	f	g	h	i	k			5	− 15
k_2								0	
t	6	8						2	+ 2

$n = 12$

Die Reihenfolge der Elimination bestimmt demnach zwei grundsätzlich verschiedene Lösungen, deren Eignung von der Art des Stabwerks abhängt und am besten in zwei Grenzfällen zum Ausdruck kommt. Ist die Anzahl der unbekannten Schnitt- und Zusatzkräfte gleich der Anzahl der verfügbaren Gleichgewichtsbedingungen, also

$$6\,s_6 + 5\,s_5 + 4\,s_4 + t = 3\,(s_6 + s_5 + s_4) + 3\,k_3 + 2\,k_2,$$

$$3\,s_6 + 2\,s_5 + s_4 \quad + t = 3\,k_3 + 2\,k_2,$$

so sind alle Schnittkräfte statisch bestimmt, der Spannungszustand ist von den Knotenverschiebungen, also auch von Temperaturwechsel und Stützenbewegung unabhängig. Das Stabwerk ist ohne Belastung spannungslos. Die Verschiebungen können aus den Schnittkräften nach S. **133** bestimmt werden.

In dem anderen Grenzfall sind die Komponenten des Verschiebungszustandes Null, so daß jeder Stab beiderseits starr eingespannt ist. Die sechs Anschlußkräfte sind von den benachbarten Stäben unabhängig. Sie werden aus den 3 Gleichgewichtsbedingungen der äußeren Kräfte und den drei Verträglichkeitsbedingungen bestimmt, da mit u_J, v_J, φ_J auch die relativen Verschiebungen der Endquerschnitte Null sind.

Es liegt nahe, die statische Untersuchung eines Stabwerks von allgemeiner Anordnung auf den einen oder anderen Grenzfall zurückzuführen, je nachdem die Anzahl der statisch unbestimmten Schnittkräfte kleiner ist als die Anzahl der unbekannten Komponenten des Verschiebungszustandes oder umgekehrt. Unter Umständen ist auch die Fehlerfortpflanzung in der Elimination entscheidend. Man bezeichnet das System, welches mit dem vorgelegten Stabwerk der Form nach übereinstimmt, dessen statisch unbestimmte Stütz- oder Schnittkräfte oder dessen Knotenverschiebungen jedoch Null gesetzt worden sind, als Hauptsystem und betrachtet Verschiebungen im statisch bestimmten Hauptsystem und Schnittkräfte im geometrisch bestimmten Hauptsystem.

Sind die statisch unbestimmten Schnittkräfte die überzähligen Größen des Hauptsystems, so kann nach dem Superpositionsgesetz jede Komponente einer

Verschiebung oder einer relativen Verschiebung aus den Anteilen der Belastung und der statisch unbestimmten Schnittkräfte gebildet werden.

$$\delta_k = \delta_{k0} + \sum X_h \delta_{kh}\,. \tag{281}$$

Sind die geometrischen Komponenten des Verschiebungszustandes überzählige Größen eines Hauptsystems, so kann jede Schnittkraft nach dem Superpositionsgesetz aus den Anteilen der Belastung und den Beiträgen dieser unbekannten Größen angegeben werden.

$$K_m = K_{m0} + \sum (\varphi_J K_{mJ} + u_J K'_{mJ} + v_J K''_{mJ})\,. \tag{282}$$

Das räumliche Stabwerk mit k Knotenpunkten, dessen s Stabelemente wiederum nur in zwei Querschnitten starr in Knoten miteinander verbunden sind, zählt 12 s Anschlußkräfte. Hierzu können noch t Zusatzkräfte treten, welche einzelnen Zwischenstützen oder Zugbändern zugeordnet sein sollen. Der Verschiebungszustand wird an jedem Knoten durch sechs Komponenten beschrieben. Dies sind drei Verschiebungen u, v, w und drei Drehwinkel $\varphi_x, \varphi_y, \varphi_z$. Zur Berechnung der unbekannten Größen (Anzahl $12\,s + 6\,k + t$) stehen $6\,s$ Gleichgewichtsbedingungen der an jedem Stab angreifenden äußeren Kräfte, $6\,k$ Gleichgewichtsbedingungen der an jedem Knotenpunkt angreifenden äußeren Kräfte und $6\,s$ Verträglichkeitsbedingungen zwischen relativer Verschiebung der Endquerschnitte und Verformung des Stabes zur Verfügung. Durch t Zusatzstäbe sind t Verschiebungen gegeben. Die Anzahl der Bedingungsgleichungen stimmt also auch hier mit derjenigen der Unbekannten überein. Das Ergebnis ist demnach, abgesehen von dem Ausnahmefall $D = 0$, wiederum eindeutig.

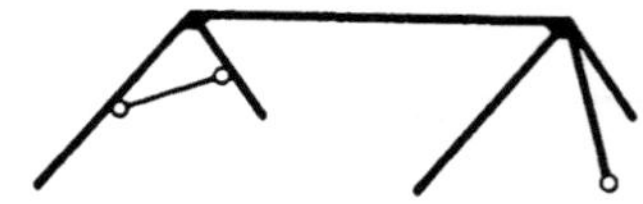

$n = 6 \cdot 5 + 3 \cdot 1 + 1 - 6 \cdot 2 = 22$

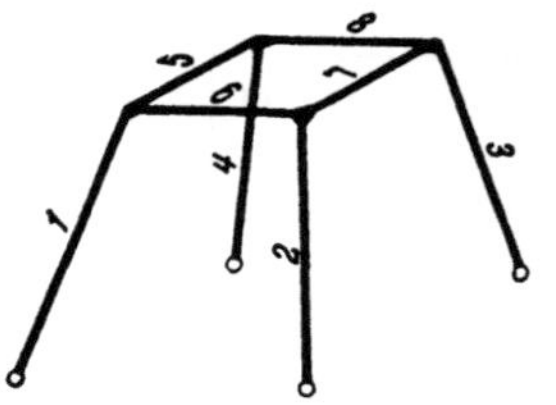

$n = 6 \cdot 4 + 3 \cdot 4 - 6 \cdot 4 = 12$

Abb. 151.

Formale Abzählung der überzähligen Größen des räumlichen Stabwerks mit steif oder gelenkig angeschlossenen Stäben:

$$n = 6\,s_{12} + 3\,s_9 + s_6 + t - 6\,k_6 - 3\,k_3 \tag{283}$$

(Abb. 151). Daher kann das räumliche Stabwerk, dessen Elemente in allen Knoten steif angeschlossen sind, statisch bestimmt berechnet werden, wenn $12\,s + t = 6\,s + 6\,k$ oder $6\,s + t = 6\,k$. In diesem Falle ist das Stabwerk ohne Belastung spannungslos und der Spannungszustand unabhängig von Temperaturänderung und Stützenbewegung. Die Berechnung eines beliebigen räumlichen Stabwerks kann ebenfalls entweder auf einen Ansatz geometrischer Bedingungen mit den statisch unbestimmten Stütz- und Schnittkräften als Unbekannten oder auf die Gleichgewichtsbedingungen der Schnittkräfte am Knoten zurückgeführt werden, in denen die sechs geometrischen Komponenten der Knotenverschiebung als Unbekannte auftreten.

A. Die Berechnung durch Elimination der Komponenten des Verschiebungszustandes.

24. Die geometrischen Bedingungsgleichungen.

Der Spannungszustand eines $n$fach statisch unbestimmten Stabwerkes kann für jede Belastung nach S. 153 eindeutig beschrieben werden, wenn n voneinander unabhängige, statisch nicht bestimmbare Stützenwiderstände C oder Schnittkräfte N, M, Q ausgezeichneter Querschnitte bekannt sind. Sie werden in Zukunft unabhängig von ihrer Eigenschaft als Kraft oder Kräftepaar mit $X_k (k = 1 \ldots n)$ bezeichnet. Die Ansätze (281) stützen sich allein auf das Gleichgewicht der inneren und äußeren Kräfte und werden daher durch jede Annahme über die Größe und den Richtungssinn der statisch unbestimmten Kräfte X_k erfüllt.

Statisch überzählige Größen X_k und Hauptsystem. Wird eine Anzahl der n statisch nicht bestimmbaren Stütz- und Schnittkräfte X_k Null gesetzt, so entsteht ein Hauptsystem des vorgelegten Stabwerks. Es ist statisch bestimmt oder statisch unbestimmt, je nachdem alle statisch nicht bestimmbaren Schnittkräfte oder nur eine Anzahl h von ihnen als „überzählig" ausgeschieden werden. Das Hauptsystem heißt in diesem Falle $(n - h)$fach statisch unbestimmt. Als statisch überzählige Größen lassen sich einzelne Komponenten einer Stützkraft oder einzelne Komponenten der einem ausgezeichneten Querschnitt k zugeordneten inneren Kraft $\int_k (\sigma \mp \tau)\, dF$ verwenden. Selbstverständlich können auch zwei oder alle drei Komponenten (N, M, Q) eines Querschnitts gleichzeitig Null gesetzt werden.

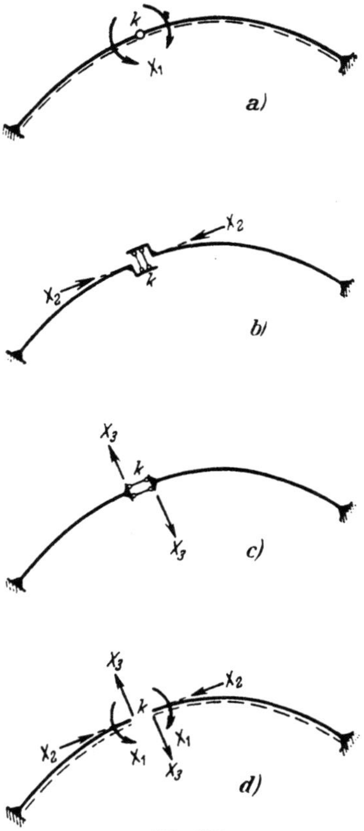

Abb. 152.

Dieser Eingriff in den Spannungszustand des vorgelegten Tragwerks kann durch reibungslose Gelenke, Führungen oder durch die vollkommene Trennung des Stabes verwirklicht werden, ohne damit das Kräftebild des Hauptsystems zu ändern.

a) $X_1 = M_k = \int_k \sigma z\, df$.

Mit $X_1 = 0$ bestehen die inneren Kräfte im Querschnitt k nur aus einer Längs- nnd Querkraft, die von einem Gelenk Abb. 152a übertragen werden können.

b) $X_2 = N_k = \int_k \sigma\, df$.

Mit $X_2 = 0$ bestehen die inneren Kräfte im Querschnitt k nur aus einem Biegungsmoment und einer Querkraft, die von einer F ü h r u n g Abb. 152b übertragen werden können.

c) $X_3 = Q_k = \int_k \tau\, df$.

Mit $X_3 = 0$ bestehen die inneren Kräfte im Querschnitt k nur aus einem Biegungsmoment und einer Längskraft, die von einer F ü h r u n g Abb. 152c übertragen werden können.

d) $X_1 = M_k, \; X_2 = N_k, \; X_3 = Q_k$.

Mit $X_1 = 0, X_2 = 0, X_3 = 0$ sind alle inneren Kräfte im Querschnitt k Null, so daß das Tragwerk hier u n t e r b r o c h e n werden kann. Das Hauptsystem Abb. 152d ist statisch bestimmt und besteht aus zwei Kragträgern.

Gleichgewicht einer b e l i e b i g e n Gruppe von äußeren Kräften ist nur an einem Hauptsystem mit kinematisch starrem Aufbau möglich. Der Ausnahmefall der unendlich kleinen Beweglichkeit des Hauptsystems ist ebenfalls ausgeschlossen. Im übrigen können die überzähligen Größen X_k nach Art, Lage und Richtungssinn grundsätzlich beliebig ausgewählt werden. Ist das Hauptsystem jedoch aus besonderen Gründen beweglich, so sind zum Gleichgewicht ausgezeichnete Eigenschaften der Belastung $\mathfrak{P}$ und der statisch unbestimmten äußeren Kräfte X_k notwendig.

Geometrische Verträglichkeit und Superpositionsgesetz im kinematisch starren Hauptsystem. Die Gleichgewichtsbedingungen werden bei jeder Annahme über die Größe der statisch unbestimmten Kräfte X_k erfüllt. Dagegen ist nach (279) nur eine durch Größe und Richtungssinn ausgezeichnete Gruppe vorhanden, die in Verbindung mit der Belastung $\mathfrak{P}$ die mit dem vorgelegten Stabwerk verträgliche Formänderung des Hauptsystems erzeugt. Diese ist durch die Stützung und durch die Dehnung und Biegung der Stäbe, also durch die Schnittkräfte bestimmt. Spannung und Formänderung sind im Bereiche des zulässigen Tragvermögens durch das Hookesche Gesetz linear miteinander verknüpft. Daher entstehen zwischen der Belastung $\mathfrak{P}(P_1 \ldots P_n)$, den Schnittkräften und der Verschiebung oder Verdrehung ausgezeichneter Querschnitte k lineare algebraische Gleichungen oder lineare Differentialgleichungen, welche durch Superposition der Absolutglieder, also durch Superposition der äußeren Kräfte $\mathfrak{P}$ und der anderen äußeren Ursachen gelöst werden können. Das Hookesche Gesetz ist also die Voraussetzung für die Gültigkeit des Superpositionsgesetzes, nach dem irgend eine mechanische oder geometrische Wirkung W_h (Kraft oder Verschiebung) eines statisch unbestimmten Tragwerks als

$$W_h = \sum_{k=1}^{k=n} W_{hk} P_k \tag{284}$$

angegeben werden kann.

Die statisch überzähligen Stütz- und Schnittkräfte $X_k (k = 1 \ldots n)$ des Stabwerks sind als innere Kräfte stets Doppelkräfte und neben der Belastung $\mathfrak{P}$ äußere Kräfte des Hauptsystems. Ihr Richtungssinn und ihre Größe werden derart bestimmt, daß die Formänderung des Hauptsystems aus seiner Belastung $\mathfrak{P}$, $X_k (k = 1 \ldots n)$, aus seiner Temperaturänderung $t, \Delta t$ und seinen Stützenverschiebungen Δ_e mit der Formänderung des vorgelegten Tragwerks übereinstimmt. Dies gilt insbesondere auch an denjenigen Querschnitten k, an welchen Schnittkräfte zur Bildung des Hauptsystems als statisch überzählig angesehen und durch äußere Kräfte X_k ersetzt worden sind. Die relativen elastischen Verschiebungen oder Verdrehungen $\delta_k^{(n)} = \delta_{k(\mathfrak{P}, \Sigma X)}^{(0)}$ der Ufer dieser Querschnitte k des Hauptsystems sind daher Null. Damit treten zu den Gleichgewichtsbedingungen für die äußeren Kräfte $\mathfrak{P}, X_k (k = 1 \ldots n)$ noch geometrische Verträglichkeitsbedingungen für den Verschiebungszustand des Hauptsystems. In diesem werden die Komponenten δ_k, die stets als gerichtete Größen anzusehen sind, in der Regel nach Vereinbarung entgegen dem Richtungssinn von X_k positiv gerechnet. Die Verträglichkeitsbedingungen werden nach (281) in der folgenden Form angeschrieben:

$$\left.\begin{aligned} &1_k^{(0)} \delta_{k(\mathfrak{P}, \Sigma X)}^{(0)} = 1_k^{(0)} \delta_k \quad = 0, \qquad (k = 1, \ldots, n) \\ \text{oder}\quad &1_k^{(n-h)} \delta_{k(\mathfrak{P}, \Sigma X)}^{(n-h)} = 1_k^{(n-h)} \delta_k = 0, \qquad (k = 1, \ldots, h). \end{aligned}\right\} \tag{285}$$

Die Anzahl der Verträglichkeitsbedingungen stimmt mit der Anzahl n oder h der überzähligen Größen X_k überein, so daß die notwendige und hinreichende Grundlage zu ihrer Berechnung vorhanden ist.

Entwicklung der Elastizitätsgleichung aus den geometrischen Verträglichkeitsbedingungen. Die relative Verschiebung δ_k der Ufer k eines ebenen, statisch bestimmten oder $(n - h)$ fach statisch unbestimmten Hauptsystems durch äußere Kräfte $\mathfrak{P}, X_k$, durch Temperaturänderung und Stützenbewegung im Sinne von $-X_k$ wird nach (35) aus dem Vergleich mit einem dem vorhandenen Kräftebild benachbarten Spannungszustande abgeleitet. Hierbei entstehen die Ansätze (285) mit der Arbeit aus einer virtuellen Belastung $-X_k = 1_k^{(0)}$ oder $-X_k = 1_k^{(n-h)}$

und den Komponenten des vorgeschriebenen statisch unbestimmten Verschiebungszustandes $(\delta_k, \varepsilon_0, \delta\psi)$.

$$\text{a)}\quad 1_k^{(0)}\delta_k = \int N_k^{(0)}\frac{N\,ds}{EF} + \int M_k^{(0)}\frac{M\,ds}{EJ} + \int Q_k^{(0)}\varkappa\frac{Q\,ds}{GF} + \int N_k^{(0)}\alpha_t t\,ds + \int M_k^{(0)}\frac{\alpha_t\Delta t}{h}ds - \sum C_{ek}^{(0)}\Delta_e = 0. \tag{286}$$

$$\text{b)}\quad 1_k^{(n-h)}\delta_k = \int N_k^{(n-h)}\frac{N\,ds}{EF} + \int M_k^{(n-h)}\frac{M\,ds}{EJ} + \int Q_k^{(n-h)}\varkappa\frac{Q\,ds}{GF} + \int N_k^{(n-h)}\alpha_t t\,ds + \int M_k^{(n-h)}\frac{\alpha_t\Delta t}{h}ds - \sum C_{ek}^{(n-h)}\Delta_e = 0. \tag{287}$$

Diese werden nach (281) durch Superposition in die Anteile aus den überzähligen Größen X_k und in die Anteile aus der Belastung $\mathfrak{P}$ (Index 0), aus der Temperaturänderung $t, \Delta t$ (Index t), aus den Stützenverschiebungen Δ_e (Index s) zerlegt. Die Stütz- und Schnittkräfte des Hauptsystems aus allen äußeren Ursachen $(\mathfrak{P}, t, \Delta t, \Delta_e)$ zusammen $(k = 1 \ldots n)$ oder $(k = 1 \ldots h)$ erhalten die Bezeichnung $C_\otimes$, $N_\otimes$, $M_\otimes$, $Q_\otimes$. Die Definition der positiven Richtung des Vektors δ_k des Hauptsystems nach S. 156 bestimmt mit den Schnittkräften $C_k^{(0)}, N_k^{(0)}, M_k^{(0)}, Q_k^{(0)}$ oder $C_k^{(n-h)}, N_k^{(n-h)}, M_k^{(n-h)}, Q_k^{(n-h)}$ aus $-X_k = 1$ die Form der Superposition.

a) Superposition im statisch bestimmten Hauptsystem:

$$\left.\begin{aligned} &C_\otimes^{(0)} = C_0^{(0)}; \quad N_\otimes^{(0)} = N_0^{(0)}; \quad M_\otimes^{(0)} = M_0^{(0)}; \quad Q_\otimes^{(0)} = Q_0^{(0)}:\\ &C = C_0^{(0)} - \sum X_k C_k^{(0)}; \qquad N = N_0^{(0)} - \sum X_k N_k^{(0)};\\ &M = M_0^{(0)} - \sum X_k M_k^{(0)}; \qquad Q = Q_0^{(0)} - \sum X_k Q_k^{(0)};\\ &(k = 1, \ldots, n)\end{aligned}\right\} \tag{288}$$

b) Superposition im $(n-h)$fach statisch unbestimmten Hauptsystem:

$$\left.\begin{aligned} &C_\otimes^{(n-h)} = C_0^{(n-h)} + C_t^{(n-h)} + C_s^{(n-h)}; \qquad C = C_\otimes^{(n-h)} - \sum X_k C_k^{(n-h)};\\ &N_\otimes^{(n-h)} = N_0^{(n-h)} + N_t^{(n-h)} + N_s^{(n-h)}; \qquad N = N_\otimes^{(n-h)} - \sum X_k N_k^{(n-h)};\\ &M_\otimes^{(n-h)} = M_0^{(n-h)} + M_t^{(n-h)} + M_s^{(n-h)}; \qquad M = M_\otimes^{(n-h)} - \sum X_k M_k^{(n-h)};\\ &Q_\otimes^{(n-h)} = Q_0^{(n-h)} + Q_t^{(n-h)} + Q_s^{(n-h)}; \qquad Q = Q_\otimes^{(n-h)} - \sum X_k Q_k^{(n-h)};\\ &(k = 1, \ldots, h).\end{aligned}\right\} \tag{289}$$

Die Verträglichkeitsbedingungen (286) und (287) lassen sich darnach folgendermaßen entwickeln:

Elastizitätsgleichung (k) für das statisch bestimmte Hauptsystem:

Form a:

$$\left.\begin{aligned} 1_k^{(0)}\delta_k = 0 = &\int N_k\frac{N_0\,ds}{EF} + \int M_k\frac{M_0\,ds}{EJ} + \int\varkappa Q_k\frac{Q_0\,ds}{GF} + \int N_k\alpha_t t\,ds + \int M_k\frac{\alpha_t\Delta t}{h}ds\\ &- \sum C_{ek}\Delta_e - X_1\left[\int N_k\frac{N_1\,ds}{EF} + \int M_k\frac{M_1\,ds}{EJ} + \int\varkappa Q_k\frac{Q_1\,ds}{GF}\right] - \cdots\\ &- X_k\left[\int\frac{N_k^2\,ds}{EF} + \int\frac{M_k^2\,ds}{EJ} + \int\varkappa\frac{Q_k^2\,ds}{GF}\right] - \cdots\\ &- X_n\left[\int N_k\frac{N_n\,ds}{EF} + \int M_k\frac{M_n\,ds}{EJ} + \int\varkappa Q_k\frac{Q_n\,ds}{GF}\right].\end{aligned}\right\} \tag{290}$$

Elastizitätsgleichung (k) für das $(n-h)$fach statisch unbestimmte Hauptsystem:

Form a:

$$\left.\begin{aligned}
1_k^{(n-h)}\delta_k = 0 = &\int N_k^{(n-h)}\frac{N_{\otimes}^{(n-h)}\,ds}{EF} + \int M_k^{(n-h)}\frac{M_{\otimes}^{(n-h)}\,ds}{EJ} + \int \varkappa Q_k^{(n-h)}\frac{Q_{\otimes}^{(n-h)}\,ds}{GF}\\
+ &\int N_k^{(n-h)}\alpha_t t\,ds + \int M_k^{(n-h)}\frac{\alpha_t\Delta t}{h}\,ds - \sum C_{ek}^{(n-h)}\Delta_e\\
- X_1&\left[\int N_k^{(n-h)}\frac{N_1^{(n-h)}\,ds}{EF} + \int M_k^{(n-h)}\frac{M_1^{(n-h)}\,ds}{EJ} + \int \varkappa Q_k^{(n-h)}\frac{Q_1^{(n-h)}\,ds}{GF}\right] - \cdots\\
- X_k&\left[\int \frac{N_k^{(n-h)^2}\,ds}{EF} + \int \frac{M_k^{(n-h)^2}\,ds}{EJ} + \int \varkappa\frac{Q_k^{(n-h)^2}\,ds}{GF}\right] - \cdots\\
- X_h&\left[\int N_k^{(n-h)}\frac{N_h^{(n-h)}\,ds}{EF} + \int M_k^{(n-h)}\frac{M_h^{(n-h)}\,ds}{EJ} + \int \varkappa Q_k^{(n-h)}\frac{Q_h^{(n-h)}\,ds}{GF}\right].
\end{aligned}\right\}\quad(291)$$

Das erste Glied des Ansatzes (290)

$$\int N_k\frac{N_0\,ds}{EF} + \int M_k\frac{M_0\,ds}{EJ} + \int \varkappa Q_k\frac{Q_0\,ds}{GF} + \int N_k\alpha_t t\,ds + \int M_k\frac{\alpha_t\Delta t}{h}\,ds$$
$$-\sum C_{ek}\Delta_e = 1_k(\delta_{k0} + \delta_{kt} + \delta_{ks}) = 1_k\delta_{k\otimes}$$

ist der Ausdruck für die Arbeit einer virtuellen Belastung $-X_k = 1$ bei einer Formänderung des Hauptsystems durch eine Belastung $\mathfrak{P}$, die Temperaturänderung ($t, \Delta t$) und durch Stützenverschiebungen Δ_e. Das positive Ergebnis bedeutet daher die gegenseitige Verschiebung oder Verdrehung des Punkte- oder Geradenpaares k des Hauptsystems aus diesen äußeren Ursachen im Sinne von $-X_k$. Der Ansatz

$$\int N_k N_1\frac{ds}{EF} + \int M_k M_1\frac{ds}{EJ} + \int \varkappa Q_k Q_1\frac{ds}{GF} = 1_k\delta_{k1} \qquad (292)$$

wird als Arbeit der virtuellen Belastung $-X_k = 1$ bei einer Formänderung des Hauptsystems durch $-X_1 = 1$ erkannt. Das positive Ergebnis ist die gegenseitige Verschiebung oder Verdrehung des Punkte- oder Geradenpaares k des Hauptsystems infolge $-X_1 = 1$. Die entsprechenden Teilwerte von (291) sind Arbeiten einer virtuellen Belastung $-X_k = 1_k^{(n-h)}$ bei einer Formänderung des statisch unbestimmten Hauptsystems. Das positive Ergebnis bedeutet daher auch die gegenseitige Verschiebung oder Verdrehung $\delta_{k\otimes}^{(n-h)}$, $\delta_{k1}^{(n-h)}$ im Sinne von $-X_k$. Die Ansätze (290) und (291) können damit folgendermaßen verwendet werden:

Elastizitätsgleichung (k) für das statisch bestimmte Hauptsystem:

Form b:

$$\delta_k = 0 = \delta_{k\otimes} - X_1\delta_{k1} - X_2\delta_{k2} - \cdots - X_k\delta_{kk} - \cdots - X_n\delta_{kn}. \qquad (293)$$

Elastizitätsgleichung (k) für das $(n-h)$fach statisch unbestimmte Hauptsystem:

Form b:

$$\delta_k = 0 = \delta_{k\otimes}^{(n-h)} - X_1\delta_{k1}^{(n-h)} - \cdots - X_k\delta_{kk}^{(n-h)} - \cdots - X_h\delta_{kh}^{(n-h)}. \qquad (294)$$

Die Form b bestätigt das Superpositionsgesetz (284) für die Verschiebungen eines statisch bestimmten oder statisch unbestimmten Systems und kann daher auch unmittelbar angeschrieben und nach (290) entwickelt werden. Sie bildet durch ihre übersichtliche geometrische Bedeutung die einfachste Grundlage für die unmittelbare Berechnung der statisch überzähligen Schnittkräfte ($X_1 \ldots X_n$).

Die von der Belastung unabhängigen Verschiebungen δ_{ki}, $\delta_{ki}^{(n-h)}$ des Hauptsystems werden im Rahmen der algebraischen Lösung als Vorzahlen der überzähligen

Größen bezeichnet. Die Verschiebungen $\delta_{k\otimes}$, $\delta_{k\otimes}^{(n-h)}$ des Hauptsystems aus Belastung, Temperaturänderung und Stützensenkungen sind die Absolutglieder des Ansatzes und heißen Belastungszahlen. Sie werden bei einer in dem beliebigen Punkte m des Lastgurtes wirkenden Einzellast $P_m = 1$ t mit δ_{km}, $\delta_{km}^{(n-h)}$ bezeichnet und bedeuten dann die Ordinaten der Einflußlinien der gegenseitigen Verschiebung oder Verdrehung der Ufer des Querschnitts k im Sinne von $-X_k$.

In den Sätzen von Betti und Maxwell (38) wird die virtuelle Arbeit einer Kräftegruppe P_m bei der Verschiebung $\delta_{mk}^{(n)}$ eines $n$fach statisch unbestimmten Stabwerks infolge der Belastung durch eine Kräftegruppe P_k mit derjenigen der Kräftegruppe P_k bei der Verschiebung $\delta_{km}^{(n)}$ durch die Belastung P_m verglichen.

$$\sum P_m \delta_{mk}^{(n)} = \sum P_k \delta_{km}^{(n)}. \tag{295}$$

Daher ist in einem statisch bestimmten Hauptsystem

$$1_k \delta_{k\Sigma(P,X)} = \sum P_m \delta_{mk} - X_1 \delta_{1k} - \cdots - X_k \delta_{kk} - \cdots - X_n \delta_{nk} = 0, \tag{296}$$

so daß noch eine dritte Form c der Elastizitätsgleichung entsteht.

Elastizitätsgleichung (k) für das statisch bestimmte Hauptsystem:

Form c:

$$X_1 \delta_{1k} + X_2 \delta_{2k} + \cdots + X_k \delta_{kk} + \cdots + X_n \delta_{nk} = \sum P_m \delta_{mk} + \delta_{kt} + \delta_{ks}. \tag{297}$$

Elastizitätsgleichung (k) für das (n $- h$)fach statisch unbestimmte Hauptsystem:

Form c:

$$\left. \begin{aligned} X_1 \delta_{1k}^{(n-h)} + X_2 \delta_{2k}^{(n-h)} + \cdots + X_k \delta_{kk}^{(n-h)} + \cdots + X_h \delta_{hk}^{(n-h)} \\ = \sum P_m \delta_{mk}^{(n-h)} + \delta_{kt}^{(n-h)} + \delta_{ks}^{(n-h)}. \end{aligned} \right\} \tag{298}$$

Die Vorzahlen δ_{ik} jeder Gleichung (k) sind jetzt Verschiebungen oder Verdrehungen ausgezeichneter Querschnitte i des Hauptsystems im Sinne von $-X_i$ durch die Belastung $-X_k = 1$. Die Belastungszahlen δ_{mk} und $\delta_{mk}^{(n-h)}$ sind Verschiebungen der Punkte m des Lastgurtes im Sinne der Last P_m infolge $-X_k = 1$. Besteht die Gruppe ΣP_m aus gleichgerichteten Lasten, so sind δ_{mk}, $\delta_{mk}^{(n-h)}$ Ordinaten der Biegelinie des Lastgurtes des Hauptsystems für $-X_k = 1$. Sie werden bei einer graphischen Untersuchung nach den Abschnitten 20, 21 zusammen mit den Vorzahlen aus einem Verschiebungsplan des Hauptsystems für $-X_k = 1$ erhalten.

Berechnung der Vorzahlen und Belastungszahlen. Die Ansätze a bis c unterscheiden sich nur durch die Form der Rechenvorschrift. Die Vorzahlen und Belastungszahlen des Ansatzes a werden als Ausdrücke für die Arbeit einer virtuellen Belastung angeschrieben und durch Integration mathematisch gewonnen. Die Vorzahlen δ_{ki}, δ_{kk} und die Belastungszahlen $\delta_{k\otimes}$ der Ansätze b und c sind relative Verschiebungen oder Verdrehungen ausgezeichneter Querschnitte k des Hauptsystems im Sinne von $-X_k$. Sie werden nach den Tabellen des Abschn. 19 eingesetzt, nach Abschn. 18 berechnet oder zeichnerisch gefunden.

Die vollständigen Vorzahlen und Belastungszahlen bestehen im allgemeinen aus drei Summanden, welche den Einfluß der Längs- und Querkräfte und denjenigen der Biegungsmomente getrennt zum Ausdruck bringen. Der Anteil der Querkräfte ist stets unbedeutend und kann gegenüber dem Fehler aus anderen ungenauen Annahmen der Rechnung vernachlässigt werden. Dasselbe gilt bei biegungssteifen Stäben zumeist auch von dem Anteil der Längskräfte. Daher werden in der Regel die Vorzahlen und Belastungszahlen, abgesehen von Temperaturwirkung und Stützensenkung, auf den Anteil der Biegungsmomente beschränkt. Dies gilt besonders bei neu zu entwerfenden Bauwerken, deren Querschnitte zunächst auf Grund von Schätzungen oder überschlägigen Berechnungen angenommen werden müssen. Da die Abschätzung von Verhältniszahlen einfacher ist, wird ein EJ_cfacher Betrag der Vorzahlen und Belastungszahlen berechnet. J_c ist ein Vergleichswert, durch welchen das Verhältnis J_c/J in möglichst einfachen Zahlen angegeben werden kann. Dasselbe gilt von der Einführung eines Vergleichsquerschnitts F_c, so daß der EJ_cfache, vollständige Betrag einer Vorzahl folgendermaßen lautet:

$$E J_c \delta_{k i} = \frac{J_c}{F_c}\int N_k N_i \frac{F_c}{F} ds + \int M_k M_i \frac{J_c}{J} ds + \frac{E J_c}{G F_c}\int \varkappa Q_k Q_i \frac{F_c}{F} ds \approx \int M_k M_i \frac{J_c}{J} ds. \quad (299)$$

Da der EJ_cfache Betrag der Formänderungen aus diesem Grunde bei der Berechnung statisch unbestimmter Tragwerke die Regel ist, werden in Zukunft zur Abkürzung des Ansatzes die EJ_c-fachen Beträge der Verschiebungen oder Verdrehungen mit δ_{ik}, δ_{kk}, $\delta_{k\otimes}$ bezeichnet. Der absolute Betrag von J_c ist nur zur Berechnung von δ_{kt} und δ_{ks} notwendig.

Die analytische Berechnung der Vorzahlen und Belastungszahlen zwingt in der Regel zur Aufteilung des Integrationsbereiches in einzelne Strecken l_h, deren elastische Eigenschaften durch ein mittleres Trägheitsmoment J_h und eine die Querschnittsgestaltung bestimmende Funktion $J_h/J = \zeta_h$ beschrieben werden.

$$\left.\begin{aligned} &\delta_{kk} = \sum_h \frac{J_c}{J_h}\int M_k^2 \frac{J_h}{J} ds; \qquad \delta_{ik} = \sum_h \frac{J_c}{J_h}\int M_i M_k \frac{J_h}{J} ds; \qquad \delta_{k0} = \sum_h \frac{J_c}{J_h}\int M_k M_0 \frac{J_h}{J} ds,\\ &\delta_{kt} = EJ_c \sum_h\left(\int N_k \alpha_t t\, ds + \int M_k \frac{\alpha_t \Delta t}{h} ds\right); \qquad \delta_{ks} = -E J_c \sum C_{sk} \Delta_s. \end{aligned}\right\} (300)$$

Die Integrale werden nur dann formal integriert, wenn J_h/J und F_h/F konstant sind oder durch eine leicht zu integrierende algebraische Funktion ersetzt werden können.

In vielen Fällen ist $\zeta_h = J_h/J = 1$ oder $J_h/J \cos\alpha = 1$. Die Rechnung ist dann besonders einfach. Sie wird mit Hilfe der Tabellen 12 und 16 ausgeführt. Andere Annahmen über die Funktionen J_h/J und $J_h/J \cos\alpha$ sind in Abschn. 18 und in den Tabellen 13 bis 15 ausführlich erörtert worden. Dasselbe gilt von der numerischen oder graphischen Lösung des Integrals.

Die Einflußlinien der überzähligen Größen setzen sich aus den erweiterten Biegelinien $\delta_{mk} (k = 1 \ldots n)$ zusammen, welche für den Lastgurt des Hauptsystems berechnet werden. Dies geschieht nach den Angaben in den Abschnitten 20 und 21. Sie werden je nach der Richtung der wandernden Last $P_m = 1\,t$ in senkrechter, waagerechter oder beliebig schräger Richtung aufgetragen.

Berechnung der virtuellen Arbeit in statisch unbestimmten Systemen mit einer Zerlegung der virtuellen Belastung. Die Vorzahlen $\delta_{ki}^{(n-h)}$, $\delta_{kk}^{(n-h)}$ und die Belastungszahlen $\delta_{k\otimes}^{(n-h)}$ der Elastizitätsgleichungen für das $(n - h) = r$fach statisch unbestimmte Hauptsystem werden nach S. 158 als Ausdruck für die Arbeit einer virtuellen Belastung 1_k bestimmt. Sie bedeuten geometrisch den EJ_cfachen Betrag der gegenseitigen Verschiebung und Verdrehung der Ufer eines ausgezeichneten Querschnitts k des Hauptsystems im Sinne von $-X_k$. Der Einfluß der Längs- und Querkräfte wird auch hier nach Abschn. 18 vernachlässigt, so daß nach (289), (291) und S. 160 die Ansätze eines $(n - h) = r$fach statisch unbestimmten Hauptsystems folgendermaßen lauten:

$$\left.\begin{aligned} &1_k^{(r)} \delta_{kk}^{(r)} = \sum_h \frac{J_c}{J_h}\int M_k^{(r)2} \frac{J_h}{J} ds; \qquad 1_k^{(r)} \delta_{ki}^{(r)} = \sum_h \frac{J_c}{J_h}\int M_k^{(r)} M_i^{(r)} \frac{J_h}{J} ds;\\ &1_k^{(r)} \delta_{k0}^{(r)} = \sum_h \frac{J_c}{J_h}\int M_k^{(r)} M_0^{(r)} \frac{J_h}{J} ds, \end{aligned}\right\} (301\,a)$$

$$\left.\begin{aligned} 1_k^{(r)}\,\delta_{kt}^{(r)} &= \frac{J_c}{F_c}\sum\frac{F_c}{F_h}\int_h N_k^{(r)}\,N_t^{(r)}\,\frac{F_h}{F}\,ds + \sum\frac{J_c}{J_h}\int_h M_k^{(r)}\,M_t^{(r)}\,\frac{J_h}{J}\,ds \\ &\quad + E J_c \sum\left[\int_h N_k^{(r)}\,\alpha_t\,t\,ds + \int_h M_k^{(r)}\,\frac{\alpha_t\,\Delta t}{h}\,ds\right], \\ 1_k^{(r)}\,\delta_{ks}^{(r)} &= \frac{J_c}{F_c}\sum\frac{F_c}{F_h}\int_h N_k^{(r)}\,N_s^{(r)}\,\frac{F_h}{F}\,ds + \sum\frac{J_c}{J_h}\int_h M_k^{(r)}\,M_s^{(r)}\,\frac{J_h}{J}\,ds - E J_c \sum C_{ek}^{(r)}\,\Delta_e\,. \end{aligned}\right\} \quad (301\text{b})$$

Die Rechenvorschrift (301) läßt sich wesentlich vereinfachen, wenn die virtuelle Belastung $1_k^{(r)}$ des $r$fach statisch unbestimmten Hauptsystems durch die ihr äquivalenten äußeren Kräfte $1_k^{(0)}$, $Y_{Hk}^{(0)}$ $(H = 1 \ldots r)$ eines darin enthaltenen, beliebigen, statisch bestimmten Hauptsystems mit den Überzähligen Y_H ersetzt wird.

$$1_k^{(r)} \equiv (1_k^{(0)},\; Y_{Hk}^{(0)}), \qquad (H = 1 \ldots r). \qquad (302)$$

In derselben Weise können auch die Komponenten $\delta_{ki}^{(r)}$, $\delta_{k\otimes}^{(r)} \ldots$ des Verschiebungszustandes des statisch unbestimmten Hauptsystems als Funktion der vorgeschriebenen Belastung $\mathfrak{P}$ und aller übrigen äußeren Ursachen aus der Formänderung eines statisch bestimmten Hauptsystems abgeleitet werden. Die Formänderung wird, abgesehen von der Temperaturänderung und Stützenbewegung, von einer Gruppe von äußeren Kräften hervorgerufen, die aus der Belastung $\mathfrak{P}$ und den ihr zugeordneten statisch unbestimmten Schnittkräften $Y_{H0}^{(0)}$ besteht. Diese enthalten unter Umständen auch Anteile aus Temperatur- und Stützenänderung.

$$\left.\begin{aligned} \delta_{k\otimes}^{(r)} &= \delta_{k\otimes}^{(0)} - \sum_{H=1}^{r} \delta_{kH}^{(0)}\,Y_{H\otimes}^{(0)}; & \delta_{ki}^{(r)} &= \delta_{ki}^{(0)} - \sum_{H=1}^{r} \delta_{kH}^{(0)}\,Y_{Hi}^{(0)}; \\ \delta_{k\otimes}^{(0)} &= \delta_{k0}^{(0)} + \delta_{kt}^{(0)} + \delta_{ks}^{(0)}; & Y_{H\otimes}^{(0)} &= Y_{H0}^{(0)} + Y_{Ht}^{(0)} + Y_{Hs}^{(0)}. \end{aligned}\right\} \quad (303)$$

In Verbindung mit (302) ist

$$\left.\begin{aligned} 1_k^{(r)}\,\delta_{k\otimes}^{(r)} &= 1_k^{(0)}\,\delta_{k\otimes}^{(r)} - \sum Y_{Hk}^{(0)}\,\delta_{H\otimes}^{(r)} = 1_k^{(0)}\,\delta_{k\otimes}^{(r)}, \qquad (H = 1 \ldots r), \\ 1_k^{(r)}\,\delta_{ki}^{(r)} &= 1_k^{(0)}\,\delta_{ki}^{(r)} - \sum Y_{Hk}^{(0)}\,\delta_{Hi}^{(r)} = 1_k^{(0)}\,\delta_{ki}^{(r)}, \qquad (H = 1 \ldots r), \end{aligned}\right\} \quad (304)$$

da die relativen Verschiebungen $\delta_{H\otimes}^{(r)}$, $\delta_{Hi}^{(r)}$ der Querschnitte H des statisch unbestimmten Hauptsystems nach Vorschrift Null sind. Die Ansätze (301) zur Berechnung der Verschiebungen eines statisch unbestimmten Stabwerks werden daher nach der folgenden Rechenvorschrift abgekürzt:

$$\left.\begin{aligned} 1_k^{(r)}\,\delta_{kk}^{(r)} &= 1_k^{(0)}\,\delta_{kk}^{(r)} = \sum\frac{J_c}{J_h}\int_h M_k^{(0)}\,M_k^{(r)}\,\frac{J_h}{J}\,ds; \quad 1_k^{(r)}\,\delta_{ki}^{(r)} = 1_k^{(0)}\,\delta_{ki}^{(r)} = \sum\frac{J_c}{J_h}\int_h M_k^{(0)}\,M_i^{(r)}\,\frac{J_h}{J}\,ds, \\ 1_k^{(r)}\,\delta_{k0}^{(r)} &= 1_k^{(0)}\,\delta_{k0}^{(r)} = \sum\frac{J_c}{J_h}\int_h M_k^{(0)}\,M_0^{(r)}\,\frac{J_h}{J}\,ds; \quad 1_k^{(r)}\,\delta_{kt}^{(r)} = 1_k^{(0)}\,\delta_{kt}^{(r)} = \frac{J_c}{F_c}\sum\frac{F_c}{F_h}\int_h N_k^{(0)}\,N_t^{(r)}\,\frac{F_h}{F}\,ds \\ &\quad + \sum\frac{J_c}{J_h}\int_h M_k^{(0)}\,M_t^{(r)}\,\frac{J_h}{J}\,ds + E J_c \sum\left[\int_h N_k^{(0)}\,\alpha_t\,t\,ds + \int_h M_k^{(0)}\,\frac{\alpha_t\,\Delta t}{h}\,ds\right]; \\ 1_k^{(r)}\,\delta_{ks}^{(r)} &= 1_k^{(0)}\,\delta_{ks}^{(r)} = \frac{J_c}{F_c}\sum\frac{F_c}{F_h}\int_h N_k^{(0)}\,N_s^{(r)}\,\frac{F_h}{F}\,ds + \sum\frac{J_c}{J_h}\int_h M_k^{(0)}\,M_s^{(r)}\,\frac{J_h}{J}\,ds - E J_c \sum C_{ek}^{(0)}\,\Delta_e\,. \end{aligned}\right\} \quad (305)$$

Die virtuelle Belastung $-X_k = 1$ wirkt hier an einem beliebigen, in dem $r$fach statisch unbestimmten Hauptsystem enthaltenen statisch bestimmten Stabwerk und erzeugt in diesem die Schnittkräfte $N_k^{(0)}$, $M_k^{(0)}$. Sie treten in den Integralen an die Stelle von $N_k^{(r)}$, $M_k^{(r)}$ des $r$fach statisch unbestimmten Hauptsystems. Der

Integrationsbereich wird auf diese Weise kleiner, daher sind auch die Ansätze für $\delta_{k\otimes}^{(r)}$, $\delta_{ki}^{(r)}$ einfacher und im Ergebnis genauer.

Der Ansatz (b) zur Berechnung von h überzähligen Größen X_k $(k = 1 \ldots h)$ aus einem $r$fach statisch unbestimmten Hauptsystem kann hiernach folgendermaßen entwickelt werden:

$$X_1\,\delta_{k1}^{(r)} \quad + \cdots X_k\,\delta_{kk}^{(r)} \quad + \cdots X_h\,\delta_{kh}^{(r)} \quad = \delta_{k\otimes}^{(r)},$$

$$X_1\,(1_k^{(0)}\,\delta_{k1}^{(r)}) + \cdots X_k\,(1_k^{(0)}\,\delta_{kk}^{(r)}) + \cdots X_h\,(1_k^{(0)}\,\delta_{kh}^{(r)}) = 1_k^{(0)}\,\delta_{k\otimes}^{(r)},$$

$$\left.\begin{aligned}
&X_1\left[\frac{J_c}{F_c}\int N_k^{(0)} N_1^{(n-h)} \frac{F_c}{F}\,ds + \int M_k^{(0)} M_1^{(n-h)} \frac{J_c}{J}\,ds\right] + \cdots \\
&+ X_k\left[\frac{J_c}{F_c}\int N_k^{(0)} N_k^{(n-h)} \frac{F_c}{F}\,ds + \int M_k^{(0)} M_k^{(n-h)} \frac{J_c}{J}\,ds\right] + \cdots \\
&+ X_h\left[\frac{J_c}{F_c}\int N_k^{(0)} N_h^{(n-h)} \frac{F_c}{F}\,ds + \int M_k^{(0)} M_h^{(n-h)} \frac{J_c}{J}\,ds\right] \\
&= \frac{J_c}{F_c}\int N_k^{(0)}(N_0^{(n-h)} + N_t^{(n-h)} + N_s^{(n-h)})\,\frac{F_c}{F}\,ds + \int M_k^{(0)}(M_0^{(n-h)} + M_t^{(n-h)} + M_s^{(n-h)})\,\frac{J_c}{J}\,ds \\
&\qquad + E J_c\left[\int N_k^{(0)}\,\alpha_t\,t\,ds + \int M_k^{(0)}\,\frac{\alpha_t\,\Delta t}{h}\,ds - \sum C_{ek}^{(0)}\,\Delta_e\right].
\end{aligned}\right\}\quad (306)$$

Werden die Verschiebungen $\delta_{k\otimes}^{(r)}$, $\delta_{ki}^{(r)}$ des $r$fach statisch unbestimmten Stabwerks aus $(\mathfrak{P}, t, \Delta t, \Delta_e)$ oder aus $-X_i = 1$ nach (305) in einem statisch bestimmten Hauptsystem abgeleitet, so ist

$$1_k^{(0)}\,\delta_{k\otimes}^{(r)} = 1_k^{(0)}\,\delta_{k\otimes}^{(0)} + 1_k^{(0)}\,\delta_{k,\Sigma Y_{H\otimes}}^{(0)}; \qquad 1_k^{(0)}\,\delta_{ki}^{(r)} = 1_k^{(0)}\,\delta_{ki}^{(0)} + 1_k^{(0)}\,\delta_{k,\Sigma Y_{Hi}}^{(0)}. \quad (307)$$

Der erste Anteil kann als die Arbeit einer virtuellen Belastung nach Abschnitt 18 berechnet werden. Der zweite Anteil ist, nach Maxwell umgeformt,

$$1_k^{(0)}\,\delta_{k,\Sigma Y_{H\otimes}}^{(0)} = -\sum Y_{H\otimes}^{(0)}\,\delta_{Hk}^{(0)}; \quad 1_k^{(0)}\,\delta_{k,\Sigma Y_{Hi}}^{(0)} = -\sum Y_{Hi}^{(0)}\,\delta_{Hk}^{(0)}, \quad (H = 1 \ldots r) \quad (308)$$

die Arbeit der statisch unbestimmten Schnittkräfte des $r$fach statisch unbestimmten Hauptsystems aus den vorgeschriebenen äußeren Ursachen mit den Komponenten $\delta_{Hk}^{(0)}$ des Verschiebungszustandes des statisch bestimmten Hauptsystems aus $-X_k = 1$.

Die Vorzahlen $1_k^{(0)} \cdot \delta_{ki}^{(r)}$ und die Belastungszahlen $1_k^{(0)} \cdot \delta_{k\otimes}^{(r)}$ werden daher nach (306) als Funktion von inneren, nach (308) als Funktion von äußeren Kräften berechnet, so daß mit dem Vergleich eine Nachprüfung der Ergebnisse erreicht wird.

Berechnung der virtuellen Arbeit in statisch unbestimmten Systemen mit einer Zerlegung der Verschiebungen. Die gegenseitige Verschiebung oder Verdrehung $\delta_{k\otimes}^{(r)}$, $\delta_{ki}^{(r)}$ der Querschnitte (k) eines $r$fach statisch unbestimmten Stabwerks kann ebenso wie die virtuelle Belastung $1_k^{(r)}$ in (302) auf ein statisch bestimmtes Hauptsystem bezogen werden. Sie besteht dann aus einem Anteil $\delta_{k\otimes}^{(0)}$, welcher von der Belastung $\mathfrak{P}$, der Temperaturänderung und der Stützenverschiebung herrührt, und einem zweiten Anteil aus den diesen Ursachen zugeordneten r statisch unbestimmten Schnittkräften $Y_{H\otimes}^{(0)}$ des Hauptsystems.

$$1_k^{(r)}\,\delta_{k\otimes}^{(r)} = 1_k^{(r)}\,\delta_{k\otimes}^{(0)} + 1_k^{(r)}\,\delta_{k,\Sigma Y_{H\otimes}}^{(0)}; \qquad 1_k^{(r)}\,\delta_{ki}^{(r)} = 1_k^{(r)}\,\delta_{ki}^{(0)} + 1_k^{(r)}\,\delta_{k,\Sigma Y_{Hi}}^{(0)}. \quad (309)$$

Da nun auch die Belastung $1_k^{(r)}$ auf ein statisch bestimmtes Hauptsystem bezogen und durch eine äquivalente Belastung $1_k^{(0)}$, $Y_{Hk}^{(0)}$ $(H = 1 \ldots r)$ ersetzt werden kann, so ist nach Maxwell

$$1_k^{(r)}\,\delta_{k\otimes}^{(r)} = 1_k^{(r)}\,\delta_{k\otimes}^{(0)} + 1_k^{(0)}\,\delta_{k,\Sigma Y_{H\otimes}}^{(0)} - \sum Y_{Hk}^{(0)}\,\delta_{H,\Sigma Y_{H\otimes}}^{(0)} = 1_k^{(r)}\,\delta_{k\otimes}^{(0)} - \sum Y_{H\otimes}^{(0)}\,\delta_{Hk}^{(r)},$$

$$1_k^{(r)}\,\delta_{ki}^{(r)} = 1_k^{(r)}\,\delta_{ki}^{(0)} - \sum Y_{Hi}^{(0)}\,\delta_{Hk}^{(r)}.$$

Da ferner die Verschiebungen $\delta_{Hk}^{(r)}$ des statisch unbestimmten Hauptsystems nach Vorschrift Null sind, so ist auch die Arbeit der Kräfte $Y_{H\otimes}^{(0)}$, $Y_{Hi}^{(0)}$ Null und damit

$$1_k^{(r)}\,\delta_{k\otimes}^{(r)} = 1_k^{(r)}\,\delta_{k\otimes}^{(0)}; \qquad 1_k^{(r)}\,\delta_{ki}^{(r)} = 1_k^{(r)}\,\delta_{ki}^{(0)}. \tag{310}$$

Die Verschiebungen eines statisch unbestimmten Stabwerks können daher im Vergleich zu (305) auch folgendermaßen berechnet werden:

$$\left.\begin{aligned}
&1_k^{(r)}\delta_{kk}^{(r)} = 1_k^{(r)}\,\delta_{kk}^{(0)} = \sum \frac{J_c}{J_h}\int\limits_h M_k^{(r)}M_k^{(0)}\frac{J_h}{J}\,ds; \quad 1_k^{(r)}\delta_{ki}^{(r)} = 1_k^{(r)}\delta_{ki}^{(0)} = \sum \frac{J_c}{J_h}\int\limits_{h_i} M_k^{(r)}M_i^{(0)}\frac{J_h}{J}\,ds;\\
&1_k^{(r)}\,\delta_{k0}^{(r)} = 1_k^{(r)}\,\delta_{k0}^{(0)} = \sum \frac{J_c}{J_h}\int\limits_h M_k^{(r)}M_0^{(0)}\frac{J_h}{J}\,ds; \quad 1_k^{(r)}\delta_{ks}^{(r)} = -EJ_c\sum C_{ek}^{(r)}\Delta_e;\\
&1_k^{(r)}\delta_{kt}^{(r)} = 1_k^{(r)}\delta_{kt}^{(0)} = EJ_c\sum\Big[\int\limits_h N_k^{(r)}\alpha_t\,t\,ds + \int\limits_h M_k^{(r)}\frac{\alpha_t\,\Delta t}{h}\,ds\Big].
\end{aligned}\right\} \tag{311}$$

Die vollständige Elastizitätsgleichung (k) eines in der Form b nach (294) angeschriebenen Ansatzes läßt sich ebenso umformen:

$$\begin{aligned}
&X_1\,\delta_{k1}^{(r)} \quad + \cdots X_k\,\delta_{kk}^{(r)} \quad + \cdots X_h\,\delta_{kh}^{(r)} \quad = \delta_{k\otimes}^{(r)},\\
&X_1(1_k^{(r)}\,\delta_{k1}^{(0)}) + \cdots X_k(1_k^{(r)}\,\delta_{kk}^{(0)}) + \cdots X_h(1_k^{(r)}\,\delta_{kh}^{(0)}) = 1_k^{(r)}\,\delta_{k\otimes}^{(0)}.
\end{aligned}$$

$$\left.\begin{aligned}
&X_1\Big[\frac{J_c}{F_c}\int N_k^{(n-h)}\,N_1^{(0)}\frac{F_c}{F}\,ds + \int M_k^{(n-h)}\,M_1^{(0)}\frac{J_c}{J}\,ds\Big] + \cdots\\
&+ X_k\Big[\frac{J_c}{F_c}\int N_k^{(n-h)}\,N_k^{(0)}\frac{F_c}{F}\,ds + \int M_k^{(n-h)}\,M_k^{(0)}\frac{J_c}{J}\,ds\Big] + \cdots\\
&+ X_h\Big[\frac{J_c}{F_c}\int N_k^{(n-h)}\,N_h^{(0)}\frac{F_c}{F}\,ds + \int M_k^{(n-h)}\,M_h^{(0)}\frac{J_c}{J}\,ds\Big]\\
&\quad = \frac{J_c}{F_c}\int N_k^{(n-h)}\,N_0^{(0)}\frac{F_c}{F}\,ds + \int M_k^{(n-h)}\,M_0^{(0)}\frac{J_c}{J}\,ds\\
&+ EJ_c\Big[\int N_k^{(n-h)}\alpha_t\,t\,ds + \int M_k^{(n-h)}\frac{\alpha_t\,\Delta t}{h}\,ds - \sum C_{ek}^{(n-h)}\Delta_e\Big].
\end{aligned}\right\} \tag{312}$$

Da die virtuelle Belastung $1_k^{(r)}$ nach (302) durch $1_k^{(0)}$, $Y_{Hk}^{(0)}$ $(H = 1 \ldots r)$ äquivalent ersetzt werden kann, ist

$$1_k^{(r)}\,\delta_{k\otimes}^{(0)} = 1_k^{(0)}\delta_{k\otimes}^{(0)} - \sum Y_{Hk}^{(0)}\delta_{H\otimes}^{(0)}; \qquad 1_k^{(r)}\,\delta_{ki}^{(0)} = 1_k^{(0)}\,\delta_{ki}^{(0)} - \sum Y_{Hk}^{(0)}\delta_{Hi}^{(0)}. \tag{313}$$

Der erste Anteil der Ansätze besteht aus Verschiebungen eines statisch bestimmten Hauptsystems durch ($\mathfrak{P}$, t, Δt, Δ_e) oder $-X_i = 1$, die nach Abschnitt **18** berechnet oder aus Tabellen 12ff. entnommen werden können. Der zweite Anteil ist die Arbeit der statisch unbestimmten Schnittkräfte Y_{Hk} $(H = 1 \ldots r)$ aus der virtuellen Belastung $-X_k = 1$ mit den Komponenten $\delta_{H\otimes}^{(0)}$, $\delta_{Hi}^{(0)}$ des Verschiebungszustandes des statisch bestimmten Hauptsystems. Die Vorzahlen werden auf diese Weise als virtuelle Arbeit von äußeren Kräften angegeben. Der Vergleich mit (311) bildet wiederum eine Prüfung für die Richtigkeit der Rechnung.

Die Elastizitätsgleichung als Minimalbedingung der Formänderungsenergie. Die Formänderungsenergie A_i, die Ergänzungsenergie A_i^* eines Stabwerks oder die erweiterte Funktion A_i^{**} ist nach (37) bei Gleichgewicht der inneren und äußeren Kräfte ein Minimum. Da nun die statischen Bedingungen durch beliebige Annahmen über die Selbstspannungszustände X_k $(k = 1 \ldots n)$ erfüllt werden, erhalten diese in den Funktionen A_i, A_i^*, A_i^{**} die Eigenschaft von unabhängigen veränderlichen Größen, nach denen die Funktionen partiell abgeleitet werden können. Nach dem Minimalprinzip E. Castiglianos entstehen daher bei n statisch überzähligen Größen mit n partiellen Ableitungen nach X_k die folgenden n Bedingungsgleichungen:

$$\frac{\partial A_i}{\partial X_k}=0; \qquad \frac{\partial A_i^*}{\partial X_k}=0; \qquad \frac{\partial A_i^{**}}{\partial X_k}=0, \qquad (k=1\ldots n). \quad (314)$$

Diese genügen, abgesehen vom Ausnahmefall, zur eindeutigen Berechnung der n überzähligen Größen X_k, die hier nicht mehr auf den Begriff der einzelnen Schnittkräfte beschränkt werden müssen, sondern beliebig aus ihnen zusammengesetzt sein können, wenn die Gruppen unabhängig voneinander bleiben.

Die Ergänzungsenergie eines Stabwerks, dessen Symmetrieebene mit der Kraftebene zusammenfällt und dessen Spannungen nach den Regeln der technischen Biegelehre berechnet werden, ist nach (158) und (163) mit den vorgeschriebenen Stützenverschiebungen

$$A_i^* = \frac{1}{2}\int\left(\frac{N^2}{EF}+\frac{M_y^2}{EJ_y}+\frac{\varkappa Q_z^2}{GF}\right)ds - \sum C_e \Delta_e . \quad (315)$$

Soll außerdem eine Temperaturänderung des Baustoffes berücksichtigt werden, so tritt hierfür die Funktion

$$A_i^{**} = \frac{1}{2}\int\left(\frac{N^2}{EF}+\frac{M_y^2}{EJ_y}+\frac{\varkappa Q_z^2}{GF}\right) + \int\left(N\alpha_t t + M\frac{\alpha_t \Delta t}{h}\right)ds - \sum C_e \Delta_e . \quad (316)$$

Die Stütz- und Schnittkräfte sind nach dem Superpositionsgesetz Funktionen der unbekannten X_k. Als Ansatz wird (288) gewählt.

$$\begin{aligned}
C &= C_0 - X_1 C_1 - X_2 C_2 - \cdots - X_k C_k - \cdots - X_n C_n ,\\
N &= N_0 - X_1 N_1 - X_2 N_2 - \cdots - X_k N_k - \cdots - X_n N_n ,\\
M &= M_0 - X_1 M_1 - X_2 M_2 - \cdots - X_k M_k - \cdots - X_n M_n ,\\
Q &= Q_0 - X_1 Q_1 - X_2 Q_2 - \cdots - X_k Q_k - \cdots - X_n Q_n .
\end{aligned}$$

Die partielle Ableitung der Funktion A_i^{**} nach X_k und damit die Minimalbedingung k ist

$$\int\frac{N}{EF}\frac{\partial N}{\partial X_k}ds + \int\frac{M}{EJ}\frac{\partial M}{\partial X_k}ds + \int\varkappa\frac{Q}{GF}\frac{\partial Q}{\partial X_k}ds + \int\frac{\partial N}{\partial X_k}\alpha_t t\,ds$$
$$+ \int\frac{\partial M}{\partial X_k}\frac{\alpha_t \Delta t}{h}ds - \sum\frac{\partial C_e}{\partial X_k}\Delta_e = 0. \quad (317)$$

Mit

$$\frac{\partial N}{\partial X_k} = -N_k, \qquad \frac{\partial M}{\partial X_k} = -M_k, \qquad \frac{\partial Q}{\partial X_k} = -Q_k, \qquad \frac{\partial C}{\partial X_k} = -C_k \quad (318)$$

wird dieselbe Elastizitätsbedingung erhalten wie unter (286), welche mit dem Ansatz (288) weiter entwickelt worden ist.

Die Ableitung der Elastizitätsgleichungen mit dem Prinzip E. Castiglianos nimmt im Gegensatz zu der anschaulichen geometrischen Methode nach (293) die Zwangläufigkeit der mathematischen Behandlung als Vorteil für sich in Anspruch und bietet die Möglichkeit, aus statisch unbestimmten Schnittkräften Y_H neue überzählige Größen X_k zu bilden, mit denen Ansatz und Lösung vereinfacht werden können. Dies wirkt sich jedoch meist nur in einzelnen Ausnahmefällen aus, so daß die Lösung nach E. Castigliano in der Regel einen Umweg bedeutet, da der Ansatz (293) und seine Ergänzung durch den Abschnitt 19 die Elastizitätsgleichungen bereits in integrierter Form bieten.

Nach diesen allgemeinen Betrachtungen wird jede Elastizitätsgleichung in Zukunft nach dem Ansatz (293) oder (294) entwickelt.

Worch, G.: Beispiele zur Anwendung des Reduktionssatzes. Beton u. Eisen 1924 S. 39. — Pasternack: Berechnung vielfach statisch unbestimmter biegefester Stab- und Flächentragwerke. 1. Dreigliedrige Systeme. Zürich 1927.

25. Die Grundlagen für die Bildung der Matrix.

Ansatz. Die n Elastizitätsgleichungen zur Berechnung von n überzähligen Größen X_k aus einem statisch bestimmten Hauptsystem erhalten nach der Begründung in Abschnitt 24 folgende Form:

$$X_1 \delta_{k1} + X_2 \delta_{k2} + \cdots X_k \delta_{kk} + \cdots X_{n-1} \delta_{k(n-1)} + X_n \delta_{kn} = \delta_{k0}.$$

Bei einem $(n-h)$fach statisch unbestimmten Hauptsystem erscheinen nach (294) die Verschiebungen $\delta_{kk}^{(n-h)}$, $\delta_{ki}^{(n-h)}$, $\delta_{k0}^{(n-h)}$. Die n Gleichungen werden zur besseren Übersicht in einer Zahlentafel (319) zusammengefaßt:

X_1	X_2		X_{k-1}	X_k	X_{k+1}		X_{n-1}	X_n	
δ_{11}	δ_{12}		$\delta_{1(k-1)}$	δ_{1k}	$\delta_{1(k+1)}$		$\delta_{1(n-1)}$	δ_{1n}	δ_{10}
δ_{21}	δ_{22}		$\delta_{2(k-1)}$	δ_{2k}	$\delta_{2(k+1)}$		$\delta_{2(n-1)}$	δ_{2n}	δ_{20}
									·
δ_{k1}	δ_{k2}		$\delta_{k(k-1)}$	δ_{kk}	$\delta_{k(k+1)}$		$\delta_{k(n-1)}$	δ_{kn}	δ_{k0}
									·
$\delta_{(n-1)1}$	$\delta_{(n-1)2}$		$\delta_{(n-1)(k-1)}$	$\delta_{(n-1)k}$	$\delta_{(n-1)(k+1)}$		$\delta_{(n-1)(n-1)}$	$\delta_{(n-1)n}$	$\delta_{(n-1)0}$
δ_{n1}	δ_{n2}		$\delta_{n(k-1)}$	δ_{nk}	$\delta_{n(k+1)}$		$\delta_{n(n-1)}$	δ_{nn}	δ_{n0}

(319)

Für den allgemeinen Belastungsfall tritt an die Stelle von δ_{k0}

$$\delta_{k\otimes} = \delta_{k0} + \delta_{kt} + \delta_{ks}.$$

Die gegenseitigen Verschiebungen oder Verdrehungen $\delta_{k1} \ldots . \delta_{kh} \ldots$ der Ufer des Querschnitts (k) infolge von $-X_h = 1$ $(h = 1 \ldots n)$ werden als virtuelle Arbeiten $1_k \cdot \delta_{k1} \ldots 1_k \cdot \delta_{kh} \ldots$ der Kräftegruppe $-X_k = 1$ berechnet. Sie erhalten den gleichen Richtungssinn wie die Kräfte $-X_k$. Die Summe der Vorzahlen einer Zeile (k)

$$\delta_{k1} + \delta_{k2} + \cdots \delta_{kh} + \cdots \delta_{kn} = \delta_{k\Sigma}, \tag{320}$$

kann als die virtuelle Arbeit der Kraft $-X_k = 1$ bei einer Formänderung des Hauptsystems aus dessen Belastung durch $-X_1 = 1 \cdots - X_n = 1$, also durch die Nachrechnung von $1_k \cdot \delta_{k\Sigma}$ geprüft werden. Hieraus entsteht mit $k = 1 \ldots n$

$$\sum_{k=1}^{k=n} 1_k \delta_{k\Sigma} = 1_\Sigma \delta_{\Sigma\Sigma} = (\delta_{11} + \cdots \delta_{1n}) + (\delta_{21} + \cdots \delta_{2n}) + \cdots (\delta_{n1} + \cdots \delta_{nn}) \tag{321}$$

und damit eine allgemeine Rechenprobe für die Richtigkeit des Ansatzes.

Die Matrix der Elastizitätsgleichungen ist mit $\delta_{ik} = \delta_{ki}$ zur Hauptdiagonale symmetrisch. Die Tafel (319) kann daher abgekürzt angeschrieben werden. Im Grenzfalle sind entweder die n überzähligen Größen in allen n Gleichungen enthalten oder sie sind unabhängig voneinander. Die Matrix ist dabei voll besetzt oder auf die Hauptdiagonale beschränkt. Die Nebenglieder sind dann Null. Beide Grenzfälle sind Ausnahmen. Der Aufbau der zahlreichen, für das Bauwesen charakteristischen, statisch unbestimmten Stabzüge führt vielmehr zu ausgezeichneten Klassen von mehrgliedrigen Bedingungsgleichungen. Sie unterscheiden sich nach der Anzahl der Unbekannten, die in jeder von ihnen auftreten und den aufeinanderfolgenden Gleichungen gemeinsam sind. Die Zuordnung der überzähligen Größen begründet in der Regel die Zusammenfassung einer ungeraden Anzahl von ihnen, also drei-, fünf-, sieben- und neungliedrige Gleichungen. Aus dem gleichen Grunde enthalten die ersten und letzten Gleichungen des Ansatzes im Vergleich zu den mittleren eine geringere Anzahl von Unbekannten.

Auflösung und konjugierte Matrix. Die Auflösung einer Gruppe von n linearen Gleichungen begegnet in formaler Beziehung keinen Schwierigkeiten. Jede Unbekannte kann mit den aus der Determinantentheorie bekannten Symbolen unmittelbar angegeben werden.

$$X_k = \frac{D_k}{D} = \frac{D_{1k}}{D}\delta_{10} + \frac{D_{2k}}{D}\delta_{20} + \cdots \frac{D_{nk}}{D}\delta_{n0}. \tag{322}$$

In diesem Ausdruck ist D_{ik} die Adjunkte zu der Vorzahl δ_{ik} der Matrix. Sie entsteht aus der Nennerdeterminante durch Streichung der $i$ten Zeile und der $k$ten Spalte. Ihr Vorzeichen wird durch $(-1)^{i+k}$ bestimmt. Dem Bruch $D_{ik}/D = \beta_{ik}$ liegt ein ausgezeichnetes Hauptsystem zugrunde. Er ist von der Belastung unabhängig und allein durch die geometrischen und elastischen Eigenschaften des Stabwerks bestimmt.

$$X_k = \beta_{1k}\delta_{10} + \cdots \beta_{ik}\delta_{i0} + \cdots \beta_{kk}\delta_{k0} + \cdots \beta_{nk}\delta_{n0}. \tag{323}$$

Mit $\delta_{ik} = \delta_{ki}$ wird nach einer Vertauschung der Zeilen und Spalten der Determinante ebenfalls $D_{ik} = D_{ki}$, damit auch $\beta_{ik} = \beta_{ki}$ und

$$X_k = \beta_{k1}\delta_{10} + \cdots \beta_{ki}\delta_{i0} + \cdots \beta_{kk}\delta_{k0} + \cdots \beta_{kn}\delta_{n0}. \tag{324}$$

Hiernach erhält β_{ki} die Bedeutung der überzähligen Größe X_k, wenn die Belastungszahl δ_{i0} allein gleich 1 und alle übrigen δ_{h0} Null gesetzt werden. Der Index i durchläuft dabei die Zahlenreihe 1, 2 über k bis n. Bei n überzähligen Größen X_k entstehen auf diese Weise der Zahl nach n^2 Vorzahlen β_{ik}, von denen jedoch nur $1/2 \cdot n(n+1)$ untereinander verschieden sind. Sie werden auch hier unabhängig von der Belastung allein aus den elastischen Eigenschaften des Hauptsystems bestimmt und bilden, als Spalten einer Tabelle angeschrieben, die konjugierte, zur Hauptdiagonale symmetrische Matrix zu (319)

	δ_{10}	δ_{20}		$\delta_{(k-1)0}$	δ_{k0}	$\delta_{(k+1)0}$		$\delta_{(n-1)0}$	δ_{n0}
X_1	β_{11}	β_{12}		$\beta_{1(k-1)}$	β_{1k}	$\beta_{1(k+1)}$		$\beta_{1(n-1)}$	β_{1n}
X_2	β_{21}	β_{22}		$\beta_{2(k-1)}$	β_{2k}	$\beta_{2(k+1)}$		$\beta_{2(n-1)}$	β_{2n}
$\vdots$									
X_k	β_{k1}	β_{k2}		$\beta_{k(k-1)}$	β_{kk}	$\beta_{k(k+1)}$		$\beta_{k(n-1)}$	β_{kn}
$\vdots$									
X_{n-1}	$\beta_{(n-1)1}$	$\beta_{(n-1)2}$		$\beta_{(n-1)(k-1)}$	$\beta_{(n-1)k}$	$\beta_{(n-1)(k+1)}$		$\beta_{(n-1)(n-1)}$	$\beta_{(n-1)n}$
X_n	β_{n1}	β_{n2}		$\beta_{n(k-1)}$	β_{nk}	$\beta_{n(k+1)}$		$\beta_{n(n-1)}$	β_{nn}

(325)

Die Auflösung der geometrischen Bedingungsgleichungen mit Determinanten ist nur bei einer Verknüpfung von wenigen Unbekannten möglich. Bei größeren Ansätzen wird stets nach den Vorschriften des Abschnitts 29 gerechnet. Dies geschieht bei vorgeschriebener Belastung unter Einbeziehung der Belastungszahlen. Bei mehreren Belastungsfällen wird in der Regel die konjugierte Matrix der Vorzahlen β_{ki} (325) verwendet

$$X_k = \sum_{i=1}^{i=n} \beta_{ki}\delta_{i0} \qquad (k = 1 \ldots n). \tag{326}$$

Werden an Stelle der Vorzahlen δ_{ik} der geometrischen Bedingungsgleichungen (319) zur Vereinfachung der Zahlenrechnung Vielfache dieser Werte, also $c\,\delta_{ik}$ verwendet, so ist

$$X_k = \sum_{i=1}^{i=n} \beta'_{ki}(c\,\delta_{i0}) \qquad (k = 1 \ldots n). \tag{327}$$

Die Glieder der konjugierten Matrix $\beta'_{ki} = \beta_{ki}/c$ $(k = 1 \ldots n)$ werden dann für $(c\,\delta_{i0}) = 1$ berechnet.

Steht eine wandernde Last $P_m = 1$ in einem beliebigen Punkte m des Lastgurtes, so ist $\delta_{k0} = \delta_{km}$ die Ordinate der Einflußlinie der gegenseitigen Verschiebung (k) des Hauptsystems. Sie wird nach Maxwell als Biegelinie des Lastgurtes für $-X_k = 1$ berechnet. Demnach entsteht die Einflußlinie

$$X_k = \sum_{i=1}^{i=n} \beta_{ki}\,\delta_{mi} \qquad (k = 1 \ldots n) \tag{328}$$

durch Überlagerung der mit den Vorzahlen β_{ki} erweiterten Ordinaten der Biegelinien δ_{mi} $(i = 1 \ldots n)$ oder als einzelne Biegelinie des Lastgurtes unter der gemeinsamen Wirkung der überzähligen Größen

$$-X_1 = \beta_{1k}, \qquad \ldots - X_i = \beta_{ik}, \qquad \ldots - X_n = \beta_{nk}$$

am Hauptsystem.

Die Auflösung der Matrix wird durch Einsetzen der einer vorgeschriebenen Belastung zugeordneten Wurzeln X_k in die geometrischen Bedingungen (319) nachgeprüft. Dasselbe gilt von den Vorzahlen β_{ki}. Sie müssen den Ansatz (319) mit dem Leitwert i, also mit den Belastungsgliedern $\delta_{10} = 0, \ldots \delta_{i0} = 1, \ldots \delta_{n0} = 0$ identisch erfüllen.

Fehlerempfindlichkeit der Lösung. Die Fehlerempfindlichkeit der Lösung kann entweder nach dem Einfluß von Fehlern in den Vorzahlen δ_{ik} aus ungenauen Annahmen oder nach dem Einfluß von Abrundungsfehlern in der Zwischenrechnung beurteilt werden. Sie unterliegen gleichen mathematischen Kennzeichen, da die Abrundungsfehler als ungenaue Vorzahlen des Ansatzes gelten können.

Die Wurzeln der Lösung werden nach S. 166 mit $X_k = D_k/D$ angegeben, so daß mit der Nennerdeterminante D auch deren Fehler allen überzähligen Größen X_k gemeinsam sind. Daher untersucht A. Hertwig den Einfluß der um $\pm\, p_{ik}\delta_{ik}$ von dem wahren Betrag δ_{ik} abweichenden Vorzahlen $(\delta_{ik} \pm p_{ik}\delta_{ik})$ auf die Nennerdeterminante D. Wird $p_{ik} = p$ konstant angenommen und darunter ein größter oder mittlerer Fehler verstanden, um den sich alle Vorzahlen von den wirklichen Werten unterscheiden, so ist mit $D' = D + \Delta D$ für $(\delta_{ik} \pm p\,\delta_{ik})$ an Stelle von δ_{ik}

$$X'_k = \frac{D_k}{D'} = \frac{D_k}{D + \Delta D} = \frac{D_k}{D} - \frac{D_k}{D}\,\frac{\Delta D}{D'} = X_k\left(1 - \frac{\Delta D}{D'}\right) = X_k(1 - \varphi). \tag{329}$$

Der Fehler p der Vorzahlen ist eine kleine Zahl, so daß die Entwicklung der Nennerdeterminante D' als Reihe von Potenzen in p mit dem linearen Gliede abgebrochen werden kann. In diesem Falle ist

$$\frac{\Delta D}{D'} = \frac{\sum p\,\delta_{ik} D_{ik}}{D'} = \sum p\,\delta_{ik}\beta_{ik}. \tag{330}$$

Der Unterschied φX_k wird im Vergleich zum wahren Wert der Wurzeln X_k am größten, wenn die Summe nur aus positiven Gliedern besteht. Die Fehlerempfindlichkeit der Lösung wird daher unter der Annahme eines Betrages $\pm\, p$, also eines Fehlers

$$\varphi = \pm\, p\,\frac{\sum |\delta_{ik} D_{ik}|}{D'} = \pm\, p \sum_i \sum_k |\beta_{ik}\delta_{ik}| \tag{331}$$

beurteilt. Der Zähler ist die Summe der n^2 Produkte der n^2 Unterdeterminanten D_{ik} von $(n-1)$ter Ordnung mit den ihnen zugeordneten Vorzahlen δ_{ik}.

Da nun die Nennerdeterminante D' als die Summe der positiven und negativen Produkte $\delta_{ik} D_{ik}$ jeder Spalte angeschrieben wird, ist φ um so größer, je mehr sich die Summe bei gegebenen p von dem $n$fachen Betrage der Nennerdeterminante D' unterscheidet, je kleiner also D' wird. Ist $D'=0$, $p \neq 0$, so ist φ unendlich groß. Die Voraussetzung ist erfüllt, wenn zwei Zeilen oder Spalten einander gleich sind oder mit konstantem Faktor ineinander übergehen. Der optimale Grenzwert liegt bei $\varphi = (\pm p) n$.

Die Empfindlichkeit der Wurzeln gegen Abrundungsfehler kann unter Umständen durch Transformation der Unbekannten X_k abgeändert werden. Der Ansatz erhält auf diese Weise eine größere Nennerdeterminante. Die Empfindlichkeit des Ansatzes gegen Fehler in den Vorzahlen bleibt dabei bestehen. Beide Ursachen der Fehlerempfindlichkeit können gleichzeitig nur durch Änderung des Hauptsystems gemildert oder beseitigt werden.

Die Stützwiderstände C und die Schnittkräfte N, M, Q des Stabwerks entstehen nach (288) durch numerische oder graphische Superposition der Anteile aus der Belastung $\mathfrak{P}$ und den überzähligen Größen X_k des Hauptsystems. Das Ergebnis ist als Summe von positiven und negativen Beiträgen wiederum durch Fehlerempfindlichkeit gefährdet. Diese wird durch das Hauptsystem bestimmt und kann daher nur durch dessen Abänderung beseitigt werden. Sie verliert um so mehr an Bedeutung, je kleiner die überzähligen Größen durch geeignete Anordnung und Belastung des Hauptsystems sind. Am besten werden sie überhaupt nur als Unterschiede gegenüber plausiblen Annahmen der überzähligen Größen berechnet.

Die Schnittkräfte des statisch unbestimmten Stabwerks. Die statisch überzähligen Schnittkräfte X_k aus den vorgeschriebenen Ursachen $(\mathfrak{P}, t, \Delta_e)$ sind neben der Belastung $\mathfrak{P}$ äußere Kräfte des Hauptsystems. Die Schnittkräfte und Verschiebungen lassen sich daher nach den Abschnitten 13ff. und 17ff. wie bei jedem statisch bestimmten Stabwerk für eine Belastung aus $\mathfrak{P}$ und X_k $(k = 1 \ldots n)$ berechnen. Sie können aber auch nach (288) und (289) durch die gruppenweise Überlagerung einzelner statisch bestimmter Beiträge C_0, M_0 usw. mit $C_k \cdot X_k$, $M_k \cdot X_k$ usw. oder einzelner Verschiebungen w_0 usw. mit $w_k \cdot X_k$ usw. angeschrieben werden. Die statisch bestimmten Schnittkräfte M_0, M_k usw. sind einzeln und daher auch nach der Gruppenbildung im Sinne von (284) im Gleichgewicht.

Die Einflußlinien der Schnittkräfte werden nach denselben Regeln aufgezeichnet. Sie entstehen entweder durch die unmittelbare Überlagerung der Anteile M_0 mit $M_k \cdot X_k$ nach (288) oder durch die Verwendung der Ansätze (324ff.) für X_k. In diesem Falle ist

$$\begin{aligned} M &= M_0 - \sum_k M_k X_k \quad ; & Q &= Q_0 - \sum_k Q_k X_k \quad ; \\ &= M_0 - \sum_k [M_k \sum_i \beta_{ki} \delta_{mi}]; & &= Q_0 - \sum_k [Q_k \sum_i \beta_{ki} \delta_{mi}]; \\ &= M_0 - \sum_i [\delta_{mi} \sum_k M_k \beta_{ki}]; & &= Q_0 - \sum_i [\delta_{mi} \sum_k Q_k \beta_{ki}]. \end{aligned} \tag{332}$$

Die Einflußlinien setzen sich darnach aus dem statisch bestimmten Anteil M_0, Q_0 und einer resultierenden Biegelinie zusammen, die entweder durch Überlagerung von n Biegelinien oder ebenso wie auf S. 167 als einzelne Biegelinie des Lastgurtes des Hauptsystems für Kräfte $-X_i = \sum_k M_k \beta_{ki}$ $(i = 1 \ldots n)$ gefunden wird.

Nachprüfung der Kontinuität des Stabzugs als Rechenprobe für die Schnittkräfte. Da die statischen Bedingungen durch die Art der Untersuchung an jedem Abschnitt des Stabwerks von vornherein erfüllt sind, können die Stütz- und Schnittkräfte des statisch unbestimmten Stabwerks (C, N, M, Q) nur durch die

Untersuchung des zugeordneten Verschiebungszustandes als richtig festgestellt werden. Dies geschieht durch Nachprüfung der Randbedingungen des freien Stabwerks, welche durch die Abstützung vorgeschrieben sind und durch Nachrechnung der relativen Bewegung $\delta_i^{(n)}$ der Ufer von n Querschnitten. Das Ergebnis $\delta_i^{(n)} = 0$ $(i = 1 \ldots n)$ bestätigt die Richtigkeit der Rechnung. In der Regel begnügt man sich mit einzelnen für die Nachprüfung geeigneten Ansätzen. Dabei sollen die Biegungsmomente $\overline{M}_i$ (171) in einem möglichst großen Bereich des Stabwerks vorhanden sein und sich von den Biegungsmomenten M_i wesentlich unterscheiden.

Ergeben sich die $\delta_i^{(n)} \neq 0$, so muß die Rechnung wiederholt werden. Eine Abschätzung des Fehlers $\delta_i^{(n)} = \Delta$ in seiner Bedeutung für den Spannungszustand genügt nur bei kleinen Unterschieden. Sind die Vorzahlen δ_{ik} der Elastizitätsgleichungen richtig, so können die $\delta_i^{(n)} = \Delta$ zugeordneten Unterschiede ΔX_k der überzähligen Größen mit den Vorzahlen der konjugierten Matrix ausgerechnet werden. Um sich jedoch von allen Voraussetzungen der vorhandenen Lösung frei zu machen, wird die dem Fehler $\delta_i^{(n)} = \Delta$ zugeordnete Änderung der Stütz- oder Schnittkraft Z_i in einem $(n-1)$fach statisch unbestimmten Hauptsystem festgestellt. Bezeichnet Z_i die genaue Stütz- oder Schnittkraft, Z_i^* ihren fehlerhaften Wert in der vorhandenen Lösung, so bestehen die folgenden Beziehungen:

$$\delta_{i0}^{(n-1)} - Z_i\,\delta_{ii}^{(n-1)} = 0\,,$$
$$\delta_{i0}^{(n-1)} - Z_i^*\,\delta_{ii}^{(n-1)} = \Delta\,.$$

Die Subtraktion dieser Gleichungen liefert den Fehler

$$\Delta Z_i = Z_i - Z_i^* = \Delta/\delta_{ii}^{(n-1)}\,. \tag{333}$$

Er läßt sich zur Vereinfachung der Rechnung mit

$$\overline{\Delta Z_i} = \Delta/\delta_{ii}^{(0)} < \Delta Z_i \tag{334}$$

abschätzen.

Das System wird daher von den Stützen gelöst oder an einer geeigneten Stelle durchschnitten, um die ihrer Größe nach bekannten gegenseitigen Verschiebungen oder Verdrehungen als Funktion der nachgewiesenen Schnittkräfte nach Abschnitt 13ff. zu berechnen. Die virtuelle Arbeit $1_i^{(n)} \cdot \delta_i^{(n)}$ ist dabei Null oder vorgeschrieben. Sie kann nach (293) als Funktion äußerer Kräfte angegeben werden:

$$1_i^{(n)}\,\delta_{i0}^{(n)} = 1_i^{(0)}\,\delta_{i0}^{(n)} = 1_i^{(0)}\,\delta_{i0}^{(0)} - \sum_{k=1}^{n} X_{k0}^{(0)}\,\delta_{ik}^{(0)}\,. \tag{335}$$

In der Regel wird jedoch die virtuelle Arbeit der inneren Kräfte nachgeprüft, so daß mit der üblichen Abkürzung folgende Gleichung identisch erfüllt sein muß:

$$1_i^{(n)}\,\delta_{i0}^{(n)} = 1_i^{(0)}\,\delta_{i0}^{(n)} = \frac{J_c}{F_c}\int N_i^{(0)} N_0^{(n)} \frac{F_c}{F}\,ds + \int M_i^{(0)} M_0^{(n)} \frac{J_c}{J}\,ds = 0\,. \tag{336}$$

Für die Schnittkräfte aus Temperatur- und Stützenbewegung ist

$$\left.\begin{aligned} 1_i^{(0)}\,\delta_{it}^{(n)} &= \frac{J_c}{F_c}\int N_i^{(0)} N_t^{(n)} \frac{F_c}{F}\,ds + \int M_i^{(0)} M_t^{(n)} \frac{J_c}{J}\,ds \\ &\qquad + E J_c\left[\int N_i^{(0)} \alpha_t t\,ds + \int M_i^{(0)} \frac{\alpha_t \Delta t}{h}\,ds\right] = 0\,, \\ 1_i^{(0)}\,\delta_{is}^{(n)} &= \frac{J_c}{F_c}\int N_i^{(0)} N_s^{(n)} \frac{F_c}{F}\,ds + \int M_i^{(0)} M_s^{(n)} \frac{J_c}{J}\,ds - E J_c \sum C_{ci}^{(0)} \Delta_c = 0\,. \end{aligned}\right\} \tag{337}$$

Die Schnittkräfte $M_i^{(0)}$ eines geschlossenen oder beiderseits eingespannten Stabzugs sind in Abb. 153 eingetragen, so daß durch die Kontinuität des Stabwerks am Querschnitt i die folgenden drei Bedingungen nachgewiesen werden müssen:

$$\sum\int 1\,M_0^{(3)} \frac{J_c}{J}\,ds = 0; \qquad \sum\int v\,M_0^{(3)} \frac{J_c}{J}\,ds = 0; \qquad \sum\int x\,M_0^{(3)} \frac{J_c}{J}\,ds = 0\,. \tag{338}$$

In diesem Falle ist die Summe der positiven und negativen mit J_c/J reduzierten Momentenflächen aus der vorgeschriebenen Belastung Null. Dasselbe gilt von ihren Momenten bezogen auf die Achsen u und v.

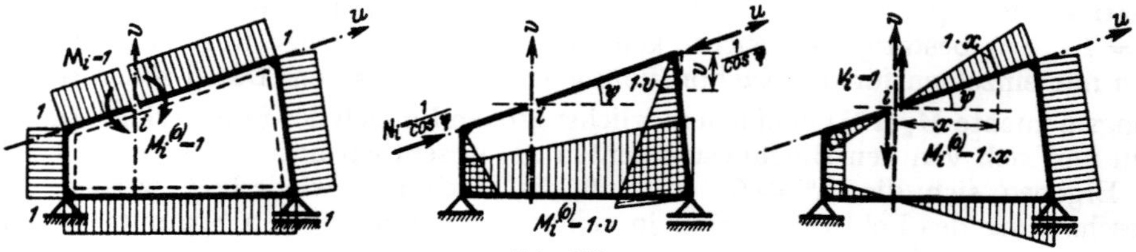

Abb. 153.

Wahl des Hauptsystems. Das Hauptsystem soll nach diesen allgemeinen Gesichtspunkten, abgesehen von besonderen Ausnahmen, kinematisch starr sein und keine unendlich kleine Beweglichkeit enthalten. Dabei sind die statisch unbestimmten Schnittkräfte derart auszuwählen, daß die Schnittkräfte des Hauptsystems der Größenordnung nach mit denjenigen des vorgelegten Stabwerks übereinstimmen und der dem Ansatz (285) zugrunde liegende Stabzug nach Möglichkeit symmetrisch ist. Zumeist ergeben sich Vorteile für die Lösung, wenn alle überzähligen Größen die gleiche Dimension besitzen, also entweder Momente oder Kräfte darstellen. Die Brauchbarkeit des Hauptsystems zeigt sich im Ansatz durch kleine Verschiebungen δ_{ik} relativ zu δ_{kk}, also durch geringe gegenseitige Abhängigkeit der überzähligen Größen. Die Auflösung des Ansatzes wird um so günstiger, je enger der Bereich ist, in dem sich die Schnittkräfte M_i, M_k aus den einzelnen Belastungszuständen $-X_i = 1$, $-X_k = 1$ überlagern. Je kleiner die Schnittkräfte M_i, M_k des Hauptsystems aus den überzähligen Größen im Verhältnis zu denjenigen sind, welche allein durch die Belastung hervorgerufen werden, um so zweckmäßiger ist das Hauptsystem zur Abminderung der mit jeder Superposition verbundenen Fehlerquellen. Führt die Untersuchung zu Einflußlinien und daher zur Aufzeichnung von Biegelinien des Lastgurtes, so verdient der einfache oder zusammengesetzte Balkenträger durch die einfachen Stützenbedingungen als Hauptsystem den Vorzug.

Pirlet, J.: Fehleruntersuchungen bei der Berechnung mehrfach statisch unbestimmter Gebilde. Diss. Aachen 1909. — Hertwig, A.: Die Fehlerwirkungen beim Auflösen linearer Gleichungen und die Berechnung statisch unbestimmter Systeme. Eisenbau 1917 S. 110. — Worch, G.: Über Rechenproben bei der Berechnung vielfach statisch unbestimmter Systeme. Bauing. 1925 S. 554.

26. Stabwerke mit wenigen überzähligen Größen.

Um die Methode im einzelnen anzuwenden und die Auflösung der n Elastizitätsgleichungen eines hochgradig statisch unbestimmten Systems vorzubereiten, werden zunächst Stabwerke mit 1 bis 3 überzähligen Größen behandelt.

Einfach statisch unbestimmtes System. Die Schnittkräfte des Hauptsystems aus Belastung $\mathfrak{P}$ und überzähliger Größe X_1 sind nach (288)

$$C = C_0 - X_1 C_1, \quad N = N_0 - X_1 N_1, \quad M = M_0 - X_1 M_1, \quad Q = Q_0 - X_1 Q_1. \qquad (339)$$

Die statisch unbestimmte Schnittkraft X_1 wird aus der geometrischen Verträglichkeit der Formänderung des Hauptsystems und des vorgelegten Systems bestimmt und nach (290) mit $k = 1$ berechnet.

$$1_1 \cdot \delta_1 = 0 = \int N_1 \frac{N_0\, ds}{EF} + \int M_1 \frac{M_0\, ds}{EJ} + \int N_1 \alpha_t t\, ds + \int M_1 \frac{\alpha_t \Delta t}{h} ds$$
$$- \sum C_{e1} \Delta_e - X_1 \left[\int N_1^2 \frac{ds}{EF} + \int M_1^2 \frac{ds}{EJ} \right]. \qquad (340)$$

Die Superposition der Formänderung des Hauptsystems aus den vorhandenen äußeren Ursachen nach (293) liefert folgende Bedingung:

$$\delta_1 = 0 = \delta_{10} + \delta_{1t} + \delta_{1s} - X_1 \delta_{11} = \delta_{1\otimes} - X_1 \delta_{11}. \tag{341}$$

Nach dem erweiterten Ansatz vom Minimum der Formänderungsarbeit ist die partielle Ableitung der Funktion A_i^{**} nach X_1 Null.

$$\frac{\partial A_i^{**}}{\partial X_1} = 0 = \int \frac{\partial N}{\partial X_1} \frac{N\,ds}{EF} + \int \frac{\partial M}{\partial X_1} \frac{M\,ds}{EJ} + \int \frac{\partial N}{\partial X_1} \alpha_t t\,ds + \int \frac{\partial M}{\partial X_1} \frac{\alpha_t \Delta t}{h}\,ds - \sum \frac{\partial C_e}{\partial X_1} \Delta_e .$$

In dieser ist $\partial C_e/\partial X_1 = -C_1$, $\partial N/\partial X_1 = -N_1$, $\partial M/\partial X_1 = -M_1$, so daß der Ansatz mit (340) übereinstimmt.

$$X_1 = \frac{\delta_{1\otimes}}{\delta_{11}}$$

$$= \frac{\frac{J_c}{F_c}\int N_1 N_0 \frac{F_c}{F}\,ds + \int M_1 M_0 \frac{J_c}{J}\,ds + E J_c \left[\int N_1 \alpha_t t\,ds + \int M_1 \frac{\alpha_t \Delta t}{h}\,ds - \sum C_{e1} \Delta_e\right]}{\frac{J_c}{F_c}\int N_1^2 \frac{F_c}{F}\,ds + \int M_1^2 \frac{J_c}{J}\,ds}. \tag{342}$$

Die statisch unbestimmte Schnittkraft X_1 besteht aus drei Anteilen. Die Belastung $\mathfrak{P}$ erzeugt im statisch bestimmten Hauptsystem die Schnittkräfte N_0, M_0, die Temperaturänderung ist mit $(t, \Delta t)$, die Stützenverschiebung durch gemessene oder geschätzte Beträge Δ_e vorgeschrieben. Die Gleichung der Einflußlinie von X_1 wird nach

$$X_1 = \delta_{m1}/\delta_{11} \tag{343}$$

berechnet oder aufgezeichnet.

Zweifach statisch unbestimmtes System. Die Stütz- und Schnittkräfte entstehen durch Superposition der Anteile aus der Belastung $\mathfrak{P}$ und den überzähligen Größen X_1 und X_2.

$$\left.\begin{aligned} C = C_0 - X_1 C_1 - X_2 C_2, \quad N = N_0 - X_1 N_1 - X_2 N_2, \\ M = M_0 - X_1 M_1 - X_2 M_2. \end{aligned}\right\} \tag{344}$$

Die statisch unbestimmten Schnittkräfte X_1, X_2 machen nach S. 164 die erweiterte Funktion der Formänderungsarbeit A_i^{**} zum Minimum, so daß deren partielle Ableitungen nach X_1 und X_2 Null sind.

$$\frac{\partial A_i^{**}}{\partial X_1} = 0 = \int \frac{\partial N}{\partial X_1} \frac{N\,ds}{EF} + \int \frac{\partial M}{\partial X_1} \frac{M\,ds}{EJ} + \int \frac{\partial N}{\partial X_1} \alpha_t t\,ds + \int \frac{\partial M}{\partial X_1} \frac{\alpha_t \Delta t}{h}\,ds - \sum \frac{\partial C_e}{\partial X_1} \Delta_e ,$$

$$\frac{\partial A_i^{**}}{\partial X_2} = 0 = \int \frac{\partial N}{\partial X_2} \frac{N\,ds}{EF} + \int \frac{\partial M}{\partial X_2} \frac{M\,ds}{EJ} + \int \frac{\partial N}{\partial X_2} \alpha_t t\,ds + \int \frac{\partial M}{\partial X_2} \frac{\alpha_t \Delta t}{h}\,ds - \sum \frac{\partial C_e}{\partial X_2} \Delta_e ,$$

$$\frac{\partial N}{\partial X_1} = -N_1, \quad \frac{\partial M}{\partial X_1} = -M_1, \quad \frac{\partial C}{\partial X_1} = -C_1,$$

$$\frac{\partial N}{\partial X_2} = -N_2, \quad \frac{\partial M}{\partial X_2} = -M_2, \quad \frac{\partial C}{\partial X_2} = -C_2.$$

Der Ansatz ist hier wegen seiner grundsätzlichen Bedeutung für die Elastizitätstheorie wiederholt worden, obwohl das Ergebnis nach (293) in integrierter Form angeschrieben werden kann. Die Abkürzung verdient durch die anschauliche geometrische Auslegung den Vorzug.

$$\delta_1 = 0 = \delta_{1\otimes} - X_1\delta_{11} - X_2\delta_{12}; \qquad \delta_{1\otimes} = \delta_{10} + \delta_{1t} + \delta_{1s};$$

$$\delta_2 = 0 = \delta_{2\otimes} - X_1\delta_{21} - X_2\delta_{22}; \qquad \delta_{2\otimes} = \delta_{20} + \delta_{2t} + \delta_{2s};$$

$$\left.\begin{aligned} X_1 &= \frac{\delta_{1\otimes}\delta_{22} - \delta_{2\otimes}\delta_{12}}{\delta_{11}\delta_{22} - \delta_{12}^2} = \frac{1}{\delta_{11} - \delta_{12}\dfrac{\delta_{12}}{\delta_{22}}}\left(\delta_{1\otimes} - \delta_{2\otimes}\frac{\delta_{12}}{\delta_{22}}\right); \\ X_2 &= \frac{\delta_{2\otimes}\delta_{11} - \delta_{1\otimes}\delta_{21}}{\delta_{11}\delta_{22} - \delta_{12}^2} = \frac{1}{\delta_{22} - \delta_{12}\dfrac{\delta_{12}}{\delta_{11}}}\left(\delta_{2\otimes} - \delta_{1\otimes}\frac{\delta_{12}}{\delta_{11}}\right). \end{aligned}\right\} \tag{345}$$

Dasselbe Ergebnis entsteht nach (324) durch Superposition der Belastungsglieder. Die Lösung des Ansatzes für $\delta_{10} = 1$ und $\delta_{20} = 0$ wird mit $X_1 = \beta_{11}$ und $X_2 = \beta_{21}$, die Lösung für $\delta_{10} = 0$ und $\delta_{20} = 1$ mit $X_1 = \beta_{12}$ und $X_2 = \beta_{22}$ bezeichnet. Dabei ist $\beta_{21} = \beta_{12}$.

$$\left.\begin{aligned} &\left.\begin{aligned}\delta_{1\otimes} &= 1\\ \delta_{2\otimes} &= 0\end{aligned}\right\} \quad \beta_{11} = \frac{1}{\delta_{11} - \delta_{12}\dfrac{\delta_{12}}{\delta_{22}}}; \qquad \beta_{21} = -\frac{\delta_{21}}{\delta_{22}}\beta_{11}, \\ &\left.\begin{aligned}\delta_{2\otimes} &= 1\\ \delta_{1\otimes} &= 0\end{aligned}\right\} \quad \beta_{22} = \frac{1}{\delta_{22} - \delta_{12}\dfrac{\delta_{12}}{\delta_{11}}}; \qquad \beta_{12} = -\frac{\delta_{12}}{\delta_{11}}\beta_{22}, \end{aligned}\right\} \tag{346}$$

$$X_1 = \beta_{11}\delta_{1\otimes} + \beta_{12}\delta_{2\otimes}; \qquad X_2 = \beta_{21}\delta_{1\otimes} + \beta_{22}\delta_{2\otimes}. \tag{347}$$

Das Ergebnis läßt sich unmittelbar mit (345) vergleichen und bildet die Anweisung für die Berechnung der Einflußlinien der statisch unbestimmten Schnittkräfte. Die Einflußlinie X_1 wird als Biegelinie des Lastgurtes bei der Belastung des Hauptsystems mit $-X_1 = \beta_{11}$, $-X_2 = \beta_{12}$, die Einflußlinie X_2 bei der Belastung mit $-X_1 = \beta_{21}$, $-X_2 = \beta_{22}$ erhalten.

Der Quotient δ_{21}/δ_{22} der Lösung kann als die überzählige Schnittkraft X_2 für $-X_1 = 1$ angesehen und daher durch X_{21} bezeichnet werden. Ebenso läßt sich $\delta_{12}/\delta_{11} = X_{12}$ als der Betrag von X_1 infolge von $-X_2 = 1$ und $\delta_{10}/\delta_{11} = X_{10}$, $\delta_{20}/\delta_{22} = X_{20}$ als die überzähligen Größen eines einfach statisch unbestimmten Systems aus der Belastung $\mathfrak{P}$ deuten. Daher ist (345) auch

$$X_1 = \frac{\delta_{10} - \delta_{12}X_{20}}{\delta_{11} - \delta_{12}X_{21}}; \qquad X_2 = \frac{\delta_{20} - \delta_{21}X_{10}}{\delta_{22} - \delta_{21}X_{12}}. \tag{348}$$

Zähler und Nenner sind daher nach dem Superpositionsgesetz die Verschiebungen $\delta_1^{(1)}$, $\delta_2^{(1)}$ in zwei einfach statisch unbestimmten Hauptsystemen aus der Belastung $\mathfrak{P}$ und $-X_1 = 1$ oder $-X_2 = 1$. Die überzähligen Größen können daher auch folgendermaßen angeschrieben und berechnet werden:

$$X_1 = \frac{\delta_{10}^{(1)}}{\delta_{11}^{(1)}}; \qquad X_2 = \frac{\delta_{20}^{(1)}}{\delta_{22}^{(1)}}. \tag{349}$$

Dreifach statisch unbestimmtes System. Die Stütz- und Schnittkräfte des Hauptsystems werden nach (288) durch Superposition der Belastung und der überzähligen Größen folgendermaßen zerlegt:

$$\left.\begin{aligned} C &= C_\otimes - X_1C_1 - X_2C_2 - X_3C_3, \\ N &= N_\otimes - X_1N_1 - X_2N_2 - X_3N_3, \\ M &= M_\otimes - X_1M_1 - X_2M_2 - X_3M_3, \\ Q &= Q_\otimes - X_1Q_1 - X_2Q_2 - X_3Q_3. \end{aligned}\right\} \tag{350}$$

Die statisch unbestimmten Schnittkräfte X_1, X_2, X_3 sind nach (285) durch die geometrische Verträglichkeit der Formänderung des Hauptsystems bestimmt.

	X_1	X_2	X_3	
(1)	δ_{11}	δ_{12}	δ_{13}	δ_{10}
(2)	δ_{21}	δ_{22}	δ_{23}	δ_{20}
(3)	δ_{31}	δ_{32}	δ_{33}	δ_{30}

(351)

Der Ansatz wird nach S. 166 mit Determinanten aufgelöst.

$$\left.\begin{aligned} X_1 &= \frac{\delta_{10}(\delta_{22}\delta_{33}-\delta_{32}\delta_{23})-\delta_{20}(\delta_{12}\delta_{33}-\delta_{32}\delta_{13})+\delta_{30}(\delta_{12}\delta_{23}-\delta_{22}\delta_{13})}{\delta_{11}(\delta_{22}\delta_{33}-\delta_{32}\delta_{23})-\delta_{21}(\delta_{12}\delta_{33}-\delta_{32}\delta_{13})+\delta_{31}(\delta_{12}\delta_{23}-\delta_{22}\delta_{13})}, \\ X_2 &= \frac{-\delta_{10}(\delta_{21}\delta_{33}-\delta_{31}\delta_{23})+\delta_{20}(\delta_{11}\delta_{33}-\delta_{31}\delta_{13})-\delta_{30}(\delta_{11}\delta_{23}-\delta_{21}\delta_{13})}{-\delta_{12}(\delta_{21}\delta_{33}-\delta_{31}\delta_{23})+\delta_{22}(\delta_{11}\delta_{33}-\delta_{31}\delta_{13})-\delta_{32}(\delta_{11}\delta_{23}-\delta_{21}\delta_{13})}, \\ X_3 &= \frac{\delta_{10}(\delta_{21}\delta_{32}-\delta_{31}\delta_{22})-\delta_{20}(\delta_{11}\delta_{32}-\delta_{31}\delta_{12})+\delta_{30}(\delta_{11}\delta_{22}-\delta_{21}\delta_{12})}{\delta_{13}(\delta_{21}\delta_{32}-\delta_{31}\delta_{22})-\delta_{23}(\delta_{11}\delta_{32}-\delta_{31}\delta_{12})+\delta_{33}(\delta_{11}\delta_{22}-\delta_{21}\delta_{12})}. \end{aligned}\right\} \quad (352)$$

Das Ergebnis läßt sich nach (324) auch durch Superposition der Belastungszahlen δ_{h0} entwickeln. Dabei ist für

$$\begin{aligned} \delta_{10} &= 1, \quad \delta_{20} = 0, \quad \delta_{30} = 0: \quad X_1 = \beta_{11}, \quad X_2 = \beta_{21}, \quad X_3 = \beta_{31}, \\ \delta_{10} &= 0, \quad \delta_{20} = 1, \quad \delta_{30} = 0: \quad X_1 = \beta_{12}, \quad X_2 = \beta_{22}, \quad X_3 = \beta_{32}, \\ \delta_{10} &= 0, \quad \delta_{20} = 0, \quad \delta_{30} = 1: \quad X_1 = \beta_{13}, \quad X_2 = \beta_{23}, \quad X_3 = \beta_{33}. \end{aligned}$$

Die Vorzahlen sind unabhängig von der Belastung und können hier aus (352) mit D als Bezeichnung für die Nennerdeterminante angeschrieben werden.

$$\left.\begin{aligned} \beta_{11} &= \frac{1}{D}(\delta_{22}\delta_{33}-\delta_{32}\delta_{23}); \qquad \beta_{21} = -\frac{1}{D}(\delta_{21}\delta_{33}-\delta_{31}\delta_{23}); \\ \beta_{31} &= \frac{1}{D}(\delta_{21}\delta_{32}-\delta_{31}\delta_{22}); \qquad \text{usw.} \end{aligned}\right\} \quad (353)$$

Die Zählerdeterminanten D_{hk} und D_{kh} sind einander gleich. Damit ist auch die Beziehung $\beta_{hk} = \beta_{kh}$ nachgeprüft worden.

Die statisch unbestimmten Schnittkräfte aus einer beliebigen Belastung mit $\delta_{1\otimes}, \delta_{2\otimes}, \delta_{3\otimes}$ sind nunmehr

$$\left.\begin{aligned} X_1 &= \beta_{11}\delta_{1\otimes} + \beta_{12}\delta_{2\otimes} + \beta_{13}\delta_{3\otimes}, \\ X_2 &= \beta_{21}\delta_{1\otimes} + \beta_{22}\delta_{2\otimes} + \beta_{23}\delta_{3\otimes}, \\ X_3 &= \beta_{31}\delta_{1\otimes} + \beta_{32}\delta_{2\otimes} + \beta_{33}\delta_{3\otimes}. \end{aligned}\right\} \quad (354)$$

Die Matrix der Lösung ist zu (351) konjugiert und mit $\beta_{kh} = \beta_{hk}$ außerdem zur Hauptdiagonale symmetrisch.

	$\delta_{1\otimes}$	$\delta_{2\otimes}$	$\delta_{3\otimes}$
X_1	β_{11}	β_{12}	β_{13}
X_2	β_{21}	β_{22}	β_{23}
X_3	β_{31}	β_{32}	β_{33}

(355)

Das Ergebnis muß die Bedingungen (351) identisch erfüllen. Die Nachprüfung für

$\beta_{11}, \beta_{21}, \beta_{31}$ und $\delta_{10} = 1$ besteht daher in

$$\left.\begin{aligned} \beta_{11}\,\delta_{11} + \beta_{21}\,\delta_{12} + \beta_{31}\,\delta_{13} &= 1\,, \\ \beta_{11}\,\delta_{21} + \beta_{21}\,\delta_{22} + \beta_{31}\,\delta_{23} &= 0\,, \\ \beta_{11}\,\delta_{31} + \beta_{21}\,\delta_{32} + \beta_{31}\,\delta_{33} &= 0\,. \end{aligned}\right\} \tag{356}$$

Ähnliche Bedingungen gelten für $\beta_{12}, \beta_{22}, \beta_{32}$ und $\delta_{20} = 1$ oder $\beta_{13}, \beta_{23}, \beta_{33}$ und $\delta_{30} = 1$.

Die Einflußlinien der überzähligen Größen nach (328) werden wieder durch Überlagerung der mit den β-Vorzahlen erweiterten Ordinaten der Biegelinien δ_{mk} des Lastgurtes des Hauptsystems oder auch als Biegelinien für ausgezeichnete Gruppen von äußeren Kräften erhalten. Diese bestehen für die Einflußlinie X_1 aus $-X_1 = \beta_{11}, -X_2 = \beta_{12}, -X_3 = \beta_{13}$.

Schnittkräfte. Die Einflußlinien der Schnittkräfte werden nach (288) durch Superposition bestimmt. Die Vorzahlen C_k, N_k, M_k, Q_k des Ansatzes sind aus den

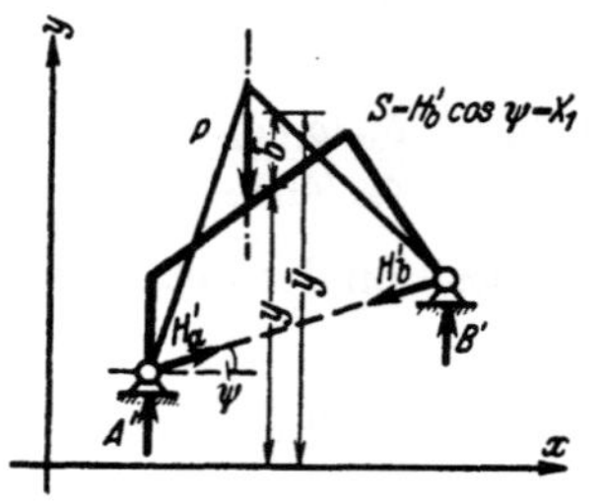

Abb. 154.

$M = X_1\left[\frac{M_0}{X_1} - M_1\right]$
$= X_1\,\bar{b} = X_1\,(\bar{y} - y)$.

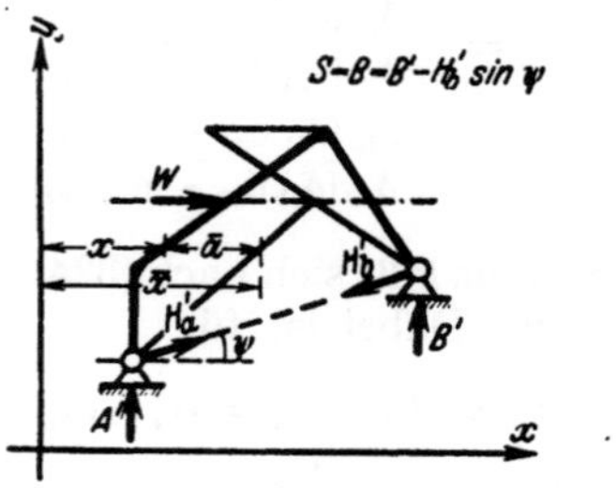

Abb. 155.

$M = B\left[\frac{M_0}{B} - \frac{X_1}{B} M_1\right]$.
$= B\,\bar{a} = B\,(\bar{x} - x)$.

Schaulinien der Schnittkräfte für $-X_k = 1$ bekannt, mit denen die Verschiebungen δ_{1k} usw. berechnet worden sind. Der Ansatz (288) gilt auch für die Schnittkräfte aus einer vorgeschriebenen Belastung. Die statisch unbestimmten Größen X_1 usw. sind in diesem Falle ebenso wie $\mathfrak{P}$ äußere Kräfte, aus denen die Schnittkräfte numerisch oder zeichnerisch nach den Abschnitten (13ff.) angegeben werden.

Die graphische Darstellung der Schnittkräfte wird in der Regel auf die Biegungsmomente beschränkt. Sie werden meist als Ordinaten an der Zugseite des Stabzugs winkelrecht zur Achse aufgetragen, um ein übersichtliches Bild zu gewinnen.

Die Lösung ist bei zahlreichen Aufgaben durch die Entwicklung der Biegungsmomente nach $M = S\,\bar{s}$ einfacher. In dieser bedeutet S eine Komponente der Mittelkraft der äußeren Kräfte des statisch unbestimmten Tragwerks links von einem beliebigen Querschnitt, die für den ganzen Stabzug oder wenigstens für große Abschnitte konstant ist. Die Strecke $\bar{s}$ ist die Differenz $\bar{b} = (\bar{y} - y)$ oder $\bar{a} = (\bar{x} - x)$ der Koordinaten x, y der Schwerpunkte oder Kernpunkte der Querschnitte und der Koordinaten $\bar{x}, \bar{y}$ der Mittelkraftlinie des $n$fach statisch unbestimmten Systems.

a) Einfach statisch unbestimmtes Stabwerk mit $\mathfrak{P}$ und der überzähligen Größe X_1 eines statisch bestimmten Hauptsystems (Abb. 154 u. 155):

$$M = M_0 - X_1 M_1 = S\left(\frac{M_0}{S} - \frac{X_1}{S} M_1\right). \tag{357}$$

b) Zwei- und dreifach statisch unbestimmtes Stabwerk mit $\mathfrak{P}$ und der überzähligen Größe X_1 des ein- oder zweifach statisch unbestimmten Hauptsystems:

$$\left.\begin{aligned} M &= M_0^{(1)} - X_1 M_1^{(1)} = S\left(\frac{M_0^{(1)}}{S} - \frac{X_1}{S} M_1^{(1)}\right), \\ M &= M_0^{(2)} - X_1 M_1^{(2)} = S\left(\frac{M_0^{(2)}}{S} - \frac{X_1}{S} M_1^{(2)}\right). \end{aligned}\right\} \tag{358}$$

Diese Formulierung der Schnittkräfte kann mit Vorteil auf die beiderseits eingespannten und die ringsum geschlossenen Stabzüge angewendet und auch auf mehrteilige Tragwerke übertragen werden. Der Abschnitt 60 enthält Beispiele.

Untersuchung eines Brückenträgers auf 3 Stützen.

1. Geometrische Grundlagen: Theoretische Stützweite: $l_1 = l_2 = l = 18{,}0$ m. Abmessungen nach Abb. 156a, hieraus $\zeta = J_c/J$ (Abb. 156b)[1].

$$J_c = J_a = J_b = 0{,}2\ J_k = 0{,}1150\ \mathrm{m}^4.$$

x und $\xi = x/l$ werden im Felde l_1 von a nach c, im Felde l_2 von b nach c gemessen.

ξ	0 bis 6/12	7/12	8/12	9/12	10/12	11/12	1,0
J_c/J	1,0000	0,9631	0,8406	0,6453	0,4551	0,3016	0,2026

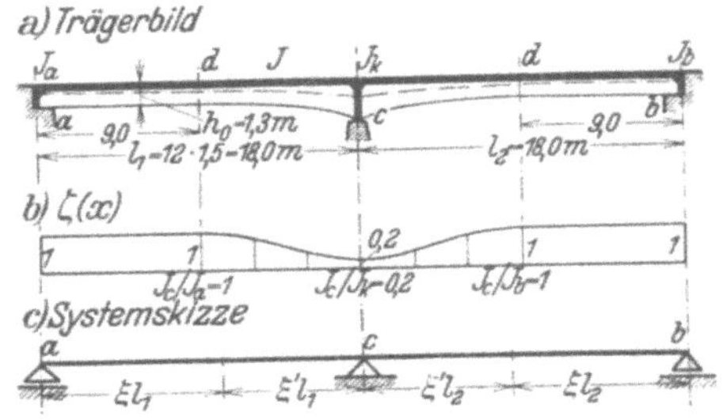

Abb. 156.

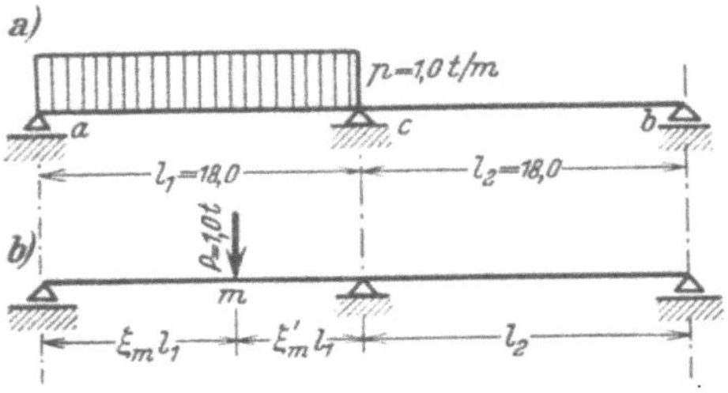

Abb. 157.

Materialkonstanten: $E_b = 210\ \mathrm{t/cm^2}$; $\alpha_t = 0{,}00001$.

2. Belastung: Aus der Anzahl der möglichen Belastungsfälle werden die folgenden herausgegriffen: a) ruhende Last $p = 1{,}0$ t (Abb. 157a); b) bewegliche Last $P = 1{,}0$ t (Abb. 157b); c) geschätzte Stützensenkung:

$$\Delta_c = 1\ \mathrm{cm}; \qquad \Delta_a = \Delta_b = 0:$$

d) ungleichmäßige Erwärmung:

$$\Delta t = t_u - t_0 = -10^0.$$

[1] Zum Vergleich werden auch die Funktionen J_c/J auf S. 97 verwendet:

Trägerbild: Verlauf der Trägheitsmomente:

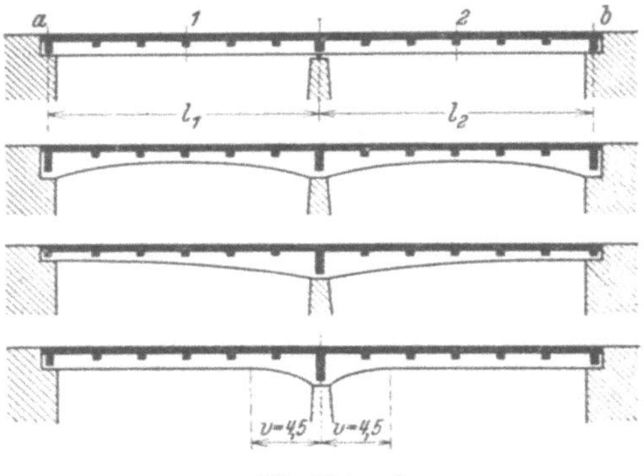

Abb. 158 a—d.

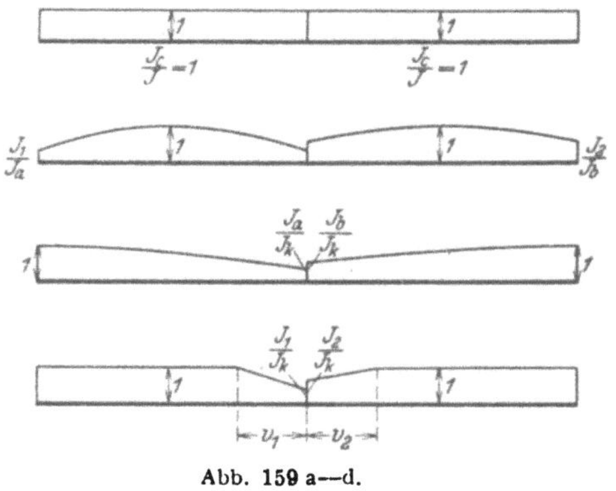

Abb. 159 a—d.

a) $\zeta = J_1/J = 1$ — konstantes Trägheitsmoment jedes Stabes ($J_c = J_1$ für $x = 0{,}5\ l$).

b) $\zeta = J_1/J = 1 - (1 - J_1/J_a)\,(1-2\,\xi)^2$ — Die Querschnittszunahme ist stetig und symmetrisch zur Feldmitte.

c) $\zeta = J_a/J = 1 - (1 - J_a/J_k)\,(1-\xi)^2$ — Die Querschnittszunahme ist stetig und unsymmetrisch zur Feldmitte.

d) $\zeta = J_1/J = 1 - (1 - J_1/J_k)\,(1 - \xi'/\nu_1)$ — Die Querschnittszunahme beschränkt sich auf die Voute ($\nu_1 = v_1/l_1$).

Die Formeln gelten für den Bereich l_1.

3. Hauptsystem: Das Tragwerk ist einfach statisch unbestimmt.

Ausbildung des Hauptsystems.

a) Träger auf zwei Stützen. X_1: Stützkraft der Mittelstütze (Abb. 160a).

b) Auslegerträger. X_1: Stützkraft einer Seitenstütze (Abb. 160b).

c) Zwei Träger auf zwei Stützen. X_1: Moment der Normalspannungen in dem der Mittelstütze unmittelbar benachbarten Querschnitt (Abb. 160c).

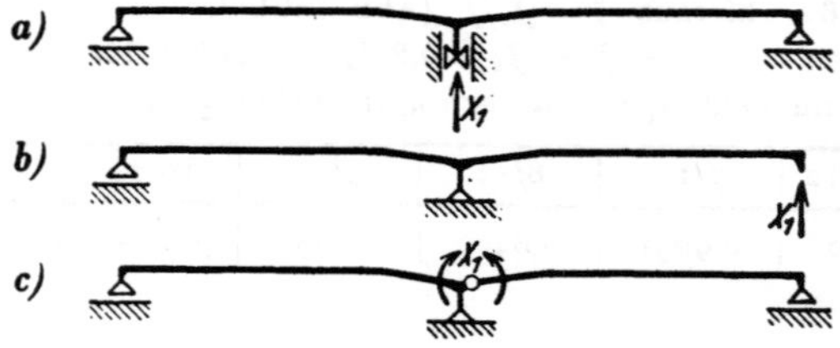

Abb. 160.

Nach den Bemerkungen auf S. 170 verdient das Hauptsystem c) (Abb. 160) den Vorzug. Berechnung von X_1 nach (342):

$$X_1 = \frac{\delta_{1\otimes}}{\delta_{11}} = \frac{\int_0^l M_0 M_1 \frac{J_c}{J}\,ds + E\,J_c \int_0^l M_1 \frac{\alpha_t \Delta t}{h}\,ds - E\,J_c \sum C_{s1} \Delta_s}{\int_0^l M_1^2 \frac{J_c}{J}\,ds} = \frac{\delta_{10} + \delta_{1t} + \delta_{1s}}{\delta_{11}}.$$

Die Mitwirkung der Querkraft wird nach S. 159 vernachlässigt, der Einfluß der Längskräfte ist Null.

Stütz- und Schnittkräfte im Hauptsystem (Kräfte in t, Momente in mt) (Abb. 161):

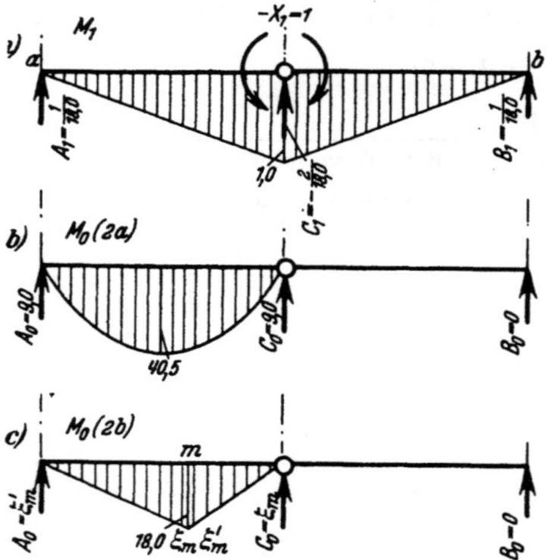

Abb. 161.

a) Belastung $-X_1 = 1$:

$$A_1 = +\frac{1}{18{,}0} \quad\Big\}\; Q_1 = +\frac{1}{18{,}0}; \qquad M_1 = \xi;$$

$$C_1 = -\frac{2}{18{,}0}$$

$$B_1 = +\frac{1}{18{,}0} \quad\Big\}\; Q_1 = -\frac{1}{18{,}0}; \qquad M_1 = \xi.$$

b) Belastung (2a):

$$A_0 = +9{,}0 \;\Big\}\; Q_0 = 18{,}0\left(\frac{1}{2} - \xi\right); \qquad M_0 = 162\,\xi\,\xi';$$

$$C_0 = +9{,}0$$

$$B_0 = \pm 0{,}0 \;\Big\}\; Q_0 = 0; \qquad M_0 = 0.$$

c) Belastung (2b):

$$A_0 = \xi'_m \;\Big\}\; a \div m:\; Q_0 = \xi'_m; \qquad M_0 = \xi'_m\,\xi \cdot 18{,}0;$$

$$C_0 = \xi_m \quad m \div c:\; Q_0 = -\xi_m; \qquad M_0 = \xi_m\,\xi' \cdot 18{,}0;$$

$$B_0 = 0{,}0;\quad c \div b:\; Q_0 = 0; \qquad M_0 = 0.$$

4. $$\delta_{11} = \int_a^b M_1^2 \frac{J_c}{J}\,ds = 2\,l \int_0^1 \xi^2 \frac{J_c}{J}\,d\xi; \qquad \xi^2 \frac{J_c}{J} = \eta.$$

Numerische Integration für die punktweise vorgeschriebene Funktion J_c/J mit Hilfe der Simpsonschen Reihe nach (181) oder (182):

$$\alpha)\quad \delta'_{11} = 2\,l \int_0^1 \eta\,d\xi = 2\,\frac{\Delta x}{3}\,(\eta_0 + 4\,\eta_1 + 2\,\eta_2 + \cdots + 2\,\eta_{2n-2} + 4\,\eta_{2n-1} + \eta_{2n}) = 2\,\frac{\Delta x}{3}\,\Sigma_1$$

$$\Delta x = 1{,}5\ \text{m}; \qquad \Sigma_1 = 7{,}10838; \qquad \delta'_{11} = 7{,}10838.$$

$$\beta)\ \delta_{11} = 2\,l\int_0^1 \eta\, d\xi = 2\,\tfrac{3}{8}\,\Delta x\,(\eta_0 + 3\,\eta_1 + 3\,\eta_2 + 2\,\eta_3 + \cdots + 3\,\eta_{n-2} + 3\,\eta_{n-1} + \eta_n) = 2\,\tfrac{3}{8}\,\Delta x\,\Sigma_2,$$

$$\Delta x = 1{,}5\ \text{m};\qquad \Sigma_2 = 6{,}32425;\qquad \delta_{11} = 7{,}11477\,.$$

m	ξ	ξ^2	$\frac{J_c}{J}$	$\xi^2\frac{J_c}{J}$	k_1	$k_1\xi^2\frac{J_c}{J}$	k_2	$k_2\xi^2\frac{J_c}{J}$
0	0,00000	0,00000	1,00000	0,00000	1	0,00000	1	0,00000
1	0,08333	0,00694	1,00000	0,00694	4	0,02776	3	0,02082
2	0,16667	0,02778	1,00000	0,02778	2	0,05556	3	0,08334
3	0,25000	0,06250	1,00000	0,06250	4	0,25000	2	0,12500
.	.	.	.	.	.	.	.	.
.	.	.	.	.	.	.	.	.
12	1,00000	1,00000	0,2026	0,20260	1	0,20260	1	0,20260
					Σ_1	7,10838	Σ_2	6,32425

Wird die Funktion $\zeta = J_c/J$ zwischen den Querschnitten d und c angenähert linear angenommen, so kann δ_{11} formal integriert werden[1]. Nach Tabelle 14b Seite 108 ist mit $M_a = \overline{M}_a = 1{,}0$ mt, $n = 0{,}2$; $v = v/l = 0{,}5$ und $l' = l = 18{,}0$ m:

$$\delta_{11} = \int_a^b M_1^2\frac{J_c}{J}\,ds = 2\int_a^c M_1^2\frac{J_c}{J}\,ds = 2\,\frac{1}{12}\,1{,}0\,\{4 - (1 - 0{,}2)\,0{,}5\,[2 + (2 - 0{,}5)^2]\}\,18{,}0 = 6{,}9;$$

5. $$\beta_{11} = \frac{1}{\delta_{11}} = \frac{1}{7{,}11477} = 0{,}14055;$$

6. und 7. Überzählige Schnittkraft $X_1 = \dfrac{\delta_{10}}{\delta_{11}} = \beta_{11}\,\delta_{10}$.

a) Belastung (2a):

$$\delta_{10} = \int_0^l M_0\,M_1\,\frac{J_c}{J}\,ds = \frac{p\,l^3}{2}\int_0^1 \xi^2\,\xi'\,\frac{J_c}{J}\,d\xi;\qquad \left(\xi^2\frac{J_c}{J}\right)\xi' = \eta\,\xi' = \eta';$$

Numerische Integration nach Simpson [(181) und (182)] mit $p = 1{,}0$ t/m, $l = 18{,}0$ m; $\Delta x = 1{,}5$ m: $\Sigma_3 = 2{,}41055$; $\Sigma_4 = 2{,}1444$.

α) $$\delta_{10}' = \frac{p\,l^3}{2}\int_0^1 \eta'\,d\xi = \frac{p\,l^2}{2}\,\frac{\Delta x}{3}\,\Sigma_3 = 195{,}25455;$$

---

[1] Tabellen 12ff.: S. 175 mit $l_1 = l_2 = 18{,}0$; $n_1 = n_2 = 0{,}2$; $v_1 = v_2 = 0{,}25$ und Annahmen $a \div d$ für ζ nach

a) $\dfrac{J_c}{J_1}\,l_1 = l_1' = 18{,}0$; $\dfrac{J_c}{J_2}\,l_2 = l_2' = 18{,}0$; $\delta_{11} = \dfrac{1}{3}\,(l_1' + l_2') = 12{,}0$;

b) $\dfrac{J_1}{J_a} = n_1$; $\dfrac{J_2}{J_b} = n_2$; $\dfrac{J_c}{J_1}\,l_1 = l_1' = 18{,}0$; $\dfrac{J_c}{J_2}\,l_2 = l_2' = 18{,}0$;

$$\delta_{11} = \frac{3 + 2\,n_1}{15}\,l_1' + \frac{3 + 2\,n_2}{15}\,l_2' = 8{,}16;$$

c) $\dfrac{J_a}{J_k} = n_1$; $\dfrac{J_b}{J_k} = n_2$; $\dfrac{J_c}{J_a}\,l_1 = l_1' = 18{,}0$; $\dfrac{J_c}{J_b}\,l_2 = l_2' = 18{,}0$;

$$\delta_{11} = \frac{2 + 3\,n_1}{15}\,l_1' + \frac{2 + 3\,n_2}{15}\,l_2' = 6{,}24;$$

d) $\dfrac{J_1}{J_k} = n_1$; $\dfrac{J_2}{J_k} = n_2$; $\dfrac{J_c}{J_1}\,l_1 = l_1' = 18{,}0$; $\dfrac{J_c}{J_2}\,l_2 = l_2' = 18{,}0$;

$$\delta_{11} = \frac{l_1'}{12}\,\{4 - (1 - n_1)\,v_1\,[2 + (2 - v_1)^2]\} + \frac{l_2'}{12}\,\{4 - (1 - n_2)\,v_2\,[2 + (2 - v_2)^2]\} = 8{,}95\,.$$

β)
$$\delta_{10} = \frac{p\,l^3}{2} \int_0^1 \eta'\,d\xi = \frac{p\,l^2}{2}\,\frac{3}{8}\,\Delta x\,\Sigma_4 = 195{,}41210;$$

$$X_1' = \frac{\delta_{10}'}{\delta_{11}'} = 27{,}46822 \text{ m t}; \qquad X_1 = \frac{\delta_{10}}{\delta_{11}} = 27{,}46569 \text{ m t}.$$

Die lineare Angleichung[1] der Funktion $\zeta = J_c/J$ zwischen den Querschnitten d und c liefert mit $M_0 = 162 \cdot \frac{1}{2} \cdot \frac{1}{2} = 40{,}5$ und $M_1 = 1{,}0$; $n = 0{,}2$:

$$\delta_{10} = \tfrac{1}{15}\,1{,}0 \cdot 40{,}5\,\{5 - (1 - 0{,}2)\,\tfrac{1}{4}\,(10 - 10\,\tfrac{1}{2} + 3\,\tfrac{1}{4})\}\,18 = 187{,}11; \qquad X_1 = 27{,}11739 \text{ mt}.$$

b) Belastung (2b).

Gleichung der Biegelinie δ_{m1}: $\dfrac{d^2\,\delta_{m1}}{d\,x^2} = -M\,\dfrac{J_c}{J} = -\xi\,\dfrac{J_c}{J} = -\mathfrak{w}_m$. Berechnung und Vergleich der Ergebnisse aus (206) und (207):

α)
$\mathfrak{W}_0' = c/6 \cdot (2\,\mathfrak{w}_0 + \mathfrak{w}_1)$,
$\mathfrak{W}_m' = c/6 \cdot (\mathfrak{w}_{m-1} + 4\,\mathfrak{w}_m + \mathfrak{w}_{m+1})$,
$\mathfrak{W}_n' = c/6 \cdot (\mathfrak{w}_{n-1} + 2\,\mathfrak{w}_n)$.

m	$\mathfrak{w}_m$	$2\,\mathfrak{w}_0$	$6/c \cdot \mathfrak{W}_0'$	$2\,\mathfrak{w}_n$	$6/c \cdot \mathfrak{W}_n'$	$\mathfrak{W}_m'$
		$4\,\mathfrak{w}_m$	$\mathfrak{w}_{m-1} + 4\,\mathfrak{w}_m + \mathfrak{w}_{m+1}$			
0	0,00000	0,00000	0,08333	—	—	0,02083
1	0,08333	0,33332	0,49999			0,12500
.	.	.	.			.
.	.	.	.			.

β)
$\mathfrak{W}_0 = c/24\,(7\,\mathfrak{w}_0 + 6\,\mathfrak{w}_1 - \mathfrak{w}_2)$,
$\mathfrak{W}_m = c/12\,(\mathfrak{w}_{m-1} + 10\,\mathfrak{w}_m + \mathfrak{w}_{m+1})$,
$\mathfrak{W}_n = c/24\,(7\,\mathfrak{w}_n + 6\,\mathfrak{w}_{n-1} - \mathfrak{w}_{n-2})$.

m	$\mathfrak{w}_m$	$7\,\mathfrak{w}_0$	$6\,\mathfrak{w}_1$	$24/c\,\mathfrak{W}_0$	$\mathfrak{W}_m$
		$\mathfrak{w}_{m-1} + 10\,\mathfrak{w}_m + \mathfrak{w}_{m+1}$			
		$7\,\mathfrak{w}_n$	$6\,\mathfrak{w}_{n-1}$	$24/c\,\mathfrak{W}_m$	
0	0,00000	0,00000	0,49998	0,33331	0,02083
1	0,08333	1,00000			0,12500
.	.	.			.
.	.	.			.

Die Untersuchung wird mit den genaueren Werten $\mathfrak{W}_m$ fortgesetzt:

$$A_{\mathfrak{w}} = \sum_0^n \mathfrak{W}_m\,\xi_m'; \quad C_{\mathfrak{w}} = \sum_0^n \mathfrak{W}_m\,\xi_m; \quad \text{Probe: } A_{\mathfrak{w}} + C_{\mathfrak{w}} = \sum_0^n \mathfrak{W}_m; \quad M_{\mathfrak{w}} = \delta_{m1}; \quad X_1 = M_{\mathfrak{w}}/\delta_{11}.$$

m	$\mathfrak{W}_m$	ξ_m'	ξ_m	$\mathfrak{W}_m\,\xi_m'$	$\mathfrak{W}_m\,\xi$	$Q_{\mathfrak{w}\,m}$	$Q_{\mathfrak{w}\,m}\,c$	$M_{\mathfrak{w}}$	X_1 [mt]
a	(2,63180)	—	—	—	—	—	—	—	—
0	0,02083	1,00000	0,00000	0,02083	0,00000	—	0,00000	0,00000	0,00000
1	0,12500	0,91667	0,08333	0,11458	0,01042	2,61097	3,91646	3,91646	0,55045
2	0,25000	0,83333	0,16667	0,20833	0,04167	2,48597	3,72896	7,64542	1,07455
.	.	.	.	.	.	.	.	.	.
.	.	.	.	.	.	.	.	.	.

[1] Mit den Annahmen über $\zeta = J_c/J$ im Sinne der Anmerkung auf S. 175, δ_{11} nach S. 177, $l_1 = l_2 = 18{,}0$, $n_1 = n_2 = 0{,}2$; $\varphi' = l_2'/l_1' = 1{,}0$; und $p_1 = 1{,}0$ t/m ist:

a) $X_1 = \dfrac{p_1\,l_1^2}{8}\,\dfrac{1}{1 + \varphi'} = 20{,}25$ mt; b) $X_1 = \dfrac{p_1\,l_1^2}{8}\,\dfrac{4 + n_1}{(3 + 2\,n_1) + (3 + 2\,n_2)\,\varphi'} = 25{,}0$ mt;

c) $X_1 = \dfrac{p_1\,l_1^2}{8}\,\dfrac{3 + 2\,n_1}{(2 + 3\,n_1) + (2 + 3\,n_2)\,\varphi'} = 26{,}5$ mt;

d) $X_1 = \dfrac{p_1\,l_1^2}{8}\,\dfrac{3{,}61 + 0{,}38\,n_1}{(2{,}734 + 1{,}266\,n_1) + (2{,}734 + 1{,}266\,n_2)\,\varphi'} = 25{,}0$ mt;

Lineare Annäherung[1] der Funktion $\zeta = J_c/J$ zwischen den Querschnitten d und c (Abb. 156):

$$X_1 = \delta_{m1}/\delta_{11} = \delta_{m1}/6{,}9\,;$$

$$P = 1 \text{ innerhalb der Voute: } \delta_{m1} = 10{,}8\,\xi'\,\{5{,}75 - \xi'\,[(2+\xi) + 4\,(1-\xi^2)]\}\,;$$

$$P = 1 \text{ außerhalb der Voute: } \delta_{m1} = 27{,}0\,\xi\,[2\,(1-\xi^2) - 0{,}3]\,.$$

Zahlenwerte der Einflußordinaten:

$\xi =$	0,2	0,4	0,6	0,8
α) Funktion $\zeta = J_c/J$ nach Abb. 156b (Fall e, Abb. 162)	1,27	2,17	2,35	1,55
β) lineare Annäherung zwischen d und c	1,27	2,17	2,30	1,53

c) Belastung (2c) und (2d)[2].

α) $\delta_{11} = 7{,}11477\,,\quad \Delta_c = 1{,}0\,\text{cm}\,,\quad \Delta_a = \Delta_b = 0\,,\quad C_1 = -\dfrac{2}{18{,}0}\,,\quad \delta_{1s} = -E\,J_c\,(C_1\Delta_c)\,.$

Die virtuelle Arbeit $(C_1\Delta_c)$ ist für $C_1 = -\frac{2}{18}$ positiv, daher

$$\delta_{1s} = -2100000\cdot 0{,}115\,(\tfrac{2}{18}\cdot 0{,}01) = -268{,}3333;$$

$$X_{1s} = \delta_{1s}/\delta_{11} = -37{,}71497 \text{ mt};$$

β) $\Delta t = t_u - t_o = -10^0;\quad \alpha_t = 10^{-5};\quad$ Annahme $\alpha_t\cdot\Delta t/h = \text{const}\,,\quad h = 1{,}3\,\text{m}\,.$

$$\delta_{1t} = E\,J_c\,\frac{\alpha_t\Delta t}{h}\left(\frac{l_1+l_2}{2}\right) = -2100000\cdot 0{,}115\cdot\frac{10^{-5}\cdot 10}{1{,}3}\cdot 18{,}0 = -334{,}3846;$$

$$X_{1t} = \delta_{1t}/\delta_{11} = -46{,}99865 \text{ mt}\,.$$

[1] Annahmen über $\zeta = J_c/J$ nach Anmerkung auf S. 175, $n = J_1/J;\ \nu_1 = v_1/l_1$:

a) $\delta_{m1} = P\dfrac{l_1 l_1'}{6}(\xi - \xi^3)$; b) $\delta_{m1} = P\dfrac{l_1 l_1'}{15}\,\xi\,\xi'\left[\dfrac{n_1+4}{2}(1+\xi) + (1-n_1)\,\xi^2\,(3\,\xi'-1)\right]$;

c) $\delta_{m1} = P\dfrac{l_1 l_1'}{60}\,\xi\,\xi'\,(1+\xi)\,[10 - 3\,(1-n_1)\,(1+\xi^2)]$;

d) P innerhalb der Voute:

$$\delta_{m1} = P\frac{l_1 l_1'}{12}\,\xi'\left\{4 - (1-n_1)\,[\nu_1\,(2 + (2-\nu_1)^2)] - \xi'\left[2\,n_1\,(2+\xi) + \frac{1-n_1}{\nu_1}(1-\xi^2)\right]\right\};$$

P außerhalb der Voute:

$$\delta_{m1} = P\frac{l_1 l_1'}{12}\,\xi\,[2\,(1-\xi^2) - (1-n_1)\,\nu_1^2\,(2-\nu_1)];$$

Gleichung der Einflußlinie für X_1: ($P = 1;\ l_1 = l_1' = 18{,}0\ \ n_1 = 0{,}2;\ \nu_1 = 0{,}25;\ \delta_{11}$ Seite 177).

a) $X_1 = 4{,}5\,\omega_D$;

b) $X_1 = 5{,}56\,\omega_D + 2{,}12\,\xi^3\,(2 - 5\,\xi + 3\,\xi^2)$;

c) $X_1 = 8{,}65\,\omega_D\,(0{,}76 - 0{,}24\,\xi^2)$;

d) P innerhalb der Voute:

$X_1 = 3{,}02\,\xi'\,\{2{,}98 - \xi'\,[0{,}4\,(2+\xi) + 3{,}2\,(1-\xi^2)]\}$;

P außerhalb der Voute:

$X_1 = 3{,}02\,\xi\,[2\,(1-\xi^2) - 0{,}088]$.

Zahlenwerte der Einflußordinaten (Abb. 162):

$\xi =$	0,2	0,4	0,6	0,8
a	0,864	1,512	1,728	1,296
b	1,077	1,933	2,172	1,512
c	1,250	2,100	2,240	1,510
d	1,110	1,920	2,160	1,530

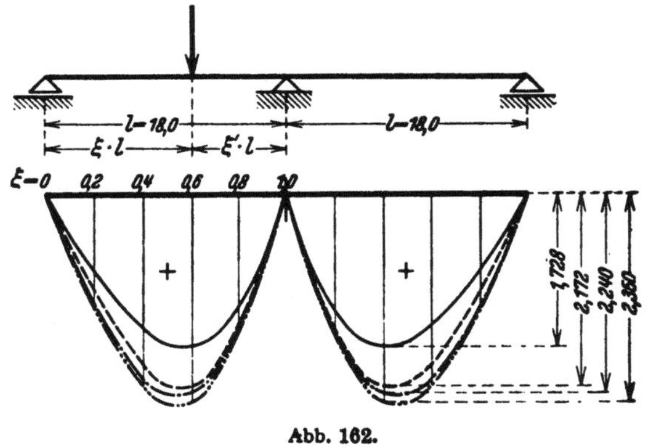

Abb. 162.

Fall a: ——
Fall b und d: — — — —
Fall c: — · — ·
Fall e: $\zeta(x)$ nach Abb. 156b. — · · — · · —
- Einflußlinie für X_1.

[2] Mit $\alpha_t\Delta t/h = \text{const}$ ist δ_{1t} ebenso wie δ_{1s} unabhängig von $\zeta = J_c/J$. Daher ist für alle Querschnittsänderungen:

$$X_{1s} = E\,J_c\left[\frac{\Delta_a}{l_1} + \frac{\Delta_b}{l_2} - \Delta_c\left(\frac{1}{l_1} + \frac{1}{l_2}\right)\right]\frac{1}{\delta_{11}};\qquad X_{1t} = E\,J_c\,\frac{\alpha_t\Delta t}{h}\cdot\frac{l_1+l_2}{2}\,\frac{1}{\delta_{11}}\,.$$

Lineare Annäherung der Funktion $\zeta = J_c/J$ nach Seite 177:

$$X_{1s} = -\frac{268{,}3333}{6{,}9} = -38{,}8889 \text{ mt}, \qquad X_{1t} = -\frac{334{,}3846}{6{,}9} = -48{,}46153 \text{ mt}.$$

8. **Stütz- und Schnittkräfte des statisch unbestimmten Systems.** Die Stütz- oder Schnittkraft K des einfach statisch unbestimmten Systems ist nach (339): $K = K_0 - X_1 \cdot K_1$. Die Kräfte K_0 und K_1 sind in Abb. 161 angegeben.

a) Belastung (2a) (Abb. 163).

$$A = 9{,}0 - 27{,}47\,\frac{1}{18{,}0} = 7{,}47 \text{ t}, \qquad \text{Feld } AC: \begin{cases} Q = 18{,}0\,(0{,}415 - \xi), \\ M = 1{,}62\,\xi\,(0{,}83 - \xi), \end{cases}$$

$$C = 9{,}0 + 27{,}47\,\frac{2}{18{,}0} = 12{,}06 \text{ t}, \qquad \text{Feld } BC: \begin{cases} Q = 1{,}53, \\ M = -27{,}47\,\xi, \end{cases}$$

$$B = 0{,}0 - 27{,}47\,\frac{1}{18{,}0} = -1{,}53 \text{ t},$$

Grenzwerte von M: $Q = 0$ für $\xi = 0{,}415$: $M_{\max} = 27{,}9$ mt;

$Q = 0$ für $\xi = 1{,}0$; $M_{\min} = -27{,}47$ mt;

b) Belastung (2b) (Abb. 164).

$$A = \xi_m' - X_1\,\frac{1}{18{,}0}; \qquad C = \xi_m + X_1\,\frac{2}{18{,}0}; \qquad B = -X_1\,\frac{1}{18{,}0}.$$

M und Q für den Schnitt $x = \xi\, l$.

$$\text{Feld } AC: \begin{cases} 0 < \xi < \xi_m: & Q = \xi_m' - X_1\,\dfrac{1}{18{,}0}; & M = \xi\,(18{,}0\,\xi_m' - X_1); \\ \xi_m < \xi < 1{,}0: & Q = \xi_m' - X_1\,\dfrac{1}{18{,}0} - 1; & M = \xi\left(18{,}0\,\dfrac{\xi'\xi_m}{\xi} - X_1\right); \end{cases}$$

$$\text{Feld } BC: \qquad Q = +X_1\,\frac{1}{18{,}0}; \qquad M = -\xi X_1.$$

Grenzwerte von M: $Q = 0$ für $\xi = \xi_m$; $M_{\max} = \xi_m\,(18{,}0\,\xi_m' - X_1)$;

$Q = 0$ für $\xi = 1{,}0$; $M_{\max} = -X_1$;

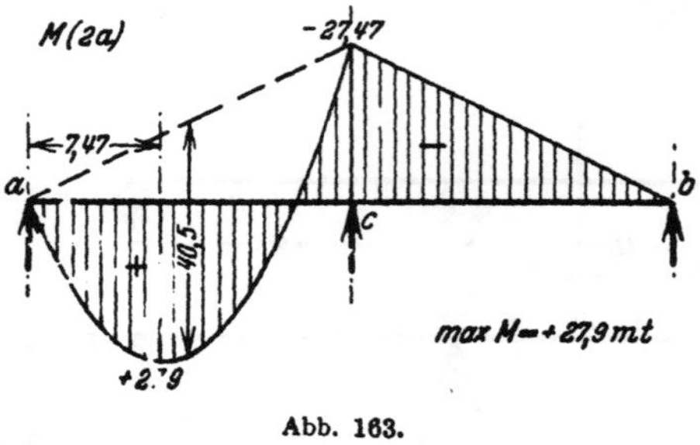

Abb. 163.

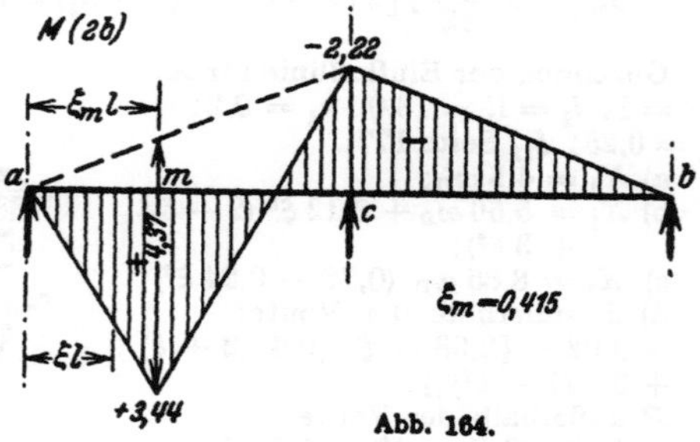

Abb. 164.

Einflußlinien[1]: A, C und B sind zugleich die Gleichungen der Einflußlinien der Stütz-

[1] Für Annahme a) auf Seite 175 mit $X_1 = 4{,}5\,\omega_D$ werden die folgenden Einflußlinien erhalten (Abb. 165 und 166):

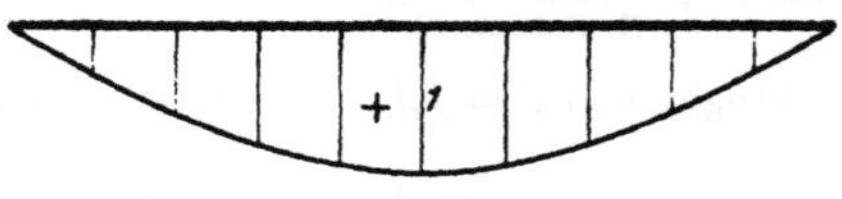

Abb. 165.
Einflußlinie für C.

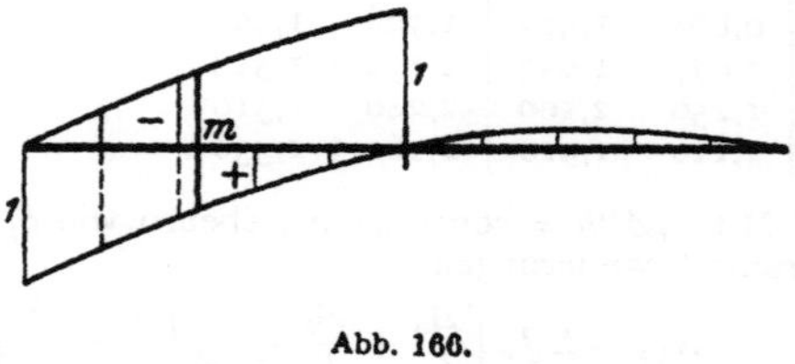

Abb. 166.
Einflußlinie für Q_m und A.

kräfte. Einflußlinien für Q_m und M_m im Schnitt m:

Feld AC: $0 < \xi < \xi_m : Q_m = -\xi - X_1 \frac{1}{18{,}0}$; $M_m = \xi_m \left(18{,}0 \frac{\xi'_m \xi}{\xi_m} - X_1\right)$;

$\xi_m < \xi < 1 : Q_m = -1 - \xi - X_1 \frac{1}{18{,}0}$; $M_m = \xi_m (18{,}0 (1 - \xi) - X_1)$;

Feld CB: $Q_m = + X_1 \frac{1}{18{,}0}$; $M_m = -\xi_m X_1$.

c) Belastungsfall (2c) und (2d):

	A t	C t	B t	Feld AC Q [t]	Feld AC M [mt]	Feld BC Q [t]	Feld BC M [mt]
K_s	+ 2,10	− 4,20	+ 2,10	+ 2,1	+ 37,71 ξ	− 2,1	+ 37,71 ξ
K_t	+ 2,23	− 4,46	+ 2,23	+ 2,23	+ 40,05 ξ	− 2,23	+ 40,05 ξ

9. Die Schnittkräfte des Stabwerkes ergeben Verschiebungen, die mit den Stützenbedingungen verträglich sein müssen. Dies wird nach (335) geprüft durch:

$$\tau = \int M^{(1)} \overline{M}^{(0)} \frac{J_c}{J} \, ds = 0 .$$

Die Funktionen $\overline{M}^{(0)}$ aller hierfür geeigneten Ansätze zur Nachprüfung der gegenseitigen Verdrehung τ der Ufer eines beliebigen Querschnitts k (Abb. 168a), der Ufer des Stützenquerschnittes c (Abb. 168b) oder der Durchbiegungen Δ_a, Δ_b, Δ_c (Abb. 168c) unterscheiden sich nur durch einen konstanten Faktor μ.

$$\overline{M}^{(0)} = \mu \xi , \quad \tau = 0 = \int M^{(1)} \xi \frac{J_c}{J} \, ds .$$

Belastung (2a):

$M^{(1)}$ wird als Funktion von ξ angeschrieben. Numerische Integration nach Simpson mit J_c/J nach 1. S. 175

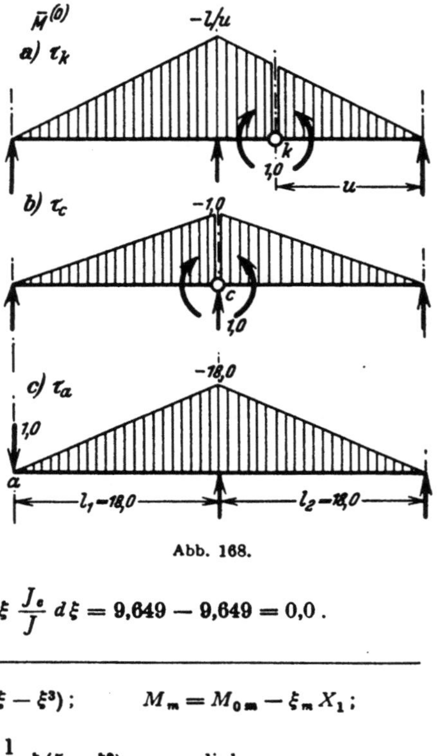

Abb. 168.

$$\tau = \int_0^1 \left(A \xi l - \frac{p \xi^2 l^2}{2}\right) \xi \frac{J_c}{J} \, d\xi + \int_0^1 B \xi l \xi \frac{J_c}{J} \, d\xi = 9{,}649 - 9{,}649 = 0{,}0 .$$

$$C = C_0 + 2 \frac{X_1}{l} = \xi + \frac{2 \cdot 4{,}5}{18{,}0} (\xi - \xi^3) = \frac{1}{2} (3\xi - \xi^3) ; \qquad M_m = M_{0m} - \xi_m X_1 ;$$

$$Q_m = Q_{0m} - \frac{X_1}{l} = \begin{cases} -\xi - \frac{4{,}5}{18{,}0} (\xi - \xi^3) = -\frac{1}{4} \xi (5 - \xi^2) & \text{links von } m; \\ +1 - \xi - \frac{4{,}5}{18{,}0} (\xi - \xi^3) = 1 - \frac{1}{4} \xi (5 - \xi^2) & \text{rechts von } m. \end{cases}$$

Es soll die Einflußlinie für dasjenige Feldmoment berechnet werden, das bei gleichförmiger Belastung am größten wird. An dieser Stelle ist (Fall a):

$$M_m = \begin{cases} \xi'_m l \xi - \xi_m X_1 & \text{links von } m \text{ (Abb. 167)}, \\ \xi_m l \xi' - \xi_m X_1 & \text{rechts von } m , \end{cases}$$

$$Q_m = 0 = \frac{p l}{16} (7 - 16 \xi_m) : \qquad \xi_m = \frac{7}{16} .$$

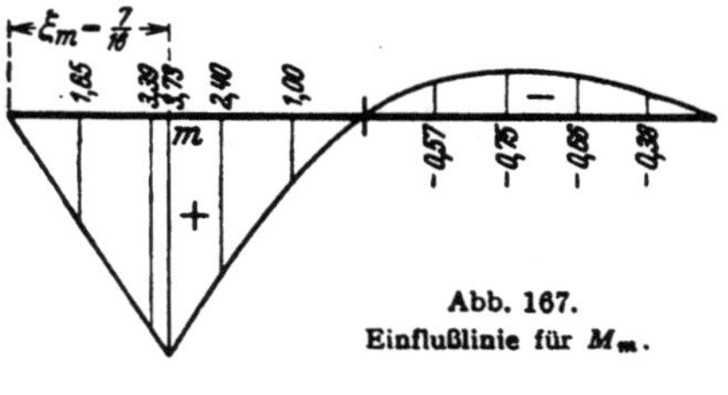

Abb. 167.
Einflußlinie für M_m.

Belastung (2c) und (2d):

Die Verschiebungen aus Temperatur und Stützensenkung im Hauptsystem und aus den zugeordneten überzähligen Schnittkräften sind nach Abb. 168:

$$\tau = \tau_t + \tau_{0t} = 0; \qquad \tau = \tau_s + \tau_{0s} = 0;$$

$$\tau = 2EJ_c \frac{\alpha_t \Delta t}{h} \cdot \frac{l^2}{u} \int_0^1 \xi \, d\xi + 2X_1 \frac{l^2}{u} \int_0^1 \xi^2 \frac{J_c}{J} \, d\xi = 0,$$

$$0 = \frac{1}{2} EJ_c \frac{\alpha_t \Delta t}{h} + X_1 \int_0^1 \xi^2 \frac{J_c}{J} \, d\xi = 9{,}28846 - 9{,}28846,$$

$$\tau_s = \tau_a + \tau_b = EJ_c \left\{ \frac{1}{l} \Delta_c + \left(\frac{2}{u} - \frac{1}{l} \right) \Delta_c \right\}; \qquad \tau_{0s} = 2X_1 \frac{l^2}{u} \int_0^1 \xi^2 \frac{J_c}{J} \, d\xi,$$

$$\tau = EJ_c \frac{2}{u} \Delta_c + 2X_1 \frac{l^2}{u} \int_0^1 \xi^2 \frac{J_c}{J} \, d\xi = 0,$$

$$0 = EJ_c \Delta_c + X_1 l^2 \int_0^1 \xi^2 \frac{J_c}{J} \, d\xi = 2415{,}0 - 2414{,}9999;$$

Dreifach statisch unbestimmtes System.

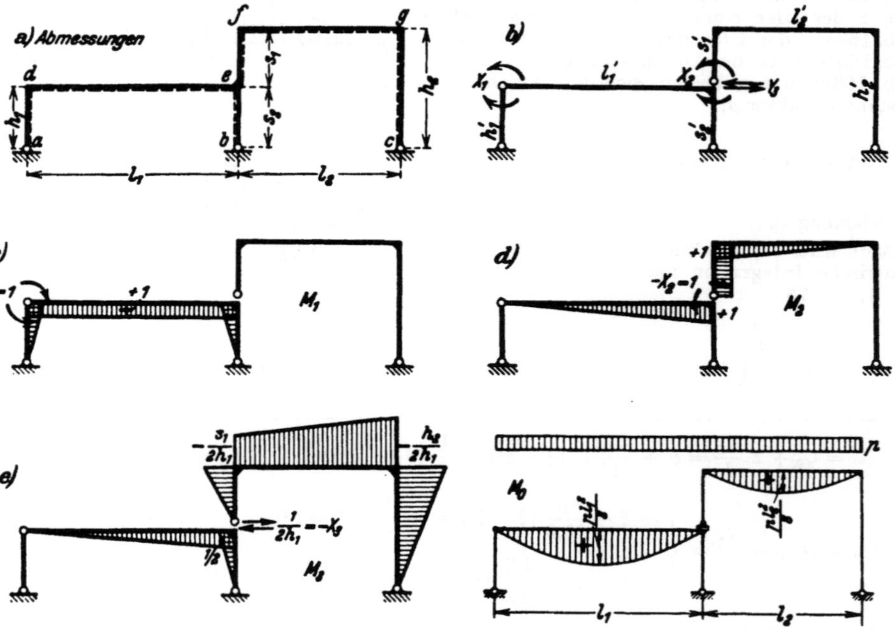

Abb. 169.

1. Geometrische Grundlagen: Abmessungen (Abb. 169a): $l_1 = 15{,}0$ m; $l_2 = 12{,}0$ m; $h_1 = s_1 = s_2 = 4{,}5$ m; $h_2 = 2h_1 = 9{,}0$ m.

J_c Trägheitsmoment des Riegels $\overline{de}$.

Reduzierte Stablängen: $l_1' = 15{,}0$ m; $l_2' = 18{,}0$ m; $h_1' = 27{,}0$ m; $h_2' = 18{,}0$ m; $s_1' = 9{,}0$; $s_2' = 9{,}0$ m.

Materialkonstanten: $E_b = 210$ t/cm²; $\alpha_t = 0{,}00001$.

2. Belastung: Gleichförmig verteilte Belastung der beiden Riegel mit p t/m.

3. Hauptsystem: Das Tragwerk ist dreifach statisch unbestimmt. Als überzählige Größen wird neben den beiden Eckmomenten X_1 und X_2, $X_3 = Y_3/2h_1$ verwendet, um die Zahlenrechnungen zu vereinfachen (Abb. 169b).

Ansatz zur Berechnung der überzähligen Kräfte:

$$X_1 \cdot \delta_{11} + X_2 \cdot \delta_{12} + X_3 \cdot \delta_{13} = \delta_{10} + \delta_{1t} + \delta_{1s} = \delta_{1\otimes},$$
$$X_1 \cdot \delta_{21} + X_2 \cdot \delta_{22} + X_3 \cdot \delta_{23} = \delta_{20} + \delta_{2t} + \delta_{2s} = \delta_{2\otimes},$$
$$X_1 \cdot \delta_{31} + X_2 \cdot \delta_{32} + X_3 \cdot \delta_{33} = \delta_{30} + \delta_{3t} + \delta_{3s} = \delta_{3\otimes}.$$

4. Die Vorzahlen werden nach (300) berechnet. Der Anteil der Quer- und Längskräfte wird nach Seite 92 und 159 vernachlässigt.

$$\delta_{11} = \frac{h'_1}{3} + \frac{s'_2}{3} + l'_1 = \frac{27}{3} + \frac{9}{3} + 15 = 27{,}00;$$

$$\delta_{22} = \frac{l'_1}{3} + \frac{l'_2}{3} + s'_1 = \frac{15}{3} + \frac{18}{3} + 9 = 20{,}00;$$

$$\delta_{33} = \frac{1}{4}\left\{\frac{l'_1}{3} + \frac{s'_2}{3} + \frac{s'_1}{3}\left(\frac{s_1}{h_1}\right)^2 + \frac{h'_2}{3}\left(\frac{h_2}{h_1}\right)^2 + \frac{l'_2}{3}\left[\left(\frac{s_1}{h_1}\right)^2 + \frac{s_1}{h_1}\,\frac{h_2}{h_1} + \left(\frac{h_2}{h_1}\right)^2\right]\right\}$$
$$= \frac{1}{4}\left\{\frac{15}{3} + \frac{9}{3} + \frac{9}{3}\left(\frac{4{,}5}{4{,}5}\right)^2 + \frac{18}{3}\left(\frac{9}{4{,}5}\right)^2 + \frac{18}{3}\left[\left(\frac{4{,}5}{4{,}5}\right)^2 + \frac{4{,}5}{4{,}5}\cdot\frac{9}{4{,}5} + \left(\frac{9}{4{,}5}\right)^2\right]\right\}$$
$$= 19{,}25;$$

$$\delta_{12} = \frac{l'_1}{2} = \frac{15}{2} = 7{,}50; \qquad \delta_{13} = \frac{1}{2}\left\{\frac{l'_1}{2} + \frac{s'_2}{3}\right\} = \frac{1}{2}\left\{\frac{15}{2} + \frac{9}{3}\right\} = 5{,}25;$$

$$\delta_{23} = \frac{1}{2}\left\{\frac{l'_1}{3} - \frac{s'_1}{2}\,\frac{s_1}{h_1} - \frac{l'_2}{6}\cdot\left(2\,\frac{s_1}{h_1} + \frac{h_2}{h_1}\right)\right\} = \frac{1}{2}\left\{\frac{15}{3} - \frac{9}{2}\,\frac{4{,}5}{4{,}5} - \frac{18}{6}\left(2\cdot\frac{4{,}5}{4{,}5} + \frac{9}{4{,}5}\right)\right\}$$
$$= -5{,}75.$$

Matrix der Elastizitätsgleichungen und Abschätzung der Fehlerempfindlichkeit des Ansatzes nach (331):

	X_1	X_2	X_3	
(1)	27,00	7,50	5,25	δ_{10}
(2)	7,50	20,00	− 5,75	δ_{20}
(3)	5,25	− 5,75	19,25	δ_{30}

Matrix der Unterdeterminanten D_{ik} aus 5.

(1)	351,9375	− 174,5625	− 148,125
(2)	− 174,5625	492,1875	194,625
(3)	− 148,125	194,625	483,75

Matrix der Produkte $\delta_{ik} D_{ik}$

(1)	9502,313	− 1309,219	− 777,656	$\sum_k \lvert \delta_{1k} D_{1k} \rvert = 11589{,}188$,
(2)	− 1309,219	9843,750	− 1119,094	$\sum_k \lvert \delta_{2k} D_{2k} \rvert = 12272{,}063$,
(3)	− 777,656	− 1119,094	9312,188	$\sum_k \lvert \delta_{3k} D_{3k} \rvert = 11208{,}938$.

Mit $D' = 7415{,}438$ aus 5. und $\sum_i \sum_k \lvert \delta_{ik} D_{ik} \rvert = 35070{,}189$ wird

$$\varphi = (\pm p)\,\frac{\sum \lvert \delta_{ik} D_{ik} \rvert}{D'} = (\pm p)\,\frac{35070{,}189}{7415{,}438} = (\pm p)\,4{,}73.$$

Für einen mittleren Fehler $\pm p = 0{,}01$ der Vorzahlen δ_{ik} ist der mögliche Fehler von X_k aus der Nennerdeterminante ca. $0{,}05 \cdot X_k$.

5. Konjugierte Matrix β_{ik}. Die Vorzahlen β_{ik} werden nach Seite 166 als Quotient zweier Determinanten berechnet. Dabei wird die Nennerdeterminante nach (352) mit 3 verschiedenen Ansätzen angeschrieben:

$$\begin{aligned} D &= 27\,(20\cdot 19{,}25 - 5{,}75^2) - 7{,}5\,(7{,}5\cdot 19{,}25 + 5{,}25\cdot 5{,}75) + 5{,}25\,(-7{,}5\cdot 5{,}75 - 20\cdot 5{,}25)\\ &= -7{,}5\,(7{,}5\cdot 19{,}25 + 5{,}25\cdot 5{,}75) + 20\,(27\cdot 19{,}25 - 5{,}25^2) + 5{,}75\,(-27\cdot 5{,}75 - 7{,}5\cdot 5{,}25)\\ &= 5{,}25\,(-7{,}5\cdot 5{,}75 - 5{,}25\cdot 20) + 5{,}75\,(-27\cdot 5{,}75 - 5{,}25\cdot 7{,}5) + 19{,}25\,(27\cdot 20 - 7{,}5^2)\\ &= 7415{,}4375. \end{aligned}$$

α) β_{k1}: $\delta_{10}=1;\ \delta_{20}=0;\ \delta_{30}=0$:

$$\beta_{11}=\frac{1\cdot(20\cdot 19{,}25-5{,}75^2)}{7415{,}4375}=0{,}0474601,$$

$$\beta_{21}=\frac{-1\,(7{,}5\cdot 19{,}25+5{,}25\cdot 5{,}75)}{7415{,}4375}=-\,0{,}0235404,$$

$$\beta_{31}=\frac{1\,(-7{,}5\cdot 5{,}75-5{,}25\cdot 20)}{7415{,}4375}=-\,0{,}0199752,$$

β) β_{k2}: $\delta_{10}=0;\ \delta_{20}=1;\ \delta_{30}=0$:

$$\beta_{22}=\frac{1\cdot(27\cdot 19{,}25-5{,}25^2)}{7415{,}4375}=0{,}0663734,$$

$$\beta_{32}=\frac{(27{,}0\cdot 5{,}75+7{,}5\cdot 5{,}25)}{7415{,}4376}=0{,}0262459,$$

γ) β_{k3}: $\delta_{10}=0;\ \delta_{20}=0;\ \delta_{30}=1$:

$$\beta_{33}=\frac{+1\,(27\cdot 20-7{,}5^2)}{7415{,}4375}=0{,}0652355.$$

Kontrolle (356): Die Werte β_{ik} erfüllen den Ansatz (351) identisch, z. B. ist

$$\beta_{11}\delta_{11}+\beta_{21}\delta_{12}+\beta_{31}\delta_{13}=0{,}0474601\cdot 27\ -0{,}0235404\cdot 7{,}5\ -0{,}0199752\cdot 5{,}25\ =0{,}9999999\approx 1,$$

$$\beta_{11}\delta_{21}+\beta_{21}\delta_{22}+\beta_{31}\delta_{23}=0{,}0474601\cdot 7{,}5\ -0{,}0235404\cdot 20\ +0{,}0199752\cdot 5{,}75\ =0{,}0000001\approx 0,$$

$$\beta_{11}\delta_{31}+\beta_{21}\delta_{32}+\beta_{31}\delta_{33}=0{,}0474601\cdot 5{,}25+0{,}0235404\cdot 5{,}75-0{,}0199752\cdot 19{,}25=0{,}0000002\approx 0.$$

6. Belastungszahlen nach (300) (Abb. 169):

$$\delta_{10}=\frac{p\cdot l_1^2\cdot l_1'}{12}=p\cdot\frac{15^2}{12}\,15=281{,}25\,p;$$

$$\delta_{20}=\frac{p\cdot l_1^2\cdot l_1'}{24}+\frac{p\cdot l_2^2\cdot l_2'}{24}=p\left[\frac{281{,}25}{2}+\frac{12^2\cdot 18}{24}\right]=248{,}625\,p;$$

$$\delta_{30}=\frac{p\cdot l_1^2\cdot l_1'}{2\cdot 24}-\frac{p\cdot l_2^2\cdot l_2'}{24}\,\frac{1}{2}\left(\frac{s_1}{h_1}+\frac{h_2}{h_1}\right)=p\left[\frac{281{,}25}{2\cdot 2}-\frac{108}{2}\left(\frac{4{,}5}{4{,}5}+\frac{9}{4{,}5}\right)\right]=-\,91{,}6875\,p.$$

7. α) Ansatz der überzähligen Größen als Funktionen der Belastungszahlen:

$$X_1=+\,0{,}0474601\,\delta_{10}-0{,}0235404\,\delta_{20}-0{,}0199752\,\delta_{30},$$
$$X_2=-\,0{,}0235404\,\delta_{10}+0{,}0663734\,\delta_{20}+0{,}0262459\,\delta_{30},$$
$$X_3=-\,0{,}0199752\,\delta_{10}+0{,}0262459\,\delta_{20}+0{,}0652355\,\delta_{30}.$$

β) Lösung für die Belastungszahlen δ_{10}, δ_{20}, δ_{30} aus 6.:

$$X_1=+\,9{,}3269\,p;\qquad X_2=+\,7{,}4746\,p;\qquad X_3=-\,5{,}0739\,p.$$

8. Superposition der Belastung p und der überzähligen Schnittkräfte zur Bildung der Stütz-

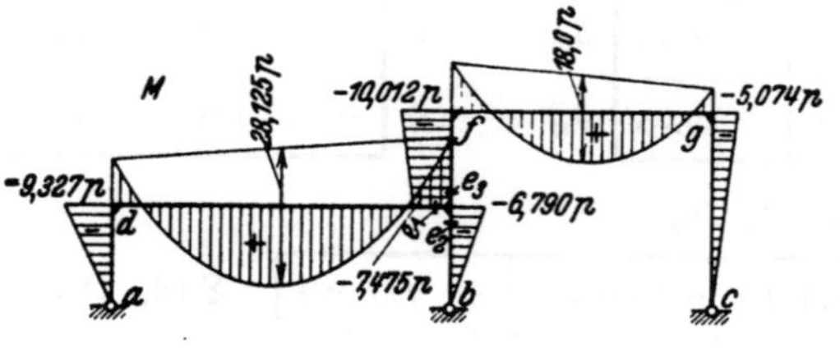

Abb. 170.

und Schnittkräfte nach (350). Schnittkräfte im Hauptsystem nach Abb. 169. Momente M in den Schnitten e_1, e_2, e_3 (Abb. 170):

$$M=M_0-X_1M_1-X_2M_2-X_3M_3,$$
$$M_{e,1}=-\,9{,}327\,p\cdot 1{,}0-7{,}475\,p\cdot 1{,}0+5{,}074\,p\cdot\tfrac{1}{2}=-\,14{,}265\,p\ [\text{mt}],$$
$$M_{e,2}=-\,9{,}327\,p\cdot 1{,}0\qquad\qquad +5{,}074\,p\cdot\tfrac{1}{2}=-\ \ 6{,}790\,p\ [\text{mt}],$$
$$M_{e,3}=\qquad\qquad -7{,}475\,p\cdot 1{,}0\qquad\qquad =-\ \ 7{,}475\,p\ [\text{mt}].$$

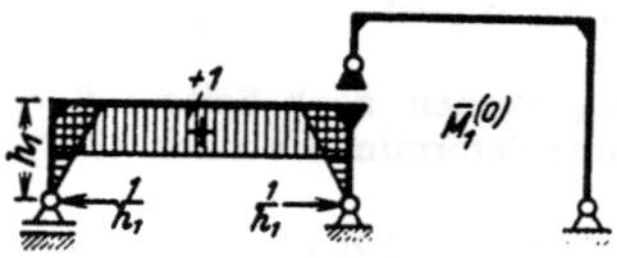

Abb. 171 a.

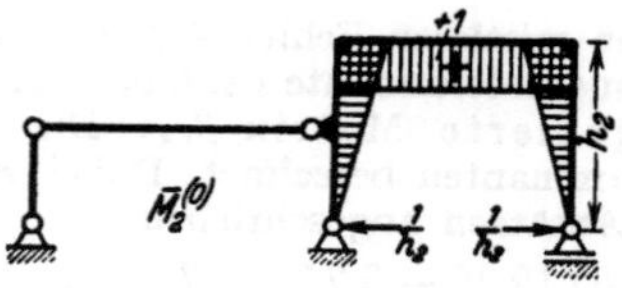

Abb. 171 b.

9. Der Spannungszustand mit $X_1,\ldots,X_3$ nach (350) erfüllt die Stützenbedingungen. Daher sind die gegenseitigen Verschiebungen τ_1 und τ_2 der Stützpunkte a, b und b, c für die Ergebnisse

in (8) und Abb. 171 Null. Nachweis durch

$$1\,\tau_1' = \int M^{(3)}\,\overline{M}_1^{(3)}\,\frac{J_c}{J}\,ds = \int M^{(3)}\,\overline{M}_1^{(0)}\,\frac{J_c}{J}\,ds\,, \qquad 1\,\tau_2' = \int M^{(3)}\,\overline{M}_2^{(0)}\,\frac{J_c}{J}\,ds \quad \text{(Abb. 171 a, b).}$$

$$1\,\tau_1' = -\tfrac{1}{8}\cdot 9{,}3269\cdot 27 - \tfrac{1}{3}\,6{,}7899\cdot 9 + \tfrac{2}{3}\cdot 15\cdot 28{,}125 - 15\cdot 11{,}7957 = -0{,}002.$$

$$1\,\tau_2' = +\tfrac{1}{8}\cdot\tfrac{1}{2}\cdot 6{,}7899\cdot 9 - \tfrac{1}{8}\left[\tfrac{1}{2}\,(2\cdot 7{,}4746 + 10{,}0116) + 1\,(7{,}4746 + 20{,}0232)\right]\cdot 9 = 0{,}004,$$

$$\tau_1 = \tau_1'\cdot h_1 = -0{,}002\cdot 4{,}5 = -0{,}009 \approx 0{,}0; \qquad \tau_2 = \tau_2'\,h_2 = 0{,}004\cdot 9{,}0 = 0{,}036 \approx 0{,}0\,.$$

Der Fehler in der Berechnung der Schnittkräfte kann wie in Abschnitt 25, S. 169 bestimmt werden.

27. Vereinfachung der Lösung bei Symmetrie des Tragwerks und Symmetrie oder Antimetrie der Belastung.

Je mehr statisch überzählige Schnittkräfte zur Berechnung eines statisch unbestimmten Tragwerks notwendig sind, um so ungünstiger ist die gegenseitige Abhängigkeit für die Fehlerempfindlichkeit und damit auch für die Brauchbarkeit der Lösung. Man versucht daher die gegenseitige Verknüpfung unabhängig von der Größe der einzelnen statisch unbestimmten Schnittkräfte durch Symmetriebetrachtungen über den vorhandenen Spannungs- und Verschiebungszustand des Tragwerks zu klären und damit die Lösung zu vereinfachen.

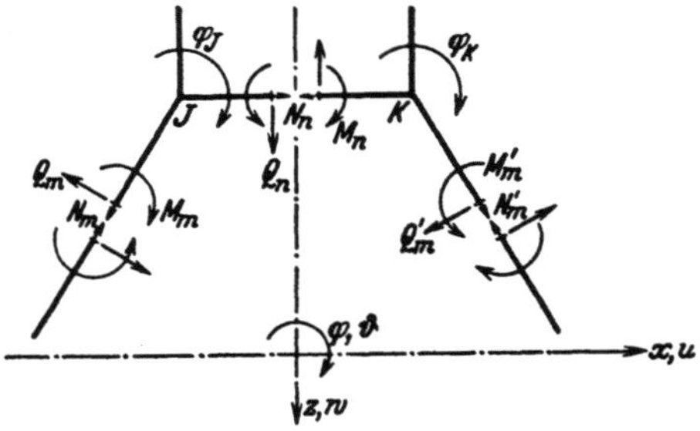

Abb. 172.

Die Symmetrie des Tragwerks ist durch die Anzahl der Symmetrieachsen bestimmt. Man unterscheidet die Symmetrie zu einer Achse, zu mehreren Achsen und zyklische Symmetrie. Die äußeren Kräfte des Tragwerks können symmetrisch oder antimetrisch zu einer Achse zugeordnet oder in allgemeiner Form vorgeschrieben sein. Symmetrie oder Antimetrie der äußeren Kräfte bedeuten auch Symmetrie oder Antimetrie des Spannungs- und Verschiebungszustandes, so daß die Komponenten von Schnittkraft und Verschiebung in symmetrisch zugeordneten Querschnitten gleich groß oder entgegengesetzt gleich sind und einzelne Komponenten in den Querschnitten der Achsen ausgezeichnete Werte annehmen.

Bei Symmetrie der Belastung sind die Längskräfte N, die Biegungsmomente M und die Verschiebungen w parallel zur Achse in symmetrisch zugeordneten Querschnitten m, m' gleich groß, die Querkräfte Q, die Verschiebungen u senkrecht zur Achse und die Verdrehungen φ entgegengesetzt gleich (Abb. 172). Für die Querschnitte n in der Symmetrieachse sind die Querkräfte Q, die Verschiebungen u senkrecht zur Achse und die Drehwinkel φ Null oder entgegengesetzt gleich, die Glieder der ersten Gruppe (N, M, w) erhalten ausgezeichnete Werte.

Bei Antimetrie der Belastung sind die Querkräfte Q, die Verschiebungen u senkrecht zur Achse und die Verdrehungen φ in symmetrisch zugeordneten Querschnitten m, m' gleich groß, die Längskräfte N, die Biegungsmomente M und die Verschiebungen w parallel zur Achse entgegengesetzt gleich. Für die Querschnitte n in der Symmetrieachse sind die Längskräfte N, die Biegungsmomente M und die Verschiebungen w parallel zur Achse Null oder entgegengesetzt gleich, die Glieder der zweiten Gruppe (Q, u, φ) erhalten ausgezeichnete Werte.

Damit sind bei Symmetrie oder Antimetrie der Belastung eines durch Achsen ausgezeichneten Tragwerks einzelne Komponenten des Spannungs- und Verschiebungszustandes bekannt. Die Anzahl der statisch überzähligen Schnittkräfte wird dadurch kleiner, das Stabwerk zerfällt in Abschnitte, deren statische und geometrische Randbedingungen zum Teil bekannt sind. Die Nullstellen der Biegungsmomente erhalten die Bedeutung von Gelenken, die Nullstellen der Quer- und Längskräfte diejenige von Führungen. Die statische Untersuchung eines mehrteiligen Stabwerks wird daher bei symmetrischer oder antimetrischer Belastung zu einer oder mehreren Achsen des Tragwerks auf einen Abschnitt mit wenigen statisch unbestimmten Schnittkräften beschränkt (Abschnitt 26).

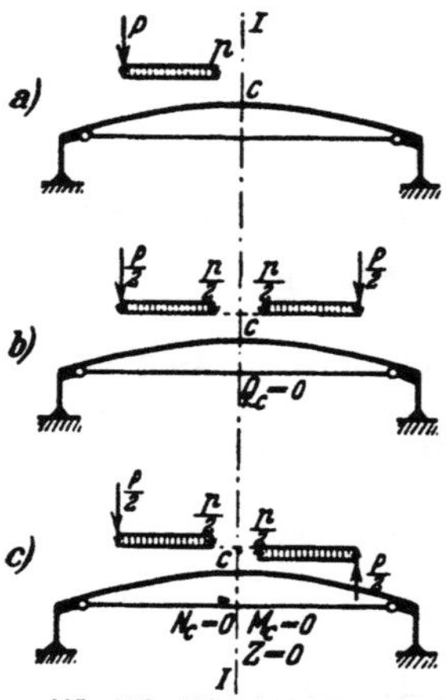

Abb. 173. Abb. 173 b: Symmetrische Belastung ${}^{(1)}\mathfrak{P}$, Abb. 173 c: Antimetrische Belastung ${}^{(2)}\mathfrak{P}$.

Die Belastungsumordnung. Um die Rechnung bei einer allgemeinen Belastung $\mathfrak{P}$ des Tragwerks in derselben Weise zu vereinfachen, wird diese nach dem Superpositionsgesetz (284) in einzelne Anteile zerlegt, die zu jeder Achse symmetrisch oder antimetrisch sind. Sie zerfällt bei einer Symmetrieachse in zwei (${}^{(1)}\mathfrak{P}$, ${}^{(2)}\mathfrak{P}$), bei zwei Symmetrieachsen in vier Gruppen (${}^{(1)}\mathfrak{P}, \ldots {}^{(4)}\mathfrak{P}$), die zu jeder Achse entweder symmetrisch oder antimetrisch sind, also einen symmetrischen oder antimetrischen Spannungs- und Verschiebungszustand mit den Eigenschaften auf S. 185 hervorrufen. Auch bei Systemen mit mehr als zwei Symmetrieachsen ist keine andere als die Umordnung nach diesen vier Gruppen möglich.

Die statische Untersuchung mehrteiliger Tragwerke mit ausgezeichneten Achsen beginnt daher stets mit der Umordnung der vorgeschriebenen allgemeinen Belastung und der Beschreibung der ausgezeichneten Eigenschaften des Spannungs- und Verschiebungszustandes jeder Teilbelastung. $\mathfrak{P} \equiv ({}^{(1)}\mathfrak{P}, \ldots {}^{(4)}\mathfrak{P}.)$ Sie schließt mit der Superposition der Teilergebnisse für die Schnittkräfte und Verschiebungen aus

$$M \equiv ({}^{(1)}M, \ldots {}^{(4)}M), \qquad w \equiv ({}^{(1)}w, \ldots {}^{(4)}w).$$

Anwendungen.

a) Der Bogenträger mit Zugband Abb. 173 ist nach einer Achse symmetrisch und für die vorgeschriebene Belastung $\mathfrak{P}$ vierfach statisch unbestimmt. Die Be-

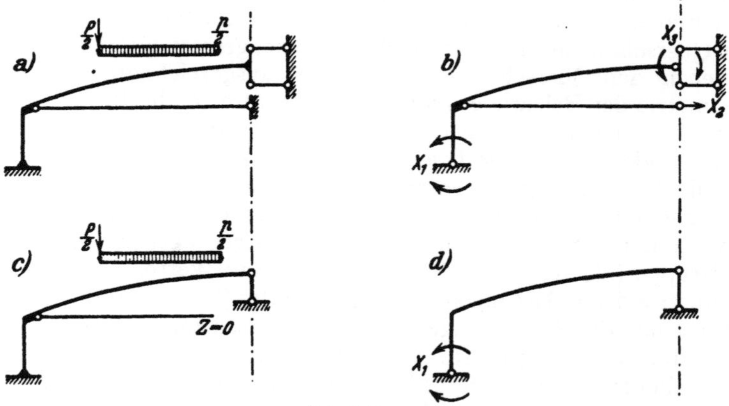

Abb. 174.

lastung zerfällt daher in die Anteile ${}^{(1)}\mathfrak{P}$, ${}^{(2)}\mathfrak{P}$. Die Belastung ${}^{(1)}\mathfrak{P}$ ist zur Achse I symmetrisch und daher $Q_c = 0$ und $\varphi_c = 0$. Das Tragwerk ist für die symmetrische Belastung dreifach statisch unbestimmt. Die Berechnung wird auf den linken Trägerabschnitt Abb. 174a mit dem Hauptsystem Abb. 174b beschränkt.

Die Belastung ${}^{(2)}\mathfrak{P}$ ist zur Achse I antimetrisch und daher $M_c = 0$, $N_c = 0$, $w_c = 0$, $Z = 0$. Das Tragwerk ist für die antimetrische Belastung einfach statisch unbestimmt. Es zerfällt für die Berechnung nach S. 185 in zwei Abschnitte Abb. 174c mit dem Hauptsystem Abb. 174d.

b) Der Rahmenträger Abb. 175a ist nach zwei Achsen I, II symmetrisch und für die vorgeschriebene Belastung $\mathfrak{P}$ neunfach statisch unbestimmt. Sie wird in 4 Anteile umgeordnet, die zu den Achsen I, II symmetrisch oder antimetrisch sind und bei der Überlagerung $\mathfrak{P}$ liefern (${}^{(1)}\mathfrak{P}$, ${}^{(2)}\mathfrak{P}$, ${}^{(3)}\mathfrak{P}$, ${}^{(4)}\mathfrak{P} \equiv \mathfrak{P}$). Dasselbe gilt daher nach dem Superpositionsgesetz auch für die Schnittkräfte (${}^{(1)}M, \ldots {}^{(4)}M \equiv M$) und für die Verschiebungen (${}^{(1)}w, \ldots {}^{(4)}w \equiv w$).

1. Belastung ${}^{(1)}\mathfrak{P}$ symmetrisch zu beiden Achsen (Abb. 175b). Die Querkräfte Q und die Verdrehungen φ der sechs Querschnitte $a \ldots f$ sind Null. Der Spannungs- und Verschiebungszustand ist daher durch Abb. 176a bestimmt. Der Abschnitt des Stabwerks ist dreifach statisch unbestimmt. Die überzähligen Größen werden nach Abb. 176b berechnet.

2. Belastung ${}^{(2)}\mathfrak{P}$ symmetrisch zur Achse I, antimetrisch zur Achse II mit $Q = 0$, $\varphi = 0$ in den Querschnitten c, d und $M = 0$, $N = 0$, $u = 0$ in den Querschnitten a, b, e, f (Abb. 175c). Das Tragwerk ist jetzt zweifach statisch unbestimmt. Die Schnittkräfte und Verschiebungen werden aus Abb. 177a mit Abb. 177b als Hauptsystem abgeleitet.

3. Belastung ${}^{(3)}\mathfrak{P}$ antimetrisch zur Achse I symmetrisch zur Achse II mit $M = 0$, $N = 0$, $w = 0$ in den Querschnitten c, d und $Q = 0$, $\varphi = 0$ in den Querschnitten a, b, e, f (Abb. 175d). Das Tragwerk ist dreifach statisch unbestimmt. Die Schnittkräfte und Verschiebungen werden aus Abb. 178a mit Abb. 178b als Hauptsystem abgeleitet.

4. Belastung ${}^{(4)}\mathfrak{P}$ antimetrisch zu den Achsen I, II mit $M = 0$, $N = 0$, $w = 0$ in den Querschnitten c, d und $M = 0$, $N = 0$, $u = 0$ in den Querschnitten a, b, e, f (Abb. 175e). Das Tragwerk ist einfach statisch unbestimmt. Die Schnittkräfte und Verschiebungen werden aus Abb. 179a mit Abb. 179b als Hauptsystem abgeleitet.

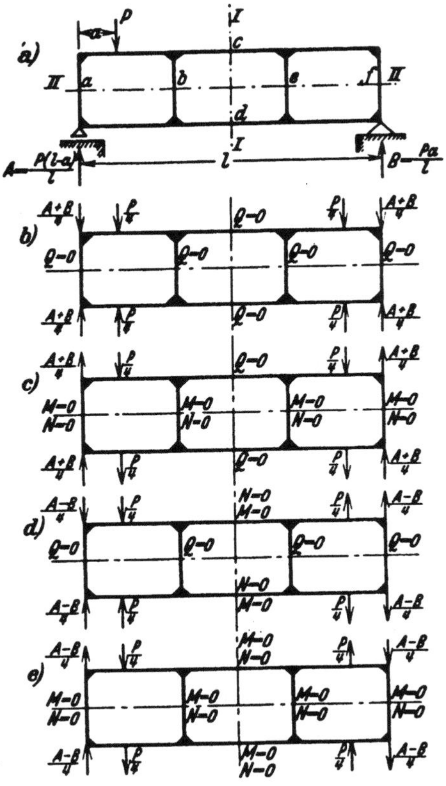

Abb. 175. Die Abb. 175b, c, d, e zeigen die Belastungsanteile ${}^{(1)}\mathfrak{P}$, ${}^{(2)}\mathfrak{P}$, ${}^{(3)}\mathfrak{P}$, ${}^{(4)}\mathfrak{P}$.

Der Abschnitt 51 über die Berechnung der Stockwerkrahmen enthält ein ausführliches Zahlenbeispiel.

c) Der Kreisring Abb. 180a besitzt konstanten Querschnitt F, J. Er ist durch n gelenkig angeschlossene Zugglieder F_z in n gleichgroße Sektoren unterteilt und rotationssymmetrisch durch p belastet.

Spannungs- und Verschiebungszustand sind in bezug auf n Achsen symmetrisch. In den Symmetriequerschnitten sind die Drehwinkel Null, die Querkräfte Null oder entgegengesetzt gleich. Die Untersuchung kann daher auf einen Kreissektor beschränkt werden, dessen Anschlußquerschnitte keine Verdrehung, dessen Spitzen keine Verschiebung erleiden. Damit sind zwei Bedingungen gegeben, aus denen das Biegungsmoment X_1 und die Längskraft X_2 berechnet werden können.

1. Hauptsystem mit den überzähligen Schnittkräften X_1, X_2 nach Abb. 180b.

2. Ansatz: $X_1\delta_{11} + X_2\delta_{12} = \delta_{10}, \qquad X_1\delta_{21} + X_2\delta_{22} = \delta_{20}.$
Belastungszustand: $-X_1 = 1, M_1 = 1; -X_2 = 1, M_2 = y/2 \sin(\pi/n)$ (Abb. 180c).

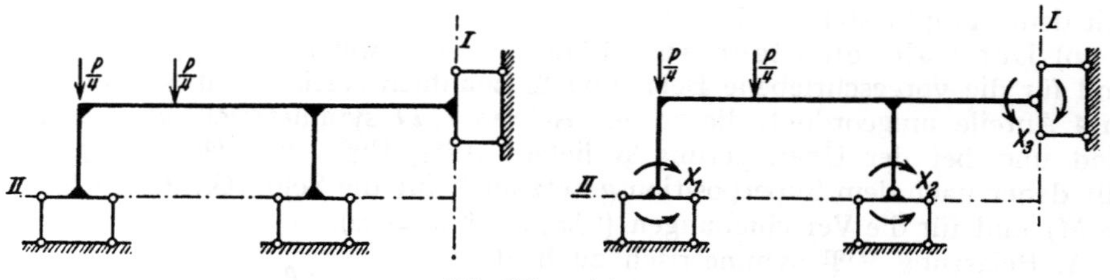

Abb. 176a und b.

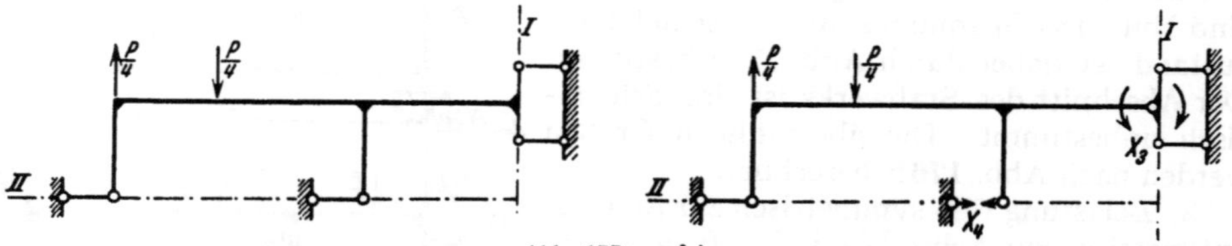

Abb. 177a und b.

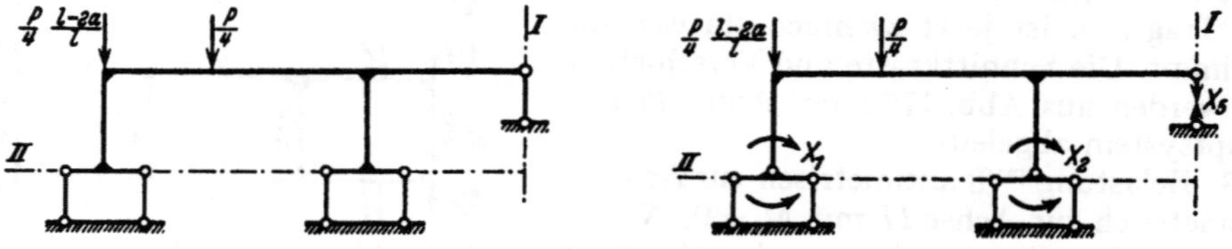

Abb. 178a und b.

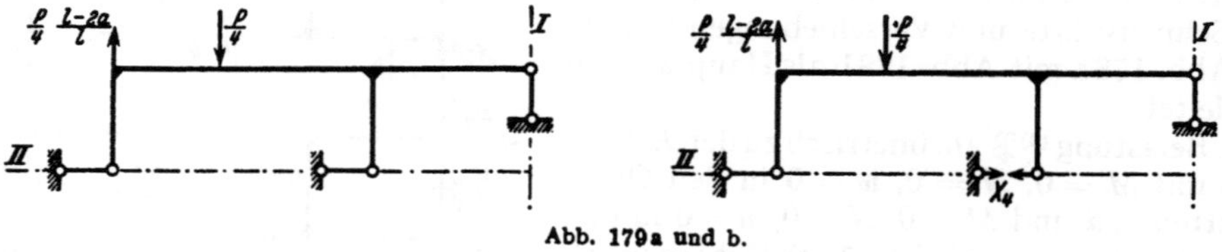

Abb. 179a und b.

3. Vorzahlen (Tab. 16):

$$\delta_{11} = \int_{-\pi/n}^{+\pi/n} M_1^2\,ds = 1^2 \cdot \frac{2\pi r}{n} = 2r\,\frac{\pi}{n}; \qquad \delta_{12} = \int_{-\pi/n}^{+\pi/n} \frac{1\,y}{2\sin\pi/n}\,ds = \frac{r}{2\sin\pi/n}\left(\frac{l}{b} - \frac{e}{r}\right) b;$$

$$\delta_{12} = r^2\left(1 - \frac{\pi}{n}\operatorname{ctg}\frac{\pi}{n}\right); \qquad \delta_{22} = 2\cdot\frac{(\frac{1}{2})^2\cdot J}{0{,}5\cdot F_s}\,r + \frac{J}{F}\int_{-\pi/n}^{+\pi/n} N_2^2\,ds + \int_{-\pi/n}^{+\pi/n} M_2^2\,ds,$$

$$\delta_{22} = 2\cdot(\tfrac{1}{2})^2\cdot\frac{J}{0{,}5\,F_s}\,r + \frac{J}{F}\int_{-\pi/n}^{+\pi/n} \frac{\cos^2\varphi}{4\sin^2\pi/n}\,r\,d\varphi + \frac{1}{4\sin^2\pi/n}\cdot\frac{r^2}{2}\left(1 + 2\,\frac{e^2}{r^2} - \frac{3\,e\,l}{b\,r}\right) b$$

$$= r\,\frac{J}{F_s} + \frac{r}{4}\cdot\frac{J}{F}\left(\frac{\pi/n}{\sin^2\pi/n} + \operatorname{ctg}\frac{\pi}{n}\right) + \frac{\pi}{n}\cdot\frac{r^3}{4}\left(\frac{1}{\sin^2\pi/n} + 2\operatorname{ctg}^2\frac{\pi}{n} - 3\,\frac{n}{\pi}\operatorname{ctg}\frac{\pi}{n}\right).$$

4. Belastungsglieder: $M_0 = 0;\ N_0 = p r$.

$$\delta_{10} = 0\,, \qquad \delta_{20} = \frac{J}{F}\int_{-\pi/n}^{+\pi/n} N_0 N_2\, r\, d\varphi = \frac{J}{F}\int_{-\pi/n}^{+\pi/n} p r \frac{\cos\varphi}{2\sin\pi/n}\, r\, d\varphi = p r^2 \frac{J}{F}\,.$$

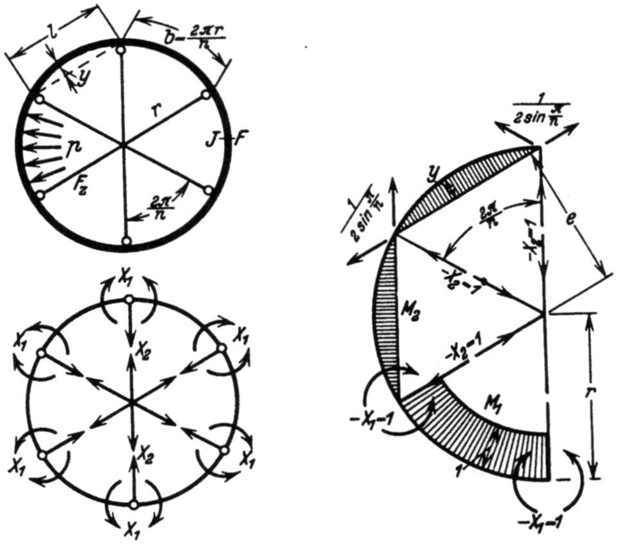

Abb. 180a bis c.

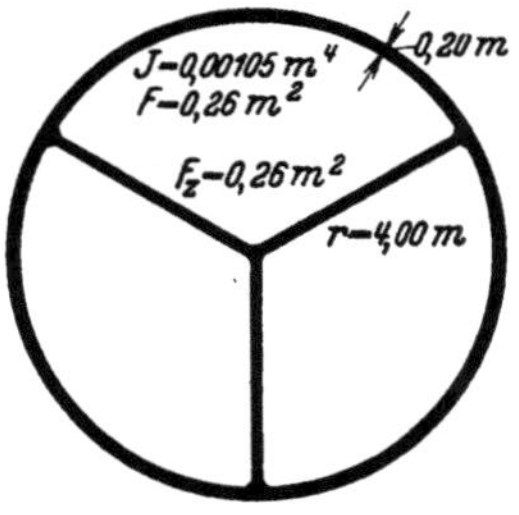

Abb. 181.

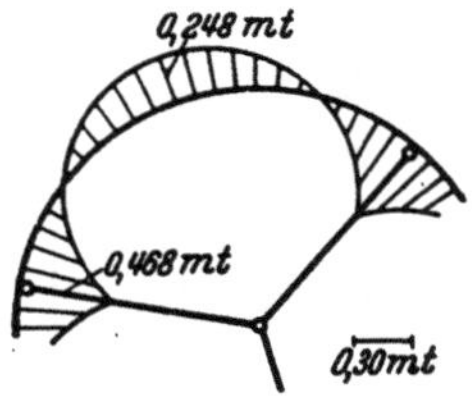

Abb. 182.

5. Auflösung des Ansatzes für $\delta_{10} = 0$: $X_1 = -X_2 \dfrac{\delta_{12}}{\delta_{11}}\,, \quad X_2 = \dfrac{\delta_{20}}{\delta_{22} - \dfrac{\delta_{12}^2}{\delta_{11}}}\,,$

$$X_2 = p r \frac{\dfrac{J}{F}}{\dfrac{J}{F_z} + \dfrac{r^2}{4}\left[\left(\dfrac{\pi/n}{\sin^2\pi/n} + \operatorname{ctg}\dfrac{\pi}{n}\right)\left(1 + \dfrac{J}{F r^2}\right) - 2\dfrac{n}{\pi}\right]}\,,$$

$$X_1 = -\frac{p r^2}{2}\,\frac{\dfrac{J}{F}\left(\dfrac{n}{\pi} - \operatorname{ctg}\dfrac{\pi}{n}\right)}{\dfrac{J}{F_z} + \dfrac{r^2}{4}\left[\left(\dfrac{\pi/n}{\sin^2\pi/n} + \operatorname{ctg}\dfrac{\pi}{n}\right)\left(1 + \dfrac{J}{F r^2}\right) - 2\dfrac{n}{\pi}\right]}\,.$$

Zahlenbeispiel (Abb. 181).

$p = 10{,}00$ t/m, $\quad J = 0{,}00105$ m⁴, $\quad r = 4{,}00$ m, $\quad F = F_z = 0{,}26$ m², $\quad n = 3$.

J, F und F_z sind ideelle Querschnittsgrößen.

$$X_1 = -0{,}468 \text{ mt}\,, \qquad X_2 = +0{,}620 \text{ t}\,.$$

Der Verlauf der Momente ist in Abb. 182 dargestellt.

Die Längskraft N im Ring ohne Zugbänder beträgt 40 t, also $\sigma = \dfrac{N}{F} = 153{,}8$ t/m². Die Zugbänder vermindern die Längskraft höchstens um 1%, dagegen ergibt das Biegungsmoment von 0,468 mt bei der Wandstärke von 0,20 m eine Zusatzspannung von

$$\sigma' = \frac{M}{J}\,\frac{h}{2} = \frac{0{,}468}{0{,}00105}\,0{,}10 = 44{,}5 \text{ t/m}^2\,,$$

das sind 29% der reinen Ringspannung.

Verhältnis der Biegungsmomente eines Stabwerks bei verschiedener Belastung eines Stabes. Die Umordnung der Belastung ist unter Umständen auch von

Tabelle 24. Verhältniszahlen für die Umformung der Momente eines Stabwerks bei verschiedenen symmetrischen oder antimetrischen Belastungsformen eines Stabes.

Nr.	$M_r = M_k \cdot \frac{\mu_r}{\mu_k} \cdot \frac{R_r}{R_k}$			$M_r = M_k \cdot \frac{\nu_r}{\nu_k} \cdot \frac{R_r}{R_k}$		
	Belastung	μ_k	R_k	Belastung	ν_k	R_k
1	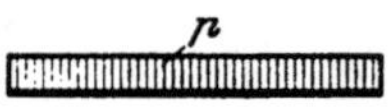	1,00	$p\,l$		1,000	$p\,l$
2	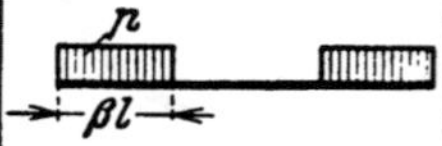	$2\beta(\frac{3}{2}-\beta)$	$2p\beta l$	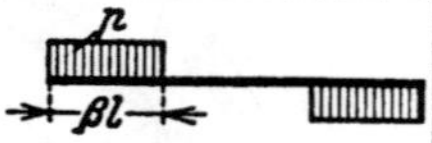	$8\beta(1-\beta)^2$	$2p\beta l$
3	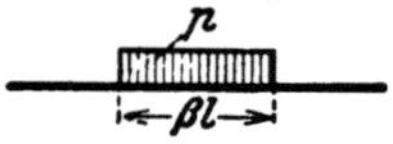	$\frac{1}{2}(3-\beta^2)$	$p\beta l$	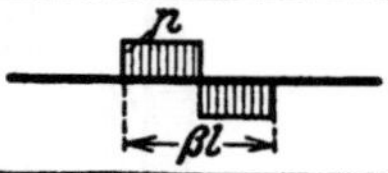	$\beta(2-\beta^2)$	$p\beta l$
4	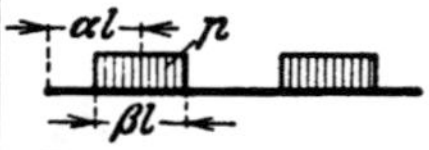	$6\alpha(1-\alpha)$ $-\frac{1}{2}\beta^2$	$2p\beta l$	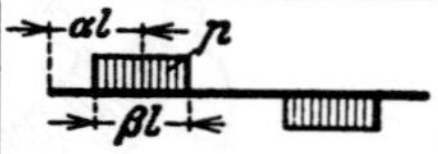	$16[\alpha(1-\alpha)-\frac{1}{4}\beta^2]$ $\cdot(1-2\alpha)$	$2p\beta l$
5		1,250	$\frac{1}{2}p\,l$		0,311	$\frac{1}{2}p\,l$
6	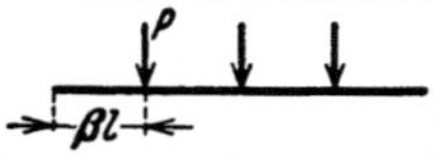	$1+\beta$	$\left(\frac{1}{\beta}-1\right)P$	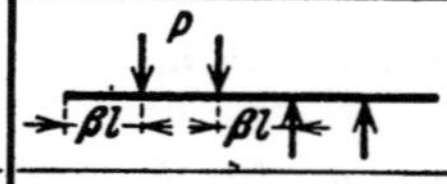	$(1+\beta)(1-\beta^2)$	$\left(\frac{1}{\beta}-1\right)P$
7	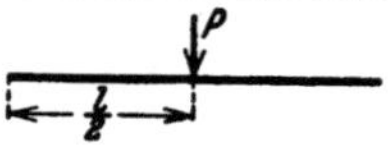	1,500	P	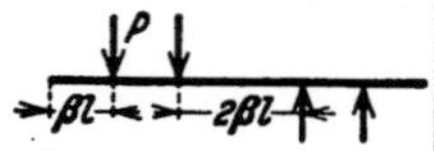	$1+2\beta$	$\left(\frac{1}{\beta}-2\right)P$
8		1,333	$2P$	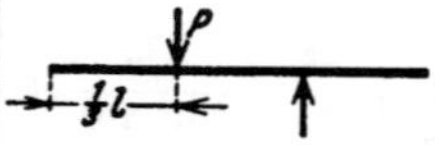	1,185	$2P$
9	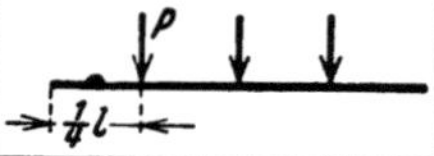	1,250	$3P$		1,500	$2P$
10	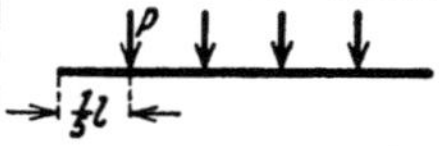	1,200	$4P$	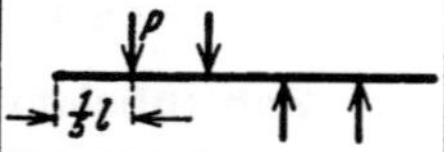	1,152	$4P$
11	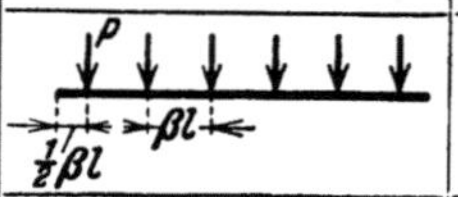	$\frac{1}{2}(2+\beta^2)$	$\frac{1}{\beta}P$	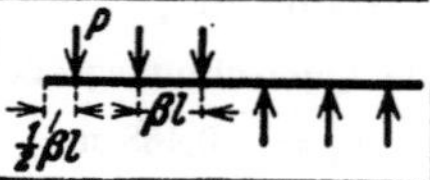	$1+2\beta^2$	$\frac{1}{\beta}P$
12	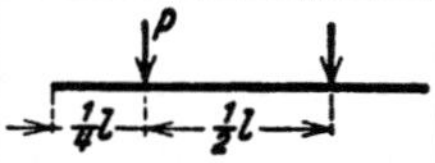	1,125	$2P$	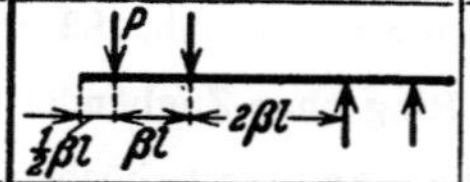	$4\beta+(1-\beta)$ $\cdot[1-\beta(2+\beta)]$	$\left(\frac{1}{\beta}-1\right)P$
13	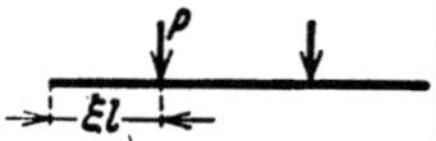	$6\omega_R$	$2P$		$16(\omega'_D-\omega_D)$	$2P$
14	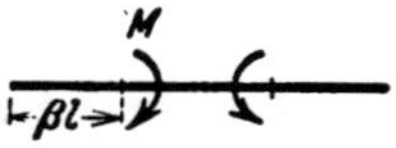	$12(1-2\beta)$	$\frac{M}{l}$	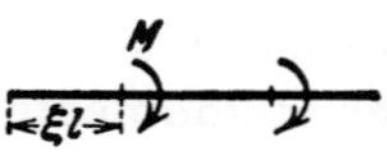	$64(\frac{1}{8}-\omega_R)$	$\frac{M}{l}$

Nutzen, um die Schnittkräfte für verschiedene Belastungen eines einzelnen Stabes $(h-1)$, h auf eine bekannte Belastung zu beziehen. Eine überzählige Größe X_k des Hauptsystems kann oft aus zwei Belastungszahlen nach (323) als

$$X_k = \beta_{k(h-1)}\,\delta_{(h-1)0} + \beta_{kh}\,\delta_{h0}$$

berechnet werden, so daß bei symmetrischer Stabform und symmetrischer oder antimetrischer Belastung

$$\delta_{(h-1)0} = \pm\delta_{h0} \quad \text{und} \quad X_k = \delta_{h0}\,(\beta_{k(h-1)} \pm \beta_{kh})\,.$$

Demnach ist für zwei verschiedene entweder symmetrische oder antimetrische Belastungsformen $\mathfrak{P}_1$ und $\mathfrak{P}_2$

$$X_{k,1} : X_{k,2} = \delta_{h0,1} : \delta_{h0,2}\,.$$

Die Schaubilder der Biegungsmomente eines Belastungsfalles (2) können damit auf die bekannten Biegungsmomente eines Belastungsfalles (1) bezogen werden. Hierfür wird der einfachste Fall, die gleichförmige Belastung, gewählt.

Die Voraussetzungen für die Gültigkeit des Ansatzes sind erfüllt, wenn von dem Einfluß der Längs- und Querkräfte auf die Verschiebungen abgesehen wird und die Belastung des in A und B gelenkig angeschlossenen Stabes l_h in den benachbarten Stabteilen des statisch bestimmten Hauptsystems keine Biegungsmomente hervorruft. Die Komponenten $\delta_{(h-1)0}$, δ_{h0} bedeuten daher die relativen Verdrehungen der Endquerschnitte $(h-1)$, h des ausgezeichneten Stabes.

Die Verhältniszahlen sind für symmetrische Belastung mit $\delta_{h0,2} : \delta_{h0,1} = \mu_r R_r : \mu_k R_k$, für antimetrische Belastung mit $\delta_{h0,2} : \delta_{h0,1} = \nu_r R_r : \nu_k R_k$ nach Tabelle 17 für Stäbe mit konstantem Trägheitsmoment berechnet worden und in Tabelle 24 enthalten.

Gegeben ist die Schaulinie M_{mp} für eine gleichförmige Belastung des Stabes AB (Abb. 183a). Hieraus folgen die Momente M_{mP} (Abb. 183b) für die Belastung des Stabes AB durch Einzellasten:

$$\mu_7 = 1{,}5\,; \qquad \mu_{13} = 6 \cdot 0{,}16 = 0{,}96\,; \qquad M_{mP} = \left(1{,}5 \cdot \frac{2{,}0}{0{,}6 \cdot 5{,}0} + 0{,}96 \cdot \frac{2 \cdot 1{,}0}{0.6 \cdot 5{,}0}\right) M_{mp} = 1{,}64 M_{mp}\,.$$

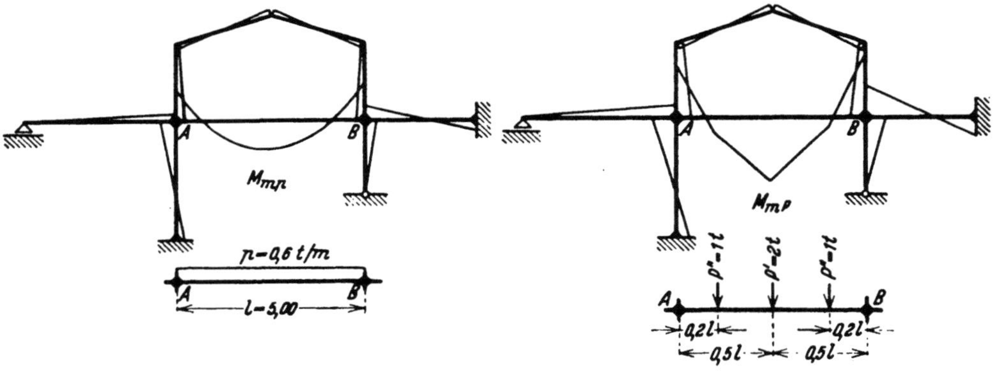

Abb. 183a und b.

28. Vereinfachung der Lösung bei Symmetrie des Hauptsystems.

Die Symmetrie des Hauptsystems setzt Symmetrie des Tragwerks voraus, deren Eigenschaften im allgemeinen bereits auf S. 185 dargelegt worden sind.

Das Hauptsystem mit einfacher Symmetrie. Von n statisch unbestimmten Schnittkräften Y_j wird in der Regel eine gerade Anzahl r symmetrisch zugeordnet sein. Der Rest $(n-r) = t$ gehört Querschnitten der Symmetrieachse an oder besteht aus Stütz- und Schnittkräften, deren Einheit im Hauptsystem ebenfalls symmetrische oder antimetrische Kräftebilder erzeugt. Statisch unbestimmte Biegungsmomente und Längskräfte in der Symmetrieachse des Hauptsystems liefern symmetrische, statisch unbestimmte Querkräfte antimetrische Spannungszustände. Die r symmetrisch zueinander liegenden, statisch unbestimmten Schnittkräfte werden mit $Y_A \dots Y_{A+J} \dots Y_{R-J} \dots Y_R$, die übrigen $(n - r) = t$ mit Z_b bezeichnet. Von diesen soll die Anzahl t' symmetrisch (U_h), die Anzahl t'' antimetrisch (V_k) sein $(t = t' + t'')$. Die symmetrischen Eigenschaften des Hauptsystems sind die Ursache folgender Beziehungen:

$$\delta_{AA} = \delta_{RR}, \quad \dots \delta_{(A+J)(A+J)} = \delta_{(R-J)(R-J)}, \quad \dots \delta_{A(A+J)} = \delta_{R(R-J)},$$
$$\delta_{(A+J)h} = \delta_{(R-J)h}, \quad \delta_{(A+J)k} = -\delta_{(R-J)k}.$$

Die Matrix ist daher auch zur Nebendiagonale symmetrisch oder antimetrisch. Dasselbe gilt von der konjugierten Matrix.

Zerlegung der Matrix und Bildung von Gruppenlasten. Werden je zwei der r Bedingungsgleichungen mit den Ordnungsnummern $(A + J)$, $(R - J)$ symmetrisch zueinander liegender Schnittkräfte addiert und subtrahiert, so entstehen zwei voneinander unabhängige Ansätze. Die Gleichungen α enthalten neben den statisch unbestimmten Schnittkräften U_h die Größen $(Y_A + Y_R) = X'_a$, $(Y_{A+J} + Y_{R-J}) = X'_{a+i}$. Die Schnittkräfte V_k fallen aus. Die Gleichungen β enthalten neben den statisch unbestimmten Schnittkräften V_k die Größen $(Y_A - Y_R) = X'_r$, $(Y_{A+J} - Y_{R-J}) = X'_{r-i}$. Die Schnittkräfte U_h fallen aus. Hierzu treten noch t' geometrische Bedingungen $\delta_h = 0$ mit den unbekannten Größen U_h, $(Y_{A+J} + Y_{R-J}) = X'_{a+i}$ und t'' geometrische Bedingungen $\delta_k = 0$, welche nur V_k und $(Y_{A+J} - Y_{R-J}) = X'_{r-i}$ enthalten. Die beiden Ansätze α und β zählen daher $(r/2 + t')$ und $(r/2 + t'')$ Gleichungen mit ebensoviel Unbekannten.

Um die Aufspaltung der Matrix nach Abschnitt 34 vorzubereiten, werden die Glieder mit den Summen und Differenzen statisch unbestimmter Schnittkräfte mit der Zahl 2 erweitert, so daß daraus neue Unbekannte

$$\tfrac{1}{2}(Y_{A+J} + Y_{R-J}) = X_{a+i}, \qquad \tfrac{1}{2}(Y_{A+J} - Y_{R-J}) = X_{r-i} \tag{359}$$

mit den doppelten Vorzahlen entstehen. Diese Rechnung wird an vier ausgezeichneten Gleichungen $(A + J)$, $(R - J)$, h und k gezeigt.

Allgemeiner Ansatz.

$A+J$	$\dots + Y_{A+J}\,\delta_{(A+J)(A+J)}$	$\dots + Y_{R-J}\,\delta_{(A+J)(R-J)}$	$\dots + U_h\,\delta_{(A+J)h}$	$\dots + V_k\,\delta_{(A+J)k} \dots$	$\delta_{(A+J)0}$
h	$\dots + Y_{A+J}\,\delta_{h(A+J)}$	$\dots + Y_{R-J}\,\delta_{h(R-J)}$	$\dots + U_h\,\delta_{hh}$	$\dots$ — $\dots$	δ_{h0}
k	$\dots + Y_{A+J}\,\delta_{k(A+J)}$	$\dots + Y_{R-J}\,\delta_{k(R-J)}$	$\dots$ —	$\dots + V_k\,\delta_{kk} \dots$	δ_{k0}
$R-J$	$\dots + Y_{A+J}\,\delta_{(R-J)(A+J)}$	$\dots + Y_{R-J}\,\delta_{(R-J)(R-J)}$	$\dots + U_h\,\delta_{(R-J)h}$	$\dots + V_k\,\delta_{(R-J)k} \dots$	$\delta_{(R-J)0}$

Ansatz α.

$a+i$	$\dots + \dfrac{Y_{A+J} + Y_{R-J}}{2}\, 2\,(\delta_{(A+J)(A+J)} + \delta_{(A+J)(R-J)}) \dots$	$+ U_h(\delta_{h(A+J)} + \delta_{h(R-J)}) \dots$	$\delta_{(A+J)0} + \delta_{(R-J)0}$
h	$\dots + \dfrac{Y_{A+J} + Y_{R-J}}{2}\, 2\,\delta_{(A+J)h} \dots$	$\dots + U_h\,\delta_{hh} \dots$	δ_{h0}

Ansatz β.

$r-i$	$\dots + \dfrac{Y_{A+J} - Y_{R-J}}{2}\, 2\,(\delta_{(A+J)(A+J)} - \delta_{(A+J)(R-J)}) \dots$	$+ V_k(\delta_{k(A+J)} - \delta_{k(R-J)}) \dots$	$\delta_{(A+J)0} - \delta_{(R-J)0}$
k	$\dots + \dfrac{Y_{A+J} - Y_{R-J}}{2}\, 2\,\delta_{(A+J)k} \dots$	$\dots + V_k\,\delta_{kk} \dots$	δ_{k0}

Die Verwendung der halben Summe und der halben Differenz zweier zueinander symmetrisch liegender, statisch unbestimmter Schnittkräfte nach (359) bedeutet mechanisch die Erweiterung der statisch unbestimmten Schnittkraft zur statisch unbestimmten Gruppenlast und damit zu einer statisch überzähligen Größe allgemeiner Art. Diese sind ebenfalls unabhängig voneinander, so daß bei der Ableitung beliebiger Schnittkräfte und Verschiebungen auf die Superposition über die Beziehung

$$Y_{A+J} = X_{a+i} + X_{r-i}, \qquad Y_{R-J} = X_{a+i} - X_{r-i}$$

verzichtet und dafür folgender Ansatz verwendet werden kann:

$$\left.\begin{aligned} M_H &= M_{H_0} - \sum (M_{H(a+i)} X_{a+i} + M_{H(r-i)} X_{r-i} + M_{Hh} U_h + M_{Hk} V_k), \\ \delta_H &= \delta_{H_0} - \sum (\delta_{H(a+i)} X_{a+i} + \delta_{H(r-i)} X_{r-i} + \delta_{Hh} U_h + \delta_{Hk} V_k). \end{aligned}\right\} \quad (360)$$

$M_{H(a+i)}$, $\delta_{H(a+i)}$ bedeuten im Hauptsystem die auf den Querschnitt H bezogene Schnittkraft und die relative Verschiebung der Querschnitte H infolge von $-X_{a+i} = 1$. Alle anderen überzähligen Größen sind dabei Null. Der Belastungszustand

$$-X_{a+i} = -\tfrac{1}{2}(Y_{A+J} + Y_{R-J}) = 1, \quad -X_{r-i} = -\tfrac{1}{2}(Y_{A+J} - Y_{R-J}) = 0 \text{ usw.}$$

besteht aus den Schnittkräften (361a)

$$-Y_{A+J} = 1, \quad -Y_{R-J} = 1,$$

der Belastungszustand

$$-X_{r-i} = -\tfrac{1}{2}(Y_{A+J} - Y_{R-J}) = 1, \quad -X_{a+i} = -\tfrac{1}{2}(Y_{A+J} + Y_{R-J}) = 0 \text{ usw.}$$

aus den Schnittkräften (361b)

$$-Y_{A+J} = 1, \quad +Y_{R-J} = 1.$$

Die Vorzahlen der Gleichungen α und β werden aus der Arbeit einer virtuellen Belastung entwickelt:

$$\begin{aligned} 2(\delta_{(A+J)(A+J)} + \delta_{(A+J)(R-J)}) &= 1_{A+J}(\delta_{(A+J)(A+J)} + \delta_{(A+J)(R-J)}) + 1_{R-J}(\delta_{(R-J)(R-J)} + \delta_{(R-J)(A+J)}) \\ &= 1_{A+J}\,\delta_{(A+J)(a+i)} + 1_{R-J}\,\delta_{(R-J)(a+i)} = 1_{a+i}\,\delta_{(a+i)(a+i)}, \\ 2(\delta_{(A+J)(A+J)} - \delta_{(A+J)(R-J)}) &= 1_{A+J}(\delta_{(A+J)(A+J)} - \delta_{(A+J)(R-J)}) - 1_{R-J}(\delta_{(R-J)(A+J)} - \delta_{(R-J)(R-J)}) \\ &= 1_{A+J}\,\delta_{(A+J)(r-i)} - 1_{R-J}\,\delta_{(R-J)(r-i)} = 1_{r-i}\,\delta_{(r-i)(r-i)}, \end{aligned}$$

$$\delta_{h(A+J)} + \delta_{h(R-J)} = \delta_{h(a+i)} = 1_{a+i}\,\delta_{(a+i)h} = 2\delta_{(A+J)h},$$

$$\delta_{k(A+J)} - \delta_{k(R-J)} = \delta_{k(r-i)} = 1_{r-i}\,\delta_{(r-i)k} = 2\delta_{(A+J)k}.$$

Damit erhalten die beiden voneinander unabhängigen Ansätze α und β folgende Form:

Ansatz α.

$$\begin{array}{|llll|l} X_a\,\delta_{(a+i)a} \cdots & + X_{a+i}\,\delta_{(a+i)(a+i)} \cdots & + U_h\,\delta_{(a+i)h} & \cdots & \delta_{(a+i)0}, \\ X_a\,\delta_{ha} & \cdots + X_{a+i}\,\delta_{h(a+i)} & \cdots + U_h\,\delta_{hh} & \cdots & \delta_{h0}. \end{array} \quad (362\text{a})$$

Ansatz β.

$$\begin{array}{|llll|l} X_r\,\delta_{(r-i)r} \cdots & + X_{r-i}\,\delta_{(r-i)(r-i)} \cdots & + V_k\,\delta_{(r-i)k} & \cdots & \delta_{(r-i)0}, \\ X_r\,\delta_{kr} & \cdots + X_{r-i}\,\delta_{k(r-i)} & \cdots + V_k\,\delta_{kk} & \cdots & \delta_{k0}. \end{array} \quad (362\text{b})$$

Diese Gleichungen können nach dem Prinzip von Castigliano (S. 163) auch unmittelbar angeschrieben werden. Die virtuelle Belastung besteht dabei aus den Teilkräften eines der Belastungszustände $-X_a = 1, \cdots - X_{a+i} = 1, \cdots - X_r = 1, \cdots - X_{r-i} = 1$.

Da die relativen Verschiebungen δ_{A+J} und δ_{R-J} des Hauptsystems aus den äußeren Ursachen und den überzähligen Größen X_k Null sind, ist in Verbindung mit (361)

$$1_{a+i}\,\delta_{a+i} = 1_{A+J}\,\delta_{A+J} + 1_{R-J}\,\delta_{R-J} = 0\,.$$

$$\alpha)\quad \delta_{(A+J)0} + \delta_{(R-J)0} - \sum(\delta_{(A+J)a} + \delta_{(R-J)a})\,X_a - \sum(\delta_{(A+J)h} + \delta_{(R-J)h})\,U_h = 0\,,$$

$$\delta_{(a+i)0} - \sum\delta_{(a+i)a}\,X_a - \sum\delta_{(a+i)h}\,U_h = 0;\quad a = 1\ldots.\quad h = 1\ldots t'.$$

$$1_{r-i}\,\delta_{r-i} = 1_{A+J}\,\delta_{A+J} - 1_{R-J}\,\delta_{R-J} = 0\,.$$

$$\beta)\quad \delta_{(A+J)0} - \delta_{(R-J)0} - \sum(\delta_{(A-J)r} - \delta_{(R-J)r})\,X_r - \sum(\delta_{(A+J)k} - \delta_{(R-J)k})\,V_k = 0\,.$$

$$\delta_{(r-i)0} - \sum\delta_{(r-i)r}\,X_r - \sum\delta_{(r-i)k}\,V_k = 0;\qquad r = 1\ldots.\qquad k = 1\ldots t''.$$

Die Belastungsglieder bei Symmetrie der Matrix. Die Belastungsglieder der beiden Ansätze α und β (S. 192) entstehen durch Addition und Subtraktion der Bedingungsgleichungen mit den symmetrischen Ordnungsnummern $(A + J)$, $(R - J)$

$$\delta_{(A+J)0} + \delta_{(R-J)0} = \delta_{(a+i)0};\quad \delta_{(A+J)0} - \delta_{(R-J)0} = \delta_{(r-i)0}\,.$$

Bei symmetrischer Belastung ist $\delta_{(A+J)0} = \delta_{(R-J)0}$, $\delta_{(r-i)0} = \delta_{k0} = 0$; die Gleichungen β sind daher homogen, so daß

$$X_{r-i} = 0\,,\qquad V_k = 0 \quad\text{und}\quad X_{a+i} = Y_{A+J} = Y_{R-J}\,. \tag{363}$$

Bei Antimetrie der Belastung wird $\delta_{(A+J)0} = -\,\delta_{(R-J)0}$, also $\delta_{(a+i)0} = \delta_{h0} = 0$, so daß die Gleichungen α homogen sind. Daher wird jetzt

$$X_{a+i} = 0\,,\qquad U_h = 0 \quad\text{und}\quad X_{r-i} = Y_{A+J} = -\,Y_{R-J}\,. \tag{364}$$

Diese Lösung trifft bei Verwendung von unsymmetrisch liegenden Stütz- oder Schnittkräften W'_H mit symmetrischem oder antimetrischem Kräftebild nicht immer zu, so daß diese oft in ein statisch unbestimmtes Hauptsystem einbezogen werden. Ist W''_H die zur statisch unbestimmten Stütz- oder Schnittkraft symmetrisch liegende Größe, so werden zweckmäßiger von vornherein Gruppenlasten

$$\overline{W}'_h = \frac{W'_H + W''_H}{2}\qquad \overline{W}''_h = \frac{W'_H - W''_H}{2} \tag{365}$$

gebildet, von denen dann stets die eine oder andere bei Symmetrie oder Antimetrie der Belastung Null ist.

Um diese übersichtliche Lösung auch bei einer beliebigen Belastung $\mathfrak{P}$ anschreiben zu können, wird diese nach S. 186 durch Belastungsumordnung in einen symmetrischen Anteil $^{(1)}\mathfrak{P}$ und in einen antimetrischen Anteil $^{(2)}\mathfrak{P}$ so zerlegt, daß

$$\mathfrak{P} \equiv (^{(1)}\mathfrak{P} + {}^{(2)}\mathfrak{P}).$$

In der statischen Untersuchung des Tragwerks für $^{(1)}\mathfrak{P}$ erscheinen dann allein die überzähligen Größen X_a, X_{a+i} und die symmetrischen Kräfte U_h, in der statischen Untersuchung des Tragwerks für $^{(2)}\mathfrak{P}$ nur die überzähligen Größen X_r, X_{r-i} und die antimetrischen Kräfte V_k. Jedem Lastanteil wird zur Vereinfachung der Rechnung ein der Eigenart der Belastung $^{(1)}\mathfrak{P}$ oder $^{(2)}\mathfrak{P}$ entsprechendes Hauptsystem zugeordnet.

Der symmetrische Anteil $^{(1)}\mathfrak{P}$ liefert

$$\left.\begin{aligned} &{}^{(1)}X_{r-i} = 0\,,\qquad {}^{(1)}X_{a+i} = {}^{(1)}Y_{A+J} = {}^{(1)}Y_{R-J}\,,\\ &\text{der antimetrische Anteil } {}^{(2)}\mathfrak{P}\\ &{}^{(2)}X_{a+i} = 0\,,\qquad {}^{(2)}X_{r-i} = {}^{(2)}Y_{A+J} = -\,{}^{(2)}Y_{R-J}\,,\end{aligned}\right\} \tag{366}$$

die Superposition von ${}^{(1)}\mathfrak{P}$ und ${}^{(2)}\mathfrak{P}$ daher

$$Y_{A+J} = {}^{(1)}Y_{A+J} + {}^{(2)}Y_{A+J}, \qquad Y_{R-J} = {}^{(1)}Y_{R-J} + {}^{(2)}Y_{R-J}.$$

Schnittkraft $M = {}^{(1)}M + {}^{(2)}M$ usw.

Anwendungen. a) Durchgehender Träger auf 4 Stützen in symmetrischer Anordnung (Abb. 184a). Das Tragwerk ist zweifach statisch unbestimmt.

Hauptsystem a (Abb. 184b): Träger auf zwei Stützen. Überzählige Größen sind die Stützkräfte $X_a \equiv Y_A$, $X_b \equiv Y_B$, so daß $\delta_{aa} = \delta_{bb}$.

Hauptsystem b (Abb. 184e): Drei einzelne Träger. Überzählige Größen sind die Stützenmomente $X_a \equiv Y_A$, $X_b \equiv Y_B$, so daß ebenfalls $\delta_{aa} = \delta_{bb}$.

Umformung des Ansatzes nach (359):

$$X_a \delta_{aa} + X_b \delta_{ab} = \delta_{a0},$$
$$X_a \delta_{ba} + X_b \delta_{bb} = \delta_{b0};$$

$$\frac{X_a + X_b}{2} 2(\delta_{aa} + \delta_{ab}) = \delta_{a0} + \delta_{b0},$$

$$\frac{X_a - X_b}{2} 2(\delta_{aa} - \delta_{ab}) = \delta_{a0} - \delta_{b0};$$

$$X_1 \delta_{11} = \delta_{10}, \qquad X_2 \delta_{22} = \delta_{20}.$$

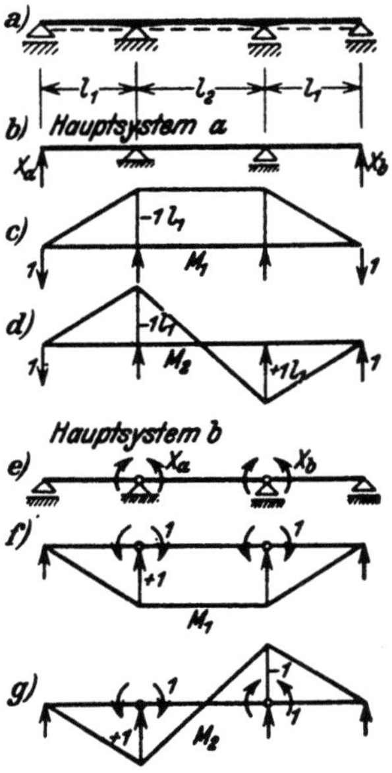

Abb. 184.

Belastungszustand $-X_1 = 1$: $-X_a = 1$, $-X_b = 1$, Schnittkräfte M_1;

Belastungszustand $-X_2 = 1$: $-X_a = 1$, $+X_b = 1$, Schnittkräfte M_2.

Symmetrische Belastung: $X_1 = {}^{(1)}X_a = {}^{(1)}X_b$, $X_2 = 0$.

Antimetrische Belastung: $X_1 = 0$, $X_2 = {}^{(2)}X_a = -{}^{(2)}X_b$.

Schnittkraft aus der Superposition: $M = M_0 - X_1 M_1 - X_2 M_2$.

b) Beiderseits elastisch eingespannter Bogenträger in symmetrischer Anordnung (Abb. 185). Das Tragwerk ist dreifach statisch unbestimmt.

Hauptsystem a. Träger auf zwei Stützen (Abb. 186a). Die Einspannungsmomente X_a, X_b und die Längskraft X_c im Bogenscheitel sind statisch unbestimmte Schnittkräfte.

Überzählige Größen:

$$X_1 = X_c; \qquad -X_1 = 1, \quad M = M_1,$$

$$X_2 = \frac{X_a - X_b}{2}; \qquad -X_2 = 1: \quad -X_a = 1, \qquad +X_b = 1, \qquad M = M_2,$$

$$X_3 = \frac{X_a + X_b}{2}; \qquad -X_3 = 1: \quad -X_a = 1, \qquad -X_b = 1, \qquad M = M_3.$$

Die Schnittkräfte aus $-X_1 = 1$ und $-X_3 = 1$ sind symmetrisch, die Schnittkräfte aus $-X_2 = 1$ antimetrisch. Daher $\delta_{12} = \delta_{23} = 0$.

X_1	X_2	X_3	
δ_{11}		δ_{13}	δ_{10}
	δ_{22}		δ_{20}
δ_{31}		δ_{33}	δ_{30}

Symmetrische Belastung:

$$^{(1)}M_0\,; \quad {}^{(1)}X_1 \neq 0\,, \quad {}^{(1)}X_2 = 0\,, \quad {}^{(1)}X_3 = {}^{(1)}X_a = {}^{(1)}X_b \neq 0\,.$$

Abb. 185.

Antimetrische Belastung:

$$^{(2)}M_0\,; \quad {}^{(2)}X_1 = 0\,, \quad {}^{(2)}X_3 = 0\,,$$

$$^{(2)}X_2 = {}^{(2)}X_a = -\,{}^{(2)}X_b \neq 0\,,$$

$$M_0 = {}^{(1)}M_0 + {}^{(2)}M_0\,,$$

$$M = M_0 - X_1 M_1 - X_2 M_2 - X_3 M_3$$

$$= M_0 - X_1 y' + X_2 \frac{u}{l_1} - X_3\,,$$

$$N = N_0 - X_1 \cos\alpha - X_2 \sin\alpha\,.$$

Die statisch unbestimmte Längskraft $X_c = X_1$ des symmetrischen Anteils des Ansatzes läßt sich außerdem noch durch einen Anteil der Gruppenlast X_3 in Gestalt zweier Momente $X_1 y_0$ in a und b derart zu einer Gruppenlast X_4 ergänzen, daß diese im Gegensatz zu X_1 unabhängig von X_3 berechnet werden kann. Die Bedingung ist hierfür $1_3 \delta_{34} = 0$. Gruppenlast $-X_4 = 1: -X_1 = 1, +X_3 = 1 y_0$.

$$1_3 \delta_{34} = \delta_{31} - y_0 \delta_{33} = 0$$

(starre Einspannung),

$$1_3 \delta_{34} = \delta_{31} - 2\varepsilon_{31} - y_0 \delta_{33} - 2 y_0 \varepsilon_{33} = 0$$

(elastische Einspannung).

ε_{33}, ε_{31} sind die EJ_cfachen Drehwinkel des Widerlagers infolge eines Momentes von der Größe 1 oder einer waagerechten Kraft 1 in a oder b.

$$y_0 = \frac{\int y' \frac{J_c}{J}\, ds - 2\varepsilon_{31}}{\int \frac{J_c}{J}\, ds + 2\varepsilon_{33}}\,;$$

X_2, X_3, X_4 nach (465).

Hauptsystem b (Abb. 186b). Die Längskraft $N_c = X_c$ im Scheitel wird durch die statisch unbestimmte Schnittkraft H_b am Kämpfer ersetzt. Als überzählige Größen werden außer X_2 und X_3 nach Lösung (a) die Gruppenlasten $X_1 = 1/2\,(H_a + H_b)$ und $X_1^* = 1/2\,(H_a - H_b)$ verwendet. Von diesen ist X_1^* statisch bestimmt und bei symmetrischer Belastung Null. Bei antimetrischer Belastung ist $H_a = -H_b$.

Die beiden symmetrischen überzähligen Größen X_1, X_3 werden auch hier durch Erweiterung von X_1 zu einer symmetrischen Gruppenlast X_4 unabhängig voneinander. Diese besteht aus X_1 und einem Anteil von X_3 in Gestalt zweier Kräftepaare $X_1 y_0$ in a und b. Die Strecke y_0 wird derart bestimmt, daß $\delta_{43} = 0$. Ansatz und Ergebnis wie in Lösung (a).

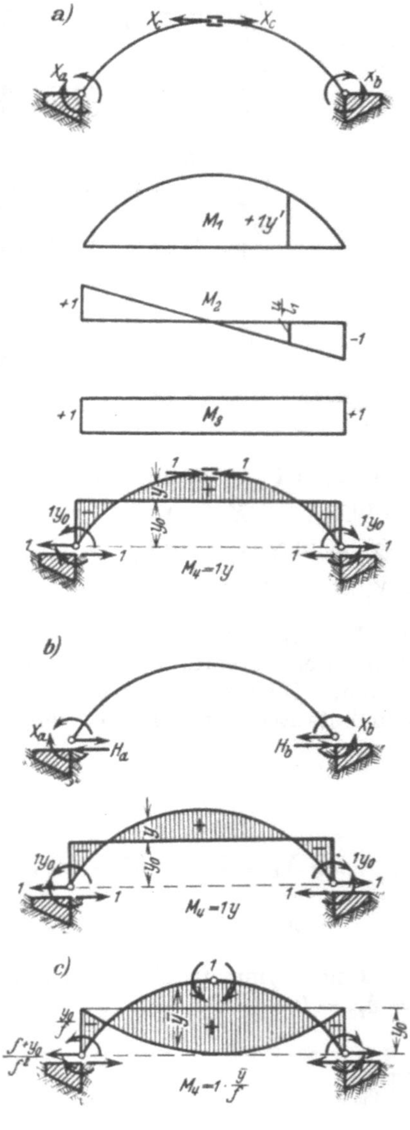

Abb. 186.

Hauptsystem c (Abb. 186c). An Stelle der Längskraft N_c dient das Biegungsmoment $M_c = X_1$ im Bogenscheitel als statisch unbestimmte Schnittkraft. Das Hauptsystem ist dann ein Dreigelenkträger mit X_1 und den Gruppenlasten X_2, X_3 nach (a) als überzähligen Größen. Der Ansatz erhält wiederum die in (a) angegebene Form. Auch hier kann der symmetrische Teil durch die Ergänzung von X_1 zu einer Gruppenlast X_4 in zwei voneinander unabhängige Gleichungen zerlegt werden, die aus X_1 und zwei Momenten $\frac{y_0}{f} X_1$ besteht. Die Strecke y_0 wird aus der Bedingung $\delta_{34} = 0$ berechnet.

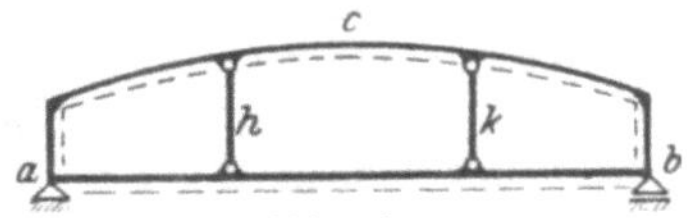

Abb. 187.

c) Geschlossener Dachrahmen mit Hängestangen in symmetrischer Anordnung (Abb. 187). 1. Statisch bestimmtes Hauptsystem nach Abb. 188a:

Zwei übereinander liegende Balkenträger. Als statisch unbestimmte Schnittkräfte werden die Längskräfte in c, h und k und die Biegungsmomente in a und b verwendet.

Symmetrische überzählige Größen:

$$X_1 = \tfrac{1}{2}(X_a + X_b), \quad X_2 = \tfrac{1}{2}(X_h + X_k), \quad X_3 = X_c.$$

Antimetrische überzählige Größen:

$$X_4 = \tfrac{1}{2}(X_a - X_b), \quad X_5 = \tfrac{1}{2}(X_h - X_k).$$

Belastungszustände: $-X_3 = 1$, $M = M_3$,

$$-X_1 = 1: \quad -X_a = 1, \quad -X_b = 1, \quad M = M_1,$$
$$-X_2 = 1: \quad -X_h = 1, \quad -X_k = 1, \quad M = M_2,$$
$$-X_4 = 1: \quad -X_a = 1, \quad +X_b = 1, \quad M = M_4,$$
$$-X_5 = 1: \quad -X_h = 1, \quad +X_k = 1, \quad M = M_5.$$

Ansatz für symmetrische Belastung:

X_1	X_2	X_3	
δ_{11}	δ_{12}	δ_{13}	δ_{10}
δ_{21}	δ_{22}	δ_{23}	δ_{20}
δ_{31}	δ_{32}	δ_{33}	δ_{30}

Ansatz für antimetrische Belastung:

X_4	X_5	
δ_{44}	δ_{45}	δ_{40}
δ_{54}	δ_{55}	δ_{50}

Symmetrische Belastung: $X_4 = X_5 = 0$.

$$X_1 = {}^{(1)}X_a = {}^{(1)}X_b, \quad X_2 = {}^{(1)}X_h = {}^{(1)}X_k, \quad X_3 = X_c.$$

Antimetrische Belastung: $X_1 = X_2 = X_3 = 0$.

$$X_4 = {}^{(2)}X_a = -{}^{(2)}X_b, \quad X_5 = {}^{(2)}X_h = -{}^{(2)}X_k.$$

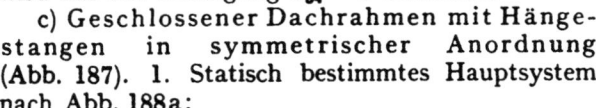

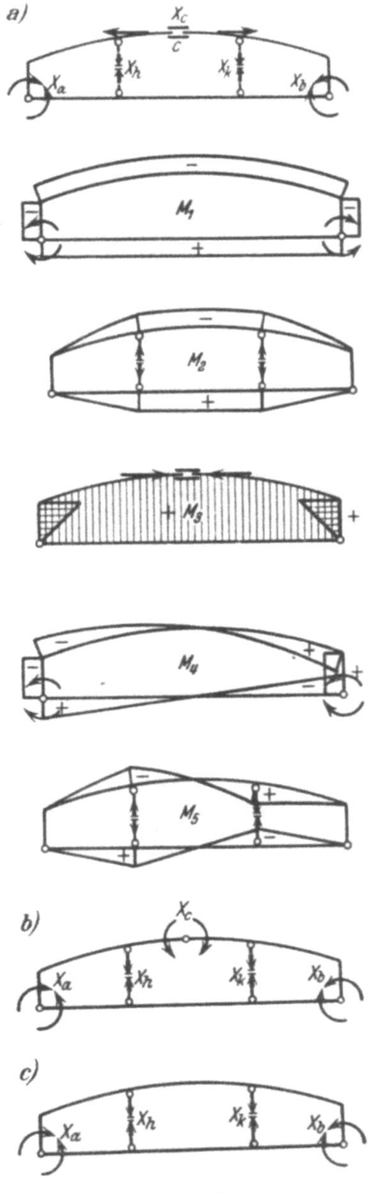

Abb. 188.

Beliebiger Lastangriff:

$$M = {}^{(1)}M_0 + {}^{(2)}M_0 - \sum X_r M_r; \qquad r = 1 \ldots 5.$$

Die Längskraft $X_c = X_3$ kann ebenso wie X_1 auf S. 196 zu einer Gruppenlast X_3^* ergänzt werden, so daß δ_{13} oder δ_{23} Null ist. Die Erweiterung des Ansatzes zur unabhängigen Berechnung aller überzähligen Größen wird in Abschnitt 36 behandelt.

Die Verwendung des Biegungsmomentes im Scheitelquerschnitt c (Abb. 188b) oder der Schnittkraft H_b im Querschnitt b an Stelle der statisch unbestimmten Längskraft $X_3 = X_c$ führt zu keinen wesentlichen Änderungen der Lösung. Sie wird dann ebenso wie auf S. 196 behandelt.

2. Die Rechnung läßt sich durch statisch unbestimmte Hauptsysteme abkürzen, deren Schnittkräfte für die Belastung $\mathfrak{P}$ und $- X_k = 1$ aus Tabellen bekannt sind. Sie kann daher hier unter Umständen mit Vorteil auf den geschlossenen Stabzug oder den Zweigelenkrahmen mit biegungssteifem Zugstab bezogen werden. Der Ansatz lautet für Abb. 188c:

Symmetrische Belastung

X_1	X_2	
$\delta_{11}^{(1)}$	$\delta_{12}^{(1)}$	$\delta_{10}^{(1)}$
$\delta_{21}^{(1)}$	$\delta_{22}^{(1)}$	$\delta_{20}^{(1)}$

Antimetrische Belastung

X_4	X_5	
$\delta_{44}^{(1)}$	$\delta_{45}^{(1)}$	$\delta_{40}^{(1)}$
$\delta_{54}^{(1)}$	$\delta_{55}^{(1)}$	$\delta_{50}^{(1)}$

$$M = M_0^{(1)} - X_1 M_1^{(1)} - X_2 M_2^{(1)} - X_4 M_4^{(1)} - X_5 M_5^{(1)}.$$

Zahlenbeispiel in Verbindung mit einem statisch bestimmten Hauptsystem. Berechnung einer zweischiffigen, zur Mitte symmetrischen Halle (Abb. 189).

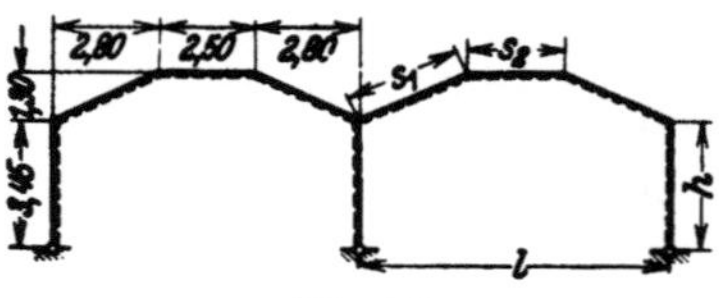

Abb. 189.

1. Geometrische Grundlagen: Trägheitsmomente und reduzierte Stablängen. Riegel: $J_r = 0{,}00312\ \mathrm{m}^4 = J_c$, Pfosten: oberes Ende $J_b = 0{,}00540\ \mathrm{m}^4$, unteres Ende $J_a = 0{,}000675\ \mathrm{m}^4$, $J_a : J_b = n = 0{,}125$. Maßgebendes mittleres Trägheitsmoment für den Pfosten nach Tabelle 11

$$J_h = k \cdot J_a = 4{,}90\ J_a = 0{,}00331\ \mathrm{m}^4,$$

$$h' = 3{,}45\ \frac{0{,}00312}{0{,}00331} = 3{,}25\ \mathrm{m}, \qquad s_1' = 3{,}09\ \mathrm{m}, \qquad s_2' = 2{,}50\ \mathrm{m}.$$

2. Hauptsystem und überzählige Größen: Die Belastung wird bei Symmetrie des Stabzugs durch Umordnung in den symmetrischen und antimetrischen Anteil zerlegt. Die symmetrische Belastung ${}^{(1)}\mathfrak{P}$ erzeugt ein symmetrisches Kräftebild, so daß die symmetrisch zueinander liegenden Biegungsmomente der Querschnitte b, c, d, e nach (359) zu überzähligen Gruppenlasten vereinigt und aus

$$X_1 = \tfrac{1}{2}\,({}^{(1)}M_b + {}^{(1)}M_e); \qquad X_2 = \tfrac{1}{2}\,({}^{(1)}M_c + {}^{(1)}M_d)$$

berechnet werden (Abb. 190a). Die Differenz der Biegungsmomente aus ${}^{(1)}\mathfrak{P}$ ist Null, daher

$$X_1 = {}^{(1)}M_b = {}^{(1)}M_e, \qquad X_2 = {}^{(1)}M_c = {}^{(1)}M_d.$$

Der antimetrische Anteil ${}^{(2)}\mathfrak{P}$ erzeugt ein antimetrisches Kräftebild, so daß ein Hauptsystem mit den Biegungsmomenten ${}^{(2)}M_b$, ${}^{(2)}M_e$ als überzähligen äußeren Kräften statisch bestimmt berechnet werden kann (Abb. 190b). Diese werden zu zwei überzähligen Gruppenlasten zusammengefaßt:

$${}^{(2)}X_1 = \tfrac{1}{2}\,({}^{(2)}M_b + {}^{(2)}M_e); \qquad {}^{(2)}X_3 = \tfrac{1}{2}\,({}^{(2)}M_b - {}^{(2)}M_e);$$

$${}^{(2)}X_1 = 0 \quad \text{daher} \quad {}^{(2)}X_3 = {}^{(2)}M_b = -\,{}^{(2)}M_e.$$

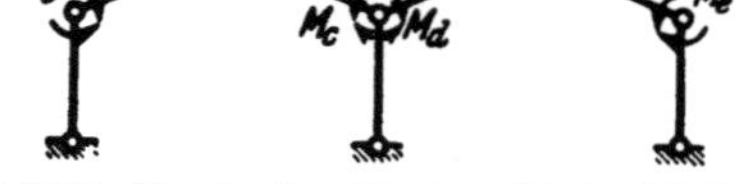

Abb. 190a. Hauptsystem für symmetrische Belastung.

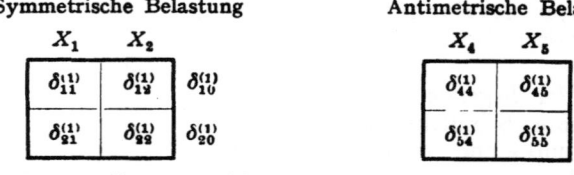

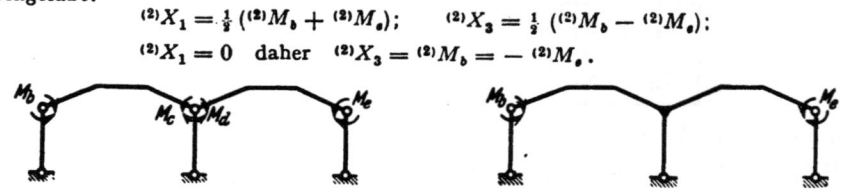

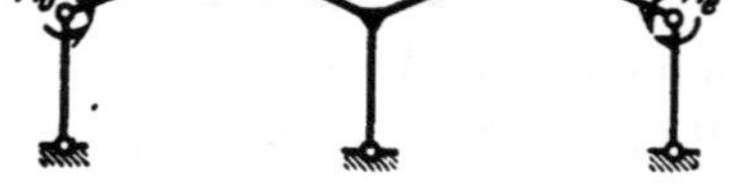

Abb. 190b. Hauptsystem für antimetrische Belastung.

Das Hauptsystem für den symmetrischen Anteil der Belastung nach Abb. 190a ist beweglich, aber durch die Art der Belastung im Gleichgewicht. Das Hauptsystem für den antimetrischen Anteil (Abb. 190b) ist statisch unbestimmt, die statisch unbestimmte Schnittkraft jedoch durch die Art des Lastangriffs Null.

Ansatz:

Symmetrischer Anteil

X_1	X_2	
δ_{11}	δ_{12}	δ_{10}
δ_{21}	δ_{22}	δ_{20}

Antimetrischer Anteil

$$X_3 \delta_{33} = \delta_{30}\,.$$

3. Vorzahlen der Elastizitätsgleichungen: Berechnung nach (300) mit den Abb. 191a—c

$$\delta_{11} = \int M_1^2 \frac{J_c}{J}\, ds = 13{,}506\,,$$

$$\delta_{12} = \int M_1\, M_2 \frac{J_c}{J}\, ds = 4{,}964\,,$$

$$\delta_{22} = \int M_2^2 \frac{J_c}{J}\, ds = 5{,}826\,,$$

$$\delta_{33} = \int M_3^2 \frac{J_c}{J}\, ds = 33{,}580\,.$$

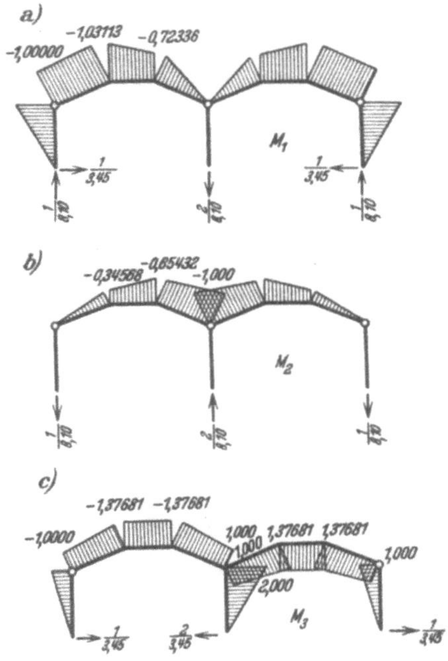

Abb. 191. Biegungsmomente im Hauptsystem infolge $-X_i = 1$.

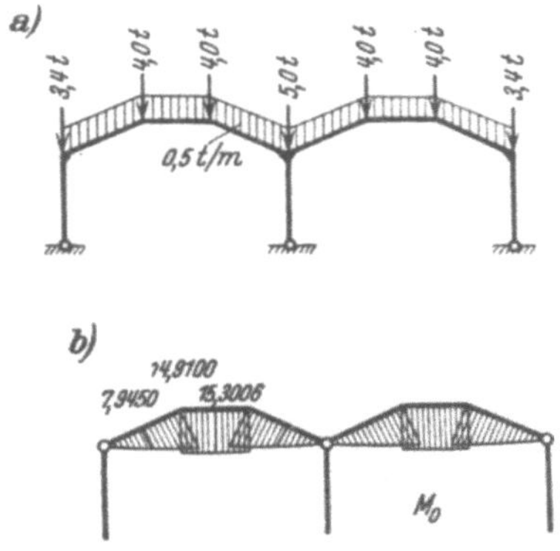

Abb. 192.

Auflösung des Ansatzes nach (347):

$$X_1 = +\,0{,}10780\,\delta_{10} - 0{,}09185\,\delta_{20}\,,$$

$$X_2 = -\,0{,}09185\,\delta_{10} + 0{,}24990\,\delta_{20}\,,$$

$$X_3 = +\,0{,}02978\,\delta_{30}\,.$$

4. Die überzähligen Größen und Schnittkräfte aus einzelnen Belastungsfällen. a) Eigengewicht (Abb. 192a). Die Belastung ist symmetrisch. Hauptsystem: Abb. 190a, $X_3 = 0$. Schnittkräfte: Abb. 192b.

$$\delta_{10} = \int M_0 M_1 \frac{J_c}{J}\, ds = -\,138{,}57\,,$$

$$\delta_{20} = \int M_0 M_2 \frac{J_c}{J}\, ds = -\,86{,}017\,, \qquad \delta_{30} = 0\,,$$

$$X_1 = -\,7{,}037 \text{ mt} = M_b = M_e\,,$$

$$X_2 = -\,8{,}769 \text{ mt} = M_c = M_d\,.$$

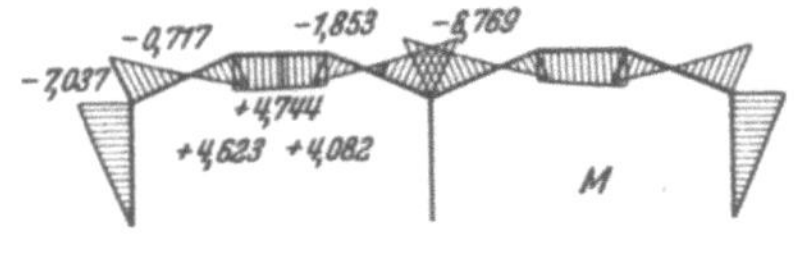

Abb. 193. Biegungsmomente aus Eigengewicht.

Momente im statisch unbestimmten System (Abb. 193):

$$M = M_0 + 7{,}037\,M_1 + 8{,}769\,M_2\,.$$

Probe: Die gegenseitige Verschiebung δ_k der äußeren Fußgelenke muß als Null nachgewiesen werden. Die virtuelle Belastung 1_k nach Abb. 194a liefert

$$1_k^{(3)}\delta_{k0}^{(3)} = \int \overline{M}_k M_0^{(3)} \frac{J_c}{J}\,ds = 0{,}02 = \Delta > 0\,,$$

Abb. 194a und b.

so daß die waagerechte Komponente H der äußeren Stützkräfte nach (333) den Fehler $\Delta H = \Delta/\delta_{kk}^{(n-1)}$ enthält:

$$1_k^{(n-1)}\delta_{kk}^{(n-1)} = 1_k^{(2)}\delta_{kk}^{(2)} = \int \overline{M}_k^{(2)}\,\overline{M}_k^{(2)} \frac{J_c}{J}\,ds = 110{,}403 \quad \text{(Abb. 194b)}\,,$$

$$\Delta H = 0{,}02/110{,}403 = 0{,}181\ \text{kg}\,,$$

gegenüber $H = 2{,}040$ t.

b) Einseitige Schneebelastung (Abb. 195a). Die Belastung wird in den symmetrischen und in den antimetrischen Belastungsanteil zerlegt. Symmetrischer Belastungsanteil ${}^{(1)}\mathfrak{P}$: Hauptsystem nach Abb. 190a, Schnittkräfte ${}^{(1)}M_0$, nach Abb. 195b

$${}^{(1)}\delta_{10} = \int {}^{(1)}M_0 M_1 \frac{J_c}{J}\,ds = -\,12{,}643\,,$$

$${}^{(1)}\delta_{20} = \int {}^{(1)}M_0 M_2 \frac{J_c}{J}\,ds = -\ \ 7{,}826.$$

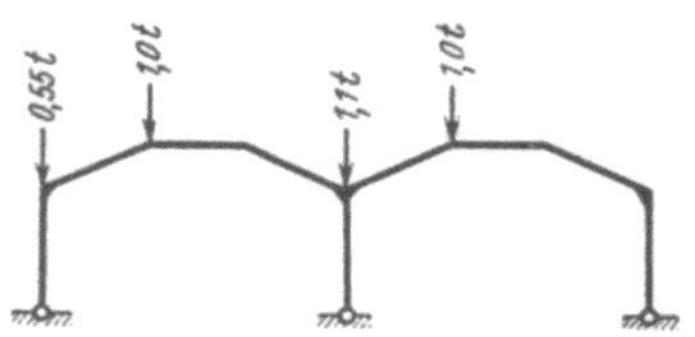

Schneebelastung.

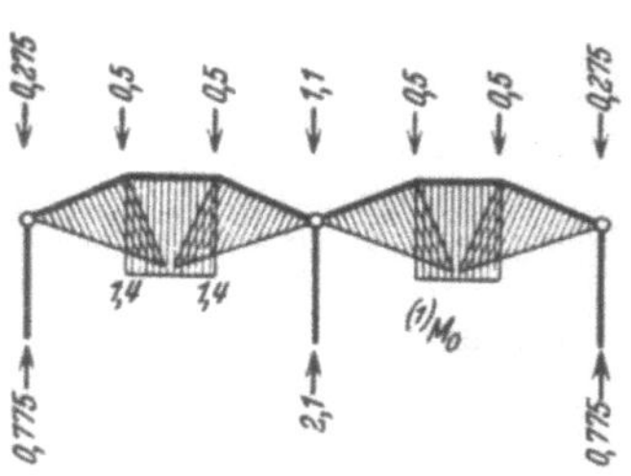

Symmetrischer Anteil.

Antimetrischer Belastungsanteil ${}^{(2)}\mathfrak{P}$: Hauptsystem nach Abb. 190b. Schnittkräfte ${}^{(2)}M_0$ nach Abb. 195c.

$${}^{(2)}\delta_{30} = \int {}^{(2)}M_0 M_3 \frac{J_c}{J}\,ds = 0\,, \quad X_3 = 0\,.$$

Daher ist nach 3.:

$$X_1 = -\,0{,}644\ \text{mt} = M_b = M_e\,,$$
$$X_2 = -\,0{,}794\ \text{mt} = M_c = M_d\,.$$

Momente im statisch unbestimmten System (Abb. 196):

$$M = {}^{(1)}M_0 + {}^{(2)}M_0 + 0{,}644\,M_1 + 0{,}794\,M_2\,.$$

Probe wie bei a):

$$\delta_{k0}^{(3)} = 0{,}02 = \Delta\,.$$

c) Windbelastung (Abb. 197a). Die Belastung wird in den symmetrischen und in den antimetrischen Belastungsanteil zerlegt (Abb. 197b und d). Symmetrischer Belastungs-

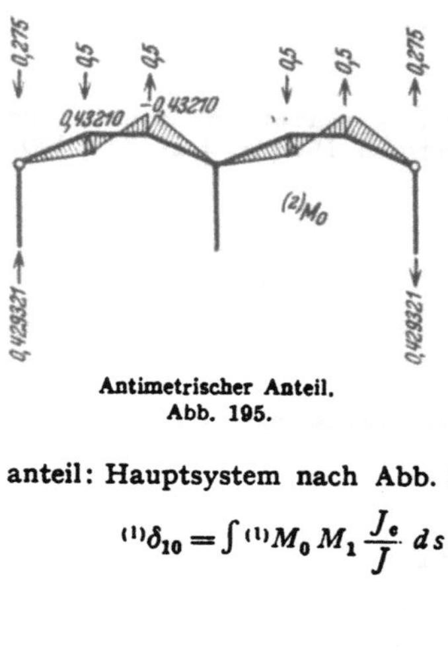

Antimetrischer Anteil.
Abb. 195.

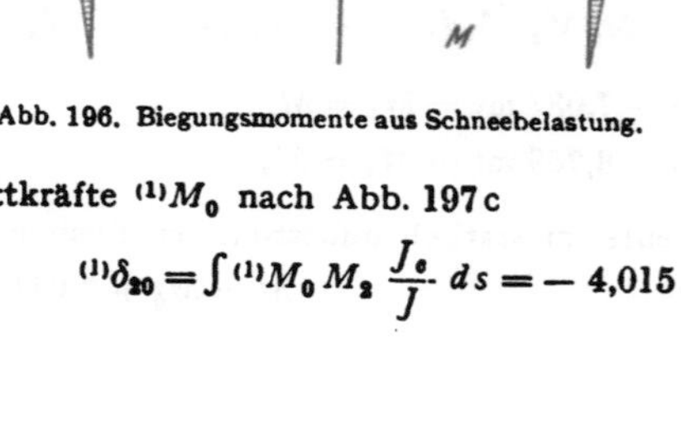

Abb. 196. Biegungsmomente aus Schneebelastung.

anteil: Hauptsystem nach Abb. 190a. Schnittkräfte ${}^{(1)}M_0$ nach Abb. 197c

$${}^{(1)}\delta_{10} = \int {}^{(1)}M_0 M_1 \frac{J_c}{J}\,ds = -\,7{,}373\,, \qquad {}^{(1)}\delta_{20} = \int {}^{(1)}M_0 M_2 \frac{J_c}{J}\,ds = -\,4{,}015\,.$$

Antimetrischer Belastungsanteil: Hauptsystem nach Abb. 190b. Schnittkräfte ${}^{(2)}M_0$ nach Abb. 197e

$$ {}^{(2)}\delta_{30} = \int {}^{(2)}M_0\, M_3 \frac{J_c}{J}\, ds = 98{,}05\,. $$

Daher ist nach **3.**:

$$ X_1 = -\,0{,}426 \text{ mt}\,, \qquad X_2 = -\,0{,}326 \text{ mt}\,, \qquad X_3 = +\,2{,}921 \text{ mt}\,. $$

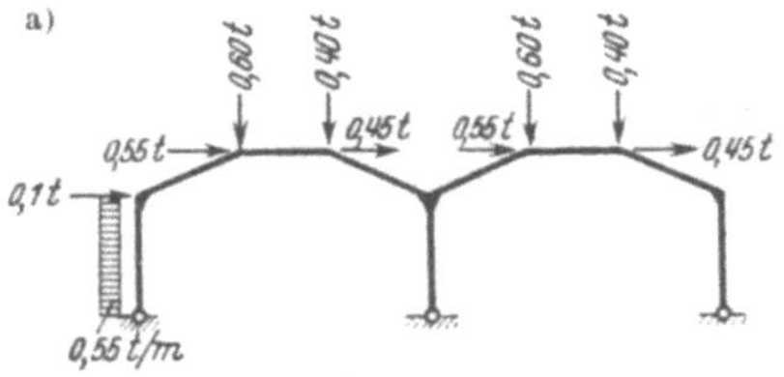

Windbelastung.

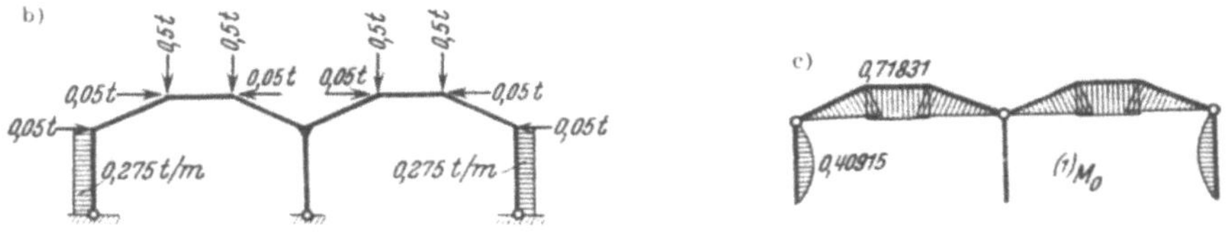

Symmetrischer Anteil.

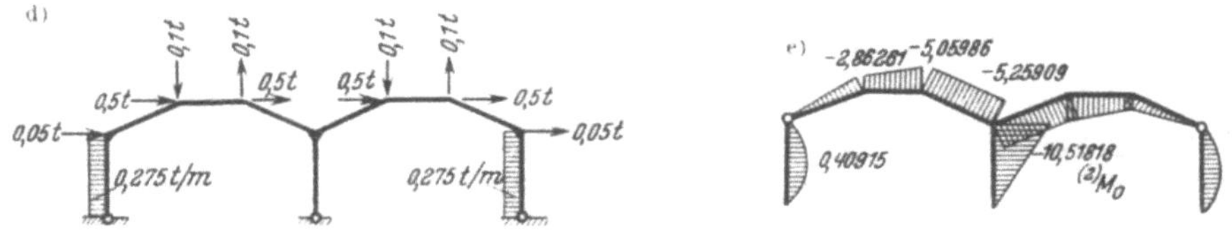

Antimetrischer Anteil.
Abb. 197.

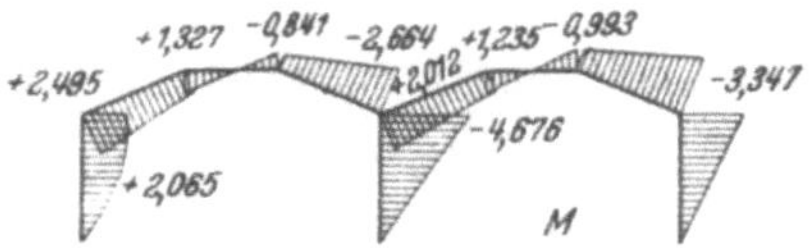

Abb. 198. Biegungsmomente aus Windbelastung.

Momente im statisch unbestimmten System (Abb. 198):

$$ M = {}^{(1)}M_0 + {}^{(2)}M_0 + 0{,}426\, M_1 + 0{,}326\, M_2 - 2{,}921\, M_3\,. $$

Probe wie bei a):

$$ \delta_{k0}^{(3)} = 0{,}025 = \varDelta\,. $$

Mit ${}^{(1)}\delta_{1s} = \varDelta/h = 0{,}025/3{,}45 = 0{,}00725$, ${}^{(1)}\delta_{2s} = {}^{(2)}\delta_{3s} = 0$ ergibt sich nach S. 169 ein Fehler $\varDelta X_1 = 0{,}10780 \cdot 0{,}00725 = 0{,}000782$ mt und damit ein Fehler der äußeren horizontalen Stützkräfte

$$ \varDelta H = 0{,}000782/3{,}45 = 0{,}23 \text{ kg} \quad \text{gegenüber} \quad 723 \text{ kg}\,. $$

Zahlenbeispiel in Verbindung mit einem statisch unbestimmten Hauptsystem. (Abb. 199a.)

1. Geometrische Grundlagen. Trägheitsmomente:

$$ J_1 = 0{,}0416 \text{ m}^4 = J_c\,, \quad J_2 = 0{,}0213 \text{ m}^4\,, \quad J_3 = 0{,}0114 \text{ m}^4\,. $$

Reduzierte Stablängen:

$$ h_1' = 5{,}00 \cdot \frac{0{,}0416}{0{,}0114} = 18{,}245 \text{ m}\,, \quad s_1' = 8{,}06 \cdot \frac{0{,}0416}{0{,}0213} = 15{,}746 \text{ m}\,, $$

$$ h_2' = 6{,}00 \text{ m}\,, \quad h' = 2{,}00 \text{ m}\,, \quad s_2' = 5{,}657 \text{ m}\,, \quad l_1' = 8{,}00 \text{ m}\,. $$

2. **Hauptsystem** (Abb. 199b): Zwei einfach statisch unbestimmte Seitenrahmen stützen den Riegel des Mittelschiffs als Balkenträger. Statisch unbestimmte Schnittkräfte sind M_l, M_r, H_r. Um die Symmetrie des Stabzugs für die Rechnung auszunützen, wird außerdem auch H_l als äußere Kraft verwendet, so daß die Gruppenlasten

$$X_1 = \tfrac{1}{2}(M_l + M_r), \quad X_2 = \tfrac{1}{2}(M_l - M_r), \quad X_3 = \tfrac{1}{2}(H_l + H_r), \quad X_4 = \tfrac{1}{2}(H_l - H_r)$$

gebildet werden können. X_1, X_2, X_3 sind überzählige Größen. Die Gruppenlast X_4 ist Null oder statisch bestimmt. Wird die Belastung in den symmetrischen und antimetrischen Anteil

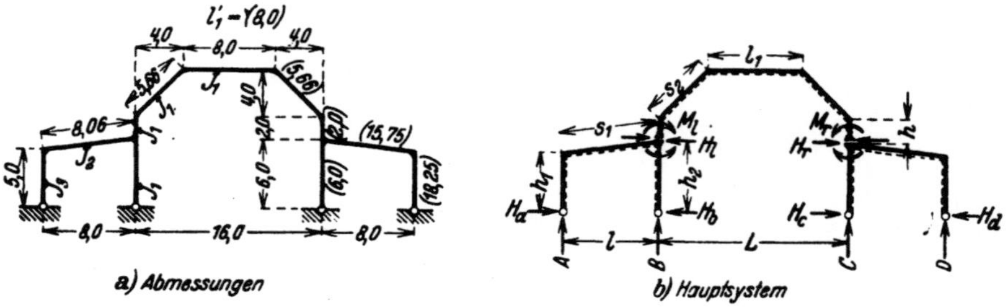

Abb. 199.

zerlegt, so ist $^{(1)}X_2 = {}^{(1)}X_4 = {}^{(2)}X_1 = {}^{(2)}X_3 = 0$ und $^{(2)}X_4$ statisch bestimmt.. Der Ansatz zerfällt in zwei unabhängige Teile.

Symmetrische Belastung:

	X_1	X_3	
	$\delta_{11}^{(2)}$	$\delta_{13}^{(2)}$	$\delta_{10}^{(2)}$
	$\delta_{31}^{(2)}$	$\delta_{33}^{(2)}$	$\delta_{30}^{(2)}$

Antimetrische Belastung: $X_2\delta_{22}^{(2)} = \delta_{20}^{(2)}$.

3. **Die Schnittkräfte des statisch unbestimmten Hauptsystems.** Unterlagen zur Berechnung der Schnittkräfte in den statisch unbestimmten Seitenrahmen nach Abschn. 61

$$\varkappa_1 = \frac{18,25}{15,75} = 1,159; \qquad \varkappa_2 = \frac{6,00}{15,75} = 0,381;$$

$$\lambda_1 = \frac{5,0}{6,0} = 0,833; \qquad \lambda_2 = \frac{6,0}{5,0} = 1,200.$$

$$\mu = 0,833 \cdot 2,159 + 1 + 1,200 \cdot 1,381 = 4,456.$$

Belastungszustand $-X_1 = 1$: $-M_l = 1$, $-M_r = 1$, $M_1^{(2)}$ nach Abb. 200a

$$A_1 = D_1 = -\frac{1}{8,0} = -0,125\,\text{t}, \qquad B_1 = C_1 = +\frac{1}{8,0} = +0,125\,\text{t}$$

$$\Phi = \frac{2 + 0,833}{2 \cdot 4,456} = 0,3179, \qquad H_{a1} = H_{b1} = H_{c1} = H_{d1} = \frac{-1,000}{5,00}\,0,3179 = -0,0636\,\text{t}.$$

Belastungszustand $-X_2 = 1$: $-M_l = 1$, $+M_r = 1$, $M_2^{(2)}$ nach Abb. 200b

$$A_2 = -0,125\,\text{t}, \quad B_2 = +0,250\,\text{t}, \quad D_2 = +0,125\,\text{t}, \quad C_2 = -0,250\,\text{t},$$

$$H_{a2} = H_{b2} = -0,0636\,\text{t}; \qquad H_{c2} = H_{d2} = +0,0636\,\text{t}.$$

Belastungszustand $-X_3 = 1$: $-H_l = 1$, $-H_r = 1$, $M_3^{(2)}$ nach Abb. 200c

$$A_3 = D_3 = -\frac{6,0}{8,0} = -0,750\,\text{t}, \qquad B_3 = C_3 = +\frac{6,0}{8,0} = +0,750\,\text{t},$$

$$\Phi = \frac{1 + 2 \cdot 1,200\,(1 + 0,381)}{4,456} = 0,9682; \qquad H_{a3} = -\left(\frac{-1,000}{2}\right)(-0,9682) = -0,484\,\text{t},$$

$$H_{d3} = H_{a3} = -0,484, \qquad H_{b3} = H_{c3} = -0,484 + 1,000 = +0,516\,\text{t}.$$

4. **Berechnung der Vorzahlen** des Ansatzes als gegenseitige Verschiebungen im statisch unbestimmten Hauptsystem nach (305)

$$\delta_{11}^{(2)} = \int M_1^{(0)} M_1^{(2)} \frac{J_c}{J} ds = +\ 28,14; \qquad \delta_{13}^{(2)} = \int M_1^{(0)} M_3^{(2)} \frac{J_c}{J} ds = -77,47;$$

$$\delta_{33}^{(2)} = \int M_3^{(0)} M_3^{(2)} \frac{J_c}{J} ds = +682,5; \qquad \delta_{22}^{(2)} = \int M_2^{(0)} M_2^{(2)} \frac{J_c}{J} ds = +16,05.$$

5. Auflösung des Ansatzes in 2. nach (345):

$$X_1 = \frac{\delta_{10}^{(2)} + 0{,}11351\,\delta_{30}^{(2)}}{19{,}34467}, \qquad X_2 = \frac{\delta_{20}^{(2)}}{16{,}05370}, \qquad X_3 = \frac{\delta_{30}^{(2)} + 2{,}75309\,\delta_{10}^{(2)}}{469{,}1904}.$$

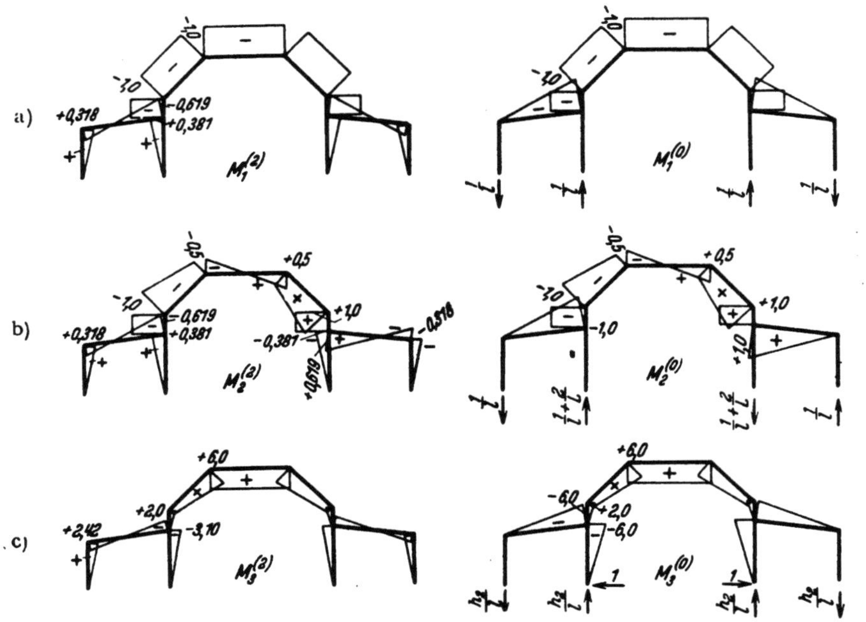

Abb. 200. Biegungsmomente infolge $-X_i = 1$ im statisch unbestimmten und statisch bestimmten Hauptsystem.

6. Die Schnittkräfte des statisch unbestimmten Stabwerks können aus den Stützkräften oder durch Superposition gewonnen werden:

$$H_a = H_{a0}^{(2)} + 0{,}0636\,(X_1 + X_2) + 0{,}484\,X_3\,,$$
$$H_b = H_{b0}^{(2)} + 0{,}0636\,(X_1 + X_2) - 0{,}516\,X_3\,,$$
$$H_c = H_{c0}^{(2)} + 0{,}0636\,(X_1 - X_2) - 0{,}516\,X_3\,,$$
$$H_d = H_{d0}^{(2)} + 0{,}0636\,(X_1 - X_2) + 0{,}484\,X_3\,.$$

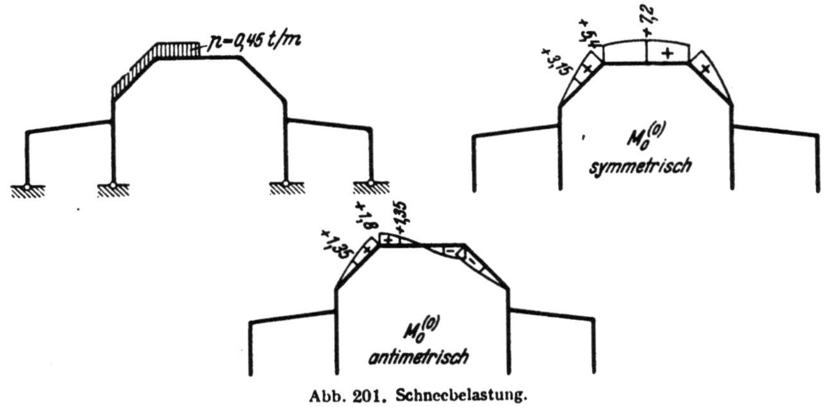

Abb. 201. Schneebelastung.

7. Belastungsfall I: Einseitige Belastung des Mittelschiffs durch Schnee mit $p = 0{,}45$ t/m nach Abb. 201. Sie wird in den symmetrischen und antimetrischen Lastanteil mit $p = 0{,}225$ t/m zerlegt, so daß $X_1 = {}^{(1)}M_l = {}^{(1)}M_r$, $X_3 = {}^{(1)}H_l = {}^{(1)}H_r$, $X_2 = {}^{(2)}M_l = -{}^{(2)}M_r$. Die Be-

lastungsglieder des Ansatzes werden als gegenseitige Verschiebungen im statisch unbestimmten Hauptsystem nach (305) berechnet.

$$ {}^{(1)}\delta_{10}^{(2)} = \int {}^{(1)}M_0^{(0)} M_1^{(2)} \frac{J_c}{J} ds = -\ 86{,}7\,; \qquad {}^{(1)}\delta_{20}^{(2)} = 0\,; $$

$$ {}^{(1)}\delta_{30}^{(2)} = \int {}^{(1)}M_0^{(0)} M_3^{(2)} \frac{J_c}{J} ds = +472{,}9\,; $$

$$ {}^{(2)}\delta_{20}^{(2)} = \int {}^{(2)}M_0^{(0)} M_2^{(2)} \frac{J_c}{J} ds = -\ 12{,}33\,; \qquad {}^{(2)}\delta_{10}^{(2)} = {}^{(2)}\delta_{30}^{(2)} = 0\,. $$

$$ X_1 = \frac{-\ 86{,}7 + 0{,}1135 \cdot 472{,}9}{19{,}34} = -1{,}710 \text{ mt}\,, $$

$$ X_2 = -\frac{12{,}33}{16{,}05} = -0{,}768 \text{ mt}\,, $$

$$ X_3 = \frac{472{,}9 - 2{,}75 \cdot 86{,}7}{469{,}2} = +0{,}499 \text{ t}\,. $$

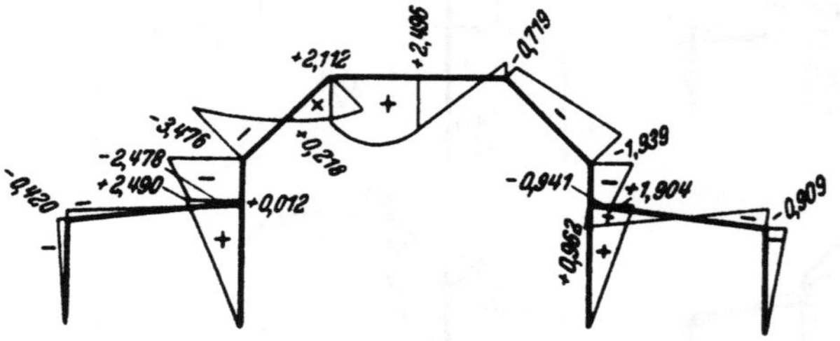

Abb. 202. Biegungsmomente infolge Schneelast.

Die Stützkräfte sind dann nach 6.:

$$ H_a = +0{,}0840 \text{ t}\,, $$
$$ H_b = -0{,}4150 \text{ t}\,, $$
$$ H_c = -0{,}3173 \text{ t}\,, $$
$$ H_d = +0{,}1817 \text{ t}\,. $$

Sie können in Verbindung mit den übrigen äußeren Kräften zur Bestimmung der Schnittkräfte verwendet werden. Die Superposition nach (289) liefert

$$ M = M_0^{(2)} + 1{,}710\, M_1^{(2)} + 0{,}768\, M_2^{(2)} - 0{,}499\, M_3^{(2)}\,. $$

Um die Richtigkeit des Ergebnisses (Abb. 202) nachzuweisen, wird festgestellt, daß die Summe der gegenseitigen Verdrehungen der Querschnitte l und r Null ist.

$$ \delta_{10}^{(5)} = \int M_0^{(5)} M_1^{(0)} \frac{J_c}{J} ds = 16{,}81809 - 16{,}79790 = 0{,}02 \approx 0\,. $$

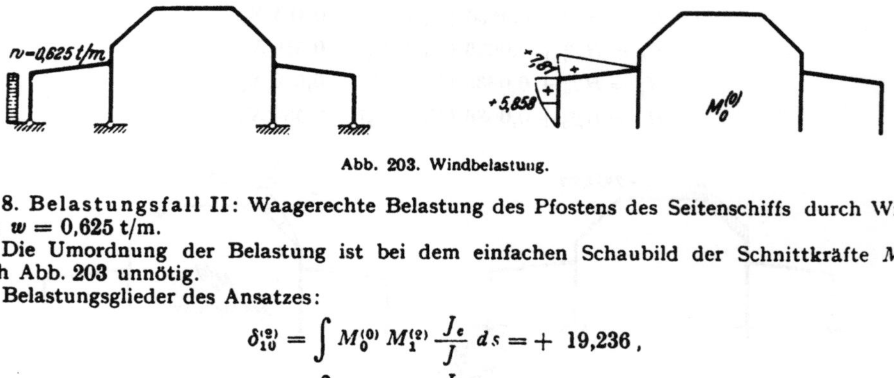

Abb. 203. Windbelastung.

8. **Belastungsfall II**: Waagerechte Belastung des Pfostens des Seitenschiffs durch Wind mit $w = 0{,}625$ t/m.

Die Umordnung der Belastung ist bei dem einfachen Schaubild der Schnittkräfte $M_0^{(0)}$ nach Abb. 203 unnötig.

Belastungsglieder des Ansatzes:

$$ \delta_{10}^{(2)} = \int M_0^{(0)} M_1^{(2)} \frac{J_c}{J} ds = +\ 19{,}236\,, $$

$$ \delta_{20}^{(2)} = \int M_0^{(0)} M_2^{(2)} \frac{J_c}{J} ds = +\ 19{,}236\,, $$

$$ \delta_{30}^{(2)} = \int M_0^{(0)} M_3^{(2)} \frac{J_c}{J} ds = +179{,}552\,; $$

$$ X_1 = 2{,}048 \text{ mt}\,, \qquad X_2 = 1{,}198 \text{ mt}\,, \qquad X_3 = 0{,}496 \text{ t}\,, \qquad X_4 = 0\,. $$

Nach Abschn. 61 wird

$$ \Phi = \frac{2 + 0{,}833\,(4 + 5 \cdot 1{,}159)}{4 \cdot 4{,}456} = 0{,}5701 \text{ t}; $$

$$ H_{b0}^{(2)} = -\frac{0{,}625 \cdot 5{,}00}{2}\,(-\,0{,}5701) = 0{,}891 \text{ t}; \qquad H_{a0}^{(2)} = 0{,}891 - 0{,}625 \cdot 5{,}00 = -\,2{,}234 \text{ t}\,. $$

Die übrigen waagerechten Stützkräfte werden wiederum nach 6. berechnet.

$$H_a = -1{,}788 \text{ t}, \qquad H_b = +0{,}841 \text{ t}, \qquad H_c = -0{,}202 \text{ t}, \qquad H_d = 0{,}294 \text{ t}.$$

Sie dienen zur Ermittlung der Schnittkräfte. Die Superposition nach (289) liefert

$$M = M_0^{(2)} - 2{,}048\, M_1^{(2)} - 1{,}198\, M_2^{(2)} - 0{,}496\, M_3^{(2)}.$$

Zum Nachweis der Richtigkeit des Ergebnisses (Abb. 204) wird festgestellt, daß die gegenseitige Verschiebung der Stützpunkte der inneren Pfosten Null ist:

$$\delta_{30}^{(5)} = \int M_0^{(5)} M_3^{(0)} \frac{J_c}{J}\, ds = 51{,}618 - 51{,}617 = 0{,}001 \approx 0.$$

Das Hauptsystem mit Symmetrie nach zwei Achsen. Die Symmetrie des Tragwerks zu einer Achse führt mit der Bildung eines symmetrischen Hauptsystems zur Symmetrie der Matrix in bezug auf die Nebendiagonale und zur Zerlegung des Ansatzes in zwei unabhängige Gruppen von Gleichungen. Durch die Addition und Sub-

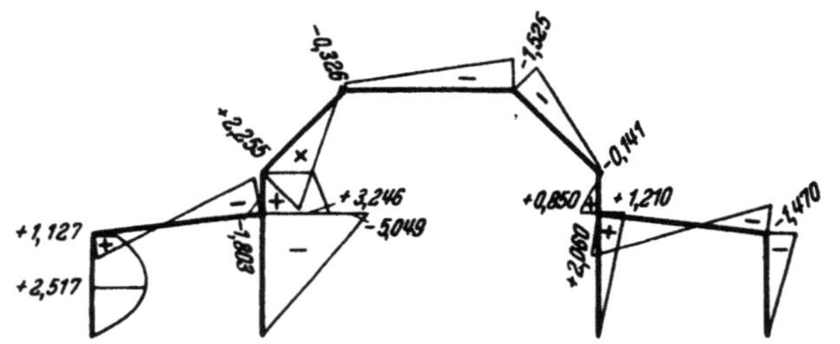

Abb. 204. Biegungsmomente infolge Windlast.

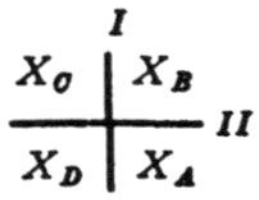

Abb. 205.

traktion von Gleichungen mit symmetrischen Ordnungsnummern sind neue Unbekannte entstanden, die in statischer Beziehung als Gruppen von überzähligen, zueinander symmetrisch liegenden Schnittkräften erkannt wurden.

Besitzt das Hauptsystem zwei Symmetrieachsen, so ist die Matrix durch vier Achsen ausgezeichnet. Der Ansatz kann dann durch wiederholte Addition und Subtraktion in vier voneinander unabhängige Teile λ, μ, ν, τ zerlegt werden. Die Unbekannten dieser Gleichungen bestehen aus Gruppen von je vier statisch unbestimmten, einander nach Abb. 205 symmetrisch zugeordneten Schnittkräften. Sie können ähnlich wie bei einfacher Symmetrie des Hauptsystems symmetrisch oder antimetrisch zu einer der beiden Achsen entwickelt und zur Bildung der vier unabhängigen Abschnitte des Ansatzes unmittelbar angeschrieben werden. Die Unbekannten U_k der Gleichungen λ sind zu beiden Achsen symmetrisch, die Unbekannten V_k des Ansatzes μ zu beiden Achsen antimetrisch. Die Unbekannten Y_k der Gleichungen ν sind symmetrisch zur Achse I und antimetrisch zur Achse II, die Unbekannten Z_k des Ansatzes τ antimetrisch zur Achse I und symmetrisch zur Achse II. Bilden daher X_A, X_B, X_C, X_D eine Gruppe statisch unbestimmter, einander symmetrisch zugeordneter Schnittkräfte, so ist

$$\left.\begin{aligned} U_k &= \tfrac{1}{4}(X_A + X_B + X_C + X_D), & Y_k &= \tfrac{1}{4}(X_A - X_B - X_C + X_D), \\ Z_k &= \tfrac{1}{4}(X_A + X_B - X_C - X_D), & V_k &= \tfrac{1}{4}(X_A - X_B + X_C - X_D). \end{aligned}\right\} \quad (367)$$

Der Faktor 1/4 ist durch die nachträgliche Erweiterung der Summanden der Ansätze λ bis τ entstanden, um die Schnittkräfte für $-U_k = 1$ aus der Belastung $-X_A = 1$, $-X_B = 1$, $-X_C = 1$, $-X_D = 1$ usw. zu entwickeln. Die Vorzahlen und die Belastungszahlen der Ansätze λ bis τ folgen aus derselben algebraischen Entwicklung wie die Gruppenlasten, also durch Addition und Subtraktion der Vorzahlen δ_{ik} und der Belastungszahlen δ_{k0} des allgemeinen Ansatzes. Sie erscheinen nach der erwähnten Erweiterung der linken Seiten der Gleichungen im vierfachen Betrage. Die Vorzahlen δ_{hh} und δ_{hi} aus $-X_h = 1$ werden jedoch dabei halbiert, wenn X_h eine überzählige Größe in der Symmetrieachse ist. Die Entwicklung kann nach dem Ansatz (362) auf S. 193 verfolgt werden. Die Vorzahlen der Ansätze λ bis τ werden je nach der Art der Gruppenbildung mit $\lambda_{hk}, \mu_{hk}, \nu_{hk}, \tau_{hk}$ bezeichnet und unabhängig von der algebraischen Grundlage ebenso wie auf S. 193 unmittelbar als die Arbeiten $1_k \cdot \lambda_{kh}, 1_k \cdot \mu_{kh}, 1_k \cdot \nu_{kh}, 1_k \cdot \tau_{kh}$ einer virtuellen Belastung $-U_k = 1, -V_k = 1, -Y_k = 1, -Z_k = 1$ bei einer Formänderung aus $-U_h = 1$ usw. entwickelt. Dasselbe gilt von den Belastungszahlen $\lambda_{k0}, \mu_{k0}, \nu_{k0}, \tau_{k0}$.

Die Gruppenlasten U bis Z können in dieser Form nur dann entwickelt werden, wenn die Anzahl der überzähligen Schnittkräfte ein Vielfaches von vier ist. Sie werden deshalb unter Umständen durch symmetrisch liegende, statisch bestimmte Schnittkräfte ergänzt. Daher tritt in der Regel zur Bildung von Gruppenlasten die Umordnung der Belastung nach den ausgezeichneten Systemachsen (Abschnitt 27).

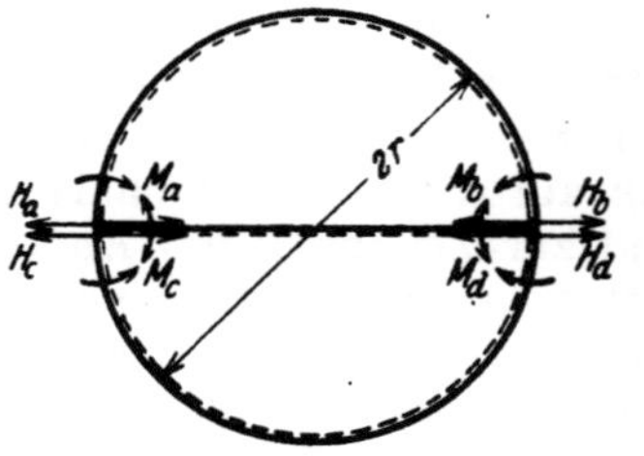

Abb. 206.

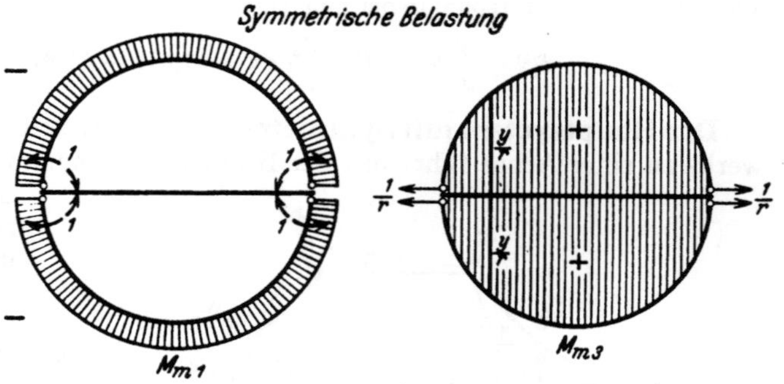

Abb. 207 a, b.

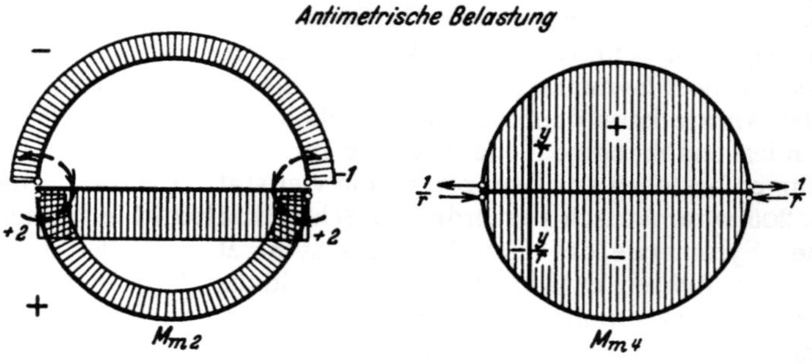

Abb. 207 c, d.

Ansatz und Lösung derartiger Aufgaben werden an der folgenden Rechnung gezeigt.

Der kreisförmige, durch eine Querwand unterteilte Behälterring (Abb. 206) ist sechsfach statisch unbestimmt. Er ist zu zwei Achsen symmetrisch. Um diese Eigenschaft für die Berechnung zu benutzen, werden neben H_a und H_c auch H_b und H_d als äußere Kräfte verwendet, so daß durch deren Umordnung nach den vier Achsen acht überzählige Gruppenlasten entstehen. Da das Kräftebild auch bei der Füllung einer Kammer zur senkrechten Achse symmetrisch ist, sind die für diese Achse antimetrischen Gruppen Null. Daher werden nur die folgenden überzähligen Größen angeschrieben:

$$\left.\begin{aligned} U_1 &= X_1 = \frac{1}{4}(M_a + M_b + M_c + M_d), & U_2 &= X_3 = \frac{r}{4}(H_a + H_b + H_c + H_d), \\ Z_1 &= X_2 = \frac{1}{4}(M_a + M_b - M_c - M_d), & Z_2 &= X_4 = \frac{r}{4}(H_a + H_b - H_c - H_d). \end{aligned}\right\} \quad (368)$$

Die Elastizitätsgleichungen entstehen aus dem Prinzip der virtuellen Arbeit (156)

$$\delta_{10} - \sum \delta_{1k} X_k = 0 \quad \text{usw.,} \quad \delta_{40} - \sum \delta_{4k} X_k = 0; \qquad k = 1, \ldots, 4.$$

Die Vorzahlen haben die folgende Bedeutung:

$$\delta_{11} = \frac{J_c}{F_c}\int N_1^2 \frac{F_c}{F} ds + \int M_1^2 \frac{J_c}{J} ds; \qquad \delta_{10} = \frac{J_c}{F_c}\int N_0 N_1 \frac{F_c}{F} ds + \int M_0 M_1 \frac{J_c}{J} ds.$$

N_1 und M_1 sind die Schnittkräfte aus $-X_1 = 1$, $X_2 = X_3 = X_4 = 0$. Dieser Belastungszustand ist gleichbedeutend mit $-M_a = 1$, $-M_b = 1$, $-M_c = 1$, $-M_d = 1$ (Abb. 207a).

1. Um die viergliedrige Matrix zur Bestimmung der überzähligen Größen $X_1 \ldots X_4$ zu zerlegen, wird die Belastung in einen symmetrischen und in einen antimetrischen Anteil aufgespalten.

Symmetrische Gruppe:

	X_1	X_3	
	δ_{11}	δ_{13}	δ_{10}
	δ_{31}	δ_{33}	δ_{30}

Antimetrische Gruppe:

	X_2	X_4	
	δ_{22}	δ_{24}	δ_{20}
	δ_{42}	δ_{44}	δ_{40}

2. Die Vorzahlen (Abb. 207):

$$\delta_{11} = 2\int_{-\pi/2}^{+\pi/2} 1\,ds = 2r\pi\,; \qquad \delta_{13} = -2\int_{-\pi/2}^{+\pi/2} \frac{1}{r}\,y r\,d\varphi = -4r\,,$$

$$\delta_{33} = 2\int_{-\pi/2}^{+\pi/2} \frac{y^2}{r^2}\,r\,d\varphi + 2\int_{-\pi/2}^{+\pi/2} \frac{1}{r^2}\cos^2\varphi\,\frac{J_c}{F_c}\,r\,d\varphi + \left(\frac{2}{r}\right)^2 2r\,\frac{J_c}{F_s} = \pi r + \frac{J_c}{F_c}\,\frac{\pi}{r} + \frac{J_c}{F_s}\,\frac{8}{r}\,,$$

$$\delta_{22} = 2\int_{-\pi/2}^{+\pi/2} 1\,r\,d\varphi + 2^2\cdot 2r\,\frac{J_c}{J_s} = 2r\left(\pi + 4\,\frac{J_c}{J_s}\right); \qquad \delta_{24} = -2\int_{-\pi/2}^{+\pi/2} \frac{1}{r}\,y r\,d\varphi = -4r\,,$$

$$\delta_{44} = 2\int_{-\pi/2}^{+\pi/2} \frac{y^2}{r^2}\,r\,d\varphi + 2\int_{-\pi/2}^{+\pi/2} \frac{1}{r^2}\cos^2\varphi\,\frac{J_c}{F_c}\,r\,d\varphi = \pi r + \frac{J_c}{F_c}\,\frac{\pi}{r}\,.$$

3. Die Belastungszahlen für einen zur waagerechten Achse symmetrischen oder antimetrischen Wasserdruck p:

$$^{(1)}\delta_{10} = 0\,, \qquad ^{(1)}\delta_{30} = 2\int_{-\pi/2}^{+\pi/2} \frac{1}{r}\cos\varphi\,p\,r\,\frac{J_c}{F_c}\,r\,d\varphi = 4pr\,\frac{J_c}{F_c}\,,$$

$$^{(2)}\delta_{20} = 2\cdot\frac{2}{3}\,p\,\frac{(2r)^2}{4}\cdot 2r\,\frac{J_c}{J_s}\,, \qquad ^{(2)}\delta_{40} = 2\int_{-\pi/2}^{+\pi/2} \cos\varphi\,\frac{1}{r}\,p\,r\,\frac{J_c}{F_c}\,r\,d\varphi = 4pr\,\frac{J_c}{F_c}\,.$$

4. Die überzähligen Größen sind nach den Ansätzen 1.:

$$^{(1)}X_1 = \frac{\delta_{10}\,\delta_{33} - \delta_{30}\,\delta_{13}}{\delta_{11}\,\delta_{33} - \delta_{13}^2} = \frac{8pr\,\frac{J_c}{F_c}}{r(\pi^2 - 8) + \frac{J_c}{F_c}\,\frac{\pi^2}{r} + \frac{J_c}{F_s}\,8\,\frac{\pi}{r}}\,,$$

$$^{(1)}X_3 = \frac{\delta_{30}\,\delta_{11} - \delta_{10}\,\delta_{13}}{\delta_{11}\,\delta_{33} - \delta_{13}^2} = \frac{4p\pi r\,\frac{J_c}{F_c}}{r(\pi^2 - 8) + \frac{J_c}{F_c}\,\frac{\pi^2}{r} + \frac{J_c}{F_s}\,8\,\frac{\pi}{r}}\,,$$

$$^{(2)}X_2 = \frac{\delta_{20}\,\delta_{44} - \delta_{40}\,\delta_{24}}{\delta_{22}\,\delta_{44} - \delta_{24}^2} = pr\,\frac{\frac{4}{3}\,\pi\,\frac{J_c}{J_s}\left(r^2 + \frac{J_c}{F_c}\right) + 8\,\frac{J_c}{F_c}}{\pi\left(4\,\frac{J_c}{J_s} + \pi\right)\left(r + \frac{1}{r}\,\frac{J_c}{F_c}\right) - 8r}\,,$$

$$^{(2)}X_4 = \frac{\delta_{40}\,\delta_{22} - \delta_{20}\,\delta_{24}}{\delta_{22}\,\delta_{44} - \delta_{24}^2} = 4pr\,\frac{\frac{J_c}{F_c}\left(4\,\frac{J_c}{J_s} + \pi\right) + \frac{4}{3}\,r^2\,\frac{J_c}{J_s}}{\pi\left(4\,\frac{J_c}{J_s} + \pi\right)\left(r + \frac{1}{r}\,\frac{J_c}{F_c}\right) - 8r}\,.$$

5. Die Schnittkräfte aus der Füllung eines Abteils entstehen durch Überlagerung des symmetrischen und antimetrischen Anteils aus $p/2$. Daher ist bei Füllung beider Hälften des Behälters

$$M_a = M_b = M_c = M_d = X_1\,, \qquad H_a = H_b = H_c = H_d = \frac{X_3}{r}\,,$$

bei Füllung eines Abteils

$$M_a = M_b = \frac{X_1 + X_2}{2}\,; \qquad M_c = M_d = \frac{X_1 - X_2}{2}\,;$$

$$H_a = H_b = \frac{X_3 + X_4}{2\,r}\,; \qquad H_c = H_d = \frac{X_3 - X_4}{2\,r}\,.$$

Die Abmessungen nach Abb. 208a liefern für $p = 6{,}0$ t/m folgendes Ergebnis:

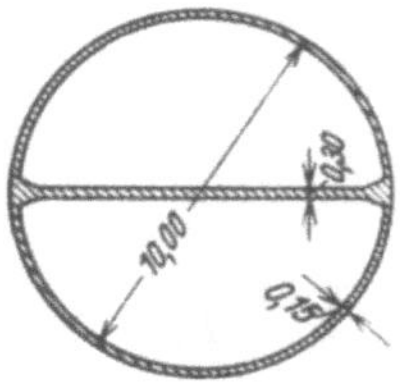

Abb. 208a.

$$J_c = \frac{0{,}15^3 \cdot 1{,}0}{12} = 0{,}000281 \text{ m}^4\,,$$

$$J_z = \frac{0{,}30^3 \cdot 1{,}0}{12} = 0{,}00225 \text{ m}^4\,,$$

$$F_c = 0{,}15 \cdot 1{,}0 = 0{,}15 \text{ m}^2\,,$$

$$F_z = 0{,}30 \cdot 1{,}0 = 0{,}30 \text{ m}^2\,,$$

$$J_c : J_z = 0{,}125\,,$$

$$J_c : F_c = 0{,}001873 \text{ m}^2\,,$$

$$J_c : F_z = 0{,}000936 \text{ m}^2\,,$$

$$X_1 = 8 \cdot 6{,}0 \cdot 5{,}0 \cdot \frac{0{,}001873}{5{,}0\,(\pi^2 - 8) + 0{,}001873 \cdot \frac{\pi^2}{5{,}0} + 0{,}000936 \cdot \frac{8\,\pi}{5{,}0}} = 0{,}0478 \text{ mt}\,,$$

$$X_2 = 6{,}0 \cdot 5{,}0 \cdot \frac{1{,}333\,\pi \cdot 0{,}125\,(5{,}0^2 + 0{,}001873) + 8 \cdot 0{,}001873}{\pi\,(4 \cdot 0{,}125 + \pi)\left(5{,}0 + \frac{0{,}001873}{5{,}0}\right) - 8 \cdot 5{,}0} = 22{,}85 \text{ mt}\,,$$

$$X_3 = 4 \cdot 6{,}0 \cdot 5{,}0 \cdot \frac{0{,}001873 \cdot \pi}{5{,}0\,(\pi^2 - 8) + 0{,}001873 \cdot \frac{\pi^2}{5{,}0} + 0{,}000936 \cdot \frac{8\,\pi}{5{,}0}} = 0{,}0751 \text{ mt}\,,$$

$$X_4 = 4 \cdot 6{,}0 \cdot 5{,}0 \cdot \frac{0{,}001873\,(4 \cdot 0{,}125 + \pi) + 1{,}333 \cdot 5{,}0^2 \cdot 0{,}125}{\pi\,(4 \cdot 0{,}125 + \pi)\left(5{,}0 + \frac{0{,}001873}{5{,}0}\right) - 8 \cdot 5{,}0} = 29{,}15 \text{ mt}\,.$$

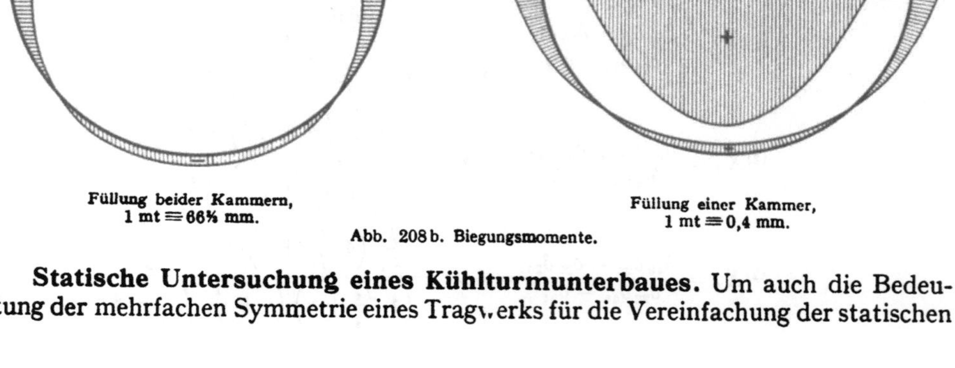

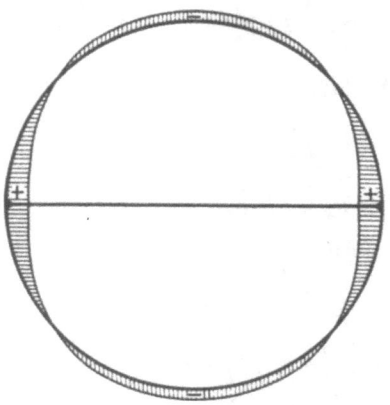

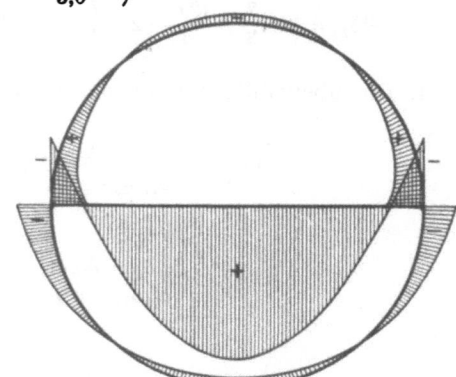

Füllung beider Kammern, 1 mt ≙ 66⅔ mm. Füllung einer Kammer, 1 mt ≙ 0,4 mm.

Abb. 208b. Biegungsmomente.

Statische Untersuchung eines Kühlturmunterbaues. Um auch die Bedeutung der mehrfachen Symmetrie eines Tragwerks für die Vereinfachung der statischen

Untersuchung zu zeigen, wird ein waagerecht liegendes Stabeck berechnet, dessen Knotenpunkte durch senkrechte, am unteren Ende eingespannte Pfosten frei drehbar gestützt sind. Das Tragwerk hat 24 statisch unbestimmte Schnittkräfte X_k, deren Abhängigkeit bei unregelmäßiger Gliederung des Stabwerks neungliedrige Elastizitätsgleichungen liefert (Abb. 209).

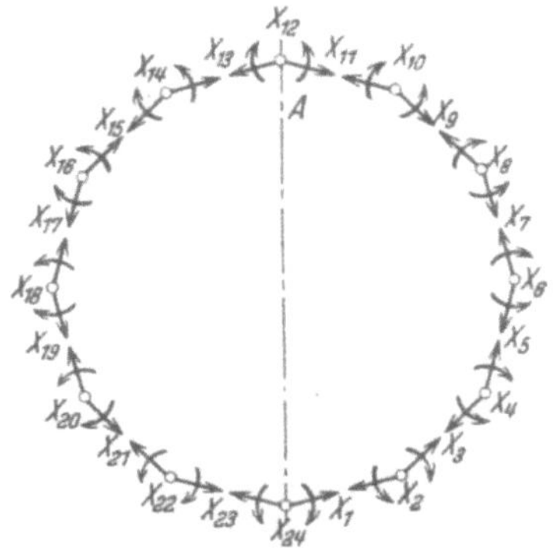

Abb. 209.

Da die Aufgabe hier für ein Tragwerk mit zyklischer Symmetrie gelöst werden soll, können alle Vorzahlen des Ansatzes aus den Biegungsmomenten M_{24}, M_1 des Hauptsystems Abb. 210 für $-X_{24} = 1$, $-X_1 = 1$ abgeleitet werden. Die Trägheitsmomente des Pfostens für die radial und tangential gerichteten Hauptachsen des Querschnitts sind J_r, J_t, die Trägheitsmomente des Ringstabes J_l.

Um auch ähnliche Tragwerke mit anderen Abmessungen zu vergleichen, werden statt der $E J_c$fachen Verschiebungen δ'_{ik} Vorzahlen $\delta_{ik} = \frac{3}{h^3}\delta'_{ik}$ verwendet. Sie entstehen aus folgendem Ansatz:

$$\delta'_{24,24} = \cdots \delta'_{22,22} = \frac{1{,}932^2}{3} h^3 \frac{J_c}{J_t} + 2\,\frac{0{,}966^2}{3} h^3 \frac{J_c}{J_t} + 2\,\frac{0{,}259^2}{3} h^3 \frac{J_c}{J_r} + 2\,\frac{s^3}{3}\,\frac{J_c}{J_l},$$

$$\delta'_{23,23} = \cdots \delta'_{21,21} = 2\,\frac{0{,}259^2}{3} h^3 \frac{J_c}{J_t} + 2\,\frac{0{,}966^2}{3} h^3 \frac{J_c}{J_r}, \qquad \frac{3}{h^3}\delta'_{ik} = \delta_{ik}.$$

Geometrische Abmessungen des Tragwerks:

$$J_t = J_l = J_c \quad \text{und} \quad J_r = \tfrac{1}{4} J_c; \qquad h = 12\ \text{m}, \quad s = 6{,}73\ \text{m}.$$

Vorzahlen der geometrischen Bedingungen $\delta_{24} = 0$ und $\delta_1 = 0$:

$$\delta_{24,24} = \delta_{2,2} = \cdots = 1{,}932^2 + 2\cdot 0{,}966^2 + 8\cdot 0{,}259^2 + 2\left(\frac{s}{h}\right)^3 = +6{,}489,$$

$$\delta_{23,24} = \delta_{1,24} = 0{,}259\cdot 1{,}932 - 0{,}259\cdot 0{,}966 + 0{,}966\cdot 0{,}259\cdot 4 = +1{,}25097,$$

$$\delta_{22,24} = \delta_{2,24} = -0{,}966\cdot 1{,}932 - 1{,}932\cdot 0{,}966 + \frac{1}{2}\left(\frac{s}{h}\right)^3 = -3{,}64434,$$

$$\delta_{21,24} = \delta_{3,24} = -0{,}259\cdot 0{,}966 - 4\cdot 0{,}966\cdot 0{,}259 = -1{,}25097,$$

$$\delta_{20,24} = \delta_{4,24} = +0{,}966^2 - 4\cdot 0{,}259^2 = +0{,}66484,$$

$$\delta_{23,23} = \delta_{1,1} = \cdots = 2\cdot 0{,}259^2 + 8\cdot 0{,}966^2 = 7{,}6,$$

$$\delta_{1,24} = \delta_{1,2} = 1{,}932\cdot 0{,}259 - 0{,}966\cdot 0{,}259 + 4\cdot 0{,}259\cdot 0{,}966 = +1{,}25097,$$

$$\delta_{1,23} = \delta_{1,3} = 0{,}259^2 - 4\cdot 0{,}966^2 = -3{,}66562,$$

$$\delta_{1,22} = \delta_{1,4} = -0{,}259\cdot 0{,}966 - 0{,}259\cdot 0{,}966\cdot 4 = -1{,}25097.$$

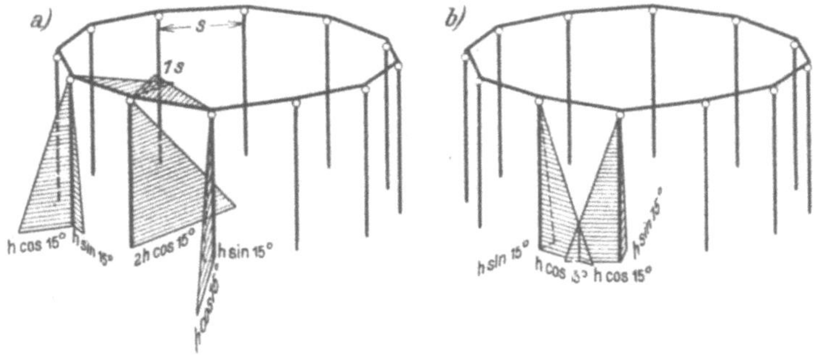

$-X_{24} = 1$, M_{24}, $\qquad -X_1 = 1$, M_1.

Abb. 210. Momentenflächen im statisch bestimmten Hauptsystem.

Matrix der Vorzahlen δ_{ik}.

	X_{20}	X_{21}	X_{22}	X_{23}	X_{24}	X_1	X_2	X_3
24	+ 0,66484	− 1,25097	− 3,64435	+ 1,25097	+ 6,48900	+ 1,25097	− 3,64435	− 1,25097
1			− 1,25097	− 3,66562	+ 1,25097	+ 7,60000	+ 1,25097	− 3,66562
2			+ 0,66484	− 1,25097	− 3,64435	+ 1,25097	+ 6,48900	+ 1,25097
3					− 1,25097	− 3,66562	+ 1,25097	+ 7,60000
4					+ 0,66484	− 1,25097	− 3,64435	+ 1,25097
5							− 1,25097	− 3,66562
6							+ 0,66484	− 1,25097

Die Ergebnisse der Zahlenrechnung wiederholen sich infolge der zyklischen Symmetrie bei allen Verschiebungen, deren Indizes gleichzeitig um ein Vielfaches von zwei erhöht sind.

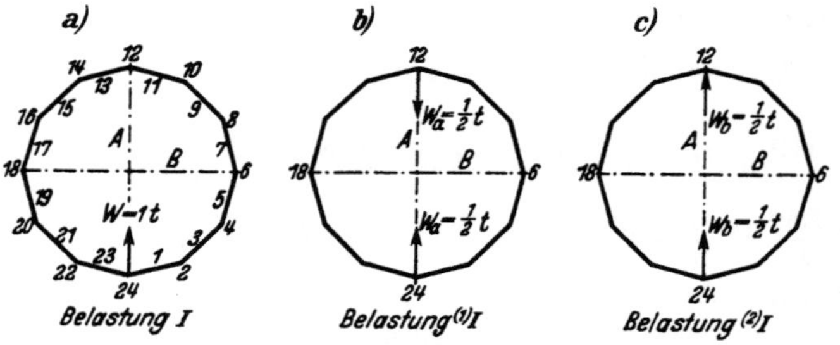

Abb. 211.

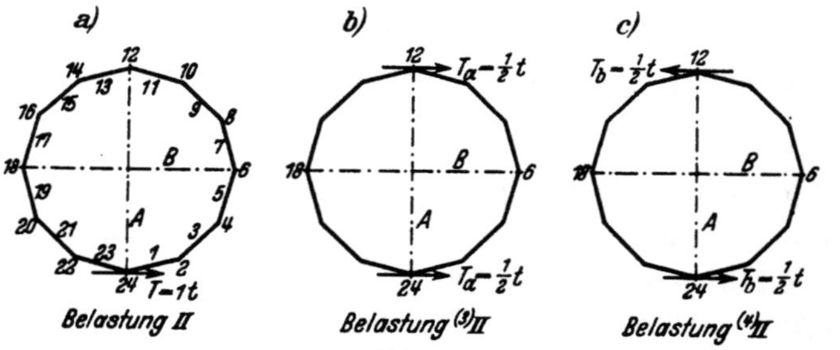

Abb. 212.

Die Lasten sind waagerecht und werden nur in den Knoten des Stabecks eingetragen. Sie lassen sich daher nach der Winkelhalbierenden und einer dazu senkrechten Geraden, also in Richtung der Tangente an den umschriebenen Kreis zerlegen. Jede Belastung kann infolge der vorgeschriebenen zyklischen Symmetrie des Tragwerks auf die Wirkung der Kraft $W = 1$ t in Richtung der Winkelhalbierenden (Abb. 211 a) und auf die Wirkung der Kraft $T = 1$ t in Richtung der Tangente (Abb. 212 a) zurückgeführt werden. Beide werden einzeln untersucht, um daraus durch Superposition die Lösung für eine allgemeine Belastung zu gewinnen.

Belastungszahlen für $W = 1$ im Knotenpunkt 24.

$$\delta'_{24,0} = -\tfrac{1}{3} h^3\,1{,}932\,,\quad \delta'_{1,0} = \delta'_{23,0} = -h^3 \cdot 0{,}259\,,\quad \delta'_{2,0} = \delta'_{22,0} = h^3 \cdot 0{,}966\,,$$
$$\delta_{24,0} = -1{,}932\,,\quad \delta_{1,0} = \delta_{23,0} = -0{,}777\,,\quad \delta_{2,0} = \delta_{22,0} = h^3 \cdot 2{,}898\,.$$

Belastungszahlen für $T = 1$ t im Knotenpunkt 24.

$$\delta'_{24,0} = 0\,,\quad \delta'_{1,0} = -\delta'_{23,0} = -4\,h^3 \cdot 0{,}966\,,\quad \delta'_{2,0} = -\delta'_{22,0} = -4\,h^3 \cdot 0{,}259\,,$$
$$\delta_{24,0} = 0\,,\quad \delta_{1,0} = -\delta_{23,0} = -11{,}592\,,\quad \delta_{2,0} = -\delta_{22,0} = -3{,}108\,.$$

Die Belastung I mit $W = 1$ t im Knotenpunkt *24* ist symmetrisch zur Achse A. Sie wird, um bei der Lösung mit zwei Symmetrieachsen zu rechnen, in die zur Achse B symmetrische Belastung ${}^{(1)}I$ mit $W_a = \frac{1}{2}$ t und in die zur Achse B antimetrische Belastung ${}^{(2)}I$ mit $W_b = \frac{1}{2}$ t in den Knoten *12* und *24* aufgespalten (Abb. 211).

X_4	X_5	X_6	X_7	X_8	X_9	X_{10}	
+ 0,66484							24
− 1,25097							1
− 3,64435	− 1,25097	+ 0,66484					2
+ 1,25097	− 3,66562	− 1,25097					3
+ 6,48900	+ 1,25097	− 3,64435	− 1,25097	+ 0,66484			4
+ 1,25097	+ 7,60000	+ 1,25097	− 3,66562	− 1,25097			5
− 3,64435	+ 1,25097	+ 6,48900	+ 1,25097	− 3,64435	− 1,25097	+ 0,66484	6

Die Belastung *II* mit $T = 1$ t am Knotenpunkt *24* ist antimetrisch zur Achse *A*. Sie wird, um bei der Lösung mit zwei Symmetrieachsen zu rechnen, in die zur Achse *B* symmetrische Belastung $^{(3)}II$ mit $T_a = \frac{1}{2}$ t und in die zur Achse *B* antimetrische Belastung $^{(4)}II$ mit $T_b = \frac{1}{2}$ t in den Knotenpunkten *12* und *24* aufgespalten (Abb. 212).

Darnach ist jede Teilbelastung zu zwei ausgezeichneten Achsen *A*, *B* des Tragwerks symmetrisch oder antimetrisch, so daß das Kräftebild nach (367) mit einer vierfachen Umordnung der zu den Achsen *A*, *B* zugeordneten Schnittkräfte, also mit den Gruppenlasten *U*, *V*, *Y*, *Z* beschrieben werden kann. Diese werden nach S. 205 mit der folgenden Tabelle als Funktionen der statisch unbestimmten Schnittkräfte X_k des allgemeinen Ansatzes entwickelt. Der Vordersatz enthält das Bildungsgesetz der Gruppenlasten, Vorzahlen und Belastungszahlen, der Nachsatz die Schnittkräfte X_k jeder Gruppenlast.

λ / U	μ / V	ν / Y	τ / Z	24	1	2	3	4	5	6
+	+	+	+	X_{24}	X_1	X_2	X_3	X_4	X_5	X_6
+	−	−	+	X_{12}	X_{11}	X_{10}	X_9	X_8	X_7	X_6
+	+	−	−	X_{12}	X_{13}	X_{14}	X_{15}	X_{16}	X_{17}	X_{18}
+	−	+	−	X_{24}	X_{23}	X_{22}	X_{21}	X_{20}	X_{19}	X_{18}

1. Belastung $^{(1)}I$ mit zwei zu beiden Achsen *A*, *B* symmetrisch liegenden Kräften W_a in den Knotenpunkten *24*, *12* (Abb. 211 b). Die Belastungszahlen μ_{k0}, ν_{k0}, τ_{k0} sind Null. Dasselbe gilt daher auch von den Gruppenlasten *V*, *Y*, *Z*. Dagegen sind die Gruppenlasten $U_1 = \frac{1}{4}(X_1 + X_{11} + X_{13} + X_{23})$ usw. mit $\lambda_{1,0}$ usw. von Null verschieden. Hieraus folgt

$$U_1 = X_1 = X_{11} = X_{13} = X_{23}.$$

$$\text{Belastungszustand} \quad -U_1 = 1 \text{ mit } -X_1 = -X_{11} = -X_{13} = -X_{23} = 1,$$

$$-U_{24} = 1 \text{ mit } -X_{24} = -X_{12} = 1.$$

Die Vorzahlen λ_{kh} der Matrix $^{(1)}I$ werden nach S. 206 als Arbeit der virtuellen Kräftegruppe $-U_k = 1$ bei einer Formänderung des Hauptsystems aus $-U_h = 1$ angeschrieben.

$$1_1\,\lambda_{1,1} = 1\,\delta_{(1+11+13+23)\,(1+11+13+23)} = 4\,(\delta_{1,1} + \delta_{1,11} + \delta_{1,13} + \delta_{1,23})$$
$$= 4\,(7{,}60000 + 0 + 0 - 3{,}66562) = 4 \cdot 3{,}93438$$

$$l_1 \lambda_{1,24} = 1\,\delta_{(1+11+13+23)\,(24+12)} = 2\,(\delta_{24,1} + \delta_{24,11} + \delta_{24,13} + \delta_{24,23})$$
$$= 2\,(1{,}25097 + 0 + 0 + 1{,}25097) = 4 \cdot 1{,}25097,$$
$$l_{24} \lambda_{24,24} = 1\,\delta_{(24+12)\,(24+12)} = 2\,\delta_{24,24} = 2 \cdot 6{,}48900 = 4 \cdot 3{,}24450,$$
$$l_1\,{}^{(1)}\lambda_{1,0} = 1\,{}^{(1)}\delta_{(1+11+13+23)0} = 4\,{}^{(1)}\delta_{10} = 4\,(-0{,}3885).$$

Die Ergebnisse der Zahlenrechnung bilden, durch 4 geteilt, die Matrix für die Belastung ${}^{(1)}I$.

	U_{24}	U_1	U_2	U_3	U_4	U_5	U_6	
24	+ 3,24450	+ 1,25097	− 3,64435	− 1,25097	+ 0,66484	—	—	− 1,449
1	+ 1,25097	+ 3,93438	—	− 3,66562	− 1,25097	—	—	− 0,3885
2	− 3,64435	—	+ 7,15384	+ 1,25097	− 3,64435	− 1,25097	+ 0,66484	+ 1,449
3	− 1,25097	− 3,66562	+ 1,25097	+ 7,60000	+ 1,25097	− 3,66562	− 1,25097	
4	+ 0,66484	− 1,25097	− 3,64435	+ 1,25097	+ 7,15384	—	− 3,64435	
5	—	—	− 1,25097	− 3,66562	—	+ 3,93438	+ 1,25097	
6	—	—	+ 0,66484	− 1,25097	− 3,64435	+ 1,25097	+ 3,24450	.

Die Matrix ist zur Nebendiagonale symmetrisch und wird ebenso wie nach S. 192 durch Addition und Subtraktion zugeordneter Gleichungen berechnet. Dabei entstehen mit

$$U_{24} + U_6 = S_1, \quad U_1 + U_5 = S_2, \quad U_2 + U_4 = S_3, \quad 2\,U_3 = S_4$$

und

$$U_{24} - U_6 = T_1, \quad U_1 - U_5 = T_2, \quad U_2 - U_4 = T_3$$

folgende Ansätze

	S_1	S_2	S_3	S_4	
1	+ 3,24450	+ 1,25097	− 2,97950	− 1,25097	− 1,4490
2	+ 1,25097	+ 3,93438	− 1,25097	− 3,66562	− 0,3885
3	− 2,97950	− 1,25097	+ 3,50950	+ 1,25097	+ 1,4490
4	− 1,25097	− 3,66562	+ 1,25097	+ 3,80000	

	T_1	T_2	T_3	
1	+ 3,24450	+ 1,25097	− 4,30918	− 1,4490
2	+ 1,25097	+ 3,93438	+ 1,25097	− 0,3885
3	− 4,30918	+ 1,25097	+ 10,79818	+ 1,4490

2. Belastung ${}^{(2)}I$ mit zwei zur Achse A symmetrischen und zur Achse B antimetrischen Kräften $W_b = \frac{1}{2}$ t in den Knotenpunkten *24, 12* (Abb. 211c). Die Belastungszahlen λ_{k0}, μ_{k0}, τ_{k0} sind Null. Dasselbe gilt daher auch von den Gruppenlasten U, V, Z. Die Gruppenlasten $Y_1 = \frac{1}{4}(X_1 - X_{11} - X_{13} + X_{23})$ usw. sind mit ν_{10} usw. von Null verschieden. Hieraus folgt

$$Y_1 = +X_1 = -X_{11} = -X_{13} = +X_{23}.$$

Belastungszustand $-Y_1 = 1$ mit $-X_1 = 1,\quad +X_{11} = 1,\quad +X_{13} = 1,\quad -X_{23} = 1,$

$-Y_{24} = 1$ mit $-X_{24} = 1,\quad +X_{12} = 1.$

Die Vorzahlen ν_{kh} der Matrix ${}^{(2)}I$ werden nach S. 206 als Arbeit der virtuellen Kräftegruppe $-Y_k = 1$ bei einer Formänderung des Hauptsystems aus $-Y_h = 1$ angeschrieben. Die Rechnung liefert

$$\begin{aligned} l_1\,\nu_{1,1} &= 1\,\delta_{(1-11-13+23)\,(1-11-13+23)} = 4\,(\delta_{1,1} - \delta_{1,11} - \delta_{1,13} + \delta_{1,23}) \\ &= 4\,(7{,}60000 - 0 - 0 - 3{,}66562) = 4 \cdot 3{,}93438, \end{aligned}$$

$$\begin{aligned} l_1\,\nu_{1,24} &= 1\,\delta_{(1-11-13+23)\,(24-12)} = 2\,(\delta_{1,24} - \delta_{11,24} - \delta_{13,24} + \delta_{23,24}) \\ &= 2\,(1{,}25097 - 0 - 0 + 1{,}25097) = 4 \cdot 1{,}25097, \end{aligned}$$

$$l_{24}\nu_{24,24} = 1\,\delta_{(24-12)\,(24-12)} = 2\,\delta_{24,24} = 2 \cdot 6{,}48900 = 4 \cdot 3{,}24450,$$

$$l_1\,{}^{(2)}\nu_{1,0} = 1^{(2)}\delta_{(1-11-13+23)\,0} = 4\,{}^{(2)}\delta_{10} = 4\,(-0{,}3885),$$

$$l_{24}\,{}^{(2)}\nu_{24,0} = 1^{(2)}\delta_{(24-12)\,0} = 2\,{}^{(2)}\delta_{24,0} = 4\,(-1{,}449).$$

Die Ergebnisse der Zahlenrechnung bilden, durch 4 geteilt, die folgende Matrix der Gruppenlasten Y_k.

	Y_{24}	Y_1	Y_2	Y_3	Y_4	Y_5	
24	+ 3,24450	+ 1,25097	− 3,64435	− 1,25097	+ 0,66484	—	− 1,449
1	+ 1,25097	+ 3,93438	—	− 3,66562	− 1,25097	—	− 0,3885
2	− 3,64435	—	+ 7,15384	+ 1,25097	− 3,64435	− 1,25097	+ 1,449
3	− 1,25097	− 3,66562	+ 1,25097	+ 7,60000	+ 1,25097	− 3,66562	
4	+ 0,66484	− 1,25097	− 3,64435	+ 1,25097	+ 5,82416	+ 2,50194	
5	—	—	− 1,25097	− 3,66562	+ 2,50194	+ 11,26562	

3. Belastung ${}^{(3)}II$ mit zwei zur Achse A antimetrischen zur Achse B symmetrischen Lasten $T_a = \frac{1}{2}$ t in den Knotenpunkten *24, 12* (Abb. 212b)

$$U = 0,\quad V = 0,\quad Y = 0,\quad Z_1 = \tfrac{1}{4}(X_1 + X_{11} - X_{13} - X_{23}) \neq 0,$$

$$Z_1 = X_1 = X_{11} = -X_{13} = -X_{23}.$$

Belastungszustand $-Z_1 = 1$ mit $-X_1 = 1,\quad -X_{11} = 1,\quad +X_{13} = 1,\quad +X_{23} = 1,$

Belastungszustand $-Z_6 = 1$ mit $-X_6 = 1,\quad +X_{18} = 1.$

Die Vorzahlen τ_{kh} der Matrix ${}^{(3)}II$ werden nach S. 206 als Arbeit der virtuellen Kräftegruppe $-Z_k = 1$ bei einer Formänderung des Hauptsystems aus $-Z_h = 1$ angeschrieben. Die Rechnung liefert

$$\begin{aligned} l_1\,\tau_{1,1} &= 1\,\delta_{(1+11-13-23)\,(1+11-13-23)} = 4\,(\delta_{1,1} + \delta_{1,11} - \delta_{1,13} - \delta_{1,23}) \\ &= 4\,(7{,}60000 + 0 - 0 + 3{,}65562) = 4 \cdot 11{,}26562, \end{aligned}$$

$$l_1\,{}^{(3)}\tau_{1,0} = 1\,\delta_{(1+11-13-23)\,0} = 4\,{}^{(3)}\delta_{10} = 4\,(-5{,}796).$$

Die Ergebnisse der Zahlenrechnung bilden, durch 4 geteilt, die Matrix für die Gruppenlasten Z_k der Belastung ${}^{(3)}II$

	Z_1	Z_2	Z_3	Z_4	Z_5	Z_6	
1	+ 11,26562	+ 2,50194	− 3,66562	− 1,25097	—	—	− 5,796
2	+ 2,50194	+ 5,82416	+ 1,25097	− 3,64435	− 1,25097	+ 0,66484	− 1,554
3	− 3,66562	+ 1,25097	+ 7,60000	+ 1,25097	− 3,66562	− 1,25097	
4	− 1,25097	− 3,64435	+ 1,25097	+ 7,15384	—	− 3,64435	
5	—	− 1,25097	− 3,66562	—	+ 3,93438	+ 1,25097	
6	—	+ 0,66484	− 1,25097	− 3,64435	+ 1,25097	+ 3,24450	

4. Belastung ${}^{(4)}II$ mit zwei zu beiden Achsen A, B antimetrischen Kräften $T_b = \frac{1}{2}$ t in den Knotenpunkten *24, 12* (Abb. 212c)

$$U = 0, \quad Y = 0, \quad Z = 0, \quad V_1 = \tfrac{1}{4}(X_1 - X_{11} + X_{13} - X_{23}) \neq 0,$$
$$V_1 = +X_1 = -X_{11} = +X_{13} = -X_{23},$$

Belastungszustand $-V_1 = 1$ mit $-X_1 = 1, +X_{11} = 1, -X_{13} = 1, +X_{23} = 1$. Die Vorzahlen $\mu_{k\lambda}$ der Matrix ${}^{(4)}II$ werden nach S. 206 als Arbeit der virtuellen Kräfte $-V_k = 1$ bei einer Formänderung des Hauptsystems aus $-V_\lambda = 1$ angeschrieben. Die Rechnung liefert

$$1_1\,\mu_{1,1} = 1\,\delta_{(1-11+13-23)\,(1-11+13-23)} = 4\,(\delta_{1,1} - \delta_{1,11} + \delta_{1,13} - \delta_{1,23})$$
$$= 4\,(7{,}60000 - 0 + 0 + 3{,}66562) = 4 \cdot 11{,}26562,$$
$$1_1^{(4)}\,\mu_{1,0} = 1\,\delta_{(1-11+13-23)0} = 4\,{}^{(4)}\delta_{10} = 4\,(-5{,}796).$$

Die Ergebnisse der Zahlenrechnung bilden, durch 4 geteilt, die Matrix für die Gruppenlasten V_k der Belastung ${}^{(4)}II$.

	V_1	V_2	V_3	V_4	V_5	
1	+ 11,26562	+ 2,50194	− 3,66562	− 1,25097	—	− 5,796
2	+ 2,50194	+ 5,82416	+ 1,25097	− 3,64435	− 1,25097	− 1,554
3	− 3,66562	+ 1,25097	+ 7,60000	+ 1,25097	− 3,66562	
4	− 1,25097	− 3,64435	+ 1,25097	+ 5,82416	+ 2,50194	
5	—	− 1,25097	− 3,66562	+ 2,50194	+ 11,22562	

Die Ansätze ${}^{(2)}I$, ${}^{(3)}II$ zur Berechnung der Gruppenlasten Y, Z lassen sich im vorliegenden Falle ineinander überführen, da die Achsen A und B miteinander vertauscht werden können.

Die Auflösung der Bedingungsgleichungen der vier Gruppen bereitet bei Beachtung der Rechenvorschriften Abschnitt 29 keine Schwierigkeiten. Die Superposition der Teilergebnisse zur Bildung der statisch unbestimmten Schnittkräfte aus einer vorgeschriebenen Belastung der Rahmenstellung nach Abb. 213 (Windrichtung winkelrecht zu Stab 23) geschieht mit zyklischer Vertauschung der Ergebnisse und liefert folgende Lösung. Sie dient zur Berechnung der übrigen Biegungsmomente (Abb. 214).

Längskräfte	X_{23}	$X_1 = X_{21}$	$X_3 = X_{19}$	$X_5 = X_{17}$	$X_7 = X_{15}$	$X_9 = X_{13}$	X_{11}
t	+ 32,94	+ 21,40	− 0,72	− 12,92	− 12,20	− 8,48	− 7,10
Momente	$X_{22} = X_{24}$	$X_{20} = X_2$	$X_{18} = X_4$	$X_{16} = X_6$	$X_{14} = X_8$	$X_{12} = X_{10}$	—
mt	+ 40,222	− 6,247	− 40,626	− 27,463	+ 6,247	+ 27,867	—

Die Untersuchung kann als Grundlage für die vollständige Beurteilung des räumlichen Zusammenhangs der Konstruktion bei Einspannung der Pfosten im Stabeck

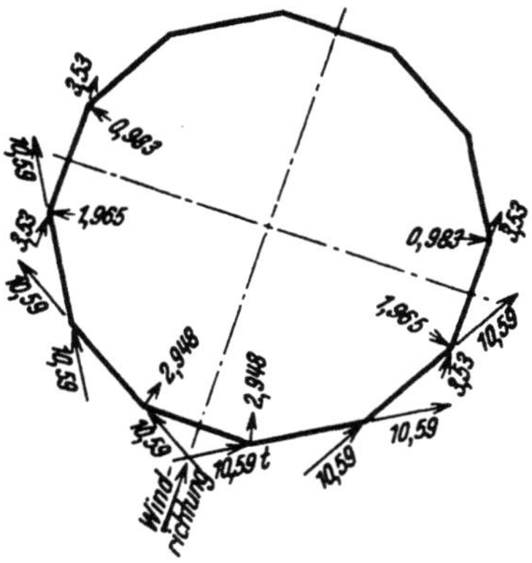

Abb. 213.

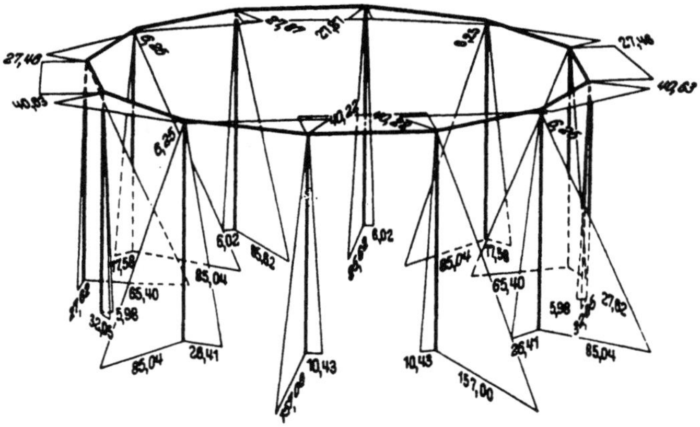

Abb. 214. Biegungsmomente aus Belastung nach Abb. 213.

mit oder ohne Berücksichtigung des Verdrehungswiderstandes der Pfosten und Riegel verwendet werden.

Andrée, L.: Das B.U.-Verfahren. München 1922. — Hertwig, A.: Zur Berechnung symmetrischer statisch unbestimmter Gebilde. Bauing. 1928 Heft 10 und 11. — Vinzenz, J.: Beitrag zur Berechnung des kontinuierlichen Trägers. Bauing. 1921, S. 695.

29. Algebraische Auflösung der Bedingungsgleichungen.

Die statisch unbestimmten Schnittkräfte eines Stabwerks werden je nach der Art der Aufgabe für eine ausgezeichnete Belastung oder nach zahlreichen äußeren Ursachen getrennt angegeben, um daraus die für die Verwendung ungünstigsten Grenzwerte zu entwickeln. Während die Belastungszahlen δ_{k0}, $\delta_{k0}^{(n-h)}$ oder $\delta_{k\otimes}$, $\delta_{k\otimes}^{(n-h)}$ in dem einen Falle in die Auflösung einbezogen werden, ist im anderen die Berechnung der statisch unbestimmten Schnittkräfte mit Hilfe der zu den Vorzahlen δ_{ik} konjugierten Matrix meist einfacher und übersichtlicher. Sie werden dann je nach der Art des Hauptsystems in der folgenden Form angeschrieben:

$$X_k = \sum_{i=1}^{i=n} \beta_{ki}\delta_{i0}, \quad (k = 1 \ldots . n); \qquad X_k = \sum_{i=1}^{i=h} \beta_{ki}\delta_{i0}^{(n-h)}, \quad (k = 1 \ldots . h). \tag{369}$$

Jede Aufgabe besteht in der Auflösung von n oder $(n - h)$ linearen Gleichungen mit ebensoviel überzähligen Größen. Sie ist in formaler Beziehung elementar. Schwierigkeiten entstehen unter Umständen nur durch die Fehlerfortpflanzung der Zahlenrechnung. Diese darf erst dann als beseitigt angesehen werden, wenn die Nennerdeterminante nicht wesentlich kleiner ist als das Produkt der Glieder der Hauptdiagonale.

Die Berechnung mit Determinanten nach S. **166** ist nur bei einer kleinen Anzahl von Wurzeln am Platze, die leicht mit Unterdeterminanten angeschrieben werden können. In allen anderen Fällen wird zunächst eine Wurzel durch Elimination oder Substitution der übrigen gewonnen. Diese selbst folgen dann durch Rekursion. Dabei verdient diejenige Rechenvorschrift den Vorzug, deren Zwischenergebnisse übersichtlich und nachprüfbar angeschrieben und deren Endergebnisse mit der kleinsten Stellenzahl einwandfrei erhalten werden. Die Lösungsfehler treten um so mehr zurück, je größer die Nennerdeterminanten aller Zwischenstufen bleiben. Daher ist die Elimination nach Gauß stets dann am Platze, wenn die Vorzahlen δ_{kk} in der Hauptdiagonale der Matrix groß gegenüber den Nebengliedern sind und diese selbst nach dem Rand zu der Größe nach abnehmen.

Auflösung des Ansatzes durch Elimination. a) Die vollständige Rechenvorschrift nach C. F. Gauß. Die Elimination beruht in der Rückbildung des Systems mit n Unbekannten auf ein System mit $(n - 1)$ Unbekannten. Man verwendet Vorwärts- oder Rückwärtselimination, um zunächst die $n$te oder die erste Unbekannte zu bestimmen und findet alle übrigen durch Rekursion der Lösung. Auf diese Weise entsteht eine Rechenvorschrift von großer Übersichtlichkeit.

Bei Substitution der Unbekannten wird eine Unbekannte als Funktion der übrigen in eine andere Gleichung eingesetzt und auf diese Weise in beliebiger, zumeist durch den Ansatz vorgeschriebener Reihenfolge zuerst eine Unbekannte X_k gefunden. Die übrigen ergeben sich wiederum durch Rekursion. Die Substitution eignet sich also bei unregelmäßiger Matrix. Sie führt unter Umständen auch dann noch zu brauchbaren Ergebnissen, wenn die Elimination nach gebundener Rechenvorschrift versagt.

Die Elimination ist als gebundene Rechenvorschrift von C. F. Gauß angegeben worden und als Gaußscher Algorithmus in der Geodäsie seit langem zur Lösung der Normalgleichungen bekannt. Hierbei wird bei n Unbekannten in n Eliminationsstufen stets die linksstehende Unbekannte ausgeschlossen, indem die in geeigneter Form erweiterte erste oder letzte Gleichung von den übrigen Gleichungen der Eliminationsstufe abgezogen wird. Zur Nachprüfung der Zahlenrechnung jeder Elimination werden die algebraischen Summen der Vorzahlen δ_{ik} jeder Zeile gebildet und als Zeilen- oder Quersummen $(\delta_{1\Sigma} \ldots \delta_{n\Sigma})$ mitgeführt.

$$\begin{gathered}
X_1\delta_{11} + X_2\delta_{12} + \cdots + X_k\delta_{1k} + \cdots + X_n\delta_{1n} = \delta_{10}\,, \\
X_1\delta_{21} + X_2\delta_{22} + \cdots + X_k\delta_{2k} + \cdots + X_n\delta_{2n} = \delta_{20}\,, \\
X_1\delta_{31} + X_2\delta_{32} + \cdots + X_k\delta_{3k} + \cdots + X_n\delta_{3n} = \delta_{30}\,, \\
\vdots \qquad \vdots \\
X_1\delta_{n1} + X_2\delta_{n2} + \cdots + X_k\delta_{nk} + \cdots + X_n\delta_{nn} = \delta_{n0}\,.
\end{gathered}$$

$$\delta_{1\Sigma} = \delta_{11} + \delta_{12} + \cdots \delta_{1n} \quad \text{oder} \quad \delta_{1\Sigma'} = \delta_{11} + \delta_{12} + \cdots \delta_{1n} + \delta_{10}\,. \tag{370}$$

Bei Vorwärtselimination wird die erste Gleichung der Reihe nach mit

$$-\varkappa_{12} = -\frac{\delta_{21}}{\delta_{11}}\,,\; -\varkappa_{13} = -\frac{\delta_{31}}{\delta_{11}}\,, \ldots,\; -\varkappa_{1n} = -\frac{\delta_{n1}}{\delta_{11}} \tag{371}$$

erweitert und zu den folgenden addiert.

$$\left.\begin{aligned} &X_2\left(\delta_{22}-\delta_{12}\frac{\delta_{21}}{\delta_{11}}\right)+X_3\left(\delta_{23}-\delta_{13}\frac{\delta_{21}}{\delta_{11}}\right)+\cdots+X_k\left(\delta_{2k}-\delta_{1k}\frac{\delta_{21}}{\delta_{11}}\right)+\cdots+X_n\left(\delta_{2n}-\delta_{1n}\frac{\delta_{21}}{\delta_{11}}\right)\\ &\qquad=\delta_{20}-\delta_{10}\frac{\delta_{21}}{\delta_{11}}\,;\quad \delta_{2\Sigma}-\delta_{1\Sigma}\frac{\delta_{21}}{\delta_{11}},\quad\text{oder}\quad \delta_{2\Sigma'}-\delta_{1\Sigma'}\frac{\delta_{21}}{\delta_{11}},\\ &X_2\left(\delta_{32}-\delta_{12}\frac{\delta_{31}}{\delta_{11}}\right)+X_3\left(\delta_{33}-\delta_{13}\frac{\delta_{31}}{\delta_{11}}\right)+\cdots+X_k\left(\delta_{3k}-\delta_{1k}\frac{\delta_{31}}{\delta_{11}}\right)+\cdots+X_n\left(\delta_{3n}-\delta_{1n}\frac{\delta_{31}}{\delta_{11}}\right)\\ &\qquad=\delta_{30}-\delta_{10}\frac{\delta_{31}}{\delta_{11}}\,;\quad \delta_{3\Sigma}-\delta_{1\Sigma}\frac{\delta_{31}}{\delta_{11}},\quad\text{oder}\quad \delta_{3\Sigma'}-\delta_{1\Sigma'}\frac{\delta_{31}}{\delta_{11}}. \end{aligned}\right\}\quad(372)$$

Auf diese Weise ist X_1 ausgeschlossen und die erste Eliminationsstufe mit $(n-1)$ Gleichungen gebildet worden. Sie ist nach dem Ergebnis der Rechnung unter Beachtung des Maxwellschen Gesetzes ebenfalls zur Hauptdiagonale symmetrisch. Ihre Vorzahlen erhalten im Sinne von C. F. Gauß folgende Bezeichnung:

$$\left.\begin{aligned} &X_2\delta_{22}^{(1)}+X_3\delta_{23}^{(1)}+\cdots+X_k\delta_{2k}^{(1)}+\cdots+X_n\delta_{2n}^{(1)}=\delta_{20}^{(1)}\,;\qquad \delta_{2\Sigma}^{(1)},\qquad \delta_{2\Sigma'}^{(1)},\\ &X_2\delta_{32}^{(1)}+X_3\delta_{33}^{(1)}+\cdots+X_k\delta_{3k}^{(1)}+\cdots+X_n\delta_{3n}^{(1)}=\delta_{30}^{(1)}\,;\qquad \delta_{3\Sigma}^{(1)},\qquad \delta_{3\Sigma'}^{(1)}.\\ &\ldots\ldots\ldots\ldots\ldots\ldots\ldots\ldots\ldots\ldots\ldots\ldots \end{aligned}\right\}\quad(373)$$

Die Richtigkeit der Zahlenrechnung wird durch die folgende Identität festgestellt:

$$\delta_{2\Sigma}^{(1)}=\delta_{22}^{(1)}+\delta_{23}^{(1)}+\cdots\delta_{2n}^{(1)}=\delta_{2\Sigma}-\delta_{1\Sigma}\frac{\delta_{21}}{\delta_{11}}\,,\tag{374}$$

$$\delta_{2\Sigma'}^{(1)}=\delta_{2\Sigma}^{(1)}+\delta_{20}^{(1)}\,.\tag{375}$$

Hierauf wird X_2 ausgeschlossen, indem die erste Gleichung der ersten Stufe der Reihe nach mit $-\varkappa_{23}=-\delta_{32}^{(1)}/\delta_{22}^{(1)}$; $-\varkappa_{24}=-\delta_{42}^{(1)}/\delta_{22}^{(1)}$ erweitert und zu den folgenden addiert wird. Auf diese Weise wird die zweite Eliminationsstufe mit $(n-2)$ Unbekannten $X_3\ldots X_n$ gebildet. Ihre Vorzahlen führen die Bezeichnung $\delta_{33}^{(2)}\ldots\delta_{3n}^{(2)}$ usw. Die Richtigkeit der Rechnung folgt aus

$$\delta_{3\Sigma}^{(2)}=\delta_{33}^{(2)}+\delta_{34}^{(2)}+\cdots\delta_{3n}^{(2)}=\delta_{3\Sigma}^{(1)}-\delta_{2\Sigma}^{(1)}\frac{\delta_{32}^{(1)}}{\delta_{22}^{(1)}}\,;\qquad \delta_{3\Sigma}^{(1)}=\delta_{3\Sigma}-\delta_{1\Sigma}\frac{\delta_{31}}{\delta_{11}}\,.$$

Die Elimination ergibt schließlich

$$X_n=\frac{\delta_{n0}^{(n-1)}}{\delta_{nn}^{(n-1)}}\,.\tag{376}$$

In dem Ansatz (372) ist $1\,\delta_{21}/\delta_{11}$ die überzählige Größe X_{12}, welche von $-X_2=1$ erzeugt wird. Demnach sind

$$\delta_{22}-\delta_{12}\frac{\delta_{21}}{\delta_{11}}=\delta_{22}^{(1)},\qquad \delta_{2k}-\delta_{1k}\frac{\delta_{21}}{\delta_{11}}=\delta_{k2}-\delta_{k1}\frac{\delta_{21}}{\delta_{11}}=\delta_{2k}^{(1)}\tag{377}$$

die Verschiebungen der Punkte $2\ldots k$, welche aus $-X_2=1$ und gleichzeitig durch die $-X_2=1$ zugeordnete überzählige Größe X_{12} entstehen. $\delta_{22}^{(1)}\ldots\delta_{2k}^{(1)}$ sind also Verschiebungen in einem einfach statisch unbestimmten Hauptsystem, in dem X_1 nicht mehr als überzählige Größe auftritt. Ebenso können $\delta_{33}^{(2)}\ldots\delta_{3k}^{(2)}$ als die Verschiebungen der Punkte $3\ldots k$ eines zweifach statisch unbestimmten Hauptsystems angesehen werden, in dem X_1 und X_2 nicht mehr als überzählige Größen enthalten sind.

Vollständige Vorwärtselimination für fünf überzählige Größen (378).

		X_1	X_2	X_3	X_4	X_5	
I	1	δ_{11}	δ_{12}	δ_{13}	δ_{14}	δ_{15}	δ_{10}
			$\varkappa_{12}$	$\varkappa_{13}$	$\varkappa_{14}$	$\varkappa_{15}$	—
	2	δ_{21}	δ_{22}	δ_{23}	δ_{24}	δ_{25}	δ_{20}
	3	δ_{31}	δ_{32}	δ_{33}	δ_{34}	δ_{35}	δ_{30}
	4	δ_{41}	δ_{42}	δ_{43}	δ_{44}	δ_{45}	δ_{40}
	5	δ_{51}	δ_{52}	δ_{53}	δ_{54}	δ_{55}	δ_{50}
II	$2^{(1)}$		$\delta_{22}^{(1)}$	$\delta_{23}^{(1)}$	$\delta_{24}^{(1)}$	$\delta_{25}^{(1)}$	$\delta_{20}^{(1)}$
				$\varkappa_{23}$	$\varkappa_{24}$	$\varkappa_{25}$	—
	$3^{(1)}$		$\delta_{32}^{(1)}$	$\delta_{33}^{(1)}$	$\delta_{34}^{(1)}$	$\delta_{35}^{(1)}$	$\delta_{30}^{(1)}$
	$4^{(1)}$		$\delta_{42}^{(1)}$	$\delta_{43}^{(1)}$	$\delta_{44}^{(1)}$	$\delta_{45}^{(1)}$	$\delta_{40}^{(1)}$
	$5^{(1)}$		$\delta_{52}^{(1)}$	$\delta_{53}^{(1)}$	$\delta_{54}^{(1)}$	$\delta_{55}^{(1)}$	$\delta_{50}^{(1)}$
III	$3^{(2)}$			$\delta_{33}^{(2)}$	$\delta_{34}^{(2)}$	$\delta_{35}^{(2)}$	$\delta_{30}^{(2)}$
					$\varkappa_{34}$	$\varkappa_{35}$	—
	$4^{(2)}$			$\delta_{43}^{(2)}$	$\delta_{44}^{(2)}$	$\delta_{45}^{(2)}$	$\delta_{40}^{(2)}$
	$5^{(2)}$			$\delta_{53}^{(2)}$	$\delta_{54}^{(2)}$	$\delta_{55}^{(2)}$	$\delta_{50}^{(2)}$
IV	$4^{(3)}$				$\delta_{44}^{(3)}$	$\delta_{45}^{(3)}$	$\delta_{40}^{(3)}$
						$\varkappa_{45}$	—
	$5^{(3)}$				$\delta_{54}^{(3)}$	$\delta_{55}^{(3)}$	$\delta_{50}^{(3)}$
V	$5^{(4)}$					$\delta_{55}^{(4)}$	$\delta_{50}^{(4)}$

$$\delta_{22}^{(1)} = \delta_{22} - \varkappa_{12}\delta_{12}, \quad \delta_{23}^{(1)} = \delta_{23} - \varkappa_{12}\delta_{13}, \quad \delta_{24}^{(1)} = \delta_{24} - \varkappa_{12}\delta_{14}, \quad \delta_{25}^{(1)} = \delta_{25} - \varkappa_{12}\delta_{15},$$

$$\varkappa_{12} = \frac{\delta_{12}}{\delta_{11}};$$

$$\delta_{33}^{(2)} = \delta_{33}^{(1)} - \varkappa_{23}\delta_{23}^{(1)} = \delta_{33} - \varkappa_{13}\delta_{13} - \varkappa_{23}\delta_{23}^{(1)},$$

$$\delta_{34}^{(2)} = \delta_{34} - \varkappa_{13}\delta_{14} - \varkappa_{23}\delta_{24}^{(1)}, \quad \delta_{35}^{(2)} = \delta_{35} - \varkappa_{13}\delta_{15} - \varkappa_{23}\delta_{25}^{(1)},$$

$$\varkappa_{13} = \frac{\delta_{13}}{\delta_{11}}; \quad \varkappa_{23} = \frac{\delta_{23}^{(1)}}{\delta_{22}^{(1)}};$$

$$\delta_{44}^{(3)} = \delta_{44}^{(2)} - \varkappa_{34}\delta_{34}^{(2)} = \delta_{44}^{(1)} - \varkappa_{24}\delta_{24}^{(1)} - \varkappa_{34}\delta_{34}^{(2)} = \delta_{44} - \varkappa_{14}\delta_{14} - \varkappa_{24}\delta_{24}^{(1)} - \varkappa_{34}\delta_{34}^{(2)},$$

$$\delta_{45}^{(3)} = \delta_{45} - \varkappa_{14}\delta_{15} - \varkappa_{24}\delta_{25}^{(1)} - \varkappa_{34}\delta_{35}^{(2)},$$

$$\varkappa_{14} = \frac{\delta_{14}}{\delta_{11}}; \quad \varkappa_{24} = \frac{\delta_{24}^{(1)}}{\delta_{22}^{(1)}}; \quad \varkappa_{34} = \frac{\delta_{34}^{(2)}}{\delta_{33}^{(2)}};$$

$$\delta_{55}^{(4)} = \delta_{55}^{(3)} - \varkappa_{45}\delta_{45}^{(3)} = \delta_{55}^{(2)} - \varkappa_{35}\delta_{35}^{(2)} - \varkappa_{45}\delta_{45}^{(3)} = \delta_{55}^{(1)} - \varkappa_{25}\delta_{25}^{(1)} - \varkappa_{35}\delta_{35}^{(2)} - \varkappa_{45}\delta_{45}^{(3)}$$
$$= \delta_{55} - \varkappa_{15}\delta_{15} - \varkappa_{25}\delta_{25}^{(1)} - \varkappa_{35}\delta_{35}^{(2)} - \varkappa_{45}\delta_{45}^{(3)},$$

$$\varkappa_{15} = \frac{\delta_{15}}{\delta_{11}}; \quad \varkappa_{25} = \frac{\delta_{25}^{(1)}}{\delta_{22}^{(1)}}; \quad \varkappa_{35} = \frac{\delta_{35}^{(2)}}{\delta_{33}^{(2)}}; \quad \varkappa_{45} = \frac{\delta_{45}^{(3)}}{\delta_{44}^{(3)}};$$

I	1	δ_{11}	δ_{12}	δ_{13}	δ_{14}	δ_{15}	δ_{10}
II	$2^{(1)}$		$\delta_{22}^{(1)}$	$\delta_{23}^{(1)}$	$\delta_{24}^{(1)}$	$\delta_{25}^{(1)}$	$\delta_{20}^{(1)}$
III	$3^{(2)}$			$\delta_{33}^{(2)}$	$\delta_{34}^{(2)}$	$\delta_{35}^{(2)}$	$\delta_{30}^{(2)}$
IV	$4^{(3)}$				$\delta_{44}^{(3)}$	$\delta_{45}^{(3)}$	$\delta_{40}^{(3)}$
V	$5^{(4)}$					$\delta_{55}^{(4)}$	$\delta_{50}^{(4)}$

$$\left.\begin{aligned}
&\delta_{22}^{(1)} = \delta_{22} - \varkappa_{12}\delta_{12}; \qquad \delta_{33}^{(2)} = \delta_{33}^{(1)} - \varkappa_{23}\delta_{23}^{(1)} = \delta_{33} - \varkappa_{13}\delta_{13} - \varkappa_{23}\delta_{23}^{(1)},\\
&\delta_{2k}^{(1)} = \delta_{2k} - \varkappa_{12}\delta_{1k}, \qquad \delta_{3k}^{(2)} = \delta_{3k}^{(1)} - \varkappa_{23}\delta_{2k}^{(1)} = \delta_{3k} - \varkappa_{13}\delta_{1k} - \varkappa_{23}\delta_{2k}^{(1)},\\
&\delta_{kk}^{(k-1)} = \delta_{kk} - \varkappa_{1k}\delta_{1k} - \varkappa_{2k}\delta_{2k}^{(1)} - \varkappa_{3k}\delta_{3k}^{(2)} - \cdots \varkappa_{(k-1)k}\delta_{(k-1)k}^{(k-2)},\\
&\delta_{kn}^{(k-1)} = \delta_{kn} - \varkappa_{1k}\delta_{1n} - \varkappa_{2k}\delta_{2n}^{(1)} - \varkappa_{3k}\delta_{3n}^{(2)} - \cdots \varkappa_{(k-1)k}\delta_{(k-1)n}^{(k-2)},\\
&\delta_{k0}^{(k-1)} = \delta_{k0} - \varkappa_{1k}\delta_{10} - \varkappa_{2k}\delta_{20}^{(1)} - \varkappa_{3k}\delta_{30}^{(2)} - \cdots \varkappa_{(k-1)k}\delta_{(k-1)0}^{(k-2)}.
\end{aligned}\right\} \quad (379)$$

Die vollständige Elimination bietet eine mehrfache Möglichkeit zur Substitution der Ergebnisse der einen Gleichung in einer anderen derselben Stufe und damit zur unmittelbaren Nachprüfung der Lösung.

b) Die abgekürzte Rechenvorschrift nach C. F. Gauß. Der Algorithmus von Gauß kann im Gegensatz zu (378) auf die erste Gleichung einer jeden Eliminationsstufe beschränkt werden, so daß ein reduzierter Ansatz von n Elastizitätsgleichungen entsteht, die n Hauptsystemen mit ansteigender statischer Unbestimmtheit zugeordnet sind.

$$\left.\begin{array}{rcl}
X_1\delta_{11}+X_2\delta_{12}+X_3\delta_{13}+ \quad\quad\quad\quad\quad +X_n\delta_{1n} &=& \delta_{10}, \\
X_2\delta_{22}^{(1)}+X_3\delta_{23}^{(1)}+ \quad\quad\quad\quad\quad +X_n\delta_{2n}^{(1)} &=& \delta_{20}^{(1)}, \\
X_3\delta_{33}^{(2)}+ \quad\quad\quad\quad\quad +X_n\delta_{3n}^{(2)} &=& \delta_{30}^{(2)}, \\
\cdots\cdots\cdots\cdots\cdots\cdots\cdots\cdots\cdots & & \\
X_{n-1}\delta_{(n-1)(n-1)}^{(n-2)}+X_n\delta_{(n-1)n}^{(n-2)} &=& \delta_{(n-1)0}^{(n-2)}, \\
+X_n\delta_{nn}^{(n-1)} &=& \delta_{n0}^{(n-1)}.
\end{array}\right\} \quad (380)$$

Die abgekürzte Vorwärtselimination liefert X_n ebenso wie der vollständige Ansatz und genügt zur Berechnung aller anderen überzähligen Größen X_k ($k = n - 1 \ldots 1$) durch schrittweises Einsetzen der Ergebnisse in die übrigen Gleichungen des reduzierten Ansatzes (380). Er bedeutet mathematisch die Beseitigung aller Glieder der Matrix (319) unterhalb der Hauptdiagonale. Bei Rückwärtselimination verschwinden alle Glieder oberhalb der Hauptdiagonale. Die Rekursion kann auch als wiederholte Anwendung des Gaußschen Algorithmus in der entgegengesetzten Richtung angesehen werden. Ist die Matrix der Elastizitätsgleichungen symmetrisch zur Nebendiagonale, so ist die Vorwärtselimination mit der Rückwärtselimination identisch.

Die Rechenvorschrift wird an einem fünffach statisch unbestimmten System gezeigt (S. 220).

$$X_5 = \frac{\delta_{50}^{(4)}}{\delta_{55}^{(4)}}$$

Die anderen überzähligen Größen werden durch Rekursion aus den Gleichungen $4^{(3)}$, $3^{(2)}$, $2^{(1)}$ und 1 gefunden (378):

k	5	4	3	2	1
$-X_2\varkappa_{k2}$	.	.	.	.	$-X_2\varkappa_{12}$
$-X_3\varkappa_{k3}$	.	.	.	$-X_3\varkappa_{23}$	$-X_3\varkappa_{13}$
$-X_4\varkappa_{k4}$	.	.	$-X_4\varkappa_{34}$	$-X_4\varkappa_{24}$	$-X_4\varkappa_{14}$
$-X_5\varkappa_{k5}$	.	$-X_5\varkappa_{45}$	$-X_5\varkappa_{35}$	$-X_5\varkappa_{25}$	$-X_5\varkappa_{15}$
$\delta_{k0}^{(k-1)}/\delta_{kk}^{(k-1)}$	$\delta_{50}^{(4)}/\delta_{55}^{(4)}$	$\delta_{40}^{(3)}/\delta_{44}^{(3)}$	$\delta_{30}^{(2)}/\delta_{33}^{(2)}$	$\delta_{20}^{(1)}/\delta_{22}^{(1)}$	$\delta_{10}^{(0)}/\delta_{11}^{(0)}$
$\Sigma_{k0} = X_k$	X_5	X_4	X_3	X_2	X_1
k	5	4	3	2	1

(382)

Zur Nachprüfung der Ergebnisse können die Elastizitätsgleichungen (1) ... (5) verwendet werden. (Fortsetzung des Textes S. 223.)

Abgekürzte Rechenvorschrift für die Vorwärtselimination von fünf überzähligen Größen (381).**

		X_1	X_2	X_3	X_4	X_5	Kontrollen $\left[\delta_{i\Sigma} = \sum_{k=1}^{k=5} \delta_{ik}\right]$	Belastungsglieder δ_{i0}: zur Bestimmung von $X_k =$ β_{5k}	β_{4k}	β_{3k}	β_{2k}	β_{1k}	Belastungsfall ( )
i	k	1	2	3	4	5	Σ	0	0	0	0	0	0
1	δ_{1k}	δ_{11}	δ_{12}	δ_{13}	δ_{14}	δ_{15}	$\delta_{1\Sigma}$	0	0	0	0	1	δ_{10}
	$\varkappa_{1k}$	·	δ_{12}/δ_{11}	δ_{13}/δ_{11}	δ_{14}/δ_{11}	δ_{15}/δ_{11}	·	·	·	·	·	*	δ_{10}/δ_{11}
2	δ_{2k}	(δ_{21})	δ_{22}	δ_{23}	δ_{24}	δ_{25}	$\delta_{2\Sigma}$	0	0	0	1	0	δ_{20}
	$-\varkappa_{12}\delta_{1k}$	·	$-\varkappa_{12}\delta_{12}$	$-\varkappa_{12}\delta_{13}$	$-\varkappa_{12}\delta_{14}$	$-\varkappa_{12}\delta_{15}$	$-\varkappa_{12}\delta_{1\Sigma}$	·	·	·	·	·	$-\varkappa_{12}\delta_{10}$
	$\Sigma_{2k}=\delta_{2k}^{(1)}$	·	$\delta_{22}^{(1)}$	$\delta_{23}^{(1)}$	$\delta_{24}^{(1)}$	$\delta_{25}^{(1)}$	$\delta_{2\Sigma}^{(1)}$	0	0	0	1	·	$\delta_{20}^{(1)}$
	$\varkappa_{2k}$	·	·	$\delta_{23}^{(1)}/\delta_{22}^{(1)}$	$\delta_{24}^{(1)}/\delta_{22}^{(1)}$	$\delta_{25}^{(1)}/\delta_{22}^{(1)}$	·	·	·	·	*	·	$\delta_{20}^{(1)}/\delta_{22}^{(1)}$
3	δ_{3k}	(δ_{31})	(δ_{32})	δ_{33}	δ_{34}	δ_{35}	$\delta_{3\Sigma}$	0	0	1	0	0	δ_{30}
	$-\varkappa_{13}\delta_{1k}$	·	·	$-\varkappa_{13}\delta_{13}$	$-\varkappa_{13}\delta_{14}$	$-\varkappa_{13}\delta_{15}$	$-\varkappa_{13}\delta_{1\Sigma}$	·	·	·	·	·	$-\varkappa_{13}\delta_{10}$
	$-\varkappa_{23}\delta_{2k}^{(1)}$	·	·	$-\varkappa_{23}\delta_{23}^{(1)}$	$-\varkappa_{23}\delta_{24}^{(1)}$	$-\varkappa_{23}\delta_{25}^{(1)}$	$-\varkappa_{23}\delta_{2\Sigma}^{(1)}$	·	·	·	·	·	$-\varkappa_{23}\delta_{20}^{(1)}$
	$\Sigma_{3k}=\delta_{3k}^{(2)}$	·	·	$\delta_{33}^{(2)}$	$\delta_{34}^{(2)}$	$\delta_{35}^{(2)}$	$\delta_{3\Sigma}^{(2)}$	0	0	1	·	·	$\delta_{30}^{(2)}$
	$\varkappa_{3k}$	·	·	·	$\delta_{34}^{(2)}/\delta_{33}^{(2)}$	$\delta_{35}^{(2)}/\delta_{33}^{(2)}$	·	·	·	*	·	·	$\delta_{30}^{(2)}/\delta_{33}^{(2)}$
4	δ_{4k}	(δ_{41})	(δ_{42})	(δ_{43})	δ_{44}	δ_{45}	$\delta_{4\Sigma}$	0	1	0	0	0	δ_{40}
	$-\varkappa_{14}\delta_{1k}$	·	·	·	$-\varkappa_{14}\delta_{14}$	$-\varkappa_{14}\delta_{15}$	$-\varkappa_{14}\delta_{1\Sigma}$	·	·	·	·	·	$-\varkappa_{14}\delta_{10}$
	$-\varkappa_{24}\delta_{2k}^{(1)}$	·	·	·	$-\varkappa_{24}\delta_{24}^{(1)}$	$-\varkappa_{24}\delta_{25}^{(1)}$	$-\varkappa_{24}\delta_{2\Sigma}^{(1)}$	·	·	·	·	·	$-\varkappa_{24}\delta_{20}^{(1)}$
	$-\varkappa_{34}\delta_{3k}^{(2)}$	·	·	·	$-\varkappa_{34}\delta_{34}^{(2)}$	$-\varkappa_{34}\delta_{35}^{(2)}$	$-\varkappa_{34}\delta_{3\Sigma}^{(2)}$	·	·	·	·	·	$-\varkappa_{34}\delta_{30}^{(2)}$
	$\Sigma_{4k}=\delta_{4k}^{(3)}$	·	·	·	$\delta_{44}^{(3)}$	$\delta_{45}^{(3)}$	$\delta_{4\Sigma}^{(3)}$	0	1	·	·	·	$\delta_{40}^{(3)}$
	$\varkappa_{4k}$	·	·	·	·	$\delta_{45}^{(3)}/\delta_{44}^{(3)}$	·	·	*	·	·	·	$\delta_{40}^{(3)}/\delta_{44}^{(3)}$
5	δ_{5k}	(δ_{51})	(δ_{52})	(δ_{53})	(δ_{54})	δ_{55}	$\delta_{5\Sigma}$	1	0	0	0	0	δ_{50}
	$-\varkappa_{15}\delta_{1k}$	·	·	·	·	$-\varkappa_{15}\delta_{15}$	$-\varkappa_{15}\delta_{1\Sigma}$	·	·	·	·	·	$-\varkappa_{15}\delta_{10}$
	$-\varkappa_{25}\delta_{2k}^{(1)}$	·	·	·	·	$-\varkappa_{25}\delta_{25}^{(1)}$	$-\varkappa_{25}\delta_{2\Sigma}^{(1)}$	·	·	·	·	·	$-\varkappa_{25}\delta_{20}^{(1)}$
	$-\varkappa_{35}\delta_{3k}^{(2)}$	·	·	·	·	$-\varkappa_{35}\delta_{35}^{(2)}$	$-\varkappa_{35}\delta_{3\Sigma}^{(2)}$	·	·	·	·	·	$-\varkappa_{35}\delta_{30}^{(2)}$
	$-\varkappa_{45}\delta_{4k}^{(3)}$	·	·	·	·	$-\varkappa_{45}\delta_{45}^{(3)}$	$-\varkappa_{45}\delta_{4\Sigma}^{(3)}$	·	·	·	·	·	$-\varkappa_{45}\delta_{40}^{(3)}$
	$\Sigma_{5k}=\delta_{5k}^{(4)}$	·	·	·	·	$\delta_{55}^{(4)}$	$\delta_{5\Sigma}^{(4)}$	1	·	·	·	·	$\delta_{50}^{(4)}$
	·	·	·	·	·	·	·	*	·	·	·	·	$\delta_{50}^{(4)}/\delta_{55}^{(4)}$

* Die Quotienten $1/\delta_{kk}^{(k-1)}$ werden unmittelbar in die Rekursionstabelle (385) eingetragen.

** Die eingeklammerten Vorzahlen sind nur zur Erleichterung der Summenbildung $\delta_{k\Sigma}$ beigefügt.

Berechnung der Vorzahlen β_{ik} eines Ansatzes mit fünf überzähligen Größen (384).

a)

β_{15}	β_{25}	β_{35}	β_{45}	β_{55}	
δ_{11}	δ_{12}	δ_{13}	δ_{14}	δ_{15}	0
	$\varkappa_{12}$	$\varkappa_{13}$	$\varkappa_{14}$	$\varkappa_{15}$	
	$\delta_{22}^{(1)}$	$\delta_{23}^{(1)}$	$\delta_{24}^{(1)}$	$\delta_{25}^{(1)}$	0
		$\varkappa_{23}$	$\varkappa_{24}$	$\varkappa_{25}$	
		$\delta_{33}^{(2)}$	$\delta_{34}^{(2)}$	$\delta_{35}^{(2)}$	0
			$\varkappa_{34}$	$\varkappa_{35}$	
			$\delta_{44}^{(3)}$	$\delta_{45}^{(3)}$	0
				$\varkappa_{45}$	
				$\delta_{55}^{(4)}$	1

Aus a) folgt $\beta_{55} = \frac{1}{\delta_{55}^{(4)}}$.

Durch Rekursion sind folgende Vorzahlen bestimmt:

$\beta_{45} = -\varkappa_{45}\beta_{55}$; $\beta_{35} = -\varkappa_{34}\beta_{45} - \varkappa_{35}\beta_{55}$;

$\beta_{25} = -\varkappa_{23}\beta_{35} - \varkappa_{24}\beta_{45} - \varkappa_{25}\beta_{55}$;

$\beta_{15} = -\varkappa_{12}\beta_{25} - \varkappa_{13}\beta_{35} - \varkappa_{14}\beta_{45} - \varkappa_{15}\beta_{55}$;

$\beta_{45} = \beta_{54}$ usw.

Aus a): $\beta_{54} = \beta_{45}$.

b)

β_{14}	β_{24}	β_{34}	β_{44}	β_{54}	
δ_{11}	δ_{12}	δ_{13}	δ_{14}	δ_{15}	0
	$\varkappa_{12}$	$\varkappa_{13}$	$\varkappa_{14}$	$\varkappa_{15}$	
	$\delta_{22}^{(1)}$	$\delta_{23}^{(1)}$	$\delta_{24}^{(1)}$	$\delta_{25}^{(1)}$	0
		$\varkappa_{23}$	$\varkappa_{24}$	$\varkappa_{25}$	
		$\delta_{33}^{(2)}$	$\delta_{34}^{(2)}$	$\delta_{35}^{(2)}$	0
			$\varkappa_{34}$	$\varkappa_{35}$	
			$\delta_{44}^{(3)}$	$\delta_{45}^{(3)}$	1
				$\varkappa_{45}$	

$\beta_{44} = \frac{1}{\delta_{44}^{(3)}} - \varkappa_{45}\beta_{54}$;

$\beta_{34} = -\varkappa_{34}\beta_{44} - \varkappa_{35}\beta_{54}$;

$\beta_{24} = -\varkappa_{23}\beta_{34} - \varkappa_{24}\beta_{44} - \varkappa_{25}\beta_{54}$;

$\beta_{14} = -\varkappa_{12}\beta_{24} - \varkappa_{13}\beta_{34} - \varkappa_{14}\beta_{44} - \varkappa_{15}\beta_{54}$;

$\beta_{34} = \beta_{43}$ usw.

Aus a) u. b): $\beta_{53} = \beta_{35}$, $\beta_{43} = \beta_{34}$.

c)

β_{13}	β_{23}	β_{33}	β_{43}	β_{53}	
δ_{11}	δ_{12}	δ_{13}	δ_{14}	δ_{15}	0
	$\varkappa_{12}$	$\varkappa_{13}$	$\varkappa_{14}$	$\varkappa_{15}$	
	$\delta_{22}^{(1)}$	$\delta_{23}^{(1)}$	$\delta_{24}^{(1)}$	$\delta_{25}^{(1)}$	0
		$\varkappa_{23}$	$\varkappa_{24}$	$\varkappa_{25}$	
		$\delta_{33}^{(2)}$	$\delta_{34}^{(2)}$	$\delta_{35}^{(2)}$	1
			$\varkappa_{34}$	$\varkappa_{35}$	

$\beta_{33} = \frac{1}{\delta_{33}^{(2)}} - \varkappa_{34}\beta_{43} - \varkappa_{35}\beta_{53}$,

$\beta_{23} = -\varkappa_{23}\beta_{33} - \varkappa_{24}\beta_{43} - \varkappa_{25}\beta_{53}$,

$\beta_{13} = -\varkappa_{12}\beta_{23} - \varkappa_{13}\beta_{33} - \varkappa_{14}\beta_{43} - \varkappa_{15}\beta_{53}$,

$\beta_{23} = \beta_{32}$ usw.

Aus a), b) u. c):

$\beta_{52} = \beta_{25}$, $\beta_{42} = \beta_{24}$, $\beta_{32} = \beta_{23}$.

d)

β_{12}	β_{22}	β_{32}	β_{42}	β_{52}	
δ_{11}	δ_{12}	δ_{13}	δ_{14}	δ_{15}	0
	$\varkappa_{12}$	$\varkappa_{13}$	$\varkappa_{14}$	$\varkappa_{15}$	
	$\delta_{22}^{(1)}$	$\delta_{23}^{(1)}$	$\delta_{24}^{(1)}$	$\delta_{25}^{(1)}$	1
		$\varkappa_{23}$	$\varkappa_{24}$	$\varkappa_{25}$	

$\beta_{22} = \frac{1}{\delta_{22}^{(1)}} - \varkappa_{23}\beta_{32} - \varkappa_{24}\beta_{42} - \varkappa_{25}\beta_{52}$,

$\beta_{12} = -\varkappa_{12}\beta_{22} - \varkappa_{13}\beta_{32} - \varkappa_{14}\beta_{42} - \varkappa_{15}\beta_{52}$,

$\beta_{12} = \beta_{21}$ usw.

Aus a), b), c) u. d):

$\beta_{51} = \beta_{15}$, $\beta_{41} = \beta_{14}$, $\beta_{31} = \beta_{13}$, $\beta_{21} = \beta_{12}$.

e)

β_{11}	β_{21}	β_{31}	β_{41}	β_{51}	
δ_{11}	δ_{12}	δ_{13}	δ_{14}	δ_{15}	1
	$\varkappa_{12}$	$\varkappa_{13}$	$\varkappa_{14}$	$\varkappa_{15}$	

$\beta_{11} = \frac{1}{\delta_{11}} - \varkappa_{12}\beta_{21} - \varkappa_{13}\beta_{31} - \varkappa_{14}\beta_{41} - \varkappa_{15}\beta_{51}$.

Rechenvorschrift in Verbindung mit (381) für die Rekursion eines Ansatzes mit fünf überzähligen Größen zur Bestimmung der Vorzahlen β_{ik} (385).

			δ_{50}	δ_{40}	δ_{30}	δ_{20}	δ_{10}	
	i	k	5	4	3	2	I	i
X_5	5	$-\beta_{52}\varkappa_{k2}$	.	.	.		$-\beta_{52}\varkappa_{12}$	5
		$-\beta_{53}\varkappa_{k3}$	.	.	.	$-\beta_{53}\varkappa_{23}$	$-\beta_{53}\varkappa_{13}$	
		$-\beta_{54}\varkappa_{k4}$	.	.	$-\beta_{54}\varkappa_{34}$	$-\beta_{54}\varkappa_{24}$	$-\beta_{54}\varkappa_{14}$	
		$-\beta_{55}\varkappa_{k5}$	.	$-\beta_{55}\varkappa_{45}$	$-\beta_{55}\varkappa_{35}$	$-\beta_{55}\varkappa_{25}$	$-\beta_{55}\varkappa_{15}$	
		$\delta_{k0}^{(k-1)}/\delta_{kk}^{(k-1)}$	$1/\delta_{55}^{(4)}$	0	0	0	0	
		$X_k=\beta_{5k}$	β_{55}	β_{54}	β_{53}	β_{52}	β_{51}	
X_4	4	$-\beta_{42}\varkappa_{k2}$	.	.	.	.	$-\beta_{42}\varkappa_{12}$	4
		$-\beta_{43}\varkappa_{k3}$	.	.	.	$-\beta_{43}\varkappa_{23}$	$-\beta_{43}\varkappa_{13}$	
		$-\beta_{44}\varkappa_{k4}$	.	.	$-\beta_{44}\varkappa_{34}$	$-\beta_{44}\varkappa_{24}$	$-\beta_{44}\varkappa_{14}$	
		$-\beta_{45}\varkappa_{k5}$	.	$-\beta_{45}\varkappa_{45}$	$-\beta_{45}\varkappa_{35}$	$-\beta_{45}\varkappa_{25}$	$-\beta_{45}\varkappa_{15}$	
		$\delta_{k0}^{(k-1)}/\delta_{kk}^{(k-1)}$	.	$1/\delta_{44}^{(3)}$	0	0	0	
		$X_k=\beta_{4k}$	β_{45}	β_{44}	β_{43}	β_{42}	β_{41}	
X_3	3	$-\beta_{32}\varkappa_{k2}$	.	.	.	.	$-\beta_{32}\varkappa_{12}$	3
		$-\beta_{33}\varkappa_{k3}$	.	.	.	$-\beta_{33}\varkappa_{23}$	$-\beta_{33}\varkappa_{13}$	
		$-\beta_{34}\varkappa_{k4}$	.	.	$-\beta_{34}\varkappa_{34}$	$-\beta_{34}\varkappa_{24}$	$-\beta_{34}\varkappa_{14}$	
		$-\beta_{35}\varkappa_{k5}$	.	.	$-\beta_{35}\varkappa_{35}$	$-\beta_{35}\varkappa_{25}$	$-\beta_{35}\varkappa_{15}$	
		$\delta_{k0}^{(k-1)}/\delta_{kk}^{(k-1)}$	.	.	$1/\delta_{33}^{(2)}$	0	0	
		$X_k=\beta_{3k}$	β_{35}	β_{34}	β_{33}	β_{32}	β_{31}	
X_2	2	$-\beta_{22}\varkappa_{k2}$	.	.	.	.	$-\beta_{22}\varkappa_{12}$	2
		$-\beta_{23}\varkappa_{k3}$	.	.	.	$-\beta_{23}\varkappa_{23}$	$-\beta_{23}\varkappa_{13}$	
		$-\beta_{24}\varkappa_{k4}$	.	.	.	$-\beta_{24}\varkappa_{24}$	$-\beta_{24}\varkappa_{14}$	
		$-\beta_{25}\varkappa_{k5}$	.	.	.	$-\beta_{25}\varkappa_{25}$	$-\beta_{25}\varkappa_{15}$	
		$\delta_{k0}^{(k-1)}/\delta_{kk}^{(k-1)}$	.	.	.	$1/\delta_{22}^{(1)}$	0	
		$X_k=\beta_{2k}$	β_{25}	β_{24}	β_{23}	β_{22}	β_{21}	
X_1	I	$-\beta_{12}\varkappa_{k2}$	.	.	.	.	$-\beta_{12}\varkappa_{12}$	I
		$-\beta_{13}\varkappa_{k3}$	.	.	.	.	$-\beta_{13}\varkappa_{13}$	
		$-\beta_{14}\varkappa_{k4}$	.	.	.	.	$-\beta_{14}\varkappa_{14}$	
		$-\beta_{15}\varkappa_{k5}$	.	.	.	.	$-\beta_{15}\varkappa_{15}$	
		$\delta_{k0}^{(k-1)}/\delta_{kk}^{(k-1)}$	.	.	.	.	$1/\delta_{11}$	
		$X_k=\beta_{1k}$	β_{15}	β_{14}	β_{13}	β_{12}	β_{11}	

k	1	2	3	4	5
$X_1\delta_{k1}$	$X_1\delta_{11}$	$X_1\delta_{21}$	$X_1\delta_{31}$	$X_1\delta_{41}$	$X_1\delta_{51}$
$X_2\delta_{k2}$	$X_2\delta_{12}$	$X_2\delta_{22}$	$X_2\delta_{32}$	$X_2\delta_{42}$	$X_2\delta_{52}$
$X_3\delta_{k3}$	$X_3\delta_{13}$	$X_3\delta_{23}$	$X_3\delta_{33}$	$X_3\delta_{43}$	$X_3\delta_{53}$
$X_4\delta_{k4}$	$X_4\delta_{14}$	$X_4\delta_{24}$	$X_4\delta_{34}$	$X_4\delta_{44}$	$X_4\delta_{54}$
$X_5\delta_{k5}$	$X_5\delta_{15}$	$X_5\delta_{25}$	$X_5\delta_{35}$	$X_5\delta_{45}$	$X_5\delta_{55}$
$\Sigma_k = \delta_{k0}$	δ_{10}	δ_{20}	δ_{30}	δ_{40}	δ_{50}

(383)

c) Die Berechnung der konjugierten Matrix. Um die überzähligen Größen für mehrere Belastungsfälle ohne Wiederholung der Elimination anzugeben, wird die konjugierte Matrix zu (319) berechnet. Mit dieser ist nach (326)

$$X_k = \sum_{h=1}^{h=n} \beta_{kh}\,\delta_{h0} \quad \text{und} \quad \beta_{hk} = \beta_{kh}\,.$$

Die Vorzahlen β_{hk} sind nach S. 166 die überzähligen Größen X_h $(h = 1 \ldots n)$ für $\delta_{k0} = 1$. Um die $1/2 \cdot n\,(n+1)$ unabhängigen Glieder der konjugierten Matrix übersichtlich zu berechnen, wird entweder mit der Bestimmung der β_{kn} aus $\delta_{n0} = 1$ durch Vorwärtselimination oder mit der Bestimmung der β_{k1} aus $\delta_{10} = 1$ in Verbindung mit einer Rückwärtselimination begonnen. Die übrigen Vorzahlen ergeben sich auf Grund der Symmetrie der konjugierten Matrix zur Hauptdiagonale durch Rekursion. Zunächst sind mit β_{nn} die Vorzahlen $\beta_{kn} \ldots \beta_{1n}$ bestimmt. Alle übrigen β_{hk} $(h = k \ldots 1)$ werden stets aus den ersten k Gleichungen bestimmt, da die übrigen Vorzahlen $\beta_{(k+1)k} = \beta_{k(k+1)} \ldots$ bekannt sind. Die Berechnung schließt mit dem Werte von β_{11}. Er wird bei allen unsymmetrischen Systemen, die keine zur Nebendiagonale symmetrische Matrix besitzen, durch Rückwärtselimination mit $\delta_{10} = 1$ geprüft.

Die Untersuchung wird auf S. 221 an einem System mit fünf überzähligen Größen bei Vorwärtselimination nach (381) gezeigt [Rechenvorschrift in Verbindung mit (381): S. 222].

Die Elastizitätsgleichungen (319) müssen nach S. 167 durch die Vorzahlen der konjugierten Matrix erfüllt werden. Sie gelten als Rechenprobe; z. B. ist

Kontrollen:

k	1	2	3	4	5
$\beta_{1k}\delta_{k1}$	$\beta_{11}\delta_{11}$	$\beta_{12}\delta_{21}$	$\beta_{13}\delta_{31}$	$\beta_{14}\delta_{41}$	$\beta_{15}\delta_{51}$
$\beta_{2k}\delta_{k2}$	$\beta_{21}\delta_{12}$	$\beta_{22}\delta_{22}$	$\beta_{23}\delta_{32}$	$\beta_{24}\delta_{42}$	$\beta_{25}\delta_{52}$
$\beta_{3k}\delta_{k3}$	$\beta_{31}\delta_{13}$	$\beta_{32}\delta_{23}$	$\beta_{33}\delta_{33}$	$\beta_{34}\delta_{43}$	$\beta_{35}\delta_{53}$
$\beta_{4k}\delta_{k4}$	$\beta_{41}\delta_{14}$	$\beta_{42}\delta_{24}$	$\beta_{43}\delta_{34}$	$\beta_{44}\delta_{44}$	$\beta_{45}\delta_{54}$
$\beta_{5k}\delta_{k5}$	$\beta_{51}\delta_{15}$	$\beta_{52}\delta_{25}$	$\beta_{53}\delta_{35}$	$\beta_{54}\delta_{45}$	$\beta_{55}\delta_{55}$
$\Sigma_k = 1$	1	1	1	1	1

(386)

Die Bedingungen $\sum_h \beta_{hi}\,\delta_{kh} = 0$ für $\delta_{i0} = 1$ werden in der Regel nur dann geprüft, wenn nur ein Teil der Nebenglieder der Matrix vorhanden ist.

Anwendung des Gaußschen Algorithmus zur Untersuchung des Sägedachrahmens, Abb. 215. 1. Geometrische Grundlagen.

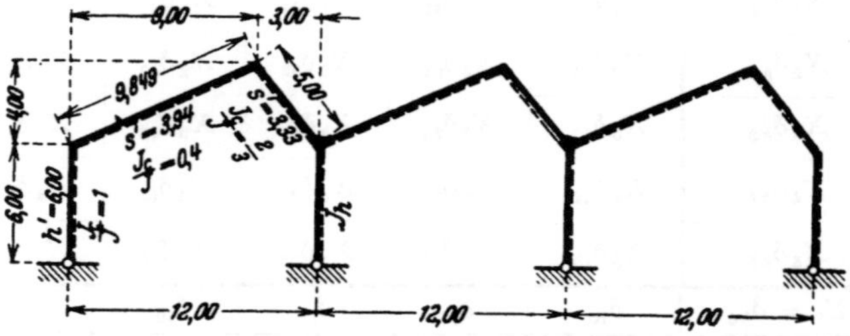

Abb. 215.

Abmessungen, Verhältniszahlen J_c/J, reduzierte Stablängen s', h' Abb. 215.

$$J_c = J_h\,; \qquad \zeta_h = 1\,, \qquad E_b = 210\ \text{t/cm}^2\,, \qquad \alpha_t = 0{,}00001\,.$$

2. Gleichförmig verteilte Belastung der Riegel a, b, c mit $p = 1$ t/m.

3. Hauptsystem: Das Tragwerk ist fünffach statisch unbestimmt. Hauptsystem und statisch unbestimmte Schnittkräfte sind in Abb. 216 angegeben. Als überzählige Größen X_2 und X_4 werden die $1/h$fachen Beträge der waagerechten Komponenten Y_2, Y_4 der Schnittkräfte verwendet. Biegungsmomente des Hauptsystems in Abb. 216.

4. Die Vorzahlen δ_{ik} werden ohne die Mitwirkung der Quer- und Längskräfte angeschrieben und zur Abkürzung der Rechnung dabei in die Anteile zerlegt, die auf die Riegel (a, b, c) und auf die Pfosten d entfallen.

$$\delta_{11} = \delta_{33} = \delta_{11,a} + \delta_{11,b} = 3{,}306 + 1{,}793 = 5{,}1$$
$$\delta_{12} = \delta_{34} = \delta_{12,a} + \delta_{11,b} = -2{,}668 + 1{,}793 = -0{,}875$$
$$\delta_{13} = \delta_{23} = \delta_{13,b} = +1{,}086$$
$$\delta_{14} = \delta_{14,b} = -2{,}635$$
$$\delta_{22} = \delta_{44} = \delta_{22,a} + \delta_{11,b} + 2\,\delta_{22,d} = 4{,}556 + 1{,}793 + 4{,}0 = 10{,}349$$
$$\delta_{24} = \delta_{14,b} - \delta_{22,d} = -2{,}635 - 2{,}0 = -4{,}635$$
$$\delta_{35} = \delta_{35,c} = +3{,}72$$
$$\delta_{45} = \delta_{35,c} + \delta_{22,d} = +3{,}72 + 2{,}0 = +5{,}72$$
$$\delta_{55} = \delta_{55,c} + 2\,\delta_{22,d} = +13{,}19 + 4{,}0 = +17{,}19$$

$$\delta_{11,a} = 3{,}94 \cdot \frac{1}{3} \cdot 0{,}75^2 + 3{,}33 \cdot \frac{1}{3} \cdot (0{,}75^2 + 0{,}75 \cdot 1{,}0 + 1{,}0^2) = 3{,}306$$

$$\delta_{11,b} = 3{,}94 \cdot \frac{1}{3} \cdot (1{,}0^2 + 1{,}0 \cdot 0{,}25 + 0{,}25^2) + 3{,}33 \cdot \frac{1}{3} \cdot 0{,}25^2 = 1{,}793$$

$$\delta_{12,a} = -3{,}94 \cdot \frac{1}{6} \cdot 0{,}75\,(2 \cdot 0{,}917 + 1) - 3{,}33 \cdot \frac{1}{6} \cdot 0{,}917\,(2 \cdot 0{,}75 + 1) = -2{,}668$$

$$\delta_{13,b} = 3{,}94 \cdot \frac{1}{6} \cdot 0{,}75\,(2 \cdot 0{,}25 + 1) + 3{,}33 \cdot \frac{1}{6} \cdot 0{,}25\,(2 \cdot 0{,}75 + 1) = 1{,}086$$

$$\delta_{14,b} = -3{,}94 \cdot \frac{1}{6} \cdot [1{,}0\,(2 \cdot 1{,}0 + 0{,}917) + 0{,}25\,(2 \cdot 0{,}917 + 1{,}0)] - \frac{3{,}33}{3} \cdot 0{,}25 \cdot 0{,}917 = -2{,}635$$

$$\delta_{22,a} = 3{,}94 \cdot \frac{1}{3} \cdot (1{,}0^2 + 1{,}0 \cdot 0{,}917 + 0{,}917^2) + 3{,}33 \cdot \frac{1}{3} \cdot 0{,}917^2 = 4{,}556\,,$$

$$\delta_{22,d} = 6{,}0 \cdot \frac{1}{3} \cdot 1{,}0^2 = 2{,}00; \qquad \delta_{55,c} = (3{,}94 + 3{,}33) \cdot \frac{1}{3} \cdot [1{,}0^2 + 1{,}0 \cdot 1{,}667 + 1{,}667^2] = 13{,}19,$$

$$\delta_{35,c} = \frac{3{,}94}{6} \cdot [1{,}0\,(2 \cdot 1{,}0 + 1{,}667) + 0{,}25\,(2 \cdot 1{,}667 + 1{,}0)] + \frac{3{,}33}{6} \cdot 0{,}25 \cdot (2 \cdot 1{,}667 + 1{,}0) = 3{,}72.$$

(Fortsetzung des Textes auf S. 228.)

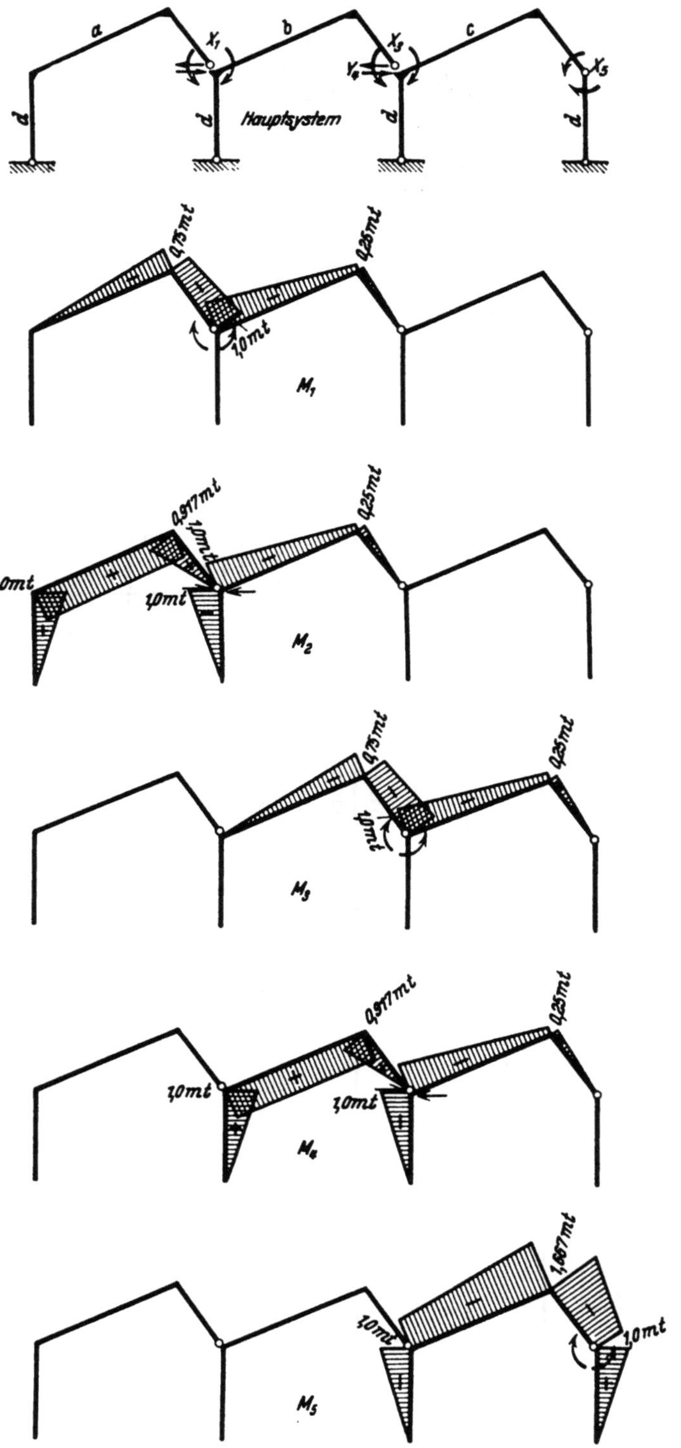
a
b
c
d
Hauptsystem
X_1
X_3
X_5
0,75mt
0,25mt
1,0mt
M_1
0,917mt
1,0mt
M_2
M_3
M_4
1,667mt
M_5

Abb. 216.

Vorwärtselimination nach dem Gaußschen Algorithmus (381).

	X_k	X_1	X_2	X_3	X_4	X_5	$\Sigma\,\delta_{i\Sigma}$	Belastungsglieder δ_{i0} zur Bestimmung von $X_k =$					Belastungsglieder δ_{i0} aus 4. für Belastungsfall 2.
i	k	1	2	3	4	5		β_{k5}	β_{k4}	β_{k3}	β_{k2}	β_{k1}	
1	δ_{1k}	+ 5,100	− 0,875	+ 1,086	− 2,635	0	+ 2,676000	0	0	0	0	1	− 78,16527
	$\varkappa_{1k}$	—	− 0,171569	+ 0,212941	− 0,516667	0	—	—	—	—	—	—	− 15,326523
2	δ_{2k}	(− 0,875)	+ 10,349	+ 1,086	− 4,635	0	+ 5,925000	0	0	0	1	0	+ 31,52335
	$-\varkappa_{12}\delta_{1k}$	—	− 0,150123	+ 0,186324	− 0,452083	0	+ 0,459118	—	—	—	—	—	− 13,410708
	$\delta_{2k}^{(1)}$	—	10,198878	+ 1,272324	− 5,087083	0	+ 6,384118	0	0	0	1	—	+ 18,112643
	$\varkappa_{2k}$	—	—	+ 0,124751	− 0,498789	0	—	—	—	—	—	—	+ 1,775945
3	δ_{3k}	(+ 1,086)	(+ 1,086)	+ 5,100	− 0,875	+ 3,720	+ 10,117000	0	0	1	0	0	− 78,16527
	$-\varkappa_{13}\delta_{1k}$	—	—	− 0,231254	+ 0,561100	0	− 0,569831	—	—	—	—	—	+ 16,644604
	$-\varkappa_{23}\delta_{2k}^{(1)}$	—	—	− 0,158724	+ 0,634620	0	− 0,796427	—	—	—	—	—	− 2,259576
	$\delta_{3k}^{(2)}$	—	—	+ 4,710028	+ 0,320720	+ 3,720000	+ 8,750742	0	0	1	—	—	− 63,780242
	$\varkappa_{3k}$	—	—	—	+ 0,068093	+ 0,789805	—	—	—	—	—	—	− 13,541389
4	δ_{4k}	(− 2,635)	(− 4,635)	(− 0,875)	+ 10,349	+ 5,720	+ 7,924000	0	1	0	0	0	+ 31,52335
	$-\varkappa_{14}\delta_{1k}$	—	—	—	− 1,361417	0	+ 1,382600	—	—	—	—	—	− 40,385390
	$-\varkappa_{24}\delta_{2k}^{(1)}$	—	—	—	− 2,537379	0	+ 3,184325	—	—	—	—	—	+ 9,034379
	$-\varkappa_{34}\delta_{3k}^{(2)}$	—	—	—	− 0,021839	− 0,253307	− 0,595866	—	—	—	—	—	+ 4,342999
	$\delta_{4k}^{(3)}$	—	—	—	+ 6,428366	+ 5,466693	+ 11,895059	0	1	—	—	—	+ 4,515338
	$\varkappa_{4k}$	—	—	—	—	+ 0,850402	—	—	—	—	—	—	+ 0,702408
5	δ_{5k}	(0)	(0)	(+ 3,720)	(+ 5,720)	+ 17,19000	+ 26,630000	1	0	0	0	0	− 109,68863
	$-\varkappa_{15}\delta_{1k}$	—	—	—	—	0	0	—	—	—	—	—	0
	$-\varkappa_{25}\delta_{2k}^{(1)}$	—	—	—	—	0	0	—	—	—	—	—	0
	$-\varkappa_{35}\delta_{3k}^{(2)}$	—	—	—	—	− 2,938076	− 6,911382	—	—	—	—	—	+ 50,373970
	$-\varkappa_{45}\delta_{4k}^{(3)}$	—	—	—	—	− 4,648886	− 10,115579	—	—	—	—	—	− 3,839851
	$\delta_{5k}^{(4)}$	—	—	—	—	+ 9,603039	+ 9,603039	1	—	—	—	—	− 63,154511
		—	—	—	—	—	—	—	—	—	—	—	− 6,576513

Rekursion zur Bestimmung der Vorzahlen β_{ik} (385).

i	5					4			
k	5	4	3	2	1	4	3	2	1
$-\beta_{i2}\varkappa_{k2}$	—	—	—	—	− 0,005947	—	—	—	+ 0,018597
$-\beta_{i3}\varkappa_{k3}$	—	—	—	+ 0,009507	+ 0,016228	—	—	− 0,006762	− 0,011546
$-\beta_{i4}\varkappa_{k4}$	—	—	+ 0,006035	− 0,044172	− 0,045755	—	− 0,015720	+ 0,115154	+ 0,119283
$-\beta_{i5}\varkappa_{k5}$	—	− 0,088559	− 0,082246	0	0	+ 0,075311	+ 0,069944	0	0
$\delta_{k0}^{(k-1)}/\delta_{kk}^{(k-1)}$	$\frac{1}{9{,}60303}$	0	0	0	0	0,155561	0	0	0
$X_k = \beta_{ik}$	+ 0,104134	− 0,088559	− 0,076211	− 0,034665	− 0,035474	+ 0,230872	+ 0,054224	+ 0,108392	+ 0,126334
k	5	4	3	2	1	4	3	2	1
	$X_k = \beta_{5k}$					$X_k = \beta_{4k}$			

i	3			2		1
k	3	2	1	2	1	1
$-\beta_{i2}\varkappa_{k2}$	—	—	− 0,001113	—	+ 0,026237	+ 0,014347
$-\beta_{i3}\varkappa_{k3}$	—	− 0,033535	− 0,057242	+ 0,000809	+ 0,001381	+ 0,006460
$-\beta_{i4}\varkappa_{k4}$	− 0,003693	+ 0,027046	+ 0,028016	+ 0,054065	+ 0,056003	+ 0,065273
$-\beta_{i5}\varkappa_{k5}$	+ 0,060192	0	0	0	0	0
$\delta_{k0}^{(k-1)}/\delta_{kk}^{(k-1)}$	+ 0,212313	0	0	+ 0,098050	0	+ 0,196078
$X_k = \beta_{ik}$	+ 0,268812	− 0,006489	− 0,030339	+ 0,152924	+ 0,083621	+ 0,282158
k	3	2	1	2	1	1
	$X_k = \beta_{3k}$			$X_k = \beta_{2k}$		$X_k = \beta_{1k}$

Belastungszahlen (Abb. 217):

$\delta_{10} = \delta_{30} = \delta_{10,a} + \delta_{10,b} = -44{,}18730 - 33{,}97797 = -78{,}16527;$

$\delta_{20} = \delta_{40} = \delta_{20,a} + \delta_{20,b} = 65{,}50132 - 33{,}97797 = +31{,}52335;$

$\delta_{50} = -109{,}68863;$

$\delta_{10,a} = -\{3{,}94 \cdot \tfrac{1}{6}[0{,}75 \cdot (13{,}5 + 2 \cdot 16{,}875)] + 3{,}33 \cdot \tfrac{1}{6}[0{,}75(13{,}5 + 2 \cdot 7{,}875) + 1{,}0 \cdot 2 \cdot 7{,}875]\}$
$= -44{,}18730;$

$\delta_{10,b} = -\{3{,}94 \cdot \tfrac{1}{6}[0{,}25 \cdot 47{,}25 + 1{,}0 \cdot 2 \cdot 16{,}875] + 3{,}33 \cdot \tfrac{1}{6} \cdot 0{,}25 \cdot 29{,}25\} = -33{,}97797;$

$\delta_{20,a} = 3{,}94 \cdot \tfrac{1}{6}[0{,}917 \cdot 47{,}25 + 1{,}0 \cdot 33{,}75] + 3{,}33 \cdot \tfrac{1}{6} \cdot 0{,}917 \cdot 29{,}25 = +65{,}50132;$

$\delta_{20,b} = \delta_{10,b};$

$\delta_{50} = -\{3{,}94 \cdot \tfrac{1}{6}[1{,}667 \cdot 47{,}25 + 1{,}0 \cdot 33{,}750] + 3{,}33 \cdot \tfrac{1}{6}[1{,}667 \cdot 29{,}25 + 1{,}0 \cdot 15{,}75]\}$
$= -109{,}68863.$

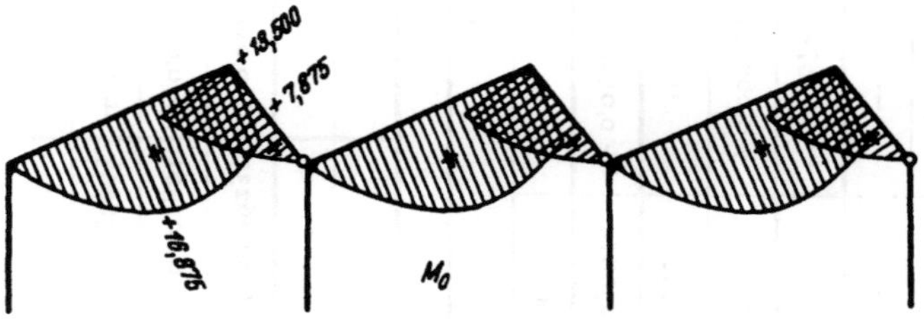

Abb. 217.

5. **Matrix der geometrischen Bedingungen** mit den Belastungszahlen für die in 2. vorgeschriebene Belastung.

	X_1	X_2	X_3	X_4	X_5	(δ_{k0})
(1)	5,100	− 0,875	+ 1,086	− 2,635	0	− 78,16527
(2)	− 0,875	+ 10,349	+ 1,086	− 4,635	0	+ 31,52335
(3)	+ 1,086	+ 1,086	+ 5,100	− 0,875	+ 3,720	− 78,16527
(4)	− 2,635	− 4,635	− 0,875	+ 10,349	+ 5,720	+ 31,52335
(5)	0	0	+ 3,720	+ 5,720	+ 17,190	− 109,68863

6. **Auflösung des Ansatzes.** Die statisch überzähligen Größen werden entweder mit den Vorzahlen β_{ik} der konjugierten Matrix nach (324) berechnet oder mit Einbeziehung der Belastungszahlen δ_{i0} in den Gaußschen Algorithmus unmittelbar gewonnen. Beide Lösungen sind durch die Vorwärtselimination S. 226 vorbereitet. Rekursion zur Bestimmung der Vorzahlen β_{ik} auf S. 227.

Kontrolle (386):

k	1	2	3	4	5
$\beta_{1k} \cdot \delta_{1k}$	+ 1,439006	− 0,073168	− 0,032948	− 0,332890	0
$\beta_{2k} \cdot \delta_{2k}$	− 0,073168	+ 1,582610	− 0,007047	− 0,502397	0
$\beta_{3k} \cdot \delta_{3k}$	− 0,032948	− 0,007047	+ 1,370941	− 0,047446	− 0,283505
$\beta_{4k} \cdot \delta_{4k}$	− 0,332890	− 0,502397	− 0,047446	+ 2,389294	− 0,506557
$\beta_{5k} \cdot \delta_{5k}$	0	0	− 0,283505	− 0,506557	+ 1,790063
1	1,000000	0,999998	0,999995	1,000004	1,000001

Mit $p = 0{,}01$ und $\varphi = \pm p \sum_i \sum_k |\beta_{ik}\,\delta_{ik}| = \pm p\, 12{,}1$ wird nach (331) der mögliche Fehler von X_k aus der Nennerdeterminante der Bedingungsgleichungen ca. $\pm 0{,}12\, X_k$.

Konjugierte Matrix der Vorzahlen β_{ik}:

	δ_{10}	δ_{20}	δ_{30}	δ_{40}	δ_{50}
X_1	+ 0,282158	+ 0,083621	− 0,030339	+ 0,126334	− 0,035474
X_2	+ 0,083621	+ 0,152924	− 0,006489	+ 0,108392	− 0,034665
X_3	− 0,030339	− 0,006489	+ 0,268812	+ 0,054224	− 0,076211
X_4	+ 0,126334	+ 0,108392	+ 0,054224	+ 0,230872	− 0,088559
X_5	− 0,035474	− 0,034665	− 0,076211	− 0,088559	+ 0,104134

Anwendung der Matrix zur Berechnung der überzähligen Größen X_k.

$$X_1 = +0{,}282158\,\delta_{10} + 0{,}083621\,\delta_{20} - 0{,}030339\,\delta_{30} + 0{,}126334\,\delta_{40} - 0{,}035474\,\delta_{50},$$
$$X_2 = +0{,}083621\,\delta_{10} + 0{,}152924\,\delta_{20} - 0{,}006489\,\delta_{30} + 0{,}108392\,\delta_{40} - 0{,}034665\,\delta_{50},$$
$$X_3 = -0{,}030339\,\delta_{10} - 0{,}006489\,\delta_{20} + 0{,}268812\,\delta_{30} + 0{,}054224\,\delta_{40} - 0{,}076211\,\delta_{50},$$
$$X_4 = +0{,}126334\,\delta_{10} + 0{,}108392\,\delta_{20} + 0{,}054224\,\delta_{30} + 0{,}230872\,\delta_{40} - 0{,}088559\,\delta_{50},$$
$$X_5 = -0{,}035474\,\delta_{10} - 0{,}034665\,\delta_{20} - 0{,}076211\,\delta_{30} - 0{,}088559\,\delta_{40} + 0{,}104134\,\delta_{50}.$$

Mit den Belastungszahlen nach 4. aus der Belastung 2. ergeben sich folgende statisch überzählige Größen:

$$X_1 = -9{,}174075 \text{ mt}; \quad X_2 = +6{,}010664 \text{ t}; \quad X_3 = -8{,}775876 \text{ mt};$$
$$X_4 = +6{,}295086 \text{ t}; \quad X_5 = -6{,}576513 \text{ mt}.$$

Die Vorwärtselimination nach Gauß, S. 226, liefert unter Einbeziehung der Belastungszahlen $X_5 = -6{,}576513$ mt. Die anderen überzähligen Größen werden durch Rekursion gewonnen.

Rekursion mit Rechenprobe (382).

k	5	4	3	2	1
$-X_2\varkappa_{k2}$					+ 1,031241
$-X_3\varkappa_{k3}$				+ 1,094802	+ 1,868746
$-X_4\varkappa_{k4}$			− 0,428652	+ 3,139917	+ 3,252461
$-X_5\varkappa_{k5}$		+ 5,592678	+ 5,194165	0	0
$X_k^{(k)} = \frac{\delta_{k0}^{(k-1)}}{\delta_{kk}^{(k-1)}}$	− 6,576513	+ 0,702408	− 13,541389	+ 1,775945	− 15,326523
$\Sigma_{k0} = X_k =$	− 6,576513	+ 6,295086	− 8,775876	+ 6,010664	− 9,174075
$X_k \cdot \delta_{k0}$	+ 721,368701	+ 198,442199	+ 685,968717	+ 189,476265	+ 717,094049
$X_k^{(k)} \cdot \delta_{k0}^{(k-1)}$	+ 415,336463	+ 3,171610	+ 863,673067	+ 32,167058	+ 1198,001808
k	5	4	3	2	1

Kontrolle: $\sum X_k \cdot \delta_{k0} = \sum X_k^{(k)} \cdot \delta_{k0}^{(k-1)}$ [vgl. (486) S. 295 mit X_k statt Y_K]

$\underline{2512{,}3499 \approx 2512{,}3500.}$

Kontrolle durch Einsetzen in die Bedingungsgleichungen (383):

k	1	2	3	4	5
$X_1 \cdot \delta_{1k}$	$-$ 46,787781	$+$ 8,027315	$-$ 9,963045	$+$ 24,173687	0
$+ X_2 \cdot \delta_{2k}$	$-$ 5,259331	$+$ 62,204361	$+$ 6,527581	$-$ 27,859428	0
$+ X_3 \cdot \delta_{3k}$	$-$ 9,530602	$-$ 9,530602	$-$ 44,756972	$+$ 7,678892	$-$ 32,646262
$+ X_4 \cdot \delta_{4k}$	$-$ 16,587553	$-$ 29,177726	$-$ 5,508201	$+$ 65,147851	$+$ 36,007895
$+ X_5 \delta_{5k}$	0	0	$-$ 24,464629	$-$ 37,617655	$-$ 113,050260
δ_{k0}	$-$ 78,165267	$+$ 31,523348	$-$ 78,165266	$+$ 31,523347	$-$ 109,688627

7. **Stütz- und Schnittkräfte des Stabwerks für die Belastung 2. Berechnung der Biegungsmomente in den Querschnitten 5, 6 und 9 durch Superposition des statisch bestimmten und statisch unbestimmten Anteils nach (288) (Abb. 218).**

$$\begin{array}{lllllll l}
M & = M_0 - & X_1 M_1 & - \quad X_2 M_2 & - X_3 M_3 - & X_4 M_4 & - X_5 M_5 & \\
M_{(5)} & = 0 & 0 & -6{,}0107 \cdot 1{,}0 & 0 & 0 & 0 & = -6{,}0107 \text{ mt} \\
M_{(9)} & = 13{,}5 & -9{,}1741 \cdot 0{,}75 & -6{,}0107 \cdot 0{,}917 & 0 & 0 & 0 & = +1{,}1076 \text{ mt}
\end{array}$$

$$\left\{\begin{array}{lllllll l}
M_{(6)(9)} & = 0 & -9{,}1741 \cdot 1{,}0 & 0 & 0 & 0 & 0 & = -9{,}1741 \text{ mt} \\
M_{(6)(2)} & = 0 & 0 & +6{,}0107 \cdot 1{,}0 & 0 & -6{,}2951 \cdot 1{,}0 & 0 & = -0{,}2844 \text{ mt} \\
M_{(6)(10)} & = 0 & -9{,}1741 \cdot 1{,}0 & +6{,}0107 \cdot 1{,}0 & 0 & -6{,}2951 \cdot 1{,}0 & 0 & = -9{,}4585 \text{ mt.}
\end{array}\right.$$

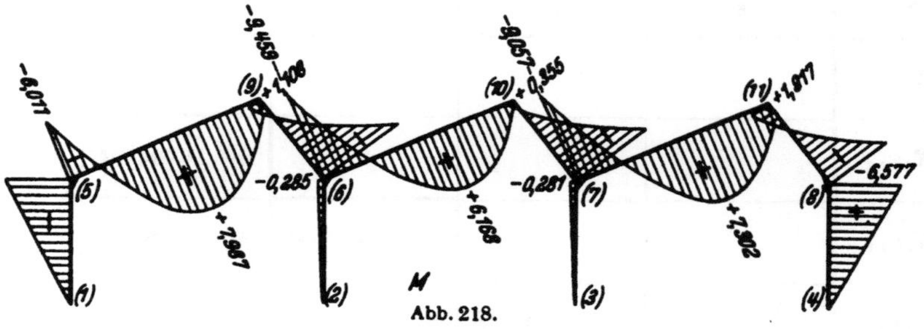

Abb. 218.

Auflösung dreigliedriger Ansätze. Ansätze in der allgemeinen Form (319) sind selten. Die Bedingungen für die Verträglichkeit der Formänderungen der Hauptsysteme hochgradig statisch unbestimmter Tragwerke liefern meist regelmäßige Ansätze von Gleichungen mit drei, fünf oder sieben Unbekannten, deren Anzahl am Anfang und Ende des Ansatzes abnimmt. Am einfachsten ist der dreigliedrige Ansatz. Er bildet mit der Matrix auf S. 231 die Grundlage für die Berechnung der wichtigsten hochgradig statisch unbestimmten Tragwerke.

Die Vorzahlen δ_{ik}, δ_{i0} bezeichnen einzelne Verschiebungen eines statisch bestimmten oder statisch unbestimmten Hauptsystems. Während die Hauptglieder δ_{kk} der Matrix stets positiv sind, können beide Nebenglieder $\delta_{k(k-1)}$, $\delta_{k(k+1)}$ einer Gleichung (k) positiv oder negativ sein oder auch das Vorzeichen wechseln. Die Tragwerke mit dreigliedrigen Elastizitätsgleichungen können hiernach in drei Gruppen mit besonderen, von der Vorzeichenfolge abhängigen Eigenschaften des Kräftebildes zusammengefaßt werden.

Die Lösung wird in jedem Falle nach dem abgekürzten Gaußschen Algorithmus

Matrix dreigliedriger Gleichungen.

X_1	X_2	X_3		X_{k-2}	X_{k-1}	X_k	X_{k+1}		X_{n-2}	X_{n-1}	X_n	
δ_{11}	δ_{12}											δ_{10}
δ_{21}	δ_{22}	δ_{23}										δ_{20}
				$\delta_{(k-1)(k-2)}$	$\delta_{(k-1)(k-1)}$	$\delta_{(k-1)k}$						$\delta_{(k-1)0}$
					$\delta_{k(k-1)}$	δ_{kk}	$\delta_{k(k+1)}$					δ_{k0}
									$\delta_{(n-1)(n-2)}$	$\delta_{(n-1)(n-1)}$	$\delta_{(n-1)n}$	$\delta_{(n-1)0}$
										$\delta_{n(n-1)}$	δ_{nn}	δ_{n0}

(387)

Reduzierte Matrix bei Vorwärtselimination des Ansatzes.

X_1	X_2	X_3		X_{k-1}	X_k	X_{k+1}		X_{n-1}	X_n		
δ_{11}	δ_{12}									$\varkappa_{12}$	δ_{10}
	$\delta_{22}^{(1)}$	δ_{23}								$\varkappa_{23}$	$\delta_{20}^{(1)}$
				$\delta^{(k-2)}_{(k-1)(k-1)}$	$\delta_{(k-1)k}$					$\varkappa_{(k-1)k}$	$\delta^{(k-2)}_{(k-1)0}$
					$\delta^{(k-1)}_{kk}$	$\delta_{k(k+1)}$				$\varkappa_{k(k+1)}$	$\delta^{(k-1)}_{k0}$
								$\delta^{(n-2)}_{(n-1)(n-1)}$	$\delta_{(n-1)n}$	$\varkappa_{(n-1)n}$	$\delta^{(n-2)}_{(n-1)0}$
									$\delta^{(n-1)}_{nn}$		$\delta^{(n-1)}_{n0}$

(388)

(381) entweder für eine ausgezeichnete Belastung angegeben oder nach (385) zur konjugierten Matrix entwickelt.

a) Rechenvorschrift bei Vorwärtselimination des Ansatzes. Reduzierte Matrix (S. 231).

Die Hauptglieder der reduzierten Matrix ergeben sich mit $k = 2 \ldots n$ aus

$$\delta_{kk}^{(k-1)} = \delta_{kk} - \frac{\delta_{(k-1)k}^2}{\delta_{(k-1)(k-1)}^{(k-2)}}, \ldots \quad \text{und} \quad \delta_{nn}^{(n-1)} = \delta_{nn} - \frac{\delta_{(n-1)n}^2}{\delta_{(n-1)(n-1)}^{(n-2)}},$$

die Belastungsglieder aus

$$\delta_{k0}^{(k-1)} = \delta_{k0} - \delta_{(k-1)0}^{(k-2)} \frac{\delta_{(k-1)k}}{\delta_{(k-1)(k-1)}^{(k-2)}}. \tag{389}$$

Damit wird

$$X_n = \frac{\delta_{n0}^{(n-1)}}{\delta_{nn}^{(n-1)}}. \tag{390}$$

Die überzähligen Größen $X_{n-1} \ldots X_k \ldots X_1$ werden aus den Gleichungen der reduzierten Matrix durch Rekursion gefunden.

Die konjugierte Matrix.

Die Vorzahl $X_n = \beta_{nn}$ der konjugierten Matrix entsteht bei $\delta_{10} = 0, \ldots \delta_{(n-1)0} = 0$, $\delta_{n0} = 1$. Sie ist nach (390)

$$\beta_{nn} = \frac{1}{\delta_{nn}^{(n-1)}} = \frac{1}{\delta_{nn} - \delta_{n(n-1)} \varkappa_{(n-1)n}}. \tag{391}$$

Die Eliminationskoeffizienten $\varkappa_{12} \ldots \varkappa_{(k-1)k} \ldots \varkappa_{(n-1)n}$ sind allein durch die elastischen Eigenschaften des Hauptsystems bestimmt und nach der reduzierten Matrix Kennbeziehungen zwischen zwei aufeinanderfolgenden überzähligen Größen absteigender Richtung X_k, X_{k-1} des homogenen Ansatzes mit $\delta_{n0} = 1$.

$$\begin{aligned}
&-\frac{X_1}{X_2} = \frac{\delta_{12}}{\delta_{11}} = \varkappa_{12}; \quad -\frac{X_2}{X_3} = \frac{\delta_{23}}{\delta_{22}^{(1)}} = \frac{\delta_{23}}{\delta_{22} - \delta_{21}\varkappa_{12}} = \varkappa_{23} \\
&\ldots\ldots\ldots\ldots\ldots\ldots\ldots\ldots\ldots\ldots \\
&-\frac{X_{k-1}}{X_k} = \frac{\delta_{(k-1)k}}{\delta_{(k-1)(k-1)}^{(k-2)}} = \frac{\delta_{(k-1)k}}{\delta_{(k-1)(k-1)} - \delta_{(k-1)(k-2)}\varkappa_{(k-2)(k-1)}} = \varkappa_{(k-1)k} \\
&\ldots\ldots\ldots\ldots\ldots\ldots\ldots\ldots\ldots\ldots \\
&-\frac{X_{n-1}}{X_n} = \frac{\delta_{(n-1)n}}{\delta_{(n-1)(n-1)}^{(n-2)}} = \frac{\delta_{(n-1)n}}{\delta_{(n-1)(n-1)} - \delta_{(n-1)(n-2)}\varkappa_{(n-2)(n-1)}} = \varkappa_{(n-1)n}.
\end{aligned} \tag{392}$$

Die Vorzahl β_{nn} des dreigliedrigen Gleichungssatzes wird demnach durch die allmähliche Entwicklung der Kennbeziehungen in der Form eines Kettenbruches unmittelbar aus der Matrix der Elastizitätsgleichungen angeschrieben. Hierbei entstehen gleichzeitig auch die Formänderungen $\delta_{kk}^{(k-1)}$ und die Kennbeziehungen $\varkappa_{12} \ldots \varkappa_{(k-1)k} \ldots \varkappa_{(n-1)n}$.

$$\beta_{nn} = \frac{1}{\delta_{nn} - \delta_{n(n-1)}\varkappa_{(n-1)n}} = \frac{1}{\delta_{nn} - \delta_{n(n-1)} \dfrac{\delta_{(n-1)n}}{\delta_{(n-1)(n-1)} - \delta_{(n-1)(n-2)}\varkappa_{(n-2)(n-1)}}} \tag{393}$$

$$\beta_{nn} = \cfrac{1}{\underbrace{\delta_{nn} - \delta_{n(n-1)} \overbrace{\cfrac{\delta_{(n-1)n}}{\underbrace{\delta_{(n-1)(n-1)} - \delta_{(n-1)(n-2)} \overbrace{\cfrac{\delta_{(n-2)(n-1)}}{\underbrace{\delta_{(n-2)(n-2)} - \cdots \delta_{32} \overbrace{\cfrac{\delta_{23}}{\underbrace{\delta_{22} - \delta_{21} \overbrace{\cfrac{\delta_{12}}{\underbrace{\delta_{11}}_{\delta_{11}^{(0)}}}}^{\varkappa_{12}}}_{\delta_{22}^{(1)}}}}^{\varkappa_{23}}}_{\delta_{(n-2)(n-2)}^{(n-3)}}}}^{\varkappa_{(n-2)(n-1)}}}_{\delta_{(n-1)(n-1)}^{(n-2)}}}}^{\varkappa_{(n-1)n}}}_{\delta_{nn}^{(n-1)}}} \tag{394}$$

Die Vorzahlen $\beta_{(n-1)n} \cdots \beta_{(k-1)n} \cdots \beta_{1n}$ werden daraus durch wiederholte Multiplikation mit den negativen Kennziffern berechnet.

Die Spalte $\beta_{k(n-1)}$ der konjugierten Matrix besteht aus den Unbekannten X_k für die Belastungszahlen $\delta_{k0} = 0$ $(k = 1, \ldots, (n-2), n)$; $\delta_{(n-1)0} = 1$. Daher ist auch das Belastungsglied der reduzierten Matrix $\delta_{(n-1)0}^{(n-2)} = \delta_{(n-1)0} = 1$, so daß die Gleichung mit der Ordnungsnummer $(n-1)$ folgende Form annimmt:

$$\beta_{(n-1)(n-1)}\,\delta_{(n-1)(n-1)}^{(n-2)} + \beta_{n(n-1)}\,\delta_{(n-1)n} = 1\,. \tag{395}$$

Nach Seite 166 ist $\beta_{n(n-1)} = \beta_{(n-1)n}$ und damit bereits bekannt.

$$\beta_{(n-1)(n-1)} = \frac{1 - \beta_{(n-1)n}\,\delta_{(n-1)n}}{\delta_{(n-1)(n-1)}^{(n-2)}} = \frac{1}{\delta_{(n-1)(n-1)}^{(n-2)}} - \beta_{(n-1)n}\,\varkappa_{(n-1)n}\,. \tag{396}$$

Hieraus werden wiederum die Vorzahlen $\beta_{k(n-1)}$ $(k = (n-2)\cdots 1)$ durch Multiplikation mit den negativen Kennbeziehungen $\varkappa_{(k-1)k}$ gefunden. Ebenso wird mit $\delta_{(n-2)0} = 1$

$$\beta_{(n-2)(n-2)} = \frac{1 - \beta_{(n-2)(n-1)}\,\delta_{(n-2)(n-1)}}{\delta_{(n-2)(n-2)}^{(n-3)}} = \frac{1}{\delta_{(n-2)(n-2)}^{(n-3)}} - \beta_{(n-2)(n-1)}\,\varkappa_{(n-2)(n-1)}\,. \tag{397}$$

Damit sind dann die Vorzahlen $\beta_{k(n-2)}$ $(k = (n-3)\ldots 1)$ durch Rekursion bestimmt. Schließlich wird

$$\beta_{11} = \frac{1 - \beta_{12}\,\delta_{12}}{\delta_{11}} = \frac{1}{\delta_{11}} - \beta_{12}\,\varkappa_{12}\,. \tag{398}$$

Die Entwicklung der konjugierten Matrix durch Rekursion verlangt Zwischenwerte mit einer größeren Anzahl von Stellen, um Fehler in der Zahlenrechnung auszuschließen. Das einwandfreie Ergebnis der Lösung kann durch die Berechnung der Vorzahl β_{11} mit Rückwärtselimination geprüft werden, wenn die Matrix nicht zur Nebendiagonale symmetrisch ist. Dies wird bei Symmetrie des Hauptsystems durch die Verwendung von Gruppen symmetrisch liegender Schnittkräfte nach **(359)** als überzählige Größen vermieden.

b) Rechenvorschrift bei Rückwärtselimination des Ansatzes. Reduzierte Matrix (S. 234).

Die Hauptglieder der reduzierten Matrix ergeben sich mit $k = (n-1)\ldots 1$ aus

$$\delta_{kk}^{(n-k)} = \delta_{kk} - \frac{\delta_{k(k+1)}^2}{\delta_{(k+1)(k+1)}^{(n-k-1)}}\,,\ \ldots \quad \text{und} \quad \delta_{11}^{(n-1)} = \delta_{11} - \frac{\delta_{12}^2}{\delta_{22}^{(n-2)}}\,,$$

die Belastungsglieder aus

$$\delta_{k0}^{(n-k)} = \delta_{k0} - \delta_{(k+1)0}^{(n-k-1)}\,\frac{\delta_{(k+1)k}}{\delta_{(k+1)(k+1)}^{(n-k-1)}}\,. \tag{400}$$

Damit wird

$$X_1 = \frac{\delta_{10}^{(n-1)}}{\delta_{11}^{(n-1)}}\,. \tag{401}$$

Alle anderen überzähligen Größen werden durch Rekursion aus der reduzierten Matrix bestimmt.

Die konjugierte Matrix.

Die Belastungszahlen werden der Reihe nach $\delta_{10}^{(n-1)} = \delta_{10} = 1$, $\delta_{20}^{(n-2)} = \delta_{20} = 1$ usw., während alle übrigen Null sind. Die Eliminationskoeffizienten

$$\varkappa_{21}\ldots\varkappa_{32}\ldots\varkappa_{k(k-1)}\ldots\varkappa_{n(n-1)}$$

sind nach der reduzierten Matrix wiederum Kennbeziehungen zwischen zwei aufeinanderfolgenden überzähligen Größen aufsteigender Richtung X_{k-1}, X_k des homogenen Ansatzes mit $\delta_{10} = 1$.

$$\begin{aligned}
&-\frac{X_n}{X_{n-1}} = \frac{\delta_{n(n-1)}}{\delta_{nn}} = \varkappa_{n(n-1)}\,; \quad -\frac{X_{n-1}}{X_{n-2}} = \frac{\delta_{(n-1)(n-2)}}{\delta_{(n-1)(n-1)}^{(1)}} = \frac{\delta_{(n-1)(n-2)}}{\delta_{(n-1)(n-1)} - \delta_{(n-1)n}\cdot\varkappa_{n(n-1)}} = \varkappa_{(n-1)(n-2)}\\
&\cdots\cdots\cdots\cdots\cdots\cdots\cdots\cdots\cdots\cdots\\
&-\frac{X_k}{X_{k-1}} = \frac{\delta_{k(k-1)}}{\delta_{kk}^{(n-k)}} = \frac{\delta_{k(k-1)}}{\delta_{kk} - \delta_{k(k+1)}\,\varkappa_{(k+1)k}} = \varkappa_{k(k-1)}\\
&\cdots\cdots\cdots\cdots\cdots\cdots\cdots\cdots\cdots\cdots\\
&-\frac{X_2}{X_1} = \frac{\delta_{21}}{\delta_{22}^{(n-2)}} = \frac{\delta_{21}}{\delta_{22} - \delta_{23}\,\varkappa_{32}} = \varkappa_{21}\,.
\end{aligned} \tag{402}$$

Reduzierte Matrix bei Rückwärtselimination des Ansatzes.

X_1	X_2		X_{k-2}	X_{k-1}	X_k		X_{n-2}	X_{n-1}	X_n		
$\delta_{11}^{(n-1)}$											$\delta_{10}^{(n-1)}$
δ_{21}	$\delta_{22}^{(n-2)}$									$\varkappa_{21}$	$\delta_{20}^{(n-2)}$
			$\delta_{(k-1)(k-2)}$	$\delta_{(k-1)(k-1)}^{(n-k+1)}$						$\varkappa_{(k-1)(k-2)}$	$\delta_{(k-1)0}^{(n-k+1)}$
				$\delta_{k(k-1)}$	$\delta_{kk}^{(n-k)}$					$\varkappa_{k(k-1)}$	$\delta_{k0}^{(n-k)}$
							$\delta_{(n-1)(n-2)}$	$\delta_{(n-1)(n-1)}^{(1)}$		$\varkappa_{(n-1)(n-2)}$	$\delta_{(n-1)0}^{(1)}$
								$\delta_{n(n-1)}$	δ_{nn}	$\varkappa_{n(n-1)}$	δ_{n0}

(399)

Rechenvorschrift zur Bildung der konjugierten Matrix (S. 235).

	$-\varkappa_{21}$	$-\varkappa_{32}$			$-\varkappa_{k(k-1)}$	$-\varkappa_{(k+1)k}$			$-\varkappa_{n(n-1)}$	
β_{11}	β_{12}	β_{13}		$\beta_{1(k-1)}$	β_{1k}	$\beta_{1(k+1)}$		$\beta_{1(n-1)}$	β_{1n}	$-\varkappa_{12}$
	β_{22}	β_{23}		$\beta_{2(k-1)}$	β_{2k}	$\beta_{2(k+1)}$		$\beta_{2(n-1)}$	β_{2n}	$-\varkappa_{23}$
		β_{33}		$\beta_{3(k-1)}$	β_{3k}	$\beta_{3(k+1)}$		$\beta_{3(n-1)}$	β_{3n}	
				$\beta_{(k-1)(k-1)}$	$\beta_{(k-1)k}$	$\beta_{(k-1)(k+1)}$		$\beta_{(k-1)(n-1)}$	$\beta_{(k-1)n}$	$-\varkappa_{(k-1)k}$
					β_{kk}	$\beta_{k(k+1)}$		$\beta_{k(n-1)}$	β_{kn}	$-\varkappa_{k(k+1)}$
						$\beta_{(k+1)(k+1)}$		$\beta_{(k+1)(k-1)}$	$\beta_{(k+1)n}$	
								$\beta_{(n-1)(n-1)}$	$\beta_{(n-1)n}$	$-\varkappa_{(n-1)n}$
									β_{nn}	

(408)

Daher kann auch β_{11} aus der Matrix der Elastizitätsgleichungen als Kettenbruch angeschrieben werden. Er enthält die Formänderungen $\delta_{kk}^{(n-k)}$ und die Kennziffern $\varkappa_{k(k-1)}$

$$\beta_{11} = \frac{1}{\delta_{11} - \delta_{12}\varkappa_{21}} = \frac{1}{\delta_{11} - \delta_{12}\dfrac{\delta_{21}}{\delta_{22}^{(n-2)}}} = \frac{1}{\delta_{11} - \delta_{12}\dfrac{\delta_{21}}{\delta_{22} - \delta_{23}\varkappa_{32}}}\,. \tag{403}$$

$$\beta_{11} = \cfrac{1}{\delta_{11} - \delta_{12}\cfrac{\delta_{21}}{\delta_{22} - \delta_{23}\cfrac{\delta_{32}}{\delta_{33} - \cdots - \delta_{(n-2)(n-1)}\cfrac{\delta_{(n-1)(n-2)}}{\delta_{(n-1)(n-1)} - \delta_{(n-1)n}\cfrac{\delta_{n(n-1)}}{\delta_{nn}}}}}} \tag{404}$$

$$\varkappa_{21} \qquad \varkappa_{32} \qquad \varkappa_{(n-1)(n-2)} \qquad \varkappa_{n(n-1)}$$

$$\delta_{11}^{(n-1)} \qquad \delta_{22}^{(n-2)} \qquad \delta_{33}^{(n-3)} \qquad \delta_{(n-1)(n-1)}^{(1)} \qquad \delta_{nn}^{(0)}$$

Die Vorzahlen $\beta_{21} \ldots \beta_{k1} \ldots \beta_{n1}$ werden durch Rekursion mit den Kennziffern $\varkappa_{k(k-1)}$ bestimmt. Die Vorzahl β_{22} entsteht aus $\delta_{20} = 1$ mit $\beta_{12} = \beta_{21}$ und der Gl. (402)

$$\beta_{12}\delta_{21} + \beta_{22}\delta_{22}^{(n-2)} = 1\,; \qquad \beta_{22} = \frac{1}{\delta_{22}^{(n-2)}} - \beta_{21}\varkappa_{21}\,. \tag{405}$$

Die Vorzahlen $\beta_{32} \ldots \beta_{k2} \ldots \beta_{n2}$ sind dann wieder durch Rekursion bestimmt. Zuletzt wird β_{nn} erhalten.

c) Gleichzeitige Verwendung der Kennbeziehungen aus Vorwärts- und Rückwärtselimination. Die Zwischenwerte der Rückwärtselimination zur Bildung der Vorzahl β_{11}, mit der zunächst nur die aus der Vorwärtselimination (394) gewonnene konjugierte Matrix nachgeprüft wird, dienen zu einer einfachen Berechnung der Hauptglieder der konjugierten Matrix. Sind β_{nn}, $\beta_{(n-1)n}$ usw. durch Vorwärtselimination bekannt, so wird aus Gleichung n der reduzierten Matrix der Rückwärtselimation und mit $\delta_{(n-1)0} = 1$

$$\left.\begin{aligned} &\beta_{(n-1)(n-1)}\delta_{n(n-1)} + \beta_{n(n-1)}\delta_{nn} = 0\,.\\ &\beta_{(n-1)(n-1)} = -\frac{\delta_{nn}}{\delta_{n(n-1)}}\beta_{n(n-1)} = -\frac{1}{\varkappa_{n(n-1)}}\beta_{(n-1)n}\,.\end{aligned}\right\} \tag{406}$$

In ähnlicher Weise wird β_{kk} für $\delta_{k0} = 1$ aus der Gleichung $(k+1)$ der reduzierten Matrix gefunden.

$$\left.\begin{aligned} &\beta_{kk}\delta_{(k+1)k} + \beta_{(k+1)k}\delta_{(k+1)(k+1)}^{(n-k-1)} = 0\,.\\ &\beta_{kk} = -\beta_{(k+1)k}\frac{\delta_{(k+1)(k+1)}^{(n-k-1)}}{\delta_{(k+1)k}} = -\frac{1}{\varkappa_{(k+1)k}}\beta_{k(k+1)}\,.\end{aligned}\right\} \tag{407}$$

Diese Beziehungen können an Stelle von (397)oder zu deren Nachprüfung als Zwischenkontrollen verwendet werden.

Die konjugierte Matrix eines dreigliedrigen Ansatzes wird hiernach am einfachsten mit der Entwicklung von β_{nn} und β_{11} in Gestalt zweier Kettenbrüche begonnen. Damit sind die Kennzahlen $\varkappa_{(k-1)k}$, $\varkappa_{k(k-1)}$ bestimmt, mit denen die übrigen Vorzahlen nach (392 u. 402) durch einfache Rekursion gefunden werden. Die Ansätze (397) dienen als Zwischenprüfung.

Die Rechenvorschrift wird in einer Tabelle S. 234 zusammengefaßt. Die Pfeile zeigen die Richtung an, in der die Vorzahlen der konjugierten Matrix durch Multiplikation einer Zeile oder Spalte mit einer dazwischenstehenden negativen Kennzahl $\varkappa_{(k-1)k}$, $\varkappa_{k(k-1)}$ entstehen. Daher kann das Hauptglied β_{kk}, verglichen mit der Rekursion nach S. 233, durch Multiplikation von $\beta_{k(k+1)}$ mit $-1/\varkappa_{(k+1)k}$ berechnet werden.

Eine mittlere Vorzahl β_{kk} der Hauptdiagonale kann auch aus der Gleichung (k) des Ansatzes (399) mit $\delta_{k0} = 1$ in Verbindung mit den beiden Kennbeziehungen

$$-\frac{X_{k-1}}{X_k} = \varkappa_{(k-1)k} \quad \text{und} \quad -\frac{X_{k+1}}{X_k} = \varkappa_{(k+1)k} \tag{409}$$

unmittelbar berechnet werden:

$$\beta_{kk} = \frac{1}{-\varkappa_{(k-1)k}\,\delta_{k(k-1)} + \delta_{kk} - \varkappa_{(k+1)k}\,\delta_{k(k+1)}}. \tag{410}$$

Anwendung auf die Lösung eines Ansatzes mit sechs Gleichungen.

1. Elastizitätsgleichungen:

	X_1	X_2	X_3	X_4	X_5	X_6	
1	δ_{11}	δ_{12}					δ_{10}
2	δ_{21}	δ_{22}	δ_{23}				δ_{20}
3		δ_{32}	δ_{33}	δ_{34}			δ_{30}
4			δ_{43}	δ_{44}	δ_{45}		δ_{40}
5				δ_{54}	δ_{55}	δ_{56}	δ_{50}
6					δ_{65}	δ_{66}	δ_{60}

2. Vorwärtselimination nach dem abgekürzten Gaußschen Algorithmus (381):

	X_1	X_2	X_3	X_4	X_5	X_6			
1	δ_{11}	δ_{12}					$\varkappa_{12}$	$\delta_{1\Sigma}$	δ_{10}
	(δ_{21})	δ_{22} $-\varkappa_{12}\delta_{12}$	δ_{23}					$\delta_{2\Sigma}$ $-\varkappa_{12}\delta_{1\Sigma}$	δ_{20} $-\varkappa_{12}\delta_{10}$
$2^{(1)}$	·	$\delta_{22}^{(1)}$	δ_{23}				$\varkappa_{23}$	$\delta_{2\Sigma}^{(1)}$	$\delta_{20}^{(1)}$
		(δ_{32})	δ_{33} $-\varkappa_{23}\delta_{23}$	δ_{34}				$\delta_{3\Sigma}$ $-\varkappa_{23}\delta_{2\Sigma}^{(1)}$	δ_{30} $-\varkappa_{23}\delta_{20}^{(1)}$
$3^{(2)}$			$\delta_{33}^{(2)}$	δ_{34}			$\varkappa_{34}$	$\delta_{3\Sigma}^{(2)}$	$\delta_{30}^{(2)}$
			(δ_{43})	δ_{44} $-\varkappa_{34}\delta_{34}$	δ_{45}			$\delta_{4\Sigma}$ $-\varkappa_{34}\delta_{3\Sigma}^{(2)}$	δ_{40} $-\varkappa_{34}\delta_{30}^{(2)}$
$4^{(3)}$				$\delta_{44}^{(3)}$	δ_{45}		$\varkappa_{45}$	$\delta_{4\Sigma}^{(3)}$	$\delta_{40}^{(3)}$
				(δ_{54})	δ_{55} $-\varkappa_{45}\delta_{45}$	δ_{56}		$\delta_{5\Sigma}$ $-\varkappa_{45}\delta_{4\Sigma}^{(3)}$	δ_{50} $-\varkappa_{45}\delta_{40}^{(3)}$
$5^{(4)}$					$\delta_{55}^{(4)}$	δ_{56}	$\varkappa_{56}$	$\delta_{5\Sigma}^{(4)}$	$\delta_{50}^{(4)}$
					(δ_{65})	δ_{66} $-\varkappa_{56}\delta_{56}$		$\delta_{6\Sigma}$ $-\varkappa_{56}\delta_{5\Sigma}^{(4)}$	δ_{60} $-\varkappa_{56}\delta_{50}^{(4)}$
$6^{(5)}$						$\delta_{66}^{(5)}$		$\delta_{6\Sigma}^{(5)}$	$\delta_{60}^{(5)}$

$$X_6 = \frac{\delta_{60}^{(5)}}{\delta_{66}^{(5)}}; \qquad \delta_{60} = \delta_{60}^{(5)} = 1: \qquad X_6 = \beta_{66}.$$

Die anderen überzähligen Größen X_k oder β_{kk} entstehen durch Rekursion.

3. Vorwärts- und Rückwärtselimination als Kettenbruch. a) Kettenbruch zur Vorwärtselimination.

$\varkappa_{56}$ $\quad \varkappa_{45}$ $\quad \varkappa_{34}$ $\quad \varkappa_{23}$ $\quad \varkappa_{12}$

$$\beta_{66} = \frac{1}{\delta_{66}^{(5)}} = \cfrac{1}{\delta_{66} - \delta_{56}\cfrac{\delta_{65}}{\delta_{55} - \delta_{45}\cfrac{\delta_{54}}{\delta_{44} - \delta_{34}\cfrac{\delta_{43}}{\delta_{33} - \delta_{23}\cfrac{\delta_{32}}{\delta_{22} - \delta_{12}\cfrac{\delta_{21}}{\delta_{11}}}}}}}$$

$\delta_{66}^{(5)}$ $\quad \delta_{55}^{(4)}$ $\quad \delta_{44}^{(3)}$ $\quad \delta_{33}^{(2)}$ $\quad \delta_{22}^{(1)}$ $\quad \delta_{11}^{(0)}$

Die Zahlenrechnung liefert der Reihe nach die Kennbeziehungen

$$\varkappa_{12} = \frac{\delta_{21}}{\delta_{11}}; \quad \varkappa_{23} = \frac{\delta_{32}}{\delta_{22}^{(1)}}; \quad \varkappa_{34} = \frac{\delta_{43}}{\delta_{33}^{(2)}}; \quad \varkappa_{45} = \frac{\delta_{54}}{\delta_{44}^{(3)}}; \quad \varkappa_{56} = \frac{\delta_{65}}{\delta_{55}^{(4)}}$$

und die Hauptglieder $\delta_{22}^{(1)} \ldots \delta_{66}^{(5)}$ der reduzierten Matrix zur Vorwärtselimination. Die Belastungszahlen werden für jeden Belastungsfall nach (389) berechnet.

$$\delta_{k0}^{(k-1)} = \delta_{k0} - \delta_{(k-1)0}^{(k-2)}\, \varkappa_{(k-1)k}\,.$$

Reduzierte Matrix zur Vorwärtselimination.

	X_1	X_2	X_3	X_4	X_5	X_6		
1	δ_{11}	δ_{12}					$\varkappa_{12}$	δ_{10}
$2^{(1)}$		$\delta_{22}^{(1)}$	δ_{23}				$\varkappa_{23}$	$\delta_{20}^{(1)}$
$3^{(2)}$			$\delta_{33}^{(2)}$	δ_{34}			$\varkappa_{34}$	$\delta_{30}^{(2)}$
$4^{(3)}$				$\delta_{44}^{(3)}$	δ_{45}		$\varkappa_{45}$	$\delta_{40}^{(3)}$
$5^{(4)}$					$\delta_{55}^{(4)}$	δ_{56}	$\varkappa_{56}$	$\delta_{50}^{(4)}$
$6^{(5)}$						$\delta_{66}^{(5)}$		$\delta_{60}^{(5)}$

(411)

Darnach wird für jeden Belastungsfall zuerst X_6 bestimmt. Die anderen überzähligen Größen $X_5 \ldots X_1$ ergeben sich durch Rekursion.

b) Kettenbruch zur Rückwärtselimination.

$\varkappa_{21}$ $\quad \varkappa_{32}$ $\quad \varkappa_{43}$ $\quad \varkappa_{54}$ $\quad \varkappa_{65}$

$$\beta_{11} = \frac{1}{\delta_{11}^{(5)}} = \cfrac{1}{\delta_{11} - \delta_{21}\cfrac{\delta_{12}}{\delta_{22} - \delta_{32}\cfrac{\delta_{23}}{\delta_{33} - \delta_{43}\cfrac{\delta_{34}}{\delta_{44} - \delta_{54}\cfrac{\delta_{45}}{\delta_{55} - \delta_{65}\cfrac{\delta_{56}}{\delta_{66}}}}}}}$$

$\delta_{11}^{(5)}$ $\quad \delta_{22}^{(4)}$ $\quad \delta_{33}^{(3)}$ $\quad \delta_{44}^{(2)}$ $\quad \delta_{55}^{(1)}$ $\quad \delta_{66}^{(0)}$

Die Zahlenrechnung liefert der Reihe nach die Kennbeziehungen

$$\varkappa_{65} = \frac{\delta_{56}}{\delta_{66}}; \qquad \varkappa_{54} = \frac{\delta_{45}}{\delta_{55}^{(1)}}; \qquad \varkappa_{43} = \frac{\delta_{34}}{\delta_{44}^{(2)}}; \qquad \varkappa_{32} = \frac{\delta_{23}}{\delta_{33}^{(3)}}; \qquad \varkappa_{21} = \frac{\delta_{12}}{\delta_{22}^{(4)}}$$

und die Hauptglieder $\delta_{55}^{(1)} \ldots \delta_{11}^{(5)}$ der reduzierten Matrix zur abgekürzten Rückwärtselimination. Die Belastungszahlen sind nach (400)

$$\delta_{k0}^{(n-k)} = \delta_{k0} - \varkappa_{(k+1)k}\, \delta_{(k+1)0}^{(n-k-1)}.$$

Reduzierte Matrix zur Rückwärtselimination.

	X_1	X_2	X_3	X_4	X_5	X_6		
$1^{(5)}$	$\delta_{11}^{(5)}$							$\delta_{10}^{(5)}$
$2^{(4)}$	δ_{21}	$\delta_{22}^{(4)}$					$\varkappa_{21}$	$\delta_{20}^{(4)}$
$3^{(3)}$		δ_{32}	$\delta_{33}^{(3)}$				$\varkappa_{32}$	$\delta_{30}^{(3)}$
$4^{(2)}$			δ_{43}	$\delta_{44}^{(2)}$			$\varkappa_{43}$	$\delta_{40}^{(2)}$
$5^{(1)}$				δ_{54}	$\delta_{55}^{(1)}$		$\varkappa_{54}$	$\delta_{50}^{(1)}$
6					δ_{65}	δ_{66}	$\varkappa_{65}$	δ_{60}

Der Ansatz liefert für jede Belastung zuerst X_1. Damit sind die anderen statisch überzähligen Größen $X_2 \ldots X_6$ durch Rekursion bestimmt.

4. Konjugierte Matrix. Die konjugierte Matrix kann aus einem der beiden Kettenbrüche entwickelt werden. Bei Vorwärtselimination entsteht β_{66} und $\varkappa_{56} \ldots \varkappa_{12}$. Die Gleichung $5^{(4)}$ der reduzierten Matrix (411) liefert mit $\beta_{65} = \beta_{56}$

$$\beta_{55}\,\delta_{55}^{(4)} + \beta_{65}\,\delta_{56} = 1; \qquad \beta_{55} = \frac{1 - \beta_{56}\,\delta_{56}}{\delta_{55}^{(4)}} = \frac{1}{\delta_{55}^{(4)}} - \beta_{56}\,\varkappa_{56}.$$

Die Vorzahlen $\beta_{45} \ldots \beta_{15}$ ergeben sich wieder durch Multiplikation mit $-\varkappa_{45}$ usw., die übrigen Vorzahlen in ähnlicher Weise.

$$\beta_{44} = \frac{1 - \beta_{45}\,\delta_{45}}{\delta_{44}^{(3)}} = \frac{1}{\delta_{44}^{(3)}} - \beta_{45}\,\varkappa_{45}, \quad \beta_{34}, \quad \beta_{24}, \quad \beta_{14},$$

$$\beta_{11} = \frac{1 - \beta_{12}\,\delta_{12}}{\delta_{11}} = \frac{1}{\delta_{11}} - \beta_{12}\,\varkappa_{12}.$$

Konjugierte Matrix aus

Vorwärtselimination und Rekursion.

$\longrightarrow - \varkappa_{21} - \varkappa_{32} - \varkappa_{43} - \varkappa_{54} - \varkappa_{65} \longrightarrow$

X_1	β_{11}	β_{12}	β_{13}	β_{14}	β_{15}	β_{16}	$\uparrow$
X_2		β_{22}	β_{23}	β_{24}	β_{25}	β_{26}	$-\varkappa_{12}$
X_3			β_{33}	β_{34}	β_{35}	β_{36}	$-\varkappa_{23}$
X_4				β_{44}	β_{45}	β_{46}	$-\varkappa_{34}$
X_5					β_{55}	β_{56}	$-\varkappa_{45}$
X_6						β_{66}	$-\varkappa_{56}$
	δ_{10}	δ_{20}	δ_{30}	δ_{40}	δ_{50}	δ_{60}	

Rückwärtselimination und Rekursion.

$\downarrow$	δ_{10}	δ_{20}	δ_{30}	δ_{40}	δ_{50}	δ_{60}	
	β_{11}						X_1
$-\varkappa_{21}$	β_{21}	β_{22}					X_2
$-\varkappa_{32}$	β_{31}	β_{32}	β_{33}				X_3
$-\varkappa_{43}$	β_{41}	β_{42}	β_{43}	β_{44}			X_4
$-\varkappa_{54}$	β_{51}	β_{52}	β_{53}	β_{54}	β_{55}		X_5
$-\varkappa_{65}$	β_{61}	β_{62}	β_{63}	β_{64}	β_{65}	β_{66}	X_6

$\longleftarrow - \varkappa_{12} - \varkappa_{23} - \varkappa_{34} - \varkappa_{45} - \varkappa_{56} \longleftarrow$

Die Berechnung der konjugierten Matrix ist bei Verwendung der Zwischenwerte

$\varkappa_{(k-1)k}$ und $\varkappa_{k(k-1)}$ beider Kettenbrüche kürzer. Die Rekursion mit β_{66} der Vorwärtselimination verwendet die Beziehungen

$$\beta_{55} = -\frac{1}{\varkappa_{65}}\beta_{56}, \ldots, \quad \beta_{11} = -\frac{1}{\varkappa_{21}}\beta_{12},$$

die Rekursion mit β_{11} der Rückwärtselimination die Beziehungen

$$\beta_{22} = -\frac{1}{\varkappa_{12}}\beta_{21}, \ldots, \quad \beta_{66} = -\frac{1}{\varkappa_{56}}\beta_{65}.$$

Die Pfeilrichtungen sind wiederum die Anweisung (S. 235) für die Berechnung der Vorzahlen β_{ik} mit den Kennbeziehungen $\varkappa_{(k-1)k}, \varkappa_{k(k-1)}$.

Zur Berechnung der überzähligen Größen X_k für einen beliebigen Belastungsfall $\delta_{1\otimes} \ldots \delta_{6\otimes}$ durch Superposition nach (369) genügt ebenso wie für die Einflußlinie X_k einer der beiden Ansätze, da nach S. 166 $\beta_{ik} = \beta_{ki}$.

$$X_k = \sum_{i=1}^{i=6} \beta_{ki}\,\delta_{i\otimes}, \qquad (k = 1 \ldots 6). \tag{412}$$

d) Ausgezeichnete Belastung mit ein oder zwei Belastungszahlen. Der Sonderfall $\delta_{k0} \neq 0$, $\delta_{i0} = 0$ $(i = 1 \ldots k-1, k+1 \ldots n)$ gestattet folgende Umformung der Gleichung (k) der Matrix:

$$X_k(-\varkappa_{(k-1)k}\delta_{(k-1)k} + \delta_{kk} - \varkappa_{(k+1)k}\delta_{k(k+1)}) = \delta_{k0},$$

$$X_k = \frac{\delta_{k0}}{-\varkappa_{(k-1)k}\delta_{(k-1)k} + \delta_{kk} - \varkappa_{(k+1)k}\delta_{(k+1)k}}, \tag{413}$$

$$\left.\begin{aligned} X_{k-1} &= -\varkappa_{(k-1)k}X_k, \ldots X_1 = -\varkappa_{12}X_2, \\ X_{k+1} &= -\varkappa_{(k+1)k}X_k, \ldots X_n = -\varkappa_{n(n-1)}X_{n-1}. \end{aligned}\right\} \tag{414}$$

Sind bei der Belastung des Hauptsystems nur zwei Belastungszahlen $\delta_{(k-1)0}$, δ_{k0} von Null verschieden, so können die zugeordneten Verträglichkeitsbedingungen des Ansatzes

$$\left.\begin{aligned} (k-1)&: \quad X_{k-2}\delta_{(k-1)(k-2)} + X_{k-1}\delta_{(k-1)(k-1)} + X_k\delta_{(k-1)k} = \delta_{(k-1)0}, \\ (k)&: \quad + X_{k-1}\delta_{k(k-1)} + X_k\delta_{kk} + X_{k+1}\delta_{k(k+1)} = \delta_{k0}, \end{aligned}\right\} \tag{415}$$

mit

$$X_{k-2} = -X_{k-1}\varkappa_{(k-2)(k-1)}; \qquad X_{k+1} = -X_k\varkappa_{(k+1)k}$$

in zwei Gleichungen mit zwei Unbekannten angeschrieben werden.

$$X_{k-1}(\delta_{(k-1)(k-1)} - \delta_{(k-1)(k-2)}\varkappa_{(k-2)(k-1)}) + X_k\delta_{(k-1)k} = \delta_{(k-1)0},$$

$$X_{k-1}\delta_{k(k-1)} + X_k(\delta_{kk} - \delta_{k(k+1)}\varkappa_{(k+1)k}) = \delta_{k0}.$$

Hieraus wird nach Division mit $\delta_{(k-1)k}$ in Verbindung mit (392) und (402)

$$\left.\begin{aligned} \frac{X_{k-1}}{\varkappa_{(k-1)k}} + X_k &= \frac{\delta_{(k-1)0}}{\delta_{(k-1)k}} = R_{(k-1)k}, \\ X_{k-1} + \frac{X_k}{\varkappa_{k(k-1)}} &= \frac{\delta_{k0}}{\delta_{k(k-1)}} = R_{kk}. \end{aligned}\right\} \tag{416}$$

Die Glieder der rechten Seite sind Quotienten bekannter Verschiebungen des Hauptsystems. Sie besitzen durch das Gleichheitszeichen dieselbe mechanische Bedeutung wie die überzähligen Größen X_k.

$$X_{k-1} = \frac{R_{(k-1)k}\dfrac{1}{\varkappa_{k(k-1)}} - R_{kk}}{\dfrac{1}{\varkappa_{(k-1)k}}\dfrac{1}{\varkappa_{k(k-1)}} - 1}; \qquad X_k = \frac{R_{kk}\dfrac{1}{\varkappa_{(k-1)k}} - R_{(k-1)k}}{\dfrac{1}{\varkappa_{(k-1)k}}\dfrac{1}{\varkappa_{k(k-1)}} - 1}. \tag{417}$$

Die Schnittkräfte $X_{k-2} \ldots X_1$ werden mit den Kennzahlen $\varkappa_{(k-2)(k-1)} \ldots \varkappa_{12}$, die Schnittkräfte $X_{k+1} \ldots X_n$ mit den Kennzahlen $\varkappa_{(k+1)k} \ldots \varkappa_{n(n-1)}$ bestimmt.

Die Lösung des Ansatzes kann auch bei einer beliebigen Anzahl von Belastungsgliedern nach deren Aufteilung in Gruppen zu zweien verwendet werden. Das endgültige Ergebnis entsteht durch Superposition der Teilergebnisse.

Durchgehender Träger zur Abstützung eines Ausziehgleises:

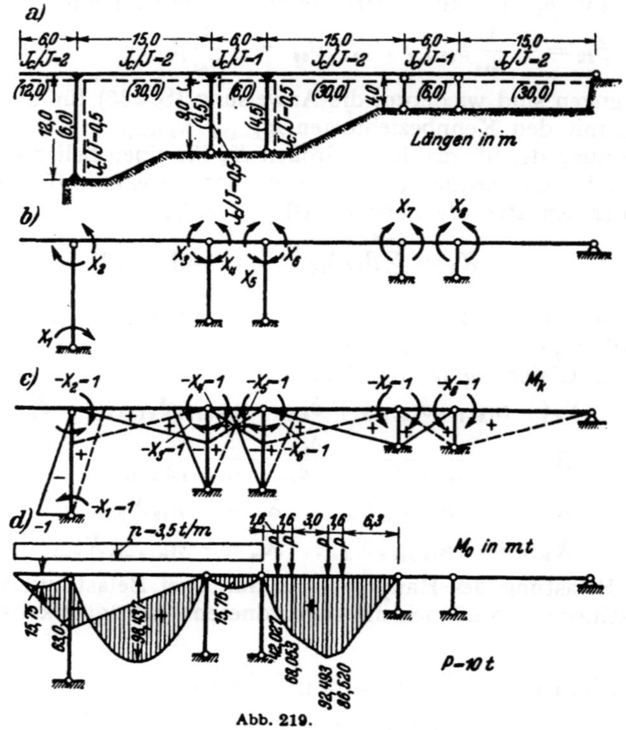

Abb. 219.

1. **Geometrische Grundlagen.** Abmessungen, Verhältniszahlen J_c/J, reduzierte Längen l'_h (Abb. 219a).
2. **Belastung.** Lastenzug nach Abb. 219d.
3. **Hauptsystem.** Die Reihe der Balkenträger nach Abb. 219b, Momente M_k aus $-X_k = 1$ (Abb. 219c); Momente M_0 aus der Belastung (Abb. 219d).
4. **Matrix der Bedingungsgleichungen.**

	X_1	X_2	X_3	X_4	X_5	X_6	X_7	X_8	(δ_{k0})
(1)	2,0	− 1,0	—	—	—	—	—	—	0,00
(2)	− 1,0	12,0	+ 5,0	—	—	—	—	—	354,37
(3)	—	+ 5,0	11,5	− 1,5	—	—	—	—	669,37
(4)	—	—	− 1,5	3,5	+ 1,0	—	—	—	31,50
(5)	—	—	—	+ 1,0	3,5	− 1,5	—	—	31,50
(6)	—	—	—	—	− 1,5	11,5	+ 5,0	—	905,06
(7)	—	—	—	—	—	+ 5,0	12,0	+ 1,0	800,72
(8)	—	—	—	—	—	—	+ 1,0	12,0	0,00

5a) **Auflösung des Ansatzes unter Verwendung von Kettenbrüchen.**

α) Vorwärtselimination mit Kettenbruch:

$$= \cfrac{1}{12{,}0 - 1{,}0 \cdot \cfrac{1{,}0}{12{,}0 - 5{,}0 \cdot \cfrac{5{,}0}{11{,}5 + 1{,}5 \cdot \cfrac{-1{,}5}{3{,}5 - 1{,}0 \cdot \cfrac{1{,}0}{3{,}5 + 1{,}5 \cdot \cfrac{-1{,}5}{11{,}5 - 5{,}0 \cdot \cfrac{5{,}0}{12{,}0 + 1{,}0 \cdot \cfrac{-1{,}0}{2{,}0}}}}}}}}$$

(oben: $\varkappa_{78}$, $\varkappa_{67}$, $\varkappa_{56}$, $\varkappa_{45}$, $\varkappa_{34}$, $\varkappa_{23}$, $\varkappa_{12}$; unten: $\delta_{88}^{(7)}$, $\delta_{77}^{(6)}$, $\delta_{66}^{(5)}$, $\delta_{55}^{(4)}$, $\delta_{44}^{(3)}$, $\delta_{33}^{(2)}$, $\delta_{22}^{(1)}$, $\delta_{11}^{(0)}$)

$$\varkappa_{12} = -\frac{1}{2} = -0{,}5\,, \qquad \delta_{11}^{(0)} = 2{,}0\,,$$

$$\varkappa_{23} = \frac{5{,}0}{12{,}0 - 0{,}5} = 0{,}434783\,, \qquad \delta_{22}^{(1)} = 11{,}5\,,$$

$$\varkappa_{34} = \frac{-1{,}5}{11{,}5 - 2{,}173915} = -0{,}160839\,, \qquad \delta_{33}^{(2)} = 9{,}326085\,,$$

$$\varkappa_{45} = \frac{1{,}0}{3{,}5 - 0{,}241259} = 0{,}306867\,, \qquad \delta_{44}^{(3)} = 3{,}258741\,,$$

$$\varkappa_{56} = \frac{-1{,}5}{3{,}5 - 0{,}306867} = -0{,}469758\,, \qquad \delta_{55}^{(4)} = 3{,}193133\,,$$

$$\varkappa_{67} = \frac{5{,}0}{11{,}5 - 0{,}704637} = 0{,}463162\,, \qquad \delta_{66}^{(5)} = 10{,}795363\,,$$

$$\varkappa_{78} = \frac{1{,}0}{12{,}0 - 2{,}315810} = 0{,}103261\,, \qquad \delta_{77}^{(6)} = 9{,}684190\,,$$

$$\beta_{88} = \frac{1{,}0}{12{,}0 - 0{,}103261} = 0{,}084057\,, \qquad \delta_{88}^{(7)} = 11{,}896739\,.$$

β) Rückwärtselimination mit Kettenbruch:

$$= \cfrac{1}{2{,}0 + 1{,}0 \cdot \cfrac{-1{,}0}{12{,}0 - 5{,}0 \cdot \cfrac{5{,}0}{11{,}5 + 1{,}5 \cdot \cfrac{-1{,}5}{3{,}5 - 1{,}0 \cdot \cfrac{+1{,}0}{3{,}5 + 1{,}5 \cdot \cfrac{-1{,}5}{11{,}5 - 5{,}0 \cdot \cfrac{+5{,}0}{12{,}0 - 1{,}0 \cdot \cfrac{+1{,}0}{12{,}0}}}}}}}}$$

(oben: $\varkappa_{21}$, $\varkappa_{32}$, $\varkappa_{43}$, $\varkappa_{54}$, $\varkappa_{65}$, $\varkappa_{76}$, $\varkappa_{87}$; unten: $\delta_{11}^{(7)}$, $\delta_{22}^{(6)}$, $\delta_{33}^{(5)}$, $\delta_{44}^{(4)}$, $\delta_{55}^{(3)}$, $\delta_{66}^{(2)}$, $\delta_{77}^{(1)}$, $\delta_{88}^{(0)}$)

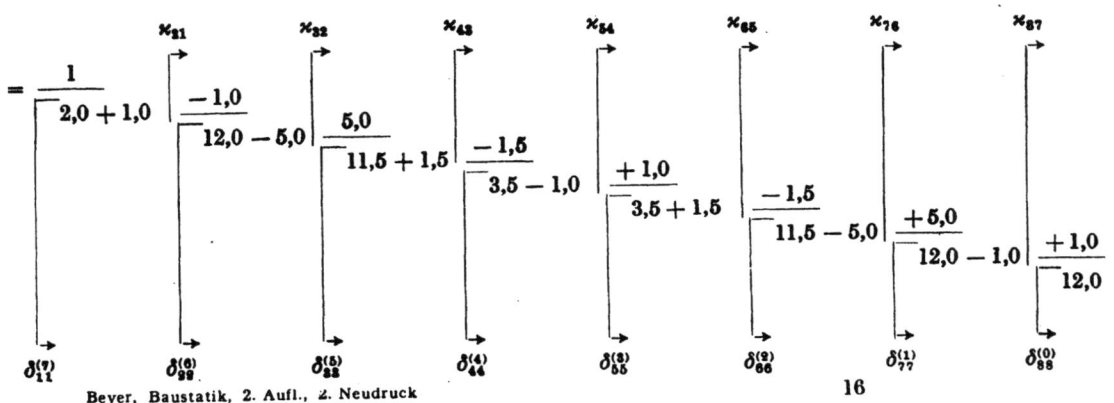

$$\varkappa_{87} = \frac{1,0}{12,0} = 0,083333, \qquad \delta_{88}^{(0)} = 12,00,$$

$$\varkappa_{76} = \frac{5,0}{12,0 - 0,083333} = 0,419580, \qquad \delta_{77}^{(1)} = 11,916667,$$

$$\varkappa_{65} = \frac{-1,5}{11,5 - 2,097900} = -0,159539, \qquad \delta_{66}^{(2)} = 9,402100,$$

$$\varkappa_{54} = \frac{1,0}{3,5 - 0,239309} = 0,306683, \qquad \delta_{55}^{(3)} = 3,260691,$$

$$\varkappa_{43} = \frac{-1,5}{3,5 - 0,306683} = -0,469731, \qquad \delta_{44}^{(4)} = 3,193317,$$

$$\varkappa_{32} = \frac{5,0}{11,5 - 0,704597} = 0,463160, \qquad \delta_{33}^{(5)} = 10,795403,$$

$$\varkappa_{21} = \frac{-1,0}{12,0 - 2,315800} = -0,103261, \qquad \delta_{22}^{(6)} = 9,684200,$$

$$\beta_{11} = \frac{1,0}{2,0 - 0,103261} = 0,527221, \qquad \delta_{11}^{(7)} = 1,896739.$$

γ) Berechnung der Vorzahlen β_{ik} der konjugierten Matrix (S. 243). Entwicklung von $\beta_{k\,(k+1)}$ aus $\beta_{(k+1)\,(k+1)}$ durch Rekursion mit den Kennbeziehungen $-\varkappa_{k\,(k+1)}$; Entwicklung von β_{kk} aus $\beta_{(k+1)\,k}$ durch Rekursion mit $-1/\varkappa_{(k+1)\,k}$. Nachprüfung von β_{kk} wegen der Fehlerempfindlichkeit mit dem Ansatz (396)

$$\beta_{kk} = 1/\delta_{kk}^{(k-1)} - \beta_{k\,(k+1)}\varkappa_{k\,(k+1)} \qquad \text{(S. 243).}$$

δ)
$$X_k = \sum_{i=1}^{i=8} \beta_{ki}\,\delta_{i0}.$$

$X_1 = +\ 2,48520$; $X_2 = +\ 4,97039$; $X_3 = +\ 59,44205$; $X_4 = +\ 26,04114$;
$X_5 = +\ 29,51865$ $X_6 = +\ 65,23799$; $X_7 = +\ 39,82042$; $X_8 = -\ 3,31856$.

ε) Die Anzahl der Multiplikationen ist durch die Einbeziehung der Belastung in die Elimination kleiner. In diesem Falle wird X_8 nach (390) mit der reduzierten Matrix der Vorwärtselimination bestimmt, deren Hauptglieder in dem Kettenbruch (5a, α) enthalten sind. Die überzähligen Größen X_7 bis X_1 ergeben sich dann durch Rekursion desselben Ansatzes. Das Ergebnis für X_1 kann mit der reduzierten Matrix der Rückwärtselimination nachgeprüft werden, deren Hauptglieder in dem Kettenbruch (5a, β) enthalten sind. Die Belastungsglieder werden in die reduzierte Matrix nach (389) oder (400) eingetragen.

Reduzierte Matrix aus der Vorwärtselimination:

	X_1	X_2	X_3	X_4	X_5	X_6	X_7	X_8	
(1)	2,0	− 1,0	—	—	—	—	—	—	0,00
(2)	—	11,5	+ 5,0	—	—	—	—	—	354,37
(3)	—	—	9,326085	− 1,5	—	—	—	—	515,30
(4)	—	—	—	3,258741	+ 1,0	—	—	—	114,38
(5)	—	—	—	—	3,193133	− 1,5	—	—	−3,00
(6)	—	—	—	—	—	10,795363	+ 5,0	—	903,37
(7)	—	—	—	—	—	—	9,684190	+ 1,0	382,31
(8)	—	—	—	—	—	—	—	11,896739	−39,48

Die Rekursion beginnt mit $X_8 = \dfrac{-39,48}{11,896739} = -3,31856$ und wird nach der Rechenvorschrift unter 5b, β entwickelt.

Zahlenrechnung: $\beta_{kk} = 1/\delta_{kk}^{(k-1)} - \beta_{k(k+1)}\varkappa_{k(k+1)}$.

$k =$	1	2	3	4	5	6	7	8
$1/\delta_{kk}^{(k-1)}$	0,500000	0,086957	0,107226	0,306864	0,313172	0,092632	0,103261	0,084057
$-\beta_{k(k+1)}\varkappa_{k(k+1)}$	0,027221	0,021926	0,008763	0,031880	0,025372	0,022344	0,000896	—
β_{kk}	0,527221	0,108883	0,115989	0,338744	0,338544	0,114976	0,104157	0,084057

Konjugierte Matrix.

→ − 0,103261 — + 0,463160 — − 0,469731 — + 0,306683 — − 0,159539 — + 0,419580 — + 0,083333 →

(1)	0,527221	+ 0,054442	− 0,025215	− 0,011844	+ 0,003633	+ 0,000580	− 0,000243	+ 0,000020
(2)		0,108883	− 0,050430	− 0,023688	+ 0,007265	+ 0,001159	− 0,000486	+ 0,000040
(3)			0,115989	+ 0,054483	− 0,016709	− 0,002666	+ 0,001118	− 0,000093
(4)				0,338744	− 0,103888	− 0,016574	+ 0,006954	− 0,000579
(5)					0,338544	+ 0,054011	− 0,022662	+ 0,001888
(6)						0,114976	− 0,048242	+ 0,004020
(7)							0,104157	− 0,008680
(8)								0,084057
($\delta_{k0} =$)	0,00	354,37	669,37	31,5	31,5	905,06	800,72	0,00

↑ − 0,500000 | + 0,434783 | − 0,160839 | + 0,306867 | − 0,469758 | + 0,463162 | + 0,103261

Vorwärtselimination nach C. F. Gauß (5b, α):

i		X_1	X_2	X_3	X_4	X_5	X_6	X_7	X_8	$\varkappa_{i(i+1)}$		
	k	1	2	3	4	5	6	7	8		Σ	0
1	δ_{1k}	2,0	− 1,0	—	—	—	—	—	—	− 0,50000	+ 1,0	+ 0,00
2	δ_{2k}	(− 1,0)	12,0	+ 5,0	—	—	—	—	—	—	+ 16,0	354,37
	$-\varkappa_{12}\delta_{1k}$		− 0,5	—	—	—	—	—	—	—	− 0,5	0,00
	$\delta_{2k}^{(1)}$		11,5	+ 5,0	—	—	—	—	—	+ 0,434783	+ 16,5	354,37
3	δ_{3k}		(+ 5,0)	11,5	− 1,5	—	—	—	—	—	+ 15,0	669,37
	$-\varkappa_{23}\delta_{2k}^{(1)}$			− 2,173915	—	—	—	—	—	—	− 7,17392	− 154,07
	$\delta_{3k}^{(2)}$			9,326085	− 1,5	—	—	—	—	− 0,160839	7,82608	515,30
4	δ_{4k}			(− 1,5)	3,5	+ 1,0	—	—	—	—	3,0	31,50
	$-\varkappa_{34}\delta_{3k}^{(2)}$				− 0,241259	—	—	—	—	—	1,25874	82,88
	$\delta_{4k}^{(3)}$				3,258741	+ 1,0	—	—	—	+ 0,306867	4,25874	114,38
5	δ_{5k}				(+ 1,0)	3,5	− 1,5	—	—	—	3,0	31,50
	$-\varkappa_{45}\delta_{4k}^{(3)}$					− 0,306867	—	—	—	—	− 1,30687	− 35,10
	$\delta_{5k}^{(4)}$					3,193133	− 1,5	—	—	− 0,469758	1,69313	− 3,60
6	δ_{6k}					(− 1,5)	11,5	+ 5,0	—	—	+ 15,0	905,06
	$-\varkappa_{56}\delta_{5k}^{(4)}$						− 0,704637	—	—	—	0,79536	− 1,69
	$\delta_{6k}^{(5)}$						10,795363	+ 5,0	—	+ 0,463162	15,79536	903,37
7	δ_{7k}						(+ 5,0)	12,0	+ 1,0	—	18,0	800,72
	$-\varkappa_{67}\delta_{6k}^{(5)}$							− 2,315810	—	—	− 7,31581	− 418,41
	$\delta_{7k}^{(6)}$							9,684190	+ 1,0	+ 0,103261	10,68419	382,31
8	δ_{8k}							(+ 1,0)	12,0	—	13,0	0,00
	$-\varkappa_{78}\delta_{7k}^{(6)}$								− 0,103261	—	− 1,10326	− 39,48
	$\delta_{8k}^{(7)}$								11,896739	—	11,89674	− 39,48

5b) Auflösung des Ansatzes unter Verwendung des abgekürzten Algorithmus nach C. F. Gauß.

Die Berechnung der Kennbeziehungen und der Hauptglieder der reduzierten Matrix ist übersichtlicher.

α) Vorwärtselimination nach S. 244.
Die Vorzahlen β_{ik} werden nach 5a, γ bestimmt.

β) Rekursion mit Rechenprobe auf gleicher Seite:

Rechenprobe: $\sum X_k \delta_{k0}^{(0)} = \sum X_k^{(k)} \cdot \delta_{k0}^{(k-1)}$,
(vgl. S. 295) 134229,5 ≈ 134229,7.

Rekursion mit Rechenprobe (5b, β):

k	$-X_{k+1}\varkappa_{k(k+1)}$	$X_k^{(k)} = \delta_{k0}^{(k-1)}/\delta_{kk}^{(k-1)}$	$\Sigma_{k0} = X_k$	$X_k \delta_{k0}^{(0)}$	$X_k^{(k)} \delta_{k0}^{(k-1)}$	k
8	—	− 3,31856	− 3,31856	0,00	131,0	8
7	+ 0,34268	+ 39,47774	+ 39,82042	31885,0	15092,7	7
6	− 18,44331	+ 83,68130	+ 65,23799	59044,3	75595,2	6
5	+ 30,64607	− 1,12742	+ 29,51865	929,8	4,1	5
4	− 9,05830	+ 35,09944	+ 26,04114	820,3	4014,7	4
3	+ 4,18843	+ 55,25362	+ 59,44205	39788,7	28472,2	3
2	− 25,84439	+ 30,81478	+ 4,97039	1761,4	10919,8	2
1	+ 2,48520	0,00	+ 2,48520	0,00	0,00	1

6. Die Schnittkräfte des Tragwerks.

Die Schnittkräfte werden nach (288) berechnet. Biegungsmomente M im vorgelegten Tragwerk für die Belastung 2 (Abb. 220).

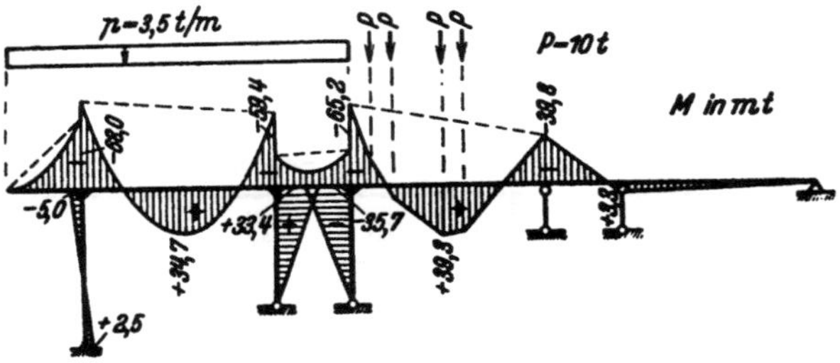

Abb. 220.

Auflösung fünf- und siebengliedriger Ansätze. Die einfache und übersichtliche Lösung eines dreigliedrigen Gleichungssatzes ist durch die unabhängige Kennbeziehung zwischen zwei aufeinanderfolgenden überzähligen Größen begründet und darf daher bei fünfgliedrigen Gleichungen nicht mehr erwartet werden. Die Untersuchung wird an einem Beispiel mit 7 überzähligen Größen $X_1 \ldots X_7$ gezeigt. Der regelmäßige Ansatz lautet:

X_1	X_2	X_3	X_4	X_5	X_6	X_7	
δ_{11}	δ_{12}	δ_{13}					δ_{10}
δ_{21}	δ_{22}	δ_{23}	δ_{24}				δ_{20}
δ_{31}	δ_{32}	δ_{33}	δ_{34}	δ_{35}			δ_{30}
	δ_{42}	δ_{43}	δ_{44}	δ_{45}	δ_{46}		δ_{40}
		δ_{53}	δ_{54}	δ_{55}	δ_{56}	δ_{57}	δ_{50}
			δ_{64}	δ_{65}	δ_{66}	δ_{67}	δ_{60}
				δ_{75}	δ_{76}	δ_{77}	δ_{70}

(418)

Vorwärtselimination nach dem Gaußschen Algorithmus (419)*.

	X_1	X_2	X_3	X_4	X_5	X_6	X_7				
1	δ_{11}	δ_{12}	δ_{13}					$\varkappa_{12}$	$\varkappa_{13}$	$\delta_{1\Sigma}$	δ_{10}
	(δ_{21})	δ_{22}	δ_{23}	δ_{24}						$\delta_{2\Sigma}$	δ_{20}
		$-\varkappa_{12}\delta_{12}$	$-\varkappa_{12}\delta_{13}$	—						$-\varkappa_{12}\delta_{1\Sigma}$	$-\varkappa_{12}\delta_{10}$
$2^{(1)}$		$\delta_{22}^{(1)}$	$\delta_{23}^{(1)}$	δ_{24}				$\varkappa_{23}$	$\varkappa_{24}$	$\delta_{2\Sigma}^{(1)}$	$\delta_{20}^{(1)}$
	(δ_{31})	(δ_{32})	δ_{33}	δ_{34}	δ_{35}					$\delta_{3\Sigma}$	δ_{30}
			$-\varkappa_{13}\delta_{13}$	—	—					$-\varkappa_{13}\delta_{1\Sigma}$	$-\varkappa_{13}\delta_{10}$
			$-\varkappa_{23}\delta_{23}^{(1)}$	$-\varkappa_{23}\delta_{24}$	—					$-\varkappa_{23}\delta_{2\Sigma}^{(1)}$	$-\varkappa_{23}\delta_{20}^{(1)}$
$3^{(2)}$			$\delta_{33}^{(2)}$	$\delta_{34}^{(2)}$	δ_{35}			$\varkappa_{34}$	$\varkappa_{35}$	$\delta_{3\Sigma}^{(2)}$	$\delta_{30}^{(2)}$
		(δ_{42})	(δ_{43})	δ_{44}	δ_{45}	δ_{46}				$\delta_{4\Sigma}$	δ_{40}
				$-\varkappa_{24}\delta_{24}$	—	—				$-\varkappa_{24}\delta_{2\Sigma}^{(1)}$	$-\varkappa_{24}\delta_{20}^{(1)}$
				$-\varkappa_{34}\delta_{34}^{(2)}$	$-\varkappa_{34}\delta_{35}$	—				$-\varkappa_{34}\delta_{3\Sigma}^{(2)}$	$-\varkappa_{34}\delta_{30}^{(2)}$
$4^{(3)}$				$\delta_{44}^{(3)}$	$\delta_{45}^{(3)}$	δ_{46}		$\varkappa_{45}$	$\varkappa_{46}$	$\delta_{4\Sigma}^{(3)}$	$\delta_{40}^{(3)}$
			(δ_{53})	(δ_{54})	δ_{55}	δ_{56}	δ_{57}			$\delta_{5\Sigma}$	δ_{50}
					$-\varkappa_{35}\delta_{35}$	—	—			$-\varkappa_{35}\delta_{3\Sigma}^{(2)}$	$-\varkappa_{35}\delta_{30}^{(2)}$
					$-\varkappa_{45}\delta_{45}^{(3)}$	$-\varkappa_{45}\delta_{46}$	—			$-\varkappa_{45}\delta_{4\Sigma}^{(3)}$	$-\varkappa_{45}\delta_{40}^{(3)}$
$5^{(4)}$					$\delta_{55}^{(4)}$	$\delta_{56}^{(4)}$	δ_{57}	$\varkappa_{56}$	$\varkappa_{57}$	$\delta_{5\Sigma}^{(4)}$	$\delta_{50}^{(4)}$
				(δ_{64})	(δ_{65})	δ_{66}	δ_{67}			$\delta_{6\Sigma}$	δ_{60}
						$-\varkappa_{46}\delta_{46}$	—			$-\varkappa_{46}\delta_{4\Sigma}^{(3)}$	$-\varkappa_{46}\delta_{40}^{(3)}$
						$-\varkappa_{56}\delta_{56}^{(4)}$	$-\varkappa_{56}\delta_{57}$			$-\varkappa_{56}\delta_{5\Sigma}^{(4)}$	$-\varkappa_{56}\delta_{50}^{(4)}$
$6^{(5)}$						$\delta_{66}^{(5)}$	$\delta_{67}^{(5)}$	$\varkappa_{67}$		$\delta_{6\Sigma}^{(5)}$	$\delta_{60}^{(5)}$
					(δ_{75})	(δ_{76})	δ_{77}			$\delta_{7\Sigma}$	δ_{70}
							$-\varkappa_{57}\delta_{57}$			$-\varkappa_{57}\delta_{5\Sigma}^{(4)}$	$-\varkappa_{57}\delta_{50}^{(4)}$
							$-\varkappa_{67}\delta_{67}^{(5)}$			$-\varkappa_{67}\varkappa_{6\Sigma}^{(5)}$	$-\varkappa_{67}\delta_{60}^{(5)}$
$7^{(6)}$							$\delta_{77}^{(6)}$			$\delta_{7\Sigma}^{(6)}$	$\delta_{70}^{(6)}$

Die Zeilen 1, $2^{(1)}$, $3^{(2)}$ ... $7^{(6)}$ bilden zusammen die reduzierte Matrix.

$$\left.\begin{aligned} X_7 &= \frac{\delta_{70}^{(6)}}{\delta_{77}^{(6)}}, \\ X_6\,\delta_{66}^{(5)} = \delta_{60}^{(5)} - X_7\,\delta_{67}^{(5)}, &\quad X_5\,\delta_{55}^{(4)} = \delta_{50}^{(4)} - X_7\,\delta_{57} - X_6\,\delta_{56}^{(4)} \text{ usw.} \end{aligned}\right\} \tag{420}$$

Der Sonderfall $\delta_{10} = \cdots = \delta_{60} = 0$, $\delta_{70} = 1$ liefert $X_7 = \beta_{77} = \frac{1}{\delta_{77}^{(6)}}$. Für die Rekursion

* Die Klammerwerte sind nur zur Erleichterung der Summenbildung $\delta_{k\Sigma}$ beigefügt.

ist eine Kennbeziehung mit je zwei Kennziffern $\varkappa_{k(k+1)}, \varkappa_{k(k+2)}$ zwischen drei aufeinanderfolgenden überzähligen Größen $k, (k+1), (k+2)$ charakteristisch.

$$\left.\begin{aligned}
&\beta_{67} = -\varkappa_{67}\beta_{77}, \quad && \beta_{57} = -\varkappa_{56}\beta_{67} - \varkappa_{57}\beta_{77}, \ldots, && \beta_{17} = -\varkappa_{12}\beta_{27} - \varkappa_{13}\beta_{37},\\
&\beta_{66} = \frac{1}{\delta_{66}^{(5)}} - \varkappa_{67}\beta_{67}, \quad && \beta_{56} = -\varkappa_{56}\beta_{66} - \varkappa_{57}\beta_{67}, \ldots, && \beta_{16} = -\varkappa_{12}\beta_{26} - \varkappa_{13}\beta_{36},\\
&\beta_{55} = \frac{1}{\delta_{55}^{(4)}} - \varkappa_{56}\beta_{56} - \varkappa_{57}\beta_{57}, \ldots && && \beta_{11} = \frac{1}{\delta_{11}} - \varkappa_{12}\beta_{12} - \varkappa_{13}\beta_{13}.
\end{aligned}\right\} \quad (421)$$

Das Ergebnis kann durch Rückwärtselimination nachgeprüft werden. Damit ist die konjugierte Matrix durch folgende Rechenvorschrift bestimmt.

	δ_{10}	δ_{20}	δ_{30}	δ_{40}	δ_{50}	δ_{60}	δ_{70}	
X_1	β_{11}	β_{12}	β_{13}	β_{14}	β_{15}	β_{16}	β_{17}	$-\varkappa_{12};\ -\varkappa_{13}$
X_2		β_{22}	β_{23}	β_{24}	β_{25}	β_{26}	β_{27}	$-\varkappa_{23};\ -\varkappa_{24}$
X_3			β_{33}	β_{34}	β_{35}	β_{36}	β_{37}	$-\varkappa_{34};\ -\varkappa_{35}$
X_4				β_{44}	β_{45}	β_{46}	β_{47}	$-\varkappa_{45};\ -\varkappa_{46}$
X_5					β_{55}	β_{56}	β_{57}	$-\varkappa_{56};\ -\varkappa_{57}$
X_6						β_{66}	β_{67}	$-\varkappa_{67}$
X_7							β_{77}	

(422)

Die Lösung eines siebengliedrigen Ansatzes erfährt keine grundsätzliche Änderung. Die folgenden Bemerkungen genügen zur Anwendung.

Matrix und reduzierte Matrix bei Vorwärtselimination (423).

X_1	X_2	X_3	X_4	X_5	X_6	X_7	
δ_{11}	δ_{12}	δ_{13}	δ_{14}				δ_{10}
δ_{21}	δ_{22}	δ_{23}	δ_{24}	δ_{25}			δ_{20}
δ_{31}	δ_{32}	δ_{33}	δ_{34}	δ_{35}	δ_{36}		δ_{30}
δ_{41}	δ_{42}	δ_{43}	δ_{44}	δ_{45}	δ_{46}	δ_{47}	δ_{40}
	δ_{52}	δ_{53}	δ_{54}	δ_{55}	δ_{56}	δ_{57}	δ_{50}
		δ_{63}	δ_{64}	δ_{65}	δ_{66}	δ_{67}	δ_{60}
			δ_{74}	δ_{75}	δ_{76}	δ_{77}	δ_{70}

δ_{11}	δ_{12}	δ_{13}	δ_{14}				δ_{10}	$\varkappa_{12}$	$\varkappa_{13}$	$\varkappa_{14}$
	$\delta_{22}^{(1)}$	$\delta_{23}^{(1)}$	$\delta_{24}^{(1)}$	δ_{25}			$\delta_{20}^{(1)}$	$\varkappa_{23}$	$\varkappa_{24}$	$\varkappa_{25}$
		$\delta_{33}^{(2)}$	$\delta_{34}^{(2)}$	$\delta_{35}^{(2)}$	δ_{36}		$\delta_{30}^{(2)}$	$\varkappa_{34}$	$\varkappa_{35}$	$\varkappa_{36}$
			$\delta_{44}^{(3)}$	$\delta_{45}^{(3)}$	$\delta_{46}^{(3)}$	δ_{47}	$\delta_{40}^{(3)}$	$\varkappa_{45}$	$\varkappa_{46}$	$\varkappa_{47}$
				$\delta_{55}^{(4)}$	$\delta_{56}^{(4)}$	$\delta_{57}^{(4)}$	$\delta_{50}^{(4)}$	$\varkappa_{56}$	$\varkappa_{57}$	
					$\delta_{66}^{(5)}$	$\delta_{67}^{(5)}$	$\delta_{60}^{(5)}$	$\varkappa_{67}$		
						$\delta_{77}^{(6)}$	$\delta_{70}^{(6)}$			

Die Berechnung von X_7 und die Rekursion sind daher für eine ausgezeichnete Belastung ebenso wie bei dem fünfgliedrigen Ansatz (419ff.) zu behandeln. Dasselbe gilt für die konjugierte Matrix. Rückwärtselimination führt zu einem ähnlichen Ergebnis.

Helmert, R.: Die Ausgleichsrechnung, 2. Aufl. Leipzig 1907. — Hertwig, A.: Die Auflösung linearer Gleichungen durch unendliche Reihen und ihre Anwendung auf die Berechnung hochgradig statisch unbestimmter Systeme. Müller-Breslau-Festschrift 1912 S. 37. — Ostenfeld, A.: Rechnerische Auflösung von fünfgliedrigen Elastizitätsgleichungen. Eisenbau 1913

S. 120. — Frandsen, P.: Rechnerische Auflösung von Clapeyronschen Gleichungen. Eisenbau 1913 S. 440. — Lewe, V.: Die Berechnung durchlaufender Träger und mehrstieliger Rahmen nach dem Verfahren des Zahlenrechtecks. Borna 1915. — Pirlet, J.: Zur Berechnung statisch unbestimmter Systeme. Eisenbau 1916 S. 139. — Lewe, V.: Die mathematisch-rechnerische Auflösung der allgemeinen sowie der drei- und fünfgliedrigen Elastizitätsgleichungen. Eisenbau 1916 S. 175. — Hertwig, A.: Einige besondere Klassen linearer Gleichungen und ihre Auflösung in der Statik der durchlaufenden Träger und der Rahmengebilde. Eisenbau 1917 S. 69. — Müller-Breslau, H.: Zur Auflösung mehrgliedriger Elastizitätsgleichungen. Eisenbau 1916 S. 111 u. 299. — Derselbe: Anwendung auf mehrfach gestützte Rahmen. Eisenbau 1917 S. 193. — Derselbe: Statik der Baukonstr. Bd. 2, I. Abt. 5. Aufl. Stuttgart 1922; II. Abt. 2. Aufl. Leipzig 1925. — Jordan, W.: Handbuch der Vermessungskunde Bd. 1, 7. Aufl. Stuttgart 1920. — Domke, O.: Dachbauten, Handbuch für Eisenbetonbau Bd. 10, 2. Aufl. Berlin 1923. — Bornemann: Rechenvorschrift zur Auflösung symmetrischer Elastizitätsgleichungen. Bautechn. 1926 S. 455. — Pasternak, P.: Berechnung vielfach statisch unbestimmter biegefester Stab- und Flächentragwerke. 1. Dreigliedrige Systeme. Zürich 1927. — Mehmke, R.: Über die zweckmäßigste Art, lineare Gleichungen aufzulösen. Z. angew. Math. Mech. 1930 S. 508. — Worch, G.: Über die zweckmäßigste Art lineare Gleichungen aufzulösen. Z. angew. Math. Mech. 1932 S. 175.

30. Auflösung der Gleichungen durch Iteration.

Die Brauchbarkeit der Wurzeln X_h, β_{hk} einer größeren Anzahl von linearen Gleichungen scheitert nicht selten an der Fehlerempfindlichkeit der Zahlenrechnung. Der Ansatz wird durch die Wurzeln nicht mehr identisch erfüllt. Um nun die Auflösung nicht mit einer größeren Anzahl von Stellen von Anfang an zu wiederholen, kann das Ergebnis als Näherung angesehen und durch Iteration verbessert werden. Dieselbe Rechnung ist unter Umständen auch bei nachträglichen Änderungen der Vorzahlen δ_{ik} nützlich. Diese können von Änderungen der Form und der Querschnittsverhältnisse des Stabzugs herrühren. Sie können sich auch durch die nachträgliche Berücksichtigung veränderlicher Trägheitsmomente und aus der Verschiebung einzelner Stabknoten ergeben haben, wenn zur Vereinfachung der Rechnung zunächst geometrische Bindungen angenommen worden sind (S. 301). Das Ergebnis der Elimination mit den angenäherten Vorzahlen wird dann als erste Näherung für den verbesserten Ansatz δ_{ik}, δ_{i0} verwendet. Auf diese Weise lassen sich unter Umständen auch Systeme mit verschiedenen Abmessungen trotz hochgradiger statischer Unbestimmtheit leicht in bezug auf ihre wirtschaftlichen Eigenschaften vergleichen.

Die Näherungsfolgen können naturgemäß auch aus beliebigen Annahmen $X_{k,0}$ für die überzähligen Schnittkräfte entwickelt werden, wenn die Konvergenz einer Iteration feststeht. Hierbei spielt die Fehlerempfindlichkeit für die endgültige Lösung keine Rolle, da selbst Rechenfehler ausgeglichen werden. Die vorgeschriebene Genauigkeit der Lösung läßt sich jedoch in diesem Falle nur durch unnötig viele Näherungsfolgen erkaufen.

Die Rechenvorschrift. In der Regel wird die schrittweise Auflösung eines linearen Ansatzes (293) von der Form

$$\sum \delta_{kh} X_h - \delta_{k0} = 0, \qquad k, h = 1\ldots n; \quad \delta_{kh} = \delta_{hk} \tag{424}$$

durch eine Näherungsfolge eingeleitet, bei der die unbekannte Schnittkraft X_k in der Hauptdiagonale der Matrix als Funktion der übrigen Glieder angegeben wird. Diese werden zunächst mit $X_{h,0}$ geschätzt.

$$X_{k,1} = -\frac{1}{\delta_{kk}}\Big(\overline{\sum_h} \delta_{kh} X_{h,0} - \delta_{k0}\Big); \qquad \left.\begin{array}{l} h = 1\ldots(k-1), (k+1)\ldots n \\ k = 1\ldots n. \end{array}\right\} \tag{425}$$

Die $\overline{\sum_h}$ enthält dabei nur diejenigen Glieder der Zeile k, deren Indizes h von k verschieden sind $(h \neq k)$. Der Ansatz konvergiert, wenn die Diagonalglieder in der Matrix der Vorzahlen groß gegenüber den Nebengliedern sind oder genauer, wenn jede der n Summen aus den Beträgen der $(n-1)$ Nebenglieder δ_{ki} einer Zeile der Matrix dividiert durch die Vorzahl δ_{kk} in der Diagonale < 1 ist. In der zweiten Näherungsfolge treten die Werte $X_{h,1}$ an die Stelle von $X_{h,0}$. Die Iteration wird so lange fortgesetzt, bis $X_{k,\nu} \approx X_{k,(\nu+1)} = X_k$.

Um jedoch in jedem Falle eine Konvergenz der Iteration zu erreichen und außerdem die Anzahl der notwendigen Näherungsfolgen zu vermindern, wird die Iteration in Einzelschritten durchgeführt. Hierbei werden die Ergebnisse $X_{1,\nu}, \ldots, X_{m,\nu}$ einer Näherungsfolge ν bereits im Ansatz für $X_{(m+1),\nu}$ derselben Näherungsfolge verwendet. Die unbekannten Schnittkräfte $X_{2,0} \ldots X_{n,0}$ der ersten Näherungsfolge werden angenommen. Dabei wird dann

$$\left.\begin{aligned}
&\delta_{11} X_{1,1} = \delta_{10} - \sum_{h=2}^{n} \delta_{1h} X_{h,0}, \qquad \delta_{22} X_{2,1} = \delta_{20} - \delta_{21} X_{1,1} - \sum_{h=3}^{n} \delta_{2h} X_{h,0},\\
&\delta_{kk} X_{k,1} = \delta_{k0} - \Big(\sum_{h=1}^{k-1} \delta_{kh} X_{h,1} + \sum_{h=k+1}^{n} \delta_{kh} X_{h,0}\Big),\\
&\delta_{nn} X_{n,1} = \delta_{n0} - \sum_{h=1}^{n-1} \delta_{nh} X_{h,1}.
\end{aligned}\right\} \tag{426}$$

Die zweite Näherungsfolge beginnt mit $\delta_{11} X_{1,2} = \delta_{10} - \sum_{2}^{n} \delta_{1h} X_{h,1}$ usw. Die Rechnung wird fortgesetzt, bis $X_{k,\nu} \approx X_{k,(\nu+1)}$ erhalten wird.

Konvergenzbeweis. Jede Gleichung (424) ist nach (314) eine partielle Ableitung der Formänderungsarbeit A_i oder einer der ihr verwandten Funktionen A_i^* oder A_i^{**}, die allgemein mit $\bar{A}_i$ bezeichnet werden. Die Formänderungsarbeit setzt sich aus dem statisch bestimmten Anteil $\bar{A}_{i,0}$ und dem Anteil aus den überzähligen Kräften X_k zusammen:

$$\bar{A}_i = \bar{A}_{i,0} + \frac{1}{2} \sum_k \sum_h \delta_{kh} X_h X_k - \sum \delta_{k0} X_k. \tag{427}$$

Sie wird zum Minimum, wenn die Spannungen mit den äußeren Kräften im Gleichgewicht sind. Diese Minimalbedingung begründet die Konvergenz der Iteration, da z. B. $X_{k,1}$ so bestimmt wird, daß die Minimalbedingung

$$-\frac{\partial \bar{A}_i}{\partial X_k} = \delta_{k0} - \sum_{1}^{k-1} \delta_{kh} X_{h,1} - \sum_{k+1}^{n} \delta_{kh} X_{h,0} - \delta_{kk} X_{k,1} = 0 \tag{428}$$

mit dem verbesserten Werte $X_{k,1}$ erfüllt ist. $X_{k,1}$ ist daher ein besserer Wert im Vergleich zu $X_{k,0}$, so daß die Näherungsfolge in jedem Falle konvergiert. Die Rechnung wird um so schneller abgeschlossen, je größer die Vorzahlen in der Diagonale der Matrix gegenüber den Nebengliedern sind, d. h. je schneller jede Zeile k nach beiden Seiten abklingt.

Die Annahmen für die $X_{k,0}$ der ersten Näherungsfolge stützen sich am besten auf Ergebnisse aus der Untersuchung geeigneter Teilsysteme. Dabei liegt es am nächsten, die Nebenglieder jeder Gleichung in der ersten Näherungsfolge Null zu setzen und damit die $X_{k,1}$ aus einfach statisch unbestimmten Systemen veränderlicher Gliederung zu berechnen. In anderen Fällen sind oft Gruppen von zwei und drei statisch unbestimmten Schnittkräften vorhanden, deren gegenseitige Abhängigkeit im Vergleich zu anderen statisch unbestimmten Schnittkräften größer ist. Das vorgelegte Stabwerk wird dann zunächst in Teilsysteme zerlegt, deren überzählige Schnittkräfte leicht berechnet werden und für die erste Näherungsfolge als Grundlage dienen. Oft kann auch bei der Iteration von den Ergebnissen mit drei- und fünfgliedrigen Elastizitätsgleichungen ausgegangen werden. Diese Annahmen sind für die Genauigkeit des Ergebnisses unwesentlich, dagegen für den Umfang der Rechnung, also durch die Anzahl der notwendigen Näherungsfolgen von Bedeutung.

Umformung des Ansatzes. Ist die konjugierte Matrix einer Näherungsrechnung mit den Zahlen $\beta_{1k} \ldots \beta_{nk}$ $(k = 1 \ldots n)$ bekannt, so kann jede Gleichung eines in bezug auf Systemgestaltung oder Rechengenauigkeit endgültigen Ansatzes mit diesen Vorzahlen erweitert werden, so daß durch Addition n Gleichungen von der folgenden Form entstehen:

$$k: \quad X_1 \sum_{h=1}^{n} (\delta_{h1}\beta_{hk}) + X_2 \sum_{h=1}^{n} (\delta_{h2}\beta_{hk}) + \cdots X_k \sum_{h=1}^{n} (\delta_{hk}\beta_{hk}) + \cdots X_n \sum_{h=1}^{n} (\delta_{hn}\beta_{hk})$$

$$= \sum_{h=1}^{n} (\delta_{h0}\beta_{hk}); \qquad k = 1 \ldots n. \tag{429}$$

Abgekürzte Schreibweise:

$$\lambda_{1,k} X_1 + \lambda_{2,k} X_2 + \cdots + \lambda_{k,k} X_k + \cdots + \lambda_{n,k} X_n = \lambda_{k,0}.$$

Da die Vorzahlen β_{hk} die Gleichungen des endgültigen Ansatzes nahezu erfüllen, so ist nach S. 223

$$\lambda_{1,k} = \sum_{h=1}^{n} \delta_{h1}\beta_{hk} \approx 0; \qquad \lambda_{k,k} = \sum_{h=1}^{n} \delta_{hk}\beta_{hk} \approx 1; \qquad \lambda_{n,k} = \sum_{h=1}^{n} \delta_{hn}\beta_{hk} \approx 0 \tag{430}$$

und damit diejenige Form eines linearen Ansatzes vorhanden, die bei der Iteration bereits mit zwei oder drei Näherungsfolgen ein genaues Ergebnis verbürgt. Die Matrix der Vorzahlen $\lambda_{i,k}$ ist jedoch, wie leicht einzusehen ist, nicht mehr zur Hauptdiagonale symmetrisch $(\lambda_{i,k} \neq \lambda_{k,i})$. Dies ist nur der Fall, wenn die Matrix der Vorzahlen δ_{ik} zur Nebendiagonale symmetrisch ist.

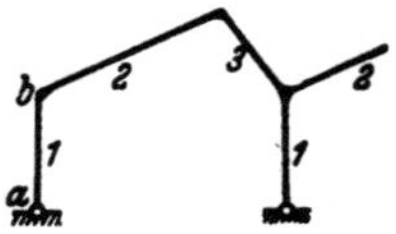

Abb. 221.

$J_c/J_{1,a} = 3{,}44$, $J_c/J_{1,b} = 0{,}6762$,
$J_c/J_1 = 1$, vgl. Tabelle 11,
$J_c/J_2 = 0{,}6762$, $\zeta_2 = 1$,
$J_c/J_3 = 0{,}8784$, $\zeta_3 = 1$.

Die Iteration in Einzelschritten wird zur Untersuchung des Sägedachbinders Abb. 215 verwendet, dessen Schnittkräfte für Eigengewicht auf S. 224f. ermittelt, dessen Stabquerschnitte jedoch nach einer wiederholten Querschnittsbemessung nach Abb. 221 festgestellt worden sind. Auf diese Weise entsteht die folgende neue Matrix der Elastizitätsgleichungen für Eigengewicht:

X_1	X_2	X_3	X_4	X_5	δ_{k0}
+ 7,6396	− 1,0321	+ 1,7063	− 4,3599	0	− 122,8500
− 1,0321	+ 14,3589	+ 1,7063	− 6,3599	0	+ 49,2637
+ 1,7063	+ 1,7063	+ 7,6396	− 1,0321	+ 6,0662	− 122,8500
− 4,3599	− 6,3599	− 1,0321	+ 14,3589	+ 8,0662	+ 49,2637
0	0	+ 6,0662	+ 8,0662	+ 24,0627	− 172,1137

Die Ausgangswerte $X_{k,0}$ der Iteration sind die Ergebnisse auf S. 229. Nach der ersten Gleichung ergibt sich mit $X_{2,0}$, $X_{3,0}$, $X_{4,0}$ und $X_{5,0}$ der Wert $X_{1,1} = -9{,}716$. Ebenso wird $X_{2,1} = +6{,}564$ aus der zweiten Gleichung mit $X_{1,1}$, $X_{3,0}$, $X_{4,0}$ und $X_{5,0}$, $X_{3,1} = -9{,}304$ aus der dritten Gleichung mit $X_{1,1}$, $X_{2,1}$, $X_{4,0}$ und $X_{5,0}$ gefunden.

Die Produktsummen werden bei Verwendung der Rechenmaschine ohne Zwischenablesung gebildet und durch δ_{kk} dividiert, so daß nur die Teilergebnisse der Näherungsfolgen aufgeschrieben werden. Um die wiederholte Division zu vermeiden, empfiehlt es sich, die Gleichungen (424) vor Beginn der Rechnung auf $\delta_{kk} = 1$ umzuformen.

Die Konvergenz der Iteration ist nach den Ergebnissen der 7. und 8. Zeile schlecht. Sie zeigt jedoch gewisse Gesetzmäßigkeiten, mit denen sich zugeordnete Glieder der Näherungsfolgen dem Endwert nähern. Diese dienen dazu, um einzelne Zeilen zu überspringen und damit die Iteration abzukürzen.

Da die konjugierte Matrix der Vorzahlen β_{ik} des Beispiels für das ursprüngliche Gleichungs-

	X_1	X_2	X_3	X_4	X_5
Ausgangswerte .	− 9,174	+ 6,011	− 8,776	+ 6,295	− 6,577
1. Iteration . .	− 9,716	+ 6,564	− 9,304	+ 6,414	− 6,957
2. „ . .	− 9,455	+ 6,698	− 9,074	+ 6,783	− 7,139
3. „ . .	− 9,278	+ 6,847	− 8,953	+ 7,013	− 7,247
7. „ . .	− 8,988	+ 7,070	− 8,806	+ 7,346	− 7,395
8. „ . .	− 8,966	+ 7,087	− 8,797	+ 7,369	− 7,405
12. „ . .	− 8,932	+ 7,113	− 8,786	+ 7,402	− 7,419
13. „ . .	− 8,933	+ 7,111	− 8,783	+ 7,404	− 7,420
14. „ . .	− 8,933	+ 7,112	− 8,782	+ 7,406	− 7,421

system bekannt ist, empfiehlt sich die Umformung der Gleichungen nach (429). Man erhält aus der endgültigen δ_{ik}-Matrix von S. 250 und der genäherten β_{ik}-Matrix von S. 229 die Beiwerte $\lambda_{k,i} = \sum_{h=1}^{h=n} \delta_{hk}\,\beta_{hi}$ und damit das Gleichungssystem

X_1	X_2	X_3	X_4	X_5	$\lambda_{k,0}$
+ 1,46665	+ 0,05433	+ 0,04677	− 0,20281	− 0,01861	− 14,48724
− 0,00265	+ 1,40908	+ 0,03189	− 0,05369	+ 0,00081	+ 9,36405
− 0,00282	+ 0,05195	+ 1,47250	+ 0,05997	+ 0,23421	− 13,82785
− 0,06079	+ 0,05020	+ 0,03926	+ 1,30460	+ 0,06022	+ 9,77407
+ 0,02084	− 0,02795	+ 0,02120	+ 0,02214	+ 1,32910	− 10,27286

Die Iteration wird für diesen Ansatz mit den gleichen Näherungswerten $X_{k,0}$ (S. 229) begonnen und in Einzelschritten durchgeführt. Sie konvergiert schnell:

	X_1	X_2	X_3	X_4	X_5
Ausgangswerte.	− 9,174	+ 6,011	− 8,776	+ 6,295	− 6,577
1. Iteration . .	− 9,033	+ 7,070	− 8,868	+ 7,170	− 7,417
2. „ . .	− 8,960	+ 7,107	− 8,771	+ 7,407	− 7,423
3. „ . .	− 8,931	+ 7,114	− 8,780	+ 7,409	− 7,423
4. „ . .	− 8,931	+ 7,114	− 8,780	+ 7,409	− 7,423

Runge, C.: Praxis der Gleichungen. Leipzig 1921. — Mises, R. v., u. H. Pollaczek-Geiringer: Praktische Verfahren der Gleichungsauflösung. Z. angew. Math. Mech. 1929 S. 58, 152. — Domke, O.: Dachbauten. Handb. f. Eisenbetonbau Bd. 10, 2. Aufl. Berlin 1923.

31. Allgemeine Rechenvorschrift zur Untersuchung statisch unbestimmter Stabwerke.

1. Beschreibung der geometrischen und elastischen Eigenschaften des Stabwerks. Das Tragwerk wird in einzelne gerade oder gekrümmte Stäbe und Stabzüge zerlegt, deren Achsen durch Lage, Länge und Form, deren Querschnitte durch Umriß, Fläche und durch die Hauptträgheitsmomente beschrieben werden. Unter Umständen sind auch Angaben über die Abstände w_a, w_i der Kernpunkte a', i' notwendig. Der Spurpunkt der Stabachse ist der Schwerpunkt des Querschnitts. Die Bezugsachsen y und z fallen mit den Hauptträgheitsachsen, die Spur s der Kraftebene in der Regel auch mit einer Symmetrieachse zusammen (S. 25 ff.). Die Trägheitsmomente werden zur Berechnung der Formänderung von Bauteilen aus Eisenbeton auf den vollen Querschnitt mit oder ohne Beachtung des zehnfachen Stahlquerschnitts bezogen. Für die mittragende Plattenbreite einer Trägerrippe gelten die Bemerkungen auf S. 94.

Die Materialkonstanten werden in der Regel nach den Bestimmungen des Deutschen Ausschusses für Eisenbeton festgesetzt. In diesen ist für die Berechnung von Formänderungen $E_e = 2100\ \text{t/cm}^2$, $E_b = 210\ \text{t/cm}^2$ und $\alpha_t = 0{,}00001$ vorgesehen.

2. Belastung und Stützung des Tragwerks. Der Festigkeitsnachweis verlangt genaue Angaben über das Eigengewicht des Tragwerks mit seiner Ausrüstung und über die Nutzlast aus stetig verteilter Belastung und Einzellasten. Hierzu treten Vorschriften über die Zerlegung der Lastenzüge zur Bildung der Grenzwerte in Verbindung mit Einflußlinien und Angaben über die Belastung durch Schnee, Wind und Nebenkräfte, über deren Eintragung und die Verteilung der Einzellasten. Die elastischen Eigenschaften der Stützung und die möglichen Stützenverschiebungen werden in jedem Falle geschätzt und die Temperaturänderung und das Schwinden des Baustoffes durch Annahmen abgegrenzt.

3. Das Hauptsystem. Die ausgezeichneten Stützenwiderstände und Schnittkräfte X_k werden nach den Bemerkungen auf S. 170 ausgewählt. Damit sind Hauptsystem und Verträglichkeitsbedingungen $1_k \cdot \delta_k = 0$ bekannt. Diese werden nach Abschn. 24 oder für Gruppenlasten nach Abschn. 36 entwickelt. Die Stütz- und Schnittkräfte C_k, N_k, M_k, Q_k aus $-X_k = 1$ und C_0, N_0, M_0, Q_0 aus der vorgeschriebenen Belastung werden in einem statisch bestimmten Hauptsystem nach Abschn. 13 ff., in einem statisch unbestimmten Hauptsystem in der Regel mit Hilfe von Tabellen berechnet und voneinander getrennt in einzelne Stabnetze derart eingetragen, daß die Ordinaten der Schaulinien bei jeder Aufgabe einheitlich, z. B. stets an der Zugseite des Stabes erscheinen.

4. Die Vorzahlen δ_{ik}. Die Vorzahlen δ_{ik} sind unabhängig von der Belastung des Tragwerks. Sie können als Verschiebungen unmittelbar aus den Tabellen 17 bis 19 entnommen oder durch Integration nach (300) mit Hilfe der Tabellen 12 bis 16 berechnet werden. Die Funktionen $\zeta = J_h/J$ oder $J_h/J \cos\alpha$ zur Beschreibung der elastischen Eigenschaften des Stabes l_h sind in der Regel konstant oder werden zur Berechnung eines angenähert richtigen, geschlossenen Ausdrucks durch geeignete Funktionen nach (188) ersetzt.

Die Freiwerte n und r der Ansätze (188) dienen zur Angleichung der Funktion an die bauliche Ausgestaltung der Stäbe. Ist die Berechnung in dieser Form ungenügend, so werden die Vorzahlen graphisch oder numerisch mit Hilfe der Simpsonschen Reihe nach (181) integriert. Hierbei kann der Integrationsbereich auch in Stufen konstanter elastischer Wirkung eingeteilt werden. Die Zahlenrechnung läßt sich nach S. 165 durch die Arbeitsausdrücke $1_k \delta_{k\Sigma} \ldots$ und $1_\Sigma \delta_{\Sigma\Sigma}$ nachprüfen.

5. Die konjugierte Matrix. Die Vorzahlen β_{hk} werden bei der Untersuchung einer größeren Anzahl von Belastungsfällen nach den allgemeinen Angaben in

Abschn. 25, für Stabwerke mit wenig überzähligen Größen nach Abschn. 26 berechnet. Die Ergebnisse müssen die geometrischen Bedingungen $\delta_k = 0$ identisch erfüllen.

6. Die Belastungszahlen $\delta_{k\otimes}$. Die Belastungszahlen sind Formänderungen des Hauptsystems aus den in 2. angegebenen äußeren Ursachen. Sie werden abgekürzt nach (300) berechnet. Hierzu dienen die Tabellen 12 bis 16. Unter Umständen können die Formänderungen $\delta_{k\otimes}$ auch unmittelbar aus den Tabellen 17 bis 19 entnommen werden. In besonderen Fällen ist die numerische Integration nach Simpson oder die Berechnung mit Stufen konstanter elastischer Wirkung nach (183) notwendig. Die Beträge aus Temperaturänderung werden für jedes Element des Stabzugs konstant angenommen (173), die Verschiebungen δ_{ks} aus der Stützenbewegung nach (174) berechnet. Die Biegelinien δ_{mk} ($k = 1 \ldots n$) des Laststabzugs des Hauptsystems zur Bildung der Einflußlinien lassen sich für die Belastungszustände $-X_k = 1$ nach Abschn. 20 und 21, in einfachen Fällen nach den Tabellen 12 bis 16 aufzeichnen.

7. Die überzähligen Stütz- und Schnittkräfte. Die überzähligen Größen X_k werden bei einzelnen Belastungsfällen unmittelbar aus den Belastungsgliedern, bei zahlreichen Belastungsfällen nach (326) berechnet. Dasselbe gilt für die Ableitung der Einflußlinien aus den Biegelinien des Laststabzugs des Hauptsystems nach (328).

8. Stütz- und Schnittkräfte C, N, M, Q des Tragwerks. Die Stütz- und Schnittkräfte des Stabwerks werden aus der vorgeschriebenen Belastung und den ihr zugeordneten überzähligen Stütz- und Schnittkräften X_k mit Hilfe der Gleichgewichtsbedingungen graphisch oder numerisch nach Abschn. 13 und 14 berechnet. Die Aufgabe ist nunmehr statisch bestimmt und die Superposition nach (288) der allgemeine Ausdruck für die Lösung. Die Schnittkräfte C_0, N_0, M_0, Q_0 und C_k, N_k, M_k, Q_k des Ansatzes sind aus dem Absatz 3. bekannt.

Die Einflußlinien der Stütz- und Schnittkräfte werden nach derselben Rechenvorschrift durch Überlagerung der Ordinaten der Einflußlinien C_0, N_0, M_0, Q_0 des Hauptsystems mit den durch C_k, N_k, M_k, Q_k erweiterten Ordinaten der Einflußlinien X_k gefunden. Sie muß unter Umständen mit großer Stellenzahl durchgeführt werden, um Lösungsfehler aus Differenzen zu vermeiden (vgl. auch S. 168).

9. Die Nachprüfung des Ergebnisses. Die Randbedingungen der Formänderung des Stabzuges sind durch die Stützung offener Stabzüge oder durch den Zusammenhang geschlossener Stabzüge vorgeschrieben. Sie müssen für das berechnete Spannungsbild erfüllt werden. Dies wird nach S. 168 durch Nachrechnung der gegenseitigen Verschiebung geeigneter Querschnitte geprüft.

32. Zeichnerische Auflösung der Bedingungsgleichungen.

Die umfangreichen Zahlenrechnungen zur Bestimmung der Wurzeln linearer Gleichungen lassen sich zum Teil, in einzelnen Fällen auch vollständig durch graphische Methoden ersetzen. Sie sind stets nützlich, wenn die Lösung mit dem Kräftebild des Tragwerks verbunden werden kann. Dies ist bei den durchgehenden Trägern mit starren und frei oder elastisch drehbaren Stützen, bei durchgehenden Trägern mit elastisch senkbaren Stützen und bei Rahmenträgern der Fall.

Die graphische Auflösung stützt sich entweder auf die geometrischen Beziehungen der Gleichungen oder auf deren mechanische Auslegung. Die Vorzahlen $\delta_{k1} \ldots \delta_{kk} \ldots \delta_{kn}$ jeder Zeile k werden dabei als die n Komponenten einer im Ursprung angreifenden Kraft $\mathfrak{P}_k$ angesehen, die nach n Achsen zerlegt worden ist. Sie bilden, nach dem Ansatz (319) mit den unbekannten Zahlen $X_1 \ldots X_k \ldots X_n$ multipliziert, die Komponenten $\delta_{10} \ldots \delta_{k0} \ldots \delta_{n0}$ der Resultierenden $\sum \mathfrak{P}_k X_k$ nach denselben n Achsen.

Die Vorzahlen $\delta_{k1} \ldots \delta_{kk} \ldots \delta_{kn}$ einer jeden Zeile k sind unveränderlich und besitzen damit die wesentliche Eigenschaft der Masse, so daß den n Gleichungen des Ansatzes auch massengeometrische Bedeutung beigelegt werden kann. Darnach werden nach P. Pasternak die Vorzahlen jeder Zeile k als die fiktiven Gewichte einer räumlichen Gruppe von n Punkten A'_k behandelt, deren Abstand von einer Grundrißebene durch die zunächst unbekannten Strecken X_k vorgeschrieben ist. Die Gleichung k

$$\sum_{h=1}^{n} \delta_{kh} X_h = \delta_{k0} = T_k \sum_{h=1}^{n} \delta_{kh} = T_k s_k, \quad T_k = \frac{\delta_{k0}}{s_k} \tag{431}$$

bestimmt daher den Abstand T_k des Schwerpunktes E'_k der fiktiven Gewichte δ_{kh} von der Grundrißebene. Die Koordinaten der Grundrißprojektion E_k werden nach bekannten Regeln berechnet, indem die Massen $\delta_{k1} \ldots \delta_{kk} \ldots \delta_{kn}$ der Projektion A_k der Punkte beigelegt werden. Damit ist jeder Bedingungsgleichung k ein ausgezeichneter Punkt E'_k zugeordnet, dessen Lage durch die Vorzahlen $\delta_{k1} \ldots \delta_{kn}$ und die Belastungszahl δ_{k0} bekannt ist. Dieses massengeometrische Bild des Ansatzes enthält, zum Teil ergänzt durch die analytische Auflösung der Gleichungen nach C. F. Gauß, geometrische Beziehungen zwischen den Endpunkten der Ordinaten X_k, die in zwei Ebenen, in einfachen Fällen aber auch in einer Ebene verfolgt werden.

Anwendung auf dreigliedrige Elastizitätsgleichungen.

$$\left.\begin{aligned}
X_1 \delta_{11} + X_2 \delta_{12} \qquad\qquad\qquad\qquad &= \delta_{10} \\
X_1 \delta_{21} + X_2 \delta_{22} + X_3 \delta_{23} \qquad\qquad &= \delta_{20} \\
\cdots\cdots\cdots\cdots\cdots\cdots\cdots\cdots & \\
X_{k-2} \delta_{(k-1)(k-2)} + X_{k-1} \delta_{(k-1)(k-1)} + X_k \delta_{(k-1)k} &= \delta_{(k-1)0} \\
X_{k-1} \delta_{k(k-1)} + X_k \delta_{kk} + X_{k+1} \delta_{k(k+1)} &= \delta_{k0} \\
\cdots\cdots\cdots\cdots\cdots\cdots\cdots\cdots & \\
X_{n-2} \delta_{(n-1)(n-2)} + X_{n-1} \delta_{(n-1)(n-1)} + X_n \delta_{(n-1)n} &= \delta_{(n-1)0} \\
X_{n-1} \delta_{n(n-1)} + X_n \delta_{nn} &= \delta_{n0}.
\end{aligned}\right\} \tag{432}$$

Der Gaußsche Algorithmus liefert nach (388 und 399) bei

Vorwärtselimination (433)

$$\begin{aligned}
X_1 \delta_{11} + X_2 \delta_{12} \qquad &= \delta_{10}, \\
X_2 \delta_{22}^{(1)} + X_3 \delta_{23} \qquad &= \delta_{20}^{(1)}, \\
\cdots\cdots\cdots\cdots & \\
X_k \delta_{kk}^{(k-1)} + X_{k+1} \delta_{k(k+1)} &= \delta_{k0}^{(k-1)}, \\
\cdots\cdots\cdots\cdots & \\
X_{n-1} \delta_{(n-1)(n-1)}^{(n-2)} + X_n \delta_{(n-1)n} &= \delta_{(n-1)0}^{(n-2)}, \\
X_n \delta_{nn}^{(n-1)} &= \delta_{n0}^{(n-1)},
\end{aligned}$$

Rückwärtselimination (434)

$$\begin{aligned}
X_1 \delta_{11}^{(n-1)} \qquad &= \delta_{10}^{(n-1)}, \\
X_1 \delta_{21} + X_2 \delta_{22}^{(n-2)} \qquad &= \delta_{20}^{(n-2)}, \\
\cdots\cdots\cdots\cdots & \\
X_{k-1} \delta_{k(k-1)} + X_k \delta_{kk}^{(n-k)} \qquad &= \delta_{k0}^{(n-k)}, \\
\cdots\cdots\cdots\cdots & \\
X_{n-2} \delta_{(n-1)(n-2)} + X_{n-1} \delta_{(n-1)(n-1)}^{(1)} &= \delta_{(n-1)0}^{(1)}, \\
X_{n-1} \delta_{n(n-1)} + X_n \delta_{nn} \qquad &= \delta_{n0}.
\end{aligned}$$

Die zeichnerische Darstellung wird hier auf eine Ebene beschränkt. Sie enthält die räumliche Punktgruppe A'_1 bis A'_n, deren Grundriß $A_1 \ldots A_n$ auf einer Achse abgebildet ist (Abb. 222). Die Abstände Δ_k zwischen zwei aufeinanderfolgenden Punkten A_{k-1}, A_k sind beliebig. Sie können gleichgroß gewählt werden oder zum Teil auch Null sein.

Die Belastungsspalte der Ansätze (433), (434) ist entweder voll oder teilweise besetzt. Die allgemeine Aufgabe kann mit dem Superpositionsgesetz stets auf die Lösung für wenige Belastungszahlen zurückgeführt werden. Der Ansatz zerfällt in diesem

Falle in drei Abschnitte, von denen der erste und dritte homogen sind. Diese werden daher für $\delta_{n0} = 1$ (Lösung a) und für $\delta_{10} = 1$ (Lösung b) berechnet.

Lösung für den homogenen Ansatz. Punktfolge A_k, A_{k+1} mit $\Delta_k \neq 0$, $\Delta_{k+1} \neq 0$.

Die Lösung a bedient sich der Kennbeziehungen der Vorwärtselimination, indem das Verhältnis $-\varkappa_{(k-1)k} = X_{k-1}/X_k$ zweier nach links aufeinanderfolgender Ordinaten als Verhältnis der Strecken $a_{(k-1)k}$, $b_{(k-1)k}$ dargestellt wird. Der Abstand $\Delta_k = \overline{A_{k-1}A_k}$ wird dabei durch den Punkt $F_{(k-1)k}$ geteilt. Er fällt nach (433) in die Schwerlinie der den Endpunkten A'_{k-1}, A'_k zugeordneten Massen $\delta^{(k-2)}_{(k-1)(k-1)}$ und $\delta_{(k-1)k}$.

$$\frac{X_{k-1}}{X_k} = -\varkappa_{(k-1)k} = -\frac{a_{(k-1)k}}{b_{(k-1)k}}\,; \quad a_{(k-1)k} = \frac{\varkappa_{(k-1)k}}{1+\varkappa_{(k-1)k}}\Delta_k, \quad b_{(k-1)k} = \frac{1}{1+\varkappa_{(k-1)k}}\Delta_k. \tag{435}$$

Dasselbe gilt für die Lösung b, bei welcher die Kennbeziehungen der Rückwärtselimination verwendet werden. Das Verhältnis $-\varkappa_{k(k-1)} = X_k/X_{k-1}$ zweier nach rechts aufeinanderfolgender Ordinaten wird geometrisch durch die Strecken $a_{k(k-1)}$, $b_{k(k-1)}$ und den Punkt $F_{k(k-1)}$ ausgedrückt. Dieser liegt nach (434) auf der Schwer-

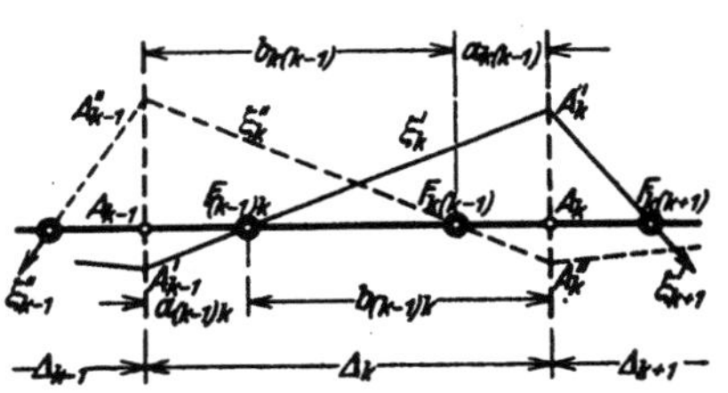

Abb. 222.

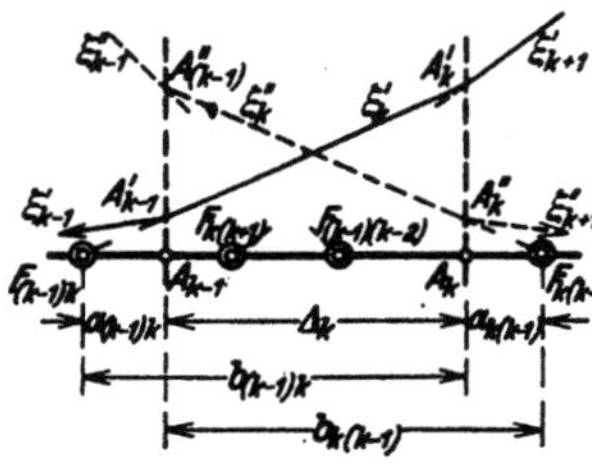

Abb. 223.

linie der Massen $\delta_{k(k-1)}$ und $\delta^{(n-k)}_{kk}$, welche den Endpunkten A''_{k-1} und A''_k zugeordnet sind (Abb. 222).

$$\frac{X_k}{X_{k-1}} = -\varkappa_{k(k-1)} = -\frac{a_{k(k-1)}}{b_{k(k-1)}}\,; \quad a_{k(k-1)} = \frac{\varkappa_{k(k-1)}}{1+\varkappa_{k(k-1)}}\Delta_k, \quad b_{k(k-1)} = \frac{1}{1+\varkappa_{k(k-1)}}\Delta_k. \tag{436}$$

Die Punkte $F_{(k-1)k}$, $F_{k(k-1)}$ sind unabhängig von den Belastungsgliedern und allein durch die elastische Struktur des Systems bestimmt. Sie werden daher als Festpunkte bezeichnet.

Sind die Verhältniszahlen X_{k-1}/X_k und X_k/X_{k-1} positiv, die Kennbeziehungen $\varkappa_{(k-1)k}$ und $\varkappa_{k(k-1)}$ also negativ, so liegen die Festpunkte $F_{(k-1)k}$, $F_{k(k-1)}$ außerhalb des Intervalls Δ_k (Abb. 223). Die Strecken $a_{(k-1)k}$, $b_{(k-1)k}$ werden daher im Sinne $\overrightarrow{A_{k-1}, A_k}$ und $\overrightarrow{A_k, A_{k-1}}$ positiv gerechnet. Negative Verhältniszahlen X_{k-1}/X_k, X_k/X_{k-1}, also positive Kennbeziehungen $\varkappa_{(k-1)k}$, $\varkappa_{k(k-1)}$ ergeben Festpunkte zwischen A_{k-1} und A_k (Abb. 222). Da der Nenner der Kennbeziehungen

$$\varkappa_{(k-1)k} = \frac{\delta_{(k-1)k}}{\delta^{(k-2)}_{(k-1)(k-1)}}, \qquad \varkappa_{k(k-1)} = \frac{\delta_{k(k-1)}}{\delta^{(n-k)}_{kk}} \tag{437}$$

in jedem Falle positiv ist, wird die Lage der beiden Festpunkte zu den Grenzen des Intervalls durch das Vorzeichen der Nebenglieder $\delta_{(k-1)k}$ der Matrix entschieden.

Die Festpunkte $F_{(k-1)k}$, $F_{k(k-1)}$ der Achse werden entweder mit den Strecken $a_{(k-1)k}$, $a_{k(k-1)}$ eingetragen oder durch geometrische Teilung der Abschnitte Δ_k im Verhältnis

$$\varkappa_{(k-1)k} = \delta_{(k-1)k}/\delta^{(k-2)}_{(k-1)(k-1)}, \qquad \varkappa_{k(k-1)} = \delta_{k(k-1)}/\delta^{(n-k)}_{kk} \tag{438}$$

erhalten, wenn die Kennbeziehungen mit den Kettenbrüchen (394) und (404) bestimmt worden sind.

Der Festpunkt $F_{k(k-1)}$ kann jedoch auch mit Hilfe des Festpunktes $F_{(k-1)k}$ und der Gleichung k des Ansatzes geometrisch gefunden werden, wenn die bei jeder zeichnerischen Lösung unvermeidliche Fehlerfortpflanzung in Kauf genommen wird.

Nach Abb. 224a ist die Gerade ξ'_k im homogenen Bereich a durch den Festpunkt $F_{(k-1)k}$ bestimmt. Sie schneidet sich mit ξ'_{k+1} im Punkte A'_k der Geraden k. Nach der Gleichung k

$$X_{k-1}\,\delta_{k(k-1)} + X_k\,\delta_{kk} + X_{k+1}\,\delta_{k(k+1)} = 0 \tag{439}$$

ist der Schwerpunkt E_k der fiktiven Massen $\delta_{k(k-1)}, \delta_{kk}, \delta_{k(k+1)}$ ein Punkt der Achse $(T_k = 0)$. Er liegt auf der Geraden $\mathfrak{w}_k$ im Abstand e_k vom Punkte A_k.

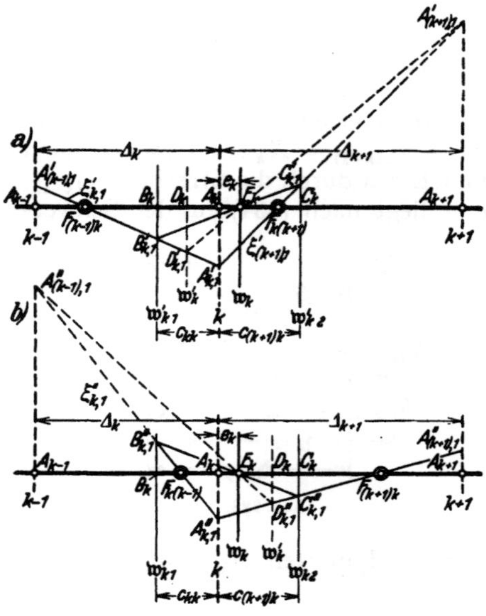

Abb. 224.

$$e_k = \frac{\delta_{k(k+1)}\,\Delta_{k+1} - \delta_{k(k-1)}\,\Delta_k}{\delta_{k(k-1)} + \delta_{kk} + \delta_{k(k+1)}}. \tag{440}$$

Die Gleichung k kann auch folgendermaßen geschrieben werden:

$$Y_{(k-1)k}(\delta_{k(k-1)} + \delta_{kk}) + X_{k+1}\,\delta_{k(k+1)} = 0. \tag{441}$$

Hierbei ist $Y_{(k-1)k}(\delta_{k(k-1)} + \delta_{kk}) = X_{k-1}\delta_{k(k-1)} + X_k\delta_{kk}$ und daher $Y_{(k-1)k} = \overline{D_k D'_k}$ diejenige Ordinate der Geraden ξ'_k, welche den Abschnitt Δ_k im Verhältnis $\delta_{kk} : \delta_{k(k-1)}$ teilt. Die Gerade $D'_k A'_{k+1}$ schneidet nach (441) die Achse im Punkte E_k. Eine beliebige Annahme $\xi_{k,1}$ liefert das Dreiseit mit den Eckpunkten $D'_{k,1}, A'_{k,1}, A'_{(k+1),1}$ auf drei zueinander parallelen Geraden k, $(k+1)$, $\mathfrak{w}'_k$. Da zwei Seiten durch die festen Punkte $F_{(k-1)k}$ und E_k bestimmt sind, ist auch $F_{k(k+1)}$ ein Festpunkt.

Die geometrische Auslegung der Gleichung k wird durch deren Umformung nach

$$Z_{(k-1)k}(\delta_{k(k-1)} + \delta_{kk,1}) + Z_{k(k+1)}(\delta_{kk,2} + \delta_{k(k+1)}) = 0 \tag{442}$$

wesentlich günstiger. Dabei ist die Aufteilung der Vorzahl $\delta_{kk} = \delta_{kk,1} + \delta_{kk,2}$ beliebig und richtet sich nach den besonderen Eigenschaften des Ansatzes. Die Ordinate $Z_{(k-1)k} = \overline{B_k B'_k}$ liegt auf der Schwerlinie $\mathfrak{w}'_{k1}$ der fiktiven Gewichte $\delta_{k(k-1)}, \delta_{kk,1}$, die Ordinate $Z_{k(k+1)} = \overline{C_k C'_k}$ auf der Schwerlinie $\mathfrak{w}'_{k2}$ von $\delta_{kk,2}$ und $\delta_{k(k+1)}$. Die Punkte $B'_{k,1}, E_k, C'_{k,1}$ bilden nach (442) wieder eine gerade Linie, so daß ein Dreiseit $B'_{k,1}, A'_{k,1}, C'_{k,1}$ mit den vorgeschriebenen Festpunkten $F_{(k-1)k}$ und E_k entsteht. In derselben Weise kann auch die geometrische Konstruktion des Festpunktes $F_{k(k-1)}$ aus $F_{(k+1)k}$ nach Abb. 224b begründet werden. Die Schwerlinien $\mathfrak{w}'_{k,1}, \mathfrak{w}'_{k,2}$ sind durch die Strecken $c_{kk}, c_{(k+1)k}$ bestimmt (Abb. 224).

$$c_{kk} = \frac{\delta_{k(k-1)}}{\delta_{k(k-1)} + \delta_{kk,1}}\,\Delta_k, \qquad c_{(k+1)k} = \frac{\delta_{k(k+1)}}{\delta_{kk,2} + \delta_{k(k+1)}}\,\Delta_{k+1}. \tag{443}$$

Punktfolge A_k, A_{k+1} mit $\Delta_k \neq 0, \Delta_{k+1} = 0$.

In einzelnen Fällen werden die Punkte A_k, A_{k+1} zusammengelegt $(\Delta_{k+1} = 0)$, um das Bild der geometrischen Lösung in einfacher Weise mit dem Kräftebild des Tragwerks zu verbinden. Die Kennbeziehungen $\varkappa_{k(k+1)}, \varkappa_{(k+1)k}$ sind in diesem Falle stets negativ. Dem Punkte (A_k, A_{k+1}) der Achse sind daher zwei Punkte A'_k, A'_{k+1} des Linienzuges ξ'_k, ξ'_{k+2} zugeordnet.

Die beiden Geraden ξ'_k, ξ'_{k+2} schneiden sich im Abstand $u_{k(k+1)}$ von der Ordinate k. Dieser ist im homogenen Bereich der Lösung a durch die Kennbeziehung

$X_k/X_{k+1} = -\varkappa_{k(k+1)}$ vorgeschrieben und geometrisch durch $X_{k+1} = 1$, $X_k = -\varkappa_{k(k+1)}$ und die als bekannt anzusehenden Festpunkte $F_{(k+1)(k+2)}$, $F_{(k-1)k}$ bestimmt. Der Abstand $u_{k(k+1)}$ ist im homogenen Bereich a für alle X_{k+1} konstant, der geometrische Ort der Punkte $U_{k(k+1)}$ daher eine zu k parallele Gerade, die Übergangslinie $\mathfrak{u}_{k(k+1)}$. Ähnliche geometrische Beziehungen gelten für die Lösung b mit $X_{k+1} = -\varkappa_{(k+1)k} X_k$. Der Linienzug ξ''_{k-1}, ξ''_{k+1} schneidet sich jetzt auf der Übergangslinie $\mathfrak{u}_{(k+1)k}$ im Abstand $u_{(k+1)k}$ von k (Abb. 225).

Die Übergangslinien $\mathfrak{u}_{k(k+1)}$ und die Festpunkte $F_{(k+1)(k+2)}$ lassen sich aus dem Festpunkt $F_{(k-1)k}$ auch geometrisch ableiten, ohne die Kennbeziehungen $\varkappa_{k(k+1)}$ usw. zu verwenden. Um dies einzusehen, werden die beiden Gleichungen k und $(k+1)$ umgeformt und addiert.

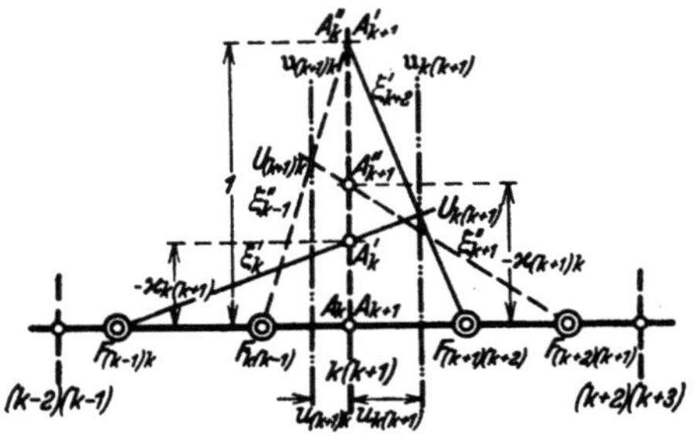

Abb. 225.

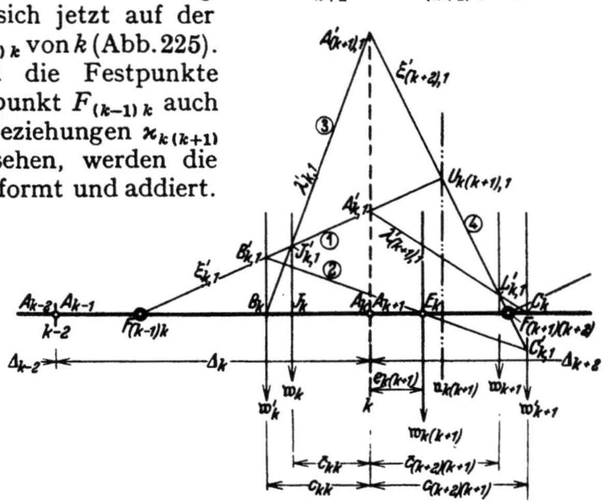

Abb. 226.

$$\left.\begin{aligned}
X_{k-1}\,\delta_{k(k-1)} + X_k\,\delta_{kk} \qquad\qquad - X_{k+1}\,\delta_{k(k+1)} &= 0\,,\\
-X_k\,\delta_{(k+1)k} \quad + X_{k+1}\,\delta_{(k+1)(k+1)} + X_{k+2}\,\delta_{(k+1)(k+2)} &= 0\,,\\
\delta_{kk} - \delta_{k(k+1)} = \delta_{kk,1}\,, \quad \delta_{(k+1)(k+1)} - \delta_{k(k+1)} &= \delta_{(k+1)(k+1),1}\,,\\
Y_{k(k-1)}(\delta_{k(k-1)} + \delta_{kk,1}) - (X_{k+1} - X_k)\delta_{k(k+1)} &= 0\,,\\
(X_{(k+1)} - X_k)\delta_{k(k+1)} + Y_{(k+1)(k+2)}(\delta_{(k+1)(k+1),1} + \delta_{(k+1)(k+2)}) &= 0\,,\\
Y_{k(k-1)}(\delta_{k(k-1)} + \delta_{kk,1}) + Y_{(k+1)(k+2)}(\delta_{(k+1)(k+1),1} + \delta_{(k+1)(k+2)}) &= 0\,.
\end{aligned}\right| \quad (444)$$

Hiernach sind $Y_{k(k-1)} = \overline{B_k B'_k}$ und $Y_{(k+1)(k+2)} = \overline{C_k C'_k}$ Ordinaten der Geraden ξ'_k und ξ'_{k+2} der homogenen Lösung (a), die mit den Schwerlinien $\mathfrak{w}'_k$, $\mathfrak{w}'_{k+1}$ der fiktiven Gewichte $\delta_{k(k-1)}$, $\delta_{kk,1}$ und $\delta_{(k+1)(k+2)}$, $\delta_{(k+1)(k+1),1}$ zusammenfallen. Nach (444) schneiden sich die beiden Geraden ξ'_k, λ'_k der Abb. 226 auf der Schwerlinie $\mathfrak{w}_k$ der fiktiven Gewichte $(\delta_{k(k-1)} + \delta_{kk,1})$ und $\delta_{k(k+1)}$. Der Punkt E_k ist nach (439) mit $T_k = 0$ ein Punkt der Achse und der Schwerlinie $\mathfrak{w}_{k(k+1)}$ der fiktiven Gewichte $(\delta_{k(k-1)} + \delta_{kk,1})$ und $(\delta_{(k+1)(k+1),1} + \delta_{(k+1)(k+2)})$. Mit einer Annahme $\xi'_{k,1}$ werden die geometrisch voneinander abhängigen Punkte $B'_{k,1}$, $J'_{k,1}$, $A'_{k,1}$, $A'_{(k+1),1}$, $C'_{k,1}$, $U_{k(k+1),1}$ gefunden. Sie bestimmen ein Vierseit, dessen Ecken auf vier vorgeschriebenen Geraden $\mathfrak{w}'_k$, $\mathfrak{w}_k$, k, $\mathfrak{w}'_{k+1}$ liegen, von dem außerdem drei Seiten durch je einen Festpunkt $F_{(k-1)k}$, B_k, E_k gehen. Daher ist auch $F_{(k+1)(k+2)}$ ein Festpunkt und der geometrische Ort des Schnittpunktes $U_{k(k+1)}$ eine zu k parallele Gerade, die Übergangslinie $\mathfrak{u}_{k(k+1)}$.

Der Ansatz (444) enthält außerdem die Beziehung

$$(X_{k+1} - X_k)\,\delta_{k(k+1)} + Y_{(k+1)(k+2)}(\delta_{(k+1)(k+2),1} + \delta_{(k+1)(k+2)}) = 0\,, \qquad (445)$$

nach der sich die Geraden ξ'_{k+2} und λ'_{k+1} auf der Schwerlinie $\mathfrak{w}_{k+1}$ der fiktiven Gewichte $\delta_{k(k+1)}$ und $(\delta_{(k+1)(k+1),1} + \delta_{(k+1)(k+2)})$ schneiden. Dies dient zur Nachprüfung der geometrischen Konstruktion. Die Festpunkte $F_{k(k-1)}$ und die Übergangslinien $\mathfrak{u}_{(k+1)k}$ werden aus den Festpunkten $F_{(k+2)(k+1)}$ ebenso bestimmt. Die Schwerlinien $\mathfrak{w}'_k$, $\mathfrak{w}_k$, $\mathfrak{w}'_{k+1}$, $\mathfrak{w}_{k+1}$ und $\mathfrak{w}_{k(k+1)}$ werden mit den Strecken c_{kk}, $\bar{c}_{kk}$, $c_{(k+2)(k+1)}$, $\bar{c}_{(k+2)(k+1)}$ und $e_{k(k+1)}$ eingerechnet (Abb. 226).

$$\left.\begin{aligned} c_{kk} &= \frac{\delta_{k(k-1)}}{\delta_{k(k-1)}+\delta_{kk,1}}\Delta_k,\quad \bar{c}_{kk}=\frac{\delta_{k(k-1)}}{\delta_{k(k-1)}+\delta_{kk}}\Delta_k,\quad c_{(k+2)(k+1)}=\frac{\delta_{(k+1)(k+2)}}{\delta_{(k+1)(k-1),1}+\delta_{(k+1)(k+2)}}\Delta_{k+2},\\ \bar{c}_{(k+2)(k+1)} &= \frac{\delta_{(k+1)(k+2)}}{\delta_{(k+1)(k+1)}+\delta_{(k+1)(k+2)}}\Delta_{k+2},\quad e_{k(k+1)}=\frac{\delta_{(k+1)(k+2)}\Delta_{k+2}-\delta_{k(k-1)}\Delta_k}{\delta_{k(k-1)}+\delta_{kk,1}+\delta_{(k+1)(k+1),1}+\delta_{(k+1)(k+2)}}. \end{aligned}\right\}\quad (446)$$

Die überzähligen Größen bei einzelnen Belastungsgliedern. Die analytische Lösung dreigliedriger Elastizitätsgleichungen für zwei aufeinanderfolgende Belastungsglieder $\delta_{(k-1)0}$, δ_{k0} nach S. 239 kann durch den Ansatz

$$\left.\begin{aligned} X_{k-1}\frac{b_{(k-1)k}}{a_{(k-1)k}}+X_k &= \frac{\delta_{(k-1)0}}{\delta_{(k-1)k}}=R_{(k-1)k},\\ X_{k-1}+X_k\frac{b_{k(k-1)}}{a_{k(k-1)}} &= \frac{\delta_{k0}}{\delta_{k(k-1)}}=R_{kk} \end{aligned}\right\}\quad (447)$$

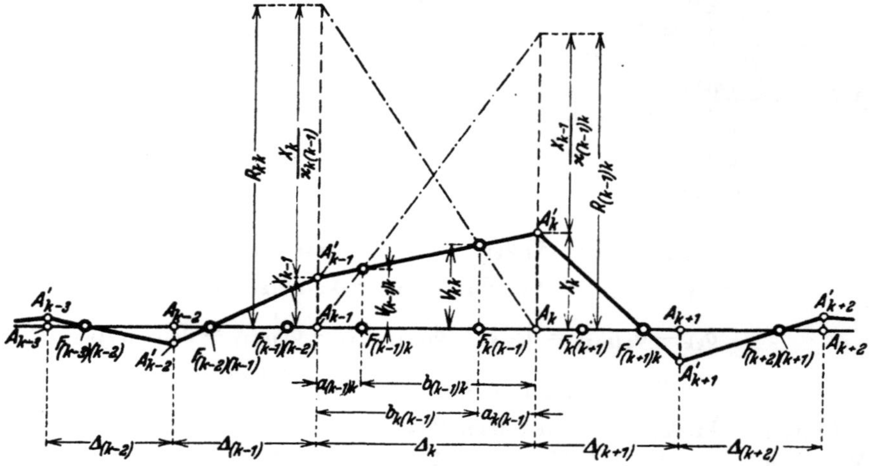

Abb. 227.

ersetzt werden. Er gilt allgemein für zwei Gleichungen mit zwei Unbekannten und beweist die geometrische Lösung nach Abb. 227. Die Belastungsglieder erhalten die Dimension der überzähligen Größen X_{k-1}, X_k und sind von diesen unabhängig. Sie

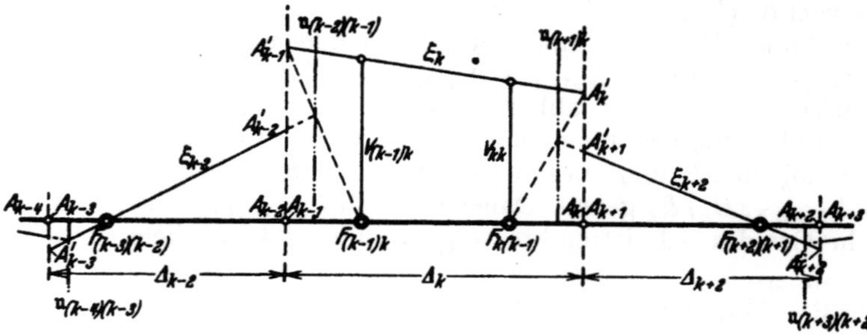

Abb. 228.

werden nach der Art ihrer geometrischen Verwendung als Kreuzlinienabschnitte bezeichnet, jedoch hierfür besser durch die Ordinaten $V_{(k-1)k}$, V_{kk} in den Festpunkten ersetzt.

$$\left.\begin{aligned} V_{(k-1)k} &= \frac{a_{(k-1)k}}{\Delta_k} R_{(k-1)k} = \frac{\varkappa_{(k-1)k}}{1+\varkappa_{(k-1)k}} \frac{\delta_{(k-1)0}}{\delta_{(k-1)k}} = \frac{\delta_{(k-1)0}}{\delta_{(k-1)k} + \delta^{(k-2)}_{(k-1)(k-1)}} = \frac{\delta_{(k-1)0}}{s^{(k-2)}_{(k-1)}}\,, \\ V_{kk} &= \frac{a_{k(k-1)}}{\Delta_k} R_{kk} = \frac{\varkappa_{k(k-1)}}{1+\varkappa_{k(k-1)}} \frac{\delta_{k0}}{\delta_{k(k-1)}} = \frac{\delta_{k0}}{\delta_{k(k-1)} + \delta^{(n-k)}_{kk}} = \frac{\delta_{k0}}{s^{(n-k)}_k}\,. \end{aligned}\right\} \qquad (448)$$

Die überzähligen Größen $X_1 \ldots X_{k-2}$ sind bei gleichen Vorzeichen der Nebenglieder einer Gleichung durch die Festpunkte $F_{(h-1)h}$ der Lösung a, die überzähligen Größen $X_{k+1} \ldots X_h$ durch die Festpunkte $F_{r(r-1)}$ der Lösung b bestimmt (Abb. 227). Bei ungleichen Vorzeichen der Nebenglieder gilt das gleiche für die Festpunkte und Übergangslinien $F_{(h-1)h}$, $\mathfrak{u}_{(h-1)h}$ und $F_{r(r-1)}$, $\mathfrak{u}_{r(r-1)}$ (Abb. 228).

Allgemeiner Belastungsfall. Die geometrischen Hilfsmittel des letzten Abschnitts lassen sich auch bei der zeichnerischen Lösung des vollständigen Ansatzes verwenden. Die überzähligen Größen X_k sind wiederum Ordinaten einer Punktreihe A_k in beliebigen Abständen Δ_k. Jedem Intervall Δ_k sind zwei Festpunkte $F_{(k-1)k}$, $F_{k(k-1)}$ zugeordnet. Jede Gleichung k

$$X_{k-1}\delta_{k(k-1)} + X_k\delta_{kk} + X_{k+1}\delta_{k(k+1)} = \delta_{k0} \qquad (449)$$

bestimmt nach der Auslegung auf S. 256 einen Punkt E'_k als Schwerpunkt von fiktiven Massen $\delta_{k(k-1)}$, δ_{kk}, $\delta_{k(k+1)}$, welche den Punkten A'_{k-1}, A'_k, A'_{k+1} zugeordnet sind. Die Koordinaten dieses Schwerpunkts sind nach bekannten Regeln

$$\overline{A_k E_k} = e_k = \frac{\delta_{k(k+1)}\Delta_{k+1} - \delta_{k(k-1)}\Delta_k}{\delta_{k(k-1)} + \delta_{kk} + \delta_{k(k+1)}}\,, \qquad \overline{E_k E'_k} = T_k = \frac{\delta_{k0}}{\delta_{k(k-1)} + \delta_{kk} + \delta_{k(k+1)}}\,. \qquad (450)$$

Ebenso darf in (449)

$$X_{k-1}\delta_{k(k-1)} + X_k\delta_{kk} = Y_{k(k-1)}(\delta_{k(k-1)} + \delta_{kk}) \qquad (451)$$

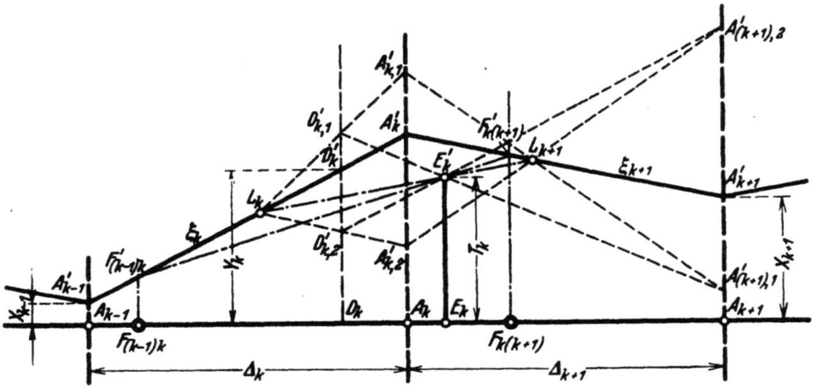

Abb. 229. Zur Ableitung für positive $\varkappa_{k(k+1)}$.

gesetzt und $Y_{k(k-1)}$ als Ordinate des Schwerpunkts der Massen $\delta_{k(k-1)}$ und δ_{kk} in A'_{k-1}, A'_k angesehen werden. Sie unterteilt den Abschnitt Δ_k in D_k nach dem Verhältnis $\delta_{k(k-1)} : \delta_{kk}$. Aus (449) wird dann

$$Y_{k(k-1)}(\delta_{k(k-1)} + \delta_{kk}) + X_{k+1}\delta_{k(k+1)} = \delta_{k0} = T_k(\delta_{k(k-1)} + \delta_{kk} + \delta_{k(k+1)})\,. \qquad (452)$$

Demnach ist T_k auch Ordinate des Schwerpunkts der fiktiven Massen $(\delta_{k(k-1)} + \delta_{kk})$ und $\delta_{k(k+1)}$, so daß die Punkte D'_k, E'_k und A'_{k+1} eine gerade Linie bilden (Abb. 229).

Auf diese Weise entsteht das Dreiseit A'_{k-1}, D'_k, A'_k, A'_{k+1}, dessen Eckpunkte auf einer Schar paralleler Geraden liegen. Ihre Ordinaten sind unbekannt. Allen möglichen Dreiseiten ist jedoch der Punkt E'_k der Seite $\overline{D'_k A'_{k+1}}$ gemeinsam. Ist außerdem noch ein Punkt L_k der Seite $\xi_k \equiv \overline{A'_{k-1} A'_k}$ gegeben, so besitzen auch die Seiten $\overline{A'_k A'_{k+1}}$ dieser Dreiseite einen gemeinsamen Punkt L_{k+1}, da die Punktreihe D'_k

ähnlich zur Punktreihe A'_k (Ähnlichkeitspunkt L_k) und die Punktreihe D'_k ähnlich zur Punktreihe A'_{k+1} ist (Ähnlichkeitspunkt E'_k). Daher ist auch die Punktreihe A'_k ähnlich zur Punktreihe A'_{k+1}. Der Ähnlichkeitspunkt L_{k+1} ist allen möglichen Geraden ξ_{k+1} gemeinsam und liegt nach Konstruktion mit L_k und E'_k auf einer Geraden. Bewegt sich der Punkt L_k auf einer Geraden, so ist die zugeordnete Punktreihe L_{k+1} zu E'_k perspektiv und daher ähnlich zu L_k. Ist die Punktreihe L_k senkrecht zur Achse, so gilt das gleiche von der Punktreihe L_{k+1}.

Dieses geometrische Bild kann für jede Ordinate T_k, also auch für $T_k = 0$ angegeben werden, so daß die Punkte E'_k mit E_k in die Achse fallen. Der Geradenzug $\xi_k \equiv \xi'_k$ oder $\xi_k \equiv \xi''_k$ des homogenen Ansatzes ist dann für jede Lage des Punktes A'_k durch die Festpunkte $F_{(k-1)k}, F_{k(k+1)}$ oder $F_{(k+1)k}, F_{k(k-1)}$ bestimmt, je nachdem $\delta_{n0} = 1$ oder $\delta_{10} = 1$ gesetzt wird. Daher ist bei der Entwicklung der geometrischen Lösung nach rechts eine Gruppe der zugeordneten Punkte L_h, L_{h+1} durch die Ordinaten in den Festpunkten $F_{(k-1)k}$ bestimmt. Der zweite geometrische Ort für die Punkte $L_{k+1} \equiv F'_{k(k+1)}$ besteht aus dem Geradenzug $\zeta_{0n} \equiv \overrightarrow{F'_{(k-1)k}E'_k}$ (Koordinaten für E'_k sind e_k, T_k), dessen Ursprung daher mit den Randbedingungen für F'_{12} bestimmt ist. Dasselbe gilt für die Entwicklung der Lösung von rechts nach links.

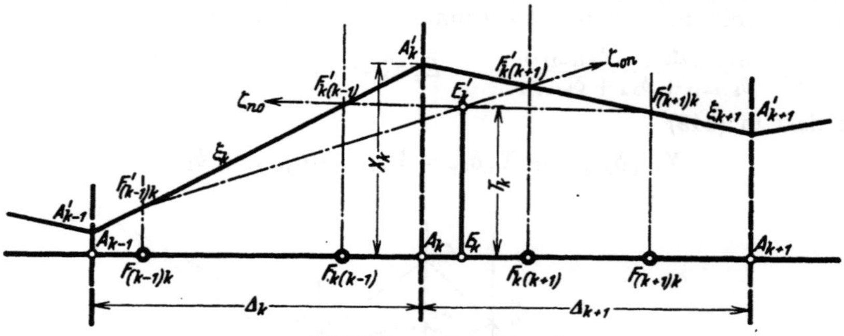

Abb. 230. $\overrightarrow{F'_{(k-1)k}E'_k} \equiv \zeta_{0n}$, $\overrightarrow{F'_{(k+1)k}E'_k} \equiv \zeta_{n0}$.

Die Elemente der graphischen Darstellung sind hier die Ordinaten in $F_{k(k-1)}$, die Koordinaten e_k, T_k der Punkte E'_k und der Ursprung des Geradenzugs $\zeta_{n0} \equiv \overrightarrow{F'_{(k+1)k}E'_k}$ in $F'_{n(n-1)}$ (Abb. 230).

Nach der ersten und letzten Gleichung des Ansatzes

$$X_1\delta_{11} + X_2\delta_{12} = \delta_{10}; \qquad X_{n-1}\delta_{n(n-1)} + X_n\delta_{nn} = \delta_{n0}$$

ergeben sich die Koordinaten der Punkte E'_1 und E'_n zu

$$\left.\begin{aligned} \overline{E_1E'_1} &= T_1 = \frac{\delta_{10}}{\delta_{11}+\delta_{12}}; & \overline{A_1E_1} &= e_1 = \frac{\delta_{12}}{\delta_{11}+\delta_{12}}\Delta_1, \\ \overline{E_nE'_n} &= T_n = \frac{\delta_{n0}}{\delta_{nn}+\delta_{n(n-1)}}; & \overline{A_nE_n} &= e_n = \frac{-\delta_{n(n-1)}}{\delta_{nn}+\delta_{n(n-1)}}\Delta_n. \end{aligned}\right\} \tag{453}$$

Nach (435) und (437) ist $e_1 = a_{12}$; nach (436) und (437) $e_n = -a_{n(n-1)}$. Der Ursprung F'_{12} des Geradenzugs ζ_{0n} ist daher E'_1, der Ursprung $F'_{n(n-1)}$ des Geradenzugs ζ_{n0} der Punkt E'_n.

Diese Rechenvorschrift kann durch Verwendung der Gleichungen ergänzt werden, welche bei Vorwärtselimination oder Rückwärtselimination nach Gauß erhalten werden. Sie bestimmen nach (433), (434) die Ordinaten von $F'_{(k-1)k}$ und $F'_{k(k-1)}$ des Geradenzugs ξ_k als die Ordinaten der Schwerpunkte der fiktiven Massen $\delta^{(k-2)}_{(k-1)(k-1)}$, $\delta_{(k-1)k}$ und $\delta^{(n-k)}_{kk}$, $\delta_{k(k-1)}$. Ihre Verwendung ist naturgemäß für die zeichnerische Lösung ohne Bedeutung. Da aber die Gleichung k im Gaußschen

Algorithmus von der reduzierten Gleichung $(k-1)^{(k-2)}$ abgezogen wird, um die reduzierte Gleichung $(k)^{(k-1)}$ zu erhalten, kann der ihr zugeordnete Punkt $F'_{k(k+1)}$ als Schwerpunkt der Massen $(\delta^{(k-2)}_{(k-1)(k-1)} + \delta_{(k-1)k})$ in $F'_{(k-1)k}$ und δ_{k0} in E'_k angesehen werden. Die drei Punkte liegen daher, wie bereits geometrisch bewiesen, auf einer Geraden.

Um diese geometrischen Beziehungen bei der Lösung einer Aufgabe zu verwenden, werden n Punkte $A_1 \ldots A_n$ auf einer Achse in beliebigen, also auch gleichgroßen Abständen $\Delta_2 \ldots \Delta_n$ aufgetragen. Dabei ist die Struktur des Hauptsystems maßgebend. Die Festpunkte $F_{(k-1)k}$, $F_{k(k-1)}$ werden mit Hilfe der Vorzahlen der Bedingungsgleichungen nach S. 256 geometrisch bestimmt oder nach (435), (436) mit den Kennbeziehungen $\varkappa_{(k-1)k}$, $\varkappa_{k(k-1)}$ eingerechnet. Dasselbe geschieht mit den Koordinaten e_k, T_k der Punkte E'_k, so daß sich die Geradenzüge ζ_{0n}, ζ_{n0} und damit die Geraden ξ_k eintragen lassen. Sie schneiden sich in den Punkten A'_k der Ordinaten A_k. Damit ist die Richtigkeit der Lösung nachgeprüft. $\overline{A_k A'_k} = X_k$.

Die Kennbeziehungen eines Ansatzes nach (387) mit negativen Nebengliedern, also mit Gleichungen von der Form

$$-X_{k-1}\delta_{k(k-1)} + X_k\delta_{kk} - X_{k+1}\delta_{k(k+1)} = \delta_{k0}$$

sind negativ. Dasselbe gilt nach S. 255 auch für die Abszissen $a_{(k-1)k}$, $a_{k(k-1)}$ der Festpunkte. Diese liegen daher außerhalb des Abschnitts Δ_k. Die Koordinaten von E'_k sind:

$$\overline{A_k E_k} = e_k = -\frac{\delta_{k(k+1)}\Delta_{k+1} - \delta_{k(k-1)}\Delta_k}{-\delta_{k(k-1)} + \delta_{kk} - \delta_{k(k+1)}}, \quad T_k = \frac{\delta_{k0}}{-\delta_{k(k-1)} + \delta_{kk} - \delta_{k(k+1)}}. \tag{454}$$

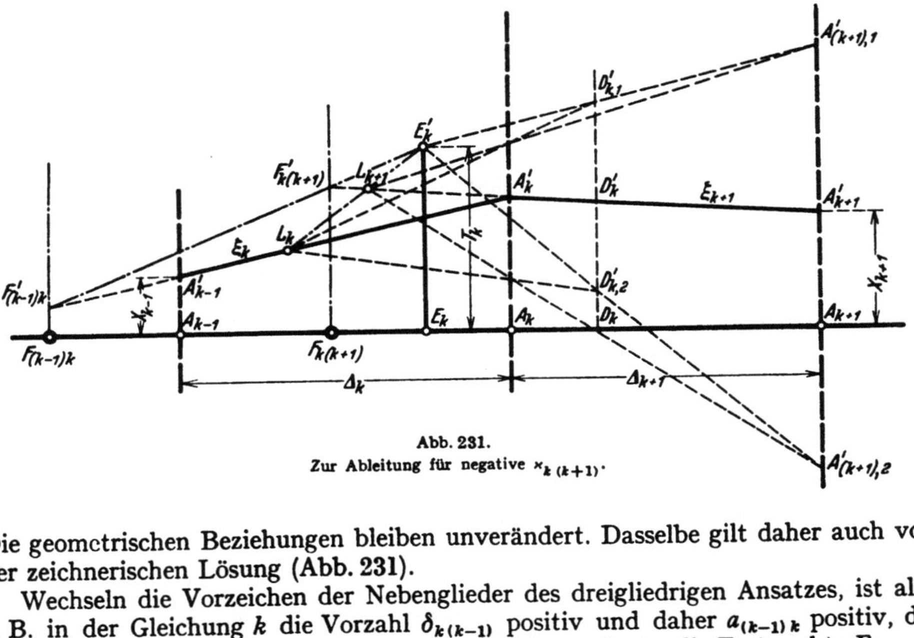

Abb. 231.
Zur Ableitung für negative $\varkappa_{k(k+1)}$.

Die geometrischen Beziehungen bleiben unverändert. Dasselbe gilt daher auch von der zeichnerischen Lösung (Abb. 231).

Wechseln die Vorzeichen der Nebenglieder des dreigliedrigen Ansatzes, ist also z. B. in der Gleichung k die Vorzahl $\delta_{k(k-1)}$ positiv und daher $a_{(k-1)k}$ positiv, die Vorzahl $\delta_{k(k+1)}$ negativ und daher $a_{k(k+1)}$ negativ, so liegen die Festpunkte $F_{(k-1)k}$, $F_{k(k-1)}$ zum Bereich Δ_k zwischen den Intervallgrenzen A_{k-1}, A_k, dagegen die Festpunkte $F_{k(k+1)}$, $F_{(k+1)k}$ zum Bereich Δ_{k+1} außerhalb. Werden dessen Intervallgrenzen mit $\Delta_{k+1} = 0$ in einem Punkte zusammengefaßt, so ist auch $a_{k(k+1)} = a_{(k+1)k} = 0$, d. h. die dem Bereich Δ_{k+1} zugeordneten Festpunkte $F_{k(k+1)}$, $F_{(k+1)k}$ fallen ebenfalls nach A_k, A_{k+1}.

Den Endpunkten A_{k-1}, A_k des Abschnittes Δ_k sind die Gleichungen $(k-1), k$ zugeordnet, die Gleichung $(k-1)$

$$-X_{k-2}\delta_{(k-1)(k-2)} + X_{k-1}\delta_{(k-1)(k-1)} + X_k\delta_{(k-1)k} = \delta_{(k-1)0}$$

geometrisch beschrieben durch den Punkt E'_{k-1} (Abb. 232) mit den Koordinaten

$$\left.\begin{aligned} e_{k-1} &= \frac{\delta_{(k-1)k}\Delta_k}{-\delta_{(k-1)(k-2)} + \delta_{(k-1)(k-1)} + \delta_{(k-1)k}} = \frac{\delta_{(k-1)k}}{\delta_{(k-1)(k-1),1} + \delta_{(k-1)k}}\Delta_k = c_{k(k-1)}, \\ \overline{E_{k-1}E'_{k-1}} &= T_{k-} = \frac{\delta_{(k-1)0}}{\delta_{(k-1)(k-1),1} + \delta_{(k-1)k}}; \end{aligned}\right\} \quad (455)$$

die Gleichung k

$$X_{(k-1)}\delta_{k(k-1)} + X_k\delta_{kk} - X_{k+1}\delta_{k(k+1)} = \delta_{k0}$$

geometrisch beschrieben durch den Punkt E'_k mit den Koordinaten

$$e_k = \frac{\delta_{k(k-1)}}{\delta_{k(k-1)} + \delta_{kk,1}}\Delta_k = c_{kk}, \quad T_k = \frac{\delta_{k0}}{\delta_{k(k-1)} + \delta_{kk,1}}. \quad (456)$$

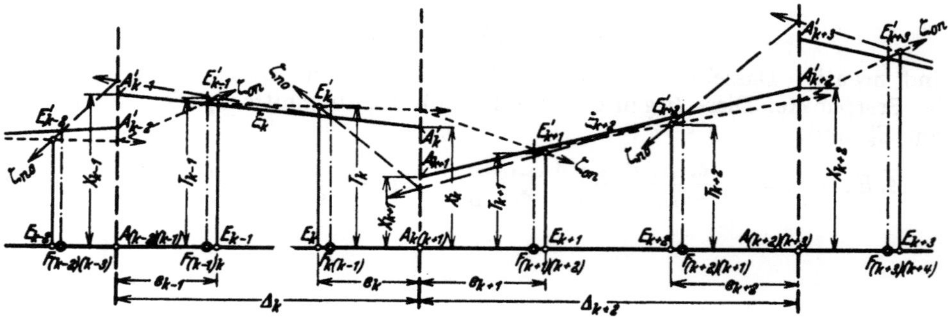

Abb. 232.

Für die zeichnerische Auflösung der Gleichungen mit Hilfe von E'_k und $F'_{(k-1)k}$, $F'_{k(k+1)}$ usw. sind Begründung und Ableitung auf S. 260 maßgebend. Dabei wird der Geradenzug ζ_{0n} aus einem bekannten Punkte $F'_{(k-1)k}$ der Geraden ξ_k, dem Punkte E'_k und der Ordinaten im Festpunkte $F_{k(k+1)}$, also im Doppelpunkte A_k, A_{k+1} entwickelt. Damit ist $F'_{k(k+1)}$ bestimmt, aus dem in Verbindung mit E'_{k+1} der Punkt $F'_{(k+1)(k+2)}$ auf der Vertikalen durch $F_{(k+1)(k+2)}$ gefunden wird. Der Geradenzug ξ_{n0} entsteht aus einem Punkte $F'_{(k+2)(k+1)}$ und E'_{k+1}. Er liefert auf der Ordinate in $F_{(k+1)k}$, d. i. im Punkte A_{k+1}, den Schnittpunkt $F'_{(k+1)k}$, aus dem in Verbindung mit E'_k der Punkt $F'_{k(k-1)}$ erhalten wird. Damit sind die Geraden ξ_k jedes Abschnitts Δ_k, also die gesuchten Strecken X_{k-1}, X_k bestimmt. Der Ursprung F'_{12} des Geradenzuges ζ_{0n} fällt wiederum mit E'_1, der Ursprung $F'_{n(n+1)}$ des gegenläufigen Geradenzuges ζ_{n0} mit E'_n zusammen.

Die Lösung kann durch ähnliche geometrische Beziehungen nachgeprüft werden. Durch Addition der Gleichungen k und $(k+1)$ entsteht nach (444)

$$X_{k-1}\delta_{k(k-1)} + X_k\delta_{kk,1} + X_{k+1}\delta_{(k+1)(k+1),1} + X_{k+2}\delta_{(k+1)(k+2)} = \delta_{k0} + \delta_{(k+1)0} \quad (457)$$

und damit eine geometrische Beziehung zwischen vier fiktiven Massen in $A'_{k-1} \ldots A'_{k+1}$, oder deren Zusammenfassung in zwei Punkten B'_k, C'_k mit den Ordinaten $Y_{(k-1)k}$, $Y_{(k+1),(k+2)}$ mit dem Schwerpunkt $E'_{k(k+1)}$ (Abb. 233).

$$\left.\begin{aligned} \overline{A_k B_k} &= \frac{\delta_{k(k-1)}}{\delta_{k(k-1)} + \delta_{kk,1}}\Delta_k = c_{kk}, \\ \overline{A_{k+1} C_k} &= \frac{\delta_{(k+1)(k+2)}}{\delta_{(k+1)(k+1),1} + \delta_{(k+1)(k+2)}}\Delta_{k+2} = c_{(k+2)(k+1)}. \end{aligned}\right\} \quad (458)$$

$$\left.\begin{aligned}\overline{A_{k(k+1)}E_{k(k+1)}} = e_{k(k+1)} &= \frac{\delta_{(k+1)(k+2)}\,\Delta_{k+2} - \delta_{(k-1)k}\,\Delta_{k-1}}{\delta_{k(k-1)} + \delta_{kk,1} + \delta_{(k+1)(k+1),1} + \delta_{(k+1)(k+2)}}\,,\\ T_{k(k+1)} &= \frac{\delta_{k0} + \delta_{(k+1)0}}{\delta_{k(k-1)} + \delta_{kk,1} + \delta_{(k+1)(k+1),1} + \delta_{(k+1)(k+2)}}\,.\end{aligned}\right\} \qquad (459)$$

Die Punkte B'_k, $E'_{k(k+1)}$, C'_k liegen daher auf einer Geraden, für die E'_k Festpunkt ist. In ähnlicher Weise werden die Gleichungen k und $(k+1)$ geometrisch ausgelegt.

$$\begin{aligned}&X_{k-1}\,\delta_{k(k-1)} + X_k\,\delta_{kk,1} - (X_{k+1} - X_k)\,\delta_{k(k+1)}\\ &\qquad = Y_{(k-1)k}\,(\delta_{k(k-1)} + \delta_{kk,1}) - (X_{k+1} - X_k)\,\delta_{k(k+1)} = \delta_{k0}\,,\\ &(X_{k+1} - X_k)\,\delta_{(k+1)k} + X_{k+1}\,\delta_{(k+1)(k+1),1} + X_{k+2}\,\delta_{(k+1)(k+2)}\\ &\qquad = (X_{k+1} - X_k)\,\delta_{(k+1)k} + Y_{(k+1)(k+2)}\,(\delta_{(k+1)(k+1),1} + \delta_{(k+1)(k+2)}) = \delta_{(k+1)0}\,,\end{aligned}$$

d. h. die Geraden $B'_kA'_k$ und $B_kA'_{k+1}$ schneiden auf der Schwerlinie $\mathfrak{w}_k$ eine Strecke von der vorgeschriebenen Länge

$$\frac{\delta_{k0}}{\delta_{k(k-1)} + \delta_{kk,1} - \delta_{k(k+1)}} = S_k \qquad (460)$$

ab. Ähnliches gilt für die zweite Gleichung.

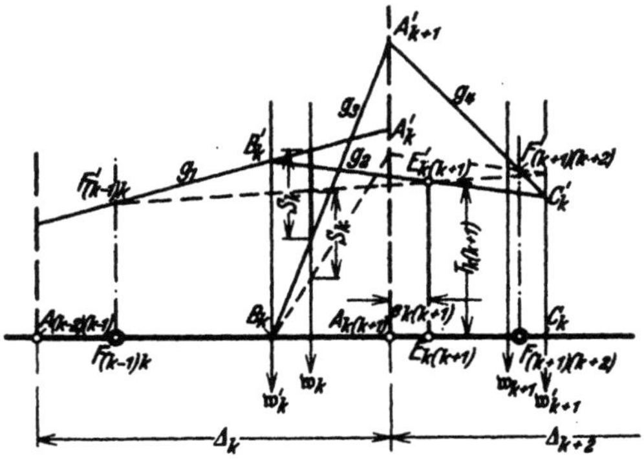

Abb. 233.

Wird daher eine Gerade g_1 mit dem vorgegebenen Punkt $F'_{(k-1)k}$ angenommen, so ist g_2 mit B'_k und $E'_{k(k+1)}$, also auch C'_k bestimmt. Dasselbe gilt für die Gerade g_3 mit B_k und der Strecke S_k auf $\mathfrak{w}_k$. Daher besitzt auch die Gerade A'_{k+1}, C'_k einen festen, dem Punkte $F'_{(k-1)k}$ zugeordneten Punkt von ξ_{k+2}. Dieser liegt auf der Ordinaten von $F_{(k+1)(k+2)}$. Die Lösung wird für eine Gerade $F'_{(k-1)k}B'_k$ am einfachsten, die gleichzeitig durch $E'_{k(k+1)}$ verläuft. Damit ist eine zweite zeichnerische Auflösung des Ansatzes mit den Festpunkten $E'_{k(k+1)}$ und den Strecken S_k, S_{k+1} gefunden worden.

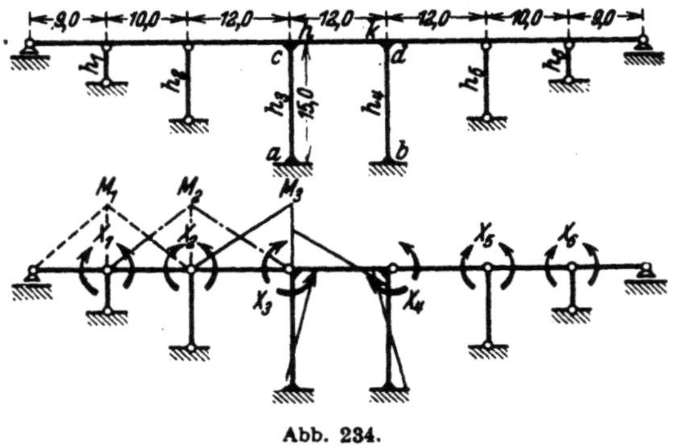

Abb. 234.

Um die Genauigkeit der zeichnerischen Lösung festzustellen, wird die Identität der Gleichungen des Ansatzes mit den Ergebnissen für die überzähligen Größen untersucht. Sie kann durch Iteration verbessert oder auch durch die Berechnung der ΔX_k aus

$$\Delta T_k = T_k - \frac{X_{(k-1),1}\,\delta_{k(k-1)} + X_{k,1}\,\delta_{kk} + X_{(k+1),1}\,\delta_{k(k+1)}}{\delta_{k(k-1)} + \delta_{kk} + \delta_{k(k+1)}} \qquad (461)$$

nach $X_{k,2} = X_{k,1} + \Delta X_k$ berichtigt werden.

Die Lösung wird an der Berechnung eines symmetrischen Brückenträgers gezeigt (Abb. 234), dessen mittlerer Teil als steif eingespannter Rahmen ausgebildet ist. Hierzu dient ein dreifach statisch unbestimmtes Hauptsystem, an dem außer der Belastung die Stützenmomente $X_1 \ldots X_6$ als überzählige Größen angreifen. Die Formänderungen des statisch bestimmten Abschnitts des Hauptsystems sind bei Annahme eines für alle Stäbe gleich großen Trägheitsmomentes

$$\delta_{11} = \delta_{66} = \frac{1}{3}\,(9{,}0 + 10{,}0) = 6{,}333\,; \qquad \delta_{12} = \delta_{56} = \frac{10}{6} = 1{,}667\,;$$

$$\delta_{22} = \delta_{55} = \frac{1}{3}\,(10{,}0 + 12{,}0) = 7{,}333\,; \qquad \delta_{23} = \delta_{45} = \frac{12}{6} = 2{,}000\,.$$

Die Formänderungen des statisch unbestimmten Abschnitts aus $-X_3 = 1$ werden mit Hilfe der Tabellen Abschn. 61 bestimmt. Für diesen Belastungsfall ist:

$$M_{h,k} = -\frac{1}{2}\cdot 1{,}25\left(\frac{1}{3{,}25} \pm \frac{6}{8{,}5}\right) = -0{,}192 \mp 0{,}442 \text{ mt};$$

$$H = -\frac{3}{2}\,\frac{1}{15{,}0}\,\frac{1}{3{,}25} = -0{,}0308 \text{ t} = N_3^{(3)},$$

Biegungsmomente am

Riegel $h\,k$: $M_h = -0{,}634$ mt; $M_k = +0{,}250$ mt.
Stütze h_3: $M_c = +0{,}366$ mt; $M_a = 0{,}366 - 0{,}0308\cdot 15{,}0 = -0{,}096$ mt,
Stütze h_4: $M_d = +0{,}250$ mt; $M_b = 0{,}250 - 0{,}0308\cdot 15{,}0 = -0{,}212$ mt.

$$\delta_{33}^{(3)} = \delta_{44}^{(3)} = \frac{1}{3}\,12 + \frac{1}{3}\,12\left(0{,}634 - \frac{0{,}250}{2}\right) = 6{,}036;$$

$$\delta_{34}^{(3)} = \frac{1}{3}\,12\left(-0{,}250 + \frac{0{,}634}{2}\right) = 0{,}268.$$

Matrix der Elastizitätsgleichungen

	X_1	X_2	X_3	X_4	X_5	X_6	s_k
1	+6,333	+1,667					8,000
2	+1,667	+7,333	+2,000				11,000
3		+2,000	+6,036	+0,268			8,304
4			+0,268	+6,036	+2,000		8,304
5				+2,000	+7,333	+1,667	11,000
6					+1,667	+6,333	8,000

Hierbei ist $s_k = \delta_{k(k-1)} + \delta_{kk} + \delta_{k(k+1)}$.

Der Kettenbruch $\beta_{11} = \beta_{66}$ wird in bekannter Weise nach (404) und (394) gebildet und liefert

$$\varkappa_{65} = \varkappa_{12} = 0{,}2632; \quad \varkappa_{54} = \varkappa_{23} = 0{,}2901; \quad \varkappa_{43} = \varkappa_{34} = 0{,}04912;$$
$$\varkappa_{32} = \varkappa_{45} = 0{,}3321; \quad \varkappa_{21} = \varkappa_{56} = 0{,}2500; \quad \beta_{11} = \beta_{66} = 0{,}1690.$$

Die Abschnitte Δ_k werden in Übereinstimmung mit den Feldweiten festgesetzt, um das Ergebnis der graphischen Auflösung unmittelbar zur Bestimmung der Schnittkräfte des Stabwerks zu verwenden.

$$a_{(k-1)k} = \frac{\varkappa_{(k-1)k}}{1 + \varkappa_{(k-1)k}}\,l_k; \qquad a_{k(k-1)} = \frac{\varkappa_{k(k-1)}}{1 + \varkappa_{k(k-1)}}\,l_k.$$

Riegelstab l_k	2	3	4	5	6
$a_{(k-1)k}$	2,084	2,698	0,562	2,992	2,000
$a_{k(k-1)}$	2,000	2,992	0,562	2,698	2,084

$$e_k = \frac{\delta_{k(k+1)}\,l_{k+1} - \delta_{k(k-1)}\,l_k}{s_k}.$$

Bedingung k	1	2	3	4	5	6
e_k	+2,084	+0,666	−2,503	+2,503	−0,666	−2,084

Vorgeschriebene Belastungsannahmen.

Die überzähligen Größen sollen für Eigengewicht $g = 1$ t/m, Belastung des Feldes l_3 mit Nutzlast $p = 1$ t/m, ferner für gleichförmige Temperaturerniedrigung des Riegels um 15^0 und für eine gemessene Verdrehung des linken Rahmenstützpunktes um 19′ angegeben werden. $EJ_c = 60000$ tm².

Soweit sich die Formänderungen auf den statisch bestimmten Teil des Hauptsystems beziehen, ist eine nähere Erklärung unnötig.

Die statisch unbestimmten Formänderungen $\delta_{30}^{(3)}$, $\delta_{40}^{(3)}$ werden aus

$$\delta_{k0}^{(3)} = \int M_0^{(0)} M_k^{(3)} \frac{J_c}{J} ds$$

berechnet. Die Momente $M_3^{(3)}$, $M_4^{(3)}$ sind mit Hilfe der Tabelle Abschn. 61 in Abb. 234 aufgetragen worden. Hieraus folgt die

Übersicht der $T_k = \dfrac{\delta_{k0}^{(3)}}{s_k}$ in mt.

k	1	2	3	4	5	6
Eigengewicht 1 t/m	$+\dfrac{90,4}{8,000}$	$+\dfrac{172,5}{11,000}$	$+\dfrac{155,7}{8,304}$	+ 18,75	+ 15,68	+ 11,30
Nutzlast $p = 1$ t/m auf l_3		$+\dfrac{112,5}{11,000}$	$+\dfrac{112,5}{8,304}$			
Riegel $t = -15^0$			$+\dfrac{3,450}{8,304}$	+ 0,415		
$\Delta\varphi_3 = 19'$			$-\dfrac{31,6}{8,304}$	$-\dfrac{62,1}{8,304}$		

$$\delta_{3t}^{(3)} = E J_c \alpha_t t l_4 N_3^{(3)} = -60000 \cdot 0,00015 \cdot 12 \cdot (-0,0308) = +3,45,$$
$$\delta_{3\Delta}^{(3)} = -E J_c \Sigma C_3^{(3)} \Delta_c = -60000 \cdot 0,096 \cdot 19 \cdot 0,000291 = -31,6.$$

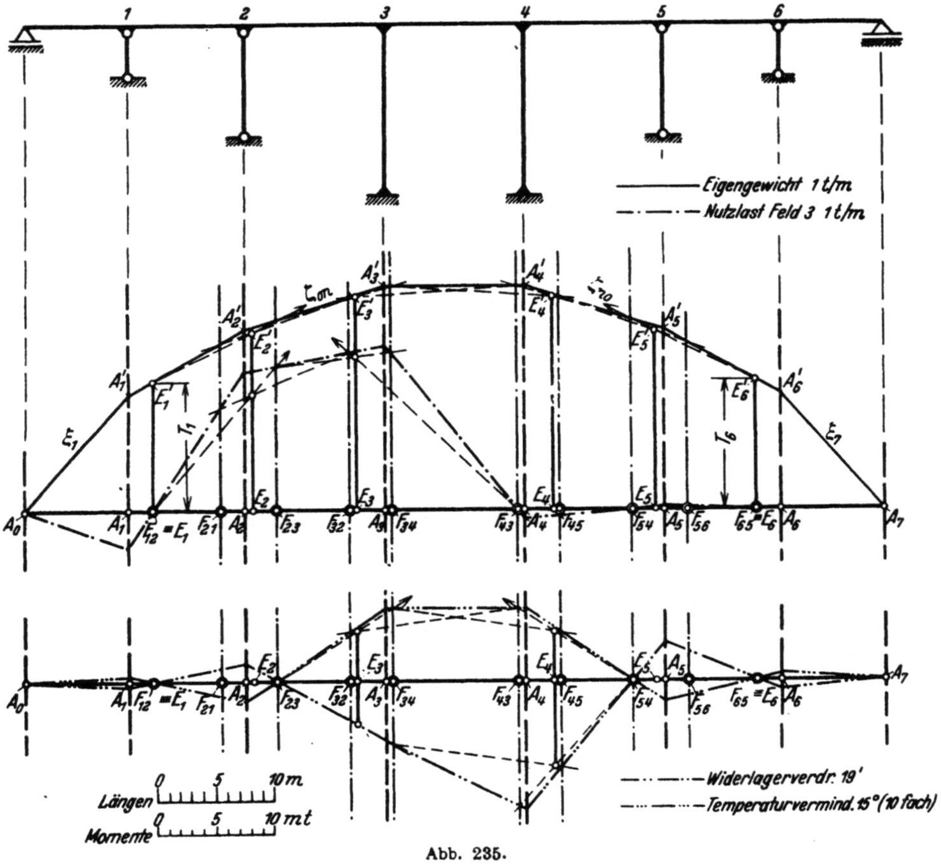

Abb. 235.

Um die Gleichungen zeichnerisch aufzulösen, werden nach S. 261 zuerst die Festpunkte $F_{12} \dots F_{56}$, $F_{65} \dots F_{21}$ und die Punkte $E_1 \dots E_6$ mit den Ergebnissen $a_{12} \dots a_{56}$, $a_{65} \dots a_{21}$, $e_1 \dots e_6$ der Rechnung auf der Achse $A_1 \dots A_6$ eingetragen und die Ordinaten $T_1 \dots T_6$ für jeden einzelnen Belastungsfall in $E_1 \dots E_6$ abgesteckt. Die positiven Werte erscheinen in der oberen Halbebene. Daher gilt das gleiche von den überzähligen Schnittkräften X_k. Mit den Ordinaten T_1, T_6 in den Festpunkten F_{12}, F_{65} und den Endpunkten E'_k der Strecken T_k sind die beiden Geradenzüge ζ_{0n}, ζ_{n0} und damit in jedem Abschnitt Δ_k zwei Punkte $F'_{(k-1)\,k}$, $F'_{k\,(k-1)}$ des Geradenzuges ξ_k bestimmt, welcher auf den Ordinaten A_1, A_2 usw. die gesuchten Strecken X_1, X_2 usw. abschneidet.

Die statisch unbestimmten Stützenmomente nach Abb. 235 in mt für jeden Belastungsfall:

Belastung	X_1	X_2	X_3	X_4	X_5	X_6
Eigengewicht. . .	10,2	15,8	19,7	19,7	15,8	10,2 mt
Nutzlast.	−3,4	12,1	14,5	− 0,7	0,3	0 ,,
Temperatur . . .	0,05	−0,18	0,63	0,63	−0,18	0,05 ,,
Lagerverdrehung .	−0,50	1,50	−5,40	−11,20	3,30	−0,80 ,,

Die Schnittkräfte des statisch unbestimmten Bereichs des Hauptsystems sind

$$M = M_0^{(3)} - X_3 M_3^{(3)} - X_4 M_4^{(3)}.$$

Die Momente $M_0^{(3)}$ aus den einzelnen Belastungen werden nach den Tabellen Abschn. 61 berechnet.

Biegungsmomente in mt.

Belastung	M_a	M_c	$M_3 = -X_3$	M_h	M_k	$M_4 = -X_4$	M_d	M_b
Eigengewicht. . .	− 0,29	+ 0,58	−19,7	−19,1	−19,1	−19,7	+ 0,58	− 0,29
Nutzlast.	− 1,24	+ 5,13	−14,5	− 9,38	+ 4,06	+ 0,7	+ 3,36	− 3,01
Temperatur . . .	− 1,03	+ 0,85	− 0,63	+ 0,22	+ 0,22	+ 0,63	+ 0,85	− 1,03
Lagerverdrehung .	+ 32,70	− 3,94	+ 5,40	+ 1,41	− 5,78	+ 11,2	−16,98	+ 19,47

Mohr, O.: Abhandlungen aus dem Gebiete der techn. Mechanik, 3. Aufl. S. 83. Berlin 1928. — Culmann: Anwendungen der graphischen Statik Bd. 3. Zürich 1900. — Fidler, Claxton: Trans. Inst. C. E. Bd. 74. Okt. 1883. — Massau, J.: Annales de l'association des ingénieurs de Gand 1889. — Vianello: Der durchgehende Träger auf elastisch senkbaren Stützen. Hamburg 1904. — Ostenfeld, A.: Graphische Behandlung der kont. Träger. Z. Arch.- Ing.-Wesen 1905 S. 47; 1908 Heft 1. — Vlachos: Zeichnerische Behandlung der durchgehenden Träger. Öst. Wochenschr. öffentl. Baudienst 1908. — Marcus, H.: Die Berechnung von Silozellen. Z. Arch.- u. Ing.-Wesen 1911. — Mehmke, R.: Leitfaden z. graphischen Rechnen. Leipzig 1917. — Pásternak, P.: Berechnung vielfach statisch unbestimmter biegefester Stab- und Flächentragwerke. 1. Dreigliedrige Systeme. Zürich 1927.

33. Integration der Elastizitätsgleichungen als lineare Differenzengleichungen.

Die Wurzeln des Ansatzes sind bisher durch die algebraische Rekursion der linearen Gleichungen bestimmt und zeichnerisch einer Punktfolge $1 \dots k \dots n$ zugeordnet worden. Das Ergebnis erscheint dabei geometrisch in einem funktionalen Zusammenhang, dessen Unbekannte nur für ganzzahlige Werte k der Veränderlichen $(k \cdot \Delta)$ Lösungen besitzen. Damit entsteht die Frage nach derjenigen stetigen Funktion, die für ganzzahlige unabhängige Veränderliche Lösungen des linearen Ansatzes ergibt. Dieser erhält damit die Eigenschaft einer Differenzengleichung.

Die Elastizitätsgleichung $\sum_{h=k}^{k+m} \delta_{rh} X_h = \delta_{r0}$, $\left(k = r - \frac{m}{2}\right)$ ist eine lineare Funktion von der Form

$$F_1(X_k, X_{k+1}, \dots, X_{k+m}) = N_r \qquad (462\text{a})$$

mit $(m+1)$ aufeinander folgenden abhängigen Veränderlichen X_k. Sie kann als Funktion von Differenzen $\Delta^h X_k$ $(h = 1 \ldots m)$ entwickelt und damit als lineare Differenzengleichung

$$F_2(X_k, \Delta X_k, \Delta^2 X_k, \ldots, \Delta^m X_k) = N_r \tag{462b}$$

mit der ganzzahligen Veränderlichen k angeschrieben werden. Der Grenzübergang mit $\overline{(k-1), k} \equiv \Delta x \to dx \approx 0$ würde eine Differentialgleichung ergeben, so daß die Verwandtschaft der allgemeinen mathematischen Beziehungen und Lösungsmethoden von Differenzen- und Differentialgleichungen verständlich ist.

Die Gleichung (462a) mit X_k und den folgenden Unbekannten bis X_{k+m} heißt nach der Umformung in (462b) Differenzengleichung $m$ter Ordnung, so daß die dreigliedrigen, fünfgliedrigen und siebengliedrigen Ansätze als Differenzengleichungen zweiter, vierter und sechster Ordnung behandelt werden können. Sie heißen homogen, wenn die Belastungszahlen Null sind. Sind die Störungsglieder N_r vorhanden, so spricht man wie in der Infinitesimalrechnung von vollständigen Gleichungen und nennt Funktionen, welche die Differenzengleichungen erfüllen, Partikularlösungen.

Die Differenzenrechnung ist ein selbständiger Teil der Mathematik, dessen Methoden in zahlreichen Sonderwerken studiert werden können. Ihre Beziehungen zur Baustatik sind von F. Bleich und E. Melan eingehend dargestellt worden. Die nachstehenden Bemerkungen sind daher nur als kurzer Hinweis zu verstehen, welcher zu einem Vergleich mit der algebraischen Auflösung einer Gruppe von linearen Gleichungen ausreicht.

Der Ansatz einer Differenzengleichung $m$ter Ordnung mit n linearen Gleichungen $1, 2 \ldots n$ und $(n+m)$ Unbekannten X_k wird für beliebige Werte der m ersten oder letzten Wurzeln erfüllt. Die allgemeine Lösung X_k^* einer vollständigen Differenzengleichung $m$ter Ordnung enthält daher stets m willkürlich wählbare konstante Größen. Sie kann aus der allgemeinen Lösung X_k der homogenen Gleichung und einer partikulären Lösung $\overline{X_k}$ der vollständigen Gleichung zusammengesetzt werden. Die vollständige Lösung X_k der homogenen Gleichung besteht aus der Summe der m voneinander unabhängigen, mit den Konstanten C_ν $(\nu = 1, \ldots m)$ erweiterten partikulären Lösungen.

$$X_k^* = \overline{X_k} + X_k .$$

Die m in der Funktion X_k^* enthaltenen Integrationskonstanten C_ν werden aus den Randbedingungen des statischen Problems bestimmt.

Die linearen Differenzengleichungen der baustatischen Probleme sind infolge des Maxwellschen Gesetzes stets symmetrisch und von gerader Ordnung. Sie ergeben nur bei konstanten Koeffizienten einfache Lösungsfunktionen. Die homogene Differenzengleichung $m$ter Ordnung wird dann durch ein partikuläres Integral $X_k = \varrho_\nu^k$ befriedigt, in dem die ϱ_ν $(\nu = 1 \ldots m)$ als Wurzeln einer charakteristischen Gleichung $m$ten Grades berechnet werden. Damit entsteht die folgende allgemeine Lösung:

$$X_k = C_1 \varrho_1^k + C_2 \varrho_2^k + \cdots C_m \varrho_m^k . \tag{463}$$

Dies ist nach einiger Umformung auch möglich, wenn einzelne Wurzeln gleich oder komplex sind.

Beispiel: Lineare Differenzengleichung zweiter Ordnung mit den konstanten Koeffizienten a, b, c:

$$a X_{k-1} + b X_k + c X_{k+1} = 0 . \tag{464}$$

Lösungsansatz: $X_k = \varrho^k$, charakteristische Gleichung: $a + b\varrho + c\varrho^2 = 0$

$$\varrho_{1,2} = -\frac{b}{2c} \pm \frac{1}{2c}\sqrt{b^2 - 4ac} ,$$

allgemeine Lösung:

$$X_k = C_1 \varrho_1^k + C_2 \varrho_2^k .$$

Ist die Gleichung das Ergebnis einer baustatischen Untersuchung, so ist $a = c$, daher

$$\varrho_1 \cdot \varrho_2 = 1; \qquad \varrho_1 = \varrho; \qquad \varrho_2 = \frac{1}{\varrho}; \qquad X_k = C_1 \varrho^k + C_2 \varrho^{-k} .$$

Die Gleichung (464) läßt sich für $a = c$ auch folgendermaßen anschreiben:

$$X_{k-1} + 2\beta X_k + X_{k+1} = 0 .$$

Lösungsansatz $e^{\alpha k}$, charakteristische Gleichung: $\mathfrak{Cof}\, \alpha + \beta = 0$ mit den Wurzeln $\alpha_1 = m$, $\alpha_2 = -m$ und der Lösung

$$X_k = A_1 e^{mk} + A_2 e^{-mk} = C_1 \mathfrak{Cof}\, mk + C_2 \mathfrak{Sin}\, mk .$$

Sie läßt sich auch leicht für die homogenen und symmetrischen Differenzengleichungen vierter und höherer Ordnung entwickeln, wenn die Koeffizienten konstant sind.

Das partikuläre Integral der vollständigen Differenzengleichung kann stets nach den allgemeinen Methoden von Lagrange und Cauchy angegeben werden. Diese sind in der Literatur über Differenzenrechnung zu finden. In der Regel sind jedoch die Störungsglieder der baustatischen Ansätze einfache algebraische Funktionen der Veränderlichen, für die das partikuläre Integral als ganze rationale Funktion mit unbestimmten Beiwerten angeschrieben werden kann. Diese werden dann derart bestimmt, daß der Ansatz erfüllt ist.

Ansatz. $$a X_{k-1} + b X_k + c X_{k+1} = N = \text{const}: \quad \overline{X}_k = \zeta N ,$$

$$\zeta (a + b + c) N = N; \qquad \overline{X}_k = \frac{N}{a + b + c} .$$

Ansatz. $$a X_{k-1} + b X_k + c X_{k+1} = N + r k: \quad \overline{X}_k = \alpha + \beta k .$$

$$a(\alpha + \beta(k-1)) + b(\alpha + \beta k) + c(\alpha + \beta(k+1)) = N + r k ,$$

$$\alpha(a + b + c) - \beta(a - c) + \beta(a + b + c) k = N + r k ,$$

$$\beta = \frac{r}{a + b + c}; \qquad \alpha = \frac{N(a + b + c) + r(a - c)}{(a + b + c)^2} ,$$

$$X_k^* = \frac{N(a + b + c) + r(a - c)}{(a + b + c)^2} + \frac{r}{a + b + c} k + C_1 \varrho_1^k + C_2 \varrho_2^k .$$

Jedem stetigen Bereiche einer Differenzengleichung zweiter Ordnung ist eine Lösung mit zwei Integrationskonstanten zugeordnet. Diese werden aus den vorgeschriebenen Randbedingungen und aus der Stetigkeit der Lösung an den Grenzen benachbarter Abschnitte bestimmt. Sie ändern sich mit jedem Belastungsfall.

Bei der Berechnung der Vorzahlen β_{hk} sind die Belastungsglieder außer $N_k = 1$ Null. Der Ansatz ist daher in k unstetig und zerfällt in zwei homogene Teile. I: (0 bis $k - 1$), II: ($k + 1$ bis n). Die vier Integrationskonstanten werden aus den vorgeschriebenen Randwerten X_0, X_n und aus der Stetigkeit der Lösung in (k) berechnet. Diese verlangt, daß $\beta_{kk,I} = \beta_{kk,II}$ und daß Gleichung (k) mit $N_k = 1$ erfüllt ist.

Die Lösung wird für $n = \infty$ kürzer. Ist diese Annahme unzulässig, so kann diejenige Belastung $\mathfrak{P}^*$ des unendlich ausgedehnten Bereichs durch Spiegelung der vorgeschriebenen Belastung $\mathfrak{P}_n$ des endlichen Bereichs entwickelt werden, welche dieselbe Formänderung des Stabwerks liefert. Der Ansatz wird dann für den unendlich ausgedehnten Bereich ($n = \infty$) mit $\mathfrak{P}^*$ berechnet. Die Lösung kann aber auch für $n = \infty$ mit $\mathfrak{P}_n$ angegeben und dann durch eine homogene Lösung ergänzt werden, welche die vorgeschriebenen Randbedingungen des kurzen Bereichs herstellt (vgl. Abschn. 22).

Berechnung der Stützenmomente des durchgehenden Trägers mit freibeweglichen, starren Stützen $0 \ldots k \ldots n$; $l' = \text{const} = l$, $X_0 = 0$, $X_n = 0$.

Ansatz nach (293) $X_{k-1} + 4X_k + X_{k+1} = \frac{6}{l}\delta_{k0}$ (Abb. 236).

a) Gleichmäßige Belastung aller Felder: $\frac{6}{l}\delta_{k0} = N = \text{const}$.

Lösung:

$$X_k = \frac{N}{6} + C_1\varrho^k + C_2\varrho^{-k};$$

$$\varrho = -2 + \sqrt{3} = -0{,}2679.$$

Integrationskonstanten C_1, C_2 aus $X_0 = 0$; $X_n = 0$.

$$\frac{N}{6} + C_1 + C_2 = 0;$$

$$\frac{N}{6} + C_1\varrho^n + C_2\varrho^{-n} = 0.$$

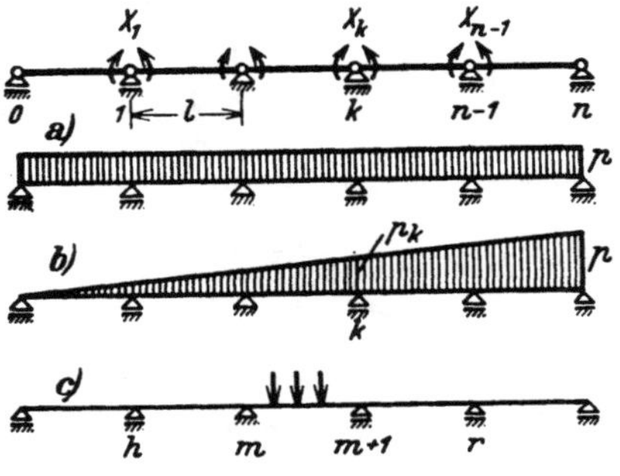

Abb. 236.

$$X_k = \frac{\delta_{k0}}{l}\left(1 - \frac{\varrho^{n-k} + \varrho^k}{1 + \varrho^n}\right); \qquad \text{bei großer Felderzahl ist } \varrho^n \approx 0.$$

Gleichförmige Belastung p (Abb. 236a):

$$\frac{\delta_{k0}}{l} = \frac{pl^2}{12} \approx X_k.$$

$$X_1 = 0{,}10566\,pl^2; \qquad X_2 = 0{,}07735\,pl^2; \qquad X_3 = 0{,}08494\,pl^2.$$

b) Stetige hydraulische Belastung der Felder l_1 bis l_n. $p_0 = 0$; $p_n = p$ (Abb. 236b).

$$p_k = p\frac{k}{n} = \frac{2P}{n^2 l}k; \qquad N_k = \frac{6}{l}\delta_{k0} = \frac{Pl}{n^2}k.$$

$$X_k = \frac{Pl}{6n^2}k + C_1\varrho^k + C_2\varrho^{-k}; \qquad C_1, C_2 \quad \text{aus} \quad X_0 = X_n = 0.$$

$$X_k = \frac{Pl}{6n}\left(\frac{k}{n} - \frac{\varrho^{n-k} - \varrho^{n+k}}{1 - \varrho^{2n}}\right),$$

$n = 10$: $X_1 = 0{,}001667\,Pl$, $X_5 = 0{,}008357\,Pl$, $X_9 = 0{,}019465\,Pl$.

c) Belastung eines einzelnen Feldes l_{m+1}. $h < m$, $r > m + 1$ (Abb. 236c)

$$X_{h-1} + 4X_h + X_{h+1} = 0. \qquad X_{r-1} + 4X_r + X_{r+1} = 0.$$

$$X_h = C_1\varrho^h + C_2\varrho^{-h}, \qquad X_r = C_3\varrho^r + C_4\varrho^{-r}.$$

$C_1 \ldots C_4$ aus $X_0 = X_n = 0$ und den Gleichungen m, $(m+1)$.

$$m\colon X_{m-1} + 4X_m + X_{+m1} = \frac{6\delta_{m0}}{l}, \quad (m+1)\colon X_m + 4X_{m+1} + X_{m+2} = \frac{6\delta_{(m+1)0}}{l},$$

$$C_1 = -C_2 = \frac{6\varrho}{l(\varrho^2 - 1)(\varrho^{2n} - 1)}[\delta_{m0}(\varrho^m - \varrho^{2n-m}) + \delta_{(m+1)0}(\varrho^{m+1} - \varrho^{2n-(m+1)})],$$

$$C_3 = -\frac{C_4}{\varrho^{2n}} = \frac{6\varrho}{l(\varrho^2 - 1)(\varrho^{2n} - 1)}[\delta_{m0}(\varrho^m - \varrho^{-m}) + \delta_{(m+1)0}(\varrho^{m+1} - \varrho^{-(m+1)})].$$

Spannungszustand eines Bogenträgers mit steifem Zugband. Die Längskraft X_n wird als die überzählige Schnittkraft des $(n-1)$fach statisch unbestimmten Hauptsystems Abb. 237a berechnet, dessen statisch unbestimmte Schnittkräfte $M_1 \ldots M_k \ldots M_{n-1}$ in Abb. 237b eingetragen sind.

$$M_k = M_{k0}^{(n-1)} - M_{kn}^{(n-1)} X_n.$$

Wird die Längenänderung der Hängestangen vernachlässigt, so können die Biegungsmomente $M_{k0}^{(n-1)}$, $M_{kn}^{(n-1)}$ aus dreigliedrigen Bedingungsgleichungen berechnet werden (Abb. 237b).

$$M_{(k-1)}^{(n-1)}\,\delta_{k(k-1)} + M_k^{(n-1)}\,\delta_{kk} + M_{k+1}^{(n-1)}\,\delta_{k(k+1)} = \delta_{k0}.$$

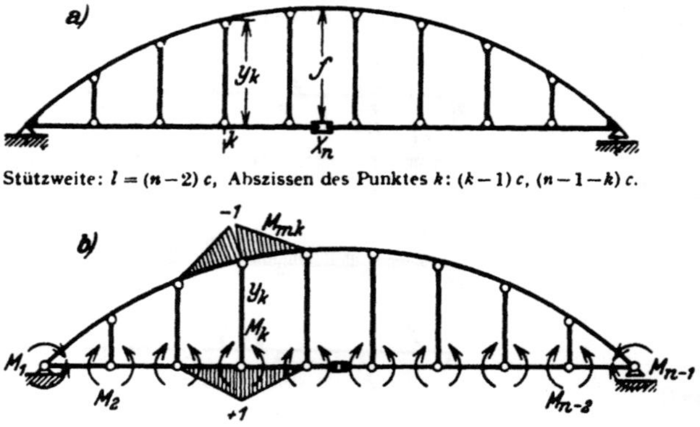
a)
y_k
f
k
X_n
Stützweite: $l = (n-2)\,c$, Abszissen des Punktes k: $(k-1)\,c$, $(n-1-k)\,c$.
b)
-1
M_{mk}
y_k
M_k
M_1
M_2
$+1$
M_{n-2}
M_{n-1}
Abb. 237.

Die Vorzahlen der Gleichungen bleiben unverändert, wenn die Abstände c der Hängestangen und das Trägheitsmoment des Untergurtes konstant und die Abschnitte des Bogengurts derart ausgebildet sind, daß $J_b : J\cos\varphi = 1$ und das Trägheitsmoment J_z des Streckträgers konstant ist $(J_b/J_z = \mu)$. Die Biegungsmomente $M_{k0}^{(n-1)}$, $M_{kn}^{(n-1)}$ werden dann aus den folgenden Differenzengleichungen berechnet:

Beliebige Belastung der Fahrbahn, die durch Querträger an den Hängestangen auf das statisch unbestimmte Hauptsystem übertragen wird.

$$(1+\mu)\,[M_{(k-1)0}^{(n-1)} + 4\,M_{k0}^{(n-1)} + M_{(k+1)0}^{(n-1)}] = M_{(k-1)0,b}^{(0)} + 4\,M_{k0,b}^{(0)} + M_{(k+1)0,b}^{(0)}.$$

Belastung des statisch unbestimmten Hauptsystems durch $-X_n = 1$

$$(1+\mu)\,[M_{(k-1)n}^{(n-1)} + 4\,M_{kn}^{(n-1)} + M_{(k+1)n}^{(n-1)}] = y_{k-1} + 4\,y_k + y_{k+1}.$$

Die Bedingungsgleichungen sind in beiden Fällen reziproke Differenzengleichungen mit konstanten Koeffizienten, deren homogener Ansatz durch

$$M_{k0}^{(n-1)} = C_1\,\varrho^k + C_2\,\varrho^{-k}$$

befriedigt wird. Hierzu treten als partikuläre Lösungen

$$\overline{M}_{k0}^{(n-1)} = \frac{1}{1+\mu}\,M_{k0,b}^{(0)}; \qquad \overline{M}_{kn}^{(n-1)} = \frac{1}{1+\mu}\,y_k = \frac{1}{1+\mu}\,4\,f\,\frac{(k-1)\,(n-1-k)}{(n-2)^2}.$$

Mit $y_1 = y_{n-1} = 0$ ist das vollständige Integral

$$M_{1n}^{(n-1)} = C_1\,\varrho + C_2\,\varrho^{-1}; \qquad M_{2n}^{(n-1)} = \frac{1}{1+\mu}\,y_2 + C_1\,\varrho^2 + C_2\,\varrho^{-2},$$

$$M_{(n-2)n}^{(n-1)} = \frac{1}{1+\mu}\,y_{n-2} + C_1\,\varrho^{(n-2)} + C_2\,\varrho^{-(n-2)}; \qquad M_{(n-1)n}^{(n-1)} = C_1\,\varrho^{(n-1)} + C_2\,\varrho^{-(n-1)}.$$

Die Randbedingungen $\delta_1^{(n-1)} = 0$, $\delta_{n-1}^{(n-1)} = 0$ ergeben damit

$$\delta_1^{(n-1)} = 0 = (1+\mu)\,(2\,M_{1n}^{(n-1)} + M_{2n}^{(n-1)}) - y_2; \quad C_1\,\varrho_1\,(2+\varrho_1) + C_2\,\varrho_1^{-1}\,(2+\varrho_1^{-1}) = 0,$$

$$\delta_{n-1}^{(n-1)} = 0 = (1+\mu)\,(2\,M_{(n-1)n}^{(n-1)} + M_{(n-2)n}^{(n-1)}) - y_{n-2};$$

$$C_1\,\varrho_1^{(n-2)}\,(2\,\varrho_1 + 1) + C_2\,\varrho_1^{-(n-2)}\,(2\,\varrho_1^{-1} + 1) = 0; \qquad C_1 = 0. \qquad C_2 = 0.$$

Die Integrationskonstanten werden für die Funktion $M_{k0}^{(n-1)}$ in derselben Weise bestimmt. Sie sind ebenfalls Null, so daß folgende Biegungsmomente entstehen:

Streckträger: $M_{kn,z}^{(n-1)} = \dfrac{y_k}{1+\mu}$; $\quad M_{k0,z}^{(n-1)} = \dfrac{M_{k0,b}^{(0)}}{1+\mu}$;

Bogen: $M_{kn,b}^{(n-1)} = y_k - \dfrac{y_k}{1+\mu} = \dfrac{\mu}{1+\mu}\,y_k$; $\quad M_{k0,b}^{(n-1)} = M_{k0,b}^{(0)} - \dfrac{M_{k0,b}^{(0)}}{1+\mu} = \dfrac{\mu}{1+\mu}\,M_{k0,b}^{(0)}$.

$$X_n = \frac{\delta_{mn}^{(n-1)}}{\delta_{nn}^{(n-1)}} = \frac{\dfrac{\mu}{1+\mu}\displaystyle\int M_{m0,b}^{(0)}\,y_k\,dx}{\dfrac{\mu}{1+\mu}\displaystyle\int y_k^2\,dx + \left(\dfrac{J_b}{F_b} + \dfrac{J_b}{F_z}\right)l}.$$

(F_b der Querschnitt des Bogens im Scheitel, F_z der Querschnitt des Zugbandes.) Ohne Berücksichtigung der Längskräfte bei der Formänderung des Bogens ist die Längskraft X_n ebenso groß wie bei einem Zugband. Nach der im Ansatz gewählten Superposition sind die Momente im

$$\text{Bogen: } M_{k,b} = M_{k0,b}^{(n-1)} - M_{kn}^{(n-1)} X_n = \frac{\mu}{1+\mu} (M_{k0,b}^{(0)} - X_n y_k),$$

$$\text{Streckträger: } M_{k,z} = \frac{1}{1+\mu} (M_{k0,b}^{(0)} - X_n y_k).$$

Das Ergebnis ist eine Bestätigung für die bekannte Aufteilung der Biegungsmomente des Bogenträgers im Verhältnis der Trägheitsmomente von Bogen- und Streckträger. Sie kann sich allerdings wesentlich ändern, wenn die einschränkenden Voraussetzungen für die Integration des Ansatzes nicht erfüllt sind. Er wird dann nach der allgemeinen Rechenvorschrift Abschn. 29 gelöst.

Die Integration der Elastizitätsgleichungen wird, wie dies bereits aus diesen kurzen Bemerkungen einzusehen ist, nur bei einer größeren Anzahl von Unbekannten und bei konstanten Vorzahlen des Ansatzes verwendet. Die Bedeutung dieser Lösung liegt in der Beschreibung des Kräftebildes regelmäßig ausgebildeter Tragwerke, dessen Gesetzmäßigkeiten am besten durch einen funktionalen Zusammenhang dargestellt werden können. Daher sind vor allem mehrfache Tragwerke mit Erfolg durch Differenzengleichungen untersucht worden.

Seliwanoff, D.: Lehrbuch der Differenzenrechnung. Leipzig 1904. — Wallenberg, G.: Theorie der linearen Differenzengleichungen. Leipzig u. Berlin 1911. — Funk, P.: Die linearen Differenzengleichungen und ihre Anwendung in der Theorie der Baukonstruktionen. Berlin 1920. — Grüning, M.: Die Statik des ebenen Tragwerks. Berlin 1925. — Derselbe: Anwendung von Differenzengleichungen in der Statik hochgradig statisch unbestimmter Tragwerke. Eisenbau 1918 S. 122. — Mann, L.: Statische Berechnung steifer Viurecknetze. Dissertation Berlin 1909 und Z. Bauwes. 1909. — Wanke, J.: Über die Berechnung von Bogenträgern mit einem Streckträger. Eisenbau 1921 S. 264; außerdem in der Melanfestschrift. Leipzig u. Wien 1923. — Fritsche, J.: Die Berechnung des symmetrischen Stockwerkrahmens mit geneigten und lotrechten Ständern mit Hilfe von Differenzengleichungen. Berlin 1923. — Melan, E.: Ein Beitrag zur Auflösung linearer Differenzengleichungen mit beliebiger Störungsfunktion. Eisenbau 1920 S. 88. — Bleich u. Melan: Die gewöhnlichen und partiellen Differenzengleichungen der Baustatik. Berlin 1927.

34. Ansätze mit unabhängigen überzähligen Größen.

Die Elastizitätsgleichungen sind durch die Ausnützung der Symmetrie des Tragwerks bei der Bildung des Hauptsystems wesentlich einfacher geworden und enthalten im Vergleich zum allgemeinen Ansatz nur einen Bruchteil der überzähligen Größen. Die algebraische Auflösung linearer Gleichungen wird jedoch ganz überflüssig, wenn alle Vorzahlen $\delta_{ik} (i \neq k)$ durch die Struktur des Hauptsystems oder durch Zusammenfassung der statisch unbestimmten Schnittkräfte zu ausgezeichneten Gruppen ausfallen. Die überzähligen Größen sind dann unabhängig voneinander.

$$X_k \delta_{kk} = \delta_{k\otimes}, \qquad X_k = \frac{\delta_{k\otimes}}{\delta_{kk}} = \frac{\delta_{k0} + \delta_{kt} + \delta_{ks}}{\delta_{kk}}. \tag{465}$$

Ein derartiger Ansatz kann grundsätzlich bei jedem statisch unbestimmten Tragwerk angegeben werden. Er verdient aber nur Beachtung, wenn die Fehlerfortpflanzung bei der Auswertung der $\frac{1}{2} \cdot n\,(n+1)$ Bedingungen $\delta_{ik} = 0\ (i \neq k)$ keine Schwierigkeiten bereitet und damit zuverlässige Ergebnisse für Zähler und Nenner erhalten werden. In allen anderen Fällen ist die Formulierung der überzähligen Größen und die Auflösung der Bedingungsgleichungen nach Abschn. 29 einfacher. Die Brauchbarkeit des Ansatzes hängt außerdem von der fehlerfreien Superposition der überzähligen Größen X_k bei der Bildung der Schnittkräfte ab. Diese ist auch bei der Auswahl unter den verschiedenen Hauptsystemen entscheidend, welche sich für die unabhängige Berechnung der überzähligen Größen eignen. Im allgemeinen werden diejenigen Hauptsysteme bevorzugt, deren überzählige Größen klein sind.

Müller-Breslau: Die graphische Statik der Baukonstruktionen Bd. 2, 1. Abt. 5. Aufl. Stuttgart 1922. — Grüning, M.: Theorie der Baukonstruktionen. Enzyklopädie der mathematischen Wissenschaften IV 29a. Leipzig 1907—1914.

35. Methoden bei wenigen überzähligen Größen.

Die Vorzahlen δ_{ik} bedeuten allgemein eine virtuelle Arbeit $1_i \cdot \delta_{ik}$ der Kräftegruppe $-X_i = 1$ bei den Verschiebungen ihrer Angriffspunkte i durch die Kräftegruppe $-X_k = 1$. Sie erhalten in einzelnen Fällen geometrische Bedeutung und bezeichnen die Projektion des Vektors einer Verdrehung oder Verschiebung. Die Bedingung $1_i \cdot \delta_{ik} = 0$ kann dann kinematisch erklärt werden.

Sind X_i und X_k zwei statisch unbestimmte Stützkräfte, so bedeutet $1_i \cdot \delta_{ik} = 0$ die winkelrechte Lage des Vektors $\overrightarrow{i\,i'}$ der von $-X_k = 1$ hervorgerufenen Verschiebung des Punktes i zur Richtung des Kraftvektors X_i. Die Bedingung $1_i \cdot \delta_{ik} = 0$ kann daher mit einem Verschiebungsplan des Hauptsystems erfüllt werden, der für $-X_k = 1$ gezeichnet wird und $\overrightarrow{i\,i'}$ liefert (S. 139). X_i ist dann senkrecht dazu.

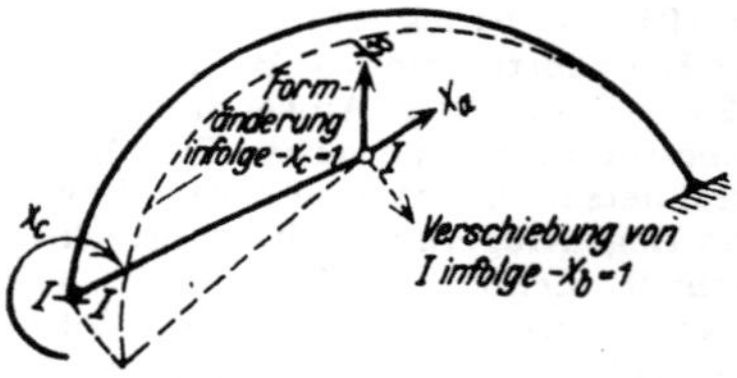

Abb. 238. $\delta_{ab} = 0$; $\delta_{ac} = 0$; $\delta_{bc} = 0$. Die Nebenbedingungen bedeuten kinematisch, daß $X_b \perp \overrightarrow{b\,b'}$ infolge $-X_a = 1$ ist und die Wirkungslinien von X_a und X_b durch den Pol der elastischen Bewegung der Endtangenten in I infolge von $-X_c = 1$ verlaufen.

Ist X_k ein Einspannungsmoment, so wird $1_i \cdot \delta_{ik} = 0$, wenn die Wirkungslinie von X_i während der Bewegung infolge von $-X_k = 1$ durch den Drehpunkt der Stabtangente verläuft. Ist X_k ein Biegungsmoment, so ist die Lage von k bei $1_i \cdot \delta_{ik} = 0$ dadurch bestimmt, daß die gegenseitige Verschiebung oder Verdrehung der Querschnitte i infolge $-X_k = 1$ Null ist (Abb. 238).

Diese zeichnerischen Hilfsmittel sind meist nicht genau genug, um die Nebenbedingungen $1_i \cdot \delta_{ik} = 0$ vollständig zu erfüllen, so daß sie besser durch analytische Lösung ersetzt werden. In einfachen Fällen treten an die Stelle der statisch unbestimmten Schnittkräfte eines ausgezeichneten Querschnitts äquivalente Kräfte mit geometrischen Freiwerten. Die überzähligen Größen erscheinen daher als Funktionen der Koordinaten x_0, y_0 ihres Schnittpunktes und des Winkels φ zwischen ihren Richtungen. Damit werden auch die Schnittkräfte N_i, N_k, M_i, M_k des Hauptsystems infolge von $-X_i = 1$, $-X_k = 1$ Funktionen dieser Koordinaten. Sie können mit den Nebenbedingungen

$$\delta_{ik} = \frac{J_c}{F_c}\int N_i N_k \frac{F_c}{F} ds + \int M_i M_k \frac{J_c}{J} ds = 0 \tag{466}$$

so bestimmt werden, daß je drei einander zugeordnete überzählige Größen voneinander unabhängig sind.

Anwendung auf zweifach statisch unbestimmte Stabwerke. Als überzählige Größen werden die Komponenten einer Gelenkkraft $X_1 \dotplus X_2$ mit dem Winkel $\varphi = 90 - \psi$ (Abb. 239b) oder die Biegungsmomente X_1, X_2 zweier Querschnitte im Abstand e (Abb. 239f) verwendet. Dann sind φ und e geometrische Freiwerte, die so bestimmt werden, daß $1_1 \cdot \delta_{12} = 0$. Dies wird mit der Berechnung des Rahmens Abb. 239a ausführlich gezeigt.

a) Die überzähligen Größen sind die Komponenten X_1, X_2 der Stützkraft im Punkte a. Die Richtung von X_2 schließt mit der Waagerechten den Winkel ψ ein.

Dieser dient als geometrischer Freiwert. Die Kraft $-X_1 = 1$ liefert M_1, die waagerechte Kraft 1 *t* in *a* die Momente M_k. Aus der Bedingung

$$\int M_1 M_2 \frac{J_c}{J} ds = \int M_1 (M_1 \sin\psi + M_k \cos\psi) \frac{J_c}{J} ds = 0$$

folgt

$$\operatorname{tg}\psi = -\frac{\int M_1 M_k \frac{J_c}{J} ds}{\int M_1^2 \frac{J_c}{J} ds}. \tag{467}$$

Besitzen die beiden Rahmenstäbe konstantes Trägheitsmoment, so ist

$$\operatorname{tg}\psi = +\frac{3\,l\,l'\,h}{2\,l^2\,l'} = +\frac{3\,h}{2\,l}.$$

b) Die überzähligen Größen sind das Biegungsmoment X_1 und die waagerechte Komponente X_2 des Stützendrucks A. Parameter ist die Abszisse e des Quer-

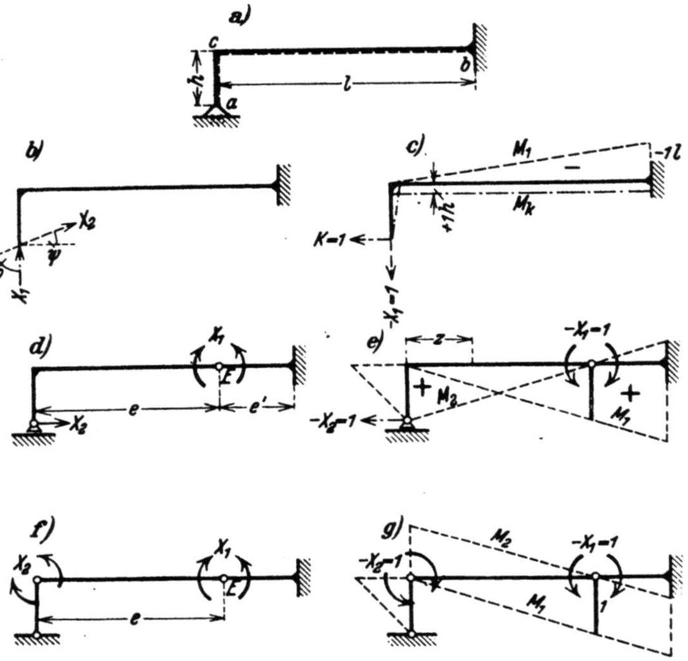

Abb. 239.

schnitts E (Abb. 239d, e). Bei konstantem Trägheitsmoment der Stäbe ist $e = 2/3 \cdot l$. Der Ansatz erfährt keine Änderung, wenn die beiden Biegungsmomente X_1 und X_2 in E und C als überzählige Größen gewählt werden (Abb. 239f, g) und der Parameter e so bestimmt wird, daß die Nebenbedingung $1_1 \cdot \delta_{12} = 0$ erfüllt ist.

In ähnlicher Weise wird der Rahmen Abb. 240 berechnet.

a) Überzählige Größen: Die Komponenten X_1, X_2 des Stützendrucks A (Abb. 240b, c). Parameter ist der Winkel ψ.

$$\operatorname{tg}\psi = -\frac{\int M_1 M_k \frac{J_c}{J} ds}{\int M_1^2 \frac{J_c}{J} ds}.$$

Bei konstantem Trägheitsmoment der Stäbe ist

$$\operatorname{tg}\psi = \frac{h_1(3l_1' + 2l_2') + h_2 l_2'}{2l_1(l_1' + l_2')}.$$

b) Überzählige Größen: Stützkraft $C = X_1$ und das Biegungsmoment $M_E = X_2$. Parameter ist die Strecke e (Abb. 240d, e).

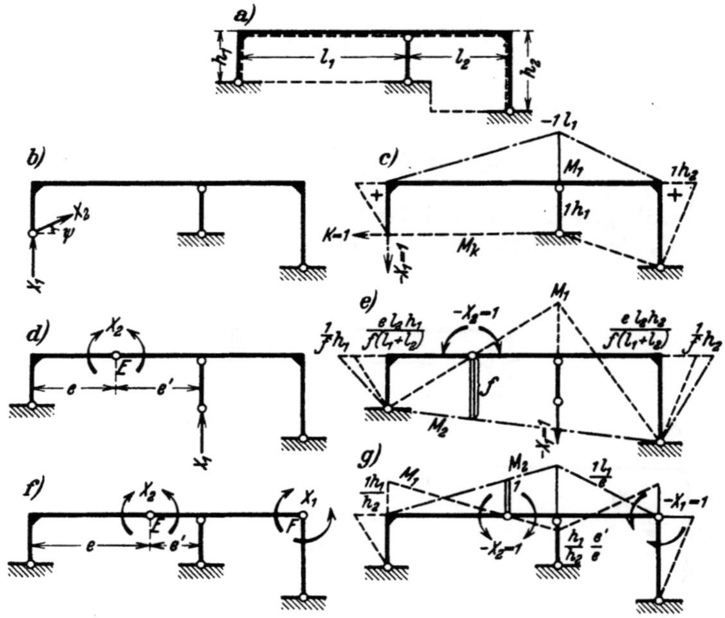

Abb. 240.

c) Überzählige Größen: Biegungsmomente X_1 und X_2 in F und E. Als Parameter dient der Abstand e (Abb. 240f, g). Er wird bei konstantem Trägheitsmoment der Stäbe folgendermaßen berechnet:

$$\delta_{12} = \int M_1 M_2 \frac{J_c}{J} ds = l_1' \frac{1}{6} \frac{l_1}{e}\left(\frac{h_1}{h_2} - 2\frac{h_1}{h_2}\frac{e'}{c}\right) + l_2' \frac{1}{6}\frac{l_1}{e}\left(1{,}0 - 2\frac{h_1}{h_2}\frac{e'}{e}\right) = 0;$$

$$\lambda_l' = \frac{l_2'}{l_1'}; \qquad \lambda_h = \frac{h_2}{h_1}; \qquad e = \frac{2 + 2\lambda_l'}{3 + 2\lambda_l' + \lambda_l'\lambda_h} l_1.$$

Diese Ansätze werden nach der Fehlerempfindlichkeit der Superposition der Anteile aus Belastung und überzähligen Größen bewertet. Aus diesem Grunde verdient der dritte Ansatz in beiden Beispielen den Vorzug.

Anwendung auf dreifach statisch unbestimmte Stabwerke. Die überzähligen Größen X_a, X_b, X_c eines Hauptsystems können entweder aus den drei Schnittkräften eines Querschnitts b (Abb. 241) oder aus drei Biegungsmomenten (Abb. 243) abgeleitet werden. Außerdem besteht die Möglichkeit, dafür die Biegungsmomente der Querschnitte k_1, k_2 und die waagerechte Komponente der Kraft $\int(\tau \mp \sigma)\,dF$ eines der beiden Querschnitte (k_2) zu wählen (Abb. 242).

Die geometrischen Freiwerte (x_0', y_0', ψ), die auf diese Weise eingehen, werden aus den Nebenbedingungen

$$1_a \delta_{ab} = 0, \qquad 1_b \delta_{bc} = 0, \qquad 1_c \delta_{ca} = 0 \tag{468}$$

so bestimmt, daß die überzähligen Größen X_a, X_b, X_c nicht mehr voneinander abhängen. Diese bestehen in dem Ansatz zu Abb. 241 aus den Schnittkräften des

Querschnitts b, also aus zwei Gruppen von Kräften, die wiederum miteinander im Gleichgewicht sind. Die überzähligen Größen des Ansatzes zu Abb. 242 bilden zweimal zwei Gruppen von Kräften, von denen ebenfalls je zwei im Gleichgewicht

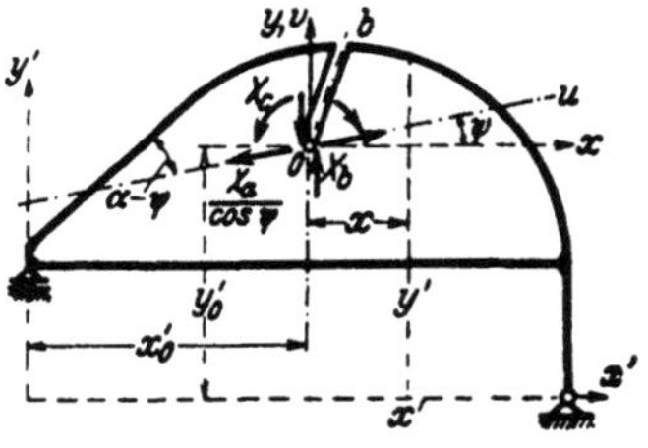
Abb. 241.

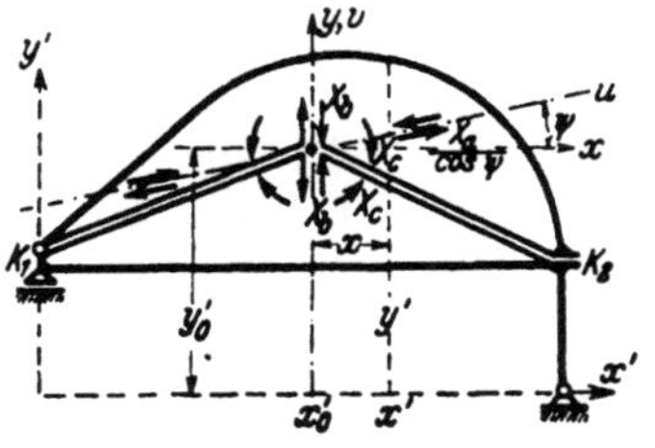
Abb. 242.

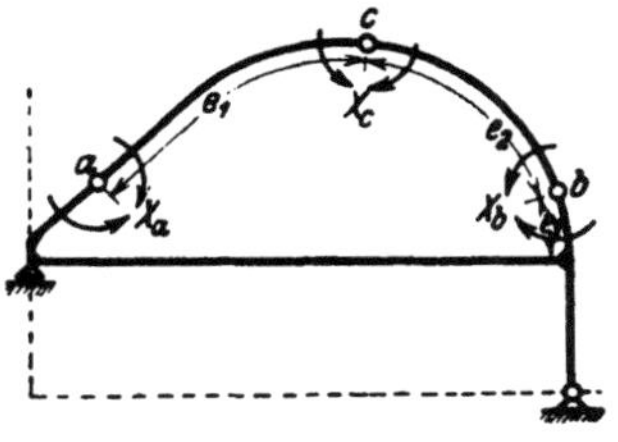
Abb. 243.

sind. Jeder Ansatz enthält eine Kraft $X_a \hat{\neq} X_b$ und ein Kräftepaar X_c. Die Wirkungslinien der Kräfte schneiden sich in einem Punkt $O(x_0', y_0')$ und schließen den Winkel $\varphi = 90 - \psi$ ein. Um die Wirkung einer jeden Kräftegruppe auf die zugeordneten Querschnitte k_1, k_2 zum Ausdruck zu bringen, werden diese mit O durch starre Stäbe verbunden angenommen, die keine Formänderung erleiden. Nach den Bedingungen (468) kann O kinematisch als Pol der Drehbewegung der Querschnitte k oder k_1, k_2 infolge $-X_c = 1$ angesehen werden, während X_a winkelrecht zur wirklichen Verschiebung δ_{ab} gerichtet ist (vgl. auch Abb. 238).

Werden drei Biegungsmomente als überzählige Größen X_a, X_b, X_c verwendet (Abb. 243), so hängt die Lage der zugeordneten Querschnitte a, b, c von den Bedingungen (468) ab. Sie bedeuten dann kinematisch, daß die gegenseitige Verdrehung der Querschnitte b und c infolge von $-X_a = 1$ und die gegenseitige Verdrehung des Querschnitts c infolge von $-X_b = 1$ Null sind (vgl. S. 272).

Die zeichnerische Ermittlung der Koordinaten x_0', y_0', ψ durch kinematische Auslegung der Bedingungen nach S. 272 ist ungenau. Sie werden daher analytisch mit $M_a, M_b \ldots$ oder $M_a^{(r)}, M_b^{(r)} \ldots$ als Funktionen dieser geometrischen Freiwerte entwickelt, je nachdem ein statisch bestimmtes oder r fach statisch unbestimmtes Hauptsystem vorliegt. Jede der drei Bedingungen erhält dann nach (299) eine der folgenden beiden Formen:

$$\left.\begin{aligned} 1_a \delta_{ab} &= \frac{J_c}{F_c}\int N_a N_b \frac{F_c}{F}\, ds + \int M_a M_b \frac{J_c}{J}\, ds = 0, \\ 1_a^{(0)} \delta_{ab}^{(r)} &= \frac{J_c}{F_c}\int N_a^{(0)} N_b^{(r)} \frac{F_c}{F}\, ds + \int M_a^{(0)} M_b^{(r)} \frac{J_c}{J}\, ds = 0. \end{aligned}\right\} \quad (469)$$

Ihre Anzahl kann auch beschränkt werden, um die Matrix der überzähligen Größen auf diese Weise aufzuspalten. Dies geschieht oft mit Rücksicht auf die Fehlerempfindlichkeit der Lösung. Bei unsymmetrischen Bogen- und Rahmenträgern (Abb. 244) wird daher auch $1_a\, \delta_{ab} \neq 0$ verwendet und mit der folgenden Matrix gerechnet.

X_a	X_b	X_c	
δ_{aa}	δ_{ab}		δ_{a0}
δ_{ba}	δ_{bb}		δ_{b0}
		δ_{cc}	δ_{c0}

(470)

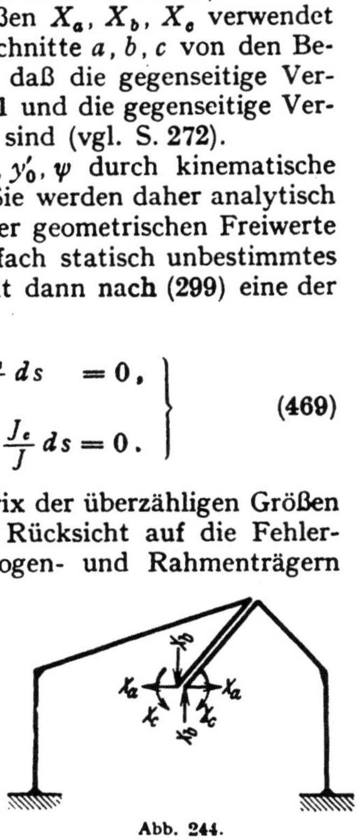
Abb. 244.

Der Ansatz ist durch die Untersuchung geschlossener oder eingespannter ein- und mehrteiliger Stabzüge mit statisch bestimmtem oder unbestimmtem Hauptsystem bekannt geworden. Unter verschiedenen Lösungen verdient stets diejenige Anordnung den Vorzug, deren überzählige Schnittkräfte klein sind, das Kräftebild des Hauptsystems also wenig ändern und einfache Ausdrücke für N_a, M_a ... oder $N_a^{(r)}$, $M_a^{(r)}$ ... liefern.

Der grundsätzliche Charakter der Lösung zeigt sich bei Untersuchung des einteiligen, geschlossenen, beliebig geformten Stabzuges, der unter der Wirkung einer Gruppe von äußeren Kräften im Gleichgewicht ist. Der beiderseits starr oder elastisch eingespannte Stabzug ist ein Sonderfall. Die Koordinaten x_0', y_0', φ oder $\psi = 90^0 - \varphi$ werden in einem geometrisch geeigneten Koordinatensystem x', y' aus (468) bestimmt. Mit $\frac{J_c}{J}\,ds = ds'$, $\frac{F_c}{F}\,ds = ds''$ und Abb. 241 ist

$$\left.\begin{aligned}
&1_a\delta_{ac} = \int 1\,[y' - y_0' - (x'-x_0')\,\mathrm{tg}\,\psi]\,ds' = 0\,, \qquad 1_b\delta_{bc} = \int 1\,(x'-x_0')\,ds' = 0\,,\\
&1_b\delta_{ab} = \frac{J_c}{F_c}\int \frac{\cos(\psi-\alpha)\sin\alpha}{\cos\psi}\,ds'' + \int (x'-x_0')\,[y'-y_0' - (x'-x_0')\,\mathrm{tg}\,\psi]\,ds' = 0\,,\\
&y_0' = \frac{\int y'\,ds'}{\int ds'}\,, \qquad\qquad x_0' = \frac{\int x'\,ds'}{\int ds'}\,,\\
&\mathrm{tg}\,\psi = \frac{\int (x'-x_0')(y'-y_0')\,ds' + \frac{J_c}{F_c}\int \sin\alpha\cos\alpha\,ds''}{\int (x'-x_0')^2\,ds' + \frac{J_c}{F_c}\int \sin^2\alpha\,ds''} \approx \frac{\int (x'-x_0')\,y'\,ds'}{\int (x'-x_0')^2\,ds'}\,.
\end{aligned}\right\} \qquad (471)$$

Besteht das Stabwerk aus geraden Elementen s_k von konstantem Trägheitsmoment J_k, deren Projektionen auf die Richtungen x', y' mit s_{kx}, s_{ky} und deren Schwerpunktsabstände mit x_{k0}', y_{k0}' bezeichnet werden, so ist mit $s_k' = s_k \cdot J_c/J_k$:

$$\left.\begin{aligned}
&x_0' = \frac{\sum x_{k0}' s_k'}{\sum s_k'}\,; \qquad\qquad y_0' = \frac{\sum y_{k0}' s_k'}{\sum s_k'}\,;\\
&\mathrm{tg}\,\psi = \frac{\sum y_{k0}' x_{k0}' s_k' + \frac{1}{12}\sum s_{kx} s_{ky} s_k' - x_0' \sum y_{k0}' s_k'}{\sum x_{k0}'^2 s_k' + \frac{1}{12}\sum s_{kx}^2 s_k' - x_0' \sum x_{k0}' s_k'}\,.
\end{aligned}\right\} \qquad (472)$$

In bezug auf das neue Koordinatensystem u, v (Abb. 241 u. 242) ist dann

$$\int u\,\frac{ds}{EJ} = 0\,; \qquad \int v\,\frac{ds}{EJ} = 0\,; \qquad \int uv\,\frac{ds}{EJ} = 0\,. \qquad (473)$$

Der Ursprung O wird daher als Schwerpunkt elastischer Gewichte ds/EJ bezeichnet, deren Deviationsmoment bezogen auf die Richtungen der Kräfte X_b und $X_a/\cos\psi$ Null ist. Diese Analogie zur Geometrie der Massen hat zur Aufzeichnung einer Elastizitätsellipse und eines Elastizitätskreises geführt, deren zugeordnete Achsen die Bedingungen (473) erfüllen. Schwerpunkt und Achsensystem sind von der Lage der ausgezeichneten Querschnitte k oder k_1, k_2 (Abb. 242) unabhängig. Sie können beliebig liegen, werden jedoch stets so gewählt, daß die Schnittkräfte aus den Belastungszuständen des Hauptsystems einfach anzugeben sind. Der elastische Schwerpunkt liegt bei gerader und schiefer Symmetrie auf deren Achse (Abb. 245 u. 246). Diese bestimmt gemeinsam mit der Symmetrierichtung das Bezugssystem. Die Lage des elastischen Schwerpunktes folgt aus $\delta_{ac} = 0$. Die Bedingung wird unter Umständen in Verbindung mit den Komponenten ε_{22}, ε_{21} des Verschiebungszustandes der anschließenden Bauteile ange-

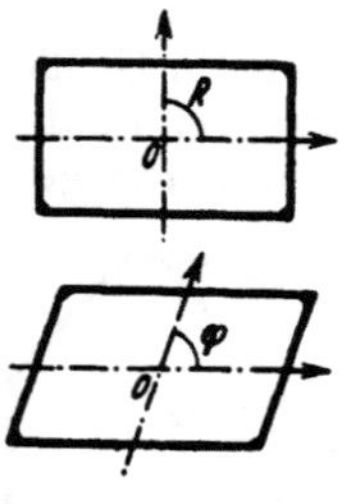

Abb. 245. Rahmen mit gerader und schiefer Symmetrie.

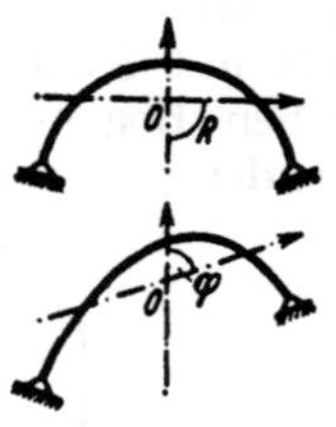

Abb. 246. Bogen mit gerader und schiefer Symmetrie.

schrieben (Abb. 247). Sie bedeuten die EJ_cfachen Drehwinkel des Anschlußquerschnitts a des symmetrischen Stabzugs infolge eines Kräftepaares von 1 mt und einer zur y-Achse winkelrechten Einzellast von 1 t.

$$\left.\begin{aligned} 1_a\,\delta_{ac} &= -2\,(y_0'\,\varepsilon_{22} + \varepsilon_{21}) + \int (y' - y_0')\,ds' = 0\,,\\ y_0' &= \frac{\int y'\,ds' - 2\,\varepsilon_{21}}{\int ds' + 2\,\varepsilon_{22}} \end{aligned}\right\} \qquad (474)$$

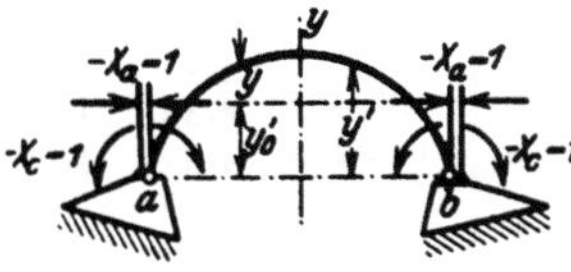

Abb. 247.

Bei zwei Symmetrieachsen ist der geometrische Mittelpunkt gleichzeitig auch elastischer Schwerpunkt (Abb. 245).

Die drei Vorzahlen δ_{aa}, δ_{bb}, δ_{cc} sind ebenso wie die Koordinaten des elastischen Schwerpunkts x_0', y_0', ψ unabhängig von der Wahl des Hauptsystems und werden aus

$$\left.\begin{matrix} \sum s_k'\,; & \sum x_{k0}'\,s_k'\,; & \sum y_{k0}'\,s_k'\,;\\ \sum x_{k0}'^2\,s_k'\,; & \sum y_{k0}'^2\,s_k'\,; & \sum x_{k0}'\,y_{k0}'\,s_k'\,;\\ \sum s_{kx}^2\,s_k'\,; & \sum s_{ky}^2\,s_k'\,; & \sum s_{kx}\,s_{ky}\,s_k'\,; \end{matrix}\right\}\ \text{(Abb. 248)} \qquad (475)$$

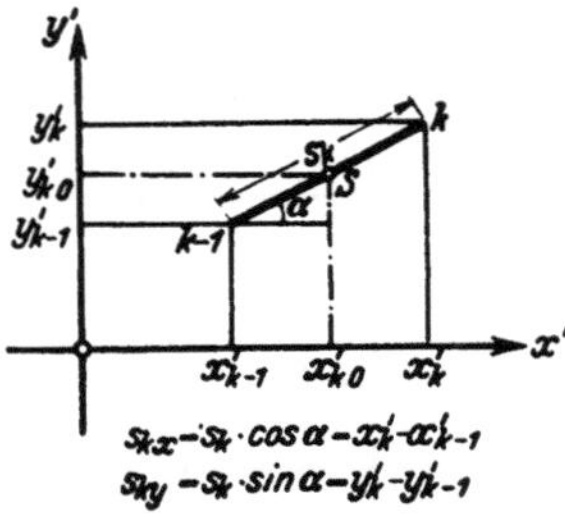

Abb. 248.

folgendermaßen berechnet:

$$\left.\begin{aligned} x_0' &= \frac{\sum x_{k0}'\,s_k'}{\sum s_k'} = \frac{\delta_{b'c}}{\delta_{cc}}\,; \qquad y_0' = \frac{\sum y_{k0}'\,s_k'}{\sum s_k'} = \frac{\delta_{a'c}}{\delta_{cc}}\,;\\ \delta_{b'b} &= \sum x_{k0}'^2\,s_k' + \tfrac{1}{12}\sum s_{kx}^2\,s_k' - x_0'\sum x_{k0}'\,s_k' = \delta_{b'b'} - x_0'\,\delta_{b'c}\,,\\ \delta_{a'a,1} &= \sum y_{k0}'^2\,s_k' + \tfrac{1}{12}\sum s_{ky}^2\,s_k' - y_0'\sum y_{k0}'\,s_k' = \delta_{a'a'} - y_0'\,\delta_{a'c}\,,\\ \delta_{a'b} &= \sum x_{k0}'\,y_{k0}'\,s_k' + \tfrac{1}{12}\sum s_{kx}\,s_{ky}\,s_k' - x_0'\sum y_{k0}'\,s_k' = \delta_{a'b'} - x_0'\,\delta_{a'c}\,,\\ \operatorname{tg}\psi &= \frac{\delta_{a'b}}{\delta_{b'b}}\,; \qquad \delta_{a'a,2} = \operatorname{tg}\psi\,\delta_{a'b}\,. \end{aligned}\right\} \qquad (476)$$

Hierbei hat $\delta_{i'k}$ die Bedeutung einer gegenseitigen Verschiebung oder Verdrehung im Sinne einer Kraft $-X_i' \uparrow\uparrow -X_i$,* die im Ursprung des Koordinatensystems x', y' angreift, hervorgerufen durch $-X_k = 1$ im Punkte O. Ebenso bedeutet $\delta_{i'k'}$ die Verschiebung infolge $-X_k' = 1$ ($X_k' \uparrow\uparrow X_k$, im Punkte $x' = 0$, $y' = 0$). Danach ist $\delta_{i'k} = \int M_i' M_k \frac{J_c}{J}\,ds$. Für ein $r = (n - 3)$ fach statisch unbestimmtes Hauptsystem werden die Verschiebungen mit $\delta_{i'k}^{(r)}$, $\delta_{i'k'}^{(r)}$ bezeichnet und in derselben Weise berechnet. Die Vorzahlen in (465) sind:

$$\delta_{cc} = \sum s_k'\,; \qquad \delta_{bb} = \delta_{b'b}\,; \qquad \delta_{aa} = \delta_{a'a,1} - \delta_{a'a,2}\,. \qquad (477)$$

Die Untersuchung erfährt bei einem statisch unbestimmten Hauptsystem keine grundsätzliche Änderung. Die geometrischen Freiwerte sind durch (**468**) bestimmt.

Berechnung von Dachrahmen.

A. Geometrische Grundlagen.

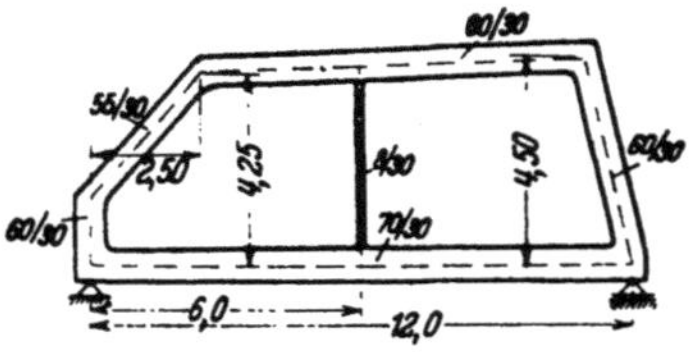

Abb. 249.

$J_c = 0{,}0054\ \mathrm{m}^4$;
F_{ez} (Eisen) $= 0{,}0016\ \mathrm{m}^2$;
$E_b = 210\ \mathrm{t/cm}^2$;
$n = E_e/E_b = 10$.

Bezeichnungen vgl. Abb. 248.

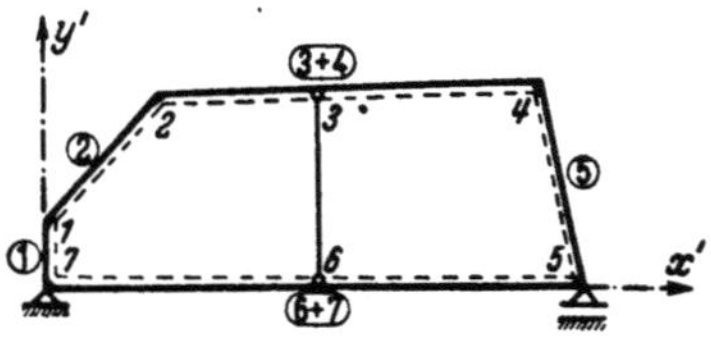

Abb. 250.

* $\uparrow\uparrow$ bedeutet parallel und gleichgerichtet (vgl. Hütte).

k	x'_k	y'_k	x'_{k0}	y'_{k0}	s_{kx}	s_{ky}	s_k	J_c/J	s'_k
0	0,00	0,00							
1	0,00	1,50	0,00	0,750	0,00	1,50	1,50	1,0000	1,500
2	2,50	4,25	1,250	2,875	2,50	2,75	3,72	1,2980	4,829
3	6,00	4,35	6,750	4,375	8,50	0,25	3,50	1,0000	3,500
4	11,00	4,50					5,00	1,0000	5,000
5	12,00	0,00	11,500	2,250	1,00	−4,50	4,61	1,0000	4,610
6	6,00	0,00	6,000	0,000	−12,00	0,00	6,00	0,6294	3,776
7	0,00	0,00					6,00	0,6294	3,776

B. Dachrahmen ohne Hängesäule.

1. Schwerpunktskoordinaten und Vorzahlen nach (475) u. (476).

k	s'_k	$x'_{k0}\cdot s'_k$	$y'_{k0}\cdot s'_k$	$x'^2_{k0}s'_k$	$y'^2_{k0}s'_k$	$x'_{k0}y'_{k0}s'_k$	$s^2_{kx}s'_k$	$s^2_{ky}s'_k$	$s_{kx}s_{ky}s'_k$
1	1,500	0,0000	1,1250	0,0000	0,8438	0,0000	0,0000	3,3750	0,000
2	4,829	6,0375	13,8863	7,5469	39,9231	17,3578	30,1813	36,5193	33,1994
3 + 4	8,500	57,3750	37,1875	387,2813	162,6953	251,0156	614,1250	0,5313	18,0625
5	4,610	53,0150	10,3725	609,6725	23,3381	119,2838	4,6100	93,3525	−20,7450
6 + 7	7,552	45,3000	0,0000	271,8000	0,0000	0,0000	1087,4880	0,0000	0,0000
Σ	26,991	161,7275	62,5713	1276,3007	226,8003	387,6572	1736,4043	133,7781	30,5169

$$\delta_{b'c} = \Sigma x'_{k0} s'_k = 161{,}7275; \qquad \delta_{a'c} = \Sigma y'_{k0} s'_k = 62{,}5713; \qquad \delta_{cc} = \Sigma s'_k = 26{,}991;$$

$$\delta_{b'b'} = \Sigma x'^2_{k0} s'_k + \tfrac{1}{12}\Sigma s^2_{kx} s'_k = 1276{,}3007 + \tfrac{1}{12}\,1736{,}4043 = 1421{,}0011;$$

$$\delta_{a'a'} = \Sigma y'^2_{k0} s'_k + \tfrac{1}{12}\Sigma s^2_{ky} s'_k = 226{,}8003 + \tfrac{1}{12}\,133{,}7781 = 237{,}9485;$$

$$\delta_{a'b'} = \Sigma x'_{k0} y'_{k0} s'_k + \tfrac{1}{12}\Sigma s_{kx} s_{ky} s'_k = 387{,}6572 + \tfrac{1}{12}\,30{,}5169 = 390{,}2003;$$

$$x'_0 = \frac{\delta_{b'c}}{\delta_{cc}} = \frac{161{,}7275}{26{,}991} = 5{,}9921; \qquad y'_0 = \frac{\delta_{a'c}}{\delta_{cc}} = \frac{62{,}5713}{26{,}991} = 2{,}3183;$$

$$\delta_{b'b} = \delta_{b'b'} - x'_0\,\delta_{b'c} = 1421{,}0011 - 5{,}9921\cdot 161{,}7275 = 451{,}914;$$

$$\delta_{a'a,1} = \delta_{a'a'} - y'_0\,\delta_{a'c} = 237{,}9485 - 2{,}3183\cdot 62{,}5713 = 92{,}8895;$$

$$\delta_{a'b} = \delta_{a'b'} - x'_0\,\delta_{a'c} = 390{,}2003 - 5{,}9921\cdot 62{,}5713 = 15{,}2668;$$

$$\operatorname{tg}\psi = \frac{\delta_{a'b}}{\delta_{b'b}} = \frac{15{,}2668}{451{,}914} = 0{,}03378; \qquad \delta_{a'a,2} = \operatorname{tg}\psi\cdot\delta_{a'b} = 0{,}5157;$$

$$\delta_{cc} = 26{,}991; \qquad \delta_{bb} = \delta_{b'b} = 451{,}914;$$

$$\delta_{aa} = \delta_{a'a} = \delta_{a'a,1} - \delta_{a'a,2} = 92{,}8895 - 0{,}5157 = 92{,}3738;$$

Probe für die Koordinaten x'_0; y'_0; ψ nach (472):

$$\Sigma\,(y'_{k0} - y'_0)\,s'_k = 0{,}0; \qquad \Sigma\,(x'_{k0} - x'_0)\,s'_k = 0{,}0;$$

$$\Sigma\,(x'_{k0} - x'_0)\,(y'_{k0} - x'_{k0}\operatorname{tg}\psi)\,s'_k + \tfrac{1}{12}\Sigma\,s_{kx}\,(s_{ky} - s_{kx}\operatorname{tg}\psi)\,s'_k = 0{,}0.$$

2. Belastung und Wahl des Hauptsystems nach (Abb. 242).

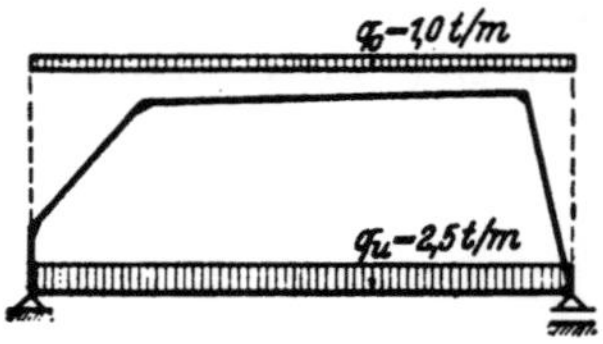

Abb. 251.

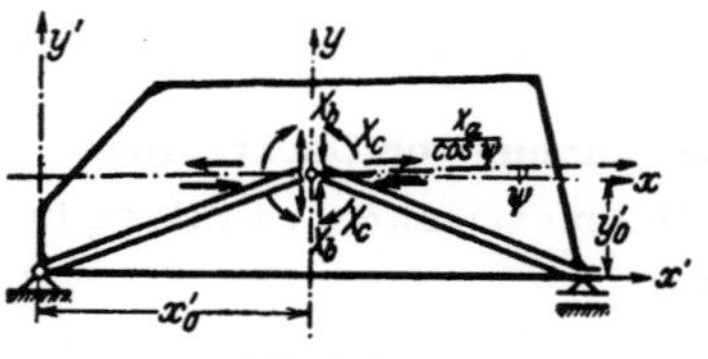

Abb. 252.

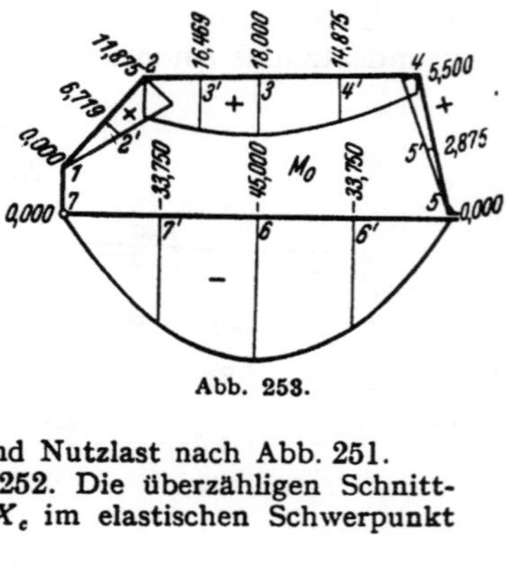

Abb. 253.

Belastung: Gleichmäßig verteilte Last aus Eigengewicht und Nutzlast nach Abb. 251.

Hauptsystem: Zwei Balken auf zwei Stützen nach Abb. 252. Die überzähligen Schnittkräfte werden durch eine äquivalente Kräftegruppe X_a, X_b, X_c im elastischen Schwerpunkt ersetzt.

Momente M_0 im Hauptsystem: Abb. 253; Momente im Hauptsystem aus:

$$-X_c = 1, \quad M_c = -1{,}0;$$
$$-X_b = 1, \quad M_b = -x = -(x' - x_0');$$
$$-X_a = 1, \quad M_a = -[y - x \operatorname{tg}\psi] = -[(y' - y_0') - (x' - x_0') \operatorname{tg}\psi].$$

3. Belastungszahlen: Tabellarische Berechnung von:

$$\delta_{b'0} = -\int x' M_0\, ds' = +354{,}455; \qquad \delta_{a'0} = -\int y' M_0\, ds' = -687{,}355;$$

$$\delta_{c0} = -\int 1\, M_0\, ds' = +57{,}224; \qquad \delta_{a0} = -\int (y - x \operatorname{tg}\psi)\, M_0\, ds' = \delta_{a'0} - y_0' \delta_{c0} - \operatorname{tg}\psi\, \delta_{b0};$$

$$\delta_{a0} = -687{,}355 - 2{,}3183 \cdot 57{,}224 - 0{,}03378 \cdot 11{,}563 = -820{,}408;$$

$$\delta_{b0} = -\int x\, M_0\, ds' = \delta_{b'0} - x_0' \delta_{c0} = 354{,}455 - 5{,}9921 \cdot 57{,}224 = 11{,}563.$$

4. Überzählige Größen:

$$X_a = \frac{\delta_{a0}}{\delta_{aa}} = \frac{-820{,}408}{92{,}3738} = -8{,}8814 \text{ t},$$

$$X_b = \frac{\delta_{b0}}{\delta_{bb}} = \frac{11{,}563}{451{,}914} = +0{,}02559 \text{ t},$$

$$X_c = \frac{\delta_{c0}}{\delta_{cc}} = \frac{57{,}224}{26{,}991} = +2{,}1201 \text{ mt}.$$

5. Momente im dreifach statisch unbestimmten System (Abb. 254):

$$M = M_0 - X_a M_a - X_b M_b - X_c M_c$$
$$= M_0 + X_a[(y' - y_0') - (x' - x_0') \operatorname{tg}\psi] + X_b(x' - x_0') + X_c$$
$$= M_0 + X_a y' + (X_b - X_a \operatorname{tg}\psi)\, x' + [X_c - X_b x_0' - X_a(y_0' - \operatorname{tg}\psi\, x_0')]$$
$$= M_0 - 8{,}8815\, y' + 0{,}32559\, x' + 20{,}7593.$$

k	M [mt]	k	M [mt]
1	+ 7,4370	4	− 10,1260
2′	+ 2,3507	5	+ 24,6664
2	− 4,2981	6′	− 10,0604
3′	+ 0,4213	6	− 22,2872
3	+ 2,0783	7′	− 12,0139
4′	− 0,8988	7	+ 20,7593

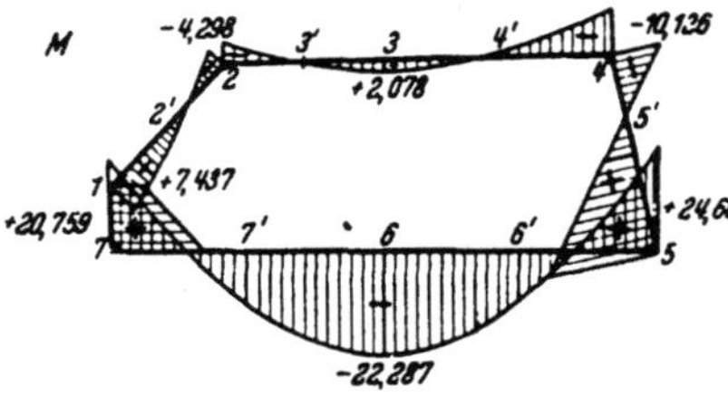

Abb. 254.

C. Dachrahmen mit Hängestange.

Das System ist vierfach statisch unbestimmt. Die Schnittkräfte X_1, X_2, X_3 an den Querschnitten 5 und 7 (Abb. 250) werden durch eine äquivalente Kräftegruppe X_a, X_b X_c ersetzt, für die

$$\delta_{bc}^{(1)} = 0; \qquad \delta_{ac}^{(1)} = 0; \qquad \delta_{ab}^{(1)} = 0$$

ist. Dies sind die Nebenbedingungen für die Koordinaten $x_0'^{(1)}$, $y_0'^{(1)}$, $\psi^{(1)}$. In den Ansätzen unter B dieser Aufgabe treten daher an Stelle der Formänderungen δ_{ik} die Formänderungen $\delta_{ik}^{(1)}$ des einfach statisch unbestimmten Hauptsystems.

1. Belastung: Gleichmäßig verteilte Last aus Eigengewicht und Nutzlast nach Abb. 251.

2. Hauptsystem, einfach statisch unbestimmt: Zwei übereinanderliegende einfache Träger mit Hängestange. Statisch unbestimmte Schnittkraft: Y_A (Längskraft der Hängestange). Die Formänderungen des statisch unbestimmten Hauptsystems werden aus den folgenden zugeordneten Formänderungen des statisch bestimmten Hauptsystems berechnet (Abb. 255):

$$\delta_{AA} = \int M_A^2\, ds' + \frac{J_c}{n F_Z} S_Z^2 s_Z = 61{,}6325;$$

$$\delta_{Ac} = -\int 1\, M_A\, ds' = 31{,}6838;$$

$$\delta_{Ab'} = -\int x' M_A\, ds' = 188{,}6054;$$

$$\delta_{Aa'} = -\int y' M_A\, ds' = 84{,}1148.$$

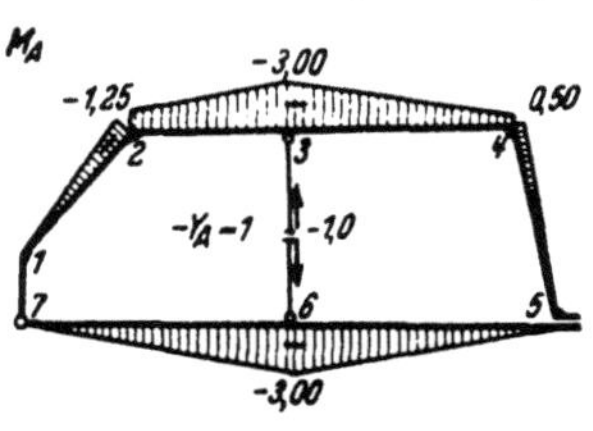

Abb. 255.

$\delta_{b'c}$, $\delta_{a'c}$, δ_{cc} usw. aus B, 1.

3. Schwerpunktskoordinaten und Vorzahlen $\delta_{kk}^{(1)}$:

$$Y_{Ac} = \frac{\delta_{Ac}}{\delta_{AA}} = 0{,}51407; \qquad Y_{Ab'} = \frac{\delta_{Ab'}}{\delta_{AA}} = 3{,}06016; \qquad Y_{Aa'} = \frac{\delta_{Aa'}}{\delta_{AA}} = 1{,}36478;$$

$$\delta_{b'c}^{(1)} = \delta_{b'c} - Y_{Ac}\,\delta_{Ab'} = 161{,}7275 - 0{,}51407 \cdot 188{,}6054 = 64{,}7711\,,$$
$$\delta_{a'c}^{(1)} = \delta_{a'c} - Y_{Ac}\,\delta_{Aa'} = 62{,}5713 - 0{,}51407 \cdot 84{,}1148 = 19{,}3304\,,$$
$$\delta_{cc}^{(1)} = \delta_{cc} - Y_{Ac}\,\delta_{Ac} = 26{,}991 - 0{,}51407 \cdot 31{,}6838 = 10{,}7033\,,$$
$$\delta_{b'b'}^{(1)} = \delta_{b'b'} - Y_{Ab'}\,\delta_{Ab'} = 1421{,}0011 - 3{,}06016 \cdot 188{,}6054 = 843{,}8384\,,$$
$$\delta_{a'a'}^{(1)} = \delta_{a'a'} - Y_{Aa'}\,\delta_{Aa'} = 237{,}9485 - 1{,}36478 \cdot 84{,}1148 = 123{,}1503\,,$$
$$\delta_{a'b'}^{(1)} = \delta_{a'b'} - Y_{Aa'}\,\delta_{Ab'} = 390{,}2003 - 1{,}36478 \cdot 188{,}6054 = 132{,}7954\,,$$

$$x_0'^{(1)} = \frac{\delta_{b'c}^{(1)}}{\delta_{cc}^{(1)}} = \frac{64{,}7711}{10{,}7033} = 6{,}0515; \qquad y_0'^{(1)} = \frac{\delta_{a'c}^{(1)}}{\delta_{cc}^{(1)}} = \frac{19{,}3304}{10{,}7033} = 1{,}8060\,,$$

$$\delta_{b'b}^{(1)} = \delta_{b'b'}^{(1)} - x_0'^{(1)}\,\delta_{b'c}^{(1)} = 843{,}8384 - 6{,}0515 \cdot 64{,}7711 = 451{,}8761\,,$$
$$\delta_{a'a,1}^{(1)} = \delta_{a'a'}^{(1)} - y_0'^{(1)}\,\delta_{a'c}^{(1)} = 123{,}1503 - 1{,}8060 \cdot 19{,}3304 = 88{,}2396\,,$$
$$\delta_{a'b}^{(1)} = \delta_{a'b'}^{(1)} - x_0'^{(1)}\,\delta_{a'c}^{(1)} = 132{,}7954 - 6{,}0515 \cdot 19{,}3304 = 15{,}8175\,,$$

$$\operatorname{tg}\psi^{(1)} = \frac{\delta_{a'b}^{(1)}}{\delta_{b'b}^{(1)}} = \frac{15{,}8175}{451{,}8761} = 0{,}0350; \qquad \delta_{a'a,2}^{(1)} = \operatorname{tg}\psi^{(1)} \cdot \delta_{a'b}^{(1)} = 0{,}5536\,,$$

$$\delta_{cc}^{(1)} = 10{,}7033\,, \qquad \delta_{bb}^{(1)} = \delta_{b'b}^{(1)} = 451{,}8761;$$
$$\delta_{aa}^{(1)} = \delta_{a'a}^{(1)} = \delta_{a'a,1}^{(1)} - \delta_{a'a,2}^{(1)} = 88{,}2396 - 0{,}5536 = 87{,}6860;$$

Probe für die Koordinaten $x_0'^{(1)}$; $y_0'^{(1)}$; $\psi^{(1)}$: Ermittlung von $M_a^{(1)}$, $M_b^{(1)}$, $M_c^{(1)}$:

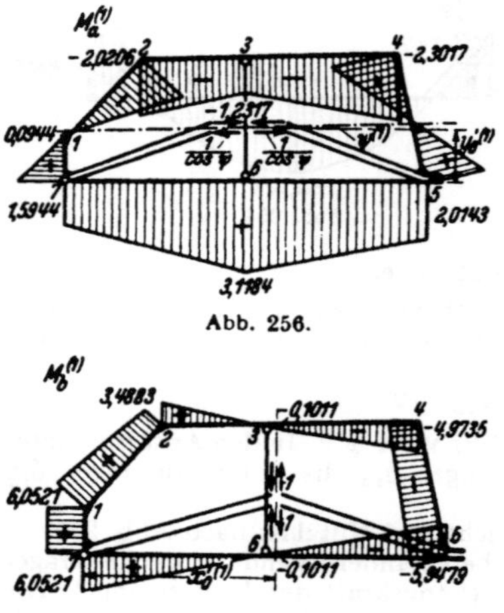

Abb. 256.

$$Y_{Ac} = 0{,}51407;$$
$$Y_{Ab} = Y_{Ab'} - x_0'^{(1)}\,Y_{Ac} = -\,0{,}05077;$$
$$Y_{Aa} = Y_{Aa'} - y_0'^{(1)}\,Y_{Ac} - \operatorname{tg}\psi^{(1)}\,Y_{Ab} = 0{,}4381;$$
$$\int M_b\,M_c^{(1)}\,ds' = 0{,}0; \qquad \int M_a\,M_c^{(1)}\,ds' = 0{,}0;$$
$$\int M_a\,M_b^{(1)}\,ds' = 0{,}0\,. \quad \text{(Abb. 256 bis 258).}$$

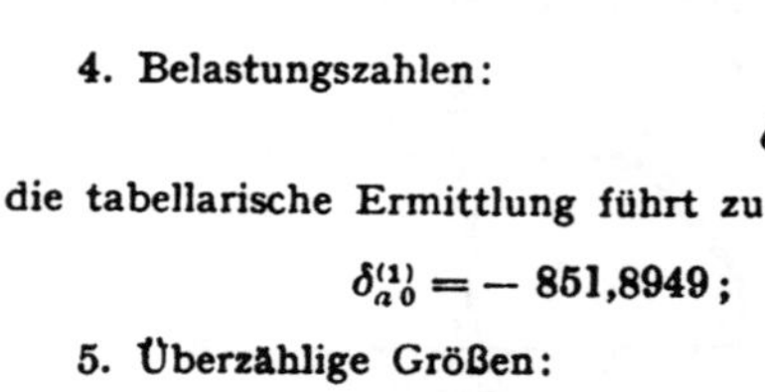

Abb. 257.

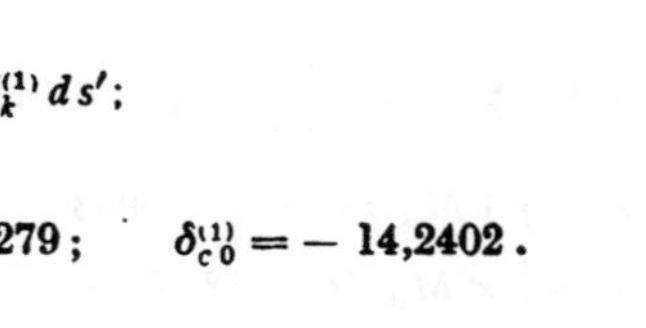

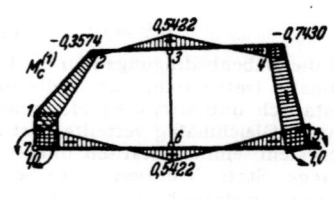

Abb. 258.

4. Belastungszahlen:

$$\delta_{k0}^{(1)} = \int M_0'\,M_k^{(1)}\,ds';$$

die tabellarische Ermittlung führt zu:

$$\delta_{a0}^{(1)} = -\,851{,}8949; \qquad \delta_{b0}^{(1)} = 15{,}2279; \qquad \delta_{c0}^{(1)} = -\,14{,}2402\,.$$

5. Überzählige Größen:

$$X_a^{(1)} = \frac{\delta_{a0}^{(1)}}{\delta_{aa}^{(1)}} = -\,9{,}7222\ \text{t}; \qquad X_b^{(1)} = \frac{\delta_{b0}^{(1)}}{\delta_{bb}^{(1)}} = +\,0{,}0337\ \text{t}; \qquad X_c^{(1)} = \frac{\delta_{c0}^{(1)}}{\delta_{cc}^{(1)}} = -\,1{,}2713\ \text{mt}\,.$$

6. Momente im vierfach statisch unbestimmten System (Abb. 259):

$$M = M_0^{(1)} - X_a^{(1)} M_a^{(1)} - X_b^{(1)} M_b^{(1)} - X_c^{(1)} M_c^{(1)}$$

k	M [mt]	k	M [mt]
1	− 0,5575	4	− 16,5268
2′	− 2,2586	5	+ 18,5125
2	− 5,5222	6′	− 5,6046
3′	+ 5,5087	6	− 7,2228
3	+ 13,4847	7′	− 7,8485
4′	+ 1,6040	7	+ 14,0258

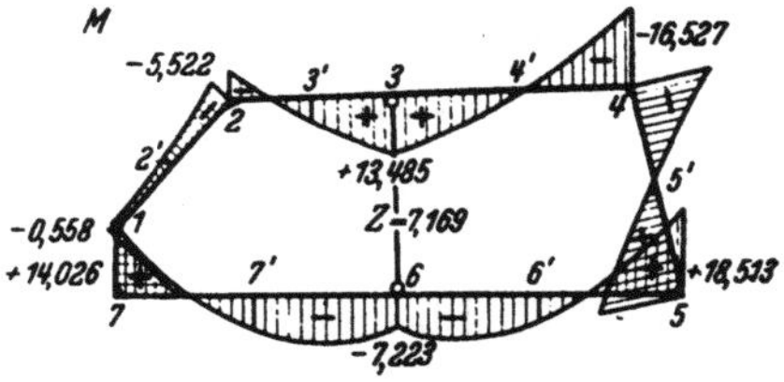

Abb. 259.

36. Die Entwicklung statisch unbestimmter Gruppenlasten.

Die einfachen Methoden zur unabhängigen Berechnung statisch unbestimmter Schnittkräfte versagen bei mehr als drei Unbekannten. Aus diesem Grunde wird der Begriff der überzähligen Größe durch die Bildung von Gruppen dieser ausgezeichneten Schnittkräfte erweitert. Sie sind bei einem n fach statisch unbestimmten Tragwerk in n facher Mannigfaltigkeit vorhanden, jedoch nur mit n Gruppen unabhängig voneinander. Die statisch unbestimmten Schnittkräfte werden mit Y_J $(J = A \ldots N)$ bezeichnet, also durch große Buchstaben unterschieden. Daher beschreiben die Wege δ_{JK} den Verschiebungszustand des Hauptsystems infolge der Belastung durch einzelne statisch unbestimmte Schnittkräfte $-Y_K = 1$. Sie werden im Sinne von $-Y_J$ positiv gerechnet. Die Gruppen statisch unbestimmter Schnittkräfte erhalten als überzählige Größen des Ansatzes wie bisher die Bezeichnung X_k, sind also durch kleine Buchstaben $(k = a \ldots n)$ unterschieden. Die Wege δ_{Jk} bedeuten daher Komponenten des Verschiebungszustandes des Hauptsystems infolge von $-X_k = 1$ in Richtung von $-Y_J$.

Die Gruppenlasten X_k sind äußere Kräfte des Hauptsystems, mit denen die Schnittkräfte des statisch unbestimmten Stabwerks wie in (288) nach dem Superpositionsgesetz entwickelt werden.

$$M = M_0 - \sum X_k M_k, \qquad (k = a \ldots n). \tag{466}$$

In diesem Ansatz bedeuten M_0, M_k wieder die Schnittkräfte des Hauptsystems infolge der Belastung $\mathfrak{P}$ und der Gruppenlast $-X_k = 1$ $(k = a \ldots n)$.

Die Bildung der Gruppenlasten. Die statisch unbestimmten Schnittkräfte Y_J werden durch Superposition der Anteile aus den überzähligen Größen X_k gefunden.

$$Y_J = \sum_{k=a}^{k=n} X_k Y_{Jk}, \qquad (J = A \ldots N). \tag{467}$$

	X_a	X_b	…	X_h	X_i	X_k	…	X_n
Y_A	Y_{Aa}	Y_{Ab}		Y_{Ah}	Y_{Ai}	Y_{Ak}		Y_{An}
Y_B	Y_{Ba}	Y_{Bb}		Y_{Bh}	Y_{Bi}	Y_{Bk}		Y_{Bn}
⋮								
Y_H	Y_{Ha}	Y_{Hb}		Y_{Hh}	Y_{Hi}	Y_{Hk}		Y_{Hn}
Y_J	Y_{Ja}	Y_{Jb}		Y_{Jh}	Y_{Ji}	Y_{Jk}		Y_{Jn}
⋮								
Y_N	Y_{Na}	Y_{Nb}		Y_{Nh}	Y_{Ni}	Y_{Nk}		Y_{Nn}

(468)

Daher bedeutet der Index k von Y_{Jk} im Gegensatz zu (466) die Ursache $+X_k = 1$. Der Ansatz besteht aus n Gleichungen zwischen den statisch unbestimmten Schnittkräften Y_J und den überzähligen Gruppenlasten X_k mit der umstehenden Matrix:

Der Belastungszustand $-X_k = 1$ ist gleichbedeutend mit

$$X_a = \cdots = X_{k-1} = 0, \qquad -X_k = 1, \qquad X_{k+1} = \cdots = X_n = 0,$$

und setzt sich nach der Transformation aus den Schnittkräften

$$Y_A = -Y_{Ak} \ldots, \qquad Y_J = -Y_{Jk} \ldots, \qquad Y_N = -Y_{Nk}$$

zusammen. Die beliebigen Schnittkräfte M_k des Hauptsystems infolge der Gruppenlast $-X_k = 1$ können daher folgendermaßen entwickelt werden:

$$M_k = \sum_{J=A}^{J=N} Y_{Jk} M_J, \qquad (k = a \ldots n). \tag{469}$$

Hierbei ist M_J die Schnittkraft infolge von $-Y_J = 1$.

Die Ableitung der Elastizitätsgleichung für statisch unbestimmte Gruppenlasten. Das Hauptsystem entsteht nach Abschn. 24 durch die Verwendung von statisch unbestimmten Stütz- und Schnittkräften Y_J des Stabwerks als äußere Kräfte. Sie werden durch die Variation der Formänderungsarbeit nach den Spannungen aus vorgeschriebenen geometrischen Bedingungen für den Verschiebungszustand des Hauptsystems berechnet. Dabei entstehen Gleichungen über die Arbeit von virtuellen Kräften $\overline{\mathfrak{P}}$ und vorgeschriebenen Verschiebungen δ_J. Sie sind in Abschn. 24 mit $\overline{\mathfrak{P}} = -Y_J = 1$ und $\delta_J = 0$ angeschrieben worden.

$$1_J \cdot \delta_J = 1_J \cdot \left(\delta_{J0} - \sum_{H=A}^{H=N} Y_H \delta_{JH}\right) = 0, \qquad (J = A \ldots N). \tag{470}$$

Unter ungünstigen Umständen sind alle δ_{JH} von Null verschieden und damit n Gleichungen mit n Unbekannten zu lösen.

Um diese unabhängig voneinander anzugeben, werden Arbeitsgleichungen mit der virtuellen Belastung $-X_i = 1$ $(i = a \ldots n)$, also mit den äußeren Kräften $-Y_{Hi}$ $(H = A \ldots N)$ entwickelt.

$$\sum_{H=A}^{H=N} Y_{Hi} \delta_H = \frac{J_c}{F_c} \int \overline{N}_i N \frac{F_c}{F} ds + \int \overline{M}_i M \frac{J_c}{J} ds$$
$$+ E J_c \left(\int \overline{N}_i \alpha_t t\, ds + \int \overline{M}_i \frac{\alpha_t \Delta t}{h} ds - \sum \overline{C}_{Ei} \Delta_E \right), \qquad (i = 1 \ldots n). \tag{471}$$

Die linke Seite der Gleichungen ist durch die mit dem Tragwerk vorgeschriebene Verträglichkeit des Formänderungszustandes des Hauptsystems ($\delta_H = 0$, $H = A \ldots N$) wiederum Null, so daß mit der Entwicklung von N, M nach (288) in Anlehnung an (293) folgender Ansatz entsteht:

$$1_i \delta_i = 1_i \left(\delta_{i0} - \sum_{k=1}^{k=n} X_k \delta_{ik}\right) = 0, \qquad (i = 1 \ldots n). \tag{472}$$

Die Vorzahlen $1_i \cdot \delta_{ik}$ und $1_i \cdot \delta_{i0}$ dieser n Elastizitätsgleichungen besitzen nicht mehr wie früher kinematische Bedeutung, sondern sind Ausdrücke für die virtuelle Arbeit der Gruppenbelastung $-X_i = 1$, also der Schnittkräfte $-Y_H = Y_{Hi}$, bei einer Verschiebung δ_{Hk} der Punkte H des Hauptsystems infolge der Gruppenlast $-X_k = 1$ oder infolge der vorgegebenen Belastung, der Temperaturänderung und Stützenbewegung ($\delta_{H\otimes}$)

$$\left.\begin{aligned} 1_i \delta_{ik} &= \sum_{H=A}^{H=N} Y_{Hi} \delta_{Hk}, \qquad (i, k = a \ldots n), \\ 1_i \delta_{i\otimes} &= \sum_{H=A}^{H=N} Y_{Hi} \delta_{H\otimes}, \qquad (i = a \ldots n). \end{aligned}\right\} \tag{473}$$

Die Verschiebung δ_{Hk} im Sinne von $-Y_H = 1$ wird von der Gruppenbelastung $-X_k = 1$, also von den Schnittkräften $-Y_{Hk}$ hervorgerufen und nach **Maxwell** in Verbindung mit (469) folgendermaßen berechnet:

$$1_H \delta_{Hk} = 1_k \delta_{kH} = \sum_{J=A}^{J=N} Y_{Jk} \delta_{JH}, \qquad (H = A \dots N),$$

$$1_H \delta_{Hk} = \sum_{J=A}^{J=N} Y_{Jk} \int M_H M_J \frac{J_c}{J} ds = \int M_H \left(\sum_{J=A}^{J=N} Y_{Jk} M_J\right) \frac{J_c}{J} ds,$$

$$1_H \delta_{Hk} = \int M_H M_k \frac{J_c}{J} ds. \tag{474}$$

Um jede überzählige Größe unabhängig von den übrigen angeben zu können, werden die Gruppenlasten X_k derart aus den statisch unbestimmten Schnittkräften zusammengesetzt, daß alle Vorzahlen δ_{ik} $(i \neq k)$ des Ansatzes (472) Null sind. Auf diese Weise entstehen $\frac{1}{2} \cdot n (n - 1)$ Nebenbedingungen, welche mit den n Gleichungen (467) zwischen den statisch unbestimmten Schnittkräften Y_J und den überzähligen Größen X_k erfüllt werden können. Sie bilden die lineare Transformation, um die n Elastizitätsgleichungen mit vollbesetzter Matrix derart umzuformen, daß jede von ihnen nur eine überzählige Größe X_k enthält (465).

Die Auswahl der Gruppenlasten für die Nebenbedingung $\delta_{ik} = 0$. Die Transformation (468) der statisch unbestimmten Schnittkräfte Y_J als Funktion der überzähligen Größen X_k enthält n^2 Koeffizienten Y_{Jk}. Von diesen werden $\frac{1}{2} \cdot n (n - 1)$ als Parameter gebraucht, um dieselbe Anzahl von Nebenbedingungen $1_i \cdot \delta_{ik} = 0$ zu erfüllen. Die virtuelle Arbeit $1_i \cdot \delta_{ik}$ wird hierzu nach (473) als Funktion dieser Parameter entwickelt. Über die anderen $n^2 - \frac{1}{2} n (n - 1) = \frac{1}{2} n (n + 1)$ Koeffizienten kann frei verfügt werden. Sie werden derart angenommen, daß die $\frac{1}{2} \cdot n (n - 1)$ abhängigen Parameter übersichtlich, schnell und fehlerfrei bestimmt werden. Sollen nur einzelne δ_{ik} des Ansatzes Null werden, um die Matrix der Elastizitätsgleichungen in geeigneter Weise aufzuspalten und damit die Lösung zu vereinfachen, so ist die Anzahl der frei wählbaren Parameter Y_{Jk} größer.

Die Lösung eines allgemeinen Ansatzes wird am einfachsten, wenn die Koeffizienten Y_{Ji} der Hauptdiagonalen gleich 1 und die Koeffizienten unterhalb der Hauptdiagonalen Null gesetzt werden. Damit entsteht die folgende Transformation der n statisch unbestimmten Schnittkräfte Y_J:

	X_a	X_b	X_c		X_h	X_i	X_k		X_n
Y_A	1	Y_{Ab}	Y_{Ac}		Y_{Ah}	Y_{Ai}	Y_{Ak}		Y_{An}
Y_B	0	1	Y_{Bc}		Y_{Bh}	Y_{Bi}	Y_{Bk}		Y_{Bn}
Y_C	0	0	1		Y_{Ch}	Y_{Ci}	Y_{Ck}		Y_{Cn}
Y_H	0	0	0		1	Y_{Hi}	Y_{Hk}		Y_{Hn}
Y_J	0	0	0		0	1	Y_{Jk}		Y_{Jn}
Y_K	0	0	0		0	0	1		Y_{Kn}
Y_N	0	0	0		0	0	0		1

(475)

Die überzähligen Größen X_i werden demnach aus einer stetig zunehmenden Anzahl von statisch unbestimmten Schnittkräften Y_J gebildet, so daß die abhängigen Koeffizienten schrittweise aus den Nebenbedingungen $\delta_{ik} = 0$ durch Gleichungen mit je einer Unbekannten erhalten werden. Der Parameter Y_{Ab} der Kolonne X_b ergibt sich aus der Bedingung $\delta_{ba} = 0$. Die Parameter Y_{Ac}, Y_{Bc} der Kolonne X_c werden mit den Nebenbedingungen $\delta_{ca} = 0$, $\delta_{cb} = 0$ bestimmt. Zur Berechnung der $(k - 1)$ unbekannten Parameter Y_{Jk} der Spalte k stehen ebenso viele Bedingungsgleichungen $\delta_{ka} = 0 \ldots \delta_{k(k-1)} = 0$ zur Verfügung.

Der Belastungszustand $-X_a = 1$ ist nach (475) gleichbedeutend mit $-Y_A = 1$. Er liefert die Verschiebungen δ_{Ja} $(J = A \ldots N)$.

$$1_a \delta_{ab} = \sum_{J=A}^{J=N} Y_{Ja} \delta_{Jb} = 1_{Aa} \delta_{Ab} = 0, \qquad \text{d. h.} \quad \delta_{Ab} = 0.$$

$$1_b \delta_{ba} = \sum_{J=A}^{J=N} Y_{Jb} \delta_{Ja} = Y_{Ab} \delta_{Aa} + 1_{Bb} \delta_{Ba} = 0; \quad Y_{Ab} = -\frac{\delta_{Ba}}{\delta_{Aa}}.$$

$-Y_A = Y_{Ab} = -\delta_{Ba}/\delta_{Aa}$ und $-Y_B = Y_{Bb} = 1$ bilden den Belastungszustand $-X_b = 1$. Damit sind dann auch die Formänderungen δ_{Jb} $(J = A \ldots N)$ bekannt. Die Koeffizienten Y_{Ac} und Y_{Bc} werden mit den folgenden Bedingungen bestimmt:

$$1_a \delta_{ac} = \sum_{J=A}^{J=N} Y_{Ja} \delta_{Jc} = 1_{Aa} \delta_{Ac} = 0; \qquad \delta_{Ac} = 0;$$

$$1_b \delta_{bc} = \sum_{J=A}^{J=N} Y_{Jb} \delta_{Jc} = Y_{Ab} \delta_{Ac} + 1_{Bb} \delta_{Bc} = 0; \quad \delta_{Bc} = 0;$$

$$1_c \delta_{cb} = \sum_{J=A}^{J=N} Y_{Jc} \delta_{Jb} = Y_{Ac} \delta_{Ab} + Y_{Bc} \delta_{Bb} + 1_{Cc} \delta_{Cb} = 0;$$

$$Y_{Bc} = -\frac{1_{Cc} \delta_{Cb}}{\delta_{Bb}};$$

$$1_c \delta_{ca} = \sum_{J=A}^{J=N} Y_{Jc} \delta_{Ja} = Y_{Ac} \delta_{Aa} + Y_{Bc} \delta_{Ba} + 1_{Cc} \delta_{Ca} = 0;$$

$$Y_{Ac} = -\frac{Y_{Bc} \delta_{Ba} + 1_{Cc} \delta_{Ca}}{\delta_{Aa}}.$$

Damit ist der Belastungszustand $-X_c = 1$ bestimmt. Er besteht aus den Schnittkräften $-Y_A = Y_{Ac}$, $-Y_B = Y_{Bc}$, $-Y_C = 1$ und liefert die Formänderungen δ_{Jc} $(J = A \ldots N)$. Werden die Indizes der statisch unbestimmten Schnittkräfte mit Rücksicht auf die spätere Anwendung durch Ziffern ersetzt, so entsteht die Rechenvorschrift auf S. 285.

Die Komponenten $Y_H = -Y_{Hi}$ des Belastungszustandes $-X_i = 1$ werden als Summe von positiven und negativen Anteilen entwickelt, in denen sich Abrundungsfehler unter Umständen in unzulässigem Maße fortpflanzen und die Brauchbarkeit des Ergebnisses Y_{Hi} gefährden. Die Fehlerempfindlichkeit der Auflösung von n Gleichungen mit n Unbekannten ist daher durch die Verwendung von überzähligen Gruppenlasten nicht beseitigt, sie gefährdet vielmehr die einwandfreie Bildung der Gruppen, also die Transformation der statisch unbestimmten Einzelkräfte. Die unabhängige Berechnung der überzähligen Gruppenlasten nach (465)

$$X_k = \delta_{k0}/\delta_{kk} \tag{476}$$

ist daher stets an den Nachweis geknüpft, daß die Nebenbedingungen

$$1_i \delta_{ik} = 0, \qquad (i \neq k)$$

durch die Schnittkräfte Y_{Hi} und Y_{Hk} $(H = A \ldots N)$ erfüllt werden.

1. $\delta_{ab} = 0$	$1\,\delta_{1b} = 0$	
$\delta_{ac} = 0$	$1\,\delta_{1c} = 0$	
.....	......	
$\delta_{an} = 0$	$1\,\delta_{1n} = 0$	
$\delta_{ba} = 0$	$Y_{1b}\delta_{1a} + 1\,\delta_{2a} = 0$	$Y_{1b} = -\dfrac{\delta_{2a}}{\delta_{1a}}$
2. $\delta_{bc} = 0$	$1\,\delta_{2c} = 0$	
.....	......	
$\delta_{bn} = 0$	$1\,\delta_{2n} = 0$	
$\delta_{cb} = 0$	$Y_{2c}\delta_{2b} + 1\,\delta_{3b} = 0$	$Y_{2c} = -\dfrac{\delta_{3b}}{\delta_{2b}}$
$\delta_{ca} = 0$	$Y_{1c}\delta_{1a} + Y_{2c}\delta_{2a} + 1\,\delta_{3a} = 0$	$Y_{1c} = -\dfrac{\delta_{3a}}{\delta_{1a}} - \dfrac{\delta_{2a}}{\delta_{1a}} Y_{2c}$
3. $\delta_{cd} = 0$	$1\,\delta_{3d} = 0$	
.....	......	
$\delta_{cn} = 0$	$1\,\delta_{3n} = 0$	
$\delta_{dc} = 0$	$Y_{3d}\delta_{3c} + 1\,\delta_{4c} = 0$	$Y_{3d} = -\dfrac{\delta_{4c}}{\delta_{3c}}$
$\delta_{db} = 0$	$Y_{2d}\delta_{2b} + Y_{3d}\delta_{3b} + 1\,\delta_{4b} = 0$	$Y_{2d} = -\dfrac{\delta_{4b}}{\delta_{2b}} - \dfrac{\delta_{3b}}{\delta_{2b}} Y_{3d}$
$\delta_{da} = 0$	$Y_{1d}\delta_{1a} + Y_{2d}\delta_{2a} + Y_{3d}\delta_{3a} + 1\,\delta_{4a} = 0$	$Y_{1d} = -\dfrac{\delta_{4a}}{\delta_{1a}} - \dfrac{\delta_{3a}}{\delta_{1a}} Y_{3d} - \dfrac{\delta_{2a}}{\delta_{1a}} Y_{2d}$

Die Zähler und Nenner von **(476)** sind wiederum Ausdrücke für die virtuelle Arbeit der Kräfte $-Y_J = Y_{Jk}$ der Gruppenlast $-X_k = 1$.

$$\left.\begin{aligned}
1_k \delta_{kk} &= \sum_{J=A}^{J=N} Y_{Jk}\delta_{Jk} \qquad (k = a \ldots n),\\
1_a \delta_{aa} &= 1_{Aa}\delta_{Aa},\\
1_b \delta_{bb} &= Y_{Ab}\delta_{Ab} + 1_{Bb}\delta_{Bb} = 1_{Bb}\delta_{Bb},\\
1_c \delta_{cc} &= Y_{Ac}\delta_{Ac} + Y_{Bc}\delta_{Bc} + 1_{Cc}\delta_{Cc} = 1_{Cc}\delta_{Cc},\\
&\ldots\ldots\ldots\ldots\ldots\ldots\\
1_k \delta_{kk} &= 1_{Kk}\delta_{Kk}.
\end{aligned}\right\} \qquad (477)$$

Die Nenner sind daher bereits aus der Transformation bekannt. Die Zähler erhalten für vorgegebene äußere Ursachen folgende Form:

$$\left.\begin{aligned}
1_k \delta_{k\otimes} &= \sum_{J=A}^{J=N} Y_{Jk}\delta_{J\otimes}, \quad \delta_{J\otimes} = \delta_{J0} + \delta_{Jt} + \delta_{Js}, \quad (k = a \ldots n),\\
1_a \delta_{a\otimes} &= 1_{Aa}\delta_{A\otimes},\\
1_b \delta_{b\otimes} &= Y_{Ab}\delta_{A\otimes} + 1_{Bb}\delta_{B\otimes},\\
1_c \delta_{c\otimes} &= Y_{Ac}\delta_{A\otimes} + Y_{Bc}\delta_{B\otimes} + 1_{Cc}\delta_{C\otimes}.
\end{aligned}\right\} \qquad (478)$$

Die Einflußlinien $X_k\delta_{kk}$ ergeben sich nach dem Satze von E. **Betti** aus

$$\left.\begin{aligned}
1_k \delta_{km} &= 1_m \delta_{mk},\\
X_k \delta_{kk} &= 1_m \delta_{mk} = \sum_{J=A}^{J=N} Y_{Jm}\delta_{Jk} = \sum_{J=A}^{J=N} Y_{Jk}\delta_{mJ},\\
X_a \delta_{aa} &= 1_{Aa}\delta_{mA},\\
X_b \delta_{bb} &= Y_{Ab}\delta_{mA} + 1_{Bb}\delta_{mB},\\
X_c \delta_{cc} &= Y_{Ac}\delta_{mA} + Y_{Bc}\delta_{mB} + 1_{Cc}\delta_{mC}.
\end{aligned}\right\} \qquad (479)$$

Die statisch unbestimmten Schnittkräfte sind dann nach (467)

$$Y_K = 1_{Kk} X_k + Y_{K(k+1)} X_{k+1} + \cdots Y_{Kn} X_n .$$

Für die Bildung des Hauptsystems gelten die gleichen Gesichtspunkte wie auf Seite 170.

Das Wesen der Rechenvorschrift wird am besten an einfachen Beispielen gezeigt.

a) Zweifach statisch unbestimmtes Tragwerk.

Transformation:

	X_a	X_b
Y_1	1	Y_{1b}
Y_2	0	1

Nebenbedingung:

$$\delta_{ba} = 0, \quad Y_{1b}\,\delta_{1a} + 1_{2b}\,\delta_{2a} = 0, \quad Y_{1b} = -1\,\frac{\delta_{2a}}{\delta_{1a}},$$

Statisch unbestimmte Schnittkräfte:

$$Y_1 = 1\,X_a - \frac{\delta_{2a}}{\delta_{1a}}\,X_b, \quad Y_2 = 1\,X_b.$$

Durchgehender Träger über vier Stützen (Abb. 260). Die statisch nicht bestimmbaren Schnittkräfte sind die Stützenmomente Y_1, Y_2.

Belastungszustand $-X_a = 1$: $-Y_1 = Y_{1a} = 1$; $-Y_2 = Y_{2a} = 0$

$$\delta_{1a} = \frac{l_1' + l_2'}{3}; \quad \delta_{2a} = \frac{l_2'}{6}.$$

Belastungszustand $-X_b = 1$: $-Y_1 = Y_{1b} = -\frac{l_2'}{2(l_1' + l_2')}$; $-Y_2 = Y_{2b} = 1$.

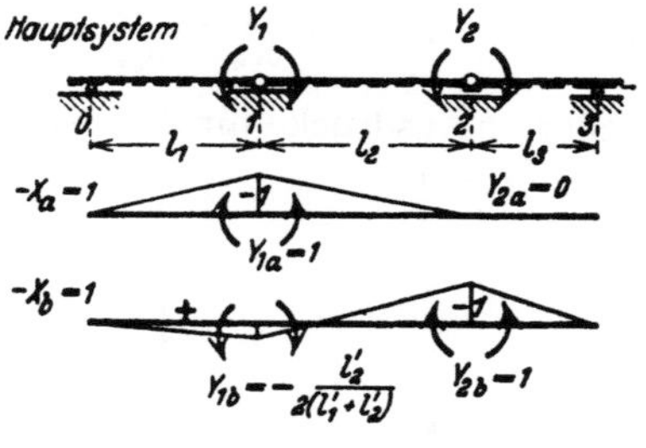

Abb. 260.

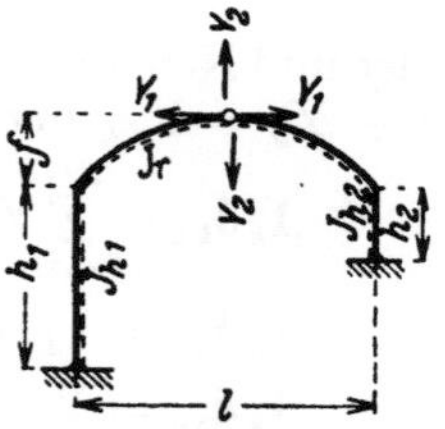

Abb. 261.

Unsymmetrischer Eingelenkrahmen (Abb. 261). Die statisch nicht bestimmbaren Schnittkräfte sind die Komponenten Y_1 und Y_2 der Gelenkkraft.

$-X_a = 1$: $-Y_1 = Y_{1a} = 1$; $-Y_2 = Y_{2a} = 0$ (Abb. 262a);

$-X_b = 1$: $-Y_1 = Y_{1b} = -\frac{\delta_{2a}}{\delta_{1a}}$; $-Y_2 = Y_{2b} = 1$ (Abb. 262b).

$$Y_{1b} = -\frac{15\,l\,[h_1'(2f + h_1) - h_2'(2f + h_2)]}{4\,\{3\,l'\,f^2 + 5\,h_1'\,[3f(h_1 + f) + h_1^2] + 5\,h_2'\,[3f(h_2 + f) + h_2^2]\}},$$

$$Y_1 = X_a - \frac{\delta_{2a}}{\delta_{1a}}\,X_b; \quad Y_2 = X_b.$$

Bei symmetrischer Trägerausbildung mit $h_1 = h_2$ und $h_1' = h_2'$ ist $Y_{1b} = 0$.

b) Dreifach statisch unbestimmtes Tragwerk. Transformation für die Nebenbedingungen $\delta_{ab} = \delta_{bc} = \delta_{ca} = 0$ nach S. 285

	X_a	X_b	X_c
Y_1	1	Y_{1b}	Y_{1c}
Y_2		1	Y_{2c}
Y_3			1

	X_a	X_b	X_c
Y_1	1	$-\frac{\delta_{2a}}{\delta_{1a}}$	$-\frac{\delta_{3a}}{\delta_{1a}} + \frac{\delta_{2a}\,\delta_{3b}}{\delta_{1a}\,\delta_{2b}}$
Y_2		1	$-\frac{\delta_{3b}}{\delta_{2b}}$
Y_3			1

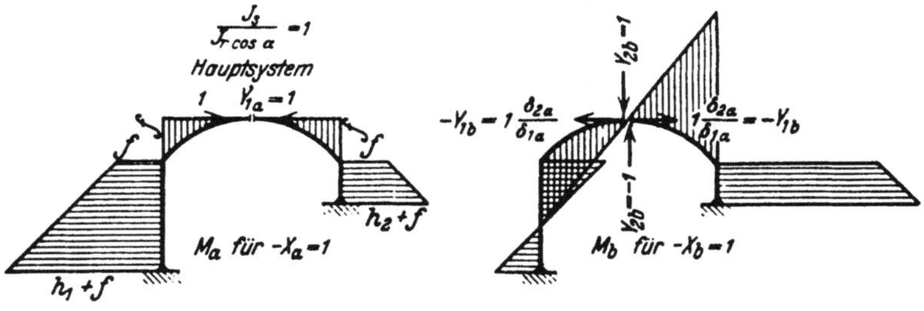

Abb. 262.

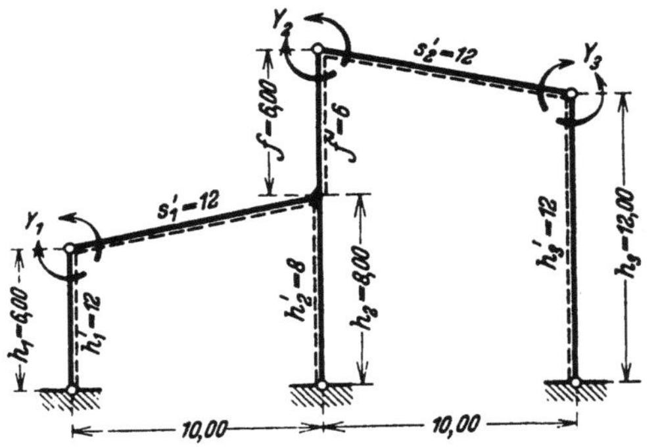

Abb. 263a. Hauptsystem.

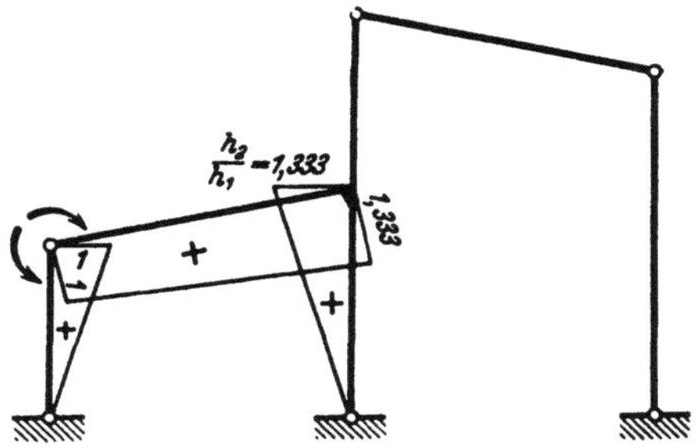

Abb. 263b. $-Y_1 = 1$.

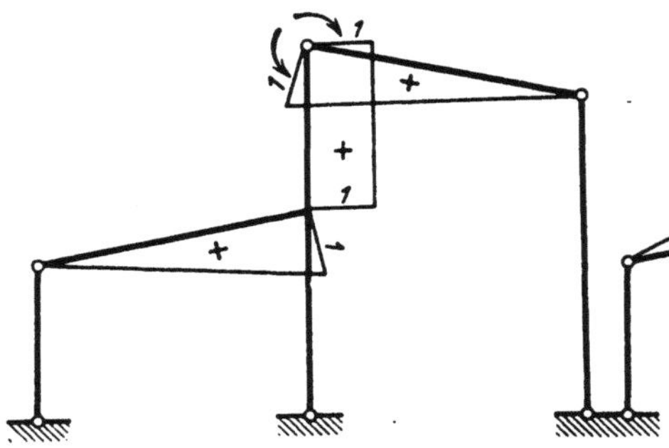

Abb. 263c. $-Y_2 = 1$.

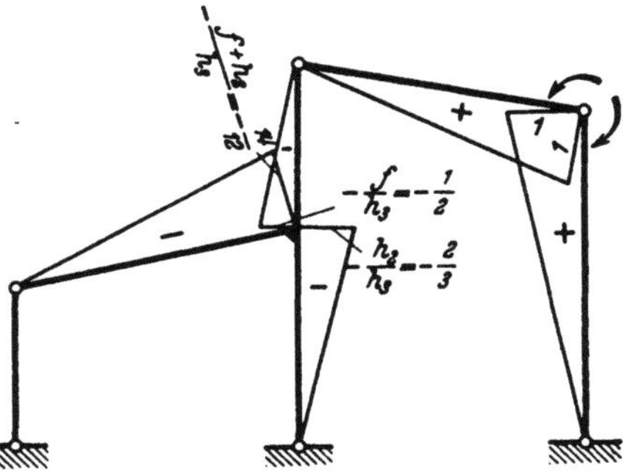

Abb. 263d. $-Y_3 = 1$.

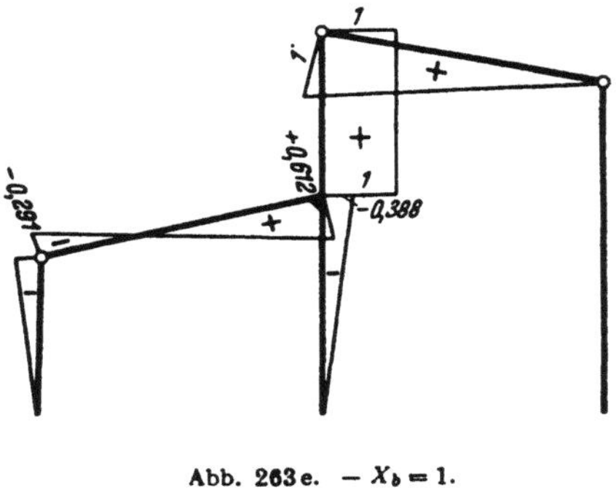

Abb. 263e. $-X_b = 1$.

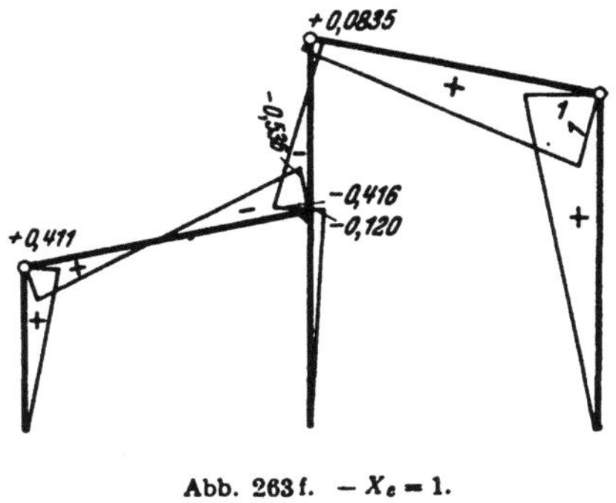

Abb. 263f. $-X_c = 1$.

Dreifach statisch unbestimmter Hallenrahmen. Als statisch nicht bestimmbare Einzelkräfte werden die Eckmomente Y_1, Y_2, Y_3 verwendet (Abb. 263a—d).

Belastungszustand $-X_a = 1$, gleichbedeutend mit $-Y_1 = 1$ (Abb. 263b), führt zu

$$\delta_{1a} = \frac{h_1'}{3} + \left(\frac{h_2}{h_1}\right)^2 \frac{h_2'}{3} + \frac{s_1'}{3}\left[1 + \frac{h_2}{h_1} + \left(\frac{h_2}{h_1}\right)^2\right] = +25{,}18 = \delta_{aa},$$

$$\delta_{2a} = \frac{s_1'}{6}\left(1 + 2\frac{h_2}{h_1}\right) = +7{,}333; \qquad \delta_{3a} = -\left[\frac{h_2}{h_1}\frac{h_2}{h_3}\frac{h_2'}{3} + \frac{1}{h_3}(f + h_2)\left(1 + 2\frac{h_2}{h_1}\right)\frac{s_1'}{6}\right] = -10{,}87.$$

Belastungszustand $-X_b = 1$ (Abb. 263e), gleichbedeutend mit

$$-Y_1 = Y_{1b} = -\frac{\delta_{2a}}{\delta_{1a}} = -\frac{7{,}333}{25{,}18} = -0{,}291; \qquad -Y_2 = 1,$$

liefert M_b und die Formänderungen δ_{2b} und δ_{3b}; $\delta_{1b} = 0$.

$$\delta_{2b} = \frac{s_2'}{3} + f' + \frac{s_1'}{6}\left[2 - \frac{\delta_{2a}}{\delta_{1a}}\left(1 + 2\frac{h_2}{h_1}\right)\right] = 11{,}87 = \delta_{bb},$$

$$\delta_{3b} = \frac{s_2'}{6} - \frac{f'}{2}\frac{f}{h_3} + \frac{h_2'}{3}\frac{h_2}{h_3}\frac{h_2}{h_1}\frac{\delta_{2a}}{\delta_{1a}} - \frac{1}{6}s_1'\frac{f + h_2}{h_3}\left[2 - \frac{\delta_{2a}}{\delta_{1a}}\left(1 + 2\frac{h_2}{h_1}\right)\right] = -0{,}99.$$

Belastungszustand $-X_c = 1$ (Abb. 263f), gleichbedeutend mit

$$-Y_1 = Y_{1c} = -\frac{\delta_{3a}}{\delta_{1a}} + \frac{\delta_{2a}}{\delta_{1a}}\frac{\delta_{3b}}{\delta_{2b}} = +\frac{10{,}87}{25{,}18} - \frac{7{,}333 \cdot 0{,}99}{25{,}18 \cdot 11{,}87} = 0{,}411;$$

$$-Y_2 = Y_{2c} = -\frac{\delta_{3b}}{\delta_{2b}} = 0{,}0835; \qquad -Y_3 = 1,$$

liefert M_c und damit die Formänderungen $\delta_{1c} = 0$, $\delta_{2c} = 0$.

$$\delta_{3c} = +12{,}0 \cdot \tfrac{1}{6} \cdot \tfrac{14}{12}(2 \cdot 0{,}536 - 0{,}411) + 8 \cdot \tfrac{1}{8} \cdot 0{,}12 \cdot \tfrac{2}{3} + 6 \cdot \tfrac{1}{6} \cdot \tfrac{1}{2}(2 \cdot 0{,}416 - 0{,}0835)$$
$$+ 12 \cdot \tfrac{1}{6} \cdot 1 \cdot (2 \cdot 1 + 0{,}0835) + 12 \cdot \tfrac{1}{3} \cdot 1 = 10{,}30 = \delta_{cc}.$$

Ergebnis der Transformation:

	X_a	X_b	X_c
Y_1	1	− 0,291	0,411
Y_2		1	0,0835
Y_3			1

Die überzähligen Gruppenlasten sind für eine beliebige Belastung

$$X_a = \frac{\delta_{a0}}{\delta_{aa}} = \frac{\delta_{a0}}{25{,}18}; \qquad X_b = \frac{\delta_{b0}}{\delta_{bb}} = \frac{\delta_{b0}}{11{,}87}; \qquad X_c = \frac{\delta_{c0}}{\delta_{cc}} = \frac{\delta_{c0}}{10{,}30}.$$

Gleichförmig verteilte Belastung der beiden Riegel (Abb. 263g).

$$\delta_{a0} = 117\,p, \qquad X_a = \frac{117}{25{,}18}\,p = +4{,}64\,p,$$

$$\delta_{b0} = 66{,}0\,p, \qquad X_b = \frac{66{,}0}{11{,}87}\,p = +5{,}57\,p,$$

$$\delta_{c0} = 48{,}0\,p, \qquad X_c = \frac{48{,}0}{10{,}30}\,p = +4{,}66\,p.$$

$$Y_1 = 1 \cdot 4{,}64\,p - 0{,}291 \cdot 5{,}57\,p + 0{,}411 \cdot 4{,}66\,p = +4{,}94\,p,$$
$$Y_2 = 0 + 1 \cdot 5{,}57\,p + 0{,}0835 \cdot 4{,}66\,p = +5{,}96\,p,$$
$$Y_3 = 0 \quad 0 \quad +1 \cdot 4{,}66\,p = +4{,}66\,p,$$

Probe: $Y_1\delta_{1a} + Y_2\delta_{2a} + Y_3\delta_{3a} = \delta_{a0}$,

$$4{,}94 \cdot 25{,}18 + 5{,}96 \cdot 7{,}33 - 4{,}66 \cdot 10{,}87 = 117 \approx \delta_{a0}/p.$$

Gleichförmig verteilte Windlast auf den linken Pfosten.

$$\delta_{a0} = -243\,w, \qquad X_a = -\frac{243}{25,18}\,w = -9,66\,w,$$

$$\delta_{b0} = -25,2\,w, \qquad X_b = -\frac{25,2}{11,87}\,w = -2,12\,w,$$

$$\delta_{c0} = +46,9\,w, \qquad X_c = +\frac{46,9}{10,30}\,w = +4,55\,w.$$

$$Y_1 = -1\cdot 9,66\,w + 0,291\cdot 2,12\,w + 0,411\cdot 4,55\,w = -7,04\,w,$$

$$Y_2 = 0 \quad -1\cdot 2,12\,w + 0,0835\cdot 4,55\,w = -1,74\,w,$$

$$Y_3 = 0 \quad 0 \quad 1\cdot 4,55\,w = +4,55\,w,$$

Probe: $-7,04\cdot 25,18 - 1,74\cdot 7,33 - 4,55\cdot 10,87 = -240 \approx \delta_{a0}/w$.

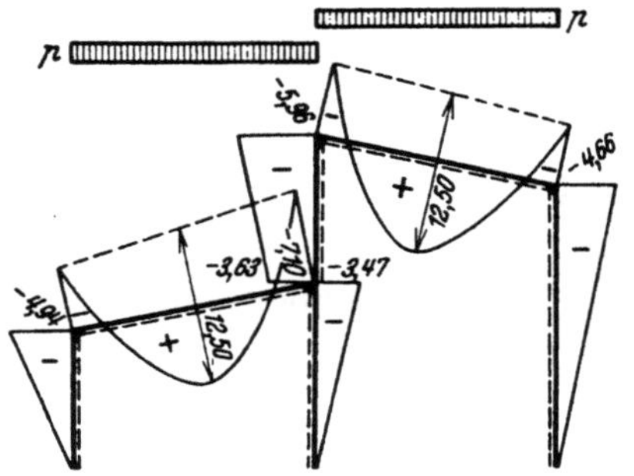

Abb. 263g. Lotrechte Belastung der Riegel, Momente in mt für $p = 1$ t/m.

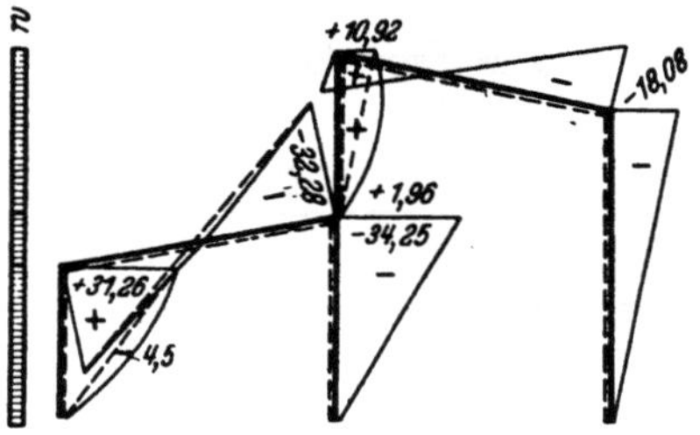

Abb. 263h. Windbelastung. Momente in mt für $w = 1$ t/m.

Gleichförmig verteilte Windlast auf den linken Riegel.

$$\delta_{a0} = -170\,w, \qquad X_a = -\frac{170}{25,18}\,w = -6,77\,w,$$

$$\delta_{b0} = -12,8\,w, \qquad X_b = -\frac{12,8}{11,87}\,w = -1,08\,w,$$

$$\delta_{c0} = +26,1\,w, \qquad X_c = +\frac{26,1}{10,30}\,w = +2,53\,w,$$

$$Y_1 = -1\cdot 6,77\,w + 0,291\cdot 1,08\,w + 0,411\cdot 2,53\,w = -5,42\,w,$$

$$Y_2 = 0 \quad -1\cdot 1,08\,w + 0,0835\cdot 2,53\,w = -0,87\,w,$$

$$Y_3 = 0 \quad 0 \quad +1\cdot 2,53\,w = +2,53\,w,$$

Probe: $-5,42\cdot 25,18 - 0,87\cdot 7,33 - 2,53\cdot 10,87 = -170 \approx \delta_{a0}/w$.

Gleichförmig verteilte Windlast auf den mittleren Pfosten.

$$\delta_{a0} = -655\,w, \qquad X_a = -\frac{655}{25,18}\,w = -26,0\,w,$$

$$\delta_{b0} = -109,4\,w, \qquad X_b = -\frac{109,4}{11,87}\,w = -9,23\,w,$$

$$\delta_{c0} = +113,2\,w, \qquad X_c = +\frac{113,2}{10,30}\,w = +11,00\,w,$$

$$Y_1 = -1\cdot 26,0\,w + 0,291\cdot 9,23\,w + 0,411\cdot 11,00\,w = -18,8\,w,$$

$$Y_2 = 0 \quad -1\cdot 9,23\,w + 0,0835\cdot 11,00\,w = -8,31\,w,$$

$$Y_3 = 0 \quad 0 \quad +1\cdot 11,00\,w = +11,00\,w,$$

Probe: $-18,8\cdot 25,18 - 8,31\cdot 7,33 - 11,00\cdot 10,87 = -654 \approx \delta_{a0}/w$.

Die Biegungsmomente aus den drei Windlasten sind superponiert und in Abb. **263**h aufgetragen worden.

Die Gruppenbildung bei Symmetrie des Tragwerks. Bei Auflösung der Elastizitätsgleichungen mit symmetrisch liegenden statisch unbestimmten Schnittkräften sind durch die Addition und Subtraktion einander zugeordneter Gleichungen neue Unbekannte entstanden, die bereits in Abschn. 28 als Gruppenlasten X_{a+i}, X_{r-i} erkannt und unabhängig voneinander berechnet wurden. Die Gruppenlast $-X_{a+i}=1$ bestand aus $-Y_{A+J}=1$, $-Y_{R-J}=1$, die Gruppenlast $-X_{r-i}=1$ aus $-Y_{A+J}=1$, $+Y_{R-J}=1$. Die Matrix zerfiel damit in zwei voneinander unabhängige Teile. Im Sinne dieses Abschnitts wurde also über alle übrigen Komponenten $Y_{H(a+i)}$, $Y_{H(r-i)}$ frei verfügt. Sie waren Null. Sollen jedoch nunmehr alle überzähligen Gruppenlasten unabhängig voneinander sein, so werden die Ansätze von S. 281 für die Transformation der statisch unbestimmten Schnittkräfte mit den Ergebnissen aus Abschn. 28 bei Auswahl der frei verfügbaren Komponenten unterhalb der Hauptdiagonale des Ansatzes verbunden.

a) Träger auf vier Stützen nach Abb. 264 (eine Symmetrieachse):

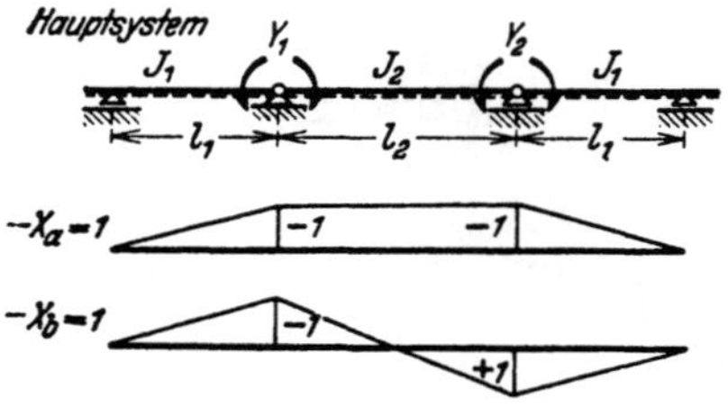

Abb. 264.

Transformation

	X_a	X_b
Y_1	1	Y_{1b}
Y_2	1	-1

$\delta_{1a}=\delta_{2a}$

Nebenbedingung $\delta_{ba}=0$

$$Y_{1b}\,\delta_{1a}-1_{2b}\,\delta_{2a}=0,$$

$$Y_{1b}=1.$$

Statisch unbestimmte Schnittkräfte

$$Y_1=X_a+X_b,\qquad Y_2=X_a-X_b.$$

b) Bunkerrahmen nach Abb. 265 (eine Symmetrieachse).

	X_a	X_b	X_c	X_d	X_e	X_f
Y_1	1	Y_{1b}	Y_{1c}	Y_{1d}	Y_{1e}	Y_{1f}
Y_2		1	1	Y_{2d}	Y_{2e}	Y_{2f}
Y_3		1	-1	Y_{3d}	Y_{3e}	Y_{3f}
Y_4				1	Y_{4e}	Y_{4f}
Y_5					1	1
Y_6					1	-1

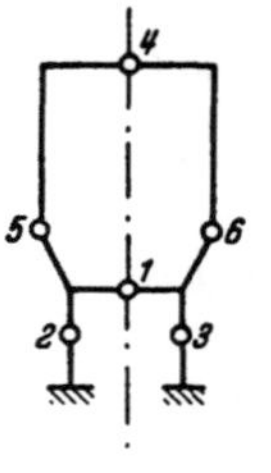

Abb. 265.

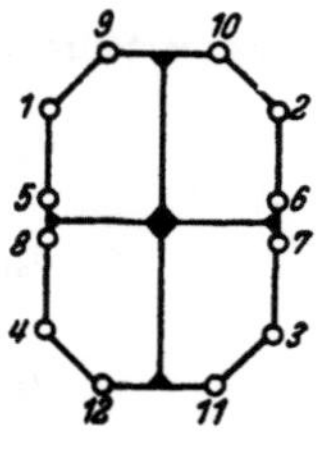

Abb. 266.

Damit ist: $Y_{2c}=Y_{5f}=1$,

$$Y_{1c}=Y_{1f}=Y_{4f}=0,$$

$$Y_{2d}=Y_{3d},\qquad Y_{2e}=Y_{3e},\qquad Y_{2f}=-Y_{3f}.$$

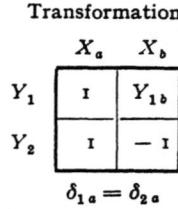

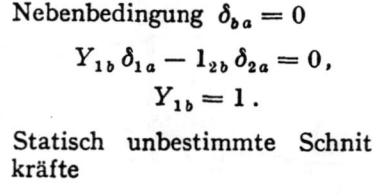

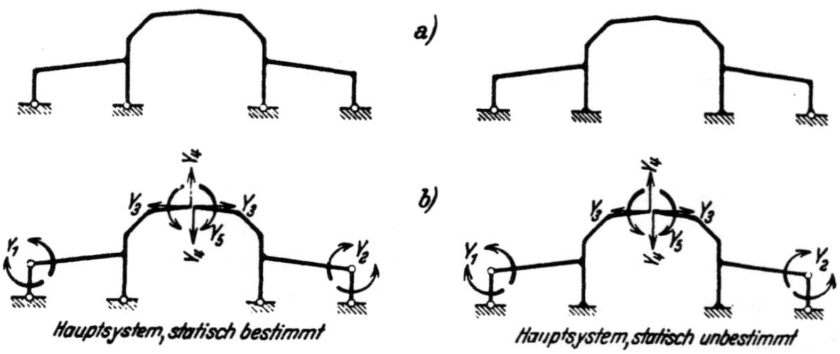

Abb. 267.

c) Behälterrahmen nach Abb. 266 (zwei Symmetrieachsen).

	X_a	X_b	X_c	X_d	X_e	X_f	X_g	X_h	X_i	X_k	X_l	X_m
Y_1	1	1	1	1	Y_{1e}	Y_{2f}	Y_{3g}	Y_{4h}	Y_{1i}	Y_{2k}	Y_{3l}	Y_{4m}
Y_2	1	1	-1	-1	Y_{1e}	Y_{2f}	$-Y_{3g}$	$-Y_{4h}$	Y_{1i}	Y_{2k}	$-Y_{3l}$	$-Y_{4m}$
Y_3	1	-1	-1	1	Y_{1e}	$-Y_{2f}$	$-Y_{3g}$	Y_{4h}	Y_{1i}	$-Y_{2k}$	$-Y_{3l}$	Y_{4m}
Y_4	1	-1	1	-1	Y_{1e}	$-Y_{2f}$	Y_{3g}	$-Y_{4h}$	Y_{1i}	$-Y_{2k}$	Y_{3l}	$-Y_{4m}$
Y_5					1	1	1	1	Y_{5i}	Y_{6k}	Y_{7l}	Y_{8m}
Y_6					1	1	-1	-1	Y_{5i}	Y_{6k}	$-Y_{7l}$	$-Y_{8m}$
Y_7					1	-1	-1	1	Y_{5i}	$-Y_{6k}$	$-Y_{7l}$	Y_{8m}
Y_8					1	-1	1	-1	Y_{5i}	$-Y_{6k}$	Y_{7l}	$-Y_{8m}$
Y_9									1	1	1	1
Y_{10}									1	1	-1	-1
Y_{11}									1	-1	-1	1
Y_{12}									1	-1	1	-1

Die Abkürzung des Ansatzes bei Symmetrie des Tragwerks und Verwendung statisch unbestimmter Hauptsysteme wird mit der einheitlichen Untersuchung der Binder der dreischiffigen Hallen Abb. 267 und 268 gezeigt, deren Riegelzug unter Wahrung symmetrischer Anordnung beliebig geformt sein kann. Die Hauptsysteme zählen fünf statisch unbestimmte Schnittkräfte $Y_1 \ldots Y_5$, deren Lage und Sinn aus den Abbildungen hervorgeht.

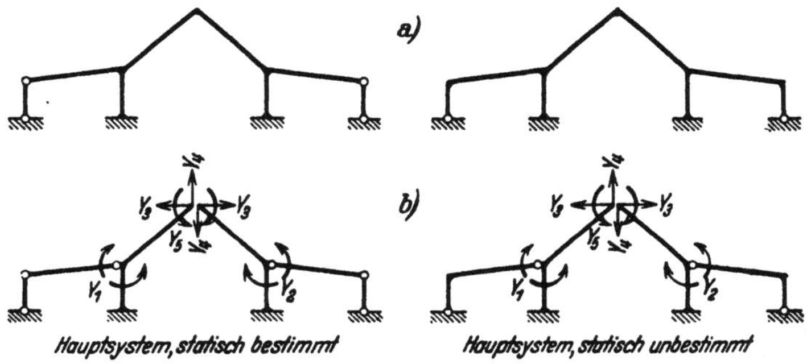

Abb. 268.

Beziehung zwischen den statisch unbestimmten Schnittkräften und den überzähligen Gruppenlasten.

	X_a	X_b	X_c	X_d	X_e
Y_1	1	Y_{1b}	Y_{1c}	Y_{1d}	Y_{1e}
Y_2	1	-1	Y_{2c}	Y_{2d}	Y_{2e}
Y_3			1	Y_{3d}	Y_{3e}
Y_4				1	Y_{4e}
Y_5					1

Belastungszustand $-X_a = 1: \; -Y_1 = 1; \quad -Y_2 = 1; \quad Y_3 = Y_4 = Y_5 = 0.$

Formänderung $\delta_{1a} = \delta_{2a}; \quad \delta_{3a}; \quad \delta_{4a} = 0; \quad \delta_{5a}.$

Belastungszustand $-X_b = 1: \; -Y_1 = Y_{1b}; \quad -Y_2 = -1; \quad Y_3 = Y_4 = Y_5 = 0.$

Nebenbedingung $\delta_{ba} = Y_{1b}\delta_{1a} + Y_{2b}\delta_{2a} = 0; \quad Y_{1b} = 1.$

Formänderung $\delta_{1b} = -\delta_{2b}; \quad \delta_{3b} = 0; \quad \delta_{4b}; \quad \delta_{5b} = 0.$

Belastungszustand $-X_c = 1: \; -Y_1 = Y_{1c}; \; -Y_2 = Y_{2c}; \; -Y_3 = 1; \; Y_4 = Y_5 = 0.$

Nebenbedingungen

$$\delta_{cb} = Y_{1c}\delta_{1b} + Y_{2c}\delta_{2b} + 1\,\delta_{3b} = 0,$$
$$\delta_{ca} = Y_{1c}\delta_{1a} + Y_{2c}\delta_{2a} + 1\,\delta_{3a} = 0,$$
$$(Y_{1c} - Y_{2c})\,\delta_{1b} = 0,$$
$$(Y_{1c} + Y_{2c})\,\delta_{1a} + 1\,\delta_{3a} = 0,$$
$$Y_{1c} = Y_{2c} = -\frac{\delta_{3a}}{2\,\delta_{1a}}.$$

Formänderung $\delta_{1c} = \delta_{2c}; \quad \delta_{3c}; \quad \delta_{4c} = 0; \quad \delta_{5c}.$

Belastungszustand $-X_d = 1: \; -Y_1 = Y_{1d}; \quad -Y_2 = Y_{2d}; \quad -Y_3 = Y_{3d};$
$-Y_4 = 1; \quad Y_5 = 0.$

Nebenbedingungen

$$\delta_{dc} = Y_{1d}\delta_{1c} + Y_{2d}\delta_{2c} + Y_{3d}\delta_{3c} + 1\,\delta_{4c} = 0,$$
$$\delta_{db} = Y_{1d}\delta_{1b} + Y_{2d}\delta_{2b} + Y_{3d}\delta_{3b} + 1\,\delta_{4b} = 0,$$
$$\delta_{da} = Y_{1d}\delta_{1a} + Y_{2d}\delta_{2a} + Y_{3d}\delta_{3a} + 1\,\delta_{4a} = 0,$$
$$(Y_{1d} + Y_{2d})\,\delta_{1c} + Y_{3d}\delta_{3c} = 0,$$
$$(Y_{1d} - Y_{2d})\,\delta_{1b} + 1\,\delta_{4b} = 0,$$
$$(Y_{1d} + Y_{2d})\,\delta_{1a} + Y_{3d}\delta_{3a} = 0,$$
$$Y_{1d} + Y_{2d} = 0; \quad Y_{3d} = 0; \quad Y_{1d} = -Y_{2d} = -\frac{\delta_{4b}}{2\,\delta_{1b}}.$$

Formänderung $\delta_{1d} = -\delta_{2d}; \quad \delta_{3d} = 0; \quad \delta_{4d}; \quad \delta_{5d} = 0.$

Belastungszustand $-X_e = 1: \; -Y_1 = Y_{1e}; \quad -Y_2 = Y_{2e}; \quad -Y_3 = Y_{3e};$
$-Y_4 = Y_{4e}; \quad -Y_5 = 1.$

Nebenbedingungen

$$\delta_{ed} = Y_{1e}\delta_{1d} + Y_{2e}\delta_{2d} + Y_{3e}\delta_{3d} + Y_{4e}\delta_{4d} + 1\,\delta_{5d} = 0,$$
$$\delta_{ec} = Y_{1e}\delta_{1c} + Y_{2e}\delta_{2c} + Y_{3e}\delta_{3c} + Y_{4e}\delta_{4c} + 1\,\delta_{5c} = 0,$$
$$\delta_{eb} = Y_{1e}\delta_{1b} + Y_{2e}\delta_{2b} + Y_{3e}\delta_{3b} + Y_{4e}\delta_{4b} + 1\,\delta_{5b} = 0,$$
$$\delta_{ea} = Y_{1e}\delta_{1a} + Y_{2e}\delta_{2a} + Y_{3e}\delta_{3a} + Y_{4e}\delta_{4a} + 1\,\delta_{5a} = 0,$$
$$(Y_{1e} - Y_{2e})\delta_{1d} + Y_{4e}\delta_{4d} = 0,$$
$$(Y_{1e} + Y_{2e})\delta_{1c} + Y_{3e}\delta_{3c} + 1\,\delta_{5c} = 0,$$
$$(Y_{1e} - Y_{2e})\delta_{1b} + Y_{4e}\delta_{4b} = 0,$$
$$(Y_{1e} + Y_{2e})\delta_{1a} + Y_{3e}\delta_{3a} + 1\,\delta_{5a} = 0,$$
$$Y_{1e} - Y_{2e} = 0; \quad Y_{4e} = 0; \quad Y_{1e} = +Y_{2e},$$
$$2\,Y_{1e}\delta_{1c} + Y_{3e}\delta_{3c} = -\delta_{5c},$$
$$2\,Y_{1e}\delta_{1a} + Y_{3e}\delta_{3a} = -\delta_{5a},$$
$$Y_{1e} = \frac{-\delta_{5c}\delta_{3a} + \delta_{5a}\delta_{3c}}{2\,(\delta_{1c}\delta_{3a} - \delta_{1a}\delta_{3c})}; \qquad Y_{3e} = \frac{-\delta_{1c}\delta_{5a} + \delta_{1a}\delta_{5c}}{2\,(\delta_{1c}\delta_{3a} - \delta_{1a}\delta_{3c})}.$$

Das Ergebnis wird in der folgenden Matrix zusammengefaßt.

	X_a	X_b	X_c	X_d	X_e
Y_1	1	1	$-\frac{\delta_{3a}}{2\delta_{1a}}$	$-\frac{\delta_{4b}}{2\delta_{1b}}$	Y_{1e}
Y_2	1	-1	$-\frac{\delta_{3a}}{2\delta_{1a}}$	$+\frac{\delta_{4b}}{2\delta_{1b}}$	Y_{1e}
Y_3			1	0	Y_{3e}
Y_4				1	0
Y_5					1

Sie liefert die überzähligen Schnittkräfte nach (467)

$$Y_1 = X_a + X_b - \frac{\delta_{3a}}{2\delta_{1a}} X_c - \frac{\delta_{4b}}{2\delta_{1b}} X_d + Y_{1e} X_e,$$

$$Y_2 = X_a - X_b - \frac{\delta_{3a}}{2\delta_{1a}} X_c + \frac{\delta_{4b}}{2\delta_{1b}} X_d + Y_{1e} X_e,$$

$$Y_3 = X_c + Y_{3e} X_e,$$

$$Y_4 = X_d,$$

$$Y_5 = X_e.$$

Die Berechnung der Hallenbinder Abb. 267 und 268 unterscheidet sich demnach nur durch die Vorzahlen.

Die Beziehungen der überzähligen Gruppenlasten zu den statisch unbestimmten Schnittkräften statisch unbestimmter Hauptsysteme. Der Belastungszustand $-X_i = 1$ besteht nach (475) aus den unbekannten Schnittkräften $Y_{Ai}, \ldots Y_{(J-1)i}$ und den frei wählbaren Komponenten $-Y_J = Y_{Ji} = 1$, $Y_{(J+1)i} = 0, \ldots Y_{Ni} = 0$. Die unbekannten Komponenten $Y_{Ai}, \ldots Y_{(J-1)i}$ sind durch die Bedingungen $\delta_{ik} = 0$ vorgeschrieben und in der Regel von Null verschieden. Daher sind mit

$$1_i \delta_{ik} = \sum_{H=A}^{H=J} Y_{Hi} \delta_{Hk} = 0, \quad i = a, \ldots (k-1) \tag{480}$$

alle Verschiebungen δ_{Hi} $(H = A, \ldots J - 1)$ Null. Der Verschiebungszustand des Hauptsystems infolge von $-X_i = 1$ erfüllt also die geometrischen Verträglichkeitsbedingungen eines $(i-1)$fach statisch unbestimmten Hauptsystems. Der Belastungszustand $-X_i = 1$ im statisch bestimmten Hauptsystem ist also identisch mit dem Belastungszustand $-Y_i = 1$ des $(i-1)$fach statisch unbestimmten Hauptsystems. Daher ist

$$Y_J^{(i)} = \frac{\delta_{J0}^{(i-1)}}{\delta_{JJ}^{(i-1)}} = \frac{\sum\limits_{H=A}^{H=J} Y_{Hi}\delta_{H0}}{\sum\limits_{H=A}^{H=J} Y_{Hi}\delta_{Hi}} = \frac{1_i \delta_{i0}}{1_i \delta_{ii}} = X_i. \tag{481}$$

Die überzähligen Gruppenlasten $X_a \ldots X_k \ldots X_n$ erhalten damit die Bedeutung von statisch unbestimmten Einzelkräften $Y_A^{(1)} \ldots Y_K^{(k)} \ldots Y_N^{(n)}$, welche die Belastung $\mathfrak{P}$ in Hauptsystemen von Eins aus ansteigenden Grades hervorruft. Die Gruppenlast X_i kann daher für eine ruhende Belastung auch folgendermaßen angegeben werden:

$$X_i = Y_i^{(i)} = \frac{\int N_0^{(0)} N_i^{(i-1)} \frac{ds}{EF} + \int M_0^{(0)} M_i^{(i-1)} \frac{ds}{EJ} + \int N_i^{(i-1)} \alpha_t t\, ds + \int M_i^{(i-1)} \frac{\alpha_t \Delta t}{h} ds - \sum C_{ei}^{(i-1)} \Delta_e}{\int N_i^{(0)} N_i^{(i-1)} \frac{ds}{EF} + \int M_i^{(0)} M_i^{(i-1)} \frac{ds}{EJ}}.$$

Ihre mit $\delta_{ii} = \delta_{JJ}^{(i-1)}$ $(i = a \ldots n,\ J = A \ldots N)$ erweiterten Einflußlinien sind die Biegelinien $\delta_{mA}^{(0)} \ldots \delta_{mJ}^{(i-1)} \ldots \delta_{mN}^{(n-1)}$ der Lastgurte von Hauptsystemen von Eins aus ansteigender statischer Unbestimmtheit für $-Y_A^{(1)} = 1 \ldots -Y_J^{(i)} = 1 \ldots -Y_N^{(n)} = 1$. Nach **Maxwell** ist

$$1_m \delta_{mJ}^{(i-1)} = 1_m \delta_{mi}^{(0)} = \sum Y_{Hi} \delta_{Hm} = \sum_{H=A}^{H=J} Y_{Hi} \delta_{mH}^{(0)}. \tag{482}$$

Die statisch unbestimmten Schnittkräfte Y_J ergeben sich durch Superposition

$$Y_J = X_i + \sum_{i+1}^{n} Y_{Jk} X_k = Y_J^{(i)} + \sum_{J+1}^{N} Y_{Jk} Y_K^{(k)}. \tag{483}$$

Derselbe Ansatz gilt für die Einflußlinien. Für ein sechsfach statisch unbestimmtes Stabwerk ist daher mit $J = 1 \ldots 6$

$$\left.\begin{array}{ll}
Y_1 = & +1 \frac{\delta_{10}^{(0)}}{\delta_{11}^{(0)}} + Y_{1b} \frac{\delta_{20}^{(1)}}{\delta_{22}^{(1)}} + Y_{1c} \frac{\delta_{30}^{(2)}}{\delta_{33}^{(2)}} + Y_{1d} \frac{\delta_{40}^{(3)}}{\delta_{44}^{(3)}} + Y_{1e} \frac{\delta_{50}^{(4)}}{\delta_{55}^{(4)}} + Y_{1f} \frac{\delta_{60}^{(5)}}{\delta_{66}^{(5)}} \\
Y_2 = & \qquad + 1 \frac{\delta_{20}^{(1)}}{\delta_{22}^{(1)}} + Y_{2c} \frac{\delta_{30}^{(2)}}{\delta_{33}^{(2)}} + Y_{2d} \frac{\delta_{40}^{(3)}}{\delta_{44}^{(3)}} + Y_{2e} \frac{\delta_{50}^{(4)}}{\delta_{55}^{(4)}} + Y_{2f} \frac{\delta_{60}^{(5)}}{\delta_{66}^{(5)}} \\
Y_3 = & \qquad\qquad + 1 \frac{\delta_{30}^{(2)}}{\delta_{33}^{(2)}} + Y_{3d} \frac{\delta_{40}^{(3)}}{\delta_{44}^{(3)}} + Y_{3e} \frac{\delta_{50}^{(4)}}{\delta_{55}^{(4)}} + Y_{3f} \frac{\delta_{60}^{(5)}}{\delta_{66}^{(5)}} \\
Y_4 = & \qquad\qquad\qquad + 1 \frac{\delta_{40}^{(3)}}{\delta_{44}^{(3)}} + Y_{4e} \frac{\delta_{50}^{(4)}}{\delta_{55}^{(4)}} + Y_{4f} \frac{\delta_{60}^{(5)}}{\delta_{66}^{(5)}} \\
Y_5 = & \qquad\qquad\qquad\qquad + 1 \frac{\delta_{50}^{(4)}}{\delta_{55}^{(4)}} + Y_{5f} \frac{\delta_{60}^{(5)}}{\delta_{66}^{(5)}} \\
Y_6 = & \qquad\qquad\qquad\qquad\qquad + 1 \frac{\delta_{60}^{(5)}}{\delta_{66}^{(5)}}
\end{array}\right\} \tag{484}$$

Die Parameter Y_{Jk} sind nach S. 285:

$$-Y_{1b} = \frac{\delta_{12}^{(0)}}{\delta_{11}^{(0)}}; \quad -Y_{2c} = \frac{\delta_{23}^{(1)}}{\delta_{22}^{(1)}}; \quad -Y_{3d} = \frac{\delta_{34}^{(2)}}{\delta_{33}^{(2)}}; \quad -Y_{4e} = \frac{\delta_{45}^{(3)}}{\delta_{44}^{(3)}}; \quad -Y_{5f} = \frac{\delta_{56}^{(4)}}{\delta_{55}^{(4)}};$$

$$-Y_{1c} = \frac{\delta_{13}^{(0)}}{\delta_{11}^{(0)}} + Y_{2c} \frac{\delta_{12}^{(0)}}{\delta_{11}^{(0)}}; \ \ldots \ -Y_{4f} = \frac{\delta_{46}^{(3)}}{\delta_{44}^{(3)}} + Y_{5f} \frac{\delta_{45}^{(3)}}{\delta_{44}^{(3)}} = \frac{\delta_{46}^{(3)}}{\delta_{44}^{(3)}} - \frac{\delta_{56}^{(4)}}{\delta_{55}^{(4)}} \cdot \frac{\delta_{45}^{(3)}}{\delta_{44}^{(3)}},$$

so daß

$$Y_5 = \frac{\delta_{50}^{(4)}}{\delta_{55}^{(4)}} - \frac{\delta_{56}^{(4)}}{\delta_{55}^{(4)}} \cdot Y_6; \quad Y_4 = \frac{\delta_{40}^{(3)}}{\delta_{44}^{(3)}} - \frac{\delta_{45}^{(3)}}{\delta_{44}^{(3)}} \frac{\delta_{50}^{(4)}}{\delta_{55}^{(4)}} - \left[\frac{\delta_{46}^{(3)}}{\delta_{44}^{(3)}} - \frac{\delta_{56}^{(4)}}{\delta_{55}^{(4)}} \cdot \frac{\delta_{45}^{(3)}}{\delta_{44}^{(3)}}\right] \frac{\delta_{60}^{(5)}}{\delta_{66}^{(5)}}$$

$$= \frac{\delta_{40}^{(3)}}{\delta_{44}^{(3)}} - \frac{\delta_{45}^{(3)}}{\delta_{44}^{(3)}} \left[\frac{\delta_{50}^{(4)}}{\delta_{55}^{(4)}} - \frac{\delta_{56}^{(4)}}{\delta_{55}^{(4)}} \cdot \frac{\delta_{60}^{(5)}}{\delta_{66}^{(5)}}\right] - \frac{\delta_{46}^{(3)}}{\delta_{44}^{(3)}} \cdot \frac{\delta_{60}^{(5)}}{\delta_{66}^{(5)}}$$

$$= \frac{\delta_{40}^{(3)}}{\delta_{44}^{(3)}} - \frac{\delta_{45}^{(3)}}{\delta_{44}^{(3)}} \cdot Y_5 - \frac{\delta_{46}^{(3)}}{\delta_{44}^{(3)}} \cdot Y_6.$$

Die statisch unbestimmten Schnittkräfte lassen sich daher folgendermaßen umformen:

$$\left.\begin{aligned}
Y_1 &= \frac{\delta_{10}^{(0)}}{\delta_{11}^{(0)}}\cdot 1 - \frac{\delta_{12}^{(0)}}{\delta_{11}^{(0)}}\cdot Y_2 - \frac{\delta_{13}^{(0)}}{\delta_{11}^{(0)}}\cdot Y_3 - \frac{\delta_{14}^{(0)}}{\delta_{11}^{(0)}}\cdot Y_4 - \frac{\delta_{15}^{(0)}}{\delta_{11}^{(0)}}\cdot Y_5 - \frac{\delta_{16}^{(0)}}{\delta_{11}^{(0)}}\cdot Y_6\\
Y_2 &= \frac{\delta_{20}^{(1)}}{\delta_{22}^{(1)}}\cdot 1 - \frac{\delta_{23}^{(1)}}{\delta_{22}^{(1)}}\cdot Y_3 - \frac{\delta_{24}^{(1)}}{\delta_{22}^{(1)}}\cdot Y_4 - \frac{\delta_{25}^{(1)}}{\delta_{22}^{(1)}}\cdot Y_5 - \frac{\delta_{26}^{(1)}}{\delta_{22}^{(1)}}\cdot Y_6\\
Y_3 &= \frac{\delta_{30}^{(2)}}{\delta_{33}^{(2)}}\cdot 1 - \frac{\delta_{34}^{(2)}}{\delta_{33}^{(2)}}\cdot Y_4 - \frac{\delta_{35}^{(2)}}{\delta_{33}^{(2)}}\cdot Y_5 - \frac{\delta_{36}^{(2)}}{\delta_{33}^{(2)}}\cdot Y_6\\
Y_4 &= \frac{\delta_{40}^{(3)}}{\delta_{44}^{(3)}}\cdot 1 - \frac{\delta_{45}^{(3)}}{\delta_{44}^{(3)}}\cdot Y_5 - \frac{\delta_{46}^{(3)}}{\delta_{44}^{(3)}}\cdot Y_6\\
Y_5 &= \frac{\delta_{50}^{(4)}}{\delta_{55}^{(4)}}\cdot 1 - \frac{\delta_{56}^{(4)}}{\delta_{55}^{(4)}}\cdot Y_6\\
Y_6 &= \frac{\delta_{60}^{(5)}}{\delta_{66}^{(5)}}\cdot 1
\end{aligned}\right\} \qquad (485)$$

Die Lösung ist damit auf die reduzierte Matrix eines sechsfach statisch unbestimmten Systems zurückgeführt und auf diese Weise der Anschluß an die allgemeine Auflösung gefunden.

Die Formänderungsenergie des vorgegebenen Tragwerks kann nach dem Clapeyronschen Gesetz durch die äußeren Kräfte ausgedrückt werden. Sie zerfällt, bezogen auf das Hauptsystem, in zwei Teile, die von der Belastung $\mathfrak{P}$ und den statisch überzähligen Größen Y_K oder X_k herrühren:

$$A_i = \tfrac{1}{2}\sum P_m \delta_m^{(0)} - \tfrac{1}{2}\sum Y_K \delta_{K0} = \tfrac{1}{2}\sum P_m \delta_m^{(0)} - \tfrac{1}{2}\sum X_k \delta_{k0}$$

$$(K = A \ldots N,\quad k = a \ldots n).$$

Daher ist

$$\sum Y_K \delta_{K0} = \sum X_k \delta_{k0}$$

und mit den bereits bekannten Beziehungen (481)

$$\delta_{k0} = \delta_{K0}^{(k-1)}, \qquad X_k = \frac{\delta_{K0}^{(k-1)}}{\delta_{KK}^{(k-1)}} \quad \text{und} \quad \delta_{K0} = \sum Y_H \delta_{KH},$$

$$\sum Y_K \delta_{K0} = \sum \frac{(\delta_{K0}^{(k-1)})^2}{\delta_{KK}^{(k-1)}} = \sum Y_K^{(k)} \delta_{K0}^{(k-1)} = \sum_K \sum_H Y_K Y_H \delta_{KH} \quad \begin{matrix}(K = A \ldots N)\\ (H = A \ldots N)\end{matrix}. \qquad (486)$$

Der Ansatz eignet sich nach S. 229 zur Nachprüfung der nach irgendeiner Elimination berechneten Wurzeln Y_K.

Müller, S.: Zur Berechnung mehrfach statisch unbestimmter Tragwerke. Zbl. Bauverw. 1907 S. 23. — Müller-Breslau, H.: Die Statik der Baukonstruktionen Bd. 2, 1. Abt. Stuttgart 1922. — Hertwig, A.: Über die Berechnung mehrfach statisch unbestimmter Systeme und verwandter Aufgaben in der Statik der Baukonstruktionen. Z. Bauwes. 1910 S. 487. — Pirlet, J.: Die Berechnung statisch unbestimmter Systeme. Eisenbau 1910 S. 331. — Derselbe: Verwendung vereinfachter Elastizitätsgleichungen bei der Berechnung mehrfach statisch unbestimmter Systeme. Eisenbau 1915 S. 167. — Derselbe: Kompendium der Statik der Baukonstruktionen Bd. 2, 1. Teil. Berlin 1921. — Kaufmann, W.: Statik. Handbibl. f. Bauing. Berlin 1923. — Grüning, M.: Die Statik des ebenen Tragwerkes. Berlin 1923. — Derselbe: Elastizitätsgleichungen gegenseitiger Unabhängigkeit. Eisenbau 1921 S. 305.

37. Die Verwendung statisch unbestimmter Hauptsysteme.

Von den n statisch unbestimmten Schnittkräften eines Stabwerks gelten h als überzählig. Sie werden durch äußere Kräfte X_i $(i = 1 \ldots h)$ ersetzt und aus ebenso vielen geometrischen Bedingungen für den Verschiebungszustand des $(n - h) = r$ fach statisch unbestimmten Hauptsystems berechnet, da die relativen Verschiebungen

$(i = 1 \ldots h)$ im vorgegebenen Tragwerk Null sind. Nach dem Superpositionsgesetz ist dann

$$M = M_{\otimes}^{(n-h)} - \sum X_k M_k^{(n-h)} \qquad (k = 1 \ldots h), \tag{487}$$

$$\delta_i = \delta_{i\otimes}^{(n-h)} - \sum_{k=1}^{h} X_k \delta_{ik}^{(n-h)} = 0 \qquad (i = 1 \ldots h). \tag{488}$$

Die Belastung $\mathfrak{P}$, die Temperaturänderung t und die Stützenbewegung Δ_e erzeugen Schnittkräfte $M_{\otimes}^{(n-h)}$ und Verschiebungen $\delta_{i\otimes}^{(n-h)}$, die äußeren Kräfte $-X_k = 1$ Schnittkräfte $M_k^{(n-h)}$ und Verschiebungen $\delta_{ik}^{(n-h)}$. Sie können bei zahlreichen Aufgaben nach Tabellen eingesetzt, bei anderen nach (**311**) berechnet werden. Darnach ist

$$\left.\begin{aligned} 1_i^{(n-h)} \delta_{i\otimes}^{(n-h)} &= \int M_i^{(n-h)} M_{\otimes}^{(0)} \frac{J_c}{J} ds + \int N_i^{(n-h)} \alpha_t t\, ds - \sum C_{ei}^{(n-h)} \Delta_e, \\ 1_i^{(n-h)} \delta_{ik}^{(n-h)} &= \int M_i^{(0)} M_k^{(n-h)} \frac{J_c}{J} ds = \int M_i^{(n-h)} M_k^{(0)} \frac{J_c}{J} ds. \end{aligned}\right\} \tag{489}$$

Die Genauigkeit dieser Vorzahlen ist oft wegen der Fehlerempfindlichkeit des Ansatzes für die Brauchbarkeit des Ergebnisses von großer Bedeutung, so daß die zuverlässige Berechnung der Spannungszustände $M_{\otimes}^{(n-h)}$, $M_i^{(n-h)}$ des Hauptsystems aus den äußeren Ursachen und den Kräften $-X_i = 1$ durch den Nachweis der geometrischen Verträglichkeit der Formänderung zu prüfen ist.

Die Schnittkräfte $M_{\otimes}^{(0)}, M_i^{(0)}, M_k^{(0)}$ werden durch die Belastung $\mathfrak{P}$ und die äußeren Kräfte $-X_i = 1$, $-X_k = 1$ in einem beliebig gegliederten statisch bestimmten Hauptsystem hervorgerufen, das in dem $(n-h)$fach statisch unbestimmten Hauptsystem enthalten ist. Es liegt nahe, dabei diejenige Form zu wählen, welche einfache, wenig fehlerempfindliche Rechnungen und daher auch genaue Ergebnisse $\delta_{i\otimes}^{(n-h)}$, $\delta_{ik}^{(n-h)}$ verbürgt. Die Einflußlinien der überzähligen Schnittkräfte X_i werden mit $\delta_{i0}^{(n-h)} = \delta_{im}^{(n-h)} = \delta_{mi}^{(n-h)}$ aus den Biegelinien des Laststabzuges des Hauptsystems und daher ebenfalls aus den Schnittkräften $M_i^{(n-h)}$ entwickelt.

Die überzähligen Größen X_i ergeben sich nach diesen Vorarbeiten durch die Auflösung der h linearen Gleichungen (488). In der Regel wird die zu den Vorzahlen $\delta_{ik}^{(n-h)}$ konjugierte Matrix β_{ik} bestimmt und

$$X_i = \sum_{k=1}^{h} \beta_{ik} \delta_{k\otimes}^{(n-h)} \qquad (i = 1 \ldots h) \tag{490}$$

berechnet. Dabei gelten alle Bemerkungen des Abschnitts **25** für die Auflösung der Ansätze aus statisch bestimmten Hauptsystemen. Ebenso ist selbstverständlich, daß Gruppenlasten X_i an Stelle von statisch unbestimmten Schnittkräften verwendet und nach Abschn. **36** unabhängig voneinander angegeben werden können. Der Ansatz (488) läßt sich daher auf das statisch bestimmte Hauptsystem zurückführen, in welchem auch die übrigen $(n-h) = r$ überzähligen Schnittkräfte X_c des Tragwerks als äußere Kräfte wirken. Diese werden zur leichteren Unterscheidung mit Y_C bezeichnet. Darnach ist

$$\left.\begin{aligned} M &= M_{\otimes}^{(n-h)} - \sum_{i=1}^{h} M_i^{(n-h)} X_i = M_{\otimes}^{(0)} - \sum_{C=1}^{r} M_C^{(0)} Y_{C\otimes}^{(r)} - \sum_{i=1}^{h} X_i \{M_i^{(0)} - \sum_{C=1}^{r} M_C^{(0)} Y_{Ci}^{(r)}\}, \\ &= M_{\otimes}^{(0)} - \sum_{C=1}^{r} M_C^{(0)} (Y_{C\otimes}^{(r)} - \sum_{i=1}^{h} Y_{Ci}^{(r)} X_i) - \sum_{i=1}^{h} M_i^{(0)} X_i = M_{\otimes}^{(0)} - \sum_{c=1}^{n} M_c^{(0)} X_c, \\ 0 &= \delta_{k\otimes}^{(n-h)} - \sum_{i=1}^{h} X_i \delta_{ki}^{(n-h)} = \delta_{k\otimes}^{(0)} - \sum_{C=1}^{r} \delta_{kC}^{(0)} Y_{C\otimes}^{(r)} - \sum_{i=1}^{h} X_i \{\delta_{ki}^{(0)} - \sum_{C=1}^{r} \delta_{kC}^{(0)} Y_{Ci}^{(r)}\} \\ &= \delta_{k\otimes}^{(0)} - \sum_{C=1}^{r} \delta_{kC}^{(0)} (Y_{C\otimes}^{(r)} - \sum_{i=1}^{h} Y_{Ci}^{(r)} X_i) - \sum_{i=1}^{h} \delta_{ki}^{(0)} X_i = \delta_{k\otimes}^{(0)} - \sum_{c=1}^{n} \delta_{kc}^{(0)} X_c. \end{aligned}\right\} \tag{491}$$

Die geometrischen Bedingungen (488) für den Verschiebungszustand des statisch unbestimmten Hauptsystems stimmen nach dieser Ableitung mit denjenigen des statisch bestimmten Hauptsystems überein.

Diese algebraischen Beziehungen werden bei der Berechnung eines Ansatzes mit n Unbekannten in zwei Stufen verwendet. Die Zerlegung richtet sich nach der Struktur der Matrix. Werden die überzähligen Größen $X_1 = Y_1, \ldots X_{n-h} = Y_R$ in der ersten Stufe zusammengefaßt, so gehören die übrigen Schnittkräfte X_i $(1 \ldots h)$ der Gleichungen 1 bis r zunächst zu den Belastungsgliedern. Damit ist

$$X_c = Y_C = Y_{C\otimes}^{(r)} - \sum_{k=1}^{h} Y_{Ck}^{(r)} X_k \tag{492}$$

und die Normalgleichung i der zweiten Stufe

$$\left.\begin{aligned} \sum_{C=1}^{r}\Big(Y_{C\otimes}^{(r)} - \sum_{k=1}^{h} Y_{Ck}^{(r)} X_k\Big)\,\delta_{iC}^{(0)} + \sum_{k=1}^{h} X_k\,\delta_{ik}^{(0)} &= \delta_{i\otimes}^{(0)}, \\ \sum_{k=1}^{h}\Big(\delta_{ik}^{(0)} - \sum_{C=1}^{r}\delta_{iC}^{(0)}\, Y_{Ck}^{(r)}\Big) X_k &= \delta_{i\otimes}^{(0)} - \sum_{C=1}^{r}\delta_{iC}^{(0)}\, Y_{C\otimes}^{(r)}, \\ \sum_{k=1}^{h}\delta_{ik}^{(n-h)} X_k &= \delta_{i\otimes}^{(n-h)}. \end{aligned}\right\} \tag{493}$$

Die Auflösung des Ansatzes in zwei Stufen ist daher gleichbedeutend mit der Verwendung eines statisch unbestimmten Hauptsystems. Sie bringt stets Vorteile für die Rechnung, wenn die statisch unbestimmten Schnittkräfte der ersten Stufe durch Tabellen bekannt sind oder aus drei- und fünfgliedrigen Gleichungen berechnet werden können. Entscheidend sind Abkürzung und geringe Fehlerempfindlichkeit der Lösung. Am meisten werden Rahmen, eingespannte Träger und durchgehende Träger mit starren, oder elastisch drehbaren Stützen als statisch unbestimmte Hauptsysteme verwendet.

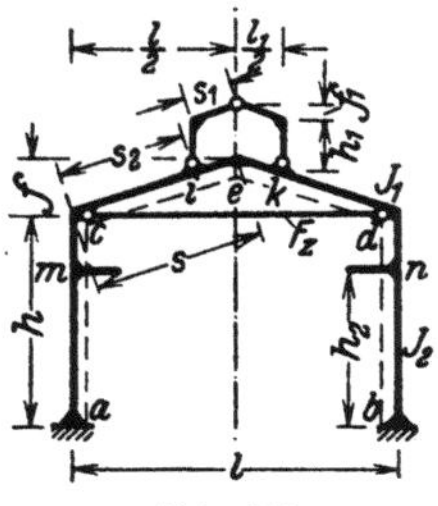

Abb. 269.

Berechnung eines Hallenrahmens.

1. Geometrische Grundlagen: ($n = E_e/E_b = 10$) Abb. 269.

$J_1 = 0{,}0213$ m^4; $\quad J_2 = 0{,}0417$ m$^4 = J_c$; $\quad F_z = 0{,}008$ m^2,

$J_c/J_1 = J_2/J_1 = 1{,}95775$; $\quad J_c/n\,F_c = J_2/n\,F_z = 0{,}52125$,

$l = 18{,}00$ m, $\quad l_1 = 5{,}00$ m, $\quad f = 3{,}00$ m,

$h = 12{,}00$ m $= h'$, $\quad h_1 = 3{,}00$ m, $\quad h_2 = 9{,}00$ m $= h_2'$,

$s = 9{,}487$ m, $\quad s_1 = 2{,}635$ m, $\quad s_2 = 6{,}852$ m,

$s' = 18{,}573$ m, $\quad s_1' = 5{,}159$ m, $\quad s_2' = 13{,}414$ m.

2. Hauptsystem. Das Hauptsystem Abb. 270a ist der dreifach statisch unbestimmte Rahmen. Die Längskraft des Zugbandes als überzählige Größe beträgt nach (488) und (311):

$$X_1 = \frac{\delta_{10}^{(3)}}{\delta_{11}^{(3)}} = \frac{\int M_0^{(0)} M_1^{(3)} \frac{J_c}{J}\, ds}{\int M_1^{(0)} M_1^{(3)} \frac{J_c}{J}\, ds + \frac{J_c}{n F_z}\, 1{,}0^2\, l};$$

Hilfswerte zur Berechnung von $M_0^{(3)}$ aus der Belastung und von $M_1^{(3)}$ aus $-X_1 = 1$ (Abb. 271) mit den Tabellen des Abschn. 61:

$\lambda = 1{,}50000$, $\quad \varkappa = 0{,}64610$, $\quad \mu = 5{,}92016$, $\quad \psi_1 = 8{,}31154$,

$\varphi = 0{,}25000$, $\quad \varrho = 0{,}83848$, $\quad \nu = 5{,}87660$, $\quad \psi_2 = 6{,}13058$,

$$H_{\substack{a1\\b1}}^{(3)} = -2\,\frac{-1}{2}\left[\frac{2\cdot 0{,}25\cdot 0{,}83848}{3\cdot 5{,}87660}\,(2\cdot 0{,}25\cdot 8{,}31154 + 3)\right] = +\,0{,}16892 \text{ t}.$$

$$M_{\substack{c1\\d1}}^{(3)} = 2\,\frac{-1\cdot 12}{2}\cdot\frac{2\cdot 0{,}25}{3\cdot 5{,}92016}\,(2\cdot 0{,}25\cdot 0{,}83848 + 3) = -\,1{,}15512 \text{ mt},$$

$$M_{\substack{a1\\b1}}^{(3)} = -\,1{,}15512 + 0{,}16892\cdot 12{,}0 \quad = +\,0{,}87192 \text{ mt},$$

$$M_{e1}^{(3)} = -\,1{,}15512 - (0{,}16892 - 1{,}0)\,3{,}0 = +\,1{,}33812 \text{ mt}.$$

Zugeordnetes statisch bestimmtes Hauptsystem: Balken auf 2 Stützen. $M_1^{(0)}$ aus $-X_1 = 1$ (Abb. 270 b).

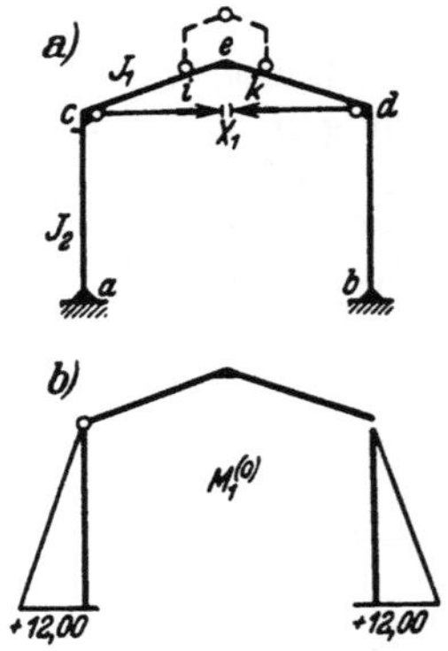

Abb. 270.

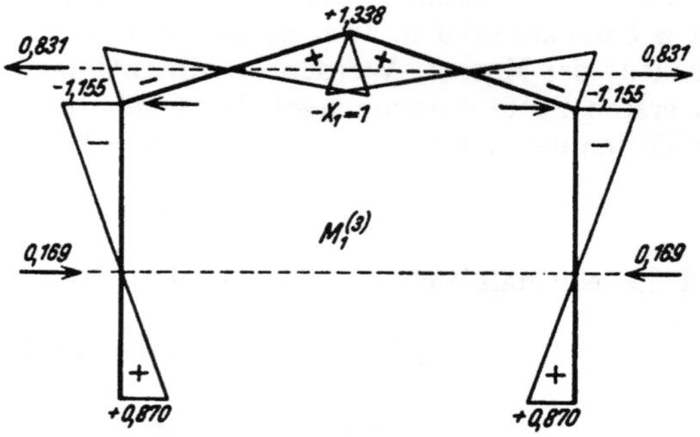

Abb. 271.

3. $\delta_{11}^{(3)} = 2 \cdot 12{,}00 \cdot \frac{1}{6}\, 12{,}00\,(2 \cdot 0{,}87192 - 1{,}15512) + 0{,}52125 \cdot 1{,}0^2 \cdot 18{,}0 = 37{,}641\,.$

4. Schnittkräfte im vorgelegten Tragwerk

$$C = C_0^{(3)} - X_1\, C_1^{(3)}; \qquad M = M_0^{(3)} - X_1\, M_1^{(3)}.$$

a) Belastung aus Eigengewicht der Laterne: $p_1 = 2{,}0$ t/m (Abb. 272a).

$$P = 2{,}0 \cdot 5{,}0/2 = 5{,}0 \text{ t}; \qquad \xi = 0{,}36111; \qquad \xi' = 0{,}63889;$$

$$W = \frac{2{,}0 \cdot 5{,}0^2}{8 \cdot 3{,}833} = 1{,}631 \text{ t}; \qquad \zeta = 0{,}7222; \qquad \zeta' = 0{,}27787;$$

$$M_{i1,\,k1}^{(3)} = \left(1{,}33812 - \frac{1{,}33812 + 1{,}15512}{18{,}00} \cdot 5{,}00\right) = 0{,}64555;$$

$$\delta_{10}^{(3)} = 2\left[\frac{18{,}573}{6} \cdot 45{,}00\,(2 \cdot 1{,}33812 - 1{,}15512) - \frac{5{,}159}{6}\, 11{,}1417\,(2 \cdot 1{,}33812 + 0{,}64555)\right] = 360{,}131\,;$$

$$X_1 = \frac{360{,}131}{37{,}6411} = 9{,}5675 \text{ t}.$$

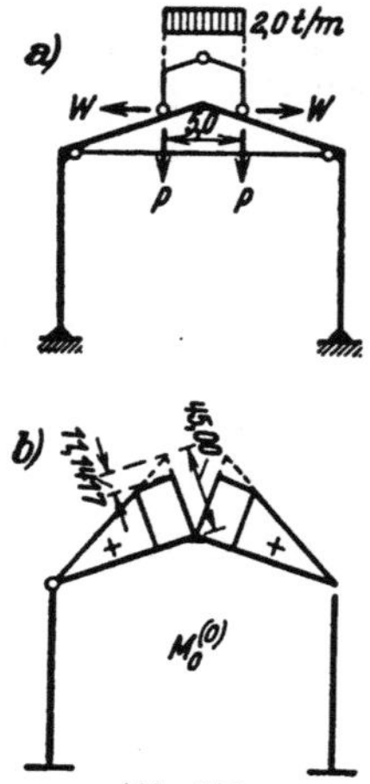

Abb. 272.

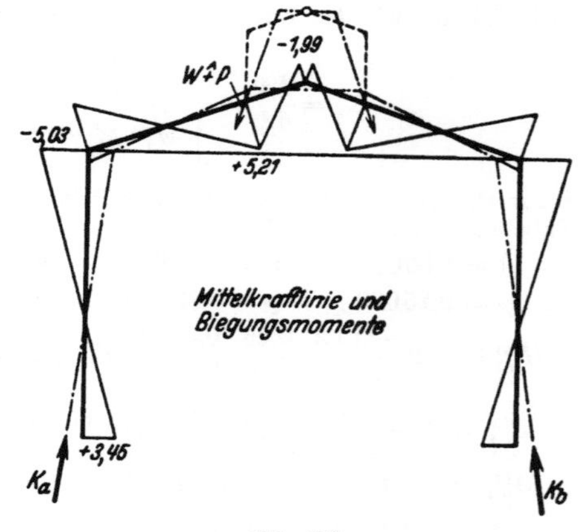

Abb. 273.

Nach Abschn. 61 wird:

$$\text{aus } P:\quad H'^{(3)}_{\substack{a0\\b0}} = 2\cdot 5{,}0\cdot\frac{1{,}5\cdot 0{,}83848}{3\cdot 0{,}66667}\,0{,}36111\,[0{,}25\cdot 8{,}31154\,(3-4\cdot 0{,}36111^2)+6\cdot 0{,}63889];$$

$$\text{aus } W:\quad H''^{(3)}_{\substack{a0\\b0}} = -2\cdot\frac{-1{,}631}{2}\cdot\frac{2\cdot 0{,}25\cdot 0{,}83848}{3\cdot 5{,}92016}\,0{,}27778^2\,[0{,}25\cdot 8{,}31154\,(3-0{,}27778)+3];$$

$$H_{\substack{a\\b}} = H'^{(3)}_{\substack{a0\\b0}} + H''^{(3)}_{\substack{a0\\b0}} - X_1 H^{(3)}_{\substack{a1\\b1}} = 2{,}29717 + 0{,}02571 - 9{,}5675\cdot 0{,}16892 = 0{,}70674\ \text{t};$$

$$\text{aus } P:\quad M'^{(3)}_{\substack{c0\\d0}} = -2\cdot 5{,}0\cdot 18{,}0\cdot 0{,}36111\,\frac{1}{3\cdot 5{,}92016}\,[0{,}25\cdot 0{,}83848\,(3-4\cdot 0{,}36111^2)+6\cdot 0{,}63889];$$

$$\text{aus } W:\quad M''^{(3)}_{\substack{c0\\d0}} = 2\,\frac{-1{,}631\cdot 12{,}0}{2}\cdot\frac{2\cdot 0{,}25\cdot 0{,}27778^2}{3\cdot 5{,}92016}\,[0{,}25\cdot 0{,}83848\,(3-0{,}27778)+3];$$

$$M_{\substack{c\\d}} = M'^{(3)}_{\substack{c0\\d0}} + M''^{(3)}_{\substack{c0\\d0}} - X_1 M^{(3)}_{\substack{c1\\d1}} = -15{,}93064 - 0{,}15181 + 9{,}5675\cdot 1{,}15512 = -5{,}03084\ \text{mt};$$

$$M_{\substack{a\\b}} = M_{\substack{c\\d}} + H_{\substack{a\\b}}\,h = +3{,}45004\ \text{mt (Abb. 273).}$$

b) Einseitige Belastung des Daches: $p_2 = 3{,}0$ t/m (Abb. 274a).

$$Q = 3{,}0\cdot 6{,}5 = 19{,}5\ \text{t};\qquad \xi = 0{,}36111;\qquad \xi' = 0{,}63889.$$

Aufspaltung der Belastung in einen symmetrischen und einen antimetrischen Lastanteil.
Symmetrischer Anteil: (Abb. 274b).

$${}^{(1)}\delta^{(3)}_{10} = 2\left[\frac{5{,}159}{2}\,31{,}687\,(1{,}33812+0{,}64555) + 13{,}414\,\frac{1}{12}\,31{,}687\,(5\cdot 0{,}64555 - 3\cdot 1{,}15512)\right] = 307{,}4443.$$

Antimetrischer Anteil: ${}^{(2)}\delta^{(3)}_{10} = 0$;

$$\delta^{(3)}_{10} = {}^{(1)}\delta^{(3)}_{10};\qquad X_1 = \frac{307{,}4443}{37{,}6411} = 8{,}16779\ \text{t};$$

$$H_{\substack{a\\b}} = \frac{3{,}0\cdot 18{,}0}{6}\,\frac{0{,}83848\cdot 1{,}5}{5{,}92016}\,0{,}36111^2\,[0{,}25\cdot 8{,}31154\,(3-2\cdot 0{,}36111^2) + 2\,(3-2\cdot 0{,}36111)] - 8{,}1677\cdot 0{,}16892 = 1{,}17529\ \text{t};$$

$$M_{\substack{c\\d}} = -\frac{3{,}0\cdot 18{,}0^2}{6}\,0{,}36111^2\left[\frac{1}{5{,}92016}\left\{0{,}25\cdot 0{,}83848\,(3-2\cdot 0{,}36111^2) + 2\,(3-2\cdot 0{,}36111)\right\} \pm \frac{3}{5{,}87660}\cdot 0{,}63889^2\right] + 8{,}16779\cdot 1{,}15512;$$

$M_c = -13{,}27163$ mt; $M_d = -4{,}46766$ mt; $M_a = +0{,}83185$ mt;
$M_b = +9{,}63582$ mt; $M_e = -5{,}21143$ mt; $M_f = +10{,}15379$ mt. (Abb. 275.)

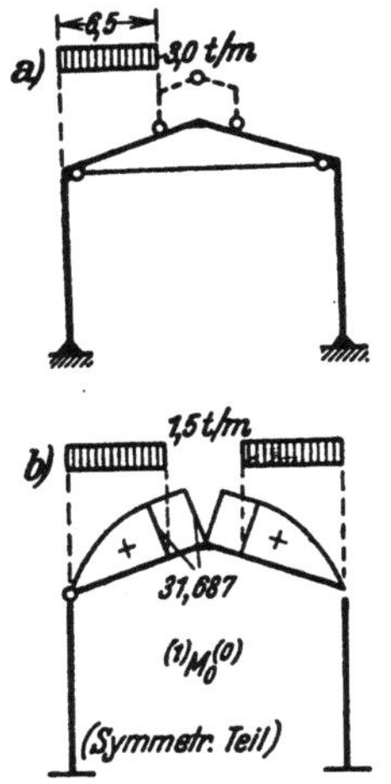

Abb. 274.

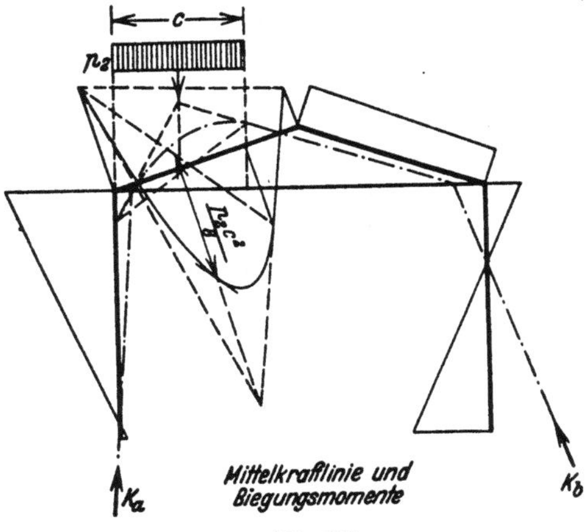

Abb. 275.

c) Gleichförmige Belastung durch Wind am Pfosten: $w = 0{,}75$ t/m (Abb. 276a).

$$\delta_{10}^{(3)} = -\frac{12{,}0}{12{,}0}\,54{,}00\,(3\cdot 0{,}87\,192 - 1{,}15\,512) = -\,78{,}8746;$$

$$X_1 = -\frac{78{,}8746}{37{,}6411} = -\,2{,}09\,544\ \text{t};$$

$$H_{\substack{a\\b}} = -\frac{0{,}75\cdot 12{,}0}{2}\left[\pm 1 + 1 - \frac{0{,}6461\cdot 0{,}83\,848}{6\cdot 5{,}92016}\,(3\cdot 8{,}31\,154 - 4)\right] + 2{,}09544\cdot 0{,}16\,892;$$

$$M_{\substack{c\\d}} = -\frac{0{,}75\cdot 12{,}0^2}{12{,}0}\,0{,}64\,610\left(\frac{3\cdot 0{,}83\,848 - 4}{5{,}92\,016} \mp \frac{6}{5{,}8766}\right) - 2{,}09544\cdot 1{,}15\,512;$$

$H_a = -\,7{,}90\,548$ t; $H_b = 1{,}09452$ t; $M_c = 4{,}97\,468$ mt;
$M_d = -\,6{,}89\,935$ mt; $M_a = -\,35{,}89\,108$ mt; $M_b = 6{,}23\,489$ mt. (Abb. 277.)

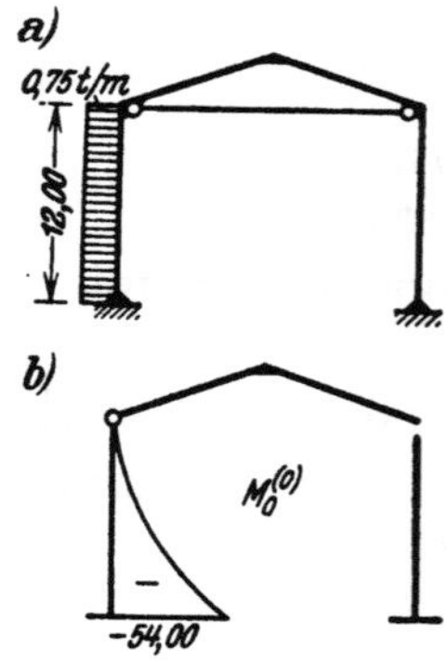

Abb. 276.

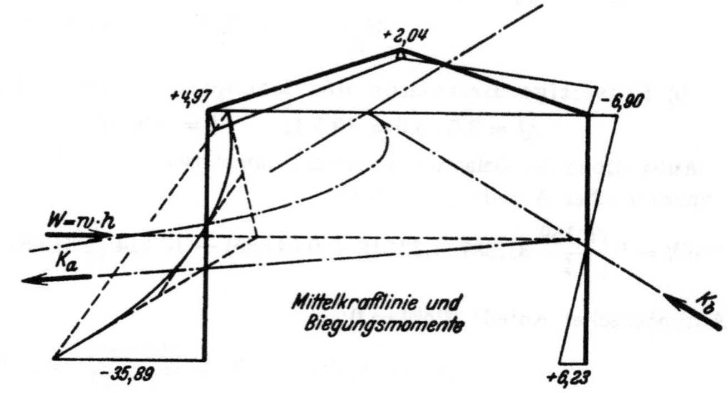

Abb. 277.

d) Belastung bei ungünstiger Stellung der Katze des Laufkrans (Abb. 278a).

$\mathsf{M}_l = 13{,}50$ mt; $\mathsf{M}_r = 2{,}25$ mt; $\eta = 0{,}7500$; $\eta' = 0{,}2500$;

$$\delta_{10}^{(3)} = -\,9{,}00\cdot\frac{1}{2}\,(13{,}50 + 2{,}25)\,(0{,}87\,192 - 0{,}64\,836) = -\,15{,}84\,482;$$

$$X_1 = -\frac{15{,}84\,482}{37{,}64\,106} = -\,0{,}42\,095\ \text{t};$$

$$H_{\substack{a\\b}} = \frac{13{,}50 + 2{,}25}{12{,}00}\cdot\frac{0{,}6461\cdot 0{,}83\,848}{5{,}92\,016}\,0{,}75\,[8{,}31\,154\,(2 - 0{,}75) - 2] + 0{,}42\,095\cdot 0{,}16\,892 = 0{,}82\,679\ \text{t};$$

$$M_{\substack{c\\d}}^{(3)} = -\,\varkappa\,\eta\left[(\mathsf{M}_l + \mathsf{M}_r)\,\frac{\varrho\,(2-\eta) - 2}{\mu} \mp (\mathsf{M}_l - \mathsf{M}_r)\,\frac{3}{\nu}\right];$$

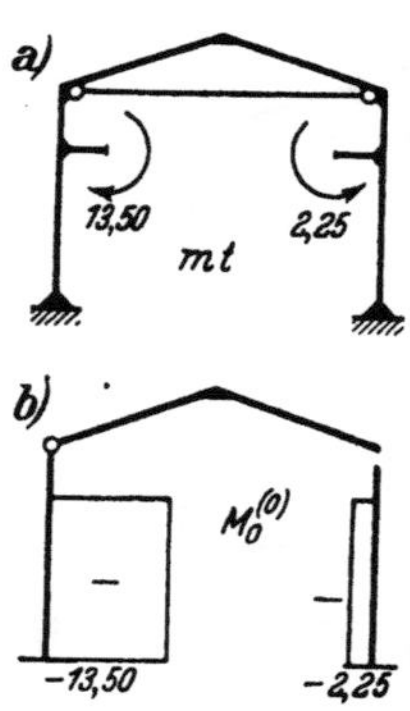

Abb. 278.

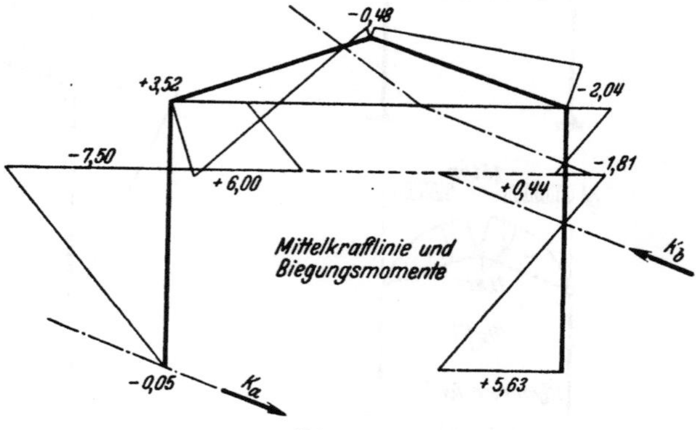

Abb. 279.

$$M_{\substack{c\\d}} = -0{,}64610 \cdot 0{,}75 \left[(13{,}50 + 2{,}25) \frac{0{,}83848\,(2 - 0{,}75) - 2}{5{,}92016} \right.$$
$$\left. \mp (13{,}50 - 2{,}25) \frac{3}{5{,}87660} \right] - 0{,}42095 \cdot 1{,}15512;$$

$$M_c = +\,3{,}52393 \text{ mt}; \qquad M_d = -\,2{,}04209 \text{ mt};$$
$$M_a = -\,0{,}05459 \text{ mt}; \qquad M_b = +\,5{,}62939 \text{ mt}. \qquad \text{(Abb. 279.)}$$

5. Nachprüfung der Ergebnisse. Die gegenseitige Verschiebung oder Verdrehung eines Querschnitts k mit N_k, M_k oder Q_k als äußere Kraft ist für den berechneten Spannungszustand gleich Null:

Beispiel: Belastung (4b) (Abb. 274a).

α) Gegenseitige Verdrehung des Querschnitts e (Abb. 280a):

$$\tau = \int M\,\overline{M}_M \frac{J_c}{J}\,ds = \frac{1}{2}\,12{,}0\,(-13{,}2716 + 0{,}8319)$$
$$+ 13{,}414 \left[\frac{1}{2}\,(-13{,}2716 + 10{,}1538) + \frac{2}{3}\,15{,}8438\right]$$
$$+ \frac{1}{2}\,5{,}159\,(10{,}1538 - 5{,}2117) + \frac{1}{2}\,18{,}573\,(-5{,}2117 - 4{,}4677)$$
$$+ \frac{1}{2}\,12{,}0\,(-4{,}4677 + 9{,}6358) = 133{,}522 - 133{,}517 \approx 0{,}0.$$

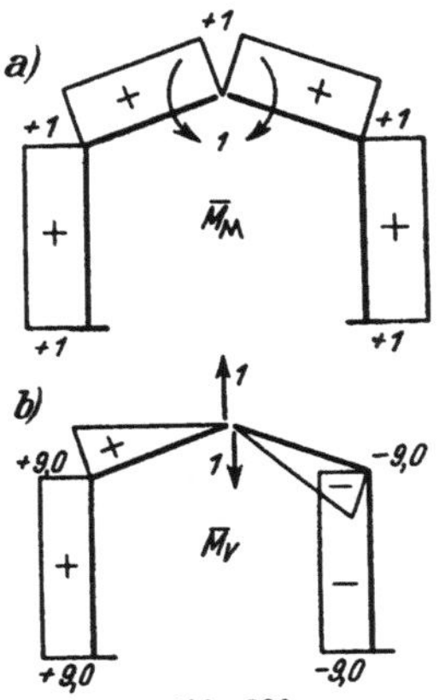

Abb. 280.

β) Gegenseitige vertikale Verschiebung des Querschnitts e (Abb. 280b):

$$\tau = \int M\,\overline{M}_V \frac{J_c}{J}\,ds = 12{,}0 \cdot 9{,}0 \cdot \frac{1}{2}\,(-13{,}2716 + 0{,}8319)$$
$$+ 13{,}414 \left\{\frac{1}{6}\left[9{,}0\,(-2 \cdot 13{,}2716 + 10{,}1538)\right.\right.$$
$$\left.\left. + 2{,}5\,(-13{,}2716 + 2 \cdot 10{,}1538)\right] + \frac{1}{3}\,15{,}8438\,(9{,}0 + 2{,}5)\right\}$$
$$+ 5{,}159 \cdot \frac{1}{6} \cdot 2{,}5\,(2 \cdot 10{,}1538 - 5{,}2117) + 18{,}573 \cdot \frac{1}{6} \cdot 9{,}0\,(2 \cdot 4{,}4677 + 5{,}2117)$$
$$- 12{,}0 \cdot \frac{1}{2}\,9{,}0\,(9{,}6358 - 4{,}4677) = 1241{,}274 - 1241{,}267 \approx 0{,}0.$$

Ansätze mit statisch unbestimmten Schnittkräften und unbekannten Verschiebungen. Die Auflösung der n linearen Gleichungen in Stufen liegt insbesondere bei Stabwerken nahe, deren Schnittkräfte abgesehen von der Belastung $\mathfrak{P}$ als Funktion von $r = (n - f)$ statisch unbestimmten Schnittkräften und den EJ_cfachen Beträgen f ausgezeichneter Komponenten ψ_c $(c = 1 \ldots f)$ des Verschiebungszustandes berechnet werden. Dies sind nach Abschn. 38 Knotenpunktverschiebungen oder Stabdrehwinkel. Nach dem Superpositionsgesetz ist dann

$$M = M_0^{(0)} - \sum_{h=1}^{r} M_h^{(0)} X_h + \sum_{H=1}^{f} \psi_H \left(M_H^{(0)} - \sum_{h=1}^{r} X_{hH} M_h\right) = M_0^{(n-f)} + \sum M_H^{(n-f)} \psi_H. \quad (494)$$

$M_0^{(0)}$, $M_h^{(0)}$ sind die Schnittkräfte eines statisch und durch $\psi_H = 0$ auch geometrisch bestimmten Hauptsystems für die vorgeschriebene Belastung $\mathfrak{P}$ und $-X_h = 1$. Die Schnittkraft $M_H^{(0)}$ infolge $\psi_H = 1$ ist Null und daher die Schnittkraft $M_H^{(n-f)}$ infolge von $\psi_H = 1$ durch die statisch unbestimmten Schnittkräfte X_{hH} $(h = 1 \ldots r)$ eines $r$fach statisch unbestimmten Hauptsystems bestimmt. Zur Berechnung der n Unbekannten stehen die $(n - f) = r$ geometrischen Bedingungen über den Verschiebungszustand des Hauptsystems $(\delta_i = 0)$ und die f statischen Bedingungen über das Gleichgewicht der Schnittkräfte $(\delta A_H = 0)$ nach Abschn. 38 zur Verfügung. Nach der Zerlegung des Ansatzes werden die statisch unbestimmten Schnittkräfte X_h in der Regel in der ersten, die ausgezeichneten Komponenten ψ_c in der zweiten

Stufe berechnet. Darnach ist

$$X_h = X_{h0} + \sum_{H=1}^{f} X_{hH}\,\psi_H. \tag{495}$$

Zur statischen Untersuchung des durchgehenden Brückenträgers Abb. 281a wird neben den statisch unbestimmten Schnittkräften der EJ_cfache Betrag des Drehwinkels ψ_A der linken Endstütze als Unbekannte verwendet und in einer zweiten Stufe der Lösung bestimmt. Die Schnittkräfte der ersten Stufe beziehen sich dann mit $\psi_A = 0$ auf ein neunfach statisch unbestimmtes System (Abb. 281 b). In diesem werden die Stützenkopfmomente X_{k0} ($k = 1 \ldots 6$)

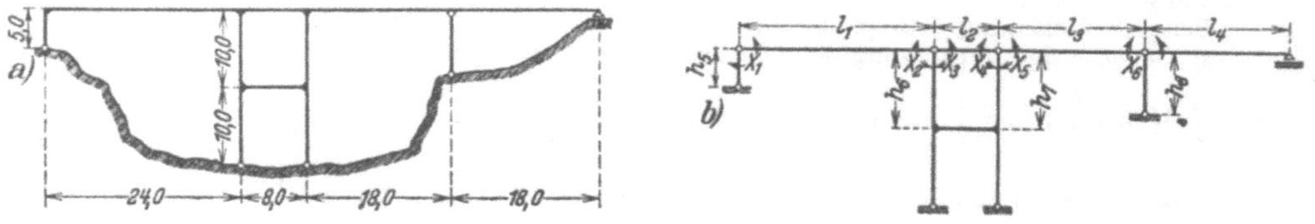

Abb. 281.

$l_1 = l'_1 = 24{,}0$, $l_2 = 8{,}0$, $l'_2 = 12$, $l_3 = l'_3 = 18{,}0$, $l_4 = l'_4 = 18{,}0$, $h_5 = 5{,}0$, $h_6 = 10{,}0$, $h'_5 = 15$, $h'_6 = 30$, $h_7 = 10{,}0$, $h'_7 = 30$, $EJ_c = 1050000\ \mathrm{tm}^2$,

Längen in m.

als überzählig angesehen und aus der Formänderung eines dreifach statisch unbestimmten Hauptsystems (Abb. 282) berechnet, dessen Schnittkräfte für $\mathfrak{P}$, $-X_2 = 1$, $-X_3 = 1$ nach Abschn. 61 angegeben werden. Die geometrischen Bedingungen ergeben dann folgende Matrix:

X_1	X_2	X_3	X_4	X_5	X_6
+ 13,000	+ 4,000				
+ 4,000	+ 22,114	− 14,114	+ 5,519	− 5,519	
	− 14,114	+ 18,114	− 3,519	+ 5,519	
	+ 5,519	− 3,519	+ 18,114	− 14,114	
	− 5,519	+ 5,519	− 14,114	+ 20,114	+ 3,000
				+ 3,000	+ 12,000

Die konjugierte Matrix der Vorzahlen β_{ik} wird nach Abschn. 29 berechnet. Das Ergebnis lautet folgendermaßen:

	δ_{10}	δ_{20}	δ_{30}	δ_{40}	δ_{50}	δ_{60}
X_{10}	+ 0,087048	− 0,032907	− 0,025190	+ 0,007913	+ 0,003568	− 0,000892
X_{20}	− 0,032907	+ 0,106948	+ 0,081868	− 0,025715	− 0,011595	+ 0,002899
X_{30}	− 0,025190	+ 0,081868	+ 0,123245	− 0,023583	− 0,028982	+ 0,007246
X_{40}	+ 0,007913	− 0,025715	− 0,023583	+ 0,134203	+ 0,097210	− 0,024303
X_{50}	+ 0,003586	− 0,011595	− 0,028982	+ 0,097210	+ 0,127452	− 0,031863
X_{60}	− 0,000892	+ 0,002899	+ 0,007246	− 0,024303	− 0,031863	+ 0,091299

Im übrigen soll die Untersuchung auf die Entwicklung der Einflußlinie X_2 und auf den Nachweis der Temperaturwirkung beschränkt bleiben. Nach (495) und (328) ist

$$X_2 = X_{20} + X_{2A}\,\psi_A, \qquad X_{20} = \sum_{h=1}^{6} \beta_{2h}\,\delta_{hm}.$$

Ansätze mit statisch unbestimmten Schnittkräften und unbekannten Verschiebungen. 303

Der Laststabzug besteht aus einer Reihe einfacher Träger, deren Biegelinien δ_{mh} für $-X_h = 1$. nach S. 112 durch

$$\delta_{mh} = \frac{l\,l'}{6} \omega_D \quad \text{oder} \quad \delta_{mh} = \frac{l\,l'}{6} \omega'_D = \frac{l\,l'}{6}(3\omega_R - \omega_D)$$

beschrieben werden. Die Gleichung der Einflußlinie X_{20} ist daher mit den Vorzahlen β_{2h} in jedem Felde durch 2 Beiträge bestimmt.

Feld 1 $\quad X_{20} = \quad 0{,}106\,948 \frac{l_1\,l'_1}{6}\left[3\omega_R - \left(1 + \frac{32\,907}{106\,948}\right)\omega'_D\right]$,

,, 2 $\quad X_{20} = \quad 0{,}086\,868 \frac{l_2\,l'_2}{6}\left[3\omega_R - \left(1 + \frac{25\,715}{81\,868}\right)\omega_D\right]$,

,, 3 $\quad X_{20} = -0{,}011\,595 \frac{l_3\,l'_3}{6}\left[3\omega_R - \left(1 + \frac{2899}{11\,595}\right)\omega_D\right]$,

,, 4 $\quad X_{20} = \quad 0{,}002\,899 \frac{l_4\,l'_4}{6} \omega'_D$.

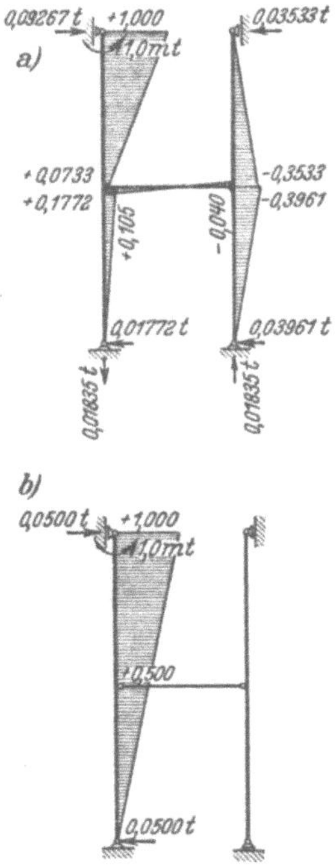

Diese Funktionen werden mit Tabelle 22 berechnet und in Abb. 283b aufgetragen.

Die statisch unbestimmten Schnittkräfte X_{hA} aus $\psi_A = 1$ sind den Belastungsgliedern $\delta_{hs} = -\sum C_{sh} \cdot (EJ_c\Delta_s)$ mit $EJ_c\Delta_s = \psi_A \cdot 5{,}0 = 5{,}0$ m zugeordnet. Diese sind

$$\delta_{1s} = -\frac{1}{5{,}0}\cdot 5{,}0 = -1{,}00;$$

$$\delta_{2s} = (+0{,}0927 - 0{,}0353)\,5{,}0 = +0{,}287,$$

$$\delta_{3s} = -0{,}287, \quad \delta_{4s} = +0{,}287,$$

$$\delta_{5s} = -0{,}287, \quad \delta_{6s} = 0$$

Abb. 282.

und daher $X_{hA} = \sum \beta_{hk}\delta_{ks}$;

h	1	2	3	4	5	6
X_{hA}	$-0{,}088\,016$	$+0{,}036\,052$	$+0{,}014\,864$	$+0{,}002\,091$	$-0{,}007\,256$	$+0{,}001\,814$ mt

Das Ergebnis ist in Abb. 283a eingetragen und durch die Biegungsmomente der Stäbe des Zwischenpfeilers ergänzt worden. Sie ergeben sich durch Superposition nach Abb. 282.

Wird die Summe der Endmomente eines Stabes r, deren Drehsinn hier in Übereinstimmung mit S. 307 im Uhrzeigersinn als positiv gilt, mit K_r bezeichnet, so ist nach S. 317 die Bedingung für das Gleichgewicht der äußeren Kräfte an einer aus dem Stabwerk abgeleiteten zwangläufigen Kette mit den virtuellen Geschwindigkeiten $\dot\psi_A = 1$, $\dot v_{rA} = \dot\psi_A \vartheta_{rA}$

$$\delta A = 0 = \sum K_r \dot v_{rA} = \sum (K_{r0} + \psi_A K_{rA})\vartheta_{rA}; \qquad \psi_A = -\frac{\sum K_{r0}\vartheta_{rA}}{\sum K_{rA}\vartheta_{rA}}. \qquad (496)$$

Die Pfosten der Kette sind von links nach rechts h_5, h_6, h_7, h_8, ihre Drehwinkel für $\psi_A = \vartheta_5 = 1$ daher $\vartheta_{5A} = 1$, $\vartheta_{6A} = h_5/h_6 = 0{,}5$, $\vartheta_{7A} = h_5/h_7 = 0{,}5$. Nach dem Prinzip der virtuellen Verrückungen ist für die wandernde Einzellast $P_m = 1_m$

$$\sum K_{r0}\vartheta_{rA} = 1_m \eta_{mA}.$$

Dabei ist K_{r0} die Summe der Endmomente des Stabes r infolge der Einzellast $P_m = 1$ in m und η_{mA} die Verschiebung des Punktes m des Laststabzuges infolge von $\psi_A = 1$. Sie wird aus den statisch unbestimmten Schnittkräften X_{hA} entwickelt. Damit ist die Einflußlinie ψ_{Am} gefunden.

$$\psi_{Am} = -\frac{1_m \eta_{mA}}{\sum K_{rA}\vartheta_{rA}},$$

$$\sum K_{rA}\vartheta_{rA} = -0{,}088\,016 \cdot 1 - (0{,}021\,188 - 0{,}004\,853)\cdot 0{,}5$$
$$- (0{,}009\,347 - 0{,}008\,165)\cdot 0{,}5 = -0{,}096\,274.$$

Die Biegelinie η_{mA} des Laststabzuges wird mit den Momenten Abb. 283a nach Abschn. 19 berechnet. Sie ist, mit $-1/0{,}096\,274$ multipliziert, die Einflußlinie ψ_{Am}, die nach (495) mit

$X_{2A} = +0{,}036052$ erweitert zur Bildung der Einflußlinie von X_2 verwendet wird. Die Gleichung für den Anteil $X_{2A}\cdot\psi_{Am}$ ($X_{21}\psi$ in Abb. 283b) lautet folgendermaßen:

$$\text{Feld 1:}\quad +0{,}37447\,\frac{l_1\,l_1'}{6}\,0{,}088016\,[3\,\omega_B - 1{,}40960\,\omega_D],$$

$$\text{,, 2:}\quad -0{,}37447\,\frac{l_2\,l_2'}{6}\,0{,}014864\,[3\,\omega_B - 0{,}85840\,\omega_D].$$

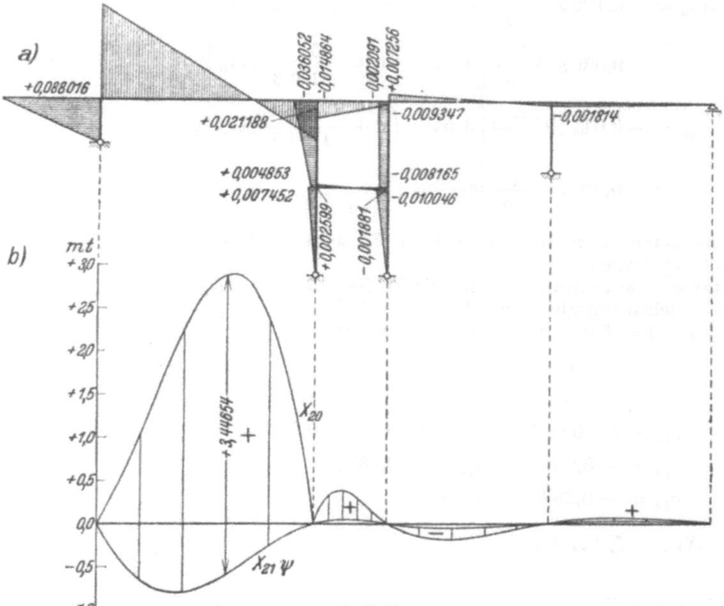

Abb. 283.

Die Schnittkräfte infolge einer Temperaturerhöhung des Riegels um $t = 10^0$ werden nach dem Ansatz $X_{kt} = X_{kt,0} + \psi_{At} X_{kA}$ berechnet. Der erste Anteil ist durch die Vorzahlen β_{kh} und die Verschiebungen $\delta_{ht}^{(3)}$ des Hauptsystems bestimmt. Nach (311) ist

$$\delta_{ht}^{(3)} = E J_c \Sigma N_{hk}^{(3)}\,\alpha\,t\,l_h\,.$$

$N_{hk}^{(3)}$ ist die Längskraft im Stabe h infolge von $-X_k = 1$, $\psi_A = 0$. $J_c = 0{,}5\,\text{m}^4$, $E J_c \alpha t l_1 = 2520$, $E J_c \alpha t l_2 = 840$. Nach Abb. 282a wird

k	1	2	3	4	5	6
$N_{1k}^{(3)}$	0	+ 0,0573	− 0,0573	+ 0,0573	− 0,0573	0 t
$N_{2k}^{(3)}$	0	− 0,0353	+ 0,0353	+ 0,0927	− 0,0927	0 t

so daß

$$\delta_{2t}^{(3)} = -\delta_{3t}^{(3)} = 114{,}820,\qquad \delta_{4t}^{(3)} = -\delta_{5t}^{(3)} = 222{,}340,\qquad \delta_{1t}^{(3)} = \delta_{6t}^{(3)} = 0.$$

$$X_{kt,0} = \Sigma\,\beta_{kh}\,\delta_{ht}^{(3)}$$

k	1	2	3	4	5	6
$X_{kt,0}$	+ 0,0800	− 0,2597	− 3,5505	+ 7,9802	− 4,7276	+ 1,1818 mt

Die Temperaturänderung des Riegels erzeugt Schnittkräfte im statisch unbestimmten Hauptsystem Abb. 282a, die mit den Anteilen aus $X_{kt,0}$ überlagert werden. Auf diese Weise werden die in Abb. 284 eingetragenen Ergebnisse erhalten. Sie stellen die Momente aus Temperatur für $\psi_A = 0$ dar.

Der unbekannte Stabdrehwinkel $\psi_{\varDelta t}$ wird nach (496)

$$\psi_{\varDelta t} = -\frac{\sum K_{rt}\,\vartheta_{r\varDelta}}{\sum K_{r\varDelta}\cdot\vartheta_{r\varDelta}} = -\frac{0{,}0800\cdot 1 + 2{,}3630\cdot 0{,}5 - 10{,}9677\cdot 0{,}5}{-0{,}096274} = -43{,}858\,,$$

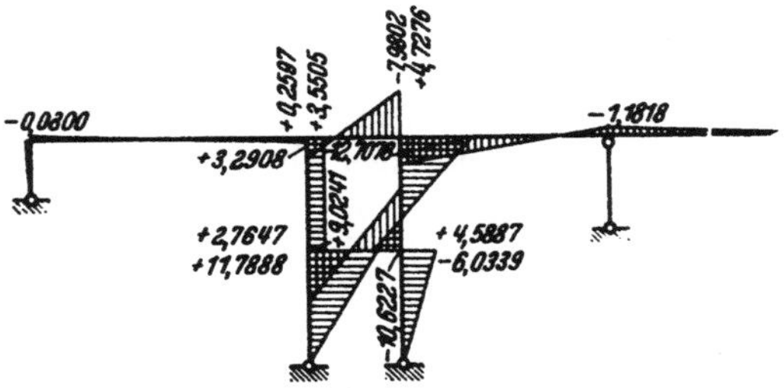

Abb. 284.

$$X_{kt} = X_{kt,0} - 43{,}858\,X_{k\varDelta}\,,$$

$$X_{1t} = +0{,}0800 - 43{,}858\cdot 0{,}088016 = -3{,}78\ \text{mt}\,.$$

Kammer, Statisch unbestimmte Hauptsysteme. Arm. Bet. 1914 S. 161. — Hertwig, A.: Die Berechnung der Rahmengebilde. Eisenbau 1921 S. 122. — Nakonz, W.: Die Berechnung mehrstieliger Rahmen unter Anwendung statisch unbestimmter Hauptsysteme. Berlin 1924. — Spiegel, G.: Mehrteilige Rahmen. Berlin 1920.

B. Die Berechnung durch Elimination der Schnittkräfte.

38. Die statischen Bedingungsgleichungen.

Die Theorie des statisch unbestimmten Stabwerks ist in Abschn. 23 mit einer Zerlegung in Teile (h) und (J) eingeleitet worden, um Gleichungen teils statischen, teils geometrischen Inhalts zur Beschreibung des Spannungs- und Verschiebungszustandes des Stabwerks zu bilden. Dieser allgemeine Ansatz ist bisher stets auf die geometrischen Bedingungen zurückgeführt worden, um die statisch unbestimmten Schnittkräfte anzugeben. Unter Umständen ist es aber zweckmäßig, diese zu eliminieren und zuerst die Komponenten des Verschiebungszustandes aus den Gleichgewichtsbedingungen zu berechnen.

Die Knotenpunktfigur. Durch die Aufteilung eines Stabwerks allgemeiner Form entstehen Knotenscheiben (J), Gelenke (G) und Abschnitte (h) des Stabwerks. Diese sind gerade oder gekrümmt und können auch aus geschlossenen Gruppen von einzelnen Stäben zusammengesetzt sein. Über die Zerlegung des Stabwerks bestehen keine anderen Vorschriften, als daß jeder Abschnitt (h) nur zwei freie Querschnitte erhält, in denen er vorher steif oder frei drehbar angeschlossen war.

Die Konfiguration der Knotenscheiben und Gelenke in der Bildebene heißt Knotenpunktfigur (Abb. 289b). Sie ist durch die Gelenkpunkte G und durch die Schnittpunkte J, K von geraden Linien bestimmt, welche die Abschnitte (h) des Stabwerks vertreten. Die Schnittpunkte J, K ersetzen nach der Theorie des Stabwerks, abgesehen von seltenen Ausnahmen, die Knotenscheiben und erhalten aus diesem Grunde die Eigenschaft von materiellen Punkten, mit denen die Anschlußquerschnitte (h) des Stabwerks zusammenfallen.

Die Bewegung eines Gelenkes (G) ist durch zwei Komponenten u_G, v_G, die Bewegung eines Stabknotens (J) durch drei Komponenten u_J, v_J, φ_J beschrieben. φ_J wird als Knotendrehwinkel bezeichnet und im Uhrzeigersinn positiv gerechnet.

Bei einem Stabwerk mit r Stabknoten und r_1 Gelenken sind daher $(3r + 2r_1)$ Komponenten des Verschiebungszustandes der Knotenpunktfigur unbekannt.

Die geometrischen Randwerte für den Verschiebungszustand eines Abschnitts (*h*). Die Endquerschnitte J, K des Abschnitts (h) bewegen sich in der Richtung x, y um die Strecken $u_J^{(h)}, v_J^{(h)}$ und $u_K^{(h)}, v_K^{(h)}$. Dabei drehen sich die Endtangenten um die Winkel $\varphi_J^{(h)}, \varphi_K^{(h)}$. Sie werden ebenso wie die Knotendrehwinkel im Uhrzeigersinn positiv gerechnet. Die relative Verschiebung $(u_K^{(h)} - u_J^{(h)})$, $(v_K^{(h)} - v_J^{(h)})$ hängt von der Formänderung des Abschnitts (h) ab. Nach Abb. 285 ist

$$(x_K - x_J) = l_h \cos\alpha_h, \qquad (y_K - y_J) = l_h \sin\alpha_h. \tag{497}$$

Durch die Belastung des Stabwerks wird aus

$$x_K \to x_K + u_K^{(h)}, \qquad y_K \to y_K + v_K^{(h)},$$
$$l_h \to l_h + \Delta l_h = l_h(1 + \varepsilon_h), \qquad \alpha_h \to \alpha_h + \Delta\alpha_h = \alpha_h + \vartheta_h,$$

so daß durch Variation von (497) folgende Verträglichkeitsbedingungen entstehen:

$$\left.\begin{aligned} u_K^{(h)} - u_J^{(h)} &= \varepsilon_h(x_K - x_J) - \vartheta_h(y_K - y_J), \\ v_K^{(h)} - v_J^{(h)} &= \varepsilon_h(y_K - y_J) + \vartheta_h(x_K - x_J). \end{aligned}\right\} \tag{498}$$

Die bezogene Längenänderung ε_h der Stabzugsehne l_h wird als Verlängerung, der Stabdrehwinkel ϑ_h im Uhrzeigersinn positiv gerechnet. Da die Anzahl (s) der Abschnitte (h) stets größer oder gleich der Summe $(r + r_1)$ der Knoten ist, können die $2(r + r_1)$ Komponenten u_J, v_J des Verschiebungszustandes der Knotenpunktfigur stets durch die $2s$ Randwerte $\varepsilon_h, \vartheta_h$ des Verschiebungszustandes der Stäbe ausgedrückt werden. Daraus ergibt sich dann auch die Möglichkeit, die Verdrehungen $\varphi_J^{(h)}, \varphi_K^{(h)}$ der Endtangenten der Stäbe (h) durch die Winkel $\tau_J^{(h)}, \tau_K^{(h)}$ auf die Gerade $\overline{J'K'}$ zu beziehen und unabhängig vom Stabdrehwinkel ϑ_h zu beschreiben. Sie werden ebenfalls im Uhrzeigersinn positiv gemessen. Die Randwerte sind nach Abb. 285 untereinander durch die folgenden geometrischen Beziehungen verknüpft:

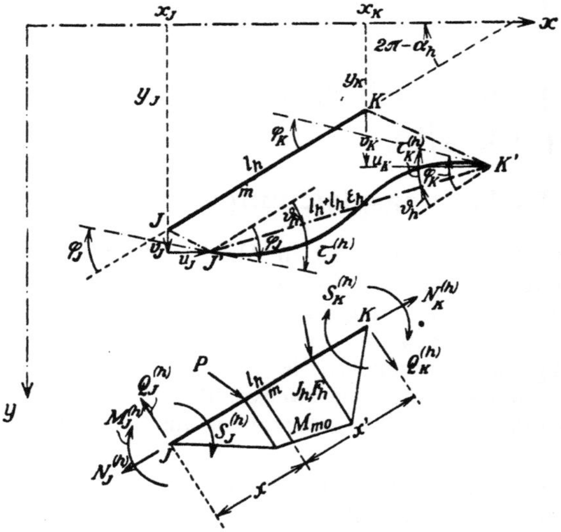

Abb. 285.

$$\varphi_J^{(h)} = \tau_J^{(h)} + \vartheta_h, \quad \varphi_K^{(h)} = \tau_K^{(h)} + \vartheta_h, \quad (u_K^{(h)} - u_J^{(h)})\cos\alpha_h + (v_K^{(h)} - v_J^{(h)})\sin\alpha_h = \varepsilon_h l_h. \tag{499}$$

Der Ansatz dient zur algebraischen Transformation der Verschiebungen $u_J^{(h)}, v_J^{(h)}, \varphi_J^{(h)}$ in die Komponenten $\varepsilon_h, \vartheta_h, \tau_J^{(h)}$ des Verschiebungszustandes.

Die Randwerte des Spannungszustandes der Abschnitte (*h*) und der Knotenpunktfigur des Stabwerks. Durch die Zerlegung des Stabwerks in die Abschnitte (h) und in die Knotenpunktfigur werden die in jedem freien Querschnitt vorhandenen Schnittkräfte N, M, Q des Stabwerks paarweise zu äußeren Kräften am Abschnitt (h) und am Knotenpunkt (J). Sie werden als Anschlußkräfte bezeichnet. Bei dem Querschnitt durch ein Gelenk ist das Anschlußmoment Null. Der positive Sinn dieser äußeren Kräfte wird in einer für die Ableitung geeigneten Form vereinbart. Die Längskräfte $N_J^{(h)}, N_K^{(h)}$ der Abschnitte (h) sind als Zugkräfte positiv. Die Biegungsmomente $M_J^{(h)}$, $M_K^{(h)}$ werden an den freien Querschnitten des Stabes als positiv bezeichnet, wenn ihr Drehsinn mit der Richtung des Uhrzeigers übereinstimmt. Die positiven Richtungen der Querkräfte $Q_J^{(h)}$, $Q_K^{(h)}$ sind in Abb. 285 festgesetzt.

Jedem Gelenk G der Knotenpunktfigur ist eine resultierende Kraft $\mathfrak{P}_G$, jedem Stabknoten J außer $\mathfrak{P}_J$ noch ein resultierendes Kräftepaar M_J zugeordnet, die mit den Anschlußkräften an den freien Querschnitten im Gleichgewicht stehen. Dasselbe gilt von der Belastung $\mathfrak{P}_h$ des Abschnitts (h) und den sechs Anschlußkräften der beiden freien Querschnitte J, K. Von diesen sind drei statisch unbestimmt. Am besten eignen sich $M_J^{(h)}$, $M_K^{(h)}$, $N_K^{(h)}$ als überzählige Größen. Ist der Abschnitt (h) im Stabwerk an dem einen Ende steif, an dem anderen frei drehbar angeschlossen, so sind zwei Anschlußkräfte statisch unbestimmt. Bei zwei Gelenken ist nur eine statisch überzählige Größe $N_K^{(h)}$ vorhanden.

Der Spannungszustand eines jeden Abschnitts (h) wird, abgesehen von der Belastung $\mathfrak{P}_h$ und einer Temperaturänderung $t, \Delta t$, durch die geometrischen Randwerte $\varepsilon_h, \vartheta_h$ der relativen Verschiebung der Stabenden und durch die Drehwinkel der Stabendtangenten bestimmt. Diese sind mit $\varphi_J^{(h)}$, $\varphi_K^{(h)}$ oder relativ zu $\overline{J'K'}$ (Abb. 285) mit $\tau_J^{(h)}$, $\tau_K^{(h)}$ vorgeschrieben, so daß die statisch unbestimmten Anschlußkräfte des Stabes nach dem Superpositionsgesetz folgendermaßen zerlegt werden:

$$\left.\begin{aligned} M_J^{(h)} &= M_{J0}^{(h)} + M_{J1}^{(h)}\varphi_J^{(h)} + M_{J2}^{(h)}\varphi_K^{(h)} + M_{J3}^{(h)}\vartheta_h + M_{J4}^{(h)}\varepsilon_h, \\ M_K^{(h)} &= M_{K0}^{(h)} + M_{K1}^{(h)}\varphi_J^{(h)} + M_{K2}^{(h)}\varphi_K^{(h)} + M_{K3}^{(h)}\vartheta_h + M_{K4}^{(h)}\varepsilon_h, \\ N_K^{(h)} &= N_{K0}^{(h)} + N_{K1}^{(h)}\varphi_J^{(h)} + N_{K2}^{(h)}\varphi_K^{(h)} + N_{K3}^{(h)}\vartheta_h + N_{K4}^{(h)}\varepsilon_h. \end{aligned}\right\} \tag{500}$$

Sind die geometrischen Randwerte $\varphi_J^{(h)}, \varphi_K^{(h)}, \varepsilon_h, \vartheta_h$ Null, so entstehen mit $M_J^{(h)} = M_{J0}^{(h)}$ usw. die statisch unbestimmten Anschlußkräfte des beiderseits starr eingespannten Stabes oder Stabzugs aus Belastung $\mathfrak{P}$ und Temperaturänderung Δt. Die Anschlußkräfte $M_{J1}^{(h)}, M_{J2}^{(h)}, M_{J3}^{(h)}, M_{J4}^{(h)}$ sind die Anschlußkräfte des beiderseits starr eingespannten, unbelasteten Stabes mit vorgeschriebenen Randbedingungen $\varphi_J^{(h)} = 1, \varphi_K^{(h)} = 1, \vartheta_h = 1, \varepsilon_h = 1$. Die Stäbe mit biegungssteifem Anschluß in J und einem Gelenk G am anderen Ende werden durch die Bezeichnung l_g unterschieden. Bei ihnen ist $M_G^{(g)} = 0$ und

$$\left.\begin{aligned} M_J^{(g)} &= M_{J0}^{(g)} + M_{J1}^{(g)}\varphi_J^{(g)} + M_{J3}^{(g)}\vartheta_g + M_{J4}^{(g)}\varepsilon_g, \\ N_G^{(g)} &= N_{G0}^{(g)} + N_{G1}^{(g)}\varphi_J^{(g)} + N_{G3}^{(g)}\vartheta_g + N_{G4}^{(g)}\varepsilon_g. \end{aligned}\right\} \tag{501}$$

Die Vorzahlen sind die Anschlußkräfte des einseitig starr eingespannten, in G gelenkig angeschlossenen Stabes aus den Randbedingungen $\varphi_J^{(g)} = 1, \vartheta_g = 1, \varepsilon_g = 1$. Das Ergebnis kann unmittelbar angeschrieben oder aus der Lösung für den beiderseits eingespannten Stab mit der Bedingung $M_K^{(h)} \equiv M_G^{(g)} = 0$ abgeleitet werden. Diese liefert $\varphi_G^{(g)}$ und damit die Anschlußkräfte $M_J^{(g)}, N_G^{(g)}$.

Gerade Stäbe. a) Der Stab (h) ist an beiden Enden J und K biegungssteif angeschlossen. Die Schnittkräfte $M_{J4}^{(h)}, N_{K1}^{(h)}, N_{K2}^{(h)}, N_{K3}^{(h)}$ sind in (500) Null, $N_{K4}^{(h)} = EF_h$ und daher

$$N_K^{(h)} = N_{K0}^{(h)} + EF_h\varepsilon_h. \tag{502}$$

Die beiden anderen statisch unbestimmten Anschlußkräfte $M_J^{(h)}, M_K^{(h)}$ werden unter Beachtung der Vorzeichen am einfachsten nach Abschn. 26 berechnet. Um dabei die bekannten Bezeichnungen beizubehalten, tritt hier zunächst für den Buchstaben J die Ziffer 1, für den Buchstaben K die Ziffer 2. Die Vorzahlen und Belastungszahlen δ sind hier jedoch ebenso wie φ und ϑ wirkliche Winkel, sie bezeichnen also nicht wie in Abschn. 26 den EJ_cfachen Betrag. Die Endquerschnitte 1, 2 des statisch bestimmten Stabes drehen sich infolge Belastung $\mathfrak{P}_h$ und Temperaturänderung Δt um δ_{10} und δ_{20}, infolge der Stützenverschiebungen um $\delta_{1s} = \varphi_J^{(h)} - \vartheta_h$, $\delta_{2s} = \varphi_K^{(h)} - \vartheta_h$, so daß bei veränderlichem Trägheitsmoment

$$\left.\begin{aligned} M_J^{(h)} &= \frac{\delta_{10}-\delta_{20}\,\delta_{12}/\delta_{22}}{\delta_{11}-\delta_{12}\,\delta_{12}/\delta_{22}} + \frac{\delta_{1s}-\delta_{2s}\,\delta_{12}/\delta_{22}}{\delta_{11}-\delta_{12}\,\delta_{12}/\delta_{22}} \\ &= M_{J0}^{(h)} + \beta_{11}\,\varphi_J^{(h)} + \beta_{12}\,\varphi_K^{(h)} - (\beta_{11}+\beta_{12})\,\vartheta_h, \\ M_K^{(h)} &= M_{K0}^{(h)} + \beta_{12}\,\varphi_J^{(h)} + \beta_{22}\,\varphi_K^{(h)} - (\beta_{22}+\beta_{12})\,\vartheta_h. \end{aligned}\right\} \qquad (503)$$

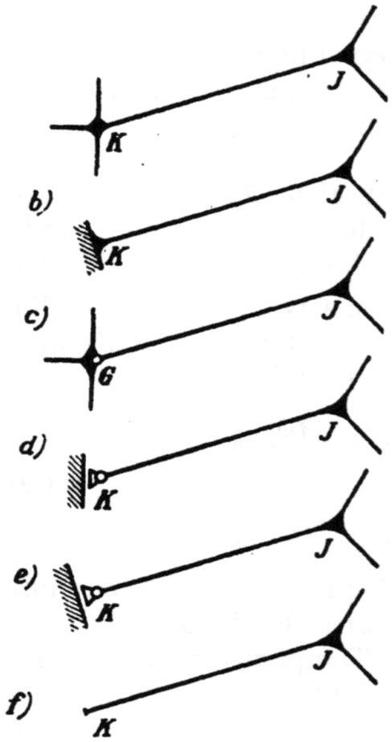

Beiderseits elastisch eingespannter Stab.
Randbedingungen: $\varphi_J^{(h)}, \varphi_K^{(h)}, \vartheta_h, \varepsilon_h$.

Starr und elastisch eingespannter Stab.
Randbedingungen: $\varphi_J^{(h)}, \varphi_K^{(h)} = 0, \vartheta_h, \varepsilon_h$.

Gelenkig gelagerter und elastisch eingespannter Stab.
Randbedingungen: $M_G = 0, \varphi_J^{(h)}, \vartheta_h, \varepsilon_h$.

Schräg geführter und elastisch eingespannter Stab.
Randbedingungen: $\vartheta_h = f(\varepsilon_h),\ M_K = 0,\ \varphi_J^{(h)},\ \dfrac{Q_K}{N_K} = \operatorname{tg}\alpha$.

Senkrecht geführter und elastisch eingespannter Stab.
Randbedingungen: $Q_K = 0,\ M_K = 0,\ \varphi_J^{(h)},\ \varepsilon_h$.

Elastisch eingespannter Stab mit freiem Ende.
Randbedingungen: $M_K = 0,\ Q_K = 0,\ N_K = 0,\ \varphi_J^{(h)}$.

Abb. 286.

Bei symmetrischen Stäben ist $\delta_{11} = \delta_{22}$, also auch $\beta_{11} = \beta_{22}$. Die Vorzahlen können bei einer stetigen Veränderung des Querschnitts angenähert nach Tabelle 13a, b berechnet werden.

Ist J_h im Bereich von l_h konstant, so ist

$$\delta_{11} = \delta_{22} = \frac{l_h}{3EJ_h}, \quad \delta_{12} = -\frac{l_h}{6EJ_h}, \quad \beta_{11} = \beta_{22} = \frac{4EJ_h}{l_h}, \quad \beta_{12} = \frac{2EJ_h}{l_h}. \qquad (504)$$

Die statisch unbestimmten Anschlußkräfte können daher bei vorgeschriebenen Randbedingungen $\varphi_J^{(h)}, \varphi_K^{(h)}, \vartheta_h, \varepsilon_h$ unmittelbar angegeben werden. Damit sind alle Anschlußkräfte des Stabes (h) bekannt.

1. Die Stabenden J und K sind elastisch drehbar (Abb. 286a):

$$\left.\begin{aligned} M_J^{(h)} &= M_{J0}^{(h)} + 2\,\frac{EJ_h}{l_h}\,(2\,\varphi_J^{(h)} + \varphi_K^{(h)} - 3\,\vartheta_h), \\ M_K^{(h)} &= M_{K0}^{(h)} + 2\,\frac{EJ_h}{l_h}\,(\varphi_J^{(h)} + 2\,\varphi_K^{(h)} - 3\,\vartheta_h), \\ N_K^{(h)} &= N_{K0}^{(h)} + EF_h\,\varepsilon_h, \qquad N_J^{(h)} = N_{J0}^{(h)} + EF_h\,\varepsilon_h, \\ Q_J^{(h)} &= Q_{J0}^{(h)} - 6\,\frac{EJ_h}{l_h^2}\,(\varphi_J^{(h)} + \varphi_K^{(h)} - 2\,\vartheta_h), \\ Q_K^{(h)} &= Q_{K0}^{(h)} - 6\,\frac{EJ_h}{l_h^2}\,(\varphi_J^{(h)} + \varphi_K^{(h)} - 2\,\vartheta_h). \end{aligned}\right\} \qquad (505)$$

2. Das Stabende J ist elastisch drehbar, das Ende K ist starr eingespannt (Abb. 286b), $\varphi_K^{(h)} = 0$:

$$\left.\begin{aligned} M_J^{(h)} &= M_{J0}^{(h)} + 2\,\frac{E\,J_h}{l_h}\,(2\,\varphi_J^{(h)} - 3\,\vartheta_h)\,, & M_K^{(h)} &= M_{K0}^{(h)} + 2\,\frac{E\,J_h}{l_h}\,(\varphi_J^{(h)} - 3\,\vartheta_h)\,,\\ N_J^{(h)} &= N_{J0}^{(h)} + \varepsilon_h\,E\,F_h\,, & N_K^{(h)} &= N_{K0}^{(h)} + \varepsilon_h\,E\,F_h\,,\\ Q_J^{(h)} &= Q_{J0}^{(h)} - 6\,\frac{E\,J_h}{l_h^2}\,(\varphi_J^{(h)} - 2\,\vartheta_h)\,, & Q_K^{(h)} &= Q_{K0}^{(h)} - 6\,\frac{E\,J_h}{l_h^2}\,(\varphi_J^{(h)} - 2\,\vartheta_h)\,. \end{aligned}\right\} \quad (506)$$

Die Anschlußkräfte $M_{J0}^{(h)}$, $M_{K0}^{(h)}$ des beiderseits starr eingespannten Stabes aus $\mathfrak{P}_h$ und $\Delta t = t_u - t_o$ können bei unveränderlichem Stabquerschnitt folgendermaßen berechnet werden (Abb. 287):

$$\left.\begin{aligned} M_{J0}^{(h)} &= \frac{2}{l_h^2}\,(2\,S_K^{(h)} + S_J^{(h)})\,,\\ M_{K0}^{(h)} &= \frac{2}{l_h^2}\,(2\,S_J^{(h)} + S_K^{(h)})\,,\\ S_J^{(h)} &= \int_0^{l_h} M_{m0}^{(0)}\,x\,d\,x + \frac{E\,J_h\,l_h^2}{2}\,\frac{\alpha_t\,\Delta t}{h}\,;\\ S_K^{(h)} &= -\int_0^{l_h} M_{m0}^{(0)}\,x'\,d\,x' - \frac{E\,J_h\,l_h^2}{2}\,\frac{\alpha_t\,\Delta t}{h}\,. \end{aligned}\right\} \quad (507)$$

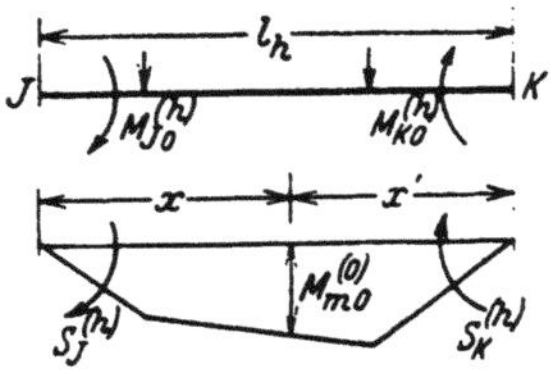

Abb. 287.

$M_{m0}^{(0)}$ sind die Biegungsmomente aus der Belastung und $M_{J0}^{(h)} = M_{K0}^{(h)} = 0$.

b) Der Stab (g) ist in J steif, in G gelenkig angeschlossen (Abb. 286c). Die Schnittkräfte $M_{J4}^{(g)}$, $N_{G1}^{(g)}$, $N_{G8}^{(g)}$ sind in (501) Null. $N_{G4}^{(g)} = EF_g$ und daher

$$N_G^{(g)} = N_{G0}^{(g)} + E\,F_g\,\varepsilon_g\,. \quad (508)$$

Das Anschlußmoment $M_J^{(g)}$ wird unter Beachtung der Vorzeichen nach Abschn. 26, jedoch unter Verwendung der wirklichen Vorzahlen und Belastungszahlen δ, berechnet. Mit der Bezeichnung $J \equiv$ Ziffer 1 ist die Verdrehung dieses Endquerschnitts durch die Belastung $\mathfrak{P}_g$ und eine ungleichförmige Temperaturänderung Δt des Stabes δ_{10} und $\delta_{1s} = \varphi_J^{(g)} - \vartheta_g$.

$$M_J^{(g)} = \frac{\delta_{10}}{\delta_{11}} + \frac{\delta_{1s}}{\delta_{11}} = M_{J0}^{(g)} + \frac{1}{\delta_{11}}\,(\varphi_J^{(g)} - \vartheta_g)\,. \quad (509)$$

Bei konstantem Querschnitt F_g, J_g im Bereich von l_g ist

$$\left.\begin{aligned} M_J^{(g)} &= M_{J0}^{(g)} + \frac{3\,E\,J_g}{l_g}\,(\varphi_J^{(g)} - \vartheta_g)\,,\\ N_G^{(g)} &= N_{G0}^{(g)} + E\,F_g\,\varepsilon_g\,, & N_J^{(g)} &= N_{J0}^{(g)} + E\,F_g\,\varepsilon_g\,,\\ Q_J^{(g)} &= Q_{J0}^{(g)} - \frac{3\,E\,J_g}{l_g^2}\,(\varphi_J^{(g)} - \vartheta_g)\,, & Q_G^{(g)} &= Q_{G0}^{(g)} - \frac{3\,E\,J_g}{l_g^2}\,(\varphi_J^{(g)} - \vartheta_g)\,. \end{aligned}\right\} \quad (510)$$

Das Anschlußmoment $M_{J0}^{(g)}$ aus $\mathfrak{P}_g$, Δt kann mit den Bezeichnungen der Abb. 287 folgendermaßen berechnet werden:

$$M_{J0}^{(g)} = -\frac{3}{l_g^2}\left(\int_0^{l_g} M_{m0}^{(0)}\,x'\,d\,x' + \frac{E\,J_g\,l_g^2}{2}\,\frac{\alpha_t\,\Delta t}{h}\right). \quad (511)$$

c) Die Anschlüsse nach Abb. 286d, e sind selten. Die schräge Führung des Stabes in K nach Abb. 286d ist im Ansatz gleichbedeutend mit gelenkigem Anschluß.

d) Der Stab ist in J steif angeschlossen, am anderen Ende frei (Abb. 286f). Die Belastung des Stabes wird als Belastung des Stabknotens J behandelt.

Gekrümmte Stäbe und Stabzüge. Die Anschlußkräfte des Stabes (h) können für dreierlei Randbedingungen angegeben werden. Der Stab ist entweder an beiden

Enden J, K eingespannt oder an einem Ende J eingespannt, am anderen gelenkig angeschlossen oder an beiden Enden durch Gelenke mit den Stabknoten J, K verbunden. Die Rechnung für symmetrische oder unsymmetrische Stabformen wird unter Beachtung der positiven Definition von Drehwinkel und Anschlußmoment für die Belastung $\mathfrak{P}_h$, die Temperaturänderung t, Δt und für vorgeschriebene Randwerte $\varphi_J^{(h)}$, $\varphi_K^{(h)}$, ε_h, ϑ_h nach Abschn. 26 behandelt. Die Lösung kann auf ein statisch bestimmtes oder unbestimmtes Hauptsystem bezogen und durch Superposition der einzelnen Ursachen nach (500) angeschrieben werden. Sie wird hier auf den beiderseits eingespannten symmetrischen Stab beschränkt. Die anderen Aufgaben sind zum Teil umständlich, bieten aber keine Schwierigkeiten. Neben den beiden Anschlußmomenten $M_J^{(h)}$, $M_K^{(h)}$ spielt hier auch die Längskraft N_h im Symmetriepunkt des Stabes eine Rolle.

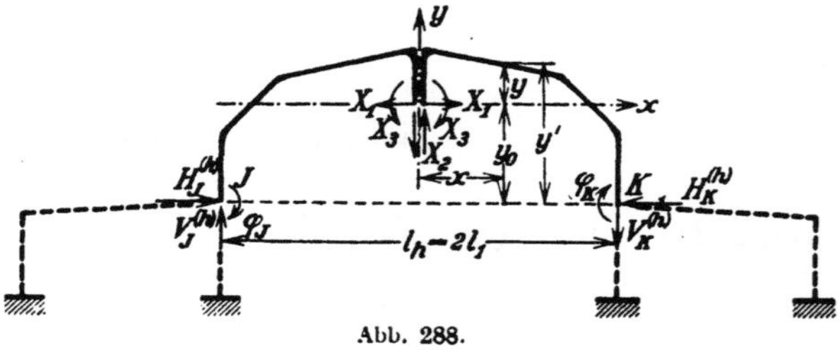

Abb. 288.

Die statisch unbestimmten Schnittkräfte des Bogenstabes werden nach S. 196, jedoch unter Verwendung der wirklichen Vorzahlen und Belastungszahlen δ, mit dem statisch bestimmten Hauptsystem Abb. 288 berechnet. Die Belastung $\mathfrak{P}_h$ und die ungleichförmige Temperaturänderung Δt erzeugen die gegenseitigen Verschiebungen δ_{10}, δ_{20}, δ_{30}. Die gleichförmige Temperaturänderung führt zu einer Verschiebung $\delta_{1t} = \alpha_t t l_h$, $\delta_{2t} = 0$, $\delta_{3t} = 0$. Die vorgeschriebenen Randwerte $\varphi_J^{(h)}$, $\varphi_K^{(h)}$, ϑ_h und $\Delta l_h = \varepsilon_h l_h$ ergeben nach (300)

$$1_1\,\delta_{1s} = y_0(\varphi_J^{(h)} - \varphi_K^{(h)}) - \Delta l_h, \quad 1_2\,\delta_{2s} = -\frac{l}{2}(\varphi_J^{(h)} + \varphi_K^{(h)}) - l\,\vartheta_h, \quad 1_3\,\delta_{3s} = \varphi_J^{(h)} - \varphi_K^{(h)}. \tag{512}$$

$$y_0 = \frac{\int y'\frac{1}{EJ}\,ds}{\delta_{33}}, \quad X_1 = \frac{\delta_{10}}{\delta_{11}} + \frac{1}{\delta_{11}}[y_0(\varphi_J^{(h)} - \varphi_K^{(h)}) - \Delta l_h],$$
$$X_2 = \frac{\delta_{20}}{\delta_{22}} - \frac{l}{\delta_{22}}\left[\frac{1}{2}(\varphi_J^{(h)} + \varphi_K^{(h)}) - \vartheta_h\right], \quad X_3 = \frac{\delta_{30}}{\delta_{33}} + \frac{1}{\delta_{33}}(\varphi_J^{(h)} - \varphi_K^{(h)}). \tag{513}$$

Die Anschlußkräfte des Hauptsystems (Kragträger J und K, Abb. 288) aus der Belastung $\mathfrak{P}_h$ werden mit $M_{J0}^{(0)}$, $M_{K0}^{(0)}$ usw. nach dem vereinbarten positiven Drehsinn bezeichnet, so daß hier für den beiderseits eingespannten Stabbogen folgende Ergebnisse angeschrieben werden können:

a) Schnittkräfte aus der Belastung $\mathfrak{P}_h$

$$M_{J0}^{(h)} = M_{J0}^{(0)} + X_{10}\,y_0 - X_{20}\,l_1 + X_{30},$$
$$M_{K0}^{(h)} = M_{K0}^{(0)} - X_{10}\,y_0 - X_{20}\,l_1 - X_{30}, \qquad -N_{h0} = X_{10}. \tag{514}$$

b) Schnittkräfte aus der Belastung $\mathfrak{P}_h$, der Temperaturänderung t und vorgeschriebenen Randbedingungen $\varphi_J^{(h)}$, $\varphi_K^{(h)}$, ϑ_h, $\Delta l_h = \varepsilon_h l_h$

$$M_J^{(h)} = M_{J0}^{(h)} + \varphi_J^{(h)}\left(\frac{y_0^2}{\delta_{11}} + \frac{l_h^2}{4\,\delta_{22}} + \frac{1}{\delta_{33}}\right) + \varphi_K^{(h)}\left(-\frac{y_0^2}{\delta_{11}} + \frac{l_h^2}{4\,\delta_{22}} - \frac{1}{\delta_{33}}\right)$$
$$- \vartheta_h\,\frac{l_h^2}{2\,\delta_{22}} - \frac{y_0}{\delta_{11}}(\Delta l_h - \alpha_t\,t\,l_h), \tag{515}$$

$$M_K^{(h)} = M_{K0}^{(h)} + \varphi_J^{(h)}\left(-\frac{y_0^2}{\delta_{11}} + \frac{l_h^2}{4\,\delta_{22}} - \frac{1}{\delta_{33}}\right) + \varphi_K^{(h)}\left(\frac{y_0^2}{\delta_{11}} + \frac{l_h^2}{4\,\delta_{22}} + \frac{l}{\delta_{33}}\right)$$
$$- \vartheta_h\,\frac{l_h^2}{2\,\delta_{22}} + \frac{y_0}{\delta_{11}}(\Delta l_h - \alpha\,t\,l_h). \tag{516}$$

$$-N_h = X_1^{(h)} = X_{10}^{(h)} + \frac{1}{\delta_{11}}[y_0(\varphi_J^{(h)} - \varphi_K^{(h)}) - \Delta l_h + \alpha_t t l_h]. \quad (517)$$

Die Anschlußkräfte $M_J^{(h)}$, $M_K^{(h)}$, N_h können in derselben Weise auch für geschlossene Stabzüge oder ganze Abschnitte $\overline{JK}$ des Stabwerks als Funktion der Belastung und der vorgeschriebenen Randbedingungen $\varphi_J^{(h)}$, $\varphi_K^{(h)}$, ϑ_h, ε_h angegeben werden. Derartige Ansätze haben jedoch nur in Ausnahmefällen Bedeutung.

Die Bedingungen für die geometrische Verträglichkeit der Knotenpunktfigur. Die geometrische Verträglichkeit in dem vorgelegten Stabwerk oder in dem statisch und kinematisch äquivalenten Bilde der Knotenpunktfigur bedeutet an jedem Stabknoten J die gleiche Verschiebung aller angeschlossenen Stabenden

$$u_J^{(h)} = u_J, \qquad v_J^{(h)} = v_J. \quad (518)$$

Bei steif angeschlossenen Stäben ist aus demselben Grunde

$$\varphi_J^{(h)} = \varphi_J. \quad (519)$$

Daher sind auch die Drehwinkel $\varphi_J^{(h)}$ der Endtangenten aller am Knoten J steif angeschlossenen Stäbe einander gleich. Die Kontinuität von n steif am Knoten J angeschlossenen Stäbe kann daher auch durch $(n - 1)$ unabhängige Bedingungen

$$\tau_J^{(h)} + \vartheta_h = \tau_J^{(h+1)} + \vartheta_{h+1} \quad (520)$$

ausgesprochen werden (vgl. Abschn. 41).

Das geometrisch bestimmte Hauptsystem. Der Spannungs- und Verschieschiebungszustand der einzelnen Abschnitte (h) des Stabwerks ist wegen der geometrischen Verträglichkeit der Formänderung am Stabknoten (518), (519) durch die r Drehwinkel φ_J und durch $2(r + r_1)$ Punktverschiebungen u_J, v_J der Knotenpunktfigur bestimmt. Diese sind nach (282) die unabhängigen Unbekannten eines linearen Ansatzes, so daß die Knotenpunktfigur in Verbindung mit den Verträglichkeitsbedingungen am Stabknoten bei beliebig vorgeschriebenen Verschiebungen u_J, v_J, φ_J $(u_J = 0, v_J = 0, \varphi_J = 0)$ die Eigenschaften eines geometrisch bestimmten Hauptsystems erhält, für welches ausgezeichnete Werte u_J, v_J, φ_J bestimmt werden sollen. Die Knotenpunktfigur mit $3r + 2r_1$ Freiheitsgraden wird also erst durch die Ausschaltung der kinematischen Beweglichkeit mit dem Zwang zur Kontinuität zum Hauptsystem: Hauptsystem A.

Die Komponenten u_J, v_J, φ_J des Verschiebungszustandes der Knotenpunktfigur sind mit den Komponenten ε_h, ϑ_h des Verschiebungszustandes der Abschnitte (h) durch $2s$ Transformationen (499) verknüpft, so daß auch diese an Stelle von u_J, v_J als unbekannte Größen verwendet werden können, soweit sie unabhängig voneinander sind. Der Verschiebungszustand des Stabwerks wird dann durch r Knotendrehwinkel φ_J, durch $s - m = s^*$ (vgl. S. 312) bezogene Längenänderungen ε_h und durch $(3r + 2r_1) - (r + s^*) = 2(r + r_1) - s^* = f_1$ ausgezeichnete, voneinander unabhängige Bestimmungsstücke ψ_c beschrieben, für die sich je nach der Art des Stabwerks Verschiebungen u_J, v_J, Stabdrehwinkel ϑ_h oder die gegenseitige Verschiebung zweier Punkte und die gegenseitige Verdrehung zweier Geraden eignen (Abb. 296).

Die Verwendung dieser Komponenten des Verschiebungszustandes zu unabhängigen Unbekannten führt neben der Knotenpunktfigur noch zu einem anderen, dem Stabwerk statisch und geometrisch äquivalenten Bilde. Die Knotendrehwinkel φ_J, die bezogenen Längenänderungen ε_h und die ausgezeichneten Komponenten ψ_c bestimmen den Verschiebungszustand einer beweglichen, dem vorgeschriebenen Stabwerk statisch äquivalenten Scheibenkette, an welcher neben der Belastung $\mathfrak{P}$ die Anschlußmomente $M_J^{(h)}$ zwischen Stab und Knotenscheibe und die Längskräfte N_h ausgezeichneter Querschnitte $T^{(h)}$ der Stäbe (h) als äußere Kräfte wirken. Sie besteht daher aus den Knotenscheiben (J) und den frei drehbar angeschlossenen Stäben (h), die in den Querschnitten $T^{(h)}$ unterbrochen und nur durch eine Führung biegungssteif zusammengehalten sind (Abb. 289c). Die Scheibenkette ist mit den vorgeschriebenen Verschiebungen $\varphi_J, \varepsilon_h, \psi_c$ (z. B. $\varphi_J = 0$, $\varepsilon_h = 0$, $\psi_c = 0$) geometrisch bestimmt und wird durch Wahrung der dem Stabwerk eigentümlichen Kontinuität am Stabknoten J und am Querschnitt $T^{(h)}$ ($\varphi_J^{(h)} = \varphi_J$, $u_J^{(h)} = u_J$, $v_J^{(h)} = v_J$) ebenfalls zum geometrisch bestimmten Hauptsystem mit der Bezeichnung B. Es entsteht daher aus der Scheibenkette, deren kinematische Beweglichkeit durch die in den Stabknoten J und an den Querschnitten $T^{(h)}$ vorgeschriebene Kontinuität aufgehoben wird.

In der Regel sind die Abmessungen der Knotenscheiben gegenüber den Stablängen verschwindend klein. Die Knotenscheibe wird angenähert zum materiellen Punkt, in dem sich alle Anschlußquerschnitte (h) schneiden. Auf diese Weise entsteht eine Idealisierung der kinematisch beweglichen Scheibenkette, die als Knotenkette bezeichnet wird. Sie zählt ebenso wie die Knotenpunktfigur $r + 2\,(r + r_1)$ Freiheitsgrade und ist für vorgeschriebene Verschiebungen $\varphi_J, \varepsilon_h, \psi_c$ geometrisch bestimmt. Die Knotenkette verliert ebenso wie die Scheibenkette durch die am Stabknoten J und am Querschnitt $T^{(h)}$ vorgeschriebene Kontinuität die kinematische Beweglichkeit und wird dadurch zum geometrisch bestimmten Hauptsystem C.

Der Begriff der Knotenpunktfigur, der Scheibenkette oder Knotenkette und der Begriff des geometrisch bestimmten Hauptsystems A, B oder C haben daher die beliebige Annahme der Verschiebungen u_J, v_J, φ_J oder $\varphi_J, \varepsilon_h, \psi_c$ gemeinsam. Während jedoch Knotenpunktfigur, Scheibenkette und Knotenkette kinematisch bewegliche Gebilde darstellen, sind die kinematischen Eigenschaften der drei mit A, B, C bezeichneten geometrisch bestimmten Hauptsysteme durch die Verträglichkeitsbedingungen gebunden. Diese sind bei beliebiger Annahme der Komponenten u_J, v_J, φ_J oder $\varphi_J, \varepsilon_h, \psi_c$ ebenso erfüllt wie die Gleichgewichtsbedingungen eines statisch bestimmten Hauptsystems bei beliebiger Annahme der statisch überzähligen Größen X_k.

Jedes geometrisch bestimmte Hauptsystem enthält neben den unabhängigen Komponenten des Verschiebungszustandes, die hier zunächst beliebig festgesetzt werden können, auch abhängige Komponenten, im Hauptsystem C z. B. die Verschiebungen u_H, v_H, ϑ_h. Sie ergeben sich durch Superposition

$$\left.\begin{aligned} \vartheta_h &= \vartheta_{h0} + \sum \vartheta_{hJ}\varphi_J + \sum \vartheta_{hc}\psi_c + \sum \vartheta_{h,\varepsilon i}\varepsilon_i\,, \\ u_H &= u_{H0} + \sum u_{HJ}\varphi_J + \sum u_{Hc}\psi_c + \sum u_{H,\varepsilon i}\varepsilon_i\,, \\ J &= A \ldots N, \qquad c = 1 \ldots f, \qquad i = 1 \ldots s. \end{aligned}\right\} \tag{521}$$

Die Vorzahlen ϑ_{hJ}, u_{HJ} sind im geometrisch bestimmten Hauptsystem C Null. Die Anteile ϑ_{h0}, u_{H0} werden aus einem Verschiebungsplan der Knotenkette des Hauptsystems C entnommen, der mit $\Delta l_{h0} = \varepsilon_{h0} l_h$ für $\psi_c = 0$ $(c = 1 \ldots f)$ gezeichnet wird. Die Stabdrehwinkel ϑ_{hc} sind in einem Verschiebungsplan der Knotenkette für $\psi_c = 1$ enthalten. Sie werden am einfachsten aus dem Polplan der Bewegung berechnet. Dieselben Betrachtungen lassen sich für die anderen beiden Hauptsysteme A und B wiederholen.

Mit dem Verschiebungszustand $\varphi_J, \varepsilon_h, \psi_c$ des Hauptsystems B oder C sind nach (500) die Anschlußkräfte der Abschnitte (h) und damit auch der Spannungszustand bestimmt. Die Ansätze (505) und (506) sind mit $\varphi_J^{(h)} = \varphi_J$ ebenfalls Ausdruck des Superpositionsgesetzes.

Die geometrischen Bedingungen der Knotenkette. Die dem Hauptsystem C zugeordnete Knotenkette wird durch $\varepsilon_h = 0$ und Herausnahme der Knotenscheiben zur Stabkette (Abb. 289e). Diese ist im Sinne des Abschnitts 13 statisch bestimmt oder statisch unbestimmt. Bei m überzähligen Stäben $(m \geqq 0)$ sind daher ebenso viele Längenänderungen ε_h der Stäbe oder Stabsehnen von den übrigen abhängig. Der Verschiebungszustand des Hauptsystems C ist daher durch r Knotendrehwinkel

φ_J, $(s - m)$ bezogene Dehnungen ε_h und $f_1 = 2(r + r_1) - (s - m)$ ausgezeichnete Komponenten ψ_c der Knotenkette. bestimmt. f_1 bedeutet den Freiheitsgrad der Stabkette.

Die Längen der Stäbe und Stabzugsehnen ändern sich mit der Temperatur und den inneren Kräften aus Belastung und Stützensenkung. Diese bestehen aus einem statisch bestimmten Anteil und einem statisch unbestimmten Anteil, der von dem biegungssteifen Anschluß und den geometrisch überzähligen Stäben der Knotenkette herrührt. Die Längenänderung ε_h kann daher nach $\varepsilon_h = \varepsilon_{h0} + \varepsilon_{h1} + \varepsilon_{h2}$ zerlegt werden. Die Dehnung ε_{h0} aus der Belastung des Stabes, den zugeordneten statisch bestimmten Anschlußkräften und einer Temperaturänderung t, Δt ist bekannt und führt mit den Stützenverschiebungen zu den Stabdrehwinkeln ϑ_{h0}. Die Dehnung ε_{h1} entsteht aus den statisch unbestimmten Anschlußkräften der

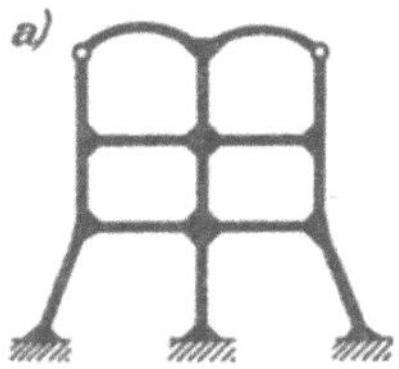

Abb. 289a. Stabwerk.
$r=7$, $r_1=2$,
$s_1=13$, $s_2=2$, $s=15$,
$m=0$, $f_1=18-15=3$,
$r+s_2+f_1=12$ Unbekannte.

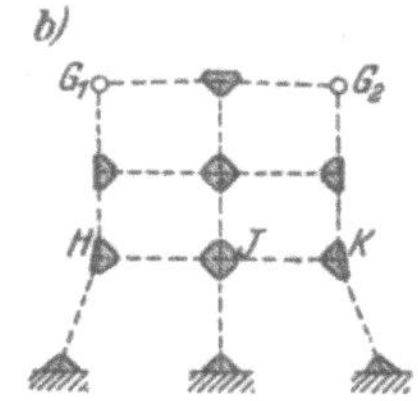

Abb. 289b. Knotenpunktfigur.

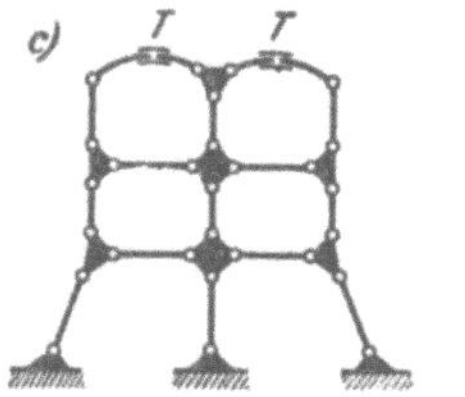

Abb. 289c. Scheibenkette mit $\varepsilon_h=0$ für alle geraden Stäbe.

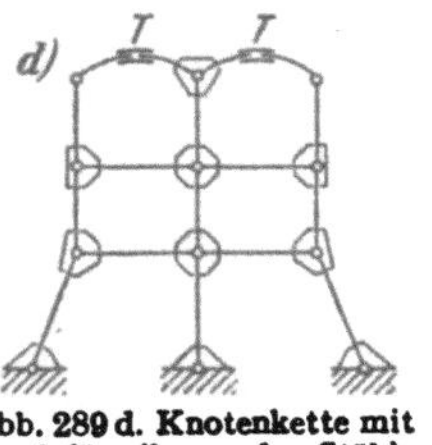

Abb. 289d. Knotenkette mit $\varepsilon_h=0$ für alle geraden Stäbe.

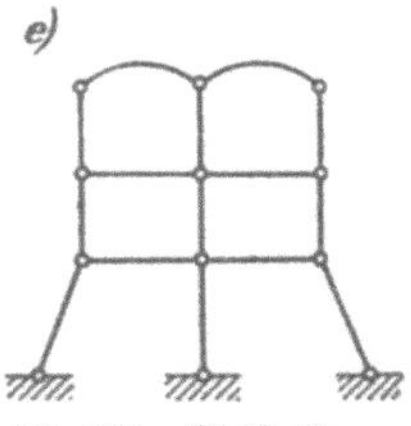

Abb. 289e. Stabkette.

Stäbe. Sie ist in biegungssteifen, geraden Stäben nahezu Null und darf unbedenklich vernachlässigt werden. Aus demselben Grunde werden die Dehnungen ε_{h2} infolge geometrisch überzähliger Stäbe in einem System berechnet, dessen Stabknoten durch Gelenke ersetzt sind.

Daher werden in einem Stabwerk die geraden und gekrümmten Stäbe unterschieden, deren Anzahl durch s_1 und s_2 bezeichnet wird $(s = s_1 + s_2)$. Die unabhängigen Komponenten ε_h der s_1 geraden Stäbe sind dann im Ansatz Null oder der Größe nach vorgeschrieben, also bekannt. Diese Annahme trifft bei biegungssteifen Stäben nahezu vollständig zu. Sie gilt dagegen bei unbelasteten Zugstäben nur als Näherung. Die Dehnung wird für diese zur Vereinfachung der Rechnung geschätzt, im Ergebnis geprüft und unter Umständen durch Iteration verbessert. Daher ist bei der Ausbildung des Hauptsystems die auf S. 311 erwähnte Teilung der Abschnitte (h) und die Führung der Enden bei geraden Stäben unnötig.

Der Verschiebungszustand wird nunmehr durch $r + f = (r + s_2^* + f_1)$ unbekannte Komponenten bestimmt. Sie bilden die überzähligen geometrischen Größen des Hauptsystems C. s_2^* ist die Anzahl der gekrümmten Stäbe mit geometrisch unabhängigen Längen. (Bei $m = 0$ ist $s_2^* = s_2$.)

Diese Bemerkungen werden durch die folgende, für die theoretische Behandlung wichtige Einteilung der Stabwerke erläutert.

A. Stabwerke ohne geometrisch überzählige Stäbe: $m = 0$.

a) Stabwerke mit s_2 Stabzügen und s_1 geraden Stäben, deren Dehnungen ε_h vernachlässigt oder geschätzt werden. Anzahl der Unbekannten: r Knotendrehwinkel, s_2 bezogene Längenänderungen von Stabzugsehnen, $f_1 = 2(r + r_1) - s$ unabhängige Komponenten ψ_c der Stabkette, $f = f_1 + s_2$ (Abb. 289a).

b) Stabwerke mit $s = s_1 < 2(r + r_1) = s + f$ geraden Stäben, deren Dehnungen ε_h vernachlässigt oder geschätzt werden. Anzahl der Unbekannten: r Knotendrehwinkel, $f = f_1 = 2(r + r_1) - s$ unabhängige Komponenten ψ_c der Stabkette (Abb. 290a).

c) Stabwerke mit $s = s_1 = 2(r + r_1)$ geraden Stäben, welche die Knotenkette mit $\varepsilon_h = 0$ oder $\varepsilon_h = \varepsilon_{h0}$ geometrisch bestimmen. Anzahl der Unbekannten: r Knotendrehwinkel (Abb. 290b).

a)

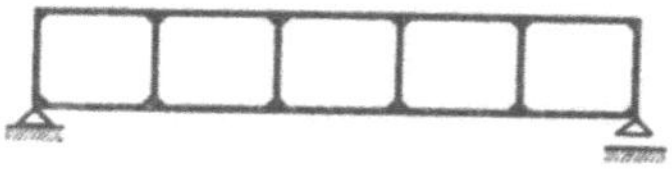

Abb. 290a.
$r=12$, $s=s_1=19$, $m=0$, $f_1=24-19=5=f$. $r+f=17$ Unbekannte.

b)

Abb. 290b.
$r=5$, $s=s_1=10$, $s_2=0$, $m=0$. $f_1=0$. $r+s_2+f_1=5$ Unbekannte.

c)

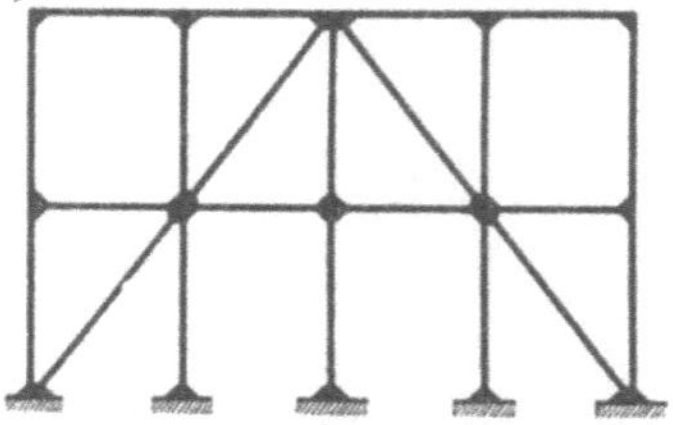

Abb. 290c.
$r=10$, $s=s_1=22$; $s_2=0$, $m=2$, $f_1=0$, $r+s_2+f_1=10$ Unbekannte.

d)

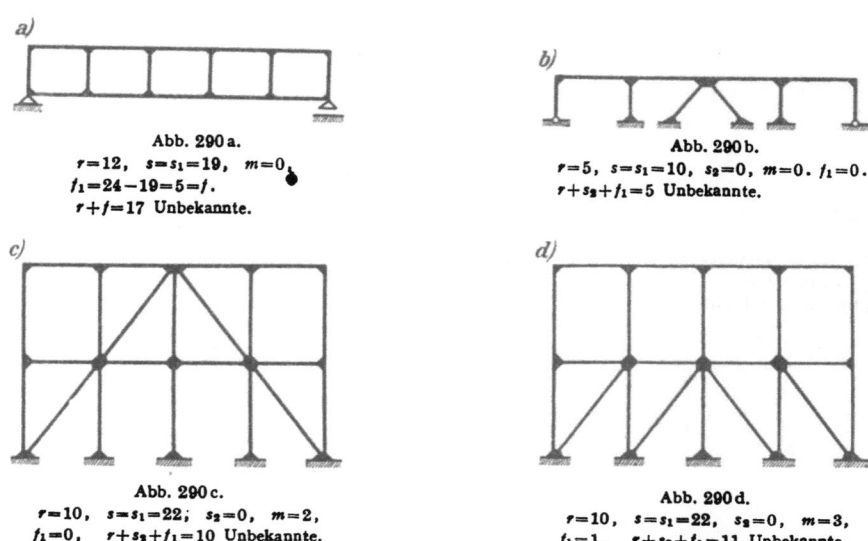

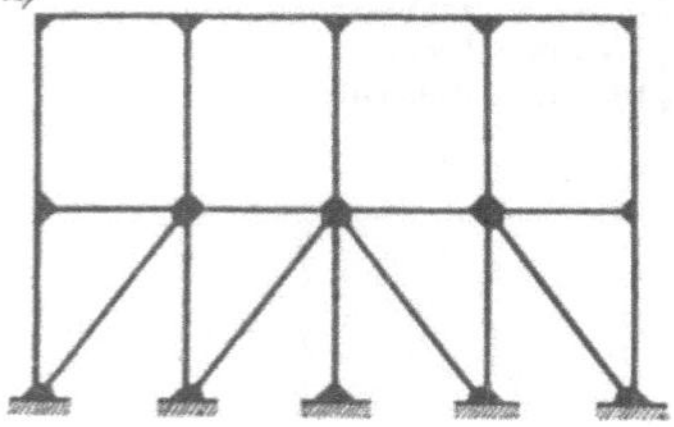

Abb. 290d.
$r=10$, $s=s_1=22$, $s_2=0$, $m=3$, $f_1=1$, $r+s_2+f_1=11$ Unbekannte.

B. Stabwerke mit m geometrisch überzähligen Stäben.

Die Stablängenänderungen ε_h und ε_{h0} sind geometrisch voneinander abhängig und werden geschätzt oder unter Umständen nach S. 313 berechnet. Für ein Stabwerk mit s_1 geraden und s_2 gekrümmten Stäben ist $f_1 = 2(r + r_1) - (s - m)$, so daß r Knotendrehwinkel und $f = s_2^* + f_1$ Komponenten ψ_c der Knotenkette mit $\varphi_J = 0$ berechnet werden müssen (Abb. 290c, d).

Die Aufgabe. Das geometrisch bestimmte Hauptsystem (S. 311) ist mit dem vorgeschriebenen Stabwerk geometrisch und statisch äquivalent, wenn beide im Verschiebungszustand und im Spannungszustand übereinstimmen. Die notwendigen und hinreichenden Bedingungen ergeben sich aus der Verträglichkeit des Verschiebungszustandes ($u_J^{(h)} = u_J$, $v_J^{(h)} = v_J$, $\varphi_J^{(h)} = \varphi_J$) und aus dem Gleichgewicht der äußeren Kräfte des Hauptsystems (Lasten und Anschlußkräfte $M_J^{(h)}$, N_h). Die Verträglichkeitsbedingungen sind durch die Definition des Hauptsystems nach S. 311 für jede Annahme der Komponenten u_J, v_J, φ_J oder φ_J, ε_h, ψ_c erfüllt. Dasselbe gilt für die Gleichgewichtsbedingungen der äußeren Kräfte der Stäbe. Daher ist zur Äquivalenz von Hauptsystem und Stabwerk nur noch das Gleichgewicht der äußeren Kräfte des Hauptsystems notwendig. Die notwendige und hinreichende Anzahl der Bedingungen wird mit dem Prinzip der virtuellen Verrückungen für das Gleichgewicht der äußeren Kräfte an den in der Knotenkette enthaltenen $(3r + 2r_1)$

unabhängigen zwangläufigen Gebilden angeschrieben. Sie dienen zur eindeutigen Berechnung der unabhängigen Komponenten u_J, v_J, φ_J oder $\varphi_J, \varepsilon_h, \psi_c$ des Verschiebungszustandes, aus denen die Anschlußkräfte $M_J^{(h)}$, N_h des Hauptsystems nach (521) und (500) hervorgehen.

Das Prinzip der virtuellen Verrückungen ist nach Abschn. 8 ein Minimalprinzip der Elastizitätstheorie. Die gesamte potentielle Energie Π des Stabwerks wird für den wirklich vorhandenen Verschiebungszustand u_J, v_J, φ_J zum Minimum. Die partiellen Ableitungen der Funktion Π nach den $(3r + 2r_1)$ unabhängigen Verschiebungskomponenten sind daher Null. Die Minimalbedingungen sind Gleichgewichtsbedingungen, so daß eine vollständige Analogie zu den theoretischen Grundlagen des Abschn. 24 (S. 163) vorhanden ist. Sie werden jedoch hier ebenso wie dort in integrierter Form als Bedingungsgleichungen für das Gleichgewicht der äußeren Kräfte eines beweglichen Gebildes angeschrieben.

Die statischen Bedingungen zur Lösung. Die statischen Bedingungen gelten für das Gleichgewicht der Schnittkräfte des Stabwerks an einem geometrisch bestimmten Hauptsystem A mit $u_J = 0$, $v_J = 0$, $\varphi_J = 0$ $(J = A \ldots N)$ oder B, C mit $\varphi_J = 0$, $\varepsilon_h = 0$, $\psi_c = 0$ $(J = A \ldots N,\ c = 1 \ldots f,\ h = 1 \ldots s)$. Sie enthalten die $(3r + 2r_1) = (r + s + f_1 - m)$ unabhängigen Komponenten des Verschiebungszustandes als unbekannte Größen des Ansatzes. Die $(3r + 2r_1)$ Gleichgewichtsbedingungen werden nach dem Prinzip der virtuellen Verrückungen oder Geschwindigkeiten (83) für die äußeren Kräfte an ebenso vielen voneinander unabhängigen, beweglichen Gebilden mit einem Freiheitsgrad angeschrieben. Diese entstehen aus der Knotenpunktfigur, wenn der Reihe nach jede der $(3r + 2r_1)$ Bindungen einzeln gelöst und durch eine ausgezeichnete virtuelle Verschiebung $u_J \neq 0$ oder $v_J \neq 0$ oder $\varphi_J \neq 0$ ersetzt wird. Die Einführung virtueller Geschwindigkeiten $\dot u_J \neq 0$ oder $\dot v_J \neq 0$ oder $\dot\varphi_J \neq 0$ an Stelle der virtuellen Verrückungen besitzt nach S. 40 nur formale Bedeutung. Die Bedingungsgleichungen erhalten folgende Form (Abb. 291):

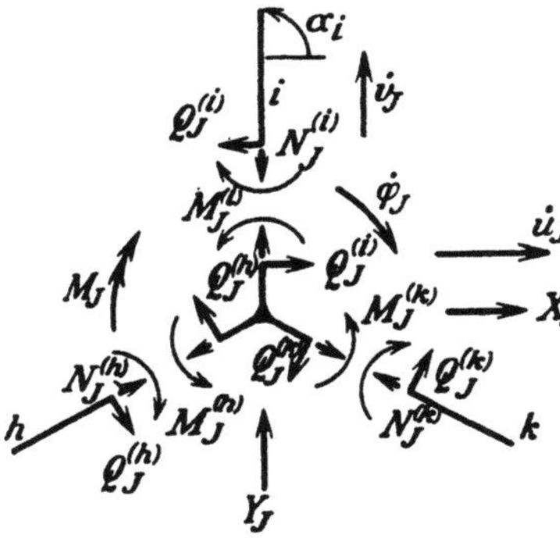

Abb. 291.

$$\left.\begin{aligned} \sum_J N_J^{(h)} \cos\alpha_h + \sum_J Q_J^{(h)} \sin\alpha_h + X_J &= 0\,, \\ \sum_J N_J^{(h)} \sin\alpha_h - \sum_J Q_J^{(h)} \cos\alpha_h + Y_J &= 0\,, \\ \mathsf{M}_J - \sum_J M_J^{(h)} &= 0\,. \end{aligned}\right\} \quad (522)$$

Der Ansatz ist für diejenigen Stabwerke ungeeignet, deren bezogene Längenänderungen ε_h für gerade Stäbe Null oder bekannt sind. Die $(3r + 2r_1) = (r + s + f_1 - m)$ notwendigen, voneinander unabhängigen, zwangläufigen Gebilde werden daher besser aus dem geometrisch bestimmten Hauptsystem C abgeleitet. Dabei wird jede unabhängige Komponente $\varphi_J, \psi_c, \varepsilon_h$ des Verschiebungszustandes des Hauptsystems der Reihe nach mit $\varphi_J \neq 0$ oder $\psi_c \neq 0$ oder $\varepsilon_h \neq 0$ einzeln zum Freiwert der virtuellen Verrückung. Ohne die s_1 bezogenen Längenänderungen ε_h der geraden Stäbe ($\varepsilon_h = 0$ nach S. 313) lassen sich r unabhängige Bewegungen an ebenso vielen zwangläufigen Gebilden Γ_J mit $\varphi_J \neq 0$ und $f = f_1 + s_2$ unabhängige Bewegungen $\psi_c \neq 0$ an ebenso vielen zwangläufigen Gebilden Γ_c unterscheiden. Sie werden nach S. 47 wiederum durch den Geschwindigkeitszustand $\dot\varphi_J = 1$ oder $\dot\psi_c = 1$ beschrieben, so daß die $r + f = r + f_1 + s_2$ Gleichgewichtsbedingungen für die an jeder der $r + f$ zwangläufigen Ketten angreifenden äußeren Kräfte (Belastung $\mathfrak{P}$, Anschlußkräfte $M_J^{(h)}, N_h$) aus dem Prinzip der virtuellen Verrückungen nach (83) hervorgehen. Sie werden nach dem Superpositionsgesetz als Funktionen der unbekannten Komponenten des Verschiebungszustandes des geometrisch bestimmten Hauptsystems entwickelt.

$$\left.\begin{aligned} \delta A_J &= a_{JJ}\varphi_J + \sum a_{JK}\varphi_K + \sum a_{Jc}\psi_c + a_{J0} = 0, \\ \delta A_c &= a_{cc}\psi_c + \sum a_{cb}\psi_b + \sum a_{cJ}\varphi_J + a_{c0} = 0. \end{aligned}\right\} \qquad (523)$$

Die Vorzahlen a_{JJ}, a_{JK}, a_{Jc} sind virtuelle Arbeiten der Anschlußkräfte des geometrisch bestimmten Hauptsystems infolge von $\varphi_J = 1$, $\varphi_K = 1$, $\psi_c = 1$ (Abb. 292c bis f) bei einer Bewegung der kinematischen Kette Γ_J mit $\dot{\varphi}_J = \dot{1}_J$.

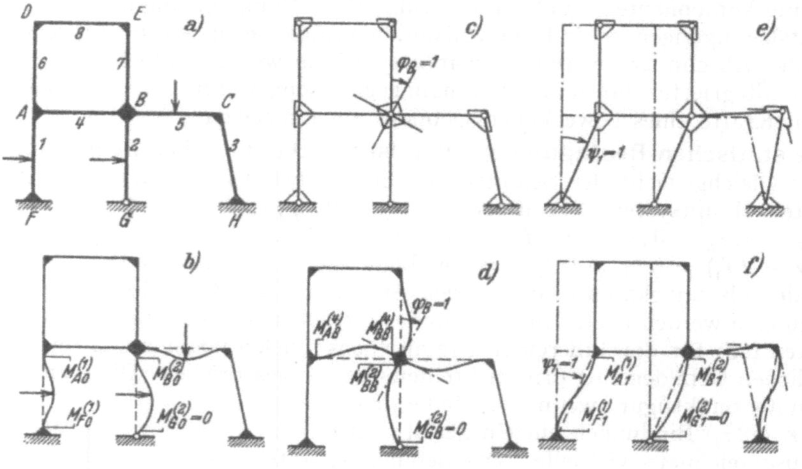

System und Hauptsystem mit $\varphi_J = 0$, $\psi_c = 0$, $r = 5$, $m = 0$, $l = 2$, $\psi_1 = \vartheta_1$, $\psi_2 = \vartheta_2$.

Knotenkette und Hauptsystem mit $\varphi_B = 1$.

Knotenkette und Hauptsystem mit $\psi_1 = 1$.

Abb. 292.

Ebenso ist das Absolutglied a_{J0} die virtuelle Arbeit der Belastung $\mathfrak{P}$ und der Anschlußkräfte des geometrisch bestimmten Hauptsystems mit $\varphi_J = 0$, $\psi_c = 0$ infolge der Belastung $\mathfrak{P}$ (Abb. 292b) bei einer Bewegung der Kette Γ_J. Diese besteht in einer Drehung des Knotens J (Abb. 293), so daß nur die Anschlußmomente am Knoten J und das Kräftepaar M_J in die virtuellen Arbeiten a_{JJ}, a_{JK}, a_{Jc} und a_{J0} ein-

Abb. 293.

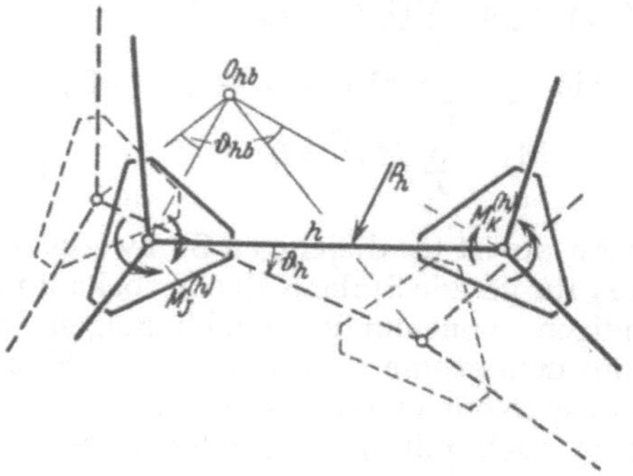

Abb. 294.

gehen. Der erste Index bezeichnet also Kette und Geschwindigkeitszustand, der zweite die Ursache der in dem Arbeitsausdruck enthaltenen Kräfte.

Die Vorzahlen a_{cc}, a_{cb}, a_{cJ} sind die virtuellen Arbeiten der Anschlußkräfte des Hauptsystems aus $\psi_c = 1$, $\psi_b = 1$, $\varphi_J = 1$ (Abb. 292c bis f) bei der Bewegung der Kette Γ_c mit $\dot{\psi}_c = \dot{1}_c$. Das Absolutglied a_{c0} ist die virtuelle Arbeit der Belastung $\mathfrak{P}$ und der Anschlußkräfte des Hauptsystems mit $\varphi_J = 0$, $\psi_c = 0$ infolge der Belastung $\mathfrak{P}$ (Abb. 292b) bei einer Bewegung der Kette Γ_c. Diese erfaßt meist nur einzelne Stäbe oder Stabgruppen. Jeder Stab (h) beschreibt dabei in der Regel eine Drehung ϑ_{hc} um einen der Momentanbewegung $\dot{\psi}_c = \dot{1}_c$ zugeordneten Pol O_{hc}, der nach Abschn. 13 aufgezeichnet wird (Abb. 294). Mit diesem sind auch die Winkelgeschwindigkeiten ν_{hc} der Stäbe (h) bestimmt. Die unabhängigen Komponenten $\dot{\varphi}_{Jc}, \dot{\psi}_{bc}$ der Bewegung sind dabei nach Vorschrift Null.

Die virtuelle Arbeit entsteht bei der Drehung eines Stabes $h = \overline{JK}$ mit $\varepsilon_h = 0$ aus den Anschlußmomenten $M_J^{(h)}$, $M_K^{(h)}$ und aus dem Moment $\mathsf{M}_{h,c}$ der Belastung $\mathfrak{P}_h$ in bezug auf den Pol O_{hc} der Momentanbewegung $\dot{\psi}_c = \dot{1}_c$. Mit $M_J^{(h)} + M_K^{(h)} = M^{(h)}$ ist daher

$$\delta A_c = \sum_c (\mathsf{M}_{h,c} + M^{(h)})\,\nu_{hc} = 0\,. \tag{524}$$

Ist der Stab (h) nach S. 311 im Querschnitt $T^{(h)}$ durch eine Führung unterbrochen $(\varepsilon_h \neq 0)$, so besitzen die beiden Teile zwar die gleiche Winkelgeschwindigkeit ν_{hc}, drehen sich jedoch um verschiedene Pole $O_{h'c}, O_{h''c}$. Die Momente $\mathsf{M}_{h',c}$, $\mathsf{M}_{h'',c}$ der Belastung $\mathfrak{P}_h$ und $\mathsf{M}^*_{h',c}$, $\mathsf{M}^*_{h'',c}$ der Längskräfte N_h in $T^{(h)}$ werden daher für die beiden Pole $O_{h'c}, O_{h''c}$ angeschrieben und folgendermaßen verwendet:

$$\delta A_c = \sum_c [(\mathsf{M}_{h',c} + \mathsf{M}_{h'',c}) + (\mathsf{M}^*_{h',c} + \mathsf{M}^*_{h'',c}) + M^{(h)}]\,\nu_{hc} = 0\,. \tag{525}$$

Die statischen Bedingungen zur Lösung lassen sich ebenso für das Hauptsystem B anschreiben. Dies wird an einem Beispiel im Abschn. 41 gezeigt. Im übrigen wird jedoch nur das Hauptsystem C und die zugeordnete Knotenkette als Berechnungsgrundlage verwendet, so daß die Bezeichnung C in Zukunft wegfällt.

Anwendung der Lösung. Die $(r + f)$ unabhängigen Komponenten des Verschiebungszustandes, die Knotendrehwinkel φ_J und die Komponenten ψ_c sind die Wurzeln eines linearen Ansatzes. Sie werden durch Elimination oder durch Iteration der Lösung bestimmt. Mit ihnen können dann alle übrigen Komponenten $u_J, v_J, \vartheta_h, \varepsilon_h$ des Verschiebungszustandes nach (521) durch Superposition angegeben werden. Dasselbe gilt von den statisch unbestimmten Anschlußkräften $M_J^{(h)}$, die mit $M_{J0}^{(h)}$, φ_J, φ_K, ϑ_h und den Kontinuitätsbedingungen (518) oder (519) ebenfalls durch Superposition bestimmt sind.

Die statischen Bedingungen $\delta A_J = 0$, $(J = A \ldots N)$ hängen in der Regel nur von wenigen Unbekannten φ_J, ψ_c ab, während die Gleichungen $\delta A_c = 0$ oft alle unabhängigen Komponenten φ_J, ψ_c enthalten. Der Ansatz B eignet sich daher nur für Stabwerke mit wenigen gekrümmten Stäben und einem kleinen Freiheitsgrad f_1 der Stabkette $\varepsilon_h = 0$. Er gewinnt damit aber gerade für diejenigen Stabwerke Bedeutung, deren statische Untersuchung mit den geometrischen Bedingungsgleichungen des Abschnitts 24 Schwierigkeiten bereitet. Die Lösung wird hier ebenso wie in den Abschnitten 27, 28 oft noch durch Symmetrie nach einer oder zwei Achsen in Verbindung mit Belastungsumordnung vereinfacht.

Der geometrische Charakter der Unbekannten erleichtert Schätzungen und Näherungslösungen. Die Vernachlässigung der Längenänderungen der geraden biegungssteifen Stäbe, welche von den statisch unbestimmten Anschlußkräften $N_K^{(h)}$ usw. herrühren, ist hierfür ein Beispiel. Dasselbe gilt für die Stabdrehwinkel ϑ_h statisch bestimmter oder unbestimmter Fachwerke mit $s \geqq 2\,(r + r_1)$. Sie können zur Berechnung der Nebenspannungen durch steife Anschlüsse der Fachwerkstäbe aus einem Verschiebungsplan abgeleitet werden, der für die Stabkräfte N_{h0} und die Längenänderungen Δl_{h0} bei gelenkigen Stabknoten aufgezeichnet wird $(\vartheta_h = \vartheta_{h0})$.

Mohr, O.: Ziviling. Bd. 38 (1892) und Abhandlungen aus dem Gebiete der technischen Mechanik. Berlin 1906. — Müller-Breslau, H.: Graphische Statik der Baukonstruktionen Bd. 2 2. Abt. Leipzig 1908. — Bendixsen, A.: Die Methode der Alphagleichungen. Berlin 1914. — Marcus, H.: Die Einflußlinien mehrfach gestützter Rahmenträger. Berlin 1915. —

Ostenfeld, A.: Die Deformationsmethode. Berlin 1926. Außerdem Aufsätze über das gleiche Thema: Eisenbau 1921 S. 275; Bauing. 1923 S. 34. — Mann, L.: Theorie der Rahmenwerke auf neuer Grundlage. Berlin 1927. — Pasternak, P.: Berechnung vielfach statisch unbestimmter biegefester Stab- und Flächentragwerke. 1. Dreigliedrige Systeme. Zürich 1927.

39. Das Stabwerk mit geraden Stäben.

Die Untersuchung eines Stabwerks mit geraden oder mit geraden und gekrümmten Stäben zeigt keine grundsätzlichen Unterschiede. Sie ist nur für gerade Stäbe einfacher und wird daher vorweggenommen. Das Stabwerk besteht in diesem Falle aus $s = s_1$ geraden Stäben, r Stabknoten mit steifen oder gelenkigen Anschlüssen und aus r_1 Gelenken. Die mit dem Knoten J steif verbundenen Stäbe sind entweder mit dem benachbarten Stabknoten K ebenfalls starr verbunden (Bezeichnung h) oder am benachbarten Stabknoten G durch ein Gelenk angeschlossen (Bezeichnung g). Andere Verbindungen sind selten. Stäbe mit freiem Ende werden als Teile des Stabknotens behandelt.

Hauptsystem und geometrische Superposition. Der Spannungszustand des Stabwerks ist äquivalent demjenigen einer Knotenkette, wenn die Anschlußmomente des Stabwerks zu den Lasten als äußere Kräfte hinzutreten. Der Verschiebungszustand ist durch r Knotendrehwinkel φ_J und $f = f_1$ voneinander unabhängige Komponenten ψ_c bestimmt. Sie werden in einem geometrisch bestimmten, der Knotenkette zugeordneten Hauptsystem mit $\varphi_J = 0$ $(J = A \ldots N)$, $\psi_c = 0$ $(c = 1 \ldots f)$ berechnet. f bezeichnet den Freiheitsgrad der Knotenkette mit $\varphi_J = 0$, $\varepsilon_h = 0$. In Übereinstimmung mit anderen Ansätzen der Baustatik werden stets die EJ_cfachen Komponenten des Verschiebungszustandes verwendet und diese in Zukunft durch φ_J, ϑ_h, ε_h, u_J bezeichnet. Das Vergleichsträgheitsmoment J_c wird nach S. 92 ausgewählt.

Die abhängigen Komponenten des Verschiebungszustandes sind nach (**521**) lineare Funktionen der unbekannten Größen ψ_c $(c = 1 \ldots f)$

$$\vartheta_h = \vartheta_{h0} + \sum \vartheta_{hc}\psi_c, \qquad u_J = u_{J0} + \sum u_{Jc}\psi_c. \tag{526}$$

Die Stabdrehwinkel ϑ_{h0} und die Punktverschiebungen u_{J0} des geometrisch bestimmten Hauptsystems entstehen aus den Stützenverschiebungen $EJ_c\Delta_e$, den Längenänderungen $EJ_c\Delta l_{h0}$ infolge der Längskräfte N_{h0} und der Temperaturänderung t bei $\psi_c = 0$.

$$EJ_c\Delta l_{h0} = N_{h0}\frac{J_h}{F_h}l'_h + EJ_c\alpha_t t l_h. \tag{527}$$

Die Stabdrehwinkel ϑ_{h0} werden hieraus nach Abschn. 13 für jeden Stab numerisch berechnet oder durch einen Williotschen Verschiebungsplan für die Knotenkette zeichnerisch bestimmt. Die Vorzahlen ϑ_{hc} sind die Stabdrehwinkel des Hauptsystems für $\psi_c = 1$. Auch diese werden aus einem Verschiebungsplan oder durch Rechnung aus dem Polplan der $\psi_c \neq 0$ zugeordneten zwangläufigen Kette Γ_c des Hauptsystems erhalten.

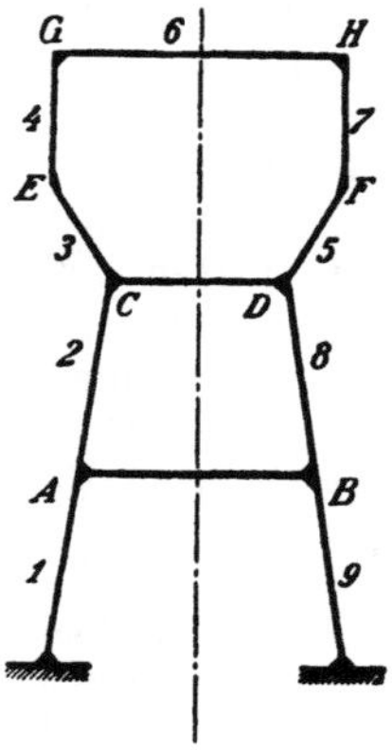

Abb. 295.

Der Rahmenbinder Abb. **295** enthält eine Stabkette mit fünf Freiheitsgraden. Die folgenden Komponenten des Verschiebungszustandes sind unabhängig voneinander.

ψ_1 absoluter Drehwinkel des Stabes 1,
ψ_2 Änderung des Stabzugwinkels $\sphericalangle BAC$,
ψ_3 Änderung des Stabzugwinkels $\sphericalangle DCE$,
ψ_4 parallele Verschiebung des Stabes 6 relativ zum Stab CD,
ψ_5 Änderung des Stabzugwinkels $\sphericalangle CDF$.

Um die für das Superpositionsgesetz (526) notwendigen Stabdrehwinkel ϑ_{hc} angeben zu können, sind die Verschiebungspläne der zwangläufigen Ketten $\Gamma_1 \ldots \Gamma_4$ für $\psi_1 = 1 \ldots \psi_4 = 1$ gezeichnet worden (Abb. 296). Sie stimmen mit den Ge-

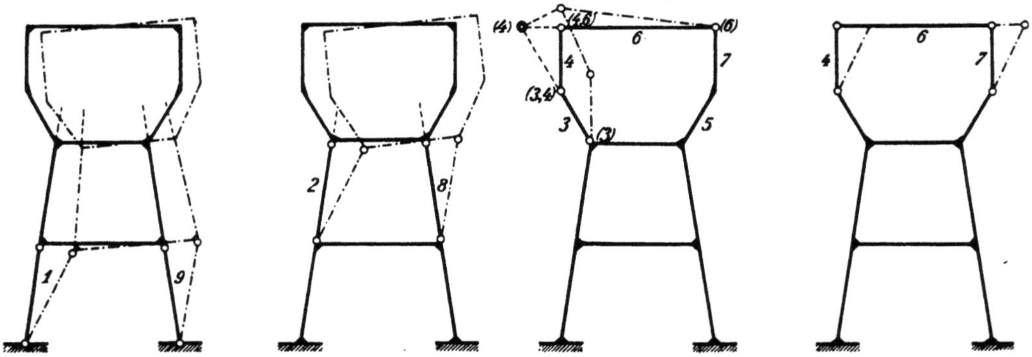

a) Kinematische Kette Γ_1, b) Kinematische Kette Γ_2, c) Kinematische Kette Γ_3, d) Kinematische Kette Γ_4.

Abb. 296.

schwindigkeitsplänen für $\dot{\psi}_1 = 1 \ldots \dot{\psi}_4 = 1$ überein. Der Verschiebungszustand der zwangläufigen Kette Γ_5 ist zu demjenigen der Kette Γ_3 symmetrisch.

Die Anschlußkräfte am Stabknoten. Die $(r+f)$ unbekannten unabhängigen Komponenten φ_J, ψ_c werden aus ebenso vielen statischen Bedingungen

$$\delta A_J = 0, \quad (J = A \ldots N), \qquad \delta A_c = 0, \quad (c = 1 \ldots f) \tag{528}$$

berechnet, die für die äußeren Kräfte an $(r+f)$ zwangläufigen, voneinander unabhängigen Gebilden angeschrieben werden. Hierbei wirken neben der Belastung $(\mathfrak{P}_J, \mathfrak{P}_h)$ der Stabknoten und Stäbe die Anschlußmomente des Stabwerks als äußere Kräfte der Knotenkette mit. Diese sind Funktionen der Belastung, der Temperaturänderung t, Δt und der geometrischen Randwerte φ_J, φ_K, ϑ_h nach (505), (510). Die Superposition der Anteile liefert bei geraden Stäben mit konstantem Trägheitsmoment J_h, J_g und den auf ein Vergleichsträgheitsmoment J_c bezogenen reduzierten Längen $l'_h = l_h J_c / J_h$, $l'_g = l_g J_c / J_g$ folgende Ansätze:

$$\left.\begin{aligned} M_J^{(h)} &= M_{J0}^{(h)} + \varphi_J M_{JJ}^{(h)} + \varphi_K M_{JK}^{(h)} + \vartheta_h M_{J\vartheta}^{(h)}, \\ M_K^{(h)} &= M_{K0}^{(h)} + \varphi_J M_{KJ}^{(h)} + \varphi_K M_{KK}^{(h)} + \vartheta_h M_{K\vartheta}^{(h)}. \end{aligned}\right\} \tag{529}$$

a) Steife Verbindung des Stabes (h) mit den Knoten J und K nach (505):

$$\left.\begin{aligned} M_J^{(h)} &= M_{J0}^{(h)} + \varphi_J \frac{4}{l'_h} + \varphi_K \frac{2}{l'_h} - \vartheta_h \frac{6}{l'_h}, \\ M_K^{(h)} &= M_{K0}^{(h)} + \varphi_J \frac{2}{l'_h} + \varphi_K \frac{4}{l'_h} - \vartheta_h \frac{6}{l'_h}. \end{aligned}\right\} \tag{530}$$

b) Steife Verbindung des Stabes (h) mit dem elastisch drehbaren Knoten J und der starren Einspannung K nach (506):

$$M_J^{(h)} = M_{J0}^{(h)} + \varphi_J \frac{4}{l'_h} - \vartheta_h \frac{6}{l'_h}, \qquad M_K^{(h)} = M_{K0}^{(h)} + \varphi_J \frac{2}{l'_h} - \vartheta_h \frac{6}{l'_h}. \tag{531}$$

Die Anteile $M_{J0}^{(h)}$, $M_{K0}^{(h)}$ sind als Anschlußmomente des Hauptsystems $(\varphi_J = 0, \psi_c = 0)$ Einspannungsmomente des beiderseits eingespannten Stabes (h) infolge von $\mathfrak{P}_h$, Δt. Ihr Drehsinn ist nach S. 307 im Uhrzeigersinn positiv.

Die Tabelle 25 S. 323 enthält die Angaben für alle wichtigen Belastungen.

c) Steife Verbindung des Stabes (g) mit dem Knoten J und gelenkige Verbindung mit dem Knoten G nach (510):

$$M_J^{(g)} = M_{J0}^{(g)} + \varphi_J M_{JJ}^{(g)} + \vartheta_h M_{J\vartheta}^{(h)} = M_{J0}^{(g)} + \varphi_J \frac{3}{l'_g} - \vartheta_g \frac{3}{l'_g}. \tag{532}$$

Der Anteil $M_0^{(g)}$ bedeutet hier als Anschlußmoment des Hauptsystems ($\varphi_J = 0, \psi_c = 0$) das Einspannungsmoment des einseitig eingespannten Stabes (g) infolge von $\mathfrak{P}_h, \Delta t$. Der Drehsinn ist ebenfalls im Uhrzeigersinn positiv. Die Ergebnisse $M_0^{(g)}$ für zahlreiche Belastungen des Stabes (g) sind in Tabelle 26 auf S. 324 eingetragen.

Die statischen Bedingungen $\delta A_J = 0$ $(J = A \ldots N)$. Zwangläufiges Gebilde Γ_J mit $\varphi_J \neq 0$ (Abb. 292c). Drehung des Stabknotens J um den Schnittpunkt der anschließenden Stäbe (Abb. 293) mit der Winkelgeschwindigkeit $\dot{\varphi}_J = \mathrm{i}_J$. Dabei leisten außer M_J nur noch die Anschlußmomente $M_J^{(h)}, M_J^{(g)}$ Arbeit. Nach dem Superpositionsgesetz ist

$$\delta A_J = \varphi_J a_{JJ} + \sum \varphi_K a_{JK} + \sum \psi_c a_{Jc} + a_{J0} = 0 .$$

Anteil a_{JJ} der virtuellen Arbeit der Anschlußmomente aus $\varphi_J = 1$ nach (530):

$$M_{JJ}^{(h)} = 4/l'_h , \qquad M_{JJ}^{(g)} = 3/l'_g ,$$

$$a_{JJ} = -\mathrm{i}_J \sum_J (M_{JJ}^{(h)} + M_{JJ}^{(g)}) = -\mathrm{i}_J \sum_J \left(\frac{4}{l'_h} + \frac{3}{l'_g}\right). \tag{533}$$

Anteil a_{JK} der virtuellen Arbeit der Anschlußmomente aus $\varphi_K = 1$:

$$M_{JK}^{(h)} = 2/l'_h , \qquad a_{JK} = -\mathrm{i}_J M_{JK}^{(h)} = -\mathrm{i}_J \frac{2}{l'_h} . \tag{534}$$

Anteil a_{Jc} der virtuellen Arbeit der Anschlußmomente aus den Stabdrehwinkeln $\vartheta_{hc}, \vartheta_{gc}$ infolge von $\psi_c = 1$:

$$M_{Jc}^{(h)} = -\vartheta_{hc} \cdot 6/l'_h , \qquad M_{Jc}^{(g)} = -\vartheta_{gc} \cdot 3/l'_g ,$$

$$a_{Jc} = -\mathrm{i}_J \sum_J (M_{Jc}^{(h)} + M_{Jc}^{(g)}) = +\mathrm{i}_J \sum_J \left(\frac{6\vartheta_{hc}}{l'_h} + \frac{3\vartheta_{gc}}{l'_g}\right). \tag{535}$$

Anteil a_{J0} der virtuellen Arbeit aus der Belastung M_J, $\mathfrak{P}_h$, Temperaturänderung $t, \Delta t$ und Stützenverschiebung: Die Anschlußmomente $M_{J0}^{(h)}, M_{J0}^{(g)}$ aus der Belastung $\mathfrak{P}_h$ der Stäbe und aus ungleichförmiger Temperaturänderung Δt sind in den Tabellen 25 und 26 enthalten. Die Anschlußmomente aus gleichförmiger Temperaturänderung und Stützenverschiebung werden nach (530) aus den Stabdrehwinkeln $\vartheta_{h0} \equiv \vartheta_{ht}, \vartheta_{hs}$ des Hauptsystems berechnet.

$$a_{J0} = -\mathrm{i}_J \left[\sum_J (M_{J0}^{(h)} + M_{J0}^{(g)}) - \sum_J \left(\frac{6\vartheta_{h0}}{l'_h} + \frac{3\vartheta_{g0}}{l'_g}\right) - \mathsf{M}_J\right]. \tag{536}$$

Die statischen Bedingungen $\delta A_c = 0$ $(c = 1 \ldots f)$. Das zwangläufige Gebilde Γ_c mit $\psi_c \neq 0$ (Abb. 292e) ist eine Knotenkette. Sie besteht aus den Knotenscheiben und einzelnen Stäben oder Stabgruppen, da die Bewegung in der Regel auf einen Abschnitt der Knotenkette beschränkt bleibt. Dabei können sich die abhängigen Komponenten des Verschiebungszustandes des Hauptsystems (S. 311) ändern, dagegen sind alle unabhängigen Komponenten φ_J, ψ_b außer ψ_c Null. Der Geschwindigkeitszustand der Kette ist durch $\dot{\psi}_c = \mathrm{i}_c$ bestimmt. Dabei verschieben sich die Knotenscheiben parallel, während sich die Kettenstäbe (h) um die Pole O_{hc} mit den Winkelgeschwindigkeiten ν_{hc} drehen (Abb. 294). Diese werden nach Abschn. 13 aus dem Polplan der Kette berechnet. Bei dieser Bewegung entsteht virtuelle Arbeit durch die Belastung $\mathfrak{P}_h$ und durch die Anschlußmomente an den Stäben oder Stabgruppen (h).

$$\delta A_c = \psi_c a_{cc} + \sum \psi_b a_{cb} + \sum \varphi_J a_{cJ} + a_{c0} = 0 .$$

Anteil a_{cc} der virtuellen Arbeit der Anschlußmomente aus $\psi_c = 1$ mit den Drehwinkeln ϑ_{hc} nach S. 312 und (530):

$$M_{Jc}^{(h)} = M_{Kc}^{(h)} = -6\vartheta_{hc}/l'_h , \qquad M_{Jc}^{(g)} = -3\vartheta_{gc}/l'_g ,$$

$$a_{cc} = \mathrm{i}_c \sum_c [\nu_{hc}(M_{Jc}^{(h)} + M_{Kc}^{(h)}) + \nu_{gc} M_{Jc}^{(g)}] = -\mathrm{i}_c \sum_c \left(\frac{12\vartheta_{hc}}{l'_h} \nu_{hc} + \frac{3\vartheta_{gc}}{l'_g} \nu_{gc}\right). \tag{537}$$

Anteil a_{cb} der virtuellen Arbeit der Anschlußmomente aus $\psi_b = 1$ mit den Drehwinkeln ϑ_{hb}:

$$a_{cb} = -\,\mathrm{i}_c \sum_c \left(\frac{12\,\vartheta_{hb}}{l'_h}\, \nu_{hc} + \frac{3\,\vartheta_{gb}}{l'_g}\, \nu_{gc} \right). \tag{538}$$

Anteil a_{cJ} der virtuellen Arbeit der Anschlußmomente aus $\varphi_J = 1$:

$$a_{cJ} = \mathrm{i}_c \sum_c [(M_{JJ}^{(h)} + M_{KJ}^{(h)})\,\nu_{hc} + M_{JJ}^{(g)}\,\nu_{gc}] = \mathrm{i}_c \sum_c \left(\frac{6}{l'_h}\, \nu_{hc} + \frac{3}{l'_g}\, \nu_{gc} \right). \tag{539}$$

Anteil a_{c0} der virtuellen Arbeit der Belastung $\mathfrak{P}_h$, der Anschlußmomente aus Belastung $\mathfrak{P}_h$, Temperaturänderung $t, \Delta t$ und Stützenverschiebungen: Knotenlasten $\mathfrak{P}_J$ werden einem der anschließenden Stäbe zugewiesen. Die Biegungsmomente $M_{J0}^{(h)}, M_{J0}^{(g)}$ aus der Belastung $\mathfrak{P}_h$ und den Stabdrehwinkeln $\vartheta_{h0} \equiv \vartheta_{ht}, \vartheta_{hs}$ des Hauptsystems sind auf S. 307 erörtert worden. $\mathsf{M}_{h,c}$ ist das Moment der Belastung $\mathfrak{P}_h$ des Stabes $h = \overline{JK}$ in bezug auf den Pol O_{hc}; $M_0^{(h)} = M_{J0}^{(h)} + M_{K0}^{(h)}$

$$a_{c0} = \mathrm{i}_c \sum_c \left[\left(M_0^{(h)} - \frac{12\,\vartheta_{h0}}{l'_h} + \mathsf{M}_{h,c} \right) \nu_{hc} + \left(M_{J0}^{(g)} - \frac{3\,\vartheta_{g0}}{l'_g} + \mathsf{M}_{g,c} \right) \nu_{gc} \right]. \tag{540}$$

Die Form der Matrix. Die Winkelgeschwindigkeiten ν_{hc} stimmen bis auf die Dimension mit den Stabdrehwinkeln überein, so daß

$$a_{Ac} = a_{cA}, \qquad a_{bc} = a_{cb}.$$

Das Ergebnis kann auch allgemein aus dem Gesetz über die Gegenseitigkeit der Wirkung von A. J. Maxwell bewiesen werden. In Anlehnung an (166) ist für zwei voneinander unabhängige, geometrisch verträgliche Verschiebungszustände eines Stabwerks

$$\sum \vartheta_I\, \mathfrak{M}_{I\,II} = \sum \vartheta_{II}\, \mathfrak{M}_{II\,I}. \tag{541}$$

Die Matrix der $(r + f)$ linearen Gleichungen $\delta A_J = 0$, $\delta A_b = 0$ ist daher zur Hauptdiagonale symmetrisch.

Polpläne zweier Stabketten mit einer unabhängigen Komponente. Zwangläufige Kette Γ_1 mit $\psi_1 = 1$.

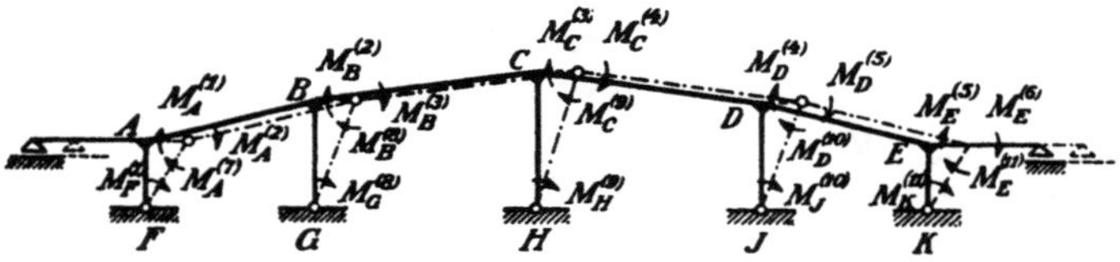

Abb. 297. (Riegelstäbe 1 bis 6, Pfosten 7 bis 11)
$\vartheta_9 = \psi_1 = 1$: $\nu_{01} \ldots \nu_{61} = 0$, $\nu_{71} = l_9/l_7$, $\nu_{81} = l_9/l_8$.

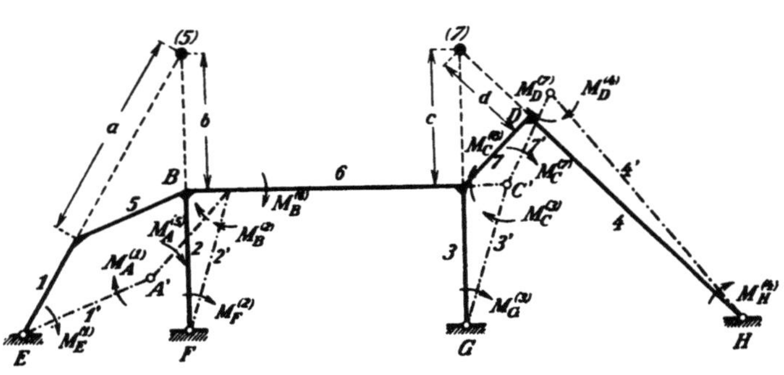

Abb. 298. $\vartheta_3 = \psi_1 = 1$: $\nu_{21} = 1$, $\nu_{51} = -l_3/b$, $\nu_{11} = +l_3/b \cdot a/l_1$, $\nu_{71} = -l_3/c$, $\nu_{41} = +l_3/c \cdot d/l_4$.

Die Vorzahlen a_{Jc}, a_{bc} sind in der Regel von Null verschieden, dagegen sind alle Vorzahlen a_{JH} Null, wenn der Knoten H nicht mit dem Stabknoten J durch einen Stab verbunden ist. Die unabhängigen Komponenten φ_J des Verschiebungszustandes der Knotenkette sind daher nur zum Teil in den statischen Bedingungen $\delta A_J = 0$ enthalten. Die Matrix besteht dann aus zwei Teilen, von denen der eine voll, der andere je nach der Struktur des Hauptsystems nur teilweise besetzt ist (s. u.).

Die formale Entwicklung der Matrix wird an einem Silorahmen Abb. 299 gezeigt. Der Verschiebungszustand der Knotenkette ist durch $r + f = 6 + 3$ unabhängige Komponenten bestimmt. Sie werden aus neun statischen Bedingungen berechnet:

$$\delta A_J = 0, \qquad J = B \ldots H; \qquad \delta A_c = 0, \qquad c = 1 \ldots 3.$$

Als Komponenten ψ_c der Knotenkette dienen

$$\psi_1 = \vartheta_5, \qquad \psi_2 = \frac{\vartheta_1 + \vartheta_2}{2}, \qquad \psi_3 = \frac{\vartheta_1 - \vartheta_2}{2}.$$

Demnach sind die statischen Bedingungen für die zwangläufigen Gebilde $\Gamma_1 \ldots \Gamma_3$ notwendig. Die Stabdrehwinkel ϑ_{hc} und die Winkelgeschwindigkeiten ν_{hc} werden

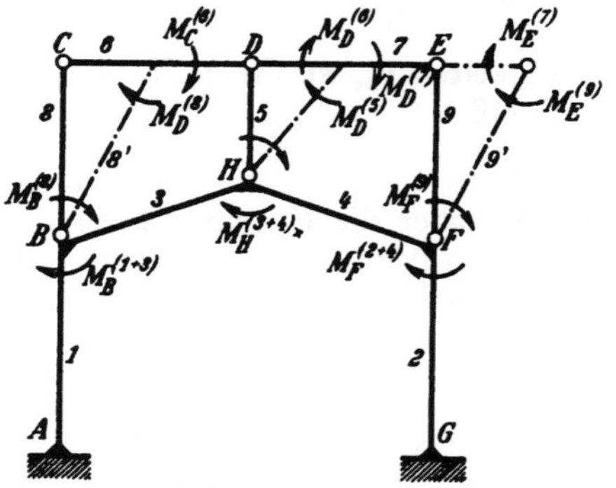

Abb. 299a.
Kette Γ_1: $\dot\psi_1 = \nu_{51} = 1$, $\nu_{81} = l_5/l_8$, $\nu_{91} = l_5/l_9$, $v_6 = v_7 = l_5$.

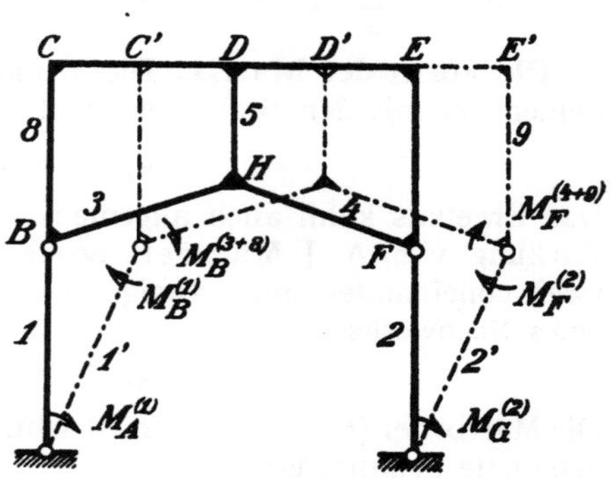

Abb. 299b.
Kette Γ_2: $\dot\psi_2 = \nu_{22} = 1 = \nu_{12}$, $v_3 = v_4 = \cdots v_9 = l_2$.

durch Rechnung aus den Polplänen Abb. 299 abgeleitet. Diese enthalten auch diejenigen Stabendmomente mit positivem Drehsinn, die als äußere Kräfte in die Gleichgewichtsbedingungen $\delta A_c = 0$ usw. eingehen.

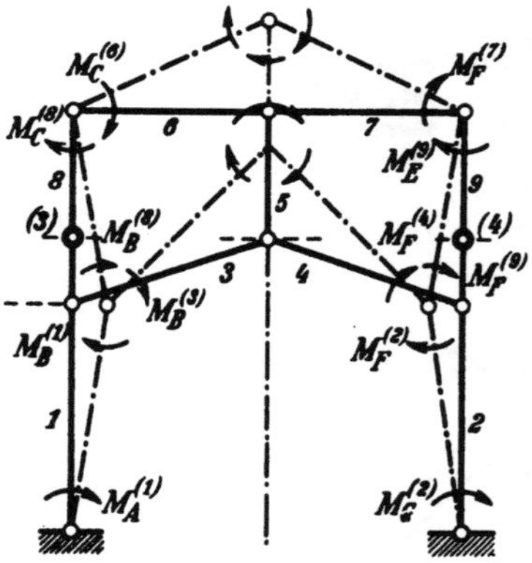

Abb. 299c.
Kette Γ_3: $\dot\psi_3 = \nu_{13} = -\nu_{23} = 1$,
$-\nu_{83} = +\nu_{93} = \frac{l_1}{l_8}$,
$-\nu_{33} = +\nu_{43} = -\nu_{63} = +\nu_{73} = \frac{l_1}{l_8 - l_5}$,
$v_5 = \frac{l_1}{l_8 - l_5} l_6$.

	φ_B	φ_C	φ_D	φ_H	φ_E	φ_F	ψ_1	ψ_2	ψ_3	
B	a_{BB}	a_{BC}		a_{BH}			a_{B1}	a_{B2}	a_{B3}	a_{B0}
C	a_{CB}	a_{CC}	a_{CD}				a_{C1}	a_{C2}	a_{C3}	a_{C0}
D		a_{DC}	a_{DD}	a_{DH}	a_{DE}		a_{D1}	a_{D2}	a_{D3}	a_{D0}
H	a_{HB}		a_{HD}	a_{HH}		a_{HF}	a_{H1}	a_{H2}	a_{H3}	a_{H0}
E			a_{ED}		a_{EE}	a_{EF}	a_{E1}	a_{E2}	a_{E3}	a_{E0}
F				a_{FH}	a_{FE}	a_{FF}	a_{F1}	a_{F2}	a_{F3}	a_{F0}
1	a_{1B}	a_{1C}	a_{1D}	a_{1H}	a_{1E}	a_{1F}	a_{11}	a_{12}	a_{13}	a_{10}
2	a_{2B}	a_{2C}	a_{2D}	a_{2H}	a_{2E}	a_{2F}	a_{21}	a_{22}	a_{23}	a_{20}
3	a_{3B}	a_{3C}	a_{3D}	a_{3H}	a_{3E}	a_{3F}	a_{31}	a_{32}	a_{33}	a_{30}

Tabelle 25. Randmomente des beiderseits eingespannten Stabes mit konstantem Trägheitsmoment.

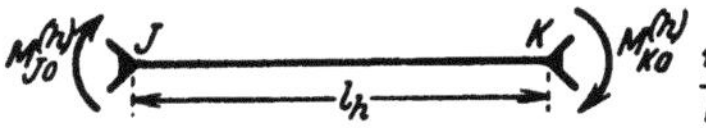

$\frac{m}{l_h} = \mu;\quad \frac{n}{l_h} = \nu;\quad \frac{m'}{l_h} = \mu';\quad \frac{n'}{l_h} = \nu';\quad x/l_h = \xi;\quad x'/l_h = \xi'$

Belastung	$M_{J0}^{(h)}$	$M_{K0}^{(h)}$
	$-\frac{p_h l_h^2}{12}$	$+\frac{p_h l_h^2}{12}$
	$-\frac{p_h l_h^2}{30}$	$+\frac{p_h l_h^2}{20}$
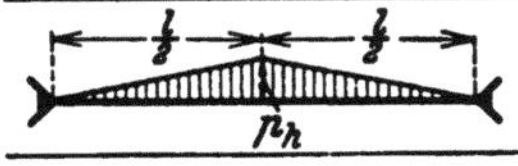	$-\frac{5}{96} p_h l_h^2$	$+\frac{5}{96} p_h l_h^2$
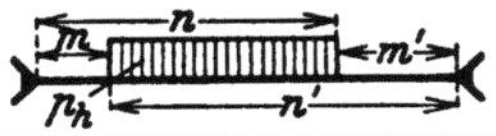	$-\frac{p_h l_h^2}{12}[6(\nu^2-\mu^2)-8(\nu^3-\mu^3)+3(\nu^4-\mu^4)]$	$+\frac{p_h l_h^2}{12}[6(\nu'^2-\mu'^2)-8(\nu'^3-\mu'^3)+3(\nu'^4-\mu'^4)]$
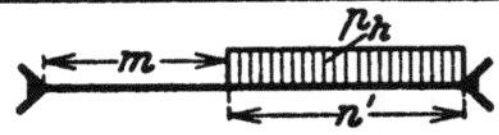	$-\frac{p_h l_h^2}{12}\nu'^3(1+3\mu)$	$+\frac{p_h l_h^2}{12}\nu'^2[1+\mu(2+3\mu)]$
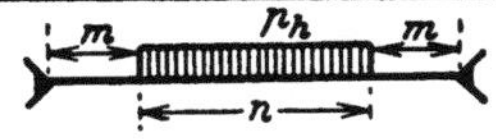	$-\frac{p_h l_h^2}{12}\nu[\nu^2+6\mu(1-\mu)]$	$+\frac{p_h l_h^2}{12}\nu[\nu^2+6\mu(1-\mu)]$
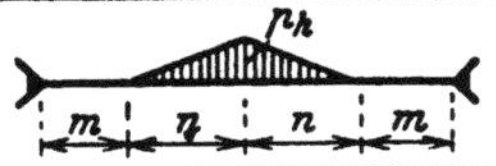	$-\frac{p_h l_h^2}{12}\nu[5\nu^2+6\mu(1-\mu)]$	$+\frac{p_h l_h^2}{12}\nu[5\nu^2+6\mu(1-\mu)]$
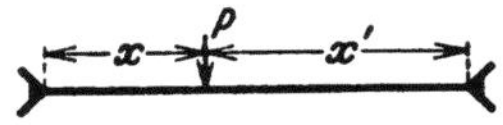	$-P l_h \omega'_\tau$	$+P l_h \omega_\tau$
	$+M\xi'(2-3\xi')$	$+M\xi(2-3\xi)$
Ungleichförmige Temperaturänderung um $t_u - t_o = \Delta t$	$-EJ_h\frac{\alpha_t \Delta t}{h_h}$	$+EJ_h\frac{\alpha_t \Delta t}{h_h}$

Die Anwendung der Theorie zur Berechnung der Verschiebungen und Schnittkräfte wird für alle äußeren Ursachen an zwei einfachen Beispielen gezeigt.

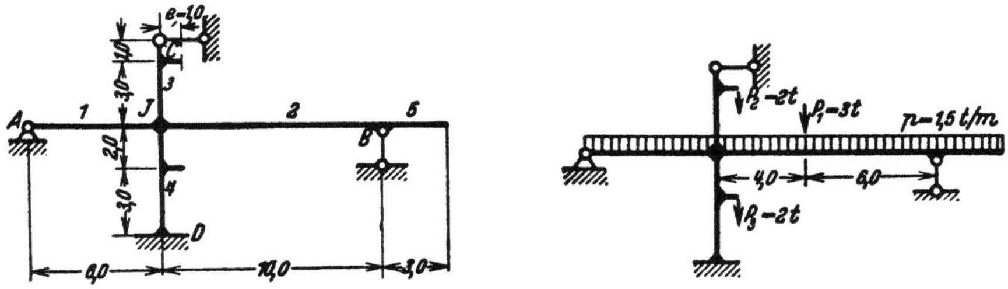

Abb. 300a und b.

Beispiel 1.

1. Bezeichnungen und Abmessungen (Abb. 300). (Allen Zahlen liegen die Einheiten t und m zugrunde).

$J_1 = 0{,}006,\quad J_2 = 0{,}020,\quad J_3 = 0{,}004,\quad J_4 = 0{,}005\ \mathrm{m}^4,$

$J_c = 0{,}004,\quad E J_c = 2100000 \cdot 0{,}004 = 8400\ \mathrm{tm}^2;$

$l'_1 = 4{,}00,\quad l'_2 = 2{,}00,\quad l'_3 = 4{,}00,\quad l'_4 = 4{,}00\ \mathrm{m},$

Trägerhöhe: $h_1 = 0{,}6,\quad h_2 = 0{,}85\ \mathrm{m}.$

Die Verschiebungen v, u werden positiv bezeichnet, wenn sie nach unten oder nach rechts gerichtet sind.

Abszissen ξ sind nach rechts und abwärts,
Abszissen ξ' nach links und aufwärts positiv.

2. Überzählige Größe und statische Bedingungsgleichung.

Überzählige Größe: φ_J; Statische Bedingung: $a_{JJ}\varphi_J + a_{J0} = 0$.

$$\varphi_J = -\frac{a_{J0}}{a_{JJ}}; \qquad a_{JJ} = -\mathrm{i}\left(\frac{3}{l'_1} + \frac{3}{l'_2} + \frac{3}{l'_3} + \frac{4}{l'_4}\right) = -4{,}000.$$

3. Belastung der Stäbe 1, 2, 5 durch $p = 1{,}5$ t/m (Abb. 301a).

$$M_{J0}^{(1)} = +\frac{p\,l_1^2}{8} = +6{,}750; \qquad M_{J0}^{(2)} = -\frac{p\,l_2^2}{8} + \frac{1}{2}\,\frac{p\,l_5^2}{2} = -15{,}375 \text{ mt}.$$

$$a_{J0} = -\mathrm{i}\,(M_{J0}^{(1)} + M_{J0}^{(2)}) = +8{,}625, \qquad \varphi_J = +2{,}156.$$

$$M_J^{(1)} = M_{J0}^{(1)} + \frac{3}{l'_1}\varphi_J = +8{,}367, \qquad M_J^{(2)} = M_{J0}^{(2)} + \frac{3}{l'_2}\varphi_J = -12{,}141 \text{ mt}$$

$$M_J^{(3)} = \frac{3}{l'_3}\varphi_J = +1{,}617, \qquad M_J^{(4)} = \frac{4}{l'_4}\varphi_J = +2{,}156, \qquad M_D^{(4)} = \frac{2}{l'_4}\varphi_J = +1{,}078 \text{ mt}.$$

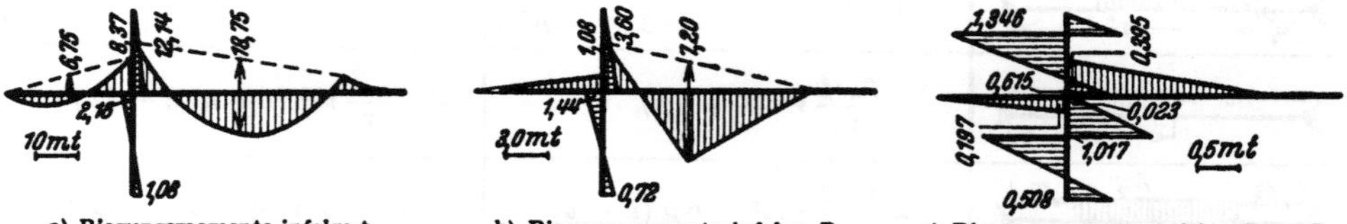

a) Biegungsmomente infolge p. b) Biegungsmomente infolge P_1. c) Biegungsmomente infolge $P_2 = P_3$.

Abb. 301.

Tabelle 26. **Randmoment des einseitig eingespannten Stabes mit konstantem Trägheitsmoment.**

$$\frac{m}{l_g} = \mu; \quad \frac{n}{l_g} = \nu; \quad \frac{m'}{l_g} = \mu'; \quad \frac{n'}{l_g} = \nu'; \quad x/l_g = \xi; \quad x'/l_g = \xi'$$

	$-\frac{p_g l_g^2}{8}$	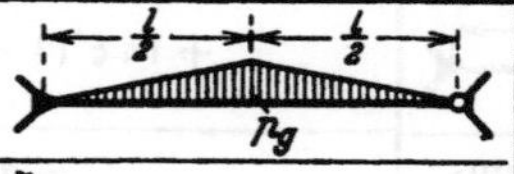	$-\frac{5}{64}p_g l_g^2$
	$-\frac{7}{120}p_g l_g^2$		$-\frac{p_g l_g^2}{15}$
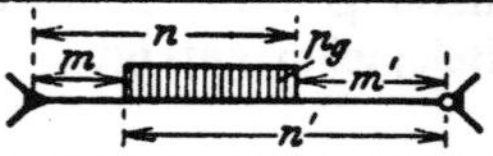	$-\frac{p_g l_g^2}{8}[2(\nu'^2-\mu'^2)-(\nu'^4-\mu'^4)]$		
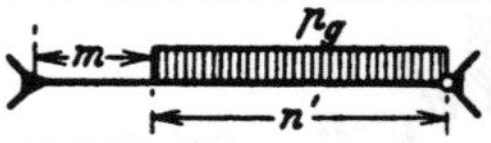	$-\frac{p_g l_g^2}{8}\nu'^2(2-\nu'^2)$	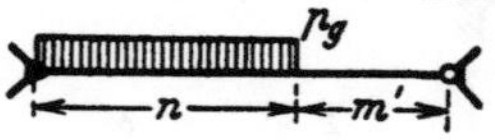	$-\frac{p_g l_g^2}{8}\nu^2(1+\mu')^2$
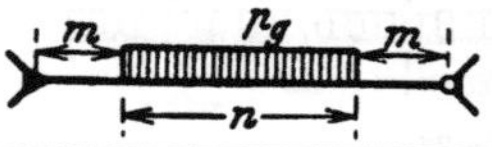	$-\frac{p_g l_g^2}{8}\nu[\nu^2+6\mu(1-\mu)]$		
	$-\frac{p_g l_g^2}{8}\nu[5\nu^2+6\mu(1-\mu)]$		
	$-\frac{P l_g}{2}\omega'_D$	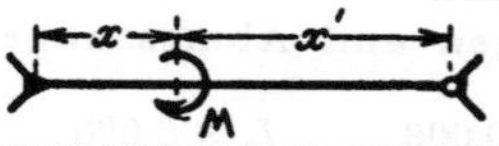	$-\frac{M}{2}\omega'_M$
Ungleichförmige Temperaturänderung um $t_u - t_o = \Delta t$	$-\frac{3}{2}EJ_g\frac{\alpha_t\Delta t}{h_g}$		

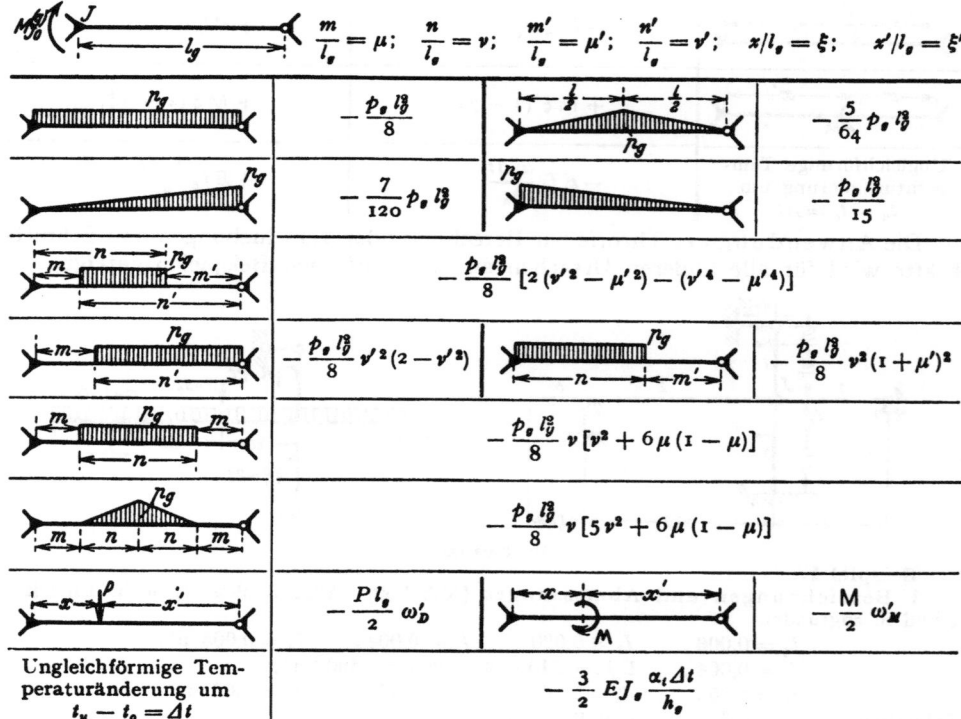

4. Belastung des Stabes 2 durch $P_1 = 3$ t (Abb. 301b).

$$M_{J0}^{(2)} = -\frac{P_1 l_2}{2}\,\omega_D' = -\frac{3{,}0\cdot 10{,}0}{2}\cdot 0{,}384 = -5{,}760 \text{ mt}.$$

$$a_{J0} = -\mathrm{i}\cdot M_{J0}^{(2)} = +5{,}760; \qquad \varphi_J = +1{,}440.$$

$$M_J^{(1)} = \frac{3}{l_1'}\varphi_J = +1{,}080, \qquad M_J^{(2)} = M_{J0}^{(2)} + \frac{3}{l_2'}\varphi_J = -3{,}600 \text{ mt}.$$

$$M_J^{(3)} = \frac{3}{l_3'}\varphi_J = +1{,}080, \qquad M_J^{(4)} = \frac{4}{l_4'}\varphi_J = +1{,}440, \qquad M_D^{(4)} = \frac{2}{l_4'}\varphi_J = +0{,}720 \text{ mt}.$$

5. Belastung der Stäbe 3 und 4 durch $P_2 = P_3 = 2$ t (Abb. 301c).

$$M_{J0}^{(3)} = -\frac{P_2 e}{2}(3\xi^2 - 1) = -\frac{2{,}0\cdot 1{,}0}{2}(3\cdot 0{,}25^2 - 1) = +0{,}812 \text{ mt}.$$

$$M_{J0}^{(4)} = P_3 c\,\xi'(2 - 3\xi') = 2{,}0\cdot 1{,}0\cdot 0{,}6\,(2 - 3\cdot 0{,}6) = +0{,}240,$$

$$M_{D0}^{(4)} = P_3 c\,\xi(2 - 3\xi) = +0{,}640.$$

$$a_{J0} = -\mathrm{i}\,(M_{J0}^{(3)} + M_{J0}^{(4)}) = -1{,}052; \qquad \varphi_J = -0{,}263.$$

$$M_J^{(1)} = \frac{3}{l_1'}\varphi_J = -0{,}197, \qquad M_J^{(2)} = \frac{3}{l_2'}\varphi_J = -0{,}395 \text{ mt}, \qquad M_J^{(3)} = M_{J0}^{(3)} + \frac{3}{l_3'}\varphi_J = +0{,}615,$$

$$M_J^{(4)} = M_{J0}^{(4)} + \frac{4}{l_4'}\varphi_J = -0{,}023 \text{ mt}, \qquad M_D^{(4)} = M_{D0}^{(4)} + \frac{2}{l_4'}\varphi_J = +0{,}508.$$

6. Temperaturerhöhung aller Stäbe um $t = 15^0$ (Abb. 302a).

$$\alpha_t t = 0{,}00015, \qquad \alpha_t t E J_c = 1{,}26,$$

$$\vartheta_{1t} = -E J_c \frac{\alpha_t t l_4}{l_1} = -1{,}050, \qquad \vartheta_{2t} = +E J_c \frac{\alpha_t t l_4}{l_2} = +0{,}630,$$

$$\vartheta_{3t} = -E J_c \frac{\alpha_t t l_1}{l_3} = -1{,}890, \qquad \vartheta_{4t} = +E J_c \frac{\alpha_t t l_1}{l_4} = +1{,}512,$$

$$a_J = -\mathrm{i}\left(-\frac{3}{l_1'}\vartheta_{1t} - \frac{3}{l_2'}\vartheta_{2t} - \frac{3}{l_3'}\vartheta_{3t} - \frac{6}{l_4'}\vartheta_{4t}\right) = +1{,}008.$$

$$\varphi_J = +0{,}252,$$

$$M_J^{(1)} = \frac{3}{l_1'}(\varphi_J - \vartheta_{1t}) = +0{,}977, \qquad M_J^{(2)} = \frac{3}{l_2'}(\varphi_J - \vartheta_{2t}) = -0{,}567 \text{ mt},$$

$$M_J^{(3)} = \frac{3}{l_3'}(\varphi_J - \vartheta_{3t}) = +1{,}606, \qquad M_J^{(4)} = \frac{2}{l_4'}(2\varphi_J - 3\vartheta_{4t}) = -2{,}016,$$

$$M_D^{(4)} = \frac{2}{l_4'}(\varphi_J - 3\vartheta_{4t}) = -2{,}142.$$

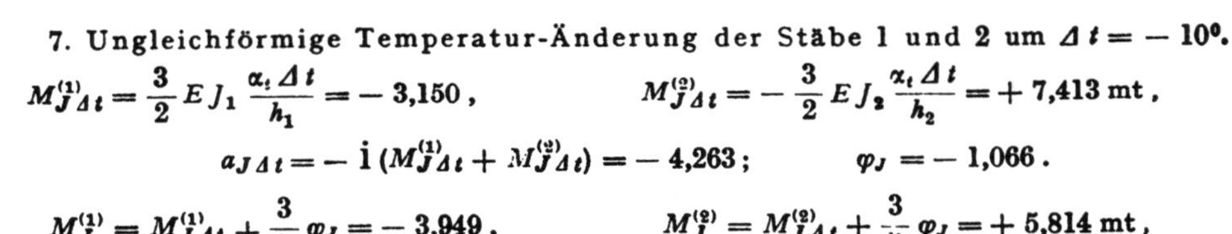

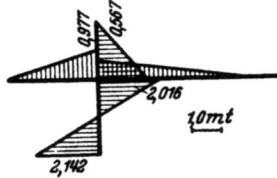

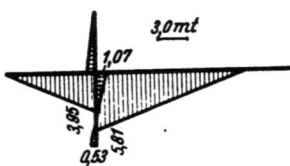

a) Biegungsmomente infolge t. b) Biegungsmomente infolge Δt. c) Biegungsmomente infolge Δx_d, Δy_d.

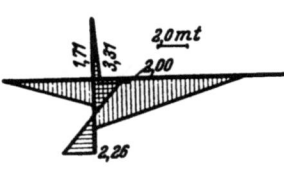

Abb. 302.

7. Ungleichförmige Temperatur-Änderung der Stäbe 1 und 2 um $\Delta t = -10^0$.

$$M_{J\Delta t}^{(1)} = \frac{3}{2} E J_1 \frac{\alpha_t \Delta t}{h_1} = -3{,}150, \qquad M_{J\Delta t}^{(2)} = -\frac{3}{2} E J_2 \frac{\alpha_t \Delta t}{h_2} = +7{,}413 \text{ mt},$$

$$a_{J\Delta t} = -\mathrm{i}\,(M_{J\Delta t}^{(1)} + M_{J\Delta t}^{(2)}) = -4{,}263; \qquad \varphi_J = -1{,}066.$$

$$M_J^{(1)} = M_{J\Delta t}^{(1)} + \frac{3}{l_1'}\varphi_J = -3{,}949, \qquad M_J^{(2)} = M_{J\Delta t}^{(2)} + \frac{3}{l_2'}\varphi_J = +5{,}814 \text{ mt},$$

$$M_J^{(3)} = \frac{3}{l_3'}\varphi_J = -0{,}799, \quad M_J^{(4)} = \frac{4}{l_4'}\varphi_J = -1{,}066, \quad M_D^{(4)} = \frac{2}{l_4'}\varphi_J = -0{,}533 \quad \text{(Abb. 302b).}$$

8. Verschiebung des Stützpunktes D um $\Delta x_d = -0{,}001$ m und $\Delta y_d = +0{,}002$ m.

$$\vartheta_{1s} = +E J_c \frac{\Delta y_d}{l_1} = +2{,}800, \qquad \vartheta_{2s} = -E J_c \frac{\Delta y_d}{l_2} = -1{,}680,$$

$$\vartheta_{4s} = -E J_c \frac{\Delta x_d}{l_4} = +1{,}680.$$

$$a_{Js} = -\mathrm{i}\left(-\frac{3}{l_1'}\vartheta_{1s} - \frac{3}{l_2'}\vartheta_{2s} - \frac{6}{l_4'}\vartheta_{4s}\right) = +2{,}100; \qquad \varphi_J = +0{,}525.$$

$$M_J^{(1)} = \frac{3}{l_1'}(\varphi_J - \vartheta_{1s}) = -1{,}706, \qquad M_J^{(2)} = \frac{3}{l_2'}(\varphi_J - \vartheta_{2s}) = +3{,}308 \text{ mt},$$

$$M_J^{(3)} = \frac{3}{l_3'}\varphi_J = +0{,}394, \qquad M_J^{(4)} = \frac{2}{l_4'}(2\varphi_J - 3\vartheta_{4s}) = -1{,}995,$$

$$M_D^{(4)} = \frac{2}{l_4'}(\varphi_J - 3\vartheta_{4s}) = -2{,}258 \quad \text{(Abb. 302c).}$$

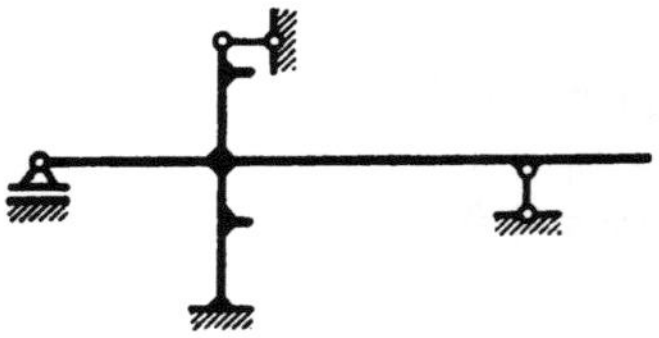

Abb. 303.

Beispiel 2.

1. Bezeichnungen und Abmessungen: Das System (Abb. 303) unterscheidet sich von dem vorhergehenden nur durch ein bewegliches Lager A. Die Abmessungen und Belastungen sind unverändert.

2. Überzählige Größen: φ_J, $\psi_1 = \vartheta_4$.

Statische Bedingungen: $a_{JJ}\varphi_J + a_{J1}\psi_1 + a_{J0} = 0$,
$a_{1J}\varphi_J + a_{11}\psi_1 + a_{10} = 0$.

Zustand $\varphi_J = 1$:

$$M_{JJ}^{(1)} = \frac{3}{l_1'}, \quad M_{JJ}^{(2)} = \frac{3}{l_2'}, \quad M_{JJ}^{(3)} = \frac{3}{l_3'}, \quad M_{JJ}^{(4)} = \frac{4}{l_4'}, \quad M_{DJ}^{(4)} = \frac{2}{l_4'}.$$

Zustand $\psi_1 = 1$:

$$\vartheta_{11} = 0, \quad \vartheta_{21} = 0, \quad \vartheta_{31} = -\frac{l_4}{l_3}, \quad \vartheta_{41} = 1;$$

$$M_{J1}^{(1)} = M_{J1}^{(2)} = 0, \quad M_{J1}^{(3)} = \frac{3}{l_3'}\frac{l_4}{l_3}, \quad M_{J1}^{(4)} = M_{D1}^{(4)} = -\frac{6}{l_4'}.$$

Vorzahlen der Bedingungsgleichungen:

$$a_{JJ} = -\mathrm{i}\left(\frac{3}{l_1'} + \frac{3}{l_2'} + \frac{3}{l_3'} + \frac{4}{l_4'}\right) = -4{,}000,$$

$$a_{J1} = -\mathrm{i}\left(+\frac{3}{l_3'}\frac{l_4}{l_3} - \frac{6}{l_4'}\right) = +0{,}562,$$

$$a_{11} = \left(-\mathrm{i}\frac{l_4}{l_3}\right)\left(+\frac{3}{l_3'}\frac{l_4}{l_3}\right) + \mathrm{i}\left(-\frac{12}{l_4'}\right) = -3\left(\frac{1}{l_3'}\frac{l_4^2}{l_3^2} + \frac{4}{l_4'}\right) = -4{,}172.$$

β-Vorzahlen:

$$\beta_{JJ} = \frac{a_{11}}{a_{JJ}a_{11} - a_{J1}^2} = -0{,}255, \qquad \beta_{11} = \frac{a_{JJ}}{a_{JJ}a_{11} - a_{J1}^2} = -0{,}244$$

$$\beta_{J1} = -\frac{a_{J1}}{a_{JJ}a_{11} - a_{J1}^2} = -0{,}034;$$

$$-\varphi_J = a_{J0}\beta_{JJ} + a_{10}\beta_{J1}, \qquad -\psi_1 = a_{J0}\beta_{1J} + a_{10}\beta_{11}.$$

3. Belastung der Stäbe 1, 2, 5 durch $p = 1{,}5$ t/m (Abb. 304a).

$$M_{J0}^{(1)} = +6{,}750, \qquad M_{J0}^{(2)} = -15{,}375 \text{ mt}.$$

$$a_{J0} = -\mathrm{i}\,(M_{J0}^{(1)} + M_{J0}^{(2)}) = +8{,}625, \qquad a_{10} = 0.$$

$$-\varphi_J = a_{J0}\beta_{JJ} = -2{,}199, \qquad -\psi_1 = a_{J0}\beta_{1J} = -0{,}297.$$

$$\vartheta_1 = \vartheta_2 = 0, \qquad \vartheta_3 = -\frac{l_4}{l_3}\psi_1 = -0{,}371, \qquad \vartheta_4 = +0{,}297.$$

$$M_J^{(1)} = M_{J0}^{(1)} + \frac{3}{l_1'}\varphi_J = +8{,}399, \qquad M_J^{(2)} = M_{J0}^{(2)} + \frac{3}{l_2'}\varphi_J = -12{,}076,$$

$$M_J^{(3)} = \frac{3}{l_3'}(\varphi_J - \vartheta_3) = +1{,}928, \qquad M_J^{(4)} = \frac{2}{l_4'}(2\varphi_J - 3\vartheta_4) = +1{,}754,$$

$$M_D^{(4)} = \frac{2}{l_4'}(\varphi_J - 3\vartheta_4) = +0{,}654 \text{ mt}.$$

4. Belastung des Stabes 2 durch $P_1 = 3$ t (Abb. 304b).

$$M_{J0}^{(2)} = -5{,}760, \qquad a_{J0} = -\mathrm{i}\, M_{J0}^{(2)} = +5{,}76, \qquad a_{10} = 0,$$

$$\varphi_J = +1{,}469, \quad \psi_1 = +0{,}198, \quad \vartheta_1 = \vartheta_2 = 0, \quad \vartheta_3 = -0{,}247, \quad \vartheta_4 = +0{,}198.$$

$$M_J^{(1)} = \frac{3}{l_1'}(\varphi_J - \vartheta_1) = +1{,}102, \qquad M_J^{(2)} = M_{J0}^{(2)} + \frac{3}{l_2'}\varphi_J = -3{,}557 \text{ mt},$$

$$M_J^{(3)} = +1{,}287, \qquad M_J^{(4)} = +1{,}172, \qquad M_D^{(4)} = +0{,}438.$$

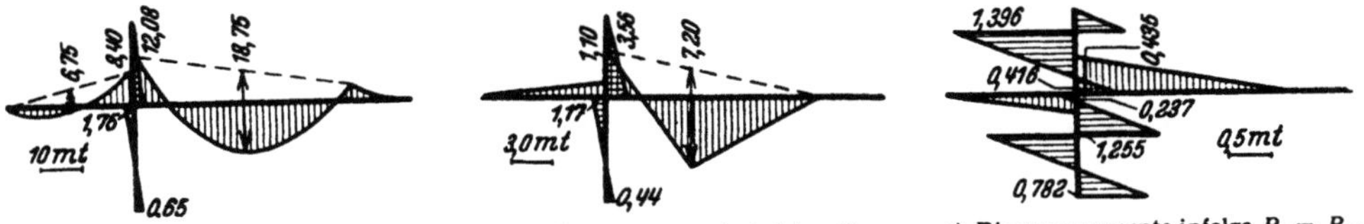

a) Biegungsmomente infolge p. b) Biegungsmomente infolge P_1. c) Biegungsmomente infolge $P_2 = P_3$.

Abb. 304.

5. Belastung der Stäbe 3 und 4 durch $P_2 = P_3 = 2$ t (Abb. 304c).

$$M_{J0}^{(3)} = +0{,}812, \qquad M_{J0}^{(4)} = +0{,}240, \qquad M_{D0}^{(4)} = +0{,}640 \text{ mt},$$

$$a_{J0} = -\mathrm{i}\,(M_{J0}^{(3)} + M_{J0}^{(4)}) = -1{,}052,$$

$$a_{10} = -\mathrm{i}\,\frac{l_4}{l_3}(M_{J0}^{(3)} + \mathsf{M}_{3,1}) + \mathrm{i}\,(M_{J0}^{(4)} + M_{D0}^{(4)} + \mathsf{M}_{4,1})$$

$$= -\mathrm{i}\,\frac{4{,}00}{5{,}00}(0{,}812 + 2{,}0 \cdot 1{,}0) + 1\,(0{,}240 + 0{,}640 + 2{,}0 \cdot 1{,}0) = -0{,}636.$$

$$-\varphi_J = a_{J0}\,\beta_{JJ} + a_{10}\,\beta_{J1} = +0{,}290, \qquad -\psi_1 = a_{J0}\,\beta_{1J} + a_{10}\,\beta_{11} = +0{,}191,$$

$$\vartheta_1 = \vartheta_2 = 0, \qquad \vartheta_3 = -\frac{l_4}{l_3}\psi_1 = +0{,}239, \qquad \vartheta_4 = -0{,}191,$$

$$M_J^{(1)} = \frac{3}{l_1'}\varphi_J = -0{,}218, \qquad M_J^{(2)} = \frac{3}{l_2'}\varphi_J = -0{,}435,$$

$$M_J^{(3)} = M_{J0}^{(3)} + \frac{3}{l_3'}(\varphi_J - \vartheta_3) = +0{,}416, \qquad M_J^{(4)} = M_{J0}^{(4)} + \frac{2}{l_4'}(2\varphi_J - 3\vartheta_4) = +0{,}237,$$

$$M_D^{(4)} = M_{D0}^{(4)} + \frac{2}{l_4'}(\varphi_J - 3\vartheta_4) = +0{,}782 \text{ mt}.$$

6. Temperaturerhöhung aller Stäbe um $t = 15^0$ (Abb. 305a).

$$\vartheta_{1t} = -E J_c \frac{\alpha_t\, t\, l_4}{l_1} = -1{,}050, \qquad \vartheta_{2t} = +E J_c \frac{\alpha_t\, t\, l_4}{l_2} = +0{,}630, \qquad \vartheta_{3t} = \vartheta_{4t} = 0,$$

$$a_{Jt} = -\mathrm{i}\left(-\frac{3}{l_1'}\vartheta_{1t} - \frac{3}{l_2'}\vartheta_{2t}\right) = +0{,}158, \qquad a_{1t} = 0,$$

$$\varphi_J = 0{,}040, \qquad \psi_1 = 0{,}005.$$

$$\vartheta_1 = -1{,}050, \quad \vartheta_2 = +0{,}630, \quad \vartheta_3 = -\frac{l_4}{l_3}\psi_1 = -0{,}007, \quad \vartheta_4 = +0{,}005.$$

$$M_J^{(1)} = \frac{3}{l_1'}(\varphi_J - \vartheta_1) = +0{,}818, \qquad M_J^{(2)} = \frac{3}{l_2'}(\varphi_J - \vartheta_2) = -0{,}885 \text{ mt},$$

$$M_J^{(3)} = \frac{3}{l_3'}(\varphi_J - \vartheta_3) = +0{,}035, \qquad M_J^{(4)} = \frac{2}{l_4'}(2\varphi_J - 3\vartheta_4) = +0{,}032,$$

$$M_D^{(4)} = \frac{2}{l_4'}(\varphi_J - 3\vartheta_4) = +0{,}012 \text{ mt}.$$

7. Ungleichförmige Temperaturänderung der Stäbe 1 und 2 um $\Delta t = -10^0$.

$$M_{J\Delta t}^{(1)} = -3{,}150, \qquad M_{J\Delta t}^{(2)} = +7{,}413 \text{ mt}.$$

$$a_{J\Delta t} = -\mathrm{i}\left(M_{J\Delta t}^{(1)} + M_{J\Delta t}^{(2)}\right) = -4{,}263, \qquad a_{1\Delta t} = 0;$$

$$\varphi_J = -1{,}086, \qquad \psi_1 = -0{,}146.$$

$$\vartheta_1 = \vartheta_2 = 0, \qquad \vartheta_3 = +0{,}183, \qquad \vartheta_4 = -0{,}146,$$

$$M_J^{(1)} = -3{,}965, \qquad M_J^{(2)} = +5{,}784, \qquad M_J^{(3)} = -0{,}952,$$

$$M_J^{(4)} = -0{,}867, \qquad M_D^{(4)} = -0{,}324 \text{ mt} \qquad \text{(Abb. 305b)}.$$

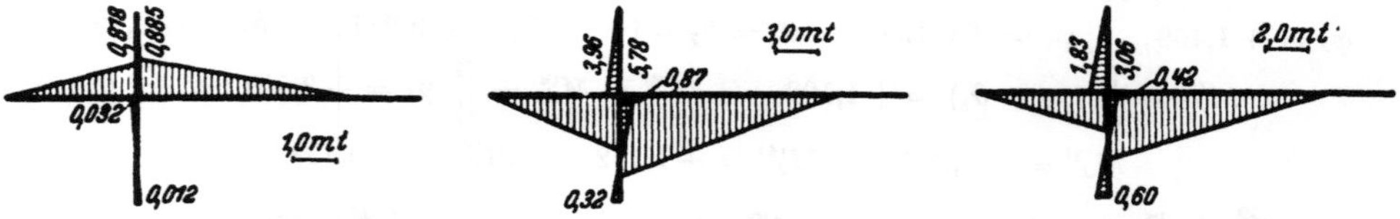

a) Biegungsmomente infolge t. b) Biegungsmomente infolge Δt. c) Biegungsmomente infolge Δx_d, Δy_d.

Abb. 305.

8. Verschiebung des Stützpunktes d um $\Delta x_d = -0{,}001$ m und $\Delta y_d = +0{,}002$ m (Abb. 305c).

$$\vartheta_{1s} = +EJ_c \frac{\Delta y_d}{l_1} = +2{,}800, \qquad \vartheta_{2s} = -EJ_c \frac{\Delta y_d}{l_2} = -1{,}680,$$

$$\vartheta_{4s} = -EJ_c \frac{\Delta x_d}{l_4} = +1{,}680,$$

$$a_{Js} = -\mathrm{i}\left(-\frac{3}{l_1'}\vartheta_{1s} - \frac{3}{l_2'}\vartheta_{2s} - \frac{6}{l_4'}\vartheta_{4s}\right) = +2{,}100, \qquad a_{1s} = \mathrm{i}\left(-\frac{12}{l_4'}\vartheta_{4s}\right) = -5{,}040,$$

$$\varphi_J = +0{,}362, \qquad \psi_1 = -1{,}160.$$

$$\vartheta_1 = \vartheta_{1s} = +2{,}800, \qquad \vartheta_2 = \vartheta_{2s} = -1{,}680, \qquad \vartheta_3 = \vartheta_{31}\psi_1 = +1{,}450,$$

$$\vartheta_4 = \vartheta_{4s} + \vartheta_{41}\psi_1 = +0{,}520,$$

$$M_J^{(1)} = -1{,}828, \qquad M_J^{(2)} = +3{,}063, \qquad M_J^{(3)} = -0{,}816 \text{ mt},$$

$$M_J^{(4)} = -0{,}418, \qquad M_D^{(4)} = -0{,}599.$$

Durchgehender Träger mit elastisch drehbaren Stützen. $\psi_c = 0$.

1. Geometrische Größen (alle Zahlen mit den Einheiten m und t), Abb. 306: Trägheitsmoment der Riegel: $J_r = 0{,}120 \text{ m}^4$; Trägheitsmoment der Pfosten: $J_s = 0{,}240 \text{ m}^4$; $J_c = J_r = 0{,}120$; $l_1' = 14{,}0$; $l_3' = l_5' = l_7' = 12{,}5$; $l_9' = 8{,}325$; $l_2' = l_4' = l_6' = l_8' = 5{,}5$.

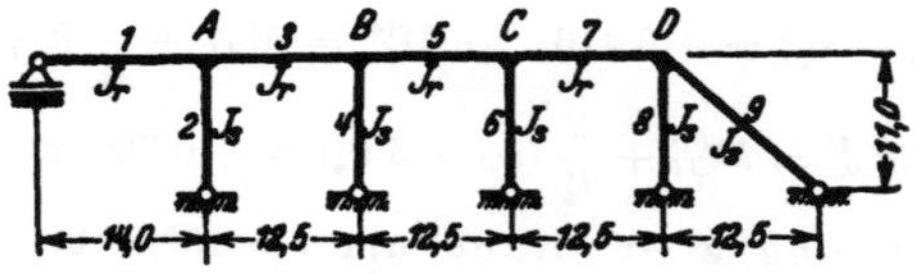

Abb. 306.

2. Überzählige Größen und statische Bedingungsgleichungen. Überzählige: $\varphi_A, \varphi_B, \varphi_C, \varphi_D$.

Matrix der statischen Bedingungen:

	φ_A	φ_B	φ_C	φ_D	
A	a_{AA}	a_{AB}	·	·	a_{A0}
B	a_{BA}	a_{BB}	a_{BC}	·	a_{B0}
C	·	a_{BC}	a_{CC}	a_{CD}	a_{C0}
D	·	·	a_{CD}	a_{DD}	a_{D0}

$$a_{AA} = -\mathrm{i}\left(\frac{3}{l_1'} + \frac{3}{l_2'} + \frac{4}{l_3'}\right) = -1{,}079712,$$

$$a_{AB} = a_{BC} = a_{CD} = -\mathrm{i}\,\frac{2}{l_3'} = -0{,}160000,$$

$$a_{BB} = a_{CC} = -\mathrm{i}\left(\frac{4}{l_3'} + \frac{3}{l_4'} + \frac{4}{l_5'}\right) = -1{,}185454,$$

$$a_{DD} = -\mathrm{i}\left(\frac{4}{l_7'} + \frac{3}{l_8'} + \frac{3}{l_9'}\right) = -1{,}225814.$$

	φ_A	φ_B	φ_C	φ_D
A	− 1,079712	− 0,160000		
B	− 0,160000	− 1,185454	− 0,160000	
C		− 0,160000	− 1,185454	− 0,160000
D			− 0,160000	− 1,225814

3. Auflösung durch Entwicklung von β_{44} und β_{11} nach einem Kettenbruch:

$$\varkappa_{AB} = \frac{a_{BA}}{a_{AA}} = +0{,}148188; \qquad a_{BB}^{(1)} = a_{BB} - a_{AB}\varkappa_{AB} = -1{,}161744,$$

$$\varkappa_{BC} = \frac{a_{CB}}{a_{BB}^{(1)}} = +0{,}137724; \qquad a_{CC}^{(2)} = a_{CC} - a_{BC}\varkappa_{BC} = -1{,}163418,$$

$$\varkappa_{CD} = \frac{a_{DC}}{a_{CC}^{(2)}} = +0{,}137526; \qquad a_{DD}^{(3)} = a_{DD} - a_{CD}\varkappa_{CD} = -1{,}203810,$$

$$\beta_{DD} = \frac{1}{a_{DD}^{(3)}} = -0{,}830696,$$

$$\varkappa_{DC} = \frac{a_{CD}}{a_{DD}} = +0{,}130526; \qquad a_{CC}^{(1)} = a_{CC} - a_{DC}\varkappa_{DC} = -1{,}164570,$$

$$\varkappa_{CB} = \frac{a_{BC}}{a_{CC}^{(1)}} = +0{,}137390; \qquad a_{BB}^{(2)} = a_{BB} - a_{CB}\varkappa_{CB} = -1{,}163472,$$

$$\varkappa_{BA} = \frac{a_{AB}}{a_{BB}^{(2)}} = +0{,}137519; \qquad a_{AA}^{(3)} = a_{AA} - a_{BA}\varkappa_{BA} = -1{,}057709,$$

$$\beta_{AA} = \frac{1}{a_{AA}^{(3)}} = -0{,}945440.$$

Vorzahlen β_{JK}

→ − 0,137519 − 0,137390 − 0,130526 →

	a_{A0}	a_{B0}	a_{C0}	a_{D0}	
φ_A	− 0,945440	+ 0,130016	− 0,017863	+ 0,002332	↑
					− 0,148188
φ_B	+ 0,130016	− 0,877371	+ 0,120542	− 0,015734	
					− 0,137724
φ_C	− 0,017863	+ 0,120542	− 0,875243	+ 0,114242	
					− 0,137526
φ_D	+ 0,002332	− 0,015734	+ 0,114242	− 0,830696	↑

$$\varphi_J = -\sum \beta_{Jk}\, a_{k0}$$

4. Belastung durch Eigengewicht $g = 2{,}0$ t/m (Abb. 307a).

$$M_{A0}^{(1)} = +\frac{g\,l_1^2}{8} = +49{,}0000, \qquad M_{A0}^{(3)} = -\frac{g\,l_3^2}{12} = -26{,}0417 \text{ mt},$$

$$M_{B0}^{(3)} = -M_{B0}^{(5)} = M_{C0}^{(5)} = -M_{C0}^{(7)} = M_{D0}^{(7)} = +26{,}0417.$$

$$a_{A0} = -\,\mathrm{i}\,(M_{A0}^{(1)} + M_{A0}^{(3)}) = -22{,}9583; \qquad a_{B0} = -\,\mathrm{i}\,(M_{B0}^{(3)} + M_{B0}^{(5)}) = 0,$$

$$a_{C0} = 0; \qquad a_{D0} = -26{,}0417.$$

$$\varphi_A = -21{,}645, \quad \varphi_B = +2{,}575, \quad \varphi_C = +2{,}565, \quad \varphi_D = -21{,}579$$

$$M_A^{(1)} = M_{A0}^{(1)} + \frac{3}{l'_1}\varphi_A = +44{,}362\,; \qquad M_A^{(2)} = \frac{3}{l'_2}\varphi_A = -11{,}806\,.$$

$$M_A^{(3)} = M_{A0}^{(3)} + \frac{2}{l'_3}(2\varphi_A + \varphi_B) = -32{,}556\,; \qquad M_B^{(4)} = \frac{3}{l'_4}\varphi_B = +1{,}405\,.$$

$$M_B^{(3)} = M_{B0}^{(3)} + \frac{2}{l'_3}(2\varphi_B + \varphi_A) = +23{,}403\,; \qquad M_C^{(6)} = \frac{3}{l'_6}\varphi_C = +1{,}399\,.$$

$$M_B^{(5)} = M_{B0}^{(5)} + \frac{2}{l'_5}(2\varphi_B + \varphi_C) = -24{,}808\,; \qquad M_D^{(8)} = \frac{3}{l'_8}\varphi_D = -11{,}770\,.$$

$$M_C^{(5)} = M_{C0}^{(5)} + \frac{2}{l'_5}(2\varphi_C + \varphi_B) = +27{,}275\,; \qquad M_D^{(9)} = \frac{3}{l'_9}\varphi_D = -\;7{,}776\,.$$

$$M_C^{(7)} = M_{C0}^{(7)} + \frac{2}{l'_7}(2\varphi_C + \varphi_D) = -28{,}674\,.$$

$$M_D^{(7)} = M_{D0}^{(7)} + \frac{2}{l'_7}(2\varphi_D + \varphi_C) = +19{,}547 \text{ mt}\,.$$

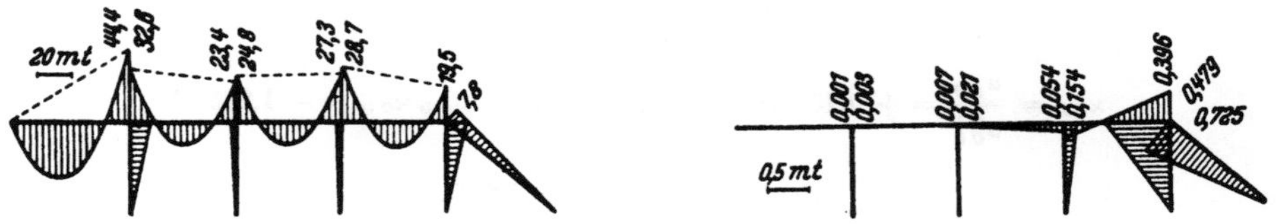

a) Biegungsmomente infolge $g = 2$ t/m. b) Biegungsmomente infolge $W = 1$ t.

Abb. 307.

5. **Belastung durch eine waagerechte Kraft W in 1,6 m Höhe über dem Knoten D** (Abb. 307b).

$\mathrm{M}_D = 1{,}6\,W$	$a_{D0} = 1{,}6\,W$
$\varphi_A = -0{,}003\,731\,W$	$\varphi_C = -0{,}182\,787\,W$
$\varphi_B = +0{,}025\,174\,W$	$\varphi_D = +1{,}329\,114\,W$
$M_A^{(1)} = -0{,}000\,799\,W$	$M_C^{(5)} = -0{,}054\,464\,W$
$M_A^{(2)} = -0{,}002\,035\,W$	$M_C^{(6)} = -0{,}099\,702\,W$
$M_A^{(3)} = +0{,}002\,833\,W$	$M_C^{(7)} = +0{,}154\,166\,W$
$M_B^{(3)} = +0{,}007\,459\,W$	$M_D^{(7)} = +0{,}396\,071\,W$
$M_B^{(4)} = +0{,}013\,731\,W$	$M_D^{(8)} = +0{,}724\,971\,W$
$M_B^{(5)} = -0{,}021\,190\,W$	$M_D^{(9)} = +0{,}478\,960\,W$ mt.

40. Die Auflösung des Ansatzes.

Geometrisch bestimmtes Hauptsystem. Die $(r+f)$ linearen Gleichungen des Ansatzes $\delta A_J = 0$, $\delta A_c = 0$ werden mit dem Gaußschen Algorithmus (Abschnitt 29) aufgelöst. Die Rechnung ist formal einfach, aber bei einer größeren Anzahl von Unbekannten zeitraubend und durch ungünstige Fehlerfortpflanzung unter Umständen schwierig. Die Wurzeln des Ansatzes werden daher bei einzelnen Belastungsfällen oft schneller und zuverlässiger durch Iteration bestimmt (Abschnitt 30).

Um die Unbekannten auch bei zahlreichen Belastungsfällen in einfacher Weise anzugeben oder Einflußlinien der unbekannten Verschiebungen und Anschlußkräfte aufzuzeichnen, werden die Vorzahlen β_{JH}, β_{cb} der zu a_{JH}, a_{cb} konjugierten Matrix berechnet (Abschn. 25). Damit ist

$$\left.\begin{aligned} -\varphi_J &= \sum \beta_{JH}\, a_{H0} + \sum \beta_{Jb}\, a_{b0}\,, \qquad (H = 1 \ldots N\,,\quad b = 1 \ldots f)\,, \\ -\psi_c &= \sum \beta_{cH}\, a_{H0} + \sum \beta_{cb}\, a_{b0}\,, \qquad (H = 1 \ldots N\,,\quad b = 1 \ldots f)\,. \end{aligned}\right\} \tag{542}$$

Die Belastungsglieder a_{H0}, a_{b0} bedeuten nach S. 320 die virtuellen Arbeiten der Belastung $\mathfrak{P}$ und der Anschlußkräfte $M_{J0}^{(h)}$ des geometrisch bestimmten Hauptsystems. Die Vorzahlen β_{JH}, β_{Jb} usw. sind durch die elastischen und kinematischen Eigenschaften des Systems bestimmt und unabhängig von der Belastung.

Berechnung und Nachprüfung der Schnittkräfte. Die Komponenten u_J, ϑ_h des Verschiebungszustandes des Stabwerks werden nach (521) aus den $(r+f)$ unabhängigen Unbekannten φ_J, ψ_c des Ansatzes durch Superposition berechnet. φ_J und ϑ_h bilden nach (500) die Grundlage zur Berechnung der statisch unbestimmten Anschlußkräfte $M_J^{(h)}$, $M_K^{(h)}$, $N_K^{(h)}$ der Stäbe (h). Mit diesen sind die übrigen Schnittkräfte des Stabwerks statisch bestimmt.

Die statisch unbestimmten Anschlußkräfte sind nach S. 311 für einen geometrisch verträglichen Verschiebungszustand berechnet worden. Die Ergebnisse lassen sich daher nur durch statische Bedingungen nachprüfen. Jede beliebige Gruppe von inneren Kräften, welche durch die Abtrennung irgend eines Teiles des Stabwerks die Eigenschaft von äußeren Kräften erhalten, ist mit den Lasten und Schnittkräften des Abschnitts im Gleichgewicht und damit den Bedingungen (81) unterworfen. Ebenso ist die virtuelle Arbeit der Belastung und einer beliebigen Gruppe von Schnittkräften des Stabwerks, die als äußere Kräfte an der zugeordneten zwangläufigen Kette angreifen, gleich Null. Diese kann zur Nachprüfung des Spannungszustandes aus dem Stabwerk (S. 315) in beliebiger Weise abgeleitet werden. Die statischen Bedingungen $\delta A_a = 0$ enthalten dann neben der Belastung als äußere Kräfte nur Biegungsmomente des Stabwerks und können leicht angeschrieben werden. In der Regel begnügt man sich, das Gleichgewicht der Anschlußmomente an jedem Stabknoten nachzuweisen und damit die Lösung des Ansatzes numerisch zu prüfen.

Einflußlinien. Die Ordinaten der Einflußlinien der Komponenten φ_J, ψ_c können für ausgezeichnete Stellungen einer Einzellast $P_m = 1$ ebenso wie für eine ruhende Belastung angeschrieben werden. Jede Stellung liefert eine Gruppe von Belastungsgliedern a_{Jm}, a_{cm} und mit den Vorzahlen β_{JH}, β_{cH} der konjugierten Matrix die zugeordneten Komponenten φ_{Jm}, ψ_{cm}. Die Entwicklung der Belastungsglieder a_{Jm}, a_{cm} als stetige Funktion der Abszissen der Laststellung P_m ist ebenfalls denkbar, so daß die Einflußlinien φ_{Jm}, ψ_{cm} nach (542) durch Superposition einzelner mit Beiwerten erweiterter Funktionen angegeben werden können.

Die Lösung der Aufgabe wird durch das Maxwellsche Gesetz über die Gegenseitigkeit der Formänderung wesentlich vereinfacht. Nach diesem ist die virtuelle Arbeit eines Kräftepaares $\mathsf{M}_J = 1$ mt am Stabknoten J bei der Winkeldrehung φ_J infolge der wandernden Einzellast $P_m = 1$ t gleich der virtuellen Arbeit dieser Einzellast bei der Verschiebung w_{mJ} des Punktes m des Lastgurtes infolge des Kräftepaares 1 mt in J:

$$1_J\,\varphi_{Jm} = 1_m\,w_{mJ}\,. \tag{543}$$

Die Einflußlinie φ_{Jm} wird daher als Biegelinie w_{mJ} des Lastgurtes des Stabwerks für $\mathsf{M}_J = 1$ mt aufgezeichnet. Die Belastung $\mathsf{M}_J = 1$ mt liefert außer $a_{J0} = 1$ keine Belastungsglieder, so daß die zugeordneten Komponenten des Verschiebungszustandes φ_{HJ}, ψ_{cJ} mit den negativen Vorzahlen der konjugierten Matrix übereinstimmen $(\varphi_{HJ} = -\beta_{HJ}, \psi_{cJ} = -\beta_{cJ})$.

Dasselbe gilt für die Einflußlinie ψ_{cm}, da die virtuelle Arbeit der Belastungseinheit des Punktes, der Geraden, des Punkte- oder Geradenpaares 1_c in t oder mt bei der Verschiebung der Knotenkette ψ_{cm} durch die wandernde Last $P_m = 1$ t gleich der virtuellen Arbeit dieser Last bei den Verschiebungen w_{mc} der Punkte m des Lastgurtes durch die Belastungseinheit 1_c ist:

$$1_c\,\psi_{cm} = 1_m\,w_{mc}\,. \tag{544}$$

Die Einflußlinie ψ_{cm} wird demnach als Biegelinie w_{mc} des Lastgurtes für den Belastungszustand 1_c, der Einheit des Punktes, der Geraden usw. mit dem Belastungsglied $a_{c0} = 1$ gefunden. Die Komponenten φ_{Jc}, ψ_{bc} sind demnach die negativen Vorzahlen β_{Jc}, β_{bc} usw. der konjugierten Matrix.

In derselben Weise wird auch die Einflußlinie eines Stabdrehwinkels ϑ_h erhalten, denn

$$1_h \vartheta_{hm} = 1_m w_{mh}. \tag{545}$$

Die Einflußlinie ϑ_{hm} wird demnach als Biegelinie w_{mh} des Lastgurtes gefunden, die für die Belastungseinheit 1_h, also für das Kräftepaar $1/l_h$ an den Stabenden (h) berechnet wird. In diesem Falle sind alle Belastungsglieder a_{c0} von Null verschieden, welche aus Stabketten mit $\vartheta_{hc} \neq 0$ hervorgegangen sind.

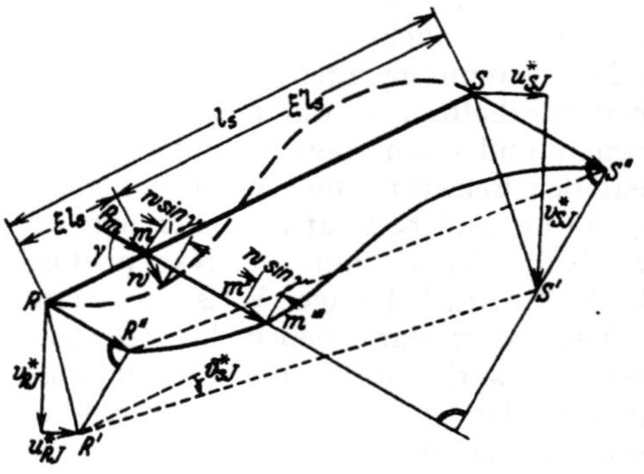

Abb. 308.

Die Biegelinie des Lastgurtes in Richtung der wandernden Einzellast ist bei einem Belastungszustand 1_J, 1_c durch die geometrischen Randbedingungen φ^*_{RJ}, ϑ^*_{sJ} und φ^*_{Rc}, ϑ^*_{sc} eines jeden Stabes $\overline{RS} \equiv l_s$ bestimmt. Die Stabdrehwinkel ϑ^*_{sJ}, ϑ^*_{sc} liefern den Geradenzug $R'S'$ (Abb. 308) mit den Verschiebungen u^*_{RJ}, v^*_{RJ} und u^*_{Rc}, v^*_{Rc} und damit den Verschiebungsplan der Knotenkette, aus dem die Verschiebungen RR'', SS'', mm'' durch Projektion auf die Kraftrichtung entstehen. Sie ergeben den Geradenzug $R''S''$, von welchem die Komponenten $w \sin\gamma$ der Stabverbiegung aufgetragen werden. Die Ordinaten w, senkrecht zu RS gemessen, erhalten folgende Größe:

a) Der Stab (s) ist mit den Knoten R und S steif verbunden:

$$w = \frac{l_s l'_s}{6} (M^{(s)}_{RJ} \omega'_D - M^{(s)}_{SJ} \omega_D)$$

oder mit

$$M^{(s)}_{RJ} = \frac{2}{l'_s} (2 \varphi^*_{RJ} + \varphi^*_{SJ} - 3 \vartheta^*_{sJ}), \quad M^{(s)}_{SJ} = \frac{2}{l'_s} (\varphi^*_{RJ} + 2 \varphi^*_{SJ} - 3 \vartheta^*_{sJ}),$$

$$\left.\begin{aligned} w &= \frac{l_s}{3} [(2\varphi^*_{RJ} + \varphi^*_{SJ} - 3 \vartheta^*_{sJ}) \omega'_D - (\varphi^*_{RJ} + 2 \varphi^*_{SJ} - 3 \vartheta^*_{sJ}) \omega_D] \\ &= l_s (\varphi^*_{RJ} \omega'_r - \varphi^*_{SJ} \omega_r + \vartheta^*_{sJ} \omega''_D). \end{aligned}\right\} \tag{546}$$

Der erste Ansatz wird für Stäbe (s) mit $\vartheta^*_{sJ} \neq 0$, der zweite für Stäbe (s) mit $\vartheta^*_{sJ} = 0$ verwendet. Beide gelten ebenso für die Ursache c wie für J.

b) Der Stab (s) ist mit dem Knoten R steif, mit dem Knoten S frei drehbar verbunden:

$$w = \frac{l_s l'_s}{6} M^{(s)}_{RJ} \omega'_D \quad \text{oder mit} \quad M^{(s)}_{RJ} = \frac{3}{l'_s} (\varphi^*_{RJ} - \vartheta^*_{sJ}),$$

$$w = \frac{l_s}{2} (\varphi^*_{RJ} - \vartheta^*_{sJ}) \omega'_D. \tag{547}$$

Die gesuchte Verschiebung $\overrightarrow{mm'''}$ des Punktes m in Richtung der wandernden Kraft P entsteht durch Addition der gerichteten Strecken $\overrightarrow{mm''}$ und $\overrightarrow{w \sin\gamma}$. Die Lösung ist bei senkrechter Belastung eines waagerechten Stabes einfacher und durch Abb. 309 beschrieben.

Einflußlinien der Anschlußmomente $M_J^{(h)}$.

a) Der Stab $l_h = \overline{JK}$ ist mit den Stabknoten J und K steif verbunden (Abb. 310a). Anschlußmomente nach (530)

$$\left.\begin{aligned} M_J^{(h)} &= M_{J0}^{(h)} + \frac{2}{l'_h}(2\varphi_J + \varphi_K - 3\vartheta_h) = M_{J0}^{(h)} + M_{J*}^{(h)}, \\ M_K^{(h)} &= M_{K0}^{(h)} + \frac{2}{l'_h}(\varphi_J + 2\varphi_K - 3\vartheta_h) = M_{K0}^{(h)} + M_{K*}^{(h)}. \end{aligned}\right\} \quad (548)$$

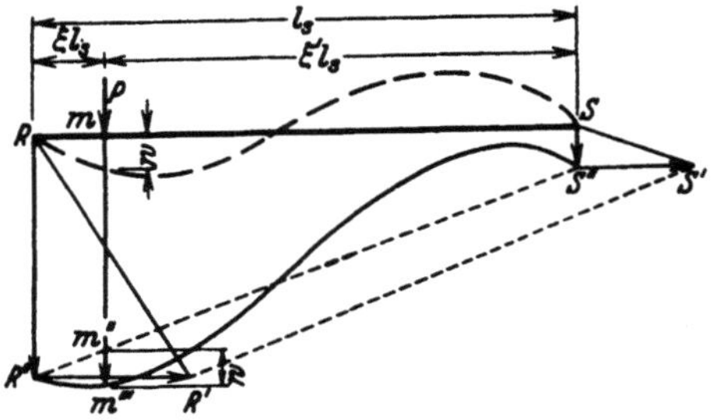

Abb. 309.

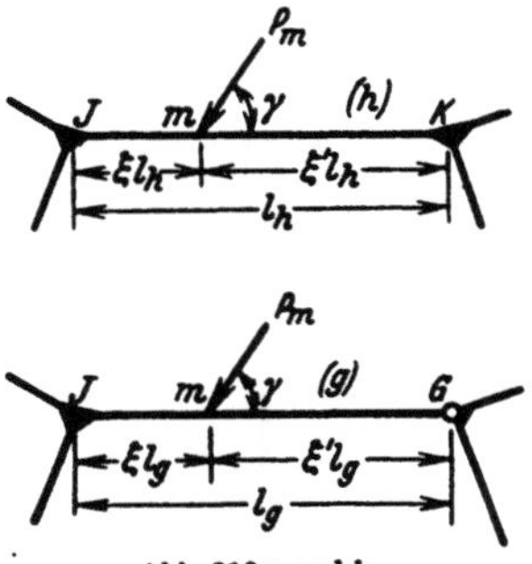

Abb. 310a und b.

Die Einflußlinien bestehen daher im Bereich des Stabes (h) aus den Ordinaten $M_{J0}^{(h)}$, $M_{K0}^{(h)}$ des beiderseits starr eingespannten Stabes (h) und aus den Einflußgrößen $M_{J*}^{(h)}$, $M_{K*}^{(h)}$, die sich aus den Einflußlinien φ_J, φ_K, ϑ_h zusammensetzen. Dieser Anteil ist außerhalb des Abschnitts (h) des Lastgurtes allein vorhanden.

$$M_{J0}^{(h)} = -1\sin\gamma \cdot l_h\,\omega_R\,\xi' = -l_h \sin\gamma\,\omega'_r\,, \qquad M_{K0}^{(h)} = +l_h \sin\gamma\,\omega_r\,. \quad (549)$$

Die Einflußlinien $M_{J*}^{(h)}$, $M_{K*}^{(h)}$ werden nach S. 331 als Biegelinien des Lastgurtes für die äußeren Kräfte

$$\mathsf{M}_J = 4/l'_h\,, \quad \mathsf{M}_K = 2/l'_h\,, \quad \mathsf{M}_h = -6/l'_h$$

und für

$$\mathsf{M}_J = 2/l'_h\,, \quad \mathsf{M}_K = 4/l'_h\,, \quad \mathsf{M}_h = -6/l'_h$$

gewonnen. Die erste liefert die Belastungsglieder $a_{J0} = 4/l'_h$, $a_{K0} = 2/l'_h$ und die Belastungsglieder $a_{c0} = -\vartheta_{hc} \cdot 6/l'_h$ nach den Angaben auf S. 321. Ähnliches gilt für die Biegelinie $M_{K*}^{(h)}$.

Die Knoten- und Stabdrehwinkel $\varphi^*_{R,Jh}$, $\varphi^*_{S,Jh}$, $\vartheta^*_{s,Jh}$ des Anteils $M_{J*}^{(h)}$ und $\varphi^*_{R,Kh}$, $\varphi^*_{S,Kh}$, $\vartheta^*_{s,Kh}$ des Anteils $M_{K*}^{(h)}$ eines Stabes (s) werden aus der konjugierten Matrix der statischen Bedingungen $\delta A_J = 0$, $\delta A_c = 0$ berechnet. Die Stabdrehwinkel $\vartheta^*_{s,Jh}$, $\vartheta^*_{s,Kh}$ bestimmen den Geradenzug $R'S'$ und die Ordinaten mm'', welche durch die Ordinaten $w\sin\gamma$ nach S. 332 zu mm''' ergänzt werden (Abb. 308).

b) Der Stab (g) ist am Stabknoten J steif, am Stabknoten G frei drehbar angeschlossen (Abb. 310b). Anschlußmoment nach (532):

$$\left.\begin{aligned} M_J^{(g)} &= M_{J0}^{(g)} + \frac{3}{l'_g}(\varphi_J - \vartheta_g) = M_{J0}^{(g)} + M_{J*}^{(g)}, \\ M_{J0}^{(g)} &= -\frac{l_g}{2}\,\omega'_D\,. \end{aligned}\right\} \quad (550)$$

Die Einflußlinien $M_{J*}^{(g)}$ werden nach S. 331 als die Biegelinien des Lastabzuges für die äußeren Kräfte $\mathsf{M}_J = 3/l'_g$, $\mathsf{M}_h = -3/l'_g$ angegeben. Dabei entstehen das Belastungsglied $a_{J0} = 3/l'_g$ und die Belastungsglieder $a_{c0} = -\vartheta_{gc} \cdot 3/l'_g$, die in Verbindung mit der konjugierten Matrix der Bedingungsgleichungen $\delta A_J = 0$, $\delta A_c = 0$ wiederum Komponenten $\varphi^*_{R,Jg}$, $\varphi^*_{S,Jg}$, $\vartheta^*_{s,Jg}$ liefern. Damit ist der Verschiebungsplan $R'S'$ bestimmt, aus dem sich wieder die Ordinaten mm''' der Funktion $M_{J*}^{(g)}$ nach S. 332 ergeben (Abb. 308).

Die Einflußlinien an den Stabwerken Abb. 300 und 303 für senkrechte Lasten im Bereich der Stäbe (*1*), (*2*), (*5*) und für waagerechte Lasten im Bereich der Stäbe (*3*), (*4*).

1. System *a* (Abb. 300a).

a) Einflußlinie φ_J. Die Einflußlinie φ_{Jm} wird als Biegelinie w_{mJ} der Stäbe (*1*) bis (*5*) infolge der Belastung $\mathsf{M}_J = 1$ mt aufgezeichnet (Abb. 311a).

$$a_{J0} = +\dot{1}_J M_J = +1; \qquad \varphi^*_{JJ} = -a_{J0}/a_{JJ} = +0{,}250,$$

$$w_1 = -\frac{l_1}{2}\varphi^*_{JJ}\,\omega_D = -0{,}750\,\omega_D, \qquad w_2 = +\frac{l_2}{2}\varphi^*_{JJ}\,\omega'_D = +1{,}250\,\omega'_D,$$

$$w_3 = +\frac{l_3}{2}\varphi^*_{JJ}\,\omega_D = +0{,}500\,\omega_D, \qquad w_4 = -l_4\,\varphi^*_{JJ}\,\omega'_\tau = -1{,}250\,\omega'_\tau,$$

$$w_5 = +\varphi^*_{BJ}\,z = -\frac{\varphi^*_{JJ}}{2}\,z = -0{,}125\,z, \quad (z = \text{Abstand von Auflager } B.)$$

b) Einflußlinie $M_J^{(1)}$.

$$M_J^{(1)} = M_{J0}^{(1)} + 3/l'_1\cdot\varphi_J = M_{J0}^{(1)} + M_{J*}^{(1)}.$$

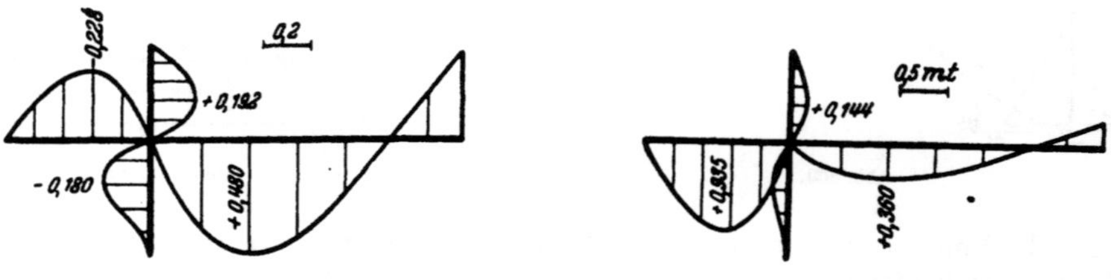

a) Einflußlinie φ_J. b) Einflußlinie $M_J^{(1)}$.

Abb. 311.

Im Bereich des Stabes (*1*) ist $M_{J0}^{(1)} = l_1/2\cdot\omega_D$, im Bereich der übrigen Stäbe jedoch nicht vorhanden. Der zweite Anteil $M_{J*}^{(1)}$, die mit $3/l'_1$ erweiterte Einflußlinie φ_J, wird als Biegelinie infolge $\mathsf{M}_J = 3/l'_1$ dargestellt (Abb. 311b).

$$\text{Stab } 1\text{:}\quad M_J^{(1)} = \frac{l_1}{2}\omega_D + \frac{3}{l'_1}\varphi_J = +2{,}4375\,\omega_D, \qquad \text{Stab } 2\text{:}\quad M_J^{(1)} = \frac{3}{l'_1}\varphi_J = +0{,}9375\,\omega'_D,$$

$$\text{Stab } 3\text{:}\quad M_J^{(1)} = \frac{3}{l'_1}\varphi_J = +0{,}375\,\omega_D, \qquad \text{Stab } 4\text{:}\quad M_J^{(1)} = \frac{3}{l'_1}\varphi_J = -0{,}9375\,\omega'_\tau,$$

$$\text{Stab } 5\text{:}\quad M_J^{(1)} = \frac{3}{l'_1}\varphi_J = -0{,}094\,z.$$

2. System *b* (Abb. 303).

a) Die Einflußlinie φ_J wird als Biegelinie infolge $\mathsf{M}_J = 1$ mt aufgezeichnet (Abb. 312a).

$$a_{J0} = +\dot{1}_J\cdot 1 = 1. \qquad a_{10} = 0.$$

$$\varphi^*_{JJ} = -\beta_{JJ} = 0{,}2550, \qquad \psi^*_{1J} = -\beta_{1J} = 0{,}0344,$$

$$\vartheta^*_{1J} = \vartheta^*_{2J} = 0, \qquad \vartheta^*_{3J} = \vartheta_{31}\,\psi^*_{1J} = -0{,}0430, \qquad \vartheta^*_{4J} = \vartheta_{41}\,\psi^*_{1J} = +0{,}0344.$$

Randbedingungen der Biegelinien: die lotrechten Verschiebungen der Knoten A, J, B und die waagerechten Verschiebungen u^*_{CJ}, u^*_{DJ} sind Null; $u^*_{JJ} = l_4\,\vartheta^*_{4J} = +0{,}1720$.

$$w_1 = -\frac{l_1}{2}\varphi^*_{JJ}\,\omega_D = -0{,}7644\,\omega_D, \qquad w_2 = +\frac{l_2}{2}\varphi^*_{JJ}\,\omega'_D = +1{,}2743\,\omega'_D.$$

$$w_3 = +0{,}1720\,\xi + \frac{l_3}{2}(\varphi^*_{JJ} - \vartheta^*_{3J})\,\omega_D = 0{,}1720\,\xi + 0{,}5957\,\omega_D,$$

$$w_4 = +0{,}1720\,\xi' - l_4(\varphi^*_{JJ}\,\omega'_\tau + \vartheta^*_{4J}\,\omega''_D) = 0{,}1720\,\xi' - 1{,}2750\,\omega'_\tau - 0{,}1720\,\omega''_D.$$

$$w_5 = +\varphi^*_{BJ}\,z = -\frac{\varphi^*_{JJ}}{2}\,z = -0{,}1275\,z.$$

b) Die Einflußlinie ψ_1 wird als Biegelinie der Stäbe (*1*) bis (*5*) infolge eines Kräftepaares $\mathsf{M}_4 = 1$ mt am Stab (*4*) aufgezeichnet (Abb. 312b).

$$a_{J0} = 0, \qquad a_{10} = 1,$$

$$\varphi^*_{J1} = -\beta_{J1} = +0{,}0344, \qquad \psi^*_{11} = -\beta_{11} = +0{,}2445,$$

$$\vartheta^*_{11} = \vartheta^*_{21} = 0, \qquad \vartheta^*_{31} = \vartheta_{31}\,\psi^*_{11} = -0{,}3056, \qquad \vartheta^*_{41} = +0{,}2445.$$

Waagerechte Verschiebung des Knotens J: $u_{J1}^* = l_4\,\vartheta_{41}^* = 1{,}2225$

$$w_1 = -\frac{l_1}{2}\,\varphi_{J1}^*\,\omega_D = -0{,}1032\,\omega_D\,, \qquad w_2 = +\frac{l_2}{2}\,\varphi_{J1}^*\,\omega_D' = +0{,}1720\,\omega_D'\,,$$

$$w_3 = +1{,}2225\,\xi + \frac{l_3}{2}\,(\varphi_{J1}^* - \vartheta_{31}^*)\,\omega_D = 1{,}2225\,\xi + 0{,}6800\,\omega_D\,,$$

$$w_4 = +1{,}2225\,\xi' - l_4(\varphi_{J1}^*\,\omega_\tau' + \vartheta_{41}^*\,\omega_D'') = 1{,}2225\,\xi' - 0{,}1720\,\omega_\tau' - 1{,}2225\,\omega_D''\,,$$

$$w_5 = \varphi_{B1}^*\,z = -\frac{\varphi_{J1}^*}{2}\,z = -0{,}0172\,z\,.$$

c) Einflußlinie $M_J^{(3)}$. $\quad M_J^{(3)} = M_{J0}^{(3)} + \dfrac{3}{l_3'}\,(\varphi_J - \vartheta_3) = M_{J0}^{(3)} + M_{J*}^{(3)}\,.$

Im Bereich des Stabes (*3*) ist $M_{J0}^{(3)} = -\,l_3/2\cdot\omega_D$, im Bereich der übrigen Stäbe Null. Der zweite Anteil $M_{J*}^{(3)}$, die mit $3/l_3'$ erweiterte Differenz der Einflußlinien φ_J und ϑ_3, wird als Biegelinie infolge des Momentes $3/l_3'$ am Knoten J und des Kräftepaares $-\,3/l_3'$ am Stabe (*3*) aufgezeichnet (Abb. 312c). Für diese Belastung ist

$$a_{J0} = \frac{3}{l_3'} = +0{,}7500\,, \qquad a_{10} = \left(-1\,\frac{l_4}{l_3}\right)\left(-\frac{3}{l_3'}\right) = +0{,}9375\,,$$

$$-\,\varphi_{J,J3}^* = a_{J0}\,\beta_{JJ} + a_{10}\,\beta_{J1} = -0{,}2235\,,$$

$$-\,\psi_{1,J3}^* = a_{J0}\,\beta_{1J} + a_{10}\,\beta_{11} = -0{,}2550\,,$$

$$\vartheta_{1,J3}^* = \vartheta_{2,J3}^* = 0\,, \qquad \vartheta_{3,J3}^* = \vartheta_{31}\,\psi_{1,J3}^* = -0{,}3188\,, \qquad \vartheta_{4,J3}^* = +0{,}2550\,.$$

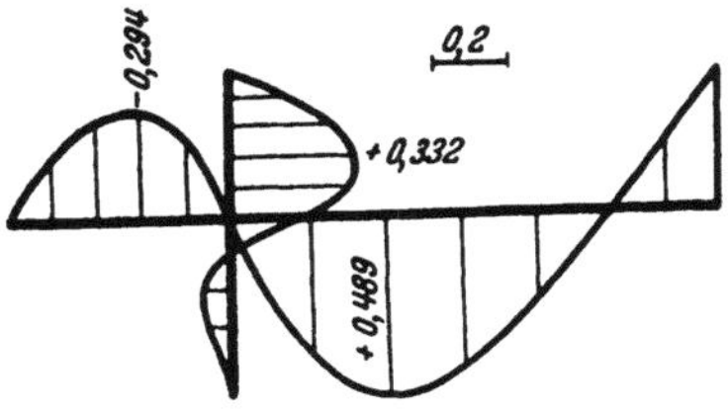

a) Einflußlinie φ_J.

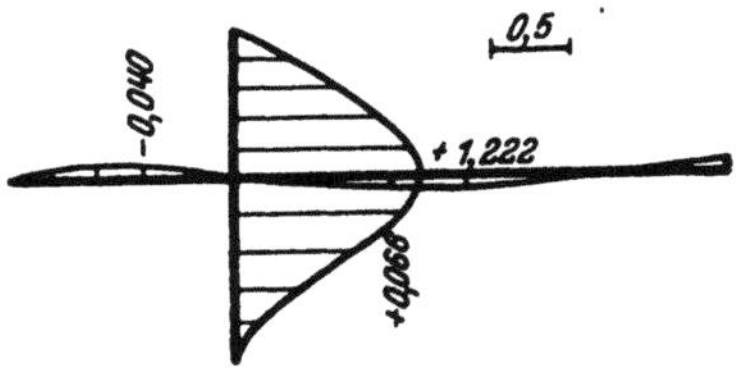

b) Einflußlinie ψ_1.

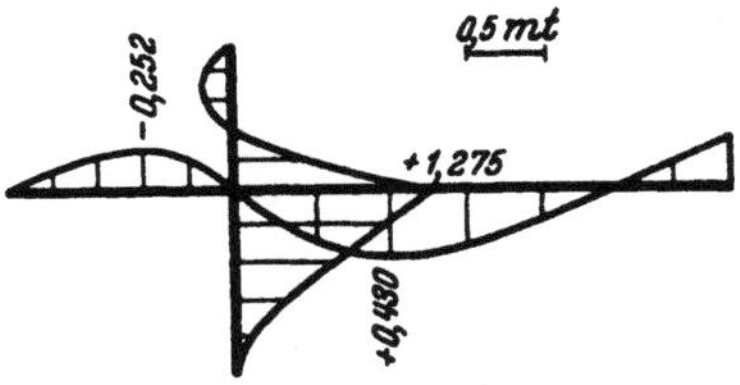

c) Einflußlinie $M_J^{(3)}$.

Abb. 312.

Waagerechte Verschiebung des Knotens J: $u_{J,J3}^* = l_4\,\vartheta_{4,J3}^* = +1{,}2750\,,$

$$\text{Stab } 1\text{:}\quad M_J^{(3)} = -\frac{l_1}{2}\,\varphi_{J,J3}^*\,\omega_D = -0{,}6708\,\omega_D\,,$$

$$\text{Stab } 2\text{:}\quad M_J^{(3)} = +\frac{l_2}{2}\,\varphi_{J,J3}^*\,\omega_D' = +1{,}1175\,\omega_D'\,,$$

$$\text{Stab } 3\text{:}\quad M_J^{(3)} = -\frac{l_3}{2}\,\omega_D + u_{J,J3}^*\,\xi + \frac{l_3}{2}\,(\varphi_{J,J3}^* - \vartheta_{3,J3}^*)\,\omega_D = 1{,}2750\,\xi - 2{,}0630\,\omega_D\,,$$

$$\text{Stab } 4\text{:}\quad M_J^{(3)} = +\,u_{J,J3}^*\,\xi' - l_4(\varphi_{J,J3}^*\,\omega_\tau' + \vartheta_{4,J3}^*\,\omega_D'') = 1{,}2750\,\xi' - 1{,}1175\,\omega_\tau' - 1{,}2750\,\omega_D''\,,$$

$$\text{Stab } 5\text{:}\quad M_J^{(3)} = +\,\varphi_{B,J3}^*\,z = -\frac{\varphi_{J,J3}^*}{2}\,z = -0{,}1117\,z\,.$$

Teilung der Matrix und geometrisch unbestimmtes Hauptsystem. Die unabhängigen Komponenten ψ_c des Ansatzes sind bei ausgezeichneten Belastungen oft klein, so daß die r Knotendrehwinkel φ_J zur Beschreibung des Verschiebungs- und Spannungszustandes ausreichen. Der Ansatz besteht dann nur aus den r statischen Bedingungen $\delta A_J = 0$ mit $\psi_c = 0$, deren Wurzeln an Stelle von φ_J mit φ_{J0} bezeichnet werden. Diese lassen sich, falls die nachträgliche Auflösung der $(r+f)$ Gleichungen des vollständigen Ansatzes notwendig oder erwünscht erscheint, mit $\psi_c = 0$ nach Abschn. 30 als Anfangswerte einer Iteration der Lösung des allgemeinen Ansatzes $\delta A_J = 0$, $\delta A_c = 0$ verwenden. Das Ergebnis φ_J, ψ_c ist dann in zwei Stufen gewonnen.

Die Lösung in zwei Stufen kann auch zur vollständigen algebraischen Rechenvorschrift ausgebildet werden. Dabei treten die f Summanden mit den unbekannten Komponenten ψ_c der vollständigen Gleichungen $\delta A_J = 0$ zunächst zu den Belastungsgliedern des Ansatzes,

$$\varphi_J a_{JJ} + \sum_J \varphi_K a_{JK} = -a_{J0} - \sum_1^f \psi_c a_{Jc}, \tag{551}$$

so daß die Wurzeln φ_J nach dem Superpositionsgesetz als linearer Ansatz angeschrieben werden können.

$$\varphi_J = \varphi_{J0} + \sum_1^f \varphi_{Jc} \psi_c. \tag{552}$$

Dabei ist φ_{J0} der Knotendrehwinkel aus den äußeren Ursachen (Belastung, Temperaturbewegung, Stützenbewegung mit $\psi_c = 0$ und $\vartheta_h = \vartheta_{h0}$), φ_{Jc} der Knotendrehwinkel für den Verschiebungszustand $\psi_c = 1$ mit den Stabdrehwinkeln ϑ_{hc}.

$$\vartheta_h = \vartheta_{h0} + \sum_1^f \vartheta_{hc} \psi_c. \tag{553}$$

Die Knotendrehwinkel φ_{J0}, φ_{Jc} werden aus den Vorzahlen β_{JJ}, β_{JK} der konjugierten Matrix der statischen Bedingungen $\delta A_J = 0$ $(J = A \ldots N)$ berechnet, die oft in regelmäßiger Gliederung drei und fünf Unbekannte enthalten und nach Abschn. 29 gelöst werden. Die äußeren Ursachen liefern Belastungsglieder a_{J0}, der geometrisch bestimmte Verschiebungszustand $\psi_c = 1$ der Knotenkette die Belastungsglieder a_{Jc}.

$$-\varphi_{J0} = \sum_A^N \beta_{JH} a_{H0}, \quad -\varphi_{Jc} = \sum_A^N \beta_{JH} a_{Hc}; \qquad c = 1 \ldots f. \tag{554}$$

Die unbekannten Komponenten ψ_c $(c = 1 \ldots f)$ können unabhängig von den Knotendrehwinkeln aus den f Gleichungen $\delta A_c = 0$ der zweiten Stufe berechnet werden. Die statische Bedingung für die zwangläufige Kette Γ_b erhält dabei nach Einführung von (552) folgende Form:

$$\left.\begin{aligned} &\sum_{J=A}^N \varphi_J a_{bJ} + \sum_{c=1}^f \psi_c a_{bc} + a_{b0} = 0; \qquad b = 1 \ldots f. \\ &\sum_1^f \psi_c \Bigl(a_{bc} + \sum_A^N \varphi_{Jc} a_{bJ}\Bigr) + \Bigl(a_{b0} + \sum_A^N a_{bJ} \varphi_{J0}\Bigr) = 0, \\ &\sum \psi_c a_{bc}^{(r)} + a_{b0}^{(r)} = \delta A_b^{(r)} = 0, \\ &r = \text{Anzahl der Knoten } A \ldots N. \end{aligned}\right\} \tag{555}$$

Die algebraische Auflösung des Ansatzes $\delta A_J = 0$, $\delta A_c = 0$ in zwei Stufen bedeutet mechanisch die Berechnung der Komponenten ψ_c in einem geometrisch $r$fach unbestimmten Hauptsystem, dessen Komponenten φ_{J0}, φ_{Jc} mit den zugeordneten Anschlußkräften $M_{J0}^{(h,r)}$, $M_{Jc}^{(h,r)}$ bekannt sind. Die Belastungszahlen $a_{b0}^{(r)}$

sind der Ausdruck für die virtuelle Arbeit der Belastung $\mathfrak{P}$ und der Anschlußkräfte $M_{J0}^{(h_b,r)}$ des geometrisch unbestimmten Hauptsystems aus allen äußeren Ursachen $(\mathfrak{P}, t, \Delta t)$ an einer mit $\dot{\psi}_b = 1$ angetriebenen Kette Γ_b. Die Vorzahlen $a_{bc}^{(r)}$ sind der Ausdruck für die virtuelle Arbeit der Anschlußkräfte $M_{Jc}^{(h_b,r)}$ des geometrisch unbestimmten Hauptsystems aus $\dot{\psi}_c = 1$ an einer mit $\dot{\psi}_b = 1$ angetriebenen Kette Γ_b. Die Knoten- und Stabdrehwinkel φ_J, ϑ_h ergeben sich aus ψ_c durch Superposition nach (552), (553).

Rahmenstellung mit waagerechtem Riegel und senkrechten Pfosten. Die Pfosten des Riegels zweigen je nach der Verwendung des Tragwerks nach einer oder auch nach beiden Seiten ab. Die Enden sind frei drehbar gelagert oder starr eingespannt. Die Rahmenstellung mit horizontaler Abstützung des Riegels wird als durchgehender Träger mit elastisch drehbaren Pfosten bezeichnet.

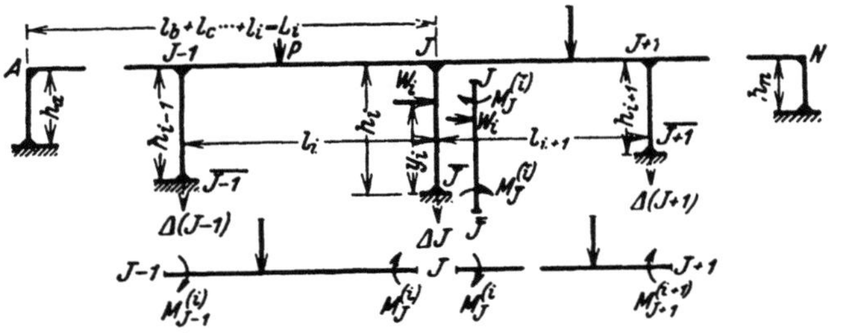

Abb. 313

Der Verschiebungszustand der Rahmenstellung ist durch r Knotendrehwinkel φ_J $(J = A \ldots N)$ und durch eine unabhängige Komponente $\psi_c = \psi_1$ der Stabkette bestimmt (Abb. 313). Hierfür kann einer der Pfostendrehwinkel oder die horizontale Verschiebung des Riegels gewählt werden. Bei Symmetrie des Tragwerks ist ψ_1 der Drehwinkel des mittleren Pfostens oder die waagerechte Verschiebung des Symmetriepunktes. In der folgenden Untersuchung wird der Stabdrehwinkel des linken Endpfostens h_a als ψ_1 angenommen (Abb. 314). Demnach ist der Drehwinkel einer Zwischenstütze (i)

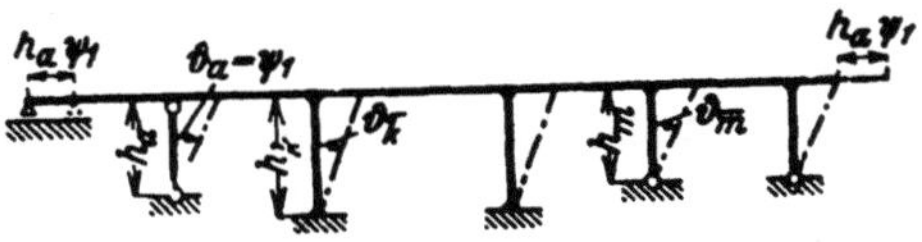

Abb. 314.

$$\vartheta_i = \vartheta_{i0} + \psi_1 \frac{h_a}{h_i}.$$

Die Stabdrehwinkel ϑ_{h1} der Riegelstäbe sind bei senkrechten Pfosten Null.

Zur Berechnung der $(r + 1)$ unbekannten Komponenten φ_J, ψ_1 werden r statische Bedingungen $\delta A_J = 0$ $(J = A \ldots N)$ und eine statische Bedingung $\delta A_1 = 0$ nach S. 320 verwendet. Jede mittlere Bedingungsgleichung $\delta A_J = 0$ verknüpft drei Knotendrehwinkel φ_{J-1}, φ_J, φ_{J+1} mit ψ_1. Sie ist der Ausdruck für die virtuelle Arbeit der äußeren Kräfte eines mit $\dot{\varphi}_J = 1$ angetriebenen zwangläufigen Gebildes Γ_J.

$$\left.\begin{aligned} \varphi_{J-1} a_{J(J-1)} + \varphi_J a_{JJ} + \varphi_{J+1} a_{J(J+1)} + a_{J1}\psi_1 + a_{J\otimes} = 0, \\ a_{J\otimes} = a_{J0} + a_{Jt} + a_{J\Delta t} + a_{Js}. \end{aligned}\right\} \qquad (556)$$

Das absolute Glied $a_{J\otimes}$ des Ansatzes ist die virtuelle Arbeit der Anschlußkräfte des geometrisch bestimmten Systems aus dessen Belastung $\mathfrak{P}$, der gleichförmigen und ungleichförmigen Temperaturänderung $t, \Delta t$ der Stäbe und aus den Stützenverschiebungen Δ_J. Die Vorzahlen und Belastungszahlen werden nach (533) ff. entwickelt und für konstanten Querschnitt im Bereiche jedes Stabes angegeben.

a) Starre Einspannung der Pfostenenden (Abb. 313).

$$\left.\begin{aligned}
a_{J(J-1)} &= -\dot{\mathrm{i}}_J \frac{2}{l'_i}, \quad a_{JJ} = -\dot{\mathrm{i}}_J\left(\frac{4}{l'_i}+\frac{4}{h'_i}+\frac{4}{l'_{i+1}}\right), \quad a_{J(J+1)} = -\dot{\mathrm{i}}_J\frac{2}{l'_{i+1}},\\
a_J &= -\dot{\mathrm{i}}_J\left(-\frac{6}{h'_i}\vartheta_{\bar{i}1}\right) = \frac{6}{h'_i}\frac{h_a}{h_i},\\
a_{J0} &= -\dot{\mathrm{i}}_J\,(M_{J0}^{(i)} + M_{J0}^{(\bar{i})} + M_{J0}^{(i+1)}), \quad a_{J\Delta t} = E\,\alpha_t\,\Delta t\left(\frac{1}{d_i}J_i - \frac{1}{d_{i+1}}J_{i+1}\right),\\
a_{Jt} &= -\dot{\mathrm{i}}_J\left(-\frac{6}{h'_i}\vartheta_{\bar{i}t}\right) = 6EJ_c\,\alpha_t\,t\,\frac{l_b+l_c\cdots+l_i}{h_i\,h'_i} = 6EJ_c\,\alpha_t\,t\,\frac{L_i}{h_i\,h'_i},\\
a_{Js} &= -\dot{\mathrm{i}}_J\left(-\frac{6}{l'_i}\vartheta_{is} - \frac{6}{l'_{i+1}}\vartheta_{(i+1)s}\right)\\
&= 6EJ_c\left[-\frac{\Delta_{J-1}}{l_i\,l'_i} + \Delta_J\left(\frac{1}{l_i\,l'_i} - \frac{1}{l_{i+1}\,l'_{i+1}}\right) + \frac{\Delta_{J+1}}{l_{i+1}\,l'_{i+1}}\right].
\end{aligned}\right\} \quad (557\,\mathrm{a})$$

d_i = Höhe des Riegelstabes (i).

b) Gelenkige Lagerung der Pfostenenden.

$$\left.\begin{aligned}
a_{JJ} &= -\dot{\mathrm{i}}_J\left(\frac{4}{l'_i}+\frac{3}{h'_i}+\frac{4}{l'_{i+1}}\right), \quad a_{J1} = -\dot{\mathrm{i}}_J\left(-\frac{3}{h'_i}\vartheta_{\bar{i}1}\right) = \frac{3}{h'_i}\frac{h_a}{h_i},\\
a_{Jt} &= -\dot{\mathrm{i}}_J\left(-\frac{3}{h'_i}\vartheta_{\bar{i}t}\right) = 3EJ_c\,\alpha_t\,t\,\frac{l_b+l_c\cdots+l_i}{h_i\,h'_i} = 3EJ_c\,\alpha_t\,t\,\frac{L_i}{h_i\,h'_i}.
\end{aligned}\right\} \quad (557\,\mathrm{b})$$

Die übrigen Angaben bleiben unverändert.

Die Anschlußkräfte $M_{J0}^{(i)}, M_{J0}^{(\bar{i})}, M_{J0}^{(i+1)}$ des beiderseits eingespannten Stabes werden aus der Tabelle 25, die Schnittkraft $M_{J0}^{(\bar{i})}$ des Pfostens ($\bar{i}$) bei frei drehbarer Lagerung des Fußes aus Tabelle 26 entnommen. Die Bedingungsgleichungen $\delta A_A = 0$, $\delta A_N = 0$ für die zwangläufigen Gebilde Γ_A, Γ_N enthalten nur zwei Knotendrehwinkel.

Die Gleichung $\delta A_1 = 0$ ist nach S. 320 die statische Bedingung für das Gleichgewicht der äußeren Kräfte der zwangläufigen Kette Γ_1 mit $\dot{\varphi}_J = 0, \dot{\psi}_1 \neq 0$. Die Winkelgeschwindigkeiten der Pfosten sind $\dot{\psi}_1 = 1$, $\nu_{\bar{i}1} = \dot{\mathrm{i}}\,h_a/h_i$, diejenigen der Riegelstäbe Null. Diese bewegen sich parallel mit der waagerechten Geschwindigkeit $\ddot{\mathrm{i}}\,h_a$. Die Bedingungsgleichung $\delta A_1 = 0$ enthält alle unabhängigen Komponenten des Verschiebungszustandes.

$$\delta A_1 = \sum_A^N \varphi_J\,a_{1J} + \psi_1\,a_{11} + a_{1\otimes} = 0. \quad (558)$$

Die virtuellen Arbeiten $a_{1J}, a_{11}, a_{1\otimes}$ entstehen bei der Bewegung der zwangläufigen Kette $\dot{\psi}_1 = 1$ durch die Anschlußkräfte des Stabwerks infolge von $\varphi_J = 1$, $\psi_1 = 1$ oder der äußeren Ursachen (Belastung, Temperaturänderung, Stützenverschiebungen).

$$a_{1\otimes} \doteq a_{10} + a_{1t} + a_{1\Delta t} + a_{1s}. \quad (559)$$

Die Summe der Anschlußmomente eines Pfostens $\bar{i}$ aus $\psi_c = 1$ ist bei starrer Einspannung $M_1^{(\bar{i})} = -12\,h_a/h_i h'_i$, bei frei drehbarer Lagerung $M_1^{(\bar{i})} = -3\,h_a/h_i h'_i$, so daß bei konstantem Querschnitt des einzelnen Stabes folgende Angaben verwendet werden:

a) Starre Einspannung der Pfostenenden:

$$\left.\begin{aligned}
a_{1J} &= a_{J1} = \frac{6\,h_a}{h_i\,h'_i}, \qquad a_{11} = -12\sum_a^n \frac{h_a^2}{h_i^2\,h'_i},\\
a_{1\otimes} &= \sum (W_i\,y_i + M_0^{(\bar{i})} + M_{\Delta t}^{(\bar{i})})\frac{h_a}{h_i} - \sum EJ_c\,\frac{12}{h'_i}\,\frac{\alpha_t\,t\,L_i}{h_i}\,\frac{h_a}{h_i}.
\end{aligned}\right\} \quad (560\,\mathrm{a})$$

b) Frei drehbare Auflagerung der Pfostenenden:

$$\left.\begin{aligned} a_{1J} &= a_{J1} = \frac{3\,h_a}{h_i\,h_i'}, \qquad a_{11} = -3\sum_a^n \frac{h_a^2}{h_i^2\,h_i'}, \\ a_{1\otimes} &= \sum (W_i\,y_i + M_{J0}^{(i)} + M_{J\Delta t}^{(i)})\frac{h_a}{h_i} - \sum E J_c \frac{3}{h_i'}\frac{\alpha_t\,t\,L_i}{h_i}\frac{h_a}{h_i}. \end{aligned}\right\} \quad (560\text{b})$$

Die $(r+1)$ Gleichungen (556) und (558) mit drei, vier und allen $(r+1)$ unbekannten Komponenten werden nach dem Gaußschen Algorithmus aufgelöst. Dabei wird zunächst die konjugierte Matrix β_{JK} gebildet und jede Unbekannte φ_J, ψ_1 nach (542) durch Superposition der Belastungszahlen $a_{J\otimes}$, $a_{1\otimes}$ erhalten. Die Vorwärtselimination des Ansatzes liefert unter Einbeziehung der Belastungszahlen ψ_1 aus $a_{1\otimes}^{(r)}$ und die Knotendrehwinkel φ_J durch Rekursion. Für einzelne Belastungsfälle können die Komponenten φ_J, ψ_1 oft auch mit Vorteil durch Iteration der Lösung angegeben werden (Abschn. 30).

Die Knotendrehwinkel φ_J allein bilden einen dreigliedrigen Ansatz, so daß die Auflösung in zwei Stufen nach (552) Vorteile verspricht. Die erste Stufe enthält r Gleichungen $\delta A_J = 0$ $(J = A \ldots N)$, deren unbekannte Komponente ψ_1 nach S. 336 unter den Belastungsgliedern erscheint. Die Knotendrehwinkel werden daher in der folgenden Superposition angeschrieben:

$$\varphi_J = \varphi_{J\otimes} + \varphi_{J1}\,\psi_1\,. \qquad (561)$$

$\varphi_{J\otimes}$ ist der Anteil aus den äußeren Ursachen bei $\psi_1 = 0$, φ_{J1} der Anteil aus dem vorgeschriebenen Betrag $\psi_1 = 1$.

$$\left.\begin{aligned} &\varphi_{(J-1)\otimes}\,a_{J(J-1)} + \varphi_{J\otimes}\,a_{JJ} + \varphi_{(J+1)\otimes}\,a_{J(J+1)} + a_{J\otimes} = 0, \\ &\varphi_{(J-1)1}\,a_{J(J-1)} + \varphi_{J1}\,a_{JJ} + \varphi_{(J+1)1}\,a_{J(J+1)} + a_{J1} \;\;= 0, \\ &\qquad J = A \ldots N. \end{aligned}\right\} \quad (562)$$

Die zweite Stufe der Lösung besteht aus der Gleichung

$$\delta A_1 = \sum_A^N \varphi_J\,a_{1J} + \psi_1\,a_{11} + a_{1\otimes} = 0$$

oder mit (561)

$$\left.\begin{aligned} &\psi_1\Big(a_{11} + \sum_A^N \varphi_{J1}\,a_{1J}\Big) + \Big(a_{1\otimes} + \sum_A^N \varphi_{J\otimes}\,a_{1J}\Big) = 0, \\ &\psi_1\,a_{11}^{(r)} + a_{1\otimes}^{(r)} = 0. \end{aligned}\right\} \quad (563)$$

Die Vorzahlen bedeuten die virtuellen Arbeiten der Belastung des Stabwerks und der Anschlußmomente

$$[M_{J\otimes}^{(i)} + 4/h_i'\cdot\varphi_{J\otimes}], \qquad [M_{J\otimes}^{(i)} + 2/h_i'\cdot\varphi_{J\otimes}], \qquad [M_{J\otimes}^{(i)} + 2/l_i'\cdot(\varphi_{(J-1)\otimes} + 2\,\varphi_{J\otimes})]$$

eines r fach geometrisch unbestimmten Hauptsystems beim Antrieb der zwangläufigen Kette Γ_1 mit $\dot{\psi}_1 = 1$.

a) Starre Einspannung der Pfostenenden.

$$\left.\begin{aligned} a_{11}^{(r)} &= -6\sum_a^n \frac{h_a}{h_i\,h_i'}\Big(2\,\frac{h_a}{h_i} - \varphi_{J1}\Big), \qquad \vartheta_{\bar{i}t} = \frac{E J_c}{h_i}\,\alpha_t\,t\,L_i, \\ a_{1\otimes}^{(r)} &= \sum_a^n W_i\,y_i\,\frac{h_a}{h_i} + \sum_a^n \Big(M_0^{(\bar{i})} + M_{\Delta t}^{(\bar{i})} + \frac{6}{h_i'}\,\varphi_{J\otimes} - \frac{12}{h_i'}\,\vartheta_{\bar{i}t}\Big)\frac{h_a}{h_i}. \end{aligned}\right\} \quad (564)$$

b) Frei drehbare Lagerung der Pfostenenden.

$$a_{11}^{(r)} = -3\sum_a^n \frac{h_a}{h_i h_i'}\left(\frac{h_a}{h_i} - \varphi_{J1}\right), \qquad \vartheta_{\bar{i}t} = \frac{EJ_i}{h_i}\alpha_i t L_i,$$

$$a_{1\otimes}^{(r)} = \sum_a^n W_i y_i \frac{h_a}{h_i} + \sum_a^n \left(M_{J0}^{(\bar{i})} + M_{J\Delta t}^{(\bar{i})} + \frac{3}{h_i'}\varphi_{J\otimes} - \frac{3}{h_i'}\vartheta_{\bar{i}t}\right)\frac{h_a}{h_i}, \tag{565}$$

$$\psi_1 = -\frac{a_{10}^{(r)}}{a_{11}^{(r)}}, \tag{566}$$

$$\varphi_J = \varphi_{J\otimes} + \psi_1 \varphi_{J1}, \qquad \vartheta_h = \vartheta_{h\otimes} + \psi_1 \vartheta_{h1}. \tag{567}$$

Anschlußmomente des Riegelstabes (i):

$$M_{(J-1)}^{(i)} = M_{(J-1)0}^{(i)} + \frac{2}{l_i'}(2\varphi_{J-1} + \varphi_J), \qquad M_J^{(i)} = M_{J0}^{(i)} + \frac{2}{l_i'}(\varphi_{J-1} + 2\varphi_J). \tag{568}$$

Anschlußmomente des Pfostens ($\bar{i}$) bei starrer Einspannung in $\bar{J}$:

$$M_J^{(\bar{i})} = M_{J0}^{(\bar{i})} + \frac{2}{h_i'}(2\varphi_J - 3\vartheta_{\bar{i}}), \qquad M_{\bar{J}}^{(\bar{i})} = M_{\bar{J}0}^{(\bar{i})} + \frac{2}{h_i'}(\varphi_J - 3\vartheta_{\bar{i}}). \tag{569}$$

Anschlußmoment des Pfostens bei frei drehbarer Lagerung von $\bar{J}$:

$$M_J^{(\bar{i})} = M_{J0}^{(\bar{i})} + \frac{3}{h_i'}(\varphi_J - \vartheta_i), \qquad M_{\bar{J}0}^{(\bar{i})} = 0. \tag{570}$$

Einflußlinien. Die Einflußlinie von φ_J ist nach S. 331 die Biegelinie $w_{m,J}^*$ des Riegels aus einem Kräftepaar $\mathsf{M}_J = 1_J$ mt am Knoten J. Sie hat für die statische Untersuchung des Tragwerks keine wesentliche Bedeutung.

Die Einflußlinie ψ_1 ist nach S. 331 die Biegelinie $w_{m,a}^*$ des Riegels aus dem Kräftepaar $\mathsf{M}_a = 1_a$ mt am Pfosten h_a. Sie wird mit $\psi_{1,a}^*$ und den Knotendrehwinkeln $\varphi_{J,a}^*$ aufgezeichnet. Dies sind die Wurzeln des Ansatzes (556), (558) mit $a_{J0} = 0$ $(J = A \ldots N)$, $a_{10} = 1$. Sie werden in zwei Stufen berechnet. Die erste enthält allein die r Gleichungen $\delta A_J = 0$ mit den Wurzeln $\varphi_{J0,a}^*$ oder φ_{J1}. Mit $a_{J0,a} = 0$ sind alle Wurzeln $\varphi_{J0,a}^*$ ebenfalls Null. Die Wurzeln φ_{J1} werden ebenso wie auf S. 339 für $\psi_1 = 1$ berechnet. Die zweite Stufe besteht allein aus der Gleichung $\delta A_1 = 0$ mit

$$\psi_{1,a}^* a_{11}^{(r)} + a_{10,a}^{(r)} = 0, \qquad a_{10,a}^{(r)} = a_{10,a} = 1_a \quad \text{und} \quad \psi_{1,a}^* = -1/a_{11}^{(r)}, \tag{571}$$

$$\varphi_{J,a}^* = \psi_{1,a}^* \varphi_{J1}, \qquad \vartheta_{h,a}^* = \vartheta_{h0} + \psi_{1,a}^* \vartheta_{h1}.$$

Die Stabdrehwinkel der Riegel sind Null. Die Gleichung der Biegelinie des Abschnitts $l_h \equiv \overline{(H-1), H}$ kann daher für die Belastung $\mathsf{M}_a = 1_a$ am Pfosten h_a folgendermaßen nach (546) angeschrieben werden:

$$w_{m,a}^* = l_h(\varphi_{(H-1),a}^* \omega_r' - \varphi_{H,a}^* \omega_r) = \psi_{1m}. \tag{572}$$

Die Einflußlinien der Anschlußmomente $M_J^{(i)}$ der Träger l_i werden aus (568) entwickelt.

$$M_J^{(i)} = M_{J0}^{(i)} + \frac{2}{l_i'}(2\varphi_J + \varphi_{J-1}) = M_{J0}^{(i)} + M_{J*}^{(i)}. \tag{573}$$

Der Anteil $M_{J0}^{(i)}$ des beiderseits starr eingespannten Stabes ist nur im Bereich des Abschnitts $\overline{(J-1), J} \equiv l_i$ des Riegels vorhanden und durch Tabelle 25 bestimmt. Der Anteil $M_{J*}^{(i)}$ wird als Biegelinie des Riegels für die Belastung $(J\,i)$ mit $\mathsf{M}_J = 4/l_i'$, $\mathsf{M}_{J-1} = 2/l_i'$ aufgezeichnet. Er ist in jedem Abschnitt $\overline{(H-1), H} \equiv l_h$ des Riegels vorhanden und durch die Knotendrehwinkel $\varphi_{(H-1),Ji}^*$, $\varphi_{H,Ji}^*$ des Stabwerks bestimmt. Sie werden bei einstufiger Lösung des Ansatzes (556), (558) mit den Gliedern der konjugierten Matrix angeschrieben und bei zweistufiger Lösung nach S. 336 berechnet.

Die Einflußlinien der Anschlußmomente $M_J^{(i)}$ lassen sich auf Grund einer Zerlegung des Anteils $M_{J*}^{(i)}$ nach (552) oft noch einfacher angeben.

$$M_J^{(i)} = M_{J0}^{(i)} + \frac{2}{l'_i}\,(2\varphi_{J0} + \varphi_{(J-1)0}) + \frac{2}{l'_i}\,(2\varphi_{J1} + \varphi_{(J-1)1})\,\psi_1\,. \tag{574}$$

Für $\psi_1 = 0$ ist

$$M_{J0,*}^{(i)} = M_{J0}^{(i)} + \frac{2}{l'_i}\,(2\varphi_{J0} + \varphi_{(J-1)0}) \tag{575}$$

das Anschlußmoment des durchgehenden Trägers mit elastisch drehbaren Stützen, dessen Einflußlinien auch in anderer Weise bestimmt werden können (S. 240). Die Ordinaten der Einflußlinie des zweiten Anteils von $M_J^{(i)}$ sind ein Vielfaches der Ordinaten der Einflußlinie von ψ_1, die Vorzahl von ψ_1 ist das Anschlußmoment $M_{J1}^{(i)}$ für $\psi_1 = 1$. Es ist nach (568) mit φ_{J1}, $\varphi_{(J-1)1}$, oft aber auch durch andere Rechnungen bekannt.

Die Einflußlinie $M_{J0,*}^{(i)}$ kann selbstverständlich aber ebenso wie die Einflußlinie von $M_J^{(i)}$ auf S. 333 als Biegelinie einer ausgezeichneten Belastung (Ji) mit $\mathsf{M}_J = 4/l'_i$, $\mathsf{M}_{J-1} = 2/l'_i$ aufgetragen werden. Sie betrifft hier jedoch die Riegel $\overline{(H-1)}, \overline{H} \equiv l_h$ des geometrisch unbestimmten Hauptsystems ($\psi_1 = 0$). Die Belastung (Ji) erzeugt die Knotendrehwinkel $\varphi_{(H-1),Ji}^{**}$, $\varphi_{H,Ji}^{**}$, die unmittelbar mit den Vorzahlen der konjugierten Matrix der ersten Stufe des Ansatzes $\delta A_J = 0$, $\psi_1 = 0$ angeschrieben werden können.

$$\left.\begin{aligned} -\varphi_{(H-1),Ji}^{**} &= \frac{2}{l'_i}\,(\beta_{(H-1)(J-1)} + 2\beta_{(H-1)J})\,,\\ -\varphi_{H,Ji}^{**} &= \frac{2}{l'_i}\,(\beta_{H(J-1)} + 2\beta_{HJ})\,. \end{aligned}\right\} \tag{576}$$

Die Gleichung der Einflußlinie $M_{J0,*}^{(i)}$ lautet darnach im Bereich l_h folgendermaßen:

$$M_{J0,*}^{(i)} = l_h\,(\varphi_{(H-1),Ji}^{**}\,\omega'_\tau - \varphi_{H,Ji}^{**}\,\omega_\tau)\,. \tag{577}$$

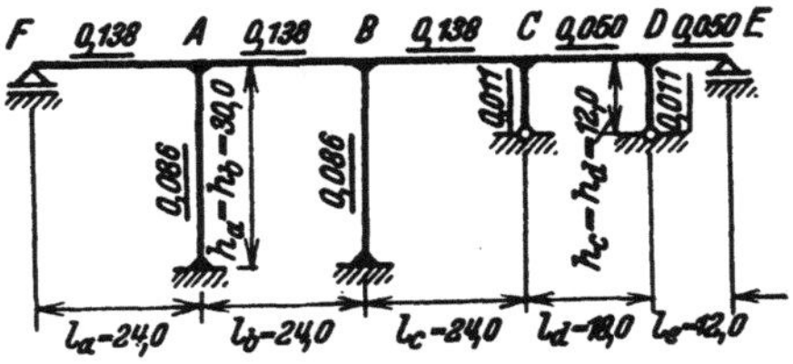

Abb. 315. Die unterstrichenen Zahlen geben die Trägheitsmomente an.

Durchgehender Rahmen mit verschiedener Lagerung der Pfosten.

1. Geometrische Grundlagen.

Stablängen und Trägheitsmomente siehe Abb. 315. Alle Größen beziehen sich auf die Einheiten t und m.

Reduzierte Stablängen ($J_c = 0{,}138$ m⁴):

$l'_a = 24{,}0$, $l'_b = 24{,}0$, $l'_c = 24{,}0$, $l'_d = 49{,}68$, $l'_e = 33{,}12$,
$h'_a = 48{,}14$, $h'_b = 48{,}14$, $h'_c = 150{,}54$, $h'_d = 150{,}54$.

2. Überzählige Größen und statische Bedingungen.

$$a_{AA} = -\left(\frac{3}{l'_a} + \frac{4}{h'_a} + \frac{4}{l'_b}\right) = -0{,}374758\,, \qquad a_{AB} = -\frac{2}{l'_b} = -0{,}083333\,,$$

$$a_{A1} = \frac{6}{h'_a} = +0{,}124636\,, \qquad a_{BB} = -\left(\frac{4}{l'_b} + \frac{4}{h'_b} + \frac{4}{l'_c}\right) = -0{,}416424\,,$$

$$a_{BC} = -\frac{2}{l'_c} = -0{,}083333\,, \qquad a_{B1} = \frac{6}{h'_b}\,\frac{h_a}{h_b} = +0{,}124636\,,$$

$$a_{CC} = -\left(\frac{4}{l'_c} + \frac{3}{h'_c} + \frac{4}{l'_d}\right) = -0{,}267110\,, \qquad a_{CD} = -\frac{2}{l'_d} = -0{,}040258\,,$$

$$a_{C1} = \frac{3}{h'_c}\,\frac{h_a}{h_c} = +0{,}049821\,, \qquad a_{DD} = -\left(\frac{4}{l'_d} + \frac{3}{h'_d} + \frac{3}{l'_e}\right) = -0{,}191023\,,$$

$$a_{D1} = \frac{3}{h'_d}\,\frac{h_a}{h_d} = +0{,}049821\,,$$

$$a_{11} = -12\left(\frac{1}{h'_a} + \frac{h_a^2}{h_b^2\,h'_b}\right) - 3\left(\frac{h_a^2}{h_c^2\,h'_c} + \frac{h_a^2}{h_d^2\,h'_d}\right) = -0{,}747649\,.$$

Matrix der statischen Bedingungen.

	φ_A	φ_B	φ_C	φ_D	ψ_1
A	− 0,374758	− 0,083333			+ 0,124636
B	− 0,083333	− 0,416424	− 0,083333		+ 0,124636
C		− 0,083333	− 0,267110	− 0,040258	+ 0,049821
D			− 0,040258	− 0,191023	+ 0,049821
1	+ 0,124636	+ 0,124636	+ 0,049821	+ 0,049821	− 0,747649

A. Berechnung mit dem Gaußschen Algorithmus (Abschn. 29).

3. Vorzahlen β_{JK}

	a_{A0}	a_{B0}	a_{C0}	a_{D0}	a_{10}
φ_A	− 2,920756	+ 0,503428	− 0,226407	− 0,062405	− 0,422223
φ_B	+ 0,503428	− 2,772280	+ 0,841600	− 0,266009	− 0,339870
φ_C	− 0,226407	+ 0,841600	− 4,155719	+ 0,845025	− 0,118059
φ_D	− 0,062405	− 0,266009	+ 0,845025	− 5,508394	− 0,365497
ψ_1	− 0,422223	− 0,339870	− 0,118059	− 0,365497	− 1,496793

4. Belastung der Felder (*a*) und (*b*) durch $p = 4$ t/m. (Abb. 316a).

$$M_{A0}^{(a)} = + \frac{p\, l_a^2}{8} = \frac{4 \cdot 24^2}{8} = 288\,, \qquad M_{A0}^{(b)} = - \frac{p\, l_b^2}{12} = - \frac{4 \cdot 24^2}{12} = -192\,,$$

$$M_{B0}^{(b)} = + \frac{p\, l_b^2}{12} = +192 \text{ mt}.$$

$$a_{A0} = -(288 - 192) = -96\,, \qquad a_{B0} = -(+192) = -192\,,$$

$$a_{C0} = a_{D0} = a_{10} = 0\,.$$

Berechnung der überzähligen Größen nach (542):

$$\varphi_A = -183{,}734\,, \qquad \varphi_C = +139{,}852\,, \qquad \psi_1 = -105{,}788\,,$$

$$\varphi_B = -483{,}949\,, \qquad \varphi_D = -57{,}065\,,$$

$$\vartheta_{\bar a} = \vartheta_{\bar b} = \psi_1 = -105{,}788\,, \qquad \vartheta_{\bar c} = \vartheta_{\bar d} = \frac{h_a}{h_e}\,\psi_1 = -264{,}470\,.$$

$$M_A^{(\bar a)} = \frac{2}{h_a'}(\varphi_A - 3\,\vartheta_{\bar a}) = +\ 5{,}552 \text{ mt},$$

$$M_A^{(a)} = M_{A0}^{(a)} + \frac{3}{l_a'}\,\varphi_A = +265{,}033 \text{ mt},$$

$$M_A^{(\bar a)} = \frac{2}{h_a'}(2\,\varphi_A - 3\,\vartheta_{\bar a}) = -\ 2{,}082 \text{ mt},$$

$$M_A^{(b)} = M_{A0}^{(b)} + \frac{2}{l_b'}(2\,\varphi_A + \varphi_B) = -262{,}951 \text{ mt},$$

$$M_B^{(b)} = M_{B0}^{(b)} + \frac{2}{l_b'}(2\,\varphi_B + \varphi_A) = +\ 96{,}031 \text{ mt},$$

$$M_B^{(\bar b)} = \frac{2}{h_b'}(2\,\varphi_B - 3\,\vartheta_{\bar b}) = -\ 27{,}027 \text{ mt},$$

$$M_B^{(c)} = \frac{2}{l_c'}(2\,\varphi_B + \varphi_C) = -\ 69{,}004 \text{ mt},$$

$$M_B^{(\bar b)} = \frac{2}{h_b'}(\varphi_B - 3\,\vartheta_{\bar b}) = -\ 6{,}921 \text{ mt}.$$

$$M_C^{(c)} = \frac{2}{l_c'}(2\,\varphi_C + \varphi_B) = -17{,}020 \text{ mt},$$

$$M_C^{(\bar c)} = \frac{3}{h_c'}(\varphi_C - \vartheta_{\bar c}) = +\ 8{,}057 \text{ mt},$$

$$M_C^{(d)} = \frac{2}{l_d'}(2\,\varphi_C + \varphi_D) = +\ 8{,}963 \text{ mt},$$

$$M_D^{(d)} = \frac{2}{l_d'}(2\,\varphi_D + \varphi_C) = +\ 1{,}036 \text{ mt},$$

$$M_D^{(\bar d)} = \frac{3}{h_d'}(\varphi_D - \vartheta_{\bar d}) = +\ 4{,}133 \text{ mt},$$

$$M_D^{(e)} = \frac{3}{l_e'}\,\varphi_D = -\ 5{,}169 \text{ mt}.$$

5. Temperaturerhöhung des Riegels um $t = 15^0$ (Abb. 316b).

$$E J_c \alpha_t t = 2100000 \cdot 0{,}138 \cdot 10^{-5} \cdot 15 = 43{,}4700,$$

$$\vartheta_{\bar{a}t} = 0, \qquad \vartheta_{\bar{b}t} = E J_c \alpha_t t \frac{L_b}{h_b} = 43{,}47 \frac{24{,}0}{30{,}0} = 34{,}776,$$

$$\vartheta_{\bar{c}t} = E J_c \alpha_t t \frac{L_c}{h_c} = 43{,}47 \frac{48{,}0}{12{,}0} = 173{,}880, \qquad \vartheta_{\bar{d}t} = E J_c \alpha_t t \frac{L_d}{h_d} = 43{,}47 \frac{66{,}0}{12{,}0} = 239{,}085,$$

$$a_{At} = 0; \qquad a_{Bt} = 6 E J_c \alpha_t t \frac{L_b}{h_b h_b'} = +4{,}33436,$$

$$a_{Ct} = 3 E J_c \alpha_t t \frac{L_c}{h_c h_c'} = +3{,}46513, \qquad a_{Dt} = 3 E J_c \alpha_t t \frac{L_d}{h_d h_d'} = +4{,}76455,$$

$$a_{1t} = -E J_c \alpha_t t \left(\frac{12}{h_b'} \frac{L_b h_a}{h_b^2} + \frac{3}{h_c'} \frac{L_c h_a}{h_c^2} + \frac{3}{h_d'} \frac{L_d h_a}{h_d^2}\right) = -29{,}2429.$$

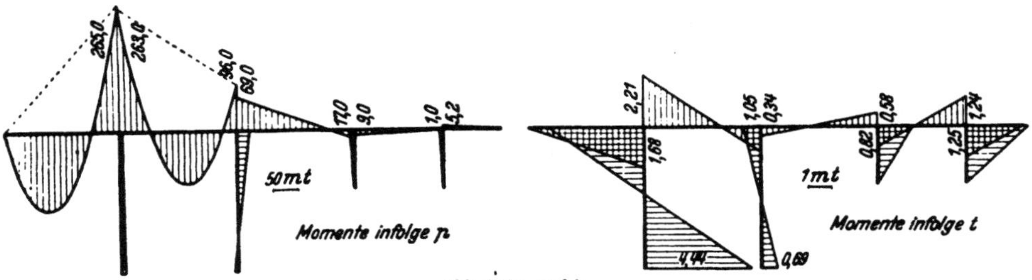

Abb. 316a und b.

Berechnung der überzähligen Größen nach (542):

$$\varphi_A = -13{,}4472, \qquad \varphi_C = +3{,}2738, \qquad \psi_1 = -40{,}1469,$$

$$\varphi_B = +0{,}4284, \qquad \varphi_D = +13{,}7817.$$

$$\vartheta_{\bar{a}} = \vartheta_{\bar{a}t} + \psi_1 = -40{,}147, \qquad \vartheta_{\bar{c}} = \vartheta_{\bar{c}t} + \psi_1 \frac{h_a}{h_c} = +\ 73{,}513,$$

$$\vartheta_{\bar{b}} = \vartheta_{\bar{b}t} + \psi_1 = -\ 5{,}371, \qquad \vartheta_{\bar{d}} = \vartheta_{\bar{d}t} + \psi_1 \frac{h_a}{h_d} = +138{,}718.$$

$M_A^{(a)} = -1{,}681,$	$M_B^{(b)} = -1{,}049,$	$M_C^{(c)} = +0{,}581,$	$M_D^{(d)} = +1{,}241$ mt,
$M_A^{(\bar{a})} = +3{,}886,$	$M_B^{(\bar{b})} = +0{,}705,$	$M_C^{(\bar{c})} = -1{,}400,$	$M_D^{(\bar{d})} = -2{,}490$ mt,
$M_A^{(b)} = -2{,}206,$	$M_B^{(c)} = +0{,}344,$	$M_C^{(d)} = +0{,}818,$	$M_D^{(e)} = +1{,}248$ mt,

$$M_A^{(\bar{a})} = +4{,}445 \text{ mt}, \qquad M_B^{(\bar{b})} = +0{,}687 \text{ mt}.$$

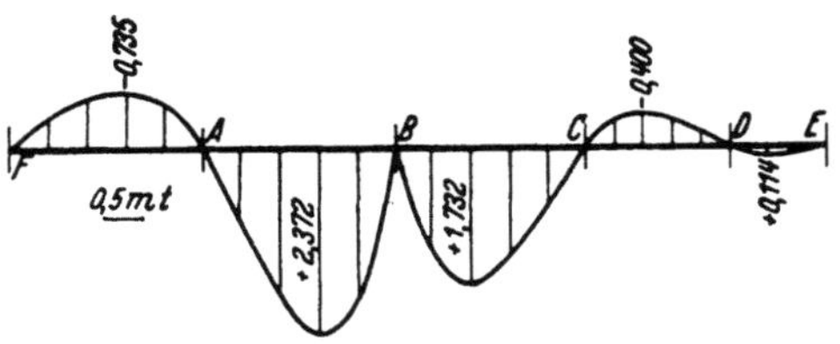

Abb. 317. Einflußlinie $M_B^{(b)}$.

6. Einflußlinie $M_B^{(b)}$ (Abb. 317).

$$M_B^{(b)} = M_{B0}^{(b)} + \frac{2}{l_b'} (2 \varphi_B + \varphi_A) = M_{B0}^{(b)} + M_{B*}^{(b)},$$

$M_{B0}^{(b)} = l_b \omega_r$ im Bereich (b), sonst ist $M_{B0}^{(b)} = 0$.

$M_{B*}^{(b)}$ wird als Biegelinie zu der Belastung $\mathsf{M}_B = 4/l_b'$, $\mathsf{M}_A = 2/l_b'$ aufgezeichnet.

Belastungsglieder:

$$a_{A0} = \frac{2}{l_b'} = +0{,}083333, \qquad a_{B0} = \frac{4}{l_b'} = +0{,}166667.$$

Berechnung der überzähligen Größen nach (542):

$$\varphi^*_{A,Bb} = +0{,}159491, \quad \varphi^*_{B,Bb} = +0{,}420095, \quad \varphi^*_{C,Bb} = -0{,}121400,$$
$$\varphi^*_{D,Bb} = +0{,}049535, \quad \psi^*_{1,Bb} = +0{,}091830.$$

$$w_a = -\frac{l_a}{2}\,\varphi^*_{A,Bb}\,\omega_D \qquad = -\;1{,}9139\,\omega_D,$$

$$w_b = l_b\,(\varphi^*_{A,Bb}\,\omega_\tau' - \varphi^*_{B,Bb}\,\omega_\tau) = +\;3{,}8278\,\omega_\tau' - 10{,}0823\,\omega_\tau,$$

$$w_c = l_c\,(\varphi^*_{B,Bb}\,\omega_\tau' - \varphi^*_{C,Bb}\,\omega_\tau) = +10{,}0823\,\omega_\tau' + \;2{,}9136\,\omega_\tau,$$

$$w_d = l_d\,(\varphi^*_{C,Bb}\,\omega_\tau' - \varphi^*_{D,Bb}\,\omega_\tau) = -\;2{,}1852\,\omega_\tau' - \;0{,}8916\,\omega_\tau,$$

$$w_e = \frac{l_e}{2}\,\varphi^*_{D,Bb}\,\omega_D' \qquad = +\;0{,}2972\,\omega_D'.$$

Die Ordinaten w_a, w_c, w_d, w_e stellen bereits die Einflußordinaten $M_B^{(b)}$ dar, die Ordinaten w_b sind noch um das Glied $M_{B0}^{(b)}$ zu vermehren:

$$l_b\,\omega_\tau + l_b\,(\varphi^*_{A,Bb}\,\omega_\tau' - \varphi^*_{B,Bb}\,\omega_\tau) = l_b\,[\varphi^*_{A,Bb}\,\omega_\tau' + (1 - \varphi^*_{B,Bb})\,\omega_\tau]$$
$$= 3{,}8278\,\omega_\tau' + 13{,}9177\,\omega_\tau.$$

B. Berechnung in zwei Stufen.

Die Matrix der statischen Bedingungen für $\varphi_A \ldots \varphi_D$ ist in dem allgemeinen Ansatz auf S. 342 enthalten.

3. Vorzahlen β_{JK} des dreigliedrigen Ansatzes für $\psi_1 = 0$ nach S. 230ff.

	a_{A0}	a_{B0}	a_{C0}	a_{D0}
φ_A	− 2,801651	+ 0,599297	− 0,193102	+ 0,040696
φ_B	+ 0,599297	− 2,695109	+ 0,868404	− 0,183016
φ_C	− 0,193102	+ 0,868404	− 4,146405	+ 0,873853
φ_D	+ 0,040696	− 0,183016	+ 0,873853	− 5,419136

4. Knotendrehwinkel φ_{J1}.

Belastungsglieder: $a_{A1} = +0{,}124636$, $a_{C1} = +0{,}049821$,

$a_{B1} = +0{,}124636$, $a_{D1} = +0{,}049821$,

$\varphi_{A1} = +0{,}2820856$, $\varphi_{B1} = +0{,}2270668$, $\varphi_{C1} = +0{,}0788750$, $\varphi_{D1} = +0{,}2441887$,

$$a_{11}^{(r)} = a_{11} + \sum_A^D \varphi_{J1}\,a_{1J} = -0{,}747649 + 0{,}079554 = -0{,}668095.$$

5. Belastung der Felder (a) und (b) durch $p = 4$ t/m.

$$a_{A0} = -96, \quad a_{B0} = -192, \quad a_{C0} = a_{D0} = 0,$$

$$\varphi_{A0} = -153{,}893, \quad \varphi_{B0} = -459{,}928, \quad \varphi_{C0} = +148{,}196, \quad \varphi_{D0} = -31{,}232,$$

$$a_{10}^{(r)} = a_{10} + \sum_A^D \varphi_{J0}\,a_{1J} = 0 - 70{,}6769,$$

$$\psi_1 = -\frac{a_{10}^{(r)}}{a_{11}^{(r)}} = -\frac{-70{,}6769}{-0{,}668095} = -105{,}789,$$

$$\varphi_A = \varphi_{A0} + \psi_1\,\varphi_{A1} = -183{,}735, \qquad \varphi_C = \varphi_{C0} + \psi_1\,\varphi_{C1} = +139{,}851,$$
$$\varphi_B = \varphi_{B0} + \psi_1\,\varphi_{B1} = -483{,}947, \qquad \varphi_D = \varphi_{D0} + \psi_1\,\varphi_{D1} = -57{,}064.$$

Die Superposition verläuft wie bei A und unterbleibt daher.

6. Temperaturerhöhung des Riegels um 15°.

$a_{At} = 0$, $\quad a_{Bt} = +4{,}33436$, $\quad a_{Ct} = +3{,}46513$, $\quad a_{Dt} = +\ 4{,}76455$,

$\varphi_{At} = -2{,}122345$, $\quad \varphi_{Bt} = +9{,}544428$, $\quad \varphi_{Ct} = +6{,}440343$, $\quad \varphi_{Dt} = +23{,}584985$.

$$a_{1t}^{(r)} = a_{1t} + \sum_A^D \varphi_{Jt}\, a_{1J} = -29{,}2429 + 2{,}420951 = -26{,}8219,$$

$$\psi_1 = -\frac{a_{1t}^{(r)}}{a_{11}^{(r)}} = -\frac{-26{,}8219}{-0{,}668095} = -40{,}1468,$$

$$\varphi_A = \varphi_{At} + \psi_1\, \varphi_{A1} = -13{,}4472, \qquad \varphi_C = \varphi_{Ct} + \psi_1\, \varphi_{C1} = +3{,}2737,$$

$$\varphi_B = \varphi_{Bt} + \psi_1\, \varphi_{B1} = +0{,}4284, \qquad \varphi_D = \varphi_{Dt} + \psi_1\, \varphi_{D1} = +13{,}7816.$$

7. Einflußlinie ψ_1 (Abb. 318).

Die Belastung $\mathsf{M}_a = 1$ mt am Pfosten h_a (Abb. 314) führt zu

$$\psi_{1,a}^* = -\frac{1}{a_{11}^{(r)}} = -\frac{1}{-0{,}668095} = +1{,}496793.$$

$\varphi_{J,a}^* = \psi_{1,a}^*\, \varphi_{J1}$, $\qquad \vartheta_{h,a}^* = \psi_{1,a}^*\, \vartheta_{h1}$,

$\varphi_{A,a}^* = +\ 0{,}422224$, $\qquad \vartheta_{a,a}^* = +\ 1{,}496793$,

$\varphi_{B,a}^* = +\ 0{,}339872$, $\qquad \vartheta_{b,a}^* = +\ 1{,}496793$,

$\varphi_{C,a}^* = +\ 0{,}118060$, $\qquad \vartheta_{c,a}^* = +\ 3{,}741983$,

$\varphi_{D,a}^* = +\ 0{,}365500$, $\qquad \vartheta_{d,a}^* = +\ 3{,}741983$.

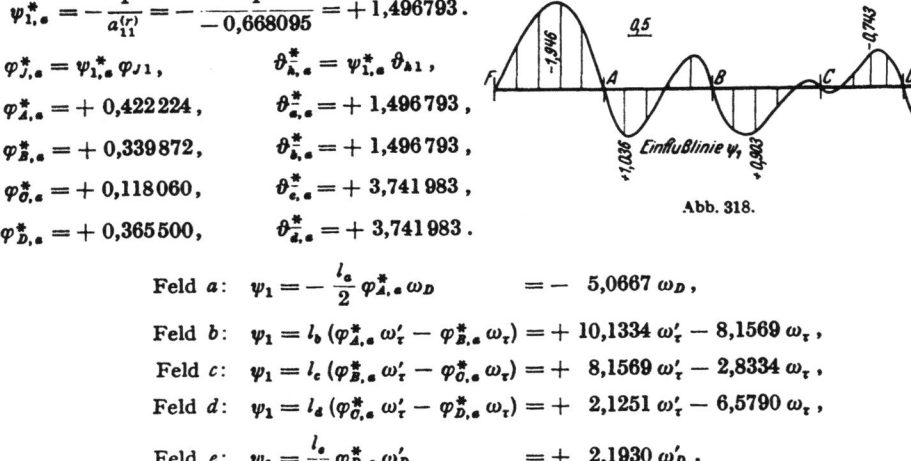

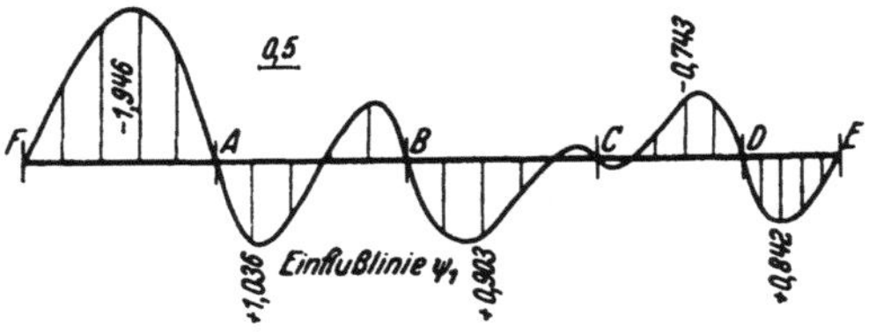

Abb. 318.

Feld a: $\quad \psi_1 = -\frac{l_a}{2}\, \varphi_{A,a}^*\, \omega_D \qquad\qquad = -\ \ 5{,}0667\, \omega_D$,

Feld b: $\quad \psi_1 = l_b\, (\varphi_{A,a}^*\, \omega_\tau' - \varphi_{B,a}^*\, \omega_\tau) = +\ 10{,}1334\, \omega_\tau' - 8{,}1569\, \omega_\tau$,

Feld c: $\quad \psi_1 = l_c\, (\varphi_{B,a}^*\, \omega_\tau' - \varphi_{C,a}^*\, \omega_\tau) = +\ \ 8{,}1569\, \omega_\tau' - 2{,}8334\, \omega_\tau$,

Feld d: $\quad \psi_1 = l_d\, (\varphi_{C,a}^*\, \omega_\tau' - \varphi_{D,a}^*\, \omega_\tau) = +\ \ 2{,}1251\, \omega_\tau' - 6{,}5790\, \omega_\tau$,

Feld e: $\quad \psi_1 = \frac{l_e}{2}\, \varphi_{D,a}^*\, \omega_D' \qquad\qquad = +\ \ 2{,}1930\, \omega_D'$.

8. Einflußlinie $M_B^{(b)}$.

$$M_B^{(b)} = M_{B0}^{(b)} + \frac{2}{l_b'}\,(2\,\varphi_B + \varphi_A) = M_{B0}^{(b)} + M_{B*}^{(b)},$$

$$M_{B*}^{(b)} = \text{Biegelinie infolge } \mathsf{M}_A = 2/l_b', \qquad \mathsf{M}_B = 4/l_b'.$$

Belastungsglieder: $\quad a_{A0} = 2/l_b' = 0{,}083333$, $\quad a_{B0} = 4/l_b' = 0{,}166667$,

$\varphi_{A0} = +\ 0{,}133587$, $\quad \varphi_{B0} = +\ 0{,}399245$, $\quad \varphi_{C0} = -\ 0{,}128643$, $\quad \varphi_{D0} = +\ 0{,}027111$,

$$a_{10}^{(r)} = a_{10} + \sum \varphi_{J0}\, a_{1J} = 0{,}061352, \qquad \psi_1 = -\frac{+0{,}061352}{-0{,}668095} = +0{,}091831,$$

$$\varphi_{A,Bb}^* = \varphi_{A0} + \psi_1\, \varphi_{A1} = +0{,}159490, \qquad \varphi_{C,Bb}^* = \varphi_{C0} + \psi_1 \varphi_{C1} = -0{,}121400,$$

$$\varphi_{B,Bb}^* = \varphi_{B0} + \psi_1\, \varphi_{B1} = +0{,}420097, \qquad \varphi_{D,Bb}^* = \varphi_{D0} + \psi_1\, \varphi_{D1} = +0{,}049535.$$

Allgemeiner Ansatz zur Untersuchung des Stockwerkrahmens. Der Verschiebungszustand eines Stockwerkrahmens mit n Pfosten und v durchgehenden Riegelstäben (Abb. 319) wird durch $v \cdot n$ Knotendrehwinkel φ_J und $f = v$ unabhängige Komponenten ψ_c beschrieben. Hierfür eignen sich die waagerechten Verschiebungen $u_1 \ldots u_v$ der Riegel und die Drehwinkel $\vartheta_1 \ldots \vartheta_v$ der Abschnitte eines aufgehenden Pfostens. Die Pfostendrehwinkel eines Stockwerks sind bei waagerechten Riegelzügen mit $\varepsilon_{h0} = 0$ und senkrechten Pfosten gleich groß, die Drehwinkel der Riegel Null.

Um Unbekannte gleicher Dimension und Größenordnung zu erhalten, werden neben den Knotendrehwinkeln φ_J die Drehwinkel ϑ_s $(s = 1 \ldots v)$ der Abschnitte s eines ausgezeichneten Pfostens als Unbekannte ψ_c bestimmt. Für die übrigen ist bei Riegelstäben mit $\varepsilon_h \neq 0$ nach dem Superpositionsgesetz

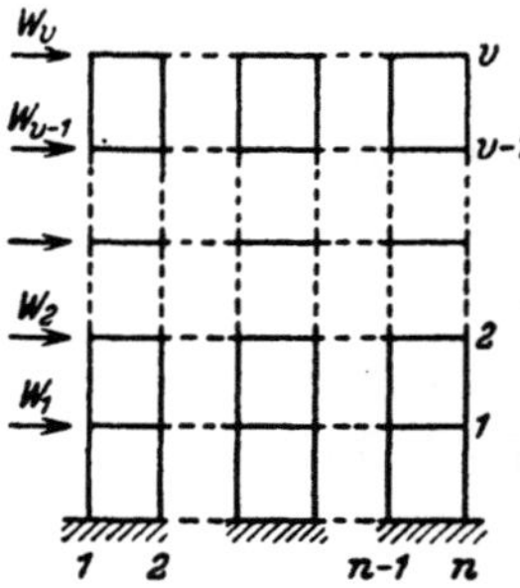

Abb. 319.

$$\vartheta_s = \vartheta_{s0} + \psi_1 .$$

Die Komponenten φ_J, ψ_c sind die Wurzeln von $n \cdot v$ statischen Bedingungen $\delta A_J = 0$ und von v statischen Bedingungen $\delta A_c = 0$. Die Gleichungen $\delta A_J = 0$ enthalten als Unbekannte außer dem Drehwinkel φ_J des Knotens J die Drehwinkel der zwei, drei oder vier angeschlossenen Knoten K und die Stabdrehwinkel ψ der beiden anschließenden Geschosse, die Gleichungen $\delta A_c = 0$ den Stabdrehwinkel ψ_c und die Drehwinkel aller oberhalb und unterhalb vom Geschoß c liegenden Knoten.

Gleichung $\delta A_J = 0$ (Abb. 320):

$$a_{J(J-n)}\varphi_{J-n} + a_{J(J-1)}\varphi_{J-1} + a_{JJ}\varphi_J + a_{J(J+1)}\varphi_{J+1} + a_{J(J+n)}\varphi_{J+n} + a_{Jc}\psi_c + a_{J(c+1)}\psi_{c+1} + a_{J\otimes} = 0 .$$

Abb. 320.

$$a_{J(J-n)} = -\dot{\mathrm{i}}_J \frac{2}{h_i'}, \qquad a_{J(J-1)} = -\dot{\mathrm{i}}_J \frac{2}{l_i'},$$

$$a_{JJ} = -\dot{\mathrm{i}}_J \left(\frac{4}{h_i'} + \frac{4}{l_i'} + \frac{4}{l_{i+1}'} + \frac{4}{h_{i+n}'}\right),$$

$$a_{J(J+1)} = -\dot{\mathrm{i}}_J \frac{2}{l_{i+1}'}, \qquad a_{J(J+n)} = -\dot{\mathrm{i}}_J \frac{2}{h_{i+n}'},$$

$$a_{Jc} = -\dot{\mathrm{i}}_J \left(-\frac{6}{h_i'}\right) = \frac{6}{h_i'}, \qquad a_{J(c+1)} = \frac{6}{h_{i+n}'}, \tag{578}$$

$$a_{J\otimes} = a_{J0} + a_{Jt} + a_{J\Delta t}, \qquad a_{J0} = -\dot{\mathrm{i}}_J \sum_J M_{J0}^{(h)},$$

$$a_{Jt} = -\dot{\mathrm{i}}_J \sum_J \left(-\frac{6}{l_h'}\vartheta_{ht}\right), \qquad a_{J\Delta t} = -\dot{\mathrm{i}}_J \sum_J M_{J\Delta t}^{(h)} .$$

Gleichung $\delta A_c = 0$ (Abb. 321):

$$a_{cc}\psi_c + \sum \varphi_J a_{cJ} + a_{c\otimes} = 0 .$$

Die folgenden $\sum\limits_c$ erstrecken sich über alle Pfosten im Geschoß c.

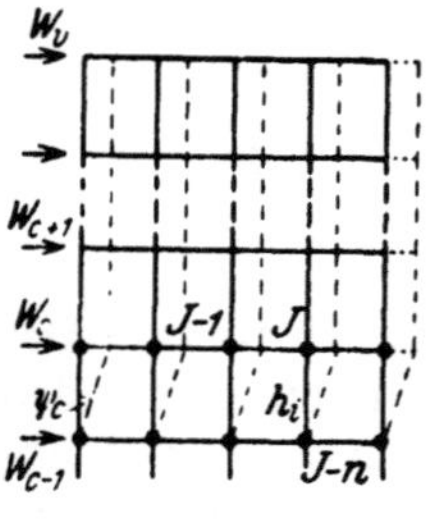

Abb. 321.

$$a_{cc} = \dot{\mathrm{i}}_c \sum_c \left(-\frac{12}{h_i'}\right), \qquad a_{c(J-1)} = \dot{\mathrm{i}}_c \frac{6}{h_{i-1}'},$$

$$a_{cJ} = \dot{\mathrm{i}}_c \frac{6}{h_i'} \quad \text{usw.},$$

$$a_{c\otimes} = a_{c0} + a_{ct} + a_{c\Delta t}, \tag{579}$$

$$a_{c0} = \dot{\mathrm{i}}_c h_c \sum_{s=c}^{v} W_s, \qquad a_{ct} = \dot{\mathrm{i}}_c h_c \sum_c \left(-\frac{12}{h_i'}\vartheta_{st}\right),$$

$$a_{c\Delta t} = \dot{\mathrm{i}}_c \sum_c M_{\Delta t}^{(i)} .$$

Die Wurzeln ψ_c, φ_J des Ansatzes werden am einfachsten nach einer Umformung der Gleichungen durch Iteration bestimmt.

$$\psi_c a_{cc} + \sum \varphi_J a_{cJ} + a_{c0} = 0,$$

$$\psi_c = -\frac{a_{c0}}{a_{cc}} - \frac{\sum \varphi_J a_{cJ}}{a_{cc}} = \psi_{c,0} + \psi'_c, \tag{580}$$

$$\varphi_J a_{JJ} + \sum \varphi_K a_{JK} + \sum \psi_c a_{Jc} + a_{J0} = 0,$$

$$\varphi_J a_{JJ} + \sum \varphi_K a_{JK} + \sum \psi_{c,0} a_{Jc} + \sum \psi'_c a_{Jc} + a_{J0} = 0,$$

$$\left.\begin{aligned}\varphi_J &= -\frac{a_{J0} + \sum \psi_{c,0} a_{Jc}}{a_{JJ}} - \frac{\sum \varphi_K a_{JK}}{a_{JJ}} - \frac{\sum \psi'_c a_{Jc}}{a_{JJ}}\\ &= \varphi_{J,0} + \varphi'_J + \varphi''_J.\end{aligned}\right\} \tag{581}$$

Die Stabdrehwinkel ψ_c setzen sich aus zwei, die Knotendrehwinkel φ_J aus drei Anteilen zusammen. Die Anteile $\psi_{c,0}$ sind unabhängig voneinander und durch bekannte Größen bestimmt. Dasselbe gilt von den Anteilen $\varphi_{J,0}$. Sie bilden einen Teil der ersten Näherung ψ_c, φ_J, welche aus $\psi_{c,0}$, $\varphi_{J,0}$ und geschätzten oder angenommenen Werten φ_J entsteht und zu neuen Werten ψ_c, φ_J führt. Die Reihenfolge der einzelnen Schritte ist nach der Bestimmung der Konstanten $\psi_{c,0} = -a_{c0}/a_{cc}$, $\varphi_{J,0} = -(a_{J0} + \sum \psi_{c,0} a_{Jc})/a_{JJ}$ durch die folgenden vier Bedingungen vorgeschrieben:

$$\left.\begin{aligned}\psi'_c = -\frac{\sum \varphi_J a_{cJ}}{a_{cc}}, \quad \varphi'_J = -\frac{\sum \varphi_K a_{JK}}{a_{JJ}}, \quad \varphi''_J = -\frac{\sum \psi'_c a_{Jc}}{a_{JJ}},\\ \varphi_J = \varphi_{J,0} + \varphi'_J + \varphi''_J.\end{aligned}\right\} \tag{582}$$

Bei der Iteration ist der Abschnitt 30 zu beachten. Die Ergebnisse für die unabhängigen Komponenten ψ_c, φ_J aus der letzten Näherungsfolge müssen die statischen Bedingungen (578), (579) oder gleichwertige Ansätze für das Gleichgewicht von Schnittkräften erfüllen.

Bei symmetrischer Belastung sind die Stabdrehwinkel ψ_c und daher auch die Anteile φ''_J der Knotendrehwinkel Null. Sie sind aber auch bei unsymmetrischer senkrechter Belastung so klein, daß sie vernachlässigt werden können.

Die Belastung durch Wind darf bei der Unsicherheit der Druckverteilung stets durch Einzellasten ersetzt werden, die an den Stabknoten des luvseitigen Pfostens oder der luv- und leeseitigen Pfosten angreifen. Die Momente $M_{J0}^{(\varphi)}$ sind in diesem Falle Null. Bei symmetrischer Temperaturänderung eines symmetrischen Tragwerks ist die waagerechte Verschiebung der Querschnitte der Symmetrieachse Null. Die Berechnung bleibt daher auf die Knotendrehwinkel beschränkt. Ähnliche Vereinfachungen verkürzen auch die umfangreiche Berechnung der waagerecht liegenden, mehrreihigen Silorahmen, da die Stabdrehwinkel hier durch die Belastung entweder Null sind oder mit großer Annäherung zu Null angenommen werden können (Abschn. 53).

Mann, L.: Theorie der Rahmenwerke auf neuer Grundlage. Berlin 1927. — Takabeya, F.: Rahmentafeln. Berlin 1930. — Engesser, F.: Der Stockwerkrahmen. Eisenbau 1920, S. 81.

41. Stabwerke mit geraden und gekrümmten Stabachsen.

Der Ansatz wird auf symmetrische, beiderseits eingespannte Stabbogen beschränkt, um das Wesentliche der Rechnung hervorheben zu können. Die Erweiterung auf andere Stabformen bietet keine grundsätzlichen Schwierigkeiten.

Die bezogenen Längenänderungen ε_k der geraden Stäbe l_k sind wie in Abschn. 39 Null oder geometrisch bestimmt (ε_{k0}), dagegen ändern die Stabzugsehnen l_h durch Belastung und andere Ursachen ihre Länge um den Betrag $\varepsilon_h l_h = \Delta l_h^*$. Er besteht aus einem geometrisch bestimmten Teil Δl_{h0} und einem geometrisch unbestimmten, von den Anschlußkräften abhängigen Teile Δl_h ($\Delta l_h^* = \Delta l_{h0} + \Delta l_h$). Der Verschiebungszustand des Stabwerks enthält daher $(3r + 2r_1 - s_1)$ voneinander unabhängige unbekannte Komponenten. Dasselbe gilt von der kinematisch äquivalenten Knotenpunktfigur. Diese zählt $(3\,r + 2\,r_1 - s_1)$ Freiheitsgrade und wird zur Untersuchung wiederum durch eine kinematisch äquivalente Knotenkette ersetzt, deren Stablängen $l_h\,(1 + \varepsilon_h)$ ebenso wie deren Knoten- und Stabdrehwinkel φ_J, ϑ_h beliebige Größen annehmen können. Um der Knotenkette diese kinematischen Eigenschaften beizulegen, werden nicht nur die Anschlußmomente $M_J^{(h)}$, sondern auch die Längskräfte N_h der s_2 gekrümmten Stäbe im Symmetriepunkt T_h als äußere Kräfte betrachtet, so daß nicht nur der Stabanschluß am Knoten unabhängig vom Gleichgewicht der äußeren Kräfte frei drehbar sein, sondern auch der stetige Zusammenhang des Stabes im Scheitel nach Abb. 322 durch eine Führung ersetzt werden kann. Die Knotenkette besitzt dann $r + f_1 + s_2^* = r + f$ Freiheitsgrade. Der Verschiebungszustand ist durch r Knotendrehwinkel φ_J und f voneinander unabhängige Komponenten ψ_c bestimmt. Hierfür lassen sich einzelne Stabdrehwinkel ϑ_i, die Längenänderungen $\Delta\,l_h$ einzelner Stabzugsehnen (h) und Punktverschiebungen u_J verwenden. Sie werden aus $(r + f)$ statischen Bedingungen für das Gleichgewicht der äußeren Kräfte M_J, $\mathfrak{P}_h$, $M_J^{(h)}$, N_h der Knotenkette berechnet.

Die Knotenkette vermag $(r + f)$ voneinander unabhängige Bewegungen Γ_J, Γ_c auszuführen. Sie wird dabei mit den Geschwindigkeiten $\dot\varphi_J = 1$ oder $\dot\psi_c = 1$ usw. angetrieben. Nach dem Prinzip der virtuellen Geschwindigkeiten gelten dann r Gleichungen von der Form

$$\delta\,A_J = 0 = \sum a_{JK}\,\varphi_K + \sum a_{Jc}\,\psi_c + a_{J0}\,, \qquad (J = A\,\ldots\,N) \qquad (583)$$

und f Gleichungen von der Form

$$\delta\,A_c = 0 = \sum a_{cJ}\,\varphi_J + \sum a_{cb}\,\psi_b + a_{c0}\,, \qquad (c = 1\,\ldots\,f)\,. \qquad (584)$$

Die Vorzahlen a_{JK}, a_{Jc}, a_{cb} der unbekannten Komponenten φ_J, ψ_c und die Belastungszahlen a_{J0}, a_{c0} bedeuten virtuelle Arbeiten. Der erste Index bezeichnet die Art des zwangläufigen Gebildes und dessen Geschwindigkeitszustand $\dot\varphi_J = 1$, $\dot\psi_c = 1$, der zweite die Ursache der Anschlußkräfte, welche in jedem Summanden virtuelle Arbeit leisten. Demnach sind a_{J0}, a_{c0} die virtuellen Arbeiten bei der Bewegung $\dot\varphi_J = 1$ oder $\dot\psi_c = 1$ der Knotenkette aus der Belastung $\mathfrak{P}$ und den Anschlußkräften $M_{J0}^{(h)}$, N_{h0} des geometrisch bestimmten Hauptsystems $(\varphi_J = 0,\ \psi_c = 0)$ aus den äußeren Ursachen. Diese bestehen aus der Belastung $\mathfrak{P}_h$ der Stäbe, den Stabdrehwinkeln ϑ_{h0} und den Längenänderungen $\Delta\,l_{h0}$ der Stabzugsehnen durch Temperaturwechsel $(\alpha_t t l_h)$ und vorgeschriebene Stützenverschiebungen Δ_E. Die virtuellen Arbeiten a_{JK}, a_{Jc} entstehen bei der Bewegung $\dot\varphi_J = 1$ aus den Anschlußkräften des Hauptsystems $M_{HK}^{(h)}$, N_{hK} durch $\varphi_K = 1$ oder $M_{Hc}^{(h)}$, N_{hc} durch $\psi_c = 1$. Ebenso werden a_{cJ}, a_{cb} aus dem Bewegungszustand $\dot\psi_c = 1$ und den Anschlußkräften des Hauptsystems $M_{HJ}^{(h)}$, N_{hJ} aus $\varphi_J = 1$ oder $M_{Hc}^{(h)}$, N_{hc} aus $\psi_c = 1$ gebildet. Die Anschlußkräfte aus den verschiedenen Ursachen $\mathfrak{P}_h$, φ_J, ψ_c sind auf S. 310 entwickelt und für l_h in der folgenden Superposition zusammengefaßt worden:

$$\left.\begin{aligned}
M_J^{(h)} &= M_{J0}^{(h)} + \varphi_J\,M_{JJ}^{(h)} + \varphi_K\,M_{JK}^{(h)} + \vartheta_h\,M_{J\vartheta}^{(h)} + \Delta\,l_h\,M_{J\Delta}^{(h)}\,,\\
M_J^{(h)} &= M_{J0}^{(h)} - \Delta\,l_{h0}\,\frac{y_0}{\delta_{11}} - \vartheta_{h0}\,\frac{l_h^2}{2\,\delta_{22}} + \varphi_J\left(\frac{y_0^2}{\delta_{11}} + \frac{l_h^2}{4\,\delta_{22}} + \frac{1}{\delta_{33}}\right)\\
&\quad + \varphi_K\left(-\frac{y_0^2}{\delta_{11}} + \frac{l_h^2}{4\,\delta_{22}} - \frac{1}{\delta_{33}}\right) - \sum\psi_c\left(\vartheta_{hc}\,\frac{l_h^2}{2\,\delta_{22}} + \Delta\,l_{hc}\,\frac{y_0}{\delta_{11}}\right)
\end{aligned}\right\} \qquad (585)$$

$$\left.\begin{aligned}
M_K^{(h)} &= M_{K0}^{(h)} + \varphi_J\,M_{KJ}^{(h)} + \varphi_K\,M_{KK}^{(h)} + \vartheta_h\,M_{K\vartheta}^{(h)} + \Delta l_h\,M_{K\Delta}^{(h)}\,,\\
M_K^{(h)} &= M_{K0}^{(h)} + \Delta\,l_{h0}\,\frac{y_0}{\delta_{11}} - \vartheta_{h0}\,\frac{l_h^2}{2\,\delta_{22}} + \varphi_J\left(-\frac{y_0^2}{\delta_{11}} + \frac{l_h^2}{4\,\delta_{22}} - \frac{1}{\delta_{33}}\right)\\
&\quad + \varphi_K\left(\frac{y_0^2}{\delta_{11}} + \frac{l_h^2}{4\,\delta_{22}} + \frac{1}{\delta_{33}}\right) - \sum\psi_c\left(\vartheta_{hc}\,\frac{l_h^2}{2\,\delta_{22}} - \Delta\,l_{hc}\,\frac{y_0}{\delta_{11}}\right),
\end{aligned}\right\} \qquad (586)$$

$$\left.\begin{aligned} N_h &= N_{h0} + \varphi_J N_{hJ} + \varphi_K N_{hK} + \Delta l_h N_{h\Delta}, \\ N_h &= -X_1 = N_{h0} + \frac{\Delta l_{h0}}{\delta_{11}} - \varphi_J \frac{y_0}{\delta_{11}} + \varphi_K \frac{y_0}{\delta_{11}} + \sum \psi_c \Delta l_{hc} \frac{1}{\delta_{11}}, \\ \Delta l_{h0} &= \overline{\Delta l}_{h0} - E J_c \alpha_t t l_h. \end{aligned}\right\} \tag{587}$$

Unsymmetrische Bogenstellung. Die Stabendmomente $M_J^{(h)}$ und die Längskräfte N_h im Scheitel der gekrümmten Stäbe (Abb. 322) werden als äußere Kräfte angesehen, so daß eine Knotenkette mit 11 Stabelementen entsteht. Dieser wird das geometrisch bestimmte Hauptsystem zugeordnet.

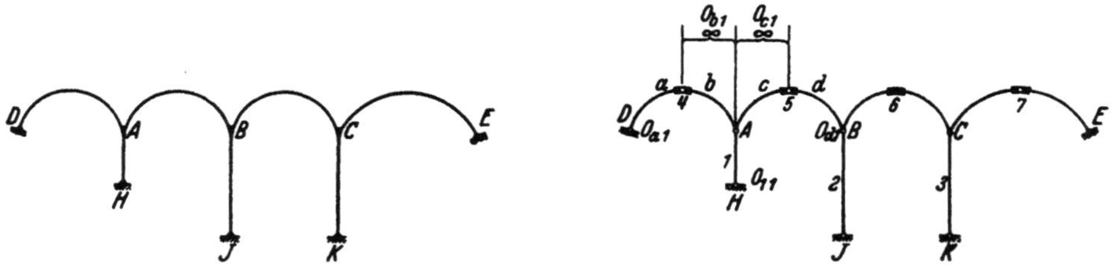

Abb. 322.

Anzahl der Knoten und Stäbe $r = 3$, $r_1 = 0$, $s = 7$, $s_1 = 3$, $s_2 = 4$. Geometrisch überzählige Stäbe $m = 1$, daher $f_1 = 2 \cdot 3 - (7 - 1) = 0$, $s_2^* = 4 - 1 = 3$ (vgl. S. 314).

Anzahl der Unbekannten $r = 3$, $f = s_2^* + f_1 = 3$.

Als unabhängige Komponenten des Verschiebungszustandes werden neben den Knotendrehwinkeln $\varphi_A, \varphi_B, \varphi_C$ die Stabdrehwinkel der drei Pfosten $\psi_1 = \vartheta_1$, $\psi_2 = \vartheta_2$, $\psi_3 = \vartheta_3$ ausgewählt. Die sechs statischen Bedingungen, welche diese erfüllen müssen, ergeben sich mit dem Prinzip der virtuellen Verrückungen aus $\delta A_J = 0$, $\delta A_a = 0$ für $\dot\varphi_A = 1$, $\dot\varphi_B = 1$, $\dot\varphi_C = 1$, $\dot\psi_1 = 1$, $\dot\psi_2 = 1$, $\dot\psi_3 = 1$. Die Kette Γ_1 besteht aus den Stäben $1, a, b, c, d$, deren Hauptpole (b), (c) im Unendlichen liegen und deren Hauptpole (a), (1), (d) mit den Punkten D, H und B zusammenfallen. Dabei verschieben sich die Stabelemente b, c waagerecht mit der Geschwindigkeit $\dot 1 h_1$. Die Stäbe a und d bleiben in Ruhe. Der Bewegungszustand der Ketten Γ_2 mit $\dot\psi_2 = 1$ und Γ_3 mit $\dot\psi_3 = 1$ ist ähnlich. Die Gleichgewichtsbedingungen bilden die folgende Matrix:

	φ_A	φ_B	φ_C	ψ_1	ψ_2	ψ_3	a_0
$\dot\varphi_A$	a_{AA}	a_{AB}		a_{A1}	a_{A2}		a_{A0}
$\dot\varphi_B$	a_{BA}	a_{BB}	a_{BC}	a_{B1}	a_{B2}	a_{B3}	a_{B0}
$\dot\varphi_C$		a_{CB}	a_{CC}		a_{C2}	a_{C3}	a_{C0}
$\dot\psi_1$	a_{1A}	a_{1B}		a_{11}	a_{12}		a_{10}
$\dot\psi_2$	a_{2A}	a_{2B}	a_{2C}	a_{21}	a_{22}	a_{23}	a_{20}
$\dot\psi_3$		a_{3B}	a_{3C}		a_{32}	a_{33}	a_{30}

Bogenstellung mit drei Öffnungen nach Abb. 323.

1. Überzählige Größen. Der den Pfeilerköpfen benachbarte Bereich der Gewölbe wird wegen seiner großen Steifigkeit als starr angenommen, so daß die Scheibenkette (Abb. 324) mit den Parametern φ_A, φ_B, $\psi_1 = \vartheta_g$, $\psi_2 = \vartheta_h$ und das ihr zugeordnete Hauptsystem B nach S. 311 der Berechnung zugrunde gelegt wird.

2. Anschlußkräfte der Bogen. Mit den Abkürzungen

$$c_1 = l\left(\frac{y_0^2}{\delta_{11}} + \frac{l^2}{4\,\delta_{22}} + \frac{1}{\delta_{33}}\right), \qquad c_2 = l\left(-\frac{y_0^2}{\delta_{11}} + \frac{l^2}{4\,\delta_{22}} - \frac{1}{\delta_{33}}\right),$$

$$c_3 = l^2\,\frac{y_0}{\delta_{11}}, \qquad c_4 = l\,\frac{l^2}{2\,\delta_{22}}, \qquad c_5 = l^3\,\frac{1}{\delta_{11}}$$

gehen die Beziehungen (585) bis (587) über in

$$M_J^{(h)} = M_{J0}^{(h)} + \varphi_J\cdot\frac{c_1}{l} + \varphi_K\,\frac{c_2}{l} - \vartheta_h\,\frac{c_4}{l} - \Delta l_h\,\frac{c_3}{l^2},$$

$$M_K^{(h)} = M_{K0}^{(h)} + \varphi_J\cdot\frac{c_2}{l} + \varphi_K\,\frac{c_1}{l} - \vartheta_h\,\frac{c_4}{l} + \Delta l_h\,\frac{c_3}{l^2};$$

$$N_h \;= N_{h0} - \varphi_J\cdot\frac{c_3}{l^2} + \varphi_K\,\frac{c_3}{l^2} \qquad\qquad + \Delta l_h\,\frac{c_5}{l^3}.$$

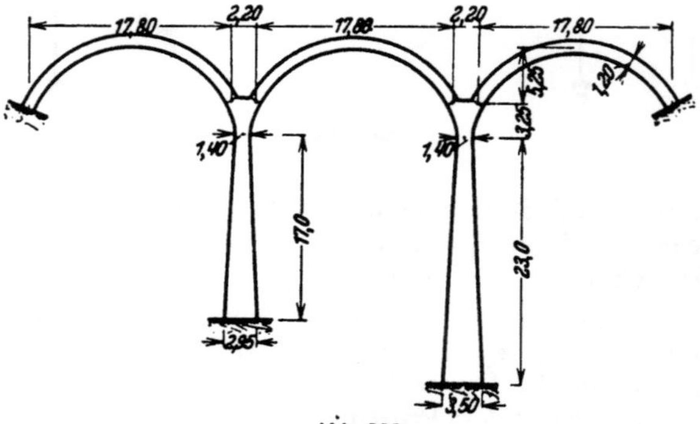

Abb. 323.

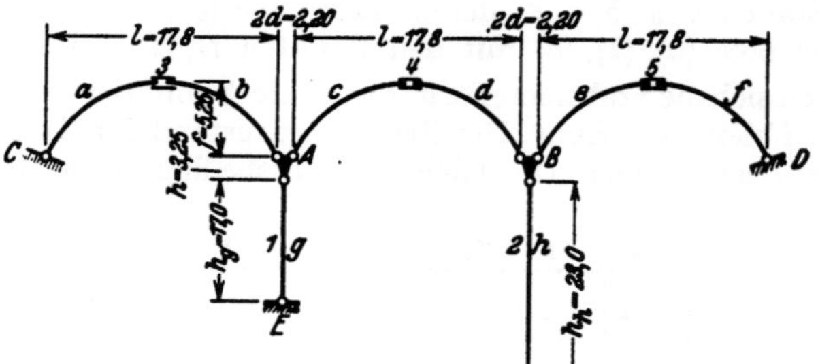

Abb. 324.

Die Entwicklung von ϑ_h und Δl_h lautet hier im Gegensatz zu S. 318 wegen der endlichen Ausdehnung der Knotenscheiben

$$\vartheta_h \;= \vartheta_{h0} + \vartheta_{hJ}\;\cdot\varphi_J + \vartheta_{hK}\;\cdot\varphi_K + \sum\psi_e\cdot\vartheta_{he},$$
$$\Delta l_h = \Delta l_{h0} + \Delta l_{hJ}\cdot\varphi_J + \Delta l_{hK}\cdot\varphi_K + \sum\psi_e\cdot\Delta l_{he}.$$

Die Anschlußkräfte ergeben sich daher aus den folgenden Gleichungen

$$\left.\begin{aligned} M_J^{(h)} = M_{J0}^{(h)} - \vartheta_{h0}\,\frac{c_4}{l} - \Delta l_{h0}\,\frac{c_3}{l^2} + \varphi_J\left(\frac{c_1}{l} - \vartheta_{hJ}\,\frac{c_4}{l} - \Delta l_{hJ}\,\frac{c_3}{l^2}\right) \\ + \varphi_K\left(\frac{c_2}{l} - \vartheta_{hK}\,\frac{c_4}{l} - \Delta l_{hK}\,\frac{c_3}{l^2}\right) + \sum\psi_e\left(-\vartheta_{he}\,\frac{c_4}{l} - \Delta l_{he}\,\frac{c_3}{l^2}\right), \end{aligned}\right\} \quad \text{(a)}$$

$$\left.\begin{aligned} M_K^{(h)} = M_{K0}^{(h)} - \vartheta_{h0}\frac{c_4}{l} + \Delta l_{h0}\frac{c_3}{l^2} + \varphi_J\left(\frac{c_2}{l} - \vartheta_{hJ}\frac{c_4}{l} + \Delta l_{hJ}\frac{c_3}{l^2}\right) \\ + \varphi_K\left(\frac{c_1}{l} - \vartheta_{hK}\frac{c_4}{l} + \Delta l_{hK}\frac{c_3}{l^2}\right) + \Sigma\,\psi_e\left(-\vartheta_{he}\frac{c_4}{l} + \Delta l_{he}\frac{c_3}{l^2}\right). \end{aligned}\right\} \quad \text{(b)}$$

$$N_h = N_{h0} + \Delta l_{h0}\frac{c_5}{l^3} + \varphi_J\left(-\frac{c_3}{l^2} + \Delta l_{hJ}\frac{c_5}{l^3}\right) + \varphi_K\left(\frac{c_3}{l^2} + \Delta l_{hK}\frac{c_5}{l^3}\right) + \Sigma\,\psi_e\cdot\Delta l_{he}\frac{c_5}{l^3}. \quad \text{(c)}$$

Berechnung der Koeffizienten c mit Hilfe der Tabelle 16

$$l = 17{,}8\text{ m}, \qquad f = 5{,}25\text{ m}, \qquad r = \frac{l^2}{8f} + \frac{f}{2} = 10{,}168810\text{ m}, \qquad e = r - f = 4{,}918810\text{ m},$$

$$\sin\varphi_0 = \frac{l}{2r} = 0{,}875225, \qquad \varphi_0 = 61^0\,04'\,17{,}8'', \qquad b = 2\varphi_0\cdot r = 21{,}6777\text{ m} = b',$$

$$y_0 = \int_0^b y\frac{J_c}{J}\,ds : \int_0^b \frac{J_c}{J}\,ds = r\left(\frac{l}{b} - \frac{e}{r}\right) = 3{,}43101\text{ m},$$

$$\delta_{11} = y_0^2 b' - 2y_0 r\left(\frac{l}{b} - \frac{e}{r}\right)b' + \frac{r^2}{2}\left(1 + 2\frac{e^2}{r^2} - 3\frac{e}{r}\frac{l}{b}\right)$$

$$= b'\left[\frac{r^2}{2}\left(1 + 2\frac{e^2}{r^2} - 3\frac{e}{r}\frac{l}{b}\right) - y_0^2\right] = 54{,}584,$$

$$\delta_{22} = \frac{1}{2}\left(\frac{l}{2}\right)^2\left(1 + 2\frac{r^2}{l^2} - 2\frac{e\,r}{b\,l}\right)b' - \frac{1}{2}\left(\frac{l}{2}\right)^2\left(1 - 2\frac{r^2}{l^2} + 2\frac{e\,r}{b\,l}\right)b'$$

$$= \frac{r\,l}{2}\left(\frac{r}{l} - \frac{e}{b}\right)b' = 675{,}62,$$

$$\delta_{33} = b' = 21{,}678,$$

$$c_1 = +6{,}7471, \qquad c_2 = -2{,}5733, \qquad c_3 = +19{,}916, \qquad c_4 = +4{,}1738, \qquad c_5 = 103{,}32.$$

3. Anschlußkräfte der Pfeiler (Abb. 325.) Nach S. 308 ist

$$M_J^{(h)} = M_{J0}^{(h)} + \beta_{11}\varphi_J + \beta_{12}\varphi_K - (\beta_{11} + \beta_{12})\,\vartheta_h,$$

$$M_K^{(h)} = M_{K0}^{(h)} + \beta_{21}\varphi_J + \beta_{22}\varphi_K - (\beta_{22} + \beta_{12})\,\vartheta_h.$$

Die Vorzahlen β_{ik} werden durch numerische Integration nach Simpson berechnet.

$$\beta_{11} = \frac{\delta_{22}}{D}, \qquad \beta_{12} = -\frac{\delta_{12}}{D}, \qquad \beta_{22} = \frac{\delta_{11}}{D}, \qquad D = \delta_{11}\delta_{22} - \delta_{12}^2.$$

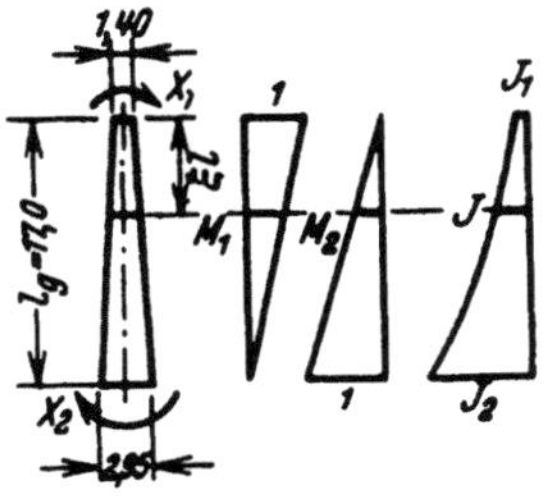

Abb. 325.

a) Linker Pfeiler

$$\delta_{11} = l_g\int_0^1 \xi'^2\frac{J_c}{J}\,d\xi, \qquad \delta_{12} = -l_g\int_0^1 \xi\,\xi'\frac{J_c}{J}\,d\xi. \qquad \delta_{22} = l_g\int_0^1 \xi^2\frac{J_c}{J}\,d\xi, \qquad J_c = 0{,}144\text{ m}^4.$$

$$J = J_1\left[1 + \left(\sqrt[3]{J_2/J_1} - 1\right)\xi\right]^3 = 0{,}2287\,(1 + 1{,}104\,\xi)^3.$$

ξ	J	J_c/J	k	$\xi\,\xi'\,J_c/J$	$k\,\xi\,\xi'\,J_c/J$	$\xi^2 J_c/J$	$k\cdot\xi^2 J_c/J$	$\xi'^2 J_c/J$	$k\cdot\xi'^2 J_c/J$
0,0	0,2287	0,6296	1	0	0	0	0	0,6296	0,6296
1	0,3131	0,4599	4	0,04139	0,1656	0,00460	0,0184	0,3725	1,4900
2	0,4161	0,3461	2	0,05538	0,1107	0,01384	0,0277	0,2215	0,4430
3	0,5395	0,2691	4	0,05651	0,2260	0,02422	0,0969	0,1319	0,5276
4	0,6852	0,2101	2	0,05042	0,1008	0,03362	0,0672	0,0756	0,1512
5	0,8550	0,1684	4	0,04210	0,1684	0,04210	0,1684	0,0421	0,1684
6	1,0507	0,1371	2	0,03290	0,0658	0,04936	0,0987	0,0219	0,0438
7	1,2742	0,1130	4	0,02373	0,0949	0,05537	0,2215	0,0102	0,0408
8	1,5274	0,0943	2	0,01509	0,0302	0,06035	0,1207	0,0038	0,0076
0,9	1,8121	0,0795	4	0,00716	0,0286	0,06440	0,2576	0,0008	0,0032
1,0	2,1301	0,0676	1	0	0	0,06760	0,0676	0	0
					0,9910		1,1447		3,5052

$$\delta_{11} = +\frac{l_g/10}{3}\,3{,}5052 = +1{,}986\,, \qquad \delta_{22} = +\frac{l_g/10}{3}\,1{,}1447 = +0{,}649\,,$$

$$\delta_{12} = -\frac{l_g/10}{3}\,0{,}9910 = -0{,}561\,,$$

$$\beta_{11} = +0{,}666\,, \qquad \beta_{12} = +0{,}576\,, \qquad \beta_{22} = +2{,}039\,,$$

$$\beta_{11} + \beta_{12} = +1{,}242\,, \qquad \beta_{22} + \beta_{12} = +2{,}615\,.$$

Damit wird

$$M_A^{(g)} = M_{A0}^{(g)} + 0{,}666\,\varphi_A + 0{,}576\,\varphi_E - 1{,}242\,\vartheta_g\,,$$

$$M_E^{(g)} = M_{E0}^{(g)} + 2{,}039\,\varphi_E + 0{,}576\,\varphi_A - 2{,}615\,\vartheta_g\,.$$

b) Rechter Pfeiler. Auf gleiche Weise ergibt sich für den rechten Pfeiler

$$M_B^{(h)} = M_{B0}^{(h)} + 0{,}567\,\varphi_B + 0{,}555\,\varphi_F - 1{,}122\,\vartheta_h\,,$$

$$M_F^{(h)} = M_{F0}^{(h)} + 2{,}253\,\varphi_F + 0{,}555\,\varphi_B - 2{,}808\,\vartheta_h\,.$$

4. **Anschlußkräfte infolge der Überzähligen.** In der folgenden Tabelle sind die Werte ϑ und $\Delta l/l$, ferner die Anschlußkräfte infolge $\varphi_A = 1$, $\varphi_B = 1$, $\psi_1 = 1$, $\psi_2 = 1$ zusammengestellt. Sie ergeben sich unmittelbar aus den Formeln (a) bis (c). Z. B. ist

$$\vartheta_{3A} = -1_A \frac{d}{l} = -0{,}061798, \qquad \frac{\Delta l_{4A}}{l} = -1_A \frac{h}{l} = -0{,}182584,$$

$$\frac{\Delta l_{31}}{l} = 1_1 \frac{h_g}{l} = +0{,}955056.$$

$$l\,M_{AA}^{(b)} = c_1 - \vartheta_{3A}\,c_4 + \frac{\Delta l_{3A}}{l}\,c_3 = c_1 + \frac{d}{l}\,c_4 + \frac{h}{l}\,c_3 = +10{,}6413,$$

$$l\,N_{5B} = \frac{1}{l}\left(-c_3 + \frac{\Delta l_{5B}}{l}\,c_5\right) = \frac{1}{l}\left(-c_3 - \frac{h}{l}\,c_5\right) = -\ 2{,}1787,$$

$$l\,M_{A1}^{(c)} = -\vartheta_{41}\,c_4 - \frac{\Delta l_{41}}{l}\,c_3 \qquad = +\frac{h_g}{l}\,c_3 \qquad = +19{,}0209,$$

$$l\,M_{A1}^{(g)} = -1{,}242\,l \qquad = -22{,}1076.$$

	$\varphi_A = 1$	$\varphi_B = 1$	$\psi_1 = 1$	$\psi_2 = 1$
ϑ_g	0	0	1	0
ϑ_h	0	0	0	1
ϑ_3	− 0,061798	0	0	0
ϑ_4	− 0,061798	− 0,061798	0	0
ϑ_5	0	− 0,061798	0	0
$\Delta l_3/l$	+ 0,182584	0	+ 0,955056	0
$\Delta l_4/l$	− 0,182584	+ 0,182584	− 0,955056	+ 1,292135
$\Delta l_5/l$	0	− 0,182584	0	− 1,292135
$l\,M_G^{(a)}$	5,9517	0	− 19,0209	0
$l\,N_3$	+ 2,1787	0	+ 5,5436	0
$l\,M_A^{(b)}$	+ 10,6413	0	+ 19,0209	0
$l\,M_A^{(g)}$	+ 11,8548	0	− 22,1076	0
$l\,M_E^{(g)}$	+ 10,2528	0	− 46,5470	0
$l\,M_A^{(c)}$	+ 10,6413	− 5,9517	+ 19,0209	− 25,7342
$l\,N_4$	− 2,1787	+ 2,1787	− 5,5436	+ 7,5002
$l\,M_B^{(d)}$	− 5,9517	+ 10,6413	− 19,0209	+ 25,7342
$l\,M_B^{(h)}$	0	+ 10,0926	0	− 19,9716
$l\,M_F^{(h)}$	0	+ 9,8790	0	− 49,9824
$l\,M_B^{(e)}$	0	+ 10,6413	0	+ 25,7342
$l\,N_5$	0	− 2,1787	0	− 7,5000
$l\,M_D^{(f)}$	0	− 5,9517	0	− 25,7342

5. Vorzahlen der Bedingungsgleichungen und β-Vorzahlen

$$l\,a_{AA} = -\mathrm{i}_A\,(l\,M_{AA}^{(b)} + l\,M_{AA}^{(g)} + l\,M_{AA}^{(c)}) - 0{,}061798\,(l\,M_{GA}^{(a)} + l\,M_{AA}^{(b)} + l\,M_{AA}^{(c)} + l\,M_{BA}^{(d)})$$
$$+\,0{,}182584 \cdot 17{,}8\,(-l\,N_{3A} + l\,N_{4A})$$
$$= -33{,}137 - 0{,}580 - 14{,}161 = -47{,}88\,,$$
$$l\,a_{AB} = +12{,}74\,, \qquad l\,a_{A1} = -51{,}97\,, \qquad l\,a_{A2} = +50{,}11\,,$$
$$l\,a_{BB} = -\mathrm{i}_B\,(l\,M_{BB}^{(d)} + l\,M_{BB}^{(h)} + l\,M_{BB}^{(e)}) - 0{,}061798\,(l\,M_{AB}^{(c)} + l\,M_{BB}^{(d)} + l\,M_{BB}^{(e)} + l\,M_{DB}^{(f)})$$
$$+\,0{,}182584 \cdot 17{,}8\,(-l\,N_{4B} + l\,N_{5B})$$
$$= -31{,}375 - 0{,}580 - 14{,}161 = -46{,}12\,,$$
$$l\,a_{B1} = +37{,}04\,, \qquad l\,a_{B2} = -80{,}25\,,$$
$$l\,a_{11} = \mathrm{i}_1\,(l\,M_{A1}^{(g)} + l\,M_{B1}^{(g)}) + 0{,}955056 \cdot 17{,}8\,(-l\,N_{31} + l\,N_{41})$$
$$= -68{,}655 - 188{,}482 = -257{,}14\,,$$
$$l\,a_{12} = +127{,}50\,, \qquad l\,a_{22} = -414{,}97\,.$$

l fache Vorzahlen der Bedingungsgleichungen

	φ_A	φ_B	ψ_1	ψ_2
A	− 47,88	+ 12,74	− 51,97	+ 50,11
B	+ 12,74	− 46,12	+ 37,04	− 80,25
1	− 51,97	+ 37,04	− 257,14	+ 127,50
2	+ 50,11	− 80,25	+ 127,50	− 414,97

Vorzahlen $\beta' = \dfrac{1000}{l}\,\beta$

	A	B	1	2
φ_A	− 28,04226	− 0,91125	+ 4,65360	− 1,78022
φ_B	− 0,91125	− 33,47763	− 1,74904	+ 5,82672
ψ_1	+ 4,65360	− 1,74904	− 5,46810	− 0,77989
ψ_2	− 1,78022	+ 5,82672	− 0,77989	− 3,99122

Eine beliebige Belastung führt mit den Absolutgliedern a_{K0} zu den Überzähligen φ_A, φ_B, ψ_1, ψ_2 z. B.

$$\varphi_A = -\frac{l}{1000}\,(\beta'_{AA} \cdot a_{A0} + \beta'_{AB} \cdot a_{B0} + \beta'_{A1} \cdot a_{10} + \beta'_{A2} \cdot a_{20})\,.$$

Die Stabendmomente und die Längskräfte in den Bogenscheiteln werden mit den Angaben der Tabelle auf S. 352 aus

$$M_J^{(k)} = M_{J0}^{(k)} + \varphi_A\,M_{JA}^{(k)} + \varphi_B\,M_{JB}^{(k)} + \psi_1\,M_{J1}^{(k)} + \psi_2\,M_{J2}^{(k)}$$

erhalten.

6. Einflußlinie des Momentes $M_A^{(e)}$

$$M_A^{(e)} = M_{A0}^{(e)} + \varphi_A \cdot M_{AA}^{(e)} + \varphi_B \cdot M_{AB}^{(e)} + \psi_1 \cdot M_{A1}^{(e)} + \psi_2 \cdot M_{A2}^{(e)} = M_{A0}^{(e)} + M_{A*}^{(e)}\,.$$

Abgesehen von dem ersten Glied, der Einflußlinie im geometrisch bestimmten Hauptsystem, stellen die einzelnen Glieder die mit konstanten Zahlenwerten erweiterten Einflußlinien der Überzähligen dar. Die Einflußlinie φ_A ist die Biegelinie infolge $\mathsf{M}_A = 1$, die Einflußlinie ψ_1 ist die Biegelinie infolge zweier Kräfte $1/l_s$ an den Knoten A und E. Der Anteil $M_{A*}^{(e)}$ ergibt sich also als die Biegelinie des Lastgurtes infolge der Lasten $\mathsf{M}_A = M^{(e)}_{AA}$, $\mathsf{M}_B = M^{(e)}_{AB}$, $\mathsf{M}_g = M^{(e)}_{A1}$, $\mathsf{M}_h = M^{(e)}_{A2}$. Belastungsglieder hierfür:

$$l\,a_{A0} = l\,\mathsf{M}_A = +10{,}6413, \qquad l\,a_{B0} = l\,\mathsf{M}_B = -5{,}9517,$$

$$l\,a_{10} = l\,\mathsf{M}_g = +19{,}0209, \qquad l\,a_{20} = l\,\mathsf{M}_h = -25{,}7342.$$

Überzählige:

$$\varphi^*_{A,Ae} = -\frac{1}{1000}\,(-28{,}04226\cdot 10{,}6413 + 0{,}91125\cdot 5{,}9517 + 4{,}65360\cdot 19{,}0209$$
$$+ 1{,}78022\cdot 25{,}7342) = +0{,}158654,$$

$$\varphi^*_{B,Ae} = -0{,}006338, \qquad \psi^*_{1,Ae} = +0{,}024008, \qquad \psi^*_{2,Ae} = -0{,}034253$$

Anschlußkräfte

$M^{(a)}_{C,Ae}$	$-$ 0,0787031	$M^{(c)}_{A,Ae}$	$+$ 0,1721424	$M^{(e)}_{B,Ae}$	$-$ 0,0533119
$N_{3,Ae}$	$+$ 0,0268961	$N_{4,Ae}$	$-$ 0,0421047	$N_{5,Ae}$	$+$ 0,0152086
$M^{(b)}_{A,Ae}$	$+$ 0,1205022	$M^{(d)}_{B,Ae}$	$-$ 0,1320131	$M^{(f)}_{D,Ae}$	$+$ 0,0516402

Die Biegelinie $M^{(e)}_{A*}$ setzt sich aus zwei Anteilen zusammen: Verschiebung der Bogensehnen und Verschiebungen relativ zu den Bogensehnen. Diese werden durch Verwendung der Biegelinien η_1, η_2', η_2 infolge der in Abb. 326 angegebenen Belastungen erhalten. Die Biegelinien sind mit den Formeln der Tabelle 16 berechnet und in der folgenden Tabelle zusammengestellt.

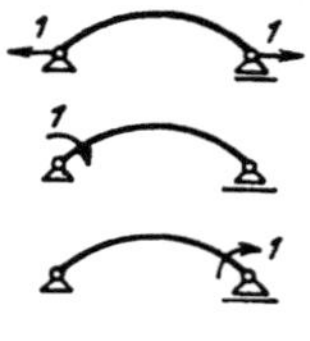

Abb. 326.

x	η_1	η_2'	η_2
0	0	0	0
1,78	+ 64,340	+ 10,7037	− 5,6918
3,56	+ 117,744	+ 17,3690	− 11,0942
5,34	+ 157,898	+ 20,9931	− 15,6826
7,12	+ 182,540	+ 22,2356	− 19,2557
8,90	+ 190,834	+ 21,5398	− 21,5398
10,68	+ 182,540	+ 19,2557	− 22,2356
12,46	+ 157,898	+ 15,6826	− 20,9931
14,24	+ 117,744	+ 11,0942	− 17,3690
16,02	+ 64,340	+ 5,6918	− 10,7037
17,80	0	0	0

Bereich 3:

$$M^{(e)}_{A*} = -d\varphi^*_{A,Ae}\cdot\xi + M^{(a)}_{C,Ae}\cdot\eta_2' + M^{(b)}_{A,Ae}\cdot\eta_2 + N_{3,Ae}\cdot\eta_1$$
$$= -0{,}174519\,\xi - 0{,}078703\,\eta_2' + 0{,}120502\,\eta_2 + 0{,}026896\,\eta_1.$$

Bereich 4:

$$M^{(e)}_{A*} = +d\varphi^*_{A,Ae}\cdot\xi' - d\varphi^*_{B,Ae}\cdot\xi + M^{(c)}_{A,Ae}\cdot\eta_2' + M^{(d)}_{B,Ae}\cdot\eta_2 + N_{4,Ae}\cdot\eta_1$$
$$= +0{,}174519\,\xi' + 0{,}006972\,\xi + 0{,}172142\,\eta_2' - 0{,}130013\,\eta_2 - 0{,}042105\,\eta_1.$$

Bereich 5:

$$M^{(e)}_{A*} = +d\varphi^*_{B,Ae}\cdot\xi' + M^{(e)}_{B,Ae}\cdot\eta_2' + M^{(f)}_{D,Ae}\cdot\eta_2 + N_{5,Ae}\cdot\eta_1$$
$$= -0{,}006972\,\xi' - 0{,}053312\,\eta_2' + 0{,}051640\,\eta_2 + 0{,}015209\,\eta_1.$$

Die Einflußlinie $M^{(e)}_{A0}$ ist die Einflußlinie für das starr eingespannte Gewölbe, erstreckt sich also nur über den Bereich 4. Für das Hauptsystem Abb. 288 ($J \equiv A$) ist

$$M^{(e)}_{A0} = X_1\cdot y_0 - X_2\cdot l/2 + X_3$$
$$= \frac{\delta_{1m}}{\delta_{11}}\,y_0 - \frac{\delta_{2m}}{\delta_{22}}\,\frac{l}{2} + \frac{\delta_{3m}}{\delta_{33}}.$$

Die Verwendung der Funktionen η_1, η_2, η_2' führt zu

$$\delta_{1m} = \eta_1 - y_0\,(\eta_2' - \eta_2), \qquad \delta_{2m} = \frac{l}{2}\,(\eta_2' + \eta_2), \qquad \delta_{3m} = -(\eta_2' - \eta_2),$$

und mit einer einfachen Umrechnung zu

$$M^{(c)}_{A0} = \frac{c_3}{l^2} \eta_1 - \frac{c_1}{l} \eta'_2 - \frac{c_2}{l} \eta_2$$
$$= 0{,}062858\, \eta_1 - 0\ 379051\, \eta'_2 + 0{,}144567\, \eta_2 .$$

Die Ordinaten der Einflußlinie $M^{(c)}_A$ sind in Abb. 327 aufgetragen.

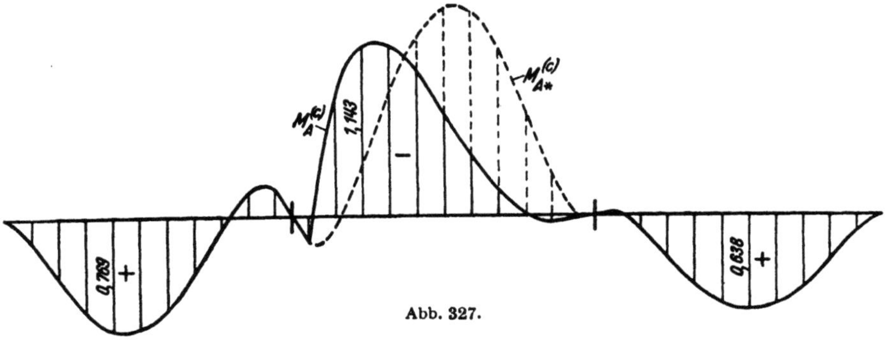

Abb. 327.

42. Symmetrie des Tragwerks.

Die geometrischen und elastischen Eigenschaften zahlreicher Tragwerke können auf Symmetrieachsen bezogen werden, so daß symmetrische Kraftwirkungen auch symmetrische Verschiebungszustände, antimetrische Kraftwirkungen antimetrische Verschiebungszustände erzeugen. Die Anzahl der unbekannten unabhängigen Komponenten ist dann wesentlich kleiner, so daß die Rechnung vereinfacht und abgekürzt wird (Abschn. 27).

Die symmetrisch zugeordneten Knoten- und Stabdrehwinkel sind bei Antimetrie der Belastung gleich groß, bei Symmetrie entgegengesetzt gleich. Die Symmetriepunkte des Tragwerks erfahren bei Antimetrie der Belastung keine Verschiebung in Richtung der Symmetrieachse, während bei Symmetrie der Belastung nicht nur die Knotendrehwinkel und die waagerechten Verschiebungen der Querschnitte der Symmetrieachse Null sind, sondern auch die Drehwinkel derjenigen Stäbe, welche die Symmetrieachse unter 90° schneiden oder mit ihr zusammenfallen. Sind die Längenänderungen der Stäbe Null, so gilt das gleiche oft auch von allen anderen Stabdrehwinkeln. Das geometrische Bild ist daher bei Symmetrie der Belastung durch eine kleinere Anzahl von unbekannten Komponenten bestimmt als bei Antimetrie. Für den Spannungszustand gilt das Gegenteil, so daß die Untersuchung je nach der Belastungsform mit der Berechnung der unabhängigen Verschiebungen φ_J, ψ_c oder der statisch unbestimmten Schnittkräfte eingeleitet werden kann.

Eine beliebige Belastung darf nach dem Superpositionsgesetz in zwei oder vier Anteile zerlegt werden, wenn eine oder mehrere Symmetrieachsen vorhanden sind. Jeder Anteil ist zu den Achsen symmetrisch oder antimetrisch, so daß die Verschiebungszustände aus der Spiegelung eines Teilbildes entwickelt werden können. In diesem Falle genügt die Berechnung der unabhängigen Komponenten dieses Abschnittes. Damit ist ein Weg zur vereinfachten Anwendung der Ansätze $\delta A_J = 0$, $\delta A_c = 0$ gezeigt worden.

Die Symmetrie des Tragwerks zu einer oder mehreren Achsen kann bei Umordnung der vorgeschriebenen Belastung zur Bildung von Gruppen unabhängiger, geometrisch zugeordneter Komponenten des Verschiebungszustandes ebenso verwendet werden, wie dies in Abschnitt 28 für statisch unbestimmte Schnittkräfte angegeben worden ist. Der Ansatz entsteht auch hier durch Addition und Subtraktion symmetrisch zugeordneter Bedingungsgleichungen unter Einführung neuer Unbekannter.

Sind in einem Tragwerk mit einer Symmetrieachse die Knotendrehwinkel φ_J, χ_J symmetrisch zugeordnet, so lassen sich diese zu Gruppenbewegungen

$$\mu_J = \frac{\varphi_J - \chi_J}{2}, \qquad \varrho_J = \frac{\varphi_J + \chi_J}{2} \tag{588}$$

zusammenfassen, die bei der Entwicklung des Spannungs- und Verschiebungszustandes als neue unabhängige Komponenten verwendet werden. Die Komponenten ψ_c lassen sich von vornherein so auswählen, daß die in ihren unabhängigen Elementen zugeordneten Bewegungen ${}^{(1)}\Gamma_c$, ${}^{(2)}\Gamma_c$ symmetrisch oder antimetrisch sind. Sie werden durch die Komponenten μ_c und ϱ_c beschrieben. Die Überzähligen μ, ϱ ergeben sich bei der Umordnung der Belastung in den symmetrischen und den antimetrischen Anteil unabhängig voneinander, wenn die Bedingungen für das Gleichgewicht der äußeren Kräfte mit dem Prinzip der virtuellen Arbeiten für symmetrische Geschwindigkeitszustände $\dot{\mu}_J = 1$ $(\dot{\varphi}_J = 1,\ -\dot{\chi}_J = 1)$, $\dot{\mu}_c = 1$ oder für antimetrische Geschwindigkeitszustände $\dot{\varrho}_J = 1$ $(\dot{\varphi}_J = 1,\ \dot{\chi}_J = 1)$, $\dot{\varrho}_c = 1$ entwickelt werden. Die Bedingungsgleichungen erhalten nach S. 194 bei symmetrischer Belastung die Bezeichnung ${}^{(1)}\delta A_J = 0$, ${}^{(1)}\delta A_c = 0$, bei antimetrischer Belastung die Bezeichnung ${}^{(2)}\delta A_J = 0$, ${}^{(2)}\delta A_c = 0$. Die erste Gruppe liefert die Überzähligen μ_J, μ_c infolge symmetrischer Belastung, die zweite Gruppe die Überzähligen ϱ_J, ϱ_c infolge antimetrischer Belastung. Die Lösung zerfällt daher in zwei voneinander unabhängige Teile. Bei Symmetrie der Belastung ist

$$\mu_J = {}^{(1)}\varphi_J = -{}^{(1)}\chi_J, \tag{589}$$

bei Antimetrie der Belastung

$$\varrho_J = {}^{(2)}\varphi_J = {}^{(2)}\chi_J. \tag{590}$$

Schließlich wird ebenso wie auf S. 195

$$\varphi_J = {}^{(1)}\varphi_J + {}^{(2)}\varphi_J = \mu_J + \varrho_J, \qquad \chi_J = {}^{(1)}\chi_J + {}^{(2)}\chi_J = -\mu_J + \varrho_J. \tag{591}$$

Die Rechenvorschrift stimmt nach Ansatz und Lösung mit Abschnitt 28 überein und kann bei Symmetrie des Tragwerks nach zwei Achsen ebenso wie dort erweitert werden. Selbstverständlich besteht auch die Möglichkeit, durch eine algebraische Transformation der unabhängigen Komponenten des Verschiebungszustandes allgemeine Gruppenbewegungen nach Abschnitt 36 zu bilden, die unabhängig voneinander berechnet werden. Die Transformation wird dabei derart festgesetzt, daß die virtuellen Arbeiten a_{JK}, a_{Jc}, a_{bc} Null sind.

Symmetrischer Stockwerkrahmen mit zwei Pfosten. Symmetrisch zugeordnete Knotendrehwinkel φ_J, χ_J; symmetrisch zugeordnete Stabdrehwinkel ϑ_i, ν_i (Abb. 328).

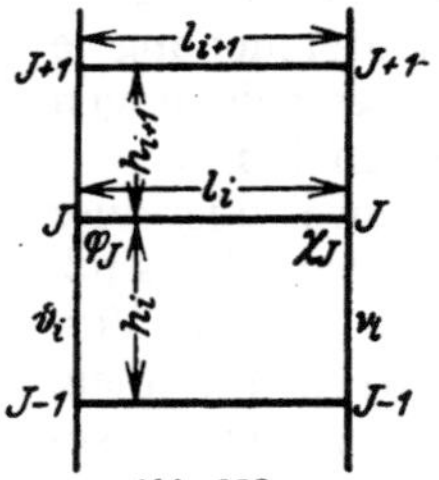

Abb. 328.

Belastung von Pfosten und Riegel; Umordnung der Belastung in den symmetrischen und den antimetrischen Anteil:

$$\left.\begin{aligned} \mu_J &= \frac{\varphi_J - \chi_J}{2}, \qquad & \mu_i &= \frac{\vartheta_i - \nu_i}{2} = 0, \\ \varrho_J &= \frac{\varphi_J + \chi_J}{2}, \qquad & \varrho_i &= \frac{\vartheta_i + \nu_i}{2} = \psi_i. \end{aligned}\right\} \tag{592}$$

Symmetrischer Anteil:

$$\varrho_J = 0; \qquad \mu_J = {}^{(1)}\varphi_J = -{}^{(1)}\chi_J + 0, \qquad \psi_i = {}^{(1)}\vartheta_i = {}^{(1)}\nu_i = 0.$$

Statische Bedingung: Kette ${}^{(1)}\Gamma_J$, Bewegungszustand $\dot{\mu}_J = 1$: $\dot{\varphi}_J = 1$, $-\dot{\chi}_J = 1$.

$${}^{(1)}\delta A_J = \mu_{J-1}\,{}^{(1)}a_{J(J-1)} + \mu_J\,{}^{(1)}a_{JJ} + \mu_{J+1}\,{}^{(1)}a_{J(J+1)} + {}^{(1)}a_{J0} = 0, \tag{593}$$

$${}^{(1)}a_{J(J-1)} = -2\left(\frac{2}{h_i'}\right), \quad {}^{(1)}a_{JJ} = -2\left(\frac{2}{l_i'} + \frac{4}{h_i'} + \frac{4}{h_{i+1}'}\right), \quad {}^{(1)}a_{J(J+1)} = -2\left(\frac{2}{h_{i+1}'}\right),$$

$${}^{(1)}a_{J0} = -2\left(M_{J0}^{(i)} + M_{J0}^{(\bar{i})} + M_{J0}^{(\overline{i+1})}\right).$$

Antimetrischer Anteil:

$$\mu_J = 0\,, \qquad \varrho_J = {}^{(2)}\varphi_J = {}^{(2)}\chi_J \neq 0\,, \qquad \psi_i = {}^{(2)}\vartheta_i = {}^{(2)}\nu_i \neq 0\,.$$

Statische Bedingungen: Kette ${}^{(2)}\Gamma_J$, Bewegungszustand $\varrho_J = 1$: $\dot\varphi_J = 1$, $\dot\chi_J = 1$.

$$\left.\begin{aligned} {}^{(2)}\delta A_J = \varrho_{J-1}\,{}^{(2)}a_{J(J-1)} + \varrho_J\,{}^{(2)}a_{JJ} + \varrho_{J+1}\,{}^{(2)}a_{J(J+1)} \\ + \psi_i\,{}^{(2)}a_{Ji} + \psi_{i+1}\,{}^{(2)}a_{J(i+1)} + {}^{(2)}a_{J0} = 0\,. \end{aligned}\right\} \tag{594}$$

Kette ${}^{(2)}\Gamma_i$, Bewegungszustand: $\dot\psi_i = 1$, $\dot\vartheta_i = 1$, $\dot\nu_i = 1$.

$${}^{(2)}\delta A_i = \varrho_{J-1}\,{}^{(2)}a_{i(J-1)} + \varrho_J\,{}^{(2)}a_{iJ} + \psi_i\,{}^{(2)}a_{ii} + {}^{(2)}a_{i0} = 0\,, \tag{595}$$

$${}^{(2)}a_{J(J-1)} = -2\left(\frac{2}{h'_i}\right), \quad {}^{(2)}a_{JJ} = -2\left(\frac{6}{l'_i} + \frac{4}{h'_i} + \frac{4}{h'_{i+1}}\right), \quad {}^{(2)}a_{J(J+1)} = -2\left(\frac{2}{h'_{i+1}}\right),$$

$${}^{(2)}a_{Ji} = {}^{(2)}a_{iJ} = {}^{(2)}a_{i(J-1)} = 2\left(\frac{6}{h'_i}\right), \quad {}^{(2)}a_{J(i+1)} = {}^{(2)}a_{(i+1)J} = 2\left(\frac{6}{h'_{i+1}}\right), \quad {}^{(2)}a_{ii} = -2\left(\frac{12}{h'_i}\right),$$

$${}^{(2)}a_{J0} = -2\left(M_{J0}^{(i)} + M_{J0}^{(\bar i)} + M_{J0}^{(\overline{i+1})}\right), \qquad {}^{(2)}a_{i0} = 2\left(M_0^{(\bar i)} + h_i \sum_J^N W_K\right).$$

(Die Indizes $(\bar i)$, $(\overline{i+1})$ bezeichnen die Pfosten, der Index N den obersten Riegel.)

Die Gl. (593) zur Berechnung der Gruppenverschiebungen μ_J sind dreigliedrig. Die Gl. (594) mit den Unbekannten ϱ_J erhalten nach Substitution der unbekannten Komponenten ψ_i aus den Ansätzen (595) für ${}^{(2)}\delta A_i = 0$ dieselbe Form. Sie werden nach Abschnitt 29 aufgelöst. Die Ergebnisse dienen zunächst zur Berechnung von ψ_i, so daß sich die Anschlußmomente für den symmetrischen und für den antimetrischen Belastungsanteil und daraus diejenigen für die vorgeschriebene Belastung angeben lassen.

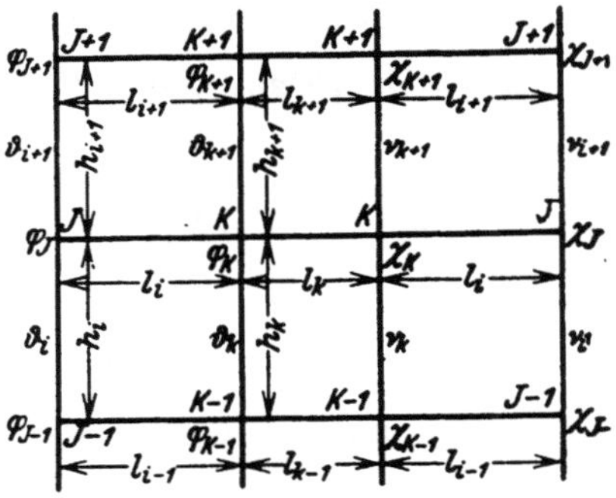

Abb. 329.

Symmetrischer Stockwerkrahmen mit vier Pfosten. Symmetrisch zugeordnete Knotendrehwinkel φ_J, χ_J und φ_K, χ_K, symmetrisch zugeordnete Stabdrehwinkel $\vartheta_i = \vartheta_k$ und $\nu_i = \nu_k$ (Abb. 329).

Belastung der äußeren Pfosten und der Riegel; Umordnung der Belastung in den symmetrischen und den antimetrischen Anteil.

$$\left.\begin{aligned} \mu_J &= \frac{\varphi_J - \chi_J}{2}\,, & \mu_K &= \frac{\varphi_K - \chi_K}{2}\,, & \mu_i &= \frac{\vartheta_i - \nu_i}{2} = 0\,, \\ \varrho_J &= \frac{\varphi_J + \chi_J}{2}\,, & \varrho_K &= \frac{\varphi_K + \chi_K}{2}\,, & \varrho_i &= \frac{\vartheta_i + \nu_i}{2} = \psi_i\,. \end{aligned}\right\} \tag{596}$$

Symmetrischer Anteil: $\varrho_J = 0$, $\quad \mu_J = {}^{(1)}\varphi_J = -\,{}^{(1)}\chi_J \neq 0$;

$$\varrho_K = 0\,, \qquad \mu_K = {}^{(1)}\varphi_K = -\,{}^{(1)}\chi_K \neq 0\,; \qquad \psi_i = {}^{(1)}\vartheta_i = {}^{(1)}\nu_i = 0\,.$$

Statische Bedingungen: Kette ${}^{(1)}\Gamma_J$, Bewegungszustand $\dot\mu_J = 1$: $\dot\varphi_J = 1$, $-\dot\chi_J = 1$.

$$\left.\begin{aligned} {}^{(1)}\delta A_J = \mu_{J-1}\,{}^{(1)}a_{J(J-1)} + \mu_J\,{}^{(1)}a_{JJ} + \mu_{J+1}\,{}^{(1)}a_{J(J+1)} \\ + \mu_K\,{}^{(1)}a_{JK} + {}^{(1)}a_{J0} = 0\,. \end{aligned}\right\} \tag{597}$$

Kette ${}^{(1)}\Gamma_K$, Bewegungszustand $\dot\mu_K = 1$: $\dot\varphi_K = 1$, $-\dot\chi_K = 1$,

$$\left.\begin{aligned} {}^{(1)}\delta A_K = \mu_J\,{}^{(1)}a_{KJ} + \mu_{K-1}\,{}^{(1)}a_{K(K-1)} + \dot\mu_K\,{}^{(1)}a_{KK} \\ + \mu_{K+1}\,{}^{(1)}a_{K(K+1)} + {}^{(1)}a_{K0} = 0\,, \end{aligned}\right\} \tag{598}$$

$$^{(1)}a_{JJ} = -2\left(\frac{4}{l'_i} + \frac{4}{h'_i} + \frac{4}{h'_{i+1}}\right), \qquad ^{(1)}a_{KK} = -2\left(\frac{2}{l'_k} + \frac{4}{l'_i} + \frac{4}{h'_k} + \frac{4}{h'_{k+1}}\right),$$

$$^{(1)}a_{JK} = -2\left(\frac{2}{l'_i}\right), \qquad ^{(1)}a_{J0} = -2\,(M^{(i)}_{J0} + M^{(\bar{i})}_{J0} + M^{(\overline{i+1})}_{J0}),$$

$$a^{(1)}_{K0} = -2\,(M^{(i)}_{K0} + M^{(k)}_{K0} + M^{(\bar{k})}_{K0} + M^{(\overline{k+1})}_{K0}).$$

Die übrigen Vorzahlen erhalten denselben Betrag wie beim Stockwerkrahmen mit zwei Pfosten.

Antimetrischer Anteil: $\mu_J = 0,\quad \varrho_J = {}^{(2)}\varphi_J = {}^{(2)}\chi_J \neq 0;$

$\mu_K = 0,\quad \varrho_K = {}^{(2)}\varphi_K = {}^{(2)}\chi_K \neq 0;\quad \psi_i = {}^{(2)}\vartheta_i = {}^{(2)}\nu_i \neq 0.$

Statische Bedingungen: Kette ${}^{(2)}\Gamma_J$, Bewegungszustand $\dot{\varrho}_J = 1$: $\dot{\varphi}_J = 1$, $\dot{\chi}_J = 1$.

$$\left.\begin{aligned} {}^{(2)}\delta A_J = \varrho_{J-1}\,{}^{(2)}a_{J(J-1)} + \varrho_J\,{}^{(2)}a_{JJ} + \varrho_{J+1}\,{}^{(2)}a_{J(J+1)} + \varrho_K\,{}^{(2)}a_{JK} \\ + \psi_i\,{}^{(2)}a_{Ji} + \psi_{i+1}\,{}^{(2)}a_{J(i+1)} + {}^{(2)}a_{J0} = 0, \end{aligned}\right\} \tag{599}$$

Kette ${}^{(2)}\Gamma_K$, Bewegungszustand $\dot{\varrho}_K = 1$, $\dot{\varphi}_K = 1$, $\dot{\chi}_K = 1$,

$$\left.\begin{aligned} {}^{(2)}\delta A_K = \varrho_J\,{}^{(2)}a_{KJ} + \varrho_{K-1}\,{}^{(2)}a_{K(K-1)} + \varrho_K\,{}^{(2)}a_{KK} + \varrho_{K+1}\,{}^{(2)}a_{K(K+1)} \\ + \psi_i\,{}^{(2)}a_{Ki} + \psi_{i+1}\,{}^{(2)}a_{K(i+1)} + {}^{(2)}a_{K0} = 0, \end{aligned}\right\} \tag{600}$$

Kette ${}^{(2)}\Gamma_i$, Bewegungszustand $\dot{\psi}_i = 1$: $\vartheta_i = 1$, $\nu_i = 1$.

$$\left.\begin{aligned} {}^{(2)}\delta A_i = \varrho_{J-1}\,{}^{(2)}a_{i(J-1)} + \varrho_J\,{}^{(2)}a_{iJ} + \varrho_{K-1}\,{}^{(2)}a_{i(K-1)} + \varrho_K\,{}^{(2)}a_{iK} \\ + \psi_i\,{}^{(2)}a_{ii} + {}^{(2)}a_{i0} = 0, \end{aligned}\right\} \tag{601}$$

$$^{(2)}a_{J(J-1)} = -2\left(\frac{2}{h'_i}\right), \qquad ^{(2)}a_{JJ} = -2\left(\frac{4}{l'_i} + \frac{4}{h'_i} + \frac{4}{h'_{i+1}}\right),$$

$$^{(2)}a_{J(J+1)} = -2\left(\frac{2}{h'_{i+1}}\right), \qquad ^{(2)}a_{JK} = {}^{(2)}a_{KJ} = -2\left(\frac{2}{l'_i}\right),$$

$$^{(2)}a_{Ji} = {}^{(2)}a_{iJ} = {}^{(2)}a_{i(J-1)} = 2\left(\frac{6}{h'_i}\right), \qquad ^{(2)}a_{J(i+1)} = \cdot 2\left(\frac{6}{h'_{i+1}}\right),$$

$$^{(2)}a_{J0} = -2\,(M^{(i)}_{J0} + M^{(\bar{i})}_{J0} + M^{(\overline{i+1})}_{J0}), \qquad ^{(2)}a_{K(K-1)} = -2\left(\frac{2}{h'_k}\right),$$

$$^{(2)}a_{KK} = -2\left(\frac{4}{l'_i} + \frac{4}{h'_k} + \frac{4}{h'_{k+1}} + \frac{6}{l'_k}\right), \qquad ^{(2)}a_{K(K+1)} = -2\left(\frac{2}{h'_{k+1}}\right),$$

$$^{(2)}a_{Ki} = {}^{(2)}a_{iK} = {}^{(2)}a_{i(K-1)} = 2\left(\frac{6}{h'_k}\right), \qquad ^{(2)}a_{K(i+1)} = 2\left(\frac{6}{h'_{k+1}}\right),$$

$$^{(2)}a_{K0} = -2\,(M^{(i)}_{K0} + M^{(k)}_{K0}), \qquad ^{(2)}a_{ii} = -2\left(\frac{12}{h'_i} + \frac{12}{h'_k}\right),$$

$$^{(2)}a_{i0} = 2\,(M^{(\bar{i})}_0 + h_i \sum_J^N W_K).$$

(Die Indizes $(\bar{i})$ $(\overline{i+1})$ bezeichnen die Pfosten, der Index N den obersten Riegel.)

Die Gleichungen (601) werden zur Substitution der unabhängigen Komponenten ψ_i, ψ_{i+1} in den Gleichungen (599) und (600) verwendet. Diese enthalten dann dieselben sechs Gruppenverschiebungen $\varrho_{J-1} \ldots \varrho_{K+1}$. Der antimetrische Teil des Ansatzes besteht also aus sechsgliedrigen Bedingungsgleichungen. Die Gleichungen (597), (598) des symmetrischen Teils verknüpfen vier unbekannte Gruppenverschiebungen μ.

Symmetrischer Stockwerkrahmen mit drei Pfosten. Symmetrisch zugeordnete Knotendrehwinkel φ_J, χ_J, symmetrisch zugeordnete Stabdrehwinkel ϑ_i, ν_i (Abb. 330).

Belastung der äußeren Pfosten und der Riegel. Umordnung der Belastung in den symmetrischen und den antimetrischen Anteil.

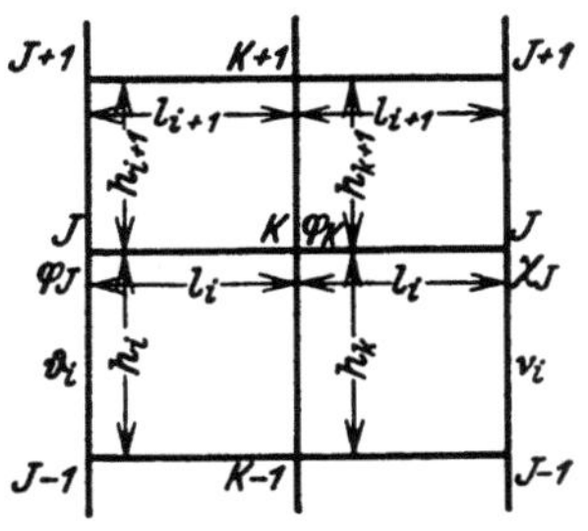

Abb. 330.

$$\left.\begin{aligned} \mu_J &= \frac{\varphi_J - \chi_J}{2}, & \mu_K &= 0, \\ \varrho_J &= \frac{\varphi_J + \chi_J}{2}, & \varrho_K &= 2\frac{\varphi_K}{2}, \\ \mu_i &= \frac{\vartheta_i - \nu_i}{2} = 0, & \varrho_i &= \frac{\vartheta_i + \nu_i}{2} = \psi_i. \end{aligned}\right\} \qquad (602)$$

Symmetrischer Anteil: $\varrho_J = 0$, $\mu_J = {}^{(1)}\varphi_J = -{}^{(1)}\chi_J \neq 0$;

$$\varrho_K = {}^{(1)}\varphi_K = 0, \qquad \psi_i = {}^{(1)}\vartheta_i = {}^{(1)}\nu_i = 0.$$

Die statischen Bedingungen für die äußeren Kräfte an der Kette ${}^{(1)}\Gamma_J$ und den Bewegungszustand $\dot{\mu}_J = 1$ mit $\dot{\varphi}_J = 1$, $-\dot{\chi}_J = 1$ werden nach (597) auf S. 357 angeschrieben.

$${}^{(1)}a_{J(J-1)} = -2\left(\frac{2}{h_i'}\right), \quad {}^{(1)}a_{JJ} = -2\left(\frac{4}{l_i'} + \frac{4}{h_i'} + \frac{4}{h_{i+1}'}\right), \quad {}^{(1)}a_{J(J+1)} = -2\left(\frac{2}{h_{i+1}'}\right),$$

$${}^{(1)}a_{J0} = -2\,(M_{J0}^{(i)} + M_{J0}^{(\bar{i})} + M_{J0}^{(\overline{i+1})}).$$

Antimetrischer Anteil: $\mu_J = 0$, $\varrho_J = {}^{(2)}\varphi_J = {}^{(2)}\chi_J \neq 0$;

$$\varrho_K = {}^{(2)}\varphi_K \neq 0, \qquad \psi_i = {}^{(2)}\vartheta_i = {}^{(2)}\nu_i \neq 0.$$

Die statischen Bedingungen ${}^{(2)}\delta A_J = 0$, ${}^{(2)}\delta A_K = 0$, ${}^{(2)}\delta A_i = 0$ für die äußeren Kräfte an den Stabketten ${}^{(2)}\Gamma_J$, ${}^{(2)}\Gamma_K$, ${}^{(2)}\Gamma_i$ erhalten dieselbe Form wie die Gleichungen (599) bis (601) beim Stockwerkrahmen mit vier Pfosten. Dasselbe gilt bis auf die folgenden Angaben auch von deren Vorzahlen:

$${}^{(2)}a_{KK} = -2\left(\frac{4}{l_i'} + \frac{2}{h_k'} + \frac{2}{h_{k+1}'}\right), \quad {}^{(2)}a_{Ki} = {}^{(2)}a_{(K-1)i} = 2\left(\frac{3}{h_k'}\right), \quad a_{K(i+1)} = 2\left(\frac{3}{h_{k+1}'}\right),$$

$${}^{(2)}a_{ii} = -2\left(\frac{12}{h_i'} + \frac{6}{h_k'}\right), \quad {}^{(2)}a_{K0} = -2\,M_{K0}^{(i)}, \quad {}^{(2)}a_{i0} = 2\,(M_0^{(\bar{i})} + h_i \sum_J^N W_K).$$

Der Ansatz für den symmetrischen Anteil ist wiederum dreigliedrig, der Ansatz für den antimetrischen Anteil wird nach S. 357 aufgelöst.

Statische Untersuchung eines symmetrischen Stockwerkrahmens mit vier Pfosten (Abb. 331); Binderabstand: 5,20 m.

1. Geometrische Grundlagen. Die Stablängen und die Trägheitsmomente der Querschnitte sind in Abb. 331 eingetragen. $J_c = 38{,}2$ dm^4. Die auf drei Stellen abgerundeten reziproken Werte der reduzierten Stablängen gelten als fehlerfreie geometrische Grundlage der Untersuchung.

Index	1/red. Länge		Index	1/red. Länge	
	Riegel	Pfosten		Riegel	Pfosten
a	0,167	0,562	*h*	0,314	0,787
b	0,167	0,340	*i*	0,314	0,455
c	0,167	0,254	*k*	0,314	0,341
d	0,167	0,254	*l*	0,314	0,341
e	0,167	0,198	*m*	0,314	0,254
f	0,167	0,085	*n*	0,314	0,106
g	0,105	0,059	*r*	0,211	0,059

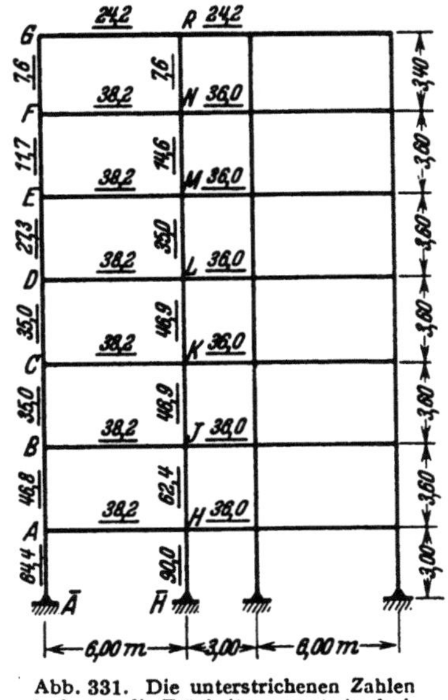

Abb. 331. Die unterstrichenen Zahlen bedeuten die Trägheitsmomente in dm^4.

A. Symmetrie der Belastung.

Lösung nach S. 357 mit $\varphi_J = -\chi_J$, $\varphi_K = -\chi_K$, $\vartheta_i = 0$, $\nu_i = 0$ (Abb. 329).

2. Geometrisch überzählige Größen des Ansatzes.

$$\mu_J = \tfrac{1}{2}(\varphi_J - \chi_J)\,, \qquad \mu_K = \tfrac{1}{2}(\varphi_K - \chi_K)\,,$$

so daß

$$\varphi_J = -\chi_J = \mu_J\,, \qquad \varphi_K = -\chi_K = \mu_K\,.$$

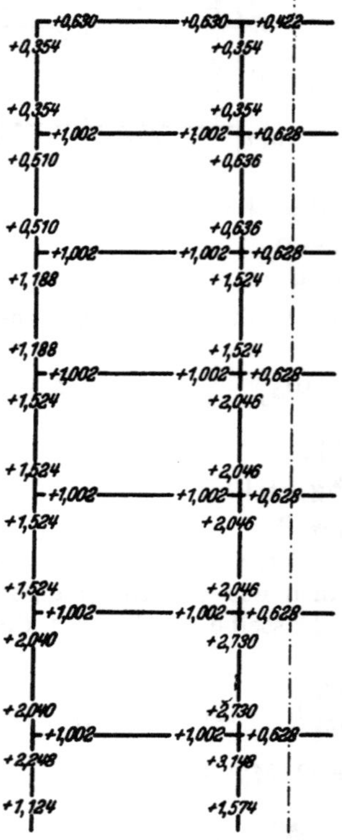

Abb. 332.
Anschlußmomente des Zustandes Σ_1 ($\mu_A = \mu_B = \cdots = \mu_R = 1$).

3. Matrix der statischen Bedingungen (597) u. (598). Entwicklung der Vorzahlen der Gleichungen:

$$a_{AA} = -2\left(\frac{4}{h'_a} + \frac{4}{l'_a} + \frac{4}{h'_b}\right) = -8{,}552\,;$$

$$a_{AB} = -2\left(\frac{2}{h'_b}\right) = -1{,}360\,; \qquad a_{AH} = -2\left(\frac{2}{l'_a}\right) = -0{,}668\,;$$

$$a_{KC} = -2\left(\frac{2}{l'_c}\right) = -0{,}668\,; \qquad a_{KJ} = -2\left(\frac{2}{h'_k}\right) = -1{,}364\,;$$

$$a_{KL} = -2\left(\frac{2}{h'_l}\right) = -1{,}364\,;$$

$$a_{KK} = -2\left(\frac{2}{l'_k} + \frac{4}{h'_k} + \frac{4}{h'_l} + \frac{4}{l'_c}\right) = -8{,}048\,.$$

Ergebnis der vollständigen Rechnung auf S. 361.

4. Nachprüfung der Vorzahlen der Matrix. Die Summe der Vorzahlen einer Gleichung $\delta A_J = 0$

$$a_{J\Sigma} = \sum_{K=A}^{K=R} a_{JK}$$

kann als virtuelle Arbeit der Anschlußmomente aus $\mu_A = \mu_B = \cdots = \mu_R = 1$ (Zustand Σ_1, vgl. Abb. 332) an der mit $\dot{\mu}_J = 1$ angetriebenen kinematischen Kette Γ_J nachgeprüft werden, z. B.

$$a_{L\Sigma} = -2\,(M_L^{(\bar{l})} + M_L^{(d)} + M_L^{(l)} + M_L^{(\bar{m})}) = -10{,}400\,.$$

Die Summe $a_{\Sigma\Sigma}$ aller Vorzahlen der Matrix kann ebenfalls als virtuelle Arbeit der Stabendmomente des Zustandes Σ_1 an der mit $\dot{\mu}_A = \dot{\mu}_B = \cdots = \dot{\mu}_R = 1$ angetriebenen kinematischen Kette geprüft werden. Sie ist demnach gleich der negativen Summe der Stabendmomente an den Knoten.

5. Belastungsglieder a_{J0} für senkrechte Belastung der Seitenfelder mit $q = 2{,}08$ t/m. Der geometrisch bestimmte Anteil $M_{J0}^{(h)}$ der Anschlußmomente ist bei allen belasteten Riegelstäben gleich.

$$-M_{A0}^{(a)} = M_{H0}^{(a)} = \frac{q \cdot l^2}{12} = \frac{2{,}08 \cdot 6{,}0^2}{12} = 6{,}24 \text{ mt}\,,$$

$$a_{A0} = a_{B0} = a_{C0} = a_{D0} = a_{E0} = a_{F0} = +2 \cdot 6{,}24 = +12{,}48\,,$$

$$a_{H0} = a_{J0} = a_{K0} = a_{L0} = a_{M0} = a_{N0} = -2 \cdot 6{,}24 = -12{,}48\,,$$

$$a_{G0} = a_{R0} = 0\,.$$

6. Auflösung der Gleichungen durch Iteration nach Abschn. 30. Die Iteration stützt sich auf Annahmen für $\mu_B, \mu_C \ldots \mu_R$ in $\delta A_A = 0$, z. B. $\mu_B = 0, \mu_C = 0 \ldots \mu_R = 0$.
Ergebnis der Iteration:

μ_A	μ_B	μ_C	μ_D	μ_E	μ_F	μ_G
+ 1,2775	+ 1,5850	+ 1,8206	+ 1,8652	+ 2,8981	+ 5,8147	− 1,2650
μ_H	μ_J	μ_K	μ_L	μ_M	μ_N	μ_R
− 0,8997	− 1,1531	− 1,2823	− 1,3424	− 2,0746	− 3,9995	+ 0,6842

	μ_A	μ_B	μ_C	μ_D	μ_E	μ_F	μ_G	μ_H	μ_J	μ_K	μ_L	μ_M	μ_N	μ_R	a_{J0}	$\sum a_{JK}$
A	− 8,552	− 1,360						− 0,668							+ 12,48	− 10,580
B	− 1,360	− 6,088	− 1,016						− 0,668						+ 12,48	− 9,132
C		− 1,016	− 5,400	− 1,016						− 0,668					+ 12,48	− 8,100
D			− 1,016	− 4,952	− 0,792						− 0,668				+ 12,48	− 7,428
E				− 0,792	− 3,600	− 0,340						− 0,668			+ 12,48	− 5,400
F					− 0,340	− 2,488	− 0,236						− 0,668		+ 12,48	− 3,732
G						− 0,236	− 1,312							− 0,420	0	− 1,968
H	− 0,668							− 12,528	− 1,820						− 12,48	− 15,016
J		− 0,668						− 1,820	− 8,960	− 1,364					− 12,48	− 12,812
K			− 0,668						− 1,364	− 8,048	− 1,364				− 12,48	− 11,444
L				− 0,668						− 1,364	− 7,352	− 1,016			− 12,48	− 10,400
M					− 0,668						− 1,016	− 5,472	− 0,424		− 12,48	− 7,580
N						− 0,668						− 0,424	− 3,912	− 0,236	− 12,48	− 5,240
R							− 0,420						− 0,236	− 2,156	0	− 2,812

	ϱ_A	ϱ_B	ϱ_C	ϱ_D	ϱ_E	ϱ_F	ϱ_G	ϱ_H	ϱ_J	ϱ_K	ϱ_L
A	− 8,552	− 1,360						− 0,668			
B	− 1,360	− 6,088	− 1,016						− 0,668		
C		− 1,016	− 5,400	− 1,016						− 0,668	
D			− 1,016	− 4,952	− 0,792						− 0,6
E				− 0,792	− 3,600	− 0,340					
F					− 0,340	− 2,488	− 0,236				
G						− 0,236	− 1,312				
H	− 0,668							− 15,040	− 1,820		
J		− 0,668						− 1,820	− 11,472	− 1,364	
K			− 0,668						− 1,364	− 10,560	− 1,3
L				− 0,668						− 1,364	− 9,8
M					− 0,668						− 1,0
N						− 0,668					
R							− 0,420				
a	+ 6,744							+ 9,444			
b	+ 4,080	+ 4,080						+ 5,460	+ 5,460		
c		+ 3,048	+ 3,048						+ 4,092	+ 4,092	
d			+ 3,048	+ 3,048						+ 4,092	+ 4,0
e				+ 2,376	+ 2,376						+ 3,0
f					+ 1,020	+ 1,020					
g						+ 0,708	+ 0,708				

7. Superposition der Anteile der Stabendmomente aus Belastung und Formänderung nach (530)

$$M_C^{(c)} = 1/h_c' \cdot (4\,\varphi_C + 2\,\varphi_B) = 0{,}254 \cdot 10{,}4524 = +2{,}655 \text{ mt},$$
$$M_C^{(c)} = M_{C0}^{(c)} + 1/l_c' \cdot (4\,\varphi_C + 2\,\varphi_K) = -6{,}24 + 0{,}167 \cdot 4{,}7178 = -5{,}452 \text{ mt},$$
$$M_C^{(\bar d)} = 1/h_d' \cdot (4\,\varphi_C + 2\,\varphi_D) = 0{,}254 \cdot 11{,}0128 = +2{,}797 \text{ mt},$$
$$M_N^{(\bar n)} = 1/h_n' \cdot (4\,\varphi_N + 2\,\varphi_M) = 0{,}106\,(-20{,}1472) = -2{,}136 \text{ mt},$$
$$M_N^{(f)} = M_{N0}^{(f)} + 1/l_f' \cdot (4\,\varphi_N + 2\,\varphi_F) = +6{,}24 + 0{,}167\,(-\;4{,}3686) = +5{,}510 \text{ mt},$$
$$M_N^{(n)} = 1/l_n' \cdot 2\,\varphi_N = 0{,}314\,(-\;7{,}9990) = -2{,}512 \text{ mt},$$
$$M_N^{(\bar r)} = 1/h_r' \cdot (4\,\varphi_N + 2\,\varphi_R) = 0{,}059\,(-14{,}6296) = -0{,}863 \text{ mt}.$$

Die Rechnung wird für alle Stabknoten durchgeführt und das Ergebnis in der linken Hälfte der Abb. 333 eingetragen. Der Betrag für $pl^2/8 = 9{,}36$ mt und $pl^2/12 = 6{,}24$ mt dient als Vergleich.

r	ϱ_N	ϱ_R	ψ_a	ψ_b	ψ_c	ψ_d	ψ_e	ψ_f	ψ_g	a_{J0}	$\sum a_{JK}$
			+ 6,744	+ 4,080							+ 0,244
				+ 4,080	+ 3,048						− 2,004
					+ 3,048	+ 3,048					− 2,004
						+ 3,048	+ 2,376				− 2,004
68							+ 2,376	+ 1,020			− 2,004
	− 0,668							+ 1,020	+ 0,708		− 2,004
		− 0,420							+ 0,708		− 1,260
			+ 9,444	+ 5,460							− 2,624
				+ 5,460	+ 4,092						− 5,772
					+ 4,092	+ 4,092					− 5,772
16						+ 4,092	+ 3,048				− 5,772
84	− 0,424						+ 3,048	+ 1,272			− 5,772
24	− 6,424	− 0,236						+ 1,272	+ 0,708		− 5,772
	− 0,236	− 3,844							+ 0,708		− 3,792
			− 32,376							+ 68,70	− 16,188
				− 19,080						+ 70,56	0
					− 14,280					+ 57,60	0
						− 14,280				+ 44,64	0
48							− 10,848			+ 31,68	0
72	+ 1,272							− 4,584		+ 18,72	0
	+ 0,708	+ 0,708							− 2,832	+ 5,78	0

Die Anschlußmomente, bei belasteten Stäben unter Berücksichtigung der äußeren Kräfte, führen durch die Momentengleichungen der Stäbe zu den Querkräften. Diese liefern die Längskräfte aus den Gleichgewichtsbedingungen an den Knoten. In Abb. 333 sind auf der rechten Seite die Längs- und Querkräfte angegeben.

8. Nachprüfung der Rechnung nach S. 331. Die Summe der Stabendmomente ist an jedem Knotenpunkt Null, z. B. am Knotenpunkt N

$$\sum M_N = -2{,}136 + 5{,}510 - 2{,}512 - 0{,}863 = -0{,}001 \approx 0\,.$$

B. Antimetrie der Belastung.

Lösung nach S. 358 mit $\varphi_J = \chi_J$, $\varphi_K = \chi_K$, $\vartheta_i = \nu_i$ (Abb. 329).

2. Geometrisch überzählige Größen.

$$\varrho_J = \tfrac{1}{2}(\varphi_J + \chi_J)\,, \qquad \varrho_K = \tfrac{1}{2}(\varphi_K + \chi_K)\,, \qquad \psi_i = \tfrac{1}{2}(\vartheta_i + \nu_i)\,,$$

so daß

$$\varphi_J = \chi_J = \varrho_J\,, \qquad \varphi_K = \chi_K = \varrho_K\,, \qquad \vartheta_i = \nu_i = \psi_i\,.$$

3. Matrix der statischen Bedingungen (599) bis (601). Entwicklung der Vorzahlen der Gleichungen $\delta A_A = 0$, $\delta A_K = 0$.

$$a_{AA} = -2\left(\frac{4}{l'_a} + \frac{4}{h'_a} + \frac{4}{h'_b}\right) = -8{,}552\,,$$

$$a_{AB} = -2\left(\frac{2}{h'_b}\right) = -1{,}360\,; \qquad a_{AH} = -2\left(\frac{2}{l'_a}\right) = -0{,}668\,,$$

$$a_{Aa} = 2\left(\frac{6}{h'_a}\right) = +6{,}744\,, \qquad a_{Ab} = 2\left(\frac{6}{h'_b}\right) = 4{,}080\,,$$

$$a_{KK} = -2\left(\frac{4}{l'_c} + \frac{4}{h'_k} + \frac{4}{h'_l} + \frac{6}{l'_k}\right) = -10{,}560\,,$$

$$a_{KC} = -2\left(\frac{2}{l'_c}\right) = -0{,}668\,, \qquad a_{KJ} = -2\left(\frac{2}{h'_k}\right) = -1{,}364\,,$$

$$a_{KL} = -2\left(\frac{2}{h'_l}\right) = -1{,}364\,,$$

$$a_{Ke} = 2\left(\frac{6}{h'_k}\right) = +4{,}092\,, \qquad a_{Kd} = 2\left(\frac{6}{h'_l}\right) = +4{,}092\,.$$

Ergebnis der vollständigen Rechnung auf S. 362/3.

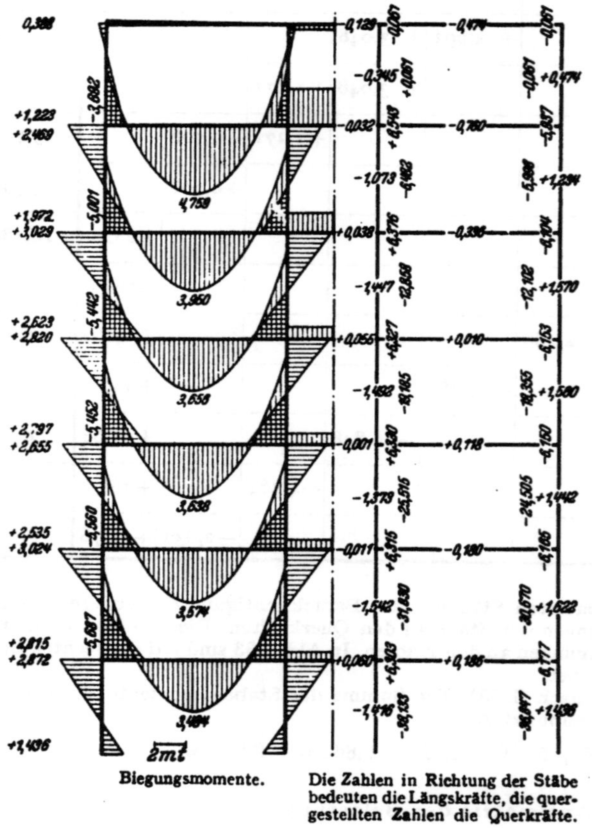

Biegungsmomente. Die Zahlen in Richtung der Stäbe bedeuten die Längskräfte, die quergestellten Zahlen die Querkräfte.

Abb. 333.

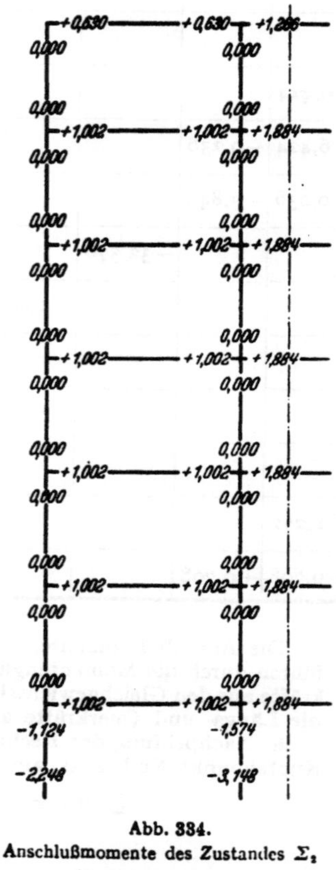

Abb. 334.
Anschlußmomente des Zustandes Σ_2
($\varrho_A = \varrho_B = \cdots = \varrho_R = \psi_a = \psi_b = \cdots = \psi_g = 1$).

4. Nachprüfung der Vorzahlen der Matrix. Die Summe der Vorzahlen einer Gleichung $\delta A_J = 0$ oder $\delta A_b = 0$

$$a_{J\Sigma} = \sum_{K=A}^{K=N} a_{JK} \quad \text{oder} \quad a_{b\Sigma} = \sum_{K=A}^{K=N} a_{bK}$$

kann als virtuelle Arbeit der Anschlußmomente aus $\varrho_A = \varrho_B = \cdots \varrho_R = \psi_a = \psi_b = \cdots \psi_g = 1$ (Zustand Σ_2, vgl. Abb. 334) an der mit $\dot{\varrho}_J = 1$ oder $\dot{\psi}_b = 1$ angetriebenen kinematischen Kette Γ_J oder Γ_b nachgeprüft werden, z. B.

$$a_{L\Sigma} = -2\,(M_L^{(\bar{l})} + M_L^{(d)} + M_L^{(l)} + M_L^{(\bar{m})}) = -5{,}772\,,$$

$$a_{a\Sigma} = +2\,(M_A^{(\bar{a})} + M_A^{(a)} + M_H^{(\bar{h})} + M_H^{(h)}) = -16{,}188\,.$$

Die Zeilensummen $a_{b\Sigma} \cdots a_{g\Sigma}$ sind Null, da der Zustand Σ_2 Pfostenendmomente nur an den Pfosten $\ddot{a}$ und h erzeugt. Die Summe $a_{\Sigma\Sigma}$ aller Vorzahlen der Matrix besteht daher auch nur aus der negativen Summe der Riegelanschlußmomente und der positiven Summe der Pfostenendmomente bei $\bar{a}$ und $\bar{h}$.

$$a_{\Sigma\Sigma} = 62{,}500 = -2\,(-25{,}854) - 2\,(-5{,}396) = 62{,}500\,.$$

5. Belastungsglieder bei Eintragung einer waagerechten Belastung aus Wind $w = 1$ t/m in den Randknoten.

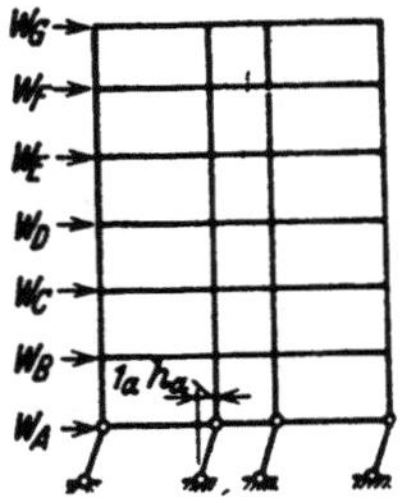

Abb. 335. Kinematische Kette Γ_a.

Knotenlasten in t:

W_A	W_B	W_C	W_D	W_E	W_F	W_G
3,3	3,6	3,6	3,6	3,6	3,5	1,7

$$a_{A0} = a_{B0} = \cdots = a_{R0} = 0\,.$$

$$a_{a0} = \mathrm{i}_a h_a \sum_A^G W_K = 3{,}0 \cdot 22{,}9 = 68{,}70\,; \qquad a_{b0} = \mathrm{i}_b \cdot h_b \sum_B^G W_K = 3{,}6 \cdot 19{,}6 = 70{,}56\,.$$

$$a_{c0} = 57{,}60\,; \qquad a_{d0} = 44{,}64\,; \qquad a_{e0} = 31{,}68\,; \qquad a_{f0} = 18{,}72\,.$$

$$a_{g0} = \mathrm{i}_g \cdot h_g\, W_G = 3{,}4 \cdot 1{,}7 = 5{,}78 \text{ (Abb. 335)}.$$

6. Auflösung der Gleichungen. Nach der Anweisung auf S. 357 können zunächst die unbekannten Stabdrehwinkel ψ aus den Gleichungen $\delta A_J = 0$ eliminiert werden, so daß 14 Gleichungen mit 14 Unbekannten entstehen. Diese werden durch Iteration gelöst. Die Anfangswerte ergeben sich durch Auflösung der voneinander unabhängigen dreigliedrigen Ansätze, die bei Vernachlässigung der äußeren Glieder erhalten werden.

Die Iteration kann sich aber auch auf eine erste Näherungslösung des vollständigen Ansatzes mit 21 Gleichungen stützen, um die langwierige Elimination zu umgehen. Dabei wird mit Vorteil das Ergebnis der angenäherten Berechnung der ψ_i nach Abschn. 51 verwendet.

Ergebnis der Iteration:

ϱ_A	ϱ_B	ϱ_C	ϱ_D	ϱ_E	ϱ_F	ϱ_G
7,810	9,482	8,015	6,191	4,669	2,706	1,238
ϱ_H	ϱ_J	ϱ_K	ϱ_L	ϱ_M	ϱ_N	ϱ_R
6,408	7,215	6,011	4,544	2,878	1,253	0,423
ψ_a	ψ_b	ψ_c	ψ_d	ψ_e	ψ_f	ψ_g
5,618	11,294	11,558	9,183	7,385	6,871	3,446

7. Superposition der Anteile der Stabendmomente aus Belastung und Formänderung nach (530):

$$M_G^{(\bar{c})} = 1/h'_c \cdot (4\,\varphi_G + 2\,\varphi_E - 6\,\psi_c) = -4{,}354 \text{ mt}\,,$$

$$M_G^{(c)} = 1/l'_c \cdot (4\,\varphi_G + 2\,\varphi_K \qquad) = +7{,}362 \text{ mt}\,,$$

$$M_G^{(\bar{d})} = 1/h'_d \cdot (4\,\varphi_G + 2\,\varphi_D - 6\,\psi_d) = -2{,}707 \text{ mt}\,,$$

$$M_N^{(\bar{h})} = 1/h'_h \cdot (4\,\varphi_N + 2\,\varphi_M - 6\,\psi_f) = -3{,}229 \text{ mt}\,,$$

$$M_N^{(f)} = 1/l'_f \cdot (4\,\varphi_N + 2\,\varphi_F \qquad) = +1{,}741 \text{ mt}\,,$$

$$M_n^{(n)} = 1/l'_h \cdot (4\,\varphi_N + 2\,\varphi_N \qquad) = +2{,}361 \text{ mt}\,,$$

$$M_n^{(\bar{r})} = 1/h'_r \cdot (4\,\varphi_N + 2\,\varphi_R - 6\,\psi_g) = -0{,}874 \text{ mt}\,.$$

Bei einer Windbelastung von 0,125 t/m² und einem Binderabstand von 5,2 m ist $w = 5{,}2 \cdot 0{,}125 = 0{,}65$ t/m. Dabei entstehen die Stabendmomente der Abb. 336. Diese bestimmen die für jeden Pfosten oder Riegel konstanten Querkräfte, aus denen dann die Längskräfte in Verbindung mit den Lasten W_K durch die Bedingungen für das Gleichgewicht am Stabknoten (522) berechnet werden. Die Längskräfte der Riegel im Mittelfeld sind infolge Antimetrie der Belastung Null.

8. **Nachprüfung der Rechnung.** Die Richtigkeit der Ergebnisse ist bewiesen, wenn die Bedingungen $\delta A_J = 0$ und $\delta A_c = 0$ durch die Stabendmomente erfüllt sind.

$$\delta A_N = -2{,}098 + 1{,}132 + 1{,}535 - 0{,}568 = -0{,}001 \approx 0,$$

$$\delta A_b = \mathrm{i}_b \cdot 2\,(M_A^{(\bar b)} + M_B^{(\bar b)} + M_H^{(\bar i)} + M_J^{(\bar i)}) + \mathrm{l}_b h_b \sum_B^G W_k, \quad \text{(Abb. 337)}$$

$$= 2(-3{,}881 - 3{,}142 - 8{,}193 - 7{,}716) + 3{,}6 \cdot 0{,}65 \cdot 19{,}6$$

$$= -45{,}864 + 45{,}864 = 0\,.$$

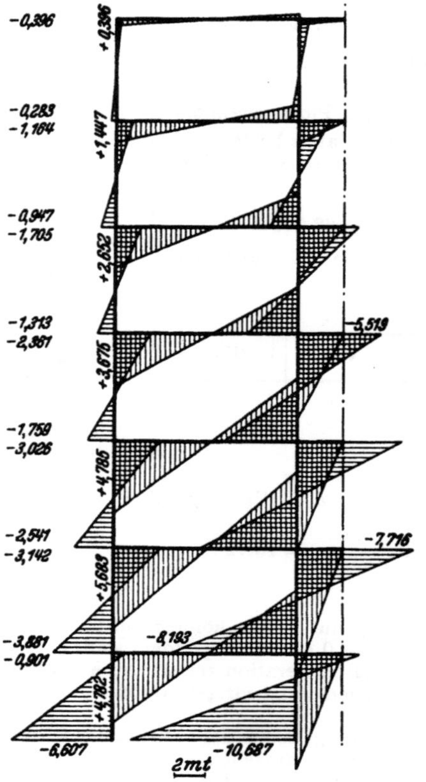

Abb. 336.

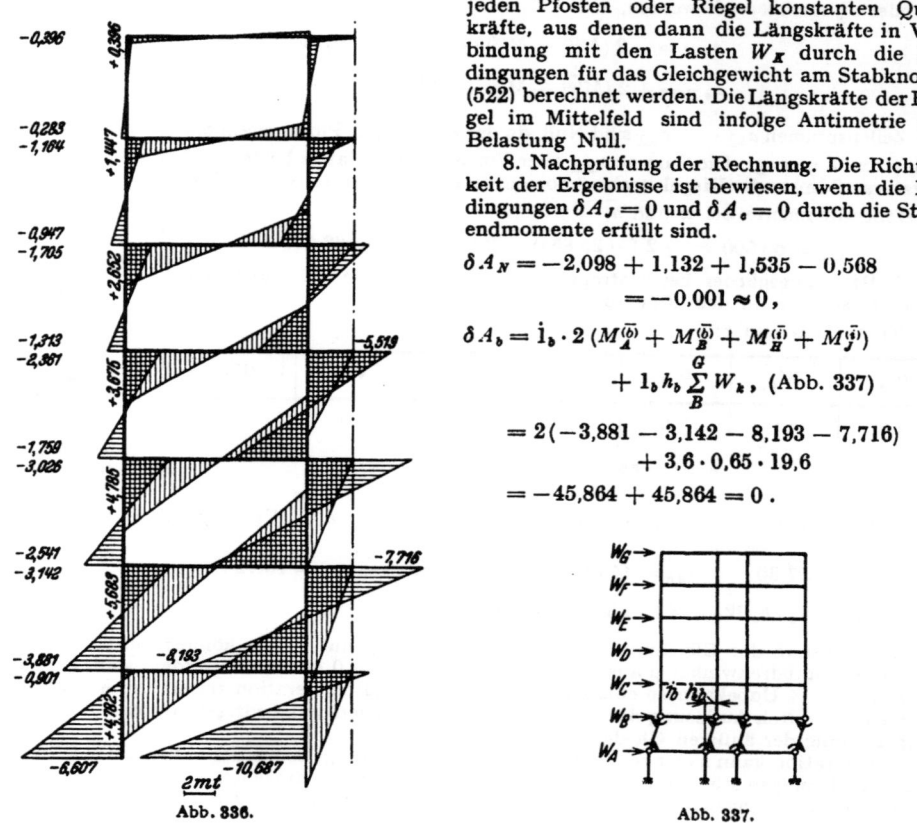

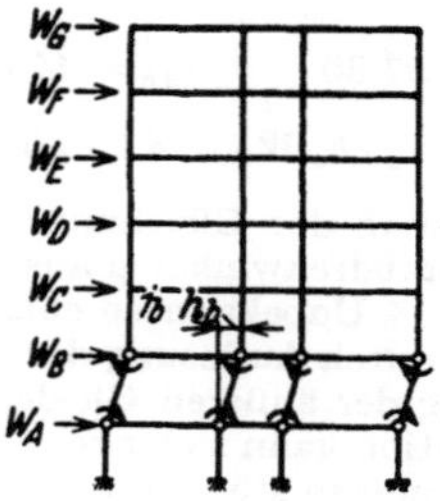

Abb. 337.

43. Die Berechnung der Anschlußkräfte aus den Drehwinkeln τ der Endtangenten.

Der Verschiebungszustand eines Stabwerks mit r freien Knoten und t abgestützten Stabenden kann nach S. 306 auch durch die Verdrehung $\tau_J^{(h)}$ der Endtangenten der Stäbe (h) am Knoten J relativ zu dem verformten Stabnetz $\overline{J'K'}$ beschrieben werden (Abb. 285). Die unbekannten Winkel $\tau_J^{(h)}$ treten im Ansatz an die Stelle der Knotendrehwinkel φ_J, so daß darin $f = f_1 + s_2$ (vgl. S. 313) unabhängige Komponenten ψ_c und $2\,s$ Drehwinkel $\tau_J^{(h)}$, zusammen also $2\,s + f$ unbekannte Komponenten auftreten. Sie sind an den r Stabknoten durch $(2\,s - r - t)$ Kontinuitätsbedingungen

$$\tau_J^{(h)} + \vartheta_h = \tau_J^{(h+1)} + \vartheta_{h+1}\,, \tag{603}$$

an den abgestützten Stabenden durch t geometrische oder statische Randbedingungen $\varphi_A = 0$ oder $M_A = 0$ verknüpft und müssen $r + f$ Gleichgewichtsbedingungen $\delta A_J = 0$, $\delta A_c = 0$ erfüllen, welche für die Komponenten φ_J, ψ_c gelten. Zur Berechnung der $2\,s + f$ unbekannten Komponenten stehen ebenso viele Gleichungen zur Verfügung. Die Lösung ist eindeutig (Abb. 338). Dasselbe gilt auch für Stabwerke, deren Elemente (g) durch reibungslose Gelenke mit den Stabknoten G verbunden sind. An die Stelle der Kontinuitätsbedingungen (603) treten hier statische Bedingungen $M_G^{(g)} = 0$. Die

Verwendung der Drehwinkel $\tau_J^{(h)}$ kann daher auch als algebraische Transformation des Ansatzes φ_J, ψ_c auf S. 320 angesehen werden.

Die äußeren Kräfte der Abschnitte (h) sind auf S. 307 in die Belastung $\mathfrak{P}$ und in die statisch unbestimmten Anschlußkräfte $M_J^{(h)}$, $M_K^{(h)}$, $N_K^{(h)}$ zerlegt worden. Jede Gruppe steht mit den ihr zugeordneten statisch bestimmten Anschlußkräften im Gleichgewicht und ändert die Form des Stabes. Die Gruppe $\mathfrak{P}$ erzeugt die Anteile $\tau_{J0}^{(h)}$, $\tau_{K0}^{(h)}$, die Gruppe der statisch unbestimmten Kräfte die Anteile $\tau_{JM}^{(h)}$, $\tau_{KM}^{(h)}$.

$$\tau_J^{(h)} = \tau_{J0}^{(h)} + \tau_{JM}^{(h)}, \qquad \tau_K^{(h)} = \tau_{K0}^{(h)} + \tau_{KM}^{(h)}. \tag{604}$$

Die Drehwinkel $\tau_{J0}^{(h)}$ sind für jede Belastung $\mathfrak{P}_h$ des Stabes bekannt (Tabelle 17). Die Drehwinkel $\tau_{JM}^{(h)}$, $\tau_{KM}^{(h)}$ können nach Abschn. 18 als Funktionen der Anschlußkräfte $M_J^{(h)}$, $M_K^{(h)}$, $N_K^{(h)}$ angegeben werden. Ihr EJ_cfacher Betrag ist bei geraden Stäben (h) mit konstantem Trägheitsmoment J_h

$$\left.\begin{aligned} \tau_{JM}^{(h)} &= \frac{l_h'}{6}\,(2\,M_J^{(h)} - M_K^{(h)}), \\ \tau_{KM}^{(h)} &= \frac{l_h'}{6}\,(2\,M_K^{(h)} - M_J^{(h)}), \end{aligned}\right\} \tag{605}$$

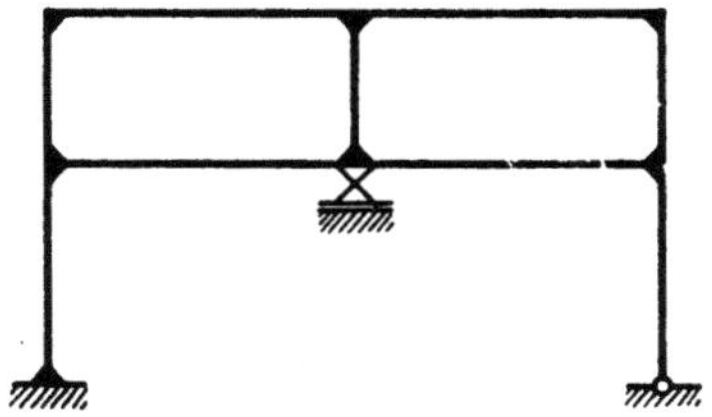

Abb. 338.
$s=9$, $r=6$, $t=2$, $f=f_1=2$, $m=0$,
$2s+f=20$ Unbekannte,
$2s-r-t-m=10$ Kontinuitätsbedingungen,
$t=2$ Randbedingungen,
$r=6$ Gleichungen $\delta A_J=0$,
$f=f_1=2$ Gleichungen $\delta A_c=0$.

so daß

$$\left.\begin{aligned} M_J^{(h)} &= \frac{2}{l_h'}(2\,\tau_{JM}^{(h)} + \tau_{KM}^{(h)}), \\ M_K^{(h)} &= \frac{2}{l_h'}(2\,\tau_{KM}^{(h)} + \tau_{JM}^{(h)}), \\ M^{(h)} &= M_J^{(h)} + M_K^{(h)} \\ &= \frac{6}{l_h'}(\tau_{JM}^{(h)} + \tau_{KM}^{(h)}). \end{aligned}\right\} \tag{606}$$

Der Drehsinn der Anschlußmomente und Drehwinkel ist dabei nach S. 306 in der Uhrzeigerbewegung positiv gerechnet worden.

Bei Stäben mit zwei Gelenken in J und K ist

$$\tau_{JM}^{(g)} = \tau_{KM}^{(g)} = 0 \quad \text{und} \quad \tau_J^{(g)} = \tau_{J0}^{(g)}, \qquad \tau_K^{(g)} = \tau_{K0}^{(g)},$$

bei einem steifen Anschluß J und einem gelenkigen Anschluß G ist mit $J_g = \text{const}$

$$\tau_{GM}^{(g)} = -\tfrac{1}{2}\,\tau_{JM}^{(g)}, \qquad \tau_{JM}^{(g)} = \frac{l_g'}{3}\,M_J^{(g)}, \qquad M_J^{(g)} = \frac{3}{l_g'}\,\tau_{JM}^{(g)}. \tag{607}$$

Daher sind $(2\,s + f)$ unabhängige Komponenten $\tau_{JM}^{(h)}$, ψ_c aus $(2\,s - r - t)$ Kontinuitätsbedingungen (603), t Randbedingungen und $(r + f)$ Gleichgewichtsbedingungen $\delta A_J = 0$, $\delta A_c = 0$, also aus ebenso vielen Gleichungen auszurechnen.

Die Stabdrehwinkel ϑ_h zerfallen nach (526) in einen Anteil ϑ_{h0} und in eine lineare Funktion der unabhängigen Komponenten ψ_c. Der Beitrag ϑ_{h0} bezeichnet ebenso wie auf S. 318 den Stabdrehwinkel des geometrisch bestimmten Hauptsystems infolge der Änderung $\varepsilon_{h0} l_h$ der Stablängen durch Längskräfte N_{h0} und Temperaturwechsel t.

$$\vartheta_h = \vartheta_{h0} + \Sigma \psi_c \vartheta_{hc}. \tag{608}$$

Ansatz. Zur Berechnung der $2\,s + f$ unbekannten unabhängigen Komponenten $\tau_{JM}^{(h)}$, ψ_c werden die $r + f$ statischen Bedingungen $\delta A_J = 0$, $\delta A_c = 0$ durch $(2\,s - r)$ Bedingungen für die winkeltreue Verformung ergänzt.

$$\tau_{JM}^{(h)} + \tau_{J0}^{(h)} + \vartheta_{h0} + \Sigma \psi_c \vartheta_{hc} = \tau_{JM}^{(h+1)} + \tau_{J0}^{(h+1)} + \vartheta_{(h+1)0} + \Sigma \psi_c \vartheta_{(h+1)c}. \tag{609}$$

Mit diesen werden die $2\,s$ unabhängigen Komponenten $\tau_{JM}^{(h)}$ zuerst auf r ausgezeichnete Drehwinkel $\tau_{JM}^{(r)}$ bezogen, von denen jeder einem der r Knoten J zugeordnet ist. Die statischen Bedingungen $\delta A_J = 0$, $\delta A_c = 0$ gelten für die Belastung $\mathfrak{P}_h$ und die

Stabendmomente $M_J^{(h)}$, $M_K^{(h)}$. Diese sind nach (606) zunächst Funktionen der unbekannten Komponenten $\tau_{JM}^{(h)}$, $\tau_{KM}^{(h)}$, ψ_c des Verschiebungszustandes und werden mit den Kontinuitätsbedingungen (603) als Funktionen der ausgezeichneten Komponenten $\tau_{JM}^{(r)}$, ψ_c des Verschiebungszustandes und der bekannten, durch $\mathfrak{P}_h$, t, Δ_e bestimmten Drehwinkel $\tau_{J0}^{(h)}$, ϑ_{h0} entwickelt. Die unbekannten Drehwinkel $\tau_{JM}^{(r)}$ treten in diesem Ansatz an die Stelle der Knotendrehwinkel φ_J. Die Gleichungen sind symmetrisch und werden ebenso wie auf S. 330 aufgelöst. Die übrigen Drehwinkel $\tau_{JM}^{(h)}$ und ϑ_h ergeben sich durch Rekursion aus den Kontinuitätsbedingungen. Damit sind auch die Winkel $\tau_J^{(h)} = \tau_{J0}^{(h)} + \tau_{JM}^{(h)}$, $\varphi_J = \tau_J^{(h)} + \vartheta_h$ des Verschiebungszustandes bekannt. Die Anschlußmomente werden aus dem Drehwinkel $\tau_{JM}^{(h)}$ nach (606) berechnet. Das Ergebnis läßt sich ebenso wie auf S. 331 durch geeignete statische Bedingungen nachprüfen.

Die beiden Ansätze (φ_J, ψ_c) und $(\tau_{JM}^{(h)}, \psi_c)$ führen zu dem gleichen Ziel. Die einfachere Beschreibung des Verschiebungszustandes der Knotenkette durch die Komponenten φ_J und ψ_c wird durch die längere Entwicklung der Schnittkräfte als Funktion von $M_{J0}^{(h)}$, φ_J, φ_K, ϑ_h ausgeglichen.

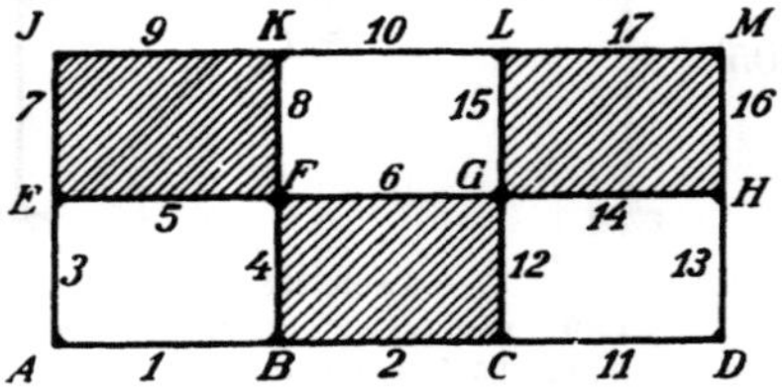

Abb. 339.

Berechnung eines Silorahmens mit der in Abb. 339 angegebenen Belastung.

$\overline{JM} = 3\,l$, $\overline{AJ} = 2\,h$, $l/h = \lambda$. Das Trägheitsmoment J der Stäbe ist konstant. System und Belastung sind zur senkrechten Mittellinie symmetrisch, die Stabdrehwinkel durch die Art der Stützung Null.

1. Bedingungen für die winkeltreue Verformung der Stäbe am Knoten:

$$\left.\begin{array}{lll}
\tau_{AM}^{(1)} = \tau_{AM}^{(3)} & \tau_{BM}^{(1)} = \tau_{B0}^{(2)} + \tau_{BM}^{(2)} & \tau_{F0}^{(4)} + \tau_{FM}^{(4)} = \tau_{F0}^{(8)} + \tau_{FM}^{(8)} \\
\tau_{EM}^{(3)} = \tau_{E0}^{(5)} + \tau_{EM}^{(5)} & \tau_{BM}^{(1)} = \tau_{B0}^{(4)} + \tau_{BM}^{(4)} & \tau_{K0}^{(8)} + \tau_{KM}^{(8)} = \tau_{K0}^{(9)} + \tau_{KM}^{(9)} \\
\tau_{EM}^{(3)} = \tau_{E0}^{(7)} + \tau_{EM}^{(7)} & \tau_{F0}^{(4)} + \tau_{FM}^{(4)} = \tau_{F0}^{(5)} + \tau_{FM}^{(5)} & \tau_{K0}^{(8)} + \tau_{KM}^{(8)} = \tau_{KM}^{(10)} \\
\tau_{J0}^{(7)} + \tau_{JM}^{(7)} = \tau_{J0}^{(9)} + \tau_{JM}^{(9)} & \tau_{F0}^{(4)} + \tau_{FM}^{(4)} = \tau_{F0}^{(6)} + \tau_{FM}^{(6)} &
\end{array}\right\} \quad \text{(a)}$$

2. Bedingungen für das Gleichgewicht der Anschlußmomente an den 6 Knotenpunkten der linken Hälfte des Stabwerks:

$$\begin{array}{rl}
(2\,\tau_{AM}^{(1)} + \tau_{BM}^{(1)}) + (2\,\tau_{AM}^{(3)} + \tau_{EM}^{(3)})\lambda & = 0 \\
(2\,\tau_{EM}^{(3)} + \tau_{AM}^{(3)})\lambda + (2\,\tau_{EM}^{(5)} + \tau_{FM}^{(5)}) + (2\,\tau_{EM}^{(7)} + \tau_{JM}^{(7)})\lambda & = 0 \\
(2\,\tau_{JM}^{(7)} + \tau_{EM}^{(7)})\lambda + (2\,\tau_{JM}^{(9)} + \tau_{KM}^{(9)}) & = 0 \\
(2\,\tau_{BM}^{(1)} + \tau_{AM}^{(1)}) + (2\,\tau_{BM}^{(4)} + \tau_{FM}^{(4)})\lambda + \tau_{BM}^{(2)} & = 0 \\
(2\,\tau_{FM}^{(4)} + \tau_{BM}^{(4)})\lambda + (2\,\tau_{FM}^{(8)} + \tau_{KM}^{(8)})\lambda + (2\,\tau_{FM}^{(5)} + \tau_{EM}^{(5)}) + \tau_{FM}^{(6)} & = 0 \\
(2\,\tau_{KM}^{(9)} + \tau_{JM}^{(9)}) + \tau_{KM}^{(10)} + (2\,\tau_{KM}^{(8)} + \tau_{FM}^{(8)})\lambda & = 0
\end{array} \quad \text{(b)}$$

Aus der Symmetrie der Belastung der einzelnen Zellen folgt

$$+\tau_{J0}^{(7)} = -\tau_{E0}^{(7)} = -\tau_{K0}^{(8)} = +\tau_{F0}^{(8)} = +\tau_{F0}^{(4)} = -\tau_{B0}^{(4)} = \frac{p\,h^3}{24\,EJ} = \beta\,,$$

$$-\tau_{J0}^{(9)} = +\tau_{K0}^{(9)} = +\tau_{E0}^{(5)} = -\tau_{F0}^{(5)} = -\tau_{F0}^{(6)} = +\tau_{B0}^{(2)} = \frac{p\,l^3}{24\,EJ} = \alpha\,.$$

3. Die Gleichgewichtsbedingungen (b) enthalten in Verbindung mit (a) 6 ausgezeichnete Drehwinkel, von denen jeder einem der 6 Stabknoten zugeordnet ist.

$$\begin{array}{rl}
\tau_{AM}^{(1)}(2 + 2\,\lambda) + \tau_{BM}^{(1)} + \tau_{EM}^{(5)}\lambda + \lambda\,\alpha & = 0\,, \\
\tau_{AM}^{(1)}\lambda + \tau_{EM}^{(5)}(4\,\lambda + 2) + \tau_{FM}^{(5)} + \tau_{JM}^{(9)}\lambda + 3\,\lambda\,\alpha + \lambda\,\beta & = 0\,, \\
\tau_{JM}^{(9)}(2 + 2\,\lambda) + \tau_{EM}^{(5)}\lambda + \tau_{KM}^{(10)} - \alpha\,(\lambda + 1) - \lambda\,\beta & = 0\,, \\
\tau_{AM}^{(1)} + \tau_{BM}^{(1)}(3 + 2\,\lambda) + \tau_{FM}^{(5)}\lambda - \alpha\,(\lambda + 1) + \lambda\,\beta & = 0\,, \\
\tau_{FM}^{(5)}(4\,\lambda + 3) + \tau_{BM}^{(1)}\lambda + \tau_{EM}^{(5)} + \tau_{KM}^{(10)}\lambda - 4\,\lambda\,\alpha - 3\,\lambda\,\beta & = 0\,, \\
\tau_{KM}^{(10)}(2\,\lambda + 3) + \tau_{JM}^{(9)} + \tau_{FM}^{(5)}\lambda \quad \alpha\,(2 + \lambda) + \lambda\,\beta & = 0\,.
\end{array}$$

Ergebnis der Elimination mit $l/h = \lambda = 2$, $\alpha = 8\beta$ nach Umordnung der Gleichungen in eine symmetrische Matrix:

$$\tau_{KM}^{(10)} = +1{,}6\,\beta\,, \qquad \tau_{BM}^{(1)} = +1{,}453589\,\beta\,, \qquad \tau_{FM}^{(5)} = +6{,}204838\,\beta\,,$$

$$\tau_{EM}^{(5)} = -6{,}754972\,\beta\,, \qquad \tau_{JM}^{(9)} = +6{,}318324\,\beta\,, \qquad \tau_{AM}^{(1)} = -0{,}657274\,\beta\,.$$

Durch Rekursion ist:

$$\tau_{AM}^{(3)} = +0{,}657274\,\beta\,, \qquad \tau_{EM}^{(7)} = -6{,}754972\,\beta + 8\,\beta + 1 = +2{,}245028\,\beta\,,$$

$$\tau_{BM}^{(3)} = +1{,}245028\,\beta\,, \qquad \tau_{JM}^{(7)} = +6{,}318324\,\beta - 8\,\beta - \beta = -2{,}681676\,\beta\,,$$

$$\tau_{BM}^{(2)} = -0{,}546411\,\beta\,.$$

Die Beziehung (606) $M_A^{(1)} = \frac{2}{l'}\,(2\,\tau_{AM}^{(1)} + \tau_{BM}^{(1)})$ liefert folgende Schnittkräfte:

Multiplikator: $p\,h^2/12$

$$M_J^{(7)} = -(2\cdot 2{,}681675 - 2{,}245028) = -3{,}1183\,, \qquad M_B^{(1)} = \frac{h}{l}\,(2\cdot 1{,}453589 - 0{,}657274) = +1{,}1250\,,$$

$$M_A^{(3)} = -(2\cdot 0{,}657274 - 1{,}245028) = -0{,}0695\,, \qquad M_B^{(2)} = -\frac{h}{l}(2\cdot 6{,}546411 - 6{,}546411) = -3{,}2732\,,$$

$$M_J^{(9)} = \frac{h}{l}\,(2\cdot 6{,}318324 - 7{,}4) \qquad = +3{,}1183\,, \qquad M_B^{(4)} = \qquad (2\cdot 2{,}453589 - 2{,}759162) = +2{,}1480\,,$$

$$M_A^{(1)} = +0{,}0695\,, \quad M_E^{(3)} = +1{,}8328\,, \quad M_E^{(9)} = -3{,}2408\,, \quad M_F^{(6)} = +3{,}1204\,,$$

$$M_E^{(7)} = +1{,}8084\,, \quad M_F^{(4)} = -3{,}0647\,, \quad M_E^{(8)} = +2{,}4408\,, \quad M_F^{(8)} = -2{,}9183\,,$$

$$M_E^{(5)} = -3{,}6346\,, \quad M_F^{(5)} = +2{,}8634\,,$$

$$M_E^{(10)} = +0{,}8000\,.$$

Berechnung eines zur Mittellinie symmetrischen Stockwerkrahmens (Abb. 340).

Belastung durch Nutzlast und waagerechten Winddruck. Die Anzahl der unbekannten Drehwinkel $\tau_{JM}^{(h)}$ ist $2s = 30$, die Anzahl der unbekannten Komponenten ψ_c ist $f = 3$.

$$\psi_1 = \vartheta_1\,, \qquad \psi_2 = \vartheta_6\,, \qquad \psi_3 = \vartheta_{11}\,.$$

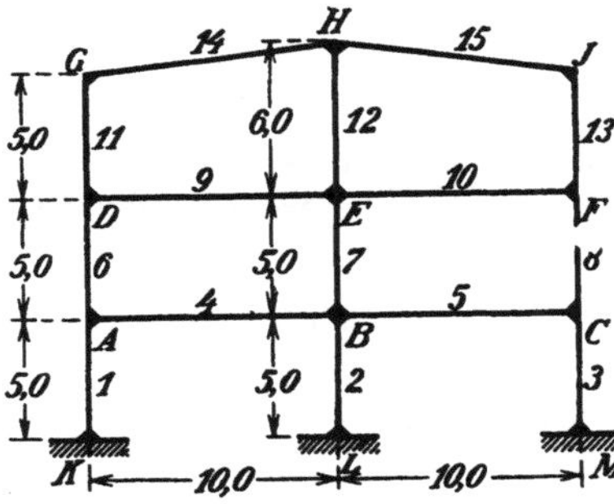

Abb. 340.

Ansatz der $(2\,s - r - t) = 18$ Bedingungen (603) für die winkeltreue Verformung der Stäbe am Knoten und der $t = 3$ Bedingungen $\varphi_K = \varphi_L = \varphi_M = 0$:

$$\tau_{K0}^{(1)} + \tau_{KM}^{(1)} + \psi_1 = 0 \qquad \tau_{L0}^{(2)} + \tau_{LM}^{(2)} + \psi_1 = 0 \qquad \tau_{M0}^{(3)} + \tau_{MM}^{(3)} + \psi_1 = 0$$

$$\tau_{A0}^{(1)} + \tau_{AM}^{(1)} + \psi_1 = \tau_{A0}^{(4)} + \tau_{AM}^{(4)} \qquad \tau_{B0}^{(2)} + \tau_{BM}^{(2)} + \psi_1 = \tau_{B0}^{(4)} + \tau_{BM}^{(4)} \qquad \tau_{C0}^{(3)} + \tau_{CM}^{(3)} + \psi_1 = \tau_{C0}^{(5)} + \tau_{CM}^{(5)}$$

$$\tau_{A0}^{(4)} + \tau_{AM}^{(4)} = \tau_{A0}^{(6)} + \tau_{AM}^{(6)} + \psi_2 \qquad \tau_{B0}^{(4)} + \tau_{BM}^{(4)} = \tau_{B0}^{(7)} + \tau_{BM}^{(7)} + \psi_2 \qquad \tau_{C0}^{(5)} + \tau_{CM}^{(5)} = \tau_{C0}^{(8)} + \tau_{CM}^{(8)} + \psi'_2$$

$$\tau_{D0}^{(6)} + \tau_{DM}^{(6)} + \psi_2 = \tau_{D0}^{(9)} + \tau_{DM}^{(9)} \qquad \tau_{B0}^{(4)} + \tau_{BM}^{(4)} = \tau_{B0}^{(5)} + \tau_{BM}^{(5)} \qquad \tau_{F0}^{(8)} + \tau_{FM}^{(8)} + \psi_2 = \tau_{F0}^{(10)} + \tau_{FM}^{(10)}$$

$$\tau_{D0}^{(9)} + \tau_{DM}^{(9)} = \tau_{D0}^{(11)} + \tau_{DM}^{(11)} + \psi_3 \qquad \tau_{E0}^{(7)} + \tau_{EM}^{(7)} + \psi_2 = \tau_{E0}^{(9)} + \tau_{EM}^{(9)} \qquad \tau_{F0}^{(10)} + \tau_{FM}^{(10)} = \tau_{F0}^{(13)} + \tau_{FM}^{(13)} + \psi_3$$

$$\tau_{G0}^{(11)} + \tau_{GM}^{(11)} + \psi_3 = \tau_{G0}^{(14)} + \tau_{GM}^{(14)} \qquad \tau_{E0}^{(9)} + \tau_{EM}^{(9)} = \tau_{E0}^{(10)} + \tau_{EM}^{(10)} \qquad \tau_{J0}^{(13)} + \tau_{JM}^{(13)} + \psi_3 = \tau_{J0}^{(15)} + \tau_{JM}^{(15)}$$

$$\tau_{E0}^{(9)} + \tau_{EM}^{(9)} = \tau_{E0}^{(12)} + \tau_{EM}^{(12)} + h_{11}/h_{12}\cdot\psi_3$$

$$\tau_{H0}^{(14)} + \tau_{HM}^{(14)} = \tau_{H0}^{(12)} + \tau_{HM}^{(12)} + h_{11}/h_{12}\cdot\psi_3$$

$$\tau_{H0}^{(14)} + \tau_{HM}^{(14)} = \tau_{H0}^{(15)} + \tau_{HM}^{(15)}$$

Das Stabwerk ist symmetrisch. Daher wird jede Belastung in den symmetrischen und in den antimetrischen Anteil zerlegt.

a) Verschiebungszustand bei Symmetrie der Belastung. Die Stabdrehwinkel ψ_1, ψ_2, ψ_3 und die in der Symmetrieachse liegenden Drehwinkel sind Null, symmetrisch liegende Drehwinkel $\tau_{JM}^{(h)}$ sind entgegengesetzt gleich.

1. Bedingungen für die winkeltreue Verformung der Stäbe am Knoten.

$$\left.\begin{aligned}
&\tau^{(1)}_{K0} + \tau^{(1)}_{KM} = 0 &&\tau^{(6)}_{D0} + \tau^{(6)}_{DM} = \tau^{(9)}_{D0} + \tau^{(9)}_{DM}\\
&\tau^{(1)}_{A0} + \tau^{(1)}_{AM} = \tau^{(4)}_{A0} + \tau^{(4)}_{AM} &&\tau^{(9)}_{D0} + \tau^{(9)}_{DM} = \tau^{(11)}_{D0} + \tau^{(11)}_{DM}\\
&\tau^{(4)}_{A0} + \tau^{(4)}_{AM} = \tau^{(6)}_{A0} + \tau^{(6)}_{AM} &&\tau^{(11)}_{G0} + \tau^{(11)}_{GM} = \tau^{(14)}_{G0} + \tau^{(14)}_{GM}\\
&\tau^{(4)}_{B0} + \tau^{(4)}_{BM} = 0, \quad \tau^{(9)}_{E0} + \tau^{(9)}_{EM} = 0, &&\tau^{(14)}_{H0} + \tau^{(14)}_{HM} = 0.
\end{aligned}\right\} \tag{a}$$

2. Bedingungen für das Gleichgewicht der Schnittkräfte an den Knoten A, D, G:

$$\left.\begin{aligned}
\Sigma M_A &= 0 = 2\left(\frac{2\tau^{(1)}_{AM} + \tau^{(1)}_{KM}}{h'_1} + \frac{2\tau^{(4)}_{AM} + \tau^{(4)}_{BM}}{l'_4} + \frac{2\tau^{(6)}_{AM} + \tau^{(6)}_{DM}}{h'_6}\right)\\
\Sigma M_D &= 0 = 2\left(\frac{2\tau^{(6)}_{DM} + \tau^{(6)}_{AM}}{h'_6} + \frac{2\tau^{(9)}_{DM} + \tau^{(9)}_{EM}}{l'_9} + \frac{2\tau^{(11)}_{DM} + \tau^{(11)}_{GM}}{h'_{11}}\right)\\
\Sigma M_G &= 0 = 2\left(\frac{2\tau^{(11)}_{GM} + \tau^{(11)}_{DM}}{h'_{11}} + \frac{2\tau^{(14)}_{GM} + \tau^{(14)}_{HM}}{l'_{14}}\right).
\end{aligned}\right\} \tag{b}$$

Die den Pfosten zugeordneten Werte $\tau^{(h)}_{K0}$ sind bei Belastung der Riegelzüge des Rahmens Null und damit die Bedingungen (a)

$$\left.\begin{aligned}
&\tau^{(1)}_{K0} = \tau^{(1)}_{A0} = \tau^{(6)}_{A0} = \tau^{(6)}_{D0} = \tau^{(11)}_{D0} = \tau^{(11)}_{G0} = 0\\
&\tau^{(1)}_{KM} = 0 &&\tau^{(9)}_{D0} + \tau^{(9)}_{DM} = \tau^{(11)}_{DM}\\
&\tau^{(1)}_{AM} = \tau^{(4)}_{A0} + \tau^{(4)}_{AM} &&\tau^{(11)}_{GM} = \tau^{(14)}_{GM} + \tau^{(14)}_{G0}\\
&\tau^{(4)}_{A0} + \tau^{(4)}_{AM} = \tau^{(6)}_{AM} &&\tau^{(4)}_{B0} + \tau^{(4)}_{BM} = 0\\
&\tau^{(6)}_{DM} = \tau^{(9)}_{D0} + \tau^{(9)}_{DM} &&\tau^{(9)}_{E0} + \tau^{(9)}_{EM} = 0\\
& &&\tau^{(14)}_{H0} + \tau^{(14)}_{HM} = 0.
\end{aligned}\right\} \tag{c}$$

Um die Art der Berechnung hervortreten zu lassen, werden auch die Riegel 14, 15 waagerecht und l' und h' konstant angenommen. Unter Verwendung der Gln. (c) werden in dem Ansatz (b) alle Werte $\tau^{(h)}_{JM}$ durch $\tau^{(4)}_{AM}$, $\tau^{(9)}_{DM}$, $\tau^{(14)}_{GM}$ ausgedrückt:

$$2(\tau^{(4)}_{A0} + \tau^{(4)}_{AM})\frac{l'}{h'} + 2\tau^{(4)}_{AM} - \tau^{(4)}_{B0} + [2(\tau^{(4)}_{A0} + \tau^{(4)}_{AM}) + (\tau^{(9)}_{D0} + \tau^{(9)}_{DM})]\frac{l'}{h'} = 0,$$

$$[2(\tau^{(9)}_{D0} + \tau^{(9)}_{DM}) + (\tau^{(4)}_{A0} + \tau^{(4)}_{AM})]\frac{l'}{h'} + 2\tau^{(9)}_{DM} - \tau^{(9)}_{E0} + [2(\tau^{(9)}_{D0} + \tau^{(9)}_{DM}) + (\tau^{(14)}_{G0} + \tau^{(14)}_{GM})] = 0,$$

$$[2(\tau^{(14)}_{GM} + \tau^{(14)}_{G0}) + (\tau^{(9)}_{D0} + \tau^{(9)}_{DM})]\frac{l'}{h'} + (2\tau^{(14)}_{GM} - \tau^{(14)}_{H0}) = 0.$$

Mit $l'/h' = \lambda$ lautet der Ansatz (b) nunmehr folgendermaßen:

$$\begin{aligned}
&\tau^{(4)}_{AM}(2\lambda+2+2\lambda) + \tau^{(9)}_{DM}\lambda &&= -\tau^{(4)}_{A0}(2\lambda+2\lambda) + \tau^{(4)}_{B0} - \tau^{(9)}_{D0}\lambda,\\
&\tau^{(4)}_{AM}\lambda + \tau^{(9)}_{DM}(2\lambda+2+2\lambda) + \tau^{(14)}_{GM}\lambda &&= -\tau^{(4)}_{A0}\lambda - \tau^{(9)}_{D0}(2\lambda+2\lambda) + \tau^{(9)}_{E0} - \tau^{(14)}_{G0}\lambda,\\
&\tau^{(9)}_{DM}\lambda + \tau^{(14)}_{GM}(2\lambda+2) &&= -\tau^{(9)}_{D0}\lambda + \tau^{(14)}_{H0} - 2\tau^{(14)}_{G0}\lambda.
\end{aligned}$$

Die symmetrische Belastung der einzelnen Riegel und $\lambda = 2$ führen zu

$$\tau^{(4)}_{A0} = -\tau^{(4)}_{B0}, \quad \tau^{(9)}_{D0} = -\tau^{(9)}_{E0}, \quad \tau^{(14)}_{G0} = -\tau^{(14)}_{H0}.$$

$$\begin{aligned}
10\tau^{(4)}_{AM} + 2\tau^{(9)}_{DM} &= -9\tau^{(4)}_{A0} - 2\tau^{(9)}_{D0},\\
2\tau^{(4)}_{AM} + 10\tau^{(9)}_{DM} + 2\tau^{(14)}_{GM} &= -2\tau^{(4)}_{A0} - 9\tau^{(9)}_{D0} - 2\tau^{(14)}_{G0},\\
2\tau^{(9)}_{DM} + 6\tau^{(14)}_{GM} &= -2\tau^{(9)}_{D0} - 5\tau^{(14)}_{G0}.
\end{aligned}$$

Auflösung des Ansatzes und Rekursion nach (c) liefert bei der Belastung der Riegelstäbe (4, 5) mit p_1, der Riegelstäbe (9, 10) mit p_2 und der Riegelstäbe (14, 15) mit p_3 unter Verwendung von $\frac{p\, l^2\, l'}{134\cdot 24} = c$ als Multiplikator

	$\tau_{KM}^{(1)}$	$\tau_{AM}^{(1)}$	$\tau_{AM}^{(4)}$	$\tau_{AM}^{(6)}$	$\tau_{DM}^{(6)}$	$\tau_{DM}^{(9)}$	$\tau_{DM}^{(11)}$	$\tau_{GM}^{(11)}$	$\tau_{GM}^{(14)}$	$\tau_{BM}^{(4)}$	$\tau_{EM}^{(9)}$	$\tau_{HM}^{(14)}$	
Riegel 4, 5	0	+14	−120	+14	−3	−3	−3	+1	+1	+134	0	0	c_1
„ 9, 10	0	−3	−3	−3	+15	−119	+15	−5	−5	0	+134	0	c_2
„ 14, 15	0	+1	+1	+1	−5	−5	−5	+24	−110	0	0	+134	c_3

Die Stabendmomente werden nach $M_A^{(4)} = \frac{2}{l'}(2\,\tau_{AM}^{(4)} + \tau_{BM}^{(4)})$ bestimmt. Bei $l = 2\,h$ und Belastung des unteren Riegels ist

$$M_A^{(4)} = \frac{2}{l'} \cdot \frac{p_1\, l^2\, l'}{134 \cdot 24}\,(-240 + 134) = -\frac{106}{134} \cdot \frac{p_1\, l^2}{12}\,,$$

$$M_A^{(1)} = \frac{2}{l'} \cdot \frac{p_1\, l^2\, l'}{134 \cdot 24}\,(+28) = +\frac{56}{134}\,\frac{p_1\, l^2}{12}\,; \qquad M_A^{(6)} = +\frac{50}{134}\,\frac{p_1\, l_1^2}{12}\,.$$

Die Bedingung $\sum M_A = 0$ ist erfüllt.

b) Verschiebungszustand bei Antimetrie der Belastung. Die Windkräfte werden in den Stabknoten eingetragen, so daß die Drehwinkel $\tau_{K0}^{(h)}$ Null sind. Symmetrisch liegende Drehwinkel sind gleich.

1. Bedingungen für die winkeltreue Verformung am Stabknoten:

$$\left.\begin{aligned}
&\tau_{KM}^{(1)} + \psi_1 = 0\,, && \tau_{LM}^{(2)} + \psi_1 = 0\,,\\
&\tau_{AM}^{(1)} + \psi_1 = \tau_{AM}^{(4)}\,, && \tau_{BM}^{(2)} + \psi_1 = \tau_{BM}^{(4)}\,,\\
&\tau_{AM}^{(4)} = \tau_{AM}^{(6)} + \psi_2\,, && \tau_{BM}^{(4)} = \tau_{EM}^{(7)} + \psi_2\,,\\
&\tau_{DM}^{(6)} + \psi_2 = \tau_{DM}^{(6)}\,, && \tau_{EM}^{(7)} + \psi_2 = \tau_{EM}^{(9)}\,,\\
&\tau_{DM}^{(9)} = \tau_{DM}^{(11)} + \psi_3\,, && \tau_{EM}^{(9)} = \tau_{EM}^{(12)} + h_{11}/h_{12} \cdot \psi_3\,,\\
&\tau_{GM}^{(11)} + \psi_3 = \tau_{GM}^{(14)}\,, && \tau_{HM}^{(14)} = \tau_{HM}^{(12)} + h_{11}/h_{12} \cdot \psi_3\,.
\end{aligned}\right\} \quad \text{(d)}$$

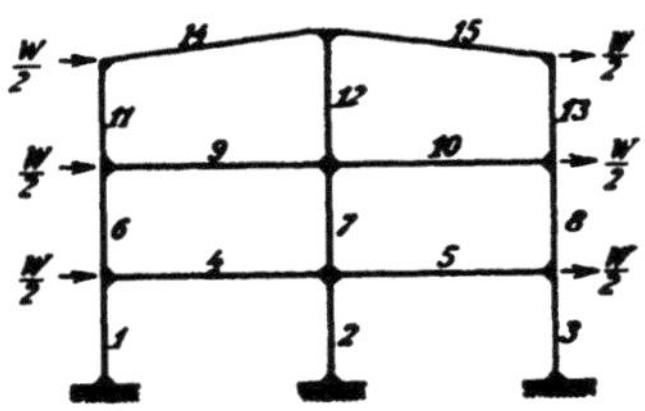

Abb. 341.

2. Bedingungen für das Gleichgewicht der Schnittkräfte am Knoten:

$$\left.\begin{aligned}
&(2\,\tau_{AM}^{(1)} + \tau_{KM}^{(1)})\,\frac{l_4'}{h_1'} + 2\,\tau_{AM}^{(4)} + \tau_{BM}^{(4)} + (2\,\tau_{AM}^{(6)} + \tau_{DM}^{(6)})\,\frac{l_4'}{h_6'} = 0\,,\\
&(2\,\tau_{DM}^{(6)} + \tau_{AM}^{(6)})\,\frac{l_9'}{h_6'} + 2\,\tau_{DM}^{(9)} + \tau_{EM}^{(9)} + (2\,\tau_{DM}^{(11)} + \tau_{GM}^{(11)})\,\frac{l_9'}{h_{11}'} = 0\,,\\
&(2\,\tau_{GM}^{(11)} + \tau_{DM}^{(11)})\,\frac{l_{14}'}{h_{11}'} + 2\,\tau_{GM}^{(14)} + \tau_{HM}^{(14)} = 0\,,\\
&2\,(2\,\tau_{HM}^{(14)} + \tau_{GM}^{(14)}) + (2\,\tau_{HM}^{(12)} + \tau_{EM}^{(12)})\,\frac{l_{14}'}{h_6'} = 0\,,\\
&2\,(2\,\tau_{EM}^{(9)} + \tau_{DM}^{(9)}) + (2\,\tau_{EM}^{(12)} + \tau_{HM}^{(12)})\,\frac{l_9'}{h_{12}'} + (2\,\tau_{EM}^{(7)} + \tau_{BM}^{(7)})\,\frac{l_9'}{h_7'} = 0\,,\\
&2\,(2\,\tau_{BM}^{(4)} + \tau_{AM}^{(4)}) + (2\,\tau_{BM}^{(7)} + \tau_{EM}^{(7)})\,\frac{l_4'}{h_7'} + (2\,\tau_{BM}^{(2)} + \tau_{LM}^{(2)})\,\frac{l_4'}{h_2'} = 0\,.
\end{aligned}\right\} \quad \text{(e)}$$

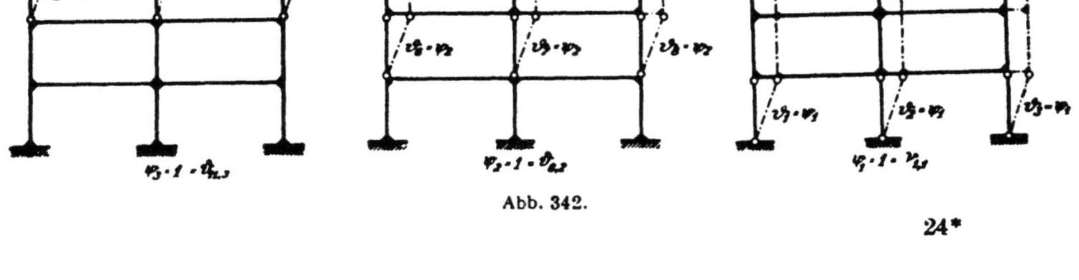

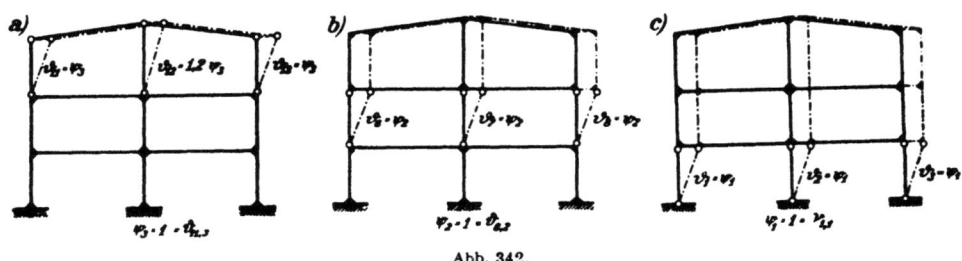

Abb. 342.

3. Bedingungen für das Gleichgewicht der Anschlußkräfte an drei Stabketten $\dot\psi_3 = 1$, $\dot\psi_2 = 1$, $\dot\psi_1 = 1$ (Abb. 342). Nach dem Prinzip der virtuellen Verrückungen ist

$$\left.\begin{aligned}
&\frac{6}{h'_{11}}(\tau^{(11)}_{DM} + \tau^{(11)}_{GM})\cdot 1 + \frac{6}{h'_{12}}(\tau^{(12)}_{EM} + \tau^{(12)}_{HM})\frac{h_{11}}{h_{12}} + \frac{6}{h'_{13}}(\tau^{(13)}_{FM} + \tau^{(13)}_{JM})\cdot 1 + W\cdot h = 0\,,\\
&\frac{6}{h'_{6}}(\tau^{(6)}_{AM} + \tau^{(6)}_{DM})\cdot 1 + \frac{6}{h'_{7}}(\tau^{(7)}_{BM} + \tau^{(7)}_{EM})\cdot 1 + \frac{6}{h'_{8}}(\tau^{(8)}_{CM} + \tau^{(8)}_{FM})\cdot 1 + 2\,W\cdot h = 0\,.\\
&\frac{6}{h'_{1}}(\tau^{(1)}_{KM} + \tau^{(1)}_{AM})\cdot 1 + \frac{6}{h'_{2}}(\tau^{(2)}_{LM} + \tau^{(2)}_{BM})\cdot 1 + \frac{6}{h'_{3}}(\tau^{(3)}_{MM} + \tau^{(3)}_{CM})\cdot 1 + 3\,W\cdot h = 0\,.
\end{aligned}\right\}\qquad (f)$$

Um die Entwicklung der Rechnung hervortreten zu lassen, wird $h_{11} = h_{12} = h_{13}$ und das Verhältnis $l' : h' = \lambda = 2$ angenommen. Der Ansatz (f) erhält dann folgende Form:

$$\left.\begin{aligned}
&2\frac{6}{h'}(\tau^{(11)}_{GM} + \tau^{(11)}_{DM}) + \frac{6}{h'}(\tau^{(12)}_{HM} + \tau^{(12)}_{EM}) + \quad W h = 0\,,\\
&2\frac{6}{h'}(\tau^{(6)}_{DM} + \tau^{(6)}_{AM}) + \frac{6}{h'}(\tau^{(7)}_{EM} + \tau^{(7)}_{BM}) + 2\,W h = 0\,,\\
&2\frac{6}{h'}(\tau^{(1)}_{AM} + \tau^{(1)}_{KM}) + \frac{6}{h'}(\tau^{(2)}_{BM} + \tau^{(2)}_{LM}) + 3\,W h = 0\,.
\end{aligned}\right\}\qquad (g)$$

Mit den Beziehungen (d) über die winkeltreue Verformung und $\overline{W} = \dfrac{W h h'}{6}$ ist

$$\begin{aligned}
&2(\tau^{(14)}_{GM} - \psi_3 + \tau^{(9)}_{DM} - \psi_3) + (\tau^{(14)}_{HM} - \psi_3 + \tau^{(9)}_{EM} - \psi_3) + \overline{W} = 0\,,\\
&2(\tau^{(9)}_{DM} - \psi_2 + \tau^{(4)}_{AM} - \psi_2) + (\tau^{(9)}_{EM} - \psi_2 + \tau^{(4)}_{BM} - \psi_2) + 2\,\overline{W} = 0\,,\\
&2(\tau^{(4)}_{AM} - \psi_1 + \psi_1) \qquad\quad + (\tau^{(4)}_{BM} - \psi_1 - \psi_1) \qquad + 3\,\overline{W} = 0\,.
\end{aligned}$$

$$\left.\begin{aligned}
6\,\psi_3 &= 2\,\tau^{(14)}_{GM} + 2\,\tau^{(9)}_{DM} + \tau^{(14)}_{HM} + \tau^{(9)}_{EM} + \overline{W}\,,\\
6\,\psi_2 &= 2\,\tau^{(9)}_{DM} + 2\,\tau^{(4)}_{AM} + \tau^{(9)}_{EM} + \tau^{(4)}_{BM} + 2\,\overline{W}\,,\\
6\,\psi_1 &= 2\,\tau^{(4)}_{AM} + \tau^{(4)}_{BM} \qquad\qquad\qquad + 3\,\overline{W}\,.
\end{aligned}\right\}\qquad (h)$$

Die Gleichgewichtsbedingungen (e) werden mit Hilfe von (d) derart zusammengezogen, daß in ihnen außer den drei Komponenten ψ nur sechs ausgezeichnete Winkel $\tau^{(h)}_{KM}$ enthalten sind, von denen jeder einem der sechs Stabwerksknoten zugeordnet ist. Das Ergebnis lautet:

$$\left.\begin{aligned}
&\tau^{(4)}_{AM}(2\lambda + 2 + 2\lambda) + \tau^{(4)}_{BM} + \tau^{(9)}_{DM}\lambda - 3\,\psi_1\lambda - \psi_2(2\lambda + \lambda) &&= 0\,,\\
&\tau^{(9)}_{DM}(2\lambda + 2 + 2\lambda) + \tau^{(4)}_{AM}\lambda + \tau^{(9)}_{EM} + \tau^{(14)}_{GM}\lambda - 3\,\psi_2\lambda - 3\,\psi_3\lambda &&= 0\,,\\
&\tau^{(14)}_{GM}(2\lambda + 2) + \tau^{(9)}_{DM}\lambda + \tau^{(14)}_{HM} - 3\,\psi_3\lambda &&= 0\,,\\
&\tau^{(14)}_{HM}(4 + 2\lambda) + 2\,\tau^{(14)}_{GM} + \tau^{(9)}_{EM}\lambda - (2 + 1)\,\psi_3\lambda &&= 0\,,\\
&\tau^{(9)}_{EM}(4 + 4 + 2\lambda) + 2\,\tau^{(9)}_{DM} + 2\,\tau^{(14)}_{HM} + \tau^{(4)}_{BM}\lambda - (4 + 2)\,\psi_3 - 3\,\psi_2\lambda &&= 0\,,\\
&\tau^{(4)}_{BM}(4 + 2\lambda + 2\lambda) + 2\,\tau^{(4)}_{AM} + \tau^{(9)}_{EM}\lambda - 3\,\psi_1\lambda - 3\,\psi_2\lambda &&= 0\,.
\end{aligned}\right\}\qquad (i)$$

Die Elimination der Komponenten ψ mit (h) liefert den Ansatz für die sechs ausgezeichneten Winkel $\tau^{(h)}_{KM}$ mit der folgenden Lösung:

$$\begin{aligned}
&\tau^{(9)}_{DM} = 0{,}788452\,\overline{W}, \qquad \tau^{(9)}_{EM} = 0{,}646808\,\overline{W}, \qquad \tau^{(14)}_{GM} = 0{,}411702\,\overline{W},\\
&\tau^{(4)}_{BM} = 0{,}808175\,\overline{W}, \qquad \tau^{(14)}_{HM} = 0{,}275728\,\overline{W}, \qquad \tau^{(4)}_{AM} = 1{,}075830\,\overline{W}
\end{aligned}$$

Aus (h) folgt damit:

$$\psi_3 = 0{,}720474\,\overline{W}, \qquad \psi_2 = 1{,}197258\,\overline{W}, \qquad \psi_1 = 0{,}993306\,\overline{W}.$$

Nach den Bedingungen (d) für die winkeltreue Verformung des Stabwerkes ist

$\tau^{(1)}_{KM} = -\psi_1 \qquad = -0{,}993306\,\overline{W}$	$\tau^{(11)}_{DM} = \tau^{(9)}_{DM} - \psi_3 = +0{,}067978\,\overline{W}$	$\tau^{(7)}_{BM} = \tau^{(4)}_{BM} - \psi_2 = -0{,}389083\,\overline{W}$
$\tau^{(1)}_{AM} = \tau^{(4)}_{AM} - \psi_1 = +0{,}082524\,\overline{W}$	$\tau^{(11)}_{GM} = \tau^{(14)}_{GM} - \psi_3 = -0{,}308772\,\overline{W}$	$\tau^{(7)}_{EM} = \tau^{(9)}_{EM} - \psi_2 = -0{,}550450\,\overline{W}$
$\tau^{(6)}_{AM} = \tau^{(4)}_{AM} - \psi_2 = -0{,}121428\,\overline{W}$	$\tau^{(2)}_{LM} = -\psi_1 \qquad = -0{,}993306\,\overline{W}$	$\tau^{(12)}_{EM} = \tau^{(9)}_{EM} - \psi_3 = -0{,}079666\,\overline{W}$
$\tau^{(6)}_{DM} = \tau^{(9)}_{DM} - \psi_2 = -0{,}408806\,\overline{W}$	$\tau^{(2)}_{BM} = \tau^{(4)}_{BM} - \psi_1 = -0{,}185131\,\overline{W}$	$\tau^{(12)}_{HM} = \tau^{(11)}_{HM} - \psi_3 = -0{,}444746\,\overline{W}$

Die Stabendmomente können nunmehr nach (606) angegeben werden. Danach ist

$$M_A^{(4)} = \frac{2}{l_4'}(2\,\tau_{AM}^{(4)} + \tau_{BM}^{(4)}) \quad \text{und mit} \quad \frac{Wh}{3} = c$$

$$M_G^{(14)} = +\frac{2}{l'}(2\cdot 0{,}411702 + 0{,}275728)\,\overline{W} = +0{,}5496\,c\,,$$

$$M_G^{(11)} = -\frac{2}{h'}(2\cdot 0{,}308772 - 0{,}067978)\,\overline{W} = -0{,}5496\,c\,,$$

$$M_D^{(11)} = +\frac{2}{h'}(2\cdot 0{,}067978 - 0{,}308772)\,\overline{W} = -0{,}1728\,c\,,$$

$M_G^{(9)} = +1{,}1119\,c,$	$M_A^{(1)} = -0{,}8283\,c,$	$M_E^{(9)} = M_E^{(10)} = +1{,}0410\,c,$	$M_B^{(4)} = M_B^{(5)} = +1{,}3461\,c,$
$M_D^{(6)} = -0{,}9390\,c,$	$M_K^{(1)} = -1{,}9041\,c,$	$M_E^{(12)} = -0{,}5921\,c,$	$M_B^{(2)} = -1{,}3636\,c,$
$M_A^{(6)} = -0{,}6517\,c,$	$M_H^{(14)} = M_H^{(15)} = +0{,}9632\,c,$	$M_E^{(7)} = -1{,}4900\,c,$	$M_L^{(2)} = -2{,}1717\,c.$
$M_A^{(4)} = +1{,}4799\,c,$	$M_H^{(12)} = -0{,}9631\,c,$	$M_B^{(7)} = -1{,}3286\,c,$	

Hartmann, F.: Die statisch unbestimmten Systeme des Eisen- und Eisenbetonbaues 2. Aufl. Berlin 1922. — Bleich, F.: Die Berechnung statisch unbestimmter Tragwerke nach der Methode des Viermomentensatzes 2. Aufl. Berlin 1925.

44. Kennbeziehungen bei unverschieblichem Knotennetz.

Die Auflösung der Gleichgewichtsbedingungen $\delta A_J = 0$ (S. 320) zur Berechnung der unbekannten Knotendrehwinkel φ_{J0} und τ_{JM} für $\psi_c = 0$ mit Hilfe der konjugierten Matrix liefert nach S. 247 Kennbeziehungen zwischen den unbekannten Drehwinkeln und daher auch Kennbeziehungen zwischen den hiervon abhängigen Anschlußmomenten. Sie können unter Umständen mit Vorteil zur unmittelbaren Berechnung des Spannungszustandes verwendet werden. Der analytische Zusammenhang wird an einem Ausschnitt des Stabwerks geklärt (Abb. 343).

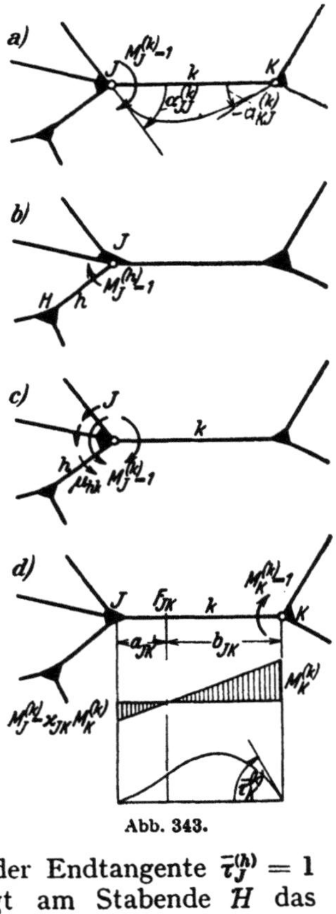

Abb. 343.

Die EJ_cfachen Verdrehungen der Endtangenten eines geraden, in den Knotenpunkten J, K mit Gelenken angeschlossenen Stabes (k) durch das Anschlußmoment $M_J^{(k)} = 1$ sind $\alpha_{JJ}^{(k)}, \alpha_{KJ}^{(k)}$ (Abb. 343a). Die EJ_cfachen Drehwinkel aus dem Anschlußmoment $M_K^{(k)} = 1$ werden mit $\alpha_{JK}^{(k)}, \alpha_{KK}^{(k)}$, die EJ_cfachen Drehwinkel aus der Belastung $\mathfrak{P}_h$ des Stabes mit $\alpha_{J0}^{(k)}, \alpha_{K0}^{(k)}$ bezeichnet. Die Bewegung im Urzeigersinn ist positiv. Bei gerader Stabachse und konstantem Querschnitt ist mit $l_k J_c/J_k = l_k'$ und (625)

$$\left.\begin{aligned} \alpha_{JJ}^{(k)} &= \frac{l_k'}{3} = \alpha_{KK}^{(k)}, & \alpha_{JK}^{(k)} &= \alpha_{KJ}^{(k)} = -\frac{l_k'}{6}, \\ \alpha_{J0}^{(k)} &= \frac{l_k'}{6} R_K^{(k)}, & \alpha_{K0}^{(k)} &= \frac{l_k'}{6} R_J^{(k)}. \end{aligned}\right\} \quad (610)$$

Die EJ_cfache Verdrehung der Endtangente eines im Knoten J gelenkig angeschlossenen, im benachbarten Knoten H elastisch eingespannten Stabes (h) durch ein Anschlußmoment $M_J^{(h)} = 1$ ist $\overline{\tau}_J^{(h)}$ (Abb. 343b). Der reziproke Wert $1/\overline{\tau}_J^{(h)} = \varrho_J^{(h)}$ wird als Anschlußzahl des Stabes (h) am Knoten J bezeichnet. Sie gibt den Betrag des Momentes $M_J^{(h)}$ an, welches zu einer Verdrehung der Endtangente $\overline{\tau}_J^{(h)} = 1$ notwendig ist. Das Anschlußmoment $M_J^{(h)} = 1$ erzeugt am Stabende H das

Anschlußmoment $M_{HJ}^{(h)}$, dessen Größe von der $E J_c$fachen elastischen Verdrehung φ_H des Knotens H durch ein Kräftepaar 1 abhängt und aus der Kontinuitätsbedingung am Anschluß H berechnet wird.

$$\left.\begin{aligned} &M_{HJ}^{(h)}(\alpha_{HH}^{(h)} - \overline{\varphi}_H) + \alpha_{HJ}^{(h)} = 0\,, \qquad M_{HJ}^{(h)} = -\frac{\alpha_{HJ}^{(h)}}{\alpha_{HH}^{(h)} - \overline{\varphi}_H}\,, \\ &\overline{\tau}_J^{(h)} = \alpha_{JJ}^{(h)} + M_{HJ}^{(h)}\,\alpha_{JH}^{(h)} = \alpha_{JJ}^{(h)} - \frac{\alpha_{JH}^{(h)2}}{\alpha_{HH}^{(h)} - \overline{\varphi}_H} = \frac{1}{\varrho_J^{(h)}}\,. \end{aligned}\right\} \quad (611)$$

Bei gelenkigem Anschluß des Stabes (h) am Knoten H ist $M_{HJ}^{(h)} = 0$, also $\overline{\varphi}_H = \infty$ und $\overline{\tau}_J^{(h)} = \alpha_{JJ}^{(h)}$, bei starrer Einspannung ist $\overline{\varphi}_H = 0$. Für Stäbe mit konstantem Querschnitt ist

$$\text{bei } \overline{\varphi}_H = \infty: \quad \overline{\tau}_J^{(h)} = l'_h/3\,, \qquad \text{bei } \overline{\varphi}_H = 0: \quad \overline{\tau}_J^{(h)} = l'_h/4\,. \quad (612)$$

Die Anschlußzahl $\varrho_H^{(h)}$ des Stabes (h) am Knoten H kann ebenso festgestellt werden:

$$\overline{\tau}_H^{(h)} = \alpha_{HH}^{(h)} - \frac{\alpha_{HJ}^{(h)2}}{\alpha_{JJ}^{(h)} - \overline{\varphi}_J} = \frac{1}{\varrho_H^{(h)}}\,. \quad (613)$$

Die Anschlußmomente am Knoten J durch äußere Kräfte am Stabe JK. a) Die Belastung des Stabes besteht aus dem Anschlußmoment $M_J^{(k)} = 1$ des Stabwerks als äußerer Kraft (Abb. 343c). Sie erzeugt an den übrigen in J angeschlossenen Stäben (h) die Anschlußmomente $M_J^{(h)} = \mu_{hk}$. Diese stehen mit $M_J^{(k)} = 1$ im Gleichgewicht.

$$\sum_J \mu_{hk} + 1_J^{(k)} = 0\,. \quad (614)$$

Ihre Größe ergibt sich aus der winkeltreuen Verformung der im Knoten J angeschlossenen Stäbe (h).

$$\left.\begin{aligned} &\mu_{1k}\,\overline{\tau}_J^{(1)} = \mu_{2k}\,\overline{\tau}_J^{(2)} = \cdots = \mu_{hk}\,\overline{\tau}_J^{(h)} = \cdots = \overline{\varphi}_J\,, \\ &\frac{\mu_{1k}}{\varrho_J^{(1)}} = \frac{\mu_{2k}}{\varrho_J^{(2)}} = \cdots = \frac{\mu_{hk}}{\varrho_J^{(h)}} = \cdots = \overline{\varphi}_J\,. \end{aligned}\right\} \quad (615)$$

Aus dieser laufenden Proportion entsteht

$$\left.\begin{aligned} &\frac{\mu_{hk}}{\sum \mu_{hk}} = \frac{\varrho_J^{(h)}}{\sum \varrho_J^{(h)}}\,, \quad \mu_{hk} = -1_J^{(k)}\frac{\varrho_J^{(h)}}{\sum \varrho_J^{(h)}} = -\frac{\varrho_J^{(h)}}{\Phi_J^{(k)}}\,, \quad \overline{\varphi}_J = \frac{\mu_{hk}}{\varrho_J^{(h)}} = -\frac{1}{\Phi_J^{(k)}}\,, \\ &\Phi_J^{(k)} = \sum \varrho_J^{(h)}\,. \end{aligned}\right\} \quad (616)$$

Dabei ist $\overline{\varphi}_J$ der $E J_c$fache Betrag des Drehwinkels des Stabknotens J aus einem Anschlußmoment $M_J^{(k)} = 1$. Die Anschlußmomente $M_J^{(h)} = \mu_{hk} M_J^{(k)}$ sind bis auf eine Konstante allein durch die elastischen Eigenschaften des Stabwerks bestimmt, die μ_{hk} sind also Kennbeziehungen zwischen den Anschlußmomenten am Stabknoten. Sie werden in der Literatur Übergangszahlen genannt. Da $M_J^{(k)}$ in diesem Zusammenhang als äußere Kraft, der Anschluß des Stabes (k) in J daher als Gelenk anzusehen ist, bezeichnet $\Phi_J^{(k)}$ die Summe der Anschlußzahlen aller in J steif angeschlossenen Stäbe l_h.

b) Die Belastung des Stabes (k) besteht aus dem Anschlußmoment $M_K^{(k)} = 1$ als äußerer Kraft. $\mathfrak{P}_k = 0$ (Abb. 343d). Daher ist nach (611)

$$\left.\begin{aligned} &M_J^{(k)} = -\frac{\alpha_{JK}^{(k)}}{\alpha_{JJ}^{(k)} - \overline{\varphi}_J} M_K^{(k)} \quad \text{und} \quad \frac{M_J^{(k)}}{M_K^{(k)}} = \varkappa_{JK} = \frac{a_{JK}}{b_{JK}}\,, \\ &\nu_{JK} = \frac{a_{JK}}{l_k} = \frac{\varkappa_{JK}}{1 + \varkappa_{JK}} = -\frac{\alpha_{JK}^{(k)}}{\alpha_{JJ}^{(k)} - \overline{\varphi}_J - \alpha_{JK}^{(k)}}\,. \end{aligned}\right\} \quad (617)$$

Mit $M_J^{(k)}$ als äußerer Kraft und $\mathfrak{P}_k = 0$ ist

$$\left.\begin{aligned} &M_K^{(k)} = -\frac{\alpha_{KJ}^{(k)}}{\alpha_{KK}^{(k)} - \overline{\varphi}_K} M_J^{(k)} \quad \text{und} \quad \frac{M_K^{(k)}}{M_J^{(k)}} = \varkappa_{KJ} = \frac{a_{KJ}}{b_{KJ}}\,, \\ &\nu_{KJ} = \frac{a_{KJ}}{l_k} = \frac{\varkappa_{KJ}}{1 + \varkappa_{KJ}} = -\frac{\alpha_{KJ}^{(k)}}{\alpha_{KK}^{(k)} - \overline{\varphi}_K - \alpha_{KJ}^{(k)}}\,. \end{aligned}\right\} \quad (618)$$

Bei geraden Stäben mit konstantem Stabquerschnitt wird

$$\left.\begin{aligned} \varkappa_{JK} &= \frac{1}{2+\dfrac{6}{l_k' \Phi_J^{(k)}}}; & \nu_{JK} &= \frac{1}{3+\dfrac{6}{l_k' \Phi_J^{(k)}}} = \frac{a_{JK}}{l_k}; \\ \varkappa_{KJ} &= \frac{1}{2+\dfrac{6}{l_k' \Phi_K^{(k)}}}; & \nu_{KJ} &= \frac{1}{3+\dfrac{6}{l_k' \Phi_K^{(k)}}} = \frac{a_{KJ}}{l_k}. \end{aligned}\right\} \tag{619}$$

Diese Verhältniszahlen sind durch die elastischen Eigenschaften des Stabwerks vollständig bestimmt und daher Kennbeziehungen für die Anschlußmomente des unbelasteten Stabes (k). Beim Vorwärtsschreiten in Richtung $\overrightarrow{JK}$ werden aus gegebenen Anschlußzahlen $\varrho_J^{(h)}$ die Kennbeziehungen $\varkappa_{JK}$, ν_{JK} und die Festpunktabstände a_{JK} für die zeichnerische Untersuchung berechnet. Damit ist dann auch die Anschlußzahl $\varrho_K^{(k)}$ des Stabes (k) bestimmt.

$$\bar{\tau}_K^{(k)} = \frac{1}{\varrho_K^{(k)}} = \alpha_{KK}^{(k)} + \varkappa_{JK}\,\alpha_{KJ}^{(k)}. \tag{620}$$

Umgekehrt wird die Anschlußzahl $\varrho_J^{(h)}$ aus $\varkappa_{KJ}$ gefunden.

$$\bar{\tau}_J^{(k)} = \frac{1}{\varrho_J^{(k)}} = \alpha_{JJ}^{(k)} + \varkappa_{KJ}\,\alpha_{JK}^{(k)}. \tag{621}$$

Bei konstantem Trägheitsmoment können nach (619) folgende Ergebnisse angeschrieben werden:

$$\varrho_K^{(k)} = \frac{2}{l_k'}\,\frac{1-\nu_{JK}}{2/3-\nu_{JK}}; \qquad \varrho_J^{(k)} = \frac{2}{l_k'}\,\frac{1-\nu_{KJ}}{2/3-\nu_{KJ}}. \tag{622}$$

c) Der EJ_cfache Betrag der relativen Verschiebung der Anschlußquerschnitte J, K eines Stabes l_k winkelrecht zur Stabachse ist $w_K - w_J = l_k \vartheta_k$, unter ϑ_k den EJ_cfachen Betrag des Stabdrehwinkels verstanden (Abb. 344). Die Anschlußmomente für $\vartheta_k = 1$ und $\mathfrak{P}_k = 0$ werden mit $M_{J\vartheta,k}^{(k)}$, $M_{K\vartheta,k}^{(k)}$ bezeichnet. Sie ergeben sich aus einem Ansatz für die Kontinuität der Verbindung zwischen Stab und Stabknoten.

$$\vartheta_k + M_{J\vartheta,k}^{(k)}\,(\alpha_{JJ}^{(k)} - \bar{\varphi}_J) + M_{K\vartheta,k}^{(k)}\,\alpha_{JK}^{(k)} = 0,$$

$$\vartheta_k + M_{K\vartheta,k}^{(k)}\,(\alpha_{KK}^{(k)} - \bar{\varphi}_K) + M_{J\vartheta,k}^{(k)}\,\alpha_{KJ}^{(k)} = 0.$$

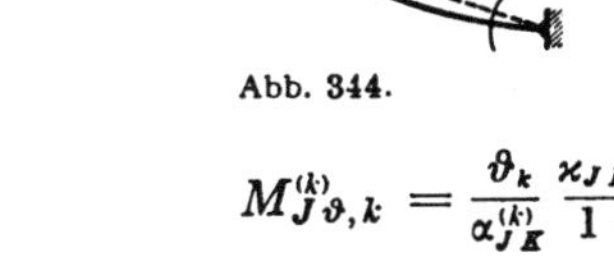

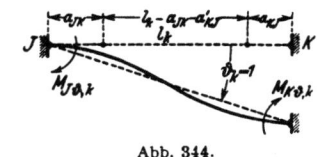

Abb. 344.

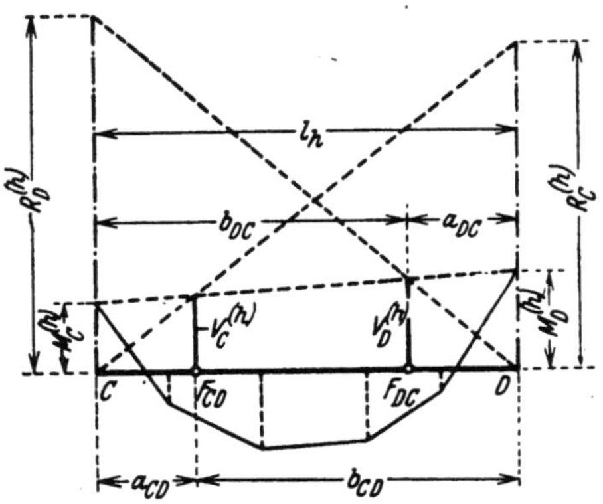

Abb. 345.

$$\left.\begin{aligned} M_{J\vartheta,k}^{(k)} &= \frac{\vartheta_k}{\alpha_{JK}^{(k)}}\,\frac{\varkappa_{JK}(1+\varkappa_{KJ})}{1-\varkappa_{JK}\varkappa_{KJ}} = \frac{\vartheta_k}{\alpha_{JK}^{(k)}}\,\frac{a_{JK}}{l_k - a_{JK} - a_{KJ}}, \\ M_{K\vartheta,k}^{(k)} &= \frac{\vartheta_k}{\alpha_{JK}^{(k)}}\,\frac{\varkappa_{KJ}(1+\varkappa_{JK})}{1-\varkappa_{JK}\varkappa_{KJ}} = \frac{\vartheta_k}{\alpha_{JK}^{(k)}}\,\frac{a_{KJ}}{l_k - a_{JK} - a_{KJ}}. \end{aligned}\right\} \tag{623}$$

Bei konstantem Trägheitsmoment im Bereiche des Stabes (k) ist für $\vartheta_k = 1$

$$M_{J\vartheta,k}^{(k)} = -\frac{6}{l_k'}\,\frac{a_{JK}}{l_k - a_{JK} - a_{KJ}}, \qquad M_{K\vartheta,k}^{(k)} = -\frac{6}{l_k'}\,\frac{a_{KJ}}{l_k - a_{JK} - a_{KJ}}. \tag{624}$$

d) Die Anschlußmomente $M_{C0}^{(h)}$, $M_{D0}^{(h)}$ des beiderseits elastisch eingespannten Stabes $l_h = \overline{CD}$ aus der Belastung $\mathfrak{P}_h$ werden ebenfalls aus den Kontinuitätsbedingungen an den Stabknoten bestimmt (Abb. 345).

$$M_{C0}^{(h)}(\alpha_{CC}^{(h)} - \overline{\varphi}_C) + M_{D0}^{(h)}\alpha_{CD}^{(h)} \qquad + \alpha_{C0}^{(h)} = 0,$$
$$M_{C0}^{(h)}\alpha_{DC}^{(h)} \qquad + M_{D0}^{(h)}(\alpha_{DD}^{(h)} - \overline{\varphi}_D) + \alpha_{D0}^{(h)} = 0.$$

Mit den Kennbeziehungen $\varkappa_{CD}$ und $\varkappa_{DC}$ ist dann nach (617), (618)

$$\left.\begin{aligned} -\frac{1}{\varkappa_{CD}} M_{C0}^{(h)} + \quad M_{D0}^{(h)} &= -\frac{\alpha_{C0}^{(h)}}{\alpha_{CD}^{(h)}} = +R_C^{(h)}, \\ M_{C0}^{(h)} - \frac{1}{\varkappa_{DC}} M_{D0}^{(h)} &= -\frac{\alpha_{D0}^{(h)}}{\alpha_{DC}^{(h)}} = +R_D^{(h)}. \end{aligned}\right\} \qquad (625)$$

$R_C^{(h)}$, $R_D^{(h)}$ werden in ihrer Bedeutung als Momente ebenfalls im Uhrzeiger positiv gerechnet. Sie sind aus der Belastung des Stabes bekannt und dienen bei der zeichnerischen Bestimmung der Anschlußmomente $M_{C0}^{(h)}$, $M_{D0}^{(h)}$ nach Abb. 345 als Kreuzlinienabschnitte. Die Festpunkte F_{CD}, F_{DC} sind bereits vorher mit a_{CD} und a_{DC} eingerechnet worden. Die Konstruktion ist nach Abb. 345 ohne besondere Erklärung verständlich. Sie wird durch die Verwendung der Momente

$$V_{C0}^{(h)} = \frac{a_{CD}}{l_h} R_{C0}^{(h)} = \nu_{CD} R_{C0}^{(h)}, \qquad V_{D0}^{(h)} = \frac{a_{DC}}{l_h} R_{D0}^{(h)} = \nu_{DC}^{(h)} R_{D0}^{(h)} \qquad (626)$$

noch übersichtlicher. Die algebraische Auflösung der beiden Gl. (625) liefert

$$M_{C0}^{(h)} = -\frac{R_C^{(h)}}{\frac{1}{\varkappa_{CD}} - \varkappa_{DC}} - \frac{R_D^{(h)}}{\frac{1}{\varkappa_{CD}}\frac{1}{\varkappa_{DC}} - 1}, \qquad M_{D0}^{(h)} = -\frac{R_D^{(h)}}{\frac{1}{\varkappa_{DC}} - \varkappa_{CD}} - \frac{R_C^{(h)}}{\frac{1}{\varkappa_{CD}}\frac{1}{\varkappa_{DC}} - 1}. \qquad (627)$$

Die Belastungsglieder $R_C^{(h)}$, $R_D^{(h)}$ können unter Beachtung der Vorzeichenregel dieses Abschnitts aus den Tabellen 12ff. angegeben werden. Sie sind für die wichtigsten Belastungsannahmen $\mathfrak{P}_h$ und Stäbe (h) mit gleichbleibendem Querschnitt, also mit $\alpha_{CD}^{(h)} = -l_h'/6$ in Tabelle 27 zur unmittelbaren Verwendung vorbereitet.

Die Verwendung der Ansätze. Die Ansätze unter a bis d gelten für einen Verschiebungszustand mit $\psi_c = 0$ oder $\psi_c = 1$, dessen Stabdrehwinkel damit Null oder vorgeschrieben sind ($\vartheta_h = \vartheta_{h0}, \vartheta_{ht}, \vartheta_{hs}, \vartheta_{hc}$). Das Kräftebild wird für die Belastung eines einzelnen Stabes entwickelt, dessen Anschlußmomente bei bekannter elastischer Einspannung angeschrieben werden können. Die Anschlußmomente der benachbarten Stäbe ergeben sich aus den Kennbeziehungen μ_{hk}, $\varkappa_{JK}$ des Ansatzes. Die eindeutige Existenz dieser elastischen Konstanten des Tragwerks wird dabei vorausgesetzt. Sie ist jedoch nur vorhanden, wenn die Knotendrehwinkel in einen dreigliedrigen Ansatz eingehen, so daß Kennbeziehungen $\overline{\varkappa}_{JK}$, $\overline{\varkappa}_{KJ}$ zwischen zwei aufeinanderfolgenden Knotendrehwinkeln φ_J, φ_K entstehen, welche von der Lage des belasteten Stabes unabhängig sind. In den anderen Fällen sind die Ansätze für die Klärung des theoretischen Zusammenhanges ohne Bedeutung. Sie können daher zur Berechnung von durchgehenden Trägern mit beliebiger Abstützung nach S. 378 verwendet werden, sie sind dagegen zur theoretisch einwandfreien Untersuchung von steifen Vierecksnetzen (Abb. 346b) unbrauchbar. In diesem Falle entstehen zwar bei der Belastung eines Stabes ebenfalls nur zwei Belastungsglieder, in jeder Gleichung sind aber vier oder fünf Knotendrehwinkel miteinander verknüpft, so daß bei der Auflösung nach (423) dreigliedrige Kennbeziehungen entstehen.

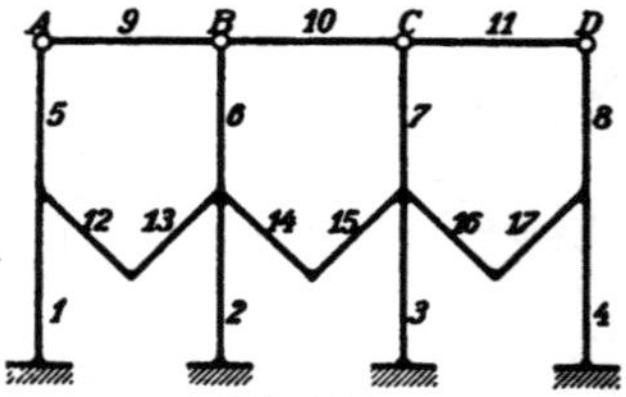

Abb. 346a. Die Knotendrehwinkel der geometrisch bestimmten Stabkette werden aus einem dreigliedrigen Ansatz berechnet. Die Anschlußmomente können daher mit Kennbeziehungen berechnet werden.

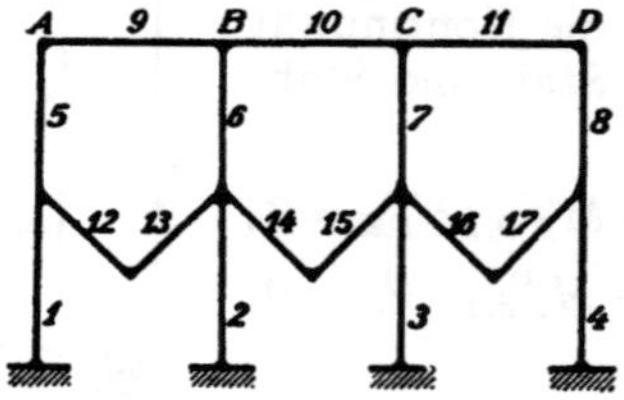

Abb. 346b. Die Elimination der Knotendrehwinkel führt zu dreigliedrigen Kennbeziehungen, so daß in den Knoten A, B, C, D statische oder geometrische Randbedingungen für den Anschluß der Pfosten 5 bis 8 vorgeschrieben werden müssen.

Tabelle 27. Kreuzlinienabschnitte.

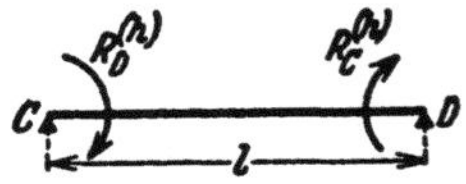

$x/l = \xi \qquad x'/l = \xi' \qquad c/l = \gamma$

$m/l = \mu \qquad m'/l = \mu' \qquad n/l = \nu \qquad n'/l = \nu$

Belastung	$R_D^{(\lambda)} = -\alpha_{D0}^{(\lambda)}/\alpha_{CD}$	$R_C^{(\lambda)} = -\alpha_{C0}^{(\lambda)}/\alpha_{CD}$
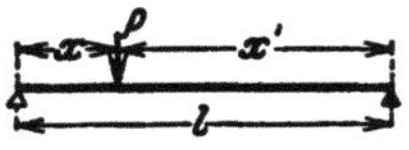	$-P\,l\,\omega_D$	$+P\,l\,\omega'_D$
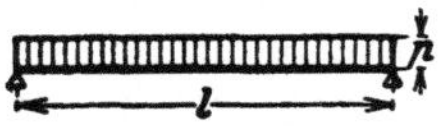	$-\frac{p\,l^2}{4}$	$+\frac{p\,l^2}{4}$
	$-\frac{2}{15}p_0\,l^2$	$+\frac{7}{60}p_0\,l^2$
	$-\frac{l^2}{60}(7\,p_1+8\,p_2)$	$+\frac{l^2}{60}(8\,p_1+7\,p_2)$
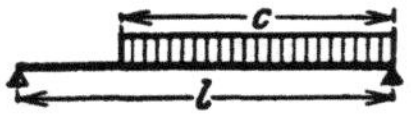	$-\frac{p\,l^2}{4}\gamma^2(2-\gamma)^2$	$+\frac{p\,l^2}{4}\gamma^2(2-\gamma^2)$
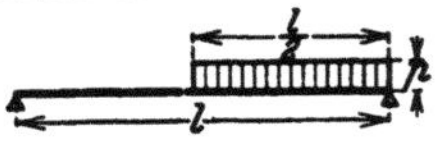	$-\frac{9}{64}p\,l^2$	$+\frac{7}{64}p\,l^2$
	$-\frac{p\,l^2}{60}\gamma^2(20-15\,\gamma+3\,\gamma^2)$	$+\frac{p\,l^2}{60}\gamma^2(10-3\,\gamma^2)$
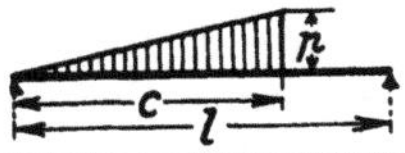	$-\frac{p\,l^2}{15}\gamma^2(5-3\,\gamma)$	$+\frac{p\,l^2}{60}\gamma^2(40-45\,\gamma+12\,\gamma^2)$
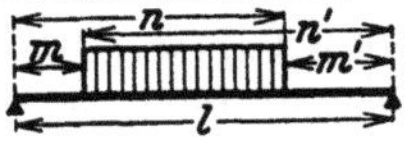	$-\frac{p\,l^2}{4}[2(\nu^2-\mu^2)-(\nu^4-\mu^4)]$	$+\frac{p\,l^2}{4}[2(\nu'^2-\mu'^2)-(\nu'^4-\mu'^4)]$
	$-\frac{p\,l^2}{60}(1+\mu)(7-3\,\mu^2)$	$+\frac{p\,l^2}{60}(1+\nu)(7-3\,\nu^2)$
	$-\frac{l^2}{960}(37\,p_1+53\,p_2)$	$+\frac{l^2}{960}(53\,p_1+37\,p_2)$
	$-\frac{p\,l^2}{2}\gamma^2(3-2\,\gamma)$	$+\frac{p\,l^2}{2}\gamma^2(3-2\,\gamma)$
	$-\frac{p\,l^2}{5}$	$+\frac{p\,l^2}{5}$
	$-(1-3\,\xi^2)\,M=+M\,\omega_M$	$-(1-3\,\xi'^2)\,M=+M\,\omega'_M$
Ungleichförmige Temperaturänderung um $t_u - t_o = \Delta t$	$-3\,E\,J\frac{\alpha\,\Delta t}{h}$	$+3\,E\,J\frac{\alpha\,\Delta t}{h}$

Um die Rechenvorschrift daher für Stockwerkrahmen zu verwenden, wird der Anschluß der Pfosten des belasteten Trägers an den benachbarten Riegelstäben durch statische oder kinematische Bedingungen vorgeschrieben. Damit ist der elastische Zusammenhang gelöst und die Untersuchung auf die Berechnung eines durchgehenden Trägers zurückgeführt. Die Einrechnung der Kennbeziehungen $\mu_{hk}, \varkappa_{JK}$ für größere Abschnitte des Tragwerks mit Annahmen über die Lage einzelner Festpunkte und anschließender Auflösung der Ansätze (S. 375) durch Iteration führt nur zur Verbesserung der Randbedingungen des durchgehenden Trägers an den Pfostenenden. Diese Abschätzung des Spannungszustandes der Stockwerkrahmen wird infolge ihrer Übersichtlichkeit bei praktischen Aufgaben des Bauwesens viel verwendet. Sie führt bei der üblichen Belastung der Träger zu brauchbaren Ergebnissen, die zwar weder die Gleichgewichtsbedingungen der Schnittkräfte am Knoten noch die geometrischen Verträglichkeitsbedingungen erfüllen, aber zur Querschnittsbemessung ausreichen.

Die Anwendung der Rechenvorschrift gewinnt mit der geometrischen Darstellung der Kennbeziehungen $\varkappa_{JK}, \mu_{hk}$ durch Festpunkte und Übergangslinien an Übersichtlichkeit. Diese werden nach (616), (619) berechnet und in das Stabnetz eingetragen.

Die Eigenart der Lösung besteht in der weitgehenden Zerlegung der äußeren Ursachen in die jedem Stabe zufallenden Anteile $\mathfrak{P}_h, \vartheta_{ht}, \vartheta_{hs}, \vartheta_{hc}$. Die Anschlußkräfte $\overline{M}_{C0,h}^{(h)}, \overline{M}_{D0,h}^{(h)}$ aus der Belastung $\mathfrak{P}_h$ des Stabes (h) werden nach (627) bestimmt, die übrigen Anschlußkräfte ergeben sich daraus durch Rechnung oder Zeichnung mit Kennbeziehungen. Das endgültige Ergebnis wird durch die Superposition zugeordneter Anteile gefunden

$$\overline{M}_{J0}^{(k)} = \sum \overline{M}_{J0,h}^{(k)} \qquad (h = 1 \ldots s). \tag{628}$$

Damit sind dann auch die anderen Schnittkräfte bekannt.

Die Anschlußmomente $\overline{M}_{C\vartheta,h}^{(h)}, \overline{M}_{D\vartheta,h}^{(h)}$ des Stabes h aus $\vartheta_h = 1$ werden nach (624) angegeben. Ihnen sind durch die Kennbeziehungen Anschlußmomente $\overline{M}_{J\vartheta,h}^{(k)}$ an allen übrigen Knoten zugeordnet. Diese Rechnung ist nur als algebraische Grundlage der Superposition zu verstehen, sie wird für jeden Stab wiederholt. Da nun einer vorgeschriebenen Stützen- oder Temperaturbewegung Stabdrehwinkel $\vartheta_{hs}, \vartheta_{ht}$ und dem Belastungsfall $\psi_c = 1$ Stabdrehwinkel ϑ_{hc} zugeordnet sind, kann nach dem Superpositionsgesetz

$$\overline{M}_{Jt}^{(k)} = \sum \overline{M}_{J\vartheta,h}^{(k)} \vartheta_{ht}, \qquad \overline{M}_{Jc}^{(k)} = \sum \overline{M}_{J\vartheta,h}^{(k)} \vartheta_{hc} \tag{629}$$

angeschrieben werden. Die Schnittkräfte des vorgegebenen Tragwerks erhalten schließlich folgende Form:

$$M_J^{(k)} = \overline{M}_{J0}^{(k)} + \overline{M}_{Jt}^{(k)} + \sum \overline{M}_{Jc}^{(k)} \psi_c. \tag{630}$$

Kennbeziehungen eines durchgehenden Trägers nach (616) und (619).

$$\sum_{h=1}^{h=m} \varrho_J^{(h)} = \Phi_J^{(k)}.$$

1. Randbedingungen: $\nu_{KE} = \nu_{QE} = \frac{1}{3}, \qquad \nu_{AG} = \nu_{BG} = 0$ usw.

$$\varrho_G^{(1)} = \varrho_G^{(10)} = 3/l, \qquad \varrho_E^{(9)} = 4 : h'_u = 13{,}92/l, \qquad \varrho_E^{(8)} = 4/h'_0 = 8{,}7/l \quad \text{usw.}$$

2. Stab CD. $\Phi_C^{(4)} = \frac{3{,}0 + 8{,}7 + 13{,}92}{l} = \frac{25{,}62}{l}, \qquad \nu_{CD} = 1 : \left(3 + \frac{6}{25{,}62}\right) = 0{,}309 = \nu_{GF}.$

$$\varrho_D^{(4)} = \frac{2}{l} \, \frac{1 - 0{,}309}{0{,}667 - 0{,}309} = \frac{3{,}86}{l} = \varrho_F^{(13)}.$$

3. Stab DE. $\Phi_D^{(7)} = \frac{3,86 + 8,7 + 13,92}{l} = \frac{26,48}{l}$, $\quad \nu_{DE} = 1:\left(3 + \frac{6}{26,48}\right) = 0,310 = \nu_{FE}$,

$$\varrho_E^{(7)} = \frac{2}{l}\,\frac{0,690}{0,357} = \frac{3,86}{l} = \varrho_E^{(10)}.$$

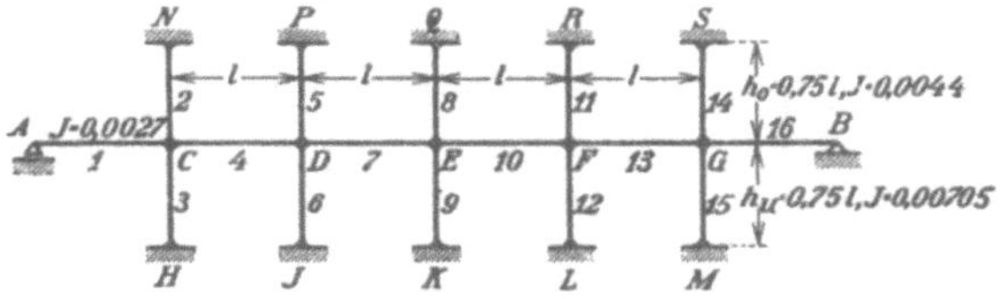

$l = l'$, $h'_o = 0,4602\,l$, $h'_u = 0,2872\,l$

Abb. 347.

Für die übrigen Stäbe des Riegels bleiben die Kennbeziehungen $\nu = 0,310$ und $\varrho = 3,86 : l$ erhalten.

4. Stab CN. $\Phi_C^{(2)} = \frac{3,0 + 13,92 + 3,86}{l} = \frac{20,78}{l}$, $\quad \nu_{CN} = 1:\left(3 + \frac{6}{0,46 \cdot 20,78}\right) = 0,267 = \nu_{GS}$.

5. Stab DP. $\Phi_D^{(5)} = \frac{3,86 + 13,92 + 3,86}{l} = \frac{21,64}{l}$, $\quad \nu_{DP} = 1:\left(3 + \frac{6}{0,46 \cdot 21,64}\right) = 0,278 = \nu_{FR}$.

6. Stab CH. $\Phi_C^{(3)} = \frac{3,0 + 8,7 + 3,86}{l} = \frac{15,56}{l}$, $\quad \nu_{CH} = 1:\left(3 + \frac{6}{0,287 \cdot 15,56}\right) = 0,230 = \nu_{GM}$.

7. Stab DJ. $\Phi_D^{(6)} = \frac{3,86 + 8,7 + 3,86}{l} = \frac{16,42}{l}$, $\quad \nu_{DJ} = 1:\left(3 + \frac{6}{0,287 \cdot 16,42}\right) = 0,234 = \nu_{FL}$.

Diese Zahlen gelten auch für die übrigen Pfosten. Die Übergangszahlen werden nach (616) bestimmt.

Übersicht für den Punkt C.

k	1			2			3			4		
h	2	3	4	3	4	1	4	1	2	1	2	3
μ	0,328	0,526	0,145	0,670	0,186	0,144	0,248	0,193	0,559	0,117	0,339	0,544

Übersicht der Ergebnisse.

Knoten	ν				ϱl			
	links	rechts	oben	unten	links	rechts	oben	unten
C	0,310	0,309	0,276	0,230	3,00	3,86	8,70	13,92
D	0,310	0,310	0,278	0,234	3,86	3,86	8,70	13,92
E	0,310	0,310	0,278	0,234	3,86	3,86	8,70	13,92

Tabelle 28a. Angenäherte Kennbeziehungen in quadratischen Vierecksnetzen mit Stäben von gleich großem Trägheitsmoment.

Eckfeld und Mittelfeld (Abb. 348).

Knoten	ν			ϱl		
	links	rechts	oben	links	rechts	oben
A	—	0,211	0,215	—	3,47	3,47
B	0,261	0,260	0,260	3,64	3,64	3,64
C	0,260	0,260	0,260	3,64	3,64	3,64
. . . . . .	. . . .	. . . .	. . . .	. . . .	. . . .	. . . .
J	0,261	0,261	0,261	3,64	3,64	3.64

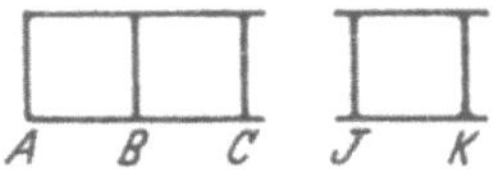

Abb. 348.

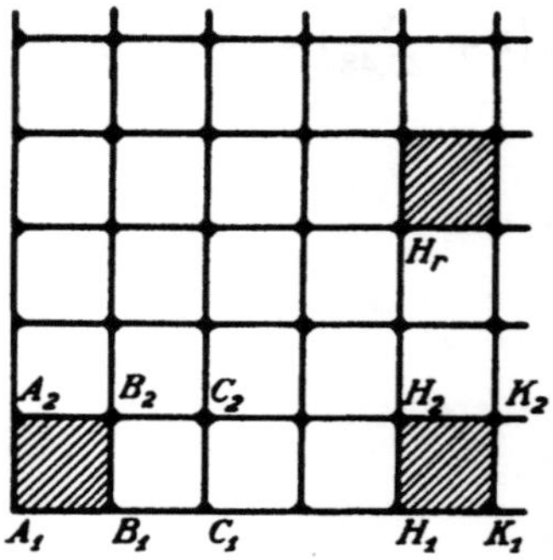

Abb. 349.

Tab. 28a (Forts.). Eck-, Außen- und Mittelfeld (Abb. 349).

Knoten	ν				ϱl			
	links	rechts	oben	unten	links	rechts	oben	unten
A_1	—	0,215	0,215	—	—	3.65	3.65	—
B_1	0,262	0,260	0,260	—	3.47	3.65	3.735	—
A_2	—	0,260	0,261	0,262	—	3.735	3.65	3.47
B_2	0,282	0,283	0,283	0,282	3.64	3.65	3.64	3.74
H_1	0,2625	0,2625	0,262	—	3.65	3.65	3.74	—
K_1	0,2625	0,2625	0,262	—	3.65	3.65	3.74	—
H_2	0,283	0,283	0,283	0,283	3.74	3.74	3.74	3.65
K_2	0,283	0,283	0,283	0,283	3.74	3.74	3.74	3.65
H_r	0,283	0,283	0,283	0,283	3.74	3.74	3.74	3.74

Für Vierecksnetze von doppelter Mannigfaltigkeit mit ungleichen Seiten (Seitenverhältnis $n = h : l$) und gleich großem Trägheitsmoment sind die Kennbeziehungen ν und ϱ von A. Ritter angegeben worden.

Tabelle 28b.
Kennbeziehungen an einem mittleren Knoten nach A. Ritter.

$h : l$	$a : l = \nu$ links und rechts	$a : l = \nu$ oben und unten	ϱl links und rechts	ϱh oben und unten
1	0,2829	0,2829	3.737	3.737
0,909	0,2855	0,2802	3.749	3.725
0,80	0,2890	0,2765	3.765	3.709
0,70	0,2925	0,2727	3.782	3.692
0,60	0,2964	0,2682	3.800	3.673
0,50	0,3007	0,2630	3.822	3.651
0,10	0,3246	0,2277	3.950	3.521
0,00	0,3333	0,2113	4.000	3.464

Die Zahlen erleichtern die Abschätzung der Schnittkräfte steifer Vierecksnetze nach S. 378.

Die Komponenten ψ_c des Verschiebungszustandes. Die unabhängigen Komponenten ψ_c ($c = 1 \ldots f$) der Knotenkette werden nach Abschnitt 38 ausgewählt und mit dem Prinzip der virtuellen Verrückungen aus dem Gleichgewicht der Anschlußmomente $M_J^{(h)}$ berechnet. Hierzu dienen f voneinander unabhängige zwangläufige Gebilde Γ_b. Wird das Moment der Belastung $\mathfrak{P}_h$ in bezug auf das Momentanzentrum O_{hb} des Stabes (h) der Kette Γ_b nach S. 317 mit $\mathsf{M}_{h,b}$ und $(M_J^{(h)} + M_K^{(h)})$ mit $M^{(h)}$ bezeichnet, so entstehen die folgenden statischen Bedingungen

$$\left.\begin{aligned} \delta A_b = 0 = \sum (\mathsf{M}_{h,b} + M^{(h)})\,\nu_{hb} = \sum (\mathsf{M}_{h,b} + \overline{M}_0^{(h)} + \sum \psi_c \overline{M}_c^{(h)})\,\nu_{hb}\,, \\ \sum_1^f \psi_c \sum \overline{M}_c^{(h)} \nu_{hb} + \sum (\mathsf{M}_{h,b} + \overline{M}_0^{(h)})\,\nu_{hb} = 0\,. \qquad (b = 1 \ldots f)\,. \end{aligned}\right\} \quad (631)$$

Die unbekannten Komponenten ψ_c werden daher aus f Gleichungen eindeutig bestimmt. Jeder der Summanden ist der Ausdruck für eine virtuelle Arbeit, so daß folgender Ansatz angeschrieben werden kann:

$$\delta A_b = 0 = \sum_1^f \psi_c a_{bc} + a_{b0} \qquad (b = 1 \ldots f). \quad (632)$$

a_{bc} ist die Arbeit der Momente $\overline{M}_c^{(h)}$ bei der virtuellen Bewegung Γ_b und $\overline{M}_c^{(h)}$ das Moment eines $r$fach geometrisch unbestimmten Systems infolge von $\psi_c = 1$. Die Arbeit a_{b0} wird bei der virtuellen Bewegung Γ_b von den Momenten $\mathsf{M}_{h,b}$ und von den Anschlußmomenten $\overline{M}_0^{(h)}$ geleistet, welche in dem $r$fach geometrisch unbestimmten System aus der Belastung $\mathfrak{P}_h$ und Temperaturänderung t, Δt entstehen.

Die Wurzeln ψ_c $(c = 1 \ldots f)$ werden durch den Gaußschen Algorithmus oder durch Iteration bestimmt. Bei mehreren Belastungsfällen wird die reziproke Matrix β_{bc} zu den Vorzahlen a_{bc} angegeben und ψ_c nach (633) berechnet

$$-\psi_c = \sum \beta_{cb}\, a_{b0}. \tag{633}$$

Rahmenträger einer Brücke als Beispiel eines offenen Stabzugs.

Die Berechnung der Schnittkräfte ist für drei Belastungsfälle nach Abb. 350 und für eine gleichförmige Erwärmung der Riegelstäbe und Schrägstützen durchgeführt worden.

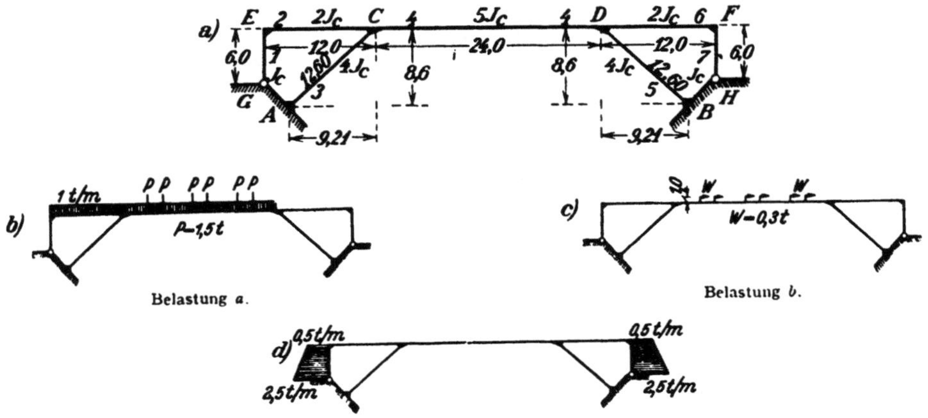

Belastung a.

Belastung b.

Belastung c.

Abb. 350.

1. Kennbeziehungen und Festpunkte. Anwendung der Beziehungen (619) und (622). Randbedingungen: $a_1 = a_7' = 0$, $a_3 = a_5' = 12{,}6/3 = 4{,}2$ m.

Festpunkte und Anschlußzahlen:

$$\varrho_E^{(1)} = \varrho_F^{(7)} = \frac{3}{l_1'} = 0{,}5, \qquad \varrho_C^{(3)} = \varrho_D^{(5)} = \frac{4}{l_3'} = 1{,}27\,,$$

$$\nu_{EC} = 1 : \left(3 + \frac{6}{l_2'\,\varrho_E^{(1)}}\right) = 0{,}2\,, \qquad a_{EC} = a_2 = 2{,}4\,, \qquad \varrho_C^{(2)} = \frac{2}{l_3'}\,\frac{1-\nu_{EC}}{\frac{2}{3}-\nu_{EC}} = 0{,}5714.$$

$$\nu_{CD} = 1 : \left(3 + \frac{6}{l_4'\,(\varrho_C^{(2)} + \varrho_C^{(3)})}\right) = 0{,}272\,, \qquad a_{CD} = a_4 = 6{,}524\,, \qquad \varrho_D^{(4)} = \frac{2}{l_4'}\,\frac{1-\nu_{CD}}{\frac{2}{3}-\nu_{CD}} = 0{,}7684.$$

$$\nu_{DF} = 1 : \left(3 + \frac{6}{l_6'\,(\varrho_D^{(4)} + \varrho_D^{(5)})}\right) = 0{,}286\,, \qquad a_{DF} = a_6 = 3{,}438\,, \qquad \varrho_D^{(6)} = \varrho_C^{(2)} = 0{,}5714\,,$$

$$\nu_{DB} = 1 : \left(3 + \frac{6}{l_5'\,(\varrho_D^{(4)} + \varrho_D^{(6)})}\right) = 0{,}226\,, \qquad a_{DB} = a_5 = 2{,}850\,, \qquad \varrho_F^{(6)} = \varrho_E^{(2)} = \frac{2}{l_6'}\,\frac{1-\nu_{DF}}{\frac{2}{3}-\nu_{DF}} = 0{,}6256.$$

$$\nu_{FH} = 1 : \left(3 + \frac{6}{l_7'\,\varrho_F^{(6)}}\right) = 0{,}2175\,, \qquad a_{FH} = a_7 = 1{,}305\,.$$

Kennbeziehungen und Übergangszahlen:

$$\varkappa_{CE} = \varkappa_{DF} = \frac{a_6}{l_6 - a_6} = 0{,}4015\,, \qquad \varkappa_{DC} = \varkappa_{CD} = \frac{a_4}{l_4 - a_4} = 0{,}3733\,,$$

$$\varkappa_{FD} = \varkappa_{EC} = \frac{a_2}{l_2 - a_2} = 0{,}25\,, \qquad \varkappa_{AC} = \varkappa_{BD} = \frac{a_3}{l_3 - a_3} = 0{,}5\,,$$

$$\mu_{42} = \mu_{46} = -\frac{\varrho_C^{(4)}}{\varrho_C^{(3)} + \varrho_C^{(4)}} = -0{,}3770\,, \qquad \mu_{32} = \mu_{56} = -\frac{\varrho_C^{(3)}}{\varrho_C^{(3)} + \varrho_C^{(4)}} = -0{,}6230\,,$$

$$\mu_{54} = \mu_{34} = -\frac{\varrho_D^{(5)}}{\varrho_D^{(5)} + \varrho_D^{(6)}} = -0{,}6897\,, \qquad \mu_{64} = \mu_{24} = -\frac{\varrho_D^{(6)}}{\varrho_D^{(5)} + \varrho_D^{(6)}} = -0{,}3103\,,$$

$$\mu_{23} = \mu_{65} = -\frac{\varrho_C^{(2)}}{\varrho_C^{(2)} + \varrho_C^{(4)}} = -0{,}4265\,, \qquad \mu_{43} = \mu_{45} = -\frac{\varrho_C^{(4)}}{\varrho_C^{(2)} + \varrho_C^{(4)}} = -0{,}5735$$

2. Stabendmomente für $l_h = C\,D$ bei einer Drehung $\vartheta_h = 1$ nach (624).

Stab	l_h	l'_h	a_h	a'_h	$l_h - a_h - a'_h$	$\overline{M}^{(h)}_{C\vartheta,h}$	$\overline{M}^{(h)}_{D\vartheta,h}$
1	6,0	6,0	0	1,305	4,695	0	−0,2780
2	12,0	6,0	2,4	3,438	6,162	$-\frac{6}{6{,}0}\,\frac{2{,}4}{6{,}162} = -0{,}3895$	−0,5579
3	12,6	3,15	4,2	2,850	5,550	$-\frac{6}{3{,}15}\,\frac{4{,}2}{5{,}550} = -1{,}4414$	−0,9781
4	24,0	4,8	6,524	6,524	10,952	$-\frac{6}{4{,}8}\,\frac{6{,}524}{10{,}952} = -0{,}7446$	−0,7446

Die Momente $\overline{M}^{(k)}_{J\vartheta,h}$, d. h. die Stabendmomente für l_k infolge $\vartheta_h = 1$, werden mit den Kennbeziehungen und Übergangszahlen aus obigen Werten bestimmt.

Stab	h	1	2	3	4
1	$\overline{M}^{(1)}_{G\vartheta,h}$	0	0	0	0
	$\overline{M}^{(1)}_{E\vartheta,h}$	−0,2780	+0,3895	−0,1043	−0,0578
2	$\overline{M}^{(2)}_{E\vartheta,h}$	+0,2780	−0,3895	+0,1043	+0,0578
	$\overline{M}^{(2)}_{C\vartheta,h}$	+0,1116	−0,5579	+0,4172	+0,2310
3	$\overline{M}^{(3)}_{A\vartheta,h}$	−0,0348	+0,1738	−1,4414	+0,2568
	$\overline{M}^{(3)}_{C\vartheta,h}$	−0,0695	+0,3476	−0,9781	+0,5136
4	$\overline{M}^{(4)}_{C\vartheta,h}$	−0,0421	+0,2103	+0,5609	−0,7446
	$\overline{M}^{(4)}_{D\vartheta,h}$	−0,0157	+0,0785	+0,2094	−0,7446
5	$\overline{M}^{(5)}_{D\vartheta,h}$	+0,0108	−0,0541	−0,1444	+0,5136
	$\overline{M}^{(5)}_{B\vartheta,h}$	+0,0054	−0,0270	−0,0722	+0,2568
6	$\overline{M}^{(6)}_{D\vartheta,h}$	+0,0049	−0,0244	−0,0650	+0,2310
	$\overline{M}^{(6)}_{F\vartheta,h}$	+0,0012	−0,0061	−0,0162	+0,0578
7	$\overline{M}^{(7)}_{F\vartheta,h}$	−0,0012	+0,0061	+0,0162	−0,0578
	$\overline{M}^{(7)}_{H\vartheta,h}$	0	0	0	0

In diesen Tabellen sind die Endmomente aller Stäbe aus der Verdrehung $\vartheta_h = 1$ des einzelnen Stabes h enthalten (vgl. S. 378). Sie bilden die Grundlage zur Bestimmung von $\overline{M}^{(h)}_{Ji}$ und $\overline{M}^{(h)}_{J1}$ nach (629).

3. Stabendmomente des belasteten Stabes $l_h = C\,D$ nach (627). $1/\varkappa = \lambda$.

Stab	l_h	a_h	$\varkappa_{CD} = \dfrac{a_h}{l_h - a_h}$	λ_{CD}	a'_h	$\varkappa_{DC} = \dfrac{a'_h}{l_h - a'_h}$	λ_{DC}	$\lambda_{CD}\lambda_{DC} - 1$	$\lambda_{CD} - \varkappa_{DC}$	$\lambda_{DC} - \varkappa_{CD}$
1	6,00	0	0	∞	1,305	0,2780	3,597	∞	∞	3,597
2	12,00	2,40	0,25	4	3,438	0,4015	2,491	8,964	3,598	2,241
3	12,60	4,20	0,50	2	2,850	0,2923	3,421	5,842	1,708	2,921
4	24,00	6,524	0,3733	2,679	6,524	0,3733	2,679	6,177	2,306	2,306

Die vorgeschriebenen Belastungsfälle werden in die den einzelnen Stäben zufallenden Teilbelastungen α bis ε zerlegt.

Teilbelastung		$R_D^{(h)}$	$R_C^{(h)}$	$\dfrac{R_C^{(h)}}{\lambda_{CD} - \varkappa_{DC}}$	$\dfrac{R_D^{(h)}}{\lambda_{CD}\lambda_{DC} - 1}$	$\overline{M}_{C0}^{(h)}$	$\dfrac{R_D^{(h)}}{\lambda_{DC} - \varkappa_{CD}}$	$\dfrac{R_C^{(h)}}{\lambda_{CD}\lambda_{DC} - 1}$	$\overline{M}_{D0}^{(h)}$
α	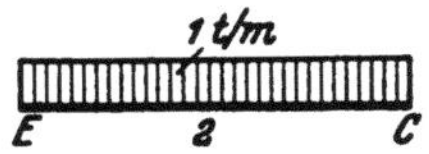	− 36	36	10,00	− 4,016	− 5,98	−16,06	+ 4,016	+12,05
β	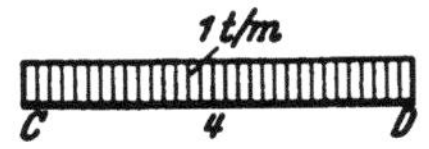	−144	144	62,45	−23,31	−39,14	−62,45	+23,31	+39,14
γ	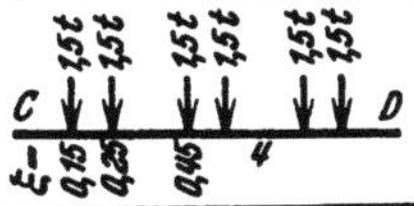	− 60,86	60,86	26,39	− 9,853	−16,54	−26,39	+ 9,853	+16,54
δ	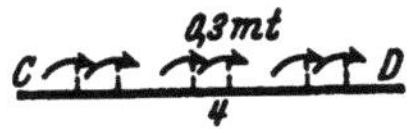	− 0,1125	−0,1125	−0,049	− 0,018	+ 0,067	− 0,049	− 0,018	+ 0,067
ε	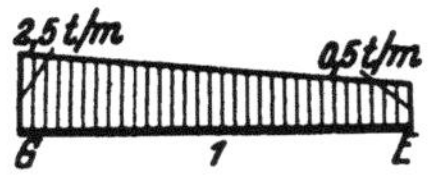	− 12,900	—	—	0	0	− 3,586	—	+ 3,586

Die übrigen Stabendmomente einer Teilbelastung werden mit den Kennbeziehungen oder graphisch mit den Festpunkten berechnet. Die Belastung des Stabes l_4 liefert im Falle β und γ symmetrische, im Falle δ antimetrische Ergebnisse.

Die Momente aus der Belastung a (Abb. 350b) werden durch Superposition der Ergebnisse α, β, γ erhalten. Der Belastungsfall b (Abb. 350c) ist mit der Teilbelastung δ identisch. Der Belastungsfall c (Abb. 350d) ist symmetrisch. Die Schnittkräfte entstehen durch Superposition der Ergebnisse ε mit denjenigen aus der spiegelbildlich gleichartigen Belastung des Stabes FH.

Belastung	$\overline{M}_{E0}^{(2)}$	$\overline{M}_{C0}^{(2)}$	$\overline{M}_{C0}^{(3)}$	$\overline{M}_{C0}^{(4)}$	$\overline{M}_{D0}^{(4)}$	$\overline{M}_{D0}^{(5)}$	$\overline{M}_{D0}^{(6)}$	$\overline{M}_{F0}^{(6)}$
α	−5,98	+12,05	−7,51	−4,54	−1,70	+1,17	+0,53	+0,13
β	+3,04	+12,15	+26,99	−39,14	+39,14	−26,99	−12,15	−3,04
γ	+1,28	+5,13	+11,41	−16,54	+16,54	−11,41	−5,13	−1,28
δ	−0,005	−0,021	−0,046	+0,067	+0,067	−0,046	−0,021	−0,005
ε	−3,59	−1,44	+0,90	+0,54	+0,20	−0,14	−0,06	−0,02
a	−1,66	+29,33	+30,89	−60,22	+53,98	−37,23	−16,75	−4,19
b	−0,005	−0,021	−0,046	+0,067	+0,067	−0,046	−0,021	−0,005
c	−3,57	−1,38	+1,04	+0,34	−0,34	−1,04	−1,38	−3,57

Die Stabendmomente aus den Belastungen a, b, c gelten für das unverschiebliche Knotennetz und sind daher nur für den symmetrischen Belastungsfall c endgültig (Abb. 351).

4. Temperaturmomente. Die Temperaturänderung des Tragwerks ist symmetrisch, der Symmetriepunkt des Riegels l_4 erleidet daher keine waagerechte Verschiebung. Unter der An-

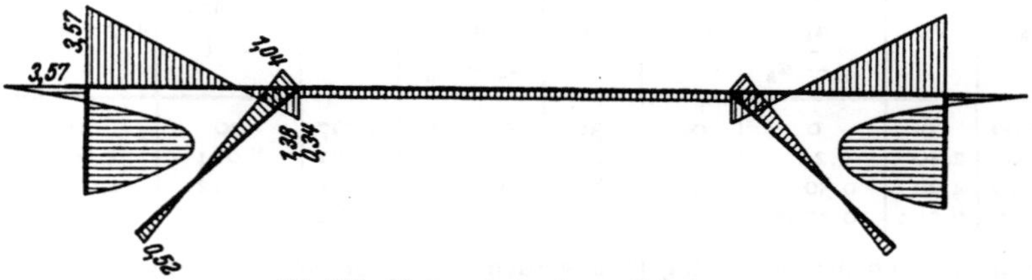

Abb. 351. Biegungsmomente aus Belastung *c*.

nahme, daß die Riegelstäbe ihre Temperatur um $+20^0$, die Schrägstützen l_3 und l_5 um $+10^0$ und die Endstützen um 0^0 ändern, sind die Längenänderungen $\alpha_t\, t l$ der Stäbe l_h für

$h =$ 1 u. 7	2 u. 6	3 u. 5	4	
$\Delta l =$ 0	$+0{,}0024$	$+0{,}00126$	$+0{,}0048$ m.	

Die Stabdrehwinkel ϑ_{ht} werden mit dem Prinzip der virtuellen Verrückungen nach Abschn. 18 berechnet. Hiernach ist $1\,\vartheta_{ht} = E\,J_c \Sigma \overline{N}\,\alpha_t\, t l$. Die gedachten Kräfte sind mit den ihnen zugeordneten Längskräften in Abb. 352 eingetragen.

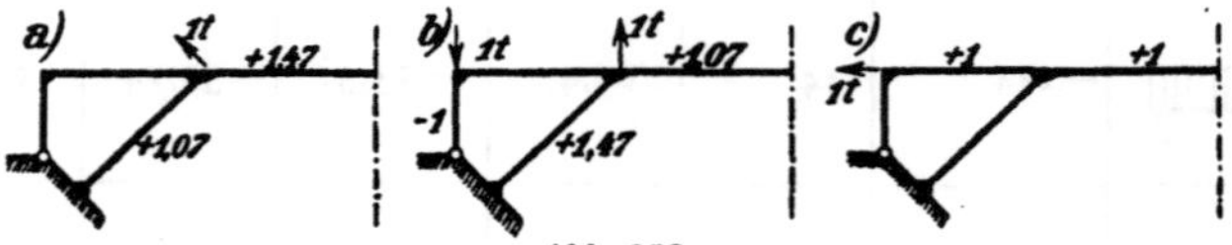

Abb. 352.

Dann ist mit $E\,J_c = 16670\ \text{tm}^2$: $\vartheta_{4t} = 0$.

$$\vartheta_{5t} = -\vartheta_{3t} = \frac{E\,J_c}{l_3}(+1{,}47 \cdot 0{,}0024 + 1{,}07 \cdot 0{,}00126) = +\ 6{,}45\,,$$

$$\vartheta_{6t} = -\vartheta_{2t} = \frac{E\,J_c}{l_2}(+1{,}07 \cdot 0{,}0024 + 1{,}47 \cdot 0{,}00126) = +\ 6{,}13\,,$$

$$\vartheta_{7t} = -\vartheta_{1t} = \frac{E\,J_c}{l_1}(+1{,}00 \cdot 0{,}0024 + 1{,}00 \cdot 0{,}0024) = +13{,}33\,,$$

Nach (629) ergeben sich die Anschlußmomente aus

$$\overline{M}_{Jt}^{(k)} = \Sigma\, \overline{M}_{J\vartheta,h}^{(k)}\, \vartheta_{ht}\,. \qquad \text{(Abb. 353.)}$$

Stab	$h =$	1	2	3	4	5	6	7	$\overline{M}_{Jt}^{(k)}$
1	$\overline{M}_{G\vartheta,h}^{(1)}\vartheta_{ht}$	0	0	0	0	0	0	0	0
	$\overline{M}_{E\vartheta,h}^{(1)}\vartheta_{ht}$	+3,71	−2,39	+0,67	0	+0,10	+0,04	−0,02	+2,11
2	$\overline{M}_{E\vartheta,h}^{(2)}\vartheta_{ht}$	−3,71	+2,39	−0,67	0	−0,10	−0,04	+0,02	−2,11
	$\overline{M}_{C\vartheta,h}^{(2)}\vartheta_{ht}$	−1,49	+3,42	−2,69	0	−0,42	−0,15	+0,06	−1,27
3	$\overline{M}_{A\vartheta,h}^{(3)}\vartheta_{ht}$	+0,46	−1,06	+9,30	0	−0,46	−0,17	+0,07	+8,14
	$\overline{M}_{C\vartheta,h}^{(3)}\vartheta_{ht}$	+0,93	−2,13	+6,31	0	−0,93	−0,33	+0,14	+3,99
4	$\overline{M}_{C\vartheta,h}^{(4)}\vartheta_{ht}$	+0,56	−1,29	−3,62	0	+1,35	+0,48	−0,21	−2,73
	$\overline{M}_{D\vartheta,h}^{(4)}\vartheta_{ht}$	+0,21	−0,48	−1,35	0	+3,62	+1,29	−0,56	+2,73

(Fortsetzung)

Stab	$h=$	1	2	3	4	5	6	7	$\overline{M}_{Jt}^{(k)}$
5	$\overline{M}_{D\vartheta,h}^{(5)}\vartheta_{ht}$	$-0,14$	$+0,33$	$+0,93$	0	$-6,31$	$+2,13$	$-0,93$	$-3,99$
	$\overline{M}_{B\vartheta,h}^{(5)}\vartheta_{ht}$	$-0,07$	$+0,17$	$+0,46$	0	$-9,30$	$+1,06$	$-0,46$	$-8,14$
6	$\overline{M}_{D\vartheta,h}^{(6)}\vartheta_{ht}$	$-0,06$	$+0,15$	$+0,42$	0	$+2,69$	$-3,42$	$+1,49$	$+1,27$
	$\overline{M}_{F\vartheta,h}^{(6)}\vartheta_{ht}$	$-0,02$	$+0,04$	$+0,10$	0	$+0,67$	$-2,39$	$+3,71$	$+2,11$
7	$\overline{M}_{F\vartheta,h}^{(7)}\vartheta_{ht}$	$+0,02$	$-0,04$	$-0,10$	0	$-0,67$	$+2,39$	$-3,71$	$-2,11$
	$\overline{M}_{H\vartheta,h}^{(7)}\vartheta'_{ht}$	0	0	0	0	0	0	0	0

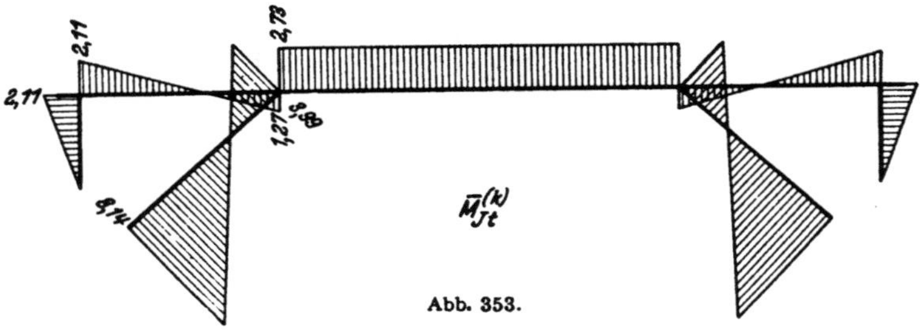

Abb. 353.

5. Momente $\overline{M}_{J1}^{(k)}$ des einfach geometrisch unbestimmten Systems für $\psi_1 = 1$. Da die Stabdrehwinkel für die Belastungsfälle a und b (Abb. 350b, c) von Null verschieden sind, wird die zweite Stufe der Berechnung notwendig. Die Knotenpunktfigur besitzt einen Freiheitsgrad. Als Parameter ψ_1 der Formänderung wird der Drehwinkel ϑ_1 gewählt.

Statische Bedingung: $\psi_1\, a_{11} + a_{10} = 0$

$$a_{11} = \sum \overline{M}_1^{(k)} \nu_{k1}\,; \qquad a_{10} = \sum (\mathsf{M}_{k1} + \overline{M}_0^{(k)})\, \nu_{k1}\,.$$

Die Werte ν_{k1} werden aus dem Polplan der kinematischen Kette Abb. 354 entnommen:

$$\nu_{11} = \nu_{71} = \psi_1 = 1\,,$$

$$\nu_{21} = \nu_{61} = 6 : 11{,}21 = 0{,}5352\,,$$

$$\nu_{31} = \nu_{51} = \frac{16{,}42 \cdot 0{,}535}{12{,}6} = 0{,}6975\,,$$

$$\nu_{41} = \quad - \frac{0{,}535 \cdot 16{,}42}{16{,}42} = -0{,}5352\,.$$

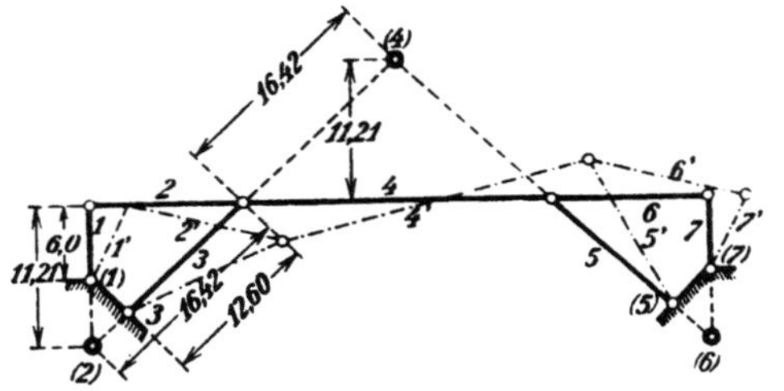

Abb. 354.

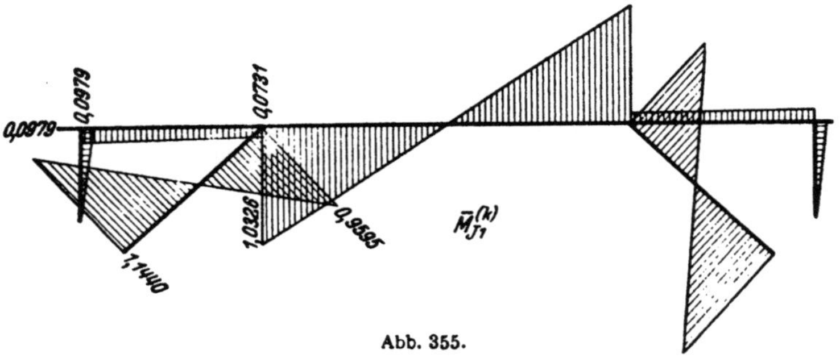

Abb. 355.

Die Momente $\overline{M}_1^{(k)}$ werden nach (629) aus den Werten $\overline{M}_{J1}^{(k)} = \Sigma\, \overline{M}_{J\vartheta,h}\, \vartheta_{h1}$ bestimmt (Abb. 355).

Stab	$h =$	1	2	3	4	5	6	7	$\overline{M}_{J1}^{(k)}$
1	$\overline{M}^{(1)}_{G\vartheta,h}\vartheta_{h1}$	0	0	0	0	0	0	0	0
	$\overline{M}^{(1)}_{E\vartheta,h}\vartheta_{h1}$	−0,2780	+0,2085	−0,0727	+0,0309	+0,0113	+0,0033	−0,0012	−0,0979
2	$\overline{M}^{(2)}_{E\vartheta,h}\vartheta_{h1}$	+0,2780	−0,2085	+0,0727	−0,0309	−0,0113	−0,0033	+0,0012	+0,0979
	$\overline{M}^{(2)}_{C\vartheta,h}\vartheta_{h1}$	+0,1116	−0,2986	+0,2910	−0,1236	−0,0453	−0,0131	+0,0049	−0,0731
3	$\overline{M}^{(3)}_{A\vartheta,h}\vartheta_{h1}$	−0,0348	+0,0930	−1,0054	−0,1374	−0,0504	−0,0144	+0,0054	−1,1440
	$\overline{M}^{(3)}_{C\vartheta,h}\vartheta_{h1}$	−0,0695	+0,1860	−0,6822	−0,2749	−0,1007	−0,0290	+0,0108	−0,9595
4	$\overline{M}^{(4)}_{C\vartheta,h}\vartheta_{h1}$	−0,0421	+0,1126	+0,3912	+0,3985	+0,1461	+0,0420	−0,0157	+1,0326
	$\overline{M}^{(4)}_{D\vartheta,h}\vartheta_{h1}$	−0,0157	+0,0420	+0,1461	+0,3985	+0,3912	+0,1126	−0,0421	+1,0326
5	$\overline{M}^{(5)}_{D\vartheta,h}\vartheta_{h1}$	+0,0108	−0,0290	−0,1007	−0,2749	−0,6822	+0,1860	−0,0695	−0,9595
	$\overline{M}^{(5)}_{B\vartheta,h}\vartheta_{h1}$	+0,0054	−0,0144	−0,0504	−0,1374	−1,0054	+0,0930	−0,0348	−1,1440
6	$\overline{M}^{(6)}_{D\vartheta,h}\vartheta_{h1}$	+0,0049	−0,0131	−0,0453	−0,1236	+0,2910	−0,2986	+0,1116	−0,0731
	$\overline{M}^{(6)}_{F\vartheta,h}\vartheta_{h1}$	+0,0012	−0,0033	−0,0113	−0,0309	+0,0727	−0,2085	+0,2780	+0,0979
7	$\overline{M}^{(7)}_{F\vartheta,h}\vartheta_{h1}$	−0,0012	+0,0033	+0,0113	+0,0309	−0,0727	+0,2085	−0,2780	−0,0979
	$\overline{M}^{(7)}_{H\vartheta,h}\vartheta_{h1}$	0	0	0	0	0	0	0	0

6. Ermittlung von ψ_1 für die Belastungen a und b.

Belastung		$a \equiv (\alpha, \beta, \gamma)$			$b \equiv \delta$			$\psi_1 = 1$	
k	ν_{k1}	M_{k1}	$\overline{M}_0^{(k)}$	$(\mathsf{M}_{k1}+\overline{M}_0^{(k)})\nu_{k1}$	M_{k1}	$\overline{M}_0^{(k)}$	$(\mathsf{M}_{k1}+\overline{M}_0^{(k)})\nu_{k1}$	$\overline{M}_1^{(k)}$	$\overline{M}_1^{(k)}\nu_{k1}$
1	+1	0	+ 1,66	+ 1,66	0	+0,005	+0,005	−0,0979	−0,0979
2	+0,5352	$1\cdot 12\cdot \frac{12}{8} = 72$	+27,67	+53,34	0	−0,026	−0,014	+0,0248	+0,0133
3	+0,6975	0	+46,34	+32,32	0	−0,069	−0,048	−2,1035	−1,4672
4	−0,5352	0	− 6,24	+ 3,34	$-6\cdot 0{,}3\cdot 10{,}21$ $-18{,}378$	+0,134	+9,764	+2,0652	−1,1053
5	+0,6975	0	−55,85	−38,96	0	−0,069	−0,048	−2,1035	−1,4672
6	+0,5352	0	−20,94	−11,21	0	−0,026	−0,014	+0,0248	+0,0133
7	+1	0	+ 4,19	+ 4,19	0	+0,005	+0,005	−0,0979	−0,0979
				$a_{10} = +44{,}63$			$a_{10} = +9{,}650$		$a_{11} = -4{,}209$

Belastung a: $\psi_1 = -\dfrac{+44{,}68}{-4{,}209} = +10{,}62$. Belastung b: $\psi_1 = -\dfrac{+9{,}650}{-4{,}209} = +2{,}293$.

Die endgültigen Stabmomente werden aus der folgenden Superposition gefunden:

$$M_J^{(k)} = \overline{M}_{J0}^{(k)} + \psi_1\, \overline{M}_{J1}^{(k)}.$$

		$M_E^{(2)}$	$M_C^{(2)}$	$M_C^{(3)}$	$M_C^{(4)}$	$M_A^{(3)}$	$M_D^{(4)}$	$M_D^{(5)}$	$M_D^{(6)}$	$M_E^{(5)}$	$M_F^{(6)}$
Belastung *a*	$\overline{M}_{J0}^{(h)}$	−1,66	+29,53	+30,89	−60,22	+15,44	+53,98	−37,23	−16,75	−18,62	−4,19
	$\overline{M}_{J1}^{(h)}$	+0,098	−0,073	−0,960	+1,033	−1,144	+1,033	−0,960	−0,073	−1,144	+0,098
	$\psi_1 \overline{M}_{J1}^{(h)}$	+1,04	−0,78	−10,20	+10,97	−12,15	+10,97	−10,20	−0,78	−12,15	+1,04
	$M_{J0}^{(h)}$	−0,62	+28,55	+20,69	−49,25	+3,29	+64,95	−47,43	−17,53	−30,77	−3,15
Belastung *b*	$\overline{M}_{J0}^{(h)}$	−0,005	−0,021	−0,046	+0,067	−0,023	+0,067	−0,046	−0,021	−0,023	−0,005
	$\psi_1 \overline{M}_{J1}^{(h)}$	+0,225	−0,167	−2,201	+2,369	−2,623	+2,369	−2,201	−0,167	−2,623	+0,225
	$M_{J0}^{(h)}$	+0,220	−0,188	−2,247	+2,436	−2,646	+2,436	−2,247	−0,188	−2,646	+0,220

Die Ergebnisse sind in Abb. 356 und 357 enthalten. Die Richtigkeit wird mit den Gleichgewichtsbedingungen der Schnittkräfte an einem Knoten oder Stabteil nachgeprüft.

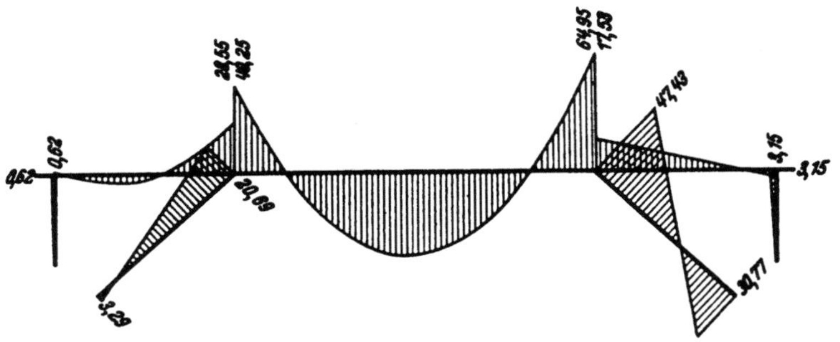

Abb. 356. Biegungsmomente aus Belastung *a*.

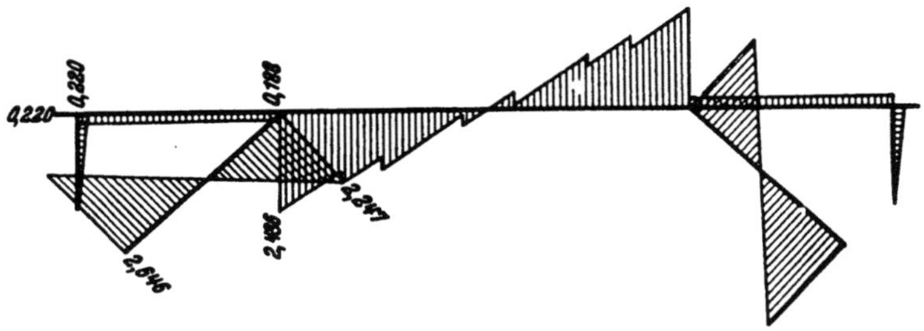

Abb. 357. Biegungsmomente aus Belastung *b*.

Festpunkte und Übergangszahlen eines geschlossenen Rahmens.

Die Festpunkte werden durch allmähliche Annäherung gewonnen.

1. Randbedingungen für die Festpunktermittlung

$$a_{AC} = a_{EE} = 0, \qquad a_{FD} = 3{,}0,$$

$$\varrho_C^{(1)} = \varrho_E^{(1)} = \frac{3}{l_1'} = 1{,}290; \quad \varrho_D^{(4)} = \frac{4}{l_4'} = 1{,}778.$$

2. Festpunkte der linken Zelle beim Fortschreiten im Uhrzeigersinn: Die Werte $\nu_{KJ} = 0{,}25$ und $\nu_{ED} = 0{,}25$ werden zunächst geschätzt und führen zu den Anschlußzahlen $\varrho_J^{(10)} = 0{,}798$ und $\varrho_D^{(8)} = 2{,}39$. Ausgangswert: $\nu_{JD} = 0{,}25$.

$$\varrho_D^{(5)} = \frac{2}{l'_5}\,\frac{1-\nu_{JD}}{\frac{2}{3}-\nu_{JD}} = 1{,}20\,, \qquad \nu_{DC} = 1:\left(3 + \frac{6}{l'_2(\varrho_D^{(4)}+\varrho_D^{(5)}+\varrho_D^{(8)})}\right) = 0{,}267\,,$$

$$\varrho_C^{(2)} = \frac{2}{l'_2}\,\frac{1-\nu_{DC}}{\frac{2}{3}-\nu_{DC}} = 2{,}44\,, \qquad \nu_{CH} = 1:\left(3 + \frac{6}{l'_3(\varrho_C^{(1)}+\varrho_C^{(2)})}\right) = 0{,}246\,,$$

$$\varrho_H^{(3)} = \frac{2}{l'_3}\,\frac{1-\nu_{CH}}{\frac{2}{3}-\nu_{CH}} = 2{,}39\,, \qquad \nu_{HJ} = 1:\left(3 + \frac{6}{l'_6\varrho_H^{(3)}}\right) = 0{,}281\,,$$

$$\varrho_J^{(6)} = \frac{2}{l'_6}\,\frac{1-\nu_{HJ}}{\frac{2}{3}-\nu_{HJ}} = 0{,}828\,, \qquad \nu_{JD} = 1:\left(3 + \frac{6}{l'_5(\varrho_J^{(6)}+\varrho_J^{(10)})}\right) = 0{,}236\,.$$

Die Rechnung wird mit $\nu_{JD} = 0{,}236$ wiederholt und der geschätzte Wert ν_{KJ} wegen der Symmetrie des Systems durch den verbesserten Wert $\nu_{KJ} = \nu_{HJ} = 0{,}281$ ersetzt. Der Wert $\nu_{ED} = 0{,}250$ wird beibehalten. ν_{KJ} und ν_{ED} liefern die Anschlußzahlen $\varrho_J^{(10)} = 0{,}828$, $\varrho_D^{(8)} = 2{,}39$ und diese nach dem ersten Ansatz die Werte $\varrho_D^{(5)} = 1{,}18$, $\nu_{DC} = 0{,}267$. Da ν_{DC} sich gegenüber der ersten Rechnung nicht geändert hat, gilt das gleiche für $\varrho_C^{(2)}$, ν_{CH}, $\varrho_H^{(3)}$, ν_{HJ}, $\varrho_J^{(6)}$ und ν_{JD}.

3. Festpunkte der linken Zelle beim Fortschreiten entgegen dem Uhrzeigersinn. Die Werte $\nu_{KJ} = 0{,}281$ und $\nu_{ED} = 0{,}250$ mit den Anschlußzahlen $\varrho_J^{(10)} = 0{,}828$ und $\varrho_D^{(8)} = 2{,}39$ werden wieder verwendet. Als Ausgangswert dient $\nu_{DJ} = 0{,}25$.

$$\varrho_J^{(5)} = \frac{2}{l'_5}\,\frac{1-\nu_{DJ}}{\frac{2}{3}-\nu_{DJ}} = 1{,}20\,, \qquad \nu_{JH} = 1:\left(3 + \frac{6}{l'_6(\varrho_J^{(5)}+\varrho_J^{(10)})}\right) = 0{,}273\,,$$

$$\varrho_H^{(6)} = \frac{2}{l'_6}\,\frac{1-\nu_{JH}}{\frac{2}{3}-\nu_{JH}} = 0{,}820\,, \qquad \nu_{HC} = 1:\left(3 + \frac{6}{l'_3\varrho_H^{(6)}}\right) = 0{,}127\,,$$

$$\varrho_C^{(3)} = \frac{2}{l'_3}\,\frac{1-\nu_{HC}}{\frac{2}{3}-\nu_{HC}} = 2{,}15\,, \qquad \nu_{CD} = 1:\left(3 + \frac{6}{l'_2(\varrho_C^{(1)}+\varrho_C^{(3)})}\right) = 0{,}240\,,$$

$$\varrho_D^{(2)} = \frac{2}{l'_2}\,\frac{1-\nu_{CD}}{\frac{2}{3}-\nu_{CD}} = 2{,}37\,, \qquad \nu_{DJ} = 1:\left(3 + \frac{6}{l'_5(\varrho_D^{(2)}+\varrho_D^{(4)}+\varrho_D^{(8)})}\right) = 0{,}302\,.$$

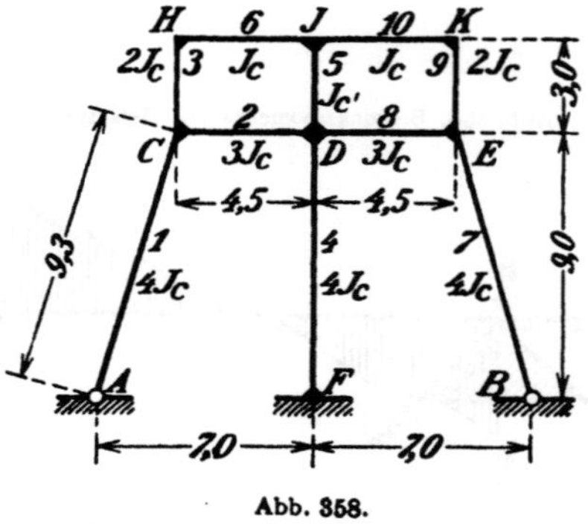

Abb. 358.

$l'_1 = 2{,}325$ m, $l'_4 = 2{,}25$ m, $l'_2 = 1{,}5$ m, $l'_3 = 1{,}5$ m, $l_6 = 4{,}5$ m.

Der neue Ausgangswert $\nu_{DJ} = 0{,}302$ und die verbesserten $\nu_{KJ} = 0{,}281$, $\nu_{ED} = 0{,}240$ führen in Verbindung mit $\varrho_J^{(10)} = 0{,}828$ und $\varrho_D^{(8)} = 2{,}37$ der Reihe nach zu

$$\varrho_J^{(5)} = 1{,}274\,, \qquad \nu_{JH} = 0{,}275\,, \qquad \varrho_H^{(6)} = 0{,}822\,, \qquad \nu_{HC} = 0{,}127\,.$$

Da ν_{HC} sich im Vergleich zur ersten Rechnung nicht geändert hat, gelten für $\varrho_C^{(3)}$, ν_{CD} und $\varrho_D^{(2)}$ die bekannten Ergebnisse.

4. Die Rechnung ist im Uhrzeigersinn mit $\nu_{ED} = 0{,}250$ und $\varrho_D^{(8)} = 2{,}39$ entwickelt worden. Die verbesserten Werte $\nu_{ED} = 0{,}240$ und $\varrho_D^{(8)} = 2{,}37$ führen innerhalb der Genauigkeit des Rechenschiebers zu keiner Änderung der Ergebnisse

$$\nu_{CA} = 1:\left(3 + \frac{6}{l'_1(\varrho_C^{(2)}+\varrho_C^{(3)})}\right) = 0{,}281\,, \qquad \varrho_A^{(1)} = \frac{2}{l'_1}\,\frac{1-\nu_{CA}}{\frac{2}{3}-\nu_{CA}} = 1{,}60\,,$$

$$\nu_{DF} = 1:\left(3 + \frac{6}{l'_4(\varrho_D^{(2)}+\varrho_D^{(5)}+\varrho_D^{(8)})}\right) = 0{,}290\,, \qquad \varrho_F^{(4)} = \frac{2}{l'_4}\,\frac{1-\nu_{DF}}{\frac{2}{3}-\nu_{DF}} = 1{,}67\,.$$

5. Übersicht der Ergebnisse:

Knoten	ν				ρ			
	links	rechts	oben	unten	links	rechts	oben	unten
A	—	—	0	—	—	—	1,60	—
B	—	—	0	—	—	—	1,60	—
C	—	0,240	0,246	0,281	—	2,44	2,15	1,29
D	0,267	0,267	0,302	0,290	2,37	2,37	1,18	1,78
E	0,240	—	0,246	0,281	2,44	—	2,15	1,29
F	—	—	0,333	—	—	—	1,67	—
H	—	0,281	—	0,127	—	0,82	—	2,39
J	0,275	0,275	—	0,236	0,83	0,83	—	1,27
K	0,281	—	—	0,127	0,82	—	—	2,39

6. Übergangszahlen $-\mu_{ik}$ nach (616).

C					
1		2		3	
2	3	1	3	1	2
$\frac{2,44}{4.59} = 0,53$	$\frac{2,15}{4.59} = 0,47$	$\frac{1,29}{3.44} = 0,37$	$\frac{2,15}{3.44} = 0,63$	$\frac{1,29}{3.73} = 0,35$	$\frac{2,44}{3.73} = 0,65$

J					
5		6		10	
6	10	5	10	5	6
$\frac{0,83}{1,66} = 0,50$	$\frac{0,83}{1,66} = 0,50$	$\frac{1,27}{2,10} = 0,60$	$\frac{0,83}{2,10} = 0,40$	$\frac{1,27}{2,10} = 0,60$	$\frac{0,83}{2,10} = 0,40$

D					
2			4		
4	5	8	2	5	8
$\frac{1,78}{5.33} = 0,33$	$\frac{1,18}{5.33} = 0,22$	$\frac{2,37}{5.33} = 0,45$	$\frac{2,37}{5.92} = 0,40$	$\frac{1,18}{5.92} = 0,20$	$\frac{2,37}{5.92} = 0,40$

D					
5			8		
2	4	8	2	4	5
$\frac{2,37}{6,52} = 0,36$	$\frac{1,78}{6,52} = 0,28$	$\frac{2,37}{6,52} = 0,36$	$\frac{2,37}{5.33} = 0,45$	$\frac{1,78}{5.33} = 0,33$	$\frac{1,18}{5.33} = 0,22$

Ritter, W.: Anwendung der graphischen Statik, III. Teil: Der kontinuierliche Balken. Zürich 1900. — Schächterle, W.: Elastische Bogen, Bogenstellungen und mehrstielige Rahmen. Berlin 1912. — Ritter, A.: Berechnung rechteckiger Silozellen. Stuttgart 1916. — Straßner, A.: Statik der Rahmentragwerke und der elastischen Bogenträger. Berlin 1916. — Hoost, K: Beitrag zur Berechnung rechteckiger Rahmen und Rahmenträger. Dissertation Danzig 1917. — Pichl, E.: Der durchgehende gelenklose Bogen auf elastischen Stützen. Stuttgart 1919. — Suter, E.: Die Methode der Festpunkte. Berlin 1923.

V. Anwendung der Theorie auf die im Bauwesen viel verwendeten Stabwerke.

45. Das Tragwerk als Gegenstand der baustatischen Untersuchung.

Die allgemeine Anordnung eines Bauwerks richtet sich nach dem Zweck der Anlage und nach der Größe und Lage der Lasten. Das Tragwerk übernimmt die äußeren Kräfte und vermittelt zwischen ihnen und den Stützkräften Gleichgewicht. Dabei verändert sich die Form des Tragwerks infolge der elastischen und plastischen Eigenschaften des Baustoffs.

Das System des Tragwerks und die Abmessungen der Teile werden, abgesehen von seltenen Ausnahmen, stets derart gewählt, daß der Formänderungszustand bei der vorgeschriebenen Belastung stabil ist und nur verschwindend kleine Verschiebungen entstehen. Ihre Größe ist neben den Baukosten und den betrieblichen Eigenschaften der Maßstab für die Güte des Tragwerks.

Die Formänderung wird als die Folge von inneren Kräften angesehen, die mit den äußeren Kräften im Gleichgewicht stehen. Spannung und Verzerrung sind erfahrungsgemäß miteinander verknüpft und im elastischen Bereich wechselweise eindeutig bestimmt. Die Zusammenhänge gelten hinreichend genau als linear, die Verschiebungen als verschwindend klein, so daß zunächst die kleinen Größen zweiter Ordnung und darauf die Verschiebungen selbst im Vergleich zu den Abmessungen der Bauteile vernachlässigt werden. Auf diese Weise entstehen Approximationsstufen der rationellen Lösung, welche durch das Experiment für technische Bedürfnisse als brauchbar bestätigt werden. Sie bilden die Baumechanik, die stets Wissenschaft bleibt, solange der Grad der Annäherung abgeschätzt und an einfachen Beispielen zahlenmäßig festgestellt werden kann.

Das Tragwerk besteht im allgemeinen aus einer Verbindung von Platten, Schalen, Scheiben und biegungssteifen oder biegungs- und drillungssteifen Stäben, die als Träger bezeichnet werden. Dazu treten meist auch Stäbe, die allein Längskräfte erhalten und daher nur die zur Stabilität des Formänderungszustandes notwendige Steifigkeit besitzen. Außerdem werden oft noch Bauteile verwendet, die nur Zugkräfte aufnehmen, dagegen unter Druckkräften ausschalten, so daß Tragwerke mit veränderlicher Gliederung entstehen. Die Kennzeichnung der Bauteile ist durch ausgezeichnete Annahmen über den Formänderungs- und Spannungszustand bestimmt (Abschn. 8). Dasselbe gilt von der Verbindung der Bauteile, die biegungs- und drillungssteif, in Führungen beweglich oder um Achsen und Punkte frei drehbar angenommen wird.

Die analytischen Beziehungen des Verschiebungs- und Spannungszustandes werden am undeformierten Tragwerk und in der Regel getrennt für jeden einzelnen Bauteil abgeleitet. Hierzu müssen die Verschiebungen und die inneren Kräfte an den Rändern der Schalen, Scheiben und Platten oder an den Enden der Träger bekannt sein. Dieser Teil der Lösung gelingt jedoch nur selten streng. Man begnügt sich zumeist mit wahrscheinlichen Annahmen über die Formänderung an den Unstetigkeitsstellen und rechnet streng nur bei Stabwerken, deren Bauglieder starr oder in reibungslosen Gelenken frei drehbar verbunden sind. Die Fläche der Knotenscheiben ist im Vergleich zu den Abmessungen der Träger in der Regel klein, so daß die Stablängen bei der Untersuchung des Tragwerks auf die geometrischen Schnittpunkte der Stabachsen bezogen und nur die Trägheitsmomente im Bereich der Knoten unendlich groß eingesetzt werden, um den Formänderungszustand des Tragwerks richtig zu beurteilen. Die Untersuchung läßt sich dann nachträglich durch Sonderbetrachtungen an Scheiben mit vorgeschriebenen Randwerten ergänzen, falls nicht experimentell gewonnene Ergebnisse oder einfache statische Ansätze zwischen den äußeren und inneren Kräften zur Beurteilung der Sicherheit und Gestaltung dieser Bauteile ausreichen. Die Approximationsstufen der Theorie werden daher für baustatische Betrachtungen stets mit den Näherungsfolgen einer Idealisierung des Tragwerks verbunden. Diese behandelt die geometrische Form der Achsen und Querschnitte der Stäbe nach S. 25 und die Art ihrer Verbindung. Sie enthält außerdem Angaben zur angenäherten Beurteilung der Biegungs- und Drillungssteifigkeit durch Funktionen ζ, ϱ nach S. 97, ohne dabei auf besondere konstruktive Eigenschaften von örtlicher Bedeutung Rücksicht zu nehmen. Geeignete Annahmen über die Biegungs- und Drillungssteifigkeit ausgezeichneter Bauteile durch unendlich große Trägheitsmomente oder durch Vernachlässigung des Biegungs- und Drillungswiderstandes und damit Substitution starrer Stabanschlüsse durch Gelenke führen oft zu brauchbaren, zur Abschätzung geeigneten Näherungsrechnungen.

Jedes Stabwerk gilt bei der Untersuchung der Stabilität der Formänderung als räumliches Gebilde. Sie läßt sich am einfachsten nachweisen, wenn jeder Stabknoten kinematisch festliegt. Die Berechnung der Schnittkräfte und Verschiebungen räumlicher Tragwerke ist jedoch nur bei Idealisierung der Stabknoten durch reibungslose Gelenke einfach, die zwar bei ebenen Stabwerken in vielen Fällen zulässig, aber keinesfalls mit der Ausbildung räumlicher Stabknoten verträglich ist. Die statische Untersuchung der räumlichen Stabwerke mit biegungs- und drillungssteifen Knoten gelingt meist nur bei mehrfacher Symmetrie und ausgezeichneten Belastungsannahmen, welche durch Umordnung aus der vorgeschriebenen Belastung entstanden sind. Zahlreiche Aufgaben können auf diese Weise teils streng, teils angenähert auf die Berechnung ebener Stabwerke zurückgeführt werden. In anderen Fällen können auch Messungen an ausgeführten Bauwerken oder Modellen die räumliche Tragwirkung erschließen und damit die baustatische Untersuchung vorbereiten. Dabei werden stets Verschiebungen beobachtet und miteinander verglichen. Sie führen daher hier ebenso zur Spannungsberechnung wie in den klassischen Ansätzen der Elastizitätstheorie. Diese liefern beim ebenen oder räumlichen Stabwerk mit biegungssteifen oder biegungs- und drillungssteifen Gliedern die Komponenten für die Bewegung der Knoten und damit die geometrischen Randbedingungen für die Stäbe. Wird diese Rechnung durch wahrscheinliche Annahmen ersetzt, so entstehen oft brauchbare Näherungslösungen, die zur Abschätzung der Festigkeit und der Abmessungen der Bauteile oder zur Aufteilung eines mehrfach zusammenhängenden ebenen oder räumlichen elastischen Gebildes ausreichen. Unter Umständen wird die wahrscheinliche Formänderung auch in Grenzen eingeschlossen, für welche sich Ansatz und Zahlenrechnung vereinfachen. Der Nachweis der Sicherheit für Grenzbetrachtungen enthält auch die wirkliche Lösung, die unter Umständen vielleicht nur auf schwierigem Wege erhalten wird.

Die Anschlußkräfte der Stäbe lassen sich oft auch unmittelbar als Funktion der Belastung und der statisch überzähligen Größen des Tragwerks anschreiben, wenn ihre Anzahl und ihre wechselseitige Abhängigkeit gering sind. Die Abschätzung der statisch unbestimmten Größen und damit die Vorbereitung von angenäherten Lösungen ist allerdings auf diesem Wege schwieriger.

Während zur Berechnung der unabhängigen Komponenten des Verschiebungszustandes des Stabwerks nach Abschn. 38 statische Bedingungsgleichungen verwendet werden (Lösung B), erhalten diese zur Berechnung der statisch unbestimmten Größen nach Abschn. 24 geometrischen Inhalt (Lösung A). Je kleiner die Anzahl der unabhängigen Komponenten des Verschiebungszustandes ist, um so eher wird man zur Lösung B greifen, dagegen werden die Schnittkräfte aus den statisch überzähligen Größen berechnet, wenn die Lösung A übersichtlich ist und nicht durch ungünstige Fehlerfortpflanzung leidet. Die zahlreichen Untersuchungen der folgenden Abschnitte bieten ausreichende Gelegenheit, die Brauchbarkeit der beiden Ansätze kritisch zu beurteilen.

Das Ergebnis beschreibt die Formänderung der Stäbe und ihre Schnittkräfte, aus denen die Spannungen des Querschnitts je nach der Ausführung des Tragwerks in Stahl oder Eisenbeton abgeleitet werden. Die Verteilung der Schnittkräfte auf die Bestandteile des Querschnitts ist dabei ebenso wie die Berechnung der Spannungen nur soweit behandelt worden, als dies für die Baustatik notwendig ist. Die vollständige Lösung der Aufgabe und die Untersuchung der Stabilität der Formänderung bleiben in der Regel der Festigkeitslehre vorbehalten. Damit ist das Ziel der Statik des Stabwerks umrissen, nachdem als Voraussetzung für die Brauchbarkeit ihrer Methoden die klare, durch physikalische und statische Erkenntnis bestimmte Konstruktion hervorgehoben worden ist.

Rieckhof: Experimentelle Statik für statisch unbestimmte Systeme. Selbstverlag Beton u. Eisen 1925 Heft 11 S. 260; 1926 S. 73; Beton u. Eisen 1926 Heft 8. — Hofacker, K.: Mechanostatische Untersuchungen hochgradig statisch unbestimmter Tragwerke. Schweiz. Bauztg. 1926 S. 153. — Gottschalk: Lösung statischer Aufgaben mittels Modellgerät. Z. VDI 1926 S. 261. — Derselbe: Lösung statischer Aufgaben mittels Kontinuität. Beton u. Eisen 1927 Heft 15; 1929 S. 113. — Tillmann, R.: Der Modellversuch in der Baustatik. Z. öst. Ing.- u. Arch.-Ver. 1929 Heft 27—30. — Ritter, M.: Experimentelle Methoden der Baustatik. Schweiz. Bauztg. Bd. 96 (1930) Heft 18. — Kann, F.: Fortschritte in der experimentellen Statik vielfach statisch unbestimmter Rahmensysteme. Abh. Int. Kongreß Lüttich 1930. — Derselbe: Drehwinkelverfahren in der experimentellen Statik des Rahmensystems. Z. d. B. 1931 Heft 30. — Beaufoy: Grundsätzliche Schwierigkeiten bei mech. Bemessungsverfahren. Engineering Heft 3491. London 1932. — Schächterle: Modellverfahren zur Ermittlung der inneren Kräfte von beliebig belasteten statisch unbestimmten Tragwerken mit Hilfe der Drehwinkel-Verformungslehre. Org. Fortschr. Eisenbahnwes. 1933 Heft 2.

46. Balkenträger mit statisch unbestimmter Stützung.

Die Trägerenden a und n sind frei drehbar, elastisch drehbar oder starr eingespannt. Die elastische Verdrehung der Endstützen wird durch den EJ_cfachen Betrag ε_1, ε_n des Winkels bestimmt, um den sich diese durch ein Kräftepaar von 1 mt drehen (Abb. 359). Bei starrer Einspannung ist $\varepsilon = 0$. Zur Berechnung der Schnittkräfte werden die negativen Einspannungs- und Stützenmomente $-M_k$ als überzählige Größen X_k verwendet (Abb. 360). Das Hauptsystem besteht dann aus einer Reihe einfacher Träger, die in den gestützten Gelenken k zusammenhängen.

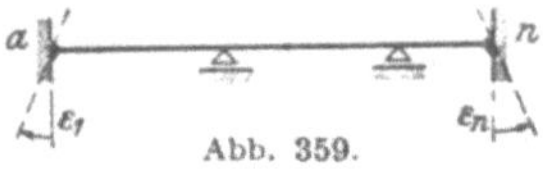

Abb. 359.

Die statisch unbestimmten Schnittkräfte werden nach den Abschnitten 23 ff. aus geometrischen Bedingungsgleichungen berechnet. Die Vorzahlen δ_{kk}, δ_{ik} und die Belastungszahlen $\delta_{k\otimes}$ bedeuten dann die gegenseitige Verdrehung der Stützenquerschnitte k des Hauptsystems infolge von $-X_k = 1$ oder vorgeschriebenen äußeren Ursachen. Sie werden bei beliebig veränderlichem Querschnitt nach Abschn. 18, bei Approximation der Veränderlichkeit der Trägerquerschnitte nach S. 97 ff. aus den Angaben der Tabellen 13 bis 15 entwickelt. Die auf den Stab l_k entfallenden Anteile der Formänderungen $\delta_{(k-1)(k-1)}$, δ_{kk} sind bei symmetrischer Ausbildung

$$\left.\begin{aligned} \delta_{(k-1)(k-1),2} &= \delta_{kk,1} = 2\mu_k l'_k/6\,, & \mu_k &= 3\int_0^1 \xi^2 \zeta_k\, d\xi\,, \\ \delta_{k(k-1)} &= \lambda_k l'_k/6\,, & \lambda_k &= 6\int_0^1 \xi\,\xi'\,\zeta_k\, d\xi\,, \\ l'_k &= l_k J_c/J_k\,, & \zeta_k &= J_k/J\,; \end{aligned}\right| \qquad (634)$$

bei unsymmetrischer Ausbildung in den Endfeldern

$$\left.\begin{aligned} \delta_{11,1} &= 2\overline{\mu}_1 l_1'/6\,, & \overline{\mu}_1 &= 3\int_0^1 \xi^2 \zeta_1\, d\xi\,, \\ \delta_{nn,2} &= 2\overline{\mu}_n l_{n+1}'/6\,, & \overline{\mu}_n &= 3\int_0^1 \xi'^2 \zeta_{n+1}\, d\xi\,. \end{aligned}\right\} \tag{635}$$

Die Beiwerte $\mu_k, \lambda_k, \overline{\mu}$ werden für die Approximation der Querschnittsfunktion ζ_k nach (634) berechnet. Die Ergebnisse sind in Tabelle 29 eingetragen.

Tabelle 29. Beiwerte μ_k, λ_k und $\overline{\mu}$ für verschiedene Funktionen $\zeta_k = J_k/J$; reduzierte Biegelinien $\overline{\omega}_D = \frac{6}{l_k l_k'}\delta_{k\,m}$, $\overline{\omega}_D' = \frac{6}{l_k l_k'}\delta_{(k-1)\,m}$.

$\xi = x/l$, $\xi' = x'/l = 1 - \xi$, $\xi'' = \frac{1}{2} - \xi'$; $\nu = v/l$, $\nu' = 1 - \nu$.

a) Symmetrische Funktionen ζ_k ($\zeta_k = \text{const}$: $\mu = \lambda = 1$). ω_D nach Tab. 22 S. 116.

1 ζ_k	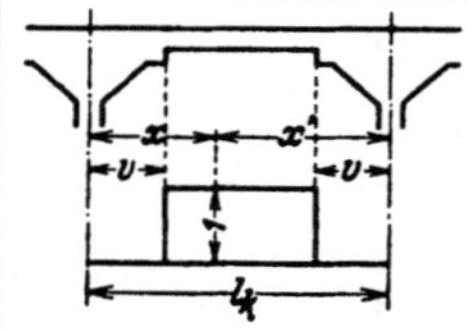	$\mu_k = (1 - 2\nu)(1 - \nu\nu') = \nu'^3 - \nu^3$ $\lambda_k = (1 - 2\nu)(1 + 2\nu\nu')$	$\overline{\omega}_D = \omega_D - \nu^2\{3\xi - 2\nu(2\xi - 1)\}$ * $\overline{\omega}_D' = \omega_D' - \nu^2\{3\xi' - 2\nu(2\xi' - 1)\}$
2 ζ_k	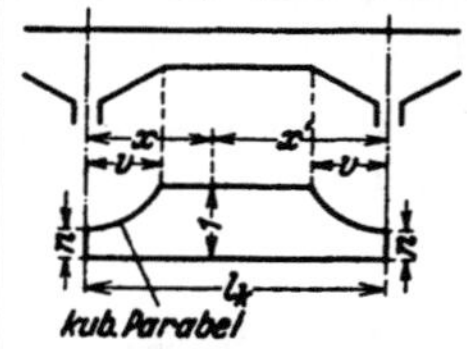	(angenähert) $\mu_k = 1 - (1 - n)\left[2\nu\nu' + \frac{\nu}{3}\right]$ $\lambda_k = 1 - 3(1 - n)\nu^2$	$\overline{\omega}_D = \omega_D - (1 - n)\nu^2\left[\frac{9}{5}\xi - \nu(2\xi - 1)\right]$ * $\overline{\omega}_D' = \omega_D' - (1 - n)\nu^2\left[\frac{9}{5}\xi' - \nu(2\xi' - 1)\right]$
3 ζ_k	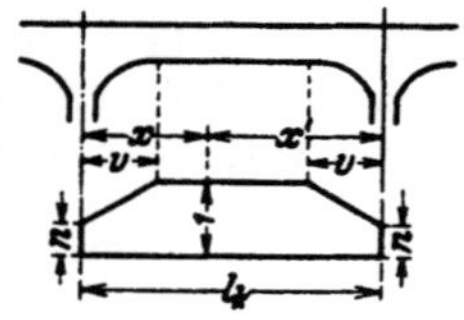	$\mu_k = 1 - \frac{1 - n}{2}\nu(2 + \nu'^2)$ $\lambda_k = 1 - (1 - n)\nu^2(2 - \nu)$	$\overline{\omega}_D = \omega_D - \frac{1 - n}{2}\nu^2(\nu + 2\nu'\xi)$ * $\overline{\omega}_D' = \omega_D' - \frac{1 - n}{2}\nu^2(\nu + 2\nu'\xi')$
4 ζ_k	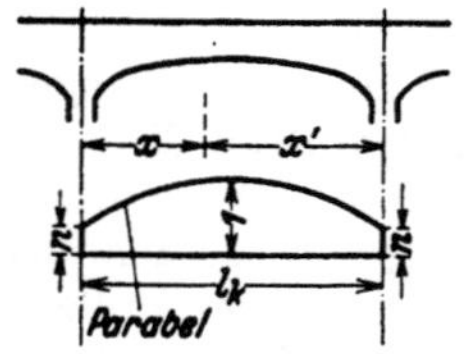	$\zeta_k = 1 - 4(1 - n)\xi''^2$ $\mu_k = \frac{2n + 3}{5}$ $\lambda_k = \frac{n + 4}{5}$	$\overline{\omega}_D = \omega_D - \frac{1 - n}{5}\{\omega_D - 2\omega_B\xi^2(3\xi' - 1)\}$ $\overline{\omega}_D' = \omega_D' - \frac{1 - n}{5}\{\omega_D' - 2\omega_B\xi'^2(3\xi - 1)\}$
5 ζ_k	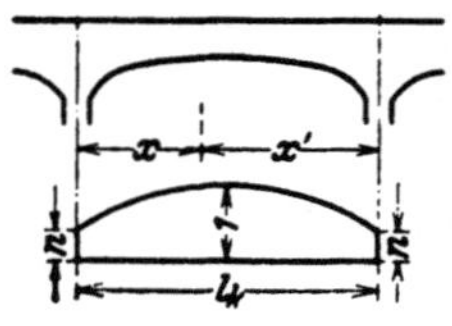	$\zeta_k = 1 - (1 - n)(2\xi'')^{2r}$ $\mu_k = \frac{3n(r+1) + r(4r+5)}{(2r+1)(2r+3)}$ $\lambda_k = \frac{3n + 4r(r+2)}{(2r+1)(2r+3)}$	$\overline{\omega}_D = \omega_D - \frac{3}{2}(1 - n)\Phi$ $\Phi = \frac{\{1 + (2r+1)\xi\}\{1 - (2\xi - 1)^{2(r+1)}\}}{(2r+1)(2r+2)(2r+3)}$ $\overline{\omega}_D' = \omega_D' - \frac{3}{2}(1 - n)\Psi$ $\Psi \doteq \frac{\{1 + (2r+1)\xi'\}\{1 - (2\xi' - 1)^{2(r+1)}\}}{(2r+1)(2r+2)(2r+3)}$

* $\overline{\omega}_D$ und $\overline{\omega}_D'$ für den Bereich zwischen den Vouten.

Tabelle 29 (Fortsetzung). b) Unsymmetrische Funktionen ζ_k.

6 ζ_k	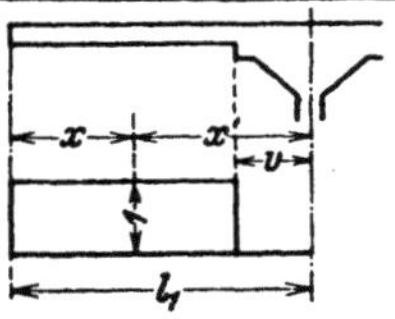	$\bar\mu = \nu'^3 \approx \mu_k$	Feld 1 $\bar\omega_D = \omega_D - \xi\,\nu^2(1+2\nu')$ * Feld $n+1$ $\bar\omega'_D = \omega'_D - \xi'\,\nu^2(1+2\nu')$
7 ζ_k	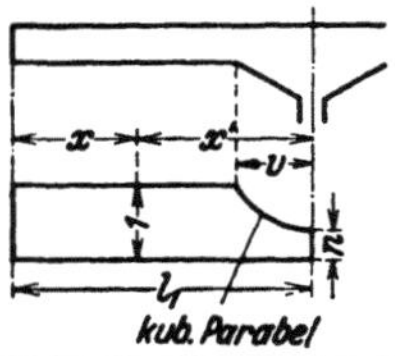	(angenähert) $\bar\mu = 1-(1-n)\left[2\nu\nu' + \frac{\nu}{3}\right] = \mu_k$	Feld 1 $\bar\omega_D = \omega_D - \xi\,\nu^2(1-n)\left(\frac{9}{5}-\nu\right)$ * Feld $n+1$ $\bar\omega'_D = \omega'_D - \xi'\,\nu^2(1-n)\left(\frac{9}{5}-\nu\right)$
8 ζ_k	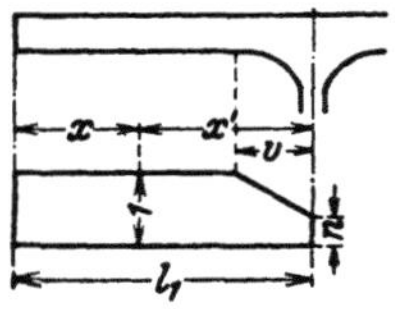	$\bar\mu = 1 - \frac{1-n}{4}\nu\,[(2-\nu)^2+2]$	Feld 1 $\bar\omega_D = \omega_D - \frac{1-n}{2}\nu^2(2-\nu)\,\xi$ * Feld $n+1$ $\bar\omega'_D = \omega'_D - \frac{1-n}{2}\nu^2(2-\nu)\,\xi'$
9 ζ_k	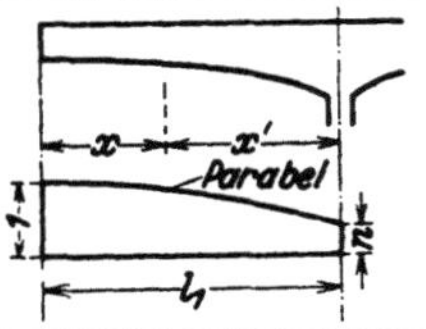	$\zeta_k = 1-(1-n)\,\xi'^2$ $\bar\mu = \frac{3n+2}{5}$	Feld 1 $\bar\omega_D = \omega_D - \frac{3}{10}(1-n)(\xi-\xi^5)$ Feld $n+1$ $\bar\omega'_D = \omega'_D - \frac{3}{10}(1-n)(\xi'-\xi'^5)$
10 ζ_k	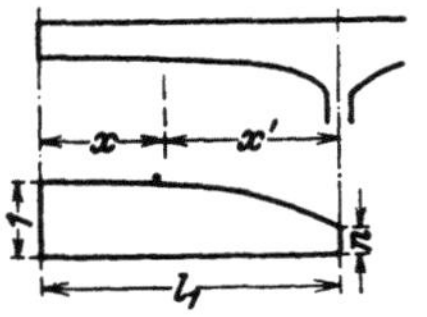	$\zeta_k = 1-(1-n)\,\xi'^r$ $\bar\mu = \frac{3n+r}{3+r}$	Feld 1 $\bar\omega_D = \omega_D - \frac{6(1-n)}{(r+2)(r+3)}(\xi-\xi^{r+3})$ Feld $n+1$ $\bar\omega'_D = \omega'_D - \frac{6(1-n)}{(r+2)(r+3)}(\xi'-\xi'^{r+3})$

Die Beiwerte λ sind bei der Verstärkung des Trägers nächst den Stützen durch Vouten mit $\nu \leqq 0{,}2$ angenähert gleich 1.

Die Belastungszahlen $\delta_{(k-1)0}, \delta_{k0}$ werden trotz der Berücksichtigung der elastischen Eigenschaften der Träger in den Vorzahlen des Ansatzes nach einer der Funktionen ζ_k in der Regel nur mit konstantem Trägheitsmoment angegeben. Die Fehler sind bei der Unsicherheit in der Bemessung und Eintragung der Lasten meist ohne Bedeutung. Sie werden aber trotzdem in den Einflußlinien δ_{km}, d. h. also in den Biegelinien δ_{mk} des Hauptsystems besser vermieden, um für die Einflußlinien stetige Linien zu erhalten.

Die genauen Belastungszahlen entstehen durch numerische Integration von (300) und bei der Einführung einer der ausgezeichneten Funktionen ζ_k durch Anwendung der Tabellen 12 bis 21. In diesen sind auch die Ordinaten der Biegelinien δ_{mk} für Träger mit Vouten angeschrieben. In der Regel genügt jedoch die Berechnung der Biegelinien für den Bereich des Trägers zwischen den Vouten mit $J = J_k$ und die geradlinige Verlängerung bis zum Stützpunkt, da hier die Krümmung infolge des größeren Trägheitsmomentes der Vouten klein ist. Die Ordinaten des mittleren Abschnitts werden nach

$$\delta_{mk} = \frac{l_k l'_k}{6}\,\bar\omega_D \tag{636}$$

* $\bar\omega_D$ und $\bar\omega'_D$ für den Bereich zwischen den Vouten.

mit den Angaben der Tabelle 29 für die Funktion $\bar{\omega}_D$ berechnet. Bei annähernd konstantem Trägheitsmoment der einzelnen Träger k des Hauptsystems gelten die Vorzahlen und die Belastungszahlen der Tabelle 12. $\bar{\omega}_D$ wird dann gleich ω_D. Ist außerdem noch das mittlere Trägheitsmoment des Trägers k zur Stützweite l_k verhältnisgleich und damit $l_k J_c/J_k = l'_k = l'$, so erhalten die überzähligen Größen der Bedingungsgleichungen (297) konstante Koeffizienten, die Ansatz und Lösung vereinfachen.

Die Schnittkräfte des Trägers aus einer Belastung $\mathfrak{P}$ und den ihr zugeordneten überzähligen Größen X_{k-1}, X_k, X_{k+1} sind aus dem Gleichgewicht der äußeren Kräfte oder durch die formale Superposition nach (332) bestimmt (Abb. 360).

$$\left.\begin{array}{ll} \text{Stützenmomente:} & -M_{k-1} = X_{k-1}, \quad -M_k = X_k, \\ \text{Momente im Felde } l_k\text{:} & M = M_0 - X_{k-1}\xi' - X_k \xi, \\ \quad ,, \quad ,, \quad ,, \quad l_{k+1}\text{:} & M = M_0 - X_k \xi' - X_{k+1}\xi, \\ \text{Querkräfte im Felde } l_k\text{:} & Q = Q_0 - \dfrac{1}{l_k}(X_k - X_{k-1}), \\ \quad ,, \quad ,, \quad ,, \quad l_{k+1}\text{:} & Q = Q_0 - \dfrac{1}{l_{k+1}}(X_{k+1} - X_k), \\ \text{Stützkraft:} & A_k = A_0 + \dfrac{1}{l_k}(X_k - X_{k-1}) - \dfrac{1}{l_{k+1}}(X_{k+1} - X_k). \end{array}\right\} \quad (637)$$

Die Ansätze gelten auch für die Bildung der Einflußlinien. Die Buchstaben A_0, M_0, Q_0 bezeichnen daher entweder die Stütz- und Schnittkräfte des einfachen Trägers oder deren Einflußlinien. Die Grenzwerte der Stützenmomente und der Biegungsmomente in Querschnitten zwischen dem Festpunkte $F_{(k-1)k}, F_{k(k-1)}$ (S. 255) aus gleichförmiger Belastung p treten stets bei feldweiser Belastung ein. In dem benachbarten Bereiche genügt in der Regel eine lineare Funktion, welche durch die Grenzwerte der Biegungsmomente in den Stütz- und Festpunkten bestimmt ist. (Abb. 374i.) Aus diesem Grunde sind auch die Festpunkte F_{1a} und F_{nb} für die Randfelder l_1, l_{n+1} mit frei drehbaren Endstützen notwendig. Sie werden außerdem noch verwendet, um die Schnittkräfte des durchgehenden Trägers aus einem statisch bestimmten Biegungsmoment M_a oder M_b über einer Endstütze, z. B. durch Belastung eines Kragarmes, graphisch zu verfolgen. Die Abstände der Festpunkte sind nach (435) durch $\varkappa_{1a} = \delta_{1a}/\delta_{11}^{(n-1)} = \delta_{1a}\beta_{11}$ und $\varkappa_{nb} = \delta_{nb}/\delta_{nn}^{(n-1)} = \delta_{nb}\beta_{nn}$ bestimmt.

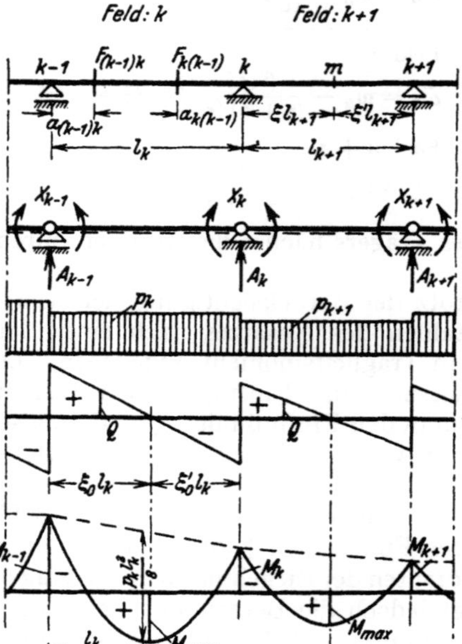

Abb. 360.

$$a_{1a} = \frac{\varkappa_{1a} l_1}{1 + \varkappa_{1a}}, \qquad a_{nb} = \frac{\varkappa_{nb} l_{n+1}}{1 + \varkappa_{nb}}. \qquad (638)$$

Mit M_p^* und Q_p^* als Biegungsmoment und Querkraft für gleichförmig verteilte volle Belastung des ganzen Trägers ist

$$\left.\begin{array}{l} \max M_p + \min M_p = M_p^*, \\ \max Q_p + \min Q_p = Q_p^*. \end{array}\right\} \qquad (639)$$

Daher kann oft zur Vereinfachung der Rechnung der eine Grenzwert aus M_p^*, Q_p^* und dem anderen berechnet werden.

Die Biegungsmomente des Trägers l_k sind bei gleichförmiger Belastung p_k (Abb. 360)

$$M = \frac{p_k l_k^2}{2}\omega_R - X_{k-1}\xi' - X_k \xi. \qquad (640)$$

Die Abszissen $\xi_0 l_k$, $\xi_0' l_k$ des Grenzwertes $M_{\max}$ werden nach S. 42 aus der Bedingung $dM/d\xi = 0$ bestimmt. Mit

$$X_k - X_{k-1} = \Delta X_k \quad \text{ist} \quad \xi_0 = \frac{1}{2} - \frac{\Delta X_k}{p_k l_k^2}, \qquad \xi_0' = \frac{1}{2} + \frac{\Delta X_k}{p_k l_k^2} \tag{641}$$

und

$$M_{\max} = \frac{p_k l_k^2}{2} \xi_0^2 - X_{k-1} = \frac{p_k l_k^2}{2} \xi_0'^2 - X_k. \tag{642}$$

1. Träger über einem Feld. a) Einfach statisch unbestimmte Anordnung. Der Träger ist links eingespannt, rechts frei drehbar gelagert. Als statisch überzählige Größe X_1 dient das Einspannungsmoment $-M_a$ (Abb. 361).

$$X_1 = \frac{\delta_{10}}{\delta_{11} + \varepsilon_1} \quad \text{(starre Einspannung: } \varepsilon_1 = 0\text{)}. \tag{643}$$

Zahlenrechnung bei beliebig veränderlichem Trägheitsmoment nach Abschn. 18, bei Approximation der elastischen Eigenschaften nach (635). Darnach ist für $\varepsilon_1 = 0$ (starre Einspannung) $\delta_{11} = \bar{\mu}\, 2l'/6$, bei gleichbleibendem Querschnitt $\delta_{11} = l'/3$ und δ_{10} nach Tabelle 12 einzusetzen. Der Festpunkt F_{1b} wird mit $\delta_{1b} = \lambda l'/6$ nach (437) durch

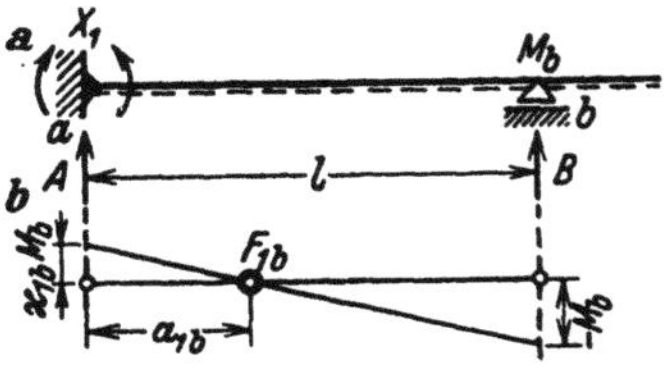

Abb. 361.

$$\frac{X_1}{M_b} = \varkappa_{1b} = \frac{\lambda}{2\bar{\mu}}, \qquad a_{1b} = \frac{\lambda l}{\lambda + 2\bar{\mu}} \tag{644}$$

bestimmt; für $J = \text{const}$ ist $\lambda = \bar{\mu} = 1$, $\varkappa_{1b} = 1/2$, $a_{1b} = l/3$.

Bei Belastung des Kragträgers ist das Stützenmoment M_b statisch bestimmt und daher $X_1 = \varkappa_{1b} \cdot M_b$ (Abb. 361). Stütz- und Schnittkräfte für Träger mit konstantem Trägheitsmoment und $\varepsilon_1 = 0$ sind in Tabelle 30 eingetragen.

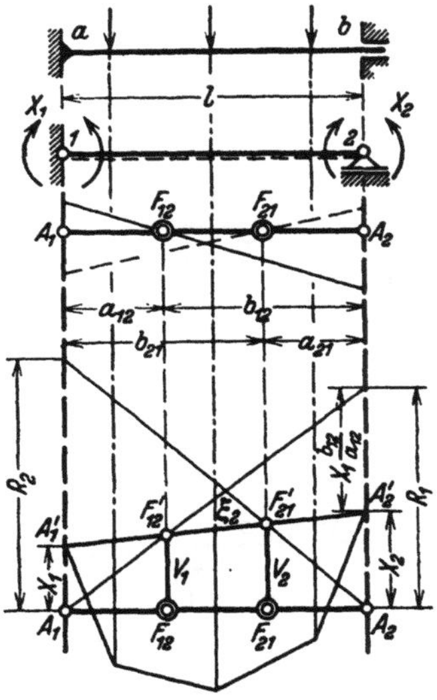

Abb. 362.

b) Zweifach statisch unbestimmte Anordnung. Der Träger ist auf der einen Seite starr, auf der anderen beweglich eingespannt (Abb. 362). Als statisch überzählige Größen werden die Einspannungsmomente $-M_a = X_1$, $-M_b = X_2$ verwendet und nach (345) für elastische Verdrehung der Stützen berechnet. Der EJ_cfache Betrag der gegenseitigen Verdrehung der Stützenquerschnitte durch $-X_1 = 1$ oder $-X_2 = 1$ ist dann

$$\delta_{11} + \varepsilon_1 = \delta_{11}^*, \qquad \delta_{22} + \varepsilon_2 = \delta_{22}^*, \tag{645}$$

so daß die folgenden geometrischen Bedingungsgleichungen entstehen:

$$X_1 \delta_{11}^* + X_2 \delta_{12} = \delta_{10}, \qquad X_1 \delta_{21} + X_2 \delta_{22}^* = \delta_{20}.$$

Die Vorzahlen und Belastungszahlen ergeben sich bei beliebig veränderlichem Trägheitsmoment nach Abschn. 18, bei Approximation der Funktion ζ nach Tabelle 29. Darnach ist $\delta_{11} = \delta_{22} = 2\mu l'/6$, $\delta_{12} = \lambda l'/6$. Die algebraische Auflösung der Gleichungen steht auf S. 172, die Verwendung der Ergebnisse auf S. 396.

Zur graphischen Auflösung des Ansatzes dient folgende Umformung:

$$X_1 \frac{\delta_{11} + \varepsilon_1}{\delta_{12}} + X_2 = \frac{\delta_{10}}{\delta_{12}}, \qquad X_1 + X_2 \frac{\delta_{22} + \varepsilon_2}{\delta_{12}} = \frac{\delta_{20}}{\delta_{12}}.$$

Tabelle 30. Links eingespannter, rechts frei gelagerter Träger, $J = \text{const.}$

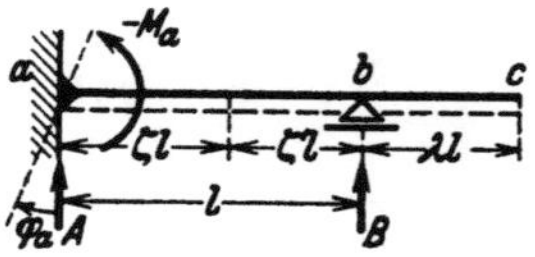

Abszissen der Belastung: $\xi l,\ \xi' l$

Abszissen der Stabquerschnitte: $\zeta l,\ \zeta' l$

$-M_a = X_1$; Schnittkräfte zwischen a und b:

$$M = M_0 - X_1 \zeta'\,;\quad Q = Q_0 + X_1/l\,;$$
$$A = A_0 + X_1/l\,;\quad B = B_0 - X_1/l\,.$$

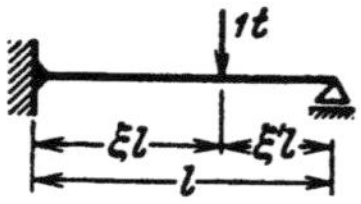

$$A = \tfrac{1}{2}(2 - 3\xi^2 + \xi^3)$$
$$B = \tfrac{1}{2}\xi^2(3 - \xi)$$
$$M_a = -\frac{l}{2}(\xi' - \xi'^3) = -\frac{l}{2}\omega'_D$$
$$\zeta = \xi:\quad M_m = \frac{l}{2}\xi^2\xi'(3 - \xi)$$

$$A = \tfrac{5}{8}pl$$
$$B = \tfrac{3}{8}pl$$
$$M_a = -\frac{pl^2}{8}$$
$$\zeta = \frac{5}{8}:\ \max M = \frac{9pl^2}{128}$$

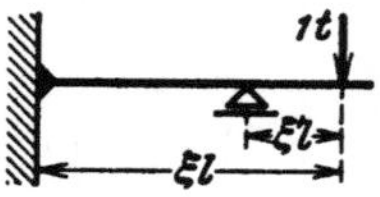

$$A = -\tfrac{3}{2}\xi'$$
$$B = \tfrac{1}{2}(3\xi - 1)$$
$$M_a = +\frac{l}{2}\xi'$$
$$M_b = -l\xi'$$

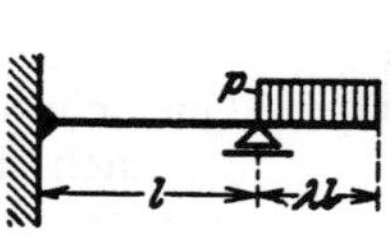

$$A = -\tfrac{3}{4}pl\lambda^2$$
$$B = \frac{pl}{4}\lambda(4 + 3\lambda)$$
$$M_a = \frac{pl^2}{4}\lambda^2$$
$$M_b = -\frac{pl^2}{2}\lambda^2$$

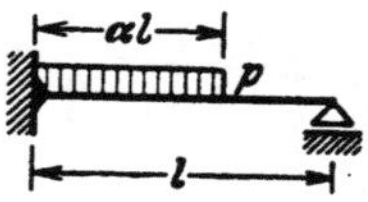

$$A = \frac{pl}{2}\alpha\left(2 - \alpha^2 + \frac{\alpha^3}{4}\right)$$
$$B = \frac{pl}{2}\alpha^3\left(1 - \frac{\alpha}{4}\right)$$
$$M_a = -\frac{pl^2}{2}\alpha^2\left(1 - \alpha + \frac{\alpha^2}{4}\right)$$

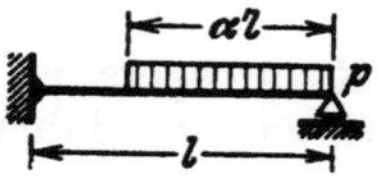

$$A = \frac{pl}{8}\alpha'^2(6 - \alpha'^2)$$
$$B = \frac{pl}{8}\alpha'(8 - 6\alpha' + \alpha'^3)$$
$$M_a = -\frac{pl^2}{8}\alpha'^2(2 - \alpha'^2)$$

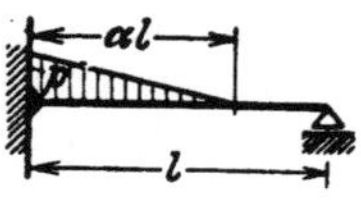

$$A = \frac{pl}{40}\alpha(20 - 5\alpha^2 + \alpha^3)$$
$$B = \frac{pl}{40}\alpha^3(5 - \alpha)$$
$$M_a = -\frac{pl^2}{120}\alpha^2(20 - 15\alpha + 3\alpha^2)$$

Sonderfall: $\alpha = 1$

$A = \tfrac{2}{5}pl;\quad B = \tfrac{1}{10}pl;\quad M_a = -\tfrac{1}{15}pl^2$

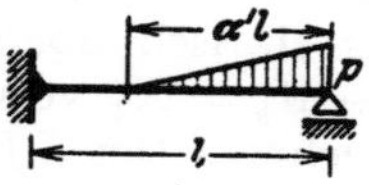

$$A = \frac{pl}{40}\alpha'^2(10 - \alpha'^2)$$
$$B = \frac{pl}{40}\alpha'(20 - 10\alpha' + \alpha'^3)$$
$$M_a = -\frac{pl^2}{120}\alpha'^2(10 - 3\alpha'^2)$$

Sonderfall: $\alpha' = 1$

$A = \tfrac{9}{40}pl;\quad B = \tfrac{11}{40}pl;\quad M_a = -\tfrac{7}{120}pl^2$

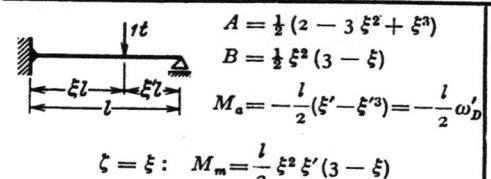

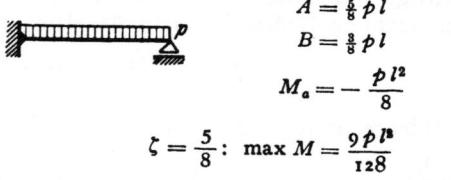

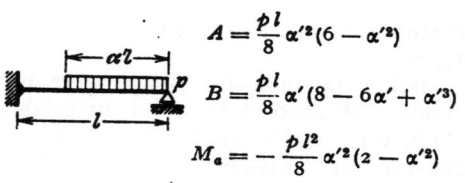

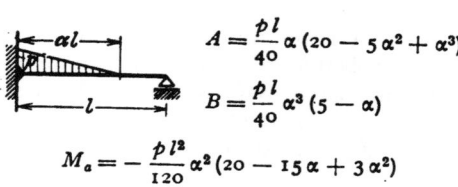

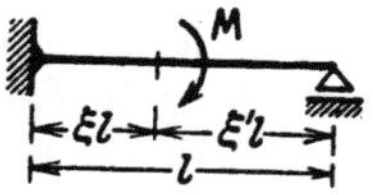

$A = -\dfrac{3}{2l}\mathrm{M}\,\xi(2 - \xi) = -B;\quad M_a = +\dfrac{1}{2}\mathrm{M}(1 - 3\xi'^2) = +\dfrac{1}{2}\mathrm{M}\,\omega'_M$

Sonderfall: $\xi = 1$; $\quad A = -\dfrac{3}{2l}\mathrm{M} = -B;\quad M_a = +\dfrac{1}{2}\mathrm{M}$

Ungleichförmige Temperaturänderung $t_o - t_u = \Delta t$: $M_a = \tfrac{3}{2}EJ_c\alpha_t\,\Delta t/h$

Stützenverschiebungen Δ_a, Δ_b und φ_a: $\quad M_a = EJ_c\dfrac{3}{l}\left(\varphi_a + \dfrac{\Delta_a}{l} - \dfrac{\Delta_b}{l}\right)$

Tabelle 31. Beiderseits eingespannter Träger, $J = \text{const}$*.

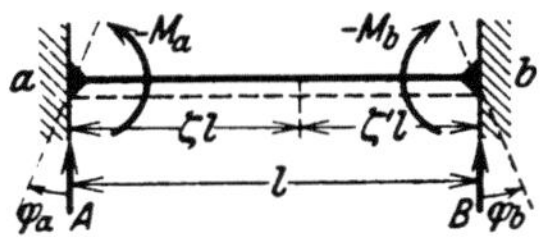

Abszissen der Belastung: $\xi l,\ \xi' l$

Abszissen der Stabquerschnitte: $\zeta l,\ \zeta' l$

$-M_a = X_1;\quad -M_b = X_2.$

$$M = M_0 - X_1 \xi' - X_2 \xi; \qquad A = A_0 - \frac{X_2 - X_1}{l}$$

$$Q = Q_0 - \frac{X_2 - X_1}{l}; \qquad B = B_0 + \frac{X_2 - X_1}{l}$$

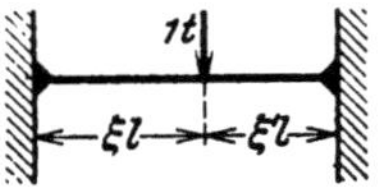

$$A = \xi'^2 (1 + 2\xi)$$
$$B = \xi^2 (1 + 2\xi')$$
$$M_a = -l\,\xi\,\xi'^2; \quad M_b = -l\,\xi^2\,\xi'$$
$$\zeta = \xi: \quad M_m = 2\,l\,\xi^2\,\xi'^2$$

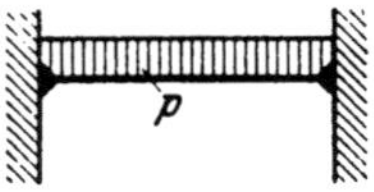

$$A = B = \frac{p\,l}{2}$$
$$M_a = M_b = -\frac{p\,l^2}{12}$$
$$\zeta = 0{,}2113 \text{ und } \zeta = 0{,}7887: \ M = 0$$
$$\zeta = 0{,}5: \quad \max M = +\frac{p\,l^2}{24}$$

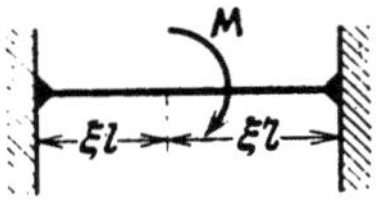

$$A = -6\,\mathsf{M}\,\xi (1 - \xi) 1 : l$$
$$B = +6\,\mathsf{M}\,\xi (1 - \xi) 1 : l$$
$$M_a = -\mathsf{M}(1 - 4\xi + 3\xi^2)$$
$$M_b = -\mathsf{M}\,\xi (2 - 3\xi)$$

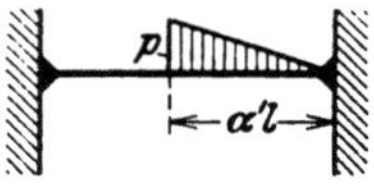

$$A = \frac{p\,l}{20}\alpha'^3 (15 - 8\alpha')$$
$$B = \frac{p\,l}{20}\alpha' [10 - \alpha'^2 (15 - 8\alpha')]$$
$$M_a = -\frac{p\,l^2}{20}\alpha'^3 (5 - 4\alpha')$$
$$M_b = -\frac{p\,l^2}{30}\alpha'^2 (10 - 15\alpha' + 6\alpha'^2)$$

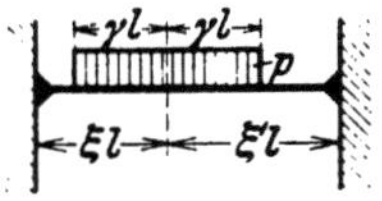

$$A = 2\,p\,l\,\gamma [\xi'^2 (3 - 2\xi') - \gamma^2 (2\xi' - 1)]$$
$$B = 2\,p\,l\,\gamma [\xi^2 (3 - 2\xi) - \gamma^2 (2\xi - 1)]$$
$$M_a = -\tfrac{2}{3}\,p\,l^2\gamma [3\,\xi'^2\,\xi - \gamma^2 (3\xi' - 1)]$$
$$M_b = -\tfrac{2}{3}\,p\,l^2\gamma [3\,\xi^2\,\xi' - \gamma^2 (3\xi - 1)]$$

Sonderfall: $\gamma = \xi \leq 0{,}5$

$$A = 2\,p\,l\,\xi [1 - 4\,\xi^2\,\xi'], \quad B = 8\,p\,l\,\xi^3\,\xi'$$
$$M_a = -\tfrac{2}{3}\,p\,l^2\,\xi^2 [1 - 4\xi' + 6\xi'^2]$$
$$M_b = -\tfrac{4}{3}\,p\,l^2\,\xi^3 (2 - 3\xi)$$

Sonderfall $\xi = 0{,}5$: $A = B = p\,l\,\gamma$

$$M_a = M_b = -\frac{p\,l^2}{12}\gamma [3 - 4\gamma^2]$$

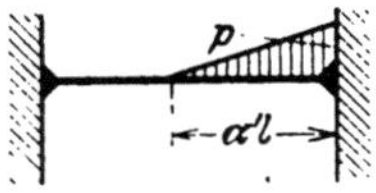

$$A = \frac{p\,l}{20}\alpha'^3 (5 - 2\alpha')$$
$$B = \frac{p\,l}{20}\alpha' [10 - \alpha'^2 (5 - 2\alpha')]$$
$$M_a = -\frac{p\,l^2}{60}\alpha'^3 (5 - 3\alpha')$$
$$M_b = -\frac{p\,l^2}{60}\alpha'^2 [10 (1 - \alpha') + 3\alpha'^2]$$

Sonderfall: $\alpha' = 1$

$$A = \tfrac{3}{20}\,p\,l, \qquad B = \tfrac{7}{20}\,p\,l$$
$$M_a = -\tfrac{1}{30}\,p\,l^2, \qquad M_b = -\tfrac{1}{20}\,p\,l^2$$
$$\zeta = 0{,}237 \text{ und } \zeta = 0{,}808: \ M = 0$$
$$\zeta = 0{,}548: \quad \max M = \frac{p\,l^2}{46{,}6}$$

Ungleichförmige Temperaturänderung $t_0 - t_u = \Delta t$: $M_a = M_b = -E\,J_c\,\alpha_t\,\Delta t/h$

Stützenverschiebungen Δ_a, Δ_b: $M_a = -\frac{6}{l^2}(\Delta_b - \Delta_a) E J$; $M_b = -\frac{6}{l^2}(\Delta_a - \Delta_b) E J$

Stützenverdrehungen φ_a, φ_b: $M_a = +\frac{2}{l}(2\varphi_a - \varphi_b) E J$; $M_b = \frac{2}{l}(2\varphi_b - \varphi_a) E J$

* Weitere Belastungsfälle siehe Tabelle 17 Seite 112.

In dieser sind die reziproken Vorzahlen nach S. 255 Kennbeziehungen zwischen den Einspannungsmomenten. Sie bestimmen die Festpunkte F_{12}, F_{21} der Untersuchung (Abb. 362).

$$\left.\begin{aligned} \delta_{10} = 0: \quad -\frac{X_1}{X_2} = \frac{a_{12}}{b_{12}} = \varkappa_{12} = \frac{\delta_{12}}{\delta_{11} + \varepsilon_1} = \frac{\lambda}{2\mu + 6\,\varepsilon_1/l}, \\ \delta_{20} = 0: \quad -\frac{X_2}{X_1} = \frac{a_{21}}{b_{21}} = \varkappa_{21} = \frac{\delta_{12}}{\delta_{22} + \varepsilon_2} = \frac{\lambda}{2\mu + 6\,\varepsilon_2/l}. \end{aligned}\right\} \quad (646)$$

$$\left.\begin{aligned} a_{12} = \frac{\delta_{12}}{\delta_{11} + \delta_{12} + \varepsilon_1} l = \frac{\lambda\, l}{2\mu + \lambda + 6\,\varepsilon_1/l}, \\ a_{21} = \frac{\delta_{12}}{\delta_{22} + \delta_{12} + \varepsilon_2} l = \frac{\lambda\, l}{2\mu + \lambda + 6\,\varepsilon_2/l}. \end{aligned}\right\} \quad (647)$$

Je mehr sich die Endquerschnitte bei der Belastung des Trägers drehen, je größer also ε_1 und ε_2 vorgeschrieben werden, um so kleiner sind die Strecken a_{12}, a_{21}.

$$X_1 \frac{b_{12}}{a_{12}} + X_2 = \frac{\delta_{10}}{\delta_{12}} = R_1, \qquad X_1 + X_2 \frac{b_{21}}{a_{21}} = \frac{\delta_{20}}{\delta_{12}} = R_2.$$

Die Quotienten R_1, R_2 besitzen die Dimension der unbekannten Einspannungsmomente. Sie sind unabhängig von den statisch unbestimmten Größen und erhalten durch die Art der graphischen Auflösung die Bezeichnung Kreuzlinienabschnitte. In der Regel werden die den Festpunkten F_{12}, F_{21} zugeordneten Ordinaten V_1, V_2 verwendet.

$$V_1 = \frac{a_{12}}{l} R_1 = \frac{\lambda}{2\mu + \lambda + 6\,\varepsilon_1/l} R_1, \qquad V_2 = \frac{a_{21}}{l} R_2 = \frac{\lambda}{2\mu + \lambda + 6\,\varepsilon_2/l} R_2. \quad (648)$$

Bei konstantem Trägheitsmoment und $\varepsilon_1 = 0$, $\varepsilon_2 = 0$ ist $a_{12} = a_{21} = l/3$, $\varkappa_{12} = \varkappa_{21} = 1/2$,

$$R_1 = \frac{6\,\delta_{10}}{l'}, \qquad R_2 = \frac{6\,\delta_{20}}{l'}; \qquad V_1 = \frac{2\,\delta_{10}}{l'}, \qquad V_2 = \frac{2\,\delta_{20}}{l'}. \quad (649)$$

Die Belastungszahlen δ_{10}, δ_{20} sind in Abschn. 18 als Verdrehung der Endtangenten eines einfachen Balkenträgers angegeben, so daß sich besondere Tabellen für die Kreuzlinienabschnitte R_1, R_2 erübrigen. Die Abb. 362 zeigt neben der graphischen Ermittlung von X_1, X_2 aus R_1, R_2 oder V_1, V_2 außerdem noch die der Biegungsmomente des ganzen Trägers nach (637).

Bei konstantem Trägheitsmoment und $\varepsilon_1 = 0$, $\varepsilon_2 = 0$ entstehen Stütz- und Schnittkräfte nach Tabelle 31 (S. 399).

Die Anwendung der Tabellen 30 u. 31 läßt sich an der Berechnung einer Kranbahnstütze zeigen, deren Enden nach Abb. 363 frei, frei drehbar oder starr eingespannt sind.

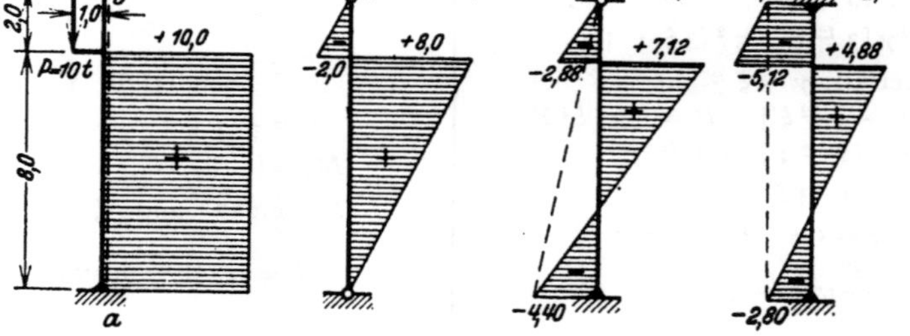

Abb. 363.

Abb. 363a: Kragträger und Abb. 363b: Balkenträger, Schnittkräfte nach Tabelle 6 u. 7.
Abb. 363c: Einseitig eingespannter und gelenkig gestützter Stab.

Tabelle 30 liefert für $M = -10{,}0$ mt, $l = 10{,}0$ m, $\xi = 0{,}8$

$$A = -B = +\frac{3}{2 \cdot 10{,}0} 10{,}0 \cdot 0{,}8\,(2 - 0{,}8) = 1{,}44 \text{ t},$$

$$M_a = -\tfrac{1}{2}\,10{,}0\,[1 - 3 \cdot 0{,}2^2] = -4{,}4 \text{ mt}.$$

Abb. 363d: Beiderseits eingespannte Stütze.
Nach Tabelle 31 wird für $M = -10{,}0$ mt, $l = 10{,}0$ m, $\xi = 0{,}8$

$$A = -B = +6 \cdot 10{,}0 \cdot 0{,}8\,(1 - 0{,}8)\,\tfrac{1}{10{,}0} = 0{,}96 \text{ t},$$
$$M_a = +10{,}0\,[1 - 4 \cdot 0{,}8 + 3 \cdot 0{,}8^2] = -2{,}8 \text{ mt},$$
$$M_b = +10{,}0 \cdot 0{,}8\,(2 - 3 \cdot 0{,}8) = -3{,}2 \text{ mt}.$$

2. Träger über zwei Feldern. Allgemeine Anordnung nach Abb. 364. Hauptsystem: Zwei einfache Träger (I), (II). Statisch überzählige Größen: Einspannungsmomente $-M_a = X_1$, $-M_c = X_3$, Stützenmoment $-M_b = X_2$. Berechnung bei allgemeiner Anordnung nach Abschn. 26, bei feldweise konstantem Trägheitsmoment mit Tabelle 32, Teil A. Teil B enthält Angaben bei veränderlichem Trägheitsmoment.

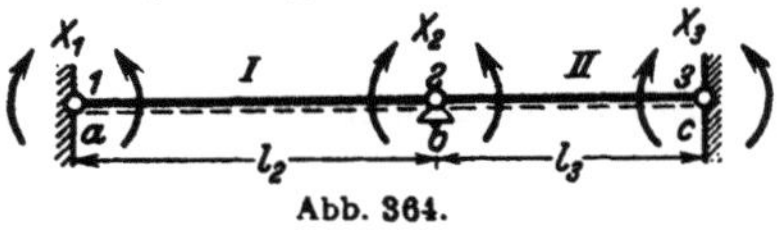

Abb. 364.

Tabelle 32. Träger über zwei Feldern.

A. Das Trägheitsmoment ist feldweise konstant.

Abkürzungen: 1) $\alpha = l_2/l_3$, 2) $\alpha' = l_2'/l_3'$, 3) $\varphi = 2\,(1 + \alpha')$,
4) $\psi = \dfrac{4 + 3\,\alpha'}{2}$, 5) $\eta = \dfrac{3 + 4\,\alpha'}{2}$.

Klammerwerte $[\omega_D' - \varkappa_{k(k-1)}\,\omega_D]$ und $[\omega_D - \varkappa_{(k-1)k}\,\omega_D']$ sind für $0{,}200 < \varkappa < 0{,}380$ in Tabelle 34 Seite 410 angegeben.

Formeln zur Ermittlung der Festpunktabstände aus den Kennbezeichnungen:

$$a_{(k-1)k} = \frac{\varkappa_{(k-1)k}\, l_k}{1 + \varkappa_{(k-1)k}}, \qquad a_{k(k-1)} = \frac{\varkappa_{k(k-1)}\, l_k}{1 + \varkappa_{k(k-1)}}.$$

Berechnung der Stützkräfte: vgl. Seite 396 und 424.

a) Anordnung Abb. 365.

$-M_b = X_2$

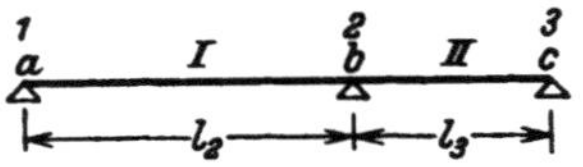

Abb. 365.

Kennbeziehungen:

$\varkappa_{a2} = 0$, $\varkappa_{c2} = 0$,

$\varkappa_{2c} = \dfrac{1}{\varphi}$, $\varkappa_{2a} = \dfrac{\alpha'}{\varphi}$.

$$X_2 = \frac{1}{\varphi\, l_3'}\, 6\,\delta_{20}.$$

Einflußlinien:

Bereich	I	II
φX_2	$l_2\,\alpha'\,\omega_D$	$l_3\,\omega_D'$

Schnittkräfte für feldweise Belastung:

Belastung			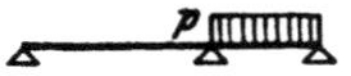	
X_2		$\dfrac{p\,l_2^2}{4}\,\dfrac{\alpha'}{\varphi}$	$\dfrac{p\,l_3^2}{4}\,\dfrac{1}{\varphi}$	$\dfrac{p\,l_3^2}{4}\,\dfrac{1 + \alpha'\,\alpha^2}{\varphi}$
I	max M	$\dfrac{p\,l_2^2}{2}\,\xi_0^2$		$\dfrac{p\,l_2^2}{2}\,\xi_0^2$
	ξ_0	$\dfrac{\psi}{2\,\varphi}$		$\dfrac{1}{2} - \dfrac{1}{4\,\alpha^2}\,\dfrac{1 + \alpha'\,\alpha^2}{\varphi}$
II	max M		$\dfrac{p\,l_3^2}{2}\,\xi_0'^2$	$\dfrac{p\,l_3^2}{2}\,\xi_0'^2$
	ξ_0'		$\dfrac{\eta}{2\,\varphi}$	$\dfrac{1}{2} - \dfrac{1}{4}\,\dfrac{1 + \alpha'\,\alpha^2}{\varphi}$

Überzählige Schnittkraft X_2 für besondere Belastungen:

Belastung	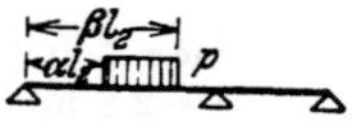	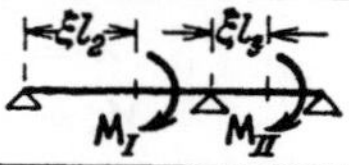
X_2	$\frac{p\,l_2^2}{4}\,\frac{\alpha'}{\varphi}\,[2\,(\beta^2-\alpha^2)-(\beta^4-\alpha^4)]$	$-\frac{1}{\varphi}\,[\omega_M\,M_I\,\alpha' - \omega'_M\,M_{II}]$

Ungleichförmige Erwärmung $t_u - t_o = \Delta t$: $X_2 = \frac{3}{2}\,E\,J_c\,\frac{\alpha_t\,\Delta t}{d}\,\frac{l_2+l_3}{l'_2+l'_3}$.

Stützensenkungen Δ_a, Δ_b, Δ_c: $X_2 = \frac{3\,E\,J_c}{l'_2+l'_3}\left[\frac{\Delta_a}{l_2} - \Delta_b\left(\frac{1}{l_2}+\frac{1}{l_3}\right)+\frac{\Delta_c}{l_3}\right]$.

b) Anordnung Abb. 366.

$-M_a = X_1$, $-M_b = X_2$.

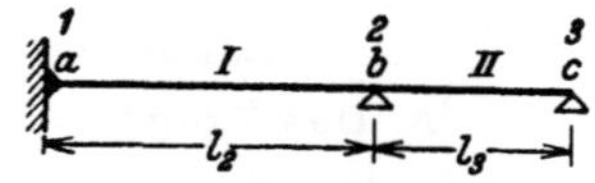

Abb. 366.

Kennbeziehungen:

$\varkappa_{12} = \frac{1}{2}$, $\varkappa_{c2} = 0$,

$\varkappa_{2c} = \frac{1}{\psi}$, $\varkappa_{21} = \frac{\alpha'}{\varphi}$.

Konjugierte Matrix der β_{ik}:

	δ_{10}	δ_{20}
$\frac{1}{3}\,l'_3\,\psi\cdot X_1$	φ/α'	-1
$\frac{1}{3}\,l'_3\,\psi\cdot X_2$	-1	2

Einflußlinien:

Bereich	I	II
$\psi\cdot X_1$	$\frac{l_2}{2}\,\varphi\,[\omega'_D - \varkappa_{21}\,\omega_D]$	$-\frac{l_3}{2}\,\omega'_D$
$\psi\cdot X_2$	$l_2\,\alpha'\,[\omega_D - \varkappa_{12}\,\omega'_D]$	$l_3\,\omega_D$

Schnittkräfte für feldweise Belastung:

	Belastung		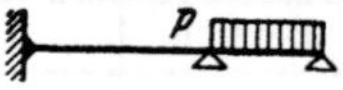	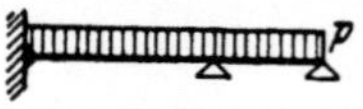
	X_1	$\frac{p\,l_2^2}{16}\,\frac{2+\varphi}{\psi}$	$-\frac{p\,l_3^2}{8}\,\frac{1}{\psi}$	$\frac{p\,l_3^2}{16}\,\frac{\alpha^2\,(2+\varphi)-2}{\psi}$
	X_2	$\frac{p\,l_2^2}{8}\,\frac{\alpha'}{\psi}$	$\frac{p\,l_3^2}{4}\,\frac{1}{\psi}$	
I	max M	$\frac{p\,l_2^2}{8}\left(4\,\xi_0'^2 - \frac{\alpha'}{\varphi}\right)$		$\frac{p\,l_3^2}{8}\left(4\,\xi_0'^2 - \frac{1}{\alpha^2}\,\frac{2+\alpha'\,\alpha^2}{\psi}\right)$
	ξ_0	$\frac{3\,\varphi}{8\,\psi}$		$\frac{1}{2}+\frac{3-2\,\alpha^2}{8\,\psi\,\alpha^2}$
II	max M		$\frac{p\,l_3^2}{2}\,\xi_0'^2$	$\frac{p\,l_3^2}{2}\,\xi_0'^2$
	ξ'_0		$\frac{3\,\varphi}{8\,\psi}$	$\frac{1}{2}-\frac{1}{8}\,\frac{2+\alpha'\,\alpha^2}{\psi}$

c) Anordnung Abb. 367.

$-M_a = X_1, \quad -M_b = X_2, \quad -M_c = X_3.$

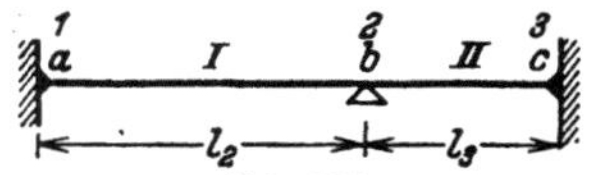

Abb. 367.

Kennbeziehungen:

$$\varkappa_{12} = \frac{1}{2}, \qquad \varkappa_{32} = \frac{1}{2},$$

$$\varkappa_{23} = \frac{1}{\psi}, \qquad \varkappa_{21} = \frac{\alpha'}{\eta}.$$

Konjugierte Matrix der β_{ik}:

	δ_{10}	δ_{20}	δ_{30}
$\frac{1}{2} l_3' \varphi \cdot X_1$	$2\eta/\alpha'$	-2	1
$\frac{1}{2} l_3' \varphi \cdot X_2$	-2	4	-2
$\frac{1}{2} l_3' \varphi \cdot X_3$	1	-2	2ψ

Einflußlinien:

Bereich:	I	II
$\frac{3}{4} \varphi \cdot X_1$	$\frac{l_2}{2} \eta \left[\omega_D' - \varkappa_{21} \omega_D\right]$	$-\frac{l_3}{2} \left[\omega_D' - \varkappa_{32} \omega_D\right]$
$\frac{3}{4} \varphi \cdot X_2$	$l_2 \alpha' \left[\omega_D - \varkappa_{12} \omega_D'\right]$	$l_3 \left[\omega_D' - \varkappa_{32} \omega_D\right]$
$\frac{3}{4} \varphi \cdot X_3$	$-\frac{l_2}{2} \alpha' \left[\omega_D - \varkappa_{12} \omega_D'\right]$	$\frac{l_3}{2} \psi \left[\omega_D - \varkappa_{23} \omega_D'\right]$

Schnittkräfte für feldweise Belastung:

	Belastung		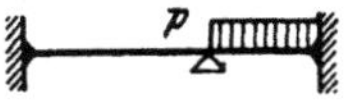	
	X_1	$\frac{p l_2^2}{12} \frac{\varphi + 1}{\varphi}$	$-\frac{p l_3^2}{12} \frac{1}{\varphi}$	$\frac{p l_3^2}{12} \frac{\alpha^2(\varphi + 1) - 1}{\varphi}$
	X_2	$\frac{p l_2^2}{6} \frac{\alpha'}{\varphi}$	$\frac{p l_3^2}{6} \frac{1}{\varphi}$	$\frac{p l_3^2}{6} \frac{1 + \alpha' \alpha^2}{\varphi}$
	X_3	$-\frac{p l_2^2}{12} \frac{\alpha'}{\varphi}$	$\frac{p l_3^2}{6} \frac{\psi - 1}{\varphi}$	$\frac{p l_3^2}{12} \frac{\alpha'(3 - \alpha^2) + 2}{\varphi}$
I	max M	$\frac{p l_2^2}{6}\left(3 \xi_0'^2 - \frac{\alpha'}{\varphi}\right)$		$\frac{p l_3^2}{6}\left(3 \xi_0'^2 - \frac{1}{\alpha^2} \frac{1 + \alpha' \alpha^2}{\varphi}\right)$
	ξ_0	$\frac{\eta}{2\varphi}$		$\frac{1}{2} + \frac{1}{\alpha^2} \frac{1 - \alpha^2}{4\varphi}$
II	max M		$\frac{p l_3^2}{6}\left(3 \xi_0^2 - \frac{1}{\varphi}\right)$	$\frac{p l_3^2}{6}\left(3 \xi_0^2 - \frac{1 + \alpha' \alpha^2}{\varphi}\right)$
	ξ_0'		$\frac{\psi}{2\varphi}$	$\frac{1}{2} - \alpha' \frac{1 - \alpha^2}{4\varphi}$

B. Das Trägheitsmoment ist veränderlich.

Anordnung nach Abb. 368

$$-M_b = X_2$$

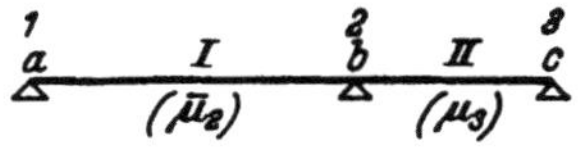

Abb. 368*.

Unsymmetrischer Verlauf* der Funktionen ζ_k.

Approximation von $\zeta_k = J_k/J$ und Beiwert $\bar{\mu}$: Tabelle 29b, S. 395.

Die Belastungszahlen können nach S. 395 mit hinreichender Genauigkeit für feldweise konstantes Trägheitsmoment berechnet werden.

* Für symmetrischen Verlauf von ζ_k tritt an die Stelle von $\bar{\mu}$ der entsprechende Wert μ der Tabelle 29. (In Abb. 368 ist $\mu_3 = \bar{\mu}_3$.)

Abkürzungen: $\alpha = l_2/l_3$; $\alpha' = l'_2/l'_3$; $\varphi' = 2(\bar{\mu}_3 + \bar{\mu}_2\alpha')$.

$$X_2 = \frac{1}{\psi' l'_3} 6\,\delta_{20}$$

Einflußlinien:

Bereich:	I	II
$\varphi' \cdot X_2$	$l_2\,\alpha'\,\overline{\omega}_D$	$l_3\,\overline{\omega}'_D$

Reduzierte Biegelinien $\overline{\omega}_D$, $\overline{\omega}'_D$ nach Tabelle 29, S. 395.

Schnittkräfte für feldweise Belastung:

Belastung		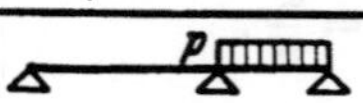	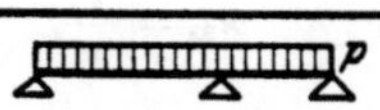
X_2	$\frac{p\,l_2^2}{4}\,\frac{\alpha'}{\varphi'}$	$\frac{p\,l_3^2}{4}\,\frac{1}{\varphi'}$	$\frac{p\,l_3^2}{4}\,\frac{1+\alpha'\alpha^2}{\varphi'}$

3. Träger über drei Feldern. Allgemeine Anordnung nach Abb. 369. Hauptsystem: Drei einfache Träger. Statisch überzählige Größen: Einspannungsmomente $-M_a = X_1$, $-M_d = X_4$, Stützenmomente $-M_b = X_2$, $-M_c = X_3$. Berechnung bei allgemeiner Anordnung nach Abschn. 26, bei feldweise konstantem Trägheitsmoment mit den Werten der Tabelle 33, Teil A. Teil B enthält Angaben bei veränderlichem Trägheitsmoment.

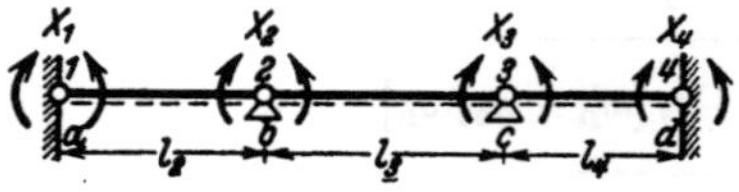

Abb. 369.

Tabelle 33. Träger über drei Feldern.

A. Das Trägheitsmoment ist feldweise konstant.

Abkürzungen: 1) $\alpha'_1 = l'_2/l'_3$, 3) $\varphi_1 = 2(1+\alpha'_1)$, 5) $\psi_1 = 2(1+\frac{3}{4}\alpha'_1)$,
2) $\alpha'_2 = l'_4/l'_3$, 4) $\varphi_2 = 2(1+\alpha'_2)$, 6) $\psi_2 = 2(1+\frac{3}{4}\alpha'_2)$,
7) $\eta_1 = \varphi_1\varphi_2 - 1$, 9) $\eta_3 = \psi_1\psi_2 - 1$,
8) $\eta_2 = \psi_1\varphi_2 - 1$, 10) $\eta_4 = \varphi_1\psi_2 - 1$.

Klammerwerte $[\omega'_D - \varkappa_{k(k-1)}\,\omega_D]$ und $[\omega_D - \varkappa_{(k-1)k}\,\omega'_D]$ sind für $0{,}200 < \varkappa < 0{,}380$ in der Tabelle 34 Seite 410 angegeben.

Formeln zur Ermittlung der Festpunktabstände aus den Kennbeziehungen:

$$a_{(k-1)k} = \frac{\varkappa_{(k-1)k}\,l_k}{1+\varkappa_{(k-1)k}}; \qquad a_{k(k-1)} = \frac{\varkappa_{k(k-1)}\,l_k}{1+\varkappa_{k(k-1)}};$$

Berechnung der Stützkräfte und der maximalen Momente: vgl. S. 396.

a) Anordnung Abb. 370.

$-M_b = X_2$, $\quad -M_c = X_3$,

Abkürzungen: 1 bis 4 und 7.

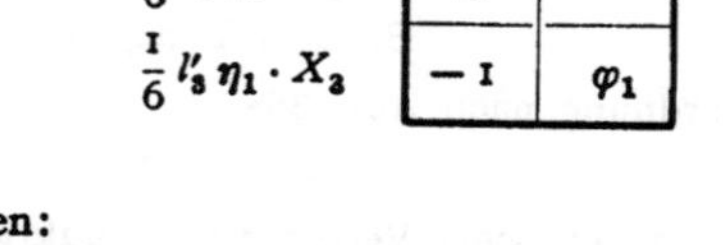

Abb. 370.

Kennbeziehungen:

$\varkappa_{a2} = 0$, $\quad \varkappa_{d3} = 0$

$\varkappa_{23} = \frac{1}{\varphi_1}$, $\quad \varkappa_{32} = \frac{1}{\varphi_2}$

$\varkappa_{3d} = \frac{\alpha'_2\,\varphi_1}{\eta_1}$, $\quad \varkappa_{2a} = \frac{\alpha'_1\,\varphi_2}{\eta_1}$

Konjugierte Matrix der β_{ik}

	δ_{20}	δ_{30}
$\frac{1}{6}\,l'_3\,\eta_1 \cdot X_2$	φ_2	-1
$\frac{1}{6}\,l'_3\,\eta_1 \cdot X_3$	-1	φ_1

Einflußlinien:

Bereich:	I	II	III
$\eta_1 \cdot X_2$	$l_2\,\alpha'_1\,\varphi_2\,\omega_D$	$l_3\,\varphi_2[\omega'_D - \varkappa_{32}\,\omega_D]$	$-l_4\,\alpha'_2\,\omega'_D$
$\eta_1 \cdot X_3$	$-l_2\,\alpha'_1\,\omega_D$	$l_3\,\varphi_1[\omega_D - \varkappa_{23}\,\omega'_D]$	$l_4\,\alpha'_2\,\varphi_1\,\omega'_D$

Überzählige Größen für feldweise Belastung:

Belastung			
$\eta_1 \cdot X_2$	$\frac{p\, l_2^2}{4}\, \alpha_1'\, \varphi_2$	$\frac{p\, l_3^2}{4}\, (\varphi_2 - 1)$	$-\frac{p\, l_4^2}{4}\, \alpha_2'$
$\eta_1 \cdot X_3$	$-\frac{p\, l_2^2}{4}\, \alpha_1'$	$\frac{p\, l_3^2}{4}\, (\varphi_1 - 1)$	$\frac{p\, l_4^2}{4}\, \alpha_2'\, \varphi_1$

Überzählige Größen für besondere Belastungen:

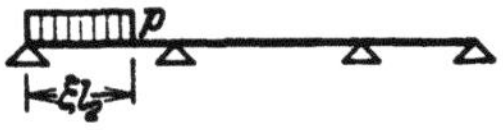	$X_2 = \frac{1}{\eta_1} \frac{p\, l_2^2}{4}\, \alpha_1'\, \varphi_2\, \xi^2 (2 - \xi^2)$ $X_3 = -\frac{1}{\eta_1} \frac{p\, l_2^2}{4}\, \alpha_1'\, \xi^2 (2 - \xi^2)$	
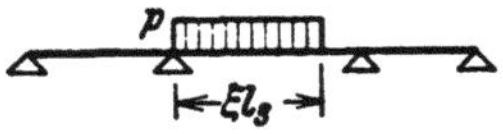	$X_2 = \frac{1}{\eta_1} \frac{p\, l_3^2}{4}\, \xi^2 [2 (2\varphi_2 - 1) - 4\xi\varphi_2 + \xi^2 (\varphi_2 + 1)]$ $X_3 = \frac{1}{\eta_1} \frac{p\, l_3^2}{4}\, \xi^2 [4\alpha_1' + 4\xi - \xi^2 (\varphi_1 + 1)]$	
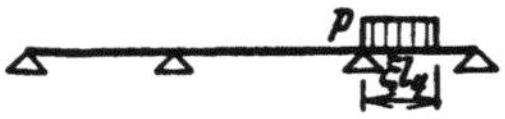	$X_2 = -\frac{1}{\eta_1} \frac{p\, l_4^2}{4}\, \alpha_2'\, \xi^2 (4 - 4\xi + \xi^2)$ $X_3 = \frac{1}{\eta_1} \frac{p\, l_4^2}{4}\, \alpha_2'\, \varphi_1\, \xi^2 (4 - 4\xi + \xi^2)$	
	$X_2 = \frac{1}{\eta_1} \mathrm{M}\, \alpha_1'\, \varphi_2$;	$X_3 = -\frac{1}{\eta_1} \mathrm{M}\, \alpha_1'$
	$X_2 = -\frac{1}{\eta_1}\, 2\, \mathrm{M}\, \alpha_1'\, \varphi_2$;	$X_3 = \frac{1}{\eta_1}\, 2\, \mathrm{M}\, \alpha_1'$
	$X_2 = -\frac{1}{\eta_1}\, 2\, \mathrm{M}\, \alpha_2'$;	$X_3 = \frac{1}{\eta_1}\, 2\, \mathrm{M}\, \alpha_2'\, \varphi_1$
	$X_2 = \frac{1}{\eta_1} \mathrm{M}\, \alpha_2'$;	$X_3 = -\frac{1}{\eta_1} \mathrm{M}\, \alpha_2'\, \varphi_1$

Ungleichförmige Erwärmung $t_u - t_0 = \Delta t$:

$$X_2 = E J_c \frac{\alpha_t\, \Delta t}{d} \frac{3}{l_3'\, \eta_1} [\varphi_2 (l_2 + l_3) - (l_3 + l_4)]$$

$$X_3 = E J_c \frac{\alpha_t\, \Delta t}{d} \frac{3}{l_3'\, \eta_1} [\varphi_1 (l_3 + l_4) - (l_2 + l_3)]\,.$$

Stützenverschiebungen Δ_a, Δ_b, Δ_c und Δ_d:

$$X_2 = E J_c \frac{6}{l_3'\, \eta_1} \left[\frac{1}{l_2} (\Delta_a - \Delta_b)\, \varphi_2 - \frac{1}{l_3} (\Delta_b - \Delta_c)\, (\varphi_2 + 1) + \frac{1}{l_4} (\Delta_c - \Delta_d)\right]$$

$$X_3 = E J_c \frac{6}{l_3'\, \eta_1} \left[\frac{1}{l_4} (\Delta_d - \Delta_c)\, \varphi_1 - \frac{1}{l_3} (\Delta_c - \Delta_b)\, (\varphi_1 + 1) + \frac{1}{l_2} (\Delta_b - \Delta_a)\right].$$

b) Anordnung Abb. 371.

$-M_a = X_1, \quad -M_b = X_2, \quad -M_c = X_3$

Abkürzungen 1 bis 5, 7 und 8.

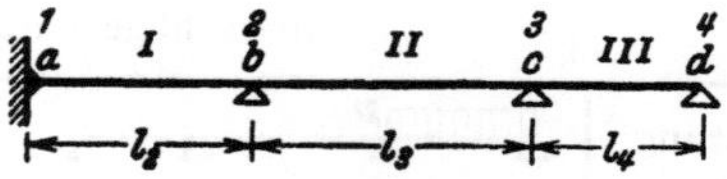

Abb. 371.

Kennbeziehungen:

$$\varkappa_{12} = \frac{1}{2}, \qquad \varkappa_{d3} = 0,$$

$$\varkappa_{23} = \frac{1}{\psi_1}, \qquad \varkappa_{32} = \frac{1}{\varphi_2},$$

$$\varkappa_{3d} = \frac{\alpha_2' \psi_1}{\eta_3}, \qquad \varkappa_{21} = \frac{\alpha_1' \varphi_2}{\eta_1}.$$

Konjugierte Matrix der β_{ik}:

	δ_{10}	δ_{20}	δ_{30}
$\frac{1}{3} l_3' \eta_2 \cdot X_1$	η_1/α_1'	$-\varphi_2$	1
$\frac{1}{3} l_3' \eta_2 \cdot X_2$	$-\varphi_2$	$2\varphi_2$	-2
$\frac{1}{3} l_3' \eta_2 \cdot X_3$	1	-2	$2\psi_1$

Einflußlinien:

Bereich:	I	II	III
$\eta_2 \cdot X_1$	$\frac{l_2}{2} \eta_1 [\omega_D' - \varkappa_{21} \omega_D]$	$-\frac{l_3}{2} \varphi_2 [\omega_D' - \varkappa_{32} \omega_D]$	$\frac{l_4}{2} \alpha_2' \omega_D'$
$\eta_2 \cdot X_2$	$l_2 \alpha_1' \varphi_2 [\omega_D - \varkappa_{12} \omega_D']$	$l_3 \varphi_2 [\omega_D' - \varkappa_{32} \omega_D]$	$-l_4 \alpha_2' \omega_D'$
$\eta_2 \cdot X_3$	$-l_2 \alpha_1' [\omega_D - \varkappa_{12} \omega_D']$	$l_3 \psi_1 [\omega_D - \varkappa_{23} \omega_D']$	$l_4 \alpha_2' \psi_1 \omega_D'$

Überzählige Größen für feldweise Belastung:

Belastung		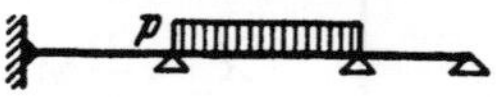	
$\eta_2 \cdot X_1$	$\frac{p l_2^2}{16} [\varphi_2 (2 + \varphi_1) - 2]$	$-\frac{p l_3^2}{8} (\varphi_2 - 1)$	$\frac{p l_4^2}{8} \alpha_2'$
$\eta_2 \cdot X_2$	$\frac{p l_2^2}{8} \alpha_1' \varphi_2$	$\frac{p l_3^2}{4} (\varphi_2 - 1)$	$-\frac{p l_4^2}{4} \alpha_2'$
$\eta_2 \cdot X_3$	$-\frac{p l_2^2}{8} \alpha_1'$	$\frac{p l_3^2}{4} (\psi_1 - 1)$	$\frac{p l_4^2}{4} \alpha_2' \psi_1$

c) Anordnung Abb. 372

$-M_a = X_1, \quad -M_b = X_2,$

$-M_c = X_3, \quad -M_d = X_4$

Abkürzungen 1 bis 6, 8 bis 10.

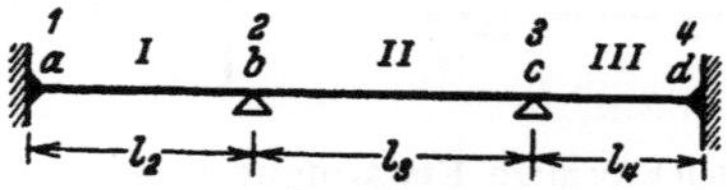

Abb. 372.

Kennbeziehungen:

$$\varkappa_{12} = \frac{1}{2}, \qquad \varkappa_{43} = \frac{1}{2},$$

$$\varkappa_{23} = \frac{1}{\psi_1}, \qquad \varkappa_{32} = \frac{1}{\psi_2},$$

$$\varkappa_{34} = \frac{\alpha_2' \psi_1}{\eta_2}, \qquad \varkappa_{21} = \frac{\alpha_1' \psi_2}{\eta_4}.$$

Konjugierte Matrix der β_{ik}:

	δ_{10}	δ_{20}	δ_{30}	δ_{40}
$\frac{2}{3} l_3' \eta_3 \cdot X_1$	$2\eta_4/\alpha_1'$	$-2\psi_2$	2	-1
$\frac{2}{3} l_3' \eta_3 \cdot X_2$	$-2\psi_2$	$4\psi_2$	-4	2
$\frac{2}{3} l_3' \eta_3 \cdot X_3$	2	-4	$4\psi_1$	$-2\psi_1$
$\frac{2}{3} l_3' \eta_3 \cdot X_4$	-1	2	$-2\psi_1$	$2\eta_2/\alpha_2'$

Einflußlinien:

Bereich:	I	II	III
$\eta_3\cdot X_1$	$\frac{l_2}{2}\eta_4[\omega_D'-\varkappa_{21}\omega_D]$	$-\frac{l_3}{2}\psi_3[\omega_D'-\varkappa_{32}\omega_D]$	$\frac{l_4}{2}\alpha_2'[\omega_D'-\varkappa_{43}\omega_D]$
$\eta_3\cdot X_2$	$l_2\alpha_1'\psi_2[\omega_D-\varkappa_{12}\omega_D']$	$l_3\psi_2[\omega_D'-\varkappa_{32}\omega_D]$	$-l_4\alpha_2'[\omega_D'-\varkappa_{43}\omega_D]$
$\eta_3\cdot X_3$	$-l_2\alpha_1'[\omega_D-\varkappa_{12}\omega_D']$	$l_3\psi_1[\omega_D-\varkappa_{23}\omega_D']$	$l_4\alpha_2'\psi_1[\omega_D'-\varkappa_{43}\omega_D]$
$\eta_3\cdot X_4$	$\frac{l_2}{2}\alpha_1'[\omega_D-\varkappa_{12}\omega_D']$	$-\frac{l_3}{2}\psi_1[\omega_D-\varkappa_{23}\omega_D']$	$\frac{l_4}{2}\eta_2[\omega_D-\varkappa_{34}\omega_D']$

Überzählige Größen für feldweise Belastung:

Belastung	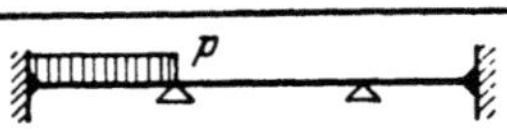	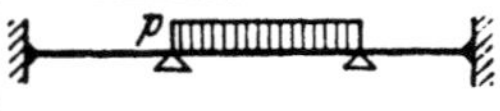	
$\eta_3\cdot X_1$	$\frac{p\,l_2^2}{16}[\psi_2(2+\varphi_1)-2]$	$-\frac{p\,l_3^2}{8}(\psi_2-1)$	$\frac{p\,l_4^2}{16}\alpha_2'$
$\eta_3\cdot X_2$	$\frac{p\,l_2^2}{8}\alpha_1'\psi_2$	$\frac{p\,l_3^2}{4}(\psi_2-1)$	$-\frac{p\,l_4^2}{8}\alpha_2'$
$\eta_3\cdot X_3$	$-\frac{p\,l_2^2}{8}\alpha_1'$	$\frac{p\,l_3^2}{4}(\psi_1-1)$	$\frac{p\,l_4^2}{8}\alpha_2'\psi_1$
$\eta_3\cdot X_4$	$\frac{p\,l_2^2}{16}\alpha_1'$	$-\frac{p\,l_3^2}{8}(\psi_1-1)$	$\frac{p\,l_4^2}{16}[\psi_1(2+\varphi_2)-2]$

B. Das Trägheitsmoment ist veränderlich.

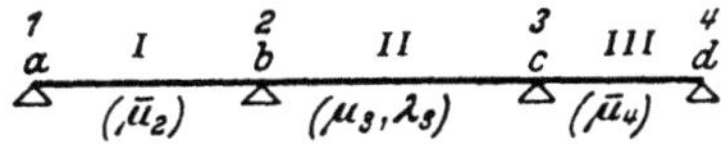

Abb. 373.

Anordnung Abb. 373

$-M_b = X_2, \quad -M_c = X_3.$

Unsymmetrischer Verlauf* von ζ_k im Feld I und III, symmetrischer Verlauf von ζ_k im Felde II. Approximation von $\zeta_k = J_k/J$ und Beiwerte μ, $\bar\mu$ und λ: Tabelle **29** S. 394 [$\lambda_2 \approx \lambda_4 \approx 1$, oder numerisch nach (634)].

Die Belastungszahlen können nach Seite **395** mit hinreichender Genauigkeit für feldweise konstantes Trägheitsmoment berechnet werden.

Abkürzungen:

$$\alpha_1' = l_2'/l_3', \qquad \varphi_1' = \frac{2}{\lambda_3}(\mu_3 + \bar\mu_2\,\alpha_1'),$$

$$\alpha_2' = l_4'/l_3', \qquad \varphi_2' = \frac{2}{\lambda_3}(\mu_3 + \bar\mu_4\,\alpha_2'),$$

$$\eta_1' = \lambda_3(\varphi_1'\,\varphi_2' - 1).$$

Kennbeziehungen:

$$\varkappa_{a2} = 0, \qquad \varkappa_{d3} = 0,$$

$$\varkappa_{23} = \frac{1}{\varphi_1'}, \qquad \varkappa_{32} = \frac{1}{\varphi_2'},$$

$$\varkappa_{3d} = \frac{\alpha_2'\varphi_1'}{\eta_1'}\lambda_4, \qquad \varkappa_{2a} = \frac{\alpha_1'\varphi_2'}{\eta_2'}\lambda_2.$$

Konjugierte Matrix der β_{ik}:

	δ_{20}	δ_{30}
$\frac{1}{6}l_3'\eta_1'\cdot X_2$	φ_2'	-1
$\frac{1}{6}l_3'\eta_1'\cdot X_3$	-1	φ_1'

* Für symmetrischen Verlauf von ζ_k im Felde I und III sind die Werte $\bar\mu_2$, $\bar\mu_4$ durch die entsprechenden Werte μ_2, μ_4 der Tabelle **29** zu ersetzen.

Einflußlinien:

Bereich	I	II	III
$\eta_1' \cdot X_2$	$l_2 \alpha_1' \varphi_2' \overline{\omega}_D$	$l_3 \varphi_2' [\overline{\omega}_D' - \varkappa_{32} \overline{\omega}_D]$	$-l_4 \alpha_2' \overline{\omega}_D'$
$\eta_1' \cdot X_3$	$-l_2 \alpha_1' \overline{\omega}_D$	$l_3 \varphi_1' [\overline{\omega}_D - \varkappa_{23} \overline{\omega}_D']$	$l_4 \alpha_2' \varphi_1' \overline{\omega}_D'$

Reduzierte Biegelinien $\overline{\omega}_D$, $\overline{\omega}_D'$ nach Tabelle 29 S. 394.

Überzählige Größen für feldweise Belastung:

Belastung		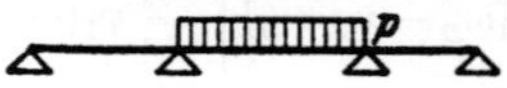	
$\eta_1' \cdot X_2$	$\frac{p\,l_2^2}{4} \alpha_1' \varphi_2'$	$\frac{p\,l_3^2}{4} (\varphi_2' - 1)$	$-\frac{p\,l_4^2}{4} \alpha_2'$
$\eta_1' \cdot X_3$	$-\frac{p\,l_2^2}{4} \alpha_1'$	$\frac{p\,l_3^2}{4} (\varphi_1' - 1)$	$\frac{p\,l_4^2}{4} \alpha_2' \varphi_1'$

Durchgehender Träger über vier Stützen (Abb. 374 auf Seite 412).

Berechnung mit den Werten der Tabelle 33, Teil A a).

$$l_2 = 12{,}0 \text{ m}, \qquad J_c/J_2 = 2{,}5, \qquad l_2' = 30{,}0 \text{ m}$$

$$l_3 = 18{,}0 \text{ m}, \qquad J_c/J_3 = 1{,}0, \qquad l_3' = 18{,}0 \text{ m}$$

$$l_4 = 9{,}0 \text{ m}, \qquad J_c/J_4 = 4{,}0, \qquad l_4' = 36{,}0 \text{ m}$$

$$J_c = \frac{1{,}4^3}{12} \cdot 0{,}5 = 0{,}11433 \text{ m}^4; \qquad E = 2100000 \text{ t/m}^2; \qquad \alpha_t = 0{,}00001.$$

Abkürzungen:

$$\alpha_1' = \frac{30}{18} = \frac{5}{3}, \qquad \varphi_1 = 2\left(1 + \frac{5}{3}\right) = \frac{16}{3},$$

$$\alpha_2' = \frac{36}{18} = 2, \qquad \varphi_2 = 2\,(1 + 2) = 6,$$

$$\eta_1 = \frac{16}{3} \cdot 6 - 1 = 31.$$

Kennbeziehungen:

$$\varkappa_{a2} = 0, \qquad \varkappa_{d3} = 0,$$

$$\varkappa_{23} = \frac{3}{16}, \qquad \varkappa_{32} = \frac{1}{6},$$

$$\varkappa_{3d} = \frac{2 \cdot 16}{31 \cdot 3} = \frac{32}{93}, \qquad \varkappa_{2a} = \frac{5 \cdot 6}{3 \cdot 31} = \frac{30}{93}.$$

Konjugierte Matrix der β_{ik}:

$$-M_b = X_2; \qquad -M_c = X_3$$

$$\frac{1}{6} l_3' \eta_1 = \frac{1}{6} 18{,}0 \cdot 31 = 93;$$

	δ_{20}	δ_{30}
$93 \cdot X_2$	6	-1
$93 \cdot X_3$	-1	16/3

Festpunktabstände: (Abb. 374i) $a_{a2} = a_{d3} = 0$

$$a_{23} = \frac{3 \cdot 18{,}0}{16\left(1 + \frac{3}{16}\right)} = 2{,}84 \text{ m}; \qquad a_{32} = \frac{1 \cdot 18{,}0}{6\left(1 + \frac{1}{6}\right)} = 2{,}57 \text{ m};$$

$$a_{3d} = \frac{32 \cdot 9}{93\left(1 + \frac{32}{93}\right)} = 2{,}30 \text{ m}; \qquad a_{2a} = \frac{30 \cdot 12}{93\left(1 + \frac{30}{93}\right)} = 2{,}93 \text{ m}.$$

Einflußlinien: Werte $[\omega'_D - \varkappa_{32}\,\omega_D]$ und $[\omega_D - \varkappa_{23}\,\omega'_D]$ vgl. Tabelle 34 S. 410.

Bereich:	I	II	III
$31 \cdot X_2$ (Abb. 374 b)	$12{,}0 \cdot \frac{5}{3} \cdot 6\,\omega_D = 120\,\omega_D$	$18{,}0 \cdot 6 \cdot [\omega'_D - \varkappa_{32}\,\omega_D]$ $= 108\,[\omega'_D - \varkappa_{32}\,\omega_D]$	$-9{,}0 \cdot 2 \cdot \omega'_D = -18\,\omega'_D$
$31 \cdot X_3$ (Abb. 374 c)	$-12{,}0 \cdot \frac{5}{3} \cdot \omega_D = -20\,\omega_D$	$18{,}0 \cdot \frac{16}{3}\,[\omega_D - \varkappa_{23}\,\omega'_D]$ $= 96\,[\omega_D - \varkappa_{23}\,\omega'_D]$	$9{,}0 \cdot 2 \cdot \frac{16}{3} \cdot \omega'_D = 96\,\omega'_D$

Einflußlinien der Stütz- und Schnittkräfte.

a) Stützendruck A (Abb. 374d)

$$A = A_0 - \frac{X_2}{l_2} = A_0 - \frac{X_2}{12{,}0};$$

b) Querkraft Q im Felde 2 (Abb. 374e)

$$Q = Q_0 + \frac{X_2 - X_3}{l_3} = Q_0 + \frac{X_2 - X_3}{18{,}0};$$

c) Stützendruck B: (Abb. 374f)

$$B = B_0 + \left(\frac{1}{l_2} + \frac{1}{l_3}\right) X_2 - \frac{1}{l_3} X_3$$

$$= B_0 + \left(\frac{1}{12{,}0} + \frac{1}{18{,}0}\right) X_2 - \frac{1}{18{,}0} X_3;$$

d) Moment M_m im Felde 1 (Abb. 374g)

$$M_m = M_{m0} - \xi_m X_2 = M_{m0} - \frac{X_2}{2};$$

e) Moment M_n im Felde 2 (Abb. 374h)

$$M_n = M_{n0} - \xi'_n X_2 - \xi_n X_3 = M_{n0} - \frac{X_2 + X_3}{2}$$

Schnittkräfte für gleichförmige Streckenlast $p = 1{,}0$ t/m.

a) feldweise Belastung:

Belastung			
$31 \cdot X_2$	$\frac{12{,}0^2}{4} \cdot \frac{5}{3} \cdot 6 = 360$	$\frac{18{,}0^2}{4}(6 - 1) = 405$	$-\frac{9{,}0^2}{4} \cdot 2 = -40{,}5$
$31 \cdot X_3$	$-\frac{12{,}0^2}{4} \cdot \frac{5}{3} = -60$	$\frac{18{,}0^2}{4}\left(\frac{16}{3} - 1\right) = 351$	$\frac{9{,}0^2}{4} \cdot 2 \cdot \frac{16}{3} = 216$

b) Streckenlasten:

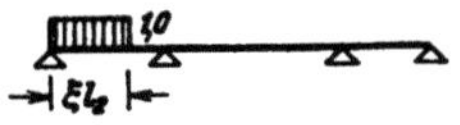	$X_2 = \frac{1}{31}\,\frac{12{,}0^2}{4}\,\frac{5}{3}\,6\,\xi^2(2 - \xi^2) = \frac{360}{31}\xi^2(2 - \xi^2)$ $X_3 = -\frac{1}{31}\,\frac{12{,}0^2}{4}\,\frac{5}{3}\,\xi^2(2 - \xi^2) = -\frac{60}{31}\xi^2(2 - \xi^2)$
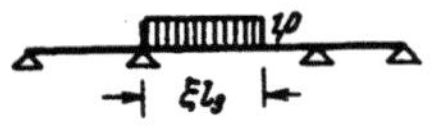	$X_2 = \frac{1}{31}\,\frac{18{,}0^2}{4}\xi^2[2(2 \cdot 6{,}0 - 1) - 4\xi\,6{,}0 + \xi^2(6{,}0 + 1)]$ $= \frac{81}{31}\xi^2[22 - 24\xi + 7\xi^2]$ $X_3 = \frac{1}{31}\,\frac{18{,}0^2}{4}\xi^2\left[4 \cdot \frac{5}{3} + 4\xi - \xi^2\left(\frac{16}{3} + 1\right)\right]$ $= \frac{27}{31}\xi^2[20 + 12\xi - 19\xi^2]$
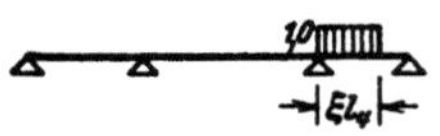	$X_2 = -\frac{1}{31}\,\frac{9{,}0^2}{4}\,2\,\xi^2(4 - 4\xi + \xi^2) = -\frac{40{,}5}{31}\xi^2(4 - 4\xi + \xi^2)$ $X_3 = \frac{1}{31}\,\frac{9{,}0^2}{4}\,2\,\frac{16}{3}\xi^2(4 - 4\xi + \xi^2) = \frac{216}{31}\xi^2(4 - 4\xi + \xi^2)$

Tabelle 34. $\omega'_D - \varkappa_{k\,(k-1)}\,\omega_D$.

$\varkappa$	$\xi = x : l =$ 0,1	0,2	¼	0,30	⅓	0,4	0,5	0,6	⅔	0,7	¾	0,8	0,9	
0,200	0,15120	0,24960	0,28125	0,30240	0,31111	0,31680	0,30000	0,25920	0,22222	0,20160	0,16875	0,13440	0,06480	0,200
02	100	922	078	185	052	613	0,29925	843	148	089	809	382	446	02
04	080	883	031	131	0,30993	546	850	766	074	017	744	325	412	04
06	061	845	0,27984	076	933	478	775	690	000	0,19946	678	267	377	06
08	041	806	938	022	874	411	700	613	0,21926	874	613	210	343	08
0,210	0,15021	0,24768	0,27891	0,29967	0,30815	0,31344	0,29625	0,25536	0,21852	0,19803	0,16547	0,13152	0,06309	0,210
12	012	730	844	912	756	277	550	459	778	732	481	094	275	12
14	0,14981	691	797	858	696	210	475	382	704	660	416	037	241	14
16	962	653	750	803	637	142	400	306	630	589	350	0,12979	206	16
18	942	614	703	749	578	075	325	229	556	517	284	922	172	18
0,220	0,14922	0,24576	0,27656	0,29694	0,30519	0,31008	0,29250	0,25152	0,21482	0,19446	0,16219	0,12864	0,06138	0,220
22	902	538	609	639	459	0,30941	175	075	407	375	153	806	104	22
24	882	499	563	585	400	874	100	0,24998	333	303	088	749	070	24
26	863	467	516	530	341	806	025	922	259	232	022	691	035	26
28	843	422	469	476	282	739	0,28950	845	185	160	0,15956	634	001	28
0,230	0,14823	0,24384	0,27422	0,29421	0,30222	0,30672	0,28875	0,24768	0,21111	0,19089	0,15891	0,12576	0,05967	0,230
32	803	346	375	366	163	605	800	691	037	018	825	518	933	32
34	783	307	328	312	104	538	725	614	0,20963	0,18946	759	461	899	34
36	764	269	281	257	045	470	650	538	889	875	694	403	864	36
38	744	230	234	203	0,29985	403	575	461	815	803	628	346	830	38
0,240	0,14724	0,24192	0,27188	0,29148	0,29926	0,30336	0,28500	0,24384	0,20741	0,18732	0,15563	0,12288	0,05796	0,240
42	704	154	141	093	867	269	425	307	667	661	497	230	762	42
44	684	115	094	039	807	202	350	230	593	589	431	173	728	44
46	664	077	047	0,28984	748	134	275	154	519	518	366	115	693	46
48	645	038	000	930	689	067	200	077	444	446	300	058	659	48
0,250	0,14625	0,24000	0,26953	0,28875	0,29630	0,30000	0,28125	0,24000	0,20370	0,18375	0,15234	0,12000	0,05625	0,250
52	605	0,23962	906	820	570	0,29933	050	0,23923	296	304	169	0,11942	591	52
54	585	923	859	766	511	866	0,27975	846	222	232	103	885	557	54
56	566	885	813	711	452	798	900	770	148	161	038	827	522	56
58	546	846	766	657	393	731	825	693	074	089	0,14972	770	488	58
0,260	0,14526	0,23808	0,26719	0,28602	0,29333	0,29664	0,27750	0,23616	0,20000	0,18018	0,14906	0,11712	0,05454	0,260
62	506	770	672	547	274	597	675	539	0,19926	0,17947	841	654	420	62
64	486	731	625	493	215	530	600	462	852	875	775	597	386	64
66	467	693	578	438	156	462	525	386	777	804	709	539	351	66
68	447	654	531	384	096	395	450	309	703	732	644	482	317	68
0,270	0,14427	0,23616	0,26484	0,28329	0,29037	0,29328	0,27375	0,23232	0,19629	0,17661	0,14578	0,11424	0,05283	0,270
72	407	578	438	274	0,28978	261	300	155	555	590	513	366	249	72
74	387	539	391	220	919	194	225	078	481	518	447	309	215	74
76	368	501	344	165	859	126	150	002	407	447	381	251	180	76
78	348	462	297	111	800	059	075	0,22925	333	375	316	194	146	78
0,280	0,14328	0,23424	0,26250	0,28056	0,28741	0,28992	0,27000	0,22848	0,19259	0,17304	0,14250	0,11136	0,05112	0,280
82	308	386	203	001	682	925	0,26925	771	185	233	184	078	078	82
84	288	347	156	0,27947	622	858	850	694	111	161	119	021	044	84
86	269	309	109	892	563	790	775	618	037	090	053	0,10963	009	86
88	249	270	063	838	504	723	700	541	0,18963	018	0,13988	906	0,04975	88
	0,9	0,8	¾	0,7	⅔	0,6	0,5	0,4	⅓	0,3	¼	0,2	0,1 $\xi = x : l =$	$\varkappa$

$\omega_D - \varkappa_{(k-1)\,k}\,\omega'_D$.

Tabelle 34. $\omega'_D - \varkappa_{k(k-1)}\,\omega_D$.

$\varkappa$	$\xi = x : l =$ 0,1	0,2	¼	0,3	⅓	0,4	0,5	0,6	⅔	0,7	¾	0,8	0,9	
0,290	0,14229	0,23232	0,26016	0,27783	0,28444	0,28656	0,26625	0,22464	0,18889	0,16947	0,13922	0,10848	0,04941	0,290
92	209	194	0,25969	728	385	589	550	387	814	876	856	790	907	92
94	189	155	922	674	326	522	475	310	740	804	791	733	873	94
96	170	117	875	619	267	454	400	234	666	733	725	675	838	96
98	150	078	828	565	207	387	325	157	592	661	659	618	804	98
0,300	0,14130	0,23040	0,25781	0,27510	0,28148	0,28320	0,26250	0,22080	0,18518	0,16590	0,13594	0,10560	0,04770	0,300
02	110	002	734	455	089	253	175	003	444	519	528	502	736	02
04	090	0,22963	688	401	030	186	100	0,21926	370	447	463	445	702	04
06	071	925	641	346	0,27970	118	025	850	296	376	397	387	667	06
08	051	886	594	292	911	051	0,25950	773	222	304	331	330	633	08
0,310	0,14031	0,22848	0,25547	0,27237	0,27852	0,27984	0,25875	0,21696	0,18148	0,16233	0,13266	0,10272	0,04599	0,310
12	011	810	500	182	793	917	800	619	074	162	200	214	565	12
14	0,13991	771	453	128	733	850	725	542	000	090	134	157	531	14
16	972	733	406	073	674	782	650	466	0,17925	019	069	099	496	16
18	952	694	359	019	615	715	575	389	851	0,15947	003	042	462	18
0,320	0,13932	0,22656	0,25313	0,26964	0,27556	0,27648	0,25500	0,21312	0,17777	0,15876	0,12938	0,09984	0,04428	0,320
22	912	618	266	909	496	581	425	235	703	805	872	926	394	22
24	892	579	219	855	437	514	350	158	629	733	806	869	360	24
26	873	541	172	800	378	446	275	082	555	662	741	811	325	26
28	853	502	125	746	319	379	200	005	481	590	675	754	291	28
0,330	0,13833	0,22464	0,25078	0,26691	0,27259	0,27312	0,25125	0,20928	0,17407	0,15519	0,12609	0,09696	0,04257	0,330
32	813	426	031	636	200	245	050	851	333	448	544	638	223	32
34	793	387	0,24984	582	141	178	0,24975	774	259	376	478	581	189	34
36	774	349	938	527	082	110	900	698	185	305	413	523	154	36
38	754	310	891	473	022	043	825	621	111	233	347	466	120	38
0,340	0,13734	0,22272	0,24844	0,26418	0,26963	0,26976	0,24750	0,20544	0,17037	0,15162	0,12281	0,09408	0,04086	0,340
42	714	234	797	363	904	909	675	467	0,16962	091	216	350	052	42
44	694	195	750	309	847	842	600	390	888	019	150	293	018	44
46	675	157	703	254	785	774	525	314	814	0,14948	084	235	0,03983	46
48	655	118	656	200	726	707	450	237	740	876	019	178	949	48
0,350	0,13635	0,22080	0,24609	0,26145	0,26667	0,26640	0,24375	0,20160	0,16666	0,14805	0,11953	0,09120	0,03915	0,350
52	615	042	563	090	607	573	300	083	592	734	888	062	881	52
54	595	003	516	036	548	506	225	006	518	662	822	005	847	54
56	576	0,21965	469	0,25981	489	438	150	0,19930	444	591	756	0,08947	812	56
58	556	926	422	927	430	371	075	853	370	519	691	890	778	58
0,360	0,13536	0,21888	0,24375	0,25872	0,26370	0,26304	0,24000	0,19776	0,16296	0,14448	0,11625	0,08832	0,03744	0,360
62	516	850	328	817	311	237	0,23925	699	222	377	559	774	710	62
64	496	811	281	763	252	170	850	622	148	305	494	717	676	64
66	477	773	234	708	193	102	775	546	073	234	428	659	641	66
68	457	734	188	654	133	035	700	469	0,15999	162	363	602	607	68
0,370	0,13437	0,21696	0,24141	0,25599	0,26074	0,25968	0,23625	0,19392	0,15925	0,14091	0,11297	0,08544	0,03573	0,370
72	417	658	093	544	015	901	550	315	852	020	232	486	539	72
74	397	619	046	490	0,25955	834	475	238	778	0,13948	166	429	505	74
76	378	581	0,23999	435	896	766	400	162	704	877	101	371	470	76
78	358	542	952	381	837	699	325	085	630	805	035	314	436	78
0,380	0,13338	0,21504	0,23906	0,25326	0,25778	0,25632	0,23250	0,19008	0,15556	0,13734	0,10969	0,08256	0,03402	0,380
	0,9	0,8	¾	0,7	⅔	0,6	0,5	0,4	⅓	0,3	¼	0,2	0,1 $\xi = x : l =$	$\varkappa$

$\omega_D - \varkappa_{(k-1)k}\,\omega'_D$.

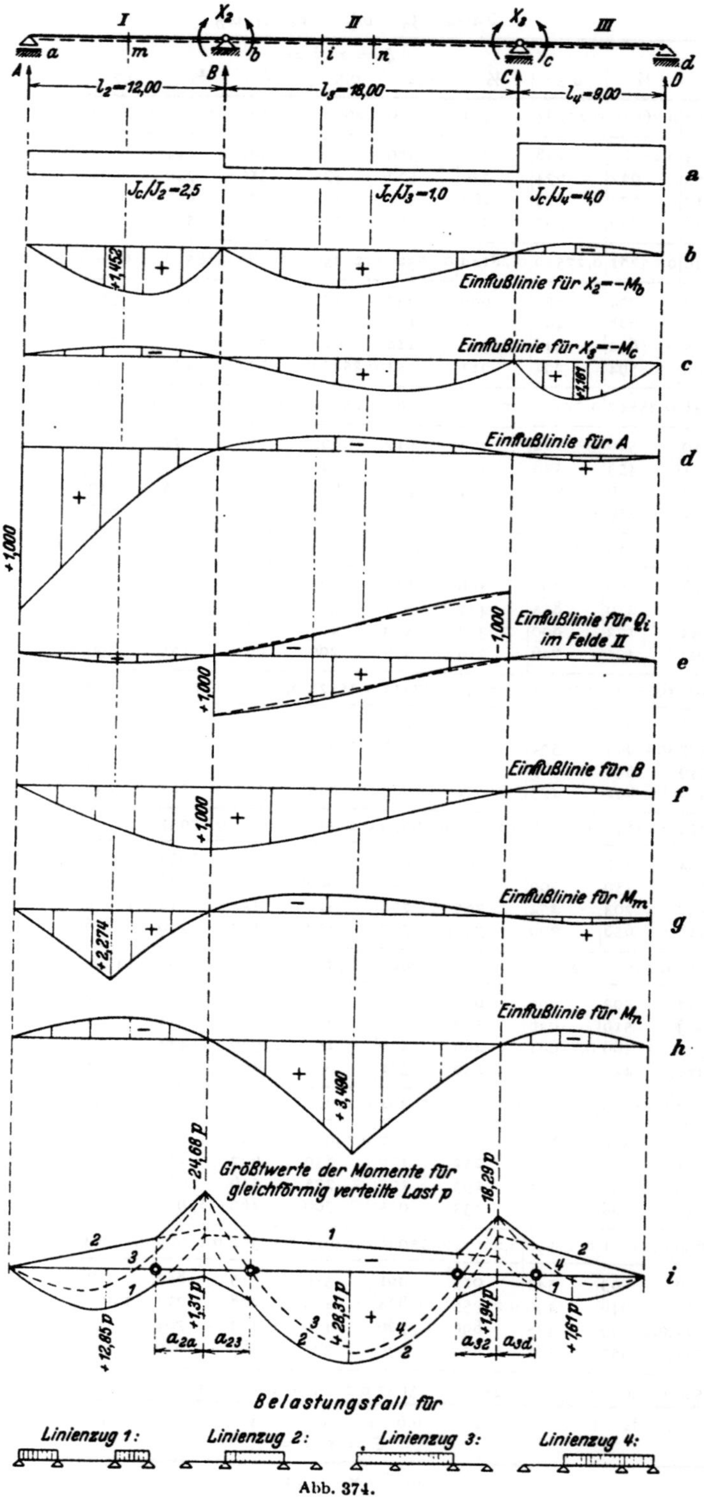

a
b
c
d
e
f
g
h
i
Einflußlinie für $X_2 = -M_b$
Einflußlinie für $X_3 = -M_c$
Einflußlinie für A
Einflußlinie für Q_i im Felde II
Einflußlinie für B
Einflußlinie für M_m
Einflußlinie für M_n
Größtwerte der Momente für gleichförmig verteilte Last p
$J_c/J_2 = 2,5$
$J_c/J_3 = 1,0$
$J_c/J_4 = 4,0$
$l_2 = 12,00$
$l_3 = 18,00$
$l_4 = 8,00$
+1,452
+1,161
+1,000
−1,000
+2,274
+3,480
−24,68 p
−18,29 p
+12,65 p
+1,31 p
+28,31 p
+1,94 p
+7,61 p
Belastungsfall für
Linienzug 1:
Linienzug 2:
Linienzug 3:
Linienzug 4:

Abb. 374.

Grenzwerte der Momente bei gleichförmiger Streckenlast $p = 1{,}0$ t/m (Abb. 374i).

a) Feldmomente: Überzählige Größen für ungünstigste Laststellung.

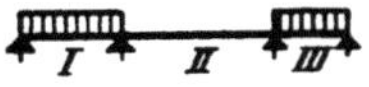 M_{max} in I und III M_{min} in II	$X_2 = \frac{1}{31}(360 - 40{,}5) = 10{,}30$ mt, $X_3 = \frac{1}{31}(216 - 60{,}0) = 5{,}03$ mt.
 M_{min} in I und III M_{max} in II	$X_2 = \frac{405}{31} = 13{,}06$ mt, $\quad X_3 = \frac{351}{31} = 11{,}32$ mt.

b) Stützenmomente: $\quad -M_b = X_2, \qquad -M_c = X_3.$

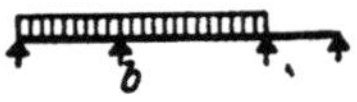 $M_{b\,min}$	$X_{2\,max} = \frac{1}{31}(360 + 405) = 24{,}68$ mt, $X_3 = \frac{1}{31}(351 - 60) = 9{,}40$ mt.
 $M_{b\,max}$	$X_{2\,min} = -\frac{40{,}5}{31} = -1{,}31$ mt, $\quad X_3 = \frac{216}{31} = 6{,}96$ mt.
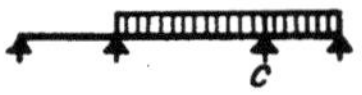 $M_{c\,min}$	$X_2 = \frac{1}{31}(405 - 40{,}5) = 11{,}75$ mt, $X_{3\,max} = \frac{1}{31}(351 + 216) = 18{,}29$ mt.
 $M_{c\,max}$	$X_2 = \frac{1}{31}\,360 = 11{,}6$ mt, $\quad X_{3\,min} = -\frac{60}{31} = -1{,}94$ mt.

Grenzwerte der Querkräfte bei gleichförmiger Streckenlast $p = 1{,}0$ t/m (Abb. 375).

a) Q_{min}:

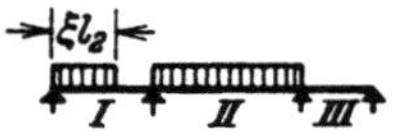 Q_{min} im Feld I	$Q_{0\,min} = -\frac{l_2}{2}\xi^2 = -\frac{12{,}0}{2}\xi^2 = -6{,}0\,\xi^2,$ $X_2 = \frac{360}{31}\xi^2(2 - \xi^2) + \frac{405}{31},$ $Q_{min} = Q_{0\,min} - \frac{X_2}{l_2} = Q_{0\,min} - \frac{X_2}{12{,}0}.$
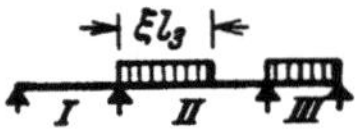 Q_{min} im Feld II	$Q_{0\,min} = -\frac{l_3}{2}\xi^2 = -\frac{18{,}0}{2}\xi^2 = -9{,}0\,\xi^2,$ $X_2 = \frac{81}{31}\xi^2[22 - 24\,\xi + 7\,\xi^2] - \frac{40{,}5}{31},$ $X_3 = \frac{27}{31}\xi^2[20 + 12\,\xi - 19\,\xi^2] + \frac{216}{31},$ $Q_{min} = Q_{0\,min} + \frac{X_2 - X_3}{l_3} = Q_{0\,min} + \frac{X_2 - X_3}{18{,}0}.$
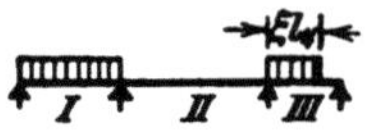 Q_{min} im Feld III	$Q_{0\,min} = -\frac{l_4}{2}\xi^2 = -\frac{9{,}0}{2}\xi^2 = -4{,}5\,\xi^2,$ $X_3 = \frac{216}{31}\xi^2(4 - 4\,\xi + \xi^2) - \frac{60}{31},$ $Q_{min} = Q_{0\,min} + \frac{X_3}{l_4} = Q_{0\,min} + \frac{X_3}{9{,}0}.$

b) Q_{max}: Nach (639) ist

$$Q_{max} = Q^* - Q_{min}.$$

Vollbelastung:	$X_2^* = \frac{1}{31}(360 + 405 - 40{,}5) = 23{,}35$ mt
	$X_3^* = \frac{1}{31}(-60 + 351 + 216) = 16{,}36$ mt

Bereich:	I	II	III
Q_0^*	$\left(\frac{1}{2} - \xi\right) l_2 = (0{,}5 - \xi)\,12{,}0$	$\left(\frac{1}{2} - \xi\right) l_3 = (0{,}5 - \xi)\,18{,}0$	$\left(\frac{1}{2} - \xi\right) l_4$ $= (0{,}5 - \xi)\,9{,}0$
Q^*	$Q_0^* - X_2^*/l_2$ $= (0{,}5 - \xi)\,12{,}0 - \frac{23{,}35}{12{,}0}$ $= 12{,}0\,(0{,}338 - \xi)$	$Q_0^* + (X_2^* - X_3^*)/l_3$ $= (0{,}5 - \xi)\,18{,}0 + \frac{23{,}35 - 16{,}36}{18{,}0}$ $= 18{,}0\,(0{,}522 - \xi)$	$Q_0^* + X_3^*/l_4$ $= (0{,}5 - \xi)\,9{,}0 + \frac{16{,}36}{9{,}0}$ $= 9{,}0\,(0{,}702 - \xi)$

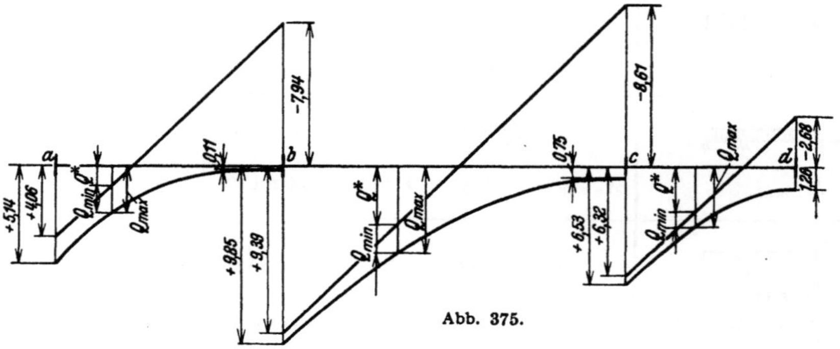

Abb. 375.

Überzählige Größen aus ungleichförmiger Erwärmung:

$$t_u - t_0 = \Delta t = 15^0;\quad d = 1{,}0\text{ m};\quad EJ_c = 240\,100\text{ tm}^2;$$

$$X_2 = 240\,100\,\frac{0{,}00001 \cdot 15}{1{,}0} \cdot \frac{3}{18{,}0 \cdot 31}\,[6\,(12{,}0 + 18{,}0) - (18{,}0 + 9{,}0)] = 29{,}60\text{ mt},$$

$$X_3 = 240\,100\,\frac{0{,}00001 \cdot 15}{1{,}0} \cdot \frac{3}{18{,}0 \cdot 31}\left[\frac{16}{3}(18{,}0 + 9{,}0) - (12{,}0 + 18{,}0)\right] = 22{,}08\text{ mt}.$$

Überzählige Größen aus Stützenverschiebungen:

$$\Delta_a = 0;\quad \Delta_b = 0{,}010\text{ m};\quad \Delta_c = 0{,}015\text{ m};\quad \Delta_d = 0;\quad EJ_c = 240\,100\text{ tm}^2;$$

$$X_2 = 240\,100\,\frac{6}{18{,}0 \cdot 31}\left[\frac{1}{12{,}0}(-0{,}01)\,6 - \frac{1}{18{,}0}(0{,}01 - 0{,}015)\,(6 + 1) + \frac{1}{9{,}0}\,0{,}015\right],$$

$$X_3 = 240\,100\,\frac{6}{18{,}0 \cdot 31}\left[\frac{1}{9{,}0}(-0{,}015)\,\frac{16}{3} - \frac{1}{18{,}0}(0{,}015 - 0{,}01)\left(\frac{16}{3} + 1\right) + \frac{1}{12{,}0}\,0{,}01\right],$$

$$X_2 = -3{,}58\text{ mt};\qquad X_3 = -25{,}4\text{ mt}.$$

47. Der durchlaufende Balkenträger auf beliebig vielen frei drehbaren Zwischenstützen.

Die Endstützen des Tragwerks sind frei drehbar aufgelagert oder starr eingespannt. Elastische Einspannung der Endstützen kann nach S. 397 berücksichtigt werden. Die Verwendung der Einspannungs- und Stützenmomente $-M_k$ $(k = 1 \ldots n)$

zu statisch überzähligen Größen X_k $(k = 1 \ldots n)$ liefert als Hauptsystem eine zusammenhängende Reihe einfacher Träger. Die geometrischen Bedingungen über die Kontinuität ihrer Formänderung an den Stützpunkten k zur Berechnung der statisch überzähligen Größen bilden dreigliedrige Gleichungen nach Abschn. 29.

$$\begin{aligned} X_1 \delta_{11} + X_2 \delta_{12} &= \delta_{1\otimes}, \\ \cdots\cdots\cdots&\cdots\cdots\cdots \\ X_{k-1} \delta_{k(k-1)} + X_k \delta_{kk} + X_{k+1} \delta_{k(k+1)} &= \delta_{k\otimes}, \\ \cdots\cdots\cdots&\cdots\cdots\cdots \\ X_{n-1} \delta_{n(n-1)} + X_n \delta_{nn} &= \delta_{n\otimes}. \end{aligned} \tag{650}$$

Vorzahlen. Die Vorzahlen δ_{ik}, δ_{kk} und die Belastungszahlen $\delta_{k\otimes}$ werden bei beliebig vorgeschriebener Steifigkeit des Stabzugs nach Abschn. 18 abgeleitet. Bei

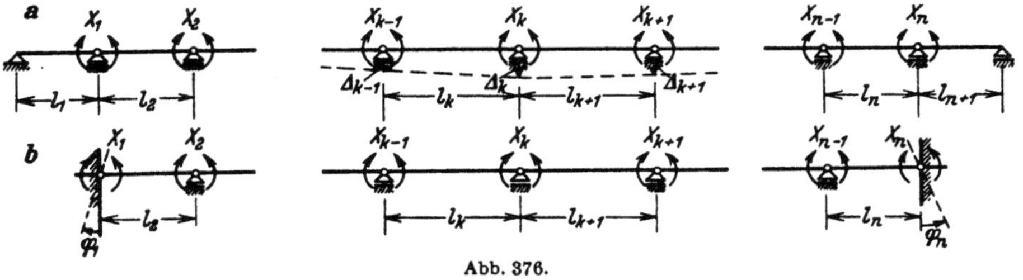

Abb. 376.

Approximation der Veränderlichkeit des Querschnitts nach einer der auf S. 394 angegebenen Regeln wird mit den $6EJ_c$fachen Beträgen der Formänderungen gerechnet.

$$\left.\begin{aligned} 6\,\delta_{kk} &= 2(\mu_k l'_k + \mu_{k+1} l'_{k+1}), \\ 6\,\delta_{k(k-1)} &= \lambda_k l'_k, \quad 6\,\delta_{k(k+1)} = \lambda_{k+1} l'_{k+1}; \end{aligned}\right\} \tag{651}$$

freie Auflagerung der Enden (Abb. 376a):

$$\left.\begin{aligned} 6\,\delta_{11} &= 2(\bar{\mu}_1 l'_1 + \mu_2 l'_2), \\ 6\,\delta_{nn} &= 2(\mu_n l'_n + \bar{\mu}_{n+1} l'_{n+1}); \end{aligned}\right\} \tag{652}$$

starre Einspannung der Enden (Abb. 376b):

$$6\,\delta_{11} = 2\,\mu_2 l'_2, \quad 6\,\delta_{nn} = 2\,\mu_n l'_n. \tag{653}$$

Die Beiwerte μ_k, λ_k, $\bar{\mu}$ sind für verschiedene Funktionen ζ_k in Tabelle 29 S. 394 enthalten. Die Vorzahlen δ_{12} und $\delta_{n(n-1)}$ werden für beide Randbedingungen ebenso wie die Vorzahlen $\delta_{k(k+1)}$ und $\delta_{(k-1)k}$ gebildet.

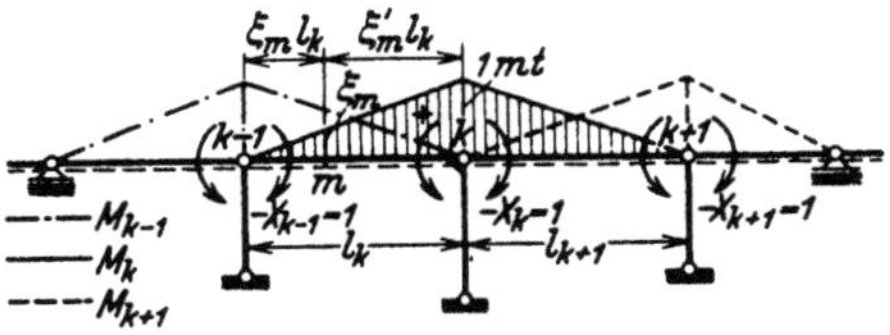

Abb. 377.

Bei konstantem Trägheitsmoment J_k des Stabzuges zwischen je zwei Stützpunkten ist

$$\left.\begin{aligned} &6\,\delta_{k(k-1)} = l'_k, \quad 6\,\delta_{kk} = 2(l'_k + l'_{k+1}), \quad 6\,\delta_{k(k+1)} = l'_{k+1}, \\ &\text{freie Auflagerung der Endstützen:}\ 6\,\delta_{11} = 2(l'_1 + l'_2), \quad 6\,\delta_{nn} = 2(l'_n + l'_{n+1}), \\ &\text{starre Einspannung der Endstützen:}\ 6\,\delta_{11} = 2\,l'_2, \quad 6\,\delta_{nn} = 2\,l'_n. \end{aligned}\right\} \tag{654}$$

Belastungszahlen. Die Belastungszahlen $6\,\delta_{k0}$ werden nach S. 395 nur für konstantes Trägheitsmoment J_k im Bereiche eines jeden Feldes l_k (Tabelle 35) angegeben. Sie bestehen in der Regel aus zwei Beiträgen, die von der Belastung der beiden der Stütze k benachbarten Träger l_k, l_{k+1} herrühren.

Tabelle 35[1]. Belastungszahlen.

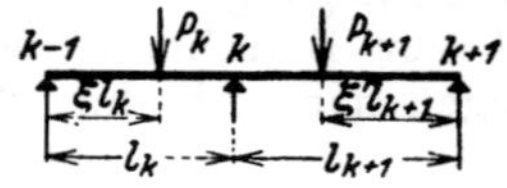	$6\,\delta_{k0} = l_k\, l'_k \sum_k P\,\omega_D + l_{k+1}\, l'_{k+1} \sum_{k+1} P\,\omega'_D$ Ergebnisse für vorgeschriebene Lastengruppen vgl. S. 112.		
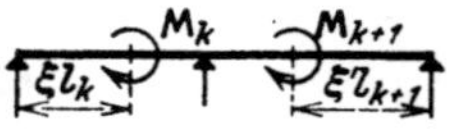	$6\,\delta_{k0} = l'_k \sum_k M\,\omega_M - l'_{k+1} \sum_{k+1} M\,\omega'_M$		
Streckenbelastung:	$6\,\delta_{k0} = c_k\, p_k\, l_k^2\, l'_k + c'_{k+1}\, p_{k+1}\, l_{k+1}^2\, l'_{k+1}$		
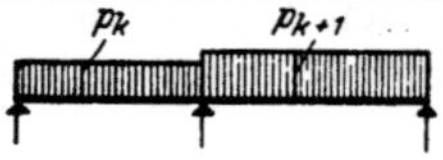	$c_k = c'_{k+1} = \frac{1}{4}$	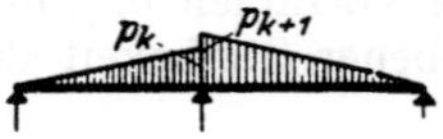	$c_k = c'_{k+1} = \frac{2}{15}$
	$c_k = c'_{k+1} = \frac{5}{32}$		$c_k = c'_{k+1} = \frac{7}{60}$
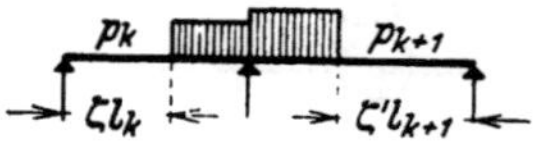	$c_k = \frac{1}{4}(1 - \zeta^2)^2, \quad c'_{k+1} = \frac{1}{4}(1 - \zeta'^2)^2$		
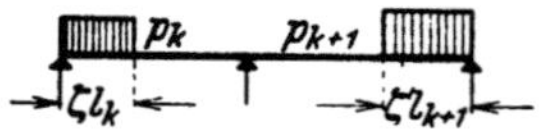	$c_k = \frac{1}{4}\zeta^2(2 - \zeta^2), \quad c'_{k+1} = \frac{1}{4}\zeta'^2(2 - \zeta'^2)$		
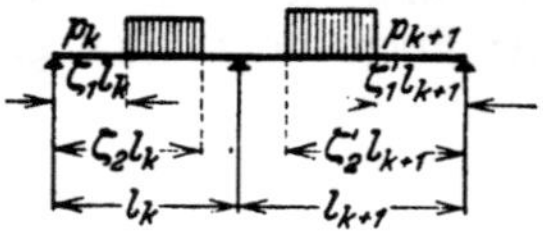	$c_k = \frac{1}{4}[\zeta_2^2(2 - \zeta_2^2) - \zeta_1^2(2 - \zeta_1^2)],$ $c'_{k+1} = \frac{1}{4}[\zeta_2'^2(2 - \zeta_2'^2) - \zeta_1'^2(2 - \zeta_1'^2)].$		

Diese Angaben können nach Tabelle 12 für zahlreiche andere Belastungsfälle ergänzt und nach Tabellen 13 bis 15 auch für veränderliches Trägheitsmoment im Bereiche eines Trägerabschnitts angeschrieben werden.

Ungleichförmige Temperaturänderung Δt_k im Bereiche von l_k mit der mittleren Trägerhöhe d_k liefert

$$6\,\delta_{kt} = 3\,E\,J_c\,\alpha_t\left(\frac{\Delta t_k\, l_k}{d_k} + \frac{\Delta t_{k+1}\, l_{k+1}}{d_{k+1}}\right) \approx 3\,E\,J_c \frac{\alpha_t\,\Delta t}{d}\,(l_k + l_{k+1})\,. \qquad (655)$$

Werden senkrechte Stützenverschiebungen Δ_{k-1}, Δ_k, Δ_{k+1} und Verdrehungen φ_1, φ_n der Endquerschnitte bei starr angenommener Einspannung der Trägerenden im Sinne von X_1, X_n gemessen oder geschätzt (Abb. 376), so entsteht

$$6\,\delta_{ks} = 6\,E\,J_c\left[\frac{\Delta_{k-1}}{l_k} - \Delta_k\left(\frac{1}{l_k} + \frac{1}{l_{k+1}}\right) + \frac{\Delta_{k+1}}{l_{k+1}}\right],$$

$$6\,\delta_{1s} = -E\,J_c\left(\frac{\Delta_1 - \Delta_2}{l_2} + \varphi_1\right); \qquad 6\,\delta_{ns} = -6\,E\,J_c\left(\frac{\Delta_n - \Delta_{n-1}}{l_n} + \varphi_n\right). \qquad (656)$$

Auflösung des Ansatzes. Die dreigliedrige Matrix (650) der Vorzahlen (651) wird unter Einbeziehung der Belastungsglieder nach der Rechenvorschrift S. 230ff. aufgelöst. Die konjugierte Matrix mit den Vorzahlen $\beta'_{ik} = \beta_{ik}/6$ entsteht entweder aus zwei Kettenbrüchen nach (394), (404) oder durch Vorwärts- und Rückwärtselimination nach Gauß. Da die 6fachen Vorzahlen δ_{ik} verwendet werden,

[1] Funktionswerte ω auf S. 116ff.

ist (vgl. Abschnitt 24)

$$X_k = \sum_{i=1}^{i=n} \beta'_{ki}\, 6\,\delta_{i\otimes}, \qquad k = 1, \ldots, n.$$

Damit sind nach (637) auch die Stütz- und Schnittkräfte des ganzen Trägers bestimmt.

Kennbeziehungen und Teillösungen. Bei der algebraischen Auflösung des Ansatzes mit $6\delta_{n0} = 1$ u. $6\delta_{10} = 1$ durch Kettenbrüche oder durch Elimination nach Gauß entstehen neben den Vorzahlen β'_{nn} und β'_{11} auch die für den dreigliedrigen Ansatz charakteristischen Kennbeziehungen zwischen je zwei aufeinanderfolgenden Stützenmomenten.

$$-\frac{X_{h-1}}{X_h} = \varkappa_{(h-1)h}, \qquad -\frac{X_r}{X_{r-1}} = \varkappa_{r(r-1)}.$$

Sie werden zu deren Berechnung bei der Belastung eines einzelnen Feldes l_k verwendet (Abb. 378c). Die l_k benachbarten Stützenmomente X_{k-1}, X_k ergeben sich nach (415) aus 2 Gleichungen mit 2 Unbekannten.

$$X_{k-1} = \frac{\varkappa_{(k-1)k}}{\delta_{(k-1)k}}\,\frac{\delta_{(k-1)0} - \varkappa_{k(k-1)}\,\delta_{k0}}{1 - \varkappa_{(k-1)k}\,\varkappa_{k(k-1)}}; \qquad X_k = \frac{\varkappa_{k(k-1)}}{\delta_{k(k-1)}}\,\frac{\delta_{k0} - \varkappa_{(k-1)k}\,\delta_{(k-1)0}}{1 - \varkappa_{(k-1)k}\,\varkappa_{k(k-1)}}. \tag{657}$$

Für $6\,\delta_{(k-1)k} = \lambda_k l'_k$ und gleichförmige Belastung des Feldes l_k mit p_k ist

$$6\,\delta_{k0} = 6\,\delta_{(k-1)0} = \tfrac{1}{4} p_k\, l_k^2\, l'_k,$$

$$X_{k-1} = \frac{p_k l_k^2}{4\lambda_k}\,\frac{\varkappa_{(k-1)k} - \varkappa_{(k-1)k}\,\varkappa_{k(k-1)}}{1 - \varkappa_{(k-1)k}\,\varkappa_{k(k-1)}}; \qquad X_k = \frac{p_k l_k^2}{4\lambda_k}\,\frac{\varkappa_{k(k-1)} - \varkappa_{(k-1)k}\,\varkappa_{k(k-1)}}{1 - \varkappa_{(k-1)k}\,\varkappa_{k(k-1)}}. \tag{658}$$

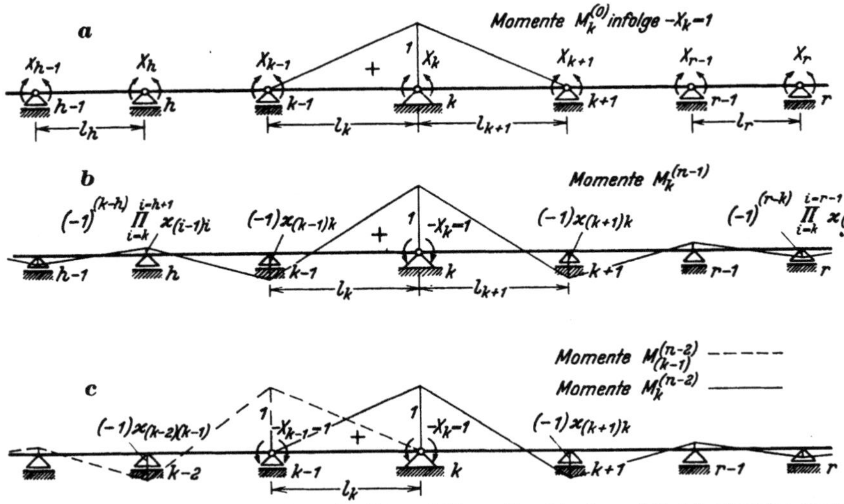

Abb. 378. Biegungsmomente eines durchlaufenden Trägers infolge $-X_k = 1$ in einem statisch bestimmten, einem $n-1$ und $n-2$ fach statisch unbestimmten Hauptsystem.

Die Stützenmomente X_h $[h < (k-1)]$ sind dann durch die Kennbeziehungen $\varkappa_{(h-1)h}$, die Stützenmomente X_r $(r > k)$ durch die Kennbeziehungen $\varkappa_{r(r-1)}$ bestimmt (Abb. 378c). Da eine beliebige Belastung des Stabzugs nach den einzelnen Feldern zerlegt werden kann, so läßt sich die Lösung durch Superposition der Teilergebnisse auch auf den allgemeinen Fall anwenden.

Die Hauptglieder β'_{kk} der konjugierten Matrix werden für $6\,\delta_{k0} = 1$ erhalten und in Verbindung mit den Kennbeziehungen $X_{k-1}/X_k = -\varkappa_{(k-1)k}$, $X_{(k+1)}/X_k = -\varkappa_{(k+1)k}$ aus (410) folgendermaßen angeschrieben:

$$\beta'_{kk} = \frac{1}{-\varkappa_{(k-1)k}\,6\,\delta_{k(k-1)} + 6\,\delta_{kk} - \varkappa_{(k+1)k}\,6\,\delta_{k(k+1)}}. \tag{659}$$

Sie lassen sich außerdem mit dem Ansatz (657) ableiten.

$$\left.\begin{aligned} \beta'_{kk} &= \frac{\varkappa_{k(k-1)}}{6\,\delta_{k(k-1)}\,(1-\varkappa_{(k-1)k}\,\varkappa_{k(k-1)})} = \frac{\varkappa_{k(k+1)}}{6\,\delta_{k(k+1)}\,(1-\varkappa_{k(k+1)}\,\varkappa_{(k+1)k})}\,, \\ \beta'_{(k-1)(k-1)} &= \frac{\varkappa_{(k-1)k}}{6\,\delta_{k(k-1)}\,(1-\varkappa_{(k-1)k}\,\varkappa_{k(k-1)})}\,;\quad \beta'_{(k+1)(k+1)} = \frac{\varkappa_{(k+1)k}}{6\,\delta_{k(k+1)}\,(1-\varkappa_{k(k+1)}\,\varkappa_{(k+1)k})} \end{aligned}\right\} \tag{660}$$

Daher kann die Hauptdiagonale der konjugierten Matrix dreigliedriger Bedingungsgleichungen auch nach

$$\frac{\beta'_{(k-1)(k-1)}}{\beta'_{kk}} = \frac{\varkappa_{(k-1)k}}{\varkappa_{k(k-1)}}\,, \qquad \frac{\beta'_{kk}}{\beta'_{(k+1)(k+1)}} = \frac{\varkappa_{k(k+1)}}{\varkappa_{(k+1)k}} \tag{661}$$

entwickelt werden, wenn beide Kettenbrüche oder beide Eliminationen ausgerechnet worden sind. Die Nebenglieder β'_{hk} der konjugierten Matrix ergeben sich aus den Hauptgliedern β'_{kk} für $h < k$:

$$\beta'_{(k-1)k} = -\,\varkappa_{(k-1)k}\,\beta'_{kk}\,, \qquad \beta'_{hk} = (-1)^{(k-h)}\,\beta'_{kk} \prod_{i=k}^{i=h+1} \varkappa_{(i-1)i}\,. \tag{662}$$

Die Nebenglieder β'_{rk} für $r > k$ sind

$$\beta'_{(k+1)k} = -\,\varkappa_{(k+1)k}\,\beta'_{kk}\,, \qquad \beta'_{rk} = (-1)^{(r-k)}\,\beta'_{kk} \prod_{i=k}^{i=r-1} \varkappa_{(i+1)i}\,. \tag{663}$$

Einflußlinien der Stützenmomente X_k. a) Die wandernde Last $P = 1$ t bewegt sich in den beiden, dem Stützpunkte k benachbarten Feldern l_k und l_{k+1}. Bei konstantem Trägheitsmoment J_k, J_{k+1} der Träger ist für

P im Felde l_k: $\qquad 6\,\delta_{(k-1)m} = l_k\,l'_k\,\omega'_D\,, \qquad 6\,\delta_{km} = l_k\,l'_k\,\omega_D\,,$

$$X_k = l_k\,l'_k\,(\beta'_{k(k-1)}\,\omega'_D + \beta'_{kk}\,\omega_D) = l_k\,l'_k\,\beta'_{kk}\,(\omega_D - \varkappa_{(k-1)k}\,\omega'_D)\,, \tag{664}$$

P im Felde l_{k+1}: $\qquad 6\,\delta_{km} = l_{k+1}\,l'_{k+1}\,\omega'_D\,, \qquad 6\,\delta_{(k+1)m} = l_{k+1}\,l'_{k+1}\,\omega_D$

$$X_k = l_{k+1}\,l'_{k+1}\,(\beta'_{kk}\,\omega'_D + \beta'_{k(k+1)}\,\omega_D) = l_{k+1}\,l'_{k+1}\,\beta'_{kk}\,(\omega'_D - \varkappa_{(k+1)k}\,\omega_D)\,. \tag{665}$$

Die Funktionen $(\omega_D - \varkappa_{(k-1)k}\,\omega'_D)$ und $(\omega'_D - \varkappa_{(k+1)k}\,\omega_D)$ sind mit $\varkappa_{(k-1)k}$, $\varkappa_{k(k-1)}$ als Leitwert in Tabelle 34 S. 410 enthalten.

Bei veränderlichem Trägheitsmoment werden die Biegelinien $6\delta_{(k-1)m}$, $6\delta_{km}$ des Trägers l_k nach Abschnitt 20 berechnet, falls sie nicht durch geeignete Approximation von $\zeta_k = J_k/J$ mit den Funktionen $\overline{\omega}_D$, $\overline{\omega}'_D$ der Tabelle 29 S. 394 unmittelbar angeschrieben werden können. Dies genügt in der Regel, so daß

$$6\,\delta_{(k-1)m} = l_k\,l'_k\,\overline{\omega}'_D\,, \qquad 6\,\delta_{km} = l_k\,l'_k\,\overline{\omega}_D \tag{666}$$

ist und in (664) und (665) daher auch ω_D, ω'_D durch $\overline{\omega}_D$, $\overline{\omega}'_D$ ersetzt werden.

b) Die Last $P = 1$ t bewegt sich in einem Felde l_h links vom Querschnitt $k - 1$.

$$X_k = (-1)^{k-h}\,\varkappa_{(h+1)h}\,\ldots\,\varkappa_{k(k-1)}\,X_h\,. \tag{667}$$

Die Ordinaten der Einflußlinie X_k im Felde l_h sind proportional den Ordinaten der Einflußlinie X_h des Feldes l_h.

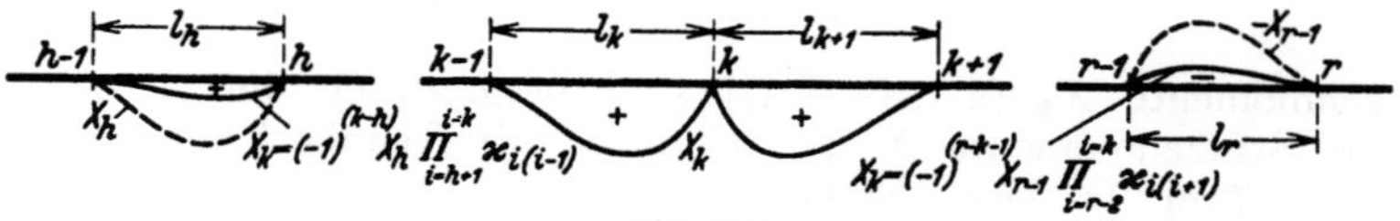

Abb. 379.

c) Die Last $P = 1$ t bewegt sich in einem Felde l_r rechts vom Querschnitt $k + 1$.

$$X_k = (-1)^{r-k-1}\,\varkappa_{(r-2)(r-1)}\,\ldots\,\varkappa_{k(k+1)}\,X_{r-1}\,. \tag{668}$$

Die Ordinaten der Einflußlinie im Felde l_r sind proportional den Ordinaten der Einflußlinie X_{r-1} im Felde l_r. Daher wird jede Einflußlinie X_k in allen Feldern l_h, l_r aus den Einflußlinien der ihnen benachbarten Stützenmomente X_h, X_{r-1} gebildet (Abb. 379).

Zeichnerische Untersuchung. Um das Ergebnis der zeichnerischen Auflösung dreigliedriger Gleichungen nach Abschnitt 32 bei der Untersuchung des durchgehenden Trägers auf starren und frei drehbaren Stützen mit der zeichnerischen Darstellung der Biegungsmomente übersichtlich zu verbinden, werden die Punkte A_k der Achse den Stützenpunkten zugeordnet und daher die Abschnitte $\overline{A_{k-1} A_k} = \Delta_k$ in einem geeigneten Längenmaßstab nach den Feldweiten l_k bemessen. Die zeichnerische Auflösung stützt sich auf die Festpunkte $F_{(k-1)k}, F_{k(k-1)}$ im Felde l_k der Achse, die durch die Abschnitte $a_{(k-1)k}, a_{k(k-1)}$ bestimmt sind, auf die Ordinaten $V_{(k-1)k}, V_{kk}$, die aus den Kreuzlinienabschnitten $R_{(k-1)k}, R_{kk}$ berechnet werden oder auf die Koordinaten e_k, T_k der einem vorgeschriebenen Belastungsfall zugeordneten Punkte E_k'.

Die Nebenglieder δ_{ik} der Matrix des Ansatzes (650) sind positiv, so daß die Festpunkte $F_{(k-1)k}, F_{k(k-1)}$ nach S. 255 innerhalb des zugeordneten Intervalles l_k liegen. Die Abschnitte $a_{(k-1)k}, a_{k(k-1)}$ werden aus den Kennbeziehungen $\varkappa_{(k-1)k}, \varkappa_{k(k-1)}$ berechnet oder nach S. 256 mit Hilfe der Wirkungslinien elastischer Gewichte $\mathfrak{w}_{k,1}'$, $\mathfrak{w}_{k,2}'$, $\mathfrak{w}_k$ zeichnerisch bestimmt. Nach Abschnitt 32 ist

$$a_{(k-1)k} = \frac{\varkappa_{(k-1)k}}{1 + \varkappa_{(k-1)k}}\, l_k, \qquad a_{k(k-1)} = \frac{\varkappa_{k(k-1)}}{1 + \varkappa_{k(k-1)}}\, l_k. \tag{669}$$

Die Kennbeziehungen müssen also bekannt, die Kettenbrüche (394), (404) daher ausgewertet sein, um die Festpunkte einrechnen zu können.

Die Wirkungslinien $\mathfrak{w}_{k,1}'$, $\mathfrak{w}_{k,2}'$, $\mathfrak{w}_k$ sind durch die Strecken $c_{kk}, c_{(k+1)k}$ und e_k bestimmt. Mit

$$\delta_{kk} = l_k' \int_k \xi^2 \frac{J_k}{J}\, d\xi + l_{k+1}' \int_{k+1} \xi'^2 \frac{J_{k+1}}{J}\, d\xi' = \delta_{kk,1} + \delta_{kk,2}$$

ist

$$c_{kk} = \frac{\delta_{k(k-1)}}{\delta_{k(k-1)} + \delta_{kk,1}}\, l_k, \qquad c_{(k+1)k} = \frac{\delta_{k(k+1)}}{\delta_{kk,2} + \delta_{k(k+1)}}\, l_{k+1}, \tag{670}$$

$$e_k = \frac{\delta_{k(k+1)}\, l_{k+1} - \delta_{k(k-1)}\, l_k}{\delta_{k(k-1)} + \delta_{kk} + \delta_{k(k+1)}}.$$

Bei frei drehbarer Auflagerung oder starrer Einspannung der Endstützen ist

$$e_1 = \frac{\delta_{12}}{\delta_{11} + \delta_{12}}\, l_2 = a_{12}, \qquad e_n = -\frac{\delta_{n(n-1)}}{\delta_{nn} + \delta_{n(n-1)}}\, l_n = -a_{n(n-1)}. \tag{671}$$

Bei Belastung eines einzelnen Feldes werden nach S. 258 und Abb. 227 die Ordinaten

$$\left.\begin{aligned} V_{(k-1)k} &= \frac{a_{(k-1)k}}{l_k} R_{(k-1)k} = \frac{a_{(k-1)k}}{l_k} \frac{\delta_{(k-1)\otimes}}{\delta_{k(k-1)}}, \\ V_{kk} &= \frac{a_{k(k-1)}}{l_k} R_{kk} = \frac{a_{k(k-1)}}{l_k} \frac{\delta_{k\otimes}}{\delta_{k(k-1)}} \end{aligned}\right\} \tag{672}$$

verwendet.

Die Ordinaten T_k der Punkte E_k' (Abb. 230) zur Untersuchung eines beliebigen Belastungsfalles sind

$$T_1 = \frac{\delta_{1\otimes}}{\delta_{11} + \delta_{12}}, \qquad T_k = \frac{\delta_{k\otimes}}{\delta_{k(k-1)} + \delta_{kk} + \delta_{k(k+1)}}, \qquad T_n = \frac{\delta_{n\otimes}}{\delta_{n(n-1)} + \delta_{nn}}. \tag{673}$$

Diese nach einem vorgeschriebenen Längen- oder Momentenmaßstab aufzutragenden Strecken sind durch die Vorzahlen des Ansatzes bekannt. Sie lassen sich unmittelbar anschreiben, wenn die Veränderlichkeit des Querschnitts im Bereiche eines jeden Feldes nach Tabelle 29 approximiert oder vernachlässigt, also mit feldweise konstantem Trägheitsmoment J_k gerechnet wird. In diesen Fällen werden nach S. 393 die folgenden Strecken verwendet:

$$\left.\begin{aligned} c_{kk} &= \frac{\lambda_k}{\lambda_k + 2\mu_k}\, l_k, \qquad c_{(k+1)k} = \frac{\lambda_{k+1}}{\lambda_{k+1} + 2\mu_{k+1}}\, l_{k+1}, \\ e_k &= \frac{\lambda_{k+1}\, l_{k+1}\, l'_{k+1} - \lambda_k\, l_k\, l'_k}{(\lambda_k + 2\mu_k)\, l'_k + (\lambda_{k+1} + 2\mu_{k+1})\, l'_{k+1}}. \end{aligned}\right\} \tag{674}$$

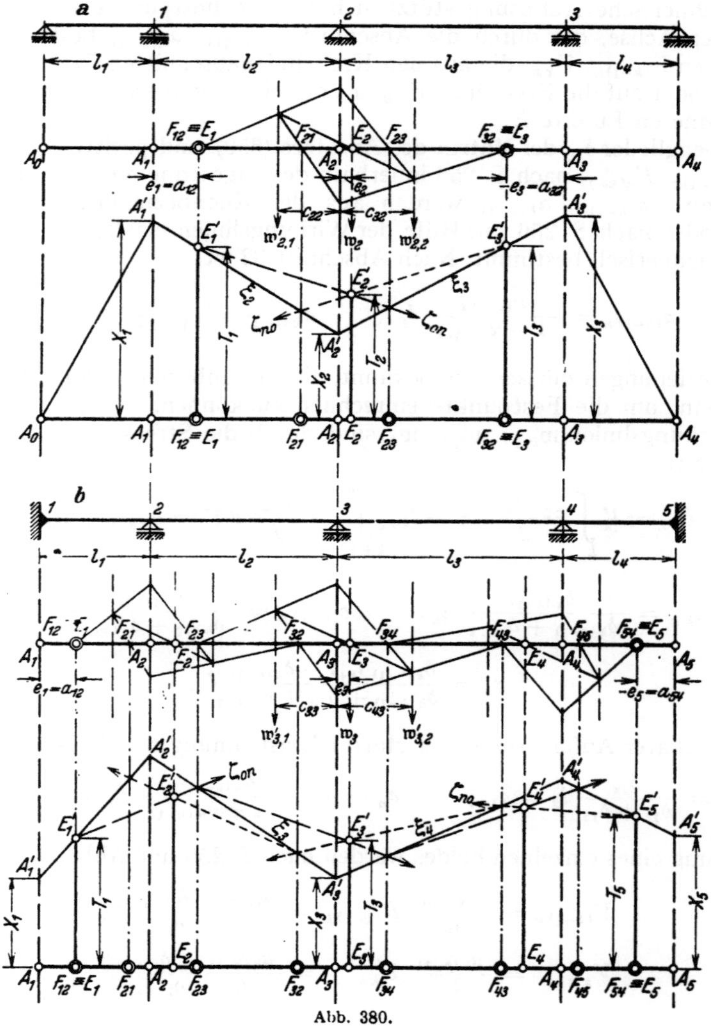

Abb. 380.

1. Einrechnung der Schwerlinien $\mathfrak{w}'_{k,1}$, $\mathfrak{w}'_{k,2}$, $\mathfrak{w}_k$ mit den Abständen c_{kk}, $c_{k(k+1)}$, e_k.

2. Konstruktion der Festpunkte $F_{(k-1)k}$, $F_{k(k-1)}$.

3. Auftragen der Ordinaten $T_k = E_k E'_k$ für jede Gruppe äußerer Ursachen $\mathfrak{P}$, Δt, Δ_k.

4. Linienzüge ζ_{on}, ζ_{no}.

5. Linienzug ξ_k; Kontrolle: Die Geraden ξ_k, ξ_{k+1} schneiden sich auf der Senkrechten durch A_k im Punkte A'_k; $\overline{A_k A'_k} = X_k$

Konstantes Trägheitsmoment im Bereich des Stabes l_k, l_{k+1}: $\lambda = \mu = 1$

$$\left.\begin{aligned} c_{kk} &= \frac{l_k}{3}, \qquad c_{(k+1)k} = \frac{l_{k+1}}{3}, \qquad e_k = \frac{l_{k+1}\, l'_{k+1} - l_k\, l'_k}{3\,(l'_k + l'_{k+1})}, \\ V_{(k-1)k} &= \frac{a_{(k-1)k}}{l_k}\; \frac{6\,\delta_{(k-1)\times}}{l'_k}, \qquad V_{kk} = \frac{a_{k(k-1)}}{l_k}\; \frac{6\,\delta_{k\times}}{l'_k}. \end{aligned}\right\} \tag{675}$$

Die Schwerlinien $\mathfrak{w}'_{k,1}$, $\mathfrak{w}'_{k,2}$ in den Abständen c_{kk}, $c_{(k+1)k}$ sind daher Drittelslinien. Ist das Trägheitsmoment im Bereich des ganzen Trägers konstant, so wird $e_k = (l_{k+1} - l_k)/3$ und daher die Schwerlinie $\mathfrak{w}_k$ im Abstande e_k die verschränkte Drittelslinie.

Allgemeiner Belastungsfall:

$$\left.\begin{aligned} T_k &= \frac{6\,\delta_k \otimes}{(\lambda_k + 2\,\mu_k)\, l'_k + (\lambda_{k+1} + 2\,\mu_{k+1})\, l'_{k+1}}\,, \\ \text{für } \mu = \lambda = 1 \text{ ist} \qquad T_k &= \frac{6\,\delta_k \otimes}{3\,(l'_k + l'_{k+1})}\,. \end{aligned}\right\} \tag{676}$$

Für eine Temperaturänderung Δt des Trägers mit der mittleren Höhe d und für Stützensenkungen Δ_{k-1}, Δ_k, Δ_{k+1} ist

$$T_k = \frac{6\,E J_c \left[\frac{\alpha_t \Delta t}{2d}\,(l_k + l_{k+1}) + \frac{\Delta_{k-1}}{l_k} - \Delta_k\left(\frac{1}{l_k} + \frac{1}{l_{k+1}}\right) + \frac{\Delta_{k+1}}{l_{k+1}}\right]}{(\lambda_k + 2\,\mu_k)\, l'_k + (\lambda_{k+1} + 2\,\mu_{k+1})\, l'_{k+1}}\,. \tag{677}$$

Bei frei drehbaren Endstützen ist

$$\left.\begin{aligned} e_1 &= \frac{\lambda_2 l_2 l'_2}{2\,\bar{\mu}_1 l'_1 + (\lambda_2 + 2\,\mu_2)\, l'_2} = a_{12}\,, & -e_n &= \frac{\lambda_n l_n l'_n}{(\lambda_n + 2\,\mu_n)\, l'_n + 2\,\bar{\mu}_{n+1} l'_{n+1}} = a_{n\,(n-1)}\,, \\ T_1 &= \frac{6\,\delta_1 \otimes}{2\,\bar{\mu}_1 l'_1 + (\lambda_2 + 2\,\mu_2)\, l'_2}\,, & T_n &= \frac{6\,\delta_n \otimes}{(\lambda_n + 2\,\mu_n)\, l'_n + 2\,\bar{\mu}_{n+1} l'_{n+1}}\,, \end{aligned}\right\} \tag{678}$$

bei starrer Einspannung der Endquerschnitte (1) und (n)

$$\left.\begin{aligned} e_1 &= \frac{\lambda_2 l_2 l'_2}{(\lambda_2 + 2\,\mu_2)\, l'_2} = a_{12}\,, & -e_n &= \frac{\lambda_n l_n l'_n}{(\lambda_n + 2\,\mu_n)\, l'_n} = a_{n\,(n-1)}\,, \\ T_1 &= \frac{6\,\delta_1 \otimes}{(\lambda_2 + 2\,\mu_2)\, l'_2}\,, & T_n &= \frac{6\,\delta_n \otimes}{(\lambda_n + 2\,\mu_n)\, l'_n}\,. \end{aligned}\right\} \tag{679}$$

Bei Belastung eines einzelnen Feldes l_k werden die benachbarten Stützenmomente X_{k-1}, X_k nach Abb. 227 mit den den Festpunkten zugeordneten Ordinaten $V_{(k-1)k}$,

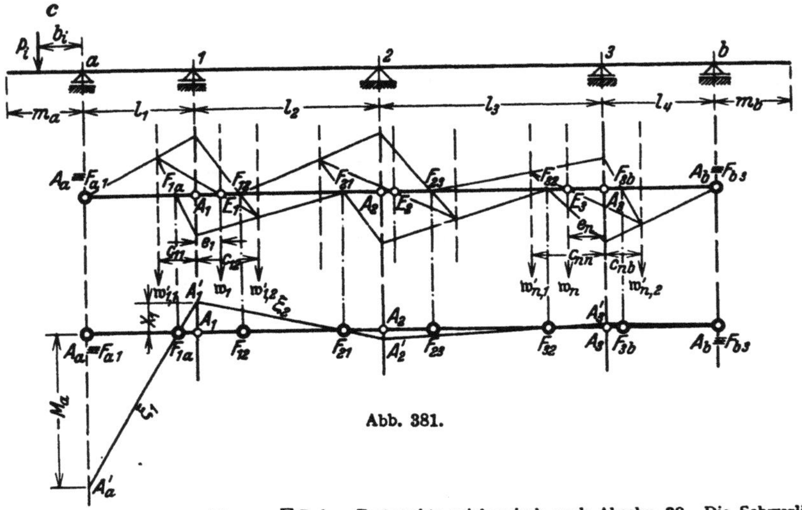

Abb. 381.

Belastung des linken Kragarmes. $M_a = -\sum P_i b_i$. Festpunkte zeichnerisch nach Abschn. 32. Die Schwerlinien in den Randfeldern werden nach (670) mit $(\delta_{k(k-1)})_{k=1} = \delta_{1a} = \frac{\lambda_1 l'_1}{6}$, $(\delta_{k(k+1)})_{k=n} = \delta_{nb} = \frac{\lambda_{n+1} l'_{n+1}}{6}$ eingerechnet.

V_{kk} aufgezeichnet. Die übrigen Stützenmomente sind links vom Stützpunkt $(k-1)$ durch die Festpunkte $F_{(k-1)k}$, rechts vom Stützpunkt k durch die Festpunkte $F_{r(r-1)}$ bestimmt. Um darauf auch die Biegungsmomente im belasteten Felde l_k anzugeben, werden nach dem Ansatz (637) die Biegungsmomente M_0 des einfachen Balkenträgers l_k von $\overline{A'_{k-1}\,A'_k} \equiv \xi_k$ als Bezugsgeraden aus abgetragen.

Die allgemeine zeichnerische Untersuchung einer beliebigen Belastung mit Hilfe der Festpunkte und der Punkte E'_k ist ausführlich auf S. 260 beschrieben, so daß darauf in Verbindung mit den beiden Abb. 380 und 381 verwiesen werden kann.

Die Entwicklung der Einflußlinien der Stützenmomente aus den Festpunkten. Das Stützenmoment X_k ist als überzählige Größe eines $(n-1)$fach statisch unbestimmten Hauptsystems

$$X_k = \delta_{k0}^{(n-1)} / \delta_{kk}^{(n-1)}.$$

Die Einflußlinie wird daher aus der Biegelinie $\delta_{mk}^{(n-1)}$ des Hauptsystems für $-X_k = 1$ abgeleitet und daher aus den Momenten $M_k^{(n-1)}$ berechnet, die für den Lastangriff $-X_k = 1$ mit Hilfe der Festpunkte aufgezeichnet werden (Abb. 378b).

$$\delta_{kk}^{(n-1)} = -\varkappa_{(k-1)k}\,\delta_{k(k-1)} + \delta_{kk} - \varkappa_{(k+1)k}\,\delta_{k(k+1)}$$

$$= \delta_{k(k-1)}\left(\frac{b_{k(k-1)}}{a_{k(k-1)}} - \frac{a_{(k-1)k}}{b_{(k-1)k}}\right) + \delta_{k(k+1)}\left(\frac{b_{k(k+1)}}{a_{k(k+1)}} - \frac{a_{(k+1)k}}{b_{(k+1)k}}\right).$$

Bei Approximation der Querschnittsveränderlichkeit nach Tabelle 29 ist

$$6\,\delta_{kk}^{(n-1)} = l'_k\left(2\mu_k - \lambda_k\frac{a_{(k-1)k}}{b_{(k-1)k}}\right) + l'_{k+1}\left(2\mu_{k+1} - \lambda_{k+1}\frac{a_{(k+1)k}}{b_{(k+1)k}}\right). \tag{680}$$

Gleichung der Biegelinie $6\,\delta_{mk}^{(n-1)}$ für $J_k/J = \text{const}$.

$$\left.\begin{aligned}
&\text{Feld } l_k: && 6\,\delta_{mk}^{(n-1)} = l_k l'_k\,(\omega_D - \varkappa_{(k-1)k}\,\omega'_D),\\
&\text{,, } l_{k+1}: && 6\,\delta_{mk}^{(n-1)} = l_{k+1} l'_{k+1}\,(\omega'_D - \varkappa_{(k+1)k}\,\omega_D),\\
&\text{,, } \underset{\text{links von } k}{l_h}: && 6\,\delta_{mk}^{(n-1)} = (-1)^{(k-h)}\,\varkappa_{(k-1)k}\cdots\varkappa_{h(h+1)}\,l_h l'_h\,(\omega_D - \varkappa_{(h-1)h}\,\omega'_D),\\
&\text{,, } \underset{\text{rechts von } k}{l_r}: && 6\,\delta_{mk}^{(n-1)} = (-1)^{(r-1-k)}\,\varkappa_{(k+1)k}\cdots\varkappa_{(r-1)(r-2)}\,l_r l'_r\,(\omega'_D - \varkappa_{r(r-1)}\,\omega_D).
\end{aligned}\right\} \tag{681}$$

Für $\zeta_k = J_k/J$ nach S. 394 treten an die Stelle von ω_D, ω'_D die Werte $\overline{\omega}_D$, $\overline{\omega}'_D$ nach Tabelle 29.

Einflußlinien der Schnitt- und Stützkräfte. Die Einflußlinien der Schnittkräfte werden in der Regel auf eine Gruppe von Querschnitten m bezogen, welche das Feld l_k in eine Anzahl (ϱ_k) gleichgroßer Abschnitte c zerlegen $(l_k = \varrho_k c)$. Die Abszissen x_m, x'_m eines Querschnitts m sind daher ebenfalls ein Vielfaches der Strecken c $(x_m = \varrho'_k c,\ x'_m = \varrho''_k c,\ x_m + x'_m = l_k,\ \varrho'_k + \varrho''_k = \varrho_k)$. Solange sich die Last P im Felde l_k des Trägers bewegt, dem der Querschnitt m angehört, ist das Biegungsmoment

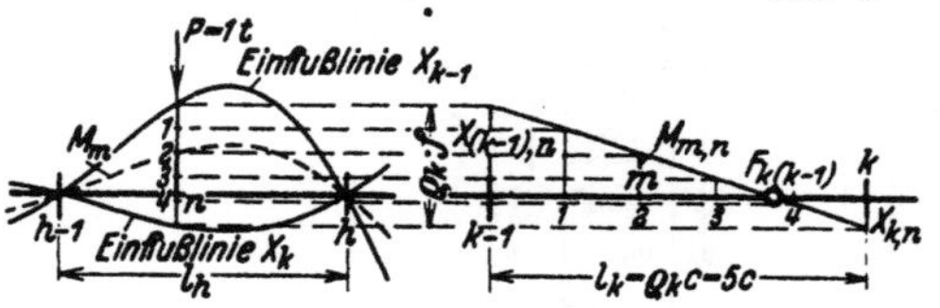

Abb. 382.

$$M_m = M_{m0} - X_{k-1}\,\xi'_m - X_k\,\xi_m = M_{m0} - X_{k-1} - (X_k - X_{k-1})\,\xi_m. \tag{682}$$

Greift P außerhalb von l_k an, so ist $M_{m0} = 0$ und

$$M_m = -X_{k-1}\,\xi'_m - X_k\,\xi_m = -X_{k-1} - (X_k - X_{k-1})\,\xi_m = -X_k - (X_{k-1} - X_k)\,\xi'_m. \tag{683}$$

Die Ordinaten der Einflußlinien von X_{k-1} und X_k besitzen hier stets entgegengesetztes Vorzeichen, so daß nach (683) die Einflußlinien der Feldmomente M_m die Summe der einem jeden Lastpunkt zugeordneten Ordinaten $|X_{k-1}| + |X_k|$ ebenfalls in ϱ_k gleichgroße Abschnitte f teilen (Abb. 382).

Die Einflußlinien M_m werden innerhalb des Feldes l_k am einfachsten aus den Zustandslinien gefunden, die für die Stellung der Last P in jedem Teilpunkt m der Strecke l_k mit Hilfe der vorhandenen Einflußlinien X_{k-1} und X_k aufgezeichnet werden. Sie bestehen in jedem Falle aus zwei geraden Linien (I, II), so daß die Feldmomente der Querschnitte m' im Bereich von x_m links vom Lastpunkt m durch Unterteilung der Strecke Z_m in ϱ'_k gleichgroße Abschnitte f' erhalten werden. Die Intervallgrenzen sind Punkte der Einflußlinien für die Feldmomente in den Querschnitten m' bei Stellung der Last im Punkte m. Dasselbe gilt von den Feldmomenten der Querschnitte m'' im Bereiche x'_m rechts vom Lastpunkt m. Sie werden durch die Aufteilung der Ordinate Z'_m in ϱ''_k gleichgroße Strecken f'' gefunden. Die Intervallgrenzen sind Punkte der Einflußlinien für die Feldmomente in den Querschnitten m'' rechts von m bei Stellung der Last P über m (Abb. 383).

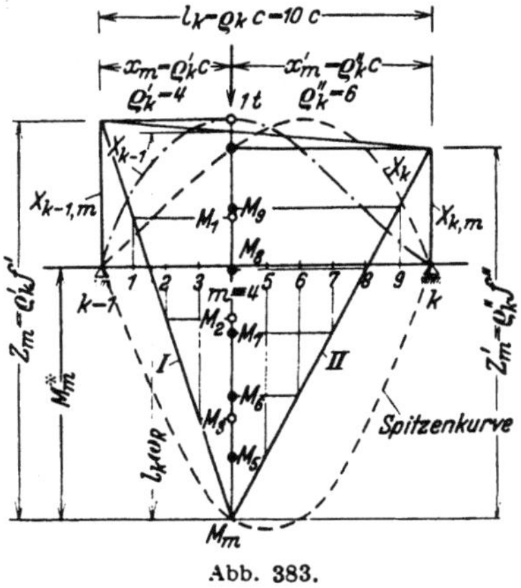

Abb. 383.

Die Feldmomente M^*_m bei Stellung der Last über dem Querschnitt m bilden die Spitzenkurve des Feldes l_k. Ihre Ordinaten werden nach Abb. 383 aufgetragen oder nach (657) u. (682) aus

$$M^*_m = l_k\,\xi_m\,\xi'_m\Big[1 - \xi'_m\,\frac{(1+\xi'_m)\,\varkappa_{(k-1)k} - (1+\xi_m)\,\varkappa_{(k-1)k}\,\varkappa_{k(k-1)}}{1-\varkappa_{(k-1)k}\,\varkappa_{k(k-1)}} - \xi_m\,\frac{(1+\xi_m)\,\varkappa_{(k-1)k} - (1+\xi'_m)\,\varkappa_{(k-1)k}\,\varkappa_{k(k-1)}}{1-\varkappa_{(k-1)k}\,\varkappa_{k(k-1)}}\Big] \tag{684}$$

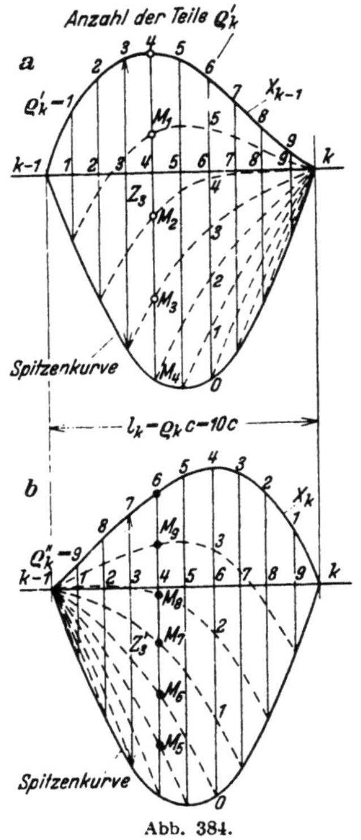

Abb. 384.

berechnet, so daß die Ordinaten $Z_m = M^*_m + X_{(k-1)m}$ und $Z'_m = M^*_m + X_{km}$ für jede Stellung der Einzellast P bekannt sind und nach Vorschrift in ϱ'_k oder ϱ''_k Strecken aufgeteilt werden können. Auf diese Weise entstehen nach Abb. 384a die rechten, nach Abb. 384b die linken Zweige der Einflußlinien der Feldmomente, die sich in einem Punkte der Spitzenkurve schneiden.

Die Ordinaten der Einflußlinie des Feldmomentes für den Querschnitt im linken Festpunkt $F_{(k-1)k}$ sind rechts vom Abschnitt l_k Null, denn

$$M_m = -X_{k-1}\frac{b_{(k-1)k}}{l_k} - X_k\frac{a_{(k-1)k}}{l_k}$$

$$= -\left(\frac{X_{k-1}}{X_k} + \frac{a_{(k-1)k}}{b_{(k-1)k}}\right)\frac{X_k\,b_{(k-1)k}}{l_k} = 0\,. \tag{685}$$

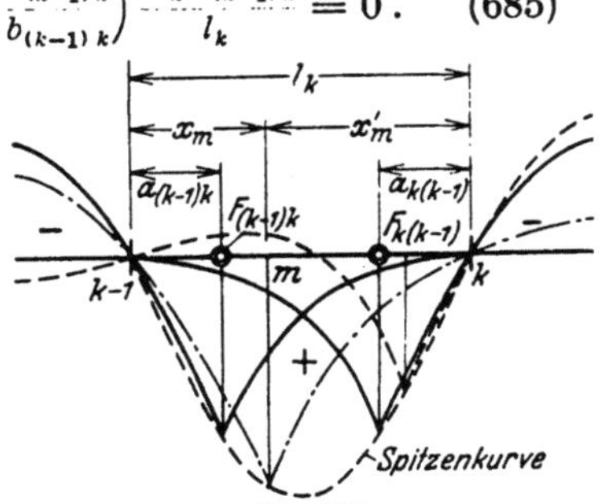

Abb. 385.

Die Einflußlinie berührt die Achse im Punkte k. Aus dem gleichen Grunde sind auch die Ordinaten der Einflußlinie des Feldmomentes im Querschnitt des rechten Festpunktes $F_{k(k-1)}$ links vom Abschnitt l_k Null. Die Einflußlinien der Biegungsmomente für Querschnitte zwischen den Festpunkten ($x_m > a_{(k-1)k}$, $x'_m > a_{k(k-1)}$) sind daher nach (685) in den benachbarten Abschnitten l_{k-1}, l_{k+1} negativ, im Abschnitt l_k also durch die in k oder $(k-1)$ vorgeschriebene Stetigkeit der Linie positiv. Dagegen wechseln die Einflußlinien der Biegungsmomente das Vorzeichen im Felde l_k für Querschnitte im Bereiche von $a_{(k-1)k}$ oder $a_{k(k-1)}$ (Abb. 385).

Die größten positiven und negativen Feldmomente entstehen daher bei gleichförmiger Nutzlast p für alle Querschnitte m zwischen den Festpunkten durch feldweise Belastung. Dasselbe gilt für die Stützenmomente. Die Grenzwerte der Biegungsmomente für Querschnitte im Bereiche von $a_{k(k-1)}$ oder $a_{(k-1)k}$ werden zur Vereinfachung der Rechnung in der Regel zwischen den Grenzwerten des Stützen- und Festpunktmomentes linear interpoliert (Abb. **374**i). Dabei werden die Festpunkte in den Randfeldern nach S. **396** eingerechnet. Das Ergebnis ist im Vergleich zu den wirklichen Grenzwerten etwas zu ungünstig, also zur Beurteilung der Sicherheit des Trägers zulässig. Auf diese Weise erübrigt sich die Darstellung von Einflußlinien für alle Tragwerke, die nur gleichförmig verteilte Nutzlasten aufzunehmen haben.

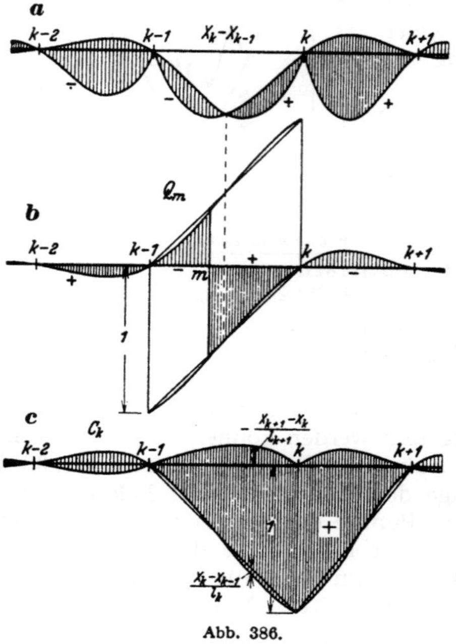

Abb. 386.

Die Einflußlinie der Querkraft Q_m im Querschnitt m des Feldes l_k wird aus

$$\left.\begin{aligned} Q_m &= Q_{m0} - \frac{X_k - X_{k-1}}{l_k}, \\ Q_m &= -\frac{X_k - X_{k-1}}{l_k} \end{aligned}\right\} \tag{686}$$

abgeleitet, je nachdem die Last P innerhalb oder außerhalb des Feldes l_k steht. Der Ausdruck $(X_k - X_{k-1})$ wird nach Abb. **386** im Bereiche von l_k als Differenz, außerhalb von l_k als Summe zweier Ordinaten gebildet. Er ist von der Lage des Querschnitts m im Felde l_k unabhängig (Abb. **386**a, **386**b).

Die Grenzwerte $\max Q_m$ und $\min Q_m$ der Querkraft werden bei Teilbelastung des Feldes l_k und abwechselnder Belastung der anschließenden Felder erhalten. Sie unterscheiden sich, abgesehen von den Grenzwerten im ersten und letzten Felde, nur unwesentlich von denjenigen des einfachen Balkenträgers (Abb. **386**b).

Für die Querschnitte m des ersten und letzten Feldes (l_1 und l_n) eines durchlaufenden Trägers mit frei drehbaren Enden ist

$$\text{für } l_1: \quad Q_m = Q_{m0} - \frac{X_1}{l_1}; \qquad \text{für } l_{n+1}: \quad Q_m = Q_{m0} + \frac{X_n}{l_{n+1}}. \tag{687}$$

Die Einflußlinie einer Stützkraft C_k kann durch Superposition der Ordinaten der Einflußlinien der Querkräfte Q'_k, Q''_k in dem Querschnitt k', k'' links und rechts vom Stützpunkt k nach $C_k = -Q'_k + Q''_k$ aufgezeichnet oder unmittelbar nach

$$C_k = C_{k0} + \frac{X_k - X_{k-1}}{l_k} - \frac{X_{k+1} - X_k}{l_{k+1}} \tag{688}$$

entwickelt werden (Abb. **386**c). Bei frei drehbaren Endstützen ist

$$A = A_0 - X_1/l_1; \qquad B = B_0 - X_n/l_{n+1}. \tag{689}$$

Vereinfachung der Annahmen über die elastischen Eigenschaften. Während bisher mit der Möglichkeit eines Wechsels der für die elastischen Eigenschaften des Trägers charakteristischen Längen gerechnet wurde, entstehen für den Fall, daß

$$\lambda_k l'_k = \lambda l', \qquad \mu_k l'_k = \mu l', \qquad \mu/\lambda = \chi, \qquad l_k \neq l_{k+1},$$

Bedingungsgleichungen mit konstanten Vorzahlen

$$\lambda X_{k-1} + 4\mu X_k + \lambda X_{k+1} = 6\,\delta_{k0}/l', \tag{690}$$

bei feldweiser Belastung ist

$$\frac{6\,\delta_{k0}}{l'} = \frac{p_k l_k^2}{4} + \frac{p_{k+1} l_{k+1}^2}{4}. \tag{691}$$

Einzellasten:

$$\frac{6\,\delta_{k0}}{l'} = l_k \sum_k P\,\omega_D + l_{k+1} \sum_{k+1} P\,\omega'_D.$$

Kennbeziehungen (392):

$$\varkappa_{(k-1)k} = \frac{1}{4\chi - \varkappa_{(k-2)(k-1)}}, \tag{692}$$

$$\varkappa_{k(k-1)} = \frac{1}{4\chi - \varkappa_{(k+1)k}}. \tag{693}$$

Durchlaufender Träger mit unendlich vielen Feldern.

$$l'_k = l', \qquad \varkappa_{(k-1)k} = \varkappa_{k(k-1)} = \varkappa = 2\chi - \sqrt{4\chi^2 - 1}.$$

Sind die Stützweiten außerdem gleichgroß ($l_k = l$) und daher das Trägheitsmoment des Trägers konstant ($J_k = J$), so ist für $\chi = 1$

$$a_{(k-1)k} = a_{k(k-1)} = 0{,}211\,l. \tag{694}$$

Durchlaufender Träger mit einer begrenzten Anzahl von Feldern. Sind die Träger aller Zwischenöffnungen durch $l'_k = l'$ ausgezeichnet, dagegen die elastischen Eigenschaften der Träger über den Endfeldern bei freidrehbarer Auflagerung der Enden derart bestimmt, daß

$$\varkappa_{12} = \varkappa_{n(n-1)} = \varkappa_{(k-1)k} = \varkappa_{k(k-1)} = \varkappa = 2\chi - \sqrt{4\chi^2 - 1},$$

so ist $\quad \delta_{12}/\delta_{11} = \varkappa = \dfrac{\lambda\,l'}{2(\bar\mu\,l'_1 + \mu\,l')}\quad$ und daher $\quad l'_1 = \dfrac{1}{\bar\mu_1}\left(\dfrac{\lambda}{2\varkappa} - \mu\right) l'.$ (695)

Die Bedingung kann entweder durch geeignete Ablängung der Träger oder durch die Wahl der Querschnitte erfüllt werden. Sie gilt ebenso für $\delta_{n(n-1)}/\delta_{nn} = \varkappa$ und liefert

$$l'_n = \frac{1}{\bar\mu_n}\left(\frac{\lambda}{2\varkappa} - \mu\right) l'. \tag{696}$$

Bedingungsgleichungen 1 und n nach (634) u. (690)

$$\frac{\lambda}{\varkappa} X_1 + \lambda X_2 = \frac{6\,\delta_{10}}{l'}, \qquad \lambda X_{n-1} + \frac{\lambda}{\varkappa} X_n = \frac{6\,\delta_{n0}}{l'}.$$

Sonderfall $\quad \lambda = \mu = \bar\mu = 1: \quad \varkappa = 0{,}268, \quad l'_1 = 0{,}866\,l'.$

Belastung eines einzelnen Feldes l_k

a) symmetrisch

$$X_{k-1} = 6\,\frac{\overset{(1)}{\delta}_{k0}}{l'}\,\frac{\varkappa}{\lambda(1+\varkappa)} = X_k, \tag{697a}$$

b) antimetrisch

$$X_{k-1} = 6\,\frac{\overset{(2)}{\delta}_{k0}}{l'}\,\frac{\varkappa}{\lambda(1-\varkappa)} = -X_k. \tag{697b}$$

Belastung eines Endfeldes:

$$X_1 = \frac{6\,\delta_{10}}{l'}\,\frac{\varkappa}{\lambda(1-\varkappa^2)}, \qquad X_n = \frac{6\,\delta_{n0}}{l'}\,\frac{\varkappa}{\lambda(1-\varkappa^2)}. \tag{698}$$

Einflußlinie des Stützenmomentes

$$\text{Feld } l_k\ :\quad X_k = l_k \frac{\varkappa}{\lambda(1-\varkappa^2)} (\bar\omega_D - \varkappa\,\bar\omega'_D), \tag{699}$$

$$\text{Feld } l_{k+1}:\quad X_k = l_{k+1} \frac{\varkappa}{\lambda(1-\varkappa^2)} (\omega'_D - \varkappa\,\bar\omega_D);$$

mit $\bar\omega_D$, $\bar\omega'_D$ nach Tabelle 29.

Bei gleichen Feldweiten, gleicher Belastung und gleicher Approximation von $\zeta_k = J_k/J$ in allen Feldern entsteht nach (690) eine Differenzengleichung zweiter Ordnung mit konstanten Belastungszahlen. Für gleichmäßig verteilte Belastung ist

$$\lambda X_{k-1} + 4\mu X_k + \lambda X_{k+1} = \frac{p l^2}{2}.$$

Lösung der homogenen Gleichung (vgl. Abschn. 33) $X_k = \varrho^k$; charakteristische Gleichung

$$\left.\begin{aligned} &\lambda + 4\mu\varrho + \lambda\varrho^2 = 0, \qquad \varrho_{1,2} = -2\chi \pm \sqrt{4\chi^2 - 1}, \qquad \varrho = \varrho_1, \\ &X_k = \frac{p l^2}{4\lambda(1+2\chi)}\left(1 - \frac{\varrho^{n-k} + \varrho^k}{1+\varrho^n}\right). \end{aligned}\right\} \quad (700)$$

Lösung für hydraulische Belastung vgl. S. 269.

Durchlaufender Träger mit gleichen elastischen Eigenschaften in allen Feldern.

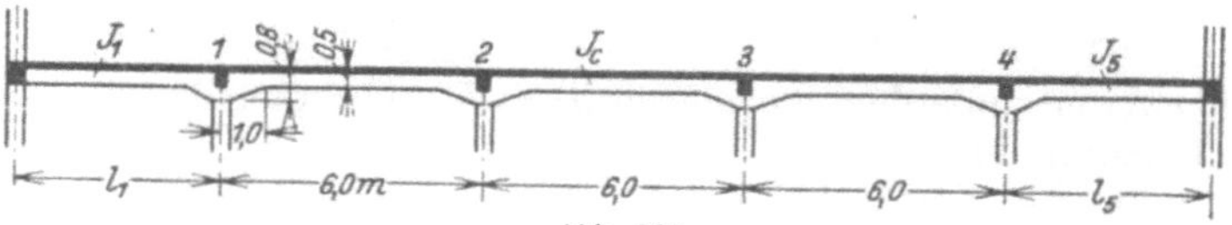

Abb. 387.

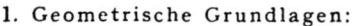

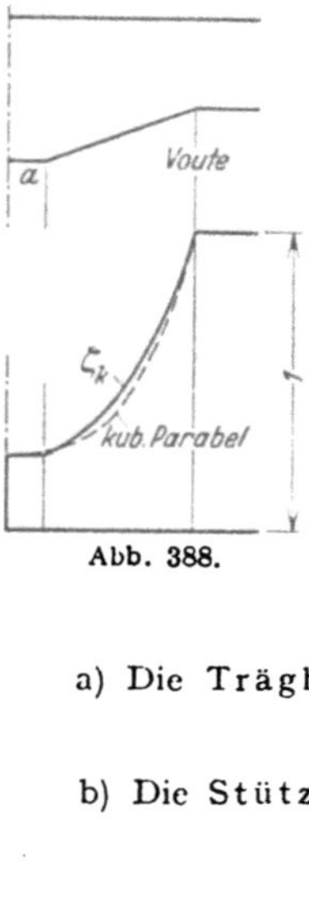

Abb. 388.

1. Geometrische Grundlagen:

$$l = 6{,}0\ \text{m}, \quad v = 1{,}0\ \text{m}, \quad \nu = 1/6, \quad l' = 6{,}0\ \text{m}.$$

2. Approximation des Trägheitsmomentes (Abb. 388):

$$n = \frac{J_k}{J_a} = \frac{J_c}{J_a} = \frac{0{,}5^3}{0{,}8^3} = 0{,}244; \qquad \text{Tabelle 29 Fall 2:}$$

$$\mu_k = \mu = \bar{\mu} = 1 - (1 - 0{,}244)\left[2\,\frac{1}{6}\cdot\frac{5}{6} + \frac{1}{3\cdot 6}\right] = 0{,}75:$$

$$\lambda_k = \lambda = 1 - 3\,(1 - 0{,}244)\,\frac{1}{6^2} = 0{,}94.$$

3. Bemessung der Endfelder nach (695):

$$\chi = \frac{0{,}75}{0{,}94} \approx 0{,}8; \qquad \varkappa = 2\cdot 0{,}8 - \sqrt{4\cdot 0{,}8^2 - 1} = 0{,}35,$$

$$l_1' = l_5' = \frac{1}{0{,}75}\left(\frac{0{,}94}{2\cdot 0{,}35} - 0{,}75\right) l' = 0{,}785\, l'.$$

a) Die Trägheitsmomente der Rand- und Zwischenträger sind gleich, $J_1 = J_5 = J_c$:

$$l_1 = l_5 = 0{,}785\, l = 4{,}7\ \text{m}.$$

b) Die Stützweiten der Rand- und Zwischenfelder sind gleich, $l_1 = l_5 = l$:

$$J_1 = J_5 = \frac{J_c}{0{,}785} = 1{,}275\, J_c.$$

4. Belastung $p = 1$ t/m in Feld l_1: $\quad \dfrac{6\,\delta_{10}}{l'} = \dfrac{l_1^2}{4}\cdot 0{,}785 = 0{,}196\, l_1^2,$

daher nach (698) $\quad X_1 = 0{,}196\, l_1^2\,\dfrac{0{,}35}{0{,}94\,(1 - 0{,}35^2)} = 0{,}083\, l_1^2;$

Anordnung a) $X_1 = 1{,}85$ mt, Anordnung b) $X_1 = 3{,}0$ mt.

Berechnung eines durchlaufenden Brückenträgers.

1. Geometrische Grundlagen.

$$l_1 = l_4 = 22{,}0, \quad l_2 = l_3 = 28{,}0\ \text{m}. \quad J_a = \tfrac{2}{3} J_c.$$
$$l_1' = l_4' = 33{,}0, \quad l_2' = l_3' = 28{,}0\ \text{m}.$$

2. Approximation des Trägheitsmomentes (Abb. 389c). Parabel mit $n = 0$. Tab. 29. Fall 4 u. 9.

$$\bar{\mu}_1 = \bar{\mu}_4 = 0{,}4\,, \qquad \mu_2 = \mu_3 = 0{,}6\,, \qquad \lambda_2 = \lambda_3 = 0{,}8\,.$$

3. Vorzahlen nach (651):

$$6\,\delta_{11} = 6\,\delta_{33} = 2\,(0{,}4 \cdot 33{,}0 + 0{,}6 \cdot 28) = 60{,}0\,,$$
$$6\,\delta_{22} = 2\,(0{,}6 \cdot 28 + 0{,}6 \cdot 28) = 67{,}2\,.$$
$$6\,\delta_{12} = 6\,\delta_{23} = 0{,}8 \cdot 28 = 22{,}4\,.$$

δ Matrix

X_1	X_2	X_3
60,0	22,4	
22,4	67,2	22,4
	22,4	60,0

konjugierte Matrix $10^3\,\beta'_{ik}$

← $-0{,}380711$ $-0{,}373333$ →

	$6\,\delta_{10}$	$6\,\delta_{20}$	$6\,\delta_{30}$
$10^3\,X_1$	19,4280	−7,3964	2,7613
$10^3\,X_2$	−7,3964	19,8119	−7,3964
$10^3\,X_3$	2,7613	−7,3964	19,4280

↑ $-0{,}373333$ $-0{,}380711$ ↓

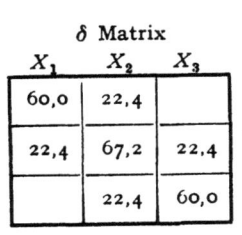

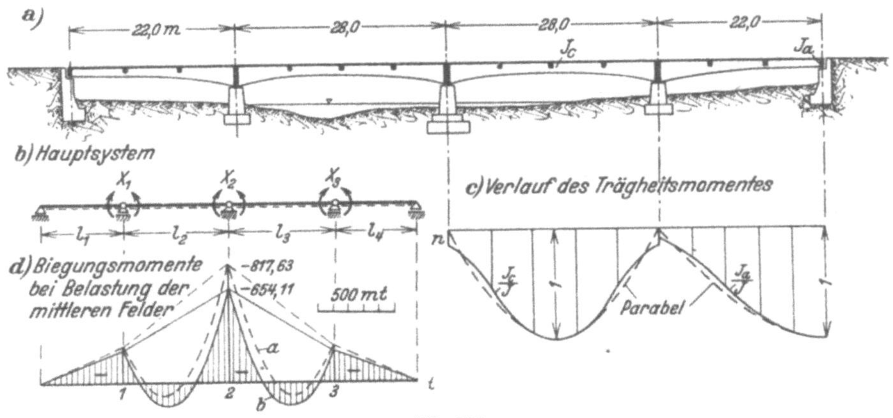

Abb. 389.

4. Belastung: $p = 6$ t/m auf l_2 und l_3.

a) Belastungszahlen für konst. Trägheitsmoment. Tab. 35

$$6\,\delta_{10} = 6\,\delta_{30} = \tfrac{1}{4} \cdot 6 \cdot 28^3 = 32928\,, \qquad 6\,\delta_{20} = \tfrac{1}{4} \cdot 6 \cdot (28^3 + 28^3) = 65856\,.$$

X_1	X_2	X_3
243,55 mt	817,63 mt	243,55 mt

Abb. 389d, Lösung a.

b) Belastungszahlen für die Approximation unter 2. nach Tab. 13a.

$$6\,\delta_{10} = 6\,\delta_{30} = 6\,\frac{1}{15} \cdot 1 \cdot \frac{6 \cdot 28^2}{8} \cdot 4 \cdot 28 = 26342{,}4\,, \qquad 6\,\delta_{20} = 52684{,}8;$$

X_1	X_2	X_3
194,84 mt	654,11 mt	194,84 mt

Abb. 389d, Lösung b.

5. Einflußlinien X_1, X_2.

Biegelinien $\bar{\omega}_D = 6\,\delta_{mk}/l_k\,l'_k$ n. Tab. 29, Fall 4 und 9.

Feld 1: $\bar{\omega}_D = \omega_D - \frac{3}{10}\,(\xi - \xi^5)\,,$ Feld 2: $\bar{\omega}_D = \omega_D - \frac{1}{5}\,\{\omega_D - 2\,\omega_R\,\xi^2\,(3\,\xi' - 1)\}\,.$

ξ	Feld 1 $\overline{\omega}_D$	Feld 4 $\overline{\omega}'_D$	Feld 2 u. 3 $\overline{\omega}_D$	Feld 2 u. 3 $\overline{\omega}'_D$
0,2	0,1321	0,1463	0,1572	0,2140
0,4	0,2191	0,2273	0,2811	0,3141
0,6	0,2273	0,2191	0,3141	0,2811
0,8	0,1463	0,1321	0,2140	0,1572

Feld 1: $X_1 = 22{,}0 \cdot 33{,}0 \cdot 0{,}019428\,\overline{\omega}_D$
$= 14{,}104728\,\overline{\omega}_D$ (Gl. 664),

Feld 2: $X_1 = 15{,}232336\,(\overline{\omega}'_D - 0{,}380711\,\overline{\omega}_D)$,

Feld 2: $X_2 = 15{,}532530\,(\overline{\omega}_D - 0{,}373333\,\overline{\omega}'_D)$,

Feld 3: X_2 Spiegelbild zu Feld 2.

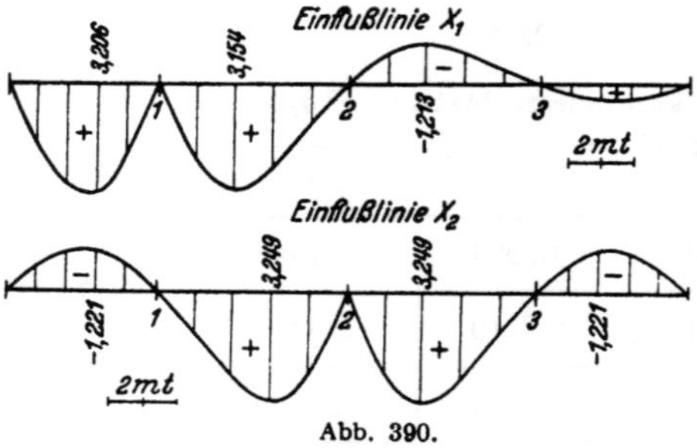

Abb. 390.

Einflußlinie X_3: Spiegelbild zu X_1.
In den übrigen Feldern wird nach (667) u. (668)

Feld 3: $X_1 = (-1)^1 \cdot 0{,}373333\,X_2$,
Feld 4: $X_1 = (-1)^2 \cdot 0{,}380711 \cdot 0{,}373333\,X_3$,
Feld 1: $X_2 = (-1)^1 \cdot 0{,}380711 \cdot X_1$,
Feld 2: X_2 Spiegelbild zu Feld 1.

6. Einflußlinien der Feldmomente im Feld 2. Konstruktion n. S. 423 $\varrho_k = 10$, $c = 2{,}8$ m. Die Ordinaten $X_2 - X_1$ werden nach Abb. 391 in 10 gleiche Teile geteilt. Die Spitzenkurve wird nach Abb. 383 aufgetragen.

m	1	2	3	4	5	6	7	8	9
$l\,\omega_R$	2,52	4,48	5,88	6,72	7,0	6,72	5,88	4,48	2,52 mt

Die Ordinaten zwischen der Spitzenkurve und den Einflußlinien von X_2 und X_1 werden mit dem Rechenschieber in 9, 8, 7 . . . gleiche Abschnitte geteilt. Dies ist in Abb. 391 nur für die Einflußlinie M_4 angegeben worden. Einflußlinien für Zwischenpunkte eines Abschnitts c entstehen durch Unterteilung der zugeordneten Ordinatenabschnitte f', f''.

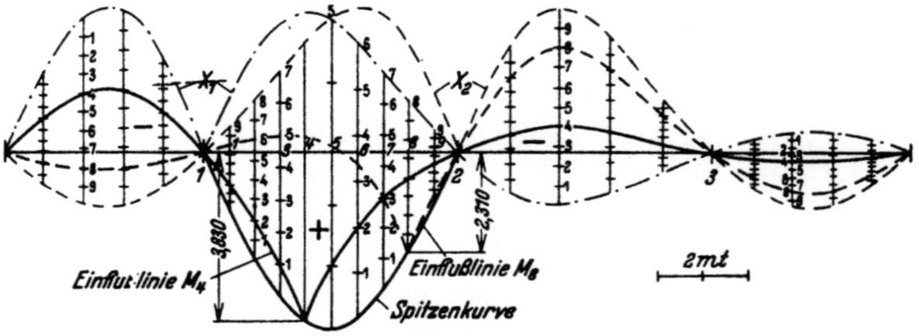

Abb. 391.

7. Einflußlinien der Querkräfte in Feld 2. Die Ordinaten $(X_2 - X_1)/l_2$ werden mit dem Rechenschieber gebildet und von der Stabachse, im Feld 2 von der Geraden Q_{m0} aus abgetragen (Abb. 392).

8. Einflußlinie der Stützkraft C_1. Die Ordinaten X_1/l_1 der Querkraftlinie im Feld 1 und die Querkraftlinie Abb. 392 werden superponiert. $C_1 = Q_{m2} - Q_{m1}$ (Abb. 393).

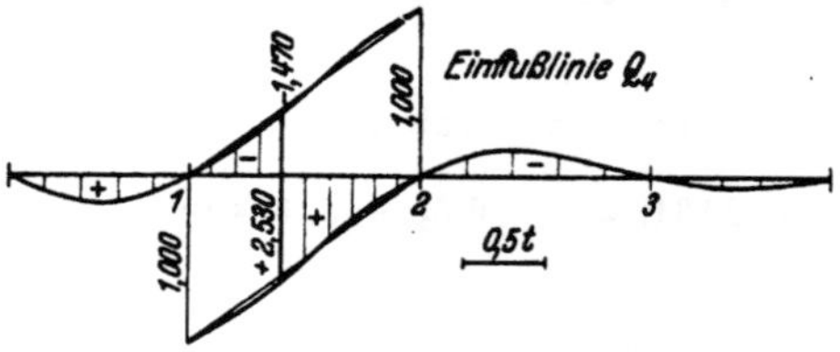

Abb. 392.

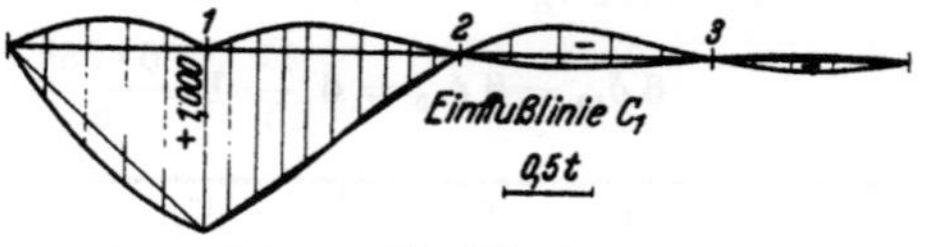

Abb. 393.

Zeichnerische Untersuchung eines Deckenunterzugs.

1. Geometrische Grundlagen:

$l_1 = 4{,}0$, $\quad l_2 = l_3 = 10{,}0$, $\quad l_4 = 4{,}0$, $\quad l_5 = l_6 = 8{,}0$ m,
$l'_1 = 12{,}0$, $\quad l'_2 = l'_3 = 10{,}0$, $\quad l'_4 = 4{,}0$, $\quad l'_5 = l'_6 = 16{,}0$ m.

2. Approximation des Trägheitsmomentes für gerade Vouten, Tab. 29 Fall 2 u. 7.

Feld l_2, l_3

$n = 0{,}4$, $\quad \nu = 0{,}16$,

$$\mu = 1 - 0{,}6 \times \left(2 \cdot 0{,}16 \cdot 0{,}84 + \frac{0{,}16}{3}\right)$$

$\mu = 0{,}81$, $\quad \lambda \approx 1$

Feld l_4

$n = 0{,}4$, $\quad \nu = 0{,}25$,

$$\mu = 1 - 0{,}6 \times \left(2 \cdot 0{,}25 \cdot 0{,}75 + \frac{0{,}25}{3}\right)$$

$\mu = 0{,}73$,

$\lambda = 1 - 3 \cdot 0{,}6 \cdot 0{,}25^2 = 0{,}89$

Feld l_5, l_6

$n = 0{,}22$, $\quad \nu = 0{,}188$,

$$\mu = 1 - 0{,}78 \times \left(2 \cdot 0{,}188 \cdot 0{,}812 + \frac{0{,}188}{3}\right)$$

$\mu = 0{,}71$, $\quad \lambda \approx 1$

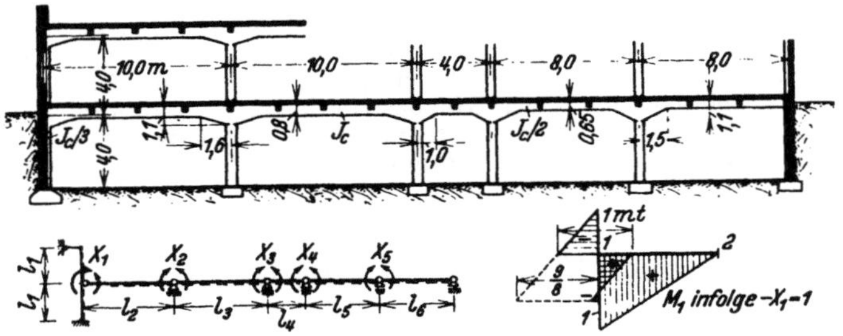

Abb. 394.

3. Wirkungslinien $\mathfrak{w}'_{k1}$, $\mathfrak{w}'_{k2}$, $\mathfrak{w}_k$ nach (674) $c_k = Z_k/N_k$.

k	$\lambda_k l_k$	$\lambda_k + 2\mu_k$	c_{kk}	$c_{(k+1)k}$	$\lambda_k l_k l'_k$	Z_k	$(\lambda_k + 2\mu_k) l'_k$	N_k	e_k [m]
2	10,0	2,62	3,81	3,81	100	0	26,2	52,4	0
3	10,0	2,62	3,81	1,52	100	− 85,76	26,2	35,6	− 2,41
4	3,56	2,35	1,52	3,31	14,24	113,76	9,4	48,12	2,36
5	8,0	2,42	3,31	—	128	− 128	38,72	61,44	− 2,085
6	(0)	(1,42)	—	—	(0) Gl. (670)		22,72	—	—

M_1 für $-X_1 = 1$ (Abb. 394) nach Tab. 30. $\quad 6\,\delta_{11} = 6 \cdot 12 \cdot \frac{1}{2}\left(\frac{7}{16} - \frac{2}{16}\right) + 2 \cdot 0{,}81 \cdot 10 = 21{,}82$.

$$6\,\delta_{11} + 6\,\delta_{12} = 21{,}82 + 10 = 31{,}82, \quad \text{Gl. (670)}: \quad e_1 = a_{12} = \frac{1 \cdot 10 \cdot 10}{31{,}82} = 3{,}14 \text{ m}.$$

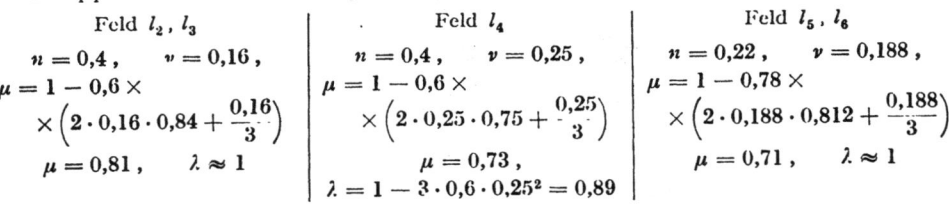

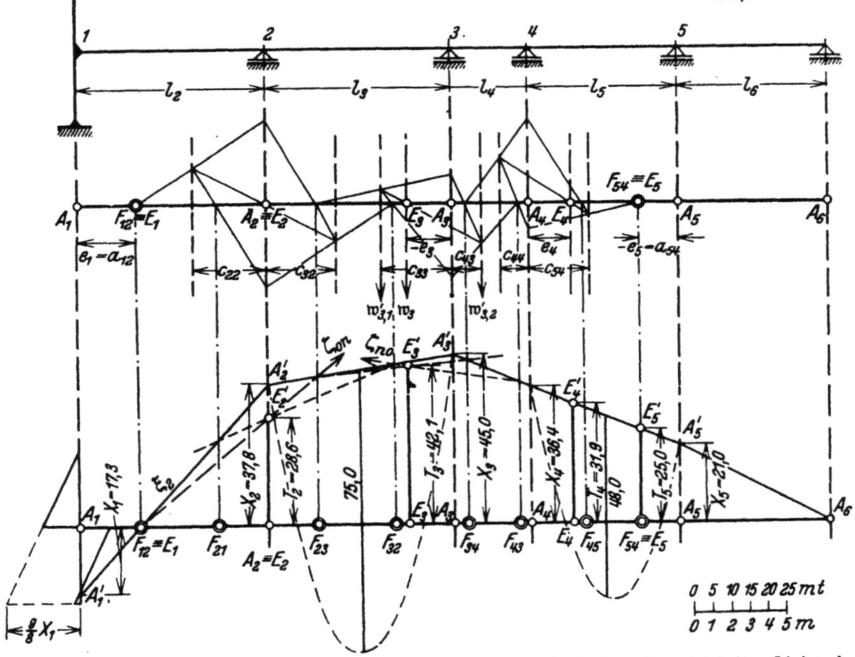

Abb. 395. Der Verlauf der Biegungsmomente in den belasteten Feldern l_3, l_5 ist mit gestrichelten Linien dargestellt.

4. Festpunkte. Zeichnerisch nach Abb. 395.
5. Belastung. $p = 6$ t/m auf Feld l_3 u. l_5.
Belastungszahlen für $J =$ const. Tab. 35.

$$6\delta_{10} = 0\,, \qquad 6\delta_{20} = \tfrac{1}{4}\cdot 6\cdot 1000 = 1500 = 6\delta_{30}\,, \qquad 6\delta_{40} = \tfrac{1}{4}\cdot 6\cdot 64\cdot 16 = 1536 = 6\delta_{50}\,.$$

Gl. (676) $T_k = 6\,\delta_{k0}/N_k$, $T_1 = 0$, $T_2 = 1500/52{,}4 = 28{,}6$, $T_3 = 42{,}1$, $T_4 = 31{,}9$, $T_5 = 25{,}0$ mt.

Die Abschnitte T_k werden von den Punkten E_k im Momentenmaßstab aufgetragen (positiv nach oben, negativ nach unten). Die Geradenzüge ζ_{0n} und ζ_{n0} bestimmen die Punkte des Geradenzugs ξ_k auf den Festpunktsenkrechten und damit die Stützenmomente.

Hertwig, A.: Die Berechnung des Trägers auf mehreren Stützen mit gleichem und veränderlichem Querschnitt, mit frei drehbaren oder eingespannten Stützen. Arm. Beton 1913 S. 219. — Derselbe: Die Berechnung der Rahmengebilde. Eisenbau 1921 S. 122. — Müller-Breslau, H.: Die graphische Statik der Baukonstruktionen Bd. 2 5. Aufl. Stuttgart 1922. — Mörsch, E.: Der durchlaufende Träger. Stuttgart 1928. — Kleinlogel, A., u. G. Sigmann: Der durchlaufende Träger. Berlin 1929. — Domke, O.: Die Theorie des Eisenbetons. Handb. Eisenbetonbau Bd. 1 4. Aufl. Berlin 1930.

48. Der durchlaufende Träger mit elastisch drehbaren Stützen.

Die einfache und zuverlässige Ausführung starrer Stabknoten im Eisenbetonbau erklärt die Bedeutung des durchlaufenden Trägers mit elastisch drehbaren Stützen im Bauwesen. Er unterscheidet sich von dem durchgehenden Rahmen (Abb. 396b) durch die unverschiebliche Lage der Stabknoten. Der Riegel des durchgehenden Trägers ist daher stets horizontal gestützt. Er wird je nach der Bestimmung des Tragwerks gerade und waagerecht, gerade und schräg oder als gebrochener Stabzug ausgeführt, dessen Knoten gestützt sind (Abb. 396e). Die Pfosten stehen in der Regel senkrecht. Die Fußpunkte werden frei drehbar oder starr eingespannt angenommen.

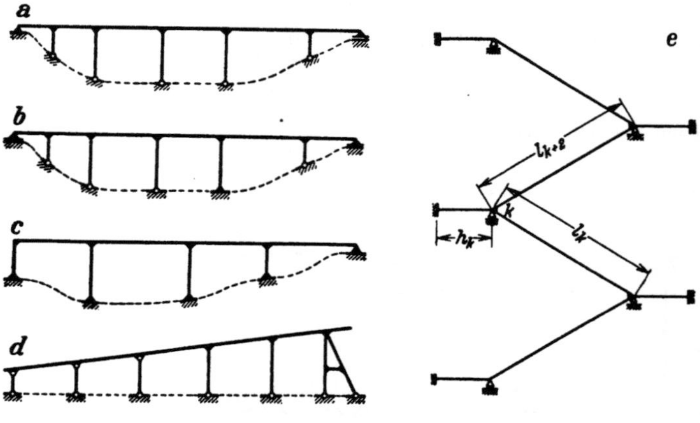

Abb. 396.

Der Stockwerkrahmen kann als mehrfacher durchgehender Rahmen angesehen werden. Die beiden einem mittleren Riegel zugeordneten Stützenreihen sind in den benachbarten Riegeln elastisch eingespannt. Um die Untersuchung in einer für die Beurteilung der Festigkeit zulässigen Form zu vereinfachen, werden die statischen oder geometrischen Randbedingungen am Anschluß der Pfosten mit den benachbarten Riegeln vorgeschrieben, indem die Knotendrehwinkel oder die Anschlußmomente Null gesetzt werden. Die Pfosten gelten dann als starr eingespannt oder frei drehbar gestützt. Außerdem kann eine elastische Einspannung beliebiger Größe geschätzt werden. Die waagerechte Verschiebung der Riegel ist bei senkrechter Belastung klein und wird daher vernachlässigt.

Ansatz. Zur Berechnung der Stütz- und Schnittkräfte des Tragwerks werden die Anschlußmomente der Riegel als statisch überzählige Größen verwendet und aus den geometrischen Bedingungen für die Kontinuität der Formänderung eines statisch bestimmten oder statisch unbestimmten Hauptsystems bestimmt. Die Gleichungen enthalten je drei statisch überzählige Größen X_k. Auf diese Weise entsteht ein Ansatz nach (701). Die Nebenglieder einer Zeile der Matrix haben stets verschiedenes Vorzeichen.

Die Anschlußmomente der Riegel links und rechts der Stütze k werden durch die Fußzeichen k und $(k+1)$, die benachbarten Felder durch l_k und l_{k+2} unterschieden. X_1 und X_n sind je nach der Abstützung der Trägerenden Riegelmomente rechts oder links von den Endstützen (Abb. 397b, c).

$$\left.\begin{array}{llll} X_1\,\delta_{11} & + X_2\,\delta_{12} & & = \delta_{10} \\ \cdots & \cdots & \cdots & \cdots \\ X_{k-1}\,\delta_{k\,(k-1)} + X_k\,\delta_{k\,k} & & + X_{k+1}\,\delta_{k\,(k+1)} & = \delta_{k\,0} \\ X_k\,\delta_{(k+1)\,k} & + X_{k+1}\,\delta_{(k+1)\,(k+1)} & + X_{k+2}\,\delta_{(k+1)\,(k+2)} & = \delta_{(k+1)\,0} \\ \cdots & \cdots & \cdots & \cdots \\ X_{n-1}\,\delta_{n\,(n-1)} + X_n\,\delta_{n\,n} & & & = \delta_{n\,0}\,. \end{array}\right| \qquad (701)$$

Die Hauptglieder der Matrix werden nach

$$\delta_{k\,k} = \delta_{k\,k,1} + \delta_{k\,k,2}\,; \qquad \delta_{(k+1)\,(k+1)} = \delta_{(k+1)\,(k+1),1} + \delta_{(k+1)\,(k+1),2}$$

zerlegt. Die Anteile $\delta_{k\,k,\,1}$ und $\delta_{(k+1)\,(k+1),\,1}$ bezeichnen die Verdrehung der Endquerschnitte k, $(k+1)$ der Riegelstäbe l_k, l_{k+2}, die Beiträge $\delta_{k\,k,\,2}$, $\delta_{(k+1)(k+1),\,2}$ die

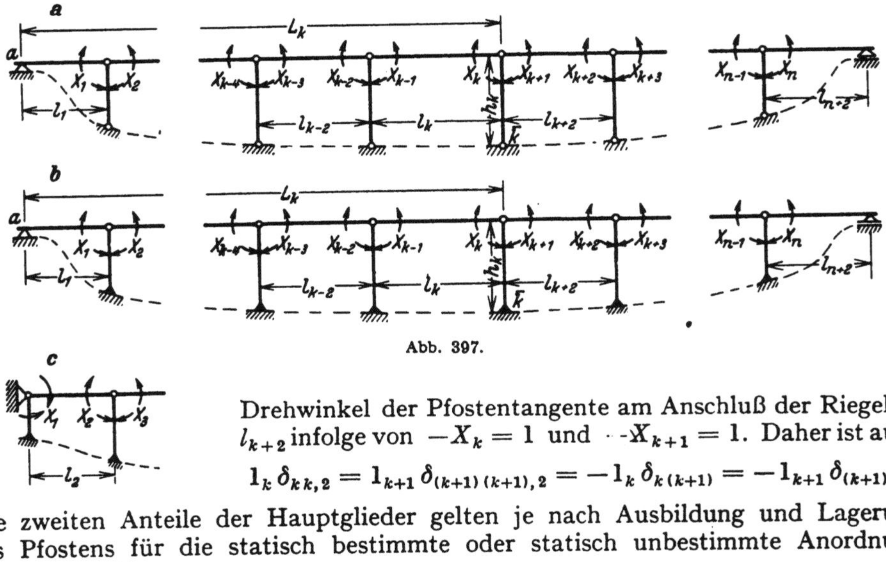

Abb. 397.

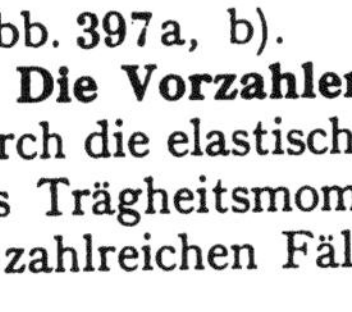

Drehwinkel der Pfostentangente am Anschluß der Riegel l_k, l_{k+2} infolge von $-X_k = 1$ und $-X_{k+1} = 1$. Daher ist auch

$$1_k\,\delta_{k\,k,2} = 1_{k+1}\,\delta_{(k+1)\,(k+1),2} = -1_k\,\delta_{k\,(k+1)} = -1_{k+1}\,\delta_{(k+1)\,k}\,.$$

Die zweiten Anteile der Hauptglieder gelten je nach Ausbildung und Lagerung des Pfostens für die statisch bestimmte oder statisch unbestimmte Anordnung (Abb. 397a, b).

Die Vorzahlen. Die Beiträge $\delta_{k\,k,\,1}$, $\delta_{(k+1)(k+1),\,1}$, $\delta_{k(k-1)}$, $\delta_{(k+1)(k+2)}$ werden durch die elastischen Eigenschaften der Riegelstäbe bestimmt. Die Veränderlichkeit des Trägheitsmomentes kann nach einer der Annahmen auf S. 394 approximiert, in zahlreichen Fällen aber auch vernachlässigt werden. Nach S. 393 ist (Abb. 398)

$$\left.\begin{array}{ll} 6\,\delta_{k\,k,1} = 2\,\mu_k\,l'_k\,, & 6\,\delta_{(k+1)\,(k+1),1} = 2\,\mu_{k+2}\,l'_{k+2}\,, \\ 6\,\delta_{k\,(k-1)} = \lambda_k\,l'_k\,, & 6\,\delta_{(k+1)\,(k+2)} = \lambda_{k+2}\,l'_{k+2}\,. \end{array}\right\} \qquad (702)$$

Bei unveränderlichem Trägheitsmoment J_k, J_{k+2} im Bereiche von l_k, l_{k+2} ist $\mu_k = \lambda_k = 1$ und $\mu_{k+2} = \lambda_{k+2} = 1$. Die Vorzahlen $\delta_{k\,k,2} = \delta_{(k+1)\,(k+1),\,2} = -\,\delta_{k\,(k+1)}$ werden durch die Anordnung der Pfosten und durch die Art ihrer Stützung bestimmt.

1. **Einteilige Stützen mit frei drehbarer Auflagerung** (Abb. 398a). Ausbildung a) Die Stützen besitzen im Bereiche $\bar{h}_k$ konstantes Trägheitsmoment. Im Bereich des Abschnittes $h_k - \bar{h}_k = f_k$ wird das Trägheitsmoment unendlich groß angenommen (Abb. 399).

$$6\,\delta_{kk,2} = 6\,\delta_{(k+1)(k+1),2} = -6\,\delta_{k(k+1)} = 2\,\frac{\bar{h}_k^3}{h_k^3}\,h'_k. \qquad (703)$$

Ausbildung b) Das Trägheitsmoment ist im Bereich der theoretischen Stützenlänge h_k konstant.

$$6\,\delta_{kk,2} = 6\,\delta_{(k+1)(k+1),2} = -6\,\delta_{k(k+1)} = 2\,h'_k. \qquad (704)$$

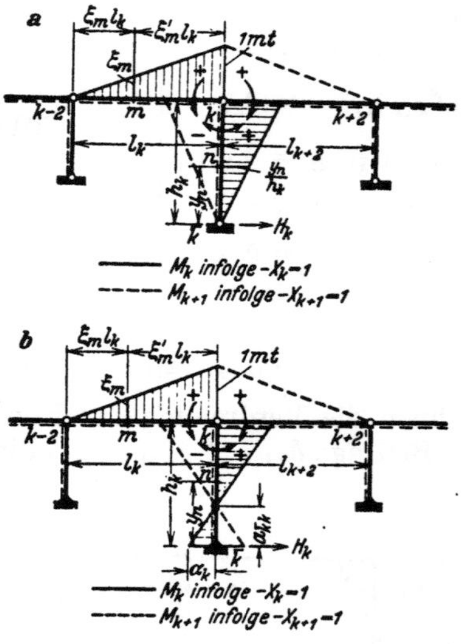

Abb. 398.

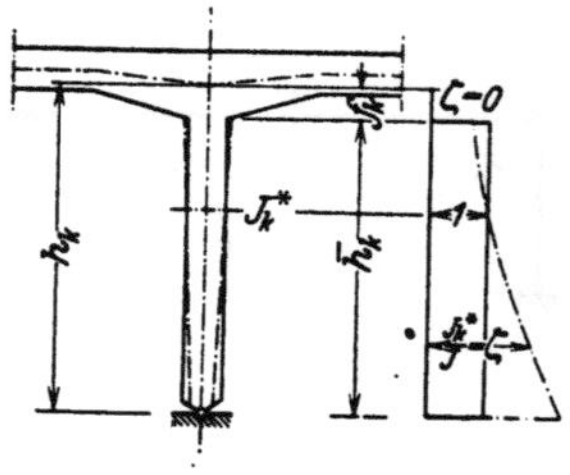

Abb. 399.

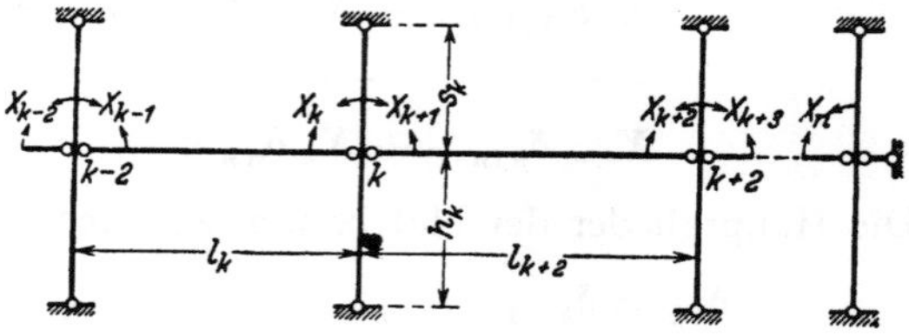

Abb. 400.

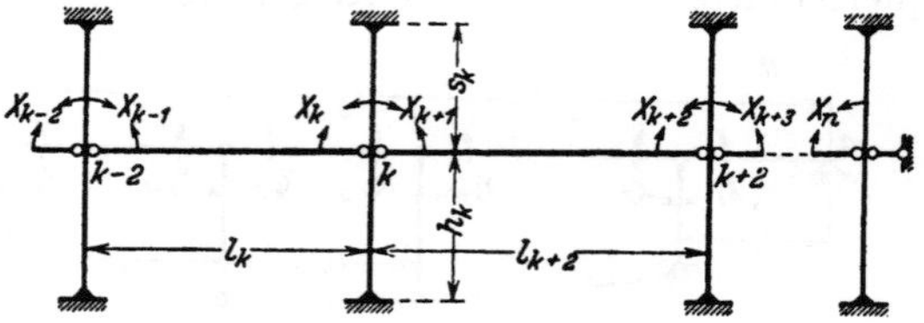

Abb. 401.

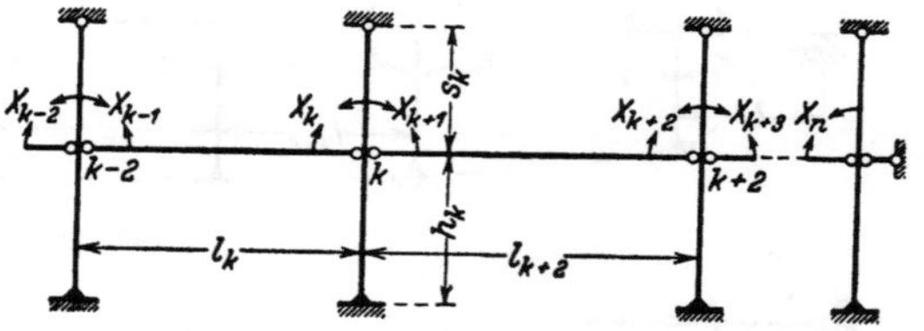

Abb. 402.

Bei linear veränderlicher Stärke der Stütze wird der einer Stütze mit gleichbleibender Stärke ($J = \text{const}$) äquivalente mittlere Querschnitt J_k^* nach S. 99 bestimmt (Abb. 399).

2. **Einteilige Stützen mit starrer Einspannung der Enden** (Abb. 398b). Ausbildung a)

$$a_{\bar{k}k} = \frac{\bar{h}_k}{3}\,\frac{h_k + 2\,f_k}{h_k + f_k},$$

$$6\,\delta_{kk,2} = 6\,\delta_{(k+1)(k+1),2} = -6\,\delta_{k(k+1)} = \frac{3\,\bar{h}_k^3}{2\,h_k\,[h_k^2 + h_k f_k + f_k^2]}\,h'_k. \qquad (705)$$

Ausbildung b) $a_{\bar{k}k} = h_k/3$.

$$6\,\delta_{kk,2} = 6\,\delta_{(k+1)(k+1),2} = -6\,\delta_{k(k+1)} = \tfrac{3}{2}\,h'_k. \qquad (706)$$

3. **Zweiteilige Anordnung der Stützen** $s_k + h_k$. Die Trägheitsmomente J_{ks}, J_{kh} werden im Bereich der theoretischen Längen s_k, h_k konstant angenommen.

a) Die Enden der beiden Stützen sind frei drehbar gelagert (Abb. 400).

$$6\,\delta_{kk,2} = 6\,\delta_{(k+1)(k+1),2} = -6\,\delta_{k(k+1)} = \frac{2\,s'_k h'_k}{s'_k + h'_k}. \qquad (707)$$

b) Die Enden der beiden Stützen sind starr eingespannt (Abb. 401).

$$6\,\delta_{k\,k,2} = 6\,\delta_{(k+1)(k+1),2} = -6\,\delta_{k\,(k+1)} = \frac{3\,s'_k\,h'_k}{2\,(s'_k + h'_k)}\,. \qquad (708)$$

c) Die Enden der beiden Stützen sind elastisch eingespannt. Der Abstand $a_{\bar{k}k}$ der Momentennullpunkte von den Enden der Stützen wird mit $h/4$ geschätzt.

$$6\,\delta_{k\,k,2} = 6\,\delta_{(k+1)(k+1),2} = -6\,\delta_{k\,(k+1)} = \frac{5\,s'_k\,h'_k}{3\,(s'_k + h'_k)}\,. \qquad (709)$$

d) Die obere Stütze s_k ist frei drehbar angeschlossen, die untere Stütze h_k starr eingespannt (Abb. 402).

$$6\,\delta_{k\,k,2} = 6\,\delta_{(k+1)(k+1),2} = -6\,\delta_{k\,(k+1)} = \frac{6\,s'_k\,h'_k}{4\,s'_k + 3\,h'_k}\,. \qquad (710)$$

Belastungszahlen. Die Belastungszahlen $\delta_{k\otimes}$, $\delta_{(k+1)\otimes}$ werden als virtuelle Arbeiten aus der Verdrehung der Querschnitte k, $k+1$ des Hauptsystems gebildet, welche bei der Belastung der Stäbe l_k, l_{k+2}, h_k oder durch Temperaturänderung und Stützenverschiebung entsteht. Die Riegel des Hauptsystems l_k, l_{k+2} sind einfache Balkenträger, deren Endverdrehung bei konstantem Trägheitsmoment für alle in Betracht kommenden Belastungen in Tabelle 17 angegeben sind oder sich nach Tabelle 12 entwickeln lassen. Sie werden ebenso wie die Vorzahlen der statisch überzähligen Schnittkräfte im 6fachen Betrage eingesetzt und für die häufigen Belastungsfälle nochmals angeschrieben.

Tabelle 36[1]. Belastungsglieder für $J_k = \text{const}$ und Lastangriff am Riegel l_k, l_{k+2}.

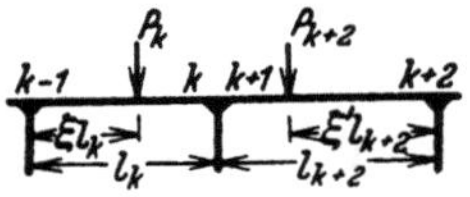	$6\,\delta_{k\,0} = l_k\,l'_k \sum_k P\,\omega_D\,,\qquad 6\,\delta_{(k+1)\,0} = l_{k+2}\,l'_{k+2} \sum_{k+2} P\,\omega'_D$
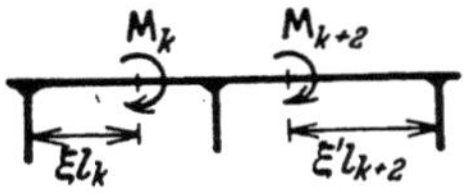	$6\,\delta_{k\,0} = l'_k \sum \mathrm{M}_k\,\omega_M\,,\qquad 6\,\delta_{(k+1)\,0} = -\,l'_{k+2} \sum \mathrm{M}_{k+2}\,\omega'_M$

Streckenbelastung: $6\,\delta_{k\,0} = c_k\,p_k\,l_k^2\,l'_k$, $\qquad 6\,\delta_{(k+1)\,0} = c'_{k+2}\,p_{k+2}\,l_{k+2}^2\,l'_{k+2}$

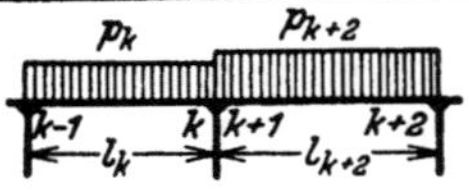	$c_k = c'_{k+2} = \frac{1}{4}$	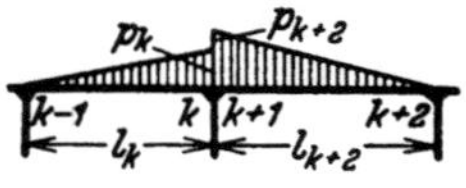	$c_k = c'_{k+2} = \frac{2}{15}$
	$c_k = c'_{k+2} = \frac{5}{32}$		$c_k = c'_{k+2} = \frac{7}{60}$
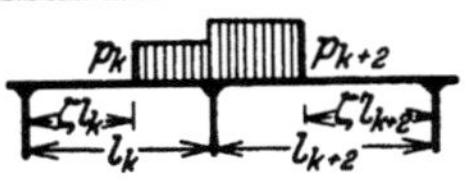	$c_k = \frac{1}{4}\,(1-\zeta^2)^2$, $\qquad c'_{k+2} = \frac{1}{4}\,(1-\zeta'^2)^2$		
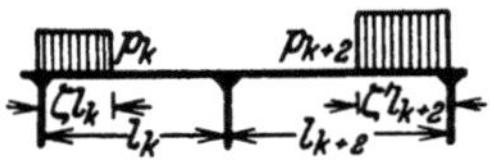	$c_k = \frac{1}{4}\,\zeta^2\,(2-\zeta^2)$, $\qquad c'_{k+2} = \frac{1}{4}\,\zeta'^2\,(2-\zeta'^2)$		
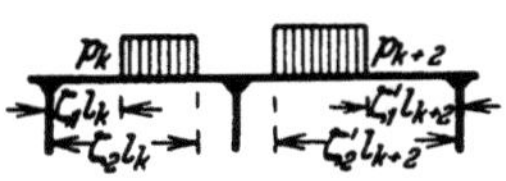	$c_k = \frac{1}{4}\,[\zeta_2^2\,(2-\zeta_2^2) - \zeta_1^2\,(2-\zeta_1^2)]$, $\qquad c'_{k+2} = \frac{1}{4}\,[\zeta_2'^2\,(2-\zeta_2'^2) - \zeta_1'^2\,(2-\zeta_1'^2)]$		

Bei Lastangriff am Pfosten h_k ist dessen Abstützung zu beachten.

[1] Funktionswerte ω auf S. 116ff.

Tabelle 37[1]. Belastungsglieder $6\,\delta_{k0} = -6\,\delta_{(k+1)0}$ für $J = \text{const}$ und Lastangriff am Pfosten h_k.

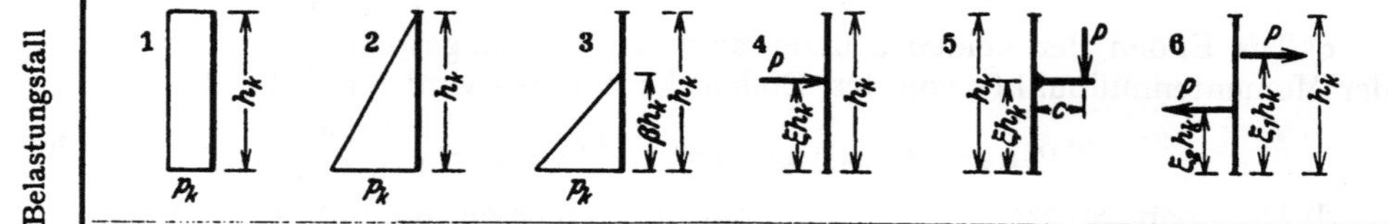

Belastungsfall	$6\,\delta_{k0}$ (frei drehbare Lagerung)	$6\,\delta_{k0}$ (starre Einspannung)
1	$-\frac{1}{4}\,p_k h_k^2 h_k'$	$-\frac{1}{8}\,p_k h_k^2 h_k'$
2	$-\frac{7}{60}\,p_k h_k^2 h_k'$	$-\frac{1}{20}\,p_k h_k^2 h_k'$
3	$-\frac{1}{60}\,p_k h_k^2 h_k' \beta^2 (10 - 3\beta^2)$	$-\frac{1}{40}\,p_k h_k^2 h_k' \beta^3 (5 - 3\beta)$
4	$-P h_k h_k' \omega_D$	$-\frac{3}{2}\,P h_k h_k' \omega_\tau$
5	$-P c h_k' \omega_M$	$-\frac{3}{2}\,P c h_k' \xi (2 - 3\xi)$
6	$-P h_k h_k' [\omega_D(\xi_1) - \omega_D(\xi_2)]$	$-\frac{3}{2}\,P h_k h_k' [\omega_\tau(\xi_1) - \omega_\tau(\xi_2)]$

Bei Belastung eines am Fuße $\bar{k}$ eingespannten Pfostens mit $f_k \neq 0$ nach Abb. 399 ist

$$6\,\delta_{k0}^{(1)} = 6\int M_k^{(1)} M_k^{(0)} \frac{J_c}{J}\,ds\,, \quad M_k^{(1)} \text{ nach Abb. 398b mit } \quad a_{\bar{k}k} = \frac{\bar{h}_k}{3}\,\frac{h_k + 2 f_k}{h_k + f_k}\,. \tag{711}$$

Die folgenden Belastungszahlen beschränken sich auf die Temperaturänderung t, Δt des Riegels und die ihr äquivalente Wirkung des Schwindens, auf die senkrechten Verschiebungen Δ_k der Stützenfüße $\bar{k}$ und die waagerechte Verschiebung Δ_R des Riegels.

a) Frei drehbare Lagerung der Pfostenenden (beliebige Stützenform).
Temperaturänderung:

$$\left.\begin{aligned} 6\,\delta_{kt} &= +6\,E J_c \frac{1}{h_k}\alpha_t t(l_1 + \cdots l_k) + 3\,E J_c \frac{\alpha_t \Delta t}{d_k} l_k\,,\\ 6\,\delta_{(k+1)t} &= -6\,E J_c \frac{1}{h_k}\alpha_t t(l_1 + \cdots l_k) + 3\,E J_c \frac{\alpha_t \Delta t}{d_{k+1}} l_{k+1}\,, \end{aligned}\right\} \tag{712}$$

senkrechte Stützenverschiebung:

$$\left.\begin{aligned} 6\,\delta_{ks} &= +6\,E J_c \frac{\Delta_{k-2} - \Delta_k}{l_k}\,,\\ 6\,\delta_{(k+1)s} &= -6\,E J_c \frac{\Delta_k - \Delta_{k+2}}{l_{k+2}}\,; \end{aligned}\right\} \tag{713}$$

waagerechte Verschiebung des Riegels um eine vorgeschriebene Strecke Δ_R:

$$6\,\delta_{ks} = 6\,E J_c \frac{\Delta_R}{h_k} = -6\,\delta_{(k+1)s}\,. \tag{714}$$

[1] Funktionswerte ω auf S. 116ff.

b) Starre Einspannung der Pfostenenden.

Temperaturänderung (näherungsweise für beliebige Stützenform):

$$\left.\begin{aligned} 6\,\delta_{kt} &= 9\,E J_c \frac{1}{h_k} \alpha_t t (l_1 + \cdots l_k) + 3\,E J_c \frac{\alpha_t \Delta t}{d_k} l_k, \\ 6\,\delta_{(k+1)t} &= -9\,E J_c \frac{1}{h_k} \alpha_t t (l_1 + \cdots l_k) + 3\,E J_c \frac{\alpha_t \Delta t}{d_{k+1}} l_{k+2}, \end{aligned}\right\} \tag{715}$$

senkrechte Stützenverschiebung (für beliebige Stützenform):

$$6\,\delta_{ks} = +6\,E J_c \frac{\Delta_{k-2} - \Delta_k}{l_k}, \quad 6\,\delta_{(k+1)s} = -6\,E J_c \frac{\Delta_k - \Delta_{k-2}}{l_{k+2}}, \tag{716}$$

waagerechte Verschiebung des Riegels, für $J = \text{const}$:

$$6\,\delta_{ks} = 9\,E J_c \frac{\Delta_R}{h_k} = -6\,\delta_{(k+1)s}, \tag{717}$$

für $J = \infty$ im Bereich $f_k = h_k - \bar{h}_k$ der Stütze:

$$6\,\delta_{ks} = 9\,E J_c \Delta_R \frac{h_k + f_k}{h_k^2 + h_k f_k + f_k^2} = -6\,\delta_{(k+1)s}. \tag{718}$$

Lösung. Die statisch überzähligen Größen X_k sind nach (701) die Wurzeln dreigliedriger linearer Gleichungen, die unter Einbeziehung der Belastungszahlen mit dem Gaußschen Algorithmus nach der Rechenvorschrift S. 232 aufgelöst werden. Die konjugierte Matrix entsteht auf dieselbe Weise oder nach S. 232 aus 2 Kettenbrüchen, die neben den Vorzahlen β'_{nn}, β'_{11} die Kennbeziehungen $\varkappa_{(k-1)k}$, $\varkappa_{k(k-1)}$ und damit alle übrigen Glieder β'_{kk}, β'_{ik} liefern.

Da die Verschiebungen $\delta_{k(k-1)}$ positiv, dagegen die Verschiebungen $\delta_{k(k+1)}$ negativ sind, werden die Kennbeziehungen $\varkappa_{(k-1)k}$, $\varkappa_{k(k-1)}$ zwischen den Endmomenten eines Trägers l_k ebenso wie beim durchgehenden Träger auf frei drehbaren Stützen stets positiv, dagegen die Kennbeziehungen $\varkappa_{k(k+1)}$, $\varkappa_{(k+1)k}$ der beiden Riegelmomente zu beiden Seiten der Stütze h_k negativ. Trotzdem gelten hier nach Abschn. 29 dieselben Vorschriften über die Verwendung der Kennbeziehungen zur Bildung der konjugierten Matrix und zur Berechnung der Stützenmomente wie beim durchgehenden Träger auf frei drehbaren Stützen.

Die konjugierte Matrix β'_{ik} ist den Elastizitätsgleichungen (701) mit den 6fachen Beträgen der Vorzahlen δ_{ik} zugeordnet, so daß

$$X_k = \sum \beta'_{kh}(6\,\delta_{h\times}), \qquad X_{k+1} = \sum \beta'_{(k+1)h}(6\,\delta_{h\times}) \tag{719}$$

und damit auch alle übrigen Stütz- und Schnittkräfte des Tragwerks bestimmt sind.

a) Querschnitt m im Riegel l_k (Abb. 398).

$$M_m = M_{m0} - X_{k-1}\,\xi'_m - X_k\,\xi_m, \qquad Q_m = Q_{m0} - \frac{X_k - X_{k-1}}{l_k}. \tag{720}$$

b) Querschnitt n im Pfosten h_k im Abstand y_n vom Stützenfuß $\bar{k}$ an gerechnet (Abb. 398).

Frei drehbare Lagerung des Pfostens.

$$\left.\begin{aligned} M_n &= M_{n0} - \frac{X_{k+1} - X_k}{h_k} y_n, \\ Q_n &= Q_{n0} - \frac{X_{k+1} - X_k}{h_k}. \end{aligned}\right\} \tag{721a}$$

Starre Einspannung des Pfostens.

$$\left.\begin{aligned} M_n &= M_{n0}^{(1)} - \frac{X_{k+1} - X_k}{2\,h_k}(3\,y_n - h_k), \\ Q_n &= Q_{n0}^{(1)} - \frac{3}{2}\frac{X_{k+1} - X_k}{h_k}. \end{aligned}\right\} \tag{721b}$$

Längskraft und senkrechte Stützkraft des Pfostens h_k mit den Querkräften Q'_k, Q''_k des Riegels links und rechts vom Anschlußpunkt k:

$$C_k = -Q'_k + Q''_k = C_{k0} + \frac{X_k - X_{k-1}}{l_k} - \frac{X_{k+2} - X_{k+1}}{l_{k+2}}. \tag{722}$$

Waagerechte Stützkraft des Pfostens h_k:

frei drehbare Lagerung in $\bar{k}$

$$H_k = H_{k0} - \frac{X_{k+1} - X_k}{h_k}, \quad (723)$$

starre Einspannung in $\bar{k}$

$$H_k = H_{k0}^{(1)} - \frac{3}{2}\frac{X_{k+1} - X_k}{h_k}. \quad (724)$$

Die Stütz- und Schnittkräfte des Hauptsystems sind bei einteiligen Pfosten und frei drehbarer Lagerung des Fußes statisch bestimmt, bei starrer Einspannung und bei Verwendung von zweiteiligen Stützen statisch unbestimmt. Sie werden dann nach S. 397 berechnet oder aus vorhandenen Tabellen 30 u. 32 entnommen. In der Regel sind die Pfosten unbelastet, also H_{k0}, M_{n0}, Q_{n0} Null.

Der Ansatz (719) liefert nach (328) auch die Einflußlinien der statisch überzähligen Größen. Dabei sind $\delta_{h0} \equiv \delta_{mh}$ bei senkrechter Belastung und waagerechtem Riegel die Ordinaten der senkrechten Biegelinien der Riegelstäbe l_h des Hauptsystems für $-X_h = 1$. Die Einflußlinien setzen sich daher ebenso wie beim durchgehenden Träger auf frei drehbaren Stützen aus zwei Biegelinien zusammen. Die analytischen Ausdrücke für die Gleichungen der Einflußlinien auf S. 418 gelten auch für den durchgehenden Träger mit elastisch drehbaren Stützen. Darnach wird nach (667) die Einflußlinie einer statisch überzähligen Größe X_k im Felde l_h aus der Einflußlinie X_h dieses Feldes, im Felde l_r aus der Einflußlinie X_{r-1} dieses Feldes entwickelt. Aus demselben Grunde stimmen auch die Regeln für die ungünstigsten Belastungen mit denjenigen überein, die auf S. 424 für den durchgehenden Träger auf frei drehbaren Stützen abgeleitet worden sind.

Zeichnerische Untersuchung. Die Punkte A_k, A_{k+1} der Achse A_1, A_n der Lösung fallen in Übereinstimmung mit der relativen Lage der Stützenmomente X_k, X_{k+1} zusammen. Die Abschnitte $\varDelta_k$, $\varDelta_{k+2}$ werden proportional zu den Riegellängen l_k, l_{k+2} aufgetragen. Die Kennbeziehungen $\varkappa_{(k-1)k}$, $\varkappa_{k(k-1)}$ der analytischen Lösung des Ansatzes (701) bestimmen dann nach S. 255 die Strecken $a_{(k-1)k}$, $a_{k(k-1)}$ und damit die Festpunkte $F_{(k-1)k}$, $F_{k(k-1)}$, die Kennbeziehungen $\varkappa_{k(k+1)}$, $\varkappa_{(k+1)k}$ nach Abb. 225 die Übergangslinien $u_{k(k+1)}$, $u_{(k+1)k}$.

Die Anschlußmomente X_{k-1}, X_k des Riegelstabes l_k sind bei Belastung dieses Abschnitts allein aus zwei Gleichungen mit zwei Unbekannten (447), zeichnerisch durch Abb. 228 bekannt. Die Kreuzlinienabschnitte $R_{(k-1)k}$, R_{kk} und die Ordinaten $V_{(k-1)k}$, V_{kk} werden ebenso wie beim durchgehenden Träger auf frei drehbaren Stützen berechnet (672). Die übrigen Stützenmomente ergeben sich nach S. 258 und Abb. 228 aus den Festpunkten und Übergangslinien.

Die zeichnerische Bestimmung der Festpunkte und Übergangslinien ohne die Verwendung algebraisch berechneter Kennbeziehungen ist in Abschn. 32, S. 257 abgeleitet worden. Sie stützt sich auf die Wirkungslinien elastischer Gewichte, deren Lage für beliebige elastische Eigenschaften der Stäbe mit der Aufzeichnung der Biegelinien der Stäbe l_k für $-X_k = 1$ bestimmt oder durch die folgenden Strecken eingerechnet wird.

$$c_{kk} = \frac{\delta_{k(k-1)}}{\delta_{k(k-1)} + \delta_{kk,1}}\, l_k, \qquad \bar{c}_{kk} = \frac{\delta_{k(k-1)}}{\delta_{k(k-1)} + \delta_{kk}}\, l_k,$$

$$c_{(k+2)(k+1)} = \frac{\delta_{(k+1)(k+2)}}{\delta_{(k+1)(k+1),1} + \delta_{(k+1)(k+2)}}\, l_{k+2}, \qquad \bar{c}_{(k+2)(k+1)} = \frac{\delta_{(k+1)(k+2)}}{\delta_{(k+1)(k+1)} + \delta_{(k+1)(k+2)}}\, l_{k+2},$$

$$e_{k(k+1)} = \frac{\delta_{(k+1)(k+2)}\, l_{k+2} - \delta_{k(k-1)}\, l_k}{\delta_{k(k-1)} + \delta_{kk,1} + \delta_{(k+1)(k+1),1} + \delta_{(k+1)(k+2)}}.$$

Nach S. 431 kann mit der Approximation der elastischen Eigenschaften der Riegelstäbe nach Tabelle 29 und der Pfosten nach (703ff.) gerechnet und

$$\left.\begin{aligned} 6\,\delta_{k(k-1)} &= \lambda_k\, l'_k, & 6\,\delta_{(k+1)(k+2)} &= \lambda_{k+2}\, l'_{k+2}, \\ 6\,\delta_{kk,1} &= 2\,\mu_k\, l'_k, & 6\,\delta_{(k+1)(k+1),1} &= 2\,\mu_{k+2}\, l'_{k+2} \end{aligned}\right\} \quad (725)$$

gesetzt werden. Der Beiwert λ ist nach S. 395 in zahlreichen Fällen 1. Dasselbe gilt auch von dem Beiwert μ, wenn das Trägheitsmoment J_k im Bereiche eines jeden Riegelabschnittes konstant angenommen wird. Um die Rechenvorschrift formal zu vereinfachen, wird $-6\,\delta_{k(k+1)}$ stets durch $+2\,\psi_k h'_k$ ausgedrückt und ψ_k entsprechend der Art der Pfostenstützung nach (703 ff.) eingesetzt.

$$\left.\begin{aligned} c_{kk} &= \frac{\lambda_k}{\lambda_k + 2\mu_k}\, l_k\,, \quad \bar{c}_{kk} = \frac{\lambda_k}{\lambda_k + 2\mu_k + 2\psi_k h'_k/l'_k}\, l_k\,, \quad c_{(k+2)(k+1)} = \frac{\lambda_{k+2}}{\lambda_{k+2} + 2\mu_{k+2}}\, l_{k+2}\,, \\ \bar{c}_{(k+2)(k+1)} &= \frac{\lambda_{k+2}}{\lambda_{k+2} + 2\mu_{k+2} + 2\psi_k h'_k/l'_{k+2}}\, l_{k+2}\,, \quad e_{k(k+1)} = \frac{\lambda_{k+2}\, l'_{k+2}\, l_{k+2} - \lambda_k\, l'_k\, l_k}{l'_k(\lambda_k + 2\mu_k) + l'_{k+2}(\lambda_{k+2} + 2\mu_{k+2})}\,, \end{aligned}\right\} \qquad (726)$$

für $J_k = \text{const}$ und $J_{k+2} = \text{const}$ ist

$$\left.\begin{aligned} c_{kk} &= \frac{l_k}{3}\,, \quad \bar{c}_{kk} = \frac{l_k}{3 + 2\psi_k h'_k/l'_k}\,, \quad c_{(k+2)(k+1)} = \frac{l_{k+2}}{3}\,, \\ \bar{c}_{(k+2)(k+1)} &= \frac{l_{k+2}}{3 + 2\psi_k h'_k/l'_{k+2}}\,, \quad e_{k(k+1)} = \frac{l'_{k+2}\, l_{k+2} - l'_k\, l_k}{3\,(l'_k + l'_{k+2})}\,. \end{aligned}\right\} \qquad (727)$$

Zur zeichnerischen Untersuchung eines allgemeinen Belastungsfalles werden außerdem noch die Punkte E'_k durch die Koordinaten $c_k = c_{kk}$ und

$$T_k = \frac{6\,\delta_{k0}}{(\lambda_k + 2\mu_k)\, l'_k}\,; \qquad \mu_k = \lambda_k = 1: \quad T_k = 2\,\frac{\delta_{k0}}{l'_k} \qquad (728)$$

eingerechnet (Abb. 232). Ungleichförmige Temperaturänderung und senkrechte Stützenverschiebungen ergeben

$$T_k = \frac{6\,E\,J_c\left[\frac{\alpha_t\,\Delta t}{2d}\, l_k + \frac{1}{l_k}(\Delta_k - \Delta_{k-2})\right]}{(\lambda_k + 2\mu_k)\, l'_k}\,. \qquad (729)$$

Die Ergebnisse für e_1, T_1 und e_n, T_n lassen sich jeweils ebenso wie auf S. 421 ableiten. Für die Lösung nach Abb. 233 werden nach S. 263 die Punkte $E_{k(k+1)}$ mit den Koordinaten $e_{k(k+1)}$, $T_{k(k+1)}$ und die Strecken S_k bestimmt.

Die Verwendung der Ordinaten $V_{k(k-1)}$, V_{kk} zur zeichnerischen Bestimmung der Riegelmomente X_{k-1}, X_k und der übrigen Stützenmomente ist in Abschn. 32 begründet und in Abb. 228 gezeigt worden. Der allgemeine Belastungsfall wird nach den Bemerkungen auf S. 262 und nach Abb. 232 untersucht.

Die Biegungsmomente und Querkräfte der Riegelstäbe werden nach (720) ebenso wie beim durchlaufenden Träger mit frei drehbaren Stützen aufgetragen, die Schnittkräfte der Pfosten nach (721) mit den Ergebnissen für Kopf und Fuß entwickelt. Dabei sind bei statisch unbestimmter Anordnung zunächst die Momente und Querkräfte im Hauptsystem zu berechnen.

Die Einflußlinien der Stützenmomente und der Schnittkräfte in Riegel und Pfosten lassen sich nach denselben Regeln entwickeln, die auf S. 422 für den durchlaufenden Träger auf frei drehbaren Stützen abgeleitet worden sind.

Vereinfachung der Annahmen über die elastischen Eigenschaften. Die statisch unbestimmten Schnittkräfte sind nach (702) durch die elastisch wirksamen Längen l'_k, $\mu_k l'_k$, $\lambda_k l'_k$ der Riegel und durch die Art und Abstützung der Pfosten bestimmt, die in den Ansatz nach (703 ff.) mit $2\,\psi_k h'_k$ eingehen. Werden diese mit dem Felde l_k und dem Pfosten h_k veränderlichen Strecken konstant angenommen, so entstehen einfache Näherungslösungen mit den folgenden Bedingungsgleichungen:

$$\lambda_k X_{k-1} + 2\mu_k\left(1 + \frac{\psi_k h'_k}{\mu_k l'_k}\right) X_k - 2\,\frac{\psi_k h'_k}{l'_k}\, X_{k+1} = \lambda X_{k-1} + a X_k - b X_{k+1} = \frac{6\,\delta_{k0}}{l'}\,.$$

Sonderfall $\lambda = \mu = 1$: $\quad X_{k-1} + (2 + b)\, X_k - b\, X_{k+1} = 6\,\delta_{k0}/l'\,.$

Bei unendlich vielen Stützen sind die Kennbeziehungen $\varkappa_{(k-1)k}$, $\varkappa_{k(k-1)}$ zwischen den Anschlußmomenten eines Riegels und die Kennbeziehungen $\varkappa_{k(k+1)}$, $\varkappa_{(k+1)k}$

zwischen den Anschlußmomenten der Riegel zu beiden Seiten einer Stütze konstant, und zwar

$$\varkappa_{(k-1)k} = \varkappa_{k(k-1)} = \varkappa \quad \text{und} \quad \varkappa_{k(k+1)} = \varkappa_{(k+1)k} = -\varepsilon .$$

Mit

$$\frac{(a+b)(a-b)+\lambda^2}{2a\lambda} = \varrho \text{ ist } \varkappa = \varrho - \sqrt{\varrho^2-1} = -\frac{X_{k-1}}{X_k}, \quad \varepsilon = \frac{b}{a-\varkappa\lambda} = \frac{X_k}{X_{k+1}}. \tag{730}$$

Sonderfall $\lambda = \mu = 1$:

$$\varrho = \frac{5+4b}{2(2+b)} .$$

Da die Hauptglieder β_{kk} der konjugierten Matrix für $\varkappa$ und ε konstant sind, genügt es, die Nebenglieder einer Zeile der Matrix anzuschreiben.

$$\beta_{(k-2)k} = -\frac{\varkappa^2\varepsilon}{l'\lambda(1-\varkappa^2)}, \qquad \beta_{(k-1)k} = -\frac{\varkappa^2}{l'\lambda(1-\varkappa^2)}, \qquad \beta_{kk} = \frac{\varkappa}{l'\lambda(1-\varkappa^2)},$$

$$\beta_{(k+1)k} = \frac{\varkappa\varepsilon}{l'\lambda(1-\varkappa^2)}, \qquad \beta_{(k+2)k} = -\frac{\varkappa^2\varepsilon}{l'\lambda(1-\varkappa^2)} .$$

Bei einer begrenzten Anzahl von Stützen haben die Endfelder die gleichen elastischen Eigenschaften wie die Zwischenfelder, wenn

für Endfelder nach Abb. 397a, b

$$l_1' = \frac{2\mu - \varkappa\lambda}{2\mu_1} l'; \tag{731a}$$

für Endfelder nach Abb. 397c

$$l_2' = l' \quad \text{und} \quad 2\psi_0 h_0' = 2\psi h'(1-\varepsilon). \tag{731b}$$

Bei symmetrischer Belastung (1) und antimetrischer Belastung (2) des Riegels l_k ist

$$1)\ X_{k-1} = X_k = 6\frac{^{(1)}\delta_{(k-1)0}}{l'}\frac{\varkappa}{\lambda(1+\varkappa)}, \quad 2)\ X_{(k-1)} = -X_k = 6\frac{^{(2)}\delta_{(k-1)0}}{l'}\frac{\varkappa}{\lambda(1-\varkappa)}; \tag{732}$$

für Belastung eines Endfeldes nach Abb. 397a, b

$$X_1 = \frac{6\,\delta_{10}}{l'}\frac{\varepsilon}{1-\varepsilon^2}, \qquad X_n = \frac{6\,\delta_{n0}}{l'}\frac{\varepsilon}{1-\varepsilon^2} . \tag{733}$$

Die übrigen Anschlußmomente sind analytisch durch die Kennbeziehungen, zeichnerisch durch die Festpunkte und Übergangslinien bestimmt. Die Schnittkräfte aus einer allgemeinen Belastung des Trägers werden durch Superposition der Teilergebnisse aus feldweiser Belastung erhalten. Die Gleichungen der Einflußlinien von X_{k-1} und X_k im Felde l_k sind

$$X_{k-1} = l_k\frac{\varkappa}{\lambda(1-\varkappa^2)}(\bar{\omega}_D' - \varkappa\bar{\omega}_D), \qquad X_k = l_k\frac{\varkappa}{\lambda(1-\varkappa^2)}(\bar{\omega}_D - \varkappa\bar{\omega}_D') . \tag{734}$$

Sie werden nach S. 436 zur Aufzeichnung der Einflußlinien der übrigen Stützenmomente verwendet und bilden damit nach S. 435 auch die Grundlage für die Einflußlinien der übrigen Schnittkräfte.

Untersuchung der Pilzdecke (Abb. 406) mit vereinfachten Annahmen für die elastischen Eigenschaften.

1. Geometrische Grundlagen nach S. 441 u. 442.

$$l' = 5{,}4\text{ m}, \quad \mu = 0{,}7, \quad \lambda = 0{,}93, \quad 2\psi h' = 2{,}58,$$

$$a = 2\cdot 0{,}7\left(1 + \frac{2{,}58}{2\cdot 0{,}7\cdot 5{,}4}\right) = 1{,}88, \quad b = \frac{2{,}58}{5{,}4} = 0{,}48, \quad \varrho = 1{,}192,$$

$$\varkappa = 1{,}192 - \sqrt{1{,}192^2 - 1} = 0{,}544, \quad \varepsilon = \frac{0{,}48}{1{,}88 - 0{,}544\cdot 0{,}93} = 0{,}348$$

$$2\psi_0 h_0' = 2{,}58\,(1 - 0{,}348) = 1{,}68 .$$

2. Bemessung der Endstützen nach (731b).

$$h = s = 4{,}2\,\text{m}\,, \qquad J_0 = 21{,}33\,, \qquad J_u = 76{,}26\,, \qquad J_c = 36\,\text{dm}^4\,;$$

nach (709) ist

$$2\,\psi_0\,h'_0 = \frac{5}{3}\,\frac{h'_0\,s'_0}{h'_0 + s'_0} = \frac{5}{3}\,\frac{4{,}2\,J_c}{J_{0s} + J_{0h}} = 1{,}68\,,$$

also

$$J_{0s} + J_{0h} = 4{,}16\,J_c \quad \text{oder z. B.} \quad J_{0s} = 1{,}54\,J_s\,, \qquad J_{0h} = 1{,}54\,J_h\,.$$

Für diese Abmessungen wird bei Belastung des Feldes l_2 mit $p = 1$ t/m

$$\frac{6\,\delta_{10}}{l'} = \frac{l_2^2}{4} = \frac{5{,}4^2}{4} = 7{,}29\,, \qquad X_1 = X_2 = 7{,}19\,\frac{0{,}544}{0{,}93\,(1 + 0{,}544)} = 2{,}75\,\text{mt}\,.$$

3. Belastung $p = 1$ t/m auf allen Feldern. Superposition:

$$X_1 = 2{,}75\,(1 - \varepsilon\varkappa + \varepsilon^2\varkappa^2 - \varepsilon^3\varkappa^3) = 2{,}31\,\text{mt}\,, \qquad X_2 = 2{,}75\,(1 + \varepsilon - \varepsilon^2\varkappa + \varepsilon^3\varkappa^2) = 3{,}56\,\text{mt}\,,$$

$$X_3 = 2{,}75\,(1 + \varepsilon - \varepsilon\varkappa + \varepsilon^2\varkappa^2) = 3{,}29\,\text{mt}\,, \qquad X_4 = 2{,}75\,(1 + \varepsilon - \varepsilon\varkappa - 2^2\varkappa) = 3{,}09\,\text{mt}\,.$$

Untersuchung durchlaufender Träger mit Hilfe der Knotendrehwinkel. Die Stabdrehwinkel ϑ_i des Tragwerks sind bei allen äußeren Ursachen Null oder vorgeschrieben (gleichförmige Temperaturänderung des Riegels $\vartheta_{i0} = \vartheta_{it}$, Stützenverschiebungen $\vartheta_{i0} = \vartheta_{is}$). Die n Knotendrehwinkel φ_J ($J = A \ldots N$) eines durchgehenden Trägers mit n Zwischenstützen werden daher nach Abschn. 39 bei beliebiger Abstützung der Pfosten aus n statischen Bedingungsgleichungen $\delta A_J = 0$ berechnet.

$$\delta A_J = \varphi_{J-1}\,a_{J(J-1)} + \varphi_J\,a_{JJ} + \varphi_{J+1}\,a_{J(J+1)} + a_{J0} = 0\,. \tag{735}$$

Das Trägheitsmoment aller Träger l_i und Pfosten h_i, s_i gilt im Bereich der geometrischen Stablänge als konstant.

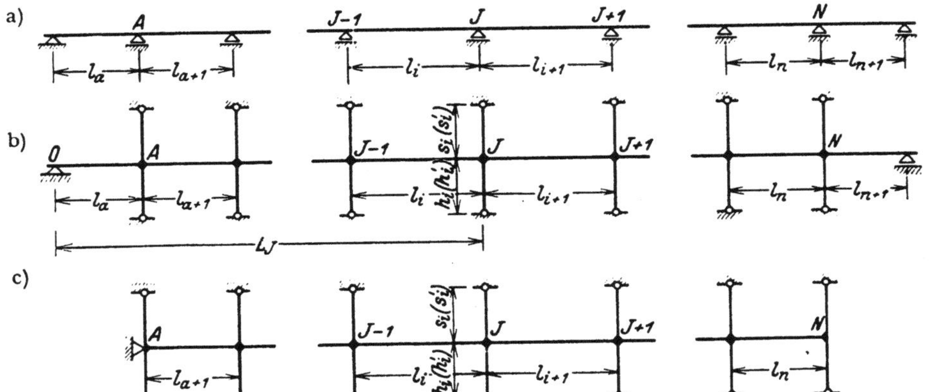

Abb. 403.

Vorzahlen der Knotendrehwinkel. 1. Durchlaufender Träger mit frei drehbaren Stützen (Abb. 403a)

$$a_{J(J-1)} = -\frac{2}{l'_i}\,, \qquad a_{JJ} = -\frac{4}{l'_i} - \frac{4}{l'_{i+1}}\,, \qquad a_{J(J+1)} = -\frac{2}{l'_{i+1}}\,, \tag{736}$$

freie Auflagerung der Endstützen

$$a_{AA} = -\frac{3}{l'_a} - \frac{4}{l'_{a+1}}\,, \qquad a_{NN} = -\frac{4}{l'_n} - \frac{3}{l'_{n+1}}\,, \tag{737a}$$

starre Einspannung der Endstützen

$$a_{AA} = -\frac{4}{l'_a} - \frac{4}{l'_{a+1}}, \qquad a_{NN} = -\frac{4}{l'_n} - \frac{4}{l'_{n+1}}. \tag{737b}$$

2. Durchlaufender Träger mit elastisch drehbaren Stützen (Abb. 403b)

$$a_{J(J-1)} = -\frac{2}{l'_i}, \qquad a_{JJ} = -\frac{4}{l'_i} - \frac{4}{l'_{i+1}} - \frac{\lambda_h}{h'_i} - \frac{\lambda_s}{s'_i}, \qquad a_{J(J+1)} = -\frac{2}{l'_{i+1}}. \tag{738}$$

Die Beiwerte λ_h, λ_s erhalten bei starrer Einspannung der Pfosten h_i, s_i den Betrag 4, bei frei drehbarer Auflagerung der Pfosten den Betrag 3, bei elastischer Einspannung mit dem Momentennullpunkt in dem Viertelpunkt den Betrag 3,6. Bei frei drehbarer Auflagerung der Randträger l_a, l_{n+1} ist

$$a_{AA} = -\frac{3}{l'_a} - \frac{4}{l'_{a+1}} - \frac{\lambda_h}{h'_a} - \frac{\lambda_s}{s'_a}, \qquad a_{NN} = -\frac{4}{l'_n} - \frac{3}{l'_{n+1}} - \frac{\lambda_h}{h'_n} - \frac{\lambda_s}{s'_n}. \tag{739}$$

Abschluß des Tragwerks nach Abb. 403c: $1/l'_a = 1/l'_{n+1} = 0$. Anordnung des Tragwerks nach Abb. 397: $1/s' = 0$.

Belastungszahlen des Ansatzes. Die Belastungszahlen a_{J0} werden für die an den Trägern l_i und an den Pfosten h_i, s_i angreifenden äußeren Kräfte nach (536) gebildet. Man bedient sich bei Stäben mit zwei eingespannten Enden der Tabelle 25, bei Stäben mit einem eingespannten Ende der Tabelle 26. Gemessene oder geschätzte senkrechte Verschiebungen der Stützpunkte ergeben

$$a_{J0} = +\frac{6}{l_i\, l'_i}(\Delta_J - \Delta_{J-1}) + \frac{6}{l_{i+1}\, l'_{i+1}}(\Delta_{J+1} - \Delta_J). \tag{740}$$

Bei gleichförmiger Temperaturänderung des Trägers um t^0 und waagerechter Abstützung des linken Stützpunktes O (Abstand $\overline{OJ} = L_J$ ist mit starrer Einspannung der Pfostenenden

$$a_{J0} = +\left(\frac{6}{h_i\, h'_i} - \frac{6}{s_i\, s'_i}\right)\alpha_t\, t\, L_J. \tag{741}$$

Für frei drehbare Pfostenenden wird die Ziffer 6 durch die Ziffer 3 ersetzt.

Der Ansatz zur Berechnung der Knotendrehwinkel φ_J (735) besteht aus Gleichungen mit je drei Unbekannten, die nach der Rechenvorschrift S. 230ff. aufgelöst werden. Damit sind nach (529) auch die Stabanschlußmomente der Träger und Pfosten bekannt.

a) Elastische Einspannung beider Stabenden (530)

$$M_J^{(i)} = M_{J0}^{(i)} + \frac{2}{l'_i}(2\varphi_J + \varphi_{J-1} - 3\vartheta_{i0}).$$

b) Elastische Einspannung und frei drehbare Auflagerung (532)

$$M_J^{(i)} = M_{J0}^{(i)} + \frac{3}{l'_i}(\varphi_J - \vartheta_{i0}).$$

Die Aufzeichnung der Einflußlinien der Knotendrehwinkel φ_J und der Stabanschlußmomente $M_J^{(i)}$ ist in Abschn. 40 abgeleitet und für den durchlaufenden Träger auf elastisch drehbaren Stützen dargelegt worden.

Die Verwendung der Knotendrehwinkel liefert die Schnittkräfte im Gegensatz zur Lösung auf S. 435 in zwei Stufen. Sie ist übersichtlich und vor allem bei mehrteiliger Ausbildung der Zwischenstützen (Abb. 396d) von Bedeutung. Die Rechnung ist an einem Beispiel auf S. 328ff. gezeigt worden.

Auch diese Untersuchung kann durch geometrische Auslegung der Kennbeziehungen zwischen je zwei Stabanschlußmomenten am Stabknoten und an einem

Systemstabe graphisch behandelt werden. Das ist in Abschn. 44 geschehen und dort auch durch Beispiele belegt worden, so daß sich besondere Angaben erübrigen, zumal die Lösung im Vergleich zu den ausführlichen Rechenvorschriften dieses Abschnitts weder sachliche noch formale Vorteile bietet.

Berechnung einer Pilzdecke.

Die Decke des zweiten Geschosses wird unter der Annahme berechnet, daß eine waagerechte Verschiebung der Riegel ausgeschlossen ist.

$$l_k = 5{,}4\ \text{m}, \qquad J_k = J_c = 36{,}0\ \text{dm}^4.$$

$$l_k' = 5{,}4, \qquad s' = 7{,}09, \qquad h' = 1{,}983\ \text{m}.$$

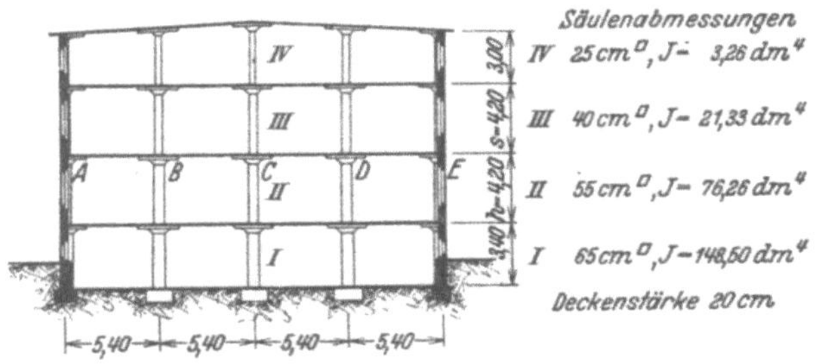

Abb. 404.

A. Berechnung für feldweise konstantes Trägheitsmoment mit Hilfe der Knotendrehwinkel (S. 439). Elastische Einspannung der Pfostenenden ($a_{kk} = h_k/4$).

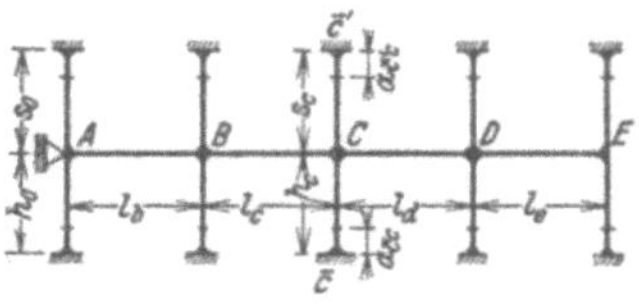

Abb. 405.

1. Vorzahlen nach Gl. (738)

$$a_{AA} = a_{EE} = -\frac{4}{5{,}4} - \frac{3{,}6}{1{,}983} - \frac{3{,}6}{7{,}09} = -3{,}0639,$$

$$a_{JJ} = -\frac{4}{5{,}4} - \frac{4}{5{,}4} - \frac{3{,}6}{1{,}983} - \frac{3{,}6}{7{,}09} = -3{,}8047,$$

$$a_{J(J+1)} = -\frac{2}{5{,}4} = -0{,}3704.$$

Die Stabdrehwinkel sind Null.

φ_A	φ_B	φ_C	φ_D	φ_E	
−3,0639	−0,3704				a_{A0}
−0,3704	−3,8047	−0,3704			a_{B0}
	−0,3704	−3,8047	−0,3704		a_{C0}
		−0,3704	−3,8047	−0,3704	a_{D0}
			−0,3704	−3,0639	a_{E0}

2. Belastung $p = 1$ t/m auf allen Feldern. Tab. 25.

$$M_{J0}^{(k)} = -M_{k0}^{(k)} = -\frac{1 \cdot 5{,}4^2}{12} = -2{,}43, \qquad a_{A0} = -a_{E0} = +2{,}43, \qquad a_{J0} = 0.$$

Infolge Symmetrie ist $\varphi_C = 0$. Daher folgt aus den ersten beiden Gleichungen

$$\varphi_A = 0{,}80254, \qquad \varphi_B = -0{,}07812.$$

Nach Gl. (530) wird

$$M_A^{(b)} = -2{,}43 + 0{,}3704\,(\;2\cdot 0{,}80254 - 0{,}07812) = -1{,}864\ \text{mt},$$
$$M_B^{(b)} = \;\;2{,}43 + 0{,}3704\,(-2\cdot 0{,}07812 + 0{,}80254) = +2{,}669\ \text{mt},$$
$$M_B^{(c)} = -2{,}43 + 0{,}3704\,(-2\cdot 0{,}07812 + 0) = -2{,}488\ \text{mt},$$
$$M_C^{(c)} = \;\;2{,}43 + 0{,}3704\,(0 - 0{,}07812) = +2{,}401\ \text{mt}.$$

Die Anschlußmomente der Pfosten verhalten sich wie deren Trägheitsmomente.

B. Berechnung unter Berücksichtigung starrer Stützenköpfe beim Riegel. Elastische Einspannung der Pfostenenden ($a_{\bar{k}k} = h_k/4$).

1. Approximation des Trägheitsmomentes der Riegel. Tab. 29 (für alle Felder gleich).

$$v = 0{,}6\ \text{m}, \qquad \nu = \frac{1}{9}, \qquad \mu = \left(1 - \frac{2}{9}\right)\left(1 - \frac{1}{9}\,\frac{8}{9}\right) = 0{,}7, \qquad \lambda = 0{,}93.$$

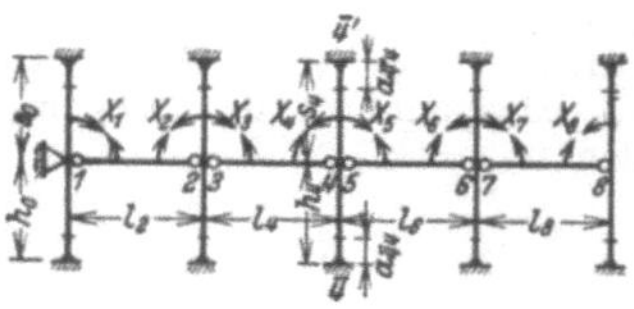

Abb. 406.

Für die Pfosten wird $J = \text{const}$ angenommen.

2. Vorzahlen nach (702).

$$6\,\delta_{kk,1} = 2\cdot 0{,}7\cdot 5{,}4 = 7{,}56, \quad 6\,\delta_{(k+1)\,(k+2)} = 0{,}93\cdot 5{,}4 = 5{,}02,$$
$$6\,\delta_{kk,2} = \frac{5}{3}\,\frac{7{,}09\cdot 1{,}983}{9{,}073} = 2{,}58,$$
$$6\,\delta_{kk} = 7{,}56 + 2{,}58 = 10{,}14.$$

X_1	X_2	X_3	X_4	X_5	X_6	X_7	X_8	
10,14	5,02							δ_{10}
5,02	10,14	−2,58						δ_{20}
	−2,58	10,14	5,02					δ_{30}
		5,02	10,14	−2,58				δ_{40}
			−2,58	10,14	5,02			δ_{50}
				5,02	10,14	−2,58		δ_{60}
					−2,58	10,14	5,02	δ_{70}
						5,02	10,14	δ_{80}

3. Belastung $p = 1$ t/m auf allen Feldern. Tab. 36. $6\,\delta_{k0} = \dfrac{5{,}4^3}{4} = 39{,}366$. Infolge Symmetrie ergibt sich aus den ersten 4 Gleichungen

$$X_1 = 2{,}038, \qquad X_2 = 3{,}726, \qquad X_3 = 3{,}355, \qquad X_4 = 2{,}980\ \text{mt}.$$

C. Zeichnerische Lösung mit Berücksichtigung der starren Stützenköpfe beim Riegel. Elastische Einspannung der Pfostenenden ($a_{\bar{k}k} = h_k/4$).

$$\text{Gl. (726)} \quad c_{kk} = c_{(k+2)\,(k+1)} = \frac{0{,}93}{0{,}93 + 2\cdot 0{,}7}\cdot 5{,}4 = 2{,}156 = e_k = e_{k+1},$$

$$2\,\psi_k\,h_k' = 2{,}58, \qquad \bar{c}_{kk} = \bar{c}_{(k+2)\,(k+1)} = \frac{0{,}93}{0{,}93 + 2\cdot 0{,}7 + 2{,}58/5{,}4}\cdot 5{,}4 = 1{,}79,$$

$$c_{21} = c_{88} = e_1 = e_8 = 1{,}79,$$

$$T_k = \frac{39{,}366}{12{,}58} = 3{,}13\ \text{mt}, \qquad T_1 = T_8 = \frac{39{,}366}{15{,}16} = 2{,}59\ \text{mt}.$$

Festpunkte zeichnerisch nach Abb. 226, Überzählige nach Abb. 407.

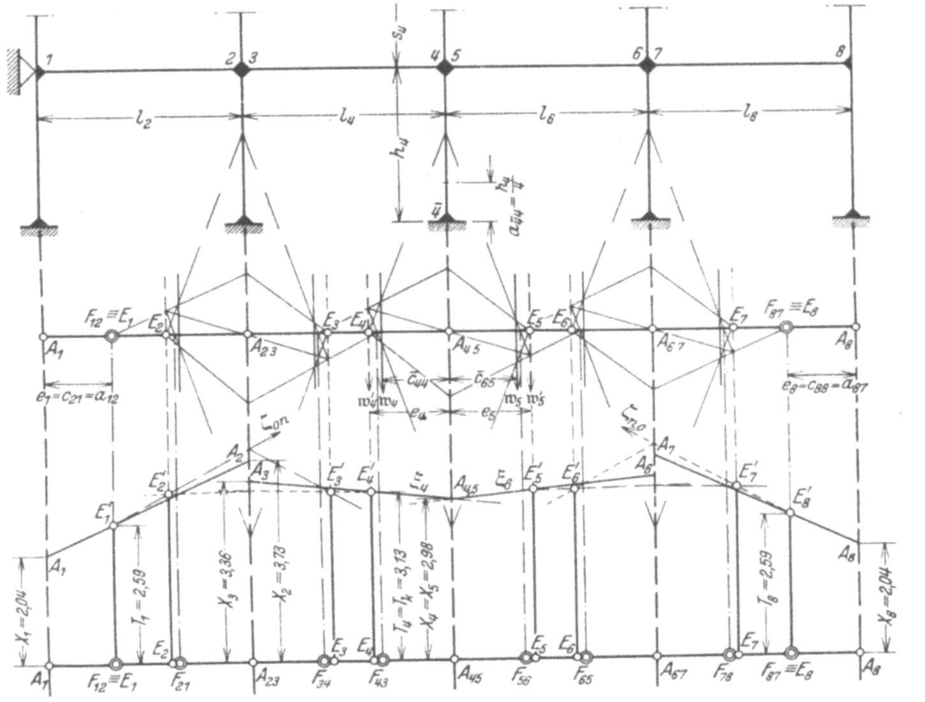

Abb. 407.

1. Geometrische Entwicklung der Festpunkte und Übergangslinien aus den Schwerlinien nach S. 257.

2. Eintragung der Punkte E'_k mit e_k und T_k.

3. Der Geradenzug ζ_{0n} bestimmt die linke Gruppe der den Festpunkten $F_{(k-1)k}$ zugeordneten Punkte der Geraden ξ_k, der Geradenzug ζ_{n0} die rechte Gruppe der den Festpunkten $F_{k(k-1)}$ zugeordneten Punkte von ξ_k. Diese schneiden auf den Ordinaten zu A_{k-2}, A_k die Stützenmomente X_{k-1}, X_k ab.

Schächterle, W.: Beiträge zur Berechnung elastischer Bogen und Rahmen. Berlin 1914. — Leve, V.: Die Berechnung durchlaufender Träger und mehrstieliger Rahmen nach der Methode des Zahlenrechtecks. Borna 1916. — Straßner, A.: Neuere Methoden zur Statik der Rahmentragwerke. Bd. 1: Der durchlaufende Rahmen. Berlin 1922. — Derselbe: Tabellen für die Einflußlinien und die Momente des durchlaufenden Rahmens. Berlin 1922. — Kann, F.: Durchlaufende Eisenbetonkonstruktionen in elastischer Verbindung mit Zwischenstützen. Berlin 1926. — Crämer, H.: Der elastisch drehbare, gestützte Durchlaufbalken. Berlin 1927. — Mörsch, E.: Der durchlaufende Träger. Stuttgart 1928.

49. Die Rahmenstellung mit beliebig vielen Feldern, geraden Riegelstäben und senkrechten Pfosten.

Die Rahmenstellung entsteht durch Beseitigung der waagerechten Stützung a des Riegels eines durchlaufenden Trägers mit elastisch drehbaren Pfosten (Abb. 397), so daß die waagerechten Komponenten der Lasten am Riegel und der Unterschied der Querkräfte an den Pfostenköpfen den Stützpunkten durch die Biegungssteifigkeit der Pfosten zugeleitet werden. Hiermit ist eine Verschiebung der Stabknoten verbunden. Da jedoch stets die von den statisch überzähligen Größen abhängigen Längenänderungen der Stäbe vernachlässigt werden, sind die waagerechten Verschiebungen durch einen Parameter ψ_1 bestimmt. Er ist beim durchgehenden Träger Null. Man verwendet für ψ_1 den EJ_cfachen Betrag des Stabdrehwinkels ϑ^* eines der beiden Endpfosten, bei Symmetrie der Rahmenstellung den EJ_cfachen Betrag des Drehwinkels der Mittelstütze oder der waagerechten Verschiebung des Symmetriepunktes des Riegels. Nach dem Superpositionsgesetz kann daher jeder Knotendrehwinkel φ_J und jede statisch überzählige Schnittkraft X_h durch die folgende lineare Beziehung angegeben werden:

$$\varphi_J = \varphi_{J\otimes} + \varphi_{J1}\psi_1, \qquad X_h = X_{h\otimes} + \psi_1 X_{h1}. \tag{742}$$

Die Knotendrehwinkel $\varphi_{J\otimes}$ und die Schnittkräfte $X_{h\otimes}$ bezeichnen mit $\psi_1 = 0$ die Wirkung der äußeren Ursachen ($\mathfrak{P}, t, \Delta t, \Delta_k$) am durchgehenden Träger. Die Knotendrehwinkel φ_{J1} und die Schnittkräfte X_{h1} entstehen aus dem Drehwinkel $\psi_1 = 1$ eines ausgezeichneten Pfostens h^* und der ihm zugeordneten waagerechten Verschiebung $\Delta = 1 \cdot h^*$ des Stützpunktes a des durchgehenden Trägers. Die Schnittkräfte und Knotendrehwinkel sind aus dem Abschn. 48 bekannt.

Die Verwendung der Knotendrehwinkel $\varphi_{J\otimes}, \varphi_{J1}$ zur Berechnung des unabhängigen Parameters ψ_1 des Ansatzes ist in Abschn. 39 gezeigt und durch Beispiele belegt worden. Die Lösung wird daher hier mit den statisch unbestimmten Schnittkräften $X_{h\otimes}, X_{h1}$ angegeben. Diese sind durch die Glieder $\beta_{hk}, \beta_{h(k+1)}$ der konjugierten Matrix des Ansatzes (719) und aus den Belastungszahlen $\delta_{k\otimes}, \delta_{(k+1)\otimes}$ (Tabelle 36) für die verschiedenen äußeren Ursachen bestimmt. Für $\psi_1 = 1$ und $\Delta = \psi_1 h^* = 1 \cdot h^*$ wird bei frei drehbarer Abstützung der Enden einteiliger Pfosten in $\bar{k}$ (Abb. 408)

$$6\,\delta_{ks} = 6\,h^*/h_k, \qquad 6\,\delta_{(k+1)s} = -6\,h^*/h_k, \tag{743}$$

bei starrer Einspannung am Ende $\bar{\bar{k}}$ des Pfostens h_k mit $J = \infty$ im Bereich f_k des Stützenkopfes

$$6\,\delta_{ks} = 9\,h^*\frac{h_k + f_k}{h_k^2 + h_k f_k + f_k^2} = -6\,\delta_{(k+1)s}, \tag{744}$$

bei starrer Einspannung am Ende $\bar{k}$ des Pfostens h_k mit konstantem Trägheitsmoment im Bereich h_k, ($f_k = 0$)

$$6\,\delta_{ks} = 9\,h^*/h_k, \qquad 6\,\delta_{(k+1)s} = -9\,h^*/h_k. \tag{745}$$

Daher ist mit $k = 0, 2, 4 \ldots$ bei gelenkiger Auflagerung in $\bar{\bar{k}}$:

$$X_{h1} = 6\sum_k \frac{h^*}{h_k}(\beta'_{hk} - \beta'_{h(k+1)}), \tag{746}$$

bei starrer Einspannung in $\bar{\bar{k}}$, $f_k = 0$:

$$X_{h1} = 9\sum_k \frac{h^*}{h_k}(\beta'_{hk} - \beta'_{h(k+1)}). \tag{747}$$

Der EJ_cfache Betrag ψ_1 des Stabdrehwinkels ist durch das Gleichgewicht der Schnittkräfte der Rahmenstellung bestimmt. Sie wird für diesen Nachweis in eine statisch äquivalente zwangläufige Stabkette Γ_1 verwandelt, an deren Elementen $i \equiv \overline{JK}$ neben der Belastung $\mathfrak{P}_i$ die Stabendmomente $M_J^{(i)}, M_K^{(i)}$ als äußere Kräfte angreifen. Der Drehsinn im Uhrzeiger ist an beiden Stabenden positiv. Dasselbe gilt daher auch von der Momentensumme $M^{(i)} = M_J^{(i)} + M_K^{(i)}$ (Abb. 408) und ihren Anteilen $M_0^{(i)}, M_1^{(i)}$ in

$$M^{(i)} = M_0^{(i)} + \psi_1 M_1^{(i)}. \tag{748}$$

Die äußeren Kräfte der Kette ($\mathfrak{P}_i, M^{(i)}$) sind nach dem Prinzip der virtuellen Verrückungen (524) im Gleichgewicht, wenn ihre virtuelle Arbeit für den Bewegungszustand $\psi_1 = 1$ Null ist. Dabei drehen sich die Stäbe i um einen Hauptpol (i) mit der Geschwindigkeit v_{i1}.

$$\delta A_1 = \sum (\mathsf{M}_P^{(i)} + M_0^{(i)} + \psi_1 M_1^{(i)})\,v_{i1} = 0,$$

$$\psi_1 = -\frac{\sum(\mathsf{M}_P^{(i)} + M_0^{(i)})\,v_{i1}}{\sum M_1^{(i)} v_{i1}}. \tag{749}$$

In diesem Ansatz ist $\mathsf{M}_p^{(i)}$ das Moment aller Lasten am Stabe i in bezug auf dessen Hauptpol (i). Die Momentensummen $M_0^{(i)}$, $M_1^{(i)}$ sind Funktionen der statisch überzähligen Schnittkräfte X_{h0}, X_{h1} des durchlaufenden Trägers auf elastisch drehbaren Stützen infolge der äußeren Ursachen oder $\psi_1 = 1$. Bei senkrechten Pfosten sind die Winkelgeschwindigkeiten der Riegelstäbe Null. Sie verschieben sich parallel. Daher sind hier nur die waagerechten Komponenten W der Kräfte an der virtuellen Arbeit beteiligt. Sie beträgt $\sum W h^* = h^* \sum W$. Die virtuelle Arbeit der Kräfte am Pfosten h_k wird aus den folgenden Ergebnissen gebildet (Abb. 408).

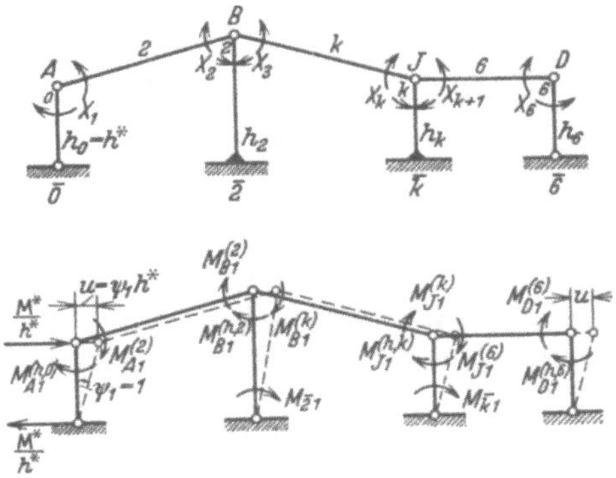

Abb. 408.

Winkelgeschwindigkeit: $\quad v_{k1} = h^*/h_k$.

Stabendmomente bei Belastung des Riegels:

$$M_{\bar{k}0} = \alpha_k (X_{(k+1)0} - X_{k0}), \qquad M_0^{(h,k)} = (1 + \alpha_k)(X_{(k+1)0} - X_{k0}). \tag{750}$$

Gleichm. Temperaturänd.: $M_0^{(h,k)} = (1+\alpha_k)(X_{(k+1)t,0} - X_{kt,0}) - \dfrac{3 L_k \alpha_t t}{h_k h_k' \beta_k} E J_c$. $\quad$ (751)

$\psi_1 = 1$:

$$\left.\begin{aligned} M_{\bar{k}1} &= \alpha_k (X_{(k+1)1} - X_{k1}) - \frac{3 h^*}{h_k h_k' \beta_k}, \\ M_1^{(h,k)} &= (1 + \alpha_k)(X_{(k+1)1} - X_{k1}) - \frac{3 h^*}{h_k h_k' \beta_k}. \end{aligned}\right\} \tag{752}$$

Bei frei drehbaren Pfostenenden ist $\alpha_k = 0$, $\beta_k = \infty$, bei eingespannten Pfostenenden

$$\alpha_k = \frac{\bar{h}_k (h_k + 2 f_k)}{2 (h_k^2 + h_k f_k + f_k^2)}, \qquad \beta_k = 1 - \frac{f_k^3}{h_k^3}. \tag{753}$$

Mit ψ_1 ist dann

$$X_k = X_{k0} + \psi_1 X_{k1},$$

also infolge

Belastung: $\quad M_{\bar{k}} = \alpha_k (X_{(k+1)0} - X_{k0}) + \psi_1 M_{\bar{k}1}$,

Temperaturänd.: $\quad M_{\bar{k}} = \alpha_k (X_{(k+1)t,0} - X_{kt,0}) - \dfrac{3 L_k \alpha_t t}{h_k h_k' \beta_k} E J_c + \psi_{1t} M_{\bar{k}1}$. $\quad$ (754)

Die Einflußlinien einer beliebigen Schnittkraft K_r bestehen nach (742) aus den Ordinaten der Einflußlinie K_{r0} des durchgehenden Trägers $(\psi_1 = 0)$ und den Ordinaten ψ_{1m} der Einflußlinie von ψ_1 nach deren Erweiterung mit der Schnittkraft K_{r1} infolge von $\psi_1 = 1$. Nach dem Satze von Maxwell ist

$$P_m v_{m\mathsf{M}} = \mathsf{M} \psi_{1m},$$

d. h. die Arbeit der wandernden Last P_m bei einer durch ein Kräftepaar M hervorgerufenen $E J_c$fachen Einbiegung $v_{m\mathsf{M}}$ des Riegels des durchlaufenden Rahmens ist gleich der virtuellen Arbeit des Kräftepaares M am Pfosten h^* während deren im $E J_c$fachen Betrage angegebenen Verdrehung ψ_{1m} infolge von P_m. Die äußeren Ursachen P_m und M können nach S. 90 beliebig festgesetzt werden. Daher soll $P_m = 1$, dagegen M so groß gewählt werden, daß dabei der Drehwinkel $\psi_1 = 1$ wird.

$$\mathsf{M} = \mathsf{M}^*, \qquad v_{m\mathsf{M}} = v_{m\psi}, \qquad 1_m v_{m\psi} = \mathsf{M}^* \psi_{1m}.$$

Der Betrag M^* wird aus dem Gleichgewicht der Schnittkräfte an einer zwangläufigen, mit $\psi_1 = 1$ angetriebenen Stabkette (Abb. 408) berechnet. Die Winkelgeschwindigkeiten der Riegel sind Null, diejenigen der Pfosten $v_k = h^*/h_k$.

Nach (524) ist dann

$$\left.\begin{aligned} \mathsf{M}^* \cdot \mathrm{i} + \Sigma\left(M_1^{(k)} \frac{h^*}{h_k}\right) = 0\,, \\ \psi_{1m} = \frac{v_{m\psi}}{\mathsf{M}^*} = -\frac{v_{m\psi}}{\Sigma\left(M_1^{(k)} \frac{h^*}{h_k}\right)}\,. \end{aligned}\right\} \tag{755}$$

Die Ordinaten ψ_{1m} der Einflußlinie des EJ_cfachen Betrages des ausgezeichneten Drehwinkels sind verhältnisgleich mit den EJ_cfachen Ordinaten $v_{m\psi}$ der Biegelinie des Trägers infolge von $\psi_1 = 1$. Sie wird aus den Endmomenten der Riegelstäbe, also aus den statisch unbestimmten Schnittkräften $X_{(h-1)1}$, X_{h1} aufgezeichnet, die nach (746) bekannt sind. Um die Ordinaten ψ_{1m} unmittelbar zu erhalten, werden die Schnittkräfte X_h zunächst durch den Nenner des Ausdrucks (755) geteilt.

Berechnung eines durchlaufenden Rahmens.

1. Geometrische Grundlagen.

k	l_k	J_k	l'_k	h_k	$J_{h,k}$	h'_k	$\bar{h}_k$	$\bar{f}_k$
1	24,0	0,138	24,0	29,3	0,086	47,1	27,9	1,4
3	24,0	0,138	24,0	29,3	0,086	47,1	27,9	1,4
5	24,0	0,138	24,0	11,1	0,011	139,1	9,7	1,4
7	18,0	0,050	49,68	11,1	0,011	139,1	9,7	1,4
9	12,0	0,050	33,12	—	—	—	—	—

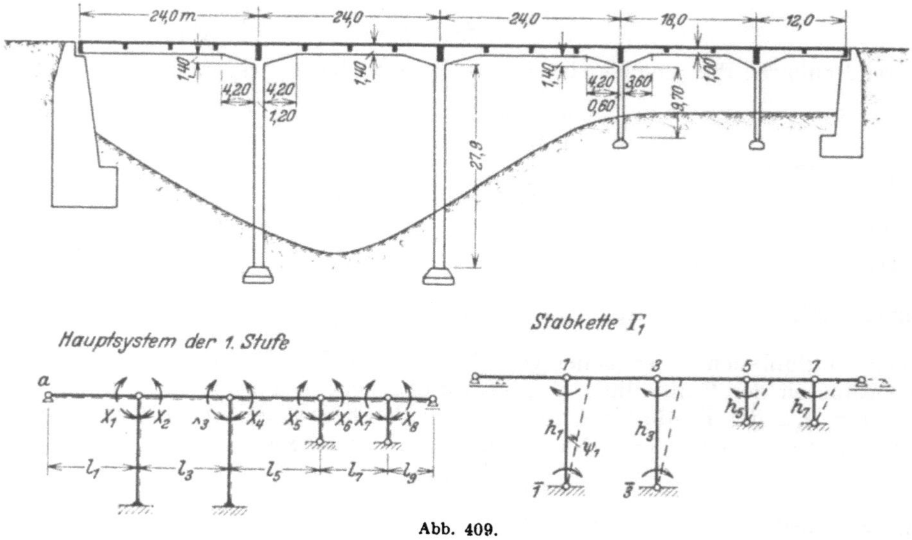

Abb. 409.

2. Approximation des Trägheitsmomentes für gerade Vouten. Tab. 29, Fall 3.

$$\nu_1 = \nu_3 = \nu_5 = 0{,}2\,, \qquad \nu_7 = 0{,}217\,, \qquad \nu_9 = 0{,}323\,,$$

$$n_1 = n_3 = n_5 = \frac{1{,}4^3}{2{,}8^3} = 0{,}125\,, \qquad n_7 = n_8 = \frac{1{,}0^3}{2{,}8^3} = 0{,}045\,,$$

$$\bar{\mu}_1 = \mu_3 = \mu_5 = 1 - (1 - 0{,}125)\,[2 \cdot 0{,}2 \cdot 0{,}8 + 0{,}2/3] = 0{,}66\,, \qquad \mu_7 = 0{,}61\,, \qquad \bar{\mu}_9 = 0{,}48\,,$$

$$\lambda_3 = \lambda_5 = 1 - 3\,(1 - 0{,}125) \cdot 0{,}2^2 = 0{,}90\,, \qquad \lambda_7 = 0{,}86\,,$$

$$\alpha_1 = \alpha_3 = \frac{27{,}9\,(29{,}3 + 2 \cdot 1{,}4)}{2\,(29{,}3^2 + 29{,}3 \cdot 1{,}4 + 1{,}4^2)} = 0{,}4967\,, \qquad \beta_1 = \beta_3 = 1 - \frac{1{,}4^3}{29{,}3^3} \approx 1\,.$$

3. Vorzahlen der ersten Stufe (durchlaufender Träger) nach (702) u. (705).

Riegel: $6\,\delta_{11,1} = 6\,\delta_{22,1} = 6\,\delta_{33,1} = 6\,\delta_{44,1} = 6\,\delta_{55,1} = 2 \cdot 0{,}66 \cdot 24 = 31{,}70$,

$6\,\delta_{66,1} = 6\,\delta_{77,1} = 60{,}60$, $\quad 6\,\delta_{88,1} = 31{,}80$,

$6\,\delta_{23} = 0{,}9 \cdot 24 = 21{,}60$, $\quad 6\,\delta_{45} = 21{,}60$, $\quad 6\,\delta_{67} = 42{,}70$.

$$\text{Pfosten:}\quad 6\,\delta_{11,2} = \frac{3 \cdot 27{,}9^3 \cdot 47.1}{2 \cdot 29{,}3\,(29{,}3^2 + 29{,}3 \cdot 1{,}4 + 1{,}4^2)} = 58{,}10,$$

$6\,\delta_{11,2} = 6\,\delta_{44,2} = -6\,\delta_{34} = 58{,}10$, $\quad 6\,\delta_{33,2} = 6\,\delta_{44,2} = -6\,\delta_{34} = 58{,}10$,

$$6\,\delta_{55,2} = 2\,\frac{9{,}7^3}{11{,}13} \cdot 139{,}1 = 186{,}0, \qquad 6\,\delta_{66,2} = -6\,\delta_{56} = 6\,\delta_{77,2} = 6\,\delta_{88,2} = -6\,\delta_{78} = 186{,}0,$$

$$\delta_{kk} = \delta_{kk,1} + \delta_{kk,2}.$$

Matrix der geometrischen Bedingungen $\delta_k = 0$.

X_{10}	X_{20}	X_{30}	X_{40}	X_{50}	X_{60}	X_{70}	X_{80}
89,8	−58,1						
−58,1	89,8	21,6					
	21,6	89,8	−58,1				
		−58,1	89,8	21,6			
			21,6	217,7	−186,0		
				−186,0	246,6	42,7	
					42,7	246,6	−186,0
						−186,0	217,8

Konjugierte Matrix $10^3 \beta'_{ik}$.

→ +0,723876 −0,441569 +0,703674 −0,334880 +0,823652 −0,486571 +0,853994 →

	$6\,\delta_{10}$	$6\,\delta_{20}$	$6\,\delta_{30}$	$6\,\delta_{40}$	$6\,\delta_{50}$	$6\,\delta_{60}$	$6\,\delta_{70}$	$6\,\delta_{80}$	↑
$10^3 X_{10}$	+20,9456	+15,1621	−6,6950	−4,7112	+1,5777	+1,2995	−0,6323	−0,5400	+0,646993
$10^3 X_{20}$	+15,1621	+23,4347	−10,3480	−7,2816	+2,4385	+2,0085	−0,9773	−0,8346	−0,413716
$10^3 X_{30}$	−6,6950	−10,3480	+25,0124	+17,6006	−5,8940	−4,8547	+2,3621	+2,0173	+0,718493
$10^3 X_{40}$	−4,7112	−7,2816	+17,6006	+24,4965	−8,2034	−6,7568	+3,2876	+2,8076	−0,449480
$10^3 X_{50}$	+1,5777	+2,4385	−5,8940	−8,2034	+18,2509	+15,0324	−7,3143	−6,2464	+0,894268
$10^3 X_{60}$	+1,2995	+2,0085	−4,8547	−6,7568	+15,0324	+16,8097	−8,1791	−6,9849	−0,531981
$10^3 X_{70}$	−0,6323	−0,9773	+2,3621	+3,2876	−7,3143	−8,1791	+15,3748	+13,1300	+0,830786
$10^3 X_{80}$	−0,5400	−0,8346	+2,0173	+2,8076	−6,2464	−6,9849	+13,1300	+15,8043	↓

4. Zustand $\psi_1 = 1$. Belastungszahlen nach (744) u. (743). $h^* = h_1$; $\quad X_{k1} = \Sigma \beta'_{ki}\, 6\,\delta_{is}$.

$$6\,\delta_{1s} = -6\,\delta_{2s} = 6\,\delta_{3s} = -6\,\delta_{4s} = 9\,\frac{29{,}3\,(29{,}3 + 1{,}4)}{29{,}3^2 + 29{,}3 \cdot 1{,}4 + 1{,}4^2} = 8{,}9804,$$

$$6\,\delta_{5s} = -6\,\delta_{6s} = 6\,\delta_{7s} = -6\,\delta_{8s} = 6\,\frac{29{,}3}{11{,}1} = 15{,}8378.$$

X_{11}	X_{21}	X_{31}	X_{41}	X_{51}	X_{61}	X_{71}	X_{81}
+0,03707	−0,09728	+0,08837	−0,05415	+0,04707	−0,03635	+0,04404	−0,03511 mt

$$M_1^{(h,1)} = 1{,}4967\,(-0{,}09728 - 0{,}03707) - \frac{3 \cdot 29{,}3}{29{,}3 \cdot 47{,}1 \cdot 1} = -0{,}26478\,, \qquad M_1^{(h,3)} = -0{,}27700 \text{ mt}\,,$$

$$M_1^{(h,5)} = -0{,}03635 - 0{,}04707 = -0{,}08342\,, \qquad M_1^{(h,7)} = -0{,}07915 \text{ mt}\,.$$

$$\dot{\nu}_{11} = \dot{\nu}_{31} = 1\,, \qquad \dot{\nu}_{51} = \dot{\nu}_{71} = \frac{29{,}3}{11{,}1} = 2{,}6396\,;$$

$$\sum M_1^{(i)} \nu_{i1} = -0{,}97089\,.$$

$$M_{\bar{1}\,1} = 0{,}4967\,(-0{,}09728 - 0{,}03707) - \frac{3}{47{,}1 \cdot 1} = -0{,}13043\,, \qquad M_{\bar{3}\,1} = -0{,}13448 \text{ mt}.$$

5. Belastung der Felder l_1 und l_3 mit $p = 4$ t/m. Belastungszahlen nach Tab. 36.

$$6\,\delta_{10} = 6\,\delta_{20} = 6\,\delta_{30} = \tfrac{1}{4} \cdot 4 \cdot 24^2 \cdot 24 = 13824\,,$$

$$\delta_{40} = \delta_{50} = \delta_{60} = \delta_{70} = \delta_{80} = 0\,.$$

X_{10}	X_{20}	X_{30}	X_{40}	X_{50}	X_{60}	X_{70}	X_{80}
+406,59	+390,51	+110,16	+77,51	−25,96	−21,38	+10,42	+8,89 mt

$$M_0^{(h,1)} = 1{,}4967\,(390{,}51 - 406{,}59) = -24{,}067\,, \qquad M_0^{(h,3)} = -48{,}867 \text{ mt}\,,$$

$$M_0^{(h,5)} = -21{,}38 + 25{,}96 = +4{,}58\,, \qquad M_0^{(h,7)} = -1{,}53 \text{ mt}\,,$$

$$\sum M_0^{(i)} \dot{\nu}_{i1} = -64{,}884\,,$$

$$\psi_1 = -\frac{-64{,}884}{-0{,}97089} = -66{,}829\,.$$

$$X_1 = 406{,}59 - 66{,}829 \cdot 0{,}03707 = +404{,}11 \text{ mt usw.}$$

X_1	X_2	X_3	X_4	X_5	X_6	X_7	X_8
+ 404,11	+ 397,01	+ 104,25	+ 81,13	− 29,11	− 18,95	+ 7,48	+ 11,24 mt

$$M_{\bar{1}} = 0{,}4967\,(390{,}51 - 406{,}59) + 66{,}829 \cdot 0{,}13043 = +0{,}73\,, \qquad M_{\bar{3}} = -7{,}23 \text{ mt}\,.$$

Die Biegungsmomente werden durch das Diagramm *a* der Abb. 410 dargestellt. Die Berücksichtigung der Vouten in den Belastungszahlen δ_{k0} durch numerische Integration nach Abschn. 18 ergibt $6\,\delta_{10} = 6\,\delta_{20} = 6\,\delta_{30} = 12150$ und $X_{10} = 357{,}36$, $X_{20} = 343{,}22$; $X_{30} = 96{,}82$; $X_{40} = 68{,}12$ mt usw. Damit entsteht in Abb. 410 das Diagramm *b* der Biegungsmomente.

6. Temperaturerhöhung des Riegels um 15°. Belastungszahlen nach (715) u. (712).

$$6\,E J_c\,\alpha_t\,t = 6 \cdot 2100000 \cdot 0{,}138 \cdot 10^{-5} \cdot 15 = 43{,}47\,; \qquad 9\,E J_c\,\alpha_t\,t = 65{,}21\,.$$

$$6\,\delta_{1t} = -6\,\delta_{2t} = 65{,}21\,\frac{24}{29{,}3} = 53{,}41\,, \qquad 6\,\delta_{3t} = -6\,\delta_{4t} = 106{,}82\,,$$

$$6\,\delta_{5t} = -6\,\delta_{6t} = 43{,}47 \cdot \frac{72}{11{,}1} = 281{,}97\,, \qquad 6\,\delta_{7t} = -6\,\delta_{8t} = 352{,}50\,.$$

X_{10}	X_{20}	X_{30}	X_{40}	X_{50}	X_{60}	X_{70}	X_{80}
+0,14 286	−0,69 843	+0,81 533	−0,83 804	+0,73 178	−0,75 679	+0,95 471	−0,80 314 mt

$$M_0^{(h,1)} = 1{,}4967\,(-0{,}69843 - 0{,}14286) - \frac{43{,}47 \cdot 24}{2 \cdot 29{,}3 \cdot 47{,}1 \cdot 1} = -1{,}63715\,,$$

$$M_0^{(h,3)} = -3{,}23058\,, \qquad M_0^{(h,5)} = -1{,}48857\,, \qquad M_0^{(h,7)} = -1{,}75785 \text{ mt}\,.$$

$$\sum M_0^{(i)} \nu_{i1} = -13{,}437\,, \qquad \psi_{1t} = -13{,}840\,.$$

X_1	X_2	X_3	X_4	X_5	X_6	X_7	X_8
$-0{,}370$	$+0{,}648$	$-0{,}408$	$-0{,}089$	$+0{,}081$	$-0{,}254$	$+0{,}345$	$-0{,}317$ mt

$$M_i = 0{,}4967\,(-0{,}69843 - 0{,}14286) - \frac{43{,}47 \cdot 24}{2 \cdot 29{,}3 \cdot 47{,}1 \cdot 1} + 13{,}840 \cdot 0{,}13043 = +1{,}009 \text{ mt}\,,$$

$M_{\bar{3}} = +0{,}284$ mt.

Die Momente sind in Abb. 411 aufgezeichnet.

7. Einflußlinie ψ_{1m}. Entwicklung aus der Biegelinie $v_{m\psi}$ des Riegels für $\psi_1 = 1$ nach S. 445 und damit aus den Biegelinien der Träger des Hauptsystems für $-X_k = 1$, $(k = 1\ldots8)$.

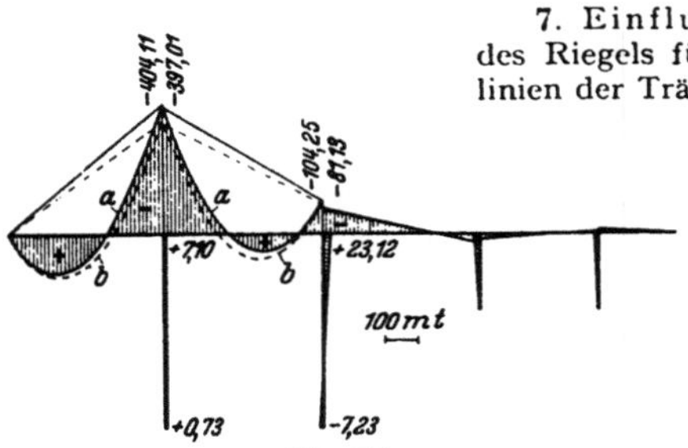

Abb. 410.

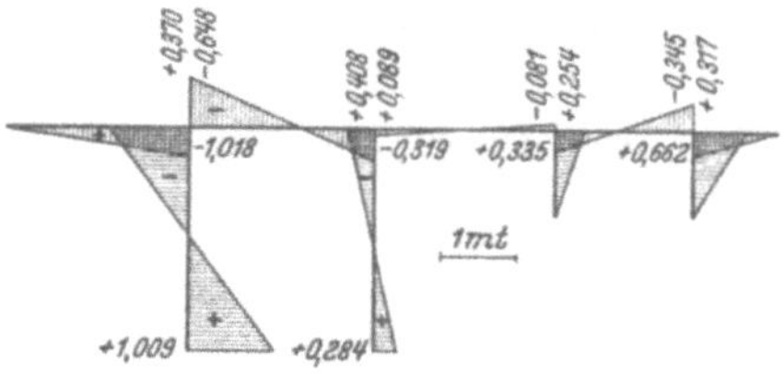

Abb. 411.

Diese werden nach S. 124 als Momentenlinien der elastischen Gewichte der Abschnitte l_3 und l_5 berechnet und mit

$$\delta_{3m} = \frac{l_3\, l_3'}{6}\,\bar{\omega}_D\,, \qquad \delta_{2m} = \frac{l_3\, l_3'}{6}\,\bar{\omega}_D'$$

angeschrieben. Hierbei ergeben sich für $\bar{\omega}_D$ und $\bar{\omega}_D'$ folgende Werte:

m	0	0,1	0,2	0,4	0,6	0,8	0,9	1,0
$\bar{\omega}_D$	0	0,0877	0,1731	0,3063	0,3435	0,2367	0,1244	0
$\bar{\omega}_D'$	0	0,1244	0,2367	0,3435	0,3063	0,1731	0,0877	0

Das Ergebnis gilt mit großer Annäherung auch für das Randfeld l_1, da $\bar{\mu} \approx \mu$. Es kann für den Trägerabschnitt zwischen den Vouten nach der Tabelle 29 unmittelbar angeschrieben werden und unterscheidet sich innerhalb der Vouten nur unwesentlich von der auf S. 395 als Näherung bezeichneten geraden Linie. Die Biegelinien der Felder l_7, l_9 entstehen in gleicher Weise.

Die Biegelinie $v_{m\psi}$ wird mit den Biegungsmomenten X_{k1} aus $\psi_1 = 1$ (S. 448) gebildet, im Felde l_3 z. B. aus X_{21} und X_{31}. Die Einflußlinie ψ_{1m} folgt dann aus (755) (Abb. 412).

$$\text{Feld } l_1\colon\quad \psi_{1m} = -\frac{-X_{11}}{-0{,}97089} \cdot \frac{24^2}{6} \cdot \frac{6}{l_1\, l_1'}\,\delta_{m1} \approx -3{,}6654\,\bar{\omega}_D\,,$$

$$\text{Feld } l_3\colon\quad \psi_{1m} = -\frac{-1}{-0{,}97089} \cdot \frac{24^2}{6}\,(X_{31}\,\bar{\omega}_D + X_{21}\,\bar{\omega}_D') = -98{,}8783\,(0{,}08837\,\bar{\omega}_D - 0{,}09728\,\bar{\omega}_D')$$

$$\text{Feld } l_5\colon\quad \psi_{1m} = -\frac{-1}{-0{,}97089}\,\frac{24^2}{6}\,(X_{51}\,\bar{\omega}_D + X_{41}\,\bar{\omega}_D') = -98{,}8783\,(0{,}04707\,\bar{\omega}_D - 0{,}05415\,\bar{\omega}_D')$$

usw.

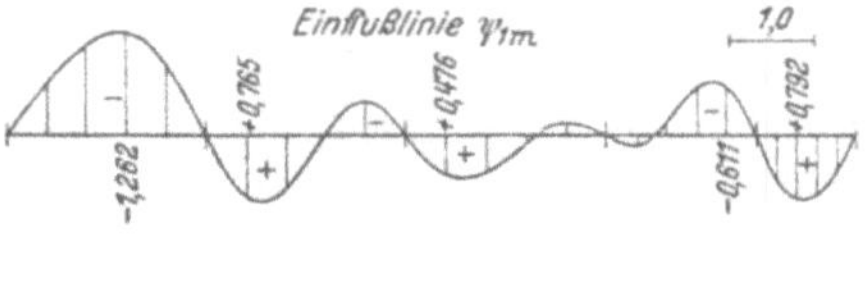

Abb. 412.

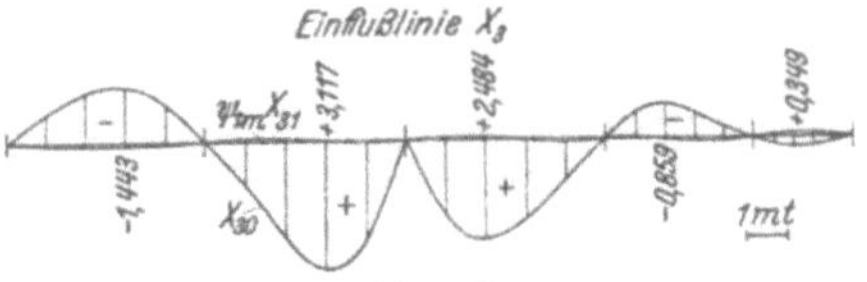

Abb. 413.

8. Einflußlinie X_3. Einflußlinie X_{30} nach Gl. (665).

$$\text{Feld } l_1\colon\quad X_{30} = -0{,}006695 \cdot 24^2 \cdot \frac{6}{l_1\, l_1'}\,\delta_{m1} \approx -3{,}856320\,\bar{\omega}_D\,,$$

$$\text{Feld } l_3\colon\quad X_{30} = \quad 0{,}025012 \cdot 24^2\,(\bar{\omega}_D - \varkappa_{23}\,\bar{\omega}_D') = 14{,}407142\,(\bar{\omega}_D - 0{,}413716\,\bar{\omega}_D')\,,$$

$$\text{Feld } l_5\colon\quad X_{30} = \quad 0{,}017601 \cdot 24^2\,(\bar{\omega}_D' - \varkappa_{51}\,\bar{\omega}_D) = 10{,}137946\,(\bar{\omega}_D' - 0{,}334880\,\bar{\omega}_D)$$

usw.

Die Einflußlinie X_3 ergibt sich durch Superposition von X_{30} und der um $X_{31} = 0{,}08837$ erweiterten Einflußlinie ψ_{1m} (Abb. 413).

Dieses Beispiel wurde in Abschn. 40 für konstantes Trägheitsmoment gerechnet. Der Vergleich zeigt den Einfluß der Vouten auf die Größe der Schnittkräfte.

Spiegel, G.: Mehrstielige Rahmen. Berlin 1920. — Nakonz, W.: Die Berechnung mehrstieliger Rahmen unter Anwendung statisch unbestimmter Hauptsysteme. Berlin 1924. — Kleinlogel, A.: Mehrstielige Rahmen 2. Aufl. Berlin 1927.

50. Die Erweiterung der Aufgabe.

Im Bauwesen sind zahlreiche Tragwerke im Gebrauch, die als bauliche Ausgestaltung eines durchlaufenden Trägers oder Rahmens angesehen und daher auch in ähnlicher Weise statisch untersucht werden. Die Anordnung schräger Stützen ist in Abb. 298 gezeigt und auf S. 328 nachgeprüft worden. An die Stelle einzelner End- oder Zwischenpfosten können zur Übertragung waagerechter Kräfte auch Stützböcke dienen. Die Schnittkräfte des Tragwerks werden in diesem Falle nach S. 319 aus den Knotendrehwinkeln abgeleitet. Die elastischen Verschiebungen der Anschlußpunkte der Riegel in senkrechter Richtung besitzen nur in Ausnahmefällen Bedeutung.

Tragwerke nach Abb. 414 können als durchlaufende Träger oder durchlaufende Rahmen mit aufgelöstem Riegel angesehen werden, wenn die Änderung der Stützenentfernung durch die Belastung klein genug bleibt, um vernachlässigt zu werden. Die Berechnung der Schnittkräfte aus den Komponenten des Verschiebungszustandes der Knotenpunktfigur ist auf S. 310 erwähnt worden. Sie kann auch auf die Ansätze des Abschn. 24 zurückgeführt werden, wenn die Formänderungen δ_{k0}, $\delta_{kk,1}$ usw. des innerlich statisch unbestimmten, als Balken gestützten Rahmenriegels bekannt sind. Das wird an der Untersuchung eines Shedbinders gezeigt, dessen Zuggurte zur Abstützung von Transmissionen biegungssteif ausgebildet worden sind, so daß mit der senkrechten Belastung p_a, p_b, p_c aller drei Stäbe gerechnet werden muß.

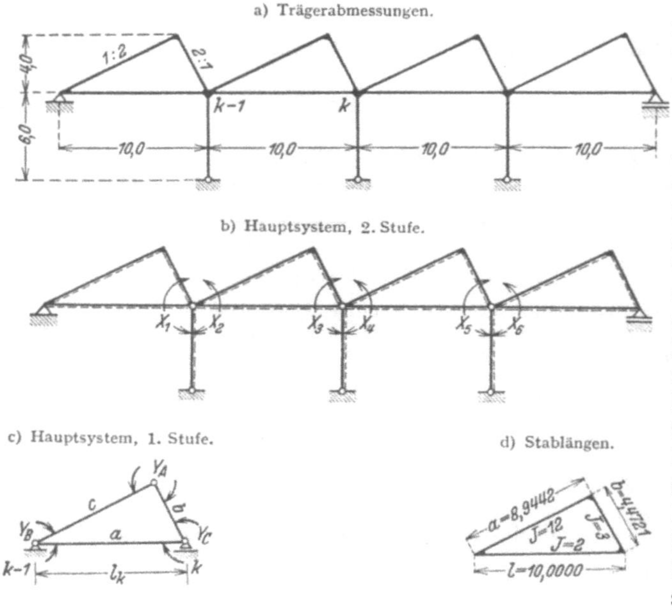

Abb. 414.

Die Lösung zerfällt in zwei Stufen. Die erste behandelt die statisch unbestimmten Schnittkräfte Y_A, Y_B, Y_C des Rahmenriegels l_k für dessen Belastung mit p_a, p_b oder p_c und durch die äußeren Kräfte $-X_{k-1} = 1$, $-X_k = 1$ und die Berechnung der Verdrehung der Endquerschnitte $(k-1)$, k infolge dieser äußeren Ursachen. In der zweiten Stufe werden die nunmehr bekannten Verdrehungen δ_{k0}, $\delta_{kk,1}$, $\delta_{k(k-1)}$, $\delta_{(k-1)(k-1),1}$ zur Berechnung der Stützenmomente X_k, X_{k+1} rechts und links von einer Stütze k nach Abb. 414 verwendet. Mit diesen und den Schnittkräften des statisch unbestimmten Hauptsystems aus $\mathfrak{P}$, $-X_{k-1}=1$, $-X_k=1$ ist dann eine beliebige Schnittkraft des Rahmenriegels

$$M = M_0^{(3)} - X_{k-1} M_{(k-1)}^{(3)} - X_k M_k^{(3)} .$$

1. Stufe (Abb. 414c). Berechnung der Eckmomente Y_A, Y_B, Y_C.

Matrix der Elastizitätsgleichungen

	Y_A	Y_B	Y_C
1	+ 1,4907	+ 0,2484	+ 0,4969
2	+ 0,2484	+ 3,8302	+ 1,6667
3	+ 0,4969	+ 1,6667	+ 4,3271

Konjugierte Matrix der Vorzahlen β_{AB}.

	δ_{A0}	δ_{B0}	δ_{C0}
Y_A	+ 0,69802	− 0,01248	− 0,07535
Y_B	− 0,01248	+ 0,31388	− 0,11946
Y_C	− 0,07535	− 0,11946	+ 0,28577

Die Formänderungen δ_{A0}, δ_{B0}, δ_{C0} werden für $-X_{k-1}=1$, $-X_k=1$ und für die Belastung der Stäbe mit p_a, p_b, p_c berechnet. Damit sind die statisch überzähligen Eckmomente nach (354) bekannt, so daß die Biegungsmomente für jeden Belastungsfall angegeben werden können ($-X_{k-1}=1$: Abb. 415a, $-X_k=1$: Abb. 415b, p_a: Abb. 415c, p_b: Abb. 415d, p_c: Abb. 415e). Mit diesen sind die Verdrehungen der Endquerschnitte $(k-1)$, k des Rahmenriegels nach (305) ($J_c=2$, Pfosten: $J=4$)

$$\delta_{kk,1}^{(3)} = \int M_k^{(3)} M_k^{(0)} \frac{J_c}{J} ds = 0{,}6135 ,$$

$$\delta_{(k-1)(k-1),1}^{(3)} = 0{,}3792 ,$$

$$\delta_{k(k-1)}^{(3)} = -0{,}0055 ,$$

$$-\delta_{k(k+1)} = \delta_{kk,2} = \delta_{(k+1)(k+1),2} = +1 .$$

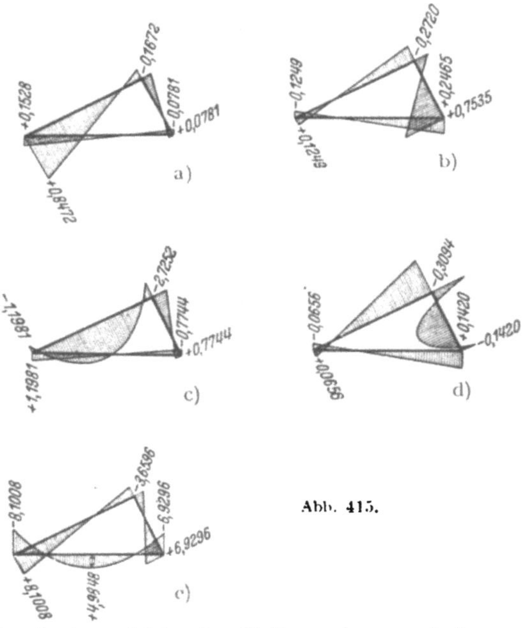

Abb. 415.

Damit kann nach (488) auch die zweite Stufe der statischen Untersuchung zur Berechnung der Stützenmomente X_{k-1}, X_k, X_{k+1} usw. angeschrieben werden. Sie besteht aus dreigliedrigen Gleichungen und zeichnet sich dadurch aus, daß die Vorzahlen $\delta_{23}=\delta_{45}$ so klein sind, daß der Ansatz in drei unabhängige Teile zerlegt und der elastische Zusammenhang damit auf zwei Rahmenriegel mit dem Zwischenpfosten beschränkt werden kann.

	X_1	X_2	X_3	X_4	X_5	X_6
1	+ 1,6135	− 1,0000				
2	− 1,0000	+ 1,3792	− 0,0055			
3		− 0,0055	+ 1,6135	− 1,0000		
4			− 1,0000	+ 1,3792	− 0,0055	
5				− 0,0055	+ 1,6135	− 1,0000
6					− 1,0000	+ 1,3792

Der vollständige Ansatz wird nach der Rechenvorschrift S. 232 aufgelöst. Die Kennbeziehungen $\varkappa_{(k-1)k}$, $\varkappa_{k(k-1)}$ und die Vorzahlen β_{ik} der konjugierten Matrix bestätigen die erwähnte Aufteilung der elastischen Wirkung des Tragwerks. Das Verhältnis zwischen zwei aufeinanderfolgenden Stützenmomenten des homogenen Ansatzes mit $\delta_{10} = 1$ oder $\delta_{60} = 1$ ist stets positiv. Die statischen Eigenschaften des durchgehenden Trägers sind durch die Auflösung des Riegels verlorengegangen.

$k(k-1)$	65	54	43	32	21
$-\varkappa_{k(k-1)}$	$-0{,}725058$	$-0{,}006191$	$-0{,}725076$	$-0{,}006191$	$-0{,}725076$
$(k-1)k$	12	23	34	45	56
$-\varkappa_{(k-1)k}$	$-0{,}619771$	$-0{,}007242$	$-0{,}619786$	$-0{,}007242$	$-0{,}619786$

Vorzahlen β_{ik}.

← 0,725076 0,006191 0,725076 0,006191 0,725058 →

	1	2	3	4	5	6	↑
1	1,125589	0,816136	0,005052	0,003663	0,000023	0,000016	
							0,619771
2	0,816136	1,316833	0,008152	0,005911	0,000037	0,000027	
							0,007242
3	0,005052	0,008152	1,125632	0,816168	0,005053	0,003663	
							0,619786
4	0,003663	0,005911	0,816168	1,316853	0,008152	0,005911	
							0,007242
5	0,000023	0,000037	0,005053	0,008152	1,125623	0,816139	
							0,619786
6	0,000016	0,000027	0.003663	0,005911	0,816139	1,316805	↓

Die Belastungsglieder

$$\delta_{k0}^{(3)} = \int M_0^{(0)} M_k^{(3)} \frac{J_c}{J} ds = \int M_0^{(3)} M_k^{(0)} \frac{J_c}{J} ds$$

werden nach (305) mit Hilfe der Abb. 415 berechnet. Damit sind dann

$$X_k = \sum \beta_{kh} \delta_{h0}^{(3)}, \qquad Y_A = Y_{A0}^{(3)} - X_{k-1} Y_{A(k-1)}^{(3)} - X_k Y_{Ak}^{(3)}$$

bestimmt. Die Ergebnisse sind in Abb. 416 für zwei Belastungsfälle aufgezeichnet worden.

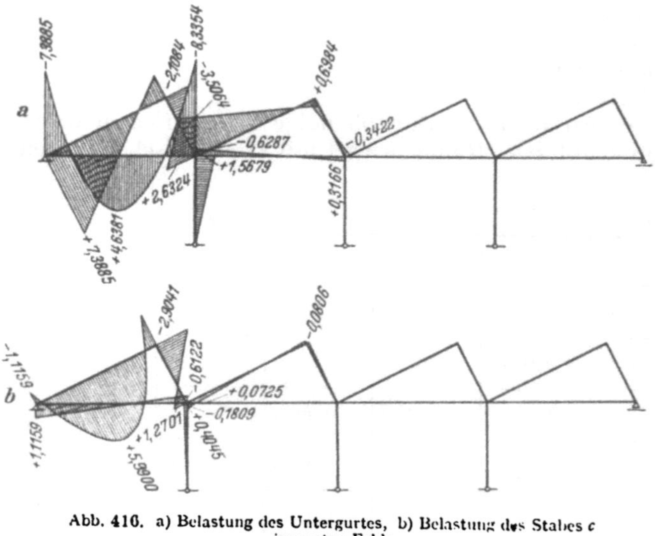

Abb. 416. a) Belastung des Untergurtes, b) Belastung des Stabes c im ersten Felde.

Die Verwendung des durchgehenden Trägers als Hauptsystem. Die Untersuchung hochgradig statisch unbestimmter Tragwerke bietet in zahlreichen Fällen Gelegenheit, den durchgehenden Träger auch als statisch unbestimmtes Hauptsystem, also im Gegensatz zur Untersuchung des Shedträgers (Abb. 414) als Hauptsystem der ersten Stufe des Ansatzes zu verwenden. Die Längskraft X_n eines

Rahmens (Abb. 417a) ist die statisch überzählige Größe eines durchlaufenden Trägers. Sie wird nach S. 296 in einer zweiten Stufe berechnet. $X_n = \delta_{n0}^{(n-1)}/\delta_{nn}^{(n-1)}$. Da die Längenänderungen der biegungssteifen Stäbe jedoch vernachlässigt werden, ist X_n bei jeder Belastung Null und nur für eine Temperaturänderung des Riegels zu berechnen.

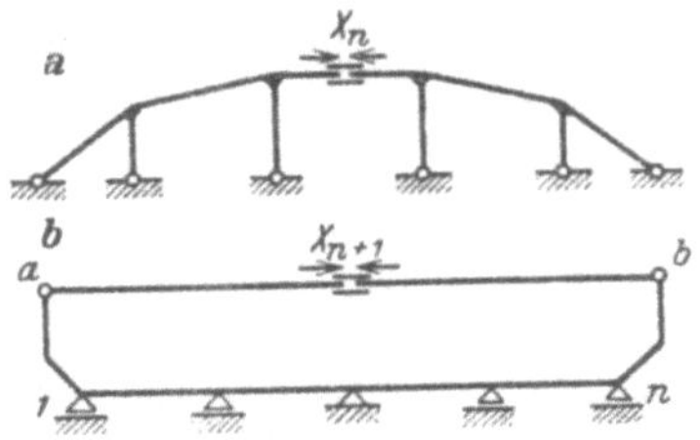

Abb. 417.

Der Ansatz findet auch bei Tragwerken nach Abb. 418 Anwendung. In diesem Falle sind jedoch Längskräfte X_a infolge einer Belastung des Stabzugs vorhanden. $X_a \approx 0$ bedeutet daher nur eine Näherungslösung, deren Gültigkeit nicht ohne weiteres übersehen werden kann und daher

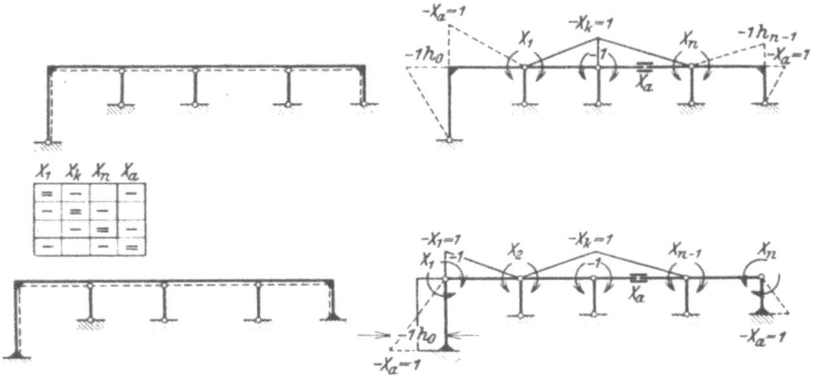

Abb. 418.

nachzuprüfen ist. Die Art der Untersuchung kann auch auf den Behälterrahmen (Abb. 417b) übertragen werden. Die Änderung der Länge $\overline{ab}$ ist aber in der Regel so klein, daß bei symmetrischer Ausbildung des Rahmens mit unverschieblichen Punkten a, b gerechnet werden kann.

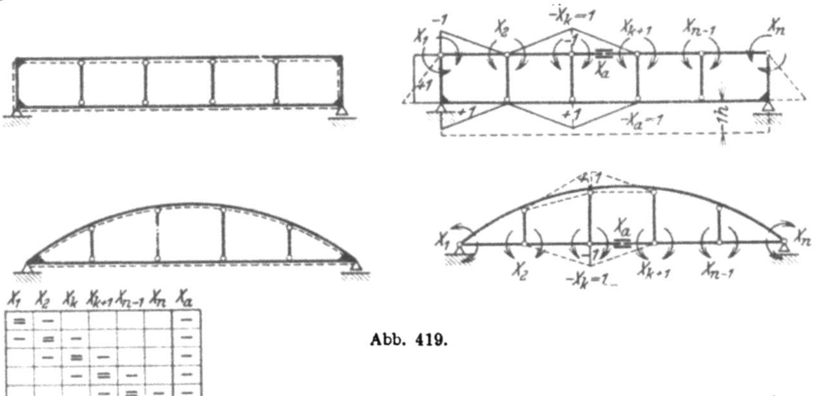

Abb. 419.

Er wird dann als durchgehender, in den Punkten a, $1, \ldots, n, b$ frei drehbar gestützter Träger angesehen, dessen Längskraft X_{n+1} statisch bestimmt ist.

Das Hauptsystem zur Berechnung der Längskraft X_a eines Bogenträgers mit biegungssteifem Zugband (Abb. 419) oder biegungssteifem Streckbalken kann bei Vernachlässigung der Längenänderung der Stäbe zwischen Balken und Bogen als durchlaufender Balkenträger mit senkrecht verschieblichen Zwischenstützen angesehen werden. Die statischen Eigenschaften lassen sich am einfachsten für $J_c/J\cos\alpha = \text{const}$ beschreiben, da in diesem Falle die Belastung den beiden biegungssteifen Gurten im Verhältnis ihrer Trägheitsmomente zufällt. Dasselbe gilt dann nach S. 270 auch für den geschlossenen Träger, nur daß in diesem Falle nicht die Balkenmomente, sondern die Momente eines Bogenträgers aufgeteilt werden, die für den Träger mit schlaffem Zugband erhalten werden würden.

Berechnung eines symmetrischen Behälterrahmens Abb. 420.

Bei symmetrischer Belastung sind die Querkraft und die Verdrehung der Stabtangente im Querschnitt der Symmetrieachse Null. Daher ändert die Annahme einer beweglichen Einspannung im Querschnitt *8* nichts am Spannungs- und Verschiebungszustand des Tragwerks. Die Schnittkräfte werden daher für den einen der beiden symmetrischen, im Querschnitt *8* beweglich, im Querschnitt *4* starr eingespannten, durchlaufenden Träger über vier Feldern berechnet.

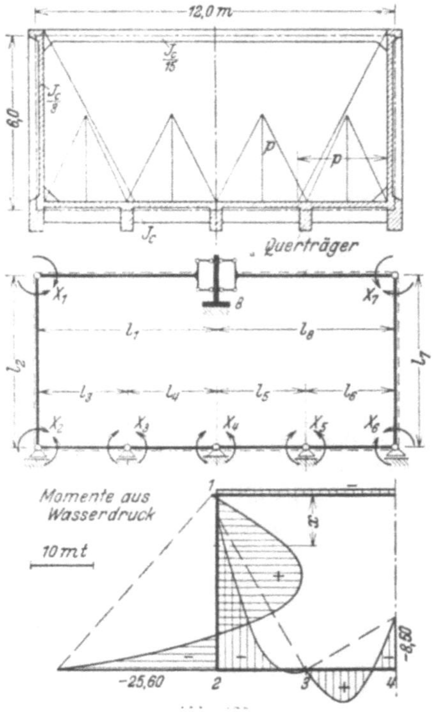

Abb. 420.

1. Geometrische Grundlagen.

$$l_1 = l_2 = 6{,}0\ \text{m}\,, \qquad l_3 = l_4 = 3{,}0\ \text{m}\,,$$
$$l_1' = 90\,, \qquad l_2' = 18\,, \qquad l_3' = l_4' = 3\ \text{m}\,.$$

2. Ansatz und Vorzahlen nach (651) für bewegliche Einspannung in *8* und starre Einspannung in *4*.

$$\delta_{11} = l_1' + \frac{l_2'}{3} = 90 + \frac{18}{3} = 96\,, \qquad \delta_{12} = \frac{18}{6} = 3\,,$$
$$\delta_{22} = \frac{18}{3} + \frac{3}{3} = 7\,, \qquad \delta_{23} = \delta_{34} = 0{,}5\,,$$
$$\delta_{33} = \frac{1}{3}(3+3) = 2\,, \qquad \delta_{44} = \frac{1}{3}\cdot 3 = 1\,.$$

3. Belastung: Der Wasserdruck wird von der Bodenplatte dreieckförmig auf die Quer- und Längsträger verteilt. Rahmenabstand 2,0 m, $p = 2{,}0\cdot 6{,}0 = 12$ t/m.

4. Belastungszahlen nach Tab. 35.

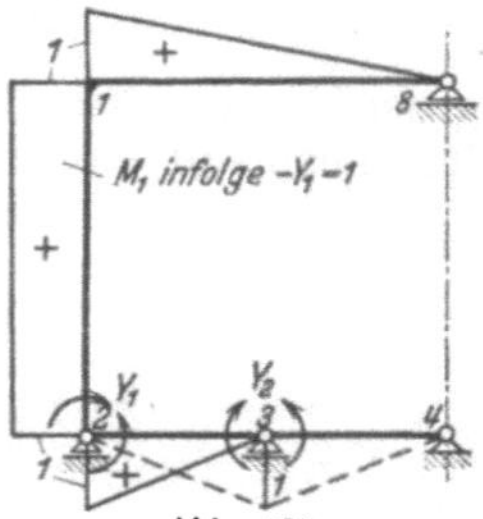

Abb. 421.

$$\delta_{10} = \frac{1}{6}\cdot\frac{7}{60}\cdot 12\cdot 6^2\cdot 18 = 151{,}2\,, \qquad \delta_{20} = \frac{1}{6}\cdot\frac{2}{15}\cdot 12\cdot 6^2\cdot 18 + \frac{1}{6}\cdot\frac{5}{32}\cdot 12\cdot 3^2\cdot 3 = 181{,}5\,,$$
$$\delta_{30} = 2\,\delta_{40} = 2\cdot\frac{1}{6}\cdot\frac{5}{32}\cdot 12\cdot 3^2\cdot 3 = 16{,}9\,.$$

5. Lösung.

X_1	X_2	X_3	X_4	
96	3			151,2
3	7	0,5		181,5
	0,5	2	0,5	16,9
		0,5	1	8,45

$$M_1 = -X_1 = -\ 0{,}78\ \text{mt} \qquad \text{Feld } l_2\text{:}$$
$$M_2 = -X_2 = -\ 25{,}60\ \text{mt} \qquad M_{0x} = \frac{p\,l_2^2}{6}\,\omega_D\,,$$
$$M_3 = -X_3 = +\ 0{,}08\ \text{mt} \qquad \text{Feld } l_3,\ l_4,\ \left(\xi \leqq \frac{1}{2}\right)\text{:}$$
$$M_4 = -X_4 = -\ 8{,}50\ \text{mt} \qquad M_{0x} = \frac{p\,l_3^2}{4}\left(\omega_D - \frac{\xi^3}{3}\right).$$

Bei antimetrischer Belastung des Tragwerks durch Winddruck sind das Biegungsmoment und die senkrechte Verschiebung der Querschnitte *4* und *8* der Symmetrieachse Null. Die Schnittkräfte werden daher mit dem Hauptsystem Abb. 421 berechnet.

$$Y_1 = -M_2 = M_6, \qquad Y_2 = -M_3 = M_5, \qquad M_4 = 0;$$

$$\delta_{11} = \frac{l'_1}{3} + l'_2 + \frac{l'_3}{3}, \qquad \delta_{12} = \frac{l'_3}{6}, \qquad \delta_{12} = \frac{l'_3 + l'_4}{3}.$$

51. Der Stockwerkrahmen.

Der Stockwerkrahmen ist in der Gegenwart ein wichtiges Traggerüst des Brücken- und Hochbaues. Während die Verbindung von Zwischenstütze und Riegel bei Ausführungen in Stahl für den Festigkeitsnachweis in der Regel frei drehbar angenommen wird, gilt sie bei der einfachen Ausbildung der Rahmenknoten im Eisenbetonbau als steif. Die Unterteilung in Tragwerke mit zwei und mehr als zwei Pfosten ist durch die Verwendung des Stockwerkrahmens im Bauwesen entstanden; sie läßt sich noch besser durch die statische Untersuchung begründen.

Der Stockwerkrahmen mit zwei Pfosten. Die Rahmenknoten liegen beliebig zueinander oder symmetrisch zu einer Mittellinie. Unter diesen Stockwerkrahmen ist die Anordnung mit senkrechten Pfosten ausgezeichnet.

Die Schnittkräfte des Tragwerks lassen sich stets aus den überzähligen Größen X_k eines statisch bestimmten oder statisch unbestimmten Hauptsystems ableiten. Der statisch bestimmte Aufbau von Dreigelenkrahmen führt zu geometrischen Bedingungsgleichungen mit acht oder fünf überzähligen Größen. Die geometrischen Bedingungen für die Formänderung eines statisch unbestimmten Hauptsystems aus Zweigelenkrahmen enthalten je sechs oder drei statisch überzählige Größen. Die Auflösung des Ansatzes leidet in beiden Fällen durch ungünstige Fehlerfortpflanzung. Daher werden bei einem Stabnetz mit beliebiger Knotenpunktfigur nach Abschn. 38ff. zunächst die Knoten- und Stabdrehwinkel φ_J, ϑ_h aus den Gleichgewichtsbedingungen (523) der Schnittkräfte berechnet und diese dann selbst als Funktionen der Komponenten φ_J, ϑ_h des Verschiebungszustandes angegeben. Die Gleichgewichtsbedingung $\delta A_J = 0$ enthält vier unbekannte Knotendrehwinkel φ_J und zwei unabhängige Parameter ψ_c des Verschiebungszustandes, die Gleichgewichtsbedingung $\delta A_c = 0$ je vier Knotendrehwinkel φ_J und einen Parameter ψ_c. Da diese nach S. 311 voneinander unabhängig sein sollen, werden dafür die relativen Drehwinkel eines der beiden Pfosten h_k zum Riegelstab l_k der Stabkette (k) verwendet. Die Gleichungen lassen sich für jeden Belastungsfall am besten durch Iteration auflösen.

Berechnung der waagerechten Verschiebung u_F und der Verdrehung ϑ_i des Stabes i des Gerüstes Abb. 422 infolge einer exzentrisch zur Stabachse angreifenden waagerechten Kraft W.

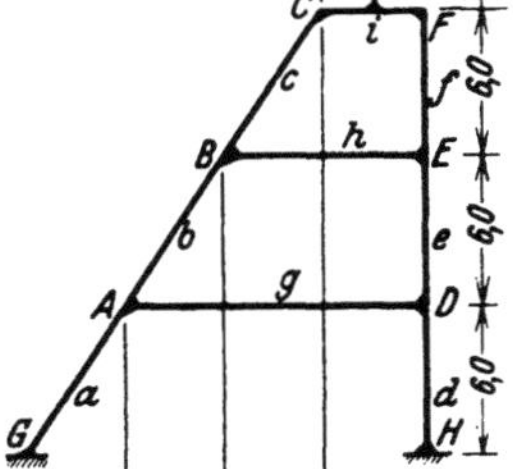

Abb. 422.

1. Geometrische Grundlagen.

k	l_k [m]	J_c/J_k	l'_k	$1/l'_k$
a	7,211102	1	7,211102	0,1387
b	7,211102	1	7,211102	0,1387
c	7,211102	1	7,211102	0,1387
d	6,000000	1	6,000000	0,1667
e	6,000000	1	6,000000	0,1667
f	6,000000	1	6,000000	0,1667
g	12,000000	1/3	4,000000	0,2500
h	8,000000	1/3	2,666667	0,3750
i	4,000000	1	4,000000	0,2500

2. Die geometrisch überzähligen Größen des Verschiebungszustandes und die statischen Bedingungsgleichungen. Als unabhängige geometrisch überzählige Größen

im Sinne von S. 311 werden neben den 6 Knotendrehwinkeln $\varphi_A \ldots \varphi_F$ und dem Stabdrehwinkel $\vartheta_d = \psi_1$ die gegenseitigen Verdrehungen $\vartheta_e - \vartheta_g = \psi_2$ und $\vartheta_f - \vartheta_h = \psi_3$ verwendet. Sie bilden die Wurzeln der 9 statischen Bedingungen.

$$\delta A_J = \sum a_{JK}\varphi_K + \sum a_{Jc}\psi_c + a_{J0} = 0 \qquad J = A \ldots F\,,$$
$$\delta A_h = \sum a_{hK}\varphi_K + \sum a_{hc}\psi_c + a_{h0} = 0 \qquad h = 1, 2, 3\,.$$

Die Vorzahlen bedeuten nach Abschn. 38 die virtuelle Arbeit der äußeren Kräfte an neun verschiedenen zwangläufigen Gebilden Γ_J, Γ_h im Geschwindigkeitszustand $\dot{\varphi}_J = 1$, $\dot{\psi}_h = 1$. Diese äußeren Kräfte in a_{JK}, a_{Jc} sind Anschlußmomente des Hauptsystems infolge von $\varphi_K = 1$ oder aus den Stabdrehwinkeln ϑ_{hc} infolge von $\psi_c = 1$. Die äußeren Kräfte in a_{J0}, a_{h0} bestehen aus der Belastung $\mathfrak{P}$ und den ihr zugeordneten Anschlußmomenten des Hauptsystems. Diese werden nach (507) oder der Tabelle 25 gebildet (S. 457).

a) Bewegungszustände $\psi_1 = 1$, $\psi_2 = 1$, $\psi_3 = 1$ (Abb. 423).

α) Kinematische Kette Γ_1 (Abb. 423a): $\psi_1 = \vartheta_d = 1$, $\psi_2 = \vartheta_e - \vartheta_g = 0$; $\psi_3 = \vartheta_f - \vartheta_h = 0$.

$$\vartheta_I = 1\,, \qquad \vartheta_{II} = -\vartheta_I \frac{6{,}0}{18{,}0} = -\frac{1}{3}\,, \qquad \vartheta_{III} = -\vartheta_{II}\frac{3}{1} = +1\,,$$
$$u_{F1} = -\vartheta_{II}\cdot 6{,}00 = +2{,}00\,.$$

β) Kinematische Kette Γ_2 (Abb. 423b): $\psi_1 = \vartheta_d = 0$, $\psi_2 = \vartheta_e - \vartheta_g = 1$, $\psi_3 = \vartheta_f - \vartheta_h = 0$.

$$\vartheta_I = 1\,, \qquad \vartheta_{II} = -\vartheta_I \frac{6{,}0}{12{,}0} = -\frac{1}{2}\,, \qquad \vartheta_{III} = -\vartheta_{II}\frac{2}{1} = +1\,,$$
$$u_{F2} = -\vartheta_{II}\cdot 6{,}00 = +3{,}00\,.$$

γ) Kinematische Kette Γ_3 (Abb. 423c): $\psi_1 = \vartheta_d = 0$, $\psi_2 = \vartheta_e - \vartheta_g = 0$, $\psi_3 = \vartheta_f - \vartheta_h = 1$.

$$\vartheta_I = 1\,, \qquad \vartheta_{II} = -\vartheta_I\frac{6{,}0}{6{,}0} = -1\,, \qquad \vartheta_{II} = +1\,, \qquad u_{F3} = -\vartheta_{II}\cdot 6{,}00 = +6{,}00\,.$$

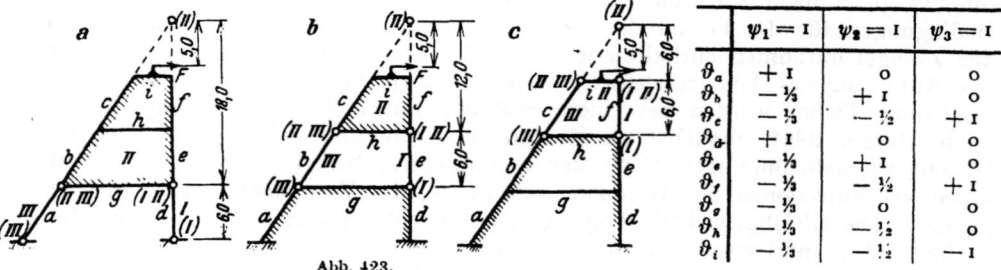

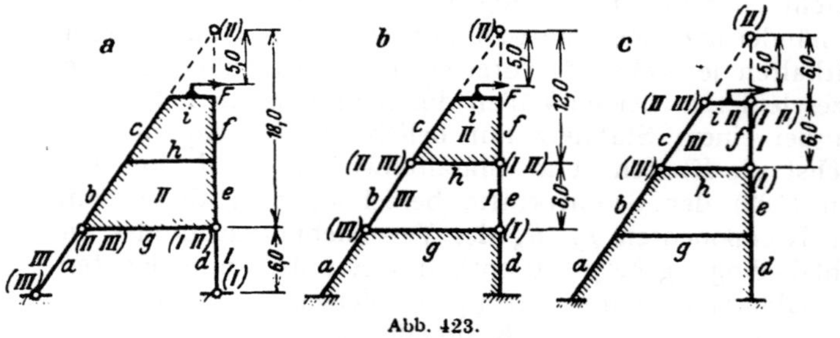

Abb. 423.

	$\psi_1 = 1$	$\psi_2 = 1$	$\psi_3 = 1$
ϑ_a	+1	0	0
ϑ_b	−1/3	+1	0
ϑ_c	−1/3	−1/2	+1
ϑ_d	+1	0	0
ϑ_e	−1/3	+1	0
ϑ_f	−1/3	−1/2	+1
ϑ_g	−1/3	0	0
ϑ_h	−1/3	−1/2	0
ϑ_i	−1/3	−1/2	−1

b) Tabelle der Anschlußmomente nach (530).

	$\varphi_A = 1$	$\varphi_B = 1$	$\varphi_C = 1$	$\varphi_D = 1$	$\varphi_E = 1$	$\varphi_F = 1$	$\psi_1 = 1$	$\psi_2 = 1$	$\psi_3 = 1$
$M_A^{(a)}$	+0,5548	0	0	0	0	0	−0,8322	0	0
$M_A^{(b)}$	+0,5548	+0,2774	0	0	0	0	+0,2774	−0,8322	0
$M_A^{(g)}$	+1,0000	0	0	+0,5000	0	0	+0,5000	0	0
$M_B^{(b)}$	+0,2774	+0,5548	0	0	0	0	+0,2774	−0,8322	0
$M_B^{(c)}$	0	+0,5548	+0,2774	0	0	0	+0,2774	+0,4161	−0,8322
$M_B^{(h)}$	0	+1,5000	0	0	+0,7500	0	+0,7500	+1,1250	0
$M_C^{(c)}$	0	+0,2774	+0,5548	0	0	0	+0,2774	+0,4161	−0,8322
$M_C^{(i)}$	0	0	+1,0000	0	0	+0,5000	+0,5000	+0,7500	+1,5000
$M_D^{(d)}$	0	0	0	+0,6668	0	0	−1,0002	0	0
$M_D^{(e)}$	0	0	0	+0,6668	+0,3334	0	+0,3334	−1,0002	0
$M_D^{(g)}$	+0,5000	0	0	+1,0000	0	0	+0,5000	0	0
$M_E^{(e)}$	0	0	0	+0,3334	+0,6668	0	+0,3334	−1,0002	0
$M_E^{(f)}$	0	0	0	0	+0,6668	+0,3334	+0,3334	+0,5001	−1,0002
$M_E^{(h)}$	0	+0,7500	0	0	+1,5000	0	+0,7500	+1,1250	0
$M_F^{(f)}$	0	0	0	0	+0,3334	+0,6668	+0,3334	+0,5001	−1,0002
$M_F^{(i)}$	0	0	+0,5000	0	0	+1,0000	+0,5000	+0,7500	+1,5000
$M_G^{(a)}$	+0 774	0	0	0	0	0	−0,8322	0	0
$M_H^{(d)}$	0	0	0	+0,3334	0	0	−1,0002	0	0

c) Die Vorzahlen der statischen Bedingungen.

$$a_{AK} = -\dot{\text{I}}_A (M_{AK}^{(a)} + M_{AK}^{(b)} + M_{AK}^{(g)}), \qquad a_{BK} = -\dot{\text{I}}_B (M_{BK}^{(b)} + M_{BK}^{(c)} + M_{BK}^{(h)}).$$

Mit $M_{aK} = M_{AK}^{(a)} + M_{GK}^{(a)}$, der Summe der Stabendmomente im positiven Drehsinn aus $K \equiv A \ldots F, 1, 2, 3$, ist

$$a_{1K} = \dot{\text{I}}_1 M_{aK} + \dot{\text{I}}_1 M_{dK} - \tfrac{1}{3} \cdot \dot{\text{I}}_1 (M_{bK} + M_{cK} + M_{eK} + M_{fK} + M_{gK} + M_{hK} + M_{iK}),$$

$$a_{2K} = \dot{\text{I}}_2 M_{bK} + \dot{\text{I}}_2 M_{eK} - \tfrac{1}{2} \cdot \dot{\text{I}}_2 (M_{cK} + M_{fK} + M_{hK} + M_{iK}).$$

d) Die Belastungszahlen (Abb. 424).

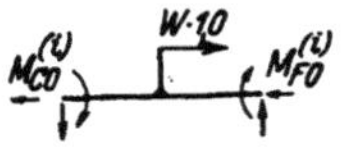

Abb. 424.

$$M_{C0}^{(i)} = M_{F0}^{(i)} = + \frac{W \cdot 1{,}0}{4} \quad \text{(Tabelle 25)},$$

$$a_{C0} = -\dot{\text{I}}_C \cdot M_{C0}^{(i)} = -0{,}25\,W, \qquad a_{F0} = -\dot{\text{I}}_F \cdot M_{F0}^{(i)} = -0{,}25\,W.$$

$$a_{10} = \dot{\text{I}}_1 (-\tfrac{1}{3})(2 \cdot 0{,}25\,W - 5{,}0\,W), \qquad a_{20} = \dot{\text{I}}_2 (-\tfrac{1}{2})(2 \cdot 0{,}25\,W - 5{,}0\,W),$$

$$a_{30} = \dot{\text{I}}_3 (-1)(2 \cdot 0{,}25\,W - 5{,}0\,W).$$

e) Matrix der statischen Bedingungen. ($W = 1$).

	φ_A	φ_B	φ_C	φ_D	φ_E	φ_F	ψ_1	ψ_2	ψ_3	a_{J0}
A	−2,1096	−0,2774	·	−0,5000	·	·	+0,0548	+0,8322	·	
B	−0,2774	−2,6096	−0,2774	·	−0,7500	·	−1,3048	−0,7089	+0,8322	
C	·	−0,2774	−1,5548	·	·	−0,5000	−0,7774	−1,1661	−0,6678	−0,25
D	−5,000	·	·	−2,3336	−0,3334	·	+0,1668	+1,0002	·	
E	·	−0,7500	·	−0,3334	−2,8336	−0,3334	−1,4168	−0,6249	+1,0002	
F	·	·	−0,5000	·	−0,3334	−1,6668	−0,8334	−1,2501	−0,4998	−0,25
1	+0,0548	−1,3048	−0,7774	+0,1668	−1,4168	−0,8334	−5,6459	−0,6392	+0,2216	+1,50
2	+0,8322	−0,7089	−1,1661	+1,0002	−0,6249	−1,2501	−0,6392	−6,4560	+0,3324	+2,25
3	·	+0,8322	−0,6678	·	+1,0002	−0,4998	+0,2216	+0,3324	−6,6648	+4,50

3. Auflösung durch Iteration (Abschn. 30).

φ_A	φ_B	φ_C	φ_D	φ_E	φ_F	ψ_1	ψ_2	ψ_3
+0,2788	−0,1178	−1,1160	+0,3444	−0,0378	−0,9834	+0,5546	+0,8379	+0,9006

4. EJ_cfache waagerechte Verschiebung des Knotens F (Stab i).

$$u_F = \psi_1 u_{F1} + \psi_2 u_{F2} + \psi_3 u_{F3} = \psi_1 \cdot 2{,}00 + \psi_2 \cdot 3{,}00 + \psi_3 \cdot 6{,}00 = 9{,}0265\,.$$

EJ_cfache Verdrehung des Stabes i.

$$\vartheta_i = \psi_1 \vartheta_{i1} + \psi_2 \vartheta_{i2} + \psi_3 \vartheta_{i3} = \psi_1 (-\tfrac{1}{3}) + \psi_2 (-\tfrac{1}{2}) + \psi_3 (-1) = -1{,}5045\,.$$

Der symmetrische Stockwerkrahmen mit zwei geneigten Pfosten. Die äußeren Ursachen des Spannungs- und Verschiebungszustandes des Tragwerks (Belastung $\mathfrak{P}$, Temperaturänderung t und die Stützenverschiebungen) werden nach S. 186 in den symmetrischen und antimetrischen Anteil zerlegt. Die Schnittkräfte sind nach Abschn. 28 Funktionen von statisch überzähligen Gruppenlasten eines statisch bestimmten Hauptsystems, die aus den Schnittkräften am unteren Ende der Pfosten h_r eines jeden Stockwerks (r) gebildet werden. Dies sind links die Kräfte $A^{(r)}$, $H_a^{(r)}$, $M_a^{(r)}$, rechts die Kräfte $B^{(r)}$, $H_b^{(r)}$, $M_b^{(r)}$ (Abb. 425).

$$X_r = \frac{M_a^{(r)} + M_b^{(r)}}{2}, \qquad Y_r = \frac{M_a^{(r)} - M_b^{(r)}}{2}, \qquad X'_r = \frac{H_a^{(r)} + H_b^{(r)}}{2} \cdot h_r. \tag{756}$$

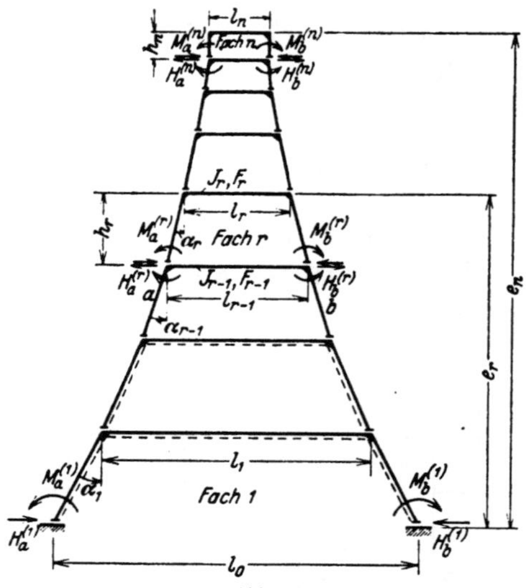

Abb. 425.

Die Kräfte $A^{(r)}$, $B^{(r)}$, $C^{(r)} = (H_a^{(r)} - H_b^{(r)})/2$ sind statisch bestimmt. Die Stützkräfte $A_0^{(r)}$, $B_0^{(r)}$, $C_0^{(r)}$ stehen mit den Lasten $\sum P$, $\sum W$ im Gleichgewicht. Bei symmetrischer Belastung ist

$$C_0^{(r)} = 0, \qquad A_0^{(r)} = B_0^{(r)},$$

bei antimetrischer Belastung

$$A_0^{(r)} = -B_0^{(r)},$$

$$C_0^{(r)} = H_a^{(r)} = -H_b^{(r)} = \tfrac{1}{2} \sum^{n} W.$$

Die statisch unbestimmten Größen X_r, X'_r, Y_r ergeben sich nach Abschn. 28 aus den geometrischen Bedingungen für die Formänderung des Hauptsystems. Diese werden aus den Schaubildern für die Schnittkräfte infolge von $-X_r = 1$, $-X'_r = 1$, $-Y_r = 1$ (Abb. 426) abgeleitet und bilden zwei Gruppen voneinander unabhängiger Gleichungen mit den Unbekannten X_r, X'_r und mit Y_r. Bei symmetrischer Belastung sind die Kräfte Y_r, bei antimetrischer Belastung die Kräfte X_r, X'_r Null.

Symmetrischer Anteil:

$$\left.\begin{aligned} X'_{r-1}\tau_{(r-1)'(r-1)'} + X_{r-1}\tau_{(r-1)'(r-1)} + X_r\tau_{(r-1)'r} &= \tau_{(r-1)'\otimes}, \\ X_{(r-1)}\tau_{r(r-1)} + X_r\tau_{rr} + X_{(r+1)}\tau_{r(r+1)} + X'_{r-1}\tau_{r(r-1)'} + X'_r\tau_{rr'} &= \tau_{r\otimes}, \\ X'_r\tau_{r'r'} + X_r\tau_{r'r} + X_{r+1}\tau_{r'(r+1)} &= \tau_{r'\otimes}. \end{aligned}\right\} \tag{757}$$

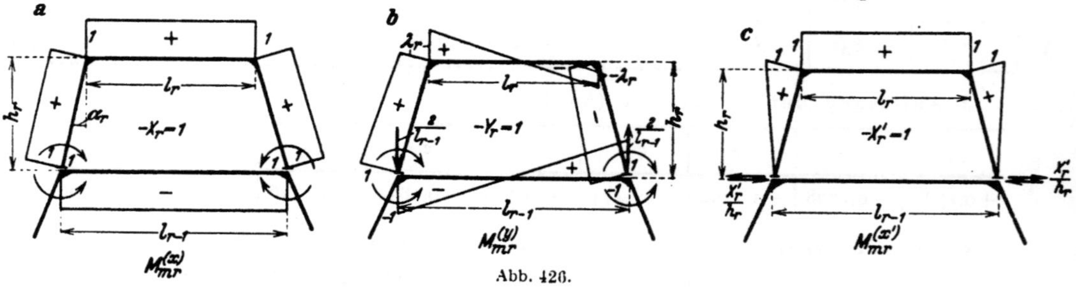

Abb. 426.

Die Regelgleichung entsteht durch Elimination von X'_{r-1} und X'_r.

$$\left.\begin{aligned} X_{r-1}\left[\tau_{r(r-1)} - \frac{\tau_{(r-1)'(r-1)}}{\tau_{(r-1)'(r-1)'}}\tau_{r(r-1)'}\right] + X_r\left[\tau_{rr} - \frac{\tau_{r'r}^2}{\tau_{r'r'}} - \frac{\tau_{r(r-1)'}^2}{\tau_{(r-1)'(r-1)'}}\right] \\ + X_{r+1}\left[\tau_{r(r+1)} - \frac{\tau_{r'(r+1)}}{\tau_{r'r'}}\tau_{rr'}\right] = \tau_{r\otimes} - \frac{\tau_{r(r-1)'}}{\tau_{(r-1)'(r-1)'}}\tau_{(r-1)'\otimes} - \frac{\tau_{rr'}}{\tau_{r'r'}}\tau_{r'\otimes}. \end{aligned}\right\} \tag{758a}$$

Sie kann auch unmittelbar als geometrische Bedingung (**285**) für die Formänderung eines statisch unbestimmten Hauptsystems angeschrieben werden, das aus Zweigelenkrahmen besteht. Diese lautet in der üblichen Schreibweise (294)

$$X_{r-1}\tau_{r(r-1)}^{(1)} + X_r\tau_{rr}^{(1)} + X_{r+1}\tau_{r(r+1)}^{(1)} = \tau_{r\otimes}^{(1)}. \tag{758b}$$

Die Vorzahlen und Belastungszahlen dieser Gleichungen sind bereits in (758a) als Funktionen der Verschiebungen eines statisch bestimmten Stabzugs entwickelt worden.

Antimetrischer Anteil:

$$Y_{(r-1)}\,\delta_{r(r-1)} + Y_r\,\delta_{rr} + Y_{(r+1)}\,\delta_{r(r+1)} = \delta_{r\otimes}\,. \tag{759}$$

Ableitung der Vorzahlen nach Abb. 426.

$$\left.\begin{aligned}
&l_r\frac{J_c}{J_r} = l'_r\,, \qquad h_r\frac{J_c}{J_{rh}} = h'_r\,, \qquad \frac{l_r}{l_{r-1}} = \lambda_r\,,\\
&\tau_{r'r'} = l'_r + \tfrac{2}{3}h'_r\sec\alpha_r = b_r\,, \qquad \tau_{r'r} = l'_r + h'_r\sec\alpha_r = a_r\,,\\
&\tau_{r(r-1)} = \tau_{r(r-1)'} = -\,l'_{r-1}\,, \qquad \tau_{r(r+1)} = \tau_{r'(r+1)} = -\,l'_r\,,\\
&\tau_{rr} = l'_r + 2h'_r\sec\alpha_r + l'_{r-1} = a_r + h'_r\sec\alpha_r + l'_{r-1}\,,\\
&\delta_{r(r-1)} = -\frac{\lambda_{r-1}\,l'_{r-1}}{3}\,, \qquad \delta_{r(r+1)} = -\frac{\lambda_r\,l'_r}{3}\,,\\
&\delta_{rr} = \tfrac{1}{3}\left[\lambda_r^2\,l'_r + l'_{r-1} + 2h'_r\sec\alpha_r\,(1+\lambda_r+\lambda_r^2)\right].
\end{aligned}\right\} \tag{760}$$

Sonderfall senkrechter Pfosten:

$$\alpha_r = 0\,,\quad \sec\alpha_r = 1\,,\quad \operatorname{tg}\alpha_r = 0\,,\quad \lambda_r = 1\,,$$

$$b_r = l'_r + \tfrac{2}{3}h'_r\,,\qquad a_r = l'_r + h'_r\,.$$

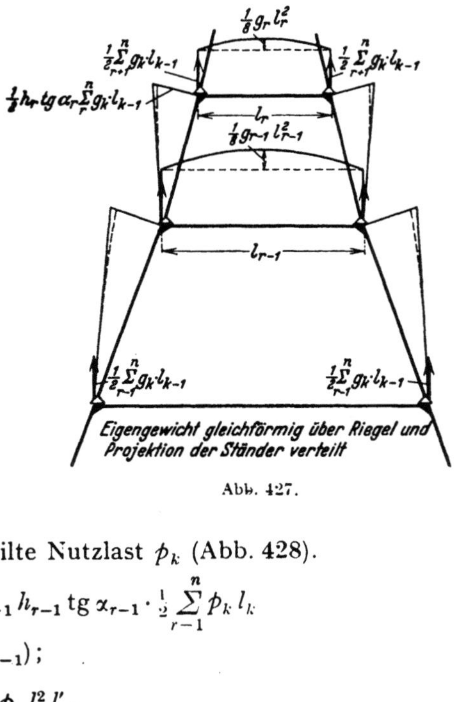

Eigengewicht gleichförmig über Riegel und Projektion der Ständer verteilt

Abb. 427.

Ableitung der Belastungszahlen. a) Symmetrische Belastung. 1. Eigengewicht. Das Eigengewicht g_k eines jeden Rahmens k wird gleichförmig über die Strecke $l_k + 2\,h_k\operatorname{tg}\alpha_k = l_{k-1}$ verteilt und das Biegungsmoment im Bereich der Pfosten näherungsweise linear angenommen (Abb. 427).

$$\tau_{r0} = a_r h_r\operatorname{tg}\alpha_r\cdot\tfrac{1}{2}\sum_r^n g_k\,l_{k-1} - l'_{r-1}h_{r-1}\operatorname{tg}\alpha_{r-1}\cdot\tfrac{1}{2}\sum_{r-1}^n g_k\,l_{k-1} + \tfrac{1}{12}\left(g_r\,l_r^2\,l'_r - g_{r-1}\,l_{r-1}^2\,l'_{r-1}\right);$$

$$\tau_{r'0} = b_r h_r\operatorname{tg}\alpha_r\cdot\frac{1}{2}\sum_r^n g_k\,l_{k-1} + g_r\frac{l_r^2\,l'_r}{12}\,.$$

2. Gleichförmig über jeden Riegel l_k verteilte Nutzlast p_k (Abb. 428).

$$\tau_{r0} = a_r h_r\operatorname{tg}\alpha_r\cdot\tfrac{1}{2}\sum_r^n p_k\,l_k - l'_{r-1}h_{r-1}\operatorname{tg}\alpha_{r-1}\cdot\tfrac{1}{2}\sum_{r-1}^n p_k\,l_k + \tfrac{1}{12}\left(p_r\,l_r^2\,l'_r - p_{r-1}\,l_{r-1}^2\,l'_{r-1}\right);$$

$$\tau_{r'0} = b_r h_r\operatorname{tg}\alpha_r\cdot\tfrac{1}{2}\sum_r^n p_k\,l_k + \tfrac{1}{12}p_r\,l_r^2\,l'_r\,.$$

3. Symmetrische Anordnung von Einzellasten $\sum P$ über jedem Riegel.

$$\tau_{r0} = a_r h_r\operatorname{tg}\alpha_r\cdot\tfrac{1}{2}\sum_r^n\sum_k P - l'_{r-1}h_{r-1}\operatorname{tg}\alpha_{r-1}\cdot\tfrac{1}{2}\sum_{r-1}^n\sum_k P + \tfrac{1}{2}\left(l_r\,l'_r\sum_r P\,\omega_R - l_{r-1}\,l'_{r-1}\sum_{r-1}P\,\omega_R\right);$$

$$\tau_{r'0} = b_r h_r\operatorname{tg}\alpha_r\cdot\frac{1}{2}\sum_r^n\sum_k P + \frac{l_r\,l'_r}{2}\sum_r P\,\omega_R\,;$$

Die $\sum\limits_k P$ und $\sum\limits_k P\,\omega_R$ enthalten alle Lasten des Riegels l_k.

4. Symmetrische, gleichförmig verteilte horizontale Belastung $w_k/2$ der Pfosten (Abb. 429).

$$\tau_{r0} = -\tfrac{1}{12} w_r h_r^2 (2a_r + l_r') + \tfrac{1}{4} w_{r-1} h_{r-1}^2 l_{r-1}' = -\tfrac{1}{4} w_r h_r^2 b_r + \tfrac{1}{4} w_{r-1} h_{r-1}^2 l_{r-1}';$$
$$\tau_{r'0} = -\tfrac{1}{8} w_r h_r^2 (a_r + l_r').$$

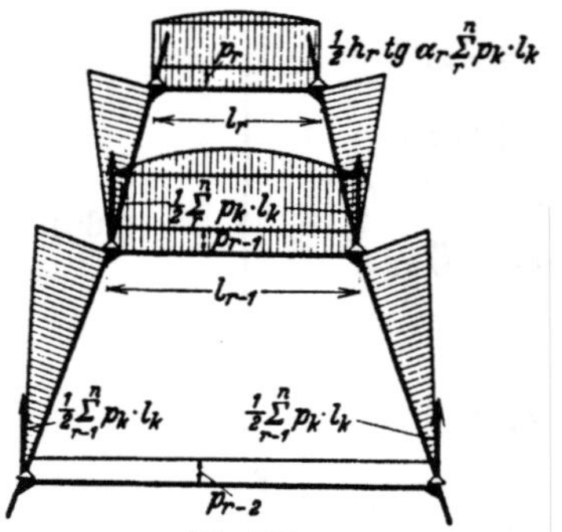

Abb. 428.

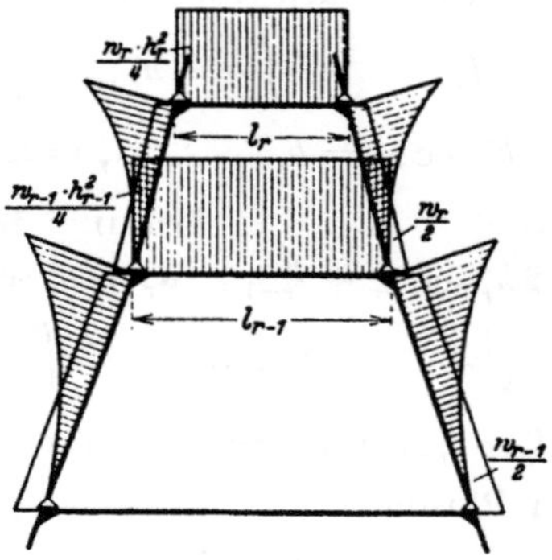

Abb. 429.

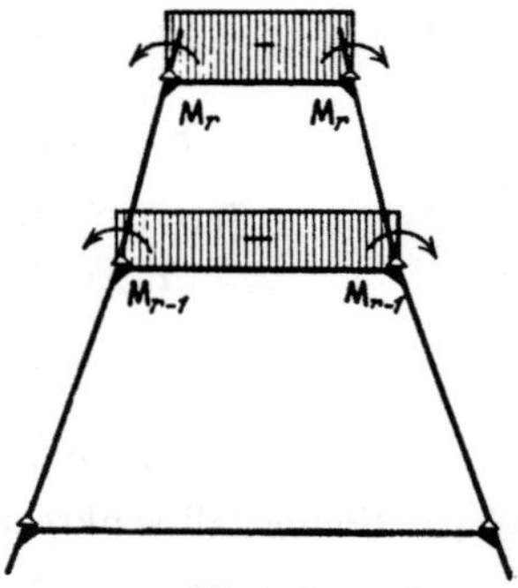

Abb. 430.

5. Symmetrische, hydrostatische horizontale Belastung w_k der Pfosten.

$$\tau_{r0} = -\tfrac{1}{24} w_r h_r^2 (3a_r + l_r') + \tfrac{1}{8} w_{r-1} h_{r-1} l_{r-1}';$$
$$\tau_{r'0} = -\tfrac{1}{60} w_r h_r^2 (11 a_r + 9 l_r').$$

6. Zwei entgegengesetzt drehende Momente M_k am Riegel l_k (Abb. 430).

$$\tau_{r0} = -\mathsf{M}_r l_r' + \mathsf{M}_{r-1} l_{r-1}'; \qquad \tau_{r'0} = -\mathsf{M}_r l_r'.$$

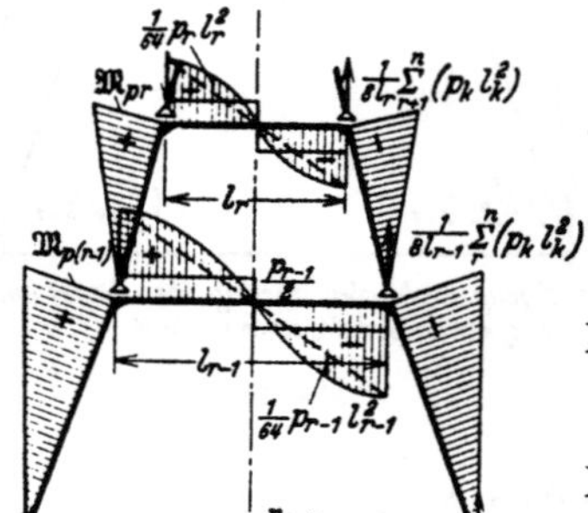

Abb. 431.

7. Gleichförmige Erwärmung des Rahmens um t^0. Bei statisch bestimmter Stützung nach Abb. 434c treten keine Schnittkräfte auf, bei statisch unbestimmter Stützung nach Abb. 434a oder b wird

$$\tau_{1t} = 0; \qquad \tau_{1't} = E J_c \alpha t l_0.$$

Die übrigen Formänderungen τ_{rt} sind Null.

b) Antimetrische Belastung.

1. Antimetrische, senkrecht gerichtete gleichförmige Belastung $p_k/2$ der Riegel (Abb. 431).

$$\delta_{r0} = \frac{1}{3} \mathfrak{M}_{pr} [\lambda_r (2a_r - l_r') + (a_r - l_r')] - \frac{\mathfrak{M}_{p(r-1)} l_{r-1}'}{3} + \frac{p_r \lambda_r l_r^2 l_r' - p_{r-1} l_{r-1}^2 l_{r-1}'}{192},$$

$$\mathfrak{M}_{pr} = \frac{h_r \operatorname{tg} \alpha_r}{8 l_{r-1}} \sum_r^n p_k l_k^2, \qquad \mathfrak{M}_{p(r-1)} = \frac{h_{r-1} \operatorname{tg} \alpha_{r-1}}{8 l_{r-2}} \sum_{r-1}^n p_k l_k^2.$$

2. Antimetrische, zum Riegel senkrechte Gruppe von Einzellasten $P/2$.

$$\delta_{r0} = \frac{1}{3} \mathfrak{M}_{Pr} [\lambda_r (2a_r - l_r') + (a_r - l_r')] - \frac{1}{3} \mathfrak{M}_{P(r-1)} l_{r-1}' - \frac{\lambda_r l_r l_r'}{6} \sum_r P \omega_D'' + \frac{l_{r-1} l_{r-1}'}{6} \sum_{r-1} P \omega_D'', \qquad \text{(Tabelle 22)}$$

$$\mathfrak{M}_{Pr} = \frac{h_r \operatorname{tg} \alpha_r}{l_{r-1}} \sum_r^n \sum_k P c, \qquad \mathfrak{M}_{P(r-1)} = \frac{h_{r-1} \operatorname{tg} \alpha_{r-1}}{l_{r-2}} \sum_{r-1}^n \sum_k P c \quad \text{(Abb. 432)}$$

3. Antimetrische Belastung des Riegels durch horizontale Einzellasten $W_k/2$.

$$\delta_{r0} = \tfrac{1}{3}\,\mathfrak{M}_{W r}\,[\lambda_r(2a_r - l'_r) + (a_r - l'_r)] - \tfrac{1}{3}\,\mathfrak{M}_{W(r-1)}\,l'_{r-1},$$

$$\mathfrak{M}_{W r} = \frac{h_r}{2}\sum_r^n W_k - \frac{h_r \operatorname{tg}\alpha_r}{l_{r-1}}\sum_r^n W_k\,(e_k - e_{r-1}) \qquad \text{(Abb. 433)},$$

$$\mathfrak{M}_{W(r-1)} = \frac{h_{r-1}}{2}\sum_{r-1}^n W_k - \frac{h_{r-1}\operatorname{tg}\alpha_{r-1}}{l_{r-2}}\sum_{r-1}^n W_k\,(e_k - e_{r-2}).$$

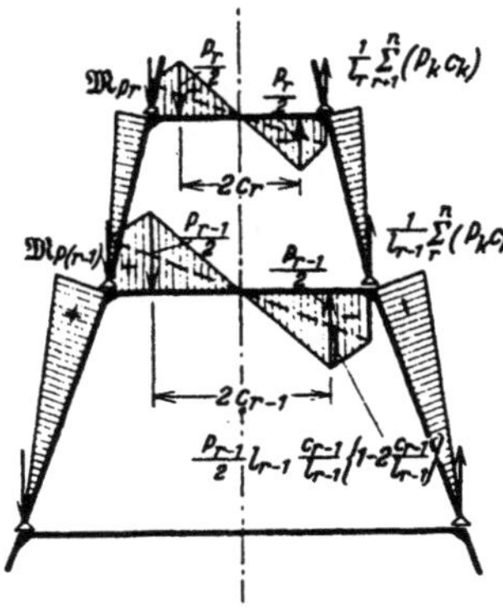

Abb. 432.

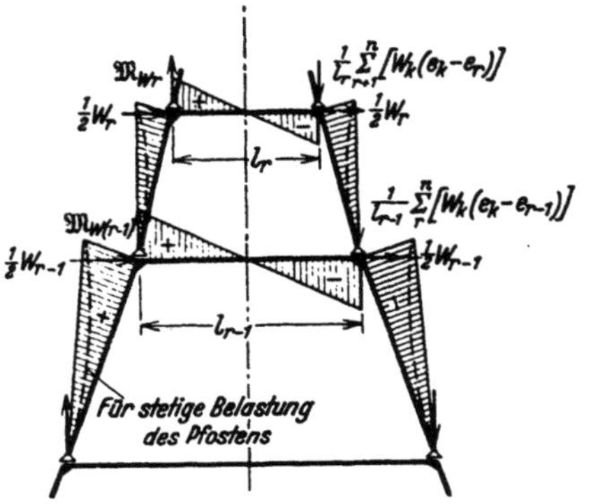

Abb. 433.

4. Antimetrische, waagerechte und gleichförmige Belastung $w_k/2$ der Pfosten (Abb. 433).

$$\delta_{r0} = \frac{1}{3}\,\mathfrak{M}_{wr}\,[\lambda_r(2a_r - l'_r) + (a_r - l'_r)] - \frac{1}{3}\,\mathfrak{M}_{w(r-1)}\,l'_{r-1} + \frac{w_r h_r^2}{24}(a_r - l'_r)\,\lambda_{r+1},$$

$$\mathfrak{M}_{wr} = \frac{h_r}{2}\sum_r^n w_k h_k - \frac{h_r \operatorname{tg}\alpha_r}{l_{r-1}}\sum_r^n w_k h_k\left(e_k - e_{r-1} - \frac{h_k}{2}\right) - \frac{w_r h_r^2}{4},$$

bei konstantem $w_k = w$,

$$\mathfrak{M}_{wr} = \frac{w\,h_r}{2}\sum_r^n h_k - \frac{w\,h_r \operatorname{tg}\alpha_r}{2\,l_{r-1}}\left(\sum_r^n h_k\right)^2 - \frac{w\,h_r^2}{4}.$$

5. Antimetrisch wirkende Momente $\mathsf{M}_k/2$ an den Rahmenknoten.

$$\delta_{r0} = \tfrac{1}{3}\,\mathfrak{M}_{\mathsf{M}r}\,[\lambda_r(2a_r - l'_r) + (a_r - l'_r)] - \tfrac{1}{3}\,\mathfrak{M}_{\mathsf{M}(r-1)}\,l'_{r-1} + \tfrac{1}{3}(\lambda_r l'_r \mathsf{M}_r - l'_{r-1}\mathsf{M}_{r-1}),$$

$$\mathfrak{M}_{\mathsf{M}r} = -\frac{h_r \operatorname{tg}\alpha_r}{l_{r-1}}\sum_r^n \mathsf{M}_k.$$

Sind die Riegel am Anschluß mit den Pfosten durch Vouten verstärkt, deren Einfluß nicht vernachlässigt werden soll, so lassen sich die Vorzahlen mit einer Approximation der elastischen Eigenschaften nach den Tabellen 13 bis 15 berichtigen. Dasselbe gilt auch bei anderen Riegelformen, die vor allem zum oberen Abschluß des Tragwerks dienen. In diesem Falle wird mit Vorteil die Tabelle 12 zu Rate gezogen.

Ansatz und Lösung. Die statisch unbestimmten Gruppenlasten X_r, Y_r werden aus zwei voneinander unabhängigen Ansätzen berechnet, von denen jeder bei n Feldern des Tragwerks und starrer Einspannung oder Auflagerung nach

Abb. **434** c n Gleichungen enthält. Bei frei drehbarem Anschluß der Pfosten h_1 nach Abb. **434** a sind $(n-1)$. Gleichungen aufzulösen. Die Nebenglieder der Matrix des symmetrischen Anteils sind positiv, diejenigen des antimetrischen Anteils negativ. Durch die Belastung eines Riegels l_k oder eines Pfostens h_k sind die Belastungszahlen δ_{10} bis δ_{k0} von Null verschieden, dagegen

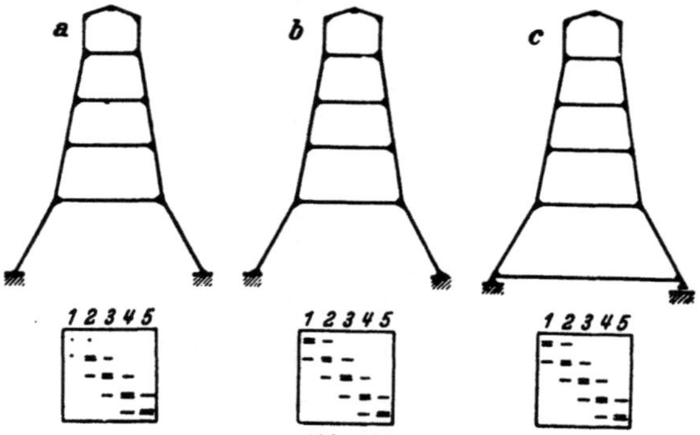

Abb. 434.

$$\delta_{(k+1)0} = 0, \ldots \delta_{n0} = 0.$$

Die statisch unbestimmten Größen X_r, Y_r werden nach der Vorschrift S. **236** berechnet. Bei zahlreichen Belastungsfällen wird die Lösung mit den Vorzahlen $\beta_{rk}^{(x)}$ und $\beta_{rk}^{(y)}$ der den beiden Ansätzen zugeordneten konjugierten Matrix angeschrieben.

$$X_r = \sum \beta_{rk}^{(x)} \tau_{k\otimes}, \qquad Y_r = \sum \beta_{rk}^{(y)} \delta_{k\otimes}.$$

Die Vorzahlen ergeben sich nach S. **237** aus je 2 Kettenbrüchen. Die statisch unbestimmten Einzelkräfte der Ableitung auf S. **458** sind

$$M_a^{(r)} = X_r + Y_r, \qquad M_b^{(r)} = X_r - Y_r.$$

Aus (757) und (760) wird

$$\frac{X'_r}{h_r} = \frac{H_a^{(r)} + H_b^{(r)}}{2} = \frac{1}{h_r b_r}(\tau_{r'\otimes} - X_r a_r + X_{r+1} l'_r),$$

$$H_a^{(r)} = \frac{X'_r}{h_r} + C_0^{(r)}, \qquad H_b^{(r)} = \frac{X'_r}{h_r} - C_0^{(r)}.$$

Die Schnittkräfte werden mit den Gleichgewichtsbedingungen aus den Lasten und den in Abb. **435** eingetragenen Anschlußkräften rechnerisch oder zeichnerisch bestimmt.

Die Rechenvorschrift wird für einzelne ausgezeichnete Belastungsfälle an dem Binder einer Aufbereitungsanlage (Abb. **436**) erläutert. Sie behandeln die gleichförmige Belastung $p_1 = 1$ t/m einer Bühne, Einzellasten $P_0 = 1$ t aus Maschinengewichten, Windbelastung $W = 1$ t und einseitige Sonnenbestrahlung $t = 10^0$ (Abb. **437** bis **440**).

Die Vorzahlen der Bedingungsgleichungen für das obere Stockwerk mit gekrümmtem Abschlußriegel werden mit Hilfe der Tabelle 12 abgeleitet. Darnach ist ohne besondere Begründung

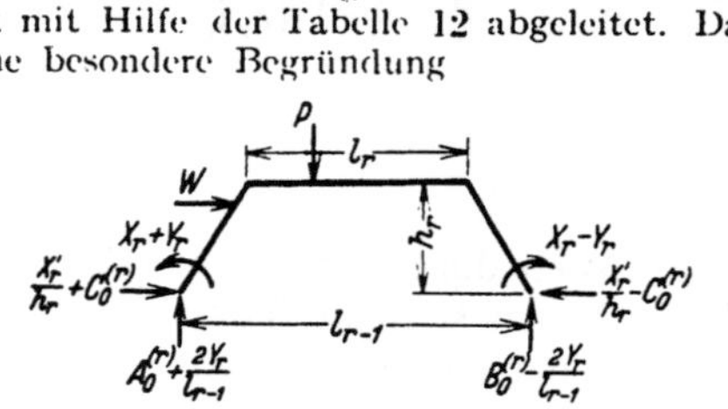

Abb. 435.

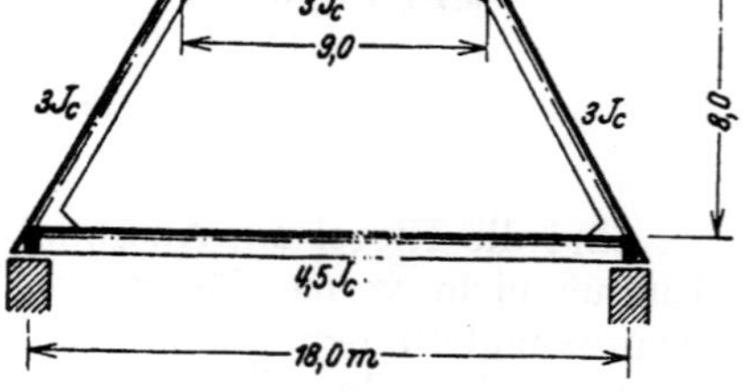

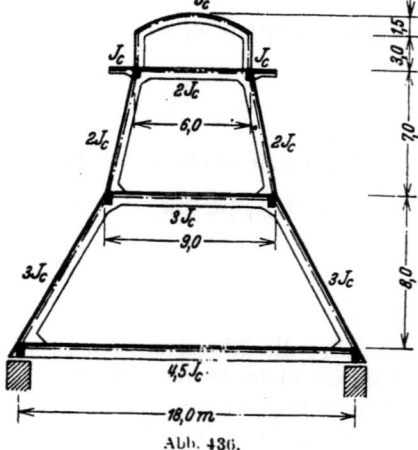

Abb. 436.

$$\tau_{3'3'} = l'_3 + \frac{2}{3} h'_3 + \frac{8}{15}\left(\frac{f}{h_3}\right)^2 l'_3 + \frac{4}{3}\frac{f}{h_3} l'_3 = b_3 + \frac{8}{15}\left(\frac{f}{h_3}\right)^2 l'_3 + \frac{4}{3}\frac{f}{h_3} l'_3,$$

$$\tau_{3'3} = l'_3 + h'_3 + \frac{2}{3}\frac{f}{h_3} l'_3 = a_3 + \frac{2}{3}\frac{f}{h_3} l'_3.$$

Die übrigen Vorzahlen ergeben sich aus den Ansätzen (758) und (760). Die Zahlenrechnung wird folgendermaßen entwickelt:

r	0	1	2	3
l_r	18,00	9,00	6,00	6,00
h_r	—	8,50	7,00	3,00
$l'_r = -\tau_{r(r+1)} = -\tau_{r'(r+1)}$	4,00	3,00	3,00	6,00
h'_r	—	2,833	3,500	3,000
$\operatorname{tg} \alpha_r$	—	0,529412	0,214286	0,0000
$\sec \alpha_r$	—	1,131493	1,022701	1,0000
$h'_r \sec \alpha_r$	—	3,20590	3,57945	3,0000
$a_r = l'_r + h'_r \sec \alpha_r$	—	6,20590	6,57945	9,0000
$b_r = l'_r + 2/3 \cdot h'_r \sec \alpha_r$	—	5,13727	5,38630	8,0000
$\tau_{rr'}$	—	6,20590	6,57945	11,0000
$\tau_{r'r'}$	—	5,13727	5,38630	12,8000
$\tau_{rr} = a_r + h'_r \sec \alpha_r + l'_{r-1}$	—	13,41180	13,15891	15,0000
$-\frac{\tau_{r'(r+1)}}{\tau_{r'r'}} \tau_{rr'}$	—	3,62405	3,66455	5,15625
$\tau^{(3)}_{r(r+1)} = \tau_{r(r+1)} - \frac{\tau_{r'(r+1)}}{\tau_{r'r'}} \tau_{rr'}$	—	0,62405	0,66455	—
$\tau^2_{rr'}/\tau_{r'r'}$	—	7,49682	8,03690	9,45313
$\tau^2_{r(r-1)'}/\tau_{(r-1)'(r-1)'}$	—	—	1,75190	1,67091
$\tau^{(3)}_{rr} = \tau_{rr} - \frac{\tau^2_{r'r}}{\tau_{r'r'}} - \frac{\tau^2_{r(r-1)'}}{\tau_{(r-1)'(r-1)'}}$	—	5,91498	3,37011	3,87597
λ_r	—	0,500	0,66667	1,0000
$3\,\delta_{r(r+1)} = -\lambda_r l'_r$	—	−1,500	−2,000	—
$1 + \lambda_r + \lambda_r^2$	—	1,7500	2,11111	3,0000
$2\,h'_r \sec \alpha_r (1 + \lambda_r + \lambda_r^2)$	—	11,22065	15,11323	18,0000
$\lambda_r^2 l'_r$	—	0,7500	1,33333	6,0000
$3\,\delta_{rr} = \lambda_r^2 l'_r + l'_{r-1} + 2\,h'_r \sec \alpha_r (1 + \lambda_r + \lambda_r^2)$	—	15,97065	19,44656	27,0000

Die beiden voneinander unabhängigen Gruppen der Bedingungsgleichungen (758b) und (759) sind daher für

Antimetrische Belastung

	Y_1	Y_2	Y_3
1	+15,971	−1,500	—
2	−1,500	+19,447	−2,00
3	—	−2,00	+27,00

Symmetrische Belastung

	X_1	X_2	X_3
1	+5,9150	+0,6240	—
2	+0,6240	+3,3701	+0,6645
3	—	+0,6645	+3,8760

Kettenbrüche zur Ermittlung der Kennbeziehungen und der Vorzahlen $\beta'^{(\nu)} = \beta^{(\nu)}/3$:

$$\beta'_{11} = \cfrac{1}{15{,}971 - \cfrac{(-1{,}50)\,(-1{,}50)}{19{,}447 - \cfrac{(-2{,}0)\,(-2{,}0)}{27{,}00}}},$$

$$\beta'_{33} = \cfrac{1}{27{,}0 - \cfrac{(-2{,}00)\,(-2{,}00)}{19{,}447 - \cfrac{(-1{,}50)\,(-1{,}50)}{15{,}969}}},$$

$$\varkappa_{32} = \frac{-2{,}0}{27{,}00} = -0{,}0740741\,, \qquad \varkappa_{12} = \frac{-1{,}50}{15{,}971} = -0{,}0939202\,,$$

$$\varkappa_{21} = \frac{-1{,}50}{19{,}447 - 0{,}148} = -0{,}0777248\,, \qquad \varkappa_{23} = \frac{-2{,}00}{19{,}447 - 0{,}141} = -0{,}1035941\,,$$

$$\beta'_{11} = \frac{1}{15{,}971 - 0{,}117} = +0{,}0630739\,, \qquad \beta'_{33} = \frac{1}{27 - 0{,}207} = +0{,}0373234\,,$$

$-\varkappa_{21} = +0{,}0777248$ $\qquad -\varkappa_{32} = +0{,}0740741$

Matrix der Vorzahlen $\beta'^{(y)}$

	1	2	3	
1	+0,0630739	+0,0049024	+0,0003631	
2	+0,0049024	+0,0521976	+0,0038665	$+0{,}0939202 = -\varkappa_{12}$,
3	+0,0003631	+0,0038665	+0,0373234	$+0{,}1035941 = -\varkappa_{23}$.

Kettenbrüche zur Ermittlung der Kennbeziehungen und der Vorzahlen $\beta^{(x)}$:

$$\beta_{11} = \cfrac{1}{5{,}9150 - \cfrac{0{,}6240 \cdot 0{,}6240}{3{,}3701 - \cfrac{0{,}6645 \cdot 0{,}6645}{3{,}8760}}}\,, \qquad \beta_{33} = \cfrac{1}{3{,}8760 - \cfrac{0{,}6645 \cdot 0{,}6645}{3{,}3701 - \cfrac{0{,}6240 \cdot 0{,}6240}{5{,}9150}}}\,,$$

$$\varkappa_{32} = \frac{0{,}6645}{3{,}8760} = +0{,}171454\,, \qquad \varkappa_{12} = \frac{0{,}6240}{5{,}9150} = +0{,}105503\,,$$

$$\varkappa_{21} = \frac{0{,}6240}{3{,}3701 - 0{,}1139} = +0{,}191652\,, \qquad \varkappa_{23} = \frac{0{,}6645}{3{,}3701 - 0{,}0658} = +0{,}201119\,,$$

$$\beta_{11} = \frac{1}{5{,}9150 - 0{,}1196} = +0{,}172551\,, \qquad \beta_{33} = \frac{1}{3{,}8760 - 0{,}1336} = +0{,}267214\,.$$

$-\varkappa_{21} = -0{,}191652$ $\qquad -\varkappa_{32} = -0{,}171454$

Matrix der Vorzahlen $\beta^{(x)}$

	1	2	3	
1	+0,172551	−0,033070	+0,005670	
2	−0,033070	+0,313447	−0,053742	$-0{,}105503 = -\varkappa_{12}$
3	+0,005670	−0,053742	+0,267214	$-0{,}201119 = -\varkappa_{23}$

Die vorgeschriebenen Belastungen werden in den symmetrischen und antimetrischen Anteil aufgespalten (Abb. **437** bis **440**). Ansatz und Größe der Belastungsglieder für p_1, P_0, W sind auf S. **465**, für die Temperaturänderung t auf S. **466** angegeben.

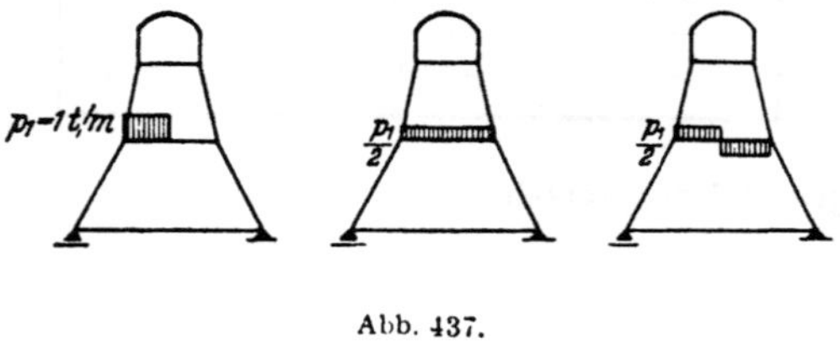

Abb. 437.

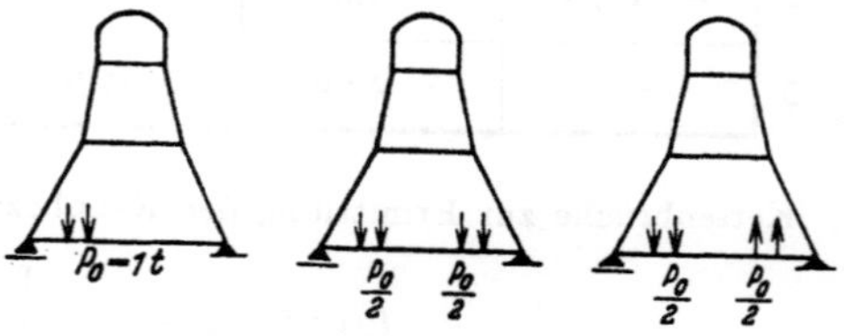

Abb. 438.

Auswertung der überzähligen Größen

$$X_r = \sum \beta^{(x)}_{rh}\,\tau^{(3)}_{h0}\,, \qquad Y_r = \sum \frac{\beta^{(y)}_{rh}}{3} \cdot 3\,\delta_{h0} = \sum \beta'^{(y)}_{rh} \cdot 3\,\delta_{h0}\,,$$

$$\frac{1}{h_r} X'_r = \frac{1}{h_r\,\tau_{r'r'}} \left(\tau_{r'0} - X_r\,\tau_{r'r} - X_{r+1}\,\tau_{r'(r+1)}\right).$$

Belastungsglieder.

	$p_1 = 1$	$P_0 = 1$	$W = 1$	
τ_{10}	$a_1 (h_1 \tan \alpha_1) \frac{p_1 l_1}{4} + \frac{p_1 l_1^2 l_1'}{24}$	$-\frac{l_0 l_0'}{4} P_0 (0{,}16 + 0{,}21) \cdot 2$	0	Symmetrischer Anteil $\frac{p_1}{2}, \frac{P_0}{2}, \frac{W}{2}$
τ_{20}	$-l_1' (h_1 \tan \alpha_1) \frac{p_1 l_1}{4} - \frac{p_1 l_1^2 l_1'}{24}$	0	0	
τ_{30}	0	0	$-\frac{W}{3} f \cdot l_3' \quad = -3{,}00$	
$\tau_{1'0}$	$b_1 (h_1 \tan \alpha_1) \frac{p_1 l_1}{4} + \frac{p_1 l_1^2 l_1'}{24} \quad = 62{,}13981$	0	0	
$\tau_{2'0}$	0	0	0	
$\tau_{3'0}$	0	0	$-\frac{W}{15} f l_3' \left(5 + 4 \frac{f}{h_3}\right) \quad = -4{,}20$	
$\tau_{10}^{(3)}$	$-\frac{p_1 l_1^2 l_1'}{24} \left(\frac{a_1}{b_1} - 1\right) \quad = -2{,}106161$	$-\frac{l_0 l_0'}{4} P_0 (0{,}16 + 0{,}21) \cdot 2 = -13{,}32$	0	
$\tau_{20}^{(3)}$	$-\frac{p_1 l_1^2 l_1'}{24} \left(1 - \frac{l_1'}{b_1}\right) \quad = -4{,}212322$	0	0	
$\tau_{30}^{(3)}$	0	0	$-3{,}00 + 0{,}8593 \cdot 4{,}20 \quad = +0{,}609375$	
$\mathfrak{M}_1$	$\frac{p_1 l_1^2 (h_1 \tan \alpha_1)}{8 l_0} \quad = +2{,}53125$	0	$\frac{h_1 \cdot 3W}{2} - \frac{h_1 \tan \alpha_1}{l_0} (8{,}5 + 15{,}5 + 18{,}5) W = +2{,}125$	Antimetrischer Anteil $\frac{p_1}{2}, \frac{P_0}{2}, \frac{W}{2}$
$\mathfrak{M}_2$	0	0	$\frac{h_2 \cdot 2W}{2} - \frac{h_2 \tan \alpha_2}{l_1} (7{,}0 + 10{,}0) W \quad = +4{,}16667$	
$\mathfrak{M}_3$	0	0	$\frac{h_3 \cdot W}{2} - \frac{h_3 \tan \alpha_3}{l_2} \cdot 3{,}0\, W \quad = +1{,}500$	
$3\delta_{10}$	$\mathfrak{M}_{p1} [\lambda_1 (2 a_1 - l_1') + (a_1 - l_1')] + \lambda_1 \frac{p_1 l_1^2 l_1'}{64} = +21{,}92517$	$-\frac{l_0 l_0'}{4} P_0 (0{,}192 + 0{,}168) = -6{,}48$	$\mathfrak{M}_{W1} [(2 a_1 - l_1') \lambda_1 + (a_1 - l_1')] \quad = +16{,}8126$	
$3\delta_{20}$	$-\mathfrak{M}_{p1} l_1' - \frac{p_1 l_1^2 l_1'}{64} \quad = -11{,}39062$	0	$\mathfrak{M}_{W2} [(2 a_2 - l_2') \lambda_2 + (a_2 - l_2')] - \mathfrak{M}_{W1} l_1' = +36{,}7585$	
$3\delta_{30}$	0	0	$\mathfrak{M}_{W3} [(2 a_3 - l_3') \lambda_3 + (a_3 - l_3')] - \mathfrak{M}_{W2} l_2' = +10{,}00$	

Belastung p_1 (Abb. 437).

Antimetrischer Anteil.

$$Y_1 = +\,0{,}0630739 \cdot 21{,}92517 - 0{,}0049244 \cdot 11{,}39062 = +\,1{,}32706\,,$$
$$Y_2 = +\,0{,}0049024 \cdot 21{,}92517 - 0{,}0521976 \cdot 11{,}39062 = -\,0{,}48708\,,$$
$$Y_3 = +\,0{,}0003631 \cdot 21{,}92517 - 0{,}0038665 \cdot 11{,}39062 = -\,0{,}03608\,.$$

Symmetrischer Anteil.

$$X_1 = -\,0{,}172551 \cdot 2{,}106161 + 0{,}033070 \cdot 4{,}212322 = -\,0{,}22412\,,$$
$$X_2 = +\,0{,}033070 \cdot 2{,}106161 - 0{,}313447 \cdot 4{,}212322 = -\,1{,}25069\,,$$
$$X_3 = -\,0{,}005670 \cdot 2{,}106161 + 0{,}053742 \cdot 4{,}212322 = +\,0{,}21444\,.$$

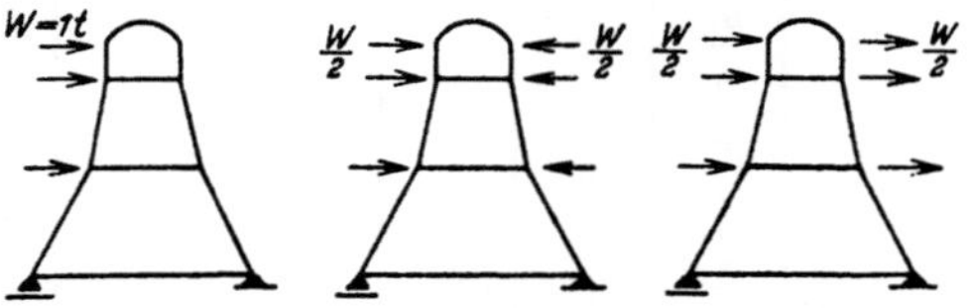

Abb. 439.

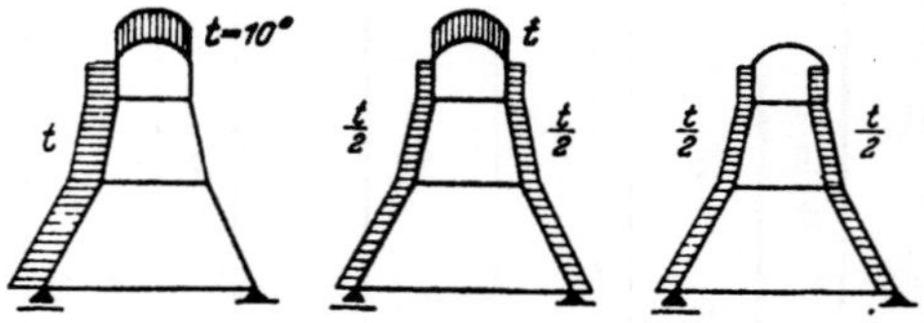

Abb. 440.

$$\frac{1}{h_1} X_1' = \frac{1}{8{,}5 \cdot 5{,}1373}\,(62{,}13981 + 0{,}22412 \cdot 6{,}2059 - 1{,}25069 \cdot 3{,}00) = +\,1{,}36899\,,$$
$$\frac{1}{h_2} X_2' = \frac{1}{7{,}0 \cdot 5{,}3863}\,(+\,1{,}25069 \cdot 6{,}5795 + 0{,}21444 \cdot 3{,}00) = +\,0{,}23531\,,$$
$$\frac{1}{h_3} X_3' = \frac{1}{3{,}0 \cdot 12{,}800}\,(-\,0{,}21444 \cdot 11{,}0000) = -\,0{,}06143\,.$$

Biegungsmomente des Stabwerks in Abb. 441.

Belastung P_0 (Abb. 438).

Antimetrischer Anteil.

$$Y_1 = -\,0{,}0630739 \cdot 6{,}48 = -\,0{,}4087\,,$$
$$Y_2 = -\,0{,}0049024 \cdot 6{,}48 = -\,0{,}0318\,,$$
$$Y_3 = -\,0{,}003631 \cdot 6{,}48 = -\,0{,}0024\,.$$ (Fortsetzung auf S. 467.)

Belastungsglieder für symmetrische und antimetrische Temperaturänderung $t = 10^0$.

$E\,\alpha_t = 21\ \text{t/m}^2$ $\qquad J_c = 0{,}012825\ \text{m}^4$

Belastung	$t = 10^0$ C		
$\tau_{1't}$	$E J_c \alpha_t t \cdot \text{tg}\,\alpha_1$	$= +\ 1{,}42584$	Symmetrische Erwärmung der Pfosten um $t/2$, des obersten Riegels um t.
$\tau_{2't}$	$E J_c \alpha_t t \cdot \text{tg}\,\alpha_2$	$= +\ 0{,}57712$	
$\tau_{3't}$	$E J_c \alpha_t t \cdot l_3/h_3$	$= +\ 5{,}38650$	
$\tau_{1t}^{(3)}$	$-1{,}208015 \cdot 1{,}42584$	$= -\ 1{,}72244$	
$\tau_{2t}^{(3)}$	$-1{,}221516 \cdot 0{,}57712 + \dfrac{3{,}00}{5{,}13727} \cdot 1{,}42584$	$= +\ 0{,}12768$	
$\tau_{3t}^{(3)}$	$-0{,}859375 \cdot 5{,}38650 + \dfrac{3{,}00}{5{,}38630} \cdot 0{,}57712$	$= -\ 4{,}31872$	
$3\,\delta_{1t}$	$6 E J_c \alpha_t t \cdot \dfrac{h_1}{l_0}$	$= +\ 7{,}63087$	Antimetrische Erwärmung der Pfosten um $t/2$.
$3\,\delta_{2t}$	$6 E J_c \alpha_t t \cdot \dfrac{h_2}{l_1}$	$= +\ 12{,}56849$	
$3\,\delta_{3t}$	$6 E J_c \alpha_t t \cdot \dfrac{h_3}{l_2}$	$= +\ 8{,}07975$	

Symmetrischer Anteil.

$$X_1 = -0{,}172551 \cdot 13{,}32 = -2{,}2984\,,$$
$$X_2 = +0{,}033070 \cdot 13{,}32 = +0{,}4405\,,$$
$$X_3 = -0{,}005670 \cdot 13{,}32 = -0{,}0755\,,$$

$$\frac{X_1'}{h_1} = \frac{1}{8{,}5 \cdot 5{,}1373}(+2{,}2984 \cdot 6{,}2059 + 0{,}4405 \cdot 3{,}00) = +0{,}3569\,,$$
$$\frac{X_2'}{h_2} = \frac{1}{7{,}0 \cdot 5{,}3863}(-0{,}4405 \cdot 6{,}5795 - 0{,}0755 \cdot 3{,}00) = -0{,}0829\,,$$
$$\frac{X_3'}{h_3} = \frac{1}{3{,}0 \cdot 12{,}8000}(+0{,}0755 \cdot 11{,}0000 \qquad) = +0{,}0216\,.$$

Biegungsmomente des Stabwerks in Abb. 442.

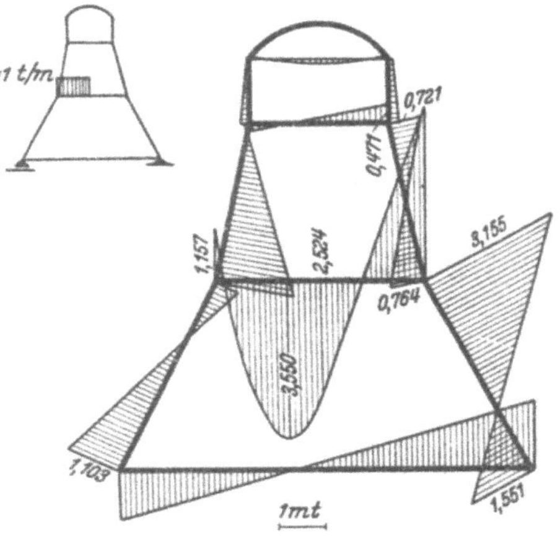

Abb. 441.

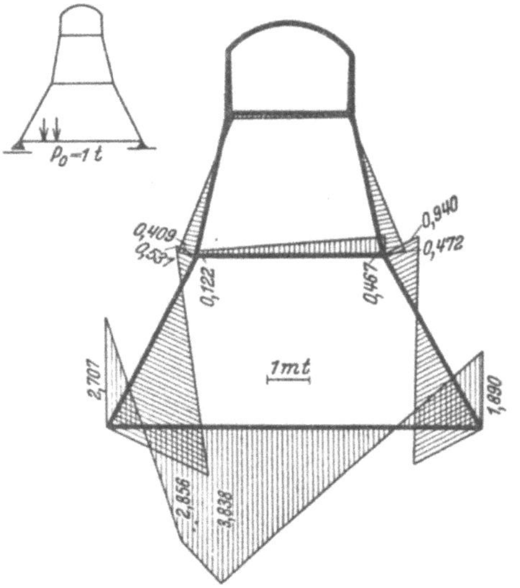

Abb. 442.

Belastung W (Abb. 439).

Antimetrischer Anteil.

$$Y_1 = +0{,}0630739 \cdot 16{,}8126 + 0{,}0049024 \cdot 36{,}7585 + 0{,}0003631 \cdot 10{,}00 = +1{,}2443\,,$$
$$Y_2 = +0{,}0049024 \cdot 16{,}8126 + 0{,}0521976 \cdot 36{,}7585 + 0{,}0038665 \cdot 10{,}00 = +2{,}0398\,,$$
$$Y_3 = +0{,}0003631 \cdot 16{,}8126 + 0{,}0038665 \cdot 36{,}7585 + 0{,}0373234 \cdot 10{,}00 = +0{,}5215\,.$$

Symmetrischer Anteil.

$$X_1 = +0{,}005670 \cdot 0{,}609375 = +0{,}0035\,,$$
$$X_2 = -0{,}053742 \cdot 0{,}609375 = -0{,}0327\,,$$
$$X_3 = +0{,}267214 \cdot 0{,}609375 = +0{,}1628\,.$$

$$\frac{X_1'}{h_1} = \frac{1}{8{,}5 \cdot 5{,}1373}(\quad -0{,}0035 \cdot 6{,}2059 - 0{,}0327 \cdot 3{,}00) = -0{,}0027\,,$$
$$\frac{X_2'}{h_2} = \frac{1}{7{,}0 \cdot 5{,}3863}(\quad +0{,}0327 \cdot 6{,}5795 + 0{,}1628 \cdot 3{,}00) = +0{,}0187$$
$$\frac{X_3'}{h_3} = \frac{1}{3{,}0 \cdot 12{,}8000}(-4{,}20 - 0{,}1628 \cdot 11{,}0000) \qquad = -0{,}1560\,.$$

Biegungsmomente des Stabwerks in Abb. 443.

Temperaturänderung (Abb. 440).

Antimetrischer Anteil.

$$Y_1 = +0{,}0630739 \cdot 7{,}63087 + 0{,}0049024 \cdot 12{,}56849 + 0{,}0003631 \cdot 8{,}07975 = +0{,}54586\,,$$
$$Y_2 = +0{,}0049024 \cdot 7{,}63087 + 0{,}0521976 \cdot 12{,}56849 + 0{,}0038665 \cdot 8{,}07975 = +0{,}72470\,,$$
$$Y_3 + 0{,}= 0003631 \cdot 7{,}63087 + 0{,}0038665 \cdot 12{,}56849 + 0{,}0373234 \cdot 8{,}07975 = +0{,}35293\,.$$

Symmetrischer Anteil.

$$X_1 = -0{,}172551 \cdot 1{,}72244 - 0{,}033070 \cdot 0{,}12768 - 0{,}005670 \cdot 4{,}31872 = -0{,}32592\,,$$
$$X_2 = +0{,}033070 \cdot 1{,}72244 + 0{,}313447 \cdot 0{,}12768 + 0{,}053742 \cdot 4{,}31872 = +0{,}32908\,,$$
$$X_3 = -0{,}005670 \cdot 1{,}72244 - 0{,}053742 \cdot 0{,}12768 + 0{,}267214 \cdot 4{,}31872 = -1{,}17065\,.$$

$$\frac{X_1'}{h_1} = \frac{1}{8{,}5 \cdot 5{,}1373}(1{,}42584 + 0{,}32592 \cdot 6{,}2059 + 0{,}32908 \cdot 3{,}00) = +0{,}10158\,,$$
$$\frac{X_2'}{h_2} = \frac{1}{7{,}0 \cdot 5{,}3863}(0{,}57712 - 0{,}32908 \cdot 6{,}5795 - 1{,}17065 \cdot 3{,}00) = -0{,}13526\,,$$
$$\frac{X_3'}{h_3} = \frac{1}{3{,}0 \cdot 12{,}8000}(5{,}38650 + 1{,}17065 \cdot 11{,}0000) = +0{,}47562\,.$$

Biegungsmomente des Stabwerks in Abb. 444.

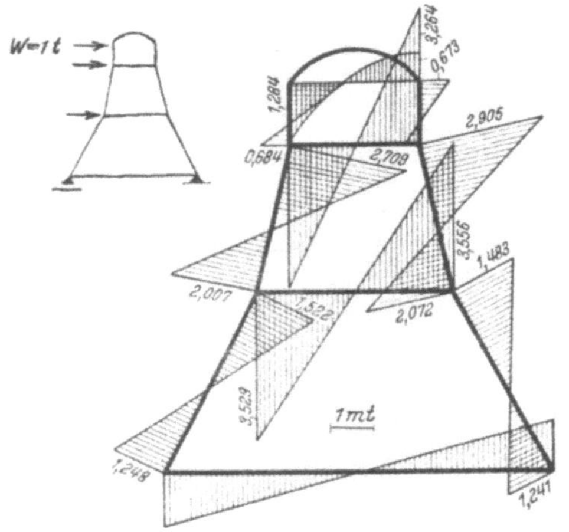

Abb. 443.

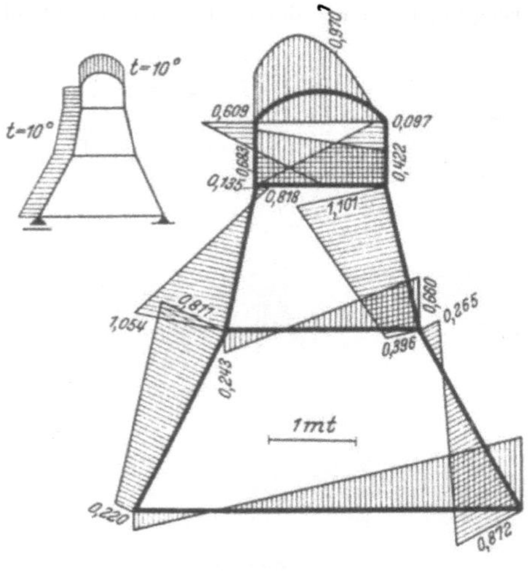

Abb. 444.

Symmetrischer Stockwerkrahmen mit gelenkig angeschlossenen Zwischenriegeln. Bei zahlreichen Bauaufgaben, zu deren Lösung Stockwerkrahmen herangezogen werden, dienen die Zwischenriegel nur zur Aussteifung und zur Knicksicherung der Pfosten. Ihre biegungssteife Verbindung ist dann unnötig. Der Stockwerkrahmen mit r Zwischenriegeln ist in diesem Falle bei symmetrischer

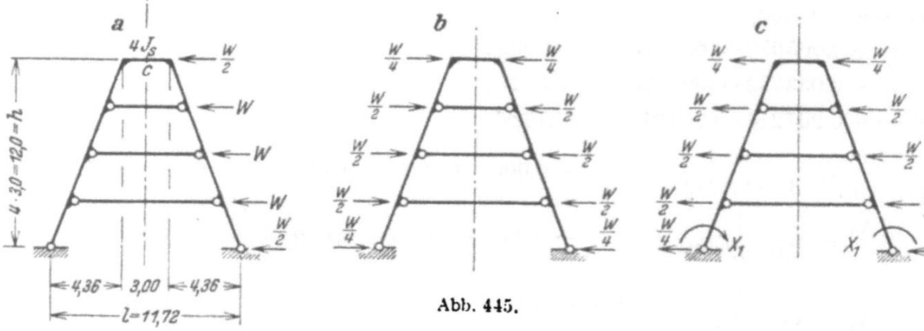

Abb. 445.

Belastung $(r + 1)$ oder $(r + 2)$fach statisch unbestimmt, je nachdem die Pfostenenden frei drehbar gestützt oder eingespannt sind. Die Schnittkräfte werden dabei aus statisch unbestimmten Gruppenlasten berechnet, die aus der halben Summe symmetrisch liegender Pfostenmomente bestehen. Die Elastizitätsgleichungen erhalten dieselbe Form wie bei der Berechnung des durchlaufenden Trägers. Bei Antimetrie der Belastung sind das Biegungsmoment im Querschnitt c (Abb. 445a) und die Längskräfte in den Riegeln Null, die Schnittkräfte daher bei frei drehbaren Pfostenenden statisch bestimmt, bei starrer Einspannung der Pfostenenden einfach statisch unbestimmt. Die statisch unbestimmte Querkraft im Scheitel oder das statisch unbestimmte Einspannmoment können nach Abschn. **26** berechnet werden. In zahlreichen Fällen genügen die Angaben der Tabelle 47.

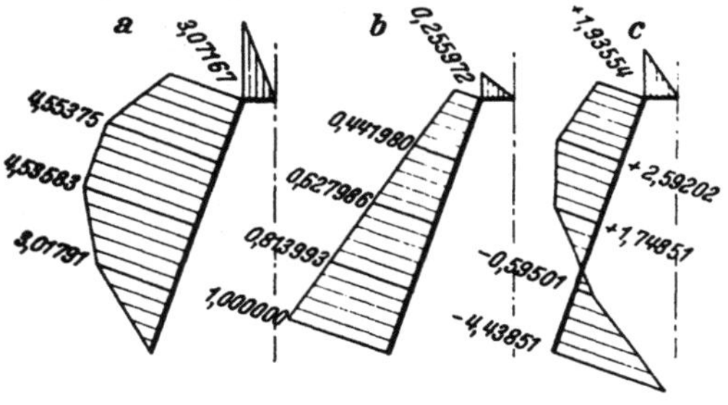

Abb. 446.

Beispiel. Die Windbelastung des Rahmens (Abb. **445** a) wird in den symmetrischen und den antimetrischen Anteil umgeordnet (Abb. **445** b, c). Der symmetrische Anteil erzeugt bei Vernachlässigung der Längenänderung der Stäbe in den Riegeln nur Druckkräfte. Bei antimetrischer Belastung sind die Riegel spannungslos. Querkraft im Scheitel: $Q_e = 2\,W\,\frac{h/2}{l/2} = 2{,}04778\,W$. Momente siehe Abb. **446** a. Bei eingespannten Pfosten wird das Einspannmoment $X_1 = \delta_{10}/\delta_{11}$ unter Verwendung der Momente M_1 nach Abb. **446** b berechnet. $\delta_{10} = 32{,}83283\,W$, $\delta_{11} = 7{,}39710$, $X_1 = 4{,}43851\,W$. Statisch unbestimmte Momente: Abb. **446** c.

Der symmetrische Stockwerkrahmen mit zwei senkrechten Pfosten. Das Tragwerk kann als Sonderfall der Abb. 425 mit $\alpha_r = 0$ nach der allgemeinen Rechenvorschrift auf S. 457ff. statisch untersucht werden. Die Lösung ist aber mit anderen überzähligen Größen, die auf Grund der besonderen Eigenschaften des symmetrischen oder antimetrischen Verschiebungs- und Spannungszustandes ausgewählt werden, einfacher.

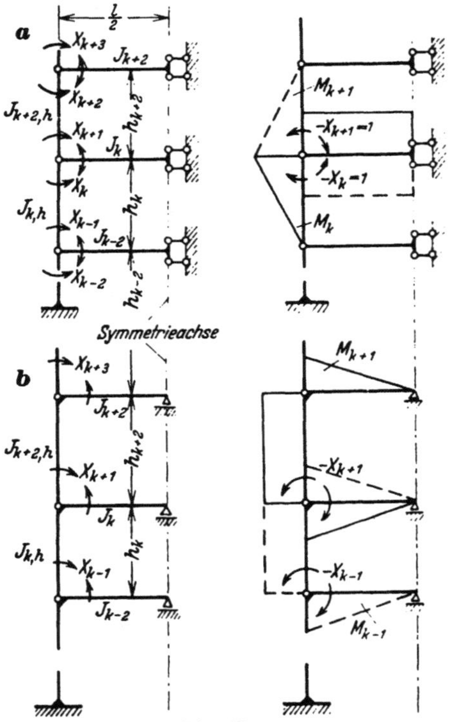

Abb. 447.

a) Symmetrische Belastung: Spannungs- und Verschiebungszustand sind symmetrisch. Daher sind in der Symmetrieachse die Tangenten an die Biegelinien der Riegel waagerecht und die Querkräfte Null. Die statische Untersuchung kann daher auf die linke Hälfte des Rahmens beschränkt und der Riegel in der Symmetrieachse mit $Q = 0$, $dw/dx = 0$ beweglich eingespannt angenommen werden. Die dem Riegelanschluß k benachbarten Biegungsmomente X_k, X_{k+1} des Pfostens sind statisch unbestimmt. Auf diese Weise entsteht das Hauptsystem Abb. 447a mit den folgenden geometrischen Bedingungen für die Formänderung:

$$\left.\begin{aligned} X_{k-1}\,\delta_{k(k-1)} + X_k\delta_{kk} + X_{k+1}\,\delta_{k(k+1)} &= \delta_{k0}, \\ X_k\,\delta_{(k+1)k} + X_{k+1}\,\delta_{(k+1)(k+1)} + X_{k+2}\,\delta_{(k+1)(k+2)} &= \delta_{(k+1)0}. \end{aligned}\right\} \qquad (761)$$

Sechsfacher Betrag der Vorzahlen unter Berücksichtigung einer Riegelverstärkung nach Tabelle 29:

$$\left.\begin{aligned} &6\,\delta_{k(k-1)} = h'_k, \qquad 6\,\delta_{kk} = 2\,h'_k + (2\,\mu_k + \lambda_k)\,l'_k, \\ &6\,\delta_{k(k+1)} = -(2\,\mu_k + \lambda_k)\,l'_k = 6\,\delta_{(k+1)k}, \\ &6\,\delta_{(k+1)(k+1)} = 2\,h'_{k+2} + (2\,\mu_k + \lambda_k)\,l'_k, \qquad 6\,\delta_{(k+1)(k+2)} = h'_{k+2}. \end{aligned}\right\} \qquad (762)$$

Konstantes Trägheitsmoment des Riegels l_k: $\mu_k = 1$, $\lambda_k = 1$.

Die Belastung eines einzelnen Riegels l_k liefert nur die Belastungszahlen $-6\,\delta_{k0} = 6\,\delta_{(k+1)0}$, die Belastung eines einzelnen Pfostens h_k nur $6\,\delta_{(k-1)0}$ und $6\,\delta_{k0}$. Das Kräftebild kann daher ebenso wie beim durchlaufenden Träger mit Festpunkten, Übergangslinien und Kreuzlinienabschnitten aufgezeichnet werden.

Belastungsglieder für symmetrische Belastung (Abb. 448a).

p_k	$-6\,\delta_{k0} = 6\,\delta_{(k+1)0} = \dfrac{p_k\, l^2\, l'_k}{4}$
P_k	$-6\,\delta_{k0} = 6\,\delta_{(k+1)0} = 3\,P_k\, l\, l'_k\, \omega_R$
w_k	$6\,\delta_{(k-1)0} = 6\,\delta_{k0} = -\dfrac{w_k\, h_k^2\, h'_k}{4}$
$\overline{w}_k$	$6\,\delta_{(k-1)0} = -\dfrac{2}{15}\, w_k\, h_k^2\, h'_k$, $\quad 6\,\delta_{k0} = -\dfrac{7}{60}\, w_k\, h_k^2\, h'_k$
M_k	$-6\,\delta_{k0} = 6\,\delta_{(k+1)0} = 3\, l'_k\, \mathsf{M}_k$

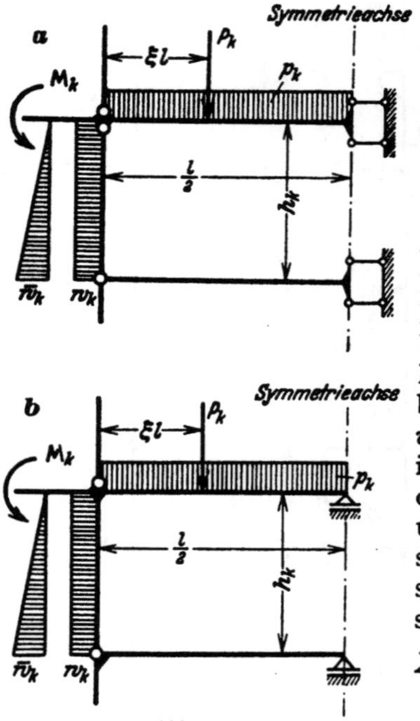

Abb. 448.

Der dreigliedrige Ansatz wird rechnerisch nach S. 232, also ebenso wie für den durchlaufenden Träger mit elastisch drehbaren Stützen gelöst. Dasselbe gilt für die zeichnerische Behandlung eines allgemeinen Belastungsfalles nach Abschn. 32. Die Zahlenrechnung ist in dem folgenden Beispiel ausführlich erläutert worden.

b) Antimetrische Belastung. Spannungs- und Verschiebungszustand sind antimetrisch. Daher sind nach S. 185 in der Symmetrieachse die Biegungsmomente und die senkrechten Verschiebungen der Querschnitte Null. Die Untersuchung kann daher auf die linke Hälfte des Tragwerks beschränkt und der Riegel mit $M = 0$, $N = 0$, $w = 0$ in der Symmetrieachse durchschnitten und in senkrechtem Sinne gestützt angenommen werden. Die Biegungsmomente X_{k-1}, X_{k+1}, X_{k+3} am unteren Ende der Pfosten sind statisch unbestimmt. Auf diese Weise entsteht das statisch bestimmte Hauptsystem Abb. 447b. Die geometrischen Bedingungen lauten

$$X_{k-1}\,\delta_{(k+1)(k-1)} + X_{k+1}\,\delta_{(k+1)(k+1)} + X_{k+3}\,\delta_{(k+1)(k+3)} = \delta_{(k+1)0}. \qquad (763)$$

Sechsfacher Betrag der Vorzahlen unter Berücksichtigung der Riegelverstärkung nach Tabelle 29:

$$\left.\begin{aligned} 6\,\delta_{(k+1)(k-1)} &= -l'_k(2\,\mu_k - \lambda_k), \qquad 6\,\delta_{(k+1)(k+3)} = -l'_{(k+2)}(2\,\mu_{k+2} - \lambda_{k+2}), \\ 6\,\delta_{(k+1)(k+1)} &= l'_k(2\,\mu_k - \lambda_k) + 6\,h'_{k+2} + l'_{k+2}(2\,\mu_{k+2} - \lambda_{k+2}). \end{aligned}\right\} \qquad (764)$$

Konstantes Trägheitsmoment des Riegels l_k: $\quad \mu_k = \lambda_k = 1$.

Bei Belastung eines einzelnen Riegels l_k sind nur die Belastungszahlen $6\,\delta_{(k+1)0} = -6\,\delta_{(k-1)0}$ von Null verschieden. Dagegen liefert die Belastung eines Pfostens h_k Belastungsglieder $\delta_{10} \neq 0$ bis $\delta_{(k+1)0} \neq 0$.

Belastungsglieder für antimetrische Belastung (Abb. 448 b).

p_k	$-6\,\delta_{(k-1)0} = 6\,\delta_{(k+1)0} = \dfrac{p_k\, l^2\, l'_k}{32}$
P_k	$-6\,\delta_{(k-1)0} = 6\,\delta_{(k+1)0} = P_k\, l\, l'_k\, \omega_R\, (1 - 2\,\xi)$
w_k	$6\,\delta_{(k+1)0} = \dfrac{w_k\, h_k^2\, l'_k}{2}, \quad 6\,\delta_{(k-1)0} = -\dfrac{w_k\, h_k^2}{2}\left(l'_k + 4\,h'_k - 2\,\dfrac{h_{k-2}}{h_k}\, l'_{k-2}\right)$ $6\,\delta_{(k-3)0} = -\,w_k\, h_k\, h_{k-2}\left(l'_{k-2} + 3\,h'_{k-2} - \dfrac{h_{k-4}}{h_{k-2}}\, l'_{k-4}\right)$ $6\,\delta_{(k-5)0} = -\,w_k\, h_k\, h_{k-4}\left(l'_{k-4} + 3\,h'_{k-4} - \dfrac{h_{k-6}}{h_{k-4}}\, l'_{k-6}\right)$ usw.
$\overline{w}_k$	$6\,\delta_{(k+1)0} = \dfrac{\overline{w}_k\, h_k^2\, l'_k}{6}, \quad 6\,\delta_{(k-1)0} = -\dfrac{\overline{w}_k\, h_k^2}{12}\left(2\, l'_k + 9\,h'_k - 6\,\dfrac{h_{k-2}}{h_k}\, l'_{k-2}\right)$ $6\,\delta_{(k-3)0} = -\dfrac{\overline{w}_k\, h_k\, h_{k-2}}{2}\left(l'_{k-2} + 3\,h'_{k-2} - \dfrac{h_{k-4}}{h_{k-2}}\, l'_{k-4}\right)$ $6\,\delta_{(k-5)0} = -\dfrac{\overline{w}_k\, h_k\, h_{k-4}}{2}\left(l'_{k-4} + 3\,h'_{k-4} - \dfrac{h_{k-6}}{h_{k-4}}\, l'_{k-6}\right)$ usw.
M_k	$-6\,\delta_{(k-1)0} = 6\,\delta_{(k+1)0} = l'_k\, \mathsf{M}_k$

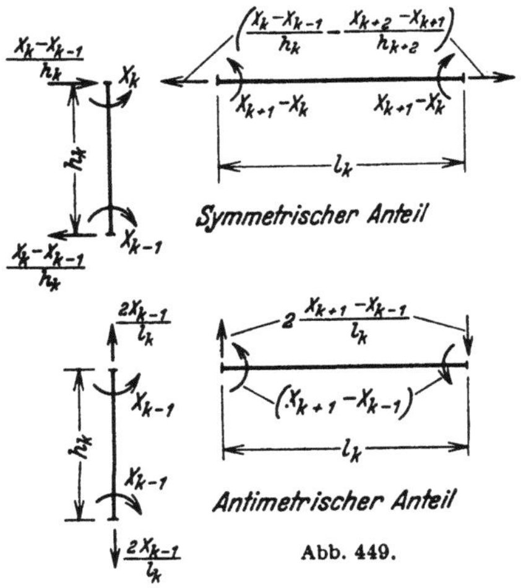

Abb. 449.

Der dreigliedrige Ansatz (763) kann in ähnlicher Weise wie beim durchlaufenden Träger nach der bekannten Rechenvorschrift rechnerisch oder zeichnerisch gelöst werden.

Die Schnittkräfte ergeben sich aus dem statisch bestimmten Anteil und den Anschlußkräften in Abb. 449.

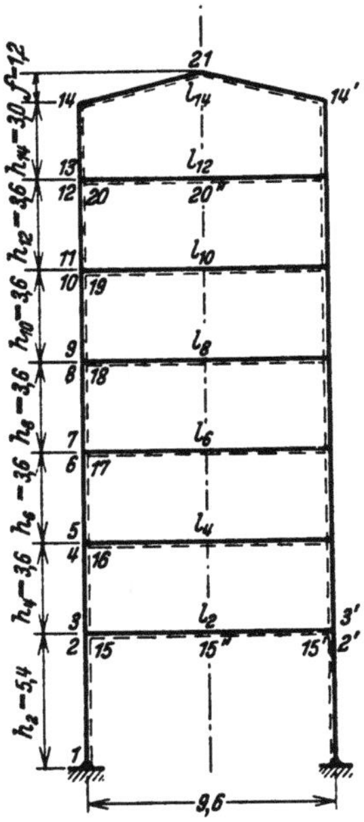

Abb. 450.

Statische Untersuchung eines Stockwerkrahmens mit 7 Geschossen für ständige Last und Windlast. Grenzwerte der Biegungsmomente bei voller Nutzlast in einzelnen Geschossen.

1. Geometrische Grundlagen. Abb. 450. Die Trägheitsmomente sind im Bereich eines jeden Stabes konstant. $J_c = 72\ dm^4$.

k	l_k	J_k	l'_k	k	h_k	J_k	h'_k
2	9,6	171	4,03	2	5,4	307	1,27
4	9,6	171	4,03	4	3,6	256	1,01
6	9,6	108	6,40	6	3,6	256	1,01
8	9,6	90	7,68	8	3,6	143	1,81
10	9,6	90	7,68	10	3,6	143	1,81
12	9,6	72	9,60	12	3,6	72	3,60
14	9,6	72	9,90	14	3,0	60	3,60

A. Symmetrische Belastung. Berechnung nach S. 469. Die statisch überzähligen Größen sind die Anschlußmomente X_k, X_{k+1} der Pfosten.

2. Die geometrischen Bedingungsgleichungen (761). Momente M_k und M_{k+1} nach Abb. 447 a, Momente M_{13} und M_{14} nach Abb. 451, Vorzahlen der Matrix nach (762):

Matrix der Vorzahlen $6\delta_{ik}$.

	X_1	X_2	X_3	X_4	X_5	X_6	X_7	X_8	X_9	X_{10}	X_{11}	X_{12}	X_{13}	X_{14}
1	2,54	1,27												
2	1,27	14,63	− 12,09											
3		− 12,09	14,11	1,01										
4			1,01	14,11	− 12,09									
5				− 12,09	14,11	1,01								
6					1,01	21,22	− 19,20							
7						− 19,20	22,82	1,81						
8							1,81	26,66	− 23,04					
9								− 23,04	26,66	1,81				
10									1,81	26,66	− 23,04			
11										− 23,04	30,24	3,00		
12											3,00	36,00	− 28,80	
13												− 28,80	37,584	− 3,924
14													− 3,924	50,36

$$6\,\delta_{k\,(k-1)} = h'_k\,, \qquad 6\,\delta_{k\,k} = 2\,h'_k + 3\,l'_k\,, \qquad 6\,\delta_{k\,(k+1)} = -\,3\,l'_k\,,$$

$$6\,\delta_{(k+1)\,(k+1)} = 2\,h'_{k+1} + 3\,l'_k\,, \qquad 6\,\delta_{(k+1)\,(k+2)} = h'_{k+2}\,,$$

$$6\,\delta_{13\,13} = 2\,h'_{14} + 3\,l'_{12} + l'_{14}\left(\frac{f}{h_{14}}\right)^2,$$

$$6\,\delta_{14\,14} = 2\,h'_{14} + l'_{14}\left[3 + 3\,\frac{f}{h_{14}} + \left(\frac{f}{h_{14}}\right)^2\right],$$

$$6\,\delta_{13\,14} = h'_{14} - \frac{l'_{14}}{2}\,\frac{f}{h_{14}}\left(3 + 2\,\frac{f}{h_{14}}\right).$$

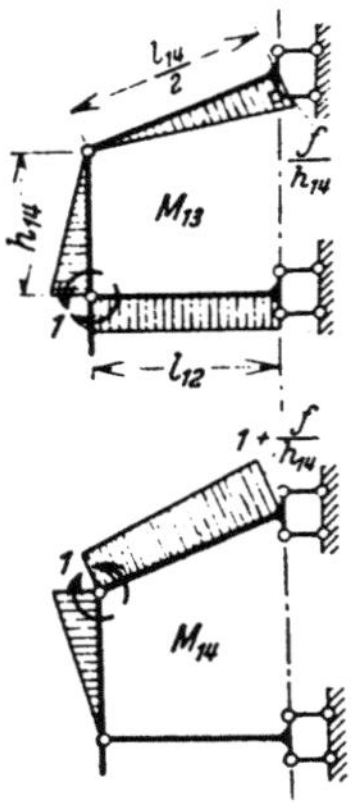

Abb. 451.

Ergebnis der Rechnung auf S. **472**.

3. Die Auflösung des Ansatzes. Anwendung der Rechenvorschrift auf S. **238** mit den Kennbeziehungen $-X_k/X_{k+1} = \varkappa_{k\,(k+1)}$, $-X_k/X_{k-1} = \varkappa_{k\,(k-1)}$ und den Vorzahlen $\beta'_{i\,k} = \beta_{i\,k}/6$ der konjugierten Matrix. Da bei symmetrischer Belastung p_k eines Riegels l_k nach S. **470** nur die Belastungsglieder $-\,6\,\delta_{k\,0} = 6\,\delta_{(k+1)\,0}$ und bei symmetrischer gleichförmiger Belastung w_k eines Pfostenpaares nur die Belastungsglieder $6\,\delta_{(k-1)\,0} = 6\,\delta_{k\,0}$ entstehen, so genügen die Vorzahlen $\beta_{k\,k}/6$ der Hauptdiagonalen der konjugierten Matrix und die beiderseits benachbarten Nebenglieder $\beta_{k\,(k-1)}/6$, $\beta_{k\,(k+1)}/6$. Die konjugierte Matrix wird daher nur für diesen Bereich berechnet. Das Ergebnis der Auflösung nach S. **238** besteht in der Tabelle S. **474**.

a) Symmetrische Belastung eines Riegels

$$X_k = \left(-\,\frac{\beta_{k\,k}}{6} + \frac{\beta_{k\,(k+1)}}{6}\right) 6\,\delta_{(k+1)\,0}\,, \qquad X_{k+1} = \left(-\,\frac{\beta_{(k+1)\,k}}{6} + \frac{\beta_{(k+1)\,(k+1)}}{6}\right) 6\,\delta_{(k+1)\,0}\,;$$

b) symmetrische Belastung eines Pfostenpaares

$$X_{k-1} = \left(\frac{\beta_{(k-1)\,(k-1)}}{6} + \frac{\beta_{(k-1)\,k}}{6}\right) 6\,\delta_{k\,0}\,, \qquad X_k = \left(\frac{\beta_{k\,(k-1)}}{6} + \frac{\beta_{k\,k}}{6}\right) 6\,\delta_{k\,0}\,.$$

Die übrigen statisch unbestimmten Größen sind für jede Belastung p_k, w_k durch die Kennbeziehungen $\varkappa_{k\,(k-1)}$, $\varkappa_{k\,(k+1)}$ bestimmt.

4. Die statisch unbestimmten Schnittkräfte bei gleichförmiger Belastung p_k der einzelnen Riegel l_k. Die Belastungsglieder sind nach S. **470** für $p_k = 1$ t/m $(k = 2, 4, \ldots, 12)$

$$-\,6\,\delta_{k\,0} = 6\,\delta_{(k+1)\,0} = \frac{p_k\,l^2\,l'_k}{4}\,.$$

Die Belastung p_{14} erzeugt nach Abb. **451**

$$6\,\delta_{13,\,0} = \frac{5}{32}\,p_{14}\,l^2\,l'_{14}\,\frac{f}{h_{14}} = 57{,}024\,, \qquad 6\,\delta_{14,\,0} = -\,\frac{1}{32}\,p_{14}\,l^2\,l'_{14}\left(8 + 5\,\frac{f}{h_{14}}\right) = -\,285{,}120\,.$$

Berechnung der l_k benachbarten Pfostenendmomente X_k, X_{k+1} $(k = 2, 4, \ldots, 12)$ nach **3a**:

k	2	4	6	8	10	12
p_k	1,00	1,00	1,00	1,00	1,00	1,00
l'_k	4,03	4,03	6,40	7,68	7,68	9,60
$-\,6\,\delta_{k\,0} = 6\,\delta_{(k+1)\,0}$	92,85	92,85	147,46	176,95	176,95	221,18
$-\,\frac{\beta_{k\,k}}{6} + \frac{\beta_{k\,(k+1)}}{6}$	− 0,036678	− 0,039198	− 0,031630	− 0,021131	− 0,026638	− 0,018275
X_k	− 3,4056	− 3,6395	− 4,6642	− 3,7391	− 4,7136	− 4,0421
$-\,\frac{\beta_{(k+1)\,k}}{6} + \frac{\beta_{(k+1)\,(k+1)}}{6}$	+ 0,040255	+ 0,037868	+ 0,017600	+ 0,019529	+ 0,013185	+ 0,012707
X_{k+1}	+ 3,7377	+ 3,5160	+ 2,5953	+ 3,4557	+ 2,3331	+ 2,8105

Die Belastung $p_{14} = 1$ t/m erzeugt

$$X_{13} = \frac{\beta_{13,\,13}}{6} \cdot 6\,\delta_{13,0} + \frac{\beta_{13,\,14}}{6} \cdot 6\,\delta_{14,0} = +\,2{,}6031\,, \qquad X_{14} = -\,5{,}4588\,.$$

10^6-fache Vorzahlen $\beta'_{ik} = \frac{1}{6}\beta_{ik}$.

$-\varkappa_{k(k-1)} > -$ →

+0,874454 +0,870230 +0,860497 +0,876832 +0,786416 +0,772569

−0,312974 −0,281421 −0,214964 −0,280281 −0,211920 −0,261818 +0,077919

	1	2	3	4	5	6	7	8	9	10	11	12	13	14
1	+466739	−146077												
2	−146077	+292154	+255476											
3		+255476	+295731	−83225										
4			−83225	+302056	+262858									
5				+262858	+300726	−64645								
6					−64645	+226732	+195102							
7						+195102	+212702	−59616						
8							−59616	+171561	+150430					
9								+150430	+169959	−36018				
10									−36018	+124716	+98078			
11										+98078	+111263	−29131		
12											−29131	+80354	+62079	
13												+62079	+74786	+5827
14													+5827	+20311

$-\varkappa_{(k-1)k}$ (right margin, ↓): −0,500000; +0,863880; −0,275528; +0,874078; −0,285118; +0,917255; −0,347495; +0,885097; −0,288798; +0,881500; −0,362529; +0,830093; +0,286898

Die anderen überzähligen Schnittkräfte sind für jeden Belastungsfall p_k

$$X_{h-1} = -\varkappa_{(h-1)h} X_h, \quad X_r = -\varkappa_{r(r-1)} X_{r-1} \qquad (h < k, \; r > k+1),$$

die Anschlußmomente der Riegel: $(X_{k+1} - X_k)$. Damit kann folgende Tabelle angeschrieben werden:

	$p_2 = 1$	$p_4 = 1$	$p_6 = 1$	$p_8 = 1$	$p_{10} = 1$	$p_{12} = 1$	$p_{14} = 1$
X_1	+ 1,7028	− 0,4332	+ 0,1383	− 0,0354	+ 0,0114	− 0,0031	+ 0,0017
X_2	− 3,4056	+ 0,8663	− 0,2766	+ 0,0707	− 0,0228	+ 0,0062	− 0,0034
X_3	+ 3,7377	+ 1,0028	− 0,3202	+ 0,0818	− 0,0264	+ 0,0072	− 0,0039
X_4	− 1,0519	− 3,6395	+ 1,1623	− 0,2970	+ 0,0957	− 0,0262	+ 0,0140
X_5	− 0,9154	+ 3,5160	+ 1,3298	− 0,3398	+ 0,1095	− 0,0300	+ 0,0160
X_6	+ 0,1968	− 0,7558	− 4,6642	+ 1,1918	− 0,3841	+ 0,1052	− 0,0562
X_7	+ 0,1693	− 0,6504	+ 2,5953	+ 1,2993	− 0,4187	+ 0,1147	− 0,0613
X_8	− 0,0475	+ 0,1823	− 0,7274	− 3,7391	+ 1,2049	− 0,3302	+ 0,1765
X_9	− 0,0416	+ 0,1598	− 0,6378	+ 3,4557	+ 1,3613	− 0,3731	+ 0,1994
X_{10}	+ 0,0088	− 0,0339	+ 0,1352	− 0,7323	− 4,7136	+ 1,2918	− 0,6906
X_{11}	+ 0,0069	− 0,0267	+ 0,1063	− 0,5759	+ 2,3331	+ 1,4654	− 0,7834
X_{12}	− 0,0018	+ 0,0070	− 0,0278	+ 0,1508	− 0,6108	− 4,0421	+ 2,1608
X_{13}	− 0,0014	+ 0,0054	− 0,0215	+ 0,1165	− 0,4719	+ 2,8105	+ 2,6031
X_{14}	− 0,0001	+ 0,0004	− 0,0017	+ 0,0091	− 0,0368	+ 0,2190	− 5,4588
$X_2 - X_3$	− 7,1433	− 0,1365	+ 0,0436	− 0,0111	+ 0,0036	− 0,0010	+ 0,0005
$X_4 - X_5$	− 0,1365	− 7,1555	− 0,1675	+ 0,0428	− 0,0138	+ 0,0038	− 0,0020
$X_6 - X_7$	+ 0,0275	− 0,1054	− 7,2595	− 0,1075	+ 0,0346	− 0,0095	+ 0,0051
$X_8 - X_9$	− 0,0059	+ 0,0225	− 0,0896	− 7,1948	− 0,1564	+ 0,0429	− 0,0229
$X_{10} - X_{11}$	+ 0,0019	− 0,0072	+ 0,0289	− 0,1564	− 7,0467	− 0,1736	+ 0,0928
$X_{12} - X_{13}$	− 0,0004	+ 0,0016	− 0,0063	+ 0,0343	− 0,1389	− 6,8526	− 0,4423
$+ X_{14}$	− 0,0001	+ 0,0004	− 0,0017	+ 0,0091	− 0,0368	+ 0,2190	− 5,4588

5. Die statisch unbestimmten Schnittkräfte bei gleichförmiger, symmetrischer Windbelastung $w_k = 0{,}525$ t/m. Nach S. 470 entsteht bei symmetrischer Belastung des Pfostenpaares h_k durch w_k $(k = 2, 4, \ldots, 12)$

$$6\,\delta_{(k-1)0} = 6\,\delta_{k0} = -\frac{w_k\, h_k^2\, h_k'}{4}.$$

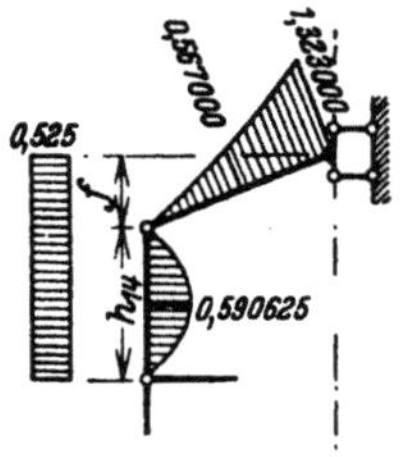

Abb. 452.

Nach Abb. 452 ist außerdem

$$6\,\delta_{13,0} = -9{,}11736, \qquad 6\,\delta_{14,0} = +18{,}38781.$$

Berechnung der statisch unbestimmten Schnittkräfte X_{k-1}, X_k nach 3b:

k	2	4	6	8	10	12
w_k	0,525					
h_k	5,4	3,6	3,6	3,6	3,6	3,6
h'_k	1,27	1,01	1,01	1,81	1,81	3,60
$6\,\delta_{(k-1)0} = 6\,\delta_{k0}$	− 4,86061	− 1,71801	− 1,71801	− 3,07881	− 3,07881	− 6,12360
$\frac{\beta_{(k-1)(k-1)}}{6} + \frac{\beta_{(k-1)k}}{6}$	+ 0,320662	+ 0,212506	+ 0,236081	+ 0,153086	+ 0,133941	+ 0,082132
X_{k-1}	− 1,5586	− 0,3651	− 0,4056	− 0,4713	− 0,4124	− 0,5029
$\frac{\beta_{k(k-1)}}{6} + \frac{\beta_{kk}}{6}$	+ 0,146077	+ 0,218831	+ 0,162087	+ 0,111945	+ 0,088698	+ 0,051223
X_k	− 0,7100	− 0,3760	− 0,2785	− 0,3447	− 0,2731	− 0,3137

$X_{13} = -0{,}5747\,, \qquad X_{14} = +0{,}3203\,.$

Die anschließenden Pfostenmomente ergeben sich wiederum aus $X_{k-1} = -\varkappa_{(k-1)k}\,X_k$, $X_r = -\varkappa_{r(r-1)}\,X_{r-1}$. Das Ergebnis ist in der folgenden Zahlentafel enthalten.

	w_2	w_4	w_6	w_8	w_{10}	w_{12}	w_{14}	Σ
X_1	− 1,5586	+0,1577	− 0,0422	+0,0128	− 0,0034	+0,0011	− 0,0004	− 1,4330
X_2	− 0,7100	− 0,3154	+0,0844	− 0,0256	+0,0069	− 0,0021	+0,0007	− 0,9612
X_3	− 0,6209	− 0,3651	+0,0977	− 0,0297	+0,0080	− 0,0025	+0,0009	− 0,9116
X_4	+0,1747	− 0,3760	− 0,3545	+0,1077	− 0,0290	+0,0090	− 0,0031	− 0,4711
X_5	+0,1521	− 0,3272	− 0,4056	+0,1233	− 0,0332	+0,0103	− 0,0035	− 0,4838
X_6	− 0,0327	+0,0703	− 0,2785	− 0,4323	+0,1163	− 0,0361	+0,0124	− 0,5805
X_7	− 0,0281	+0,0605	− 0,2396	− 0,4713	+0,1268	− 0,0394	+0,0135	− 0,5776
X_8	+0,0079	− 0,0170	+0,0672	− 0,3447	− 0,3650	+0,1133	− 0,0390	− 0,5772
X_9	+0,0069	− 0,0149	+0,0589	− 0,3022	− 0,4124	+0,1280	− 0,0440	− 0,5796
X_{10}	− 0,0015	+0,0032	− 0,0125	+0,0640	− 0,2731	− 0,4432	+0,1525	− 0,5107
X_{11}	− 0,0012	+0,0025	− 0,0098	+0,0504	− 0,2148	− 0,5029	+0,1730	− 0,5029
X_{12}	+0,0003	− 0,0006	+0,0026	− 0,0132	+0,0562	− 0,3137	− 0,4771	− 0,7455
X_{13}	+0,0002	− 0,0005	+0,0020	− 0,0102	+0,0434	− 0,2423	− 0,5747	− 0,7821
X_{14}	+0,0000	− 0,0000	+0,0002	− 0,0008	+0,0034	− 0,0189	+0,3204	+0,3042

B. **Antimetrische Belastung.** Berechnung nach S. 470. Die statisch überzähligen Größen sind die Anschlußmomente am unteren Pfostenende.

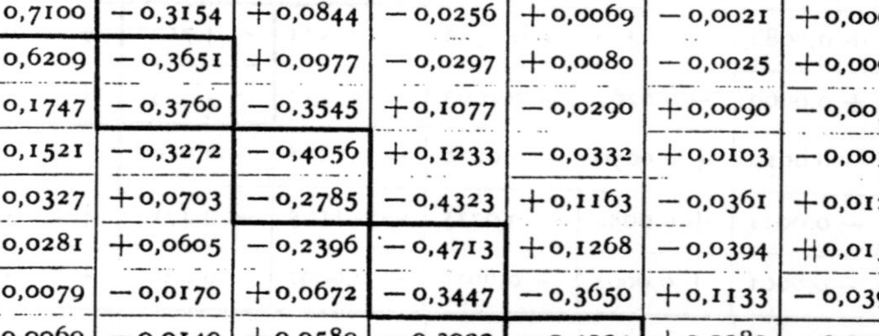

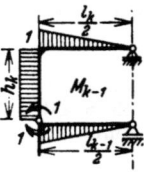

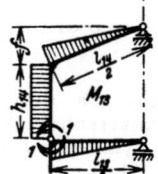

Abb. 453.

6. **Die geometrischen Bedingungsgleichungen** (763). Die Vorzahlen sind nach (764)

$$6\,\delta_{(k+1)(k-1)} = -\,l'_k\,, \qquad 6\,\delta_{(k+1)(k+3)} = -\,l'_{k+2}\,, \qquad 6\,\delta_{(k+1)(k+1)} = l'_k + 6\,h'_{k+2} + l'_{k+2}\,.$$

Der Ansatz gilt unverändert für das Dachgeschoß mit schrägem Riegel (Abb. 453).

Matrix der Vorzahlen $6\,\delta_{ik}$:

	X_1	X_3	X_5	X_7	X_9	X_{11}	X_{13}
1	+ 11,65	− 4,03					
3	− 4,03	+ 14,12	− 4,03				
5		− 4,03	+ 16,49	− 6,40			
7			− 6,40	+ 24,94	− 7,68		
9				− 7,68	+ 26,22	− 7,68	
11					− 7,68	+ 38,88	− 9,60
13						− 9,60	+ 41,10

7. **Auflösung des Ansatzes.**

a) Antimetrische Belastung eines Riegels l_k. Es treten nur zwei Belastungsglieder $-6\,\delta_{(k-1)\,0} = 6\delta_{(k+1)\,0}$ auf, so daß die gleiche Rechenvorschrift wie unter 3a verwendet wird.

b) Antimetrische Windlast. Antimetrische Windlast eines Pfostenpaares h_k gibt Belastungszahlen $\delta_{10}, \delta_{30}, \ldots, \delta_{(k+1)\,0}$. Da jedoch in der Regel nur Windbelastung auf die ganze Pfostenlänge in Betracht kommt, werden die Belastungszahlen δ_{k0} am besten nach (171) unmittelbar aus den Biegungsmomenten M_0 des Hauptsystems angegeben. Die statisch unbestimmten Schnittkräfte können nach S. 236 mit dem Gaußschen Algorithmus berechnet werden. Das Ergebnis läßt sich auch nach einer Superposition anschreiben, in dem jede überzählige Größe X_i zunächst für $6\,\delta_{h0}$ allein bestimmt wird ($X_i \to X_{ih}$). Hierzu genügen die Kennbeziehungen und die Hauptglieder $\beta_{hh}/6$ der konjugierten Matrix.

$$X_{hh} = 6\,\delta_{h0} \cdot \frac{\beta_{hh}}{6},$$

$$X_{(i-1)\,h} = -\varkappa_{(i-1)\,i} X_{ih} \quad \text{für } i \leq h$$

oder

$$X_{(i+1)\,h} = -\varkappa_{(i+1)\,i} X_{ih} \quad \text{für } i \geq h;$$

$$X_i = \sum_{h=1}^{h=n} X_{ih}.$$

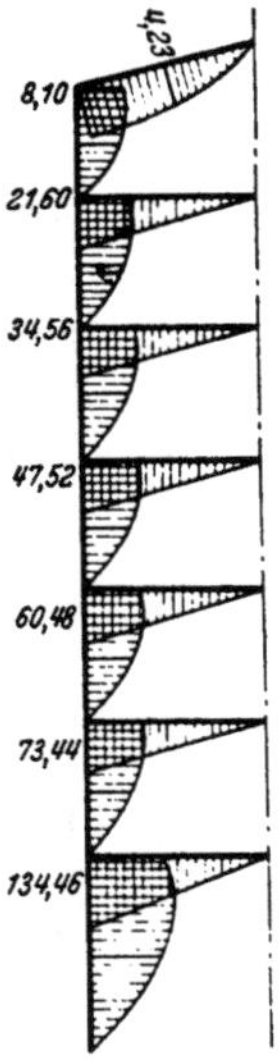

Biegungsmomente in der Mitte der Pfosten:
5,175
12,42
18,90
25,38
31,86
38,34
70,875

Abb. 454.

Kennbeziehungen und Vorzahlen $\beta_{(k+1)\,(k+1)}/6$ zur Matrix am Kopf der Seite.

$\varkappa_{31}$	$\varkappa_{53}$	$\varkappa_{75}$	$\varkappa_{97}$	$\varkappa_{11\,9}$	$\varkappa_{13\,11}$
−0,309687	−0,274653	−0,283898	−0,312067	−0,209620	−0,233577
$\varkappa_{11\,13}$	$\varkappa_{9\,11}$	$\varkappa_{79}$	$\varkappa_{57}$	$\varkappa_{35}$	$\varkappa_{13}$
−0,263900	−0,325854	−0,345204	−0,420671	−0,316676	−0,345923

β_{11}	β_{33}	β_{55}	β_{77}	β_{99}	$\beta_{11\,11}$	$\beta_{13\,13}$
+0,0961357	+0,0860653	+0,0746444	+0,0503752	+0,0455395	+0,0292954	+0,0259292

8. **Die statisch unbestimmten Schnittkräfte für volle antimetrische Windlast.** Die Momente des Hauptsystems sind in Abb. 454 ohne Einhaltung eines Maßstabes aufgetragen. In Verbindung mit Abb. 453 ist z. B.

$$6\,\delta_{70} = 6\int M_7 M_0 \frac{J_c}{J}\,ds$$

$$= w\,[l_6' \cdot 60{,}48 - h_8' (47{,}52 + 4 \cdot 25{,}38) - l_8' \cdot 47{,}52] = -130.013\; w.$$

Belastungszahlen und Superposition der Teilergebnisse:

k	1	3	5	7	9	11	13	Σ
$6\,\delta_{k0}$	− 563,159	+ 8,843	− 147,477	− 130,013	− 52,425	− 104,237	+ 11,397	—
$\beta_{hk}/6$	+ 0,096 1357	+ 0,086 0653	+ 0,074 6444	+ 0,050 3752	+ 0,045 5395	+ 0,029 2954	+ 0,025 9292	—
X_1	− 54,1397	+ 0,2633	− 1,2059	− 0,3018	− 0,0380	− 0,0158	+ 0,0004	− 55,4375
X_3	− 16,7663	+ 0,7611	− 3,4861	− 0,8725	− 0,1098	− 0,0458	+ 0,0012	− 20,5182
X_5	− 4,6049	+ 0,2090	− 11,0083	− 2,7551	− 0,3467	− 0,1445	+ 0,0037	− 18,6468
X_7	− 1,3073	+ 0,0593	− 3,1252	− 6,5494	− 0,8241	− 0,3435	+ 0,0088	− 12,0814
X_9	− 0,4080	+ 0,0185	− 0,9753	− 2,0439	− 2,3874	− 0,9951	+ 0,0254	− 6,7658
X_{11}	− 0,0855	+ 0,0039	− 0,2044	− 0,4284	− 0,5004	− 3,0537	+ 0,0780	− 4,1905
X_{13}	− 0,0200	+ 0,0009	− 0,0477	− 0,1001	− 0,1169	− 0,7133	+ 0,2955	− 0,7016

C. Biegungsmomente aus Eigengewicht. g_2 bis $g_{12} = 1{,}8$ t/m, $g_{14} = 1{,}25$ t/m (Dachriegel).

Die Teilergebnisse der Tabelle S. 475 aus p_2 bis p_{12} werden addiert und mit 1,8 multipliziert. Hierzu treten die mit g_{14} erweiterten Ergebnisse für $p_{14} = 1$.

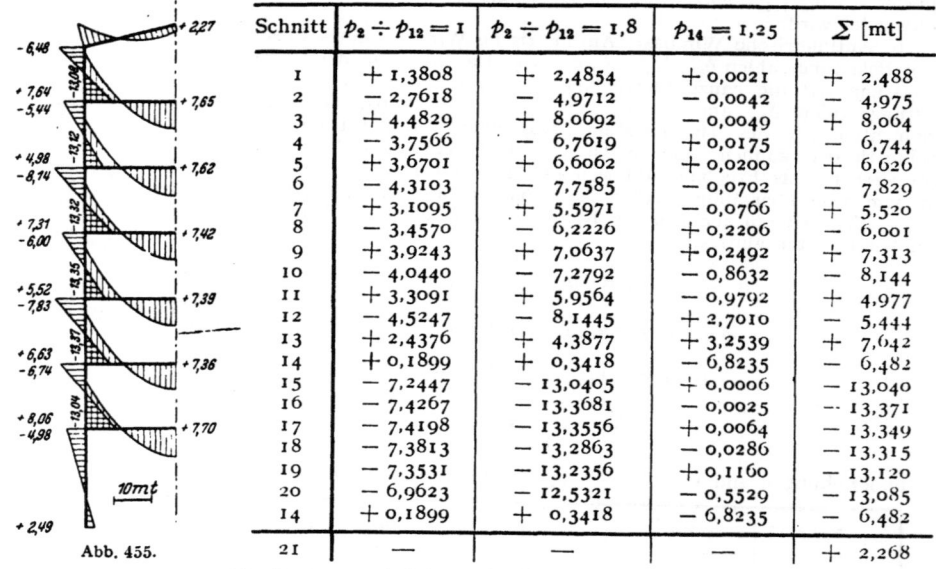

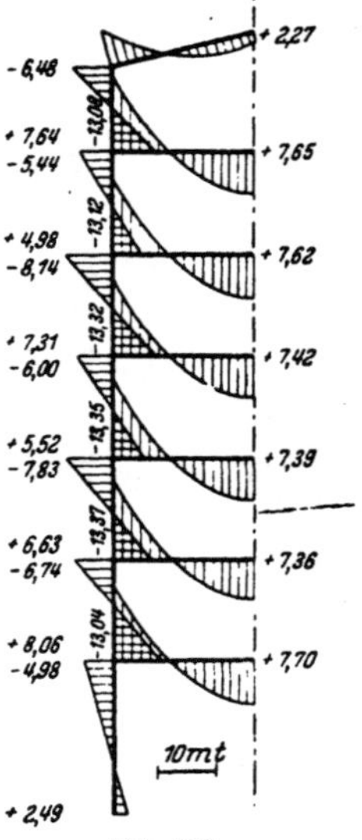

Abb. 455.

Schnitt	$p_2 \div p_{12} = 1$	$p_2 \div p_{12} = 1{,}8$	$p_{14} = 1{,}25$	Σ [mt]
1	+ 1,3808	+ 2,4854	+ 0,0021	+ 2,488
2	− 2,7618	− 4,9712	− 0,0042	− 4,975
3	+ 4,4829	+ 8,0692	− 0,0049	+ 8,064
4	− 3,7566	− 6,7619	+ 0,0175	− 6,744
5	+ 3,6701	+ 6,6062	+ 0,0200	+ 6,626
6	− 4,3103	− 7,7585	− 0,0702	− 7,829
7	+ 3,1095	+ 5,5971	− 0,0766	+ 5,520
8	− 3,4570	− 6,2226	+ 0,2206	− 6,001
9	+ 3,9243	+ 7,0637	+ 0,2492	+ 7,313
10	− 4,0440	− 7,2792	− 0,8632	− 8,144
11	+ 3,3091	+ 5,9564	− 0,9792	+ 4,977
12	− 4,5247	− 8,1445	+ 2,7010	− 5,444
13	+ 2,4376	+ 4,3877	+ 3,2539	+ 7,642
14	+ 0,1899	+ 0,3418	− 6,8235	− 6,482
15	− 7,2447	− 13,0405	+ 0,0006	− 13,040
16	− 7,4267	− 13,3681	− 0,0025	− 13,371
17	− 7,4198	− 13,3556	+ 0,0064	− 13,349
18	− 7,3813	− 13,2863	− 0,0286	− 13,315
19	− 7,3531	− 13,2356	+ 0,1160	− 13,120
20	− 6,9623	− 12,5321	− 0,5529	− 13,085
14	+ 0,1899	+ 0,3418	− 6,8235	− 6,482
21	—	—	—	+ 2,268

Die Momente sind in Abb. 455 dargestellt.

D. Grenzwerte der Biegungsmomente infolge Nutzlast von 2,5 t/m auf Geschoßbreite.

Die Belastungsvorschrift ergibt sich aus den Vorzeichen der Teilergebnisse der Tabelle S. 475. Diese liefert auch die Schnittkräfte für $p = 1$ t/m.

Schnitt	M_{max}			M_{min}		
	Belastung	Grenzwert		Belastung	Grenzwert	
		$p = 1$	$p = 2{,}5$		$p = 1$	$p = 2{,}5$
5	p_4, p_6, p_{10}	+ 4,9553	+ 12,388	p_2, p_8, p_{12}	− 1,2852	− 3,213
6	p_2, p_8, p_{12}	+ 1,4938	+ 3,734	p_4, p_6, p_{10}	− 5,8041	− 14,510
17	p_2, p_{10}	+ 0,0621	+ 0,155	p_4, p_6, p_8, p_{12}	− 7,4819	− 18,705
17″	p_2, p_6, p_{10}	+ 4,3226	+ 10,806	p_4, p_8, p_{12}	− 0,2224	− 0,556

Balkenmoment für $p_k = 1$ t/m: $\dfrac{p_k \cdot 9{,}6^2}{8} = \dfrac{1 \cdot 9{,}6^2}{8} = 11{,}52$ tm.

Biegungsmomente infolge Windbelastung w.

Schnitt	Symmetrische Belastung w			Antimetrische Belastung w			Unsymmetr. Belastung $2w$	Unsymmetr. Belastung w	Schnitt	Unsymmetr. Belastung $2w$	Unsymmetr. Belastung w
	Stat. best. Anteil	Stat. unbest. Anteil	Σ	Stat. best. Anteil	Stat. unbest. Anteil	Σ					
1	0	− 1,4330	− 1,4330	0	− 55.4375	− 55.4375	− 56,8705	− 28,435	1′	+ 54,0045	+ 27,002
3	0	− 0,9116	− 0,9116	0	− 20,5182	− 20,5182	− 21,4298	− 10,715	3′	+ 19,6066	+ 9,803
5	0	− 0,4838	− 0,4838	0	− 18,6460	− 18,6460	− 19,1298	− 9,565	5′	+ 18,1622	+ 9,081
7	0	− 0,5778	− 0,5778	0	− 12,0812	− 12,0812	− 12,6590	− 6,330	7′	+ 11,5034	+ 5.752
9	0	− 0,5796	− 0,5796	0	− 6,7657	− 6,7657	− 7.3453	− 3,673	9′	+ 6,1861	+ 3,093
11	0	− 0,5029	− 0,5029	0	− 4,1905	− 4,1905	− 4,6934	− 2,347	11′	+ 3,6876	+ 1,844
13	0	− 0,7821	− 0,7821	0	− 0,7016	− 0,7016	− 1,4837	− 0,742	13	− 0,0805	− 0,040
2	0	− 0,9612	− 0,9612	+ 70,5915	− 55.4375	+ 15,1540	+ 14,1928	+ 7,096	2′	− 16,1152	− 8,058
4	0	− 0,4711	− 0,4711	+ 38,5560	− 20,5182	+ 18,0378	+ 17,5667	+ 8,783	4′	− 18,5089	− 9,254
6	0	− 0,5805	− 0,5805	+ 31,7520	− 18,6460	+ 13,1060	+ 12,5255	+ 6,263	6′	− 13,6865	− 6,843
8	0	− 0,5772	− 0,5772	+ 24,9480	− 12,0812	+ 12,8668	+ 12,2896	+ 6,145	8′	− 13,4440	− 6,722
10	0	− 0,5107	− 0,5107	+ 18,1440	− 6,7657	+ 11,3783	+ 10,8676	+ 5.434	10′	− 11,8890	− 5.945
12	0	− 0,7455	− 0,7455	+ 11,3400	− 4,1905	+ 7,1495	+ 6,4040	+ 3.202	12′	− 7,8950	− 3,948
14	0	+ 0,3042	+ 0,3042	+ 4,2525	− 0,7016	+ 3,5509	+ 3,8551	+ 1,928	14	− 3,2467	− 1,623
15	0	− 0,0496	− 0,0496	+ 70,5915	− 34,9193	+ 35,6722	+ 35,6226	+ 17,811	15′	− 35,7218	− 17,861
16	0	+ 0,0127	+ 0,0127	+ 38,5560	− 1,8722	+ 36,6838	+ 36,6965	+ 18,348	16′	− 36,6711	− 18,336
17	0	− 0,0027	− 0,0027	+ 31,7520	− 6,5648	+ 25,1872	+ 25,1845	+ 12,592	17′	− 25,1899	− 12,595
18	0	+ 0,0024	+ 0,0024	+ 24,9480	− 5,3155	+ 19,6325	+ 19,6349	+ 9,817	18′	− 19,6301	− 9,815
19	0	− 0,0078	− 0,0078	+ 18,1440	− 2,5752	+ 15,5688	+ 15,5610	+ 7,780	19′	− 15,5766	− 7,788
20	0	+ 0,0366	+ 0,0366	+ 11,3400	− 3,4889	+ 7,8511	+ 7,8877	+ 3,944	20′	− 7,8145	− 3.907
21	− 1,3230	+ 0,7387	− 0,5843	0	0	0	− 0,5843	− 0,292	21′	− 0,5843	− 0,292

E. Biegungsmomente aus Windbelastung. Das Ergebnis wird durch Superposition des symmetrischen und des antimetrischen Anteils in der Tabelle S. 479 erhalten. Die Momente sind in Abb. 456 aufgezeichnet.

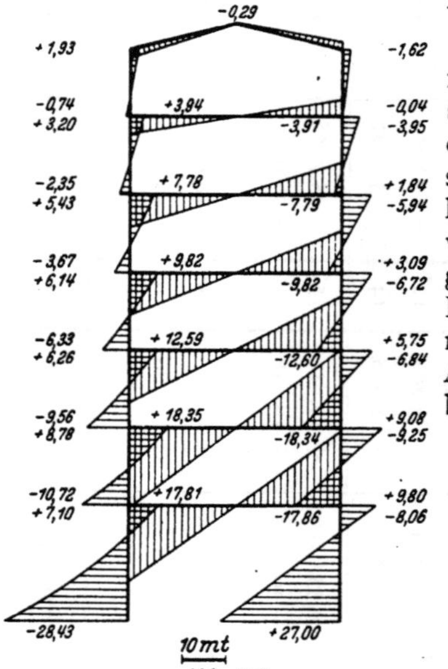

Abb. 456.

Der symmetrische Stockwerkrahmen mit mehr als zwei Pfosten und frei drehbar angeschlossenen Zwischenstielen. Die Untersuchung des Stockwerkrahmens mit zwei Pfosten für symmetrische Belastung nach S. 469, für antimetrische Belastung nach S. 470 kann unmittelbar auf das erweiterte symmetrische System mit gelenkig angeschlossenen Zwischenpfosten übertragen werden. Die Riegel des Hauptsystems werden jedoch nicht mehr allein in der Symmetrieachse, sondern nach Abb. 457 auch durch Zwischenpfosten gestützt. Sie bilden daher bei beiden Lösungen durchlaufende

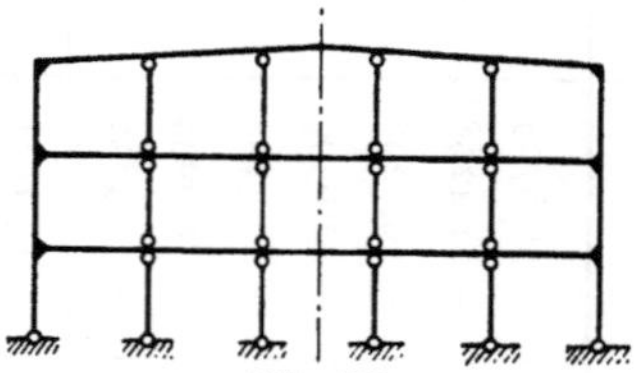

Abb. 457.

Träger mit frei drehbaren Zwischenstützen, das Hauptsystem ist also statisch unbestimmt. Trotzdem werden die überzähligen Größen ebenso wie nach (761) und (763) aus dreigliedrigen geometrischen Bedingungsgleichungen berechnet, nur daß die Vorzahlen $\delta_{kk}^{(r)}$, $\delta_{k(k-1)}^{(r)}$ und die Belastungszahlen $\delta_{k0}^{(r)}$ aus der Formänderung eines durchlaufenden nach Abb. 458a oder Abb. 458b gestützten Trägers k infolge $-X_k = 1$, $-X_{k+1} = 1$ und der Belastung $\mathfrak{P}$ hervorgehen (311). Hierzu werden die Biegungsmomente $M_k^{(r)}$, $M_{k+1}^{(r)}$, $M_0^{(r)}$ für jeden Riegelabschnitt Abb. 458a oder Abb. 458b nach Abschn. 47 bestimmt.

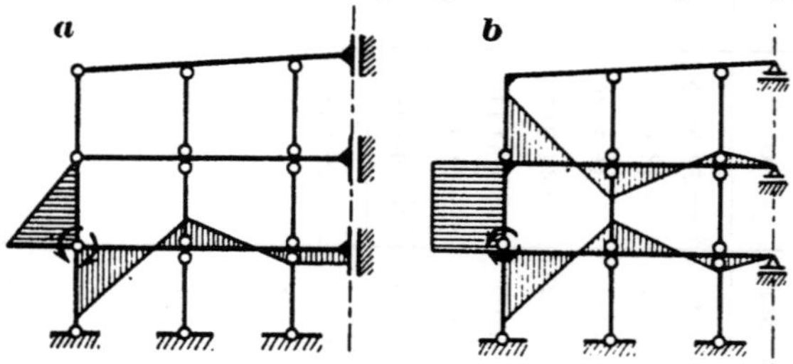

Abb. 458.

Das Ergebnis hat für Ausführungen in Eisenbeton keine Bedeutung, so daß die Lösung abgebrochen wird. Sie bietet bei Anwendung der Angaben des Abschn. 37, der sich mit statisch unbestimmten Hauptsystemen beschäftigt, keine Schwierigkeiten.

Stockwerkrahmen mit mehr als zwei Pfosten und biegungssteifer Verbindung von Pfosten und Riegel. Die Schnittkräfte werden aus den Knoten- und Stabdrehwinkeln des Tragwerks entwickelt (Abschn. 38ff.). Die Untersuchung ist auf S. 345ff. gezeigt und in Abschn. 42 auf die Berechnung von symmetrischen Stockwerkrahmen mit zwei, drei und vier Stützen angewendet worden. Der Ansatz bietet keine Schwierigkeiten. Die Zahlenrechnung ist zuverlässig, leider jedoch zeitraubend. Man begnügt sich aus diesem Grunde in der Regel mit Näherungslösungen auf Grund einer Abschätzung des Verschiebungszustandes.

Die Pfostendrehwinkel ψ_c sind bei senkrechter Belastung der Riegel stets klein, so daß sie bei der angenäherten Beschreibung des Spannungs- und Formänderungszustandes vernachlässigt werden können. Man beschränkt die Untersuchung in diesem Falle oft nur auf einen durchlaufenden Riegel, dessen Pfosten an den benachbarten beiden Riegeln mit vorgeschriebenen statischen oder geometrischen Eigenschaften enden. Dabei werden die Anschlußmomente der Pfosten oder die Knotendrehwinkel der benachbarten Riegel Null gesetzt (frei drehbare Verbindung oder starre Einspannung der Pfosten). Die wahre Lösung für $\psi_c = 0$ wird durch das Ergebnis aus beiden Annahmen eingeschlossen. Sie entspricht einer elastischen Einspannung der Pfostenenden, die oft auch als Grundlage des Spannungsnachweises geschätzt wird. Dabei werden die Wendepunkte der elastischen Linien, also die Nullpunkte der Momentenlinien der dem Riegel benachbarten Pfosten, im Abstand $3/4 \cdot h$ vom Riegel angenommen.

Der durchlaufende Riegel ist in Abschn. **48** mit statisch unbestimmten Schnittkräften und mit Knotendrehwinkeln berechnet worden. Die Untersuchung bedarf nach geeigneten Annahmen über die elastische Einspannung der Pfosten keiner Ergänzung. Sie kann rechnerisch (S. 230) oder zeichnerisch (S. 262) durchgeführt werden. Die Momentenlinien schneiden dabei meist die Achsen der Pfosten im Abstand 0,25 h von dem benachbarten Riegel.

Zur Abschätzung der Schnittkräfte genügen die Ergebnisse auf S. 438 für den durchlaufenden Träger mit unendlich vielen Feldern $l'_k = l'$ oder Annahmen über

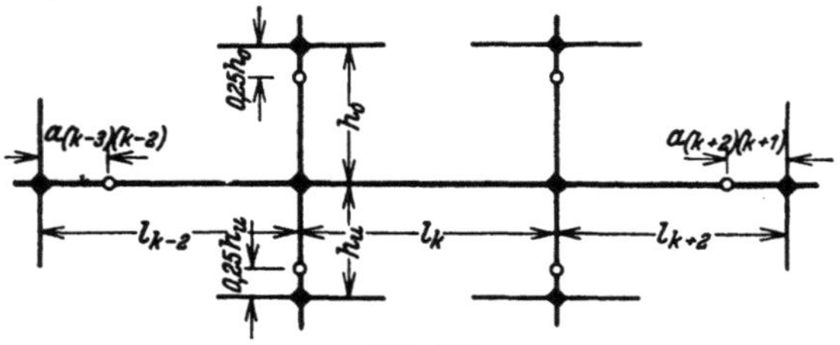

Abb. 459.

die Lage der Festpunkte in den Trägern l_{k-2}, l_{k+2} neben dem belasteten Felde l_k (Abb. 459). Man wählt ebenso wie bei den Pfosten

$$a_{(k-3)(k-2)} = 0{,}25\, l_{k-2}\,, \qquad a_{(k+2)(k+1)} = 0{,}25\, l_{k+2}\,.$$

W a a g e r e c h t e B e l a s t u n g. Man unterscheidet Lastangriff am Knoten und Pfosten, rechnet jedoch in der Regel den allgemeinen Fall nur für unverschiebliche Abstützung der Pfosten durch die Riegel, um dann die Stützkräfte gemeinsam mit den vorgeschriebenen Knotenlasten als äußere Kräfte des Stockwerkrahmens zu verwenden. Die Annahme $\psi_c = 0$ ist dann auch in einer Näherungslösung unbrauchbar.

Das Schaubild der Biegungsmomente besteht bei Knotenbelastung aus geraden Linien, welche die Stabachsen schneiden, so daß die Schnittpunkte oft zur Abschätzung der Lösung in die Halbierungspunkte der Stäbe gelegt und die Querkräfte eines jeden Stockwerks proportional zu den Trägheitsmomenten der Pfosten auf diese verteilt werden. Damit sind dann die Stabendmomente bestimmt. Leider ist das Ergebnis selbst als Näherungslösung ohne große Bedeutung, da der Spannungszustand des Stockwerkrahmens durch die Annahme der Momentennullpunkte in den Pfostenmitten zu günstig beurteilt wird.

Bleibt die Näherungslösung auf Stockwerkrahmen mit rechteckigem Umriß und rechteckigen Feldern beschränkt, so wird man auch bei ungleicher Verteilung der Nutzlast damit rechnen können, daß die Trägheitsmomente der Säulen der Geschosse in einem konstanten Verhältnis stehen, die Trägheitsmomente der Säulen des ersten Geschosses also mit $J_a c_1$, $J_a c_2 \ldots J_a c_k$, diejenigen eines anderen mit $J_b c_1, J_b c_2 \ldots$ $J_b c_k$ beschrieben werden, wobei die Säulen $J_a c_2$, $J_b c_2$ demselben Strang (2) angehören.

Da nun die horizontalen Verschiebungen der Knotenpunkte eines Riegels gleich groß sind und die Schaubilder der Biegungsmomente aller Pfosten der Form nach übereinstimmen, können nach dem wirklich vorhandenen Verschiebungszustand die waagerechten Biegelinien der Pfosten in erster Annäherung als kongruent und daher die Knotendrehwinkel eines Riegels gleich groß angenommen werden ($\varphi_{J,r} = \varphi_J$, $r = 1 \ldots s$).

Die Addition der Gleichungen $\delta A_J = 0$ für alle Knoten J eines Geschosses liefert unter Berücksichtigung der Kongruenz der Biegelinien (Abb. 460)

$$2\varphi_H \sum_{r=1}^{r=s} \frac{1}{h'_{i,r}} + \varphi_J\left(4\sum_{r=1}^{r=s}\frac{1}{h'_{i,r}} + 12\sum_{r=2}^{r=s}\frac{1}{l'_{i,r}} + 4\sum_{r=1}^{r=s}\frac{1}{h'_{k,r}}\right)$$
$$+ 2\varphi_K \sum_{r=1}^{r=s}\frac{1}{h'_{k,r}} - 6\psi_i \sum_{r=1}^{r=s}\frac{1}{h'_{i,r}} - 6\psi_k \sum_{r=1}^{r=s}\frac{1}{h'_{k,r}} = 0. \qquad \text{(a)}$$

Die Gleichungen $\delta A_c = 0$ lauten für die beiden dem Riegel i benachbarten Stockwerke

$$\left.\begin{aligned} &6\sum_{r=1}^{r=s}\frac{1}{h'_{i,r}}\,(\varphi_H + \varphi_J - 2\psi_i) + W_i h_i = 0, \quad W_i = \sum_i^n H_m, \\ &6\sum_{r=1}^{r=s}\frac{1}{h'_{k,r}}\,(\varphi_J + \varphi_K - 2\psi_k) + W_k h_k = 0, \quad W_k = \sum_k^n H_m. \end{aligned}\right\} \qquad \text{(b)}$$

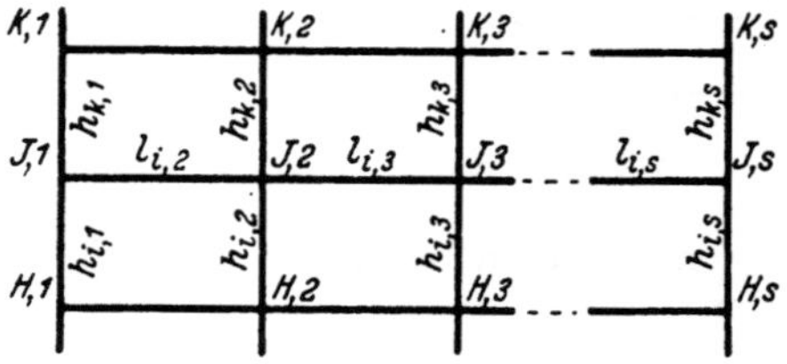

Abb. 460.

Mit

$$h'_{i,r} = h_i \frac{J_c}{J_{i,r}} = h_i \frac{J_c}{J_{i,1}\, c_r} = \frac{h'_{i,1}}{c_r}, \qquad C = \sum_{r=1}^{r=s} c_r$$

wird

$$\sum_{r=1}^{r=s} \frac{1}{h'_{i,r}} = \frac{1}{h'_{i,1}} \sum_{r=1}^{r=s} c_r = \frac{C}{h'_{i,1}}.$$

$\sum_{r=2}^{r=s} \frac{1}{l'_{i,r}} = \frac{s-1}{l'_{i,m}}$ liefert einen Mittelwert $l'_{i,m}$. Die Substitution der Pfostendrehwinkel ψ_i, ψ_k nach (b)

$$\left.\begin{aligned} 6\psi_i \frac{C}{h'_{i,1}} &= \frac{3C}{h'_{i,1}}(\varphi_H + \varphi_J) + \frac{W_i h_i}{2}, \\ 6\psi_k \frac{C}{h'_{k,1}} &= \frac{3C}{h'_{k,1}}(\varphi_J + \varphi_K) + \frac{W_k h_k}{2} \end{aligned}\right\} \qquad (765)$$

in (a) liefert die folgenden dreigliedrigen Beziehungen zwischen den Knotendrehwinkeln dreier benachbarter Riegel:

$$-\varphi_H \frac{1}{h'_{i,1}} + \varphi_J\left(\frac{1}{h'_{i,1}} + \frac{12(s-1)}{C\, l'_{i,m}} + \frac{1}{h'_{k,1}}\right) - \varphi_K \frac{1}{h'_{k,1}} - \frac{W_i h_i}{2C} - \frac{W_k h_k}{2C} = 0, \qquad (766\text{a})$$

allgemein:

$$\varphi_H \bar{a}_{JH} + \varphi_J \bar{a}_{JJ} + \varphi_K \bar{a}_{JK} + \bar{a}_{J0} = 0. \qquad (766\text{b})$$

Sie werden am einfachsten durch Iteration gelöst, da die Hauptglieder wesentlich größer als die Nebenglieder sind.

Die Ergebnisse dieser Näherungsrechnung lassen sich durch Iteration der statischen Bedingungen (599) bis (601) verbessern.

Die Brauchbarkeit der Lösung wird an dem Stockwerkrahmen Abb. 331 nachgeprüft, dessen Stab- und Knotendrehwinkel nach Abschn. 42 bekannt sind. Er besitzt $s = 4$ Pfosten, also $12\,(s-1) = 36$, und ist zur Mittellinie symmetrisch, daher $c_1 = c_4 = 1{,}00$, $c_2 = c_3 = 1{,}28$, $C = 2\,(c_1 + c_2) = 4{,}56$. Für den Abschlußriegel l_g ist $1/l'_{g,m} = 1/3 \cdot (2 \cdot 0{,}105 + 0{,}211) = 0{,}140$, für alle übrigen Riegel $1/l'_{i,m} = 0{,}216$. Die reziproken Werte $1/h'_{g,1}$ werden nach S. 359 angeschrieben, so daß alle Vorzahlen und Belastungszahlen des Ansatzes (766) bekannt sind.

i	$1/h'_{i,1} = \bar a_{(J-1)J}$	$1/h'_{(i+1),1} = \bar a_{J(J+1)}$	$\frac{1}{l'_{i,m}}$	$\frac{36}{C\,l'_{i,m}}$	$\bar a_{JJ}$	W_i	$W_i h_i$	$\frac{W_i h_i}{2C}$	$\bar a_{J_0}$
g	− 0,059	—	0,140	1,105	1,164	1,105	3,757	0,41	− 0,41
f	− 0,085	− 0,059	0,216	1,705	1,849	3,380	12,168	1,34	− 1,75
e	− 0,198	− 0,085	0,216	1,705	1,988	5,720	20,592	2,26	− 3,60
d	− 0,254	− 0,198	0,216	1,705	2,157	8,060	29,016	3,20	− 5,46
c	− 0,254	− 0,254	0,216	1,705	2,213	10,400	37,440	4,10	− 7,30
b	− 0,340	− 0,254	0,216	1,705	2,299	12,740	45,864	5,02	− 9,12
a	—	− 0,340	0,216	1,705	2,607	14,885	44,655	4,90	− 9,92

Ansatz der Bedingungsgleichungen (766).

	φ_A	φ_B	φ_C	φ_D	φ_E	φ_F	φ_G	$\bar a_{J_0}$
A	2,607	− 0,340						− 9,92
B	− 0,340	2,299	− 0,254					− 9,12
C		− 0,254	2,213	− 0,254				− 7,30
D			− 0,254	2,157	− 0,198			− 5,46
E				− 0,198	1,988	− 0,085		− 3,60
F					− 0,085	1,849	− 0,059	− 1,75
G						− 0,059	1,164	− 0,41

Iteration der Lösung.

φ_A	φ_B	φ_C	φ_D	φ_E	φ_F	φ_G
3,80	4,52	3,82	2,98	2,11	1,04	0,40
4,39	5,04	4,22	3,22	2,17	1,05	0,40
4,46	5,09	4,25	3,24	2,17	1,05	0,40
4,47	5,10	4,25	3,24	2,17	1,05	0,40
4,47	5,10					

Fehler gegenüber dem genauen Ergebnis auf S. 365.

Winkel . . .	φ_A	φ_B	φ_C	φ_D	φ_E	φ_F	φ_G
Fehler in % .	− 12	− 17	− 18	− 19	− 28	− 40	− 50
Winkel . . .	φ_H	φ_J	φ_K	φ_L	φ_M	φ_N	φ_R
Fehler in % .	+ 7	+ 9	+ 9	+ 10	+ 16	+ 30	+ 48

Berechnung der Stabdrehwinkel nach (765).

$$\psi_i = \frac{W_i h_i}{2C} \frac{h'_{i,1}}{6} + \frac{1}{2} (\varphi_{J-1} + \varphi_J) .$$

i	$\frac{W_i h_i}{2C}$	$\frac{6}{h'_{i,1}}$	$\frac{W_i h_i}{2C} \Big/ \frac{6}{h'_{i,1}}$	m_{J-1}	φ_J	ψ_i	Fehler ψ_i %
a	4,90	3,372	1,45	0	4,47	3,69	+ 1,1
b	5,02	2,040	2,46	4,47	5,10	7,24	− 1,3
c	4,10	1,524	2,69	5,10	4,25	7,37	− 1,9
d	3,20	1,524	2,10	4,25	3,24	5,84	− 2,2
e	2,26	1,188	1,90	3,24	2,17	4,70	− 2,1
f	1,34	0,510	2,63	2,17	1,05	4,24	− 5,1
g	0,41	0,354	1,16	1,05	0,40	1,88	− 16,1

Werden diese Werte als Grundlage der Iteration der statischen Bedingungsgleichungen von S. 362/363 verwendet, so liefern die zweiten verbesserten Werte

φ_A	φ_B	φ_C	φ_D	φ_E	φ_F	φ_G
+ 5,08	+ 6,11	+ 5,14	+ 3,96	+ 3,08	+ 1,73	+ 0,75
φ_H	φ_J	φ_K	φ_L	φ_M	φ_N	φ_R
+ 4,17	+ 4,65	+ 3,86	+ 2,94	+ 1,86	+ 0,80	+ 0,26
ψ_a	ψ_b	ψ_c	ψ_d	ψ_e	ψ_f	ψ_g
+ 3,65	+ 7,32	+ 7,46	+ 5,92	+ 4,79	+ 4,46	+ 2,21

bereits eine gute Annäherung für die Biegungsmomente.

$M_J^{(k)}$	Betrag	Fehler %	$M_J^{(k)}$	Betrag	Fehler %	$M_J^{(k)}$	Betrag	Fehler %	$M_J^{(k)}$	Betrag	Fehler %
$M_C^{(\bar{c})}$	− 3,04	0,3	$M_F^{(\bar{f})}$	− 1,16	0,0	$M_H^{(\bar{h})}$	− 4,11	0,5	$M_N^{(\bar{n})}$	− 2,10	0,0
$M_C^{(c)}$	+ 4,72	1,3	$M_F^{(f)}$	+ 1,42	2,1	$M_H^{(a)}$	+ 4,48	0,0	$M_N^{(f)}$	+ 1,11	1,8
$M_C^{(\bar{d})}$	− 1,79	1,7	$M_F^{(\bar{g})}$	− 0,26	7,1	$M_H^{(h)}$	+ 7,86	0,1	$M_N^{(n)}$	+ 1,51	1,9
						$M_H^{(\bar{i})}$	− 8,16	0,3	$M_N^{(\bar{r})}$	− 0,52	8,8

Die Näherungslösung für die Stabdrehwinkel ψ_c auf S. 482 ist also auch zur strengen statischen Untersuchung des Tragwerks nützlich, da sie gute Anfangswerte zur Iteration der allgemeinen Lösung liefert. Ihre Konvergenz ist daher günstig, so daß die algebraische Auflösung der Bedingungen nach Abschn. 29 unnötig wird.

Spiegel, G.: Mehrstielige Rahmen. Berlin 1920. — Traub: Beitrag zur Berechnung von Stockwerkrahmen. Bauing. 1922 S. 18. — Fritsche: Die Berechnung des symmetrischen Stockwerkrahmens mit geneigten und lotrechten Ständern mit Hilfe von Differenzengleichungen. Berlin 1923. — Grüning, M.: Die Statik des ebenen Tragwerks. Berlin 1925. — Bleich-Melan: Die gewöhnlichen und partiellen Differenzengleichungen der Baustatik. Berlin 1927. — Pasternack, P.: Berechnung vielfach statisch unbestimmter biegefester Stab- und Flächentragwerke. Zürich 1927. — Worch, G.: Studie über die Wahl der Unbekannten bei der Berechnung hochgradig statisch unbestimmter Systeme. Beton u. Eisen 1928 S. 363. — Takabeya, F.: Rahmentafeln. Berlin 1930. — Bleich, F.: Stahlhochbauten Bd. 1. Berlin 1932. — Michnik, P.: Näherungsverfahren zur Berechnung von Stockwerkrahmen für vertikale und horizontale Belastungen. Bauing. 1932 S. 74.

52. Der Rahmenträger.

Der Rahmenträger ist ebenso wie der Stockwerkrahmen ein durch Stabführung und Stützung ausgezeichnetes Netz steifer Vierecke. Die Stäbe sind gerade, die Pfosten parallel zueinander. Die Träger unterscheiden sich durch die Gurtführung und durch die Art ihrer Abstützung. Abb. 461.

Die statische Eigenart des Rahmenträgers beruht im Gegensatz zu anderen Tragwerken des Eisenbetonbaues in der Verwendung von Bauteilen, in denen neben Biegungsmomenten gleichzeitig auch große Längs- und Querkräfte auftreten. Die bauliche Ausgestaltung der Rahmenstäbe und die Überleitung der Kräfte am Stabknoten verlangt daher besondere Sorgfalt. Diese Schwierigkeiten zwingen oft dazu, Teile des Rahmenträgers vollwandig oder als Fachwerk auszuführen, soweit dies durch die Art der Bauaufgabe möglich ist.

Der Spannungs- und Formänderungszustand ist bei n geschlossenen steifen Vierecken durch $3n$ statisch unbestimmte Schnittkräfte oder durch $2(n+1)$ Knotendrehwinkel und n Stabdrehwinkel bestimmt. Die vollständige Lösung wird jedoch in der Regel nur für Träger mit besonderen elastischen Eigenschaften angegeben, welche die Aufgabe vereinfachen. In anderen Fällen begnügt man sich mit einer Annäherung.

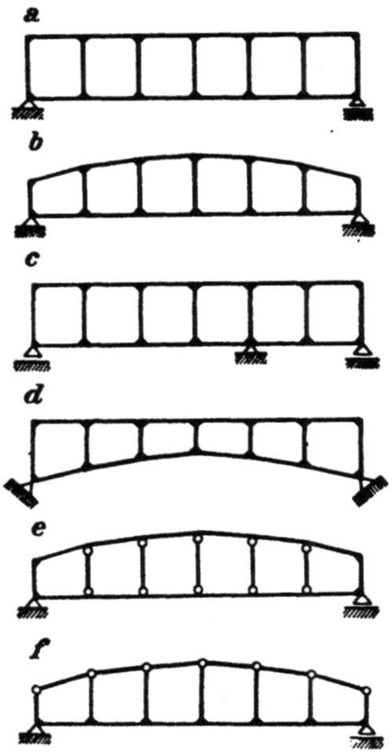

Abb. 461.

Die Abb. 461e, f können als Grenzfälle des Rahmenträgers angesehen werden, bei denen entweder die Pfosten oder der Obergurt nur Längskräfte erhalten.

Rahmenträger mit beliebiger Gurtform und Belastung durch Einzelkräfte in den Stabknoten. Die Trägheitsmomente der Stäbe werden im Bereich ihrer theoretischen Länge als konstant, die Trägheitsmomente der Gurtstäbe im Felde k außerdem noch proportional zu ihren Längen angenommen; $J_k^a \cos\alpha_k = J_k^b \cos\beta_k$ (Abb. 462). Die elastische Mitwirkung der Zwischenkonstruktion (Decke, Fahrbahn) als Teil einer Gurtung kann daher bei dieser Untersuchung ebensowenig Berücksichtigung finden wie Risse im Beton der Zuggurte. Im Grenzfall wird nur ein Gurt als biegungssteif angenommen (Abb. 461f).

Werden die Längenänderungen der Pfosten vernachlässigt, so sind die senkrechten Verschiebungen zweier Stabknoten k^a, k^b und die Drehwinkel der Gurtstäbe des Feldes (k) eines Trägers mit $J_k^a \cos\alpha_k = J_k^b \cos\beta_k$ gleichgroß. Die Differenz der Gleichgewichtsbedingungen (523) $\delta A_k^a = 0$, $\delta A_k^b = 0$ $(k = 1, \ldots, n)$ enthält daher nur die unbekannten Differenzen $(\varphi_k^a - \varphi_k^b)$ senkrecht zugeordneter Knotendrehwinkel. Der Ansatz ist bei Eintragung der Lasten in den Knotenpunkten homogen und daher: $\varphi_k^a = \varphi_k^b$. Nach der Definition des Drehsinns in Abb. 462 sind dann die Biegungsmomente $M_{k(k-1)}^a$, $M_{k(k-1)}^b$ der Gurte einander gleich und die Biegungsmomente M_k^a, M_k^b an den Pfostenenden entgegengesetzt gleich. Das Biegungsmoment in Pfostenmitte ist also Null $(X_k' = 0)$ und

$$Y_k = \frac{M_{k(k-1)}^a + M_{k(k-1)}^b}{2}, \qquad k = 1, \ldots, n \tag{767}$$

die einzige statisch unbestimmte Größe des Spannungszustandes. Die Rechnung enthält daher durch diese Annahmen nur n statisch überzählige Größen. Sie werden aus ebenso vielen geometrischen Bedingungsgleichungen bestimmt,

$$1_k(\delta_k^a + \delta_k^b) = 0, \qquad k = 1, \ldots, n.$$

Außer der ersten und letzten enthält nach Abb. 462 jede von ihnen drei Unbekannte.

$$Y_{k-1}\,\delta_{k(k-1)} + Y_k\,\delta_{kk} + Y_{k+1}\,\delta_{k(k+1)} = \delta_{k\otimes}.$$

Die Vorzahlen und Belastungszahlen werden für einen Träger mit geradem Untergurt und gebrochenem Obergurt unter Berücksichtigung der Längenänderungen der Gurtstäbe und der Querkräfte in den Pfosten angeschrieben. Das Hauptsystem ist in Abb. 462a aufgezeichnet.

Vorzahlen nach Abb. 462b. Mit den Abkürzungen:

$$\zeta'_k = \frac{c_k}{s_{k\,a}} + \frac{(h_k - h_{k-1})^2}{2\,c_k\,s_k^a}, \qquad \nu_k = \varkappa\,\frac{E\,J_c}{G\,F_k^h}, \qquad J_k^b = J_k^a \cos\alpha_k,$$

ist

$$\left.\begin{aligned}
\delta_{k\,(k-1)} &= -\frac{1}{3}\left(\frac{h_{k-1}}{h_k}\,h'_{k-1} + 12\,\nu_{k-1}\,\frac{1}{h_k}\right),\\
\delta_{k\,(k+1)} &= -\frac{1}{3}\left(\frac{h_k}{h_{k+1}}\,h'_k + 12\,\nu_k\,\frac{1}{h_{k+1}}\right),\\
\delta_{k\,k} &= \frac{1}{3}\left[2\,c'_k\left(\frac{h_{k-1}^2}{h_k^2} + \frac{h_{k-1}}{h_k} + 1\right) + \frac{h_{k-1}^2}{h_k^2}\,h'_{k-1} + h'_k\right.\\
&\quad\left. + \frac{12}{h_k^2}\,(\nu_{k-1}\,h_{k-1} + \nu_k\,h_k) + 12\,\frac{c_k}{h_k^2}\left(\frac{J_c}{F_k^a}\,\frac{s_k^a}{c_k}\,\zeta_k'^2 + \frac{J_c}{F_k^h}\right)\right].
\end{aligned}\right\}\qquad (768)$$

Belastungszahlen nach Abb. 462c. Der Träger wird in den Stabknoten durch Einzelkräfte belastet. Die Stützkräfte sind statisch bestimmt und damit auch die Komponenten V_{k0}, H_{k0} aller äußeren Kräfte links von einem Schnitt durch das Feld k und deren Momente M_{k0}^a, M_{k0}^b in bezug auf die Punkte k^a, k^b bekannt.

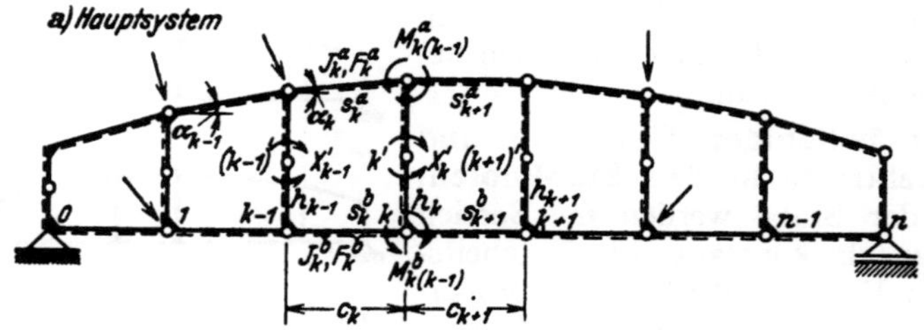

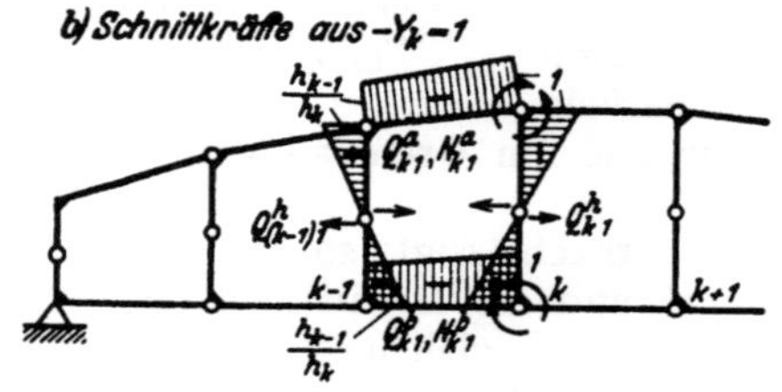

$$Q_{k\,1}^a = -\frac{h_k - h_{k-1}}{h_k\,s_k^a}, \qquad Q_{k\,1}^b = -\frac{h_k - h_{k-1}}{h_k\,c_k}.$$

$$Q_{(k-1)\,1}^h = -\frac{2}{h_k}, \qquad Q_{k\,1}^h = -\frac{2}{h_k}.$$

$$N_{k\,1}^a = -\frac{2}{h_k}\,\zeta'_k, \qquad N_{k\,1}^b = +\frac{2}{h_k}.$$

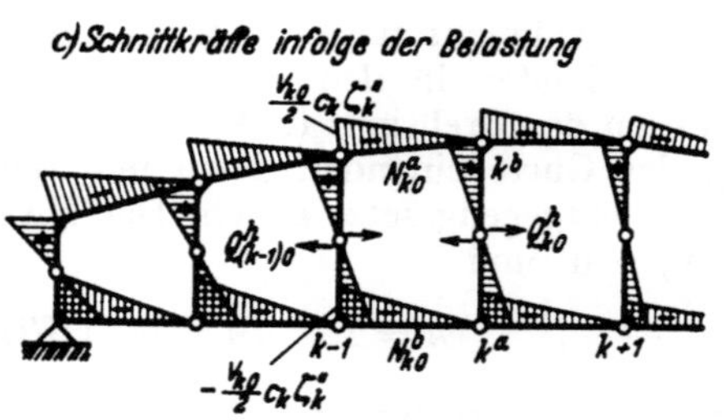

$$Q_{k\,0}^a = \frac{V_{k\,0}}{2}\,\frac{c_k}{s_k^a}\,\zeta''_k, \qquad Q_{k\,0}^b = \frac{V_{k\,0}}{2}\,\zeta''_k.$$

$$Q_{(k-1)\,0}^h = -V_{k\,0}\,\frac{c_k}{h_{k-1}}\,\zeta''_k, \qquad Q_{k\,0}^h = -V_{(k+1)\,0}\,\frac{c_{k+1}}{h_k}\,\zeta''_{k+1}.$$

$$N_{k\,0}^a = -\frac{M_{k\,0}^b}{h_k}\,\zeta_{k\,0}, \qquad N_{k\,0}^b = +\frac{M_{k\,0}^a}{h_k}.$$

Abb. 462.

Mit diesen werden zur Berechnung der Belastungszahlen δ_{k0} die Funktionen ζ_{k0}, ζ''_k, ζ''_k gebildet.

$$\left.\begin{aligned}
&V_{k0} = A - \sum_0^{k-1} P; \qquad \zeta''_k = \left(1 - \frac{M_{k0}^b}{V_{k0}}\,\frac{h_k - h_{k-1}}{h_k\,c_k}\right);\\
&\zeta'''_k = \left(1 + \frac{M_{k0}^b}{V_{k0}}\,\frac{h_k - h_{k-1}}{h_k\,c_k}\right); \qquad \zeta_{k0} = \frac{c_k}{s_k^a}\left[1 + \frac{V_{k0}}{M_{k0}^b}\,\frac{\zeta'''_k}{2}\,\frac{h_k}{c_k}\,(h_k - h_{k-1})\right];\\
&\delta_{k0} = V_{k0}\,\frac{\zeta''_k}{6}\,\frac{c_k}{h_k}\,[c_k\,(2\,h_{k-1} + h_k) + h'_{k-1}\,h_{k-1} + 12\,\nu_{k-1}]\\
&\qquad - V_{(k+1)0}\,\frac{\zeta''_{k+1}}{6}\,c_{k+1}\left(h'_k + 12\,\frac{\nu_k}{h_k}\right) + 2\,\frac{c_k}{h_k^2}\left(\frac{J_c}{F_k^a}\,\frac{s_k^a}{c_k}\,M_{k0}^b\,\zeta_{k0}\,\zeta'_k + \frac{J_c}{F_k^h}\,M_{k0}^a\right).
\end{aligned}\right\}\qquad (769)$$

Die Vorzahlen und Belastungszahlen des Ansatzes sind wesentlich einfacher, wenn die Biegung der Pfosten durch Querkräfte ($\nu_k = 0$) allein oder gemeinsam mit der Längenänderung der Gurtstäbe ($J_c/F_k^a = 0$, $J_c/F_k^b = 0$, $k = 1, \ldots, n$) vernachlässigt wird. Die Regelgleichungen bleiben dabei dreigliedrig. Sie gestatten auch ohne Zahlen leicht, die Größenordnung der Vorzahlen abzuschätzen. Die Nebenglieder der Matrix sind bei Trägern mit starken Pfosten wesentlich kleiner als die Glieder der Hauptdiagonale. Die Annahme $\delta_{k(k-1)} = \delta_{k(k+1)} = 0$ führt daher zu einer Näherungslösung, mit der das Kräftebild im Felde c_k abgeschätzt werden kann. Die Vorzahlen $\delta_{k(k-1)}$, $\delta_{k(k+1)}$ werden mit h'_{k-1}, h'_k Null. Dies gilt für einen Rahmenträger mit sehr steifen Pfosten ($J_k^h = \infty$). Die statisch überzähligen Größen Y_k sind dann voneinander unabhängig. Für senkrechte Knotenlasten ist mit $M_{k0}^a = M_{k0}^b = M_{k0}$

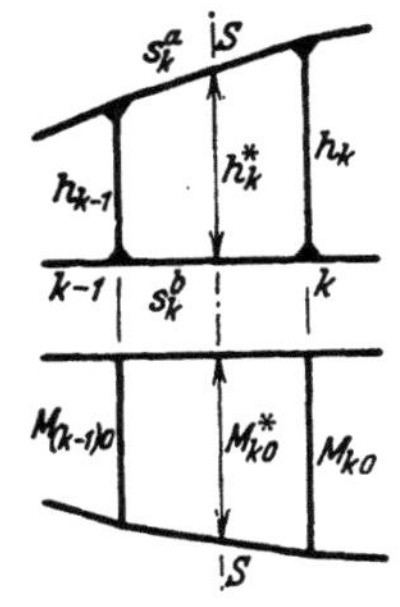

Abb. 463.

$$Y_k \approx \frac{1}{4}\,\frac{2\,h_{k-1} + h_k}{h_{k-1}^2 + h_{k-1}\,h_k + h_k^2}\,(M_{k0}\,h_{k-1} - M_{(k-1)0}\,h_k)$$
$$= \frac{1}{2}\left(M_{k0} - M_{k0}^*\,\frac{h_k}{h_k^*}\right). \qquad (770)$$

Hierin bedeutet h_k^* den Trägerabstand in der vertikalen Schwerlinie $S-S$ des Trapezes aus den Stäben s_k^a, s_k^b, h_{k-1}, h_k und M_{k0}^* das Moment der äußeren Kräfte links vom Feld c_k in bezug auf einen Punkt dieser Schwerlinie. (Abb. 463.) Das Ergebnis läßt sich leicht auch für ein beliebiges Verhältnis der Trägheitsmomente der Gurtstäbe eines Feldes anschreiben, um damit auf die Bedeutung der Annahme $J_k^a \cos\alpha_k = J_k^b \cos\beta_k$ einer allgemeinen Lösung zu schließen.

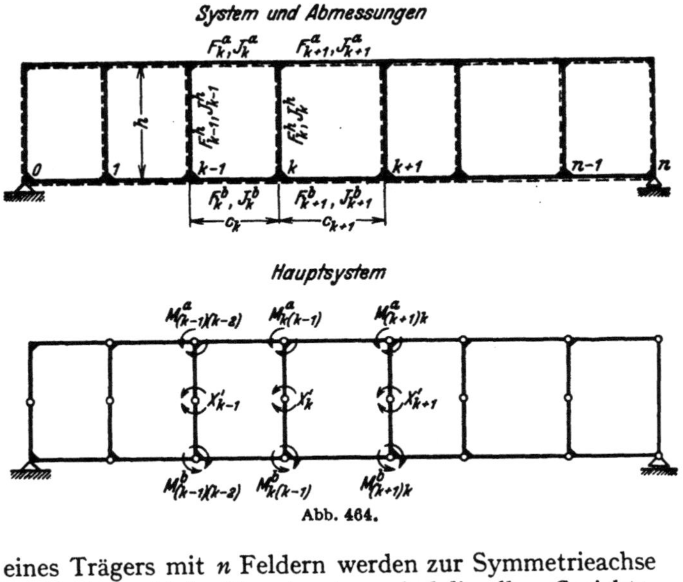

Abb. 464.

Rahmenträger mit parallelen Gurten ($J_k^a = J_k^b$) und Belastung zwischen den Stabknoten. Die Untersuchung wird auf einen Rahmenträger beschränkt, dessen elastische Eigenschaften in bezug auf die waagerechte Mittellinie des Stabnetzes symmetrisch sind. Die Längskräfte der Pfosten sind klein, so daß deren Längenänderungen vernachlässigt werden können. Die $3\,n$ statisch unbestimmten Schnittkräfte eines Trägers mit n Feldern werden zur Symmetrieachse symmetrisch angeordnet. Für die Auswahl des Hauptsystems sind dieselben Gesichtspunkte maßgebend wie bei der Untersuchung des Stockwerkrahmens mit zwei Pfosten, mit der diejenige des Rahmenträgers, abgesehen von der Stützung, übereinstimmt. Im Gegensatz zu S. 458 wird eine Kette von Dreigelenkrahmen als Hauptsystem gewählt (Abb. 464), so daß die statisch unbestimmten Schnittkräfte des Rahmenträgers $M_{k(k-1)}^a$, $M_{k(k-1)}^b$, X'_k zu den folgenden überzähligen Größen zusammengefaßt werden können:

$$Y_k = \tfrac{1}{2}\,(M_{k(k-1)}^a + M_{k(k-1)}^b)\,; \qquad X_k = \tfrac{1}{2}\,(M_{k(k-1)}^a - M_{k(k-1)}^b)\,; \qquad X'_k = M'_k\,. \qquad (771)$$

Die statisch unbestimmten Gruppenlasten Y_k sind nach Abb. **464** antimetrisch, die Gruppenlasten X_k, X'_k symmetrisch zur Achse. Sie sind daher unabhängig voneinander. Die n Gruppenlasten Y_k werden aus n Gleichungen mit je drei Unbekannten berechnet.

$$Y_{k-1}\,\delta_{k(k-1)} + Y_k\,\delta_{kk} + Y_{k+1}\,\delta_{k(k+1)} = \delta_{k\otimes}\,. \tag{772}$$

Die n Gruppenlasten X_k sind in $2n$ Gleichungen gemeinsam mit den n statisch unbestimmten Schnittkräften X'_k enthalten. Diese werden eliminiert, so daß auch die Gruppenlasten X_k aus n dreigliedrigen Gleichungen berechnet werden. Die Schnittkräfte X'_k ergeben sich daraus durch Rekursion.

$$\begin{aligned}
&X_{(k-1)}\,\tau_{k(k-1)} + X_k\,\tau_{kk} + X_{(k+1)}\,\tau_{k(k+1)} + X'_{(k-1)}\,\tau_{k(k-1)'} + X'_k\,\tau_{kk'} = \tau_{k\otimes}\,,\\
&X'_{(k-1)}\,\tau_{(k-1)'(k-1)'} + X_{(k-1)}\,\tau_{(k-1)'(k-1)} + X_k\,\tau_{(k-1)'k} = \tau_{(k-1)'\otimes}\,,\\
&X'_k\,\tau_{k'k'} + X_k\,\tau_{k'k} + X_{(k+1)}\,\tau_{k'(k+1)} = \tau_{k'\otimes}\,,
\end{aligned}$$

$$\begin{aligned}
X_{(k-1)}&\left(\tau_{k(k-1)} - \tau_{k(k-1)'}\frac{\tau_{(k-1)'(k-1)}}{\tau_{(k-1)'(k-1)'}}\right) + X_k\left(\tau_{kk} - \tau_{k(k-1)'}\frac{\tau_{(k-1)'k}}{\tau_{(k-1)'(k-1)'}} - \tau_{kk'}\frac{\tau_{kk'}}{\tau_{k'k'}}\right)\\
&+ X_{(k+1)}\left(\tau_{k(k+1)} - \tau_{kk'}\frac{\tau_{k'(k+1)}}{\tau_{k'k'}}\right) = \tau_{k\otimes} - \tau_{(k-1)'\otimes}\frac{\tau_{k(k-1)'}}{\tau_{(k-1)'(k-1)'}} - \tau_{k'\otimes}\frac{\tau_{kk'}}{\tau_{k'k'}}\,.
\end{aligned} \tag{773}$$

Diese Bedingungsgleichungen gelten für ein statisch unbestimmtes Hauptsystem, das aus einer Kette von Zweigelenkrahmen besteht. Sie können daher auch folgendermaßen angeschrieben werden:

$$X_{k-1}\,\tau^{(1)}_{k(k-1)} + X_k\,\tau^{(1)}_{kk} + X_{k+1}\,\tau^{(1)}_{k(k+1)} = \tau^{(1)}_{k\otimes}\,.$$

Die Vorzahlen sind in (773) als Funktion der Verschiebungen des statisch bestimmten Tragwerks (Abb. **464**) enthalten. Sie können auch unmittelbar nach (489) aus Tabelle **43** angegeben werden.

Vorzahlen. Die Vorzahlen der Matrix werden bei der Eigenart der Kraftwirkung aus dem allgemeinen Ansatz (299) berechnet, in dem nicht allein die

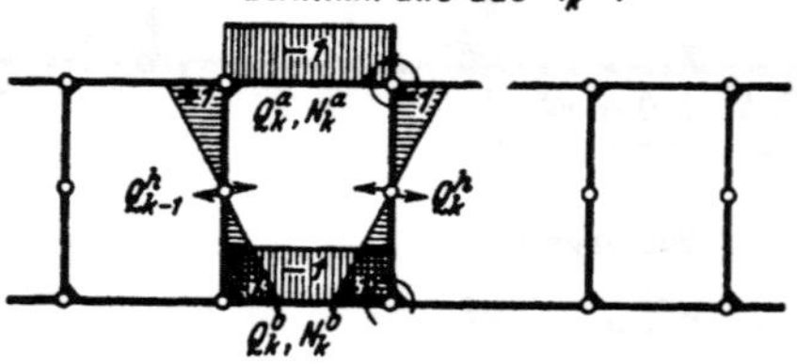

$$\begin{aligned}
Q_k^a &= Q_k^b = 0\,,\\
-Q_{k-1}^h &= Q_k^h = \frac{2}{h}\,,\\
-N_k^a &= N_k^b = \frac{2}{h}\,,\\
N_{k-1}^h &= N_k^h = 0\,.
\end{aligned}$$

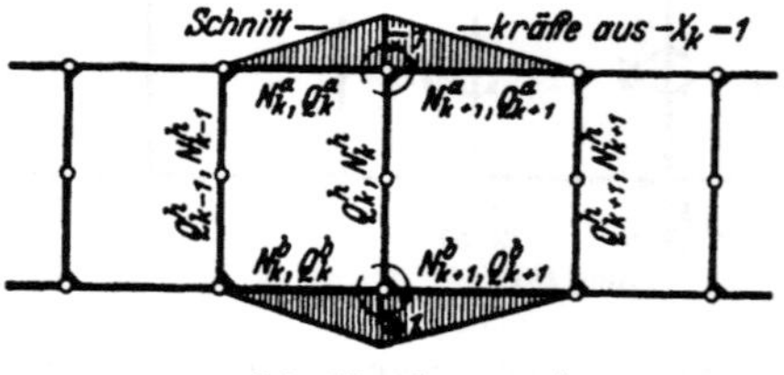

$$\begin{aligned}
&-Q_k^a = Q_k^b = \frac{1}{c_k}\,, \qquad Q_{k+1}^a = -Q_{k+1}^b = \frac{1}{c_{k+1}}\,.\\
&Q_{k-1}^h = Q_k^h = Q_{k+1}^h = 0\,,\\
&N_k^a = N_{k+1}^a = N_k^b = N_{k+1}^b = 0\,,\\
&N_{k-1}^h = \frac{1}{c_k}\,, \qquad N_k^h = -\left(\frac{1}{c_k} + \frac{1}{c_{k+1}}\right), \qquad N_{k+1}^h = \frac{1}{c_{k+1}}\,.
\end{aligned}$$

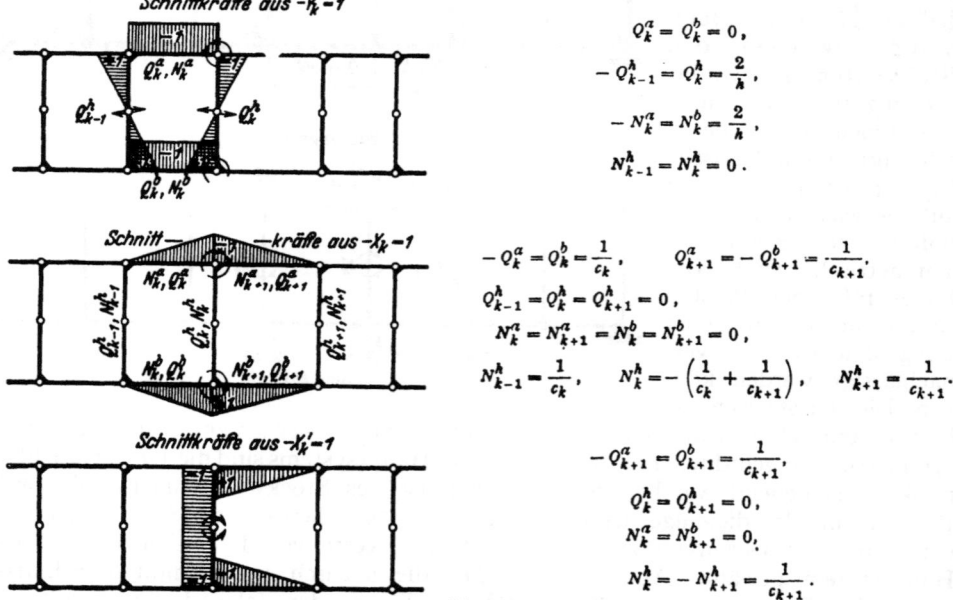

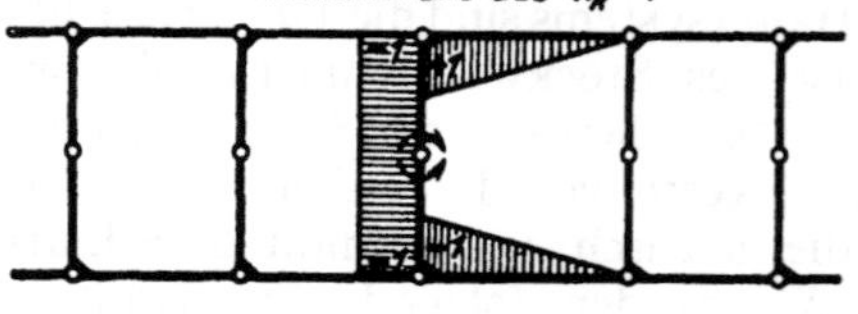

$$\begin{aligned}
-Q_{k+1}^a &= Q_{k+1}^b = \frac{1}{c_{k+1}}\,,\\
Q_k^h &= Q_{k+1}^h = 0\,,\\
N_k^a &= N_{k+1}^b = 0\,,\\
N_k^h &= -N_{k+1}^h = \frac{1}{c_{k+1}}\,.
\end{aligned}$$

Abb. 465.

Biegungsmomente, sondern auch Quer- und Längskräfte berücksichtigt sind. Ihr Anteil enthält im Bereich der Gurtstäbe l_k den elastischen Beiwert $\gamma_k = \varkappa E J_c : G F_k^a$, im Bereich der Pfosten h_k den Beiwert $\nu_k = \varkappa E J_c : G F_k^h$. Die Schnittkräfte des Hauptsystems aus $-Y_k = 1$, $-X_k = 1$, $-X'_k = 1$ sind in den Abb. 465 eingetragen.

$$\left.\begin{aligned} \delta_{k(k-1)} &= -\frac{1}{3}\left(h'_{k-1} + 12\frac{\nu_{k-1}}{h}\right), \qquad \delta_{k(k+1)} = -\frac{1}{3}\left(h'_k + \frac{12\,\nu_k}{h}\right), \\ \delta_{kk} &= \frac{1}{3}\left[h'_{k-1} + h'_k + 6\,c'_k + \frac{12}{h_k}(\nu_{k-1} + \nu_k) + 24\frac{J_c}{F'_k}\frac{c_k}{h^2}\right]; \end{aligned}\right\} \tag{774}$$

$$\left.\begin{aligned} \tau^{(1)}_{k(k-1)} &= \frac{h'_{k-1}\left(c'_k - 6\frac{\gamma_k}{c_k}\right)}{2\,c'_k + 3\,h'_{k-1} + 6\frac{\gamma_k}{c_k}}, \qquad \tau^{(1)}_{k(k+1)} = \frac{h'_k\left(c'_{k+1} - 6\frac{\gamma_{k+1}}{c_{k+1}}\right)}{2\,c'_{k+1} + 3\,h'_k + 6\frac{\gamma_{k+1}}{c_{k+1}}}, \\ \tau^{(1)}_{kk} &= \left(\frac{2}{3}c'_k + 2\frac{\gamma_k}{c_k}\right) + \left(\frac{2}{3}c'_{k+1} + 2\frac{\gamma_{k+1}}{c_{k+1}}\right) - \frac{\left(c'_k - 6\frac{\gamma_k}{c_k}\right)^2}{3\left(2\,c'_k + 3\,h'_{k-1} + 6\frac{\gamma_k}{c_k}\right)} \\ &\quad - \frac{\left(2\,c'_{k+1} + 6\frac{\gamma_{k+1}}{c_{k+1}}\right)^2}{3\left(2\,c'_{k-1} + 3\,h'_k + 6\frac{\gamma_{k+1}}{c_{k+1}}\right)}. \end{aligned}\right\} \tag{775}$$

Belastungszahlen. Senkrechte Einzellasten in den Knotenpunkten des Ober- und Untergurtes. $P_h^a + P_h^b = P_h$.

V_{k0}, M_{k0}^a, M_{k0}^b bezeichnen die Querkräfte und die Momente der äußeren Kräfte A, $\mathfrak{P}$ links von einem Schnitt durch das Feld k in bezug auf die Punkte k^a, k^b.

$$V_{k0} = A - \sum_{h=0}^{k-1} P_h, \qquad M_{k0}^a = M_{k0}^b = M_{k0} = A\,x_k - \sum_{h=0}^{k-1} P_h(x_k - a_h), \tag{776}$$

$$\left.\begin{aligned} \delta_{k0} &= V_{k0}\frac{c_k c'_k}{2} + \frac{1}{6}V_{k0}c_k\left(h'_{k-1} + 12\frac{\nu_{k-1}}{h}\right) \\ &\quad - \frac{1}{6}V_{(k+1)0}c_{k+1}\left(h'_k + 12\frac{\nu_k}{h}\right) + 4\,M_{k0}\frac{c_k}{h^2}\frac{J_c}{F'_k}, \end{aligned}\right\} \tag{777}$$

$\tau^{(1)}_{k0} = 0$ und daher $X_k = 0$, $X'_k = 0$.

Waagerechte Einzellasten am Obergurt (Bremskräfte), Abb. 466.

$$\left.\begin{aligned} V_{k0} &= \frac{f}{l}H, \qquad M_{k0}^a = -f\,\xi'_k H, \\ M_{k0}^b &= h\sum_{i=k}^{n} H_i - f\,\xi'_k H. \end{aligned}\right\} \tag{778}$$

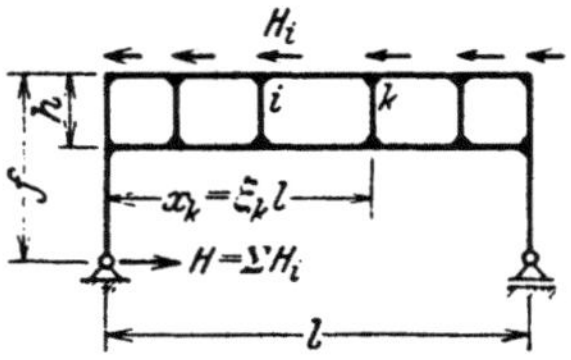

Abb. 466.

$$\left.\begin{aligned} \delta_{k0} &= \frac{1}{2}H\frac{f}{l}\left[c_k c'_k + \frac{c_k}{3}\left(h'_{k-1} + 12\frac{\nu_{k-1}}{h}\right) - \frac{c_{k+1}}{3}\left(h'_k + 12\frac{\nu_k}{h}\right)\right] \\ &\quad - 2\frac{J_c}{F'_k}\frac{c_k}{h^2}\left(2\,f\,\xi'_k H - h\sum_{i=k}^{h} H_i\right). \end{aligned}\right\} \tag{779}$$

Greifen die waagerechten Kräfte, wie dies bei Bremskräften die Regel sein wird, exzentrisch zu den Knotenpunkten an, so werden die Schnittkräfte aus der Knotenlast und einem Kräftepaar am Knoten berechnet, das in einen antimetrischen und einen symmetrischen Anteil zerlegt worden ist.

Temperaturänderung. Obergurt t_a°, Untergurt t_b°.

Antimetrischer Anteil: $\frac{1}{2}(t_a - t_b)$

$$\delta_{kt} = 2\,E J_c \frac{c_k}{h}\alpha_t(t_b - t_a). \tag{780}$$

Symmetrischer Anteil: $\frac{1}{2}(t_a + t_b)$. Die Schnittkräfte sind Null.

Senkrechte Belastung der Gurtstäbe zwischen den Stabknoten. Die Kräfte $\mathfrak{P}$ werden in einen antimetrischen und einen symmetrischen Anteil zerlegt $\mathfrak{P} = {}^{(2)}\mathfrak{P} + {}^{(1)}\mathfrak{P}$ (Abb. 468a, b). Jeder wirkt in einem Dreigelenkrahmen, welcher die Belastung zunächst als Tragwerk zweiter Ordnung auf die Knoten k^a, k^b der Rahmenkette überträgt. Das Hauptsystem erhält daher in den Knotenpunkten Einzelkräfte T_k^a, T_k^b. Diese sind bei antimetrischer Belastung des Tragwerks gleich groß und gleichgerichtet $({}^{(2)}T_k)$, bei symmetrischer Belastung entgegengesetzt gleich $({}^{(1)}T_k)$. Die Belastungsglieder δ_{k0}, $\tau_{k0}^{(1)}$ lassen sich daher aus je zwei Teilen zusammensetzen $(\delta_{k0} = \delta_{k0,1} + \delta_{k0,2}$, $\tau_{k0}^{(1)} = \tau_{k0,1}^{(1)} + \tau_{k0,2}^{(1)})$. Die Anteile $\delta_{k0,2}$, $\tau_{k0,2}^{(1)}$ gelten für die Rahmen als Tragglieder zweiter Ordnung (Abb. 467). Der Anteil $\delta_{k0,1}$ wird nach (777) berechnet, der Anteil $\tau_{k0,1}^{(1)}$ ist Null, da das Hauptsystem, abgesehen von der Längskraft der Pfosten, spannungslos ist.

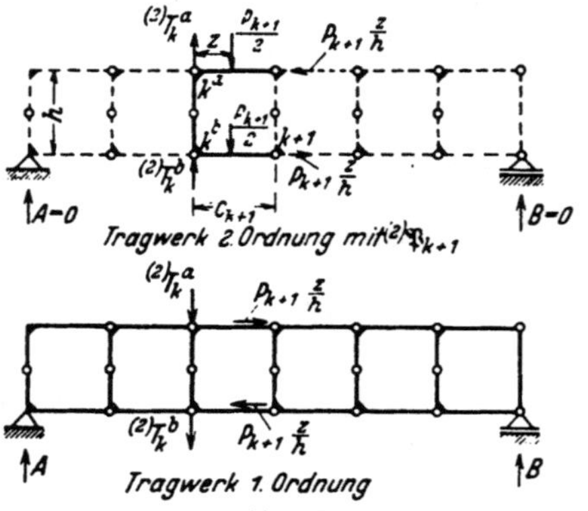

Abb. 467.

$$\delta_{k0,2} = \frac{p_k c_k^2}{12}(2c_k' + h_{k-1}') - \frac{p_{k+1} c_{k+1}^2}{12} h_k' + \frac{c_k'}{2c_k}\sum_k P z^2 + \frac{h_{k-1}'}{6}\sum_k P z - \frac{h_k'}{6}\sum_{k+1} P z$$
$$+ \frac{2v_{k-1}}{h}\left(\frac{p_k c_k^2}{2} + \sum_k P z\right) - \frac{2v_k}{h}\left(\frac{p_{k+1} c_{k+1}^2}{2} + \sum_{k+1} P z\right). \tag{781}$$

$$\tau_{k0}^{(1)} = \pm\Bigg[-\left(\frac{p_k c_k^2 c_k'}{24} + \frac{p_{k+1} c_{k+1}^2 c_{k+1}'}{24}\right) - \left(\frac{c_k c_k'}{6}\sum_k P\omega_D + \frac{c_{k+1} c_{k+1}'}{6}\sum_{k+1} P\omega_D'\right)$$
$$+ \frac{c_k' - 6\frac{\gamma_k}{c_k}}{2c_k' + 3h_{k-1}' + 6\frac{\gamma_k}{c_k}}\left(\frac{p_k c_k^2 c_k'}{24} + \frac{c_k c_k'}{6}\sum_k P\omega_D'\right)$$
$$+ \frac{2c_{k+1}' + 6\frac{\gamma_{k+1}}{c_{k+1}}}{2c_{k+1}' + 3h_k' + 6\frac{\gamma_{k+1}}{c_{k+1}}}\left(\frac{p_{k+1} c_{k+1}^2 c_{k+1}'}{24} + \frac{c_{k+1} c_{k+1}'}{6}\sum_{k+1} P\omega_D'\right)\Bigg]. \tag{782}$$

Das positive Vorzeichen gilt bei Belastung des Obergurtes, das negative bei Belastung des Untergurtes.

Die statisch überzähligen Gruppenlasten X_k für den symmetrischen Anteil ${}^{(1)}\mathfrak{P}$, Y_k für den antimetrischen Anteil ${}^{(2)}\mathfrak{P}$ sind in zwei dreigliedrigen Gruppen von Gleichungen enthalten, die nach der Rechenvorschrift S. 232 oder durch Iteration aufgelöst werden. Die Gruppenlasten X_k sind bei Lastangriff in den Stabknoten Null. Die für den Festigkeitsnachweis wichtigen Schnittkräfte ergeben sich aus dem Superpositionsgesetz (288) oder aus dem Gleichgewicht der äußeren Kräfte am Hauptsystem.

a) Gurte:

$$\left.\begin{aligned}
M_{k(k-1)}^a &= Y_k + X_k; \qquad M_{k(k-1)}^b = Y_k - X_k,\\
M_{(k-1)k}^a &= M_{(k-1)k0}^a + Y_k + X_{k-1} - X_{k-1}',\\
M_{(k-1)k}^b &= M_{(k-1)k0}^b + Y_k - X_{k-1} + X_{k-1}'\\
-N_k^a = N_k^b &= \frac{M_{k0} - 2Y_k}{h},\\
Q_k^a &= Q_{k0}^a - \frac{1}{c_k}(X_{k-1} - X_k - X_{k-1}'),\\
Q_k^b &= Q_{k0}^b + \frac{1}{c_k}(X_{k-1} - X_k - X_{k-1}').
\end{aligned}\right\} \tag{783}$$

b) Pfosten:

$$\left.\begin{aligned} X'_k &= \frac{1}{\tau_{k'k'}}\left(\tau_{k'0} - X_k\tau_{k'k} - X_{k+1}\tau_{k'(k+1)}\right), \\ M_k^a &= -M^a_{k(k+1)0} - (Y_{k+1} - Y_k - X'_k) = M^a_{k(k-1)} - M^a_{k(k+1)}, \\ M_k^b &= M^b_{k(k+1)0} + (Y_{k+1} - Y_k + X'_k) = M^b_{k(k+1)} - M^b_{k(k-1)}, \\ Q_k^h &= -V_{(k+1)0}\frac{c_{k+1}}{h} + \frac{2}{h}(Y_{k+1} - Y_k). \end{aligned}\right\} \quad (784)$$

Belastungsumordnung:

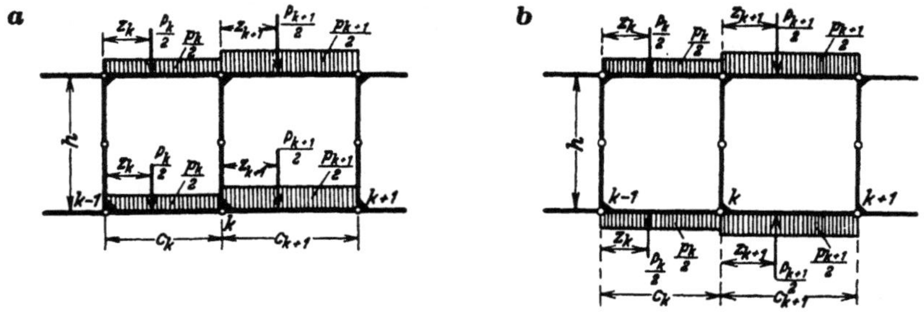

Schnittkräfte im System 2. Ordnung:

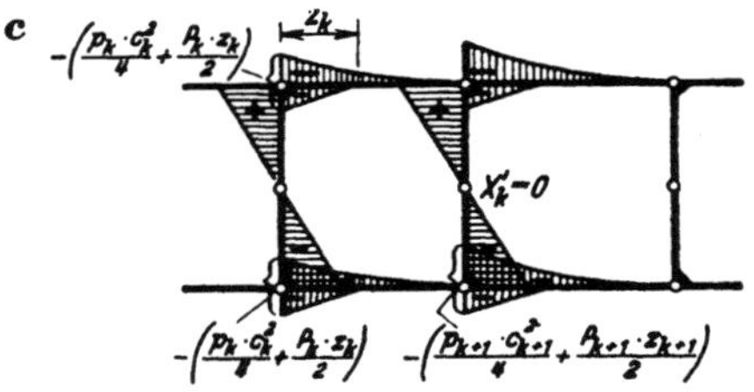

$$Q^h_{(k-1)0} = \frac{1}{h}\left(\frac{p_k c_k^2}{2} + P_k z_k\right),$$

$$-N_k^a = N_k^b = \frac{1}{h}\left(\frac{p_k c_k^2}{2} + P_k z_k\right).$$

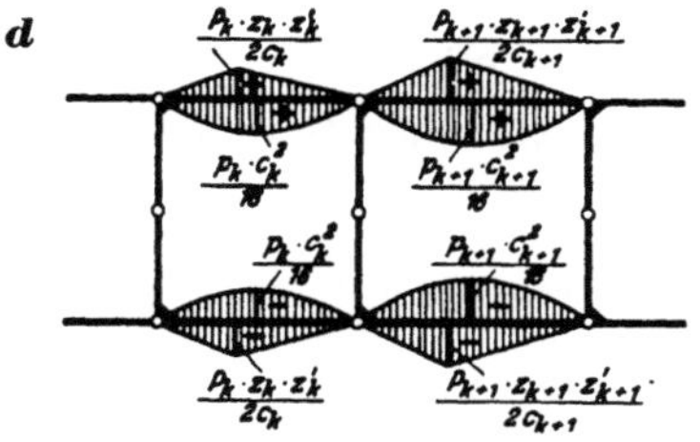

$$Q^h_{(k-1)0} = Q^h_{k0} = Q^h_{(k+1)0} = 0,$$

$$N_k^a = N_k^b = N^a_{k+1} = N^b_{k+1} = 0.$$

Schnittkräfte im System 1. Ordnung:

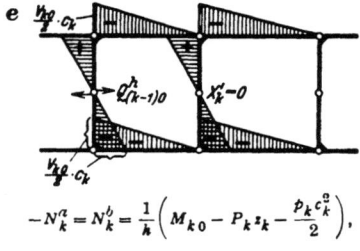

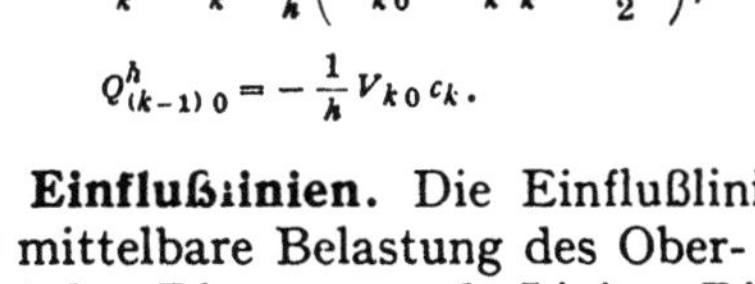

$$-N_k^a = N_k^b = \frac{1}{h}\left(M_{k0} - P_k z_k - \frac{p_k c_k^2}{2}\right),$$

$$Q^h_{(k-1)0} = -\frac{1}{h}V_{k0}c_k.$$

$${}^{(2)}T_k = {}^{(2)}T_k^a + {}^{(2)}T_k^b = p_{k+1}c_{k+1} + \sum_{(k+1)} P,$$

A, V_{k0}, M_{k0} wie im Hauptsystem. $V_{k0} = V_{(k-1)0} - T_{k-1}$. Die Längskräfte der beiden Systeme werden addiert und in $\delta_{k0,1}$ eingerechnet. Hierdurch entsteht wieder Gl. (777).

Abb. 468.

Die Einflußlinien. Die Einflußlinien der Schnittkräfte werden in der Regel nur für mittelbare Belastung des Ober- oder Untergurts gezeichnet. Sie sind dann zwischen den Pfosten gerade Linien. Die Gruppenlasten X_k, X'_k sind Null und die Einflußlinien der Schnittkräfte daher nur von den statisch unbestimmten Gruppenlasten Y_k abhängig.

Die Einflußlinien Y_k werden nach (328) aus den Vorzahlen $\beta^{(\nu)}_{kh}$ der konjugierten Matrix zu (772) berechnet.

$$Y_k = \sum \beta^{(\nu)}_{kh}\,\delta_{mh}.$$

Da die Hauptglieder $\beta_{kk}^{(\nu)}$ der Matrix in der Regel wesentlich größer sind als deren Nebenglieder, so genügt bereits $Y_k = \beta_{kk}^{(\nu)} \delta_{mk}$ als Näherung und

$$Y_k = \beta_{k(k-1)}^{(\nu)} \delta_{m(k-1)} + \beta_{kk}^{(\nu)} \delta_{mk} + \beta_{k(k+1)}^{(\nu)} \delta_{m(k+1)} \tag{785}$$

als Lösung.

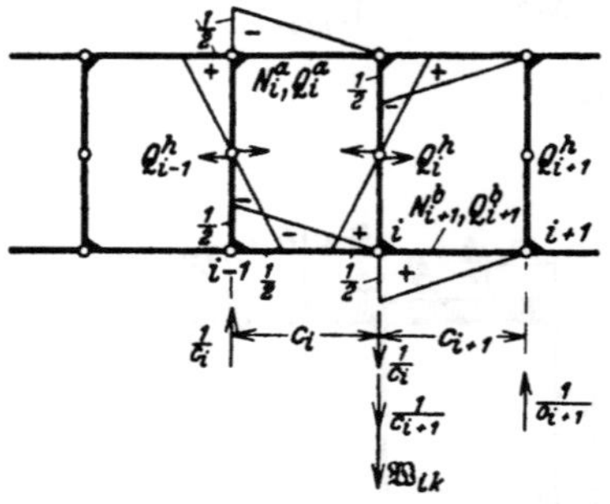

$$-\bar{Q}_i^a = \bar{Q}_i^b = \frac{1}{2c_i}, \quad -\bar{Q}_{i+1}^a = \bar{Q}_{i+1}^b = \frac{1}{2c_{i+1}},$$
$$-\bar{Q}_{i-1}^h = \bar{Q}_i^h = \frac{1}{h}, \qquad \bar{Q}_{i+1}^h = 0,$$
$$-\bar{N}_i^a = \bar{N}_i^b = \frac{1}{h}, \qquad \bar{N}_{i+1}^a = \bar{N}_{i+1}^b = 0.$$

Abb. 469.

Die Belastungszahlen δ_{mk} bezeichnen die Biegelinien des Lastgurtes des Hauptsystems (Abb. 464) für $-Y_k = 1$, $(k = 1 \ldots n)$. Bei mittelbarer Belastung des Lastgurtes werden nur die Ordinaten δ_{mk} in den Knotenpunkten verwendet, die nach S. 125 durch die elastischen Gewichte $\mathfrak{W}_{ik}$ bestimmt sind. Jeder Belastungszustand $-Y_k = 1$ liefert nach (786) drei Kräfte $\mathfrak{W}_{(k-1)k}$, $\mathfrak{W}_{kk}$, $\mathfrak{W}_{(k+1)k}$, so daß die Einflußlinien Y_k im Bereich von $0 \div (k-2)$, $(k+2) \div n$ mit großer Genauigkeit als geradlinig angesehen werden können.

$$\mathfrak{W}_{ik} = \int \bar{N} N_k \frac{J_c}{F} ds + \int \bar{M} M_k \frac{J_c}{J} ds + \int \varkappa \bar{Q} Q_k \frac{E J_c}{G F} ds. \tag{786}$$

Belastung „1_i" des Geradenpaares c_i, c_{i+1} (Abb. 469): Schnittkräfte $\bar{N}$, $\bar{M}$, $\bar{Q}$; Belastung des Hauptsystems mit $-Y_k = 1$ (Abb. 465): Schnittkräfte N_k, M_k, Q_k.

$$\left.\begin{aligned}
\mathfrak{W}_{(k-1)k} &= -\frac{1}{6}\left(3c_k' + h_{k-1}' + 12\frac{\nu_{k-1}}{h}\right), \\
\mathfrak{W}_{kk} &= +\frac{1}{6}\left(3c_k' + h_{k-1}' + h_k' + 12\frac{\nu_{k-1} + \nu_k}{h} + 24\frac{c_k}{h^2}\frac{J_c}{F_k}\right), \\
\mathfrak{W}_{(k+1)k} &= -\frac{1}{6}\left(h_k' + 12\frac{\nu_k}{h}\right).
\end{aligned}\right\} \tag{787}$$

Die Momente aus den $\mathfrak{W}$-Kräften sind gleich den Ordinaten der Biegelinie $\delta_{mk} = M_{k\mathfrak{w}}$. Werden die mit den β-Zahlen erweiterten $\mathfrak{W}$-Kräfte verwendet, so liefert das Moment $M_{\mathfrak{w}}$ unmittelbar die Einflußordinate Y_k.

Um die Einflußlinie Y_k auch bei Lastangriff zwischen den Pfosten nach (787) aufzuzeichnen, wird jede Biegelinie δ_{mk} im Felde c_k durch eine quadratische Parabel mit den Ordinaten $\Delta\delta_{mk} = -{}^1/_2\, c_k c_k' \omega_R$ berichtigt. Die Ordinaten der Einflußlinien X_k sind in den Stabknoten Null und innerhalb eines Feldes c_h

$$X_k = \beta_{k(h-1)}^{(x)} \tau_{m(h-1)}^{(1)} + \beta_{kh}^{(x)} \tau_{mh}^{(1)}.$$

Daher ist im

$$\left.\begin{aligned}
&\text{Feld } c_k\ \ : \quad X_k = \beta_{kk}^{(x)} \left(\tau_{mk}^{(1)} - \varkappa_{(k-1)k} \tau_{m(k-1)}^{(1)}\right), \\
&\text{Feld } c_{k+1}: \quad X_k = \beta_{kk}^{(x)} \left(\tau_{mk}^{(1)} - \varkappa_{(k+1)k} \tau_{m(k+1)}^{(1)}\right).
\end{aligned}\right\} \tag{788}$$

Ebenso werden die Ordinaten der Einflußlinien X_k' berechnet. Die Biegelinien $\tau_{mk}^{(1)}$ ergeben sich aus (782) für $p = 0$ und $P_k = 1$, $P_{k+1} = 0$. In den übrigen Feldern ist $X_k \approx 0$, da die Nebenglieder der konjugierten Matrix in der Regel so klein sind, daß ihre Beiträge vernachlässigt werden können.

$$M_{k(k-1)}^a = Y_k + X_k, \qquad M_{k(k-1)}^b = Y_k - X_k.$$

Die Ordinaten der Einflußlinien Y_k in den Knotenpunkten können auch als Einflußgrößen Y_{km} berechnet und aufgetragen werden. Die Last $P = 1$ wird dabei der Reihe nach jedem Knoten m des Lastgurtes zugewiesen. Auch in diesem Falle genügen in der Regel zur Berechnung von Y_{km} aus der konjugierten Matrix neben dem Hauptglied $\beta_{kk}^{(\nu)}$ die beiden benachbarten Nebenglieder der Zeile.

$$Y_{km} = \beta_{k(k-1)}^{(\nu)}\,\delta_{(k-1)m} + \beta_{kk}^{(\nu)}\,\delta_{km} + \beta_{k(k+1)}^{(\nu)}\,\delta_{(k+1)m}\,.$$

δ_{mk} sind die Belastungszahlen für $P = 1$ im Lastpunkt m. Die Einflußlinie ist nach (785) wiederum durch Y_{km}, $(m = (k-2)\ldots(k+2))$ ausreichend bestimmt, da der Bereich $0 \div (k-2)$, $(k+2) \div n$ geradlinig angenommen werden kann.

Belastungszahlen δ_{km} $(k = 1\ldots m-1, m, m+1\ldots n)$ für den Rahmenträger mit parallelen Gurten, gleichgroßen Feldern $(c_k = c,\ l = nc)$ und gleichen Abmessungen der Pfosten $(h_k' = h',\ \nu_k = \nu)$. Lastpunkt m: $x_m = mc$, $x_m' = m'c = (n-m)c$ (Abb. 470). Elastisch wirksame Länge der Gurtstäbe k:

$$c_k' \text{ und } \frac{c_k}{h^2}\frac{J_c}{F_k^a} = \bar{c}_k'. \qquad \text{Stützkräfte für } P_m = 1: \qquad A_m = \frac{m'}{n},\ B_m = \frac{m}{n}.$$

$$\left.\begin{aligned}
\delta_{1m} &= \frac{1}{2} A_m c\,(c_1' + 8\,\bar{c}_1'),\ \ldots \\
\delta_{(m-1)m} &= \frac{1}{2} A_m c\,(c_{m-1}' + 8\,(m-1)\,\bar{c}_{m-1}'), \\
\delta_{mm} &= \frac{1}{2} A_m c\,(c_m' + 8\,m\,\bar{c}_m') + \frac{c}{6}\left(h' + 12\,\frac{\nu}{h}\right), \\
\delta_{(m+1)m} &= -\frac{1}{2} B_m c\,(c_{m+1}' + 8\,(m'-1)\,\bar{c}_{m+1}'),\ \ldots \\
\delta_{nm} &= -\frac{1}{6} B_m c\left(3\,c_n' + h' + 12\,\frac{\nu}{h}\right).
\end{aligned}\right\} \qquad (789)$$

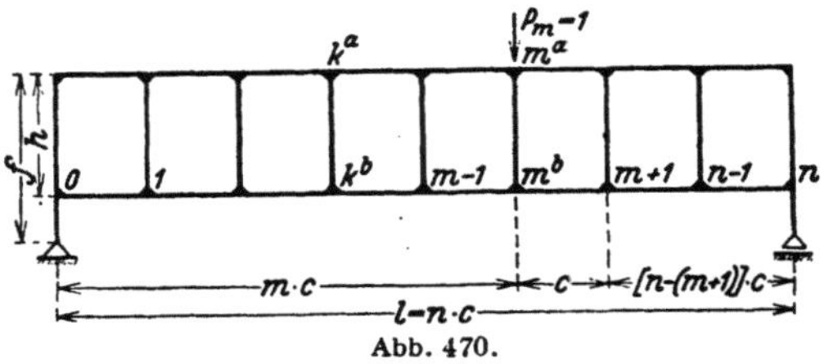

Abb. 470.

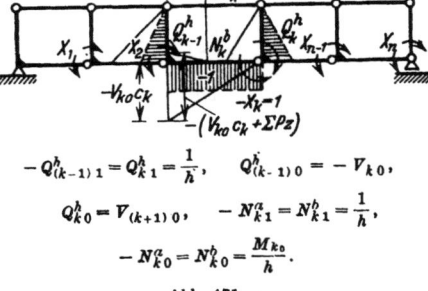

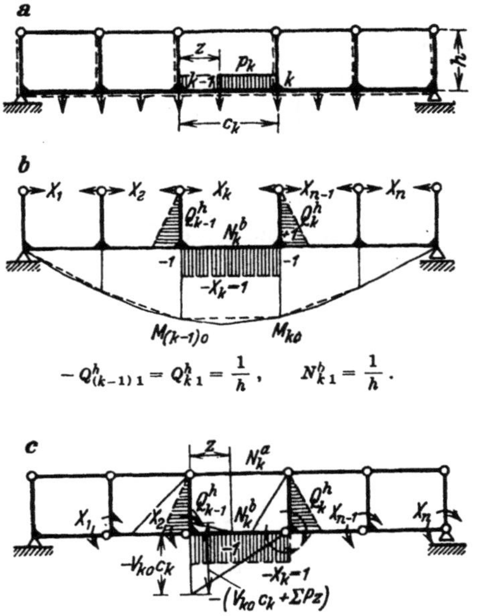

$$-Q_{(k-1)1}^h = Q_{k1}^h = \frac{1}{h}, \qquad N_{k1}^b = \frac{1}{h}.$$

$$-Q_{(k-1)1}^h = Q_{k1}^h = \frac{1}{h}, \qquad Q_{(k-1)0}^h = -V_{k0},$$

$$Q_{k0}^h = V_{(k+1)0}, \qquad -N_{k1}^a = N_{k1}^b = \frac{1}{h},$$

$$-N_{k0}^a = N_{k0}^b = \frac{M_{k0}}{h}.$$

Abb. 471.

Die vollwandige Ausführung einzelner Trägerabschnitte, die namentlich an den Enden einfacher Rahmenträger zur Übertragung der Querkraft notwendig ist, hat keinen Einfluß auf den Ansatz. Die vollwandigen Trägerabschnitte bedeuten für die Berechnung Pfosten mit unendlich großem Trägheitsmoment.

Der versteifte Balkenträger Abb. 471a ist auf S. 485 als Grenzfall eines Rahmenträgers bezeichnet worden, dessen elastische Eigenschaften durch $J_k^b \gg J_k^a$ ausgezeichnet sind. Der Obergurt erhält in diesem Falle nur Längskräfte, die Querkräfte werden allein vom Lastgurt aufgenommen. Das Kräftebild kann mit einem Hauptsystem Abb. 471b berechnet werden. Ein unmittelbarer Vergleich mit der statischen Untersuchung des Rahmenträgers ist durch die Wahl eines Hauptsystems Abb. 471c möglich. In beiden Lösungen ergeben sich dreigliedrige Bedingungsgleichungen.

$$X_{k-1}\,\delta_{k(k-1)} + X_k\,\delta_{kk} + X_{k+1}\,\delta_{k(k+1)} = \delta_{k0}.$$

Nach Abb. 471c ist

$$\left.\begin{aligned}
3\,\delta_{k(k-1)} &= -\left(h'_{k-1} + 3\,\frac{\nu_{k-1}}{h}\right), \qquad 3\,\delta_{k(k+1)} = -\left(h'_k + 3\,\frac{\nu_k}{h}\right),\\
3\,\delta_{kk} &= \left[3\,c'_k + h'_{k-1} + h'_k + \frac{3}{h}\,(\nu_{k-1} + \nu_k) + 3\,\frac{c_k}{h^2}\left(\frac{J_c}{F_o} + \frac{J_c}{F_u}\right)\right],\\
3\,\delta_{k0} &= \frac{c'_k}{2}\left[3\,V_{k0}\,c_k + p_k\,c_k^2 + \frac{3}{c_k}\,\Sigma\,P_k\,z_k^2\right]\\
&\quad + 3\,\frac{M_{k0}}{h^2}\left(\frac{J_c}{F_o} + \frac{J_c}{F_u}\right)c_k + V_{k0}\left(c_k\,h'_{k-1} + 3\,\frac{c_k}{h}\,\nu_{k-1}\right)\\
&\quad - V_{(k+1)0}\left(c_{k+1}\,h'_k + 3\,\frac{c_{k+1}}{h}\,\nu_k\right).
\end{aligned}\right\} \quad (790)$$

Näherungsberechnung eines Rahmenträgers. Die statische Untersuchung eines Rahmenträgers mit parallelen Gurten und elastischer Symmetrie in bezug auf eine waagerechte Achse lehrt, daß die Biegungsmomente bei senkrechten Einzellasten in den Knotenpunkten nicht nur in der Mitte der Pfosten, sondern auch in der Nähe der Gurtstabmitten Null sind. Es liegt daher nahe, diese zur angenäherten Beschreibung des Kräftebildes dort ebenfalls Null zu setzen, also den Rahmenträger durch ein statisch bestimmtes System mit Gelenken nach Abb. 472 zu ersetzen. Werden die auf die Mitten $\bar{k}$ der Gurtstäbe c_k bezogenen Querkräfte und Momente aller äußeren Kräfte links von dem Felde mit $\overline{V}_{k0}$, $\overline{M}_{k0}$ bezeichnet, so lassen sich die folgenden Schnittkräfte anschreiben:

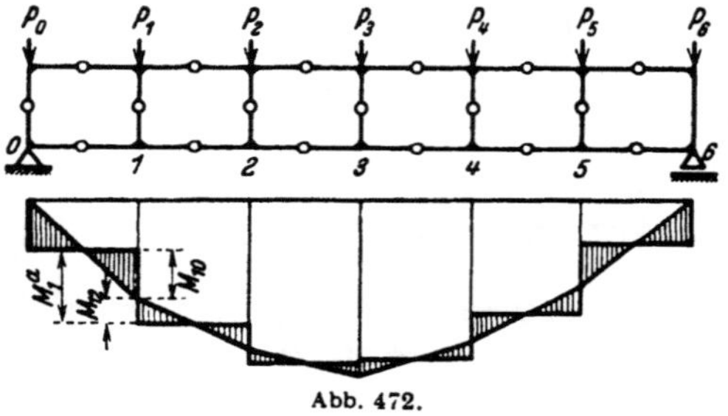

Abb. 472.

Gurtstäbe:

$$\left.\begin{aligned}
-N_k^a = N_k^b &= \frac{\overline{M}_{k0}}{h}, \qquad Q_k^a = Q_k^b = \frac{1}{2}\,\overline{V}_{k0},\\
M^a_{k(k-1)} = -M^a_{(k-1)k} &= \tfrac{1}{4}\,\overline{V}_{k0}\,c_k, \qquad M^b_{k(k-1)} = -M^b_{(k-1)k} = \tfrac{1}{4}\,\overline{V}_{k0}\,c_k.
\end{aligned}\right\} \quad (791)$$

Pfosten:

$$\left.\begin{aligned}
N_k^h &= \tfrac{1}{2}\,(P_k^b - P_k^a),\\
Q^h_{k-1} &= -N^a_{k-1} + N^a_k = -\frac{1}{h}\,(\overline{M}_{k0} - \overline{M}_{(k-1)0}),\\
M_k^a &= -M_k^b = -\tfrac{1}{2}\,Q_k^h\,h = \tfrac{1}{2}(\overline{M}_{k0} - \overline{M}_{(k-1)0}).
\end{aligned}\right\} \quad (792)$$

Die Abb. 472 zeigt die graphische Verwendung der Ergebnisse. Darnach sind zunächst die Momente für die Einzellasten $P/2$ aufgetragen und daraus die Momente $\overline{M}_{k0}$ gebildet worden. Dieses elementare Ergebnis zeigt die ungünstigen statischen Eigenschaften des Rahmenträgers, die sich namentlich aus den großen Querkräften in Pfosten und Gurten nächst den Auflagern ergeben. Sie lassen sich hier durch vollwandige Ausführung des Trägers und engere Stellung der Pfosten mildern.

Näherungsrechnung für den Rahmenträger (Abb. 474).

Belastung $P = 2{,}5$ t in den Knoten 1, 2, 3, 4, 5, 6.

k	0	$\bar{1}$	1	$\bar{2}$	2	$\bar{3} = 3'$	3	$\bar{4} = 4'$
P	(− 7,5)	0	2,5	0	2,5	0	2,5	0 t
V_{k0}	0	7,5	7,5	5	5	2,5	2,5	0 t
$c/2$	—	1,25	1,25	1,25	1,25	2,5	2,5	2,5 m
$V_{k0}c/2$	—	9,38	9,38	6,25	6,25	6,25	6,25	0 mt
$M_{k0}/2$	—	4,69	9,38	12,50	15,63	18,75	21,88	21,88 mt
$M_{k(k+1)}$	− 4,69		− 3,12		− 3,12		0	mt
$M_{k(k-1)}$			4,69		3,12		3,12	mt

Die Momente sind in Abb. 473 dargestellt. Die genauen Werte sind nach S. 497 berechnet und das Ergebnis in Klammern und gestrichelten Linien eingetragen.

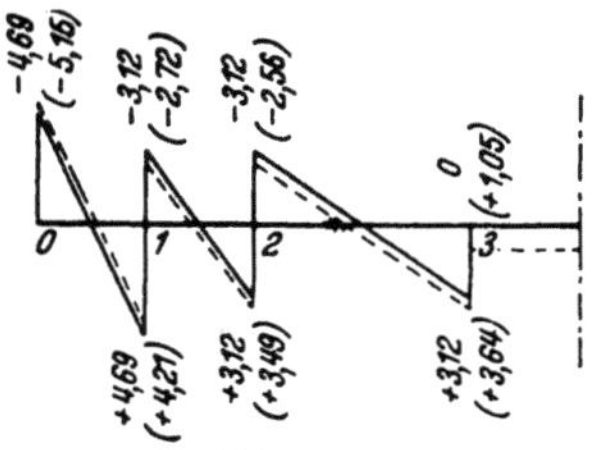

Abb. 473.

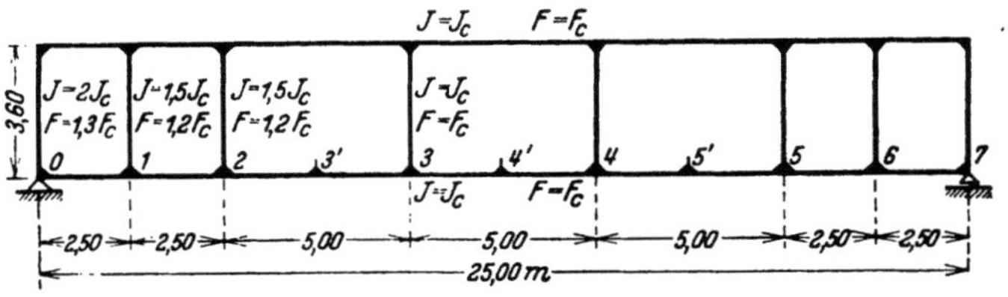

Abb. 474.

Zahlenbeispiel für die Berechnung eines Rahmenträgers (Abb. 474).

Das Tragwerk ist symmetrisch zu einer waagerechten und zu einer senkrechten Mittellinie.

Geometrische Grundlagen.

$$h_0' = 1{,}8\,, \qquad h_1' = h_2' = 2{,}4\,, \qquad h_3' = 3{,}6 \text{ m}\,,$$

$$c_1' = c_2' = 2{,}5\,, \qquad c_3' = c_4' = 5{,}0 \text{ m};$$

$$\varkappa = 1{,}2\,, \qquad E/G = 2\,, \qquad J_c = 0{,}0533 \text{ m}^4\,, \qquad F_c = 1{,}0 \text{ m}^2\,, \qquad J_c/F_k^t = 0{,}0533 \text{ m}^2:$$

$$\nu_0 = 1{,}2 \cdot 2 \cdot 0{,}0533/1{,}3 = 0{,}0985\,, \qquad \nu_1 = \nu_2 = 0{,}1067\,, \qquad \nu_3 = 0{,}128\,, \qquad \gamma_k = 0{,}128\,.$$

Antimetrischer Ansatz, Vorzahlen nach (774):

$$\delta_{21} = -\frac{1}{3}\left(2{,}4 + 12 \cdot \frac{0{,}1067}{3{,}6}\right) = -0{,}919\,, \qquad \delta_{23} = -\frac{1}{3}\left(2{,}4 + 12 \cdot \frac{0{,}1067}{3{,}6}\right) = -0{,}919\,,$$

$$\delta_{22} = \frac{1}{3}\left(2{,}4 + 2{,}4 + 6 \cdot 2{,}5 + \frac{12}{3{,}6} \cdot 2 \cdot 0{,}1067 + 24 \cdot 0{,}0533 \cdot \frac{2{,}5}{3{,}6^2}\right) = 6{,}921\,.$$

Symmetrischer Ansatz, Vorzahlen nach (775):

$$\tau_{21}^{(1)} = \frac{2{,}4\left(2{,}5 - 6\,\dfrac{0{,}128}{2{,}5}\right)}{2 \cdot 2{,}5 + 3 \cdot 2{,}4 + 6\,\dfrac{0{,}128}{2{,}5}} = 0{,}421\,, \qquad \tau_{23}^{(1)} = \frac{2{,}4\left(5{,}0 - 6\,\dfrac{0{,}128}{5{,}0}\right)}{2 \cdot 5{,}0 + 3 \cdot 2{,}4 + 6\,\dfrac{0{,}128}{5{,}0}} = 0{,}670\,,$$

$$\tau_{22}^{(1)} = \left(\frac{2}{3} \cdot 2{,}5 + 2\,\frac{0{,}128}{2{,}5}\right) + \left(\frac{2}{3} \cdot 5{,}0 + 2\,\frac{0{,}128}{5{,}0}\right) - \frac{\left(2{,}5 - 6\,\dfrac{0{,}128}{2{,}5}\right)^2}{3\left(2 \cdot 2{,}5 + 3 \cdot 2{,}4 + 6\,\dfrac{0{,}128}{2{,}5}\right)}$$

$$- \frac{\left(2 \cdot 5{,}0 + 6\,\dfrac{0{,}128}{5{,}0}\right)^2}{3\left(2 \cdot 5{,}0 + 3 \cdot 2{,}4 + 6\,\dfrac{0{,}128}{5{,}0}\right)} = 3{,}046\,.$$

Matrix des antimetrischen Ansatzes:

Y_1	Y_2	Y_3	Y_4	Y_5	Y_6	Y_7
+ 6,712	− 0,919					
− 0,919	+ 6,921	− 0,919				
	− 0,919	+ 12,425	− 1,342			
		− 1,342	+ 12,846	− 1,342		
			− 1,342	+ 12,425	− 0,919	
				− 0,919	+ 6,921	− 0,919
					− 0,919	+ 6,712

Matrix des symmetrischen Ansatzes:

X_1	X_2	X_3	X_4	X_5	X_6	X_7
2,638	0,421					
0,421	3,046	0,670				
	0,670	4,677	0,833			
		0,833	4,756	0,833		
			0,833	4,031	0,421	
				0,421	2,660	0,421
					0,421	1,641

Bemerkenswert ist die geringe Abhängigkeit der überzähligen Größen, so daß die Formänderungen δ_{ki} und $\tau_{ki}^{(1)}$ mit $k \neq i$ zur Bildung eines ersten Näherungsergebnisses Null gesetzt werden können.

Konjugierte Matrix $\beta_{ki}^{(y)}$ des antimetrischen Ansatzes:

→ $-\varkappa_{21}$ 0,1341 | $-\varkappa_{32}$ 0,0748 | $-\varkappa_{43}$ 0,1057 | $-\varkappa_{54}$ 0,1091 | $-\varkappa_{65}$ 0,1352 | $-\varkappa_{76}$ 0,1370 →

1	0,1518	0,0204	0,0015	0,0002	0,0000	0,0000	0,0000
2	0,0204	0,1486	0,0111	0,0012	0,0001	0,0000	0,0000
3	0,0015	0,0111	0,0822	0,0087	0,0009	0,0001	0,0000
4	0,0002	0,0012	0,0087	0,0796	0,0087	0,0012	0,0002
5	0,0000	0,0001	0,0009	0,0087	0,0822	0,0111	0,0015
6	0,0000	0,0000	0,0001	0,0012	0,0111	0,1486	0,0204
7	0,0000	0,0000	0,0000	0,0002	0,0015	0,0204	0,1518

↑
$0{,}1370 = -\varkappa_{12}$
$0{,}1352 = -\varkappa_{23}$
$0{,}1091 = -\varkappa_{34}$
$0{,}1057 = -\varkappa_{45}$
$0{,}0748 = -\varkappa_{56}$
$0{,}1341 = -\varkappa_{67}$
↑

Konjugierte Matrix $\beta_{ki}^{(x)}$ des symmetrischen Ansatzes.

	$-\varkappa_{21}$	$-\varkappa_{32}$	$-\varkappa_{43}$	$-\varkappa_{54}$	$-\varkappa_{65}$	$-\varkappa_{76}$		
→	−0,1429	−0,1481	−0,1817	−0,2103	−0,1650	−0,2564	→	↑
1	+0,3880	−0,0554	+0,0082	−0,0015	+0,0003	−0,0001	+0,0000	$-0{,}1595 = -\varkappa_{12}$
2	−0,0554	+0,3477	−0,0515	+0,0094	−0,0020	+0,0003	−0,0001	$-0{,}2249 = -\varkappa_{23}$
3	+0,0082	−0,0515	+0,2290	−0,0416	+0,0087	−0,0014	+0,0004	$-0{,}1840 = -\varkappa_{34}$
4	−0,0015	+0,0094	−0,0416	+0,2260	−0,0475	+0,0078	−0,0020	$-0{,}1810 = -\varkappa_{45}$
5	+0,0003	−0,0020	+0,0087	−0,0475	+0,2622	−0,0433	+0,0111	$-0{,}1085 = -\varkappa_{56}$
6	−0,0001	+0,0003	−0,0014	+0,0078	−0,0433	+0,3990	−0,1024	$-0{,}1610 = -\varkappa_{67}$
7	+0,0000	−0,0001	+0,0004	−0,0020	+0,0111	−0,1024	+0,6360	↑

Rechenvorschrift der überzähligen Größen.

$$Y_k = \sum \beta_{ki}^{(y)} \delta_{k0}, \qquad X_k = \sum \beta_{ki}^{(x)} \tau_{k0}^{(1)}.$$

Senkrechte Einzellasten in den Punkten 1, 2, 3′ 3, 4′, . . .

$$\delta_{20,1} = V_{20}\left[\frac{2{,}5\cdot 2{,}5}{2} + \frac{1}{6}\,2{,}5\left(2{,}4 + 12\cdot\frac{0{,}1067}{3{,}6}\right)\right] - \frac{1}{6}\,V_{30}\,5{,}0\left(2{,}4 + 12\,\frac{0{,}1067}{3{,}6}\right) + 4\,M_{20}\,\frac{2{,}5}{3{,}6^2}\cdot 0{,}0533.$$

$$\begin{aligned}
\delta_{10,1} &= 4{,}011\,V_{10} - 1{,}148\,V_{20} + 0{,}0412\,M_{10},\\
\delta_{20,1} &= 4{,}273\,V_{20} - 2{,}296\,V_{30} + 0{,}0412\,M_{20},\\
\delta_{30,1} &= 14{,}796\,V_{30} - 3{,}356\,V_{40} + 0{,}0824\,M_{30},\\
\delta_{40,1} &= 15{,}856\,V_{40} - 3{,}356\,V_{50} + 0{,}0824\,M_{40},\\
\delta_{50,1} &= 15{,}856\,V_{50} - 1{,}148\,V_{60} + 0{,}0824\,M_{50},\\
\delta_{60,1} &= 4{,}273\,V_{60} - 1{,}148\,V_{70} + 0{,}0412\,M_{60},\\
\delta_{70,1} &= 4{,}273\,V_{70}.
\end{aligned}$$

$$\delta_{k0,2} = \frac{c_k'}{2\,c_k}\,P_k\,z_k^2 + \frac{1}{6}\,P_k\,z_k\left(h_{k-1}' + 12\,\frac{\nu_{k-1}}{h}\right) - \frac{1}{6}\,P_{k+1}\,z_{k+1}\left(h_k' + 12\,\frac{\nu_k}{h}\right).$$

Gleichförmige Belastung $g = 1{,}0$ t/m liefert $P = 2{,}5\,t$ in 1, 2, 3′, 3, 4′, . . .

$k =$	1	2	3	4	5	6	7
$V_{k0} =$	11,25	8,75	3,75	−1,25	−6,25	−8,75	−11,25 t
$M_{k0} =$	28,125	50,0	75,0	75,0	50,0	28,125	0 mt

$$\delta_{30,1} = 14{,}796\cdot 3{,}75 + 3{,}356\cdot 1{,}25 + 0{,}0824\cdot 75 = 65{,}860\,,$$

$$\delta_{30,2} = \frac{5{,}0}{2\cdot 5{,}0}\,2{,}5\cdot 2{,}5^2 + \frac{1}{6}\,2{,}5\cdot 2{,}5\left(2{,}4 + 12\,\frac{0{,}1067}{3{,}6}\right) - \frac{1}{6}\,2{,}5\cdot 2{,}5\left(3{,}6 + 12\,\frac{0{,}128}{3{,}6}\right) = 6{,}4885;$$

δ_{10}	δ_{20}	δ_{30}	δ_{40}	δ_{50}	δ_{60}	δ_{70}
36,2375	27,9668	72,3485	15,1475	−72,9283	−23,3150	−48,0713

$$\tau_{30}^{(1)} = -\left[-\frac{5{,}0\cdot 5{,}0}{6}\cdot 2{,}5\cdot\frac{3}{8} - \frac{5{,}0\cdot 5{,}0}{6}\cdot 2{,}5\cdot\frac{3}{8} + \frac{5{,}0\cdot 5{,}0}{6}\,2{,}5\cdot\frac{3}{8}\,\frac{5{,}0 - 6\,\frac{0{,}128}{5{,}0}}{2\cdot 5{,}0 + 3\cdot 2{,}4 + 6\,\frac{0{,}128}{5{,}0}}\right.$$

$$\left. + \frac{5{,}0\cdot 5{,}0}{6}\,2{,}5\,\frac{3}{8}\,\frac{2\cdot 5{,}0 + 6\,\frac{0{,}128}{5{,}0}}{2\cdot 5{,}0 + 3\cdot 3{,}6 + 6\,\frac{0{,}128}{5{,}0}}\right] = 4{,}8286.$$

$\tau_{10}^{(1)}$	$\tau_{20}^{(1)}$	$\tau_{30}^{(1)}$	$\tau_{40}^{(1)}$	$\tau_{50}^{(1)}$	$\tau_{60}^{(1)}$	$\tau_{70}^{(1)}$
0	1,6208	4,8286	5,0160	3,0028	0	0

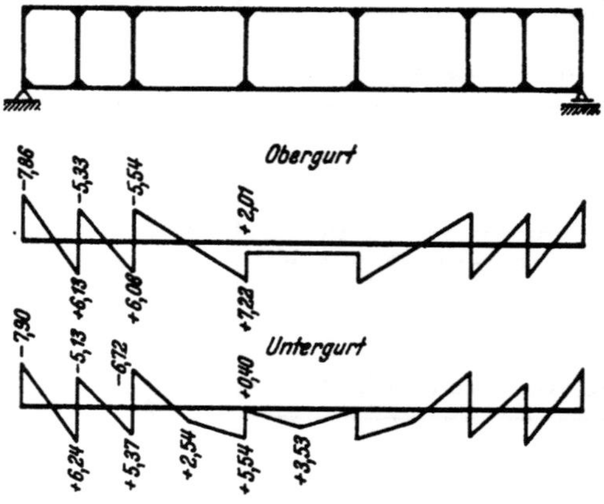

Abb. 475. Momente in mt für $g = 1,0$ t/m.

Ergebnis der Superposition.

$Y_1 = 6,1829$ mt, $X_1 = -0,0568$ mt,
$Y_2 = 5,7236$ mt, $X_2 = 0,3560$ mt,
$Y_3 = 6,3756$ mt, $X_3 = 0,8397$ mt,
$Y_4 = 1,2039$ mt, $X_4 = 0,8053$ mt,
$Y_5 = -6,1259$ mt, $X_5 = 0,5907$ mt,
$Y_6 = -5,2294$ mt, $X_6 = -0,1000$ mt,
$Y_7 = -7,8792$ mt, $X_7 = 0,0225$ mt.

$M_{21}^{a} = 5,7236 + 0,3560 = 6,08$ mt,

$M_{21}^{b} = 5,7236 - 0,3560 = 5,37$ mt,

$M_{23}^{a} = M_{54}^{a} = -6,1259 + 0,5907 = -5,54$ mt,

$M_{23}^{b} = M_{54}^{b} = -6,1259 - 0,5907 = -6,72$ mt.

Einflußlinie Y_3 für $P = 1$ t in 1, 2, 3, 4, 5, 6

$$\mathfrak{W}_{23} = -\frac{1}{6}\left(3 \cdot 5 + 2,4 + 12\,\frac{0,1067}{36}\right) = -2,9593,$$

$$\mathfrak{W}_{33} = \frac{1}{6}\left(3 \cdot 5 + 2,4 + 3,6 + 24\,\frac{5}{3,6^2}\,0,0533\right) = +3,7127,$$

$$\mathfrak{W}_{43} = -\frac{1}{6}\left(3,6 + 12\,\frac{0,128}{3,6}\right) = -0,6711.$$

$\beta_{33}^{(y)}\mathfrak{W}_{23} = -0,2433$, $\beta_{32}^{(y)}\mathfrak{W}_{12} = -0,0190$, $\beta_{34}^{(y)}\mathfrak{W}_{34} = -0,0276$,
$\beta_{33}^{(y)}\mathfrak{W}_{33} = +0,3052$, $\beta_{32}^{(y)}\mathfrak{W}_{22} = +0,0245$, $\beta_{34}^{(y)}\mathfrak{W}_{44} = +0,0341$,
$\beta_{33}^{(y)}\mathfrak{W}_{43} = -0,0552$, $\beta_{32}^{(y)}\mathfrak{W}_{32} = -0,0051$, $\beta_{34}^{(y)}\mathfrak{W}_{54} = -0,0058$.

Die Superposition der Anteile an jedem Knoten ergibt

$\mathfrak{W}_1$	$\mathfrak{W}_2$	$\mathfrak{W}_3$	$\mathfrak{W}_4$	$\mathfrak{W}_5$	$\mathfrak{W}_6$
−0,0190	−0,2188	+0,2725	−0,0211	−0,0058	0

$A_{\mathfrak{w}} = -0,0382$, $B_{\mathfrak{w}} = +0,0460$, $Y_3 = M_{\mathfrak{w}}$.

k =	1	2	3	4	5	6	7
$Q_{\mathfrak{w}}$ =	−0,0382	−0,0192	+0,1996	−0,0729	−0,0518	−0,0460	−0,0460
$Q_{\mathfrak{w}}\,c$ =	−0,0955	−0,0480	+0,3980	−0,3645	−0,2590	−0,1150	−0,1150
Y_3 =	−0,096	−0,140	+0,854	+0,490	+0,231	+0,116	0 mt

Ergänzung der Einflußlinie Y_3 für $P = 1$ t in 3', 4', 5'.

$$\Delta\delta_{k'k} = -\frac{c_k\,c_k'}{2}\,\omega_R = -\frac{5 \cdot 5}{2}\,\frac{1}{4} = -3,125, \quad k = 3, 4, 5. \quad \Delta Y_{3k'} = \beta_{3k}\,\delta_{k'k},$$

$\Delta Y_{33'} = -0,0822 \cdot 3,125 = -0,257$, $\Delta Y_{34'} = -0,027$, $\Delta Y_{35'} = -0,003$.

$$Y_{33'} = \frac{Y_{33} + Y_{32}}{2} + \Delta Y_{33'} = 0,098 \text{ mt}, \quad Y_{34'} = 0,645 \text{ mt}, \quad Y_{35'} = 0,357 \text{ mt}.$$

Einflußlinie X_3 für $P = 1$ t in 3', 4', 5'.

$\tau_{3'2}^{(1)} = 0,6483$, $\tau_{3'3}^{(1)} = 1,1255$, $\tau_{4'3}^{(1)} = 0,8053$, $\tau_{4'4}^{(1)} = 1,2011$.

Feld c_3: $X_{33'} = 0,2290\,(1,1255 - 0,2249 \cdot 0,6483) = 0,224$ mt,

Feld c_4: $X_{34'} = 0,2290\,(0,8053 - 0,1817 \cdot 1,2011) = 0,134$ mt.

Einflußlinien $M_{32}^a = Y_3 + X_3$, $M_{32}^b = Y_3 - X_3$.

$k =$	1	2	3′	3	4′	4	5′	5
$M_{32}^a =$	− 0,096	− 0,144	0,322	0,854	0,779	0,490	0,334	0,231 mt
$M_{32}^b =$	− 0,096	− 0,144	− 0,126	0,854	0,511	0,490	0,338	0,321 mt

Die beiderseits anschließenden Teile sind geradlinig.

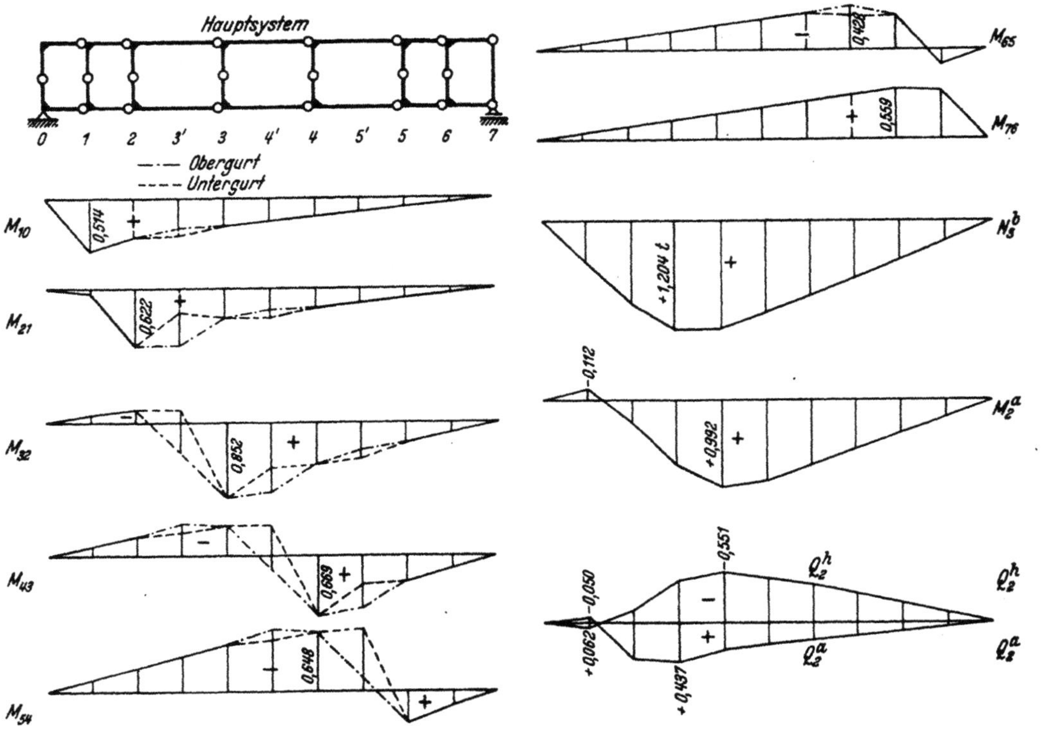

Abb. 476.

Einflußlinie $N_3^b = (M_{03} - 2\,Y_3)/h$.

$k =$	1	2	3′	3	4′	4	5′	5
$M_{03} =$	1,500	3,000	4,500	6,000	5,000	4,000	3,000	2,000
$N_3^b =$	0,470	0,913	1,200	1,192	1,031	0,839	0,635	0,491 t

Alle übrigen Einflußlinien ergeben sich in derselben Weise.

Ist das Trägheitsmoment des Untergurtes groß gegenüber dem des Obergurtes, so kann näherungsweise mit einem System nach Abb. **477** gerechnet werden. Die Einflußlinien für die Untergurtmomente haben dann die in Abb. **477** dargestellte Form.

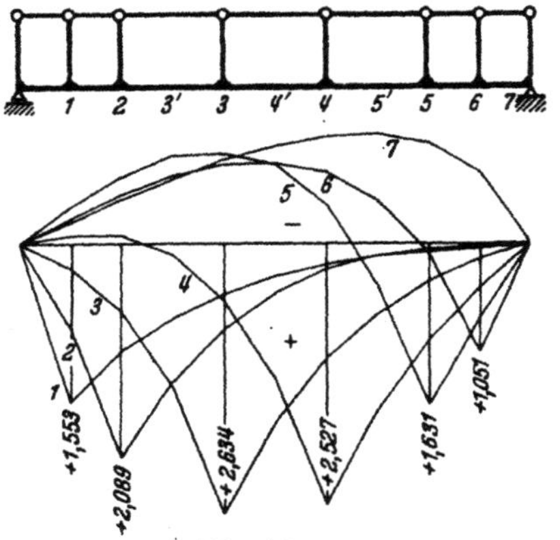

Abb. 477.

$J_k^b = J_c = 0{,}1\ \mathrm{m}^4,\quad F_k^b = 1{,}0\,,\quad F_k^a = 0{,}2\ \mathrm{m}^2\,,$

$J_0 = J_1 = J_2 = 0{,}025\,,\quad J_3 = 0{,}0125\ \mathrm{m}^4\,,$

$F_0 = F_1 = F_2 = 0{,}30\,,\quad F_3 = 0{,}25\ \mathrm{m}^2\,,$

$\nu_0 = \nu_1 = \nu_2 = 0{,}8\,,\quad \nu_3 = 0{,}96\,.$

Berechnung eines Dachbinders mit vollwandigen Endfeldern (Abb. 478).

1. Geometrische Grundlagen.

$$c = 2{,}7\ \text{m}\,,\quad h_0 = 1{,}8\,,\quad h_1 = 2{,}7\,,\quad h_2 = 3{,}6\ \text{m}\,,$$

$$c/s_k^a = \cos\alpha = 0{,}9487\,,\quad J_c = J^b = J^a\cos\alpha\,,$$

$$J_c = 0{,}0031\ \text{m}^4\,,\quad F^a = 0{,}155\,,\quad F^b = 0{,}150\,,\quad F^h = 0{,}105\ \text{m}^2\,,$$

$$J_c/F^a = 0{,}0201\,,\quad J_c/F^b = 0{,}0208\,,\quad J_c/F^h = 0{,}0297\ \text{m}^2\,,$$

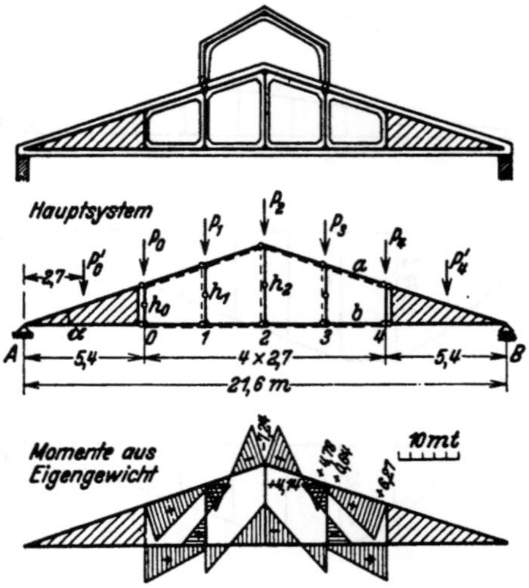

Abb. 478.

$$J_0^h = J_4^h = \infty\,,\quad F_0^h = F_4^h = \infty\,,\quad J_h = J_c/3\,;$$

$$\varkappa = 1{,}2\,,\quad E/G = 2\,,\quad \nu_0 = \nu_4 = 0\,,$$

$$\nu_1 = \nu_2 = \nu_3 = 0{,}0712\,,\quad c' = c\,,$$

$$h_0' = h_4' = 0\,,\quad h_1' = h_3' = 8{,}1\,,\quad h_2' = 10{,}8\ \text{m}\,.$$

$$\zeta_k' = \frac{\cos\alpha}{2}\left(1 + \frac{1}{\cos^2\alpha}\right) = 1{,}00 = \text{const.}$$

2. Vorzahlen nach (768). Matrix s. u.

$$\delta_{11} = \frac{1}{3}\left[2\cdot 2{,}7\left(\frac{1{,}8^2}{2{,}7^2} + \frac{1{,}8}{2{,}7} + 1\right) + 8{,}1 + \frac{12}{2{,}7^2}\cdot 0{,}0712\cdot 2{,}7 + 12\,\frac{2{,}7}{2{,}7^2}\left(0{,}0201\cdot\frac{1}{0{,}9487} + 0{,}0208\right)\right] = 6{,}465\,.$$

3. Belastung: Eigengewicht aus Binder, Dach und Oberlicht.

$$P_0' = P_4' = 4{,}0\ \text{t},\quad P_0 = P_4 = 4{,}5\ \text{t},$$

$$P_1 = P_3 = 5{,}8\ \text{t},\quad P_2 = 2{,}8\ \text{t}.$$

4. Belastungszahlen nach (769).

$k =$	A	0′	0	1	2	3	4	4′	B
$V_{k0} =$	0	15,7	11,7	7,2	1,4	− 1,4	− 7,2	− 11,7	− 15,7 t
$M_{k0} =$	0	42,40	74,00	93,44	97,22	93,44	74,00	42,40	0 mt

k	$\frac{M_{k0}}{V_{k0}}$	$\frac{M_{k0}}{V_{k0}}\,\frac{h_k - h_{k-1}}{h_k c_k}$	ζ_k''	ζ_k'''	ζ_{k0}
1	12,99	1,60	− 0,60	2,60	1,04
2	69,40	6,42	− 5,42	7,42	1,01
3	− 66,70	8,24	− 7,24	9,24	1,01
4	− 10,27	1,90	− 0,90	2,90	1,03

$$\delta_{10} = 7{,}2\,\frac{-0{,}60}{6}\cdot 1{,}0\,[2{,}7\cdot 6{,}3 + 0] - 1{,}4\,\frac{-5{,}42}{6}\cdot 2{,}7\left(8{,}1 + \frac{0{,}854}{2{,}7}\right) + \frac{5{,}4}{2{,}7^2}\left(\frac{0{,}0201\cdot 1{,}04}{0{,}9487} + 0{,}0208\right)\cdot 93{,}44 = 19{,}44\,.$$

5. δ Matrix und Lösung.

Y_1	Y_2	Y_3	Y_4	
6,465	− 2,110			19,44
− 2,110	9,445	− 4,910		− 93,19
	− 4,910	16,800	− 4,210	90,40
		− 4,210	14,890	73,29

$$M_{10} = M_{34} = Y_1 = 0{,}64\ \text{mt}\,,$$

$$M_{21} = M_{23} = Y_2 = -7{,}24\ \text{mt}\,,$$

$$M_{32} = M_{12} = Y_3 = 4{,}78\ \text{mt}\,,$$

$$M_{43} = M_{01} = Y_4 = 6{,}27\ \text{mt}\,,$$

$$M_{k(k-1)}^a = M_{k(k-1)}^b\,,\quad M_{kh}^a = -M_{kh}^b\,.$$

$$M_{1h}^b = -M_{3h}^b = 4{,}78 - 0{,}64 = 4{,}14\ \text{mt}\,,$$

Mit den Momenten sind auch die Quer- und Längskräfte bekannt. Die Schnittkräfte aus Wind- und Schneelast werden in gleicher Weise berechnet.

Mann, L.: Statische Berechnung steifer Vierecknetze. Berlin 1909 und Z. Bauw. 1909. — Derselbe: Das strebenlose Ständerfachwerk. Müller-Breslau-Festschrift. Leipzig 1912. — Engesser, F.: Die Berechnung der Rahmenträger. Z. Bauw. 1913. — Grüning, M.: Die Spannungen im Knotenpunkt eines Vierendeelträgers. Eisenbau 1914. — Lührs, J.: Die statische Berechnung des Rahmenträgers. Eisenbau 1915 S. 83. — Mohr, O.: Die Berechnung der Pfostenträger. Eisenbau 1915. — Derselbe: Beitrag zur Berechnung der Rahmenträger. Berlin 1915. — Engesser, F.: Die Berechnung der Rahmenträger. Berlin 1919. — Hartmann, F.: Die statisch unbestimmten Systeme des Eisen- und Eisenbetonbaues. Berlin 1922. — Kriso, K.: Statik der Vierendeelträger. Berlin 1922. — Spiegel, G.: Der Rahmenträger. Berlin 1922. — Vieser, F.: Statische Berechnung der Vierendeelträger. Bautechn. 1927 S. 263. — Domke, O.: Handb. f. Eisenbetonbau Bd. 10 3. Aufl. Berlin 1931.

53. Die Berechnung von Silozellen.

Der Zellensilo wird in der Regel durch senkrechte Wände gebildet, die in den Kanten biegungssteif verbunden sind, so daß rechteckige Behälter zur Lagerung des Füllgutes entstehen. Der Innendruck wächst nach S. 14 mit zunehmender Schütthöhe z, ist jedoch für $z = \text{const}$ in jeder Zelle konstant. Die Wand wirkt daher unter dem Innendruck aus dem Füllgut als elastisch eingespannte Platte, für das Eigengewicht der Wand und für die Reibungskräfte längs der Wand als Scheibe. In der Regel wird auf die Klärung des räumlichen Spannungszustandes verzichtet und die Sicherheit des Bauwerks für Kräfte winkelrecht zur Wandebene in Abschnitten des Tragwerks zwischen je zwei waagerechten Schnitten festgestellt. Diese werden dann als waagerecht liegende Stabwerke berechnet, deren Knoten infolge der Längssteifigkeit der Wände unverschieblich sind.

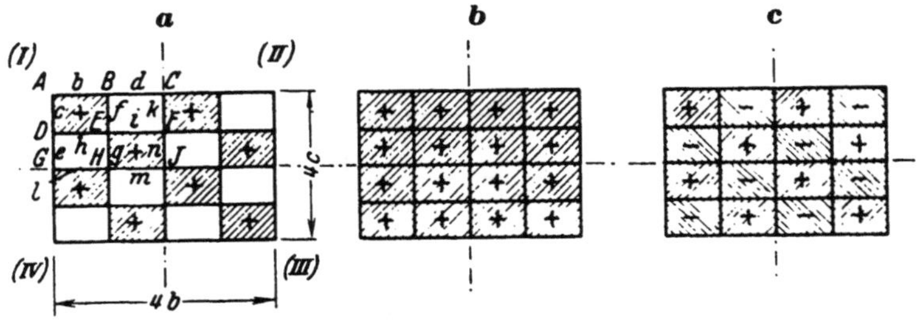

Vorgeschriebene Belastung p t/m

Belastungsanteil A durch $p/2$ mit Symmetrie zu beiden Achsen

Belastungsanteil B durch $p/2$ mit Antimetrie zu beiden Achsen

Abb. 479.

Das Tragwerk Abb. 479a besteht darnach aus elastisch eingespannten, gleichförmig belasteten Stäben $\overline{JK} = l_k$. Ihr Spannungszustand ist durch die Belastung p und die benachbarten Knotendrehwinkel φ_J, φ_K bestimmt. Wird der Querschnitt im Bereich der theoretischen Stablänge l_k als konstant angenommen, so lassen sich n Knotendrehwinkel des Stabnetzes nach S. 320 aus n Bedingungsgleichungen $\delta A_J = 0$ berechnen, in denen die Stabdrehwinkel Null sind. Der allgemeine Ansatz wird bei Symmetrie des Tragwerks nach einer oder zwei Achsen durch Umordnung der Belastung in Anteile mit Symmetrie oder Antimetrie zu einer der beiden Achsen vereinfacht und in jedem Falle am besten durch Iteration nach Abschn. 30 gelöst. Damit sind auch die Schnittkräfte des Stabnetzes bekannt. Sie entstehen nach (530) durch die Überlagerung der bekannten Schnittkräfte des gleichförmig belasteten, beiderseits eingespannten Stabes JK mit denjenigen, welche durch die Verdrehung der Endquerschnitte J, K um φ_J, φ_K hervorgerufen werden. Das Ergebnis läßt sich mit der Bedingung nachprüfen, daß die Summe der

Biegungsmomente an jedem Stabknoten Null ist. Die Querkräfte an den Stabenden werden als äußere Kräfte in die Längs- und Querwände eingetragen.

Für die Ausführung kommen neben allgemeinen Anordnungen im wesentlichen nur regelmäßige Bauwerke mit wenigen Zellenreihen in Betracht, deren Berechnung die ungünstigsten Ergebnisse in der Regel bei schachbrettartiger Füllung des Silos liefert.

Belastungsanteil A: Die Formänderung des elastischen Gebildes ist zu beiden Achsen symmetrisch. Die Drehwinkel der Stabknoten in den Symmetrieachsen sind daher Null. Im übrigen ist $\varphi_{A,I} = -\varphi_{A,II} = \varphi_{A,III} = -\varphi_{A,IV}$. Der Ansatz besteht aus 4 Gleichungen mit 4 Unbekannten. Sie werden nach (533), (534) angeschrieben. Darnach ist z. B.

$$\delta A_E = {}^{(1)}\varphi_B a_{EB} + {}^{(1)}\varphi_D a_{ED} + {}^{(1)}\varphi_E a_{EE} + a_{E0} = 0,$$

$$a_{EB} = 4(-\dot{\mathrm{i}}_E)\cdot\frac{2}{c'} = -\frac{8}{c'}, \qquad a_{ED} = -\frac{8}{b'},$$

$$a_{EE} = 4(-\dot{\mathrm{i}}_E)\left(\frac{4}{b'}+\frac{4}{c'}+\frac{4}{b'}+\frac{4}{c'}\right) = -32\left(\frac{1}{b'}+\frac{1}{c'}\right),$$

$$a_{A_0} = 4(-\dot{\mathrm{i}}_A)\left(\frac{p}{2}\frac{b^2}{12}-\frac{p}{2}\frac{c^2}{12}\right) = -\frac{p}{6}(b^2-c^2), \quad a_{B0} = a_{D0} = a_{E0} = 0,$$

so daß mit $b = 4{,}80$ m, $c = 3{,}20$ m, $J_b = 3\,J_c$, $p = 1$ t/m der folgende Ansatz angeschrieben werden kann:

	${}^{(1)}\varphi_A$	${}^{(1)}\varphi_B$	${}^{(1)}\varphi_D$	${}^{(1)}\varphi_E$	a_{K0}
A	$-15{,}0$	$-5{,}0$	$-2{,}5$		$-2{,}13333$
B	$-5{,}0$	$-25{,}0$		$-2{,}5$	
D	$-2{,}5$		$-20{,}0$	$-5{,}0$	
E		$-2{,}5$	$-5{,}0$	$-30{,}0$	

Die Iteration einer angenäherten Lösung liefert folgendes Ergebnis:

${}^{(1)}\varphi_A$	${}^{(1)}\varphi_B$	${}^{(1)}\varphi_D$	${}^{(1)}\varphi_E$
$-0{,}15637$	$+0{,}03189$	$+0{,}02109$	$-0{,}00617$

Belastungsanteil B: Die Formänderung des elastischen Gebildes ist zu beiden Achsen antimetrisch und damit $\varphi_{B,I} = \varphi_{B,II} = \varphi_{B,III} = \varphi_{B,IV}$. Der Ansatz (523) besteht jetzt aus neun Gleichungen mit neun Unbekannten, z. B.

$$\delta A_E = \varphi_B a_{EB} + \varphi_D a_{ED} + \varphi_E a_{EE} + \varphi_F a_{EF} + \varphi_H a_{EH} + a_{E0} = 0,$$

$$a_{EB} = 4(-\dot{\mathrm{i}}_E)\cdot\frac{2}{c'} = -\frac{8}{c'}, \qquad a_{ED} = 4(-\dot{\mathrm{i}}_E)\cdot\frac{2}{b'} = -\frac{8}{b'},$$

$$a_{EE} = 4(-\dot{\mathrm{i}}_E)\left(\frac{4}{b'}+\frac{4}{c'}+\frac{4}{b'}+\frac{4}{c'}\right) = -32\left(\frac{1}{b'}+\frac{1}{c'}\right),$$

$$a_{EF} = 4(-\dot{\mathrm{i}}_E)\cdot\frac{2}{b'} = -\frac{8}{b'}, \qquad a_{EH} = 4(-\dot{\mathrm{i}}_E)\cdot\frac{2}{c'} = -\frac{8}{c'},$$

$$a_{E_0} = 4(-\dot{\mathrm{i}}_E)\cdot 2\left(\frac{p\,b^2}{12}-\frac{p\,c^2}{12}\right) = -\frac{2}{3}p\,(b^2-c^2),$$

$$\delta A_J = \varphi_F a_{JF} + \varphi_H a_{JH} + \varphi_J a_{JJ} + a_{J0} = 0\,,$$

$$a_{JF} = 2\,(-\dot{\mathrm{I}}_J)\cdot\frac{2}{c'} = -\frac{4}{c'}\,,\qquad a_{JH} = 2\,(-\dot{\mathrm{I}}_J)\cdot\frac{2}{b'} = -\frac{4}{b'}\,,$$

$$a_{JJ} = -\dot{\mathrm{I}}_J\left(\frac{4}{b'}+\frac{4}{c'}+\frac{4}{b'}+\frac{4}{c'}\right) = -8\left(\frac{1}{b'}+\frac{1}{c'}\right),$$

$$a_{J0} = 2\,(-\dot{\mathrm{I}}_J)\left(\frac{p\,b^2}{12}-\frac{p\,c'}{12}\right) = -\frac{1}{6}\,p\,(b^2-c^2)\,.$$

Matrix der Gleichungen $\sum \varphi_K a_{LK} + a_{L0} = 0$ für $b = 4{,}80$ m, $c = 3{,}20$ m, $J_b = 3\,J_c$, $p = 1$ t/m.

	φ_A	φ_B	φ_C	φ_D	φ_E	φ_F	φ_G	φ_H	φ_J	a_{L0}
A	− 15,00	− 5,00		− 2,50						− 2,13333
B	− 5,00	− 25,00	− 5,00		− 2,50					+ 4,26667
C		− 5,00	− 12,50			− 1,25				− 2,13333
D	− 2,50			− 20,00	− 5,00		− 2,50			+ 4,26667
E		− 2,50		− 5,00	− 30,00	− 5,00		− 2,50		− 8,53333
F			− 1,25		− 5,00	− 15,00			− 1,25	+ 4,26667
G				− 2,50			− 10,00	− 2,50		− 2,13333
H					− 2,50		− 2,50	− 15,00	− 2,50	+ 4,26667
J						− 1,25		− 2,50	− 7,50	− 2,13333

Die Iteration einer Näherungslösung liefert folgendes Ergebnis:

${}^{(2)}\varphi_A$	${}^{(2)}\varphi_B$	${}^{(2)}\varphi_C$	${}^{(2)}\varphi_D$	${}^{(2)}\varphi_E$	${}^{(2)}\varphi_F$	${}^{(2)}\varphi_G$	${}^{(2)}\varphi_H$	${}^{(2)}\varphi_J$
− 0,33769	+ 0,36453	− 0,37006	+ 0,44375	− 0,52313	+ 0,53582	− 0,45940	+ 0,54052	− 0,55392

Die Knotendrehwinkel infolge der gegebenen Belastung werden durch Superposition des symmetrischen und des antimetrischen Anteils erhalten, z. B.

$$\varphi_{A,I} = {}^{(1)}\varphi_A + {}^{(2)}\varphi_A = -0{,}49406 = \varphi_{A,III}\,,$$
$$\varphi_{A,II} = -{}^{(1)}\varphi_A + {}^{(2)}\varphi_A = -0{,}18132 = \varphi_{A,IV}\,.$$

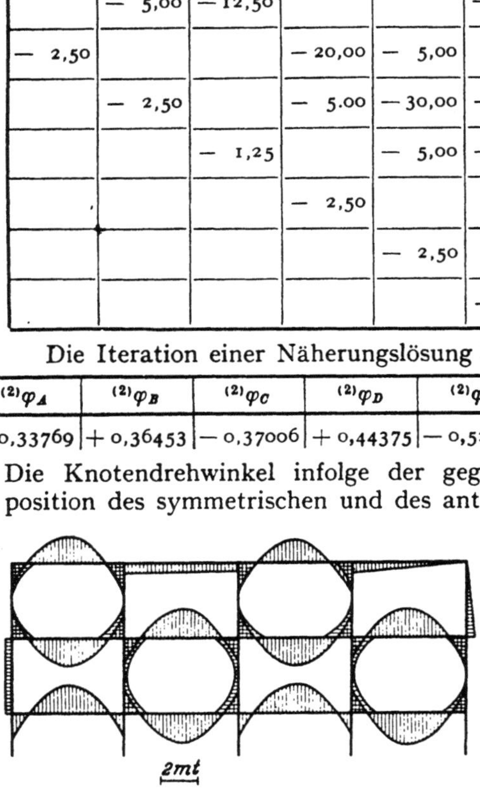

Abb. 480a.

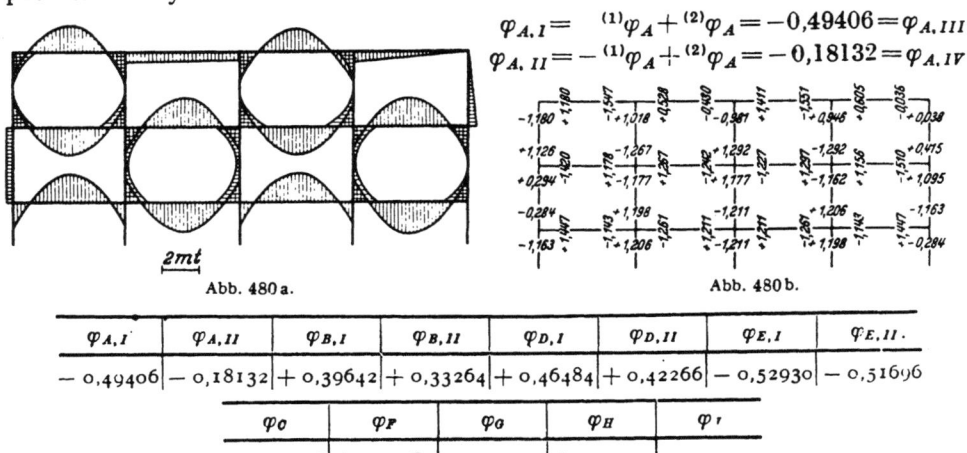

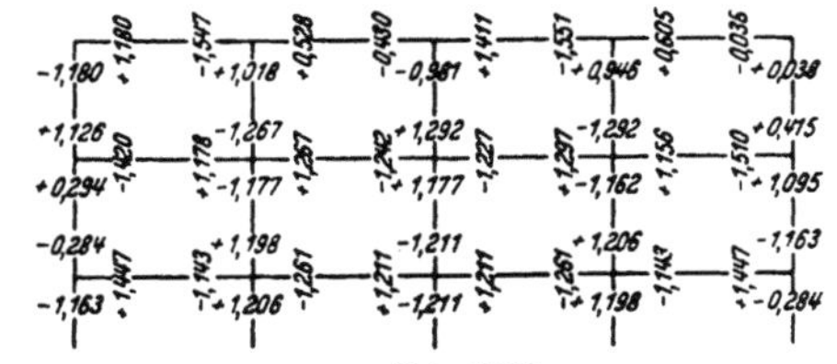

Abb. 480b.

$\varphi_{A,I}$	$\varphi_{A,II}$	$\varphi_{B,I}$	$\varphi_{B,II}$	$\varphi_{D,I}$	$\varphi_{D,II}$	$\varphi_{E,I}$	$\varphi_{E,II}$
− 0,49406	− 0,18132	+ 0,39642	+ 0,33264	+ 0,46484	+ 0,42266	− 0,52930	− 0,51696

φ_C	φ_F	φ_G	φ_H	φ_J
− 0,37006	+ 0,53582	− 0,45940	+ 0,54052	− 0,55392

Die Stabendmomente $M_J^{(h)}$, $M_K^{(h)}$ eines Stabes $\overline{JK} = l_k$ sind nach (530) berechnet und auf der Zugseite aufgetragen worden (Abb. 480). Darnach ist z. B.

$$M_A^{(b)} = + p\,b^2/12 + 2/b' \cdot (2\,\varphi_A + \varphi_B) = + 1{,}92000 - 0{,}73962 = + 1{,}1804\,\text{mt}.$$

$$M_B^{(b)} = - p\,b^2/12 + 2/b' \cdot (2\,\varphi_B + \varphi_A) = - 1{,}92000 + 0{,}37348 = - 1{,}5465\,\text{mt}.$$

$$M_B^{(d)} = + 2/b' \cdot (2\,\varphi_B + \varphi_C) = = + 0{,}5285\,\text{mt}.$$

$$M_C^{(d)} = + 2/b' \cdot (2\,\varphi_C + \varphi_B) = = - 0{,}4296\,\text{mt}.$$

Die Rechenvorschrift wird im Zusammenhang an dem folgenden Beispiel wiederholt: $c = 2{,}70$ m, $b = 4{,}80$ m, $J_b = 3\,J_c$, $1/c' = 0{,}370370$, $1/b' = 0{,}625$ (Abb. 481)

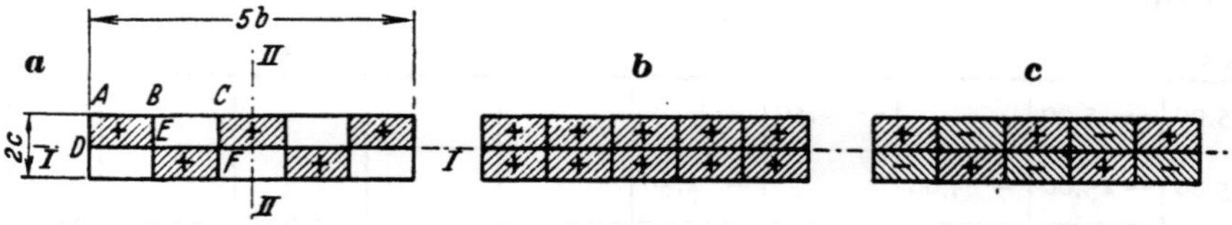

Vorgeschriebene Belastung. Symmetrische Belastung. Antimetrische Belastung.
Abb. 481.

Symmetrische Belastung $p/2$ (Abb. 481 b) ${}^{(1)}\varphi_D = {}^{(1)}\varphi_E = {}^{(1)}\varphi_F = 0$.

$$a_{A\,0} = 4\,(-\,\dot{\text{I}}_A)\left(\frac{b^2}{12} - \frac{c^2}{12}\right)\frac{p}{2} = -\frac{p}{6}(b^2 - c^2) = -\,2{,}625\,, \qquad a_{B\,0} = a_{C\,0} = 0$$

Matrix der Bedingungsgleichungen $\sum {}^{(1)}\varphi_K\,a_{JK} + a_{J\,0} = 0$.

	${}^{(1)}\varphi_A$	${}^{(1)}\varphi_B$	${}^{(1)}\varphi_C$	$a_{J\,0}$
A	−15,9259	− 5,0000		− 2,6250
B	− 5,0000	−25,9259	− 5,0000	
C		− 5,0000	− 20,9259	

Lösung durch Iteration:

${}^{(1)}\varphi_A$	${}^{(1)}\varphi_B$	${}^{(1)}\varphi_C$
− 0,17600	+ 0,03558	− 0,00850

Antimetrische Belastung $p/2$ (Abb. 481 c).

Matrix der Bedingungsgleichungen $\sum {}^{(2)}\varphi_K\,a_{JK} + a_{J\,0} = 0$.

	${}^{(2)}\varphi_A$	${}^{(2)}\varphi_B$	${}^{(2)}\varphi_C$	${}^{(2)}\varphi_D$	${}^{(2)}\varphi_E$	${}^{(2)}\varphi_F$	$a_{J\,0}$
A	−15,9259	− 5,0000		− 2,9630			− 2,6250
B	− 5,0000	− 25,9259	− 5,0000		− 2,9630		+ 5,2500
C		− 5,0000	− 20,9259			− 2,9630	− 5,2500
D	− 2,9630			− 10,9259	− 2,5000		+ 2,6250
E		− 2,9630		− 2,5000	− 15,9259	− 2,5000	− 5,2500
F			− 2,9630		− 2,5000	− 13,4259	+ 5,2500

Lösung durch Iteration:

${}^{(2)}\varphi_A$	${}^{(2)}\varphi_B$	${}^{(2)}\varphi_C$	${}^{(2)}\varphi_D$	${}^{(2)}\varphi_E$	${}^{(2)}\varphi_F$
− 0,38797	+ 0,42769	− 0,43734	+ 0,47763	− 0,57762	+ 0,59511

Ergebnis der Überlagerung:

$$\varphi_{A,I} = {}^{(1)}\varphi_A + {}^{(2)}\varphi_A = -0{,}56396\,, \qquad \varphi_{A,IV} = -{}^{(1)}\varphi_A + {}^{(2)}\varphi_A = -0{,}21198\,.$$

$\varphi_{A,I}$	$\varphi_{A,IV}$	$\varphi_{B,I}$	$\varphi_{B,IV}$	$\varphi_{C,I}$	$\varphi_{C,IV}$	φ_D	φ_E	φ_F
− 0,56396	− 0,21198	+ 0,46327	+ 0,39211	− 0,44584	− 0,42884	+ 0,47763	− 0,57762	+ 0,59511

Biegungsmomente s. Abb. 482.

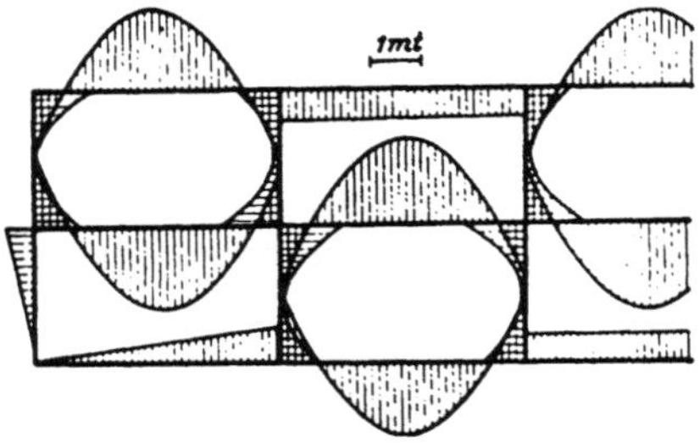

Abb. 482a.

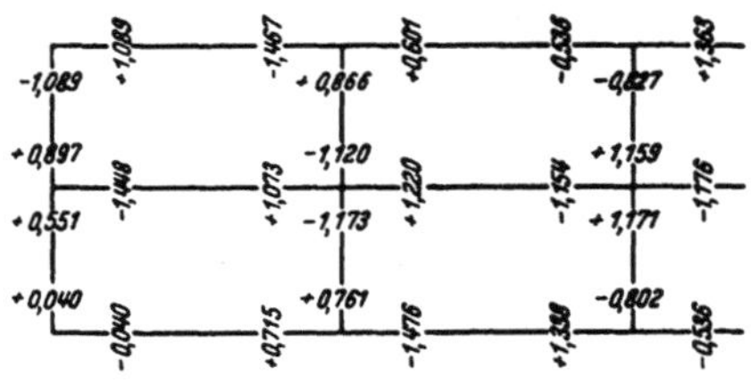

Abb. 482b.

Die einreihige Anordnung der Zellen. Belastung, Formänderung und Schnittkräfte sind zur Achse a symmetrisch (Abb. 483), also $\varphi_{A,I} = -\varphi_{A,II}$. Die Knotendrehwinkel werden daher aus einem dreigliedrigen Ansatz von Bedingungsgleichungen berechnet.

Beispiel zur Berechnung eines einreihigen Zellensilos mit unregelmäßiger Teilung (Abb. 483).

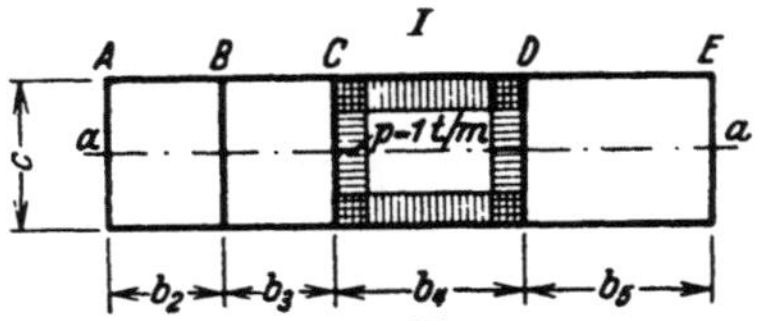

Abb. 483.

$$c = 3{,}20\ \text{m}\,, \qquad b_2 = b_3 = 2{,}40\ \text{m}\,, \qquad J_2 = J_3 = J_c/2\,,$$

$$b_4 = b_5 = 4{,}00\ \text{m}\,, \qquad J_4 = J_5 = 3\,J_c\,,$$

$$\frac{1}{c'} = 0{,}3125\,, \qquad \frac{1}{b_2'} = \frac{1}{b_3'} = 0{,}208\dot{3}\,, \qquad \frac{1}{b_4'} = \frac{1}{b_5'} = 0{,}7500\,,$$

$$a_{CB} = 2\,(-\dot{\mathrm{I}}_C)\cdot\frac{2}{b_c'} = -\frac{4}{l_c'} = -0{,}8333\,,$$

$$a_{CC} = 2\,(-\dot{\mathrm{I}}_C)\cdot\left(\frac{4}{b_c'} + \frac{2}{c'} + \frac{4}{b_d'}\right) = -4\left(\frac{2}{b_c'} + \frac{1}{c'} + \frac{2}{b_d'}\right) = -8{,}9167\,,$$

$$a_{CD} = 2\,(-\dot{\mathrm{I}}_C)\cdot\frac{2}{b_d'} = -\frac{4}{b_d'} = -3{,}0000\,,$$

$$a_{C0} = 2\,(-\dot{\mathrm{I}}_C)\cdot\left(-\frac{p\,c^2}{12} + \frac{p\,b_4^2}{12}\right) = -\frac{p}{6}\,(b_4^2 - c^2) = -0{,}9600\,,$$

$$a_{D0} = 2\,(-\dot{\mathrm{I}}_D)\cdot\left(+\frac{p\,c^2}{12} - \frac{p\,b_4^2}{12}\right) = +0{,}9600\,.$$

	φ_A	φ_B	φ_C	φ_D	φ_E	a_{J0}
A	− 2,9167	− 0,8333				
B	− 0,8333	− 4,5833	− 0,8333			
C		− 0,8333	− 8,9167	− 3,0000		− 0,9600
D			− 3,0000	− 13,2500	− 3,0000	+ 0,9600
E				− 3,0000	− 7,2500	

Lösung:

φ_A	φ_B	φ_C	φ_D	φ_E
$-0{,}00821$	$+0{,}02874$	$-0{,}14984$	$+0{,}11738$	$-0{,}04857$

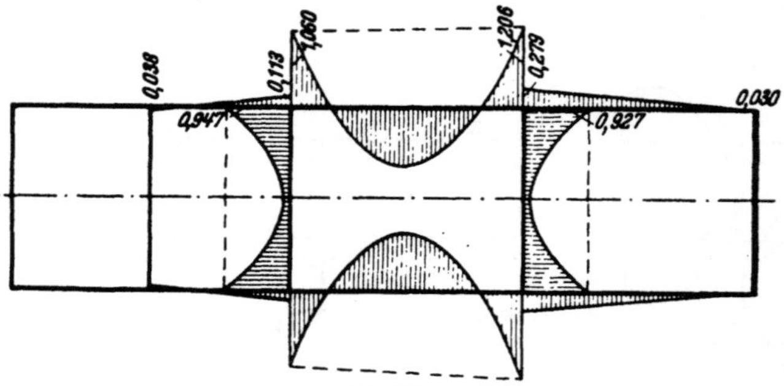

Abb. 484.

Biegungsmomente s. Abb. 484.

Dieses Ergebnis kann bei n Zellen auch unmittelbar aus der Formänderung eines $n$fach statisch unbestimmten Hauptsystems aus Zweigelenkrahmen angeschrieben werden. Nach Abb. 485 ist

$$X_{k-1}\,\delta_{k(k-1)}^{(n)} + X_k\,\delta_{kk}^{(n)} + X_{k+1}\,\delta_{k(k+1)}^{(n)} = \delta_{k0}^{(n)}.$$

Die Vorzahlen werden nach (305) mit den Angaben der Tabelle **43** angeschrieben. In dieser ist das Verhältnis $b'_k/c'_{k-1} = \varkappa_k$. Das Seitenverhältnis c/b_k wird mit λ_k bezeichnet. Darnach ist

$$\left.\begin{aligned} \delta_{kk}^{(n)} &= \int M_k^{(0)} M_k^{(n)} \frac{J_c}{J}\,ds = \frac{b'_k\,(2+\varkappa_k)}{3+2\varkappa_k} + \frac{2\,\varkappa_{k+1}}{3+2\,\varkappa_{k+1}}\,c'_k\,,\\ \delta_{k(k-1)}^{(n)} &= \frac{\varkappa_k}{3+2\,\varkappa_k}\,c'_{k-1}\,, \qquad \delta_{k(k+1)}^{(n)} = \frac{\varkappa_{k+1}}{3+2\,\varkappa_{k+1}}\,c'_k\,. \end{aligned}\right\} \quad (793\,\text{a})$$

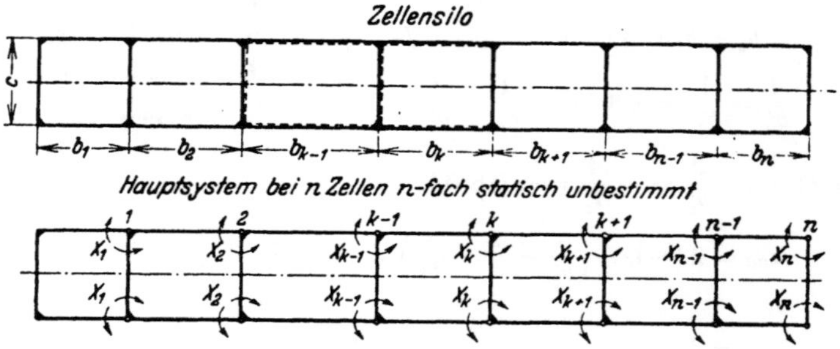

Abb. 485.

Hiervon weicht ab:

$$\delta_{nn}^{(n)} = \frac{b'_n\,(2+\varkappa_n)}{3+2\varkappa_n} + c'_n\,, \qquad (793\,\text{b})$$

bei $c'_k = b'_k = 1$ ist $\qquad \delta_{kk}^{(n)} = 1\,,\quad \delta_{k(k-1)}^{(n)} = \delta_{k(k+1)}^{(n)} = \frac{1}{5}\,.$

Die Belastungszahlen sind bei beliebiger Füllung der Zellen, also bei verschieden großen Wanddrücken p_{k-1}, p_k:

$$\left.\begin{aligned} \delta_{k0}^{(n)} &= -\frac{p_{k-1}\,c^2}{12}\,c'_{k-1}\,\frac{\varkappa_k}{3+2\varkappa_k} - \frac{p_k\,b_k^2}{12}\left[\frac{b'_k\,(3+\varkappa_k-\lambda_k^2)}{3+2\,\varkappa_k} + \frac{2\,\lambda_k^2\,\varkappa_{k+1}}{3+2\,\varkappa_{k+1}}\right]\\ &\qquad - \frac{p_{k+1}\,b_{k+1}^2}{12}\,b'_{k+1}\,\frac{3-2\,\lambda_{k+1}^2}{3+2\varkappa_{k+1}}\,,\\ \delta_{n0}^{(n)} &= -\frac{p_{n-1}\,c^2}{12}\,c'_{n-1}\,\frac{\varkappa_n}{3+2\,\varkappa_n} - \frac{p_n\,b_n^2}{12}\left[\frac{b'_n\,(3+\varkappa_n-\lambda_n^2)}{3+2\,\varkappa_n} + \lambda_n^2\,c'_n\right], \end{aligned}\right\} \quad (794)$$

bei $c'_k = b'_k = 1$ ist

$$\delta_{k0}^{(n)} = -\frac{1}{60}\left[p_{k-1}\,c^2 + p_k\,b_k^2\,(4+\lambda_k^2) + p_{k+1}\,b_{k+1}^2\,(3-2\,\lambda_{k+1}^2)\right],$$

$$\delta_{n0}^{(n)} = -\frac{1}{60}\left[p_{n-1}\,c^2 + p_n\,b_n^2\,4\,(1+\lambda_n^2)\right].$$

Tabelle 38. Die Eckmomente einfacher Bauformen bei gleichförmigem Innendruck.

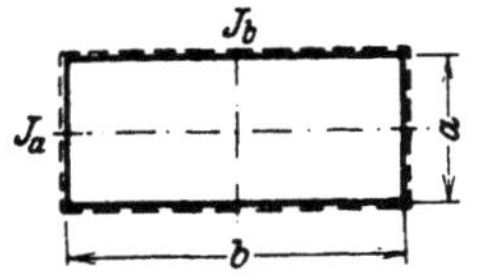

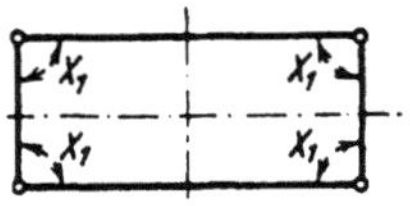

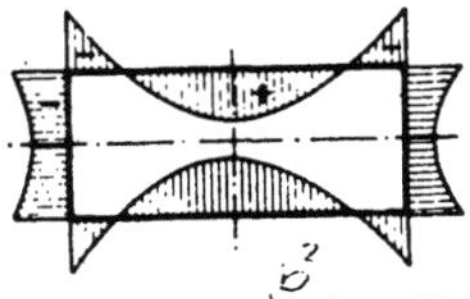

$a' = a\,\frac{J_c}{J_a}$, $b' = b\,\frac{J_c}{J_b}$, $\lambda = \frac{a}{b}$, $\lambda' = \frac{a'}{b'}$, $X_1 = -\frac{p\,l^2}{12}\,\frac{1+\lambda^2\lambda'}{1+\lambda'}$.

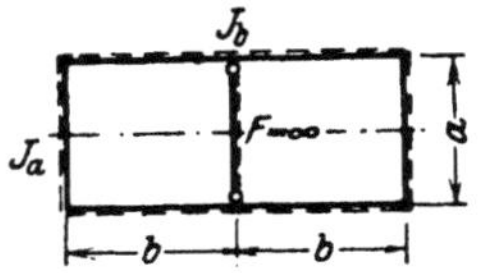

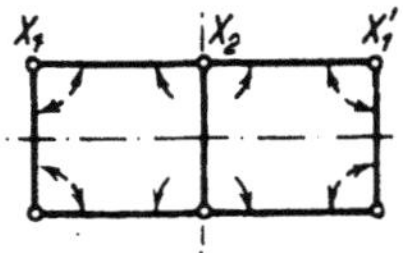

$a' = a\,\frac{J_c}{J_a}$, $b' = b\,\frac{J_c}{J_b}$, $\lambda = \frac{a}{b}$, $\lambda' = \frac{a'}{b'}$, $\mu = 1 + 2\,\lambda'$, $\nu = 2 + 3\,\lambda'$.

Füllung der linken Kammer:

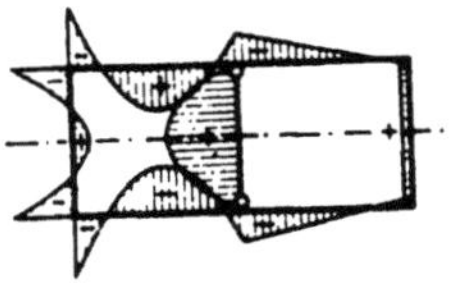

$$\begin{matrix}X_1\\X'_1\end{matrix} = -\frac{p\,b^2}{24}\left[\frac{1+2\,\lambda^2\lambda'}{\mu} \pm 3\,\frac{1+\lambda^2\lambda'}{\nu}\right],$$

$$X_2 = -\frac{p\,b^2}{24}\,\frac{1+3\,\lambda'-\lambda^2\lambda'}{\mu},$$

Füllung beider Kammern:

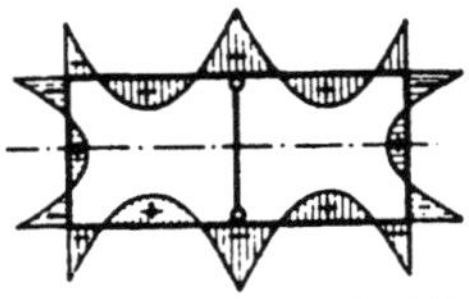

$$X_1 = X'_1 = -\frac{p\,b^2}{12}\,\frac{1+2\,\lambda^2\lambda}{\mu},$$

$$X_2 = -\frac{p\,b^2}{12}\,\frac{1+3\,\lambda'-\lambda^2\lambda'}{\mu},$$

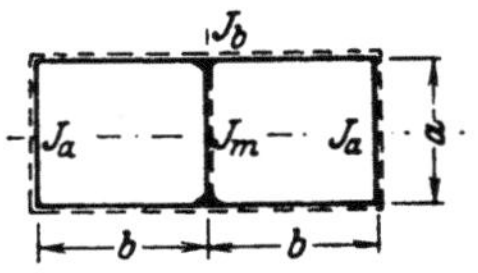

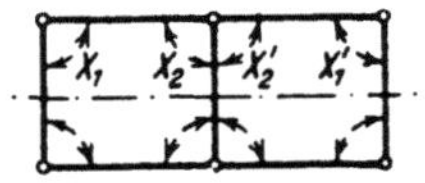

$a' = a\,\frac{J_c}{J_a}$, $b' = b\,\frac{J_c}{J_b}$, $a'' = a\,\frac{J_c}{J_m}$, $\frac{a}{b} = \lambda$, $\frac{a'}{b'} = \lambda'$, $\frac{a''}{b'} = \lambda''$,

$\mu = 1 + 2\,\lambda'$, $\nu = \mu + 2\,\lambda''(2 + 3\,\lambda')$.

Füllung der linken Kammer:

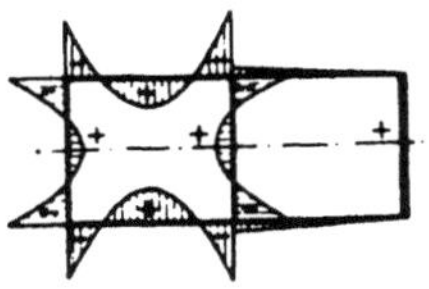

$$\begin{matrix}X_1\\X'_1\end{matrix} = -\frac{p\,b^2}{24}\left[\frac{1+2\,\lambda^2\lambda'}{\mu} \pm \frac{1+6\,\lambda''+2\,\lambda^2(\lambda'+3\,\lambda'\lambda''-\lambda'')}{\nu}\right],$$

$$\begin{matrix}X_2\\X'_2\end{matrix} = -\frac{p\,b^2}{24}\left[\frac{1+3\,\lambda'-\lambda^2\lambda'}{\mu} \pm \frac{1+3\,\lambda'-\lambda^2(\lambda'-6\,\lambda'\lambda''-4\,\lambda'')}{\nu}\right].$$

Füllung beider Kammern:

Die Überzähligen sind ebenso groß wie bei gelenkig angeschlossener Zwischenwand.

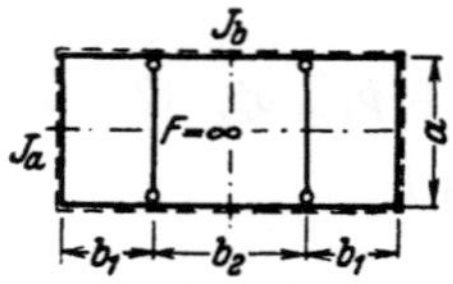

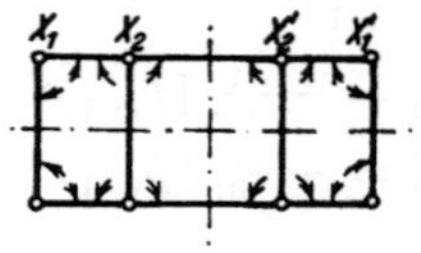

$$a' = a\,\frac{J_c}{J_a}\,; \quad b_1' = b_1\,\frac{J_c}{J_b}\,; \quad b_2' = b_2\,\frac{J_c}{J_b}\,; \quad \lambda = \frac{a}{b_1}\,; \quad \beta = \frac{b_2}{b_1}\,; \quad \lambda' = \frac{a'}{b_1'}\,.$$

$$\mu = (2 + 3\,\lambda)\,(2 + 3\,\beta) - 1\,; \qquad \nu = (2 + 3\,\lambda)\,(2 + \beta) - 1\,.$$

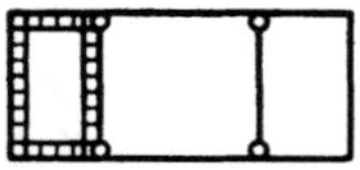

$$\begin{matrix} X_1 \\ X_1' \end{matrix} = -\frac{p\,b_1^2}{8}\left[\frac{1 + 3\,\beta + \lambda^2\lambda'(2 + 3\,\beta)}{\mu} \pm \frac{1 + \beta + \lambda^2\lambda'(2 + \beta)}{\nu}\right],$$

$$\begin{matrix} X_2 \\ X_2' \end{matrix} = -\frac{p\,b_1^2}{8}\,(1 + 3\,\lambda - \lambda^2\lambda')\left(\frac{1}{\mu} \pm \frac{1}{\nu}\right).$$

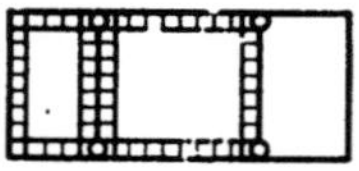

$$\begin{matrix} X_1 \\ X_1' \end{matrix} = -\frac{p\,b_1^2}{8}\left[\frac{1 + 3\,\beta - 2\,\beta^3 + \lambda^2\lambda'(2 + 3\,\beta)}{\mu} \pm \frac{1 + \beta + \lambda^2\lambda'(2 + \beta)}{\nu}\right],$$

$$\begin{matrix} X_2 \\ X_2' \end{matrix} = -\frac{p\,b_1^2}{8}\left[\frac{1 + 3\,\lambda + 2\,\beta^3(2 + 3\,\lambda) - \lambda^2\lambda'}{\mu} \pm \frac{1 + 3\,\lambda - \lambda^2\lambda'}{\nu}\right].$$

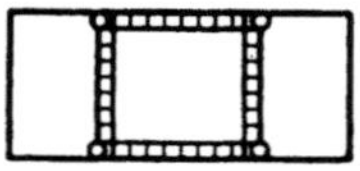

$$X_1 = X_1' = +\frac{p\,b_1^2}{4}\,\frac{\beta^3}{\mu}\,,$$

$$X_2 = X_2' = -\frac{p\,b_1^2}{4}\,\frac{\beta^3}{\mu}\,(2 + 3\,\lambda)\,,$$

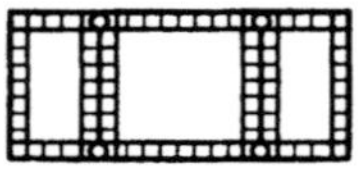

$$X_1 = X_1' = -\frac{p\,b_1^2}{4}\,\frac{1 + 3\,\beta - \beta^3 + \lambda^2\lambda'(2 + 3\,\beta)}{\mu}\,,$$

$$X_2 = X_2' = -\frac{p\,b_1^2}{4}\,\frac{1 + 3\,\lambda + (2 + 3\,\lambda)\,\beta^3 - \lambda^2\lambda'}{\mu}$$

Eckmomente für konstanten Innendruck

Quadrat
$0{,}08333\;p\,a^2$

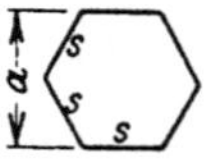

Sechseck
$0{,}02778\;p\,a^2$

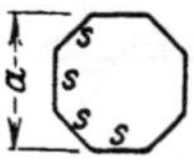

Achteck
$0{,}01430\;p\,a^2$

Marcus, H.: Die Berechnung von Silozellen. Z. Arch. Ing.-Wes. 1911. — Ritter, A.: Zur Berechnung von Silozellen. Arm. Beton 1913 S. 21. — Derselbe: Beitrag zur Berechnung rechteckiger Silozellen. Stuttgart 1916. — Schwarz, R.: Zur Berechnung der Zwickelzellen von Silos mit kreiszylindrischen Behältern. Bauing. 1930 S. 87.

54. Die Bogenträger.

Der Brücken- und Hochbau verwendet den Bogenträger als einzelnes Element oder in Verbindung mit Pfosten als Teil einer Bogenstellung. Die Mittellinie wird entweder geometrisch als Parabel, Kreis und Kettenlinie oder nach statischen Gesichtspunkten als Mittelkraftlinie einer gegebenen Belastung beschrieben. Sie ist in der Regel zu einer senkrechten Achse rechtwinklig oder schiefwinklig symmetrisch.

Die Bogenwirkung entsteht durch die waagerechte Abstützung der Träger gegen starre oder elastische Widerlager, die damit einen wichtigen Bestandteil des Tragwerks bilden. Ihr Verschiebungszustand ist daher bei der statischen Untersuchung ebenso zu bewerten wie die Belastung. Er wird durch die Verschiebung und Verdrehung der Kämpferquerschnitte beschrieben. Diese sind durch die elastischen Eigenschaften der Pfeiler, der Widerlager und der Zugglieder bestimmt, welche die Bogenenden verbinden. Die einfachen und mehrteiligen Bogenträger werden nach der Art ihrer Abstützung unterteilt. Ihre Verbindung mit biegungssteifen geraden Stäben bedeutet die Erweiterung der Aufgabe. Man unterscheidet Bogenträger mit biegungssteifem Zugband, Bogenträger mit durchgehendem Streckgurt und Rahmenträger.

Der einfache Bogenträger mit starren Widerlagern. Der einfache Bogenträger ist ein gekrümmter, elastischer Stab, dessen Stärke d im Vergleich zum Krümmungsradius ϱ klein ist ($d \leqq 0{,}1\,\varrho$), so daß die Verzerrung ε_0, $d\psi$ eines elementaren Abschnitts ds mit großer Genauigkeit nach denselben Funktionen der Schnittkräfte (N, M, Q) wie beim geraden Stabe angegeben werden kann (51). Dasselbe gilt auch für den durch zwei Längsschnitte im Abstand 1 begrenzten, der Quere nach gleichförmig belasteten Abschnitt des Gewölbes.

Die Belastung besteht aus Kräften und Kräftepaaren, die in der Trägerebene oder senkrecht dazu wirken. Außerdem sind Eigenspannungen aus Temperatur und Schwinden möglich. Die Schnittkräfte sind bei Abstützung des Trägers nach S. 196 dreifach statisch unbestimmt. Die Anzahl der statisch überzähligen Größen wird durch die Anordnung von Gelenken vermindert. Man verwendet den Ein-, Zwei- und Dreigelenkbogen. Die statisch bestimmte Anordnung ist in Abschn. 16 behandelt worden.

In allen drei Fällen wird oft nach derjenigen Bogenform gesucht, deren Randspannungen in jedem Querschnitt bei der ungünstigsten Belastung einander gleich und kleiner sind als ein vorgeschriebener Grenzwert, um die Festigkeitseigenschaften des homogenen Baustoffs vollständig auszunutzen. Bei einer einzelnen vorgeschriebenen Belastung wird daher deren Mittelkraftlinie mit der Bogenachse zusammenfallen oder diese in zahlreichen Punkten schneiden, sobald Eigenspannungen aus Temperaturänderung, Schwinden und Stützenbewegung wegfallen. Die Biegungsspannungen des Trägers sind dann Null oder nahezu Null. Um unter derselben Voraussetzung auch bei veränderlicher, gleichmäßig verteilter Nutzlast p gleich große Grenzwerte zu erhalten, wird die Mittelkraftlinie aus ständiger Last und halber Nutzlast $p/2$ als Bogenachse verwendet. Da sich diese jedoch infolge der Längskräfte und der Eigenspannungen elastisch verkürzt, wird das Ziel auf diese Weise bei statisch unbestimmter Stützung nicht erreicht und daher oft die Mittelkraftlinie der ständigen Last als Bogenachse gewählt. Durch die nachträgliche Berücksichtigung der Verkürzung bei der Formgebung läßt sich eine Verkleinerung der absoluten Grenzwerte der Randspannungen erreichen. Im übrigen ist die Bogenform durch die Abmessungen am Scheitel ($J = J_c$; $\alpha = 0$) und Kämpfer ($J = J_k$; $\alpha = \alpha_k$) bestimmt, die in eine für jedes Gewölbe ausgezeichnete Kennziffer $n = J_c/J_k \cos\alpha_k$ eingehen. Die Abmessungen der Querschnitte im Scheitel und Kämpfer werden auf Grund von Erfahrungen und Überschlagsrechnungen gewählt und stetig ineinander übergeführt.

Um die Vorzahlen und Belastungszahlen zur Berechnung der statisch unbestimmten Größen formal integrieren zu können, wird die Mittellinie $y(x)$ in einfacher Weise als Parabel, Kreisbogen oder Kettenlinie mathematisch beschrieben (S. 514ff.). Dasselbe geschieht dann auch für das Trägheitsmoment J des Querschnitts. Die Approximation des Trägheitsmomentes J richtet sich nach dem mathematischen Ausdruck $y(x)$ der Mittellinie. Bei einem Kreisbogen ($\varrho = \text{const}$) wird J konstant, bei einer Parabel wird $J_c/J \cos\alpha$ nach einer Parabel zweiter oder höherer ($2r$-ter) Ordnung angenommen. Der Parameter r kann, falls man sich nicht von vornherein für $r = 1$ entschließt, aus Abb. 486 abgeleitet werden. In dieser wird die Funktion $\frac{1}{1-n}\,\frac{J_c}{J\cos\alpha}$ des vorgeschriebenen Gewölbes mit den Funktionen $\zeta^*(n, r) = \frac{1}{1-n} - \xi^{2r}$ und angenommenem r verglichen. Bei einer Kettenlinie wird

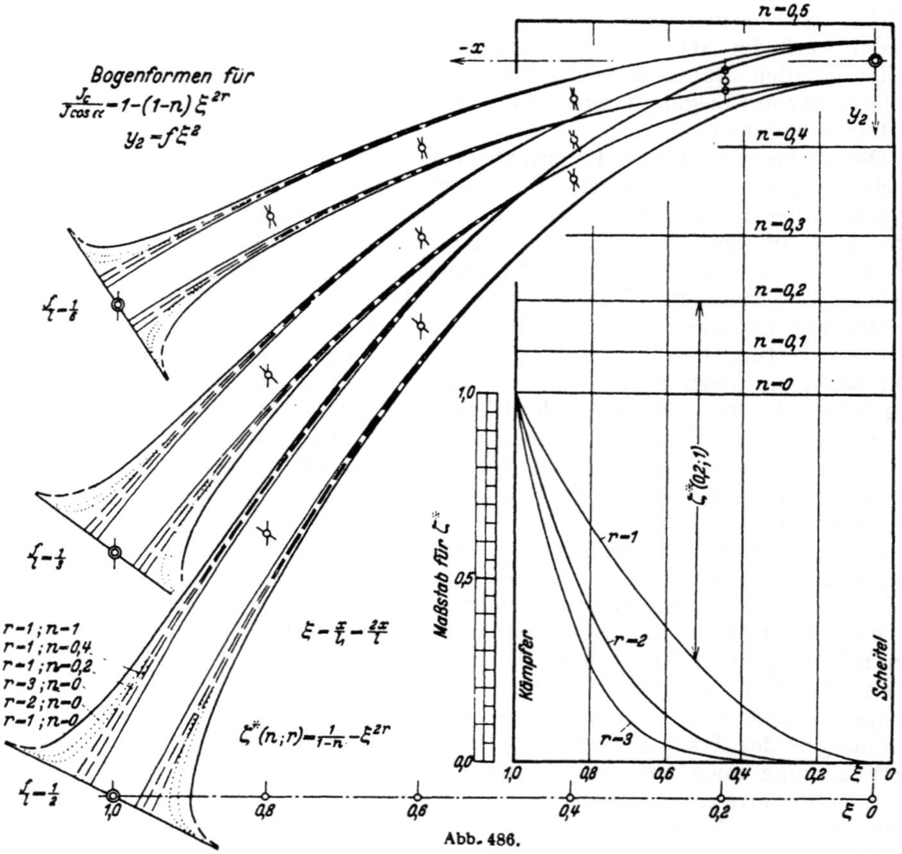

Abb. 486.

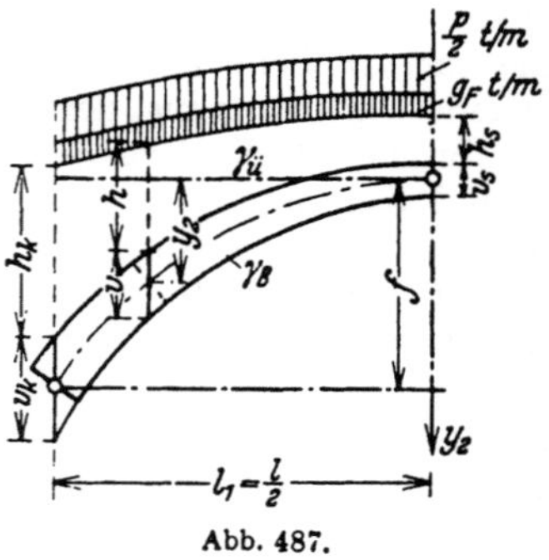

Abb. 487.

$J_c/J\cos\alpha$ durch eine hyperbolische Funktion approximiert, um einfache Integrationen zu erhalten.

Die Bogenachse als Mittelkraftlinie einer vorgeschriebenen Belastung. Die Mittelkraftlinie einer Gruppe von Kräften kann nach Abschn. 13 berechnet und aufgezeichnet werden, sobald diese, im vorliegenden Falle also die Kräfte aus Eigengewicht von Träger ($v\cdot\gamma_B$), Überbau ($h\cdot\gamma_ü$) und Fahrbahntafel (g_F) bekannt sind (Abb. 487). Da aber die Bogenform zunächst bestimmt werden soll, kann die Aufgabe nur durch allmähliche Annäherung gelöst werden. Diese ist um so kürzer, je besser die erste Annahme mit dem endgültigen Ergebnis übereinstimmt. Die Stützweite ($l = l_1 + l_2$) und die Ordinate $y = f$ des Bogens im Scheitel sind gegeben. Dasselbe kann auch für die Belastung im Scheitel (q_s) und im Kämpfer (q_k) auf Grund eines Vorentwurfs angenommen werden. Für das Brückengewölbe (Abb. 487) ist unter Berücksichtigung der halben Verkehrslast

$$q_s = \tfrac{1}{2}p + g_F + h_s\gamma_ü + v_s\gamma_B;\quad q_k = \tfrac{1}{2}p + g_F + h_k\gamma_ü + v_k\gamma_B. \tag{795}$$

Darnach darf die stetige Belastung eines symmetrischen Gewölbes angenähert durch die folgende Funktion beschrieben werden:

$$q = q_s + \frac{y_2}{f}(q_k - q_s)$$

$$= \frac{1}{2}p + g_F + h_s\gamma_{ü} + v_s\gamma_B + \frac{y_2}{f}\left[(h_k - h_s)\gamma_{ü} + (v_k - v_s)\gamma_B\right]. \qquad (796)$$

Der Ansatz gilt auch für einen Bogen mit aufgelöstem Überbau und den auf die Längeneinheit bezogenen gemittelten Gewichten q_s, q_k, nur darf nicht dieselbe Übereinstimmung zwischen der angenommenen und der berechneten Bogenform, wie bei stetiger Belastung des Bogenträgers, erwartet werden.

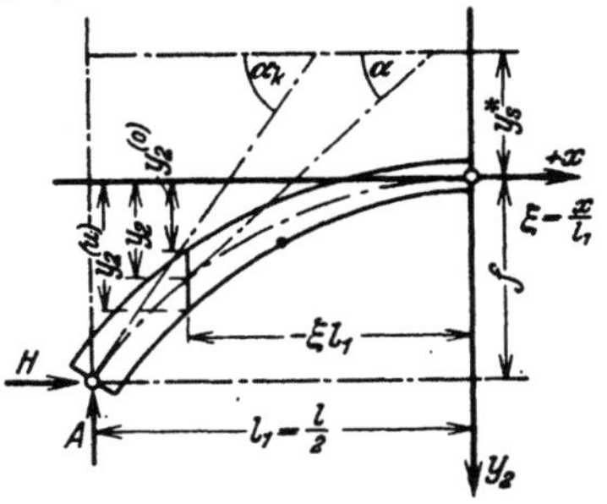

Abb. 488.

Die Differentialgleichung der Mittelkraftlinie ist nach (93)

$$H\frac{d^2 y_2}{dx^2} = q = q_s + \frac{y_2}{f}(q_k - q_s). \qquad (797)$$

Sie beschreibt eine Kettenlinie. Die Lösung liefert bei symmetrischer Belastung und symmetrischer Bogenform folgendes Ergebnis:

$$\left.\begin{aligned} &x/l_1 = \xi; \quad q_k/q_s = \varkappa = \mathfrak{Cof}\,c; \quad \mathfrak{Sin}\,c = \sqrt{\varkappa^2 - 1};\\ &y_s^* = f/(\varkappa - 1); \quad c = \mathfrak{ArCof}\,\varkappa = \ln\left(\varkappa + \sqrt{\varkappa^2 - 1}\right); \end{aligned}\right\} \qquad (798)$$

$$\left.\begin{aligned} y_2 &= y_s^*(\mathfrak{Cof}\,\xi c - 1) = y_s^*\left[\frac{(\xi c)^2}{2!} + \frac{(\xi c)^4}{4!} + \frac{(\xi c)^6}{6!} + \cdots\right];\\ \operatorname{tg}\alpha &= \frac{dy_2}{dx} = \frac{c}{l_1}\,y_s^*\,\mathfrak{Sin}\,\xi c = \frac{c}{l_1}\,y_s^*\left[\xi c + \frac{(\xi c)^3}{3!} + \frac{(\xi c)^5}{5!} + \cdots\right];\\ \operatorname{tg}\alpha_k &= \frac{c}{l_1}\,y_s^*\,\mathfrak{Sin}\,c; \quad \frac{y_2}{f} = \frac{\mathfrak{Cof}\,\xi c - 1}{\varkappa - 1}; \end{aligned}\right| \qquad (799)$$

$$A = B = \int_0^{l_1} q\,dx = q_s\,\frac{l_1}{c}\,\mathfrak{Sin}\,c; \qquad H = q_s\varrho_s = q_s\left(\frac{l_1}{c}\right)^2\frac{1}{y_s^*}. \qquad (800)$$

$$v = v_s + (y_2/f)(v_k - v_s) \quad \text{(Abb. 487)}. \qquad (801)$$

Darnach wird nach der Abschätzung von q_s, q_k zunächst der für den Bogenträger charakteristische Leitwert c aus der Tabelle 39 entnommen oder nach den bekannten Funktionstafeln[1] festgestellt. Mit diesem sind die Stützkräfte $A = B$, H und die

Tabelle 39. $c = \mathfrak{ArCof}\,\varkappa$, $\varkappa = q_k/q_s$.

$\varkappa$	c	$\varkappa$	c	$\varkappa$	c	$\varkappa$	c	$\varkappa$	c	$\varkappa$	c
—	—	2,0	1,317	3,0	1,763	4,0	2,063	6,0	2,478	8,0	2,769
1,1	0,444	2,1	1,373	3,1	1,797	4,2	2,114	6,2	2,511	8,5	2,830
1,2	0,622	2,2	1,425	3,2	1,831	4,4	2,162	6,4	2,543	9,0	2,887
1,3	0,756	2,3	1,475	3,3	1,863	4,6	2,207	6,6	2,574	9,5	2,942
1,4	0,867	2,4	1,522	3,4	1,895	4,8	2,251	6,8	2,605	10,0	2,993
1,5	0,962	2,5	1,567	3,5	1,925	5,0	2,292	7,0	2,634	11,0	3,089
1,6	1,047	2,6	1,609	3,6	1,954	5,2	2,332	7,2	2,662	12,0	3,176
1,7	1,123	2,7	1,650	3,7	1,983	5,4	2,371	7,4	2,690	13,0	3,257
1,8	1,193	2,8	1,689	3,8	2,010	5,6	2,408	7,6	2,717	14,0	3,331
1,9	1,257	2,9	1,727	3,9	2,037	5,8	2,443	7,8	2,743	15,0	3,400

[1] Taschenbuch f. Bauing. Bd. 1 5. Aufl. S. 35 ff.

Ordinaten y_2 der Mittellinie bestimmt. Diese können oft auch für abgerundete Leitwerte c nach Tabelle 40 angeschrieben werden. Die Bogenlaibungen

$$y_2^{(o)} = y_2\left(1 - \frac{v_k - v_s}{2f}\right) - \frac{v_s}{2}; \qquad y_2^{(u)} = y_2\left(1 + \frac{v_k - v_s}{2f}\right) + \frac{v_s}{2} \tag{802}$$

sind ebenfalls Kettenlinien (Abb. 488). Damit ist eine geeignete Grundlage für die Form von Träger und Überbau vorhanden, nach der die Mittelkraftlinie aus Eigengewicht oder aus Eigengewicht $+ p/2$ berechnet werden kann (S. 75). Der Vergleich mit der angenommenen Kettenlinie ist in der Regel so günstig, daß die Wiederholung der Untersuchung zu keinem wesentlichen Unterschiede zwischen Annahme und Ergebnis führt.

Tabelle 40. $\dfrac{y_2}{f} = \dfrac{\mathrm{Cof}\,\frac{x}{l_1}\,c - 1}{\varkappa - 1}$ mit $c = \mathrm{ArCof}\,\varkappa$ und $\varkappa = \dfrac{q_k}{q_s}$ als Leitwert.

$\varkappa$	$\xi = x/l_1 =$								
	0,1	0,2	0,3	0,4	0,5	0,6	0,7	0,8	0,9
1,5	0,0094	0,0372	0,0840	0,1500	0,2358	0,3426	0,4708	0,6220	0,7976
2,0	0,0087	0,0349	0,0791	0,1420	0,2248	0,3288	0,4559	0,6083	0,7887
2,5	0,0081	0,0330	0,0750	0,1353	0,2153	0,3170	0,4429	0,5961	0,7804
3,0	0,0078	0,0314	0,0716	0,1296	0,2071	0,3068	0,4316	0,5852	0,7727
3,5	0,0074	0,0300	0,0686	0,1246	0,2000	0,2978	0,4215	0,5756	0,7661
4,0	0,0071	0,0288	0,0659	0,1202	0,1937	0,2898	0,4125	0,5671	0,7602
4,5	0,0069	0,0277	0,0636	0,1162	0,1881	0,2827	0,4045	0,5594	0,7548
5,0	0,0066	0,0268	0,0615	0,1128	0,1830	0,2762	0,3972	0,5523	0,7498
6,0	0,0062	0,0252	0,0579	0,1066	0,1742	0,2649	0,3843	0,5397	0,7408
7,0	0,0058	0,0237	0,0548	0,1014	0,1667	0,2552	0,3732	0,5288	0,7330
8,0	0,0055	0,0225	0,0522	0,0969	0,1602	0,2468	0,3635	0,5193	0,7261
9,0	0,0052	0,0214	0,0499	0,0930	0,1545	0,2394	0,3550	0,5107	0,7199
10,0	0,0050	0,0205	0,0479	0,0896	0,1495	0,2328	0,3472	0,5031	0,7143

Bülow, F. v., u. J. Wiggers: Zahlentafel zur günstigen Formgebung gewölbter Brücken und Durchlässe bei beliebigem Pfeilverhältnis und beliebiger Überschüttungshöhe. Beton u. Eisen 1930 S. 409.

55. Der Zweigelenkbogen.

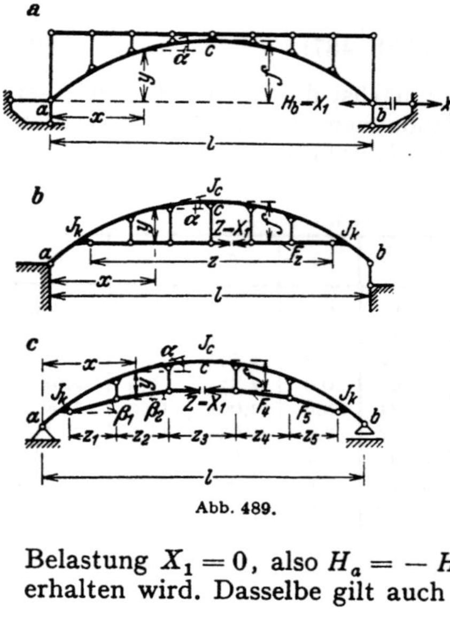

Abb. 489.

Die Gelenke des Trägers liegen in der Regel am Kämpfer. Eines von beiden ist längsbeweglich, wenn die Bogenkraft durch ein gerades oder gesprengtes Zugglied aufgenommen wird, das meist die Bogenkämpfer, in besonderen Fällen aber auch zwei beliebige Querschnitte verbindet.

Die Schnittkräfte sind einfach statisch unbestimmt, da der Verschiebungszustand des Bogenträgers in der Regel als unabhängig von dem zur Eintragung der Lasten notwendigen Überbau angesehen werden darf. Als überzählige Größe X_1 dient die Komponente H einer Stützkraft oder die waagerechte Komponente der Längskraft im Zugglied. Bei Symmetrie des Bogenträgers kann nach S. 196 auch $X_1 = 1/2 \cdot (H_a + H_b)$ gewählt werden, so daß bei Antimetrie der Belastung $X_1 = 0$, also $H_a = -H_b$, bei Symmetrie der Belastung $X_1 = H_a = H_b$ erhalten wird. Dasselbe gilt auch bei Verwendung der Längskraft N_c im Bogenscheitel c als statisch unbestimmte Schnittkraft. Sie wird in jedem Falle aus der Formänderung eines statisch bestimmten Balkenträgers berechnet. Bei ruhender Belastung ist auch das Biegungsmoment M_c im Bogenscheitel als statisch überzählige Größe geeignet.

$$X_1 = \frac{\delta_{1\times}}{\delta_{11}} = \frac{\delta_{10} + \delta_{1t} + \delta_{1s}}{\delta_{11}}. \tag{803}$$

Vorzahl δ_{11}: a) Bogenträger mit zwei Kämpfergelenken (Abb. 489a)

$$X_1 = H_b: \quad \delta_{11} = \int y^2 \frac{J_c}{J} ds + \frac{J_c}{F_c} \int \cos^2\alpha \frac{F_c}{F} ds = \delta'_{11} + \delta''_{11}. \tag{804}$$

b) Bogenträger mit geradem Zugglied (Abb. 489b)

$$X_1 = Z: \quad \delta_{11} = \int y^2 \frac{J_c}{J} ds + \frac{J_c}{F_c} \int \cos^2\alpha \frac{F_c}{F} ds + \frac{E_b}{E_z} \frac{J_c}{F_z} z = \delta'_{11} + \delta''_{11} + \delta'''_{11}. \tag{805}$$

c) Bogenträger mit gesprengtem Zugglied (Abb. 489c). (Ohne Berücksichtigung der Längenänderungen der Hängestangen.)

$$X_1 = Z: \quad \delta_{11} = \int y^2 \frac{J_c}{J} ds + \frac{J_c}{F_c} \int \frac{\cos^2(\alpha-\beta)}{\cos^2\alpha} \frac{F_c}{F} ds + \frac{J_c}{F_z} \sum z_h \sec^2\beta_h \cdot \frac{F_z}{F_h}$$
$$= \delta'_{11} + \delta''_{11} + \delta'''_{11}. \tag{806}$$

Belastungsglieder:

$$\delta_{10} = \int M_0\, y \frac{J_c}{J} ds + \frac{J_c}{F_c} \int N_0 \cos\alpha \frac{F_c}{F} ds = \delta'_{10} + \delta''_{10}. \tag{807}$$

$$\delta_{1t} = E J_c \alpha_t t l; \qquad \delta_{1s} = -E J_c \Delta l. \quad \text{(Gleichhohe Kämpfer.)} \tag{808}$$

Darnach ist δ_{1t} bei gleichförmiger Temperaturänderung des Bogenträgers unabhängig von der Bogenform, die Verschiebung δ_{1s} bei Anordnung der Lager in gleicher Höhe unabhängig von senkrechten Verschiebungen. Die Ansätze für δ_{11}, δ_{10} werden bei beliebiger Bogenform und ständiger Belastung nach S. 95 oder 96 numerisch integriert oder zeichnerisch durch einen Verschiebungsplan des Hauptsystems nach S. 139 oder durch eine waagerechte Biegelinie bestimmt. Der Anteil $J_c/F_c \cdot \int \cos^2\alpha\, F_c/F \cdot ds$ ist gegenüber dem Anteil aus den Biegungsmomenten klein und kann angenähert gleich $l \cdot J_c/F_c$ gesetzt werden.

Die Einflußlinie $X_1 \delta_{11} = \delta_{1m}$ wird als Biegelinie δ_{m1} des Balkenträgers für $-X_1 = 1$ mit $M_1 = 1 \cdot y$ in der Regel nach S. 131 berechnet und aufgezeichnet.

$$6\,\mathfrak{W}_{k1} = c_k \frac{J_c}{J_k \cos\alpha_k} (y_{k-1} + 2 y_k) + c_{k+1} \frac{J_c}{J_{k+1} \cos\alpha_{k+1}} (2 y_k + y_{k+1}). \tag{809}$$

Die Mitwirkung der Längskräfte $N_1 = 1 \cdot \cos\alpha$ kann durch die elastischen Gewichte von der Form (238) untersucht werden. Sie ist jedoch ohne große Bedeutung.

Wird die Biegelinie $\delta_{m1} = H_{\mathfrak{w}} y_{\mathfrak{w}}$ nach S. 136 als Seileck zu einem Richtungsbüschel der elastischen Gewichte $6\,\mathfrak{W}_{k1}$ mit der Polweite $H_{\mathfrak{w}} = 6\,\delta_{11}$ in $\mathfrak{W}$-Einheiten aufgezeichnet, so sind die Ordinaten $y_{\mathfrak{w}}$ des Seilecks nach S. 125 auch Ordinaten der Einflußlinie von X_1, d. h. der Betrag der Längen $y_{\mathfrak{w}}$ ist im Maßstab der Zeichnung gemessen gleichbedeutend mit dem Betrage von X_1 in t oder mt.

Die Grenzwerte der Spannungen des Querschnitts werden nach S. 28 aus den Kernmomenten und aus der Querkraft berechnet. Bei Bogenträgern mit gleich hoch liegenden Kämpfern ist

$$N = N_0 - X_1 \cos\alpha, \qquad M = M_0 - X_1 y, \qquad Q = Q_0 - X_1 \sin\alpha, \tag{810}$$

so daß sich der Spannungszustand zu einer vorgeschriebenen Belastung ebenso wie auf S. 174 durch $M = X_1(M_0/X_1 - y)$ angeben läßt. Die Einflußlinien werden nach Abb. 490 folgendermaßen aufgezeichnet:

$$\left.\begin{aligned} N &= \cos\alpha\left(\frac{N_0}{\cos\alpha} - X_1\right), \quad N_0 = -V_0 \sin\alpha, \quad N = -\cos\alpha\,(V_0 \operatorname{tg}\alpha + X_1), \\ M &= y\left(\frac{M_0}{y} - X_1\right), \quad Q = \sin\alpha\left(\frac{Q_0}{\sin\alpha} - X_1\right) = \sin\alpha\,(V_0 \operatorname{ctg}\alpha - X_1). \end{aligned}\right\} \tag{811}$$

M_0, V_0 sind Ordinaten der Einflußlinien für die Schnittkräfte des geraden Balkenträgers. Die Ergebnisse lassen sich nach S. 170 leicht auch für Bogenträger mit Stützpunkten in verschiedener Höhe ableiten.

Um den Einfluß der Längskräfte N_1, N_0 auf den Betrag der statisch überzähligen Schnittkraft X_1 abzuschätzen, wird für den Nenner Gl. (803):

$$\left.\begin{aligned} &\delta_{11} = (1+\nu)\int y^2 \frac{J_c}{J}\,ds = (1+\nu)\,\delta'_{11} \quad \text{mit} \quad \nu = \frac{\delta''_{11}}{\delta'_{11}}, \\ &\text{bei Bogenträgern mit Zugglied mit } \nu = (\delta''_{11} + \delta'''_{11})/\delta'_{11} \end{aligned}\right\} \tag{812}$$

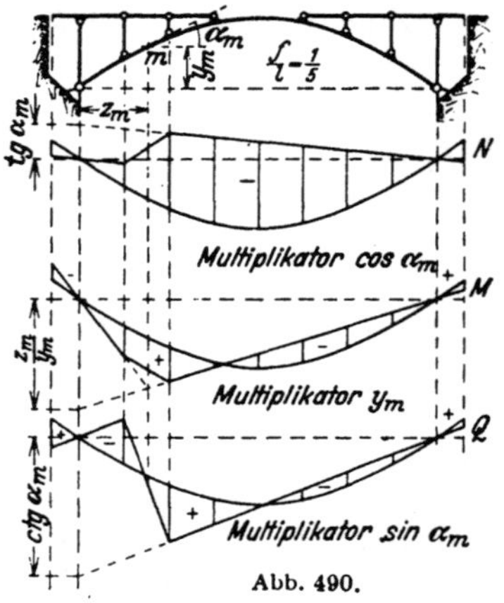

Abb. 490.

angeschrieben. Der Anteil $\nu\,\delta'_{11}$ der Längskräfte ist, verglichen mit demjenigen aus den Biegungsmomenten, stets klein und nur bei flachen Bogenträgern von Bedeutung. Er kann daher stets ohne Bedenken als Näherung für einen Kreisbogen mit gleichbleibendem Querschnitt und dem Zentriwinkel $2\alpha_0$ angegeben werden. In diesem Falle ist $(F_c/F \approx 1)$

$$\begin{aligned} \delta''_{11} &= \frac{J_c}{F_c}\int \cos^2\alpha\,\frac{F_c}{F}\,ds \\ &= \frac{J_c}{F}\,\frac{l}{2}\left(\frac{\alpha_0}{\sin\alpha_0} + \cos\alpha_0\right) \approx \frac{J_c}{F}\,l. \end{aligned} \tag{813}$$

Der Einfluß der Längskräfte auf den Betrag δ_{10} ist selbst verglichen mit deren Anteil auf δ_{11} klein und daher ohne Bedeutung.

Die Rechnung ist für einen Bogen, dessen Mittellinie mit der Mittelkraftlinie aus einer vorgeschriebenen Belastung q und zwei gleichgroßen, entgegengesetzt gerichteten Kräften $H_q = M_{0c}/f$ zusammenfällt, besonders einfach. Da $M_0 = 0$, $N_0 = -H_q/\cos\alpha$, ist

$$Z = H_q + X_1; \quad X_1 = -\frac{H_q\left(\frac{J_c}{F_c}\int\frac{F_c}{F}\,ds + \frac{E_b}{E_z}\,\frac{J_c}{F_z}\,z\right)}{(1+\nu)\int y^2\,\frac{J_c}{J}\,ds}; \quad M = -X_1\cdot y, \tag{814}$$

Abb. 491.

$\cos^2\alpha \approx 1$ [gleichbedeutend mit $\delta''_{10} = 0$ in (807)] liefert:

$$\left(\frac{J_c}{F_c}\int\frac{F_c}{F}\,ds + \frac{E_b}{E_z}\,\frac{J_c}{F_z}\,z\right) : \int y^2\,\frac{J_c}{J}\,ds \approx \nu; \tag{815}$$

und damit

$$X_1 = -\frac{\nu}{1+\nu}\,H_q; \quad M = \frac{\nu}{1+\nu}\,H_q\cdot y. \tag{816}$$

Für Bogenträger ohne Zugband ist $E_b J_c z/E_z F_z = 0$; $Z = H_b$ (Abb. 491).

Bei einem Bogenträger mit einem oberhalb der Kämpfer angeschlossenen Zugglied ist die in (814) verwendete Ordinate y der Abstand zwischen Bogenmittellinie und Zugglied (Abb. 489b). Außerhalb dieses Bereichs sind M_1, N_1 Null, die Biegelinie δ_{m1} ist daher geradlinig.

Tabelle 41. Zweigelenkbogenträger mit analytisch bestimmter Mittellinie.

Hauptsystem (Abb. 491): Balken auf zwei Stützen, festes Lager in a. Überzählige Größe X_1: Komponente H_b der Stützkraft oder Längskraft Z im Zugband.

1. Die Mittellinie ist eine Parabel mit $y = 4f\xi\xi'$; $\xi = x/l$. Die Stützweite des Bogenträgers ist l, der Querschnitt im Scheitel bestimmt durch J_c, F_c, am Kämpfer bestimmt durch α_k, J_k, F_k, n. Die elastischen Eigenschaften eines Zuggliedes ergeben sich aus dessen Länge z, dem Querschnitt F_z, dem Elastizitätsmodul des Baustoffes E_z. Die Ansätze (804) u. (807) für δ_{11}, δ_{10} lassen sich dann formal integrieren.

a) Bogenform: $J_c/J \cos\alpha = 1$; $n = 1$; $l = z$.

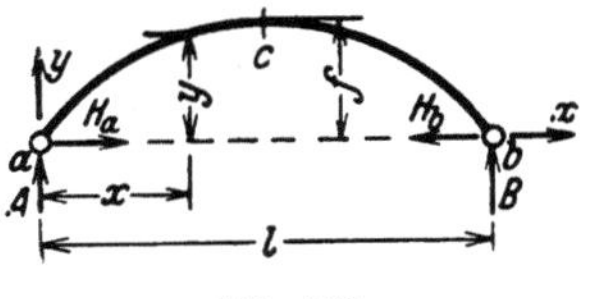

Abb. 492.

$$\xi = \frac{x}{l}, \qquad y = 4f\xi\xi', \qquad \delta_{11} = \frac{8}{15} f^2 l (1+\nu),$$

$$\nu = \frac{15}{8}\frac{1}{f^2}\frac{J_c}{F_c} \quad \text{oder} \quad \nu = \frac{15}{8}\frac{1}{f^2}\left(\frac{J_c}{F_c} + \frac{E_b}{E_z}\frac{J_c}{F_z}\right),$$

$$\delta_{1m} = \frac{f l^2}{3}(\xi - 2\xi^3 + \xi^4) = \frac{f l^2}{3}\omega_R(1+\omega_R) = \frac{f l^2}{3}\omega_P'', \qquad (\omega_P'' \text{ Tab. 22}).$$

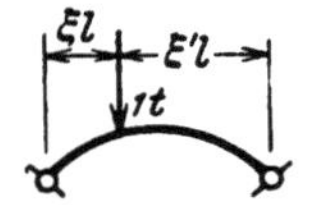

Gleichung der Einflußlinie: $X_1 = H_a = H_b$

$$H_{a,b} = \frac{5}{8}\frac{l}{f}\frac{1}{1+\nu}\omega_P''; \qquad M_c = \frac{l}{8}\left(4\xi - \frac{5}{1+\nu}\omega_P''\right).$$

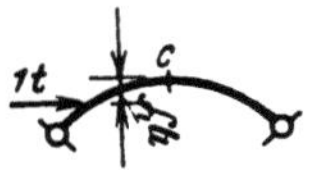

$$H_{a,b} = -\frac{1}{2}\left[\pm 1 + \frac{5-\eta'}{4(1+\nu)}\eta'^{\frac{3}{2}}\right];$$

$$M_c = -f\frac{\eta'}{2}\left[1 - \frac{5-\eta'}{4(1+\nu)}\sqrt{\eta'}\right].$$

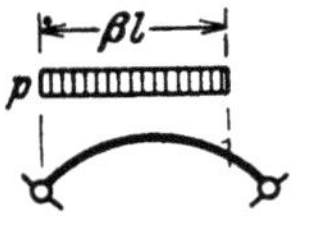

$$H_{a,b} = \frac{p l^2}{16 f(1+\nu)}\beta^2(5 - 5\beta^2 + 2\beta^3),$$

$$A = \frac{p l}{2}\beta(2-\beta),$$

$$B = \frac{p l}{2}\beta^2.$$

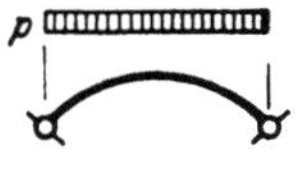

$$H_{a,b} = \frac{p l^2}{8f(1+\nu)},$$

$$A = B = \frac{p l}{2},$$

$$M_c = \frac{p l^2}{8}\frac{\nu}{1+\nu}.$$

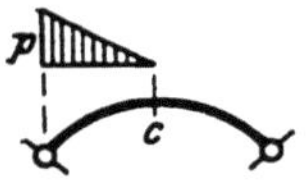

$$H_{a,b} = 0{,}02279\frac{p l^2}{f(1+\nu)},$$

$$A = \frac{5}{24}p l,$$

$$B = \frac{1}{24}p l.$$

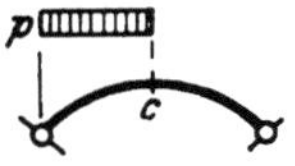

$$H_{a,b} = \frac{p l^2}{16 f(1+\nu)},$$

$$A = 3B = \frac{3}{8}p l,$$

$$M_c = \frac{p l^2}{16}\frac{\nu}{1+\nu}.$$

$$H_{a,b} = \frac{5}{8f}\frac{M}{1+\nu}(1 - 6\xi^2 + 4\xi^3),$$

$$A = -B = -\frac{M}{l}.$$

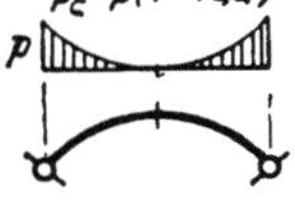

$$H_{a,b} = 0{,}02381\frac{p l^2}{f(1+\nu)}$$

$$A = B = \frac{p l}{6}.$$

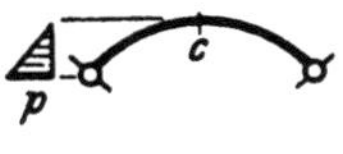

$$H_a = -0{,}4008\, p f,$$
$$H_b = +0{,}0992\, p f,$$
$$A = -B = -p f^2/6 l,$$
$$M_c = -0{,}01587\, p f^2.$$

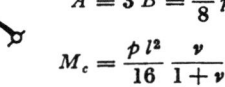

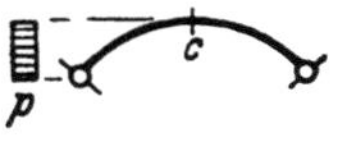

$$H_a = -0{,}7143\, p f,$$
$$H_b = +0{,}2857\, p f,$$
$$A = -B = -p f^2/2 l,$$
$$M_c = -0{,}0357\, p f^2.$$

Temperaturänderung t und Stützenverschiebung Δl:

$$H_{a,b} = \frac{15 E J_c(\alpha_t t l - \Delta l)}{8 f^2 l(1+\nu)}, \qquad A = B = 0, \qquad M_c = -Hf.$$

b) Bogenform: $J_c/J\cos\alpha = 1 - (1-n)(1-2\xi)^2$.

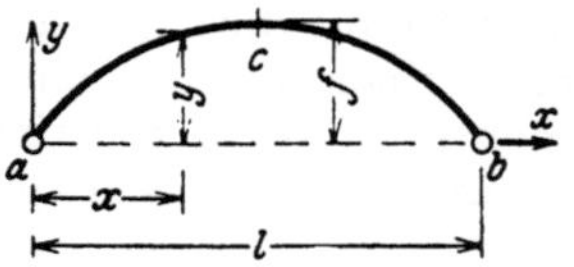

Abb. 493.

$$y = 4f\xi\xi'; \qquad n = J_c/J_k\cos\alpha_k; \qquad l = z.$$

$$\delta_{11} = \frac{8}{15}\,\frac{6+n}{7}\,f^2 l(1+\nu);$$

$$\nu = \frac{15}{8}\,\frac{7}{6+n}\,\frac{1}{f^2}\,\frac{J_c}{F_c} \quad \text{oder} \quad \nu = \frac{15}{8}\,\frac{7}{6+n}\,\frac{1}{f^2}\left(\frac{J_c}{F_c} + \frac{E_b}{E_z}\,\frac{J_c}{F_z}\right).$$

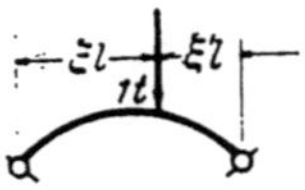

$$\delta_{1m} = \frac{fl^2}{3}\,\omega_P'' + \frac{fl^2}{15}(n-1)(1+\omega_R - 8\,\omega_R^2).$$

Gleichung der Einflußlinie: $H_a = H_b = X_1$.

$$X_1 = \frac{l}{f(1+\nu)}\,\frac{7\,\omega_R}{8(6+n)}\,[5(1+\omega_R) + (n-1)(1+\omega_R - 8\,\omega_R^2)] = \frac{l}{f(1+\nu)}\,\varkappa.$$

Die Funktion $\varkappa$ ist symmetrisch. Sie wird für den Leitwert n und ausgezeichnete Abszissen ξl der Lastpunkte angegeben.

Funktion $\varkappa$ für $0{,}1 \leqq n \leqq 1{,}2$.

n	Werte $\varkappa$ für die Lastpunkte $\xi =$						
	0,1	0,2	0,25	0,3	1/3	0,4	0,5
0,1	0,0585	0,1134	0,1377	0,1590	0,1710	0,1895	0,1994
0,2	0,0588	0,1138	0,1379	0,1590	0,1708	0,1890	0,1990
0,3	0,0591	0,1141	0,1382	0,1590	0,1707	0,1886	0,1986
0,4	0,0595	0,1144	0,1385	0,1590	0,1706	0,1882	0,1982
0,5	0,0598	0,1147	0,1387	0,1590	0,1705	0,1878	0,1978
0,6	0,0602	0,1150	0,1388	0,1590	0,1703	0,1874	0,1973
0,7	0,0605	0,1153	0,1389	0,1590	0,1701	0,1870	0,1968
0,8	0,0608	0,1156	0,1390	0,1590	0,1699	0,1867	0,1963
0,9	0,0610	0,1158	0,1390	0,1590	0,1697	0,1863	0,1959
1,0	0,0613	0,1160	0,1391	0,1590	0,1696	0,1860	0,1954
1,2	0,0619	0,1166	0,1392	0,1590	0,1693	0,1855	0,1948

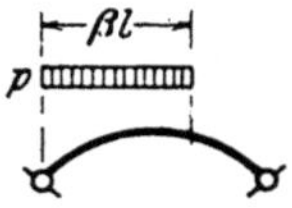

Streckenlast p. (Für $\beta = \frac{1}{2}$ und $\beta = 1$ wird X_1 von n unabhängig. Es gelten dann die Formeln auf S. 515):

$$X_1 = \frac{pl^2}{16f(1+\nu)}\,\frac{7}{6+n}\,\beta^2 \cdot \left[4 + n - 5n\beta^2 - (8-10n)\beta^3 + 8(1-n)\beta^4\left(1 - \frac{2}{7}\beta\right)\right].$$

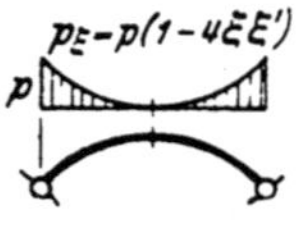

$$X_1 = \frac{pl^2}{36f(1+\nu)}\,\frac{5+n}{6+n}.$$

c) Bogenform zur vereinfachten Ableitung der Einflußlinien. Ohne Rücksicht auf die vorhandene Bogenform kann zur näherungsweisen Berechnung der Einflußlinien auch

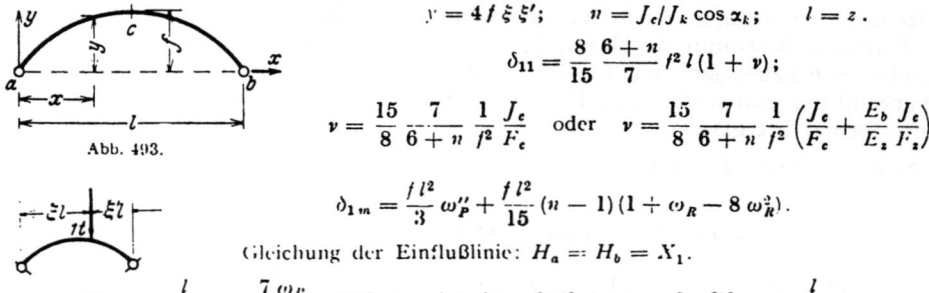

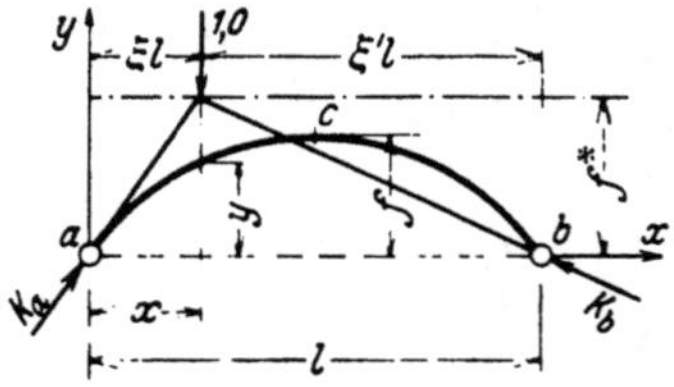

Abb. 494.

$$\frac{J_c}{J\cos\alpha}\cdot y = \text{const} = f$$

und

$$\cos\alpha\,\frac{F_c}{F} = \text{const} = 1$$

gesetzt werden. Nach (803) ist dann mit

$$y = 4f\xi\xi', \qquad \eta = y/f$$

$$X_1 = \frac{\int M_0\,y\,\frac{J_c}{J\cos\alpha}\,dx}{\int y^2\frac{J_c}{J\cos\alpha}\,dx + \frac{J_c}{F_c}\int\cos\alpha\,\frac{F_c}{F}\,dx} = \frac{f\int M_0\,dx}{f\int y\,dx + \frac{J_c}{F_c}\int dx} = \frac{\int M_0\,dx}{\frac{2}{3}fl(1+\nu)}; \quad \nu = \frac{3}{2}\,\frac{J_c}{F_c f^2}.$$

Gleichung der Einflußlinie:

$$X_1 = \frac{3}{4}\,\frac{l}{f}\,\frac{\omega_R}{1+\nu} = \frac{3}{16}\,\frac{l}{f\,(1+\nu)}\,\frac{y}{f}. \quad \text{(Parabel.)}$$

Die Stützkräfte K_a, K_b aus $P_m = 1$ (Abb. 494) schneiden sich auf der Kämpferdrucklinie, in diesem Falle einer Parallelen zu $a \div b$ im Abstande

$$f^* = \frac{l}{H}\,\omega_R = \frac{4}{3}\,f\,(1+\nu), \qquad H = X_1 = \frac{l}{f^*}\cdot\omega_R.$$

$$X_1 = \frac{p\,l^2}{8f}\,\frac{1}{1+\nu}\,\beta'^2\,(3 - 2\beta'), \qquad \beta' = 1{,}0: \qquad X_1 = \frac{p\,l^2}{8f}\,\frac{1}{1+\nu}.$$

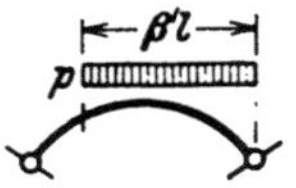

Das Ergebnis ist trotz der Vereinfachung der Integranden brauchbar. Der Fehler läßt sich für die Einflußlinie X_1 und $J_c/J\cos\alpha = 1$ anschreiben:

Mit

$$X_1 = \frac{\int M_0\,y\,dx}{\int y^2\,dx\,(1+\nu)} = \frac{\int M_0\,dx}{\tfrac{2}{3}\cdot f\,l\,(1+\nu)}\left[1 + \frac{\varkappa - \chi}{1-\varkappa}\right] \quad \text{und} \quad y' = f - y,$$

$$\varkappa = \frac{\int y\,y'\,dx}{f\int y\,dx}, \qquad \chi = \frac{\int M_0\,y'\,dx}{f\int M_0\,dx}, \quad \text{wird} \quad \varphi = \frac{\varkappa - \chi}{1-\varkappa} = \frac{5\,\omega_R - 1}{6}.$$

Der größte Fehler beträgt daher: ($\xi = \xi' = \frac{1}{2}$), $\varphi = 1/24 \approx 4\%$. Er wird für Bogenform b S. 516 mit wachsendem $n = J_c/J_k\cos\alpha$ (sichelförmige Träger) immer geringer und für $n = 10/3$ nahezu Null.

Einflußlinie des Biegungsmomentes im Querschnitt r:

$$\psi = \frac{3}{16}\,\frac{l}{f\,(1+\nu)}, \qquad \eta_r = \frac{y_r}{f},$$

$$M_r = \psi\,\eta_r\left(\frac{M_{0r}}{\psi\,\eta_r} - y\right) = \psi\,\eta_r\cdot\bar{y},$$

mit

$$\frac{M_{0r,r}}{\psi\,\eta_r} = \frac{4}{3}\,f\,(1+\nu) = f^*$$

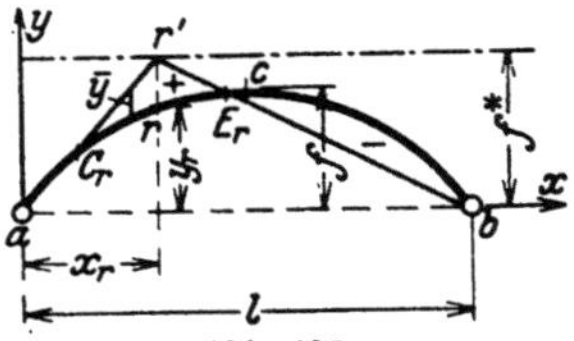

Abb. 495.

als ausgezeichnete Ordinate in r (Abb. 495). Die Einflußlinien der Biegungsmomente in den Querschnitten $r \to h$ mit ξ_h oder $\xi'_h \gtreqless (1+\nu)/3$ erhalten daher eine Lastscheide $E_h(\varepsilon_h, \varepsilon'_h)$ (Abb. 496). Die Lastscheiden der übrigen Querschnitte $r \to k$ werden mit $C_k(\zeta_k, \zeta'_k)$; $E_k(\varepsilon_k, \varepsilon'_k)$ bezeichnet.

Bestimmung der Lastscheiden:

$$\varepsilon_h = (1+\nu)/3\,\xi'_h, \qquad \varepsilon'_h = 1 - \varepsilon_h,$$

$$\varepsilon_k = (1+\nu)/3\,\xi'_k, \qquad \varepsilon'_k = 1 - \varepsilon_k,$$

$$\zeta_k = 1 - \zeta'_k, \qquad \zeta'_k = (1+\nu)/3\,\xi_k.$$

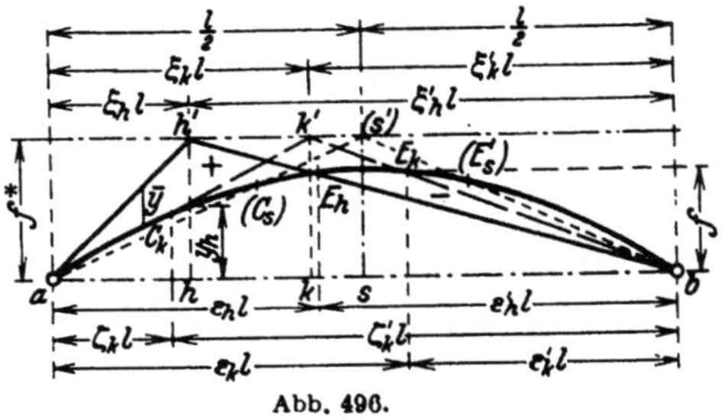

Abb. 496.

Grenzwerte der Biegungsmomente für gleichförmig verteilte Nutzlast.

Für $\nu = 0$ sind der positive und negative Anteil der Einflußfläche einander gleich. Daher ist für gleichförmig verteilte Nutzlast p:

$r \to h$: eine Lastscheide

$$\varepsilon'_h = 1 - \frac{1}{3\,\xi'_h}, \qquad H_h = \frac{p\,l^2}{8f}\,\varepsilon'^2_h\,(3 - 2\,\varepsilon'_h),$$

$$\max|M_h| = \frac{p\,l^2}{2}\,\varepsilon'^2_h\,\xi_h - H_h\,y_h.$$

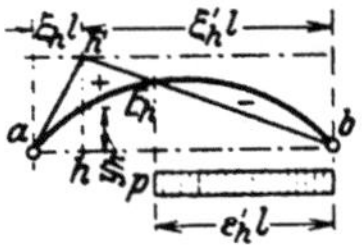

$r \to k$: zwei Lastscheiden

$$\varepsilon'_k = 1 - 1/3\,\xi'_k, \qquad \zeta_k = 1 - 1/3\,\xi_k,$$

$$H_k = \frac{p\,l^2}{8f}\,[\varepsilon'^2_k\,(3 - 2\,\varepsilon'_k) + \zeta^2_k\,(3 - 2\,\zeta_k)],$$

$$\max|M_k| = \frac{p\,l^2}{2}\,[(\varepsilon'^2_k - \zeta^2_k)\,\xi_k + \zeta^2_k] - H_k\,y_k.$$

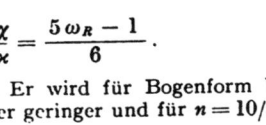

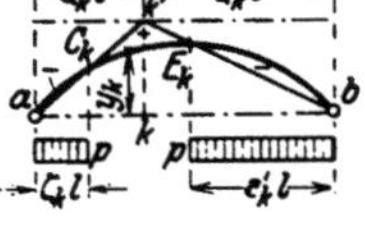

ε'_r; ζ_r; H_r und max $|M_r|$ für $p = \text{const}$ in den Schnitten $\xi_r = 0{,}1 \ldots 0{,}5$.

ξ_r	0,1	0,2	0,3	0,4	0,5
ε'_r	17/27	7/12	11/21	4/9	1/3
ζ_r	—	—	—	1/6	1/3
H_r	$0{,}690\, p\, l^2/8\, f$	$0{,}624\, p\, l^2/8\, f$	$0{,}536\, p\, l^2/8\, f$	$0{,}491\, p\, l^2/8\, f$	$0{,}519\, p\, l^2/8\, f$
max $\lvert M_r \rvert$	$0{,}01123\, p\, l^2$	$0{,}01587\, p\, l^2$	$0{,}01508\, p\, l^2$	$0{,}01109\, p\, l^2$	$0{,}00925\, p\, l^2$

2. Die Mittellinie ist ein Kreisbogen mit gleichbleibendem Querschnitt (F, J), von dem $l = 2l_1$ und f gegeben sind.

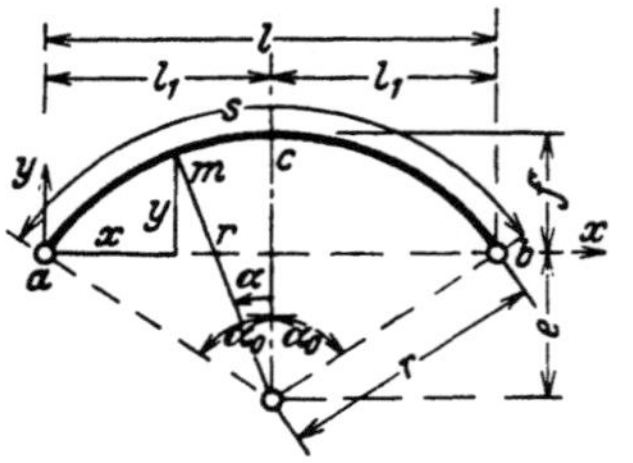

Abb. 497.

$$r = \frac{f}{2}\left[1 + \left(\frac{l_1}{f}\right)^2\right], \qquad e = r - f, \qquad s = 2\, r\, \alpha_0 .$$

$$\sin\alpha_0 = l_1/r, \qquad \cos\alpha_0 = e/r .$$

$$x = l_1 - r\sin\alpha, \qquad \xi = x/l,$$

$$y = r\cos\alpha - e, \qquad \eta = y/f .$$

Damit wird nach (805)

$$\delta_{11} = r^3\left(\alpha_0 - 3\sin\alpha_0\cos\alpha_0 + 2\,\alpha_0\cos^2\alpha_0\right) + r\,\frac{J}{F}\left(\alpha_0 + \sin\alpha_0\cos\alpha_0\right) + l\,\frac{E_b\, J}{E_z\, F_z};$$

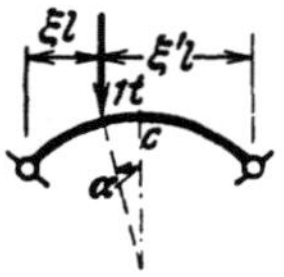

Einzellast 1 t im Punkt m (α) ohne Berücksichtigung von N_0:

$$\delta_{m\,1} = \frac{r\, l^2}{2}\,\omega_R + e\, r^2\left[(\cos\alpha + \alpha\sin\alpha) - (\cos\alpha_0 + \alpha_0\sin\alpha_0)\right].$$

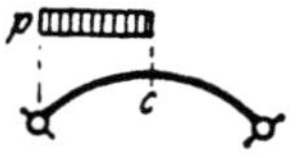

Halbseitige Belastung durch p:

$$\delta_{10} = \frac{p\, r^4}{4}\left[\sin\alpha_0\left(\frac{4}{3}\sin^2\alpha_0 - \cos^2\alpha_0\right) + \alpha_0\cos\alpha_0\left(1 - 2\sin^2\alpha_0\right)\right] - \frac{p\, l_1^3}{3\, r}\,\frac{J}{F}.$$

Bei vollständiger Belastung des Bogenträgers durch p ist δ_{10} doppelt so groß. Das Ergebnis gestattet, den Anteil der Längskräfte auch in allgemeinen Ansätzen für δ_{10}, δ_{11} abzuschätzen.

Winddruck. (Der Anteil der Längskräfte in δ_{10} wird vernachlässigt.)

a) Einseitiger Winddruck w im Bereich a bis c. Das feste Auflager von Bogenträgern mit Zugband liegt bei a. Abb. 498.

Hauptsystem: Balkenträger mit festem Auflager in a.

Für $w = w_0\sin^2\alpha$ winkelrecht zur Mittellinie ist: $\delta_{10} = \dfrac{w_0\, r^4}{3}\,\Phi$,

$$\Phi = -\sin\alpha_0\left(\frac{2}{3} + 3\cos\alpha_0 - \frac{7}{6}\cos^2\alpha_0\right) + \alpha_0\left(1 + \frac{1}{2}\cos\alpha_0 + 2\cos^2\alpha_0 - \cos^3\alpha_0\right).$$

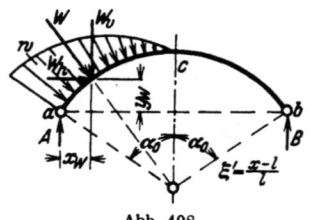

Abb. 498.

$$W_h = \frac{w_0\, r}{3}\left[2 - \cos\alpha_0\left(3 - \cos^2\alpha_0\right)\right], \qquad W_v = \frac{w_0\, r}{3}\sin^3\alpha_0,$$

$$y_W = \frac{3}{4}\, l_1\,\frac{\sin^3\alpha_0}{2 - \cos\alpha_0\left(3 - \cos^2\alpha_0\right)} - e = \frac{3}{4}\, l_1\,\frac{W_v}{W_h} - e,$$

$$x_W = \frac{l_1}{4}.$$

$$B = \frac{1}{l}\left(W_v\, l_1 - W_h\, e\right); \qquad a \text{ bis } c\colon\ M_0 = B\, l\,\xi' - \frac{w_0\, r^2}{3}\left(1 - \cos\alpha\right)^2; \qquad c \text{ bis } b\colon\ M_0 = B\, l\,\xi'.$$

Für die waagerechte Belastung $w = w_0 = \text{const}$ auf die Höhe f ist $\delta_{10} = \dfrac{w_0\, r^4}{2}\,\Phi$.

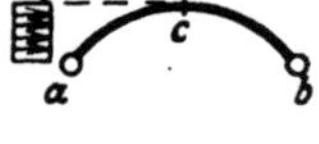

$$W_h = w_0\cdot f; \qquad a \text{ bis } c\colon\ M_0 = \frac{w_0\, f^2}{2}\left(2\eta - \xi - \eta^2\right); \qquad c \text{ bis } b\colon\ M_b = \frac{w_0\, f^2}{2}\,\xi'.$$

b) Einseitiger Winddruck w im Bereich c bis b eines Bogenträgers mit Zugband. Das feste Auflager liegt bei a. Der Belastungsfall entsteht durch Überlagerung des Kräftebildes aus Belastungsfall a mit dem Kräftebild aus W_h in b. Hauptsystem wie unter a. $\delta_{10}'' = 0$.

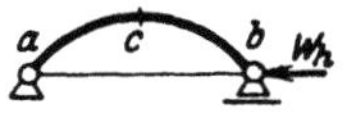

$M_0 = W_h\, y;$ $\qquad \delta_{10} = -\, W_h\, r^3\, (\alpha_0 - 3 \sin\alpha_0 \cos\alpha_0 + 2\, \alpha_0 \cos^2\alpha_0)\,.$

$\delta_{10} = -\, r\, l_1\, \mathsf{M} \left(1 - \alpha_0 \frac{c}{l_1}\right).$ $\quad\Big|\quad \delta_{1t} = E J_c\, \alpha_t\, t\, l\,, \qquad \delta_{1s} = E J_c \cdot \Delta l\,.$

Statische Untersuchung eines Brückenträgers mit Zugband (Abb. 499).

Beispiel zur Anwendung der Tabelle **41** S. **514**ff. unter Berücksichtigung folgender Ausführungsmöglichkeiten:

1. Genietetes Zugband. $F_z = F_{ez}$. Anschluß am Kämpfer vor Ausrüstung des Bogens.
2. Zugband aus Eisenbeton. Anschluß am Kämpfer vor Ausrüstung des Bogens.
3. Genietetes Zugband $F_z = F_{ez}$, vor dem Anschluß am Bogenkämpfer um die Länge Δz gereckt und nach Ausrüstung des Bogens einbetoniert.

$l = 68{,}00$ m, $\quad f = 11{,}33$ m, $\quad F_c = 1{,}39$ m², $\quad J_c = 0{,}47$ m⁴, $\quad J_c/J \cos\alpha = 1$.

Zugband: $\quad F_{ez} = 0{,}045$ m², $\quad F_{bz} = 1{,}40$ m², $\quad F_{tz} = F_{bz} + F_{ez} \cdot E_e/E_b = 1{,}85$ m².

$E_b = 2\,100\,000$ tm²,

$E_t/E_e = 1/10$, $\quad \alpha_t = 0{,}00001$.

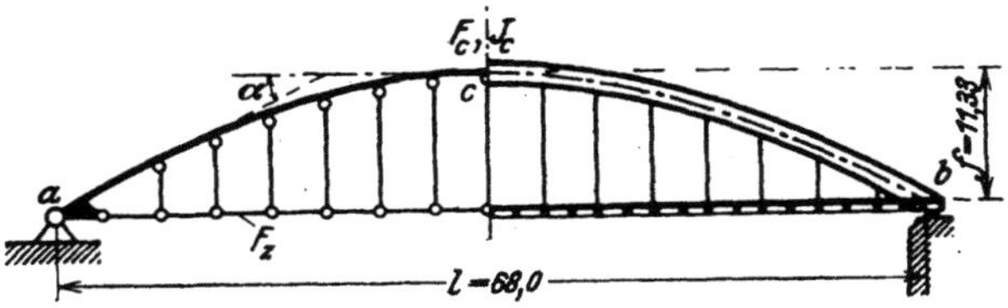

Abb. 499.

A. Belastung durch gleichförmig verteiltes Eigengewicht (Gleichgewichtsgruppe q, H_q) unter Berücksichtigung des Schwindens. $\quad q = 10{,}7$ t/m. $H_q = q l^2/8 f = 545{,}861$ t; Schwindwirkung nach S. 35 mit $t = -15^0$.

Nach (816) ist:

$$X_1 = -\,\frac{\nu}{1+\nu}\, H_q\,, \qquad X_{1t} = \frac{15}{8}\, \frac{E J_c\, \alpha_t\, t\, l}{f^2 l\, (1+\nu)}\,,$$

$Z = H_q + X_1 + X_{1t}$, $\quad M = -\, y\, (X_1 + X_{1t})$, $\quad \nu$ nach S. 515.

Lösung 1. $\quad \nu = \dfrac{15}{8}\, \dfrac{1}{11{,}33^2} \left(\dfrac{0{,}47}{1{,}39} + \dfrac{1}{10}\, \dfrac{0{,}47}{0{,}045}\right) = 0{,}00494 + 0{,}01526 = 0{,}02020$.

$$X_1 = -\, 10{,}808 \text{ t}, \qquad X_{1t} = -\, 2{,}120 \text{ t}, \qquad Z = 532{,}933 \text{ t},$$

$$M = +\, 12{,}928 \cdot y\,, \qquad \Delta z = Z\, l/E_e F_{ez} = 0{,}0383 \text{ m}.$$

Einsenkung der Scheitelquerschnitte. $\delta_c = \delta_{c,1} + \delta_{c,2} + \delta_{c,3}$. Nach (186) ist

$$\delta_{c,1} = \int \overline{M}\, M\, dx = -\,\frac{5}{48}\, f\, l^2\, (X_1 + X_{1t}) = -\, 5457{,}28\, (X_1 + X_{1t}) = 70552\,,$$

Die Anteile $\delta_{c,2}$ und $\delta_{c,3}$ werden für einen Kreisbogen als Achse mit $r = 56{,}65$, $\cos\alpha_0 = 0{,}8$ und $F = F_c =$ const angegeben.

$$\delta_{c,2} = \frac{J_c}{F_c} \int \overline{N} N\, \frac{F_c}{F}\, ds = -\,\frac{J_c}{F_c}\, H_q\, r \left[\ln\cos\alpha_0 - \frac{X_1 + X_{1t}}{H_q}\, \frac{l^2}{8\, r^2}\right] \approx -\,\frac{J_c}{F_c}\, H_q\, r\, \ln\cos\alpha_0 = 2331,$$

$$\delta_{c,3} = E J_c \int \overline{N}\, \alpha_t\, t\, ds = -\, E J_c\, \alpha_t\, t\, r\, (1 - \cos\alpha_0) = 1677\,,$$

$$\delta_c/E J_c = 0{,}0715 + 0{,}0024 + 0{,}0017 = 0{,}0756 \text{ m}.$$

Lösung 2. Die Längskraft Z des Verbundquerschnittes entfällt zum Teil auf die Rundeisenbewehrung (Z_e), zum Teil auf den Betonquerschnitt (Z_b). Da hierbei nach Versuchen von E. Mörsch die mittlere Beanspruchung σ_{bz} des Betons 80 t/m² nicht überschreitet, ist die mittlere Zugkraft in der Stahlbewehrung $Z_e = Z - 80\, F_b$. Der Ansatz für ν Seite **515** enthält die Dehnung des Zugbandes mit $F_z E_z$ für den Verbundquerschnitt. Sie wird durch die Einführung eines ideellen Elastizitätsmoduls E^* auf die Dehnung der Stahlbewehrung bezogen ($F_z E_z = F_e E^*$).

$$\frac{1}{l} \int_0^l \varepsilon\, ds = \frac{Z}{F_e E^*} = \frac{Z_e}{F_e E_e} \quad \text{und daher} \quad \frac{1}{F_e E^*} = \frac{1}{F_e E_e}\, \frac{Z_e}{Z} \approx \frac{1}{F_e E_e}\, \frac{H_q - 80\, F_b}{H_q} = \frac{1}{0{,}0566\, E_e}\,;$$

$$\nu = \frac{15}{8}\,\frac{1}{11{,}33^2}\left(\frac{0{,}47}{1{,}39} + \frac{1}{10}\,\frac{0{,}47}{0{,}0566}\right) = 0{,}00494 + 0{,}01192 = 0{,}01686\,,$$

$$X_1 = -\,9{,}050\ \mathrm{t}; \qquad X_{1t} = -\,2{,}127\ \mathrm{t}; \qquad Z = 534{,}684\ \mathrm{t}\,,$$

$$M = +\,11{,}177 \cdot y; \qquad \Delta z = 0{,}0385\ \mathrm{m}; \qquad \delta_c/E\,J_c = 0{,}0659\ \mathrm{m}\,.$$

Lösung 3. Das Biegungsmoment M_c im Scheitel ist in erster Annäherung Null, wenn die Reckung Δz des Zugbandes durch Pressen so groß gewählt wird, daß $Z = H_q = 545{,}861$ t. Der Beton des Zugbandes ist bei unbelasteter Brücke spannungslos.

Schwinden: $E\,J_c \Delta z_1 = -\,E\,J_c \alpha_t t l = -\,\delta_{1t}$; Belastung q, H_q:

$$E\,J_c \Delta z_2 = H_q\left[\frac{J_c}{F_c}\int \frac{F_c}{F}\,ds + \frac{E_b}{E_z}\,\frac{F_c}{F_z}\,z\right] \approx H_q\left[\frac{J_c}{F_c}\,l + \frac{E_b}{E_z}\,\frac{J_c}{F_z}\,l\right] = H_q\,(\delta_{11}'' + \delta_{11}''')\,.$$

$$\delta_{11}'' = 22{,}9928; \qquad \delta_{11}''' = 71{,}0222; \qquad \delta_{1t} = +\,10067{,}4\,.$$

$$\Delta z = [H_q\,(\delta_{11}'' + \delta_{11}''') - \delta_{1t}]/E_e J_c = 0{,}0622\ \mathrm{m}; \qquad M_c \approx 0; \qquad \delta_c/E\,J_c = 0{,}0041\ \mathrm{m}.$$

B. Veränderliche Belastung. Gleichung der Einflußlinie nach S. 515:

$$X_1 = \frac{5}{8}\,\frac{68{,}0}{11{,}33}\,\frac{1}{1+\nu}\,\omega_P'' = 3{,}7511\,\frac{1}{1+\nu}\,\omega_P''\,.$$

Lösung 1. $\nu = 0{,}02020$; $X_1 = 3{,}6768\,\omega_P''$; $\xi = 0{,}5$: $X_1 = 1{,}1490$ t.

Lösung 2. $\nu = 0{,}01686$; $X_1 = 3{,}6889\,\omega_P''$; $\xi = 0{,}5$: $X_1 = 1{,}1528$ t.

Lösung 3. Die Längskraft H_q aus dem Eigengewicht wird von dem Stahlband allein aufgenommen. Für die Längskraft $Z - H_q = X_1$ aus der Verkehrsbelastung gilt das Zugband als homogener Querschnitt ($F_z E_z = F_{iz} E_b$), solange der Beton rissefrei bleibt. Daher ist

$$\nu = \frac{15}{8}\,\frac{1}{11{,}33^2}\left(\frac{0.47}{1{,}39} + 1\,\frac{0{,}47}{1{,}85}\right) = 0{,}00494 + 0{,}00371 = 000865;$$

$$X_1 = 3{,}7189\,\omega_P''; \qquad \xi = 0{,}5: \quad X_1 = 1{,}1622\ \mathrm{t}\,.$$

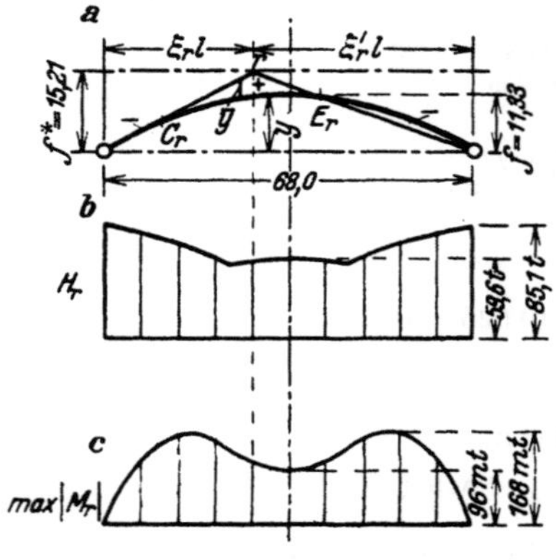

Abb. 500.

C. Anwendung der vereinfachten Annahmen S. 516.

Die Einflußlinie X_1 ist eine Parabel. Für Lösung 3 wird

$$\nu = \frac{3}{2}\,\frac{1}{f^2}\left(\frac{J_c}{F_c} + \frac{E_b}{E_z}\,\frac{J_c}{F_z}\right) = 0{,}00395 + 0{,}00302 = 0{,}00697\,.$$

$$X_1 = \frac{3}{4}\,\frac{l}{f}\,\frac{\omega_R}{1+\nu} = 4{,}470\,\omega_R; \qquad \xi = 0{,}5: \quad X_1 = 1{,}1175\ \mathrm{t}\,.$$

Einflußlinie M_r:

$$\psi = \frac{3}{16}\,\frac{l}{f}\,\frac{1}{1+\nu} = 1{,}1175\,, \qquad f^* = \frac{4}{3}\,f\,(1+\nu) = 15{,}2120\ \mathrm{m}\,,$$

$$M_r = 1{,}1175\,\eta_r \cdot \bar y; \qquad \eta_r = y_r/f \ \text{(Abb. 500a)}.$$

Grenzwerte M_r: Für $\nu = 0$ und $p = 2{,}25$ t/m werden H_r und max $|M_r|$ aus der Tabelle S. 518 erhalten (Abb. 500b u. c).

Statische Untersuchung eines Hallenbinders mit Zugband (Abb. 501).

Krümmung und Querschnitt sind konstant. Binderabstand 5,0 m. Beispiel zur Anwendung der Tabelle 41 S. 518:

$$l = 30{,}0\ \mathrm{m}\,, \quad l_1 = 15{,}0\ \mathrm{m}\,, \quad = 5{,}6\ \mathrm{m}\,, \quad J = 0{,}017\ \mathrm{m}^4, \quad F = 0{,}320\ \mathrm{m}^2, \quad F_z = 0{,}00687\ \mathrm{m}^2\,.$$

$$r = \frac{5{,}6}{2}\left[1 + \left(\frac{15{,}0}{5{,}6}\right)^2\right] = 22{,}89\ \mathrm{m}\,, \qquad e = 22{,}89 - 5{,}60 = 17{,}29\ \mathrm{m}\,,$$

$$\sin\alpha_0 = \frac{15{,}0}{22{,}89} = 0{,}6553\,, \qquad \cos\alpha_0 = \frac{17{,}29}{22{,}89} = 0{,}7554\,,$$

$$\alpha_0 \approx 40^0\,56'\,25''\,, \qquad \mathrm{arc}\,\alpha_0 = 0{,}7145\,, \qquad s = 2 \cdot 22{,}89 \cdot 0{,}7145 = 32{,}71\,,$$

$$\delta_{11} = 22{,}89^3\,(0{,}7145 - 3 \cdot 0{,}6553 \cdot 0{,}7554 + 2 \cdot 0{,}7145 \cdot 0{,}7554^2)$$

$$+\,22{,}89\,\frac{0{,}017}{0{,}32}\,(0{,}7145 + 0{,}6553 \cdot 0{,}7554) + 30{,}0\,\frac{1}{10}\,\frac{0{,}017}{0{,}00687}$$

$$= 538{,}497 + 1{,}471 + 7{,}424 = 547{,}392\,.$$

Das Ergebnis δ_{11} zerfällt in den Anteil δ'_{11} aus den Biegungsmomenten, den Anteil δ''_{11} aus der Längskraft im Bogen und in den Anteil δ'''_{11} aus der Längskraft im Zugband. Nach S. **514** ist

$$\nu = \frac{\delta''_{11} + \delta'''_{11}}{\delta'_{11}} = \frac{1,471 + 7,424}{538,497} = 0,01652 .$$

a) Halbseitige gleichförmige Belastung durch Schnee:

$$\delta_{10} = \delta'_{10} + \delta''_{10} = p\,\frac{22,89^4}{4}\left\{0,6553\left(\frac{4}{3}\cdot 0,6553^2 - 0,7554^2\right) + 0.7145 \cdot 0,7554\,(1 - 2 \cdot 0,6553^2)\right\}$$

$$- p\,\frac{15,0^3}{3 \cdot 22,89}\,\frac{0,017}{0,32} = p\,[5316,12 - 2,61] = 5313,51\,p , \qquad X_1 = \delta_{10}/\delta_{11} ,$$

$$p = 5,0 \cdot 0,075 = 0,375\ \text{t/m} , \qquad X_1 = 3,640\ \text{t} , \qquad M = X_1\left(\frac{M_0}{X_1} - y\right) .$$

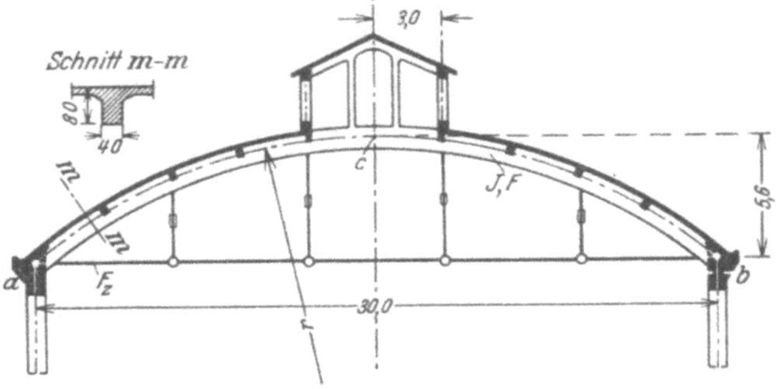

Abb. 501.

b) Gleichförmige volle Belastung des Trägers durch Eigengewicht $p = 3,6$ t/m. Die Rechnung dient gleichzeitig zum Studium des Einflusses der Längenänderung von Bogenträger und Zugband auf die Schnittkräfte.

$$\delta'_{10} = 2 \cdot 5316,12\,p , \qquad \delta''_{10} = -2 \cdot 2,61\,p , \qquad \delta_{10} = 2 \cdot 5313,51\,p ,$$

$$X_1 = \frac{\delta_{10}}{\delta_{11}} = 69,890\ \text{t} , \qquad M_c = \frac{3,6 \cdot 30,0^2}{8} - 69,890 \cdot 5,6 = 13,62\ \text{mt} .$$

Der Anteil δ''_{10} der Längskräfte im Zähler ist sehr klein. Ohne diesen wird

$$X_1 = \frac{\delta'_{10}}{\delta_{11}} = 69,924\ \text{t} , \qquad M_c = \frac{3,6 \cdot 30,0^2}{8} - 69,924 \cdot 5,6 = 13,43\ \text{mt} .$$

Der Anteil δ''_{10} wird daher stets vernachlässigt. Dagegen spielt bei der endgültigen Festsetzung der Schnittkraft M_c das Schwinden des Baustoffes eine wichtige Rolle. Mit $t = -15^0$ ist nach S. **519**

$$\delta_{1t} = E\,J_c\,\alpha_t\,t\,l = -170,10 , \qquad \overline{X}_1 = \frac{\delta_{10} + \delta_{1t}}{\delta_{11}} = 69,579\ \text{t} , \qquad \overline{M}_c = 15,36\ \text{mt} .$$

Werden die Längenänderungen von Träger und Zugband bei der Bauausführung ausgeglichen, so ist

$$X_1^* = \frac{\delta'_{10}}{\delta'_{11}} = 71,079\ \text{t} , \qquad M_c^* = \frac{3,6 \cdot 30,0^2}{8} - 71,079 \cdot 5,6 = 6,96\ \text{mt} .$$

Um den mit dem Betrage M_c^* verbundenen wirtschaftlichen Vorteil auszunutzen, kann das Zugglied durch Sprengung an den Hängestangen um $EJ_c\Delta z = \delta_{1s}$ verkürzt werden, so daß

$$X_1 = \frac{\delta'_{10} + \delta''_{10} + \delta_{1t} + \delta_{1s}}{\delta'_{11} + \delta''_{11} + \delta'''_{11}} = \frac{\delta'_{10}}{\delta'_{11}} = X_1^* \quad \text{und} \quad M_c = M_c^*$$

erhalten wird. $\delta_{1s} = X_1^*(\delta''_{11} + \delta'''_{11}) - \delta''_{10} - \delta_{1t}$. Bei Eigengewicht $p = 3,6$ t/m ist

$$\delta_{1s} = 71,079\,(1,471 + 7,424) + 18,792 + 170,100 = 821,140 , \qquad \Delta z = \delta_{1s}/E\,J_c = 0,0230\ \text{m} .$$

Die Verkürzung wird bei Anordnung des Zugbandes nach Abb. 502a durch eine Sprengung

$$f_s = \sqrt{z_1 \Delta z} = \sqrt{10{,}0 \cdot 0{,}023} = 0{,}480 \text{ m};$$

bei Anordnung des Zugbandes nach Abb. 502b durch Sprengung nach einem Kreisbogen mit einem Pfeil von

$$f_s = \sqrt{\tfrac{3}{8} z \Delta z} = \sqrt{\tfrac{3}{8} \cdot 30{,}0 \cdot 0{,}023} = 0{,}509 \text{ m}, \qquad r_s = 221{,}28 \text{ m}$$

erreicht.

Die Biegungsmomente aus Eigengewicht und Schwinden sind in Abb. 503 bei geradem und bei nachträglich gesprengtem Zugband miteinander verglichen worden.

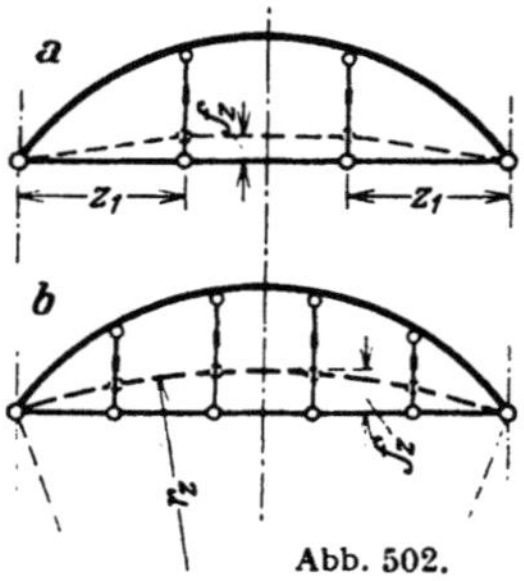
Abb. 502.

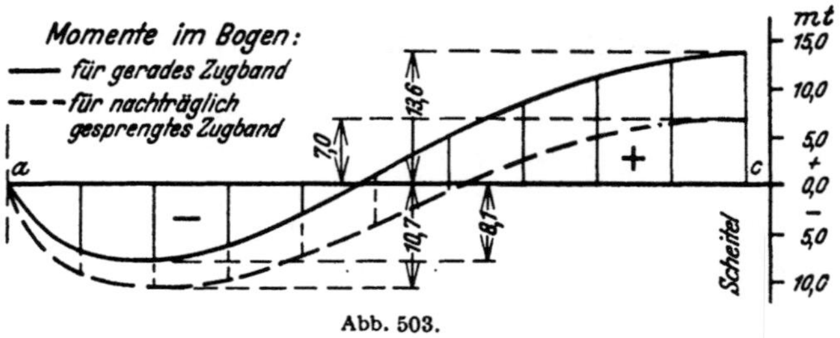

Abb. 503.

Die Erhöhung der positiven Momente bei geradem Zugband aus der Verlagerung der Bogenachse bleibt unberücksichtigt. Für nachträglich gesprengtes Zugband ist sie verschwindend klein.

Müller-Breslau, H.: Die graphische Statik der Baukonstruktionen Bd. 2, 2. Abt. S. 513. Leipzig 1908. — Hartmann, F.: Statisch unbestimmte Systeme. Berlin 1913. — Kuball, H.: Zweigelenkrahmen aus Eisenbeton mit Berücksichtigung des veränderlichen Trägheitsmomentes. Berlin 1920. — Troche, A.: Der Einfluß der Temperatur auf den Horizontalschub parabolischer Zweigelenkbogen. Bauing. 1925. — Derselbe: Der Horizontalschub kreisförmiger Zweigelenkbogen. Beton u. Eisen 1925. — Vgl. auch die Literatur auf S. 557.

56. Der beiderseits eingespannte Bogenträger.

Die Bogenform ist gegeben, der Verschiebungszustand des Trägers unabhängig von denjenigen Bauteilen, welche zur Eintragung der Lasten dienen. Die Bogenkämpfer sind auf starre Widerlager abgestützt oder elastisch in den Enden eines Balkenträgers eingespannt. Wird dieser außerdem durch Zugglieder mit dem Bogenträger verbunden, so überschreitet die Berechnung den Umfang einer einfachen statischen Aufgabe (Abschn. 58).

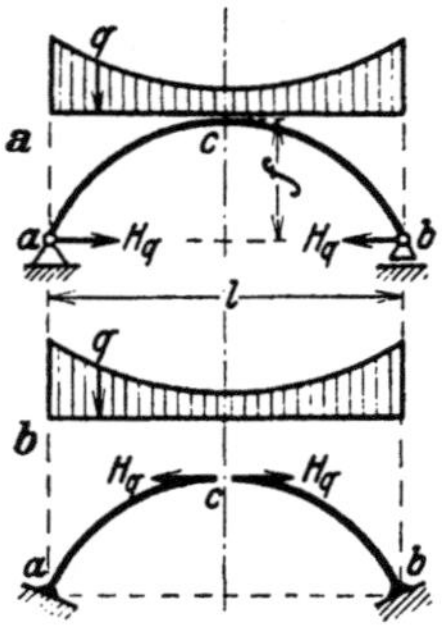
Abb. 504.

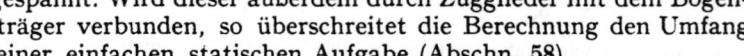

Der beiderseits eingespannte Bogenträger ist dreifach statisch unbestimmt. Die Schnittkräfte werden aus einem statisch bestimmten oder einem zweifach statisch unbestimmten Hauptsystem berechnet. Die statisch überzähligen Größen sind bei der Wahl eines Dreigelenkbogens als Hauptsystem am kleinsten, so daß nach S. 170 die besten Ergebnisse bei der Überlagerung der statisch bestimmten Anteile aus Belastung und überzähligen Größen erzielt werden. Dafür ist die Berechnung und Aufzeichnung der Einflußlinien als Biegelinie des Hauptsystems durch die Art der Randbedingungen nicht so einfach wie beim Balkenträger auf zwei Stützen und wie beim Freiträgerpaar. Diese werden daher als Hauptsystem in der Regel vorgezogen. Um dabei trotzdem relativ kleine überzählige Größen aus einer vorgeschriebenen Belastung q zu erhalten, wird diese durch geeignete Zusatzkräfte H_q ergänzt, die bekannt sind, untereinander im Gleichgewicht stehen und einen Anteil der inneren Kräfte des Trägers bedeuten (Abb. 504).

Ableitung der Schnittkräfte aus einem statisch bestimmten Hauptsystem. Die überzähligen Größen X_1, X_2, X_3 sind entweder nach (475) durch eine mechanische Transformation statisch unbestimmter Schnittkräfte oder nach S. 274 als Gruppenlasten derart bestimmt, daß die Nebenglieder δ_{12}, δ_{23}, δ_{13} der Matrix der Elastizitätsgleichungen Null sind. In diesem Falle ist dann

$$X_1 = \frac{\delta_{1\times}}{\delta_{11}}, \qquad X_2 = \frac{\delta_{2\times}}{\delta_{22}}, \qquad X_3 = \frac{\delta_{3\times}}{\delta_{33}}. \tag{817}$$

Dieses einfache Ergebnis darf jedoch nur verwendet werden, wenn die Nebenbedingungen

$$\delta_{12} = 0, \qquad \delta_{23} = 0, \qquad \delta_{31} = 0 \tag{818}$$

nachgeprüft und vollständig erfüllt sind.

Lösung bei Symmetrie des Tragwerks.

a) Das Hauptsystem ist ein Balkenträger auf zwei Stützen (Abb. 505).

Die überzählige Größe X_1 besteht nach S. 274 aus den beiden, um die Strecke $y_{1,0}$ parallel verschobenen, statisch unbestimmten Komponenten H der Stützkräfte, als Gruppenlast nach S. 283 aus den Kräften H und zwei gleich großen Biegungsmomenten $Y_{a1} = Y_{b1} = -H \cdot y_{1,0}$. Die beiden anderen, von X_1 unabhängigen überzähligen Größen X_2 und X_3 beziehen sich mit $X_1 = 0$ auf den beiderseits eingespannten Balkenträger, dessen Einspannungsmomente in a und b durch Y_a, Y_b bezeichnet werden.

$$X_2 = \tfrac{1}{2}(Y_a - Y_b), \qquad X_3 = \tfrac{1}{2}(Y_a + Y_b).$$

Die Verschiebung δ_{13} ist nach S. 196 Null für

$$y_{1,0} = \int_c^a y_1 \frac{J_c}{J} ds : \int_c^a \frac{J_c}{J} ds. \tag{819}$$

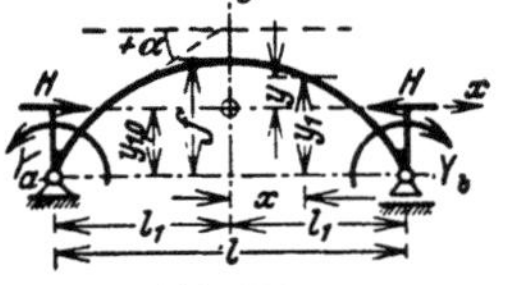

Abb. 505.

b) Das Hauptsystem ist ein Freiträgerpaar (Abb. 506).

Die überzählige Größe X_1 besteht nach S. 274 aus den beiden um die Strecke $y_{2,0}$ parallel verschobenen Längskräften $-N_c$ im Bogenscheitel c oder nach S. 283 aus einer Gruppenlast, die sich aus der Längskraft $-N_c$ und dem Biegungsmoment $Y_{c1} = -N_c y_{2,0}$ im Bogenscheitel zusammensetzt. Die überzählige, von X_1 unabhängige Größe X_3 ist das Biegungsmoment Y_c im Scheitel des beiderseits eingespannten Balkenträgers.

Als überzählige Größe X_2 wird eine Funktion der Querkraft Q_c im Bogenscheitel verwendet. $X_2 = +Q_c l_1$. Die Verschiebung δ_{13} ist nach (471) Null, wenn

$$y_{2,0} = \int_c^a y_2 \frac{J_c}{J} ds : \int_c^a \frac{J_c}{J} ds. \tag{820}$$

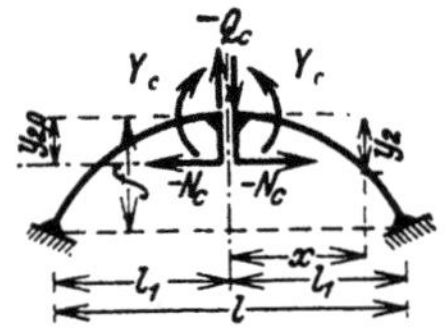

Abb. 506.

c) Das Hauptsystem ist ein Dreigelenkbogenträger (Abb. 507).

Die statisch unbestimmten Biegungsmomente M_a, M_b, M_c sind nach (468) Funktionen dreier statisch überzähliger Gruppenlasten, von denen X_1 und X_3 symmetrisch, X_2 antimetrisch ist. Sie werden daher nach folgender Transformation angeschrieben (Abschn. 36):

$$\left.\begin{aligned} -M_a = Y_a = X_3 + X_2 + Y_{a1} X_1; \\ -M_b = Y_b = X_3 - X_2 + Y_{b1} X_1; \quad -M_c = Y_c = X_3 + X_1. \end{aligned}\right\} \tag{821}$$

Infolge der Symmetrie ist

$$Y_{a1} = Y_{b1}, \quad \delta_{12} = 0, \quad \delta_{23} = 0$$

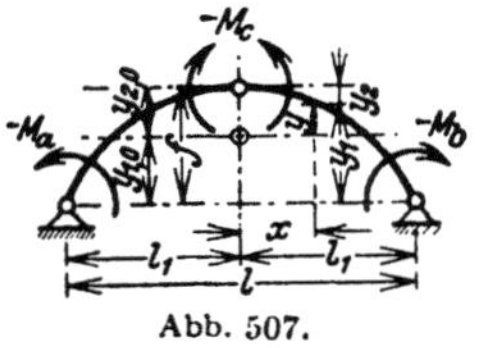

Abb. 507.

und nach S. 284 auch $\delta_{13} = 0$, wenn:

$$Y_{a1} = -\frac{\delta_{c1}}{\delta_{a1} + \delta_{b1}} = -\frac{\int y_1 \frac{J_c}{J} ds}{\int y_2 \frac{J_c}{J} ds} = -\frac{y_{1,0}}{y_{2,0}}. \tag{822}$$

Daher sind die Biegungsmomente infolge von $-X_1 = 1$

$$M_1 = \frac{y_1}{f} - \frac{y_2}{f}\frac{y_{1,0}}{y_{2,0}} = \frac{1}{y_{2,0}}(y_1 - y_{1,0}) = \frac{1}{y_{2,0}}(y_{2,0} - y_2) = \frac{1}{y_{2,0}}\,y \tag{823}$$

bis auf einen konstanten Beiwert ebenso groß wie in den beiden Fällen a) und b).

Die Schnittkräfte werden nach der Begründung auf S. 522 nur für das erste und zweite Hauptsystem angegeben. Die Lösungen stimmen in formaler Beziehung überein, wenn die Einflußlinien N_0, M_0, Q_0 des Balkenträgers oder Freiträgerpaares unter Beachtung der Vorzeichen aufgetragen und die Schnittkräfte N_0, M_0, Q_0 aus einer vorgeschriebenen Belastung q und den erwähnten Zusatzkräften H_q berechnet werden. $H_q = M_{0c}/f$. In diesem Ausdruck bedeutet M_{0c} das Moment der äußeren Kräfte aus der Belastung q eines Balkenträgers, bezogen auf den Schwerpunkt des Scheitelquerschnitts c.

Die Hauptglieder $\delta_{11}, \delta_{22}, \delta_{33}$ der Matrix der Elastizitätsgleichungen werden nach (299) gebildet.

Belastungszustand $-X_1 = 1$: $M_1 = y$, $N_1 = \cos\alpha$, $Q_1 = \sin\alpha$.

Belastungszustand $-X_2 = 1$: $M_2 = -x/l_1$, $N_2 = 1/l_1 \cdot \sin\alpha$, $Q_2 = -1/l_1 \cdot \cos\alpha$.

Belastungszustand $-X_3 = 1$: $M_3 = 1$, $N_3 = 0$, $Q_3 = 0$.

$$\left.\begin{aligned} &\delta_{11} = \frac{J_c}{F_c}\int \cos^2\alpha \frac{F_c}{F} ds + \int y^2 \frac{J_c}{J\cos\alpha} dx; \quad \delta_{22} = \frac{J_c}{F_c}\int \frac{\sin^2\alpha}{l_1^2} \alpha \frac{F_c}{F} ds + \int \frac{x^2}{l_1^2}\frac{J_c}{J\cos\alpha} dx;\\ &\delta_{33} = \int \frac{J_c}{J\cos\alpha} dx, \end{aligned}\right\} \tag{824}$$

$$\int \cos^2\alpha \frac{F_c}{F} ds \approx l, \qquad \int \frac{\sin^2\alpha}{l_1^2}\alpha \frac{F_c}{F} ds \approx 0.$$

Die Belastungszahlen ergeben sich nach (299) mit M_0, N_0 für die äußeren Kräfte

$$\left.\begin{aligned} &\delta_{10} = \frac{J_c}{F_c}\int N_0 \cos\alpha \frac{F_c}{F} ds + \int M_0 y \frac{J_c}{J\cos\alpha} dx; \quad \int N_0 \cos\alpha \frac{F_c}{F} ds \approx 0,\\ &\delta_{20} = \frac{J_c}{F_c}\int N_0 \frac{\sin\alpha}{l_1} ds - \int M_0 \frac{x}{l_1}\frac{J_c}{J\cos\alpha} dx; \quad \int N_0 \frac{\sin\alpha}{l_1}\frac{F_c}{F} ds \approx 0,\\ &\delta_{30} = \int M_0 \frac{J_c}{J\cos\alpha} dx. \end{aligned}\right| \tag{825}$$

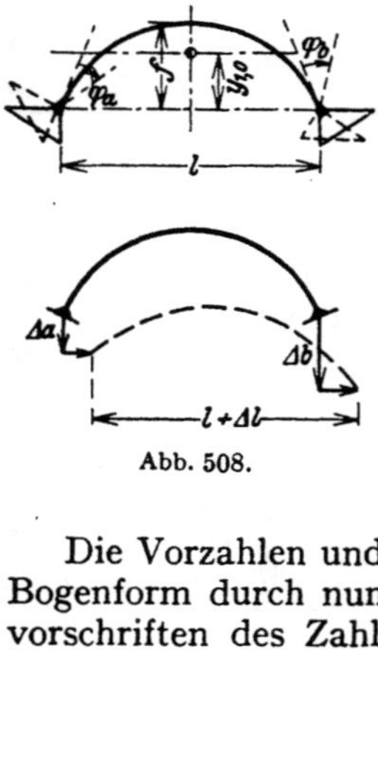

Abb. 508.

Belastungszahlen aus Temperaturänderung t, Δt und Stützenbewegung:

$$\left.\begin{aligned} &\delta_{1t} = EJ_c\left(\alpha_t t l + \int y \frac{\alpha_t \Delta t}{h} ds\right);\\ &\delta_{2t} = 0; \qquad \delta_{3t} = EJ_c \int \frac{\alpha_t \Delta t}{h} ds. \end{aligned}\right\} \tag{826}$$

$$\left.\begin{aligned} &\delta_{1s} = EJ_c[y_{1,0}(\varphi_a - \varphi_b) - \Delta l],\\ &\delta_{2s} = -EJ_c\left[(\varphi_a + \varphi_b) + \frac{2}{l}(\Delta_a - \Delta_b)\right],\\ &\delta_{3s} = -EJ_c(\varphi_a - \varphi_b). \end{aligned}\right| \tag{827}$$

Die Vorzahlen und Belastungszahlen werden bei einer beliebig vorgeschriebenen Bogenform durch numerische Integration nach S. 95, am besten mit den Rechenvorschriften des Zahlenbeispiels S. 545 bestimmt

Unter Umständen empfiehlt sich auch die Verwendung von n Stufen konstanter elastischer Wirkung nach S. 96 (Abb. 509)

$$c = e_m \frac{J_c}{J_m \cos\alpha_m} = \frac{1}{n} \sum_0^l \frac{J_c}{J\cos\alpha} \Delta x \quad \text{oder} \quad \bar{c} = \bar{e}_m \frac{F_c}{F_m} = \frac{1}{n} \sum_0^l \frac{F_c}{F} \overline{\Delta x}. \tag{828}$$

Dabei bedeuten die Summanden die mittleren Ordinaten einer beliebigen Unterteilung Δx des Integrationsbereiches l (also auch $l = r \cdot \Delta x$) der beiden Funktionen $J_c/J\cos\alpha$ (Abb. 509a) und F_c/F (Abb. 509b). Die Vorzahlen werden dann durch einfache Summenbildung über die mittleren Ordinaten (m') der Intervalle e_m oder $\bar{e}_m$ erhalten (Rechenvorschrift S. 550).

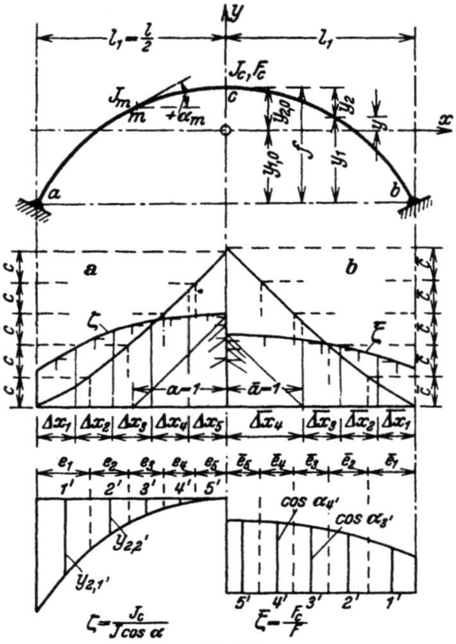

Abb. 509.

$$\delta_{11} = \frac{J_c}{F_c} \bar{c} \sum_1^n \cos\alpha + c \sum_1^n y^2,$$

$$\delta_{22} = \frac{J_c}{F_c} \bar{c} \sum_1^n \frac{\sin^2\alpha}{\cos\alpha} + c \sum_1^n \left(\frac{x}{l_1}\right)^2, \tag{829}$$

$$y_{2,0} = \frac{1}{n} \sum_1^n y_2, \qquad \delta_{33} = n c.$$

$$\delta_{10} = \frac{J_c}{F_c} \bar{c} \sum_1^n N_0 + c \sum_1^n M_0 y,$$

$$\delta_{20} = \frac{J_c}{F_c} \bar{c} \sum_1^n N_0 \frac{\operatorname{tg}\alpha}{l_1} - c \sum_1^n M_0 \frac{x}{l_1}, \tag{830}$$

$$\delta_{30} = c \sum_1^n M_0.$$

Symmetrie der Belastung: $\delta_{20} = 0$, $X_2 = 0$, $X_1 \neq 0$, $X_3 \neq 0$, $Q_c = 0$.

Antimetrie der Belastung: $\delta_{10} = 0$, $\delta_{30} = 0$, $X_1 = 0$, $X_3 = 0$, $X_2 \neq 0$.

Die Einflußlinien der überzähligen Größen stimmen bis auf einen Multiplikator mit den Biegelinien überein, welche für die Belastung $-X_1 = 1$, $-X_2 = 1$ oder $-X_3 = 1$ eines Balkenträgers auf zwei Stützen oder eines Freiträgerpaares festgestellt werden. Dies geschieht rechnerisch oder zeichnerisch nach Abschn. 21. Dabei werden die elastischen Gewichte $\mathfrak{W}_{m1}$, $\mathfrak{W}_{m2}$, $\mathfrak{W}_{m3}$ verwendet, die nach (206) aus den stetigen elastischen Kräften $\mathfrak{w}_1 = y \cdot J_c/J\cos\alpha$, $\mathfrak{w}_2 = -\xi \cdot J_c/J\cos\alpha$, $\mathfrak{w}_3 = 1 \cdot J_c/J\cos\alpha$ entwickelt werden. Ohne Rücksicht auf die Längskräfte aus $-X_1 = 1$ usw. ist bei geometrisch verschieden großen Intervallen $c'_m = c_m$

$$\begin{aligned}
\mathfrak{W}_{m1} &= \frac{c'_m}{6}\left(y_{m-1}\frac{J_c}{J_{m-1}\cos\alpha_{m-1}} + 2y_m\frac{J_c}{J_m\cos\alpha_m}\right) \\
&\quad + \frac{c'_{m+1}}{6}\left(2y_m\frac{J_c}{J_m\cos\alpha_m} + y_{m+1}\frac{J_c}{J_{m+1}\cos\alpha_{m+1}}\right), \\
-\mathfrak{W}_{m2} &= \frac{c'_m}{6}\left(\frac{x_{m-1}}{l_1}\frac{J_c}{J_{m-1}\cos\alpha_{m-1}} + 2\frac{x_m}{l_1}\frac{J_c}{J_m\cos\alpha_m}\right) \\
&\quad + \frac{c'_{m+1}}{6}\left(2\frac{x_m}{l_1}\frac{J_c}{J_m\cos\alpha_m} + \frac{x_{m+1}}{l_1}\frac{J_c}{J_{m+1}\cos\alpha_{m+1}}\right), \\
\mathfrak{W}_{m3} &= \frac{c'_m}{6}\left(\frac{J_c}{J_{m-1}\cos\alpha_{m-1}} + 2\frac{J_c}{J_m\cos\alpha_m}\right) \\
&\quad + \frac{c'_{m+1}}{6}\left(2\frac{J_c}{J_m\cos\alpha_m} + \frac{J_c}{J_{m+1}\cos\alpha_{m+1}}\right).
\end{aligned} \tag{831}$$

Sonderfall geometrisch gleich großer Intervalle $c'_m = c'$.

$$\left.\begin{aligned} \frac{6}{c'}\mathfrak{W}_{m1} &= y_{m-1}\frac{J_c}{J_{m-1}\cos\alpha_{m-1}} + 4\,y_m\frac{J_c}{J_m\cos\alpha_m} + y_{m+1}\frac{J_c}{J_{m+1}\cos\alpha_{m+1}},\\ -\frac{6}{c'}\mathfrak{W}_{m2} &= \frac{x_{m-1}}{l_1}\frac{J_c}{J_{m-1}\cos\alpha_{m-1}} + 4\frac{x_m}{l_1}\frac{J_c}{J_m\cos\alpha_m} + \frac{x_{m+1}}{l_1}\frac{J_c}{J_{m+1}\cos\alpha_{m+1}},\\ \frac{6}{c'}\mathfrak{W}_{m3} &= \frac{J_c}{J_{m-1}\cos\alpha_{m-1}} + 4\frac{J_c}{J_m\cos\alpha_m} + \frac{J_c}{J_{m+1}\cos\alpha_{m+1}}. \end{aligned}\right\} \quad (832)$$

Wird die Funktion $\mathfrak{w}$ im Bereiche $(m-1)\ldots(m+1)$ durch einen Parabelabschnitt mit den Ordinaten $\mathfrak{w}_{m-1}$, $\mathfrak{w}_m$, $\mathfrak{w}_{m+1}$ ersetzt, so treten an die Stelle von (832) die $\mathfrak{W}$-Gewichte nach den Angaben (207).

Sonderfall elastisch gleich großer Intervalle $c = e_m J_c/J_m \cos\alpha_m$ mit den Funktionswerten $y_{m'}$, $x_{m'}/l_1$ und 1 in den Mittelpunkten m' der Intervalle e_m.

$$\frac{1}{c}\mathfrak{W}_{m1} = y_{m'}, \qquad -\frac{1}{c}\mathfrak{W}_{m2} = \frac{x_{m'}}{l_1}, \qquad \frac{1}{c}\mathfrak{W}_{m3} = 1. \quad (833)$$

Die Verwendung der elastischen Gewichte zur Berechnung der Ordinaten der Biegelinien δ_{m1}, δ_{m2}, δ_{m3} wird auf S. 550 gezeigt. Da $\delta_{12} = \int y\cdot J_c/J\cos\alpha\cdot dx = 0$ und $\delta_{13} = \int xy\cdot J_c/J\cos\alpha\cdot dx = 0$, ist $A_{\mathfrak{w},1} = 0$; $B_{\mathfrak{w},1} = 0$ und $Q_{\mathfrak{w},1}$ in Bogenmitte Null. Die Tangenten an die Biegelinie der beiden Hauptsysteme infolge von $-X_1 = 1$ sind daher am Bogenkämpfer und am Bogenscheitel waagerecht. Die Verschiebung δ_{11} kann durch eine horizontale Biegelinie geometrisch nachgeprüft werden.

Dagegen sind, wie sich leicht einsehen läßt, δ_{22} und δ_{33} in den Biegelinien $\delta_{m2} = \mathfrak{M}_{\mathfrak{w}2}$, $\delta_{m3} = \mathfrak{M}_{\mathfrak{w}3}$ bereits geometrisch enthalten. Die Ordinaten der Einflußlinien X_1 usw. werden daraus nach (817), also durch Division von δ_{m1} mit δ_{11} usw. berechnet und aufgetragen. Sie können nach S. 125 auch unmittelbar aufgezeichnet werden, wenn das Richtungsbüschel der Biegelinien δ_{m1} usw. nicht die Polweite $|EJ_c|\,\mathfrak{W}_1$-Einheiten, sondern $|\delta_{11}|\,\mathfrak{W}_1$-Einheiten erhält. Dasselbe gilt für die Einflußlinien X_2 und X_3. Die Polweiten der beiden anderen Richtungsbüschel sind $H_{\mathfrak{w}2} = |\delta_{22}|\,\mathfrak{W}_2$-Einheiten, $H_{\mathfrak{w}3} = |\delta_{33}|\,\mathfrak{W}_3$-Einheiten. Der Betrag der elastischen Gewichte kann auch nach den Ansätzen S. 135 entwickelt werden.

Die Schnittkräfte des Balkenträgers oder Freiträgerpaares aus einer vorgeschriebenen Belastung q, den Zusatzkräften H_q und den zugeordneten statisch überzähligen Größen sind

$$\left.\begin{aligned} N = N_0 - X_1\cos\alpha + X_2\frac{\sin\alpha}{l_1}, \qquad Q = Q_0 - X_1\sin\alpha + X_2\frac{\cos\alpha}{l_1},\\ M = M_0 - X_1 y + X_2\frac{x}{l_1} - X_3. \end{aligned}\right\} \quad (834)$$

Symmetrie der Belastung:

$$\left.\begin{aligned} X_2 = 0, \quad Q_c = 0, \quad N_c = N_{c0} - X_1, \quad M_c = M_{c0} - X_1 y_{2,0} - X_3,\\ M_a = M_b = -X_3 + X_1 y_{1,0}, \quad M = {}^{(1)}M_0 - X_1 y - X_3. \end{aligned}\right\} \quad (835)$$

Antimetrie der Belastung:

$$\left.\begin{aligned} X_1 = 0, \quad X_3 = 0, \quad M_c = 0, \quad N_c = 0, \quad Q_c = Q_{c0} + X_2/l_1,\\ M_a = -M_b = -X_2, \quad M = {}^{(2)}M_0 + X_2 x/l_1. \end{aligned}\right\} \quad (836)$$

Die Buchstaben x, y bezeichnen die Koordinaten des Bezugspunktes des Biegungsmomentes. Die Vorzeichen richten sich nach dem Achsensystem der Abb. 505. Sie beziehen sich bei der Bildung der Kernmomente auf einen der beiden Kernpunkte des Querschnitts (vgl. S. 28).

Die Biegungsmomente für vorgeschriebene Belastungen lassen sich nach den Regeln auf S. 71 aufzeichnen. Darnach ist mit $\xi = x/l_1$

$$M = X_1 \left(\frac{M_0 + X_2 \xi - X_3}{X_1} - y\right) = X_1 \left(\frac{M_0^{(2)}}{X_1} - y\right). \tag{837}$$

Fällt die Mittelkraftlinie aus der Belastung q und den Zusatzkräften H_q mit der Mittellinie des Bogens zusammen, so ist mit $X_1 = \Delta H$ (Abb. 510)

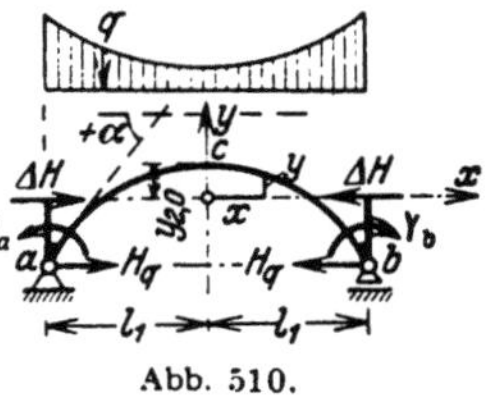

Abb. 510.

$$\left.\begin{aligned} &M_0 = 0, \qquad N_0 = -H_q/\cos\alpha, \\ &H = H_q + X_1, \qquad X_1 = -H_q \frac{J_c}{F_c}\int \frac{F_c}{F}\, ds \Big/ \delta_{11}, \\ &M = -X_1 y, \end{aligned}\right\} \tag{838}$$

$$\delta_{11} = \frac{J_c}{F_c}\int \cos^2\alpha \frac{F_c}{F}\, ds + \int y^2 \frac{J_c}{J}\, ds = (1+\nu)\int y^2 \frac{J_c}{J}\, ds. \tag{839}$$

Mit

$$\frac{J_c}{F_c}\int \frac{F_c}{F}\, ds : \int y^2 \frac{J_c}{J}\, ds = \frac{J_c}{F_c}\int (\sin^2\alpha + \cos^2\alpha)\frac{F_c}{F}\, ds \Big/ \delta_{11}' \approx \nu \tag{840}$$

ist

$$X_1 = -\frac{\nu}{1+\nu} H_q, \qquad M = \frac{\nu}{1+\nu} H_q y, \tag{841}$$

$$N = -\frac{H_q}{\cos\alpha}\,\frac{1+\nu\sin^2\alpha}{1+\nu} \approx -\frac{1}{\cos\alpha}\,\frac{H_q}{1+\nu}. \tag{842}$$

Ableitung der Schnittkräfte aus einem statisch unbestimmten Hauptsystem. Die Schnittkräfte lassen sich auch aus einem statisch unbestimmten Hauptsystem mit der Längskraft $-N_c$ als überzähliger Größe X_1 in dem beiderseits eingespannten Träger entwickeln. Die Belastung erzeugt die Schnittkräfte $N_0^{(2)}, M_0^{(2)}, Q_0^{(2)}$ und die Einspannungsmomente $M_{a0}^{(2)}, M_{b0}^{(2)}$, die Kräftegruppe $-X_1 = 1$ die Schnittkräfte $N_1^{(2)}, M_1^{(2)}, Q_1^{(2)}$ und die Einspannungsmomente $M_{a1}^{(2)}, M_{b1}^{(2)}$. Sie werden bei beliebiger Trägerform nach (345), bei Symmetrie nach (359) mit den überzähligen Größen Y_a, Y_b eines statisch bestimmten Hauptsystems berechnet. Wird diese für die folgenden Angaben ebenso vorausgesetzt wie auf S. 523, so ist

$$\left.\begin{aligned} &Y_{a0} = \tfrac{1}{2}(M_{a0}^{(2)} + M_{b0}^{(2)}), \qquad Y_{b0} = \tfrac{1}{2}(M_{a0}^{(2)} - M_{b0}^{(2)}), \\ &Y_{a1} = \tfrac{1}{2}(M_{a1}^{(2)} + M_{b1}^{(2)}), \qquad Y_{b1} = \tfrac{1}{2}(M_{a1}^{(2)} - M_{b1}^{(2)}) = 0, \\ &Y_{a1} = M_{a1}^{(2)} = M_{b1}^{(2)} = -1\cdot y_{1,0} = -\int y_1 \frac{J_c}{J\cos\alpha}\, dx : \int \frac{J_c}{J\cos\alpha}\, dx, \end{aligned}\right| \tag{843}$$

$$X_1 = \delta_{10}^{(2)}/\delta_{11}^{(2)}, \qquad X_1 = \delta_{m1}^{(2)}/\delta_{11}^{(2)}. \tag{844}$$

Zähler und Nenner werden nach (305) berechnet.

$$\left.\begin{aligned} &\delta_{10}^{(2)} = \frac{J_c}{F_c}\int N_0^{(0)}\cos\alpha \frac{F_c}{F}\, ds + \int M_0^{(0)} y \frac{J_c}{J\cos\alpha}\, dx, \\ &\delta_{11}^{(2)} = \frac{J_c}{F_c}\int \cos^2\alpha \frac{F_c}{F}\, ds + \int y_1 (y_1 - y_{1,0}) \frac{J_c}{J\cos\alpha}\, dx, \end{aligned}\right\} \tag{845}$$

$$\delta_{1t}^{(2)} = E J_c \alpha_t t\, l, \qquad \delta_{1s}^{(2)} = E J_c [y_{1,0}(\varphi_a - \varphi_b) - \Delta l] \quad \text{(Abb. 508)}. \tag{846}$$

Die Biegelinie $\delta_{m1}^{(2)}$ des beiderseits eingespannten Trägers wird ebenso wie auf S. 525 aus der stetigen Belastung $\mathfrak{w}_1^{(2)} = y J_c/J \cos\alpha$ entwickelt.

$$N = N_0^{(2)} - X_1\cos\alpha, \qquad M = M_0^{(2)} - X_1 y, \qquad Q = Q_0^{(2)} - X_1 \sin\alpha. \tag{847}$$

Bei veränderlicher Belastung sind $N_0^{(2)}$, $M_0^{(2)}$, $Q_0^{(2)}$ Einflußlinien des beiderseits eingespannten Trägers. Bei vorgeschriebener Belastung werden die Biegungsmomente wieder nach S. 71 aufgezeichnet.

$$M = X_1 \left(\frac{M_0^{(2)}}{X_1} - y \right). \tag{848}$$

Damit ist gleichzeitig auch die Mittelkraftlinie der Belastung unter Beachtung der vorgeschriebenen statischen Randbedingungen gefunden worden.

Elastische Einspannung des symmetrischen Bogenträgers. Die elastische Bewegung der Widerlager führt zur Erweiterung des elastischen Systems. Dasselbe gilt daher auch für die virtuellen Arbeiten $1_1\delta_{11}$, $1_2\delta_{22}$, $1_3\delta_{33}$. Jeder Anschlußquerschnitt a, b des Bogenträgers verschiebt sich infolge einer hier angreifenden Kraft 1 in waagerechter Richtung um die Strecke ε_{11}/EJ_c, infolge eines hier angreifenden Kräftepaares um die Strecke ε_{12}/EJ_c. Dabei verdreht sich der Querschnitt um den Winkel ε_{22}/EJ_c. Die Buchstaben ε_{11}, ε_{12}, ε_{22} bezeichnen daher den EJ_cfachen Betrag der Verschiebungen. Ihr Einfluß auf den Parameter $y_{1,0}$ ist auf S. 277 abgeleitet.

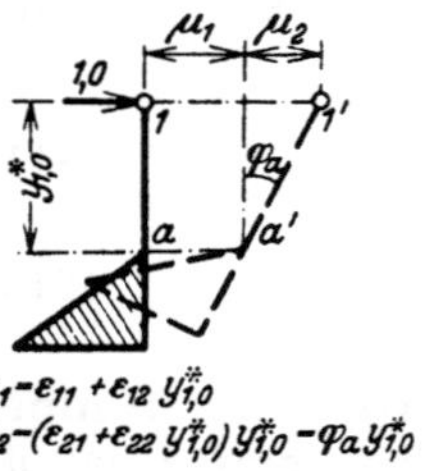

Abb. 511.

$$y_{1,0}^* = \left(\int_c^a y_1 \frac{J_c}{J} ds - \varepsilon_{21} \right) : \left(\int_c^a \frac{J_c}{J} ds + \varepsilon_{22} \right) \quad \text{(Abb. 511)}.$$

Die Vorzahlen des Ansatzes (824) werden in δ_{11}^*, δ_{22}^*, δ_{33}^* abgeändert. Sie sind nach Abb. 511

$$\left.\begin{aligned} \delta_{11}^* &= \delta_{11} + 2\,[(\varepsilon_{11} + \varepsilon_{12}\, y_{1,0}^*) + (\varepsilon_{21} + \varepsilon_{22}\, y_{1,0}^*)\, y_{1,0}^*], \\ \delta_{11}^* &= \delta_{11} + 2\,(\varepsilon_{11} + 2\,\varepsilon_{12}\, y_{1,0}^* + \varepsilon_{22}\, y_{1,0}^{*\,2}], \\ \delta_{22}^* &= \delta_{22} + 2\,\varepsilon_{22}, \qquad \delta_{33}^* = \delta_{33} + 2\,\varepsilon_{22}, \\ X_1 &= \delta_{1\otimes}/\delta_{11}^*, \qquad X_2 = \delta_{2\otimes}/\delta_{22}^*, \qquad X_3 = \delta_{3\otimes}/\delta_{33}^*. \end{aligned}\right\} \tag{849}$$

Bogenträger mit ungleich hohen Kämpfern. Die unabhängige Berechnung der drei statisch überzähligen Größen ist auf S. 274 gezeigt worden. Dasselbe Ergebnis kann auch durch die Bildung von statisch überzähligen Gruppenlasten nach Abschn. 36 erzielt werden. Der Ansatz ist auf S. 286 angeschrieben. Daneben läßt sich auch mit Vorteil der beiderseits eingespannte Balkenträger als Hauptsystem verwenden. Die Untersuchung bedarf nach den Bemerkungen auf S. 275 keiner Erläuterung.

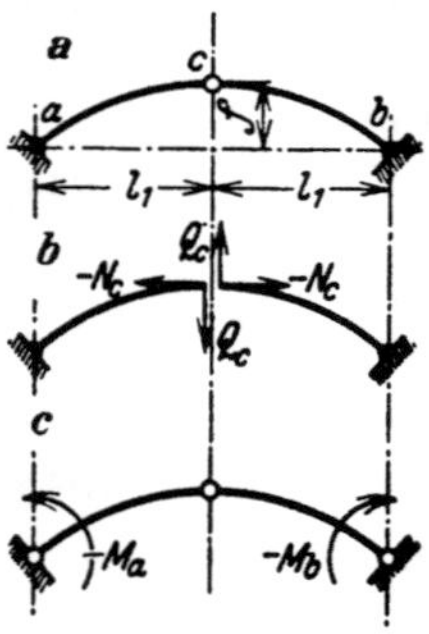

Abb. 512.

Der Eingelenkbogen. Der beiderseits eingespannte Bogenträger mit Scheitelgelenk hat nur Bedeutung für Bauwerke mit kleinem Pfeilverhältnis, deren Spannungen aus dem Schwinden des Baustoffs und aus Temperaturänderung im Vergleich zum Bogenträger ohne Gelenke vermindert werden sollen und deren Bogenstärken nächst dem Bogenscheitel nur klein sein können. Um die waagerechte Stützkraft des Eingelenkbogens herabzusetzen, kann dieser bei kleinen Stützweiten als Kragträger ausgerüstet werden. In diesem Falle entstehen waagerechte Kräfte nur aus Temperaturänderung und Nutzlast.

Die statische Untersuchung bedarf nach den ausführlichen Bemerkungen dieses Abschnitts keiner Erläuterung. Die beiden statisch überzähligen Größen können nach Abschn. 35 und 36 stets unabhängig voneinander angegeben werden. Bei Symmetrie des Tragwerks sind entweder $X_1 = -N_c$, $X_2 = Q_c$ äußere Kräfte eines Freiträgerpaares oder $X_1 = \frac{1}{2}(M_a + M_b)$, $X_2 = \frac{1}{2}(M_a - M_b)$ die statisch unbestimmten Gruppenlasten eines Dreigelenkbogenträgers (Abb. 512).

Besondere Bogenformen des beiderseits eingespannten Bogenträgers. Um die Vorzahlen und die Belastungszahlen des Ansatzes formal integrieren zu können, wird die Funktion y der Mittellinie nach S. 508 als Parabel, Kreisbogen oder Kettenlinie mathematisch beschrieben und die für den Querschnitt maßgebende Funktion $J_c/J \cos\alpha = \zeta(x)$ nach

$$\zeta(x) = 1 - (1-n)\xi^{2r} \quad \text{(Abb. 486)} \qquad \text{oder} \qquad \zeta(x) = \mu(1 - \varphi\,\mathfrak{Cof}\,\xi c)$$

angenommen. Die Beiwerte n und r sind auf S. 509, die Beiwerte μ, φ und c auf S. 534 erläutert worden. Die Rechnung wird für $n = 1$ oder für $\mu = 1$ am einfachsten. Die Ergebnisse sind in Tabelle 42 enthalten.

Nach dem Ergebnis der Zahlenrechnung auf S. 538ff. stimmen die Einflußlinien der überzähligen Größen und ihr Betrag für ausgezeichnete Belastungen für die beiden Annahmen der Bogenkrümmung nach einer Parabel oder nach einer Kettenlinie nahezu überein. Sie sind also nur unwesentlich von der Bogenachse abhängig, können daher angenähert auch dann nach den einfachen Ansätzen beim Parabelbogen berechnet werden, wenn die Bogenachse nach einer Kettenlinie gekrümmt ist. Dies gilt jedoch nicht für die Wirkungslinie von X_1, also für den Abstand $y_{1,0}$ (819) und für die Biegungsmomente. Diese sind von der Bogenform wesentlich abhängig und, wie zu erwarten, bei einem überschütteten Bogen mit der Kettenlinie als Achse günstiger als bei der Parabel. Dies liegt an dem Einfluß des Eigengewichts.

Tabelle 42. Beiderseits eingespannter Bogenträger mit analytisch bestimmter Mittellinie.

1. Die Mittellinie des Bogenträgers ist eine Parabel[1].

$$\xi = x/l_1, \qquad \xi' = 1 - \xi,$$

$$\eta_{1,0} = y_{1,0}/f, \quad \eta_{2,0} = 1 - \eta_{1,0},$$

$$y = f(1 - \xi^2) - \eta_{1,0}.$$

Hauptsystem: Balkenträger auf zwei Stützen ($l = 2l_1$).

$$X_1 = H,$$

$$X_2 = \tfrac{1}{2}(Y_a - Y_b),$$

$$X_3 = \tfrac{1}{2}(Y_a + Y_b),$$

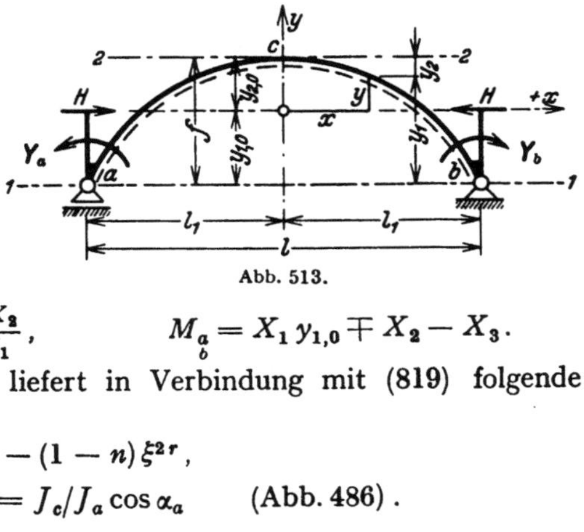

Abb. 513.

$$A = A_0 + \frac{X_2}{l_1}, \quad B = B_0 - \frac{X_2}{l_1}, \qquad M_{\substack{a\\b}} = X_1 y_{1,0} \mp X_2 - X_3.$$

Die Integration der Ansätze (824ff.) liefert in Verbindung mit (819) folgende Ergebnisse:

a) Bogenform mit $J_c/J\cos\alpha = 1 - (1-n)\xi^{2r}$,

$$r = 1, 2, 3 \ldots \infty, \qquad n = J_c/J_a \cos\alpha_a \qquad \text{(Abb. 486)}.$$

$$\eta_{1,0} = \frac{2}{3}\,\frac{4r(2+r) + 3n}{(3+2r)(n+2r)}, \qquad \eta_{2,0} = 1 - \eta_{1,0} = \frac{1}{3}\,\frac{(1+2r)(3n+2r)}{(3+2r)(n+2r)},$$

$$\cos^2\alpha \approx 1: \qquad \nu = \frac{J_c}{F_c}\,\frac{2l_1}{\delta'_{11}} = \frac{J_c}{F_c}\,\frac{1}{f^2\left[\frac{8}{15} - \frac{8(1-n)}{(1+2r)(3+2r)(5+2r)} - \eta_{10}^2\left(1 - \frac{1-n}{1+2r}\right)\right]},$$

$$\delta_{11} = 2l_1 f^2(1+\nu)\left[\frac{8}{15} - \frac{8(1-n)}{(1+2r)(3+2r)(5+2r)} - \eta_{1,0}^2\left(1 - \frac{1-n}{1+2r}\right)\right].$$

$$\delta_{22} = 2l_1\left[\frac{1}{3} - \frac{1-n}{3+2r}\right], \qquad \delta_{33} = 2l_1\left[1 - \frac{1-n}{1+2r}\right].$$

[1] Anwendung: Beispiel S. 535 und S. 538.

Gleichungen der Biegelinien:

$$\frac{d^2\delta_{m1}}{dx^2} = -y_2[1-(1-n)\xi^{2r}], \qquad \frac{d^2\delta_{m2}}{dx^2} = +\frac{x}{l_1}[1-(1-n)\xi^{2r}],$$

$$\frac{d^2\delta_{m3}}{dx^2} = -[1-(1-n)\xi^{2r}].$$

Die Integration ergibt

$$\delta_{m1} = \frac{l_1^2}{12}f\left\{6\eta_{2,0}(1-\xi^2)-(1-\xi^4)-6(1-n)\left[\frac{\eta_{2,0}}{1+2r}\,\frac{1-\xi^{2(1+r)}}{1+r}-\frac{1}{3+2r}\,\frac{1-\xi^{2(2+r)}}{2+r}\right]\right\},$$

$$\delta_{m2} = -\frac{l_1^2}{6}\xi\left[(1-\xi^2)-\frac{3(1-n)}{3+2r}\,\frac{1-\xi^{2(1+r)}}{1+r}\right],$$

$$\delta_{m3} = \frac{l_1^2}{2}\left[(1-\xi^2)-\frac{1-n}{1+2r}\,\frac{1-\xi^{2(1+r)}}{1+r}\right].$$

Belastungszahlen für besondere Belastungsfälle:

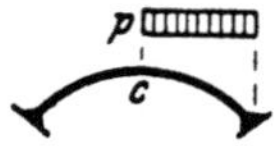

$$\delta_{10} = \frac{p\,l_1^2}{4f}\,\frac{1}{1+\nu}\,\delta_{11},$$

$$\delta_{20} = -\frac{p\,l_1^3}{24}\left[1-\frac{6(1-n)}{(3+2r)(2+r)}\right],$$

$$\delta_{30} = \frac{p\,l_1^3}{3}\left[1-\frac{3(1-n)}{(1+2r)(3+2r)}\right],$$

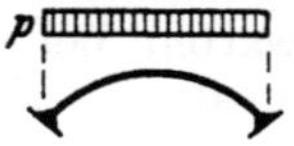

$$\delta_{10} = \frac{p\,l_1^2}{2f}\,\frac{1}{1+\nu}\,\delta_{11},$$

$$\delta_{20} = 0,$$

$$\delta_{30} = \frac{2}{3}p\,l_1^3\left[1-\frac{3(1-n)}{(1+2r)(3+2r)}\right],$$

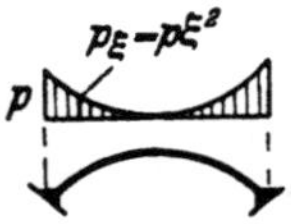

$$\delta_{10} = \frac{2}{3}f\,l_1^3\left[\frac{21\,\eta_{2,0}-5}{105}-(1-n)\left(\frac{\eta_{2,0}}{(1+2r)(5+2r)}-\frac{1}{(3+2r)(5+2r)}\right)\right].$$

$$\delta_{20} = 0, \qquad \delta_{30} = \frac{2}{15}p\,l_1^3\left[1-\frac{5(1-n)}{(1+2r)(5+2r)}\right],$$

$$A_0 = B_0 = \frac{p\,l_1}{3}; \qquad V_0 = p\,l_1\frac{\xi^3}{3}; \qquad M_0 = \frac{p\,l_1^2}{12}(1-\xi^4).$$

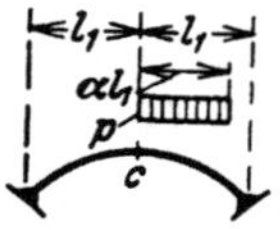

$$\delta_{20} = -\frac{p\,l_1^3}{12}\alpha^2\left[\left(1-\frac{\alpha^2}{2}\right)-\frac{3(1-n)}{(3+2r)(1+r)}\left(1-\frac{\alpha^{2(1+r)}}{2+r}\right)\right];$$

$$\delta_{30} = +\frac{p\,l_1^3}{2}\alpha\left[\left(1-\frac{\alpha^2}{3}\right)-\frac{1-n}{(1+2r)(1+r)}\left(1-\frac{\alpha^{2(1+r)}}{3+2r}\right)\right];$$

$$\delta_{10} = \frac{p\,l_1^3 f}{12}\left\{6\,\eta_{2,0}\left(1-\frac{\alpha^2}{3}\right)-\left(1-\frac{\alpha^4}{5}\right)-6(1-n)\left[\frac{\eta_{2,0}}{(1+2r)(1+r)}\left(1-\frac{\alpha^{2(1+r)}}{3+2r}\right)\right.\right.$$
$$\left.\left.-\frac{1}{(3+2r)(2+r)}\left(1-\frac{\alpha^{2(2+r)}}{5+2r}\right)\right]\right\};$$

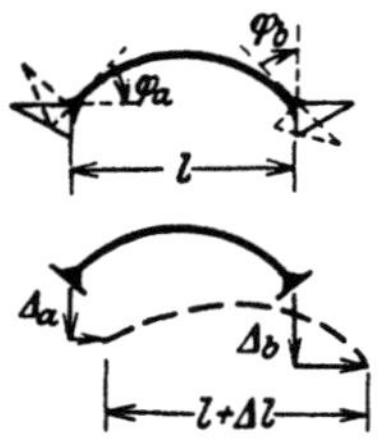

$$\delta_{1s} = +E\,J_c[(\varphi_a-\varphi_b)\eta_{1,0}f-\Delta l]; \qquad l = 2l_1;$$

$$\delta_{2s} = -E\,J_c\left[(\varphi_a+\varphi_b)+\frac{2}{l}(\Delta_a-\Delta_b)\right];$$

$$\delta_{3s} = -E\,J_c(\varphi_a-\varphi_b);$$

$$\delta_{1t} = E\,J_c\alpha_t t\,l; \qquad \delta_{2t} = \delta_{3t} = 0.$$

b) Bogenform mit $J_c/J\cos\alpha = 1-(1-n)\,\xi^2$; $n = J_c/J_a\cos\alpha_a$ (Abb. 486).

$$\eta_{1,0} = \frac{2}{5}\,\frac{4+n}{2+n}; \qquad \nu = \frac{175}{4}\,\frac{J_c}{F_c\cdot f^2}\,\frac{2+n}{n(8+n)+8/3};$$

$$\delta_{11} = \frac{4}{175}\,l\,f^2(1+\nu)\,\frac{n(8+n)+8/3}{2+n};$$

$$\delta_{22} = \frac{1}{15}\,l\,(2+3n); \qquad \delta_{33} = \frac{1}{3}\,l\,(2+n).$$

Gleichungen der Einflußlinien:

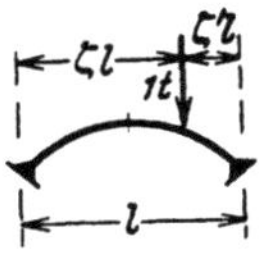

$$X_1 = \frac{35}{4}\,\frac{l}{f}\,\zeta^2\zeta'^2\,\frac{3n(4+n)+8(1-n)(2+n)\zeta\zeta'}{[3n(8+n)+8](1+\nu)};$$

$$X_2 = -\frac{l}{2}\,\zeta\zeta'(1-2\zeta')\left(1+6\zeta'\zeta\,\frac{1-n}{2+3n}\right);$$

$$X_3 = \frac{l}{2}\,\zeta\zeta'\left(1+2\zeta\zeta'\,\frac{1-n}{2+n}\right).$$

Besondere Belastungsfälle:

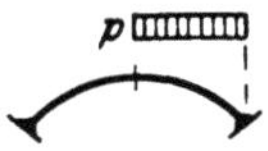

$$X_1 = \frac{p\,l^2}{16f}\,\frac{1}{1+\nu}; \qquad X_2 = -\frac{p\,l^2}{64}\,\frac{3+2n}{2+3n}; \qquad X_3 = \frac{p\,l^2}{40}\,\frac{4+n}{2+n}.$$

$$X_1 = \frac{p\,l^2}{8f}\,\frac{1}{1+\nu}; \qquad X_2 = 0; \qquad X_3 = \frac{p\,l^2}{20}\,\frac{4+n}{2+n}.$$

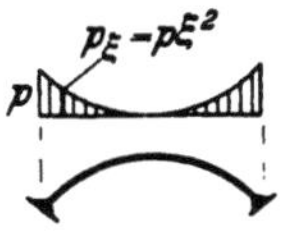

$$X_1 = \frac{p\,l^2}{72f}\,\frac{1}{1+\nu}\,\frac{8(1+4n)+5n^2}{3n(8+n)+8};$$

V_0, M_0 (S. 530). $\quad X_2 = 0; \qquad X_3 = \frac{1}{420}\,p\,l^2\,\frac{16+5n}{2+n}.$

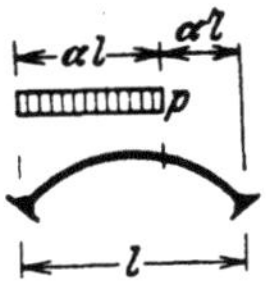

$$X_2 = \frac{p\,l^2}{4}\,\alpha^2\alpha'^2\left(1+4\,\frac{1-n}{2+3n}\,\alpha\alpha'\right);$$

$$X_3 = \frac{p\,l^2}{60}\,\alpha^2\left\{5(1+2\alpha')+2\,\frac{1-n}{2+n}\,\alpha\,[1+3\alpha'(1+2\alpha')]\right\};$$

$$X_1 = \frac{p\,l^2}{8f}\,\alpha^3\,\frac{7n(4+n)[1+3\alpha'(1+2\alpha')]+4(1-n)(2+n)\alpha\{1+2\alpha'[2+5\alpha'(1+2\alpha')]\}}{[3n(8+n)+8](1+\nu)}.$$

Temperaturänderung und Stützensenkung wie unter 1, a) S. 530.

c) Bogenform mit $J_c/J\cos\alpha = 1$ (Abb. 486).

$$\eta_{1,0} = \frac{2}{3}; \qquad \nu = \frac{45}{4}\,\frac{J_c}{F_c\,l^2}; \qquad \delta_{11} = \frac{4}{45}\,l\,f^2(1+\nu); \qquad \delta_{22} = \frac{l}{3}; \qquad \delta_{33} = l.$$

Gleichungen der Einflußlinien: (Abb. 514, S. 532).

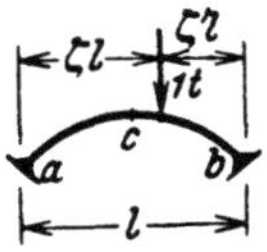

$$X_1 = \frac{15}{4}\,\frac{l}{f}\,\frac{1}{1+\nu}\,\zeta^2\zeta'^2; \qquad X_2 = -\frac{l}{2}\,\zeta\zeta'(1-2\zeta'); \qquad X_3 = \frac{l}{2}\,\zeta\zeta'.$$

$$A = \zeta'^2(1+2\zeta); \qquad B = \zeta^2(1+2\zeta'); \qquad H = X_1.$$

$$M_a = l\,\zeta\zeta'^2\left[\frac{5}{2(1+\nu)}\,\zeta-1\right]; \qquad M_b = l\,\zeta^2\zeta'\left[\frac{5}{2(1+\nu)}\,\zeta'-1\right];$$

$$0 \leqq \zeta \leqq \frac{1}{2}: \quad M_c = \frac{l}{2}\,\zeta^2\left[1-\frac{5}{2(1+\nu)}\,\zeta'^2\right].$$

Besondere Belastungsfälle:

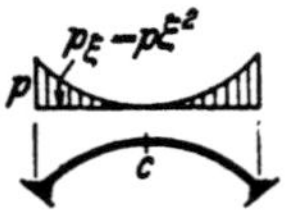

$$A = B = \frac{pl}{6},$$
$$H = \frac{pl}{56}\,\frac{l}{f}\,\frac{1}{1+\nu},$$
$$M_a = M_b = -\frac{pl^2}{420}\,\frac{7\nu+2}{1+\nu},$$
$$M_c = -\frac{pl^2}{1680}\,\frac{3-7\nu}{1+\nu}.$$
$$\nu = 0:\ \max M_m = +\frac{pl^2}{509};\ \zeta_m = 0{,}233.$$

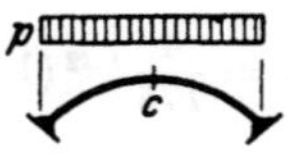

$$A = B = \frac{pl}{2},$$
$$H = \frac{pl}{8}\cdot\frac{l}{f}\,\frac{1}{1+\nu};$$
$$M_a = M_b = -\frac{pl^2}{12}\,\frac{\nu}{1+\nu},$$
$$M_c = +\frac{pl^2}{24}\,\frac{\nu}{1+\nu}.$$

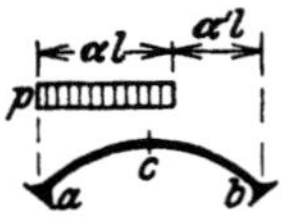

$$A = \frac{pl}{2}\,\alpha[1+\alpha'(1+\alpha\alpha')];$$
$$B = \frac{pl}{2}\,\alpha^2(1-\alpha'^2),$$
$$H = \frac{pl^2}{8f}\,\alpha^3\,\frac{1+3\alpha'(1+2\alpha')}{1+\nu},$$
$$M_a = -\frac{pl^2}{12}\,\alpha^2\,\frac{6\alpha'^3+\nu(1+2\alpha'+3\alpha'^2)}{1+\nu},$$
$$M_b = \frac{pl^2}{12}\,\alpha^3\,\frac{6\alpha'^2-\nu(1+3\alpha')}{1+\nu}.$$

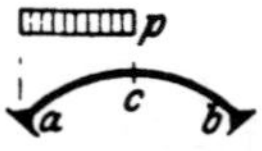

$$A = \frac{13}{32}pl,$$
$$B = \frac{3}{32}pl,$$
$$H = \frac{pl}{16}\,\frac{l}{f}\,\frac{1}{1+\nu},$$
$$M_a = -\frac{pl^2}{192}\,\frac{3+11\nu}{1+\nu},$$
$$M_b = \frac{pl^2}{192}\,\frac{3-5\nu}{1+\nu},$$
$$M_c = \frac{pl^2}{48}\,\frac{\nu}{1+\nu}.$$

Temperaturänderung und Stützensenkung wie unter 1, a), S. 530.

Abb. 514. Einflußlinien für Bogen mit $J_c/J\cos\alpha = 1$ (S. 531).

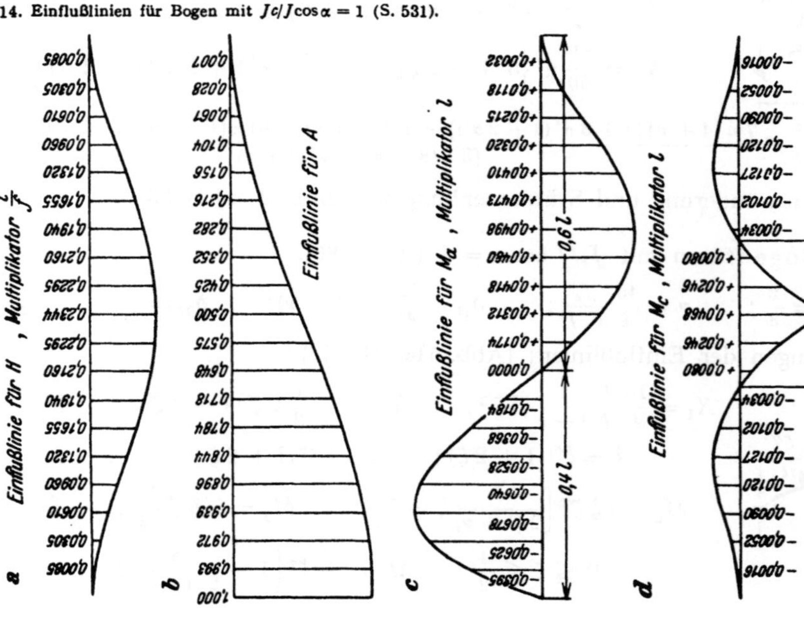

2. Die Mittellinie des Bogenträgers ist ein symmetrischer Kreisbogen mit $l = 2\,l_1$, f und $2\,\alpha_0$ (Abb. 515)[1].

$$\xi = x/l_1\,, \quad \xi' = 1 - \xi\,,$$

$$ds = r\,d\alpha\,.$$

$$r = \frac{f}{2}\left[1 + \left(\frac{l_1}{f}\right)^2\right], \quad e = r - f,$$

$$\sin\alpha_0 = l_1/r\,, \quad \cos\alpha_0 = e/r\,.$$

$$x = r\cdot\sin\alpha\,,$$

$$y_1 = r\,(\cos\alpha - \cos\alpha_0)\,.$$

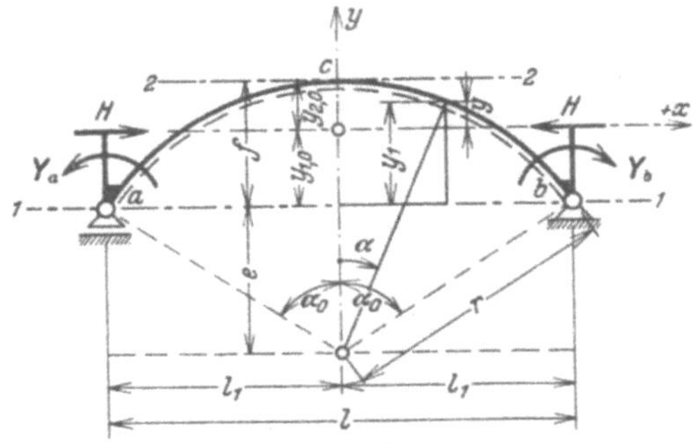

Abb. 515.

Hauptsystem: Balkenträger auf zwei Stützen ($l = 2\,l_1$)

$$X_1 = H\,, \qquad X_2 = \frac{1}{2}\,(Y_a - Y_b)\,, \qquad X_3 = \frac{1}{2}\,(Y_a + Y_b)\,,$$

$$A = A_0 + \frac{X_2}{l_1}\,, \qquad B = B_0 - \frac{X_2}{l_1}\,, \qquad M_b^a = X_1\,y_{1,0} \mp X_2 - X_3\,.$$

Die Bogenstärke wird konstant angenommen: $J_c/J = 1$.

$$y_{1,0} = r\left(\frac{\sin\alpha_0}{\alpha_0} - \cos\alpha_0\right), \qquad y = r\left[\cos\alpha - \frac{\sin\alpha_0}{\alpha_0}\right].$$

$$\delta_{11} = 2\int_0^{\alpha_0} y^2\,ds = r^3\alpha_0\left[1 + \frac{\sin\alpha_0}{\alpha_0}\cos\alpha_0 - 2\left(\frac{\sin\alpha_0}{\alpha_0}\right)^2\right] + \frac{J}{F}\,r\,\alpha_0\left(1 + \frac{\sin\alpha_0}{\alpha_0}\cos\alpha_0\right),$$

$$\delta_{22} = 2\int_0^{\alpha_0}\left(\frac{x}{l_1}\right)^2 ds = \frac{r\,\alpha_0}{\sin^2\alpha_0}\left(1 - \frac{\sin\alpha_0}{\alpha_0}\cos\alpha_0\right); \qquad \delta_{33} = 2\int_0^{\alpha_0} ds = 2\,r\,\alpha_0\,.$$

Die Einflußlinien ergeben sich aus den Biegelinien δ_{m1}, δ_{m2}, δ_{m3}, deren Gleichungen nach (195) angeschrieben werden.

$$\frac{d^2\delta_{m1}}{dx^2} = -\frac{r\left(\cos\alpha - \frac{\sin\alpha_0}{\alpha_0}\right)}{\cos\alpha}\,, \qquad \frac{d^2\delta_{m2}}{dx^2} = \frac{r}{l_1}\,\frac{\sin\alpha}{\cos\alpha}\,, \qquad \frac{d^2\delta_{m3}}{dx^2} = -\frac{1}{\cos\alpha}\,.$$

Durch Integration ist mit Berücksichtigung der Randbedingungen:

$$\delta_{m1} = r^3\,\frac{\sin\alpha_0}{\alpha_0}\left[(\cos\alpha + \alpha\sin\alpha) - (\cos\alpha_0 + \alpha_0\sin\alpha_0) + \frac{\alpha_0}{2\sin\alpha_0}\,(\sin^2\alpha_0 - \sin^2\alpha)\right],$$

$$\delta_{m2} = -\frac{r^2}{2\sin\alpha_0}\left[(\sin\alpha\cos\alpha + \alpha) - \frac{\sin\alpha}{\sin\alpha_0}\,(\sin\alpha_0\cos\alpha_0 + \alpha_0)\right],$$

$$\delta_{m3} = r^2\,[(\cos\alpha_0 + \alpha_0\sin\alpha_0) - (\cos\alpha + \alpha\sin\alpha)]\,.$$

3. Die Mittellinie des Bogenträgers ist eine symmetrische Kettenlinie[2]:

$$y_2 = y_s^*\,(\mathfrak{Cof}\,\xi c - 1)\,, \qquad \xi = x/l_1\,.$$

Sie ist bestimmt durch $l = 2\,l_1$, f und die Belastungshöhen im Scheitel q_s, im Kämpfer q_k. Verhältnis $q_k/q_s = \varkappa$ Abb. 487.

$$y_s^* = \frac{1}{\varkappa - 1}\,f\,,$$

$$c = \mathfrak{ArCof}\,\varkappa\,,$$

$$\mathfrak{Cof}\,c = \varkappa\,, \quad \mathfrak{Sin}\,c = \sqrt{\varkappa^2 - 1}\,.$$

Abb. 516.

[1] Wegen der Fehlerempfindlichkeit der Formeln empfiehlt sich die Verwendung einer Rechenmaschine.

[2] Anwendung: Beispiel S. 540.

Hauptsystem: Balkenträger auf zwei Stützen ($l = 2\,l_1$)

$$X_1 = H\,, \qquad X_2 = \tfrac{1}{2}(Y_a - Y_b)\,, \qquad X_3 = \tfrac{1}{2}(Y_a + Y_b)\,.$$

$$A = A_0 + \frac{X_2}{l_1}\,, \qquad B = B_0 - \frac{X_2}{l_1}\,, \qquad M_b^a = X_1\,y_{1,0} \mp X_2 - X_3\,.$$

a) Bogenform mit $\dfrac{J_c}{J\cos\alpha} = \mu\,(1 - \varphi\,\mathfrak{Cof}\,\xi c)\,,$

$$n = \frac{J_c}{J_a\cos\alpha_a}\,, \qquad \mu = \frac{\mathfrak{Cof}\,c - n}{\mathfrak{Cof}\,c - 1}\,, \qquad \varphi = \frac{\mu - 1}{\mu}\,.$$

$$y_{2,0} = y_s^*\,\frac{(1+\varphi)\left(\dfrac{\mathfrak{Sin}\,c}{c} - 1\right) - \dfrac{\varphi}{2}\left(\dfrac{\mathfrak{Sin}\,c}{c}\,\mathfrak{Cof}\,c - 1\right)}{1 - \varphi\,\dfrac{\mathfrak{Sin}\,c}{c}}\,, \qquad \psi = 1 + \frac{y_{2,0}}{y_s^*}\,.$$

Zur Abschätzung des Einflusses der Längskräfte genügen die Werte ν für parabolisch gekrümmte Mittellinie und gleich großes n der Tabelle 42, 1, b) S. 531.

$$\delta_{11} = 2\,\mu\,l_1\,y_s^{*2}\,(1+\nu)\left[\psi^2 - 2\,\psi\left(1 + \frac{\varphi\,\psi}{2}\right)\frac{\mathfrak{Sin}\,c}{c} + \frac{1}{2}\,(1 + 2\,\varphi\,\psi)\left(\frac{\mathfrak{Sin}\,c}{c}\,\mathfrak{Cof}\,c + 1\right)\right.$$
$$\left. - \frac{\varphi}{3}\,\frac{\mathfrak{Sin}\,c}{c}\,(2 + \mathfrak{Cof}^2 c)\right],$$

$$\delta_{22} = \frac{2}{3}\,\mu\,l_1\left\{1 - 3\,\varphi\left[\frac{\mathfrak{Sin}\,c}{c} + \frac{2}{c^2}\left(\frac{\mathfrak{Sin}\,c}{c} - \mathfrak{Cof}\,c\right)\right]\right\}, \qquad \delta_{33} = 2\,\mu\,l_1\left(1 - \varphi\,\frac{\mathfrak{Sin}\,c}{c}\right).$$

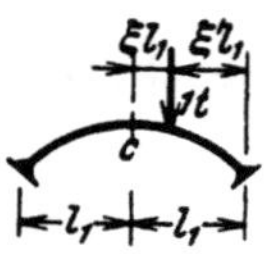

Gleichungen der Biegelinien:

$$\delta_{m1} = \frac{\mu}{2}\,y_s^*\left(\frac{l_1}{c}\right)^2\left\{\left[c^2\left(\psi + \frac{\varphi}{2}\right) - 2\,(1 + \varphi\,\psi)\,\mathfrak{Cof}\,c + \frac{\varphi}{4}\,\mathfrak{Cof}\,2\,c\right]\right.$$
$$\left. - \left[\left(\psi + \frac{\varphi}{2}\right)(\xi c)^2 - 2\,(1 + \varphi\,\psi)\,\mathfrak{Cof}\,\xi c + \frac{\varphi}{4}\,\mathfrak{Cof}\,2\,\xi c\right]\right\},$$

$$\delta_{m2} = -\frac{\mu}{6c}\left(\frac{l_1}{c}\right)^2\xi c\left\{\left[c^2 - 6\,\varphi\left(\mathfrak{Cof}\,c - 2\,\frac{\mathfrak{Sin}\,c}{c}\right)\right] - \left[(\xi c)^2 - 6\varphi\left(\mathfrak{Cof}\,\xi c - 2\,\frac{\mathfrak{Sin}\,\xi c}{\xi c}\right)\right]\right\},$$

$$\delta_{m3} = \frac{\mu}{2}\left(\frac{l_1}{c}\right)^2\{[c^2 - 2\,\varphi\,\mathfrak{Cof}\,c] - [(\xi c)^2 - 2\,\varphi\,\mathfrak{Cof}\,\xi c]\}\,.$$

Besondere Belastungsfälle:

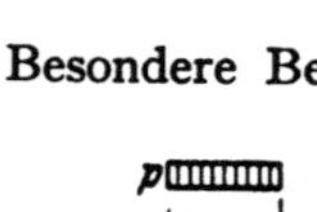

$$\delta_{20} = -\frac{\mu}{24}\,p\,l_1\left(\frac{l_1}{c}\right)^2\left[c^2 - 12\,\varphi\left(\mathfrak{Cof}\,c - 4\,\frac{\mathfrak{Sin}\,c}{c} + 6\,\frac{\mathfrak{Cof}\,c - 1}{c^2}\right)\right],$$

$$\delta_{30} = \frac{\mu}{3}\,p\,l_1\left(\frac{l_1}{c}\right)^2\left[c^2 - 3\,\varphi\left(\mathfrak{Cof}\,c - \frac{\mathfrak{Sin}\,c}{c}\right)\right],$$

$$\delta_{10} = \mu\,y_s^*\,p\,l_1\left(\frac{l_1}{c}\right)^2\left[\frac{c^2}{3}\left(\psi + \frac{\varphi}{2}\right) - (1 + \varphi\,\psi)\left(\mathfrak{Cof}\,c - \frac{\mathfrak{Sin}\,c}{c}\right) + \frac{\varphi}{8}\left(\mathfrak{Cof}\,2\,c - \frac{\mathfrak{Sin}\,2\,c}{2\,c}\right)\right].$$

Für gleichmäßig verteilte Belastung p des ganzen Trägers ist $\delta_{20} = 0$, δ_{10} und δ_{30} doppelt so groß wie für halbseitige Belastung.

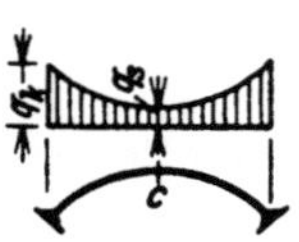

$$H_q = \frac{q_s}{y_s^*}\left(\frac{l_1}{c}\right)^2; \quad \text{(S. 511)} \qquad M = \frac{\nu}{1+\nu}\,H_q\cdot y;$$

$$N = -\frac{H_q}{\cos\alpha}\,\frac{1 + \nu\sin^2\alpha}{1+\nu} \approx -\frac{1}{\cos\alpha}\,\frac{H_q}{1+\nu}; \quad \text{(S. 527).}$$

b) Bogenform mit $\dfrac{J_e}{J\cos\alpha} = 1$.

$$\eta_0 = 1 - \frac{y_{2,0}}{f}, \qquad y_{2,0} = y_s^*\left(\frac{\mathfrak{Sin}\,c}{c} - 1\right); \qquad y = y_s^*\left(\frac{\mathfrak{Sin}\,c}{c} - \mathfrak{Cof}\,\xi c\right).$$

$$\delta_{11} = l_1 y_s^{*2}(1+\nu)\left[1 + \frac{\mathfrak{Sin}\,c}{c}\mathfrak{Cof}\,c - 2\left(\frac{\mathfrak{Sin}\,c}{c}\right)^2\right]; \qquad \delta_{22} = \frac{2}{3} l_1; \qquad \delta_{33} = 2 l_1.$$

Gleichungen der Einflußlinien:

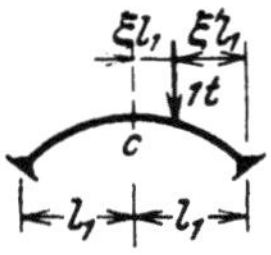

$$X_1 = \frac{y_s^*}{2}\left(\frac{l_1}{c}\right)^2 \frac{1}{\delta_{11}}\left[\left(c^2\frac{\mathfrak{Sin}\,c}{c} - 2\,\mathfrak{Cof}\,c\right) - \left((\xi c)^2\frac{\mathfrak{Sin}\,c}{c} - 2\,\mathfrak{Cof}\,\xi c\right)\right];$$

$$X_2 = -\frac{l_1}{4}\xi(1-\xi^2) = -\frac{l_1}{4}\omega_D; \qquad X_3 = \frac{l_1}{4}(1-\xi^2).$$

Besondere Belastungsfälle:

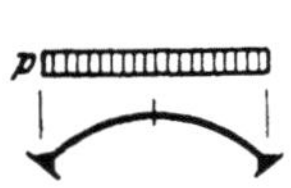

$$X_2 = 0; \qquad X_3 = \frac{p l_1^2}{3};$$

$$X_1 = y_s^* p l_1\left(\frac{l_1}{c}\right)^2 \frac{2}{\delta_{11}}\left[\left(1 + \frac{c^2}{3}\right)\frac{\mathfrak{Sin}\,c}{c} - \mathfrak{Cof}\,c\right].$$

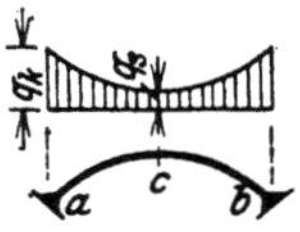

$$H_q = \frac{q_s}{y_s^*}\left(\frac{l_1}{c}\right)^2; \qquad M = \frac{\nu}{1+\nu} H_q \cdot y;$$

$$N \approx -\frac{1}{\cos\alpha}\frac{H_q}{1+\nu}$$ (s. unter a).

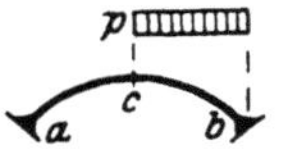

$$X_1 = y_s^* p l_1\left(\frac{l_1}{c}\right)^2 \frac{1}{\delta_{11}}\left[\left(1 + \frac{c^2}{3}\right)\frac{\mathfrak{Sin}\,c}{c} - \mathfrak{Cof}\,c\right];$$

$$X_2 = -\frac{p l_1^2}{16}; \qquad X_3 = \frac{p l_1^2}{6}.$$

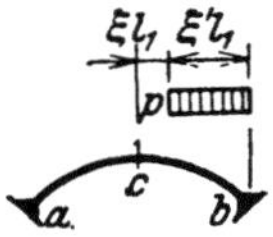

$$X_1 = y_s^* p l_1\left(\frac{l_1}{c}\right)^2 \frac{1}{\delta_{11}} \times$$

$$\times\left[\left(1 + \frac{c^2}{3}\right)\frac{\mathfrak{Sin}\,c}{c} - \mathfrak{Cof}\,c - \frac{\mathfrak{Sin}\,\xi c - \xi c\,\mathfrak{Cof}\,c}{c} + \frac{c^2}{6}\xi(\xi^2 - 3)\frac{\mathfrak{Sin}\,c}{c}\right];$$

$$X_2 = -\frac{p l_1^2}{16}(1-\xi^2)^2; \qquad X_3 = \frac{p l_1^2}{12}\xi'^2(3 - \xi').$$

Temperaturänderung und Stützensenkung wie unter 1, a) S. 530.

Statische Untersuchung eines beiderseits eingespannten Gewölbes (Abb. 517) mit parabolisch gekrümmter Mittellinie und verschiedenen Annahmen über die Bogenform als Beispiel für die Anwendung der Tabelle 42 S. 529 ff.

$$y_1 = f(1 - \xi^2).$$

Der Querschnitt ist nach S. 510 bestimmt durch

$$J_c/J\cos\alpha = 1 - (1-n)\,\xi^{2r}.$$

Die Untersuchung wird durchgeführt für

$$n = J_c/J_k\cos\alpha_k = 0$$

Abb. 517.

und veränderliches r ($r = 1, 2, 3$ und ∞). $r = \infty$ liefert mit $J_c/J\cos\alpha = 1$ dieselbe Bogenform wie $n = 1$. Die geometrische Bedeutung der Annahmen für die Bogenform zeigt Abb. 486 S. 510. Die Zahlenrechnung nach S. 529 wird für $r = 2$ angegeben, im übrigen auf die Mitteilung der Ergebnisse beschränkt.

1. Geometrische Grundlagen. $l = 2\,l_1 = 100{,}0$ m; $f = 42{,}0$ m.

$$F_s = F_c = 2{,}1 \text{ m}^2; \qquad J_s = J_c = 0{,}772 \text{ m}^4; \qquad J_c/J \cos\alpha = 1 - \xi^{2r}.$$

2. Hauptsystem nach S. 529: Balken auf 2 Stützen (Abb. 513)

$$\eta_{1,0} = \frac{2}{3}\,\frac{4+2r}{3+2r}; \qquad \eta_{2,0} = \frac{1}{3}\,\frac{1+2r}{3+2r};$$

$r =$	1	2	3	∞
$\eta_{1,0} =$	0,800	0,762	0,741	0,666
$\eta_{2,0} =$	0,200	0,238	0,259	0,333

3. Vorzahlen für $r = 2$ nach S. 529

$$k = \left[\frac{8}{15} - \frac{8}{(1+2r)(3+2r)(5+2r)} - \eta_{1,0}^2\left(1 - \frac{1}{1+2r}\right)\right] = \frac{8}{15} - \frac{8}{5\cdot 7\cdot 9} - 0{,}762^2\left(1 - \frac{1}{5}\right)$$

$$= 0{,}04342; \qquad \nu = \frac{0{,}772}{2{,}1 \quad {}_{\cdot}{,}0^2 k} = 0{,}004800;$$

$$\delta_{11} = 100{,}0 \cdot 42{,}0^2 (1+\nu)\,k = 7695{,}98;$$

$$\delta_{22} = 100{,}0 \cdot \left[\frac{1}{3} - \frac{1}{7}\right] = 19{,}0476; \qquad \delta_{33} = 100{,}0\left[1 - \frac{1}{s}\right] = 80{,}00.$$

$r =$	1	2	3	∞
$k =$	0,03047	0,04342	0,05115	0,08889
$\nu =$	0,006840	0,004800	0,004074	0,002345
$\delta_{11} =$	5411,60	7695,98	9059,55	15716,89
$\delta_{22} =$	13,3333	19,0476	22,2222	33,3333
$\delta_{33} =$	66,6667	80,0000	85,7143	100,000

4. Einflußlinien der überzähligen Größen für $r = 2$.

a) X_1 nach S. 530 mit $\eta_{2,0} = 0{,}238$; $6\,\eta_{2,0} = 1{,}428$.

$$\frac{6\,\eta_{2,0}}{(1+2r)(1+r)} = 0{,}0952, \qquad X_1 = \frac{l_1^2 f}{12\,\delta_{11}} \cdot K_1 = 1{,}13696 \cdot K_1,$$

$$\frac{6}{(3+2r)(2+r)} = 0{,}21429, \qquad \xi^2,\ \xi^4 \text{ vgl. Tab. 22 S. 116.}$$

ξ	ξ^2	ξ^4	ξ^6	ξ^8	$1-\xi^2$	$1-\xi^4$	$1-\xi^6$	$1-\xi^8$
0,0	0,0	0,0	0,0	0,0	1,0	1,0	1,0	1,0
0,2	0,04	0,0016	0,00006	0,00000	0,96	0,9984	0,99994	1,000000
⋮	⋮	⋮	⋮	⋮	⋮	⋮	⋮	⋮

ξ	$1{,}428\,(1-\xi^2)$	$-(1-\xi^4)$	$-0{,}0952\,(1-\xi^6)$	$+0{,}21429(1-\xi^3)$	$\{\Sigma\} = K_1$	$X_1 = 1{,}137 \cdot K_1$
0,0	1,428	− 1,0000	− 0,09520	0,21429	0,54709	0,62201
0,2	1,37088	− 0,9984	− 0,09519	0,21429	0,49157	0,55890
⋮	⋮	⋮	⋮	⋮	⋮	⋮

b) X_2 nach S. 530

$$\frac{3}{3+2r}\,\frac{1}{1+r} = \frac{1}{7} = 0{,}14286,$$

$$X_2 = -\frac{l_1^2}{6\,\delta_{22}}\,\xi \cdot K_2 = -21{,}875 \cdot K_2 \cdot \xi.$$

c) X_3 nach S. 530

$$\frac{1}{1+2r}\,\frac{1}{1+r} = \frac{1}{15} = 0{,}06667,$$

$$X_3 = +\frac{l_1^2}{2\,\delta_{33}} \cdot K_3 = 15{,}625 \cdot K_3.$$

ξ	$1-\xi^2$	$-0{,}14285\,(1-\xi^6)$	$[\Sigma]=K_2$	$K_2\cdot\xi$	$X_2=-21{,}875\cdot K\cdot\xi$
0,0	1,00	− 0,14286	0,85714	0,00000	− 0,0000
0,2	0,96	− 0,14285	0,81715	0,16343	− 3,5750
⋮	⋮	⋮	⋮	⋮	⋮

ξ	$1-\xi^2$	$-0{,}06667\,(1-\xi^6)$	$[\Sigma]=K_3$	$X_3=15{,}625\cdot K_3$
0,0	1,00	− 0,06667	0,93333	14,583
0,2	0,96	− 0,06666	0,89334	13,958
⋮	⋮	⋮	⋮	⋮

Ergebnisse für die Abb. 518

ξ	X_1 [t]			X_2 [mt]			X_3 [mt]		
	$r=1$	$r=2$	$r=\infty$	$r=1$	$r=2$	$r=\infty$	$r=1$	$r=2$	$r=\infty$
0,0	0,647	0,622	0,557	− 0,00	− 0,00	− 0,00	15,63	14,58	12,50
0,2	0,572	0,559	0,513	− 4,13	− 3,58	− 2,40	14,88	13,96	12,00
0,4	0,383	0,392	0,393	− 6,85	− 6,11	− 4,20	12,71	12,09	10,50
0,6	0,170	0,186	0,228	− 7,10	− 6,61	− 4,80	9,28	9,01	8,00
0,8	0,030	0,036	0,072	− 4,57	− 4,46	− 3,60	4,91	4,86	4,50
1,0	0,000	0,000	0,000	− 0,00	− 0,00	− 0,00	0,00	0,00	0,00

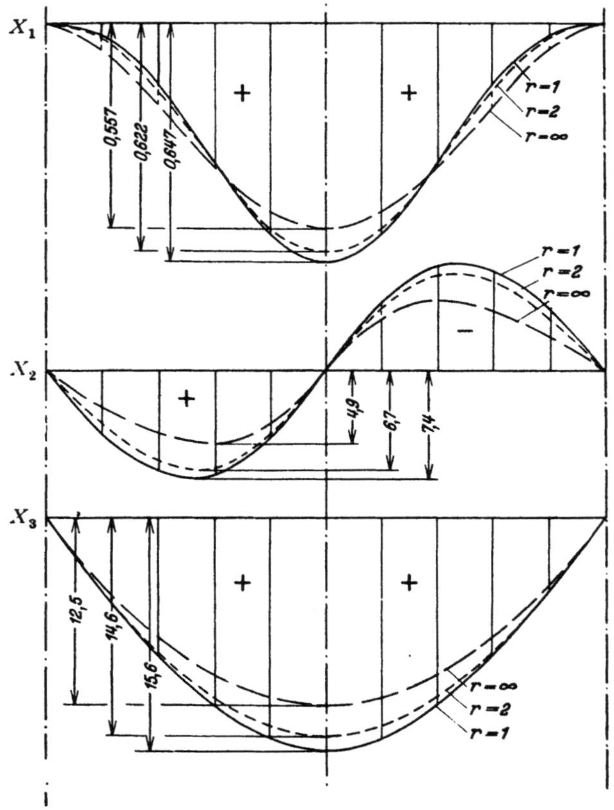

Abb. 518.

5. Einflußlinien der Stützkraft A und der Biegungsmomente im Kämpfer und Scheitel (Abb. 519).

$$A = A_0 + X_2/l_1 = A_0 + X_2/50{,}0\,.$$

$$M_a = X_1 \cdot y_{1,0} - X_2 - X_3; \qquad M_c = M_{c0} - X_1\, y_{2,0} - X_3\,.$$

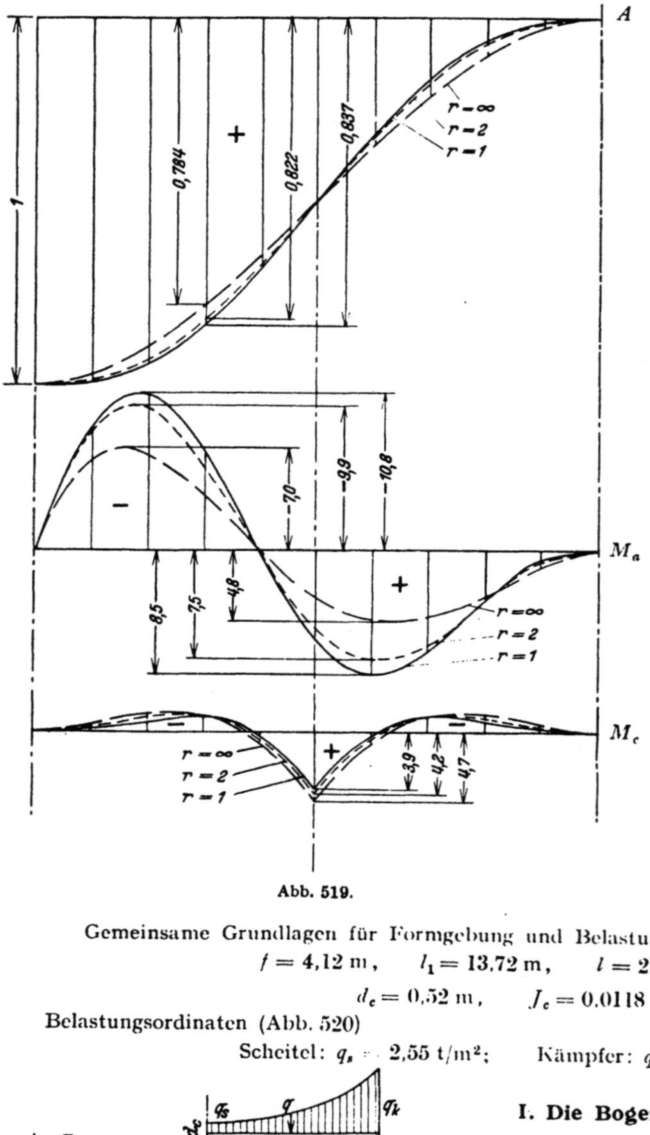

Abb. 519.

Schnittkräfte und Randspannungen eines symmetrischen Bogenträgers als Funktion der Bogenform.

Um den Spannungszustand eines Bogenträgers als Funktion einer mathematisch beschriebenen Mittellinie und Querschnittsänderung zu studieren, werden sechs Träger untersucht, von denen drei nach der quadratischen Parabel, drei andere nach der Kettenlinie gekrümmt sind, die mit großer Annäherung als Stützlinie für Eigengewicht angesehen werden kann. Das Verhältnis

$$n = J_c / J_k \cos\alpha_k$$

(S. 509) wird mit 0,4, 1,0 und 1,29 gewählt. Das Verhältnis $n = 0{,}4$ ist bei zahlreichen Bauwerken eingehalten, das Verhältnis $n = 1{,}0$ vereinfacht die Zahlenrechnung, während $n = 1{,}29$ für $f/l \approx 1/_5$ Bogenträger mit gleichbleibendem Querschnitt liefert. Die Untersuchung des Bogenträgers mit einer Parabel oder Kettenlinie als Achse und $n = 0{,}4$ wird als Beispiel für die Anwendung der Tabelle 42 S. 529 ff. ausführlich angeschrieben, für die anderen Verhältniszahlen n jedoch auf die Mitteilung der Ergebnisse beschränkt. Der Vergleich stützt sich auf eine Belastung aus Eigengewicht, Schwinden und halbseitiger Nutzlast. Diese ist relativ ungünstig und daher zur summarischen Bewertung geeignet.

Gemeinsame Grundlagen für Formgebung und Belastung.

$$f = 4{,}12\ \text{m}, \qquad l_1 = 13{,}72\ \text{m}, \qquad l = 2\,l_1 = 27{,}44\ \text{m},$$

$$d_c = 0{,}52\ \text{m}, \qquad J_c = 0{,}0118\ \text{m}^4.$$

Belastungsordinaten (Abb. 520)

Scheitel: $q_s = 2{,}55\ \text{t/m}^2$; Kämpfer: $q_k = 11{,}02\ \text{t/m}^2$.

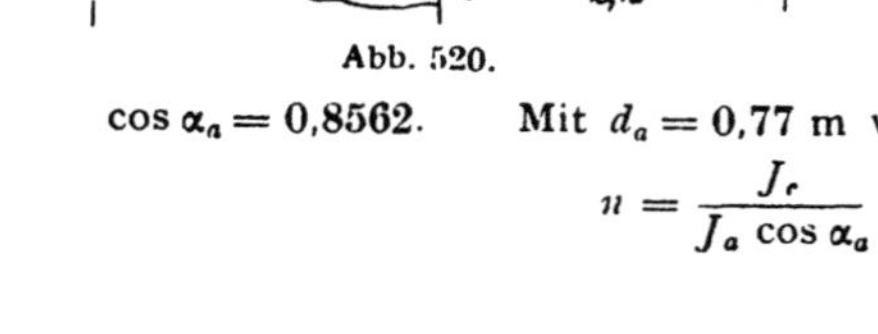

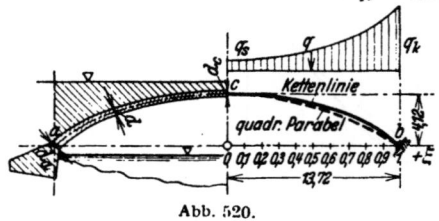

Abb. 520.

I. Die Bogenachse ist eine Parabel.

1. Geometrische Grundlagen (Abb. 513) nach S. 529.

$$y_1 = f\,(1 - \xi^2) = 4{,}12\,(1 - \xi^2);$$

$$\operatorname{tg}\alpha = -2\left(\frac{f}{l_1}\right)\xi = -0{,}60058\,\xi;$$

$\cos\alpha_a = 0{,}8562$. Mit $d_a = 0{,}77$ m wird $J_a = J_b = 0{,}038\ \text{m}^4$ und

$$n = \frac{J_c}{J_a \cos\alpha_a} = \frac{0{,}0118}{0{,}038 \cdot 0{,}8562} = 0{,}36 \approx 0{,}4\,.$$

Approximation des Querschnittes (Abb. 486) nach Tab. 42, 1, b: $J_c/J \cos\alpha = 1 - 0{,}6\,\xi^2$. Hieraus Gewölbestärken d (Abb. 520), Querschnitte F und Widerstandsmomente W.

2. Hauptsystem nach S. 529 Balken auf 2 Stützen (Abb. 513).

$$\eta_{1,0} = \frac{2}{5}\,\frac{4+0{,}4}{2+0{,}4}, \qquad y = y_1 - y_{1,0}.$$

$n =$	0,4	1,0	1,29
$\eta_{1,0} =$	0,73333	0,66667	0,64316
$y_{1,0} =$	3,02132	2,74668	2,64982

3. Vorzahlen nach S. 531. Bogenträger $n = 0{,}4$; $F_c = 0{,}52$ m²; $l^2 = 16{,}9744$:

$$\nu = \frac{175}{4}\,\frac{0{,}0118}{0{,}52\cdot 16{,}9744}\,\frac{2+0{,}4}{0{,}4\,(8+0{,}4)+8/3} = 0{,}02329;$$

$$\delta_{11} = \frac{4}{175}\cdot 27{,}44\cdot 16{,}9744\cdot 1{,}02329\,\frac{0{,}4\,(8+0{,}4)+8/3}{2+0{,}4},$$

$$\delta_{22} = \frac{1}{15}\,27{,}44\,(2+3\cdot 0{,}4);$$

$$\delta_{33} = \frac{1}{3}\,27{,}44\,(2+0{,}4).$$

$n =$	0,4	1,0	1,29
$\nu =$	0,02329	0,01504	0,01313
$\delta_{11} =$	27,35682	42,02512	48,03193
$\delta_{22} =$	5,85387	9,14667	10,73819
$\delta_{33} =$	21,95200	27,44000	30,09253

4. Einflußlinien der überzähligen Größen nach S. 531. Bogenträger $n = 0{,}4$:

$$X_1 = \frac{35}{4}\,\frac{27{,}44}{4{,}12}\,\omega_R^2(\zeta)\,\frac{3\cdot 0{,}4\,(4+0{,}4)+8\,(1-0{,}4)\,(2+0{,}4)\,\omega_R(\zeta)}{[3\cdot 0{,}4\,(8+0{,}4)+8]\cdot 1{,}02329}$$

$$= 16{,}63150\,\omega_R^2(\zeta) + 36{,}28690\,\omega_R^3(\zeta) \qquad \text{(Abb. 524a)};$$

$$X_2 = -\frac{27{,}44}{2}\,\omega_R(\zeta)\,(1-2\zeta')\left[1+6\,\omega_R(\zeta)\,\frac{1-0{,}4}{2+3\cdot 0{,}4}\right]$$

$$= -1{,}715\,\omega_R(\zeta)\,(1-2\zeta')\,[8+9\,\omega_R(\zeta)] \qquad \text{(Abb. 524b)};$$

$$X_3 = \frac{27{,}44}{2}\,\omega_R(\zeta)\left[1+2\,\omega_R(\zeta)\,\frac{1-0{,}4}{2+0{,}4}\right]$$

$$= 6{,}86\,[2\,\omega_R(\zeta) + \omega_R^2(\zeta)] \qquad \text{(Abb. 524c)}.$$

Die Einflußlinien X_1, X_2 und X_3 für $n = 1{,}29$ unterscheiden sich nur wenig von den Ergebnissen für $n = 1{,}0$.

5. Schnittkräfte und Randspannungen aus Eigengewicht. Bogenträger $n = 0{,}4$; $q_k - q_s = 8{,}47$ nach S. 531:

a) $p = \text{const} = q_s = 2{,}55$:

$$X_1' = \frac{2{,}55\cdot 27{,}44^2}{8\cdot 4{,}12}\,\frac{1}{1{,}02329}; \qquad X_2' = 0; \qquad X_3' = \frac{2{,}55\cdot 27{,}44^2}{20}\,\frac{4+0{,}4}{2+0{,}4},$$

b) $p_\xi = p\,\xi^2 = (q_k - q_s)\,\xi^2 = 8{,}47\,\xi^2$;

$$X_1'' = \frac{8{,}47\cdot 27{,}44^2}{72\cdot 4{,}12}\,\frac{1}{1{,}02329}\,\frac{8\,(1+4\cdot 0{,}4+5\cdot 0{,}16)}{3\cdot 0{,}4\,(8+0{,}4)+8};$$

$$X_2'' = 0; \qquad X_3'' = \frac{8{,}47\cdot 27{,}44^2}{420}\,\frac{16+5\cdot 0{,}4}{2+0{,}4};$$

c) Hieraus folgt:

$$X_1 = X_1' + X_1'';$$

$$X_2 = 0;$$

$$X_3 = X_3' + X_3''.$$

$n =$	0,4	1,0	1,29
$X_1' =$	56,9277	57,3903	57,4984
$X_1'' =$	25,1003	27,2322	27,8100
$X_1 =$	82,0280	84,6225	85,3084
$X_3' =$	176,0025	160,0028	154,3612
$X_3'' =$	113,8842	106,2919	103,6150
$X_3 =$	289,8867	266,2947	257,9762

d) Längskräfte:

$$V_0 = l_1\left[q_s\,\xi + \frac{q_k - q_s}{3}\,\xi^3\right]$$

$$= 13{,}72\,[2{,}55\,\xi + 2{,}8233\,\xi^3];$$

$$N = -[V_0 \sin\alpha + X_1\cos\alpha] \quad \text{(Abb. 523)}.$$

e) Momente:

$$M_0 = \frac{l_1^2}{12}\,[q_k + 5\,q_s - 6\,q_s\,\xi^2 - (q_k - q_s)\,\xi^4]$$
$$= 372{,}8688 - 240{,}0039\,\xi^2 - 132{,}8649\,\xi^4;$$
$$M = M_0 - X_1 y - X_3 \quad \text{(Abb. 525).}$$

f) Um die Bauwürdigkeit der drei Gewölbe miteinander zu vergleichen, werden die Randspannungen $\sigma = \frac{N}{F} \pm \frac{M}{W}$ (Abb. 527) für den homogenen Querschnitt angegeben, wenn auch $\sigma_{bz} > 5$ kg/cm².

6. Schnittkräfte aus einseitiger Verkehrslast $p = 1{,}0$ t/m². Bogenträger $n = 0{,}4$:

a) Überzählige Größen: $X_1 = \quad 1{,}0\,\frac{27{,}44^2}{16\cdot 4{,}12}\,\frac{1}{1{,}02329}$;

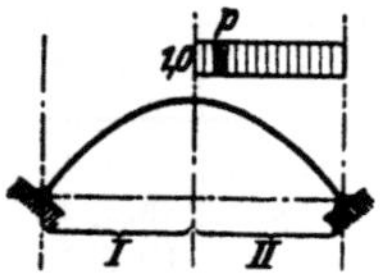

Abb. 521.

$X_2 = -1{,}0\,\frac{27{,}44^2}{64}\,\frac{3+2\cdot 0{,}4}{2+3\cdot 0{,}4}$; $\quad X_3 = \quad 1{,}0\,\frac{27{,}44^2}{40}\,\frac{4+0{,}4}{2+0{,}4}$;

$n =$	0,4	1,0	1,29
$X_1 =$	11,1623	11,2530	11,2742
$X_2 =$	− 13,9708	− 11,7649	− 11,1837
$X_3 =$	34,5103	31,3731	30,26669

b) Längskräfte:

$$A_0 = \frac{p\,l_1}{4} = 3{,}43; \qquad V_{0I} = A_0; \qquad V_{0II} = A_0\,(1 - 4\,\xi).$$
$$N = -[V_0 \sin\alpha + X_1 \cos\alpha + X_2/l_1 \sin\alpha] \quad \text{(Abb. 523).}$$

c) Momente:

$$M_{0I} = A\,l_1\,(1+\xi); \qquad M_{0II} = A\,l_1\,(1 + \xi - 2\,\xi^2).$$
$$M = M_0 - X_1 y + X_2 \xi - X_3 \quad \text{(Abb. 526).}$$

7. Schnittkräfte aus Schwinden ($t = -15^0$).

Bogenträger $n = 0{,}4$: $\alpha_t = 0{,}00001$, $E = 2100000$ t/m².

a) $\qquad \delta_{1t} = -2100000\cdot 0{,}011815\cdot 0{,}00001\cdot 27{,}44 = -101{,}99448$;

$n =$	0,4	1,0	1,29
X_{1t}	− 3,72830	− 2,42699	− 2,12347

$X_{2t} = X_{3t} = 0$.

b) Längskräfte: $\quad N_t = -X_{1t}\cos\alpha$ (Abb. 523);

c) Momente: $\quad M_t = -X_{1t}\cdot y$ (Abb. 525).

8. Schnittkräfte und Randspannungen aus Eigengewicht, halbseitiger Verkehrslast und Schwinden.

Momente: Abb. 528; Randspannungen: Abb. 529.

II. Die Bogenachse ist eine Kettenlinie.

1. Geometrische Grundlagen (Abb. 516 S. 533)

$$\mathfrak{Cof}\,c = \varkappa = \frac{q_k}{q_s} = 4{,}32, \qquad c = \mathfrak{Ar\,Cof}\,\varkappa = 2{,}14273, \qquad y_s^* = \frac{f}{\varkappa - 1} = 1{,}241.$$
$$y_2 = 1{,}241\,(\mathfrak{Cof}\,2{,}14273\,\xi - 1).$$
$$\mathfrak{Sin}\,c = \sqrt{\varkappa^2 - 1} = 4{,}20267, \qquad \operatorname{tg}\alpha = -\frac{c}{l_1}\,y_s^*\,\mathfrak{Sin}\,\xi c = -0{,}19382\,\mathfrak{Sin}\,\xi c.$$

$\cos\alpha_a = 0{,}77534$. Mit $d_a = 0{,}77$ m wird $J_a = J_b = 0{,}038$ m⁴ und

$$n = \frac{J_c}{J_a\cdot\cos\alpha_a} = \frac{0{,}0118}{0{,}038\cdot 0{,}77534} = 0{,}4.$$

Approximation des Querschnitts nach S. 534 mit:

$$\mu = \frac{4{,}32 - 0{,}4}{4{,}32 - 1} = 1{,}18072, \qquad \varphi = \frac{1{,}18072 - 1}{1{,}18072} = 0{,}15306,$$

$$\frac{J_c}{J \cos\alpha} = 1{,}18072\,(1 - 0{,}15306\,\mathfrak{Cof}\,2{,}14273\,\xi)\,.$$

Hieraus Gewölbestärken d (Abb. 522), Querschnitte F und Widerstandsmomente W.

Zahlen für die Ansätze nach Tabelle 42, 3 S. 533:

$$y_s^{*\,2} = 1{,}540, \qquad c^2 = 4{,}59129, \qquad (l_1/c)^2 = 40{,}999,$$

$$\mathfrak{Cof}\,c = 4{,}32, \qquad \mathfrak{Cof}^2 c = 18{,}6624, \qquad \mathfrak{Cof}\,2c = 36{,}32531,$$

$$\mathfrak{Sin}\,c = 4{,}20267, \qquad \frac{\mathfrak{Sin}\,c}{c} = 1{,}96136, \qquad \frac{\mathfrak{Sin}\,2c}{2c} = 8{,}47320.$$

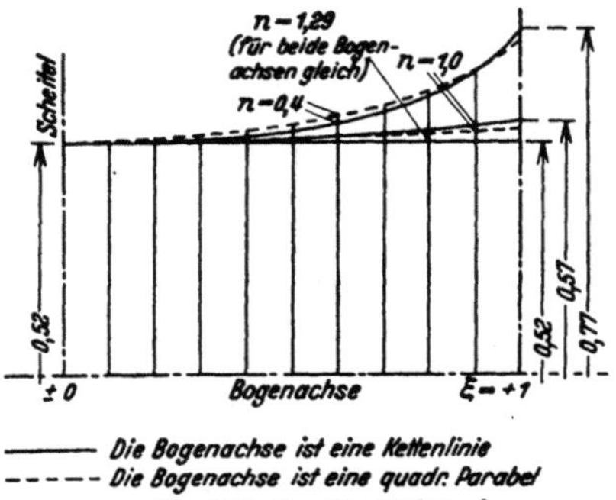

Abb. 522. Gewölbestärken d.

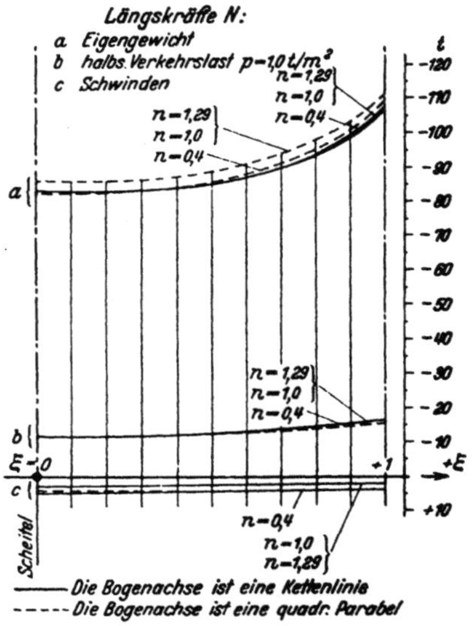

Abb. 523.

2. Hauptsystem nach S. 533 Balken auf 2 Stützen (Abb. 516)

$$y_{2,0} = 1{,}241\,\frac{(1 + 0{,}15306)\,(1{,}96136 - 1) - \frac{0{,}15306}{2}\,(1{,}96136 \cdot 4{,}32 - 1)}{1 - 0{,}15306 \cdot 1{,}96136},$$

$$y_{2,0} = 0{,}95158, \qquad y_{1,0} = 4{,}12 - 0{,}951\,581 = 3{,}168\,419,$$

$$\psi = 1 + \frac{0{,}951\,581}{1{,}241} = 1{,}766\,786, \qquad \begin{cases} \varphi\,\psi = 0{,}270\,424, \\ \psi^2 = 3{,}121\,533, \end{cases}$$

$y = y_{2,0} - y_2,$

$n =$	0,4	1,0	1,29
$y_{2,0} =$	0,951 58	1,193 05	1,282 04

3. Vorzahlen. Die Ergebnisse ν aus I, 3 können mit hinreichender Genauigkeit für die Achse nach einer Kettenlinie verwendet werden. $n = 0{,}4$ ergab $\nu = 0{,}02329$, somit:

$$\delta_{11} = 2 \cdot 1{,}18072 \cdot 13{,}72 \cdot 1{,}54 \cdot 1{,}02329 \Big[3{,}12153 - 2 \cdot 1{,}76679 \left(1 + \frac{0{,}27042}{2}\right) 1{,}19136$$

$$+ \frac{1}{2}\,(1 + 2 \cdot 0{,}27042)\,(1{,}96136 \cdot 4{,}32 + 1) - \frac{0{,}15306}{3}\,1{,}96136\,(2 + 18{,}6624)\Big] = 24{,}73071,$$

$$\delta_{22} = \frac{2}{3}\,1{,}18072 \cdot 13{,}72 \left\{1 - 3 \cdot 0{,}15306 \left[1{,}96136 + \frac{2}{4{,}59129}\,(1{,}96136 - 4{,}22)\right]\right\} = 6{,}16833,$$

$$\delta_{33} = 2 \cdot 1{,}18072 \cdot 13{,}72\,(1 - 0{,}15306 \cdot 1{,}96136) = 22{,}67247.$$

$n =$	0,4	1,0	1,29
$\delta_{11} =$	24,730 71	38,158 18	43,777 20
$\delta_{22} =$	6,168 33	9,146 67	10,586 75
$\delta_{33} =$	22,672 47	27,440 00	29,745 24

4. Einflußlinien der überzähligen Größen. Biegelinie des Bogenträgers $n = 0{,}4$:

$$\delta_{m1} = \frac{1{,}18072}{2}\, 1{,}241 \cdot 40{,}999 \left\{\left[4{,}59129 \left(1{,}76679 + \frac{0{,}15306}{2}\right)\right.\right.$$

$$\left. - 2\,(1 + 0{,}270424)\, 4{,}32 + \frac{0{,}15306}{4}\, 36{,}32531\right] - \left[\left(1{,}76679\right.\right.$$

$$\left.\left. + \frac{0{,}15306}{2}\right)(\xi c)^2 - 2\,(1 + 0{,}27042)\,\mathfrak{Cof}\,(\xi c) + \frac{0{,}15306}{4}\,\mathfrak{Cof}\,(2\xi c)\right]\Big\}$$

$$= 30{,}03738\,\{[2{,}540848\,\mathfrak{Cof}\,(\xi c) - 0{,}038265\,\mathfrak{Cof}\,(2\xi c) - 1{,}84332\,(\xi c)^2\} - 1{,}12325]\,,$$

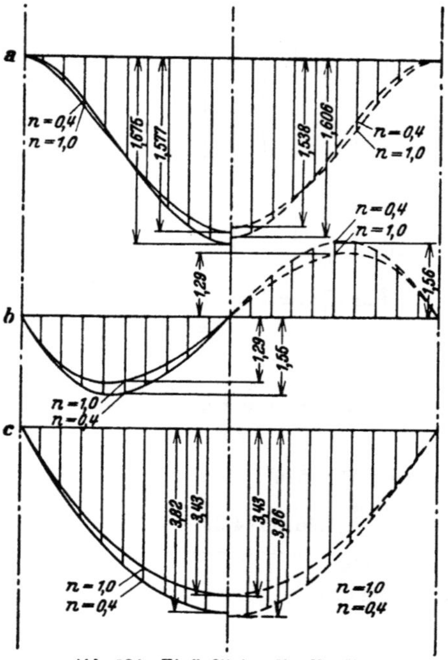

Abb. 524. Einflußlinien X_1, X_2, X_3.
—— Die Bogenachse ist eine Kettenlinie.
– – – Die Bogenachse ist eine quadratische Parabel.

$$\delta_{m2} = -\frac{1{,}18072}{6 \cdot 2{,}14273}\, 40{,}999\, \xi c \,\times$$

$$\times \left\{[4{,}59129 - 6 \cdot 0{,}15306\,(4{,}32 - 2 \cdot 1{,}96136)]\right.$$

$$\left. - \left[(\xi c)^2 - 6 \cdot 0{,}15306 \left(\mathfrak{Cof}\,\xi c - 2\,\frac{\mathfrak{Sin}\,\xi c}{\xi c}\right)\right]\right\}$$

$$= -3{,}7653165\,\xi c\,[4{,}22644 - (\xi c)^2$$

$$+ 0{,}91836\,\mathfrak{Cof}\,(\xi c)] + 6{,}91583\,\mathfrak{Sin}\,\xi c\,,$$

$$\delta_{m3} = \frac{1{,}18072}{2}\, 40{,}999\,\{[4{,}59129$$

$$- 2 \cdot 0{,}15306 \cdot 4{,}32] - [(\xi c)^2 - 2 \cdot 0{,}15306\,\mathfrak{Cof}\,\xi c]\}$$

$$= 24{,}20417\,[3{,}26885 - (\xi c)^2 + 0{,}30612\,\mathfrak{Cof}\,\xi c]\,,$$

$$X_1 = \frac{\delta_{m1}}{\delta_{11}} \quad \text{(Abb. 524a)},$$

$$X_2 = \frac{\delta_{m2}}{\delta_{22}} \quad \text{(Abb. 524b)},$$

$$X_3 = \frac{\delta_{m3}}{\delta_{33}} \quad \text{(Abb. 524c)}.$$

Die Einflußlinien X_1, X_2 und X_3 für $n = 1{,}29$ unterscheiden sich nur sehr wenig von den entsprechenden Werten für $n = 1{,}0$.

5. Schnittkräfte und Randspannungen aus Eigengewicht. Bogenträger $n = 0{,}4$, $q_k - q_s = 8{,}47$, daher nach S. 534:

a) $H_q = \dfrac{8{,}47}{4{,}12}\, 40{,}999 = 84{,}247\,\text{t}$, $\quad 1 + \nu = 1{,}02329$.

b) Längskräfte: $N \approx -\dfrac{H_q}{1+\nu}\,\dfrac{1}{\cos\alpha} = -82{,}330\,\dfrac{1}{\cos\alpha}$ (Abb. 523).

c) Momente: $M = \dfrac{\nu}{1+\nu}\, H_q \cdot y = 1{,}91746 \cdot y$ (Abb. 525).

d) Randspannungen: $\sigma = \dfrac{N}{F} \pm \dfrac{M}{W}$ (Abb. 527).

6. Schnittkräfte aus halbseitiger Verkehrslast $p = 1{,}0\,\text{t/m}^2$.

a) Belastungszahlen und überzählige Größen $X_k = \delta_{k0}/\delta_{kk}$:

$$\delta_{10} = 1{,}18072 \cdot 1{,}241 \cdot 40{,}999 \cdot 1{,}0 \cdot 13{,}72 \left[\frac{4{,}59129}{3}\left(1{,}766786 + \frac{0{,}15306}{2}\right)\right.$$

$$\left. - (1 + 0{,}270424)\,(4{,}32 - 1{,}96136) + \frac{0{,}15306}{8}\,(36{,}32531 - 8{,}47320)\right] = 294{,}652\,,$$

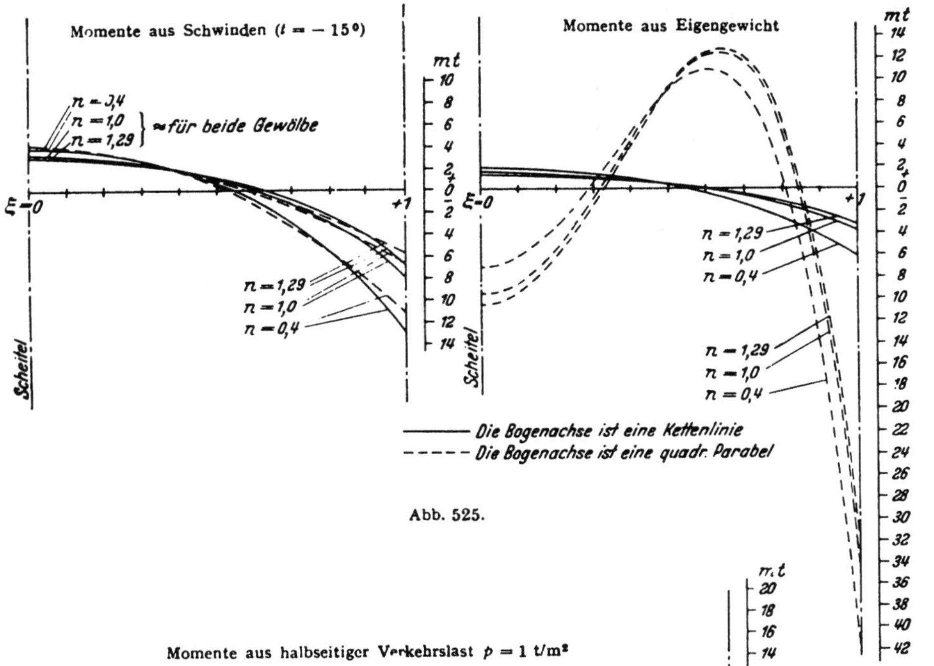

Abb. 525.

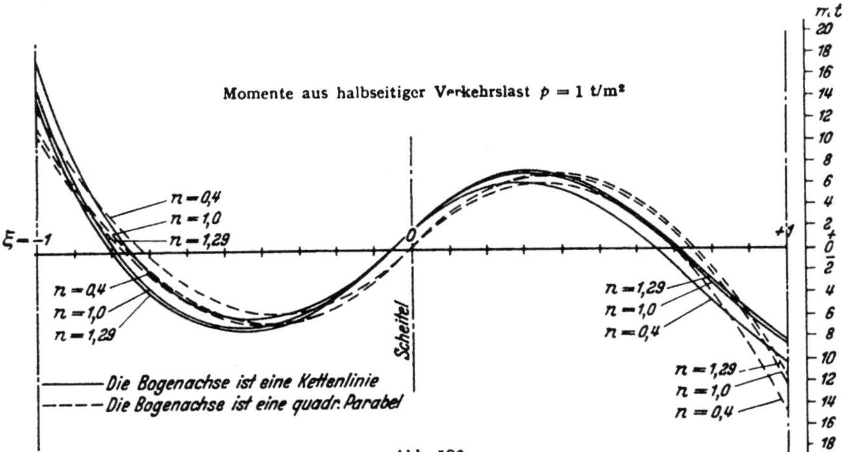

Abb. 526.

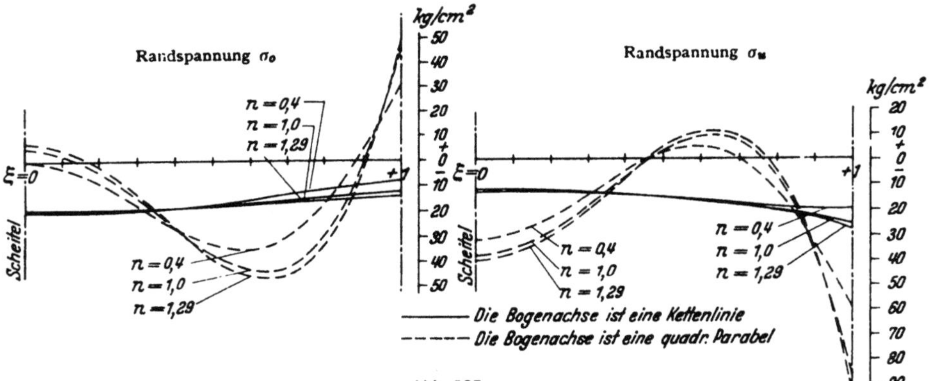

Abb. 527.

Randspannungen aus Eigengewicht.

$$\delta_{20} = -\frac{1,18072}{24} 40,999 \cdot 1,0 \cdot 13,72$$
$$\times \left[4,59129 - 12 \cdot 0,15306 \left(4,32 - 4 \cdot 1,96136 + 6 \frac{4,32-1}{4,59129}\right)\right] = 448,922,$$

$$\delta_{30} = \frac{1,18072}{3} 40,999 \cdot 1,0 \cdot 13,72 \,[4,59129 - 3 \cdot 0,15306\,(4,32 - 1,96136)] = 513,079$$

$n =$	0,4	1,0	1,29
$\delta_{10} =$	294,652	448,922	513,079
$\delta_{20} =$	− 85,723	− 107,610	− 118,193
$\delta_{30} =$	776,681	860,876	901,592
$X_1 =$	11,9144	11,7648	11,7202
$X_2 =$	− 13,8972	− 11,7649	− 11,1643
$X_3 =$	34,2566	31,3730	30,3105

b) Längskräfte V_0 wie unter I, 6, b) (S. 540)

$$N = -[V_0 \sin\alpha + X_1 \cos\alpha + X_2/l_1 \cdot \sin\alpha] \qquad \text{(Abb. 523)},$$

c) Momente M_0 wie unter I, 6, c) (S. 540)

$$M = M_0 - X_1 y + X_2 \xi - X_3 \qquad \text{(Abb. 526)}.$$

7. Schnittkräfte aus Schwinden ($t = -15^0$).

a) Mit $\delta_{1t} = -101,99448$ wie unter I, 7, a) wird:

$n =$	0,4	1,0	1,29
X_{1t}	− 4,12420	− 2,67294	− 2,32985

$X_{2t} = X_{3t} = 0.$

b) Längskräfte: $N_t = -X_{1t} \cos\alpha$ (Abb. 523).
c) Momente: $M_t = -X_{1t} \cdot y$ (Abb. 525).

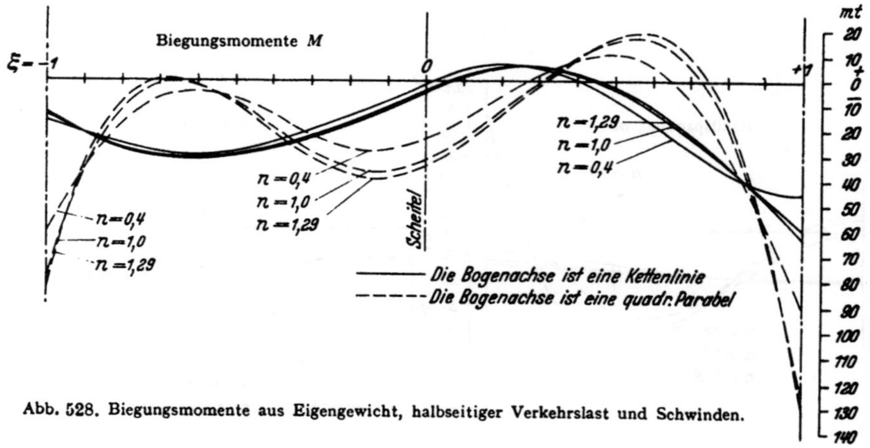

Abb. 528. Biegungsmomente aus Eigengewicht, halbseitiger Verkehrslast und Schwinden.

8. Schnittkräfte und Randspannungen aus Eigengewicht, halbseitiger Verkehrslast und Schwinden. Momente: Abb. 528, Randspannungen: Abb. 529.

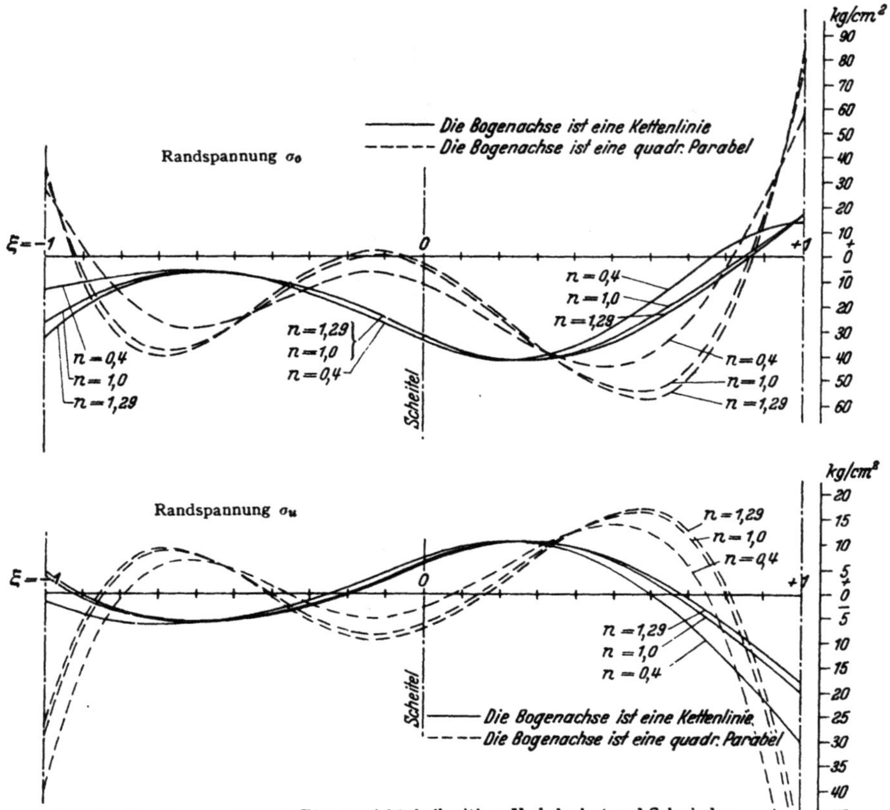

Abb. 529. Randspannungen aus Eigengewicht, halbseitiger Verkehrslast und Schwinden.

Rechenvorschrift zur statischen Untersuchung eines Gewölbes.

1. Geometrische Grundlagen (Abb. 530).

2. Annahmen für Eigengewicht.

		Abmessungen:	Scheitel	Kämpfer
Gewölbe einschl. Isolierung	$\gamma_v = 2{,}4$ t/m³	senkrecht gemessen	1,00 m	2,00 m
Ausgleichbeton	$\gamma_b = 2{,}0$ t/m³		0,00 m	2,30 m
Überschüttung	$\gamma_{\ddot u} = 1{,}8$ t/m³		0,00 m	3,20 m
Fahrbahn	$g_F = 2{,}0$ t/m²		—	—

Eigengewicht $q_s = 4{,}40$ t/m;

$q_k = 17{,}16$ t/m; $\varkappa = 17{,}16/4{,}4 = 3{,}90$.

$J_c = J_s = 0{,}08333\,\mathrm{m}^4$, $J_c/J \cos\alpha$: Seite 547,

$F_c = F_s = 1{,}0\ \mathrm{m}^2$.

3. Bogenform: a) Die Bogenachse y_2 wird nach S. 510 in erster Annäherung als Kettenlinie für Eigengewicht angenommen: $\varkappa = 3{,}90$; $\operatorname{Sin} c = 3{,}769651$.

$$y_s^* = 6{,}0/(3{,}9 - 1) = 2{,}06897;$$

$$c = \operatorname{Ar}\operatorname{Cos} 3{,}90 = 2{,}0373;$$

$$y_2 = 2{,}06897\,[\operatorname{Cos}(2{,}0373\,\xi) - 1];$$

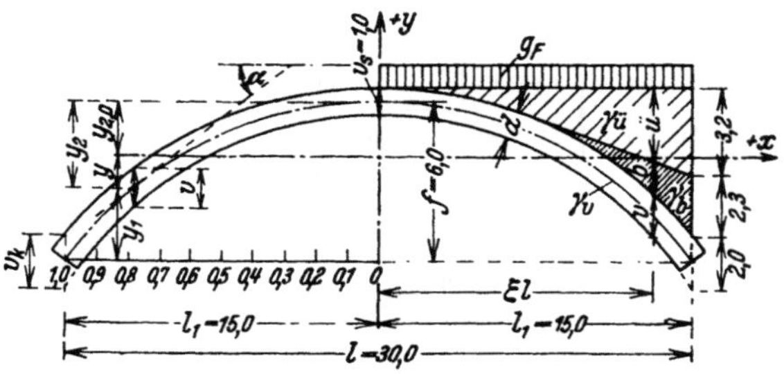

Abb. 530.

angenäherte Berechnung dieser Funktion mit $y_2 = 6{,}0\,(y_2/f)$ durch Interpolation der Tabelle S. 512. $l_1/c = 7{,}36269$.

$$\operatorname{tg}\alpha = \frac{2{,}06897}{7{,}36269}\,\mathfrak{Sin}\,(2{,}0373\,\xi) = 0{,}28101\,\mathfrak{Sin}\,(2{,}0373\,\xi);$$

$$\operatorname{tg}\alpha_k = 0{,}28101 \cdot 3{,}76962 = 1{,}05929;$$

$$A = B = 4{,}40 \cdot 7{,}36269 \cdot 3{,}769615 = 122{,}120\ \text{t};$$

$$H = 4{,}40 \cdot 7{,}36269^2/2{,}06897 = 115{,}285\ \text{t}.$$

$$v = 1{,}00 + (y_2/f)\,(2{,}00 - 1{,}00) = 1{,}00 + (y_2/f);$$

Gleichungen der Bogenlaibungen nach (802):

$$y_2^{(o)} = y_2\left(1 - \frac{2{,}0 - 1{,}0}{2 \cdot 6{,}0}\right) - \frac{1{,}00}{2} = \frac{11}{12}\,y_2 - 0{,}5; \qquad y_2^{(u)} = \frac{13}{12}\,y_2 + 0{,}5;$$

Die geometrischen Koordinaten y_2, v, α der Bogenform bei Unterteilung der Strecke l_1 in 10 gleichgroße Abschnitte $c' = 1{,}5$ m:

ξ	y_2/f	y_2	v	$c\,\xi$	$\mathfrak{Sin}\,c\,\xi$	$\operatorname{tg}\alpha$	$1+\operatorname{tg}^2\alpha$	$\sqrt{1+\operatorname{tg}^2\alpha}$	$\cos\alpha$
0,0	0,0000	0,0000	1,0000	0,00000	0,00000	0,00000	1,00000	1,00000	1,0000
0,1	0,0072	0,0432	1,0072	0,20373	0,20514	0,05765	1,00332	1,00166	0,9983
0,2	0,0290	0,1740	1,0290	0,40746	0,41883	0,11770	1,01385	1,00690	0,9931
⋮	⋮	⋮	⋮	⋮	⋮	⋮	⋮	⋮	⋮
1,0	1,0000	6,0000	2,0000	2,03730	3,76975	1,05934	2,12220	1,45678	0,6864

b) Berechnung der Gewölbeachse als Stützlinie für Eigengewicht.

α) Eigengewicht: $q_m = v_m\gamma_v + b_m\gamma_b + \ddot{u}\gamma_a + g_F$;

m	ξ	b	$\ddot{u}$	$v\,\gamma_v$	$b\,\gamma_b$	$\ddot{u}\,\gamma_a$	g_F	q
0	0,1	—	0,000	2,400	—	0,000	2,00	4,400
1	0,2	—	0,035	2,417	—	0,063	2,00	4,480
⋮	⋮	⋮	⋮	⋮	⋮	⋮	⋮	⋮
5	0,5	0,000	1,070	2,868	0,000	1,926	2,00	6,794
6	0,6	0,115	1,490	3,099	0,230	2,682	2,00	8,011
⋮	⋮	⋮	⋮	⋮	⋮	⋮	⋮	⋮
10	1,0	2,300	3,200	4,800	4,600	5,760	2,00	17,160

β) Die Ordinaten y_2 der Stützlinie für die zu q_m äquivalente Gruppe von Einzellasten G_m in den Intervallgrenzen nach S. 75:

$$G_1 = \frac{c'}{6}\,(2\,q_1 + q_2); \qquad G_m = \frac{c'}{6}\,(q_{m-1} + 4\,q_m + q_{m+1}); \qquad G_n = \frac{c'}{6}\,(q_{n-1} + 2\,q_n);$$

$$\overline{V}_{0m} = \sum_0^{m-1} G_m, \qquad \overline{M}_{0m} = \sum_0^{m} (\overline{V}_{0m} \cdot c'), \qquad H = \overline{M}_{0,10}/f, \qquad y_2 = \overline{M}_{0m}/H.$$

m	ξ	q_m	$q_9 + 2\,q_{10}$	$2\,q_1 + q_2$	G_m	$\overline{V}_{0m}$	$\overline{V}_{0m} \cdot c'$	$\overline{M}_{0m}$	y_2
			$q_{m-1} + 4\,q_m + q_{m+1}$						
0	0,0	4,400	—	13,280	3,320	0,000	0,000	0,000	0,00000
1	0,1	4,480	27,069		6,767	3,320	4,980	4,980	0,04335
⋮	⋮	⋮	⋮		⋮	⋮	⋮	⋮	⋮
9	0,9	14,042	84,893		21,223	88,316	132,474	524,510	4,56880
10	1,0	17,160	48,362	—	12,091	109,539	164,309	688,819	6,00000

$$A = B = 121{,}630\ \text{t}; \quad H = 688{,}819/6{,}0 = 114{,}803\ \text{t}.$$

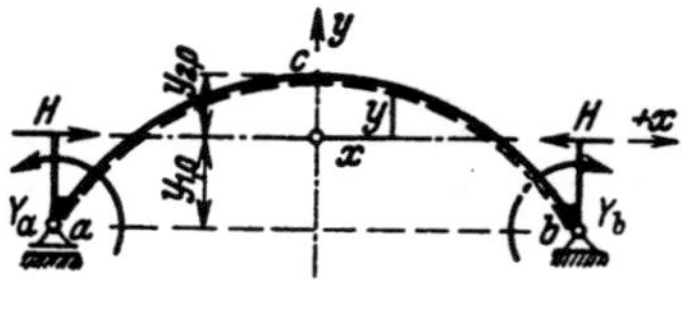

Abb. 531.

4. Hauptsystem zur Berechnung der statisch überzähligen Größen. Balkenträger auf 2 Stützen $l = 2\,l_1 = 30{,}0$ m.

Überzählige Größen nach S. 523:

$$X_1 = H, \qquad X_2 = \tfrac{1}{2}\,(Y_a - Y_b), \qquad X_3 = \tfrac{1}{2}\,(Y_a + Y_b),$$

$$M_1 = +\,y, \qquad M_2 = -\,\xi, \qquad M_3 = 1,$$

$$N_1 = \cos\alpha, \qquad N_2 = 1/l_1 \cdot \sin\alpha, \qquad N_3 = 0.$$

Der Träger ist symmetrisch, daher $\delta_{12} = 0$, $\delta_{23} = 0$. Nach S. 523 ist außerdem $\delta_{13} = 0$, wenn

$$y_{2,0} = \frac{\int\limits_c^a y_2 \frac{J_c}{J\cos\alpha}\,dx}{\int\limits_c^a \frac{J_c}{J\cos\alpha}\,dx} = \frac{\Sigma\left(\lambda\cdot y_2 \frac{J_c}{J\cos\alpha}\right)}{\Sigma\left(\lambda\cdot\frac{J_c}{J\cos\alpha}\right)} = \frac{\Sigma_2}{\Sigma_1} = \frac{32{,}06796}{22{,}48201} = 1{,}42638\,.$$

Zähler und Nenner sind durch numerische Integration nach Simpson (181) entstanden.

$(J_c = J_s = 0{,}08333\,,\quad J = d^3/12\,,\quad d = v\cos\alpha\,.)$

ξ	d	J	$\frac{J_c}{J}$	$\frac{J_c}{J\cos\alpha}$	λ	$\lambda\cdot\frac{J_c}{J\cos\alpha}$	y_2	$y_2\frac{J_c}{J\cos\alpha}$	$\lambda\cdot y_2\frac{J_c}{J\cos\alpha}$
0,0	1,0000	0,08333	1,00000	1,00000	1	1,00000	0,00000	0,00000	0,00000
0,1	1,0055	0,08471	0,98375	0,98542	4	3,94168	0,04335	0,04272	0,17088
0,2	1,0219	0,08893	0,93707	0,94357	2	1,88714	0,17516	0,16528	0,33056
⋮	⋮	⋮	⋮	⋮	⋮	⋮	⋮	⋮	⋮
1,0	1,3728	0,21564	0,38645	0,56311	1	0,56311	6,00000	3,37866	3,37866
					$\Sigma_1 =$	22,48201		$\Sigma_2 =$	32,06796

Nachprüfung von y_{20} durch:

$$0 = \int\limits_c^a y\frac{J_c}{J\cos\alpha}\,dx = \Sigma\left(\lambda\cdot y\frac{J_c}{J\cos\alpha}\right) = -\,0{,}00003 \approx 0{,}0\,.$$

Die überzähligen Größen sind daher unabhängig voneinander.

5. Die Vorzahlen δ_{kk} ergeben sich ebenfalls durch numerische Integration nach Simpson (181). Hierbei ist

$c' = l_1/10 = 1{,}5\ \text{m}\,,\qquad y = y_{20} - y_2\,,\qquad J_c/F_c = 0{,}08333\,,\qquad \cos\alpha\, F_c/F = v_s/v\,,$

$$\delta_{11} = 2\left\{\int\limits_c^a y^2\frac{J_c}{J\cos\alpha}\,dx + \frac{J_c}{F_c}\int\limits_c^a \cos\alpha\,\frac{F_c}{F}\,dx\right\}$$

$$= 2\,\frac{c'}{3}\sum\left(\lambda\cdot y^2\frac{J_c}{J\cos\alpha}\right) + 2\,\frac{c'}{3}\,\frac{J_c}{F_c}\sum\left(\lambda\cdot\cos\alpha\,\frac{F_c}{F}\right)$$

$$= \delta'_{11} + \delta''_{11} = 1{,}0\,\Sigma_4 + 0{,}08333\,\Sigma_5 = 58{,}01617 + 2{,}01833 = 60{,}03450\,,$$

$$\delta_{22} = 2\int\limits_c^a \xi^2\frac{J_c}{J\cos\alpha}\,dx = 2\,\frac{c'}{3}\sum\left(\lambda\cdot\xi^2\frac{J_c}{J\cos\alpha}\right) = 1{,}0\,\Sigma_3 = 6{,}13492\,,$$

$$\delta_{33} = 2\int\limits_c^a \frac{J_c}{J\cos\alpha}\,dx = 2\,\frac{c'}{3}\sum\left(\lambda\cdot\frac{J_c}{J\cos\alpha}\right) = 1{,}0\,\Sigma_1 = 22{,}48201\,.$$

ξ	$\xi^2\frac{J_c}{J\cos\alpha}$	λ	$\lambda\cdot\xi^2\frac{J_c}{J\cos\alpha}$	y	y^2	$y^2\frac{J_c}{J\cos\alpha}$	$\lambda\cdot y^2\frac{J_c}{J\cos\alpha}$	$\cos\alpha\frac{F_c}{F}$	$\lambda\cdot\cos\alpha\frac{F_c}{F}$
0,0	0,00000	1	0,00000	1,42638	2,03456	2,03456	2,03456	1,00000	1,00000
0,1	0,00985	4	0,03940	1,38303	1,91277	1,88488	7,53952	0,99285	3,97140
0,2	0,03774	2	0,07548	1,25122	1,56555	1,47721	2,95442	0,97182	1,94364
⋮	⋮	⋮	⋮	⋮	⋮	⋮	⋮	⋮	⋮
1,0	0,56311	1	0,56311	−4,57362	20,91800	11,77913	11,77913	0,50000	0,50000
	$\Sigma_3 =$		6,13492			$\Sigma_4 =$	58,01617	$\Sigma_5 =$	24,21992

6. Die Einflußlinien der überzähligen Größen X_k werden nach S. 525 als Biegelinien δ_{mk} des Balkenträgers berechnet. Hierzu dienen die elastischen Gewichte $\mathfrak{w}_{m1}$, $\mathfrak{w}_{m2}$, $\mathfrak{w}_{m3}$, die in eine äquivalente Gruppe von Einzelkräften $\mathfrak{W}_{m,1}$, $\mathfrak{W}_{m,2}$, $\mathfrak{W}_{m,3}$ verwandelt werden.

$$\mathfrak{W}_0 = \frac{c'}{24}(\mathfrak{w}_1 + 10\,\mathfrak{w}_0 + \mathfrak{w}_{-1})\,, \qquad \mathfrak{W}_{10} = \frac{c'}{24}(7\,\mathfrak{w}_{10} + 6\,\mathfrak{w}_9 - \mathfrak{w}_8)$$

$$\mathfrak{W}_m = \frac{c'}{12}(\mathfrak{w}_{m-1} + 10\,\mathfrak{w}_m + \mathfrak{w}_{m+1})\,,$$

$$Q_{\mathfrak{w},m} = Q_{\mathfrak{w},0} + \sum_{0}^{m-1} \mathfrak{W}_h = A_{\mathfrak{w}} - \sum_{m}^{10} \mathfrak{W}_h\,, \qquad M_{\mathfrak{w},(m-1)} = M_{\mathfrak{w},m} + Q_{\mathfrak{w},m} \cdot c'\,.$$

Der Anteil der Längskräfte an den elastischen Gewichten wird vernachlässigt.

a) $$X_1 = \frac{\delta_{m1}}{\delta_{11}} = \frac{M_{\mathfrak{w}}}{60{,}03450}\,, \qquad \mathfrak{w}_{m1} = y_m \frac{J_c}{J_m \cos\alpha_m} \qquad \text{(Abb. 532).}$$

Mit $\delta_{13} = 2\int_c^a y \frac{J_c}{J} ds = 0$ und $\delta_{12} = 2\int_c^a \xi y \frac{J_c}{J} ds$ ist für $\xi = 0$: $Q_{\mathfrak{w}} = 0$ und für $\xi = \pm 1$ neben $M_{\mathfrak{w}}$ auch $Q_{\mathfrak{w}} = 0$. Die Einflußlinie besitzt daher für $\xi = 0$ und $\xi = \pm 1$ waagerechte Tangenten. Dies kann für $\frac{d}{d_x}(\delta_{m1})$ auch unmittelbar bewiesen werden.

		(1)	(2)		(3)	(4)	(5)
m	ξ	$\mathfrak{w}_{m1}$	$10\,\mathfrak{w}_0 + 2\,\mathfrak{w}_1$ / $\mathfrak{w}_{m-1} + 10\,\mathfrak{w}_m + \mathfrak{w}_{m+1}$	$7\,\mathfrak{w}_{10} + 6\,\mathfrak{w}_9 - \mathfrak{w}_8$	$\mathfrak{W}'_m$	Verbesserung $\Delta\mathfrak{W}'_m$	$\mathfrak{W}_m$
0	0,0	1,42638	16,98954	—	1,06185	+ 0,00033	1,06218
1	0,1	1,36287	16,23569		2,02946	+ 0,00064	2,03010
⋮	⋮	⋮	⋮		⋮	⋮	⋮
9	0,9	− 1,72804	− 20,97682		− 2,62210	+ 0,00082	− 2,62128
10	1,0	− 2,57545	—	− 27,27542	− 1,70471	+ 0,00053	− 1,70418

$\sum \mathfrak{W}'_m = \int_c^a y \frac{J_c}{J} ds \neq 0$. Daher Verbesserung um $\Delta\mathfrak{W}'_m = -k\,|\,\mathfrak{W}'_m\,|$

mit $$k = \frac{\sum_0^{10} \mathfrak{W}'_m}{\sum_0^{10} \left|\mathfrak{W}'_m\right|} = \frac{-0{,}00457}{14{,}62223} = -0{,}00031254.$$

—	(6)	(7)	(8)	(9)
m	$Q_{\mathfrak{w},m}$	$Q_{\mathfrak{w},m} \cdot c'$	$M_{\mathfrak{w},m}$	X_1 [t]
0	0,00000	0,00000	72,88861	1,21411
1	1,06218	1,59327	71,29534	1,18757
⋮	⋮	⋮	⋮	⋮
9	4,32546	6,48819	2,55627	0,04258
10	1,70418	2,55627	0,00000	0,00000

b) $$X_2 = \frac{\delta_{m2}}{\delta_{22}} = \frac{M_{\mathfrak{w}}}{6{,}13492}\,, \qquad \mathfrak{w}_{m2} = -\xi_m \frac{J_c}{J_m \cos\alpha_m} \qquad \text{(Abb. 532).}$$

Die Funktion $\mathfrak{w}_{m2}$ ist antimetrisch. Daher ist $M_{\mathfrak{w}}$ nicht nur für $\xi = \pm 1$, sondern auch für $\xi = 0$ Null. Die gegenseitige Verdrehung der Endtangenten der Biegelinie δ_{m2} ist δ_{22}.

—	—	(1)	(2)		(3)	(4)
m	ξ	$\mathfrak{w}_{m2}$	$10\,\mathfrak{w}_0$ / $\mathfrak{w}_{m-1} + 10\,\mathfrak{w}_m + \mathfrak{w}_{m+1}$	$7\,\mathfrak{w}_{10} + 6\,\mathfrak{w}_9 - \mathfrak{w}_8$	$\mathfrak{W}_m$	$\xi \cdot \mathfrak{W}_m$
0	0,0	0,00000	0,00000	—	0,00000	0,00000
1	− 0,1	0,09854	1,17411		0,14676	0,01468
⋮	⋮	⋮	.		⋮	⋮
9	− 0,9	0,49493	5,96339		0,74542	0.67088
10	− 1,0	0,56311	—	6,46037	0,40371	0,40377
					$A_{\mathfrak{w}} =$	3,06767

Da $\mathfrak{w}_1 = -\mathfrak{w}_{-1}$:

$$\mathfrak{W}_0 = \frac{c'}{24}\,10\,\mathfrak{w}_0\,,$$

$$A_{\mathfrak{w}} = \sum_0^{10} (\xi\,\mathfrak{W}_m)\,,$$

—	(5)	(6)	(7)	(8)
m	$Q_{\mathfrak{w},m}$	$Q_{\mathfrak{w},m}\cdot c'$	$M_{\mathfrak{w},m}$	X_2[mt]
0	− 1,82992	—	0,00000	0,00000
1	− 1,82992	− 2,74488	2,74488	0,44742
⋮	⋮	⋮	⋮	⋮
9	1,91848	2,87772	3,99585	0,65133
10	2,66390	3,99585	0,00000	0,00000
(a)	(3,06767)			

c) $X_3 = \frac{\delta_{m3}}{\delta_{33}} = \frac{M_{\mathfrak{w}}}{22{,}48201}\,, \qquad \mathfrak{w}_{m3} = 1\,\frac{J_c}{J_m\cos\alpha_m}\,.$ (Abb. 532).

Die Funktion $\mathfrak{w}_{3m}$ ist symmetrisch, daher für $\xi = 0$: $Q_{\mathfrak{w}} = 0$, für $\xi = \pm 1$: $Q_{\mathfrak{w}} = \pm \frac{1}{2}\,\delta_{33}$. Die Biegelinie erhält in $\xi = 0$ eine waagerechte Tangente.

m	ξ	$\mathfrak{w}_{m3}$	$10\,\mathfrak{w}_0 + 2\,\mathfrak{w}_1$	$7\,\mathfrak{w}_{10} + 6\,\mathfrak{w}_9 - \mathfrak{w}_8$	$\mathfrak{W}_m$	$Q_{\mathfrak{w},m}$	$Q_{\mathfrak{w},m}\cdot c'$	$M_{\mathfrak{w},m}$	X_3 [mt]
			$\mathfrak{w}_{m-1} + 10\,\mathfrak{w}_m + \mathfrak{w}_{m+1}$						
0	0,0	1,00000	11,97084	—	0,74818	0,00000	0,00000	94,78360	4,21598
1	0,1	0,98542	11,79777		1,47472	0,74818	1,12227	93,66133	4,16606
⋮	⋮	⋮	⋮		⋮	⋮	⋮	⋮	⋮
9	0,9	0,54992	6,62604		0,82826	9,99538	14,99307	16,23546	0,72215
10	1,0	0,56311	—			10,82364	16,23546	0,00000	0,00000

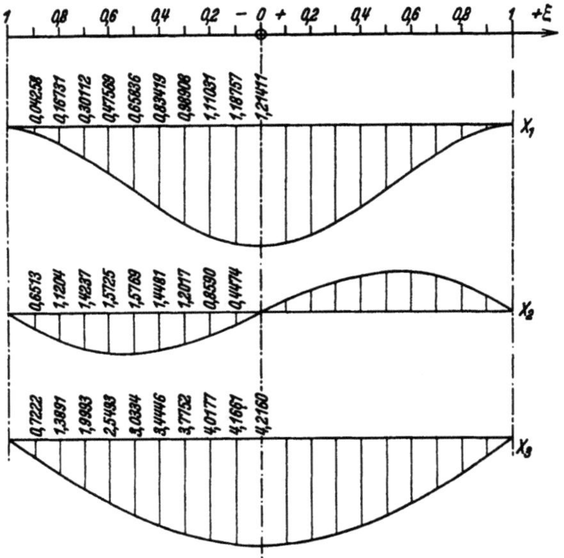

Abb. 532. Einflußlinien X_1, X_2, X_3.

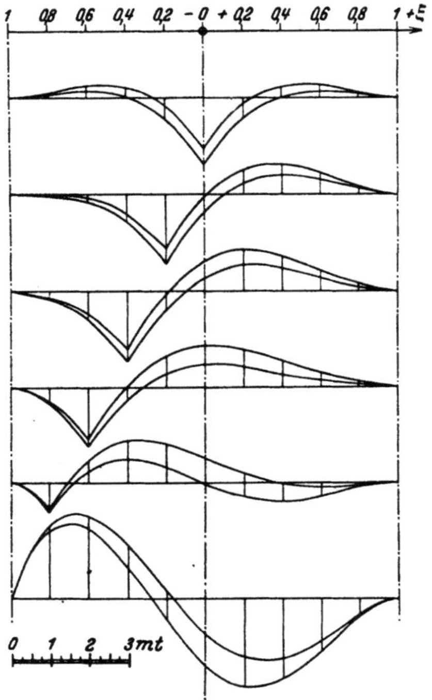

Abb. 533. Einflußlinien für die Kernmomente. Die oberen Linien gelten für die oberen Kernpunkte.

7. Einflußlinie der Schnittkräfte. a) Kernmomente (Abb. 533) im Querschnitt m:

$$M_m = M_{m0} - X_1\;y_m\; + X_2\,\xi_m - X_3\,,$$

im Scheitel c:

$$M_c = M_{c0} - X_1 y_{20} \qquad - X_3,$$

am Kämpfer (a und b):

$$M_a = \qquad + X_1 y_{10} - X_2 \quad - X_3,$$

$$M_b = \qquad + X_1 y_{10} + X_2 \quad - X_3.$$

b) Querkräfte:

$$Q_m = Q_{m0} - X_1 \sin\alpha_m + \frac{X_2}{l_1} \cos\alpha_m.$$

8. a) Biegungsmomente aus Eigengewicht (S. 527).

$$\nu = \frac{\delta''_{11}}{\delta'_{11}} = \frac{2{,}01833}{58{,}01617} = 0{,}03479; \qquad X_1 = \Delta H = -\frac{\nu}{1+\nu} H_q = -0{,}03362\, H_q.$$

Nach Seite 546 ist $H_q = 114{,}803$ t. Dabei ist die geringe Abweichung durch Änderung der Bogenform nicht berücksichtigt.

$$H = H_q + X_1 = 114{,}803 - 3{,}859 = 110{,}944\ \text{t}, \qquad M = -X_1 y = +3{,}859 \cdot y\ \text{mt}.$$

$\pm\xi =$	0,0	0,1	0,2	0,3	0,4	0,5	0,6	0,7	0,8	0,9	1,0
M [mt]	5,505	5,338	4,829	3,959	2,692	0,976	−1,257	−4,102	−7,675	−12,128	−17,652

Der Einfluß der Längskräfte auf δ_{10} ist nach S. 524 klein von zweiter Ordnung, fällt daher in der Rechnung weg.

b) Biegungsmomente aus Schwinden (S. 524).

$$\alpha_t = 0{,}00001; \qquad t = -15^0; \qquad \delta_{1t} = E J_c \alpha_t t l = -787{,}5;$$

$$\delta_{2t} = \delta_{3t} = 0; \qquad X_{1t} = \delta_{1t}/\delta_{11} = -13{,}117\ \text{t}; \qquad M = -X_{1t} \cdot y.$$

$\pm\xi =$	0,0	0,1	0,2	0,3	0,4	0,5	0,6	0,7	0,8	0,9	1,0
M [mt]	18,710	18,141	16,412	13,455	9,148	3,318	−4,273	−13,941	−26,083	−41,218	−59,992

c) Horizontales Ausweichen der Widerlager um $\Delta l = 0{,}001$ m.

$$\delta_{1s} = -E J_c \Delta l = -175{,}0; \qquad \delta_{2s} = \delta_{3s} = 0; \qquad X_{1s} = -2{,}915\ \text{t}; \qquad M = -X_{1s}\, y.$$

$\pm\xi =$	0,0	0,1	0,2	0,3	0,4	0,5	0,6	0,7	0,8	0,9	1,0
M [mt]	4,158	4,032	3,647	2,990	2,032	0,736	−0,949	−3,097	−5,796	−9,159	−13,331

9. Graphische Nachprüfung der Einflußlinien unter Verwendung von Stufen konstanter elastischer Wirkung nach (828).

a) Einteilung des Integrationsbereiches l_1 in 10 Teile e von gleichbleibender elastischer Wirkung (Abb. 534). Mit der Unterteilung $\Delta x_1 = \Delta x_2 = \cdots = \Delta x_m = \Delta x = l_1/10$ wird die Integralkurve

$$\frac{1}{\Delta x} \int_0^x J_c/J \cos\alpha \cdot dx = \sum_0^x J_c/J \cos\alpha$$

gebildet und ihre Ordinate für $x = l_1$ in 10 gleiche Teile ($c/\Delta x$) geteilt. Hierdurch ist die Einteilung $e_1, e_2, \ldots, e_{10}$ von l_1 gefunden. Mittelpunkte der Intervalle e_m sind 1′, 2′ . . . m' . . . 10′. Ihnen sind die folgenden Koordinaten der Bogenachse zugeordnet:

Punkt	y_2	$y = y_{2,0} - y_2$	y^2	ξ	ξ^2
1′	0,01	1,41	1,99	0,032	0,010
2′	0,05	1,37	1,88	0,110	0,012
3′	0,16	1,26	1,59	0,188	0,035
⋮	⋮	⋮	⋮	⋮	⋮
10′	5,00	− 3,58	12,82	0,933	0,870
Σ	14,24	− 0,04	25,06	—	2,736

$$\Delta x = l_1/10 = 1{,}5\ \text{m}.$$

$$c = \Delta x \left[\frac{1}{10} \sum_c^b \frac{J_c}{J \cos\alpha}\right]$$

$$= 1{,}5 \cdot 0{,}7496 = 1{,}124\ \text{m (Abb. 534)}.$$

$$y_{2,0} = \frac{2 \cdot 14{,}24}{2 \cdot 10} = 1{,}424\ \text{m}.$$

$$\delta'_{11} = 2 \cdot 1{,}124 \cdot 25{,}06 = 56{,}35, \qquad \delta''_{11} = 2{,}02\ \text{(S. 525)}^*, \qquad \delta_{11} = \delta'_{11} + \delta''_{11} = 58{,}37$$

* Der Anteil δ''_{11} kann auch nach den Angaben der S. 514 berechnet werden.

Mit $\frac{\sin^2\alpha}{\cos\alpha} \approx 0$ wird

$$\delta_{22} = 2\cdot 1{,}124\cdot 2{,}736 = 6{,}153, \qquad \delta_{33} = 2\cdot 10\cdot 1{,}124 = 22{,}49\,.$$

b) Einflußlinie X_1:

Verwendung der $(1/c)$fachen $\mathfrak{W}$-Gewichte; Elastische Gewichte $\mathfrak{W}_{m1}/c = \overline{\mathfrak{W}}_{m1}$ sind die Ordinaten y in den Punkten $1', 2' \ldots m'$. Mit $H_{\mathfrak{w}} = \delta_{11}/c$ Einheiten des $\overline{\mathfrak{W}}_{m1}$ ist 1 m im Maßstab der Zeichnung der Maßstab für 1 t der Einflußlinie. Um die Einflußlinie auf den 5fachen Betrag zu vergrößern, wird daher $H_{\mathfrak{w}1} = 58{,}37/(5\cdot 1{,}124) = 10{,}39$ aufgetragen.

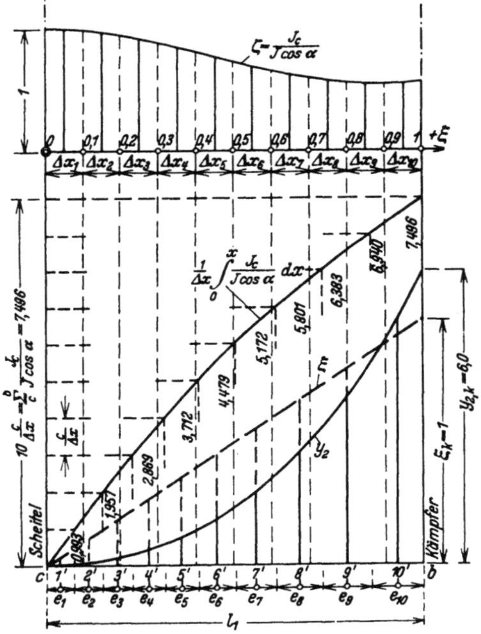

Abb. 534.

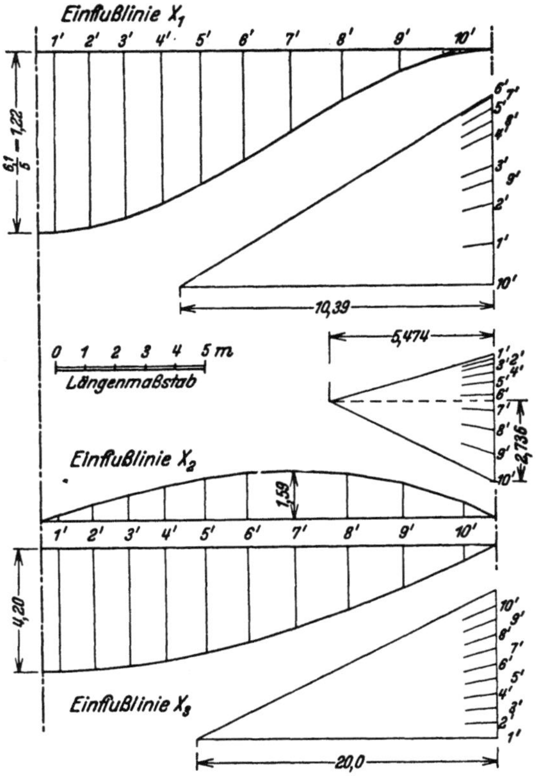

Abb. 535.

c) Einflußlinie X_2:

Elastische Gewichte $\overline{\mathfrak{W}}_{m2}$ sind die Abszissen ξ der Punkte $1', 2' \ldots m'$. Mit $H_{\mathfrak{w}2} = \delta_{22}/c$ Einheiten des $\overline{\mathfrak{W}}_{m2}$ ist 1 m im Maßstab der Zeichnung der Maßstab für 1 m/t der Einflußlinie.

$$H_{\mathfrak{w}2} = 6{,}153/1{,}124 = 5{,}474; \qquad A_{\mathfrak{w}} = \sum_1^n \xi^2 = 2{,}736\,.$$

Einflußlinie X_3:

Elastische Gewichte $\overline{\mathfrak{W}}_{m3}$ sind die Werte 1 in den Punkten $1', 2' \ldots m'$. Mit $H_{\mathfrak{w}3} = \delta_{33}/c$ Einheiten des $\overline{\mathfrak{W}}_{m3}$ ist 1 m im Maßstab der Zeichnung der Maßstab für 1 mt der Einflußlinie. $H_{\mathfrak{w}3} = 22{,}49/1{,}124 = 20{,}0$.

Müller-Breslau, H.: Die graphische Statik der Baukonstruktionen. Bd. 2, 2. Abt. Leipzig 1908. — Ritter, M.: Beiträge zur Theorie und Berechnung vollwandiger Bogenträger. Berlin 1909. — Schönhöfer, R.: Statische Untersuchung von Bögen und Wölbtragwerken. Berlin 1911. — Gaber, E.: Bau und Berechnung gewölbter Brücken und ihre Lehrgerüste. Berlin 1914. — Schächterle, K.: Beiträge zur Berechnung der im Eisenbetonbau üblichen elastischen Bogen und Rahmen. Berlin 1914. — Färber: Statische Berechnung von Gewölben. Dtsch. Bauztg. 1915 S. 156. — Derselbe: Rasche Ermittlung der Formen und Normalkräfte von

Gewölben. Dtsch. Bauztg. 1915 S. 6. — Schürch, H.: Wärmeeinfluß und Wärmebeobachtungen bei Betongewölben. Arm. Beton 1916. — Hawranek, A.: Berechnung von Bogenbrücken bei räumlichem Kraftangriff. Beton u. Eisen 1918. — Derselbe: Nebenspannungen von Eisenbetonbogenbrücken. Berlin 1919. — Straßner, A.: Neuere Methoden zur Statik der Rahmentragwerke und der elastischen Bogenträger Bd. 2. Berlin 1921. — Neumann, G.: Bogenform und Momentenbild. Beton u. Eisen 1922. — Pirlet, J.: Kompendium der Statik der Baukonstruktionen Bd. 2. Berlin 1923. — Proksch, E.: Beitrag zur Querschnittsbemessung der Betongewölbe. Beton u. Eisen 1923. — Derselbe: Der Einfluß elastischer Widerlager auf den eingespannten Bogen. Beton u. Eisen 1923. — Craemer, H.: Der Einfluß einseitig verschiedenschwerer Hinterfüllung auf elastische Gewölbe. Beton u. Eisen 1924. — Kasarnowsky, S.: Zur Statik eingespannter Gewölbe. Bauing. 1924. — Hartmann, F.: Die genauere Berechnung gelenkloser Gewölbe und der Einfluß des Verlaufs der Achse und der Gewölbestärke. Leipzig u. Wien 1925. — Kögler, F.: Gewölbetabellen, 2. Aufl. Berlin 1928. — Gesteschi, Th., u. J. Melan: Bogenbrücken. Handb. f. Eisenbetonbau Bd. 11 4. Aufl. Berlin 1932. — Bergdorfer, E.: Der Eingelenkbogen. Berlin 1929.

57. Die Beziehung zwischen Bogenform und Formänderung.

Die Mittellinie eines Bogenträgers wird in der Regel nach der Mittelkraftlinie für Eigengewicht oder nach der Mittelkraftlinie für Eigengewicht und der halben gleichförmigen Nutzlast p bestimmt. Diese Form ändert sich jedoch mehr oder weniger infolge der Verkürzung der Mittellinie, hervorgerufen durch die elastischen Eigenschaften des Baustoffs, durch die physikalischen Vorgänge beim Erhärten, durch Temperaturwechsel und durch die Bewegung der Widerlager. Daher entstehen neben den Längskräften auch Biegungsmomente, die im Scheitel des Zweigelenkbogens und im Scheitel und Kämpfer des eingespannten Bogens am größten sind. Sie lassen sich beim Ausrüsten durch bauliche Maßnahmen vermeiden, welche die Verkürzung der Mittellinie ausgleichen und damit die senkrechte Verschiebung des Bogenscheitels verhindern. Die Mittellinie des Bogens ist dann auch nach Abschluß der Verformung Mittelkraftlinie der ausgezeichneten Belastung.

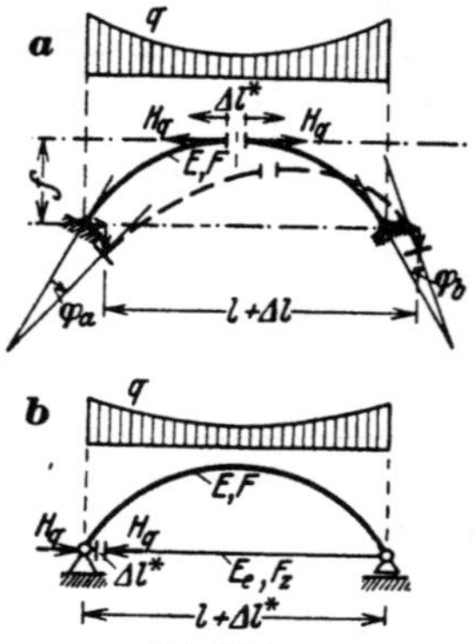

Abb. 536.

Die relative Verschiebung der Ufer des Scheitelquerschnitts c eines eingespannten Bogenträgers mit und ohne Scheitelgelenk ist

$$\Delta l^* = H_a \int \frac{ds}{EF} - \alpha_t t l + \Delta l - f(\varphi_a - \varphi_b). \quad \text{(Abb. 536a)} \qquad (850)$$

Danach sind die Ufer des Scheitelquerschnitts c eines eingespannten Bogenträgers mit und ohne Scheitelgelenk beim Ausrüsten um den Betrag Δl^* gegenseitig zu entfernen. Der Anteil aus der Verdrehung der Widerlager fällt beim Zweigelenkbogen weg. Die relative Verschiebung der Ufer des Anschlußquerschnitts des Zuggliedes eines Zweigelenkbogens ist mit $(l + \Delta l^*) > l$

$$-\Delta l^* = H_a \int \frac{ds}{EF} - \alpha_t t l + \frac{H_a l}{E_z F_z}, \qquad \text{(Abb. 536b)} \qquad (851)$$

um die Biegungsmomente aus der Längenänderung von Bogen und Zugglied zu vermeiden.

Der Ausgleich wird beim Ausrüsten des beiderseits eingespannten Bogenträgers durch Druckpressen erreicht, welche im Bogenscheitel eingebaut werden. Sie liegen beim Ausrüsten des Zweigelenkbogens mit Zugband hinter dem Bogenkämpfer, um hier zunächst die Längskraft des relativ zum Bogenträger beweglichen Zuggliedes aufzunehmen und diesem zuzuführen. Dabei wird die Reckung des Zuggliedes und die Verkürzung des Bogenträgers ausgeglichen, so daß in der Fahrbahn keine Nebenspannungen aus der Formänderung der Hauptträger durch Eigengewicht entstehen (Beispiel S. 519).

Der Einfluß der Formänderung auf den Spannungszustand der drei statisch unbestimmten Bogenträger kann auch durch Überhöhung der Mittellinie um Δf^* und durch vorläufige Anordnung dreier Gelenke ausgeglichen werden. Der Betrag

$$\Delta f^* = \Delta l^* \cdot l_1/2f \tag{852}$$

hängt naturgemäß von bestimmten Annahmen über die physikalischen Eigenschaften von Baustoff und Baugrund ab und kann nachträglich nicht mehr geändert werden. Die Bewegung der Gelenke und der hierfür notwendige Spielraum lassen sich leicht nach Abschn. 18 berechnen.

Verlagerung der Bogenachse. Um die besonderen baulichen Maßnahmen beim Ausrüsten der Bogenträger zu umgehen, ist mehrfach versucht worden, die Mittelkraftlinie mit den Ordinaten y als Mittellinie des Bogenträgers durch eine Linie mit den Ordinaten $\bar{y} = y + \Delta y$ zu ersetzen, deren Biegungsmomente aus der Formänderung durch Eigengewicht und Schwinden des Baustoffs kleiner sind als bei der Mittellinie y (Abb. 537).

Zähler und Nenner des Ausdrucks (817) für X_1 können ebenso wie auf S. 513 in die Anteile δ'_{10}, δ'_{11} aus den Biegungsmomenten und in die Anteile δ_{1t}, δ''_{10}, δ''_{11} aus Schwinden und Längskraft zerlegt werden. Darnach läßt sich neben der Bogenkraft $X_1(N, M, t)$ außerdem noch die Bogenkraft $X_1(M) = \delta'_{10}/\delta'_{11}$ anschreiben. Sie ist gleich der Kraft H_q, wenn die Mittellinie des Trägers mit der Mittelkraftlinie für die ausgezeichnete Belastung q, H_q zusammenfällt. Da nun $X_1(N, M, t) < X_1(M)$ ist und daher nach S. 524 im Bereich des Scheitels positive, im Bereich des Kämpfers negative Biegungsmomente entstehen, so kann an Stelle der Mittelkraftlinie y mit $X_1(M) = H_q$ eine Mittellinie $\bar{y} = y + \Delta y$ mit einer größeren Bogenkraft $\bar{X}_1(M) = \bar{\delta}'_{10}/\bar{\delta}'_{11}$ derart bestimmt werden, daß $\bar{X}_1(N, M, t) \approx H_q$, also $\bar{\delta}'_{11} < \delta'_{11}$ ist. Die Mittellinie $\bar{y}$ erhält daher unter Beibehaltung der Ordinaten y_a, y_c, y_b (Abb. 537) im Scheitel und Kämpfer eine größere und in der Mitte des Bogenschenkels eine kleinere Krümmung. Sie unterscheidet sich von der Mittelkraftlinie zu q, H_q, so daß, abgesehen von den Biegungsmomenten $M(q, H_q)$ des Trägers auch Biegungsmomente $M_0(q, H_q)$ im Hauptsystem entstehen. Während also bei der Ausrüstung des Trägers mit Vorspannung durch Pressen die Biegungsspannungen aus einem ausgezeichneten Belastungs- und Verschiebungszustand nach S. 552 vermieden werden können, läßt sich keine Funktion $\Delta y(x)$ mit dem gleichen Ergebnis anschreiben. Dies liegt an dem Anteil der Längskräfte in der Bedingung

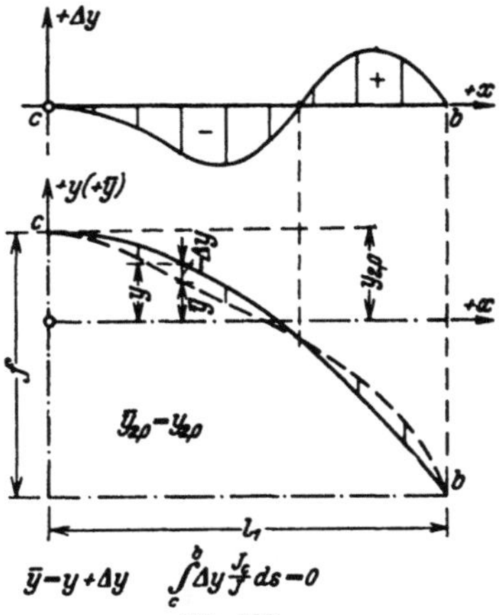

Abb. 537.

$$A_i^* = \frac{1}{2}\int \frac{N^2 ds}{EF} + \frac{1}{2}\int \frac{M^2 ds}{EJ} + \int N \alpha_t t\, ds = \min \tag{853}$$

für die statisch unbestimmten Schnittkräfte X_1, X_2, X_3. A_i^* wird nicht bei $M = 0$, $|N| = H_q/\cos\alpha$, sondern bei $|N| < H_q/\cos\alpha$, $M \neq 0$ zum Minimum. Die Verlagerung Δy der Mittellinie des Bogenträgers gegen die Mittelkraftlinie y kann daher stets nur eine Verminderung der größten Biegungsmomente herbeiführen.

Die Funktion $\Delta y(x)$ ist im Scheitel mit $x = 0$ durch die Randbedingungen Δy, $d(\Delta y)/dx = 0$, im Kämpfer mit $x = l_1$ durch $\Delta y = 0$ bestimmt (Abb. 537). Um die Lösung auf die x-Achse der vorgegebenen Mittellinie y zu beziehen, muß $\int \bar{y}(J_c/J)\,ds = 0$, also auch $\int \Delta y(J_c/J)\,ds = 0$ sein. Um die Biegungsmomente im Scheitel und Kämpfer zu begrenzen, ist ΔX_1 nach (841) Null oder der Größe nach vorgeschrieben. Für $\Delta y(x)$ bestehen daher fünf Bedingungen, die durch eine Kurve vierten Grades, z. B. die Parabel vierten Grades, befriedigt werden können. Diese Lösung ist von F. Campus vorgeschlagen worden.

Dasselbe Ziel läßt sich nach M. Ritter auch durch statische Überlegungen erreichen. Die den Einflußlinien η_c, η_a der Biegungsmomente des Bogenträgers im Scheitel (c) und Kämpfer (a) zugeordneten Summeneinflußlinien ζ, $\varkappa$ für zwei symmetrisch angreifende Lasten überschneiden sich auf einer Strecke $\overline{EF}$ mit negativen Ordinaten ζ und positiven Ordinaten $\varkappa$ (Abb. 538). Daher erzeugen in diesem Bereiche Zusatzlasten V, $v(x)$ negative Biegungsmomente im Scheitel und positive Biegungsmomente im Kämpfer, vermindern also die aus der Verkürzung der Bogenmittellinie herrührenden positiven Biegungsmomente im Scheitel und die negativen Biegungsmomente im Kämpfer. Dieselbe Wirkung entsteht auch unter der vorhandenen Belastung q, H_q eines Bogenträgers, dessen Mittellinie als Mittelkraftlinie von q in Verbindung mit einer virtuellen Belastung $-v(x)$ und $(H_q + H_v)$ aufgezeichnet worden ist. Die Funktion $v(x)$ ist zunächst beliebig. Sie wird derart gewählt, daß sich die Biegungsmomente M_0 aus (q, H_q) nicht wesentlich ändern. Die Größe der virtuellen Belastung v im Bereiche $\overline{EF}$ hängt von dem zu tilgenden Anteil der Biegungsmomente M_{cq}, M_{aq} ab, die im Scheitel und Kämpfer aus der Längenänderung der Mittellinie y bei der Belastung q oder aus der Längenänderung bei Belastung, Schwinden und Stützenverschiebung Δl entstehen. Nach (841) ist allgemein

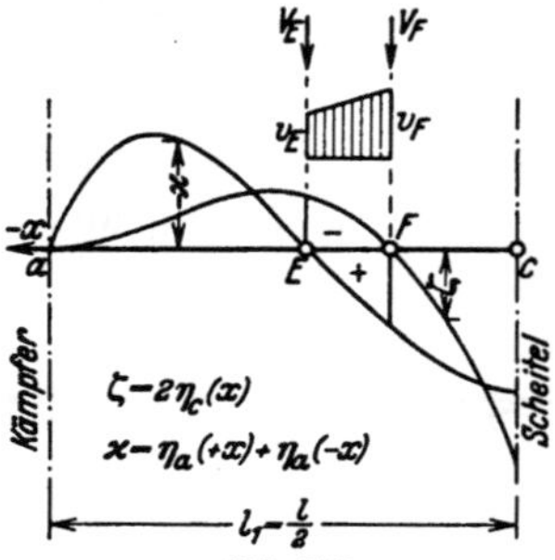

Abb. 538.

$$M_{cq} = \left(H_q \frac{\nu}{1+\nu} - \frac{\delta_{1t}+\delta_{1s}}{\delta_{11}}\right)(f - y_{1,0})\,; \quad -M_{aq} = \left(H_q \frac{\nu}{1+\nu} - \frac{\delta_{1t}+\delta_{1s}}{\delta_{11}}\right) y_{1,0}\,. \tag{854}$$

Die ausgezeichneten Ordinaten v_E, v_F einer linearen Funktion $v(x)$ sind darnach eindeutig bestimmt. Die Mittellinie aus q, $(-v)$, $(H_q + H_v)$ wird im Sinne der Bemerkung auf S. 553, verglichen mit derjenigen für q, H_q, im Bogenschenkel gestreckt, so daß die Krümmung am Scheitel und Kämpfer zunimmt.

Die Untersuchung besteht aus folgenden Teilen:

1. Mittelkraftlinie für die vorgeschriebene Belastung q, H_q mit den Ordinaten

$$y_{1q} = M_{0q}/H_q\,. \tag{855}$$

2. Berechnung von M_{cq}, M_{aq} nach (854). Annahme über den zu tilgenden Anteil und Berechnung von v_E, v_F aus der Bedingung

$$\Delta M_{cq} + \int_F^E \zeta\, v\, dx = 0\,, \qquad \Delta M_{aq} + \int_E^F \varkappa\, v\, dx = 0\,. \tag{856}$$

3. Mittelkraftlinie für die virtuelle Belastung

$$y_{1v} = M_{0v}/H_v\,. \tag{857}$$

4. Ordinaten $\bar{y}_1$ der gesuchten Mittellinie oder Verlagerung $\Delta y = \bar{y}_1 - y_{1q}$

$$\bar{y}_1 = \frac{M_{0q} + M_{0v}}{H_q + H_v}\,, \qquad \Delta y = (y_{1v} - y_{1q})\frac{H_v}{H_q + H_v}\,. \tag{858}$$

M_{0v} und H_v sind negativ einzusetzen, da die virtuelle Belastung $v(x)$ zur vorgeschriebenen Belastung $q(x)$ entgegengesetzt gerichtet ist (Rechenvorschrift S. 555).

Die wirtschaftlich günstigste Bogenform ist bei der ungünstigsten Zusammenfassung aller äußeren Ursachen einschließlich Nutzlast und Temperaturwechsel durch gleich große Randspannungen ausgezeichnet, welche den für den Baustoff zulässigen Grenzwert erreichen. Sie wird aus vorgegebenen Abmessungen

(y_h, J_h) mit

$$y_h^* = y_h + \Delta y_h, \qquad J_h^* = J_h + \Delta J_h \tag{859}$$

derart bestimmt, daß in r Querschnitten die Bedingungen

$$-\sigma_o = \frac{\max M_{ku}}{W_o} = \frac{\min M_{ko}}{W_u} = \sigma_u; \qquad \max M_{ku} = -\sigma_{zul} W_o \tag{860}$$

erfüllt sind. Dies ist für

$$X^* = X + \sum \frac{\partial X}{\partial y_h} \Delta y_h + \sum \frac{\partial X}{\partial J_h} \Delta J_h; \quad M^* = M + \sum \frac{\partial M}{\partial y_h} \Delta y_h + \sum \frac{\partial M}{\partial J_h} \Delta J_h \tag{861}$$

der Fall, so daß bei Vernachlässigung der höheren Potenzen $2r$ lineare Gleichungen mit $2r$ unbekannten geometrischen Bestimmungsstücken $\Delta y_h, \Delta J_h$ entstehen. Die Lösung ist durch allmähliche Annäherung einfacher. Die Bedingungen (860) werden dann zunächst für die einzelnen Querschnitte (h) erfüllt, so daß bei Bogenträgern mit $W_o = W_u$ folgende Gleichung entsteht.

$$-H_q \Delta y_h + \max M_{ku} = + H_q \Delta y_h + |\min M_{ko}|,$$

$$-\Delta y_h = \frac{|\min M_{ko}| - \max M_{ku}}{2 H_q}. \tag{862}$$

Darin enthält $\min M_{k0}$ den Anteil aus Eigengewicht, Nutzlast, Schwinden, Temperaturabfall (t), Ausweichen der Widerlager (Δl), $\max M_{ku}$ den Anteil aus Eigengewicht, Nutzlast und Temperaturzunahme (t). $y + \Delta y_h$ ist die Ordinate der verbesserten Bogenform.

Bestimmung der Mittellinie eines beiderseits eingespannten Bogenträgers mit $M_c \approx 0$, $M_k \approx 0$.

Als Beispiel dient der Bogenträger mit einer Kettenlinie als Achse und $n = 0{,}4$ nach S. 538. (Abb. 520). Die Einflußlinien der überzähligen Größen und die Stütz- und Schnittkräfte aus Eigengewicht sind bekannt und werden übernommen.

1. Einflußlinien der Momente im Kämpfer und Scheitel.

$$M_a = 1\,\eta_a = X_1 y_{1,0} - X_2 - X_3,$$

$$M_c = 1\,\eta_c = M_{0c} - X_1 y_{2,0} - X_3 \qquad \text{(Abb. 540)},$$

2. Summeneinflußlinien der Kämpfermomente und Scheitelmomente für zwei symmetrisch angreifende Einzellasten (Abb. 539).

$$\left.\begin{aligned} M_{a\Sigma} &= 1 \cdot \varkappa = \eta_a(\xi) + \eta_a(-\xi), \\ M_{c\Sigma} &= 1 \cdot \zeta = \eta_c(\xi) + \eta_c(-\xi) \end{aligned}\right\} \quad \text{(Abb. 541)}.$$

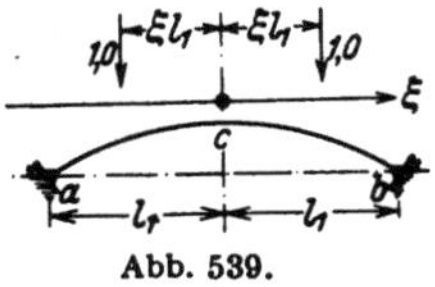

Abb. 539.

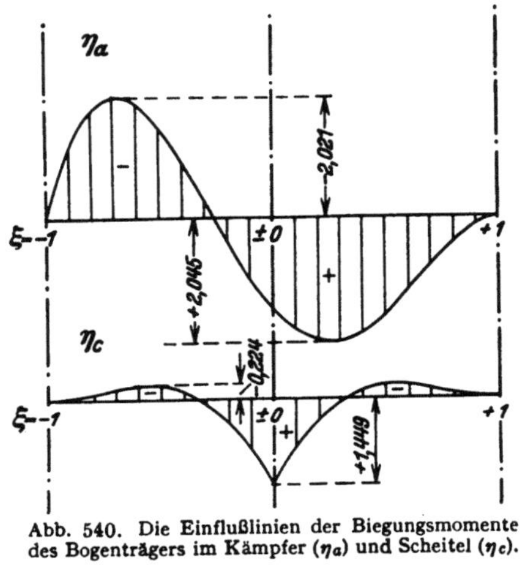

Abb. 540. Die Einflußlinien der Biegungsmomente des Bogenträgers im Kämpfer (η_a) und Scheitel (η_c).

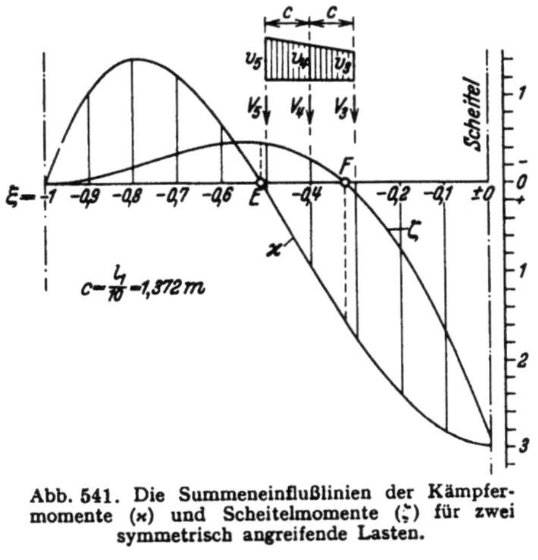

Abb. 541. Die Summeneinflußlinien der Kämpfermomente ($\varkappa$) und Scheitelmomente (ζ) für zwei symmetrisch angreifende Lasten.

m	ξ	η_a	ξ	η_a	ξ	η_c	$\varkappa_m$	ζ_m
0	± 0,0	1,49159	± 0,0	1,49159	± 0,0	+ 1,44934	+ 2,98318	+ 2,89868
⋮	⋮	⋮	⋮	⋮	⋮	⋮	⋮	⋮
3	− 0,3	− 0,27915	+ 0,3	+ 2,04547	± 0,3	+ 0,05682	+ 1,76632	+ 0,11364
4	− 0,4	− 0,93256	+ 0,4	+ 1,89128	± 0,4	− 0,13679	+ 0,95872	− 0,27358
5	− 0,5	− 1,49927	+ 0,5	+ 1,59751	± 0,5	− 0,22220	+ 0,09824	− 0,44440
⋮	⋮	⋮	⋮	⋮	⋮	⋮	⋮	⋮
9	− 0,9	− 1,13420	+ 0,9	+ 0,10490	± 09	− 0,02710	− 1,02930	− 0,05420
10	− 1,0	∓ 0,00000	+ 1,0	+ 0,00000	± 1,0	∓ 0,00000	∓ 0,00000	∓ 0,00000

3. Kämpfer- und Scheitelmoment aus Eigengewicht.
Nach II, 5, c) S. 542 ist: $M_{aq} = -6{,}07532$, $M_{cq} = +1{,}82462$.

4. Berechnung von v (x), V aus (856) und aus der Bedingung $M_a \approx 0$, $M_c \approx 0$. $\Delta M_{aq} = M_{aq}$, $\Delta M_{cq} = M_{cq}$. Mit Simpson (S. 95) ist:

$$-\Delta M_{aq} \approx l_1 \int_{0,3}^{0,5} \varkappa v \, d\xi = \frac{c}{3} \sum_{0,3}^{0,5} \lambda \cdot \varkappa v = \frac{c}{3}\left[\varkappa_5 v_5 + 4 \varkappa_4 \frac{v_5 + v_3}{2} + \varkappa_3 v_3\right],$$

$$-\Delta M_{cq} \approx l_1 \int_{0,3}^{0,5} \zeta v \, d\xi = \frac{c}{3} \sum_{0,3}^{0,5} \lambda \cdot \zeta v = \frac{c}{3}\left[\zeta_5 v_5 + 4 \zeta_4 \frac{v_5 + v_3}{2} + \zeta_3 v_3\right]$$

$$+6{,}07532 = 0{,}45733\,[0{,}09824\, v_5 + 2 \cdot 0{,}95872\, v_5 + 2 \cdot 0{,}95872\, v_3 + 1{,}76632\, v_3],$$
$$-1{,}82462 = 0{,}45733\,[-0{,}44440\, v_5 - 2 \cdot 0{,}27358\, v_5 - 2 \cdot 0{,}27358\, v_3 + 0{,}11364\, v_3].$$

$v_5 = 3{,}21649$, $v_3 = 1{,}84616$, nach linearer Einschaltung: $v_4 = 2{,}53133$;

$$V_5 = \frac{c}{6}\,(2\, v_5 + v_4) = 2{,}04984, \qquad V_3 = \frac{c}{6}\,(v_4 + 2\, v_3) = 1{,}42314,$$

$$V_4 = \frac{c}{6}\,(v_5 + 4\, v_4 + v_3) = 3{,}47299, \qquad A_v = \sum_3^5 V_m = 6{,}94597.$$

5. Mittelkraftlinie nach (135) für die virtuelle Belastung $\Sigma(-V_m)$.

$$H_v = M_{0c,\,\Sigma(-V)}/f = \frac{-56{,}31940}{4{,}12} = -13{,}66976, \qquad y_{1v} = \frac{M_{0,\,\Sigma(-V)}}{H_v}, \quad \text{(Abb. 542)}.$$

6. Mittelkraftlinie aus Eigengewicht (q_k, q_s) nach (538).

$H_q = 84{,}247$ t (S. 542), $y_{1q} = y_1 = f - y_2$, y_2 (S. 540).

7. Verlagerung Δy und Ordinaten $\bar{y}_1$ der gesuchten Mittellinie.

$$\frac{H_v}{H_q + H_v} = \frac{-13{,}670}{84{,}247 - 13{,}670} = -0{,}193689,$$

$$\Delta y = -0{,}193689\,(y_{1v} - y_{1q}), \qquad \bar{y}_1 = y_{1q} + \Delta y \text{ (Abb. 542)}.$$

ξ	x	c	P	V_0	$V_0 \cdot c$	M_{0v}
0	13,720	—	(6,94597)	—	—	—
− 1,0	13,720	0	—	6,94597	0,00000	0,00000
− 0,9	12,348	1,372	—	6,94597	9,52987	9,52987
− 0,8	10,976	1,372	—	6,94597	9,52987	19,05974
⋮	⋮	⋮	⋮	⋮	⋮	⋮
− 0,5	6,860	1,372	2,04984	6,94597	9,52987	47,64935
− 0,4	5,488	1,372	3,47299	4,89613	6,71749	54,36684
− 0,3	4,116	1,372	1,42314	1,42314	1,95255	56,31939
⋮	⋮	⋮	⋮	⋮	⋮	⋮
0,0	0,000	1,372	—	0,00000	0,00000	56,31939

ξ	−1,0	−0,9	−0,8	−0,7	−0,6	−0,5	−0,4	−0,3	−0,2	−0,1	∓0,0
y_{1e}	0,000	1,002	1,804	2,442	2,945	3,337	3,636	3,855	4,004	4,091	4,120
$\bar{y}_1$	0,000	1,062	1,884	2,510	2,975	3,308	3,569	3,803	3,982	4,086	4,120
Δy	0,000	+0,060	+0,080	+0,068	+0,030	−0,029	−0,067	−0,052	−0,022	−0,005	0,000

8. Nachprüfung der Ergebnisse. Eine Nachrechnung ergibt, daß die Bedingungen $M_e \approx 0$; $M_a = M_b \approx 0$ nahezu erfüllt sind (Abb. 542). Der Grad der Annäherung hängt von der Rechengenauigkeit ab.

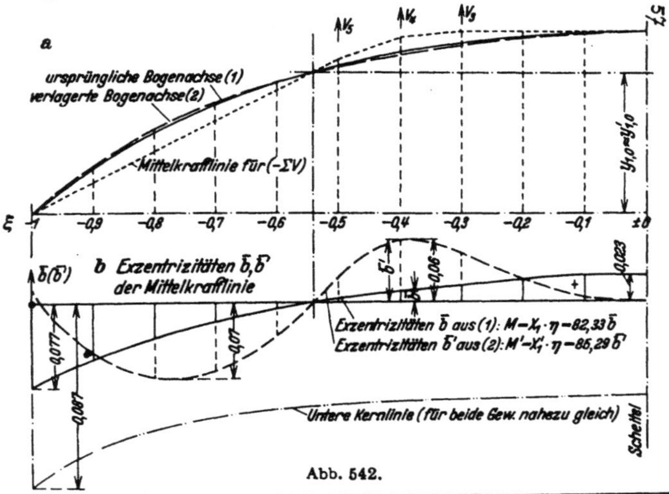

Abb. 542.

Färber: Der Gewölbebau. Neue Hilfsmittel für Berechnung und Bauausführung. Berlin 1916. — Ostenfeld, A.: Die günstigste Bogenform für statisch unbestimmte Bögen. Beton u. Eisen 1923. — Proksch, E.: Verfahren zum Aufsuchen der Bogenlinie gleicher Anstrengungen. Beton u. Eisen 1924 S. 33. — Ritter: Die Formgebung von Brückengewölben. Beitrag zum Internat. Brückenbaukongr. in Zürich 1926. — Krebitz, J.: Die günstigste Form statisch unbestimmter Bogenträger. Verhandlg. des 2. Internat. Kongr. f. Techn. Mech. Zürich 1927 u. Beton u. Eisen 1927 S. 199. — Kögler, F.: Die Formgebung der eingespannten Brückengewölbe. Bauing. 1928 S. 98. — Miozzi, E.: Die rationelle Bestimmung der Stützlinie in Gewölben. Bericht über die 2. Internat. Tagung f. Brückenbau und Hochbau. Wien 1929. — Campus, F.: La fibre moyenne des grandes voutes hyperstatiques. Beitrag zum Internat. Brückenbaukongr. in Lüttich 1930. — Krebitz, J.: Die neue Wandau—Enns-Brücke. Beton u. Eisen 1930 S. 75. — Buschmann, W.: Über die Formgebung eingespannter Gewölbe. Bauing. 1931 S. 198. — Dischinger, F.: Beseitigung der zusätzlichen Biegungsmomente im Zweigelenkbogen mit Zugband. Abhandlung der Internat. Vereinigung f. Brückenbau und Hochbau Bd. 1 S. 69. Zürich 1932 u. Beton u. Eisen 1932 S. 309. — Miozzi, E.: Methode zur Verbesserung des Gleichgewichtszustandes der Gewölbe. Abhandlung der Internat. Vereinigung f. Brückenbau u. Hochbau Bd. 1 S. 337. Zürich 1932. — Mehmel: Bericht über Messungen bei Anwendung des Gewölbeexpansionsverfahrens beim Bau der Brücke über den Roguefluß. Bauing. 1933 S. 247.

58. Erweiterung der Aufgabe.

Die Nutzlast der Brücken wird in der Regel durch Zwischenmittel aus Erdschüttung und Betonmauerwerk oder durch besondere Tragwerke in die Bogenträger eingetragen. Die Fahrbahntafel wird auf die Bogenträger abgestützt oder daran aufgehängt und bei der statischen Untersuchung in der Regel derart idealisiert, daß die Schnittkräfte der Bogenträger unabhängig vom Überbau berechnet, also Auflast und Nutzlast dem Bogenträger statisch bestimmt zugeführt werden. Die Schüttung gilt daher als kohäsionslos, der Aufbau quer zur Fahrbahn in Streifen zerlegt, der Überbau als Folge von einzelnen Trägern, die untereinander und mit den Pfosten frei drehbar verbunden sind.

Diese Voraussetzung ist ganz oder auch teilweise nur in einzelnen Fällen verwirklicht worden. Die Fahrbahn stützt sich vielmehr auf durchlaufende Träger, deren Zwischenstützen mit diesem frei oder elastisch drehbar verbunden sind, so daß Bogenträger und Überbau elastisch voneinander abhängen. Um die Berechnung zu vereinfachen, werden die Formänderungen der Bogenträger bei der Untersuchung des Überbaues vernachlässigt und die Auflasten der Bogenträger durch den Überbau statisch bestimmt angenommen. Der elastische Zusammenhang von Bogenträger und Fahrbahn entlastet in der Regel den Bogenträger und erhöht die Spannungen des Überbaues. Um diese Nebenspannungen zu erfassen, liegt es nahe, die biegungssteifen Randträger der Fahrbahntafel dem Haupttragwerk einzugliedern, dafür aber auch den Baustoff der Bogenträger wirtschaftlich auszunützen.

Diese Entwicklung des Tragwerks wird darnach einerseits durch den biegungssteifen Bogenträger mit schlaffem Streckgurt (Abb. 543a und b) andererseits durch die Verbindung eines biegungssteifen Streckträgers mit einer Stabkette begrenzt (Abb. 543c und d), deren Elemente allein Längskräfte erhalten und daher nur die für die Stabilität notwendige Biegungssteifigkeit besitzen. Dazwischen liegen Tragwerke mit biegungssteifem Bogen und biegungssteifem Streckträger, die dann auch beide an der Übertragung des Momentes aus den äußeren Kräften am Tragwerk beteiligt sind (Abb. 543e und f). Die Belastung aus Fahrbahn und Nutzlast wird beiden Gurten durch senkrechte, frei drehbar angeschlossene Pfosten zugeführt. Der biegungssteife Anschluß (Abb. 543g und h) erzeugt in den Pfosten neben Längskräften auch Querkräfte und dadurch eine Entlastung der Gurte von Biegungsmomenten. Diese ist bei schrägen Verbindungen (Abb. 543k und l) oder schrägen und senkrechten Verbindungen beider Gurte noch größer. Das Tragwerk wird zum Fachwerkträger mit biegungssteifen Gurten, in denen die Biegungsspannungen nur Nebenspannungen bedeuten. Um nicht die schönheitliche Wirkung der Bogenträger mit angehängter Fahrbahn durch die Überschneidung starker Wandglieder bei schräger Blickrichtung zu beeinträchtigen, sind schlaffe Stäbe aus Stahl verwendet worden, die nicht in der Lage sind, Druckkräfte zu übertragen, sondern dabei elastisch ausschalten. Die Gliederung des Tragwerks ist um so weniger veränderlich, je größer das Eigengewicht der Fahrbahn im Verhältnis zur Nutzlast ist.

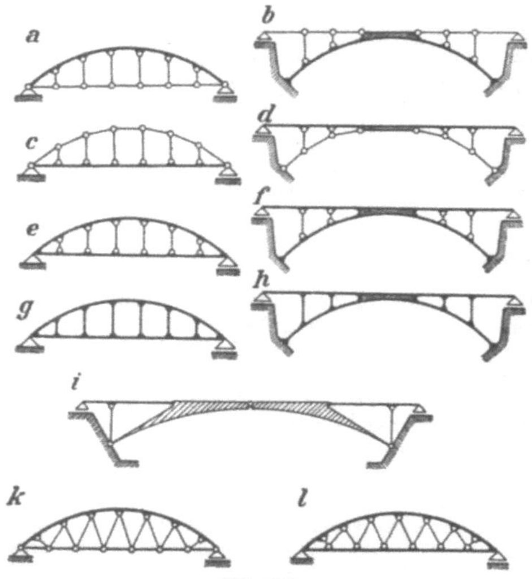

Abb. 543.

Die Form der Träger wird in der Regel derart gewählt, daß die Pfosten und Bogenstäbe bei Eigengewicht im wesentlichen nur Längskräfte erhalten. Die Mittellinie des Stabbogens ist dann die Mittelkraftlinie aus Eigengewicht. Zur Berechnung dienen die Methoden der Abschnitte 24ff. Wenn dabei auch keine sachlichen Schwierigkeiten entstehen, so ist die Zahlenrechnung bei steif angeschlossenen Pfosten sehr umfangreich und fehlerempfindlich. Sie wird nach S. 485 bei gelenkig angeschlossenen Pfosten bereits wesentlich einfacher und bietet in den Beispielen Abb. 543d und i auch in formaler Beziehung keine Schwierigkeiten mehr. Der Einfluß gelenkig angeschlossener Hängestangen auf die Schnittkräfte eines Bogenträgers mit biegungssteifem Zugband oder Streckträger ist auf S. 270 abgeschätzt worden.

Bleich. F.: Die Berechnung statisch unbestimmter Tragwerke mit der Methode des Viermomentensatzes, 2. Aufl. Berlin 1925. — Girkmann, K.: Berechnung von Rahmen-Bogenträgern mit beliebigen Gurtquerschnitten. Stahlbau 1929 S. 253. — Maillart: Leichte Eisenbetonbrücken in der Schweiz. Bauing. 1931 S. 165. — Nielsen, O. F.: Bogenträger mit schräggestellten Hängestangen. Abhandlung d. Internat. Vereinigung f. Brückenbau u. Hochbau Bd. 1 S. 355. Zürich 1932.

59. Durchlaufende Bogenträger.

Die Mittellinie der durchlaufenden Bogenträger des Brücken- und Hochbaues ist stetig gekrümmt oder geradlinig gebrochen. Die Träger sind über den Stützen starr oder frei drehbar verbunden und stützen sich auf Pfeiler oder senkrechte Pfosten. Die Stützenquerschnitte sind starr oder frei drehbar, beweglich oder unverschieblich, elastisch drehbar oder elastisch verschieblich angeschlossen, so daß der wesentliche Anteil des Widerstandes entweder den Pfosten oder den Riegelstäben des Tragwerks zufällt.

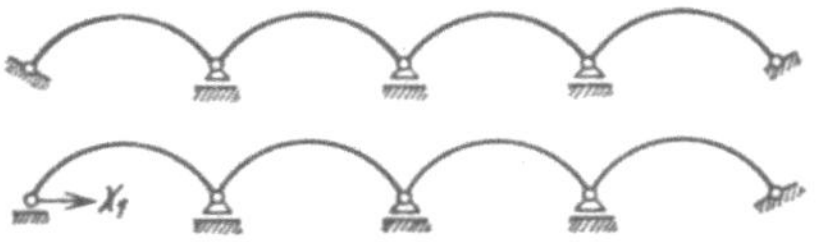

Abb. 544.

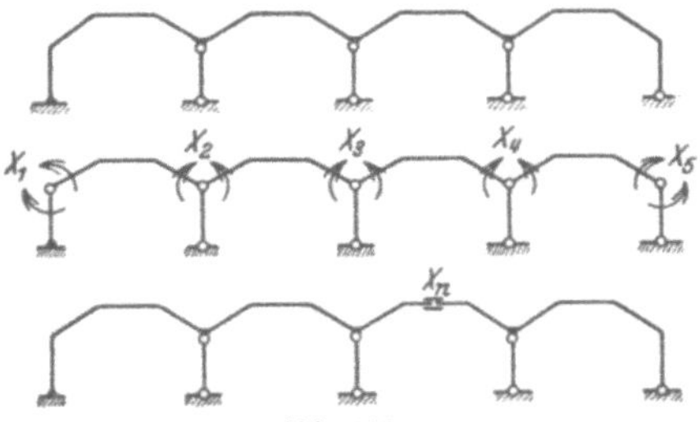

Abb. 545.

Ist die Formänderung der Pfeiler ohne Einfluß auf den Spannungszustand der Träger, so werden die Schnittkräfte am einfachsten aus den geometrischen Bedingungen für die Formänderung eines statisch bestimmten oder unbestimmten Hauptsystems abgeleitet. Diese Rechnung verdient auch in allen anderen Fällen den Vorzug, wenn das Lösungsergebnis nicht durch ungünstige Fehlerfortpflanzung beeinträchtigt wird. Als statisch unbestimmte Hauptsysteme dienen die Rahmen und Bogenträger, deren Schnittkräfte aus den Tabellen in Abschn. 55, 56 und 61 bekannt sind oder in erster Stufe mit dreigliedrigen Bedingungsgleichungen angegeben werden können.

1. Der durchlaufende Bogen mit frei drehbarer Verbindung der Träger über den beweglich gelagerten Zwischenstützen ist einfach statisch unbestimmt. Die Bogenwirkung ist gering, da die Verschiebung δ_{10} aus der Belastung eines Feldes ebenso groß ist wie beim Zweigelenkbogen, dagegen die Verschiebung δ_{11} mit der Anzahl der Felder wächst (Abb. 544).

2. Der durchlaufende Bogen mit starrer Verbindung der Träger und beweglicher Lagerung der Zwischenstützen kann aus der Formänderung eines statisch bestimmten oder statisch unbestimmten Hauptsystems berechnet werden. Das eine besteht aus der Reihe einfacher Träger, das andere ist ein durchlaufender Balkenträger mit der Bogenkraft X_n als überzähliger Größe (Abb. 545). Die statisch unbestimmten Schnittkräfte des Hauptsystems können daher nach Abschn. 47 mit einer Gruppe dreigliedriger Bedingungsgleichungen abgeleitet werden. Damit sind die Biegungsmomente $M_0^{(n-1)}$, $M_n^{(n-1)}$ also nach (305) auch die Verschiebungen $\delta_{n0}^{(n-1)}$, $\delta_{nn}^{(n-1)}$ bestimmt, so daß

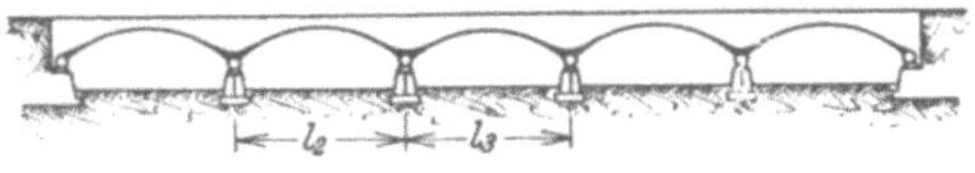

Abb. 546. Durchgehender Bogenträger auf frei drehbaren Stützpunkten mit oder ohne Scheitelgelenk.

$$X_n = \delta_{n0}^{(n-1)}/\delta_{nn}^{(n-1)} \quad \text{und} \quad M = M_0^{(n-1)} - X_n M_n^{(n-1)}.$$

3. Der durchlaufende Bogenträger mit frei drehbaren, aber unverschieblichen Zwischenstützen kann aus den geometrischen Bedingungen für die Form-

änderung eines Hauptsystems untersucht werden, an dem die Stützenmomente als überzählige Größen wirken. Der Ansatz ist dreigliedrig. Es besteht daher keine Veranlassung, die Schnittkräfte nach Abschn. **41** aus den Knotendrehwinkeln

M_2 für $-X_2 = 1$

Abb. 547. Das statisch bestimmte Hauptsystem bei Anordnung von Scheitelgelenken. Die überzähligen Größen sind die Stützenmomente. Die Bedingungsgleichungen lauten bei Parabelform des Bogens und bei einer Querschnittsveränderung nach $J_c : J \cos\alpha = 1$

$$-X_1 l_2' + 4 X_2 (l_2' + l_3') - X_3 l_3' = 30\,\delta_{20}^{(0)}.$$

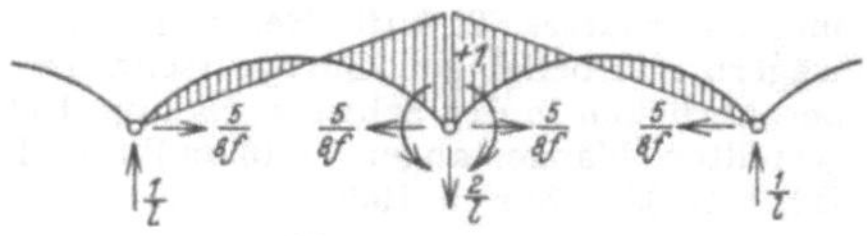

M_2 für $-X_2 = 1$

Abb. 548. Das statisch unbestimmte Hauptsystem besteht bei einem Träger ohne Scheitelgelenke aus einer Reihe von Zweigelenkbogen. Die überzähligen Größen sind die Stützenmomente. Die Bedingungsgleichungen lauten bei Parabelform des Bogens und bei einer Querschnittsveränderung nach $J_c : J \cos\alpha = 1$

$$-X_1 l_2' + 3 X_2 (l_2' + l_3') - X_3 l_3' = 24\,\delta_{20}^{(5)}.$$

abzuleiten, denn die statischen Bedingungsgleichungen (583) mit $\psi_c = 0$ sind ebenfalls dreigliedrig. Dagegen läßt sich leicht dabei erkennen, daß der Spannungszustand eines Abschnittes von dem der anschließenden Felder weniger abhängt als beim durchlaufenden Balkenträger und daß die starre Einspannung der Trägerenden die Zerlegung des Trägers in statisch voneinander unabhängige Abschnitte bedeutet (Abb. 546 bis 548).

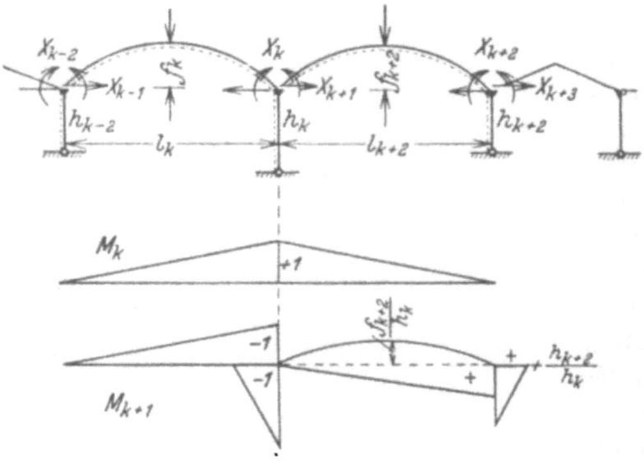

Abb. 549.

4. Der durchlaufende Bogenträger mit Pfosten auf frei drehbaren Enden läßt sich aus den geometrischen Verträglichkeitsbedingungen des statisch bestimmten Hauptsystems Abb. 549 berechnen. Der Ansatz erhält folgende Form:

$$\left.\begin{aligned}
&+ l_k' X_{k-2} + 2\,\frac{h_k + f_k}{h_{k-2}}\, l_k' X_{k-1} + 2\,(l_k' + l_{k+2}')\, X_k \\
&\quad - \left(2 l_k' - \frac{h_{k+2} + 2 f_{k+2}}{h_k}\, l_{k+2}'\right) X_{k+1} + l_{k+2}' X_{k+2} - l_{k+2}' X_{k+3} = 6\,\delta_{k0}, \\
&\quad - l_k' X_{k-2} - 2\left(\frac{h_k}{h_{k-2}}\, h_k' + \frac{h_k + f_k}{h_{k-2}}\, l_k'\right) X_{k-1} - \left(2 l_k' - \frac{h_{k+2} + 2 f_{k+2}}{h_k}\, l_{k+2}'\right) X_k \\
&+ 2\left[l_k' + h_k' + \frac{h_{k+2}^2}{h_k^2}\,(l_{k+2}' + h_{k+2}') + \frac{8}{5}\,\frac{f_{k+2}^2}{h_k^2}\, l_{k+2}' + 2\,\frac{f_{k+2} h_{k+2}}{h_k^2}\, l_{k+2}'\right] X_{k+1} \\
&+ 2\,\frac{h_{k+2} + f_{k+2}}{h_k}\, l_{k+2}' X_{k+2} - 2\left(\frac{h_{k+2} + f_{k+2}}{h_k}\, l_{k+2}' + \frac{h_{k+2}}{h_k}\, h_{k+2}'\right) X_{k+3} = 6\,\delta_{(k+1)0}.
\end{aligned}\right\} \quad (863)$$

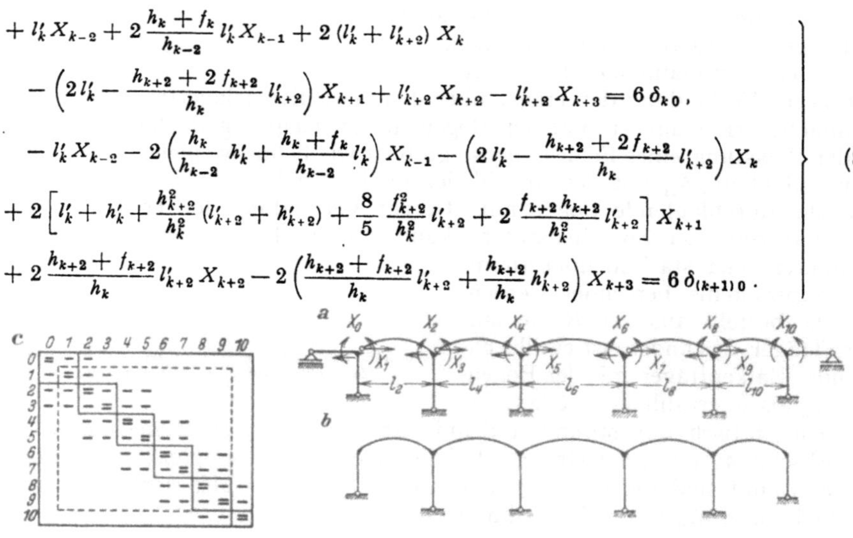

Abb. 550.

Je nachdem die Rahmenstellung nach Abb. 550a oder b abschließt, gilt in Abb. 550c die vollständige Matrix oder ihr umrandeter Kern. Der Ansatz wird nach S. 219ff. aufgelöst. Der Abschluß der Rechnung nach S. 252 bedarf keiner Erläuterung. Dasselbe gilt bei Verwendung eines statisch unbestimmten Hauptsystems nach Abb. 551, dessen Spannungszustand für jeden Belastungsfall nach den Tabellen Abschn. 61 angeschrieben werden kann. Bei Symmetrie des Stabnetzes entsteht dann die folgende Rechenvorschrift:

Das Hauptsystem ist einfach statisch unbestimmt und die Bogenkraft H des mittleren Abschnitts überzählige Größe der ersten Eliminationsstufe. $H = Y_a$. Sie ist bei antimetrischer Belastung des Hauptsystems Null oder statisch bestimmt. Aus den symmetrisch liegenden statisch unbestimmten Schnittkräften der zweiten Eliminationsstufe (Abb. 551b) werden nach Abschn. 28 folgende Gruppenlasten gebildet:

$$X_1 = \frac{X_a + X_d}{2}, \qquad X_2 = \frac{X_c - X_d}{2},$$

$$X_3 = \frac{X_b + X_c}{2}, \qquad X_4 = \frac{X_b - X_c}{2}.$$

Nach Tabelle 45 ist für den mittleren Rahmen ($J_h = J_c/3$), $\varkappa = 0{,}1333$, $\varphi = 0{,}45$, $\mu = 26{,}9430$ und mit den Werten Φ für

$$-X_1 = 1: \quad H = -W\Phi = +0{,}25 \cdot 0{,}227 = 0{,}0567\ \text{t},$$

$$-X_3 = 1: \quad H = \frac{M}{h}\Phi = \frac{1}{4{,}0}\,0{,}724 = 0{,}1810\ \text{t},$$

$$-X_2 = 1: \quad H_a = -H_b = \frac{1}{h} = 0{,}25\ \text{t},$$

$$-X_4 = 1: \quad H = 0.$$

Bei gleichförmiger Belastung der Endfelder ist $H = 0$, bei gleichförmiger Belastung $p = 3$ t/m des mittleren Abschnitts (Abb. 552) nach S. 583

$$H = \frac{p\,l}{8}\lambda\,\Phi = \frac{3 \cdot 10{,}0}{8} \cdot \frac{10}{4} \cdot 0{,}505 = 4{,}731\ \text{t}.$$

Der symmetrische (1) und antimetrische (2) Anteil $w/2$ einer waagerechten Belastung $w = 0{,}75$ t/m des linken Endpfostens (Abb. 553) liefert nach S. 584

$$^{(1)}H = -W\Phi = -\frac{w}{2} \cdot \frac{4}{2}\,\Phi = -0{,}75 \cdot 0{,}227 = -0{,}170\ \text{t},$$

$$^{(2)}H_b = -{}^{(2)}H_a = \frac{W}{2} = \frac{0{,}75}{2} = 0{,}375\ \text{t}.$$

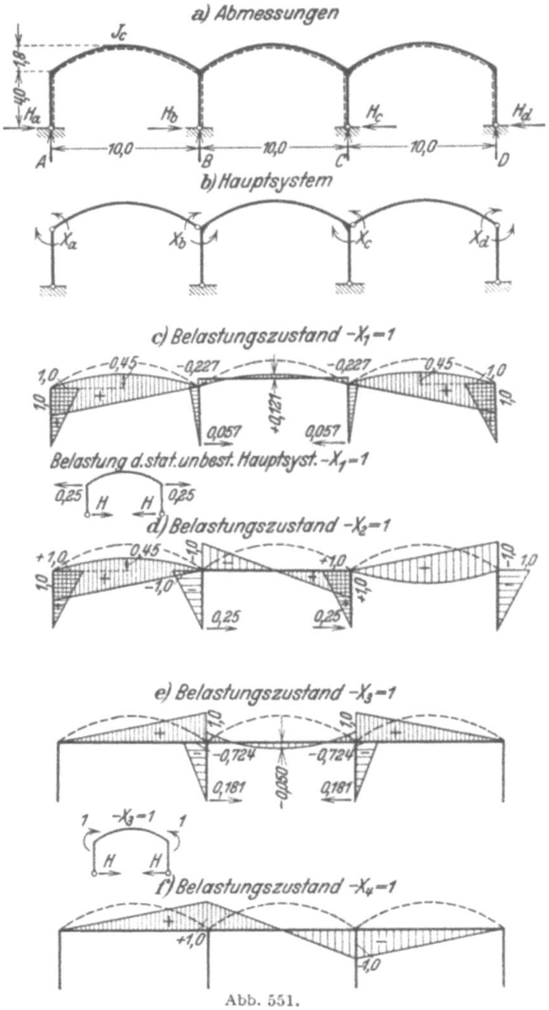

Abb. 551.

Damit sind die Schnittkräfte des Hauptsystems aus der vorgeschriebenen Belastung (Abb. 554) und aus $-X_1 = 1$ usw. bekannt, so daß die Verschiebungen $\delta_{kk}^{(1)}$, $\delta_{ki}^{(1)}$, $\delta_{k0}^{(1)}$ des Hauptsystems nach S. 161 angegeben werden können.

Symmetrischer Anteil

X_1	X_3
15,870	6,467
6,467	7,263

Antimetrischer Anteil

X_2	X_4
19,937	3,000
3,000	10,000

5. Die durchlaufenden Bogenträger auf elastisch drehbaren Stützen mit frei drehbaren oder eingespannten Enden lassen sich nach einheitlichen Regeln untersuchen, wenn die Längskräfte im Bogenscheitel als überzählige Größen

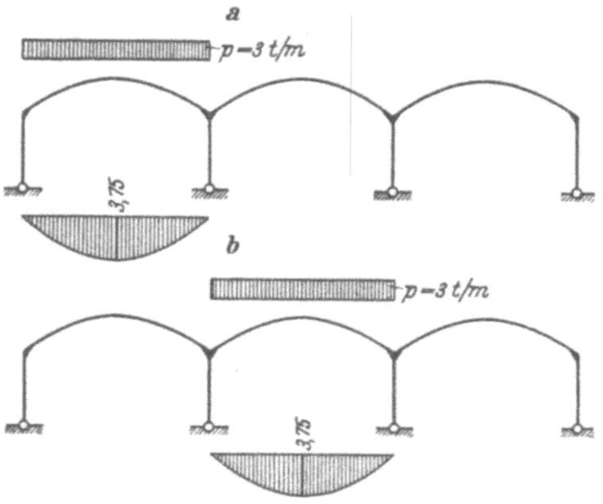

Abb. 552.

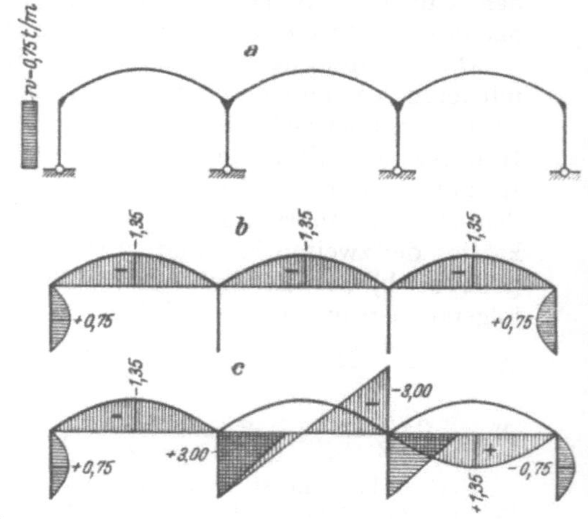

Abb. 553.

einer zweiten Eliminationsstufe bestimmt werden, so daß die statisch unbestimmten Stützenmomente des Trägers zunächst in einem durchlaufenden Balkenträger erscheinen und nach Abschn. 47 für die vorgeschriebene Belastung und die äußeren Kräfte $-X_3 = 1$ usw. aus dreigliedrigen Bedingungsgleichungen hervorgehen. In jedem Falle entsteht dann die folgende Rechenvorschrift:

Die geometrischen und elastischen Eigenschaften des Stabnetzes (Abb. 555) werden möglichst einfach gewählt, um

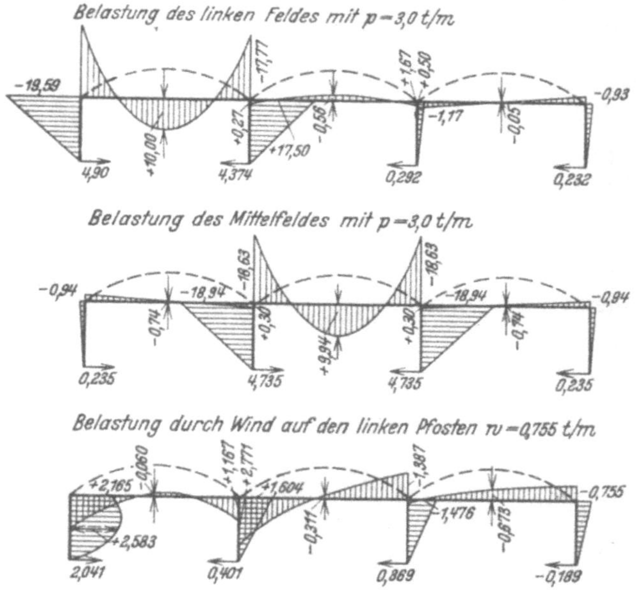

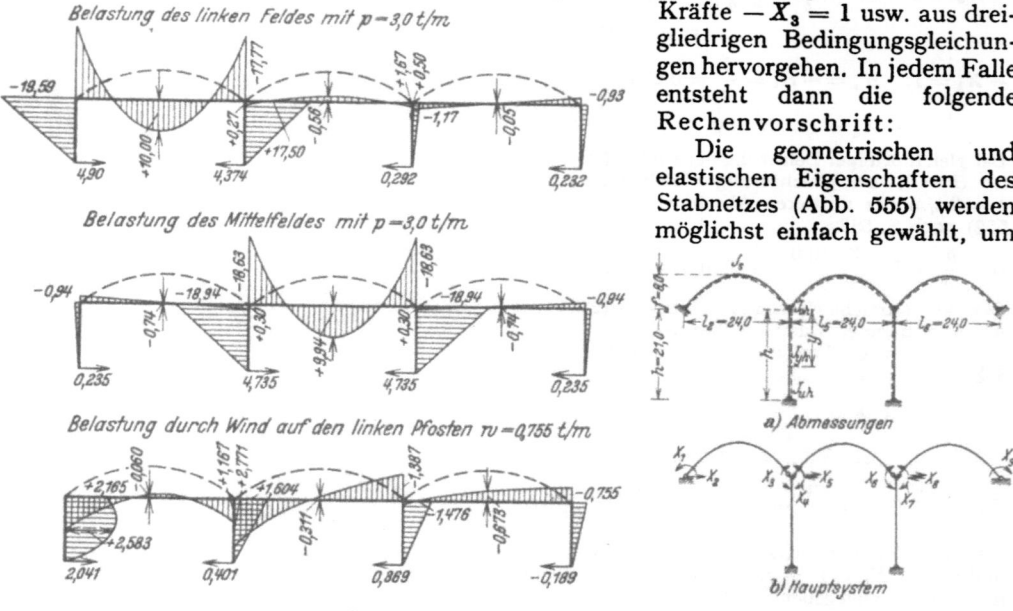

Abb. 554.

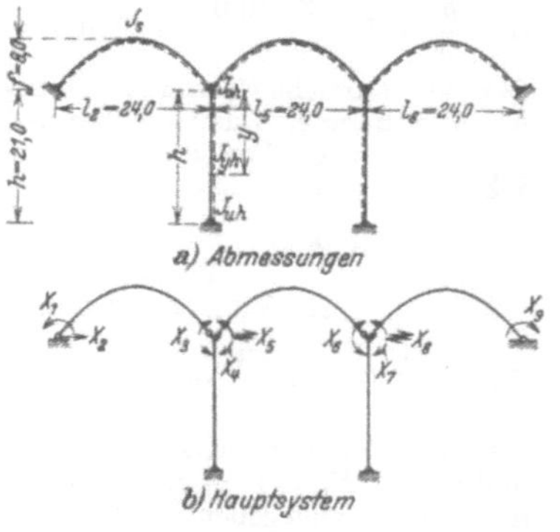

Abb. 555.

übersichtlich zu rechnen. Die Mittellinie des Trägers wird daher als Parabel angenommen, für die Querschnitte gilt $J_s/J \cos\alpha = 1$. Die Querschnitte des Zwischenpfeilers mit J_{yh} sollen mit $n = J_{oh} : J_{uh}$ die Funktion $J_{oh}/J_{yh} = 1 - (1 - n)\, y^2/h^2$ erfüllen. Die waagerechte Verschiebung ε_{11} und die Verdrehung ε_{21} des Stützenkopfes durch eine waagerechte Kraft 1 ist daher im statisch bestimmten Hauptsystem nach Abschn. 18

$$\varepsilon_{11} = \int y^2 \frac{J_c}{J}\,dy = \frac{h^2 h'}{15}\,(2 + 3n)\,, \qquad \varepsilon_{21} = \int y\,\frac{J_c}{J}\,ds = \frac{h\,h'}{4}\,(1 + n)\,.$$

Ein Kräftepaar 1 am Stützenkopf führt zur Verdrehung

$$\varepsilon_{22} = \int \frac{J_c}{J}\,dy = \frac{h'}{3}\,(2 + n)\,, \qquad h' = h\,\frac{J_s}{J_{oh}}\,.$$

Das Tragwerk zählt neun statisch unbestimmte Schnittkräfte, von denen die Längskräfte X_2, X_5, X_8 im Scheitel der Bogenträger in einer zweiten Stufe berechnet werden, so daß die erste nur die Einspannungsmomente eines sechsfach statisch unbestimmten Balkenträgers als überzählige Größen enthält. Sie werden durch $X_1^{(6)} = Y_1 \ldots X_9^{(6)} = Y_6$ bezeichnet und für die vorgeschriebenen Belastungen P, $-X_2 = 1$ aus dem folgenden Ansatz berechnet:

Die $6\,EJ_s/l'$fachen Beträge der Verschiebungen sind

$$\delta'_{11} = 2\,, \qquad \delta'_{12} = 1\,, \qquad \delta'_{22} = 2 + \frac{6}{l}\,\varepsilon_{22}\,.$$

$$\delta'_{23} = -\frac{6}{l}\,\varepsilon_{22}\,.$$

Mit $l = l' = 24{,}0$ m, $h = 21{,}0$ m,
$J_s = 0{,}018$ m^4, $J_{oh} = 0{,}0833$ m^4,
$J_{uh} = 0{,}667$ m^4,
$n = 0{,}0833/0{,}667 = 0{,}125$, $h' = 4{,}54$ m
nach Abb. 555 ist

$\varepsilon_{11} = 317{,}0$, $\varepsilon_{12} = 26{,}8$, $\varepsilon_{22} = 3{,}21$,
$\delta'_{22} = 2{,}8025$, $\delta'_{23} = -0{,}8025$.

	Y_1	Y_2	Y_3	Y_4	Y_5	Y_6
1	δ_{11}	δ_{12}				
2	δ_{21}	δ_{22}	δ_{23}			
4		δ_{32}	δ_{33}	δ_{34}		
6			δ_{43}	δ_{44}	δ_{45}	
7				δ_{54}	δ_{55}	δ_{56}
9					δ_{65}	δ_{66}

Bedingungsgleichungen der ersten Stufe:

	Y_1	Y_2	Y_3	Y_4	Y_5	Y_6
1	2	1				
3	1	2,8025	− 0,8025			
4		− 0,8025	2,8025	1		
6			1	2,8025	− 0,8025	
7				− 0,8025	2,8025	1
9					1	2

Konjugierte Matrix nach Abschnitt 29:

$-\varkappa_{21}$ = − 0,394 501, $-\varkappa_{32}$ = + 0,333 525, $-\varkappa_{43}$ = − 0,396 385, $-\varkappa_{54}$ = + 0,348 534, $-\varkappa_{65}$ = − 0,500 000 →

	1	3	4	6	7	9	
1	+ 0,622 859	− 0,245 718	− 0,081 953	+ 0,032 485	+ 0,011 322	− 0,005 661	− 0,500 000 = $-\varkappa_{12}$
3	− 0,245 718	+ 0,491 437	+ 0,163 907	− 0,064 970	− 0,022 644	+ 0,011 322	+ 0,348 534 = $-\varkappa_{24}$
4	− 0,081 953	+ 0,163 907	+ 0,470 274	− 0,186 410	− 0,064 970	+ 0,032 485	− 0,396 385 = $-\varkappa_{34}$
6	+ 0,032 485	− 0,064 970	− 0,186 410	+ 0,470 274	+ 0,163 907	− 0,081 953	+ 0,333 525 = $-\varkappa_{45}$
7	+ 0,011 322	− 0,022 644	− 0,064 970	+ 0,163 907	+ 0,491 437	− 0,245 718	− 0,394 501 = $-\varkappa_{56}$
9	− 0,005 661	+ 0,011 322	+ 0,032 485	− 0,081 953	− 0,245 718	+ 0,622 859	

Die Belastungszahlen $\delta'_{k0} = 6\,\delta_{k0}/l$ sind für

$-X_2 = 1:$ $\delta'_{10} = 2\,f = 16{,}0$, $\delta'_{20} = 2\,f - \dfrac{6}{l}\,\varepsilon_{12} = 9{,}30$, $\delta'_{30} = \dfrac{6}{l}\,\varepsilon_{12} = 6{,}70$,

$-X_5 = 1:$ $\delta'_{20} = \dfrac{6}{l}\,\varepsilon_{12} = 6{,}70$, $\delta'_{30} = 2\,f - \dfrac{6}{l}\,\varepsilon_{12} = 9{,}30 = \delta'_{40}$, $\delta'_{50} = \dfrac{6}{l}\,\varepsilon_{12} = 6{,}70$,

$-X_8 = 1:$ $\delta'_{40} = \dfrac{6}{l}\,\varepsilon_{12} = 6{,}70$, $\delta'_{50} = 2\,f - \dfrac{6}{l}\,\varepsilon_{12} = 9{,}30$, $\delta'_{60} = 2\,f = 16{,}0$.

Infolge der Symmetrie wird daher nach (412)

$Y_{11} = Y_{68} = 7{,}13148$, $Y_{21} = Y_{58} = 1{,}73705$, $Y_{31} = Y_{48} = 3{,}36421$,
$Y_{41} = Y_{38} = -1{,}33282$, $Y_{51} = Y_{28} = -0{,}04356$, $Y_{61} = Y_{18} = 0{,}23237$,
$Y_{15} = Y_{65} = -2{,}03050$, $Y_{25} = Y_{55} = 4{,}36445$, $Y_{35} = Y_{45} = 3{,}30281$.

Momente $M_2^{(6)}$

Momente $M_5^{(6)}$

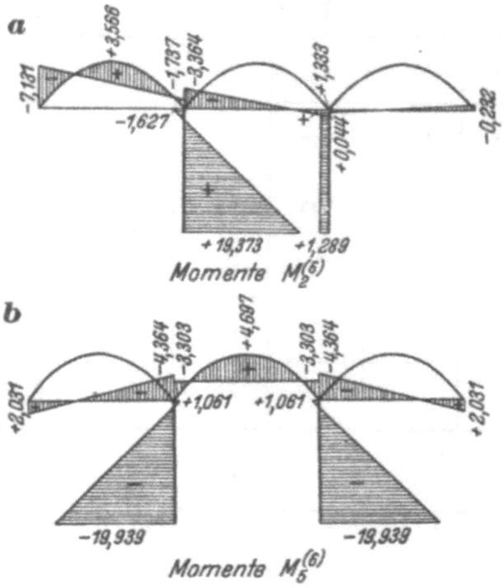

Abb. 556.

Abb. 556a zeigt die Momente $M_2^{(6)}$ infolge von $-X_2 = 1$, das Spiegelbild die Momente $M_8^{(6)}$ infolge von $-X_8 = 1$, Abb. 556b die Momente $M_5^{(6)}$ aus $-X_5 = 1$. Darnach können bei den einfachen elastischen Beziehungen $(J_c/J \cos \alpha)$ des Riegels die Biegelinien $\delta_{m2}^{(6)}$, $\delta_{m5}^{(6)}$, $\delta_{m8}^{(6)}$ unmittelbar nach Tab. 12 angeschrieben werden. Dasselbe würde auch bei einer vorgeschriebenen Belastung $\mathfrak{P}$ mit $\delta_{20}^{(6)}$, $\delta_{50}^{(6)}$, $\delta_{80}^{(6)}$ der Fall sein.

Die zweite Stufe des Ansatzes dient zur Berechnung der Längskräfte X_2, X_5, X_8. Sie besteht aus drei geometrischen Bedingungen für die Formänderung eines sechsfach statisch unbestimmten Hauptsystems. Die Vorzahlen des Ansatzes werden nach S. 161 berechnet. Darnach ist:

$$\delta_{22}^{(6)} = \int M_2^{(0)} M_2^{(6)} \frac{J_c}{J}\,ds$$

$$= 24{,}0\left[\frac{8}{15}\cdot 8{,}0 \cdot 8{,}0 - \frac{1}{3}\,8{,}0\,(7{,}131 + 1{,}737)\right]$$

$$- 26{,}8 \cdot 1{,}627 + 317 = +525{,}036 = \delta_{88}^{(6)},$$

$$\delta_{25}^{(6)} = 24{,}0 \cdot \frac{1}{3}\cdot 8{,}0\,(2{,}031 - 4{,}364) + 26{,}8 \cdot 1{,}061 - 317 = -467{,}877 = \delta_{85}^{(6)},$$

$$\delta_{28}^{(6)} = 24{,}0 \cdot \frac{1}{3}\cdot 8{,}0\,(0{,}044 - 0{,}232) + 26{,}8 \cdot 1{,}289 = +22{,}513\,,$$

$$\delta_{55}^{(6)} = 24{,}0 \cdot \frac{8}{15}\cdot 8{,}0 \cdot 8{,}0 - 24{,}0 \cdot \frac{2}{3}\cdot 8{,}0 \cdot 3{,}303 - 2 \cdot 26{,}8 \cdot 1{,}061 + 2 \cdot 317 = +973{,}546\,.$$

Bedingungsgleichungen der zweiten Stufe:

	X_2	X_5	X_8
2	$+525{,}036$	$-467{,}877$	$+22{,}513$
5	$-467{,}877$	$+973{,}546$	$-467{,}877$
8	$+22{,}513$	$-467{,}877$	$+525{,}036$

Konjugierte Matrix:

	$\delta_{20}^{(6)}$	$\delta_{50}^{(6)}$	$\delta_{80}^{(6)}$
2	$+0{,}006\,106$	$+0{,}004\,912$	$+0{,}004\,116$
5	$+0{,}004\,912$	$+0{,}005\,749$	$+0{,}004\,912$
8	$+0{,}004\,116$	$+0{,}004\,912$	$+0{,}006\,106$

Die Fehlerempfindlichkeit des Ansatzes wird nach S. 167 geprüft.

$$\varphi = \pm p \frac{\Sigma |\delta_{ik} D_{ik}|}{D'} \approx \pm p \frac{1024 \cdot 10^6}{48 \cdot 10^6} = \pm 21{,}4\, p\,.$$

Sie ist nach S. 168 für das Ergebnis ungünstig. Berechnung der überzähligen Schnittkräfte:

$$X_2 = \beta_{22} \delta_{20}^{(e)} + \beta_{25} \delta_{50}^{(e)} + \beta_{28} \delta_{80}^{(e)}\,.$$

Einflußlinien (X_8 Spiegelbild zu X_2) (Abb. 557).

	Abschnitt l_2	Abschnitt l_5
X_2	$9{,}3788\, \omega_P'' - 3{,}1397\, \omega_D' - 3{,}0587\, \omega_D$	$7{,}5448\, \omega_P'' - 3{,}0027\, \omega_D' - 2{,}1054\, \omega_D$
X_5	$7{,}5448\, \omega_P'' - 2{,}3511\, \omega_D' - 3{,}2068\, \omega_D$	$8{,}8305\, \omega_P'' - 2{,}7807\, (\omega_D' + \omega_D)$

	Abschnitt l_8
X_2	$6{,}3222\, \omega_P'' - 2{,}7184\, \omega_D' - 1{,}9960\, \omega_D$
X_5	$7{,}5448\, \omega_P'' - 2{,}3511\, \omega_D - 3{,}2068\, \omega_D'$

Die Lösung ist bei Ausnützung der Symmetrie kürzer, jedoch hier mit Rücksicht auf andere Aufgaben allgemein durchgeführt worden.

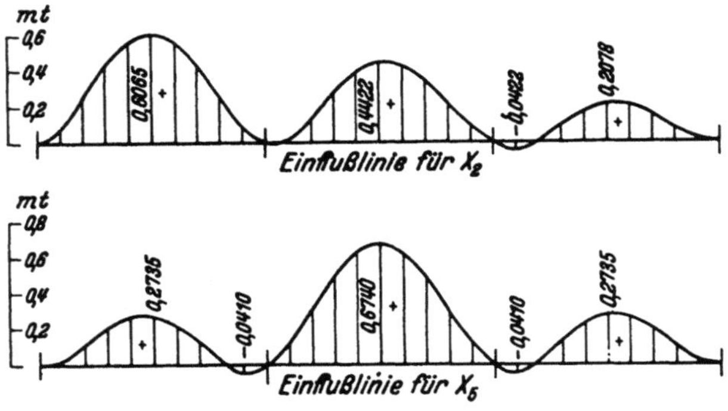

Abb. 557.

Eine angenäherte Untersuchung, bei welcher die Verdrehung φ_H der Stützenköpfe H als klein gegen deren waagerechte Verschiebung u_H vernachlässigt wird, ist wesentlich einfacher. Nach S. 563 ist:

$$u_H = (X_k - X_h)\, \varepsilon_{11}^{(h)} + (X_{h+1} - X_{k-1})\, \varepsilon_{12}^{(h)},$$

$$\varphi_H = (X_k - X_h)\, \varepsilon_{21}^{(h)} + (X_{h+1} - X_{k-1})\, \varepsilon_{22}^{(h)},$$

mit

$$\bar{\varphi}_H = 0\,, \qquad \bar{u}_H = (X_k - X_h) \left(\varepsilon_{11}^{(h)} - \frac{\varepsilon_{12}^{(h)\,2}}{\varepsilon_{22}^{(h)}} \right).$$

Werden die einzelnen Bogenträger l_h, l_k wie bisher als symmetrisch angenommen, so lassen sich aus den statisch unbestimmten Schnittkräften X_{k-1}, X_k, X_{k+1} eines Abschnitts l_k (Abb. 558) nach S. 523 folgende voneinander unabhängige Gruppenlasten bilden:

$$Z_{k-1} = \frac{X_{k-1} - X_{k+1}}{2}\,, \qquad Z_{k+1} = \frac{X_{k-1} + X_{k+1}}{2}\,.$$

$$Z_k\colon \quad X_k \text{ in Verbindung mit } Z_{(k+1)\,k} = -X_k\, y_0^{(k)}\,.$$

Da außerdem die Verdrehung der Stützenköpfe nach Vorschrift ausgeschlossen wird, sind alle Gruppenlasten $\ldots Z_{h-1}, Z_{k-1} \ldots Z_{h+1}, Z_{k+1} \ldots$ voneinander unabhängig. Nach S. 523 ist daher

$$Z_{k-1} = \delta_{(k-1)0}/\delta_{(k-1)(k-1)}, \qquad Z_{k+1} = \delta_{(k+1)0}/\delta_{(k+1)(k+1)}.$$

Die überzähligen Größen Z_k sind Wurzeln des folgenden dreigliedrigen Ansatzes:

$$Z_h \delta_{kh} + Z_k \delta_{kk} + Z_r \delta_{kr} = \delta_{k0}.$$

Er enthält bei Belastung eines Abschnittes l_k außer δ_{k0} keine Belastungszahlen, so daß mit den Kennbeziehungen

$$Z_h/Z_k = -\varkappa_{hk}, \qquad Z_r/Z_k = -\varkappa_{rk},$$

$$Z_k = \frac{\delta_{k0}}{-\delta_{kh}\varkappa_{hk} + \delta_{kk} - \delta_{kr}\varkappa_{rk}},$$

$$Z_k = \frac{\delta_{k0}}{\delta_{kk}} + \frac{\delta_{k0}}{\delta_{kk}} \, \frac{\delta_{kh}\varkappa_{hk} + \delta_{kr}\varkappa_{rk}}{-\delta_{kh}\varkappa_{hk} + \delta_{kk} - \delta_{kr}\varkappa_{rk}} = Z_{k,0} + Z_{k,1}.$$

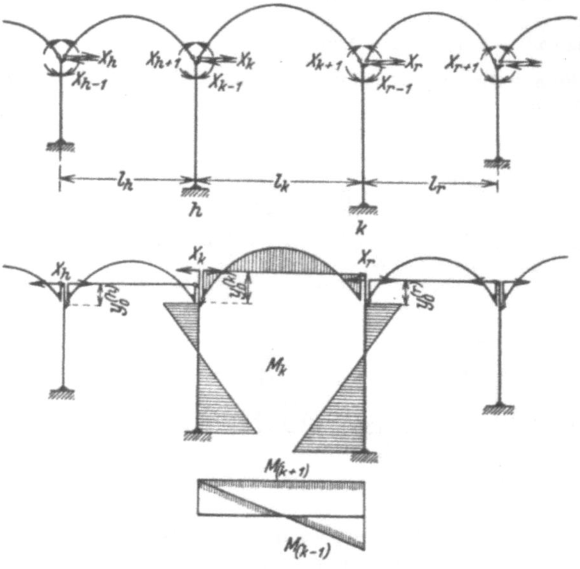

Abb. 558.

Der Anteil $Z_{k,1}$ beschreibt demnach den Einfluß der elastischen Eigenschaften aller übrigen Träger und Pfosten auf die Bogenkraft Z_k.

Um die Brauchbarkeit der Näherungsrechnung zu prüfen, wird die Bogenstellung Abb. 555 untersucht, für die bereits ein genaues Ergebnis vorliegt.

Bogenform: Parabel mit $l = 24{,}0$ m,

$f = 8{,}0$ m, $J_s = 0{,}018$ m^4,

$J_s/J \cos\alpha = 1$, $y_0^{(k)} = \frac{2}{3} f$.

Pfeiler: $h = 21{,}0$ m,

$$\frac{J_o}{J_y} = 1 - (1-n)\,\frac{y^2}{h^2},$$

$$n = \frac{J_o}{J_u} = \frac{0{,}0833}{0{,}677} = 0{,}125,$$

$\varepsilon_{11} = 317{,}0$, $\varepsilon_{12} = 26{,}8$, $\varepsilon_{22} = 3{,}21$,

daher

$$\delta_{22,1} = \frac{4}{45} f^2 l = 136{,}53,$$

$$\delta_{22,2} = \varepsilon_{11} - \frac{\varepsilon_{12}^2}{\varepsilon_{22}} = 93{,}25,$$

Matrix der Bedingungsgleichungen

	X_2	X_5	X_8
2	229,8	− 93,3	
5	− 93,3	323,0	− 93,3
8		− 93,3	229,8

Konjugierte Matrix der Vorzahlen β_{hk}.

	$\delta_{20}^{(6)}$	$\delta_{50}^{(6)}$	$\delta_{80}^{(6)}$
2	+ 0,005018	+ 0,001642	+ 0,000667
5		+ 0,004044	+ 0,001642
8			+ 0,005018

Gleichung der Einflußlinien für die Bogenkräfte.

	Bogen l_2	Bogen l_5	Bogen l_8
X_2	$\beta_{22}\,\delta_{m2}$ $\beta_{22}\,\frac{f\,l_2^2}{3}\,(\omega_P'' - \omega_R)$ $7{,}7081\,(\omega_P'' - \omega_R)$	$\beta_{25}\,\delta_{m5}$ $\beta_{25}\,\frac{f\,l_5^2}{3}\,(\omega_P'' - \omega_R)$ $2{,}5221\,(\omega_P'' - \omega_R)$	$\beta_{28}\,\delta_{m8}$ $\beta_{28}\,\frac{f\,l_8^2}{3}\,(\omega_P'' - \omega_R)$ $1{,}0241\,(\omega_P'' - \omega_R)$
X_5	$2{,}5221\,(\omega_P'' - \omega_R)$	$6{,}2116\,(\omega_P'' - \omega_R)$	$2{,}5221\,(\omega_P'' - \omega_R)$
X_8	$1{,}0241\,(\omega_P'' - \omega_R)$	$2{,}5221\,(\omega_P'' - \omega_R)$	$7{,}7081\,(\omega_P'' - \omega_R)$

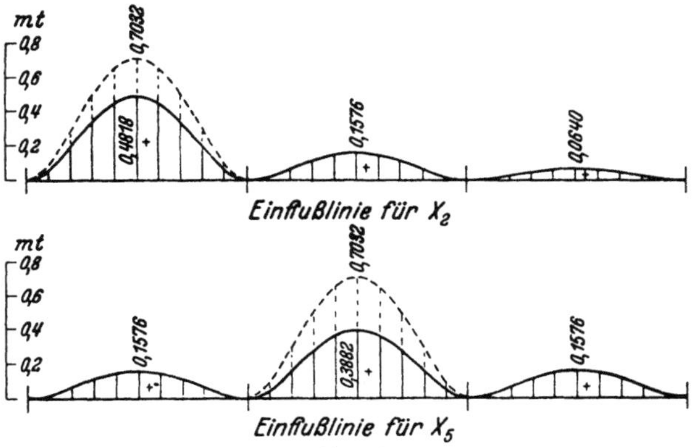

Abb. 559.

Zum Vergleich ist die Einflußlinie des beiderseits starr eingespannten Bogenträgers nach S. 531 berechnet und in Abb. 559 punktiert eingetragen worden.

$$X = \frac{15}{4}\,\frac{l}{f}\,\frac{1}{1+\nu}\,\zeta^2\zeta'^2 = \frac{15}{4}\,\frac{l}{f}\,\frac{1}{1+\nu}\,\omega_R^2 .$$

Das genaue Ergebnis steht auf S. 565 und kann nach S. 349 ebenfalls aus den Knoten- und Stabdrehwinkeln des Verschiebungszustandes abgeleitet werden. Auch hier bedeutet die Näherungsrechnung mit $\varphi_H = 0$ eine wesentliche Vereinfachung, die leicht im Ansatz der Lösung verfolgt werden kann.

Ritter, M.: Beiträge zur Theorie und Berechnung der vollwandigen Bogenträger ohne Scheitelgelenk. Berlin 1909. — Marcus, H.: Studien über mehrfach gestützte Rahmen und Bogenträger. Berlin 1911. — Müller-Breslau, H.: Zur Auflösung der mehrgliedrigen Elastizitätsgleichungen. Anwendung auf mehrfach gestützte Rahmen. Eisenbau 1917 S. 193. — Straßner, A.: Der durchlaufende Bogen. Berlin 1919. — Hertwig, A.: Die Berechnung der Rahmengebilde. Eisenbau 1921 S. 122. — Schächterle, K.: Die Talbrücken der Verbindungsbahn Tuttlingen—Hattingen. Beton u. Eisen 1933 S. 7.

60. Der Rahmen.

Geschlossene und offene Stabzüge mit geraden oder gekrümmten, steif miteinander verbundenen Elementen, werden als Rahmen bezeichnet, wenn die ihnen nach S. 312 zuzuordnende Stabkette beweglich ist. Die geschlossenen Rahmen sind statisch bestimmt oder statisch unbestimmt gestützt, die Enden der offenen Stabzüge in der Regel frei drehbar angeschlossen oder eingespannt. Die Verbindung mehrerer biegungssteifer Stabzüge liefert mehrteilige Rahmen.

Die Schnittkräfte werden entweder nach (288) als Funktion statisch überzähliger Größen X_k oder nach (500) als Funktion der geometrischen Randwerte φ_J, ϑ_h der

Formänderung angegeben. Diese sind nach Abschn. 24ff. durch die geometrischen Bedingungen für den Verschiebungszustand eines statisch bestimmten oder statisch unbestimmten Hauptsystems, jene nach Abschn. 38ff. durch die statischen Bedingungen für das Gleichgewicht der Anschlußkräfte an den Stabenden eines geometrisch bestimmten Hauptsystems bekannt. Beide Lösungen haben sich als ausreichendes und zuverlässiges Hilfsmittel zur Rahmenberechnung erwiesen. Trotzdem werden hierfür in der Literatur noch zahlreiche andere Ansätze vorgeschlagen, deren Eigenart durch die Auswertung der geometrischen Eigenschaften geschlossener Stabzüge und in der winkeltreuen Verformung der Stabknoten begründet, deren Kern jedoch stets in den allgemeinen Methoden enthalten ist.

Am Rahmenknoten K der Abb. 560a sind h Stäbe biegungssteif angeschlossen, von denen k und $(k+1)$ dem geschlossenen Stabzuge r zugeordnet sind. Sie bilden den Winkel $\Theta_K^{(r)} = 180^0 - \alpha_k^{(r)} + \alpha_{k+1}^{(r)}$. Er ändert sich infolge der Formänderung des Stabwerks.

$$\Theta_K^{(r)} \to \Theta_K^{(r)} + \Delta\Theta_K^{(r)}; \qquad \Delta\Theta_K^{(r)} = -\Delta\alpha_k^{(r)} + \Delta\alpha_{k+1}^{(r)} = \vartheta_k - \vartheta_{k+1}.$$

Die elastische Bewegung des Knotens K ist nach S. 305 durch u_K, v_K, φ_K bestimmt. Die winkeltreue Verformung des Stabwerks am Knoten liefert nach S. 306 $(h-1)$ Bedingungsgleichungen:

$$\varphi_K = \tau_K^{(k)} + \vartheta_k = \tau_K^{(k+1)} + \vartheta_{k+1} \quad \text{oder} \quad \tau_K^{(k+1)} - \tau_K^{(k)} + \vartheta_{k+1} - \vartheta_k = 0. \tag{864}$$

Lösung a) Die Winkel beschreiben die Formänderung einer Gelenkkette $\overline{JK}$, an der neben der Belastung $\mathfrak{P}_k$ noch die Stabendmomente $M_J^{(k)}$, $M_K^{(k)}$ als äußere Kräfte angreifen. Die Lasten $\mathfrak{P}_k$ erzeugen allein die EJ_cfache Verdrehung $\tau_{J0}^{(k)}, \tau_{K0}^{(k)}$ der Endtangenten J, K eines beiderseits frei drehbar gestützten Stabes l_k (Tabelle 17), die unbekannten Stabendmomente $M_J^{(k)}$, $M_K^{(k)}$ die EJ_cfache Verdrehung $\tau_{JM}^{(k)}, \tau_{KM}^{(k)}$. Die Stabendmomente werden in Übereinstimmung mit dem Drehsinn der Winkel nach S. 305 im Uhrzeiger positiv bezeichnet. Die Gleichung

$$\tau_{KM}^{(k+1)} - \tau_{KM}^{(k)} + \vartheta_{k+1} - \vartheta_k + \tau_{K0}^{(k+1)} - \tau_{K0}^{(k)} = 0, \qquad (k = 1, \ldots h-1), \tag{865}$$

enthält daher 4 Stabendmomente als Unbekannte (Viermomentengleichung). Sie lautet bei geraden Stäben mit konstantem Trägheitsmoment J_k für

$$l'_k = l_k \frac{J_c}{J_k}, \qquad \tau_{JM}^{(k)} = \frac{l'_k}{6}(2M_J^{(k)} - M_K^{(k)}), \qquad \tau_{KM}^{(k)} = \frac{l'_k}{6}(2M_K^{(k)} - M_J^{(k)}), \tag{866}$$

$$l'_k M_J^{(k)} - 2l'_k M_K^{(k)} + 2l'_{k+1} M_K^{(k+1)} - l'_{k+1} M_L^{(k+1)} + 6\vartheta_{k+1} - 6\vartheta_k + 6\tau_{K0}^{(k+1)} - 6\tau_{K0}^{(k)} = 0 \tag{867}$$

und kann ebenso für Stäbe mit Zwischenstützung oder für gekrümmte Stäbe angeschrieben werden. Die EJ_cfachen Stabdrehwinkel $\vartheta_k, \vartheta_{k+1}$ sind nach (526) Funktionen der unabhängigen Komponenten ψ_c des Verschiebungszustandes. Sie werden gemeinsam mit den Stabendmomenten aus den geometrischen Bedingungen (867) und aus den Gleichgewichtsbedingungen für die Schnittkräfte $\delta A_J = 0$, $\delta A_c = 0$ (523) berechnet.

Lösung b) Die Substitution der Stabendmomente in (867) durch Funktionen geeigneter statisch überzähliger Größen nach Abschn. 24 und der Stabdrehwinkel ϑ_k durch Funktionen der Parameter ψ_c liefert die von Fr. Bleich angegebene Lösung, bei welcher nach Elimination der $\psi_c (c = 1 \ldots f)$ ebenso viele Gleichungen als statisch überzählige Größen vorhanden sind.

Lösung c) Die Substitution der Stabdrehwinkel ϑ_k durch die unabhängigen Komponenten ψ_c in den geometrischen Bedingungen (864) und deren Elimination liefern für den Rahmen mit n geschlossenen, biegungssteifen Stabzügen $3n$ geometrische Bedingungen für die Drehwinkel $\tau_K^{(k)}$. Sie können auf Grund der Eigenart der Formänderung geschlossener Stabzüge auch unmittelbar angeschrieben werden.

Die Formänderungsenergie des Rahmens ist ebenso wie bei allen anderen Tragwerken ein Minimum, so daß für einen biegungssteifen geschlossenen Stabzug (r) mit den drei statisch unbestimmten Größen $X_{r+1}, X_{r+2}, X_{r+3}$ nach (314) die folgenden Bedingungen gelten:

$$\partial A_i/\partial X_{r+1} = 0, \qquad \partial A_i/\partial X_{r+2} = 0, \qquad \partial A_i/\partial X_{r+3} = 0. \tag{868}$$

Diese bedeuten mit X_{r+1} als Biegungsmoment des Querschnitts $(r+1)$ und mit X_{r+2}, X_{r+3} als den Längskräften zweier anderer Querschnitte $(r+2)$, $(r+3)$ nach (162) geometrisch, daß die gegenseitige Verdrehung der Querschnitte $(r+1)$ und die gegenseitige Verschiebung der Ufer der Querschnitte $(r+2)$, $(r+3)$ in Richtung der Stabtangente eines $(3n-3)$fach statisch unbestimmten Hauptsystems Null sind.

$$\left.\begin{aligned} \delta_{r+1}^{(3n)} &= \int M_{r+1} M^{(3n)} \frac{J_c}{J} ds = 0, \\ \delta_{r+2}^{(3n)} &= \int M_{r+2} M^{(3n)} \frac{J_c}{J} ds + \int N_{r+2}\left(N^{(3n)} \frac{J_c}{F} + E J_c \alpha_t t\right) ds = 0, \\ \delta_{r+3}^{(3n)} &= \int M_{r+3} M^{(3n)} \frac{J_c}{J} ds + \int N_{r+3}\left(N^{(3n)} \frac{J_c}{F} + E J_c \alpha_t t\right) ds = 0. \end{aligned}\right\} \tag{869}$$

Mit den Abkürzungen

$$M^{(3n)} \frac{J_c}{J} = \mathfrak{w}, \qquad M^{(3n)} \frac{J_c}{J} ds = \mathfrak{w}\, ds = d\mathfrak{W}$$

und den Beziehungen der Abb. 560 für

$$M_{r+1} = 1, \qquad M_{r+2} = a, \qquad N_{r+2} = \cos\alpha,$$
$$M_{r+3} = c, \qquad N_{r+3} = \cos\gamma$$

lauten die geometrischen Bedingungen (869) für $t = 0$ ohne den relativ kleinen Anteil der Längskräfte:

$$\int_r d\mathfrak{W} = 0, \qquad \int_r a\, d\mathfrak{W} = 0, \qquad \int_r c\, d\mathfrak{W} = 0. \tag{870}$$

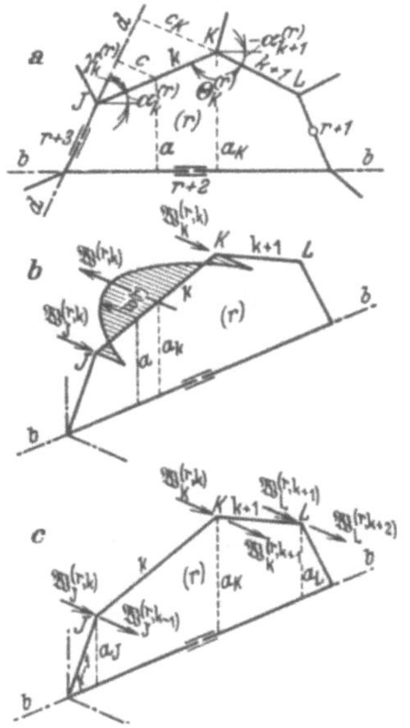

Abb. 560.

$d\mathfrak{W}$ ist der EJ_cfache Betrag eines Winkels, der in der Mechanik als Vektor senkrecht zur Ebene der Bewegung aufgetragen wird. Daher darf $\mathfrak{w}$ als stetige, senkrecht zur Rahmenebene wirkende Linienbelastung, die relative Verdrehung $\mathfrak{W}_g$ einzelner Stabglieder in Anschluß- oder Zwischengelenken (g) als Einzellast angesehen werden. Die Gleichungen (870) bedeuten auf diese Weise das Gleichgewicht der parallelen fiktiven Kräfte $(\mathfrak{w}^{(r)}, \mathfrak{W}_g^{(r)})$ an einem geschlossenen Stabzug (r) des Rahmens, da die algebraische Summe und das statische Moment der Kräfte für zwei Achsen b, d der Rahmenebene nach (870) Null sind.

Dies gilt ebenso für die stabweise (k) Zusammenfassung der Kräfte $(\mathfrak{w}^{(r)}, \mathfrak{W}_g^{(r)})$ zu den resultierenden Kräften $\mathfrak{W}^{(r,k)}$ mit den Abständen a_k, c_k von den Achsen b, d (Abb. 560b, c) und deren Zerlegung nach den benachbarten Knotenpunkten J, K des Stabes k in $\mathfrak{W}_J^{(r,k)}$, $\mathfrak{W}_K^{(r,k)}$ mit

$$\int_k d\mathfrak{W}^{(r)} + \sum_k \mathfrak{W}_g^{(r)} = \mathfrak{W}^{(r,k)} = -(\mathfrak{W}_J^{(r,k)} + \mathfrak{W}_K^{(r,k)})$$

und

$$\mathfrak{W}_K^{(r,k)} + \mathfrak{W}_K^{(r,k+1)} = \mathfrak{W}_K^{(r)}.$$

Die Gleichgewichtsbedingungen (870) können daher auch folgendermaßen geschrieben werden:

$$\sum \mathfrak{W}_K^{(r)} = 0\,, \qquad \sum a_K \mathfrak{W}_K^{(r)} = 0\,, \qquad \sum c_K \mathfrak{W}_K^{(r)} = 0\,. \tag{871}$$

Sie bilden mit

$$\mathfrak{W}_J^{(r,k)} = Q_{J,\mathfrak{w}}^{(r,k)} = \int\limits_{r,k} M \frac{J_c}{J} \frac{x'}{l_k} \, ds = \tau_J^{(k)}\,,$$

$$-\mathfrak{W}_K^{(r,k)} = Q_{K,\mathfrak{w}}^{(r,k)} = -\int M \frac{J_c}{J} \frac{x}{l_k} \, ds = \tau_K^{(k)}\,,$$

$$\mathfrak{W}_K^{(r)} = -Q_{K,\mathfrak{w}}^{(r,k)} + Q_{K,\mathfrak{w}}^{(r,k+1)} = \tau_K^{(k+1)} - \tau_K^{(k)} \tag{872}$$

in Verbindung mit (864) u. (865) Bedingungen für die Komponenten des Verschiebungszustandes oder für die Änderungen $\Delta\Theta_K^{(r)} = \vartheta_k - \vartheta_{k+1}$ der Stabzugwinkel $\Theta_K^{(r)}$:

$$\sum_r (\tau_K^{(k+1)} - \tau_K^{(k)}) = 0, \qquad \sum_r a_K (\tau_K^{(k+1)} - \tau_K^{(k)}) = 0, \qquad \sum_r c_K (\tau_K^{(k+1)} - \tau_K^{(k)}) = 0,$$

$$\sum_r \Delta\Theta_K^{(r)} = 0, \qquad \sum_r a_K \Delta\Theta_K^{(r)} = 0, \qquad \sum_r c_K \Delta\Theta_K^{(r)} = 0. \tag{873}$$

Diese sind mit den geometrischen Bedingungen (869) äquivalent. Das Ergebnis (873) kann nach Abschn. 21 auch unmittelbar angeschrieben werden. Dabei lassen sich leicht auch die Stablängenänderungen $\Delta l_k \neq 0$ nach (234) berücksichtigen. Die Lösung eignet sich im wesentlichen nur für Rahmenstäbe mit gleichbleibendem Trägheitsmoment.

Um Rahmen nach (865) oder (867) zu berechnen, werden die Winkeländerungen $\Delta\Theta_K^{(r)} = \mathfrak{W}_K^{(r)}$ in den von der Belastung allein abhängigen Anteil $\mathfrak{W}_{K0}^{(r)} = \tau_{K0}^{(k+1)} - \tau_{K0}^{(k)}$ und in einen von den unbekannten Stabendmomenten $M_J^{(k)}$, $M_K^{(k)}$ und $M_K^{(k+1)}$, $M_L^{(k+1)}$ abhängigen Anteil $\mathfrak{W}_{KM}^{(r)} = \tau_{KM}^{(k+1)} - \tau_{KM}^{(k)}$ zerlegt. Ihr Betrag ist für konstantes Trägheitsmoment der Stäbe k auf S. 112 angegeben. Als Unbekannte dienen entweder die Winkel oder die Stabendmomente $M_K^{(k)}$, $M_J^{(k)}$. Ihre Anzahl ist größer als die Anzahl $3\,n$ der verfügbaren Bedingungsgleichungen, so daß diese ebenso wie bei Lösung a) durch die Bedingungen über das Gleichgewicht der Stabendmomente ergänzt werden müssen. Hierzu eignen sich wiederum am besten die Ansätze (523) $\delta A_J = 0$, $\delta A_c = 0$ aus dem Prinzip der virtuellen Verrückungen. Diese Gleichgewichtsbedingungen sind jedoch unnötig, wenn die Stabendmomente in den $3\,n$ Bedingungsgleichungen als Funktion von $3\,n$ geeigneten statisch überzähligen Größen X_k eingesetzt werden. Hierfür lassen sich Schnittkräfte oder Gruppenlasten verwenden, die nachträglich für einen vorhandenen Ansatz geometrischer Bedingungen ausgewählt werden. Dies ist hier ebenso bemerkenswert wie für die Lösung b), obwohl ihr mechanischer Sinn mit den allgemeinen geometrischen Bedingungen (869) zur Berechnung statisch unbestimmter Tragwerke übereinstimmt.

Die Sonderbetrachtungen der Literatur zur Berechnung von Rahmen bieten nach diesen Bemerkungen im Vergleich zu den allgemeinen Methoden A oder B keine neue Erkenntnis. Sie benützen für den Ansatz nur eine mit dem vorgeschriebenen Tragwerk in geometrischer und statischer Beziehung äquivalente Stabkette, an der neben der Belastung $\mathfrak{P}$ die Stabendmomente als äußere Kräfte angreifen. Diese werden unmittelbar oder als Funktion von statisch überzähligen Größen berechnet. Die Lösung bietet keinesfalls Vorteile, wenn die zur Superposition geeigneten statisch unbestimmten Größen X_k und die für den Ansatz notwendigen Schnittkräfte M_0, M_k des statisch bestimmten oder unbestimmten Hauptsystems leicht angegeben werden können. Der Ansatz zeigt im Gegensatz zu den besonderen Rechenvorschriften für Rahmen stets eine symmetrische Matrix und zählt weniger Bedingungsgleichungen als diese. Daher werden die einfachen Rahmen des Hochbaues am besten aus den Gleichungen (285) für die Formänderung eines Hauptsystems berechnet. Das gilt vor allem bei veränderlicher Belastung, für welche die Einflußlinien der Schnittkräfte gezeichnet werden.

Diese Lösung ist für die symmetrischen Bauformen des offenen und geschlossenen Stabzugs mit konstantem Trägheitsmoment der Pfosten und Riegel sehr einfach und für die ausgezeichneten Schnittkräfte in den Tabellen Abschn. 61 für alle Belastungsfälle angeschrieben worden, die zum Nachweis der Sicherheit oder zur Verwendung des Tragwerks als statisch unbestimmtes Hauptsystem nötig sind. Die übrigen Schnittkräfte des Tragwerks werden analytisch oder zeichnerisch aus den äußeren Kräften des Hauptsystems, d. h. aus der vorgeschriebenen Belastung und den ihr zugeordneten, nunmehr bekannten statisch unbestimmten Größen berechnet. Dies ist auf S. 572ff. an mehreren Beispielen gezeigt worden.

Allgemeine Bauform eines Stabzugs mit frei drehbaren Enden: 1. Lösung nach Abschn. 26:

$$M = M_0 - X_1 M_1, \qquad N = N_0 - X_1 N_1,$$
$$Q = Q_0 - X_1 Q_1.$$

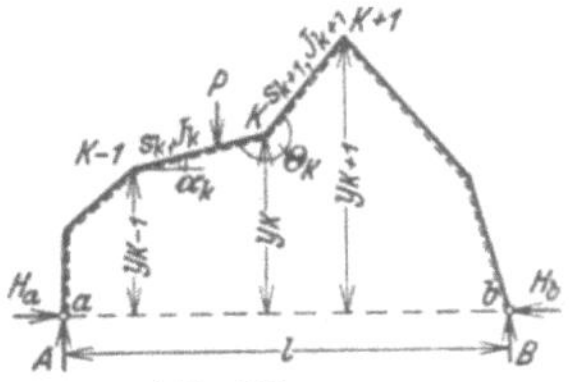

Abb. 561.

Nach Abb. 561 ist

$$X_1 = H_a = \delta_{10}/\delta_{11}, \qquad H_b = H_{b0} - X_1, \qquad M_1 = 1\,y,$$
$$N_1 = 1\cos\alpha, \qquad Q_1 = 1\sin\alpha.$$

Positive Momente erzeugen an der inneren Stabseite Zugspannungen. Bei stabweiser Integration wird ohne den Einfluß der Längskräfte auf die Formänderung

$$\left.\begin{aligned} \delta_{11} &= \sum_{k=1}^{k=n} \tfrac{1}{3} s_k' (y_{K-1}^2 + y_K y_{K-1} + y_K^2), \quad \delta_{1t} = E J_c \alpha_t t\, l, \quad \delta_{1s} = -E J_c \Delta l, \\ \delta_{10} &= \sum_{k=1}^{k=n} \{ \tfrac{1}{6} s_k' [M_{(k-1)0}(2y_{K-1} + y_K) + M_{k0}(y_{K-1} + 2y_K)] + C_{K-1}^{(k)} + C_K^{(k)} \}. \end{aligned}\right\} \quad (874)$$

Der Anteil $C_{K-1}^{(k)} + C_K^{(k)}$ entsteht durch Belastung zwischen den Enden (K), $(K-1)$ des Stabes s_k. Das Ergebnis kann bei Summierung über die den einzelnen Stabknoten zufallenden Beiträge einfacher, und zwar ebenso wie in 875 angeschrieben werden.

2. Lösung nach S. 135 mit Berücksichtigung der Längskräfte:

$$\sum_{K=1}^{K=n-1} \mathfrak{W}_K y_K = \sum_{K=1}^{K=n-1} y_K \left(\Delta\Theta_K + \frac{\Delta s_k}{s_k} \operatorname{ctg}\alpha_k - \frac{\Delta s_{k+1}}{s_{k+1}} \operatorname{ctg}\alpha_{k+1} \right)$$
$$= \sum y_K \Delta\Theta_K + E J_c \sum \Delta s_k \cos\alpha_k = 0,$$
$$6\,\Delta\Theta_K = (M_{K-1} + 2M_K)\, s_k' + (2M_K + M_{K+1})\, s_{k+1}' - 6\tau_{K0}^{(k)} + 6\tau_{K0}^{(k+1)},$$
$$6 E J_c \Delta s_k = N_k s_k \frac{J_c}{F_k} + E J_c \alpha_t t\, s_k.$$
$$M_K = M_{K0} - X_1 y_K,$$
$$\sum \mathfrak{W}_K y_K = \sum \mathfrak{W}_{K0} y_K - X_1 \sum \mathfrak{W}_{K1} y_K = 0,$$

mit $\mathfrak{W}_K \approx \Delta\Theta_K$ (Vernachlässigung der Längskräfte) und Summierung über die Stabknoten ist

$$\left.\begin{aligned}\Sigma\,\mathfrak{W}_{K0}\,y_K &= \sum_{K=0}^{K=n}\{M_{K0}\,\tfrac{1}{6}\,[y_{K-1}\,s'_k + 2\,y_K\,(s'_k + s'_{k+1}) + y_{K+1}\,s'_{k+1}] \\ &\qquad\qquad + C_K^{(k)} + C_K^{(k+1)}\} = \delta_{10}, \\ \Sigma\,\mathfrak{W}_{K1}\,y_K &= \sum_{K=0}^{K=n} y_K\,\tfrac{1}{6}\,[y_{K-1}\,s'_k + 2\,y_K\,(s'_k + s'_{k+1}) + y_{k+1}\,s'_{k+1}] = \delta_{11},\end{aligned}\right\}\quad(875)$$

$$C_K^{(k)} = -\,y_K\,\tau_{K0}^{(k)}, \qquad C_K^{(k+1)} = y_K\,\tau_{K0}^{(k+1)}.$$

Berechnung eines Zweigelenkrahmens.

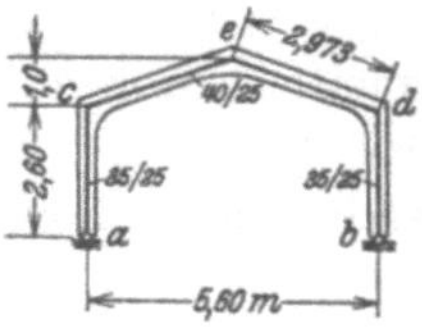

Abb. 562.

1. Geometrische Grundlagen (Abb. 562) (Tab. 44 S. 581).

$l = 5{,}6, \quad h = 2{,}6, \quad f = 1{,}0, \quad s = 2{,}973$ m;

$$\lambda = \frac{5{,}6}{2{,}6} = 2{,}154, \qquad \varphi = \frac{1{,}0}{2{,}6} = 0{,}385,$$

$$J_h = 8{,}94, \qquad J_s = 13{,}35 \text{ dm}^4, \qquad \varkappa = \frac{2{,}6}{2{,}973}\,\frac{13{,}35}{8{,}94} = 1{,}306,$$

$$\mu = 3 + 1{,}306 + 0{,}385 \cdot 3{,}385 = 5{,}609.$$

2. Halbseitige Belastung $p = 1$ t/m (Abb. 563).

a) Schnittkräfte (Tab. 44 S. 582).

$$\Phi = \frac{8 + 5 \cdot 0{,}385}{4 \cdot 5{,}609} = 0{,}442,$$

$$A = \tfrac{3}{8} \cdot 1 \cdot 5{,}6 = 2{,}1 \text{ t}, \qquad B = \tfrac{1}{8} \cdot 1 \cdot 5{,}6 = 0{,}7 \text{ t},$$

$$H_{a,b} = \frac{1 \cdot 5{,}6}{16} \cdot 2{,}154 \cdot 0{,}442 = 0{,}333 \text{ t},$$

$$M_{c,d} = -\frac{1 \cdot 5{,}6^2}{16} \cdot 0{,}442 = -0{,}866 \text{ mt},$$

$$M_e = \frac{1 \cdot 5{,}6^2}{16}\,[1 - 1{,}385 \cdot 0{,}442] = 0{,}760 \text{ mt}.$$

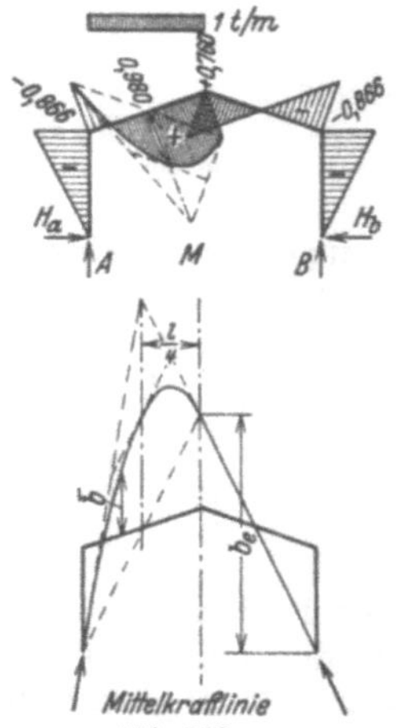

Abb. 563.

b) Mittelkraftlinie nach S. 174.

$$M = S \cdot \bar{b}, \qquad S = H_{a,b} = 0{,}333 \text{ t},$$

$$b_e = \frac{B}{S}\,\frac{l}{2} = \frac{0{,}7}{0{,}333} \cdot \frac{5{,}6}{2} = 5{,}89 \text{ m}.$$

3. Waagerechte Belastung $w = 1$ t/m (Abb. 564).

a) Schnittkräfte (Tab. 44 S. 582).

$$\Phi = \frac{1}{4 \cdot 5{,}609}\,[6 \cdot 2{,}385 + 5 \cdot 1{,}306] = 0{,}929,$$

$$A = -B = -\frac{1 \cdot 2{,}6^2}{2 \cdot 5{,}6} = -0{,}604 \text{ t},$$

$$H_{a,b} = -\frac{1 \cdot 2{,}6}{2}\,[1 \pm 1 - 0{,}4645] = \begin{cases} -1{,}996 \text{ t}, \\ +0{,}604 \text{ t}, \end{cases}$$

$$M_{c,d} = \frac{1 \cdot 2{,}6^2}{4}\,[1 \pm 1 - 0{,}929] = \begin{cases} +1{,}810 \text{ mt}, \\ -1{,}570 \text{ mt}, \end{cases}$$

$$M_e = \frac{1 \cdot 2{,}6^2}{4}\,[1 - 1{,}385 \cdot 0{,}929] = -0{,}484 \text{ mt}.$$

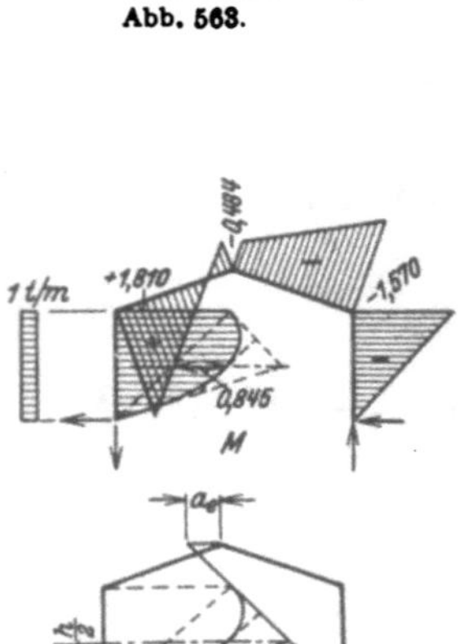

Abb. 564.

b) Mittelkraftlinie nach S. 174.

$$M = S \cdot \bar{a}, \qquad S = B = +0{,}604 \text{ t},$$

$$a_e = \frac{H_b}{S}\,(h + f) - \frac{l}{2} = \frac{0{,}604}{0{,}604}\,(3{,}6 - 2{,}8) = 0{,}8 \text{ m}.$$

Berechnung eines Zweigelenkrahmens mit Zugband.

1. Geometrische Grundlagen (Abb. 565) (Tab. 46 S. 585).

$l = 27{,}0, \quad h = 18{,}0, \quad f = 4{,}0, \quad s = 10{,}77\ \text{m},$

$l_1 = 7{,}0, \quad h_1 = 14{,}0, \quad a = 10{,}0\ \text{m};$

$$\lambda = \frac{10{,}0}{27{,}0} = 0{,}370, \quad \psi = \frac{14{,}0}{18{,}0} = 0{,}778, \quad \varphi = \frac{4{,}0}{14{,}0} = 0{,}286,$$

$$\lambda' = \frac{7{,}0}{27{,}0} = 0{,}260, \quad \psi' = \frac{4{,}0}{18{,}0} = 0{,}222, \quad \nu = \frac{27{,}0}{18{,}0} = 1{,}500,$$

$J_h = 0{,}0333, \quad J_s = J_e = 0{,}0576\ \text{m}^4, \quad F_s = 0{,}00846\ \text{m}^2, \quad J_c = J_s.$

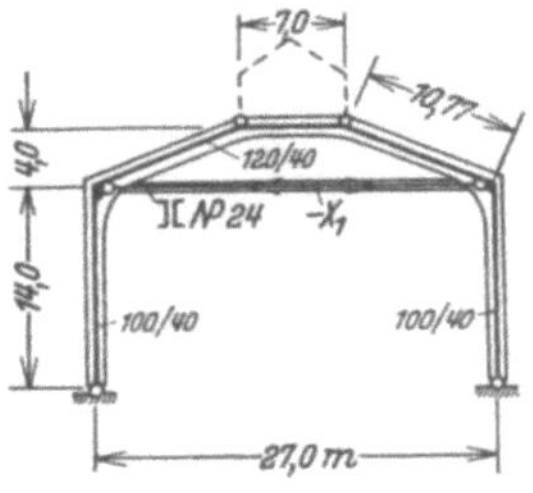

Abb. 565.

$$\varkappa_1 = \frac{7{,}0}{10{,}77} = 0{,}650, \quad \varkappa_2 = \frac{14{,}0}{10{,}77}\,\frac{576}{333} = 2{,}246; \quad \mu = 0{,}778^2 \cdot 3{,}246 + 1{,}778 + \frac{3}{2}0{,}650 = 4{,}717$$

2. Hauptsystem: Zweigelenkrahmen (Tab. 46 S. 585). Überzählige $X_1 = \frac{\delta_{10}^{(1)}}{\delta_{11}^{(1)}}$.

$$\delta_{11} = \int M_1^{(1)2} \frac{J_c}{J} ds + \frac{E_b\,J_c}{E_s F_s} N_1^2 l = \int M_1^{(1)} M_1^{(0)} \frac{J_s}{J} ds + \frac{0{,}0576}{10 \cdot 0{,}00846} \cdot 1 \cdot 27{,}0 = \int M_1^{(1)} M_1^{(0)} \frac{J_s}{J} ds + 18{,}383.$$

3. Belastung des Hauptsystems mit $-X_1 = 1\,t$ (Abb. 566) (Tab. 46 S. 586).

$$\Phi = \frac{0{,}286}{2 \cdot 4{,}718}(3 \cdot 1{,}650 - 0{,}222) = 0{,}143,$$

$$A_1^{(1)} = B_1^{(1)} = 0,$$

$$H_{a,b1}^{(1)} = 2 \cdot \tfrac{1}{2}\,\psi\,\Phi = 0{,}778 \cdot 0{,}143 = 0{,}111\ \text{t},$$

$$M_{c,d1}^{(1)} = -2\,\frac{h_1}{2}\,\psi\,\Phi = -14{,}0 \cdot 0{,}777 \cdot 0{,}143 = -1{,}559\ \text{mt},$$

$$M_{e,f1}^{(1)} = h_1(\varphi - \Phi) = 14{,}0\,(0{,}286 - 0{,}143) = 1{,}995\ \text{mt},$$

$$\int M_1^{(1)} M_1^{(0)} \frac{J_s}{J} ds = 2{,}002 \cdot 4{,}0 \cdot 7{,}0 + 2 \cdot \frac{1}{6} \times 4{,}0\,(2 \cdot 2{,}002 - 1{,}558)\,10{,}77 = 90{,}765,$$

$$\delta_{11}^{(1)} = 90{,}765 + 18{,}383 = 109{,}148.$$

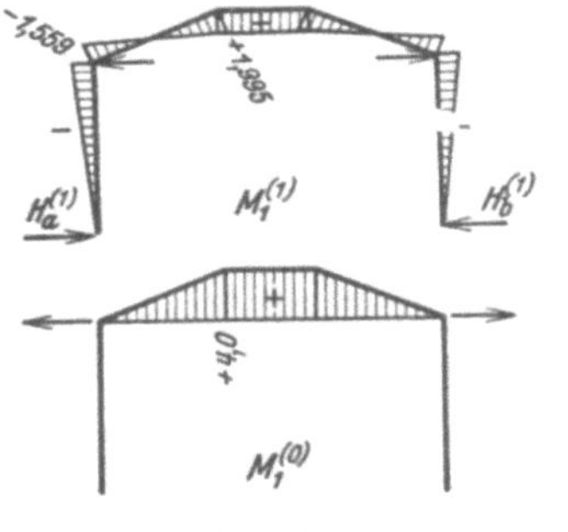

Abb. 566.

4. Halbseitige Belastung $p = 1\ \text{t/m}$ (Abb. 567 u. 568).

a) Schnittkräfte im Hauptsystem (Tab. 46 S. 586).

$$\Phi = \frac{1}{4 \cdot 4{,}717}(5 + 3 \cdot 0{,}778 + 6 \cdot 0{,}650) = 0{,}595,$$

$$A_0^{(1)} = \frac{1 \cdot 10}{2}(2 - 0{,}370) = 8{,}148\ \text{t}; \quad B_0^{(1)} = 1{,}852\ \text{t},$$

$$H_{a,b0}^{(1)} = \frac{1 \cdot 10^2}{4 \cdot 14{,}0} \cdot 0{,}778 \cdot 0{,}595 = 0{,}827\ \text{t},$$

$$M_{c,d0}^{(1)} = -\frac{1 \cdot 10^2}{4} \cdot 0{,}778 \cdot 0{,}595 = -11{,}578\ \text{mt},$$

$$M_{e,f0}^{(1)} = \frac{1 \cdot 10^2}{4}(1 \pm 0{,}260 - 0{,}595) = \begin{cases} 16{,}598\ \text{mt}, \\ 3{,}633\ \text{mt}. \end{cases}$$

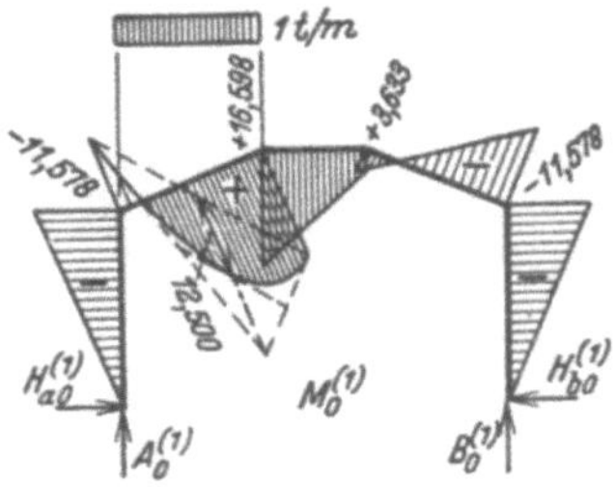

Abb. 567.

b) Berechnung von X_1.

$$\delta_{10}^{(1)} = \tfrac{1}{2}(16{,}598 + 3{,}633) \cdot 7{,}0 + [\tfrac{1}{6}(2 \cdot 3{,}633 - 11{,}573) + \tfrac{1}{6}(2 \cdot 16{,}598 - 11{,}573) + \tfrac{1}{3} \cdot 12{,}5] \times 10{,}77 = 586{,}982.$$

$$X_1 = \frac{586{,}982}{109{,}148} = 5{,}378\ \text{t}. \qquad H_{a,b} = H_{a,b0}^{(1)} - X_1 H_{a,b1}^{(1)}, \qquad M = M_0^{(1)} - X_1 M_1^{(1)}.$$

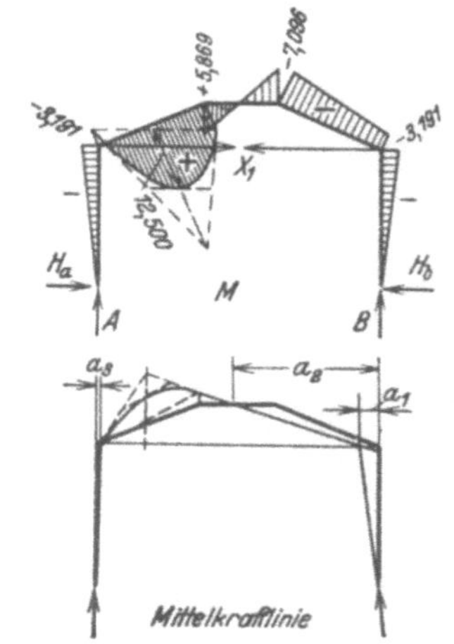

Abb. 568.

c) Schnittkräfte.

$$A = A_0^{(1)} = 8{,}148\ \text{t}, \qquad B = B_0^{(1)} = 1{,}852\ \text{t},$$

$$H_{a,b} = 0{,}827 - 5{,}378 \cdot 0{,}111 = 0{,}228\ \text{t},$$

$$M_{c,d} = -11{,}578 + 5{,}378 \cdot 1{,}559 = -3{,}191\ \text{mt},$$

$$M_{e,f} = \left.\begin{matrix} 16{,}598 \\ 3{,}633 \end{matrix}\right\} - 5{,}378 \cdot 1{,}995 = \left\{\begin{matrix} 5{,}869\ \text{mt}, \\ -7{,}096\ \text{mt}. \end{matrix}\right.$$

d) Mittelkraftlinie.

$$a_1 = \frac{14{,}0 \cdot 0{,}228}{1{,}852} = 1{,}724\ \text{m},$$

$$a_2 = \frac{18{,}0 \cdot 0{,}228 + 4{,}0 \cdot 5{,}378}{1{,}852} = 13{,}832\ \text{m},$$

$$a_3 = \frac{14{,}0 \cdot 0{,}228}{8{,}148} = 0{,}392\ \text{m}.$$

5. Waagerechte Belastung $w = 1$ t/m (Abb. 569 u. 570).

a) Schnittkräfte im Hauptsystem (Tab. 46 S. 585).

$$\Phi = \frac{1}{4 \cdot 4{,}717}\,[4 \cdot 0{,}286\,(3 \cdot 1{,}650 - 0{,}222) + 6\,(1{,}650 + 0{,}778) + 3 \cdot 2{,}246 \cdot 0{,}778] = 1{,}326,$$

$$A_0^{(1)} = -B_0^{(1)} = -\frac{1 \cdot 14{,}0^2}{2 \cdot 27{,}0} = -3{,}630\ \text{t},$$

$$H_{a,b\,0}^{(1)} = -\frac{1 \cdot 14{,}0}{2}\left(\pm 1 + \frac{0{,}778}{2} \cdot 1{,}326\right) = \left\{\begin{matrix} -10{,}609\ \text{t}, \\ +\ 3{,}392\ \text{t}, \end{matrix}\right.$$

$$M_{c,d\,0}^{(1)} = -\frac{1 \cdot 14{,}0^2}{4}\,(1 \mp 1 - 0{,}778 \cdot 1{,}326) = \left\{\begin{matrix} +50{,}524\ \text{mt}, \\ -47{,}476\ \text{mt}, \end{matrix}\right.$$

$$M_{e,f\,0}^{(1)} = -\frac{1 \cdot 14{,}0^2}{4}\,(1 + 2 \cdot 0{,}286 \mp 0{,}260 - 1{,}326) = \left\{\begin{matrix} +\ 0{,}662\ \text{mt}, \\ -24{,}750\ \text{mt}. \end{matrix}\right.$$

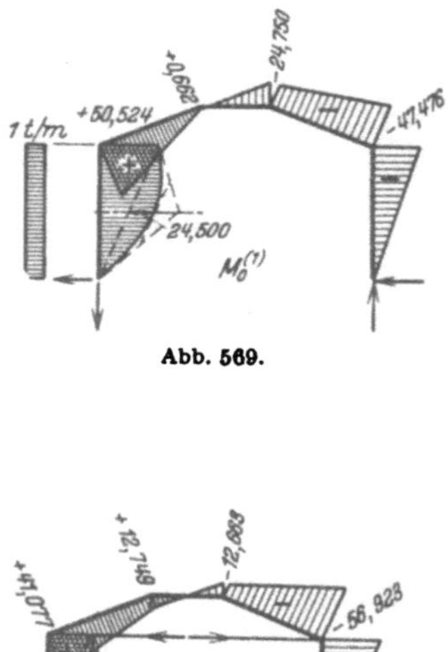

Abb. 569.

b) Berechnung von X_1.

$$\delta_{10}^{(1)} = \frac{4{,}0}{2}\,(0{,}662 - 24{,}750) \cdot 7{,}0 + \left[\frac{4{,}0}{6}\,(2 \cdot 0{,}662 + 50{,}524) - \frac{4{,}0}{6}\,(2 \cdot 24{,}750 + 47{,}476)\right] \times 10{,}77 = -661{,}292,$$

$$X_1 = \frac{-661{,}292}{109{,}148} = -6{,}059\ \text{t}.$$

c) Schnittkräfte.

$$A = -B = -3{,}630\ \text{t},$$

$$H_{a,b} = \left.\begin{matrix} -10{,}609 \\ +\ 3{,}392 \end{matrix}\right\} + 6{,}059 \cdot 0{,}111 = \left\{\begin{matrix} -\ 9{,}934\ \text{t}, \\ +\ 4{,}066\ \text{t}, \end{matrix}\right.$$

$$M_{c,d} = \left.\begin{matrix} 50{,}524 \\ -47{,}476 \end{matrix}\right\} - 6{,}059 \cdot 1{,}559 = \left\{\begin{matrix} +41{,}077\ \text{mt}, \\ -56{,}923\ \text{mt}, \end{matrix}\right.$$

$$M_{e,f} = \left.\begin{matrix} 0{,}662 \\ -24{,}750 \end{matrix}\right\} + 6{,}059 \cdot 1{,}995 = \left\{\begin{matrix} 12{,}749\ \text{mt}, \\ -12{,}663\ \text{mt}. \end{matrix}\right.$$

d) Mittelkraftlinie.

$$a_1 = \frac{4{,}066 \cdot 14{,}0}{3{,}630} = 15{,}683\ \text{m},$$

$$a_2 = \frac{4{,}066 \cdot 18{,}0 - 6{,}059}{3{,}630} = 13{,}488\ \text{m}.$$

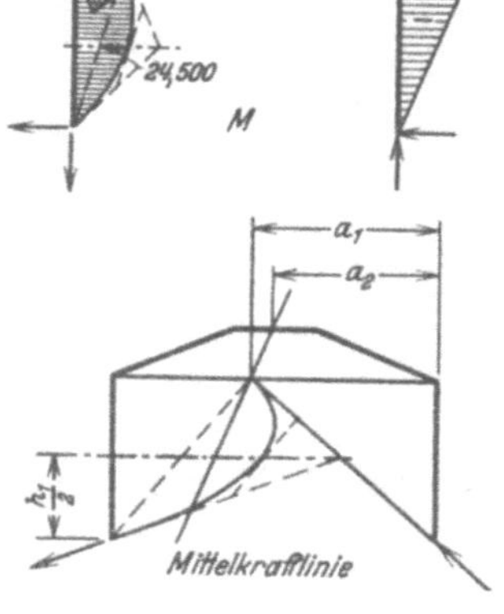

Abb. 570.

Berechnung eines geschlossenen, symmetrischen Rahmens.

1. Geometrische Grundlagen (Abb. 571) (Tab. 59 S. 605).

$l_o = 6{,}0$, $l_u = 9{,}0$, $h = 3{,}0$, $m = 1{,}5$, $s = 3{,}3541$ m,

$$\lambda_1 = \frac{1{,}5}{9{,}0} = 0{,}1667, \qquad \lambda_2 = \frac{1{,}5}{6{,}0} = 0{,}2500,$$

$$\lambda' = \frac{6{,}0}{9{,}0} = 0{,}667, \qquad \lambda'' = \frac{9{,}0}{6{,}0} = 1{,}5000,$$

$$\varkappa_o = \frac{6{,}0}{3{,}3541}\,\frac{45^3}{40^3} = 2{,}5463, \qquad \varkappa_u = \frac{9{,}0}{3{,}3541}\,\frac{45^3}{60^3} = 1{,}1320,$$

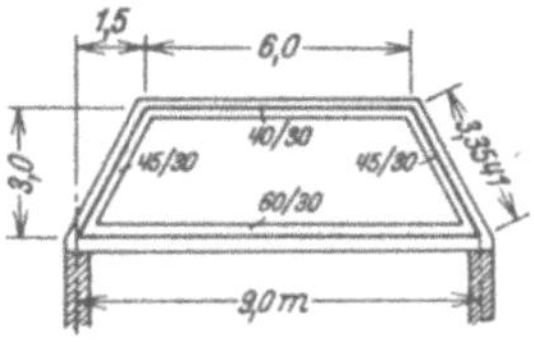

Abb. 571.

$$\mu = (2 + 3 \cdot 2{,}5463)\,(2 + 3 \cdot 1{,}1320) - 1 = 51{,}0115,$$

$$\nu = 2{,}5463 \cdot 0{,}6667^2 + 1{,}1320 + 2\,(1 + 0{,}6667 + 0{,}6667^2) = 6{,}4862.$$

2. Belastung des oberen Riegels mit $p = 1$ t/m. (Abb. 572).

a) Schnittkräfte (Tab. 59 S. 606).

$$H_{a,b} = \frac{1 \cdot 6{,}0^2}{2 \cdot 3{,}0}\left[\frac{2}{3}\,\frac{2{,}5463}{51{,}0115}\,(1 + 1{,}1320) + 0{,}2500\right] = 2{,}458 \text{ t}$$

$$M_{a,b} = \frac{1 \cdot 6{,}0^2}{4}\,\frac{2{,}5463}{51{,}0115} = 0{,}449 \text{ mt},$$

$$M_{c,d} = -\frac{1 \cdot 6{,}0^2}{4}\,\frac{2{,}5463}{51{,}0115}\,(2 + 3 \cdot 1{,}1320) = -2{,}424 \text{ mt}.$$

b) Mittelkraftlinie $M = S \cdot \bar{b}$, $S = H_{a,b} = 2{,}458$ t.

$$b_1 = \frac{2{,}424}{2{,}458} = 0{,}986 \text{ m}, \qquad b_2 = \frac{0{,}449}{2{,}458} = 0{,}183 \text{ m}.$$

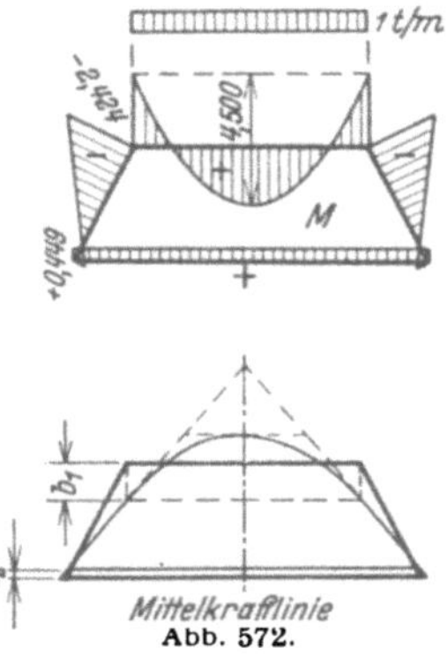

Abb. 572.

3. Waagerechte Belastung $w = 1$ t/m (Abb. 573). $\Phi = \frac{1}{6{,}4862}\,(2 + 1{,}1320 - 0{,}1667) = 0{,}4572$.

a) Schnittkräfte (Tab. 59 S. 607).

$$H_{a,b} = \frac{1 \cdot 3{,}0}{4}\left[\frac{\nu}{2 \cdot 51{,}0115}\,(1{,}1320 - 2{,}5463) - 1 \mp 2\right] = \begin{cases} -0{,}781 \text{ t}, \\ +2{,}219 \text{ t}, \end{cases}$$

$$M_{a,b} = -\frac{1 \cdot 3{,}0^2}{4}\left[\frac{1 + 3 \cdot 2{,}5463}{2 \cdot 51{,}0115} \pm (1 - 0{,}4572)\right] = \begin{cases} -1{,}412 \text{ mt}, \\ +1{,}031 \text{ mt}, \end{cases}$$

$$M_{c,d} = -\frac{1 \cdot 3{,}0^2}{4}\left[\frac{1 + 3 \cdot 1{,}1320}{2 \cdot 51{,}0115} \mp 0{,}6667 \cdot 0{,}4572\right] = \begin{cases} +0{,}589 \text{ mt}, \\ -0{,}783 \text{ mt}. \end{cases}$$

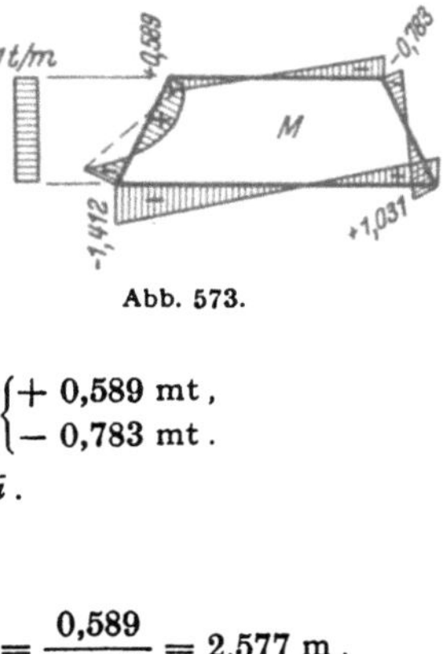

Abb. 573.

b) Mittelkraftlinie. Pfosten und oberer Riegel (I): $M_I = S_I \cdot \bar{a}$.

$$S_I = \frac{1}{l_u}\left[M_a - M_b + \frac{w\,h^2}{2}\right] = \frac{w\,h^2}{2\,l_u}\,\Phi,$$

$$S_I = \frac{1 \cdot 3{,}0^2}{2 \cdot 9{,}0} \cdot 0{,}4572 = 0{,}2286 \text{ t}, \quad a_1 = \frac{1{,}031}{0{,}2286} = 4{,}510, \quad a_2 = \frac{0{,}589}{0{,}2286} = 2{,}577 \text{ m},$$

$$a_3 = \frac{1{,}412}{0{,}2286} = 6{,}177 \text{ m},$$

Unterer Riegel (II):

$$M_{II} = S_{II}\,b, \qquad S_{II} = |H_a|,$$

$$b_1 = \frac{1{,}412}{0{,}781} = 1{,}808 \text{ m}.$$

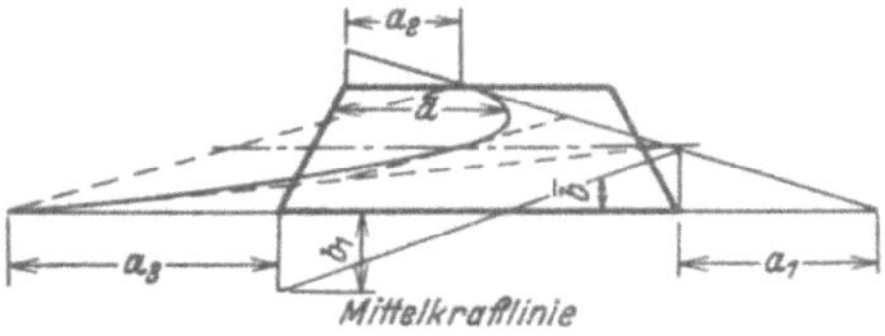

Abb. 574.

Berechnung eines geschlossenen, unsymmetrischen Rahmens.

A. Ansatz nach S. 154ff. mit den Überzähligen X_1, X_2, X_3 (Abb. 576).

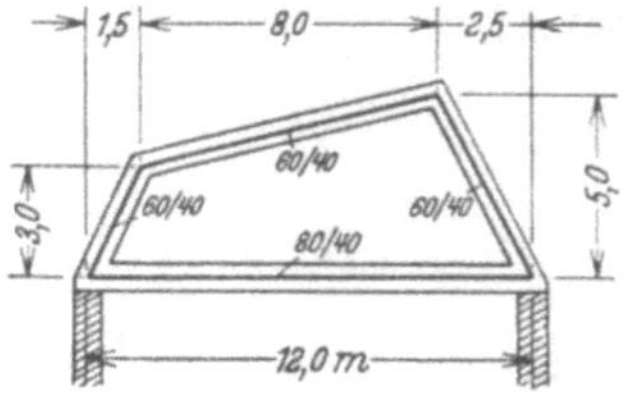

Abb. 575.

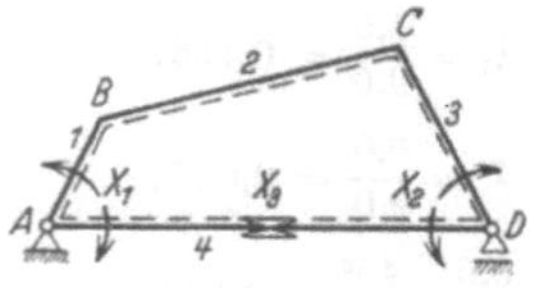

Abb. 576.

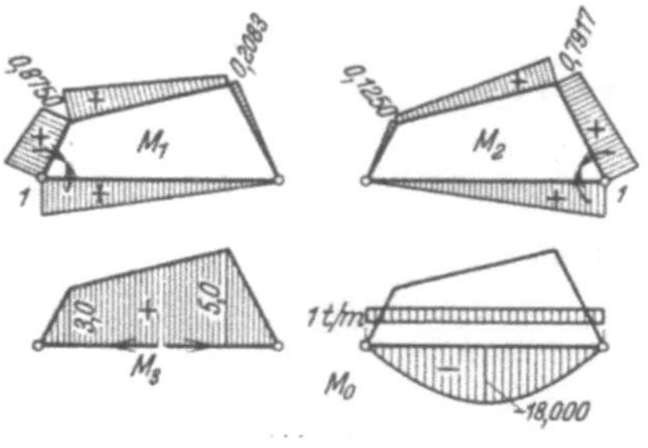

Abb. 577.

1. Geometrische Grundlagen (Abb. 575).

$J_{1,2,3} = J_c = 0{,}0072$, $J_4 = 0{,}0171\ \text{m}^4$,

$l_1 = l_1' = 3{,}354$, $l_2 = l_2' = 8{,}246$ m,

$l_3 = l_3' = 5{,}590$, $l_4 = 12{,}0$, $l_4' = 5{,}063$ m

2. Belastung. $p = 1$ t/m auf l_4.

a) Vorzahlen und Belastungszahlen (Abb. 577).

$\delta_{10} = -\frac{1}{3}\cdot 5{,}063\cdot 18 = -30{,}375$,

$\delta_{20} = \delta_{10}$, $\delta_{30} = 0$.

$\delta_{11} = 5{,}063\cdot\frac{1}{3} + 3{,}354\cdot\frac{1}{3}\,(1 + 0{,}8750 + 0{,}8750^2) + 8{,}246$
$\cdot\frac{1}{3}\,(0{,}8750^2 + 0{,}8750\cdot 0{,}2083 + 0{,}2083^2) + 5{,}590\,\frac{1}{3}\cdot 0{,}2083^2 = 7{,}4455$, usw.

b) Ansatz und Lösung.

X_1	X_2	X_3	
7,4455	3,2790	23,5025	− 30,375
3,2790	8,2502	28,4889	− 30,375
23,5025	28,4889	191,3351	0

$X_1 = -M_A = -7{,}047$ mt,

$X_2 = -M_D = -7{,}967$ mt,

$X_3 = +2{,}052$ t.

$M_B = 0{,}875\cdot 7{,}047 + 0{,}125\cdot 7{,}967 - 3{,}0\cdot 2{,}052 = 1{,}006$ mt,

$M_C = 0{,}2083\cdot 7{,}047 + 0{,}7917\cdot 7{,}967 - 5{,}0\cdot 2{,}052 = -2{,}485$ mt.

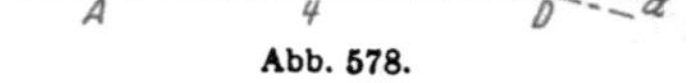

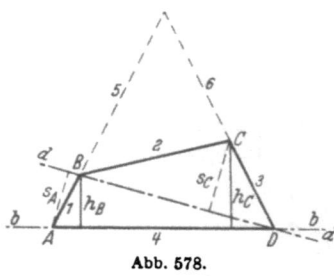

Abb. 578.

B. Lösung c auf S. 568, Belastung $p = 1$ t/m auf l_4.

Gl. (871): $\mathfrak{W}_A + \mathfrak{W}_B + \mathfrak{W}_C + \mathfrak{W}_D = 0$,

(Abb. 578) $\mathfrak{W}_B h_B + \mathfrak{W}_C h_C = 0$,

$\mathfrak{W}_A s_A - \mathfrak{W}_C s_C = 0$.

Die Gleichgewichtsbedingungen $\delta A_J = 0$ liefern

$M_A^{(1)} = -M_A^{(4)} = M_A$, $M_B^{(2)} = -M_B^{(1)} = M_B$,

$M_C^{(3)} = -M_C^{(2)} = M_C$, $M_D^{(4)} = -M_D^{(3)} = M_D$.,

Mit $6\,\tau_{A0}^{(4)} = p\,\frac{l_4^2\, l_4'}{4} = -6\,\tau_{D0}^{(4)}$, $\tau_{A0}^{(1)} = \tau_{B0}^{(1)} = \tau_{B0}^{(2)} = \tau_{C0}^{(2)} = \tau_{C0}^{(3)} = \tau_{D0}^{(3)} = 0$ ist nach (866), (872)

$$6\,\mathfrak{W}_A = l_4' M_D + 2\,(l_4' + l_1')\,M_A + l_1' M_B - \frac{p\,l_4^2\,l_4'}{4},$$

$$6\,\mathfrak{W}_B = l_1' M_A + 2\,(l_1' + l_2')\,M_B + l_2' M_C,$$

$$6\,\mathfrak{W}_C = l_2' M_B + 2\,(l_2' + l_3')\,M_C + l_3' M_D,$$

$$6\,\mathfrak{W}_D = l_3' M_C + 2\,(l_3' + l_4')\,M_D + l_4' M_A - \frac{p\,l_4^2\,l_4'}{4}.$$

Gleichgewichtsbedingungen $\delta_{Ae} = 0$.

$$(M_A^{(1)} + M_B^{(1)})\,\nu_1 + (M_B^{(2)} + M_C^{(2)})\,\nu_2 + (M_C^{(3)} + M_D^{(3)})\,\nu_3 + (M_D^{(4)} + M_A^{(4)})\,\nu_4 = 0\,,$$

$$(M_A - M_B)\,\nu_1 + (M_B - M_C)\,\nu_2 + (M_C - M_D)\,\nu_3 + (M_D - M_A)\,\nu_4 = 0\,.$$

$$\nu_1 = 1\,,\quad \nu_2 = -\frac{l_1}{l_5}\,,\quad \nu_3 = \frac{l_1\,l_6}{l_5\,l_3}\,,\quad \nu_4 = 0\,.$$

Gleichungssystem für die Schnittkräfte M_A, M_B, M_C, M_D.

M_A	M_B	M_C	M_D	p	
$l_4' + l_1'$	$l_1' + l_2'$	$l_2' + l_3'$	$l_3' + l_4'$	$-\frac{l_4^2\,l_4'}{6}$	o
$l_1'\,h_B$	$2\,(l_1' + l_2')\,h_B + l_2'\,h_C$	$2\,(l_2' + l_3')\,h_C + l_2'\,h_B$	$l_3'\,h_C$	—	o
$2\,(l_4' + l_1')\,s_A$	$l_1'\,S_A - l_2'\,s_C$	$-2\,(l_2' + l_3')\,s_C$	$l_4'\,S_A - l_3'\,l_3'\,s_C$	$-\frac{l_4^2\,l_4'}{4}\,s_A$	o
1	$-1 - \frac{l_1}{l_5}$	$\frac{l_1}{l_5} + \frac{l_1}{l_5}\,\frac{l_6}{l_3}$	$-\frac{l_1\,l_6}{l_5\,l_3}$	—	o

$l_5 = 10{,}062$, $l_6 = 7{,}826$, $s_A\ 3{,}297$, $s_C = 4{,}121$ m.

M_A	M_B	M_C	M_D	$p = 1$ t/m	
8,4166	11,6003	13,8364	10,6527	− 121,5	o
10,0623	110,8328	163,1026	27,9510	0	o
55,4940	− 22,9234	− 114,0341	− 6,3466	− 600,8236	o
1	− 1,333	0,8	− 0,4667	0	o

$M_A = 7{,}047$ mt, $M_B = 1{,}006$ mt, $M_C = -2{,}845$ mt, $M_D = 7{,}967$ mt (Abb. 579).

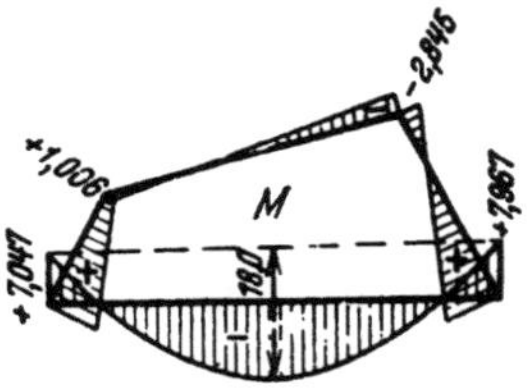

Abb. 579.

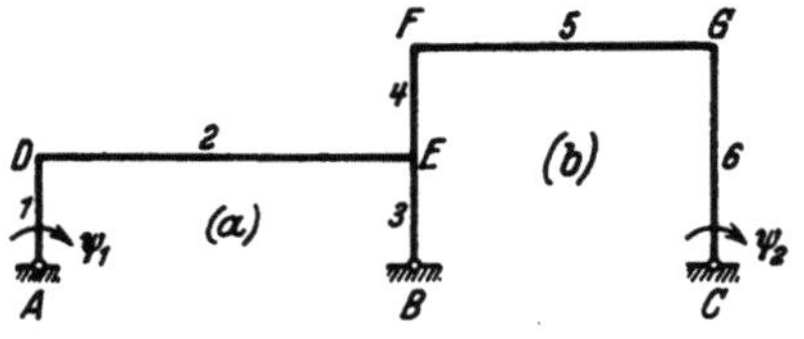

Abb. 580.

Berechnung des zweiteiligen Rahmens Abb. 580 nach Lösung a) auf S. 568.

Abmessungen nach S. 182. $l_1 = l_3 = l_4 = 4{,}5$ m,

$l_2 = 15{,}0$, $l_5 = 12{,}0$, $l_6 = 9{,}0$, $l_1' = 27{,}0$, $l_3' = l_4' = 9{,}0$, $l_2' = 15{,}0$ m,

$l_5' = 18{,}0$, $l_6' = 18{,}0$ m.

Es sind 9 Stabendmomente und 6 Stabdrehwinkel unbekannt.

a) Bedingungen für die Formänderung des Stabzuges (Viermomentengleichungen).

$$\tau_{DM}^{(2)} - \tau_{DM}^{(1)} + \vartheta_2 - \vartheta_1 + \tau_{D0}^{(2)} - \tau_{D0}^{(1)} = 0\,,\qquad \tau_{EM}^{(3)} - \tau_{EM}^{(2)} + \vartheta_3 - \vartheta_2 + \tau_{E0}^{(3)} - \tau_{E0}^{(2)} = 0\,,$$

$$\tau_{EM}^{(4)} - \tau_{EM}^{(3)} + \vartheta_4 - \vartheta_3 + \tau_{E0}^{(4)} - \tau_{E0}^{(3)} = 0\,,\qquad \tau_{FM}^{(5)} - \tau_{FM}^{(4)} + \vartheta_5 - \vartheta_4 + \tau_{F0}^{(5)} - \tau_{F0}^{(4)} = 0\,.$$

$$\tau_{GM}^{(6)} - \tau_{GM}^{(5)} + \vartheta_6 - \vartheta_5 + \tau_{G0}^{(6)} - \tau_{G0}^{(5)} = 0\,,\qquad \tau_{KM}^{(k)} \text{ nach Gl. (866).}$$

b) Bedingungen für das Gleichgewicht der Schnittkräfte, $\delta A_J = 0$.

$$M_D^{(1)} + M_D^{(2)} = 0\,, \quad M_E^{(2)} + M_E^{(3)} + M_E^{(4)} = 0\,, \quad M_F^{(4)} + M_F^{(5)} = 0\,, \quad M_G^{(5)} + M_G^{(6)} = 0\,.$$

c) Bedingungen für die Formänderung der Stabkette.

$$\vartheta_1 = \vartheta_3 = \psi_1\,, \quad \vartheta_2 = \vartheta_5 = 0\,, \quad \vartheta_6 = \psi_2\,, \quad \vartheta_4 = \psi_2 \frac{l_6}{l_4} - \psi_1 \frac{l_1}{l_4}\,.$$

d) Bedingungen für das Gleichgewicht der Schnittkräfte, $\delta A_c = 0$.

$$\dot\psi_1 = 1\,, \quad M_D^{(1)} \cdot 1 + M_E^{(3)} \cdot 1 - (M_E^{(4)} + M_F^{(4)}) \frac{l_1}{l_4} = 0\,,$$

$$\dot\psi_2 = 1\,, \quad M_G^{(6)} \cdot 1 + (M_E^{(4)} + M_F^{(4)}) \frac{l_6}{l_4} = 0\,.$$

Durch Substitution wird dieser allgemeine Ansatz auf 6 Gleichungen mit den unbekannten Eckmomenten M_B, M_D, M_G und Stabendmomenten $M_E^{(2)}$, $M_E^{(3)}$, $M_E^{(4)}$ zurückgeführt. Dabei ist es zweckmäßig, die 𝔚-Kräfte nach (872) in den Viermomentengleichungen einzuführen. Aus c) folgt:

$$\vartheta_2 - \vartheta_1 = -\psi_1\,, \quad \vartheta_3 - \vartheta_2 = \psi_1\,, \quad \vartheta_4 - \vartheta_3 = \psi_2 \frac{l_6}{l_4} - \psi_1 \frac{l_6}{l_4}\,,$$

$$\vartheta_5 - \vartheta_4 = -\psi_2 \frac{l_6}{l_4} + \psi_1 \frac{l_1}{l_4}\,, \quad \vartheta_6 - \vartheta_5 = \psi_2\,.$$

Damit gehen die Viermomentengleichungen über in

$$6\,\mathfrak{W}_D^{(a)} - 6\,\psi_1 = 0\,, \quad 6\,\mathfrak{W}_E^{(a)} + 6\,\psi_1 = 0\,, \quad 6\,\mathfrak{W}_E^{(b)} + 6\,\psi_2 \frac{l_6}{l_4} - 6\,\psi_1 \frac{l_6}{l_4} = 0\,,$$

$$6\,\mathfrak{W}_F^{(b)} + 6\,\psi_1 \frac{l_1}{l_4} - 6\,\psi_2 \frac{l_6}{l_4} = 0\,, \quad 6\,\mathfrak{W}_G^{(b)} + 6\,\psi_2 = 0\,,$$

oder nach Substitution von ψ_1 und ψ_2 aus der ersten und letzten:

$$6\,\mathfrak{W}_D^{(a)} + 6\,\mathfrak{W}_E^{(a)} = 0\,, \qquad \text{(1. Gl.)}$$

$$-6\,\mathfrak{W}_D^{(a)} \frac{l_6}{l_4} + 6\,\mathfrak{W}_E^{(b)} - 6\,\mathfrak{W}_G^{(b)} \frac{l_6}{l_4} = 0\,, \qquad \text{(2. Gl.)}$$

$$6\,\mathfrak{W}_D^{(a)} \frac{l_1}{l_4} + 6\,\mathfrak{W}_F^{(b)} + 6\,\mathfrak{W}_G^{(b)} \frac{l_6}{l_4} = 0\,. \qquad \text{(3. Gl.)}$$

Die Bedingungen $\delta A_J = 0$ liefern:

$$M_D^{(2)} = -M_D^{(1)} = M_D\,, \quad M_F^{(5)} = -M_F^{(4)} = M_F\,, \quad M_G^{(6)} = -M_G^{(5)} = M_G$$

und

$$M_E^{(2)} + M_E^{(3)} + M_E^{(4)} = 0\,. \qquad \text{(4. Gl.)}$$

Aus $\delta A_e = 0$ folgt damit

$$\dot\psi_1 = 1\,, \quad -M_D + M_E^{(3)} - (M_E^{(4)} - M_F) \frac{l_1}{l_4} = 0\,, \qquad \text{(5. Gl.)}$$

$$\dot\psi_2 = 1\,, \quad M_G + (M_E^{(4)} - M_F) \frac{l_6}{l_4} = 0\,. \qquad \text{(6. Gl.)}$$

𝔚-Kräfte nach Gl. (866), (872) für das vorliegende System:

$$6\,\mathfrak{W}_D^{(a)} = 2\,(l_1' + l_2')\,M_D - l_2' M_E^{(2)} + 6\,\tau_{D0}^{(2)} + 6\,\tau_{D0}^{(1)}\,,$$

$$6\,\mathfrak{W}_E^{(a)} = l_2' M_D - 2\,l_2' M_E^{(2)} + 2\,l_3' M_E^{(3)} + 6\,\tau_{E0}^{(3)} - 6\,\tau_{E0}^{(2)}\,,$$

$$6\,\mathfrak{W}_E^{(b)} = -2\,l_3' M_E^{(3)} + 2\,l_4' M_E^{(4)} + l_4' M_F + 6\,\tau_{E0}^{(4)} - 6\,\tau_{E0}^{(3)}\,,$$

$$6\,\mathfrak{W}_F^{(b)} = l_4' M_E^{(4)} + 2\,(l_4' + l_5')\,M_F + l_5' M_G + 6\,\tau_{F0}^{(5)} - 6\,\tau_{F0}^{(4)}\,,$$

$$6\,\mathfrak{W}_G^{(b)} = l_5' M_F + 2\,(l_5' + l_6')\,M_G + 6\,\tau_{G0}^{(6)} - 6\,\tau_{G0}^{(5)}\,.$$

Belastung: p t/m auf den Riegeln 2 und 5.

$$\tau_{D0}^{(1)} = \tau_{E0}^{(3)} = \tau_{E0}^{(4)} = \tau_{F0}^{(4)} = \tau_{G0}^{(6)} = 0\,,$$

$$6\,\tau_{D0}^{(2)} = -6\,\tau_{E0}^{(2)} = \frac{p\,l_2^2\,l_2'}{4}\,, \qquad 6\,\tau_{F0}^{(5)} = -6\,\tau_{G0}^{(5)} = \frac{p\,l_5^2\,l_5'}{4}\,.$$

Das Gleichungssystem wird in Form einer Matrix angeschrieben.

M_D	$M_E^{(2)}$	$M_E^{(3)}$	$M_E^{(4)}$	M_F	M_G	p	
$2\,l_1' + 3\,l_2'$	$-3\,l_2'$	$2\,l_3'$	0	0	0	$\frac{l_2^2\,l_2'}{2}$	0
$-2\,(l_1' + l_2')\,\frac{l_6}{l_4}$	$l_2'\,\frac{l_6}{l_4}$	$-2\,l_3'$	$2\,l_4'$	$l_4' - l_5'\,\frac{l_6}{l_4}$	$-2\,(l_5' + l_6')\,\frac{l_6}{l_4}$	$-\frac{l_6}{l_4}\left(\frac{l_2^2\,l_2' + l_5^2\,l_5'}{4}\right)$	0
$2\,(l_1' + l_2')\,\frac{l_1}{l_4}$	$-l_2'\,\frac{l_1}{l_4}$	0	l_4'	$2\,(l_4' + l_5') + l_5'\,\frac{l_6}{l_4}$	$l_5' + 2\,(l_5' + l_6')\,\frac{l_6}{l_4}$	$\frac{l_2^2\,l_2'}{4}\,\frac{l_1}{l_4} + \frac{l_5^2\,l_5'}{4}\left(1 + \frac{l_6}{l_5}\right)$	0
0	1	1	1	0	0	0	0
-1	0	1	$-\frac{l_1}{l_4}$	$\frac{l_6}{l_4}$	0	0	0
0	0	0	$\frac{l_6}{l_4}$	$-\frac{l_6}{l_4}$	1	0	0

	M_D	$M_E^{(2)}$	$M_E^{(3)}$	$M_E^{(4)}$	M_F	M_G	p	
1	99	− 45	18	0	0	0	1687,5	0
2	− 168	30	− 18	18	− 27	− 144	− 2983,5	0
3	84	− 15	0	9	90	162	2787,75	0
4	0	1	1	1	0	0	0	0
5	− 1	0	1	− 1	1	0	0	0
6	0	0	0	2	− 2	1	0	0

$M_D = -\ 9{,}3269\,p$ mt,
$M_E^{(2)} = +14{,}2645\,p$ mt,
$M_E^{(3)} = -\ 6{,}7899\,p$ mt,
$M_E^{(4)} = -\ 7{,}4746\,p$ mt,
$M_F = -10{,}0116\,p$ mt,
$M_G = -\ 5{,}0739\,p$ mt.

Darstellung des Momentenbildes s. Abb. 169 S. 182.

Die Stabendmomente sind die Wurzeln von 6 Gleichungen, die keine symmetrische Matrix besitzen und für jede Belastung besonders aufgelöst werden. Sie lassen sich jedoch durch Superposition der Stabendmomente aus den Anteilen der Belastung und der drei statisch unbestimmten Größen nachträglich auf 3 Normalgleichungen zurückführen. Diese konnten bei Untersuchung desselben Rahmens nach Abschn. 25 auf S. 182 ff. unmittelbar angeschrieben werden. Diese Lösung ist daher einfacher.

Mohr, O.: Abhandlungen aus dem Gebiete der Techn. Mechanik, 3. Aufl. S. 512. Berlin 1928. — Kleinlogel, A.: Rahmenformeln, 6. Aufl. Berlin 1929. — Staack, J.: Rahmen und Balken. Berlin 1931.

61. Rahmentabellen.

Einfach statisch unbestimmte Rahmen.

Tabelle 43. Symmetrischer Rahmen mit geradem Riegel.

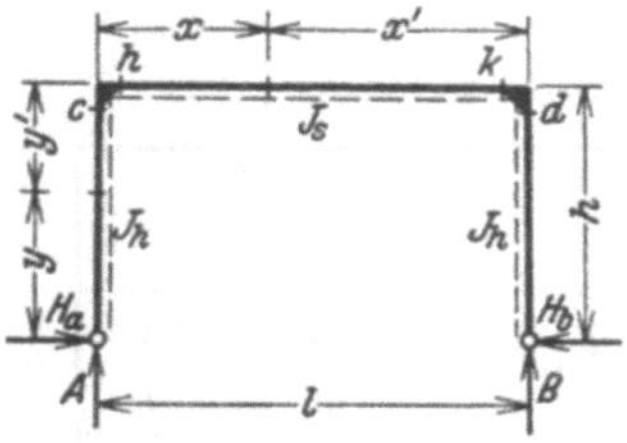

$$\xi = \frac{x}{l}, \qquad \eta = \frac{y}{h}, \qquad \varkappa = \frac{h}{l}\,\frac{J_s}{J_h}, \qquad \lambda = \frac{l}{h},$$

$$\xi' = \frac{x'}{l}, \qquad \eta' = \frac{y'}{h}, \qquad \mu = 3 + 2\varkappa, \qquad \omega_R = \xi - \xi^2.$$

$M_{h,k} = M_{c,d}$, wenn nicht besonders angegeben.

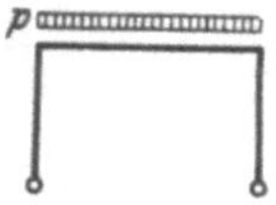

$$A = B = \frac{p\,l}{2},$$

$$H_{a,b} = \frac{\lambda}{4\,\mu}\,p\,l,$$

$$M_{c,d} = -\frac{p\,l^2}{4\,\mu}.$$

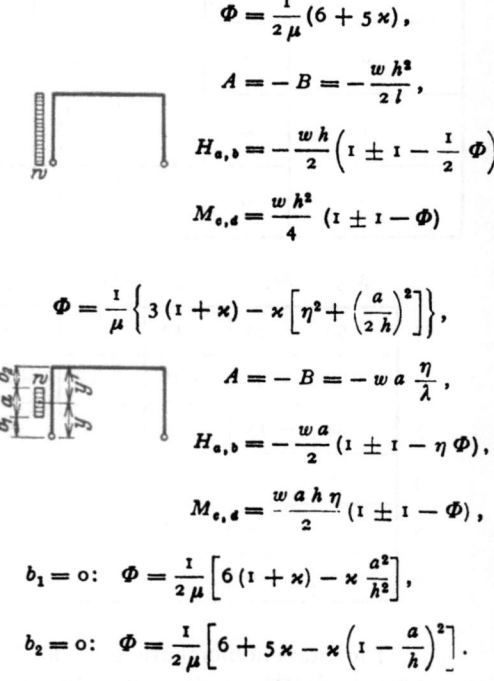

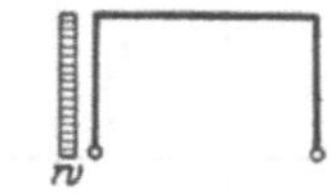

$$\Phi = \frac{1}{2\,\mu}(6 + 5\,\varkappa),$$

$$A = -B = -\frac{w\,h^2}{2\,l},$$

$$H_{a,b} = -\frac{w\,h}{2}\left(1 \pm 1 - \frac{1}{2}\,\Phi\right),$$

$$M_{c,d} = \frac{w\,h^2}{4}\,(1 \pm 1 - \Phi)$$

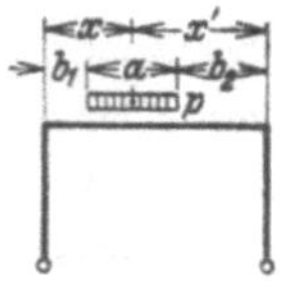

$$\Phi = \frac{\lambda}{2\,\mu}\left[3\,\omega_R - \left(\frac{a}{2\,l}\right)^2\right],$$

$$A = p\,a\,\xi', \qquad B = p\,a\,\xi,$$

$$H_{a,b} = p\,a\,\Phi,$$

$$M_{c,d} = -p\,a\,h\,\Phi,$$

$b_1 = 0$ oder $b_2 = 0$: $\quad \Phi = \frac{\lambda}{4\,\mu}\,\frac{a}{l}\left(3 - 2\,\frac{a}{l}\right),$

$b_1 = b_2$: $\quad \Phi = \frac{\lambda}{8\,\mu}\left(3 - \frac{a^2}{l^2}\right).$

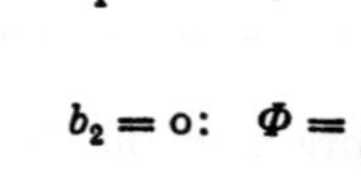

$$\Phi = \frac{1}{\mu}\left\{3\,(1 + \varkappa) - \varkappa\left[\eta^2 + \left(\frac{a}{2\,h}\right)^2\right]\right\},$$

$$A = -B = -w\,a\,\frac{\eta}{\lambda},$$

$$H_{a,b} = -\frac{w\,a}{2}\,(1 \pm 1 - \eta\,\Phi),$$

$$M_{c,d} = \frac{w\,a\,h\,\eta}{2}\,(1 \pm 1 - \Phi),$$

$b_1 = 0$: $\quad \Phi = \frac{1}{2\,\mu}\left[6\,(1 + \varkappa) - \varkappa\,\frac{a^2}{h^2}\right],$

$b_2 = 0$: $\quad \Phi = \frac{1}{2\,\mu}\left[6 + 5\,\varkappa - \varkappa\left(1 - \frac{a}{h}\right)^2\right].$

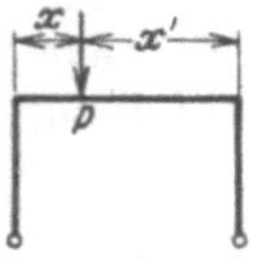

$$A = P\,\xi', \qquad B = P\,\xi,$$

$$H_{a,b} = \frac{3\,\lambda}{2\,\mu}\,P\,\omega_R,$$

$$M_{c,d} = -\frac{3}{2\,\mu}\,P\,l\,\omega_R.$$

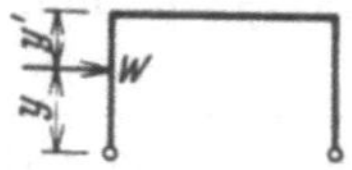

$$\Phi = \frac{1}{\mu}\,[3\,(1 + \varkappa) - \varkappa\,\eta^2],$$

$$A = -B = -W\,\frac{y}{l},$$

$$H_{a,b} = -\frac{W}{2}\,(1 \pm 1 - \eta\,\Phi),$$

$$M_{c,d} = \frac{W\,h}{2}\,\eta\,(1 \pm 1 - \Phi),$$

$y = h$: $\quad H_{a,b} = \mp\frac{W}{2}, \qquad M_{c,d} = \pm\frac{W\,h}{2}.$

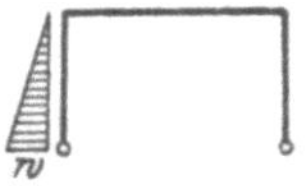

$$\Phi = \frac{7\varkappa}{10\mu},$$
$$A = -B = -\frac{w h^2}{6l},$$
$$H_{a,b} = -\frac{w h}{12}(2 \pm 3 - \Phi),$$
$$M_{c,d} = \frac{w h^2}{12}(\pm 1 - \Phi).$$

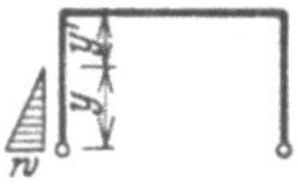

$$\Phi = \frac{\varkappa}{10\mu}(10 - 3\eta^2),$$
$$A = -B = -\frac{w y^2}{6l},$$
$$H_{a,b} = -\frac{w h}{12}\eta[3 \pm 3 - \eta(1 + \Phi)],$$
$$M_{c,d} = \frac{w h^2}{12}\eta^2(\pm 1 - \Phi).$$

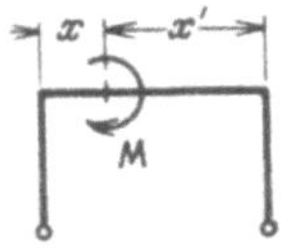

$$\Phi = \frac{3}{2\mu}(\xi'^2 - \xi^2),$$
$$A = -B = -\frac{\mathsf{M}}{l},$$
$$H_{a,b} = \frac{\mathsf{M}}{h}\Phi,$$
$$M_{c,d} = -\mathsf{M}\Phi,$$

$\varkappa = 0$: $\Phi = \frac{3}{2\mu}$,

$$M_h = \mathsf{M}\left(1 - \frac{3}{2\mu}\right).$$

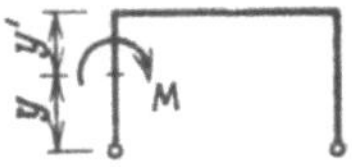

$$\Phi = \frac{3}{\mu}[1 + \varkappa(1 - \eta^2)],$$
$$A = -B = -\frac{\mathsf{M}}{l},$$
$$H_{a,b} = \frac{\mathsf{M}}{h}\frac{\Phi}{2},$$
$$M_{h,k} = \frac{\mathsf{M}}{2}(1 \pm 1 - \Phi),$$

$y = 0$: $\Phi = \frac{3}{\mu}(1 + \varkappa)$,

$y' > 0$: $M_c = M_h$.

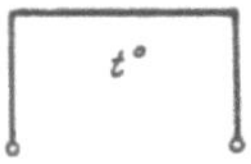

$$A = B = 0, \qquad H_{a,b} = \frac{3}{\mu}\frac{E J_c}{h^2}\alpha_t t, \qquad M_{c,d} = -\frac{3}{\mu}\frac{E J_c}{h}\alpha_t t.$$

Zwei symmetrische oder antimetrische Einzelwirkungen.

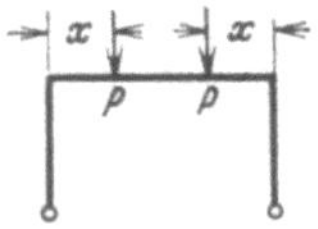

Der allgemeine Ausdruck für die horizontalen Gelenkkräfte infolge einer Einzelwirkung hat die Form

$$H_{a,b} = K(a \pm b + c\Phi).$$

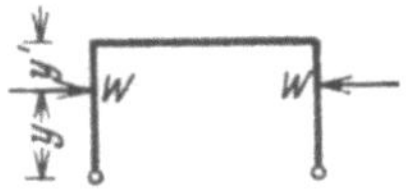

Damit ergibt sich für zwei symmetrische Einzelwirkungen

$$H_{a,b} = 2K(a + c\Phi),$$

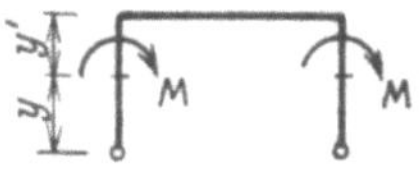

für zwei antimetrische Einzelwirkungen

$$H_{a,b} = \pm 2Kb.$$

Dasselbe gilt für die Eckmomente. Diese Beziehungen gelten auch für die folgenden symmetrischen Rahmenformen.

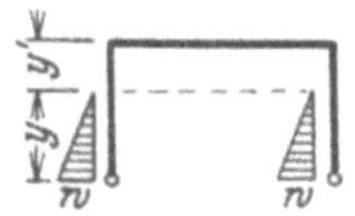

Tabelle 44. Symmetrischer Rahmen mit gebrochenem Riegel.

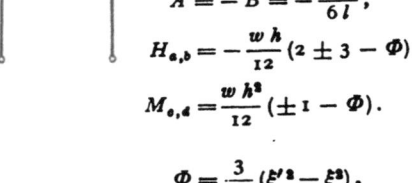

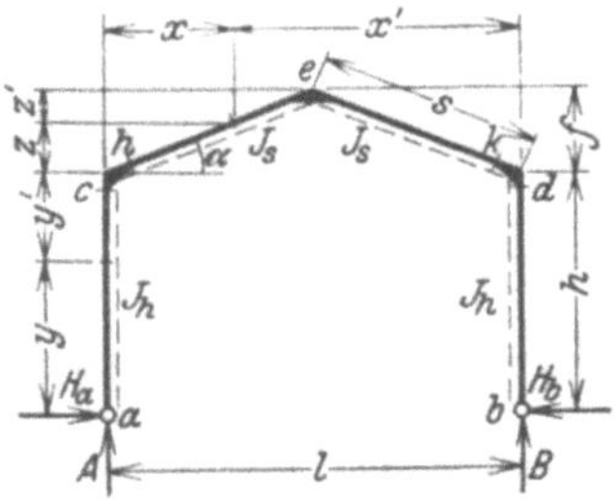

$$\xi = \frac{x}{l}, \quad \eta = \frac{y}{h}, \quad \zeta = \frac{z}{f}, \quad \lambda = \frac{l}{h},$$
$$\xi' = \frac{x'}{l}, \quad \eta' = \frac{y'}{h}, \quad \zeta' = \frac{z'}{f}, \quad \varphi = \frac{f}{h},$$
$$\varkappa = \frac{h}{s}\frac{J_s}{J_h}, \quad \mu = 3 + \varkappa + \varphi(3 + \varphi).$$

$M_{h,k} = M_{c,d}$, wenn nicht besonders angegeben.

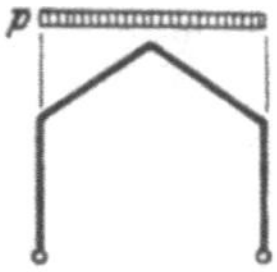

$$\Phi = \frac{8 + 5\varphi}{4\mu},$$
$$A = B = \frac{p\,l}{2},$$
$$H_{a,b} = \frac{p\,l}{8}\lambda\,\Phi,$$
$$M_{c,d} = -\frac{p\,l^2}{8}\Phi$$
$$M_e = \frac{p\,l^2}{8}[1 - (1 + \varphi)\,\Phi].$$

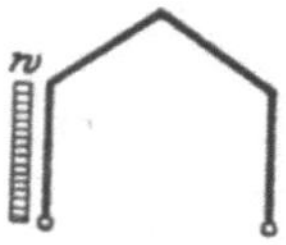

$$\Phi = \frac{1}{4\mu}[6(2 + \varphi) + 5\varkappa],$$
$$A = -B = -\frac{w\,h^2}{2\,l},$$
$$H_{a,b} = -\frac{w\,h}{2}\left(1 \pm 1 - \frac{\Phi}{2}\right),$$
$$M_{c,d} = \frac{w\,h^2}{4}(1 \pm 1 - \Phi),$$
$$M_e = \frac{w\,h^2}{4}[1 - (1 + \varphi)\,\Phi].$$

$$\Phi = \frac{8 + 5\varphi}{4\mu},$$
$$A = \frac{3}{8}p\,l, \qquad B = \frac{1}{8}p\,l,$$
$$H_{a,b} = \frac{p\,l}{16}\lambda\,\Phi,$$
$$M_{c,d} = -\frac{p\,l^2}{16}\Phi,$$
$$M_e = \frac{p\,l^2}{16}[1 - (1 + \varphi)\,\Phi].$$

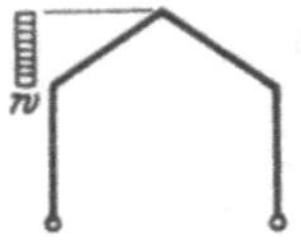

$$\Phi = \frac{\varphi}{8\mu}(4 + 3\varphi),$$
$$A = -B = -w\,f\,\frac{2\,h + f}{2\,l},$$
$$H_{a,b} = -\frac{w\,f}{2}(\pm 1 + \Phi),$$
$$M_{c,d} = \frac{w\,f\,h}{2}(\pm 1 + \Phi),$$
$$M_e = -\frac{w\,f\,h}{2}\left[\frac{\varphi}{2} - (1+\varphi)\,\Phi\right].$$

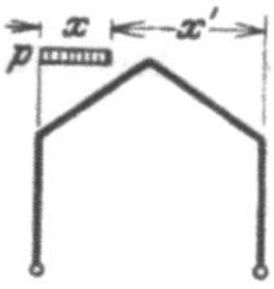

$x \leqq l/2$

$$\Phi = \frac{\xi^2}{\mu}\left[\frac{3}{2}(2+\varphi) - \xi(2+\varphi\xi)\right],$$
$$A = \frac{p\,l}{2}\xi(2 - \xi), \qquad B = \frac{p\,l}{2}\xi^2,$$
$$H_{a,b} = \frac{p\,l}{4}\lambda\,\Phi,$$
$$M_{c,d} = -\frac{p\,l^2}{4}\Phi,$$
$$M_e = \frac{p\,l^2}{4}[\xi^2 - (1 + \varphi)\,\Phi].$$

$$\Phi = \frac{1}{4\mu}[6(2+\varphi+\varkappa) - \varkappa\eta^2],$$
$$A = -B = -\frac{w\,y^2}{2\,l},$$
$$H_{a,b} = -\frac{w\,h}{2}\eta\left(1 \pm 1 - \frac{\eta}{2}\Phi\right),$$
$$M_{c,d} = \frac{w\,h^2}{4}\eta^2(1 \pm 1 - \Phi).$$
$$M_e = \frac{w\,h^2}{4}\eta^2[1 - (1 + \varphi)\,\Phi]$$

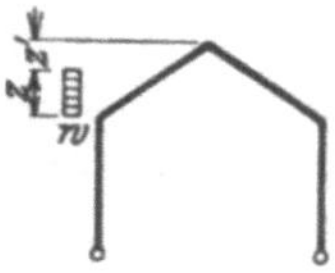

$$\Phi = \frac{\varphi}{8\mu}\{\zeta^2(4 + 3\varphi\zeta) + 2\zeta'[2(3 + 2\varphi) + \varphi\zeta(1 + \varphi\zeta)]\},$$
$$A = -B = -w\,z\,\frac{2\,h + z}{2\,l}, \qquad H_{a,b} = -\frac{w\,f}{2}\zeta(\pm 1 + \Phi),$$
$$M_{c,d} = \frac{w\,f\,h}{2}\zeta(\pm 1 + \Phi), \qquad M_e = -\frac{w\,f\,h}{2}\zeta\left[\varphi\left(1 - \frac{\zeta}{2}\right) - (1 + \varphi)\,\Phi\right].$$

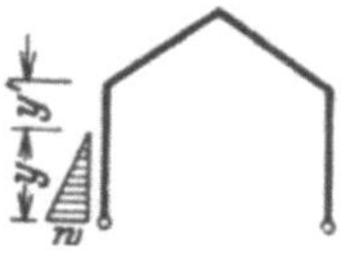

$$\Phi = \frac{1}{2\mu}\left[\varphi(3+2\varphi) - \varkappa + \frac{3}{10}\varkappa\eta^2\right],$$
$$A = -B = -\frac{w\,y^2}{6\,l},$$
$$H_{a,b} = -\frac{w\,h}{12}\eta[3 \pm 3 - \eta(1-\Phi)],$$
$$M_{c,d} = \frac{w\,h^2}{12}\eta^2[\pm 1 + \Phi],$$
$$M_e = -\frac{w\,h^2}{12}\eta^2[\varphi - (1+\varphi)\,\Phi],$$

$y = h$: $\quad \eta = 1, \quad \Phi = \frac{1}{2\mu}\left[\varphi(3+2\varphi) - \frac{7}{10}\varkappa\right].$

$$\Phi = \frac{1}{2\mu}[3(2 + \varphi + \varkappa) - \varkappa\eta^2]$$
$$A = -B = -W\frac{y}{l},$$
$$H_{a,b} = -\frac{W}{2}(1 \pm 1 - \eta\,\Phi),$$
$$M_{c,d} = \frac{W\,h}{2}\eta(1 \pm 1 - \Phi),$$
$$M_e = \frac{W\,h}{2}\eta[1 - (1 + \varphi)\,\Phi],$$

$y = h$: $\quad \eta = 1, \quad \Phi = \frac{1}{2\mu}[3(2 + \varphi) + 2\varkappa].$

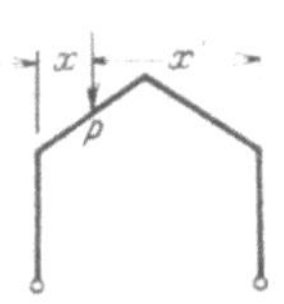

$x \leqq l/2$

$$\Phi = \frac{\xi}{\mu}\left[\frac{3}{2}(2+\varphi) - \xi(3+2\varphi\xi)\right],$$

$$A = P\,\xi', \qquad B = P\,\xi,$$

$$H_{a,b} = \frac{P}{2}\,\lambda\,\Phi,$$

$$M_{c,d} = -\frac{P\,l}{2}\,\Phi,$$

$$M_e = \frac{P\,l}{2}\,[\xi - (1+\varphi)\,\Phi].$$

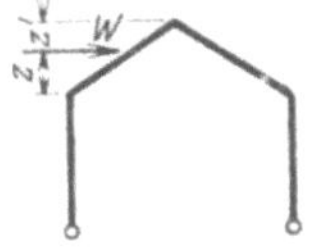

$$\Phi = \frac{\varphi}{2\,\mu}\,\zeta'^2\,[3\,(1+\varphi) - \varphi\,\zeta'],$$

$$A = -B = -W\,\frac{h+z}{l},$$

$$H_{a,b} = -\frac{W}{2}\,(\pm 1 + \Phi),$$

$$M_{c,d} = \frac{W\,h}{2}\,(\pm 1 + \Phi),$$

$$M_e = -\frac{W\,h}{2}\,[\varphi\,\zeta' - (1+\varphi)\,\Phi].$$

$z = f$: $\Phi = 0$, $M_e = 0$.

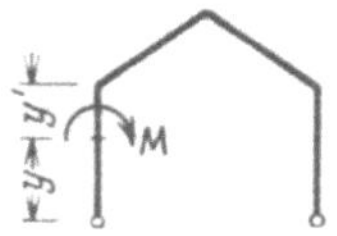

$$\Phi = \frac{3}{2\,\mu}\,[2+\varphi+\varkappa\,(1-\eta^2)],$$

$$A = -B = -\frac{\mathsf{M}}{l},$$

$$H_{a,b} = \frac{\mathsf{M}}{2\,h}\,\Phi,$$

$$M_{h,k} = \frac{\mathsf{M}}{2}\,(1 \pm 1 - \Phi),$$

$$M_e = \frac{\mathsf{M}}{2}\,[1 - (1+\varphi)\,\Phi].$$

$y = 0$: $$\Phi = \frac{3}{2\,\mu}\,(2+\varphi+\varkappa),$$

$y = h$: $$\Phi = \frac{3}{2\,\mu}\,(2+\varphi),$$

$$M_e = -\frac{3}{4\,\mu}\,\mathsf{M}\,(2+\varphi).$$

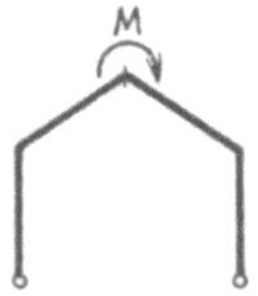

$$A = -B = -\frac{\mathsf{M}}{l},$$

$$H_{a,b} = 0, \qquad M_{c,d} = 0,$$

$$M_e = \mp\frac{\mathsf{M}}{2}\ \left.\begin{matrix}\text{links}\\ \text{rechts}\end{matrix}\right\}\ \text{von } e.$$

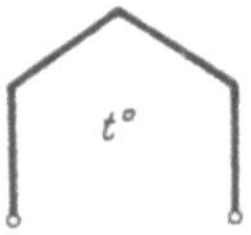

$$A = B = 0,$$

$$H_{a,b} = \frac{3}{2\,\mu}\,\frac{l}{s}\,\frac{E\,J_s}{h^2}\,\alpha_t\,t,$$

$$M_{c,d} = -\frac{3}{2\,\mu}\,\frac{l}{s}\,\frac{E\,J_s}{h}\,\alpha_t\,t,$$

$$M_e = M_{c,d}\,(1+\varphi).$$

Tabelle 45. Symmetrischer Rahmen mit parabolisch gekrümmtem Riegel.

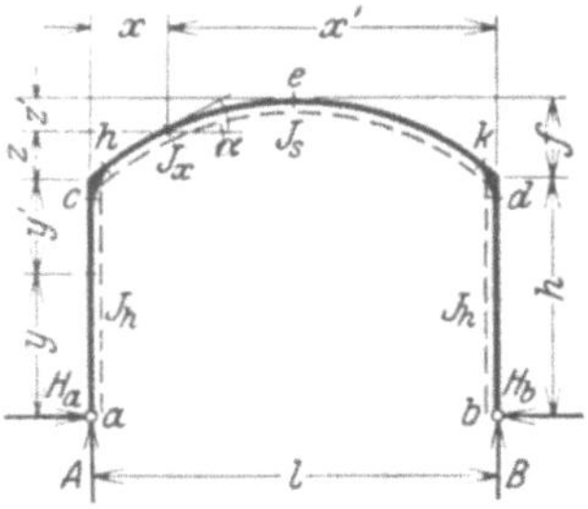

$$\xi = \frac{x}{l}, \quad \eta = \frac{y}{h}, \quad \zeta = \frac{z}{f}, \quad \lambda = \frac{l}{h}, \quad \frac{J_s}{J_x\cos\alpha} = 1,$$

$$\xi' = \frac{x'}{l}, \quad \eta' = \frac{y'}{h}, \quad \zeta' = \frac{z'}{f}, \quad \varphi = \frac{f}{h}, \quad \varkappa = \frac{h}{l}\,\frac{J_s}{J_h},$$

$$\omega_R = \xi - \xi^2, \qquad \mu = 5\,(3+2\,\varkappa) + 4\,\varphi\,(5+2\,\varphi).$$

$M_{h,k} = M_{c,d}$, wenn nicht besonders angegeben.

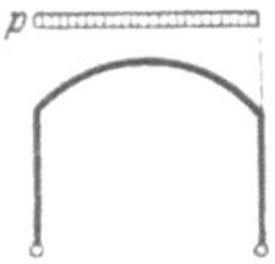

$$\Phi = \frac{2}{\mu}\,(5+4\,\varphi),$$

$$A = B = \frac{p\,l}{2},$$

$$H_{a,b} = \frac{p\,l}{8}\,\lambda\,\Phi,$$

$$M_{c,d} = -\frac{p\,l^2}{8}\,\Phi,$$

$$M_e = \frac{p\,l^2}{8}\,[1 - (1+\varphi)\,\Phi].$$

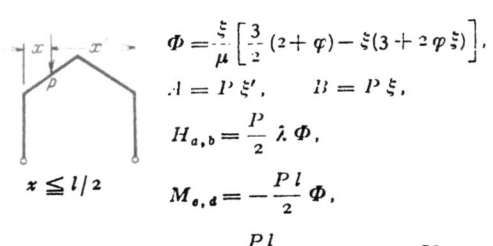

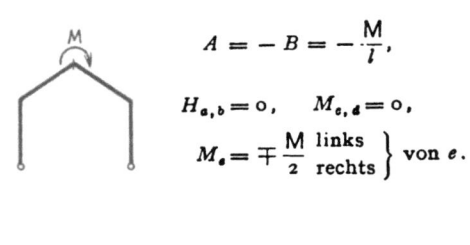

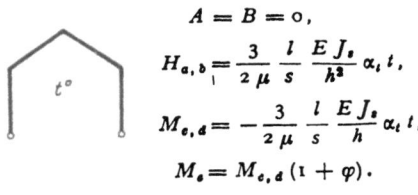

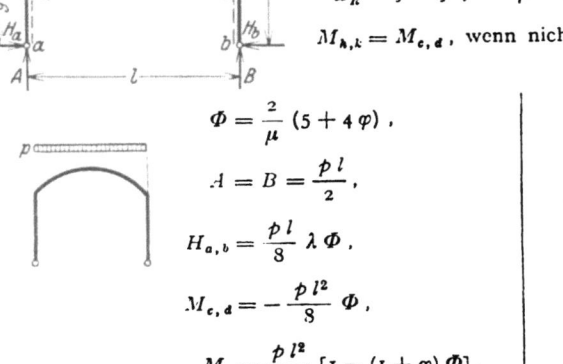

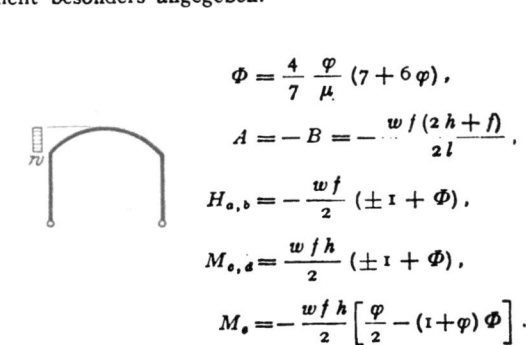

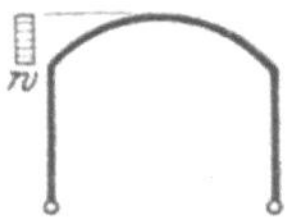

$$\Phi = \frac{4}{7}\,\frac{\varphi}{\mu}\,(7+6\,\varphi),$$

$$A = -B = -\frac{w\,f\,(2\,h+f)}{2\,l},$$

$$H_{a,b} = -\frac{w\,f}{2}\,(\pm 1 + \Phi),$$

$$M_{c,d} = \frac{w\,f\,h}{2}\,(\pm 1 + \Phi),$$

$$M_e = -\frac{w\,f\,h}{2}\left[\frac{\varphi}{2} - (1+\varphi)\,\Phi\right].$$

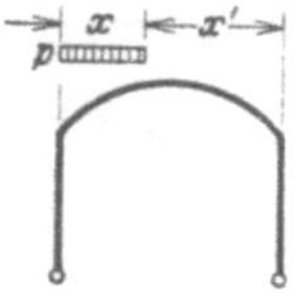

$$\Phi = \frac{\xi^2}{\mu}\,[5\,(3+2\,\varphi) - 10\,\xi\,(1+\varphi\,\xi) + 4\,\varphi\,\xi^3]\,,$$

$$A = \frac{p\,x}{2}\,(2-\xi)\,,\qquad B = \frac{p\,x}{2}\,\xi\,,\qquad H_{a,b} = \frac{p\,l}{4}\,\lambda\,\Phi\,,$$

$$M_{c,d} = -\frac{p\,l^2}{4}\,\Phi\,,\qquad x \leqq \frac{l}{2}:\qquad M_e = \frac{p\,l^2}{4}\,[\xi^2 - (1+\varphi)\,\Phi]\,.$$

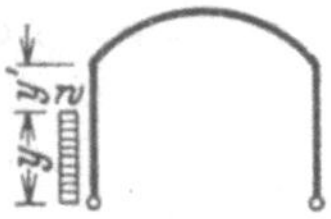

$$\Phi = \frac{5}{2\,\mu}\,\{2\,[3\,(1+\varkappa) + 2\,\varphi] - \varkappa\,\eta^2\}\,,$$

$$A = -B = -\frac{w\,y^2}{2\,l}\,,\qquad H_{a,b} = -\frac{w\,h}{2}\,\eta\left(1 \pm 1 - \frac{\eta}{2}\,\Phi\right),$$

$$M_{c,d} = \frac{w\,h^2}{4}\,\eta^2\,(1 \pm 1 - \Phi)\,,\qquad M_e = \frac{w\,h^2}{4}\,\eta^2\,[1 - (1+\varphi)\,\Phi]\,.$$

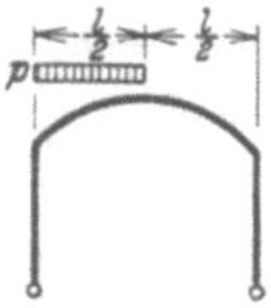

$$\Phi = \frac{2}{\mu}\,(5+4\,\varphi)\,,$$

$$A = \frac{3}{8}\,p\,l\,,\qquad B = \frac{1}{8}\,p\,l\,,$$

$$H_{a,b} = \frac{p\,l}{16}\,\lambda\,\Phi\,,$$

$$M_{c,d} = -\frac{p\,l^2}{16}\,\Phi\,,$$

$$M_e = \frac{p\,l^2}{16}\,[1 - (1+\varphi)\,\Phi]\,.$$

$$\Phi = \frac{5}{2\,\mu}\,(6 + 5\,\varkappa + 4\,\varphi)\,,$$

$$A = -B = -\frac{w\,h^2}{2\,l}\,,$$

$$H_{a,b} = -\frac{w\,h}{2}\left(1 \pm 1 - \frac{\Phi}{2}\right),$$

$$M_{c,d} = +\frac{w\,h^2}{4}\,(1 \pm 1 - \Phi)\,,$$

$$M_e = +\frac{w\,h^2}{4}\,[1 - (1+\varphi)\,\Phi]\,.$$

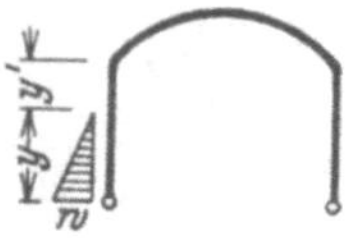

$$\Phi = \frac{1}{2\,\mu}\,\{10\,[3\,(1+\varkappa) + 2\,\varphi] - 3\,\varkappa\,\eta^2\}\,,$$

$$A = -B = -\frac{w\,y^2}{6\,l}\,,\qquad H_{a,b} = -\frac{w\,h}{4}\,\eta\left(1 \pm 1 - \frac{\eta}{3}\,\Phi\right),$$

$$M_{c,d} = \frac{w\,h^2}{12}\,\eta^2\,(1 \pm 1 - \Phi)\,,\qquad M_e = \frac{w\,h^2}{12}\,\eta^2\,[1 - (1+\varphi)\,\Phi]\,,$$

$$y = h:\qquad \eta = 1\,,\qquad \Phi = \frac{1}{2\,\mu}\,[10\,(3+2\,\varphi) + 27\,\varkappa]\,.$$

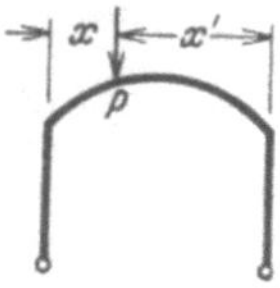

$$\Phi = \frac{5}{\mu}\,\omega_R\,[3 + 2\,\varphi\,(1+\omega_R)]\,,$$

$$A = P\,\xi'\,,\qquad B = P\,\xi\,,$$

$$H_{a,b} = \frac{P}{2}\,\lambda\,\Phi\,,$$

$$M_{c,d} = -\frac{P\,l}{2}\,\Phi\,,$$

$$x \leqq \frac{l}{2}:\qquad M_e = \frac{P\,l}{2}\,[\xi - (1+\varphi)\,\Phi]\,.$$

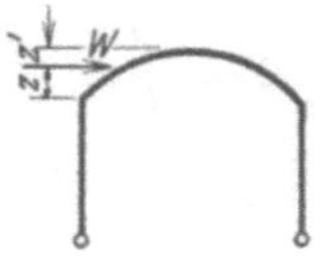

$$\Phi = 2\,\frac{\varphi}{\mu}\,\zeta'^{\frac{3}{2}}\,[5\,(1+\varphi) - \varphi\,\zeta']\,,$$

$$A = -B = -W\,\frac{h+z}{l}\,,$$

$$H_{a,b} = -\frac{W}{2}\,(\pm 1 + \Phi)\,,$$

$$M_{c,d} = \frac{W\,h}{2}\,(\pm 1 + \Phi)\,,$$

$$M_e = -\frac{W\,h}{2}\,[\varphi\,\zeta' - (1+\varphi)\,\Phi]\,.$$

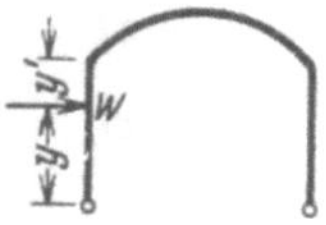

$$\Phi = \frac{5}{\mu}\,[3\,(1+\varkappa) + 2\,\varphi - \varkappa\,\eta^2]\,,$$

$$A = -B = -W\,\frac{y}{l}\,,$$

$$H_{a,b} = -\frac{W}{2}\,(1 \pm 1 - \eta\,\Phi)\,,$$

$$M_{c,d} = \frac{W\,h}{2}\,\eta\,(1 \pm 1 - \Phi)\,,$$

$$M_e = \frac{W\,h}{2}\,\eta\,[1 - (1+\varphi)\,\Phi]\,.$$

$$\Phi = 2\,\frac{\varphi}{\mu}\,(5+4\,\varphi)\,,$$

$$A = -B = -W\,\frac{h}{l}\,,$$

$$H_{a,b} = -\frac{W}{2}\,(\pm 1 + \Phi)\,,$$

$$M_{c,d} = \frac{W\,h}{2}\,(\pm 1 + \Phi)\,,$$

$$M_e = -\frac{W\,h}{2}\,[\varphi - (1+\varphi)\,\Phi]\,.$$

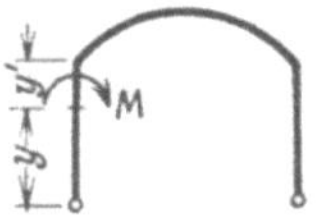

$$\Phi = \frac{5}{\mu}\,[3\,(1+\varkappa) + 2\,\varphi - 3\,\varkappa\,\eta^2]\,,$$

$$A = -B = -\frac{M}{l}\,, \qquad H_{a,b} = \frac{M}{2\,h}\,\Phi\,,$$

$$M_{h,k} = \frac{M}{2}\,(1 \pm 1 - \Phi)\,, \qquad M_e = \frac{M}{2}\,[1 - (1+\varphi)\,\Phi]\,,$$

$$y = 0: \quad \eta = 0\,, \qquad y' = 0: \quad \eta = 1\,, \qquad M_e = -\frac{M}{2}\,\Phi\,.$$

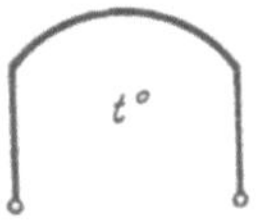

$$A = B = 0\,, \qquad H_{a,b} = \frac{15}{\mu}\,\frac{E\,J_s}{h^2}\,\alpha_t\,t\,.$$

$$M_{c,d} = -\frac{15}{\mu}\,\frac{E\,J_s}{h}\,\alpha_t\,t\,, \qquad M_e = M_{c,d}\,(1+\varphi)\,.$$

Tabelle 46. Symmetrischer Rahmen mit mehrfach gebrochenem Riegel.

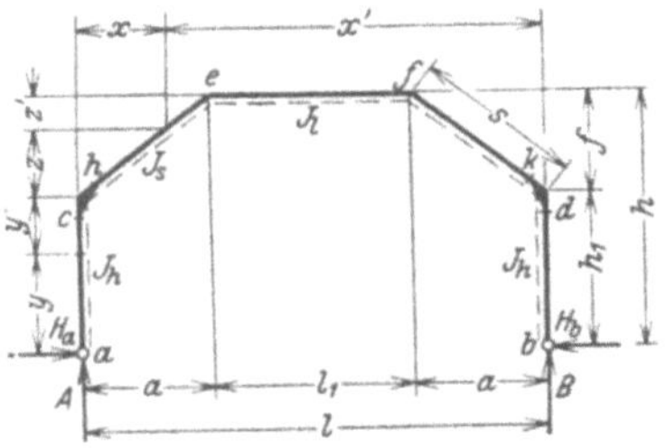

$$\xi = \frac{x}{l}\,, \qquad \eta = \frac{y}{h_1}\,, \qquad \zeta = \frac{z}{f}\,, \qquad \lambda = \frac{a}{l}\,,$$

$$\xi' = \frac{x'}{l}\,, \qquad \eta' = \frac{y'}{h_1}\,, \qquad \zeta' = \frac{z'}{f}\,, \qquad \lambda' = \frac{l_1}{l}\,,$$

$$\psi = \frac{h_1}{h}\,, \qquad \varphi = \frac{f}{h_1}\,, \qquad \varkappa_1 = \frac{l_1}{s}\,\frac{J_s}{J_e}\,,$$

$$\psi' = \frac{f}{h}\,, \qquad \nu = \frac{l}{h}\,, \qquad \varkappa_2 = \frac{h_1}{s}\,\frac{J_s}{J_h}\,,$$

$$\mu = \psi^2\,(1+\varkappa_2) + 1 + \psi + \frac{3}{2}\,\varkappa_1\,.$$

$M_{h,k} = M_{c,d}$, wenn nicht besonders angegeben.

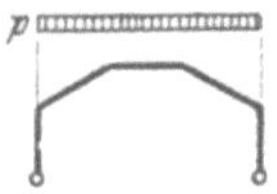

$$\Phi = \frac{1}{4\,\mu}\,[2\,\lambda\,(2+\psi+\varkappa_1) - \lambda^2\,(3+\psi+2\,\varkappa_1) + \varkappa_1]\,,$$

$$A = B = \frac{p\,l}{2}\,, \qquad H_{a,b} = \frac{p\,l^2}{2\,h_1}\,\psi\,\Phi\,,$$

$$M_{c,d} = -\frac{p\,l^2}{2}\,\psi\,\Phi\,, \qquad M_{e,f} = \frac{p\,l^2}{2}\,[\lambda\,(1-\lambda) - \Phi]\,.$$

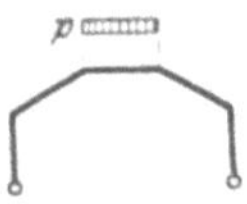

$$\Phi = \frac{1}{4\,\mu}\,\{2\,\lambda\,[2\,(1+\varkappa_1) + \psi] + \varkappa_1\}\,,$$

$$A = B = \frac{p\,l_1}{2}\,, \qquad H_{a,b} = \frac{p\,l_1}{2}\,\frac{l}{h_1}\,\psi\,\Phi\,,$$

$$M_{c,d} = -\frac{p\,l\,l_1}{2}\,\psi\,\Phi\,, \qquad M_{e,f} = \frac{p\,l\,l_1}{2}\,(\lambda - \Phi)\,.$$

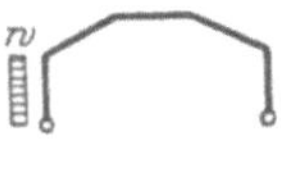

$$\Phi = \frac{1}{4\,\mu}\,\{4\,\varphi\,[3\,(1+\varkappa_1) - \psi'] + 6\,(1+\varkappa_1+\psi) + 3\,\varkappa_2\,\psi\}\,,$$

$$A = -B = -\frac{w\,h_1^2}{2\,l}\,, \qquad H_{a,b} = -\frac{w\,h_1}{2}\left(\pm 1 + \frac{\psi}{2}\,\Phi\right),$$

$$M_{c,d} = -\frac{w\,h_1^2}{4}\,(1 \mp 1 - \psi\,\Phi)\,, \qquad M_{e,f} = -\frac{w\,h_1^2}{4}\,(1 + 2\,\varphi \mp \lambda' - \Phi)\,.$$

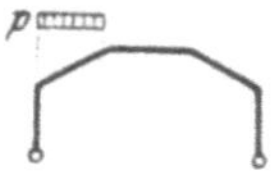

$$\Phi = \frac{1}{4\mu}(5 + 3\psi + 6\varkappa_1),$$

$$A = \frac{pa}{2}(2 - \lambda), \qquad B = \frac{pa}{2}\lambda,$$

$$H_{a,b} = \frac{pa^2}{4h_1}\psi\Phi,$$

$$M_{c,d} = -\frac{pa^2}{4}\psi\Phi,$$

$$M_{e,f} = \frac{pa^2}{4}(1 \pm \lambda' - \Phi).$$

$$\Phi = \frac{1}{4\mu}[3(1 + 2\varkappa_1) + \psi],$$

$$A = -B = -wf\frac{(2h_1 + f)}{2l},$$

$$H_{a,b} = -\frac{wf}{2}\left(\pm 1 + \frac{\psi'}{2}\Phi\right),$$

$$M_{c,d} = \frac{wfh_1}{2}\left(\pm 1 + \frac{\psi'}{2}\Phi\right),$$

$$M_{e,f} = -\frac{wf^2}{4}\left[1 \mp \lambda'\left(1 + \frac{2}{\varphi}\right) - \Phi\right].$$

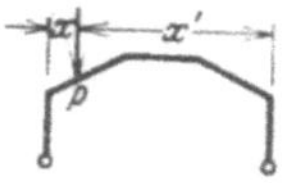

$$x \leqq a, \qquad \Phi = \frac{1}{2\mu}\left[3(1 + \psi + \varkappa_1) - \frac{\xi}{\lambda}\left(3\psi + \psi'\frac{\xi}{\lambda}\right)\right],$$

$$A = P\xi', \qquad B = P\xi, \qquad H_{a,b} = \frac{Pl}{2h_1}\xi\psi\Phi,$$

$$M_{c,d} = -\frac{Pl}{2}\xi\psi\Phi, \qquad M_{e,f} = \frac{Pl}{2}\xi(1 \pm \lambda' - \Phi).$$

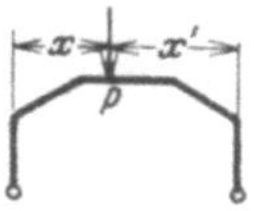

$$a \leqq x \leqq a + l_1, \qquad \Phi = \frac{1}{2\mu}\left[\lambda(2 + \psi) + 3\frac{\varkappa_1}{\lambda'}(\omega_R - \lambda^2)\right],$$

$$A = P\xi', \qquad B = P\xi, \qquad H_{a,b} = \frac{Pl}{2h_1}\psi\Phi,$$

$$M_{c,d} = -\frac{Pl}{2}\psi\Phi, \qquad M_{e,f} = \frac{Pl}{2}\{[1 \pm (1 - 2\xi)]\lambda - \Phi\}.$$

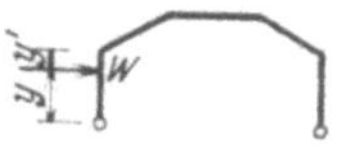

$$\Phi = \frac{1}{2\mu}\{\varphi[3(1 + \varkappa_1) - \psi'] + 3\eta'(1 + \varkappa_1 + \psi) + \varkappa_2\psi\eta'^2(3 - \eta')\},$$

$$A = -B = -W\frac{y}{l}, \qquad H_{a,b} = -\frac{W}{2}(\pm 1 + \psi\Phi),$$

$$M_{c,d} = -\frac{Wh_1}{2}(1 - \eta \mp \eta - \psi\Phi), \qquad M_{e,f} = -\frac{Wh_1}{2}(1 + \varphi - \eta \mp \lambda'\eta - \Phi).$$

$$\Phi = \frac{\varphi}{2\mu}[3(1 + \varkappa_1) - \psi'],$$

$$A = -B = -W\frac{h_1}{l},$$

$$H_{a,b} = -\frac{W}{2}(\pm 1 + \psi\Phi),$$

$$M_{c,d} = \frac{Wh_1}{2}(\pm 1 + \psi\Phi),$$

$$M_{e,f} = -\frac{Wh_1}{2}(\varphi \mp \lambda' - \Phi).$$

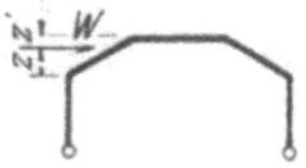

$$\Phi = \frac{\zeta'}{2\mu}(3\varkappa_1 + 3\zeta' - \psi'\zeta'^2),$$

$$A = -B = -W\frac{h_1 + z}{l},$$

$$H_{a,b} = -\frac{W}{2}(\pm 1 + \psi'\Phi),$$

$$M_{c,d} = \frac{Wh_1}{2}(\pm 1 + \psi'\Phi),$$

$$M_{e,f} = -\frac{Wf}{2}\left[\zeta' \mp \lambda'\left(\frac{1}{\psi'} - \zeta'\right) - \Phi\right].$$

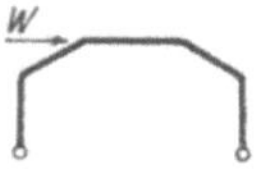

$$A = -B = -W\frac{h}{l},$$

$$H_{a,b} = \mp\frac{W}{2},$$

$$M_{c,d} = \pm\frac{Wh_1}{2},$$

$$M_{e,f} = \pm\frac{Wh}{2}\lambda'.$$

$$A = B = 0,$$

$$H_{a,b} = \frac{3}{2\mu}\frac{l}{s}\frac{EJ_s}{h^2}\alpha_t t,$$

$$M_{c,d} = -H_{a,b}h_1,$$

$$M_{e,f} = -H_{a,b}h.$$

$$\Phi = \frac{3}{2\mu}\,[1 + \varkappa_1 + \psi + \varkappa_2\,\psi\,(1 - \eta^2)],$$

$$A = -B = -\frac{\mathsf{M}}{l}, \qquad H_{a,b} = \frac{\mathsf{M}}{2h}\,\Phi,$$

$$M_{h,k} = \frac{\mathsf{M}}{2}\,(1 \pm 1 - \psi\,\Phi), \qquad M_{e,f} = \frac{\mathsf{M}}{2}\,(1 \pm \lambda' - \Phi),$$

$y = 0$: $\Phi = \frac{3}{2\mu}\,[1 + \varkappa_1 + \psi\,(1 + \varkappa_2)]$, $\quad y = h$: $\Phi = \frac{3}{2\mu}\,(1 + \varkappa_1 + \psi)$, $\quad M_e = -\frac{\mathsf{M}}{2}\,\psi\,\Phi$.

Tabelle 47. Symmetrischer Zweigelenkrahmen mit schrägen Pfosten:

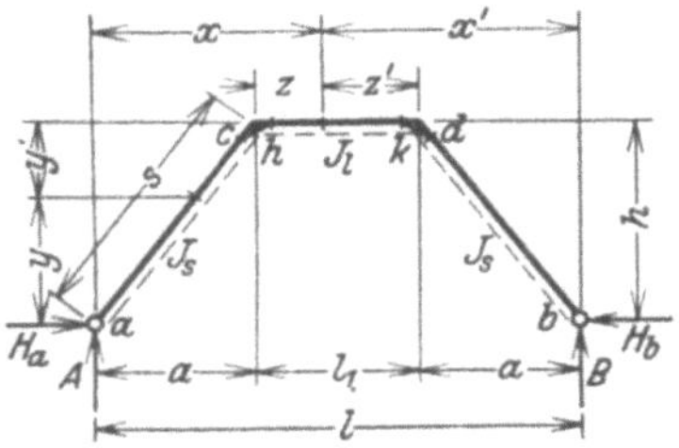

$$\xi = \frac{x}{l}, \qquad \eta = \frac{y}{h}, \qquad \zeta = \frac{z}{l_1}, \qquad \lambda = \frac{a}{l},$$

$$\xi' = \frac{x'}{l}, \qquad \eta' = \frac{y'}{h}, \qquad \zeta' = \frac{z'}{l_1}, \qquad \lambda' = \frac{l_1}{l},$$

$$\nu = \frac{l}{h}, \qquad \varkappa = \frac{l_1}{s}\,\frac{J_s}{J_l}, \qquad \mu = 1 + \frac{3}{2}\,\varkappa.$$

$M_{h,k} = M_{c,d}$, wenn nicht besonders angegeben.

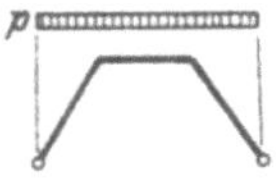

$$\Phi = \frac{1}{4\mu}\,[2\,\lambda\,(2 + \varkappa) - \lambda^2\,(3 + 2\varkappa) + \varkappa],$$

$$A = B = \frac{p\,l}{2}, \qquad H_{a,b} = \frac{p\,l}{2}\,\nu\,\Phi; \qquad M_{c,d} = \frac{p\,l^2}{2}\,[\lambda\,(1 - \lambda) - \Phi].$$

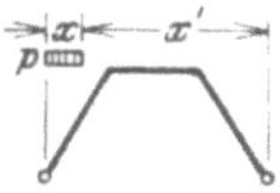

$$\Phi = \frac{1}{4\mu}\left[6\,(1 + \varkappa) - \frac{\xi^2}{\lambda^2}\right],$$

$$A = \frac{p\,x}{2}\,(1 + \xi'), \qquad B = \frac{p\,x}{2}\,\xi,$$

$$H_{a,b} = \frac{p\,l}{4}\,\xi^2\,\nu\,\Phi,$$

$$M_{c,d} = \frac{p\,l^2}{4}\,\xi^2\,(1 \pm \lambda' - \Phi),$$

$x = a$: $\xi = \lambda$, $\quad \Phi = \frac{1}{4\mu}\,(5 + 6\varkappa)$.

$$\Phi = \frac{1}{4\mu}\,[6\,(1 + \varkappa) - \eta^2],$$

$$A = -B = -\frac{w\,y^2}{2\,l},$$

$$H_{a,b} = -\frac{w\,h}{2}\,\eta\left(1 \pm 1 - \frac{\eta}{2}\,\Phi\right),$$

$$M_{c,d} = \frac{w\,h^2}{4}\,\eta^2\,(1 \pm \lambda' - \Phi),$$

$y = h$: $\eta = 1$, $\quad \Phi = \frac{1}{4\mu}\,(5 + 6\varkappa)$.

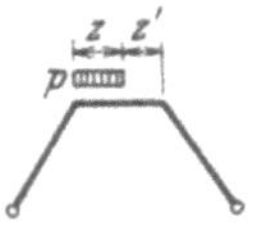

$$\Phi = \frac{1}{4\mu}\,\{4\,\lambda + \varkappa\,[6\,\lambda + \lambda'\,\zeta\,(3 - 2\,\zeta)]\},$$

$$A = \frac{p\,z}{2}\,(1 + \lambda'\,\zeta'), \qquad B = \frac{p\,z}{2}\,(1 - \lambda'\,\zeta'),$$

$$H_{a,b} = \frac{p\,l_1}{2}\,\zeta\,\nu\,\Phi, \qquad M_{c,d} = \frac{p\,l\,l_1}{2}\,\zeta\,[\lambda\,(1 \pm \lambda'\,\zeta') - \Phi].$$

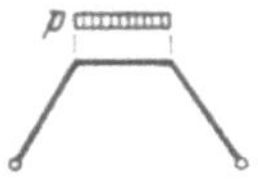

$$\Phi = \frac{1}{4\mu}\,[4\,\lambda\,(1 + \varkappa) + \varkappa],$$

$$A = B = \frac{p\,l_1}{2},$$

$$H_{a,b} = \frac{p\,l_1}{2}\,\nu\,\Phi,$$

$$M_{c,d} = +\frac{p\,l_1\,l}{2}\,(\lambda - \Phi).$$

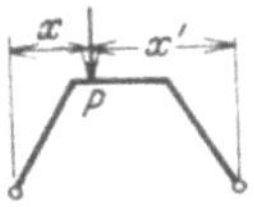

$$\Phi = \frac{1}{2\mu}\left[2\,\lambda + 3\,\frac{\varkappa}{\lambda'}\,(\omega_R - \lambda^2)\right],$$

$$A = P\,\xi', \qquad B = P\,\xi,$$

$$H_{a,b} = \frac{P}{2}\,\nu\,\Phi,$$

$a \leqq x \leqq a + l_1$ $\quad M_{c,d} = \frac{P\,l}{2}\,\{[1 \pm (1 - 2\,\xi)]\,\lambda - \Phi\}$.

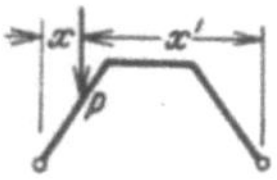

$$\Phi = \frac{1}{2\mu}\left[3(1+\varkappa) - \frac{\xi^2}{\lambda^2}\right],$$

$$A = P\xi', \qquad B = P\xi,$$

$$H_{a,b} = \frac{P}{2}\,\xi\,\nu\,\Phi,$$

$$M_{c,d} = \frac{Pl}{2}\,\xi\,(1 \pm \lambda' - \Phi).$$

$0 < x \leqq a$

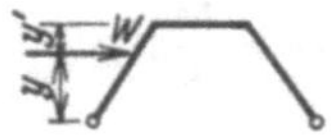

$$\Phi = \frac{\eta'}{2\mu}\left[3(\varkappa + \eta') - \eta'^2\right],$$

$$A = -B = -W\frac{y}{l},$$

$$H_{a,b} = -\frac{W}{2}(\pm 1 + \Phi),$$

$$M_{c,d} = -\frac{Wh}{2}\left[\eta' \mp \eta\lambda' - \Phi\right],$$

$y = h$: $\eta = 1, \quad \eta' = 0, \quad \Phi = 0.$

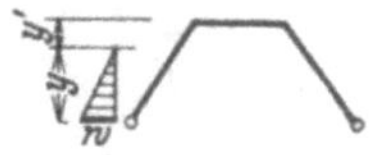

$$\Phi = \frac{1}{2\mu}(10 - 3\eta^2), \qquad A = -B = -\frac{wy^2}{6l}.$$

$$H_{a,b} = -\frac{wh}{120}\eta\,(30 \pm 30 - 10\eta - \eta\Phi), \qquad M_{c,d} = \frac{wh^2}{120}\eta^2(\pm 10\lambda' - \Phi),$$

$y = h$: $\eta = 1, \quad \Phi = \frac{7}{2\mu}.$

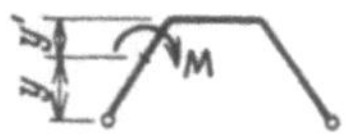

$$\Phi = \frac{3}{2\mu}(1 + \varkappa - \eta^2),$$

$$A = -B = -\frac{M}{l},$$

$$H_{a,b} = \frac{M}{2h}\Phi,$$

$$M_{h,k} = \frac{M}{2}(1 \pm \lambda' - \Phi),$$

$y = 0$: $\Phi = \frac{3}{2\mu}(1 + \varkappa).$

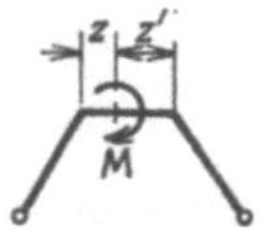

$$\Phi = \frac{3}{4}\,\frac{\varkappa}{\mu}(1 - 2\zeta),$$

$$A = -B = -\frac{M}{l},$$

$$H_{a,b} = \frac{M}{h}\Phi,$$

$$M_{c,d} = -M(\pm\lambda + \Phi),$$

$z = 0$: $\Phi = \frac{3\varkappa}{4\mu}.$

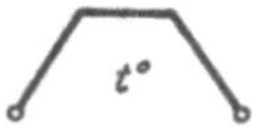

$$A = B = 0, \qquad H_{a,b} = \frac{3}{2\mu}\,\frac{l}{s}\,\frac{EJ_s}{h^2}\,\alpha_t\,t, \qquad M_{c,d} = -\frac{3}{2\mu}\,\frac{l}{s}\,\frac{EJ_s}{h}\,\alpha_t\,t.$$

Tabelle 48. Symmetrischer Rahmen mit geradem Riegel, Gelenke an den Traufpunkten.

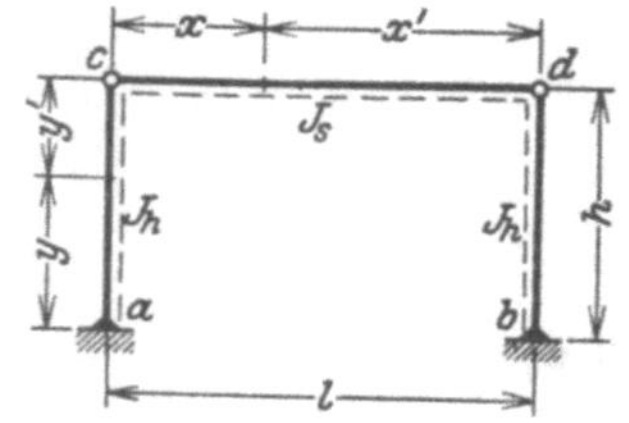

$$\xi = \frac{x}{l}, \qquad \eta = \frac{y}{h}, \qquad \lambda = \frac{l}{h}.$$

$$\xi' = \frac{x'}{l}, \qquad \eta' = \frac{y'}{h}.$$

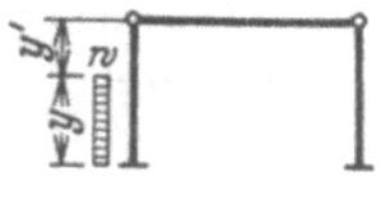

$$\Phi = \frac{1}{4}\eta\,(4 - \eta),$$

$$H_{c,d} = \frac{wh}{4}\eta^2\Phi,$$

$$M_{a,b} = -\frac{wh^2}{4}\eta^2\left[1 \pm 1 - \Phi\right],$$

$y = h$: $\eta = 1, \quad \Phi = \frac{3}{4}.$

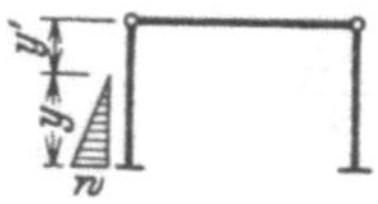

$$\Phi = \frac{3}{20}\eta\,(5 - \eta),$$

$$H_{c,d} = \frac{wh}{12}\eta^2\Phi,$$

$$M_{a,b} = -\frac{wh^2}{12}\eta^2\left[1 \pm 1 - \Phi\right],$$

$y = h$: $\eta = 1, \quad \Phi = \frac{3}{5}.$

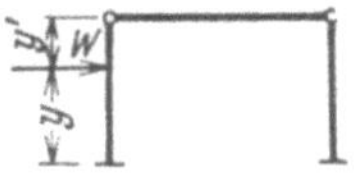

$$\Phi = \frac{\eta}{2}(3-\eta),$$
$$H_{c,d} = \frac{W}{2}\eta\Phi,$$
$$M_{a,b} = -\frac{W h}{2}\eta[1 \pm 1 - \Phi],$$
$y = h$: $\quad \eta = 1, \quad \Phi = 1.$

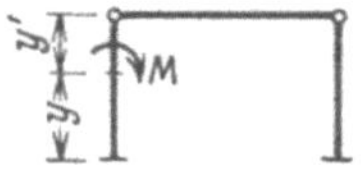

$$\Phi = \frac{3}{2}(1-\eta'^2),$$
$$H_{c,d} = \frac{M}{2h}\Phi,$$
$$M_{a,b} = -\frac{M}{2}[1 \pm 1 - \Phi].$$
$y = h$: $\quad \Phi = \frac{3}{2}.$

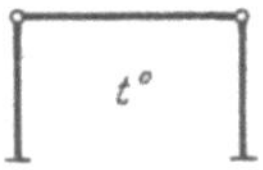

$$H_{c,d} = \frac{3}{2}\lambda\frac{E J_h}{h^2}\alpha_t t, \qquad M_{a,b} = \frac{3}{2} l \frac{E J_h}{h^2}\alpha_t t.$$

Tabelle 49. Symmetrischer Rahmen mit parabolisch gekrümmtem Riegel, Gelenke an den Traufpunkten.

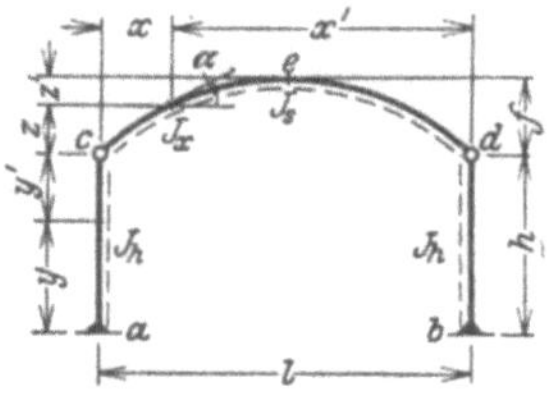

$$\xi = \frac{x}{l}, \qquad \eta = \frac{y}{h}, \qquad \zeta = \frac{z}{f}, \qquad \lambda = \frac{l}{h},$$
$$\xi' = \frac{x'}{l}, \qquad \eta' = \frac{y'}{h}, \qquad \zeta' = \frac{z'}{f}, \qquad \varphi = \frac{f}{h},$$
$$\frac{J_s}{J_x \cos\alpha} = 1, \qquad \varkappa = \frac{l J_h}{h J_s}, \qquad \mu = 5 + 4\varkappa\varphi^2, \quad \nu = \frac{\mu}{\varkappa\varphi}.$$

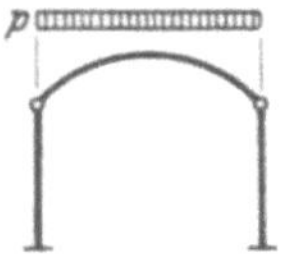

$$\Phi = \frac{4}{\nu},$$
$$H_{c,d} = \frac{p l}{8}\lambda\Phi,$$
$$M_{a,b} = \frac{p l^2}{8}\Phi,$$
$$M_e = \frac{p l^2}{8}(1 - \varphi\Phi).$$

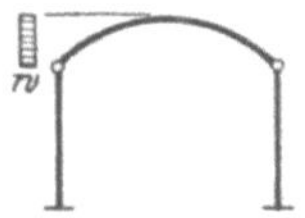

$$\Phi = \frac{24}{7}\frac{\varphi}{\nu},$$
$$H_{c,d} = -\frac{w f}{4}(\pm 2 + \Phi),$$
$$M_{a,b} = -\frac{w f h}{4}(\pm 2 + \Phi),$$
$$M_e = -\frac{w f^2}{4}(1 - \Phi).$$

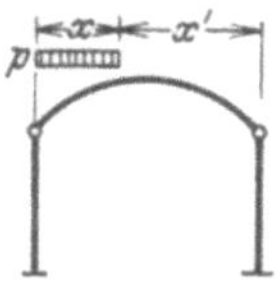

$$\Phi = \frac{\xi^2}{\nu}[5 - \xi^2(5 - 2\xi)],$$
$$H_{c,d} = \frac{p l}{4}\lambda\Phi,$$
$$M_{a,b} = \frac{p l^2}{4}\Phi,$$
$x \leq \frac{l}{2}$: $\quad M_e = \frac{p l^2}{4}(\xi^2 - \varphi\Phi).$

$x = \frac{l}{2}$: $\quad \Phi = \frac{1}{\nu}.$

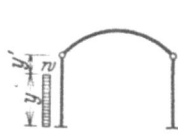

$$\Phi = \frac{5}{4\mu}\eta(4-\eta),$$
$$H_{c,d} = \frac{w h}{4}\eta^2\Phi,$$
$$M_{a,b} = -\frac{w h^2}{4}\eta^2[1 \pm 1 - \Phi],$$
$$M_e = -\varphi M_b,$$
$y = h$: $\quad \eta = 1, \quad \Phi = \frac{15}{4\mu}.$

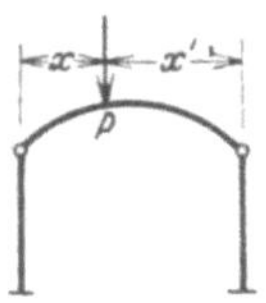

$$\Phi = \frac{5}{\nu}\omega_P'',$$
$$H_{c,d} = \frac{P}{2}\lambda\Phi,$$
$$M_{a,b} = \frac{P l}{2}\Phi,$$
$x \leq \frac{l}{2}$: $\quad M_e = \frac{P l}{2}(\xi - \varphi\Phi).$

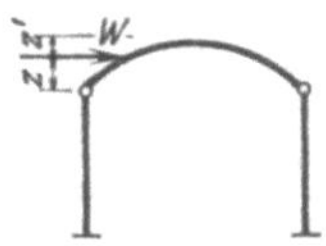

$$\Phi = \frac{\varphi}{\nu}\zeta'^{\frac{3}{2}}(5 - \zeta'),$$
$$H_{c,d} = \frac{W}{2}(\mp 1 - \Phi),$$
$$M_{a,b} = -\frac{W h}{2}(\pm 1 + \Phi),$$
$$M_e = -\frac{W f}{2}(\zeta' - \Phi).$$

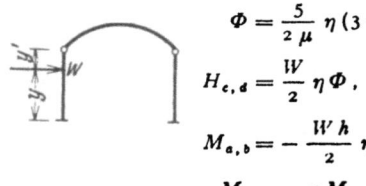

$$\Phi = \frac{5}{2\mu}\,\eta\,(3-\eta)\,,$$
$$H_{c,d} = \frac{W}{2}\,\eta\,\Phi\,,$$
$$M_{a,b} = -\frac{W\,h}{2}\,\eta\,[1 \pm 1 - \Phi]\,,$$
$$M_e = -\varphi\,M_b\,,$$
$$y = h: \quad \eta = 1\,, \quad \Phi = \frac{5}{\mu}\,.$$

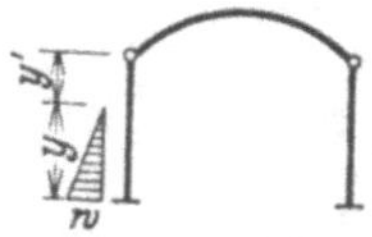

$$\Phi = \frac{3\,\eta}{4\,\mu}\,(5-\eta)\,,$$
$$H_{c,d} = \frac{w\,h}{12}\,\eta^2\,\Phi\,,$$
$$M_{a,b} = -\frac{w\,h^2}{12}\,\eta^2\,[1 \pm 1 - \Phi]\,,$$
$$M_e = -\varphi\,M_b\,,$$
$$y = h: \quad \eta = 1\,, \quad \Phi = \frac{3}{\mu}\,.$$

$$\Phi = \frac{15}{2\,\mu}\,(1-\eta'^2)\,,$$
$$H_{c,d} = \frac{M}{2\,h}\,\Phi\,,$$
$$M_{a,b} = -\frac{M}{2}\,[1 \pm 1 - \Phi]\,,$$
$$M_e = -\varphi\,M_b\,,$$
$$y = h: \quad \Phi = \frac{15}{2\,\mu}\,.$$

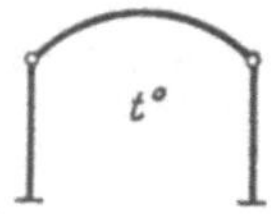

$$H_{c,d} = \frac{15}{2\,\mu}\,\lambda\,\frac{E\,J_s}{h^2}\,\alpha_t\,t\,,$$
$$M_{a,b} = \frac{15}{2\,\mu}\,l\,\frac{E\,J_s}{h^2}\,\alpha_t\,t\,,$$
$$M_e = -\varphi\,M_{a,b}\,.$$

Tabelle 50. Symmetrischer Rahmen mit gebrochenem Riegel, Gelenke in den Traufpunkten.

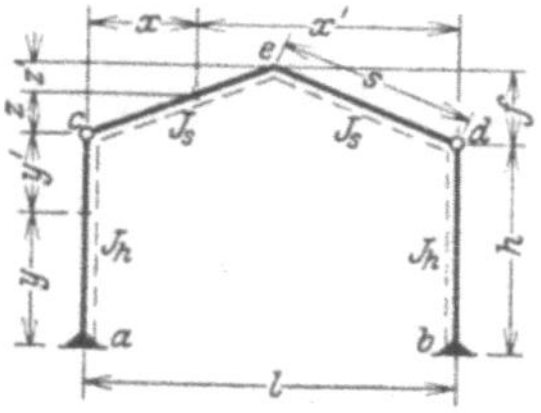

$$\xi = \frac{x}{l}\,, \quad \eta = \frac{y}{h}\,, \quad \zeta = \frac{z}{f}\,, \quad \lambda = \frac{l}{h}\,,$$
$$\xi' = \frac{x'}{l}\,, \quad \eta' = \frac{y'}{h}\,, \quad \zeta' = \frac{z'}{f}\,, \quad \varphi = \frac{f}{h}\,,$$
$$\varkappa = \frac{s}{h}\,\frac{J_h}{J_s}\,, \quad \mu = 1 + \varkappa\,\varphi^2\,, \quad \nu = \frac{\mu}{\varkappa\,\varphi}\,.$$

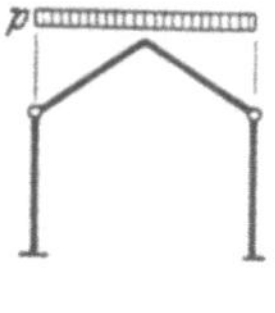

$$\Phi = \frac{5}{4\,\nu}\,,$$
$$H_{c,d} = \frac{p\,l}{8}\,\lambda\,\Phi\,,$$
$$M_{a,b} = \frac{p\,l^2}{8}\,\Phi\,,$$
$$M_e = \frac{p\,l^2}{8}\,(1 - \varphi\,\Phi)\,.$$

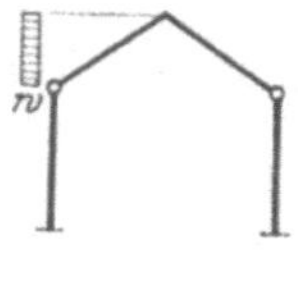

$$\Phi = \frac{3\,\varphi}{4\,\nu}\,,$$
$$H_{c,d} = -\frac{w\,f}{4}\,(\pm 2 + \Phi)\,,$$
$$M_{a,b} = -\frac{w \cdot f \cdot h}{4}\,[\pm 2 + \Phi]\,,$$
$$M_e = -\frac{w\,f^2}{4}\,(1 - \Phi)\,.$$

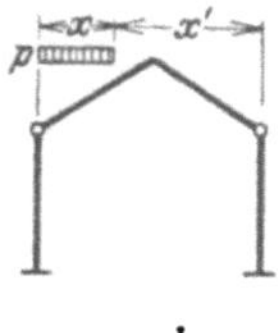

$$\Phi = \frac{\xi^2\,(3 - 2\,\xi^2)}{2\,\nu}\,,$$
$$H_{c,d} = \frac{p\,l}{4}\,\lambda\,\Phi\,,$$
$$M_{a,b} = \frac{p\,l^2}{4}\,\Phi\,,$$
$$x \leqq \frac{l}{2} \qquad M_e = \frac{p\,l^2}{4}\,(\xi^2 - \varphi\,\Phi)\,,$$
$$x = \frac{l}{2}: \quad \Phi = \frac{5}{16\,\nu}\,.$$

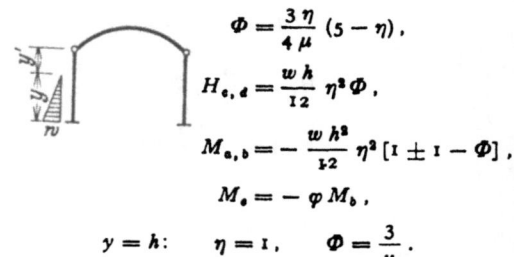

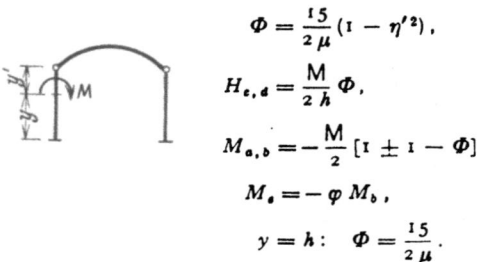

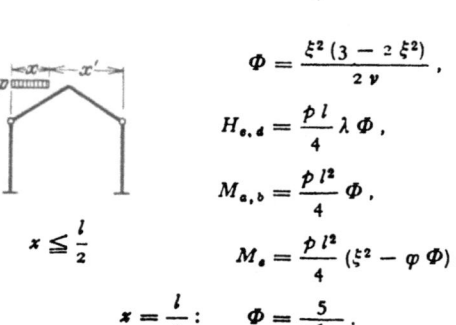

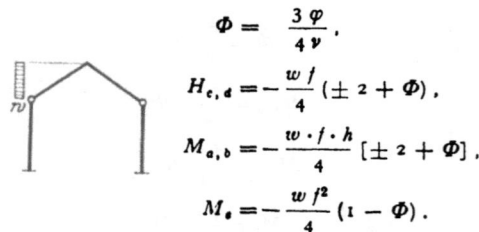

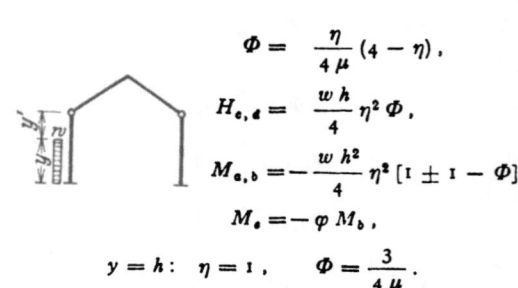

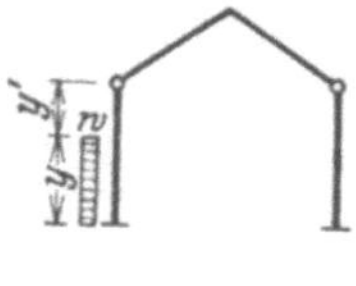

$$\Phi = \frac{\eta}{4\,\mu}\,(4-\eta)\,,$$
$$H_{c,d} = \frac{w\,h}{4}\,\eta^2\,\Phi\,,$$
$$M_{a,b} = -\frac{w\,h^2}{4}\,\eta^2\,[1 \pm 1 - \Phi]$$
$$M_e = -\varphi\,M_b\,,$$
$$y = h: \quad \eta = 1\,, \quad \Phi = \frac{3}{4\,\mu}\,.$$

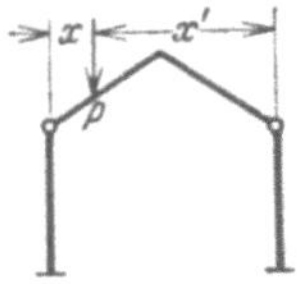

$x \leqq \frac{l}{2}$

$$\Phi = \frac{\xi(3 - 4\xi^2)}{2\nu},$$
$$H_{c,d} = \frac{P}{2}\lambda\Phi,$$
$$M_{a,b} = \frac{Pl}{2}\Phi,$$
$$M_e = \frac{Pl}{2}(\xi - \varphi\Phi).$$

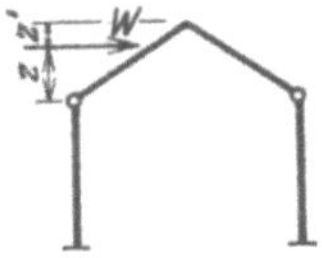

$$\Phi = \frac{\varphi}{2\nu}\zeta'^2(3 - \zeta'),$$
$$H_{c,d} = -\frac{W}{2}(\pm 1 + \Phi),$$
$$M_{a,b} = -\frac{Wh}{2}(\pm 1 + \Phi),$$
$$M_e = -\frac{Wf}{2}(\zeta' - \Phi).$$

$$\Phi = \frac{\eta}{2\mu}(3 - \eta),$$
$$H_{c,d} = \frac{W}{2}\eta\Phi,$$
$$M_{a,b} = -\frac{Wh}{2}\eta[1 \pm 1 - \Phi],$$
$$M_e = -\varphi M_b,$$
$y = h$: $\eta = 1$, $\Phi = \frac{1}{\mu}$.

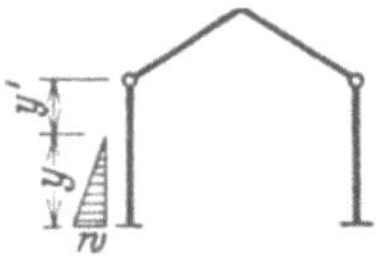

$$\Phi = \frac{3}{20\mu}\eta(5 - \eta),$$
$$H_{c,d} = \frac{wh}{12}\eta^2\Phi,$$
$$M_{a,b} = -\frac{wh^2}{12}\eta^2[1 \pm 1 - \Phi],$$
$$M_e = -\varphi M_b,$$
$y = h$: $\eta = 1$, $\Phi = \frac{3}{5\mu}$.

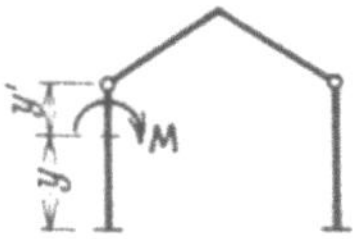

$$\Phi = \frac{3}{2\mu}(1 - \eta'^2),$$
$$H_{c,d} = \frac{\mathsf{M}}{2h}\Phi,$$
$$M_{a,b} = -\frac{\mathsf{M}}{2}[1 \pm 1 - \Phi],$$
$$M_e = -\varphi M_b,$$
$y = h$: $\Phi = \frac{3}{2\mu}$.

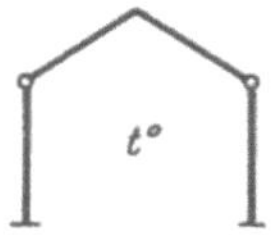

$$H_{c,d} = \frac{3}{2\mu}\lambda\frac{EJ_s}{h^2}\alpha_t t,$$
$$M_{a,b} = \frac{3}{2\mu}l\frac{EJ_s}{h^2}\alpha_t t,$$
$$M_e = -\varphi M_{a,b}.$$

Tabelle 51. Unsymmetrischer Rahmen mit geradem Riegel.

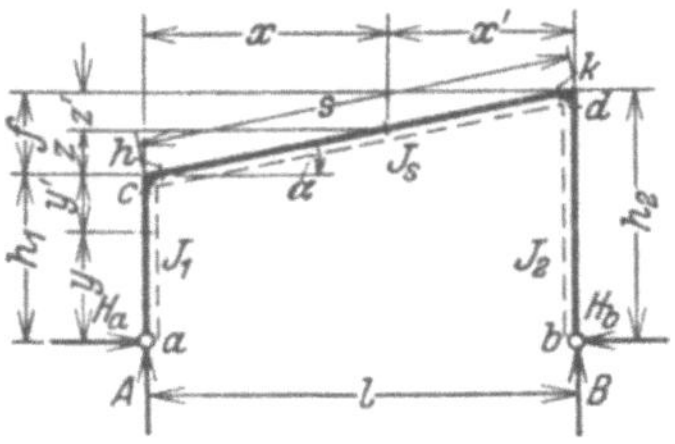

$$\xi = \frac{x}{l}, \quad \eta = \frac{y}{h_1}, \quad \zeta = \frac{z}{f}, \quad \varphi_1 = \frac{f}{h_1},$$
$$\xi' = \frac{x'}{l}, \quad \eta' = \frac{y'}{h_1}, \quad \zeta' = \frac{z'}{f}, \quad \varphi_2 = \frac{f}{h_2},$$
$$\lambda_1 = \frac{h_1}{h_2}, \quad \nu_1 = \frac{l}{h_1}, \quad \varkappa_1 = \frac{h_1}{s}\frac{J_s}{J_1},$$
$$\lambda_2 = \frac{h_2}{h_1}, \quad \nu_2 = \frac{l}{h_2}, \quad \varkappa_2 = \frac{h_2}{s}\frac{J_s}{J_2},$$
$$\mu = \lambda_1(1 + \varkappa_1) + 1 + \lambda_2(1 + \varkappa_2),$$
$M_{h,k} = M_{c,d}$, wenn nicht besonders angegeben.

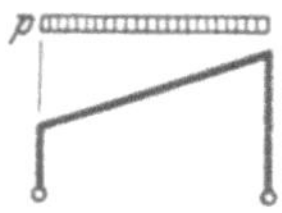

$$A = B = \frac{pl}{2},$$
$$H_{a,b} = \frac{pl}{8\mu}(\nu_1 + \nu_2),$$
$$M_c = -\frac{pl^2}{8\mu}(1 + \lambda_1),$$
$$M_d = -\frac{pl^2}{8\mu}(1 + \lambda_2).$$

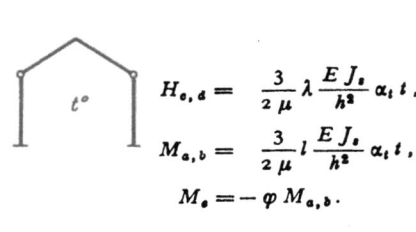

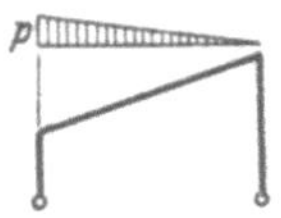

$$A = \frac{pl}{3}, \quad B = \frac{pl}{6},$$
$$H_{a,b} = \frac{pl}{120\mu}(7\nu_1 + 8\nu_2),$$
$$M_c = -\frac{pl^2}{120\mu}(7 + 8\lambda_1),$$
$$M_d = -\frac{pl^2}{120\mu}(7\lambda_2 + 8).$$

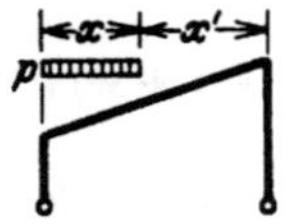

$$\Phi = \frac{\xi^2}{8\mu}[\nu_1(2-\xi^2)+\nu_2(2-\xi)^2],$$

$$A = \frac{p x}{2}(1+\xi'), \qquad B = \frac{p x}{2}\xi,$$

$$H_{a,b} = p l \Phi,$$

$$M_c = -p l^2 \frac{\Phi}{\nu_1},$$

$$M_d = -p l^2 \frac{\Phi}{\nu_2}.$$

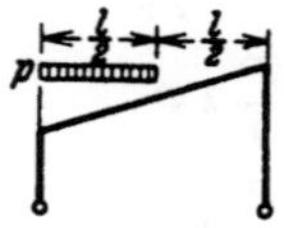

$$A = \frac{3}{8} p l, \qquad B = \frac{1}{8} p l,$$

$$H_{a,b} = \frac{p l}{128\mu}(7\nu_1 + 9\nu_2),$$

$$M_c = -\frac{p l^2}{128\mu}(7 + 9\lambda_1),$$

$$M_d = -\frac{p l^2}{128\mu}(7\lambda_2 + 9).$$

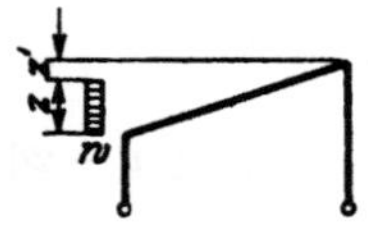

$$\Phi = \frac{1}{4\mu}\{4[1 + 2\lambda_1(1+\varkappa_1)] + \varphi_2\zeta[2(3+\varphi_1) - 4\zeta - \varphi_1\zeta^2]\},$$

$$A = -B = -\frac{w z}{2}\,\frac{2+\varphi_1\zeta}{\nu_1}, \qquad H_{a,b} = -\frac{w z}{2}(1 \pm 1 - \Phi).$$

$$M_c = \frac{w z}{2} h_1 (2 - \Phi), \qquad M_d = -\frac{w z}{2} h_2 \Phi,$$

$$z = f:\quad \zeta = 1, \qquad \Phi = \frac{\lambda_1}{4\mu}[6(2+\varphi_1) + \varphi_1^2 + 8\varkappa_1].$$

$$\Phi = \frac{1}{4\mu}\{2[1 + \lambda_1(2 + 3\varkappa_1) - \lambda_1\varkappa_1\eta^2]\},$$

$$A = -B = -\frac{w y^2}{2 l}, \qquad H_{a,b} = -\frac{w y}{2}(1 \pm 1 - \eta\Phi),$$

$$M_c = \frac{w y^2}{2}(1 - \Phi), \qquad M_d = -\frac{w y^2}{2}\lambda_2\Phi,$$

$$y = h:\quad \eta = 1, \qquad \Phi = \frac{1}{4\mu}[2 + \lambda_1(4 + 5\varkappa_1)].$$

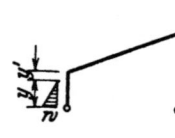

$$\Phi = \frac{1}{30\mu}\{10 + \lambda_1[20 + 3\varkappa_1(10 - \eta^2)]\},$$

$$A = -B = \frac{w y^2}{6 l}, \qquad H_{a,b} = -\frac{w y}{4}(1 \pm 1 - \eta\Phi),$$

$$M_c = \frac{w y^2}{12}(2 - 3\Phi), \qquad M_d = -\frac{w y^2}{4}\lambda_2\Phi,$$

$$y = h:\quad \eta = 1, \qquad \Phi = \frac{1}{30\mu}[10 + \lambda_1(20 + 27\varkappa_1)].$$

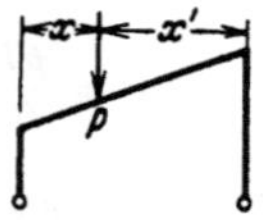

$$\Phi = \frac{1}{2\mu}(\nu_1\omega_D + \nu_2\omega_D'),$$

$$A = P\xi', \qquad B = P\xi,$$

$$H_{a,b} = P\Phi,$$

$$M_c = -P l \frac{\Phi}{\nu_1},$$

$$M_d = -P l \frac{\Phi}{\nu_2}.$$

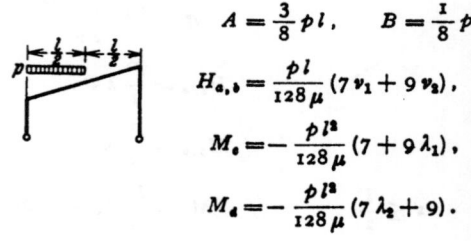

$$\Phi = \frac{1}{\mu}\{1 + \lambda_1[2 + \varkappa_1(3 - \eta^2)]\},$$

$$A = -B = -\frac{W y}{l},$$

$$H_{a,b} = -\frac{W}{2}(1 \pm 1 - \eta\Phi),$$

$$M_c = \frac{W y}{2}(2 - \Phi),$$

$$M_d = -\frac{W y}{2}\lambda_2\Phi.$$

$$\Phi = \frac{1}{\mu}\left[1 + 2\lambda_1(1+\varkappa_1) + (1-\lambda_1)\omega'_D + (\lambda_2 - 1)\omega_D\right],$$

$$A = -B = -W\frac{h_1+z}{l}, \qquad H_{a,b} = -\frac{W}{2}(1 \pm 1 - \Phi),$$

$$M_c = -H_a h_1, \qquad M_d = -H_b h_2,$$

$$z = 0: \quad \Phi = \frac{1}{\mu}\left[1 + 2\lambda_1(1+\varkappa_1)\right].$$

$$\Phi = \frac{1}{2\mu}\left[2 + \lambda_2 + 3\varkappa_1(1-\eta^2)\right],$$

$$A = -B = -\frac{\mathsf{M}}{l}, \qquad H_{a,b} = \frac{\mathsf{M}}{h_2}\Phi,$$

$$M_e = M_h = \mathsf{M}(1 - \lambda_1\Phi), \qquad M_d = -\mathsf{M}\Phi,$$

$$y = 0: \quad \Phi = \frac{1}{2\mu}(2 + \lambda_2 + 3\varkappa_1),$$

$$y = h: \quad \Phi = \frac{1}{2\mu}(2 + \lambda_2), \quad M_c = -\mathsf{M}\lambda_1\Phi.$$

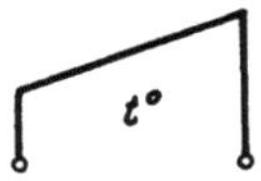

$$A = B = 0, \qquad H_{a,b} = \frac{3}{\mu}\,\frac{l}{s}\,\frac{EJ_c}{h_1^2}\alpha_t t,$$

$$M_c = -H_a h_1, \qquad M_d = -H_b h_2.$$

Tabelle 52. **Halbrahmen mit senkrechtem Pfosten.**

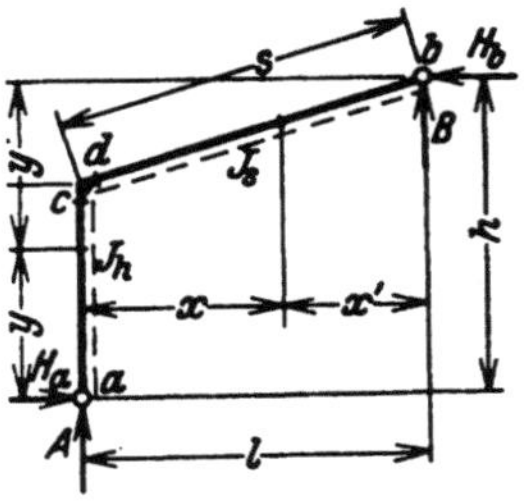

$$\xi = \frac{x}{l}, \quad \eta = \frac{y}{h}, \quad \zeta = \frac{y}{h_1}, \quad \varphi = \frac{f}{h}, \quad \varrho = \frac{f}{l},$$

$$\xi' = \frac{x'}{l}, \quad \eta' = \frac{y'}{h}, \quad \zeta' = \frac{y'}{f}, \quad \varphi' = \frac{h_1}{h}, \quad \varrho' = \frac{h_1}{l},$$

$$\nu = \frac{h}{l}, \quad \psi = \frac{f}{h_1}, \quad \varkappa = \frac{h_1}{s}\,\frac{J_c}{J_h}, \quad \mu = 1 + \varkappa.$$

$M_d = M_c$, wenn nicht besonders angegeben.

$\xi^2 - \frac{1}{2}\xi^4 = \omega_\varphi$, vgl. Tab. 22, S. 116.

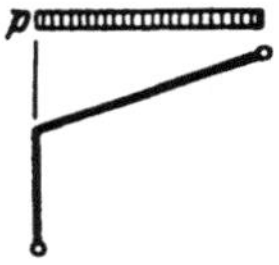

$$\Phi = \frac{1}{4\mu},$$

$$A, B = \frac{pl}{2}\left(1 \pm \frac{\Phi}{\varphi'}\right),$$

$$H_{a,b} = \frac{pl^2}{2h_1}\Phi,$$

$$M_c = -\frac{pl^2}{2}\Phi.$$

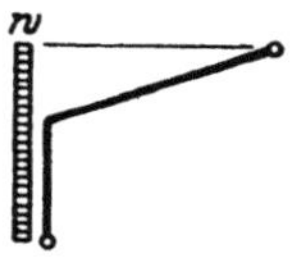

$$\Phi = \frac{\varkappa + \psi^2}{4\mu},$$

$$A, B = \pm\frac{w h_1}{2}\nu(\psi + \Phi),$$

$$H_{a,b} = \frac{w h_1}{2}\left(\mp\frac{1}{\varphi'} + \psi + \Phi\right),$$

$$M_c = -\frac{w h_1^2}{2}\Phi.$$

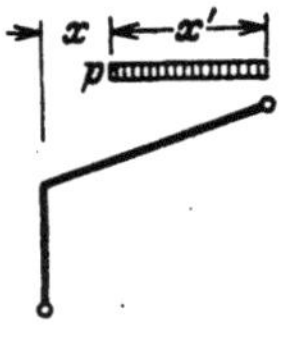

$$\Phi = \frac{1}{2\mu}\left(\xi'^2 - \frac{1}{2}\xi'^4\right),$$

$$A, B = \frac{pl}{2}\left[\xi' \mp \left(\omega_R - \frac{\Phi}{\varphi'}\right)\right],$$

$$H = \frac{pl^2}{2h_1}\Phi,$$

$$M_c = -\frac{pl^2}{2}\Phi.$$

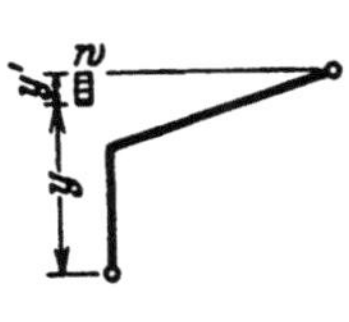

$$\Phi = \frac{1}{2\mu}\left(\zeta'^2 - \frac{1}{2}\zeta'^4\right),$$

$$A, B = \pm\frac{wf}{2}\varrho\left(\zeta'^2 + \frac{\Phi}{\varphi'}\right),$$

$$H_{a,b} = \frac{wf}{2}(\mp\zeta' + \zeta' + \psi\Phi),$$

$$M_c = -\frac{wf^2}{2}\Phi,$$

$$y = h_1: \quad \zeta' = 1, \quad \Phi = \frac{1}{4\mu}.$$

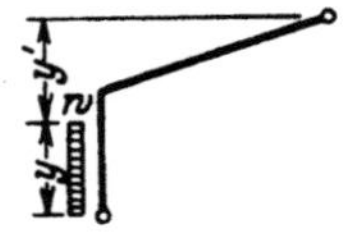

$$\Phi = \frac{\varkappa}{2\mu}\left(\zeta^2 - \frac{1}{2}\zeta^4\right),$$

$$A, B = \pm \frac{w\,h_1}{2}\,\varrho\left(\zeta^2 + \frac{\Phi}{\varphi}\right),$$

$$H_{a,b} = \frac{w\,h_1}{2}(\mp\zeta - \omega_R(\zeta) + \Phi),$$

$$M_e = -\frac{w\,h_1^2}{2}\,\Phi,$$

$$y = h_1:\quad \zeta = 1,\quad \Phi = \frac{\varkappa}{4\mu}.$$

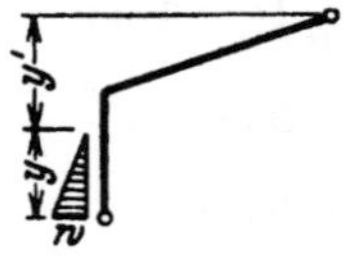

$$\Phi = \frac{\varkappa}{\mu}\,\zeta(10 - 3\zeta^2),$$

$$A, B = \pm \frac{w\,h_1}{120}\,\nu\,\zeta(20\,\varphi\,\zeta + \Phi)$$

$$H_{a,b} = \frac{w\,h_1}{120}\,\zeta(\mp 30 - 30 + 20\zeta + \Phi),$$

$$M_e = -\frac{w\,h_1^2}{120}\,\zeta\,\Phi,$$

$$y = h:\quad \zeta = 1,\quad \Phi = 7\,\frac{\varkappa}{\mu}.$$

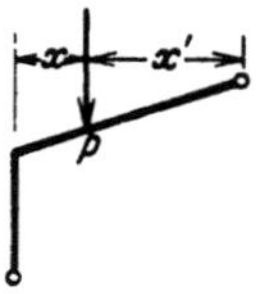

$$\Phi = \frac{1}{\mu}(\xi' - \xi'^3),$$

$$A, B = \frac{P}{2}\left[1 \mp \left(1 - 2\xi' - \frac{\Phi}{\varphi'}\right)\right],$$

$$H_{a,b} = \frac{P}{2}\,\frac{l}{h_1}\,\Phi,$$

$$M_e = -\frac{P\,l}{2}\,\Phi.$$

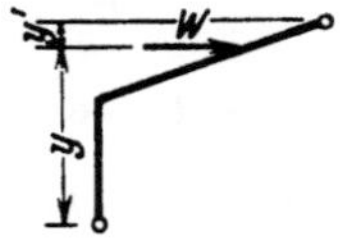

$$\Phi = \frac{1}{2\mu}(\zeta' - \zeta'^3),$$

$$A, B = \pm W\varrho\left(\zeta' + \frac{\Phi}{\varphi'}\right),$$

$$H_{a,b} = \frac{W}{2}(\mp 1 + 1 + 2\,\psi\,\Phi),$$

$$M_e = -W f\,\Phi.$$

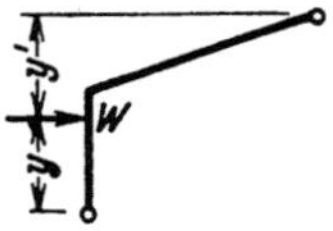

$$\Phi = \frac{\varkappa}{2\mu}(\zeta - \zeta^3),$$

$$A, B = \pm W\varrho\left(\zeta + \frac{\Phi}{\varphi}\right),$$

$$H_{a,b} = \frac{W}{2}[-1 \mp 1 + 2(\zeta + \Phi)],$$

$$M_e = -W\,h_1\,\Phi.$$

$$A = B = \pm W\varrho,$$

$$H_a = 0,\qquad H_b = W,$$

$$M_e = 0.$$

Es treten keine Momente auf.

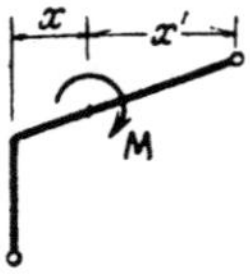

$$\Phi = \frac{\omega'_M}{2\mu},$$

$$A, B = \mp \frac{M}{l}\left(1 - \frac{\Phi}{\varphi'}\right),$$

$$H_{a,b} = \frac{M}{h_1}\,\Phi,$$

$$M_e = -M\,\Phi,$$

$$x = l:\quad \Phi = -\frac{1}{2\mu}.$$

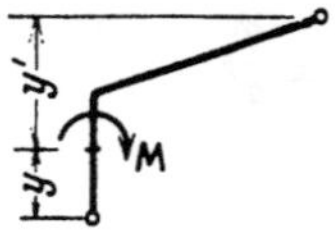

$$\Phi = \frac{\varkappa}{2\mu}\,\omega_M(\zeta),$$

$$A, B = \pm \frac{M}{l}\,\psi\left(1 - \frac{\Phi}{\varphi}\right),$$

$$H_{a,b} = \frac{M}{h_1}(1 - \Phi),$$

$$M_e = M\,\Phi,$$

$$y = 0:\quad \Phi = -\frac{\varkappa}{2\mu},$$

$$y = h_1:\quad \Phi = \frac{\varkappa}{\mu},\quad M_e = -\frac{M}{\mu}.$$

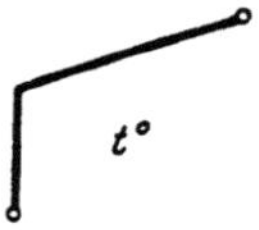

$$\Phi = 3\,\frac{E\,J_s}{l\,s}\,\frac{1 + \nu^2}{\varrho'^2\,\mu}\,\alpha_t\,t,$$

$$A, B = \pm \nu\,\Phi,\qquad H_{a,b} = \Phi,\qquad M_e = -h_1\,\Phi.$$

Tabelle 53. Halbrahmen mit waagerechtem Riegel.

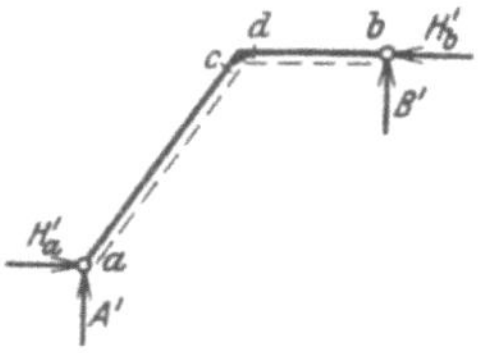

Mit den Werten A, B, $H_{a,b}$, M der Tabelle 52 für den mit seiner Belastung um 90° gedrehten Halbrahmen ergibt sich:

$$A' = H_b,$$
$$B' = -H_a,$$
$$H_a' = -B,$$
$$H_b' = A,$$
$$M_{c,d} = M_{d,c}.$$

Dreifach statisch unbestimmte Rahmen.

Tabelle 54. Symmetrischer Rahmen mit geradem Riegel.

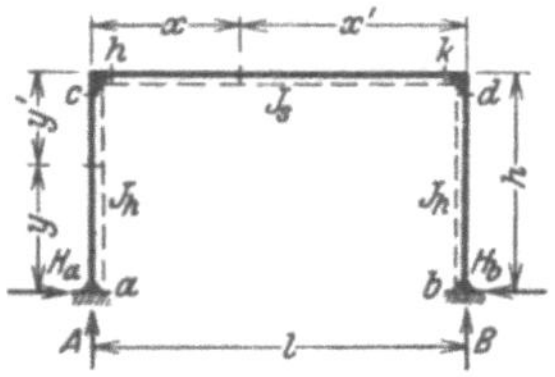

$$\xi = \frac{x}{l}, \qquad \eta = \frac{y}{h}, \qquad \omega \text{ Tabelle 22 S. 116}, \qquad \varkappa = \frac{h}{l}\frac{J_s}{J_h},$$
$$\xi' = \frac{x'}{l}, \qquad \eta' = \frac{y'}{h}, \qquad \mu = 2 + \varkappa, \qquad \nu = 1 + 6\varkappa,$$

$M_{h,k} = M_{c,d}$, wenn nicht besonders angegeben.

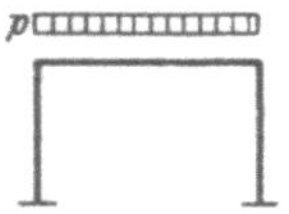

$$H_{a,b} = \frac{1}{4\mu}\frac{p l^2}{h},$$
$$M_{a,b} = \frac{p l^2}{12\mu},$$
$$M_{c,d} = -\frac{p l^2}{6\mu}.$$

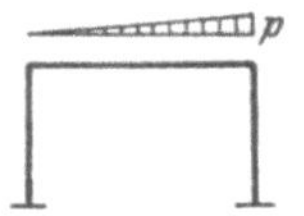

$$H_{a,b} = \frac{1}{8\mu}\frac{p l^2}{h},$$
$$M_{a,b} = \frac{p l^2}{120}\left(\frac{5}{\mu} \pm \frac{1}{\nu}\right),$$
$$M_{c,d} = -\frac{p l^2}{120}\left(\frac{10}{\mu} \mp \frac{1}{\nu}\right).$$

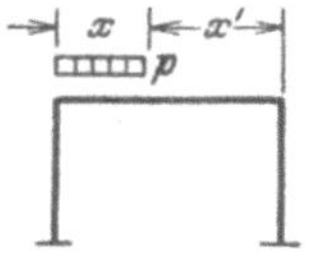

$$\Phi = \frac{1}{\mu}(3\xi^2 - 2\xi^3),$$
$$H_{a,b} = \frac{1}{4}\frac{p l^2}{h}\Phi,$$
$$M_{a,b} = \frac{p l^2}{12}\left(\Phi \mp \frac{3}{\nu}\omega_R^2\right),$$
$$M_{c,d} = -\frac{p l^2}{12}\left(2\Phi \pm \frac{3}{\nu}\omega_R^2\right).$$

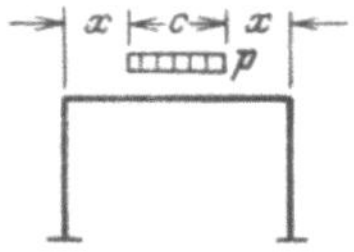

$$\Phi = \frac{1}{2\mu}(3\zeta - \zeta^3),$$
$$H_{a,b} = \frac{1}{4}\frac{p l^2}{h}\Phi,$$
$$M_{a,b} = \frac{p l^2}{12}\Phi,$$
$$\zeta = \frac{c}{l}. \qquad M_{c,d} = -\frac{p l^2}{6}\Phi.$$

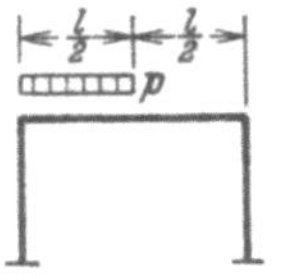

$$H_{a,b} = \frac{1}{8\mu}\frac{p l^2}{h},$$
$$M_{a,b} = \frac{p l^2}{24}\left(\frac{1}{\mu} \mp \frac{3}{8\nu}\right),$$
$$M_{c,d} = -\frac{p l^2}{24}\left(\frac{2}{\mu} \pm \frac{3}{8\nu}\right).$$

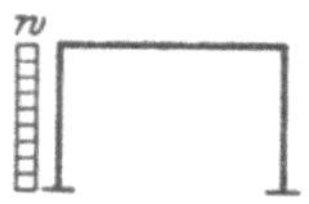

$$H_{a,b} = -\frac{w h}{4}\left(1 \pm 2 + \frac{1}{2\mu}\right),$$
$$M_{a,b} = -\frac{w h^2}{4}\left[\frac{3+\varkappa}{6\mu} \pm \left(1 - \frac{2\varkappa}{\nu}\right)\right],$$
$$M_{c,d} = -\frac{w h^2}{4}\varkappa\left(\frac{1}{6\mu} \mp \frac{2}{\nu}\right).$$

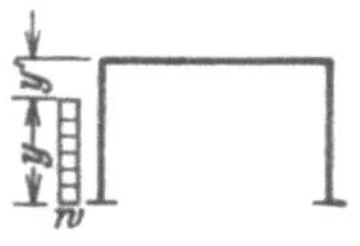

$$\Phi = \frac{1}{2} - \omega_\varphi',$$
$$H_{a,b} = -\frac{w h}{4}\left\{2\eta \pm 2\eta - \eta^2 - \frac{1}{\mu}\left[\varkappa\,\omega_\varphi - (1+\varkappa)\,\Phi\right]\right\},$$
$$M_{a,b} = -\frac{w h^2}{4}\left\{\frac{1}{3\mu}\left[(3+2\varkappa)\,\Phi - \varkappa\,\omega_\varphi\right] \pm \eta^2\left(1 - 2\eta\frac{\varkappa}{\nu}\right)\right],$$
$$M_{c,d} = -\frac{w h^2}{4}\varkappa\left[\frac{1}{3\mu}(2\omega_\varphi - \Phi) \mp 2\frac{\eta^3}{\nu}\right].$$

$$H_{a,b} = -\frac{w\,h}{40}\,\eta\left\{10 \pm 10 - \frac{\eta^2}{\mu}\left[5\,(1+\varkappa) - \eta\,(1+2\,\varkappa)\right]\right\},$$

$$M_{a,b} = +\frac{w\,h^2}{40}\,\eta^2\left[\frac{\eta}{3\,\mu}\,(1+\varkappa)\,(5-3\,\eta) + \frac{5}{3}\,\eta - \frac{10}{3} \mp \left(\frac{10}{3} - \frac{5\,\varkappa}{\nu}\,\eta\right)\right],$$

$$M_{c,d} = -\frac{w\,h^2}{40}\,\varkappa\,\eta^3\left[\frac{1}{3\,\mu}\,(5-3\,\eta) \mp \frac{5}{\nu}\right].$$

$y = h$:

$$H_{a,b} = -\frac{w\,h}{40}\left[7 \pm 10 + \frac{2}{\mu}\right],$$

$$M_{a,b} = -\frac{w\,h^2}{40}\left[\frac{8+3\,\varkappa}{3\,\mu} \pm 5\left(\frac{2}{3} - \frac{\varkappa}{\nu}\right)\right], \qquad M_{c,d} = -\frac{w\,h^2}{40}\,\varkappa\left[\frac{2}{3\,\mu} \mp \frac{5}{\nu}\right].$$

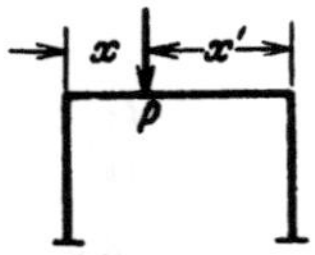

$$\Phi = \frac{1}{\nu}\,(1 - 2\,\xi),$$

$$H_{a,b} = \frac{3}{2}\,\frac{P\,l}{h}\,\frac{\omega_R}{\mu},$$

$$M_{a,b} = \frac{P\,l}{2}\,\omega_R\left(\frac{1}{\mu} \mp \Phi\right),$$

$$M_{c,d} = -\frac{P\,l}{2}\,\omega_R\left(\frac{2}{\mu} \pm \Phi\right).$$

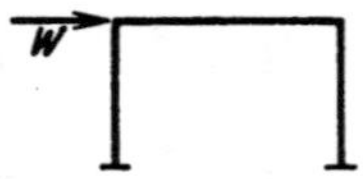

$$H_{a,b} = \mp\frac{W}{2},$$

$$M_{a,b} = \mp\frac{3}{2}\,W\,h\left(\frac{1}{3} - \frac{\varkappa}{\nu}\right),$$

$$M_{c,d} = \pm\frac{3}{2}\,W\,h\,\frac{\varkappa}{\nu}.$$

$$H_{a,b} = -\frac{W}{2}\left\{1 \pm 1 - \eta - \frac{1}{\mu}\left[\varkappa\,\omega_D - (1+\varkappa)\,\omega_D'\right]\right\},$$

$$M_{a,b} = -\frac{W\,h}{2}\left\{\frac{1}{\mu}\left[(1+\varkappa)\,\omega_D' - \varkappa\,\omega_R\right] \pm \eta\left(1 - 3\,\eta\,\frac{\varkappa}{\nu}\right)\right\},$$

$$M_{c,d} = -\frac{W\,h}{2}\,\varkappa\,\eta^2\left[\frac{1}{\mu}\,(1-\eta) \mp \frac{3}{\nu}\right].$$

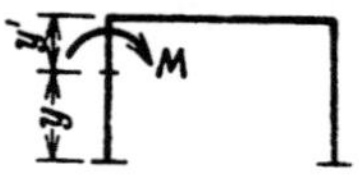

$$H_{a,b} = \frac{\mathsf{M}}{2\,h}\left\{1 - \frac{1}{\mu}\left[\varkappa\,\omega_M + (1+\varkappa)\,\omega_M'\right]\right\},$$

$$M_{a,b} = -\frac{\mathsf{M}}{2}\left\{\frac{1}{3\,\mu}\left[(3+2\,\varkappa)\,\omega_M' + \varkappa\,\omega_M\right] \pm \left(1 - 6\,\eta\,\frac{\varkappa}{\nu}\right)\right\},$$

$$M_{h,k} = \frac{\mathsf{M}}{2}\,\varkappa\left\{\frac{1}{3\,\mu}\left[2\,\omega_M + \omega_M'\right] \pm \frac{6}{\nu}\,\eta\right\}.$$

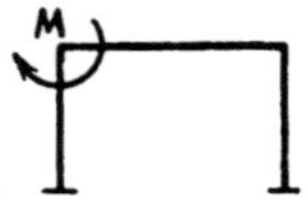

$$H_{a,b} = \frac{3}{2\,\mu}\,\frac{\mathsf{M}}{h},$$

$$M_{a,b} = \frac{\mathsf{M}}{2}\left[\frac{1}{\mu} \mp \frac{1}{\nu}\right],$$

$$M_{h,k} = \frac{\mathsf{M}}{2}\,\varkappa\left[\frac{1}{\mu} \pm \frac{6}{\nu}\right].$$

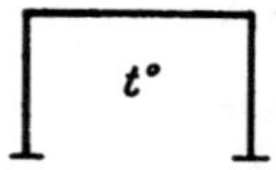

$$\Phi = \frac{3}{\mu}\,\frac{E\,J_s}{h}\,\alpha_t\,t,$$

$$H_{a,b} = \frac{2\,\varkappa + 1}{\varkappa}\,\frac{\Phi}{h},$$

$$M_{a,b} = \frac{\varkappa + 1}{\varkappa}\,\Phi,$$

$$M_{c,d} = -\Phi.$$

Tabelle 55. Symmetrischer Rahmen mit gebrochenem Riegel.

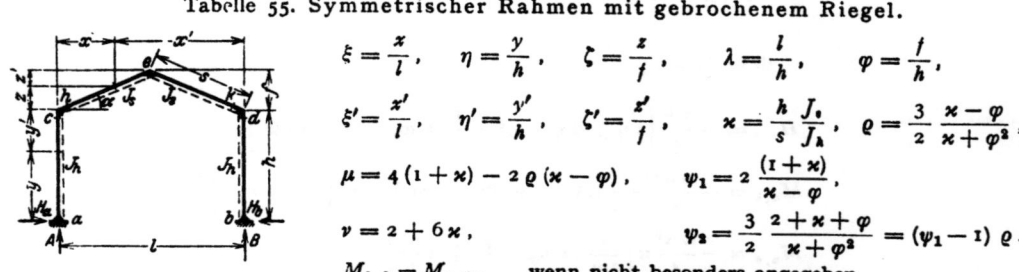

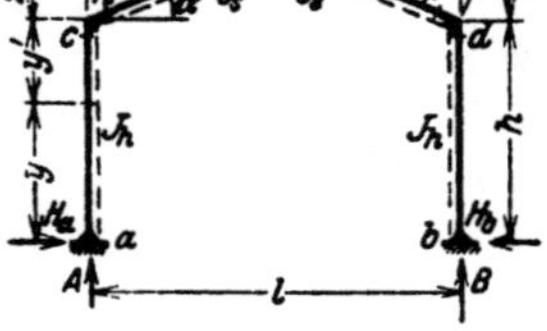

$$\xi = \frac{x}{l}, \quad \eta = \frac{y}{h}, \quad \zeta = \frac{z}{f}, \quad \lambda = \frac{l}{h}, \quad \varphi = \frac{f}{h},$$

$$\xi' = \frac{x'}{l}, \quad \eta' = \frac{y'}{h}, \quad \zeta' = \frac{z'}{f}, \quad \varkappa = \frac{h}{s}\,\frac{J_s}{J_h}, \quad \varrho = \frac{3}{2}\,\frac{\varkappa - \varphi}{\varkappa + \varphi^2},$$

$$\mu = 4\,(1+\varkappa) - 2\,\varrho\,(\varkappa - \varphi), \qquad \psi_1 = 2\,\frac{(1+\varkappa)}{\varkappa - \varphi},$$

$$\nu = 2 + 6\,\varkappa, \qquad \psi_2 = \frac{3}{2}\,\frac{2+\varkappa+\varphi}{\varkappa+\varphi^2} = (\psi_1 - 1)\,\varrho.$$

$M_{h,k} = M_{c,d}$, wenn nicht besonders angegeben.

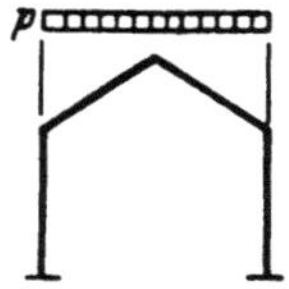

$$H_{a,b}=\frac{pl}{24}\,\frac{\varrho\lambda}{\mu}\,(5\varphi\psi_1+8),$$
$$M_{a,b}=\frac{pl^2}{24\mu}\,[5\varphi\psi_2+8(\varrho-1)],$$
$$M_{c,d}=-\frac{pl^2}{24\mu}\,(5\varphi\varrho+8).$$

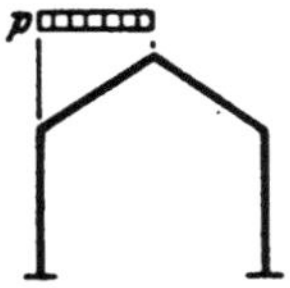

$$H_{a,b}=\frac{pl}{48}\,\frac{\lambda\varrho}{\mu}\,(5\varphi\psi_1+8),$$
$$M_{a,b}=\frac{pl^2}{96}\left\{\frac{2}{\mu}\,[5\varphi\psi_2+8(\varrho-1)]\mp\frac{3}{\nu}\right\}$$
$$M_{c,d}=-\frac{pl^2}{96}\left[\frac{2}{\mu}\,(5\varphi\varrho+8)\pm\frac{3}{\nu}\right].$$

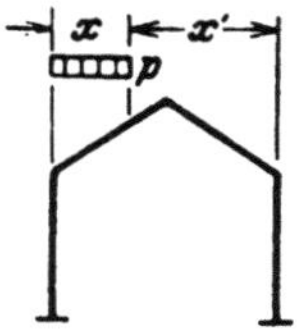

$$H_{a,b}=\frac{pl}{6}\,\frac{\varrho\lambda}{\mu}\,\xi^2\,[(\varphi\psi_1(3-2\xi^2)+2(3-2\xi)],$$
$$M_{a,b}=\frac{pl^2}{6}\,\xi^2\left\{\frac{1}{\mu}\,[\varphi\psi_2(3-2\xi^2)+2(3-2\xi)(\varrho-1)]\mp\frac{3}{\nu}\,\xi'^2\right\},$$
$$x\leqq\frac{l}{2}:\quad M_{c,d}=-\frac{pl^2}{6}\,\xi^2\left\{\frac{1}{\mu}\,[\varphi\varrho(3-2\xi^2)+2(3-2\xi)]\pm\frac{3}{\nu}\,\xi'^2\right\}.$$

$$H_{a,b}=-\frac{wh}{2}\,\eta\left\{\pm1+1-\frac{\varkappa\varrho}{6\mu}\,\eta^2\,[\psi_1(4-\eta)-4]\right\},$$
$$M_{a,b}=\frac{wh^2}{12}\,\eta^2\left\{\frac{\varkappa}{\mu}\,\eta\,[\psi_2(4-\eta)-4(\varrho-1)]-3\mp\left(3-6\eta\,\frac{\varkappa}{\nu}\right)\right\},$$
$$M_{c,d}=-\frac{wh^2}{12}\,\varkappa\eta^3\left\{\frac{1}{\mu}\,[\varrho(4-\eta)-4]\mp\frac{6}{\nu}\right\}.$$

$$H_{a,b}=-\frac{wh}{2}\left[\pm1+1-\frac{\varkappa\varrho}{6\mu}\,(3\psi_1-4)\right],$$
$$M_{a,b}=\frac{wh^2}{12}\left\{\frac{\varkappa}{\mu}\,[3\psi_2-4(\varrho-1)]-3\mp\left(3-6\,\frac{\varkappa}{\nu}\right)\right\},$$
$$M_{c,d}=-\frac{wh^2}{12}\,\varkappa\left[\frac{1}{\mu}\,(3\varrho-4)\mp\frac{6}{\nu}\right].$$

$$\Phi_1=1+\zeta'+\zeta'^2,\qquad \Phi_2=(1+\zeta')(1-\zeta'^2),$$

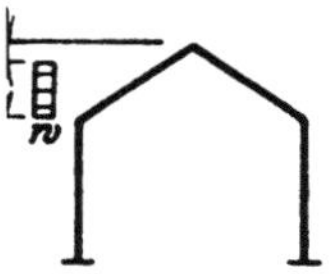

$$H_{a,b}=-\frac{wf}{2}\,\zeta\left\{\pm1+\frac{\varphi\varrho}{6\mu}\,[(3\varphi\psi_1+4)\,\Phi_1-\varphi\psi_1\zeta'^3]\right\},$$
$$M_{a,b}=-\frac{wf^2}{24}\left\{\frac{2}{\mu}\,[3\varphi\psi_2+4(\varrho-1)]\,\Phi_1+\varphi\varrho\left(1-\frac{2\psi_1}{\mu}\right)\zeta'^3\pm\left[\frac{12}{\varphi}-\frac{3}{\nu}\left(12\,\frac{\varkappa}{\varphi}-\Phi_2\right)\right]\right\}$$
$$M_{c,d}=\frac{wf^2}{24}\,\zeta\left[\frac{2}{\mu}\,(3\varphi\varrho+4)\,\Phi_1-\varphi\varrho\zeta'^3\pm\frac{3}{\nu}\left(12\,\frac{\varkappa}{\varphi}-\Phi_2\right)\right].$$

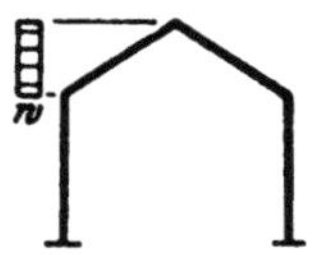

$$H_{a,b}=-\frac{wf}{2}\left[\pm1+\frac{\varphi\varrho}{6\mu}\,(3\varphi\psi_1+4)\right],$$
$$M_{a,b}=-\frac{wf^2}{24}\left\{\frac{2}{\mu}\,[3\varphi\psi_2+4(\varrho-1)]\pm\left[\frac{12}{\varphi}-\frac{3}{\nu}\left(12\,\frac{\varkappa}{\varphi}-1\right)\right]\right\},$$
$$M_{c,d}=\frac{wf^2}{24}\left[\frac{2}{\mu}\,(3\varphi\varrho+4)\pm\frac{3}{\nu}\left(12\,\frac{\varkappa}{\varphi}-1\right)\right].$$

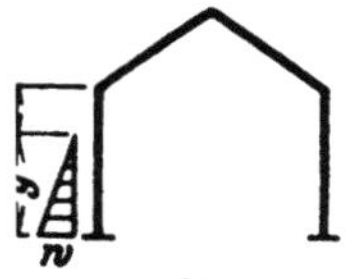

$y=h:\quad \eta=1$

$$H_{a,b}=-\frac{wh}{4}\,\eta\left\{\pm1+1-\frac{\varkappa\varrho}{15\mu}\,\eta^2\,[\psi_1(5-\eta)-5]\right\},$$
$$M_{a,b}=\frac{wh^2}{120}\,\eta^2\left\{\frac{2\varkappa}{\mu}\,\eta\,[\psi_2(5-\eta)-5(\varrho-1)]-10\mp\left(10-15\,\frac{\varkappa}{\nu}\,\eta\right)\right\}$$
$$M_{c,d}=-\frac{wh^2}{120}\,\varkappa\eta^3\left\{\frac{2}{\mu}\,[\varrho(5-\eta)-5]\mp\frac{15}{\nu}\right\}.$$

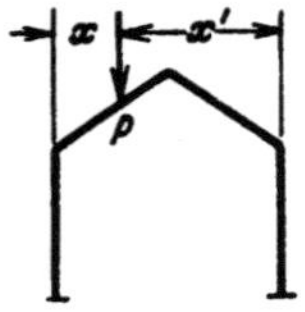

$x \leqq \frac{l}{2}$

$$H_{a,b} = P \frac{\varrho \lambda}{3\mu} \xi \left[\varphi \psi_1 (3 - 4\xi^2) + 6\xi'\right],$$

$$M_{a,b} = P l \xi \left\{\frac{1}{3\mu}\left[\varphi \psi_2 (3 - 4\xi^2) + 6(\varrho - 1)\xi'\right] \mp \frac{1}{\nu}\xi'(\xi' - \xi)\right\},$$

$$M_{c,d} = -P l \xi \left\{\frac{1}{3\mu}\left[\varphi \varrho (3 - 4\xi^2) + 6\xi'\right] \pm \frac{1}{\nu}\xi'(\xi' - \xi)\right\}.$$

$$H_{a,b} = -\frac{W}{2}\left\{\pm 1 + 1 - \frac{2\varkappa\varrho}{3\mu}\eta^2\left[\psi_1(3 - \eta) - 3\right]\right\},$$

$$M_{a,b} = \frac{Wh}{2}\eta\left\{\frac{2\varkappa}{3\mu}\eta\left[\psi_2(3 - \eta) - 3(\varrho - 1)\right] - 1 \pm \left(\frac{3}{\nu}\varkappa\eta - 1\right)\right\},$$

$$M_{c,d} = -\frac{Wh}{6}\varkappa\eta^2\left\{\frac{2}{\mu}\left[\varrho(3 - \eta) - 3\right] \mp \frac{9}{\nu}\right\}.$$

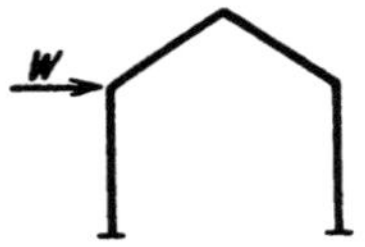

$$H_{a,b} = -\frac{W}{2}\left[\pm 1 + \frac{2\varphi\varrho}{3\mu}(2\varphi\psi_1 + 3)\right],$$

$$M_{a,b} = -\frac{Wh}{2}\left\{\frac{2\varphi}{3\mu}\left[2\varphi\psi_2 + 3(\varrho - 1)\right] \mp \left(\frac{3\varkappa}{\nu} - 1\right)\right\},$$

$$M_{c,d} = \frac{Wh}{2}\left[\frac{2\varphi}{3\mu}(2\varphi\varrho + 3) \pm \frac{3\varkappa}{\nu}\right].$$

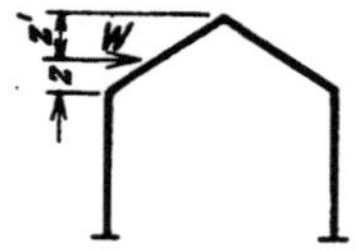

$$H_{a,b} = -\frac{W}{2}\left\{\pm 1 + \frac{2\varphi\varrho}{3\mu}\zeta'^2\left[\varphi\psi_1(3 - \zeta') + 3\right]\right\},$$

$$M_{a,b} = -\frac{Wh}{2}\left\{\frac{2\varphi}{3\mu}\zeta'^2\left[\varphi\psi_2(3 - \zeta') + 3(\varrho - 1)\right] \pm \left[1 - \frac{1}{\nu}\left(3\varkappa - \varphi(2 - \zeta)\,\omega_R(\zeta)\right)\right]\right\}$$

$$M_{c,d} = \frac{Wh}{2}\left\{\frac{2\varphi}{3\mu}\zeta'^2\left[\varphi\varrho(3 - \zeta') + 3\right] \pm \frac{1}{\nu}\left[3\varkappa - \varphi(2 - \zeta)\,\omega_R(\zeta)\right]\right\}.$$

$$H_{a,b} = \frac{\mathsf{M}}{h}\frac{\varkappa\varrho}{\mu}\eta\left[\psi_1(2 - \eta) - 2\right],$$

$$M_{a,b} = \frac{\mathsf{M}}{2}\left\{\frac{2\varkappa\eta}{\mu}\left[\psi_2(2 - \eta) - 2(\varrho - 1)\right] - 1 \mp \left(1 - 6\eta\frac{\varkappa}{\nu}\right)\right\},$$

$$M_{h,k} = -\mathsf{M}\varkappa\eta\left\{\frac{1}{\mu}\left[\varrho(2 - \eta) - 2\right] \mp \frac{3}{\nu}\right\}.$$

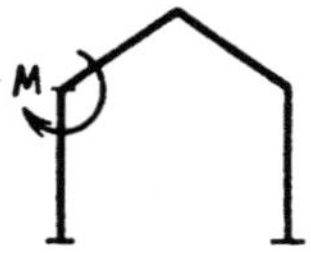

$$H_{a,b} = \frac{\mathsf{M}}{h}\frac{\varkappa\varrho}{\mu}(\psi_1 - 2),$$

$$M_{a,b} = \frac{\mathsf{M}}{2}\left\{\frac{2\varkappa}{\mu}\left[\psi_2 - 2(\varrho - 1)\right] - 1 \mp \left[1 - \frac{6\varkappa}{\nu}\right]\right\},$$

$$M_{h,k} = -\mathsf{M}\varkappa\left[\frac{1}{\mu}(\varrho - 2) \mp \frac{3}{\nu}\right].$$

$$H_{a,b} = \varrho\left(2\frac{\varrho}{\mu} + \frac{1}{\varkappa - \varphi}\right)\frac{l}{s}\frac{EJ_s}{h^2}\alpha_t t,$$

$$M_{a,b} = \varrho\left[\frac{2}{\mu}(\varrho - 1) + \frac{1}{\varkappa - \varphi}\right]\frac{l}{s}\frac{EJ_s}{h}\alpha_t t,$$

$$M_{c,d} = -\frac{2\varrho}{\mu}\frac{l}{s}\frac{EJ_s}{h}\alpha_t t.$$

Tabelle 56. Symmetrischer Rahmen mit parabolisch gekrümmtem Riegel.

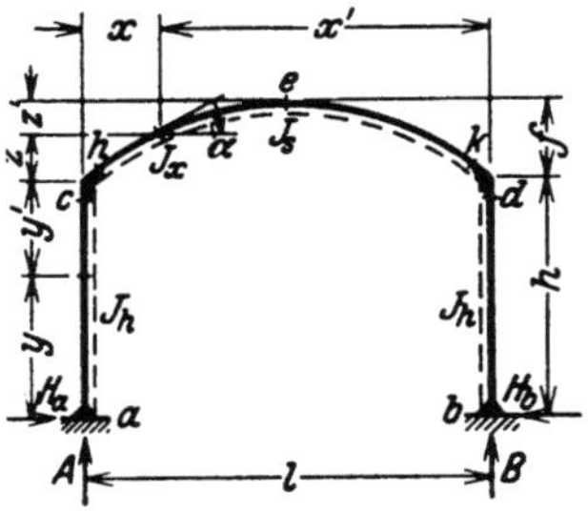

$$\xi = \frac{x}{l}, \quad \eta = \frac{y}{h}, \quad \zeta = \frac{z}{f}, \quad \varphi = \frac{f}{h}, \quad \frac{J_s}{J_x \cos\alpha} = 1,$$

$$\xi' = \frac{x'}{l}, \quad \eta' = \frac{y'}{h}, \quad \zeta' = \frac{z'}{f}, \quad \varkappa = \frac{h}{l}\,\frac{J_s}{J_h}, \quad \varrho = \frac{5}{2}\,\frac{3\varkappa - 2\varphi}{5\varkappa + 4\varphi^2},$$

$$\mu = 3(1 + 2\varkappa) - \varrho(3\varkappa - 2\varphi), \quad \psi_1 = 3\,\frac{1 + 2\varkappa}{3\varkappa - 2\varphi},$$

$$\nu = 1 + 6\varkappa, \quad \psi_2 = (\psi_1 - 1)\,\varrho,$$

$M_{h,k} = M_{c,d}$, wenn nicht besonders angegeben.

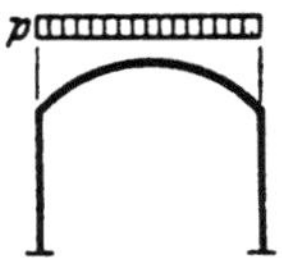

$$H_{a,b} = \frac{p l^2}{20 h}\,\frac{\varrho}{\mu}(4\varphi\psi_1 + 5),$$

$$M_{a,b} = +\frac{p l^2}{20\mu}[4\varphi\psi_2 + 5(\varrho - 1)],$$

$$M_{c,d} = -\frac{p l^2}{20\mu}(4\varphi\varrho + 5).$$

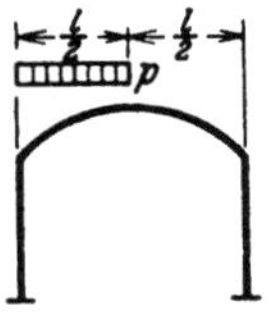

$$H_{a,b} = \frac{p l^2}{40 h}\,\frac{\varrho}{\mu}[4\varphi\psi_1 + 5],$$

$$M_{a,b} = +\frac{p l^2}{40}\left\{\frac{1}{\mu}[4\varphi\psi_2 + 5(\varrho - 1)] \mp \frac{5}{8\nu}\right\},$$

$$M_{c,d} = -\frac{p l^2}{40}\left[\frac{1}{\mu}(4\varphi\varrho + 5) \pm \frac{5}{8\nu}\right].$$

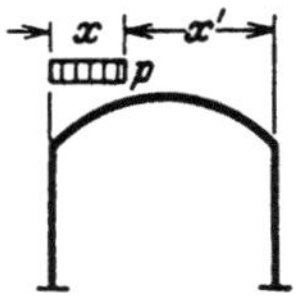

$$\Phi_1 = (5 - 5\xi^2 + 2\xi^3), \quad \Phi_2 = (3 - 2\xi),$$

$$H_{a,b} = \frac{p l^2}{20 h}\,\frac{\varrho}{\mu}\,\xi^2[2\varphi\psi_1\Phi_1 + 5\Phi_2],$$

$$M_{a,b} = +\frac{p l^2}{20}\,\xi^2\left\{\frac{1}{\mu}[2\varphi\psi_2\Phi_1 + 5(\varrho - 1)\Phi_2] \mp \frac{5}{\nu}\xi'^2\right\},$$

$$M_{c,d} = -\frac{p l^2}{20}\,\xi^2\left\{\frac{1}{\mu}[2\varphi\varrho\Phi_1 + 5\Phi_2] \pm \frac{5}{\nu}\xi'^2\right\}.$$

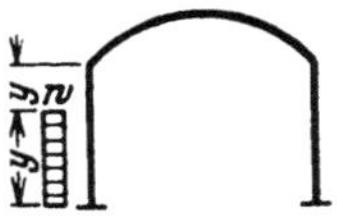

$$H_{a,b} = -\frac{w h}{2}\,\eta\left\{1 \pm 1 - \frac{\varkappa\varrho}{4\mu}\,\eta^2[\psi_1(4 - \eta) - 4]\right\},$$

$$M_{a,b} = +\frac{w h^2}{4}\,\eta^2\left\{\frac{\varkappa\eta}{2\mu}[\psi_2(4 - \eta) - 4(\varrho - 1)] - 1 \mp \left(1 - 2\eta\frac{\varkappa}{\nu}\right)\right\},$$

$$M_{c,d} = -\frac{w h^2}{4}\,\varkappa\eta^2\left\{\frac{1}{2\mu}[\varrho(4 - \eta) - 4] \mp \frac{2}{\nu}\right\}.$$

$$H_{a,b} = -\frac{w h}{2}\left[1 \pm 1 - \frac{\varkappa\varrho}{4\mu}(3\psi_1 - 4)\right],$$

$$M_{a,b} = +\frac{w h^2}{4}\left\{\frac{\varkappa}{2\mu}[3\psi_2 - 4(\varrho - 1)] - 1 \mp \left(1 - \frac{2\varkappa}{\nu}\right)\right\},$$

$$M_{c,d} = -\frac{w h^2}{4}\,\varkappa\left[\frac{1}{2\mu}(3\varrho - 4) \mp \frac{2}{\nu}\right].$$

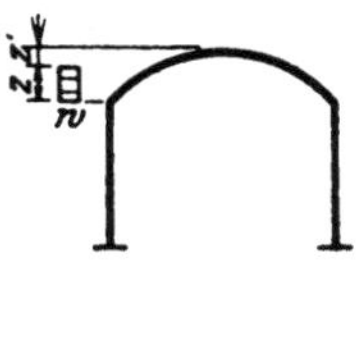

$$\Phi_1 = \left(1 - \zeta'^{\frac{5}{2}}\right), \quad \Phi_2 = \left(1 - \zeta'^{\frac{7}{2}}\right),$$

$$H_{a,b} = -\frac{w f}{2}\left\{\pm\zeta + \frac{4}{5}\,\frac{\varphi\varrho}{\mu}\left[(\varphi\psi_1 + 1)\Phi_1 - \frac{1}{7}\varphi\psi_1\Phi_2\right]\right\},$$

$$M_{a,b} = -w f^2\left\{\frac{2}{5\mu}\left[(\varphi\psi_2 + \varrho - 1)\Phi_1 - \frac{\varphi\psi_2}{7}\Phi_2\right] \pm \zeta\left[\frac{1}{2\varphi} - \frac{1}{8\nu}\left(12\frac{\varkappa}{\varphi} - 1 + \zeta'^2\right)\right]\right\},$$

$$M_{c,d} = w f^2\left\{\frac{2}{5\mu}\left[(\varphi\varrho + 1)\Phi_1 - \frac{\varphi\varrho}{7}\Phi_2\right] \pm \frac{1}{8\nu}\,\zeta\left[12\frac{\varkappa}{\varphi} - 1 + \zeta'^2\right]\right\}.$$

$$H_{a,b}=-\frac{wf}{2}\left[\pm 1+\frac{4}{5}\,\frac{\varphi\varrho}{\mu}\left(\frac{6}{7}\varphi\psi_1+1\right)\right],$$

$$M_{a,b}=-wf^2\left\{\frac{2}{5\mu}\left[\frac{6}{7}\varphi\psi_2+(\varrho-1)\right]\pm\left[\frac{1}{2\varphi}-\frac{1}{8\nu}\left(12\frac{\varkappa}{\varphi}-1\right)\right]\right\},$$

$$M_{c,d}=wf^2\left[\frac{2}{5\mu}\left(\frac{6}{7}\varphi\varrho+1\right)\pm\frac{1}{8\nu}\left(12\frac{\varkappa}{\varphi}-1\right)\right].$$

$$H_{a,b}=-\frac{wh}{4}\eta\left\{1\pm 1-\frac{\varkappa\varrho\eta^2}{10\mu}\left[\psi_1(5-\eta)-5\right]\right\},$$

$$M_{a,b}=+\frac{wh^2}{40}\eta^2\left\{\frac{\varkappa\eta}{\mu}\left[\psi_2(5-\eta)-5(\varrho-1)\right]-\frac{10}{3}\mp\left(\frac{10}{3}-5\eta\frac{\varkappa}{\nu}\right)\right\},$$

$$M_{c,d}=-\frac{wh^2}{40}\varkappa\eta^3\left\{\frac{1}{\mu}\left[\varrho(5-\eta)-5\right]\mp\frac{5}{\nu}\right\}.$$

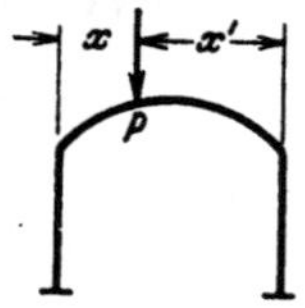

$$H_{a,b}=\frac{Pl}{2h}\,\frac{\varrho}{\mu}\left(2\varphi\psi_1\omega_P''+3\omega_R\right),$$

$$M_{a,b}=+\frac{Pl}{2}\left\{\frac{1}{\mu}\left[2\varphi\psi_2\omega_P''+3(\varrho-1)\omega_R\right]\mp\frac{1}{\nu}(\xi'-\xi)\,\omega_R\right\},$$

$$M_{c,d}=-\frac{Pl}{2}\left[\frac{1}{\mu}\left(2\varphi\varrho\omega_P''+3\omega_R\right)\pm\frac{1}{\nu}(\xi'-\xi)\,\omega_R\right].$$

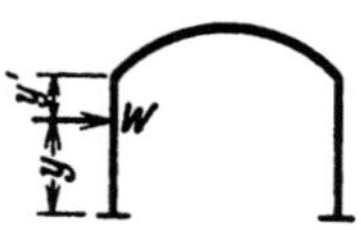

$$H_{a,b}=-\frac{W}{2}\left\{1\pm 1-\frac{\varkappa\varrho}{\mu}\eta^2\left[\psi_1(3-\eta)-3\right]\right\},$$

$$M_{a,b}=+\frac{Wh}{2}\eta\left\{\frac{\varkappa\eta}{\mu}\left[\psi_2(3-\eta)-3(\varrho-1)\right]-1\mp\left(1-3\eta\frac{\varkappa}{\nu}\right)\right\},$$

$$M_{c,d}=-\frac{Wh}{2}\varkappa\eta^2\left\{\frac{1}{\mu}\left[\varrho(3-\eta)-3\right]\mp\frac{3}{\nu}\right\}.$$

$$H_{a,b}=-\frac{W}{2}\left[1\pm 1-\frac{\varkappa\varrho}{\mu}\left(2\psi_1-3\right)\right],$$

$$M_{a,b}=+\frac{Wh}{2}\left\{\frac{\varkappa}{\mu}\left[2\psi_2-3(\varrho-1)\right]-1\mp\left(1-3\frac{\varkappa}{\nu}\right)\right\},$$

$$M_{c,d}=-\frac{Wh}{2}\varkappa\left[\frac{1}{\mu}\left(2\varrho-3\right)\mp\frac{3}{\nu}\right].$$

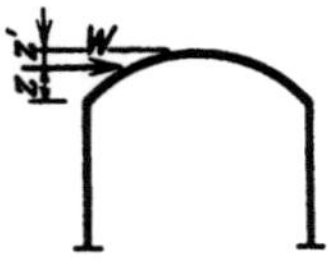

$$H_{a,b}=-\frac{W}{2}\left\{\pm 1+\frac{2}{5}\,\frac{\varphi\varrho}{\mu}\zeta'^{\frac{3}{2}}\left[\varphi\psi_1(5-\zeta')+5\right]\right\},$$

$$M_{a,b}=-Wf\left\{\frac{\zeta'^{\frac{3}{2}}}{5\mu}\left[\varphi\psi_2(5-\zeta')+5(\varrho-1)\right]\pm\left[\frac{1}{2\varphi}-\frac{1}{8\nu}\left(12\frac{\varkappa}{\varphi}-1-2\zeta'+3\zeta'^2\right)\right]\right\},$$

$$M_{c,d}=Wf\left\{\frac{\zeta'^{\frac{3}{2}}}{5\mu}\left[\varphi\varrho(5-\zeta')+5\right]\pm\frac{1}{8\nu}\left[12\frac{\varkappa}{\varphi}-1-2\zeta'+3\zeta'^2\right]\right\}.$$

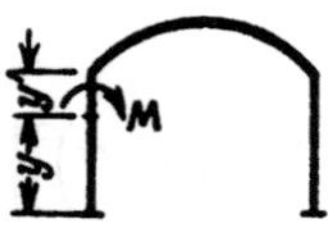

$$H_{a,b}=\frac{3}{2}\,\frac{\mathrm{M}}{h}\,\frac{\varkappa\varrho}{\mu}\eta\left[\psi_1(2-\eta)-2\right],$$

$$M_{a,b}=+\frac{\mathrm{M}}{2}\left\{\frac{3\varkappa\eta}{\mu}\left[\psi_2(2-\eta)-2(\varrho-1)\right]-1\mp\left(1-6\eta\frac{\varkappa}{\nu}\right)\right\},$$

$$M_{c,d}=-\frac{3}{2}\mathrm{M}\varkappa\eta\left\{\frac{1}{\mu}\left[\varrho(2-\eta)-2\right]\mp\frac{2}{\nu}\right\}.$$

$$H_{a,b} = \frac{3}{2}\,\frac{\mathsf{M}}{h}\,\frac{\varkappa\varrho}{\mu}\,(\psi_1 - 2),$$

$$M_{a,b} = +\frac{\mathsf{M}}{2}\left\{\frac{3\varkappa}{\mu}\,[\psi_2 - 2(\varrho - 1)] - 1 \mp \left(1 - 6\,\frac{\varkappa}{\nu}\right)\right\},$$

$$M_{h,k} = -\frac{3}{2}\,\mathsf{M}\varkappa\left[\frac{1}{\mu}(\varrho - 2) \mp \frac{2}{\nu}\right].$$

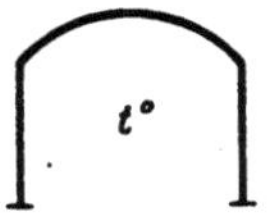

$$H_{a,b} = \frac{3\,\varrho\,\psi_1}{\mu}\,\frac{EJ_s}{h^2}\,\alpha_t\,t,$$

$$M_{a,b} = +\frac{3\,\psi_2}{\mu}\,\frac{EJ_s}{h}\,\alpha_t\,t, \qquad M_{c,d} = -\frac{3\,\varrho}{\mu}\,\frac{EJ_s}{h}\,\alpha_t\,t.$$

Tabelle 57. Symmetrischer Rahmen mit schrägen Pfosten.

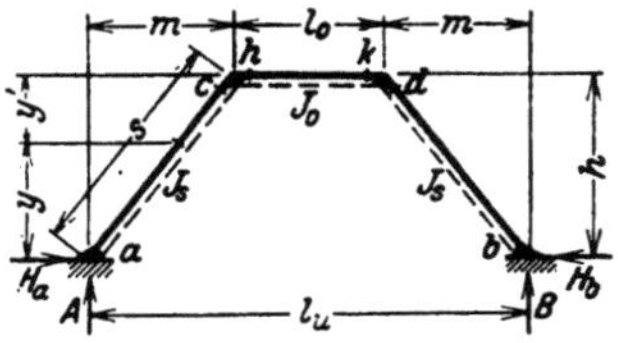

$$\eta = \frac{y}{h}, \qquad \lambda_1 = \frac{m}{l_u}, \qquad \lambda' = \frac{l_o}{l_u}, \qquad \varkappa = \frac{l_o}{s}\,\frac{J_s}{J_0},$$

$$\eta' = \frac{y'}{h}, \qquad \lambda_2 = \frac{m}{l_o}, \qquad \lambda'' = \frac{l_u}{l_o}, \qquad \mu = 1 + 2\varkappa,$$

$\nu = \varkappa\lambda'^2 + 2(1 + \lambda' + \lambda'^2)$, ω Tabelle 22, S. 116.

$M_{h,k} = M_{c,d}$, wenn nicht besonders angegeben.

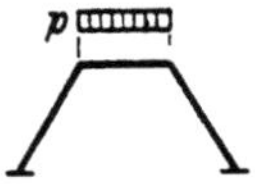

$$H_{a,b} = \frac{p\,l_0^2}{4h}\left(\frac{\varkappa}{\mu} + 2\lambda_2\right),$$

$$M_{a,b} = \frac{p\,l_0^2}{12}\,\frac{\varkappa}{\mu},$$

$$M_{c,d} = -\frac{p\,l_0^2}{6}\,\frac{\varkappa}{\mu}.$$

$$\xi = \frac{x}{l_0}, \quad \xi' = \frac{x'}{l_0}$$

$$\Phi = \frac{\omega_R}{\nu}\,[\lambda'^2\varkappa\,\omega_R - 2\lambda_1(2 + \lambda')],$$

$$\psi = 3\xi^2 - 2\xi^3,$$

$$H_{a,b} = \frac{p\,l_0^2}{4h}\left(\frac{\varkappa}{\mu}\,\psi + 2\lambda_2\,\xi\right),$$

$$M_{c,d} = -\frac{p\,l_0^2}{4}\left(\frac{2\varkappa}{3\mu}\,\psi \pm \Phi\right),$$

$$M_{a,b} = \frac{p\,l_0^2}{4}\left[\frac{\varkappa}{3\mu}\,\psi \mp (2\lambda_2\,\omega_R + \lambda''\,\Phi)\right].$$

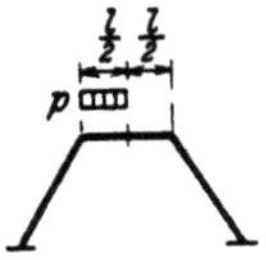

$$\Phi = \frac{1}{8\nu}\,[\lambda'^2\varkappa - 8\lambda_1(2 + \lambda')],$$

$$H_{a,b} = \frac{p\,l_0^2}{8h}\left(\frac{\varkappa}{\mu} + 2\lambda_2\right),$$

$$M_{a,b} = \frac{p\,l_0^2}{8}\left[\frac{\varkappa}{3\mu} \mp (\lambda_2 + \lambda''\,\Phi)\right],$$

$$M_{c,d} = -\frac{p\,l_0^2}{8}\left(\frac{2\varkappa}{3\mu} \pm \Phi\right).$$

$$\Phi = \frac{2 - \lambda_1}{\nu},$$

$$H_{a,b} = \frac{p\,m^2}{4h}\left(1 - \frac{\varkappa}{2\mu}\right),$$

$$M_{a,b} = -\frac{p\,m^2}{4}\left[\frac{1 + 3\varkappa}{6\mu} \pm (1 - \Phi)\right],$$

$$M_{c,d} = -\frac{p\,m^2}{4}\left(\frac{1}{6\mu} \mp \lambda'\,\Phi\right).$$

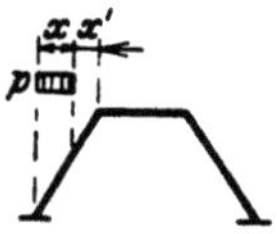

$$\xi = \frac{x}{m}, \quad \xi' = \frac{x'}{m}$$

$$\Phi = \frac{\xi^3}{\nu}\,(2 - \lambda_1\,\xi), \qquad \psi = \frac{1}{2} - \omega'_\varphi,$$

$$H_{a,b} = \frac{p\,m^2}{4h}\left\{\frac{1}{\mu}\,[\omega_\varphi - (1 + \varkappa)\,\psi] + \xi^2\right\},$$

$$M_{a,b} = -\frac{p\,m^2}{4}\left\{\frac{1}{3\mu}\,[(2 + 3\varkappa)\,\psi - \omega_\varphi] \pm (\xi^2 - \Phi)\right\},$$

$$M_{c,d} = -\frac{p\,m^2}{4}\left[\frac{1}{3\mu}\,(2\,\omega_\varphi - \psi) \mp \lambda'\,\Phi\right].$$

$$\Phi = \frac{2 - \lambda_1}{\nu},$$

$$H_{a,b} = -\frac{w\,h}{4}\left(1 \pm 2 + \frac{\varkappa}{2\,\mu}\right),$$

$$M_{a,b} = -\frac{w\,h^2}{4}\left[\frac{1 + 3\,\varkappa}{6\,\mu} \pm (1 - \Phi)\right],$$

$$M_{c,d} = -\frac{w\,h^2}{4}\left(\frac{1}{6\,\mu} \mp \lambda'\,\Phi\right).$$

$$\Phi = \frac{1}{\nu}\,(5 - 2\,\lambda_1),$$

$$H_{a,b} = \frac{w\,h}{40}\left(\frac{1}{\mu} - 8 \mp 10\right),$$

$$M_{a,b} = -\frac{w\,h^2}{40}\left[\frac{2\,\varkappa}{3\,\mu} + 1 \pm \left(\frac{10}{3} - \Phi\right)\right]$$

$$M_{c,d} = -\frac{w\,h^2}{40}\left(\frac{2}{3\,\mu} \mp \lambda'\,\Phi\right).$$

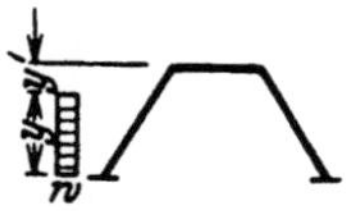

$$\Phi = \frac{\eta^3}{\nu}\,(2 - \lambda_1\,\eta), \qquad \omega''_\varphi = \frac{1}{2} - \omega'_\varphi,$$

$$H_{a,b} = \frac{w\,h}{4}\left\{\frac{1}{\mu}\,[\omega_\varphi - (1 + \varkappa)\,\omega''_\varphi] - 2\,\eta \mp 2\,\eta + \eta^2\right\},$$

$$M_{a,b} = -\frac{w\,h^2}{4}\left\{\frac{1}{3\,\mu}\,[(2 + 3\,\varkappa)\,\omega''_\varphi - \omega_\varphi] \pm (\eta^2 - \Phi)\right\},$$

$$M_{c,d} = -\frac{w\,h^2}{4}\left\{\frac{1}{3\,\mu}\,[2\,\omega_\varphi - \omega''_\varphi] \mp \lambda'\,\Phi\right\}.$$

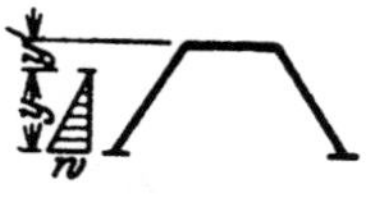

$$\Phi = \frac{\eta}{\nu}\,(5 - 2\,\lambda_1\,\eta),$$

$$H_{a,b} = \frac{w\,h}{40}\,\eta\left\{\frac{\eta^2}{\mu}\,[5\,(1 + \varkappa) - \eta\,(2 + \varkappa)] - 10 \mp 10\right\},$$

$$M_{a,b} = \frac{w\,h^2}{40}\,\eta^2\left[\frac{\eta}{3\,\mu}\,(1 + \varkappa)\,(5 - 3\,\eta) + \frac{5}{3}\,\eta - \frac{10}{3} \mp \left(\frac{10}{3} - \Phi\right)\right].$$

$$M_{c,d} = -\frac{w\,h^2}{40}\,\eta^2\left[\frac{\eta}{3\,\mu}\,(5 - 3\,\eta) \mp \lambda'\,\Phi\right].$$

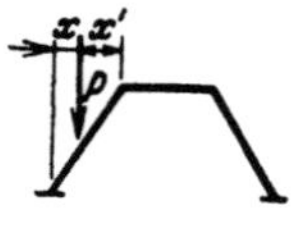

$$\Phi = \frac{\xi^2}{\nu}\,(3 - 2\,\lambda_1\,\xi),$$

$$H_{a,b} = \frac{P\,m}{2\,h}\left\{\frac{1}{\mu}\,[\omega_D - (1 + \varkappa)\,\omega'_D] + \xi\right\},$$

$$\xi = \frac{x}{m} \qquad M_{a,b} = -\frac{P\,m}{2}\left\{\frac{1}{\mu}\,[(1 + \varkappa)\,\omega'_D - \omega_R] \pm (\xi - \Phi)\right\},$$

$$\xi' = \frac{x'}{m} \qquad M_{c,d} = -\frac{P\,m}{2}\left[\frac{1}{\mu}\,(\omega_D - \omega_R) \mp \lambda'\,\Phi\right].$$

$$\Phi = \frac{1 - 2\,\xi}{\nu}\,[\lambda'^2\,\varkappa\,\omega_R - \lambda_1\,(2 + \lambda')],$$

$$H_{a,b} = \frac{P\,l_0}{2\,h}\left[\frac{3\,\varkappa}{\mu}\,\omega_R + \lambda_2\right],$$

$$\xi = \frac{x}{l_0} \qquad M_{a,b} = \frac{P\,l_0}{2\,h}\left\{\frac{\varkappa}{\mu}\,\omega_R \mp [\lambda_2\,(1 - 2\,\xi) + \lambda''\,\Phi]\right\},$$

$$\xi' = \frac{x'}{l_0} \qquad M_{c,d} = -\frac{P\,l_0}{2}\left(\frac{2\,\varkappa}{\mu}\,\omega_R \pm \Phi\right).$$

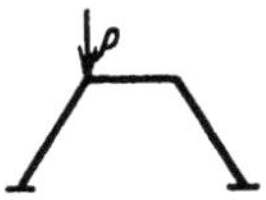

$$\Phi = \frac{2+\lambda'}{\nu}\,,$$

$$H_{a,b} = \frac{P\,m}{2\,h}\,,$$

$$M_{a,b} = \mp \frac{P\,m}{2}\,(1-\Phi)\,,$$

$$M_{c,d} = \pm \frac{P\,m}{2}\,\lambda'\,\Phi\,.$$

$$\Phi = \frac{2+\lambda'}{\nu}\,,$$

$$H_{a,b} = \mp \frac{W}{2}\,,$$

$$M_{a,b} = \mp \frac{W\,h}{2}\,(1-\Phi)\,,$$

$$M_{c,d} = \pm \frac{W\,h}{2}\,\lambda'\,\Phi\,.$$

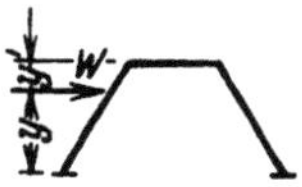

$$\Phi = \frac{\eta^2}{\nu}\,(3-2\,\lambda_1\,\eta)\,, \qquad H_{a,b} = \frac{W}{2}\left\{\frac{1}{\mu}\,[\omega_D - (1+\varkappa)\,\omega_D'] - \eta' \mp 1\right\},$$

$$M_{a,b} = -\frac{W\,h}{2}\left\{\frac{1}{\mu}\,[(1+\varkappa)\,\omega_D' - \omega_R] \pm (\eta - \Phi)\right\},$$

$$M_{c,d} = -\frac{W\,h}{2}\left[\frac{1}{\mu}\,(\omega_D - \omega_R) \mp \lambda'\,\Phi\right].$$

$$\Phi = \frac{6\,\eta}{\nu}\,(1-\lambda_1\,\eta)\,, \qquad H_{a,b} = -\frac{\mathsf{M}}{2\,h}\left\{\frac{1}{\mu}\,[(1+\varkappa)\,\omega_M' + \omega_M] - 1\right\},$$

$$M_{a,b} = -\frac{\mathsf{M}}{2}\left\{\frac{1}{3\,\mu}\,[(2+3\,\varkappa)\,\omega_M' + \omega_M] \pm (1-\Phi)\right\},$$

$$M_{h,k} = \frac{\mathsf{M}}{2}\left[\frac{1}{3\,\mu}\,(2\,\omega_M + \omega_M') \pm \lambda'\,\Phi\right].$$

$$\Phi = \frac{6}{\nu}\,(1-\lambda_1)\,,$$

$$H_{a,b} = \frac{3}{2}\,\frac{\mathsf{M}}{h}\,\frac{\varkappa}{\mu}\,,$$

$$M_{a,b} = \frac{\mathsf{M}}{2}\left[\frac{\varkappa}{\mu} \mp (1-\Phi)\right],$$

$$M_{h,k} = \frac{\mathsf{M}}{2}\left(\frac{1}{\mu} \pm \lambda'\,\Phi\right).$$

$$\Phi = \frac{3}{\mu}\,\frac{l_u}{h}\,\frac{E\,J_s}{s}\,\alpha_t\,t\,,$$

$$H_{a,b} = \frac{2+\varkappa}{h}\,\Phi\,,$$

$$M_{a,b} = (1+\varkappa)\,\Phi\,,$$

$$M_{h,k} = -\Phi\,.$$

Tabelle 58. Geschlossener, symmetrischer Rechteckrahmen.

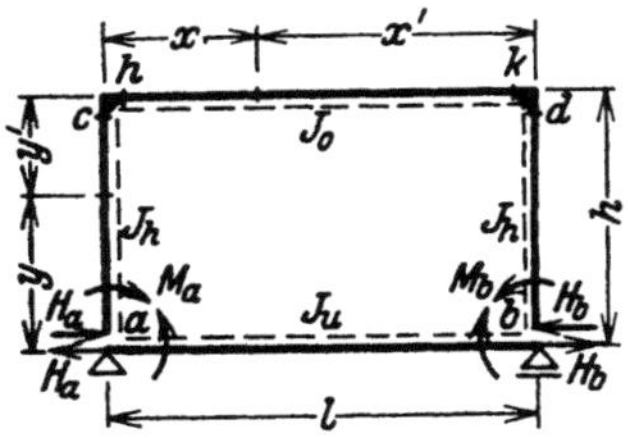

$$\xi = \frac{x}{l}\,, \qquad \eta = \frac{y}{h}\,, \qquad \varkappa_o = \frac{h}{l}\,\frac{J_o}{J_h}\,, \qquad \varkappa_u = \frac{h}{l}\,\frac{J_u}{J_h}\,,$$

$$\xi' = \frac{x'}{l}\,, \qquad \eta' = \frac{y'}{h}\,, \qquad \mu = (2+\varkappa_o) + \frac{3+2\,\varkappa_o}{\varkappa_u}\,, \qquad \nu = 1 + 6\,\varkappa_o + \frac{\varkappa_o}{\varkappa_u}\,,$$

$M_{h,k} = M_{c,d}$, wenn nicht besonders angegeben. ω Tabelle 22 S. 116.

Gleichmäßige Temperaturänderung erzeugt keine Schnittkräfte.

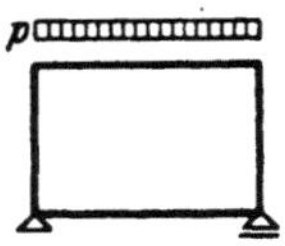

$$H_{a,b} = \frac{p\,l}{4}\,\frac{l}{h}\,\frac{1+\varkappa_u}{\mu\,\varkappa_u}\,,$$

$$M_{a,b} = \frac{p\,l^2}{12\,\mu}\,,$$

$$M_{c,d} = -\frac{p\,l^2}{12}\,\frac{3+2\,\varkappa_u}{\mu\,\varkappa_u}\,.$$

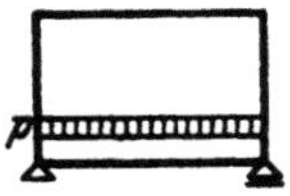

$$H_{a,b} = \frac{p\,l}{4}\,\frac{l}{h}\,\frac{1+\varkappa_o}{\mu\,\varkappa_u}\,,$$

$$M_{a,b} = \frac{p\,l^2}{12}\,\frac{3+2\,\varkappa_o}{\mu\,\varkappa_u}\,,$$

$$M_{c,d} = -\frac{p\,l^2}{12\,\mu}\,\frac{\varkappa_o}{\varkappa_u}\,.$$

$$\Phi = 3\,\xi^2 - 2\,\xi^3,$$
$$H_{a,b} = \frac{p\,l}{4}\,\frac{l}{h}\,\frac{1+\varkappa_u}{\mu\,\varkappa_u}\,\Phi,$$
$$M_{a,b} = \frac{p\,l^2}{4}\left(\frac{1}{3\mu}\,\Phi \mp \frac{1}{\nu}\,\omega_R^2\right),$$
$$M_{c,d} = -\frac{p\,l^2}{4}\left(\frac{3+2\varkappa_u}{3\,\mu\,\varkappa_u}\,\Phi \pm \frac{1}{\nu}\,\omega_R^2\right).$$
$$x = \frac{l}{2}:\qquad \Phi = \frac{1}{2},\qquad \omega_R^2 = \frac{1}{16}.$$

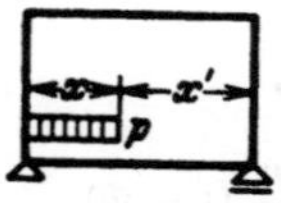

$$\Phi = 3\xi^2 - 2\,\xi^3,$$
$$H_{a,b} = \frac{p\,l}{4}\,\frac{l}{h}\,\frac{1+\varkappa_o}{\mu\,\varkappa_u}\,\Phi,$$
$$M_{a,b} = \frac{p\,l^2}{4}\left(\frac{3+2\varkappa_o}{3\mu\varkappa_u}\,\Phi \pm \frac{\varkappa_o}{\varkappa_u}\,\frac{1}{\nu}\,\omega_R^2\right),$$
$$M_{c,d} = -\frac{p\,l^2}{4}\,\frac{\varkappa_o}{\varkappa_u}\left(\frac{1}{3\mu}\,\Phi \mp \frac{1}{\nu}\,\omega_R^2\right).$$
$$x = \frac{l}{2}:\qquad \Phi = \frac{1}{2},\qquad \omega_R^2 = \frac{1}{16}.$$

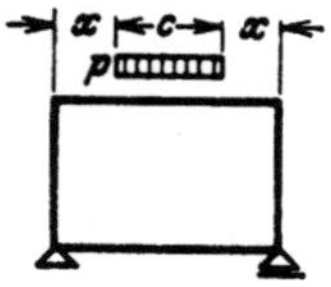

$$\zeta = \frac{c}{l}$$

$$\Phi = \frac{1}{2}\,(3\,\zeta - \zeta^3),$$
$$H_{a,b} = \frac{p\,l}{4}\,\frac{l}{h}\,\frac{1+\varkappa_u}{\mu\,\varkappa_u}\,\Phi,$$
$$M_{a,b} = \frac{p\,l^2}{12}\,\frac{1}{\mu}\,\Phi,$$
$$M_{c,d} = -\frac{p\,l^2}{12}\,\frac{3+2\,\varkappa_u}{\mu\,\varkappa_u}\,\Phi.$$

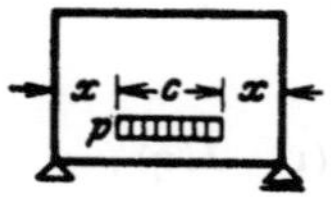

$$\zeta = \frac{c}{l}$$

$$\Phi = \frac{1}{2}\,(3\,\zeta - \zeta^3),$$
$$H_{a,b} = \frac{p\,l}{4}\,\frac{l}{h}\,\frac{1+\varkappa_o}{\mu\,\varkappa_u}\,\Phi,$$
$$M_{a,b} = \frac{p\,l^2}{12}\,\frac{3+2\,\varkappa_o}{\mu\,\varkappa_u}\,\Phi,$$
$$M_{c,d} = -\frac{p\,l^2}{12}\,\frac{1}{\mu}\,\frac{\varkappa_o}{\varkappa_u}\,\Phi.$$

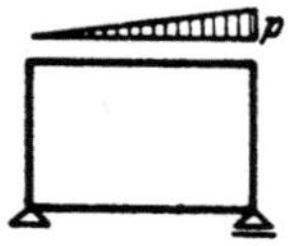

$$H_{a,b} = \frac{p\,l}{8}\,\frac{l}{h}\,\frac{1+\varkappa_u}{\mu\,\varkappa_u},$$
$$M_{a,b} = \frac{p\,l^2}{120}\left(\frac{5}{\mu} \pm \frac{1}{\nu}\right),$$
$$M_{c,d} = -\frac{p\,l^2}{120}\left(\frac{5}{\mu}\,\frac{3+2\,\varkappa_u}{\varkappa_u} \mp \frac{1}{\nu}\right).$$

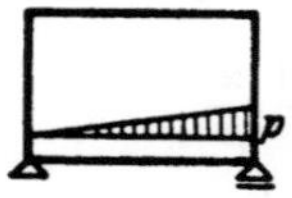

$$M_{a,b} = \frac{p\,l^2}{120}\left(\frac{5}{\mu}\,\frac{3+2\,\varkappa_o}{\varkappa_u} \mp \frac{\varkappa_o}{\varkappa_u}\,\frac{1}{\nu}\right),$$
$$M_{c,d} = -\frac{p\,l^2}{120}\,\frac{\varkappa_o}{\varkappa_u}\left(\frac{5}{\mu} \pm \frac{1}{\nu}\right),$$
$$H_{a,b} = \frac{p\,l}{8}\,\frac{l}{h}\,\frac{1+\varkappa_o}{\mu\,\varkappa_u}.$$

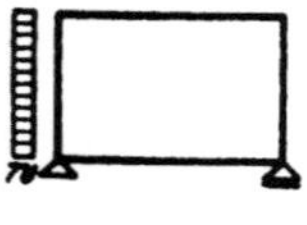

$$\Phi = \frac{\varkappa_o}{\varkappa_u}\,\frac{1+2\,\varkappa_u}{\nu},$$
$$H_{a,b} = \frac{w\,h}{4}\left[-1 + \frac{1}{2\,\mu}\,\frac{\varkappa_o - \varkappa_u}{\varkappa_u} \mp 2\right],$$
$$M_{a,b} = -\frac{w\,h^2}{4}\left[\frac{3+\varkappa_o}{6\,\mu} \pm (1-\Phi)\right],$$
$$M_{c,d} = -\frac{w\,h^2}{4}\left[\frac{\varkappa_o}{\varkappa_u}\,\frac{3+\varkappa_u}{6\,\mu} \mp \Phi\right].$$

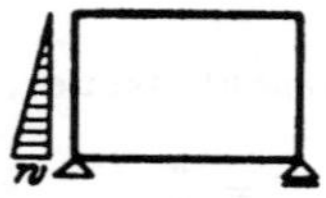

$$\Phi = \frac{5}{\nu}\,\frac{\varkappa_o}{\varkappa_u}\,(2 + 3\,\varkappa_u),$$
$$M_{a,b} = -\frac{w\,h^2}{120}\left[\frac{8+3\varkappa_o}{\mu} \pm (10-\Phi)\right],$$
$$M_{c,d} = -\frac{w\,h^2}{120}\left[\frac{\varkappa_o}{\varkappa_u}\,\frac{7+2\,\varkappa_o}{\mu} \mp \Phi\right],$$
$$H_{a,b} = \frac{w\,h}{120}\left[\frac{1}{\mu}\left(7\,\frac{\varkappa_o}{\varkappa_u} - \varkappa_o - 8\right) - 20 \mp 30\right].$$

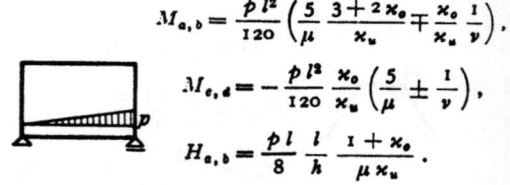

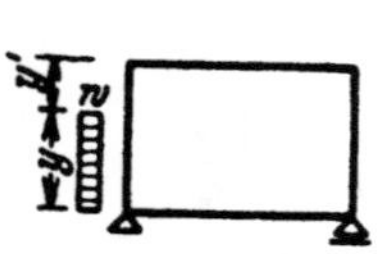

$$\Phi = \eta^2\,\frac{\varkappa_o}{\varkappa_u}\,\frac{1+2\,\eta\,\varkappa_u}{\nu},\qquad \psi = \frac{1}{2} - \omega_\varphi',$$
$$H_{a,b} = \frac{w\,h}{4}\left\{\frac{1}{\mu}\left[\frac{\varkappa_o}{\varkappa_u}\,(1+\varkappa_u)\,\omega_\varphi - (1+\varkappa_o)\,\psi + \eta^2\right] - 2\,\eta\,(1 \pm 1)\right\},$$
$$M_{a,b} = -\frac{w\,h^2}{4}\left\{\frac{1}{3\,\mu}\left[(3+2\,\varkappa_o)\,\psi - \varkappa_o\,\omega_\varphi\right] \pm (\eta^2 - \Phi)\right\},$$
$$M_{c,d} = -\frac{w\,h^2}{4}\left\{\frac{1}{3\,\mu}\left[\frac{\varkappa_o}{\varkappa_u}\,(3+2\,\varkappa_o)\,\omega_\varphi - \varkappa_o\,\psi\right] \mp \Phi\right\}.$$

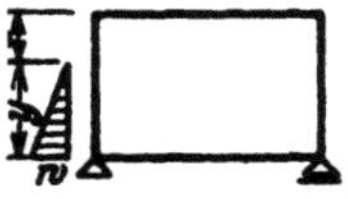

$$\Phi = \frac{5}{\nu}\,\frac{\varkappa_o}{\varkappa_u}(2 + 3\,\eta\,\varkappa_u),$$

$$H_{a,b} = \frac{w\,h}{120}\eta\left\{\frac{\eta}{\mu}\left[10\left(\frac{\varkappa_o}{\varkappa_u} - \varkappa_o - 2\right) + 15\eta(1 + \varkappa_o) - 3\eta^2\left(1 + 2\varkappa_o + \frac{\varkappa_o}{\varkappa_u}\right)\right] + 10\eta - 30 \mp 30\right\},$$

$$M_{a,b} = -\frac{w\,h^2}{120}\eta^2\left\{\frac{1}{\mu}\left[10(2 + \varkappa_o) - 5\,\eta(3 + 2\,\varkappa_o) + 3\,\eta^2(1 + \varkappa_o)\right] \pm (10 - \Phi)\right\},$$

$$M_{c,d} = -\frac{w\,h^2}{120}\eta^2\left\{\frac{\varkappa_o}{\mu\,\varkappa_u}\left[10 + 5\,\eta\,\varkappa_u - 3\,\eta^2(1 + \varkappa_u)\right] \mp \Phi\right\}.$$

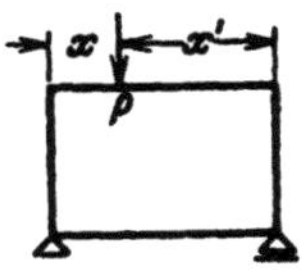

$$\Phi = \frac{1 - 2\,\xi}{\nu},$$

$$H_{a,b} = \frac{3}{2}\,\frac{P\,l}{h}\,\frac{1 + \varkappa_u}{\mu\,\varkappa_u}\,\omega_R,$$

$$M_{a,b} = \frac{P\,l}{2}\,\omega_R\left[\frac{1}{\mu} \mp \Phi\right],$$

$$M_{c,d} = -\frac{P\,l}{2}\,\omega_R\left[\frac{3 + 2\,\varkappa_u}{\mu\,\varkappa_u} \pm \Phi\right].$$

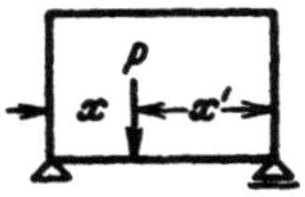

$$\Phi = \frac{1 - 2\,\xi}{\nu}\,\frac{\varkappa_o}{\varkappa_u},$$

$$H_{a,b} = \frac{3}{2}\,\frac{P\,l}{h}\,\frac{1 + \varkappa_o}{\mu\,\varkappa_o}\,\omega_R,$$

$$M_{a,b} = \frac{P\,l}{2}\,\omega_R\left[\frac{3 + 2\,\varkappa_o}{\mu\,\varkappa_u} \pm \Phi\right],$$

$$M_{c,d} = -\frac{P\,l}{2}\,\omega_R\left[\frac{\varkappa_o}{\mu\,\varkappa_u} \mp \Phi\right].$$

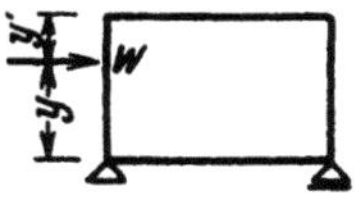

$$\Phi = \frac{\eta}{\nu}\,\frac{\varkappa_o}{\varkappa_u}(1 + 3\,\eta\,\varkappa_u),$$

$$H_{a,b} = \frac{W}{2}\left\{\frac{1}{\mu}\left[(1 + \varkappa_u)\frac{\varkappa_o}{\varkappa_u}\,\omega_D - (1 + \varkappa_o)\,\omega_D'\right] + \eta - 1 \mp 1\right\},$$

$$M_{a,b} = -\frac{W\,h}{2}\left\{\frac{1}{\mu}\left[(1 + \varkappa_o)\,\omega_D' - \varkappa_o\,\omega_R\right] \pm (\eta - \Phi)\right\},$$

$$M_{c,d} = -\frac{W\,h}{2}\left\{\frac{\varkappa_o}{\mu\,\varkappa_u}\left[(1 + \varkappa_u)\,\omega_D - \varkappa_u\,\omega_R\right] \mp \Phi\right\}.$$

$y = h$: $\quad \Phi = \frac{\varkappa_o}{\varkappa_u}\,\frac{1 + 3\varkappa_u}{\nu},$

$$H_{a,b} = \mp\frac{W}{2},$$

$$M_{a,b} = \mp\frac{W\,h}{2}(1 - \Phi),$$

$$M_{c,d} = \pm\frac{W\,h}{2}\,\Phi.$$

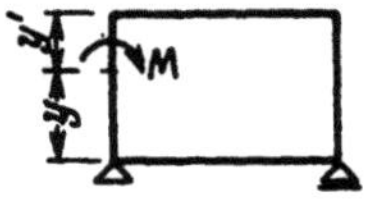

$y > 0$

$$\Phi = \frac{1}{\nu}\,\frac{\varkappa_o}{\varkappa_u}(1 + 6\,\eta\,\varkappa_u),$$

$$H_{a,b} = -\frac{\mathsf{M}}{2\,h}\left\{\frac{1}{\mu}\left[(1 + \varkappa_o)\,\omega_M' + \varkappa_o\,\frac{1 + \varkappa_u}{\varkappa_u}\,\omega_M\right] - 1\right\},$$

$$M_{a,b} = -\frac{\mathsf{M}}{2}\left\{\frac{1}{3\,\mu}\left[(3 + 2\,\varkappa_o)\,\omega_M' + \varkappa_o\,\omega_M\right] \pm (1 - \Phi)\right\},$$

$$M_{h\,k} = \frac{\mathsf{M}}{2}\left\{\frac{\varkappa_o}{3\,\mu\,\varkappa_u}\left[(3 + 2\,\varkappa_u)\,\omega_M + \varkappa_u\,\omega_M'\right] \pm \Phi\right\}.$$

$y = h$:

$$H_{a,b} = \frac{3}{2}\,\frac{\mathsf{M}}{h}\,\frac{1 + \varkappa_u}{\mu\,\varkappa_u},$$

$$M_{a,b} = \frac{\mathsf{M}}{2}\left(\frac{1}{\mu} \mp \frac{1}{\nu}\right),$$

$$M_{h,k} = \frac{\mathsf{M}}{2}\left[\frac{\varkappa_o}{\varkappa_u}\,\frac{2 + \varkappa_u}{\mu} \mp \left(\frac{1}{\nu} - 1\right)\right],$$

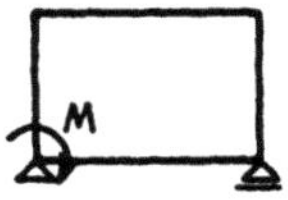

$$H_{a,b} = \frac{3}{2}\,\frac{\mathsf{M}}{h}\,\frac{1 + \varkappa_o}{\mu\,\varkappa_u},$$

$$M_{a,b} = -\frac{\mathsf{M}}{2}\left[\frac{2 + \varkappa_o}{\mu} \pm \left(1 - \frac{\varkappa_o}{\nu\,\varkappa_u}\right)\right],$$

$$M_{c,d} = -\frac{\mathsf{M}}{2}\,\frac{\varkappa_o}{\varkappa_u}\left[\frac{1}{\mu} \mp \frac{1}{\nu}\right],$$

M_a am Riegel.

Tabelle 59. Geschlossener, symmetrischer Trapezrahmen.

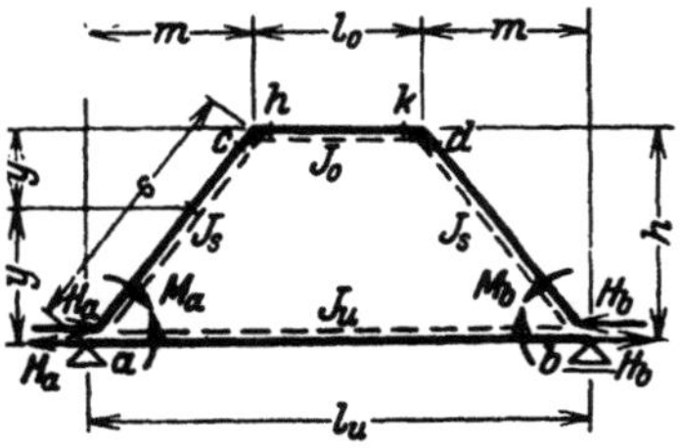

$\eta = \frac{y}{h}, \quad \lambda_1 = \frac{m}{l_u}, \quad \lambda' = \frac{l_o}{l_u}, \quad \omega$ Tabelle 22 S. 116.

$\eta' = \frac{y'}{h}, \quad \lambda_2 = \frac{m}{l_o}, \quad \lambda'' = \frac{l_u}{l_o}, \quad \varkappa_o = \frac{l_o}{s}\,\frac{J_s}{J_o}, \quad \varkappa_u = \frac{l_u}{s}\,\frac{J_s}{J_u},$

$\mu = (2 + 3\,\varkappa_o)(2 + 3\,\varkappa_u) - 1, \quad \nu = \varkappa_o\,\lambda'^2 + \varkappa_u + 2(1 + \lambda' + \lambda'^2),$

$M_{h,k} = M_{c,d}$, wenn nicht besonders angegeben.

Gleichmäßige Temperaturänderung erzeugt keine Schnittkräfte.

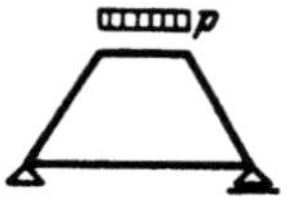

$$H_{a,b}=\frac{p\,l_o^2}{2\,h}\left[\frac{3}{2}\frac{\varkappa_o}{\mu}\varkappa_o(1+\varkappa_u)+\lambda_2\right],$$
$$M_{a,b}=\frac{p\,l_o^2}{4}\frac{\varkappa_o}{\mu},$$
$$M_{c,d}=-\frac{p\,l_o^2}{4}\frac{\varkappa_o}{\mu}(2+3\,\varkappa_u).$$

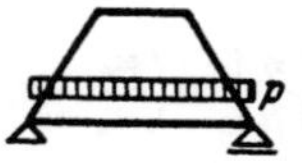

$$H_{a,b}=\frac{3}{4}\frac{p\,l_u^2}{h}\frac{\varkappa_u}{\mu}(1+\varkappa_o),$$
$$M_{a,b}=\frac{p\,l_u^2}{4}\frac{\varkappa_u}{\mu}(2+3\,\varkappa_o),$$
$$M_{c,d}=-\frac{p\,l_u^2}{4}\frac{\varkappa_u}{\mu}.$$

$$\Phi=\tfrac{1}{2}(3\,\zeta_o-\zeta_o^3),$$
$$H_{a,b}=\frac{p\,l_o^2}{2\,h}\left[\frac{3\varkappa_o}{2\,\mu}(1+\varkappa_u)\Phi+\lambda_2\zeta_o\right],$$
$$M_{a,b}=\frac{p\,l_o^2}{4}\frac{\varkappa_o}{\mu}\Phi,$$
$$\zeta_o=\frac{c}{l_o}.\qquad M_{c,d}=-\frac{p\,l_o^2}{4}\frac{\varkappa_o}{\mu}(2+3\,\varkappa_u)\Phi.$$

$$\Phi=\tfrac{1}{2}(3\,\zeta_u-\zeta_u^3),$$
$$H_{a,b}=\frac{3}{4}\frac{p\,l_u^2}{h}\frac{\varkappa_u}{\mu}(1+\varkappa_o)\Phi,$$
$$M_{a,b}=\frac{p\,l_u^2}{4}\frac{\varkappa_u}{\mu}(2+3\,\varkappa_o)\Phi,$$
$$\zeta_u=\frac{c}{l_u}.\qquad M_{c,d}=-\frac{p\,l_u^2}{4}\frac{\varkappa_u}{\mu}\Phi.$$

$$\Phi=\frac{\omega_R}{\nu}[\lambda'^2\varkappa_o\,\omega_R-2\,\lambda_1(2+\varkappa_u+\lambda')],\qquad \psi=3\,\xi^2-2\,\xi^3,$$
$$H_{a,b}=\frac{p\,l_o^2}{4\,h}\left[\frac{3\,\varkappa_o}{\mu}(1+\varkappa_u)\,\psi+2\,\lambda_2\,\xi\right],$$
$$\xi=\frac{x}{l_o},\quad \xi'=\frac{x'}{l_o}.\qquad M_{a,b}=\frac{p\,l_o^2}{4}\left[\frac{\varkappa_o}{\mu}\psi\mp(2\,\lambda_2\,\omega_R+\lambda''\Phi)\right],$$
$$M_{c,d}=-\frac{p\,l_o^2}{4}\left[\frac{\varkappa_o}{\mu}(2+3\,\varkappa_u)\,\psi\pm\Phi\right].$$

$$\Phi=3\,\xi^2-2\,\xi^3,$$
$$H_{a,b}=\frac{3}{4}\frac{p\,l_u^2}{h}\frac{\varkappa_u}{\mu}(1+\varkappa_o)\,\Phi,$$
$$\xi=\frac{x}{l_u},\quad \xi'=\frac{x'}{l_u}.\qquad M_{a,b}=\frac{p\,l_u^2}{4}\varkappa_u\left[\frac{2+3\varkappa_o}{\mu}\Phi\pm\frac{\omega_R^2}{\nu}\right],$$
$$M_{c,d}=-\frac{p\,l_u^2}{4}\varkappa_u\left[\frac{1}{\mu}\Phi\mp\frac{\lambda'}{\nu}\omega_R^2\right].$$

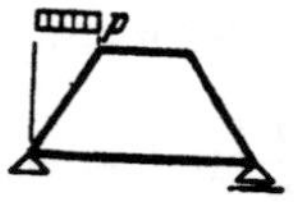

$$\Phi=\frac{1}{\nu}(2+\varkappa_u-\lambda_1),$$
$$H_{a,b}=\frac{p\,m^2}{4\,h}\left[\frac{3}{2\,\mu}(\varkappa_u-\varkappa_o)+1\right],$$
$$M_{a,b}=-\frac{p\,m^2}{4}\left[\frac{1+3\varkappa_o}{2\,\mu}\pm(1-\Phi)\right],$$
$$M_{c,d}=-\frac{p\,m^2}{4}\left[\frac{1+3\varkappa_u}{2\,\mu}\mp\lambda'\Phi\right].$$

$$H_{a,b}=\frac{3}{8}\frac{p\,l_u^2}{h}\frac{\varkappa_u}{\mu}(1+\varkappa_o),\qquad M_{a,b}=\frac{p\,l_u^2}{120}\varkappa_u\left[\frac{15}{\mu}(2+3\,\varkappa_o)\mp\frac{1}{\nu}\right],$$
$$M_{c,d}=-\frac{p\,l_u^2}{120}\varkappa_u\left[\frac{15}{\mu}\pm\frac{\lambda'}{\nu}\right].$$

$$\Phi=\frac{\xi^2}{\nu}[\varkappa_u+\xi(2-\lambda_1\xi)],\qquad \psi=\frac{1}{2}-\omega'_\varphi,$$
$$H_{a,b}=\frac{p\,m^2}{4\,h}\left\{\frac{3}{\mu}[(1+\varkappa_u)\,\omega_\varphi-(1+\varkappa_o)\,\psi]+\xi^2\right\},$$
$$\xi=\frac{x}{m},\qquad \xi'=\frac{x'}{m}.\qquad M_{a,b}=-\frac{p\,m^2}{4}\left\{\frac{1}{\mu}[(2+3\,\varkappa_o)\,\psi-\omega_\varphi]\pm(\xi^2-\Phi)\right\},$$
$$M_{c,d}=-\frac{p\,m^2}{4}\left\{\frac{1}{\mu}[(2+3\,\varkappa_u)\,\omega_\varphi-\psi]\mp\lambda'\Phi\right\}.$$

$$\Phi = \frac{1}{8\nu}\left[\lambda'^2 \varkappa_o - 8\lambda_1(2+\varkappa_u+\lambda')\right],$$

$$H_{a,b} = \frac{p\, l_o^2}{8\,h}\left[\frac{3\varkappa_o}{\mu}(1+\varkappa_u) + 2\lambda_2\right],$$

$$M_{a,b} = \frac{p\, l_o^2}{8}\left[\frac{\varkappa_o}{\mu} \mp (\lambda_2 + \lambda''\Phi)\right],$$

$$M_{c,d} = -\frac{p\, l_o^2}{8}\left[\frac{\varkappa_o}{\mu}(2+3\varkappa_u) \pm \Phi\right].$$

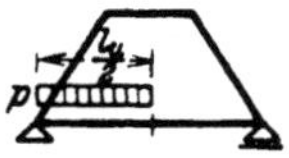

$$H_{a,b} = \frac{3}{8}\,\frac{p\, l_u^2}{h\,\mu}\,\varkappa_u(1+\varkappa_o),$$

$$M_{a,b} = \frac{p\, l_u^2}{8}\varkappa_u\left[\frac{2+3\varkappa_o}{\mu} \pm \frac{1}{8\nu}\right],$$

$$M_{c,d} = -\frac{p\, l_u^2}{8}\varkappa_u\left[\frac{1}{\mu} \mp \frac{\lambda'}{8\nu}\right].$$

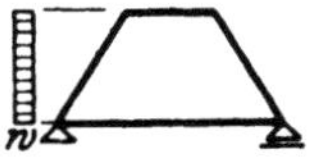

$$\Phi = \frac{1}{\nu}(2+\varkappa_u-\lambda_1),$$

$$H_{a,b} = \frac{w\,h}{4}\left[\frac{3}{2\mu}(\varkappa_u-\varkappa_o) - 1 \mp 2\right],$$

$$M_{a,b} = -\frac{w\,h^2}{4}\left[\frac{1+3\varkappa_o}{2\mu} \pm (1-\Phi)\right],$$

$$M_{c,d} = -\frac{w\,h^2}{4}\left[\frac{1+3\varkappa_u}{2\mu} \mp \lambda'\Phi\right].$$

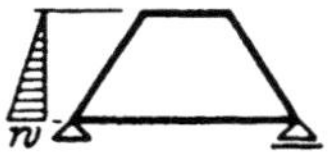

$$\Phi = \frac{1}{3\nu}\left[5(3+2\varkappa_u) - 6\lambda_1\right],$$

$$H_{a,b} = \frac{w\,h}{120}\left[\frac{3}{\mu}(7\varkappa_u - 8\varkappa_o - 1) - 20 \mp 30\right],$$

$$M_{a,b} = -\frac{w\,h^2}{40}\left[\frac{3+8\varkappa_o}{\mu} \pm \left(\frac{10}{3}-\Phi\right)\right],$$

$$M_{c,d} = -\frac{w\,h^2}{40}\left[\frac{2+7\varkappa_u}{\mu} \mp \lambda'\Phi\right].$$

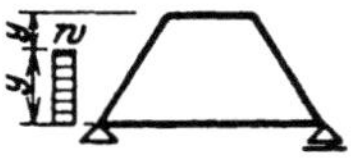

$$\Phi = \frac{\eta^2}{\nu}\left[\varkappa_u + \eta(2-\lambda_1\eta)\right], \qquad \psi = \frac{1}{2} - \omega'_\varphi,$$

$$H_{a,b} = \frac{w\,h}{4}\left\{\frac{3}{\mu}\left[(1+\varkappa_u)\omega_\varphi - (1+\varkappa_o)\psi\right] + \eta^2 - 2\eta \mp 2\eta\right\},$$

$$M_{a,b} = -\frac{w\,h^2}{4}\left\{\frac{1}{\mu}\left[(2+3\varkappa_o)\psi - \omega_\varphi\right] \pm (\eta^2-\Phi)\right\},$$

$$M_{c,d} = -\frac{w\,h^2}{4}\left\{\frac{1}{\mu}\left[(2+3\varkappa_u)\omega_\varphi - \psi\right] \mp \lambda'\Phi\right\}.$$

$$\Phi = \frac{1}{\nu}\left[10\varkappa_u + 3\eta(5-2\lambda_1\eta)\right],$$

$$H_{a,b} = \frac{w\,h}{120}\,\eta\left\{\frac{3\eta}{\mu}\left[10(\varkappa_u - 2\varkappa_o - 1) + 15\eta(1+\varkappa_o) - 3\eta^2(2+\varkappa_o+\varkappa_u)\right] + 10\eta - 30 \mp 30\right\},$$

$$M_{a,b} = -\frac{w\,h^2}{120}\,\eta^2\left\{\frac{3}{\mu}\left[10(1+2\varkappa_o) - 5\eta(2+3\varkappa_o) + 3\eta^2(1+\varkappa_o)\right] \pm (10-\Phi)\right\},$$

$$M_{c,d} = -\frac{w\,h^2}{120}\,\eta^2\left\{\frac{3}{\mu}\left[10\varkappa_u + 5\eta - 3\eta^2(1+\varkappa_u)\right] \mp \lambda'\Phi\right\}.$$

$$\Phi = \frac{1}{\nu}(2+\varkappa_u+\lambda'), \qquad H_{a,b} = \frac{P\,m}{2\,h}(2\Phi-1),$$

$$M_{a,b} = \mp\frac{P\,m}{2}\left[1-\Phi\right], \qquad M_{c,d} = \pm\frac{P\,m}{2}\lambda'\Phi.$$

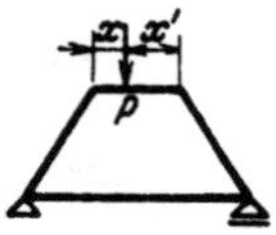

$$\Phi = \frac{1 - 2\xi}{\nu}\left[\lambda'^2 \varkappa_o \omega_R - \lambda_1 (2 + \varkappa_u + \lambda')\right],$$

$$H_{a,b} = \frac{P\,m}{2\,h}\left[\frac{9\,\varkappa_o}{\mu\,\lambda_2}(1 + \varkappa_u)\,\omega_R + 1\right],$$

$$\xi = \frac{x}{l_o}, \quad \xi' = \frac{x'}{l_o}.$$

$$M_{a,b} = \frac{P\,l_o}{2}\left\{\frac{3\,\varkappa_o}{\mu}\,\omega_R \mp [\lambda_2(1 - 2\xi) + \lambda''\Phi]\right\},$$

$$M_{c,d} = -\frac{P\,l_o}{2}\left[\frac{3\,\varkappa_o}{\mu}(2 + 3\varkappa_u)\,\omega_R \pm \Phi\right].$$

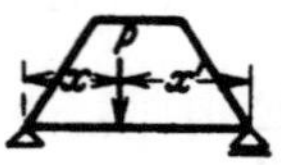

$$\Phi = \frac{1 - 2\xi}{\nu},$$

$$\xi = \frac{x}{l_u}, \quad \xi' = \frac{x'}{l_u}. \quad H_{a,b} = \frac{9\,P\,l_u}{2\,h}\,\frac{\varkappa_u}{\mu}(1 + \varkappa_o)\,\omega_R,$$

$$M_{a,b} = \frac{P\,l_u}{2}\,\varkappa_u\,\omega_R\left[\frac{3}{\mu}(2 + 3\,\varkappa_o) \pm \Phi\right],$$

$$M_{c,d} = -\frac{P\,l_u}{2}\,\varkappa_u\,\omega_R\left[\frac{3}{\mu} \mp \lambda'\Phi\right].$$

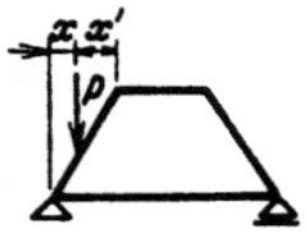

$$\Phi = \frac{\xi}{\nu}\left[\varkappa_u + \xi\,(3 - 2\,\lambda_1\,\xi)\right],$$

$$H_{a,b} = \frac{P\,m}{2\,h}\left\{\xi + \frac{3}{\mu}\left[(1 + \varkappa_u)\,\omega_D - (1 + \varkappa_o)\,\omega_D'\right]\right\},$$

$$M_{a,b} = -\frac{P\,m}{2}\left\{\frac{3}{\mu}\left[(1 + \varkappa_o)\,\omega_D' - \omega_R\right] \pm (\xi - \Phi)\right\},$$

$$\xi = \frac{x}{m}, \quad \xi' = \frac{x'}{m}. \quad M_{c,d} = -\frac{P\,m}{2}\left\{\frac{3}{\mu}\left[(1 + \varkappa_u)\,\omega_D - \omega_R\right] \mp \lambda'\Phi\right\}.$$

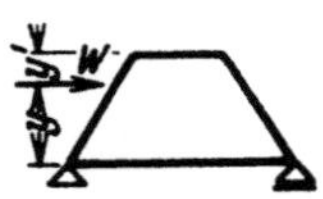

$$\Phi = \frac{\eta}{\nu}\left[\varkappa_u + \eta\,(3 - 2\,\lambda_1\,\eta)\right],$$

$$H_{a,b} = \frac{W}{2}\left\{\frac{3}{\mu}\left[(1 + \varkappa_u)\,\omega_D - (1 + \varkappa_o)\,\omega_D'\right] + \eta - 1 \mp 1\right\},$$

$$M_{a,b} = -\frac{W\,h}{2}\left\{\frac{3}{\mu}\left[(1 + \varkappa_o)\,\omega_D' - \omega_R\right] \pm (\eta - \Phi)\right\},$$

$$M_{c,d} = -\frac{W\,h}{2}\left\{\frac{3}{\mu}\left[(1 + \varkappa_u)\,\omega_D - \omega_R\right] \mp \lambda'\Phi\right\}.$$

$y = h$: $\Phi = \frac{1}{\nu}(2 + \varkappa_u + \lambda')$,

$$H_{a,b} = \mp\frac{W}{2},$$

$$M_{a,b} = \mp\frac{W\,h}{2}(1 - \Phi),$$

$$M_{c,d} = \pm\frac{W\,h}{2}\,\lambda'\Phi.$$

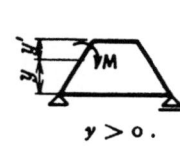

$y > 0$.

$$\Phi = \frac{1}{\nu}\left[\varkappa_u + 6\,\eta\,(1 - \lambda_1\,\eta)\right],$$

$$H_{a,b} = \frac{\mathsf{M}}{2\,h}\left\{1 - \frac{3}{\mu}\left[(1 + \varkappa_u)\,\omega_M + (1 + \varkappa_o)\,\omega_M'\right]\right\},$$

$$M_{a,b} = -\frac{\mathsf{M}}{2}\left\{\frac{1}{\mu}\left[(2 + 3\,\varkappa_o)\,\omega_M' + \omega_M\right] \pm (1 - \Phi)\right\},$$

$$M_{h,k} = \frac{\mathsf{M}}{2}\left\{\frac{1}{\mu}\left[(2 + 3\,\varkappa_u)\,\omega_M + \omega_M'\right] \pm \lambda'\Phi\right\}.$$

$$\Phi = \frac{1}{\nu}\left[\varkappa_u + 6\,(1 - \lambda_1)\right],$$

$$H_{a,b} = \frac{\mathsf{M}}{2\,h}\left[1 - \frac{3}{\mu}(1 + 2\,\varkappa_u - \varkappa_o)\right],$$

$$M_{a,b} = \frac{\mathsf{M}}{2}\left[\frac{3\,\varkappa_o}{\mu} \mp (1 - \Phi)\right],$$

$$M_{h,k} = \frac{\mathsf{M}}{2}\left[\frac{3}{\mu}(1 + 2\,\varkappa_u) \pm \lambda'\Phi\right].$$

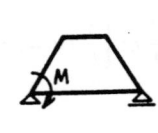

$$H_{a,b} = \frac{\mathsf{M}}{2\,h}\left[1 - \frac{3}{\mu}(1 + 2\,\varkappa_o - \varkappa_u)\right],$$

$$M_{a,b} = -\frac{\mathsf{M}}{2}\left[\frac{3}{\mu}(1 + 2\,\varkappa_o) \pm \left(1 - \frac{\varkappa_u}{\nu}\right)\right],$$

M_a am Riegel,

$$M_{c,d} = -\frac{\mathsf{M}}{2}\left[\frac{3\,\varkappa_u}{\mu} \mp \lambda'\frac{\varkappa_u}{\nu}\right].$$

Tabelle 60. Geschlossener, symmetrischer Dreiecksrahmen.

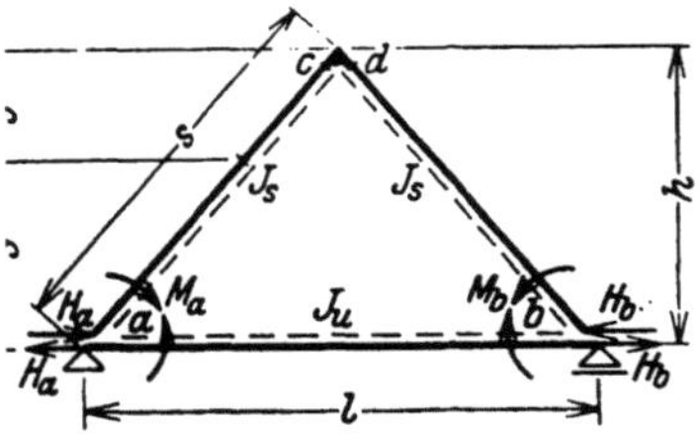

$$\eta = \frac{y}{h}, \qquad \eta' = \frac{y'}{h}, \qquad \varkappa = \frac{l}{s}\,\frac{J_s}{J_u},$$

$$\mu = 3\,(1 + 2\varkappa), \qquad \nu = 2 + \varkappa.$$

Gleichmäßige Temperaturänderung erzeugt keine Schnittkräfte.

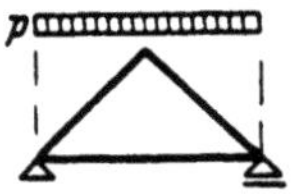

$$H_{a,b} = \frac{3}{16}\,\frac{p\,l^2}{h}\,\frac{1}{\mu}\,(2 + 5\varkappa),$$

$$M_{a,b} = -\frac{p\,l^2}{16\,\mu},$$

$$M_{c,d} = -\frac{p\,l^2}{16}\,\frac{1 + 3\varkappa}{\mu}.$$

$$H_{a,b} = \frac{3}{4}\,\frac{p\,l^2}{h}\,\frac{\varkappa}{\mu},$$

$$M_{a,b} = \frac{p\,l^2}{2}\,\frac{\varkappa}{\mu},$$

$$M_{c,d} = -\frac{p\,l^2}{4}\,\frac{\varkappa}{\mu}.$$

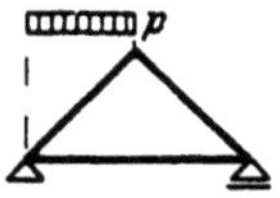

$$H_{a,b} = \frac{p\,l^2}{32\,h}\left(2 + \frac{3\varkappa}{\mu}\right),$$

$$M_{a,b} = -\frac{p\,l^2}{32}\left[\frac{1}{\mu} \pm \frac{1}{\nu}\right],$$

$$M_{c,d} = -\frac{p\,l^2}{32}\,\frac{1 + 3\varkappa}{\mu}.$$

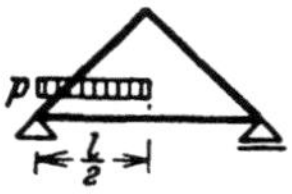

$$H_{a,b} = \frac{3}{8}\,\frac{p\,l^2}{h}\,\frac{\varkappa}{\mu},$$

$$M_{a,b} = \frac{p\,l^2}{8}\,\varkappa\left(\frac{2}{\mu} \pm \frac{1}{8\,\nu}\right),$$

$$M_{c,d} = -\frac{p\,l^2}{8}\,\frac{\varkappa}{\mu}.$$

$$H_{a,b} = \frac{3}{8}\,\frac{p\,l^2}{h}\,\frac{\varkappa}{\mu}\,(3\,\zeta - \zeta^3),$$

$$M_{a,b} = \frac{p\,l^2}{4}\,\frac{\varkappa}{\mu}\,(3\,\zeta - \zeta^3),$$

$$\zeta = \frac{c}{l}. \qquad M_{c,d} = -\frac{p\,l^2}{8}\,\frac{\varkappa}{\mu}\,(3\,\zeta - \zeta^3).$$

$$H_{a,b} = \frac{3}{8}\,\frac{p\,l^2}{h}\,\frac{\varkappa}{\mu},$$

$$M_{a,b} = \frac{p\,l^2}{120}\,\varkappa\left(\frac{30}{\mu} \mp \frac{1}{\nu}\right),$$

$$M_{c,d} = -\frac{p\,l^2}{8}\,\frac{\varkappa}{\mu}.$$

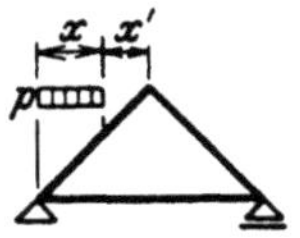

$$\Phi = \frac{1}{2} - \omega'_\varphi,$$

$$\xi = \frac{2\,x}{l}, \qquad \xi' = \frac{2\,x'}{l},$$

$$H_{a,b} = \frac{p\,l^2}{16\,h}\left\{\xi^2 + \frac{3}{\mu}\,[(1 + \varkappa)\,\omega_\varphi - \Phi)]\right\},$$

$$M_{a,b} = -\frac{p\,l^2}{16}\left[\frac{1}{\mu}\,(2\,\Phi - \omega_\varphi) \pm \frac{1}{\nu}\,\Phi\right],$$

$$M_{c,d} = -\frac{p\,l^2}{16}\,\frac{1}{\mu}\,[(2 + 3\varkappa)\,\omega_\varphi - \Phi].$$

$$\Phi = 3\,\xi^2 - 2\,\xi^3,$$

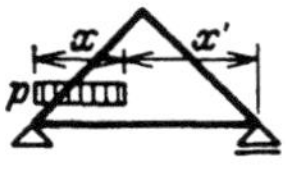

$$H_{a,b} = \frac{3}{4}\,\frac{p\,l^2}{h}\,\frac{\varkappa}{\mu}\,\Phi,$$

$$M_{a,b} = \frac{p\,l^2}{4}\,\varkappa\left[\frac{2}{\mu}\,\Phi \pm \frac{1}{\nu}\,\omega_R^2\right]$$

$$\xi = \frac{x}{l}, \quad \xi' = \frac{x'}{l}. \qquad M_{c,d} = -\frac{p\,l^2}{4}\,\frac{\varkappa}{\mu}\,\Phi.$$

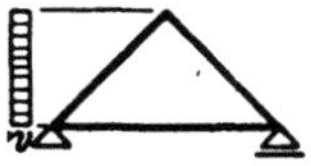

$$H_{a,b} = \frac{w\,h}{4}\left[\frac{3\varkappa}{2\,\mu} - 1 \mp 2\right],$$

$$M_{a,b} = -\frac{w\,h^2}{8}\left[\frac{1}{\mu} \pm \frac{1}{\nu}\right],$$

$$M_{c,d} = -\frac{w\,h^2}{8}\,\frac{1 + 3\varkappa}{\mu}.$$

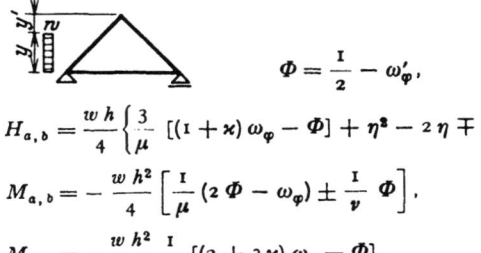

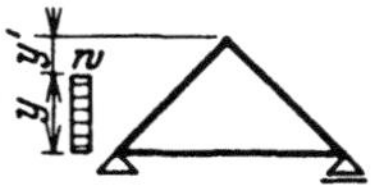

$$\Phi = \frac{1}{2} - \omega'_\varphi,$$

$$H_{a,b} = \frac{w\,h}{4}\left\{\frac{3}{\mu}\,[(1 + \varkappa)\,\omega_\varphi - \Phi] + \eta^2 - 2\,\eta \mp 2\,\eta\right\},$$

$$M_{a,b} = -\frac{w\,h^2}{4}\left[\frac{1}{\mu}\,(2\,\Phi - \omega_\varphi) \pm \frac{1}{\nu}\,\Phi\right],$$

$$M_{c,d} = -\frac{w\,h^2}{4}\,\frac{1}{\mu}\,[(2 + 3\varkappa)\,\omega_\varphi - \Phi].$$

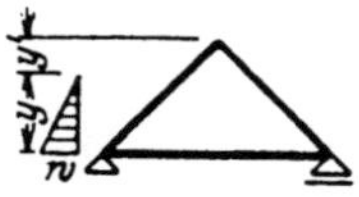

$$H_{a,b} = \frac{w\,h}{120}\,\eta\left\{\frac{3\,\eta}{\mu}\,[10\,(\varkappa - 1) + 15\,\eta - 3\,\eta^2\,\nu] + 10\,\eta - 30 \mp 30\right\},$$

$$M_{a,b} = -\frac{w\,h^2}{120}\,\eta^2\left\{\frac{3}{\mu}\,[10\,(1-\eta) + 3\,\eta^2] \pm \frac{1}{\nu}\,[20 - 15\,\eta + 3\,\eta^2]\right\},$$

$$M_{c,d} = -\frac{w\,h^2}{40}\,\frac{\eta^2}{\mu}\,[10\,\varkappa + 5\,\eta - 3\,(1+\varkappa)\,\eta^2].$$

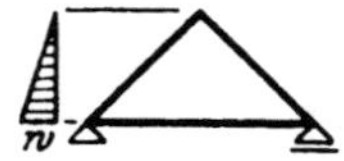

$$H_{a,b} = \frac{w\,h}{120}\left[\frac{3}{\mu}\,(7\,\varkappa - 1) - 20 \mp 30\right],$$

$$M_{a,b} = -\frac{w\,h^2}{40}\left(\frac{3}{\mu} \pm \frac{8}{3\,\nu}\right),$$

$$M_{c,d} = -\frac{w\,h^2}{40}\,\frac{2 + 7\,\varkappa}{\mu}.$$

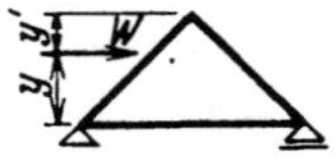

$$H_{a,b} = \frac{W}{2}\left\{\frac{3}{\mu}\,[(1+\varkappa)\,\omega_D - \omega_D'] + \eta - 1 \mp 1\right\},$$

$$M_{a,b} = -\frac{w\,h}{2}\left[\frac{3}{\mu}\,(\omega_D' - \omega_R) \pm \frac{\omega_D'}{\nu}\right],$$

$$M_{c,d} = -\frac{w\,h}{2}\,\frac{3}{\mu}\,[(1+\varkappa)\,\omega_D - \omega_R].$$

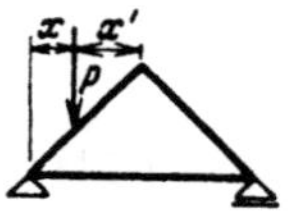

$$\xi = \frac{2\,x}{l}, \qquad \xi' = \frac{2\,x'}{l},$$

$$H_{a,b} = \frac{P\,l}{4\,h}\left\{\xi + \frac{3}{\mu}\,[(1+\varkappa)\,\omega_D - \omega_D']\right\},$$

$$M_{a,b} = -\frac{P\,l}{4}\left[\frac{3}{\mu}\,(\omega_D' - \omega_R) \pm \frac{\omega_D'}{\nu}\right],$$

$$M_{c,d} = -\frac{P\,l}{4}\,\frac{3}{\mu}\,[(1+\varkappa)\,\omega_D - \omega_R].$$

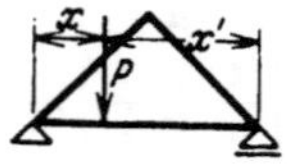

$$H_{a,b} = \frac{9}{2}\,\frac{P\,l}{h}\,\frac{\varkappa}{\mu}\,\omega_R,$$

$$M_{a,b} = \frac{P\,l}{2}\,\varkappa\,\omega_R\left(\frac{6}{\mu} \pm \frac{1 - 2\,\xi}{\nu}\right),$$

$$M_{c,d} = -\frac{P\,l}{2}\,\frac{3\,\varkappa}{\mu}\,\omega_R.$$

$y > 0$

$$H_{a,b} = \frac{\mathsf{M}}{2\,h}\left\{1 - \frac{3}{\mu}\,[(1+\varkappa)\,\omega_M + \omega_M']\right\},$$

$$M_{a,b} = -\frac{\mathsf{M}}{2}\left[\frac{1}{\mu}\,(2\,\omega_M' + \omega_M) \pm \frac{1}{\nu}\,\omega_M'\right],$$

$$M_d = \frac{\mathsf{M}}{2}\,\frac{1}{\mu}\,[(2+3\,\varkappa)\,\omega_M + \omega_M'].$$

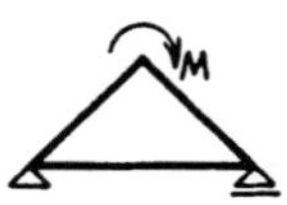

$$H_{a,b} = 0,$$

$$M_{a,b} = \pm\frac{\mathsf{M}}{2\,\nu},$$

$$M_{c,d} = \mp\frac{\mathsf{M}}{2}.$$

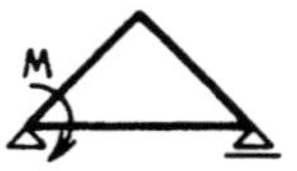

$$H_{a,b} = \frac{9}{2}\,\frac{\mathsf{M}}{h}\,\frac{\varkappa}{\mu}, \qquad M_{c,d} = -\frac{3}{2}\,\mathsf{M}\,\frac{\varkappa}{\mu},$$

$$M_{a,b} = -\frac{\mathsf{M}}{2}\left[\frac{3}{\mu} \pm \frac{2}{\nu}\right], \qquad M_a \text{ am Riegel.}$$

Tabelle 61. Symmetrischer, dreistieliger Rahmen mit geradem Riegel.

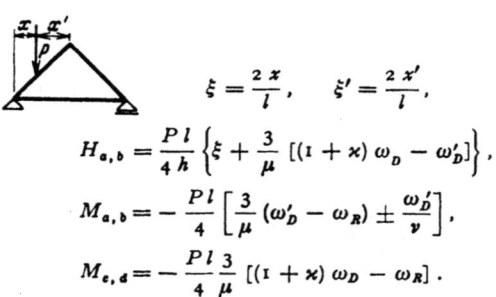

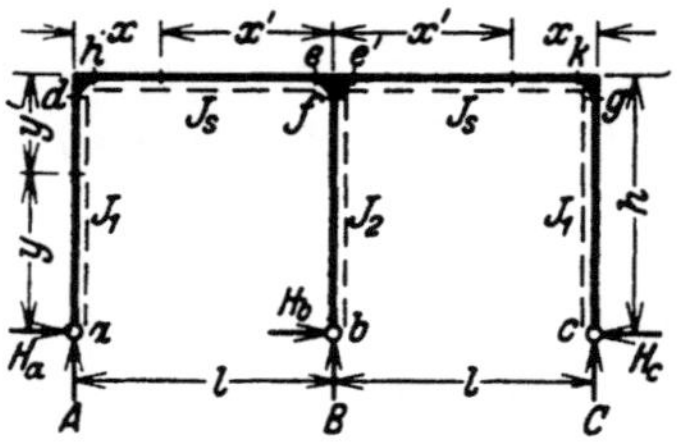

$$\xi = \frac{x}{l}, \quad \eta = \frac{y}{h}, \quad \varkappa_1 = \frac{h}{l}\,\frac{J_s}{J_1}, \quad \mu = 3 + 4\,\varkappa_1, \quad \alpha = 3 + 2\,\varkappa_1.$$

$$\xi' = \frac{x'}{l}, \quad \eta' = \frac{y'}{h}, \quad \varkappa_2 = \frac{h}{l}\,\frac{J_s}{J_2}, \quad \nu = 3 + \varkappa_1 + 2\,\varkappa_2,$$

$M_{h,k} = M_{d,g}$, wenn nicht besonders angegeben.

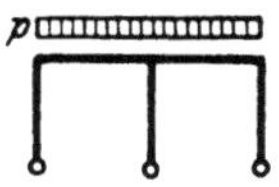

$$M_{d,g} = -\frac{p\,l^2}{4\,\mu},$$

$$M_{e,e'} = -\frac{p\,l^2}{4\,\mu}\,(1 + 2\,\varkappa_1),$$

$$M_f = 0.$$

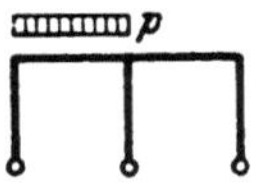

$$M_{d,g} = -\frac{p\,l^2}{8}\left[\frac{1}{\mu} \pm \frac{1}{\nu}\right],$$

$$M_{e,e'} = -\frac{p\,l^2}{8}\left[\frac{1 + 2\,\varkappa_1}{\mu} \pm \frac{1}{\nu}\right],$$

$$M_f = \frac{p\,l^2}{4\,\nu}.$$

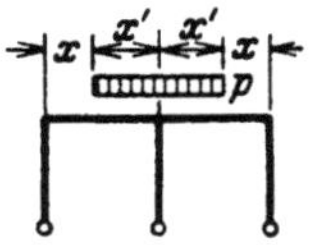

$$M_{d,g} = -\frac{p\,x'^2}{4\,\mu}\,\xi'(4 - 3\,\xi'),$$

$$M_{e,e'} = -\frac{p\,x'^2}{4\,\mu}\,[2\,\mu - 8(1+\varkappa_1)\,\xi' + \alpha\,\xi'^2],$$

$$M_f = 0.$$

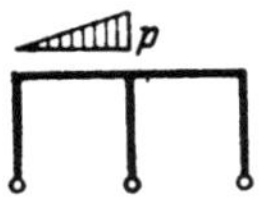

$$M_{d,g} = -\frac{p\,l^2}{40}\left[\frac{2}{\mu} \pm \frac{5}{2\,\nu}\right],$$

$$M_{e,e'} = \frac{p\,l^2}{120}\left[\frac{9 + 16\,\varkappa_1}{\mu} \pm \frac{15}{2\,\nu}\right],$$

$$M_f = \frac{p\,l^2}{8\,\nu}.$$

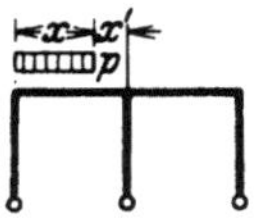

$$\Phi = \frac{1}{\nu}\,(3 - 2\,\xi), \qquad M_{e,e'} = -\frac{p\,x^2}{8}\left[\frac{1}{\mu}\,(4\,\varkappa_1 + 4\,\xi - \alpha\,\xi^2) \pm \Phi\right],$$

$$M_{d,g} = -\frac{p\,x^2}{8}\left[\frac{1}{\mu}\,(6 - 8\,\xi + 3\,\xi^2) \pm \Phi\right], \qquad M_f = \frac{p\,x^2}{4}\,\Phi.$$

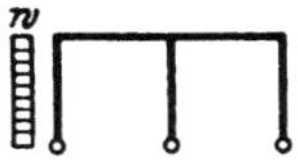

$$\Phi = \frac{1}{2\,\nu}\,(2\,\alpha + \varkappa_1),$$

$$M_{d,g} = -\frac{w\,h^2}{4}\left[\frac{\varkappa_1}{\mu} \mp \left(1 - \frac{1}{2}\,\Phi\right)\right],$$

$$M_{e,e'} = \frac{w\,h^2}{8}\left[\frac{\varkappa_1}{\mu} \mp \Phi\right],$$

$$M_f = \frac{w\,h^2}{4}\,\Phi.$$

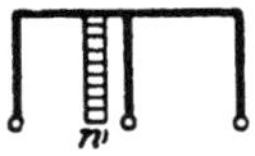

$$\Phi = \frac{1}{2\,\nu}\,(\alpha - \varkappa_2),$$

$$M_{d,g} = \pm\frac{w\,h^2}{4}\,[1 - \Phi],$$

$$M_{e,e'} = \mp\frac{w\,h^2}{4}\,\Phi,$$

$$M_f = \frac{w\,h^2}{2}\,\Phi,$$

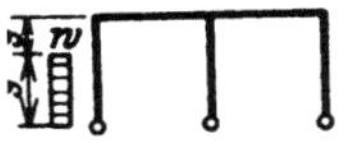

$$\Phi = \frac{1}{2\,\nu}\,[\varkappa_1\,(2 - \eta^2) + 2\,\alpha],$$

$$M_{d,g} = -\frac{w\,y^2}{8}\left[2\,\frac{\varkappa_1}{\mu}\,(2 - \eta^2) \mp (2 - \Phi)\right],$$

$$M_{e,e'} = \frac{w\,y^2}{8}\left[\frac{\varkappa_1}{\mu}\,(2 - \eta^2) \mp \Phi\right],$$

$$M_f = \frac{w\,y^2}{4}\,\Phi.$$

$$\Phi = \frac{1}{2\,\nu}\,[\alpha - \varkappa_2\,(2 - \eta^2)],$$

$$M_{d,g} = \pm\frac{w\,y^2}{4}\,[1 - \Phi],$$

$$M_{e,e'} = \mp\frac{w\,y^2}{4}\,\Phi,$$

$$M_f = \frac{w\,y^2}{2}\,\Phi.$$

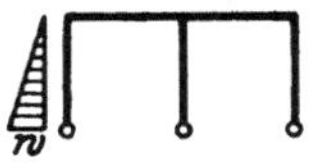

$$\Phi = \frac{3}{2\,\nu}\,(10 + 9\,\varkappa_1),$$

$$M_{d,g} = -\frac{w\,h^2}{120}\left[14\,\frac{\varkappa_1}{\mu} \mp (10 - \Phi)\right],$$

$$M_{e,e'} = \frac{w\,h^2}{120}\left[7\,\frac{\varkappa_1}{\mu} \mp \Phi\right],$$

$$M_f = \frac{w\,h^2}{60}\,\Phi.$$

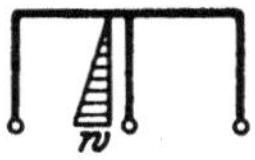

$$\Phi = \frac{1}{\nu}\,(7\,\varkappa_2 - 5\,\alpha),$$

$$M_{d,g} = \pm\frac{w\,h^2}{120}\,[10 + \Phi],$$

$$M_{e,e'} = \mp\frac{w\,h^2}{120}\,\Phi,$$

$$M_f = \frac{w\,h^2}{60}\,\Phi.$$

$$\Phi = \frac{3}{2\nu}\left[10(1+\varkappa_1) - \varkappa_1\eta^2\right],$$

$$M_{d,g} = -\frac{w y^2}{120}\left[2\frac{\varkappa_1}{\mu}(10-3\eta^2) \mp (10-\Phi)\right],$$

$$M_{e,e'} = \frac{w y^2}{120}\left[\frac{\varkappa_1}{\mu}(10-3\eta^2) \mp \Phi\right],$$

$$M_f = \frac{w y^2}{60}\,\Phi.$$

$$\Phi = \frac{1}{\nu}\left[5(\alpha - 2\varkappa_2) + 3\varkappa_2\eta^2\right],$$

$$M_{d,g} = \pm\frac{w y^2}{120}(10-\Phi),$$

$$M_{e,e'} = \mp\frac{w y^2}{120}\,\Phi,$$

$$M_f = +\frac{w y^2}{60}\,\Phi.$$

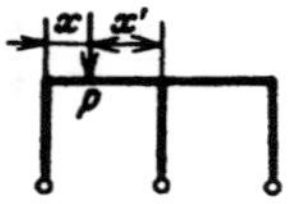

$$M_{d,g} = -\frac{3}{2}Pl\,\omega_R\left[\frac{1}{\mu}\xi' \pm \frac{1}{2\nu}\right],$$

$$M_{e,e'} = -\frac{Pl}{2}\,\omega_R\left[\frac{1}{\mu}(2\varkappa_1 + \alpha\xi) \pm \frac{3}{2\nu}\right],$$

$$M_f = \frac{3}{2}\,\frac{Pl}{\nu}\,\omega_R.$$

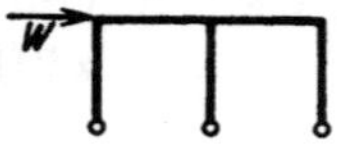

$$M_{d,g} = \pm\frac{Wh}{2}\left(1 - \frac{\alpha}{2\nu}\right),$$

$$M_{e,e'} = \mp\frac{Wh}{4}\,\frac{\alpha}{\nu},$$

$$M_f = \frac{Wh}{2}\,\frac{\alpha}{\nu}.$$

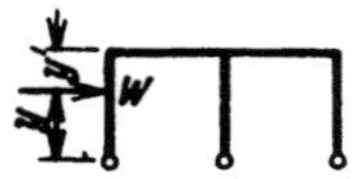

$$\Phi = \frac{1}{2\nu}\left[\varkappa_1(1-\eta^2) + \alpha\right],$$

$$M_{d,g} = -\frac{W y}{2}\left[2\frac{\varkappa_1}{\mu}(1-\eta^2) \mp (1-\Phi)\right],$$

$$M_{e,e'} = \frac{W y}{2}\left[\frac{\varkappa_1}{\mu}(1-\eta^2) \mp \Phi\right],$$

$$M_f = W y\,\Phi.$$

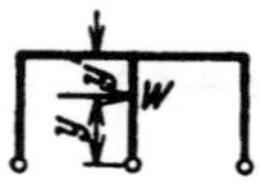

$$\Phi = \frac{1}{2\nu}\left[2\varkappa_2(1-\eta^2) - \alpha\right],$$

$$M_{d,g} = \pm\frac{W y}{2}\left[1+\Phi\right],$$

$$M_{e,e'} = \pm\frac{W y}{2}\,\Phi,$$

$$M_f = -W y\,\Phi.$$

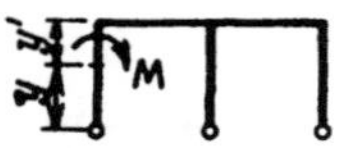

$$\Phi = \frac{1}{2\nu}(\alpha - \varkappa_1\omega_M),$$

$$M_{hk} = +\frac{\mathsf{M}}{2}\left[2\frac{\varkappa_1}{\mu}\omega_M \pm (1-\Phi)\right],$$

$$M_{e,e'} = -\frac{\mathsf{M}}{2}\left[\frac{\varkappa_1}{\mu}\omega_M \pm \Phi\right],$$

$$M_f = \mathsf{M}\,\Phi.$$

$y = h$: $\quad \Phi = \frac{3}{2\nu}, \quad \omega_M = 2,$

$y = 0$: $\quad \Phi = \frac{3}{2\nu}(1+\varkappa_1), \quad \omega_M = -1.$

$$\Phi = +\frac{1}{2\nu}(\alpha + 2\varkappa_2\omega_M),$$

$$M_{d,g} = \pm\frac{\mathsf{M}}{2}(1-\Phi),$$

$$M_{e,e'} = \mp\frac{\mathsf{M}}{2}\,\Phi,$$

$y' > 0$: $\quad M_f = \mathsf{M}\,\Phi,$

$y = h$: $\quad \Phi = \frac{1}{2\nu}(2\nu - 3), \quad M_f = -\mathsf{M}(1-\Phi),$

$y = 0$: $\quad \Phi = \frac{1}{2\nu}(\alpha - 2\varkappa_2).$

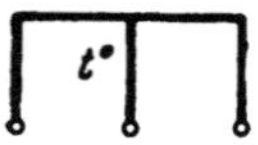

$$M_{d,g} = -\frac{12\,E J_s \alpha_t t}{\mu h}, \qquad M_{e,e'} = \frac{6\,E J_s \alpha_t t}{\mu h}, \qquad M_f = 0.$$

Tabelle 62. Symmetrischer, dreistieliger Rahmen mit gebrochenem Riegel.

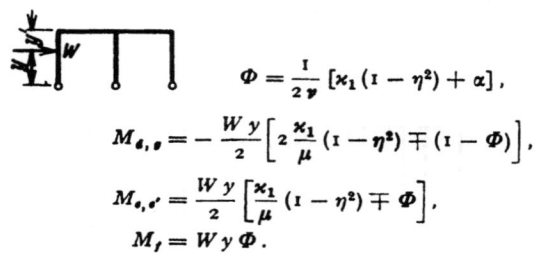

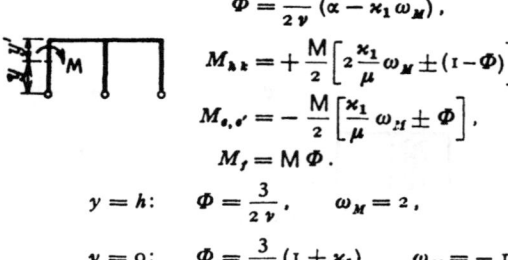

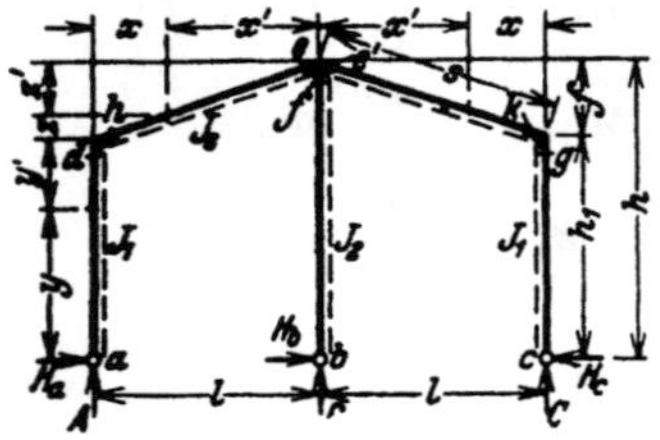

$$\xi = \frac{x}{l}, \quad \zeta = \frac{z}{f}, \quad \varphi = \frac{f}{h}, \quad \varphi' = \frac{h_1}{h}, \quad \varphi'' = \frac{h}{h_1},$$

$$\xi' = \frac{x'}{l}, \quad \zeta' = \frac{z'}{f}, \quad \varkappa_1 = \frac{h_1}{s}\,\frac{J_s}{J_1}, \quad \varkappa_2 = \frac{h}{s}\,\frac{J_s}{J_2}, \quad \mu = 3 + 4\varkappa_1,$$

$$\alpha = 2(1+\varkappa_1) + \varphi'', \qquad \nu = 1 + 2\varkappa_2 + \varphi' + \varphi'^2(1+\varkappa_1),$$

$M_{h,k} = M_{d,g}$, wenn nicht besonders angegeben.

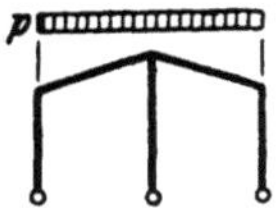

$$M_{d,g} = -\frac{p\,l^2}{4\,\mu},$$
$$M_{e,e'} = -\frac{p\,l^2}{4\,\mu}[1 + 2\,\varkappa_1],$$
$$M_f = 0.$$

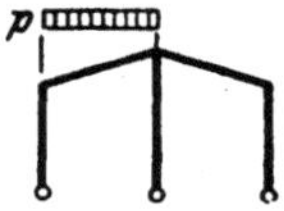

$$M_{d,g} = -\frac{p\,l^2}{8}\left[\frac{\varphi'(1+\varphi')}{2\,\nu}\right],$$
$$M_{e,e'} = -\frac{p\,l^2}{8}\left[\frac{1+2\,\varkappa_1}{\mu} \pm \frac{1+\varphi'}{2\,\nu}\right]$$
$$M_f = \frac{p\,l^2}{8}\,\frac{1+\varphi'}{\nu}.$$

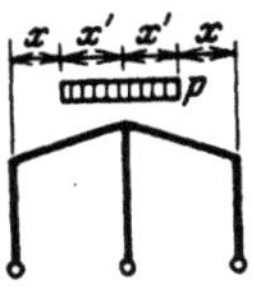

$$M_{d,g} = -\frac{p\,x'^2}{4\,\mu}\,\xi'[4 - 3\,\xi'],$$
$$M_{e,e'} = -\frac{p\,x'^2}{4\,\mu}[2\,\mu - 8\,(1+\varkappa_1)\,\xi' + (3 + 2\,\varkappa_1)\,\xi'^2],$$
$$M_f = 0.$$

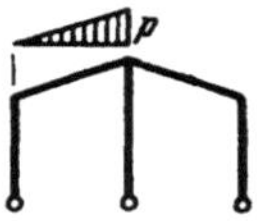

$$\Phi = \frac{8 + 7\,\varphi'}{\nu},$$
$$M_{d,g} = -\frac{p\,l^2}{120}\left[\frac{6}{\mu} \pm \frac{\varphi'}{2}\,\Phi\right],$$
$$M_{e,e'} = -\frac{p\,l^2}{120}\left[\frac{9 + 16\,\varkappa_1}{\mu} \pm \frac{1}{2}\,\Phi\right],$$
$$M_f = \frac{p\,l^2}{120}\,\Phi.$$

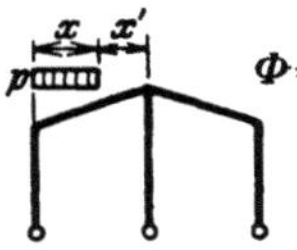

$$\Phi = \frac{1}{\nu}\left[3 - 2\,\xi - \frac{\varphi}{2}\,(\xi^2 + 4\,\xi')\right], \quad M_{e,e'} = -\frac{p\,x^2}{8}\left\{\frac{1}{\mu}[4\,\varkappa_1 + 4\,\xi - (3 + 2\,\varkappa_1)\,\xi^2] \pm \Phi\right\},$$
$$M_{d,g} = -\frac{p\,x^2}{8}\left[\frac{1}{\mu}(6 - 8\,\xi + 3\,\xi^2) \pm \varphi'\,\Phi\right], \qquad M_f = \frac{p\,x^2}{4}\,\Phi.$$

$$\Phi = \frac{\varphi'}{2\,\nu}(2\,\alpha + \varkappa_1),$$
$$M_{d,g} = -\frac{w\,h_1^2}{4}\left[\frac{\varkappa_1}{\mu} \mp \left(1 - \frac{\varphi'}{2}\,\Phi\right)\right],$$
$$M_{e,e'} = \frac{w\,h_1^2}{8}\left[\frac{\varkappa_1}{\mu} \mp \Phi\right],$$
$$M_f = \frac{w\,h_1^2}{4}\,\Phi.$$

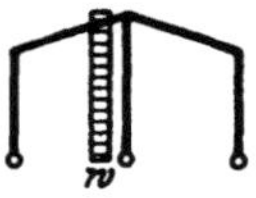

$$\Phi = \frac{1}{2\,\nu}(\varphi'^2\,\alpha - \varkappa_2),$$
$$M_{d,g} = \pm\frac{w\,h^2}{4}\,\varphi'[1 - \Phi],$$
$$M_{e,e'} = \mp\frac{w\,h^2}{4}\,\Phi,$$
$$M_f = \frac{w\,h^2}{2}\,\Phi.$$

$$\Phi = \frac{\varphi'}{2\,\nu}[\varkappa_1\,(2 - \eta^2) + 2\,\alpha],$$
$$M_{d,g} = -\frac{w\,y^2}{8}\left[2\,\frac{\varkappa_1}{\mu}(2 - \eta^2) \mp (2 - \varphi'\,\Phi)\right],$$
$$= \frac{y}{h_1}, \qquad \eta' = \frac{y'}{h_1}.$$
$$M_{e,e'} = \frac{w\,y^2}{8}\left[\frac{\varkappa_1}{\mu}(2 - \eta^2) \mp \Phi\right],$$
$$M_f = \frac{w\,y^2}{4}\,\Phi.$$

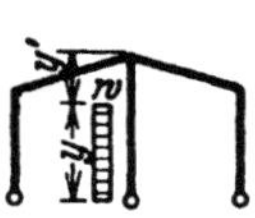

$$\Phi = \frac{1}{2\,\nu}[\varphi'^2\,\alpha - \varkappa_2\,(2 - \eta^2)],$$
$$M_{d,g} = \pm\frac{w\,y^2}{4}\,\varphi'[1 - \Phi],$$
$$M_{e,e'} = \mp\frac{w\,y^2}{4}\,\Phi,$$
$$\eta = \frac{y}{h}, \qquad \eta' = \frac{y'}{h}. \qquad M_f = \frac{w\,y^2}{2}\,\Phi.$$

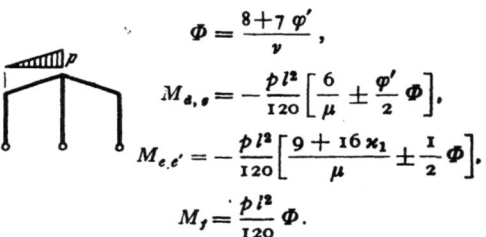

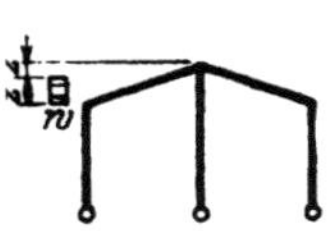

$$\psi = \frac{1}{2} - \omega'_\varphi, \qquad \Phi = \frac{1}{4\,\nu}\left(\omega_\varphi + \varphi'\,\psi + 2\,\frac{\varphi'^2}{\varphi}\,\alpha\,\zeta\right),$$
$$M_{d,g} = -\frac{w\,f^2}{2}\left[\frac{1}{2\,\mu}(2\,\psi - \omega_\varphi) \mp \frac{\varphi'}{\varphi}(\zeta - \varphi\,\Phi)\right],$$
$$M_{e,e'} = -\frac{w\,f^2}{2}\left[\frac{1}{2\,\mu}[2\,\omega_\varphi(1 + \varkappa_1) - \psi] \pm \Phi\right], \qquad M_f = w f^2\,\Phi.$$

$$\Phi = \frac{1}{2\nu}\left(1 + \varphi' + 4\frac{\varphi'^2}{\varphi}\alpha\right),$$

$$M_{d,g} = -\frac{w f^2}{8}\left[\frac{1}{\mu} \mp \frac{\varphi'}{\varphi}(4 - \varphi\,\Phi)\right],$$

$$M_{e,e'} = -\frac{w f^2}{8}\left[\frac{1}{\mu} + \frac{2\varkappa_1}{\mu} \pm \Phi\right],$$

$$M_f = \frac{w f^2}{4}\Phi.$$

$$\Phi = \frac{1}{\nu}\left[5(\varphi'^2\alpha - 2\varkappa_2) + 3\varkappa_2\eta^2\right],$$

$$M_{d,g} = \pm\frac{w y^2}{120}\varphi'\left[10 - \Phi\right],$$

$$\eta = \frac{y}{h},\quad \eta' = \frac{y'}{h}\qquad M_{e,e'} = \mp\frac{w y^2}{120}\Phi,$$

$$M_f = +\frac{w y^2}{60}\Phi,$$

$$\eta = \frac{y}{h_1},\quad \eta' = \frac{y'}{h_1}.$$

$$\Phi = \frac{\varphi'}{2\nu}\left[10(\alpha + \varkappa_1) - 3\varkappa_1\eta^2\right],$$

$$M_{d,g} = -\frac{w y^2}{120}\left[\frac{2\varkappa_1}{\mu}(10 - 3\eta^2) \mp (10 - \varphi'\Phi)\right],$$

$$M_{e,e'} = \frac{w y^2}{120}\left[\frac{\varkappa_1}{\mu}(10 - 3\eta^2) \mp \Phi\right],\qquad M_f = \frac{w y^2}{60}\Phi.$$

$$\Phi = \frac{\varphi'}{2\nu}(10\alpha + 7\varkappa_1),$$

$$M_{d,g} = -\frac{w h_1^2}{120}\left[14\frac{\varkappa_1}{\mu} \mp (10 - \varphi'\Phi)\right],$$

$$M_{e,e'} = \frac{w h_1^2}{120}\left[7\frac{\varkappa_1}{\mu} \mp \Phi\right],$$

$$M_f = \frac{w h_1^2}{60}\Phi.$$

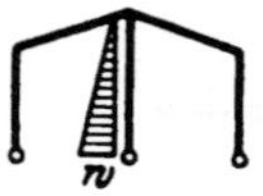

$$\Phi = \frac{1}{\nu}(7\varkappa_2 - 5\varphi'^2\alpha),$$

$$M_{d,g} = \pm\frac{w h^2}{120}\varphi'(10 + \Phi),$$

$$M_{e,e'} = \pm\frac{w h^2}{120}\Phi,$$

$$M_f = -\frac{w h^2}{60}\Phi.$$

$$M_{d,g} = -\frac{Pl}{2}\omega_R\left\{\frac{3}{\mu}\xi' \pm \frac{\varphi'}{2\nu}\left[3 - \varphi(1 + \xi')\right]\right\},$$

$$M_{e,e'} = -\frac{Pl}{2}\omega_R\left\{\frac{1}{\mu}\left[2\varkappa_1 + (3 + 2\varkappa_1)\xi\right] \pm \frac{1}{2\nu}\left[3 - \varphi(1 + \xi')\right]\right\},$$

$$M_f = \frac{Pl}{2}\frac{\omega_R}{\nu}\left[3 - \varphi(1 + \xi')\right].$$

$$\Phi = \frac{\varphi'}{\nu}\left[\varkappa_1(1 - \eta^2) + \alpha\right],$$

$$M_{d,g} = -\frac{W y}{2}\left[2\frac{\varkappa_1}{\mu}(1 - \eta^2) \mp \left(1 - \frac{\varphi'}{2}\Phi\right)\right],$$

$$M_{e,e'} = \frac{W y}{2}\left[\frac{\varkappa_1}{\mu}(1 - \eta^2) \mp \frac{1}{2}\Phi\right],$$

$$M_f = \frac{W y}{2}\Phi.$$

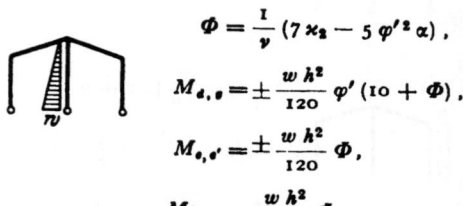

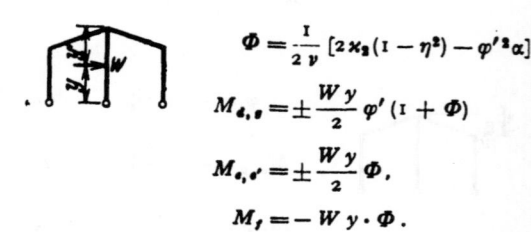

$$\Phi = \frac{1}{2\nu}\left[2\varkappa_2(1 - \eta^2) - \varphi'^2\alpha\right]$$

$$M_{d,g} = \pm\frac{W y}{2}\varphi'(1 + \Phi)$$

$$M_{e,e'} = \pm\frac{W y}{2}\Phi,$$

$$M_f = -W y\cdot\Phi.$$

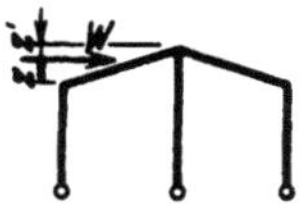

$$\Phi = \frac{1}{2\nu}\left(\omega_D + \varphi'\omega_D' + \frac{\varphi'^2}{\varphi}\alpha\right),$$

$$M_{d,e} = -\frac{Wf}{2}\left[\frac{1}{\mu}(2\omega_D' - \omega_D) \mp \frac{\varphi'}{\varphi}(1 - \varphi\Phi)\right],$$

$$M_{e,e'} = -\frac{Wf}{4}\left[\omega_D + \frac{1}{\mu}(2\omega_D - \omega'_D) \pm 2\Phi\right],$$

$$M_f = Wf\Phi.$$

$z = 0$:

$$M_{d,e} = \pm\frac{Wh_1}{2}\left(1 - \frac{\varphi'^2}{2\nu}\alpha\right),$$

$$M_{e,e'} = \mp\frac{Wh_1}{4}\frac{\varphi'}{\nu}\alpha,$$

$$M_f = \frac{Wh_1}{2}\frac{\varphi'}{\nu}\alpha.$$

$$\Phi = \frac{\varphi'}{2\nu}(\alpha - \varkappa_1\omega_M),$$

$$M_{h,k} = \frac{\mathsf{M}}{2}\left[2\frac{\varkappa_1}{\mu}\omega_M \pm (1 - \varphi'\Phi)\right],$$

$= \frac{y}{h_1}$, $\eta' = \frac{y'}{h_1}$. $\quad M_{e,e'} = -\frac{\mathsf{M}}{2}\left[\frac{\varkappa_1}{\mu}\omega_M \pm \Phi\right],$

$$M_f = \mathsf{M}\Phi.$$

$y = h_1$: $\quad \Phi = \frac{\varphi'}{2\nu}(2 + \varphi''),\ \omega_M = 2.$

$y = 0$: $\quad \Phi = \frac{\varphi'}{2\nu}(\alpha + \varkappa_1),\ \omega_M = -1.$

$$\Phi = \frac{1}{2\nu}(2\varkappa_2\omega_M + \varphi'^2\alpha),$$

$$M_{d,e} = \pm\frac{\mathsf{M}}{2}\varphi'(1 - \Phi),$$

$\eta = \frac{y}{h}$, $\eta' = \frac{y'}{h}$. $\quad M_{e,e'} = \mp\frac{\mathsf{M}}{2}\Phi,$

$y' > 0$: $\quad M_f = \mathsf{M}\Phi.$

$y = h$: $\quad \Phi = \frac{1}{2\nu}(4\varkappa_2 + \varphi'^2\alpha),\ M_f = -\mathsf{M}(1 - \Phi).$

$y = 0$: $\quad \Phi = \frac{1}{2\nu}(\varphi'^2\alpha - 2\varkappa_2).$

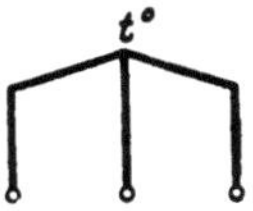

$$M_{d,e} = -\frac{12EJ_s l\alpha_t t}{\mu s h_1},$$

$$M_{e,e'} = \frac{6EJ_s\alpha_t t l}{\mu s h_1}, \qquad M_f = 0.$$

62. Die räumliche Belastung des ebenen Tragwerks.

Während das ebene Tragwerk bei Belastung in der Symmetrieebene als Scheibe oder Scheibenverbindung angesehen und berechnet wird, ist bei allgemeinem Kraftangriff die räumliche Betrachtung von Träger, Stützung und Formänderung notwendig. Der Abschnitt eines Stabes besitzt in diesem Falle sechs Freiheitsgrade, so daß für die äußeren Kräfte sechs Gleichgewichtsbedingungen angeschrieben werden können. Die Verschiebung eines Querschnitts ist durch sechs geometrische Parameter, der Spannungszustand (σ_x, τ_{xy}, τ_{xz}) eines Querschnitts bei Annahme eines linearen Ansatzes für σ_x durch sechs Schnittkräfte (43) bestimmt.

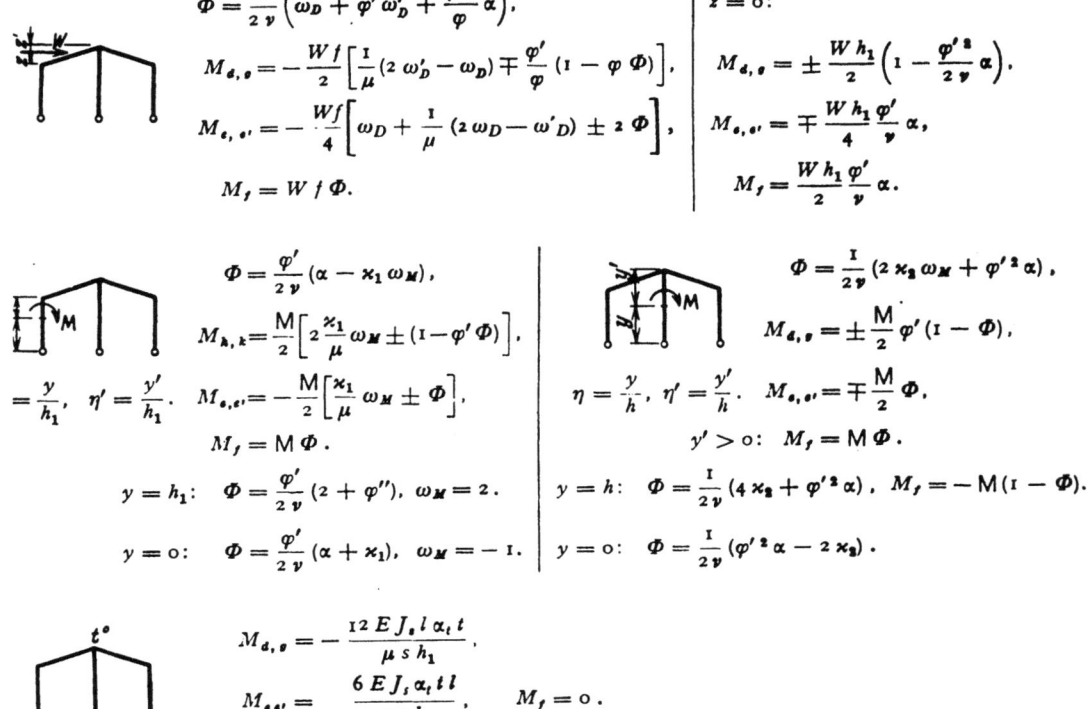

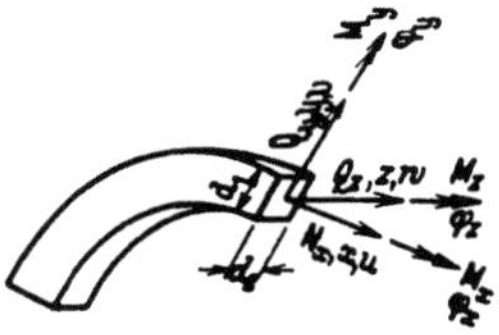

Abb. 581.

Die äußeren Kräfte werden in Komponenten zerlegt, die in der Trägerebene und senkrecht dazu angreifen. Der Beitrag jeder Gruppe zum Spannungs- und Verschiebungszustand darf nach dem Superpositionsgesetz getrennt angegeben werden. Die räumliche Belastung besteht daher nur aus Kräften winkelrecht zur Ebene des Tragwerks, für welche das Biegungsmoment M_z und die Querkraft Q_y Null sind, während die Verschiebungen u, v und die Verdrehung φ_z als klein gegen die Komponenten w, φ_x, φ_y vernachlässigt werden (Abb. 581).

Lösung A. Die ebenen Tragwerke des Bauwesens mit räumlichem Charakter sind, abgesehen von wenigen Ausnahmen, statisch unbestimmt. Der Spannungszustand kann daher ebenso wie in Abschn. **24** aus den Schnittkräften eines Hauptsystems entwickelt werden, an dem die statisch unbestimmten Schnittkräfte neben der

Belastung als äußere Kräfte angreifen. Sie werden nach denselben Gesichtspunkten wie bei Tragwerken unter ebener Belastung ausgewählt und berechnet (Abschn. 24ff.). Daher lassen sich nach Abschn. 28 und 36 auch statisch überzählige Gruppenlasten bilden.

Die Schnittkräfte des Spannungszustandes werden durch Superposition gefunden.

$$\left.\begin{aligned} M_y &= M_{y,0} - \sum X_h M_{y,h}, \qquad M_x = M_{x,0} - \sum X_h M_{x,h}, \\ Q_z &= Q_{z,0} - \sum X_h Q_{z,h}; \qquad (h = 1 \ldots n). \end{aligned}\right\} \tag{876}$$

Dasselbe gilt für die Komponenten des Verschiebungszustandes des Hauptsystems. Die relativen Verschiebungen δ_k sind infolge der Kontinuität des vorgeschriebenen Tragwerks Null, so daß hier in Verbindung mit den Bemerkungen auf S. 89 ähnliche geometrische Bedingungen wie in Abschn. 24 angeschrieben werden können.

$$1_k \delta_k = 1_k \left(\delta_{k0} - \sum_{h=1}^{n} X_h \delta_{kh}\right), \qquad (k = 1 \ldots n).$$

$$1_k^{(0)} \delta_k = \int M_y^{(n)} M_{y,k}^{(0)} \frac{J_c}{J_y} ds + \frac{E}{G} \int M_x^{(n)} M_{x,k}^{(0)} \frac{J_c}{T} ds + E J_c \int M_{y,k}^{(0)} \frac{\alpha_t \Delta t}{d_z} ds = 0 .$$

Die statische Untersuchung unterliegt denselben Rechenvorschriften wie bei ebener Belastung des Tragwerks (Abschn. 24ff.) und besteht daher aus folgenden Teilen:

1. Entwicklung der Funktionen $M_{y,0}$, $M_{y,k}$, $M_{x,0}$, $M_{x,k}$.
2. Analytische oder numerische Integration der Vorzahlen und Belastungszahlen δ_{kh}, δ_{k0}.
3. Auflösung des Ansatzes und Nachweis der Schnittkräfte im Hauptsystem aus Belastung und überzähligen Größen X_k.

Lösung B. Die statische Untersuchung des Tragwerks kann ebenso wie bei ebener Belastung auf die geometrischen Randbedingungen der Stäbe zurückgeführt werden (Abschn. 38). Diese sind hier durch die Verdrehung und durch die Verschiebung des Stabknotens, also durch sechs Komponenten bestimmt, von denen allerdings u_J, v_J, $\varphi_{z,J}$ durch die Art der vorgeschriebenen Belastung Null sind. Die Verschiebungen w_J, w_K werden im Sinne der z-Achse, die Drehwinkel $\varphi_{x,J}$, $\varphi_{y,J}$ im Sinne des Uhrzeigers als positiv angenommen und stets mit dem $E J_c$ fachen Betrage verwendet. Sie ergeben sich ebenso wie in Abschn. 38 aus den Bedingungen für das Gleichgewicht der äußeren Kräfte an den kinematischen Gebilden $\Gamma_{x,J}$, $\Gamma_{y,J}$, Γ_c. Nach dem Prinzip der virtuellen Verrückungen (S. 315) ist

$$\delta A_{x,J} = 0, \quad \delta A_{y,J} = 0, \quad \delta A_c = 0 \qquad (J = A \ldots N,\ c = 1 \ldots f).$$

Der Ansatz enthält außer der Belastung $\mathfrak{P}_k$, $\mathfrak{P}_J$ der Stäbe k und Knoten J nach S. 319 die Anschlußkräfte $M_{y,J}^{(k)}$, $M_{x,J}^{(k)}$ an den Elementen der kinematischen Ketten als Funktion der Verschiebungen der Knotenpunkte:

$$\left.\begin{aligned} M_{y,J}^{(k)} &= M_{y,J0}^{(k)} + \varphi_{y,J} M_{y,JJ}^{(k)} + \varphi_{y,K} M_{y,JK}^{(k)} + \vartheta_{yk} M_{y,Jk}^{(k)}, \\ M_{x,J}^{(k)} &= M_{x,J0}^{(k)} + \varphi_{x,J} M_{x,JJ}^{(k)} + \varphi_{x,K} M_{x,JK}^{(k)}. \end{aligned}\right\} \tag{877}$$

Der Drehsinn der Anschlußmomente am Stab wird in Übereinstimmung mit demjenigen der Drehwinkel im Uhrzeigersinn positiv gerechnet. Für gerade Stäbe l_k mit gleichbleibendem Querschnitt, also auch mit

$$J_{y,k} = \text{const}, \quad T_k = \text{const und } \frac{J_c}{J_{y,k}} l_k = l_k', \quad \frac{E}{G} \frac{J_c}{T_k} l_k = l_k'' = \varrho_k l_k' \tag{878}$$

ist nach S. 308

$$\left.\begin{aligned} M_{y,J}^{(k)} &= M_{y,J0}^{(k)} + \varphi_{y,J} \frac{4}{l_k'} + \varphi_{y,K} \frac{2}{l_k'} - \vartheta_{y,k} \frac{6}{l_k'}, \\ M_{x,J}^{(k)} &= M_{x,J0}^{(k)} - \varphi_{x,J} \frac{1}{l_k''} + \varphi_{x,K} \frac{1}{l_k''}; \end{aligned}\right| \tag{879}$$

oder mit $\quad \vartheta_{v,k} = (w_J - w_K)/l_k$

$$M^{(k)}_{v,J} = M^{(k)}_{v,J0} + \varphi_{v,J}\frac{4}{l'_k} + \varphi_{v,K}\frac{2}{l'_k} - (w_J - w_K)\frac{6}{l_k l'_k}. \tag{880}$$

Das ebene Tragwerk dient in lotrechter Stellung mit waagerechter Belastung als Bogen- und Rahmenträger zur Übertragung von Wind-, Brems- und Fliehkräften und in waagerechter Lage mit senkrechter Belastung als Ringträger, Kragträger und Trägerrost. Ihre Berechnung wird auf einfache oder mehrfache Symmetrie des Tragwerks beschränkt, um auf diese Weise die wesentlichen Eigenschaften der Lösung hervortreten zu lassen und einfache Ergebnisse zu erhalten.

Seipp, H.: Theorie und Berechnung doppeltgekrümmter Freiträger. Wien 1910. — Habel, A.: Rahmenberechnung bei räumlichem Kraftangriff. Beton u. Eisen 1926 S. 214. — Derselbe: Berechnung symmetrischer mehrstieliger Rahmen. Bautechn. 1926 S. 159. — Derselbe: Die Einflußlinien des senkrecht zur Tragwandebene belasteten zweistieligen Rahmens und ihre Anwendung bei der Berechnung räumlich beanspruchter mehrstieliger Rahmenträger. Beton u. Eisen 1928 S. 46. — Worch, G.: Beitrag zur Ermittlung der Formänderungen ebener Stabzüge mit räumlicher Stützung nebst Anwendung auf die Berechnung statisch unbestimmter Systeme. Beton u. Eisen 1930 S. 167.

63. Der eingespannte Bogenträger mit Belastung winkelrecht zur Trägerebene.

Der Träger ist symmetrisch zur Achse, so daß jede Belastung nach S. 186 in den symmetrischen und antimetrischen Anteil zerlegt werden kann. Bei Symmetrie der Belastung sind die Querkraft Q_c und das Drillungsmoment M_a in der Symmetrieachse Null (Abb. 582a). Der Spannungszustand des Trägers enthält daher mit dem Biegungsmoment M_b in der Symmetrieachse nur eine statisch unbestimmte Schnittkraft. Dieses ist bei Antimetrie der Belastung Null, die Rechnung also mit M_a und Q_c zweifach statisch unbestimmt. Die überzähligen Größen können ebenso wie auf S. 274 durch Einführung von Gruppenlasten unabhängig voneinander berechnet werden (Abb. 582b).

Das Hauptsystem der Untersuchung besteht nach Abb. 582a aus zwei winkelrecht zur Symmetrieebene belasteten Kragträgern, deren Schnittkräfte M_x, M_y in der folgenden Transformation verwendet werden (Abb. 582c)

$$\left.\begin{aligned} M_y &= -M_I \sin\alpha - M_{II}\cos\alpha, \\ M_x &= -M_I \cos\alpha + M_{II}\sin\alpha. \end{aligned}\right\} \tag{881}$$

In dieser bedeuten M_I, M_{II} die Momente der Kräfte zwischen Scheitel und Querschnitt (k) in bezug auf die ausgezeichneten Achsen I und II mit dem Schwerpunkt des Querschnitts als Ursprung.

$$\frac{J_c}{J_v} ds = ds', \qquad \frac{E J_c}{G T} ds = \varrho\, ds', \qquad \varrho = \frac{E J_v}{G T}.$$

Überzählige Größen Abb. 582b.

$$X_1 = -M_b, \qquad X_3 = -M_a,$$

X_2: Gruppenlast aus $-Q_c$ und $M_a = -Q_c b_0$.

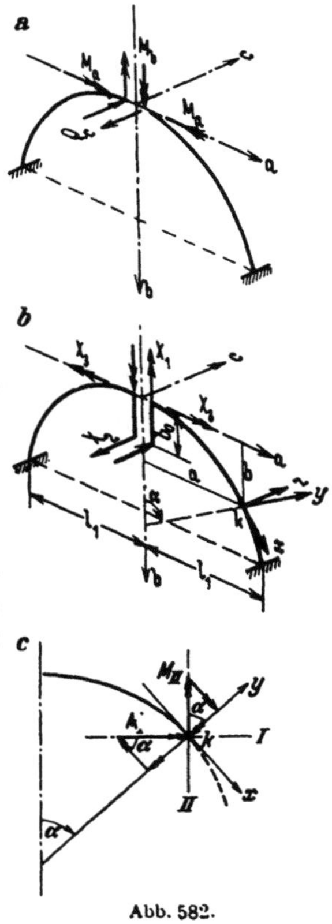

Abb. 582.

a) Symmetrischer Anteil: $X_1 = \delta_{10}/\delta_{11}$, $X_2 = 0$, $X_3 = 0$.

$-X_1 = 1$: $M_{y,1} = \cos\alpha$, $M_{x,1} = -\sin\alpha$,

$$\delta_{10} = 2\int_0^{l_1} (M_{y,0}\cos\alpha - M_{x,0}\,\varrho\sin\alpha)\,ds', \qquad \delta_{11} = 2\int_0^{l_1} (\cos^2\alpha + \varrho\sin^2\alpha)\,ds'. \tag{882}$$

$$M_y = M_{y,0} - X_1\cos\alpha, \qquad M_x = M_{x,0} + X_1\sin\alpha. \tag{883}$$

b) Antimetrischer Anteil: $X_1 = 0$, $X_2 \neq 0$, $X_3 \neq 0$.

$-X_2 = 1$: $M_y = a\cos\alpha + (b - b_0)\sin\alpha$, $M_x = -a\sin\alpha + (b - b_0)\cos\alpha$.

$-X_3 = 1$: $M_y = \sin\alpha$, $M_x = \cos\alpha$.

Für $\delta_{23} = 0$ ist

$$b_0 = \frac{\int_0^{l_1} [\sin\alpha\,(a\cos\alpha + b\sin\alpha) - \varrho\cos\alpha\,(a\sin\alpha - b\cos\alpha)]\,ds'}{\int_0^{l_1} (\sin^2\alpha + \varrho\cos^2\alpha)\,ds'} \tag{884}$$

und

$$\left.\begin{aligned}
&X_2 = \delta_{20}/\delta_{22}, \qquad X_3 = \delta_{30}/\delta_{33},\\
&\delta_{20} = 2\int_0^{l_1} \{M_{y,0}[a\cos\alpha + (b-b_0)\sin\alpha] - \varrho M_{x0}[a\sin\alpha - (b-b_0)\cos\alpha]\}\,ds',\\
&\delta_{22} = 2\int_0^{l_1} \{[a\cos\alpha + (b - b_0)\sin\alpha]^2 + \varrho\,[a\sin\alpha - (b - b_0)\cos\alpha]^2\}\,ds',\\
&\delta_{30} = 2\int_0^{l_1} (M_{y,0}\sin\alpha + \varrho M_{x,0}\cos\alpha)\,ds', \quad \delta_{33} = 2\int_0^{l_1} (\sin^2\alpha + \varrho\cos^2\alpha)\,ds',\\
&M_y = M_{y,0} - X_2\,[a\cos\alpha + (b - b_0)\sin\alpha] - X_3\sin\alpha,\\
&M_x = M_{x,0} + X_2\,[a\sin\alpha - (b - b_0)\cos\alpha] - X_3\cos\alpha.
\end{aligned}\right| \tag{885}$$

Die Integrale werden nach Unterteilung des Bereichs l_1 in Intervalle mit geometrisch oder elastisch konstanter Breite nach S. 95 numerisch berechnet.

Die Biegungsmomente $M_{y,0}$ und die Drillungsmomente $M_{x,0}$ des Hauptsystems entstehen bei symmetrischen oder antimetrischen Kräften $\mathfrak{P}$, $p\,da$ und Kräftepaaren M, $\mu\,da$.

a) Belastung durch Einzellast P und Kräftepaar $\mathsf{M} \| a$ im Punkt (a, b)

$$a < a_k,\quad b < b_k; \qquad M_{I,0} = P\,(b_k - b) + \mathsf{M}, \quad M_{II,0} = P\,(a_k - a). \tag{886}$$

b) Stetige Belastung mit den Komponenten p, $\mu \| a$

$$M_{I,0} = \int_0^{a_k} [p\,(b_k - b) + \mu]\,da, \qquad M_{II,0} = \int_0^{a_k} p\,(a_k - a)\,da. \tag{887}$$

Die Berechnung der Schnittkräfte bietet bei numerischer Integration der Vorzahlen keine Schwierigkeiten. Dasselbe gilt für die Einflußlinien.

Berechnung der Bogenbrücke S. 538 für Windbelastung.

1. Geometrische Grundlagen. Bogenform und Überbau nach S. 538. Gewölbebreite $d_2 = 10$ m.

$$J_y = \frac{d_1 d_2^3}{12}, \qquad J_e = \frac{0{,}52 \cdot 10^3}{12} = 43{,}33\ \text{m}^4,$$

$$\varrho = \frac{E\,J_e}{G\,T\,J_e/J_y} = \frac{86{,}66}{T\,J_e/J_y}.$$

Nach S. 30 ist $\psi_3 \approx 0{,}320$ nahezu konstant und

$$\dot{T} = d_2\, d_1^3\, \psi_3 = 3{,}20\, d_1^3 \; [\mathrm{m}^4]\,.$$

2. Belastung. Winddruck $w = 0{,}250$ t/m². Die belastete Fläche der rechten Bogenhälfte wird in 10 Trapezstreifen mit $\Delta a = 1{,}372$ m eingeteilt und die stetige Belastung durch eine äquivalente Gruppe von Einzellasten $\mathfrak{P}_k$ in der Mitte der Intervallgrenzen ersetzt (Abb. 583).

$$\mathfrak{P}_k = \mathfrak{P}_{k,l} + \mathfrak{P}_{k,r}\,,$$

$$\mathfrak{P}_{k,l} = \frac{\Delta a}{6}\,(h_{k-1} + 2\,h_k)\,w\,, \qquad \mathfrak{P}_{k,r} = \frac{\Delta a}{6}\,(2\,h_k + h_{k+1})\,w\,.$$

Jeder Anteil ist äquivalent mit der Kraft in der Mittelebene des Bogens und dem Versetzungsmoment

$$\mu_{k,\,{l \atop r}} = \mathfrak{P}_{k,\,{l \atop r}} \cdot e_k\,, \qquad e_k = \frac{h_k - v_k}{2}\,.$$

3. Überzählige Größen. Infolge der Symmetrie der Belastung ist nach S. 617 nur eine statisch überzählige Größe $X_1 = \delta_{10}/\delta_{11}$ vorhanden (Abb. 582b).

4. Schnittkräfte im Hauptsystem und numerische Berechnung von δ_{11} und δ_{10}:

$$Q_k = \sum_0^{k-1} \mathfrak{P}_k\,, \qquad \Delta b_k = b_k - b_{k-1}\,,$$

$$M_{I,k0} = M_{I,(k-1)0} + Q_k\,\Delta b_k + \mu_{(k-1),r} + \mu_{k,l}\,,$$

$$M_{II,k0} = M_{II,(k-1)0} + Q_k\,\Delta a\,.$$

Hieraus $M_{x,0}$, $M_{y,0}$ nach Gl. (881).

Die Integrale (882) für δ_{10}, δ_{11} werden nach Simpson numerisch berechnet.

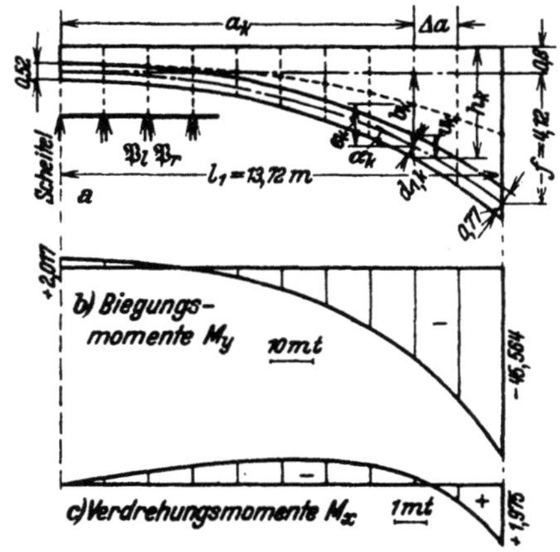

Abb. 583.

$$\frac{1}{2}\,\delta_{10} = \frac{\Delta a}{3} \sum_0^{l_1} n\,\lambda_1\,, \qquad \lambda_1 = (M_{y,0}\cos\alpha - M_{x,0}\,\varrho\,\sin\alpha)\,\frac{J_c}{J\cos\alpha}\,,$$

$$\frac{1}{2}\,\delta_{11} = \frac{\Delta a}{3} \sum_0^{l_1} n\,\lambda_2\,, \qquad \lambda_2 = (\cos^2\alpha + \varrho\,\sin^2\alpha)\,\frac{J_c}{J\cos\alpha}\,.$$

$\frac{a}{l_1}$	d_1	b	Δb	h	e	$\sin\alpha$	$\cos\alpha$	$\frac{J_c}{J}$	$\frac{J_c}{J\cos\alpha}$	T	ϱ
0	0,520	0	—	1,060	0,270	0	1	1,000	1,000	0,451	192,151
0,1	0,520	0,029	0,029	1,090	0,285	0,0418	0,9984	1,000	1,000	0,451	192,151
0,2	0,525	0,116	0,087	1,180	0,327	0,0853	0,9963	0,990	0,994	0,464	188,654
⋮	⋮	⋮	⋮	⋮	⋮	⋮	⋮	⋮	⋮	⋮	⋮
1	0,770	4,120	1,002	5,417	2,212	0,6315	0,7753	0,675	0,871	1,462	87,815

Berechnung für $w = 1$ t/m²

a/l_1	$\mathfrak{P}_l$	$\mathfrak{P}_r$	$\mathfrak{P}$	μ_l	μ_r	Q	$Q\Delta b$	$Q\Delta a$	$M_{I,0}$	$M_{II,0}$
0	0	0,734	0,734	0	0,198	—	—	—	0	0
0,1	0,741	0,768	1,509	0,211	0,219	0,734	0,021	1,007	0,430	1,007
0,2	0,789	0,845	1,634	0,258	0,276	2,243	0,195	3,077	1,102	4,084
⋮	⋮	⋮	⋮	⋮	⋮	⋮	⋮	⋮	⋮	⋮
1	3,466	0	3,466	7,667	0	28,256	28,313	38,767	108,982	154,376

Berechnung für $w = 1$ t/m²								$w = 0{,}250$ t/m²	
a/l_1	$M_{y,0}$	$M_{x,0}$	λ_1	n	$n\,\lambda_1$	λ_2	$n\,\lambda_2$	$M_{y,0}$ [mt]	$M_{x,0}$ [mt]
0	0	0	0	1	0	1	1	0	0
0,1	− 1,023	− 0,387	+ 2,087	4	+ 8,348	1,332	5,328	− 0,256	− 0,0978
0,2	− 4,163	− 0,750	+ 7,873	2	+ 15,746	2,351	4,702	− 1,041	− 0,188
⋮	⋮	⋮	⋮	⋮	⋮	⋮	⋮	⋮	⋮
1	− 188,510	+ 12,995	− 754,976	1	− 754,976	31,026	31,026	− 47,128	+ 3,249
					$\Sigma = -\ 3388{,}492$	$\Sigma = 420{,}052$			

Mit $w = 0{,}250$ t/m² wird

$$\frac{1}{2}\,\delta_{10} = -\frac{1{,}372}{3}\cdot 3388{,}492\cdot 0{,}250 = -\,387{,}417\,,$$

$$\frac{1}{2}\,\delta_{11} = +\frac{1{,}372}{3}\cdot 420{,}052 = +\,192{,}104\,,$$

$$X_1 = -\frac{387{,}417}{192{,}104} = -\,2{,}017 \text{ mt}.$$

5. Schnittkräfte und Spannungen. Nach Gl. (883) wird

$$M_y = M_{y,0} + 2{,}017\cos\alpha\,,\qquad M_x = M_{x,0} - 2{,}017\sin\alpha\,.$$

a/l_1	0	0,2	0,4	0,6	0,8	1,0	
M_y	+ 2,017	+ 0,969	− 2,454	− 9,278	− 21,812	− 45,564	mt
M_x	0	− 0,360	− 0,673	− 0,780	− 0,217	+ 1,975	mt

Die Momente sind in Abb. 583 dargestellt. Die größten Spannungen treten am Kämpfer auf.

$$\sigma_x = \frac{6\,M_y}{d_1\,d_2^2} = \frac{6\cdot 45{,}564}{0{,}77\cdot 100} = 3{,}55 \text{ t/m}^2 = 0{,}36 \text{ kg/cm}^2.$$

Nach S. 30 ist nach C. Weber $\psi_1 \approx 1$ und

$$\tau_{\max} = \frac{M_x}{T}\,\psi_1 d_1 = \frac{1{,}975}{1{,}462}\cdot 1\cdot 0{,}77 = 1{,}04 \text{ t/m}^2 = 0{,}104 \text{ kg/cm}^2.$$

Berechnung eines eingespannten, symmetrischen Trapezrahmens mit räumlicher Belastung.

$$l'_{1y} = l_1\,\frac{J_c}{J_{y,l}}\,,\qquad s'_y = s\,\frac{J_c}{J_{y,s}}\,,\qquad \varkappa_y = \frac{l'_{1,y}}{s'_y}\,,\qquad \varrho_l = \frac{l''_1}{l'_{1,y}} = \frac{E\,J_{y,l}}{G\,T_l}\,,\qquad \varrho_s = \frac{s''}{s'_y} = \frac{E\,J_{y,s}}{G\,T_s}\,.$$

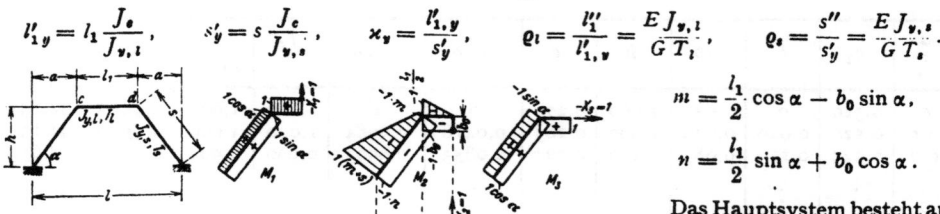

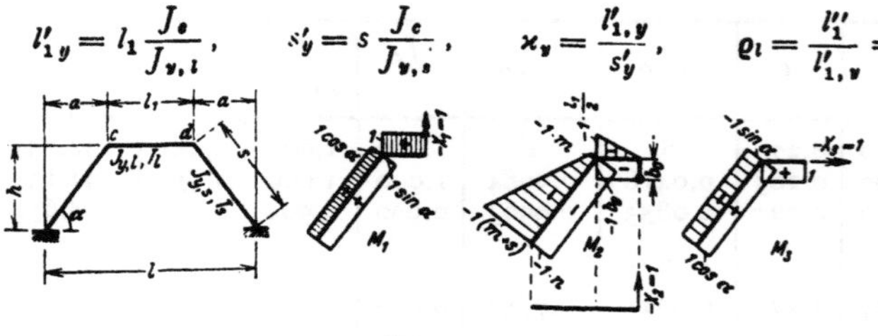

Abb. 584.

$$m = \frac{l_1}{2}\cos\alpha - b_0\sin\alpha\,,$$

$$n = \frac{l_1}{2}\sin\alpha + b_0\cos\alpha\,.$$

Das Hauptsystem besteht aus 2 Kragträgern. Die Überzähligen sind bei symmetrischer Belastung $X_1 = \delta_{10}/\delta_{11}$, bei antimetrischer Belastung $X_3 = \delta_{30}/\delta_{33}$ und $X_2 = \delta_{20}/\delta_{22}$ am Hebelarm b_0, so daß $\delta_{23} = 0$ (Abb. 584).

Vorzahlen. Mit den Abkürzungen

$$\psi_1 = 2\,(\cos^2\alpha + \varrho_s\sin^2\alpha)\,,$$

$$\psi_2 = 2 + 6\,\frac{m}{s}\left(\frac{m}{s}+1\right) + \varkappa_y\left(\frac{l_1}{2\,s}\right)^2 + 6\,\varrho_s\left(\frac{n}{s}\right)^2 + 3\,\varkappa_y\,\varrho_l\left(\frac{b_0}{s}\right)^2,$$

$$\psi_3 = 2\,(\sin^2\alpha + \varrho_s\cos^2\alpha)$$

wird $\delta_{11} = s'(\varkappa_y + \psi_1)$, $\qquad \delta_{22} = \dfrac{s'\,s^2}{3}\,\psi_2$, $\qquad \delta_{33} = s'(\psi_3 + \varkappa_y\,\varrho_l)$.

Aus $\delta_{23} = 0$ folgt $b_0 = \dfrac{[s + l_1(1 - \varrho_s)\cos\alpha]\sin\alpha}{\psi_3 + \varkappa_v \varrho_l}$.

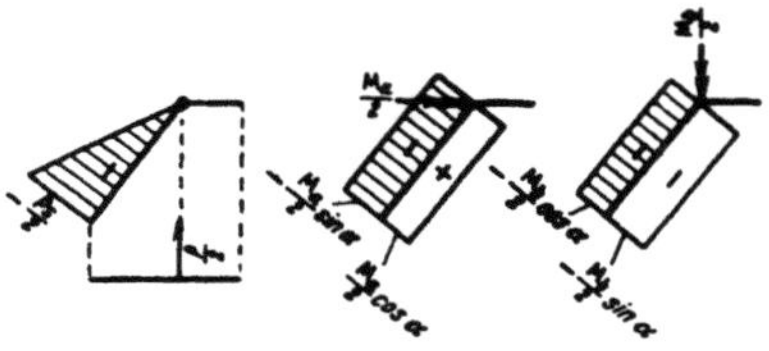

Abb. 585.

Belastung. a) Einzellast P senkrecht zur Rahmenebene und zwei Momente M_a, M_b in der Rahmenebene am Eckpunkt c (Abb. 585). Das Ergebnis wird für den symmetrischen und den antimetrischen Anteil getrennt angegeben.

Symmetrischer Anteil	X_1[mt]	Antimetrischer Anteil	X_2[t]	X_3[mt]
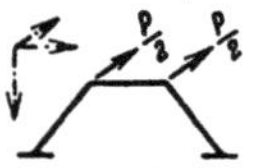	$-\dfrac{Pa}{2}\,\dfrac{1}{\psi_1 + \varkappa_v}$		$\dfrac{P}{2}\,\dfrac{2 + 3\dfrac{m}{s}}{\psi_2}$	$\dfrac{Ph}{2}\,\dfrac{1}{\psi_3 + \varkappa_v \varrho_l}$
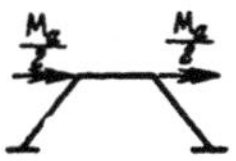	$-\dfrac{\mathsf{M}_a}{2}\,\dfrac{1-\varrho_s}{\psi_1+\varkappa_v}\,\dfrac{2ah}{s^2}$	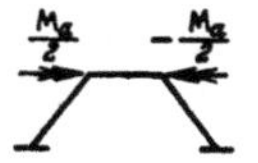	$\dfrac{3}{2}\,\dfrac{\mathsf{M}_a}{s}\,\dfrac{\Phi_2}{\psi_2}$	$\dfrac{\mathsf{M}_a}{2}\,\dfrac{\psi_3}{\psi_3 + \varkappa_v \varrho_l}$
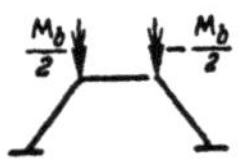	$-\dfrac{\mathsf{M}_b}{2}\,\dfrac{\psi_1}{\psi_1 + \varkappa_v}$	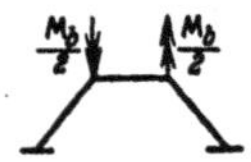	$\dfrac{3}{2}\,\dfrac{\mathsf{M}_b}{s}\,\dfrac{\Phi_1}{\psi_2}$	$\dfrac{\mathsf{M}_b}{2}\,\dfrac{1 - \varrho_s}{\psi_3 + \varkappa_v \varrho_l}\,\dfrac{2ah}{s^2}$

$$\Phi_1 = \left(1 + 2\,\frac{m}{3}\right)\cos\alpha + 2\,\varrho_s\,\frac{n}{s}\sin\alpha, \qquad \Phi_2 = \left(1 + 2\,\frac{m}{s}\right)\sin\alpha - 2\,\varrho_s\,\frac{n}{s}\cos\alpha.$$

b) Gleichmäßig verteilte, waagerechte Belastung auf dem Riegel l_1 (Abb. 586). Die Belastung ist symmetrisch, daher $X_2 = X_3 = 0$.

$$\delta_{10} = -p s' \frac{l_1^2}{8}\left[\frac{\varkappa_v}{3} + 4\,\frac{s}{l_1}\cos\alpha + \psi_1\right],$$

$$X_1 = -p\,\frac{l_1^2}{8}\,\frac{\dfrac{1}{3}\varkappa_v + 4\,\dfrac{s}{l_1}\cos\alpha + \psi_1}{\varkappa_v + \psi_1}.$$

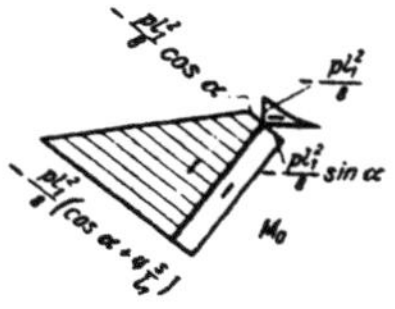

Abb. 586.

Hawranek, A.: Allgemeine Theorie der Wirkung von Querriegeln bei zweireihigen Bogenbrücken. Verhandlungen des 2. Internat. Kongr. f. Techn. Mech., Zürich 1927. — Schwarz, R.: Durchlaufende Bogen unter räumlicher Belastung. Bautechn. 1927 S. 449. — Derselbe: Berechnung des Rahmenwindverbandes von Zweigelenkbogenbrücken mit Kreisform und unveränderlichem Trägheitsmoment bei Berücksichtigung elastischer Einspannung durch die Endquerträger. Beton u. Eisen 1928 S. 31.

64. Der Kreisringträger.

Die allgemeine Theorie des querbelasteten Kreisringträgers ist in zahlreichen Arbeiten ausführlich behandelt worden. Sie stützen sich in der Regel auf die Gleichung der elastischen Linie. Da hier jedoch nur einzelne für den Konstrukteur wichtige Ergebnisse angegeben werden sollen, um die Eigenart des Ansatzes aufzuzeigen und die Lösung wichtiger Aufgaben zu erleichtern, wird auf die allgemeine Untersuchung der Formänderung des Trägers verzichtet.

Aus dem Gleichgewicht der äußeren Kräfte an einem Abschnitt ds folgt nach (68) und Abb. 587

$$\frac{dQ}{d\alpha} = -pr, \qquad \frac{dM_x}{d\alpha} = -M_y, \qquad \frac{dM_y}{d\alpha} = M_x + Qr. \tag{888}$$

Den Nullstellen des Biegungsmomentes M_y sind daher Größtwerte des Drillungsmomentes M_x, den Größtwerten des Biegungsmomentes M_y Wendepunkte der Funktion des Drillungsmomentes M_x zugeordnet.

Lösung für statisch bestimmte Aufgaben:

$$\frac{d^2 M_y}{d\alpha^2} + M_y = -p\,r^2, \qquad M_y = A\sin\alpha + B\cos\alpha - p\,r^2. \tag{889}$$

Die Integrationskonstanten A und B ergeben sich aus den Randbedingungen für M_y und $dM_y/d\alpha$.

$$M_x = -\int M_y\,d\alpha, \qquad Q = \frac{1}{r}\left(\frac{dM_y}{d\alpha} - M_x\right). \tag{890}$$

Die Schnittkräfte sind jedoch in der Regel statisch unbestimmt, sie lassen sich aber trotzdem für besondere Belastungsfälle allein aus den Gleichgewichtsbedingungen angeben, da die statisch unbestimmten Größen Null oder bekannt sind. Die Belastung wird aus diesem Grunde durch Umordnung aufgespalten, so daß die äußeren Kräfte eines jeden Anteils zu den Symmetrieachsen des Tragwerks symmetrisch oder antimetrisch sind. Bei Symmetrie der äußeren Kräfte in bezug auf eine Achse I (Abb. 587) ist in den beiden ihr angehörenden Querschnitten des Trägers:

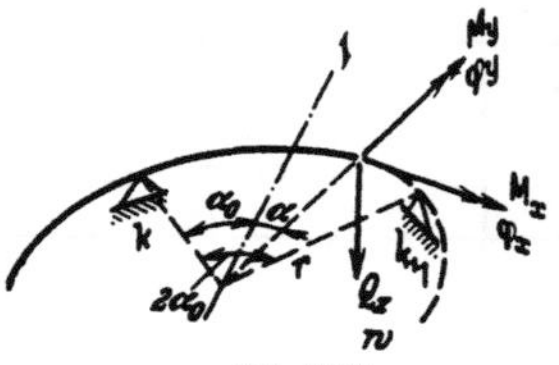

Abb. 587.

$$w_I \neq 0, \qquad \varphi_{y,I} = 0, \qquad \varphi_{x,I} \neq 0;$$
$$Q_{z,I} = 0, \qquad M_{y,I} \neq 0, \qquad M_{x,I} = 0.$$

Bei Antimetrie der Belastung ist dort

$$w_I = 0, \qquad \varphi_{y,I} \neq 0, \qquad \varphi_{x,I} = 0;$$
$$Q_{z,I} \neq 0, \qquad M_{y,I} = 0, \qquad M_{x,I} \neq 0.$$

1. Kreisringträger mit gerader oder ungerader Stützenzahl n und gleichmäßiger Belastung durch p t/m. $2\alpha_0 = 2\pi/n$, $\alpha_0 = \pi/n$. Stützkraft $K = \frac{2\pi}{n} r p$, Querkräfte links und rechts der Stütze $Q_{z,k} = \mp \frac{\pi}{n} r p$ (Abb. 587).

Infolge Symmetrie der Belastung sind die Drillungsmomente der Querschnitte an den Stützen und Feldmitten Null. Die Schnittkräfte können daher entweder aus einer Integration der Gleichung (888) oder durch unmittelbare Gleichgewichtsbetrachtungen abgeleitet werden.

$$\left.\begin{aligned} M_{y,k} &= r^2 p\left(\frac{\pi}{n}\operatorname{ctg}\alpha_0 - 1\right), & M_y &= r^2 p\left(\frac{\pi}{n}\frac{\cos\alpha}{\sin\alpha_0} - 1\right),\\ M_x &= -r^2 p\left(\frac{\pi}{n}\frac{\sin\alpha}{\sin\alpha_0} - \alpha\right), & Q_z &= -r p\alpha. \end{aligned}\right\} \tag{891}$$

2. Kreisringträger mit einer geraden Stützenzahl n und wechselweiser Belastung der Felder durch $\pm p$ t/m. Die Stützkräfte und die Querkräfte in Feldmitte sind Null, die Querkräfte links und rechts einer Stütze gleich groß und $\pm \frac{\pi}{n} r p$. Die Drillungsmomente in den Trägermitten und die Biegungsmomente über den Stützen sind Null. Die Drillungsmomente an den Endquerschnitten eines Abschnittes sind entgegengesetzt gleich. Die Verdrehung φ_x der Endquerschnitte ist Null.

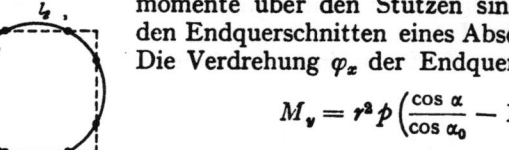

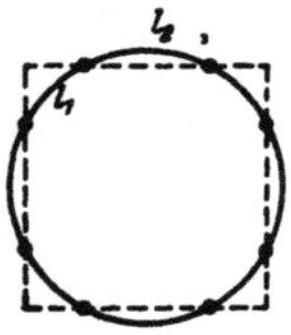

Abb. 588.

$$\left.\begin{aligned} M_y &= r^2 p\left(\frac{\cos\alpha}{\cos\alpha_0} - 1\right),\\ M_x &= r^2 p\left(\alpha - \frac{\sin\alpha}{\cos\alpha_0}\right), \qquad Q_z = -r p\alpha. \end{aligned}\right\} \tag{892}$$

3. Die statisch bestimmte Lösung kann auch für Kreisringträger angeschrieben werden, welche nach Abb. 588 durch die Art der Abstützung in n Felder mit zwei

verschiedenen Größen l_1, l_2 zerlegt werden. In diesem Falle sind die Drillungsmomente über den Stützen von Null verschieden, jedoch bei voller Belastung entgegengesetzt gleich. Biegungs- und Drillungsmoment können daher ebenfalls aus den Gleichgewichtsbedingungen abgeleitet werden.

4. Die Schnittkräfte eines auskragenden Kreisbogenträgers Abb. 589 sind bei symmetrischer Belastung statisch bestimmt, da im Symmetriepunkt c

$$Q_{z,c} = 0\,, \qquad M_{x,c} = 0\,.$$

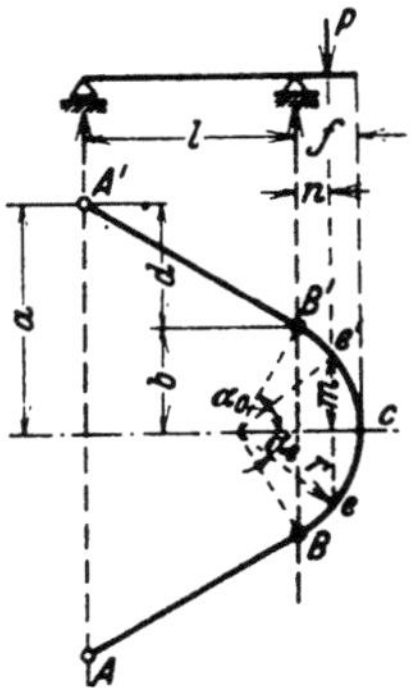

Abb. 589.

Einzellast P in c.

$$A = -\frac{P}{2}\frac{f}{l}\,, \qquad B = \frac{P}{2}\left(1 + \frac{f}{l}\right), \qquad M_{y,c} = \frac{Pb}{2}\left(1 - \frac{df}{bl}\right). \qquad (893)$$

Zwei Einzellasten P in e, e'.

$$\left.\begin{aligned} A &= -P\frac{n}{l}\,, \qquad B = P\left(1 + \frac{n}{l}\right), \\ M_{y,c} &= Pb\left(1 - \frac{m}{b} - \frac{nd}{bl}\right). \end{aligned}\right\} \qquad (894)$$

Gleichmäßig verteilte Belastung p t/m über $\widehat{B, B'}$.

$$A = -p\,r\,\alpha_0\frac{s}{l}\,, \qquad B = p\,r\,\alpha_0\left(1 + \frac{s}{l}\right), \qquad M_{y,c} = p\,b\,r\left[\alpha_0\left(1 - \frac{sd}{lb}\right) - \frac{f}{b}\right]. \qquad (895)$$

$s = (\sin\alpha_0 - \alpha_0\cos\alpha_0)\,r/\alpha_0$ = Abstand des Bogenschwerpunktes von BB'.

5. Der eingespannte Kreisbogenträger Abb. 590 ist bei symmetrischer Belastung senkrecht zur Trägerebene einfach statisch unbestimmt, da $Q_{z,c}$ und $M_{x,c}$ im Symmetriepunkt c Null sind.

$$\left.\begin{aligned} M_{y,c} &= -X_1 = -\frac{\delta_{10}}{\delta_{11}}\,. \\ \delta_{10} &= 2r\int_0^{\alpha_0}(M_{y,0}\cos\alpha - M_{x,0}\,\varrho\sin\alpha)\,d\alpha\,, \\ \delta_{11} &= 2r\int_0^{\alpha_0}(\cos^2\alpha + \varrho\sin^2\alpha)\,d\alpha \\ &= \frac{r}{2}\,[2(\varrho + 1)\alpha_0 - (\varrho - 1)\sin 2\alpha_0]\,. \end{aligned}\right\} \qquad (896)$$

$$\alpha_0 = \frac{\pi}{2}: \quad \delta_{11} = \frac{r\pi}{2}(\varrho + 1)\,.$$

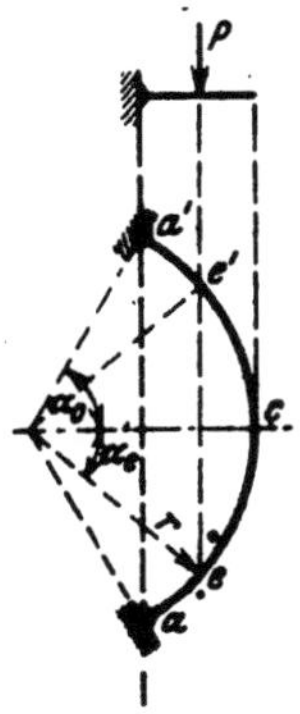

Abb. 590.

Einzellast P in c.

$$\left.\begin{aligned} X_1 &= P\,r\,\frac{2\dfrac{\varrho}{\varrho - 1}(\cos\alpha_0 - 1) + \sin^2\alpha_0}{2\dfrac{\varrho + 1}{\varrho - 1}\alpha_0 - \sin 2\alpha_0}\,. \\ M_y &= -\frac{P}{2}r\sin\alpha - X_1\cos\alpha\,, \qquad M_x = \frac{P}{2}r(1 - \cos\alpha) + X_1\sin\alpha\,. \end{aligned}\right\} \qquad (897)$$

Zwei Einzellasten P in e, e'.

$$\left.\begin{aligned} X_1 &= 2Pr\,\frac{\dfrac{2\varrho}{\varrho - 1}(\cos\alpha_0 - \cos\alpha_e) + \dfrac{\varrho + 1}{\varrho - 1}(\alpha_0 - \alpha_e)\sin\alpha_e + \sin\alpha_0\sin(\alpha_0 - \alpha_e)}{2\dfrac{\varrho + 1}{\varrho - 1}\alpha_0 - \sin 2\alpha_0}\,, \\ \alpha_e < \alpha < \alpha_0:\quad M_y &= -Pr\sin(\alpha - \alpha_e) - X_1\cos\alpha\,, \\ M_x &= Pr(1 - \cos(\alpha - \alpha_e)) + X_1\sin\alpha\,. \end{aligned}\right\} \qquad (898)$$

Gleichmäßig verteilte Last p t/m.

$$X_1 = -p r^2 \frac{\frac{\varrho+1}{\varrho-1}(4\sin\alpha_0 - 2\alpha_0) - \frac{4\varrho}{\varrho-1}\alpha_0\cos\alpha_0 + \sin 2\alpha_0}{2\frac{\varrho+1}{\varrho-1}\alpha_0 - \sin 2\alpha_0}. \qquad (899)$$

$$M_y = -p r^2 (1-\cos\alpha) - X_1\cos\alpha, \qquad M_x = p r^2(\alpha - \sin\alpha) + X_1 \sin\alpha.$$

Für den Halbkreisbogenträger $\alpha_0 = \frac{\pi}{2}$ ist bei Belastung durch eine Einzellast P in c

$$M_{y,c} = \frac{P r}{\pi}, \qquad M_{y,a} = -\frac{P r}{2}, \qquad M_{x,a} = \frac{P r}{\pi}\left(\frac{\pi}{2} - 1\right), \qquad (900)$$

bei zwei Einzellasten P in e, e'

$$M_{y,c} = \frac{2 P r}{\pi}\left[\cos\alpha_e - \left(\frac{\pi}{2} - \alpha_e\right)\sin\alpha_e\right], \qquad M_{y,a} = -P r \sin\left(\frac{\pi}{2} - \alpha_e\right),$$
$$M_{x,a} = \frac{2 P r}{\pi}\left(\frac{\pi}{2} - \cos\alpha_e - \alpha_e \sin\alpha_e\right), \qquad (901)$$

bei gleichmäßig verteilter Last p t/m

$$M_{y,c} = \frac{p r^2}{\pi}(4 - \pi), \qquad M_{y,a} = -p r^2, \qquad M_{x,a} = p r^2\left(\frac{\pi}{2} - \frac{4}{\pi}\right). \qquad (902)$$

Die Größtwerte der Momente treten an der Einspannstelle auf. Bei beliebiger Belastung werden die überzähligen Größen nach Abschn. 63 durch numerische Integration berechnet.

Düsterbehn, F.: Ringförmige Träger. Eisenbau 1920 S. 73. — Derselbe: Einflußlinien ringförmiger Träger. Eisenbau 1921 S. 78. — Derselbe: Biegungslinien ringförmiger Träger. Eisenbau 1921 S. 249. — Unold, G.: Der Kreisträger. Berlin 1922. — Heßler, St.: Der nach einem Kreisbogen gekrümmte, beiderseits eingespannte Eisenbetonträger mit rechteckigem Querschnitt. Beton u. Eisen 1927 S. 429. — Derselbe, Der kontinuierliche, halbkreisförmig gebogene und gleichmäßig belastete Eisenbetonträger mit rechteckigem Querschnitt auf 3 und 4 gleich weit entfernten Stützen. Beton u. Eisen 1930 S. 149.

65. Der Trägerrost.

Der Trägerrost besteht aus zwei oder mehr Scharen von Trägern, deren Schwerlinien parallel zu einer Ebene liegen und den Rand des Feldes unter rechtem oder spitzem Winkel schneiden. Die Verbindung der Träger ist in der Regel drehsteif. Sie wird jedoch zur Vereinfachung der Rechnung in einzelnen Fällen nur zug- und druckfest angenommen. Die Enden sind unverschieblich oder elastisch verschieblich und können sich dabei entweder um einen Punkt oder auch um eine vorgeschriebene Achse drehen (Abb. 591). Diese Bewegung der Enden wird durch die starre Einspannung der Träger aufgehoben. Sie ist bei durchlaufenden Rosten durch die Formänderung des zusammenhängenden elastischen Gebildes bestimmt.

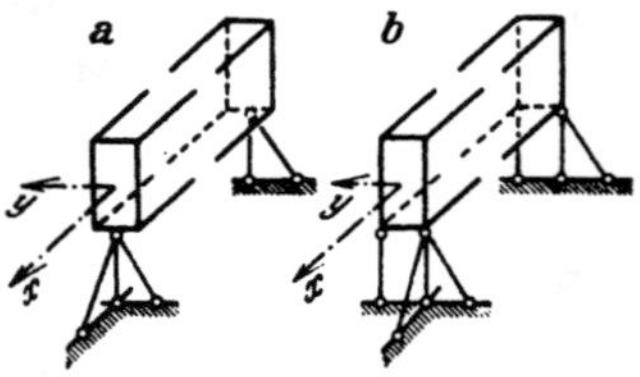

Abb. 591.

Ebenso wie der Plattenbalken als Ausgestaltung des Plattenstreifens angesehen wird, gilt der Trägerrost in konstruktiver Beziehung als Entwicklung der polygonal begrenzten Platte. Trägerrost und Platte unterscheiden sich jedoch von Plattenbalken und Plattenstreifen durch den räumlichen Charakter der Tragwirkung. Dies zeigt bereits die angenäherte statische Untersuchung ohne Berücksichtigung der Drillungssteifigkeit der Platte oder der drehsteifen Verbindung der Träger des Rostes. Sie führt in beiden Fällen zur Aufteilung der Belastung auf zwei statisch gleichwertige biegungssteife Gebilde.

Die Tragwirkung eines Rostes ist bei gleicher Durchbiegung um so größer, je günstiger sich die drehfeste Ausbildung von Träger und Knoten auswirkt. Sie wird durch die seitenschiefe Anordnung der Trägerscharen nach den Patenten von H. Marcus und St. Szegö[1] außerdem noch erhöht, da die Träger im Bereiche der Ecken auf diese Weise negative Biegungsmomente zugewiesen erhalten, welche die Feldmomente verringern. Diese Vergrößerung der Tragfähigkeit gelingt aber nur bei sorgfältiger Übertragung der Schubspannungen aus der Verdrillung der Träger und bei einwandfreier Eintragung der negativen Stützkräfte im Bereiche der Ecken. Die gleichen Überlegungen gelten für den Festigkeitsnachweis der Platten, deren Spannungszustand daher auch als Vorbild für die allgemeine Anordnung des Trägerrostes[2] angesehen werden kann.

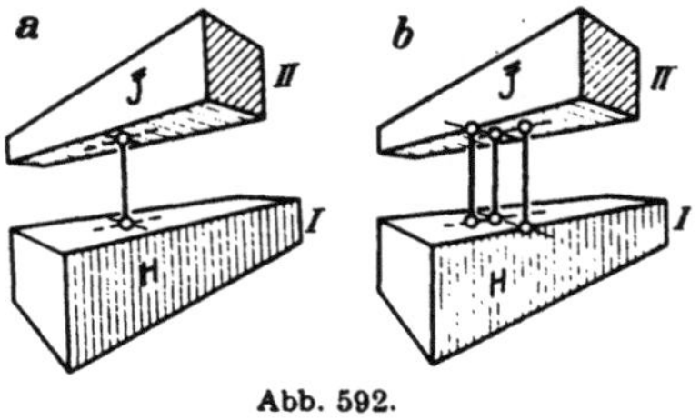

Abb. 592.

Um die allgemeinen statischen und geometrischen Beziehungen für den belasteten Trägerrost zu klären, werden zwei unter einem beliebigen Winkel kreuzende Scharen *I*, *II* von parallelen Trägern betrachtet. Bei m Elementen $A \ldots H \ldots M$ der Gruppe *I* und r Elementen $\bar{A} \ldots \bar{J} \ldots \bar{R}$ der Gruppe *II* einer seitenparallelen Anordnung sind $m \cdot r = n$ Stabknoten vorhanden. Diese werden in der Rechnung für senkrechte Belastung entweder als zug- und druckfeste, einstäbige Verbindung (*a* mit Abb. 592a) oder als drehsteife, dreistäbige Verbindung der beiden Träger angesehen (*b* mit Abb. 592b). Der seitenparallele

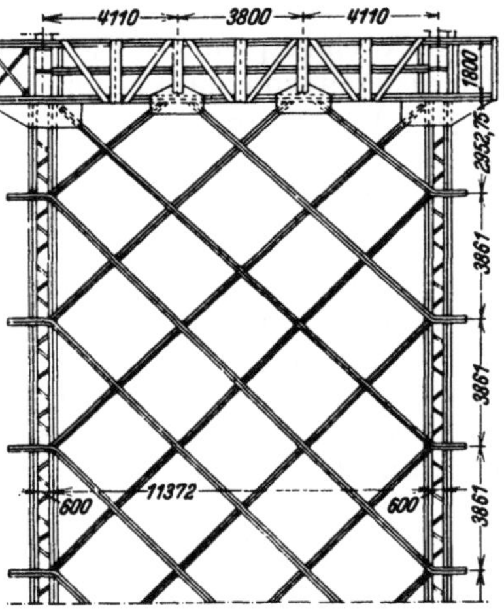

Abb. 593.

[1] Die diagonalen Kreuzträgerroste nach den Vorschlägen von St. Szegö sind nicht neu, sondern bereits im Jahre 1892 bis 95 für die Fahrbahntafel der Elbbrücke Niederwartha und im Jahre 1893 für die Fahrbahntafel der Elbbrücke zwischen Loschwitz und Blasewitz in Dresden (Abb. 593) von Köpke ausgeführt worden, ohne daß damals ein Patentschutz in Anspruch genommen worden ist.

[2] Da die wirtschaftlichen Vorzüge der Kreuzrostdecken in der Literatur mehrfach erörtert werden, sind die genauen Kosten von drei verschiedenen Trägeranordnungen über einem quadratischen Grundriß von 12 m Seitenlänge festgestellt worden (Abb. 594, statische Untersuchung S. 628 ff.). Baustoffaufwand mit Löhnen und Schalungskosten in RM nach einer Kalkulation der Löserbauunternehmung Dresden.

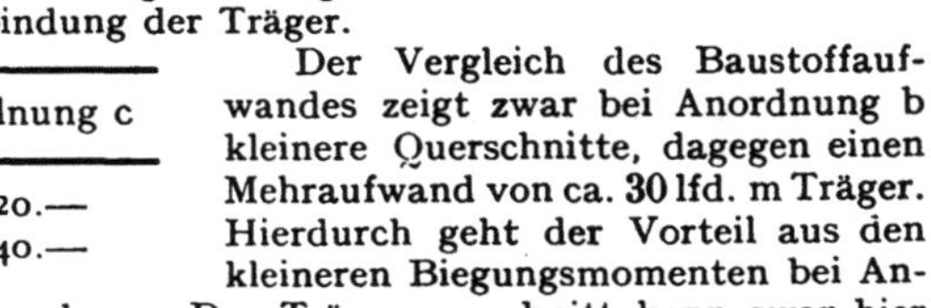

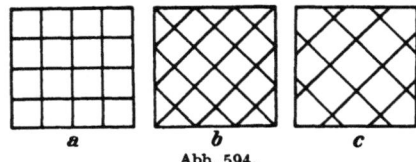

Abb. 594.

I. Ohne Rücksicht auf die drehsteife Verbindung der Träger.
II. Mit Rücksicht auf die drehsteife Verbindung der Träger.

	Anordnung a	Anordnung b	Anordnung c
I	2900.—	3150.—	3020.—
II	3155.—	3420.—	3240.—

Der Vergleich des Baustoffaufwandes zeigt zwar bei Anordnung b kleinere Querschnitte, dagegen einen Mehraufwand von ca. 30 lfd. m Träger. Hierdurch geht der Vorteil aus den kleineren Biegungsmomenten bei Anordnung b gegenüber Anordnung a wieder verloren. Der Trägerquerschnitt kann zwar hier noch in einfacher Weise abgestuft werden, um Beton zu sparen, dafür wird dann der Eisenaufwand größer. Die Berücksichtigung der drehsteifen Verbindung ergibt kleinere Trägerhöhen und weniger Rundeisen für die Balkenbiegung, dafür bedeutet jedoch die Schubsicherung zur Übertragung der Drillungsmomente eine wesentliche Kostenvermehrung und Arbeitsverteuerung. Das Ergebnis kann bei sorgfältiger Bewehrung des Betons gegen Torsion nicht überraschen.

Trägerrost a zählt daher bei frei drehbarer Abstützung der Trägerenden (Abb. 591a) $m \cdot r = n$ statisch überzählige Schnittkräfte, während beim Trägerrost b $3n$ statisch überzählige Kräfte berechnet werden müssen. Der Verschiebungszustand ist in beiden Fällen durch die n senkrechten Verschiebungen und durch $2n$ Drehwinkel φ_k, ψ_k der Tangenten an die Biegelinien der Träger I, II in den Stabknoten k, im ganzen also durch $3n$ unabhängige Komponenten bestimmt. Es liegt daher nahe, die Schnittkräfte des Trägerrostes a als Funktion der Belastung und der statisch überzähligen Größen nach Abschn. 24ff. zu berechnen, dagegen die Schnittkräfte des Trägerrostes b nach Abschn. 38 aus den $3n$ Komponenten w_k, φ_k, ψ_k des Verschiebungszustandes abzuleiten.

Die statische Untersuchung ohne Berücksichtigung der drehsteifen Verbindung der Träger. 1. Die Längskräfte in den gedachten Verbindungsstäben Abb. 593a zwischen den Trägern der Gruppe I und den Trägern der Gruppe II sind die statisch überzähligen Größen Y_k des Ansatzes. Ein positiv definiertes Y_k erzeugt in den Verbindungsstäben Druckspannungen und daher in den Trägern I positive, in den Trägern II negative Biegungsmomente. Das Hauptsystem besteht mit $Y_k = 0$, je nach der Abstützung des Rostes am Rande des Feldes, aus Trägern mit frei drehbaren Enden, aus Rahmen oder aus Trägern mit starr eingespannten Enden. Die erste Anordnung ist statisch bestimmt, die beiden anderen sind statisch unbestimmt. Die Kreuzungswinkel der Gruppen I, II und der Abstand der Träger sind ohne Bedeutung für die Lösung. Die überzähligen Schnittkräfte werden nach Abschn. 24 aus n geometrischen Bedingungsgleichungen berechnet.

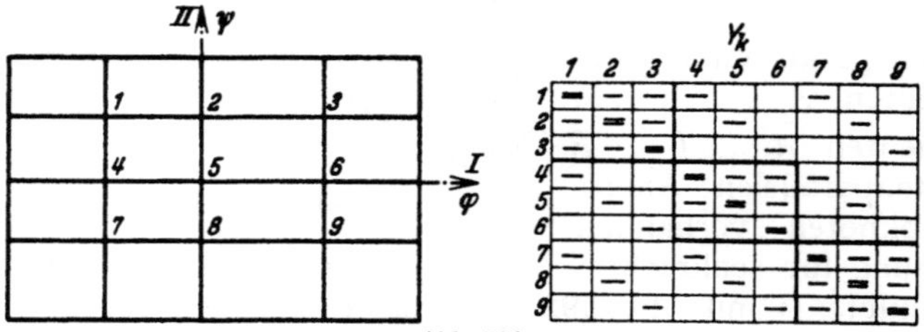

Abb. 595.

$$\sum Y_h \delta_{kh} = \delta_{k0}, \qquad k = 1 \ldots n. \tag{903}$$

In jeder von ihnen (k) sind alle Verbindungskräfte Y am Träger H der Gruppe I und alle Verbindungskräfte Y am Träger J der Gruppe II enthalten.

Ansatz für den Trägerrost mit $m = 3$, $r = 3$, $n = 9$, Abb. 595.

Der Ansatz ist bei Symmetrie des Rostes zu einer, zwei oder vier Achsen wesentlich einfacher, da die Belastung in Teile aufgespalten werden kann, die zu den Achsen I und II oder III und IV symmetrisch oder antimetrisch sind. Das endgültige Ergebnis entsteht durch Superposition.

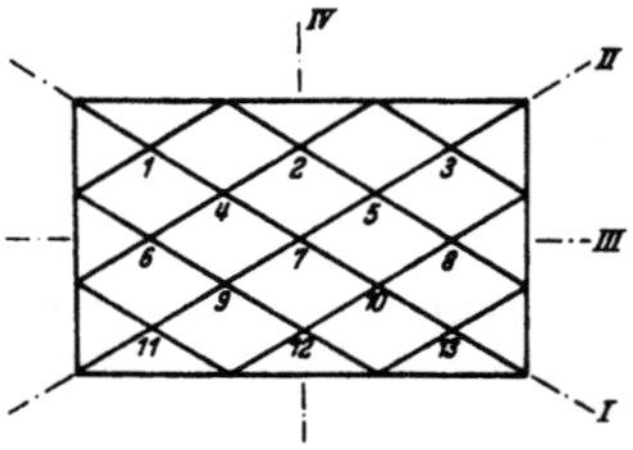

Abb. 596. Trägerrost mit schiefer Symmetrie.

Ansatz bei gleichmäßiger Belastung des symmetrischen Rostes (Abb. 596).

$$Y_2 = 0, \quad Y_6 = 0, \quad Y_{12} = 0, \quad Y_8 = 0, \quad Y_7 = 0;$$

$$(Y_1 = -Y_{11} = Y_{13} = -Y_3) \equiv X_1.$$

$$(Y_4 = -Y_9 = Y_{10} = -Y_5) \equiv X_2.$$

Die überzähligen Verbindungskräfte werden also nach Abschn. 28 zu zwei symmetrischen Gruppenlasten X_1, X_2 zusammengefaßt.

2. Das Ergebnis der Untersuchung kann durch die Fehlerempfindlichkeit der Zahlenrechnung bei Auflösung des Ansatzes und bei der Superposition der Anteile der Biegungsmomente aus der Belastung und den überzähligen Größen Y_k wesentlich beeinträchtigt werden. Diese Schwierigkeiten lassen sich zum Teil durch eine andere Rechenvorschrift umgehen, in die neben den statisch unbestimmten Schnittkräften

auch Komponenten ϱ_k des Verschiebungszustandes als Unbekannte eingehen. Sie werden nach Abschn. 38 derart ausgewählt, daß sich die statisch unbestimmten Schnittkräfte eines Stabwerks mit $\varrho_k = 0$ durch einfache Ansätze ableiten lassen. Die ausgezeichneten Parameter ϱ_k sind hier die n senkrechten Verschiebungen $\overline{w}_k$ der Stabknoten, da die Schnittkräfte aller Träger H der Gruppe I und aller Träger $\overline{J}$ der Gruppe II mit $w_k = 0$, $(k = 1, \ldots, n)$ unabhängig voneinander erhalten werden. Jeder von ihnen wirkt statisch als durchlaufender Träger auf starren, frei drehbaren Lagern. Die Stützenmomente werden mit Abb. 597 nach Abschn. 47 bei vorgeschriebenen Verschiebungen w_k aus den geometrischen Bedingungen (650) berechnet. Diese erscheinen stets im EJ_c fachen Betrage $w_k \equiv w_k/EJ_c$

$$M_{I,(k-1)}\, l'_k + 2M_{I,k}\,(l'_k + l'_{k+1}) + M_{I,(k+1)}\, l'_{k+1} - 6\left(\frac{w_k - w_{k-1}}{l_k} - \frac{w_{k+1} - w_k}{l_{k+1}}\right) = -6\,\delta_{I,k0}\,, \quad (904)$$

$$M_{II,(k-r)}\, s'_k + 2M_{II,k}(s'_k + s'_{k+r}) + M_{II,(k+r)}\, s'_{k+r} - 6\left(\frac{w_k - w_{k-r}}{s_k} - \frac{w_{k+r} - w_k}{s_{k+r}}\right) = -6\,\delta_{II,k0}\,. \quad (905)$$

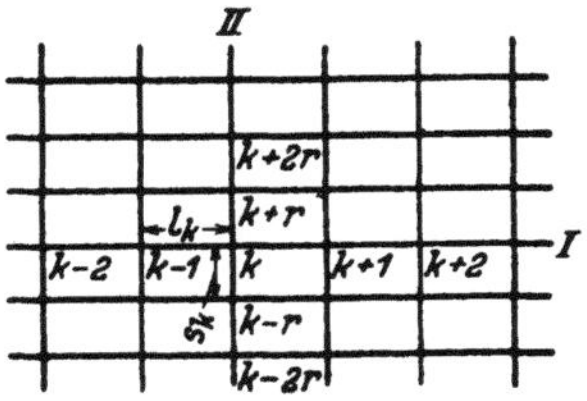

Abb. 597.

Da jedoch die senkrechten Verschiebungen w_k der Knoten unbekannt sind, fehlen zur Berechnung der $3n$ Wurzeln des Ansatzes zunächst noch n Gleichungen. Diese lassen sich mit dem Prinzip der virtuellen Verrückungen aus dem Gleichgewicht der Schnittkräfte des Rostes am Knoten ableiten. Die statischen Bedingungen werden daher nach (523) für die äußeren Kräfte an n voneinander unabhängigen kinematischen Ketten Γ_k (Abb. 598) angeschrieben, die mit $w_k = 1$ angetrieben sind.

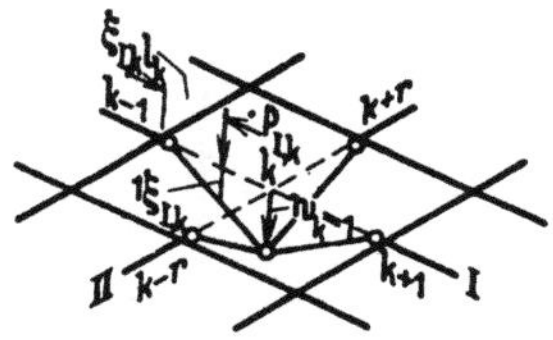

Abb. 598. Kinematische Kette Γ_k.

$$\frac{M_{I,k} - M_{I,k-1}}{l_k} - \frac{M_{I,k+1} - M_{I,k}}{l_{k+1}} + \frac{M_{II,k} - M_{II,k-r}}{s_k} - \frac{M_{II,k+r} - M_{II,k}}{s_{k+r}} - T_k = 0,$$

$$-\frac{1}{l_k} M_{I,k-1} + \left(\frac{1}{l_k} + \frac{1}{l_{k+1}}\right) M_{I,k} - \frac{1}{l_{k+1}} M_{I,k+1}$$
$$-\frac{1}{s_k} M_{II,k-r} + \left(\frac{1}{s_k} + \frac{1}{s_{k+r}}\right) M_{II,k} - \frac{1}{s_{k+r}} M_{II,k+r} - T_k = 0. \quad (906)$$

$$T_k = \mathfrak{P}_{I,k}\,\xi_{I,k} + \mathfrak{P}_{I,k+1}\,\xi'_{I,k+1} + \mathfrak{P}_{II,k}\,\xi_{II,k} + \mathfrak{P}_{II,k+r}\,\xi'_{II,k+r}\,. \quad (907)$$

Der Ansatz wird nach Abschn. 29 in zwei Stufen aufgelöst. Dabei gelten die Verschiebungen w_k in den Gleichungen (904), (905) zunächst als Teile der Belastungsglieder, so daß der Reihe nach die Schnittkräfte $M_{I,k0}$ $M_{I,kh}$ und $M_{II,k0}$, $M_{II,kh}$ eines durchlaufenden Trägers mit der beliebigen Belastung $\mathfrak{P}_{I,k}$, $\mathfrak{P}_{II,k}$ oder für $w_h = 1$ berechnet werden.

$$M_{I,k} = M_{I,k0} + \sum M_{I,kh}\, w_h, \qquad M_{II,k} = M_{II,k0} + \sum M_{II,kh}\, w_h\,.$$

Das Ergebnis liefert in Verbindung mit den Gleichungen (906) der zweiten Stufe die Verschiebungen w_k und durch Rekursion die Biegungsmomente $M_{I,k}$, $M_{II,k}$.

Die statische Untersuchung des Trägerrostes wird daher am besten mit der Entwicklung der konjugierten Matrix für die dreigliedrigen Gleichungen (904), (905) begonnen, in denen die senkrechten Verschiebungen w_k der Knoten Null sind. Sie zerfällt in Gruppen, die den einzelnen Trägern des Rostes zugeordnet sind und sich voneinander unterscheiden, wenn Knotenzahl und Abmessungen der Träger verschieden sind. Daher genügen bei seitenparalleler Anordnung in der Regel zwei voneinander unabhängige Ansätze. Die Rechnung ist bei Symmetrie des Rostes nach Umordnung der Belastung (Abschn. 27) wesentlich kürzer.

Ansatz für den Trägerrost Abb. 595.

Gl. (904)

k	$M_{I,k}$ 1	2	3	4	5	6	7	8	9	w_k 1	2	3	4	5	6	7	8	9
1	=	—								—	—	—						
2	—	=	—							—	—	—						
3		—	=							—	—	—						
4				=	—								—	—	—			
5				—	=	—							—	—	—			
6					—	=							—	—	—			
7							=	—								—	—	—
8							—	=	—							—	—	—
9								—	=							—	—	—

Gl. (905)

k	$M_{II,k}$ 7	4	1	8	5	2	9	6	3	w_k 7	4	1	8	5	2	9	6	3
7	=	—								—	—	—						
4	—	=	—							—	—	—						
1		—	=							—	—	—						
8				=	—								—	—	—			
5				—	=	—							—	—	—			
2					—	=							—	—	—			
9							=	—								—	—	—
6							—	=	—							—	—	—
3								—	=							—	—	—

Gl. (906)

k	$M_{I,k}$, $M_{II,k}$ 1		2		3		4		5		6		7		8		9	
1	=	=	—					—										
2	—		=	=	—					—								
3			—		=	=						—						
4		—					=	=						—				
5				—			—		=	=	—					—		
6						—			—		=	=						—
7								—					=	=	—			
8													—		=	=		—
9															—		=	=

Berechnung eines seitenparallelen, quadratischen Trägerrostes a für gleichmäßig verteilte Belastung q t/m².

Die Verbindungskräfte Y_1 bis Y_9 sind statisch unbestimmt. Infolge Symmetrie des Tragwerks ist bei gleichmäßig verteilter Belastung:

$$Y_1 = Y_3 = Y_9 = Y_7 = Y_5 = 0\,, \qquad Y_2 = -Y_6 = Y_8 = -Y_4\,.$$

Die Kräfte $Y_2, -Y_6, Y_8, -Y_4$ werden zu einer symmetrischen Gruppenlast X_1 zusammengefaßt. Der Zustand $-X_1 = 1$ besteht nach Abschn. 28 aus

$$-Y_2 = +Y_6 = -Y_8 = +Y_4 = 1 .$$

Das Trägheitsmoment ist für alle Träger gleich groß, daher (Abb. 599b, c)

$$\delta_{11} = 4\frac{4\,l'}{3}l^2 + 2\left(2\,l'\frac{l^2}{3} + 2\,l'\,l^2\right) = \frac{32}{3}l'\,l^2,$$

$$\delta_{10} = -4\cdot\frac{5}{12}4\,l'\,l\cdot 2\,p\,l^2 + 2\left(\frac{5}{12}4\,l'\cdot 2\,l\cdot 2\,p\,l^2 - 2\,l'\cdot\frac{l}{2}\,\frac{3\,p\,l^2}{2} - \frac{5}{12}\cdot 2\,l'\cdot l\cdot\frac{p\,l^2}{2}\right) = -\frac{23}{6}l'\,l^3 p,$$

$$X_1 = \frac{-23\,l'\,l^3\,p\cdot 3}{6\cdot 32\,l'\,l^2} = -\frac{23}{64}p\,l,$$

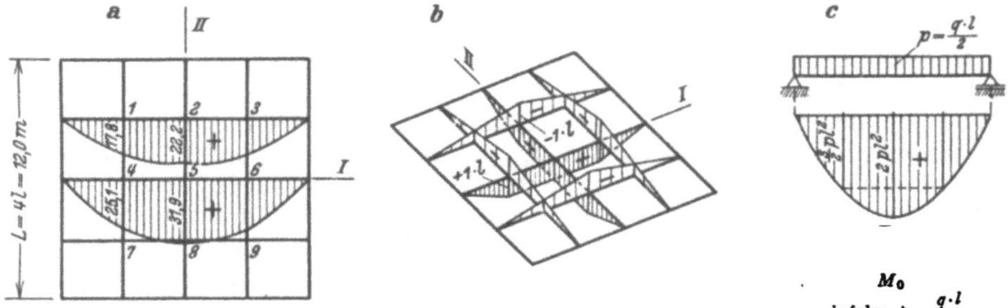

Biegungsmomente in mt aus $q = 1$ t/m²

M_1 infolge $-X_1 = 1$

Abb. 599.

M_0 infolge $p = \frac{q\cdot l}{2}$ für alle Träger gleich.

$$M_{I,1} = M_{I,3} = \frac{3\,p\,l^2}{2} - \frac{23}{64}p\,l\cdot\frac{l}{2} = \frac{169}{128}p\,l^2, \qquad M_{I,2} = 2\,p\,l^2 - \frac{23}{64}p\,l^2 = \frac{105}{64}p\,l^2,$$

$$M_{I,4} = M_{I,6} = \frac{3\,p\,l^2}{2} + \frac{23}{64}p\,l\cdot l = \frac{119}{64}p\,l^2, \qquad M_{I,5} = 2\,p\,l^2 + \frac{23}{64}p\,l^2 = \frac{151}{64}p\,l^2.$$

Die Biegungsmomente für $l = 3{,}0$ m und $q = 1$ t/m² sind in Abb. 599a aufgetragen.

Berechnung eines seitenschiefen, quadratischen Trägerrostes *a* für gleichmäßig verteilte Belastung *q* t/m².

Infolge der Symmetrie des Tragwerkes ist

$$(Y_1 = -Y_3 = Y_{13} = -Y_{11}) \equiv X_1, \qquad (Y_4 = -Y_5 = Y_{10} = -Y_9) \equiv X_2.$$

Die übrigen Verbindungskräfte sind Null.

$$l = L\frac{\sqrt{2}}{6}, \quad l_1' = l\frac{J_c}{J_1}, \quad l_2' = l\frac{J_c}{J_2}, \quad l_3' = l\frac{J_c}{J_3}.$$

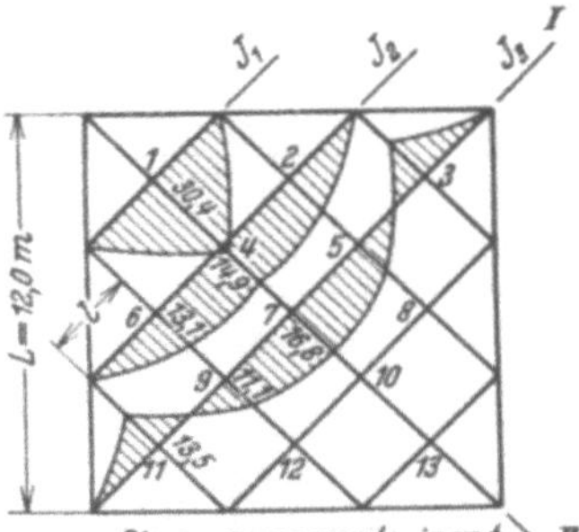

Biegungsmomente in mt aus $q = 1$ t/m² für $J_1 = J_2 = J_3$

Abb. 600.

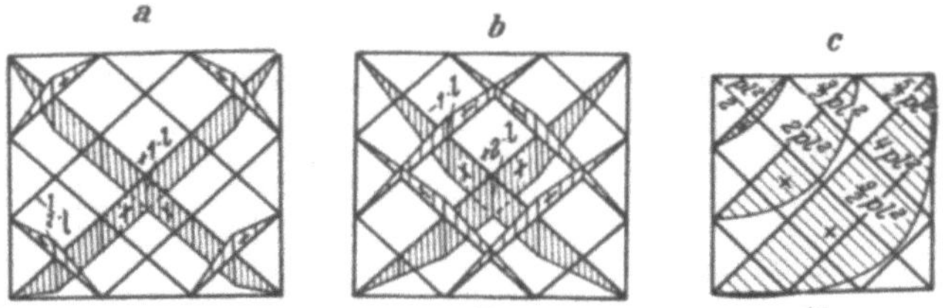

M_1 infolge $-X_1 = 1$ — M_2 infolge $-X_2 = 1$ — M_0 infolge $p = \frac{q\cdot l}{2}$

Abb. 601.

Abb. 601:

$$\delta_{11} = 4\cdot 2\,l_1'\cdot\frac{1}{3}\cdot\frac{l^2}{4} + 2\left(2\,l_3'\cdot\frac{1}{3}\cdot l^2 + 4\,l_3'\cdot l^2\right) = \frac{2}{3}l^2(l_1' + 14\,l_3'),$$

$$\delta_{22} = \frac{16}{3}\cdot l^2(l_2' + 5\,l_3'), \qquad \delta_{12} = \frac{46}{3}l^2\,l_3',$$

$$\delta_{10} = \frac{5}{6}p\,l^3(41\,l_3' - l_1'), \qquad \delta_{20} = \frac{4}{3}p\,l^3(44\,l_3' - 10\,l_2').$$

Bei konstantem Trägheitsmoment ($l_1' = l_2' = l_3' = l'$) entsteht nach Kürzung der Gleichungen mit $\frac{2\,l'\,l^2}{3}$ folgende Matrix:

X_1	X_2		
15	23	$50\,p\,l.$	$X_1 = +\,4{,}3768\,p\,l,$
23	48	$.68\,p\,l.$	$X_2 = -\,0{,}6805\,p\,l.$

$M_{I,1} = 2{,}688\,p\,l^2,\quad M_{I,6} = 1{,}160\,p\,l^2,\quad M_{I,4} = 1{,}320\,p\,l^2,$

$M_{I,11} = -\,1{,}196\,p\,l^2,\quad M_{I,9} = 0{,}984\,p\,l^2,\quad M_{I,7} = 1{,}484\,p\,l^2.$

Die Biegungsmomente für $J = \text{const}$, $L = 12{,}0$ m, $l = 2{,}828$ m und $q = 1$ t/m² sind in Abb. 600 dargestellt.

Die statische Untersuchung mit Berücksichtigung der drehsteifen Verbindung der Träger. Die Anschlußkräfte der Abschnitte l_k, s_k des Trägerrostes sind Funktionen der Belastung $\mathfrak{P}_{I,k}$, $\mathfrak{P}_{II,k}$ und ihrer geometrischen Randbedingungen und daher durch die Verschiebungen w_k, φ_k, ψ_k der Knotenpunkte bestimmt (529). Diese werden nach Abschn. 39 als die geometrisch überzähligen Größen eines geometrisch bestimmten Hauptsystems berechnet. Sie gehen dabei in $3n$ statische Bedingungen ein, die nach dem Prinzip der virtuellen Verrückungen für das Gleichgewicht der äußeren Kräfte von $3n$ voneinander unabhängigen zwangläufigen Gebilden $\Gamma_{\varphi k}$, $\Gamma_{\psi k}$, $\Gamma_{w k}$ angeschrieben werden. Dabei gelten alle Bezeichnungen, Rechenvorschriften und Bemerkungen der Abschn. 38ff., so daß je nach der Art der Kette drei verschiedene Gruppen von Gleichungen entstehen:

$$\left.\begin{aligned}
\delta A_{wk} &= a_{wk,0} + \sum w_h\, a_{wk,h} + \sum \varphi_h\, \bar{a}_{wk,h} + \sum \psi_h\, a^*_{wk,h} = 0\,,\\
\delta A_{\varphi k} &= a_{\varphi k,0} + \sum w_h\, a_{\varphi k,h} + \sum \varphi_h\, \bar{a}_{\varphi k,h} + \sum \psi_h\, a^*_{\varphi k,h} = 0\,,\\
\delta A_{\psi k} &= a_{\psi k,0} + \sum w_h\, a_{\psi k,h} + \sum \varphi_h\, \bar{a}_{\psi k,h} + \sum \psi_h\, a^*_{\psi k,h} = 0\,.
\end{aligned}\right\}\qquad(908)$$

a) Anschlußmomente infolge:

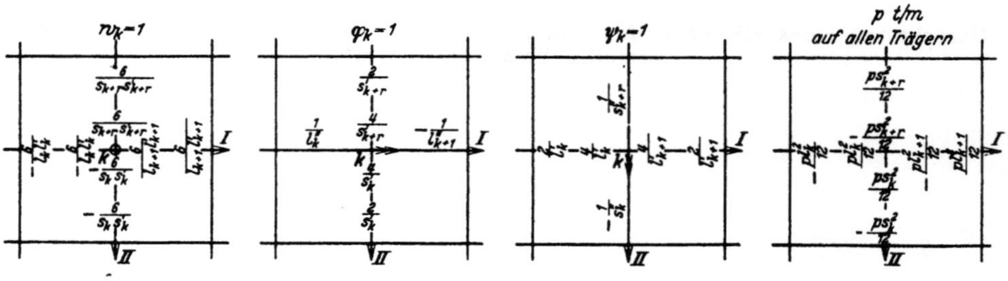

b) Anschlußmomente für Abstützung der Trägerenden nach Abb. 591a infolge:

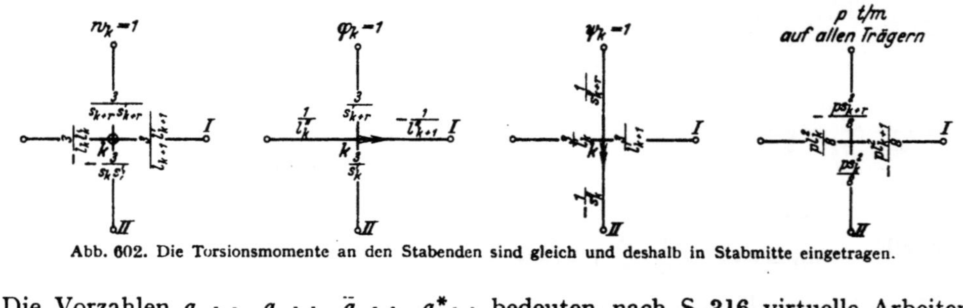

Abb. 602. Die Torsionsmomente an den Stabenden sind gleich und deshalb in Stabmitte eingetragen.

Die Vorzahlen $a_{\varphi k,0}$, $a_{\varphi k,h}$, $\bar{a}_{\varphi k,h}$, $a^*_{\varphi k,h}$ bedeuten nach S. 316 virtuelle Arbeiten an der mit $\dot{\varphi}_k = 1$ angetriebenen zwangläufigen Stabkette $\Gamma_{\varphi k}$ infolge von äußeren Kräften im geometrisch bestimmten Hauptsystem, die entweder von der

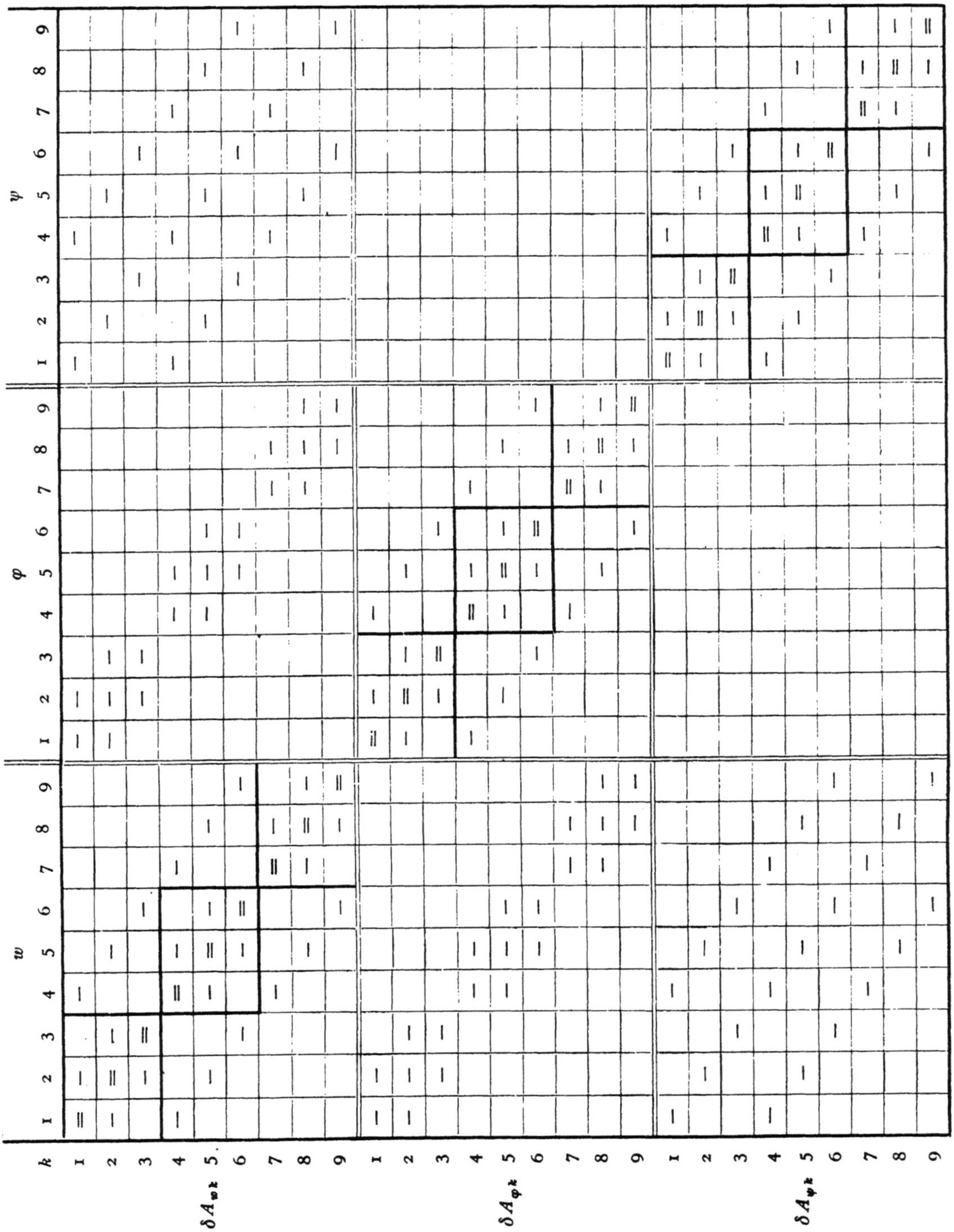
ψ
φ
w
k
1 2 3 4 5 6 7 8 9
δA_wk
δA_φk
δA_ψk

Belastung des Trägerrostes ($\mathfrak{P}, \Delta t$), der Verschiebung $w_h = 1$ oder von der Verdrehung $\varphi_h = 1$ oder $\psi_h = 1$ herrühren. Diese lassen sich aus den Ansätzen (533 ff.) entnehmen, so daß die Vorzahlen und Belastungszahlen mit der Abb. 602 unmittelbar angeschrieben werden können. Dabei zeigt sich, daß

$$\bar{a}_{\psi k, h} = a^*_{\varphi k, h} = 0 \quad \text{und} \quad a_{\varphi k, h} = \bar{a}_{w k, h}, \qquad a_{\psi k, h} = a^*_{w k, h}.$$

Die 27 unabhängigen statischen Bedingungen zur Berechnung eines unregelmäßigen Trägerrostes nach Abb. 595 bilden die Matrix auf S. 631.

Die Wurzeln w_k, φ_k, ψ_k können durch die Iteration einer Näherungslösung angeschrieben werden, wenn auch dabei langwierige, mühevolle Zahlenrechnungen nicht ausbleiben. Sie sind bei symmetrischen Rosten durch die Umordnung der Belastung (S. 186) wesentlich einfacher. In einzelnen Fällen ist außerdem die Verdrehung der Knoten um ausgezeichnete Achsen infolge der konstruktiven Ausgestaltung des Rostes Null. Die Vorteile der Lösung treten jedoch vor allem bei Trägerrosten mit mehr als zwei Trägerscharen in Erscheinung (Abb. 607), da dann zwar der Grad der statischen Unbestimmtheit zunimmt, dagegen die Anzahl der geometrisch unbekannten Komponenten w_k, φ_k, ψ_k unverändert $3n$ bleibt.

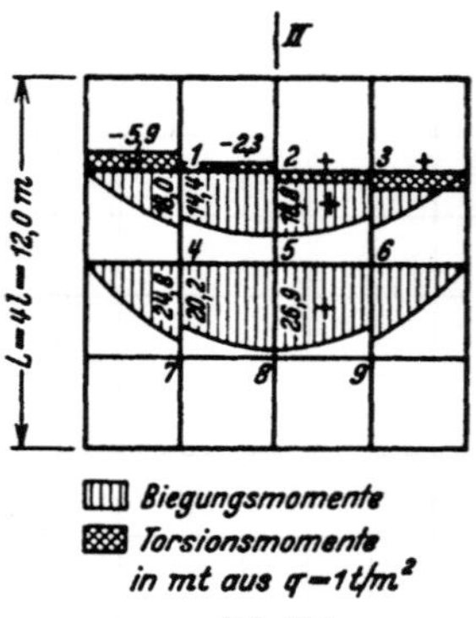

Abb. 603.

Berechnung eines seitenparallelen, quadratischen Trägerrostes b für gleichmäßig verteilte Belastung q t/m².

Der Trägerrost Abb. 603 ist bei Lagerung der Trägerenden nach Abb. 591 b und drehsteifen Knoten 33 fach statisch unbestimmt und 27 fach geometrisch unbestimmt. Infolge der Symmetrie von Tragwerk und Belastung genügt ein Ansatz mit 3 statischen oder 5 geometrischen Größen, um den vollständigen Spannungszustand anzugeben. Daher wird der statische Ansatz gewählt.

Als Überzählige dienen die Verbindungskräfte Y und die Verbindungsmomente Z_I, Z_{II}, deren Drehsinn nach Abb. 604 a positiv ist. Infolge der Symmetrie des Tragwerks ist bei gleichmäßig verteilter Belastung

$$Y_1 = Y_3 = Y_9 = Y_7 = Y_5 = 0, \qquad (Y_2 = -Y_6 = Y_8 = -Y_4) \equiv X_1,$$
$$(Z_{I,1} \mathbin{\hat{+}} Z_{II,1} = Z_{I,3} \mathbin{\hat{=}} Z_{II,3} = -Z_{I,9} \mathbin{\hat{=}} Z_{II,9} = -Z_{I,7} \mathbin{\hat{+}} Z_{II,7}) \equiv X_2,$$
$$Z_{II,2} = Z_{I,6} = Z_{II,8} - Z_{I,4} = Z_{I,5} = Z_{II,5} = 0,$$
$$(Z_{I,2} = -Z_{II,6} = -Z_{I,8} = Z_{II,4}) \equiv X_3.$$

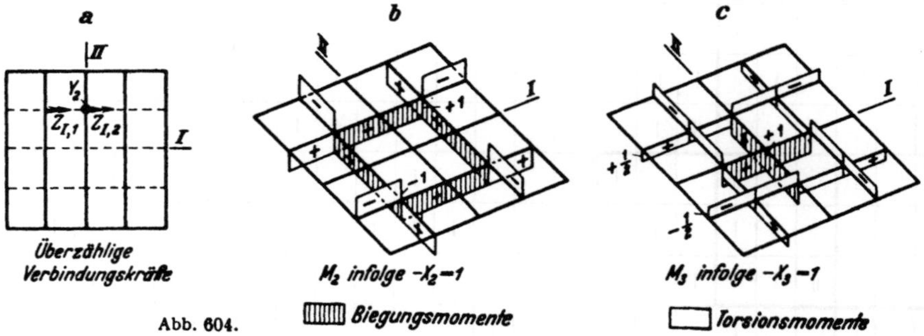

Abb. 604.

Das Trägheitsmoment ist hier für alle Träger gleich,

$$l' = l\frac{J_c}{J}, \quad l'' = \varrho l', \quad \varrho = \frac{E J_v}{G T}$$

und daher nach S. 629

$$\delta_{11} = \frac{32}{3} l' l^2, \quad \delta_{10} = -\frac{23}{6} l' l^3 p.$$

Mit Abb. 604 b, c wird:

$$\delta_{22} = 8 l'(1+\varrho), \quad \delta_{33} = 4 l'(1+\varrho), \quad \delta_{12} = -6 l l', \quad \delta_{13} = 4 l l', \quad \delta_{23} = 4 \varrho l',$$
$$\delta_{20} = \frac{44}{3} p l^2 l', \quad \delta_{30} = \frac{22}{3} p l^2 l'.$$

Für Träger, deren Höhe etwa gleich der doppelten Breite ist, ergibt sich nach S. 30 $\varrho \approx 3$ und nach Kürzung der Gleichungen mit $\frac{l'}{3}$ die folgende Matrix.

X_1	X_2	X_3	
$32\,l^2$	$-18\,l$	$12\,l$	$-11{,}5\,p\,l^3,$
$-18\,l$	96	36	$44\,p\,l^2,$
$12\,l$	36	48	$22\,p\,l^2.$

Mit $l = 3{,}0$ m und $q = 1$ t/m²; $p = \frac{q \cdot l}{2} = 1{,}5$ t/m wird

$$X_1 = -\,1{,}523\text{ t}, \qquad X_2 = 3{,}591\text{ mt}, \qquad X_3 = 4{,}636\text{ mt}.$$

Die Schnittkräfte ergeben sich durch Superposition; z. B.:

$$M^{(4)}_{yI,4} = \tfrac{3}{2}\,p\,l^2 - X_1 \cdot l = 24{,}8\text{ mt}, \qquad M^{(5)}_{yI,4} = \tfrac{3}{2}\,p\,l^2 - X_1 l - X_3 \cdot 1 = 20{,}2\text{ mt},$$

$$M^{(4)}_{xII,4} = M^{(2)}_{xI,2} = -\,X_3 \cdot \tfrac{1}{2} = -\,2{,}3\text{ mt}.$$

Die Biegungs- und Torsionsmomente sind in Abb. 603 eingetragen.

Berechnung eines seitenschiefen, quadratischen Trägerrostes *b* für gleichmäßig verteilte Belastung *q* t/m².

Der Trägerrost Abb. 605 ist bei Lagerung der Trägerenden nach Abb. 591 b und drehsteifen Knoten 49fach statisch unbestimmt und 39fach geometrisch unbestimmt. Infolge der Symmetrie des Tragwerks genügen jedoch 5 statische oder 7 geometrische Größen zur eindeutigen Angabe des Spannungszustandes. Um auch die Anwendung des Ansatzes (908) zu zeigen, werden die geometrisch unbestimmten Größen w_1, w_2, w_4, w_7, φ_1, φ_2, φ_3 berechnet und zu symmetrischen Gruppenbewegungen zusammengefaßt.

$$(w_1 = w_3 = w_{13} = w_{11}) \equiv W_1, \quad (\varphi_1 = \psi_3 = -\,\varphi_{13} = -\,\psi_{11}) \equiv \Phi_A,$$

$$(w_4 = w_5 = w_{10} = w_9) \equiv W_2, \quad (\varphi_4 = \psi_5 = -\,\varphi_{10} = -\,\psi_9) \equiv \Phi_B,$$

$$(w_2 = w_8 = w_{12} = w_6) \equiv W_3, \quad (\varphi_2 \mathbin{\hat{+}} \psi_2 = -\,\varphi_8 \mathbin{\hat{+}} \psi_8 = -\,\varphi_{12} \mathbin{\hat{-}} \psi_{12} = +\,\varphi_6 \mathbin{\hat{-}} \psi_6) \equiv \Phi_C,$$

$$(w_7) \equiv W_4, \quad \psi_1 = \psi_4 = \psi_7 = \psi_{10} = \psi_{13} = \varphi_3 = \varphi_5 = \varphi_7 = \varphi_9 = \varphi_{11} = 0.$$

Die Vorzahlen der statischen Bedingungsgleichungen lassen sich nach Abb. 602 unmittelbar anschreiben. Mit

$$l = L\,\frac{\sqrt{2}}{6}, \qquad l_1' = l\,\frac{J_c}{J_1}, \qquad l_2' = l\,\frac{J_c}{J_2}, \qquad l_3' = l\,\frac{J_c}{J_3},$$

$$l_1'' = \varrho_1 l_1', \qquad l_2'' = \varrho_2 l_2', \qquad l_3'' = \varrho_3 l_3'$$

ist z. B.

$$a_{11} = 4\left[-\frac{3}{l^2 l_3'} - 2\,\frac{3}{l^2 l_1'} - \frac{12}{l^2 l_3'}\right] = -\,\frac{12}{l^2 l_3'}\left(5 + 2\,\frac{l_3'}{l_1'}\right),$$

$$a_{12} = 4\,\frac{12}{l^2 l_3'} = \frac{48}{l^2 l_3'}, \qquad a_{13} = 0, \qquad a_{14} = 0,$$

$$a_{22} = 4\left[-\,2\,\frac{12}{l^2 l_3'} - 2\,\frac{12}{l^2 l_2'}\right] = -\,\frac{96}{l^2 l_3'}\left(1 + \frac{l_3'}{l_2'}\right).$$

$$a_{AA} = 4\left(-\,\frac{3}{l_3'} - \frac{4}{l_3'} - \frac{1}{l_1''} - \frac{1}{l_1''}\right) = -\,\frac{4}{l_3'}\left(7 + 2\,\frac{l_3'}{\varrho_1 l_1'}\right),$$

$$a_{AB} = -\,4\,\frac{2}{l_3'} = -\,\frac{8}{l_3'}, \qquad a_{AC} = 0, \qquad a_{BB} = 4\left(-\,2\,\frac{4}{l_3'} - \frac{2}{l_2''}\right) = -\,\frac{8}{l_3'}\left(4 + \frac{l_3'}{\varrho_2 l_2'}\right),$$

$$a_{A1} = 4\left(-\,\frac{3}{l\,l_3'} + \frac{4}{l\,l_3'} + \frac{2}{l\,l_3'}\right) = \frac{12}{l\,l_3'}, \qquad a_{A2} = -\,\frac{24}{l\,l_3'}, \qquad a_{A3} = 0, \qquad a_{A4} = 0,$$

$$a_{B1} = \frac{24}{l\,l_3'}, \qquad a_{B2} = 0, \qquad a_{B3} = 0, \qquad a_{B4} = -\,\frac{24}{l\,l_3'}.$$

Φ_A	Φ_B	Φ_C	W_1	W	W_3	W_4	p
$-\frac{4}{l'_3}\left(7+2\frac{l'_3}{\varrho_1 l'_1}\right)$	$-\frac{8}{l'_3}$	0	$\frac{12}{l l'_3}$	$-\frac{24}{l l'_3}$	0	0	$\frac{l^2}{6}$
$-\frac{8}{l'_3}$	$-\frac{8}{l'_3}\left(4+\frac{l'_3}{\varrho_2 l'_2}\right)$	$\frac{8}{\varrho_2 l'_2}$	$\frac{24}{l l'_3}$	0	0	$-\frac{24}{l l'_3}$	0
0	$\frac{8}{\varrho_2 l'_2}$	$-\frac{8}{l'_2}\left(7+2\frac{1}{\varrho_2}\right)$	0	$-\frac{48}{l l'_2}$	$\frac{24}{l l'_2}$	0	$\frac{l^2}{3}$
$\frac{12}{l l'_3}$	$\frac{24}{l l'_3}$	0	$-\frac{12}{l^2 l'_3}\left(5+2\frac{l'_3}{l'_1}\right)$	$\frac{48}{l^2 l'_3}$	0	0	$\frac{19}{2}l$
$-\frac{24}{l l'_3}$	0	$-\frac{48}{l l'_2}$	$\frac{48}{l^2 l'_3}$	$-\frac{96}{l^2 l'_3}\left(1+\frac{l'_3}{l'_2}\right)$	$\frac{96}{l^2 l'_2}$	$\frac{48}{l^2 l'_3}$	$8l$
0	0	$\frac{24}{l l'_2}$	0	$\frac{96}{l^2 l'_2}$	$-\frac{120}{l^2 l'_2}$	0	$9l$
0	$-\frac{24}{l l'_3}$	0	0	$\frac{48}{l^2 l'_3}$	0	$-\frac{48}{l^2 l'_3}$	$2l$

Für gleichmäßig verteilte Belastung $p = \frac{q\,l}{2}$ ergeben sich die Absolutglieder, z. B.:

$$a_{10} = 4\cdot 3\,\frac{p\,l^2}{8}\cdot\frac{1}{l} + 4\cdot 4\cdot\frac{p\,l}{2} = \frac{19}{2}\,p\,l,$$

$$a_{20} = 4\cdot 4\cdot\frac{p\,l}{2} = 8\,p\,l,$$

$$a_{A0} = 4\left(-\frac{p\,l^2}{12}+\frac{p\,l^2}{8}\right) = \frac{p\,l^2}{6},$$

$$a_{B0} = 0\,.$$

Der vollständige Ansatz bildet die nebenstehende Matrix.

Mit $L = 12{,}0$ m, $l = 2{,}828$ m, $J = \text{const}$, $l'_1 = l'_2 = l'_3 = l'$, $\varrho_1 = \varrho_2 = \varrho_3 = \varrho = 3$ ergibt die Auflösung

$$\Phi_A = -\,22{,}857\,p\,,$$
$$\Phi_B = -\,26{,}211\,p\,,$$
$$\Phi_C = -\,24{,}608\,p\,,$$

$$W_1 = 53{,}765\,p\,,$$
$$W_2 = 134{,}644\,p\,,$$
$$W_3 = 98{,}768\,p\,,$$
$$W_4 = 174{,}667\,p\,.$$

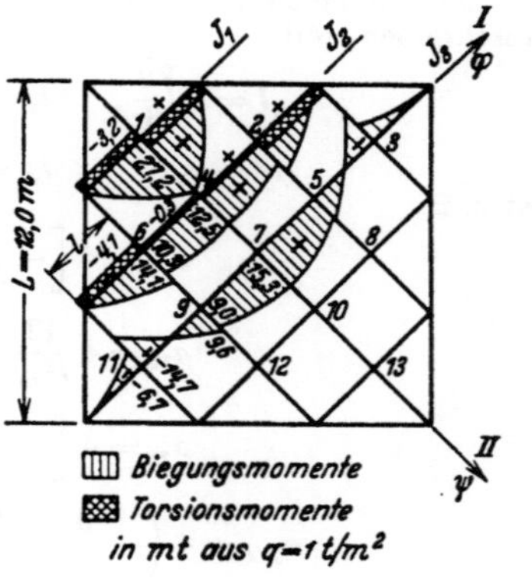

Abb. 605.

Die Anschlußkräfte ergeben sich nach (505) oder durch Superposition; z. B. ist mit $q = 1$ t/m², $p = \frac{q\cdot l}{2} = 1{,}414$ t/m:

$$M^{(0)}_{y,12} = -\frac{p\,l^2}{8} + W_3\frac{3}{l\,l'} + \Phi_C\frac{3}{l'} = 14{,}1\ \text{mt},$$

$$M^{(2)}_{y,12} = +\frac{p\,l^2}{8} - W_3\frac{6}{l\,l'} + W_2\frac{6}{l\,l'} + \Phi_C\frac{4}{l'} = -10{,}3\ \text{mt},$$

$$M^{(0)}_{x,12} = -\Phi_C\frac{1}{\varrho\,l'} = 4{,}1\ \text{mt}, \qquad M^{(2)}_{x,12} = \Phi_C\frac{1}{\varrho\,l'} - \Phi_B\frac{1}{\varrho\,l'} = 0{,}3\ \text{mt}.$$

Die Biegungs- und Torsionsmomente sind in Abb. 605 aufgetragen.

Seitenschiefer, quadratischer Trägerrost nach Abb. 606 mit gleichmäßig verteilter Belastung $q = 1$ t/m².

Die Rechnung bietet nichts Neues. Die Biegungsmomente ohne Berücksichtigung des Drillungswiderstandes der Träger sind in Abb. 606a, mit Berücksichtigung desselben in Abb. 606b dargestellt (vgl. Fußnote S. 625).

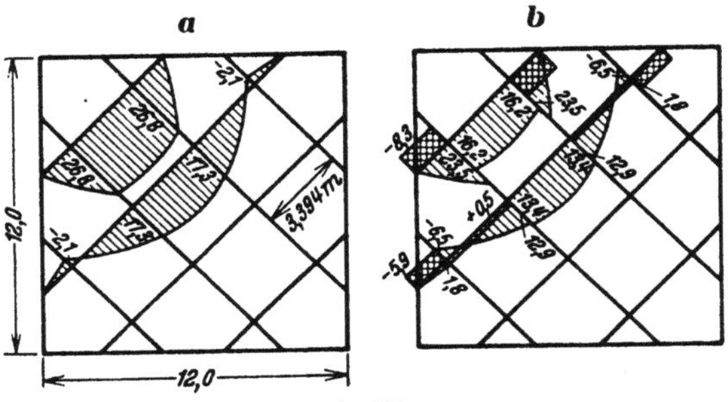

Abb. 606.

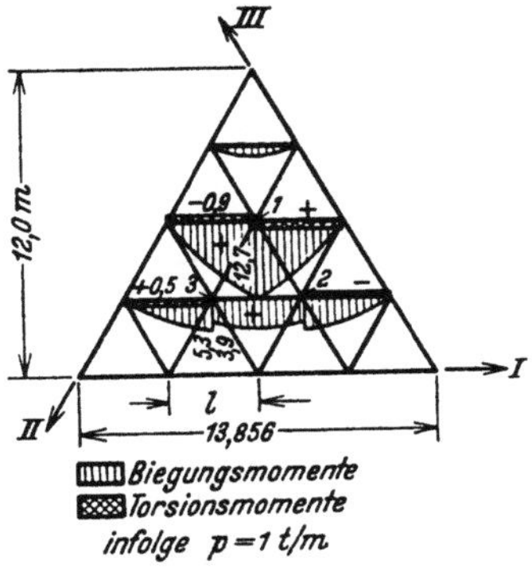

Abb. 607.

Berechnung eines Trägerrostes mit drei Trägerscharen über einem gleichseitigen Dreieck.

Der Trägerrost Abb. 607 mit Abstützung der Trägerenden nach Abb. 591b und drehsteifer Verbindung der Trägerscharen *I, II, III* ist 21fach statisch unbestimmt und 9fach geometrisch unbestimmt. Wegen der Symmetrieeigenschaften genügt bei gleichmäßig verteilter Last q t/m² die Berechnung von 3 Verbindungskräften (Lösung a) oder 2 Komponenten des Verschiebungszustandes (Lösung b), um den vollständigen Spannungszustand angeben zu können.

Lösung a) Die lotrechten Verbindungskräfte U_1, U_2, U_3 wirken an den Trägern Abb. 608a nach unten, an den Trägern Abb. 608b nach oben. Sie werden in der symmetrischen Gruppen-

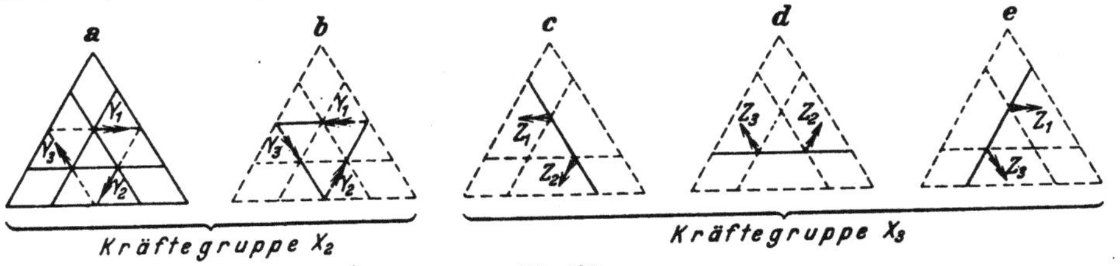

Abb. 608.

last X_1 zusammengefaßt. Die zyklisch liegenden Verbindungsmomente Y_1, Y_2, Y_3 zwischen den Trägern der Abb. 608a und Abb. 608b bilden die Gruppenlast X_2, die Verbindungsmomente Z_1, Z_2, Z_3 zwischen den Trägern der Abb. 608c, d und e die Gruppenlast X_3.

Das Trägheitsmoment ist für alle Träger gleich.

$$l' = l\frac{J_c}{J_v}, \qquad l'' = \varrho\,l', \qquad \varrho = \frac{E\,J_v}{G\,T}.$$

Abb. 609: $$\delta_{11} = 3\left[2\,l'\cdot\frac{1}{3}\cdot\frac{l^2}{4} + 2\,l'\cdot\frac{1}{3}\,\frac{l^2}{4} + 3\,l'\cdot\frac{l^2}{4}\right] = \frac{7}{4}\,l^2\,l',$$

$$\delta_{22} = l'\left(1 + \frac{3}{2}\,\varrho\right), \qquad \delta_{33} = \frac{3}{4}\,l'\,(1 + 6\,\varrho), \qquad \delta_{12} = -\frac{\sqrt{3}}{2}\,l\,l',$$

$$\delta_{13} = -\frac{3}{4}\, l\, l', \qquad \delta_{23} = \frac{\sqrt{3}}{2}\, l';$$

$$\delta_{10} = -\frac{17}{8}\, p\, l'\, l^3, \qquad \delta_{20} = \frac{13}{12}\sqrt{3}\, p\, l'\, l^2, \qquad \delta_{30} = \frac{13}{8}\, p\, l'\, l^2.$$

Mit $\varrho = 3$, $l = 3{,}464$ m entsteht die folgende Matrix.

X_1	X_2	X_3	$p\,l^3$
72,7461	−10,3926	−9,0000	−7,3612
−10,3926	19,0526	3,0000	1,8762
−9,0000	3,0000	49,3634	1,6250

$X_1 = -3{,}8676\, p$ t,
$X_2 = 1{,}8980\, p$ mt,
$X_3 = 0{,}5479\, p$ mt.

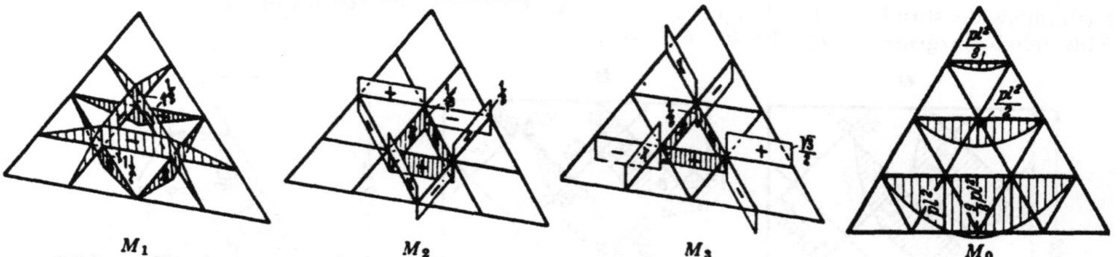

M_1 infolge $-X_1 = 1$ M_2 infolge $-X_2 = 1$ M_3 infolge $-X_3 = 1$ M_0 infolge $p = q\dfrac{l}{2\sqrt{3}}$

Abb. 609.

Die Schnittkräfte ergeben sich durch Superposition; z. B.:

$$M^{(3)}_{yI,3} = p\, l^2 + X_1 \frac{l}{2} = 5{,}3\, p \text{ mt}, \qquad M^{(2)}_{yI,3} = p\, l^2 + X_1 \frac{l}{2} - X_2 \frac{1}{\sqrt{3}} - X_3 \frac{1}{2} = 3{,}9\, p \text{ mt},$$

$$M^{(3)}_{xI,3} = +X_3 \frac{\sqrt{3}}{2} = 0{,}5\, p \text{ mt}, \qquad M^{(2)}_{xII,3} = 0.$$

Die Biegungs- und Torsionsmomente sind in Abb. 607 dargestellt.

Lösung b) Als geometrisch überzählige Größen dienen die zyklischen Gruppenbewegungen (Abb. 610)

$$(w_1 = w_2 = w_3) \equiv W_1, \qquad (\varphi_{I,1} = \varphi_{II,2} = \varphi_{III,3}) \equiv \Phi_A.$$

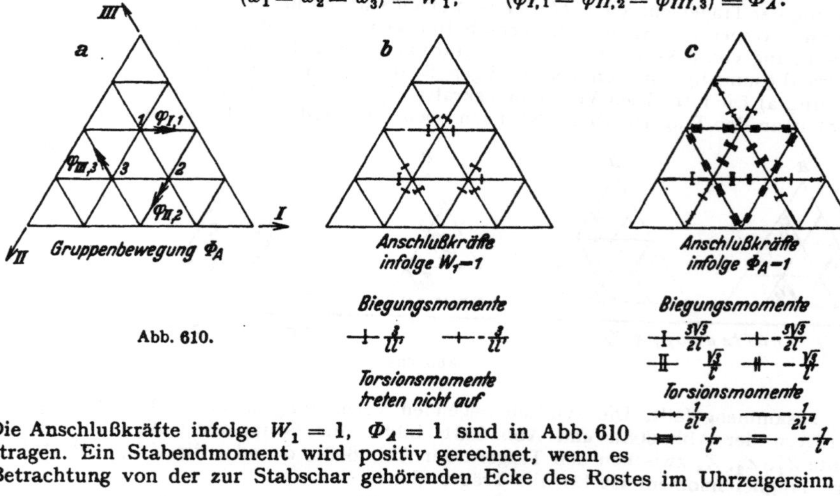

Abb. 610.

Die Anschlußkräfte infolge $W_1 = 1$, $\Phi_A = 1$ sind in Abb. 610 eingetragen. Ein Stabendmoment wird positiv gerechnet, wenn es bei Betrachtung von der zur Stabschar gehörenden Ecke des Rostes im Uhrzeigersinn dreht.

$$\frac{a_{AA}}{3} = -\frac{2}{l''} - \frac{2}{2\,l''}\cdot\frac{1}{2} - 2\,\frac{3\sqrt{3}}{2\,l'}\,\frac{3}{2\sqrt{3}} - 2\,\frac{\sqrt{3}}{l'}\,\frac{3}{2\sqrt{3}} = -\frac{5}{2\,l'}\left(3 + \frac{1}{\varrho}\right),$$

$$\frac{a_{11}}{3} = -4\cdot\frac{3}{l\,l'}\,\frac{1}{l} = -\frac{12}{l^2\, l'}, \qquad \frac{a_{A1}}{3} = -2\,\frac{3}{l\,l'}\cdot\frac{3}{2\sqrt{3}} = -\frac{3\sqrt{3}}{l\,l'},$$

$$\frac{a_{A0}}{3} = 2\,\frac{p\,l^2}{8}\cdot\frac{3}{2\sqrt{3}} - 2\,\frac{p\,l^2}{12}\cdot\frac{3}{2\sqrt{3}} = \frac{1}{8\sqrt{3}}\, p\, l^2, \qquad \frac{a_{10}}{3} = 4\,\frac{p\,l^2}{8}\cdot\frac{1}{l} + 4\,p\,l\cdot\frac{1}{2} + p\,l = \frac{7}{2}\, p\, l.$$

Mit $\varrho = 3$ und $l' = l = 3{,}464$ entsteht folgende Matrix:

Φ_A	W_1	p
$-2{,}4056$	$-0{,}4330$	$0{,}8660$
$-0{,}4330$	$-0{,}2887$	$12{,}1244$

$\Phi_A = -9{,}8628\,p$,

$W_1 = 56{,}7890\,p$.

Die Schnittkräfte ergeben sich nach (505) oder durch Superposition; z. B.

$$M^{(2)}_{y\,l,3} = \frac{p\,l^2}{12} + \frac{\sqrt{3}}{l}\,\Phi_A = -3{,}9\,p\ \text{mt}.$$

Die Momente sind in Abb. 607 dargestellt.

Trägerrost mit freien Rändern. Werden die Querträger von Brücken mit mehreren Hauptträgern nicht nur als Teile der Fahrbahntafel betrachtet, sondern in statischer Beziehung in derselben Weise bewertet wie die Hauptträger, so entsteht ebenfalls ein Trägerrost mit seitenparalleler Anordnung. Da jedoch nur die Hauptträger gestützt, dagegen die Enden der Querträger frei sind, besteht deren Aufgabe hier nur in der Verteilung der Belastung eines Hauptträgers auf mehrere von ihnen, jedoch nicht mehr in der Entlastung der Hauptträger. Diese sind entweder Balkenträger auf zwei und mehreren Stützen oder Rahmen. Die Knoten zwischen Haupt- und Querträger sind biegungs- und drehsteif, gelten aber zur Vereinfachung der Rechnung in der Regel nur als zug- und druckfest. Der Brückengrundriß ist stets zu einer, meist aber auch zu zwei Achsen symmetrisch, so daß nach Abschn. 27 und 28 mit zwei- oder vierfacher Umordnung der Belastung und mit statisch unbestimmten Gruppenlasten gerechnet werden kann.

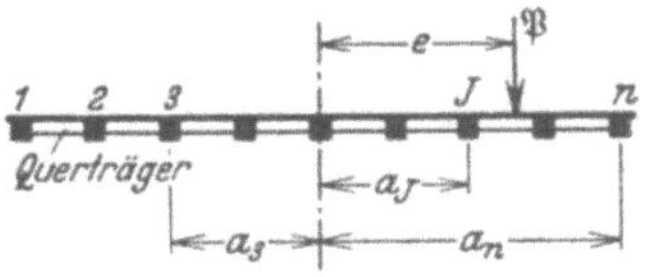

Abb. 611.

Die statische Untersuchung des Trägerrostes ist bei Annahme von sehr steifen Querträgern ($E J_{II} = \infty$) statisch bestimmt, wenn nur die Knotenpunkte und die Querträger belastet sind. Die Achsen der Querträger bleiben dann bei der Formänderung des Rostes gerade Linien. Auf einen Träger J der n Hauptträger entfällt bei Belastung eines Querträgers durch die resultierende Einzellast $\mathfrak{P}$ (Abb. 611) der Anteil

$$P_J = \frac{\mathfrak{P}}{n} + \frac{\mathfrak{P}\,e}{\sum\limits_{k=1}^{n} a_k^2}\,a_J\,. \tag{909}$$

Diese Annahme ist aber um so weniger berechtigt, je weniger Hauptträger verwendet werden, um die wirtschaftlichen Vorteile einer kreuzweisen Bewehrung der Fahrbahnplatte auszunützen und Schalungskosten zu sparen. Daher genügt die Untersuchung der Trägerroste mit drei und vier Hauptträgern auf je zwei Stützen, die mit den Querträgern zug- und druckfest verbunden angenommen sind. Die Anschlußmomente der mittleren Hauptträger sind die statisch unbestimmten Schnittkräfte der Rechnung.

Berechnung einer Balkenbrücke mit 3 Hauptträgern, Abb. 612.

Geometrische Grundlagen.

$l = 3{,}5\,,\qquad s = 3{,}6\ \text{m}\,,\qquad \varkappa = \frac{s}{l} = 1{,}0286\,,$

$\nu_1 = \frac{J_1}{J_s} = 7{,}1111\,;\qquad \nu_2 = \frac{J_1}{J_2} = 1{,}3846\,,$

$J_c = J_1\,.$

Als statisch überzählige Schnittkräfte X_k dienen die Biegungsmomente des mittleren Trägers in den Knoten $k = 1 \ldots 5$. Das Biegungsmoment X_3 ist in Abb. 612 als Vektor eingetragen.

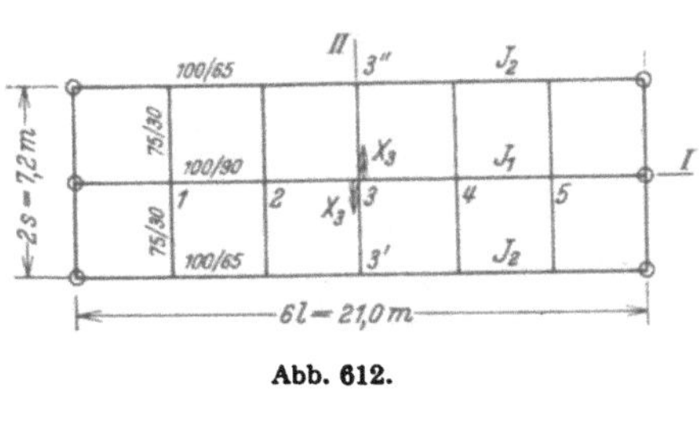

Abb. 612.

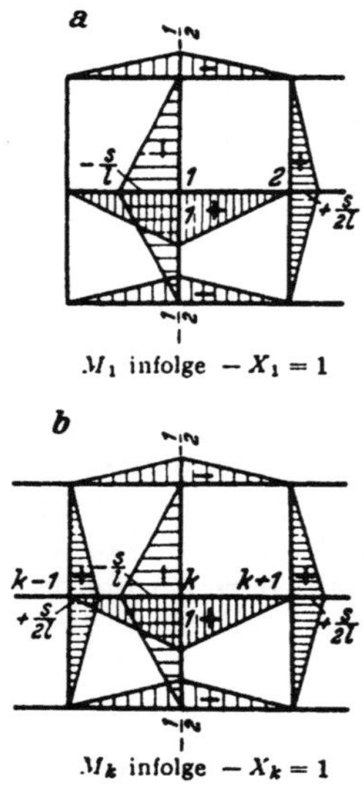

M_1 infolge $-X_1 = 1$

M_k infolge $-X_k = 1$

Abb. 613.

Vorzahlen (Abb. 613).

$$\delta_{11} = \frac{l}{3}\left(2 + \nu_2 + \frac{5}{2}\varkappa^3 \nu_1\right) = 22{,}7304\,\frac{l}{3},$$

$$\delta_{kk} = \frac{l}{3}\left(2 + \nu_2 + 3\,\varkappa^3 \nu_1\right) = 26{,}5995\,\frac{l}{3},$$

$$\delta_{k(k-1)} = \delta_{k(k+1)} = \frac{l}{6}\left(1 + \frac{\nu_2}{2} - 4\,\varkappa^3 \nu_1\right) = -\,14{,}6304\,\frac{l}{3},$$

$$\delta_{k(k-2)} = \delta_{k(k+2)} = \frac{l}{6}\,\varkappa^3 \nu_1 = 3{,}8692\,\frac{l}{3}.$$

δ Matrix nach Kürzung mit $l/3$.

X_1	X_2	X_3	X_4	X_5
22,7304	− 14,6304	3,8692		
− 14,6304	26,5995	− 14,6304	3,8696	
3,8692	− 14,6304	26,5995	− 14,6304	3,8692
	3,8692	− 14,6304	26,5995	− 14,6304
		3,8692	− 14,6304	22,7304

Konjugierte Matrix $\beta'_{hk} = \frac{l}{3}\,\beta_{hk}$.

	δ_{10}	δ_{20}	δ_{30}	δ_{40}	δ_{50}
X_1	0,072972	0,049733	0,017815	0,001388	− 0,002039
X_2	0,049733	0,090787	0,051121	0,015676	0,001388
X_3	0,017815	0,051121	0,088648	0,051121	0,017815
X_4	0,001388	0,015676	0,051121	0,090787	0,049733
X_5	− 0,002039	0,001388	0,017815	0,049733	0,072972

$$X_h = \sum \frac{3\,\beta'_{hk}}{l}\,\delta_{k0}.$$

Belastungszahlen für $P = 1$ t in Knoten 3 (Abb. 614).

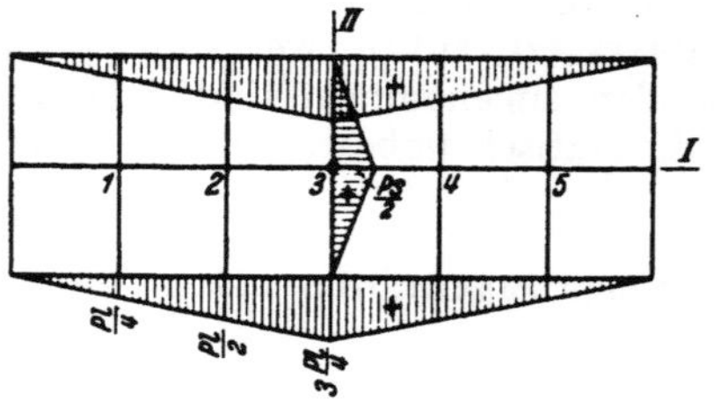

Abb. 614.

$$\delta_{10} = \delta_{50} = -\frac{l}{3}\,P\,l \cdot \frac{3}{4}\,\nu_2 = -\,3.6346\,\frac{l}{3},$$

$$\delta_{20} = \delta_{40} = -\frac{l}{3}\,\frac{P\,l}{2}\left(3\,\nu_2 - \varkappa^3 \nu_1\right) = +\,6{,}2729\,\frac{l}{3},$$

$$\delta_{30} = -\frac{l}{3}\,P\,l\left(2\,\nu_2 + \varkappa^3 \nu_1\right) = -\,36{,}7763\,\frac{l}{3},$$

$$X_1 = X_5 = -\,0{,}5923, \quad X_2 = X_4 = -\,1{,}3980,$$

$$X_3 = -\,2{,}7483\ \text{mt}.$$

In der Mitte des Querträgers 3 wird das Biegungsmoment

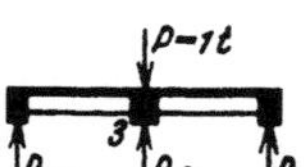

Abb. 615.

$$M_{II,3} = \frac{P\,s}{2} + X_3\,\varkappa - X_2\,\frac{\varkappa}{2} - X_4\,\frac{\varkappa}{2} = 0{,}4111\ \text{mt}.$$

Damit ergeben sich die Lastanteile $P_{3,i}$ ($i = a, b, c$) für die Hauptträger (Abb. 615)

$$P_{3,a} = P_{3,c} = 0{,}114\ \text{t}, \qquad P_{3,b} = 0{,}772\ \text{t}$$

und das Biegungsmoment im mittleren Hauptträger

$$M_{I,3} = -X_3 = 2{,}748 \text{ mt}.$$

Für Querträger mit $J_s = J_1$, also $\nu_1 = 1$ ist

$$P_{3,a} = P_{3,c} = 0{,}243 \text{ t}, \qquad P_{3,b} = 0{,}514 \text{ t}, \qquad M_{I,3} = 2{,}586 \text{ mt}.$$

Bei der Annahme $J_{II} = \infty$ wird nach (909)

$$P_{3,a} = P_{3,b} = P_{3,c} = \frac{\mathfrak{P}}{3} = 0{,}333 \text{ t}, \qquad M_{I,3} = \frac{1}{3}\,\frac{6\,l}{4} = 1{,}750 \text{ mt}.$$

Nach diesem Ergebnis kann auch bei sehr starken Querträgern nicht mit einer gleichmäßigen Lastverteilung auf die 3 Hauptträger gerechnet werden.

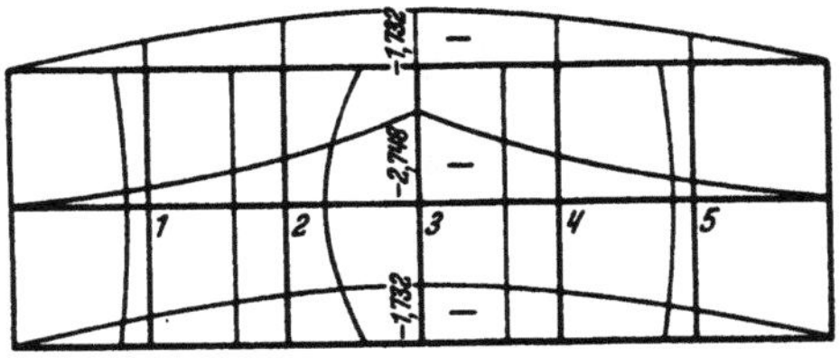

Einflußfläche X_3

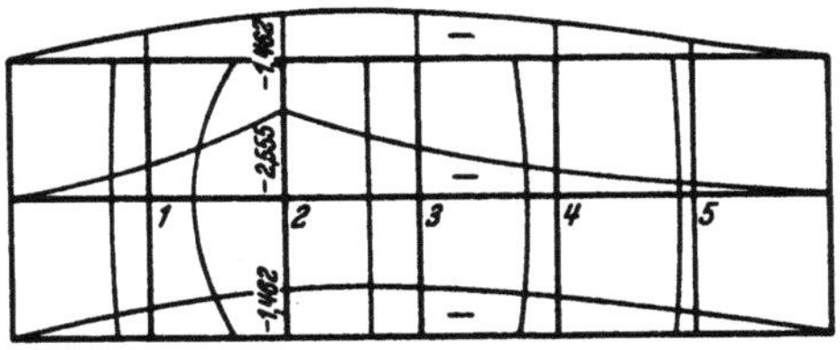

Einflußfläche X_2

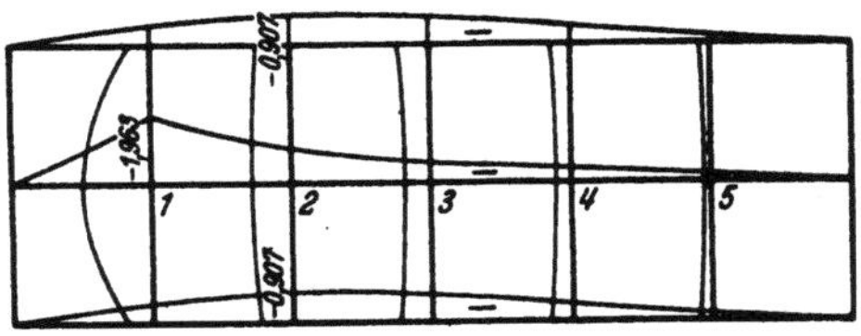

Einflußfläche X_1

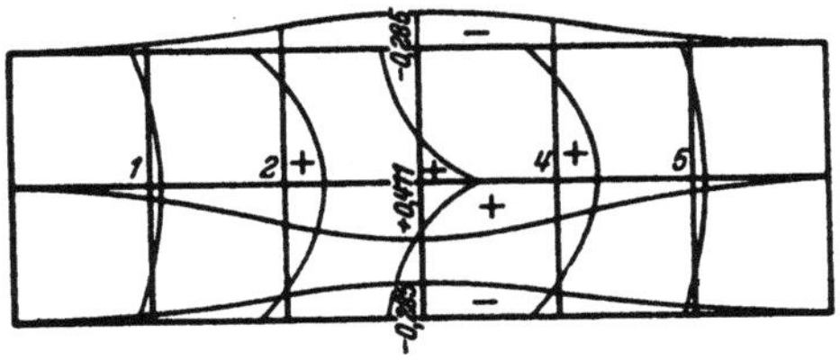

Einflußfläche $M_{II,3}$ (4 fach verzerrt)

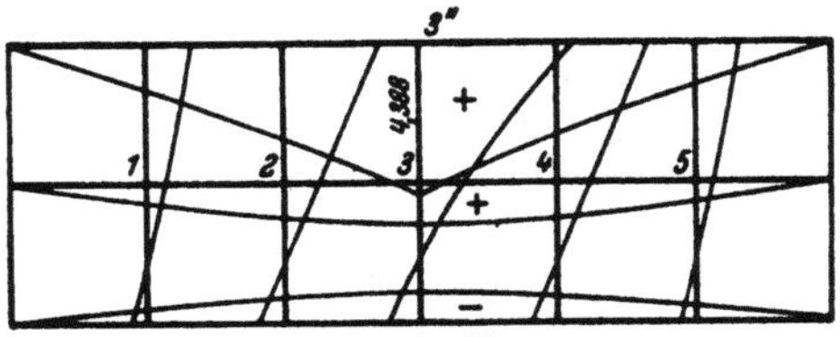

Einflußfläche $M_{I,3''}$

Abb. 616.

Einflußflächen. Wird der Reihe nach jeder Knoten mit $P = 1$ t belastet und die Größe einer Schnittkraft im Lastpunkt als Ordinate senkrecht zur Rostebene aufgetragen, so bilden die Endpunkte aller Ordinaten die Einflußfläche dieser Schnittkraft. Die Belastung der Randträger wird dabei in die zur Achse I symmetrischen und antimetrischen Anteile zerlegt. Für den antimetrischen Anteil sind die überzähligen Größen Null, die Schnittkräfte daher statisch bestimmt. Die Rechnung bietet keinerlei Schwierigkeiten. Die Einflußflächen von X_1, X_2, X_3, $M_{I,3''}$ und $M_{II,3}$ sind in Abb. 616 dargestellt.

Berechnung einer Balkenbrücke mit 4 Hauptträgern, Abb. 617.

Geometrische Grundlagen.

$$l = 35 \text{ m}, \qquad s = 3{,}6 \text{ m}, \qquad \varkappa = \frac{s}{l} = 1{,}0286,$$

$$\nu_1 = \frac{J_1}{J_s} = 1, \qquad \nu_2 = \frac{J_1}{J_2} = 1{,}3846,$$

$$J_c = J_1,$$

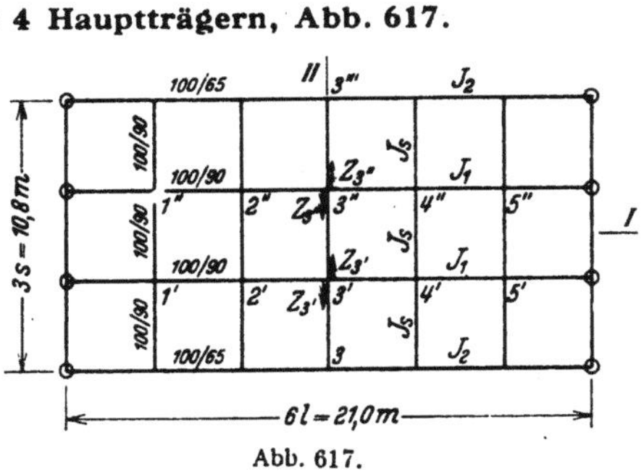

Abb. 617.

Aus den überzähligen Biegungsmomenten Z_k', Z_k'' der mittleren Hauptträger werden die symmetrischen und antimetrischen Gruppenlasten X_k, Y_k gebildet. Mit diesen ist

$$Z_{k''} = X_k + Y_k, \qquad Z_{k'} = X_k - Y_k, \qquad k = 1 \ldots 5.$$

Vorzahlen (Abb. 618).

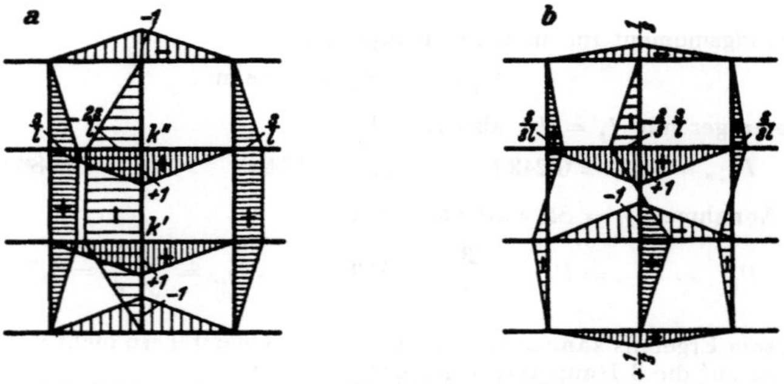

$^{(1)}M_k$ infolge $-X_k = 1$ Abb. 618. $^{(2)}M_k$ infolge $-Y_k = 1$

$$^{(1)}\delta_{11} = \frac{l}{3}\left[4(1+\nu_2) + 25\varkappa^3\nu_1\right], \qquad ^{(2)}\delta_{11} = \frac{l}{3}\left[\frac{4}{9}(9+\nu_2) + \frac{5}{3}\varkappa^3\nu_1\right],$$

$$^{(1)}\delta_{kk} = \frac{l}{3}\left[4(1+\nu_2) + 30\varkappa^3\nu_1\right], \qquad ^{(2)}\delta_{kk} = \frac{l}{3}\left[\frac{4}{9}(9+\nu_2) + 2\varkappa^3\nu_1\right].$$

$$^{(1)}\delta_{k(k-1)} = \frac{l}{3}\left[(1+\nu_2) - 20\varkappa^3\nu_1\right], \qquad ^{(2)}\delta_{k(k-1)} = \frac{l}{3}\left[\frac{1}{9}(9+\nu_2) - \frac{4}{3}\varkappa^3\nu_1\right],$$

$$^{(1)}\delta_{k(k-2)} = \frac{l}{3}\,5\varkappa^3\nu_1. \qquad ^{(2)}\delta_{k(k-2)} = \frac{l}{3}\,\frac{\varkappa^3\nu_1}{3}.$$

a) Symmetrischer Anteil X_k. $^{(1)}\delta$ Matrix nach Kürzung mit $l/3$.

X_1	X_2	X_3	X_4	X_5
36,7434	− 16,9948	5,4410		
− 16,9948	42,1844	− 16,9948	5,4410	
5,4410	− 16,9948	42,1844	− 16,9948	5,4410
	5,4410	− 16,9948	42,1844	− 16,9948
		5,4410	− 16,9948	36,7434

Konjugierte Matrix $^{(1)}\beta'_{hk} = \frac{l}{3}\,^{(1)}\beta_{hk}$

	δ_{10}	δ_{20}	δ_{30}	δ_{40}	δ_{50}
X_1	0,033623	0,014069	0,000676	− 0,001944	− 0,001000
X_2	0,014069	0,034300	0,012125	− 0,000323	− 0,001944
X_3	0,000676	0,012125	0,033300	0,012125	0,000676
X_4	− 0,001944	− 0,000323	0,012125	0,034300	0,014069
X_5	− 0,001000	− 0,001944	0,000676	0,014069	0,033623

b) Antimetrischer Anteil Y_k. $^{(2)}\delta$ Matrix nach Kürzung mit $l/3$.

Y_1	Y_2	Y_3	Y_4	Y_5
6,4291	−0,2971	0,3627		
−0,2971	6,7918	−0,2971	0,3627	
0,3727	−0,2971	6,7918	−0,2971	0,3627
	0,3627	−0,2971	6,7918	−0,2971
		0,3627	−0,2971	6,4291

Konjugierte Matrix $^{(2)}\beta'_{hk} = \frac{l}{3}\,{}^{(2)}\beta_{hk}$.

	δ_{10}	δ_{20}	δ_{30}	δ_{40}	δ_{50}
Y_1	0,15630	0,00652	−0,00812	−0,00069	+0,00043
Y_2	0,00652	0,14810	0,00584	−0,00769	−0,00069
Y_3	−0,00812	0,00584	0,14801	0,00584	−0,00812
Y_4	−0,00069	−0,00769	0,00584	0,14810	0,00652
Y_5	+0,00043	−0,00069	−0,00812	0,00652	0,15630

Belastung $P = 1$ t in 3″. Für den symmetrischen Anteil $P/2$ auf 3′ und 3″ wird (Abb. 618a)

$$^{(1)}\delta_{10} = {}^{(1)}\delta_{50} = -\frac{l}{3} P l \frac{3}{2} \nu_2 = -7{,}2692 \frac{l}{3}, \quad {}^{(1)}\delta_{20} = {}^{(1)}\delta_{40} = -\frac{l}{3} P l \frac{1}{2} (6\nu_2 - 5\varkappa^3 \nu_1) = -5{,}0166 \frac{l}{3}.$$

$$^{(1)}\delta_{30} = -\frac{l}{3} P l (4\nu_2 + 5\varkappa^3 \nu_1) = -38{,}4279 \frac{l}{3}.$$

$$X_1 = X_5 = -0{,}3239, \qquad X_2 = X_4 = -0{,}7295, \qquad X_3 = -1{,}4112.$$

Für den antimetrischen Anteil $+P/2$ auf 3″, $-P/2$ auf 3′ wird (Abb. 618b)

$$^{(2)}\delta_{10} = {}^{(2)}\delta_{50} = -\frac{l}{3} P l \frac{1}{6} \nu_2 = -0{,}8077 \frac{l}{3}, \quad {}^{(2)}\delta_{20} = {}^{(2)}\delta_{40} = -\frac{l}{3} P l \frac{1}{6} (2\nu_2 - \varkappa^3 \nu_1) = -0{,}9806 \frac{l}{3}$$

$$^{(2)}\delta_{30} = -\frac{l}{3} P l \frac{1}{9} (4\nu_2 + 3\varkappa^3 \nu_1) = -3{,}4235 \frac{l}{3}.$$

$$Y_1 = Y_5 = -0{,}1045, \qquad Y_2 = Y_4 = -0{,}1625, \qquad Y_3 = -0{,}5071;$$

$$Z_{3''} = -1{,}4112 - 0{,}5071 = -1{,}9183 \text{ mt}.$$

Die Biegungsmomente in Querträger 3 werden

$$M_{II,3''} = \frac{s}{2} + 2\varkappa (X_3 - X_2) + \frac{s}{6} + \frac{2}{3} \varkappa (Y_3 - Y_2) = 0{,}7510 \text{ mt},$$

$$M_{II,3'} = \frac{s}{2} + 2\varkappa (X_3 - X_2) - \frac{s}{6} - \frac{2}{3} \varkappa (Y_3 - Y_2) = 0{,}0236 \text{ mt}.$$

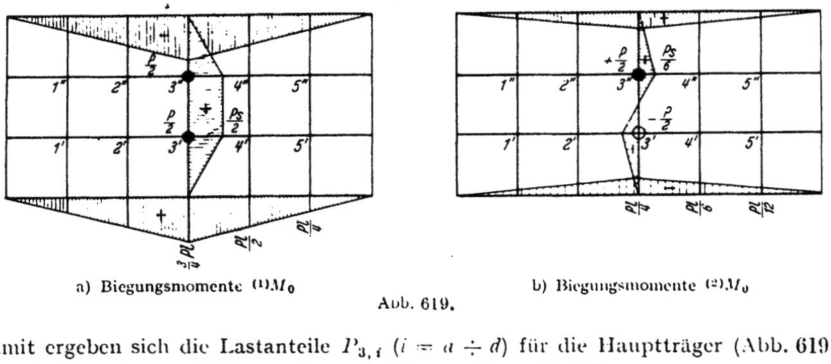

a) Biegungsmomente $^{(1)}M_0$ b) Biegungsmomente $^{(2)}M_0$

Abb. 619.

Damit ergeben sich die Lastanteile $P_{3,i}$ ($i = a \div d$) für die Hauptträger (Abb. 619a).

$P_{3,a} = 0{,}209$ t, $P_{3,b} = 0{,}589$ t, $P_{3,c} = 0{,}195$ t, $P_{3,d} = 0{,}0065$ t;

$$M_{I,3''} = -Z_{3''} = 1{,}918 \text{ mt},$$

$$M_{I,3'''} = 1{,}579 \text{ mt}.$$

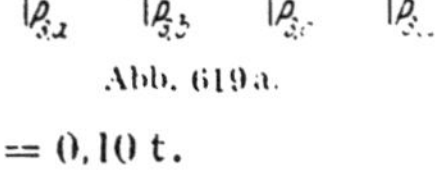

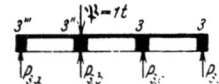

Abb. 619a.

Bei der Annahme $J_{II} = \infty$ wird nach (909)

$$P_{3,a} = 0{,}40 \text{ t}, \qquad P_{3,b} = 0{,}30 \text{ t}, \qquad P_{3,c} = 0{,}20 \text{ t}, \qquad P_{3,d} = 0{,}10 \text{ t}.$$

$$M_{I,3''} = \frac{0{,}3 \cdot 6l}{4} = 1{,}58 \text{ mt}, \qquad M_{I,3'''} = \frac{0{,}4 \cdot 6l}{4} = 2{,}10 \text{ mt}.$$

Belastung $P = 1$ t in 3‴. Das Ergebnis ist:

$$P_{3,a} = 0{,}844\,\text{t}, \quad P_{3,b} = 0{,}250\,\text{t}, \quad P_{3,c} = -0{,}031\,\text{t}, \quad P_{3,d} = -0{,}063\,\text{t}.$$

Das Biegungsmoment im Randträger wird

$$M_{I,3'''} = 3{,}916\ \text{mt}.$$

Bei der Annahme $J_{II} = \infty$ wird nach (909)

$$P_{3,a} = 0{,}70\,\text{t}, \quad P_{3,b} = 0{,}40\,\text{t}, \quad P_{3,c} = 0{,}10\,\text{t}, \quad P_{3,d} = -0{,}26\,\text{t},$$

$$M_{I,3'''} = 3{,}68\ \text{mt}.$$

Einflußflächen. Entwicklung nach S. 639 (Abb. 620).

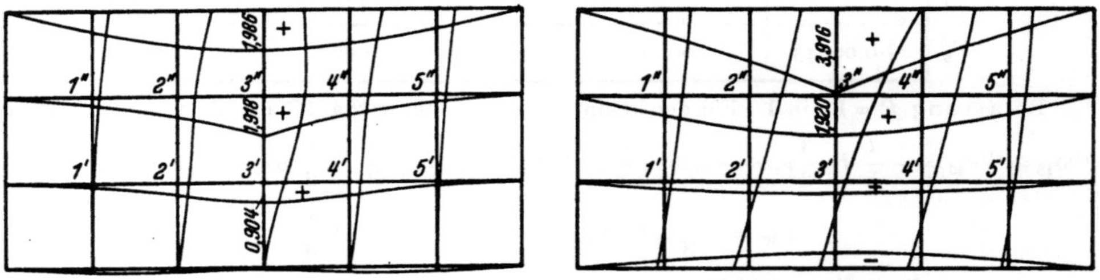

Abb. 620.

Zschetzsche: Theorie lastverteilender Querverbindungen. Z. öst. Ing.- u. Arch.-Ver. 1893. — Bleich: Theorie und Berechnung eiserner Brücken. Berlin 1924. — Petermann: Überlastverteilende Wirkung durchgehender Querverbindungen. Bautechn. 1925. — Schilling, W.: Statik der Bodenkonstruktionen der Schiffe. Berlin 1925. — Faltus, F.: Lastverteilende Querverbindungen. Bauing. 1927 S. 853. — Genthner, R.: Der Eisenbetonträgerrost. Beton u. Eisen 1928 S. 411. — Marcus, H.: Die weitgespannten Decken des Sportgebäudes im Stadion Breslau-Leerbeutel. Beton u. Eisen 1929 S. 73. — Szegö, St.: Kreuzweise gespannte Balkenkonstruktionen. Zement 1930 S. 34. — Derselbe: Über die Berechnung quadratischer Kreuzeckroste. Zement 1930 Heft 38 bis 42. — Marcus, H.: Die Theorie der Rautendecke. Bauing. 1932 S. 303. — Szegö, St.: Die Kreuzeckrostbauweise. Beton u. Eisen 1932 S. 122. — Derselbe: Anwendung der Kreuzeckrostbauweise auf Hofkellerdecken. Zement 1932 S. 676.

VI. Die Flächentragwerke.

66. Die Beziehungen zur Elastizitätstheorie.

Die einfache Beherrschung des Spannungs- und Verschiebungszustandes der biegungssteifen Stäbe und Träger hat wesentlich dazu beigetragen, die Überbauten der Brücken und die Gerüste der Hochbauten als Stab- oder Fachwerke auszubilden. Während jedoch im Stahlbau die Formänderung des Haupttragwerks von den sekundären, zur unmittelbaren Lastaufnahme bestimmten Bauteilen nahezu unabhängig ist, sind diese im Eisenbetonbau in der Regel mit dem Haupttragwerk homogen verbunden, so daß zusammenhängende elastische Gebilde entstehen, deren Verschiebungszustand sich wesentlich von demjenigen des freien Haupttragwerks unterscheidet. Auf diese Weise sind in der jüngsten Vergangenheit, begünstigt durch den Fortschritt der theoretischen und physikalischen Erkenntnis, auch Flächentragwerke entwickelt worden. Die Trägerroste wurden zu Platten und Pilzdecken, die ebenen Stab- und Fachwerke zu Scheiben, die Rippenkuppeln und Flechtwerke zu Schalen.

Der Festigkeitsnachweis dieser elastischen Gebilde ist seit Jahrzehnten durch wissenschaftliche Arbeiten über Elastizitätstheorie vorbereitet worden, so daß sich die Baustatik auf zahlreiche bekannte Ergebnisse zu stützen vermag. Trotzdem bereitet der Festigkeitsnachweis für die Flächentragwerke des Bauwesens oft noch erhebliche Schwierigkeiten, da in der Regel nicht die idealisierten elastischen Gebilde der Theorie, sondern zweckbestimmte Bauformen untersucht werden müssen, deren Randbedingungen nicht immer eindeutig vorgeschrieben sind. Sie lassen sich in der Regel auch nicht vereinfachen, ohne das Spannungsbild wesentlich abzuändern. Die Lösung ist daher nur selten allein durch die Überwindung der mathematischen Schwierigkeiten abgeschlossen, sondern erfüllt ihren Zweck erst in Verbindung mit umfangreichen Zahlenrechnungen, die allein ein Urteil über die Festigkeit und Stabilität gestatten. Auch dann ist das Bild infolge von Eigenspannungen aus der Herstellung der Baukörper und infolge der unregelmäßigen und wandelbaren physikalischen Eigenschaften des Baustoffs nicht immer so klar, daß die Überschreitung eines durch ausreichende Sicherheit begrenzten Belastungsbereichs gerechtfertigt ist.

Die Elastizitätstheorie rechnet mit der vollkommenen Elastizität und mit der homogenen und isotropen Beschaffenheit des Baustoffs. Die Verschiebungen werden stets nur verschwindend klein und ihre Beziehungen zu den elastischen Kräften des Baustoffs als linear angenommen.

Die Komponenten des Spannungstensors und des Verschiebungsvektors sind bei homogener Beschaffenheit des Baukörpers stetige Funktionen der Koordinaten x, y, z. Daher kann das Gleichgewicht der inneren Kräfte auf einen differentialen Abschnitt des Körpers bezogen werden. Sind X, Y, Z die Komponenten der auf die Volumeneinheit bezogenen Massenkraft, so gelten die folgenden 6 Bedingungen:

$$\left.\begin{aligned} &\frac{\partial \sigma_x}{\partial x} + \frac{\partial \tau_{yx}}{\partial y} + \frac{\partial \tau_{zx}}{\partial z} + X = 0, \qquad \frac{\partial \tau_{xy}}{\partial x} + \frac{\partial \sigma_y}{\partial y} + \frac{\partial \tau_{zy}}{\partial z} + Y = 0, \\ &\qquad \frac{\partial \tau_{xz}}{\partial x} + \frac{\partial \tau_{yz}}{\partial y} + \frac{\partial \sigma_z}{\partial z} + Z = 0, \\ &\qquad \tau_{xy} = \tau_{yx}, \qquad \tau_{yz} = \tau_{zy}, \qquad \tau_{zx} = \tau_{xz}. \end{aligned}\right\} \quad (910)$$

Durch die Annahme stetiger Veränderlichkeit der Verschiebungen sind die bezogenen Längenänderungen ε_x usw. und die Winkeländerungen γ_{xy} usw., die sich bei der Verzerrung des Prismas mit $dx \to dx(1+\varepsilon_x)$, $\sphericalangle(dx, dy) = \pi/2 \to \pi/2 + \gamma_{xy}$ einstellen, in der folgenden Weise mit dem Verschiebungszustand verknüpft:

$$\left.\begin{aligned} &\varepsilon_x = \frac{\partial u}{\partial x}, \qquad \varepsilon_y = \frac{\partial v}{\partial y}, \qquad \varepsilon_z = \frac{\partial w}{\partial z}, \\ &\gamma_{xy} = \frac{\partial u}{\partial y} + \frac{\partial v}{\partial x}, \qquad \gamma_{yz} = \frac{\partial v}{\partial z} + \frac{\partial w}{\partial y}, \qquad \gamma_{zx} = \frac{\partial w}{\partial x} + \frac{\partial u}{\partial z}. \end{aligned}\right\} \quad (911)$$

Die geometrischen Komponenten des Verzerrungstensors sind nach Annahme linear von den mechanischen Größen, den Komponenten des Spannungstensors abhängig und bei isotropem Baustoff nur durch zwei Konstante E und μ mit diesen verknüpft.

$$E\,\varepsilon_x = \sigma_x - \mu(\sigma_y + \sigma_z), \qquad G\,\gamma_{xy} = \tau_{xy} \text{ usw.}, \qquad G = \frac{E}{2(1+\mu)}, \qquad \mu = \frac{1}{m}. \quad (912)$$

Die Spannungssumme $s = \sigma_x + \sigma_y + \sigma_z$ und die kubische Dehnung $e = \varepsilon_x + \varepsilon_y + \varepsilon_z$ sind invariante Größen des Ansatzes, mit denen sich die Beziehungen zwischen den Spannungs- und Verzerrungskomponenten auch folgendermaßen anschreiben lassen:

$$\left.\begin{aligned} E\,\varepsilon_x &= \sigma_x(1+\mu) - \mu s, \qquad \sigma_x(1+\mu) = E\,[\varepsilon_x + \mu e/(1-2\mu)], \\ E\,\varepsilon_y &= \sigma_y(1+\mu) - \mu s, \qquad \sigma_y(1+\mu) = E\,[\varepsilon_y + \mu e/(1-2\mu)], \\ E\,\varepsilon_z &= \sigma_z(1+\mu) - \mu s, \qquad \sigma_z(1+\mu) = E\,[\varepsilon_z + \mu e/(1-2\mu)]. \end{aligned}\right\} \quad (913)$$

Love, A. E. H.: Lehrbuch der Elastizität. Leipzig 1907. — Föppl, A. u. L.: Drang und Zwang. München u. Berlin 1920. — Trefftz, E.: Mathematische Elastizitätstheorie, Kap. 2. Handb. d. Physik Bd. VI: Mechanik der elastischen Körper. Berlin 1928.

A. Die Platten.

67. Annahmen und Grundlagen für die Berechnung.

Die Platten sind ebene Baukörper, die durch zwei zu einer Mittelebene parallele Ebenen und eine dazu senkrechte Zylinderfläche von beliebiger Leitkurve begrenzt sind. Die Belastung wirkt stets im Sinne der Flächennormalen z. Der Plattenrand ist frei drehbar gelagert, eingespannt oder auch in einzelnen Punkten gestützt. Die untere Laibungsebene ist kräftefrei oder durch Träger und Pfosten in einzelnen geraden Linien, Punkten oder Flächen gestützt. Auf diese Weise entstehen die durchlaufenden Platten, die Rippen- und Pilzdecken. Die Untersuchung kann für die Bedürfnisse des Bauwesens auf Platten beschränkt werden, deren Baustoff durch die Art der Herstellung und konstruktiven Ausbildung als homogen, isotrop und innerhalb der Gebrauchsbelastung als vollkommen elastisch gilt und deren Dicke gegenüber den anderen Abmessungen zurücktritt. Die Änderung der Plattendicke ist von höherer Ordnung klein im Vergleich zu der senkrechten Verschiebung $w(x, y, z)$ eines beliebigen Punktes, so daß

$$w(x,y,z) = w(x,y) + \int_0^z \frac{\partial w(x,y,z)}{\partial z} \, dz \rightarrow w(x,y) = w \tag{914}$$

und damit der senkrechte Formänderungszustand der Platte durch die senkrechten Verschiebungen w der Mittelfläche beschrieben ist. Da sich die Platte unter der Belastung p im Vergleich zur Dicke h nur um kleine Wege ausbiegen soll, sind die waagerechten Verschiebungen der Punkte der Mittelfläche Null und die waagerechten Verschiebungen der Punkte im Abstand z von der Mittelebene, abgesehen von kleinen Beträgen höherer Ordnung, lineare Funktionen von z, so daß die Punkte einer Flächennormalen auch nach der Formänderung auf einer Normalen zur elastisch verbogenen Mittelfläche liegen. Daher ist bei Verwendung von kartesischen Koordinaten x, y nach Abb. 621

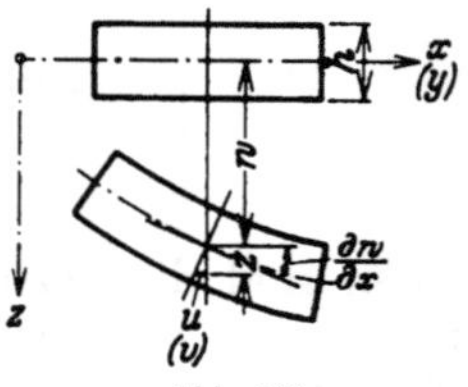

Abb. 621.

$$u = -z\frac{\partial w}{\partial x}, \qquad v = -z\frac{\partial w}{\partial y}. \tag{915}$$

Die Spannung σ_z ist an der unteren kräftefreien Plattenlaibung Null, an der oberen gleich der Belastungsintensität p, also abgesehen von Punktlasten, deren Untersuchung hier ausgeschlossen sein soll, stets sehr klein im Vergleich zu σ_x, σ_y. Sie kann daher in den allgemeinen Gleichgewichts- und Verträglichkeitsbedingungen mit $\sigma_z = 0$ vernachlässigt werden. Diese Annahmen begründen die folgenden Beziehungen der Plattenstatik.

1. Verträglichkeitsbedingungen nach (26)

$$\varepsilon_x = \frac{\partial u}{\partial x} = -z\frac{\partial^2 w}{\partial x^2}, \qquad \varepsilon_y = \frac{\partial v}{\partial y} = -z\frac{\partial^2 w}{\partial y^2}, \qquad \gamma_{xy} = \frac{\partial u}{\partial y} + \frac{\partial v}{\partial x} = -2z\frac{\partial^2 w}{\partial x\,\partial y}. \tag{916}$$

2. Elastizitätsgesetz nach (27) für

$$\left.\begin{aligned} &(1+\mu)\frac{\sigma_z}{E} = 0 = \varepsilon_z + \frac{\mu}{1-2\mu}e, \quad \varepsilon_z = -\frac{\mu}{1-\mu}(\varepsilon_x + \varepsilon_y), \quad \frac{\mu}{1-2\mu}e = \frac{\mu}{1-\mu}(\varepsilon_x + \varepsilon_y);\\ &\sigma_x = \frac{E}{1-\mu^2}(\varepsilon_x + \mu\,\varepsilon_y), \quad \sigma_y = \frac{E}{1-\mu^2}(\mu\,\varepsilon_x + \varepsilon_y), \quad \tau_{xy} = G\gamma_{xy} = -\frac{E}{1-\mu^2}z\frac{\partial^2 w}{\partial x\,\partial y}(1-\mu). \end{aligned}\right\} \tag{917}$$

und in Verbindung mit den Verträglichkeitsbedingungen (916)

$$\left.\begin{aligned} &\sigma_x = -\frac{Ez}{1-\mu^2}\left(\frac{\partial^2 w}{\partial x^2} + \mu\frac{\partial^2 w}{\partial y^2}\right), \qquad \sigma_y = -\frac{Ez}{1-\mu^2}\left(\mu\frac{\partial^2 w}{\partial x^2} + \frac{\partial^2 w}{\partial y^2}\right),\\ &\tau_{xy} = -\frac{Ez}{1-\mu^2}\frac{\partial^2 w}{\partial x\,\partial y}(1-\mu) \end{aligned}\right\} \tag{918}$$

Diese mit z linear veränderlichen Spannungen in der Flächennormalen lassen sich zu Schnittkräften in Querschnitten von der Breite 1 zusammenfassen. Sie betragen

$$\left.\begin{aligned} &N_x = \int_{-h/2}^{+h/2} \sigma_x dF = 0, \quad N_y = \int_{-h/2}^{+h/2} \sigma_y dF = 0, \quad Q_{xy} = \int_{-h/2}^{+h/2} \tau_{xy} dF = 0, \\ &M_x = \int \sigma_x z\, dF, \quad M_y = \int \sigma_y z\, dF, \quad M_{xy} = \int \tau_{xy} z\, dF, \\ &M_x = -\frac{E h^3}{12(1-\mu^2)}\left(\frac{\partial^2 w}{\partial x^2} + \mu \frac{\partial^2 w}{\partial y^2}\right), \quad M_y = -\frac{E h^3}{12(1-\mu^2)}\left(\mu \frac{\partial^2 w}{\partial x^2} + \frac{\partial^2 w}{\partial y^2}\right), \\ &M_{xy} = -\frac{E h^3}{12(1-\mu^2)} \frac{\partial^2 w}{\partial x \partial y}(1-\mu). \end{aligned}\right\} \quad (919)$$

M_x, M_y sind Biegungsmomente, M_{xy}, M_{yx} Drillungsmomente. $Eh^3/12(1-\mu^2) = N$ ist eine für Plattenquerschnitt und Plattenwerkstoff charakteristische Größe und heißt Plattenkonstante.

3. Transformation der Schnittkräfte eines differentialen Prismas $dx \cdot dy$ auf einen Schrägschnitt ds im Winkel $\widehat{xn} = \psi$ mit $ds = dx/\sin\psi = dy/\cos\psi$ (Abb. 622). Die Gleichgewichtsbedingungen liefern

$$Q_n ds = Q_{yz} dy + Q_{xz} dx,$$

$$M_n ds - (M_x dy + M_{yx} dx)\cos\psi - (M_y dx + M_{xy} dy)\sin\psi = 0,$$

$$M_{ns} ds - (M_x dy + M_{yx} dx)\sin\psi + (M_y dx + M_{xy} dy)\cos\psi = 0;$$

$$\left.\begin{aligned} M_n &= M_x \cos^2\psi + M_y \sin^2\psi + M_{xy}\sin 2\psi, \\ M_s &= M_x \sin^2\psi + M_y \cos^2\psi - M_{xy}\sin 2\psi, \\ M_{ns} &= -(M_y - M_x)\frac{\sin 2\psi}{2} - M_{xy}\cos 2\psi. \end{aligned}\right\} \quad (920)$$

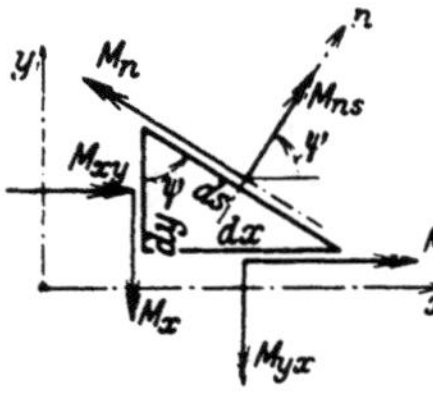

Abb. 622.

Daher bilden die Schrägschnitte I, II mit $M_{I,II} = M_{II,I} = 0$ und den Hauptbiegungsmomenten M_I, M_{II} den Winkel $\psi = \psi_0$.

$$\left.\begin{aligned} \operatorname{tg} 2\psi_0 &= \frac{2M_{xy}}{M_x - M_y}, \\ M_{\substack{I\\II}} &= \tfrac{1}{2}(M_x + M_y) \pm \tfrac{1}{2}\sqrt{(M_x - M_y)^2 + 4M_{xy}^2}. \end{aligned}\right\} \quad (921)$$

In derselben Weise lassen sich in jedem Punkte der Platte auch die Richtungen I', II' mit $\psi_0' = \psi_0 \pm 45^0$ der beiden Hauptdrillungsmomente $M_{I',II'}$ angeben, in denen die Biegungsmomente Null sind.

$$M_{I',II'} = \pm\sqrt{(M_x - M_y)^2 + 4M_{xy}^2}. \quad (922)$$

Richtung und Größe der Hauptbiegungs- und Hauptdrillungsmomente können für jeden Punkt der Mittelebene auch nach den bekannten graphischen Methoden Mohrs festgestellt werden. Die Richtungen I, II bestimmen die Lage der Stahlbewehrung. Bei orthogonaler Bewehrung f_x, f_y sind die vergrößerten Beträge $(M_x \pm M_{yx})$ und $(M_y \pm M_{xy})$ maßgebend.

Die Summe der Biegungsmomente $(M_n + M_s)$ ist von der Richtung ψ unabhängig. Sie ist wie bei jeder Tensortransformation invariant.

$$M_x + M_y = M_n + M_s = M_I + M_{II}.$$

Dasselbe gilt daher auch für

$$M = \frac{M_x + M_y}{1+\mu} = -N\left(\frac{\partial^2 w}{\partial x^2} + \frac{\partial^2 w}{\partial y^2}\right) = -N\Delta w. \quad (923)$$

M wird als Momentensumme bezeichnet und ist eine skalare Funktion in x und y. Die Bezeichnung Δ ist eine in der Mathematik gebräuchliche Abkürzung der Differentialoperation

$$\frac{\partial^2}{\partial x^2} + \frac{\partial^2}{\partial y^2}. \tag{924}$$

4. Die Gleichgewichtsbedingungen. a) Gleichgewicht der äußeren Kräfte des differentialen Prismas (Abb. 623) bei einer Drehung um die beiden Kanten dx, dy:

$$\frac{\partial M_y}{\partial y} + \frac{\partial M_{xy}}{\partial x} - Q_{yz} = 0; \qquad \frac{\partial M_x}{\partial x} + \frac{\partial M_{yx}}{\partial y} - Q_{xz} = 0, \tag{925}$$

und mit (919) daher

$$Q_{yz} = -N\frac{\partial}{\partial y}\Delta w, \qquad Q_{xz} = -N\frac{\partial}{\partial x}\Delta w. \tag{926}$$

Da außerdem nach (910) $\tau_{xy} = \tau_{yx}$ ist, wird nach (919) auch $M_{xy} = M_{yx}$.

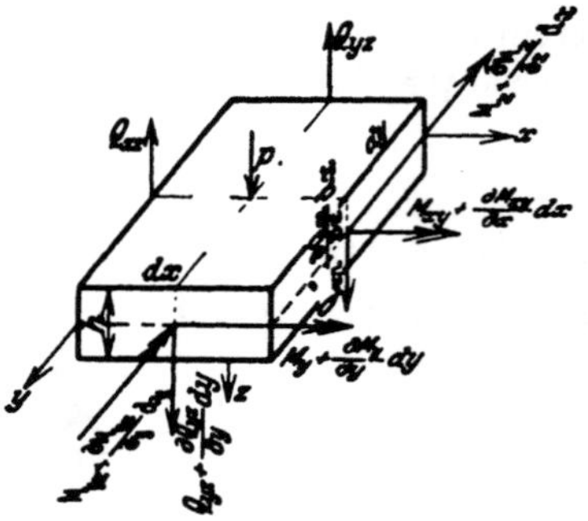

Abb. 623.

b) Gleichgewicht der äußeren Kräfte des differentialen Prismas bei einer Verschiebung in der z-Richtung.

$$\frac{\partial Q_{xz}}{\partial x} + \frac{\partial Q_{yz}}{\partial y} + p = 0. \tag{927}$$

Die Bedingung liefert in Verbindung mit (925) die folgende Differentialbeziehung zwischen der Belastung und den Spannungsmomenten

$$\frac{\partial^2 M_x}{\partial x^2} + 2\frac{\partial^2 M_{xy}}{\partial x\,\partial y} + \frac{\partial^2 M_y}{\partial y^2} + p = 0 \tag{928}$$

und bei Verwendung von (926) und (924) die Differentialbeziehung zwischen der Belastung p und der Verschiebung w, der Ordinate der elastischen Fläche der Platte

$$\frac{\partial^4 w}{\partial x^4} + 2\frac{\partial^4 w}{\partial x^2\,\partial y^2} + \frac{\partial^4 w}{\partial y^4} = \frac{p}{N}. \tag{929}$$

Sie läßt sich in Verbindung mit (924) auch folgendermaßen anschreiben:

$$\left(\frac{\partial^2}{\partial x^2} + \frac{\partial^2}{\partial y^2}\right)\left(\frac{\partial^2}{\partial x^2} + \frac{\partial^2}{\partial y^2}\right) w = \Delta\Delta w = \frac{p}{N}. \tag{930}$$

Diese Differentialgleichung 4. Ordnung kann nach H. Marcus mit (923) auch in zwei Differentialgleichungen 2. Ordnung zerlegt werden, die sich in der Reihenfolge

$$\frac{\partial^2 M}{\partial x^2} + \frac{\partial^2 M}{\partial y^2} = -p, \quad (931) \qquad \frac{\partial^2 w}{\partial x^2} + \frac{\partial^2 w}{\partial y^2} = -\frac{M}{N} = -\mathfrak{w} \tag{932}$$

lösen lassen, wenn die Bedingungen für die Momentensumme M am Rande der Platte bekannt sind. Beide Gleichungen bilden den analytischen Ausdruck für eine mit der Kraft 1 gespannte Membran, deren Ordinaten bei der Belastung p durch M und bei der Belastung $\mathfrak{w}$ mit w bezeichnet werden. Die Zerlegung der Differentialgleichung führt daher, wie H. Marcus zuerst bemerkt hat, zu einer Erweiterung der bekannten Ansätze für die Momentenlinie (90) und die Biegelinie (195) des biegungssteifen Stabes. Da nun später nachgewiesen wird, daß w und M am Rande der frei drehbar aufgelagerten Platte mit polygonaler Begrenzung Null sind, besitzen hier die beiden Flächen als Membran über der Randkurve mit der vorgeschriebenen Spannung 1 und dem Druck p oder $\mathfrak{w}$ konkrete Bedeutung.

Dieselben Betrachtungen gelten auch für Polarkoordinaten. Das Ergebnis kann entweder durch Koordinatentransformation gewonnen oder unmittelbar an einem differentialen Abschnitt (Abb. 624) abgeleitet werden. Das Biegungsmoment in einem Schnitt $r = \text{const}$ ist M_r, das Biegungsmoment in einem Schnitt $\alpha = \text{const}$ heißt M_α. Die Drillungsmomente führen die Bezeichnung $M_{r\alpha}$, $M_{\alpha r}$.

$$\left.\begin{aligned} M_r &= -N\left[\frac{\partial^2 w}{\partial r^2} + \mu\left(\frac{1}{r}\frac{\partial w}{\partial r} + \frac{1}{r^2}\frac{\partial^2 w}{\partial \alpha^2}\right)\right], \\ M_\alpha &= -N\left[\mu\frac{\partial^2 w}{\partial r^2} + \frac{1}{r}\frac{\partial w}{\partial r} + \frac{1}{r^2}\frac{\partial^2 w}{\partial \alpha^2}\right], \\ M_{r\alpha} = M_{\alpha r} &= -N(1-\mu)\left(\frac{1}{r}\frac{\partial^2 w}{\partial r\,\partial\alpha} - \frac{1}{r^2}\frac{\partial w}{\partial \alpha}\right) = -N(1-\mu)\frac{\partial}{\partial r}\left(\frac{1}{r}\frac{\partial w}{\partial \alpha}\right). \end{aligned}\right| \tag{933}$$

Die Summe der Biegungsmomente $(M_r + M_\alpha)$ ist wiederum von der Lage der Bezugsachse unabhängig. Dasselbe gilt daher auch von der Momentensumme M.

$$\left.\begin{aligned} M &= \frac{M_r + M_\alpha}{1+\mu} = -N\left(\frac{\partial^2 w}{\partial r^2} + \frac{1}{r}\frac{\partial w}{\partial r} + \frac{1}{r^2}\frac{\partial^2 w}{\partial \alpha^2}\right) = -N\Delta w, \\ Q_{rz} &= -N\frac{\partial}{\partial r}\Delta w, \qquad Q_{\alpha z} = -N\frac{\partial}{r\,\partial\alpha}\Delta w. \end{aligned}\right\} \tag{934}$$

Die Differentialbeziehung zwischen Belastung p und Ausbiegung w lautet jetzt

$$\left(\frac{\partial^2}{\partial r^2} + \frac{1}{r}\frac{\partial}{\partial r} + \frac{\partial^2}{r^2\,\partial\alpha^2}\right)\left(\frac{\partial^2}{\partial r^2} + \frac{1}{r}\frac{\partial}{\partial r} + \frac{1}{r^2}\frac{\partial}{\partial \alpha^2}\right) w = \Delta\Delta w = \frac{p}{N}. \tag{935}$$

Sie kann auch hier wieder mit (934) in zwei Gleichungen 2. Ordnung zerlegt werden.

$$\Delta M = \frac{\partial^2 M}{\partial r^2} + \frac{1}{r}\frac{\partial M}{\partial r} + \frac{\partial^2 M}{r^2\,\partial\alpha^2} = -p, \tag{936}$$

$$\Delta w = \frac{\partial^2 w}{\partial r^2} + \frac{1}{r}\frac{\partial w}{\partial r} + \frac{1}{r^2}\frac{\partial^2 w}{\partial \alpha^2} = -\frac{M}{N}. \tag{937}$$

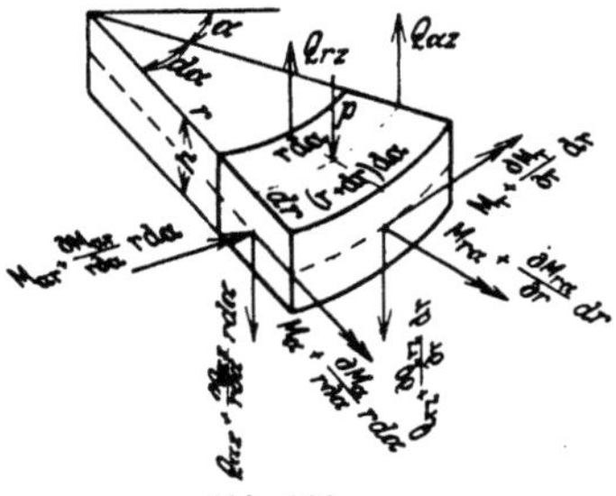

Abb. 624.

Die Berechnung des Spannungs- und Formänderungszustandes einer Platte für eine vorgeschriebene Belastung $p(x, y)$ oder $p(r, \alpha)$ besteht also darin, diejenige Funktion w in x, y oder r, α zu finden, welche die Differentialgleichung (930) oder (935), außerdem aber noch am Rande die von der Stützung der Platte vorgeschriebenen statischen und geometrischen Bedingungen erfüllt. Diese Lösung ist nach Abschn. 8 eindeutig. Dagegen sind unendlich viele Lösungen w vorhanden, welche die Differentialgleichung (930) oder (935) allein befriedigen. Der Plattenrand gilt entweder als frei drehbar aufgelagert, starr eingespannt oder als kräftefrei.

Die statischen und geometrischen Bedingungen der Stützung. a) Frei drehbare, starre Auflagerung der Platte in einer Geraden $x = \text{const}$. Geometrische Bedingungen:

$$w = 0, \qquad \frac{\partial w}{\partial y} = 0, \qquad \frac{\partial^2 w}{\partial y^2} = 0,$$

statische Bedingungen:

$$-\frac{M_r}{N} = \frac{\partial^2 w}{\partial x^2} + \mu\frac{\partial^2 w}{\partial y^2} = 0,$$

daher auch

$$\frac{\partial^2 w}{\partial x^2} = 0, \qquad M_y = 0, \qquad \Delta w = \frac{\partial^2 w}{\partial x^2} + \frac{\partial^2 w}{\partial y^2} = 0 \quad \text{und} \quad M = 0. \tag{938}$$

Da also am Rande der frei drehbar aufgelagerten Platte $w = 0$ und $M = 0$ sein muß, kann die Lösung M aus (931) unabhängig von w angegeben und darauf zur Berechnung von w in (932) verwendet werden. Die Stützung wird daher in Übereinstimmung mit der Untersuchung für den biegungssteifen Stab als statisch bestimmt bezeichnet, obwohl die Schnittkräfte selbst erst durch die Funktion w bekannt sind.

Die an dem freien Rande vorhandenen Drillungsmomente M_{xy} werden nach dem Vorschlag von Thompson und Tait im Sinne der Abb. 625 durch eine stetige Verteilung von Kräftepaaren ersetzt. Der Spannungszustand wird auf diese Weise nach dem St. Venantschen Prinzip nur in einem eng begrenzten Bereich geändert. Die Kräftepaare ergänzen die Querkräfte am Rande und stehen gemeinsam mit diesen und dem Stützendruck A_x oder A_y im Gleichgewicht. Die Bedingung läßt sich am einfachsten ableiten, wenn die Platte an einem Randträger abgestützt angenommen wird (Abb. 626).

$$Q_{xz}\,dy + \int\limits_{y}^{y+dy} \left[\left(M_{xy} + \frac{\partial M_{xy}}{\partial y}\,dy\right)\frac{1}{dy} - \frac{M_{xy}}{dy}\right] dy + A_x\,dy = 0, \tag{939}$$

$$\left.\begin{aligned} A_x &= -\left(Q_{xz} + \frac{\partial M_{xy}}{\partial y}\right) = N\left(\frac{\partial^3 w}{\partial x^3} + (2-\mu)\frac{\partial^3 w}{\partial x\,\partial y^2}\right), \\ A_y &= -\left(Q_{yz} + \frac{\partial M_{yx}}{\partial x}\right) = N\left(\frac{\partial^3 w}{\partial y^3} + (2-\mu)\frac{\partial^3 w}{\partial x^2\,\partial y}\right). \end{aligned}\right\} \tag{940}$$

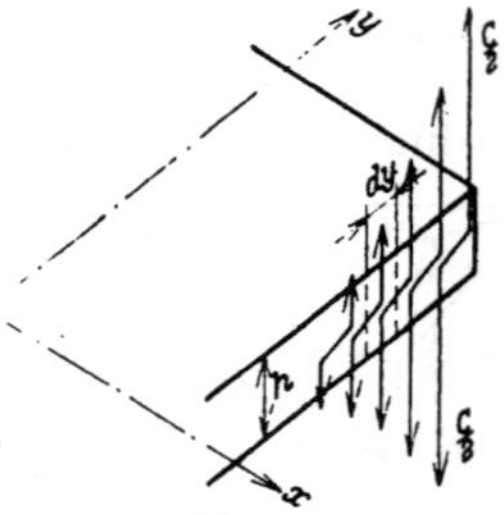

Abb. 625.

Die Substitution der Randdrillungsmomente liefert an den Ecken einer frei aufliegenden rechteckigen Platte aufwärtsgerichtete Einzelkräfte, deren Betrag gleich dem doppelten Drillungsmoment an der Ecke ist.

$$-C = 2\,M_{xy} = 2\,M_{yx}. \tag{941}$$

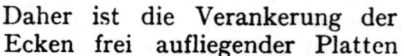

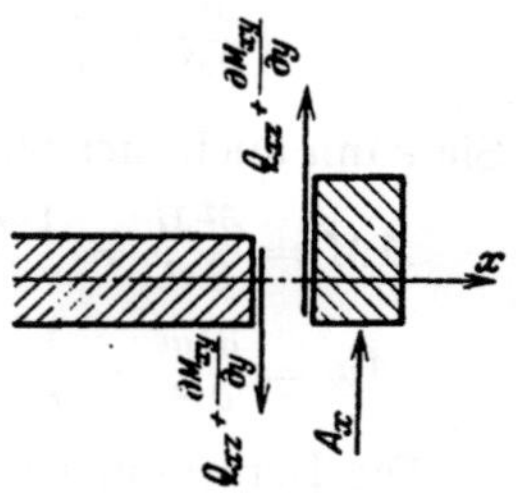

Abb. 626.

Daher ist die Verankerung der Ecken frei aufliegender Platten notwendig. Die Querkräfte Q_{xz} und Q_{yz} sind an den Ecken Null.

b) Starre Einspannung der Platte in einer Geraden $x = \text{const}$. Geometrische Bedingungen:

$$w = 0, \qquad \partial w/\partial x = 0.$$

Außerdem sind

$$\frac{\partial w}{\partial y} = 0, \qquad \frac{\partial^2 w}{\partial y^2} = 0 \quad \text{und} \quad \frac{\partial}{\partial y}\left(\frac{\partial w}{\partial x}\right) = \frac{\partial^2 w}{\partial x\,\partial y} = 0, \tag{942}$$

so daß am Rande starr eingespannter Platten keine Drillungsmomente auftreten.

c) Kräftefreie Begrenzung der Platte in einer Geraden $x = \text{const}$. Statische Bedingungen:

$$-\frac{M_x}{N} = \frac{\partial^2 w}{\partial x^2} + \mu\frac{\partial^2 w}{\partial y^2} = 0, \qquad -\frac{A_x}{N} = \frac{\partial^3 w}{\partial x^3} + (2-\mu)\frac{\partial^3 w}{\partial x\,\partial y^2} = 0. \tag{943}$$

d) Kräftefreie Ecke der Platte: Außer den statischen Bedingungen für den Rand $x = \text{const}$ mit $M_x = 0$ und $A_x = 0$ und für den Rand $y = \text{const}$ mit $M_y = 0$ und $A_y = 0$ muß die Kraft $C = 0$, also

$$\frac{\partial^2 w}{\partial x\,\partial y} = 0 \tag{944}$$

sein.

Die Beschreibung des Verschiebungszustandes einer Platte für eine vorgeschriebene Belastung und vorgeschriebene Randbedingungen ist nach Ableitung der Differentialbeziehungen zwischen der Ausbiegung w und der Belastung p nur noch eine mathematische Aufgabe, deren unmittelbare Lösung allerdings nur in einzelnen

Fällen gelingt. Mit der Funktion $w(x, y)$ sind auch ihre Ableitungen und damit die Schnittkräfte in jedem Punkte der Platte bekannt.

Lévy, M.: C. R. Acad. Sci., Paris Bd. 129 (1899) S. 535. — Estanave, E.: Contribution à l'étude de l'équilibre elastique d'une plaque etc. Paris 1900. — Nadai, A.: Die elastischen Platten. Berlin 1925. — Geckeler, J. W.: Elastostatik. Handb. d. Physik Bd. VI: Mechanik der elastischen Körper, Kap. 3. Berlin 1928. — Bergsträßer, M.: Forsch.-Arbeiten Ing.-Wes. Heft 302. Berlin 1928.

68. Die Kreisplatte und die Kreisringplatte unter zentralsymmetrischer Belastung.

Platten mit gleichbleibender Dicke. Die Punkte der Mittelebene werden mit Rücksicht auf die Begrenzung der Platte auf Polarkoordinaten r, α mit dem Mittelpunkt O als Ursprung bezogen. Die Schnittkräfte der Platte und die Ausbiegung w ihrer Mittelfläche sind daher nach (935) aus der Belastung p bestimmt. Die Beziehungen sind jedoch bei Zentralsymmetrie der Plattenform, der Stützung und Belastung unabhängig vom Winkel α, so daß die Ableitungen der Funktion $w(r,\alpha) \to w(r)$ nach α Null sind und die partielle Differentialgleichung in eine totale Differentialgleichung übergeht. Die Drillungsmomente $M_{r\alpha} = M_{\alpha r}$ sind daher nach (933) ebenfalls Null. Im übrigen wird nach S. 647

$$\left.\begin{aligned} M_r &= -N\left(\frac{d^2 w}{d r^2} + \mu \frac{1}{r}\frac{d w}{d r}\right), \qquad M_\alpha = -N\left(\mu \frac{d^2 w}{d r^2} + \frac{1}{r}\frac{d w}{d r}\right), \\ \text{Momentensumme} \quad M &= \frac{M_r + M_\alpha}{1+\mu} = -N\left(\frac{d^2 w}{d r^2} + \frac{1}{r}\frac{d w}{d r}\right) = -N\,\Delta w\,. \end{aligned}\right\} \tag{945}$$

Die Gleichgewichtsbedingungen für die äußeren Kräfte an dem Plattenabschnitt Abb. 627 liefern die Beziehungen

$$Q_{rz} = \frac{d M_r}{d r} + \frac{M_r - M_\alpha}{r} = -N \frac{d}{d r}(\Delta w)\,; \qquad \frac{d(r\,Q_{rz})}{d r} = -p\,r \tag{946}$$

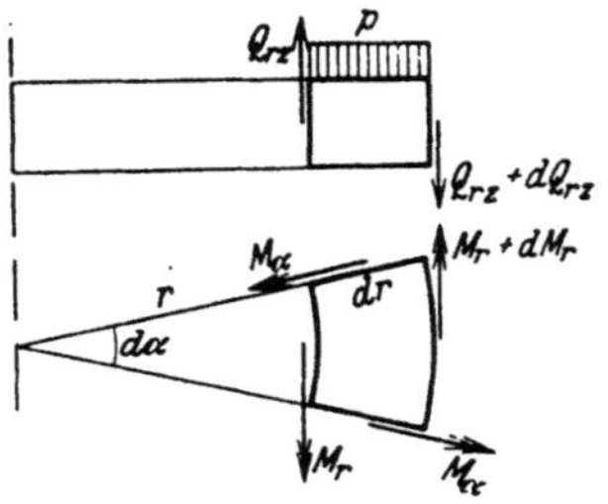

Abb. 627.

und mit (945) die Differentialgleichung

$$\left(\frac{d^2}{d r^2} + \frac{1}{r}\frac{d}{d r}\right)\left(\frac{d^2}{d r^2} + \frac{1}{r}\frac{d}{d r}\right) w = \Delta\,\Delta w = \frac{p}{N}\,. \tag{947}$$

Das Ergebnis kann daher in der Form

$$\frac{d^4 w}{d r^4} + 2\frac{1}{r}\frac{d^3 w}{d r^3} - \frac{1}{r^2}\frac{d^2 w}{d r^2} + \frac{1}{r^3}\frac{d w}{d r} = \frac{p}{N} \tag{948}$$

angeschrieben und nach (946) aus dem Ansatz

$$\frac{d}{d r}\left[r \frac{d}{d r}\left(\frac{d^2 w}{d r^2} + \frac{1}{r}\frac{d w}{d r}\right)\right] = \frac{p\,r}{N} \tag{949}$$

abgeleitet werden. Es läßt sich daher mit $\varphi = dw/dr$ auch folgendermaßen ausdrücken:

$$r\frac{d^2\varphi}{d r^2} + \frac{d\varphi}{d r} - \frac{1}{r}\varphi = r\frac{d}{d r}\left[\frac{1}{r}\frac{d}{d r}(r\varphi)\right] = \frac{1}{N}\left(\int_0^r p\,r\,d r + C\right) \tag{950}$$

Die vollständige Lösung der Differentialgleichung 4. Ordnung besteht aus einem partikulären Integral w_0 der inhomogenen Gleichung (947) und aus vier mit den Integrationskonstanten C_1 bis C_4 erweiterten Lösungen w_1 bis w_4 der homogenen Gleichung. Das partikuläre Integral w_0 kann in diesem Falle aus (936), (937) durch eine zweimalige Wiederholung einer doppelten Quadratur bestimmt werden, denn

$$\left.\begin{aligned} r\frac{d^2 M}{d r^2} + \frac{d M}{d r} &= \frac{d}{d r}\left(r\frac{d M}{d r}\right) = -p\,r\,, \qquad & M &= -\int \frac{d r}{r}\int p\,r\,d r\,, \\ r\frac{d^2 w_0}{d r^2} + \frac{d w_0}{d r} &= \frac{d}{d r}\left(r\frac{d w_0}{d r}\right) = -\frac{M\,r}{N}\,, \qquad & w_0 &= -\int \frac{d r}{r}\int \frac{M}{N}\,r\,d r\,. \end{aligned}\right\} \tag{951}$$

Als Lösungen der homogenen Gleichung eignen sich, wie sich leicht durch Einsetzen in (947) prüfen läßt, die folgenden Ansätze:

$$w_1 = 1\,, \qquad w_2 = \left(\frac{r}{a}\right)^2, \qquad w_3 = \frac{r^2}{a^2}\ln\frac{r}{a}\,, \qquad w_4 = \ln\frac{r}{a}\,. \tag{952}$$

a ist der Radius des Plattenrandes (Abb. 628c). Daher lautet die vollständige Lösung von (947) mit $r/a = \varrho$

$$\left.\begin{aligned}
w &= w_0 + C_1 + C_2\varrho^2 + C_3\varrho^2\ln\varrho + C_4\ln\varrho\,,\\
\frac{dw}{dr} &= \frac{1}{a}\left[\frac{dw_0}{d\varrho} + 2C_2\varrho + C_3\varrho\,(1+2\ln\varrho) + C_4\frac{1}{\varrho}\right],\\
M_r &= -\frac{N}{a^2}\left\{\frac{d^2w_0}{d\varrho^2} + \frac{\mu}{\varrho}\frac{dw_0}{d\varrho} + (1+\mu)\left[2C_2 + C_3\left(\frac{3+\mu}{1+\mu} + 2\ln\varrho\right)\right.\right.\\
&\qquad\left.\left. - C_4\frac{1-\mu}{1+\mu}\frac{1}{\varrho^2}\right]\right\},\\
M_\alpha &= -\frac{N}{a^2}\left\{\mu\frac{d^2w_0}{d\varrho^2} + \frac{1}{\varrho}\frac{dw_0}{d\varrho} + (1+\mu)\left[2C_2 + C_3\left(\frac{1+3\mu}{1+\mu} + 2\ln\varrho\right)\right.\right.\\
&\qquad\left.\left. + C_4\frac{1-\mu}{1+\mu}\frac{1}{\varrho^2}\right]\right\},\\
M &= -\frac{N}{a^2}\left[\frac{d^2w_0}{d\varrho^2} + \frac{1}{\varrho}\frac{dw_0}{d\varrho} + 4C_2 + 4C_3(1+\ln\varrho)\right],\\
Q_{rz} &= -\frac{N}{a^3}\left(\frac{d^3w_0}{d\varrho^3} + \frac{d^2w_0}{\varrho\,d\varrho^2} - \frac{dw_0}{\varrho^2\,d\varrho} + 4C_3\frac{1}{\varrho}\right).
\end{aligned}\right\} \tag{953}$$

Der Stützendruck A bei einer zentralsymmetrischen Belastung $\mathfrak{P}$ wird

$$A = \mathfrak{P}/2\pi a\,. \tag{954}$$

Da jedoch die Durchbiegung w und die Biegungsmomente M_r, M_α im Mittelpunkt O der Kreisplatte ($\varrho = 0$, $\ln\varrho = \infty$) für $C_3 \neq 0$, $C_4 \neq 0$ unendlich groß werden, sind diese Integrationskonstanten des logarithmischen Anteils der Lösung für die Kreisplatte Null. Die Integrationskonstanten C_1, C_2 werden aus den Bedingungen für die Stützung am Plattenrande $r = a$, $\varrho = 1$ bestimmt. Bei freier Auflagerung des Plattenrandes ist für $\varrho = 1$: $w = 0$ und $M_r = 0$, bei starrer Einspannung des Plattenrandes für $\varrho = 1$: $w = 0$, $dw/dr = 0$. Bei elastischer Einspannung der Kreisplatte in einem Zylinder besteht die Formänderung aus der Ausbiegung w^* der frei aufgelagerten Platte mit der vorgeschriebenen Belastung p und aus der Ausbiegung $\mathsf{M}w^{**}$ derselben Platte mit einem am Rande angreifenden Einspannungsmoment M (Abb. 628a, b).

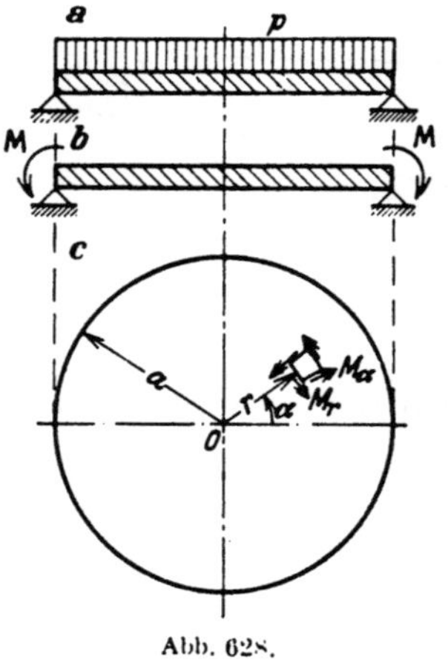

Abb. 628.

$$w = w^* + \mathsf{M}w^{**} \tag{955}$$

Bei starrer Einspannung mit $\mathsf{M} = \mathsf{M}_0$ ist für $r = a$ mit $\varrho = 1$

$$\frac{dw}{dr} = \frac{dw^*}{dr} + \mathsf{M}_0\frac{dw^{**}}{dr} = 0 \tag{956}$$

und damit das Einspannungsmoment noch auf andere Weise bestimmt.

Die Kreisringplatten werden entweder an beiden Rändern gestützt (Abb. 629a) oder als Kragplatten verwendet. Der freie Rand wird dann mit $r = b$, $b/a = \beta$, der gestützte Rand mit $r = a$, $\varrho = 1$ bezeichnet (Abb. 629b, c). Die Platte kann hier wieder frei aufgelagert oder eingespannt sein. Die Formänderung der Kreisringplatte wird durch die vollständige Differentialgleichung mit vier Integrationskonstanten beschrieben. Zu ihrer Berechnung stehen an jedem Rande zwei Bedingungen zur Verfügung. Am freien Rand $\varrho = \beta$ ist $M_r = 0$, $Q_r = 0$.

Die Kreisplatte vom Durchmesser $2b$ kann außerdem in einem konzentrischen Kreis mit dem Durchmesser $2a$ gestützt sein und daher mit einer Ringplatte von der Breite $b—a$ auskragen. Die äußeren an der Platte angreifenden Kräfte sind dann in $r = a$ unstetig. Die Berechnung zerfällt in die Lösung I für die Formänderung w der Kreisplatte mit den beiden Integrationskonstanten C_1, C_2 und in die Lösung II nach (953) für die Formänderung der Ringplatte von der Breite $(b—a)$ mit vier Integrationskonstanten. Die sechs Integrationskonstanten werden aus den Randbedingungen an der äußeren Begrenzung $(r = b)$ mit $M_{b,II} = 0$, $Q_{bz,II} = 0$ und aus den Bedingungen an dem abgestützten Kreis $r = a$ berechnet. An dieser Stelle ist $w_{a,I} = 0$, $w_{a,II} = 0$, $dw_{a,I}/dr = dw_{a,II}/dr$ und $M_{a,I} = M_{a,II}$. Als Kontrolle gilt $Q_{a,I} - Q_{a,II} + \mathfrak{P}/2\pi a = 0$ (Abb. 630) mit $\mathfrak{P}$ als Plattenbelastung. Dasselbe gilt von der Berechnung einer Ringplatte von der Breite $(b—c)$, nur daß in diesem Falle in die Rechnung acht Integrationskonstanten eingehen, die sich aus acht linearen Gleichungen ergeben (Abb. 631). Die Lösung läßt sich bei zentraler Symmetrie naturgemäß leicht auch für die statisch unbestimmte Stützung der Kreis- und Kreisringplatte erweitern.

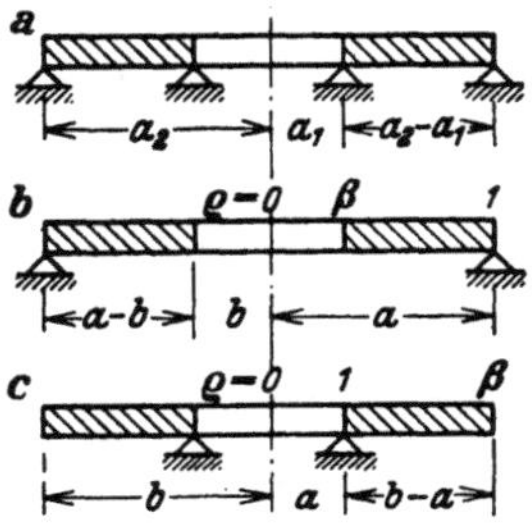

Abb. 629.

Die Belastung $p = p_0$ oder $p = p(r)$ erstreckt sich über die ganze Breite, über einen Ringstreifen oder als Linienbelastung P über einen ausgezeichneten Breitenkreis der Platte. Die Einzellast P_0 im Ursprung O ist ein Sonderfall. Formänderung und Schnittkräfte der Platte lassen sich in diesem Falle nach den Ansätzen auf S. 650 in dem Bereich um den Plattenmittelpunkt nicht angeben. Unstetigkeiten im Verlauf der zentralsymmetrischen Belastung p führen zu einer Unterteilung des Integrationsbereiches. Dasselbe gilt bei einem Wechsel der Plattenstärke. Die Untersuchung beginnt in jedem Falle mit der Berechnung der Integrationskonstanten aus ebenso vielen linearen Gleichungen. Damit ist die Ausbiegung w eindeutig bestimmt. Dasselbe gilt dann auch von den Schnittkräften, die sich nach (953) aus Ableitungen der Funktion w zusammensetzen. Die Lösung ist richtig, wenn sie die Differentialgleichung und die vorgeschriebenen Randbedingungen befriedigt.

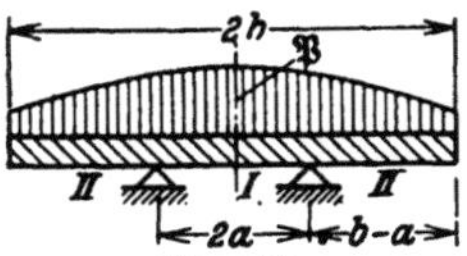

Abb. 630.

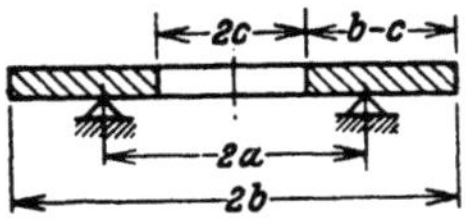

Abb. 631.

Da Kreis- und Kreisringplatten für die konstruktive Ausgestaltung zahlreicher Bauaufgaben verwendet werden, ist das Ergebnis der notwendigen Untersuchungen in den Tabellen 63 u. 64 zusammengefaßt worden. Ihre Anwendung wird wesentlich vereinfacht, wenn die reziproke Poissonsche Zahl μ, die bei Stahl mit 0,25, bei Eisenbeton zwischen 0,16 und 0,10 gemessen ist, vernachlässigt wird. Dies ist in der Regel zulässig.

Die Differentialgleichung vierter Ordnung läßt sich mit (945) ebenso wie in Abschn. 67 in zwei Differentialgleichungen zweiter Ordnung zerlegen

$$\frac{d^2 M}{d r^2} + \frac{1}{r}\frac{d M}{d r} = -p, \qquad \frac{d^2 w}{d r^2} + \frac{1}{r}\frac{d w}{d r} = -\frac{M}{N} = -\mathfrak{w}. \tag{957}$$

Da nach (945) und (946)

$$\frac{dM}{dr} = Q_{rz,p} = -\frac{1}{r}\int_0^r p\,r\,dr, \quad \text{also auch} \quad \frac{dw}{dr} = Q_{rz,\mathfrak{w}} = -\frac{1}{r}\int_0^r \frac{M}{N}\,r\,dr$$

ist, entstehen nach H. Marcus die beiden simultanen Differentialgleichungen zweiter Ordnung

$$\frac{d^2 M}{d r^2} = -\left[p - \frac{1}{r^2}\int_0^r p\, r\, d r\right], \qquad \frac{d^2 w}{d r^2} = -\left[\frac{M}{N} - \frac{1}{r^2}\int_0^r \frac{M}{N}\, r\, d r\right], \tag{958}$$

die wiederum eine Analogie zu den Differentialgleichungen der Seilkurve und der Biegelinie des biegungssteifen Stabes bilden und sich zur Berechnung des Spannungs- und Formänderungszustandes der Kreisplatte ebenfalls eignen.

Tabelle 63. **Formänderungen und Schnittkräfte symmetrisch belasteter Kreis- und Kreisringplatten.**

$$\varrho = \frac{r}{a}, \qquad \beta = \frac{b}{a}, \qquad N = \frac{E h^3}{12(1-\mu^2)}, \qquad w' = \frac{d w}{d r}.$$

$$\Phi_0 = 1 - \varrho^4, \qquad \Phi_1 = 1 - \varrho^2, \qquad \Phi_2 = \varrho^2 \ln \varrho, \qquad \Phi_3 = \ln \varrho, \qquad \Phi_4 = \frac{1}{\varrho^2} - 1.$$

Die Funktionen Φ_0 bis Φ_4 sind in Tabelle 64 enthalten.

$$w = \frac{p a^4}{64 N (1+\mu)}\left[2(3+\mu)\Phi_1 - (1+\mu)\Phi_0\right],$$

$$M_r = \frac{p a^2}{16}(3+\mu)\Phi_1; \qquad M_t = \frac{p a^2}{16}\left[2(1-\mu) + (1+3\mu)\Phi_1\right], \qquad Q_r = -\frac{p a}{2}\varrho,$$

$\varrho = 0$: $$w = \frac{p a^4}{64 N}\,\frac{5+\mu}{1+\mu}; \qquad M_r = M_t = \frac{p a^2}{16}(3+\mu),$$

$\varrho = 1$: $$w' = -\frac{p a^3}{8 N (1+\mu)}; \qquad M_t = \frac{p a^2}{8}(1-\mu); \qquad Q_r = -\frac{p a}{2}.$$

$$\varkappa_1 = \left[(5+\mu) - (7+3\mu)\beta^2\right](1-\beta^2) - 4(1+\mu)\beta^4 \ln \beta,$$
$$\varkappa_2 = \left[(3+\mu) - (1-\mu)\beta^2\right](1-\beta^2) + 4(1+\mu)\beta^2 \ln \beta.$$

$\varrho \leqq \beta$: $$w = \frac{p a^4}{64 N (1+\mu)}\left[\varkappa_1 - 2\varkappa_2 + 2\varkappa_2 \Phi_1\right], \qquad M_r = M_t = \frac{p a^2}{16}\varkappa_2, \qquad Q_r = 0.$$

$\varrho \geqq \beta$: $$w = \frac{p a^4}{64 N (1+\mu)}\left\{2\left[(3+\mu)(1-2\beta^2) + (1-\mu)\beta^4\right]\Phi_1 - (1+\mu)\Phi_0 - 4(1+\mu)\beta^4\Phi_3 - 8(1+\mu)\beta^2\Phi_2\right\},$$

$$M_r = \frac{p a^2}{16}\left[(3+\mu)\Phi_1 - (1-\mu)\beta^4\Phi_4 + 4(1+\mu)\beta^2\Phi_3\right], \qquad Q_r = -\frac{p a}{2}\left(\varrho - \frac{\beta^2}{\varrho}\right),$$

$$M_t = \frac{p a^2}{16}\left[(1+3\mu)\Phi_1 + (1-\mu)\beta^4\Phi_4 + 4(1+\mu)\beta^2\Phi_3 + 2(1-\mu)(1-\beta^2)^2\right].$$

$\varrho = 0$: $$w = \frac{p a^4}{64 N (1+\mu)}\varkappa_1.$$

$\varrho = 1$: $$w' = -\frac{p a^3}{8 N (1+\mu)}(1-\beta^2)^2, \qquad M_t = \frac{p a^2}{8}(1-\mu)(1-\beta^2)^2, \qquad Q_r = -\frac{p a}{2}(1-\beta^2).$$

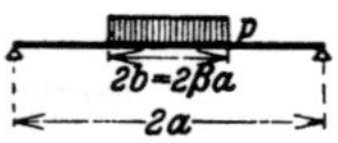

$$\varkappa_1 = 4 - (1-\mu)\beta^2, \qquad \varkappa_2 = \left[\varkappa_1 - 4(1+\mu)\ln\beta\right]\beta^2,$$
$$\varkappa_3 = 4(3+\mu) - (7+3\mu)\beta^2 + 4(1+\mu)\beta^2 \ln \beta.$$

$\varrho \leqq \beta$: $$w = \frac{p a^4}{64 N}\left\{1 + \left[4 - 5\beta^2 + 4(2+\beta^2)\ln\beta\right]\beta^2 + 2\frac{\varkappa_2}{1+\mu}\Phi_1 - \Phi_0\right\}, \qquad Q_r = -\frac{p a}{2}\varrho,$$

$$M_r = \frac{p a^2}{16}\left[\varkappa_2 - (3+\mu) + (3+\mu)\Phi_1\right], \qquad M_t = \frac{p a^2}{16}\left[\varkappa_2 - (1+3\mu) + (1+3\mu)\Phi_1\right],$$

$\varrho \geqq \beta$: $\quad w = \dfrac{p\,a^4}{64\,N} \cdot 2\,\beta^2 \left[\dfrac{2\,(3+\mu) - (1-\mu)\,\beta^2}{1+\mu}\,\Phi_1 + 4\,\Phi_2 + 2\,\beta^2\,\Phi_3 \right]$

$$M_r = \frac{p\,a^2}{16}\,[(1-\mu)\,\beta^4\,\Phi_4 - 4\,(1+\mu)\,\beta^2\,\Phi_3]\,, \qquad Q_r = -\frac{p\,b}{2}\,\frac{\beta}{\varrho}\,,$$

$$M_t = \frac{p\,a^2}{16}\,[-(1-\mu)\,\beta^4\,\Phi_4 - 4\,(1+\mu)\,\beta^2\,\Phi_3 + 2\,(1-\mu)\,\beta^2\,(2-\beta^2)]\,.$$

$\varrho = 0$: $\quad w = \dfrac{p\,a^2\,b^2}{64\,N\,(1+\mu)}\,\varkappa_3\,, \qquad M_r = M_t = \dfrac{p\,a^2}{16}\,\varkappa_2\,.$

$\varrho = \beta$: $\quad M_r = \dfrac{p\,a^2}{16}\,[\varkappa_2 - (3+\mu)\,\beta^2]\,, \qquad M_t = \dfrac{p\,a^2}{16}\,[\varkappa_2 - (1+3\,\mu)\,\beta^2]\,. \qquad Q_r = -\dfrac{p\,b}{2}\,,$

$\varrho = 1$: $\quad w' = -\dfrac{p\,a\,b^2}{8\,N\,(1+\mu)}\,(2-\beta^2)\,, \qquad M_t = \dfrac{p\,b^2}{8}\,(1-\mu)\,(2-\beta^2)\,. \qquad Q_r = -\dfrac{p\,b}{2}\,\beta\,.$

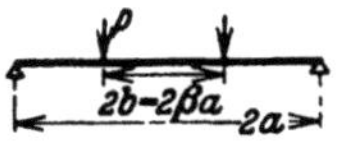

$$\varkappa_1 = (3+\mu)\,(1-\beta^2) + 2\,(1+\mu)\,\beta^2 \ln\beta\,,$$
$$\varkappa_2 = (1-\mu)\,(1-\beta^2) - 2\,(1+\mu) \ln\beta\,;$$

$\varrho \leqq \beta$: $\quad w = \dfrac{P\,a^2\,b}{8\,N\,(1+\mu)}\,[(\varkappa_1 - \varkappa_2) + \varkappa_2\,\Phi_1]\,, \qquad M_r = M_t = \dfrac{P\,b}{4}\,\varkappa_2\,. \qquad Q_r = 0\,.$

$\varrho \geqq \beta$: $\quad w = \dfrac{P\,a^2\,b}{8\,N\,(1+\mu)}\,\{[(3+\mu) - (1-\mu)\,\beta^2]\,\Phi_1 + 2\,(1+\mu)\,\beta^2\,\Phi_3 + 2\,(1+\mu)\,\Phi_2\}\,,$

$$M_r = \frac{P\,b}{4}\,[(1-\mu)\,\beta^2\,\Phi_4 - 2\,(1+\mu)\,\Phi_3]\,. \qquad Q_r = -P\,\frac{\beta}{\varrho}\,.$$

$$M_t = \frac{P\,b}{4}\,[-(1-\mu)\,\beta^2\,\Phi_4 - 2\,(1+\mu)\,\Phi_3 + 2\,(1-\mu)\,(1-\beta^2)]\,.$$

$\varrho = 0$: $\quad w = \dfrac{P\,a^2\,b}{8\,N\,(1+\mu)}\,\varkappa_1\,.$

$\varrho = 1$: $\quad w' = -\dfrac{P\,a\,b}{2\,N\,(1+\mu)}\,(1-\beta^2)\,, \qquad M_t = \dfrac{P\,b}{2}\,(1-\mu)\,(1-\beta^2)\,. \qquad Q_r = -P\,\beta\,.$

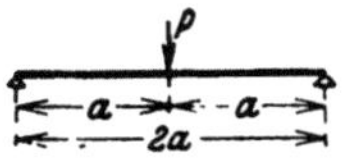

$$w = \frac{P\,a^2}{16\,\pi\,N}\left[\frac{3+\mu}{1+\mu}\,\Phi_1 + 2\,\Phi_2\right].$$

$$M_r = -\frac{P}{4\,\pi}\,(1+\mu)\,\Phi_3\,, \qquad M_t = \frac{P}{4\,\pi}\,[(1-\mu) - (1+\mu)\,\Phi_3]\,. \qquad Q_r = -\frac{P}{2\,\pi\,a\,\varrho}\,,$$

$\varrho = 0$: $\quad w = \dfrac{P\,a^2}{16\,\pi\,N}\,\dfrac{3+\mu}{1+\mu}\,.$

$\varrho = 1$: $\quad w' = -\dfrac{P\,a}{4\,\pi\,N\,(1+\mu)}\,, \qquad M_t = \dfrac{P}{4\,\pi}\,(1-\mu)\,, \qquad Q_r = -\dfrac{P}{2\,\pi\,a}\,.$

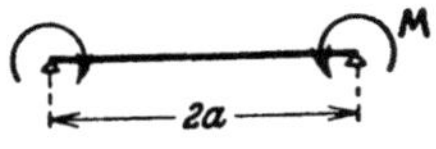

$$w = \frac{\mathsf{M}\,a^2}{2\,N\,(1+\mu)}\,\Phi_1\,, \qquad M_r = M_t = \mathsf{M}\,. \qquad Q_r = 0\,.$$

$\varrho = 1$: $\quad w' = -\dfrac{\mathsf{M}\,a}{N\,(1+\mu)}\,.$

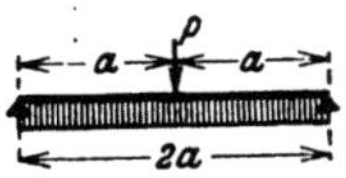

$$w = \frac{P\,a^2}{64\,\pi\,N}\left(2\,\frac{3+\mu}{1+\mu}\,\Phi_1 + \Phi_0 + 8\,\Phi_2\right).$$

$$M_r = -\frac{P}{16\,\pi}\,[(3+\mu)\,\Phi_1 + 4\,(1+\mu)\,\Phi_3]\,,$$

$$M_t = -\frac{P}{16\,\pi}\,[(1+3\,\mu)\,\Phi_1 + 4\,(1+\mu)\,\Phi_3 - 2\,(1-\mu)]\,, \qquad Q_r = -\frac{P}{2\,\pi\,a}\left(\frac{1}{\varrho} - \varrho\right)$$

$\varrho = 0$: $$w = \frac{P a^2}{64 \pi N} \frac{7 + 3\mu}{1 + \mu}.$$

$\varrho = 1$: $$w' = -\frac{P a}{8 \pi N (1 + \mu)}, \qquad M_t = \frac{P}{8 \pi} (1 - \mu).$$

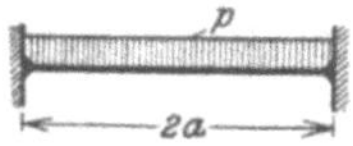

$$w = \frac{p a^4}{64 N} (2 \Phi_1 - \Phi_0). \qquad M_r = \frac{p a^2}{16} [(3 + \mu) \Phi_1 - 2],$$

$$M_t = \frac{p a^2}{16} [(1 + 3\mu) \Phi_1 - 2\mu], \qquad Q_r = -\frac{p a}{2} \varrho.$$

$\varrho = 0$: $$w = \frac{p a^4}{64 N}, \qquad M_r = M_t = \frac{p a^2}{16} (1 + \mu),$$

$\varrho = 1$: $$M_t = \mu M_r = -\frac{p a^2}{8} \mu, \qquad Q_r = -\frac{p a}{2},$$

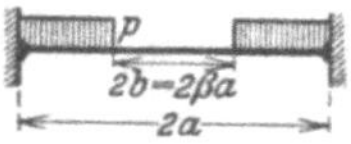

$$\varkappa_1 = 1 - 4\beta^2 + \beta^4 (3 - 4 \ln \beta),$$
$$\varkappa_2 = 1 - \beta^2 (\beta^2 - 4 \ln \beta).$$

$\varrho \leqq \beta$: $$w = \frac{p a^4}{64 N} [(\varkappa_1 - 2\varkappa_2) + 2 \varkappa_2 \Phi_1], \quad M_r = M_t = \frac{p a^2}{16} (1 + \mu) \varkappa_2, \quad Q_r = 0.$$

$\varrho \geqq \beta$: $$w = \frac{p a^4}{64 N} [2 (1 - 2\beta^2 - \beta^4) \Phi_1 - \Phi_0 - 4 \beta^4 \Phi_3 - 8 \beta^2 \Phi_2],$$

$$M_r = \frac{p a^2}{16} [-2 (1 - \beta^2)^2 + (3 + \mu) \Phi_1 - (1 - \mu) \beta^4 \Phi_4 + 4 (1 + \mu) \beta^2 \Phi_3],$$

$$M_t = \frac{p a^2}{16} [-2\mu (1 - \beta^2)^2 + (1 + 3\mu) \Phi_1 + (1 - \mu) \beta^4 \Phi_4 + 4 (1 + \mu) \beta^2 \Phi_3],$$

$$Q_r = -\frac{p a}{2} \left(\varrho - \frac{\beta^2}{\varrho}\right).$$

$\varrho = 0$: $$w = \frac{p a^4}{64 N} \varkappa_1.$$

$\varrho = 1$: $$M_t = \mu M_r = -\frac{p a^2}{8} \mu (1 - \beta^2)^2, \qquad Q_r = -\frac{p a}{2} (1 - \beta^2).$$

$$\varkappa_1 = \beta^2 [4 - \beta^2 (3 - 4 \ln \beta)],$$
$$\varkappa_2 = \beta^2 (\beta^2 - 4 \ln \beta).$$

$\varrho \leqq \beta$: $$w = \frac{p a^4}{64 N} [(\varkappa_1 - 2\varkappa_2 + 1) + 2 \varkappa_2 \Phi_1 - \Phi_0],$$

$$M_r = \frac{p a^2}{16} \{[(1 + \mu) \varkappa_2 - (3 + \mu)] + (3 + \mu) \Phi_1\},$$

$$M_t = \frac{p a^2}{16} \{[(1 + \mu) \varkappa_2 - (1 + 3\mu)] + (1 + 3\mu) \Phi_1\}.$$

$\varrho \geqq \beta$: $$w = \frac{p a^2 b^2}{32 N} [(2 + \beta^2) \Phi_1 + 2 \beta^2 \Phi_3 + 4 \Phi_2],$$

$$M_r = \frac{p b^2}{16} [-2 (2 - \beta^2) + (1 - \mu) \beta^2 \Phi_4 - 4 (1 + \mu) \Phi_3], \qquad Q_r = -\frac{p b}{2} \frac{\beta}{\varrho},$$

$$M_t = \frac{p b^2}{16} [-2\mu (2 - \beta^2) - (1 - \mu) \beta^2 \Phi_4 - 4 (1 + \mu) \Phi_3].$$

$\varrho = 0$: $$w = \frac{p\,a^4}{64\,N}\,\varkappa_1\,, \qquad M_r = M_t = \frac{p\,a^2}{16}\,(1+\mu)\,\varkappa_2\,.$$

$\varrho = \beta$: $$M_r = \frac{p\,a^2}{16}\,[(1+\mu)\,\varkappa_2 - (3+\mu)\,\beta^2]\,, \qquad M_t = \frac{p\,a^2}{16}\,[(1+\mu)\,\varkappa_2 - (1+3\,\mu)\,\beta^2]\,;$$

$$Q_r = -\frac{p\,b}{2}\,.$$

$\varrho = 1$: $$M_t = \mu\,M_r = -\frac{p\,b^2}{8}\,\mu\,(2-\beta^2)\,, \qquad Q_r = -\frac{p\,b}{2}\,\beta\,.$$

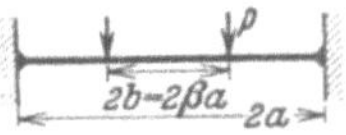

$$\varkappa_1 = 1 - \beta^2\,(1 - 2\ln\beta)\,,$$
$$\varkappa_2 = \beta^2 - 1 - 2\ln\beta\,.$$

$\varrho \leqq \beta$: $$w = \frac{P\,a^2\,b}{8\,N}\,[(\varkappa_1 - \varkappa_2) + \varkappa_2\,\Phi_1]\,, \qquad M_r = M_t = \frac{P\,b}{4}\,(1+\mu)\,\varkappa_2\,, \qquad Q_r = 0\,.$$

$\varrho \geqq \beta$: $$w = \frac{P\,a^2\,b}{8\,N}\,[(1+\beta^2)\,\Phi_1 + 2\,\beta^2\,\Phi_3 + 2\,\Phi_2]\,,$$

$$M_r = -\frac{P\,b}{4}\,[2\,(1-\beta^2) - (1-\mu)\,\beta^2\,\Phi_4 + 2\,(1+\mu)\,\Phi_3]\,,$$

$$M_t = -\frac{P\,b}{4}\,[2\,\mu\,(1-\beta^2) + (1-\mu)\,\beta^2\,\Phi_4 + 2\,(1+\mu)\,\Phi_3]\,, \qquad Q_r = -P\,\frac{\beta}{\varrho}\,.$$

$\varrho = 0$: $$w = \frac{P\,a^2\,b}{8\,N}\,\varkappa_1\,.$$

$\varrho = 1$: $$M_t = \mu\,M_r = -\frac{P\,b}{2}\,\mu\,(1-\beta^2)\,, \qquad Q_r = -P\,\beta\,.$$

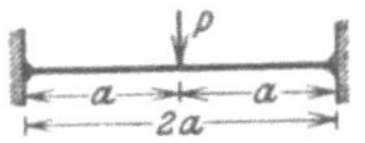

$$w = \frac{P\,a^2}{16\,\pi\,N}\,(\Phi_1 + 2\,\Phi_2)\,.$$

$$M_r = -\frac{P}{4\,\pi}\,[1 + (1+\mu)\,\Phi_3]\,, \qquad M_t = -\frac{P}{4\,\pi}\,[\mu + (1+\mu)\,\Phi_3]\,, \qquad Q_r = -\frac{P}{2\,\pi\,a\,\varrho}\,.$$

$\varrho = 0$: $$w = \frac{P\,a^2}{16\,\pi\,N}\,.$$

$\varrho = 1$: $$M_t = \mu\,M_r = -\frac{P}{4\,\pi}\,\mu\,, \qquad Q_r = -\frac{P}{2\,\pi\,a}\,.$$

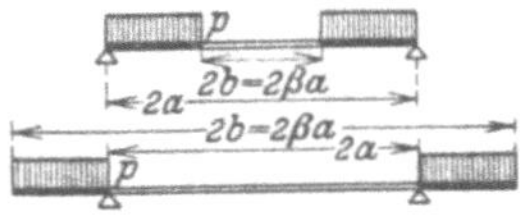

$$\varkappa_1 = (3+\mu) + 4\,(1+\mu)\,\frac{\beta^2}{1-\beta^2}\,\ln\beta\,,$$

$$\varkappa_2 = (3+\mu) - 4\,(1+\mu)\,\frac{\beta^2}{1-\beta^2}\,\ln\beta\,,$$

$$w = \frac{p\,a^4}{64\,N}\left\{\frac{2}{1+\mu}\,[(3+\mu) - \beta^2\,\varkappa_2]\,\Phi_1 - \Phi_0 - \frac{4}{1-\mu}\,\beta^2\,\varkappa_1\,\Phi_3 - 8\,\beta^2\,\Phi_2\right\},$$

$$M_r = \frac{p\,a^2}{16}\,[(3+\mu)\,\Phi_1 - \beta^2\,\varkappa_1\,\Phi_4 + 4\,(1+\mu)\,\beta^2\,\Phi_3]\,, \qquad Q_r = -\frac{p\,a}{2}\left(\varrho - \frac{\beta^2}{\varrho}\right),$$

$$M_t = \frac{p\,a^2}{16}\,\{(1+3\,\mu)\,\Phi_1 + \beta^2\,\varkappa_1\,\Phi_4 + 4\,(1+\mu)\,\beta^2\,\Phi_3 + 2\,(1-\mu) - 2\,\beta^2\,[2\,(1-\mu) - \varkappa_1]\}\,.$$

$\varrho = \beta$: $$w = \frac{p\,a^4}{64\,N}\left\{[(5+\mu) - (7+3\,\mu)\,\beta^2]\,\frac{1-\beta^2}{1+\mu} - \frac{4}{1-\mu}\,\beta^2\,\varkappa_1\ln\beta\right\},$$

$$w' = -\frac{p\,a^2\,b}{8\,N\,(1+\mu)}\left(\frac{\varkappa_1}{1-\mu} - \beta^2\right), \qquad M_t = \frac{p\,a^2}{8}\,[\varkappa_1 - (1-\mu)\,\beta^2]\,.$$

$\varrho = 1$: $$w' = -\frac{p\,a^3}{8\,N(1+\mu)}\left[1-\beta^2\left(2-\frac{\varkappa_1}{1-\mu}\right)\right],$$

$$M_t = \frac{p\,a^2}{8}\{(1-\mu)-\beta^2[2(1-\mu)-\varkappa_1]\}, \qquad Q_r = -\frac{p\,a}{2}(1-\beta^2).$$

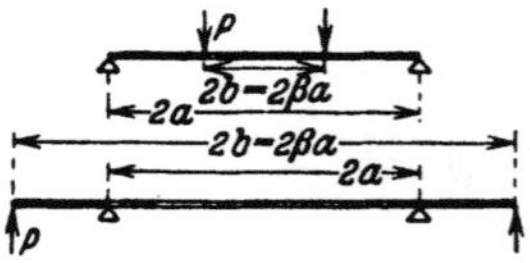

$$\varkappa = \frac{\beta^2}{1-\beta^2}\ln\beta.$$

$$w = \frac{P\,a^2\,b}{8\,N}\left[\left(\frac{3+\mu}{1+\mu}-2\,\varkappa\right)\Phi_1 + 4\,\frac{1+\mu}{1-\mu}\,\varkappa\,\Phi_3 + 2\,\Phi_2\right].$$

$$M_r = -\frac{P\,b}{2}(1+\mu)(-\varkappa\,\Phi_4+\Phi_3); \qquad Q_r = -P\,\frac{\beta}{\varrho},$$

$$M_t = -\frac{P\,b}{2}(1+\mu)\left[\varkappa\,\Phi_4+\Phi_3+\left(2\,\varkappa-\frac{1-\mu}{1+\mu}\right)\right].$$

$\varrho = \beta$: $$w = \frac{P\,a^2\,b}{8\,N}\left[\frac{3+\mu}{1+\mu}(1-\beta^2)+4\,\frac{1+\mu}{1-\mu}\,\varkappa\ln\beta\right],$$

$$w' = -\frac{P\,a^2}{2\,N(1+\mu)}\left(\beta^2-2\,\varkappa\,\frac{1+\mu}{1-\mu}\right),$$

$$M_t = -\frac{P\,b}{2}(1+\mu)\left(2\,\frac{\varkappa}{\beta^2}-\frac{1-\mu}{1+\mu}\right); \qquad Q_r = -P.$$

$\varrho = 1$: $$w' = -\frac{P\,a\,b}{2\,N(1+\mu)}\left(1-2\,\varkappa\,\frac{1+\mu}{1-\mu}\right); \qquad Q_r = -P\beta,$$

$$M_t = -\frac{P\,b}{2}(1+\mu)\left(2\,\varkappa-\frac{1-\mu}{1+\mu}\right).$$

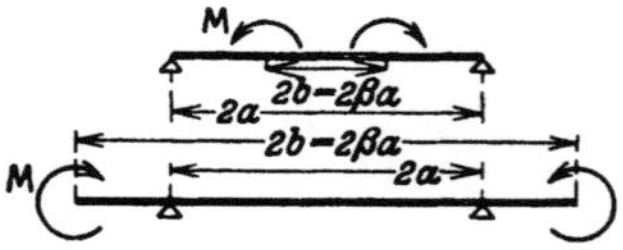

$$w = -\frac{M\,b^2}{2\,N(1+\mu)}\,\frac{1}{1-\beta^2}\left(\Phi_1-2\,\frac{1+\mu}{1-\mu}\,\Phi_3\right).$$

$$M_r = M\,\frac{\beta^2}{1-\beta^2}\,\Phi_4; \qquad M_t = -M\,\frac{\beta^2}{1-\beta^2}(\Phi_4+2), \qquad Q_r = 0.$$

$\varrho = \beta$: $$w = -\frac{M\,b^2}{2\,N(1+\mu)}\left(1-2\,\frac{1+\mu}{1-\mu}\,\frac{\ln\beta}{1-\beta^2}\right)$$

$$w' = \frac{M\,b}{N(1+\mu)}\,\frac{1}{1-\beta^2}\left(\beta^2+\frac{1+\mu}{1-\mu}\right); \qquad M_t = -M\,\frac{1+\beta^2}{1-\beta^2}.$$

$\varrho = 1$: $$w' = 2\,\frac{M\,b}{N(1-\mu^2)}\,\frac{\beta}{1-\beta^2}; \qquad M_t = -2\,M\,\frac{\beta^2}{1-\beta^2}.$$

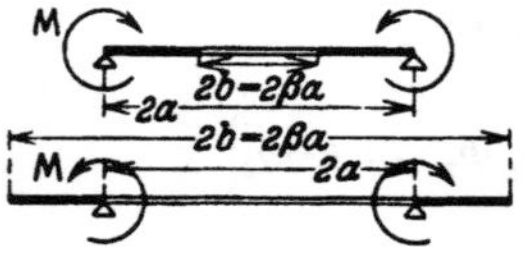

$$w = \frac{M\,a^2}{2\,N(1+\mu)(1-\beta^2)}\left(\Phi_1-2\,\frac{1+\mu}{1-\mu}\,\beta^2\,\Phi_3\right).$$

$$M_r = M\left(1-\frac{\beta^2}{1-\beta^2}\,\Phi_4\right); \qquad M_t = M\left(\frac{1+\beta^2}{1-\beta^2}+\frac{\beta^2}{1-\beta^2}\,\Phi_4\right). \qquad Q_r = 0$$

$\varrho = \beta$: $$w = \frac{M\,a^2}{2\,N(1+\mu)}\left(1-2\,\frac{1+\mu}{1-\mu}\,\frac{\beta^2}{1-\beta^2}\ln\beta\right),$$

$$w' = -\frac{M\,b}{N(1-\mu^2)}\,\frac{2}{1-\beta^2}; \qquad M_t = M\,\frac{2}{1-\beta^2}.$$

$\varrho = 1$: $$w' = -\frac{M\,a}{N(1+\mu)(1-\beta^2)}\left(1+\frac{1+\mu}{1-\mu}\,\beta^2\right), \qquad M_t = M\,\frac{1+\beta^2}{1-\beta^2}.$$

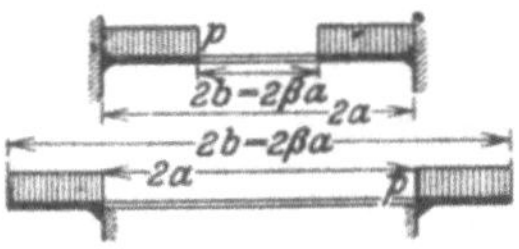

$$\varkappa_1 = (1+\mu) + (1-\mu)\,\beta^2, \qquad \psi_1 = 4\,(1+\mu)\,\beta^2 \ln\beta,$$

$$\varkappa_2 = (1-\mu) + (1+\mu)\,\beta^2, \qquad \psi = \frac{\varkappa_1 + \psi_1}{\varkappa_2}\,\beta^2.$$

$$w = \frac{p\,a^4}{64\,N}\,[2\,(1 - 2\,\beta^2 - \psi)\,\Phi_1 - \Phi_0 - 4\,\psi\,\Phi_3 - 8\,\beta^2\,\Phi_2]\,.$$

$$M_r = -\frac{p\,a^2}{16}\,[2\,(1 - 2\,\beta^2 + \psi) - (3+\mu)\,\Phi_1 + (1-\mu)\,\psi\,\Phi_4 - 4\,(1+\mu)\,\beta^2\,\Phi_3]\,.$$

$$M_t = -\frac{p\,a^2}{16}\,[2\,\mu\,(1 - 2\,\beta^2 + \psi) - (1 + 3\,\mu)\,\Phi_1 - (1-\mu)\,\psi\,\Phi_4 - 4\,(1+\mu)\,\beta^2\,\Phi_3]\,.$$

$$Q_r = -\frac{p\,a}{2}\left(\varrho - \frac{\beta^2}{\varrho}\right).$$

$\varrho = \beta$: $$w = \frac{p\,a^4}{64\,N}\,[(1-\beta^2)^2 - 2\,(1-\beta^2)\,(\psi + 2\,\beta^2) - 4\,(\psi + 2\,\beta^4)\ln\beta]\,,$$

$$w' = -\frac{p\,a^3}{8\,N\,(1+\mu)}\,\frac{\psi - \beta^4}{\beta}\,; \qquad M_t = \frac{p\,a^2}{8}\,\frac{1-\mu^2}{\varkappa_2}\,(1 - \beta^4 + 4\,\beta^2 \ln\beta)\,.$$

$\varrho = 1$: $$M_t = \mu\,M_r = -\frac{p\,a^2}{8}\,\mu\,(1 - 2\,\beta^2 + \psi)\,; \qquad Q_r = -\frac{p\,a}{2}\,(1 - \beta^2)\,.$$

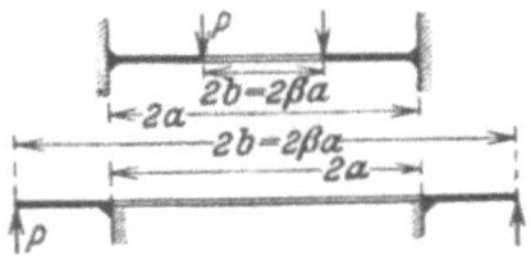

$$\varkappa = (1-\mu) + (1+\mu)\,\beta^2;$$

$$\psi = [1 + (1+\mu)\ln\beta]\,\frac{\beta^2}{\varkappa}\,.$$

$$w = \frac{P\,a^2\,b}{8\,N}\,[(1 + 2\,\psi)\,\Phi_1 + 4\,\psi\,\Phi_3 + 2\,\Phi_2]\,.$$

$$M_r = -\frac{P\,b}{2}\,[(1 - 2\,\psi) - (1-\mu)\,\psi\,\Phi_4 + (1+\mu)\,\Phi_3]\,. \qquad Q_r = -P\,\frac{\beta}{\varrho}\,.$$

$$M_t = -\frac{P\,b}{2}\,[\mu\,(1 - 2\,\psi) + (1-\mu)\,\psi\,\Phi_4 + (1+\mu)\,\Phi_3]\,.$$

$\varrho = \beta$: $$w = \frac{P\,a^2\,b}{8\,N}\,[(1 + 2\,\psi)\,(1 - \beta^2) + 2\,(\beta^2 + 2\,\psi)\ln\beta]\,,$$

$$w' = \frac{P\,b^2}{2\,N\,\varkappa}\,(1 - \beta^2 + 2\ln\beta)\,, \qquad M_t = -\frac{P\,b}{2}\,\frac{1-\mu^2}{\varkappa}\,(1 - \beta^2 + 2\ln\beta)\,.$$

$\varrho = 1$: $$M_t = \mu\,M_r = -\frac{P\,b}{2}\,\mu\,(1 - 2\,\psi)\,,$$

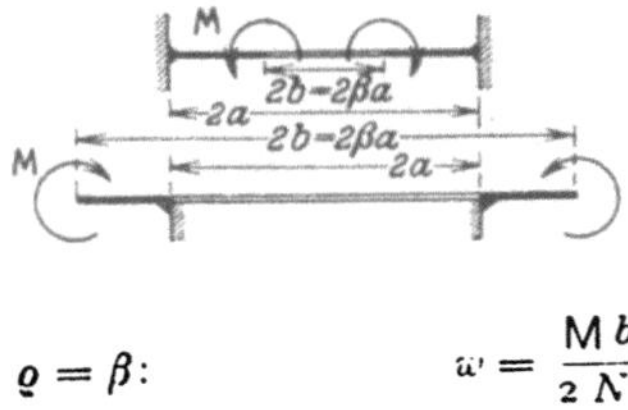

$$\varkappa = (1-\mu) + (1+\mu)\,\beta^2,$$

$$w = \frac{\mathrm{M}\,b^2}{2\,N\,\varkappa}\,[\Phi_1 + 2\,\Phi_3]\,; \qquad Q_r = 0\,,$$

$$M_r = \frac{\mathrm{M}\,\beta^2}{\varkappa}\,[2 + (1-\mu)\,\Phi_4]\,; \qquad M_t = \frac{\mathrm{M}\,\beta^2}{\varkappa}\,[2\,\mu - (1-\mu)\,\Phi_4]\,.$$

$\varrho = \beta$: $$w = \frac{\mathrm{M}\,b^2}{2\,N\,\varkappa}\,(1 - \beta^2 + 2\ln\beta)\,; \qquad w' = \frac{\mathrm{M}\,b}{N\,\varkappa}\,(1 - \beta^2)\,.$$

$$M_t = -\frac{\mathrm{M}}{\varkappa}\,[(1-\mu) - (1+\mu)\,\beta^2]\,.$$

$\varrho = 1$: $$M_t = \mu\,M_r = \frac{2\,\mathrm{M}\,\beta^2}{\varkappa}\,\mu\,.$$

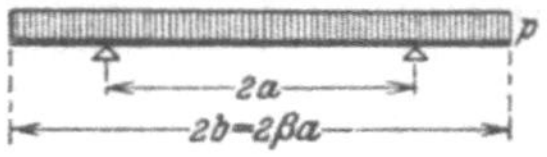

$$\varkappa_1 = 2(1-\mu) + (1+3\mu)\beta^2 - 4(1+\mu)\beta^2 \ln\beta,$$
$$\varkappa_2 = 2(1-\mu) - (3+\mu)\beta^2 - 4(1+\mu)\beta^2 \ln\beta.$$

$\varrho \leqq 1$:
$$w = \frac{p a^4}{64 N}\left(\frac{2\varkappa_1}{1+\mu}\Phi_1 - \Phi_0\right),$$
$$M_r = \frac{p a^2}{16}[\varkappa_1 - (3+\mu) + (3+\mu)\Phi_1],$$
$$M_t = \frac{p a^2}{16}[\varkappa_1 - (1+3\mu) + (1+3\mu)\Phi_1], \qquad Q_r = -\frac{p a}{2}\varrho.$$

$\varrho \geqq 1$:
$$w = \frac{p a^4}{64 N}\left(\frac{2\varkappa_2}{1+\mu}\Phi_1 - \Phi_0 - 8\beta^2\Phi_3 - 8\beta^2\Phi_2\right), \qquad Q_r = \frac{p a}{2}\left(\frac{\beta^2}{\varrho} - \varrho\right).$$
$$M_r = \frac{p a^2}{16}[\varkappa_1 - (3+\mu) + (3+\mu)\Phi_1 - 2(1-\mu)\beta^2\Phi_4 + 4(1+\mu)\beta^2\Phi_3],$$
$$M_t = \frac{p a^2}{16}[\varkappa_1 - (1+3\mu) + (1+3\mu)\Phi_1 + 2(1-\mu)\beta^2\Phi_4 + 4(1+\mu)\beta^2\Phi_3].$$

$\varrho = 0$:
$$w = \frac{p a^4}{64 N}\left(\frac{2\varkappa_1}{1+\mu} - 1\right), \qquad M_r = M_t = \frac{p a^2}{16}\varkappa_1.$$

$\varrho = 1$:
$$w' = -\frac{p a^3}{16 N}\left(\frac{\varkappa_1}{1+\mu} - 1\right), \qquad Q_{ri} = -\frac{p a}{2}, \qquad Q_{ra} = \frac{p a}{2}(\beta^2 - 1),$$
$$M_r = \frac{p a^2}{16}[\varkappa_1 - (3+\mu)], \qquad M_t = \frac{p a^2}{16}[\varkappa_1 - (1+3\mu)].$$

$\varrho = \beta$:
$$w = -\frac{p a^4}{64 N(1+\mu)}\{[(3-5\mu) - (7+3\mu)\beta^2](\beta^2 - 1) + 16(1+\mu)\beta^2\ln\beta\},$$
$$w' = -\frac{p a^2 b}{8 N(1+\mu)}(2-\beta^2), \qquad M_t = \frac{p a^2}{8}(1-\mu)(2-\beta^2).$$

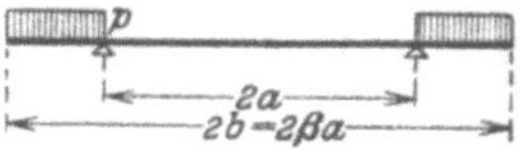

$$\varkappa_1 = \frac{1}{\beta^2}[(1-\mu) + 4\mu\beta^2 - (1+3\mu)\beta^4 + 4(1+\mu)\beta^4\ln\beta],$$
$$\varkappa_2 = \frac{1}{\beta^2}[(1-\mu)(1-2\beta^2) + (3+\mu)\beta^4 + 4(1+\mu)\beta^4\ln\beta].$$

$\varrho \leqq 1$:
$$w = -\frac{p a^4}{N(1+\mu)}\varkappa_1\Phi_1, \qquad M_r = M_t = -\frac{p a^2}{16}\varkappa_1, \qquad Q_r = 0.$$

$\varrho \geqq 1$:
$$w = -\frac{p a^4}{64 N(1+\mu)}[2\varkappa_2\Phi_1 + (1+\mu)\Phi_0 + 4(1+\mu)(2\beta^2 - 1)\Phi_3 + 8(1+\mu)\beta^2\Phi_2],$$
$$M_r = -\frac{p a^2}{16}[\varkappa_1 - (3+\mu)\Phi_1 + (1-\mu)(2\beta^2 - 1)\Phi_4 - 4(1+\mu)\beta^2\Phi_3],$$
$$M_t = -\frac{p a^2}{16}[\varkappa_1 - (1+3\mu)\Phi_1 - (1-\mu)(2\beta^2 - 1)\Phi_4 - 4(1+\mu)\beta^2\Phi_3].$$
$$Q_r = \frac{p a}{2}\left(\frac{\beta^2}{\varrho} - \varrho\right).$$

$\varrho = 0$:
$$w = -\frac{p a^4}{32 N(1+\mu)}\varkappa_1, \qquad M_r = M_t = -\frac{p a^2}{16}\varkappa_1.$$

$\varrho = 1$:
$$w' = \frac{p a^3}{16 N(1+\mu)}\varkappa_1, \qquad M_r = M_t = -\frac{p a^2}{16}\varkappa_1, \qquad Q_{ri} = 0, \qquad Q_{ra} = \frac{p a}{2}(\beta^2 - 1).$$

$\varrho = \beta$:
$$w = \frac{p a^4}{64 N(1+\mu)}$$
$$\cdot\left\{[2(1-\mu) - (3-5\mu)\beta^2 + (7+3\mu)\beta^4]\frac{\beta^2 - 1}{\beta^2} - 4(1+\mu)(4\beta^2 - 1)\ln\beta\right\},$$
$$w' = \frac{p a^3}{N(1+\mu)}\frac{(\beta^2 - 1)^2}{\beta}, \qquad M_t = -\frac{p a^2}{8}(1-\mu)\frac{(\beta^2 - 1)^2}{\beta^2}.$$

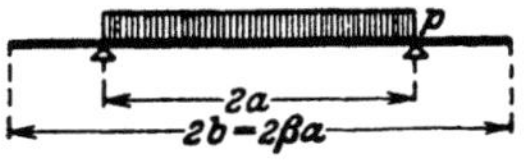

$$\varkappa = \frac{1-\mu}{\beta^2} + 2\,(1+\mu)\,.$$

$\varrho \leqq 1$: $$w = \frac{p\,a^4}{64\,N}\left(2\,\frac{\varkappa}{1+\mu}\,\Phi_1 - \Phi_0\right), \qquad M_r = \frac{p\,a^2}{16}\left[\varkappa - (3+\mu) + (3+\mu)\,\Phi_1\right],$$

$$M_t = \frac{p\,a^2}{16}\left[\varkappa - (1+3\,\mu) + (1+3\,\mu)\,\Phi_1\right], \qquad Q_r = -\frac{p\,a}{2}\,\varrho\,.$$

$\varrho \geqq 1$: $$w = \frac{p\,a^4}{32\,N}\left[\frac{1-\mu}{1+\mu}\,\frac{1}{\beta^2}\,\Phi_1 - 2\,\Phi_3\right], \qquad Q_r = 0\,.$$

$$M_r = -\frac{p\,a^2}{16}\,(1-\mu)\left(\frac{\beta^2-1}{\beta^2} + \Phi_4\right), \qquad M_t = -\frac{p\,a^2}{16}\,(1-\mu)\left(-\frac{\beta^2+1}{\beta^2} - \Phi_4\right).$$

$\varrho = 0$: $$w = \frac{p\,a^4}{64\,N}\left(2\,\frac{\varkappa}{1+\mu} - 1\right), \qquad M_r = M_t = \frac{p\,a^2}{16}\,\varkappa\,.$$

$\varrho = 1$: $$w' = -\frac{p\,a^3}{16\,N}\left(\frac{\varkappa}{1+\mu} - 1\right), \qquad M_r = -\frac{p\,a^2}{16}\,(1-\mu)\,\frac{\beta^2-1}{\beta^2},$$

$$M_t = \frac{p\,a^2}{16}\,(1-\mu)\,\frac{\beta^2+1}{\beta^2}, \qquad Q_r = -\frac{p\,a}{2}\,.$$

$\varrho = \beta$: $$w = -\frac{p\,a^4}{32\,N}\left[\frac{1-\mu}{1+\mu}\,\frac{\beta^2-1}{\beta^2} + 2\ln\beta\right], \qquad w' = -\frac{p\,a^3}{8\,N\,(1+\mu)\,\beta}, \qquad M_t = \frac{p\,a^2}{8}\,\frac{1-\mu}{\beta^2}\,.$$

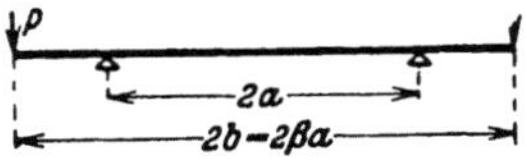

$$\varkappa = (1-\mu)\left(\beta - \frac{1}{\beta}\right) + 2\,(1+\mu)\,\beta\ln\beta\,.$$

$\varrho \leqq 1$: $$w = -\frac{P\,a^3}{8\,N}\,\frac{\varkappa}{1+\mu}\,\Phi_1, \qquad M_r = M_t = -\frac{P\,a}{4}\,\varkappa, \qquad Q_r = 0\,.$$

$\varrho \geqq 1$: $$w = \frac{P\,a^3}{8\,N}\left\{-\left[\frac{\varkappa}{1+\mu} + 2\,\beta\right]\Phi_1 - 2\,\beta\,\Phi_3 - 2\,\beta\,\Phi_2\right\},$$

$$M_r = -\frac{P\,a}{4}\left[\varkappa + (1-\mu)\,\beta\,\Phi_4 - 2\,(1+\mu)\,\beta\,\Phi_3\right], \qquad Q_r = +P\,\frac{\beta}{\varrho}\,.$$

$$M_t = -\frac{P\,a}{4}\left[\varkappa - (1-\mu)\,\beta\,\Phi_4 - 2\,(1+\mu)\,\beta\,\Phi_3\right].$$

$\varrho = 0$: $$w = -\frac{P\,a^3}{8\,N\,(1+\mu)}\,\varkappa\,.$$

$\varrho = 1$: $$w' = \frac{P\,a^2}{4\,N\,(1+\mu)}\,\varkappa\,; \qquad M_r = M_t = -\frac{P\,a}{4}\,\varkappa\,.$$

$\varrho = \beta$: $$w = \frac{P\,a^3}{8\,N\,(1+\mu)}\left\{\left[(1-\mu) + (3+\mu)\,\beta^2\right]\left(\beta - \frac{1}{\beta}\right) - 2\,\varkappa\right\},$$

$$w' = \frac{P\,a^2}{2\,N\,(1+\mu)}\,(\beta^2-1)\,; \qquad M_t = \frac{P\,a}{2\,\beta}\,(1-\mu)\,(1-\beta^2)\,.$$

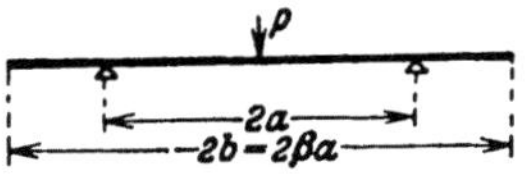

$$\varkappa = 2\,(1+\mu)\,\beta^2\,.$$

$\varrho \leqq 1$: $$w = \frac{P\,a^2}{8\,\pi\,N}\left[\left(\frac{1-\mu}{\varkappa} + 1\right)\Phi_1 + \Phi_2\right],$$

$$M_r = -\frac{P}{8\,\pi\,\beta^2}\left[(1-\mu)\,(\beta^2-1) + \varkappa\,\Phi_3\right],$$

$$M_t = -\frac{P}{8\,\pi\,\beta^2}\left[-(1-\mu)\,(\beta^2+1) + \varkappa\,\Phi_3\right]; \qquad Q_r = -\frac{P}{2\,\pi\,a\,\varrho}\,.$$

$\varrho \geqq 1$: $w = \frac{P a^2}{8 \pi N}\left(\frac{1-\mu}{\varkappa} \Phi_1 - \Phi_3\right)$, $M_r = -\frac{P}{8 \pi \beta^2}(1-\mu)\left[(\beta^2 - 1) + \beta^2 \Phi_4\right]$,

$M_t = -\frac{P}{8 \pi \beta^2}(1-\mu)\left[-(\beta^2+1) - \beta^2 \Phi_4\right]$; $Q_r = 0$.

$\varrho = 0$: $w = \frac{P a^2}{8 \pi N}\left(\frac{1-\mu}{\varkappa} + 1\right)$.

$\varrho = 1$: $w' = -\frac{P a}{8 \pi N}\left(2 \frac{1-\mu}{\varkappa} + 1\right)$, $M_r = -\frac{P}{8 \pi \beta^2}(1-\mu)(\beta^2 - 1)$;

$M_t = \frac{P}{8 \pi \beta^2}(1-\mu)(\beta^2 + 1)$.

$\varrho = \beta$: $w = -\frac{P a^2}{8 \pi N}\left[\frac{1-\mu}{\varkappa}(\beta^2 - 1) + \ln \beta\right]$; $w' = -\frac{P a}{4 \pi N (1+\mu) \beta}$,

$M_t = \frac{P}{4 \pi \beta^2}(1-\mu)$.

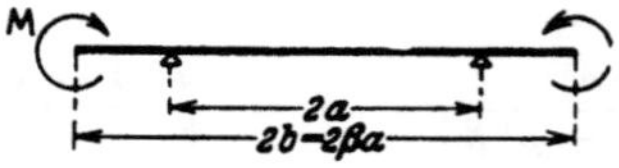

$w = \frac{\mathsf{M} a^2}{2 N (1+\mu)} \Phi_1$; $M_r = M_t = \mathsf{M}$; $Q_r = 0$.

$\varrho = 0$: $w = \frac{\mathsf{M} a^2}{2 N (1+\mu)}$; $\varrho = 1$: $w' = -\frac{\mathsf{M} a}{N (1+\mu)}$.

$\varrho = \beta$: $w = -\frac{\mathsf{M} a^2}{2 N (1+\mu)}(\beta^2 - 1)$; $w' = -\frac{\mathsf{M} b}{N (1+\mu)}$.

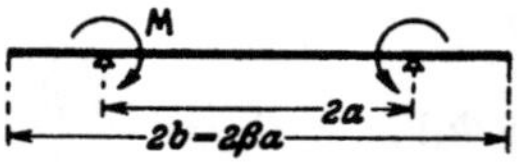

$\psi = \frac{1-\mu}{\beta^2}$; $\varkappa = (1+\mu) + \psi$.

$\varrho \leqq 1$: $w = \frac{\mathsf{M} a^2}{4 N} \frac{\varkappa}{1+\mu} \Phi_1$, $M_r = M_t = \frac{\mathsf{M}}{2} \varkappa$, $Q_r = 0$.

$\varrho \geqq 1$: $w = \frac{\mathsf{M} a^2}{4 N}\left(\frac{\psi}{1+\mu} \Phi_1 - 2 \Phi_3\right)$; $Q_r = 0$,

$M_r = \frac{\mathsf{M}}{2}(1-\mu)\left[\left(\frac{1}{\beta^2} - 1\right) - \Phi_4\right]$, $M_t = \frac{\mathsf{M}}{2}(1-\mu)\left[\left(\frac{1}{\beta^2} + 1\right) + \Phi_4\right]$.

$\varrho = 0$: $w = \frac{\mathsf{M} a^2}{4 N} \frac{\varkappa}{1+\mu}$.

$\varrho = 1$: $w' = -\frac{\mathsf{M} a}{2 N}\left(1 + \frac{\psi}{1+\mu}\right)$,

$M_{ri} = \frac{\mathsf{M}}{2} \varkappa$; $M_{ra} = -\frac{\mathsf{M}}{2}(2 - \varkappa)$,

$M_{ti} = \frac{\mathsf{M}}{2} \varkappa$; $M_{ta} = \frac{\mathsf{M}}{2} \psi (\beta^2 + 1)$.

$\varrho = \beta$: $w = -\frac{\mathsf{M} a^2}{4 N}\left[\frac{\psi}{1+\mu}(\beta^2 - 1) + 2 \ln \beta\right]$.

$w' = -\frac{\mathsf{M} a}{N (1+\mu) \beta}$, $M_t = \mathsf{M} \psi$.

Tabelle 64. Funktionen Φ_0 bis Φ_4.

ϱ	Φ_0	Φ_1	Φ_2	Φ_3	Φ_4
0,0	+ 1,0000	+ 1,00	0	− ∞	+ ∞
1	+ 0,9999	+ 0,99	− 0,0230	− 2,3026	+ 99,0000
2	+ 0,9984	+ 0,96	− 0,0644	− 1,6094	+ 24,0000
3	+ 0,9919	+ 0,91	− 0,1084	− 1,2040	+ 10,1111
4	+ 0,9744	+ 0,84	− 0,1556	− 0,9163	+ 5,2500
5	+ 0,9375	+ 0,75	− 0,1733	− 0,6931	+ 3,0000
6	+ 0,8704	+ 0,64	− 0,1839	− 0,5108	+ 1,7778
7	+ 0,7599	+ 0,51	− 0,1748	− 0,3567	+ 1,0408
8	+ 0,5904	+ 0,36	− 0,1428	− 0,2231	+ 0,5625
9	+ 0,3439	+ 0,19	− 0,0853	− 0,1053	+ 0,2346
1,0	0	0	0	0	0
1	− 0,4641	− 0,21	+ 0,1153	+ 0,0953	− 0,1736
2	− 1,0736	− 0,44	+ 0,2625	+ 0,1823	− 0,3056
3	− 1,8561	− 0,69	+ 0,4434	+ 0,2624	− 0,4083
4	− 2,8416	− 0,96	+ 0,6595	+ 0,3365	− 0,4898
5	− 4,0625	− 1,25	+ 0,9123	+ 0,4055	− 0,5556
6	− 5,5536	− 1,56	+ 1,2032	+ 0,4700	− 0,6094
7	− 7,3521	− 1,89	+ 1,5335	+ 0,5306	− 0,6540
8	− 9,4976	− 2,24	+ 1,9044	+ 0,5878	− 0,6914
9	− 12,0321	− 2,61	+ 2,3171	+ 0,6419	− 0,7230
2,0	− 15,0000	− 3,00	+ 2,7726	+ 0,6931	− 0,7500
1	− 18,4481	− 3,41	+ 3,2719	+ 0,7419	− 0,7732
2	− 22,4256	− 3,84	+ 3,8161	+ 0,7885	− 0,7934
3	− 26,9841	− 4,29	+ 4,4061	+ 0,8329	− 0,8110
4	− 32,1776	− 4,76	+ 5,0427	+ 0,8755	− 0,8264
5	− 38,0625	− 5,25	+ 5,7268	+ 0,9163	− 0,8400

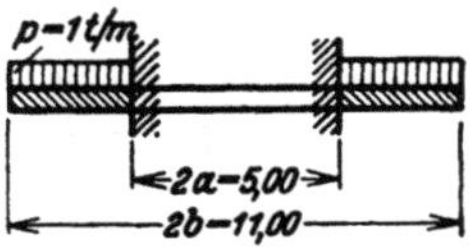

Abb. 632a.

Beispiel für die Anwendung der Tabelle 63.

Der Verlauf der Biegungsmomente wird für eine Kreisringplatte mit verschiedener Stützung aus der Tabelle 63 entwickelt ($\mu = {}^1/_6$).

1. Innen eingespannte Kreisringplatte (Abb. 632a).

Mit $\beta = b/a = 5{,}5/2{,}5 = 2{,}20$ ist nach S. 657

$$\varkappa_1 = 5{,}20\,, \quad \varkappa_2 = 6{,}48\,, \quad \psi_1 = 17{,}808\,, \quad \psi = 17{,}185\,.$$

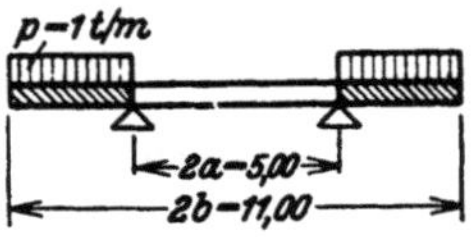

Abb. 632b.

Damit wird

$$M_r = -6{,}6445 + 1{,}2370\,\Phi_1 - 5{,}5942\,\Phi_4 + 8{,}8230\,\Phi_3,$$

$$M_t = -1{,}1074 + 0{,}5859\,\Phi_1 + 5{,}5942\,\Phi_4 + 8{,}8230\,\Phi_3 \quad \text{(Abb. 633a)}$$

2. Innen frei gelagerte Kreisringplatte (Abb. 632b).

Mit $\beta = 2{,}20$ ist nach S. 655

$$\varkappa_1 = -1{,}4710\,, \quad \varkappa_2 = 7{,}8043\,, \quad \text{und damit}$$

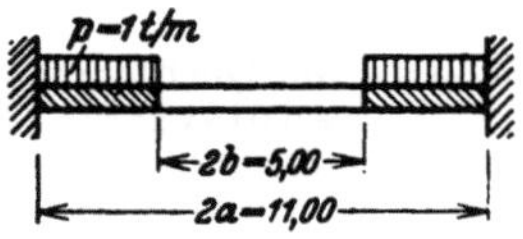

Abb. 632c.

$$M_r = 1{,}2370\,\Phi_1 + 2{,}7811\,\Phi_4 + 8{,}8230\,\Phi_3\,,$$

$$M_t = 0{,}5859\,\Phi_1 - 2{,}7811\,\Phi_4 + 8{,}8230\,\Phi_3 - 11{,}2132 \quad \text{(Abb. 633b)}.$$

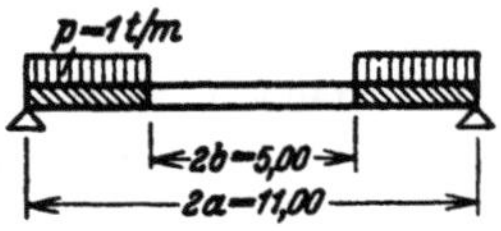

Abb. 632d.

3. Außen eingespannte Kreisringplatte (Abb. 632c).

Mit $\beta = \frac{b}{a} = \frac{2{,}5}{5{,}5} = 0{,}4545$ ist nach S. 657

$$\varkappa_1 = 1{,}33884\,, \quad \varkappa_2 = 1{,}07438\,, \quad \psi_1 = -0{,}760222\,, \quad \psi = 0{,}111273\,;$$

$$M_r = -2{,}6395 + 5{,}9870\,\Phi_1 - 0{,}1753\,\Phi_4 + 1{,}8229\,\Phi_3\,,$$

$$M_t = -0{,}4399 + 2{,}8359\,\Phi_1 + 0{,}1753\,\Phi_4 + 1{,}8229\,\Phi_3 \quad \text{(Abb. 633c)}\,.$$

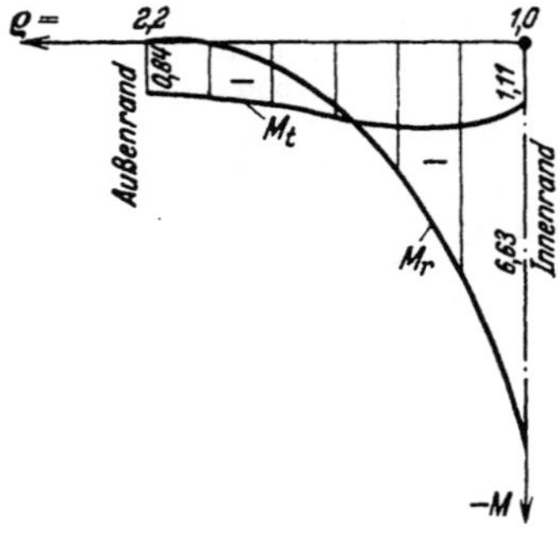

.bb. 633a.

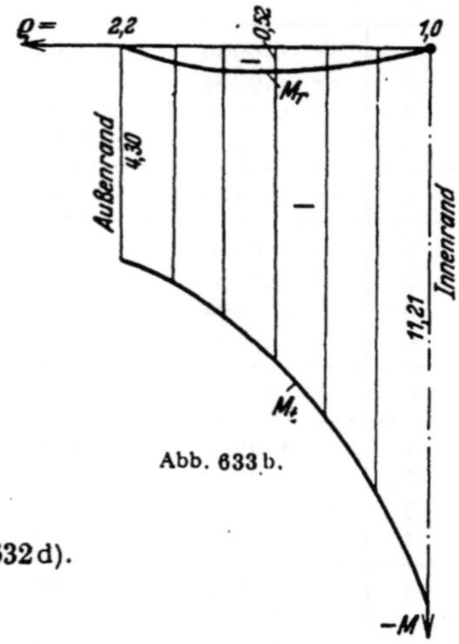

Abb. 633b.

4. Außen frei gelagerte Kreisringplatte (Abb. 632d).
Mit $\beta = 0{,}4545$ ist nach S. 655

$$\varkappa_1 = 2{,}2085\,, \quad \varkappa_2 = 4{,}1249;$$

$$M_r = 5{,}9870\,\Phi_1 - 0{,}8627\,\Phi_4 + 1{,}8229\,\Phi_3\,,$$

$$M_t = 2{,}8359\,\Phi_1 + 0{,}8627\,\Phi_4 + 1{,}8229\,\Phi_3 + 3{,}5743 \quad \text{(Abb. 633d)}\,.$$

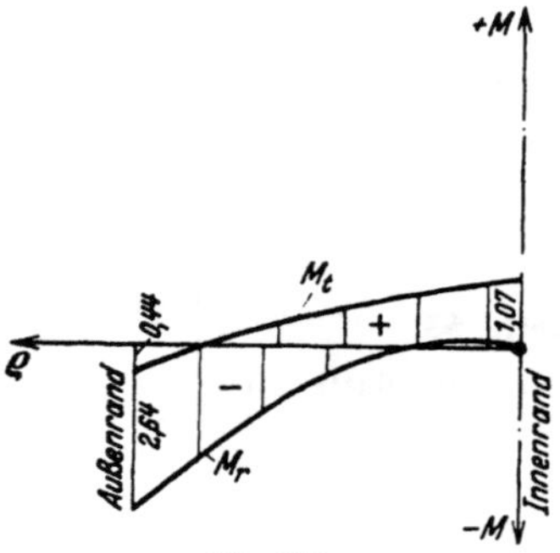

Abb. 633c.

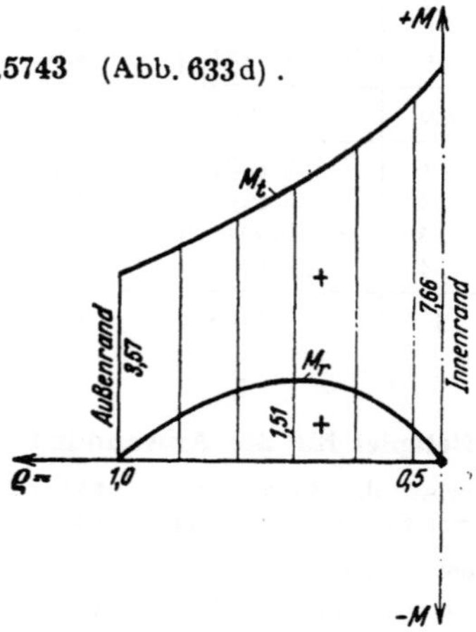

Abb. 633d.

Statische Untersuchung für die Decke eines kreisrunden Behälters mit Zwischenstützen.

Der Abstand der Stützen auf dem Parallelkreis $r = a$ ist so klein, daß die Punkt- oder Flächenkräfte durch eine rotationssymmetrische Linienstützung ersetzt werden können.

1. Geometrische Grundlagen. Die Abmessungen des Tragwerks sind in Abb. 634a enthalten. Die Querdehnung wird mit $\mu = {}^1/_6$ eingesetzt.

2. Hauptsystem und Überzählige. Zur Berechnung dient das Hauptsystem Abb. 634b. Überzählige Größen sind die Linienstützkraft X_1 über den ganzen äußeren Rand und die Stützkraft X_2 der Mittelstütze.

3. Formänderung und Schnittkräfte des Hauptsystems. Die Verschiebungen werden im Nfachen Betrag angegeben und von den Schnittkräften nur die Biegungsmomente M_r berechnet.

Zustand $X_1 = -1$ (Abb. 634c, Tabelle 63 S. 659).

$$\beta = 2{,}0\,, \quad \ln\beta = 0{,}693147\,, \quad \varkappa = 4{,}48469\,,$$

$$\delta_{11} = 0{,}30216\,\frac{a^2}{\pi}\,, \quad \delta_{21} = -0{,}12013\,\frac{a^2}{\pi}\,,$$

$$w_i = -\frac{a^2}{\pi}\,0{,}12013\,\Phi_1\,, \qquad w_a = \frac{a^2}{\pi}\,(-0{,}24513\,\Phi_1 - 0{,}125\,\Phi_3 - 0{,}125\,\Phi_2)\,,$$

$$M_{r\,i} = -\frac{1}{\pi}\,0{,}28029\,, \qquad M_{r\,a} = -\frac{1}{\pi}\,(0{,}28029 + 0{,}10417\,\Phi_4 - 0{,}29167\,\Phi_3)\,.$$

Zustand $X_2 = -1$ (Abb. 634d, Tabelle 63 S. 659).

$$\varkappa = 9{,}33333\,, \qquad \delta_{22} = 0{,}13616\,\frac{a^2}{\pi}\,, \qquad \delta_{12} = -0{,}12013\,\frac{a^2}{\pi}\,,$$

$$w_i = \frac{a^2}{\pi}\,(0{,}13616\,\Phi_1 + 0{,}125\,\Phi_2)\,, \qquad w_a = \frac{a^2}{\pi}\,(0{,}01116\,\Phi_1 - 0{,}125\,\Phi_3)\,,$$

$$M_{r\,i} = -\frac{1}{\pi}\,(0{,}07812 + 0{,}29167\,\Phi_3)\,,$$

$$M_{r\,a} = -\frac{1}{\pi}\,(0{,}07812 + 0{,}10417\,\Phi_4)\,.$$

Belastung durch p t/m (Abb. 634e, Tabelle 63 S. 658).

$$\varkappa_1 = -5{,}27208\,, \qquad \varkappa_2 = -23{,}9387\,,$$

$$\delta_{10} = 0{,}42516\,p\,a^4\,, \qquad \delta_{20} = -0{,}15686\,p\,a^4\,,$$

$$w_i = -p\,a^4\,(0{,}14123\,\Phi_1 + 0{,}01562\,\Phi_0)\,,$$

$$w_a = -p\,a^4\,(0{,}64122\,\Phi_1 + 0{,}01562\,\Phi_0 + 0{,}5\,\Phi_3 + 0{,}5\,\Phi_2)\,,$$

$$M_{r\,i} = p\,a^2\,(-0{,}52742 + 0{,}19792\,\Phi_1)\,,$$

$$M_{r\,a} = p\,a^2\,(-0{,}52742 + 0{,}19792\,\Phi_1 - 0{,}41667\,\Phi_4 + 1{,}16667\,\Phi_3)\,.$$

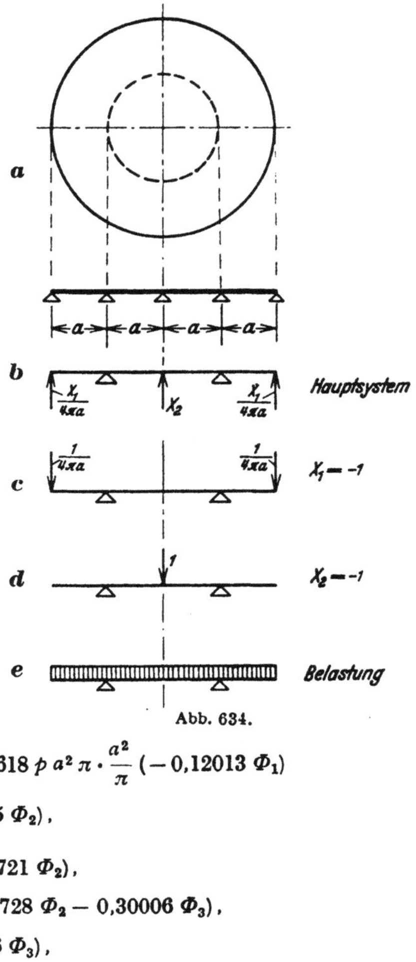

Abb. 634.

4. Elastizitätsgleichungen nach Erweiterung mit $\frac{\pi}{a^2}$

	X_1	X_2	
1	$+0{,}30216$	$-0{,}12013$	$+0{,}42516\,p\,a^2\,\pi$
2	$-0{,}12013$	$+0{,}13616$	$-0{,}15686\,p\,a^2\,\pi$

Lösung: $X_1 = 1{,}4618\,p a^2 \pi$, $X_2 = 0{,}1377\,p a^2 \pi$.

5. Superposition.

$$w = w_0 - X_1\,w_1 - X_2\,w_2\,,$$

$$w_i = p\,a^4\,(-0{,}14123\,\Phi_1 - 0{,}01562\,\Phi_0) - 1{,}4618\,p\,a^2\,\pi\cdot\frac{a^2}{\pi}\,(-0{,}12013\,\Phi_1)$$
$$-0{,}1377\,p\,a^2\,\pi\cdot\frac{a^2}{\pi}\,(0{,}13616\,\Phi_1 + 0{,}125\,\Phi_2)\,,$$
$$= p\,a^4\,(-0{,}01562\,\Phi_0 + 0{,}01561\,\Phi_1 - 0{,}01721\,\Phi_2)\,,$$

$$w_a = p\,a^4\,(-0{,}01562\,\Phi_0 - 0{,}28444\,\Phi_1 - 0{,}31728\,\Phi_2 - 0{,}30006\,\Phi_3)\,,$$

$$M_{r\,i} = p\,a^2\,(-0{,}10693 + 0{,}19792\,\Phi_1 + 0{,}04016\,\Phi_3)\,,$$

$$M_{r\,a} = p\,a^2\,(-0{,}10693 + 0{,}19792\,\Phi_1 + 0{,}74031\,\Phi_3 - 0{,}25005\,\Phi_4)\,.$$

Die Biegelinie und die Biegungsmomente M_r, ferner M_t und Q_r sind in Abb. 635 dargestellt.

Platten mit veränderlicher Dicke. Werden die Ausdrücke (945) der Biegungsmomente M_r, M_α in die allgemeingültigen Gleichgewichtsbedingungen (947) eingesetzt, so entsteht die Differentialgleichung

$$N\,\Delta\,\Delta w + \frac{dN}{dr}\left(2\,\frac{d^3 w}{d r^3} + \frac{2+\mu}{r}\,\frac{d^2 w}{d r^2} - \frac{1}{r^2}\,\frac{dw}{dr}\right) + \frac{d^2 N}{d r^2}\left(\frac{d^2 w}{d r^2} + \frac{\mu}{r}\,\frac{dw}{dr}\right) = p\,. \qquad (959)$$

Sie läßt sich durch Differentiation aus

$$\frac{d}{dr}\left[rN\frac{d}{dr}\left(\frac{d^2w}{dr^2}+\frac{1}{r}\frac{dw}{dr}\right)+r\frac{dN}{dr}\left(\frac{d^2w}{dr^2}+\frac{\mu}{r}\frac{dw}{dr}\right)\right]=pr \qquad (960)$$

gewinnen und daher mit $dw/dr=\operatorname{tg}\varphi\approx\varphi$ und $\bar\varphi=\varphi E h_0^3/12(1-\mu^2)=\varphi N_0$ auch als Differentialgleichung 2ter Ordnung anschreiben:

$$\frac{N}{N_0}\frac{d^2\bar\varphi}{dr^2}+\left(\frac{N}{rN_0}+\frac{dN}{N_0\,dr}\right)\frac{d\bar\varphi}{dr}-\left(\frac{N}{N_0}\frac{1}{r^2}-\frac{\mu}{r}\frac{dN}{N_0\,dr}\right)\bar\varphi=\frac{1}{r}\left[\int_{r_i}^{r}pr\,dr+C\right]. \qquad (961)$$

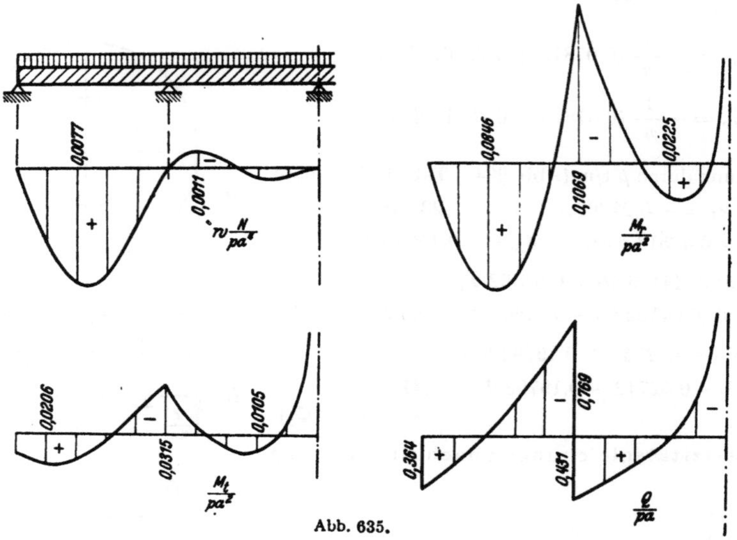

Abb. 635.

r_i ist der innere Radius der Ringplatte (Abb. 636). Die Funktionen $N/N_0=h^3/h_0^3=\nu_1$, $dN/N_0dr=\nu_2$ sind gegeben; die rechte Seite ist das Integral zur Gleichgewichtsbedingung (946).

$$rQ_{rz}=-\int_{r_i}^{r}pr\,dr+C \quad\text{und daher}\quad C=rQ_{rz}+\int_{r_i}^{r}pr\,dr. \qquad (962)$$

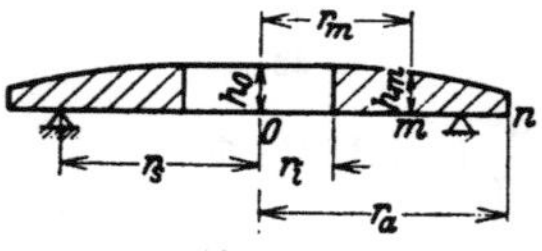

Abb. 636.

Freier Außenrand ($r_s=r_i$, Abb. 636), $Q_{rz,a}=0$, $C=\mathfrak{P}$.
Freier Innenrand ($r_s=r_a$, Abb. 636), $Q_{rz,i}=0$, $C=0$.
Freier Innen- und Außenrand ($r_i<r_s<r_a$), $Q_{rz,i}=0$, $C=0$.
In diesem Falle ist die Querkraft in $r=r_s$ unstetig, die Lösung der Gl. (961) daher für zwei Bereiche anzuschreiben. Nach Division mit ν_1 lautet die Gl. (961)

$$\frac{d^2\bar\varphi}{dr^2}+\left(\frac{1}{r}+\frac{\nu_2}{\nu_1}\right)\frac{d\bar\varphi}{dr}-\left(\frac{1}{r^2}-\frac{\mu}{r}\frac{\nu_2}{\nu_1}\right)\bar\varphi=\frac{1}{r\nu_1}\left[\int_{r_i}^{r}pr\,dr+C\right]. \qquad (963)$$

Sie läßt sich leicht angenähert berechnen, wenn die Differentialquotienten durch Differenzenquotienten ersetzt werden. Hierbei ist die Unstetigkeit der Querkraft bei einer Stützung nach Abb. 636 ohne Bedeutung für die Lösung. Die bekannten Vorzahlen der Gleichung werden durch einzelne Buchstaben abgekürzt. Es ist

$$\frac{1}{r}+\frac{\nu_2}{\nu_1}=a,\qquad \frac{1}{r^2}-\frac{\mu}{r}\frac{\nu_2}{\nu_1}=b,\qquad \frac{1}{\nu_1 r}\left(\int_{r_i}^{r}pr\,dr+C\right)=K. \qquad (964)$$

Der Integrationsbereich (r_a-r_i) zerfällt in n Stufen von konstanter Breite s mit den Intervallgrenzen $0,\ldots,m,\ldots,n$. Die Bedingung für die Formänderung der

Platte am Punkte m kann also in Verbindung mit den Bemerkungen auf S. 129 folgendermaßen angeschrieben werden:

$$+\,\Delta^2\bar{\varphi}_m + s\,a_m\,\Delta\,\bar{\varphi}_m - s^2 b_m \bar{\varphi}_m = K_m s^2\,,$$

$$-\,\bar{\varphi}_{m-1}\left(1-\frac{s\,a_m}{2}\right)+\bar{\varphi}_m\,(2+s^2 b_m)-\bar{\varphi}_{m+1}\left(1+\frac{s\,a_m}{2}\right)=-\,K_m s^2\,, \qquad (965)$$

$$m = 0 \ldots n\,.$$

Der Ansatz enthält $(n+3)$ unbekannte Wurzeln φ_m in $(n+1)$ linearen Gleichungen, die daher noch durch die Randbedingungen für $r = r_i$ und $r = r_a$ ergänzt werden müssen. Bei freien oder frei aufliegenden Rändern ist $M_i = 0$, $M_a = 0$, bei eingespannten Rändern $\varphi_i = 0$, $\varphi_a = 0$, bei der Kreisplatte außerdem $\varphi_i = 0$. Der Kern der Matrix enthält in jeder Zeile 3 unbekannte Wurzeln, die daher nach Abschn. 29 oder durch Iteration nach Abschn. 30 berechnet werden.

Die Schnittkräfte sind

$$\left.\begin{aligned}
M_r &= -\frac{N}{N_0}\left(\frac{d\bar{\varphi}}{d\,r}+\frac{\mu}{r}\,\bar{\varphi}\right) \;\rightarrow -\frac{\nu_{1,m}}{2\,s}\left(\bar{\varphi}_{m+1}+\frac{2\,s\,\mu}{r_m}\,\bar{\varphi}_m-\bar{\varphi}_{m-1}\right),\\
M_\alpha &= -\frac{N}{N_0}\left(\mu\,\frac{d\bar{\varphi}}{d\,r}+\frac{1}{r}\,\bar{\varphi}\right) \rightarrow -\frac{\mu\,\nu_{1,m}}{2\,s}\left(\bar{\varphi}_{m+1}+\frac{2\,s}{\mu\,r_m}\,\bar{\varphi}_m-\bar{\varphi}_{m-1}\right),\\
Q_r &= -\frac{N}{N_0}\left(\frac{d^2\bar{\varphi}}{d\,r^2}-\frac{1}{r^2}\,\bar{\varphi}+\frac{1}{r}\,\frac{d\bar{\varphi}}{d\,r}\right)+\frac{d\,N}{N_0\,d\,r}\left(\frac{d\bar{\varphi}}{d\,r}+\frac{\mu}{r}\,\bar{\varphi}\right)
\end{aligned}\right\} \qquad (966)$$

$$\rightarrow -\frac{\nu_{1,m}}{s^2}\left[\left(1+\frac{s}{2\,r_m}-\frac{s}{2}\,\frac{\nu_{2,m}}{\nu_{1,m}}\right)\varphi_{m+1}\right.$$

$$-\left(2+\frac{s^2}{r_m^2}+\mu\,\frac{s^2}{r_m}\,\frac{\nu_{2,m}}{\nu_{1,m}}\right)\varphi_m$$

$$\left.+\left(1-\frac{s}{2\,r_m}+\frac{s}{2}\,\frac{\nu_{2,m}}{\nu_{1,m}}\right)\varphi_{m-1}\right].$$

Die Verformung der Platte folgt aus $d\,w/d\,r = \bar{\varphi}/N_0$ zu

$$w_{m+0{,}5} = w_{m-0{,}5} + \frac{\bar{\varphi}_m}{N_0}\,s\,. \qquad (967)$$

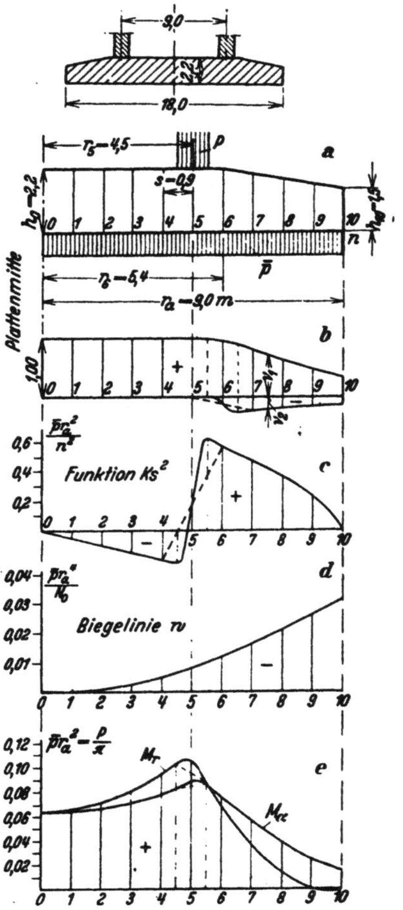

Abb. 637.

Berechnung der Gründungsplatte für einen Schornstein.

1. Geometrische Grundlagen. Abmessungen der Platte nach Abb. 637.

$$h_0 = h_6 = 2{,}2\ \text{m}\,, \qquad h_{10} = 1{,}5\ \text{m}\,.$$

Intervallbreite $s = r_a/10 = 0{,}9$ m. Im schrägen Teil der Platte ist

$$h_m = h_6 - (h_6 - h_{10})\,\frac{m-6}{n-6} = 2{,}2 - 0{,}175\,(m-6)\,,$$

$$n = 10\,, \qquad m = 6 \div 10\,,$$

$$\mu = \frac{1}{6}\,, \qquad N_0 = \frac{2100000\cdot 2{,}2^3}{12\cdot(1-0{,}028)} = 1918000\ \text{tm}^2/\text{m}\,.$$

2. Belastung. Ringförmige Belastung P nach Abb. 637a. Der Bodendruck $\bar{p} = P/r_a^2\,\pi$ wird gleichmäßig verteilt angenommen.

3. Vorzahlen der Differenzengleichungen (965) nach (964)

$$\nu_1 = \frac{h^3}{h_0^3}\,, \quad \nu_2 = \frac{1}{h_0^3}\,\frac{d}{d\,r}\,(h^3) = \frac{3\,h^2}{h_0^3}\,\frac{1}{s}\,\frac{d}{d\,m}\,(h)\,, \ \text{(Abb. 637b)}$$

$$0 \leqq m \leqq 6: \qquad \nu_{1,m} = 1\,, \qquad \nu_{2,m} = 0\,,$$

$$6 \leqq m \leqq 10: \qquad \nu_{1,m} = \frac{h_m^3}{10{,}65}\,, \qquad \nu_{2,m} = -\,0{,}0548\,h_m^2\,.$$

$$\frac{s\,a_m}{2} = \frac{1}{2\,m} + 0{,}45\,\frac{\nu_2}{\nu_1}\,,$$

$$s^2 b_m = \frac{1}{m^2} - \frac{0{,}15}{m}\,\frac{\nu_2}{\nu_1}\,.$$

Für freien Innenrand ($r_i = 0$) ist nach S. 664 $C = 0$ und daher nach (964)

$$K\,s^2 = \frac{s^2}{r_1\,r}\int\limits_0^r p\,r\,d\,r\,.$$

$$0 \leqq m \leqq 5: \quad K_m\,s^2 = -\,\overline{p}\,r_a^3\,\frac{m}{2\,\nu_1\,n^3}\,, \qquad 5 \leqq m \leqq 10: \quad K_m\,s^2 = -\,\overline{p}\,r_a^3\,\frac{1}{2\,\nu_1\,n^3}\left(m - \frac{n^2}{m}\right).$$

An den Unstetigkeitsstellen $m = 5$ und 6 werden die Funktionswerte ν_1, ν_2, K_m nach Abb. 637c festgesetzt.

m	h	$\nu_{1,m}$	$\nu_{2,m}$	$\frac{1}{2\,m}$	$0{,}45\,\frac{\nu_2}{\nu_1}$	$\frac{s\,a_m}{2}$	$\frac{1}{m^2}$	$\frac{0{,}15}{m}\,\frac{\nu_2}{\nu_1}$	$s^2 b_m$	$\frac{m}{2\,\nu_1\,n}$	$\frac{n}{2\,\nu_1\,m}$	$K_m\,s^2$
1	2,200	1	0	0,500	0	0,500	1	0	1	0,050	—	$-\,0{,}050\cdot\overline{p}\,r_a^3/n^2$
2	2,200	1	0	0,250	0	0,250	0,250	0	0,250	0,100	—	$-\,0{,}100$,,
⋮	⋮	⋮	⋮	⋮	⋮	⋮	⋮	⋮	⋮	⋮	⋮	⋮
9	1,675	0,441	−0,154	0,056	−0,157	−0,213	0,012	−0,006	0,018	1,022	1,261	$-\,0{,}239$,,
10	1,500	0,317	−0,124	0,050	−0,175	−0,225	0,010	−0,006	0,016	1,579	1,579	0

4. Randbedingungen. In Plattenmitte ist $\varphi_0 = 0$, daher wird die erste Differenzengleichung für den Punkt 1 aufgestellt. Bei $m = 10$ ist $M_{10} = 0$, so daß nach (966)

$$\overline{\varphi}_{11} + \frac{2\,s\,\mu}{r_{10}}\,\overline{\varphi}_{10} - \overline{\varphi}_9 = \overline{\varphi}_{11} + 0{,}0333\,\overline{\varphi}_{10} - \overline{\varphi}_9 = 0$$

ist und 11 Gleichungen für die 11 Unbekannten $\overline{\varphi}_m$, $m = 1 \ldots 11$ zur Verfügung stehen.

5. Matrix der Differenzengleichungen (965) nach Elimination von φ_{11}.

$\overline{\varphi}_1$	$\overline{\varphi}_2$	$\overline{\varphi}_3$	$\overline{\varphi}_4$	$\overline{\varphi}_5$	$\overline{\varphi}_6$	$\overline{\varphi}_7$	$\overline{\varphi}_8$	$\overline{\varphi}_9$	$\overline{\varphi}_{10}$	$\frac{\overline{p}\,r_a^3}{n^2}$
3,000	−1,500									0,050
−0,750	2,250	−1,250								0,100
	−0,833	2,111	−1,167							0,150
		−0,875	2,063	−1,125						0,200
			−0,900	2,040	−1,100					−0,167
				−1,134	2,031	−0,866				−0,561
					−1,201	2,027	−0,799			−0,466
						−1,204	2,022	−0,796		−0,367
							−1,213	2,018	−0,787	−0,239
								−2,000	2,042	0

Die Auflösung nach Abschn. 29 liefert

$\overline{\varphi}_1$	$\overline{\varphi}_2$	$\overline{\varphi}_3$	$\overline{\varphi}_4$	$\overline{\varphi}_5$	$\overline{\varphi}_6$	$\overline{\varphi}_7$
−0,54941	−1,13216	−1,78824	−2,55517	−3,47254	−4,19757	−4,64943

$\overline{\varphi}_8$	$\overline{\varphi}_9$	$\overline{\varphi}_{10}$	$\overline{\varphi}_{11}$	
−4,90251	−4,95976	−4,85775	−4,79800	$\frac{\overline{p}\, r_a^3}{n^2}$

6. Die Verformung der Platte. Nach (967) ist für die Zwischenpunkte $w_{m+0,5} = w_{m-0,5} + \overline{\varphi}_m\, s/N_0$. Die Verformung wird mit $w_{0,5} = 0$ auf den Plattenmittelpunkt bezogen, so daß mit

$$\overline{\varphi} = \overline{\varphi}^* \overline{p}\, r_a^3/n^2: \qquad w_{m+0,5} = \frac{\overline{p}\, r_a^4}{n^3 N_0} \sum \overline{\varphi}^*. \qquad \text{Abb. 637 d.}$$

$w_{0,5}$	$w_{1,5}$	$w_{2,5}$	$w_{3,5}$	$w_{4,5}$	$w_{5,5}$	$w_{6,5}$	$w_{7,5}$	$w_{8,5}$	$w_{9,5}$	$w_{10,5}$	
0	−0,5494	−1,6816	−3,4698	−6,0250	−9,4975	−13,6951	−18,3445	−23,2470	−28,2068	−33,0645	$\frac{\overline{p}\, r_a^4}{1000\, N_0}$

7. Die Schnittkräfte. Mit $r_m/s = m$ und $r_a/s = n$ wird aus (966)

$$M_{r,m} = -\frac{\nu_{1,m}}{2n}\left(\overline{\varphi}^*_{m+1} + \frac{1}{3m}\,\overline{\varphi}^*_m - \overline{\varphi}^*_{m-1}\right)\overline{p}\, r_a^2,$$

$$M_{\alpha,m} = -\frac{\nu_{1,m}}{12n}\left(\overline{\varphi}^*_{m+1} + \frac{12}{m}\,\varphi^*_m - \overline{\varphi}^*_{m-1}\right)\overline{p}\, r_a^2.$$

In Plattenmitte ist $\overline{\varphi}_0 = 0$, $\left(\frac{\overline{\varphi}_m}{m}\right)_{m\to 0} \approx \overline{\varphi}_1$, $\overline{\varphi}_{-1} = -\overline{\varphi}_1$.

Z. B. ist

$$M_{r,0} = -\frac{1}{20}\left(-0{,}54941 - \frac{1}{3}\,0{,}54941 - 0{,}54941\right)\overline{p}\, r_a^2 = 0{,}0641\,\overline{p}\, r_a^2 \text{ mt},$$

$$M_{r,1} = -\frac{1}{20}\left(-1{,}13216 - \frac{1}{3}\,0{,}54941 + 0\right)\overline{p}\, r_a^2 = 0{,}0658\,\overline{p}\, r_a^2 \text{ mt},$$

$$M_{r,2} = -\frac{1}{20}\left(-1{,}78824 - \frac{1}{6}\,1{,}13216 + 0{,}54941\right)\overline{p}\, r_a^2 = 0{,}0714\,\overline{p}\, r_a^2 \text{ mt}.$$

Die Momente sind in Abb. 637e dargestellt. Positive Momente erzeugen auf der Plattenunterseite Zugspannungen. Im Lastbereich wird die Momentenlinie parabelförmig ergänzt.

Um ein Urteil über die Genauigkeit der Differenzenmethode zu bekommen, sind die Momente M_r der Gründungsplatte mit gleichbleibender Dicke $h = 2{,}2$ m für eine Intervallteilung $n = 6$ und $n = 10$ berechnet und in Abb. 638 mit den Werten der exakten Berechnung ($n = \infty$) nach Tabelle 63 verglichen worden.

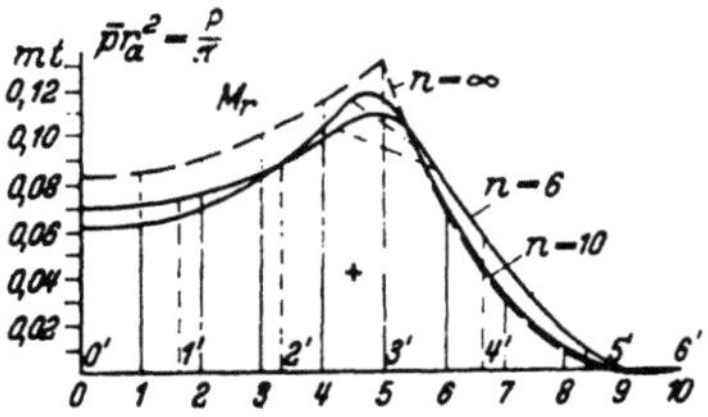

Abb. 638.

Kreisplatte mit gleichbleibender Dicke auf elastischer Bettung. Die äußeren Kräfte bestehen aus der Auflast $p(r)$ und dem Bodendruck $\overline{p}(r)$, der nach den Angaben auf S. 17 proportional zur Einsenkung w der Platte gesetzt werden soll ($\overline{p} = cw$). Daher besteht zwischen dem Verschiebungszustand w und den äußeren Kräften nach (948) folgende Differentialbeziehung:

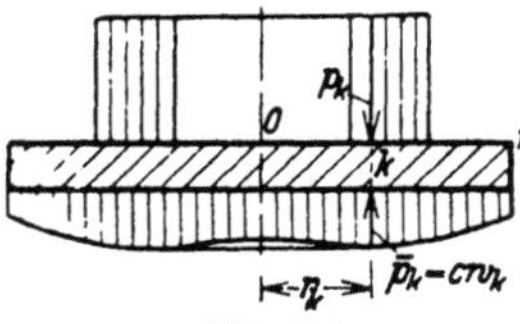

Abb. 639.

$$\frac{d^4 w}{dr^4} + 2\frac{1}{r}\frac{d^3 w}{dr^3} - \frac{1}{r^2}\frac{d^2 w}{dr^2} + \frac{1}{r^3}\frac{dw}{dr} + \frac{c}{N}\, w = \frac{p}{N}. \qquad (968)$$

Sie besitzt auch Bedeutung für $p = 0$, um den Verschiebungszustand w für vorgeschriebene Randkräfte $M_{r=r_n}$, $Q_{r=r_n}$ anzugeben.

Um den geometrischen Zusammenhang in einfacher Weise zu klären, werden die Differentialquotienten hier ebenfalls durch Differenzenquotienten ersetzt. Dabei zerfällt der Integrationsbereich wiederum in n Stufen mit der konstanten Breite s. Für den Punkt k mit $r = r_k$, $s/r_k = \lambda_k$ und $p = p_k$ entsteht folgende Gleichung k $(k = 0, \ldots, n)$,

$$(1-\lambda_k)\,w_{k-2}-\left[2(2-\lambda_k)+\frac{\lambda_k^2}{2}(2+\lambda_k)\right]w_{k-1}+\left[6+2\lambda_k^2+\frac{c\,s^4}{N}\right]w_k$$
$$-\left[2(2+\lambda_k)+\frac{\lambda_k^2}{2}(2-\lambda_k)\right]w_{k+1}+(1+\lambda_k)\,w_{k+2}=\frac{p_k\,s^4}{N}. \qquad (969)$$

Die Wurzeln w_k des Ansatzes werden entweder mit dem Gaußschen Algorithmus nach S. 216ff. oder durch Iteration einer Anfangslösung nach Abschn. 30 berechnet. Die fehlenden Gleichungen liefern die Randbedingungen. Die Schnittkräfte sind dann aus den Verschiebungen w_k folgendermaßen bestimmt:

$$\left.\begin{aligned}
M_{r,k} &= -\frac{N}{s^2}\left(\Delta^2 w_k + \mu\frac{s}{r_k}\Delta w_k\right) = -\frac{N}{s^2}\left[w_{k+1}\left(1+\frac{\mu s}{2r_k}\right) - 2w_k + w_{k-1}\left(1-\frac{\mu s}{2r_k}\right)\right],\\
M_{\alpha,k} &= -\frac{N\mu}{s^2}\left(\Delta^2 w_k + \frac{s}{\mu r_k}\Delta w_k\right) = -\frac{N\mu}{s^2}\left[w_{k+1}\left(1+\frac{s}{2\mu r_k}\right) - 2w_k + w_{k-1}\left(1-\frac{s}{2\mu r_k}\right)\right],\\
Q_{rz,k} &= -\frac{N}{s^3}\left(\Delta^3 w_k + \frac{s}{r_k}\Delta^2 w_k - \frac{s^2}{r_k^2}\Delta w_k\right)\\
&= -\frac{N}{2s^3}\left[w_{k+2} - w_{k+1}(2-2\lambda_k+\lambda_k^2) - 4\lambda_k w_k + w_{k-1}(2+2\lambda_k+\lambda_k^2) - w_{k-2}\right].
\end{aligned}\right\} \quad (970)$$

Berechnung der Gründungsplatte für einen Schornstein unter Berücksichtigung der elastischen Bettung.

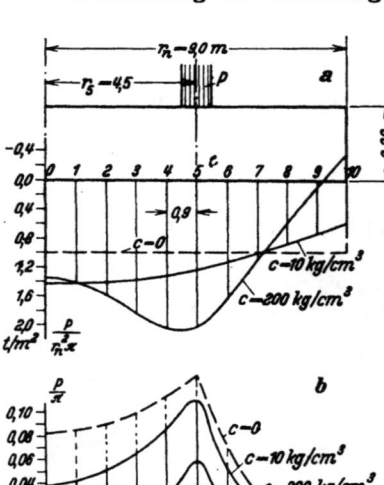

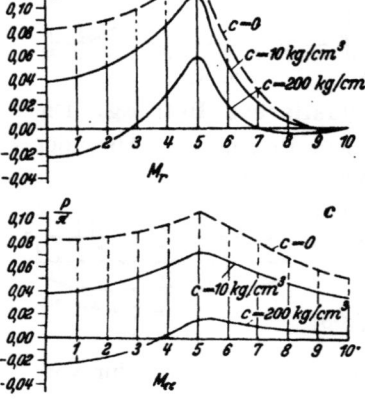

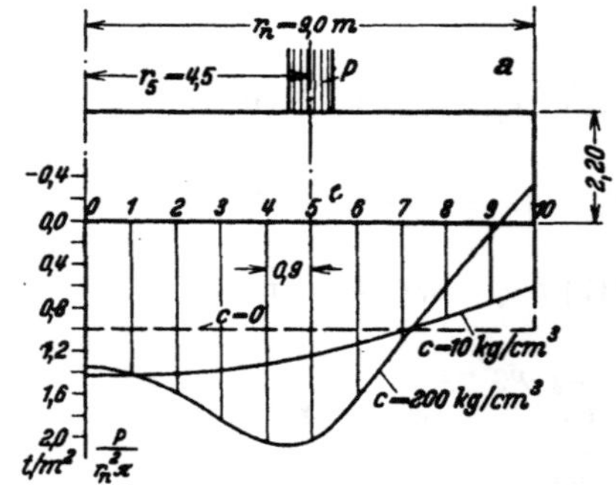

Abb. 640.

1. Geometrische Grundlagen. Abmessungen der Platte nach Abb. 640. Mit $\mu = 1/6$, $E = 2100000\ \text{t/m}^2$ ist nach S. 645

$$N = \frac{2100000 \cdot 2{,}2^3}{12\,(1-0{,}0278)} = 1916684\ \text{tm}^2/\text{m}$$

2. Belastung. Die senkrechte Belastung P durch den Schornstein verteilt sich auf einen Ring von der Breite s und dem mittleren Radius $r_5 = 4{,}5$ m. Der Bodendruck wird nach S. 17 mit $p = cw$ angenommen. Der Leitwert c liegt zwischen 10 und 200 kg/cm³, so daß die Rechnung für beide Grenzwerte durchgeführt wird.

3. Die Randbedingungen. Am Rand $r = r_{10}$ ist $M_{r,10} = 0$, $Q_{rz,10} = 0$; daher nach (970) mit $s = 0{,}9$, $r_{10} = 9{,}0$, $\lambda_{10} = 0{,}1$

$$1{,}0083\,w_{11} - 2\,w_{10} + 0{,}9917\,w_9 = 0,$$
$$w_{12} - 1{,}81\,w_{11} - 0{,}40\,w_{10} + 2{,}21\,w_9 - w_8 = 0.$$

In Plattenmitte ist aus Symmetriegründen $w_{-1} = w_1$, $w_{-2} = w_2$. Die Glieder der Differentialgleichung (968) werden für den Plattenmittelpunkt mit $r = 0$ unbestimmt, so daß sich die erste Differenzengleichung (969) für $k = 0$ erst nach einem Grenzübergang anschreiben läßt. Nach der Taylorentwicklung ist in der Umgebung des Mittelpunktes

$$w = w(0) + \frac{w''(0)}{2!}r^2 + \frac{w^{IV}(0)}{4!}r^4 + \cdots,$$
$$w' = w''(0)\,r + \frac{w^{IV}(0)}{3!}r^3 + \cdots,$$
$$w'' = w''(0) + \frac{w^{IV}(0)}{2!}r^2 + \cdots, \qquad w''' = w^{IV}(0)\,r + \cdots,$$
$$w^{IV} = w^{IV}(0) + \cdots.$$

w_0	w_1	w_2	w_3	w_4	w_5	w_6	w_7	w_8	w_9	w_{10}	$\frac{P r_n^2}{1000 \pi N}$
16,005217	−21,333333	5,333333									0
−3,50000	8,003423	−6,500000	2,000000								0
0,500000	− 3,312500	6,503423	−5,187500	1,500000							0
	0,666667	−3,462964	6,225645	−4,759260	1,333333						0
		0,750000	−3,570313	6,128423	−4,554688	1,250000					0
			0,800000	−3,644000	6,083423	−4,436000	1,200000				1
				0,833333	−3,696759	6,058979	−4,358797	1,166667			0
					0,857143	−3,736152	6,044239	−4,304664	1,142857		0
						0,875000	−3,766602	6,034673	−4,264648	1,125000	0
							0,888889	−3,790812	4,935368	−2,030024	0
								2,000000	−4,059658	2,063071	0

6. Die Auflösung nach Abschn. 29 liefert:

Für $c = 10$ kg/cm³

k	0	1	2	3	4	5	6	7	8	9	10	
w	41,721844	41,557311	41,022914	40,037339	38,467969	36,132603	32,802740	29,042026	25,160666	21,311919	17,545764	$P r_n^2/1000 \pi N$
$\bar{p} = c\,w$	1,4282	1,4225	1,4043	1,3705	1,3168	1,2369	1,1229	0,9941	0,8613	0,7295	0,6006	$P/r_n^2 \pi$

Für $c = 200$ kg/cm³

k	0	1	2	3	4	5	6	7	8	9	10	
w	1,961285	2,061615	2,324233	2,668974	2,951416	2,948407	2,348391	1,590896	0,851008	0,166964	−0,481272	$P r_n^2/1000 \pi N$
$\bar{p} = c\,w$	1,3427	1,4114	1,5912	1,8272	2,0206	2,0185	1,6078	1,0892	0,5826	0,1143	−0,3295	$P/r_n^2 \pi$

Die Zahlenrechnung ist wegen ihrer Fehlerempfindlichkeit mit 6 Stellen durchgeführt worden.

Der Bodendruck p ist in Abb. 640a dargestellt.

Daher lautet die Differentialgleichung (968) für den Plattenmittelpunkt $r = 0$

$$w^{IV}(0) + 2\,w^{IV}(0) - \frac{w^{IV}(0)}{2!} + \frac{w^{IV}(0)}{3!} + \frac{c}{N}\,w(0) = 0\,,$$

$$\frac{8}{3}\,w^{IV}(0) + \frac{c}{N}\,w(0) = 0\,,$$

oder in Differenzen ausgedrückt

$$\left(16 + \frac{c\,s^4}{N}\right) w_0 - \frac{64}{3}\,w_1 + \frac{16}{3}\,w_2 = 0\,.$$

4. Die Vorzahlen der Differenzengleichungen (969).

k	λ_k	$1-\lambda_k$	$1+\lambda_k$	$2-\lambda_k$	$2+\lambda_k$	λ_k^2	$[\ ]_{k-1}$	$[\ ]_{k+1}$	$6+2\lambda_k^2$
1	1	0	2	1	3	1	3,5	6,5	8
2	0,500	0,500	1,500	1,500	2,500	0,250	3,312500	5,187500	6,5
3	0,333	0,666	1,333	1,666	2,333	0,111	3,462964	4,759260	6,222
.	.	.	.	.	.	.	.	.	.
.	.	.	.	.	.	.	.	.	.
.	.	.	.	.	.	.	.	.	.

$$\frac{c\,s^4}{N} = \frac{10000 \cdot 0{,}9^4}{1916684} = 0{,}003432 \quad \text{oder} \quad \frac{200000 \cdot 0{,}9^4}{1916684} = 0{,}068462\,.$$

Mit $p = \frac{P}{2\,r_5 \cdot \pi \cdot s} = \frac{10\,P}{\pi\,r_n^2}$ wird für $k = 5$ das Absolutglied $\frac{p_5\,s^4}{N} = \frac{P\,r_n^2}{1000\,\pi\,N}$, die übrigen sind Null.

5. Matrix der Differenzengleichungen (969) für $c = 10$ kg/cm³. (Die Matrix für $c = 200$ kg/cm³ ergibt sich durch Addition von 0,065039 zu den Hauptgliedern.) Die Wurzeln w_{11} und w_{12} sind bereits durch die Randbedingungen eliminiert. Matrix und Auflösung s. S. 669.

7. Die Schnittkräfte. Für $r = 0$ ist

$$M_{r,0} = M_{\alpha,0} = -N(1+\mu)\frac{d^2 w}{d\,r^2} = -N(1+\mu)\frac{2}{s^2}(w_1 - w_0) = +0{,}0384\,\frac{P}{\pi}\,, \quad \left(-0{,}0234\,\frac{P}{\pi}\right).$$

Mit $\frac{\mu\,s}{2\,r_k} = \frac{1}{12\,k}\,, \quad \frac{s}{2\,\mu\,r_k} = \frac{3}{k}$ ist nach (970) z. B.

$$M_{r,1} = -\frac{N}{s^2}\left[\left(1 - \frac{1}{12}\right)\cdot 0 - 2\,w_1 + \left(1 + \frac{1}{12}\right) w_2\right] = 0{,}043\,\frac{P}{\pi}\,, \quad \left(-0{,}019\,\frac{P}{\pi}\right),$$

$$M_{r,2} = -\frac{N}{s^2}\left[\left(1 - \frac{1}{24}\right) w_1 - 2\,w_2 + \left(1 + \frac{1}{24}\right) w_3\right] = 0{,}051\,\frac{P}{\pi}\,. \quad \left(-0{,}011\,\frac{P}{\pi}\right).$$

Die eingeklammerten Werte gelten für $c = 200$ kg/cm³.

Die Schnittkräfte sind in Abb. 640b, c dargestellt.

Melan, E.: Die Durchbiegung einer exzentrisch durch eine Einzellast belasteten Kreisplatte. Eisenbau Bd. 11 (1920) S. 190. — Nádai, A.: Die elastischen Platten. Berlin 1925. — Schleicher, F.: Kreisplatten auf elastischer Grundlage. Berlin 1926. — Crämer, H.: Die Beanspruchung von Kreisplatten mit veränderlicher Stärke. Beton u. Eisen 1928 S. 382. — Flügge, W.: Die strenge Berechnung von Kreisplatten unter Einzellasten. Berlin 1928. — Pichler, O.: Die Biegung kreissymmetrischer Platten von veränderlicher Dicke. Berlin 1928. — Haynal-Konyi: Die Berechnung von kreisförmig begrenzten Pilzdecken bei zentralsymmetrischer Belastung. Berlin 1929. — Schmidt, H.: Ein Beitrag zur Theorie der Biegung homogener Kreisplatten. Ing.-Arch. 1930 S. 147.

69. Die Kreisplatte und die Kreisringplatte unter antimetrischer Belastung.

Die antimetrische Belastung ist graphisch durch Abb. 641, analytisch durch

$$p = p_0\,\frac{r\cos\alpha}{a} \quad \text{und mit} \quad \frac{r}{a} = \varrho \quad \text{durch} \quad p = p_0\,\varrho\cos\alpha \qquad (971)$$

beschrieben. Sie kann als der antimetrische Teil der hydraulischen Belastung einer senkrecht oder schräg eingebauten Kreisplatte oder als der antimetrische Teil des

Bodendruckes $\bar{p}$ eines Kreisplattenfundamentes angesehen werden, dessen Steifigkeit die Annahme des Gradliniengesetzes für $\bar{p}$ rechtfertigt. Die Ordinaten der Biegefläche sind in diesem Falle von dem Winkel α abhängig, so daß sich die Beziehungen zwischen Belastung, Formänderung und Beanspruchung der Platte nur durch den allgemeinen Ansatz auf S. 647 beschreiben lassen.

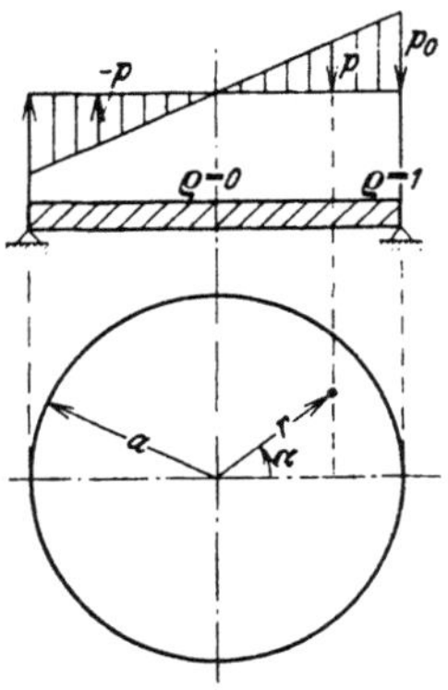

Abb. 641.

Die Lösung der Differentialgleichung (935) besteht aus einem partikulären Integral der inhomogenen Gleichung und aus vier mit den Integrationskonstanten $C_1, \ldots, C_4$ erweiterten Lösungen der homogenen Gleichung. Sie läßt sich daher in der folgenden Form anschreiben:

$$w = C\,(\varrho^5 + C_1\varrho^3 + C_2\varrho + C_3\varrho\ln\varrho + C_4\varrho^{-1})\cos\alpha\,, \qquad (972)$$

denn

$$\Delta\Delta w = \frac{192}{a^4}C\varrho\cos\alpha = \frac{p_0\,\varrho\cos\alpha}{N}, \quad \text{wenn} \quad C = \frac{p_0 a^4}{192 N}. \qquad (973)$$

Die Integrationskonstanten sind durch die Randbedingungen der Aufgabe bestimmt. Die Lösung vereinfacht sich für Kreisplatten, da C_3 und C_4 Null sein müssen, damit die Ausbiegung w für $\varrho = 0$ endlich bleibt. Sie lautet in diesem Falle nach S. 650 folgendermaßen:

$$\left.\begin{aligned}
w &= \frac{p_0 a^4}{192 N}(\varrho^5 + C_1\varrho^3 + C_2\varrho)\cos\alpha, \qquad \frac{\partial w}{\partial r} = \frac{p_0 a^3}{192 N}(5\varrho^4 + 3C_1\varrho^2 + C_2)\cos\alpha,\\
M_r &= -\frac{p_0 a^2}{192}[4(5+\mu)\varrho^3 + 2(3+\mu)C_1\varrho]\cos\alpha,\\
M_\alpha &= -\frac{p_0 a^2}{192}[4(1+5\mu)\varrho^3 + 2(1+3\mu)C_1\varrho]\cos\alpha,\\
M_{r\alpha} &= \frac{p a^2}{192}(1-\nu)(4\varrho^3 + 2C_1\varrho)\sin\alpha,\\
Q_r &= -\frac{p a}{96}(36\varrho^2 + 4C_1)\cos\alpha, \qquad Q_\alpha = \frac{p a}{96}(12\varrho^3 + 4C_1\varrho)\sin\alpha,\\
A_r &= \frac{p a}{192}[4(17+\nu)\varrho^2 + 2(3+\nu)C_1]\cos\alpha.
\end{aligned}\right\} \qquad (974)$$

Freie Auflagerung am Rande $\varrho = 1$: $w = 0$, $M_r = 0$.

$$\left.\begin{aligned}
1 + C_1 + C_2 = 0\,, \qquad 4(5+\mu) + 2(3+\mu)C_1 = 0\,,\\
C_1 = -2\frac{5+\mu}{3+\mu}, \qquad C_2 = \frac{7+\mu}{3+\mu}.
\end{aligned}\right\} \qquad (975)$$

Einspannung am Rande $\varrho = 1$: $w = 0$, $\partial w/\partial r = 0$.

$$\left.\begin{aligned}
1 + C_1 + C_2 = 0\,, \qquad 5 + 3C_1 + C_2 = 0\,.\\
C_1 = -2\,, \qquad C_2 = 1\,.
\end{aligned}\right\} \qquad (976)$$

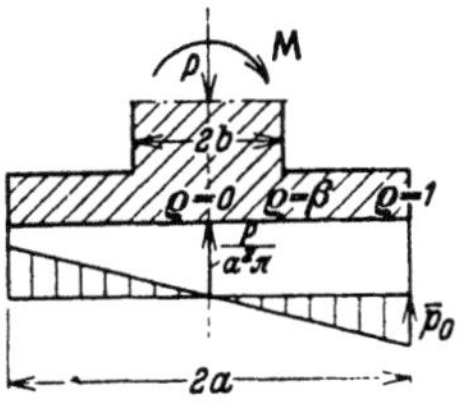

Abb. 642.

Bei einer Kreisringplatte sind die Integrationskonstanten C_3 und C_4 der allgemeinen Lösung von Null verschieden und durch die Randbedingungen $M_r = 0$, $A_r = 0$ am freien Rande bestimmt. Bei einer Gründungsplatte, die sich aus einer Kreisringplatte und einem starren Kern zusammensetzt (Abb. 642), genügen 3 Randbedingungen. Für $\varrho = 1$ sind M_r und A_r Null, während die Verdrehung der Elemente an der inneren Begrenzung der Ringplatte ($r = b$, $\varrho = b/a = \beta$) durch die Verdrehung des starren Kerns vorgeschrieben ist.

$$\frac{dw}{dr} = \frac{w}{b} \quad \text{oder} \quad \frac{dw}{d\varrho} = \frac{w}{\beta}. \qquad (977)$$

Aus diesen drei Bedingungsgleichungen wird mit den Abkürzungen

$$\left.\begin{aligned} &(3+\mu)+(1-\mu)\beta^4 = \varkappa_1, \qquad 4(2+\mu)+(1-\mu)(3+\beta^4)\beta^2 = \varkappa_2, \\ &\qquad 4(2+\mu)\beta^4-(3+\mu)(3+\beta^4)\beta^2 = \varkappa_3, \\ &\qquad C_1 = -2\frac{\varkappa_2}{\varkappa_1}, \qquad C_3 = 12, \qquad C_4 = -2\frac{\varkappa_3}{\varkappa_1}. \end{aligned}\right\} \quad (978)$$

Liefern die äußeren Kräfte an dem Tragwerk ein Moment M in bezug auf den Mittelpunkt der Gründungsplatte, so ist $\bar{p}_0 = 4\,\mathsf{M}/\pi a^3$ (Abb. 642). Das Ergebnis der Rechnung lautet dann folgendermaßen:

$$\left.\begin{aligned} M_r &= \frac{\bar{p}_0 a^2}{48\varkappa_1}\{(5+\mu)\varkappa_1\varrho^3-(3+\mu)\varkappa_2\varrho+3(1+\mu)\varkappa_1\varrho^{-1}-(1-\mu)\varkappa_3\varrho^{-3}\}\cos\alpha, \\ M_\alpha &= \frac{\bar{p}_0 a^2}{48\varkappa_1}\{(1+5\mu)\varkappa_1\varrho^3-(1+3\mu)\varkappa_2\varrho+3(1+\mu)\varkappa_1\varrho^{-1}+(1-\mu)\varkappa_3\varrho^{-3}\}\cos\alpha, \\ M_{r\alpha} &= -\frac{\bar{p}_0 a^2}{48\varkappa_1}(1-\mu)\{\varkappa_1\varrho^3-\varkappa_3\varrho+3\varkappa_1\varrho^{-1}+\varkappa_3\varrho^{-3}\}\sin\alpha, \\ Q_r &= \frac{\bar{p}_0 a}{24}\left(9\varrho^2-2\frac{\varkappa_2}{\varkappa_1}-3\varrho^{-2}\right)\cos\alpha, \\ Q_\alpha &= -\frac{\bar{p}_0 a}{24}\left(3\varrho^3-2\frac{\varkappa_2}{\varkappa_1}\varrho+3\varrho^{-1}\right)\sin\alpha. \end{aligned}\right\} \quad (979)$$

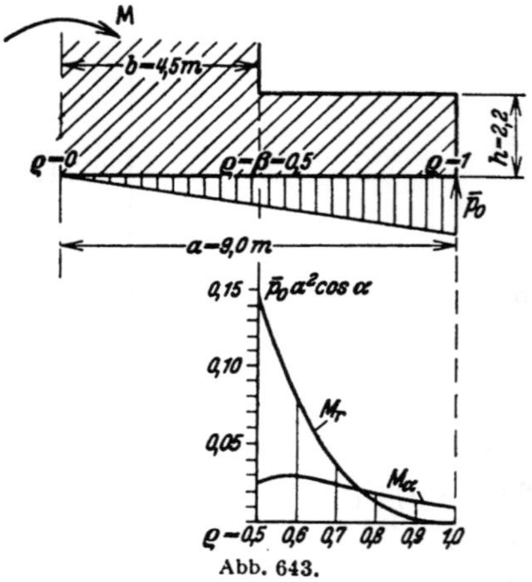

Abb. 643.

Berechnung der Gründungsplatte eines Schornsteins für antimetrische Belastung.

1. Geometrische Grundlagen. Abmessungen der Platte nach Abb. 643. Der mittlere Teil, auf dem der Schornstein aufsitzt, wird als starr angenommen.

2. Belastung. Die Belastung besteht aus dem Moment M infolge Winddruck auf den Schornstein. Der Bodendruck wird geradlinig und antimetrisch angesetzt

$$\bar{p}_0 = 4\,\mathsf{M}/\pi a^3.$$

3. Die Schnittkräfte. Nach (978) ist mit

$$\mu = 1/_6: \quad \varkappa_1 = 3{,}2188, \quad \varkappa_2 = 9{,}3048, \quad \varkappa_3 = -1{,}8827.$$

Damit wird nach (979)

$$M_r = \frac{\bar{p}_0 a^2}{154{,}5024}(16{,}6306\,\varrho^3 - 29{,}4655\,\varrho + 11{,}2661\,\varrho^{-1} + 1{,}5689\,\varrho^{-3})\cos\alpha,$$

$$M_\alpha = \frac{\bar{p}_0 a^2}{154{,}5024}(5{,}9010\,\varrho^3 - 13{,}9572\,\varrho + 11{,}2661\,\varrho^{-1} - 1{,}5689\,\varrho^{-3})\cos\alpha,$$

$$M_{r,\alpha} = -\frac{\bar{p}_0 a^2}{178{,}2651}(3{,}2188\,\varrho^3 + 1{,}8827\,\varrho + 9{,}6564\,\varrho^{-1} - 1{,}8827\,\varrho^{-3})\sin\alpha.$$

Die Momente M_r und M_α sind in Abb. 643 dargestellt. Das vollständige Kräftebild infolge zentrischer Last und Winddruck ergibt sich nach Abb. 642 durch Superposition der Ergebnisse von S. 665 oder 668.

Flügge, W.: Kreisplatten mit linear veränderlichen Belastungen. Bauing. 1929 S. 221.

70. Die rechteckige Platte.

Die Platte mit rechteckiger Begrenzung wird im Bauwesen selten einzeln, sondern in der Regel als Teil zusammenhängender Konstruktionen verwendet. Die Ränder der einfachen Platte sind entweder kräftefrei, eingespannt oder frei drehbar aufgelagert, so daß Zug- und Druckkräfte auf den Unterbau übertragen werden (Abb. 644). Die Oberfläche erhält in der Regel gleichförmige Belastung, bei Verwendung der Platten im Behälterbau auch hydrostatische Belastung.

Die Biegungssteifigkeit der Platte ist bei homogenem und isotropem Baustoff in jeder Richtung die gleiche. Die Beziehungen auf S. 646 zwischen der vorgeschrie-

Abb. 644.

benen Belastung $p(xy)$ und den Ordinaten $w(xy)$ der ausgebogenen Mittelebene lassen sich jedoch auch auf Platten mit verschiedener Biegungssteifigkeit in der Längs- und Querrichtung erweitern. Der Nachweis der Formänderung von Eisenbetonplatten oberhalb der Rißlast im Sinne des Stadiums II der Festigkeit ist ausgeschlossen.

Die Untersuchung des Spannungs- und Verschiebungszustandes besteht bei homogenem und isotropem Baustoff und den Annahmen auf S. 644 in der Integration der partiellen Differentialgleichung (929) für vorgeschriebene Randbedingungen an den Kanten $x = 0$, $x = a$, $y = 0$, $y = b$ (Abb. 645). Das Ergebnis kann in der Regel nur als Reihenentwicklung angegeben werden, deren Brauchbarkeit für die Zahlenrechnung nicht allein von der Konvergenz der Reihe $w(x, y)$ selbst, sondern auch von der Konvergenz ihrer Ableitungen abhängt. Damit scheiden Näherungslösungen aus, welche nur die Durchbiegung, aber nicht die Krümmung der elastischen Fläche ausreichend beschreiben. Brauchbare Lösungen sind von L. Navier, A. Nadai, H. Hencky und einigen französischen Mathematikern angegeben worden. Sie bestehen entweder aus Gliedern $w_h(x,y)$, $h = 1, \ldots, \infty$, welche die Differentialgleichung (929) und die Randbedingungen für den Anteil $p_h(x,y)$ der vorgeschriebenen Belastung $p = \sum p_h$, $h = 1, \ldots, \infty$ erfüllen oder aus einer partikulären Lösung w^* der inhomogenen Gleichung, welche die Randbedingungen nur teilweise befriedigt und in einer Lösung w^{**} der homogenen Gleichung $\Delta\Delta w^{**} = 0$, die mit w^* überlagert, das gesuchte Ergebnis darstellt.

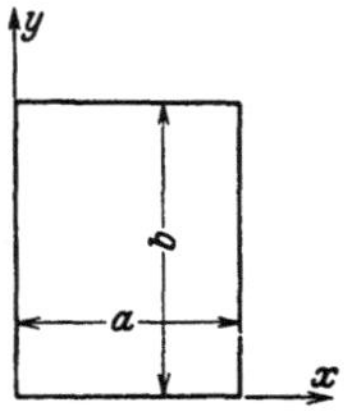

Abb. 645.

Der Plattenstreifen unter einer Belastung $p(x)$. Der Plattenstreifen ist in den Kanten $x = 0$ und $x = a$ gestützt (Abb. 646). Die Ableitungen der Durchbiegung w nach y sind Null, so daß aus (929) folgende Beziehung entsteht.

$$d^4 w / d x^4 = p(x) / N . \qquad (980)$$

Die Lösung kann nach Abschn. 20 für die frei drehbare Auflagerung des Streifens unmittelbar angeschrieben werden.

a) Gleichförmige Belastung

$$w = \frac{p\, a^4}{24\, N} \left(\frac{x}{a} - 2 \frac{x^3}{a^3} + \frac{x^4}{a^4} \right). \qquad (981)$$

b) Hydrostatische Belastung (Abb. 646)

$$w = \frac{p_0\, a^4}{360\, N} \left(7 \frac{x}{a} - 10 \frac{x^3}{a^3} + 3 \frac{x^5}{a^5} \right). \qquad (982)$$

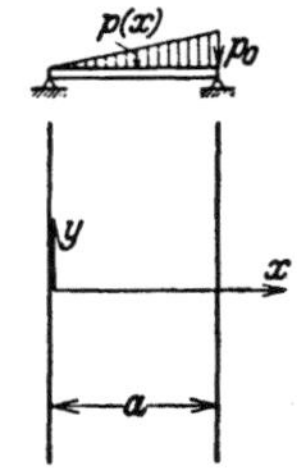

Abb. 646.

Die rechteckige Platte mit frei drehbarer Auflagerung der Kanten. Die Platte ist in den Punkten $y \neq 0$, $x = 0$ oder $x = a$ und $x \neq 0$, $y = 0$ oder $y = b$ gestützt. Die Durchbiegung w und ihre Ableitung Δw sind hier nach S. 647 Null. Die Biegungsmomente verschwinden an den Rändern, die Krümmung ist hier nach zwei winkelrechten Richtungen Null. Die Tangentialebene fällt also in den Ecken mit der ursprünglichen Mittelebene zusammen. Die elastische Fläche zeigt daher von den Ecken ausgehende Grate, in denen die Krümmung und daher auch die Biegungsmomente groß sind. Die größten Auflagerkräfte A_{xz}, A_{yz} in Kantenmitte sind bei gleichmäßiger Belastung vom Seitenverhältnis a/b der Platte nahezu unabhängig ($0{,}42 p a$ bis $0{,}5 p a$, a die kleinere Rechteckseite). Die Randbedingungen $w = 0$, $\Delta w = 0$ werden nach L. Navier gemeinsam mit der Differentialgleichung (929) durch die Funktion

$$w_{m,n} = c_{m,n} \sin m\pi \frac{x}{a} \sin n\pi \frac{y}{b} \tag{983}$$

für die Belastung

$$p(xy)_{m,n} = N\, c_{m,n}\, \pi^4 \left(\frac{m^2}{a^2} + \frac{n^2}{b^2}\right)^2 \sin m\pi \frac{x}{a} \sin n\pi \frac{y}{b} \tag{984}$$

erfüllt, wie sich an Hand der Gleichung (929) nachweisen läßt. Da nun jede Belastung $p(xy)$ über die Kanten der Platte hinaus nach beiden Seiten periodisch fortgesetzt werden kann (Abb. 647), ohne die Randbedingungen $w = 0$, $\Delta w = 0$ zu verletzen, so kann sie nach Fourier in eine trigonometrische Doppelreihe entwickelt werden.

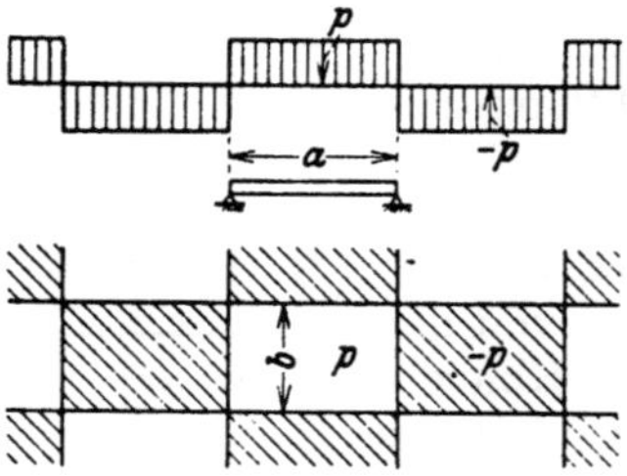

Abb. 647.

$$p(xy) = \sum \sum a_{m,n} \sin m\pi \frac{x}{a} \sin n\pi \frac{y}{b}. \tag{985}$$

Die Koeffizienten sind nach bekannten mathematischen Regeln

$$a_{m,n} = \frac{4}{ab} \int_0^b \int_0^a p(xy) \sin m\pi \frac{x}{a} \sin n\pi \frac{y}{b}\, dx\, dy. \tag{986}$$

Daher ist bei gleichförmiger Belastung p der ganzen Platte

$$a_{m,n} = \frac{16 p_0}{m n \pi^2} \qquad (m, n = 1, 3, 5, \ldots). \tag{987}$$

Die gliedweise Gegenüberstellung von (984) mit (985) liefert $c_{m,n}$ und damit

$$w = \frac{16 p_0}{N \pi^6} \sum_m \sum_n \frac{\sin m\pi \frac{x}{a} \sin n\pi \frac{y}{b}}{m n \left(\frac{m^2}{a^2} + \frac{n^2}{b^2}\right)^2} \tag{988}$$

In dieser Reihe wird zuerst $m = 1$ und $n = 1, 3, 5$ usw., darauf $m = 3$ und $n = 1, 3, 5$ usw. eingesetzt, so daß die Buchstaben m und n der Reihe nach alle ungeraden Zahlen durchlaufen. Leider konvergiert die Reihe $\sum w_{m,n}$ mit ihren Ableitungen nur bei gleichförmiger Belastung p der Oberfläche schnell genug, um darnach numerisch zu rechnen. Sie ist neuerdings von V. Lewe zur Untersuchung von Pilzdecken verwendet worden, indem die äußeren an der Platte angreifenden Kräfte aus der Auflast und der über die Fläche des Pilzkopfes gleichmäßig verteilten Stützkraft ähnlich wie nach (988) in eine trigonometrische Doppelreihe entwickelt werden.

Um Lösungen zu erhalten, welche die Differentialgleichung (929) für eine vorgeschriebene Belastung $p(x)$ streng erfüllen und nur aus einfachen und besser konvergierenden Reihen bestehen, addiert A. Nadai zur Durchbiegung w^* des Plattenstreifens mit den Randbedingungen der Platte für $x = 0$ und $x = a$ die Durchbiegung w^{**} einer Platte mit Randkräften, welche die homogene Gleichung $\Delta\Delta w^{**} = 0$ erfüllt und gemeinsam mit w^* die für w vorgeschriebenen Randbedingungen an allen vier Kanten befriedigt.

Bei gleichförmiger Belastung p und frei drehbarer Stützung in $x = 0$, $x = a$ ist nach (981)

$$w^* = \frac{p\,a^4}{24\,N}\left(\frac{x}{a} - 2\,\frac{x^3}{a^3} + \frac{x^4}{a^4}\right) = \frac{4\,p\,a^4}{N\,\pi^5}\sum \frac{1}{n^5}\sin\frac{n\,\pi\,x}{a} \qquad (n = 1, 3, 5, \ldots). \tag{989}$$

Der Ansatz

$$w^{**} = \sum Y_n \sin\frac{n\,\pi\,x}{a} \quad \text{mit} \quad Y_n = f_n(y) \tag{990}$$

erfüllt die Randbedingungen $w^{**} = 0$, $\Delta w^{**} = 0$ in $x = 0$ und $x = a$ und die Differentialgleichung $\Delta\Delta w^{**} = 0$ für

$$Y_n = a_n\,\mathfrak{Cof}\,\frac{n\,\pi\,y}{a} + b_n\,\frac{n\,\pi\,y}{a}\,\mathfrak{Sin}\,\frac{n\,\pi\,y}{a} + c_n\,\mathfrak{Sin}\,\frac{n\,\pi\,y}{a} + d_n\,\frac{n\,\pi\,y}{a}\,\mathfrak{Cof}\,\frac{n\,\pi\,y}{a}, \tag{991}$$

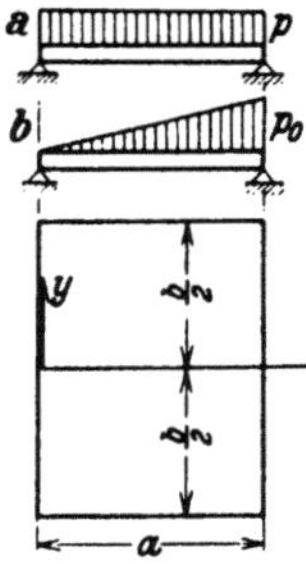

Abb. 648.

da jedes einzelne Glied eine Lösung der biharmonischen Gleichung ist. Die Freiwerte a_n, b_n, c_n, d_n $(n = 1, \ldots, \infty)$ werden so bestimmt, daß die Funktion $w = w^* + w^{**}$ die vier Randbedingungen für $y = \pm\, b/2$ befriedigt (Abb. 648). Bei Symmetrie der Stützung genügen die in y geraden Funktionen der allgemeinen Lösung w^{**}. Das Ergebnis lautet nach A. Nadai mit

$$\xi_n = \frac{n\,\pi\,x}{a}, \qquad \eta_n = \frac{n\,\pi\,y}{a}, \qquad \alpha_n = \frac{n\,\pi\,b}{2\,a}, \tag{992}$$

$$w = \frac{4\,p\,a^4}{N\,\pi^5}\sum\frac{1}{n^5}\left[1 - \frac{2\,\mathfrak{Cof}\,\alpha_n\,\mathfrak{Cof}\,\eta_n + \alpha_n\,\mathfrak{Sin}\,\alpha_n\,\mathfrak{Cof}\,\eta_n - \eta_n\,\mathfrak{Sin}\,\eta_n\,\mathfrak{Cof}\,\alpha_n}{1 + \mathfrak{Cof}\,2\,\alpha_n}\right]\sin\xi_n \tag{993}$$

$$(n = 1, 3, 5, \ldots).$$

Bei hydrostatischer Belastung (Abb. 648b) $p = p_0 x/a$ ist

$$w = \frac{2\,p_0\,a^4}{N\,\pi^5}\sum\frac{(-1)^{n+1}}{n^5}\left[1 - \frac{(2 + \alpha_n\,\mathfrak{Tg}\,\alpha_n)\,\mathfrak{Cof}\,\eta_n - \eta_n\,\mathfrak{Sin}\,\eta_n}{2\,\mathfrak{Cof}\,\alpha_n}\right]\sin\xi_n\,. \tag{994}$$

Die Reihen konvergieren schnell, so daß bereits das erste Glied als Näherung genügt. Mit $w(x, y)$ sind nach S. 645 auch die Schnittkräfte $M_x, M_y, M_{xy}, Q_{xz}, Q_{yz}$ und die Stützkräfte A_{xz}, A_{yz} der Platte bestimmt, so daß Richtung und Größe der Hauptbiegungs- und Hauptdrillungsmomente berechnet und darauf die Trajektorien und die Linien gleichen Hauptmomentes aufgetragen werden können. Um daran das Wesen der Plattenbiegung zu studieren, ist die Zahlenrechnung für zwei Platten unter gleichförmiger Belastung mit dem Seitenverhältnis 1 : 1 und 3 : 4 ausgeführt worden (s. S. 677). In Abb. 649 sind die Biegungsmomente M_x, M_y in den Symmetrieachsen der rechteckigen Platten mit dem Seitenverhältnis $b/a = 1$; 1,5; 2 für $\mu = 1/4$ dargestellt. Die Abhängigkeit der Momente und der Durchbiegung von dem Seitenverhältnis zeigt nach A. Nadai für $\mu = 3/10$ Abb. 650.

Der gleichmäßig belastete Halbstreifen ist ein Sonderfall der rechteckig begrenzten Platte mit $b \gg a$ und von A. Nadai in der gleichen Weise untersucht worden. Das Ergebnis ist hier wiedergegeben, um damit später andere Aufgaben zu lösen.

a) Die drei Seiten des Halbstreifens liegen frei auf (Abb. 651a)

$$w = \frac{4\,p\,a^4}{N\,\pi^5}\sum\left[1 - \left(1 + \frac{\eta_n}{2}\right)e^{-\eta_n}\right]\frac{1}{n^5}\sin\xi_n\,, \qquad (n = 1, 3, 5, \ldots). \tag{995}$$

b) Die Längsseiten des Halbstreifens liegen frei auf, die kurze Seite ist frei (Abb. 651b)

$$w = \frac{4\,p\,a^4}{N\,\pi^5} \sum \left[1 + \frac{\mu}{3+\mu}\left(\frac{1+\mu}{1-\mu} - \eta_n\right) e^{-\eta_n}\right] \frac{1}{n^5} \sin \xi_n\,, \quad (n = 1, 3, 5, \ldots). \tag{996}$$

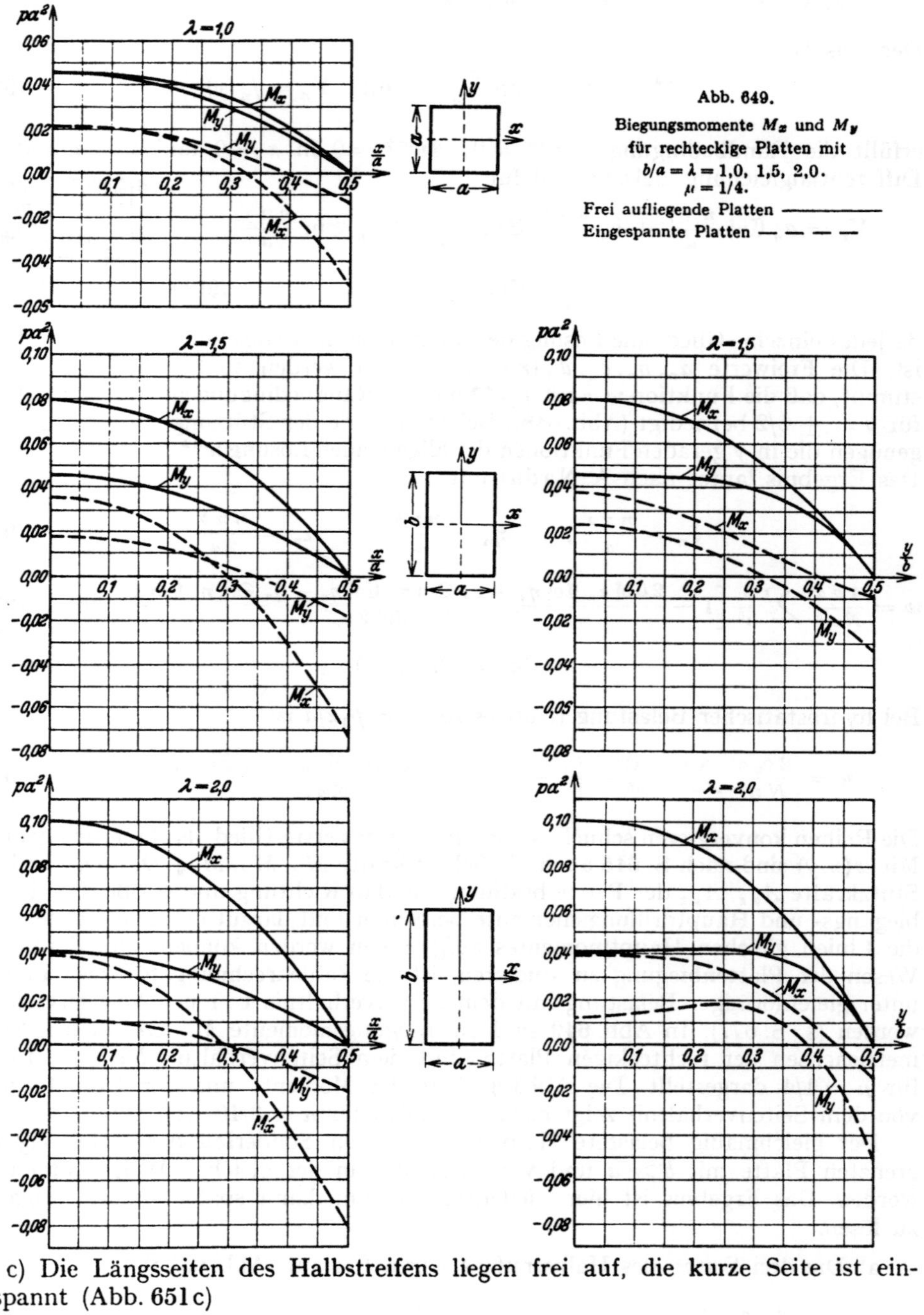

Abb. 649. Biegungsmomente M_x und M_y für rechteckige Platten mit $b/a = \lambda = 1{,}0,\ 1{,}5,\ 2{,}0$. $\mu = 1/4$.
Frei aufliegende Platten ————
Eingespannte Platten — — — —

c) Die Längsseiten des Halbstreifens liegen frei auf, die kurze Seite ist eingespannt (Abb. 651c)

$$w = \frac{4\,p\,a^4}{N\,\pi^5} \sum \left[1 - (1 + \eta_n)\, e^{-\eta_n}\right] \frac{1}{n^5} \sin \xi_n\,, \qquad (n = 1, 3, 5, \ldots). \tag{997}$$

Berechnung einer rechteckigen Platte nach A. Nadai.

Untersucht wird eine rechteckige Platte mit $b/a = 4/3$ unter gleichmäßig verteilter Belastung p. Mit der Abkürzung

$$\Phi_n = 2\,\mathfrak{Cof}\,\alpha_n\,\mathfrak{Cof}\,\eta_n + \alpha_n\,\mathfrak{Sin}\,\alpha_n\,\mathfrak{Cof}\,\eta_n - \eta_n\,\mathfrak{Sin}\,\eta_n\,\mathfrak{Cof}\,\alpha_n$$

wird nach (993) die Durchbiegung

$$w = 0{,}01307\,\frac{p\,a^4}{N}\sum\frac{1}{n^5}\left[1 - \frac{\Phi_n}{1 + \mathfrak{Cof}\,2\,\alpha_n}\right]\sin\xi_n, \qquad n = 1, 3, 5, \ldots$$

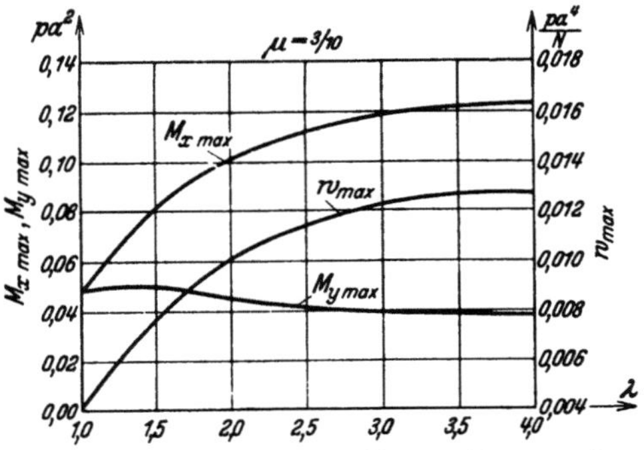

Abb. 650. Biegungsmomente $M_{x\,max}$, $M_{y\,max}$ und Durchbiegung w_{max} der frei aufliegenden, rechteckigen Platte mit gleichmäßig verteilter Last p als Funktionen des Seitenverhältnisses $b/a = \lambda$.

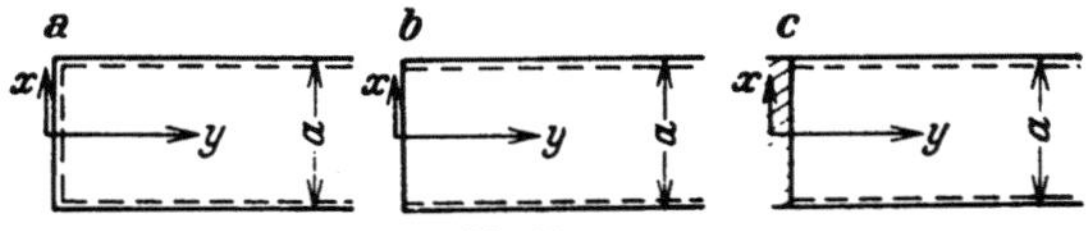

Abb. 651.

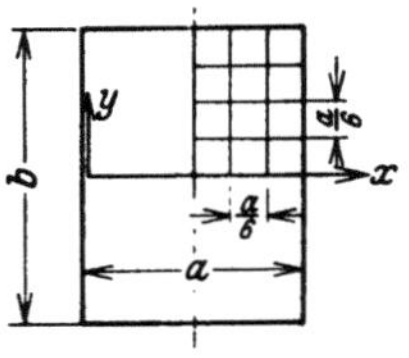

Abb. 652.

Die $10^{-5}\,p\,a^4/N$ fachen Ordinaten w in den Punkten eines Gitters (Abb. 652) mit $\frac{a}{12} = \frac{b}{16}$ sind

x \ y	0	a/12	a/6	a/4	a/3	5a/12	a/2	7a/12
a/2	663	651	618	563	487	389	273	141
7a/12	641	631	599	545	471	377	264	138
2a/3	578	569	540	492	426	341	239	125
3a/4	476	468	445	406	351	281	198	103
5a/6	339	334	317	289	250	201	142	73
11a/12	176	174	165	151	131	105	74	38

Die Schnittkräfte werden nach (919) mit

$$M'_x = p\,x\,(a - x)/2, \qquad M'_y = \mu\,p\,x\,(a - x)/2;$$

$$M_x = M'_x + (1-\mu)\,p\,a^2\pi^2\sum n^2\sin\xi_n\left[a_n\,\mathfrak{Cof}\,\eta_n + b_n\left(\eta_n\,\mathfrak{Sin}\,\eta_n - \frac{2\,\mu}{1-\mu}\,\mathfrak{Cof}\,\eta_n\right)\right],$$

$$M_y = M'_y - (1-\mu)\,p\,a^2\pi^2\sum n^2\sin\xi_n\left[a_n\,\mathfrak{Cof}\,\eta_n + b_n\left(\eta_n\,\mathfrak{Sin}\,\eta_n + \frac{2}{1-\mu}\,\mathfrak{Cof}\,\eta_n\right)\right],$$

$$M_{xy} = -(1-\mu)\,p\,a^2\pi^2\sum n^2\cos\xi_n\,[a_n\,\mathfrak{Sin}\,\eta_n + b_n\,(\eta_n\,\mathfrak{Cof}\,\eta_n + \mathfrak{Sin}\,\eta_n)],$$

worin

$$a_n = -\frac{2\,(2 + \alpha_n\,\mathfrak{Tg}\,\alpha_n)}{n^5\pi^5\,\mathfrak{Cof}\,\alpha_n}, \qquad b_n = \frac{2}{n^5\pi^5\,\mathfrak{Cof}\,\alpha_n}, \qquad \mu = 1/6.$$

$$a_1 = -0{,}0063928; \quad a_3 = -8{,}3204\cdot 10^{-7}; \quad b_1 = 0{,}0015856; \quad b_3 = 1{,}0045\cdot 10^{-7}.$$

x \ y	M_x/pa^2, 0	a/6	a/3	a/2	M_y/pa^2. 0	a/6	a/3	a/2
a/2	0,0672	0,0630	0,0501	0,0288	0,0421	0,0413	0,0376	0,0266
2a/3	0,0611	0,0573	0,0458	0,0264	0,0370	0,0363	0,0332	0,0230
5a/6	0,0405	0,0382	0,0313	0,0189	0,0223	0,0219	0,0203	0,0152

$M_{xy}\,p\,a^2$

x \ y	a/6	a/3	a/2	2a/3
2a/3	0,0068	0,0141	0,0187	0,0210
5a/6	0,0120	0,0250	0,0343	0,0390
a	0,0140	0,0293	0,0407	0,0479

Damit ergeben sich nach (**921**) die Richtung und Größe der Hauptbiegungsmomente M_I u. M_{II} und die Hauptdrillungsmomente $M_{I,II}$.

	$M_I \cdot 10^4/p\,a^2$					$M_{II} \cdot 10^4/p\,a^2$				
x \ y	0	a/6	a/3	a/2	2a/3	0	a/6	a/3	a/2	2a/3
a/2	672	630	501	288	0	421	413	376	266	0
2a/3	611	593	544	439	210	370	343	247	64	− 210
5a/6	405	445	503	514	390	223	155	13	− 173	− 390
a	0	140	279	407	479	0	− 140	− 279	− 407	− 479

	α^0					$M_{I,II} \cdot 10^4/p\,a^2$				
x \ y	0	a/6	a/3	a/2	2a/3	0	a/6	a/3	a/2	2a/3
a/2	0	0	0	0	0	126	109	63	11	0
2a/3	0	16,5	32,5	43	45	121	125	148	188	210
5a/6	0	28	38,5	43	45	91	145	245	343	390
a	0	45	45	45	45	0	140	279	407	479

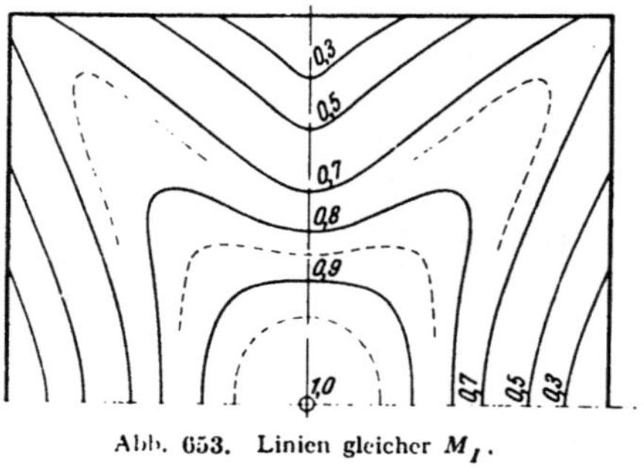

Abb. 653. Linien gleicher M_I.

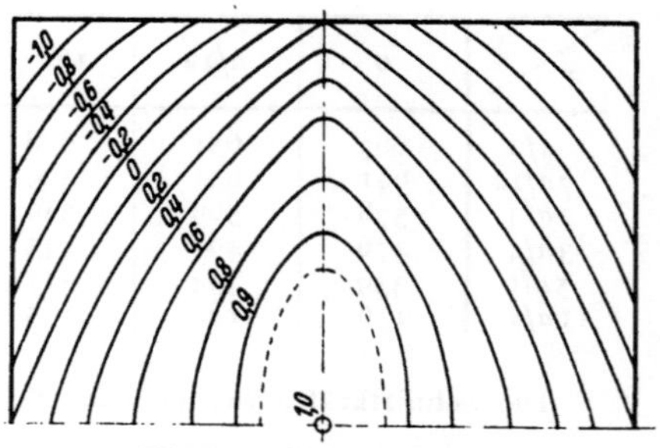

Abb. 654. Linien gleicher M_{II}.

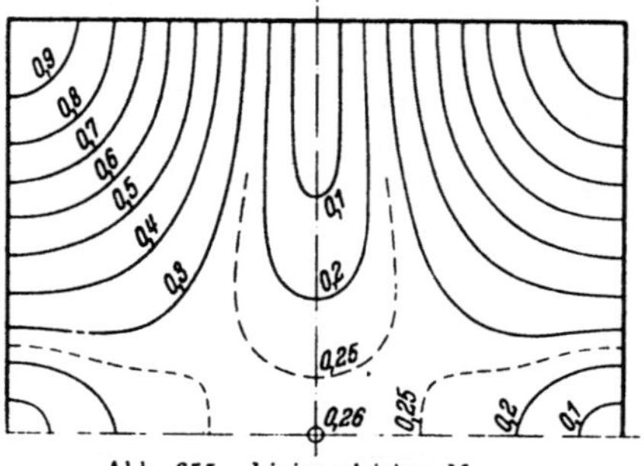

Abb. 655. Linien gleicher $M_{I,II}$.

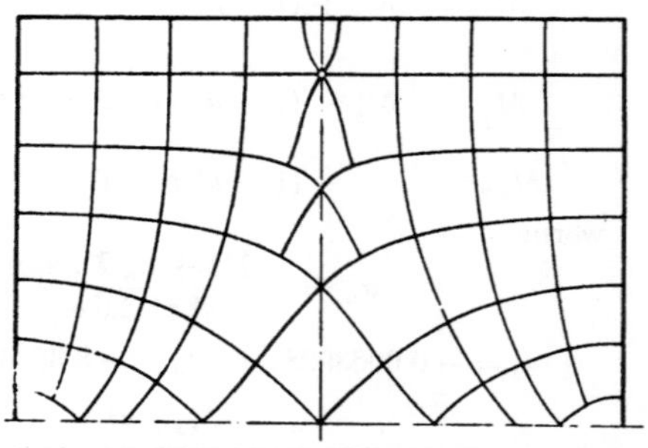

Abb. 656. Trajektorien der Hauptdrillungsmomente.

Die Linien gleicher Hauptmomente sind in Abb. **653** bis **655** dargestellt, ihre Bezifferung bedeutet den Bruchteil des größten Momentes. Abb. **656** zeigt die Trajektorien der Hauptdrillungsmomente, Abb. **657** die Trajektorien der Hauptbiegungsmomente, die in Abb. **658** mit denjenigen der quadratischen Platte verglichen werden. Der Mittelpunkt der quadratischen

Platte ist mit $M_x = M_y$ ein singulärer Punkt, in dem sich 4 Trajektorien schneiden. Die rechteckige Platte hat zwei singuläre Punkte auf der langen Symmetrieachse, in denen sich je 3 Trajektorien schneiden.

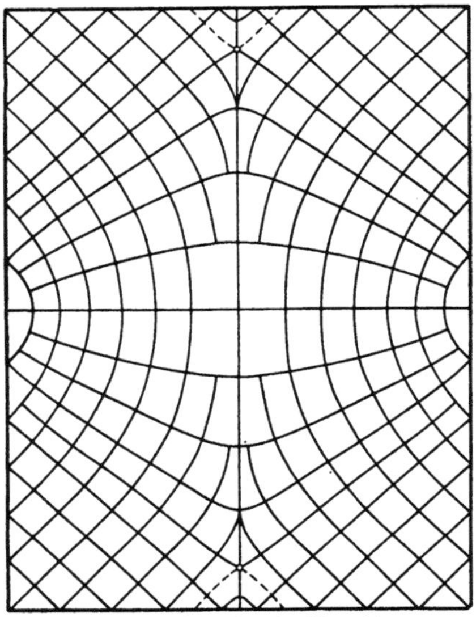

Abb. 657. Trajektorien der Hauptbiegungsmomente.

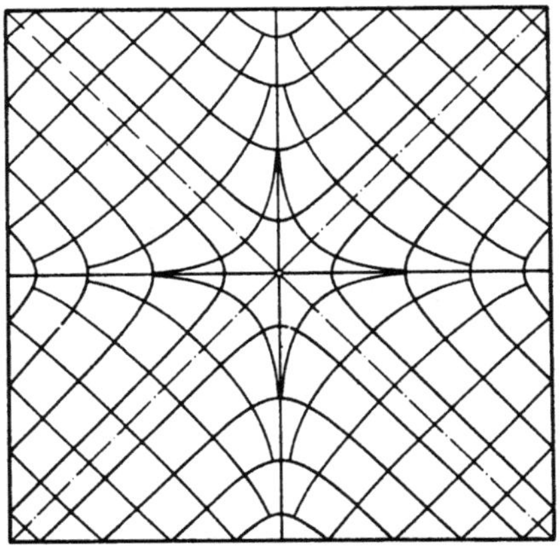

Abb. 658. Trajektorien der Hauptbiegungsmomente für die quadratische Platte.

Die eingespannte Platte bei gleichmäßiger Belastung. Nachdem die Tangentialebene an die Biegefläche der frei aufliegenden Platte in den Eckpunkten bereits mit der ursprünglichen Mittelebene zusammenfällt, sind hier die Biegungsmomente der eingespannten Platte Null und die Tangenten an die Kurven der Randmomente waagerecht. Längs des Randes sind auch die Drillungsmomente nach S. 648 Null und daher $A_{xz} = Q_{xz}$.

Um die Differentialgleichung (929) bei starrer Einspannung oder anderen Randbedingungen zu integrieren, wird die Lösung Naviers w_1 für die frei aufliegende Platte (988) nach M. Levy durch eine allgemeine Lösung w_2 der homogenen Gleichung $\Delta\Delta w_2 = 0$ ergänzt. Sie enthält so viele Freiwerte, besteht also aus so vielen Partikularlösungen, daß die vorgeschriebenen Randbedingungen durch die Reihenentwicklung für $w = w_1 + w_2$ gliedweise erfüllt werden können. Die Fläche w_2 entsteht darnach durch Randkräfte an der frei aufliegenden Platte. Der mechanische Sinn dieser mathematischen Operation läßt sich mit der Berechnung der statisch unbestimmten Schnittkräfte in Abschn. 24 vergleichen.

Die Aufgabe kann auch nach H. Hencky und A. Nadai durch Überlagerung einer Grundlösung w^* für die vorgeschriebene Belastung mit einem allgemeinen Integral w^{**} der homogenen Gleichung $\Delta\Delta w^{**} = 0$ untersucht werden. Dieses läßt sich in einfach unendlichen Reihen anschreiben und enthält ebenso viele Freiwerte, also ebenso viele Partikularlösungen w_h^{**}, als andere Randbedingungen im Vergleich zur frei aufliegenden Platte vorhanden sind. Die Freiwerte werden auch hier gliedweise so bestimmt, daß die Funktion $w = w^* + w^{**}$ die Differentialgleichung und die vorgeschriebenen Randbedingungen erfüllt. Der mathematische Teil der Lösung bereitet hier jedoch wesentlich größere Schwierigkeiten als bei der frei aufliegenden Platte, so daß man sich bei diesen Aufgaben in der Regel mit Näherungslösungen begnügt.

Hencky, H.: Über den Spannungszustand in rechteckigen ebenen Platten. München 1913. — Leitz, H.: Berechnung der frei aufliegenden Platte. Berlin 1914. — Nadai, A.: Die Formänderungen und die Spannungen von rechteckigen Platten. Forsch.-Arb. Ing.-Wes. Berlin 1915. — Leitz, H.: Berechnung der eingespannten rechteckigen Platte. Z. Math. Physik 1917

S. 262. — Huber, M. T.: Über die Biegung einer rechteckigen Platte von ungleicher Biegungsfestigkeit in der Längs- und Querrichtung bei einspannungsfreier Stützung des Randes usw. Bauing. 1924 S. 259. — Derselbe: Über die genaue Biegungsgleichung einer orthotropen Platte und ihre Anwendung auf kreuzweise bewehrte Betonplatten. Bauing. 1925 S. 878 — Si Luan Wei: Über die eingespannte rechteckige Platte mit gleichmäßig verteilter Belastung. Diss. Göttingen 1925. — Huber, M. T.: Vereinfachte strenge Lösung der Biegungsaufgabe einer rechteckigen Eisenbetonplatte bei geradliniger freier Stützung aller Ränder. Bauing. 1926 S. 121. — Derselbe: Anwendungen der Biegetheorie orthotroper Platten. Z. angew. Math. Mech. 1926 S. 228. — Marcus, H.: Die Grundlagen der Querschnittsbemessung kreuzweise bewehrter Platten. Bauing. 1926 S. 577. — Crämer, H.: Die Biegungsgleichung von Platten stetig veränderlicher Stärke. Beton u. Eisen 1929 S. 12. — Marcus, H.: Die Drillungsmomente rechteckiger Platten. Bauing. 1929 S. 497. — Ritter, M.: Die Anwendung der Theorie elastischer Platten auf den Eisenbeton. Bericht über die II. Int. Tagung f. Brücken- u. Hochbau, S. 694. Wien 1929. — Inada, T.: Die Berechnung auf 4 Seiten gestützter rechteckiger Platten. Berlin 1930. — Müller, E.: Die Berechnung rechteckiger, gleichförmig belasteter Platten, die an zwei gegenüberliegenden Rändern durch Träger unterstützt sind. Ing.-Arch. 1931 S. 606. — Crämer, H.: Die bauliche Aufnahme der Randdrillungsmomente vierseitig gelagerter Platten. Beton u. Eisen 1932 S. 95.

71. Die Lösung von Plattenaufgaben mit Differenzenrechnung.

Differenzengleichung eines Gitters. Die Anwendung der Theorie der Plattenbiegung bei beliebiger Belastung und Stützung ist ebenso wie die strenge Untersuchung ebener Spannungsprobleme im Bauwesen im wesentlichen durch die mathematischen Schwierigkeiten der Lösung verhindert worden. Man begnügt sich daher für diese Aufgaben in der Regel mit qualitativ brauchbaren Näherungslösungen, zumal auch die Annahmen über die physikalischen Eigenschaften des Baustoffs und die Beschaffenheit der Stützung keineswegs streng erfüllt sind. Es liegt daher nahe, den stetigen Charakter des Ansatzes wie bei anderen Problemen der Mechanik aufzugeben und die Abhängigkeit zwischen Spannungs-, Verschiebungs- und Belastungszustand an endlichen Abschnitten der Platte zu beschreiben. Die stetiggekrümmte Biegefläche erscheint dabei als Vielkant, dessen Kanten sich im Grundriß je nach der Art der Koordinaten in Abständen Δx, Δy rechtwinklig schneiden oder als Strahlenbündel mit einer Schar konzentrischer Polygone erscheinen. Die Eckpunkte k des Vielkantes sind Punkte der Biegefläche, die Kanten beschreiben ein elastisches Gitter. Die geometrische Abwandlung der Fläche zum Vielkant bedeutet mathematisch den Übergang vom Längendifferential zur Differenz zweier Strecken und vom Differentialquotienten zum Differenzenquotienten. Er ist zur numerischen Lösung von Aufgaben der Plattenbiegung zuerst von H. Marcus vollzogen worden.

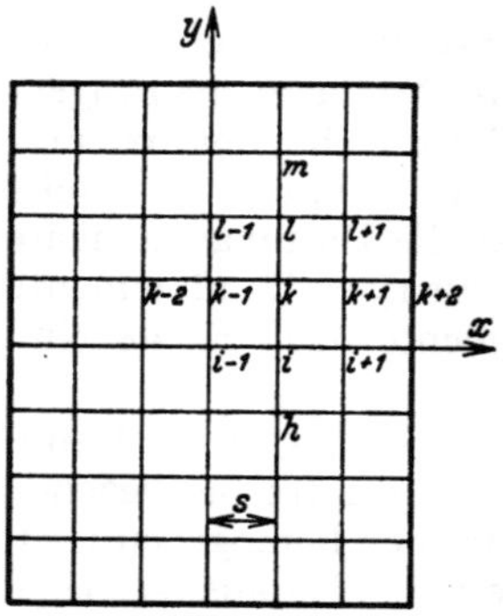

Abb. 659.

Die Mittelebene der rechteckigen Platte wird zur Vorbereitung der Untersuchung durch zwei Systeme äquidistanter, sich winkelrecht kreuzender Geraden geteilt. Die Abstände Δx, Δy sind in der Regel gleichgroß ($\Delta x = \Delta y = s$).

Die Differentialquotienten werden nach ihrer geometrischen Bedeutung durch Funktionen der Ordinaten w_k der Gitterknoten ersetzt (Abschn. 20). Danach ist in Verbindung mit Abb. 659

$$\left(\frac{\partial w}{\partial x}\right)_k \to \frac{w_{k+1} - w_{k-1}}{2\,\Delta x}, \qquad \left(\frac{\partial w}{\partial y}\right)_k \to \frac{w_l - w_i}{2\,\Delta y},$$

$$\left(\frac{\partial^2 w}{\partial x\,\partial y}\right)_k \to \frac{w_{l+1} - w_{l-1} - w_{i+1} + w_{i-1}}{4\,\Delta x\,\Delta y},$$

$$\left(\frac{\partial^2 w}{\partial x^2}\right)_k \to \frac{w_{k+1} - 2\,w_k + w_{k-1}}{\Delta x^2}, \qquad \left(\frac{\partial^2 w}{\partial y^2}\right)_k \to \frac{w_l - 2\,w_k + w_i}{\Delta y^2},$$

$$\left.\begin{aligned}
&\left(\frac{\partial^3 w}{\partial x^3}\right)_k \to \frac{\Delta^2 w_{k+1} - \Delta^2 w_{k-1}}{2\,\Delta x^3} = \frac{w_{k+2} - 2\,w_{k+1} + 2\,w_{k-1} - w_{k-2}}{2\,\Delta x^3},\\
&\left(\frac{\partial^3 w}{\partial y^3}\right)_k \to \frac{w_m - 2\,w_l + 2\,w_i - w_n}{2\,\Delta y^3},\\
&\left(\frac{\partial^4 w}{\partial x^2\,\partial y^2}\right)_k = \left[\frac{\partial^2}{\partial y^2}\left(\frac{\partial^2 w}{\partial x^2}\right)_k\right]_k \to \frac{\left(\frac{\partial^2 w}{\partial x^2}\right)_l - 2\left(\frac{\partial^2 w}{\partial x^2}\right)_k + \left(\frac{\partial^2 w}{\partial x^2}\right)_i}{\Delta y^2}\\
&\quad\to \frac{4\,w_k - 2\,(w_{k+1} + w_{k-1} + w_l + w_i) + (w_{i-1} + w_{i+1} + w_{l+1} + w_{l-1})}{\Delta x^2\,\Delta y^2},\\
&\left(\frac{\partial^4 w}{\partial x^4}\right)_k \to \frac{\left(\frac{\partial^2 w}{\partial x^2}\right)_{k+1} - 2\left(\frac{\partial^2 w}{\partial x^2}\right)_k + \left(\frac{\partial^2 w}{\partial x^2}\right)_{k-1}}{\Delta x^2}\\
&\quad\to \frac{w_{k+2} - 4\,w_{k+1} + 6\,w_k - 4\,w_{k-1} + w_{k-2}}{\Delta x^4},\\
&\left(\frac{\partial^4 w}{\partial y^4}\right)_k \to \frac{w_m - 4\,w_l + 6\,w_k - 4\,w_i + w_h}{\Delta y^4}.
\end{aligned}\right\} \quad (998)$$

Die Differentialgleichungen der Plattenbiegung (929) und (931), (932) werden Differenzengleichungen, so daß der Zusammenhang zwischen der Belastungsintensität p_k, den Ordinaten w_k der Biegefläche und den Momentensummen M_k in folgender Weise beschrieben wird:

$$\text{I.}\quad \frac{\Delta^4 w_k}{\Delta x^4} + 2\,\frac{\Delta^4 w_k}{\Delta x^2\,\Delta y^2} + \frac{\Delta^4 w_k}{\Delta y^4} = \frac{p_k}{N},$$

$$\text{II.}\quad \frac{\Delta^2 M_k}{\Delta x^2} + \frac{\Delta^2 M_k}{\Delta y^2} = -p_k, \qquad \frac{\Delta^2 w_k}{\Delta x^2} + \frac{\Delta^2 w_k}{\Delta y^2} = -\frac{M_k}{N}.$$

Daraus entsteht an jedem freien Maschenknoten mit den Differenzenquotienten (998) und mit $\Delta y^2/\Delta x^2 = \alpha$ die Gleichung

$$\left.\begin{aligned}
\text{I.}\quad & w_k\left[6\left(\alpha + \frac{1}{\alpha}\right) + 8\right] - 4\left[(1+\alpha)\,(w_{k+1} + w_{k-1}) + \left(1 + \frac{1}{\alpha}\right)(w_l + w_i)\right]\\
&+ 2\,(w_{i-1} + w_{l-1} + w_{l+1} + w_{i+1}) + \alpha\,(w_{k+2} + w_{k-2})\\
&+ \frac{1}{\alpha}\,(w_m + w_h) = p_k\,\frac{\alpha\,\Delta x^4}{N},\\
\text{II.}\quad & 2\,(1+\alpha)\,M_k - \alpha\,(M_{k+1} + M_{k-1}) - (M_l + M_i) = p_k\,\alpha\,\Delta x^2,\\
& 2\,(1+\alpha)\,w_k - \alpha\,(w_{k+1} + w_{k-1}) - (w_l + w_i) = \frac{M_k}{N}\,\alpha\,\Delta x^2.
\end{aligned}\right| \quad (999)$$

Bei gleich großen Abständen $\Delta x = \Delta y = s$ des Gitters ist

$$\begin{aligned}
\text{I.}\quad & 20\,w_k - 8\,(w_{k-1} + w_l + w_{k+1} + w_i) + 2\,(w_{i-1} + w_{l-1} + w_{l+1} + w_{i+1})\\
&+ (w_{k-2} + w_m + w_{k+2} + w_h) = p_k\,\frac{s^4}{N}.
\end{aligned} \qquad (1000)$$

$$\text{II.}\quad 4\,M_k - M_{k-1} - M_l - M_{k+1} - M_i = +\,p_k\,s^2, \qquad (1001)$$

$$4\,w_k - w_{k-1} - w_l - w_{k+1} - w_i = +\,\frac{M_k}{N}\,s^2. \qquad (1002)$$

Schnittkräfte. Die Schnittkräfte der Platte sind nach (919) Funktionen von Differentialquotienten der Plattenbiegung und daher jetzt Funktionen von Differenzenquotienten, so daß die Schnittkräfte am Maschenknoten k in folgender Weise von den Verschiebungen des Gitters abhängen:

$$\left.\begin{aligned}
M_{x,k} &= -N\left(\frac{\Delta^2 w_k}{\Delta x^2} + \mu\frac{\Delta^2 w_k}{\Delta y^2}\right) = \frac{N}{s^2}[-w_{k-1} + 2w_k - w_{k+1} + \mu(-w_i + 2w_k - w_l)],\\
M_{y,k} &= -N\left(\mu\frac{\Delta^2 w_k}{\Delta x^2} + \frac{\Delta^2 w_k}{\Delta y^2}\right) = \frac{N}{s^2}[\mu(-w_{k-1} + 2w_k - w_{k+1}) - w_i + 2w_k - w_l],\\
M_k &= -N\left(\frac{\Delta^2 w_k}{\Delta x^2} + \frac{\Delta^2 w_k}{\Delta y^2}\right) \;\;= \frac{N}{s^2}[-w_i - w_{k-1} + 4w_k - w_{k+1} - w_l],\\
M_{xy,k} &= -N(1-\mu)\frac{\Delta^2 w_k}{\Delta x\,\Delta y} = -\frac{N(1-\mu)}{4s^2}[w_{l-1} - w_{l+1} - w_{i-1} + w_{i+1}].
\end{aligned}\right\} \quad (1003)$$

$$\left.\begin{aligned}
Q_{xz,k} &= \frac{\Delta M_k}{\Delta x} = \frac{1}{2s}(M_{k+1} - M_{k-1})\\
&= \frac{N}{2s^3}[w_{k-2} + (w_{l-1} + w_{i-1}) - (w_{l+1} + w_{i+1}) - w_{k+2} + 4(w_{k+1} - w_{k-1})],\\
Q_{yz,k} &= \frac{\Delta M_k}{\Delta y} = \frac{1}{2s}(M_l - M_i)\\
&= \frac{N}{2s^3}[w_h + (w_{i+1} + w_{i-1}) - (w_{l+1} + w_{l-1}) - w_m + 4(w_l - w_i)].
\end{aligned}\right\} \quad (1004)$$

$$\left.\begin{aligned}
A_{xz,k} &= -\frac{1}{2s}[M_{k+1} - M_{k-1} + M_{xy,l} - M_{xy,i}]\\
&= -\frac{N}{2s^3}[w_{k-2} + (6-2\mu)(w_{k+1} - w_{k-1})\\
&\qquad + (2-\mu)(w_{i-1} + w_{l-1} - w_{l+1} - w_{i+1}) - w_{k+2}],\\
A_{yz,k} &= -\frac{1}{2s}[M_l - M_i + M_{xy,k+1} - M_{xy,k-1}]\\
&= -\frac{N}{2s^3}[w_h + (6-2\mu)(w_l - w_i)\\
&\qquad + (2-\mu)(w_{i+1} + w_{i-1} - w_{l-1} - w_{l+1}) - w_m].
\end{aligned}\right\} \quad (1005)$$

Die Teilung $\Delta x, \Delta y$ des Gitters ist in beiden Richtungen konstant. Je kleiner die Abschnitte gewählt werden, um so besser ist die Angleichung des Verschiebungszustandes des Gitters an die elastische Fläche der Platte, um so größer aber auch die Anzahl der linearen Gleichungen (1000) und der Umfang der Zahlenrechnung. Die Zerlegung des Integrationsbereiches in quadratische Maschen ($\Delta x = \Delta y = s$) vereinfacht die Differenzengleichungen der Wurzeln M_k, w_k und die Ansätze für die Schnittkräfte. Die Poissonsche Zahl beträgt bei Eisenbetonplatten $\mu = 1/6$, sie kann aber auch zur einfachen Berechnung der Schnittkräfte, vor allem bei $\Delta x \neq \Delta y$ im Sinne dieser Näherungslösung Null gesetzt werden.

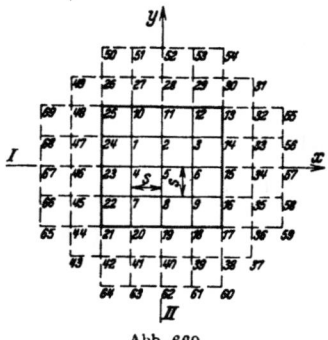

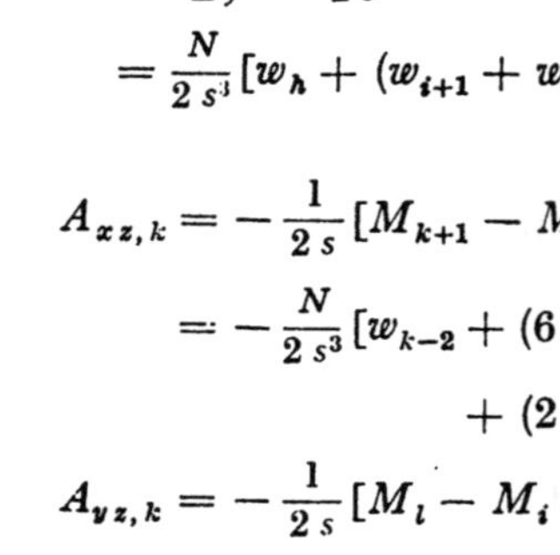
Abb. 660.

Die Bedingungen am Rande des Gitters und an den singulären Stellen der Belastungsfunktion. Um den Zusammenhang zwischen der Biegefläche $w(x, y)$ der Platte und der vorgeschriebenen Belastung auch am Plattenrande in endlichen Abschnitten $\Delta x, \Delta y$ zu beschreiben, und die Schnitt- und Stützkräfte nach (1003) ff. abzuleiten, wird die elastische Fläche unabhängig von der Stützung erweitert, indem das Gitter und die Belastung $p(x, y)$ stetig über den Plattenrand hinaus fortgesetzt werden. Damit ist die Bedingung $\Delta\Delta w = p/N$ auch außerhalb des Randes erfüllt (Abb. 660). Unter dieser Voraussetzung gelten die Ansätze (1004) für die Schnittkräfte Q_{xz}, Q_{yz}, M_{xy} und die Ansätze (1005) für die Auflagerkräfte A_{xz}, A_{yz}. In diesen lassen sich dann die Verschiebungen w der Nebenknoten außerhalb des Randes eliminieren, so daß sich die Auflagerkräfte folgendermaßen berechnen lassen:

a) Frei aufliegende Platte. Für den Randknoten k folgt nach (1003) aus $M_k = 0$ und $w_i = w_k = w_l = 0$

$$w_{k+1} = -w_{k-1}. \tag{1006}$$

Die Differenzengleichung (1001) liefert mit $M_i = M_k = M_l = 0$

$$M_{k+1} = -M_{k-1} - p_k s^2$$

und die Differenzengleichung (1002) für den Nebenknoten $(k+1)$ ergibt

$$4\,w_{k+1} - w_{l+1} - w_{k+2} - w_{i+1} = \frac{M_{k+1}}{N}\,s^2 = -\frac{M_{k-1}}{N}\,s^2 - \frac{p_k s^4}{N}$$

oder mit (1006)

$$w_{k+2} = 4\,w_{k+1} + w_{l-1} + w_{i-1} + \frac{M_{k-1}}{N}\,s^2 + \frac{p_k s^4}{N}.$$

Nach (1002) ist für den Punkt $(k-1)$

$$\frac{M_{k-1}}{N}\,s^2 = 4\,w_{k-1} - w_{k-2} - w_{i-1} - w_{l-1},$$

also

$$w_{k+2} = -w_{k-2} + \frac{p_k s^4}{N}. \tag{1007}$$

Damit geht Gl. (1005) über in

$$A_{xz,k} = \frac{N}{2\,s^3}\left[4\,(3-\mu)\,w_{k-1} - 2\,w_{k-2} - 2\,(2-\mu)\,(w_{i-1} + w_{l-1}) + \frac{p_k s^4}{N}\right]. \tag{1008}$$

Ebenso wird erhalten

$$A_{yz,k} = \frac{N}{2\,s^3}\left[4\,(3-\mu)\,w_i \quad - 2\,w_h \quad - 2\,(2-\mu)\,(w_{i-1} + w_{i+1}) + \frac{p_k s^4}{N}\right]. \tag{1009}$$

b) Starr eingespannte Platte. Für den Randknoten k folgt nach (998) aus $dw/dx = 0$

$$w_{k+1} = w_{k-1}. \tag{1010}$$

Die Differenzengleichung (1000) liefert mit $w_i = w_k = w_l = 0$ und (1010)

$$w_{k+2} = \frac{p_k s^4}{N} + 16\,w_{k-1} - 4\,(w_{i-1} + w_{l-1}) - w_{k-2}, \tag{1011}$$

so daß nach (1005)

$$A_{xz,k} = \frac{N}{2\,s^3}\left[16\,w_{k-1} - 2\,w_{k-2} - 4\,(w_{i-1} + w_{l-1}) + \frac{p_k s^4}{N}\right] \tag{1012}$$

und ebenso

$$A_{yz,k} = \frac{N}{2\,s^3}\left[16\,w_i \quad - 2\,w_h \quad - 4\,(w_{i-1} + w_{i+1}) + \frac{p_k s^4}{N}\right]. \tag{1013}$$

Die Erweiterung der Fläche M_k und der elastischen Fläche w_k über den Rand hinaus zeigt Abb. 661 für einen Schnitt $y = \text{const.}$ a) Frei aufliegende Platte, b) starr eingespannte Platte, c) freier Rand. Die Belastungsfunktion p ist dabei konstant angenommen worden.

Man kann aber auch zur Formulierung der Randbedingungen auf die Erweiterung der elastischen Fläche verzichten und die Differenzengleichungen und Schnittkräfte allein mit den Verschiebungen der Hauptknoten des Gitters anschreiben, wenn an Stelle des einzelnen Plattenelementes eine nach allen Seiten durchlaufende Platte mit den gleichen Stützenbedingungen untersucht wird. Die durchlaufende Platte wird auf Schneiden gestützt und antimetrisch oder symmetrisch belastet. Die Formänderung der benachbarten Felder ist dann antimetrisch oder symmetrisch zur Formänderung des Hauptfeldes, so daß die Verschiebungen der Nebenknoten antimetrisch oder symmetrisch mit den Verschiebungen der Hauptknoten übereinstimmen. Die Differenzengleichungen der Randknoten enthalten jedoch dann neben der Belastungsintensität p die singulären Stützkräfte. Sie können also nur angeschrieben werden, wenn diese bekannt sind. Das gilt auch von den singulären Stützkräften bei Pilzdecken. Daher ist die Lösung mit Differenzen nur dann möglich, wenn an diesen Punkten die Randwerte der Unbekannten Null oder vorgeschrieben sind. Beim frei aufliegenden Rand ist $M_k = 0$ und $w_k = 0$, die Lösung also nach (1001), (1002) in zwei Stufen durchführbar. Beim eingespannten Rand ist $M_k \neq 0$, $w_k = 0$, so daß nur der allgemeine Ansatz (1000) verwendet werden kann. Bei Pilzdecken ist über den Stützen $w_k = 0$, also ebenfalls nur der allgemeine Ansatz anwendbar, doch ist es zweckmäßig, den Stützendruck als statisch überzählige Größe zu berechnen.

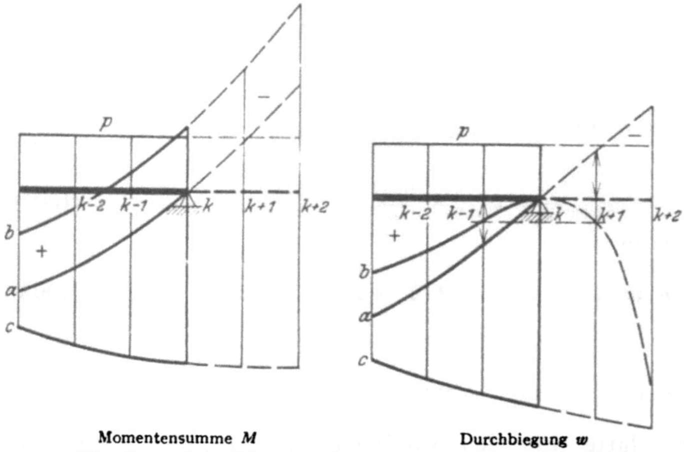

Momentensumme M Durchbiegung w

Abb. 661. *a* frei aufliegender, *b* starr eingespannter, *c* freier Rand.

Werden die Randbedingungen durch Bedingungen über die Antimetrie oder Symmetrie der Formänderung ersetzt, so lassen sich die Stützkräfte A_{xz}, A_{yz} nicht mehr nach (1005) ermitteln. Sind aber die Verschiebungen w_k bekannt, so können die Differenzengleichungen für die singulären Punkte nunmehr zur Bestimmung der singulären Stützkräfte dienen. Z. B. ist für die starr eingespannte Platte am Randknoten k nach (1000) mit

$$w_i = w_k = w_l = 0\,, \qquad w_{k+1} = w_{k-1}\,, \qquad w_{k+2} = w_{k-2}\,,$$

$$2\,w_{k-2} + 4\,(w_{i-1} + w_{l-1}) - 16\,w_{k-1} = \bar{p}_k \frac{s^4}{N}\,,$$

wobei $\bar{p}_k$ die Belastungsintensität unter Berücksichtigung der Stützkraft bedeutet. Nach Abb. 662 ist

$$\bar{p}_k\, s^2 = -\,2\,A_{xz,k}\, s + p_k\, s^2\,,$$

womit wiederum wie in (1012)

$$A_{xz,k} = \frac{N}{2\,s^3}\left[16\,w_{k-1} - 2\,w_{k-2} - 4\,(w_{i-1} + w_{l-1}) + \frac{p_k\, s^4}{N}\right].$$

Den Verlauf von M_k und w_k für einen Schnitt $y = \text{const}$ am Rande bei Ersatz der Randbedingungen durch Bedingungen über die Antimetrie oder Symmetrie der Formänderung zeigt Abb. 662. Die Belastungsfunktion p ist dabei konstant angenommen worden. Sie hat im Randknoten beim eingespannten Rand eine Singularität, beim frei aufliegenden Rand einen Sprung.

1. Freie Auflagerung der Ränder. Die Verschiebungen w_{10} bis w_{25} und die Momentensummen M_{10} bis M_{25} in den Randpunkten sind nach S. 647 Null (Abb. 660). Daher werden zunächst die Momentensummen M_1 bis M_9 der Hauptknoten nach (1001) und daraus die Verschiebungen w_1 bis w_9 des Gitters nach

(1002) berechnet. Damit sind nach (1003) auch die Biegungsmomente $M_{x,1}$ bis $M_{x,9}$, $M_{y,1}$ bis $M_{y,9}$ bekannt. Um die Drillungsmomente für alle Maschenknoten nach (1003) zu berechnen, sind auch die Verschiebungen der dem Rande benachbarten Nebenknoten notwendig. Diese ergeben sich aus der Bedingung (938) für die Momentensummen am Rande.

$$w_{27} = -w_1 \text{ usw.,} \qquad w_{33} = -w_3 \text{ usw.,} \qquad \text{an der Ecke} \quad w_{31} = w_3 \text{ usw.} \tag{1014}$$

Die Berechnung der Querkräfte Q_{10} bis Q_{25} und der Stützkräfte A_{10} bis A_{25} nach (1004), (1005) setzt außerdem noch die Kenntnis über die Größe der Momentensummen M_{26} bis M_{48} in denselben Nebenknoten voraus. Sie ergeben sich aus den Differenzengleichungen (1001) für die Randpunkte.

$$M_1 + M_{27} = -p_{10}\, s^2 \text{ usw.,} \qquad M_3 + M_{33} = -p_{14}\, s^2 \text{ usw.}$$

Eine andere Lösung mit Hilfe der Verschiebungen ist bereits auf S. 683 angegeben worden.

2. S t a r r e E i n s p a n n u n g d e r R ä n d e r. Die Verschiebungen w_{10} bis w_{25} sind Null, dagegen die Momentensummen M_{10} bis M_{25} von Null verschieden (Abb. 660). Daher werden die Verschiebungen w_1 bis w_9 der Hauptknoten mit dem allgemeinen Ansatz (1000) in einer Stufe berechnet. Hierbei gehen die Verschiebungen der am Rande benachbarten Nebenknoten in die Gleichungen ein. Diese sind durch die Randbedingungen (942) bestimmt, da mit

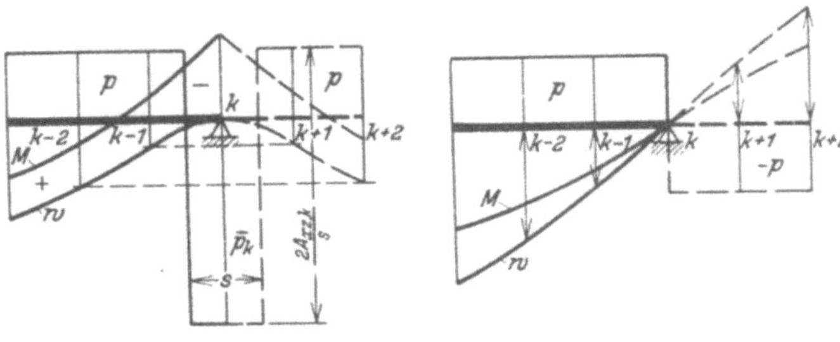

Symmetrie von M_k, w_k am Rande der eingespannten Platte (Belastungsfunktion mit Singularität).

Antimetrie von M_k, w_k am Rande der frei aufliegenden Platte (Belastungsfunktion mit Sprung).

Abb. 662.

$$\partial w/\partial y = 0: \qquad w_{27} = w_1 \text{ usw.,} \qquad \partial w/\partial x = 0: \qquad w_{33} = w_3 \text{ usw.} \tag{1015}$$

Mit den Wurzelwerten w_k sind nach (1003) alle Biegungs- und Drillungsmomente in den Knoten 1 bis 25 bestimmt. Die Drillungsmomente in den Randpunkten ergeben sich nach Vorschrift zu Null. Die Berechnung der Auflagerkraft ist bereits auf S. 683 abgeleitet worden.

3. Z w e i a n s c h l i e ß e n d e R ä n d e r (10 bis 17) d e r P l a t t e s i n d k r ä f t e f r e i, d i e b e i d e n a n d e r e n (18 bis 25) f r e i a u f g e l a g e r t (Abb. 660). Die Verschiebungen und Momentensummen in den Randknoten 17 bis 25 sind Null, so daß damit auch die Verschiebungen der Nebenknoten 38 bis 48 als antimetrisch zu den Verschiebungen der symmetrisch liegenden Hauptknoten bekannt sind. Damit können die Differenzengleichungen für die Punkte 1 bis 16 angeschrieben werden. Als Wurzeln erscheinen nur noch die unbekannten Verschiebungen der Nebenknoten 26 bis 36 und 51 bis 58. Diese müssen durch die Bedingungen $M_{y,25}$ bis $M_{y,13} = 0$, $M_{x,13}$ bis $M_{x,17} = 0$, $A_{y,10}$ bis $A_{y,13} = 0$, $A_{x,13}$ bis $A_{x,16} = 0$ und $C_{13} = 0$ eliminiert werden.

Die beliebige Belastung von achsensymmetrischen Platten (freie Auflagerung oder starre Einspannung aller vier Ränder) wird durch die Umordnung der Belastung nach den beiden Achsen im Sinne von Abschn. 27 in vier unabhängige Teile zerlegt, so daß in (1001), (1002) nur die Momentensummen ${}^{(1)}M_k \ldots {}^{(4)}M_k$ und die Verschiebungen ${}^{(1)}w_k \ldots {}^{(4)}w_k$ e i n e s Q u a d r a n t e n als Wurzeln auftreten.

$$M_k = {}^{(1)}M_k + \cdots + {}^{(4)}M_k, \qquad w_k = {}^{(1)}w_k + \cdots + {}^{(4)}w_k. \tag{1016}$$

Die Momentensummen und Verschiebungen in Punkten der Symmetrieachsen I, II

sind bei Antimetrie der Belastung nach I und II Null. Die Rechnung wird dadurch vereinfacht. Sind mehrere Belastungsfälle, also auch die Einflußflächen von Verschiebungen oder Schnittkräften zu untersuchen, so wird nach Abschn. 29 die konjugierte Matrix zu den Differenzengleichungen (1000) oder (1001), (1002) gebildet.

Flächenlasten, die nicht mit der Teilung des Gitters in Beziehung stehen, werden maschenweise zu Einzellasten zusammengefaßt und nach dem Hebelgesetz auf die Maschenknoten verteilt.

Der Umfang der Zahlenrechnung nimmt wesentlich zu, wenn die Symmetrieeigenschaften der Stützung ganz oder teilweise wegfallen. Die Art der Untersuchung nach S. 684 wird jedoch nicht geändert. Der Spannungszustand an kräftefreien Ecken k liefert stets 5 Bedingungen. Neben denjenigen des kräftefreien Randes mit

$$M_{x,k} = 0, \qquad M_{y,k} = 0, \qquad A_{xz,k} = 0, \qquad A_{yz,k} = 0$$

ist nach den Bemerkungen auf S. 648 auch $M_{xy,k} = M_{yx,k} = 0$, also

$$(\partial^2 w/\partial x\, \partial y)_k = 0 .$$

Berechnung der rechteckigen Platte $b/a = 4/3$ mit frei aufliegenden Rändern für gleichmäßige Belastung p.

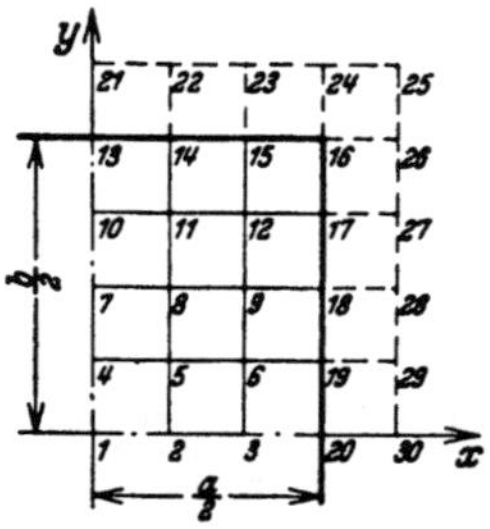

Abb. 663.

1. Gitterteilung (Abb. 663)

$$s = \frac{a}{6} = \frac{b}{8} .$$

2. Randwerte nach (938) und (1014).

$$M_{13} \text{ bis } M_{20} = 0 , \qquad w_{13} \text{ bis } w_{20} = 0 .$$

$$w_{21} = -w_{10} \text{ usw.}, \qquad w_{30} = -w_3 \text{ usw.}$$

$$w_{24} = w_{26} = 0 , \qquad w_{25} = w_{12} .$$

3. Differenzengleichungen (1001), (1002) für die 12 Gitterpunkte.

$$p_k s^2 = \frac{10^4}{36} \cdot \frac{p a^2}{10^4} , \qquad \frac{M_k s^2}{N} = \frac{M_k}{10^{-4} p a^2} \cdot \frac{10}{36} \cdot \frac{p a^4}{10^5 N} .$$

1	2	3	4	5	6	7	8	9	10	11	12	$\frac{p a^2}{10^4}$	$\frac{p a^4}{10^5 N}$
4	−2		−2									277,8	256,3
−1	4	−1		−2								277,8	229,7
	−1	4			−2							277,8	147,2
−1			4	−2		−1						277,8	244,1
	−1		−1	4	−1		−1					277,8	219,1
		−1		−1	4			−1				277,8	140,8
			−1			4	−2		−1			277,8	204,7
				−1		−1	4	−1		−1		277,8	184,4
					−1		−1	4			−1	277,8	120,0
						−1			4	−2		277,8	128,8
							−1		−1	4	−1	277,8	117,2
								−1		−1	4	277,8	78,3

4. Die Iteration einer Näherungslösung liefert

k	1	2	3	4	5	6	7	8	9	10	11	12	
M_k	923	827	530	879	789	507	737	664	432	464	422	282	$10^{-4}\,p\,a^2$
w_k	661	577	339	617	539	317	486	425	251	273	239	142	$10^{-5}\,p\,a^4/N$

5. Schnittkräfte nach (1003) ff. und (1008), z. B.

$$M_{x,1} = \frac{36\,N}{a^2} \cdot \frac{10^{-5}\,p\,a^4}{N}\left[-577 + 2\cdot 661 - 577 + \frac{1}{6}(-617 + 2\cdot 661 - 617)\right] = 0{,}066\,p\,a^2,$$

$$M_{y,1} = \frac{36\,N}{a^2} \cdot \frac{10^{-5}\,p\,a^4}{N}\left[\frac{1}{6}(-577 + 2\cdot 661 - 577) - 617 + 2\cdot 661 - 617\right] = 0{,}042\,p\,a^2,$$

$$M_{xy,16} = \frac{36\,N}{4\,a^2}\left(1 - \frac{1}{6}\right)\frac{10^{-5}\,p\,a^4}{N}\left[-142 - 142 - 142 - 142\right] = -0{,}043\,p\,a^2,$$

$$A_{x,20} = \frac{216\,N}{2\,a^3} \cdot \frac{10^{-5}\,p\,a^4}{N}\left[4\cdot\left(3 - \frac{1}{6}\right)339 - 2\cdot 577 - 2\left(2 - \frac{1}{6}\right)(317 + 317)\right] + \frac{p\,a}{12} = 0{,}475\,p\,a.$$

Die Schnittkräfte sind in Abb. 664 dargestellt. Sie stimmen gut mit den genauen Werten S. 677 überein. Der Auflagerdruck ergibt sich nach der gestrichelten Linie und ist an den Ecken nicht Null wie bei der strengen Lösung. Der Fehler nimmt mit der Gitterteilung ab. Der Auflagerdruck ist daher nach den Ecken zu kleiner als die Zahlenrechnung angibt und verläuft etwa nach der ausgezogenen Linie.

Um die Abhängigkeit des Ergebnisses der Differenzenmethode von der Gitterteilung zu zeigen, ist eine quadratische, frei aufliegende, gleichmäßig belastete Platte für $s = a/4$ und $a/8$ berechnet worden. Die Ergebnisse weichen nur wenig voneinander ab (Abb. 665).

In Abb. 666 sind die Ergebnisse für eine Einzellast in Plattenmitte mit $s = a/4$, $a/8$, $a/12$ dargestellt. Sie weichen nur in geringer Umgebung der Last voneinander ab. Daher genügt es, die Berechnung für ein grobes Gitter durchzuführen und nur im Lastbereich ein feineres Gitter einzuschalten. Für das grobe Gitter $s = a/4$ (Abb. 665a) lauten die Differenzengleichungen (1001)

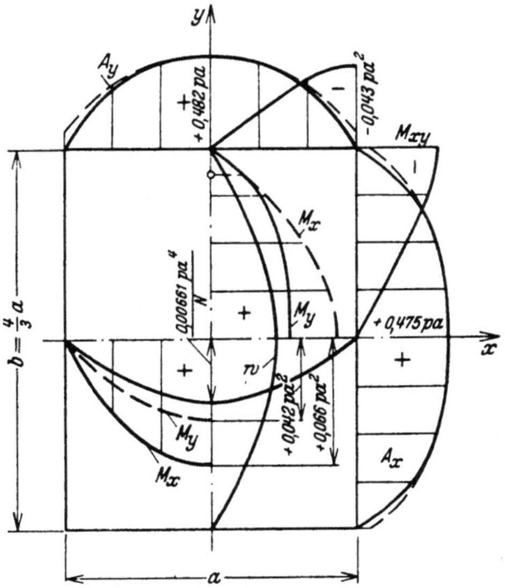

Abb. 664. Schnittkräfte der frei aufliegenden rechteckigen Platte mit gleichmäßiger Belastung p.

M_1	M_2	M_3	P
4	−4		1
−1	4	−2	0
	−2	4	0

mit dem Ergebnis

$$M_1 = 0{,}374\,P,$$

$$M_2 = 0{,}125\,P,$$

$$M_3 = 0{,}0624\,P.$$

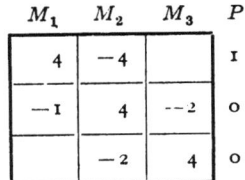

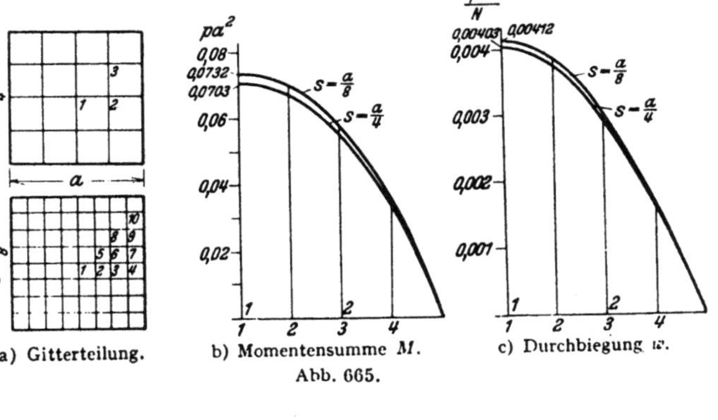

a) Gitterteilung. b) Momentensumme M. c) Durchbiegung w.

Abb. 665.

Für das eingeschaltete feinere Gitter mit $s = a/8$ (Abb. 667) lauten die Gleichungen (1001)

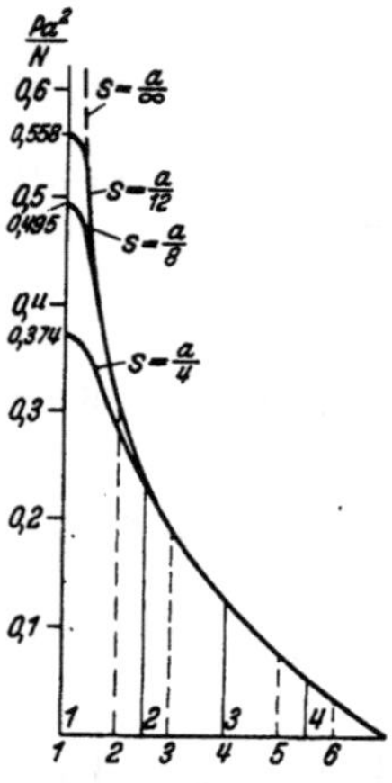

Abb. 666. Momentensumme M.

M_1	M_4	M_5	
4	−4		1
−1	4	−2	$0 + M_2$
	−2	4	$0 + 2\,M_6$

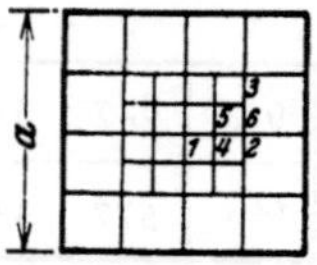

Abb. 667. Gitterteilung mit eingeschaltetem feinerem Gitter.

Mit $M_2 = 0{,}125\,P$ und $M_6 = M_2 - \frac{1}{4}(M_2 - M_3) = 0{,}112\,P$ aus einer quadratischen Interpolation ergibt sich $M_4 = 0{,}243\,P$, $M_1 = 0{,}493\,P$. Die Werte stimmen nach Abb. 666 mit dem Ergebnis für das 8teilige Gitter gut überein.

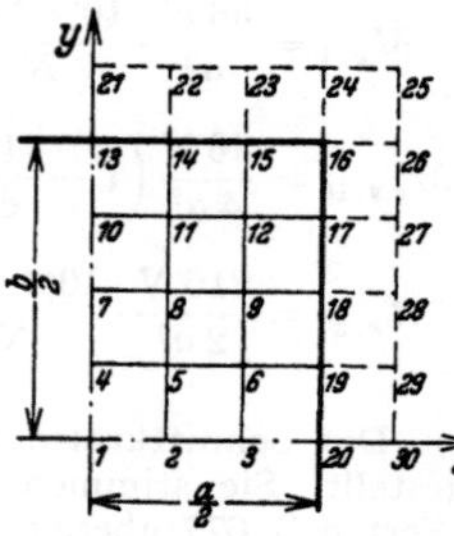

Abb. 668.

Berechnung der rechteckigen Platte $b/a = 4/3$ mit eingespannten Rändern und gleichmäßiger Belastung p.

1. Gitterteilung (Abb. 668).

$$s = \frac{a}{6} = \frac{b}{8}.$$

2. Randwerte nach (942) und (1015).

$$w_{13} \text{ bis } w_{20} = 0\,, \qquad w_{21} = w_{10} \text{ usw.}$$
$$w_{30} = w_3 \text{ usw.}\,, \qquad w_{25} = w_{12}\,.$$

3. Differenzengleichungen (1000) für die 12 Gitterpunkte.

$$\frac{p_k\,s^4}{N} = \frac{10^5}{6^4} \cdot \frac{p\,a^4}{10^5\,N}\,.$$

w_1	w_2	w_3	w_4	w_5	w_6	w_7	w_8	w_9	w_{10}	w_{11}	w_{12}	$\frac{p\,a^4}{10^5 N}$
20	−16	2	−16	8		2						77,17
−8	21	−8	4	−16	4		2					77,17
1	4	21	−16	2	−8	4		2				77,17
−8	4		21	−16	2	−8	4		1			77,17
2	−8	2	−8	22	−8	2	−8	2		1		77,17
	2	−8	1	−8	22		2	−8			1	77,17
1			−8	4		20	−16	2	−8	4		77,17
	1		2	−8	2	−8	21	−8	2	−8	2	77,17
		1		2	−8	1	−8	21		2	−8	77,17
			1			−8	4		21	−16	2	77,17
				1		2	−8	2	−8	22	−8	77,17
					1		2	−8	1	−8	22	77,17

4. Die Iteration einer Näherungslösung liefert

k	1	2	3	4	5	6	7	8	9	10	11	12	
w_k	227	187	86	207	171	79	149	124	59	67	56	27	$10^{-5}\,p\,a^4/N$

5. Schnittkräfte nach (1003ff.) und (1012), z. B.

$$M_{x,1} = \frac{36\,N}{a^2} \cdot \frac{10^{-5}\,p\,a^4}{N}\left[-187 + 2\cdot 227 - 187 + \frac{1}{6}(-207 + 2\cdot 227 - 207)\right] = 0\,032\,p\,a^2,$$

$$M_{x,20} = \frac{36\,N}{a^2} \cdot \frac{10^{-5}\,p\,a^4}{N}\left[-86 + 2\cdot 0 - 86 + \frac{1}{6}\cdot 0\right] = -0\,062\,p\,a^2.$$

$$A_{x,20} = \frac{216\,N}{2\,a^3} \cdot \frac{10^{-5}\,p\,a^4}{N}\,[16\cdot 86$$

$$-2\cdot 187 - 4\,(79+79)] + \frac{p\,a}{12} = 0.49\,p\,a.$$

Die Schnittkräfte sind in Abb. 669 dargestellt. Da der Auflagerdruck nach der strengen Lösung an der Ecke Null ist, wird das Ergebnis der Rechnung berichtigt (ausgezogene Linie). Der Fehler nimmt mit der Gitterteilung ab.

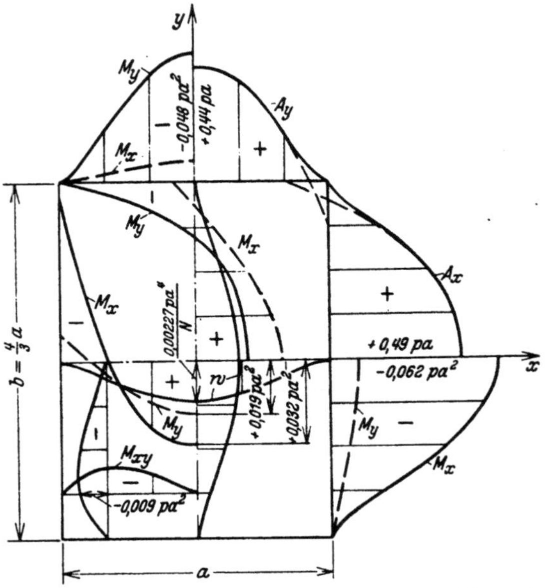

Abb. 669. Schnittkräfte der eingespannten rechteckigen Platte mit gleichmäßiger Belastung p.

Berechnung der rechteckigen Platte $b/a = 4/3$ mit frei aufliegenden Rändern und einer Einzellast.

1. Gitterteilung (Abb. 670).

$$s = \frac{a}{6} = \frac{b}{8}.$$

2. Randwerte nach (938) und (1014). Am ganzen Rand ist

$M = 0$ und $w = 0$, $w_{21} = -w_{10}$ usw.

3. Belastungsanordnung. Zur Berechnung der Durchbiegung nach (1002) sind 35 Differenzengleichungen auf-

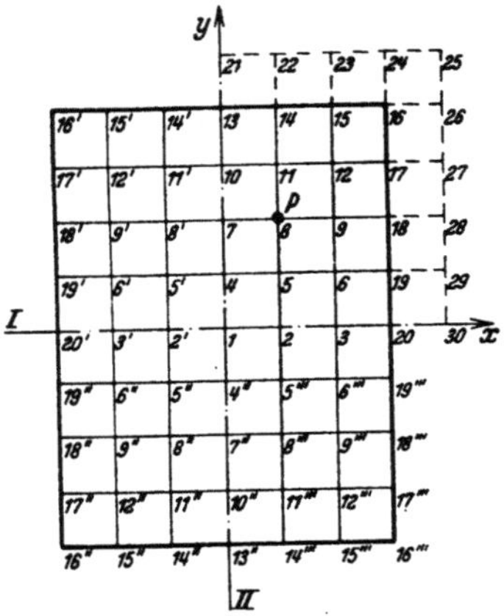

Abb. 670. Gitterteilung.

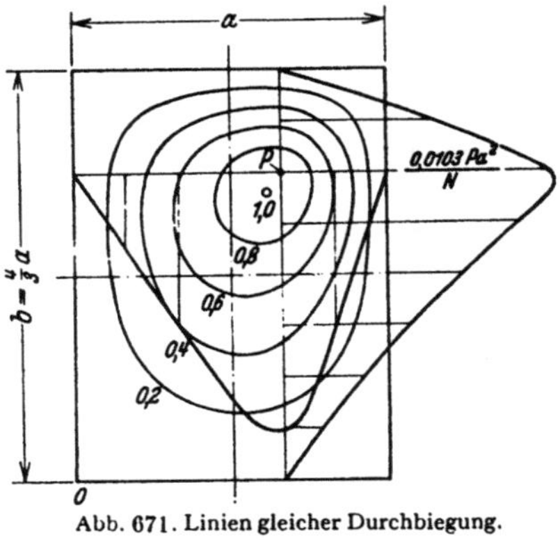

Abb. 671. Linien gleicher Durchbiegung. $w_{max} = 0{,}0107\;Pa^2/N$.

zulösen. Es ist daher zweckmäßiger, die Belastung nach Abschn. 27 in die symmetrischen und antimetrischen Anteile zu den Achsen I, II umzuordnen (Abb. 672).

In den Antimetrieachsen ist $w = 0$ und daher bekannt.

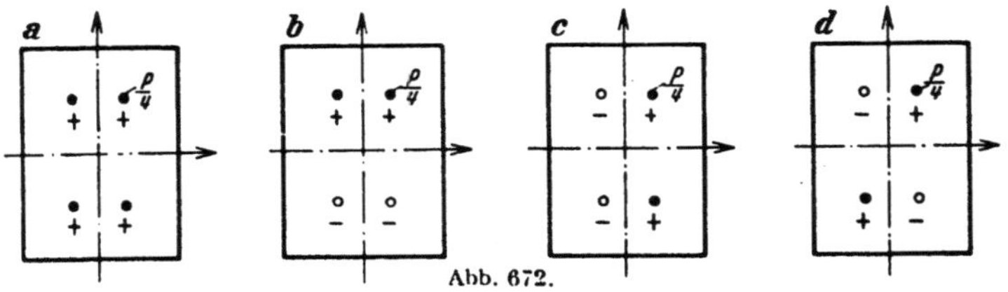

Abb. 672.

4. Differenzengleichungen (1001), (1002) für die 12 Gitterpunkte im 1. Quadranten. Im Punkt 8 ist

$$p_k\, s^2 = \frac{P}{4}\,, \qquad \frac{M_k}{N}\, s^2 = \frac{4\, M_k}{P} \cdot \frac{10^5}{144} \cdot \frac{P\, a^2}{10^5\, N}\,.$$

In allen anderen Punkten sind die Belastungsglieder Null.

a) **4** symmetrische Einzellasten $P/4$ (Abb. **672**a).

1	2	3	4	5	6	7	8	9	10	11	12	$P/4$	$\frac{P a^2}{10^5 N}$
4	−2		−2									0	228
−1	4	−1		−2								0	205
	−1	4			−2							0	113
−1			4	−2		−1						0	249
	−1		−1	4	−1		−1					0	239
		−1		−1	4			−1				0	124
			−1			4	−2		−1			0	287
				−1		−1	4	−1		−1		1	380
					−1		−1	4			−1	0	144
						−1			4	−2		0	147
							−1		−1	4	−1	0	150
								−1		−1	4	0	73

$k =$	1	2	3	4	5	6	7	8	9	10	11	12	
$w^I =$	729	637	365	709	624	355	613	557	307	343	305	172	$P a^2/10^5 N$

b) **4** Einzellasten $P/4$, symmetrisch zur y-Achse, antimetrisch zur x-Achse (Abb. **672**b).

4	5	6	7	8	9	10	11	12	$P/4$	$\frac{P a^2}{10^5 N}$
4	−2		−1						0	114
−1	4	−1		−1					0	121
	−1	4			−1				0	57
−1			4	−2		−1			0	214
	−1		−1	4	−1		−1		1	315
		−1		−1	4			−1	0	107
			−1			4	−2		0	114
				−1		−1	4	−1	0	121
					−1		−1	4	0	57

$k =$	1	2	3	4	5	6	7	8	9	10	11	12	
$w^{II} =$	0	0	0	180	164	90	277	265	138	180	164	90	$P a^2/10^5 N$

c) 4 Einzellasten $P/4$, symmetrisch zur x-Achse, antimetrisch zur y-Achse (Abb. 672c).

2	3	5	6	8	9	11	12	$P/4$	$\frac{Pa^2}{10^5 N}$
4	−1	−2						0	50,7
−1	4		−2					0	37,6
−1		4	−1	−1				0	82,8
	−1	−1	4		−1			0	49,8
		−1		4	−1	−1		1	230,8
			−1	−1	4		−1	0	79,3
				−1		4	−1	0	66,8
					−1	−1	4	0	36,5

$k =$	1	2	3	4	5	6	7	8	9	10	11	12	
$w^{III} =$	0	69	60	0	82	67	0	111	75	0	55	41	$Pa^2/10^5 N$

d) 4 antimetrische Einzellasten (Abb. 672d).

5	6	8	9	11	12	$\frac{P}{4}$	$\frac{Pa^2}{10^5 N}$
4	−1	−1				0	64,6
−1	4		−1			0	34,4
−1		4	−1	−1		1	224,2
	−1	−1	4		−1	0	73,2
		−1		4	−1	0	64,6
			−1	−1	4	0	34,4

$k =$	1	2	3	4	5	6	7	8	9	10	11	12	
$w^{IV} =$	0	0	0	0	49	36	0	96	60	0	49	36	$Pa^2/10^5 N$

Die Superposition der Einzelergebnisse liefert die Ausbiegung infolge $P = 1$ im Punkt 8 mit $w_k = w_k^I + w_k^{II} + w_k^{III} + w_k^{IV}$ nach der Zusammenstellung auf S. 692. Das Ergebnis ist in Abb. 671 dargestellt.

5. Schnittkräfte nach (1003) ff. und (1008), z. B.

$$M_{x,8} = \frac{36\,N}{a^2} \cdot \frac{P\,a^2}{10^5\,N}\left[-890 + 2\cdot 1029 - 580 + \frac{1}{6}(-919 + 2\cdot 1029 - 573)\right] = 0{,}246\,P,$$

$$M_{y,8} = \frac{36\,N}{a^2} \cdot \frac{P\,a^2}{10^5\,N}\left[\frac{1}{6}(-890 + 2\cdot 1029 - 580) - 919 + 2\cdot 1029 - 573\right] = 0{,}239\,P$$

$$M_{xy,16} = \frac{36\,N}{4\,a^2}\left(1 - \frac{1}{6}\right)\frac{P\,a^2}{10^5\,N}[-339 - 339 - 339 - 339] = -0{,}102\,P,$$

$$A_{x,18} = \frac{216\,N}{2\,a^3}\,\frac{P\,a^2}{10^5\,N}\left[4\left(3 - \frac{1}{6}\right)580 - 2\cdot 1029 - 2\left(2 - \frac{1}{6}\right)(548 + 339)\right] = 1{,}36\,P/a,$$

$$A_{y,13} = \frac{216\,N}{2\,a^3} \cdot \frac{P\,a^2}{10^5\,N}\left[4\left(3 - \frac{1}{6}\right)523 - 2\cdot 890 - 2\left(2 - \frac{1}{6}\right)(573 + 365)\right] = 1{,}38\,P/a.$$

Die Schnittkräfte sind in Abb. 673 dargestellt. Der Auflagerdruck ergibt sich etwas zu groß, da das Integral längs des ganzen Randes etwa 1,4 P wird. Der Fehler nimmt mit der Gitterteilung ab.

	1	2	3	4	5	6	7	8	9	10	11	12	
w_k	0,00729	0,00706	0,00425	0,00889	0,00919	0,00548	0,00890	0,01029	0,00580	0,00523	0,00573	0,00339	$P a^2/N$
$w_{k'}$		0,00568	0,00305		0,00657	0,00342		0,00615	0,00310		0,00365	0,00185	$P a^2/N$
$w_{k''}$				0,00529	0,00427	0,00234	0,00336	0,00277	0,00154	0,00163	0,00135	0,00077	$P a^2/N$
$w_{k'''}$					0,00493	0,00296	0,00307	0,00307	0,00184		0,00147	0,00087	$P a^2/N$

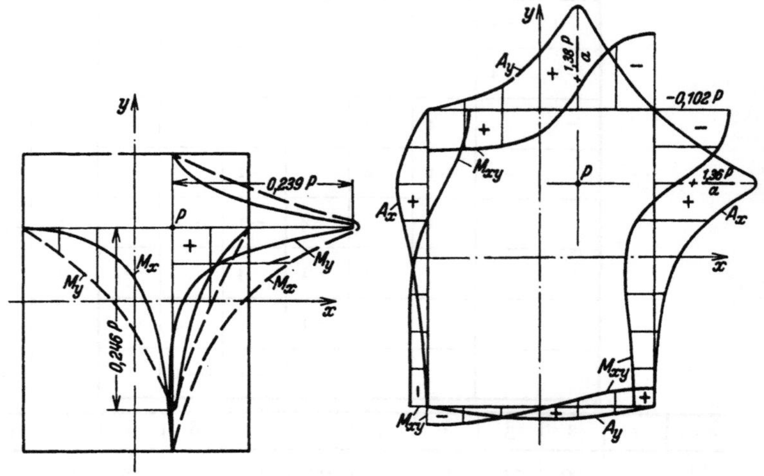

Abb. 673.

a) Biegungsmomente der frei aufliegenden rechteckigen Platte mit einer Einzellast P. b) Randkräfte der frei aufliegenden rechteckigen Platte mit einer Einzellast P.

Die Aufgabe kann auch mit einem Ansatz gelöst werden, wenn ein gröberes Gitter gewählt wird. Für das Gitter nach Abb. 674 lauten z. B. die Differenzengleichungen mit $s = a/3$

8''	8'''	2'	2	8'	8	$\frac{P}{4}$	$\frac{P a^2}{10^5 N}$
4	−1	−1				0	218
−1	4		−1			0	313
−1		4	−1	−1		0	552
	−1	−1	4		−1	0	1035
		−1		4	−1	0	958
			−1	−1	4	4	3275

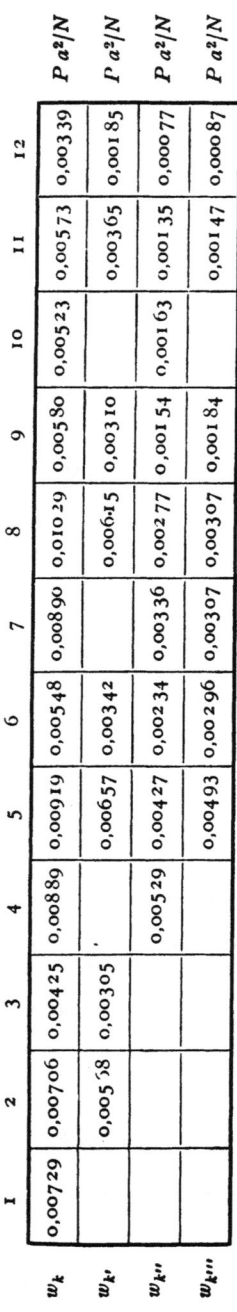

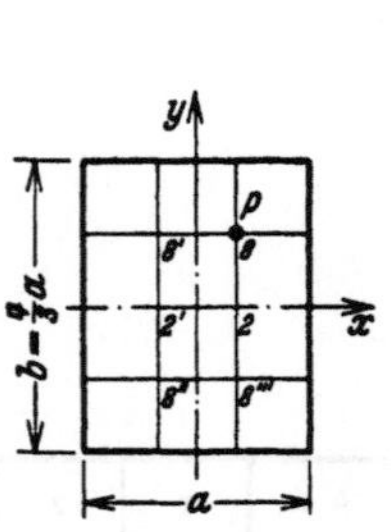

Abb. 674.

$k =$	8''	8'''	2'	2	8'	8	
$w_k =$	285	345	575	786	680	1186	$P a^2/10^5 N$

Diese Werte sind als Näherung durchaus noch brauchbar, wie der Vergleich mit der Zahlentafel am Rande der Seite zeigt. Für die Schnittkräfte sind dagegen größere Abweichungen zu erwarten.

So ist z. B. $M_{x,8} = 0{,}176\ P$ gegenüber $0{,}246\ P$. Genauere Werte ergeben sich, wenn die Biegefläche mit den Näherungswerten aufgezeichnet wird und die Ordinaten zur Bestimmung der Momente für eine engere Teilung der Zeichnung entnommen werden. Auf diese Weise wird z. B. $M_{x,8} = 0{,}255\ P$.

Berechnung einer Behälterwand mit hydrostatischer Belastung.

Die rechteckige Seitenwand eines Behälters mit quadratischem Grundriß ist am oberen Rande frei, am unteren elastisch eingespannt und an den Seiten starr eingespannt. Sie kann daher in erster Annäherung als Platte berechnet werden, die an drei Seiten starr eingespannt und an einer Seite kräftefrei ist.

Um die Rechnung abzukürzen, ist $\mu = 0$ angenommen worden.

1. Gitterteilung (Abb. 675).

$$s = \frac{a}{3} = \frac{b}{4}.$$

2. Randwerte nach (938) und (943). An den eingespannten Rändern ist

$$w_k = 0, \qquad w_{18} = w_6 \text{ usw.}, \qquad w_{25} = w_1 \text{ usw.}$$

Am freien Rand ist $M_y = 0$, $A_y = 0$. Mit (1003) folgt daraus

$$w_7 = 2\,w_5 - w_3, \qquad w_8 = 2\,w_6 - w_4, \qquad w_9 = 0.$$

Diese Beziehungen liefern mit (1005)

$$w_{10} = w_1 - 12\,w_3 + 8\,w_4 + 12\,w_5 - 8\,w_6,$$
$$w_{11} = w_2 + 4\,w_3 - 12\,w_4 - 4\,w_5 + 12\,w_6.$$

3. Die Belastungszahlen. Die hydrostatische Belastung wird nach S. 682 über den Plattenrand hinaus stetig fortgesetzt und nach dem Hebelgesetz auf die Gitterpunkte verteilt (Abb. 675).

$$p_5 = p_6 = 0, \qquad p_3 = p_4 = \tfrac{1}{3}\,p_0, \qquad p_1 = p_2 = \tfrac{2}{3}\,p_0, \qquad p_{17} = p_{16} = p_0.$$

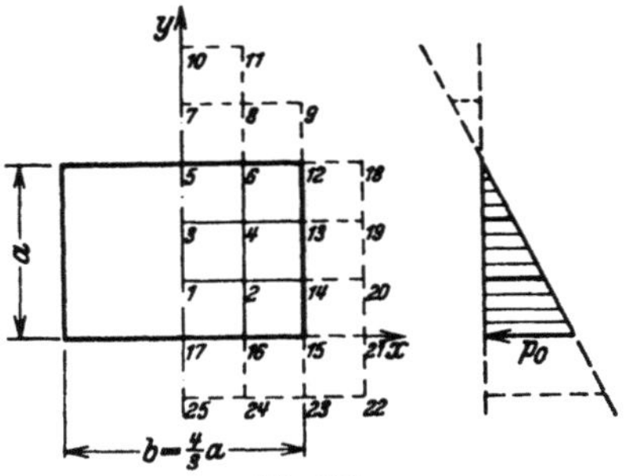

Abb. 675.

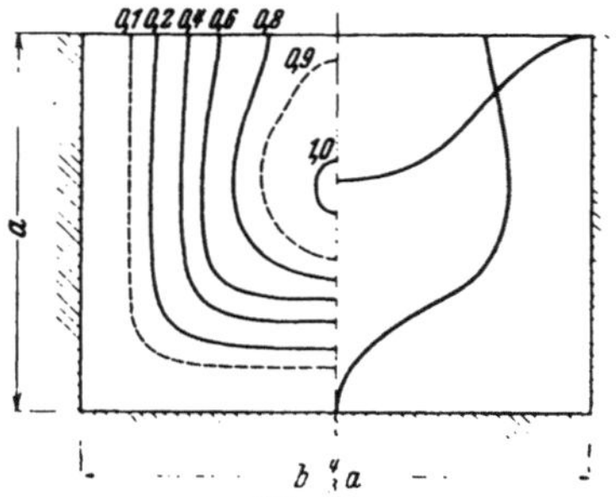

Abb. 676.

4. Differenzengleichungen (1000) für die Gitterpunkte 1 bis 6. Beim Aufstellen der Differenzengleichungen werden die Randbedingungen unter 2 berücksichtigt.

w_1	w_2	w_3	w_4	w_5	w_6	$\frac{p_0 a^4}{1000\,N}$
21	−16	−8	4	1		8,23
−8	23	2	−8		1	8,23
−8	4	19	−16	−6	4	4,12
2	−8	−8	21	2	−6	4,12
2		−12	8	16	−16	0
	2	4	−12	−8	18	0

5. Die Iteration einer Näherungslösung liefert

$k =$	1	2	3	4	5	6	
$w_k =$	2,003	1,362	2,265	1,728	2,321	1,442	$p_0\,a^4/1000\,N$

Die Biegefläche ist in Abb. 676 dargestellt.

6. Schnittkräfte nach (1003) ff. und (1012), z. B.

$$M_{y,17} = \frac{9N}{a^2} \frac{p_0 a^4}{1000 N} [-2{,}003 - 2{,}003] = 0{,}036\, p_0 a^2 ,$$

$$M_{x,12} = \frac{9N}{a^2} \frac{p_0 a^4}{1000 N} [-1{,}442 - 1{,}442] = 0{,}026\, p_0 a^2 ,$$

$$A_{y,17} = \frac{27N}{2a^3} \frac{p_0 a^4}{1000 N} [16 \cdot 2{,}003 - 2 \cdot 2{,}658 - 4 \cdot 2{,}724] + \frac{p_0 a}{6} = 0{,}38\, p_0 a .$$

Die Schnittkräfte sind in Abb. 677 eingetragen.

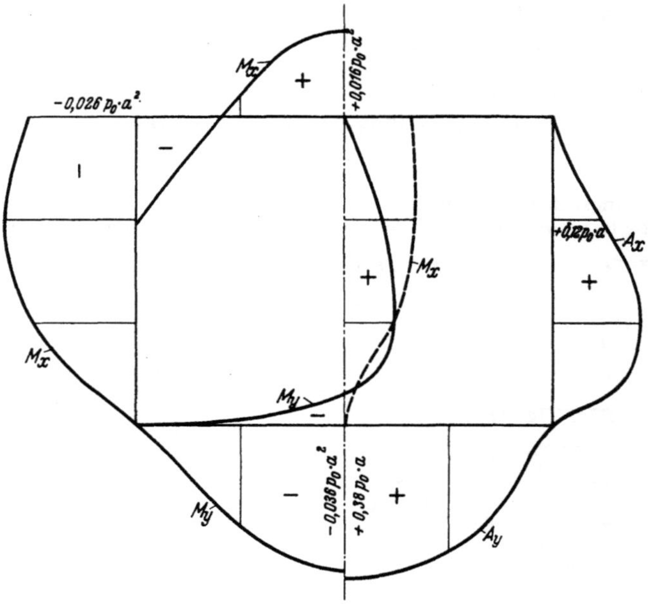

Abb. 677.

Marcus, H.: Die Theorie elastischer Gewebe und ihre Anwendung auf die Berechnung biegsamer Platten. Berlin 1924, u. Arm. Beton 1919 S. 107. — Nielsen, N. S.: Bestemmelse af Spoendinger in Plader ved anvendelse af Differensligninger. Kopenhagen 1920. — Kirsten, O.: Beitrag zur Berechnung der rechteckigen Platte mit beliebigen Randbedingungen. Diss. Dresden 1924.

72. Die Abschätzung des Spannungszustandes in rechteckigen Platten nach H. Marcus.

Die Anwendung der Plattenstatik im Bauwesen ist durch die Beschreibung der statischen und geometrischen Zusammenhänge mit Differenzen und Differenzengleichungen aus den Ordinaten w_k der elastischen Fläche wesentlich gefördert worden, da die Aufgaben mit einfachen mathematischen Hilfsmitteln für die Bedürfnisse der Technik hinreichend genau gelöst werden. Da es jedoch in vielen Fällen genügt, das Spannungsbild zur Beurteilung der Sicherheit des Tragwerks in elementarer Weise summarisch zu erfassen, wird die Plattenbiegung in erster Annäherung mit der Formänderung zweier sich rechtwinklig kreuzender Trägerschaaren l_x, l_y verglichen, die sich unabhängig voneinander durchbiegen und die an den Enden unter denselben Bedingungen gelagert sind, wie der Plattenrand. Die Formänderung der Träger l_x entsteht durch eine Belastung $p(x)$, diejenige der Träger l_y aus einer Belastung $p(y)$. Ihre Summe ist an jedem Kreuzungspunkt (x, y) gleich der vorgeschriebenen Belastung $p = p(x) + p(y)$ (Abb. 678). Bilden die Trägerschaaren einen Rost (Abschn. 65), dessen Elemente sich an den Kreuzungspunkten nicht mehr relativ zueinander verschieben, so entstehen für $p(x)$ und $p(y)$ Bedingungsgleichungen, die sich jedoch nur dann einfach anschreiben lassen, wenn allein zwei ausgezeichnete Träger l_x, l_y betrachtet werden. Hierfür werden die Träger mit der größten Durchbiegung ausgewählt.

Bei freier Auflagerung der Platte (Abb. 678) sind die größten Durchbiegungen der Träger in Trägermitte

$$\delta_x = \frac{5}{384}\frac{p_x l_x^4}{E J_x}, \qquad \delta_y = \frac{5}{384}\frac{p_y l_y^4}{E J_y},$$

wenn $p(x)$, $p(y)$ in erster Annäherung konstant angenommen werden. Da $p = p_x + p_y$ und $\delta_x = \delta_y$, so ist für $J_x = J_y$

$$p_x = \frac{l_y^4}{l_x^4 + l_y^4}\, p, \qquad p_y = \frac{l_x^4}{l_x^4 + l_y^4}\, p. \tag{1017}$$

Die Anteile p_x, p_y von p ändern sich mit der Art der Stützung des Plattenrandes. Ihre Größe ist für jeden Fall in der Übersicht S. 698 enthalten.

Die Formänderung der Platte unterscheidet sich von derjenigen eines Trägers l_x, l_y durch die Verdrillung der Plattenstreifen infolge von Schubspannungen an den Streifenrändern. Sie bilden an Streifen mit $x = \text{const}$ Drillungsmomente M_{xy}, an Streifen mit $y = \text{const}$ Drillungsmomente M_{yx}, welche die Durchbiegung der Platte im Vergleich zu derjenigen des Trägers verkleinern und daher bei gleicher Ausbiegung die Tragfähigkeit der Platte im Vergleich zum Träger vergrößern (Abb. 678). Dieses Bild wird von H. Marcus zur Beschreibung der Plattenbiegung verwendet.

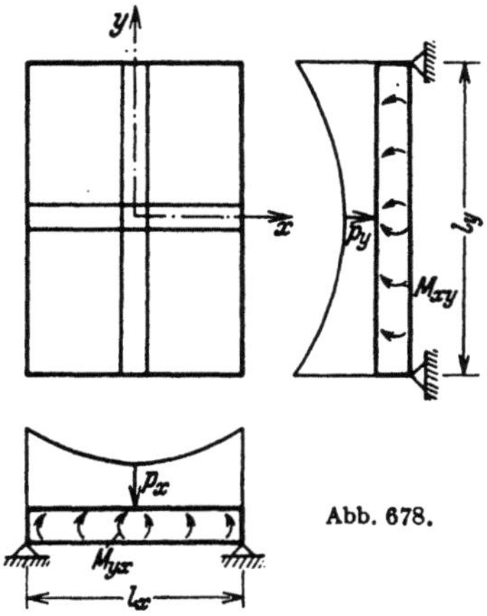

Abb. 678.

Die Drillungsmomente stehen nach S. 645 mit der Plattenbiegung in folgendem Zusammenhang:

$$M_{xy} = M_{yx} = -N(1-\mu)\frac{\partial^2 w}{\partial x\,\partial y}.$$

Sie ändern sich beim Fortschreiten in der x- oder y-Richtung um $\partial M_{xy}/\partial x$ oder $\partial M_{yx}/\partial y$, so daß an einem Plattenstreifen l_x oder l_y von der Breite b ein Unterschied M_x, M_y der Drillungsmomente entsteht,

$$\mathsf{M}_x = b\frac{\partial M_{yx}}{\partial y} = -N(1-\mu)\, b\frac{\partial^3 w}{\partial x\,\partial y^2}, \quad \mathsf{M}_y = b\frac{\partial M_{xy}}{\partial x} = -N(1-\mu)\, b\frac{\partial^3 w}{\partial x^2\,\partial y}, \tag{1018}$$

der sich als Belastung der Streifen l_x, l_y durch ein stetig verteiltes Kräftepaar M_x, M_y deuten läßt. Dieses erzeugt die Biegungsmomente M'_x, M'_y, die mit den Biegungsmomenten M_x, M_y aus der Belastung p_x, p_y überlagert werden. Das Ergebnis M^*_x, M^*_y zeigt folgende Form:

$$\left.\begin{aligned} M^*_x &= M_x + M'_x = M_x\left(1 + \frac{M'_x}{M_x}\right) = M_x(1-\varphi_x),\\ M^*_y &= M_y + M'_y = M_y\left(1 + \frac{M'_y}{M_y}\right) = M_y(1-\varphi_y). \end{aligned}\right\} \tag{1019}$$

$$M'_x = -b\int\frac{\partial M_{yx}}{\partial y}\,dx + C_1 = -N(1-\mu)\, b\frac{\partial^2 w}{\partial y^2} + C_1 = -N(1-\mu)\, b\frac{1}{\varrho^*_y} + C_1,$$

$$M'_y = -b\int\frac{\partial M_{xy}}{\partial x}\,dy + C_2 = -N(1-\mu)\, b\frac{\partial^2 w}{\partial x^2} + C_2 = -N(1-\mu)\, b\frac{1}{\varrho^*_x} + C_2.$$

Die Integrationskonstanten C_1, C_2 sind bei achsensymmetrischer Belastung und frei drehbarer Auflagerung der Streifenenden Null. Die Biegungsmomente M'_x, M'_y

werden also von der Verkantung der Streifen l_x, l_y bestimmt. Sie erzeugen allein die Ausbiegung w'_x, w'_y, die mit der Ausbiegung w_x, w_y aus der Belastung p_x, p_y überlagert, die Formänderung w^*_x, w^*_y der Streifen der Plattenbiegung angleicht.

$$w^*_x = w_x + w'_x, \qquad w^*_y = w_y + w'_y.$$

Wird der Verlauf der Biegungsmomente M'_x, M'_y in erster Annäherung als ähnlich zu demjenigen von M_x, M_y angenommen, so ist ebenfalls in erster Annäherung

$$w'_x/w_x = w'_y/w_y = c \quad \text{und} \quad w'_x = c\,w_x, \qquad w'_y = c\,w_y$$

und mit $w^*_x = w^*_y$ ebenso wie auf S. 695

$$w_x = w_y, \quad \text{also} \quad p_x = \frac{l_y^4}{l_x^4 + l_y^4}\,p, \qquad p_y = \frac{l_x^4}{l_x^4 + l_y^4}\,p.$$

Die Biegungsmomente M'_x, M'_y der Streifen l_x, l_y aus den Drillungsmomenten sind von H. Marcus durch den Vergleich mit den Ergebnissen der strengen Theorie in Plattenmitte abgeleitet worden.

Die Grenzwerte der Biegungsmomente $M'_x = -\varphi_x M_x$, $M'_y = -\varphi_y M_y$ zweier ausgezeichneter Plattenstreifen l_x, l_y mit dem Unterschied M_x, M_y der Drillungsmomente an den Intervallgrenzen als Belastung können nach H. Marcus durch

$$\varphi_x = c_y\left(\frac{l_x}{l_y}\right)^2, \qquad \varphi_y = c_x\left(\frac{l_y}{l_x}\right)^2 \tag{1020}$$

angegeben werden. Die Beiwerte c_x, c_y beschreiben dabei im wesentlichen die Randbedingungen der Platte. Sie werden von H. Marcus aus einem Vergleich mit denselben Biegungsmomenten der Plattentheorie abgeschätzt.

$$c_y = \frac{5}{6}\,\frac{M_{x\,\max}}{M_{0x}}, \qquad c_x = \frac{5}{6}\,\frac{M_{y\,\max}}{M_{0y}} \tag{1021}$$

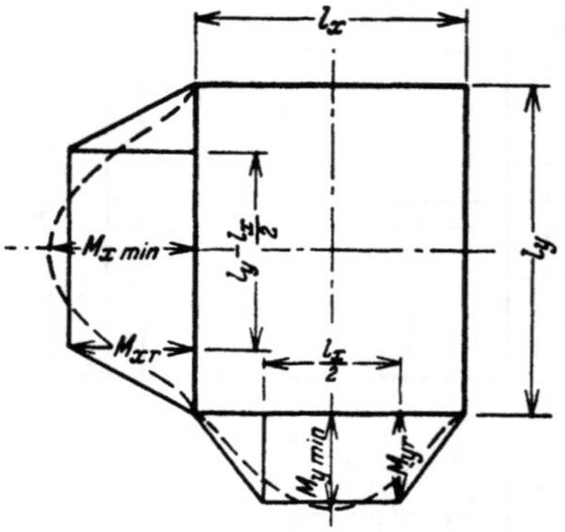

Abb. 679.

In diesem Ansatz sind $M_{x\max}, M_{y\max}$ die größten Biegungsmomente aus der Belastung p_x, p_y der Plattenstreifen l_x, l_y mit den vorgeschriebenen Randbedingungen, M_{0x}, M_{0y} die größten Biegungsmomente zweier frei aufliegender Plattenstreifen l_x, l_y für die volle Belastung $p = p_x + p_y$. Die größten Biegungsmomente der drillungssteifen Platte $M^*_{x\max}, M^*_{y\max}$ entstehen daher nach H. Marcus in erster Annäherung aus einer einheitlichen Lösung

$$M^*_{x\max} = M_{x\max}(1 - \varphi_x) = M_{x\max}\,\nu_x, \quad M^*_{y\max} = M_{y\max}(1 - \varphi_y) = M_{y\max}\,\nu_y, \tag{1022}$$

deren Ergebnisse sich mit denjenigen der Plattentheorie vergleichen lassen.

An den eingespannten Plattenrändern sind nach (942) keine Drillungsmomente vorhanden. Die Schaulinien der Biegungsmomente am Rande berühren die Bezugsachsen an den Ecken (S. 679). Als Mittelwerte M_{xr}, M_{yr} genügen die Einspannungsmomente der ausgezeichneten Plattenstreifen l_x, l_y aus der Belastung p_x, p_y (Abb. 679).

$$M_{xr} = -\frac{p_x l_x^2}{12}, \qquad M_{yr} = -\frac{p_y l_y^2}{12} < -\frac{p\,l_x^2}{24} \quad \text{bei} \quad l_x < l_y. \tag{1023}$$

Der Grenzwert kann nach H. Marcus mit

$$M_{x\min} = -\frac{p_x l_x^2}{12\,\nu_x}, \qquad M_{y\min} = -\frac{p_y l_y^2}{12\,\nu_y} \approx -\frac{p\,l_x^2}{20} \tag{1024}$$

angenommen werden.

Das Bild der Biegungsmomente in den mittleren Querschnitten ist durch die strengen Lösungen der Aufgabe in Abb. 649 gegeben. Das Ergebnis ist in der

Tab. 65 enthalten und wird in den bekannten Bestimmungen des Deutschen Ausschusses (§ 23) verwendet. Die Platten Abb. 685 und 686 sind danach gerechnet worden.

Die Rechenvorschriften für die rechteckige Platte lassen sich auch zur Abschätzung der Biegungsmomente in durchgehenden Platten anwenden, da die Randbedingungen der einzelnen Felder bei gleichförmiger Belastung angenähert mit denjenigen der einzelnen Platte mit frei aufliegenden oder eingespannten Rändern übereinstimmen. Schachbrettartige Belastung wird umgeordnet und besteht dann aus der gleichförmigen Belastung ${}^{(1)}p = p/2$ und aus abwechselnder Belastung der Felder mit ${}^{(2)}p = \pm p/2$, so daß $p = {}^{(1)}p + {}^{(2)}p$. Die Randbedingungen der Felder sind für ${}^{(2)}p$, unendliche Ausdehnung der Platte angenommen, mit freier Auflagerung identisch.

Drillungsmomente. Die Tragfähigkeit einer Platte beruht, verglichen mit dem Trägerrost, auf der Mitwirkung der Drillungsmomente. Die größten Biegungsmomente von Platte und Rost stehen nach (1022) im Verhältnis ν_x, ν_y. Im übrigen wird die Festigkeit der Platte durch die Hauptbiegungsmomente M_I, M_{II} bestimmt, die sich nach (921) aus M_x^*, M_y^* und den Drillungsmomenten zusammensetzen. Diese treten nach (919) in folgende Beziehung zum Verschiebungszustand $w(x, y)$ der Platte:

$$M_{xy} = M_{yx} = -N(1-\mu)\frac{\partial^2 w}{\partial x \partial y} = -N(1-\mu)\frac{\partial}{\partial x}\left(\frac{\partial w}{\partial y}\right)$$
$$= -N(1-\mu)\frac{\partial}{\partial y}\left(\frac{\partial w}{\partial x}\right). \qquad (1025)$$

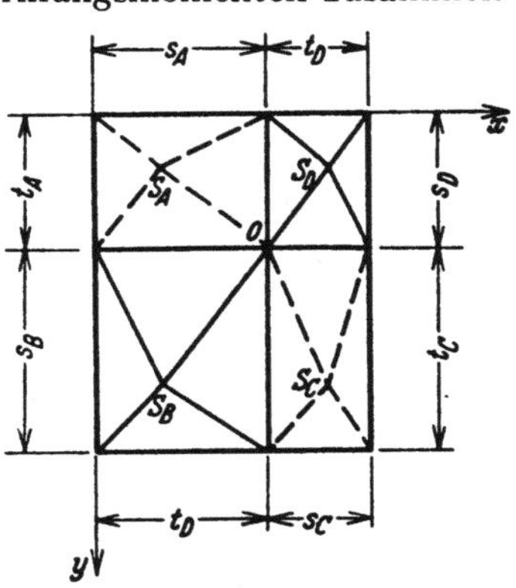

Abb. 680.

Das Drillungsmoment ist daher bei achsensymmetrischer Belastung an allen Punkten der Biegefläche Null, in denen die Tangentialebene an die Biegefläche parallel zur x- oder y-Achse ist, und wechselt auf diesen ausgezeichneten Parallelen das Vorzeichen. Es ist im ersten und dritten Quadranten negativ, im zweiten und vierten Quadranten positiv. Die Funktion M_{xy} erhält einen Extremalwert, wenn

$$\frac{\partial M_{xy}}{\partial x} = 0 = \frac{\partial}{\partial y}\left(\frac{\partial^2 w}{\partial x^2}\right) \quad \text{und} \quad \frac{\partial M_{xy}}{\partial y} = 0 = \frac{\partial}{\partial x}\left(\frac{\partial^2 w}{\partial y^2}\right). \qquad (1026)$$

Die Bedingungen sind in einem Punkte S erfüllt, in welchem die Schnitte $x = \text{const}$ und $y = \text{const}$ der elastischen Fläche einen gemeinsamen Wendepunkt besitzen. Die Ordinaten M_{xy} beschreiben daher vier Körper, deren Grundriß mit $M_{xy} = 0$ durch die ausgezeichneten Geraden $x = s_A$, $y = t_A$ bestimmt ist, die sich in dem Punkte O mit $w = w_{\max}$ schneiden. Der Inhalt V eines Körpers ist durch Integration nach Abb. 680

$$V = \int_0^{s_A}\int_0^{t_A} M_{xy}\,dx\,dy = -N(1-\mu)\int_0^{s_A}\int_0^{t_A}\frac{\partial^2 w}{\partial x \partial y}\,dx\,dy = -N(1-\mu)\,w_{\max}, \qquad (1027)$$

also proportional zur größten Ausbiegung der Platte. Da nun die Drillungsmomente in erster Annäherung als lineare Funktionen angenommen werden können und bei starrer Einspannung längs des Randes Null sind, approximiert H. Marcus den Körper als Pyramide und setzt

$$V = -N(1-\mu)\,w_{\max} = \tfrac{1}{3}s_A t_A M^{(A)}_{xy,\max} = -\tfrac{1}{3}s_B t_B M^{(B)}_{xy,\max}$$
$$= \tfrac{1}{3}s_C t_C M^{(C)}_{xy,\max} = -\tfrac{1}{3}s_D t_D M^{(D)}_{xy,\max}. \qquad (1028)$$

Die größte Durchbiegung $w_{\max}$ ist durch die Biegungsmomente $M^*_{x\max}$ oder $M^*_{y\max}$ und durch die Einspannungsmomente M_{xr}, M_{yr} der beiden ausgezeichneten

Tabelle 65. Abschätzung der größten Biegungsmomente in rechteckigen Platten mit gleichmäßig verteilter Last nach H. Marcus.

$\lambda = l_y/l_x$, ——— frei aufliegender, ////// eingespannter Rand.

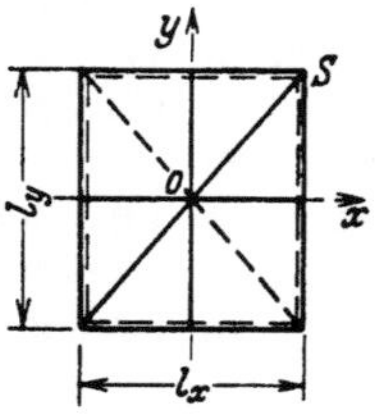	$p_x = p\,\frac{\lambda^4}{1+\lambda^4}$, $\nu_x = \nu_y = \nu$, $M_{x\,\max} = \frac{p_x l_x^2}{8}\,\nu$ $p_y = p\,\frac{1}{1+\lambda^4}$, $\nu = 1 - \frac{5}{6}\,\frac{\lambda^2}{1+\lambda^4}$, $M_{y\,\max} = \frac{p_y l_y^2}{8}\,\nu$ $M_{xr} = M_{yr} = 0$, $N w_{\max} = \frac{p_x l_x^4}{72}\,\nu$
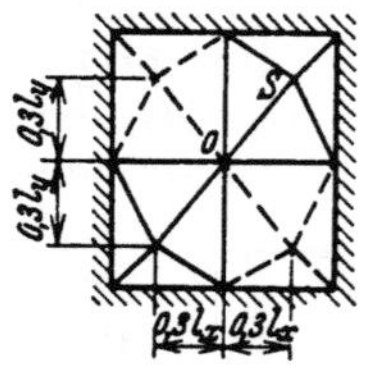	$p_x = p\,\frac{\lambda^4}{1+\lambda^4}$, $\nu_x = \nu_y = \nu$, $M_{x\,\max} = \frac{p_x l_x^2}{24}\,\nu$ $p_y = p\,\frac{1}{1+\lambda^4}$, $\nu = 1 - \frac{5}{18}\,\frac{\lambda^2}{1+\lambda^4}$, $M_{y\,\max} = \frac{p_y l_y^2}{24}\,\nu$ $M_{xr} = -\frac{p_x l_x^2}{12}$, $M_{yr} = -\frac{p\, l_x^2}{24}$, $(l_x < l_y)$. $N w_{\max} = \frac{p_x l_x^4}{192}\,\frac{\nu}{1+\nu^2}$
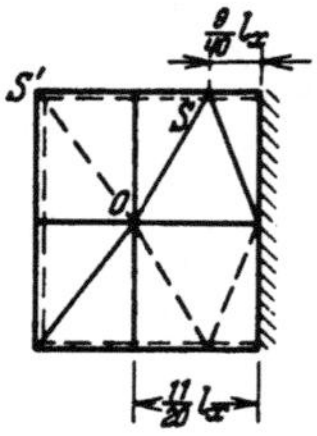	$p_x = p\,\frac{5\lambda^4}{2+5\lambda^4}$, $\nu_x = 1 - \frac{75}{32}\,\frac{\lambda^2}{2+5\lambda^4}$, $M_{x\,\max} = \frac{9}{128}\,p_x l_x^2 \nu_x$ $p_y = p\,\frac{2}{2+5\lambda^4}$, $\nu_y = 1 - \frac{5}{3}\,\frac{\lambda^2}{2+5\lambda^4}$, $M_{y\,\max} = \frac{p_y l_y^2}{8}\,\nu_y$ $M_{xr} = -\frac{p_x l_x^2}{8}$, $N w_{\max} = \frac{p_x l_x^4}{720}\,(1{,}064 + 2{,}815\,\nu_x)$
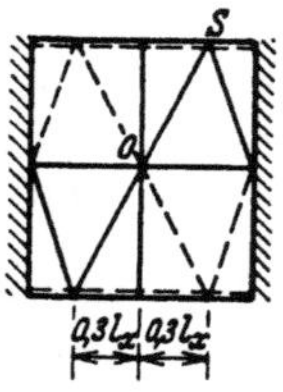	$p_x = p\,\frac{5\lambda^4}{1+5\lambda^4}$, $\nu_x = 1 - \frac{25}{18}\,\frac{\lambda^2}{1+5\lambda^4}$, $M_{x\,\max} = \frac{p_x l_x^2}{24}\,\nu_x$ $p_y = p\,\frac{1}{1+5\lambda^4}$, $\nu_y = 1 - \frac{5}{6}\,\frac{\lambda^2}{1+5\lambda^4}$, $M_{y\,\max} = \frac{p_y l_y^2}{8}\,\nu_y$ $M_{xr} = -\frac{p_x l_x^2}{12}$, $N w_{\max} = \frac{p_x l_x^4}{360}\,\nu_y$
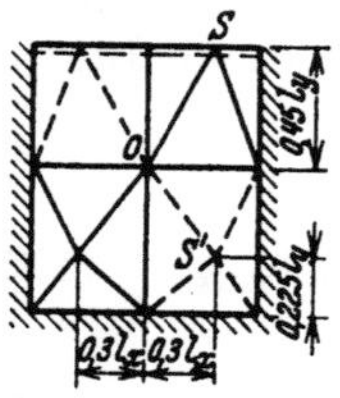	$p_x = p\,\frac{2\lambda^4}{1+2\lambda^4}$, $\nu_x = 1 - \frac{5}{9}\,\frac{\lambda^2}{1+2\lambda^4}$, $M_{x\,\max} = \frac{p_x l_x^2}{24}\,\nu_x$ $p_y = p\,\frac{1}{1+2\lambda^4}$, $\nu_y = 1 - \frac{15}{32}\,\frac{\lambda^2}{1+2\lambda^4}$, $M_{y\,\max} = \frac{9}{128}\,p_y l_y^2 \nu_y$ $M_{xr} = -\frac{p_x l_x^2}{8}$, $M_{yr} = -\frac{p_y l_y^2}{8}$, $N w_{\max} = \frac{p_x l_x^4}{192}\,\frac{\nu_x}{1+\nu_x}$
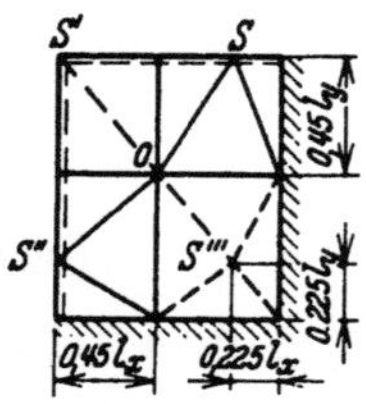	$p_x = p\,\frac{\lambda^4}{1+\lambda^4}$, $\nu_x = \nu_y = \nu$, $M_{x\,\max} = \frac{9}{128}\,p_x l_x^2 \nu$ $p_y = p\,\frac{1}{1+\lambda^4}$, $\nu = 1 - \frac{15}{32}\,\frac{\lambda^2}{1+\lambda^4}$, $M_{y\,\max} = \frac{9}{128}\,p_y l_y^2 \nu$ $M_{xr} = -\frac{p_x l_x^2}{8}$, $M_{yr} = -\frac{p_y l_y^2}{8}$, $N w_{\max} = \frac{p_x l_x^4}{720}\,(1{,}064 + 2{,}815\,\nu)$

Plattenstreifen l_x, l_y nach Abschn. 20 bestimmt. Sie ist in der Tabelle S. 698 angegeben, so daß damit nach Gl. (1028) die Drillungsmomente errechnet werden können. Außerdem werden von H. Marcus mit Abb. 681 und $\mu = 0$ noch die Quadraturen (1029) verwendet. Der Ursprung des Koordinatensystems ist dabei im Punkte O mit $w = w_{\max}$ angenommen.

$$\left.\begin{aligned}
\int_0^x M_x\,dx &= -N\int_0^x \frac{\partial^2 w}{\partial x^2}\,dx = -\left[N\frac{\partial w}{\partial x}\right]_0^x = -N\frac{\partial w}{\partial x} = F_x,\\
\int_0^y M_y\,dy &= -N\int_0^y \frac{\partial^2 w}{\partial y^2}\,dy = -\left[N\frac{\partial w}{\partial y}\right]_0^y = -N\frac{\partial w}{\partial y} = F_y,\\
\int_y^b M_{xy}\,dy &= -N\int_y^b \frac{\partial^2 w}{\partial x\,\partial y}\,dy = +\left[N\frac{\partial w}{\partial x}\right]_b^y = +N\frac{\partial w}{\partial x} = F_{xy},\\
\int_x^a M_{yx}\,dx &= -N\int_x^a \frac{\partial^2 w}{\partial x\,\partial y}\,dx = +\left[N\frac{\partial w}{\partial y}\right]_a^x = +N\frac{\partial w}{\partial y} = F_{yx}.
\end{aligned}\right\} \qquad (1029)$$

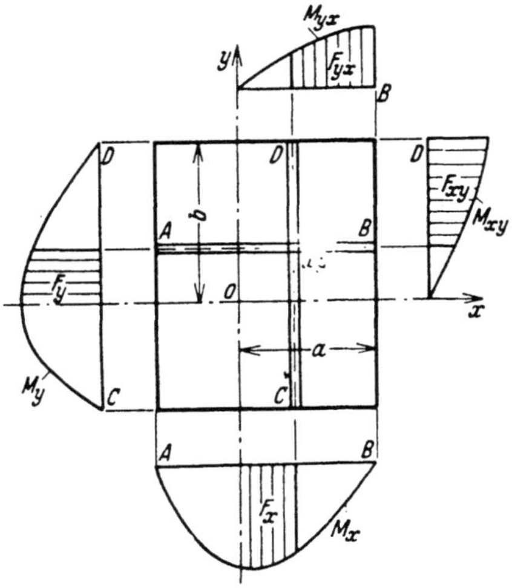

Abb. 681.

Daher gelten für die Flächen aus den Biegungs- und Drillungsmomenten über zugeordneten Abschnitten der Strecken $x = \text{const}$, $y = \text{const}$ folgende Beziehungen:

$$F_x = -F_{xy}, \qquad F_y = -F_{yx} \qquad (1030)$$

Sie dienen zur Nachprüfung der größten Drillungsmomente $M_{xy,\max}$.

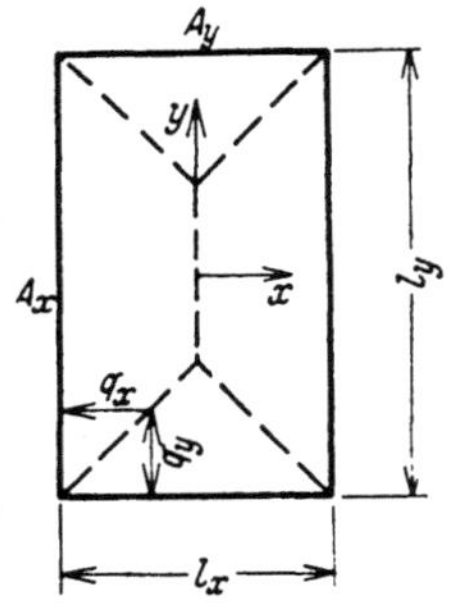

Abb. 682.

Die Auflagerkräfte der Platte. Die Querkräfte und Drillungsmomente an den Rändern der Platte werden entweder von einem Unterbau oder von Randträgern aufgenommen. Der Anteil aus den Querkräften läßt sich bei den gleichen Randbedingungen an allen vier Rändern angenähert aus der Unterteilung der Grundfläche durch die Winkelhalbierenden in den Ecken angeben. Nach Abb. 682 ist mit $l_y/l_x = \lambda > 1$

$$\int_{-l_y/2}^{+l_y/2} q_x\,dy = Q_x = \tfrac{1}{4}\,p\,l_x^2\,(2\lambda - 1)\,, \qquad \int_{-l_x/2}^{+l_x/2} q_y\,dx = Q_y = \tfrac{1}{4}\,p\,l_x^2\,. \qquad (1031)$$

Bei verschiedener Lagerung der Ränder kann nach H. Marcus

$$Q_x = \tfrac{1}{2}\,p_x l_x l_y\,, \qquad Q_y = \tfrac{1}{2}\,p_y l_x l_y\,,$$

gesetzt werden, wobei jedoch für die kurzen Ränder dasjenige p_x oder p_y zu wählen ist, das der quadratischen Platte entspricht.

Die Drillungsmomente an eingespannten Rändern sind Null. Der Verlauf der Drillungsmomente am Rande des ersten Quadranten einer freiaufliegenden Platte ist in Abb. 683 dargestellt. Sie können durch einen Randträger aufgenommen werden, der auf diese Weise eine Momentenbelastung mit entgegengesetztem Drehsinn erhält und damit nach Abb. 678 am Rande l_y Biegungsmomente im Betrage von $-\int_y^{l_y/2} M_{xy}\,dy$, am Rande l_x Biegungsmomente im Betrage von $-\int_x^{l_x/2} M_{yx}\,dx$ erhält. Wird der Verlauf der Drillungsmomente in erster Annäherung linear mit $M_{xy,0}$ am Eckpunkt angenommen, so sind die Biegungsmomente in der Mitte der Randträger

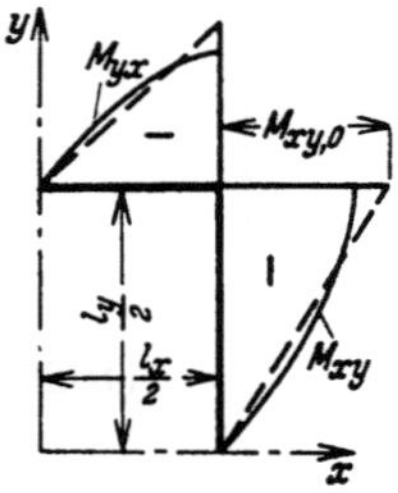

Abb. 683.

$$-\int_0^{l_y/2} M_{xy}\,dy = -\frac{M_{xy,0}\,l_y}{4},$$

$$-\int_0^{l_x/2} M_{yx}\,dx = -\frac{M_{yx,0}\,l_x}{4}.$$

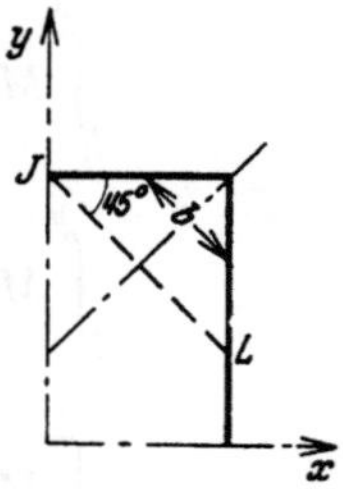

Abb. 684.

Da jedoch die Randträger aufliegen, tritt zu den Stützkräften Q_x, Q_y aus der Querkraft am Rande noch der Anteil

$$Q'_x = Q'_y = -2\,M_{xy,0} = \frac{p\,v_x}{3}\,l_y^2\,\frac{\lambda}{1+\lambda^4}. \tag{1032}$$

Würde die Platte ohne Versteifungsträger am Rande frei aufgelagert sein, so muß die ihnen zugewiesene Kraftwirkung durch 4 Einzelkräfte $C = 2\,M_{xy,0}$ an den Ecken ersetzt werden, die mit der stetig über dem Rand verteilten Kraft im Gleichgewicht stehen.

Die äußeren Kräfte am Rande im Bereich der Ecken sind auch für die Abschätzung der Biegungsmomente wichtig. H. Marcus betrachtet die Ecke zur Abschätzung der Biegungsspannungen als Stab mit veränderlicher Querschnittsbreite b und der Winkelhalbierenden als Achse. Er trägt neben der Belastung p die Randkräfte. Die Biegungsmomente M_1 des Stabes erreichen in der Plattenecke den Größtwert im Betrage von $-M_{xy,0}$ mt/m und sind nach Abb. 654 etwa in der Linie $\overline{JL}$ Null (Abb. 684). Diese kennzeichnet daher einen Spannungswechsel für M_1.

Abschätzung der Schnittkräfte in rechteckigen Platten mit $l_y/l_x = 4/3$ für gleichmäßige Belastung p.

1. Frei aufliegende Platte.

$$\lambda = 4/3 = 1{,}333, \qquad \lambda^2 = 1{,}778, \qquad \lambda^4 = 3{,}160.$$

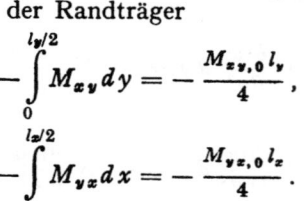

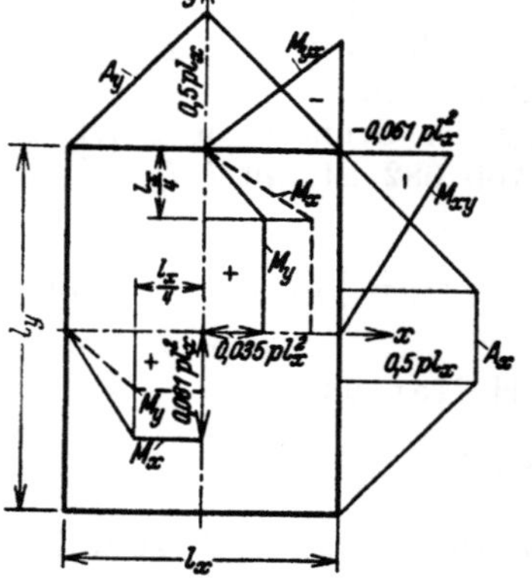

Abb. 685.

Nach Tabelle 65 ist

$$p_x = p\,\frac{3{,}160}{4{,}160} = 0{,}759\,p,$$

$$p_y = p\,\frac{1}{4{,}160} = 0{,}241\,p,$$

$$v = 1 - \frac{5}{6}\,\frac{1{,}778}{4{,}160} = 0{,}644,$$

$$M_{x,\max} = \frac{0{,}759}{8}\cdot 0{,}644\,p\,l_x^2 = 0{,}061\,p\,l_x^2,$$

$$M_{y,\max} = \frac{0{,}241}{8}\cdot 0{,}644\,p\,l_y^2 = 0{,}0194\,p\,l_y^2 = 0{,}035\,p\,l_x^2,$$

$$N\,w_{\max} = \frac{0{,}759}{72}\cdot 0{,}644\,p\,l_x^4 = 0{,}00678\,p\,l_x^4.$$

Nach (1028) ist

$$\frac{1}{3}\,M_{xy,0}\,\frac{l_x}{2}\,\frac{l_y}{2} = -0{,}00678\,p\,l_x^4, \qquad M_{xy,0} = -0{,}061\,p\,l_x^2.$$

2. Eingespannte Platte.

$\lambda = 4/3 = 1,333$,

$p_x = 0,759\,p$, $\quad p_y = 0,241\,p$,

$$\nu = 1 - \frac{5}{18} \cdot \frac{1,778}{4,160} = 0,881\,,$$

$$M_{x,\max} = \frac{0,759}{24} \cdot 0,881\,p\,l_x^2 = 0,028\,p\,l_x^2\,,$$

$$M_{y,\max} = \frac{0,241}{24} \cdot 0,881\,p\,l_y^2 = 0,00885\,p\,l_y^2 = 0,016\,p\,l_x^2\,,$$

$$M_{x,r} = -\frac{0,759}{12}\,p\,l_x^2 = -0,063\,p\,l_x^2\,,$$

$$M_{y,r} = -\frac{p\,l_x^2}{24} = -0,042\,p\,l_x^2\,,$$

$$N\,w_{\max} = \frac{0,759}{192} \cdot \frac{0,881}{1 + 0,881^2}\,p\,l_x^4 = 0,00196\,p\,l_x^4\,.$$

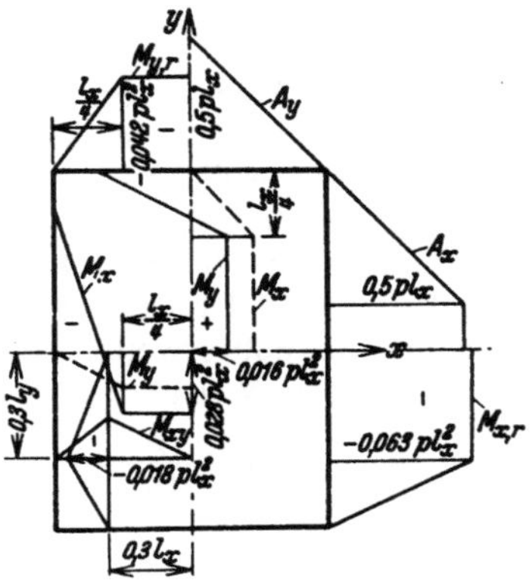

Abb. 686.

Nach (1028) ist

$$\frac{1}{3}\,M_{xy,0}\,\frac{l_x}{2}\,\frac{l_y}{2} = -0,00196\,p l_x^4\,, \qquad M_{xy,0} = -0,018\,p\,l_x^2\,.$$

Klagas: Auswertung der Marcusschen Formeln für vierseitig gelagerte Platten. Bauing. 1927 S. 251. — Marcus, H.: Die vereinfachte Berechnung biegsamer Platten, 2. Aufl. Berlin 1929.

73. Die Pilzdecke.

Die Platten mit Zwischenstützung in Punkten oder Flächen sind von A. Nadai, V. Lewe, H. Marcus und N. J. Nielsen untersucht worden. Dabei wurden zunächst gleichförmige Belastung und unbegrenzte Ausdehnung nach beiden Seiten angenommen, um die Aufgabe durch Symmetriebetrachtungen zu vereinfachen. Die äußeren Kräfte und die Randbedingungen für den Spannungs- und Verschiebungszustand eines Feldes sind in diesem Falle bekannt. Die Lösung kann daher ebenso wie für eine rechteckige Platte nach S. 674 angegeben werden.

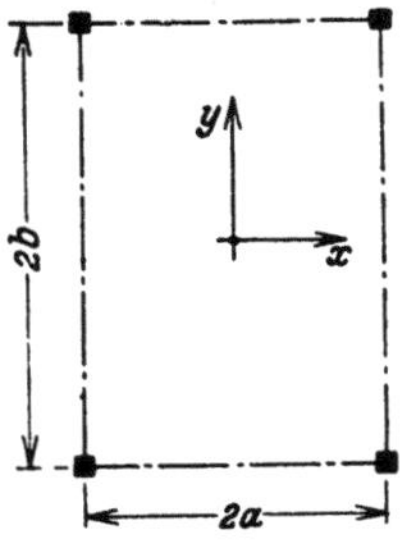

Abb. 687.

A. Nadai betrachtet den Abschnitt Abb. 687 der gleichförmig belasteten Pilzdecke mit den Randbedingungen $\partial w/\partial x = 0$, $Q_{xz} = 0$ und $P = 4abp$ in den Schnitten $x = \pm a$ und den Randbedingungen $\partial w/dy = 0$, $Q_{yz} = 0$ und $P = 4abp$ in den Schnitten $y = \pm b$. Die Randkräfte $P/4$, Q_{xz}, $P/4$ am Rande $x = \pm a$ und die Randkräfte $P/4$, Q_{yz}, $P/4$ am Rande $y = \pm b$ können durch eine Fouriersche Reihe als stetige Funktion angegeben werden. Die Verschiebungen bestehen wiederum aus einer Teillösung w^* für den Plattenstreifen mit $\partial w/\partial y = 0$ in $y = \pm b$ und aus einer zweiten Teillösung w^{**}, welche zusammen mit w^* die vorgeschriebenen Randbedingungen des Abschnitts erfüllt. A. Nadai bemerkt auf Grund des Ergebnisses, daß um jeder Stütze eine geschlossene Linie vorhanden ist, auf der das Biegungsmoment M_r um die Tangente verschwindet. Sie schneidet die Diagonale des quadratischen Feldes mit der Seitenlänge $2a$ in einer Entfernung von $0,46a$, die Verbindungslinie der Stützen in einer Entfernung $0,42a$ vom Stützpunkt und läßt sich durch einen Kreis mit dem Halbmesser $0,44a$ ersetzen. Der Spannungs- und Verschiebungszustand kann daher in dem Bereiche der Pilzdecke um den Stützpunkt mit guter Annäherung für eine frei drehbar angeschlossene Kreisplatte angeschrieben werden, die neben der gleichförmigen Belastung p in O eine Einzellast $P = -4\,a^2 p$ trägt, deren Querkraft an der Begrenzung $r = 0,44a$ bekannt und deren Verschiebung w_0 Null ist.

Eine ähnliche Näherungslösung ist von V. Lewe formuliert worden. Sie wird auf eine ringsum beweglich eingespannte Kreisplatte vom Radius R bezogen, deren Querkraft Q_{rz} für $r = R$ Null ist (Abb. 688). Daher ist R aus der Bedingung $\pi R^2 = 4a^2$ mit $R = 1{,}1286\,a$ vorgeschrieben. Die Platte liegt auf einem kreisförmigen Pilz mit $R_1 = \alpha a$ und $J = \infty$, so daß die Pilzdecke im Bereich der Stütze mit einer Kreisringplatte verglichen werden kann, deren Formänderung in $r = R_1$ durch die Randbedingungen $dw/dr = 0$, $Q_{rz} = -p(R^2 - R_1^2)/2R_1$, in $r = R$ durch die Randbedingungen $dw/dr = 0$, $Q_{rz} = 0$ bestimmt ist. Beide Lösungen können mit den Tabellen 63 u. 64 angeschrieben und auch für zwischengeschaltete kreisrunde Platten nach Abb. 689 erweitert werden.

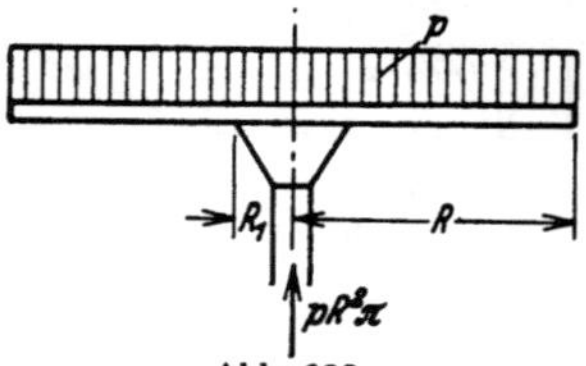

Abb. 688.

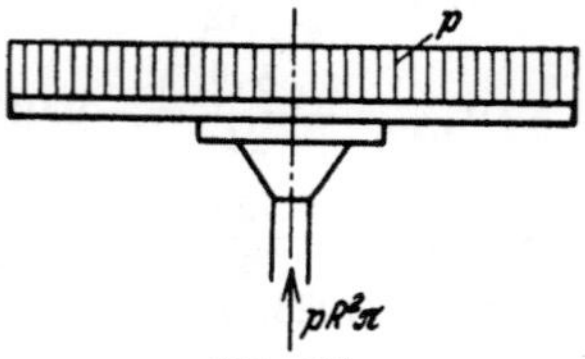

Abb. 689.

Die von V. Lewe angegebene strenge Lösung für die beiderseits unbegrenzte gleichförmig belastete und regelmäßig unterstützte Pilzdecke beruht, wie bereits auf S. 674 bemerkt, in der Entwicklung einer bekannten, aus der Belastung p und dem Flächendruck $\bar{p}$ bestehenden periodischen Funktion in eine doppelte trigonometrische Reihe. Damit kann die Lösung für das Feld Abb. 687 ebenso wie bei der rechteckigen Platte (983) nach Navier angeschrieben werden. Leider konvergieren die Reihen vor allem für die Schnittkräfte schlecht, so daß die Zahlenrechnung mühsam und umfangreich ist. Sie wird durch eine Anzahl von Tabellen erleichtert, die Lewe seinem mehrfach erwähnten Buche beigegeben hat. Diese enthalten auch Angaben für zweiseitig und allseitig begrenzte Pilzdecken mit Streifen- und Schachbrettbelastung. Die Anwendung der Differenzenrechnung auf die Untersuchung des Spannungs- und Verschiebungszustandes von Pilzdecken ist von H. Marcus und N. J. Nielsen gezeigt worden.

Die Berechnung einer nach zwei Seiten unendlich langen Pilzdecke mit einer Stützenreihe und frei aufliegenden Rändern.

Ansatz. Die Aufgabe kann mit Differenzen in einer Stufe nach (1000) oder in zwei Stufen nach (1001), (1002) gelöst werden. Da die Iteration einer Anfangslösung in beiden Fällen infolge der schlechten Konvergenz versagt, bleibt nur die algebraische Auflösung der Gleichungen nach C. F. Gauß übrig, um die Ausbiegung w so genau angeben zu können, daß die Schnittkräfte trotz der Fehlerempfindlichkeit der Rechnung nach (1003) ff. brauchbar sind. Die algebraische Auflösung in zwei Stufen ist naturgemäß einfacher, obwohl dann für die Stützpunkte wegen ihrer singulären Eigenschaften keine Differenzengleichungen angeschrieben werden können, solange die Stützkräfte unbekannt sind. Deshalb werden diese als statisch unbestimmte Größen eines Hauptsystems, des frei aufliegenden Plattenstreifens, berechnet.

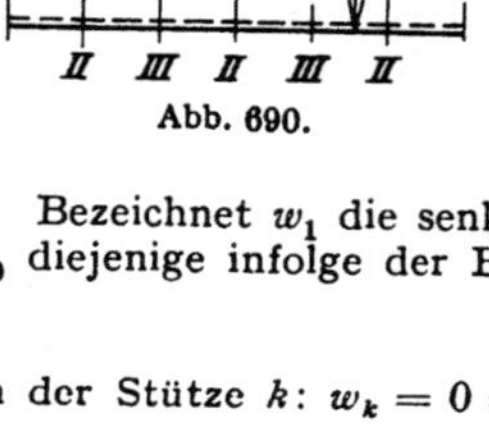

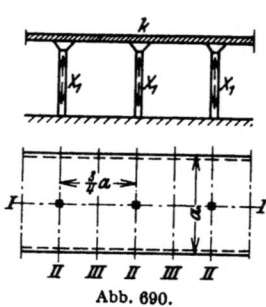

Abb. 690.

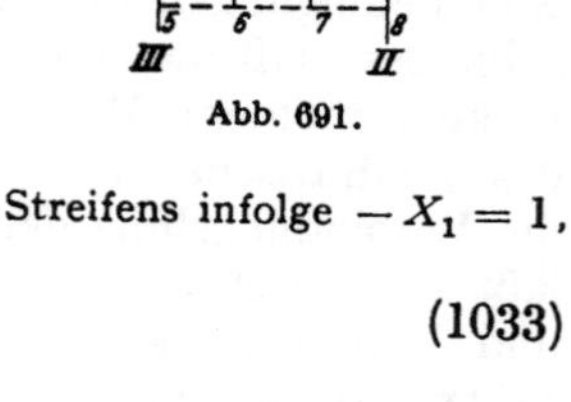

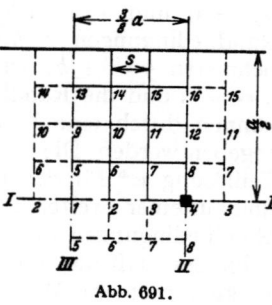

Abb. 691.

Bezeichnet w_1 die senkrechte Verschiebung eines Punktes des Streifens infolge $-X_1 = 1$, w_0 diejenige infolge der Belastung, so ist

$$w = w_0 - X_1 w_1 , \tag{1033}$$

an der Stütze k: $w_k = 0 = w_{k0} - X_1 w_{k1}$,

$$X_1 = w_{k0}/w_{k1} . \tag{1034}$$

Belastung. Die Schnittkräfte werden für gleichmäßig verteilte Last, Schachbrettlast und Streifenlast angegeben. Bei gleichmäßig verteilter Last ist der Spannungs- und Formänderungszustand durch die Symmetrieachsen *I*, *II*, *III* Abb. 690 ausgezeichnet, so daß es genügt, einen von diesen Achsen begrenzten Abschnitt zu untersuchen (Abb. 691). Durch Belastungsumordnung ergeben sich daraus auch die Schnittkräfte für Schachbrettlast und Streifenlast.

I. Berechnung für gleichmäßig verteilte Last p t/m².

A. Belastung des Hauptsystems durch $-X_1 = 1$ in allen Angriffspunkten der Zwischenstützen.

1. Gitterteilung. $s = a/8$.
2. Randwerte. M und w sind zu den Achsen *I*, *II*, *III* symmetrisch; am Rande Null.
3. Differenzengleichungen (1001), (1002) für 16 Gitterpunkte (Abb. 691).

Die Belastungszahlen $p_k s^2$ der ersten Stufe sind bis auf diejenige für den Angriffspunkt (4) der Zwischenstütze Null, dagegen ist $p_4 s^2 = 1$. Die Belastungszahlen der zweiten Stufe sind

$$\frac{M_k s^2}{N} = \frac{M_k}{64} \frac{a^2}{N}.$$

1	2	3	4	5	6	7	8	9	10	11	12	13	14	15	16	a^2/N	
4	−2			−2												0	$M_1/64$
−1	4	−1			−2											0	$M_2/64$
	−1	4	−1			−2										0	$M_3/64$
		−2	4				−2									1	$M_4/64$
−1				4	−2			−1								0	$M_5/64$
	−1			−1	4	−1			−1							0	$M_6/64$
		−1			−1	4	−1			−1						0	$M_7/64$
			−1			−2	4				−1					0	$M_8/64$
				−1				4	−2			−1				0	$M_9/64$
					−1			−1	4	−1			−1			0	$M_{10}/64$
						−1			−1	4	−1			−1		0	$M_{11}/64$
							−1			−2	4				−1	0	$M_{12}/64$
								−1				4	−2			0	$M_{13}/64$
									−1			−1	4	−1		0	$M_{14}/64$
										−1			−1	4	−1	0	$M_{15}/64$
											−1			−2	4	0	$M_{16}/64$

4. Auflösung. Um den Ansatz für die Anwendung des Gaußschen Algorithmus zu vereinfachen, wird das System partieller Differenzengleichungen zweiter Ordnung in simultane Gruppen totaler Differenzengleichungen verwandelt. Das Verfahren ist von H. Marcus allgemein gezeigt worden. Die partielle Differenzengleichung jeder der beiden Stufen enthält neben drei Wurzeln M oder w mit den Fußziffern $(k-1)$, k, $(k+1)$ einer Zeile k noch zwei Vorzahlen mit den Fußziffern i, l der benachbarten Zeilen. Daher besteht der Sinn der Transformation darin, die Wurzeln einer Zeile k derart durch ebenso viele unabhängige neue Unbekannte zu ersetzen, daß in den transformierten Gleichungen nur die Fußziffern dreier aufeinanderfolgender Zeilen erscheinen. Auf diese Weise entstehen hier vier voneinander unabhängige Gruppen von totalen Differenzengleichungen, von denen jede soviel dreigliedrige Gleichungen und Unbekannte enthält, als Gitterpunkte auf einer Zeile liegen.

Das Gitter Abb. 691 zur Berechnung der Pilzdecke besteht aus vier Zeilen und vier Normalen, die sich in 16 Gitterpunkten schneiden. Daher lassen sich in der Matrix unter 3 vier Gruppen von je 4 Differenzengleichungen unterscheiden. Von diesen wird eine mittlere mit den Gitterpunkten $5 \equiv k$ bis $8 \equiv k + 3$ herausgegriffen, um an einem Beispiel die Transformation zu zeigen. Die dieser Gruppe zugeordneten Gitterzeilen werden mit $i \equiv 1$, $k \equiv 5$, $l \equiv 9$ unterschieden.

M_i	M_{i+1}	M_{i+2}	M_{i+3}	M_k	M_{k+1}	M_{k+2}	M_{k+3}	M_l	M_{l+1}	M_{l+2}	M_{l+3}	
−1				4	−2			−1				g_k
	−1			−1	4	−1			−1			g_{k+1}
		1 −			−1	4	−1			−1		g_{k+2}
			−1			−2	4				−1	g_{k+3}

Die Gleichungen werden mit $\alpha_1, \alpha_2, \alpha_3, \alpha_4$ multipliziert und darauf addiert. Das Ergebnis lautet:

$$\begin{aligned} &-\alpha_1 M_i - \alpha_2 M_{i+1} - \alpha_3 M_{i+2} - \alpha_4 M_{i+3} + (4\alpha_1 - \alpha_2) M_k + (-2\alpha_1 + 4\alpha_2 - \alpha_3) M_{k+1} \\ &+ (-\alpha_2 + 4\alpha_3 - 2\alpha_4) M_{k+2} + (-\alpha_3 + 4\alpha_4) M_{k+3} - \alpha_1 M_l - \alpha_2 M_{l+1} - \alpha_3 M_{l+2} - \alpha_4 M_{l+3} \\ &= \alpha_1 g_k + \alpha_2 g_{k+1} + \alpha_3 g_{k+2} + \alpha_4 g_{k+3}; \end{aligned} \tag{1035}$$

es wiederholt sich nach Eintauschung der zugeordneten Fußziffern bei jeder der vier Gruppen. Um unabhängige Wurzeln totaler Differenzengleichungen zu erhalten, werden die Vorzahlen derart bestimmt, daß

$$\frac{4\alpha_1 - \alpha_2}{\alpha_1} = \frac{-2\alpha_1 + 4\alpha_2 - \alpha_3}{\alpha_2} = \frac{-\alpha_2 + 4\alpha_3 - 2\alpha_4}{\alpha_3} = \frac{-\alpha_3 + 4\alpha_4}{\alpha_4} = c \tag{1036}$$

ist. Damit geht Gl. (1035) über in

$$\begin{aligned} &-(\alpha_1 M_i + \alpha_2 M_{i+1} + \alpha_3 M_{i+2} + \alpha_4 M_{i+3}) + c\,(\alpha_1 M_k + \alpha_2 M_{k+1} + \alpha_3 M_{k+2} + \alpha_4 M_{k+3}) \\ &-(\alpha_1 M_l + \alpha_2 M_{l+1} + \alpha_3 M_{l+2} + \alpha_4 M_{l+3}) = \alpha_1 g_k + \alpha_2 g_{k+1} + \alpha_3 g_{k+2} + \alpha_4 g_{k+3}, \end{aligned} \tag{1037}$$

und mit der Substitution

$$\alpha_1 M_i + \alpha_2 M_{i+1} + \alpha_3 M_{i+2} + \alpha_4 M_{i+3} = T_i \tag{1038}$$

wird daraus

$$-T_i + c\,T_k - T_l = \alpha_1 g_k + \alpha_2 g_{k+1} + \alpha_3 g_{k+2} + \alpha_4 g_{k+3}. \tag{1039}$$

Die Gl. (1036) läßt sich folgendermaßen umformen

$$-\frac{\alpha_2}{\alpha_1} = -2\frac{\alpha_1}{\alpha_2} - \frac{\alpha_3}{\alpha_2} = -\frac{\alpha_2}{\alpha_3} - 2\frac{\alpha_4}{\alpha_3} = -\frac{\alpha_3}{\alpha_4} = c - 4 = \mu.$$

Daraus entsteht das Gleichungssystem

$$\left.\begin{aligned} \alpha_1\mu + \alpha_2 &= 0, \\ 2\alpha_1 + \alpha_2\mu + \alpha_3 &= 0, \\ \alpha_2 + \alpha_3\mu + 2\alpha_4 &= 0, \\ \alpha_3 + \alpha_4\mu &= 0. \end{aligned}\right\} \tag{1040}$$

Mit $\alpha_1 = 1$ liefern die ersten drei Gleichungen

$$\alpha_2 = -\mu, \qquad \alpha_3 = \mu^2 - 2, \qquad \alpha_4 = \frac{\mu}{2}(3 - \mu^2) \tag{1041}$$

und aus der letzten folgt die algebraische Gleichung 4ten Grades für μ:

$$\mu^4 - 5\mu^2 + 4 = 0 \tag{1042}$$

mit den vier Wurzeln $\mu_{1,2} = \pm 1$, $\mu_{3,4} = \pm 2$, so daß mit (1040) vier Systeme von α Vorzahlen bestimmt sind.

(1043)

μ	+1	−1	+2	−2
α_1	1	1	1	1
α_2	−1	1	−2	2
α_3	−1	−1	2	2
α_4	1	−1	−1	1

Sie werden nach (**1038**) zu der folgenden Substitution verwendet.

$$\left.\begin{aligned} \mu &= 1: & M_k - M_{k+1} - M_{k+2} + M_{k+3} &= T_k\,, & c &= 5\,,\\ \mu &= -1: & M_k + M_{k+1} - M_{k+2} - M_{k+3} &= U_k\,, & c &= 3\,,\\ \mu &= 2: & M_k - 2\,M_{k+1} + 2\,M_{k+2} - M_{k+3} &= V_k\,, & c &= 6\,,\\ \mu &= -2: & M_k + 2\,M_{k+1} + 2\,M_{k+2} + M_{k+3} &= W_k\,, & c &= 2\,. \end{aligned}\right\} \qquad (1044)$$

Die Gl. (**1035**) geht damit in vier neue, voneinander unabhängige Gleichungen über.

$$\left.\begin{aligned} -T_i + 5\,T_k - T_l &= g_k - g_{k+1} - g_{k+2} + g_{k+3} = \lambda_T\,,\\ -U_i + 3\,U_k - U_l &= g_k + g_{k+1} - g_{k+2} - g_{k+3} = \lambda_U\,,\\ -V_i + 6\,V_k - V_l &= g_k - 2\,g_{k+1} + 2\,g_{k+2} - g_{k+3} = \lambda_V\,,\\ -W_i + 2\,W_k - W_l &= g_k + 2\,g_{k+1} + 2\,g_{k+2} + g_{k+3} = \lambda_W\,. \end{aligned}\right\} \qquad (1045)$$

Sind die neuen Unbekannten T, U, V, W dieser Gleichungen berechnet, so folgt aus (**1044**)

$$\left.\begin{aligned} M_k &= \tfrac{1}{6}\,(2\,T_k + 2\,U_k + V_k + W_k)\,,\\ M_{k+1} &= \tfrac{1}{6}\,(-T_k + U_k - V_k + W_k)\,,\\ M_{k+2} &= \tfrac{1}{6}\,(-T_k - U_k + V_k + W_k)\,,\\ M_{k+3} &= \tfrac{1}{6}\,(2\,T_k - 2\,U_k - V_k + W_k)\,. \end{aligned}\right\} \qquad (1046)$$

Die Anwendung der Substitution (**1044**) auf die Matrix S. **703** liefert die vier folgenden, voneinander unabhängigen Gleichungssysteme.

Zur bequemeren Superposition werden gleich die Werte $T/6$, $U/6$, $V/6$, $W/6$ ausgerechnet und jeweils die erste der Gleichungen durch 2 dividiert, um symmetrische Matrizen zu erhalten.

$T_1/6$	$T_5/6$	$T_9/6$	$T_{13}/6$		a^2/N
2,5	−1			1/12	$\lambda_{T,1}/12$
−1	5	−1		0	$\lambda_{T,2}/6$
	−1	5	−1	0	$\lambda_{T,3}/6$
		−1	5	0	$\lambda_{T,4}/6$

$U_1/6$	$U_5/6$	$U_9/6$	$U_{13}/6$		a^2/N
1,5	−1			−1/12	$\lambda_{U,1}/12$
−1	3	−1		0	$\lambda_{U,2}/6$
	−1	3	−1	0	$\lambda_{U,3}/6$
		−1	3	0	$\lambda_{U,4}/6$

$V_1/6$	$V_5/6$	$V_9/6$	$V_{13}/6$		a^2/N
3	−1			−1/12	$\lambda_{V,1}/12$
−1	6	−1		0	$\lambda_{V,2}/6$
	−1	6	−1	0	$\lambda_{V,3}/6$
		−1	6	0	$\lambda_{V,4}/6$

$W_1/6$	$W_5/6$	$W_9/6$	$W_{13}/6$		a^2/N
1	−1			1/12	$\lambda_{W,1}/12$
−1	2	−1		0	$\lambda_{W,2}/6$
	−1	2	−1	0	$\lambda_{W,3}/6$
		−1	2	0	$\lambda_{W,4}/6$

Die λ-Zahlen beziehen sich auf die zweite Stufe des Ansatzes.

Die Auflösung dieser Gleichungen für die erste Stufe liefert

$T_1/6$	0,036369	$U_1/6$	−0,074468	$V_1/6$	−0,029463	$W_1/6$	0,333332
$T_5/6$	0,007590	$U_5/6$	−0,028369	$V_5/6$	−0,005055	$W_5/6$	0,249999
$T_9/6$	0,001581	$U_9/6$	−0,010638	$V_9/6$	−0,008666	$W_9/6$	0,166666
$T_{13}/6$	0,000316	$U_{10}/6$	−0,003546	$V_{13}/6$	−0,000144	$W_{13}/6$	0,083333

Die Superposition nach (**1046**) ergibt die Momentensummen

M_1	0,227672	M_5	0,203388	M_9	0,147686	M_{13}	0,076729
M_2	0,251957	M_6	0,219096	M_{10}	0,155314	M_{14}	0,079615
M_3	0,341968	M_7	0,265724	M_{11}	0,174857	M_{15}	0,086419
M_4	0,584470	M_8	0,326973	M_{12}	0,191972	M_{16}	0,091202

die, durch **64** dividiert, nach S. **703** die Absolutglieder der zweiten Stufe sind. Aus diesen werden nach (**1045**) die Absolutglieder der transformierten Gleichungen gebildet.

$\lambda_{T,1}/12$	0,000284136	$\lambda_{U,1}/12$	−0,000581782	$\lambda_{V,1}/12$	−0,000230178	$\lambda_{W,1}/12$	0,002604156
$\lambda_{T,2}/6$	0,000118596	$\lambda_{U,2}/6$	−0,000443262	$\lambda_{V,2}/6$	−0,000078982	$\lambda_{W,2}/6$	0,003906250
$\lambda_{T,3}/6$	0,000024708	$\lambda_{U,3}/6$	−0,000166223	$\lambda_{V,3}/6$	−0,000013540	$\lambda_{W,3}/6$	0,002604167
$\lambda_{T,4}/6$	0,000004942	$\lambda_{U,4}/6$	−0,000055408	$\lambda_{V,4}/6$	−0,000002257	$\lambda_{W,4}/6$	0,001302083

Die Auflösung für die zweite Stufe liefert

$T_1/6$	0,000135	$U_1/6$	−0,000694	$V_1/6$	−0,000086	$W_1/6$	0,028645
$T_5/6$	0,000054	$U_5/6$	−0,000460	$V_5/6$	−0,000029	$W_5/6$	0,026042
$T_9/6$	0,000017	$U_9/6$	−0,000242	$V_9/6$	−0,000007	$W_9/6$	0,019531
$T_{13}/6$	0,000004	$U_{13}/6$	−0,000099	$V_{13}/6$	−0,000002	$W_{13}/6$	0,010417

Die Superposition nach (**1046**) ergibt die Durchbiegung w_1.

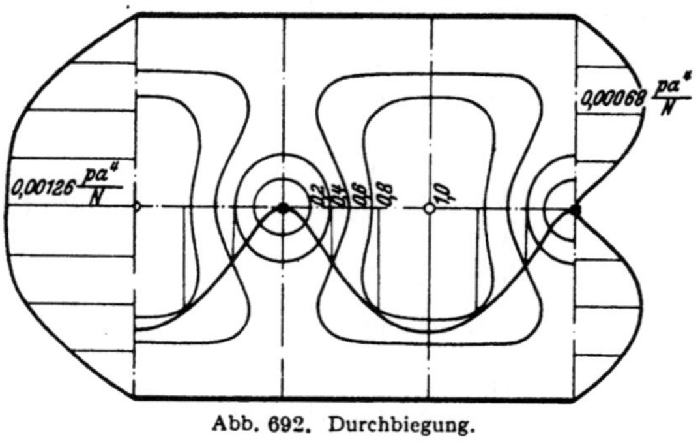

Abb. 692. Durchbiegung.

	a^2/N		a^2/N
$w_{1,1}$	0,027441	$w_{5,1}$	0,025202
$w_{2,1}$	0,027903	$w_{6,1}$	0,025557
$w_{3,1}$	0,029119	$w_{7,1}$	0,026419
$w_{4,1}$	0,030392	$w_{8,1}$	0,027098

	a^2/N		a^2/N
$w_{9,1}$	0,019074	$w_{13,1}$	0,010226
$w_{10,1}$	0,019280	$w_{14,1}$	0,010315
$w_{11,1}$	0,019749	$w_{15,1}$	0,010510
$w_{12,1}$	0,020055	$w_{16,1}$	0,010625

B. Gleichmäßig verteilte Belastung des Hauptsystems mit p t/m². Die Lösung (**981**) für den gleichmäßig belasteten Halbstreifen liefert

$$w_{1,0} = 0{,}013021\, p\, a^4/N, \qquad w_{5,0} = 0{,}012055\, p\, a^4/N,$$
$$w_{9,0} = 0{,}009277\, p\, a^4/N, \qquad w_{13,0} = 0{,}005056\, p\, a^4/N.$$

Die Durchbiegungen der Punkte einer waagerechten Zeile des Gitters sind gleich.

C. Der Stützendruck der gleichmäßig belasteten Pilzdecke.
Nach (**1034**) ist

$$X_1 = P = \frac{w_{4,0}}{w_{4,1}} = \frac{0{,}013021}{0{,}030392}\,\frac{p\,a^4\,N}{N\,a^2} = 0{,}428436\, p\, a^2.$$

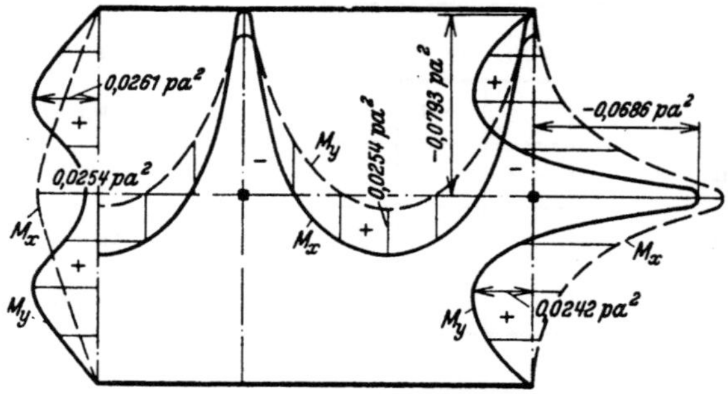

Abb. 693. Biegungsmomente.

D. Die Formänderung der Pilzdecke.
Die Superposition nach (**1033**) ergibt

	$p\,a^4/N$		$p\,a^4/N$
w_1	0,0012639	w_5	0,0012572
w_2	0,0010664	w_6	0,0011051
w_3	0,0005453	w_7	0,0007358
w_4	0	w_8	0,0004447

	$p\,a^4/N$		$p\,a^4/N$
w_9	0,0011054	w_{13}	0,0006748
w_{10}	0,0010170	w_{14}	0,0006365
w_{11}	0,0008162	w_{15}	0,0005530
w_{12}	0,0006850	w_{16}	0,0005037

Die Durchbiegung ist in Abb. **692** dargestellt.

E. Die Schnittkräfte.
Die Schnittkräfte ergeben sich aus der Durchbiegung nach (**1003**) ff. Die Biegungsmomente M_x und M_y sind in Abb. **693** für die drei Symmetrieachsen eingetragen.

II. Berechnung für Schachbrettlast (Abb. 694).

Die Belastung wird umgeordnet in eine gleichmäßig verteilte Last $+p/2$ und eine abwechselnde Belastung $\pm p/2$. Formänderung und Schnittkräfte der Pilzdecke für die verteilte Last sind aus I bekannt. Die abwechselnde Belastung bewirkt, daß sich jedes gleichartig belastete Feld wie eine ringsum frei aufliegende Platte verhält, die nach Abschn. **70** oder **71** berechnet wird. Formänderungen und Schnittkräfte sind in Abb. **695** dargestellt.

III. Berechnung für die halbseitige Streifenlast (Abb. 696).

Die Belastung wird umgeordnet in eine gleichmäßig verteilte Last $+p/2$ und zwei abwechselnde Streifenlasten $\pm p/2$ nach Abb. 696. Diese bewirkt, daß sich jeder gleichartig belastete Streifen wie ein beiderseits frei aufliegender Plattenstreifen verhält, der nach (981) berechnet wird. Formänderungen und Schnittkräfte sind in Abb. 697 dargestellt.

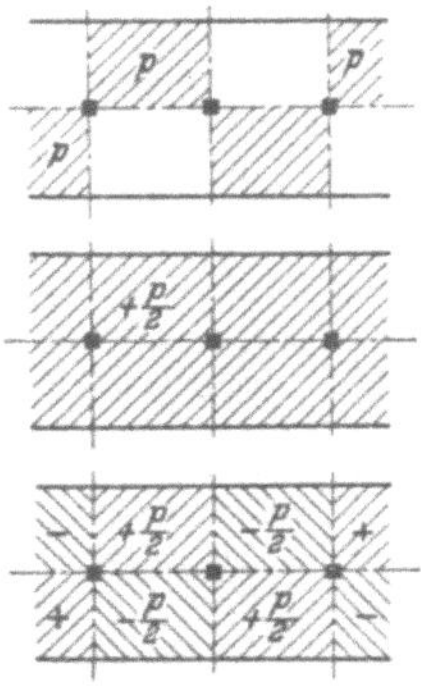

Abb. 694.

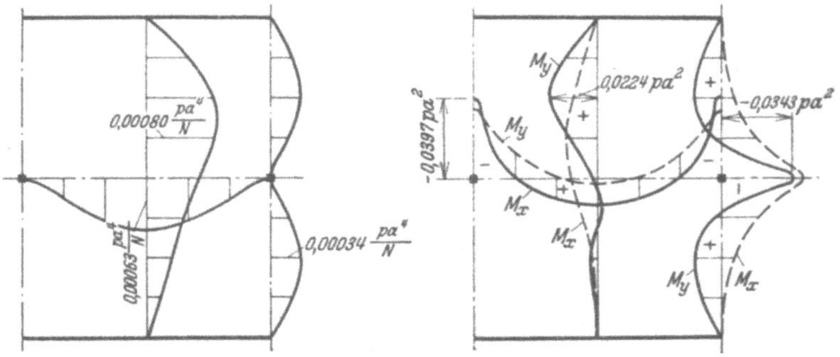

Abb. 695.

a) Durchbiegung. b) Biegungsmomente.

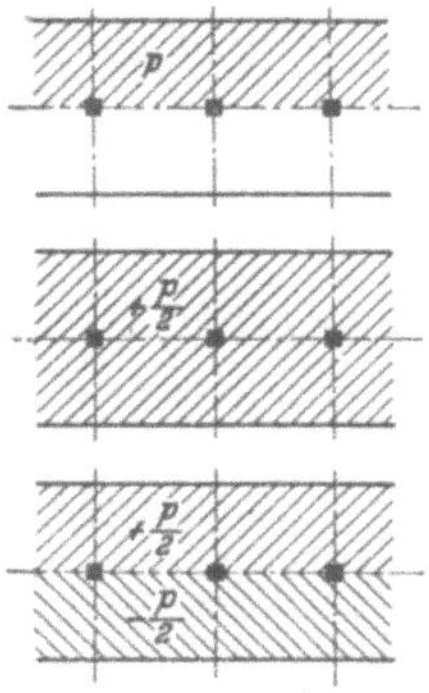

Abb. 696.

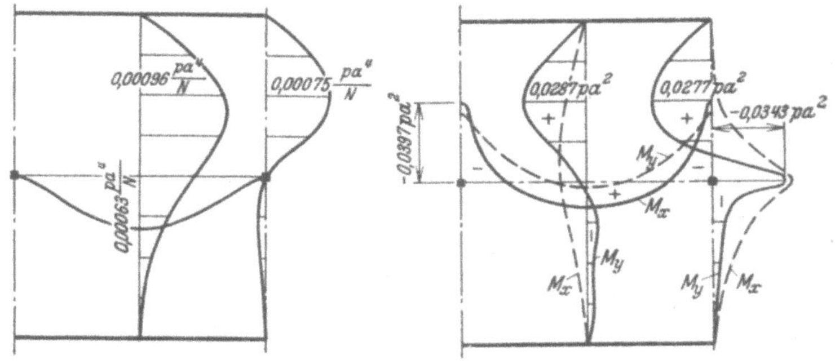

Abb. 697.

Durchbiegung. Biegungsmomente.

Die Berechnung einer nach einer Seite unendlich langen Pilzdecke mit einer Stützenreihe und frei aufliegenden Rändern.

Die Berechnung wird auf das Endstück mit der Länge $b = \frac{3}{4}a$ beschränkt (Abb. 698). Da die Randwerte M und w auf der Geraden II unbekannt sind, werden hier in erster Annäherung die Formänderungen und Schnittkräfte der nach zwei Seiten unendlich langen Pilzdecken zugrunde gelegt. Der Fehler ist um so kleiner, je größer b gewählt wird. Die Rechnung wird in zwei Stufen durchgeführt und der Stützendruck als überzählige Größe berechnet. Das Hauptsystem ist ein Plattenhalbstreifen. Die Belastung sei gleichmäßig verteilt.

A. Belastung des Hauptsystems mit $-X_1 = 1$.

1. Gitterteilung (Abb. 699). $s = a/8$.

2. Randwerte. M und w sind an den aufliegenden Rändern Null, zur Achse I symmetrisch und auf der Geraden II vorgeschrieben.

$M_{21,1}$	0,091202	$w_{21,1}$	0,010625 a^2/N
$M_{22,1}$	0,191972	$w_{22,1}$	0,020055 ,,
$M_{23,1}$	0,326973	$w_{23,1}$	0,027098 ,,
$M_{24,1}$	0,584470	$w_{24,1}$	0,030392 ,,

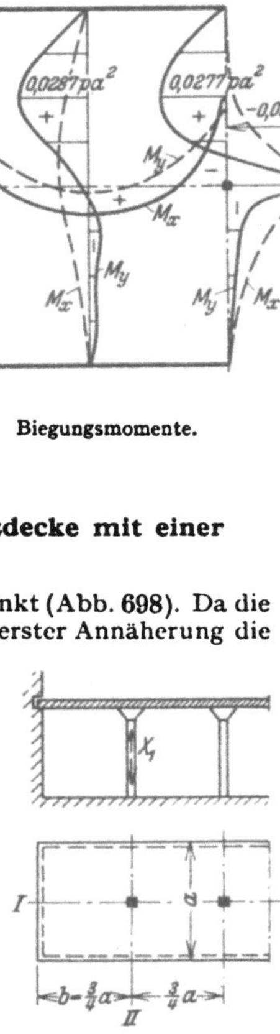

Abb. 698.

3. Differenzengleichungen (1001), (1002) für die 20 Gitterpunkte (Abb. 699).

M_1	2	3	4	5	6	7	8	9	10	11	12	13	14	15	16	17	18	19	20		a^2/N
4	−1				−2															0	$M_1/64$
−1	4	−1				−2														0	$M_2/64$
	−1	4	−1				−2													0	$M_3/64$
		−1	4	−1				−2												0	$M_4/64$
			−1	4					−2											$M_{24,1}$	$M_5/64+w_{24,1}$
−1					4	−1				−1										0	$M_6/64$
	−1				−1	4	−1				−1									0	$M_7/64$
		−1				−1	4	−1				−1								0	$M_8/64$
			−1				−1	4	−1				−1							0	$M_9/64$
				−1				−1	4					−1						$M_{23,1}$	$M_{10}/64+w_{23,1}$
					−1					4	−1				−1					0	$M_{11}/64$
						−1				−1	4	−1				−1				0	$M_{12}/64$
							−1				−1	4	−1				−1			0	$M_{13}/64$
								−1				−1	4	−1				−1		0	$M_{14}/64$
									−1				−1	4					−1	$M_{22,1}$	$M_{15}/64+w_{22,1}$
										−1					4	−1				0	$M_{16}/64$
											−1				−1	4	−1			0	$M_{17}/64$
												−1				−1	4	−1		0	$M_{18}/64$
													−1				−1	4	−1	0	$M_{19}/64$
														−1				−1	4	$M_{21,1}$	$M_{20}/64+w_{21,1}$

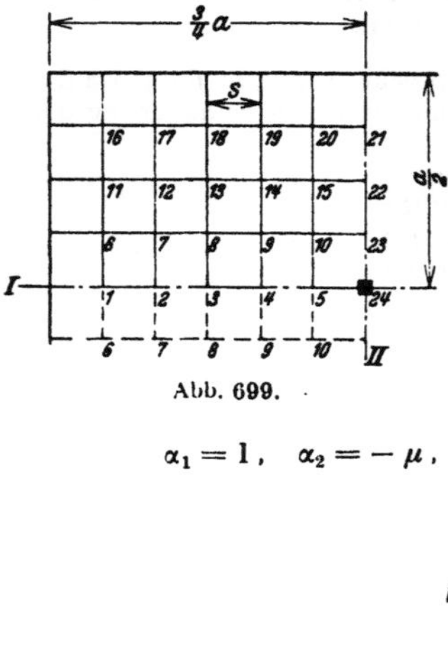

Abb. 699.

4. Auflösung. Die Auflösung wird wieder nach S. 704ff. durchgeführt. Mit $c-4=\mu$ lauten die Gleichungen für die α Vorzahlen

$$\begin{aligned}
\alpha_1\mu + \alpha_2 &= 0\,,\\
\alpha_1 + \alpha_2\mu + \alpha_3 &= 0\,,\\
\alpha_2 + \alpha_3\mu + \alpha_4 &= 0\,,\\
\alpha_3 + \alpha_4\mu + \alpha_5 &= 0\,,\\
\alpha_4 + \alpha_5\mu \quad &= 0\,.
\end{aligned}$$

Ihre Lösung ist

$$\alpha_1 = 1\,,\quad \alpha_2 = -\mu\,,\quad \alpha_3 = -(1-\mu^2)\,,\quad \alpha_4 = \mu(2-\mu^2)\,,\quad \alpha_5 = 1 - 3\mu^2 + \mu^4\,,$$

$$\mu^5 - 4\mu^3 + 3\mu = 0\,,$$

$$\mu_{1,2} = \pm 1\,,\quad \mu_3 = 0\,,\quad \mu_{4,5} = \pm\sqrt{3}\,.$$

Die 5 Systeme α-Vorzahlen sind dah

μ	1	-1	0	$\sqrt{3}$	$-\sqrt{3}$
α_1	1	1	1	1	1
α_2	-1	1	0	$-\sqrt{3}$	$\sqrt{3}$
α_3	0	0	-1	2	2
α_4	1	-1	0	$-\sqrt{3}$	$\sqrt{3}$
α_5	-1	-1	1	1	1

Sie führen zu der Substitution

$$\left.\begin{array}{lll}
\mu = 1: & M_k - M_{k+1} + M_{k+3} - M_{k+4} = S_k\,, & c = 5\,, \\
\mu = -1: & M_k + M_{k+1} - M_{k+3} - M_{k+4} = T_k\,, & c = 3\,, \\
\mu = 0: & M_k - M_{k+2} + M_{k+4} = U_k\,, & c = 4\,, \\
\mu = \sqrt{3}: & M_k - \sqrt{3}\,M_{k+1} + 2\,M_{k+2} - \sqrt{3}\,M_{k+3} + M_{k+4} = V_k\,, & c = 4 + \sqrt{3}\,, \\
\mu = -\sqrt{3}: & M_k + \sqrt{3}\,M_{k+1} + 2\,M_{k+2} + \sqrt{3}\,M_{k+3} + M_{k+4} = W_k\,, & c = 4 - \sqrt{3}\,,
\end{array}\right\} \quad (1047)$$

aus der sich rückwärts ergibt

$$\left.\begin{array}{l}
M_k = \tfrac{1}{12}\,(3\,S_k + 3\,T_k + 4\,U_k + V_k + W_k)\,, \\
M_{k+1} = \tfrac{1}{12}\,(-3\,S_k + 3\,T_k - \sqrt{3}\,V_k + \sqrt{3}\,W_k)\,, \\
M_{k+2} = \tfrac{1}{12}\,(-4\,U_k + 2\,V_k + 2\,W_k)\,, \\
M_{k+3} = \tfrac{1}{12}\,(3\,S_k - 3\,T_k - \sqrt{3}\,V_k + \sqrt{3}\,W_k)\,, \\
M_{k+4} = \tfrac{1}{12}\,(-3\,S_k - 3\,T_k + 4\,U_k + V_k + W_k)\,.
\end{array}\right\} \quad (1048)$$

Die Substitution (1047) führt zu den fünf unabhängigen Gleichungsgruppen:

$S_1/12$	$S_6/12$	$S_{11}/12$	$S_{16}/12$	
2,5	-1			$-M_{24,1}/24$
-1	5	-1		$-M_{23,1}/12$
	-1	5	-1	$-M_{22,1}/12$
		-1	5	$-M_{21,1}/12$

$T_1/12$	$T_6/12$	$T_{11}/12$	$T_6/12$	
1,5	-1			$-M_{24,1}/24$
-1	3	-1		$-M_{23,1}/12$
	-1	3	-1	$-M_{22,1}/12$
		-1	3	$-M_{21,1}/12$

$U_1/12$	$U_6/12$	$U_{11}/12$	$U_{16}/12$	
2	-1			$M_{24,1}/24$
-1	4	-1		$M_{23,1}/12$
	-1	4	-1	$M_{22,1}/12$
		-1	4	$M_{21,1}/12$

$V_1/12$	$V_6/12$	$V_{11}/12$	$V_{16}/12$	
$2+\sqrt{3}/2$	-1			$M_{24,1}/24$
-1	$4+\sqrt{3}$	-1		$M_{23,1}/12$
	-1	$4+\sqrt{3}$	-1	$M_{22,1}/12$
		-1	$4+\sqrt{3}$	$M_{21,1}/12$

$W_1/12$	$W_6/12$	$W_{11}/12$	$W_{16}/12$	
$2-\sqrt{3}/2$	-1			$M_{24,1}/24$
-1	$4-\sqrt{3}$	-1		$M_{23,1}/12$
	-1	$4-\sqrt{3}$	-1	$M_{22,1}/12$
		-1	$4-\sqrt{3}$	$M_{21,1}/12$

Das Ergebnis der Auflösung lautet:

$w_{1,1}$	0,0043143	$w_{6,1}$	0,0039742	$w_{11,1}$	0,0030156	$w_{16,1}$	0,0015832
$w_{2,1}$	0,0088332	$w_{7,1}$	0,0081319	$w_{12,1}$	0,0061787	$w_{17,1}$	0,0033220
$w_{3,1}$	0,0137215	$w_{8,1}$	0,0126033	$w_{13,1}$	0,0095488	$w_{18,1}$	0,0051605
$w_{4,1}$	0,0190674	$w_{9,1}$	0,0174222	$w_{14,1}$	0,0130990	$w_{19,1}$	0,0069916
$w_{5,1}$	0,0247991	$w_{10,1}$	0,0224350	$w_{15,1}$	0,0167029	$w_{20,1}$	0,0088288

B. Belastung des Hauptsystems mit gleichmäßig verteilter Last p t/m. Die Durchbiegung des Halbstreifens wird nach (995) berechnet.

$w_{1,0}$	0,00249	$w_{6,0}$	0,00231	$w_{11,0}$	0,00180	$w_{16,0}$	0,00099
$w_{2,0}$	0,00473	$w_{7,0}$	0,00439	$w_{12,0}$	0,00340	$w_{17,0}$	0,00187
$w_{3,0}$	0,00663	$w_{8,0}$	0,00615	$w_{13,0}$	0,00475	$w_{18,0}$	0,00260
$w_{4,0}$	0,00817	$w_{9,0}$	0,00757	$w_{14,0}$	0,00585	$w_{19,0}$	0,00320
$w_{5,0}$	0,00938	$w_{10,0}$	0,00869	$w_{15,0}$	0,00671	$w_{20,0}$	0,00366

$$w_{24,0} = 0{,}01032.$$

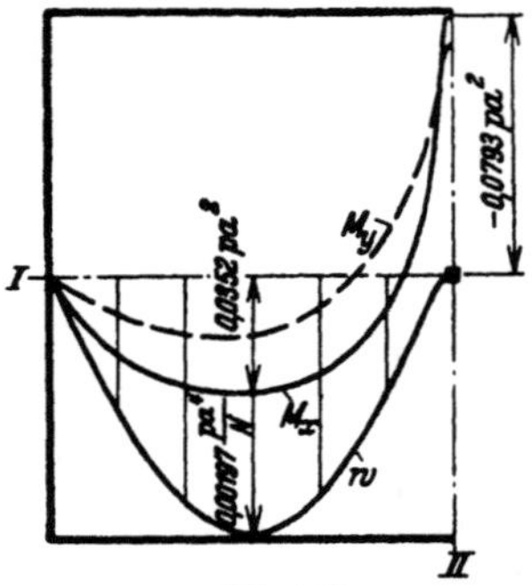

Abb. 700.

C. Der Stützendruck.

$$X_1 = \frac{w_{24,0}}{w_{24,1}} = \frac{0{,}01032}{0{,}30392} = 0{,}339563\, p\, a^2.$$

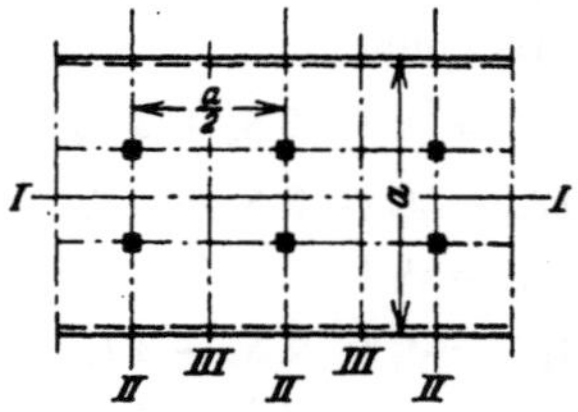

Abb. 701.

D. Formänderung und Schnittkräfte. — Die Durchbiegung beträgt nach (1033)

$$w_k = w_{k,0} - X_1\, w_{k,1}.$$

w_1	w_2	w_3	w_4	w_5	
0,001025	0,001731	0,001971	0,001695	0,000959	$p\,a^4/N$

Schnittkräfte nach (1003) ff. Abb. 700 zeigt Durchbiegung und Schnittkräfte in der Symmetrieachse I.

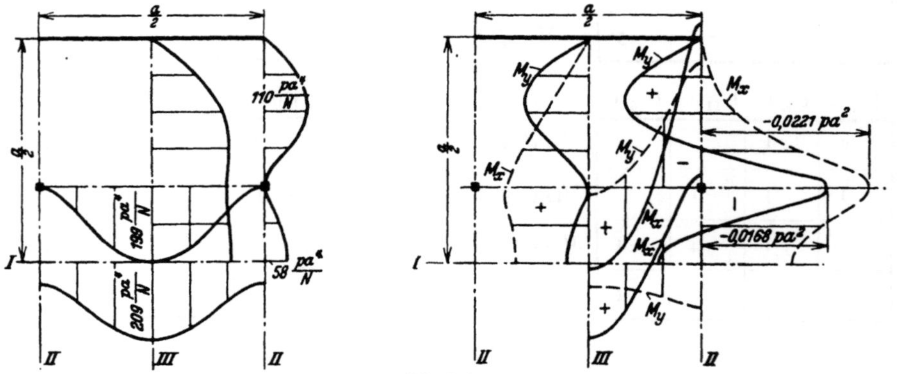

a) Durchbiegung $10^6\, w$. Abb. 702. b) Biegungsmomente.

Die nach zwei Seiten unendlich lange Pilzdecke mit zwei Stützenreihen und frei aufliegenden Rändern (Abb. 701) ist für die Teilung 3 : 2 bereits von H. Marcus berechnet worden[1]. Das Ergebnis ist zum Vergleich mit den Verschiebungen und mit den Schnittkräften auf S. 706 in der Abb. 702 eingetragen.

[1] Marcus, H.: Die Theorie elastischer Gewebe 2. Aufl. S. 274. Berlin 1932.

H. Marcus hat in seiner bereits mehrfach erwähnten Arbeit auch **das quadratische Mittelfeld einer nach allen Seiten unendlich ausgedehnten Pilzdecke** untersucht. Die Ergebnisse sind in der Abb. 703 enthalten, um sie mit den Schnittkräften zu vergleichen, die im Bereiche der Stützen nach den Bemerkungen auf S. 701 weiter unten als Näherung berechnet worden sind.

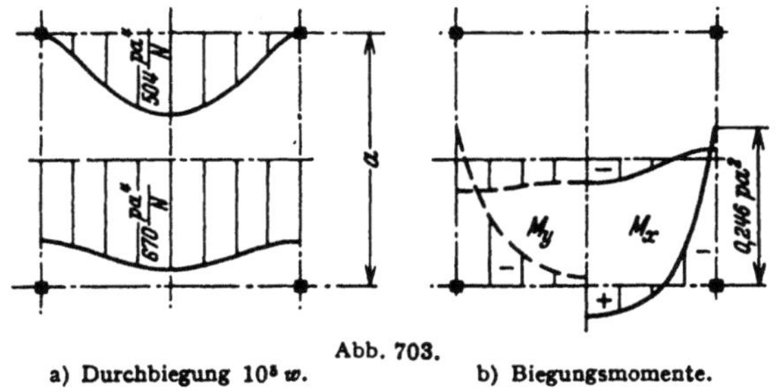

a) Durchbiegung $10^3\,w$. Abb. 703. b) Biegungsmomente.

Biegungsmomente im Bereich der Stütze für die nach allen Seiten unendlich ausgedehnte Pilzdecke mit quadratischen Feldern.

1. Lösung nach A. Nadai (S. 701). Stützenabstand $2\,l$. Radius der stellvertretenden Kreisplatte $a = 0{,}44\,l$. $P = 4\,p\,l^2$, $Q = (P - p\,a^2\pi)/2\,a\pi$. Die Lösung wird durch Superposition der Schnittkräfte der frei aufliegenden Kreisplatte bei gleichmäßig verteilter Last p und bei einer Einzellast P gefunden. Nach Tabelle 63 ist mit $\mu = 1/6$ (Abb. 704 u. 706a)

$$M_r = \frac{p\,a^2}{16}(3+\mu)\,\Phi_1 + \frac{P}{4\pi}(1+\mu)\,\Phi_3 = (0{,}0382\,\Phi_1 + 0{,}3761\,\Phi_3)\,p\,l^2,$$

$$M_t = \frac{p\,a^2}{16}[2(1-\mu) + (1+3\mu)\,\Phi_1] - \frac{P}{4\pi}[(1-\mu) - (1+\mu)\,\Phi_3]$$

$$= (-0{,}2452 + 0{,}0182\,\Phi_1 + 0{,}3716\,\Phi_3)\,p\,l^2.$$

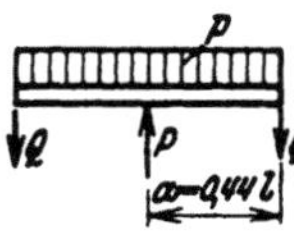

Abb. 704.

2. Lösung nach V. Lewe (S. 702). Stützenabstand $2\,l$. Radius der stellvertretenden Kreisplatte $a = R = 1{,}1286\,l$, $R_1 = 0$. $P = 4\,p\,l^2$, M aus $dw/dr = 0$ am Rand. Die Lösung ergibt sich durch Superposition der Schnittkräfte der eingespannten Kreisplatte bei gleichmäßig verteilter Last p und bei einer Einzellast P. Nach Tabelle 63 ist (Abb. 705 u. 706b)

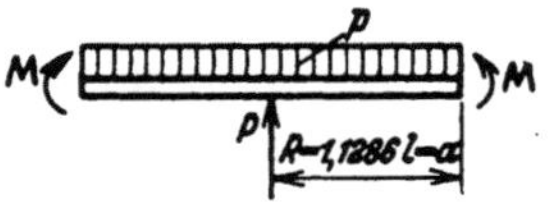

Abb. 705.

$$M_r = \frac{p\,a^2}{16}[(3+\mu)\,\Phi_1 - 2] + \frac{P}{4\pi}[1 + (1+\mu)\,\Phi_3] = (0{,}1593 + 0{,}2521\,\Phi_1 + 0{,}3716\,\Phi_3)\,p\,l^2,$$

$$M_t = \frac{p\,a^2}{16}[(1+3\mu)\,\Phi_1 - 2\mu] + \frac{P}{4\pi}[\mu + (1+\mu)\,\Phi_3] = (0{,}0266 + 0{,}1194\,\Phi_1 + 0{,}3716\,\Phi_3)\,p\,l^2.$$

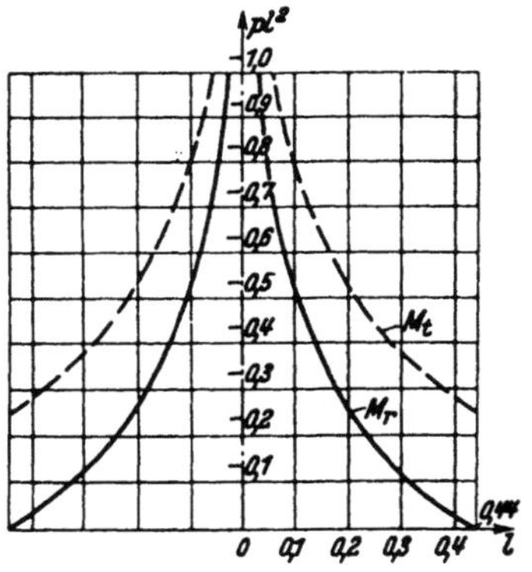

Abb. 706a.

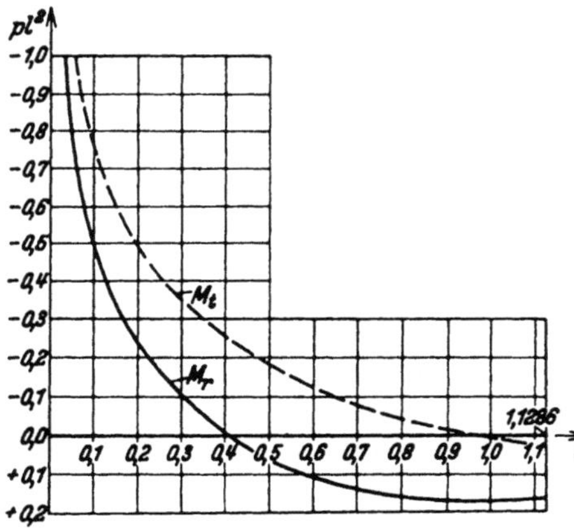

Abb. 706b.

Nadai, A.: Die elastischen Platten 1925. — Frey, K.: Die gleichförmig belastete, in gleichen Abständen unterstützte Gerade der allseitig unendlichen Platte und deren Anwendung in der strengen Theorie der trägerlosen Decken. Bauing. 1926 S. 21. — Marcus, H.: Die Theorie elastischer Gewebe und ihre Anwendung auf die Berechnung biegsamer Platten. Berlin 1928. — Lewe, V.: Pilzdecken und andere trägerlose Eisenbetonplatten. Berlin 1929.

B. Die Scheiben.

74. Die Scheiben.

Um die allgemeine Problemstellung der Elastizitätstheorie zu vereinfachen, wird entweder der in y-Richtung unendlich lange Körper mit unveränderlichem Querschnitt und gleichförmiger Belastung $\mathfrak{P}(x, z)$ oder die dünne, durch zwei parallele Ebenen begrenzte Scheibe $\Delta y \cdot F(x, z)$ betrachtet (Abb. 707), deren Mittelebene am Rande durch äußere Kräfte belastet ist. Auf diese Weise entstehen Grenzfälle der allgemeinen Lösung mit ebenem Verzerrungszustand ($v =$ const, $\gamma_{yz} = 0$, $\gamma_{yx} = 0$) oder mit ebenem Spannungszustand ($\sigma_y = 0$, $\tau_{yz} = 0$, $\tau_{yx} = 0$).

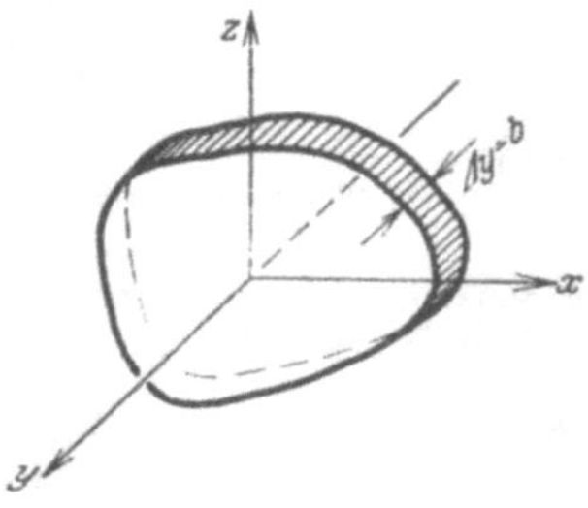

Abb. 707.

Die Spannungen $\sigma_x, \sigma_z, \tau_{xz}$ der Scheibe sind parallel zur Mittelebene und bedeuten bei endlicher Dicke $\Delta y = b$ Mittelwerte, an deren Stelle auch die auf die Scheibendicke b bezogenen Längs- und Schubkräfte N_x, N_z, N_{xz} treten können. Die Beanspruchung und die Verzerrung der Scheibe infolge der Querdehnung des Baustoffs senkrecht zur Mittelebene werden vernachlässigt. Die begrenzenden Ebenen der Scheibe sind also auch nach der Formänderung eben und parallel.

Die inneren Kräfte der Scheibe bilden in jedem Punkte einen Tensor mit der aus (920) bekannten Komponententransformation. Danach ist die Summe s der beiden Längsspannungen ebenso wie die Momentensumme M der Plattenbiegung unabhängig vom Koordinatensystem und eine skalare Funktion in x und z. Mit $\psi \rightarrow \psi_0$ oder $\psi \rightarrow \psi_0'$ nach (921) entstehen die Hauptlängsspannungen σ_1, σ_2 und die Hauptschubspannungen $\tau_{12} = \tau_{21}$, die sich zu Isoklinen, Trajektorien und Linien mit gleichgroßer Hauptlängsspannung und gleichgroßer Hauptschubspannung zusammenfassen lassen. Von diesen besitzt das Feld der Hauptlängsspannungen für die bauliche Ausgestaltung der Scheiben besondere Bedeutung. Es besteht aus den Zug- und Druckkraftlinien und enthält meist auch noch singuläre Punkte, deren Existenz, deren Lage und deren Eigenschaften für das Bild des Kraftfeldes und damit für die Übertragung der Kräfte Bedeutung besitzen.

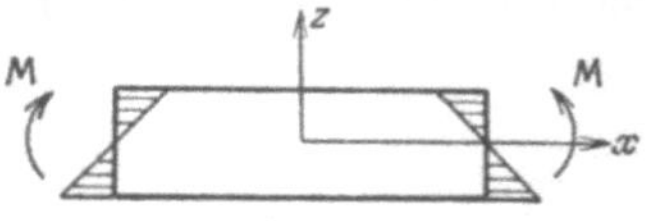

Abb. 708.

Man unterscheidet singuläre Nullpunkte, singuläre Punkte mit endlicher Kraftwirkung und singuläre Unendlichkeitspunkte als Folge der Scheibenbegrenzung oder als Folge von Einzellasten.

Um die Spannungen allein aus den Gleichgewichtsbedingungen (910) und damit statisch bestimmt zu berechnen, wird die Normalspannung σ_x nach Navier linear in z angenommen. Die Lösung gilt streng für einen ebenen Streifen, an dessen Enden Kräftepaare wirken (Abb. 708), und genügt mit der bei technischen Aufgaben notwendigen Genauigkeit auch bei anderen Belastungen von Scheiben, deren Höhe gegenüber der Länge zwischen den Stützpunkten klein ist, wenn der Bereich neben Einzellasten oder neben Unstetigkeiten der Begrenzung ausscheidet. Die statisch bestimmte Beschreibung des Spannungszustandes ist daher bei hohen Trägern mit kleiner Stützweite und im Bereich von Ecken, Knickstellen und Verzweigungen des Streifens unzureichend.

Der statisch unbestimmte Spannungszustand. 1. Annahmen und Abkürzungen nach S. 643. Der Spannungszustand ist eben und durch $\sigma_x, \sigma_z, \tau_{xz}$ bestimmt. $\sigma_y = \tau_{yz} = \tau_{yx} = 0$. Die Komponenten $\varepsilon_y, \gamma_{yz}, \gamma_{yx}$ der Verzerrung sind klein im Vergleich zu den übrigen Komponenten $\varepsilon_x, \varepsilon_z, \gamma_{xz}$ und werden daher vernachlässigt ($\varepsilon_y = \gamma_{yz} = \gamma_{yx} = 0$).

$$G = \frac{E}{2(1+\mu)}, \quad \mu = \frac{1}{m}, \quad e = \varepsilon_x + \varepsilon_y + \varepsilon_z, \quad s = \sigma_x + \sigma_z, \quad \Delta = \left[\frac{\partial^2}{\partial x^2} + \frac{\partial^2}{\partial z^2}\right].$$

s ist gegenüber einer Drehung des Koordinatensystems invariant.
Z bedeutet die auf die Einheit bezogene konstante Massenkraft (Eigengewicht).

2. Gleichgewichtsbedingungen nach S. 643.

$$\frac{\partial \sigma_x}{\partial x} + \frac{\partial \tau_{zx}}{\partial z} = 0, \quad \frac{\partial \sigma_z}{\partial z} + \frac{\partial \tau_{xz}}{\partial x} + Z = 0, \quad \tau_{xz} = \tau_{zx}. \tag{1049}$$

3. Elastizitätsgesetz nach S. 643.

$$\left.\begin{aligned} \varepsilon_x &= \frac{1}{2G}\left(\sigma_x - \frac{s}{m+1}\right), \quad \varepsilon_z = \frac{1}{2G}\left(\sigma_z - \frac{s}{m+1}\right), \quad \gamma_{xz} = \frac{\tau_{xz}}{G}, \\ \sigma_x &= 2G\left(\varepsilon_x + \frac{e}{m-2}\right), \quad \sigma_z = 2G\left(\varepsilon_z + \frac{e}{m-2}\right), \quad e = \frac{1}{2G}\, s\, \frac{m-2}{m+1}. \end{aligned}\right\} \tag{1050}$$

4. Verträglichkeitsbedingungen nach S. 18.

$$\varepsilon_x = \frac{\partial u}{\partial x}, \quad \varepsilon_z = \frac{\partial w}{\partial z}, \quad \gamma_{xz} = \frac{\partial u}{\partial z} + \frac{\partial w}{\partial x}. \tag{1051}$$

Die Verwendung der Beziehungen 3. und 4. in 2. liefert folgende Gleichgewichtsbedingungen:

$$G\left(\Delta u + \frac{m}{m-2}\frac{\partial e}{\partial x}\right) = 0, \quad G\left(\Delta w + \frac{m}{m-2}\frac{\partial e}{\partial z}\right) + Z = 0. \tag{1052}$$

Aus der Addition der beiden nach x und z differentiierten Gleichungen entsteht mit $\partial Z/\partial z = 0$ die Bedingung

$$\Delta e = 0 \quad \text{oder} \quad \Delta s = 0, \quad \text{also} - \frac{\partial^2 \sigma_z}{\partial x^2} + \frac{\partial^2 \sigma_z}{\partial z^2} = 0. \tag{1053}$$

Soll diese allgemeine Differentialbeziehung des Spannungszustandes durch eine Veränderliche F beschrieben werden, so muß diese die Gleichgewichtsbedingungen (1049) erfüllen. Dies geschieht nach G. B. Airy mit

$$\sigma_x = \frac{\partial^2 F}{\partial z^2}, \quad \sigma_z = \frac{\partial^2 F}{\partial x^2}, \quad \tau_{xz} = -\frac{\partial^2 F}{\partial x\, \partial z} - Z x, \tag{1054a}$$

bei fehlenden Massenkräften auch mit

$$\sigma_x = \frac{\partial^2 F}{\partial z^2}, \quad \sigma_z = \frac{\partial^2 F}{\partial x^2}, \quad \tau_{xz} = -\frac{\partial^2 F}{\partial x\, \partial z}, \tag{1054b}$$

so daß der ebene Spannungszustand nach (1053) und (1054) durch folgende Bedingung bestimmt ist:

$$\Delta s = \left(\frac{\partial^2}{\partial x^2} + \frac{\partial^2}{\partial z^2}\right)\left(\frac{\partial^2 F}{\partial x^2} + \frac{\partial^2 F}{\partial z^2}\right) = \Delta \Delta F = \frac{\partial^4 F}{\partial x^4} + 2\frac{\partial^4 F}{\partial x^2 \partial z^2} + \frac{\partial^4 F}{\partial z^4} = 0. \tag{1055}$$

Die Gleichung kann ebenso wie auf S. 646 in zwei partielle Differentialgleichungen zweiter Ordnung zerlegt und nach (935) in Polarkoordinaten angeschrieben werden.

$$\frac{\partial^2 F}{\partial x^2} + \frac{\partial^2 F}{\partial z^2} = s, \quad \frac{\partial^2 s}{\partial x^2} + \frac{\partial^2 s}{\partial z^2} = 0, \quad s = \sigma_x + \sigma_z. \tag{1056}$$

$$\Delta \Delta F = \left(\frac{\partial^2}{\partial r^2} + \frac{1}{r}\frac{\partial}{\partial r} + \frac{1}{r^2}\frac{\partial^2}{\partial \alpha^2}\right)^2 F = 0 \tag{1057}$$

mit

$$\sigma_r = \frac{1}{r}\frac{\partial F}{\partial r} + \frac{1}{r^2}\frac{\partial^2 F}{\partial \alpha^2}, \quad \sigma_t = \frac{\partial^2 F}{\partial r^2}, \quad \tau_{rt} = -\frac{\partial}{\partial r}\left(\frac{1}{r}\frac{\partial F}{\partial \alpha}\right) \tag{1058}$$

Die Funktion F ist unter dem Namen Airysche Spannungsfunktion bekannt. Sie genügt nach (929) der Differentialgleichung einer an der Oberfläche kräftefreien Platte, so daß die Ordinaten F mit den Verschiebungen w einer elastischen, durch Randkräfte erzeugten Biegefläche mit den durch (1061) vorgeschriebenen Randbedingungen verglichen werden können. Die Fläche wird Airysche Fläche oder Spannungsfläche genannt, da ihre Krümmungen nach (1054b) die Längsspannungen der Scheibe beschreiben. Diese Erkenntnis ist von K. Wieghardt verwendet worden, um die Spannungen der Scheibe an der Formänderung eines dünnen Bleches auszumessen.

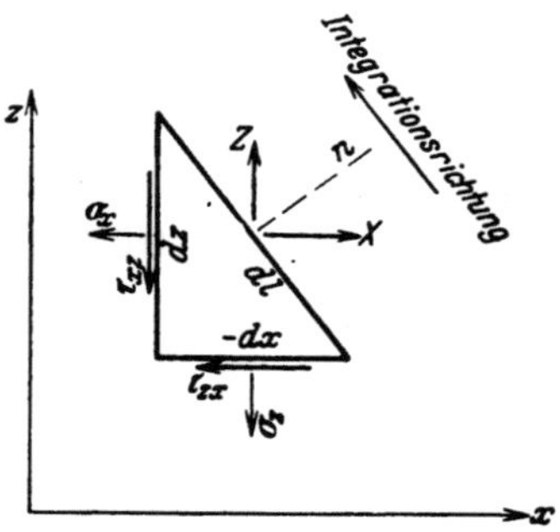

Abb. 709.

Die Randbedingungen. Die analytische Untersuchung des Spannungszustandes besteht in der Ermittlung einer Funktion $F(x, z)$, welche die partielle Differentialgleichung (1055) und die von Randkräften $X(x, z)$, $Z(x, z)$ vorgeschriebenen Bedingungen für σ_n und τ_{nl} erfüllt. Um diese auch bei einer allgemeinen Begrenzung der Scheibe in einfacher Form auszusprechen, wird das Gleichgewicht der Kräfte an einem Randabschnitt der Scheibe betrachtet. Nach Abb. 709 ist

$$\left.\begin{aligned}\sigma_x \cos(n, x) + \tau_{zx} \cos(n, z) &= X,\\ \tau_{xz} \cos(n, x) + \sigma_z \cos(n, z) &= Z\end{aligned}\right\} \qquad (1059)$$

und mit (1054b) und

$$\cos(n, x) = \frac{dz}{dl}, \qquad \cos(n, z) = -\frac{dx}{dl},$$

$$\left.\begin{aligned}&\frac{\partial^2 F}{\partial z^2}\frac{dz}{dl} + \frac{\partial^2 F}{\partial x\,\partial z}\frac{dx}{dl} = X, \qquad -\frac{\partial^2 F}{\partial x\,\partial z}\frac{dz}{dl} - \frac{\partial^2 F}{\partial x^2}\frac{dx}{dl} = Z,\\ &\frac{\partial F}{\partial z} = \int_0^k X\,dl = R_x, \qquad \frac{\partial F}{\partial x} = -\int_0^k Z\,dl = -R_z.\end{aligned}\right\} \qquad (1060)$$

Danach lassen sich die Randbedingungen der Spannungsfunktion bei beliebiger Begrenzung und Belastung der Scheibe in folgender Weise anschreiben:

$$\int\left(\frac{\partial F}{\partial z}dz + \frac{\partial F}{\partial x}dx\right) = F = \int (R_x dz - R_z dx),$$

$$F_k = \int_0^k [X(z_k - z) - Z(x_k - x)]\,dl. \qquad (1061\text{a})$$

$$\frac{\partial F}{\partial n} = \frac{\partial F}{\partial x}\frac{dx}{dn} + \frac{\partial F}{\partial z}\frac{dz}{dn} = -R_z \cos(l, z) + R_x \cos(l, x) = -R_l. \qquad (1061\text{b})$$

Die Spannungsfunktion F und ihre Normalableitung $\partial F/\partial n$ sind daher in einem beliebigen Punkte K des Randes bis auf die in (1061a) und (1061b) nicht enthaltenen Integrationskonstanten durch das Moment und die Tangentialkomponente R_l der Resultierenden der Randbelastung im Punkte k des Scheibenrandes bestimmt. Der Anfangspunkt der Integration ist beliebig. Durch seine Wahl würden nur die Integrationskonstanten in (1061a) und (1061b) festgelegt werden, welche auf die Spannungen und Verschiebungen ohne Einfluß sind, da diese nur von zweiten und höheren Differentialquotienten abhängen. Die Ableitung der Spannungsfunktion nach der Tangente des Scheibenrandes ist an einspringenden Ecken und an den Angriffspunkten von Einzellasten unstetig. Die Krümmung der Spannungsfläche wird daher hier unendlich. Dasselbe gilt von der Längsspannung.

Die formale Lösung der Aufgabe ist nur in einzelnen Fällen möglich. Zwar lassen sich ebenso wie bei der Integration der Plattengleichung (929) leicht Funktionen anschreiben, welche die Differentialgleichung (1055) erfüllen, dagegen gelingt die Befriedigung der Randbedingungen durch eine rechnerisch brauchbare Reihenentwicklung nur bei denjenigen Scheiben, die nach drei und vier Seiten unbegrenzt sind oder parallele Ränder besitzen. Das sind die Ebene und geradlinig, keilförmig oder kreisförmig begrenzte Abschnitte der Ebene. Aus diesem Grunde ist auch die Umordnung der Belastung bei symmetrisch ausgebildeten Scheiben nützlich. Die Randbedingungen werden auf diese Weise symmetrisch oder antimetrisch. Die Anzahl der in einem Ansatz zu befriedigenden Randbedingungen ist dann kleiner und der Ansatz selbst kürzer. Er muß die Differentialgleichung und nach (1060) oder (1061) differentiiert die vorgeschriebenen Randbedingungen erfüllen.

Spannungszustand in einer Halbscheibe. Randbedingungen für $z = 0$: $\sigma_z = 0$, $\tau_{xz} = 0$ oder vorgeschrieben.

a) Belastung durch die Einzellast P_1 winkelrecht zur Begrenzung (Abb. 710).

$$F = \frac{P_1}{\pi} r \alpha \sin\alpha, \qquad \sigma_r = \frac{2P_1}{\pi}\frac{\cos\alpha}{r}, \qquad \sigma_t = 0, \qquad \tau_{rt} = 0, \tag{1062a}$$

$$\sigma_z = \sigma_r \cos^2\alpha, \qquad \sigma_x = \sigma_r \sin^2\alpha, \qquad \tau_{xz} = -\sigma_r \sin\alpha\cos\alpha. \tag{1062b}$$

In rechtwinkligen Koordinaten lauten die Gleichungen (1062b) mit $\xi = x/a$, $\zeta = z/a$

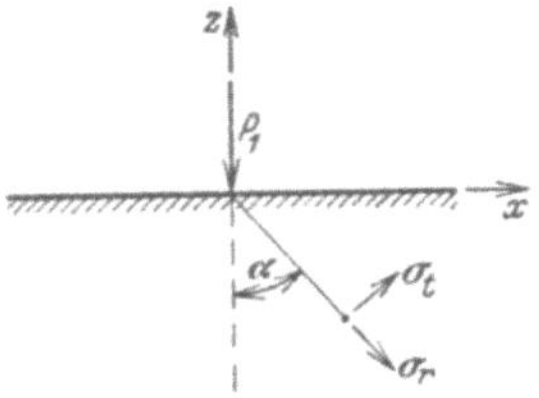

Abb. 710.

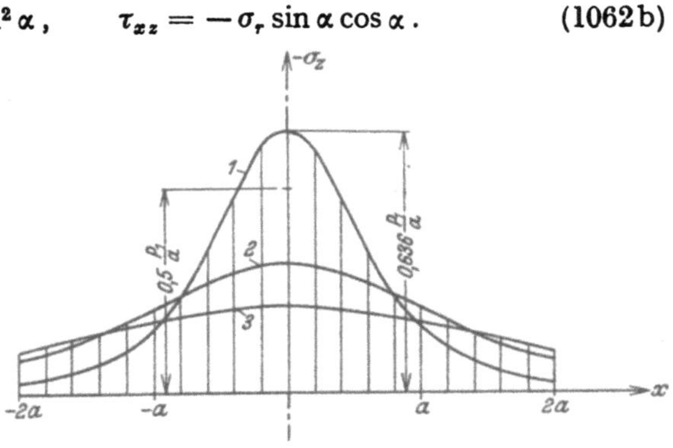

Abb. 711a. Spannungen σ_z in den Schnitten $z = -a$ (Kurve 1), $z = -2a$ (Kurve 2), $z = -3a$ (Kurve 3).

$$\sigma_x = \frac{2P_1}{\pi a}\frac{\xi^2\zeta}{(\xi^2+\zeta^2)^2}, \qquad \sigma_z = \frac{2P_1}{\pi a}\frac{\zeta^3}{(\xi^2+\zeta^2)^2}, \qquad -\tau_{xz} = \frac{2P_1}{\pi a}\frac{\xi\zeta^2}{(\xi^2+\zeta^2)^2}.$$

Die Abb. 711a enthält die Spannung σ_z für mehrere Schnitte $z = \text{const}$, die Abb. 711b, c die Spannungen σ_x, τ_{xz} für mehrere Schnitte $x = \text{const}$. Die Span-

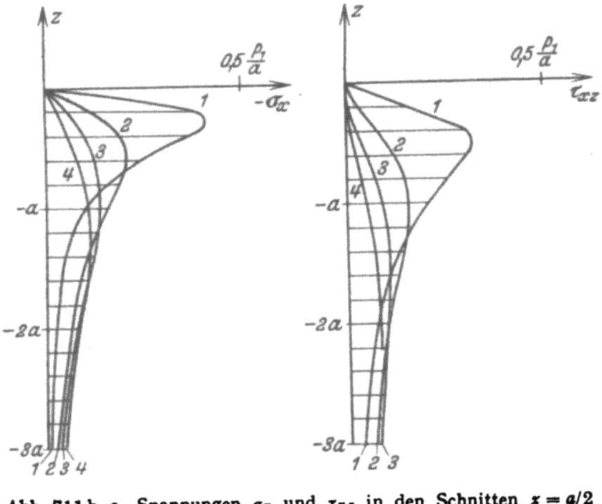

Abb. 711b, c. Spannungen σ_x und τ_{xz} in den Schnitten $x = a/2$ (Kurve 1), $x = a$ (Kurve 2), $x = 3a/2$ (Kurve 3), $x = 2a$ (Kurve 4).

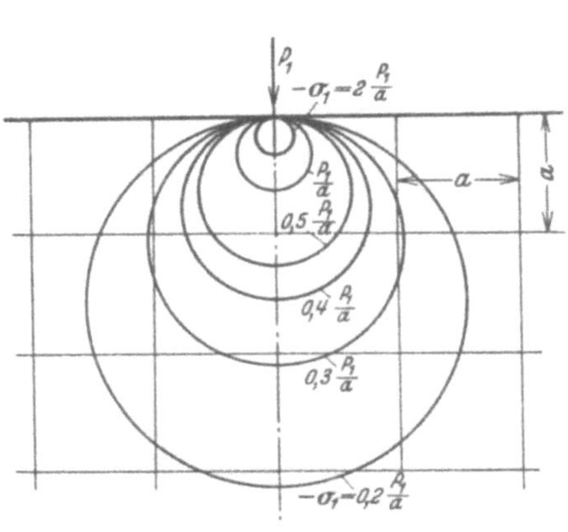

Abb. 712. Linien gleicher Hauptspannung σ_1.

nung σ_x wechselt in diesen Schnitten nicht ihr Vorzeichen, so daß $\int\limits_{-\infty}^{0}\sigma_x\,dz$ einen von x unabhängigen endlichen Wert besitzen muß, der zu $-P_1/\pi$ gefunden wird.

Die Linien gleicher Hauptspannung σ_1 sind Kreise durch den Koordinatenanfangspunkt mit der Gleichung

$$\xi^2 + \left(\zeta - \frac{1}{n}\right)^2 = \left(\frac{1}{n}\right)^2, \qquad n = \sigma_1 \Big/ \frac{P_1}{\pi a}.$$

Die Spannung σ_2 ist überall gleich Null (Abb. 712).

Die Längsspannungstrajektorien sind Kreise um den Koordinatenanfangspunkt oder die von dort ausgehenden Radien (Abb. 713).

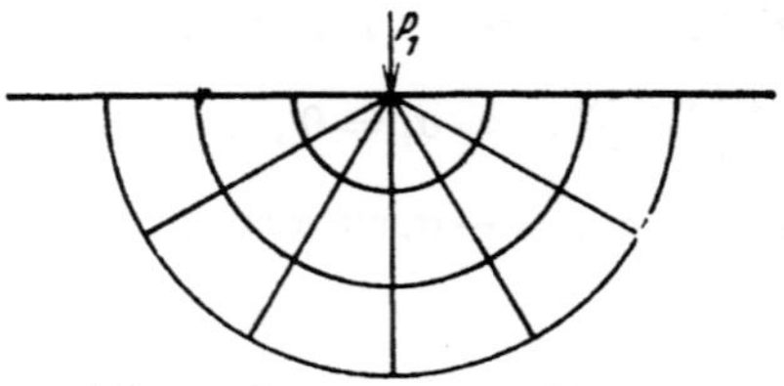

Abb. 713. Längsspannungstrajektorien.

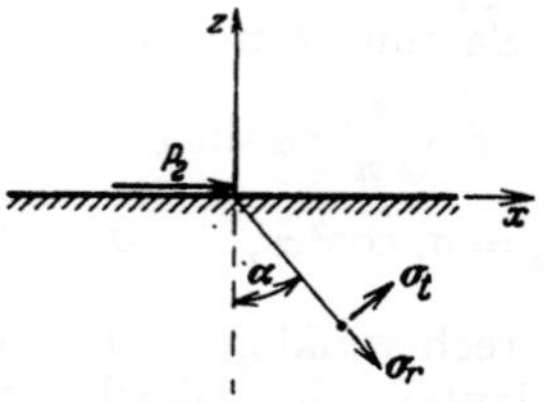

Abb. 714.

b) Belastung durch die Einzellast P_2 parallel zur Begrenzung (Abb. 714).

$$F = \frac{P_2}{\pi}\, r\alpha\cos\alpha\,, \qquad \sigma_r = -\frac{2P_2}{\pi}\,\frac{\sin\alpha}{r}\,, \qquad \sigma_t = 0\,, \qquad \tau_{rt} = 0\,. \quad (1063)$$

c) Belastung durch mehrere Einzellasten P_k (Abb. 715). Superposition der Lösungen a).

$$\sigma_z = \frac{2}{\pi}\sum\frac{P_k\cos^3\alpha_k}{r_k}\,, \qquad \sigma_x = \frac{2}{\pi}\sum\frac{P_k\cos\alpha_k\sin^2\alpha_k}{r_k}\,, \quad \tau_{xz} = -\frac{2}{\pi}\sum\frac{P_k\sin\alpha_k\cos^2\alpha_k}{r_k}\,. \quad (1064)$$

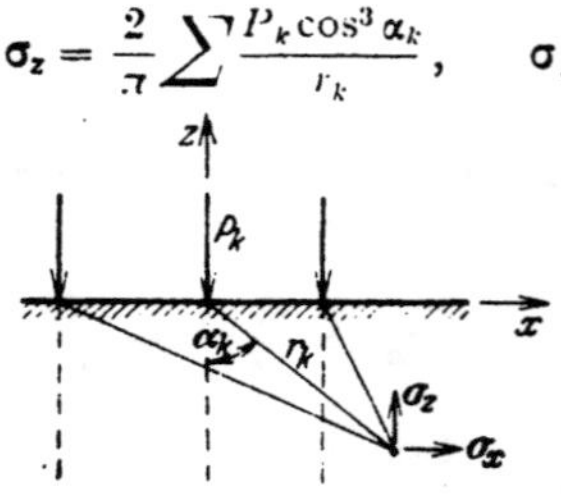

Abb. 715.

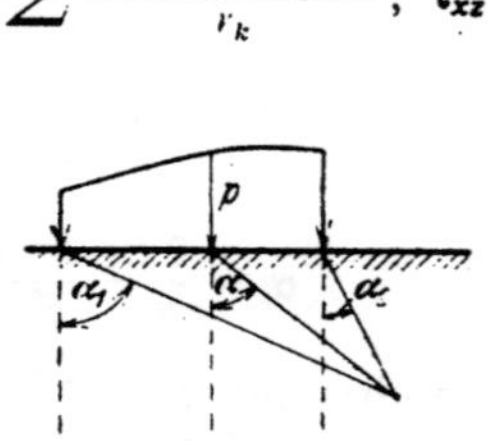

Abb. 716.

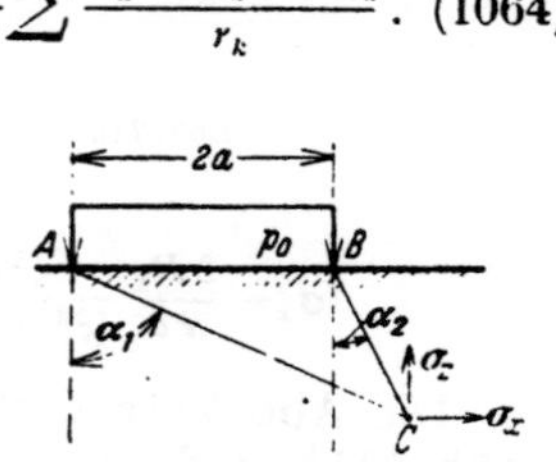

Abb. 717.

d) Stetige Streckenlast $dP = p\,dx$ (Abb. 716).

$$\sigma_z = \frac{2}{\pi}\int\limits_{\alpha_1}^{\alpha_2} p\cos^2\alpha\,d\alpha\,, \qquad \sigma_x = \frac{2}{\pi}\int\limits_{\alpha_1}^{\alpha_2} p\sin^2\alpha\,d\alpha\,, \qquad \tau_{xz} = -\frac{2}{\pi}\int\limits_{\alpha_1}^{\alpha_2} p\sin\alpha\cos\alpha\,d\alpha\,. \quad (1065)$$

Sonderfall $p = p_0 = \text{const}$ (Abb. 717):

$$\left.\begin{aligned} \sigma_z &= \frac{p_0}{2\pi}\left[2(\alpha_2-\alpha_1)+\sin 2\alpha_2-\sin 2\alpha_1\right], \quad \tau_{xz} = +\frac{p_0}{2\pi}\left[\cos 2\alpha_2-\cos 2\alpha_1\right],\\ \sigma_x &= +\frac{p_0}{2\pi}\left[2(\alpha_2-\alpha_1)-(\sin 2\alpha_2-\sin 2\alpha_1)\right]. \end{aligned}\right\} \quad (1066\text{a})$$

Hauptspannungen:

$$\sigma_1 = \frac{p_0}{\pi}\left[(\alpha_2-\alpha_1)+\sin(\alpha_2-\alpha_1)\right], \qquad \sigma_2 = \frac{p_0}{\pi}\left[(\alpha_2-\alpha_1)-\sin(\alpha_2-\alpha_1)\right]. \quad (1066\text{b})$$

Die Hauptspannung σ_1 fällt in die Richtung der Halbierungslinie des Winkels ACB (Abb. 717).

Spannungen σ_z in Schnitten $z=\text{const}$: Abb. 718a
" σ_x " " $x=\text{const}$: " 718b
" τ_{xz} " " $x=\text{const}$: " 718c

Auch hier ist $\int_{-\infty}^{0} \sigma_x\, dz$ von Null verschieden und gleich $-2\, p_0 a/\pi$. Die Linien gleicher Hauptspannungen σ_1 oder σ_2 (Abb. 719a) sind Kreise durch die Endpunkte der Belastung, da beide Hauptspannungen nur von der Differenz der Winkel α_1 und α_2 abhängen. Die Längsspannungstrajektorien sind in Abb. 719b dargestellt.

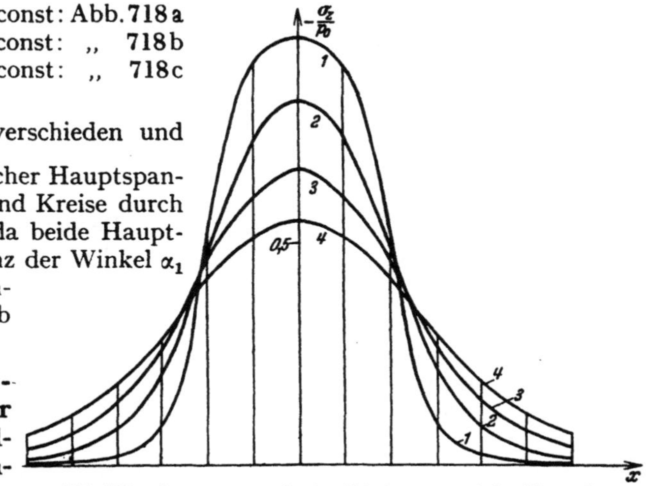

Abb. 718a. Spannungen σ_z in den Schnitten $z=-0{,}5a$ (Kurve 1), $z=-a$ (Kurve 2), $z=-1{,}5a$ (Kurve 3), $z=-2a$ (Kurve 4).

Keilförmig begrenzte Scheiben mit einer Einzellast an der Spitze (Abb. 720). Die Normalspannungen σ_t und die Schubspannungen τ_{rt} der Halbscheibe in

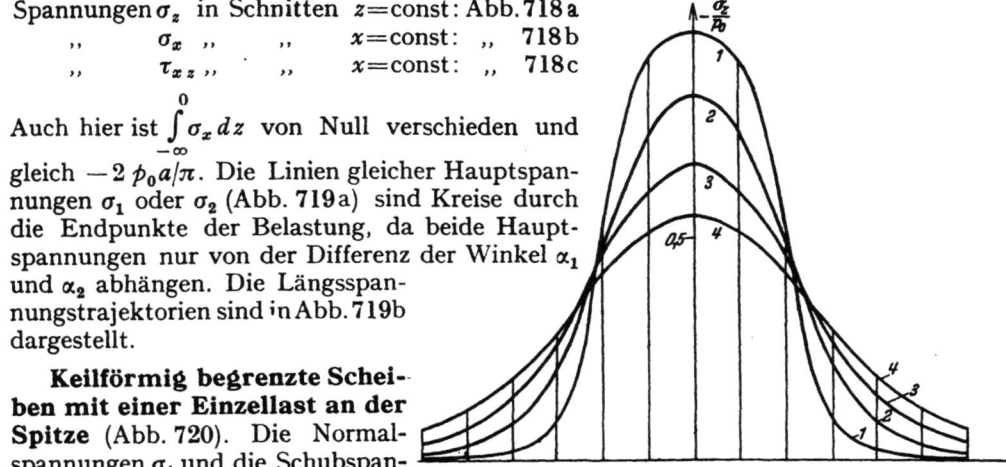

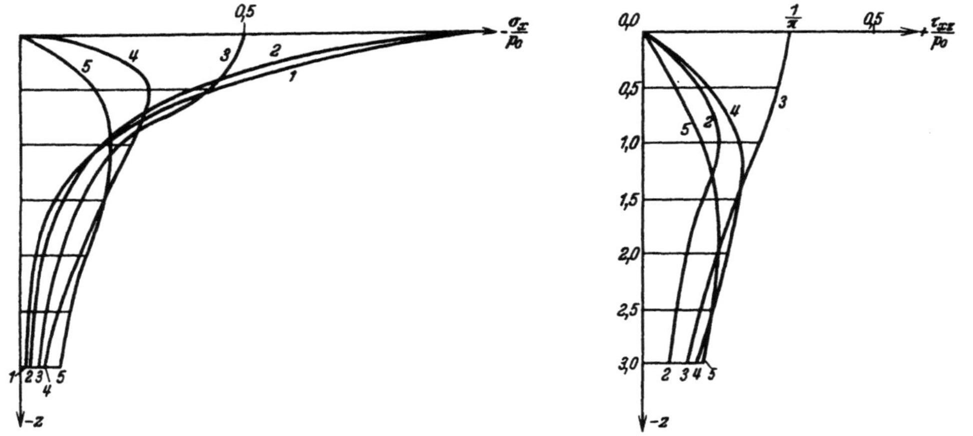

Abb. 718b, c. Spannungen σ_x und τ_{xz} in den Schnitten $x=0$ (Kurve 1), $x=0{,}5a$ (Kurve 2), $x=a$ (Kurve 3), $x=1{,}5a$ (Kurve 4), $x=2a$ (Kurve 5).

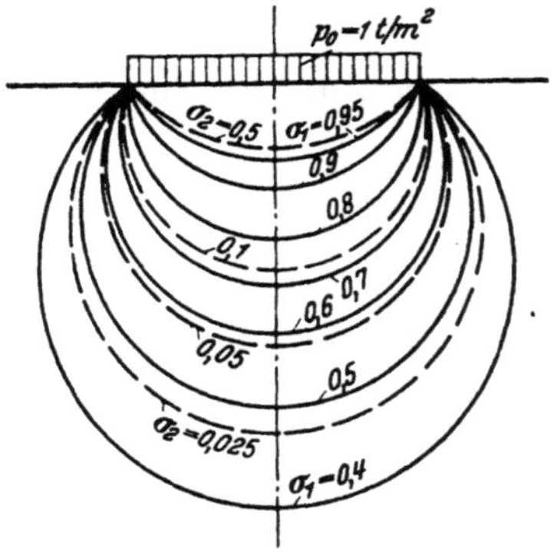

Abb. 719a. Linien gleicher Hauptspannung σ_1 oder σ_2.

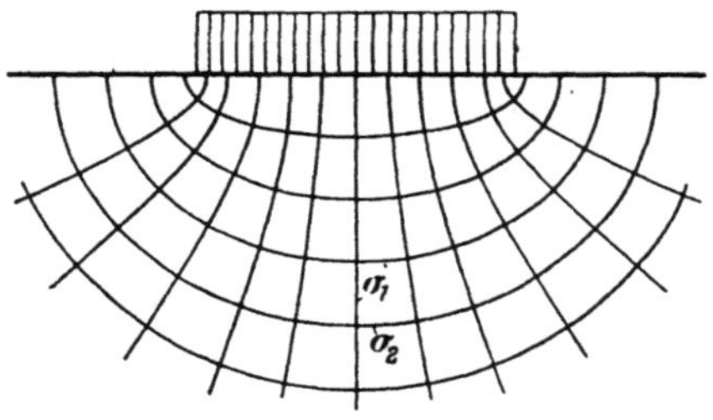

Abb. 719b. Längsspannungstrajektorien.

Querschnitten durch den Angriffspunkt der Lasten P_1, P_2 sind Null. Der Spannungszustand bleibt daher in einem danach abgetrennten Keil unverändert.

$$\sigma_r = \frac{2\,P_1 \cos\alpha}{r\,(2\beta + \sin 2\beta)} + \frac{2\,P_2 \sin\alpha}{r\,(2\beta - \sin 2\beta)}, \qquad \sigma_t = 0, \qquad \tau_{rt} = 0. \qquad (1067)$$

Halbscheibe mit periodischer Belastung des Randes (Abb. 721). Die Differentialgleichung der Spannungsfunktion wird gliedweise durch eine trigonometrische Reihe

$$F' = \sum_0^\infty F_n' = F_0' + \sum_1^\infty Z_n' \cos\xi_n \qquad \text{oder} \qquad F'' = \sum_0^\infty F_n'' = \sum_1^\infty Z_n'' \sin\xi_n \qquad (1068\text{a})$$

$$\text{mit} \quad \xi_n = n\pi\frac{x}{l}$$

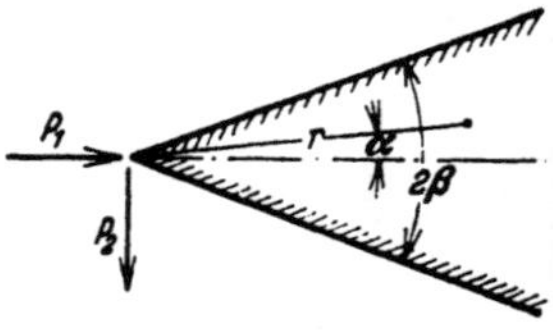

Abb. 720.

erfüllt, deren Beiwerte Z_n Funktionen von z sind und daher nach (1055) die Differentialgleichung

$$\frac{d^4 Z_n}{dz^4} - \frac{2}{l_n^2}\frac{d^2 Z_n}{dz^2} + \frac{1}{l_n^4} Z_n = 0 \quad \text{mit} \quad l_n = \frac{l}{n\pi} \qquad (1068\text{b})$$

befriedigen müssen. Die Spannungsfunktion F ist außerdem noch durch vier Randbedingungen bestimmt. Für $z = 0$ ist $\sigma_z = \partial^2 F/\partial x^2 = -p$, $\tau_{xz} = -\partial^2 F/\partial x\partial z = 0$. Ist die Resultierende der Belastung einer Periode $2\,l$ von Null verschieden, so entsteht durch Überlagerung einer konstanten Zugbelastung $p_0 = \frac{1}{2l}\int_{-l}^{+l} p\,dx$ eine Belastung $p^* = p - p_0$ mit der Resultierenden Null. Für p^* ist also im negativ Unendlichen $\sigma_z = 0$, $\tau_{xz} = 0$. Die Druckbelastung p_0 erzeugt eine gleichförmige Beanspruchung der Scheibe mit

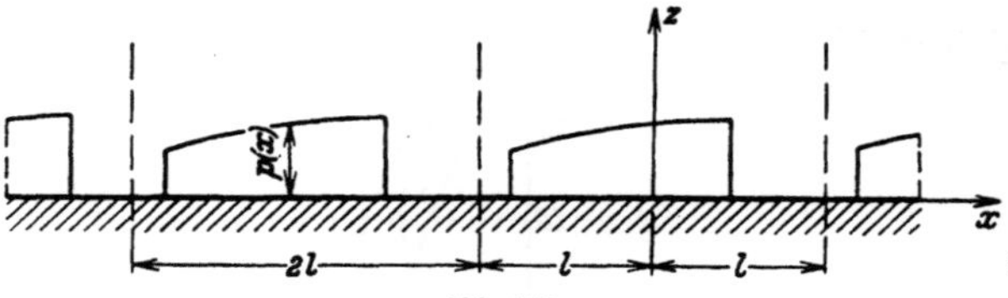

Abb. 721.

$\sigma_z = -p_0$, $\tau_{xz} = 0$, $\sigma_x = 0$, so daß für $p = p^* + p_0$ im negativ Unendlichen folgende Bedingungen bestehen:

$$\sigma_z = \frac{\partial^2 F}{\partial x^2} = -p_0 = -\frac{1}{2l}\int_{-l}^{+l} p\,dx\,, \qquad \tau_{xz} = -\frac{\partial^2 F}{\partial x\,\partial z} = 0\,.$$

Sie werden nach A. Nadai durch die Funktionen (1068a) erfüllt, wenn mit $\zeta_n = n\pi\frac{z}{l}$

$$\left.\begin{aligned} Z_n' &= (C_n' + D_n'\zeta_n)\,e^{\zeta_n}, \qquad F_0' = -p_0 x^2/2 \\ \text{und} \qquad Z_n'' &= (C_n'' + D_n''\zeta_n)\,e^{\zeta_n} \end{aligned}\right\} \qquad (1068\text{c})$$

gesetzt wird. Die Vorzahlen C, D hängen von den Bedingungen am Rande ($z = 0$) ab. Um hier $\sigma_z = \frac{\partial^2 F}{\partial x^2} = -p$ vorzuschreiben, wird auch die periodische Belastung p in eine trigonometrische Reihe mit geraden (cos) oder ungeraden (sin) Funktionen zerlegt, je nachdem sie symmetrisch oder antimetrisch ist.

$$p' = A_0 + \sum_1^\infty A_n \cos\xi_n\,, \qquad p'' = \sum_1^\infty B_n \sin\xi_n\,. \qquad (1069)$$

Die Vorzahlen A_n und B_n ergeben sich nach bekannten Regeln (Tabelle 66).

Die Integrationskonstanten C_n, D_n lassen sich nunmehr gliedweise aus den Randbedingungen berechnen.

$$F' = -\frac{p_0 x^2}{2} + \sum_1^\infty A_n\, l_n^2\,(1 - \zeta_n)\,e^{\zeta_n}\cos\xi_n \qquad (1070\text{a})$$

oder

$$F'' = \sum_1^\infty B_n\, l_n^2\,(1 - \zeta_n)\,e^{\zeta_n}\sin\xi_n \qquad (1070\text{b})$$

mit $l_n = \frac{l}{n\pi}$ und $\zeta_n = \frac{n\pi z}{l}$.

Tabelle 66. Fourierkoeffizienten für einfache Belastungen.

$$\gamma_n = n\pi\frac{c}{l} = \frac{c}{l_n}, \qquad p_0 = \frac{1}{2l}\int_{-l}^{+l} p\,dx\,.$$

a	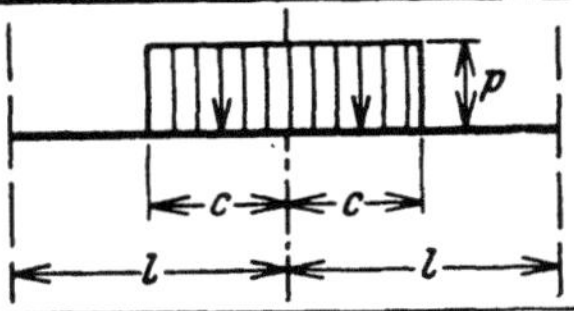	$A_0 = p_0 = p\frac{c}{l}$, $\quad A_n = 2p_0\frac{\sin\gamma_n}{\gamma_n}$
b	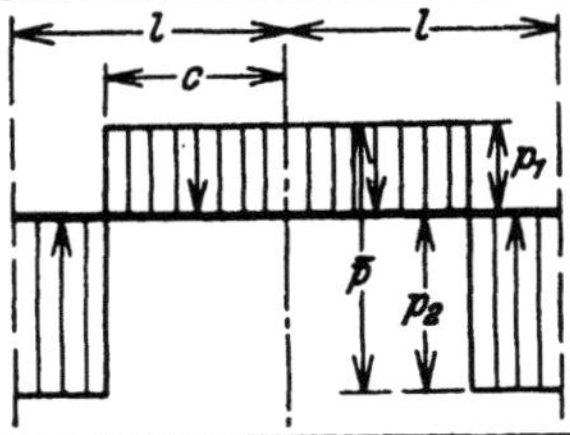	Belastung mit der Resultierenden Null $[p_1 c = p_2(l-c)]$. $p_2 = p_1\frac{c}{l-c}$, $\quad A_0 = p_0 = 0$, $\quad A_n = 2p_2\frac{\sin\gamma_n}{\gamma_n}$
c	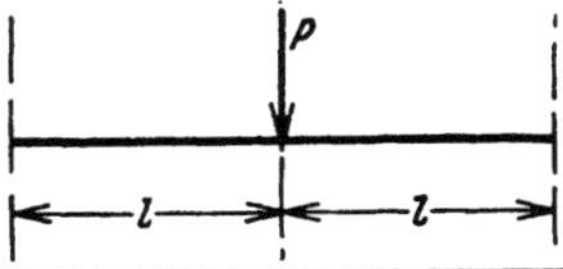	$A_0 = p_0 = \frac{P}{2l}$, $\quad A_n = \frac{P}{l}$
d	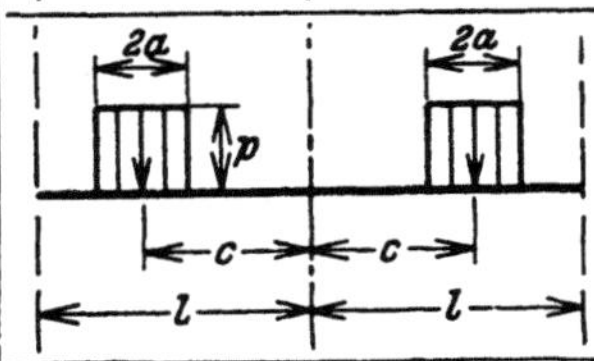	$A_0 = p_0 = 2p\frac{a}{l}$, $\quad A_n = 2p_0\frac{c}{a}\frac{\cos\gamma_n}{\gamma_n}\sin n\pi\frac{a}{l}$
e	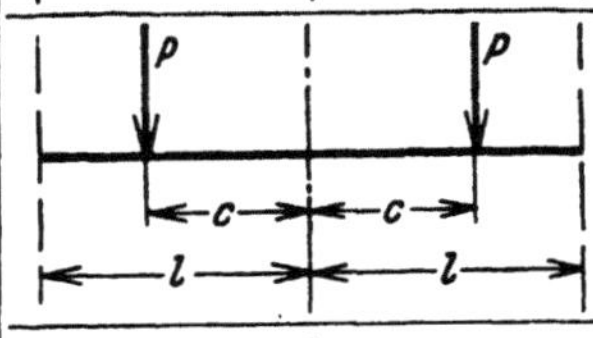	$A_0 = p_0 = \frac{P}{l}$, $\quad A_n = 2\frac{P}{l}\cos\gamma_n$
f	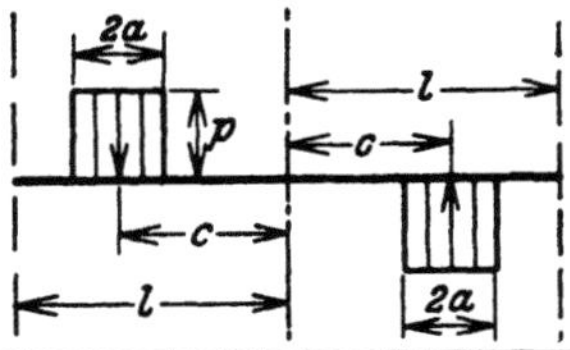	$\bar{p} = 2p\frac{a}{l}$, $\quad -B_n = 2\bar{p}\frac{c}{a}\frac{\sin\gamma_n}{\gamma_n}\sin n\pi\frac{a}{l}$
g	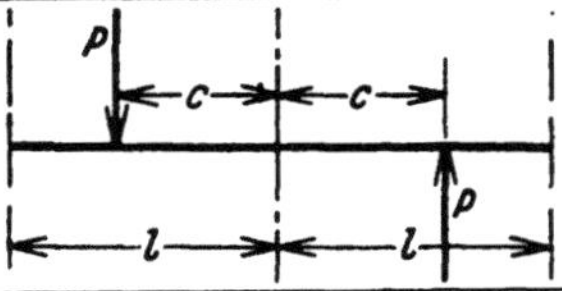	$-B_n = 2\frac{P}{l}\sin\gamma_n$
h	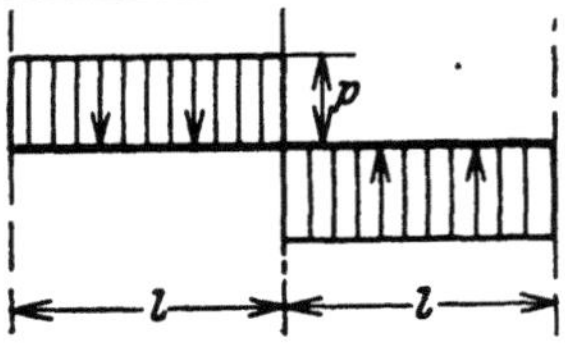	$B_n = -\frac{4p}{\pi n}$ $\qquad n = 1, 3, 5, \ldots$

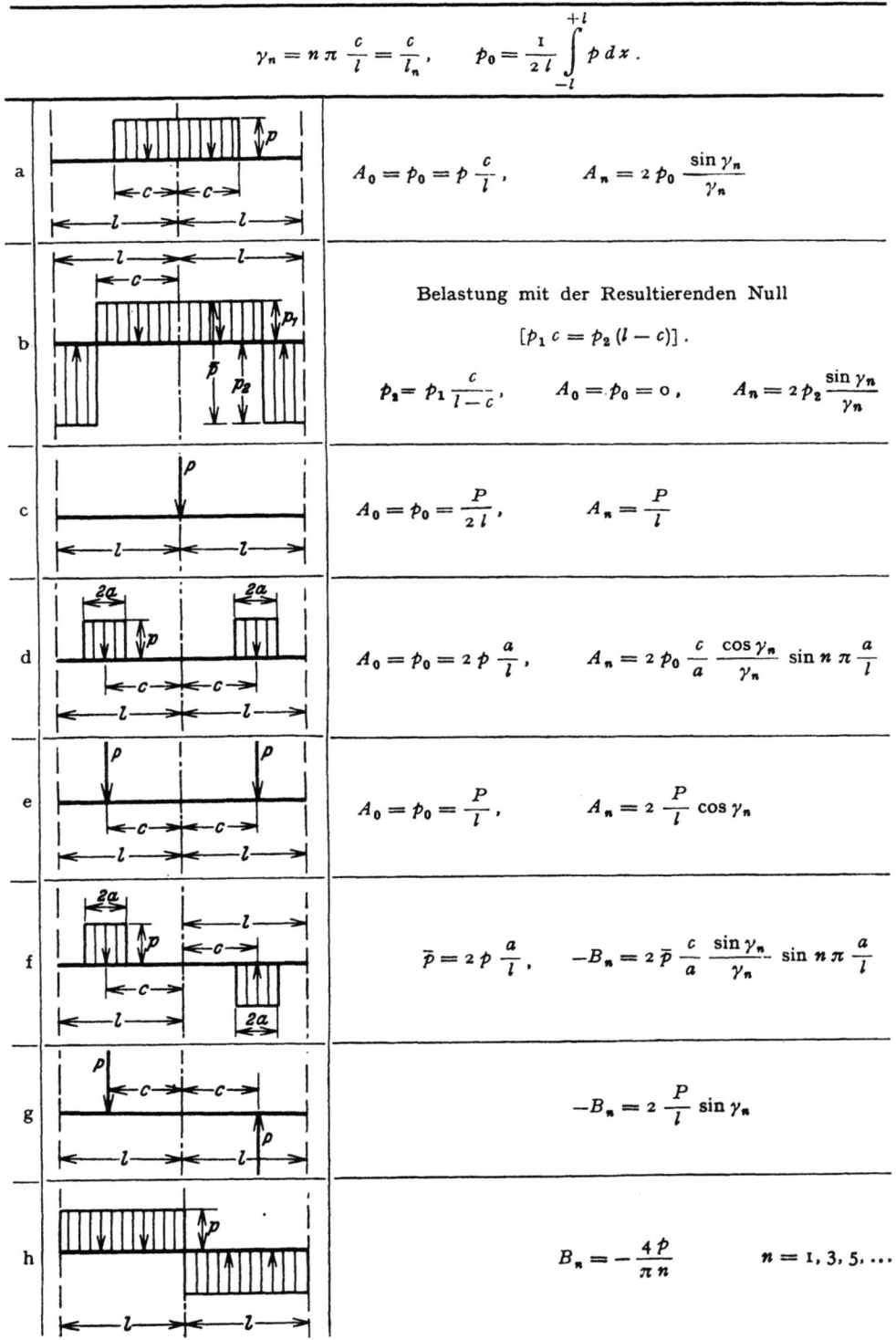

Bei Belastung der Halbebene nach Tabelle 66, a entsteht daher folgender Spannungszustand:

$$\left.\begin{aligned}\sigma_x &= \frac{\partial^2 F}{\partial z^2} = -2p_0\sum_1^\infty \frac{\sin\gamma_n}{\gamma_n}(1+\zeta_n)\,e^{\zeta_n}\cos\xi_n\,,\\ \tau_{xz} &= -\frac{\partial^2 F}{\partial x\,\partial z} = -2p_0\sum_1^\infty \frac{\sin\gamma_n}{\gamma_n}\zeta_n\,e^{\zeta_n}\sin\xi_n\,,\\ \sigma_z &= \frac{\partial^2 F}{\partial x^2} = -p_0 - 2p_0\sum_1^\infty \frac{\sin\gamma_n}{\gamma_n}(1-\zeta_n)\,e^{\zeta_n}\cos\xi_n\,.\end{aligned}\right\} \quad (1071)$$

Die Randbedingungen für $z=0$ und $z=\infty$ lassen sich leicht nachprüfen. Bei Belastung der Halbebene nach Abb. 722 erhält p_0 das negative Vorzeichen.

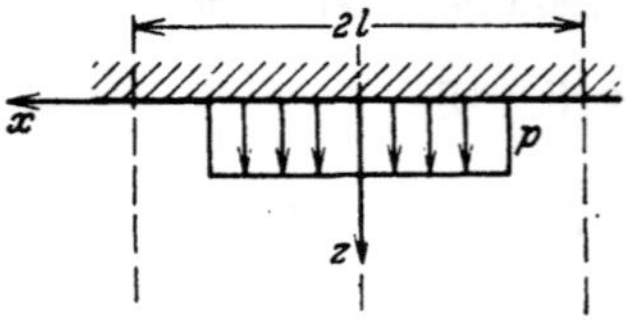

Abb. 722.

Für die Spannungen am Rande ($z=0$) folgt aus

$$\sigma_x = -\sum_1^\infty(1+\zeta_n)\,e^{\zeta_n}A_n\cos\xi_n = -\sum_1^\infty(1+\zeta_n)\,e^{\zeta_n}p_n$$

mit $\zeta_n = 0$

$$\sigma_x = -\sum_1^\infty p_n = -(p-p_0)\,. \quad (1072)$$

Spannungszustand im Mittelfeld einer hohen Silowand auf mehreren Stützen.

1. Abmessungen und äußere Kräfte. Feldweite $2l = 8{,}00$ m, Stützenbreite $2c = 2{,}00$ m (Abb. 723a). Die x-Achse fällt mit dem unteren Rand, die z-Achse mit der Feldmitte zusammen. Die gleichförmig verteilte Zugbelastung $-p'$ in t/m liefert auf die Wandstärke b bezogen die Belastung $-p = -p'/b$ in t/m². Die Untersuchung wird für $p = -1$ t/m² durchgeführt. Stützkraft: $q = p\cdot l/c = 4p$. Durch Superposition von Belastung und Stützkräften entsteht das Belastungsbild Abb. 723b. Die Entwicklung nach Fourier (S. 719) liefert

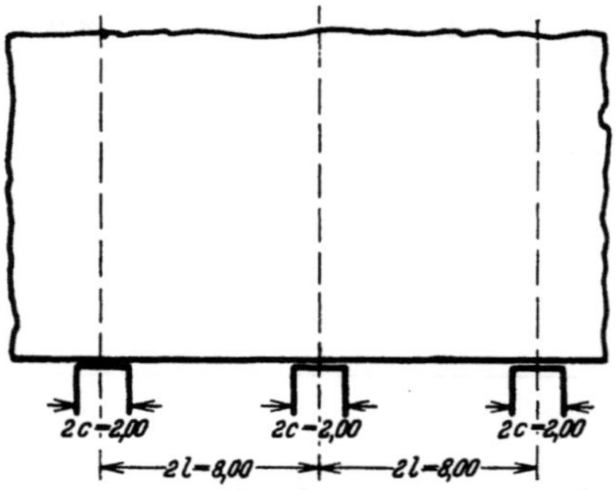

Abb. 723a.

$$A_0 = 0 \text{ und mit } p_2 = p\,\frac{l-c}{c} \qquad A_n = 2p_2\,\frac{\sin n\pi\,\frac{l-c}{l}}{n\pi\,\frac{l-c}{l}}\,,$$

also

$$A_n = 6p\,\frac{\sin n\pi\,\frac{3}{4}}{n\pi\,\frac{3}{4}} = -\frac{8}{n\pi}\sin\frac{3}{4}n\pi\,.$$

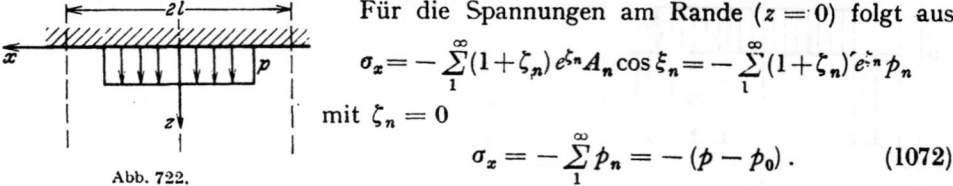

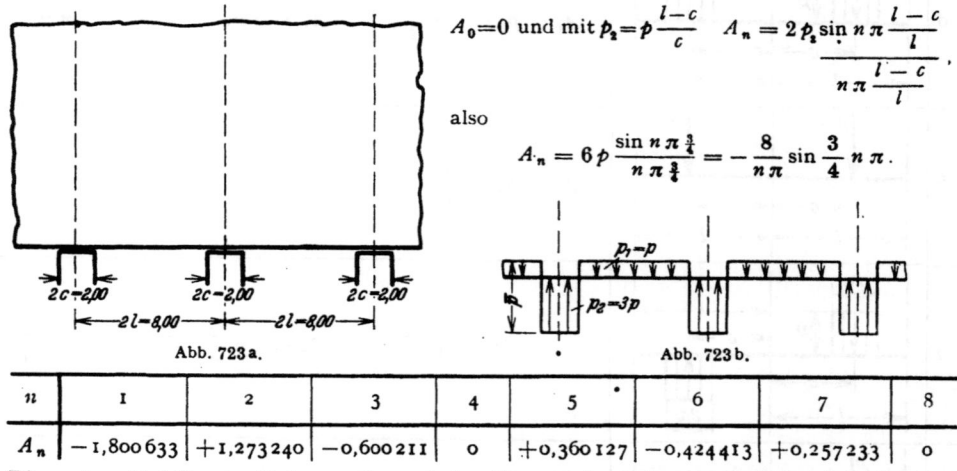

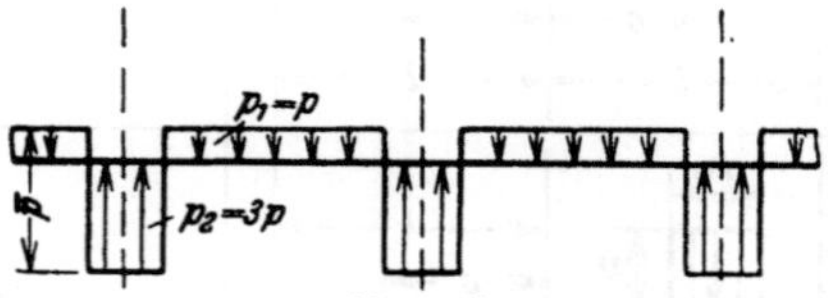

Abb. 723b.

n	1	2	3	4	5	6	7	8
A_n	−1,800633	+1,273240	−0,600211	0	+0,360127	−0,424413	+0,257233	0

Die ersten fünf Fourierglieder ergeben als Annäherung der Belastungsfunktion *1* die Kurve *2* der Abb. 724, die ersten acht Glieder die Kurve *3*. Wird die Berechnung der Spannungen auf die ersten fünf Glieder beschränkt, so entsteht die strenge Lösung für die Belastung nach Kurve *2*.

2. Ermittlung von σ_x, σ_z, τ_{xz}. Nach (1054b) und (1070) ist

$$\begin{aligned}\sigma_x &= -\sum_1^5(1+\zeta_n)e^{\zeta_n}\cdot A_n\cos\xi_n = -\sum_1^5\psi_n(\zeta)\cdot E_n(\xi)\,,\\ \sigma_z &= -\sum_1^5(1-\zeta_n)e^{\zeta_n}\cdot A_n\cos\xi_n = -\sum_1^5\varphi_n(\zeta)\cdot E_n(\xi)\,,\\ \tau_{xz} &= -\sum_1^5\zeta_n\cdot e^{\zeta_n}\cdot A_n\sin\xi_n = -\sum_1^5\chi_n(\zeta)\cdot F_n(\xi)\,,\end{aligned}$$

Die Spannungen werden für einzelne Schnitte $z = \text{const}$ berechnet. Dabei ergeben sich z. B. für $z = -0{,}25\,l$ die folgenden Werte der Funktionen ψ, φ, χ:

n	1	2	3	5
ζ_n	− 0,785398	− 1,570796	− 2,356194	− 3,926991
$\psi_n(\zeta)$	+ 0,09788	− 0,11866	− 0,12854	− 0,05767
$\varphi_n(\zeta)$	+ 0,81436	+ 0,53441	+ 0,31810	+ 0,09708
$\chi_n(\zeta)$	− 0,35824	− 0,32654	− 0,22332	− 0,07737

Damit lassen sich die Spannungen für diesen Schnitt folgendermaßen anschreiben:

$$\sigma_x = -0{,}09788\,E_1(\xi) + 0{,}11866\,E_2(\xi) + 0{,}12854\,E_3(\xi) + 0{,}05767\,E_5(\xi)\,,$$

$$\sigma_z = -0{,}81436\,E_1(\xi) - 0{,}53441\,E_2(\xi) - 0{,}31810\,E_3(\xi) - 0{,}09708\,E_5(\xi)\,,$$

$$\tau_{xz} = +0{,}35824\,F_1(\xi) + 0{,}32654\,F_2(\xi) + 0{,}22332\,F_3(\xi) + 0{,}07737\,F_5(\xi)\,.$$

Die Funktionen E, F sind für Achtelteilung der Strecke l in folgender Tabelle enthalten:

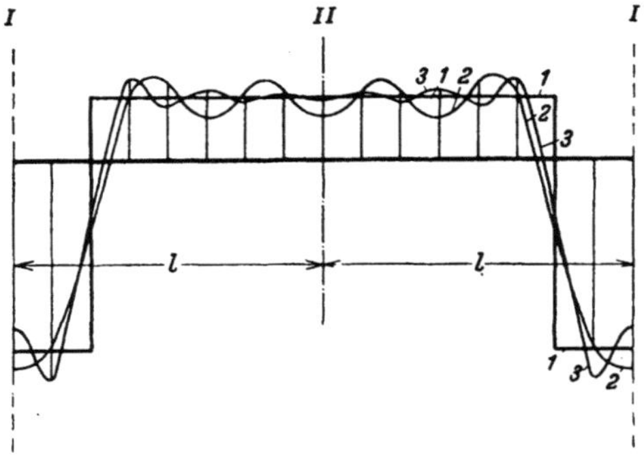

Abb. 724. Linienzug 1: Gegebene Belastung, Kurve 2: Annäherung durch fünf Fourierglieder, Kurve 3: Annäherung durch acht Fourierglieder.

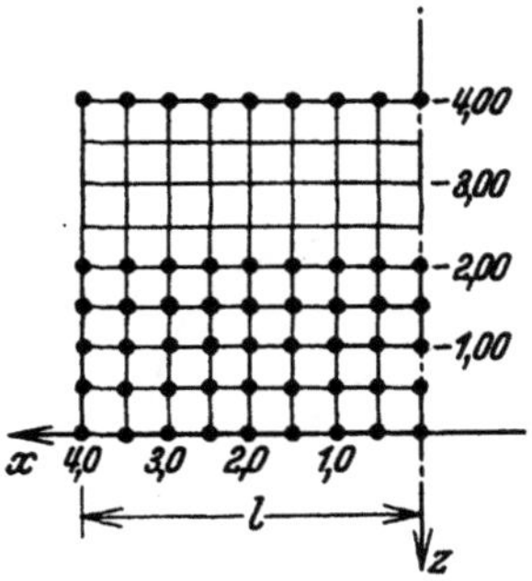

Abb. 725.

ξ	0	0,125	0,250	0,375	0,500	0,625	0,750	0,875	1
(ξ)	−1,80063	−1,66360	−1,27324	−0,68906	0	+0,68906	+1,27324	+1,66360	+1,80063
(ξ)	0	−0,68906	−1,27324	−1,66360	−1,80063	−1,66360	−1,27324	−0,68906	0
(ξ)	+1,27324	+0,90032	0	−0,90032	−1,27324	−0,90032	0	+0,90032	+1,27324
(ξ)	0	+0,90032	+1,27324	+0,90032	0	−0,90032	−1,27324	−0,90032	0
(ξ)	−0,60021	−0,22968	+0,42442	+0,55454	0	−0,55454	−0,42442	+0,22968	+0,60021
(ξ)	0	−0,55454	−0,42442	+0,22968	+0,60021	+0,22968	−0,42442	−0,55454	0
(ξ)	+0,36013	−0,13782	−0,25466	+0,33272	0	−0,33272	+0,25466	+0,13782	−0,36013
(ξ)	0	+0,33272	−0,25466	−0,13782	+0,36013	−0,13782	−0,25466	+0,33272	0

Die Auswertung der allgemeinen Ansätze liefert demnach für $z = -0{,}25\,l$ folgende Spannungen in t/m²:

ξ	0	0,125	0,250	0,375	0,500	0,625	0,750	0,875	1
σ_x	+0,273	+0,234	+0,166	+0,052	−0,151	−0,266	−0,166	−0,021	+0,029
σ_z	+0,922	+0,959	+0,925	+0,834	+0,680	+0,129	−0,925	−1,921	−2,303
τ_{xz}	0	−0,051	−0,154	−0,261	−0,483	−0,849	−0,986	−0,639	0

3. Hauptspannungen. Die Hauptspannungen und ihre Richtungen werden nach (40) ermittelt. Mit den Spannungen an den in Abb. 725 eingetragenen Punkten sind die Linien gleicher Spannung σ_1 (Abbild. 726), die Linien gleicher Spannung σ_2 (Abb. 727) und die Hauptlängsspannungstrajektorien (Abb. 728) gezeichnet worden.

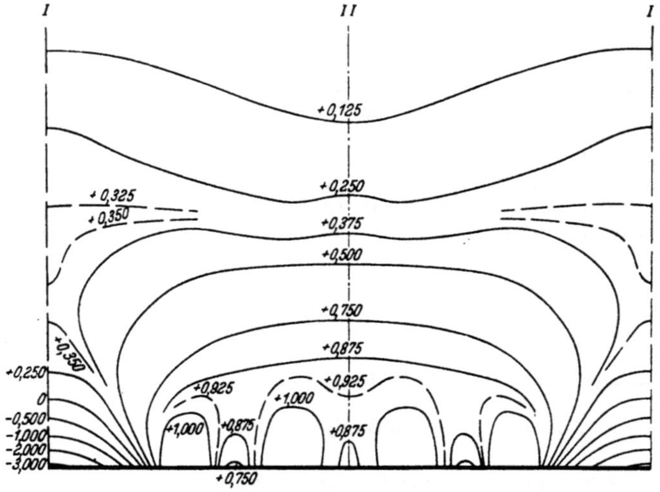

Abb. 726. Linien gleicher Hauptspannung σ_1.

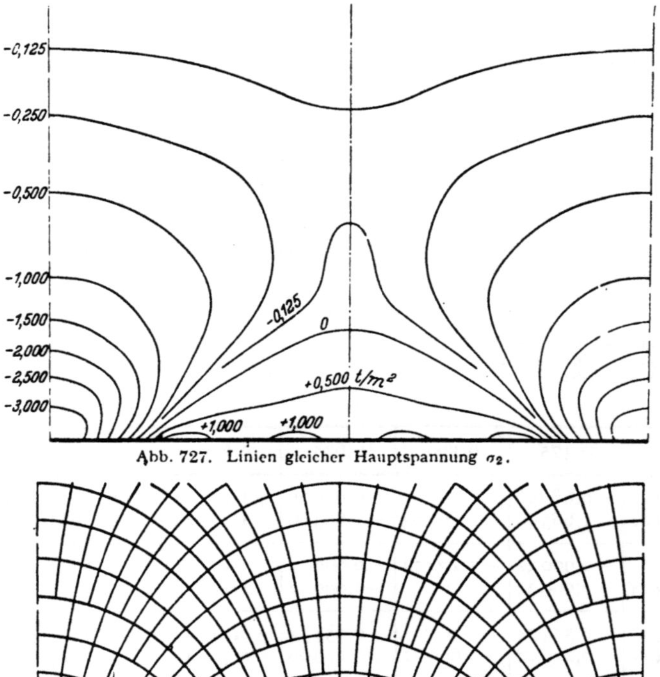

Abb. 727. Linien gleicher Hauptspannung σ_2.

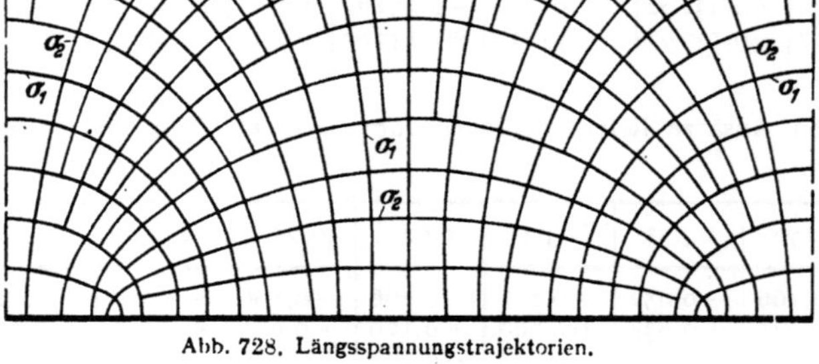

Abb. 728. Längsspannungstrajektorien.

Föppl, A. u. L.: Drang und Zwang. Berlin u. München 1920. — Nadai, A.: Die elastischen Platten. Berlin 1925. — Wyß, Th.: Die Kraftfelder in festen elastischen Körpern. Berlin 1926. — Miura, A.: Spannungskurven in rechteckigen und keilförmigen Trägern. Berlin 1928. — Trefftz, E.: Mathematische Elastizitätstheorie, Kap. 2 im Handb. d. Physik Bd. II: Mechanik der elastischen Körper. Berlin 1928. — Flügge, W.: Spannungsermittlung in Scheiben und Schalen aus Eisenbeton. J. A. 1930 S. 481. — Hager, K.: Der ebene Spannungszustand. Z. A. M. 1932 S. 137.

75. Der Streifen mit periodischer Belastung der Ränder.

Der Spannungszustand in hohen Wänden ($H = 2h$) läßt sich am einfachsten an durchlaufenden Tragwerken nachweisen, die auf unendlich vielen, gleichweit entfernten Stützen ruhen ($L = 2\,l$) und als Streifen mit periodischer Belastung der Ränder idealisiert werden (Abb. 729). Das Eigengewicht des Streifens ist mit g t/m³ gleichförmig über die Fläche verteilt. Die Belastung aus Einzelkräften P und gleichförmig verteilten Streckenlasten p an den Rändern wird auf die Einheit der Scheibendicke bezogen.

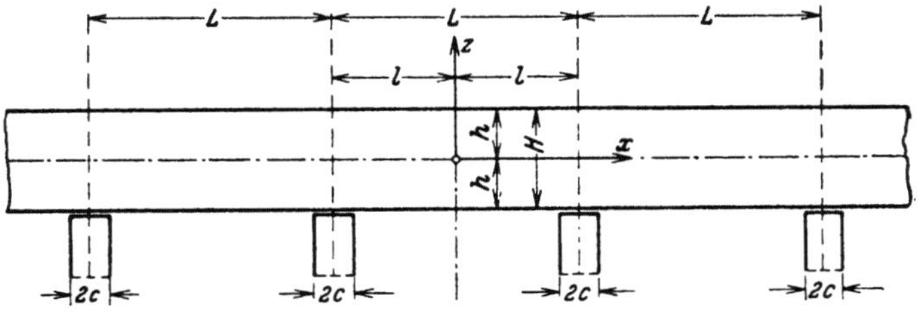

Abb. 729.

Die Belastung. Zur allgemeinen Beurteilung des Spannungszustandes genügen die Belastungsannahmen nach Abb. 730a bis c am oberen oder unteren Rande. Bei einem Wechsel von belasteten mit unbelasteten Feldern (Abb. 731a) werden die Spannungen aus einer gleichförmigen Belastung $p/2$ über alle Felder (Abb. 731b) mit den Spannungen aus feldweise wechselnder Belastung $\pm p/2$ (Abb. 731c) überlagert. Ist der Spannungszustand bei gestützter Belastung (Abb. 732b) bekannt, so läßt sich der Spannungszustand für die angehängte Last p (Abb. 732a) daraus durch Überlagerung mit einer gleichförmigen Querbeanspruchung $\sigma_z = +p$ (Abb. 732c)

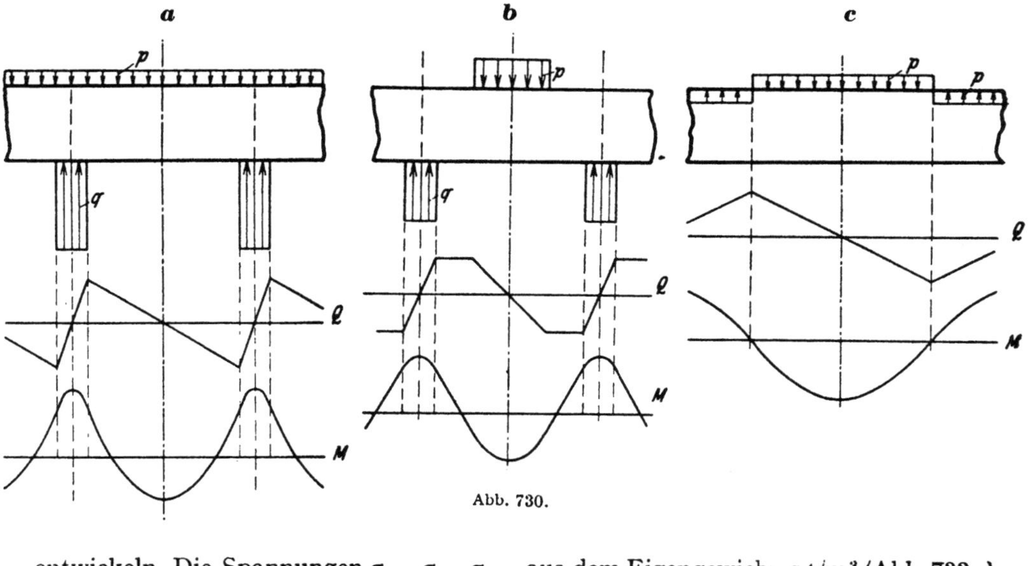

Abb. 730.

entwickeln. Die Spannungen σ_{xg}, σ_{zg}, τ_{xzg} aus dem Eigengewicht g t/m³ (Abb. 733a) der Scheibe lassen sich aus den Spannungen σ_x, σ_z, τ_{xz} einer gleichförmig verteilten Randbelastung $p = 2\,g\,h$ (Abb. 733b) bestimmen, da die vorgeschriebene Belastung g durch Überlagerung der Randbelastung mit Kräften der Abb. 733c hervorgeht. Diesen sind die Spannungen $\bar{\sigma}_z = g\,(h+z)$, $\bar{\sigma}_x = 0$, $\bar{\tau}_{xz} = 0$ zugeordnet.

Die Belastung an einer Periode $2l$ des Streifens steht im Gleichgewicht.

$$P = \int_{-l}^{+l} p(x)\,dx = \int_{-l}^{+l} q(x)\,dx = Q\,.$$

Ist sie außerdem in jedem Felde $2l$ zur senkrechten Mittellinie symmetrisch, so enthält die Reihenentwicklung der Belastung p und der Stützenkräfte q nach Fourier allein eine Folge von geraden trigonometrischen Funktionen.

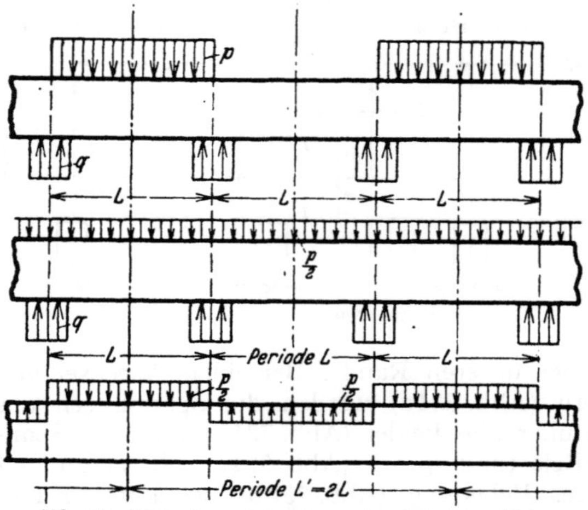

Abb. 731. Wechsel von belasteten und unbelasteten Feldern.

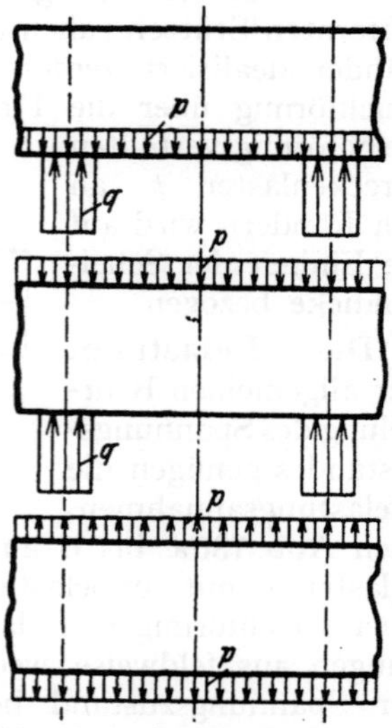

Abb. 732. Angehängte Belastung.

Die x-Achse ist Symmetrieachse des Streifens. Die äußeren Kräfte lassen sich daher stets in einen symmetrischen Anteil ${}^{(1)}p$ und in einen antimetrischen Anteil ${}^{(2)}p$ zerlegen, um übersichtliche Lösungen zu erhalten (Abb. 734). Das Kraftfeld ist dann mit allen Randbedingungen ebenfalls symmetrisch oder antimetrisch. In der x-Achse ($z = 0$) sind bei Symmetrie der Belastung die Schubspannungen τ_{xz}, bei Antimetrie der Belastung die Längsspannungen σ_x, σ_y Null. In dem einen Falle sind die Hauptspannungen für $z = 0$ parallel zur x- und z-Richtung, in dem anderen Falle wird die x-Achse von ihnen unter 45° geschnitten.

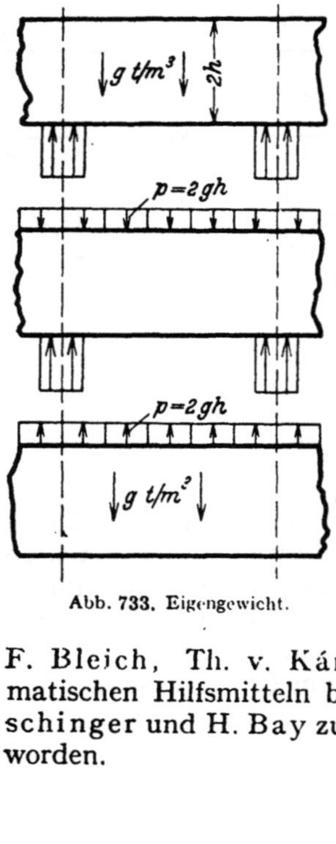

Abb. 733. Eigengewicht.

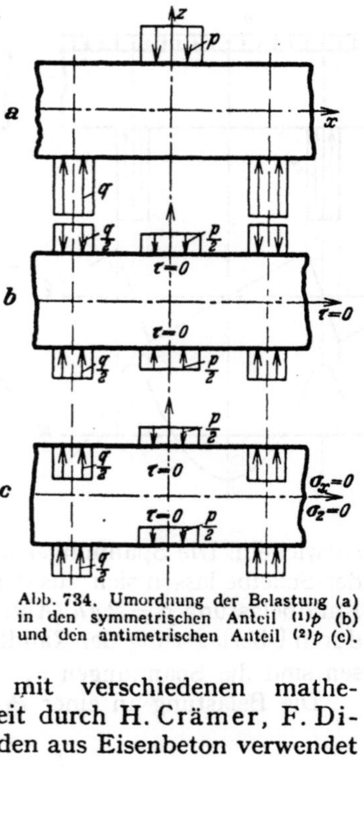

Abb. 734. Umordnung der Belastung (a) in den symmetrischen Anteil ${}^{(1)}p$ (b) und den antimetrischen Anteil ${}^{(2)}p$ (c).

Der Ansatz. Spannungsfunktionen F des Streifens sind von L. N. G. Filon, A. Timpe. F. Bleich, Th. v. Kármán und F. Seewald mit verschiedenen mathematischen Hilfsmitteln bestimmt und in jüngster Zeit durch H. Crämer, F. Dischinger und H. Bay zur Berechnung von Tragwänden aus Eisenbeton verwendet worden.

Die Lösung erscheint in jedem Falle als Reihenentwicklung. Sie ist um so brauchbarer, je besser die Reihen konvergieren und je einfacher sich dabei das allgemeine Spannungsbild abspalten und in den singulären Abschnitten des Streifens zum vollständigen Ergebnis ergänzen läßt.

Die Belastung des Streifens besteht bei L. N. G. Filon aus zwei gleichgroßen, entgegengesetzt gerichteten Einzellasten. Das Ergebnis der Untersuchung dient auch zur Beurteilung der Spannungszustände aus anderen Belastungen. Th. v. Kármán und F. Seewald behandeln die Biegung des Balkenträgers auf zwei Stützen mit den Einflußfunktionen der Spannungen und verwenden dabei ebenso wie Filon ein Fouriersches Integral als Spannungsfunktion. F. Bleich untersucht den Streifen für periodische Belastungen der Ränder und entwickelt die allgemeine Lösung für (1055) aus Partikularlösungen der homogenen biharmonischen Differentialgleichung. Dabei entsteht ein ähnlicher Ansatz wie auf S. 718 bei der Untersuchung der Halbebene, dem Grenzfall des unendlich hohen Streifens. Bei Symmetrie der Belastung zur z-Achse enthält der Ansatz ebenso wie (1070a) neben hyperbolischen Funktionen von z nur gerade trigonometrische Funktionen von x.

$$F = \sum_{n=0}^{n=\infty} F_n = F_0 + \sum_1^\infty Z_n \cos\xi_n \quad \text{mit} \quad \frac{l}{n\pi} = l_n \quad \text{und} \quad n\pi\frac{x}{l} = \frac{x}{l_n} = \xi_n. \tag{1073a}$$

Z_n ist dabei wiederum eine Funktion, die allein die Veränderliche z enthält und die Differentialgleichung, also die Bedingung

$$\frac{d^4 Z_n}{dz^4} - \frac{2}{l_n^2}\frac{d^2 Z_n}{dz^2} + \frac{1}{l_n^4} Z_n = 0, \tag{1073b}$$

erfüllt, nur daß die Lösungen Z_n in diesem Falle die Randbedingungen für $z = +h$ mit $\sigma_z = -p_o$, $\tau_{xz} = 0$, für $z = -h$ mit $\sigma_z = -p_u$, $\tau_{xz} = 0$ erfüllen müssen. Sie sind daher bei symmetrischer und antimetrischer Belastung ebenfalls symmetrisch oder antimetrisch zur x-Achse, so daß die allgemeine Lösung ${}^{(1)}Z_n$, ${}^{(2)}Z_n$ der Differentialgleichung aus je zwei partikulären Integralen mit geraden oder ungeraden Funktionen von z besteht. Um die Integrationskonstanten derart festzusetzen, daß Z_n die Randbedingungen erfüllt, werden die zur x-Achse symmetrischen oder antimetrischen äußeren Kräfte ${}^{(1)}p$, ${}^{(2)}p$ (Abb. 734b, c) ebenfalls in Reihen mit geraden trigonometrischen Funktionen von x und der Periode $2l$ entwickelt.

$${}^{(1)}p(x) = A_0 + \sum_1^\infty A_n \cos\xi_n = {}^{(1)}p_0 + \sum_1^\infty {}^{(1)}p_n, \quad {}^{(2)}p(x) = \sum_1^\infty A_n' \cos\xi_n = \sum_1^\infty {}^{(2)}p_n. \tag{1074}$$

Die Beiwerte A_0, A_n, A_n' können für jeden Belastungsfall nach bekannten Regeln berechnet werden. Die Ergebnisse stehen in Tabelle 66.

Lösung bei symmetrischer Belastung ${}^{(1)}p$ nach Abb. 734b mit $\zeta_n = \frac{z}{l_n}$

$$\left.\begin{aligned}
{}^{(1)}F &= {}^{(1)}F_0 + \sum_1^\infty {}^{(1)}Z_n \cos\xi_n = -A_0\frac{x^2}{2} - \sum_1^\infty A_n l_n^2 (C_n \operatorname{Cof}\zeta_n + D_n\zeta_n \operatorname{Sin}\zeta_n)\cos\xi_n,\\
{}^{(1)}\sigma_z &= \frac{\partial^2 F}{\partial x^2} = \sum_0^\infty {}^{(1)}\sigma_{z,n} = -A_0 + \sum_1^\infty A_n (C_n \operatorname{Cof}\zeta_n + D_n\zeta_n \operatorname{Sin}\zeta_n)\cos\xi_n,\\
{}^{(1)}\sigma_x &= \frac{\partial^2 F}{\partial z^2} = \sum_0^\infty {}^{(1)}\sigma_{x,n} = -\sum_1^\infty A_n[(C_n + 2D_n)\operatorname{Cof}\zeta_n + D_n\zeta_n \operatorname{Sin}\zeta_n]\cos\xi_n,\\
{}^{(1)}\tau_{xz} &= -\frac{\partial^2 F}{\partial x\,\partial z} = \sum_0^\infty {}^{(1)}\tau_{xz,n} = -\sum_1^\infty A_n[(C_n + D_n)\operatorname{Sin}\zeta_n + D_n\zeta_n \operatorname{Cof}\zeta_n]\sin\xi_n.
\end{aligned}\right\} \tag{1075a}$$

Die Bedingungen $-{}^{(1)}\sigma_{z,n} = {}^{(1)}p_n = A_n \cos\xi_n$ und ${}^{(1)}\tau_{xz} = 0$ an den Rändern $z = \pm h$ oder $\zeta_n = \pm h/l_n = \pm\lambda_n$ liefern:

$$\left.\begin{aligned} C_n &= -\frac{2(\mathfrak{Sin}\,\lambda_n + \lambda_n\,\mathfrak{Cof}\,\lambda_n)}{2\lambda_n + \mathfrak{Sin}\,2\lambda_n}, & D_n &= \frac{2\,\mathfrak{Sin}\,\lambda_n}{2\lambda_n + \mathfrak{Sin}\,2\lambda_n}, \\ C_n + D_n &= -\frac{2\lambda_n\,\mathfrak{Cof}\,\lambda_n}{2\lambda_n + \mathfrak{Sin}\,2\lambda_n}, & C_n + 2D_n &= \frac{2(\mathfrak{Sin}\,\lambda_n - \lambda_n\,\mathfrak{Cof}\,\lambda_n)}{2\lambda_n + \mathfrak{Sin}\,2\lambda_n}. \end{aligned}\right\} \quad (1075\text{b})$$

$$\left.\begin{aligned} &\text{Für } z = \pm h \text{ ist} \quad \sigma_x = \sum {}^{(1)}p_n \frac{2\lambda_n - \mathfrak{Sin}\,2\lambda_n}{2\lambda_n + \mathfrak{Sin}\,2\lambda_n}, \\ &\text{für } z = 0 \text{ ist} \quad \sigma_z = -{}^{(1)}p_0 - \sum {}^{(1)}p_n \frac{2(\mathfrak{Sin}\,\lambda_n + \lambda_n\,\mathfrak{Cof}\,\lambda_n)}{2\lambda_n + \mathfrak{Sin}\,2\lambda_n}. \end{aligned}\right\} \quad (1076)$$

Lösung bei antimetrischer Belastung ${}^{(2)}p$ nach Abb. 734c.

$$\left.\begin{aligned} {}^{(2)}F &= \sum_1^\infty {}^{(2)}Z_n \cos\xi_n = -\sum_1^\infty A'_n\, l_n^2 (C'_n\,\mathfrak{Sin}\,\zeta_n + D'_n\,\zeta_n\,\mathfrak{Cof}\,\zeta_n)\cos\xi_n, \\ {}^{(2)}\sigma_z &= \frac{\partial^2 F}{\partial x^2} = \sum_1^\infty {}^{(2)}\sigma_{z,n} = \sum_1^\infty A'_n (C'_n\,\mathfrak{Sin}\,\zeta_n + D'_n\,\zeta_n\,\mathfrak{Cof}\,\zeta_n)\cos\xi_n, \\ {}^{(2)}\sigma_x &= \frac{\partial^2 F}{\partial z^2} = \sum_1^\infty {}^{(2)}\sigma_{x,n} = -\sum_1^\infty A'_n [(C'_n + 2D'_n)\,\mathfrak{Sin}\,\zeta_n + D'_n\,\zeta_n\,\mathfrak{Cof}\,\zeta_n]\cos\xi_n, \\ {}^{(2)}\tau_{xz} &= -\frac{\partial^2 F}{\partial x\,\partial z} = \sum_1^\infty {}^{(2)}\tau_{xz,n} = -\sum_1^\infty A'_n [(C'_n + D'_n)\,\mathfrak{Cof}\,\zeta_n + D'_n\,\zeta_n\,\mathfrak{Sin}\,\zeta_n]\sin\xi_n. \end{aligned}\right| \quad (1077\text{a})$$

Die Bedingungen $-{}^{(2)}\sigma_{z,n} = \pm{}^{(2)}p_n = \pm A'_n \cos\xi_n$ und ${}^{(2)}\tau_{xz} = 0$ an den Rändern $z = \pm h$ oder $\zeta_n = \pm h/l_n = \pm\lambda_n$ liefern:

$$\left.\begin{aligned} C'_n &= \frac{2(\mathfrak{Cof}\,\lambda_n + \lambda_n\,\mathfrak{Sin}\,\lambda_n)}{2\lambda_n - \mathfrak{Sin}\,2\lambda_n}, & D'_n &= \frac{-2\,\mathfrak{Cof}\,\lambda_n}{2\lambda_n - \mathfrak{Sin}\,2\lambda_n}, \\ C'_n + D'_n &= \frac{2\lambda_n\,\mathfrak{Sin}\,\lambda_n}{2\lambda_n - \mathfrak{Sin}\,2\lambda_n}, & C'_n + 2D'_n &= -\frac{2(\mathfrak{Cof}\,\lambda_n - \lambda_n\,\mathfrak{Sin}\,\lambda_n)}{2\lambda_n - \mathfrak{Sin}\,2\lambda_n} \end{aligned}\right\} \quad (1077\text{b})$$

$$\left.\begin{aligned} &\text{Für } z = \pm h \text{ ist} \quad {}^{(2)}\sigma_x = \pm\sum_1^\infty {}^{(2)}p_n \frac{2\lambda_n + \mathfrak{Sin}\,2\lambda_n}{2\lambda_n - \mathfrak{Sin}\,2\lambda_n}, \\ &\text{für } z = 0 \text{ ist} \quad \tau_{xz} = \sum_1^\infty A'_n \frac{2\lambda_n\,\mathfrak{Sin}\,\lambda_n}{2\lambda_n - \mathfrak{Sin}\,2\lambda_n}\sin\xi_n. \end{aligned}\right\} \quad (1078)$$

Das Kraftfeld ist darnach durch die Belastung und deren Reihenentwicklung nach Fourier (Tab. 66) und durch die Abmessungen $L = 2l$, $H = 2h$, $2c$ und die davon abhängigen Verhältniszahlen $\xi_n, \zeta_n, \lambda_n$ bestimmt. Es wird durch die Isoklinen und die Trajektorien der Hauptlängsspannungen und durch die Linien gleicher Hauptlängs- und gleicher Hauptschubspannung beschrieben. Sie zeigen den Ausgleich der äußeren Kräfte zwischen den Rändern des Streifens. In der Regel begnügt man sich jedoch mit den Komponenten $\sigma_x, \sigma_z, \tau_{xz}$ in einzelnen ausgezeichneten Schnitten $x = \text{const}$ oder $z = \text{const}$, insbesondere $x = o$ (Feldmitte), $x = \pm l$ (Stützenquerschnitt), $z = o$ (waagerechte Symmetrieachse) und $z = \pm h$ (Ränder), um auf die Grenzwerte der Spannungen zu schließen. Daneben können auch einzelne ausgezeichnete Spannungen als Funktionen von h oder c bestimmt werden. Leider ist die Konvergenz der Reihen für die Untersuchung in der Nähe der Ränder ungünstig. Bei hohen Streifen ($h \gg l$) genügen auch die Spannungen der Halbebene nach (1072), so daß angenähert

$$\left.\begin{aligned}\sigma_x^{(o)} &= -(p^{(o)} - p_0^{(o)}), & \sigma_x^{(u)} &= -(p^{(u)} - p_0^{(u)})\\ p_0^{(o)} &= \frac{1}{l}\int_0^l p^{(o)}\,dx, & p_0^{(u)} &= \frac{1}{l}\int_0^l p^{(u)}\,dx\end{aligned}\right\} \quad (1079)$$

gesetzt werden kann.

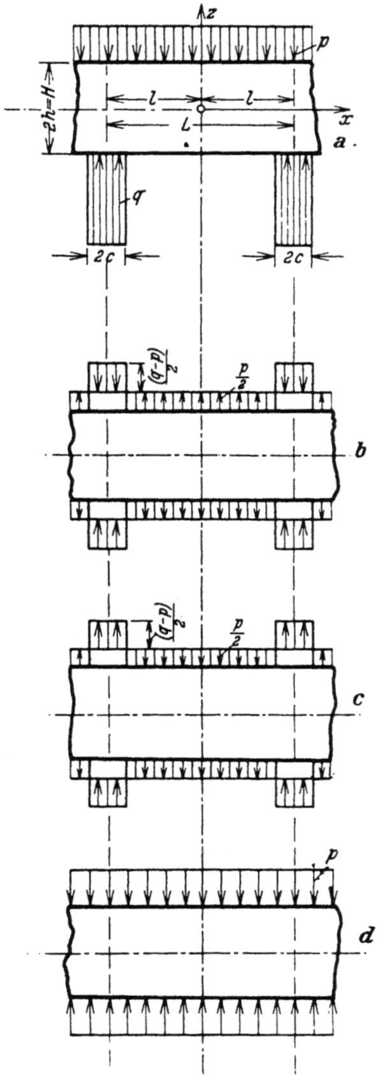

Abb. 735.

Die Längsspannungen σ_x sind in der Nähe des belasteten Randes größer, in der Nähe des unbelasteten Randes kleiner als beim Geradliniengesetz. Im Grenzfall $H \gg L$ wird der Streifen zur Halbebene mit $-\sigma_x = \pm p$ am belasteten Rande. Daher ist σ_x am Rande des Streifens stets größer als p, konvergiert jedoch gegen die Mitte schnell gegen Null. Für $L \geq 2H$ kann nach dem Geradliniengesetz gerechnet werden.

Die Ergebnisse der Zahlenrechnung müssen die Randbedingungen und die Gleichgewichtsbedingungen zwischen den inneren und äußeren Kräften erfüllen. In jedem Querschnitt ist daher

$$\int_{-h}^{+h} \sigma_x\,dz = 0\,, \qquad \int_{-h}^{+h} \sigma_x z\,dz = M\,, \qquad \int_{-h}^{+h} \tau_{xz}\,dz = -R_z\,.$$

Die Schnittkräfte M und R_z der periodischen Belastung sind bekannt.

Der Verschiebungszustand wird ebenso wie beim biegungssteifen Stab durch die Krümmung $1/\varrho_x$ von ausgezeichneten Linien $z = \text{const}$, also $z = o$, $z = \pm h$ beim Streifen, $z = o$, $z = h$, $z = 2h \ldots$ bei der Halbebene beschrieben. Bei kleinen Verschiebungen ist $1/\varrho_x = \partial^2 w/\partial x^2$. Da außerdem nach (1050) und (1051)

$$\gamma_{xz} = \frac{\tau_{xz}}{G} = \frac{\partial u}{\partial z} + \frac{\partial w}{\partial x}\,, \qquad \varepsilon_x = \frac{1}{E}(\sigma_x - \mu\,\sigma_z) = \frac{\partial u}{\partial x}$$

ist, wird

$$\begin{aligned}\frac{1}{\varrho_x} &= \frac{\partial^2 w}{\partial x^2} = \frac{\partial \gamma_{xz}}{\partial x} - \frac{\partial^2 u}{\partial x\,\partial z}\\ &= -\frac{1}{E}\frac{\partial \sigma_x}{\partial z} + \frac{1}{G}\frac{\partial \tau_{xz}}{\partial x} + \frac{\mu}{E}\frac{\partial \sigma_z}{\partial z}\,. \qquad (1080\text{a})\end{aligned}$$

Die Summanden beschreiben einzeln den Anteil der Komponenten des Spannungszustandes an der Krümmung. Sie kann mit (1054b) nach

$$\frac{1}{\varrho_x} = -\frac{1}{E}\left[\frac{\partial^3 F}{\partial z^3} - (2+\mu)\frac{\partial^3 F}{\partial x^2\,\partial z}\right] \qquad (1080\text{b})$$

aus (1075a) oder (1077a) berechnet werden.

Gleichförmig verteilte Belastung am oberen Rande. Das Kräftebild Abb. 735a läßt sich in drei Teile zerlegen. Der Anteil I besteht aus einer periodischen, symmetrischen Streckenlast ${}^{(1)}p$ (Abb. 735b) mit Spannungen nach (1075a).

$$A_0 = 0\,, \qquad A_n = \frac{2p_2}{\gamma_n}\sin\gamma_n\,, \qquad p_2 = -\frac{p}{2}\,\frac{l-c}{c}\,, \qquad \gamma_n = n\pi\,\frac{l-c}{l}\,. \qquad (1081)$$

Die Schubspannungen sind in den Schnitten $x = o$, $x = l$, $z = o$, $z = \pm h$ Null und daher die Längsspannungen σ_x, σ_z dort gleichzeitig Hauptspannungen. Da die

Schnittkräfte M, N, Q bei symmetrischem Lastangriff Null werden, ist in jedem Querschnitt

$$\int_{-h}^{+h} \sigma_x dF = 0\,, \qquad \int_{-h}^{+h} \sigma_x z\, dF = 0\,, \qquad \int_{-h}^{+h} \tau_{xz} dF = 0\,.$$

Der Anteil II der Belastung (Abb. 735c) ist antimetrisch und erzeugt Spannungen nach (1077a). Dabei ist

$$A_n' = -A_n = \frac{2p_2}{\gamma_n}\sin\gamma_n\,, \qquad p_2 = +\frac{p}{2}\,\frac{l-c}{c}\,, \qquad \gamma_n = n\pi\,\frac{l-c}{l}\,. \tag{1081}$$

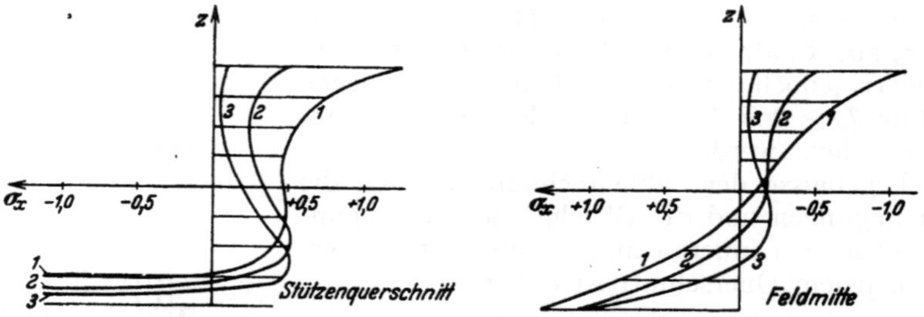

Abb. 736. Verlauf der Funktion $\sigma_x(z)$ bei Balken mit veränderlichem Verhältnis H/L. Kurven 1: $H/L = 1/2$, Kurven 2: $H/L = 2/3$, Kurven 3: $H/L = 1$.

Die Querschnitte $x = o$, $x = l$ sind frei von Schubspannungen τ_{xz}, der Längsschnitt $z = o$ frei von Längsspannungen σ_x, σ_z. Die Hauptspannungen schneiden daher die x-Achse unter 45°.

Der Anteil III (Abb. 735d) liefert einen einachsigen Spannungszustand $-\sigma_z = p$.

Das Kraftfeld zur vorgeschriebenen Belastung entsteht entweder durch Addition der drei analytischen Spannungsanteile oder durch die Addition ihrer Zahlenwerte. Bei gleichförmiger Belastung p am unteren Rande nach Abb. 732a tritt dazu noch die einachsige Querbeanspruchung $+\sigma_z = p$. Sie hebt sich gegen den Anteil III auf, so daß sich das Ergebnis in diesem Falle allein aus den Spannungsanteilen I und II zusammensetzt.

Die Längsspannung σ_x am unteren (gestützten) Rande eines hohen Streifens ($H \gg L$) ist nach (1079) angenähert gleich der Randbelastung p oder q, also auch angenähert gleich der größten Längsspannung σ_z eines Querschnittes. Sie ist wesentlich größer als der Betrag $\sigma_x = M/W = 6\,M/h^2$ nach dem Geradliniengesetz. Nach den von F. Dischinger angegebenen Schaulinien (Abb. 736) nähert sich die Funktion $\sigma_x(z)$ eines Querschnittes bei abnehmendem Verhältnis h/l der Navierschen Geraden in Feldmitte schneller als im Stützenquerschnitt.

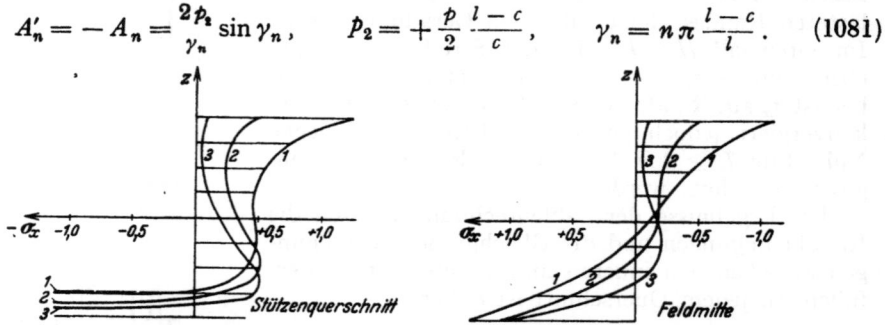

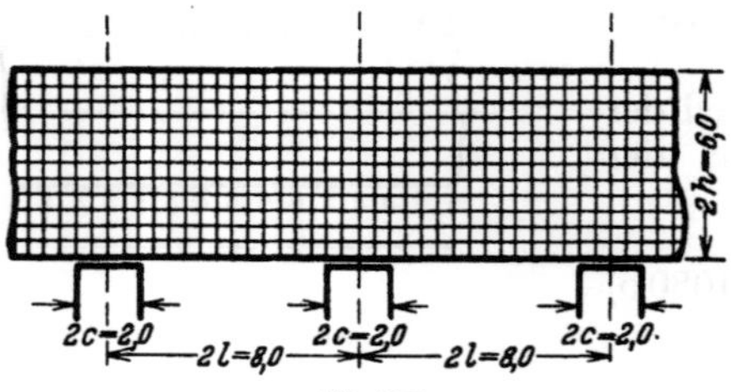

Abb. 737.

Spannungszustand im Mittelfeld einer hohen Silowand ($H/L = 3/4$) auf mehreren Stützen (Abb. 737).

Stützung und Belastung stimmen mit den Angaben in Abb. 723 überein, so daß ein Vergleich mit den Ergebnissen auf S. 722 möglich ist. Die Belastung wird nach S. 727 in den symmetrischen (Abb. 735b) und den antimetrischen Anteil (Abb. 735c) aufgespalten.

Zusammenstellung der Formeln nach S. 725f.

A. Symmetrischer Anteil.

$$^{(1)}p = p_0 + \sum_1^\infty A_n \cos\xi_n\,, \qquad \xi_n = n\pi\,\frac{x}{l}\,, \qquad p_0 = 0\,, \qquad A_n \text{ nach Tabelle 66.}$$

$$C_n = -\frac{2\,(\mathfrak{Sin}\,\lambda_n + \lambda_n \mathfrak{Cos}\,\lambda_n)}{2\,\lambda_n + \mathfrak{Sin}\,2\,\lambda_n} = -\frac{\mathfrak{Tg}\,\lambda_n + \lambda_n}{\dfrac{\lambda_n}{\mathfrak{Cos}\,\lambda_n} + \mathfrak{Sin}\,\lambda_n},$$

$$D_n = \frac{2\,\mathfrak{Sin}\,\lambda_n}{2\,\lambda_n + \mathfrak{Sin}\,2\,\lambda_n} = \frac{\mathfrak{Tg}\,\lambda_n}{\dfrac{\lambda_n}{\mathfrak{Cos}\,\lambda_n} + \mathfrak{Sin}\,\lambda_n}, \qquad \lambda_n = n\,\pi\,\frac{h}{l},$$

$$\varphi_n(\zeta) = C_n \mathfrak{Cos}\,\zeta_n + D_n \zeta_n \mathfrak{Sin}\,\zeta_n,$$

$$\psi_n(\zeta) = (C_n + 2\,D_n)\,\mathfrak{Cos}\,\zeta_n + D_n \zeta_n \mathfrak{Sin}\,\zeta_n,$$

$$\chi_n(\zeta) = (C_n + D_n)\,\mathfrak{Sin}\,\zeta_n + D_n \zeta_n \mathfrak{Cos}\,\zeta_n.$$

B. Antimetrischer Anteil.

$${}^{(2)}p = \sum_1^\infty A'_n \cos\xi_n, \qquad A'_n = -A_n,$$

$$C'_n = \frac{2\,(\mathfrak{Cos}\,\lambda_n + \lambda_n \mathfrak{Sin}\,\lambda_n)}{2\,\lambda_n - \mathfrak{Sin}\,2\,\lambda_n} = \frac{1 + \lambda_n \mathfrak{Tg}\,\lambda_n}{\dfrac{\lambda_n}{\mathfrak{Cos}\,\lambda_n} - \mathfrak{Sin}\,\lambda_n},$$

$$D'_n = -\frac{2\,\mathfrak{Cos}\,\lambda_n}{2\,\lambda_n - \mathfrak{Sin}\,2\,\lambda_n} = -\frac{1}{\dfrac{\lambda_n}{\mathfrak{Cos}\,\lambda_n} - \mathfrak{Sin}\,\lambda_n},$$

$$\varphi'_n(\zeta) = C'_n \mathfrak{Sin}\,\zeta_n + D'_n \zeta_n \mathfrak{Cos}\,\zeta_n,$$

$$\psi'_n(\zeta) = (C'_n + 2\,D'_n)\,\mathfrak{Sin}\,\zeta_n + D'_n \zeta_n \mathfrak{Cos}\,\zeta_n,$$

$$\chi'_n(\zeta) = (C'_n + D'_n)\,\mathfrak{Cos}\,\zeta_n + D'_n \zeta_n \mathfrak{Sin}\,\zeta_n.$$

C. Superposition der Anteile A und B.

$$E_n(\xi) = A_n \cos\xi_n, \qquad F_n(\xi) = A_n \sin\xi_n,$$

$$E'_n(\xi) = A'_n \cos\xi_n = -E_n(\xi), \qquad F'_n(\xi) = A'_n \sin\xi_n = -F_n(\xi)$$

$$\sigma_z = {}^{(1)}\sigma_z + {}^{(2)}\sigma_z = \sum_1^\infty \varphi_n(\zeta)\cdot E_n(\xi) + \sum_1^\infty \varphi'_n(\zeta)\cdot E'_n(\xi)$$

$$= \sum_1^\infty [\varphi_n(\zeta) - \varphi'_n(\zeta)]\,E_n(\xi) = \sum_1^\infty \overline{\varphi}_n(\zeta)\cdot E_n(\xi).$$

$$\sigma_x = {}^{(1)}\sigma_x + {}^{(2)}\sigma_x = -\sum_1^\infty \psi_n(\zeta)\cdot E_n(\xi) - \sum_1^\infty \psi'_n(\zeta)\cdot E'_n(\xi)$$

$$= -\sum_1^\infty [\psi_n(\zeta) - \psi'_n(\zeta)]\,E_n(\xi) = -\sum_1^\infty \overline{\psi}_n(\zeta)\cdot E_n(\xi).$$

$$\tau_{xz} = {}^{(1)}\tau_{xz} + {}^{(2)}\tau_{xz} = -\sum_1^\infty \chi_n(\zeta)\cdot F_n(\xi) - \sum_1^\infty \chi'_n(\zeta)\cdot F'_n(\xi)$$

$$= -\sum_1^\infty [\chi_n(\zeta) - \chi'_n(\zeta)]\,F_n(\xi) = -\sum_1^\infty \overline{\chi}_n(\zeta)\cdot F_n(\xi).$$

Auswertung der Formeln.

Wie bei dem Beispiel in Abschn. 74 wird die Rechnung auf die ersten fünf Fourierglieder beschränkt.

1. Fourierkonstanten $A_n = -A'_n$. Die Konstanten A_n sind halb so groß wie die entsprechenden Werte auf S. 720.

n	1	2	3	4	5
A_n	$-0{,}900316$	$+0{,}636620$	$-0{,}300106$	0	$+0{,}180064$

2. Integrationskonstanten C_n, D_n, C'_n, D'_n.

n	1	2	3	5
C_n	$-0{,}58871$	$-102{,}4816\cdot10^{-3}$	$-13{,}73953\cdot10^{-3}$	$-195{,}5161\cdot10^{-6}$
D_n	$+0{,}17321$	$+17{,}9378\cdot10^{-3}$	$+1{,}70284\cdot10^{-3}$	$+15{,}2974\cdot10^{-6}$
$C_n + D_n$	$-0{,}41550$	$-84{,}5438\cdot10^{-3}$	$-12{,}03669\cdot10^{-3}$	$-180{,}2187\cdot10^{-6}$
$C_n + 2\,D_n$	$-0{,}24229$	$-66{,}6060\cdot10^{-3}$	$-10{,}33385\cdot10^{-3}$	$-164{,}9213\cdot10^{-6}$
C'_n	$-0{,}69259$	$-102{,}7831\cdot10^{-3}$	$-13{,}74007\cdot10^{-3}$	$-195{,}5162\cdot10^{-6}$
D'_n	$+0{,}20897$	$+17{,}9954\cdot10^{-3}$	$+1{,}70291\cdot10^{-3}$	$+15{,}2974\cdot10^{-6}$
$C'_n + D'_n$	$-0{,}48361$	$-84{,}7877\cdot10^{-3}$	$-12{,}03716\cdot10^{-3}$	$-180{,}2188\cdot10^{-6}$
$C'_n + 2\,D'_n$	$-0{,}27464$	$-66{,}7923\cdot10^{-3}$	$-10{,}33424\cdot10^{-3}$	$-164{,}9213\cdot10^{-6}$

3. Funktionen φ, ψ, χ für $z = -0{,}5\,l$ $(\zeta = -0{,}5)$.

n	1	2	3	5
φ_n	− 0,85105	− 0,53715	− 0,31819	− 0,09707
φ'_n	+ 0,77020	+ 0,53168	+ 0,31801	+ 0,09707
$\overline{\varphi}_n$	− 1,62125	− 1,06883	− 0,63620	− 0,19414
ψ_n	+ 0,01818	− 0,12128	− 0,12861	− 0,05767
ψ'_n	− 0,19162	+ 0,11603	+ 0,12846	+ 0,05767
$\overline{\psi}_n$	+ 0,20980	− 0,23731	− 0,25707	− 0,11534
χ_n	+ 0,27350	+ 0,32313	+ 0,22322	+ 0,07737
χ'_n	− 0,45806	− 0,32995	− 0,22342	− 0,07737
$\overline{\chi}_n$	+ 0,73156	+ 0,65306	+ 0,44664	+ 0,15474

4. Spannungen im Schnitt $z = -0{,}5\,l$.

$$\sigma_x = -0{,}20980\,E_1(\xi) + 0{,}23731\,E_2(\xi) + 0{,}25707\,E_3(\xi) + 0{,}11534\,E_5(\xi)\,,$$
$$\sigma_z = -1{,}62125\,E_1(\xi) - 1{,}06883\,E_2(\xi) - 0{,}63620\,E_3(\xi) - 0{,}19414\,E_5(\xi)\,,$$
$$\tau_{xz} = -0{,}73156\,F_1(\xi) - 0{,}65306\,F_2(\xi) - 0{,}44664\,F_3(\xi) - 0{,}15474\,F_5(\xi)\,.$$

Die Funktionen $E_n(\xi)$, $F_n(\xi)$ können von S. 721 übernommen werden, sind jedoch wegen der Aufteilung der Belastung in den symmetrischen und den antimetrischen Anteil durch 2 zu dividieren. Damit erhält man die folgenden Spannungen in t/m²:

ξ	0	0,125	0,250	0,375	0,500	0,625	0,750	0,875	1
σ_x	+0,283	+0,244	+0,176	+0,056	−0,151	−0,270	−0,1[illegible]0	−0,030	−0,019
σ_z	+0,935	+0,954	+0,922	+0,831	+0,680	+0,131	−0,922	−1,916	−2,296
τ_{xz}	0	+0,056	+0,164	+0,274	+0,497	+0,862	+0,996	+0,644	0

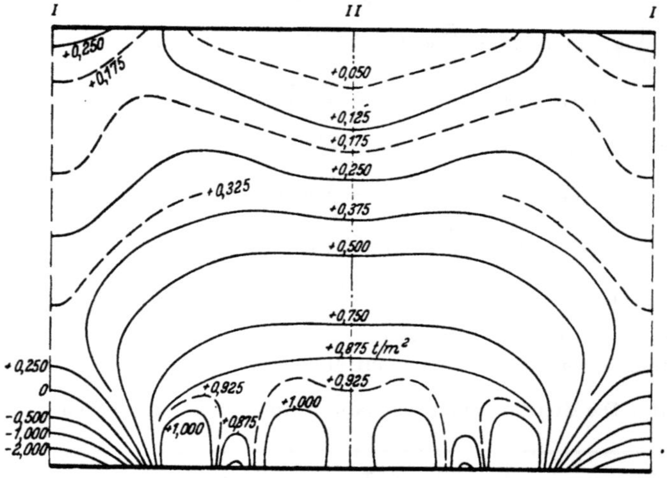

Abb. 738. Linien gleicher Hauptspannung σ_1.

5. Hauptspannungen. Die Spannungen werden für die Knoten des quadratischen Netzes Abb. **737** berechnet. Sie liefern die Linien gleicher Hauptspannung σ_1 (Abb. **738**), gleicher Hauptspannung σ_2 (Abb. **739**) und die Längsspannungstrajektorien (Abb. 740).

Feldweise wechselnde Belastung $\pm p$ **am oberen Rande** (Abb. 741 a u. 731 c). Die Belastung dient nur dazu, die Spannungen bei abwechselnd belasteten und unbelasteten Feldern (Abb. 731 a) aus der Lösung für gleichförmige Belastung aller Felder (Abb. 731 b) herzuleiten. Ihre Periodenlänge L' ist gleich der doppelten Stützenentfernung L. Bei der Superposition nach Abb. 731 ist die Phasenverschiebung der Perioden zu beachten.

Die Stützkräfte sind Null, da die Belastung Abb. 741 a innerhalb einer Periode L' im Gleichgewicht ist. Sie wird nach Abb. 741 b, c in den symmetrischen und den antimetrischen Anteil zerlegt. Die Konstanten der nach Fourier entwickelten Randbelastung jedes Anteils stimmen miteinander überein und werden nach Tab. 66 mit

$$A_n = A'_n = p\,\frac{\sin\frac{n\pi}{2}}{\frac{n\pi}{2}} \tag{1082}$$

angeschrieben. Die Spannungen lassen sich damit nach (1075a) und (1077a) unter Beachtung dei doppelten Periode L' berechnen.

Ist der Spannungszustand aus einer Belastung $\pm p$ am oberen Rande bekannt, so lassen sich die Spannungen bei Eintragung am unteren Rande am einfachsten durch Überlagerung der Spannungen einer symmetrischen Belastung anschreiben.

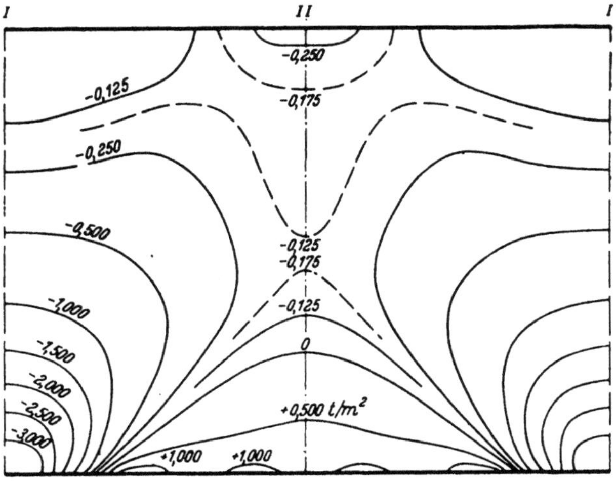

Abb. 739. Linien gleicher Hauptspannung σ_2.

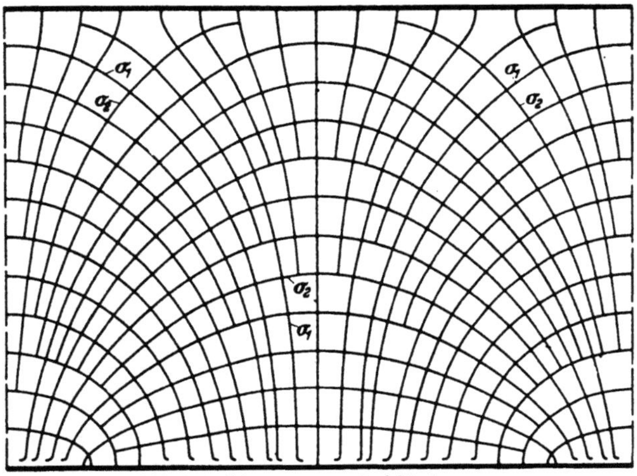

Abb. 740. Längsspannungstrajektorien.

Symmetrische Gruppen von Streckenlasten $P = 2cp$ (Abb. 742). Die Belastung ist symmetrisch und wird nach Tab. 66 in eine Fouriersche Reihe mit den Koeffizienten

$$\left.\begin{aligned} A_0 &= p_0 = p\,\frac{c}{l} = \frac{P}{2l},\\ A_n &= 2\,p_0\,\frac{\sin\gamma_n}{\gamma_n}\\ &= \frac{P}{l}\,\frac{\sin\gamma_n}{\gamma_n},\\ \gamma_n &= n\pi\,\frac{c}{l} \end{aligned}\right| \quad (1083)$$

entwickelt. Die Schnittkräfte M, N, Q sind in jedem Querschnitt Null, die Längsspannungen σ_z im Längsschnitt $z = 0$ von Streifen mit Randabständen $h \geq 2l$ angenähert konstant $-pc/l$. Dies wird durch Zahlenrechnung für die Längsschnitte $z_1 = 0$ und $z_2 = h - 2l$, eines Streifens mit $H/L = 3$ und $l/c = 4$ (Abb. 743) nachgewiesen.

$\xi = x/l$		0	0,25	0,50	0,75	1
$z_1 = 0$	σ_z/p	− 0,251	− 0,251	− 0,250	− 0,249	− 0,249
	τ_{xz}/p	0	0	0	0	0
$z_2 = h - 2l$	σ_z/p	− 0,256	− 0,254	− 0,250	− 0,246	− 0,244
	τ_{xz}/p	0	+ 0,004	+ 0,005	+ 0,004	0

Da der Längsschnitt $z_1 = 0$ frei von Schubspannungen ist, kann hier der Streifen ohne Störung des Spannungszustandes in zwei Teile zerlegt werden, wenn dabei die Längsspannungen $\sigma_z \approx -pc/l$ an den Schnitträndern als äußere Kräfte mitwirken. Nach den Ergebnissen der Zahlenrechnung sind die Schubspannungen auch noch in Längsschnitten $z_2 \leq h - 2l$ nahezu Null, so daß die Zerlegung des Streifens in drei parallele Abschnitte mit den Längsspannungen $\sigma_z \approx -pc/l$ als äußeren Kräften keine wesentliche Änderung des Spannungszustandes bedeutet.

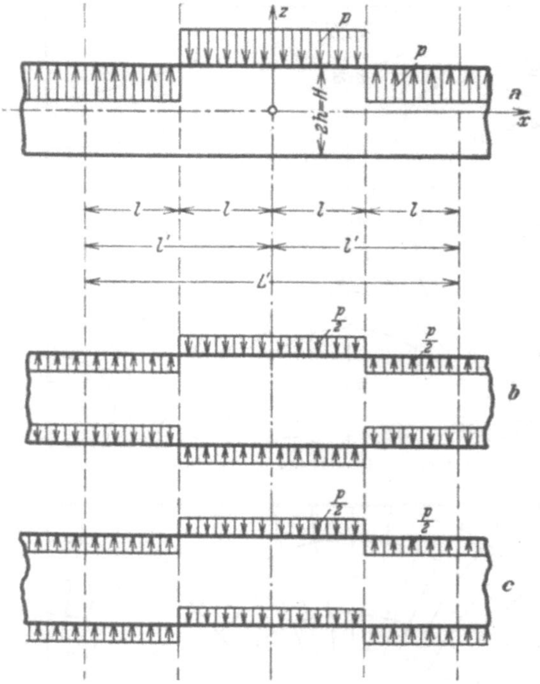

Abb. 741.

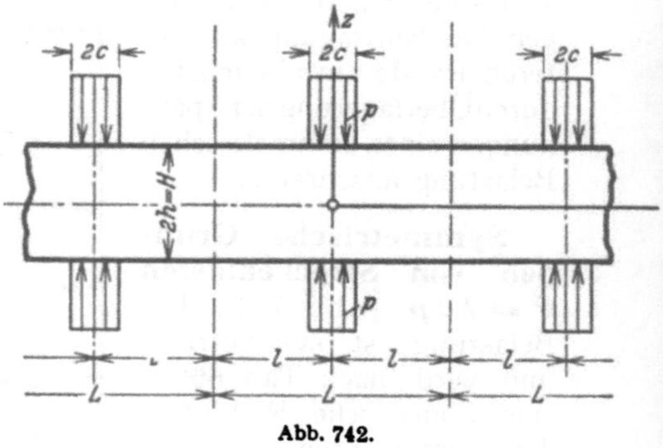

Abb. 742.

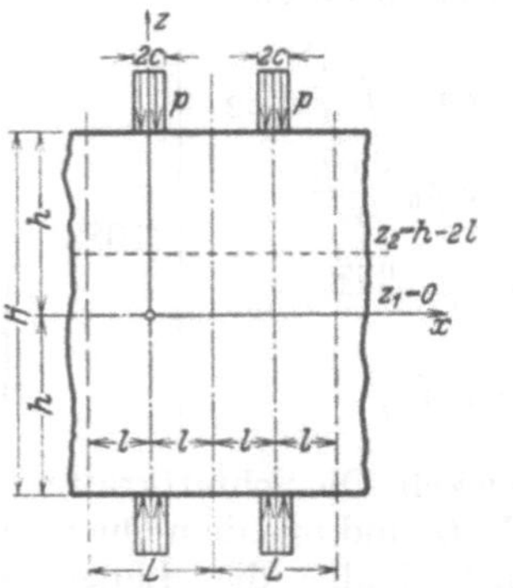

Abb. 743. $H/L = 3$, $l/c = 4$.

Daher lassen sich hohe Wände ($H \gg L$) mit gleichförmiger Belastung des oberen Randes angenähert auf Grund einer Zerlegung in die Abschnitte $h_1 = H - L$, $h_2 = L$ berechnen (Abb. 744). Der Abschnitt $H - L$ unterliegt im wesentlichen nur dem einachsigen Spannungszustand $-\sigma_z = p$. Der Spannungszustand des Abschnitts h_2 wird genau genug als Spannungszustand eines Streifens mit dem Randabstand $2h_2$ und einer symmetrischen Gruppe von Streckenlasten $2qc$ berechnet.

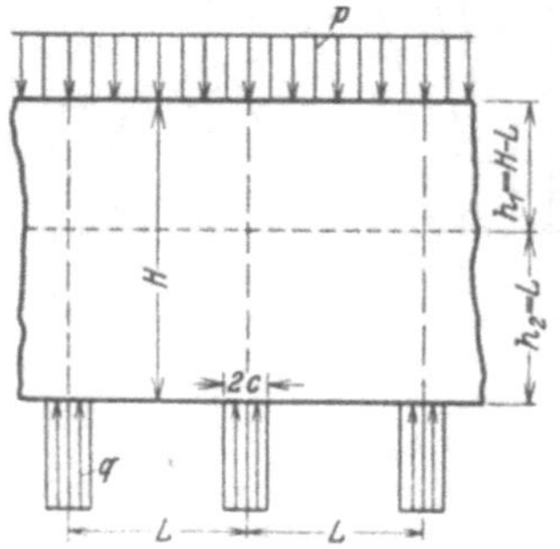

Abb. 744.

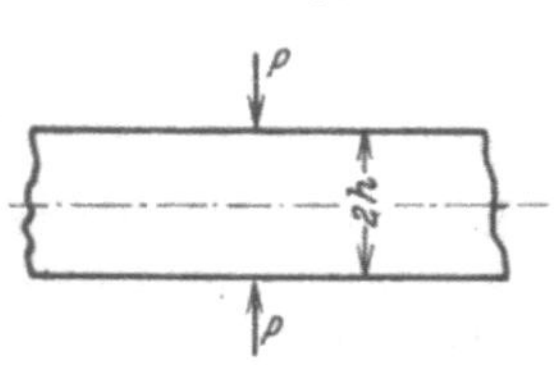

Abb. 745.

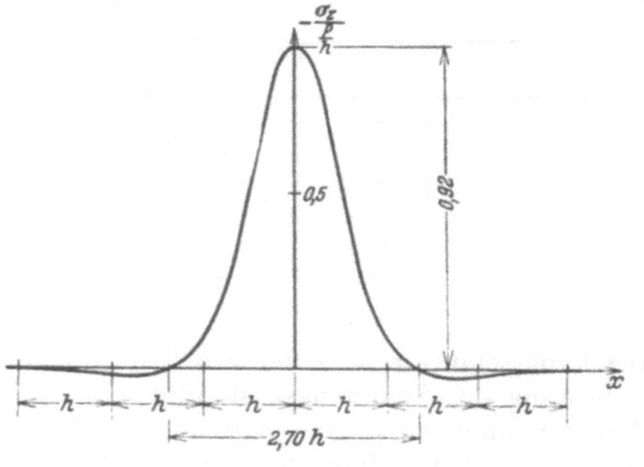

Abb. 746.

Dasselbe Ergebnis läßt sich auch aus einer Spannungsfunktion ableiten, die von N. L. G. Filon für die Belastung der Ränder eines Streifens mit zwei gleichgroßen entgegengesetzt gerichteten Einzellasten P nach Abb. 745 als Fouriersches Integral angegeben worden ist. Die Zustandslinien σ_x^*, σ_z^*, τ_{xz}^* für $z = \text{const}$ sind gleichzeitig Einflußlinien für eine wandernde Lastengruppe. Die Summe der positiven und negativen Anteile der Flächen σ_x^*, τ_{xz}^* sind in den Längsschnitten $z = \text{const}$ Null, da bei gleichförmiger Belastung der Ränder nur Spannungen σ_z entstehen.

Nach Abb. 746 erzeugt die einzelne Kräftegruppe P (Abb. 745) auf der Breite 2,7 h der Symmetrieachse Druckspannungen σ_z. Darüber hinaus entstehen unbedeutende Zugspannungen, die schnell gegen Null konvergieren. Einzellasten werden daher durch ein elastisches Mittel auf 2,7 h Breite verteilt. Die Spannung σ_z erreicht mit 0,92 P/h in der Wirkungslinie der Einzelkraft das Maximum. Sie ist nahezu gleich der auf den halben Scheibenquerschnitt bezogenen Spannung. Zwischen Einzellasten mit einem größeren Abstand als 2,7 h bestehen keine wesentlichen Beziehungen.

Filon, L. N. G.: On an approximate solution of the bending of a beam of rectangular cross section. Philos. Trans. Royal Soc. London 1903 (A.) Bd. 201 S. 63. — Timpe, A.: Problem der Spannungsverteilung in ebenen Systemen. Diss. Göttingen 1905. — Bleich, F.: Der gerade Stab mit Rechteckquerschnitt als ebenes Problem. B. I. 1923 S. 255. — Th. v. Kármán: Über die Grundlagen der Balkentheorie. Abhandlg. aus dem Aerodynamischen Institut d. Techn. Hochschule Aachen. Berlin 1927. — Seewald, F.: Die Spannungen und Formänderungen von Balken mit rechteckigem Querschnitt. Abhandlg. aus dem Aerodynamischen Institut d. Techn. Hochschule Aachen. Berlin 1927. — Crämer, H.: Spannungen in hohen wandartigen Trägern. Bericht über die II. Int. Tagung für Brücken- und Hochbau. Wien 1929. — Derselbe: Spannungen in wandartigen Balken bei feldweise wechselnder Belastung. Z. A. M. 1930 S. 205. — Bay, H.: Der wandartige Träger auf unendlich vielen Stützen. J. A. 1931 S. 435. — Cooker, E. G., u. L. N. G. Filon: A Treatise on Photo Elasticity. Cambridge 1931. — Dischinger, F.: Beitrag zur Theorie der Halbscheibe und des wandartigen Balkens. Abhandlungen der Int. Vereinigung für Brücken- und Hochbau. Zürich 1932 und Beton u. Eisen 1933 S. 237. — Crämer, H.: Spannungen in durchlaufenden Scheiben bei Vollbelastung sämtlicher Felder. Beton u. Eisen 1933 S. 233.

76. Die Berechnung der Spannungsfunktion mit Differenzen.

Die Erweiterung der Randbedingungen durch die rechteckige oder polygonale Begrenzung der Scheiben bereitet beim Ansatz und bei der numerischen Lösung der Spannungsfunktion F wesentlich größere Schwierigkeiten. Aus diesem Grunde begnügt man sich bei derartigen Aufgaben ebenso wie bei ähnlichen Problemen der Plattenbiegung mit einer Näherungslösung durch die Entwicklung der Ansätze (1054) in Differenzen. Da die Differentialgleichung des ebenen Spannungszustandes und die Differentialgleichung der Plattenbiegung unter Randkräften miteinander übereinstimmen, kann die Differenzengleichung des ebenen Spannungszustandes in rechtwinkligen Koordinaten nach (999) oder in Polarkoordinaten unmittelbar angeschrieben werden. Die Spannungsfläche erscheint dann ebenso wie die elastische Fläche der Platte als Gitter, dessen Aufriß aus zwei Gruppen von äquidistanten, sich rechtwinklig kreuzenden geraden Linien besteht ($\Delta x \neq \Delta z$). Die Endpunkte der Ordinaten F_k der Gitterknoten k liegen in der Spannungsfläche. Ihre gegenseitigen Beziehungen lassen sich an jedem Gitterknoten durch eine lineare Gleichung ausdrücken. Sie lautet für $\Delta x = \Delta z$ nach (1000) folgendermaßen (Abb. 747):

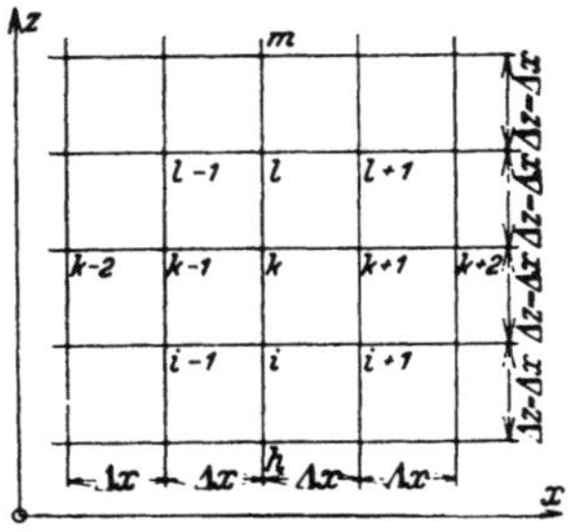

Abb. 747.

$$20 F_k - 8 (F_{k-1} + F_l + F_{k+1} + F_i) + 2 (F_{i-1} + F_{l-1} + F_{l+1} + F_{i+1})$$
$$+ (F_{k-2} + F_m + F_{k+2} + F_h) = 0 . \qquad (1084)$$

Für $\Delta x \neq \Delta z$ wird die Differentialbeziehung $\Delta\Delta F = 0$ nach (999) angeschrieben. Die Gleichungen für die inneren Knoten sind homogen. Außerdem gelten Randbedingungen, die entweder nach (1054) durch die Randkräfte oder nach (1061) durch Funktionen der Randkräfte vorgeschrieben sind. Der Ansatz liefert bei jedem Belastungsfall ein eindeutiges Ergebnis für die Ordinaten F_k. Mit diesen lassen sich dann die Komponenten des ebenen Spannungszustandes nach (998) berechnen.

$$\left.\begin{aligned} \sigma_z &= \frac{\partial^2 F}{\partial x^2} \approx \frac{F_{k+1} - 2F_k + F_{k-1}}{\Delta x^2}, \qquad \sigma_x = \frac{\partial^2 F}{\partial z^2} \approx \frac{F_l - 2F_k + F_i}{\Delta z^2}, \\ \tau_{xz} &= -\frac{\partial^2 F}{\partial x\, \partial z} \approx -\frac{(F_{l+1} - F_{l-1}) - (F_{i+1} - F_{i-1})}{4\Delta x \cdot \Delta z}. \end{aligned}\right\} \tag{1085}$$

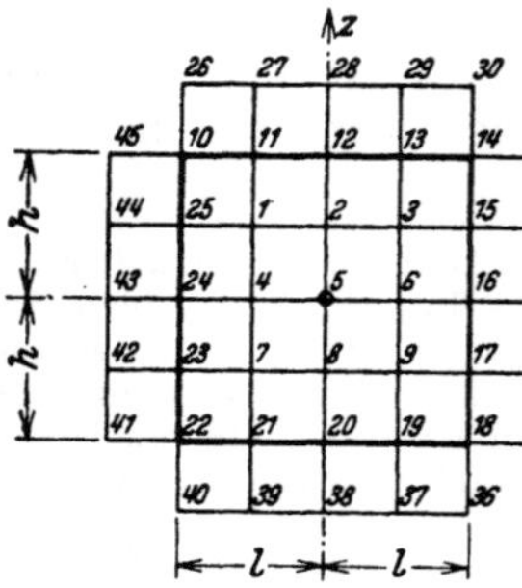

Abb. 748.

Die Schubspannungen werden daher am einfachsten für die Mittelpunkte der Maschen berechnet.

Der quadratischen Scheibe Abb. 748 wird ein durch 2 Scharen von äquidistanten Geraden bestimmtes Gitter mit 9 Innenknoten und 16 Randknoten zugeordnet, so daß zunächst ohne Beachtung der Symmetrie 25 Ordinaten F_k der Spannungsfläche in die Rechnung eingehen und 9 Gleichungen angeschrieben werden können. Diese enthalten noch die unbekannten Ordinaten F_k von 20 Nebenknoten der über den Scheibenrand hinaus erweiterten Spannungsfläche. Die 45 Wurzeln des Ansatzes sind daher nur dann eindeutig bestimmt, wenn zu den 9 linearen Gleichungen für die Gitterknoten *1* bis *9* noch 36 Randbedingungen treten. Diese stehen bei freien Rändern $z = \pm h$ nach (1085) als unmittelbare Beziehung zwischen Randbelastung und Randspannung zur Verfügung. An 10 Randknoten $z = \pm h$ ist $\sigma_z = -p_z$, an 10 Randknoten $x = \pm l$ ist $\sigma_x = -p_x$, an 12 mittleren Randknoten $z = \pm h$, $x = \pm l$ und an 4 Eckknoten ist $\tau_{xz} = 0$.

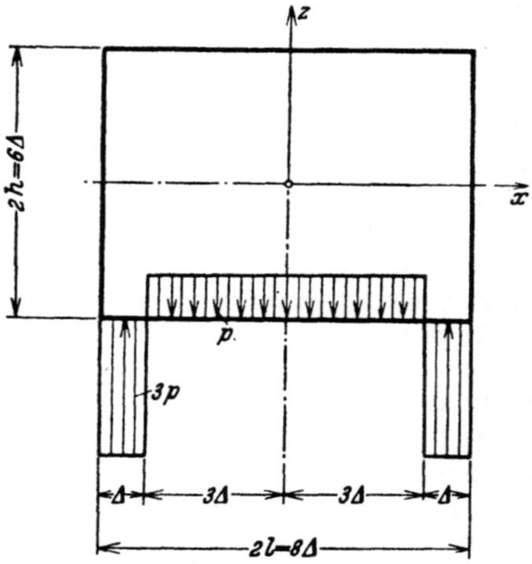

Abb. 749.

Ansatz und Lösung werden an einer Scheibe mit $h/l = 3/4$ gezeigt, welche nach Abb. 749 belastet ist. Wegen der Symmetrie der Belastung zur z-Achse genügt die Berechnung der Spannungsfläche F für eine Hälfte der Scheibe. Nach Abb. 750 sind daher die Ordinaten F_k von 20 Innenknoten zu berechnen ($\Delta x = \Delta z = \Delta$).

Bestimmung der Randordinaten nach (1061a): Als Anfangspunkt wird wegen der Symmetrie der Punkt *21* gewählt.

$$F_{21} = F_{22} = \cdots = F_{31} = 0,$$

$$F_{32} = -3p\Delta \cdot \frac{\Delta}{2} = -1{,}5\,p\Delta^2,$$

$$F_{33} = -3p\Delta \cdot \frac{3}{2}\Delta + p\Delta \cdot \frac{\Delta}{2} = -4{,}0\,p\Delta^2,$$

$$F_{34} = -3p\Delta \cdot \frac{5}{2}\Delta + p\,2\Delta \cdot \Delta = -5{,}5\,p\Delta^2,$$

$$F_{35} = -3p\Delta \cdot \frac{7}{2}\Delta + p\,3\Delta \cdot \frac{3}{2}\Delta = -6{,}0\,p\Delta^2.$$

Elimination der Ordinaten an den Nebenknoten nach (1061b): Für die Randknoten *21* bis *35* wird $\partial F/\partial n = -R_t$, so daß z. B. für die Knoten *22, 28* und *33* die folgenden Beziehungen entstehen:

$$\frac{F_{37} - F_3}{2\Delta} = 0\,, \quad \frac{F_{44} - F_9}{2\Delta} = 0\,, \quad \frac{F_{50} - F_{18}}{2\Delta} = 0\,.$$

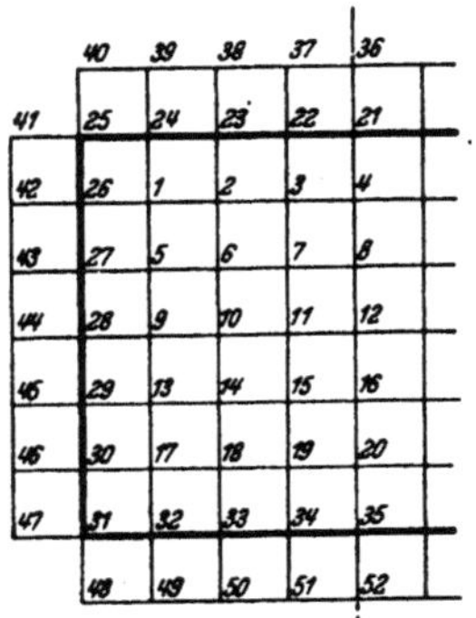

Abb. 750.

Daher ist $F_{37} = F_3$, $F_{44} = F_9$, $F_{50} = F_{18}$. Das vollständige Ergebnis für alle Rand- und Außenknoten ist in Abb. 751 eingetragen.

Aufstellung der Differenzengleichungen nach (1084): Gleichung für den Punkt *3*:

$$20F_3 - 8(F_2 + 0 + F_4 + F_7) + 2(F_6 + 0 + 0 + F_8) + (F_1 + F_3 + F_3 + F_{11}) = 0\,.$$

Gleichung für den Punkt *18*:

$$20F_{18} - 8(F_{17} + F_{14} + F_{19} - 4{,}0\,p\,\Delta^2) + 2(-1{,}5\,p\,\Delta^2 + F_{13} + F_{15} - 5{,}5\,p\,\Delta^2) + (0 + F_{10} + F_{20} + F_{18}) = 0\,.$$

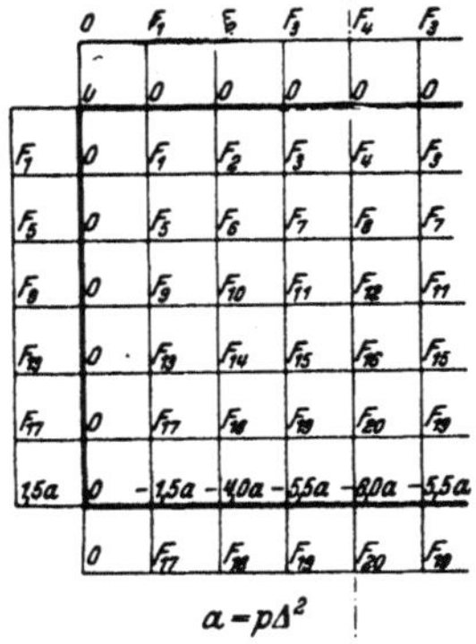

Abb. 751.

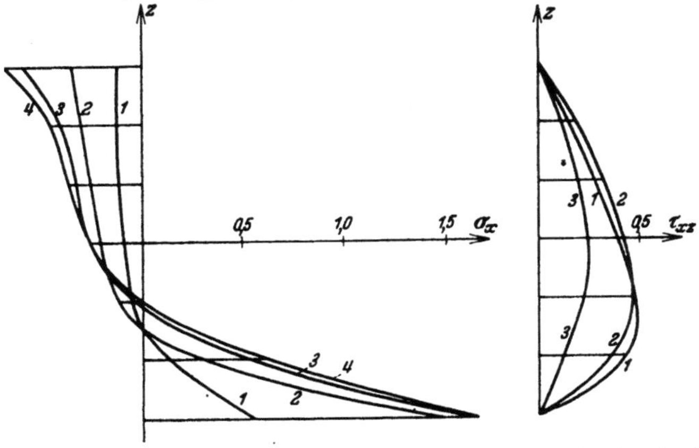

Abb. 752a, b. Spannungen σ_x und τ_{xz} in den Schnitten im Abstand Δ, 2Δ, 3Δ, 4Δ vom Außenrand (Kurven *1* bis *4*).

Das vollständige Gleichungssystem ist nach Zusammenfassung der einzelnen Unbekannten F_k in der Matrix auf S. 736 enthalten. Die Lösung steht auf S. 737.

Die Spannungen σ_x, σ_z, τ_{xz} werden hieraus nach (1085) ermittelt. Sie sind in den Abb. 752a bis c aufgetragen. Die Abb. 753a bis c enthalten die Linien gleicher Hauptlängsspannungen σ_1, σ_2 und die Längsspannungstrajektorien, deren Verlauf bei der groben Maschenteilung der Lösung allerdings im mittleren Bereich des unteren Randes nicht angegeben werden kann. Trotzdem eignen sich die Abb. 753 zu einem kritischen Vergleich mit der Lösung für die Halbscheibe auf S. 722 und für den Streifen auf S. 730f. Dabei verdient vor allem der Einfluß der Ränder auf den Spannungszustand Beachtung.

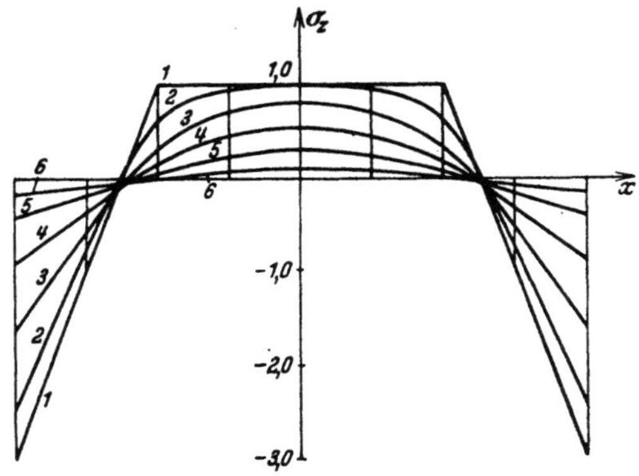

Abb. 752c. Spannungen σ_z in den Schnitten im Abstand $0, \Delta, 2\Delta \ldots 5\Delta$ vom unteren Rand (Kurven *1* bis *6*).

	F_1	F_2	F_3	F_4	F_5	F_6	F_7	F_8	F_9	F_{10}	F_{11}	F_{12}	F_{13}	F_{14}	F_{15}	F_{16}	F_{17}	F_{18}	F_{19}	F_{20}	
1	+22	− 8	+ 1		− 8	+ 2			+ 1												
2	− 8	+21	− 8	+ 1	+ 2	− 8	+ 2			+ 1											
3	+ 1	− 8	+22	− 8		+ 2	− 8	+ 2			+ 1										
4		+ 2	−16	+21			+ 4	− 8				+ 1									
5	− 8	+ 2			+21	− 8	+ 1		− 8	+ 2			+ 1								
6	+ 2	− 8	+ 2		− 8	+20	− 8	+ 1	+ 2	− 8	+ 2			+ 1							
7		+ 2	− 8	+ 2	+ 1	− 8	+21	− 8		+ 2	− 8	+ 2			+ 1						
8			+ 4	− 8		+ 2	−16	+20			+ 4	− 8				+ 1					
9	+ 1				− 8	+ 2			+21	− 8	+ 1		− 8	+ 2			+ 1				
10		+ 1			+ 2	− 8	+ 2		− 8	+20	− 8	+ 1	+ 2	− 8	+ 2			+ 1			
11			+ 1			+ 2	− 8	+ 2	+ 1	− 8	+21	− 8		+ 2	− 8	+ 2			+ 1		
12				+ 1			+ 4	− 8		+ 2	−16	+20			+ 4	− 8				+ 1	
13					+ 1				− 8	+ 2			+21	− 8	+ 1		− 8	+ 2			+ 1,5*a*
14						+ 1			+ 2	− 8	+ 2		− 8	+20	− 8	+ 1	+ 2	− 8	+ 2		+ 4,0*a*
15							+ 1			+ 2	− 8	+ 2	+ 1	− 8	+21	− 8		+ 2	− 8	+ 2	+ 5,5*a*
16								+ 1			+ 4	− 8		+ 2	−16	+20			+ 4	− 8	+ 6,0*a*
17									+ 1				− 8	+ 2			+22	− 8	+ 1		− 4,0*a*
18										+ 1			+ 2	− 8	+ 2		− 8	+21	− 8	+ 1	−18,0*a*
19											+ 1			+ 2	− 8	+ 2	+ 1	− 8	+22	− 8	−24,0*a*
20												+ 1			+ 4	− 8		+ 2	−16	+21	−26,0*a*

Lösung der Matrix auf S. 736: ($a = 1$)

k	1	2	3	4	5	6	7	8	9	10
F_k	−0,0466	−0,1764	−0,3005	−0,3473	−0,2053	−0,6282	−1,0040	−1,1485	−0,4631	−1,3222
k	11	12	13	14	15	16	17	18	19	20
F_k	−2,0395	−2,3092	−0,8172	−2,2306	−3,3332	−3,7338	−1,2242	−3,2490	−4,6725	−5,1662

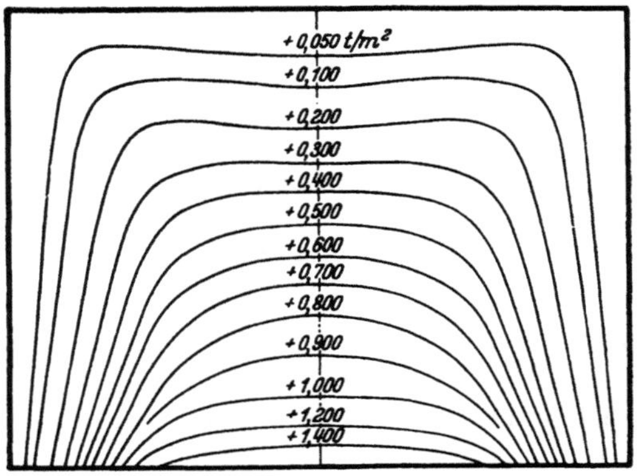

Abb. 753a. Linien gleicher Hauptspannung σ_1.

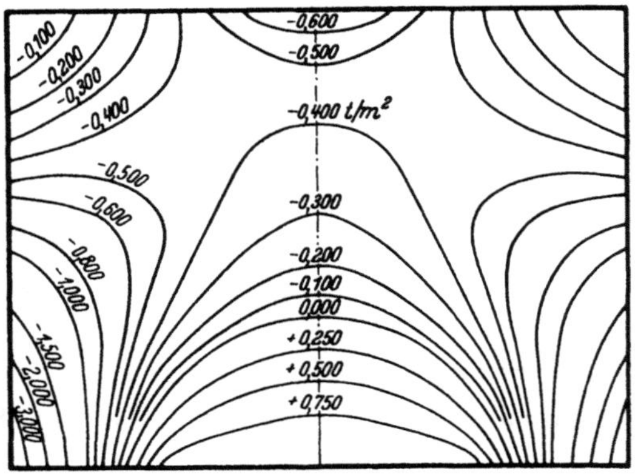

Abb. 753b. Linien gleicher Hauptspannung σ_2.

Der Spannungszustand der Scheiben mit $H \ll L$, der aus den Schnittkräften nach Abschn. 10 statisch bestimmt angegeben werden kann, unterscheidet sich von dem Spannungszustand gedrungener Scheiben vor allem durch das Verhältnis von σ_z zu σ_x. In dem einen Falle ist $\sigma_z \ll \sigma_x$, in dem anderen Falle sind beide Spannungen von der gleichen Größenordnung. Das Vorzeichen der Längsspannung σ_x wechselt beim Träger in der Achse, dagegen bei gedrungenen Scheiben mit $H \approx L$ in den Wendepunkten der Querschnitte $x = \text{const}$ der Spannungsfläche F, also in der Nähe des abgestützten Scheibenrandes. Die Spannungen in Längs- oder Querschnitten lassen sich aber auch hier stets zu Schnittkräften zusammenfassen, welche mit den äußeren Kräften am Rande die Gleichgewichtsbedingungen erfüllen.

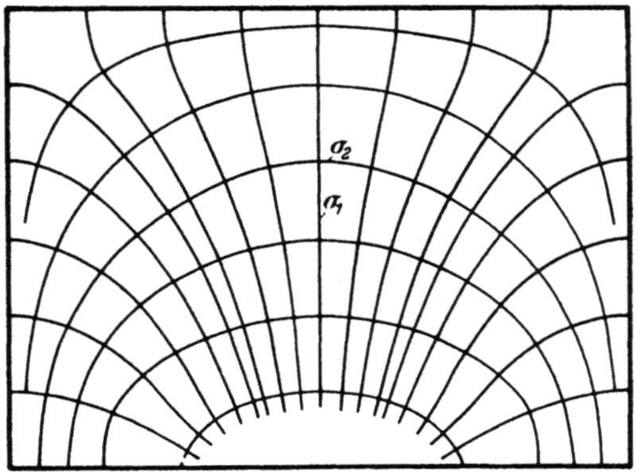

Abb. 753c. Längsspannungstrajektorien.

Bay, H.: Über den Spannungszustand in hohen Trägern und die Bewehrung von Eisenbetonwänden. Stuttgart 1931.

77. Angenäherte Untersuchung des Spannungszustandes in Rahmenecken.

Während die statisch bestimmte Berechnung der Spannungen aus den Schnittkräften zur Beurteilung der Festigkeit der Rahmenstäbe ausreicht, läßt sich das Kraftfeld im Bereich der Winkelpunkte der Stabachsen nur mit einem ebenen Spannungszustand vergleichen. Dieser ist durch polarisationsoptische Untersuchungen an rechtwinkligen, auf Biegung beanspruchten Stabecken gemessen worden. Darnach ist der ausspringende Bereich der Ecke fast spannungsfrei. Aus diesem Grunde liegt es nahe, das vorgeschriebene polygonale Kraftfeld durch einen Kreisringsektor mit konzentrischen Rändern zu begrenzen und die Spannungsaufgabe mit Polarkoordinaten zu lösen, wenn dabei sich voraussichtlich auch der Verschiebungszustand ändern wird.

Um die Randbedingungen und damit auch die Zahlenrechnung zu vereinfachen, wird über die Eintragung der Schnittkräfte an den Querschnitten der Scheibe nichts ausgesagt. Hier gelten vielmehr nur die Gleichgewichtsbedingungen zwischen den bekannten Schnittkräften N, M, Q des Rahmenstabes und den errechneten Spannungen σ_t, τ_{tr}, die ebenso wie die Spannungsfunktion mit Rücksicht auf die Randbedingungen in Polarkoordinaten angeschrieben werden.

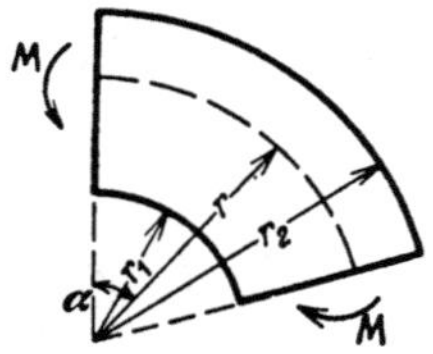

Abb. 754.

Übertragung zweier Biegungsmomente M (Abb. 754). Die Spannungen sind unabhängig vom Winkel α, so daß die partielle Differentialgleichung (1057) ebenso wie die Plattengleichung (947) in bezug auf die Veränderliche r total wird.

$$\left(\frac{d^2}{dr^2}+\frac{1}{r}\frac{d}{dr}\right)\left(\frac{d^2F}{dr^2}+\frac{1}{r}\frac{dF}{dr}\right)=0;\qquad \sigma_r=\frac{1}{r}\frac{dF}{dr},\qquad \sigma_t=\frac{d^2F}{dr^2},\qquad \tau_{rt}=0.$$

Ihre allgemeine Lösung steht bereits auf S. 650 und lautet mit $r_2/r=\varrho$ und $r_2/r_1=\varrho_1$

$$F=c_0+c_1\ln\varrho+c_2\frac{1}{\varrho^2}+c_3\frac{1}{\varrho^2}\ln\varrho. \tag{1086}$$

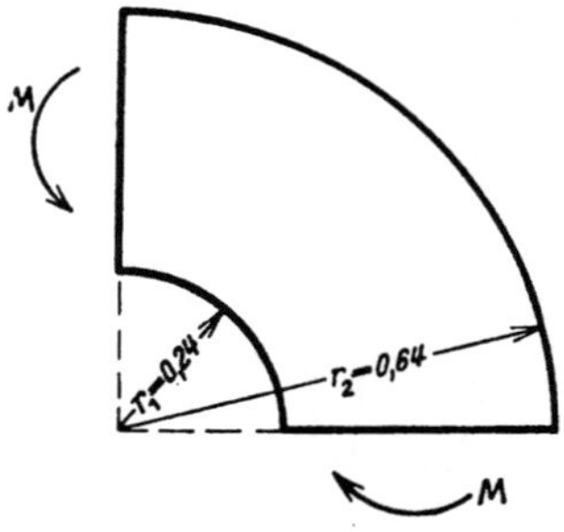

Abb. 755a.

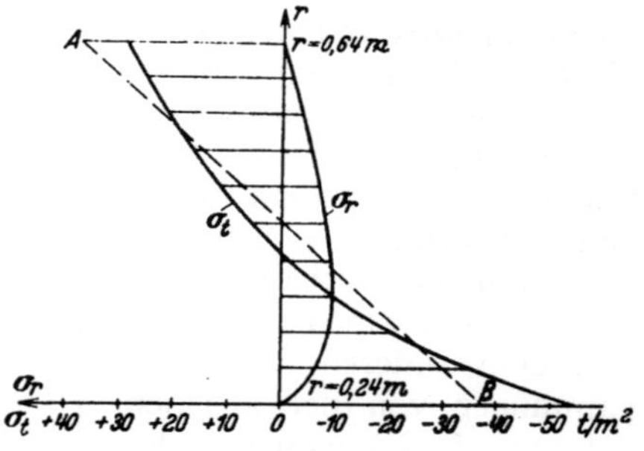

Abb. 755b.

Die Integrationskonstanten lassen sich aus den Bedingungen

$$\sigma_r=-\frac{1}{r_2^2}\left(c_1\varrho^2-2c_2+c_3-2c_3\ln\varrho\right)=0$$

an den Rändern $r=r_1$ und $r=r_2$ und $\mathsf{M}=\int_{r_1}^{r_2}\sigma_t\,r\,dr$ bestimmen. Man erhält mit

$$\left.\begin{aligned}&T_1=r_1^2\left[(\varrho_1^2-1)^2-4\varrho_1^2(\ln\varrho_1)^2\right],\\ &c_1=-\frac{\mathsf{M}}{T_1}r_2^2\cdot 4\ln\varrho_1,\quad c_2=\frac{\mathsf{M}}{T_1}r_2^2(1-\varrho_1^2-2\ln\varrho_1),\quad c_3=\frac{\mathsf{M}}{T_1}r_2^2\cdot 2(1-\varrho_1^2)\end{aligned}\right\} \tag{1087a}$$

und daraus

$$\sigma_r=\frac{4\mathsf{M}}{T_1}\left(-\ln\frac{\varrho_1}{\varrho}-\varrho_1^2\ln\varrho+\varrho^2\ln\varrho_1\right),\quad \sigma_t=\frac{4\mathsf{M}}{T_1}\left(\varrho_1^2-1-\ln\frac{\varrho_1}{\varrho}-\varrho_1^2\ln\varrho-\varrho^2\ln\varrho_1\right). \tag{1087b}$$

σ_r und σ_t sind Hauptspannungen, die Querschnitte bleiben eben.

Für einen Sektor mit $r_1=0{,}24$ m, $r_2=0{,}64$ m (Abb. 755a) wird $\varrho_1=2{,}6667$ und $T_1=0{,}57492$. Die Auswertung der Ergebnisse (1087b) liefert mit $\mathsf{M}=1$ mt/m die für alle Radialschnitte gleiche Spannungsverteilung der Abb. 755b. Die Gerade AB zeigt den linearen Verlauf von σ_t nach Navier.

Ausgleich einer Querkraft. Die Querkraft Q_a (Abb. 756) steht mit den Schnittkräften N_b, M_b, Q_b im Gleichgewicht $[(Q_a, N_b, M_b, Q_b) \equiv 0]$. Die Spannungsfunktion

$$F = \Phi(r) \cdot \sin\alpha \tag{1088}$$

mit den Spannungskomponenten

$$\left.\begin{aligned} \sigma_r &= \left(\frac{\Phi'}{r} - \frac{\Phi}{r^2}\right)\sin\alpha, \qquad \sigma_t = \Phi'' \cdot \sin\alpha, \\ \tau_{rt} &= -\left(\frac{\Phi'}{r} - \frac{\Phi}{r^2}\right)\cos\alpha = -\frac{\sigma_r}{\operatorname{tg}\alpha} \end{aligned}\right\} \tag{1089}$$

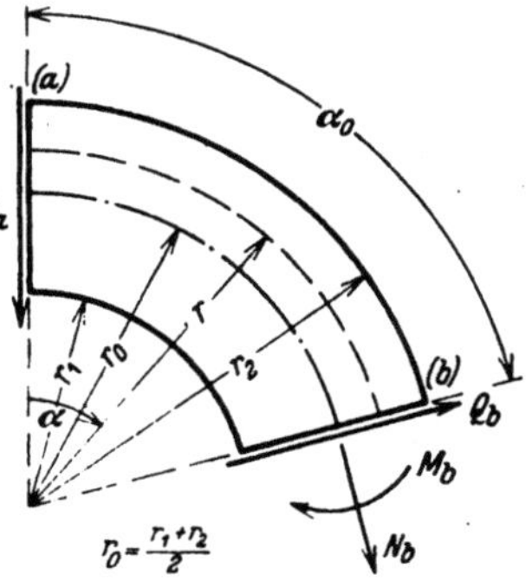

Abb. 756.

liefert am Rande $\alpha = 0$ nur Schubspannungen τ_{rt}. Aus

$$\Delta\Delta F = \left(\frac{d^2}{dr^2} - \frac{1}{r^2} + \frac{1}{r}\frac{d}{dr}\right)\left(\frac{d^2\Phi}{dr^2} - \frac{\Phi}{r^2} + \frac{1}{r}\frac{d\Phi}{dr}\right)\cdot\sin\alpha$$

folgt für $\Phi(r)$ die totale Differentialgleichung

$$\left(\frac{d^2}{dr^2} - \frac{1}{r^2} + \frac{1}{r}\frac{d}{dr}\right)^2 \Phi = 0. \tag{1090a}$$

Ihre Lösung ist

$$\Phi = c_1\frac{1}{\varrho^3} + c_2\frac{\ln\varrho}{\varrho} + c_3\frac{1}{\varrho} + c_4\varrho, \tag{1090b}$$

wobei wieder $r_2/r = \varrho$ gesetzt wurde.

Die Integrationskonstanten c_1, c_2, c_4 lassen sich aus den Bedingungen

$$\sigma_r = \left(2c_1\frac{1}{\varrho} - c_2\varrho - 2c_4\varrho^3\right)\frac{\sin\alpha}{r_2^2} = -\tau_{rt}\operatorname{tg}\alpha = 0$$

an den Rändern $r = r_1$ und $r = r_2$ und aus der Bedingung $\int_{r_1}^{r_2}\tau_{rt}\,dr = Q_a$ am Rande

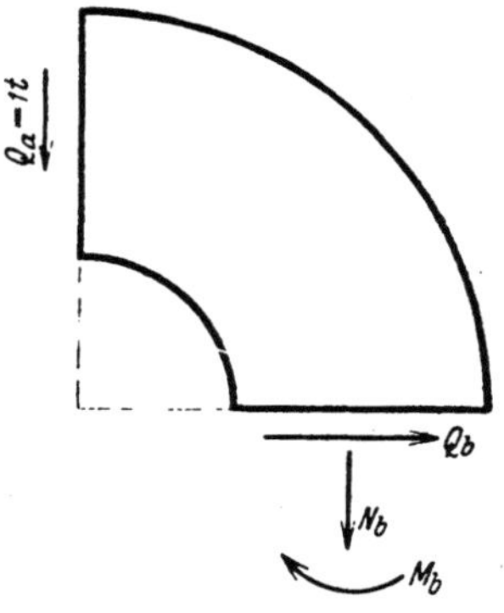

Abb. 757.

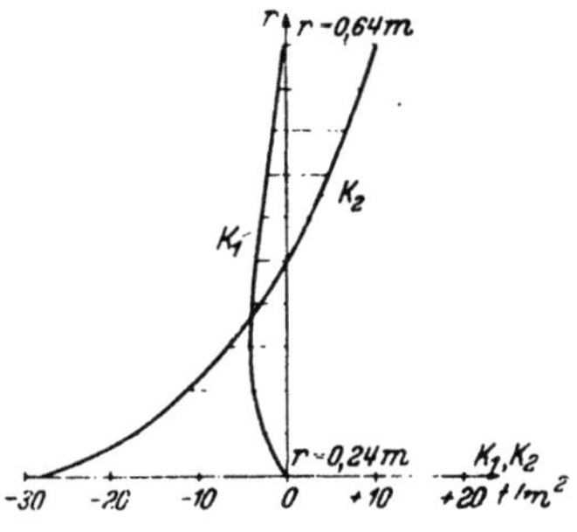

Abb. 758.

$\alpha = 0$ ermitteln. Die Integrationskonstante c_3 ist ohne Einfluß auf die Spannungen und daher beliebig. Mit der Abkürzung

ergibt sich

$$\left.\begin{aligned} T_2 &= r_2^{-1}\left[(\varrho_1^2 + 1)\ln\varrho_1 - (\varrho_1^2 - 1)\right] \\ c_1 &= \frac{\varrho_1^2}{2}\frac{Q_a}{T_2}, \qquad c_2 = (\varrho_1^2 + 1)\frac{Q_a}{T_2}, \qquad c_4 = -\frac{1}{2}\frac{Q_a}{T_2} \end{aligned}\right\}. \tag{1091a}$$

und damit

$$\left.\begin{aligned}\sigma_r &= \frac{Q_a}{T_2}\left[\frac{\varrho_1^2}{\varrho} - (\varrho_1^2 + 1)\,\varrho + \varrho^3\right]\sin\alpha\,, \qquad \tau_{rt} = -\frac{\sigma_r}{\operatorname{tg}\alpha}\,,\\ \sigma_t &= \frac{Q_a}{T_2}\left[3\,\frac{\varrho_1^2}{\varrho} - (\varrho_1^2 + 1)\,\varrho - \varrho^3\right]\sin\alpha\,.\end{aligned}\right\} \qquad (1091\,\mathrm{b})$$

Die Spannungsresultierenden im Schnitt $b\,(\alpha = \alpha_0)$ stehen mit Q_a im Gleichgewicht:

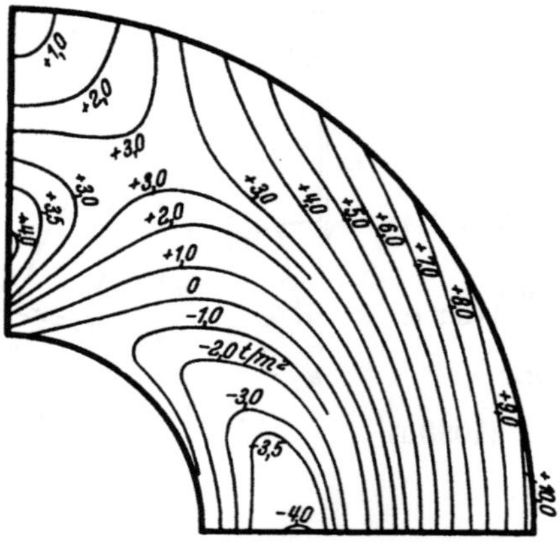

Abb. 759a. Linien gleicher Hauptspannung σ_1.

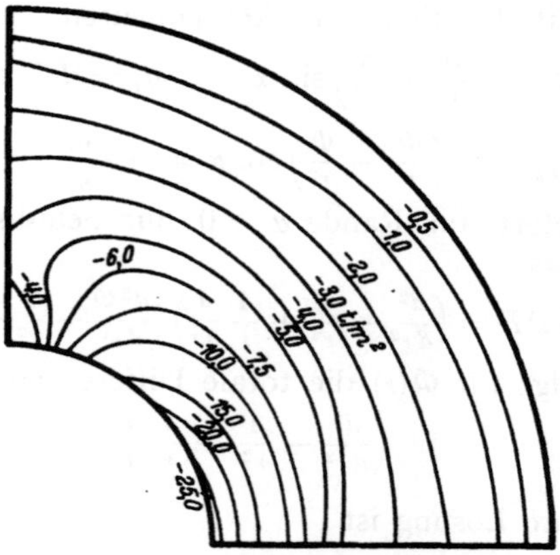

Abb. 759b. Linien gleicher Hauptspannung σ_2.

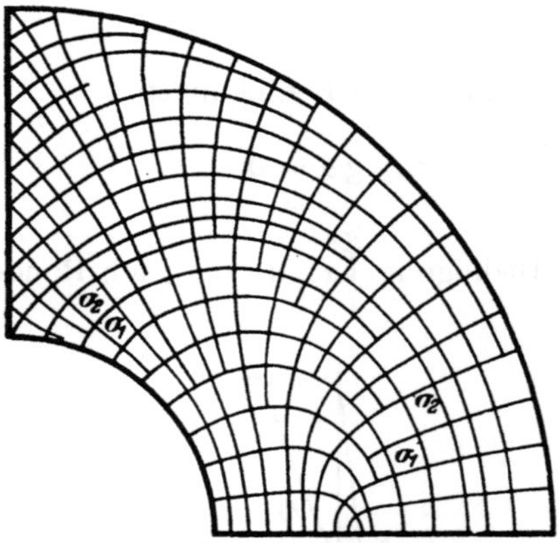

Abb. 759c. Längsspannungstrajektorien.

$$\int_{r_1}^{r_2}\sigma_t\,dr = N_b = -Q_a\sin\alpha_0\,,$$

$$\int_{r_1}^{r_2}\tau_{rt}\,dr = Q_b = Q_a\cos\alpha_0\,,$$

$$\int_{r_1}^{r_2}\sigma_t\,(r - r_0)\,dr = M_b = Q_a r_0\sin\alpha_0\,.$$

Für den Sektor mit den Abmessungen nach Abb. 755a, belastet nach Abb. 757, ist $\varrho_1 = 2{,}6667$, $T_2 = 1{,}1805$. Mit

$$\frac{Q_a}{T_2}\left[\frac{\varrho_1^2}{\varrho} - (\varrho_1^2 + 1)\,\varrho + \varrho^3\right] = K_1\,,$$

$$\frac{Q_a}{T_2}\left[3\,\frac{\varrho_1^2}{\varrho} - (\varrho_1^2 + 1)\,\varrho - \varrho^3\right] = K_2$$

wird

$$\sigma_r = K_1\sin\alpha\,, \qquad \sigma_t = K_2\sin\alpha\,.$$

Die Funktionen K_1 und K_2 sind in Abb. 758 dargestellt. Die Abb. 759a, b enthalten die Linien gleicher Hauptspannungen σ_1, σ_2, die Abb. 759c die Längsspannungstrajektorien für die Belastung nach Abb. 757.

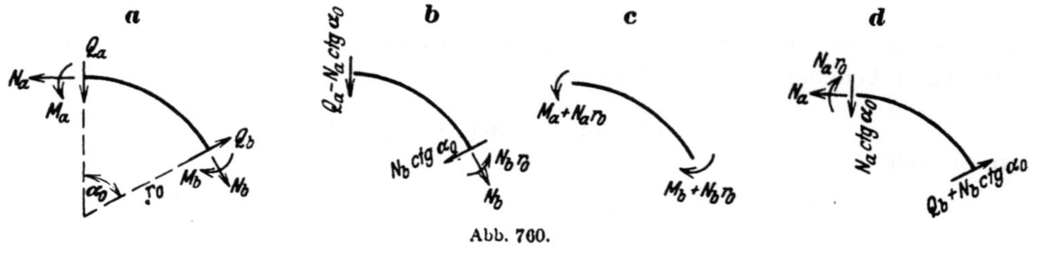

Abb. 760.

Eine Belastung des Ringsektors nach Abb. 760a läßt sich durch Aufspaltung in die drei Anteile Abb. 760b, c, d auf die beide. Grundfälle zurückführen.

Preuß, E.: Versuche über die Spannungsverminderung durch die Ausrundung scharfer Ecken. Forsch.-Arb. Ing.-Wes. Heft 126. Berlin 1912. — Grüning, M.: Die Spannungen im Knotenpunkt eines Vierendeelträgers. Eisenbau 1914 S. 162. — Wyß, Th.: Die Kraftfelder in festen elastischen Körpern. Berlin 1926. — Cardinal v. Widdern, H.: Polarisationsoptische Spannungsmessungen an Stabecken. Mitteilungen aus dem Mechan.-Techn. Laboratorium der T. H. München. 3. Folge Heft 34. München 1930. — Kurzhalz, H.: Polarisationsoptische Untersuchungen an rechtwinkligen, auf Biegung beanspruchten Stabecken. Mitteilungen aus dem Mechan.-Techn. Laboratorium der T. H. München. 3. Folge Heft 35. München 1931.

78. Der Spannungszustand in Rahmenknoten.

Die Lösung der Aufgabe ist angenähert für eine durch die Querschnitte a, b, c begrenzte rechteckige Knotenscheibe (Abb. 761) mit Hilfe einer Spannungsfunktion versucht worden, die zwar die Differentialgleichung (1055) und die Gleichgewichtsbedingungen in a, b, c befriedigt, dagegen nicht den Randbedingungen gerecht wird. Für das Kräftebild Abb. 761 ohne Querkraft in c ist nach M. Grüning

$$F = \frac{3\,Q}{8\,e^3 f^3}\left[x\,y\left(f^2 - \frac{1}{3}\,y^2\right)(x^2 l + 2\,e^3 - 3\,e^2 l) + \frac{1}{5}\,x\,y\,l\,(f^2 - y^2)^2 - \frac{2}{3}\,f^3 l\,x^3\right], \qquad (1092\text{a})$$

für das Kräftebild Abb. 762 mit einer Querkraft in c (Stockwerkrahmen)

$$F = \frac{P}{16\,e^3 f}\,[x^3 (y + f)^2 - (y + f)^4 x + (8\,f^2 - 3\,e^2)\,x\,(y + f)^2 + 2\,e^3 y^2]. \qquad (1092\text{b})$$

Die Spannungen lassen sich daraus mit (1054b) leicht ableiten. Die Lösung gibt jedoch ohne die ausreichende Berücksichtigung der Randbedingungen kein zutreffendes Bild des Kraftfeldes, da nicht der Spannungszustand in den einspringenden Ecken erfaßt und sein Einfluß auf den Kern des Kraftfeldes bewertet wird.

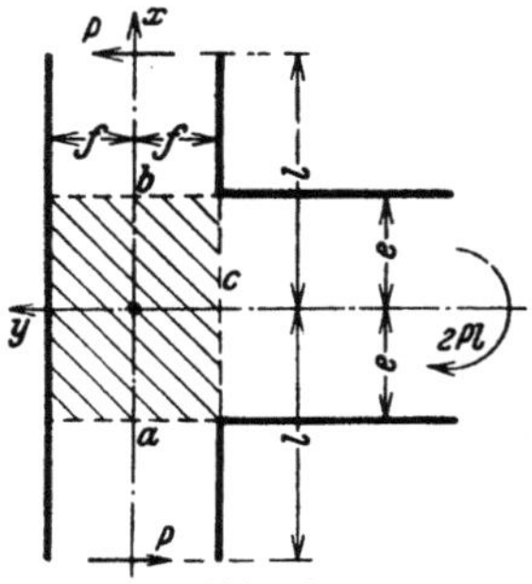

Abb. 761.

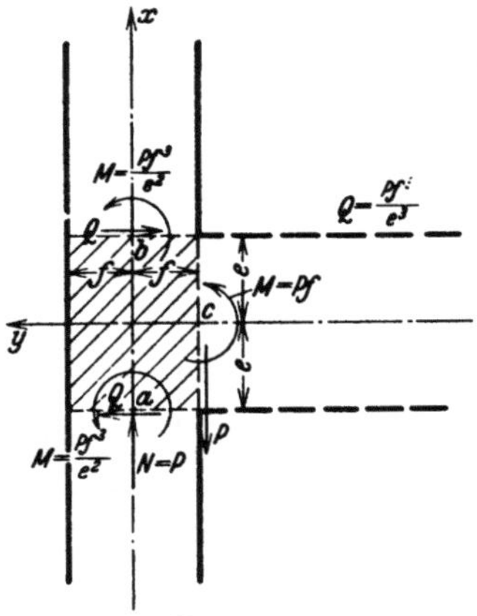

Abb. 762.

Das Problem ist neuerdings durch Spannungsmessungen und vor allem durch optische Beobachtungen geklärt und von Th. Wyß an Kraftfeldern studiert worden, die sich an Hand des Versuchsmaterials mit Hilfe der analytischen Beziehungen über Trajektorien aufzeichnen lassen. Dabei wird der Rahmenknoten in denjenigen Querschnitten abgegrenzt, in denen die einfachen Gesetze der Navierschen Balkenbiegung als zutreffend angenommen werden, so daß die Randbedingungen des Kraftfeldes durch Schnittkräfte bekannt sind.

Das Kräftebild zerfällt bei symmetrischen Knotenscheiben, die hier vorausgesetzt werden sollen, in den symmetrischen und in den antimetrischen Anteil mit grundsätzlich verschiedenen, ausgezeichneten Kraftfeldern.

a) Symmetrie der Belastung. Die Biegungsmomente, Quer- und Längskräfte der Querschnitte a, b sind einander gleich, am Querschnitt c ist nur die Längskraft $N_c = 2\,Q_a$ von Null verschieden (Abb. 763a). Die Schubspannungen sind in der Symmetrielinie Null, die Hauptspannungen σ_1, σ_2 parallel zur x- und y-Achse. Das Kraftfeld stimmt mit demjenigen eines im Bereich c verstärkten Balkenabschnitts überein, der hier eine gleichförmig verteilte Belastung aufnimmt (Abb. 763b). Die Kraftlinien α beschreiben im wesentlichen den Kraftfluß und die Beziehungen zwischen den beiden Riegeln, die Kraftlinien β denjenigen zwischen Riegel und Pfosten, während die Kraftlinien γ und δ die Trägerwirkung der Knotenscheibe wiedergeben. Die Biegungsmomente an den Riegelquerschnitten werden also im wesentlichen unmittelbar übertragen.

b) Antimetrie der Belastung. Die Biegungsmomente, Quer- und Längskräfte der beiden Querschnitte a, b sind entgegengesetzt gleich (Abb. 764a); am

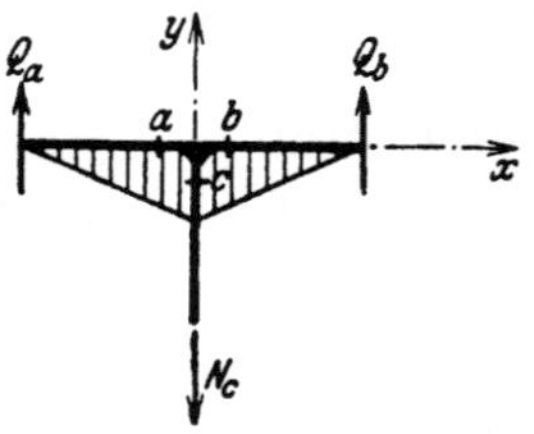

Abb. 763a.

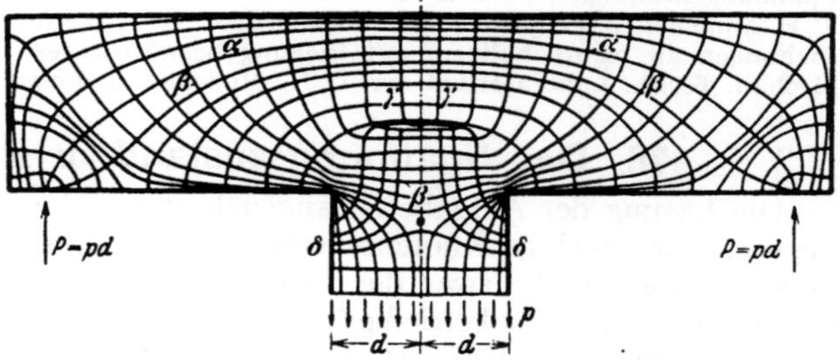

Abb. 763b.

Querschnitt c ist $N_c = 0$, $Q_c = N_a + N_b$, $M_c = 2\,M_a$. Die Längsspannungen σ_x, σ_y sind in der Symmetrieachse Null und daher die Hauptschubspannungen hier nach x und y gerichtet. Die Symmetrieachse ist also Trajektorie der Hauptschubspannungen. Sie wird von den Hauptlängsspannungen unter 45° geschnitten. Der singuläre Punkt N des Kraftfeldes Abb. 764b ist daher ein Spannungsnullpunkt, so daß sich keine Längsspannungen zwischen den beiden Riegeln ausgleichen. Der singuläre Punkt K wird von 2 Scharen von Kraftlinien umfaßt, welche durch zwei ausgezeichnete Linien NL und NR begrenzt sind und den mittelbaren Kraftfluß zwischen Riegel und Pfosten beschreiben. Außerhalb der beiden Grenzlinien ist eine unmittelbare Wechselwirkung zwischen Riegel und Pfosten vorhanden. Die Form

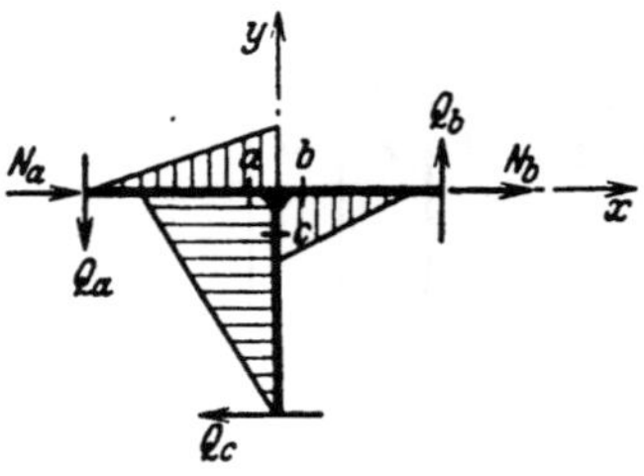

Abb. 764a.

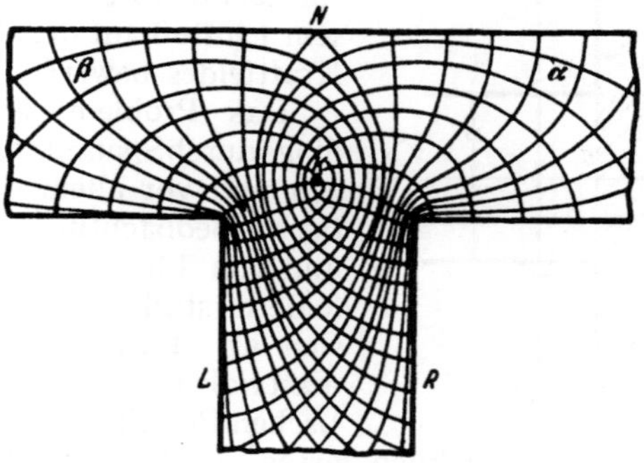

Abb. 764b.

des Kraftfeldes bietet unter Umständen die Möglichkeit, die Spannungen durch Überlagerung der Ergebnisse der Untersuchung zweier Rahmenecken abzuschätzen.

Die beiden Scharen der Kraftlinien α, β schneiden sich rechtwinklig. An unbelasteten Rändern ist zur Befriedigung der Randbedingungen die eine Kraftlinie (α) parallel, die andere (β) winkelrecht zum Rande. Die ihr zugeordnete Hauptspannung σ_β ist hier Null. Parallele Kraftlinien sind ein Zeichen für konstante Hauptspannungen. Die Hauptspannungen α wachsen um so mehr, je größer die Krümmung der rechtwinklig zugeordneten Kraftlinien β ist. Je mehr daher ihr Abstand abnimmt, um so größer wird die Hauptspannung und damit die Beanspruchung des Baustoffs.

Wyß, Th.: Die Kraftfelder in festen elastischen Körpern. Berlin 1926. Hieraus sind die Abb. 763b und 764b entnommen.

C. Die Schalen.

79. Die Grundlagen der Berechnung.

Die Schalen sind einfach oder doppelt gekrümmte Flächentragwerke, deren Dicke h ebenso wie bei den Platten im Vergleich zu den anderen Abmessungen klein ist. Die Halbierungspunkte der Schalenwand bilden die Mittelfläche, die in der Regel durch eine Symmetrieachse ausgezeichnet ist. Winkelrecht dazu liegende Ebenen erzeugen meist geometrisch ähnliche Schnittlinien mit dem Krümmungshalbmesser $r_\alpha(\beta)$.

Die Breitenschnitte der rotationssymmetrischen Flächen sind Kreise mit $r_\alpha(\beta) = r_\alpha$. Ihre Lage und Größe ist durch den Winkel α zwischen der Symmetrieachse und der Flächennormalen und durch den Abschnitt R_α der Flächennormalen zwischen der Mittelfläche und der Symmetrieachse bestimmt. R_α ist der Krümmungshalbmesser eines der beiden Hauptschnitte der Rotationsfläche ($r_\alpha = R_\alpha \sin\alpha$) (Abb. 766).

Die Ebenen mit der Symmetrieachse erzeugen die Meridianschnitte. Sie werden auf einen Nullmeridian bezogen (Winkel β) und sind bei rotationssymmetrischen Flächen einander kongruent. Ihr Krümmungshalbmesser $R_\beta = R_\beta(\alpha)$ bestimmt die zweite Hauptkrümmung der Fläche. Mit R_β = const entsteht die Kreisringschale, mit $R_\beta = R_\alpha = \text{const} = a$ die Kugelschale (Abb. 765a). Der Meridianschnitt des Kegelstumpfes ist eine Gerade mit $R_\beta = \infty$, $\alpha = \text{const}$ und $R_\alpha = y \operatorname{ctg} \alpha$ (Abb. 765b). Durch $\alpha = 90^0$ wird die Kegelschale zur Zylinderschale mit senkrechter Achse und $R_\alpha = r_\alpha = \text{const} = a$ (Abb. 765c). Besondere Bedeutung besitzen die Tonnenschalen des Brücken- und Hochbaues. Die Breitenschnitte sind Teile ausgezeichneter Kurven, also nicht rotationssymmetrisch (Abschn. 82).

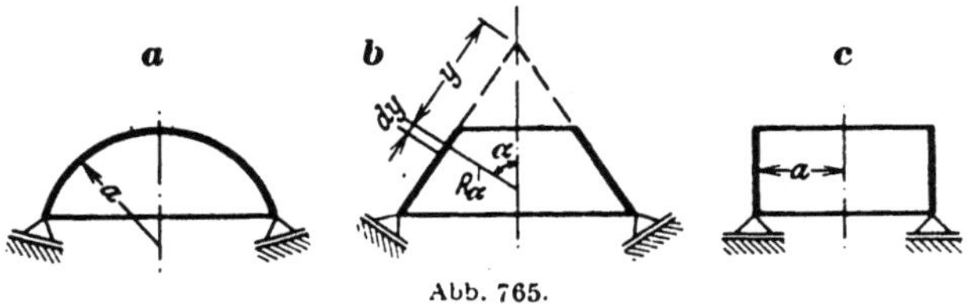

Abb. 765.

Die Schalen dienen als Dächer zum Abschluß von Räumen oder als Behälter zur Stapelung von Füllgut, so daß die elastischen Kräfte des Tragwerks aus dem Eigengewicht und seiner Ausrüstung, aus der Belastung durch Schnee, aus dem Strömungswiderstand der Schale bei Wind und aus den Seitenkräften der Füllung entstehen können. Die Belastung erscheint stets als stetige Funktion der Winkel α und β. Dasselbe gilt von den Stützkräften, so daß der Formänderungs- und Spannungszustand ebenso wie bei der Platte und Scheibe zunächst an einem differentialen Abschnitt betrachtet werden kann. Dabei wird die vorgeschriebene Belastung p nach drei ausgezeichneten Richtungen, der Schalennormale z, der Meridiantangente y, der Tangente an den Breitenkreis x zerlegt ($dy = R_\beta d\alpha$, $dx = r_\alpha d\beta$, $p = p_x \dotplus p_y \dotplus p_z$).

Die allgemeinen Beziehungen der Elastizitätstheorie lassen sich auch hier zur Berechnung des Spannungs- und Verschiebungszustandes vereinfachen. Die Wanddicke $h = h(\alpha)$ ist im Vergleich zum Krümmungshalbmesser R_α, R_β der Hauptschnitte stets klein, so daß die Normalspannungen σ_z verglichen mit den Normalspannungen σ_α, σ_β stets kleine Größen zweiter Ordnung sind und daher ebenso wie in der Plattenstatik (S. 644) vernachlässigt werden. Aus demselben Grunde werden die Punkte einer Normalen zur Mittelfläche auch nach der Formänderung auf einer Normalen zur verzerrten Mittelfläche liegen, so daß die Dehnungen $\varepsilon_\alpha(z)$, $\varepsilon_\beta(z)$, $\gamma_{\alpha\beta}(z)$ eines durch Hauptschnitte begrenzten Schalenteils annähernd lineare Funktionen von z sind, in welche die Dehnung $\varepsilon_{0\alpha}$, $\varepsilon_{0\beta}$ und die Krümmungsänderung $d\psi_\alpha/dy$, $d\psi_\beta/dx$ der Mittelfläche als Konstante eingehen.

$$\sigma_z = 0\,, \qquad \varepsilon_\alpha = \varepsilon_{0\alpha} + z\,d\psi_\alpha/dy\,, \qquad \varepsilon_\beta = \varepsilon_{0\beta} + z\,d\psi_\beta/dx\,.$$

Daher lassen sich auch die Spannungen σ_α, σ_β ebenso wie beim Stabe an einem Schnitte α = const von der Breite „1" zur Längskraft N_α in t/m und zum Biegungsmoment M_α in mt/m, an einem Schnitte β = const von der Breite „1" zur Längskraft N_β in t/m und zum Biegungsmoment M_β in mt/m zusammenfassen. Die Schubspannungen $\tau_{\alpha z}$, $\tau_{\beta z}$ bilden die Querkräfte $Q_{\alpha z}$, $Q_{\beta z}$, die Schubspannungen $\tau_{\alpha\beta}$, $\tau_{\beta\alpha}$ im allgemeinen Schubkräfte $N_{\alpha\beta}$, $N_{\beta\alpha}$ und Drillungsmomente $M_{\alpha\beta}$, $M_{\beta\alpha}$. Schnittkräfte und Belastung des differentialen Flächenteils sind durch die Gleichgewichtsbedingungen, die Komponenten des Verzerrungszustandes, Dehnung, Krümmung und Verwindung sind mit den Komponenten u, v, w des Verschiebungszustandes der Schale durch geometrische Bedingungen verknüpft, während das Hookesche Gesetz Beziehungen zwischen den Schnittkräften und den Komponenten des Verzerrungszustandes herstellt. Dabei entstehen ebenso viele Gleichungen als unbekannte Größen eingehen.

Im Bauwesen begnügt man sich allerdings in der Regel mit Näherungslösungen, um ohne allzu großen Aufwand an Rechnung zu Zahlenergebnissen zu gelangen, welche den Spannungs- und Verschiebungszustand qualitativ richtig wiedergeben. Man benützt daher den Umstand, daß die Krümmungsänderung der Mittelfläche ($d\psi_\alpha/dy$, $d\psi_\beta/dx$, $d\psi_{\alpha\beta}/dy$, $d\psi_{\beta\alpha}/dx$) und damit Biegungs- und Drillungsmomente nur in denjenigen Abschnitten der Mittelfläche Bedeutung besitzen, in welchen Querschnitt und Form der Schale oder die äußeren Kräfte in α und β unstetig sind. Für den übrigen Bereich genügt die Beschreibung des Spannungszustandes durch die Längskräfte N_α, N_β und $N_{\alpha\beta}$, die aus den drei Gleichgewichtsbedingungen der Kräfte an einem differentialen Schalenabschnitt 1 berechnet werden können. Die Untersuchung gilt streng für die unendlich dünne Schale ohne Biegungswiderstand, so daß die Berechnung der Schnittkräfte N_α, N_β, $N_{\alpha\beta}$ allein aus den Gleichgewichtsbedingungen auch als Membrantheorie der Schale bezeichnet wird. Die Ergebnisse sind in allen den Fällen brauchbar, bei welchen die vorgeschriebenen Randbedingungen an der Schalenbegrenzung durch die Längskräfte erfüllt werden. Die Biegungsspannungen sind in diesem Falle Nebenspannungen.

Um diesen Spannungszustand in einfacher Weise durch zwei sich rechtwinklig schneidende Komponenten zu beschreiben, werden an Stelle der geometrisch ausgezeichneten Schnitte α = const, β = const nach (40) in jedem Punkte die Richtungen 1, 2 der Hauptlängskräfte N_1, N_2 bestimmt, für welche $N_{12} = 0$ ist. Sie bilden die Trajektorien des Spannungszustandes.

Alle Festigkeitsuntersuchungen gelten unter der Voraussetzung der Stabilität des Verschiebungszustandes. Diese Bemerkung hat gerade für die Schalentheorie mit Rücksicht auf die außergewöhnlich kleine Wandstärke besondere Bedeutung.

Meißner, E.: Das Elastizitätsproblem für dünne Schalen von Ringflächen, Kugel- oder Kegelform. Physik. Z. 1913 S. 343. — Derselbe: Über Elastizität und Festigkeit dünner Schalen. Vjschr. Naturforsch. Ges. Zürich 1915. — Geckeler, J. W.: Elastostatik. Handbuch der Physik. Bd. VI: Mechanik der elastischen Körper S. 231. Berlin 1928. — Föppl, A. u. L.: Drang und Zwang. Bd. II, 2. Aufl. — Flügge, W.: Die Stabilität der Kreiszylinderschale. Ing.-Arch. 1932 S. 463.

80. Membrantheorie für Rotationsschalen mit stetiger Belastung $p(\alpha, \beta)$.

Der differentiale Abschnitt Abb. 766 ist geometrisch durch die Winkel α, β und durch die Krümmung $1/R_\alpha$, $1/R_\beta$ der Hauptschnitte der Mittelfläche bestimmt.

$$dF = ds_\alpha \cdot ds_\beta = r_\alpha\,d\beta \cdot R_\beta\,d\alpha\,, \qquad r_\alpha = R_\alpha \sin\alpha\,. \qquad (1093)$$

Die Belastung $p(\alpha,\beta) = p_x \hat{+} p_y \hat{+} p_z$ steht mit den Schnittkräften

$$(N_\alpha, N_{\alpha\beta}), \quad (N_\beta, N_{\beta\alpha}), \quad \left(N_\alpha + \frac{\partial N_\alpha}{\partial\alpha} d\alpha,\; N_{\alpha\beta} + \frac{\partial N_{\alpha\beta}}{\partial\alpha} d\alpha\right),$$

$$\left(N_\beta + \frac{\partial N_\beta}{\partial\beta} d\beta,\; N_{\beta\alpha} + \frac{\partial N_{\beta\alpha}}{\partial\beta} d\beta\right)$$

im Gleichgewicht. Aus der virtuellen Drehung des Abschnitts um die z-Achse folgt, abgesehen von kleinen Größen zweiter Ordnung, $N_{\alpha\beta} = N_{\beta\alpha}$. Die virtuelle Verschiebung des Abschnitts nach einer der drei ausgezeichneten Richtungen x, y, z liefert die Gleichgewichtsbedingungen:

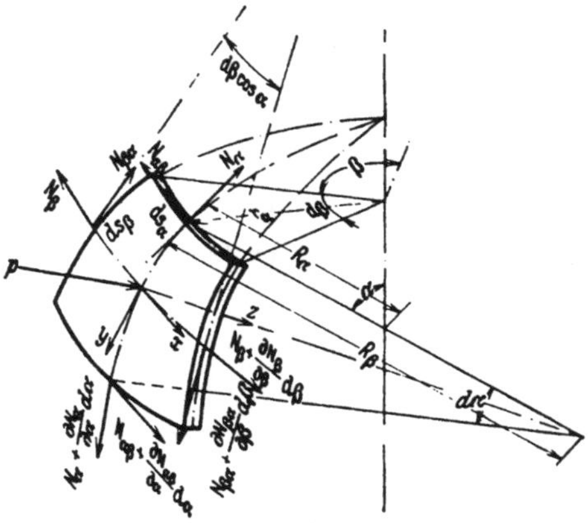

Abb. 766.

$$\text{a)}\quad \frac{\partial N_\beta}{\partial\beta} d\beta \cdot R_\beta d\alpha + N_{\alpha\beta} \cdot R_\beta d\alpha \cdot d\beta \cdot \cos\alpha$$
$$+ \frac{\partial}{\partial\alpha}(N_{\alpha\beta} \cdot r_\alpha d\beta) d\alpha + p_x \cdot r_\alpha d\beta \cdot R_\beta d\alpha = 0,$$

$$\text{b)}\quad \frac{\partial}{\partial\alpha}(N_\alpha \cdot r_\alpha d\beta) d\alpha - N_\beta \cdot R_\beta d\alpha \cdot d\beta \cdot \cos\alpha$$
$$+ \frac{\partial N_{\alpha\beta}}{\partial\beta} d\beta R_\beta d\alpha + p_y \cdot r_\alpha d\beta \cdot R_\beta d\alpha = 0,$$

$$\text{c)}\quad N_\alpha \cdot r_\alpha d\beta \cdot d\alpha + N_\beta \cdot R_\beta d\alpha \cdot d\beta \cdot \sin\alpha$$
$$+ p_z \cdot r_\alpha d\beta \cdot R_\beta d\alpha = 0.$$

Sie lassen sich folgendermaßen vereinfachen:

$$\left.\begin{aligned}
&\text{a)} && \frac{\partial N_\beta}{\partial\beta} R_\beta + N_{\alpha\beta} R_\beta \cos\alpha + \frac{\partial}{\partial\alpha}(N_{\alpha\beta} r_\alpha) + p_x r_\alpha R_\beta = 0,\\
&\text{b)} && \frac{\partial}{\partial\alpha}(N_\alpha r_\alpha) - N_\beta R_\beta \cos\alpha + \frac{\partial N_{\alpha\beta}}{\partial\beta} R_\beta + p_y r_\alpha R_\beta = 0,\\
&\text{c)} && \frac{N_\alpha}{R_\beta} + \frac{N_\beta}{R_\alpha} + p_z = 0.
\end{aligned}\right\} \tag{1094}$$

Rotationssymmetrische Belastung. Die Belastung p_x, p_y, p_z und die Funktionen der unbekannten Stütz- und Schnittkräfte $N_\alpha, N_\beta, N_{\alpha\beta}$ sind vom Breitenwinkel β unabhängig, ihre Ableitungen nach β also Null, so daß die Gleichgewichtsbedingungen (1094) totale Differentialgleichungen werden.

$$\left.\begin{aligned}
&\frac{d}{d\alpha}(N_{\alpha\beta} r_\alpha) + N_{\alpha\beta} R_\beta \cos\alpha + p_x r_\alpha R_\beta = 0,\\
&\frac{d}{d\alpha}(N_\alpha r_\alpha) - N_\beta R_\beta \cos\alpha + p_y r_\alpha R_\beta = 0,\\
&\frac{N_\alpha}{R_\beta} + \frac{N_\beta}{R_\alpha} + p_z = 0.
\end{aligned}\right| \tag{1095}$$

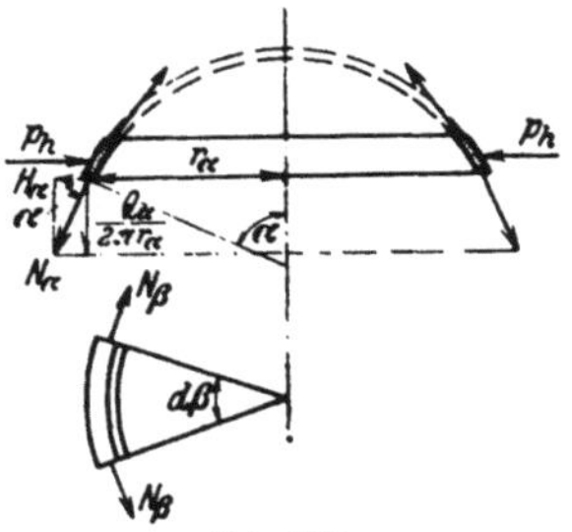

Abb. 767.

Für $p_x = 0$ ist die Schubkraft $N_{\alpha\beta}$ Null und die Schnittkraft N_α nach Elimination der Schnittkraft N_β mit der vorgeschriebenen Belastung in ähnlicher Weise wie die Schnittkräfte des Stabes (S. 27) durch eine Differentialgleichung verknüpft. Ihre Lösung läßt sich aber auch ebenso wie dort aus dem Gleichgewicht der Kräfte an einem Abschnitt des Flächentragwerks ableiten. Hierzu dient entweder der Schalenteil über einem Breitenkreis α (Belastung Q_α) oder der Ring zwischen zwei benachbarten Breitenschnitten (Abb. 767).

$$\left.\begin{aligned}
&Q_\alpha + 2\pi r_\alpha N_\alpha \sin\alpha = 0, && N_\alpha = -\frac{Q_\alpha}{2\pi r_\alpha \sin\alpha} = -\frac{Q_\alpha}{2\pi R_\alpha \sin^2\alpha},\\
&N_\beta R_\beta d\alpha - d(r_\alpha N_\alpha \cos\alpha) + p_h r_\alpha R_\beta d\alpha = 0, && N_\beta = \frac{d}{R_\beta d\alpha}(r_\alpha N_\alpha \cos\alpha) - p_h r_\alpha.
\end{aligned}\right\} \tag{1096}$$

Der zweite Summand der rechten Seite ist bei senkrechter Belastung (Eigengewicht, Schneebelastung) Null, so daß mit $r_\alpha N_\alpha \cos\alpha = -Q_\alpha \operatorname{ctg}\alpha/2\pi$

$$N_\beta = -\frac{1}{2\pi}\,\frac{d(Q_\alpha \operatorname{ctg}\alpha)}{R_\beta\, d\alpha}. \tag{1097}$$

Die Meridianspannungen sind also negativ, während die Ringspannungen mit $d(Q_\alpha \operatorname{ctg}\alpha)/R_\beta d\alpha = 0$ das Vorzeichen wechseln. Die Spannungen aus Eigengewicht sind bei konstanter Schalendicke von dieser unabhängig.

Periodische Belastung in β. Die Belastung kann durch Wind hervorgerufen oder durch Randbedingungen vorgeschrieben werden. Sie läßt sich stets als trigonometrische, nach ganzen Vielfachen von β fortschreitende Reihe entwickeln, deren Koeffizienten X_n, Y_n, Z_n allein Funktionen von α sind.

$$p_x = \sum X_n \sin n\beta, \quad p_y = \sum Y_n \cos n\beta, \quad p_z = \sum Z_n \cos n\beta, \quad n = 0, 1 \ldots \infty. \tag{1098}$$

Die partiellen Differentialgleichungen (1094) für das Gleichgewicht der Kräfte werden dann durch einen Ansatz

$$N_\alpha = \sum N_{\alpha n} \cos n\beta, \qquad N_\beta = \sum N_{\beta n} \cos n\beta, \qquad N_{\alpha\beta} = \sum N_{\alpha\beta n} \sin n\beta \tag{1099}$$

befriedigt, wenn die von α allein abhängigen Funktionen $N_{\alpha n}$, $N_{\beta n}$, $N_{\alpha\beta n}$ gliedweise die folgenden Differentialgleichungen erfüllen:

$$\left.\begin{aligned}
&\frac{d}{d\alpha}(r_\alpha N_{\alpha\beta n}) - n R_\beta N_{\beta n} + R_\beta N_{\alpha\beta n}\cos\alpha + X_n r_\alpha R_\beta = 0,\\
&\frac{d}{d\alpha}(r_\alpha N_{\alpha n}) + n R_\beta N_{\alpha\beta n} - R_\beta N_{\beta n} \cos\alpha + Y_n r_\alpha R_\beta = 0,\\
&\frac{N_{\alpha n}}{R_\beta} + \frac{N_{\beta n}}{R_\alpha} + Z_n = 0.
\end{aligned}\right| \tag{1100}$$

Wird $N_{\beta n}$ eliminiert, so entstehen zwei simultane totale Differentialgleichungen für $N_{\alpha n}$ und $N_{\alpha\beta n}$.

$$\left.\begin{aligned}
&\frac{d}{d\alpha}(r_\alpha N_{\alpha\beta n}) + R_\beta N_{\alpha\beta n}\cos\alpha + n R_\alpha N_{\alpha n} = -X_n r_\alpha R_\beta - n Z_n R_\alpha R_\beta,\\
&\frac{d}{d\alpha}(r_\alpha N_{\alpha n}) + R_\alpha N_{\alpha n} \cos\alpha + n R_\beta N_{\alpha\beta n} = -Y_n r_\alpha R_\beta - Z_n R_\alpha R_\beta \cos\alpha.
\end{aligned}\right\} \tag{1101}$$

$n = 0$ und $n = 1$ liefern die Grundschwingungen einer zum Meridian $\beta = 0$ symmetrischen oder antimetrischen Belastung.

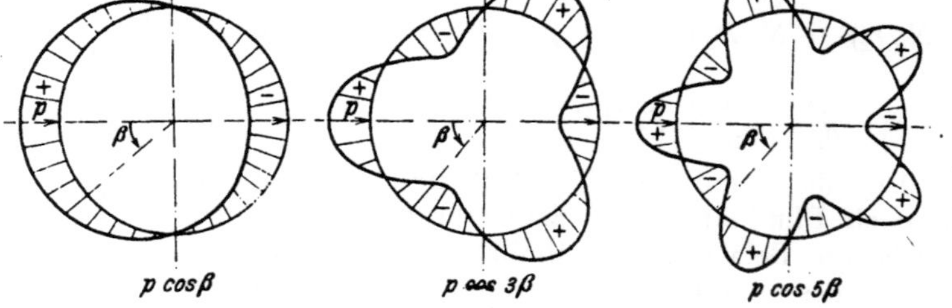

Abb. 768. Periodische Belastung $p \cos n\beta$.

Sonderfall $p_x = 0$, $p_y = 0$, $p_z = \sum Z_n(\alpha) \cos n\beta$ (Windbelastung). Die Kräfte besitzen die Periode $2\pi/n$ und bilden bei einer geraden Zahl n eine symmetrische, bei einem ungeraden n eine antimetrische Kräftegruppe. Ihr Moment in bezug auf die Drehachse ist Null. Die Gleichgewichtsbedingungen (1100) werden durch die Schnittkräfte $N_\alpha = \sum N_{\alpha n} \cos n\beta$, $N_\beta = \sum N_{\beta n} \cos n\beta$ erfüllt, die in den Meridianschnitten $\beta = 0$ und ganzzahligen Vielfachen von π/n, also $\beta = \lambda\pi/n$ Grenzwerte

$N_{\alpha n}$, $N_{\beta n}$ annehmen, dagegen in Meridianschnitten $\beta = \pi/2n + \lambda\pi/n$ Null sind. Hier werden die Schubkräfte $N_{\alpha\beta} = \sum N_{\alpha\beta n} \sin n\beta$ zu Grenzwerten $N_{\alpha\beta n}$. Die Grenzwerte $N_{\alpha n}$, $N_{\beta n}$, $N_{\alpha\beta n}$ sind durch die Gleichgewichtsbedingungen der äußeren Kräfte bestimmt, die an dem durch einen Breitenschnitt und zwei Nullmeridianen begrenzten Schalensektor angreifen.

Der Verschiebungszustand. Die Formänderung der Membranschalen ist durch die Verschiebung der Punkte der Mittelfläche bestimmt. Diese wird nach drei ausgezeichneten Achsen x, y, z in die Komponenten u, v, w zerlegt. Sie lassen sich aus den bezogenen Längen- und Winkeländerungen $\varepsilon_x = \varepsilon_\beta$, $\varepsilon_y = \varepsilon_\alpha$, $\gamma_{xy} = \gamma_{\alpha\beta}$ eines differentialen Flächenabschnitts berechnen. Die Dehnung ε_z ist auf Grund der Annahmen Null (Abb. 769).

$$\left.\begin{aligned} \varepsilon_\alpha &= \frac{1}{R_\beta d\alpha}\left[(R_\beta - w)\,d\alpha + \frac{\partial v}{R_\beta \partial\alpha} R_\beta\,d\alpha - R_\beta\,d\alpha\right] = \frac{\partial v}{R_\beta \partial\alpha} - \frac{w}{R_\beta} = \frac{v' - w}{R_\beta}\,, \\ \varepsilon_\beta &= \frac{1}{r_\alpha d\beta}\left[(r_\alpha - w\sin\alpha + v\cos\alpha)\,d\beta + \frac{\partial u}{\partial\beta}\,d\beta - r_\alpha\,d\beta\right] = \frac{v\operatorname{ctg}\alpha - w}{R_\alpha} + \frac{1}{R_\alpha \sin\alpha}\frac{\partial u}{\partial\beta}\,. \end{aligned}\right\} \quad (1102)$$

Bei rotationssymmetrischer Belastung ist $\partial u/\partial\beta = 0$ und nach Elimination von w

$$\frac{1}{\sin\alpha}\frac{\partial v}{\partial\alpha} - v\frac{\cos\alpha}{\sin^2\alpha} = \frac{\partial}{\partial\alpha}\left(\frac{v}{\sin\alpha}\right) = \frac{1}{\sin\alpha}(R_\beta\varepsilon_\alpha - R_\alpha\varepsilon_\beta)\,,$$

$$\left.\begin{aligned} v &= \sin\alpha\left[\int\frac{R_\beta\varepsilon_\alpha - R_\alpha\varepsilon_\beta}{\sin\alpha}\,d\alpha + C_1\right], \\ w &= v\operatorname{ctg}\alpha - R_\alpha\varepsilon_\beta\,. \end{aligned}\right\} \quad (1103)$$

Die Winkeländerung des Flächenabschnitts ist nach (911)

$$\gamma_{\alpha\beta} = \frac{\partial u}{R_\beta \partial\alpha} + \frac{\partial v}{r_\alpha \partial\beta} - \frac{u}{r_\alpha}\cos\alpha\,,$$

so daß mit v und $\gamma_{\alpha\beta}$ auch die Verschiebung u berechnet werden kann. Die Komponenten ε_α, ε_β, $\gamma_{\alpha\beta}$ der Flächenverzerrung sind mit den Schnittkräften nach (913) durch das Hookesche Gesetz verknüpft.

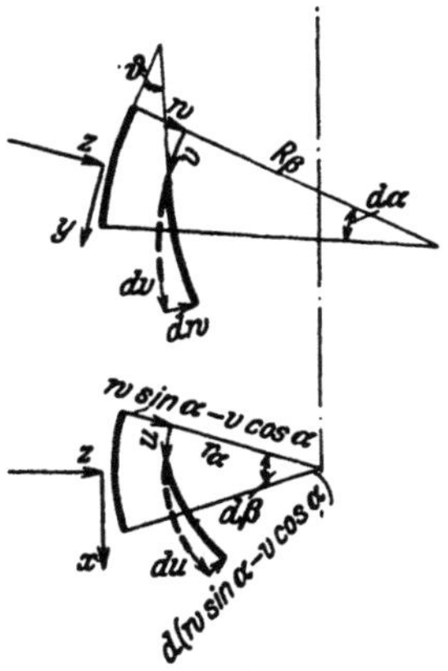

Abb. 769.

$$\left.\begin{aligned} \varepsilon_x &= \frac{1}{Eh}(N_\alpha - \mu N_\beta)\,, & \varepsilon_\beta &= \frac{1}{Eh}(N_\beta - \mu N_\alpha)\,, & \gamma_{\alpha\beta} &= \frac{2(1+\mu)}{Eh}N_{\alpha\beta}\,, \\ N_\alpha &= \frac{hE}{1-\mu^2}(\varepsilon_\alpha + \mu\varepsilon_\beta)\,, & N_\beta &= \frac{hE}{1-\mu^2}(\varepsilon_\beta + \mu\varepsilon_\alpha)\,, & N_{\alpha\beta} &= \frac{hE}{2(1+\mu)}\gamma_{\alpha\beta}\,. \end{aligned}\right\} \quad (1104)$$

Die Krümmungsänderung in den Hauptschnitten wird mit

$$\frac{1}{R_\beta} = \frac{d\alpha}{ds_\beta}\,, \quad \frac{1}{R_\alpha} = \frac{\sin\alpha}{r_\alpha}\,,$$

$$\left.\begin{aligned} \varkappa_\alpha &= d\left(\frac{1}{R_\beta}\right) = \frac{d\alpha + \delta(d\alpha) - d\alpha}{ds_\beta} = \frac{\delta(d\alpha)}{ds_\beta} = \frac{d(\delta\alpha)}{ds_\beta} = \frac{d\vartheta}{R_\beta d\alpha}\,, \\ \varkappa_\beta &= d\left(\frac{1}{R_\alpha}\right) = \frac{\sin(\alpha + \delta\alpha) - \sin\alpha}{r_\alpha} = \frac{\delta\alpha\cdot\operatorname{ctg}\alpha}{R_\alpha} = \frac{\vartheta\operatorname{ctg}\alpha}{R_\alpha} \end{aligned}\right\} \quad (1105)$$

In der Regel begnügt man sich mit der Beschreibung des rotationssymmetrischen Verschiebungszustandes durch die Vergrößerung Δr_α des Breitenkreises und durch die Verdrehung ϑ der Tangente an die elastische Linie des Meridians.

$$\left.\begin{aligned} \Delta r_\alpha &= r_\alpha\varepsilon_\beta = \frac{r_\alpha}{Eh}(N_\beta - \mu N_\alpha)\,, \\ \vartheta &= \frac{v}{R_\beta} + \frac{\partial w}{R_\beta\partial\alpha} = \frac{1}{R_\beta}\left[(R_\beta\varepsilon_\alpha - R_\alpha\varepsilon_\beta)\operatorname{ctg}\alpha - \frac{\partial(R_\alpha\varepsilon_\beta)}{\partial\alpha}\right]. \end{aligned}\right\} \quad (1106)$$

Die Randbedingungen. Die Berechnung der Schalen nach der Membrantheorie verlangt neben der stetigen Eintragung der Belastung die stetige Änderung der Wandstärke und die stetige Krümmung der Mittelfläche. Um die Verbiegung dieser Schalen auszuschließen und den Spannungszustand abgesehen von Nebenspannungen allein durch die Längskräfte N_α, N_β und durch die Schubkräfte $N_{\alpha\beta}$, also statisch bestimmt beschreiben zu können, müssen zunächst die statischen Randbedingungen durch die Eintragung der äußeren Kräfte am Schalenrande erfüllt werden. Hierzu dienen Ringträger, um Einzelkräfte am Schalenrande gleichförmig zu verteilen und die stetige Randbelastung der Mittelfläche in Richtung der Meridiantangente zuzuführen. Daher besitzen in der Regel die geschlossenen Schalen einen Fußring, die offenen Schalen Kopf- und Fußring, die je nach ihrer Lage zum Flächentragwerk auf Zug oder Druck beansprucht werden (Abb. 770). Dabei bleibt der Membranspannungszustand der Schale nur erhalten, wenn die Dehnung der Ringträger mit der Dehnung der Schalenränder übereinstimmt. Die Begrenzung der Schale durch Ringträger ist bei stetiger Abstützung nur dann unnötig, wenn die Hauptschnitte der Ränder mit der Drehachse rechte Winkel einschließen ($\alpha_1 = 90^0$, $\alpha_2 = 90^0$), also die Endtangenten der Meridianschnitte senkrecht sind. Um die Dehnung der Schalenränder in allen anderen Fällen mit der Längenänderung der Ringträger in Einklang zu bringen und Biegungsspannungen in der Nähe des Schalenrandes zu vermeiden, kann nach einem von F. Dischinger ausgesprochenen und der Dyckerhoff & Widmann A.-G. patentierten Gedanken die Krümmung der Meridiankurve durch einen Übergangsbogen zum Ringträger derart verändert werden, daß die Randbedingungen zwischen Schalenrand und Ringträger ganz oder teilweise erfüllt sind (Abschn. 80d).

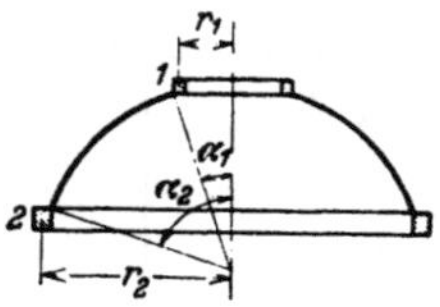

Abb. 770.

Neben den statischen Randbedingungen müssen auch die geometrischen Randbedingungen des statisch bestimmten Spannungszustandes befriedigt werden. Das Flächentragwerk muß daher so gelagert, der Überbau derart auf dem Kopfring der Schale abgestützt sein, daß sich die Verschiebungen Δr_1, Δr_2 der Endpunkte und die Verdrehungen ϑ_1, ϑ_2 der Endtangenten der Meridiankurve zwanglos einstellen können. Nur auf diese Weise lassen sich Biegungsspannungen in der Nachbarschaft der Schalenränder vermeiden. Die äußeren Kräfte können auch aus diesem Grunde an den Schalenrändern nur in Richtung der Tangenten an die Hauptschnitte der Mittelfläche eingetragen werden.

Die Belastung der Rotationsschalen. Bisher sind unter den allgemeinen Belastungsfällen nur die rotationssymmetrische Belastung und die von β periodisch abhängige Belastung hervorgehoben worden, für welche sich die Gleichgewichtsbedingungen (1094) integrieren lassen. In physikalischer Beziehung wird das Eigengewicht der Schale $p_x = 0$, $p_y = g \sin\alpha$, $p_z = g\cos\alpha$, die Schneelast $p_x = 0$, $p_y = p_s \sin\alpha\cos\alpha$, $p_z = p_s \cos^2\alpha$ und der Seitendruck von Flüssigkeiten $p_x = 0$, $p_y = 0$, $p_z = \gamma f$ unterschieden. Außerdem kann noch der Seitendruck und die Reibungskraft des Füllgutes nach den Ansätzen in Abschn. 6 zur Wirkung kommen. Durch die Verwendung der Schalen zur Überdachung von Räumen gewinnt auch der Strömungswiderstand $\mathfrak{W}$ des Windes an gekrümmten Oberflächen als äußere Ursache innerer Kräfte Bedeutung (1). Er wird in Übereinstimmung mit den baupolizeilichen Bestimmungen für die statische Untersuchung von ebenen Dachflächen in der Regel nach der Newtonschen Widerstandstheorie festgesetzt, ohne auf die Form der Schale, auf die Rauhigkeit ihrer Oberfläche oder auf die Turbulenz der Strömung Rücksicht zu nehmen und entweder nach

$$p_x = 0\,, \qquad p_y = 0\,, \qquad p_z = p_w \sin^2\alpha\cos^2\beta \tag{1107}$$

oder in Anlehnung an Versuche von M. v. Lößl nach

$$p_x = 0\,, \qquad p_y = 0\,, \qquad p_z = p_w \sin\alpha \cos\beta\,, \tag{1108}$$

allein auf den angeströmten Teil der Oberfläche verteilt. Wenn auch nach der gegenwärtigen physikalischen Erkenntnis an der Oberfläche der Schale ein vollständig andersgeartetes Kraftfeld entsteht, so begnügt man sich doch mit diesen einfachen Ansätzen, solange die Spannungen aus Wind nur einen geringen Bruchteil der zulässigen Beanspruchung des Baustoffes ausmachen. Dies gilt zunächst erfahrungsgemäß allein für die ebenen und räumlichen Stabwerke des Brücken- und Hochbaues, während die Spannungen in Schalen wesentlich von der Druckintensität p_w und von der Verteilung $p_z(\alpha, \beta)$ des Strömungswiderstandes abhängen. Diese muß, falls einfache Ansätze vorgeschrieben werden sollen, nach S. 748 im Bereiche der Schalenoberfläche stetig sein, auf Grund von Beobachtungen antimetrischen Charakter erhalten und mit dem Staudruck p_w der Ansätze (1107) oder (1108) angenommen werden. Die Integration liefert ebenfalls einen Strömungswiderstand des Baukörpers, der aber nicht mit den Versuchsergebnissen an ähnlichen Körpern im Windkanal oder mit dem Strömungswiderstand nach (1107) oder (1108) verglichen werden kann.

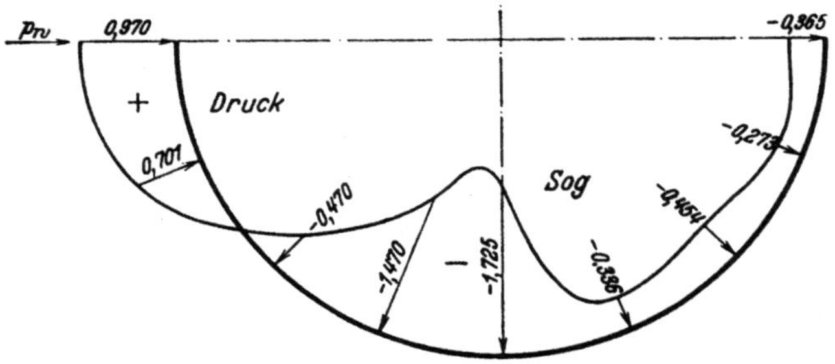

Abb. 771. Druckverteilung an einem Gasometermodell bei $v = 35$ m/sec Windgeschwindigkeit, bezogen auf den Staudruck $p_w = 1$ t/m².

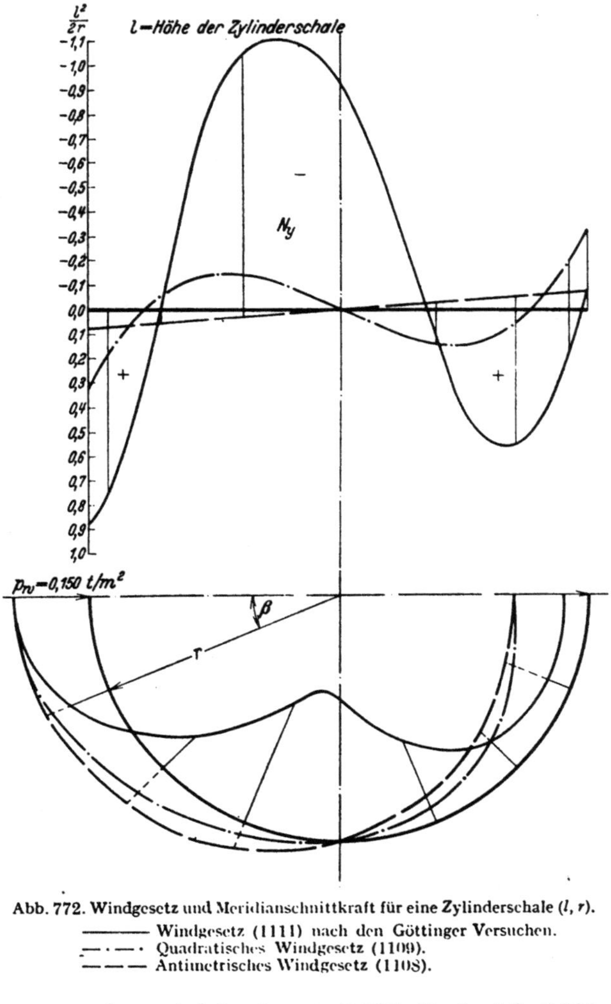

Abb. 772. Windgesetz und Meridianschnittkraft für eine Zylinderschale (l, r).
——— Windgesetz (1111) nach den Göttinger Versuchen.
—·—· Quadratisches Windgesetz (1109).
— — — Antimetrisches Windgesetz (1108).

Die Bedingungen für $p_z(\alpha, \beta)$ werden am einfachsten durch die Gleichungen (1108) mit $0 \leqq \beta \leqq 360^0$ erfüllt. Um eine in β quadratische Druckverteilung im Sinne der baupolizeilichen Vorschriften als stetige antimetrische Funktion zu verwenden, wird der Ansatz (1107) für $0 \leqq \beta \leqq 90^0$ mit $+\cos^2\beta$, für $90^0 \leqq \beta \leqq 180^0$ mit $-\cos^2\beta$ als Fouriersche Reihe entwickelt.

$$p_z = p_w \sin^2\alpha \cos^2\beta = p_w \sin^2\alpha\,(0{,}8493\cos\beta + 0{,}1699\cos 3\beta - 0{,}0243\cos 5\beta + 0{,}0081\cos 7\beta - 0{,}0037\cos 9\beta \pm \cdots)\,. \qquad (1109)$$

Ein ähnliches Ergebnis wird von F. Dischinger auf andere Weise erzielt. Es besteht aus zwei Gliedern und lautet

$$p_z = p_w \sin^2\alpha\,(0{,}85\cos\beta + 0{,}15\cos 3\beta)\,. \qquad (1110)$$

Der Ansatz ist in der Reihe (1109) enthalten, die also die Spannungen aus einem in β quadratischen Windgesetz namentlich mit Rücksicht auf die schlechte Konvergenz der zur Spannungsberechnung notwendigen abgeleiteten Funktionen besser wiedergeben würde, wenn der Ansatz physikalische Bedeutung hätte.

Die Voraussetzungen zur Berechnung der Spannungen in kreisrunden Zylindern sind im Gegensatz zu diesen unzuverlässigen Annahmen durch die Versuche der Aerodynamischen Versuchsanstalt Göttingen beim Anströmen von Gasometermodellen wesentlich verbessert worden. Die Abb. 771 zeigt das Ergebnis der Druckmessung im Bereiche eines mittleren Breitenschnittes. Die Schaulinie ist periodisch und läßt sich daher durch harmonische Analyse in eine trigonometrische Reihe entwickeln, die mit Rücksicht auf die schlechte Konvergenz der Spannungsberechnung mit 6 Gliedern angeschrieben wird.

$$\left.\begin{aligned} p_z &= p_w(-0{,}655 + 0{,}280\cos\beta + 1{,}115\cos 2\beta \\ &\quad + 0{,}400\cos 3\beta - 0{,}113\cos 4\beta - 0{,}027\cos 5\beta) \\ \text{und mit}\quad & p_w = 0{,}150\ \mathrm{t/m^2}\,, \\ p_z &= -0{,}098 + 0{,}042\cos\beta + 0{,}167\cos 2\beta \\ &\quad + 0{,}060\cos 3\beta - 0{,}017\cos 4\beta - 0{,}004\cos 5\beta\,. \end{aligned}\right\} \qquad (1111)$$

Die Zahlenrechnung läßt sich durch die gemessene Druckverteilung (Abb. 771) nachprüfen. Ein Vergleich der einzelnen Windgesetze für den Kreiszylinder (Abb. 772) zeigt nicht allein in der Druckverteilung, sondern auch im Spannungszustand grundsätzliche Unterschiede, die auf die Brauchbarkeit der Ansätze (1107) und (1108) für doppelt gekrümmte Schalen schließen lassen.

Dischinger, F.: Schalen- und Rippenkuppeln. Handbuch für Eisenbetonbau. Bd. VI, 2. Kapitel. Berlin 1930.

a) Die Kugelschale. Die Kugelschale wird als geschlossenes oder als offenes Tragwerk verwendet und dabei durch einen oder zwei Breitenschnitte α_1, α_2 begrenzt (Abb. 773). An den Rändern sind in der Regel Ringträger vorhanden, da hier nach S. 748 nur tangential gerichtete Kräfte ohne Störung des Membranzustandes in die Schale eingetragen werden.

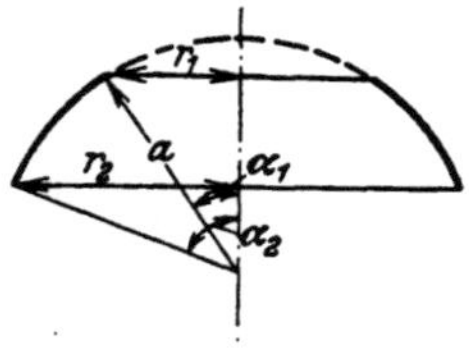

Abb. 773.

Die allgemeinen Gleichgewichtsbedingungen (1094) lauten für die Kugelschale mit $R_\alpha = R_\beta = a$, $r_\alpha = a\sin\alpha$ folgendermaßen:

$$\left.\begin{aligned} \frac{\partial N_\beta}{\partial\beta} + N_{\alpha\beta}\cos\alpha + \frac{\partial}{\partial\alpha}(N_{\alpha\beta}\sin\alpha) + p_x a\sin\alpha &= 0\,, \\ \frac{\partial}{\partial\alpha}(N_\alpha\sin\alpha) - N_\beta\cos\alpha + \frac{\partial N_{\alpha\beta}}{\partial\beta} + p_y a\sin\alpha &= 0\,, \\ N_\alpha + N_\beta + a p_z &= 0\,. \end{aligned}\right\} \qquad (1112)$$

Sie lassen sich mathematisch vereinfachen.

$$\left.\begin{aligned} \frac{1}{\sin\alpha}\frac{\partial N_\beta}{\partial\beta} + 2N_{\alpha\beta}\operatorname{ctg}\alpha + \frac{\partial N_{\alpha\beta}}{\partial\alpha} + a p_x &= 0\,, \\ \frac{\partial N_\alpha}{\partial\alpha} + (N_\alpha - N_\beta)\operatorname{ctg}\alpha + \frac{1}{\sin\alpha}\frac{\partial N_{\alpha\beta}}{\partial\beta} + a p_y &= 0\,, \\ N_\alpha + N_\beta + a p_z &= 0\,. \end{aligned}\right\} \qquad (1113)$$

Bei rotationssymmetrischer Belastung sind die Ableitungen nach β Null. Das Gleichgewicht der inneren und äußeren Kräfte wird dann durch drei simultane totale Differentialgleichungen beschrieben. Aus diesen folgt, daß

$$\left.\begin{aligned} N_{\alpha\beta} &= -\frac{a}{\sin^2\alpha}\int p_x \sin^2\alpha\, d\alpha + C_1\,, \qquad N_\beta = -N_\alpha - p_z a\,, \\ N_\alpha &= -\frac{a}{\sin^2\alpha}\int (p_y + p_z \operatorname{ctg}\alpha)\sin^2\alpha\, d\alpha + C_2\,. \end{aligned}\right\} \quad (1114)$$

Bedingung für C_2 bei geschlossener Kugelschale:

$$\alpha = 0: \qquad N_\alpha = N_\beta\,, \qquad (1115)$$

Bedingung für C_2 bei offener Kugelschale:

$$\alpha = \alpha_1: \qquad N_\alpha = 0 \qquad (1116)$$

oder einem vorgeschriebenen Betrage.

Ist $p_x = 0$, so wird $N_{\alpha\beta} = 0$.

Die Gleichung (b) in (1094) kann bei rotationssymmetrischer Belastung durch die Bedingung für das Gleichgewicht aller senkrechten Kräfte oberhalb eines Breitenkreises α ersetzt werden (S. 745) Sie liefert N_α. Damit ist auch N_β bestimmt.

Zur Beschreibung des Verschiebungszustandes genügt bei rotationssymmetrischer Belastung nach S. 747 die Vergrößerung Δr_α des Breitenkreises r_α und die Verdrehung ϑ der Meridiantangente.

$$\left.\begin{aligned} \Delta r_\alpha &= -\frac{r_\alpha}{E\,h}\left(p_z a + N_\alpha(1+\mu)\right), \\ \vartheta &= \frac{1}{E\,h}\left[(N_\alpha - N_\beta)(1+\mu)\operatorname{ctg}\alpha + \frac{\partial}{\partial\alpha}(\mu N_\alpha - N_\beta)\right] = \frac{a}{E\,h}\left[p_z' - (1+\mu)\,p_y\right] \end{aligned}\right\} \quad (1117)$$

Die offene Kugelschale mit rotationssymmetrischer Belastung. Für $\alpha = \alpha_1$ ist N_α Null oder ein vorgeschriebener Betrag $N_{\alpha,1}$.

Schnittkräfte für Eigengewicht g der Schale (Abb. 774).

$$\left.\begin{aligned} N_\alpha &= -a\,g\,\frac{\cos\alpha_1 - \cos\alpha}{\sin^2\alpha}\,, \qquad N_\beta = a\,g\left(\frac{\cos\alpha_1 - \cos\alpha}{\sin^2\alpha} - \cos\alpha\right), \\ \Delta r_\alpha &= \frac{a^2 g}{E\,h}\sin\alpha\left[\frac{\cos\alpha_1 - \cos\alpha}{\sin^2\alpha}(1+\mu) - \cos\alpha\right]; \\ \vartheta &= -\frac{a\,g}{E\,h}(2+\mu)\sin\alpha\,. \end{aligned}\right| \quad (1118)$$

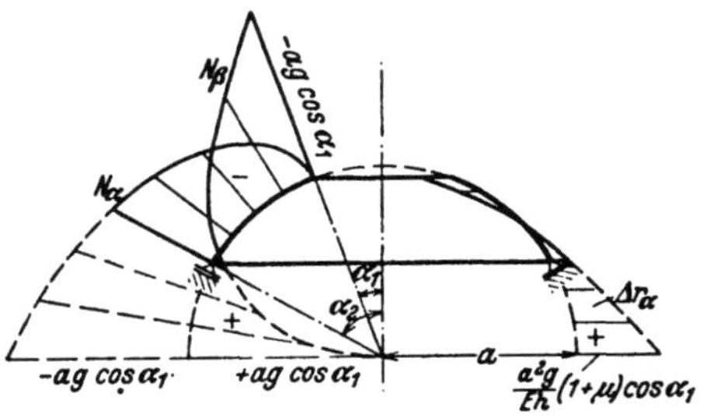

Abb. 774. Schaulinien für Eigengewicht.

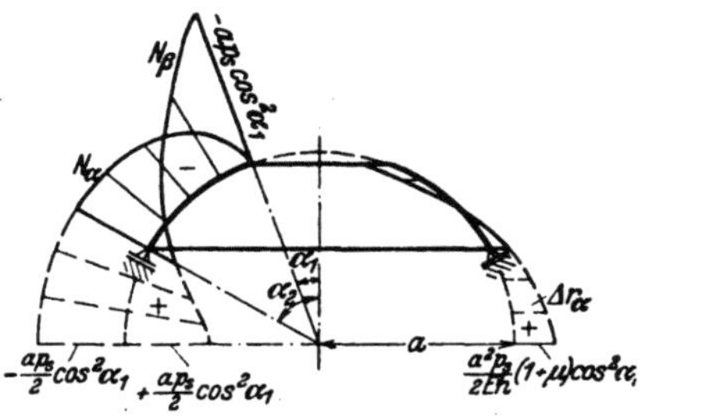

Abb. 775. Schaulinien für Schneelast.

Schnittkräfte für Schneebelastung p_s, $N_{\alpha,1} = 0$ (Abb. 775).

$$\left.\begin{aligned} N_\alpha &= -\frac{a\,p_s}{2}\left(1 - \frac{\sin^2\alpha_1}{\sin^2\alpha}\right), \qquad N_\beta = \frac{a\,p_s}{2}\left(1 - \frac{\sin^2\alpha_1}{\sin^2\alpha} - 2\cos^2\alpha\right), \\ \Delta r_\alpha &= \frac{a^2 p_s}{E\,h}\,\frac{\sin\alpha}{2}\left[\left(1 - \frac{\sin^2\alpha_1}{\sin^2\alpha}\right)(1+\mu) - 2\cos^2\alpha\right], \\ \vartheta &= -\frac{a\,p_s}{E\,h}(3+\mu)\sin\alpha\cos\alpha\,. \end{aligned}\right| \quad (1119)$$

Schnittkräfte aus der Belastung $G_L = 2\pi a P \sin\alpha_1$ durch die Laterne und den Laternenring. $N_{\alpha,1} = -P/\sin\alpha_1$ (Abb. 776).

$$N_\alpha = -N_\beta = -P\frac{\sin\alpha_1}{\sin^2\alpha}, \qquad \Delta r = \frac{Pa}{Eh}(1+\mu)\frac{\sin\alpha_1}{\sin\alpha}, \qquad \vartheta = 0. \qquad (1120)$$

Äußere Kraft H zur tangentialen Eintragung der Laternenlast P: $H = P\operatorname{ctg}\alpha_1$, Längskraft im Laternenring $N_L = -Pa\cos\alpha_1$.

Die geschlossene Kugelschale mit rotationssymmetrischer Belastung. Für $\alpha = 0$ ist $N_\alpha = N_\beta$.

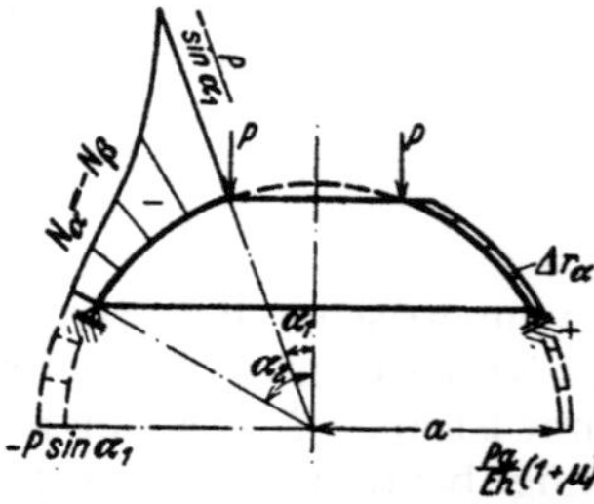

Abb. 776. Schaulinien für Laternenlast.

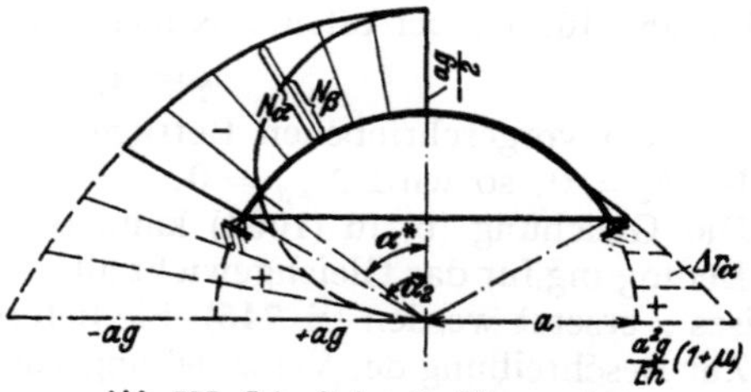

Abb. 777. Schaulinien für Eigengewicht.

Schnittkräfte für Eigengewicht $p_x = 0$, $p_y = g\sin\alpha$, $p_z = g\cos\alpha$ (Abb. 777).

$$N_\alpha = -\frac{ag}{1+\cos\alpha}, \qquad N_\beta = \frac{ag}{1+\cos\alpha}(1-\cos\alpha-\cos^2\alpha), \qquad N_{\alpha\beta} = 0. \qquad (1121)$$

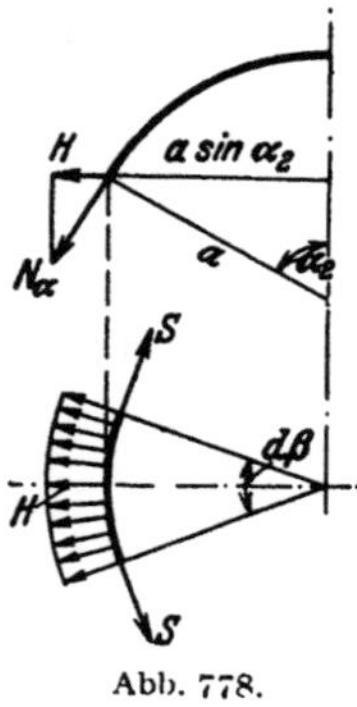

Abb. 778.

Die Längskraft N_α in Richtung des Meridians erzeugt für alle Winkel α zwischen 0^0 und 90^0 Druckspannungen. Das Vorzeichen der Längskraft N_β wechselt bei $\alpha = \alpha^*$. N_β erzeugt für alle Winkel $\alpha > \alpha^*$ Zugspannungen. Der Breitenkreis α^* mit dem Spannungswechsel $N_\beta = 0$ ist durch die Bedingung $(1-\cos\alpha^* - \cos^2\alpha^*) = 0$ bestimmt, so daß $\alpha^* = 51^0\,50'$.

$$\alpha = 0: \quad N_\alpha = N_\beta = -\frac{ag}{2}.$$

Um den senkrechten Auflagerdruck der Schale tangential zuzuführen, ist eine waagerechte Kraft $H = N_{\alpha 2}\cos\alpha_2$ notwendig. Sie erzeugt den Ringzug (Abb. 778)

$$\left.\begin{aligned} S &= H a \sin\alpha_2. \qquad \text{Mit} \quad H = ag\frac{\cos\alpha_2}{1+\cos\alpha_2} \\ \text{ist} \quad S &= \frac{a^2 g}{2}\,\frac{\sin 2\alpha_2}{1+\cos\alpha_2} \end{aligned}\right\} \qquad (1122)$$

Verschiebungszustand für Eigengewicht nach Abschn. 80:

$$\varepsilon_\alpha = -\frac{ag}{Eh}\,\frac{1+\mu(1-\cos\alpha-\cos^2\alpha)}{1+\cos\alpha}, \qquad \varepsilon_\beta = \frac{ag}{Eh}\,\frac{1-\cos\alpha-\cos^2\alpha+\mu}{1+\cos\alpha}, \qquad (1123)$$

$$R_\beta\varepsilon_\alpha - R_\alpha\varepsilon_\beta = -A\frac{2-\cos\alpha-\cos^2\alpha}{1+\cos\alpha}, \qquad A = \frac{a^2 g(1+\mu)}{Eh},$$

$$\int\frac{(R_\beta\varepsilon_\alpha - R_\alpha\varepsilon_\beta)}{\sin\alpha}\,d\alpha = A\left[\ln(1+\cos\alpha) - \frac{1}{1+\cos\alpha}\right] + C_1$$

und daher nach (1103)

$$\left.\begin{aligned} v &= \sin\alpha\left[A\left(\ln(1+\cos\alpha) - \frac{1}{1+\cos\alpha}\right) + C_1\right], \\ w &= A\cos\alpha\left[\ln(1+\cos\alpha) + \frac{1}{1+\mu}\right] - A + C_1\cos\alpha. \end{aligned}\right\} \qquad (1124)$$

Die senkrechten und waagerechten Komponenten t, Δr_α der Verschiebung sind mit Abb. 779 nach S. 753

$$t = w\cos\alpha + v\sin\alpha, \qquad \Delta r_\alpha = -w\sin\alpha + v\cos\alpha. \qquad (1125)$$

Für $\alpha = \alpha_2$ wird $v = 0$, so daß C_1 berechnet werden kann.

$$C_1 = -A\left[\ln(1+\cos\alpha_2) - \frac{1}{1+\cos\alpha_2}\right],$$

so daß

$$\left.\begin{aligned}
v &= A\sin\alpha\left[\ln\frac{1+\cos\alpha}{1+\cos\alpha_2} + \frac{1}{1+\cos\alpha_2} - \frac{1}{1+\cos\alpha}\right],\\
w &= A\cos\alpha\left[\ln\frac{1+\cos\alpha}{1+\cos\alpha_2} + \frac{1}{1+\mu} + \frac{1}{1+\cos\alpha_2}\right] - A,\\
\Delta r_\alpha &= \frac{a^2 g}{E h}\sin\alpha\left(\frac{1+\mu}{1+\cos\alpha} - \cos\alpha\right),\\
\vartheta &= -\frac{a g}{E h}(2+\mu)\sin\alpha.
\end{aligned}\right\} \quad (1126)$$

Die senkrechte Verschiebung w_0 des Scheitels ($\alpha = 0$) ist

$$w_0 = A\left[\ln\frac{2}{1+\cos\alpha_2} + \frac{1}{(1+\cos\alpha_2)} - \frac{\mu}{1+\mu}\right]. \quad (1127\,\text{a})$$

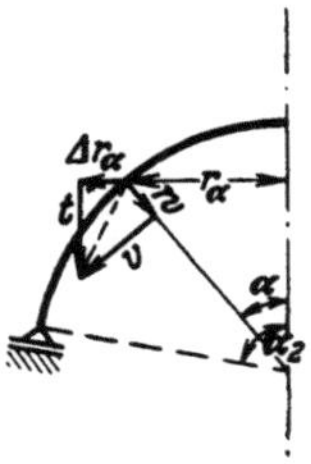

Abb. 779.

Sonderfall $\alpha_2 = 90^0$

$$w_0 = w_0^* = \frac{a^2 g}{E h}(1{,}69315 + 0{,}69315\,\mu),\ \Delta r^*_{\alpha_2} = A = \frac{a^2 g}{E h}(1+\mu). \quad (1127\,\text{b})$$

Eine gleichförmige Erwärmung der Kugelschale um t^0 erzeugt

$$\Delta r_\alpha = \alpha_t\, t\, a\sin\alpha, \qquad \vartheta = 0. \quad (1128)$$

Schnittkräfte bei Schneebelastung. $p_x = 0$, $p_y = p_s\sin\alpha\cos\alpha$, $p_z = p_s\cos^2\alpha$ (Abb. 780).

$$N_\alpha = -\frac{a p_s}{2}, \qquad N_\beta = -\frac{a p_s}{2}\cos 2\alpha. \quad (1129)$$

Bei $\alpha > 45^0$ entstehen daher Zugspannungen σ_β.

Die waagerechte Verschiebung beträgt

$$\Delta r_\alpha = \frac{a^2 p_s}{E h}\sin\alpha\left(\frac{1+\mu}{2} - \cos^2\alpha\right) \quad (1130)$$

und die Verdrehung der Meridiantangente

$$\vartheta = -\frac{a p_s}{E h}(3+\mu)\sin\alpha\cos\alpha. \quad (1131)$$

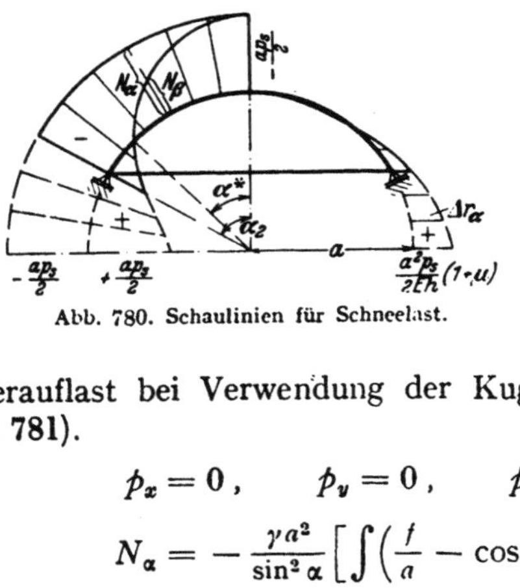

Abb. 780. Schaulinien für Schneelast.

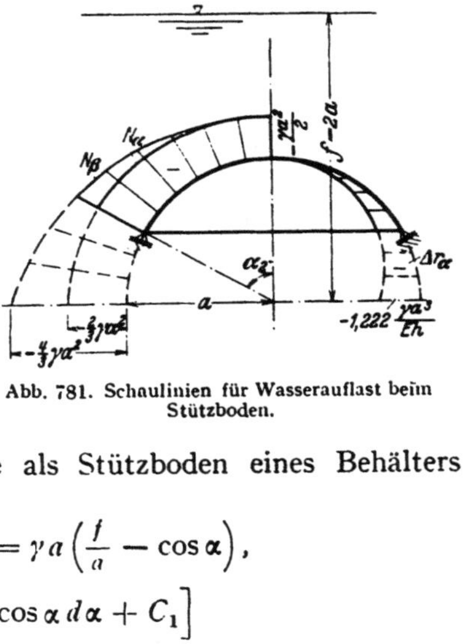

Abb. 781. Schaulinien für Wasserauflast beim Stützboden.

Wasserauflast bei Verwendung der Kugelschale als Stützboden eines Behälters (Abb. 781).

$$p_x = 0, \qquad p_y = 0, \qquad p_z = p_w = \gamma a\left(\frac{f}{a} - \cos\alpha\right),$$

$$\begin{aligned}
N_\alpha &= -\frac{\gamma a^2}{\sin^2\alpha}\left[\int\left(\frac{f}{a} - \cos\alpha\right)\sin\alpha\cos\alpha\,d\alpha + C_1\right]\\
&= -\frac{\gamma a^2}{6\sin^2\alpha}\left[\frac{3f}{a}\sin^2\alpha + 2\cos^3\alpha + 6C_1\right].
\end{aligned}$$

Da N_α für $\alpha = 0$ endlich ist, wird die Klammer Null und daher $6C_1 = -2$.

$$\left.\begin{aligned} N_\alpha &= -\frac{\gamma a^2}{6}\left(3\frac{f}{a} - 2\frac{1-\cos^3\alpha}{\sin^2\alpha}\right), \quad N_\beta = -\frac{\gamma a^2}{6}\left(3\frac{f}{a} - 6\cos\alpha + 2\frac{1-\cos^3\alpha}{\sin^2\alpha}\right), \\ \Delta r_\alpha &= -\frac{\gamma a^3}{6Eh}\sin\alpha\left[3(1-\mu)\frac{f}{a} - 6\cos\alpha + 2(1+\mu)\frac{1-\cos^3\alpha}{\sin^2\alpha}\right], \\ \vartheta &= \gamma\frac{a^2}{Eh}\sin\alpha. \end{aligned}\right\} \quad (1132)$$

Wird die Kugelschale nach Abb. 782 als Hängeboden eines Wasserbehälters verwendet, so erhält die bezogene Kraft g unter Beibehaltung des Koordinatensystems in den Ergebnissen (1121) bis (1127) das negative Vorzeichen.

Schnittkräfte durch Wasserauflast bei Verwendung der Kugelschale als Hängeboden eines Behälters (Abb. 782).

$$p_x = 0, \qquad p_y = 0, \qquad p_z = -\gamma a\left(\frac{f}{a} + \cos\alpha\right),$$

$$\left.\begin{aligned} N_\alpha &= \frac{\gamma a^2}{6}\left(3\frac{f}{a} + 2\frac{1-\cos^3\alpha}{\sin^2\alpha}\right), \quad N_\beta = \frac{\gamma a^2}{6}\left(3\frac{f}{a} + 6\cos\alpha - 2\frac{1-\cos^3\alpha}{\sin^2\alpha}\right), \\ \Delta r_\alpha &= \frac{\gamma a^3}{6Eh}\sin\alpha\left[3(1-\mu)\frac{f}{a} + 6\cos\alpha - 2(1+\mu)\frac{1-\cos^3\alpha}{\sin^2\alpha}\right]. \\ \vartheta &= \frac{\gamma a^2}{Eh}\sin\alpha. \end{aligned}\right\} \quad (1133)$$

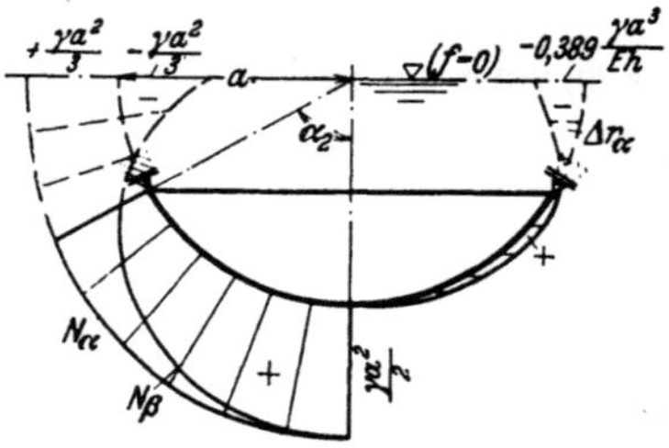

Abb. 782. Schaulinien für Wasserauflast beim Hängeboden.

Aus der Ableitung an einem Spiegelbild der Abb. 782 folgt, daß ϑ im Gegensatz zu (1132) bei Rechtsdrehung der Meridiantangente positiv ist.

Die Kugelschale mit einer vom Meridianwinkel β periodisch abhängigen Belastung. Die allgemeinen Differentialgleichungen (1101) für das Gleichgewicht der Kräfte an einer Rotationsschale lassen sich für $R_\alpha = R_\beta = a$ folgendermaßen vereinfachen:

$$\left.\begin{aligned} \frac{dN_{\alpha\beta n}}{d\alpha} + 2N_{\alpha\beta n}\operatorname{ctg}\alpha + \frac{n}{\sin\alpha}N_{\alpha n} &= -a\left(X_n + \frac{n}{\sin\alpha}Z_n\right), \\ \frac{dN_{\alpha n}}{d\alpha} + 2N_{\alpha n}\operatorname{ctg}\alpha + \frac{n}{\sin\alpha}N_{\alpha\beta n} &= -a(Y_n + Z_n\operatorname{ctg}\alpha). \end{aligned}\right\} \quad (1134)$$

Sie enthalten die Unbekannten in symmetrischer Form, so daß daraus neue Unbekannte $U_1 = N_{\alpha n} + N_{\alpha\beta n}$, $U_2 = N_{\alpha n} - N_{\alpha\beta n}$ gebildet werden, die sich nach H. Reißner auf Grund bekannter Regeln unabhängig berechnen lassen.

$$\left.\begin{aligned} \frac{dU_1}{d\alpha} + U_1\left(2\operatorname{ctg}\alpha + \frac{n}{\sin\alpha}\right) &= -a\left(X_n + Y_n + \frac{n+\cos\alpha}{\sin\alpha}Z_n\right), \\ \frac{dU_2}{d\alpha} + U_2\left(2\operatorname{ctg}\alpha - \frac{n}{\sin\alpha}\right) &= +a\left(X_n - Y_n + \frac{n-\cos\alpha}{\sin\alpha}Z_n\right), \end{aligned}\right\} \quad (1135)$$

Bei Windbelastung ist $p_x = 0$, $p_y = 0$, $p_z = \sum Z_n(\alpha)\cos n\beta$. Der auf jeden Schalensektor von der Winkelbreite π/n entfallende Anteil bildet eine Resultierende. Je zwei sind einander symmetrisch oder antimetrisch zugeordnet, je nachdem n eine gerade oder eine ungerade Zahl ist. Sie geben geometrisch addiert eine senkrechte (W_v) oder eine waagerechte Kraft (W_h), deren Wirkungslinie die Drehachse im Schalenmittelpunkt schneidet (Abb. 783).

Sonderfall $Z_n(\alpha) = p\sin\alpha$, $n = 1$. Die Spannungsverteilung ist durch einen Nullmeridian ausgezeichnet.

a) Lösung der Differentialgleichungen (1135). Die Gleichungen haben die Form

$$\frac{dU}{d\alpha} + U\varphi = \psi .$$

Die Substitution $\varphi = \overline{\varphi}'/\overline{\varphi}$ führt auf

$$\overline{\varphi} U' + U\overline{\varphi}' = \psi\overline{\varphi}, \qquad \overline{\varphi} U = \int \psi\overline{\varphi}\, d\alpha + C .$$

Durch Integration folgt

$$\int \varphi\, d\alpha = \int \frac{\overline{\varphi}'}{\overline{\varphi}}\, d\alpha = \ln \overline{\varphi}, \qquad \overline{\varphi} = e^{\int \varphi\, d\alpha}$$

und damit die Lösung

$$U = e^{-\int \varphi\, d\alpha}\left[\int \psi e^{\int \varphi\, d\alpha}\, d\alpha + C\right].$$

Die Integrationskonstanten ergeben sich aus der Bedingung, daß für $\alpha = 0$ die Schnittkräfte und damit auch U_1 und U_2 endlich sind. Die Integration bietet keine Schwierigkeiten; die Lösung lautet (Abb. 785)

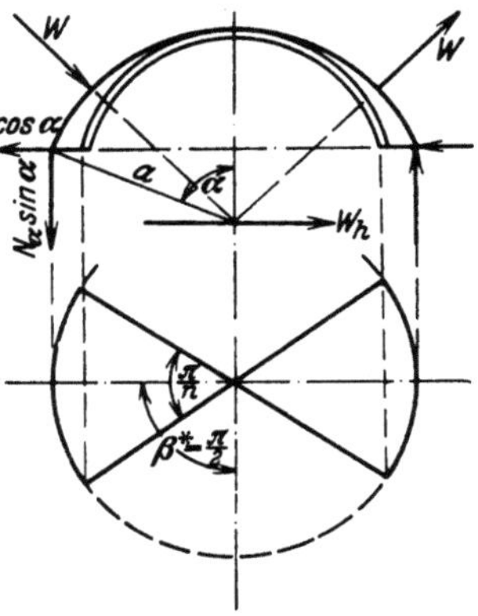

Abb. 783.

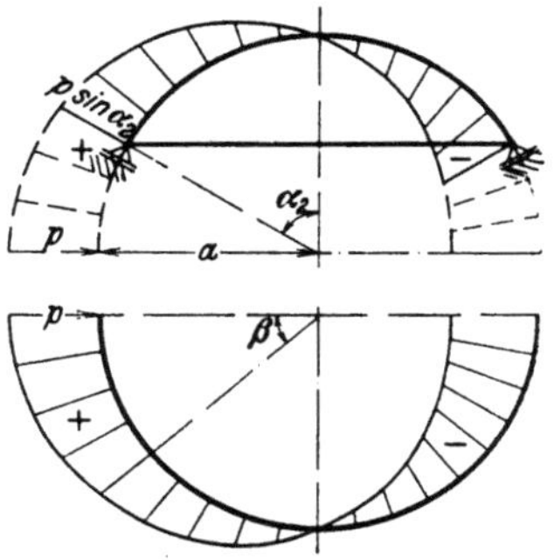

Abb. 784. Windlast $p_z = p \sin\alpha \cos\beta$.

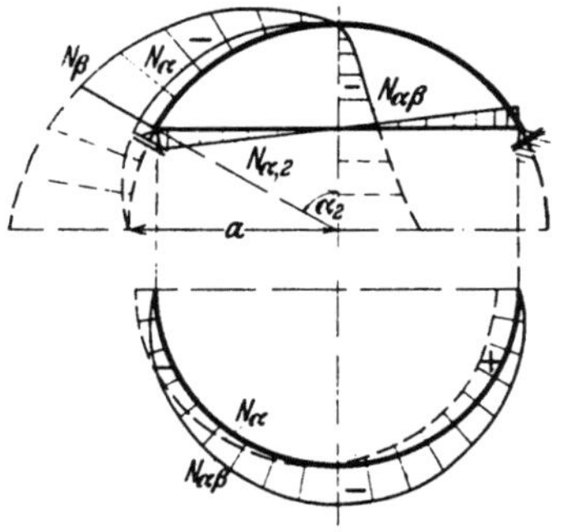

Abb. 785. Schaulinien für Windbelastung $p_z = p \sin\alpha \cos\beta$.

$$\left.\begin{aligned}
N_\alpha &= -\frac{pa}{3}\frac{\cos\alpha}{\sin^3\alpha}(2 - 3\cos\alpha + \cos^3\alpha)\cos\beta ,\\
N_{\alpha\beta} &= -\frac{pa}{3}\frac{1}{\sin^3\alpha}(2 - 3\cos\alpha + \cos^3\alpha)\sin\beta ,\\
N_\beta &= +\frac{pa}{3}\frac{1}{\sin^3\alpha}(2\cos\alpha - 3\sin^2\alpha - 2\cos^4\alpha)\cos\beta .
\end{aligned}\right\} \qquad (1136)$$

b) Unmittelbare Anwendung der Gleichgewichtsbedingungen (Abb. 783 u. 784).

$$W_h = 4pa^2\int_0^\alpha \sin^3\alpha\, d\alpha \int_0^{\pi/2}\cos^2\beta\, d\beta = p\frac{\pi a^2}{3}(2 - 3\cos\alpha + \cos^3\alpha) .$$

Gleichgewicht aller äußeren Kräfte gegen Drehen um eine Achse $\beta^* = \pi/2$ in der Ebene des Breitenkreises:

$$W_h a\cos\alpha + 4N_{\alpha 1}a^2\sin^3\alpha\int_0^{\pi/2}\cos^2\beta\, d\beta = 0; \qquad \text{daraus } N_\alpha \text{ nach (1136)} .$$

Gleichgewichtsbedingung (1113):

$$N_\beta = N_{\beta 1}\cos\beta = -(pa\sin\alpha + N_{\alpha 1})\cos\beta; \qquad \text{daraus } N_\beta \text{ nach (1136)} .$$

Gleichgewicht gegen Verschieben durch W_h und durch die Komponenten der Schnittkräfte N_α, $N_{\alpha\beta}$ in Richtung W_h:

$$W_h - 4N_{\alpha 1}\, a \sin\alpha \cos\alpha \int_0^{\pi/2} \cos^2\beta\, d\beta + 4N_{\alpha\beta 1}\, a \sin\alpha \int_0^{\pi/2} \sin^2\beta\, d\beta = 0\,,$$

daraus $N_{\alpha\beta}$ nach (1136).

Reißner, H.: Spannungen in Kugelschalen. Müller-Breslau-Festschrift S. 192. Leipzig 1912. — Pasternak, P.: Die praktische Berechnung biegefester Kugelschalen usw. Z. angew. Math. Mech. 1926 S. 1.

b) Die Kegelschale. Die allgemeinen Gleichgewichtsbedingungen für die äußeren Kräfte am unteren differentialen Abschnitt der Fläche erhalten mit $R_\beta = \infty$, $R_\beta d\alpha = dy$, $r_\alpha \to r_z = y\cos\alpha$, $N_\alpha \to N_y$, $N_{\alpha\beta} \to N_{y\beta}$ folgende Form (Abb. 786):

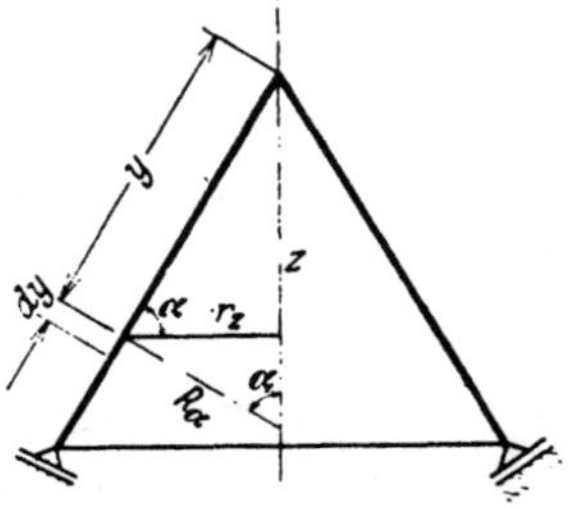

Abb. 786.

$$\left.\begin{aligned} y\frac{\partial N_{y\beta}}{\partial y} + 2N_{y\beta} + \frac{1}{\cos\alpha}\frac{\partial N_\beta}{\partial\beta} + y p_x &= 0\,, \\ y\frac{\partial N_y}{\partial y} + (N_y - N_\beta) + \frac{1}{\cos\alpha}\frac{\partial N_{y\beta}}{\partial\beta} + y p_y &= 0\,, \\ N_\beta + y p_z \operatorname{ctg}\alpha &= 0\,. \end{aligned}\right| \tag{1137}$$

Rotationssymmetrische Belastung: Die Ableitungen nach β sind Null, so daß die Schnittkräfte unabhängig voneinander berechnet werden können.

$$\frac{d(N_{y\beta}y^2)}{dy} = -y^2 p_x\,, \quad \frac{d(N_y y)}{dy} = -y p_y - y p_z \operatorname{ctg}\alpha\,, \quad N_\beta = -y p_z \operatorname{ctg}\alpha\,. \tag{1138}$$

$$p_x = 0: \qquad N_{y\beta} = 0\,.$$

Ableitung von N_y aus dem Gleichgewicht der äußeren Kräfte an einem durch den Breitenkreis r_z begrenzten Schalenabschnitt. Das obere Vorzeichen der Schnittkräfte gilt für die gestützte Kegelschale, das untere Vorzeichen für die hängende Kegelschale. Der Tragring der gestützten Kegelschale wird gezogen, derjenige der hängenden Kegelschale gedrückt.

$$N_y = \mp \frac{Q}{2\pi r_z \sin\alpha} = \mp \frac{Q}{\pi y \sin 2\alpha}\,. \tag{1139}$$

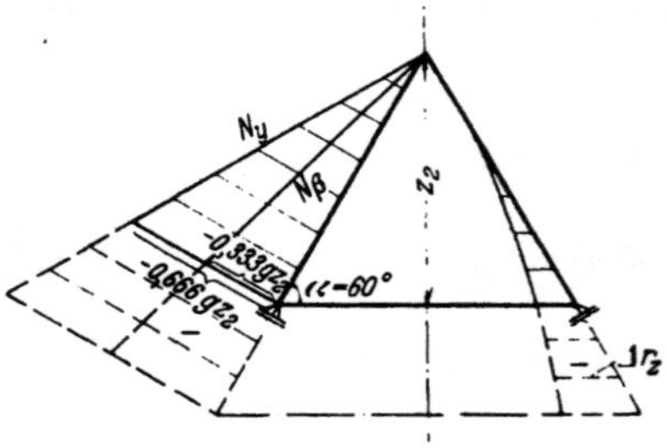

Abb. 787. Schaulinien für Eigengewicht.

Verschiebungszustand bei rotationssymmetrischer Belastung

$$\left.\begin{aligned} r &\to r + \Delta r_z\,, \\ \Delta r_z &= \frac{r_z}{Eh}(N_\beta - \mu N_y) \\ &= \frac{y\cos\alpha}{Eh}(N_\beta - \mu N_y)\,, \end{aligned}\right| \tag{1140}$$

$$\begin{aligned} \vartheta &= \frac{\operatorname{ctg}\alpha}{Eh}\left[(1+\mu)(N_y - N_\beta) - y\frac{\partial}{\partial y}(N_\beta - \mu N_y)\right] \\ &= \frac{\operatorname{ctg}\alpha}{Eh}\left[\operatorname{ctg}\alpha\frac{\partial}{\partial y}(y^2 p_z) - \mu y p_y + N_y\right]. \end{aligned} \tag{1141}$$

Eigengewicht einer geschlossenen Kegelschale mit gleichbleibender Wanddicke h (Abb. 787).

$$\left.\begin{aligned} & p_z = g\cos\alpha\,, \qquad p_y = g\sin\alpha\,, \qquad G = \pi r_z y g\,, \\ & N_y = \mp\frac{gz}{2\sin^2\alpha}\,, \qquad N_\beta = \mp g z \operatorname{ctg}^2\alpha\,, \\ & \Delta r_z = \mp\frac{g z^2 \operatorname{ctg}\alpha}{2Eh\sin^2\alpha}(2\cos^2\alpha - \mu)\,, \quad \vartheta = \mp\frac{g z \operatorname{ctg}\alpha}{Eh\sin^2\alpha}\left[\tfrac{1}{2} + \mu - (2+\mu)\cos^2\alpha\right]. \end{aligned}\right\} \tag{1142}$$

Zur Berechnung der Schnittkräfte aus Schneelast wird $g = p_s \cos\alpha$ eingesetzt.

Waagerecht abgeglichene Auflast (Abb. 788 u. 789):

$$\left.\begin{aligned} &G=\gamma\pi r_z^2 (f \pm \tfrac{2}{3} z). \quad N_y = \mp \frac{\gamma z \operatorname{ctg}\alpha}{6\sin\alpha}(3f \pm 2z), \quad N_\beta = \mp\gamma z (f\pm z)\frac{\cos\alpha}{\sin^2\alpha}, \\ &\Delta r_z = \mp \frac{\gamma z^2}{E h}\frac{\cos^2\alpha}{\sin^3\alpha}\left[(f\pm z) - \frac{\mu}{6}(3f\pm 2z)\right], \\ &\vartheta = \pm\frac{\gamma z}{E h}\frac{\cos^2\alpha}{\sin^3\alpha}\left(\frac{3}{2}f \pm \frac{8}{3}z\right). \end{aligned}\right\} \quad (1143)$$

Eigengewicht (g) einer offenen Kegelschale (Abb. 790)

$$\left.\begin{aligned} &N_y = -\frac{g z}{2\sin^2\alpha}\left(1-\frac{z_1^2}{z^2}\right), \quad N_\beta = -g z \operatorname{ctg}^2\alpha, \\ &\Delta r_z = -\frac{g z^2}{E h}\operatorname{ctg}^3\alpha\left[1-\frac{\mu}{2\cos^2\alpha}\left(1-\frac{z_1^2}{z^2}\right)\right], \\ &\vartheta = -\frac{g z}{E h}\frac{\operatorname{ctg}\alpha}{\sin^2\alpha}\times \\ &\qquad\times\left[\frac{1}{2}+\mu-(2+\mu)\cos^2\alpha - \frac{1}{2}\frac{z_1^2}{z^2}\right]. \end{aligned}\right\} \quad (1144)$$

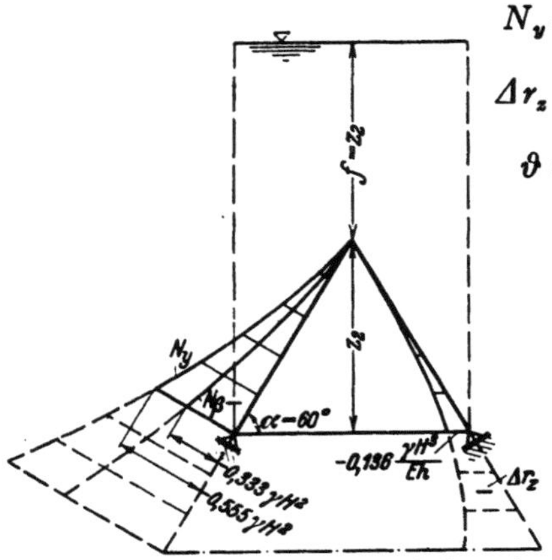

Abb. 788. Schaulinien für Auflast bei der aufgestützten Kegelschale.

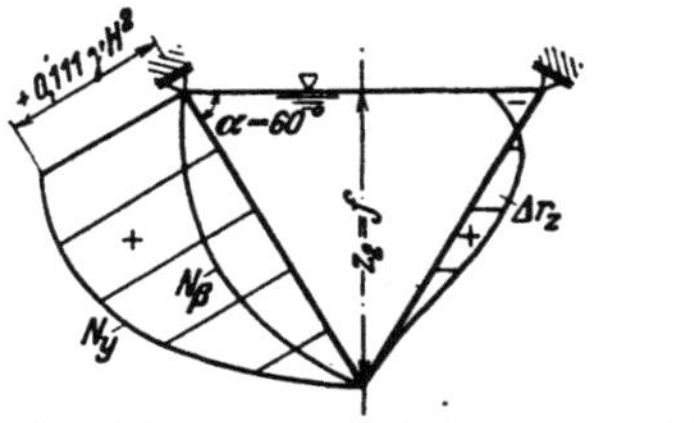

Abb. 789. Schaulinien für Auflast bei der aufgehängten Kegelschale.

Offene Kegelschale mit Kopfring und Ringlast G_0 (Abb. 791)

$$\left.\begin{aligned} &N_y = -\frac{G_0}{2\pi z\cos\alpha}, \qquad N_\beta = 0, \\ &\Delta r_z = \frac{\mu G_0}{2\pi E h \sin\alpha}, \qquad \vartheta = -\frac{G_0}{E h}\frac{1}{2\pi z \sin\alpha}. \end{aligned}\right\} \quad (1145)$$

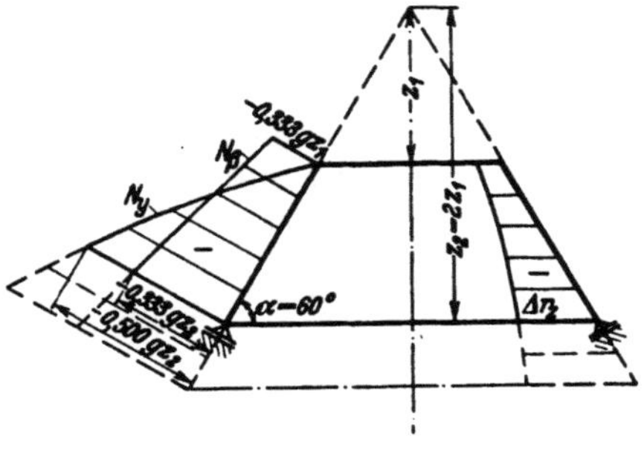

Abb. 790. Schaulinien für Eigengewicht.

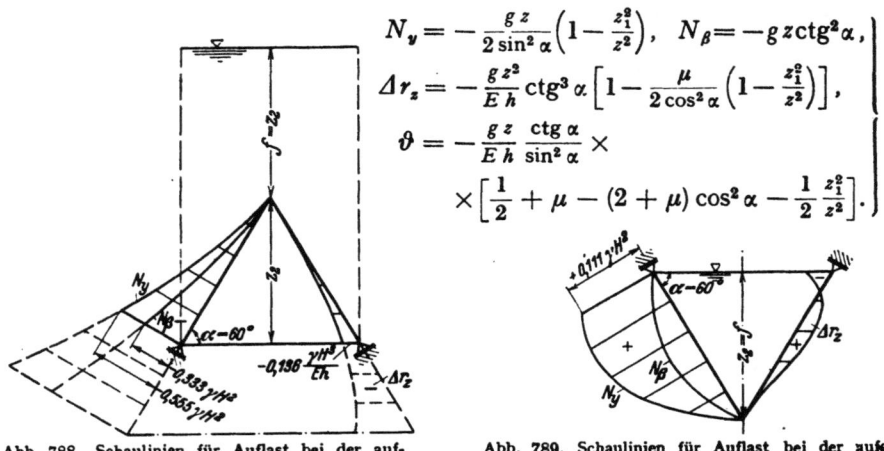

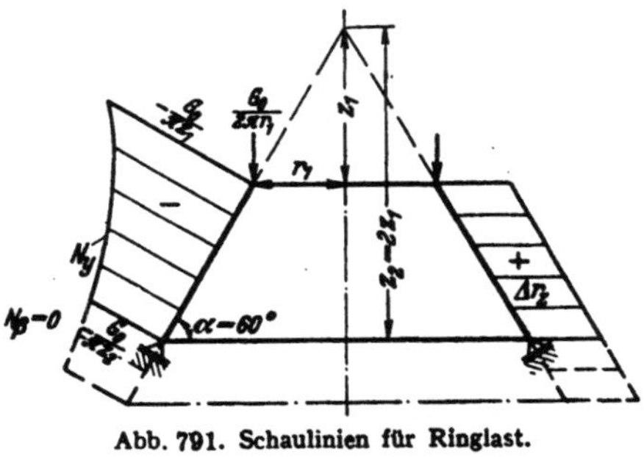

Abb. 791. Schaulinien für Ringlast.

Periodische Belastung. Entwicklung als trigonometrische, nach ganzen Vielfachen von β fortschreitende Reihe. Die Koeffizienten sind Funktionen von z.

$$p_x = \sum X_n \sin n\beta, \qquad p_y = \sum Y_n \cos n\beta, \qquad p_z = \sum Z_n \cos n\beta, \qquad n = 0, 1 \ldots \infty.$$

Die allgemeinen Gleichgewichtsbedingungen (1113) werden durch den Ansatz

$$N_y = \sum N_{yn}\cos n\beta, \qquad N_\beta = \sum N_{\beta n}\cos n\beta, \qquad N_{y\beta} = \sum N_{y\beta n}\sin n\beta$$

erfüllt, wenn die allein von z abhängigen Funktionen N_{yn}, $N_{\beta n}$, $N_{y\beta n}$ den folgenden beiden simultanen totalen Differentialgleichungen genügen.

$$\left.\begin{aligned} &\frac{d N_{y\beta n}}{d y} + \frac{2}{y} N_{y\beta n} + X_n + \frac{n}{\sin\alpha} Z_n = 0\,, \\ &\frac{d}{d y}(y N_{yn}) + \frac{n}{\cos\alpha} N_{y\beta n} + y Y_n + y Z_n \operatorname{ctg}\alpha = 0\,. \end{aligned}\right\} \tag{1146}$$

Außerdem ist

$$N_{\beta n} = -y Z_n \operatorname{ctg}\alpha\,.$$

Darnach kann $N_{y\beta n}$ unabhängig von den beiden anderen Schnittkräften aus (1146) berechnet werden. Die allgemeine Lösung dieser linearen Differentialgleichung ist bekannt (Hütte 26. Aufl. Bd. 1 S. 101), so daß N_{yn} mit $N_{y\beta n}$ durch eine einfache Quadratur gefunden wird. Die beiden Integrationskonstanten sind durch die Randbedingungen bestimmt. Die Lösung liefert die Schnittkräfte aus der Windbelastung eines Kegeldaches mit $p_x = 0$, $p_y = 0$, $p_z = \sum Z_n \cos n\beta$.

Lösung für $Z_n = Z_n(y) = \text{const}$.

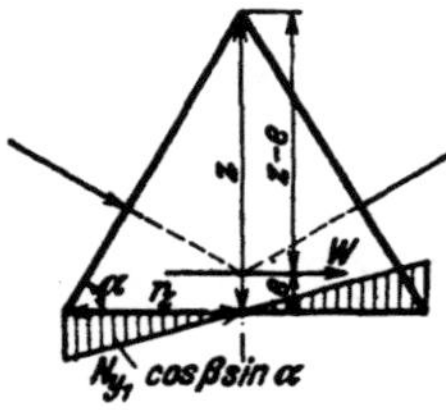

Abb. 792.

$$\frac{d N_{y\beta n}}{d y} + \frac{2}{y} N_{y\beta n} + \frac{n Z_n}{\sin\alpha} = 0\,,$$

$$N_{y\beta n} = e^{-\int \frac{2}{y} d y}\left[C_1 - \int \frac{n Z_n}{\sin\alpha} e^{\int \frac{2}{y} d y} d y\right] = \frac{C_1}{y^2} - \frac{n Z_n}{\sin\alpha}\,\frac{y}{3}\,,$$

$$\frac{d(y N_{yn})}{d y} + \frac{n}{\cos\alpha}\left(\frac{C_1}{y^2} - \frac{n Z_n}{\sin\alpha}\,\frac{y}{3}\right) + y Z_n \operatorname{ctg}\alpha = 0\,,$$

$$N_{yn} = Z_n\, y\, \frac{n^2 - 3\cos^2\alpha}{6 \sin\alpha \cos\alpha} + \frac{n C_1}{y^2 \cos\alpha} + \frac{C_2}{y}\,.$$

Damit für $y = 0$ die Schnittkräfte endlich bleiben, ist $C_1 = 0$, $C_2 = 0$.

$$\left.\begin{aligned} N_y &= -\frac{Z_n z}{6}\,\frac{n^2 - 3\cos^2\alpha}{\sin^2\alpha \cos\alpha} \cos n\beta\,, \\ N_\beta &= -Z_n z \frac{\operatorname{ctg}\alpha}{\sin\alpha} \cos n\beta\,, \\ N_{y\beta} &= -\frac{n Z_n z}{3 \sin^2\alpha} \sin n\beta\,. \end{aligned}\right\} \tag{1147}$$

Der Ansatz (1147) für die Schnittkräfte zeigt, daß die Längskräfte N_y, N_β in n ausgezeichneten Meridianebenen Null und die Schubkräfte gleichzeitig Grenzwerte sind. Der Spannungszustand ist durch drei Funktionen N_{yn}, $N_{\beta n}$, $N_{y\beta n}$ bestimmt, die auch aus den drei Bedingungen für das Gleichgewicht der äußeren Kräfte berechnet werden können, die an einem Schalensektor π/n angreifen, der durch einen Breitenschnitt z begrenzt ist. Die aus der Belastung herrührenden Kräfte schneiden sich auf der Drehachse. Sie sind bei einer geraden Zahl n symmetrisch, ihre Resultierende senkrecht, dagegen bei einer ungeraden Zahl n antimetrisch, so daß eine waagerecht gerichtete resultierende Kraft entsteht. Die Untersuchung kann in beiden Fällen auf den halben Sektor beschränkt werden.

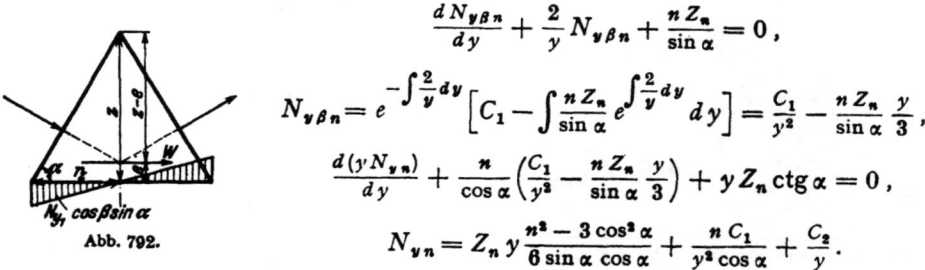

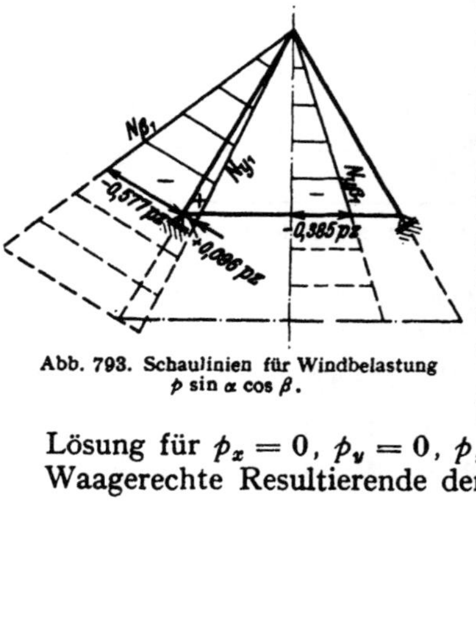

Abb. 793. Schaulinien für Windbelastung $p \sin\alpha \cos\beta$.

Lösung für $p_x = 0$, $p_y = 0$, $p_z = p \sin\alpha \cos\beta$ (Abb. 793).

Waagerechte Resultierende der äußeren Kräfte (Abb. 792).

$$W = 4\int_0^{\frac{\pi}{2}}\int_0^{y} p_z \sin\alpha\cos\beta\, dy\, r_z\, d\beta - 4 p \sin^2\alpha\cos\alpha \int_0^{\frac{\pi}{2}}\int_0^{y} y\cos^2\beta\, dy\, d\beta = \frac{\pi}{2} p z^2 \cos\alpha,$$

$$W\cdot(z-e) = 4\int_0^{\frac{\pi}{2}}\int_0^{y} p_z \sin\alpha\cos\beta \frac{s}{\sin\alpha} r_z\, dy\, d\beta = \pi p \frac{y^3}{3}\sin\alpha\cos\alpha,\ (z-e) = \frac{2y}{3\sin\alpha}.$$

Gleichgewicht aller äußeren Kräfte gegen Drehen um eine Achse $\beta^* = \frac{\pi}{2}$ in der Ebene des Breitenkreises.

$$We = 4\int_0^{\frac{\pi}{2}} N_{y1}\cos\beta\sin\alpha\cdot r_z\cos\beta\cdot r_z\, d\beta, \quad N_y = \frac{pz}{6}\,\frac{1-3\cos^2\alpha}{\sin\alpha\cos\alpha}\cos\beta.$$

Gleichgewichtsbedingung (1137)

$$N_\beta = -p z \operatorname{ctg}\alpha\cos\beta.$$

Gleichgewicht gegen Verschieben in der Richtung W

$$4\int_0^{\frac{\pi}{2}} N_y\cos\alpha\cos\beta\cdot r_z\, d\beta + 4\int_0^{\frac{\pi}{2}} N_{y\beta 1}\sin^2\beta\cdot r_z\, d\beta - W = 0,$$

$$N_{y\beta} = -\frac{pz}{3\sin\alpha}\sin\beta.$$

c) Die Zylinderschale. Die allgemeinen Gleichgewichtsbedingungen (1137) der Kegelschale vereinfachen sich mit $r = a = \text{const}$ und $\alpha = 90^0$. Sie lauten

$$\frac{\partial N_\beta}{\partial\beta} + a\frac{\partial N_{y\beta}}{\partial y} + a p_x = 0, \quad \frac{\partial N_{y\beta}}{\partial\beta} + a\frac{\partial N_y}{\partial y} + a p_y = 0, \quad N_\beta + a p_z = 0, \tag{1148}$$

so daß die Schnittkräfte N_β, $N_{y\beta}$, N_y in Verbindung mit zwei Integrationskonstanten der Reihe nach berechnet werden können. Diese sind durch die Randbedingungen bestimmt.

$$\left.\begin{aligned} N_\beta &= -p_z a, \qquad N_{y\beta} = \int\left(\frac{\partial p_z}{\partial\beta} - p_x\right) dy + C_1(\beta),\\ N_y &= -\int\left[p_y + \frac{1}{a}\int\left(\frac{\partial^2 p_z}{\partial\beta^2} - \frac{\partial p_x}{\partial\beta}\right) dy + \frac{d C_1(\beta)}{d\beta}\right] dy + C_2(\beta).\end{aligned}\right\} \tag{1149}$$

Die Formänderung der Zylinderschale ist den Verträglichkeitsbedingungen zwischen den Komponenten u, v, w des Verschiebungszustandes und den Komponenten ε_y, ε_β, $\gamma_{y\beta}$ der Verzerrung eines differentialen Abschnitts unterworfen.

$$\varepsilon_y = \frac{\partial v}{\partial y}, \quad \varepsilon_\beta = \frac{\partial u}{a\,\partial\beta} - \frac{w}{a}, \quad \gamma_{y\beta} = \frac{\partial v}{a\,\partial\beta} + \frac{\partial u}{\partial y},$$

so daß

$$v = \int\varepsilon_y\, dy + C_3(\beta), \quad u = \int\left(\gamma_{y\beta} - \frac{\partial v}{a\,\partial\beta}\right) dy + C_4(\beta), \quad w = \frac{\partial u}{\partial\beta} - a\,\varepsilon_\beta. \tag{1150}$$

Die Dehnungen ε_y, ε_β und die Winkeländerung $\gamma_{y\beta}$ sind durch das Elastizitätsgesetz bestimmt (1104). Darnach ist

$$\varepsilon_y = \frac{1}{Eh}(N_y - \mu N_\beta), \quad \varepsilon_\beta = \frac{1}{Eh}(N_\beta - \mu N_y), \quad \gamma_{y\beta} = \frac{2(1+\mu)}{Eh} N_{y\beta}. \tag{1151}$$

Rotationssymmetrische Belastung. Die Ableitung der Funktionen der Schnittkräfte nach β sind Null, so daß nach (1148) folgender Ansatz verwendet werden kann.

$$\left.\begin{array}{l} \dfrac{dN_{y\beta}}{dy} + p_x = 0, \qquad \dfrac{dN_y}{dy} + p_y = 0, \qquad N_\beta + a p_z = 0, \\ -w = \Delta a = \dfrac{a}{Eh}(N_\beta - \mu N_y), \qquad \vartheta = dw/dy. \end{array}\right\} \qquad (1152)$$

Schnittkräfte aus dem Eigengewicht g einer Zylinderschale mit Aufbau (Gewicht G_0, Abb. 794)

$$N_y = -gy - \frac{G_0}{2a\pi}, \quad N_\beta = 0, \quad Ehw = -\mu\left(ayg + \frac{G_0}{2\pi}\right), \quad Eh\vartheta = -\mu a g. \qquad (1153)$$

Bei den folgenden Belastungsarten ist die Meridianschnittkraft N_y Null.

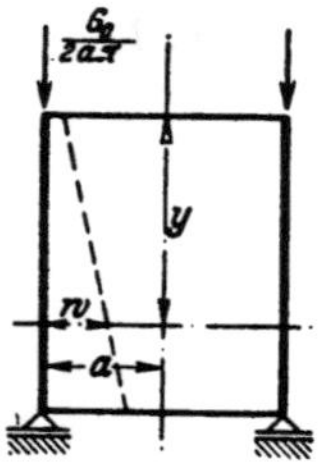

Abb. 794.

1. Wasserfüllung mit $p_z = -\gamma y$:

$$N_\beta = \gamma y a, \qquad Ehw = -\gamma y a^2, \qquad Eh\vartheta = -\gamma a^2. \qquad (1154)$$

2. Silodruck nach S. 14 mit $p_s = p_{s,\max}(1 - e^{-y/y_0})$, $p_z = -p_s$:

$$N_\beta = a p_s, \qquad Ehw = -a^2 p_s, \qquad Eh\vartheta = -p_{s,\max}\frac{a^2}{y_0}e^{-y/y_0}. \qquad (1155)$$

3. Erddruck nach S. 9 mit $e = \gamma_e \operatorname{tg}^2(45 - \varphi/2)$, $p_z = e(y + q/\gamma_e)$:

$$N_\beta = -ae(y + q/\gamma_e), \qquad Ehw = a^2 e(y + q/\gamma_e), \qquad Eh\vartheta = a^2 e. \qquad (1156)$$

4. Temperatur und Schwinden:

$$w = -\alpha_t t a, \qquad \vartheta = 0. \qquad (1157)$$

Periodische Belastung. Entwicklung als trigonometrische, nach ganzen Vielfachen von β fortschreitende Reihe. Die Koeffizienten X_n, Y_n, Z_n sind Funktionen von y.

$$p_x = \sum X_n \sin n\beta, \qquad p_y = \sum Y_n \cos n\beta, \qquad p_z = \sum Z_n \cos n\beta. \qquad (1158)$$

Die allgemeinen Gleichgewichtsbedingungen (1148) werden durch den Ansatz

$$N_y = \sum N_{yn}\cos n\beta, \quad N_\beta = \sum N_{\beta n}\cos n\beta, \qquad N_{y\beta} = \sum N_{y\beta n}\sin n\beta \quad (1159)$$

erfüllt, wenn die allein von y abhängigen Funktionen N_{yn}, $N_{\beta n}$, $N_{y\beta n}$ den folgenden beiden simultanen totalen Differentialgleichungen genügen.

$$\left.\begin{array}{l} \dfrac{dN_{y\beta n}}{dy} + X_n + nZ_n = 0, \qquad \dfrac{dN_{yn}}{dy} + \dfrac{n}{a}N_{y\beta n} + Y_n = 0, \\ N_{\beta n} + aZ_n = 0. \end{array}\right\} \qquad (1160)$$

Berechnung einer Zylinderschale (Abb. 795).

(Kühlturm im Kraftwerk Golpa-Zschornewitz.)

Geometrische Abmessungen.

$$a = 16{,}7\,\mathrm{m}, \qquad l = 32{,}0\,\mathrm{m}.$$

Belastung. Windgesetz (1111) der Göttinger Versuchsanstalt mit $p_w = 0{,}200\ \mathrm{t/m^2}$.

$$p_x = 0, \quad p_y = 0, \quad p_z = \sum Z_n \cos n\beta = -0{,}131 + 0{,}056\cos\beta + 0{,}223\cos 2\beta + 0{,}080\cos 3\beta.$$

Lösung der Differentialgleichungen (1160).

$$X_n = 0, \qquad Y_n = 0, \qquad Z_n = \mathrm{const}.$$

$$N_{y\beta n} = -nZ_n(y + C_1),$$

$$N_{yn} = \frac{n^2 Z_n}{a}\left(\frac{y^2}{2} + C_1 y + C_2\right),$$

$$N_{\beta n} = -aZ_n.$$

Für $y = 0$ ist $N_{y\,n} = 0$, $N_{y\beta n} = 0$, daher $C_1 = 0$, $C_2 = 0$.

$$N_y = \frac{y^2}{2a} \sum n^2 Z_n \cos n\beta,$$

$$N_\beta = -a \sum Z_n \cos n\beta,$$

$$N_{y\beta} = -y \sum n Z_n \sin n\beta.$$

Schnittkräfte und Trajektorien der Hauptspannungen sind in Abb. 795 u. 796 dargestellt.

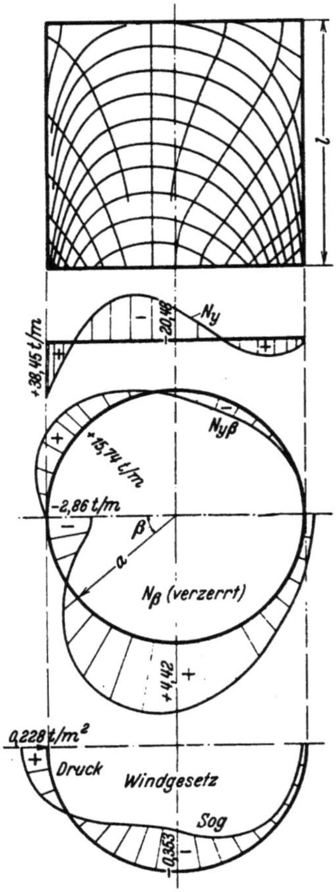

Abb. 795.

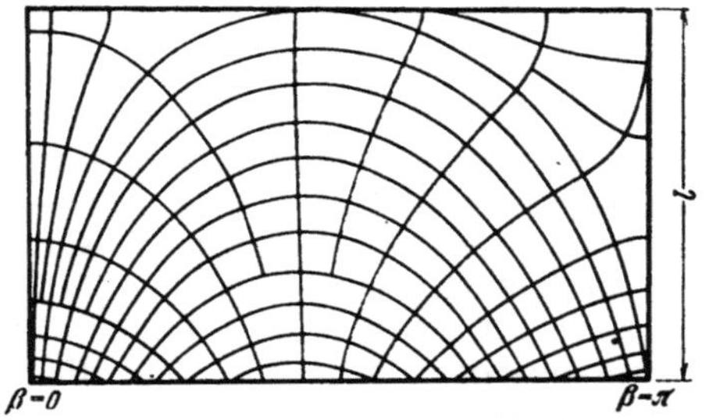

Abb. 796. Trajektorien im abgewickelten Zylindermantel.

d) Der Schalenrand. Ein Längsspannungszustand kann sich auch bei stetiger Krümmung der Mittelfläche, bei stetiger Änderung der Wanddicke und bei stetiger Belastung der Schale nur dann ausbilden, wenn die äußeren Kräfte am Rande in Richtung der Meridiantangente eingetragen werden, ohne daß die Formänderung des Längsspannungszustandes infolge Belastung und Temperaturänderung durch die Stützung oder den biegungssteifen Anschluß anderer Bauteile gestört wird. Diese Bedingungen lassen sich nur bei Schalen mit senkrechter Endtangente erfüllen. Der Meridian wird dabei zum Halbkreis, zur Ellipse, Zykloide, Parabel oder zu einem Korbbogen mit annähernd stetiger Änderung der Krümmung (Abb. 799).

Um Schalen ohne senkrechte Endtangente abzustützen oder senkrechte Lasten in den oberen Rand offener Schalen einzuführen und Schalen in einem Breitenkreis mit unstetiger Krümmung zu verbinden, sind Ringträger notwendig, deren Längskraft an den Unstetigkeitsstellen das Gleichgewicht der inneren Kräfte herstellt. Sie lassen sich auch zur Eintragung von Einzellasten verwenden, die als stetige Funktionen des Winkels β vorgegeben sind. Längskräfte in Ringträgern bei rotationssymmetrischer Belastung (Abb. 770).

Druckring: Zugring:

$$D = -\frac{Q_1}{2\pi}\operatorname{ctg}\alpha_1, \qquad Z = +\frac{Q_2}{2\pi}\operatorname{ctg}\alpha_2, \tag{1161}$$

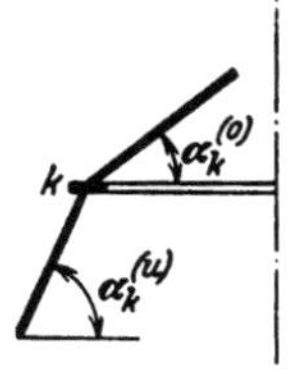

Abb. 797.

Zwischenring k zwischen zwei Meridianabschnitten mit den Tangentenwinkeln $\alpha_k^{(o)}$, $\alpha_k^{(u)}$ (Abb. 797).

$$S_k = -\frac{Q_k}{2\pi}\left(\operatorname{ctg}\alpha_k^{(u)} - \operatorname{ctg}\alpha_k^{(o)}\right). \tag{1162}$$

Störungen des Längsspannungszustandes werden jedoch hier nur vermieden, wenn die Ringdehnung ε_β der Schale mit der Dehnung $\bar{\varepsilon}_\beta$ des Ringträgers übereinstimmt, also für $\alpha \to \alpha_2$ (Abb. 798).

$$E\varepsilon_{\beta 2} = \frac{1}{h}(N_{\beta 2} - \mu N_{\alpha 2}) = E\bar{\varepsilon}_{\beta 2} = -\left(\frac{r_2 N_{\alpha 2}\cos\alpha_2}{F_2} + \frac{\mu N_{\alpha 2}\sin\alpha_2}{b_2}\right),$$

$$-\frac{N_{\beta 2}}{N_{\alpha 2}} + \mu = \frac{h}{F_2} r_2 \cos\alpha_2 + \mu \frac{h}{b_2}\sin\alpha_2. \qquad (1163)$$

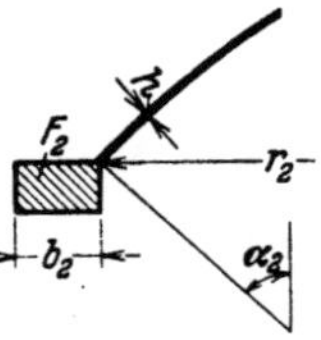

Abb. 798.

Ein Zugringträger kann daher nur unterhalb der Bruchfuge der Schale angeordnet werden ($N_{\beta 2} > 0$), so daß flache Kugel- oder Kegelschalen nach F. Dischinger einen Übergangsbogen zum Ringträger erhalten müssen, in welchem ein Teil des Bogenschubes durch Ringkräfte aufgenommen wird. Diese sind nach (1097) um so größer, je kleiner der Krümmungshalbmesser R_β der Kurve und damit auch die Länge des Übergangsbogens wird. In der Regel nimmt die Krümmung mit dem Winkel α stetig zu, um auch die Wanddicke h der Randzone gegen den Randträger allmählich vergrößern zu können. Die Bedingung (1163) kann dann durch Veränderung von h, F_2 oder α_2 erfüllt werden (s. S. 765).

Der Übergangsbogen leistet auch bei offenen Schalen gute Dienste, wenn an dem oberen Rande das Eigengewicht einer Laterne aufgenommen werden soll. Die Dehnung ε_β der Schale ist nahezu Null, während die Dehnung $\bar{\varepsilon}_\beta$ des Ringträgers sehr groß wird.

e) Rotationssymmetrische Schalen mit beliebiger Meridiankurve. Neben der Kugel-, Kegel- und Zylinderschale werden zur Lösung von Bauaufgaben noch

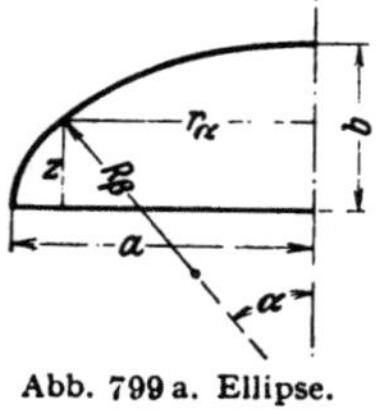
Abb. 799 a. Ellipse.

$$r_\alpha = \frac{a}{b}\sqrt{b^2 - z^2} = \frac{a^2 \sin\alpha}{(a^2\sin^2\alpha + b^2\cos^2\alpha)^{1/2}},$$

$$R_\beta = \frac{a^2 b^2}{(a^2\sin^2\alpha + b^2\cos^2\alpha)^{3/2}}, \qquad \operatorname{ctg}\alpha = \frac{d r_\alpha}{d z} = -\frac{a}{b}\,\frac{z}{\sqrt{b^2 - z^2}},$$

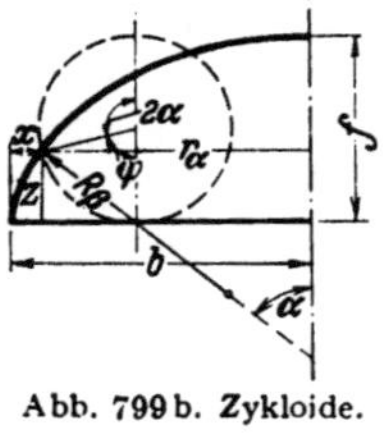
Abb. 799 b. Zykloide.

$$x = \frac{f}{2}(\varphi - \sin\varphi), \qquad z = \frac{f}{2}(1 - \cos\varphi), \qquad 0 \leqq \varphi \leqq 180^\circ,$$

$$b = \frac{\pi f}{2}, \qquad r_\alpha = \frac{f}{2}(2\alpha + \sin 2\alpha), \qquad R_\beta = 2f\cos\alpha,$$

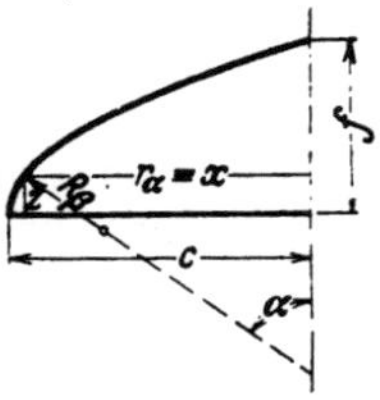
Abb. 799 c. Parabel.

$$x = \frac{2pc - z^2}{2p}, \qquad f = \sqrt{2pc},$$

$$\sin\alpha = \frac{p}{\sqrt{p^2 + z^2}}, \qquad \cos\alpha = \frac{z}{\sqrt{p^2 + z^2}},$$

$$R_\alpha = \frac{x}{\sin\alpha}, \qquad R_\beta = 2\sqrt{\frac{2}{p}\left(c - x + \frac{p}{2}\right)^3},$$

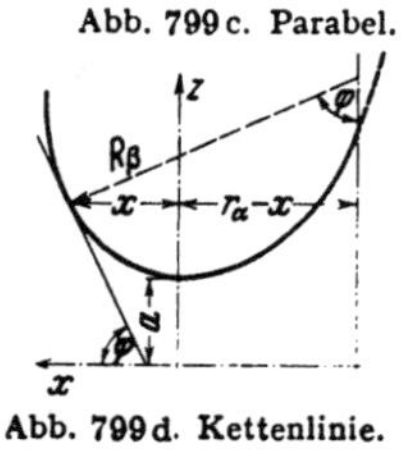
Abb. 799 d. Kettenlinie.

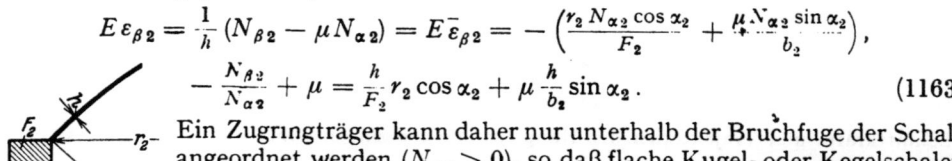

$$z = a\,\mathfrak{Cof}\left(\frac{x}{a}\right), \qquad \sin\varphi = \mathfrak{Tg}\left(\frac{x}{a}\right), \qquad \cos\varphi = \frac{1}{\mathfrak{Cof}\left(\frac{x}{a}\right)},$$

$$R_\alpha = r_\alpha\,\mathfrak{Ctg}\left(\frac{x}{a}\right), \qquad R_\beta = a\,\mathfrak{Cof}^2\left(\frac{x}{a}\right).$$

rotationssymmetrische Schalen mit einer Ellipse, Zykloide, Parabel oder Kettenlinie als Meridiankurve verwendet (Abb. 799). Die analytische Berechnung ihrer Längskräfte bereitet nach S. **745** keine Schwierigkeiten. Dagegen sind zur Untersuchung von Schalen mit beliebiger Meridiankurve noch einige Bemerkungen notwendig, die sich auch zur angenäherten Berechnung von Schalen mit mathematisch definierter Meridianlinie und veränderlicher Wanddicke eignen.

a) Rotationssymmetrische Belastung. Die Schnittkräfte werden aus dem Gleichgewicht der äußeren Kräfte an einem geeigneten Abschnitt des Flächentragwerks berechnet. An dem Schalenteil über einem Breitenschnitt mit dem Halbmesser r_α wirken neben der stetigen Belastung $p = p_x \mp p_z$ die Längskräfte N_α. Die Schubkräfte $N_{\alpha\beta}$ sind Null, da $N_{\alpha\beta} = N_{\beta\alpha}$ und diese bei rotationssymmetrischer Belastung wegfallen. Mit Q_α als senkrechter Komponente der resultierenden Belastung und $p_z \sin\alpha - p_y \cos\alpha = p_h$ als waagerechter Komponente der stetigen Belastung p lauten die Gleichgewichtsbedingungen für die Kräfte an den Abschnitten Abb. **767** nach S. **745**

$$\left.\begin{aligned} r_\alpha N_\alpha &= -\frac{1}{\sin\alpha}\frac{Q_\alpha}{2\pi}, \\ N_\beta &= -N_\alpha\frac{R_\alpha}{R_\beta} - p_z R_\alpha \\ &= \frac{d}{ds}(r_\alpha N_\alpha \cos\alpha) - p_h r_\alpha. \end{aligned}\right\} \quad (1164)$$

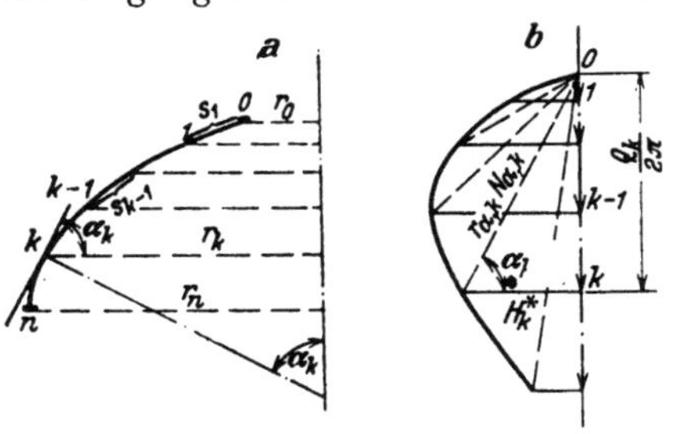

Abb. 800.

Bei senkrechter Belastung ist also

$$N_\beta = -\frac{1}{2\pi}\frac{d(Q_\alpha \operatorname{ctg}\alpha)}{ds} \quad (1165)$$

Die Schnittkräfte lassen sich daher rechnerisch oder zeichnerisch bei jeder Form des Meridianschnittes angeben, wenn dieser mit der Punktfolge $0 \ldots k \ldots n$ in n gleichgroße Intervalle s geteilt und der Differentialquotient (**1165**) durch den Differenzenquotienten (**1166**) ersetzt wird.

Die Buchstaben α_k bezeichnen die Winkel der Tangenten in den Intervallgrenzen, die Buchstaben r_k den Halbmesser der Breitenschnitte k. Ihnen sind die Kräfte Q_k und der Bogenschub $H_k^* = Q_k/2\pi \cdot \operatorname{ctg}\alpha_k$ zugeordnet.

$$\left.\begin{aligned} r_{\alpha,k} N_{\alpha,k} &= \frac{1}{\sin\alpha_k}\cdot\frac{Q_{\alpha,k}}{2\pi}, \\ N_{\beta,k} &= \frac{H_k^* - H_{k-1}^*}{s_k} - \frac{p_{h,k} + p_{h,(k-1)}}{2}\cdot\frac{r_k + r_{k-1}}{2}. \end{aligned}\right\} \quad (1166)$$

Die numerische Anwendung der Rechenvorschrift ist in dem Zahlenbeispiel auf S. **764** enthalten. Die zeichnerische Lösung besteht aus einem Kräfteplan mit $Q_0/2\pi \ldots Q_k/2\pi \ldots Q_n/2\pi$, aus dem zunächst $(r_{\alpha,k} N_{\alpha,k})$, also auch $N_{\alpha,k}$ und $(r_{\alpha,k} N_{\alpha,k} \cos\alpha_k) = H_k^*$ erhalten werden (Abb. **800**). Die Ringkräfte $N_{\beta,k}$ wechseln bei senkrechter Belastung $(p_h = 0)$ mit $\Delta H_k^* = H_k^* - H_{k-1}^* = 0$ das Vorzeichen.

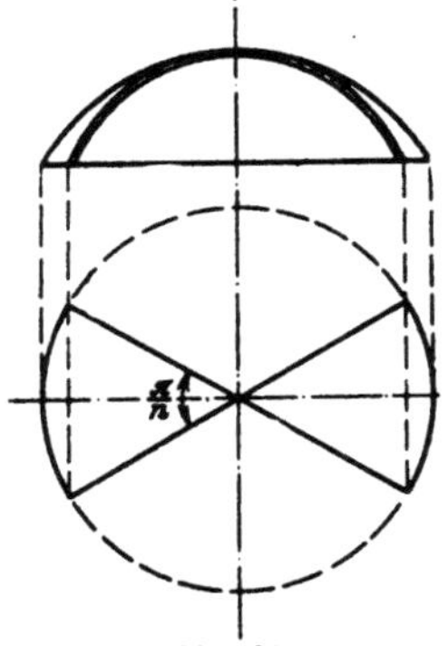

Abb. 801.

b) Windbelastung. Die Belastung $p_w = p_z$ kann nach S. **746** stets als trigonometrische, nach ganzen Vielfachen n von β fortschreitende Reihe entwickelt und damit in Teile zerlegt werden, die zu einer ausgezeichneten Meridianebene ($\beta = 90^0$) symmetrisch oder antimetrisch sind, je nachdem n eine gerade oder ungerade Zahl ist $(p_w = \sum p_{wn})$. Die Spannungen werden für jeden Anteil p_{wn} einzeln berechnet und darauf überlagert. Die Spannungen aus dem Anteil p_{wn} eines Breitenschnittes sind nach S. **746** durch 3 Parameter bestimmt.

Sie ergeben sich aus den drei Gleichgewichtsbedingungen der äußeren Kräfte des doppelten Schalensektors vom Öffnungswinkel π/n (Abb. 801). Er wird durch Ringzonen unterteilt, in denen der Meridian sich angenähert durch gerade Strecken ersetzen läßt und besteht dann aus einzelnen abgestumpften Kreiskegeln.

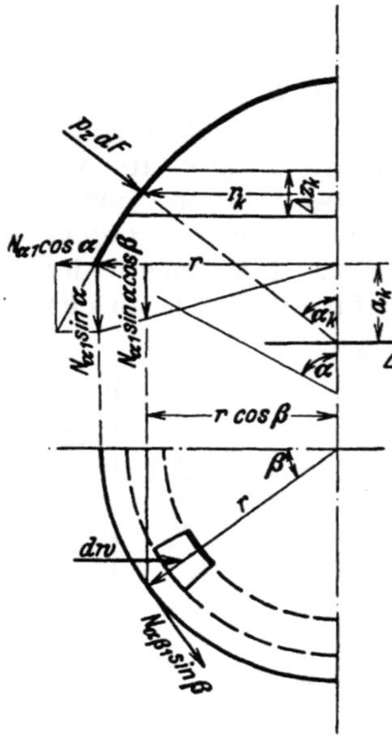

Abb. 802.

Sonderfall $n = 1$, $p_z = p_w \sin\alpha \cos\beta$.

Der Normaldruck auf das Flächenteilchen dF beträgt $p_z dF$, seine Komponente in der Windrichtung mit $dF = r_\alpha\, d\beta\, dz/\sin\alpha$

$$dw = p_w r_\alpha \sin\alpha \cos^2\beta\, d\beta\, dz\,. \tag{1167}$$

Für einen vollen Ring mit der Höhe dz ist daher

$$dW = 4\int_{\beta=0}^{\beta=\pi/2} dw = \pi p_w r_\alpha \sin\alpha\, dz\,,$$

und für einen endlichen Abschnitt Δz

$$\Delta W_k = \pi p_w r_k \sin\alpha_k\, \Delta z_k\,. \tag{1168}$$

Die Kraft wirkt im Abstand a_k vom Breitenkreis r (Abb. 802), so daß sich folgende Gleichgewichtsbedingungen für die äußeren Kräfte oberhalb des Breitenschnittes r aufstellen lassen.

$$\left.\begin{aligned} &\Sigma a_k \Delta W_k + 4 N_{\alpha 1} r^2 \sin\alpha \int_0^{\pi/2} \cos^2\beta\, d\beta = 0\,,\\ &N_{\alpha 1} = -\frac{\Sigma a_k \Delta W_k}{\pi r^2 \sin\alpha}\,, \qquad N_\alpha = N_{\alpha 1}\cos\beta\,, \end{aligned}\right\} \tag{1169}$$

Gleichgewichtsbedingung (1094)c

$$N_{\beta 1} = -\left(p_w \sin\alpha + \frac{N_{\alpha 1}}{R_\beta}\right) R_\alpha\,, \qquad N_\beta = N_{\beta 1}\cos\beta\,, \tag{1170}$$

und

$$\Sigma \Delta W_k - 4 N_{\alpha 1} r \cos\alpha \int_0^{\pi/2} \cos^2\beta\, d\beta + 4 N_{\alpha\beta 1} r \int_0^{\pi/2} \sin^2\beta\, d\beta = 0\,.$$

$$N_{\alpha\beta 1} = -\frac{1}{\pi r}\left[\Sigma \Delta W_k + \frac{\operatorname{ctg}\alpha}{r} \Sigma a_k \Delta W_k\right], \qquad N_{\alpha\beta} = N_{\alpha\beta 1}\sin\beta\,. \tag{1171}$$

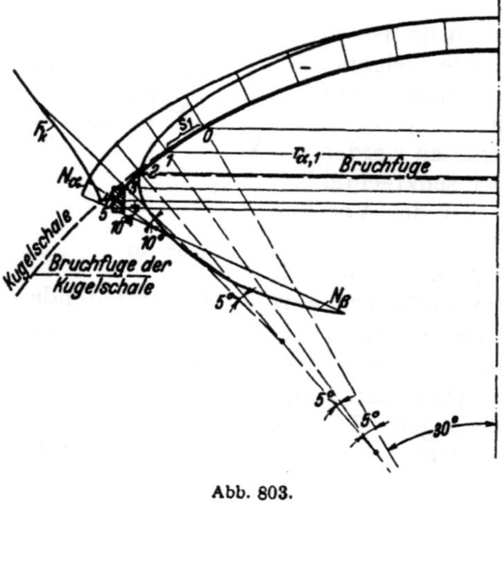

Abb. 803.

Berechnung einer Kugelschale mit Übergangsbogen für Eigengewicht.

Kugelschale: $a = 23{,}75$ m, $g = 0{,}12$ t/m², Schnittkräfte nach (1121). Bei $\alpha = 30^0$ ist

$$N_{\alpha,0} = -1{,}526 \text{ t/m}\,, \qquad N_{\beta,0} = -0{,}94 \text{ t/m}\,.$$

$$\frac{Q_{\alpha,0}}{2\pi} = -N_{\alpha,0}\cdot a \sin^2\alpha = +9{,}06 \text{ t}\,.$$

Der Übergangsbogen beginnt bei $\alpha = 30^0$ und ist geometrisch durch Abb. 803 gegeben. Er wird in Intervalle mit $\Delta\alpha = 5^0$ oder 10^0 eingeteilt. Die Radien der Breitenkreise $r_{\alpha,k}$ für die Intervallgrenze, $r_{\alpha,k'}$ für die Intervallmitte werden der Zeichnung entnommen. Schnittkräfte nach (1166).

$$Q_{\alpha,k} = Q_{\alpha,0} + \Sigma \Delta Q_{\alpha,k}\,,$$

$$\Delta Q_{\alpha\,k} = g\, s_k\, 2\pi\, r_{\alpha,k'}\,,$$

	α_k^0	s_k m	$r_{\alpha,k'}$ m	$\Delta Q_{\alpha,k}/2\pi$ t	$Q_{\alpha,k}/2\pi$ t	$r_{\alpha,k}$ m	$\sin\alpha_k$	$r_{\alpha,k}\sin\alpha_k$	$N_{\alpha,k}$ t/m	$\operatorname{ctg}\alpha_k$	$\frac{Q_{\alpha,k}\operatorname{ctg}\alpha_k}{2\pi}$	$\frac{\Delta(Q_{\alpha,k}\operatorname{ctg}\alpha_k)}{2\pi}$	$N_{\beta,k}$ t/m
[illegible]	30				− 9,06	11,88	0,5	5,94	− 1,53	1,732	− 15,70		(− 0,94)
[illegible]	35	1,78	12,72	− 2,72	− 11,78	13,48	0,574	7,73	− 1,52	1,428	− 16,81	− 1,11	− 0,62
[illegible]	40	1,38	14,03	− 2,32	− 14,10	14,55	0,643	9,36	− 1,51	1,192	− 16,82	− 0,01	− 0,01
[illegible]	45	0,86	14,88	− 1,54	− 15,64	15,19	0,707	10,72	− 1,46	1,000	− 15,64	− 1,18	+ 1,38
[illegible]	55	0,67	15,39	− 1,24	− 16,88	15,61	0,819	12,76	− 1,32	0,700	− 11,81	− 3,83	+ 5,72
[illegible]	65	0,35	15,69	− 0,66	− 17,54	15,81	0,906	14,32	− 1,23	0,466	− 8,19	− 3,62	+ 10,34

Die günstigste Lage und der Querschnitt des Zugringes folgt aus (**1163**) mit $h = 0{,}05$ m und $h/b \ll 1$.

$$F_k = (0{,}05\, r_{\alpha,k} \cos\alpha_k) : \left(\frac{N_{\beta,k}}{-N_{\alpha,k}} + \mu\right) = \frac{\mathfrak{Z}}{\mathfrak{N}}\,.$$

k	$\cos\alpha_k$	$\mathfrak{Z}$	$\frac{N_{\beta,k}}{-N_{\alpha,k}}$	$\mathfrak{N}$	F_k cm²
2	0,766	0,557	− 0,005	0,16	34 800
3	0,707	0,537	0,95	1,12	4 800
4	0,574	0,448	4,34	4,51	995
5	0,423	0,335	8,40	8,57	391

Der Zugring wird bei $\alpha = 45^0$ angeordnet und erhält den Querschnitt 100/50 cm. Abb. 803 zeigt die neue Lage der Bruchfuge im Gegensatz zur Kugelschale.

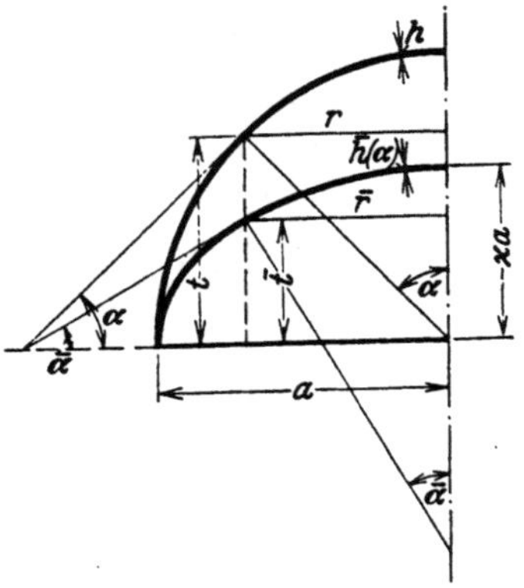

Abb. 804.

f) Schalen mit Massenausgleich. Sind die Schalen mit konstanter Wanddicke h zur Lösung einer Bauaufgabe ungeeignet, so liegt es bei der baulichen Ausbildung eines Querschnitts mit veränderlicher Wanddicke nahe, auf diejenigen elastischen Gebilde (Koordinaten $\bar{R}_\alpha$, $\bar{R}_\beta$, $\bar{\alpha}$ oder $\bar{r}$, $\bar{s}$, $\bar{t}$) zurückzugreifen, die mit einer ausgezeichneten Schale von konstanter Wanddicke (Koordinaten R_α, R_β, α oder r, s, t) geometrisch verwandt sind, und deren Spannungen wiederum im wesentlichen durch Längskräfte hervorgerufen werden.

Die Lösung ist bei rotationssymmetrischen Schalen mit einer Ellipse als Meridianschnitt am einfachsten ($\bar{r}, \bar{t}, \bar{s}, \bar{h}$). Sie wird auf eine Halbkugelschale ($r, s, t, h =$ const) bezogen, die mit ihr in folgender Weise geometrisch verwandt ist (Abb. 804):

$$\bar{r} = r\,, \qquad \bar{s} = s\,, \qquad \bar{t} = \varkappa t\,.$$

$$d\bar{x} = dx\,, \quad d\bar{y} = dy\sqrt{\cos^2\alpha + \varkappa^2\sin^2\alpha}\,, \quad d\bar{F} = d\bar{x}\cdot d\bar{y} = dF\sqrt{\cos^2\alpha + \varkappa^2\sin^2\alpha}\,. \tag{1172}$$

Wird dann für die Belastung g, $\bar{g}$ der beiden geometrisch verwandten Schalen nachgewiesen, daß $g\,dF = \bar{g}\,d\bar{F}$, so ist auch $N_\beta dy = \bar{N}_\beta d\bar{y}$ und $N_\alpha dx\sin\alpha = \bar{N}_\alpha d\bar{x}\sin\bar{\alpha}$, also

$$\bar{N}_\beta = N_\beta\frac{1}{\sqrt{\cos^2\alpha + \varkappa^2\sin^2\alpha}}\,, \qquad \bar{N}_\alpha = N_\alpha\frac{dt}{dy}\frac{d\bar{y}}{d\bar{t}} = N_\alpha\frac{\sqrt{\cos^2\alpha + \varkappa^2\sin^2\alpha}}{\varkappa} \tag{1173}$$

und für die Spannungen gilt

$$\bar{\sigma}_\alpha = \sigma_\alpha\frac{h}{\bar{h}}\frac{\sqrt{\cos^2\alpha + \varkappa^2\sin^2\alpha}}{\varkappa}\,, \qquad \bar{\sigma}_\beta = \sigma_\beta\frac{h}{\bar{h}}\frac{1}{\sqrt{\cos^2\alpha + \varkappa^2\sin^2\alpha}}\,. \tag{1174}$$

Die Lösung gilt für Eigengewicht bei veränderlicher Wanddicke $\bar{h}$ der geometrisch verwandten Schale, wenn

$$\gamma h\,dF = \gamma\bar{h}\,d\bar{F}\,, \quad \text{also} \quad \bar{h} = \frac{h}{\sqrt{\cos^2\alpha + \varkappa^2\sin^2\alpha}} \tag{1175}$$

Die Wanddicke h stimmt also im Scheitel ($\alpha = 0$) mit der Wanddicke h überein und erreicht am Kämpfer $\alpha = 90^0$ ihren Grenzwert $\bar{h}^* = h/\varkappa$. Die Wanddicke nimmt also bei abgeplatteten Rotationsschalen ($\varkappa < 1$) gegen den Kämpfer zu und bei überhöhten Rotationsschalen ($\varkappa > 1$) ab. In beiden Fällen wird das Eigengewicht allein durch Längsspannungen abgetragen.

Dasselbe gilt auch bei Schneebelastung, da die Bedingung $p_s \cos\alpha\, dF = p_s \cos\bar{\alpha}\, d\bar{F}$ mit $d\bar{y}/dy = d\bar{F}/dF$ erfüllt ist.

Ähnliche Betrachtungen lassen sich auch für abgeplattete oder überhöhte Schalen mit ellipsenförmigem Grundriß wiederholen. Ihre geometrische Verwandtschaft zur Halbkugelschale kann z. B. mit $\bar{r}/r = \lambda$, $\bar{s}/s = 1$, $\bar{t}/t = \varkappa$ beschrieben werden.

81. Biegungssteife rotationssymmetrische Schalen.

Die Spannungen $\sigma_\alpha(z), \sigma_\beta(z)$ usw. sind nach den Bemerkungen auf S. **744** lineare Funktionen der Dehnungen $\varepsilon_{0\alpha} \to \varepsilon_\alpha$, $\varepsilon_{0\beta} \to \varepsilon_\beta$ der Mittelfläche und der Krümmungsänderung $d(1/R_\beta) = \varkappa_\alpha$, $d(1/R_\alpha) = \varkappa_\beta$ ihrer Hauptschnitte. Sie lassen sich daher zu Schnittkräften zusammenfassen, von denen jedoch die Querkräfte $Q_{\beta z}$, die Schnittkräfte $N_{\alpha\beta}$ und die Drillungsmomente $M_{\alpha\beta}$ bei rotationssymmetrischer Belastung Null sind. Der Spannungszustand ist daher in diesem Falle durch die folgenden Schnittkräfte bestimmt:

$$\text{Schnitt } \alpha = \text{const}: \qquad N_\alpha, M_\alpha, Q_{\alpha z} = Q_\alpha,$$
$$\text{Schnitt } \beta = \text{const}: \qquad N_\beta, M_\beta, Q_{\beta z} = 0.$$

Sie werden für $\sigma_z = 0$ und $h \ll R_\beta$ nach dem Hookeschen Gesetz ebenso wie auf S. **747** und S. **645** aus der Verzerrung der Mittelfläche berechnet.

$$\left.\begin{aligned} N_\alpha &= D(\varepsilon_\alpha + \mu\,\varepsilon_\beta), & N_\beta &= D(\varepsilon_\beta + \mu\,\varepsilon_\alpha), & D &= \frac{E h}{1-\mu^2}, \\ M_\alpha &= -B(\varkappa_\alpha + \mu\,\varkappa_\beta), & M_\beta &= -B(\varkappa_\beta + \mu\,\varkappa_\alpha), & B &= \frac{E h^3}{12(1-\mu^2)}. \end{aligned}\right\} \quad (1176)$$

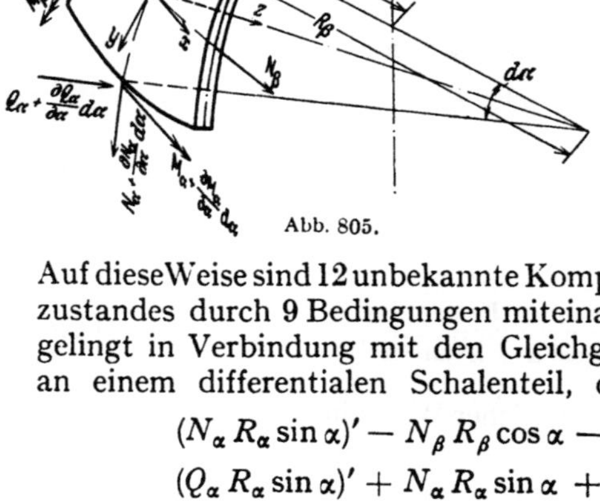

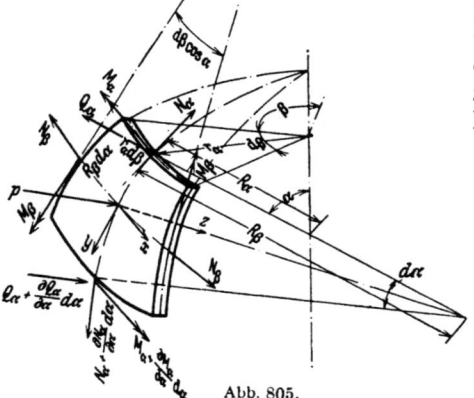

Abb. 805.

Die Verzerrung ($\varepsilon_\alpha, \varepsilon_\beta, \varkappa_\alpha, \varkappa_\beta$) des differentialen Abschnitts der Mittelfläche steht mit den Komponenten v, w des Verschiebungszustandes (Abb. 769) nach S. **747** in folgenden Beziehungen:

$$\left.\begin{aligned} \varepsilon_\alpha &= \frac{v' - w}{R_\beta}, \qquad \varepsilon_\beta = \frac{v \operatorname{ctg}\alpha - w}{R_\alpha}, \\ \vartheta &= \frac{v + w'}{R_\beta}, \\ \varkappa_\alpha &= \frac{\vartheta'}{R_\beta}, \qquad \varkappa_\beta = \frac{\vartheta \operatorname{ctg}\alpha}{R_\alpha}, \\ (\ )' &= \frac{d(\ )}{d\alpha}. \end{aligned}\right| \quad (1177)$$

Auf diese Weise sind 12 unbekannte Komponenten des Spannungs- und Formänderungszustandes durch 9 Bedingungen miteinander verknüpft. Ihre eindeutige Berechnung gelingt in Verbindung mit den Gleichgewichtsbedingungen für die äußeren Kräfte an einem differentialen Schalenteil, die nach Abb. 805 folgendermaßen lauten:

$$\left.\begin{aligned} (N_\alpha R_\alpha \sin\alpha)' - N_\beta R_\beta \cos\alpha - Q_\alpha R_\alpha \sin\alpha + p_y R_\alpha R_\beta \sin\alpha &= 0, \\ (Q_\alpha R_\alpha \sin\alpha)' + N_\alpha R_\alpha \sin\alpha + N_\beta R_\beta \sin\alpha \mp p_z R_\alpha R_\beta \sin\alpha &= 0, \\ (M_\alpha R_\alpha \sin\alpha)' - M_\beta R_\beta \cos\alpha - Q_\alpha R_\alpha R_\beta \sin\alpha &= 0. \end{aligned}\right\} \quad (1178)$$

Um diese 12 linearen Gleichungen in mathematischer Beziehung übersichtlich zu lösen, wird die Querkraft Q_α bei der Untersuchung von Schalen mit konstanter Wanddicke h und veränderlichem Halbmesser $R_\alpha(\alpha)$ durch die Unbekannte $V_\alpha = R_\alpha Q_\alpha$ und bei Schalen mit stetig veränderlicher Wanddicke $h(\alpha)$ durch die Unbekannte $U_\alpha = Q_\alpha R_\alpha/h^2$ ersetzt. Die Wurzeln des Ansatzes lassen sich dann durch geeignete Verknüpfung der Gleichungen allmählich ausschließen, so daß zwei simultane Differentialgleichungen zwischen den Unbekannten V oder U und der Verdrehung ϑ der Meridiantangente entstehen, die sich durch gleichartigen Aufbau auszeichnen. Sie lauten in Symbolen

$$\mathfrak{L}(\vartheta) + \vartheta \cdot F_1(\alpha) = -\lambda_1 U, \qquad \mathfrak{L}(U) + U \cdot F_2(\alpha) = \lambda_2 \vartheta + \Phi(\alpha), \tag{1179}$$

Die Buchstaben $\mathfrak{L}(\ )$ bezeichnen Differentialoperationen, die Buchstaben $F_1(\alpha)$, $F_2(\alpha)$ bekannte, mit der Schalenform vorgeschriebene Funktionen. Die Buchstaben λ_1, λ_2 sind konstante Größen, die von den elastischen Eigenschaften des Baustoffs abhängen, während die Funktion $\Phi(\alpha)$ mit der Belastung p_y, p_z der Oberfläche verschwindet.

Die vollständige Lösung J enthält neben der allgemeinen Lösung $\bar{J}$ der homogenen Gleichungen (1179) mit $\Phi(\alpha)=0$ ein partikuläres Integral J_0 des inhomogenen Ansatzes ($\Phi(\alpha) \neq 0$). Dieses stimmt mit großer Genauigkeit mit der Lösung für den Längsspannungszustand der statisch bestimmt abgestützten Schale (Abschn. 80) überein. Daher wird die vollständige Lösung für die biegungssteife Schale durch die Überlagerung der Schnittkräfte $N_{\alpha,0}, N_{\beta,0}, M_{\alpha,0} = M_{\beta,0} = Q_{\alpha,0} = 0$ aus dem Längsspannungszustand mit den Schnittkräften $\bar{N}_\alpha, \bar{N}_\beta, \bar{M}_\alpha, \bar{M}_\beta, \bar{Q}_\alpha$ aus der Randstörung erhalten.

Die allgemeine Lösung des homogenen Ansatzes enthält vier Integrationskonstanten, so daß neben den statischen oder geometrischen Bedingungen des Längsspannungszustandes noch zwei Bedingungen an jedem Schalenrande vorgeschrieben werden können.

a) Freier Rand $U = 0$, $M_\alpha = 0$.

b) Frei drehbare Lagerung des Schalenrandes $\Delta r_\alpha = 0$, $M_\alpha = 0$.

c) Eingespannter Schalenrand $\Delta r_\alpha = 0$, $\vartheta = 0$.

d) Bei einer Verbindung des Schalenrandes mit anderen Bauteilen sind die gegenseitige Verschiebung δ_1 und die gegenseitige Verdrehung δ_2 der Anschlußflächen Null.

Geckeler, J. W.: Über die Festigkeit achsensymmetrischer Schalen. Forsch.-Arb. Ing.-Wes. Heft 276. Berlin 1926.

a) Die Kugelschale mit gleichbleibender Wandstärke. Die Krümmung der Mittelfläche ist konstant ($R_\alpha = R_\beta = a$). Dasselbe gilt von der Schalendicke h und daher auch von der Dehnungssteifigkeit D und der Biegungssteifigkeit B (h = const, D = const, B = const). Unter diesen Umständen lassen sich durch Verknüpfung von (1177) die allgemeinen Beziehungen zwischen den Komponenten des Verschiebungszustandes der Mittelfläche und der Verzerrung des Schalendifferentials folgendermaßen ergänzen:

$$\vartheta = (\varepsilon_\alpha - \varepsilon_\beta)\operatorname{ctg}\alpha - \varepsilon'_\beta, \qquad d(\ )/d\alpha = (\ )'. \tag{1180}$$

Die Schnittkräfte unterliegen den Gleichgewichtsbedingungen (1178). Sie lauten für $R_\alpha = R_\beta = a$

$$\left.\begin{aligned} (N_\alpha \sin\alpha)' - N_\beta \cos\alpha - Q_\alpha \sin\alpha + p_y a \sin\alpha &= 0, \\ (Q_\alpha \sin\alpha)' + N_\alpha \sin\alpha + N_\beta \sin\alpha + p_z a \sin\alpha &= 0, \\ M'_\alpha - (M_\beta - M_\alpha)\operatorname{ctg}\alpha - Q_\alpha a &= 0. \end{aligned}\right\} \tag{1181}$$

Die letzte Bedingung liefert mit (1176), also mit

$$M_\alpha = -\frac{B}{a}(\vartheta' + \mu\,\vartheta \operatorname{ctg}\alpha), \qquad M_\beta = -\frac{B}{a}(\vartheta \operatorname{ctg}\alpha + \mu\,\vartheta'),$$

$$L(\vartheta) - \mu\,\vartheta = \vartheta'' + \vartheta' \operatorname{ctg}\alpha - \vartheta \operatorname{ctg}^2\alpha - \mu\,\vartheta = -\frac{a^2}{B} Q_\alpha. \tag{1182}$$

Aus den anderen beiden Gleichgewichtsbedingungen folgt

$$N_\alpha = -Q_\alpha \operatorname{ctg}\alpha - \frac{a\,F}{\sin^2\alpha}, \qquad N_\beta = \frac{a\,F}{\sin^2\alpha} - Q'_\alpha - p_z\,a$$

mit

$$d\,F/d\alpha = p_z \sin\alpha\cos\alpha + p_y \sin^2\alpha$$

und daher in Verbindung mit (1176) und (1180)

$$L(Q_\alpha) + \mu\,Q_\alpha = Q''_\alpha + Q'_\alpha \operatorname{ctg}\alpha - Q_\alpha \operatorname{ctg}^2\alpha + \mu Q_\alpha = E\,h\,\vartheta - a[p'_z - (1+\mu)p_y]. \tag{1183}$$

Auf diese Weise ist ein System von zwei simultanen Differentialgleichungen zweiter Ordnung entstanden, aus dem jede der beiden Unbekannten durch Wiederholung der Differentialoperation L ( ) mit einer Differentialgleichung vierter Ordnung berechnet werden kann. Die Partikularlösung ϑ_0, $Q_{\alpha 0}$ der vollständigen Gleichung läßt sich nach E. Meißner für die wesentlichen Belastungsfälle angeben. Z. B. wird bei Eigengewicht mit $p_y = g \sin\alpha$, $p_z = g\cos\alpha$ in (1183)

$$-a[p'_z - (1+\mu)\,p_y] = a\,g\,(2+\mu)\sin\alpha\,.$$

Die simultanen Differentialgleichungen (1182) und (1183) für ϑ_0, $Q_{\alpha 0}$ werden durch den Ansatz $\vartheta_0 = A_1 \sin\alpha$, $Q_{\alpha 0} = A_2 \sin\alpha$ erfüllt, wenn

$$A_1 = -\frac{(2+\mu)\,a^3\,g}{(1-\mu^2)[1+12\,(a/h)^2]\,B} = \frac{a^2 A_2}{(1+\mu)\,B}\,.$$

Damit sind ϑ_0, $Q_{\alpha 0}$ und in Verbindung mit (1176) auch $M_{\alpha 0}$, $M_{\beta 0}$ bestimmt.

$$M_{\alpha 0} = M_{\beta 0} = -\frac{B}{a} A_1 (1+\mu)\cos\alpha\,.$$

Diese Schnittkräfte sind im Vergleich zu dem Anteil aus den Randstörungen nach S. 770 klein von höherer Ordnung und werden daher vernachlässigt. Mit

$$Q_{\alpha 0} = 0, \qquad M_{\alpha 0} = 0, \qquad M_{\beta 0} = 0$$

stimmt der Spannungszustand der biegungssteifen Schale bei statisch bestimmter Stützung mit dem Längsspannungszustand auf S. 751 überein. Dasselbe gilt damit auch für den Verschiebungszustand. Das Ergebnis wiederholt sich bei den Partikularlösungen für die anderen rotationssymmetrischen Belastungsfälle.

Die Schnittkräfte und Verschiebungen der biegungssteifen Kugelschale lassen sich daher, wie bereits auf S. 767 bemerkt, mit großer Genauigkeit aus zwei voneinander unabhängigen Anteilen zusammensetzen. Der eine besteht aus den Schnittkräften und Verschiebungen des Längsspannungszustandes durch die vorgeschriebene stetige Belastung, der andere aus den Schnittkräften und Verschiebungen der biegungssteifen Schale infolge der Randkräfte $M_{\alpha 2}$, $Q_{\alpha 2}$ usw., die zur Befriedigung der vorgeschriebenen Stützung notwendig sind.

Die Schnittkräfte und Verschiebungen des Längsspannungszustandes sind für die regelmäßigen Belastungsfälle auf S. 751 ff. angeschrieben. Die Schnittkräfte und Verschiebungen der biegungssteifen Kugelschale aus vorgeschriebenen Randkräften werden aus den homogenen Differentialgleichungen (1182), (1183) für $\overline{\vartheta}$ und $\overline{Q}_\alpha$ berechnet.

Das Integral der homogenen Gl. (1182) (1183) kann als Reihenentwicklung angeschrieben werden. Die Lösungen für $\overline{\vartheta}$, $\overline{Q}_\alpha$ und für alle daraus abgeleiteten Schnittkräfte und Verschiebungen klingen vom Rande aus schnell ab. Da jede Ableitung im

Vergleich zu der nächst höheren Ableitung dann klein von zweiter Ordnung ist, können nach einem Vorschlage von J. W. Geckeler die Funktionen $\bar{\vartheta}$ und $\bar{\vartheta}'$ gegenüber $\bar{\vartheta}''$ in (1182) und die Funktionen $\bar{Q}_\alpha$ und $\bar{Q}'_\alpha$ gegenüber $\bar{Q}''_\alpha$ in (1183) vernachlässigt werden, um schnell zu einer übersichtlichen, für technische Aufgaben brauchbaren Näherungslösung zu kommen.

Die Näherungslösung für $\bar{\vartheta}$ (α) und $\bar{Q}$ (α) entsteht also aus den Gleichungen

$$\bar{\vartheta}'' = -\frac{a^2}{B}\bar{Q}_\alpha, \qquad \bar{Q}''_\alpha = E\,h\,\bar{\vartheta}. \tag{1184}$$

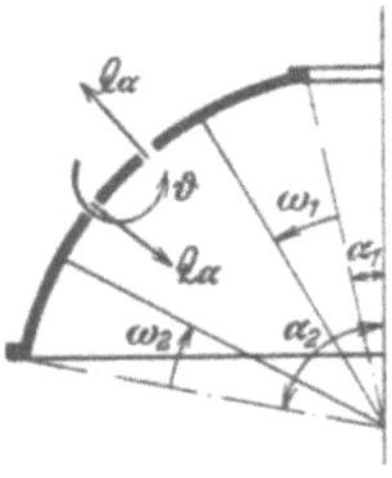

Abb. 806.

Die Elimination von $\bar{Q}_\alpha$ liefert mit

$$4\,k^4 = \frac{a^2}{B}E\,h = \frac{12(1-\mu^2)\,a^2}{h^2}, \qquad k = \sqrt{\frac{a}{h}}\,\sqrt{3(1-\mu^2)}\,, \tag{1185}$$

$$\bar{\vartheta}^{IV}_\alpha + 4\,k^4\,\bar{\vartheta} = 0\,. \tag{1186}$$

Durch Elimination von $\bar{\vartheta}$ entsteht

$$\bar{Q}^{IV}_\alpha + 4\,k^4\,\bar{Q}_\alpha = 0\,. \tag{1187}$$

Die Gleichungen werden mit dem aus Abschn. 22 bekannten Exponentialansatz gelöst. Da hiernach beide Funktionen $\bar{\vartheta}$, $\bar{Q}_\alpha$ ebenso wie alle daraus abgeleiteten Schnittkräfte und Verschiebungen schnell vom Rande aus abklingen, werden sie je nach der Betrachtung der oberen oder unteren Randzone auf den Winkel $\omega_1 = (\alpha - \alpha_1)$, $d\omega_1 = d\alpha$ oder $\omega_2 = (\alpha_2 - \alpha)$, $d\omega_2 = -d\alpha$ als unabhängiger Veränderlicher bezogen (Abb. 806). Daher ist in beiden Fällen

$$\left.\begin{aligned}\bar{\vartheta} &= e^{-k\omega}(\bar{A}_1\cos k\,\omega + \bar{A}_2\sin k\,\omega) + e^{k\omega}(\bar{A}_3\cos k\,\omega + \bar{A}_4\sin k\,\omega)\,,\\ \bar{Q}_\alpha &= e^{-k\omega}(A_1\cos k\,\omega + A_2\sin k\,\omega) + e^{k\omega}(A_3\cos k\,\omega + A_4\sin k\,\omega)\,,\end{aligned}\right\} \tag{1188a}$$

oder nach S. 141 auch

$$\bar{Q}_\alpha = C_1\,e^{-k\omega}\cos(k\,\omega + \psi_1) + C_2\,e^{k\omega}\cos(k\,\omega + \psi_2)\,. \tag{1188b}$$

Die Integrationskonstanten $\bar{A}_3$, $\bar{A}_4$ und A_3, A_4 oder C_2, ψ_2 einer Lösung für die geschlossene Kugelschale mit $\omega_2 = \alpha_2 - \alpha$ als unabhängiger Veränderlicher sind Null, da die Bedingungen $\vartheta = 0$, $Q_\alpha = 0$ im Scheitel nur auf diese Weise erfüllt werden können. Die Funktion ϑ (ω) und Q_α (ω) verlaufen daher ebenso wie alle abgeleiteten Funktionen der übrigen Schnittkräfte und Verschiebungen nach gedämpften Schwingungen mit dem Winkel $2\,\pi/k$ als Schwingungslänge und π als logarithmischem Dekrement. Sie klingen mit wachsendem ω um so schneller ab, je größer k ist. Der Einfluß der von den Randstörungen des Längsspannungszustandes herrührenden Randkräfte $M_{\alpha 2}$, $Q_{\alpha 2}$ ist daher auf eine schmale Randzone beschränkt. Das Ergebnis läßt sich auch leicht auf Grund des St. Venantschen Prinzips einsehen, da die Randkräfte im Gleichgewicht stehen. Es bestätigt die Richtigkeit der Annahmen für die Näherungslösung, da die zweiten Ableitungen $\bar{\vartheta}''$, $\bar{Q}''_\alpha$ den Betrag k^2 als Faktor enthalten, und daher als Glieder des linearen Ansatzes (1182) oder (1183) wesentlich größere Bedeutung besitzen als $\bar{\vartheta}'$, $\bar{\vartheta}$ oder $\bar{Q}'_\alpha$, $\bar{Q}_\alpha$.

Die Lösung $\bar{\vartheta}$ und $\bar{Q}_\alpha$ offener Schalen nach (1187) enthält streng genommen vier Integrationskonstante, die aus vier Bedingungen für die Verschiebungen oder für die Schnittkräfte an den beiden Schalenrändern berechnet werden können. Ist die Schalenzone $(\alpha_2 - \alpha_1)$ jedoch breit, so klingen die von jeder Randbelastung herrührenden Komponenten des Spannungs- und Verschiebungszustandes so weit ab, daß je zwei Integrationskonstante A_1, A_2 und A_3, A_4 oder C_1, ψ_1 und C_2, ψ_2 unabhängig voneinander aus

$$\bar{Q}_\alpha = e^{-k\omega}(A_1\cos k\,\omega + A_2\sin k\,\omega) \quad\text{und}\quad \bar{Q}_\alpha = e^{-k\omega}(A_3\cdot\cos k\,\omega + A_4\sin k\,\omega) \tag{1189}$$

angegeben werden können, je nachdem der Breitenunterschied $\omega_2 = \alpha_2 - \alpha$ oder $\omega_1 = \alpha - \alpha_1$ vom unteren oder oberen Rande gerechnet wird.

Rechenvorschrift. Im Bereiche des oberen Randes der offenen Kugelschale ist

$$\overline{Q}_\alpha = C\, e^{-k\omega_1} \cos(k\,\omega_1 + \psi) \tag{1190}$$

im Bereiche des unteren Randes

$$\overline{Q}_\alpha = C\, e^{-k\omega_2} \cos(k\,\omega_2 + \psi)\,. \tag{1191}$$

Die Gleichungen bilden die Grundlage für die Berechnung aller Komponenten des Spannungs- und Formänderungszustandes aus den Gleichgewichtsbedingungen (1181) und den Verträglichkeitsbedingungen (1177). Das obere Vorzeichen gilt in der oberen, das untere in der unteren Randzone der Schale.

$$\left.\begin{aligned}
\overline{N}_\alpha &= -\overline{Q}_\alpha \operatorname{ctg}\alpha = -C\, e^{-k\omega} \cos(k\,\omega + \psi) \operatorname{ctg}\alpha\,,\\
\overline{N}_\beta &= -\overline{Q}'_\alpha = \pm C\, k\, \sqrt{2}\, e^{-k\omega} \sin\left(k\,\omega + \psi + \frac{\pi}{4}\right),\\
\overline{\vartheta} &= \frac{\overline{Q}''_\alpha}{h\,E} = + C\,\frac{2\,k^2}{h\,E}\, e^{-k\omega} \sin(k\,\omega + \psi)\,,\\
\overline{M}_\alpha &= -\frac{B}{a}(\overline{\vartheta}' + \mu\overline{\vartheta} \operatorname{ctg}\alpha) \approx -\frac{B}{a}\,\overline{\vartheta}' = \mp C\,\frac{B}{a\,h\,E}\, 2\,k^3 \sqrt{2}\, e^{-k\omega} \cos\left(k\,\omega + \psi + \frac{\pi}{4}\right),\\
\overline{M}_\beta &= \mu\,\overline{M}_\alpha - \frac{B \operatorname{ctg}\alpha}{a}\,\overline{\vartheta}\,,\\
\overline{\Delta r} &= r_\alpha\,\overline{\varepsilon}_\beta = \frac{r_\alpha}{h\,E}(\overline{N}_\beta - \mu\,\overline{N}_\alpha) = -\frac{r_\alpha}{h\,E}(\overline{Q}'_\alpha - \mu\,\overline{Q}_\alpha \operatorname{ctg}\alpha) \approx -\frac{r_\alpha \overline{Q}'_\alpha}{h\,E}\,.
\end{aligned}\right\} \tag{1192}$$

Die Näherungslösungen für $\overline{M}_\alpha$ und $\overline{\varepsilon}_\beta$ lassen sich ebenso begründen wie die Vernachlässigung von $\overline{Q}_\alpha$ neben $\overline{Q}'_\alpha$ in (1183).

Die Integrationskonstanten C, ψ sind bei starrem Unterbau durch die Stützung der Schale, am oberen Rande durch vorgeschriebene äußere Kräfte bestimmt.

1. Der untere Rand ist unverschieblich, aber frei drehbar gestützt

$$\omega = 0,\ \alpha = \alpha_2\colon\quad \left.\begin{aligned} \varepsilon_{\beta 2,0} + \overline{\varepsilon}_{\beta 2} &= \varepsilon_{\beta 2} = 0\,,\\ M_{\alpha 2,0} + \overline{M}_{\alpha 2} &= M_{\alpha 2} = 0 = \overline{M}_{\alpha 2}\,, \end{aligned}\right\} \tag{1193}$$

wenn die Dehnungen des Längsspannungszustandes wieder mit $\varepsilon_{\beta,0}$ bezeichnet werden. Die Biegungsmomente $M_{\alpha,0}$ sind Null.

$$\left.\begin{aligned}
M_{\alpha 2} &= C\,\frac{B}{a\,h\,E}\, 2\,k^3 \sqrt{2} \cos\left(\psi + \frac{\pi}{4}\right) = 0\,, \quad \text{d. h.} \quad \psi = \frac{\pi}{4}\,,\\
\varepsilon_{\beta 2} &= \varepsilon_{\beta 2,0} - C\,\frac{k\sqrt{2}}{h\,E} \sin\left(\psi + \frac{\pi}{4}\right) = 0\,, \quad \text{d. h.} \quad C = \frac{\varepsilon_{\beta 2,0}}{k\sqrt{2}}\, h\,E\,.
\end{aligned}\right| \tag{1194}$$

2. Der untere Rand ist starr eingespannt. $\omega = 0$, $\alpha = \alpha_2$.

$$\left.\begin{aligned}
\vartheta_2 &= \vartheta_{2,0} + C\,\frac{2\,k^2}{h\,E} \sin\psi = 0\,,\\
\varepsilon_{\beta 2} &= \varepsilon_{\beta 2,0} - C\,\frac{k\sqrt{2}}{h\,E} \sin\left(\psi + \frac{\pi}{4}\right) = 0\,,\\
&\text{für}\quad \vartheta_{2,0} \approx 0 \quad \text{ist} \quad \psi = 0 \quad \text{und} \quad C = \frac{\varepsilon_{\beta 2,0}}{k}\, h\,E\,.
\end{aligned}\right| \tag{1195}$$

3. Der obere Rand ist durch einen starren Druckring abgeschlossen. $\omega = 0$, $\alpha = \alpha_1$.

$$\left.\begin{aligned} \varepsilon_{\beta 1} &= \varepsilon_{\beta 1,0} + C\,\frac{k\sqrt{2}}{h\,E}\sin\left(\psi + \frac{\pi}{4}\right) = 0\,,\\ \vartheta_1 &= \vartheta_{1,0} + C\,\frac{2\,k^2}{h\,E}\sin\psi = 0\,,\\ \text{für}\quad \vartheta_{1,0} \approx 0 \quad &\text{ist}\quad \psi = 0 \quad\text{und}\quad C = -\frac{\varepsilon_{\beta 1,0}}{k}\,h\,E\,. \end{aligned}\right\} \tag{1196}$$

Damit sind in Verbindung mit (1192) auch alle Komponenten des Spannungs- und Verschiebungszustandes aus einer Randstörung der statisch bestimmt gestützten Schale bekannt (S. 766). Sie werden mit den zugeordneten Komponenten des Längsspannungszustandes überlagert.

Biegungsspannungen am Rand einer Kugelschale bei Belastung durch Eigengewicht.
(Vgl. Abb. 777, $\alpha_2 = 60^0$.)

1. Der untere Rand ist unverschieblich, aber frei drehbar gestützt. Nach (1123) ist für den Längsspannungszustand

$$\varepsilon_{\beta,0} = \frac{1}{E\,h}\,(N_{\beta,0} - \mu\,N_{\alpha,0}) = \frac{a\,g}{E\,h}\,\frac{1+\mu-\cos\alpha-\cos^2\alpha}{1+\cos\alpha} \quad \text{und mit} \quad \mu = \frac{1}{6}\,, \quad \alpha \to \alpha_2$$

$$\varepsilon_{\beta 2,0} = \frac{a\,g}{E\,h}\,\frac{1{,}1667 - 0{,}5 - 0{,}25}{1 + 0{,}5} = 0{,}278\,\frac{a\,g}{E\,h}\,.$$

Für $a/h = 200$ ist nach (1185)

$$k = \sqrt{200\sqrt{3\cdot 0{,}9722}} = 18{,}49\,.$$

so daß nach (1194)

$$C = a\,g\,\frac{0{,}278}{k\sqrt{2}} = 0{,}01064\,a\,g\,, \qquad \psi = \frac{\pi}{4}\,.$$

Die Schnittkräfte nach (1192) infolge der Randstörung werden nun

$$\overline{N}_\alpha = -0{,}01064\,a\,g\,e^{-k\omega}\cos\left(k\,\omega + \frac{\pi}{4}\right)\operatorname{ctg}\alpha\,,$$

$$\overline{N}_\beta = -0{,}278\,a\,g\,e^{-k\omega}\cos(k\,\omega)\,,$$

$$\overline{M}_\alpha = -0{,}0815\,a\,g\,h\,e^{-k\omega}\sin(k\,\omega)\,,$$

$$\frac{B\operatorname{ctg}\alpha}{a}\,\overline{\vartheta} = 0{,}00311\,a\,g\,h\operatorname{ctg}\alpha\,e^{-k\omega}\sin\left(k\,\omega + \frac{\pi}{4}\right),$$

$$\overline{M}_\beta = \mu\,\overline{M}_\alpha - \frac{B\operatorname{ctg}\alpha}{a}\,\overline{\vartheta}\,.$$

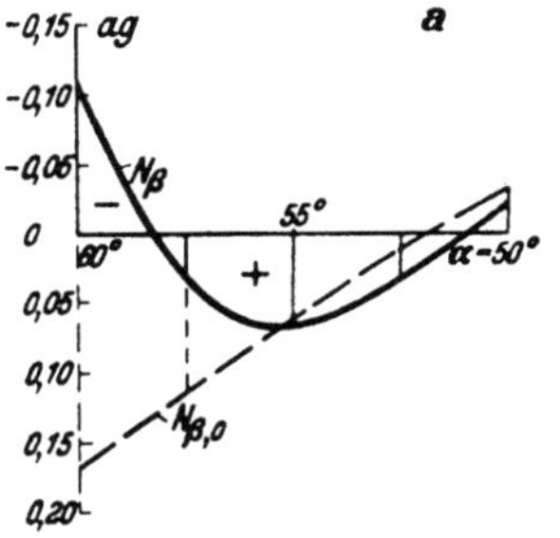

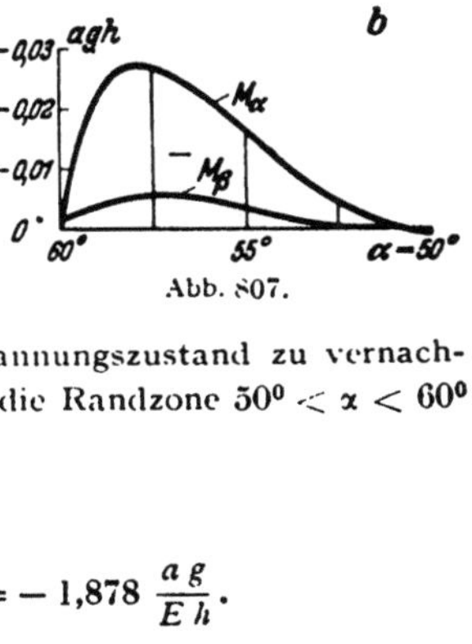

Abb. 807.

Die Längskräfte $\overline{N}_\alpha$ sind gegenüber $N_{\alpha,0}$ aus dem Längsspannungszustand zu vernachlässigen. Die Längskräfte $N_\beta = N_{\beta,0} + \overline{N}_\beta$ sind in Abb. 807a für die Randzone $50^0 < \alpha < 60^0$ dargestellt. Abb. 807b zeigt die Biegungsmomente der Randzone.

2. Der untere Rand ist starr eingespannt.

Für den Längsspannungszustand ist nach (1123) und (1126)

$$\varepsilon_{\beta 2,0} = 0{,}278\,\frac{a\,g}{E\,h}\,, \qquad \vartheta_{2,0} = -\frac{a\,g}{E\,h}\,(2+\mu)\sin\alpha_2 = -1{,}878\,\frac{a\,g}{E\,h}\,.$$

Die Randbedingungen (1195) lauten dann mit $C = C_1 a g$

$$-1{,}878 + C_1\cdot 683\sin\psi = 0\,,$$

$$0{,}278 - C_1\,26{,}12\sin\left(\psi + \frac{\pi}{4}\right) = 0\,,$$

oder

$$-49\sin\left(\psi + \frac{\pi}{4}\right) + 190{,}1\sin\psi = 0\,,$$

$$\operatorname{tg}\psi = \frac{49}{190{,}1\sqrt{2} - 49} = 0{,}223\,, \qquad \psi = 12^0\,30' \approx 0{,}2182\,,$$

$$C_1 = \frac{1{,}878}{683\sin\psi} = 0{,}0127\,, \qquad C = 0{,}0127\,a\,g\,.$$

(Für $\vartheta_{2,0} \approx 0$ ist $\psi = 0$, $C \approx 0{,}0151\,a\,g$.)

Die Schnittkräfte nach (1192) infolge der Randstörung werden nun

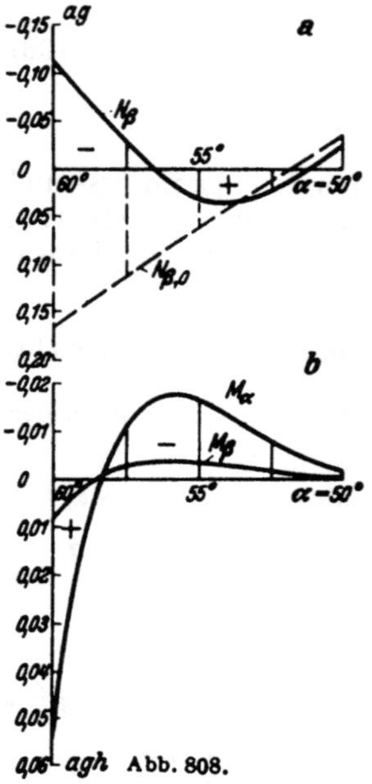

Abb. 808.

$$\overline{N}_\alpha = -0{,}0127\, a\, g\, e^{-k\omega} \cos(k\,\omega + \psi) \operatorname{ctg} \alpha\,,$$

$$\overline{N}_\beta = -0{,}332\, a\, g\, e^{-k\omega} \sin\left(k\,\omega + \psi + \frac{\pi}{4}\right),$$

$$\overline{M}_\alpha = 0{,}0973\, a\, g\, h\, e^{-k\omega} \cos\left(k\,\omega + \psi + \frac{\pi}{4}\right),$$

$$\frac{B \operatorname{ctg}\alpha}{a}\,\overline{\vartheta} = 0{,}00372\, a\, g\, h \operatorname{ctg}\alpha\, e^{-k\omega} \sin(k\,\omega + \psi)\,,$$

$$\overline{M}_\beta = \mu\,\overline{M}_\alpha - \frac{B \operatorname{ctg}\alpha}{a}\,\overline{\vartheta}\,.$$

Die Schnittkräfte sind für die Randzone $50^0 < \alpha < 60^0$ in Abb. 808 dargestellt.

Schnittkräfte in einem Stützboden bei Wasserauflast $f = 2a$.
(Vgl. Abb. 781, $\alpha_2 = 40^0$.)

Der Rand der Schale ist starr eingespannt.
Nach (1132) ist mit $f = 2a$, $\mu = 1/6$, $\alpha_2 = 40^0$

$$\varepsilon_{\beta 2,0} = -\frac{1}{E\,h}\,\frac{\gamma a^2}{6}\left[3\,\frac{f}{a}(1-\mu) - 6\cos\alpha_2 + 2(1+\mu)\,\frac{1-\cos^3\alpha_2}{\sin^2\alpha_2}\right]$$

$$= -0{,}585\,\frac{\gamma a^2}{E\,h}\,,$$

$$\vartheta_{2,0} = \frac{\gamma a^2}{E\,h}\sin\alpha_2 = 0{,}643\,\frac{\gamma a^2}{E\,h}$$

Aus (1185) folgt mit $a/h = 25$

$$k = \sqrt{25\sqrt{3\cdot 0{,}9722}} = 6{,}53\,.$$

Die Randbedingungen (1195) lauten nunmehr mit $C = C_1 \gamma a^2$

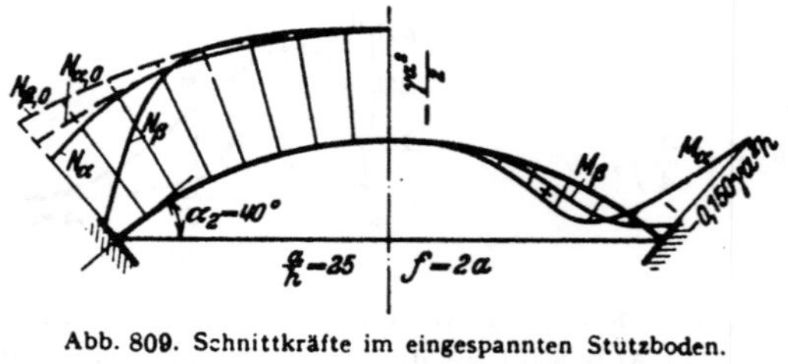

Abb. 809. Schnittkräfte im eingespannten Stutzboden.

$$0{,}643 + C_1\, 85{,}3 \sin\psi = 0\,,$$

$$-0{,}585 - C_1\, 9{,}22 \sin\left(\psi + \frac{\pi}{4}\right) = 0\,,$$

oder

$$-5{,}93 \sin\left(\psi + \frac{\pi}{4}\right) + 49{,}9 \sin\psi = 0\,,$$

$$\operatorname{tg}\psi = \frac{5{,}93}{49{,}9\sqrt{2} - 5{,}93} = 0{,}0917\,,$$

$$\psi = 5^0\,14' \equiv 0{,}0915\,,$$

$$C_1 = -0{,}0826\,, \qquad C = -0{,}0826\,\gamma a^2.$$

(Für $\vartheta_{2,0} \approx 0$ ist $\psi = 0$, $C \approx -0{,}0896\,\gamma a^2$.)

Die Schnittkräfte infolge der Randstörung sind nach (1192)

$$\overline{N}_\alpha = 0{,}0826\,\gamma a^2 e^{-k\omega} \cos(k\,\omega + \psi) \operatorname{ctg}\alpha\,,$$

$$\overline{N}_\beta = 0{,}762\,\gamma a^2 e^{-k\omega} \sin\left(k\,\omega + \psi + \frac{\pi}{4}\right),$$

$$\overline{M}_\alpha = -0{,}223\,\gamma a^2 h\, e^{-k\omega} \cos\left(k\,\omega + \psi + \frac{\pi}{4}\right),$$

$$\frac{B \operatorname{ctg}\alpha}{a}\,\overline{\vartheta} = -0{,}0242\,\gamma a^2 h \operatorname{ctg}\alpha\, e^{-k\omega} \sin(k\,\omega + \psi)\,,$$

$$\overline{M}_\beta = \mu\,\overline{M}_\alpha - \frac{B \operatorname{ctg}\alpha}{a}\,\overline{\vartheta}\,.$$

Die Schnittkräfte sind in Abb. 809 dargestellt.

Verbindung einer Kugelschale mit verwandten Tragwerken. Der Spannungszustand eines elastischen Gebildes aus einer Kugelschale mit verwandten Tragwerken erfährt keine Änderung, wenn die Verbindung am Anschluß der Kugelschale durch einen Breitenschnitt gelöst wird und die inneren Kräfte an beiden Ufern als äußere Kräfte zur Belastung hinzutreten. Diese sind rotationssymmetrisch, die Längskraft N_α nach S. 745 aus den Gleichgewichtsbedingungen bekannt, die Querkraft Q_α oder ihre waagerechte Komponente $H = X_1$ und das Anschlußmoment $M_\alpha = X_2$ statisch unbestimmt. Sie lassen sich aus der Bedingung berechnen, daß die gegenseitige Verschiebung δ_1 (positiv im Sinne von X_1) und die gegenseitige Verdrehung δ_2 (positiv im Sinne von X_2) der beiden Ufer des Breitenschnittes Null sein müssen, wenn die Formänderung des vorgegebenen Flächentragwerks mit der Formänderung des Hauptsystems durch die Belastung und die überzähligen Schnittkräfte X_1, X_2 übereinstimmt. Diese wird ebenso wie in Abschn. 24 als virtuelle Arbeit berechnet. Nach Abb. 810 ist

$$1_1\,\delta_1 = 1_1(\delta_{10} + X_1\,\delta_{11} + X_2\,\delta_{12}) = 0\,,$$
$$1_2\,\delta_2 = 1_2(\delta_{20} + X_1\,\delta_{21} + X_2\,\delta_{22}) = 0\,.$$

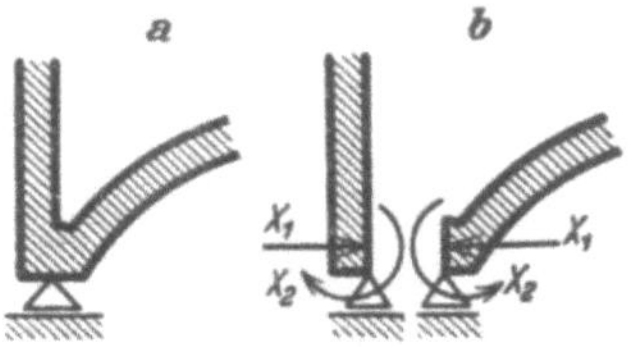

Abb. 810.

Jede Komponente δ_{10}, δ_{11} usw. des Verschiebungszustandes besteht aus zwei Teilen ($\delta_{10} = \delta_{10,1} + \delta_{10,2}$, $\delta_{11} = \delta_{11,1} + \delta_{11,2}$ usw.), von denen $\delta_{10,1}$, $\delta_{11,1}$ usw. durch die Formänderung der Kugelschale, $\delta_{10,2}$, $\delta_{11,2}$ usw. durch die Formänderung des angeschlossenen Tragwerks, also durch die Formänderung torsionssteifer Ringe, Platten, Kegel- oder Zylinderschalen hervorgerufen werden.

Die Vorzahlen $\delta_{11,1}$, $\delta_{12,1}$ werden aus (1192) für die Randbedingungen der Abb. 810 berechnet.

1. Belastungszustand $X_1 = 1$ (Abb. 810).

Randbedingungen:

$$M_{\alpha 2,1} = 0\,, \qquad Q_{\alpha 2,1} = -\sin\alpha_2; \qquad \psi = \frac{\pi}{4}\,, \qquad C = -\sqrt{2}\sin\alpha_2\,.$$

$$\delta_{11,1} = \frac{2\,k\,a}{E\,h}\sin^2\alpha_2\,, \qquad \delta_{21,1} = -\frac{2\,k^2}{E\,h}\sin\alpha_2\,. \tag{1197}$$

Schnittkräfte nach (1192).

$$\left.\begin{aligned}
N_{\alpha,1} &= \sqrt{2}\sin\alpha_2\,e^{-k\omega}\cos\left(k\,\omega + \frac{\pi}{4}\right)\operatorname{ctg}\alpha\,,\\
N_{\beta,1} &= 2\,k\sin\alpha_2\,e^{-k\omega}\cos(k\,\omega)\,,\\
\vartheta_{\alpha,1} &= -\frac{2\sqrt{2}\,k^2}{h\,E}\,e^{-k\omega}\sin\alpha_2\sin\left(k\,\omega + \frac{\pi}{4}\right),\\
M_{\alpha,1} &= \frac{k\,h}{\sqrt{3\,(1-\mu^2)}}\,e^{-k\omega}\sin\alpha_2\sin(k\,\omega)\,,\\
Q_{\alpha,1} &= -\sqrt{2}\,e^{-k\omega}\sin\alpha_2\cos\left(k\,\omega + \frac{\pi}{4}\right),\\
\Delta r_{\alpha,1} &= \frac{2\,k\,a}{E\,h}\sin\alpha_2\,e^{-k\omega}\cos(k\,\omega)\sin\alpha\,.
\end{aligned}\right\} \tag{1198}$$

2. Belastungszustand $X_2 = 1$ (Abb. 810).

Randbedingungen:

$$M_{\alpha 2,2} = -1\,, \qquad Q_{\alpha 2,2} = 0; \qquad \psi = \frac{\pi}{2}\,, \qquad C = \frac{a\,h\,E}{2\,k^3\,B}\,.$$

$$\delta_{22,1} = \frac{a}{k\,B}\,, \qquad \delta_{12,1} = -\frac{a^2}{2\,k^2\,B}\sin\alpha_2 = -\frac{2\,k^2}{E\,h}\sin\alpha_2\,. \tag{1199}$$

Schnittkräfte nach (1192).

$$\left.\begin{aligned} N_{\alpha,2} &= \frac{a\,h\,E}{2\,k^3\,B}\,e^{-k\omega}\sin(k\,\omega)\operatorname{ctg}\alpha\,,\\ N_{\beta,2} &= -\frac{a\,h\,E}{\sqrt{2}\,k^2\,B}\,e^{-k\omega}\cos\left(k\,\omega+\frac{\pi}{4}\right),\\ \vartheta_{\alpha,2} &= \frac{a}{k\,B}\,e^{-k\omega}\cos(k\,\omega)\,,\\ M_{\alpha,2} &= -\sqrt{2}\,e^{-k\omega}\sin\left(k\,\omega+\frac{\pi}{4}\right),\\ Q_{\alpha,2} &= -\frac{a\,h\,E}{2\,k^3\,B}\,e^{-k\omega}\sin(k\,\omega)\,,\\ \Delta r_{\alpha,2} &= -\frac{a^2}{\sqrt{2}\,k^2\,B}\,e^{-k\omega}\sin\alpha\cos\left(k\,\omega+\frac{\pi}{4}\right). \end{aligned}\right\}\qquad(1200)$$

Die Belastungszahlen $\delta_{10,1}$, $\delta_{20,1}$ gelten für die nach Abb. 810b abgestützte Kugelschale. Ihr Spannungszustand ist statisch unbestimmt, da die Stützkräfte nicht tangential zur Mittelfläche eingetragen werden. Hierzu ist noch eine Schubkraft $H=-N_\alpha\cos\alpha$ notwendig (vgl. S. 752). Die Belastungszahlen werden daher in die Anteile $\bar{\delta}_{10,1}$, $\bar{\delta}_{20,1}$ für die statisch bestimmt gestützte Kugelschale und die Anteile $\delta'_{10,1}$, $\delta'_{20,1}$ für die Kugelschale mit den Randkräften $X_1 = H$, $X_2 = 0$ zerlegt. Die Anteile $\bar{\delta}_{10,1}$, $\bar{\delta}_{20,1}$ sind nahezu die gleichen wie beim Membranzustand und daher nach S. 751 ff. bekannt. Die Anteile $\delta'_{10,1}$, $\delta'_{20,1}$ sind mit (1197)

$$\delta'_{10,1} = H\,\delta_{11,1}\,,\qquad \delta'_{20,1} = H\,\delta_{21,1}\,. \qquad(1201)$$

Damit lauten die vollständigen Belastungszahlen

$$\delta_{10,1} = \bar{\delta}_{10,1} + \delta'_{10,1}\,,\qquad \delta_{20,1} = \bar{\delta}_{20,1} + \delta'_{20,1}\,.$$

Bolle, E.: Festigkeitsberechnung von Kugelschalen. Zürich 1916. — Lichtenstern, E.: Die biegungsfeste Kugelschale mit linear veränderlicher Wandstärke. Z. angew. Math. Mech. 1932 S. 347.

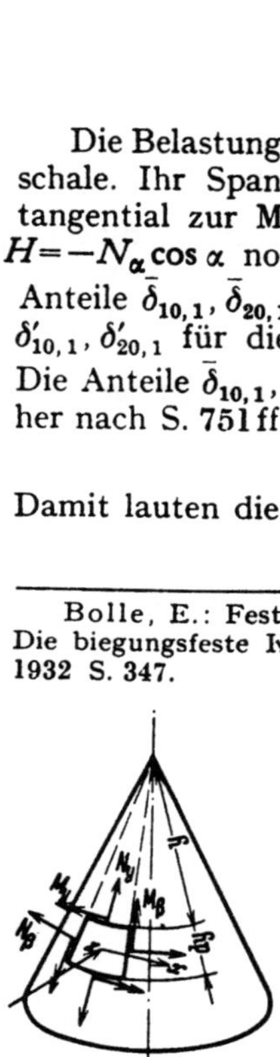

Abb. 811.

b) Die biegungssteife Kegelschale mit gleichbleibender Wandstärke. Der Krümmungshalbmesser R_β ist unendlich, der Winkel α konstant und daher nicht mehr als ortsbestimmende Koordinate geeignet. Er wird durch den Abschnitt y der Mantellinie ersetzt, so daß $ds = R_\beta d\alpha = dy$, $R_\alpha = y\operatorname{ctg}\alpha$. Damit lassen sich die allgemeinen Beziehungen (1176), (1177) zwischen den Komponenten des Spannungs- und Verschiebungszustandes mit $(\ )'$ für $d(\ )/dy$ folgendermaßen anschreiben:

$$\left.\begin{aligned} \varepsilon_\alpha = \varepsilon_y = v'\,,\quad \varepsilon_\beta = \frac{v - w\operatorname{tg}\alpha}{y}\,,\quad \varkappa_\alpha = \varkappa_y = \vartheta'\,,\\ \varkappa_\beta = \frac{\vartheta}{y}\,,\quad \vartheta = w'\,, \end{aligned}\right\}\qquad(1202)$$

$$\left.\begin{aligned} N_y &= D\left(v' + \mu\,\frac{v - w\operatorname{tg}\alpha}{y}\right), & N_\beta &= D\left(\frac{v - w\operatorname{tg}\alpha}{y} + \mu\,v'\right), & D &= \frac{h\,E}{1-\mu^2}\,,\\ M_y &= -B\left(\vartheta' + \mu\,\frac{\vartheta}{y}\right), & M_\beta &= -B\left(\mu\,\vartheta' + \frac{\vartheta}{y}\right), & B &= \frac{E\,h^3}{12\,(1-\mu^2)}\,. \end{aligned}\right\}\qquad(1203)$$

Belastung und Schnittkräfte eines differentialen Schalenabschnitts unterliegen den Gleichgewichtsbedingungen (1178). Sie lauten für die Längskräfte

$$(N_y\,y)' - N_\beta + p_y\,y = 0 \quad\text{und}\quad (Q_y\,y)' + N_\beta\operatorname{tg}\alpha + p_z\,y = 0 \qquad(1204)$$

oder in einer Gleichung zusammengefaßt und integriert

$$(N_y\operatorname{tg}\alpha + Q_y)\,y + \int (p_y\operatorname{tg}\alpha + p_z)\,y\,dy + c = 0\,. \qquad(1205)$$

Dazu tritt

$$(M_\nu y)' - M_\beta - Q_\nu y = 0 \quad \text{oder} \quad y M_\nu' + M_\nu - M_\beta - Q_\nu y = 0. \tag{1206}$$

Aus dieser wird mit (1203)

$$y\vartheta'' + \vartheta' - \frac{\vartheta}{y} = -\frac{Q_\nu y}{B}. \tag{1207}$$

Durch die Verknüpfung der Beziehungen (1202) entsteht

$$(y\,\varepsilon_\beta)' = \varepsilon_\nu - \vartheta \operatorname{tg}\alpha. \tag{1208}$$

Die Dehnungen ε_β und ε_ν werden aus (1104) berechnet. Hierin ist nach (1204)

$$N_\beta = -(Q_\nu y)' \operatorname{ctg}\alpha - p_z y \operatorname{ctg}\alpha,$$

$$N_\nu = -Q_\nu \operatorname{ctg}\alpha - \frac{F}{y}\operatorname{ctg}\alpha \quad \text{mit} \quad F(y) = \int (p_\nu \operatorname{tg}\alpha + p_z)\, y\, dy + c.$$

Damit N_ν für $y = 0$ endlich bleibt, ist die Integrationskonstante c für die geschlossene Kegelschale Null. Auf diese Weise kann aus (1208) die folgende zu (1207) simultane Differentialgleichung entwickelt werden:

$$\left.\begin{aligned} & y\,(Q_\nu y)'' + (Q_\nu y)' - \frac{(Q_\nu y)}{y} = h\,E \operatorname{tg}^2\alpha\cdot\vartheta + \Phi(y) \\ \text{mit} \quad & \Phi(y) = \frac{F(y)}{y} + \mu\, y\, p_\nu \operatorname{tg}\alpha - (p_z y^2)'. \end{aligned}\right\} \tag{1209}$$

Die Lösung ϑ, Q_ν besteht aus dem allgemeinen Integral der beiden homogenen Gleichungen (1207) und (1209) und aus einem partikulären Integral der inhomogenen Gleichungen, das sich für Eigengewicht $p_\nu = g\sin\alpha$, $p_z = g\cos\alpha$ folgendermaßen entwickeln läßt:

$$F(y) = \frac{g\,y^2}{2\cos\alpha}, \qquad \Phi(y) = (1 + 2\mu\sin^2\alpha - 4\cos^2\alpha)\frac{g\,y}{2\cos\alpha} = g_1 y. \tag{1210}$$

Wird $Q_{\nu 0} = 0$ und $\vartheta_0 = A_1 y$ angenommen, so ergeben

$$A_1 = -\frac{g_1 \operatorname{ctg}^2\alpha}{h\,E}, \qquad \vartheta_0 = -\frac{g_1 \operatorname{ctg}^2\alpha}{h\,E}\, y \tag{1211}$$

eine partikuläre Lösung von (1207), (1209). Aus dieser folgt mit (1203)

$$Q_{\nu 0} = 0, \qquad M_{\nu 0} = M_{\beta 0} = \frac{g_1 \operatorname{ctg}^2\alpha}{1-\mu}\cdot\frac{h^2}{12} = \text{const.} \tag{1212}$$

Die Biegungsspannungen einer statisch bestimmt gestützten Kegelschale (Abb. 786) sind also im Vergleich zu dem Anteil aus den Randstörungen nach S. 776 klein von höherer Ordnung. Der Spannungs- und Verschiebungszustand kann daher durch die Angaben auf S. 756ff. für den Längsspannungszustand beschrieben werden. Das gleiche gilt von allen rotationssymmetrischen Belastungsfällen.

Die Integration der homogenen simultanen Differentialgleichungen

$$\left.\begin{aligned} & y\,\bar\vartheta'' + \bar\vartheta' - \frac{\bar\vartheta}{y} = -\frac{\bar Q_\nu y}{B}, \qquad y\,(\bar Q_\nu y)'' + (\bar Q_\nu y)' - \frac{(\bar Q_\nu y)}{y} = h\,E \operatorname{tg}^2\alpha\cdot\bar\vartheta \\ \text{oder} \quad & y^2 \bar Q_\nu'' + 3\,y\,\bar Q_\nu' = h\,E \operatorname{tg}^2\alpha\cdot\bar\vartheta \end{aligned}\right\} \tag{1213}$$

kann nach den Bemerkungen auf S. 769 vereinfacht werden, da die Funktionen $\bar\vartheta$, $\bar\vartheta'$ und $\bar Q_\nu$, $\bar Q_\nu'$ im Vergleich zu den Ableitungen $\bar\vartheta''$ $\bar Q_\nu''$ klein von zweiter Ordnung sind. Der elastische Zusammenhang läßt sich daher mit großer Genauigkeit durch die Gleichungen

$$\bar\vartheta'' = -\bar Q_\nu / B, \qquad y^2 \bar Q_\nu'' = h\,E \operatorname{tg}^2\alpha\cdot\bar\vartheta \tag{1214}$$

beschreiben, so daß entweder $\bar{\vartheta}$ oder $\bar{Q}_y$ eliminiert und aus einer der folgenden Gleichungen berechnet werden kann:

$$\left.\begin{aligned} &\bar{\vartheta}^{IV} + \frac{h E \operatorname{tg}^2\alpha}{B y^2}\bar{\vartheta} = 0\,, \qquad (y^2 \bar{Q}_y'')'' + \frac{h E \operatorname{tg}^2\alpha}{B}\bar{Q}_y = 0 \\ \text{oder}\qquad &(y\, \bar{V}''')'' + \frac{h E \operatorname{tg}^2\alpha}{B y} \bar{V} = 0 \quad \text{mit} \quad y \bar{Q}_y = \bar{V}\,. \end{aligned}\right\} \tag{1215}$$

Die erste Gleichung stimmt bis auf den Beiwert $hE \operatorname{tg}^2\alpha / B y^2 = 4 k^4 = 4/L^4$ mit (1186) überein. Dieser ist im Vergleich zu (1185) nicht mehr konstant, sondern eine mit y veränderliche, vorgeschriebene Funktion. Da die Integration aus diesem Grunde in der Regel Schwierigkeiten bereitet, zerlegt man den Bereich $l - a$ nach J. W. Geckeler durch Breitenschnitte in Zonen mit annähernd konstantem L und begnügt sich mit dieser Näherungslösung. Dabei kann die Vorzahl $4/L^4$ in den beiden Randzonen mit $y = a$ oder $y = l$ gebildet werden. Die ortsbestimmende Koordinate des Winkels ϑ wird auf den oberen Rand ($s_1 = y - a$, $ds_1 = dy$) oder auf den unteren Rand ($s_2 = l - y$, $ds_2 = -dy$) bezogen, je nachdem die Untersuchung den Spannungen am oberen oder unteren Rande gilt (Abb. 812). Die Gleichungen (1215) lauten also

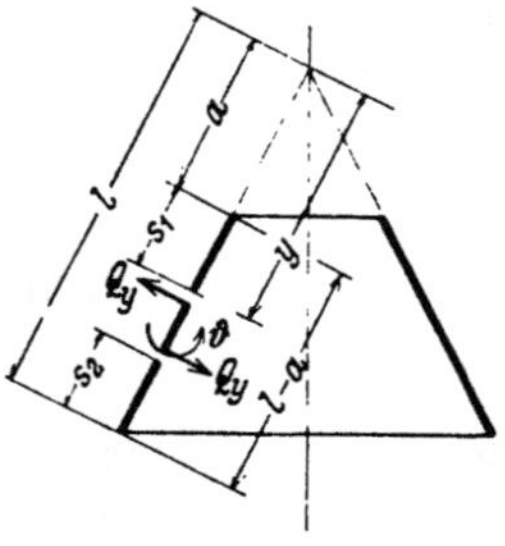

Abb. 812.

$$\frac{d^4\bar{\vartheta}}{ds_1^4} + \frac{h E \operatorname{tg}^2\alpha}{B a^2}\bar{\vartheta} = 0 \quad \text{und} \quad \frac{d^4\bar{\vartheta}}{ds_2^4} + \frac{h E \operatorname{tg}^2\alpha}{B l^2}\bar{\vartheta} = 0$$

oder mit

$$\frac{1}{L_1^4} = \frac{3(1-\mu^2)}{a^2 h^2}\operatorname{tg}^2\alpha \quad \text{und} \quad \frac{1}{L_2^4} = \frac{3(1-\mu^2)}{l^2 h^2}\operatorname{tg}^2\alpha \tag{1216}$$

allgemein

$$\frac{d^4\bar{\vartheta}}{ds^4} + \frac{4}{L^4}\bar{\vartheta} = 0 \quad \text{und mit} \quad \frac{s}{L} = \eta \quad \text{auch} \quad \frac{d^4\bar{\vartheta}}{d\eta^4} + 4\bar{\vartheta} = 0\,. \tag{1217}$$

Die allgemeine Lösung dieser Gleichung ist auf S. 769 erörtert worden. Sie enthält vier Integrationskonstante, von denen bei geschlossener Kegelschale C_2, ψ_2 wiederum Null sind, da die Verdrehung $\bar{\vartheta}$ und die Querkraft $\bar{Q}_y$ aus Symmetriegründen an der Spitze Null sein müssen. Die Lösung der Differentialgleichung lautet dann

$$\bar{\vartheta} = e^{-\eta}(A_1 \cos\eta + A_2 \sin\eta) \quad \text{oder} \quad \bar{\vartheta} = e^{-\eta} C_1 \cos(\eta + \psi_1)\,, \quad \eta = s_2/L_2\,. \tag{1218}$$

Die Integrationskonstanten A_1, A_2 oder C_1, ψ_2 sind durch die Randbedingungen bestimmt.

a) Frei drehbare, unverschiebliche Stützung des Randes:

$$\varepsilon_\beta = \varepsilon_{\beta 0} + \bar{\varepsilon}_\beta = 0\,, \quad \vartheta' = \vartheta_0' + \bar{\vartheta}' = 0\,. \tag{1219}$$

b) Starre Einspannung des Randes:

$$\varepsilon_\beta = \varepsilon_{\beta 0} + \bar{\varepsilon}_\beta = 0\,, \quad \vartheta = \vartheta_0 + \bar{\vartheta} = 0\,. \tag{1220}$$

Mit $\bar{\vartheta}$ sind auch die Schnittkräfte aus der statisch unbestimmten Stützung der Kegelschale bekannt (1203).

$$\bar{M}_y = -B\bar{\vartheta}',\ \bar{M}_\beta = -B(\mu\bar{\vartheta}' + \bar{\vartheta}/y),\ \bar{Q}_y = -B\bar{\vartheta}'',\ \bar{N}_y = -\bar{Q}_y \operatorname{ctg}\alpha,\ \bar{N}_\beta = (\bar{N}_y y)'. \tag{1221}$$

Sie klingen um so schneller vom Rande aus ab, je größer η ist, und bilden zu sammen mit den Schnittkräften des Längsspannungszustandes aus der Belastung (S. 756 ff.) das endgültige Ergebnis.

$$M_y = \bar{M}_y\,, \quad N_y = N_{y0} + \bar{N}_y\,, \quad \text{usw.} \tag{1222}$$

Die Gleichung (1218) dient auch zur Berechnung des Spannungs- und Verschiebungszustandes der Kegelschale für eine vorgeschriebene Belastung durch Randkräfte $X_1 = 1$, $X_2 = 1$ (Abb. 813 u. 814). Das Ergebnis wird bei der Berechnung von zusammengesetzten elastischen Tragwerken (Abb. 825 u. 828) verwendet.

a) Unterer Rand (Abb. 813).

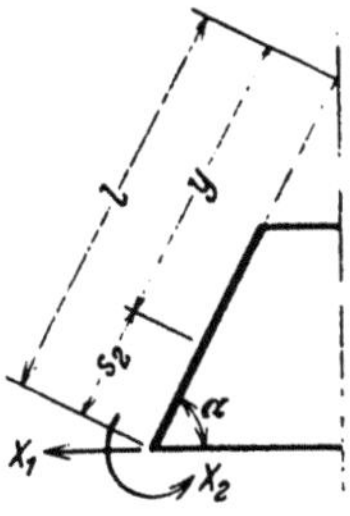

Abb. 813.

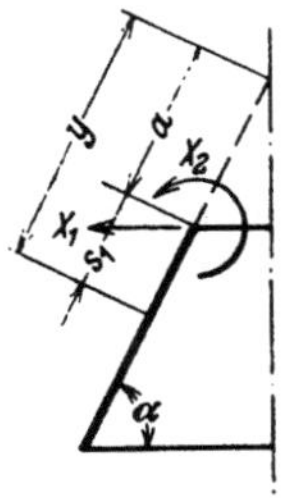

Abb. 814.

Belastung $X_1 = 1$.

$$\left.\begin{aligned} \delta_{11} &= \frac{2\, l^2}{L_2 E h} \cos^2\alpha, \qquad \delta_{21} = -\frac{L_2^2}{2B} \sin\alpha, \\ \bar{\vartheta} &= -\frac{L_2^2}{2B} e^{-\eta_2} \sin\alpha (\sin\eta_2 + \cos\eta_2), \\ \Delta\bar{r}_z &= -\frac{2\, y^2 \cos^2\alpha}{L_2 E h} e^{-\eta_2} \cos\eta_2, \\ \bar{M}_y &= L_2 e^{-\eta_2} \sin\alpha \sin\eta_2, \\ \bar{Q}_y &= e^{-\eta_2} \sin\alpha (\sin\eta_2 - \cos\eta_2). \end{aligned}\right\} \quad (1223)$$

Belastung $X_2 = 1$.

$$\left.\begin{aligned} &\delta_{12} = -\frac{L_2^2}{2B} \sin\alpha, \qquad \delta_{22} = \frac{L_2}{B}, \\ &\bar{\vartheta} = \frac{L_2}{B} e^{-\eta_2} \cos\eta_2, \qquad \Delta\bar{r}_z = \frac{2\, y^2 \cos^2\alpha}{L_2^2 E h \sin\alpha} e^{-\eta_2} (\sin\eta_2 - \cos\eta_2), \\ &\bar{M}_y = -e^{-\eta_2} (\sin\eta_2 + \cos\eta_2), \qquad \bar{Q}_y = -\frac{2}{L_2} e^{-\eta_2} \sin\eta_2. \end{aligned}\right\} \quad (1224)$$

b) Oberer Rand (Abb. 814).

Belastung $X_1 = 1$.

$$\left.\begin{aligned} &\delta_{11} = \frac{2\, a^2}{L_1 E h} \cos^2\alpha, \qquad \delta_{21} = \frac{L_1^2}{2B} \sin\alpha, \\ &\bar{\vartheta} = \frac{L_1^2}{2B} e^{-\eta_1} \sin\alpha (\sin\eta_1 + \cos\eta_1), \qquad \Delta\bar{r}_z = \frac{2\, y^2 \cos^2\alpha}{L_1 E h} e^{-\eta_1} \cos\eta_1, \\ &\bar{M}_y = L_1 e^{-\eta_1} \sin\alpha \sin\eta_1, \qquad \bar{Q}_y = -e^{-\eta_1} \sin\alpha (\sin\eta_1 - \cos\eta_1). \end{aligned}\right\} \quad (1225)$$

Belastung $X_2 = 1$.

$$\left.\begin{aligned} &\delta_{12} = \frac{L_1^2}{2B} \sin\alpha, \qquad \delta_{22} = \frac{L_1}{B}, \\ &\bar{\vartheta} = \frac{L_1}{B} e^{-\eta_1} \cos\eta_1, \qquad \Delta\bar{r}_z = -\frac{2\, y^2 \cos^2\alpha}{L_1^2 E h \sin\alpha} e^{-\eta_1} (\sin\eta_1 - \cos\eta_1), \\ &\bar{M}_y = e^{-\eta_1} (\sin\eta_1 + \cos\eta_1), \qquad \bar{Q}_y = -\frac{2}{L_1} e^{-\eta_1} \sin\eta_1. \end{aligned}\right\} \quad (1226)$$

Werden die Randkräfte X_1, X_2, mit einem anderen Richtungssinn als in Abb. 813 und 814 festgelegt, verwendet, so sind die Vorzeichen in (1223) bis (1226) entsprechend abzuändern. Für die Belastungszahlen gelten die Bemerkungen auf S. 774. (Vgl. auch die Beispiele auf S. 786ff.)

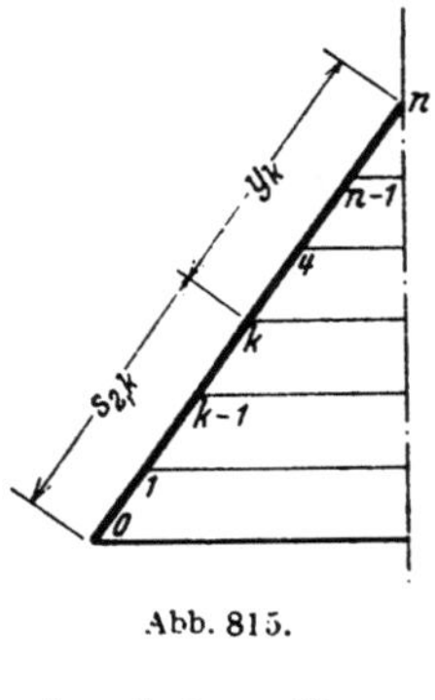

Abb. 815.

Um die Näherungslösung (1218) mit konstantem L nach S. 776 zu verbessern, wird die Gleichung (1217) schrittweise für schmale, etwa 0,5 m breite Zonen $k - 1$, k und Mittelwerte $1/L_k$ usw. aus den Abmessungen der Zonen angeschrieben. Zur Berechnung der Integrationskonstanten der Gleichung für die Randzone 1 dienen die Stützenbedingungen. Die Gleichung (1218) liefert die Randbedingungen für die Lösung der zweiten Zone. Die einzelnen Schritte der Rechenvorschrift sind also voneinander unabhängig, so daß keine mathematischen Schwierigkeiten entstehen.

Die allgemeine Lösung (1188b) der Differentialgleichung für die offene Kegelschale mit den Breitenkreisen r_1, r_2 enthält vier Integrationskonstante C_1, ψ_1 und C_2, ψ_2, die aus den vier Bedingungsgleichungen für den Verschiebungs- und Spannungszustand an den beiden Rändern bestimmt werden müssen. Da jedoch die Wirkung aus den Randstörungen schnell abklingt, genügt bei offenen Kegelschalen mit $5r_1 < r_2$ eine Näherungslösung, bei welcher die Integrationskonstanten C_1, ψ_1 zunächst ebenso wie bei der geschlossenen Kegelschale für $C_2 = 0$, $\psi_2 = 0$ bestimmt werden, um sie bei der Berechnung der Integrationskonstanten C_2, ψ_2 aus der vollständigen Lösung mit den Bedingungen am Rande $y = a$ zu verwenden.

Um die elastischen Eigenschaften der Kegelschale mit denjenigen der Zylinderschale zu vergleichen, können die allgemeinen Differentialgleichungen für die Spannungen und Verschiebungen auf S. 774 nach F. Kann auch dadurch vereinfacht werden, daß die Biegungssteifigkeit der Schale im Breitenschnitt, die Querzusammenziehung des Baustoffs und die Verschiebung v des Breitenschnittes in Richtung der y-Achse vernachlässigt werden ($M_\beta = 0$, $\mu = 0$, $v = 0$). In diesem Falle folgt aus den Gleichgewichtsbedingungen auf S. 774

$$\left.\begin{aligned} &(M_y y)'' = (Q_y y)' = -N_\beta \operatorname{tg}\alpha - p_z y \quad \text{und mit} \quad N_\beta = -D\frac{w}{y}\operatorname{tg}\alpha \\ &B\,(y\,w'')'' + w\,\frac{D\operatorname{tg}^2\alpha}{y} - p_z y = 0\,. \end{aligned}\right\} \tag{1227}$$

Diese Differentialgleichung der Biegelinie des Meridians zerfällt nach H. Reißner in zwei Differentialgleichungen zweiter Ordnung, die mit Zylinderfunktionen integriert werden können.

Um die mathematischen Schwierigkeiten bei der Integration der Differentialgleichungen (1207) und (1209) zu umgehen, können die Ableitungen der Funktionen $\overline{\vartheta}$, $\overline{Q}_y$, $y^2\overline{Q}_y''$ in den Differentialgleichungen (1213) und in den Differentialbeziehungen (1221) der Schnittkräfte nach S. 130 durch Differenzenquotienten ersetzt werden, so daß fünfgliedrige Differenzengleichungen entstehen. Diese werden für die Intervallgrenzen einer Aufteilung des Integrationsbereichs $l - a$ in Strecken Δy angeschrieben und bilden zusammen mit den Randbedingungen in den Breitenschnitten $y = a$ und $y = l$ einen vollständigen Ansatz zur eindeutigen Berechnung der Unbekannten. Die Rechenvorschrift dient auf S. 789 zur Untersuchung des Spannungszustandes einer Zylinderschale mit veränderlicher Wanddicke.

Dubois, F.: Über die Festigkeit der Kegelschale. Diss. Zürich 1917. — Honegger, E.: Festigkeitsberechnung von Kegelschalen mit linear veränderlicher Wandstärke. Luzern 1919. — Kann, F.: Kegelförmige Behälterböden, Dächer und Silotrichter. Forscherarb. Eisenbeton Heft 29. Berlin 1921.

c) Die Zylinderschale. Grundlagen der Lösung. Die allgemeinen Beziehungen (1177) zwischen Verzerrung und Verschiebung der Mittelfläche werden durch die geometrischen Eigenschaften der Zylinderschale $R_\beta = \infty$, $R_\beta d\alpha = dy$, $\alpha = 90^0$, $\operatorname{ctg}\alpha = 0$, $R_\alpha = a = \text{const}$ vereinfacht. Mit der Abkürzung $(\ )'$ für $d(\ )/dy$ ist nach (1177)

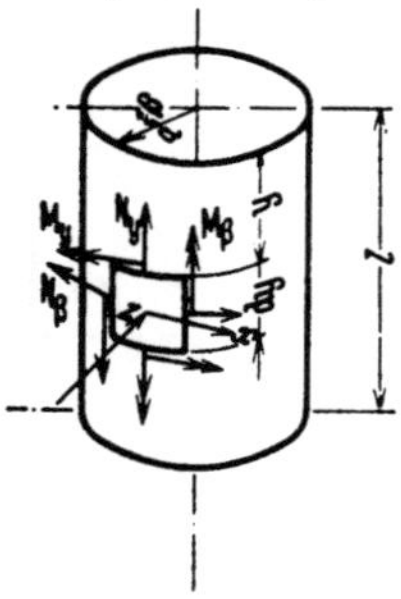

Abb. 816.

$$\left.\begin{aligned} &\varepsilon_\alpha = \varepsilon_y = v'\,, \quad \varepsilon_\beta = -\frac{w}{a}\,, \quad \varkappa_\alpha = \varkappa_y = \vartheta'\,, \quad \varkappa_\beta = 0\,, \\ &\vartheta = w' = -a\left(\frac{N_\beta - \mu N_y}{E\,h}\right)', \end{aligned}\right\} \tag{1228}$$

so daß die Schnittkräfte nach dem Hookeschen Gesetz (1176) folgendermaßen angeschrieben werden können:

$$\left.\begin{aligned} &N_y = D\left(v' - \mu\frac{w}{a}\right), \quad N_\beta = D\left(-\frac{w}{a} + \mu v'\right), \quad M_y = -B\vartheta'\,, \quad M_\beta = -\mu B\vartheta'\,, \\ &D = \frac{E\,h}{1-\mu^2}\,, \quad B = \frac{E\,h^3}{12\,(1-\mu^2)}\,. \end{aligned}\right\} \tag{1229}$$

Sie unterliegen den Gleichgewichtsbedingungen (1178)

$$N'_y + p_y = 0\,, \qquad Q'_y + \frac{N_\beta}{a} + p_z = 0\,, \qquad M'_y - Q_y = 0\,. \tag{1230}$$

Lösung für unveränderliche Wandstärke h. Die Steifigkeit D der Schale gegen Dehnung und ihre Steifigkeit B gegen Biegung sind konstant. In diesem Falle liefert die dritte Gleichgewichtsbedingung (1230) und die Zusammenfassung der ersten beiden Gleichgewichtsbedingungen in Verbindung mit (1228) und (1229) zwei simultane totale Differentialgleichungen.

$$\vartheta'' = -\frac{Q_y}{B}\,, \qquad Q''_y = \frac{D(1-\mu^2)}{a^2}\,\vartheta - p'_z + \frac{\mu}{a}\,p_y\,. \tag{1231}$$

Durch die Elimination der einen Unbekannten entsteht die Differentialgleichung für die andere.

$$\left.\begin{aligned} &\vartheta^{IV} + \frac{4}{L^4}\,\vartheta = \frac{1}{B}\left(p'_z - \frac{\mu}{a}\,p_y\right), \qquad Q_y^{IV} + \frac{4}{L^4}\,Q_y = -\left(p'_z - \frac{\mu}{a}\,p_y\right)'', \\ &\frac{1}{L^4} = \frac{3\,(1-\mu^2)}{h^2 \cdot a^2}\,. \end{aligned}\right\} \tag{1232}$$

Die Verknüpfung von $M''_y = Q'_y$ mit den übrigen Gleichgewichts- und Verträglichkeitsbedingungen liefert die Differentialgleichung der Biegelinie des Meridians

$$w^{IV} + \frac{4}{L^4}\,w = \frac{1}{B}\left(p_z + \mu\,\frac{N_y}{a}\right), \qquad N_y = -\int p_y\,dy + C\,. \tag{1233}$$

Die vollständige Lösung der Differentialgleichungen für Q_y oder w besteht aus einem von der Belastung p_y, p_z abhängigen partikulären Integral Q_{y0}, w_0 der inhomogenen Gleichung und aus der allgemeinen Lösung $\overline{Q}_y$, $\overline{w}$ der homogenen Gleichung mit vier Integrationskonstanten.

$$Q_y = Q_{y0} + \overline{Q}_y \qquad w = w_0 + \overline{w}\,. \tag{1234}$$

Flüssigkeitsfüllung:

$$p_y = 0\,, \quad N_y = 0\,, \quad p_z = -\gamma y\,, \quad Q_{y0} = 0\,, \quad w_0 = -\frac{L^4}{4B}\,\gamma y = -\frac{a^2}{Eh}\gamma y\,. \tag{1235}$$

Füllgut im Sinne von S. 14:

$$\left.\begin{aligned} &p_y = 0\,, \quad N_y = 0\,, \quad p_z = -p_{s,\max}(1 - e^{-y/y_0})\,, \quad Q_{y0} = \frac{p_{s,\max}\,y_0}{1 + 4\left(\frac{y_0}{L}\right)^4}\,e^{-y/y_0}\,, \\ &w_0 = -p_{s,\max}\left[\frac{a^2}{Eh} - \frac{1}{B}\,\frac{y_0^4}{1 + 4\left(\frac{y_0}{L}\right)^4}\,e^{-y/y_0}\right]. \end{aligned}\right\} \tag{1236}$$

Die homogenen Differentialgleichungen

$$\frac{d^4\overline{Q}_y}{d(y/L)^4} + 4\,\overline{Q}_y = 0 \quad \text{oder} \quad \frac{d^4\overline{w}}{d(y/L)^4} + 4\,\overline{w} = 0 \tag{1237}$$

sind auf S. 769 gelöst worden. Das Ergebnis $\overline{Q}_y$, $\overline{w}$ unterscheidet sich allein durch die Bedeutung der Integrationskonstanten. Sind diese aus den Randbedingungen bestimmt worden, so lassen sich alle Komponenten des Spannungs- und Verschiebungszustandes anschreiben. Aus $Q_y(y)$ wird

$$\left.\begin{aligned} N_y &= -\int p_y\,dy + C\,, & E\,h\,w &= a^2\,(Q'_y + p_z) + \mu\,a\,N_y\,, \\ N_\beta &= -a\,(Q'_y + p_z)\,, & E\,h\,\vartheta &= a^2\,(Q''_y + p'_z) - \mu\,a\,p_y\,. \end{aligned}\right\} \tag{1238}$$

Aus $w(y)$ folgt

$$\left.\begin{aligned} N_y &= -\int p_y\,dy + C\,, & N_\beta &= -E\,h\,\frac{w}{a} + \mu\,N_y\,, & \vartheta &= w'\,, \\ M_y &= -B\,w''\,, & M_\beta &= -\mu\,B\,w''\,, & Q_y &= -B\,w'''\,. \end{aligned}\right\} \tag{1239}$$

Die Untersuchung wird daher auf die Ableitung des Spannungszustandes aus den Verschiebungen w beschränkt. Nach Abb. 816 ist mit (1237)

$$\frac{L^4}{l^4}\frac{d^4\overline{w}}{d(y/l)^4} + 4\overline{w} = 0 \quad \text{oder} \quad \frac{d^4\overline{w}}{d(\lambda\eta)^4} + 4\overline{w} = 0, \quad \lambda = \frac{l}{L}, \quad \eta = \frac{y}{l}. \tag{1240}$$

Der Buchstabe L bezeichnet eine für jede Zylinderschale charakteristische Länge, welche von den Abmessungen des Breitenschnittes und von den elastischen Eigenschaften des Baustoffs abhängt. Sie beträgt bei Verwendung von Eisenbeton mit $\mu = 1/6$

$$L = a : \sqrt{\frac{a}{h}\sqrt{3(1-\mu^2)}} = a : 1{,}31\sqrt{\frac{a}{h}}. \tag{1241}$$

$l/L = \lambda$ ist eine Schalenkonstante, $y/l = \eta$ die unbenannte, ortsbestimmende Koordinate. Nach S. 769 ist

$$\overline{w} = C_1 e^{-\lambda\eta}\cos\lambda\eta + C_2 e^{-\lambda\eta}\sin\lambda\eta + C_3 e^{\lambda\eta}\cos\lambda\eta + C_4 e^{\lambda\eta}\sin\lambda\eta \tag{1242}$$

und mit $\quad C_1 = A_1\cos\gamma_1, \quad C_2 = -A_1\sin\gamma_1$ usw.

auch $\quad \overline{w} = A_1 e^{-\lambda\eta}\cos(\lambda\eta + \gamma_1) + A_2 e^{+\lambda\eta}\cos(\lambda\eta + \gamma_2)$.

Der abklingende Anteil der Funktion allein ist eine periodisch gedämpfte Schwingung. Die halbe Wellenlänge ist $l_0 = \pi l/\lambda = \pi L$, das logarithmische Dekrement π, so daß die Amplituden der Funktion $\overline{w}$ und aller ihrer Ableitungen mit jeder halben Welle auf 1/23,14 des vorhergehenden Ausschlags zurückgehen. Sie klingen also um so schneller ab, je größer λ oder je kleiner L ist. Aus diesem Grunde gelten Schalen mit $l > 7L$ als unendlich lang nach einer Richtung. Bei diesen sind die Integrationskonstanten C_3, C_4 oder A_2, γ_2 Null, damit die Wirkung der Randkräfte in $\eta = 0$ für $\eta = \infty$ verschwindet.

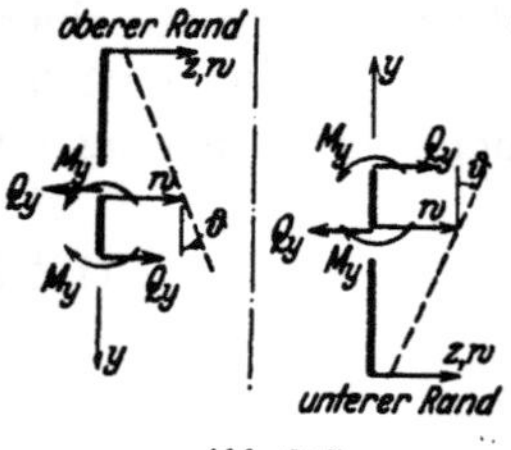

Abb. 817.

Die allgemeine Rechenvorschrift zerfällt daher bei hohen Zylinderschalen mit $l > 7L$ in zwei Teillösungen für den unendlich langen Zylinder, bei welchen η sowohl für w_0 wie für $\overline{w}$ entweder vom oberen oder unteren Rande gerechnet wird (Abb. 817). In beiden Fällen ist nach (1242)

$$\left.\begin{aligned} \overline{w} &= e^{-\lambda\eta}(C_1\cos\lambda\eta + C_2\sin\lambda\eta) \text{ und mit } dw/d(\lambda\eta) = \overline{w}^{\cdot} \text{ usw.} \\ \overline{w}^{\cdot} &= -e^{-\lambda\eta}[C_1(\sin\lambda\eta + \cos\lambda\eta) + C_2(\sin\lambda\eta - \cos\lambda\eta)], \\ \overline{w}^{\cdot\cdot} &= 2e^{-\lambda\eta}(C_1\sin\lambda\eta - C_2\cos\lambda\eta), \\ \overline{w}^{\cdot\cdot\cdot} &= -2e^{-\lambda\eta}[C_1(\sin\lambda\eta - \cos\lambda\eta) - C_2(\sin\lambda\eta + \cos\lambda\eta)], \end{aligned}\right\} \tag{1243}$$

$$\left.\begin{aligned} N_\beta &= -\frac{Eh}{a}(w_0 + \overline{w}) + \mu N_\nu, & w' &= w_0' + \frac{\overline{w}^{\cdot}}{L}, \\ M_\nu &= -Bw'' = -B\left(w_0'' + \frac{\overline{w}^{\cdot\cdot}}{L^2}\right), & Q_\nu &= -Bw''' = -B\left(w_0''' + \frac{\overline{w}^{\cdot\cdot\cdot}}{L^3}\right). \end{aligned}\right\} \tag{1244}$$

Das Ergebnis (1244) gilt selbstverständlich auch für die vollständige Lösung $\overline{w}$ (1242) der homogenen Differentialgleichung. Es bedeutet mechanisch die Überlagerung der Verschiebungen w_0 und der Schnittkräfte $N_{\nu 0}$, $N_{\beta 0}$ der statisch bestimmt gestützten Schale aus der vorgeschriebenen Belastung p_ν, p_z mit den Anteilen $\overline{w}$, $\overline{M}_\nu$, $\overline{M}_\beta$ aus den Biegungsmomenten und Querkräften (X_1 bis X_4), welche durch Randstörungen, also durch statisch unbestimmten Anschluß der Schale, unverschiebliche Lagerung und Einspannung des Schalenrandes hervorgerufen werden. Sind die Randkräfte bekannt, so läßt sich der Verschiebungs- und Spannungszustand der Schale nach der folgenden Rechenvorschrift anschreiben:

$$w = w_0 + \sum X_i w_i, \qquad N_\beta = N_{\beta 0} + \sum X_i N_{\beta i}, \qquad (i = 1, \ldots, 4). \tag{1245}$$

Die Komponenten w_0, $N_{\beta 0}$ aus der Belastung der statisch bestimmt gestützten biegungssteifen Schale stimmen ebenso wie bei der Kugel- und Kegelschale nahezu mit den Schnittkräften und Verschiebungen des Längsspannungszustandes überein und sind in einzelnen Belastungsfällen mit diesen identisch. Daher können die Komponenten w_0, $N_{\beta 0}$ nach den Angaben in Abschn. 80 eingesetzt werden. Die Schnittkräfte $N_{\beta i}$, $M_{\nu i}$ und die Verschiebungen w_i der biegungssteifen Schale werden für $X_i = 1$ aus den homogenen Gleichungen (1237) berechnet. Dabei sind die übrigen Randkräfte Null. Die Integrationskonstanten werden dabei allerdings in der Regel für die Randbedingungen eines nach einer Richtung unendlich langen Zylinders angegeben, zumal diese Lösung bereits aus Abschn. 22 bekannt ist.

Lösung für $X_1 = 1$ (Abb. 818a):

$$\left.\begin{aligned} w_1 &= \frac{2a^2}{L E h} e^{-\lambda\eta} \cos\lambda\eta, & \vartheta_1 &= -\frac{2a^2}{L^2 E h} e^{-\lambda\eta} (\sin\lambda\eta + \cos\lambda\eta), \\ N_{\beta 1} &= -\frac{2a}{L} e^{-\lambda\eta} \cos\lambda\eta, & M_{\nu 1} &= -L\, e^{-\lambda\eta} \sin\lambda\eta, \\ & & Q_{\nu 1} &= e^{-\lambda\eta} (\sin\lambda\eta - \cos\lambda\eta). \end{aligned}\right\} \tag{1246}$$

Lösung für $X_2 = 1$ (Abb. 818b):

$$\left.\begin{aligned} w_2 &= -\frac{2a^2}{L^2 E h} e^{-\lambda\eta} (\cos\lambda\eta - \sin\lambda\eta), & \vartheta_2 &= \frac{4a^2}{L^3 E h} e^{-\lambda\eta} \cos\lambda\eta, \\ N_{\beta 2} &= \frac{2a}{L^2} e^{-\lambda\eta} (\cos\lambda\eta - \sin\lambda\eta), & M_{\nu 2} &= e^{-\lambda\eta} (\sin\lambda\eta + \cos\lambda\eta), \\ Q_{\nu 2} &= -\frac{2}{L} e^{-\lambda\eta} \sin\lambda\eta. \end{aligned}\right\} \tag{1247}$$

Die Anschlußkräfte $X_i (i = 1 \ldots 4)$ sind durch die geometrischen oder statischen Bedingungen aus der vorgeschriebenen Abstützung $\delta_i (i = 1 \ldots 4)$ der beiden Schalenränder a, b oder durch ihre Verbindung mit benachbarten Bauteilen (Platte, Kegelschale, Kugelschale) bestimmt. Die Buchstaben δ_i bedeuten dann die gegenseitige Verschiebung der Ränder oder die gegenseitige Verdrehung der Endtangenten der benachbarten rotationssymmetrischen Flächen ($\delta_i = \delta_{i,1} + \delta_{i,2}$, vgl. S. 773). Auch hierbei wird in der Regel mit dem einseitig unendlich langen Zylinder gerechnet, um die Aufgabe zu vereinfachen.

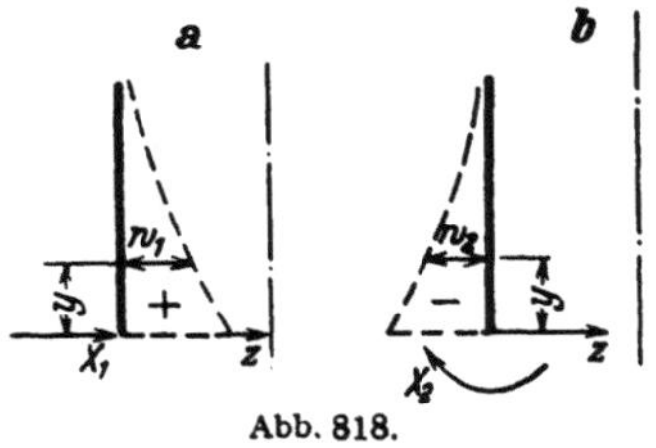

Abb. 818.

Nach (1246) und (1247) ist

$$\delta_{11,2} = \frac{2a^2}{L E h}, \qquad \delta_{12,2} = \delta_{21,2} = -\frac{2a^2}{L^2 E h}, \qquad \delta_{22,2} = \frac{4a^2}{L^3 E h}. \tag{1248}$$

1. Starre Einspannung des Randes $a (\eta = 0)$ eines unendlich langen Zylinders.

$$\delta_1 = X_1 \delta_{11} + X_2 \delta_{12} + \delta_{10} = 0,$$
$$\delta_2 = X_1 \delta_{21} + X_2 \delta_{22} + \delta_{20} = 0.$$

Mit (1248) und $\delta_{10} = w_{a0}$, $\delta_{20} = w'_{a0}$ wird

$$\left.\begin{aligned} X_2 &= M_a = -\frac{L^2 E h}{2a^2} (w_{a0} + L w'_{a0}), \\ X_1 &= -Q_a = -\frac{L E h}{2a^2} (2 w_{a0} + L w'_{a0}). \end{aligned}\right\} \tag{1249}$$

2. Gelenkige Lagerung des Randes $a(\eta = 0)$ eines unendlich langen Zylinders.

$$M_a = X_2 = 0$$

und

$$\delta_1 = X_1 \delta_{11} + \delta_{10} = 0,$$

also mit (1248)

$$X_1 = -Q_a = -\frac{L E h}{2 a^2} w_{a0}. \tag{1250}$$

Damit sind nach (1244) auch die Formänderungen und Schnittkräfte bekannt.

Zylinderschale mit $h = \text{const}$ als Behälter (Abb. 819). Der untere Rand des Mantels ist im Behälterboden starr eingespannt, der obere Rand kann frei, gelenkig gelagert oder ebenfalls eingespannt sein. Um die strenge Lösung der Aufgabe zu begründen, sollen die Abmessungen des Behälters eine relativ große charakteristische Länge L bestimmen und daher die Integrationskonstanten der Lösung (1242) von den Bedingungen an beiden Rändern abhängen. Nach S. 760 ist

$$p_z = -\gamma y = -\gamma L \lambda \eta, \qquad w_0 = -\gamma \frac{L a^2}{E h} \lambda \eta. \tag{1251}$$

Die vollständige Lösung $w = w_0 + \overline{w}$ der inhomogenen Differentialgleichung lautet daher nach (260) transformiert

$$w = -\gamma \frac{L a^2}{E h} \lambda \eta + U_1 \cos \lambda \eta \operatorname{Cof} \lambda \eta + U_2 \cos \lambda \eta \operatorname{Sin} \lambda \eta + U_3 \sin \lambda \eta \operatorname{Cof} \lambda \eta + U_4 \sin \lambda \eta \operatorname{Sin} \lambda \eta. \tag{1252}$$

Werden die Ableitungen der Funktion w nach der Veränderlichen $(\lambda\eta)$ mit $w^{\cdot}$, $w^{\cdot\cdot}$ usw. bezeichnet, so sind nach (1244)

$$\vartheta = \frac{1}{L} w^{\cdot}, \qquad M_y = -\frac{B}{L^2} w^{\cdot\cdot}, \qquad M_\beta = -\mu \frac{B}{L^2} w^{\cdot\cdot}, \qquad Q_y = -\frac{B}{L^3} w^{\cdot\cdot\cdot}. \tag{1253}$$

Die Funktionen $w^{\cdot}$ usw. sind auf S. 141 angeschrieben. Die Vorzahlen sind

$$\frac{1}{L} = \frac{1}{a} \sqrt[4]{3 \frac{a^2}{h^2} (1 - \mu^2)}, \qquad \frac{B}{L^2} = \frac{E h^2}{4 a} \frac{1}{\sqrt{3 (1 - \mu^2)}}, \tag{1254}$$

so daß die Integrationskonstanten $U_1 \ldots U_4$ leicht aus den Randbedingungen für $\lambda \eta = 0$ oder $\lambda \eta = \lambda$ berechnet werden können.

1. Oberer Rand frei, $\lambda \eta = 0$ mit $w^{\cdot\cdot} = 0$ und $w^{\cdot\cdot\cdot} = 0$, unterer Rand eingespannt $\lambda\eta = \lambda$, mit $w = 0$, $w^{\cdot} = 0$.

$$\left.\begin{aligned} U_1 &= -\gamma \frac{l a^2}{E h} \frac{\cos \lambda \operatorname{Sin} \lambda + \sin \lambda \operatorname{Cof} \lambda - 2 \lambda \cos \lambda \operatorname{Cof} \lambda}{\lambda (\cos^2 \lambda + \operatorname{Cof}^2 \lambda)}, \qquad U_4 = 0, \\ U_2 &= -\gamma \frac{l a^2}{E h} \frac{\cos \lambda \operatorname{Sin} \lambda - \sin \lambda \operatorname{Cof} \lambda - 1/\lambda \cdot \cos \lambda \operatorname{Cof} \lambda}{\cos^2 \lambda + \operatorname{Cof}^2 \lambda} = U_3. \end{aligned}\right\} \tag{1255}$$

2. Oberer Rand gelenkig gelagert $\lambda \eta = 0$ mit $w = 0$ und $w^{\cdot\cdot} = 0$, unterer Rand eingespannt $\lambda \eta = \lambda$ mit $w = 0$, $w^{\cdot} = 0$.

$$\left.\begin{aligned} U_1 &= 0, \qquad U_2 = -\gamma \frac{l a^2}{E h} \frac{1/\lambda \cdot \sin \lambda \operatorname{Cof} \lambda - \sin \lambda \operatorname{Sin} \lambda - \cos \lambda \operatorname{Cof} \lambda}{\operatorname{Cof} \lambda \operatorname{Sin} \lambda - \cos \lambda \sin \lambda}, \\ U_4 &= 0, \qquad U_3 = +\gamma \frac{l a^2}{E h} \frac{1/\lambda \cdot \cos \lambda \operatorname{Sin} \lambda + \sin \lambda \operatorname{Sin} \lambda - \cos \lambda \operatorname{Cof} \lambda}{\operatorname{Cof} \lambda \operatorname{Sin} \lambda - \cos \lambda \sin \lambda}. \end{aligned}\right\} \tag{1256}$$

3. Oberer Rand eingespannt $\lambda \eta = 0$ mit $w = 0$ und $w^{\cdot} = 0$, unterer Rand ein gespannt $\lambda \eta = \lambda$ mit $w = 0$ und $w^{\cdot} = 0$.

$$\left.\begin{aligned} U_1 &= 0, \qquad U_2 = -\gamma \frac{l a^2}{E h} \frac{(\operatorname{Sin} \lambda + \sin \lambda) \sin \lambda - \lambda (\sin \lambda \operatorname{Cof} \lambda + \cos \lambda \operatorname{Sin} \lambda)}{\lambda (\operatorname{Sin}^2 \lambda - \sin^2 \lambda)}, \\ U_3 &= -\gamma \frac{l a^2}{E h} \frac{\lambda (\sin \lambda \operatorname{Cof} \lambda + \cos \lambda \operatorname{Sin} \lambda) - \operatorname{Sin} \lambda (\sin \lambda + \operatorname{Sin} \lambda)}{\lambda (\operatorname{Sin}^2 \lambda - \sin^2 \lambda)}, \\ U_4 &= -\gamma \frac{l a^2}{E h} \frac{(\operatorname{Cof} \lambda - \cos \lambda)(\operatorname{Sin} \lambda + \sin \lambda) - 2 \lambda \sin \lambda \operatorname{Sin} \lambda}{\lambda (\operatorname{Sin}^2 \lambda - \sin^2 \lambda)}. \end{aligned}\right\} \tag{1257}$$

Damit sind auch alle Komponenten (1253) des Spannungs- und Verschiebungszustandes bekannt. Ihre Berechnung wird durch die bekannten Tabellen der hyperbolischen Funktionen von K. Hayashi erleichtert. Sind diese nicht zur Hand, so kann in der Regel ($h \ll a$)

$$\mathfrak{Sin}\,\lambda = \mathfrak{Cof}\,\lambda = \frac{1}{2}\,e^{\lambda}$$

gesetzt und e^{λ} als num ln e^{λ} = num λ nach Taschenbüchern bestimmt werden. Das Einspannungsmoment ist dann für $\eta = 1$ und $\mu = 0$ in allen 3 Fällen

$$M_y \approx \gamma \frac{a^2 h^2}{6\,l}\,\lambda\,(\lambda - 1). \qquad (1258)$$

Berechnung eines Wasserbehälters.

a) Vollständige Lösung nach (1252) für starre Einspannung des unteren Schalenrandes.

$a = 9{,}0$ m; $l = 9{,}0$ m; $h = 0{,}30$ m; $a/h = 30$.

Nach (1241) ist $L = \dfrac{9{,}0}{1{,}31\sqrt{30}} = 1{,}258$,

$\lambda = 7{,}17$, $\gamma = 1$ t/m³, $E = 2\,100\,000$ t/m²,

$$\gamma \frac{l\,a^2}{E\,h} = 1{,}156 \cdot 10^{-3}.$$

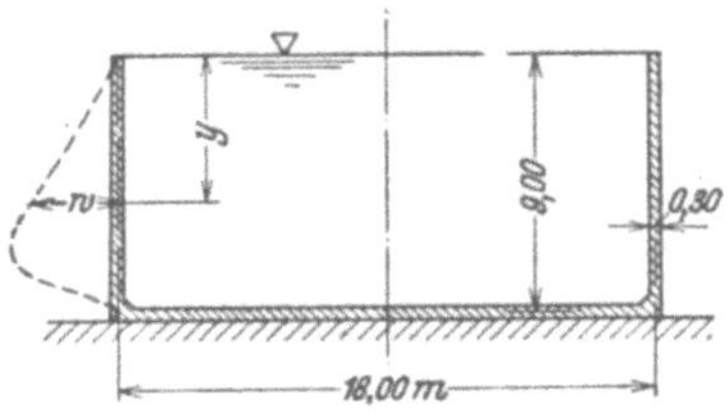

Abb. 819.

1. Oberer Rand frei. Nach (1255) ist $U_4 = 0$ und

$$U_1 = -1{,}156 \cdot 10^{-3}\,\frac{409{,}64 + 504{,}60 - 14{,}34 \cdot 409{,}64}{7{,}17 \cdot 423\,275} = 18{,}89 \cdot 10^{-7},$$

$$U_2 = U_3 = -1{,}156 \cdot 10^{-3} \cdot \frac{409{,}64 - 504{,}60 - \frac{1}{7{,}17} \cdot 409{,}64}{423\,275} = 4{,}15 \cdot 10^{-7},$$

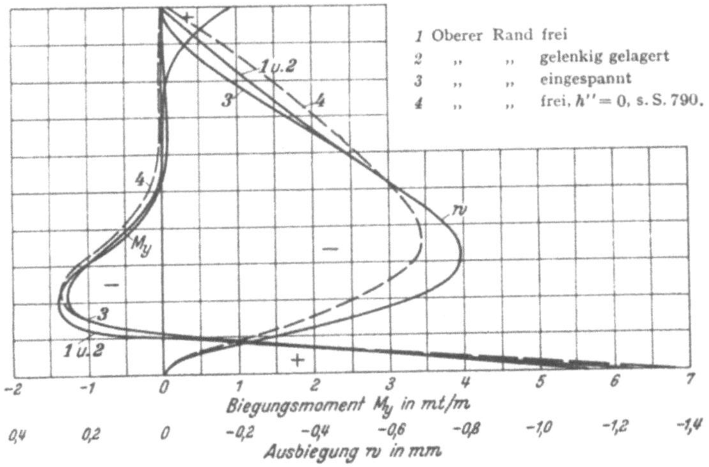

Abb. 820.

damit nach (1252) und (1253) mit (1251)

$$w = -0{,}161 \cdot 10^{-3}\,[illegible]\,\eta + 10^{-7}[18{,}89 \cos\lambda\eta\,\mathfrak{Cof}\,\lambda\eta + 4{,}15(\cos\lambda\eta\,\mathfrak{Sin}\,\lambda\eta + \sin\lambda\eta\,\mathfrak{Cof}\,\lambda\eta)],$$

$$M_y = 0{,}614 \cdot 10^{-3}[18{,}89 \sin\lambda\eta\,\mathfrak{Sin}\,\lambda\eta + 4{,}15(\sin\lambda\eta\,\mathfrak{Cof}\,\lambda\eta - \cos\lambda\eta\,\mathfrak{Sin}\,\lambda\eta)].$$

Am unteren Rand ist $M_a = 6{,}08$ mt/m.

2. Oberer Rand gelenkig gelagert. Nach (1256) ist

$$U_1 = U_4 = 0, \qquad U_2 = 23{,}05 \cdot 10^{-7}, \qquad U_3 = 4{,}15 \cdot 10^{-7}.$$

3. Oberer Rand starr eingespannt. Nach (1257) ist

$$U_1 = 0, \quad U_2 = 23{,}06 \cdot 10^{-7}, \quad U_3 = 1{,}598 \cdot 10^{-4}, \quad U_4 = -1{,}585 \cdot 10^{-1}.$$

Die Ausbiegung w und die Biegungsmomente M_y sind in Abb. 820 dargestellt. Die Ringkraft N_β ist nach (1244) proportional der Ausbiegung w.

b) Näherungsweise ist für alle 3 Randbedingungen nach (1258)

$$M_a \approx 1{,}0 \frac{9{,}0^2 \cdot 0{,}30^2}{6 \cdot 9{,}0} \cdot 7{,}17 \cdot 6{,}17 = 5{,}97 \text{ mt/m}.$$

c) Die Teillösung (1243) für den unendlich langen Zylinder ergibt nach (1249)

$$M_a = \frac{L^3 \gamma}{2} (\lambda - 1) = 6{,}12 \text{ mt/m}.$$

Der Verlauf der Funktionen w und M_y stimmt mit den Kurven *1* und *2* Abb. 820 so gut überein, daß der Unterschied in der Zeichnung nicht hervortritt.

Untersuchung eines Wasserbehälters nach (1234) bei verschiedenen Randbedingungen.

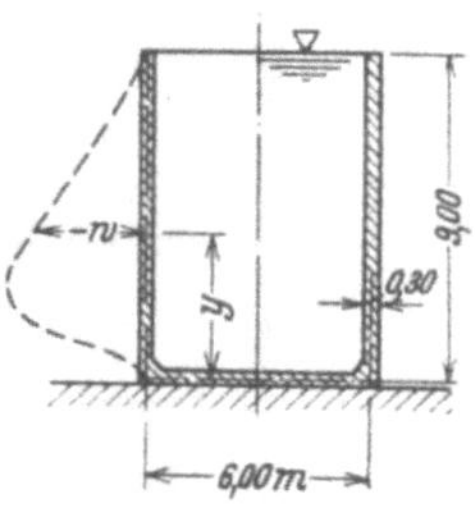

Abb. 821.

a) Starre Einspannung des unteren Schalenrandes.

$$a = 3{,}0 \text{ m}, \quad l = 9{,}0 \text{ m}, \quad h = 0{,}3 \text{ m}, \quad a/h = 10.$$

Nach (1241) ist $L = \frac{3{,}0}{1{,}31\sqrt{10}} = 0{,}723$,

$$\lambda = 12{,}45, \quad \gamma = 1{,}0 \text{ t/m}^3, \quad E h = 0{,}63 \cdot 10^6.$$

Für den Längsspannungszustand ist nach (1154)

$$w_0 = -\gamma \frac{a^2}{E h} (l - y), \qquad w_0' = \gamma \frac{a^2}{E h}.$$

Damit wird nach (1249) das Einspannungsmoment

$$M_a = X_2 = -\frac{L^2 E h}{2 a^2} \left(-\gamma \frac{a^2 l}{E h} + L \gamma \frac{a^2}{E h}\right) = \frac{L^3 \gamma}{2} (\lambda - 1) = 2{,}165 \text{ mt/m}$$

und

$$X_1 = \frac{L^2}{2} \gamma (2\lambda - 1) = 6{,}25 \text{ t/m},$$

so daß nach (1243) und (1244) Formänderung und Schnittkräfte bestimmt sind (Abb. 824a).

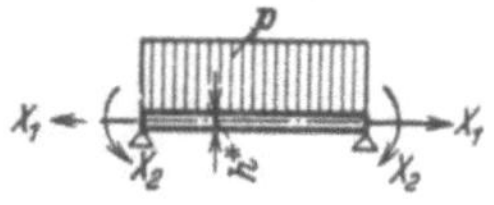

Abb. 822.

$$w = -\gamma \frac{a^2 l}{E h} \left[1 - \eta - e^{-\lambda \eta} \left(\cos \lambda \eta + \left(1 - \frac{L}{l}\right) \sin \lambda \eta\right)\right],$$

$$M_y = -L^2 \frac{l \gamma}{2} e^{-\lambda \eta} \left(\sin \lambda \eta - \left(1 - \frac{L}{l}\right) \cos \lambda \eta\right).$$

b) Elastische Einspannung in eine Kreisplatte (Abb. 824b).

1. Formänderungsgrößen nach S. 773 für die Kreisplatte mit Tabelle 63.

$$h^* = 0{,}40 \text{ m}, \qquad N = \frac{E h^{*3}}{12(1 - \mu^2)} = 11520 \text{ mt}.$$

$$X_1 = 1: \quad \delta_{11,1} = \delta_{21,1} = 0, \quad w_1^* = 0, \quad M_{r,1} = 0.$$

$$X_2 = 1: \quad \delta_{22,1} = \frac{3{,}0}{N(1+\mu)} = 223{,}2 \cdot 10^{-6}, \quad w_2^* = -\frac{a^2}{2N(1+\mu)} \Phi_1 = -335 \cdot 10^{-6} \cdot \Phi_1; \quad M_{r,2} = -1.$$

$$p = \gamma l: \ \delta_{10,1} = 0, \quad \delta_{20,1} = -\gamma \frac{l a^3}{8N(1+\mu)} = -2265 \cdot 10^{-6}.$$

$$w_0^* = \gamma \frac{l a^4}{64 N (1 + \mu)} [2(3 + \mu) \Phi_1 - (1 + \mu) \Phi_0] = 5365 \cdot 10^{-6} (\Phi_1 - 0{,}184 \Phi_0),$$

$$M_{r,0} = \gamma \frac{l a^2}{16} (3 + \mu) \Phi_1 = 16{,}07 \Phi_1.$$

2. Formänderungsgrößen für die Zylinderschale nach (1248)

$$\delta_{11,2} = 39{,}5 \cdot 10^{-6}, \quad \delta_{12,2} = -54{,}7 \cdot 10^{-6}, \quad \delta_{22,2} = 151{,}2 \cdot 10^{-6},$$

$$\delta_{10,2} = w_{0a} = -128{,}6 \cdot 10^{-6}, \quad \delta_{20,2} = w_{0a}' = 14{,}3 \cdot 10^{-6}.$$

3. Berechnung der Anschlußkräfte nach S. 773 mit $\delta_{ik} = \delta_{ik,1} + \delta_{ik,2}$.

X_1	X_2	
39,5	−54,7	128,6
−54,7	374,4	2250,7

$X_1 = 14{,}518$ t/m,

$X_2 = 8{,}133$ mt/m.

4. Formänderung und Schnittkräfte der Schale Abb. 824b. Nach (1243) und (1244) ist

$$w = -\gamma \frac{a^2 l}{E h}(1-\eta) + 14{,}518\, w_1 + 8{,}133\, w_2$$

$$= -128{,}6 \cdot 10^{-6}[(1-\eta) - e^{-\lambda\eta}(\cos\lambda\eta + 3{,}44 \sin\lambda\eta)],$$

$$M_y = 14{,}518\, M_1 + 8{,}133\, M_2$$

$$= -2{,}358\, e^{-\lambda\eta}(\sin\lambda\eta - 3{,}44\cos\lambda\eta).$$

5. Formänderung und Schnittkräfte der Platte. Abb. 824b.

$$w^* = 5365 \cdot 10^{-6}(\Phi_1 - 0{,}184\,\Phi_0) - 8{,}133 \cdot 335 \cdot 10^{-6}\,\Phi_1$$

$$= 10^{-6}(2640\,\Phi_1 - 987\,\Phi_0),$$

$$M_r = 16{,}07\,\Phi_1 - 8{,}133.$$

c) Elastische Einspannung in eine Kugelschale. Abb. 824c.

1. Formänderungsgrößen für die Kugelschale nach (1197) und (1199) mit

$$a^* = 4{,}67 \text{ m}, \quad h^* = 0{,}20 \text{ m}, \quad a^*/h^* = 23{,}35.$$

Nach (1185) ist

$$k = \sqrt{23{,}35}\sqrt{3 \cdot 0{,}9722} = 6{,}32, \quad \frac{1}{B} = 695 \cdot 10^{-6},$$

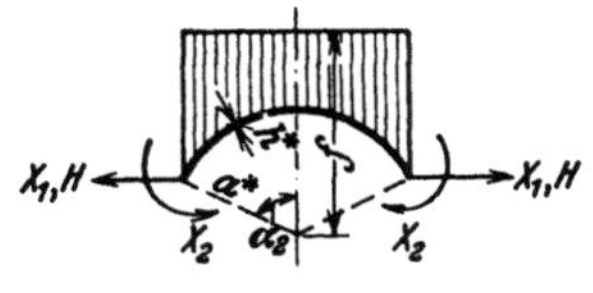

Abb. 823.

und mit $\alpha_2 = 40^0$, $\sin\alpha_2 = 0{,}6428$, $E h^* = 0{,}42 \cdot 10^6$,

$$\delta_{11,1} = 58{,}1 \cdot 10^{-6}, \quad \delta_{12,1} = -122{,}5 \cdot 10^{-6}, \quad \delta_{22,1} = 513 \cdot 10^{-6}.$$

Mit $f = 9 + 4{,}67 \cdot \cos\alpha_2 = 12{,}58$ m und $f/a^* = 2{,}69$ wird nach (1132)

$$\bar\delta_{10,1} = \Delta r_{\alpha 2} = -136 \cdot 10^{-6} \quad \text{und} \quad \bar\delta_{20,1} = \vartheta_{\alpha 2} = 33{,}3 \cdot 10^{-6}.$$

Die Horizontalkraft H beträgt nach S. 752 mit (1132)

$$H = -N_{\alpha 2}\cos\alpha_2 = +\gamma\frac{a^{*2}}{6}\left(3\frac{f}{a^*} - 2\frac{1-\cos^3\alpha_2}{\sin^2\alpha_2}\right)\cos\alpha_2 = +15{,}1 \text{ t/m}$$

und damit nach (1201)

$$\delta'_{10,1} = 15{,}1 \cdot 58{,}1 \cdot 10^{-6} = 878 \cdot 10^{-6}, \qquad \delta'_{20,1} = -15{,}1 \cdot 122{,}5 \cdot 10^{-6} = -1850 \cdot 10^{-6},$$

so daß

$$\delta_{10,1} = (-136 + 878) \cdot 10^{-6} = 742 \cdot 10^{-6}, \qquad \delta_{20,1} = (33{,}3 - 1850)\,10^{-6} = -1816{,}7 \cdot 10^{-6}$$

2. Formänderungsgrößen der Zylinderschale wie unter b).

3. Berechnung der Anschlußkräfte nach S. 773 mit $\delta_{ik} = \delta_{ik,1} + \delta_{ik,2}$.

X_1	X_2	
97,6	−177,2	−613,4
−177,2	664,2	1802,4

$X_1 = -2{,}634$ t/m,

$X_2 = 2{,}011$ mt/m.

4. Formänderungen und Schnittkräfte der Zylinderschale nach (1243) und (1244)

$$w = -10^{-6} \cdot 128{,}6\,[(1-\eta) + 1{,}67\, e^{-\lambda\eta}(\cos\lambda\eta - 0{,}513\sin\lambda\eta)],$$

$$M_y = 3{,}917\, e^{-\lambda\eta}(\sin\lambda\eta + 0{,}513\cos\lambda\eta).$$

5. Schnittkräfte in der Kugelschale nach (1192)

$$M_\alpha = (X_1 + H)\, M_1 + X_2 M_2 = e^{-k\omega}\left[5{,}94\sin(k\,\omega) - 2{,}84\sin\left(k\,\omega + \frac{\pi}{4}\right)\right].$$

d) Berechnung für Temperatur und Schwinden bei eingespanntem unterem Rand.

Die Formänderungsgrößen aus $X_1 = 1$, $X_2 = 1$ werden wie auf S. 784

$$\delta_{11} = 39{,}5 \cdot 10^{-6}, \quad \delta_{12} = -54{,}7 \cdot 10^{-6}, \quad \delta_{22} = 151{,}2 \cdot 10^{-6}.$$

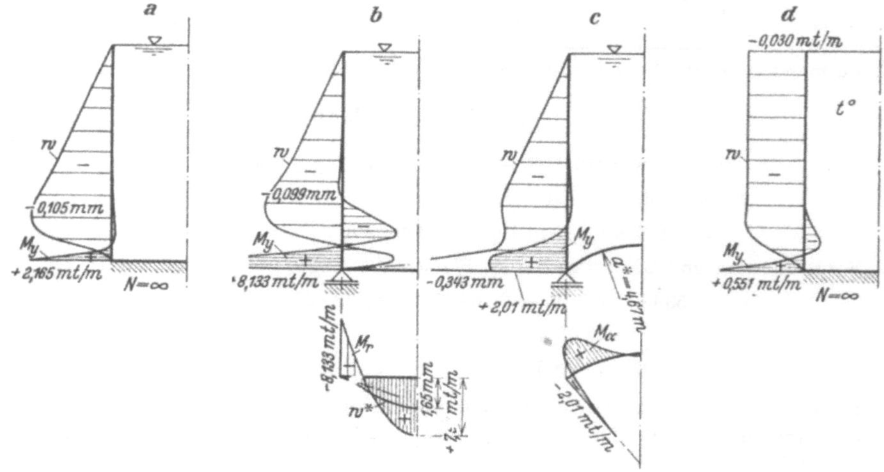

Abb. 824.

Für Temperaturwirkung ist nach (1157) mit $\alpha_t = 10 \cdot 10^{-6}$

$$\delta_{10} = w_{0a} = -\alpha_t \cdot t \cdot a = -30 \cdot t \cdot 10^{-6}, \qquad \delta_{20} = 0.$$

Damit lauten die Gleichungen auf S. 773

X_1	X_2	
39,5	− 54,7	30 · t
− 54,7	151,2	0

$$X_1 = 1{,}522 \cdot t \text{ t/m}, \qquad X_2 = 0{,}551 \cdot t \text{ mt/m}.$$

Formänderung und Schnittkräfte betragen nach (1243), (1244) Abb. 824d

$$w = -30 \cdot t \cdot 10^{-6} [1 - e^{-\lambda\eta} (\cos\lambda\eta + \sin\lambda\eta)],$$

$$M = -0{,}551\, e^{-\lambda\eta} (\sin\lambda\eta - \cos\lambda\eta)\,.\quad t = 1\,.$$

Berechnung eines Silos.

1. Geometrische Grundlagen.

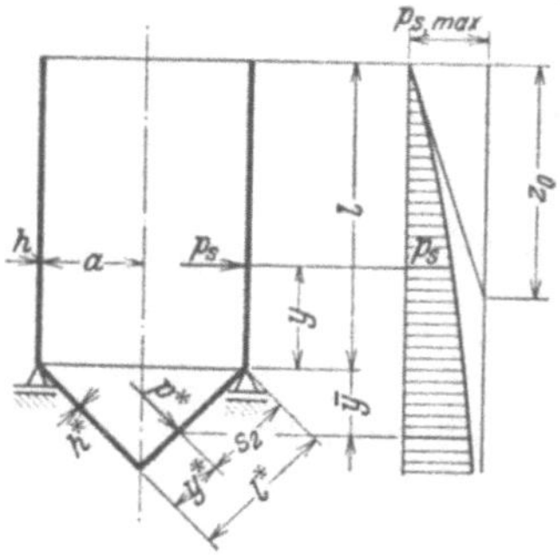

Abb. 825.

Zylinderschale: $a = 3{,}0$ m, $l = 9{,}0$ m, $h = 0{,}20$ m,

$$E\,h = 0{,}42 \cdot 10^6, \quad a/h = 15, \quad L = 0{,}591 \text{ m},$$
$$\lambda = 15{,}25, \quad \eta = y/l.$$

Kegelschale: $\alpha = 45^0$, $l^* = 4{,}24$ m, $h^* = 0{,}25$ m,

$$E\,h^* = 0{,}525 \cdot 10^6, \quad L_2^* = 0{,}788 \text{ m}, \quad B^* = 10^6/355,$$
$$\eta_2 = s_2/L_2^*.$$

2. Belastung. Füllgut: Roggen. Nach S. 14 ist (Abb. 825)

$$\gamma = 0{,}7 \text{ t/m}^3, \quad k_1 = 0{,}248, \quad \mu' = 0{,}44, \quad F/U = 3/2,$$

$$p_{s,\max} = \frac{0{,}7}{0{,}44}\,\frac{3}{2} = 2{,}39, \qquad p_{b,\max} = \frac{2{,}39}{0{,}248} = 9{,}62,$$

$$z_0 = \frac{1{,}5}{0{,}44 \cdot 0{,}248} = 13{,}75,$$

$$p_s = 2{,}39\,(1 - e^{-\varkappa}), \quad p_b = 9{,}62\,(1 - e^{-\varkappa}), \quad \varkappa = \frac{l - y}{z_0} = \frac{9 - y}{13{,}75}.$$

Zylinderschale: $p_s = -2{,}39\,(1 - e^{-x})$.

Kegelschale: $p_s^* = -p_s \sin^2\alpha - p_b \cos^2\alpha = -6{,}01\left(1 - e^{-\frac{l+\bar{y}}{z_0}}\right)$,

$$p_s^* = -6{,}01\,(1 - e^{-x^*})\,, \qquad x^* = \frac{16{,}96 - y^*}{19{,}43}.$$

3. Formänderung der Zylinderschale.

a) Membranzustand. Nach (1155) ist

$$w_0 = -\frac{3{,}0^2}{0{,}42} \cdot 10^{-6} \cdot 2{,}39\,(1 - e^{-x}) = -51{,}3 \cdot 10^{-6}\,(1 - e^{-x})\,,$$

$$\vartheta_0 = \frac{51{,}3 \cdot 10^{-6}}{13{,}75}\, e^{-x} = 3{,}73 \cdot 10^{-6}\, e^{-x}\,,$$

so daß mit $y = 0$:

$$\delta_{10,2} = -24{,}6 \cdot 10^{-6}\,, \qquad \delta_{20,2} = 1{,}94 \cdot 10^{-6}.$$

b) Für die Belastung aus $X_1 = 1$, $X_2 = 1$ (Abb. 826) ist nach (1248)

$$\delta_{11,2} = 72{,}5 \cdot 10^{-6}\,, \qquad \delta_{12,2} = -122{,}6 \cdot 10^{-6}\,, \qquad \delta_{22,2} = 415{,}0 \cdot 10^{-6}.$$

4. Formänderung der Kegelschale.

a) Membranzustand. Aus den Gleichgewichtsbedingungen (1138) folgt

$$N_{\beta\,0} = -y^* p_s = 6{,}01\, y^*\,(1 - e^{-x^*})$$

und

$$(N_{y\,0}\, y^*)' = 6{,}01\, y^*\,(1 - e^{-x^*})\,,$$

woraus

$$N_{y\,0} = 6{,}01\left[\frac{y^*}{2} - 19{,}43\, e^{-x^*} + \frac{19{,}43^2}{y^*}\,(e^{-x^*} - e^{-0{,}872})\right].$$

Abb. 826.

Damit wird nach (1140)

$$\Delta r_{s,0} = 8{,}1 \cdot 10^{-6}\, y^* \left\{ y^*\,(1 - e^{-x^*}) - \mu \left[\frac{y^*}{2} - 19{,}43\, e^{-x^*}\left(1 - \frac{19{,}43}{y^*}\right) - \frac{19{,}43^2}{y^*}\, e^{-0{,}872} \right] \right\},$$

und nach (1141)

$$\vartheta_0^* = -11{,}46 \cdot 10^{-6}\left[\frac{3}{2}\, y^* - e^{-x^*}\left(\frac{19{,}43^2}{y^*} - 19{,}43 + 2\,y^* + \frac{y^{*2}}{19{,}43}\right) + \frac{19{,}43^2}{y^*} \cdot e^{-0{,}872}\right].$$

Die Formänderungen am Rande im Sinne der Definition nach Abb. 826 betragen daher

$$\bar{\delta}_{10,1} = (\Delta r_{s,0})_{y^* = l^*} = 63{,}3 \cdot 10^{-6}\,,$$

$$\bar{\delta}_{20,1} = -(\vartheta_0^*)_{y^* = l^*} = 29{,}3 \cdot 10^{-6}\,.$$

b) Für die Belastung aus $X_1 = 1$, $X_2 = 1$ ist nach (1223) und (1224) unter Beachtung des Wirkungssinnes von X_2 nach Abb. 826

$$\delta_{11,1} = 43{,}4 \cdot 10^{-6}\,, \qquad \delta_{12,1} = 77{,}9 \cdot 10^{-6}\,, \qquad \delta_{22,1} = 279{,}5 \cdot 10^{-6}.$$

c) Belastung H. Nach Abb. 767 ist

$$H = -(N_{y\,0})_{y^* = l^*} \cdot \cos\alpha = -4{,}67 \text{ t}$$

und nach (1201)

$$\delta'_{10,1} = -4{,}67 \cdot 43{,}4 \cdot 10^{-6} = -202{,}5 \cdot 10^{-6}\,,$$

$$\delta'_{20,1} = -4{,}67 \cdot 77{,}9 \cdot 10^{-6} = -363{,}5 \cdot 10^{-6}.$$

5. Berechnung der Überzähligen.

$$\delta_{11} = (72{,}5 + 43{,}4) \cdot 10^{-6} = 115{,}9 \cdot 10^{-6}\,,$$

$$\delta_{12} = (-122{,}6 + 77{,}9) \cdot 10^{-6} = -44{,}7 \cdot 10^{-6}\,,$$

$$\delta_{22} = (415{,}0 + 279{,}5)\, 10^{-6} = 694{,}5 \cdot 10^{-6}\,,$$

$$\delta_{10} = (-24{,}6 + 63{,}3 - 202{,}5)\, 10^{-6} = -163{,}8 \cdot 10^{-6}\,,$$

$$\delta_{20} = (1{,}94 + 29{,}3 - 363{,}5)\, 10^{-6} = -332{,}26 \cdot 10^{-6}.$$

X_1	X_2		
115,9	− 44,7	163,8	$X_1 = 1{,}639$ t/m ,
− 44,7	694,5	332,26	$X_2 = 0{,}584$ mt/m .

6. Formänderung und Schnittkräfte der Zylinderschale nach (1243) und (1244)

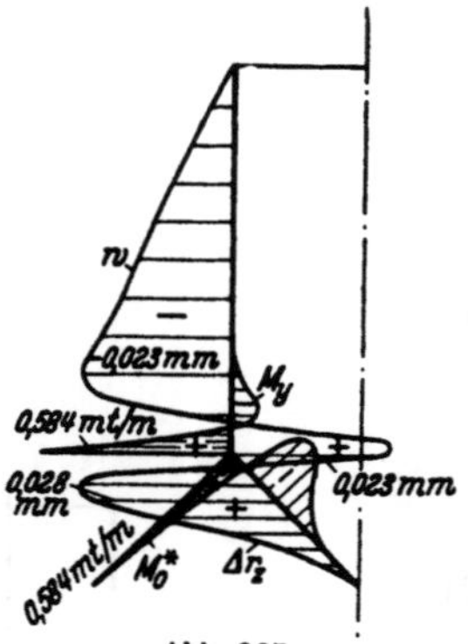

Abb. 827.

$$w = w_0 + 1{,}639\, w_1 + 0{,}584\, w_2$$
$$= -51{,}3 \cdot 10^{-6}\,[(1 - e^{-x}) - 0{,}923\, e^{-\lambda\eta} (\cos\lambda\eta + 1{,}516 \sin\lambda\eta)]\,.$$
$$M_y = 1{,}639\, M_1 + 0{,}584\, M_2 = 0{,}384\, e^{-\lambda\eta}\,[1{,}516\cos\lambda\eta - \sin\lambda\eta]\,.$$

7. Formänderung und Schnittkräfte der Kegelschale nach (1202) und (1221)

$$\Delta r_z = \Delta r_{z,0} + (1{,}639 - 4{,}67)\,\Delta r_{z,1} + 0{,}584\,\Delta r_{z,2}$$
$$= \Delta r_{z,0} - 3{,}031\,\Delta r_{z,1} + 0{,}584\,\Delta r_{z,2}\,.$$

$\Delta r_{z,0}$ auf S. 787. Nach (1223) und (1224) ist

$$\Delta r_{z,1} = 2{,}41 \cdot 10^{-6}\, y^{*2} e^{-\eta_2} \cos\eta_2\,,$$
$$\Delta r_{z,2} = 4{,}33 \cdot 10^{-6}\, y^{*2} e^{-\eta_2} (\cos\eta_2 - \sin\eta_2)\,,$$
$$M_y^* = -3{,}031\, M_1 + 0{,}584\, M_2 = 0{,}584 e^{-\eta_2}\,[\cos\eta_2 - \mathbf{1{,}89}\,\sin\eta_2]\,.$$

Formänderung und Schnittkräfte sind in Abb. 827 dargestellt.

Berechnung eines Kühlturmes.

1. Geometrische Grundlagen (Abb. 828).

Zylinderschale: $a = 5{,}5\,\mathrm{m}$, $l = 15{,}0\,\mathrm{m}$, $h = 0{,}07\,\mathrm{m}$

$$E h = 0{,}147 \cdot 10^6\,,\quad a/h = 78{,}6\,,\quad L = 0{,}474\,\mathrm{m}\,,\quad \lambda = 31{,}7\,,\quad \eta = y/l\,.$$

Kegelschale: $\alpha = 65^0$, $l^* = 17{,}0\,\mathrm{m}$, $a^* = 13{,}0\,\mathrm{m}$, $h^* = 0{,}10\,\mathrm{m}$

$$E h^* = 0{,}210 \cdot 10^6\,,\quad L_1^* = 0{,}596\,\mathrm{m}\,,\quad B^* = 10^6/5560\,,\quad \eta_1 = s_1/L_1^*\,.$$

2. Belastung. Eigengewicht.

Zylinderschale $g = 0{,}168\,\mathrm{t/m^2}$; Kegelschale $g^* = 0{,}24\,\mathrm{t/m^2}$.

3. Formänderung der Zylinderschale.

a) Membranzustand. Nach (1153) ist

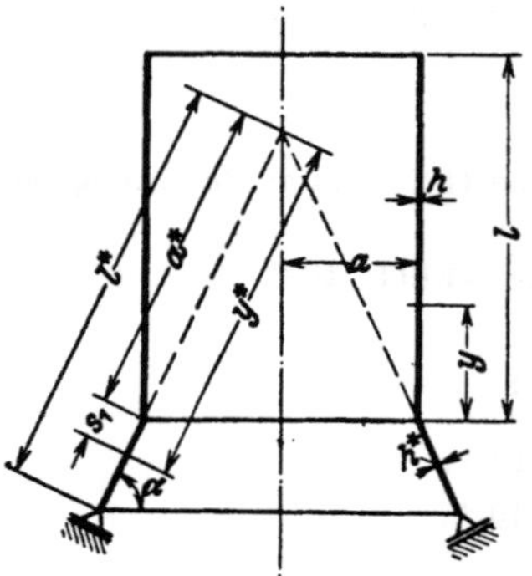

Abb. 828.

$$w_0 = -\frac{\mu}{E h}\, a\, g\, l\,(1 - \eta) = -10^{-6} \cdot 15{,}73\,(1 - \eta)\,,$$
$$\vartheta_0 = 10^{-6} \cdot \frac{15{,}73}{l} = 10^{-6} \cdot 1{,}05\,,$$

so daß mit $\eta = 0$ $\delta_{10,2} = -15{,}73 \cdot 10^{-6}$,

$$\delta_{20,2} = 1{,}05 \cdot 10^{-6}\,.$$

b) Für die Belastung aus $X_1 = 1$, $X_2 = 1$ (Abb. 829) ist nach (1248)

$$\delta_{11,2} = 868 \cdot 10^{-6}\,,\quad \delta_{12,2} = -1836 \cdot 10^{-6}\,,$$
$$\delta_{22,2} = 7750 \cdot 10^{-6}\,.$$

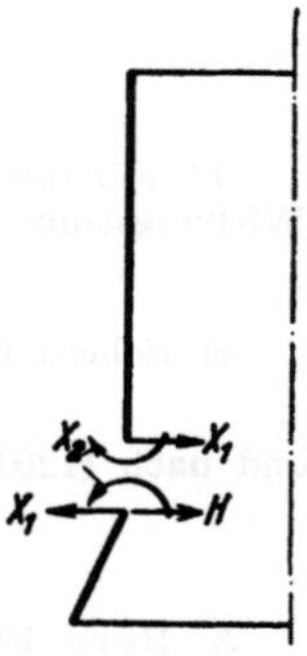

Abb. 829.

4. Formänderung der Kegelschale.

a) Membranzustand. Nach (1142) und (1145) ist mit $z = y^* \sin\alpha$ und

$$G_0 = g \cdot l \cdot 2\,a\,\pi = 87\ \mathrm{t}$$

$$\Delta r_{z,0} = -\frac{g^* y^{*2}}{E h^*} \cos^2\alpha \operatorname{ctg}\alpha \left\{1 - \frac{\mu}{2\cos^2\alpha}\left[1 - \left(\frac{a^*}{y^*}\right)^2\right]\right\} + \frac{\mu G_0}{2\pi E h^* \sin\alpha}$$
$$= 10^{-6}\left\{12{,}12 - 0{,}0444\, y^{*2}\left[1{,}145 + \left(\frac{13}{y^*}\right)^2\right]\right\},$$
$$\vartheta_0 = -\frac{g^* y^*}{E h^*}\,\frac{\operatorname{ctg}\alpha}{\sin\alpha}\left[\frac{1}{2} + \mu - (2 + \mu)\cos^2\alpha - \frac{1}{2}\left(\frac{a^*}{y^*}\right)^2\right] - \frac{G_0}{E h \cdot 2\pi y^* \sin^2\alpha}$$
$$= -10^{-6}\left\{0{,}294\, y^*\left[0{,}56 - \left(\frac{13}{y^*}\right)^2\right] + \frac{80{,}3}{y^*}\right\}.$$

Mit $y^* = a^*$ wird $\bar\delta_{10,1} = -3{,}96 \cdot 10^{-6}$, $\bar\delta_{20,1} = -4{,}49 \cdot 10^{-6}$.

b) Die Belastung $X_1 = 1$, $X_2 = 1$ liefert nach (1225) und (1226)

$$\delta_{11,1} = 482 \cdot 10^{-6}, \qquad \delta_{12,1} = 896 \cdot 10^{-6}, \qquad \delta_{22,1} = 3320 \cdot 10^{-6}.$$

c) Belastung H. Nach (1145) ist

$$-H = \frac{G_0}{2\pi a} \operatorname{ctg} \alpha = +1{,}175 \text{ t/m}$$

und daher nach (1201)

$$\delta'_{10,1} = -1{,}175 \cdot 482 \cdot 10^{-6} = -566 \cdot 10^{-6},$$

$$\delta'_{20,1} = -1{,}175 \cdot 896 \cdot 10^{-6} = -1053 \cdot 10^{-6}.$$

5. Berechnung der Überzähligen. ($\delta_{ik} = \delta_{ik,1} + \delta_{ik,2}$, $\delta_{i0} = \bar{\delta}_{i0,1} + \delta'_{i0,1} + \delta_{i0,2}$)

X_1	X_2		
1350	−940	581	$X_1 = 0{,}532$ t/m
−940	11070	1056	$X_2 = 0{,}141$ mt/m.

6. Formänderung und Schnittkräfte der Zylinderschale nach (1243) und (1244)

$$w = w_0 + 0{,}532\, w_1 + 0{,}141\, w_2$$

$$= -15{,}73 \cdot 10^{-6} \left[(1-\eta) - 12{,}85\, e^{-\lambda\eta} (\cos\lambda\eta + 1{,}281 \sin\lambda\eta)\right],$$

$$M_y = 0{,}532\, M_1 + 0{,}141\, M_2 = -0{,}110\, e^{-\lambda\eta} (\sin\lambda\eta - 1{,}281 \cos\lambda\eta).$$

7. Formänderung und Schnittkräfte der Kegelschale nach (1202) und (1221)

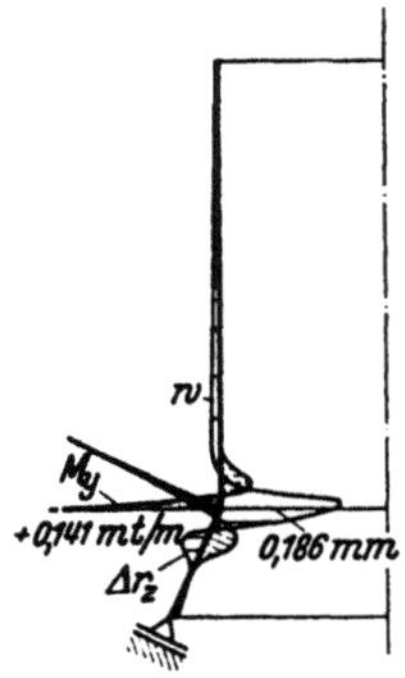

Abb. 830.

$$\Delta r_z = \Delta r_{z,0} + (0{,}532 - 1{,}175)\, \Delta r_{z,1} + 0{,}141\, \Delta r_{z,2}$$

$$= \Delta r_{z,0} - 0{,}643\, \Delta r_{z,1} + 0{,}141\, \Delta r_{z,2}.$$

$\Delta r_{z,0}$ auf S. 788. Nach (1225) und (1226) ist

$$\Delta r_{z,1} = 2{,}855 \cdot 10^{-6}\, y^{*2} e^{-\eta_1} \cos \eta_1,$$

$$\Delta r_{z,2} = -5{,}28 \cdot 10^{-6}\, y^{*2} e^{-\eta_1} (\sin\eta_1 - \cos\eta_1).$$

Formänderung und Schnittkräfte sind in Abb. 830 dargestellt.

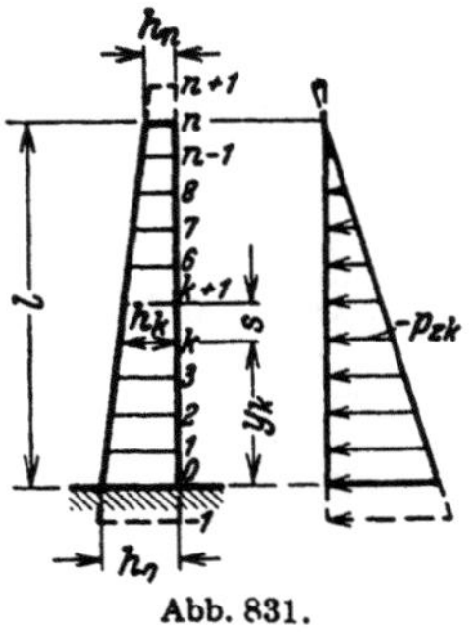

Abb. 831.

Die Zylinderschale mit veränderlicher Wanddicke. Näherungslösungen der allgemeinen Aufgabe entstehen nach S. 778 durch die Unterteilung des Integrationsbereichs l in n gleichgroße Abschnitte $\Delta y = s$ mit der Punktfolge $0, 1 \ldots k \ldots n$ und durch die Umwandlung der Differentialquotienten der Differentialgleichung des Problems in Differenzenquotienten.

Die Differentialgleichung der Biegelinie w des Meridianschnittes mit beliebig veränderlicher Wanddicke h lautet nach (1229) für

$$N_y = 0, \qquad M''_y + \frac{N_\beta}{a} + p_z = 0, \qquad M''_y = -(B w'')'':$$

$$\left(\frac{h^3}{h_0^3} w''\right)'' + 4 w \frac{h}{h_0} \frac{3(1-\mu^2)}{a^2 h_0^2} = 12 \frac{(1-\mu^2)}{E h_0^3} p_z. \tag{1259}$$

Aus dieser werden nach (211) mit $h_k/h_0 = \zeta_k$ die folgenden Differenzengleichungen abgeleitet:

$$\zeta_{k-1}^3 \Delta^2 w_{k-1} - 2 \zeta_k^3 \Delta^2 w_k + \zeta_{k+1}^3 \Delta^2 w_{k+1} + 4 \zeta_k \frac{s^4}{L_0^4} w_k = \frac{12(1-\mu^2) s^4}{E h_0^3} p_{z,k}.$$

Sie lassen sich nach S. 130 umformen (1260)

$$\zeta_{k-1}^3 w_{k-2} - 2 w_{k-1} (\zeta_{k-1}^3 + \zeta_k^3) + w_k \left(\zeta_{k-1}^3 + 4\left[\zeta_k^3 + \zeta_k \frac{s^4}{L_0^4}\right] + \zeta_{k+1}^3\right)$$

$$- 2 w_{k+1} (\zeta_k^3 + \zeta_{k+1}^3) + \zeta_{k+1}^3 w_{k+2} = \frac{12(1-\mu^2) s^4}{E h_0^3} p_{z,k}, \quad k = 1 \ldots (n-1).$$

Die Rechenvorschrift besteht neben diesen $(n-1)$ linearen Gleichungen aus vier Randbedingungen für w, w', M oder Q am Rande $y = 0$ und $y = l$. Sie enthält ebenso viele Wurzeln $w_k (k = -1 \ldots n+1)$, die daher eindeutig bestimmt sind. Die Randbedingungen sind Vorschriften über den Verschiebungs- oder Spannungszustand. Dieser läßt sich nach (1229) ebenfalls durch Differenzen ausdrücken.

$$\left.\begin{aligned} w'_k &\approx \frac{w_{k+1} - w_{k-1}}{2s}, \quad -N_{\beta k} = \frac{E h_k}{a} w_k, \quad M_{yk} = -\frac{E h_k^3}{12(1-\mu^2)} \frac{(w_{k-1} - 2w_k + w_{k+1})}{s^2}, \\ Q_k &= -\frac{E}{12(1-\mu^2)} \left(\frac{h_{k+1}^3 \Delta^2 w_{k+1} - h_{k-1}^3 \Delta^2 w_{k-1}}{2s^3} \right). \end{aligned}\right\} \quad (1261)$$

Sind keine Randbedingungen vorgeschrieben, sondern nur durch die Verbindung des Breitenschnittes mit anderen elastischen Bauteilen bestimmt, so müssen hier ebenso wie auf S. 781 zunächst die Anschlußkräfte berechnet werden. Die Komponenten δ_{10}, δ_{20} des Verschiebungszustandes ergeben sich in der Regel aus der partikulären Lösung von (1259), die Vorzahlen $\delta_{11}, \delta_{12}, \delta_{22}$ des Ansatzes lassen sich genügend genau aus den Differenzengleichungen eines unendlich langen Zylinders mit vorgeschriebenen Randkräften nach S. 789 für $X_1 = Q_y = 1$, $My = 0$ oder $X_2 = My = 1$, $Q_y = 0$ berechnen. Da die Funktionen $w(y)$ in diesem Falle schnell abklingen, werden die Verschiebungen $w_{k,1}, w_{k,2}$ außerhalb einer geschätzten Randzone Null gesetzt, ohne die Bedingungen am entgegengesetzten Rande zu berücksichtigen.

Berechnung des Wasserbehälters Abb. 819 für linear veränderliche Wandstärke ($h'' = 0$).

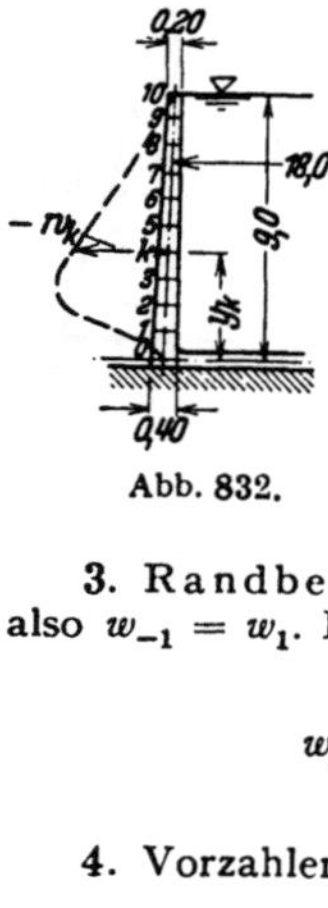

Abb. 832.

1. Geometrische Abmessungen (Abb. 832). $l = 9{,}0$ m, $a = 9{,}0$ m.

$$h_0 = 0{,}40 \text{ m}, \qquad h_{10} = 0{,}20 \text{ m}, \qquad h_k = \frac{h_0}{c}(c - y_k),$$

$$c = \frac{l\,h_0}{h_0 - h_{10}} = 18{,}0, \qquad \zeta_k = \frac{h_k}{h_0} = 1 - \frac{y_k}{18{,}0}.$$

Der Integrationsbereich l wird in 10 gleiche Teile geteilt. $s = 0{,}9$ m.

2. Belastung. Wasserdruck, $p_{z,k} = -1{,}0\,(l - y_k)$.

3. Randbedingungen. Der untere Rand $y = 0$ ist starr eingespannt, $w = 0$, $w' = 0$, also $w_{-1} = w_1$. Der obere Rand ist kräftefrei, $Q_{10} = 0$, $M_{y10} = 0$, daher mit (1261)

$$w_{11} = 2\,w_{10} - w_9, \qquad w_{12} = \frac{\zeta_9^3}{\zeta_{11}^3}(w_8 - 2\,w_9 + w_{10}) + 3\,w_{10} - 2\,w_9.$$

4. Vorzahlen der Differenzengleichungen (1260)

$$\frac{12(1-\mu^2)s^4}{E h_0^3} p_{z,k} = \frac{s^4}{B_0} p_{z,k} = -\frac{0{,}057}{1000}(9{,}0 - y_k), \qquad \frac{s^4}{L_0^4} = 0{,}1475.$$

k	y_k	ζ_k	ζ_k^3	$\zeta_k^3 + \zeta_{k+1}^3$	$\zeta_k \frac{s^4}{L_0^4}$	[ ] Gl. (1260)	$\zeta_{k-1}^3 + 4$ [ ] $+ \zeta_{k+1}^3$	$9{,}0 - y_k$	$10^3 \frac{s^4}{B_0} p_{z,k}$
−1	−0,9	1,05	1,158	2,158	0,1550	1,3130	—	—	
0	0	1	1	1,857	0,1475	1,1475	6,595	9	−0,513
1	0,9	0,95	0,857	1,586	0,1401	0,9971	5,719	8,1	−0,461
2	1,8	0,9	0,729	1,343	0,1328	0,8618	4,921	7,2	−0,411
⋮	⋮	⋮	⋮	⋮	⋮	⋮	⋮	⋮	⋮

5. Die Bedingungsgleichungen unter Berücksichtigung der Randbedingungen.

w_1	w_2	w_3	w_4	w_5	w_6	w_7	w_8	w_9	w_{10}	$10^3 \frac{s^4}{B_0} p_{z,k}$
6,719	−3,172	0,729								−0,461
−3,172	4,921	−2,686	0,614							−0,411
0,729	−2,686	4,199	−2,252	0,512						−0,359
	0,614	−2,252	3,556	−1,868	0,422					−0,308
		0,512	−1,868	2,988	−1,530	0,343				−0,256
			0,422	−1,530	2,485	−1,236	0,275			−0,205
				0,343	−1,236	2,044	−0,982	0,216		−0,154
					0,275	−0,982	1,661	−0,764	0,166	−0,103
						0,216	−0,764	1,204	−0,332	−0,051
							0,166	−0,332	0,313	0

6. Auflösung. Die Iteration einer Näherungslösung liefert

$k =$	1	2	3	4	5	6	7	8	9	10
$10^3 w_k =$	−0,2396	−0,5144	−0,6616	−0,6777	−0,6131	−0,5146	−0,4047	−0,2860	−0,1547	−0,0124 mm

7. Schnittkräfte nach (1261). Die Ausbiegung w_k und das Biegungsmoment M_{yk} sind in Abb. 820 S. 783 durch die Linie *4* dargestellt.

Pöschl, T., u. K. v. Terzaghi: Berechnung von Behältern nach neueren analytischen und graphischen Methoden. Berlin 1913 und 1926. — Meißner, E.: Beanspruchung und Formänderung zylindrischer Gefäße mit linear veränderlicher Wandstärke. Vjschr. Naturforsch. Ges. Zürich 1917 S. 153. — Pasternak, P.: Formeln zur raschen Berechnung der Biegebeanspruchung in kreisrunden Behältern. Schweiz. Bauztg. Bd. 86 (1925) S. 129. — Derselbe: Vereinfachte Berechnung der Biegebeanspruchung in dünnwandigen kreisrunden Behältern. Verh. 2. Int. Kongr. f. techn. Mechanik. Zürich 1927. — Derselbe: Die praktische Berechnung der Biegebeanspruchung in kreisrunden Behältern mit gewölbten Böden und Decken und linear veränderlichen Wandstärken. Schweiz. Bauztg. Bd. 90 (1927). — Susok, K.: Formeln zur praktischen Berechnung der Biegungsbeanspruchung in kreisrunden Behältern mit linear veränderlichen Wandstärken. Beton u. Eisen 1927 S. 450. — Steuermann, E.: Beitrag zur Berechnung des zylindrischen Behälters mit veränderlicher Wandstärke. Beton u. Eisen 1928 S. 286. — Miesel, K.: Über die Festigkeit von Kreiszylinderschalen mit nichtachsensymmetrischer Belastung. Ing.-Arch. 1930 S. 22. — Flügge, W.: Die Stabilität der Kreiszylinderschale. Ing.-Arch. 1931 S. 463. — Stange, K.: Der Spannungszustand einer Kreisringschale. Ing.-Arch. 1931 S. 47. — Abdank, R.: Berechnung ganz oder teilweise gefüllter, freitragender, dünnwandiger Rohrleitungen mit beliebig geneigter Achse. Bautechn. 1931 S. 419. — v. Sanden, K., u. F. Tölke: Über Stabilitätsprobleme dünner kreiszylindrischer Schalen. Ing.-Arch. 1931 S. 24.

82. Membrantheorie von Rohr und Tonne.

Tonne und Rohr werden bei zahlreichen Anwendungen im Bauwesen längs der Ränder oder längs ausgezeichneter Mantellinien $\alpha = \text{const}$ stetig unterstützt und bei der statischen Untersuchung unendlich lang angenommen (Abb. 833). Eine von x unabhängige Belastung $p = p(\alpha)$ erzeugt dann mit $\mu = 0$ einen ebenen Spannungszustand, dessen Komponenten ebenso wie beim biegungssteifen gekrümmten Stabe berechnet werden (S. 131 und 136). Durch die Abstützung einzelner Querschnitte des Flächentragwerks mit biegungssteifen Rahmen, Bindern oder Querwänden entstehen freitragende Rohre und Tonnen, deren differentiale Streifen sich nicht mehr gleichartig verhalten, so daß die Spannungen nach der Schalentheorie berechnet werden müssen. Gelten dabei mit $h \ll r$ dieselben Annahmen wie auf S. **743**, so lassen sich die inneren Kräfte auch hier durch Schnittkräfte, also durch Längs- und Querkräfte, Biegungs- und Drillungsmomente ausdrücken. Die räumliche Tragwirkung der Tonne ist zuerst von A. Föppl an Fachwerken (1894), von D. Thoma und E. Schwerin an Rohren (1920) und von F. Bauersfeld und U. Finsterwalder an freitragenden Gewölben (1928) untersucht worden.

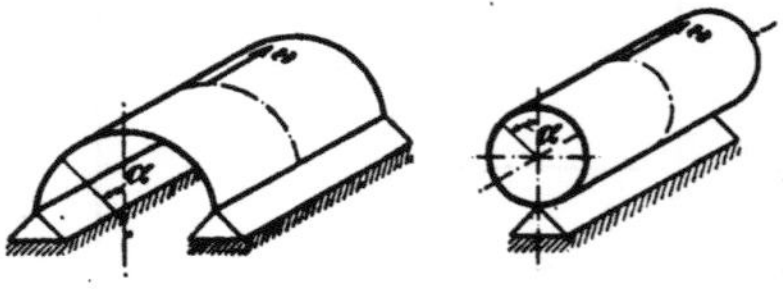

Abb. 833.

Um die Rechnung zu vereinfachen, können die Biegungsspannungen gegenüber den Dehnungsspannungen eines Abschnitts zunächst ebenso wie bei den rotationssymmetrischen Schalen vernachlässigt werden, wenn die Randbedingungen vollständig erfüllt sind oder wenn die Randstörungen keinen wesentlichen Einfluß auf den Spannungs- und Formänderungszustand besitzen. Das Kraftfeld der Schale wird dann allein durch Längskräfte und Schubkräfte beschrieben, während die Biegung nur geringe Nebenspannungen erzeugt.

Zur Berechnung der Längskräfte N_x, N_α und der Schubkräfte $N_{x\alpha}$ genügen die drei Gleichgewichtsbedingungen. Die Aufgabe ist also ebenso wie bei den rotationssymmetrischen Schalen statisch bestimmt. Die Gleichgewichtsbedingungen werden für die äußeren Kräfte eines differentialen Schalenteils $dx \cdot r d\alpha$ angeschrieben und dabei auf das Achsensystem der Abb. **838** bezogen. Der Ursprung der x-Achse fällt in den mittleren Breitenschnitt zwischen zwei Querstützen (Abstand $2l$). Diese bedeuten Ränder des stetigen Zusammenhangs und damit Randbedingungen für die mathematische Beschreibung des Spannungs- und Verschiebungszustandes. Dasselbe gilt von der Begrenzung der Tonnenschalen längs der Erzeugenden. Randstörungen des Membranzustandes sind also nur dann ausgeschlossen, wenn die an den Rändern der Schale vorhandenen Kräfte den stützenden Randgliedern ohne Zwang zugeführt werden können.

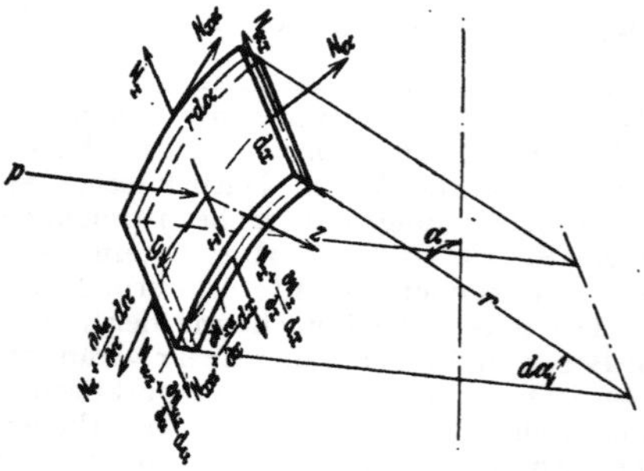

Abb. 834.

Die Wanddicke h ist konstant, die Belastung p eine stetige Funktion von x und α. Ihre Komponenten werden mit p_x, p_y, p_z bezeichnet. Die Verschiebungen der Punkte der Mittelfläche im Sinne der drei in Abb. **834** eingetragenen Achsen sind u, v, w.

Bedingungen für das Gleichgewicht der Kräfte an dem differentialen Abschnitt Abb. **834**

$$\frac{\partial N_x}{\partial x} dx\, r\, d\alpha + \frac{\partial N_{x\alpha}}{\partial \alpha} d\alpha\, dx + p_x\, dx\, r\, d\alpha = 0,$$

$$\frac{\partial N_\alpha}{\partial \alpha} d\alpha\, dx + \frac{\partial N_{x\alpha}}{\partial x} dx\, r\, d\alpha + p_y\, dx\, r\, d\alpha = 0,$$

$$N_\alpha\, dx\, d\alpha + p_z\, dx\, r\, d\alpha = 0,$$

$$\frac{\partial N_{x\alpha}}{\partial x} + \frac{1}{r}\frac{\partial N_\alpha}{\partial \alpha} + p_y = 0, \qquad \frac{\partial N_x}{\partial x} + \frac{\partial N_{x\alpha}}{r\,\partial \alpha} + p_x = 0, \qquad N_\alpha + p_z r = 0. \quad (1262)$$

Die Schnittkräfte können daher unabhängig voneinander berechnet werden.

$$\left.\begin{aligned} N_\alpha &= -r p_z, \qquad N_{x\alpha} = -\int \frac{1}{r}\frac{\partial N_\alpha}{\partial \alpha} dx - \int p_y\, dx + C_1(\alpha), \\ N_x &= -\int \frac{1}{r}\frac{\partial N_{x\alpha}}{\partial \alpha} dx - \int p_x\, dx + C_2(\alpha). \end{aligned}\right\} \quad (1263)$$

Die Integrationskonstanten C_1, C_2 sind unabhängig von x, aber Funktionen von α, und daher nur durch Randbedingungen für $x = \text{const}$ bestimmt. Bei freier Auflagerung der Schale auf zwei Querstützen sind die Längskräfte N_x an den freien Rändern in $x = \pm l$ Null; bei freier Auskragung der Schale sind Längskraft N_x und Schubkraft $N_{\alpha x}$ am freien Rand Null. Randstörungen des Membranzustandes sind dabei aber nur dann ausgeschlossen, wenn die Dehnung von Schalenrand und Querstütze stetig ineinander übergehen. In allen anderen Fällen entstehen ebenso wie bei der Verbindung von Rotationsschale und Ringträger Biegungsspannungen, die sich allerdings ebenso wie dort nur auf eine schmale Randzone beschränken und daher keine große Bedeutung besitzen.

Der Verschiebungszustand der Mittelfläche (u, v, w) läßt sich mit den als bekannt anzusehenden Schnittkräften aus den folgenden Beziehungen berechnen:

$$\left.\begin{aligned} \varepsilon_x &= \frac{\partial u}{\partial x} = \frac{1}{E h}(N_x - \mu N_\alpha), \qquad \varepsilon_\alpha = \frac{\partial v}{r \partial \alpha} - \frac{w}{r} = \frac{1}{E h}(N_\alpha - \mu N_x), \\ \gamma_{x\alpha} &= \frac{\partial u}{r \partial \alpha} + \frac{\partial v}{\partial x} = \frac{2(1+\mu)}{E h} N_{\alpha x}. \end{aligned}\right\} \quad (1264)$$

Spannungszustand einer freitragenden Druckrohrleitung.

1. Lösung für Eigengewicht $p_x = 0$, $p_y = g \sin\alpha$, $p_z = g \cos\alpha$.

Nach (1263) ist

$$N_\alpha = -a g \cos\alpha,$$

$$N_{\alpha x} = -\frac{1}{a}\int a g \sin\alpha \, dx - g \int \sin\alpha \, dx + C_1 = -2 g x \sin\alpha + C_1.$$

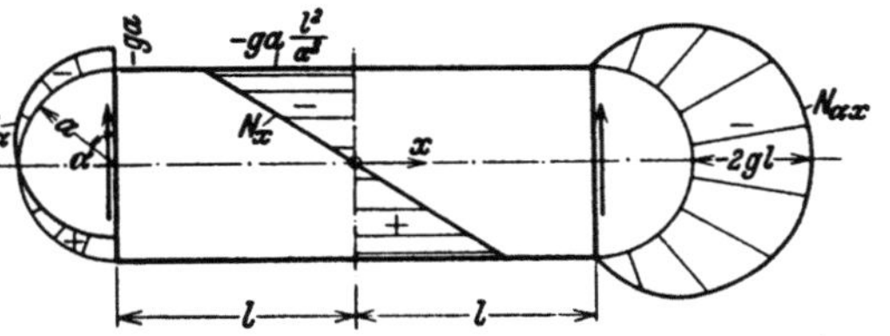

Abb. 835. Schnittkräfte infolge Eigengewicht.

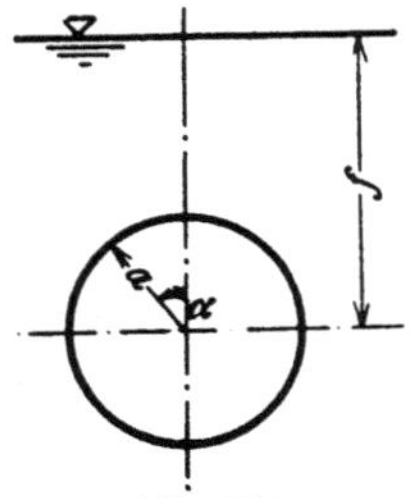

Abb. 836.

Aus Symmetriegründen ist $N_{\alpha x} = 0$ für $x = 0$, also $C_1 = 0$.

$$N_x = +\frac{1}{a}\int 2 g x \cos\alpha \, dx + C_2 = \frac{g}{a}\cos\alpha\,(x^2 + C_2).$$

Für $x = l$ ist $N_x = 0$, also $C_2 = -l^2$. Die Schnittkräfte lauten nunmehr

$$N_\alpha = -g a \cos\alpha, \qquad N_{\alpha x} = -2 g x \sin\alpha, \qquad N_x = -g a \frac{l^2}{a^2}\left(1 - \frac{x^2}{l^2}\right)\cos\alpha.$$

Sie sind in Abb. 835 dargestellt.

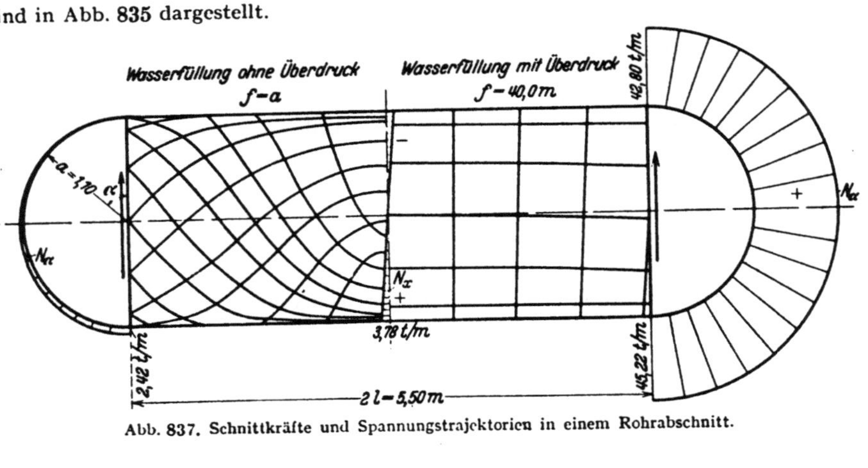

Abb. 837. Schnittkräfte und Spannungstrajektorien in einem Rohrabschnitt.

2. Lösung für Wasserüberdruck $p_x = 0$, $p_y = 0$, $p_z = -\gamma(f - a\cos\alpha)$ (Abb. 836). Die Integration nach (1263) liefert

$$N_\alpha = a^2\gamma\left(\frac{f}{a} - \cos\alpha\right), \qquad N_{\alpha x} = -\gamma\, a\, x \sin\alpha\,, \qquad N_x = -\gamma\frac{l^2}{2}\left(1 - \frac{x^2}{l^2}\right)\cos\alpha\,.$$

Die Schnittkräfte und Spannungstrajektorien sind bei Wasserfüllung ohne Überdruck, also für $f = a = 1{,}10$ m auf der linken Seite, bei Wasserfüllung mit $f = 40{,}0$ m auf der rechten Seite der Abb. 837 eingetragen. Die Hauptspannungen werden also bei wachsendem Überdruck immer mehr zu Ringspannungen. Dabei wird die Durchbiegung des Rohres kleiner.

Die Tonnenschale mit Querstützung. Die Mittelfläche der Tonnenschale ist ein zum Meridianschnitt $\alpha = 0$ symmetrischer Abschnitt einer Zylinderfläche mit parallelen Rändern $\alpha = \alpha^* = \text{const}$. Die Krümmung des Breitenschnittes $1/r$ ist eine Funktion von α, die Wanddicke h in der Regel konstant. Das Flächentragwerk ruht entweder auf allen vier Rändern oder trägt sich zwischen den Querwänden frei. Daneben sind auch noch andere Stützungsmöglichkeiten vorhanden.

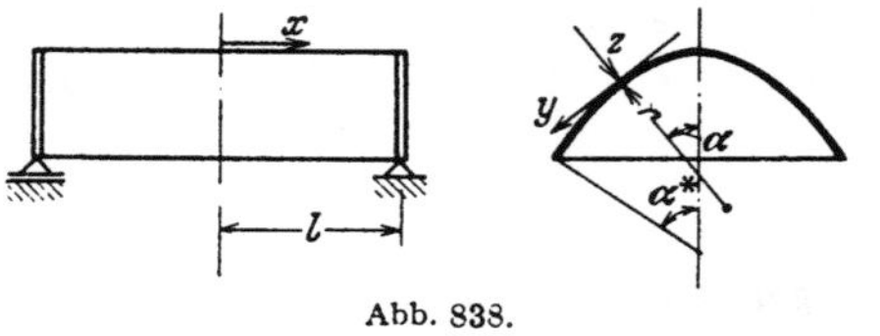

Abb. 838.

Die Belastung p wirkt stetig, wird aber im Hinblick auf die Anwendung im Bauwesen derart angenommen, daß $p_x = 0$ und p_y, p_z allein stetige Funktionen von α, also unabhängig von x sind. Die allgemeinen Gleichgewichtsbedingungen (1263) lauten dann folgendermaßen:

$$\left.\begin{aligned} &N_\alpha = -p_z r\,, \qquad N_{x\alpha} = -\left(p_y + \frac{1}{r}\frac{\partial N_\alpha}{\partial\alpha}\right)x + C_1(\alpha)\,,\\ &N_x = \frac{1}{r}\frac{\partial}{\partial\alpha}\left(p_y + \frac{1}{r}\frac{\partial N_\alpha}{\partial\alpha}\right)\frac{x^2}{2} - \frac{x}{r}\frac{\partial C_1(\alpha)}{\partial\alpha} + C_2(\alpha)\,. \end{aligned}\right\} \qquad (1265)$$

Tragwerk und Belastung sind zum Querschnitt $x = 0$ symmetrisch, so daß zur Berechnung der Integrationskonstanten $C_1(\alpha)$, $C_2(\alpha)$ bei freier Auflagerung der Ränder $x = \pm l$ folgende Bedingungen gelten:

$$\left.\begin{aligned} &x = 0: \qquad N_{\alpha x} = 0 \quad \text{also} \quad C_1(\alpha) = 0\,,\\ &x = \pm l: \qquad N_x = 0 \quad \text{also} \quad C_2(\alpha) = -\frac{1}{r}\frac{\partial}{\partial\alpha}\left(p_y + \frac{1}{r}\frac{\partial N_\alpha}{\partial\alpha}\right)\frac{l^2}{2}\,. \end{aligned}\right\} \qquad (1266)$$

Die Schnittkräfte sind daher

$$N_\alpha = -p_z r\,,\; N_{\alpha x} = -\left(p_y + \frac{1}{r}\frac{\partial N_\alpha}{\partial\alpha}\right)x\,,\; N_x = -\frac{1}{r}\frac{\partial}{\partial\alpha}\left(p_y + \frac{1}{r}\frac{\partial N_\alpha}{\partial\alpha}\right)\left(\frac{l^2 - x^2}{2}\right). \qquad (1267)$$

Ist $x = 0$ der freie Rand einer einseitig eingespannten Tonne mit $N_x = 0$, $N_{\alpha x} = 0$, so ist $C_1(\alpha) = 0$ und $C_2(\alpha) = 0$.

An den Längsrändern $\alpha^* = \text{const}$ werden in der Regel Längskräfte N_α^* und Schubkräfte $N_{\alpha x}^*$ an Randglieder abgegeben. Der Längsspannungszustand der Schale bleibt dabei aber nur erhalten, wenn Dehnung und Spannung in der Grenzschicht zwischen den benachbarten Bauteilen stetig ineinander übergehen, ohne daß Biegungsspannungen entstehen.

Sind die Endtangenten des Breitenschnittes senkrecht ($\alpha^* = 90^0$), so sind bei lotrechter Belastung die Längskräfte N_α^* Null und daher am Rande nur noch Schubkräfte $N_{\alpha x}^*$ vorhanden, die einem Randglied zugeführt werden müssen. Sie sind nach (1267) zum Breitenschnitt $x = 0$ symmetrisch und erzeugen im Querschnitt x des Randgliedes eine Längskraft

$$S = -\left(p_y + \frac{1}{r}\frac{\partial N_\alpha}{\partial\alpha}\right)\int_l^x x\,dx = \left(p_y + \frac{1}{r}\frac{\partial N_\alpha}{\partial\alpha}\right)\left(\frac{l^2 - x^2}{2}\right). \qquad (1268)$$

Die Längskräfte S der beiden Randglieder bilden mit den Längskräften N_x eines Querschnitts der Tonne eine Gleichgewichtsgruppe

$$S + \int_0^{\alpha^*} N_x r\, d\alpha = 0$$

und erhalten damit die Bedeutung der Biegungslängskraft eines Balkenträgers.

Die Form des Breitenschnittes steht mit dem Spannungszustand in einer Beziehung, die sich bei der Belastung der Tonne durch Eigengewicht $g = \text{const}$ leicht verfolgen läßt, wenn der Parameter n in der Gleichung des Breitenschnittes $1/r = 1/a \cdot \cos^n \alpha$ durch verschiedene ganze Zahlen ersetzt wird. $n = 3$ liefert eine Parabel, $n = 2$ eine Kettenlinie, $n = 0$ einen Kreis und $n = -1$ eine Zykloide. Mit $p_x = 0$, $p_y = g \sin\alpha$, $p_z = g\cos\alpha$ ist dann

$$\left.\begin{aligned} N_\alpha &= -g\, a/\cos^{n-1}\alpha\,, \quad \text{die Bogenkraft} \quad H = -N_\alpha \cos\alpha = g\, a/\cos^{n-2}\alpha\,,\\ N_{x\alpha} &= -g\, x\,(2-n)\sin\alpha\,, \qquad N_x = -g\,\frac{(2-n)}{a}\cos^{n+1}\alpha\,\frac{l^2}{2}\left(1-\frac{x^2}{l^2}\right). \end{aligned}\right\} \tag{1269}$$

a) Der Breitenschnitt ist eine Kettenlinie: $n = 2$.

$$H = g\,a = \text{const}\,, \qquad N_{x\alpha} = 0\,, \qquad N_x = 0\,, \qquad S = 0\,. \tag{1270}$$

Die Tonne überträgt das Eigengewicht abgesehen von Randstörungen biegungsfrei nach den Bauteilen am Rande $\alpha^* = \text{const}$.

b) Der Breitenschnitt ist der Kettenlinie einbeschrieben: $n > 2$.

Der Bogenschub nimmt mit wachsendem α zu, die Schubkräfte $N_{\alpha x} = N_{x\alpha}$ und die Längskräfte N_x sind positiv und daher S negativ.

c) Der Breitenschnitt ist gegen die Kettenlinie überhöht: $n < 2$.

Der Bogenschub nimmt mit wachsendem α ab, die Schubkräfte $N_{\alpha x} = N_{x\alpha}$ und die Längskräfte N_x sind negativ, die Längskraft S der Randglieder positiv. Bei Tonnen mit senkrechter Endtangente ($N_\alpha^* = 0$) wird das Eigengewicht vollständig nach den Querstützen abgetragen. Die Tonne wird zum Träger. Für freitragende Schalendächer mit Querstützung durch Wände oder Binder sind nur die überhöhten Breitenschnitte geeignet.

Nach diesen Untersuchungen kann das Gleichgewicht zwischen der stetigen Belastung einer Tonnenschale und den inneren Kräften eines Längsspannungszustandes nur in Verbindung mit einem Randglied hergestellt werden, dessen Längskraft S die Schubkräfte $N_{\alpha x}$ am Rande der Schale α^* aufnimmt und ausgleicht. Da jedoch der Sinn der Längskraft S des Randgliedes dem Sinne der Längskraft N_x des Schalenrandes stets entgegengesetzt ist, so kann sich in der Randzone kein Längsspannungszustand ausbilden. Die Unstetigkeit der Formänderung zwischen Schalenrand und Randglied bedeutet vielmehr stets Krümmungsänderungen durch Biegung. Sie sind um so größer, je mehr die mit der Angliederung besonderer Bauteile verbundene unstetige Gewichtsvermehrung die Annahmen über die äußeren Kräfte in den Gleichgewichtsbedingungen für den Längsspannungszustand verändert. Dabei ist zunächst noch immer ein Breitenschnitt mit senkrechter Endtangente angenommen worden. Die Verbindung von flachen Kreiszylinderschalen mit hohen Randträgern zwingt jedoch von vornherein ebenso wie die unstetige Belastung oder die unstetige Krümmung der Tonnenschalen dazu, die Biegungsspannungen des Flächentragwerks in den Vordergrund zu stellen. Dabei werden die Anschlußkräfte zwischen Träger und Schale in ähnlicher Weise wie bei den rotationssymmetrischen Schalen als die überzähligen Größen eines Hauptsystems betrachtet, das durch die Trennung der Randträger von der Schale entsteht. Die überzähligen Größen, also die Biegungsmomente, Längs- und Schubkräfte sind jetzt allerdings nicht mehr konstant, sondern Funktionen von x, die als periodische Funktionen in trigonometrischen Reihen entwickelt angenommen werden. Das Ergebnis entsteht aber ebenso wie bei den biegungssteifen rotationssymmetrischen Schalen durch die Überlagerung des Längsspannungszustandes aus der vorgeschriebenen Belastung mit den Biegungsspannungen aus den überzähligen Größen, für deren Berechnung die geometrischen Bedingungen über die gegenseitige Verschiebung und Verdrehung der Ufer der Anschlußquerschnitte von Schalen und Randträger verwendet werden. Die Lösung des Problems ist von U. Finsterwalder gezeigt worden. Mit Rücksicht auf Platzmangel muß auf die angegebene Literatur verwiesen werden.

1. Der Breitenschnitt ist eine Ellipse.

$$r = \frac{a^2 b^2}{(a^2 \sin^2\alpha + b^2 \cos^2\alpha)^{3/2}}.$$

Schnittkräfte aus Eigengewicht $p_y = g \sin\alpha;\ p_z = g \cos\alpha$.

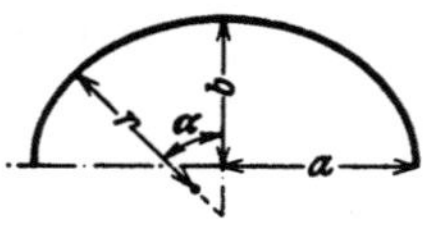

Abb. 839.

$$N_\alpha = -g\, a^2 b^2 \frac{\cos\alpha}{(a^2 \sin^2\alpha + b^2 \cos^2\alpha)^{3/2}},$$

$$N_{x\alpha} = -g\, x \frac{2a^2 + (a^2 - b^2)\cos^2\alpha}{a^2 \sin^2\alpha + b^2 \cos^2\alpha} \sin\alpha,$$

$$N_x = -\frac{g\, l^2}{2}\left(1 - \frac{x^2}{l^2}\right)\cos\alpha \frac{3a^2b^2 - 3a^2(a^2 - b^2)\sin^2\alpha - (a^2\sin^2\alpha + b^2\cos^2\alpha)^2}{a^2b^2(a^2\sin^2\alpha + b^2\cos^2\alpha)^{1/2}}$$

Schnittkräfte aus Schneelast. $p_y = p_s \sin\alpha \cos\alpha,\ p_z = p_s \cos^2\alpha$.

$$N_\alpha = -p_s\, a^2 b^2 \frac{\cos^3\alpha}{(a^2 \sin^2\alpha + b^2\cos^2\alpha)^{3/2}},$$

$$N_{\alpha x} = -3\, p_s\, a^2 x \frac{\sin\alpha \cos\alpha}{a^2 \sin^2\alpha + b^2 \cos^2\alpha},$$

$$N_x = \frac{3}{2} p_s \frac{l^2}{b^2}\left(1 - \frac{x^2}{l^2}\right) \frac{a^2 \sin^2\alpha - b^2\cos^2\alpha}{(a^2\sin^2\alpha + b^2\cos^2\alpha)^{1/2}}.$$

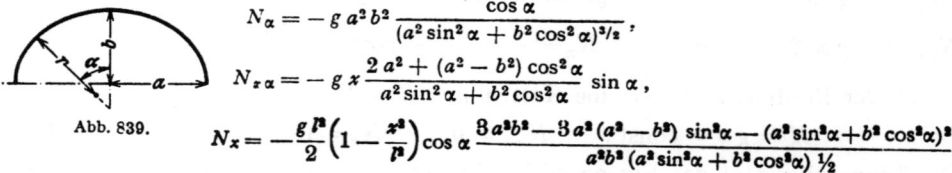

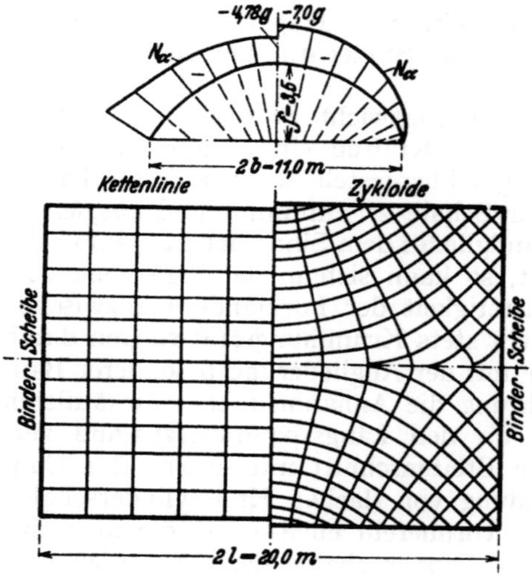

Abb. 840.

Gleichung der

Kettenlinie	Zykloide
$y = 8{,}28 - 4{,}78\, \mathfrak{Cof}\, \frac{x}{4{,}78}$	$x = \frac{f}{2}(\varphi - \sin\varphi)$
$a = 4{,}78$	$y = \frac{f}{2}(1 - \cos\varphi)$
	$0 \leqq \varphi \leqq f$
	$a = 2f$

2. Der Breitenschnitt ist eine Zykloide.

$$r = a \cos\alpha.$$

Schnittkräfte aus Eigengewicht

$$p_y = g \sin\alpha,\ p_z = g\cos\alpha.$$

$$N_\alpha = -g\, a \cos^2\alpha, \qquad N_{x\alpha} = -3\, g\, a \frac{x}{a} \sin\alpha,$$

$$N_x = -\frac{3}{2} g\, a \frac{l^2}{a^2}\left(1 - \frac{x^2}{l^2}\right).$$

Die Schnittkräfte und Trajektorien sind in Abb. 840 mit denjenigen für eine Kettenlinie als Breitenschnitt verglichen worden.

Schnittkräfte aus Schneelast

$$p_y = p_s \sin\alpha\cos\alpha,\ p_z = p_s \cos^2\alpha.$$

$$N_\alpha = -p_s\, a \cos^3\alpha, \quad N_{x\alpha} = -4\, p_s\, x \sin\alpha\cos\alpha,$$

$$N_x = 2\, p_s\, a \frac{l^2}{a^2}\left(1 - \frac{x^2}{l^2}\right) \frac{1 - 2\cos^2\alpha}{\cos\alpha}.$$

Schwerin, E.: Über die Spannungen in symmetrisch und unsymmetrisch belasteten Kugelschalen. Berlin 1918 und Arm. Beton 1919 S. 25. — Thoma, D.: Die Beanspruchung freitragender mit Wasser gefüllter Rohre. Z. ges. Turbinenwes. 1920 S. 17. — Schwerin, E.: Über die Spannungen in freitragenden gefüllten Rohren. Z. angew. Math. Mech. 1922 S. 340. —

Miesel, K.: Über die Festigkeit von Kreiszylinderschalen mit nichtachsensymmetrischer Belastung. Ing.-Arch. 1929 S. 22. — Geckeler, J.: Zur Theorie der Elastizität flacher rotationssymmetrischer Schalen. Ing.-Arch. 1930 S. 255. — Rüsch, H.: Theorie der querversteiften Zylinderschalen für schmale, unsymmetrische Kreissegmente. Diss. München 1931. — Finsterwalder, U.: Die querversteiften zylindrischen Schalengewölbe mit kreissegmentförmigem Querschnitt. Ing.-Arch. Bd. 4 (1933) S. 43.

83. Vieleckkuppeln.

Die Breitenschnitte der zyklisch symmetrischen Tragwerke sind in der Regel Vielecke mit gerader Seitenzahl ($2n$). Sie bilden n Tonnenschalen, die untereinander kongruent sind und sich gegeneinander in n Gratlinien abstützen. Die Krümmung des Querschnitts $1/R_\beta$ kann sich beliebig ändern. Sie ist jedoch in der Regel mathematisch bestimmt, der Querschnitt also z. B. ein Kreisbogen, eine Ellipse oder eine Zykloide.

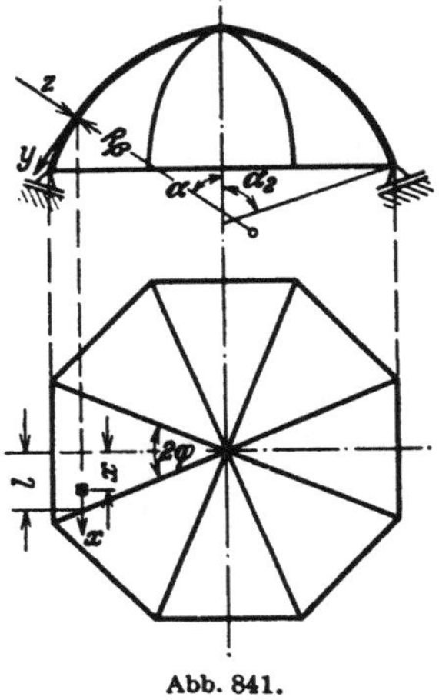

Abb. 841.

Der Schalensektor ist durch einen Rand $\alpha = \alpha_2$ und durch zwei Gratlinien begrenzt, welche den Winkel $2\varphi = \pi/n$ einschließen (Abb. 841). Sind die Randbedingungen für $\alpha = \alpha_2$ nach S. 794 erfüllt und Randstörungen ohne Bedeutung, so erzeugt jede stetige Belastung allein Schnittkräfte N_α, $N_{\alpha x}$, N_x. Die allgemeinen Angaben darüber auf S. 794 enthalten zwei Funktionen $f_1(\alpha)$, $f_2(\alpha)$ als Integrationskonstante, über die im Sinne des Längsspannungszustandes in den Graten so verfügt werden kann, daß die Hauptschnittkräfte mit der Tangente an die Gratlinien zusammenfallen und daher die Komponenten in Richtung der Haupt- und Binormalen Null sind. Die Anzahl $2n$ der unbekannten Funktionen $f(\alpha)$ stimmt mit der Anzahl $2n$ der verfügbaren Bedingungsgleichungen der Schale für den Längsspannungszustand des Tragwerks in den Graten überein. Die Grate erhalten daher bei jeder stetigen Belastung der Tonnen im wesentlichen nur Längskräfte.

Die Integration der Gleichgewichtsbedingungen (1262) für eine Belastung aus $p_x = 0$, $p_y = p_y(\alpha)$, $p_z = p_z(\alpha)$ liefert mit $R_\beta \equiv r$

$$\left.\begin{aligned} N_\alpha &= -p_z R_\beta, \quad N_{\alpha x} = -\left(\frac{\partial N_\alpha}{R_\beta \partial \alpha} + p_y\right) x + f_1(\alpha) = -p_y^* x + f_1(\alpha), \\ N_x &= \frac{\partial p_y^*}{2 R_\beta \partial \alpha} x^2 - \frac{\partial f_1(\alpha)}{R_\beta \partial \alpha} x + f_2(\alpha). \end{aligned}\right\} \quad (1271)$$

Die Belastung ist entweder symmetrisch (Eigengewicht, Schneelast) oder antimetrisch (Windbelastung).

Die Unstetigkeit der Mittelfläche in den Gratlinien zwingt zur Zerlegung des Spannungsbildes. Der eine Anteil beschreibt die Tragwirkung der Tonne zur Übertragung der Belastung nach den Gratlinien, der andere die Tragwirkung der Kuppel zur Übertragung der Randkräfte in den Gratlinien nach den Stützpunkten und Randgliedern.

Lösung bei zyklisch symmetrischer Belastung.

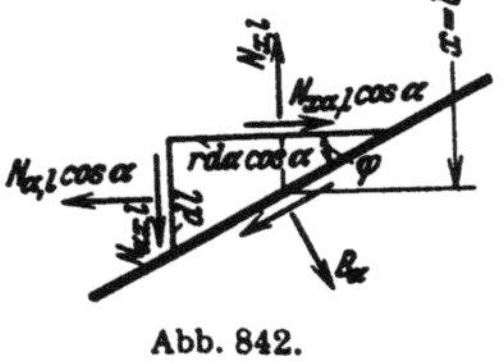

Abb. 842.

Anteil I. Die Schubkräfte $N_{\alpha x}$ sind in allen Symmetrieebenen, also auch in den Querschnitten $x = 0$ (Abb. 841) Null, so daß nach (1271) $f_1(\alpha) = 0$. Durch die Ausnützung der Symmetrie ist in den Gratschnitten nur noch die Bedingung verfügbar, daß die Komponente B_α der Hauptschnittkraft in $x = l_\alpha$ in Richtung der Binormalen Null ist. Darnach gilt für den Grundriß eines differentialen Schalenteils (Abb. 842)

$$B_\alpha = (N_{x,l} - 2 N_{\alpha x, l} \cos\alpha \operatorname{tg}\varphi + N_{\alpha, l} \cos^2\alpha \operatorname{tg}^2\varphi) R_\beta d\alpha \cos\varphi = 0,$$

und mit (1271)

$$N_{\alpha x,l} = -p_y^* l, \qquad N_{x,l} = \frac{\partial p_y^*}{2R_\beta \partial\alpha} l^2 + f_2(\alpha)$$

also

$$f_2(\alpha) = -\frac{l^2}{2}\frac{\partial p_y^*}{R_\beta \partial\alpha} - 2p_y^* l \cos\alpha \operatorname{tg}\varphi + p_z R_\beta \cos^2\alpha \operatorname{tg}^2\varphi. \tag{1272}$$

Die Trägerwirkung des Schalensektors besteht daher aus den Schnittkräften

$$\left.\begin{array}{l} N_\alpha = -p_z R_\beta, \quad N_{\alpha x} = -p_y^* x, \quad N_x^{(T)} = -\dfrac{l^2 - x^2}{2}\dfrac{\partial p_y^*}{R_\beta \partial\alpha} - f_3(\alpha), \\ f_3(\alpha) = +2p_y^* l \cos\alpha \operatorname{tg}\varphi + N_\alpha \cos^2\alpha \operatorname{tg}^2\varphi. \end{array}\right\} \tag{1273}$$

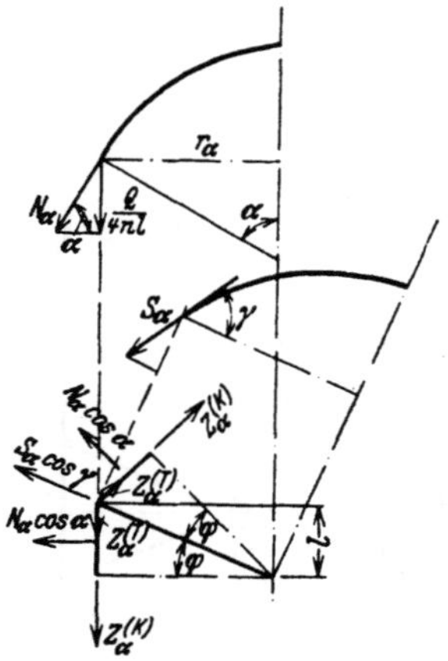

Abb. 843.

Sie sind jedoch nur durch die Längskraft $Z_\alpha^{(T)}$ eines Zuggliedes am Rande $\alpha = \alpha_2$ im Gleichgewicht

$$Z_\alpha^{(T)} = +\frac{l^2 - x^2}{2} p_y^* + \int_0^{\alpha_2} f_3(\alpha) R_\beta \, d\alpha. \tag{1274}$$

Anteil II. Der Spannungszustand durch die Kuppelwirkung des Tragwerks besteht aus Längskräften $N_x^{(K)}$, die von der nach den Graten abgetragenen Belastung hervorgerufen werden. Sie lassen sich nach (1096) am einfachsten als Zuwachs der Resultierenden $Z_\alpha^{(K)}$ aller Längskräfte oberhalb eines Breitenschnittes α berechnen. Durch diesen werden neben der Resultierenden Q_α der Belastung die Schnittkräfte N_α, $Z_\alpha^{(T)}$ und die Längskraft S_α in Richtung der Grattangenten zu äußeren Kräften, die miteinander im Gleichgewicht sind. Die Summe aller senkrechten Komponenten liefert S_α (Abb. 843).

$$\left.\begin{array}{l} Q_\alpha + 4nl N_\alpha \sin\alpha + 2n S_\alpha \sin\gamma = 0, \quad \text{also mit} \quad \sin\gamma = 1/\sqrt{1 + \operatorname{ctg}^2\alpha/\cos^2\varphi}, \\ S_\alpha = -\left(\dfrac{Q_\alpha}{2n} - 2p_z R_\beta r_\alpha \sin\alpha \operatorname{tg}\varphi\right)\sqrt{1 + \operatorname{ctg}^2\alpha/\cos^2\varphi}. \end{array}\right\} \tag{1275}$$

Zum Gleichgewicht der waagerechten Komponenten der Schnittkräfte S_α, N_α mit der Schubkraft $Z_\alpha^{(T)}$ an den Eckpunkten eines freien Breitenschnittes α ist die Längskraft $Z_\alpha^{(K)}$ eines Zugringes notwendig (Abb. 843).

$$\left.\begin{array}{l} Z_\alpha^{(K)} + \dfrac{S_\alpha \cos\gamma}{2\sin\varphi} + r_\alpha N_\alpha \cos\alpha + \displaystyle\int_0^\alpha f_3(\alpha) R_\beta \, d\alpha = 0 \\ \text{und} \\ N_x^{(K)} = -\dfrac{\partial Z_\alpha^{(K)}}{R_\beta \partial\alpha} = \dfrac{\partial}{R_\beta \partial\alpha}\left(\dfrac{S_\alpha \cos\gamma}{2\sin\varphi} + r_\alpha N_\alpha \cos\alpha\right) + f_3(\alpha). \end{array}\right\} \tag{1276}$$

Durch die Überlagerung der Anteile I und II des Spannungszustandes entsteht die gesuchte Schnittkraft

$$\left.\begin{array}{l} N_x = N_x^{(T)} + N_x^{(K)} = -\dfrac{l^2 - x^2}{2}\dfrac{\partial p_y^*}{R_\beta \partial\alpha} + \dfrac{\partial}{R_\beta \partial\alpha}\left(\dfrac{S_\alpha \cos\gamma}{2\sin\varphi} + r_\alpha N_\alpha \cos\alpha\right) \\ \text{mit} \\ \dfrac{S_\alpha \cos\gamma}{2\sin\varphi} + r_\alpha N_\alpha \cos\alpha = -\dfrac{Q_\alpha \operatorname{ctg}\alpha}{2n \sin 2\varphi} + p_z R_\beta r_\alpha \dfrac{\cos\alpha}{\cos^2\varphi}, \quad \varphi = \pi/2n. \end{array}\right\} \tag{1277}$$

Eigengewicht: $p_x = 0$, $p_y = g \sin\alpha$, $p_z = g\cos\alpha$.

$$Q_\alpha = 4n \operatorname{tg}\varphi \int_0^\alpha g R_\beta r_\alpha \, d\alpha = 4n \operatorname{tg}\frac{\pi}{2n} Q_{\alpha g}. \tag{1278}$$

Schneelast: $p_x = 0,\ p_y = p \sin\alpha \cos\alpha,\ p_z = p \cos^2\alpha$.

$$Q_\alpha = 4n \operatorname{tg}\varphi \frac{\pi}{2n} \cdot \frac{p_0}{2} r_\alpha^2 = 4n \operatorname{tg}\frac{\pi}{2n} Q_{\alpha 2}. \qquad (1279)$$

a) Der Meridian ist ein Kreisbogen (Abb. 844):

$$Q_{\alpha 1} = g\,a[a(1-\cos\alpha) - c\,\alpha], \qquad Q_{\alpha 2} = \frac{p_0}{2}(a\sin\alpha - c)^2. \qquad (1280)$$

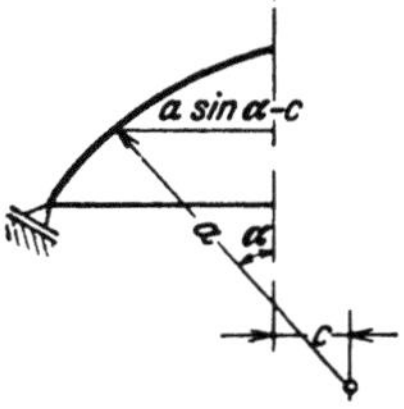

Abb. 844.

b) Der Meridian ist eine Zykloide (Abb. 845):

$$\left.\begin{aligned} Q_{\alpha 1} &= 2gf^2\Big(\alpha\sin\alpha + \cos\alpha \\ &\qquad -\frac{1}{3}\cos^3\alpha - \frac{2}{3}\Big), \\ Q_{\alpha 2} &= \frac{p}{8} f^2 (2\alpha + \sin 2\alpha)^2 \end{aligned}\right\} \qquad (1281)$$

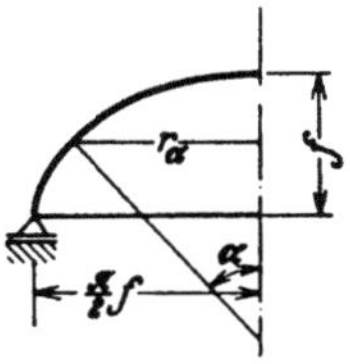

Abb. 845.

Ist die Meridiankurve anderweit festgelegt, so werden die Integrationen in Verbindung mit $R_\beta d\alpha = ds \to \Delta s$ als Summe und die Differentialquotienten ebenso wie auf S. 763 angenähert als Differenzenquotienten berechnet.

Berechnung einer Vieleckkuppel.

Die Kuppel hat einen achteckigen Grundriß nach Abb. 841 mit $2n = 8$, $\varphi = \pi/8$ und einen Kreisquerschnitt mit dem Radius $a = 20{,}5$ m. Die Belastung besteht aus Eigengewicht $g = 0{,}20\ t/\text{m}^2$. Nach (1273) ist

$$N_\alpha = -g\,a\cos\alpha = -4{,}1\cos\alpha,$$

$$N_{\alpha x} = -2g\,x\sin\alpha = -0{,}4\,x\sin\alpha,$$

oder für

$$x = l = a\sin\alpha \operatorname{tg}\varphi;$$

$$N_{\alpha x}(x = l) = -3{,}39\sin^2\alpha.$$

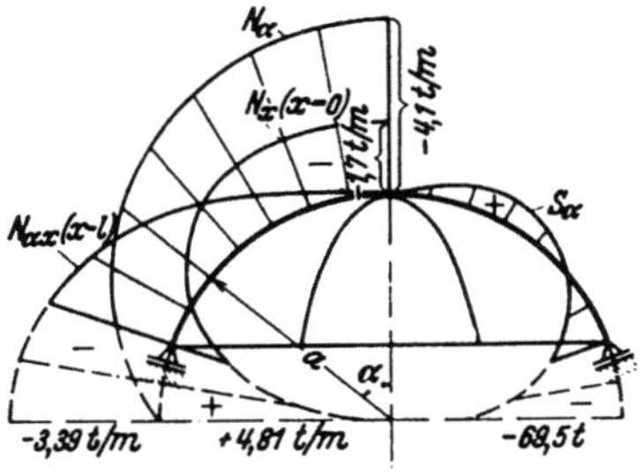

Abb. 846.

Für den Kreisquerschnitt ist nach (1278) und (1280) $Q_\alpha = 16ga^2(1-\cos\alpha)\operatorname{tg}\varphi$ und die Längskraft in den Graten nach (1275)

$$S_\alpha = 2g\,a^2 \operatorname{tg}\varphi[(1+\sin^2\alpha)\cos\alpha - 1]\sqrt{1 + \frac{\operatorname{ctg}^2\alpha}{\cos^2\varphi}}.$$

Die Ringkraft ist nach (1277) für $x = 0$

$$N_{x(x=0)} = \frac{g\,a}{\sin^2\alpha\cos^2\varphi}\left[1 - \cos\alpha\,[1 + \sin^4\alpha\,(3 - \sin^2\varphi)]\right]$$

Die Schnittkräfte sind in Abb. 846 dargestellt.

Dischinger, F.: Die Theorie der Vieleckkuppeln. Diss. Dresden und Beton u. Eisen 1929 S. 100.

Verzeichnis der Zahlenbeispiele und Rechenvorschriften.

Auslegeträger 43, 44, 98, 126.

Behälter 772, 783, 784, 786, 790.
Behälterdecke 662.
Behälterrahmen 454.
Behälterwand 208, 692.
Bogenträger, Dreigelenk- 75, 79, 98.
— mit Zugband 519, 520.
—, eingespannter 535, 545, 555.
—, durchlaufender 349, 561, 565.
—, Belastung senkrecht zur Trägerebene 618.

Durchlaufender Bogenträger 349, 561, 565.
— Rahmen 263, 302, 341, 381, 446.
— Träger auf frei drehbaren Stützen 175, 269, 408, 426, 428.
— — auf elastisch drehbaren Stützen 240, 323, 328, 334, 378.

Erddruck 10, 11.

Gründungsplatte 665, 668, 672.

Kranbahnstütze 400.
Kreisring 189.
Kühlturm 760, 788.
Kühlturmunterbau 209.

Pilzdecke 438, 441.
— mit einer Stützenreihe 702, 707.
— mit zwei Stützenreihen 710.
—, unendlich ausgedehnte 711.
Platte, kreisförmige 661.
— —, mit veränderlicher Dicke 665.
— —, auf elastischer Bettung 668.
— —, mit antimetrischer Belastung 672.
—, rechteckige 677, 686, 688, 689, 692, 700.

Rahmen, einteiliger 572.
— —, mit Zugband 297, 573.
—, zweiteiliger 182, 198, 286, 577.
—, dreiteiliger 202.
—, geschlossener 277, 387, 575, 576.
—, durchlaufender 263, 302, 341, 381, 446.
Rahmenträger 495, 500.
Rohr 138, 793.

Sägedachrahmen 224, 250, 450.
Schale, Membranspannungen in der Zylinder- 760.
Schale, Biegungsspannungen am Rande einer Kugel- 771, 772.
—, Zylinder-, als Behälter 783, 784, 786, 789.
—, zusammengesetzte 784, 786, 788.
Scheibe 720, 728, 735.
Seitendruck in Silozellen 15.
Silo 786.
Silorahmen 368, 505.
Silowand 720, 728.
Stab, elastisch gestützter 144, 147.
Stockwerkrahmen mit 2 Pfosten 455, 462, 471.
— mit 3 Pfosten 369.
— mit 4 Pfosten 359, 483.

Temperaturverlauf in Wänden 34.
Träger, durchlaufender, auf frei drehbaren Stützen 175, 269, 408, 426, 428.
— —, auf elastisch drehbaren Stützen 240, 323, 328, 334, 378.
Trägerrost 628, 632, 635, 637, 639.

Vieleckkuppel 799.

Sachverzeichnis.

(Die Zahlen bedeuten die Seiten. Die Seiten von 391 ab sind in Bd. II enthalten.)

Abrundungsfehler 168.
Absolutglied 316.
Airysche Fläche 714.
— Spannungsfunktion 713.
— —, Berechnung aus Differenzen 733.
Algorithmus von Gauß 216.
Anschlußkräfte 151, 306, 310, 319, 348.
Anschlußzahl 373.
Antimetrie der Belastung 185.
— der Formänderung 185, 355.
— der Schnittkräfte 185.
Anzahl der überzähligen Größen 153.
A-Polygon 54.
Auflager 16.
Auflösung der Elastizitätsgleichungen durch Determinanten 166.
— — — durch Elimination 216.
— — — durch Integration 266, 426.
— — — durch Iteration 248.
— — —, zeichnerisch 253.
— — —, Vereinfachung durch Aufspaltung der Matrix 192, 271.
— dreigliedriger Gleichungen 230.
— fünf- und siebengliedriger Gleichungen 245.
Auftrieb 4, 9.
Auslegeträger 66.
—, Gelenklage 68.

Balken, stellvertretender 71.
Balkenträger, einfacher 52.
— —, Schnittkräfte 58.
— —, Biegelinie 121.
— —, Einflußlinien 53.
— —, Verdrehung der Endquerschnitte 112.
—, statisch unbestimmter 393.
—, einseitig eingespannter 398.
—, beiderseits eingespannter 399.
—, versteifter 493.
—, durchlaufender 414, 430.
— —, Beiwerte μ_k, λ_k 394.
— —, Schnittkräfte 396, 435.
— —, größte Feldmomente 424.
— —, Einflußlinien 418, 422.
— —, Vereinfachung der elastischen Eigenschaften 424, 437.

Bedingungsgleichungen, geometrische 154.
—, statische 315.
Behälter 754, 757, 782, 786, 789.
Behälterdecke mit Zwischenstützen 662.
Behälterrahmen 454.
Behälterwand 692.
Belastung, Allgemeines 2.
—, mittelbare, unmittelbare 43, 54.
—, ideelle 95.
—, rotationssymmetrische 745.
—, periodische 746.
— —, Fortsetzung 674.
—, Symmetrie und Antimetrie 185.
—, schachbrettartige 502, 697, 706.
—, Schnee, Wind 3, 347, 748.
—, hydrostatische 269, 460, 673, 692.
—, Umordnung der 186.
— —, Verhältniszahlen 191.
— —, Anwendung 200, 299, 459, 490, 501, 562, 641, 671, 685, 689, 707, 724.
Belastungseinheit des Punkte- und Geradenpaares 91.
Belastungsfunktion 674, 718, 748.
—, singuläre Stellen 682.
Belastungszahlen 159.
—, Tabellen der 416, 433, 434, 470.
Betti, Satz von 22, 90, 159.
Beweglichkeit, unendlich kleine 41.
Biegelehre, technische 23, 32.
Biegelinie 121.
— für den geraden Stab 122, 128.
— — — — — als Differenzengleichung 129.
— für den gekrümmten Stab 132.
— für den Stab auf elastischer Unterlage 140.
— für den Stabzug 134.
—, reduzierte 394.
— des Dreigelenkbogens 134.
—, waagerechte 132.
Biegung, schiefe 27.
Biegungsebene 121.
Biegungsmoment 26.
—, Differentialgleichung 27.

Biegungsmoment, Vorzeichenregel 41, 307.
Bodenmechanik 17.
Böengeschwindigkeit 3.
Bogenstellung 349.
Bogenträger 508.
—, Bogenachse 509, 553.
— — als Mittelkraftlinie 510.
—, Bogenform 509, 529, 552.
—, Dreigelenk- 69.
—, Zweigelenk- 512.
—, Eingelenk- 528.
—, Eingespannter 522.
— —, Hauptsysteme 523, 527.
— —, günstigste Bogenform 553, 554.
—, elastisch eingespannter 528.
— mit Zugband 513, 519.
— mit ungleichhohen Kämpfern 528.
— mit analytisch bestimmter Mittellinie 514, 529.
—, Einfluß der Längskraft 514.
—, Vereinfachte Ableitung von Einflußlinien 516.
—, durchlaufender 559.
— —, angenäherte Untersuchung 565.
—, Spannungszustand durch Ausrüsten 552.
—, Überhöhung der Mittellinie 553.
—, Belastung senkrecht zur Trägerebene 617.
Böschungslinie 7.
Bruchvorgang 37.

Castiglianos Prinzip 87, 163.
Charakteristische Gleichung 267, 426.
Clapeyronsches Gesetz 20, 87, 89.

Dehnung 18.
Dehnungsgewichte 133.
Determinanten und Vorzahlen β_{ik} 166.
Differentialoperation Δ 646.
Differenzenrechnung 267.
Drehungsgewichte 133.
Drehsteife Trägerverbindung 626, 630.
Dreieckrahmen 609.
Dreigelenkbogen 69.
—, Schaulinien der Schnittkräfte 71.
—, Einflußlinien 76.

Dreigelenkbogen, Berechnungstabellen 83.
—, Biegelinie 134.
Drillungsmoment 26, 648, 697.
—, Wirkung 695.
Drillungssteifigkeit 30, 392, 617.
Drittelslinie 421.
—, verschränkte 421.
Durchlaufende Balkenträger 328, 414, 430, 439.
— Bogenträger 559.
—, Rahmen 443, 446.
— Platten 697.
— Träger als Hauptsystem 452.
— — mit aufgelöstem Riegel 450.
— — mit unendlich vielen Stützen 425.

Eigenspannung 33.
Einflußfeld 39.
Einflußlinie 38, 51, 67, 76, 331, 396.
—, waagerechte 51.
— der Verschiebung 91.
— überzähliger Größen 160, 167, 331, 428.
—, kinematische Ermittelung 49.
Eingelenkbogen 528.
Einspannung, elastische 393, 433, 440, 442.
Einzellast 2.
—, Verteilung durch elastische Mittel 733.
Elastische Gewichte 124, 492, 526, 547.
Elastischer Schwerpunkt 276.
Elastizitätsgleichung 156, 282.
—, dreigliedrige 220, 254.
—, fünf- und siebengliedrige 245.
—, Auflösung 166, 216, 248, 253, 266, 426.
Elastizitätsgrenze 19.
Elastizitätsmodul 93.
Eliminationsstufe 217.
Endtangente der Biegelinie, Verdrehung der 366.
— — — als Berechnungsgrundlage 366.
Erddruck 5.
—, aktiver, passiver 6, 8.
— im unbegrenzten Erdkörper 11.
—, Lage der Mittelkraft 10.
Erddrucklinie, Culmannsche 7.
Ergänzungsarbeit 21, 89.

Fehlerabschätzung 169.
Fehlerempfindlichkeit 167.
Festigkeitsbegriff 1, 37.
Festpunkt 255, 375, 396.
Festpunkte, beiderseits eingespannter Träger 400.
Festpunkte durchlaufender Träger 419.
—, geschlossener Stabzug 387.
—, zeichnerische Ermittelung 256.
Fiktive Gewichte, Schwerlinien 256.
— —, Schwerpunkt 254.
— Kräfte 569.
Flächenintegration 96.
Flächenstützung 16.
Flächentragwerk 642.
Fließbedingung 5.
Formänderung 391.
—, Vernachlässigung der Quer- und Längskräfte 93, 159, 317, 453, 514.
—, Stabilität der 393.
— statisch unbestimmter Tragwerke 161.
Formänderungsarbeit 19.
—, Variation der 21, 88.
Formänderungsenergie 19, 163.
Fouriersche Reihe 674, 718, 725, 750.
Freiheitsgrad 16, 313.
Freiträger 63.
Führung 16.
Funktionswerte ω 116, 120.
— Φ, Kreisplatten 661.

Gaußscher Algorithmus 216.
— —, abgekürzter 219.
Gelenk 16.
Gelenkverdrehung 98.
Geometrisch überzählige Stäbe 314.
Geometrische Verträglichkeit 152, 156, 311.
Geradliniengesetz 23, 27.
Gerberträger 66.
Geschwindigkeitsplan 47, 319, 321.
Gewebe, elastisches 680.
Gewichte, elastische 124, 526.
Gewölbe s. Bogenträger.
Gitter 680.
Gleichgewichtsbedingungen 26, 40, 643, 646, 745.
Gleitfläche 5.
Gleitlinie 6.
Gleitmodul 30.
Gleitung 18.
Grenzwerte der Schnittkräfte 53, 67, 78, 396.
— der Verschiebungen 91, 127.
Gruppenbewegung 356.
Gruppenlast 281.
— bei Symmetrie des Tragwerks 290.

Halbrahmen 593.
Halbscheibe 715.
Hauptdiagonale der Matrix 165.
Hauptglieder der konjugierten Matrix 235, 417.
Hauptpol 46.
Hauptspannung 1, 24, 712.
Hauptsystem ansteigenden Grades 294.
— bei Symmetrie des Tragwerks 191, 205.
—, geometrisch bestimmtes 311.
— — unbestimmtes 335.
—, Grundsätze für die Wahl des 170.
—, statisch bestimmtes 153, 155, 157.
— — unbestimmtes 155, 157, 295.
Hauptträgheitsachse 25.
Hauptträgheitsmoment 25.
Hookesches Gesetz 19.

Idealisierung des Tragwerks 22, 392.
Integration, numerische 95.
Integrationstabelle 102.
Isokline 24, 712.
Isotropie des Baustoffs 19, 673.
Iteration 248.
—, Konvergenzbeweis 249.

Kegelschale, Membranzustand 756.
—, biegungssteife 774.
Kennbeziehung 232, 373, 417.
Kernmoment 27.
Kernweite 28.
Kettenbruch 232.
Kettenlinie als Bogenachse 511, 533.
Kinematische Kette 316.
Knotendrehwinkel 305.
Knotenkette 312.
Knotenpunktfigur 505.
Knotenscheibe 305, 350, 391.
Konjugierte Matrix 166, 223.
Kontingenzwinkel 122.
Kontinuität 168, 311.
Kontrolle, Auflösung von Gleichungen 223.
Kraft, äußere 2, 26.
—, innere 1, 18, 26.
Kraftfeld 712.
Kraftlinie 25.
Kragträger 52, 397.
Kreisringträger 621.
Kreis- und Kreisringplatte 649.
— — —, Berechnungstabelle 652.
Kreisplatte mit veränderlicher Dicke 663.
— auf elastischer Bettung 667.
— mit antimetrischer Belastung 670.
Kreuzlinienabschnitt 258, 376, 400.
Kugelschale, Membranzustand 750.
—, biegungssteife 767.
—, Übergangsbogen 764.

Längskraft 26.
Last 2.
Lastenzug 54, 56.
Lastscheide 54, 77.
Laststellung, ungünstigste 38, 49, 54.

Massenausgleich bei Schalen 765.
Matrix der geometrischen Bedingungen 165.
— der statischen Bedingungen 321.
—, Zeilensummen der 217, 360, 364.
—, Aufspaltung bei Symmetrie 182.
—, Aufteilung für statisch unbestimmte Hauptsysteme 294.
Maxwell, Satz von 90, 159, 321, 331, 445.
Membran 646.
Membrantheorie 744.
Meridianschnitt 743.
Meridiankurve 762.
Mittelfläche der Platte 644.
— der Schale 743.
Mittelkraftlinie 45, 73.
Momentanbewegung 46, 317.
Momentanzentrum 46.
Momentensumme 444, 647.

Nebenbedingungen, geometrische 272, 283.
Nebendiagonale der Matrix 192, 205, 212.
Nebenglieder der Matrix 165, 255, 419.
Nebenpol 47.
Nullinie 28, 121.
Nutzlast 3.

Parameter der Überzähligen 272.
— des Verschiebungszustandes 311, 318, 443, 455.
Pfosten s. Stützen.
Pilzdecke 438, 441, 701, 702, 710, 711.
Platten 644.
—, eingespannte 679, 688.
—, durchlaufende 697.
—, Differentialgleichung 646.
—, Differenzengleichung 681.
—, Näherungslösung nach Marcus 694.
—, Randdrillungsmomente 648.
—, Rechteckige 672.
—, Rotationssymmetrische 649.
—, Stützkräfte 648, 699.
—, Hauptbiegungsmomente 679.
Plattenbalken 94.
Plattenbreite, mittragende 94.
Plattenhalbstreifen 675.
Plattenkonstante 645.
Plattenrand 644, 684.
Plattenstreifen 673.
Poissonsche Zahl 19.
Polfigur 47.
Polweite 125.
Porengehalt von Erdbaustoffen 9.
Potentielle Energie 21.
Prinzip der virtuellen Geschwindigkeiten 40.
— — — Verrückungen 21, 40, 46, 87, 315, 444.

Querkraft 26.
Querpunkt 25.
Querschnittsveränderlichkeit von Trägern 94, 96.
—, Approximation 96, 105, 393, 415, 431, 436, 461, 509.
—, lineare 99.
Querträger, Berechnung von lastverteilenden 637.

Rahmen 567.
—, einfacher 580.
—, eingespannter 595.
—, geschlossener 603.
—, dreistieliger 610.
—, Halb- 593.
—, Berechnungstabellen 580.
—, Stockwerk- 455.
—, Silo- 501.
Rahmenecken, Spannungszustand in 737.
Rahmenknoten 741.
Rahmenstellung 337, 443.
Rahmenträger 484.
— mit beliebiger Gurtform 485.
— mit parallelen Gurten 487.
— mit steifen Pfosten 487.
— mit steifen Endfeldern 500.
—, Näherungslösung 494.
Randbedingungen für Schalen 748.
—, Plattenbiegung 647, 682.
—, Stabbiegung 123, 128.
Randdrillungsmoment 648.
Rebhannscher Satz 8.
Rechenprobe 165, 167, 168, 223, 331, 360.
Rechteckrahmen 603.
Reibungswinkel, innerer 5.
Rekursion 219.
Ring, Berechnung von 136.
Ringträger mit räumlicher Belastung 621.
— bei Schalen 748, 761.
Rohr, Berechnung von 136, 791.
Rückwärtselimination 216, 233.

Schale 743.
—, Membrantheorie 744.
Schalen, biegungssteife 766.
—, Belastung 745, 748.
—, Verschiebungszustand 747.
—, Kugel- 750, 767.
—, Kegel- 756, 774.
—, Zylinder- 759, 778.
— — als Behälter 782.
— — mit veränderlicher Wanddicke 789.
— mit beliebigem Meridian 762.
— mit Massenausgleich 765.
—, zusammengesetzte 773.
—, Rand- 748, 761.
Scheibe 23, 712.
—, Randbedingungen 714.
—, Halb- 715.
—, keilförmig begrenzte 717.
—, kreisringförmig begrenzte 738.
Scheibenkette 312.
Schneebelastung 3.
Schnittkräfte 26, 41.
— des statisch unbestimmten Stabwerks 168.
Schubfestigkeit, Kies und Sand 6.
Schubspannung 29.
Schwebeträger 68.
Schwindmaß, Beton 33.
Schwindwirkung 33.
Seilkurve, Biegelinie als 125.
Shedrahmen 224, 450.
Sicherheit 1, 36.
Silo 786.
Silowand 720, 728.
Silozelle 368, 501.
—, Boden- und Seitendruck 13.
—, einreihige 505.
—, mehrreihige 501.
Simpsonsche Regel 95.
— —, Anwendung 176, 351, 547, 619.
Sohlendruck 4.
Spannung 1, 28.
—, zulässige 36.
Spannungsfläche 714.
Spannungszustand 1, 307.
—, zweiachsiger 23.
—, mehrachsiger 19.
Spitzenkurve 423.
Stab, Achse 25.
— auf elastischer Unterlage 140.
—, Formänderung 87.
—, gerader 25.
—, gekrümmter 31.
Stabdrehwinkel 306.
Stabendmomente 323.
Stabkette 46, 313, 320.
Stabwerk, ebenes 39.
—, räumliches 154.
—, Aufteilung des 151, 305.
—, Einteilung des 314.
—, statisch unbestimmtes 151.

Stabzug, Schnittkräfte 42.
—, Biegelinie 134.
—, allgemeine Bauform 571.
—, geschlossener 387.
Stabzugsehne, Längenänderung 134.
Standsicherheit 5.
Statische Bedingung 315, 320.
— Bestimmtheit 39.
— Unbestimmtheit 151.
Stellungslinie 7.
Stockwerkrahmen 345, 356, 455.
— mit zwei geneigten Pfosten 457.
— — — senkrechten Pfosten 469.
— mit mehr als 2 Pfosten 480.
—, Näherungslösung 480.
— mit gelenkig angeschlossenen Zwischenriegeln 468.
— — — — Zwischenstielen 480.
Streifen mit feldweise wechselnder Belastung 730.
— mit gleichförmiger Belastung 727.
— mit periodischer Belastung 723.
Streifenlast 707.
Strömungswiderstand 4.
Stufe mit elastisch konstanter Breite 96, 525, 550.
Stützboden 753, 772.
Stütze, einteilige 432, 434.
—, zweiteilige 432.
Stützenbock 328, 450.
Stützenform 432.
Stützenkopf, Pilzdecke 702.
—, starrer 442.
Stützensenkung 89.
Stützenstab 16, 39.
Stützenverdrehung, elastische 393.
Stützkraft 16, 624, 648.
Stützlinie und Bogenform 510.
Stützung 16.
—, elastisch drehbare 193. 397, 430.
St. Venantsches Prinzip 32.
Superpositionsgesetz 38, 156.
Symmetrie der Belastung 185, 725.
— der Formänderung 185.
— der Schnittkräfte 185.
— des Hauptsystems 191.
— des Tragwerks 185, 205, 355, 715.
Symmetrie des Tragwerks und Gruppenbildung der Überzähligen 290.
—, Vereinfachung der Berechnung durch 191, 290.
—, zyklische 209.

Temperaturänderung 34.
Träger, durchlaufender 414.
—, eingespannter 398.
— über 1 Feld 397.
— über 2 Feldern 401.
— über 3 Feldern 404.
Trägerrost 150, 624.
—, diagonaler 625, 633.
— mit drei Trägerscharen 635.
— mit freien Rändern 637.
— mit sehr steifen Querträgern 637.
—, Verbindungskräfte 626, 632.
—, Einflußlinien der Schnittkräfte 639.
Trägheitsmoment 28.
—, Veränderlichkeit 97, 105.
Tragwerk, baustatische Untersuchung 391.
— mit veränderlicher Gliederung 391.
Trajektorien 24.
— der Hauptspannungen in Scheiben 24, 712, 716, 731.
— — — in Schalen 761, 793, 796.
— der Hauptmomente in Platten 679.
Trapezrahmen 605.
— mit räumlicher Belastung 620.
Tonnenschale 791, 794.

Übergangsbogen bei Schalen 748, 762.
Übergangslinie 257, 378.
Übergangszahl 374.
Überzählige Größe 155.
— —, Trennung der 271.
Unbestimmtheit, statische 151.

Verbindungsstab 16, 39.
Verdrillung 25, 30.
Verformung, elastische 19.
—, plastische 19.
Vergleichsquerschnitt 92, 160.
Vergleichsträgheitsmoment 92, 160.
Verschiebung, gegenseitige 28, 122.
—, virtuelle 40.
—, wirkliche 139.
Verschiebungsplan 139.
Verschiebungszustand 18, 312, 747.
—, Komponenten des 92.
Verträglichkeitsbedingungen 156, 644.
Verzerrungskomponenten 18.
Vieleckkuppel 797.
Viermomentengleichung 568.
Vorwärtselimination 216, 232.
Vorzahlen a_{JK} 316.
— β_{ik} 165.
— δ_{ik} 159, 282.
Vorzeichenregel für Anschlußmomente 307.
— für Biegungsmomente 41.
Vouten 99, 105, 395, 446, 461.

Wanddruck in Silos 13.
Wärmeausdehnungszahl 33.
Wärmeleitzahl 34.
Wärmeübergangszahl 34.
Wasserbehälter 783, 784, 790.
Wasserdruck 4.
𝔚-Gewichte 125, 135.
Widerlagerbewegung 528.
Windbelastung 746, 749.
Windströmung 3.
—, Modellversuche 749.
Wirkungslinien der fiktiven Gewichte 256, 419, 429, 436.

Zeichnerische Lösung, Erddruck 8.
— Ermittlung von Schnittkräften 44, 66, 72, 375.
— Entwicklung der Biegelinie 123.
— Lösung der Elastizitätsgleichungen 253, 397, 419, 429, 436, 442.
— — — —, Genauigkeit 263.
Zugband 69, 519.
Zusatzkräfte, Bogenträger 527.
Zusatzstab 152.
Zustandslinie 38, 422.
Zweigelenkbogen 512.
—, Scheitelsenkung 519.
— mit Zugband 513.
Zweigelenkrahmen 572, 580.
Zweiteiliger Rahmen 182, 577.
Zyklische Symmetrie 209.
Zylinderschale, Membranzustand 759.
—, biegungssteife 778.
— mit veränderlicher Wanddicke 789.

MIX
Papier aus verantwortungsvollen Quellen
Paper from responsible sources
FSC® C105338

If you have any concerns about our products,
you can contact us on
ProductSafety@springernature.com

In case Publisher is established outside the EU,
the EU authorized representative is:
Springer Nature Customer Service Center GmbH
Europaplatz 3, 69115 Heidelberg, Germany

Printed by Libri Plureos GmbH
in Hamburg, Germany